LIBRAIRIE DE FIRMIN DIDOT FRÈRES, FILS ET C^IE
IMPRIMEURS DE L'INSTITUT DE FRANCE, RUE JACOB, 56, A PARIS.

# TRAITÉ GÉNÉRAL DE BOTANIQUE DESCRIPTIVE ET ANALYTIQUE.



**PREMIÈRE PARTIE :**

ABRÉGÉ D'ORGANOGRAPHIE, D'ANATOMIE ET DE PHYSIOLOGIE.

**DEUXIÈME PARTIE :**

ICONOGRAPHIE, DESCRIPTION ET HISTOIRE DES FAMILLES.

PAR MM.

EMM. LE MAOUT,
DOCTEUR EN MÉDECINE,
MEMBRE DE LA SOCIÉTÉ PHILOMATHIQUE.

J^H DECAISNE,
MEMBRE DE L'INSTITUT,
PROFESSEUR DE CULTURE AU MUSÉUM, ETC.

**OUVRAGE CONTENANT 5500 FIGURES**

DESSINÉES PAR MM. L. STEINHEIL ET A. RIOCREUX.

1 fort volume in-4°, de près de 800 pages

**PRIX, BROCHÉ : 30 FR.**

Demi-reliure dos chagrin, plat toile, tranche jaspée : **35** fr.

Cette importante publication offre aux amis de l'Histoire naturelle l'*Iconographie* la plus riche et la plus méthodique qui ait paru jusqu'à ce jour sur la structure des Végétaux; elle reproduit intégralement l'*Atlas élémentaire de Botanique* édité par l'un des auteurs, il y a quelques années, et qui fut présenté

1867.

avec éloge par M. Brongniart à l'Académie des sciences. Mais cet *Atlas* ne s'adressait qu'aux gens du monde; il comprenait seulement les Familles européennes, et ne présentait que leur description purement organographique et très-abrégée. MM. LE MAOUT et DECAISNE, en le reproduisant, ont voulu lui donner une extension qui en fît un livre utile aux Botanistes de profession, aux Médecins, aux Pharmaciens, aussi bien qu'aux amateurs qui ne recherchent que l'agrément dans l'étude des Sciences naturelles.

Ils ont, en conséquence, donné de nouveaux développements aux questions organographiques et anatomiques, qui occupent la première partie de l'Ouvrage, et cette partie a été complétée par des notions générales de physiologie.

La deuxième partie comprend la description et la diagnose de toutes les Familles indigènes et de la presque totalité des exotiques, avec l'examen comparatif de leurs affinités réciproques, suivies de considérations détaillées sur leur station géographique, et leur application aux besoins de l'homme.

Aux 2300 figures de l'ancien *Atlas*, ils en ont ajouté au delà de 3200, provenant de matériaux accumulés depuis plus de trente années. Cette Iconographie entraînait à des dépenses considérables; mais les éditeurs n'ont reculé devant aucun sacrifice : ils ont pensé que le goût des Sciences naturelles, et surtout de la Botanique, qui se répand de plus en plus dans toutes les classes de la société, favoriserait le succès d'un ouvrage entièrement neuf, placé sous les auspices de l'illustre nom des Jussieu et de M. Brongniart, leur digne successeur.

Le traité général de Botanique de MM. LE MAOUT et DECAISNE est destiné à occuper une place à part dans la bibliographie du *Règne végétal*.

Nous ajoutons ici comme *spécimen* quelques-unes des figures qui enrichissent cette remarquable publication : elles permettront au public de voir que la sévère exactitude de la science n'exclut pas la perfection artistique.

---

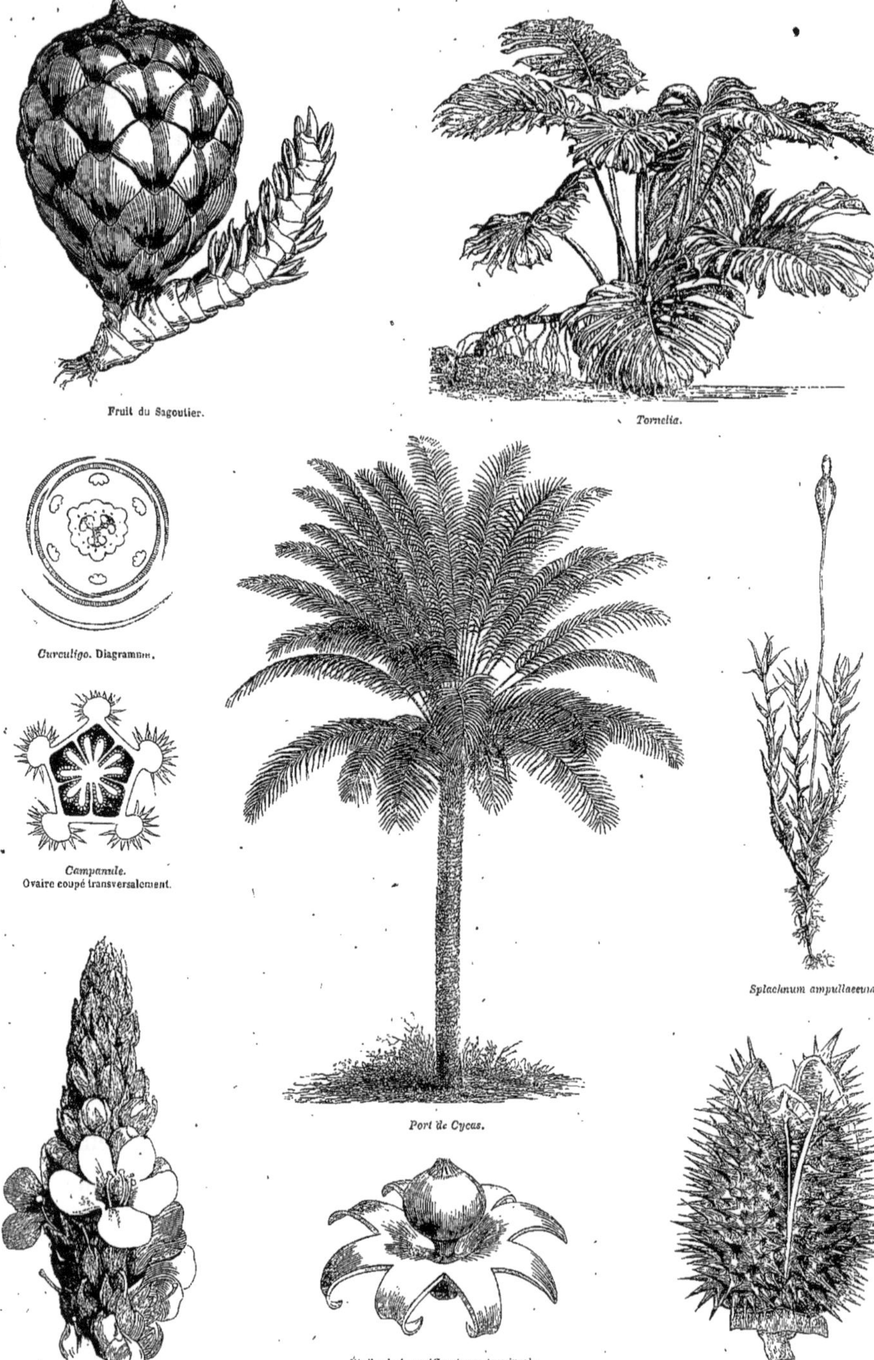

Fruit du Sagoutier.

*Tornelia.*

*Curculigo.* Diagramme.

*Campanule.*
Ovaire coupé transversalement.

*Port de Cycas.*

*Splachnum ampullaceum.*

Molène. (*Verbascum thapsus.*)

Étoile de terre (*Geastrum tenuipes*).
Plante adulte ; volva divisé en étoile ; conceptacle globuleux.

Datura. Fruit.

Paris. — Typographie de Firmin Didot frères, Fils et Cie, rue Jacob, 56

# TRAITÉ GÉNÉRAL

DE

# BOTANIQUE

## DESCRIPTIVE ET ANALYTIQUE.

# TRAITÉ GÉNÉRAL

DE

# BOTANIQUE

## DESCRIPTIVE ET ANALYTIQUE.

**PREMIÈRE PARTIE :**

ABRÉGÉ

D'ORGANOGRAPHIE, D'ANATOMIE ET DE PHYSIOLOGIE.

**DEUXIÈME PARTIE :**

ICONOGRAPHIE, DESCRIPTION ET HISTOIRE DES FAMILLES.

PAR MM.

EMM. LE MAOUT,
DOCTEUR EN MÉDECINE,
MEMBRE DE LA SOCIÉTÉ PHILOMATHIQUE.

J<sup>H</sup> DECAISNE,
MEMBRE DE L'INSTITUT,
PROFESSEUR DE CULTURE AU MUSÉUM, ETC.

**OUVRAGE CONTENANT 5500 FIGURES**

DESSINÉES PAR MM. L. STEINHEIL ET A. RIOCREUX.

PARIS,

LIBRAIRIE DE FIRMIN DIDOT FRÈRES, FILS ET C<sup>IE</sup>,

56, RUE JACOB, 56.

1868

PARIS

TYPOGRAPHIE DE FIRMIN DIDOT FRÈRES, FILS ET Cie,

RUE JACOB, 56.

A

LA MÉMOIRE

# DES JUSSIEU

A

L'ÉMINENT INTERPRÈTE ET PROPAGATEUR

DE LEUR DOCTRINE

# M. ADOLPHE BRONGNIART

MEMBRE DE L'INSTITUT, PROFESSEUR DE BOTANIQUE AU MUSÉUM.

*Hommage des Auteurs.*

# AVANT-PROPOS.

L'Ouvrage que nous publions aujourd'hui reproduit, dans sa première partie et dans l'*Icones* des Familles, l'*Atlas élémentaire de Botanique*, édité par l'un de nous il y a quelques années, et qui a été accueilli avec faveur par le monde savant. Mais cet Atlas, consacré uniquement aux Familles européennes, et ne contenant que leur description purement organographique et très-abrégée, ne permettait pas de saisir la corrélation des divers types dont se compose le Règne végétal. C'est pour remplir cette lacune que nous avons ajouté aux Familles indigènes la presque totalité des Familles exotiques, en y joignant des considérations détaillées sur leurs affinités réciproques et leurs applications aux besoins de l'homme; de manière à former un ensemble complet, que puissent consulter avec fruit les étudiants, aussi bien que les Botanistes de profession.

Nous avons suivi pour l'ordre des Familles la classification établie par Adrien de Jussieu dans le remarquable article Taxonomie, dont il a enrichi le Dictionnaire universel. — Toutefois nous avons cru devoir invertir la série des Familles, mais sans déranger aucunement leurs situations respectives, en commençant par les Plantes les plus élevées en organisation pour arriver aux Végétaux inférieurs, dont l'histoire est encore enveloppée d'obscurité.

Le lecteur pourra remarquer que nous avons donné plus de développement à l'histoire des Monocotylédones et des Cryptogames, qu'à celle des Dicotylédones : il s'expliquera facilement cette prépondérance en considérant que les Monocotylédones, et surtout les Cryptogames, ayant été jusqu'ici bien moins élucidées que les Dicotylédones, demandaient un examen beaucoup plus étendu.

Nous avons cru devoir en outre détacher des grands groupes plusieurs Familles *monotypes*, afin de mettre plus en relief la diagnose de ces groupes; suivant en cela la marche adoptée par nos prédécesseurs, qui plaçaient les *genera affinia* à la suite des Familles nettement caractérisées.

Toutes nos analyses sont originales et fondées sur des matériaux accumulés depuis plus de trente années; quant aux détails puisés à des sources étrangères, nous avons indiqué les auteurs qui nous les ont fournis.

En présentant à nos lecteurs l'analyse comparative des Familles végétales, nous n'avons pas prétendu en faire la monographie : c'eût été une entreprise pour laquelle vingt volumes ne suffiraient pas, et dont l'exécution est d'ailleurs déjà trop avancée, grâce à des travaux nombreux de première valeur, que pourront mettre à profit ceux qui tiennent à approfondir toutes les questions relatives à la Science des Végétaux. Nous nous sommes donc bornés, pour l'anatomie et la physiologie, à des considérations générales : on trouvera dans l'Ouvrage de M. Duchartre un exposé détaillé et lucide de l'état actuel des connaissances relatives à ces deux branches de la Botanique, et dans le *Genera* de MM. Bentham et Hooker tous les éléments d'un traité complet de Botanique systématique. En ce qui concerne la distribution géographique des Genres et des Espèces, le remarquable ouvrage de M. Alph. De Candolle offre aux Botanistes un précieux répertoire d'indications fidèles, dont la valeur est encore augmentée par des considérations philosophiques de l'ordre le plus élevé.

Quant à l'*Icones*, le plus riche et le plus méthodique qui ait paru jusqu'à ce jour sur la structure des Végétaux, nous avons tout lieu d'espérer que le public appréciera l'exactitude des figures représentant les formes si variées de la Plante, et que nous devons au crayon fidèle de MM. Steinheil et Riocreux.

# TRAITÉ DE BOTANIQUE.

—

PREMIÈRE PARTIE.

—

## ORGANOGRAPHIE, ANATOMIE ET PHYSIOLOGIE.

# ABRÉVIATIONS.

---

⚥ = Fleurs stamino-pistillées, complètes ou hermaphrodites.
♂ = Fleurs staminées, ou mâles, ou anthéridies.
♀ = Fleurs pistillées, ou femelles, ou sporanges.
∞ = En nombre indéfini.
g = Dimensions dépassant la grandeur naturelle.

*Nota.* — La particule *sub* placée devant un autre mot équivaut aux adverbes *presque*, *un peu*, *à peine*, etc.

Les mots *rarement*, *quelquefois*, *souvent*, *toujours*, *ordinairement*, *tantôt*, répétés, précédant l'énonciation des diverses modifications de forme, ne signifient nullement que ces modifications s'observent dans une même Espèce, selon les circonstances variées où elle peut se trouver placée : ces mots s'appliquent toujours à des Espèces différentes; il faut les considérer comme des adverbes de *nombre*, et non comme des adverbes de *temps*.

Les termes spéciaux appliqués à l'organographie des Acolytédones sont expliqués dans le texte au fur et à mesure de leur emploi.

# LEÇON PRÉLIMINAIRE.

Les *Végétaux* ou *Plantes* (*Vegetabilia*, *Plantæ*) sont des êtres organisés, vivants, dépourvus de sentiment et de mouvement volontaire; leur réunion constitue le *Règne végétal.*

La *Botanique* est l'histoire naturelle du *Règne végétal.*

Cette science, traitant des Végétaux considérés, 1° isolément, 2° dans leur ensemble, 3° dans leurs rapports avec l'homme, peut se diviser en trois branches principales.

La première branche comprend l'*organographie*, qui traite de la forme et de la symétrie des organes; l'*anatomie*, qui traite de leur structure intime; la *physiologie*, qui traite de leurs fonctions; la *glossologie*, qui enseigne le langage technique employé pour désigner les organes et leurs modifications.

La deuxième branche comprend la *taxonomie*, qui classe les Végétaux selon leurs affinités : la *phytographie*, qui décrit les *Espèces;* la *nomenclature*, qui fait connaître les noms imposés aux *Espèces* par les Botanistes.

La troisième branche comprend l'*agriculture*, l'*horticulture*, l'*arboriculture*, la Botanique *médicale*, et la Botanique *industrielle*.

Le tissu d'une Plante offre *à l'œil nu* deux éléments bien distincts, nommés communément *fibres* et *parenchyme*. Les fibres sont des filets tenaces réunis en faisceau ou étalés en réseau, et formant la partie solide du Végétal; le parenchyme est une substance spongieuse, succulente, remplissant les intervalles qui existent entre les fibres, abondant surtout dans les feuilles et dans les fruits charnus, et constituant la partie molle du Végétal. — Les *fibres* et le *parenchyme*, observés au *microscope*, présentent une structure variée; les parties qui les constituent ont été nommés *organes élémentaires;* nous les décrirons plus tard.

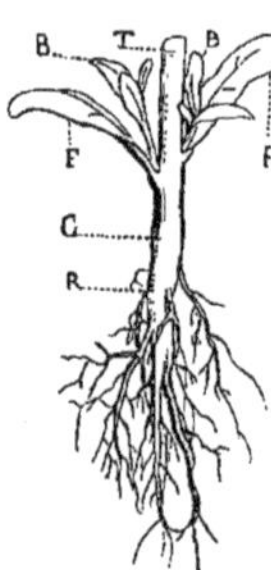

1. Giroflée. Racine et portion inférieure de la tige.

Les Végétaux les plus complets consistent en un corps arrondi (fig. 1) plus ou moins ramifié à ses deux extrémités, et portant latéralement des feuilles de divers aspects, éparses ou groupées : la partie supérieure de ce corps (T) est pourvue de *feuilles* (F, F); sa couleur est verte (du moins dans les jeunes rameaux), elle se ramifie de bas en haut, et s'amincit à mesure qu'elle se ramifie, de sorte que son point le plus volumineux touche le sol. Elle porte le nom de *tige* (*caulis*). La portion inférieure (R), dépourvue de feuilles, est souterraine, de couleur pâle, se ramifie de haut en bas, et s'amincit à mesure qu'elle s'enfonce en terre : elle porte le nom de *racine* (*radix*).

La tige et la racine s'appliquent donc l'une contre l'autre par leur portion la plus élargie, et se développent en sens inverse : ces deux parties, dont la supérieure tend toujours à monter vers le ciel, et l'inférieure, à descendre vers le centre de la terre, constituent par leur ensemble ce qu'on nomme l'*axe végétal*. Dans le premier âge de la Plante, cet axe était simple et sans ramifications, puis, par une suite de générations successives, des rameaux sont nés de cet axe *primitif*, et ont formé des axes *secondaires :* chaque rameau peut donc être regardé comme un axe particulier.

Le point de jonction de la tige et de la racine est nommé *collet* (*collum*) (C). C'est de ce point, tantôt renflé, tantôt rétréci, tantôt indistinct, que partent en sens inverse les fibres montantes de la tige et les fibres descendantes de la racine.

La tige possède exclusivement une force d'expansion latérale, qui lui donne la faculté de projeter sur ses côtés des lames plus ou moins aplaties (F), connues sous le nom de *feuilles*. Le point de la tige d'où naissent les feuilles est ordinairement un peu saillant : on le nomme *nœud vital* (*nodus*), et chaque portion longitudinale de la tige, comprise entre deux nœuds vitaux, a été nommée *entre-nœud*, ou *mérithalle* (*internodium*, *merithallus*).

Si les nœuds vitaux ne possédaient que le pouvoir de produire des feuilles, la tige serait toujours parfaitement *simple*, et se développerait sans ramifications; mais, en outre, il naît de chaque nœud un *bourgeon* (*gemma*) (B, B) à l'aisselle de la feuille (c'est-à-dire, entre cette feuille et la tige, au point de jonction de ces deux parties) : ce bourgeon, qui ne forme d'abord qu'une petite saillie (nommée *bouton* dans les arbres), formera plus tard un *rameau* (*ramus*), qui s'allongera, produira des feuilles, et se ramifiera à son tour. Les bourgeons nés à l'aisselle des feuilles de l'axe primitif forment donc autant d'axes nouveaux, et il résulte de ces générations successives que la Plante-mère est *répétée* autant de fois qu'elle produit de *bourgeons*. Ainsi, pour parler exactement, il ne faut pas dire que la Plante, en se ramifiant, se *divise*; il est plus logique de dire qu'elle se *multiplie*. On peut donc regarder le Végétal, non pas comme un individu, mais comme un être collectif, une congrégation d'individus, se nourrissant en commun, à l'instar des Zoophytes d'un polypier.

Le nœud vital ne produit pas toujours *feuille* et *bourgeon* : quelquefois le bourgeon est nul, ou peu visible; quelquefois même la feuille est mal développée; mais il est rare que la feuille avorte entièrement, et, si le bourgeon ne se développe pas, cela tient à la rigueur du climat ou à la brièveté de la vie du Végétal.

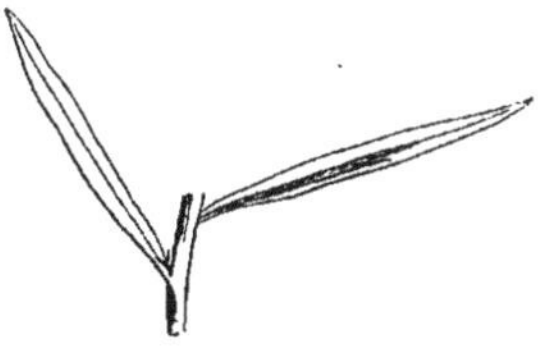

2. Linaire. Feuilles alternes.

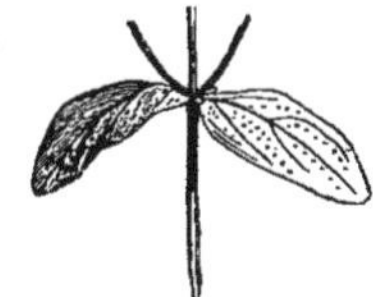

3. Millepertuis. Feuilles opposées.

Les feuilles ne naissent pas au hasard et sans ordre sur la tige; tantôt elles sont solitaires sur un plan horizontal, et alors on les dit *alternes* (*folia alterna*) (fig. 2); tantôt elles sont situées deux à deux sur le même plan et vis-à-vis l'une de l'autre : on les nomme alors *opposées* (*folia opposita*) (fig. 3); tantôt enfin elles sont groupées circulairement autour de la tige comme une couronne, et on les appelle alors *verticillées* (*folia verticillata*) (fig. 4). Les feuilles ordinaires sont rarement verticillées; mais les feuilles composant la *fleur* forment plusieurs groupes circulaires ou *verticilles* (*verticilli*), superposés les uns aux autres.

4. Garance. Feuilles verticillées.

5. Chêne. Rameau.

Les feuilles alternes, qui semblent éparses sur leur axe, sont échelonnées en spirale (fig. 5), de sorte qu'en partant d'une feuille quelconque on arrive, après un ou plusieurs tours de spire, à une autre feuille (6) qui se trouve placée directement au-dessus de la première; d'où il résulte que, si les feuilles qui ont complété la spirale (1, 2, 3, 4, 5), descendaient toutes sur un même plan, au niveau de celle (1) qui a servi de point de départ, elles formeraient un verticille autour de la tige. Cette disposition se voit plus facilement sur les jeunes branches des arbres (fig. 5) que sur les tiges herbacées.

Le faisceau qui donne naissance aux lames vertes situées sur la tige, ou *feuilles* proprement dites (*folia*), porte le nom de *pétiole* (*petiolus*) (fig. 6), depuis le point où il se dégage de l'axe, jusqu'à celui où il s'épanouit en lame; cette lame, composée de fibres et de parenchyme, se nomme *limbe* (*limbus*, *lamina*); les ramifications fibreuses projetées dans le limbe de la feuille se nomment *nervures* (*nervi*) (1, 2, 3); la nervure occupant le milieu du limbe (1), et continuant le pétiole, est nommée *nervure médiane* ou *primaire* (*nervus medius*, *costa media*); les fibres qui naissent de chaque côté de la nervure médiane se nomment *nervures latérales* (*nervi laterales*) et sont dites *secondaires* (2), *tertiaires* (3), etc., selon leur ordre de subdivision.

6. Cerisier. Feuille.

La feuille qui s'épanouit en limbe, en sortant de la tige, est dite *sessile* (*folium sessile*) (fig. 2, 3, 4), et celle dont le limbe est porté sur un pétiole est dite *pétiolée* (*folium petiolatum*) (fig. 5, 6).

Le limbe des feuilles, outre le parenchyme vert foncé qui le compose en grande partie et les nervures ramifiées qui lui servent de trame ou de charpente, est protégé par une peau fine, incolore et diaphane qui le recouvre sur les deux faces, et que l'on nomme *épiderme*. (Nous décrirons plus tard cette pellicule, qui enveloppe presque entièrement la surface du Végétal.)

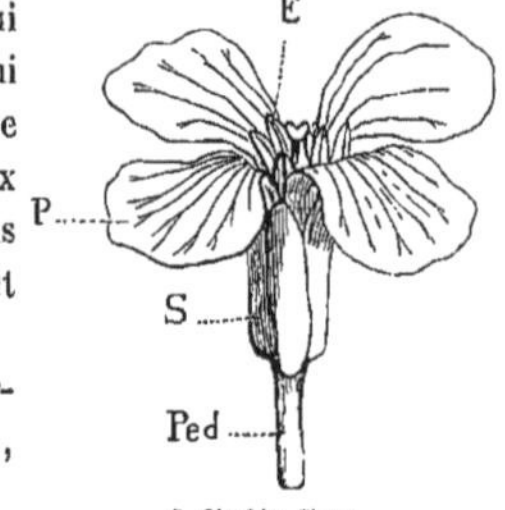

7. Giroflée. Fleur.

Les feuilles, diversement colorées, qui forment des verticilles à l'extrémité des dernières ramifications de l'axe, constituent, par leur réunion, la *fleur* (*flos*) (fig. 7).

Le rameau qui supporte immédiatement une fleur, et sert d'axe aux verticilles qui la composent, se nomme *pédoncule*, ou *pédicelle* (*pedunculus*, *pedicellus*) (fig. 7, Péd.); son extrémité, plus ou moins renflée, autour de laquelle naissent les verticilles de la fleur, se nomme *réceptacle* (*receptaculum*) (fig. 10, R).

La fleur, dans les Végétaux les plus complets, se compose ordinairement de quatre verticilles, emboîtés les uns dans les autres (fig. 7), et dont les entre-nœuds ne sont pas distincts.

Le verticille extérieur ou inférieur se nomme le *calyce* (*calyx*) (fig. 7, S et fig. 8), et les feuilles qui le constituent se nomment *sépales* (*sepala*) (fig. 7, S).

Le verticille placé en dedans ou au-dessus du calyce se nomme la *corolle* (*corolla*) (fig. 7, P), et les feuilles qui le constituent se nomment *pétales* (*petala*) (fig. 9). Quand le pétale, au lieu d'être *sessile*, a son limbe (L) porté sur un pétiole (O), ce pétiole prend le nom d'*onglet* (*unguis*).

Le verticille placé en dedans ou au-dessus de la corolle se nomme l'*androcée* (*androcœum*) (fig. 7, E, et 10), et les feuilles qui le constituent se nomment *étamines* (*stamina*) (fig. 10, E, et 11). Le pétiole de l'étamine (F) se nomme *filet* (*filamentum*); son limbe (A) se nomme *anthère* (*anthera*); le parenchyme pulvérulent contenu dans l'anthère se nomme *pollen* (*pollen*) (P); le pollen sort de l'anthère, à une certaine époque, pour pénétrer dans l'organe central de la fleur, et coopérer à la formation des graines.

8. Giroflée. Calyce. (g.)

9. Giroflée. Pétale.

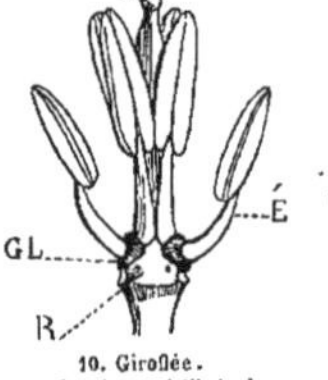

10. Giroflée. Androcée et pistil. (g.)

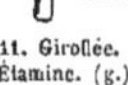
11. Giroflée. Étamine. (g.)

Il y a très-souvent sur le réceptacle (fig. 10, R) de petits corps (GL) qui distillent une liqueur sucrée, et qu'on a nommés *glandes nectarifères* ou *nectaires* (*glandulæ nectariferæ*, *nectaria*).

Le verticille placé en dedans ou au-dessus de l'*androcée* se nomme le *pistil* (*pistillum*) (fig. 12). Le pistil est le plus central, c'est-à-dire le dernier des verticilles de la fleur; il se compose de feuilles portant le long de leurs bords de petits corps nommés *ovules* (*ovula*), destinés à reproduire la Plante quand ils auront été fécondés par le pollen. Ces feuilles sont nommées *carpelles* (*carpidia*, *carpella*) (fig. 13). Le limbe du carpelle, renfermant et protégeant les jeunes graines, se nomme *ovaire* (*ovarium*) (fig. 12, O); la continuité du limbe, formant un col rétréci, plus ou moins allongé, se nomme *style* (*stylus*) (T); on nomme *stigmate* (*stigma*) (S) un organe de forme variée, spongieux et gluant dans sa jeunesse, situé ordinairement au sommet du carpelle, séparé de l'ovaire par le style, et recevant le pollen, qui se colle à sa surface.

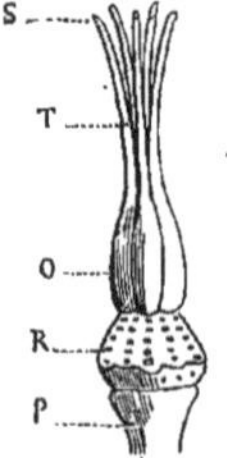

12. Ancolie. Pistil composé de cinq carpelles, offrant la trace des étamines sur le réceptacle R.

13. Ancolie. Carpelle mûr entr'ouvert par le haut.

En considérant dans sa texture une feuille ordinaire, on admet sans peine que son épaisseur, si mince qu'elle puisse être, se compose de trois parties: 1° une lame supérieure; 2° une lame inférieure; 3° un entrelacement de fibres et de parenchyme, occupant l'intervalle compris entre ces lames ou feuillets : or, il est facile de reconnaître que la composition d'une feuille *carpellaire* est la même que celle d'une feuille ordinaire. Ainsi, dans le *Pois*, dont le pistil, au lieu d'être formé par plusieurs feuilles verticillées, se compose d'un carpelle unique se séparant en deux pièces à sa maturité (fig. 14), le feuillet externe (E) est une pellicule fine, s'enlevant facilement : on le nomme *épicarpe* (*epicarpium*); le feuillet interne (EN) est une membrane plus épaisse et plus pâle que la première : on le nomme *endocarpe* (*endocarpium*). Le tissu intermédiaire est cette partie (plus ou moins succulente, selon les proportions de fibres et de parenchyme), qui occupe l'intervalle compris entre les deux feuillets : ce tissu intermédiaire a reçu le nom de *mésocarpe* (*mesocarpium*). Dans le carpelle unique qui compose le pistil du *Cerisier* (fig. 16), du *Pêcher*, de l'*Abricotier* (fig. 15), l'épicarpe (F) est une mince pellicule, le mésocarpe (fig. 16, ME; fig. 15, E) est très-épais, et devient très-succulent à la maturité; l'endocarpe (fig. 16, EN, et fig. 15, D) est très-dur : c'est lui qui forme le noyau.

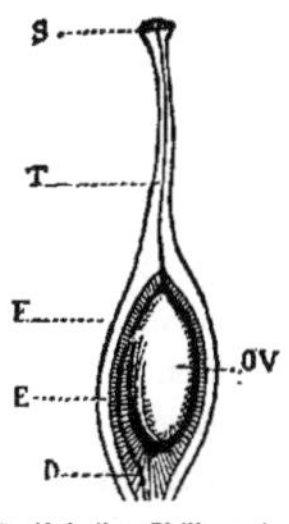

15. Abricotier. Pistil coupé verticalement (g.), montrant son ovule suspendu OV, son stigmate S, et l'axe du style T, que traverse le pollen pour aller féconder l'ovule.

14. Pois. Pistil mûr ouvert.

Les faisceaux fibreux (fig. 14, L) garnissant les bords du limbe de la feuille *carpellaire*, et portant les ovules (O), auxquels ils transmettent la nourriture, sont nommés *placentaires* (*placentæ*, *trophospermia*). Chaque placentaire produit latéralement des rameaux ou cordons (quelquefois très-courts et peu visibles), par l'intermédiaire desquels il envoie aux graines les sucs nourriciers; ces cordons (F) sont nommés *funicules* (*funiculi*). Quand ils n'existent pas (fig. 13), la nourriture est transmise immédiatement aux graines par le placentaire.

16. Cerisier. Carpelle mûr, coupé verticalement, montrant sa graine suspendue à un funicule C qui naît du fond du noyau.

La *graine* ou *œuf végétal* (*semen*) (fig. 17) est l'*ovule* fécondé par le pollen. Elle se compose : 1° d'un corps très-petit, destiné à reproduire la Plante, et que l'on a nommé *plantule* ou *embryon* (*plantula*, *embryo*); 2° d'une enveloppe qui protége la plantule en formant autour d'elle une cavité close de toutes parts.

L'enveloppe ou *tégument* de la graine naît à l'extrémité d'un funicule (fig. 17, F) ou s'attache immédiatement au placentaire (fig. 13); elle se compose ordinairement de deux feuillets ou *tuniques*. La tunique externe (fig. 17, I) se nomme *testa* (*testa*), la tunique interne (E) se nomme *endoplèvre* (*endoplevra*).

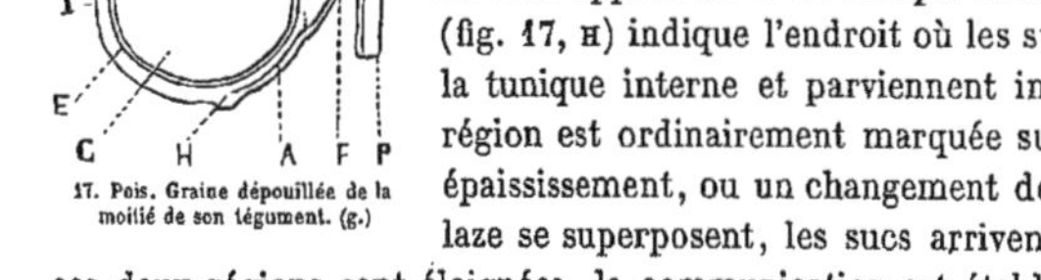

17. Pois. Graine dépouillée de la moitié de son tégument. (g.)

Le point d'attache qui unit la graine au funicule, et par lequel pénètrent les sucs nourriciers, porte le nom de *hile* (*hilus*, *umbilicus*) (fig. 18, H). Le hile appartient à la tunique externe ou *testa*. La *chalaze* (*chalaza*) (fig. 17, H) indique l'endroit où les sucs nourriciers pénètrent à travers la tunique interne et parviennent immédiatement à la plantule. Cette région est ordinairement marquée sur la graine par une saillie, ou un épaississement, ou un changement de couleur. Quand le hile et la chalaze se superposent, les sucs arrivent sans détour à la plantule; quand ces deux régions sont éloignées, la communication est établie entre elles par un mince cordon qui rampe entre les deux tuniques : ce cordon ce nomme *raphé* (*raphe*) (fig. 17, A, et 18, R).

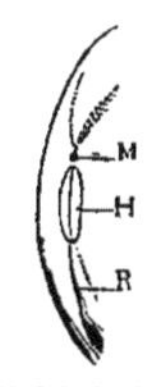

18. Pois. Portion du tégument de la graine. (g.)

La petite ouverture par laquelle l'ovule reçoit l'action du pollen a reçu le nom de *micropyle* (*micropyle*) (fig. 17 et 18, M).

La plantule ou embryon (fig. 17 et 19) est une Plante complète en raccourci, composée d'une tige (T) nommée *tigelle* (*cauliculus*), d'une racine (R) nommée *radicule* (*radicula*), d'une ou de deux feuilles (C) nommées *cotylédons* (*cotyledones*), et d'un bourgeon (G) nommé *gemmule* (*gemmula*, *plumula*) occupant ordinairement une petite fossette (F) creusée dans l'épaisseur des cotylédons. La plantule, après avoir été formée par le pollen, et nourrie par les sucs que le funicule lui transmet, se détache de celui-ci avec ses téguments; puis, si elle est placée dans des circonstances favorables, elle se dépouille de ses tuniques, et produit une Plante semblable à celle qui lui a donné naissance.

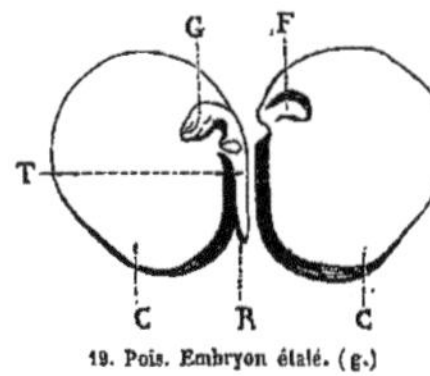

19. Pois. Embryon étalé. (g.)

La *tigelle* (T) est un petit corps cylindrique ou conique, portant les premières feuilles de la plantule (fig. 19, G) et s'élevant toujours vers le ciel, pour former la tige. La *radicule* (R), organe destiné à produire des racines, est primitivement réduite à un point transparent, et termine l'extrémité libre de la tigelle; elle tend constamment à s'enfoncer en terre. La radicule répond ordinairement, dans la graine, au *micropyle* (fig. 17 et 18).

Les *cotylédons* (fig. 17 et 19, C), premières feuilles de la plantule, naissent latéralement de la tigelle, et protégent la gemmule, premier bourgeon de la Plante future. Ces feuilles, ordinairement épaisses et succulentes, sont de véritables mamelles végétales, qui nourrissent le jeune bourgeon, jusqu'à ce qu'il soit en état de croître par ses propres forces.

Les téguments de la graine renferment toujours, dans le jeune âge, un parenchyme particulier, dont l'étude est importante, et sur lequel nous reviendrons. Tantôt ce parenchyme est rapidement absorbé par la plantule, et disparaît de très-bonne heure; tantôt il persiste dans la graine jusqu'à l'époque de la germination, où il fournit à la plantule sa première nourriture. On lui a donné le nom d'*albumen*.

Maintenant que la *plantule* ou *embryon*, c'est-à-dire la Plante réduite à sa plus simple expression, est connue, suivons l'accroissement longitudinal et les expansions latérales de son axe primitif. (Il est bien entendu que toute observation relative à cet axe s'appliquera aux axes secondaires qui en sont la répétition.)

Les deux feuilles premières (*cotylédons*) du jeune Végétal (*plantule*) sont attachées à une petite tige (*tigelle*), comme on le voit dans la graine du *Pois* (fig. 19), ou mieux encore dans celle du *Haricot* germant (fig. 20, C, C). Quelquefois le cotylédon est unique, comme dans le *Maïs* (fig. 21, *c*). Le mamelon (*radicule*) qui termine l'extrémité libre de la tigelle (fig. 20, T) pousse de nombreuses ramifications descendantes, et forme la racine (R); lorsque le cotylédon est unique (fig. 21) les radicules naissent ordinairement de plusieurs points de la tigelle (*t*), et ne se ramifient que très-peu. A l'aisselle des cotylédons ou du cotylédon unique est la *gemmule* (fig. 20, G, G et fig. 21, *g*). C'est un nœud vital qui a produit chaque cotylédon, c'est aussi un nœud vital qui a produit chacune des feuilles de la gemmule; mais, ici, les entre-nœuds sont à peine visibles. A mesure que la Plante se fortifie, et que l'axe montant s'allonge, les nœuds vitaux, et par conséquent les feuilles, s'espacent davantage; c'est ce qui arrive peu de temps après la germination. Dans les parties de l'axe voisines de la fleur, les entre-nœuds se raccourcissent, les feuilles se rapetissent et changent souvent de forme et de couleur; enfin, quand l'axe est parvenu au point où il doit se terminer par une fleur, les feuilles, au lieu de s'échelonner en spirale, ou de s'opposer par paires, comme cela a lieu dans la plupart des cas, se rapprochent en groupes circulaires, et forment des verticilles de structure différente, superposés les uns aux autres; chacun de ces verticilles alterne ordinairement avec ses voisins; disposition qui a pour résultat d'espacer autant que possible sur une étroite surface toutes les feuilles de la fleur.

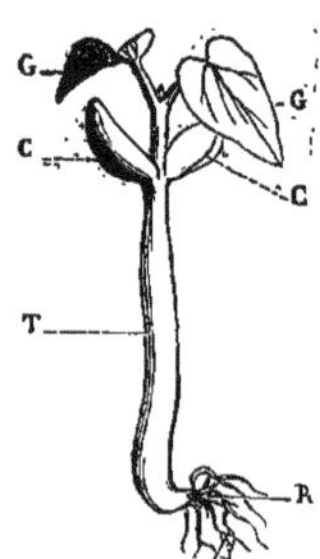

20. Haricot en germination.

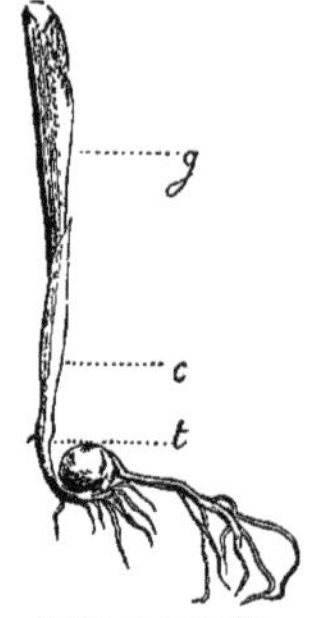

21. Maïs en germination.

Les feuilles des trois premiers verticilles floraux (*sépales*, *pétales*, *étamines*) n'ont pas de bourgeon à leur aisselle ni sur leurs bords; les feuilles du pistil seul (*carpelles*) sont destinées à produire des bourgeons et à les protéger : le long de chaque bord du carpelle (*placentaire*) naissent des cordons nourriciers (*funicules*) portant chacun un petit bourgeon (*graine*); chaque bourgeon se compose : 1° d'une enveloppe protectrice, 2° d'une plantule ou embryon, semblable à celle qui a été notre point de départ, et destinée, par conséquent, à recommencer la Plante.

Ce bourgeon offre avec le bourgeon ordinaire, malgré la dissemblance apparente qui les sépare, une analogie très-remarquable. Tous deux naissent d'un nœud vital sous la protection d'une feuille; leur destination est la même, car tous deux sont chargés de reproduire la Plante : ils ne diffèrent que par les conditions de leur existence : le *bourgeon-graine* a eu besoin, pour se développer, de l'action fécondante du pollen; il n'a fallu au *bourgeon-branche*, pour répéter la Plante-mère, que la force végétative du nœud vital. En outre, le *bourgeon-branche* multiplie la Plante, sans se séparer d'elle, tandis que le *bourgeon-graine* s'en sépare toujours, et peut aller au loin reproduire le Végétal qui lui a donné naissance.

Il y a des cas où le *bourgeon-branche* peut être séparé artificiellement de la Plante-mère, et la propager. Cette reproduction est fondée sur la propriété que possède la tige d'émettre de sa surface des racines supplémentaires, qu'on nomme *racines adventives* (*radices adventitiæ*). Tantôt la jeune branche, garnie de boutons, est détachée de sa tige et plantée en terre; la partie enterrée ne tarde pas à pousser des racines, et le nouvel individu possède une existence indépendante : c'est ce qu'on nomme *bouture* (*talea*); tantôt la branche tenant au tronc est entourée de terre humide, et y pousse des racines, qui bientôt, prenant assez de force pour suffire seules à l'alimentation de la branche, permettent de séparer celle-ci de la Plante-mère : c'est ce qu'on nomme *marcotte* (*malleolus*); tantôt, enfin, au lieu de planter dans le sol le bourgeon-branche que l'on a séparé de la Plante-mère, on l'implante sur un autre Végétal, dont la séve est analogue à la sienne, de manière à mettre en contact les parties des deux individus où circule cette séve; alors le bourgeon-branche se développe comme à sa place naturelle : c'est ce qu'on nomme *greffe* : l'individu sur lequel on implante la greffe s'appelle *sujet*.

Il y a des cas où le *bourgeon-branche*, placé à l'aisselle des feuilles ordinaires, se sépare spontanément de la Plante-mère comme un bourgeon-graine, tombe sur le sol, y pousse des racines, et devient un individu isolé, qui produit de nouveaux êtres : c'est ce qu'on nomme *bulbille* (*bulbillus*) (*Lis bulbifère*, fig. 22, B).

22. Lis bulbifère. Portion de tige.

La faculté de produire (naturellement ou par des procédés artificiels) des bourgeons et des racines adventives n'appartient pas toujours exclusivement à la tige. La racine la possède aussi chez un grand nombre de Végétaux. Le physiologiste Duhamel, ayant *retourné* un arbre en plantant ses branches dans la terre, vit les racines se couvrir de bourgeons, en même temps que les branches enterrées produisaient des racines. Dans quelques cas, la racine, divisée mécaniquement, peut reproduire la Plante. C'est ce qu'on observe dans le *Paulownia* et le *Cognassier du Japon*, dans le *Maclura*, arbre de l'Amérique du Nord, voisin du *Mûrier*. Si l'on coupe une racine de *Paulownia* en rondelles minces, chaque rondelle, mise en terre, donnera un arbre complet.

La feuille même possède, chez quelques Végétaux, cette faculté reproductrice. Nous mentionnerons, comme exemples naturels, dans les Plantes indigènes, le *Cresson d'eau*, la *Cardamine des prés*, le *Malaxis des marais*, etc.; et dans les exotiques le *Bryophyllum calycinum* (fig. 23), Plante grasse des régions tropicales, dont la feuille produit, à l'extrémité de ses nervures latérales, des bourgeons pourvus de racine, tige et feuilles, qui se détachent spontanément et s'enracinent dans le sol; ces bourgeons sont de véritables embryons ou plantules, qui n'ont pas eu besoin de la fécondation pour se développer; et l'on peut considérer la feuille du *Bryophyllum* comme un carpelle qui est resté étalé, et dont les graines se sont développées par l'action des seules forces nutritives. Cette fécondité du *Bryophyllum* complète l'analogie entre le *bourgeon* proprement dit et l'embryon fécondé.

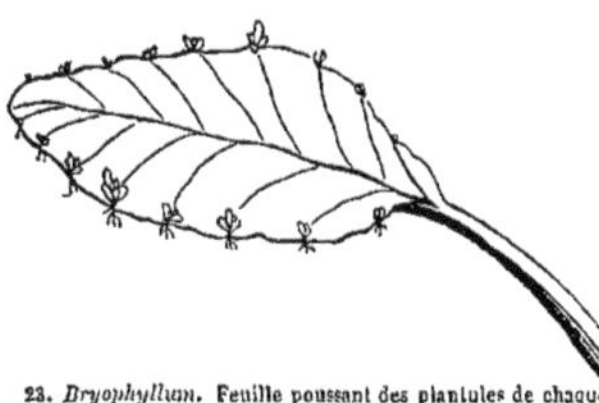

23. *Bryophyllum*. Feuille poussant des plantules de chaque crénelure.

Parmi les exemples de reproduction artificielle fournis par les feuilles, on doit placer en première ligne les *Bégonias*, Plantes herbacées de l'Asie et de l'Amérique tropicale. Si l'on pose une feuille de *Bégonia* sur un sol humide, et si l'on pratique des incisions transversales sur les nervures, on verra naître de chaque incision des racines et un bourgeon, et l'on obtiendra autant de *Bégonias* que la feuille aura reçu de blessures. On peut observer la même vitalité dans quelques Plantes ligneuses. Nous citerons principalement l'*Oranger* : que l'on place dans des conditions convenables de chaleur et d'humidité une feuille d'Oranger récemment arrachée de sa tige, il se forme autour de la plaie du pétiole un petit bourrelet, véritable *nœud vital*, d'où émanent bientôt des racines et des bourgeons, et de cette feuille naît un arbre qui se développe, fleurit et fructifie comme les Orangers provenant de graines.

Dans l'exposé sommaire que nous terminons, il ne s'agit que de l'organisation des Végétaux supérieurs dont la fructification est bien distincte, et qu'on a, pour cette raison, nommés *cotylédonés* ou *phanérogames* (*Plantæ cotyledoneæ, Pl. phanerogamæ*) : nous verrons cette organisation se simplifier dans d'autres Végétaux, qui ne possèdent ni étamines, ni pistils bien caractérisés, ni graine composée de tigelle, radicule, gemmule, et cotylédons; cette absence de cotylédons a fait donner à toutes les Plantes où on l'observe le nom de *acotylédones* (*Pl. acotyledoneæ*), et l'obscurité qui enveloppe leur mode de reproduction les a fait nommer *cryptogames* (*Pl. cryptogamæ*).

# ORGANOGRAPHIE ET GLOSSOLOGIE.

## RACINE.

La *racine* (*radix*) est la partie du Végétal qui se dirige vers le centre de la terre : elle ne se colore pas en vert, même au contact de la lumière, et ne produit *normalement* ni feuilles ni bourgeons. Elle sert à fixer la Plante au sol, et à y puiser la nourriture nécessaire à l'accroissement du Végétal.

La racine manque dans quelques Plantes qui se développent sur d'autres Végétaux, se nourrissent de leur substance, et sont, à cause de cela, nommées *parasites* (*Plantæ parasiticæ*). Tel est le *Gui*, qui s'implante sous l'écorce de certains arbres par la base dilatée de sa tige.

La racine tantôt reste *simple*, tantôt elle se ramifie très-irrégulièrement. Son axe ou ses branches se terminent par des filets très-menus, dont l'ensemble constitue ce que l'on nomme le *chevelu* (*fibrillæ*); les extrémités de ces filets, étant d'un tissu mou et lâche, ont reçu le nom de *spongioles* (*spongiolæ*). Les cheveux du *chevelu* périssent chaque année, comme les feuilles, et il en naît de nouveaux sur les parties les plus jeunes de la racine.

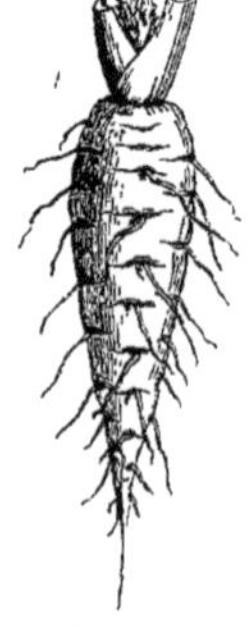

24. Carotte.
Racine pivotante.

25. Paturin.
Racine fibreuse.

26. Filipendule.
Racine noueuse.

27. Dahlia.
Racine tubéreuse.

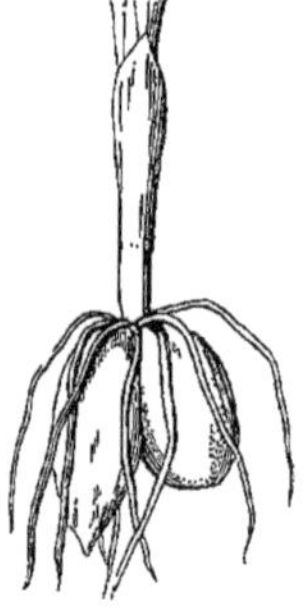

28. Orchis.
Racine fibreuse-tubéreuse.

Les racines à *base unique*, qui s'enfoncent verticalement dans le sol, sont dites *pivotantes* (*radix perpendicularis*). Tantôt leur tronc principal ou *pivot* se ramifie (*Giroflée*, fig. 1), tantôt il reste presque simple (*Carotte*, fig. 24).

Les racines à *base multiple* sont des faisceaux, naissant du collet pour remplacer le pivot primitif, ordinairement simple, qui a péri peu après la germination. — La racine est dite *fibreuse* (*radix fibrosa*), quand le faisceau partant du collet se compose de filets minces, allongés, et peu ou point rameux (*Paturin*, fig. 25); — *noueuse* (*r. nodosa*), quand les fibres se renflent de distance en distance (*Filipendule*, fig. 26); — *tubéreuse* (*r. tuberosa*), lorsque le faisceau se compose de fibres très-renflées à leur milieu, véritables dépôts de fécule, destinés à alimenter la Plante (*Dahlia*, fig. 27). — Les *Orchis* ont une racine tout à la fois *fibreuse* et *tubéreuse* (fig. 28), les masses ovoïdes ou en griffe sont des réservoirs de sucs, et les fibres cylindriques sont des organes d'absorption. — Les *Safrans* jeunes présentent le même renflement dans leurs fibres radicales.

La tige, avons-nous dit, a la propriété d'émettre des racines dites *adventives;* ces racines tantôt sont provoquées artificiellement (*boutures, marcottes*), tantôt se développent spontanément sur les nœuds des tiges; les unes naissent à une hauteur souvent très-considérable, et descendent peu à peu vers le sol pour s'y enfoncer : on les nomme racines *aériennes* (*Lianes* et *Orchidées* épiphytes); les autres naissent sur les rameaux inférieurs des Plantes rampantes : on les nomme racines *accessoires* (*Fraisier, Lierre terrestre*).

# TIGE.

La *tige* (*caulis*) est la partie de l'axe végétal qui croît en sens inverse de la *racine*. Elle se ramifie au moyen de *bourgeons*, naissant à l'aisselle des *feuilles* ou expansions latérales qu'elle a produites (fig. 1).

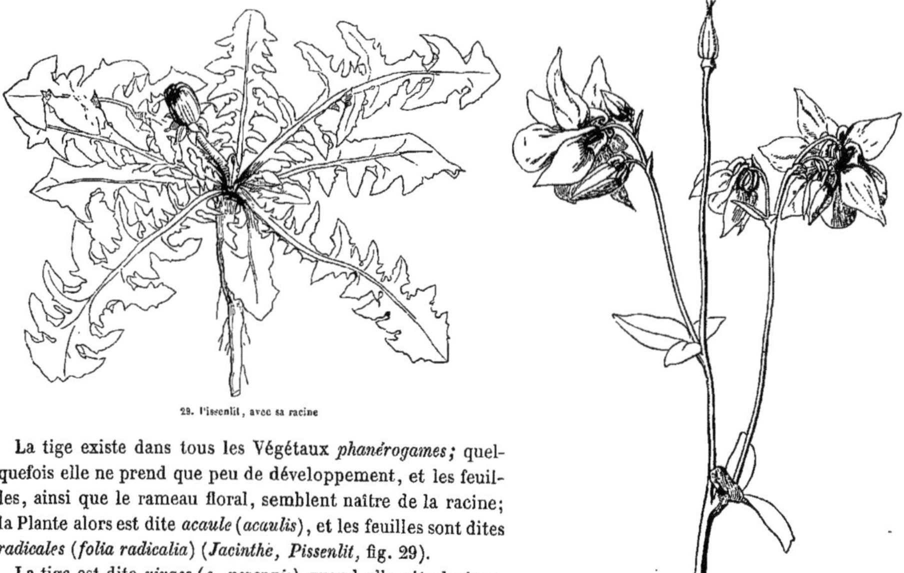

29. Pissenlit, avec sa racine

30. Ancolie. Tige définie.

La tige existe dans tous les Végétaux *phanérogames;* quelquefois elle ne prend que peu de développement, et les feuilles, ainsi que le rameau floral, semblent naître de la racine; la Plante alors est dite *acaule* (*acaulis*), et les feuilles sont dites *radicales* (*folia radicalia*) (*Jacinthe, Pissenlit*, fig. 29).

La tige est dite *vivace* (*c. perennis*) quand elle vit plusieurs années (*Fraisier*); — *annuelle* (*c. annuus*), quand elle ne vit qu'un an (*Froment*); — *bisannuelle* (*c. biennis*), quand elle vit deux ans (*Carotte*); la tige bisannuelle ne produit ordinairement, la première année, que des feuilles; la seconde année, elle meurt après avoir fleuri.

La tige est *herbacée* (*c. herbaceus*), lorsqu'elle est molle et facile à briser: telles sont les tiges annuelles, bisannuelles, et beaucoup de vivaces; — la tige est *ligneuse* (*c. lignosus, fruticosus*), quand elle forme un bois solide, qui persiste après son endurcissement (*Chêne*).

On la dit *sous-ligneuse* (*c. suffruticosus*), lorsque sa base seule est dure, et persiste hors de terre plusieurs années, tandis que les rameaux et les extrémités des branches périssent et se renouvellent tous les ans (*Rue, Thym, Sauge, Douce-amère*). — On a donné le nom de *tronc* à la tige ligneuse des arbres.

La tige est dite *indéfinie* (*c. indeterminatus*), lorsqu'elle ne fleurit que par l'intermédiaire des axes secondaires nés à l'aisselle de ses feuilles, et que, rien ne mettant un terme à sa végétation, elle peut s'allonger indéfiniment (*Pervenche*, *Mouron*, fig. 31).

31. Mouron. Tige indéfinie.

La tige est *définie* (*c. determinatus*), lorsque tous ses axes se terminent par des fleurs, et ne peuvent par conséquent se prolonger indéfiniment (*Campanule*, fig. 159; *Ancolie*, fig. 30).

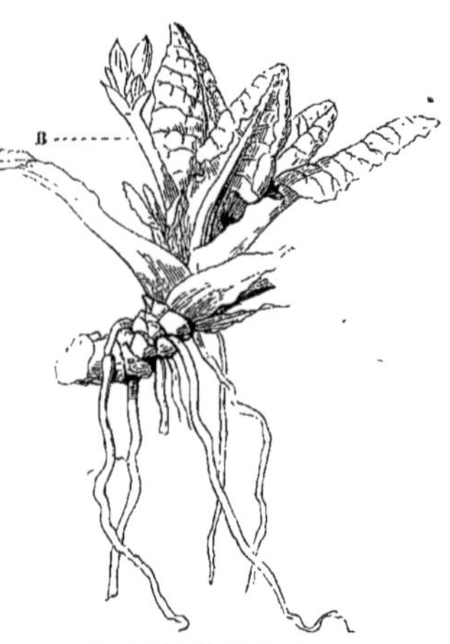

32. Primevère. Rhizôme indéfini.

La tige est dite *aérienne*, quand elle végète complétement hors du sol (*Giroflée*, fig. 1).

Le *rhizôme*, ou *souche souterraine* (*rhizoma*), est une tige qui rampe obliquement ou horizontalement au-dessous ou au niveau de la superficie du sol; sa partie antérieure émet des racines fibreuses, des feuilles et des bourgeons; sa partie postérieure se détruit peu à peu par l'âge.

Le rhizôme est *indéfini* (*rh. indeterminatum*) lorsqu'il se prolonge dans le sol à l'aide d'un bourgeon terminal qui le continue indéfiniment, et que, tout en poursuivant sa marche souterraine, il émet latéralement des bourgeons qui montent hors de terre, s'épanouissent et portent fleur. Le rhizôme indéfini ne fleurit jamais immédiatement, puisque toutes ses fleurs sont produites par des bourgeons latéraux, et qu'il s'allonge sous terre sans discontinuation. Ainsi, dans la *Primevère* (fig. 32) l'extrémité antérieure du rhizôme émet un bouquet de feuilles, au centre desquelles est le bourgeon qui doit continuer indéfiniment la souche; à l'aisselle de l'une d'elles est le rameau floral (B). Après la floraison, la partie aérienne des feuilles se détruit; mais leurs bases, qui étaient restées souterraines, persistent, et à leur aisselle naissent des racines accessoires.

33. Iris. Rhizôme défini.

Le rhizôme est *défini* (*rh. determinatum*), lorsque, après avoir produit latéralement une

34. Arum. Rhizôme défini.

ou plusieurs branches qui prennent sa place et rampent comme lui, il se redresse, vient au jour, et termine son existence par un rameau fleuri. Dans les *Iris* (fig. 33), les *Arums* (fig. 34 et 35), les bases des feuilles se confondent avec la masse charnue du rhizôme, et ne laissent, après la destruction de la partie aérienne, que des plaques desséchées.

35 Arum. Rhizôme défini, coupé verticalement, montrant deux bourgeons, dont l'un plus jeune, entier.

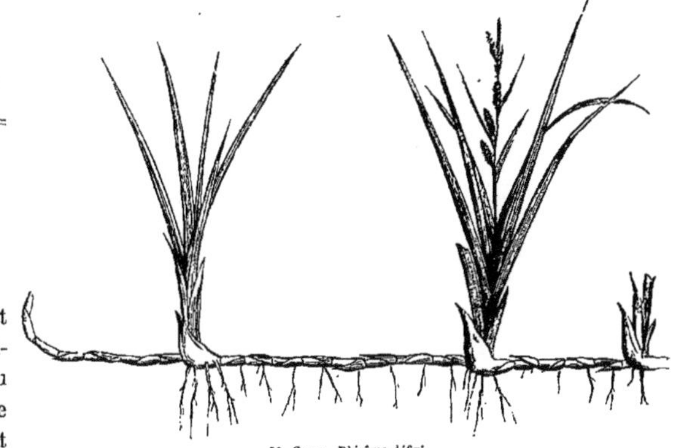

36. Carex. Rhizôme défini.

Dans les *Carex* (fig. 36), chaque jet reste souterrain pendant la première année de son existence; il se redresse au printemps de la deuxième année, pousse une touffe de feuilles aériennes, et émet à l'aisselle de ses feuilles inférieures un bourgeon qui s'allonge à son tour pendant sa première année, comme l'a fait, l'année précédente, le jet dont il émane. A l'automne, le jet âgé de deux ans perd ses feuilles; mais l'axe, abrité par les bases persistantes de ces mêmes feuilles, s'allonge au printemps de la troisième année, et se termine par des fleurs, dont l'évolution signale le terme de son existence.

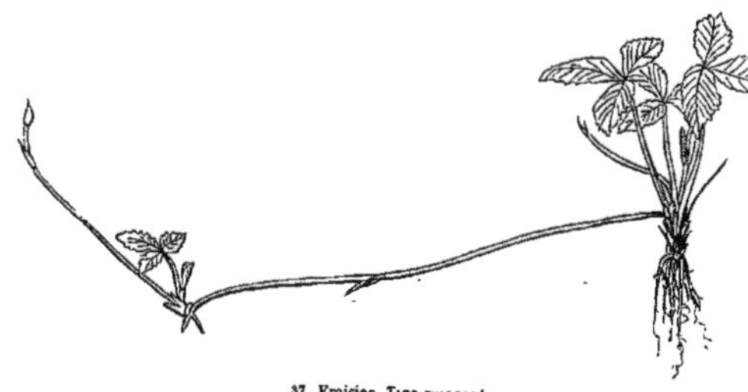

37. Fraisier. Tige rampante.

L'automne suivant, la tige fleurie périt, ainsi que les feuilles du milieu desquelles elle s'est élevée, et la souche elle-même qui les portait se détruit peu à peu; mais le jet de la seconde année qui la précède, et qui a produit une touffe de feuilles, fleurira à son tour l'année suivante. — L'accroissement d'un jet de *Carex* demande donc trois ans pour s'accomplir.

La tige est dite *stolonifère* (*c. stolonifer*) lorsque de l'aisselle de ses feuilles inférieures il naît un bourgeon qui s'allonge en *coulant* (*flagellum*) sur le sol, développe ses feuilles à son extrémité, puis se redresse et produit, au-dessous de la touffe de feuilles qui le termine, des racines fibreuses qui s'enfoncent dans le sol (*Renoncule rampante, Fraisier* (fig. 37). On nomme *propacule* (*propaculum*) la touffe ou rosette de feuilles, produite sur le jet latéral des Plantes grasses (*Joubarbe*).

La tige peut offrir à la fois des *stolons* et des *rhizômes*, c'est-à-dire que, parmi les rameaux inférieurs, les uns sont *souterrains*, les autres aériens et rampants (*Lycope*).

Le *bulbe* (*bulbus*) (*Lis*, fig. 38) est une souche souterraine arrondie, composée, 1° d'un *plateau* (L)

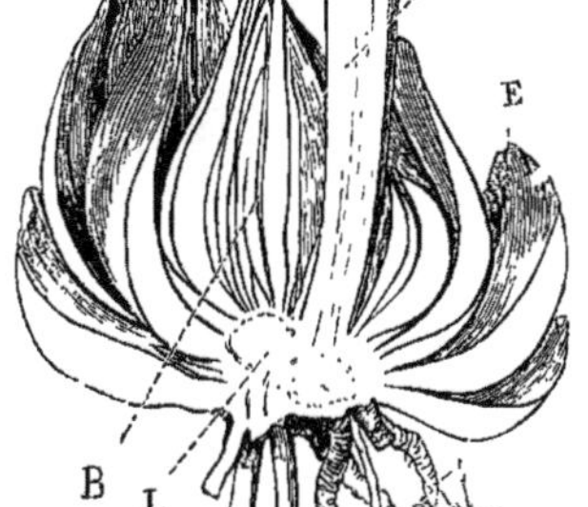


38. Lis. Bulbe écailleux, coupé verticalement.

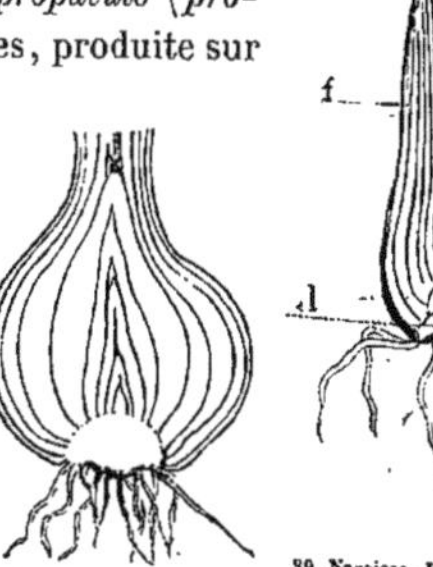

40. Poireau. Bulbe tuniqué.



39. Narcisse. Bulbe tuniqué. *l*, lécus; *t*, tige; *f*, feuilles

(*lecus*) charnu, plus ou moins convexe, qui inférieurement donne naissance à des racines; 2° de *tuniques* ou d'*écailles* (E) charnues, portées par le plateau et serrées les unes contre les autres; 3° d'un bourgeon plus ou moins central (T), également porté par le plateau, protégé par les tuniques, et formé de feuilles et de fleurs rudimentaires; 4° d'un ou plusieurs bourgeons latéraux (B) destinés à répéter la Plante. Les bourgeons latéraux sont nommés *caïeux* (*bulbuli*).

Le bulbe est dit *tuniqué* (*bulbus tunicatus*), lorsque les feuilles extérieures forment autour de la base de la tige des gaînes complètes qui s'emboîtent les unes dans les autres (*Narcisse*, fig. 39; *Oignon*, fig. 40).

Le bulbe est dit *écailleux* (*bulbus squamosus*) quand les feuilles sont étroites, presque planes, et s'imbriquent sur plusieurs rangs (*Lis*, fig. 38).

Le bulbe est dit *solide* (*bulbus solidus*), quand les bases des feuilles sont très-serrées et confondues avec le plateau, de sorte que celui-ci semble constituer la presque totalité de la souche : c'est ce qu'on voit dans le *Colchique* (fig. 41).

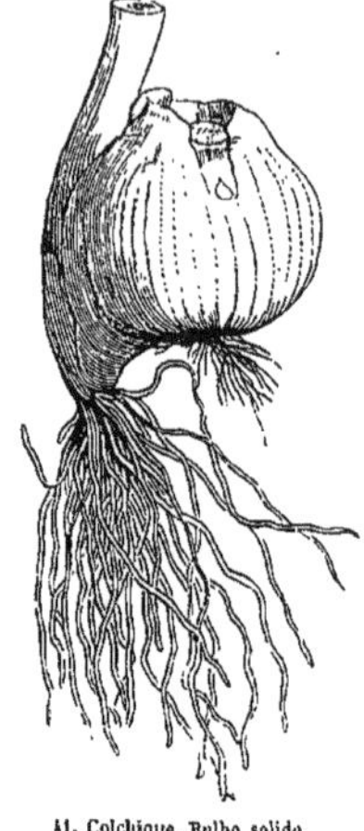
41. Colchique. Bulbe solide.

Dans le *Safran* (fig. 42), la souche souterraine se compose de deux ou trois bulbes solides posés les uns sur les autres comme les grains d'un chapelet : ce qui leur a fait donner le nom de *bulbes superposés*. Le bulbe primitif (1) se termine par une fleur, mais il a émis latéralement un bourgeon qui doit perpétuer la Plante. Après la floraison, il se renfle considérablement pour alimenter le bourgeon destiné à lui succéder; celui-ci fleurit à son tour l'année suivante, et émet un bourgeon comme son prédécesseur; pour nourrir ce bourgeon, il se gonfle de sucs, et forme un bulbe (2) qui se superpose au bulbe primitif; alors celui-ci se détruit peu à peu. A l'époque de la floraison du troisième bourgeon (3), des racines adventives naissent à la base du second bulbe, qui bientôt se flétrit et se dessèche comme le premier. Les mêmes phénomènes se renouvellent successivement pour les générations suivantes. — Souvent il naît sur les côtés du bulbe médian un caïeu latéral, qui se détache de la Plante-mère et devient un nouvel individu.

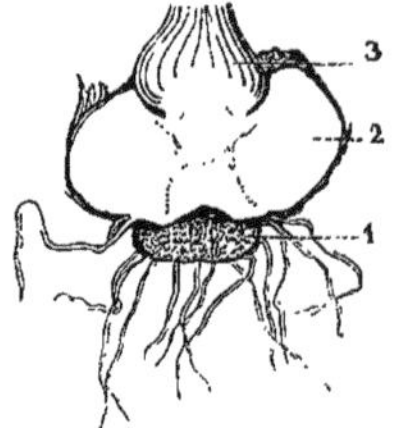

42. Safran. Bulbes superposés.

En comparant les *rhizômes* aux *bulbes*, il est facile de reconnaître que ces deux sortes de souches ne diffèrent que par le plus ou le moins de longueur du plateau, et la consistance plus ou moins charnue des feuilles souterraines. On peut donc considérer le *rhizôme* comme un *bulbe* à plateau très-allongé horizontalement, de même qu'on peut voir dans le *bulbe* un *rhizôme* raccourci à feuilles charnues. La souche en chapelet du *Safran* établit une transition entre le *bulbe* et le *rhizôme*, et l'on peut tout aussi bien y voir un *rhizôme* croissant verticalement, que des *bulbes* superposés.

Les racines des *Orchis*, tout à la fois *fibreuses* et *tubéreuses*, appartiennent à un véritable *bulbe*, qui ne diffère des bulbes ordinaires que par le renflement de quelques-unes des fibres radicales. Les deux tubérosités sont tantôt ovoïdes (fig. 43), tantôt conformées en griffe (fig. 44); elles sont inégales : l'une (T. 1) est foncée en couleur, ridée, flasque, et semble épuisée de sucs : c'est d'elle que naît la tige aérienne terminée par des fleurs; l'autre (T. 2) est plus volumineuse, plus blanche, plus succulente, et souvent terminée par des fibres très-développées (F); elle porte de même un bourgeon (B. 2) à la base duquel naissent des racines fibreuses. — Les deux tubérosités (fig. 45) se tiennent en haut par un col ou pédicule très-court (P. 1). Ce col continue la tubérosité ancienne (T. 1); il s'étend dans la nouvelle (T. 2), et c'est de lui que partent, comme d'un collet, inférieurement la tubérosité (T. 2), supérieurement un bourgeon feuillé (B. 2) qui doit, l'année suivante, se terminer par une tige fleurie; entre ce gros bourgeon et la vieille tige, on peut, par une coupe verticale, distinguer un troisième bourgeon plus petit (B. 3),

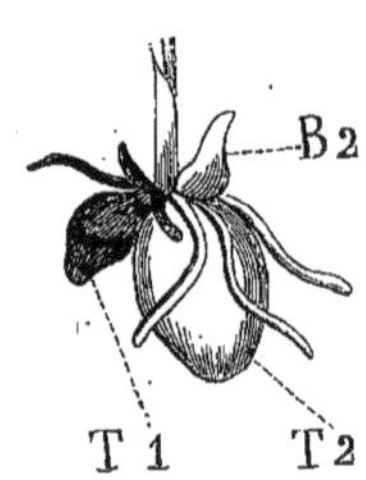

43. Orchis-salep. Racine tubéreuse.

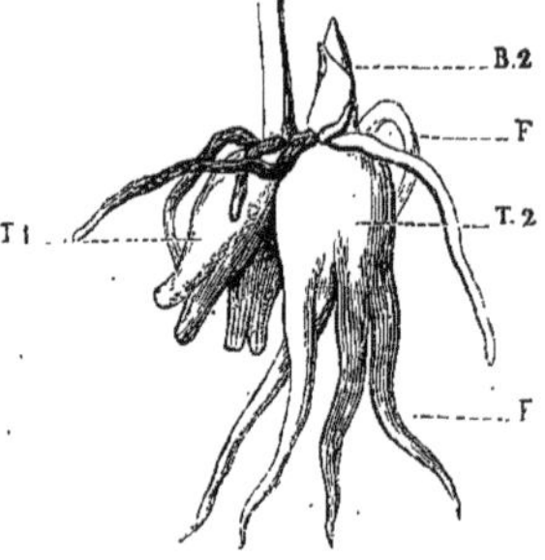

44. Orchis tacheté. Racine tubéreuse palmée.

né de la jeune tubérosité et destiné à lui succéder la troisième année. — Il y a donc dans la souche de l'*Orchis* trois générations, dont chacune met deux années à se développer et périt à la fin de la troisième, après avoir fleuri; c'est ce qu'on voit aussi dans les *Carex*, les *Safrans* et les *bulbes* ordinaires.

45. Orchis tacheté. Racine tubéreuse palmée coupée verticalement.

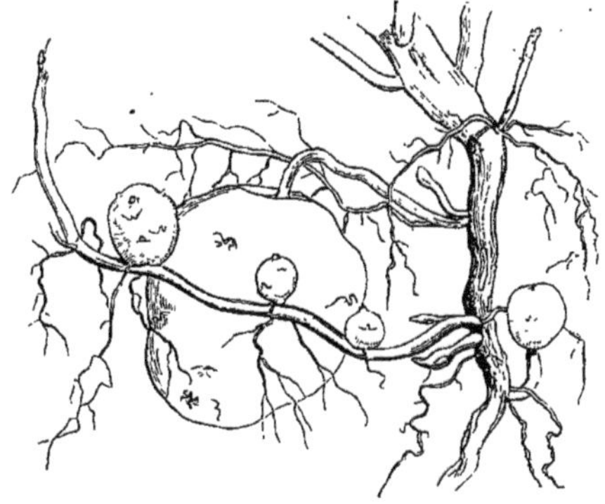

46. Pomme-de-terre. Rameaux souterrains portant des tubercules.

On a donné le nom de *tubercules* (*tubera, tubercula*) à des extrémités de rameaux rampant sous le sol, et gonflés de fécule. Ces renflements portent des feuilles rudimentaires, à l'aisselle desquelles sont des *yeux* ou bourgeons. Ces bourgeons, en se développant, fournissent une tige droite : c'est ce qu'on voit dans le *Topinambour* et la *Pomme-de-terre* (fig. 46). On peut provoquer la formation des tubercules en entourant de terre la partie inférieure des tiges; si on ne l'entoure pas de paille, le tubercule est moins renflé; si la paille est assez peu serrée pour que la tige reçoive l'influence de la lumière, les rameaux verdissent, et produisent des bourgeons de feuilles en rosette.

Les *crampons* (*fulcra*) sont des espèces de racines aériennes, qui naissent à l'aisselle des feuilles ou sur divers points de la tige dans certains Végétaux grimpants (*Lierre*, fig. 47) et servent à les fixer sur les murs ou sur les arbres : ces organes n'exercent alors aucune absorption; mais ils fonctionnent comme des racines ordinaires quand ils sont mis en contact avec un sol convenable, comme on le voit dans le *Lierre* cultivé pour bordures.

47. Lierre. Tige à crampons.

Les *suçoirs* (*haustoria*) sont de petites verrues garnissant certaines tiges parasites (*Cuscute*, fig. 48), véritables racines supplémentaires, qui se collent aux Plantes voisines, et puisent dans leur substance les sucs nutritifs.

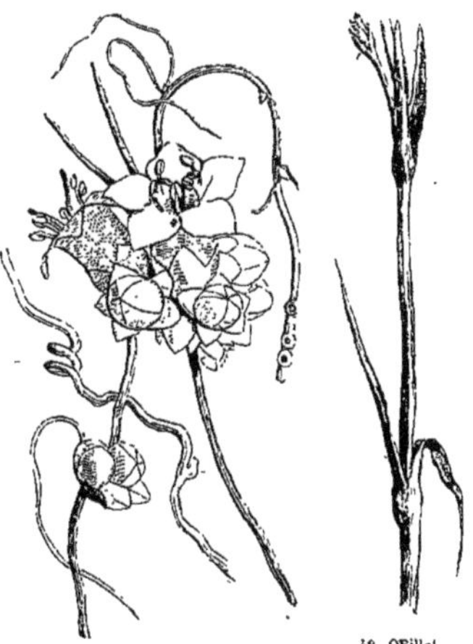

48. Cuscute. Tige à suçoirs. (g.)

49. Œillet. Tige noueuse.

La tige est dite *cylindrique* (*caulis cylindricus, teres*), lorsque sa coupe transversale offre la figure d'un disque (*Chou*); — *comprimée* (*c. compressus*), lorsque sa coupe transversale figure une ellipse, comme si elle avait été aplatie sur deux côtés opposés (*Millepertuis toute-saine*); — *triangulaire* (*c. triangularis, trigonus*), lorsque sa coupe représente trois côtés (*Carex*); — *carrée* (*c. quadrangularis, tetragonus*), lorsqu'elle offre quatre angles droits (*Lamium*); — *pentagone* (*c. quinquangularis, pentagonus*), lorsqu'elle offre cinq faces et cinq angles (*Ronce*).

La tige est dite *glabre* (*c. glaber*), quand elle ne présente aucun poil (*Prêle*); — *lisse* (*c. lævis*), lorsque, étant glabre, elle n'offre aucune aspérité, et que sa surface est très-unie (*Tulipe*); — *raboteuse* (*c. scaber, asper*), lorsque sa surface présente de petites inégalités (*Carotte*); — *striée* (*c. striatus*), quand elle est relevée de petites lignes saillantes et longitudinales, nommées *stries* (*striæ*) (*Oseille*); — *ailée* (*c. alatus*), quand elle est garnie d'expansions foliacées (*Consoude*, fig. 66); — *noueuse* (*c. nodosus*), quand ses nœuds vitaux sont sensiblement proéminents (*Œillet*, fig. 49); — *poilue* (*c. pilosus*), quand elle est parsemée de poils longs et écartés (*Géranium-Robert*); — *pubescente* (*c. pubescens*), quand elle est couverte de poils courts, mous et peu pressés (*Jusquiame*); — *laineuse* (*c. lanatus*), quand les poils sont longs, couchés, pressés et crépus (*Chardon*); — *cotonneuse* (*c. tomentosus*), quand le duvet qui la couvre est composé de poils courts, mous et entre-croisés (*Molène*); — *velue* (*c. villosus*), quand elle porte des poils longs, mous et rapprochés (*Myosotis*); — *hérissée* (*c. hirsutus*), quand elle porte des poils droits et roides (*Bourrache*); — *hispide* (*c. hispidus*), quand les poils sont droits, roides et très-longs (*Coquelicot*). — Nous décrirons plus tard la structure anatomique des *poils*.

La tige est dite *aiguillonnée* (*c. aculeatus*), lorsque les poils qui la couvrent s'épaississent, s'endurcissent, et se terminent par une pointe aiguë et piquante. Les *aiguillons* (*aculei*) appartiennent toujours à l'épiderme ou à l'écorce du Végétal, et s'enlèvent avec eux (*Rosier*, fig. 50). — La tige est dite *épineuse* (*c. spinosus*), lorsque des fibres appartenant à la partie ligneuse de la tige s'allongent en pointe dure. Les *épines* (*spinæ*) sont ordinairement des rameaux dégénérés ou avortés (*Prunier épineux*, fig. 51), qui, lorsqu'ils sont placés dans des circonstances plus favorables, produisent des feuilles et des bourgeons.

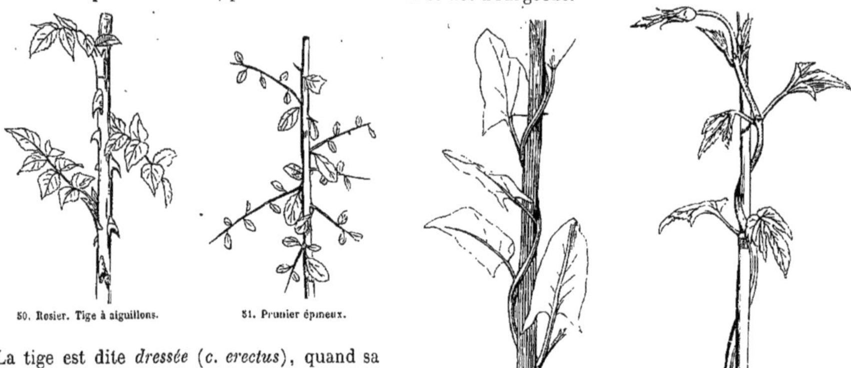
50. Rosier. Tige à aiguillons. 51. Prunier épineux. 52. Liseron. Tige volubile. 53. Houblon. Tige volubile.

La tige est dite *dressée* (*c. erectus*), quand sa direction est verticale relativement à l'horizon (*Giroflée*, fig. 1); — *couchée* (*c. procumbens, prostratus*) lorsque, étant trop faible pour se soutenir, elle s'étend horizontalement sur la terre, et ordinairement d'un seul côté (*Centinode*); — *étalée* (*c. patulus*), lorsque plusieurs rameaux partent du collet, et s'écartent dans tous les sens, en s'étendant horizontalement sur le sol (*Mouron*); — *ascendante* (*c. ascendens*), quand, après avoir été horizontale ou oblique à sa base, elle se redresse à son extrémité (*Véronique petit-Chêne*); — *rampante* (*c. repens*), lorsque, étant couchée, elle se fixe au sol par des racines adventives, naissant de ses nœuds vitaux (*Fraisier*, fig. 37); — *grimpante* (*c. scandens*), lorsqu'elle s'élève sur les corps environnants, et s'y attache, soit par des *crampons* (*Lierre*, fig. 47), soit par des *suçoirs* (*Cuscute*, fig. 48), soit par des *vrilles* (*Vigne*, fig. 130; *Melon*, fig. 61); — la tige grimpante est dite *volubile* (*c. volubilis*), lorsqu'elle s'enroule autour des corps voisins en formant une spirale, qui monte, soit de gauche à droite (*c. dextrorsum volubilis*) (*Liseron*, fig. 52), soit de droite à gauche (*c. sinistrorsum volubilis*) (*Houblon*, fig. 53), du côté du spectateur placé en face de sa convexité.

Les rameaux ont une direction qui dépend de celle des feuilles à l'aisselle desquelles ils sont nés; ils sont ou *alternes* (*rami alterni*) (*Rosier*), ou *opposés* (*r. oppositi*) (*Valériane*), ou *verticillés* (*r. verticillati*) (*Pin*). — La tige à rameaux opposés est *dichotome* (*caulis dichotomus*) (*Mâche*), ou *trichotome* (*caulis trichotomus*) (*Laurier-rose*), quand elle va toujours se bifurquant ou se trifurquant jusqu'à sa dernière ramification.

# FEUILLES.

Les *feuilles* (*folia*) sont des expansions, ordinairement planes, vertes et horizontales, naissant des nœuds vitaux de la tige, et résultant de l'épanouissement d'un faisceau de fibres, dont les ramifications laissent entre elles des intervalles que remplit le parenchyme. Le point de la tige qui sert de base à la feuille, et dont celle-ci est la continuation, forme un pétit renflement nommé *coussinet* (*pulvinus*) (fig. 54, c), qui, quand la feuille est tombée, se montre distinct avec la cicatrice (F) laissée par le pétiole, et le bourgeon (B).

F C B

54. Glycine. Rameau montrant ses bourgeons après la chute des feuilles.

Les *feuilles* sont, avec les *racines*, les organes principaux de la nutrition : elles absorbent dans l'atmosphère les substances gazeuses et liquides qui peuvent servir à l'accroissement du Végétal. En outre, elles servent à la transpiration et à l'exhalation des matières devenues inutiles à la végétation, et c'est dans leur tissu que la séve, absorbée par la racine, et transmise par la tige, se dépouille des sucs aqueux qu'elle contient, et acquiert toutes ses qualités nutritives.

Les feuilles sont, de tous les organes de la Plante, ceux qui présentent le plus de modifications, et dont on tire le plus de caractères pour la distinction des Espèces.

Lorsque le faisceau fibreux qui doit former les feuilles reste indivis dans une certaine longueur avant de s'épanouir, pour former le *limbe* (*limbus*), il prend le nom de *pétiole* (*petiolus*), et la feuille est dite *pétiolée* (*fol. petiolatum*) (*Cerisier*, fig. 6); — lorsqu'il se ramifie au point même où il se dégage du nœud vital, la feuille est réduite à son *limbe*, et on la dit *sessile* (*f. sessile*) (*Millepertuis*, fig. 3). — Souvent le limbe s'amincit insensiblement en pétiole (*Giroflée*), et la feuille est dite *sub-pétiolée* (*f. sub-petiolatum*). (La particule latine *sub*, placée devant les qualifications des diverses parties de la Plante, équivaut à l'adverbe français *presque*.)

**PÉTIOLE.** — Le *pétiole* est tantôt *cylindrique* (*p. cylindricus*); tantôt *canaliculé* (*p. canaliculatus*), c'est-à-dire creusé dans son milieu d'une gouttière longitudinale; tantôt *déprimé* (*p. depressus*), c'est-à-dire aplati dans le même sens que le limbe de la feuille; tantôt *comprimé* (*p. compressus*), c'est-à-dire que sa surface la

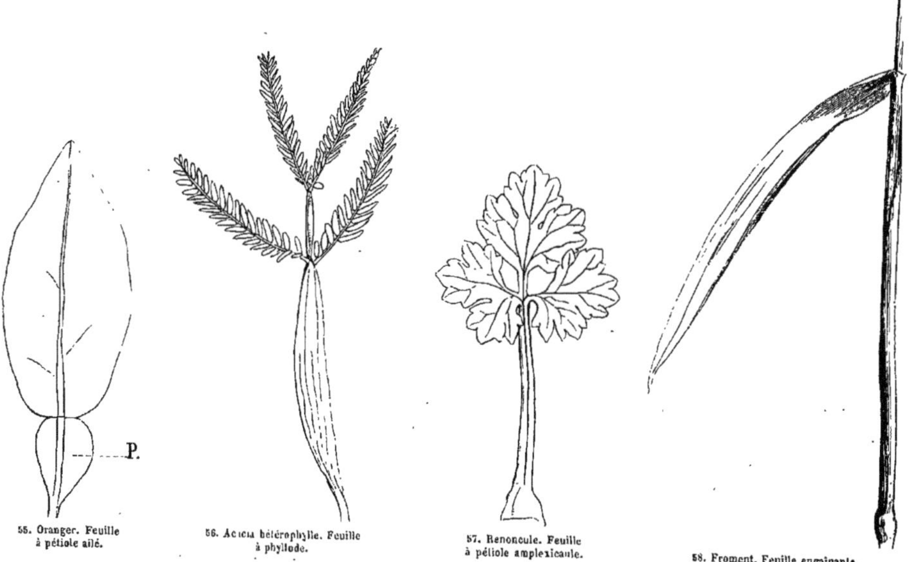


55. Oranger. Feuille à pétiole ailé.

56. Acacia hétérophylle. Feuille à phyllode.

57. Renoncule. Feuille à pétiole amplexicaule.

58. Froment. Feuille engaînante.

plus large, au lieu d'être continue avec le limbe, y aboutit à angle droit; alors il soutient mal le limbe, et la feuille tremblote au moindre vent (*Peuplier-tremble*).

Le pétiole est ordinairement *continu* (*p. continuus*) dans toute sa longueur (*Lierre*, fig. 47); quelquefois il est très-dilaté dans son milieu, et il figure une sorte de limbe séparé du limbe véritable par un étranglement : on le dit alors *ailé* (*p. alatus*) (*Oranger*, fig. 55, P), (*Acacia hétérophylle*, fig. 56); quelquefois même le limbe manque, et le pétiole dilaté en tient lieu. On a donné le nom de *phyllode* (*phyllodium*) au pétiole dilaté dont le limbe avorte, ou ne prend que peu de développement.

Le pétiole est élargi à sa base, quand le nœud vital dont il émane occupe une grande partie de la circonférence de la tige : tantôt le pétiole est élargi à sa base seulement, et on le dit *amplexicaule* (*p. amplexicaulis*) (*Renoncule*, fig. 57); tantôt il est élargi depuis sa base jusqu'au limbe, et il forme autour de la tige un fourreau : la feuille alors est dite *engaînante* (*folium vaginans*) (*Carex, Froment*, fig. 58).

59. Clématite. Feuille à pétiole contourné.

La direction du pétiole est ordinairement *droite*; dans quelques Plantes il se contourne pour s'accrocher aux corps environnants (*Clématite*, fig. 59).

**STIPULES.** — La feuille est dite *stipulée* (*fol. stipulatum*) lorsque son pétiole ou son limbe est muni, à sa base, d'appendices plus ou moins analogues à des feuilles. Ces appendices se nomment *stipules* (*stipulæ*) (*Pensée*, fig. 60).

60. Pensée. Feuille à stipules latérales.

Les stipules sont dites *persistantes* (*st. persistentes*), lorsqu'elles vivent autant que la feuille qu'elles accompagnent (*Pensée*, fig. 60); — *caduques* (*st. caducæ*), lorsqu'elles tombent avant la feuille, ou même se détachent au moment où le bourgeon se développe (*Saule, Chêne*).

Les stipules sont dites *foliacées* (*st. foliaceæ*), quand elles ont la couleur et la consistance des feuilles (*Pensée*, fig. 60); — *écailleuses* (*st. squamiformes*), quand elles sont étroites et minces comme des écailles; — *membraneuses* (*st. membranaceæ*), quand elles forment des lames minces, flexibles et presque transparentes; — *scarieuses* (*st. scariosæ*), quand elles forment des lames sèches et coriaces (*Hêtre, Saule, Charme*); — *épineuses* (*st. spinosæ*), quand, au lieu de s'élargir en lame, elles se resserrent et se durcissent en épines (*Robinia*, fig. 114); — *cirrhiformes* (*st. cirriformes*), lorsqu'elles s'allongent en vrille qui s'enroule autour des corps voisins (*Melon*, fig. 61). Nous conservons aux vrilles du *Melon* et des autres *Cucurbitacées* le nom de *stipules*, pour nous conformer à la glossologie adoptée par les Botanistes. Nous reviendrons sur cette question en traitant des *vrilles* page 24.

Les stipules sont dites *latérales* (*st. laterales*), quand elles naissent à droite et à gauche de la feuille (*Pensée*, fig. 60; *Robinia*, fig. 114); — *axillaires* (*st. axillares*), quand elles naissent entre la tige et la feuille elle-même : elles sont alors ordinairement soudées en une seule pièce. Tantôt la stipule axillaire n'occupe qu'une partie de la circonférence de la tige (*Drosera*), tantôt elle l'entoure complétement (*Sarrasin*, fig. 62). On a donné à cette dernière le nom d'*ochréa*.

61. Melon. Stipule en vrille.

62. Sarrasin. Stipule axillaire.

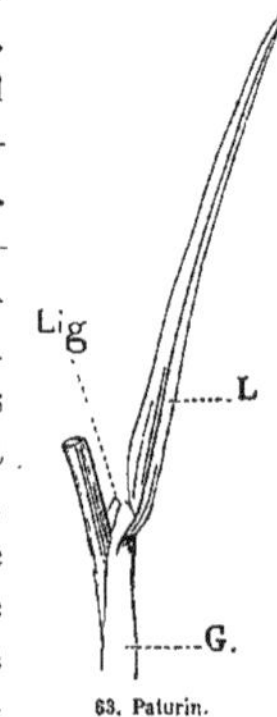


63. Paturin. Feuille à ligule.

La *ligule* ou *languette* des *Graminées* (*ligula*) (*Paturin*, fig. 63) n'est autre chose qu'une stipule *axillaire* (*Lig.*) située à la limite qui sépare le limbe (L) du pétiole roulé en gaîne (G); cette ligule peut être *entière, échancrée, déchiquetée, poilue*, etc.

Dans les feuilles *verticillées* des *Garances* (fig. 4) et autres *Rubiacées*, on ne considère comme de vraies feuilles que les deux opposées, qui protégent chacune un bourgeon à leur aisselle : les autres sont des stipules, tantôt *dédoublées* (quand il y en a plus de quatre), tantôt *soudées* (quand il y en a moins de quatre).

**NERVURES.** — Les *nervures* des feuilles sont dites *parallèles* (*nervi paralleli*), lorsque, au lieu de s'envoyer des fibres de communication, elles marchent le long du limbe de la feuille à égale distance les unes des autres, et sans se ramifier (*Iris,* fig. 34 et 79); — *rameuses* (*n. ramosi*), quand elles se subdivisent dans le limbe, et s'envoient des branches de communication : les nervures alors sont dites *anastomosées* (*n. anastomosantes*) (*Cerisier,* fig. 6).

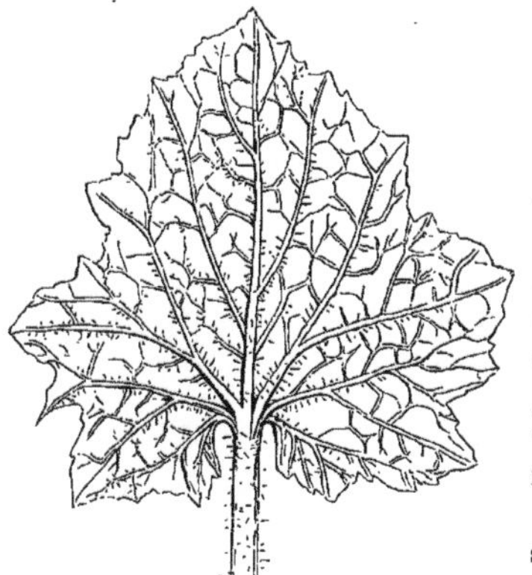
64. Melon. Feuille à nervures palmées.

Les nervures *rameuses* sont dites *pennées* (*n. pinnati*) et les feuilles sont dites *penninerviées* (*fol. penninervia*), quand des deux côtés de la nervure médiane partent des nervures latérales, disposées comme les barbes d'une plume à écrire (*Cerisier,* fig. 6); — *palmées* (*n. palmati*), quand la base du limbe émet plusieurs nervures primaires, divergentes et disposées comme les doigts de la main (*Melon,* fig. 64), et alors les feuilles sont dites *palminerviées* (*fol. palminervia*). Les nervures primaires sont seules palmées : les secondaires, tertiaires, etc., suivent la disposition *pennée.*

**POSITION DES FEUILLES.** — Les feuilles sont dites *radicales* (*f. radicalia*), quand elles semblent naître de la racine, c'est-à-dire qu'elles naissent très-près du *collet* (*Pissenlit,* fig. 29; *Plantain, Érophile,* fig. 65); — *caulinaires* (*f. caulina*), quand elles naissent sur la tige et sur les rameaux (*Rosier,* fig. 50).

65. Érophile. Feuilles radicales.

66. Consoude. Feuille décurrente.

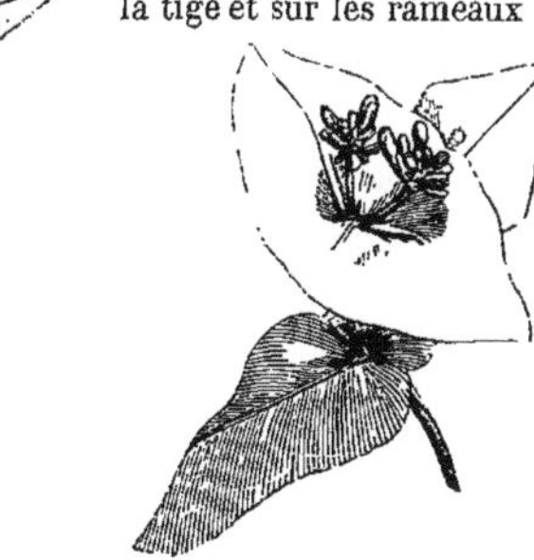
67. Chèvrefeuille. Feuilles confluentes.

68. Buplèvre. Feuille perfoliée.

Les feuilles sont *embrassantes* ou *amplexicaules* (*fol. amplexicaulia*), quand la base de leur pétiole ou de leur limbe entoure la tige (*Renoncule, Jusquiame*); — *décurrentes* (*fol. decurrentia*), quand leur limbe se prolonge sur la tige avant de s'en détacher, et y forme des espèces d'*ailes* foliacées : alors la tige est dite *ailée* (*caulis alatus*) (*Consoude,* fig. 66); — *confluentes* (*fol. connata*), quand, étant *opposées,* elles se joignent par leurs bases, entre lesquelles passe la tige (*Chèvrefeuille,* fig. 67; *Chlora*); quelquefois c'est une feuille unique, dont la base s'étale et enveloppe complétement la tige : dans ce cas, les feuilles sont dites *perfoliées,* et la tige est dite aussi *perfoliée* (*caulis perfoliatus*) (*Buplèvre,* fig. 68).

Les feuilles sont *alternes* (*f. alterna*) (*Giroflée,* fig. 1; *Linaire,* fig. 2; *Chêne,* fig. 5); — *opposées* (*f. opposita*) (*Millepertuis,* fig. 3); — *verticillées* (*f. verticillata*) (*Laurier-rose,* fig. 82; *Garance,* fig. 4); — *distiques* (*f. disticha*), lorsqu'elles naissent de nœuds alternes placés sur deux rangs à droite et à gauche (*If,* fig. 69); — *fasciculées* (*f. fasciculata*),

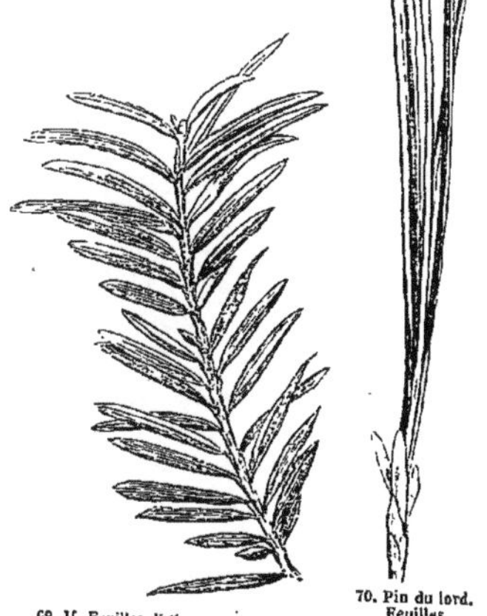
69. If. Feuilles distiques.

70. Pin du lord. Feuilles fasciculées.

lorsque, naissant solitaires sur des rameaux fort raccourcis, elles sont assez rapprochées pour représenter un faisceau (*Pin du lord*, fig. 70). Dans les *Pins*, ce faisceau persiste; dans les *Mélèzes*, les feuilles deviennent solitaires et éparses, par suite de l'allongement de l'axe. — Les feuilles *imbriquées* (*f. imbricata*) sont celles qui se recouvrent les unes les autres comme les tuiles d'un toit (*Joubarbe, Cyprès, Thuya*).

**COULEUR DES FEUILLES.** — Les feuilles sont dites *vertes*, quand elles ont la couleur ordinaire; — *glauques* (*f. glauca*), quand leur couleur est d'un vert ou d'un bleu blanchâtre et comme pulvérulent (*Pavot, Chou*); — *maculées* (*f. maculata*), quand elles offrent des taches d'une couleur différente de celle du fond (*Arum*); — *panachées* (*f. variegata*), quand elles offrent plusieurs couleurs disposées sans ordre (*Houx panaché, Amarante tricolore*); — *blanchâtres* (*f. incana*), lorsqu'elles doivent leur couleur à la superposition de poils courts et serrés (*Violier quarantain*).

72. Bourse-à-pasteur. Feuilles dissemblables.

**FORME DES FEUILLES.** — Les feuilles d'une même Plante, sans être exactement toutes semblables, n'offrent ordinairement entre elles que des différences peu appréciables; mais dans quelques Espèces elles sont manifestement dissemblables (*Mûrier à papier, Macre, Renoncule aquatique*, fig. 71; *Bourse-à-pasteur*, fig. 72) : la Plante alors est dite *hétérophylle* (*Pl. heterophylla*).

71. Renoncule aquatique. Feuilles dissemblables.

Les feuilles sont dites *planes* (*f. plana*), quand leur limbe est très-aplati : c'est le cas le plus ordinaire (*Tilleul*, fig. 86); — *cylindriques* (*f. teretia*), quand leur limbe est arrondi dans toute sa longueur (*Sedum*, fig. 73); — *arrondies* ou *orbiculaires* (*f. orbiculata*), quand la circonscription de leur limbe approche plus ou moins d'un cercle (*Petite-Mauve*, fig. 74; — *ovales* (*f. ovata*), quand leur limbe présente la coupe longitudinale d'un œuf, et que sa plus grande largeur est à la base (*Poirier*, fig. 75); — *obovales* (*f. obovata*), quand leur limbe présente la coupe longitudinale d'un œuf, et que sa plus grande largeur est au sommet (*Spirée-Millepertuis*); — *oblongues* (*f. oblonga*), quand leur largeur est à peu près le tiers de leur longueur (*Petite-Centaurée*); — *elliptiques* (*f. elliptica*), quand les deux bouts du limbe sont arrondis et égaux entre eux, comme la figure nommée *ellipse* (*Millepertuis*, fig. 3); — *spatulées* (*f. spathulata*), quand leur limbe est rétréci à la base, large et arrondi au sommet, comme une spatule (*Pâquerette*, fig. 76); — *anguleuses*

73. Sedum. Feuilles cylindriques.

74. Petite-mauve. Feuille orbiculaire.

76. Pâquerette. Feuille spatulée.

77. Chénopode. Feuille anguleuse.

78. Troène. Feuille lancéolée.

75. Poirier. Feuille ovale.

(*f. angulata*), quand la circonscription de leur limbe présente 3, 4, 5 angles; elles sont dites *deltoïdes* (*f. deltoidea*), s'il y a 3 angles à peu près égaux figurant un *delta* (*Chénopode*, fig. 77).

Les feuilles sont *lancéolées* (*f. lanceolata*), quand leur limbe, plus ou moins large au milieu, va en diminuant insensiblement en pointe vers les deux extrémités (*Troène*, fig. 78); — *linéaires* (*f. linearia*), quand les deux

3

bords du limbe sont à peu près parallèles, et que la surface comprise entre eux est étroite (*Linaire*, fig. 2); — *ensiformes* (*f. ensiformia*), quand elles ont la figure d'un glaive : dans ce cas, leurs deux moitiés latérales sont ordinairement très-rapprochées l'une de l'autre, et finissent par se souder ensemble dans leur partie supérieure (*Iris*, fig. 79); — *subulées* (*f. subulata*), quand leur limbe, cylindrique d'abord, se termine peu à peu en alène (*Sédum réfléchi*); — *acéreuses* (*f. acerosa*), quand leur limbe, étroit et pointu comme une aiguille, a une consistance dure (*Pin*, fig. 70; *Genévrier*, fig. 80); — *capillaires* (*f. capillacea*), quand elles sont fines et flexibles comme des cheveux (*Renoncule aquatique*, fig. 71); — *filiformes* (*f. filiformia*), quand elles sont minces, grêles et déliées comme un fil (*Asperge*, fig. 81). Les prétendues feuilles de l'*Asperge*, dont il est ici question, et qui ont été décrites comme telles par la plupart des Botanistes, doivent être considérées comme des rameaux naissant à l'aisselle de petites écailles scarieuses, qui sont les véritables feuilles.

79. Iris. Feuilles ensiformes.

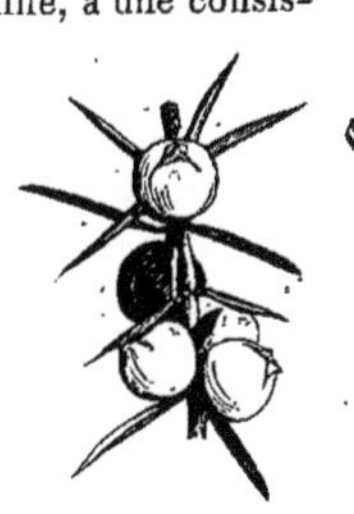

80. Genévrier. Feuilles acéreuses.
81. Asperge. Feuilles filiformes.

Les feuilles sont dites *aiguës* (*f. acuta*), quand leur sommet se termine insensiblement en angle aigu (*Laurier-rose*, fig. 82); — *acuminées* (*f. acuminata*), quand leur sommet s'amincit brusquement pour se prolonger en pointe (*Pariétaire*, fig. 83); — *obtuses* (*f. obtusa*), quand leur sommet est arrondi (*Gui*, fig. 84); — *échancrées* (*f. emarginata*), quand leur sommet, au lieu d'être aigu, ou même obtus, est terminé par un sinus peu profond (*Amarante blanche*, fig. 85).

Les feuilles sont *cordiformes* (*f. cordata*), quand leur base est échancrée en deux lobes arrondis, et que le sommet est aigu, de manière à figurer un as de cœur (*Tilleul*, fig. 86); — *réniformes* (*f. reniformia*), quand la base, étant échancrée comme dans les feuilles en cœur, le sommet est arrondi, de manière à figurer un rein (*Lierre terrestre*, fig. 87); — *sagittées* (*f. sagittata*), quand leur base se prolonge en deux lobes aigus, obliques ou parallèles au pétiole, de manière à figurer un fer de flèche

83. Pariétaire. Feuille acuminée.
84. Gui. Feuille obtuse.

82. Laurier-rose. Feuilles aiguës.
85. Amarante. Feuille échancrée.

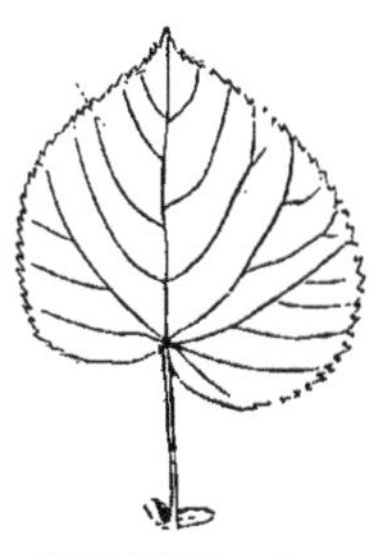
86 Tilleul. Feuille cordiforme.

87. Lierre terrestre. Feuille réniforme.

88. Liseron. Feuille sagittée.

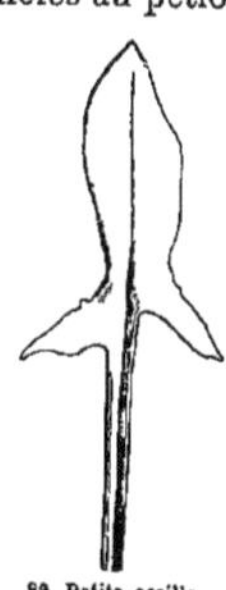
89. Petite-oseille. Feuille hastée.

90. Capucine. Feuilles peltées.

(*Liseron des champs*, fig. 88); — *hastées* (*f. hastata*), quand les deux lobes aigus de leur base sont à peu près perpendiculaires au pétiole, de manière à figurer une hallebarde (*Petite-Oseille*, fig. 89).

La feuille est *peltée* (*fol. peltatum*) ou en *bouclier,* quand le pétiole se trouve attaché au milieu de la face inférieure du limbe (*Capucine,* fig. 90). Cette disposition provient de ce que les nervures primaires, en partant du pétiole, divergent toutes également sur un même plan, perpendiculaire à celui du pétiole, et figurent les rayons d'une roue, par rapport à son axe. La feuille peltée peut se comparer aux feuilles palminerviées orbiculaires des *Mauves*. Si l'on suppose que, dans la *petite Mauve* (fig. 74), les deux bords voisins du pétiole se sont soudés entre eux, de manière à compléter un disque supporté par le pétiole, on aura une feuille peltée.

**SURFACE DES FEUILLES.** — Les feuilles sont dites *lisses* (*f. lævia*), quand leur surface ne présente ni poils, ni inégalités (*Oranger*); — *rudes* ou *scabres* (*f. scabra*), quand la surface est raboteuse ou âpre au toucher (*Carex*); — *glabres* (*f. glabra*), quand, sans être nécessairement lisses, elles sont dépourvues de poils (*Tulipe*); — *soyeuses* (*f. sericea*), quand elles sont revêtues de poils longs, couchés et brillants (*Potentille argentine*); — *pubescentes* ou *duvetées* (*f. pubescentia*), quand elles sont couvertes de poils courts, mous et peu pressés (*Fraisier*); — *poilues* (*f. pilosa*), quand les poils sont longs et écartés (*Géranium-Robert*); — *velues* (*f. villosa*), quand les poils sont assez longs, mous, blancs et rapprochés (*Myosotis des champs*); — *hérissées* (*f. hirsuta*), quand les poils sont longs et nombreux (*Coquelourde des blés*); — *hispides* (*f. hispida*), quand les poils sont dressés et roides (*Bourrache*); — *sétifères* (*f. setosa*), quand les poils sont longs, étalés et analogues à des soies de sanglier (*Coquelicot*); — *cotonneuses* (*f. tomentosa*), quand elles sont recouvertes d'un duvet composé de poils assez courts, mous et entre-croisés (*Cognassier*); — *laineuses* (*f. lanata*), quand les poils sont longs, couchés, pressés, crépus, mais non feutrés (*Bleuet*); — *veloutées* (*f. velutina, holosericea*), quand le duvet est court et doux au toucher (*Digitale*); — *arachnoïdes* (*f. arachnoidea*), quand les poils sont longs, très-fins, et entre-croisés comme une toile d'araignée (*Chardon, Joubarbe arachnoïde*).

91. Mauve crépue.

Les feuilles sont dites *ridées* ou *rugueuses* (*f. rugosa*), quand leur surface offre des proéminences, résultant de ce qu'il y a plus de parenchyme qu'il n'en faut pour remplir l'espace compris entre les nervures (*Sauge*); — *bullées* (*f. bullata*), quand cet excès de parenchyme rend les proéminences plus sensibles, et fait paraître le limbe comme boursouflé (*Chou*); — *crépues* (*f. crispa*), quand l'excès du parenchyme se porte seulement au bord du limbe, et le fait paraître comme frisé (*Mauve crépue*, fig. 91); — *ondulées* (*f. undulata*), quand, par suite du même excès de développement, les bords s'élèvent et s'abaissent alternativement en plis arrondis (*Tulipe*).

**CILS ET ÉPINES DES FEUILLES.** — La feuille est *ciliée* (*f. ciliatum*), quand ses bords sont garnis de poils longs, imitant les cils des paupières (*Droséra,* fig. 92); — *épineuse* (*f. spinosum*), quand ses nervures s'allongent et se durcissent en piquants (*Houx,* fig. 93; *Berbéris,* fig. 94) : dans le *Berbéris,* les feuilles qui naissent les premières, après la germination de la graine, sont munies de parenchyme, comme des feuilles ordinaires, et la base de leur pétiole est garnie de deux petites stipules; mais, sur les rameaux qui naissent ensuite, les stipules s'endurcissent, s'allongent en épines, et la feuille elle-même est réduite à une ou trois nervures épaissies et transformées en épines : à leur aisselle naissent des bourgeons, qui se développent en

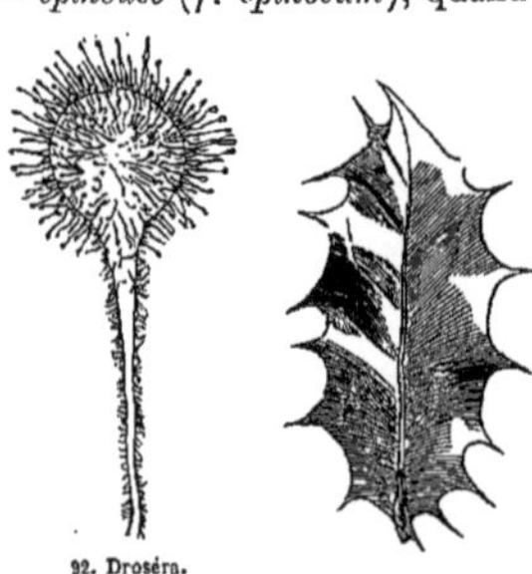

92. Droséra. Feuille ciliée.

93. Houx. Feuille épineuse.

95. Groseillier. Coussinets épineux.

94. Berbéris. Feuilles épineuses.

rameaux raccourcis, chargés de feuilles normales. — Dans le *Groseillier à maquereau* (fig. 95), les trois ou cinq aiguillons (*c*) qui naissent au-dessous des feuilles (*f*) peuvent être considérés comme un développement du *coussinet*.

**DÉCOUPURES DES FEUILLES.** — La feuille est dite *entière* (*f. integrum*), quand son limbe ne présente aucune espèce de division (*Laurier-rose*, fig. 82); — *découpée*, quand le bord, au lieu d'être formé par une ligne continue, présente une suite de lignes brisées : ce qui provient de ce que le parenchyme n'a pas accompagné les nervures jusqu'à leur terminaison (*Châtaignier, Chêne, Aubépine*).

La feuille est *dentée* (*f. dentatum*), quand elle a des dents aiguës avec des sinus arrondis : c'est la division la moins profonde qu'une feuille puisse offrir (*Châtaignier*, fig. 96); — *crénelée* (*f. crenatum*), quand, avec des dentelures arrondies, elle a des sinus aigus (*Lierre terrestre*, fig. 87); — *serretée* (*f. serratum*), quand les sinus et les dents sont aigus et tournés vers le sommet de la feuille comme des dents de scie (*Lamier blanc*, fig. 97); — *doublement dentée*, ou *doublement crénelée*, ou *doublement serretée* (*f. duplicato-dentatum, duplicato-crenatum, duplicato-serratum*), quand les dents ou crénelures sont elles-mêmes dentées ou crénelées (*Orme*, fig. 98); — *incisée* (*f. incisum*), lorsque les dents sont très-inégales et les sinus aigus et profonds (*Aubépine*, fig. 99); — *sinuée* (*f. sinuatum*), quand les découpures, plus profondes que les *dents*, sont larges et obtuses, avec des sinus également larges et obtus (*Chêne*, fig. 100).

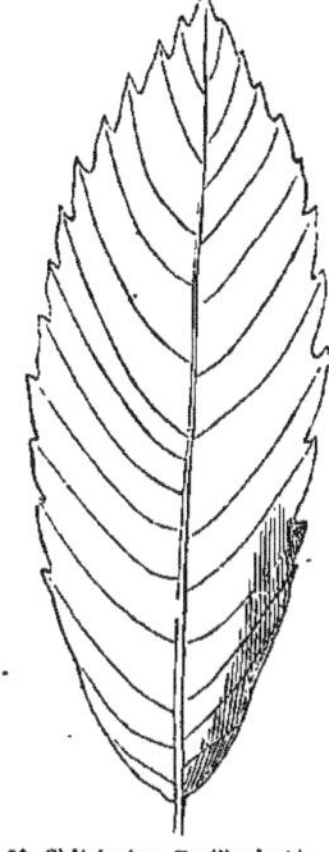
96. Châtaignier. Feuille dentée.

97. Lamier. Feuille serretée.

98. Orme. Feuille doublement dentée.

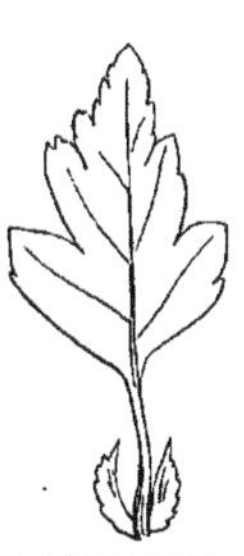
99. Aubépine. Feuille incisée.

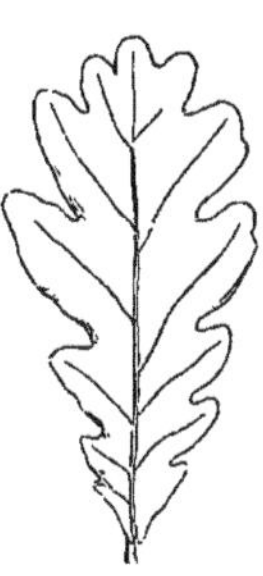
100. Chêne. Feuille sinuée.

Les découpures de la feuille sont dites *lanières* (*laciniæ*), quand elles sont aiguës et séparées par des sinus aigus qui s'étendent jusque vers le milieu de chaque demi-limbe.

Si les nervures sont pennées, les lanières le sont aussi, et la feuille est dite *pennifide* (*f. pinnatifidum*) (*Artichaut*).

Si les nervures sont palmées, les lanières le sont aussi, et la feuille est dite *palmifide* (*f. palmatifidum*) (*Ricin*, fig. 102).

On nomme *roncinée* (*f. runcinatum*), la feuille pennifide dont les lanières se dirigent de haut en bas (*Pissenlit*, fig. 101).

Les découpures de la feuille sont dites *partitions* (*partitiones*), quand les sinus pénètrent au-delà du milieu de chaque demi-limbe, jusque près de la nervure médiane, ou de la base du limbe :

101. Pissenlit. Feuille pennifide roncinée.

102. Ricin. Feuille palmifide.

103. Coquelicot. Feuille pennipartite.

la feuille, alors, selon la disposition des nervures, est *pennipartite* (*f. pinnatipartitum*) (*Coquelicot*, fig. 103); *palmipartite* (*f. palmatipartitum*) (*Aconit*, fig. 104).

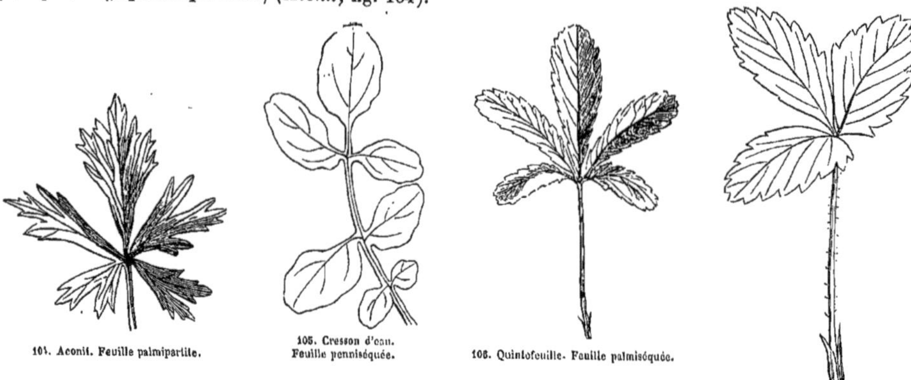

104. Aconit. Feuille palmipartite.

105. Cresson d'eau. Feuille penniséquée.

106. Quintefeuille. Feuille palmiséquée.

107. Fraisier. Feuille palmiséquée.

Les découpures de la feuille sont dites *segments* (*segmenta*), quand les sinus s'étendent jusqu'à la nervure médiane ou à la base du limbe : la feuille, alors, selon la disposition de ses nervures, est dite *penniséquée* (*f. pinnatisectum*) (*Cresson d'eau*, fig. 105); *palmiséquée* (*f. palmatisectum*) (*Quintefeuille*, fig. 106; *Fraisier*, fig. 107).

Les découpures sont dites *lobes* (*lobi*), quand les sinus ont la profondeur de ceux des *lanières*, ou des *partitions*, ou des *segments*, et que les divisions, dont on ne veut ou dont on ne peut pas préciser la profondeur, sont arrondies : la feuille alors est dite, selon la disposition de ses nervures, *pennilobée* (*f. pinnatilobatum*) (*Coronope*, fig. 108) ; *palmilobée* (*f. palmatilobatum*) (*Érable*, fig. 109).

La feuille est dite *lyrée* (*f. lyratum*), quand, étant *pennifide*, ou *pennipartite*, ou *penniséquée*, ou *pennilobée*, elle est terminée par une découpure arrondie, beaucoup plus grande que les autres (*Navet*, fig. 110).

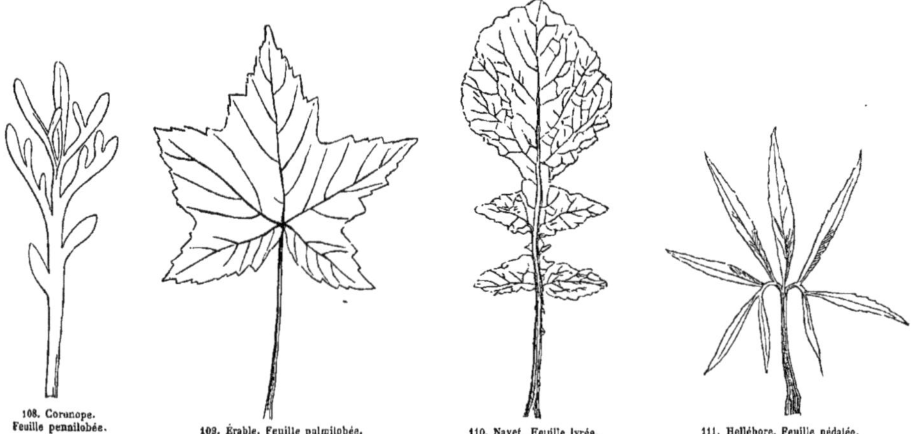

108. Coronope. Feuille pennilobée.

109. Érable. Feuille palmilobée.

110. Navet. Feuille lyrée.

111. Hellébore. Feuille pédalée.

La feuille est dite *pédalée* (*f. pedatum*), lorsque ses *lobes*, *segments*, *partitions* ou *lanières* divergent comme les touches d'une pédale : c'est ce qui a lieu quand du pétiole naissent trois découpures palmées, dont la médiane reste indivise, tandis que les deux latérales produisent chacune sur leur côté interne et externe une ou deux découpures parallèles entre elles, et perpendiculaires sur la découpure latérale dont elles émanent (*Hellébore*, fig. 111).

Souvent une même feuille présente divers degrés de découpures : ainsi la *Chélidoine* (fig. 112) a ses feuilles inférieures *penniséquées*, à segments *lobés*, *sinués*, *crénelés* et *dentés*; les feuilles inférieures de l'*Aconit* (fig. 104) sont *palmipartites*, à partitions bifides ou trifides, à lanières incisées et dentées; le *Géranium-Robert* (fig. 113) a ses feuilles inférieures *palmiséquées*, à segments trifides, à lanières incisées et dentées : les dents sont arrondies et terminées brusquement par une petite pointe : les découpures, dans ce cas, sont dites *apiculées* (*laciniæ apiculatæ*). Le *Ricin* (fig. 102), le *Coquelicot* (fig. 103), la *Quintefeuille* (fig. 106), l'*Erable* (fig. 109) ont leurs découpures dentées.

112. Chélidoine. Feuille pennilobée.

113. Géranium-Robert. Feuille palmiséquée.

**FEUILLES COMPOSÉES.** — La feuille est *simple* (*f. simplex*), quelque profondes que puissent être ses découpures, lorsque celles-ci ne peuvent se séparer nettement les unes des autres : telles sont toutes les feuilles ci-dessus mentionnées. — Elle est *composée* (*f. compositum*), quand elle se compose de parties qui peuvent se séparer sans déchirement les unes des autres à la fin de leur vie : ces parties sont nommées *folioles* (*foliola*). Le pétiole de la *feuille composée* est nommé *pétiole commun* (*petiolus communis*), et celui de chaque foliole est nommé *pétiolule* (*petiolulus*).

La feuille est dite *simplement composée* (*f. simpliciter compositum*), quand les folioles, pourvues ou non d'un pétiole, naissent immédiatement du pétiole commun. La feuille, alors, suivant la disposition pennée ou palmée des fibres qui émanent du pétiole commun, est dite *pennée* (*f. pinnatum*) (*Robinia*, fig. 114); *digitée* (*f. digitatum*) (*Marronnier d'Inde*, fig. 115; *Lupin*, fig. 116). Quand la feuille composée ne porte qu'un petit nombre de folioles, il faut, pour la déterminer, examiner le point de départ des folioles : ainsi, le *Mélilot* (fig. 117) a une feuille *pennée-trifoliolée;* le *Trèfle* (fig. 118) a une feuille *digitée-ternée*, dont les folioles naissent toutes du sommet du pétiole.

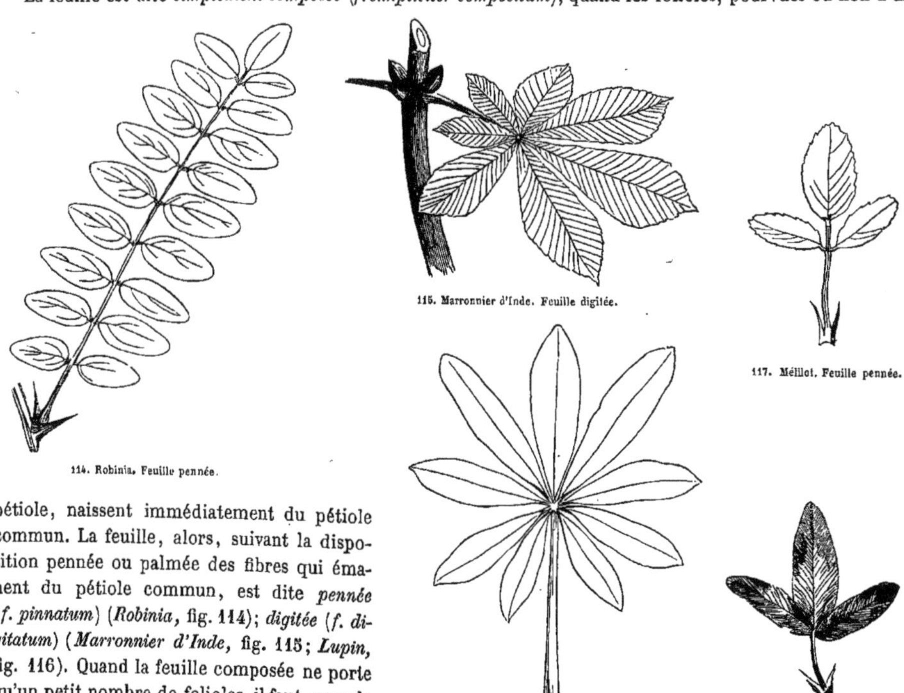

114. Robinia. Feuille pennée.

115. Marronnier d'Inde. Feuille digitée.

116. Lupin. Feuille digitée.

117. Mélilot. Feuille pennée.

118. Trèfle. Feuille digitée.

La feuille est dite *bipennée* (*f. bipinnatum*), quand les pétioles secondaires, au lieu de se terminer immédiatement chacun par une foliole, constituent autant de feuilles *pennées* (*Gleditschia triacanthos*, fig. 119). — La feuille est *tripennée* (*f. tripinnatum*), quand les pétioles secondaires constituent autant de feuilles *bipennées* (*Pigamon*, fig. 120). — La feuille est *triternée*, quand le pétiole commun émet trois pétioles secondaires, qui se subdivisent chacun en trois pétioles ternaires, lesquels constituent autant de feuilles digitées à trois folioles (*Actée en épi*, fig. 121). — La feuille pennée dont les folioles sont toutes disposées par paires latérales est dite *pennée sans impaire*, ou *pari-pennée* (*f. paripinnatum*). — Quand le pétiole, outre les paires latérales, est terminé par une foliole impaire, la feuille est dite *impari-pennée* (*f. imparipinnatum*) (*Robinia*, fig. 114).

119. Gleditschia triacanthos. Feuille bipennée.

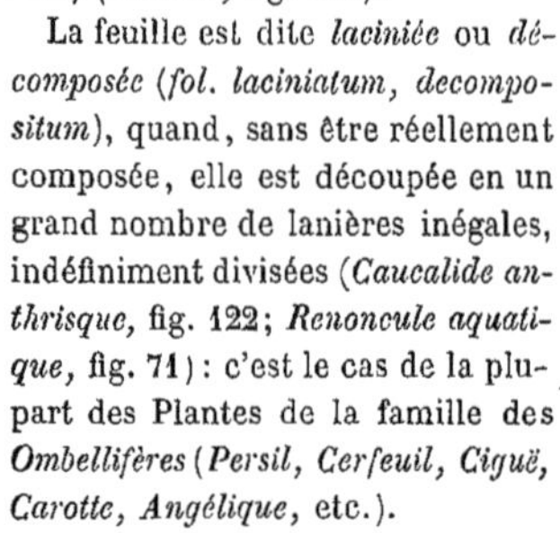

120. Pigamon. Feuille tripennée.

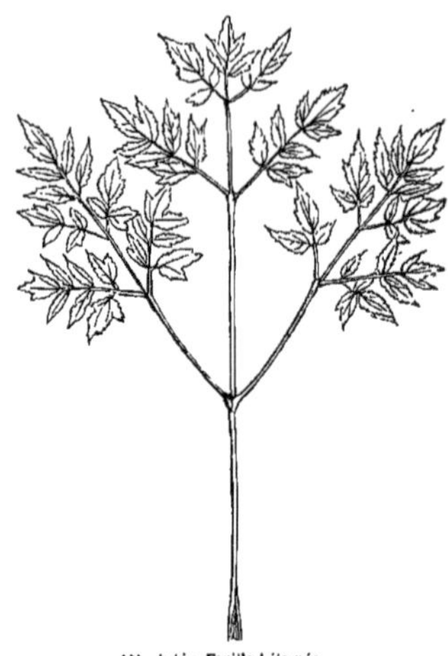

121. Actée. Feuille triternée.

La feuille est dite *laciniée* ou *décomposée* (*fol. laciniatum, decompositum*), quand, sans être réellement composée, elle est découpée en un grand nombre de lanières inégales, indéfiniment divisées (*Caucalide anthrisque*, fig. 122; *Renoncule aquatique*, fig. 71) : c'est le cas de la plupart des Plantes de la famille des *Ombellifères* (*Persil, Cerfeuil, Ciguë, Carotte, Angélique*, etc.).

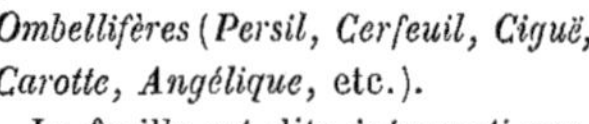

La feuille est dite *interrupti-pennée* (*f. interrupti-pinnatum*), ou *interrupti-penniséquée* (*f. interrupti-pinnatisectum*), quand des folioles ou des découpures plus petites alternent avec des folioles ou des découpures plus grandes (*Pomme-de-terre*, fig. 123; *Aigremoine*, fig. 124).

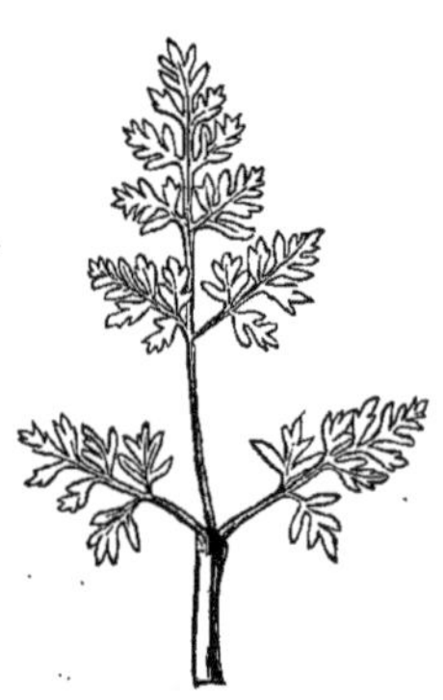

122. Caucalide. Feuille décomposée.

123. Pomme-de-terre. Feuille interrupti-pennée.

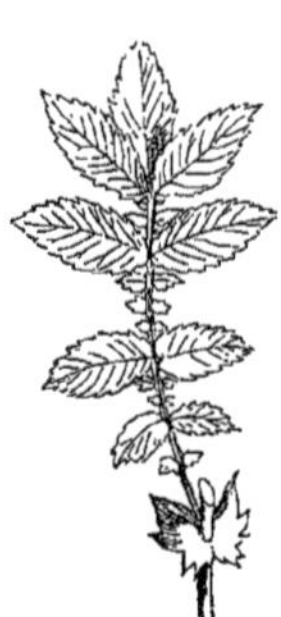

124. Aigremoine. Feuille interrupti-penniséquée.

125. Orobe. Feuille pennée à foliole impaire transformée en filament très-court.

**VRILLES.** — Les *vrilles* (*cirri*) sont des organes filiformes, contournés en spirale plus ou moins irrégulière et s'enroulant ordinairement autour des corps voisins pour soutenir la Plante. — La feuille est dite *cirrhifère* ou *vrillée* (*f. cirrosum*), lorsqu'une ou plusieurs de ses folioles sont réduites à leur nervure médiane, et forment des *vrilles*. — Dans l'*Orobe* (fig. 125), la vrille est simple, et très-courte, parce que c'est la foliole impaire seule qui s'est transformée. — Dans le *Pois* (fig. 126), les *Gesses* (fig. 127), outre la foliole terminale, les deux folioles latérales les plus voisines, et quelquefois plusieurs paires, se transforment aussi en vrilles. — Dans la *Gesse aphaca* (fig. 128), toutes les folioles avortent, et la feuille tout entière est réduite à une fibre sans parenchyme (v); les stipules (s, s), par compensation, sont très-développées, et font l'office de feuilles. — Dans les *Smilax* (fig. 129) le pétiole porte, au-dessous d'une feuille unique cordiforme, deux vrilles latérales, que l'on peut considérer comme les folioles latérales d'une feuille composée, réduites à leur nervure médiane. — La position latérale de la vrille dans le *Melon* (fig. 61) et les autres *Cucurbitacées* a conduit la plnpart des Botanistes à regarder cette vrille comme une stipule impaire, dont la correspondante serait avortée. Ils se fondent sur ce qu'on observe quelquefois deux vrilles situées de chaque côté de la feuille. Mais cette exception est bien rare; en outre les deux vrilles ne sont jamais au niveau l'une de l'autre. — Dans tous les cas, il est difficile de reconnaître une stipule dans la vrille des *Cucurbitacées*, laquelle naît d'un faisceau fibreux très-éloigné de celui qui produit la feuille, et est visiblement séparée du pétiole de celle-ci par les bourgeons les plus extérieurs. L'explication la plus vraisemblable nous paraît être celle qui indique dans la vrille du *Melon*, comme dans celle du *Pois*, et des autres Légumineuses, le limbe d'une feuille, réduit à une ou plusieurs de ses nervures. Cette vrille se montre tantôt simple, et alors elle représente le pétiole et la nervure médiane; tantôt rameuse, c'est-à-dire composée des nervures principales, et alors la disposition palmée des filaments révèle manifestement leur nature organique.

126 Pois. Feuille à vrilles foliolaires.

127. Gesse. Feuille pennée à vrilles foliolaires et à pétiole ailé.

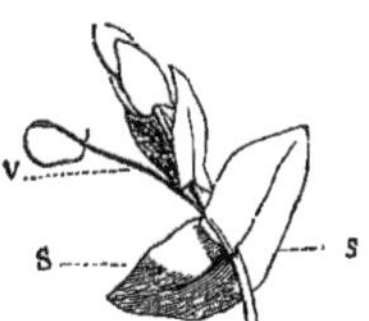

128. Aphaca. Vrilles pétiolaires.

129. Smilax. Vrilles stipulaires.

Dans la Vigne (fig. 130), vis-à-vis de la feuille, se trouve une vrille, formée par un pédoncule rameux (v, v, v), dont les pédicelles ont avorté, et qui porte quelquefois une ou plusieurs fleurs stériles.

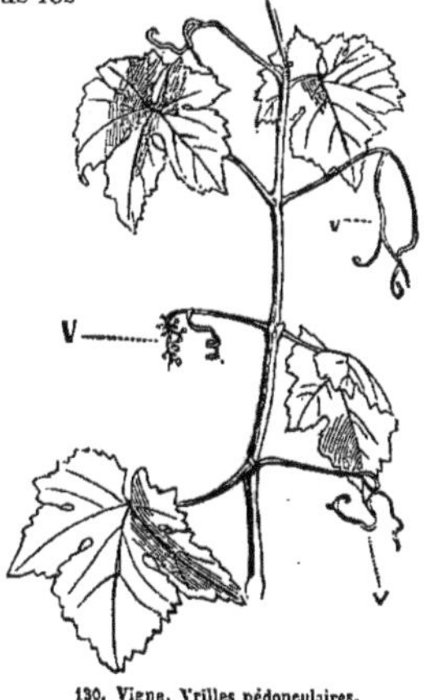

130. Vigne. Vrilles pédonculaires.

# INFLORESCENCE.

Le terme d'INFLORESCENCE (*inflorescentia*) s'emploie dans deux acceptions : il signifie l'arrangement des fleurs sur la Plante ; il signifie aussi un ensemble de fleurs qui ne sont pas séparées les unes des autres par des feuilles proprement dites.

Les organes de l'*inflorescence* sont : 1° les supports des fleurs, connus sous les noms de *pédoncule, pédicelles, réceptacle;* 2° les *bractées* (*bracteæ*), feuilles altérées, à l'aisselle desquelles naissent les axes floraux, et qui se modifient dans leur couleur et dans leur forme, à mesure qu'elles s'approchent de la fleur. — Ces bractées manquent quelquefois (*Giroflée* et autres *Crucifères*).

Le *pédoncule* (*pedunculus*) est un rameau terminé immédiatement par une fleur; son extrémité se nomme *réceptacle* (*receptaculum*). — On nomme aussi *pédoncule* une branche plus ou moins ramifiée, différant du reste de la tige par son aspect, garnie de *bractées*, ou nue, et dont les derniers rameaux sont des *pédicelles* (*pedicelli*).

131. Tilleul. Bractée soudée au pédoncule.

Les bractées varient dans leur forme : elles sont généralement petites (*Groseillier*, fig. 132), quelquefois *membraneuses* (*br. membranaceæ*), c'est-à-dire minces et transparentes comme une membrane, ou *scarieuses* (*br. scariosæ*), c'est-à-dire offrant l'aspect d'une pellicule mince, sèche, roide et non verte (*Géranium*), ordinairement *colorées*, c'est-à-dire d'aspect pétaloïde (*Bugle*); souvent très-grandes : telle est celle du *Tilleul* (fig. 131), qui offre, en outre, une particularité remarquable : le pédoncule est soudé avec la nervure médiane de la bractée, et, quoique naissant en réalité de son aisselle, il semble sortir de son milieu.

On nomme *axe primaire* de l'inflorescence le pédoncule commun, d'où naissent tous les autres axes, et ceux-ci sont nommés *axes secondaires, tertiaires*, etc., selon l'ordre dans lequel ils se montrent.

L'inflorescence est *indéfinie* (*infl. axillaris*) lorsque l'axe primaire, au lieu de se terminer par une fleur, s'allonge indéfiniment, et ne fleurit que par l'intermédiaire des axes secondaires de divers degrés, nés à l'aisselle de ses feuilles (*Mouron rouge*, fig. 31).

L'inflorescence est *définie* (*infl. terminalis*), lorsque l'axe primaire est *terminé* par une fleur, aussi bien que les autres axes d'ordre inférieur, émanés de lui (*Coquelicot, Ancolie*, fig. 32).

Les fleurs sont *solitaires* (*flores solitarii*), quel que soit le mode d'inflorescence, lorsque chaque pédoncule est simple, naît immédiatement de la tige, et se montre nettement isolé des autres par des feuilles qui ont conservé leur nature (*Mouron*, fig. 31). — Les fleurs réunies sur des pédicelles, constituant un pédoncule, forment des *groupes*, tantôt pourvus de bractées, tantôt *nus*, et nettement distincts de toute la partie de la tige qui porte des feuilles véritables : c'est à ces *groupes* divers qu'on a surtout appliqué le terme d'*inflorescence*.

**INFLORESCENCES INDÉFINIES.** — Les inflorescences *indéfinies* sont 1° la *grappe*, 2° le *corymbe*, 3° l'*ombelle*, 4° l'*épi*, 5° le *capitule*.

1° La *grappe* (*racemus*) est une *inflorescence* dont les axes secondaires, à peu près égaux, naissent le long de l'axe primaire. — La *grappe simple* est celle dont les pédicelles naissent immédiatement de l'axe primaire, et se terminent par une fleur (*Lis, Muguet, Muflier, Groseillier*, fig. 132; *Réséda*, fig. 133).

La *grappe composée* ou *panicule* (*panicula*) est une inflorescence dans laquelle les axes secondaires nés immédiatement de l'axe

133. Réséda. Grappe simple.

132. Groseillier. Grappe simple.

134. Yucca gloriosa. Grappe composée.

primaire, ou pédoncule, au lieu de se terminer par une fleur, se ramifient en axes *tertiaires*, dont souvent quelques-uns se ramifient eux-mêmes avant de fleurir (*Yucca gloriosa*, fig. 134). — La panicule se nomme *thyrse* (*thyrsus*), quand les pédicelles du milieu sont plus longs que ceux des extrémités et que l'ensemble de l'inflorescence présente une forme ovoïde.

2° Le *corymbe* (*corymbus*) est une inflorescence très-voisine de la *grappe*, dans laquelle les pédicelles inférieurs, beaucoup plus longs que les supérieurs, fleurissent à peu près à la même hauteur les uns que les autres, de manière à former une espèce de parasol à rayons inégaux (*Cerisier mahaleb*, fig. 135). — La *Giroflée* et beaucoup de Plantes de la même famille présentent cette inflorescence, qui se change en *grappe*, à mesure que l'axe primaire s'allonge pour le développement des fleurs.

135. Cerisier mahaleb. Corymbe indéfini.

136. Cerisier. Ombelle simple.

3° L'*ombelle* (*umbella*) est une inflorescence, dont les axes secondaires, égaux entre eux, sont ramassés sur un même plan, et s'élèvent à la même hauteur, en divergeant comme les rayons d'un parasol : c'est une *grappe*, dont l'axe primaire s'est extrêmement raccourci, et n'offre plus qu'une surface sans longueur. — L'*ombelle* est *simple*, et porte le nom de *sertule* (*sertulum*), quand les axes secondaires fournissent les pédicelles (*Cerisier*, fig. 136). — L'*ombelle* est *composée*, quand les axes secondaires, au lieu de se terminer par une fleur, émettent chacun plusieurs axes tertiaires, disposés comme les axes secondaires de l'*ombelle simple*, et, par conséquent, constituant autant d'ombelles qu'il y a d'axes secondaires. Ces ombelles partielles sont nommées *ombellules* (*umbellulæ*) (*Fenouil, Carotte, Éthuse*, fig. 137, 138, 139).

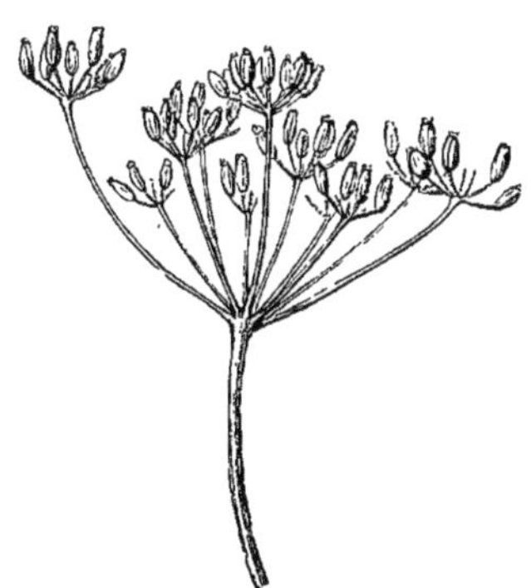

137. Fenouil. Ombelle et ombellule sans involucre ni involucre

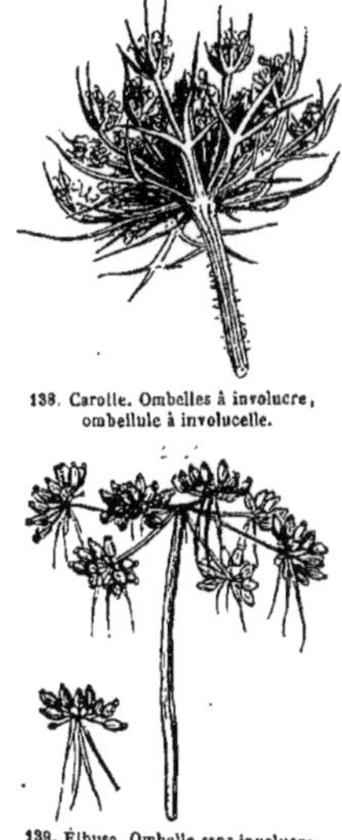

138. Carotte. Ombelles à involucre, ombellule à involucelle.

139. Éthuse. Ombelle sans involucre, ombellules à involucelle.

140. Plantain. Épi simple.

141. Verveine. Épi simple.

Les *bractées*, qui, dans la plupart des *grappes* ordinaires, sont échelonnées, comme les pédicelles, à diverses hauteurs, se trouvent, dans beaucoup de Plantes à *ombelle*, ramassées sur un même plan, comme les axes secondaires et tertiaires, et forment une espèce de verticille. On nomme *involucre* (*involucrum*) ou *collerette générale* l'ensemble des bractées qui garnissent la base de l'ombelle (*Carotte*, fig. 138); on nomme *involucelle* (*involucellum*) ou *collerette partielle* l'ensemble des bractées qui garnissent la base de l'ombellule (*Éthuse*, fig. 139). Quelquefois manque l'*involucre*, ou l'*involucelle*, ou l'un et l'autre (*Fenouil*, fig. 137).

4° L'*épi* (*spica*) est une inflorescence dans laquelle les pédicelles formant les axes secondaires sont nuls ou presque nuls, de sorte que les fleurs sont sessiles sur l'axe primaire (*Plantain*, fig. 140; *Verveine*, fig. 141).

L'*épi composé* (*spica composita*) est celui dont les axes secondaires, au lieu de fleurir, émettent chacun un petit épi distique, nommé *épillet* (*Froment*, fig. 142). — Dans un grand nombre de Plantes appartenant à la famille du *Froment*, les épillets sont portés sur des pédicelles longs et ramifiés, constituant par leur ensemble une *panicule* (*Avoine*, fig. 143).

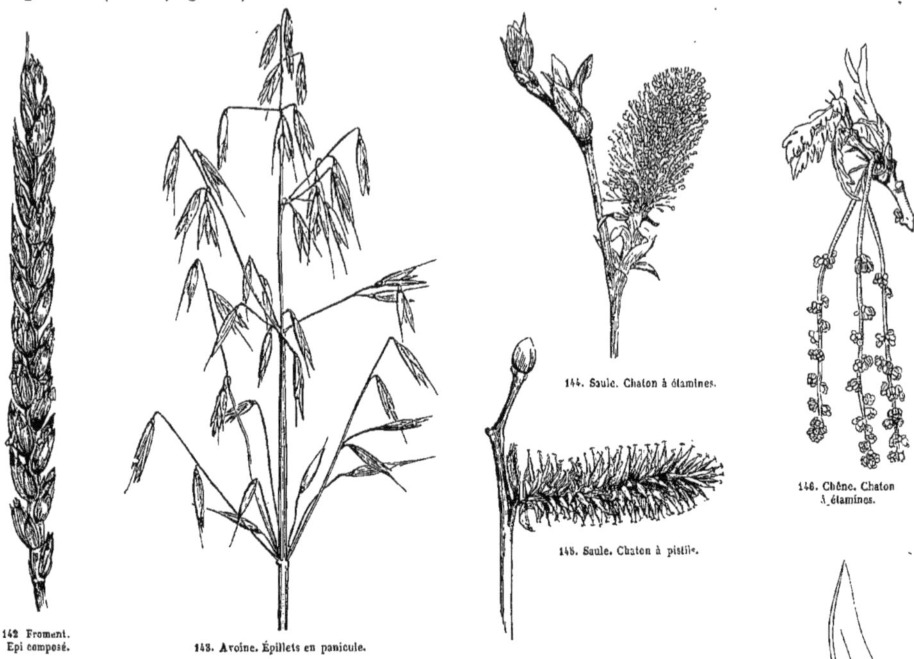

142 Froment. Épi composé.

143. Avoine. Épillets en panicule.

144. Saule. Chaton à étamines.

145. Saule. Chaton à pistils.

146. Chêne. Chaton à étamines.

Le *chaton* (*amentum*) est un épi dont les fleurs sont *incomplètes*, c'est-à-dire qu'elles ne possèdent pas à la fois androcée et pistil; cet épi, à la maturité, se détache tout d'une pièce de la tige (*Mûrier*, *Saule*, fig. 144 et 145; *Chêne*, fig. 146).

Le *cône* ou *strobile* (*strobilus*) est un chaton à écailles grandes et épaisses, qu'on observe principalement dans les arbres verts, nommés pour cette raison *Conifères* (*Pin*, fig. 147). L'*épi du Houblon* (fig. 148) est un strobile à bractées larges et membraneuses.

Le *spadice* (*spadix*) est un épi de fleurs incomplètes, qui, dans sa jeunesse, est enveloppé par une grande bractée nommée *spathe* (*spatha*). L'axe du spadice est tantôt florifère dans toute sa longueur, tantôt nu à sa partie supérieure (*Arum*, 149). — Le spadice rameux des *Palmiers* a reçu le nom de *régime*.

149. Arum. Spadice rendu visible par soustraction d'une moitié de la spathe.

148. Houblon. Strobile.

147 Pin. Cône.

151. Trèfle. Capitule.

5° Le *capitule* (*capitulum*) est une inflorescence dans laquelle les fleurs sont agglomérées en *tête* sur un réceptacle commun ; c'est un *épi* aplati, dont l'axe primaire s'est refoulé sur lui-même de haut en bas, et a gagné en épaisseur ce qu'il a perdu en longueur (*Scabieuse*, fig. 150 ; *Trèfle*, fig. 151).

150. Scabieuse. Capitule.

152. Souci. Capitule à involucre.

Le *capitule*, de même que l'*ombelle*, se montre ordinairement muni, à sa base, de bractées, à l'aisselle desquelles sont nées les fleurs, et qui, s'il n'y avait pas d'avortement résultant de la compression des fleurs agglomérées, devraient être en même nombre que ces fleurs ; les plus extérieures, formant un *involucre* (*involucrum, periclinium*), appartiennent aux fleurs de la circonférence du *capitule* (*Souci*, fig. 152). — Les fleurs du centre ont pour bractées des *écailles*, des *soies*, ou même de simples *poils*, lesquelles bractées, souvent, en raison de leur position centrale, ne se développent pas. Voilà pourquoi le *réceptacle commun* (*receptaculum commune, clinanthium*), ou pédoncule ramassé, qui porte les fleurs du capitule, est tantôt *pailleté* (*recept. paleatum*), c'est-à-dire chargé d'écailles ou paillettes séparant les fleurs (*Camomille*, fig. 153) ; — tantôt *sétifère* (*r. setosum*), c'est-à-dire chargé de soies, souvent découpées en poils fins (*Bleuet*, fig. 154) ; — tantôt creusé de petites *alvéoles* (*r. alveolatum*), dont le fond est occupé par les fleurs, que séparent ainsi des lames de forme diverse, représentant des bractées (*Onopordon*, fig. 155) ; — tantôt enfin, absolument *nu* (*r. nudum*) (*Pissenlit*, fig. 156). — Il arrive dans quelques cas

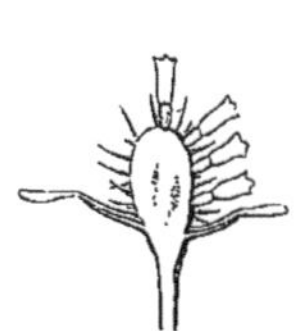
153. Camomille. Réceptacle pailleté coupé verticalement.

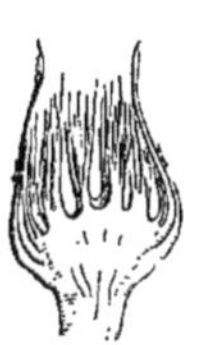
154. Bleuet. Réceptacle sétifère coupé verticalement

156. Pissenlit. Réceptacle nu.

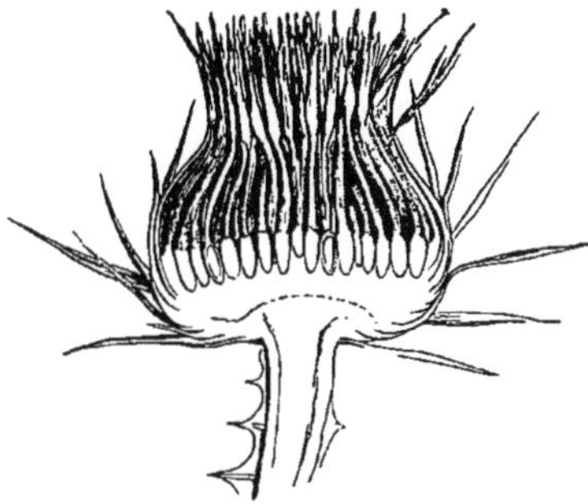
155. Onopordon. Réceptacle alvéolé, coupé verticalement.

que le *capitule* est *nu* à sa base, ou n'est protégé que par quelques feuilles ordinaires (*Trèfle*, fig. 151) ; souvent alors chaque fleur est accompagnée de sa bractée.

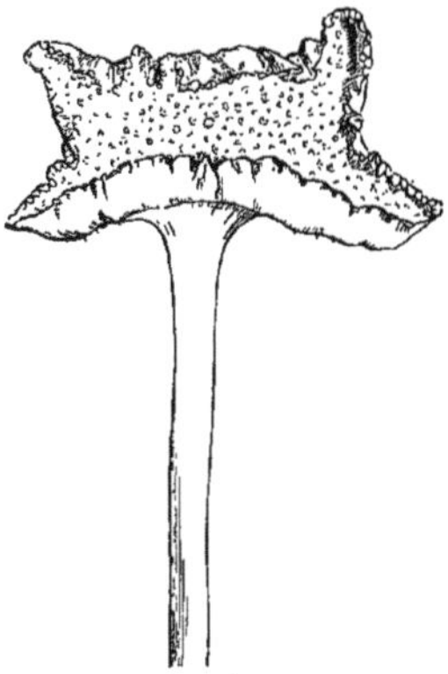

157. Dorsténia.

C'est au *capitule* qu'il faut rapporter l'inflorescence du *Dorsténia* et du *Figuier*, nommée *hypanthodie* (*hypanthodium*). — Le *Dorsténia* (fig. 157) offre un réceptacle commun très-déprimé, et même un peu concave, qui porte des fleurs incomplètes, enchâssées dans des alvéoles à bords déchirés ; — le *Figuier* (fig. 158) offre la même inflorescence que le *Dorsténia*, si ce n'est que le réceptacle commun est beaucoup plus concave : le sommet de l'axe, qui, dans le *Dorsténia*, occupe le milieu du réceptacle, a été refoulé de haut en bas, jusqu'à occuper le fond de la *figue* ; les fleurs à *étamines* qui occupent le haut de la figue sont réellement les fleurs *inférieures*, et les petites écailles qui forment l'orifice de la figue représentent un involucre de bractées, qui, dans l'état normal, ceindrait la base du réceptacle commun, comme celui des capitules ordinaires.

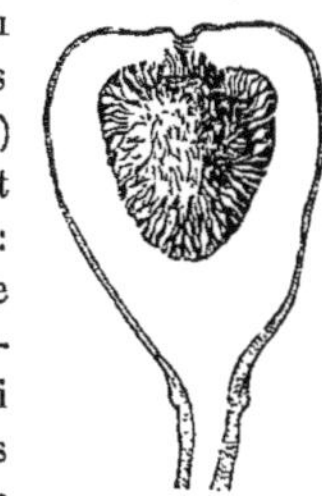
158 Figue coupée verticalement.

Il est facile de reconnaître que toutes les inflorescences *indéfinies* sont des modifications de la *grappe :* en effet, le *corymbe indéfini* est une *grappe* dont les axes secondaires sont inégaux, et arrivent tous à la même hauteur; l'*ombelle* est une *grappe* dont l'axe primaire est presque nul; l'*épi* est une *grappe* dont les axes secondaires sont presque nuls; le *capitule* est une *grappe* dont les axes secondaires sont presque nuls, et dont l'axe primaire est refoulé de haut en bas.

La différence qui existe entre la *grappe,* le *corymbe,* l'*ombelle,* l'*épi,* le *capitule,* tenant uniquement à la longueur plus ou moins prononcée des axes primaires et secondaires, il devient souvent difficile d'établir entre ces inflorescences des limites précises : aussi a-t-on admis des termes intermédiaires : la *grappe* et la *panicule* sont dites *spiciformes,* lorsque les pédicelles sont peu sensibles : l'*épi* est *globuleux,* quand il se rapproche du *capitule;* le *capitule* lui-même est dit *ovoïde* ou *spiciforme,* lorsqu'il se rapproche de l'*épi.* Les *Trèfles* présentent, dans leurs diverses Espèces, des fleurs en *capitule,* en *épi,* et en *ombelle.*

Dans la *grappe,* les pédicelles fleurissent de bas en haut, c'est-à-dire que les fleurs inférieures s'épanouissent les premières : il en est de même dans la *panicule,* dans le *corymbe* et dans l'*épi.* Dans l'*ombelle simple,* comme dans l'*ombelle composée,* les fleurs situées au dehors fleurissent les premières, et, puisqu'on sait que les fleurs *aînées,* dans la *grappe,* occupent la partie inférieure, on en conclura que dans l'*ombelle,* qui est une *grappe* déprimée, la floraison marche de bas en haut. Dans le *capitule,* l'évolution des fleurs a lieu de la même manière que dans l'*épi :* seulement, comme le *capitule* présente une surface à peu près horizontale, au lieu de dire que la floraison marche de bas en haut, on dit qu'elle marche du dehors au dedans, ou, en d'autres termes, que la floraison marche de la circonférence vers le centre : c'est ce que les Botanistes ont nommé *floraison centripète,* et ils ont appliqué cette qualification à toutes les inflorescences *indéfinies,* soit que les fleurs se développent de bas en haut, comme dans la *grappe,* la *panicule,* le *corymbe* et l'*épi;* soit qu'elles se développent du dehors au dedans, comme dans l'*ombelle* et le *capitule.*

**INFLORESCENCES DÉFINIES.** — Les inflorescences *définies* ont reçu le nom collectif de *cymes* (*cymæ*), quel que soit leur degré de ramification; ce sont : 1° la *grappe définie,* ou *cyme-grappe;* 2° le *corymbe défini,* ou *corymbe vrai;* 3° l'*ombelle définie,* ou *cyme-ombelle;* 4° l'*épi défini,* ou *cyme-épi;* 5° la *cyme scorpioïde;* 6° la *cyme contractée,* comprenant le *fascicule* et le *glomérule.*

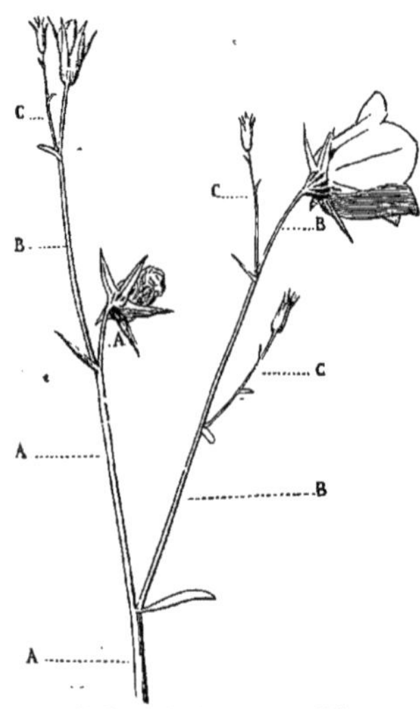

159. Campanule raiponce. Grappe définie.

1° La *grappe définie* (*Campanule,* fig. 159) est une inflorescence dans laquelle les pédicelles florifères ont à peu près la même longueur, de même que dans la *grappe indéfinie;* mais elle diffère de cette dernière, en ce que l'axe primaire (A, A, A) se termine par une fleur, laquelle doit nécessairement s'épanouir et se flétrir la première; quant aux axes secondaires (B, B, B), les plus inférieurs, étant les aînés des supérieurs, fleurissent avant ces derniers; mais, comme ils se ramifient eux-mêmes en axes tertiaires (C, C, C), ceux-ci, quoique souvent plus bas que l'axe dont ils émanent, fleurissent plus tard que lui. Voilà pourquoi les fleurs épanouies sont, les unes au-dessus, les autres au-dessous des fleurs en bouton, suivant l'ordre de succession des axes. Pour éviter toute méprise dans l'examen de cet ordre, il faut remarquer attentivement l'axe terminé par une fleur, la feuille ou bractée qu'il émet latéralement, et le bourgeon ou axe secondaire qui naît entre cette feuille et lui.

La *grappe définie* est nommée *panicule, thyrse,* lorsque ses ramifications sont nombreuses (*Troène*); mais, dans la réalité, ces deux inflorescences ne diffèrent pas entre elles, comme le font la *grappe indéfinie* et la *panicule indéfinie :* la *grappe indéfinie* se compose d'un axe primaire et de plusieurs axes du 2ᵉ degré; la *panicule indefinie* se compose d'un axe primaire et d'axes secondaires, tertiaires, quaternaires, etc.; or, ce dernier cas est celui de la *grappe définie* et de la *panicule définie :* il n'y a donc entre ces deux dernières qu'une différence d'aspect.

La *grappe définie* est nommée *cyme dichotome,* lorsque l'axe primaire se termine par une fleur entre deux feuilles ou bractées opposées, à l'aisselle desquelles s'élèvent deux axes secondaires, dont chacun se termine à son tour par une fleur entre deux bractées, à l'aisselle desquelles naissent deux axes tertiaires, qui à leur tour se comportent comme les précédents, et ainsi de suite (*Ceraiste,* fig. 160) ; cette évolution d'axes subordonnés les uns aux autres, et dont chacun se termine entre deux axes opposés, d'un ordre différent, se continue jusqu'à ce que l'épuisement vienne empêcher le dernier axe d'imiter ses devanciers. — Si, au lieu de deux feuilles ou bractées opposées, nous en avions trois verticillées, au-dessous d'une fleur centrale, et que de l'aisselle de chacune partît un axe secondaire, partagé de même à son tour en trois, la *cyme* serait dite *trichotome.*

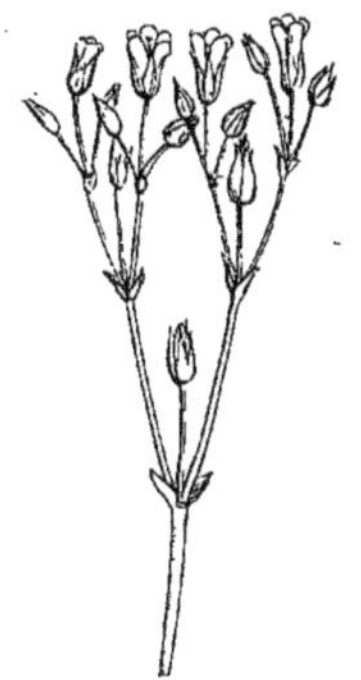
160. Ceraiste. Cyme dichotome.

2° Le *corymbe défini* ou *corymbe vrai* est une inflorescence dans laquelle les axes florifères de divers degrés, quoique de longueur inégale, arrivent presque tous à peu près à la même hauteur (*Aubépine,* fig. 161).

161. Aubépine. Corymbe défini.

Dans la *grappe définie* et dans le *corymbe* il est facile de voir que les fleurs aînées sont centrales, et que les plus jeunes sont extérieures, en d'autres termes, que la floraison marche du centre à la circonférence ; c'est ce qu'on a nommé *floraison centrifuge.*

3° L'*ombelle définie* ou *cyme ombelliforme* est une inflorescence dans laquelle les pédicelles semblent partir d'un même point, comme dans l'ombelle indéfinie ; mais ici les fleurs aînées sont centrales, et les pédicelles les plus extérieurs sont évidemment plus jeunes et plus courts que les autres : cette *ombelle définie* à floraison centrifuge est donc une véritable *cyme* (*Chélidoine,* fig. 162).

4° L'*épi défini* ou *cyme-épi* (*Sédum,* fig. 163) est une inflorescence composée d'une suite d'axes d'ordre différent, qui meurent et se succèdent, en alternant en zigzag à droite et à gauche, et se terminent chacun par une fleur, qui semble sessile.

162. Chélidoine. Ombelle définie.

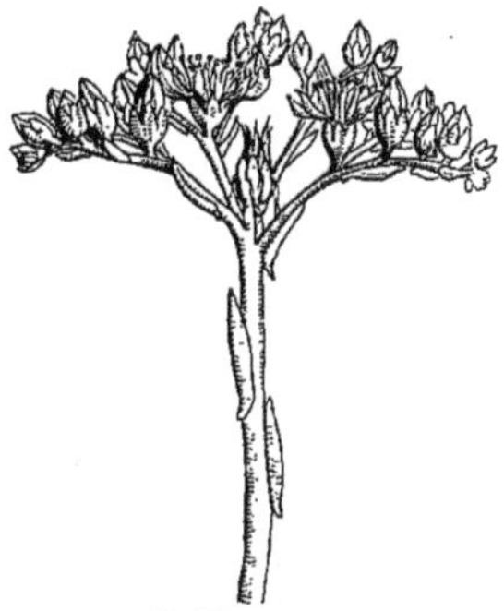

163. Sédum. Cyme-épi.

5° La *cyme scorpioïde* (*Myosotis,* fig. 164) est une inflorescence dans laquelle les pédicelles forment une grappe qui se roule en crosse comme la queue d'un scorpion : elle est composée d'une suite d'axes d'ordre différent, qui naissent les uns des autres, non pas en alternant à droite et à gauche, mais toujours du même côté, et forment, au lieu d'une ligne en zigzag, une ligne brisée, qui tend à revenir sur elle-même : dans cette inflorescence, les bractées avortent ordinairement (fig. 165).

164. Myosotis. Cyme scorpioïde.

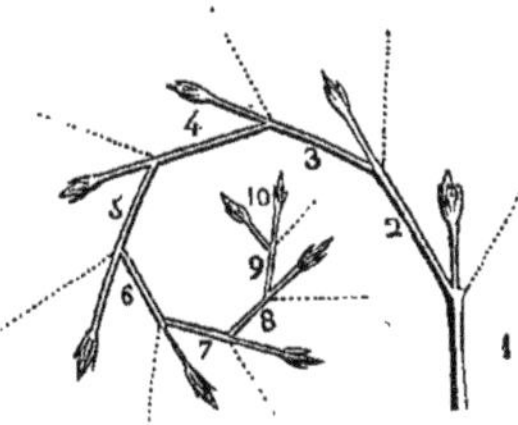

165. Figure théorique de la cyme scorpioïde.

166. Buis. Glomérule.

6° La *cyme contractée* est une inflorescence dans laquelle les fleurs sont rapprochées, et comme ramassées, par suite du raccourcissement extrême des axes. Cette disposition se nomme *fascicule,* quand les axes conservent une certaine longueur et une distribution régulière (*Œillet-de-poëte*) ; — *glomérule,* quand les axes sont à peu près nuls, et que des avortements nombreux en troublent la régularité (*Buis,* fig. 166).

**INFLORESCENCES MIXTES.** — L'inflorescence *mixte* est celle qui participe des deux précédentes. —Dans les *Labiées* (*Lamier blanc*, fig. 167) l'inflorescence générale est indéfinie, et les inflorescences partielles sont de véritables *cymes* ou *fascicules* axillaires. — Dans les *Mauves* on observe la même disposition (fig. 168).

167. Lamier blanc. Fascicules sur une tige indéfinie.

168. Mauve. Fascicule sur une tige indéfinie.

169. Seneçon. Capitules en corymbe.

— Dans les *Composées* (*Seneçon*, fig. 169) l'inflorescence générale est un *corymbe défini*, les inflorescences partielles sont des *capitules*.

L'inflorescence *définie* est quelquefois réduite à l'unité de fleur, et semble présenter les pédicelles uniflores d'une inflorescence indéfinie (*Pensée*, fig. 170); mais on remarque un peu au-dessous de la fleur deux petites bractées ou *bractéoles*, à l'aisselle desquelles sont deux bourgeons, visibles ou latents, qui se développent quelquefois et portent fleur (*Liseron*, fig. 171). Les deux bractéoles d'un pédicelle uniflore indiquent donc toujours une *cyme* biflore ou triflore, dont l'axe primaire seul s'est développé.

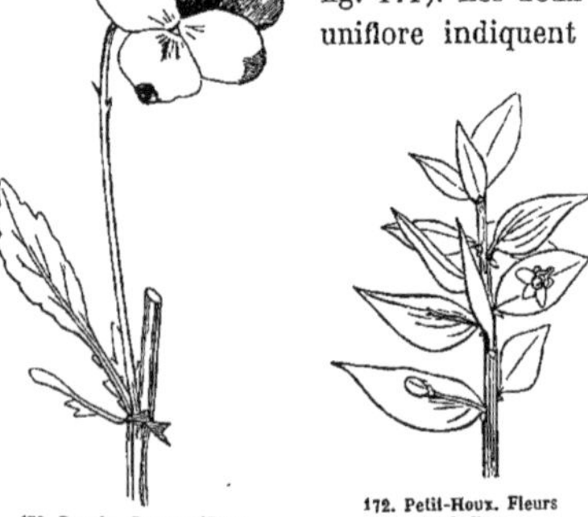

170. Pensée. Cyme uniflore.

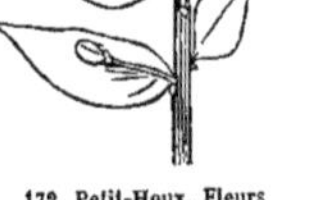

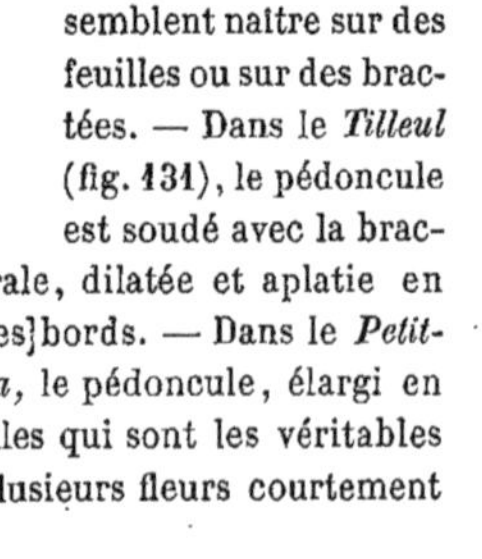

172. Petit-Houx. Fleurs épiphylles.

On a nommé inflorescences *épiphylles*, celles de certaines Plantes dont les fleurs semblent naître sur des feuilles ou sur des bractées. — Dans le *Tilleul* (fig. 131), le pédoncule est soudé avec la bractée. — Dans les *Xylophylla*, la branche florale, dilatée et aplatie en forme de feuille, porte les fleurs le long de ses bords. — Dans le *Petit-houx* (fig. 172), comme dans les *Xylophylla*, le pédoncule, élargi en feuille verte, naît à l'aisselle de petites écailles qui sont les véritables feuilles, et il porte sur son milieu une ou plusieurs fleurs courtement pédicellées, qui forment une *cyme*.

171. Liseron des champs. Cymes uniflores et biflores.

# FLEUR EN GÉNÉRAL.

La *fleur*, dans les Végétaux *phanérogames*, est un assemblage de plusieurs *verticilles* (ordinairement 4), constitués par des feuilles diversement transformées, et disposés les uns au-dessus des autres en anneaux ou étages, tellement rapprochés que leurs entre-nœuds ne sont pas distincts.

Les feuilles constituant chaque verticille ou anneau floral ne naissent pas toujours rigoureusement à la même hauteur; elles se succèdent souvent en spirale surbaissée, et conséquemment ne forment pas toujours un *verticille vrai :* on a néanmoins conservé le nom de *verticille* pour désigner le calyce, la corolle, l'androcée et le pistil.

La *fleur* peut être regardée comme un véritable bourgeon situé à l'extrémité du pédoncule ou du pédicelle : ce bourgeon est donc *terminal* relativement au rameau dont il émane, puisqu'il met un terme à la végétation de ce rameau.

Si la *fleur* termine toujours son *axe*, on peut penser que cela vient de ce que cet axe, épuisé par la déperdition des sucs qu'absorbent les verticilles floraux, n'a plus la force végétative qui serait nécessaire pour sa prolongation. Dans le développement normal de la *fleur*, la force reproductive fait équilibre à la force de nutrition; mais il arrive des cas où cet équilibre est rompu, et où l'*axe*, c'est-à-dire le *pédoncule*, s'allonge au-delà des verticilles floraux, et reproduit la Plante par des bourgeons-branches, en faisant ordinairement avorter les bourgeons-graines; c'est ce qu'on voit dans beaucoup de Végétaux, et notamment dans les *Roses* dites *prolifères* (fig. 173), dont le pédoncule se prolonge en axe supplémentaire, lequel s'éteint ordinairement dans une seconde fleur imparfaitement formée (fig. 174) de sépales (S), de pétales (P), au milieu desquels se trouvent quelques étamines et carpelles avortés.

173. Rose prolifère. C, C, Calyce transformé en feuilles; P, Pétales multipliés aux dépens des étamines; A, Axe prolongé portant une fleur imparfaite; F, Lames colorées représentant des carpelles avortés.

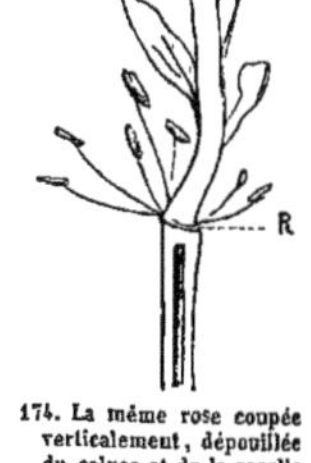


174. La même rose coupée verticalement, dépouillée du calyce et de la corolle inférieurs, pour montrer la position de toutes les parties le long de l'axe.

Nous avons dit que les verticilles constituant la *fleur* se composent de *feuilles* diversement transformées : ces feuilles, modifiées dans leur tissu, leur couleur, leur consistance pour former le *calyce*, la *corolle*, l'*androcée* et le *pistil*, révèlent quelquefois leur nature originelle en se montrant à l'observateur sous l'aspect de feuilles vertes ordinaires. — On nomme *anomalies* ou *monstruosités* les altérations accidentelles que subit un Végétal ou un Animal, et qui l'éloignent de la structure habituelle des individus de son Espèce : c'est surtout la culture qui provoque ces modifications.

Le premier verticille ou *calyce*, étant le plus extérieur, c'est-à-dire le plus voisin des feuilles, est aussi celui qui leur ressemble le plus.

Le deuxième verticille, ou *corolle*, subit des modifications plus considérables; le tissu de ses feuilles s'est raffiné, leur couleur est plus éclatante; mais l'*onglet*, le *limbe*, les *nervures*, et la forme, ordinairement plane, des *pétales* rappellent encore les feuilles ordinaires.

Le troisième verticille, ou *androcée*, offre une grande analogie avec le second : la position des *étamines* et des *pétales* est toujours la même, et leur transformation réciproque s'opère quelquefois dans une même fleur par des transitions insensibles : c'est ce qu'on voit dans les fleurs *semi-doubles*, où une partie des étamines se sont métamorphosées en pétales; dans les fleurs *doubles*, où toutes les étamines ont subi la métamorphose, et dans les fleurs *pleines*, où les carpelles ont imité les étamines (*Renoncules*, *Ancolies*, *Roses*). C'est surtout dans les *Roses* dites à *cent feuilles*, qu'on peut remarquer les gradations successives par lesquelles l'étamine devient pétale (fig. 175) : tantôt l'anthère élargit et colore en rose une de ses loges (6); tantôt elle les allonge toutes deux (5); tantôt le connectif s'épanouit en lame rose, et porte sur l'un de ses côtés une écaille jaune qui rappelle une loge anthérique (4, 3); le plus souvent l'étamine s'élargit franchement en pétale complet (2); quelquefois enfin (1) le voisinage du calyce exerce sur ce pétale une sorte d'influence contagieuse : une nervure médiane verte vient traverser son limbe coloré, et il se montre sépale sur son milieu et pétale sur ses côtés. — Dans l'*Ancolie double* (fig. 176) c'est l'anthère qui se boursoufle, et forme un pétale creusé en capuchon; quelquefois c'est le filet qui se dilate, et forme un pétale plane; mais ce dernier cas est moins fréquent dans l'*Ancolie* que le premier.

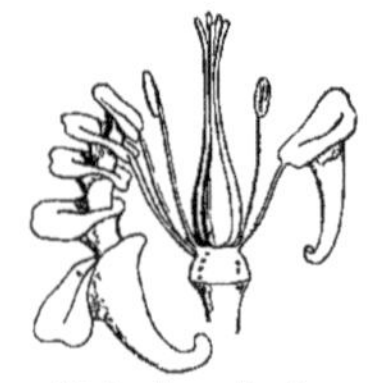
176. Ancolie capuchonnée, montrant une de ses séries d'anthères transformées et emboîtées les unes dans les autres.

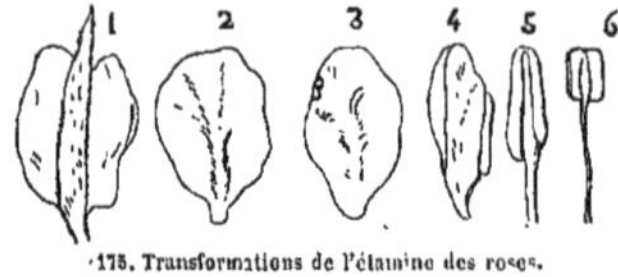

175. Transformations de l'étamine des roses.

Le quatrième verticille, ou *pistil*, est le plus intérieur; cette situation centrale et la pression des organes environnants l'exposent à des altérations diverses, et surtout à des soudures, qui déguisent son origine; mais, quand les feuilles carpellaires sont libres entre elles (*Ancolie*, fig. 12), ou solitaires (*Pois*, fig. 14), leur nature foliacée est facile à reconnaître, et c'est surtout dans les cas d'anomalie qu'on peut la constater. Nous en citerons quelques exemples.

**ANOMALIES.** — On a observé une *Ancolie* (fig. 177), dont les cinq feuilles carpellaires (FC), au lieu de rejoindre leurs bords pour fournir à des graines une cavité protectrice, restaient étalées en lames planes, et ne portaient le long de leurs bords, ou *placentaires*, que des petits bourgeons de feuilles (F. O) : ces feuilles qui, dans l'état normal, auraient servi d'enveloppe à un embryon ou plantule, étaient, pour la plupart, ouvertes; quelques-unes seulement s'arrondissaient en boule, comme pour témoigner de leur destination primitive, mais ne renfermaient rien dans leur cavité : la fécondation n'avait pas eu lieu, et le stigmate, stérile, était réduit à une petite tête glanduleuse (st), terminant la nervure médiane de la feuille carpellaire.

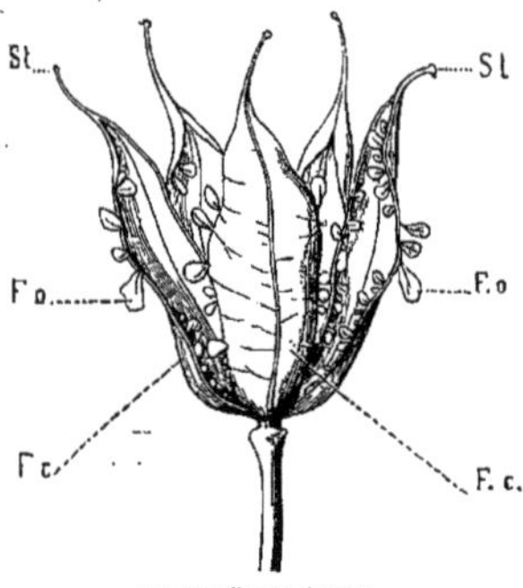

177. Ancolie monstrueuse.

Dans le *Merisier à fleurs doubles* (fig. 178) les bords libres des deux carpelles (F. C) ne portent aucun bourgeon, et leur limbe ou ovaire, absolument semblable à une fleur ordinaire, et plié le long de sa nervure médiane (N. m), s'allonge en un col représentant le style, et terminé à son extrémité par une petite boule spongieuse qui représente le stigmate.

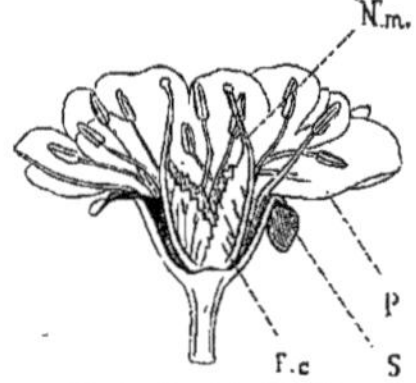

178. Merisier à fleur double. Fleur coupée verticalement; SS. Sépales P. P. pétales; FC. FC. feuilles carpellaires; N. m. nervure médiane ou style.

Le *Fraisier des Alpes* (fig. 179) fournit, sur la métamorphose des verticilles de la fleur, une observation d'un haut intérêt. — Le calyce (S) est normal; les cinq petites feuilles extérieures sont bifides, et représentent parfaitement les stipules qui accompagnent les feuilles. Les pétales (P) sont des feuilles vertes, robustes, fortement veinées, presque sessiles, à cinq lobes pointus et ciliés (fig. 180). Les étamines (fig. 179, E), au nombre de vingt et disposées en quatre verticilles, se sont aussi élargies en feuilles

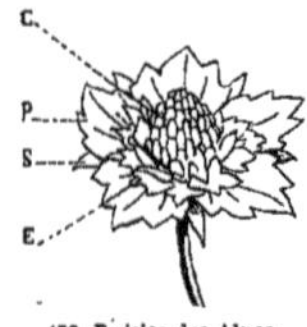

179. Fraisier des Alpes.

180. Fraisier des Alpes. Pétale vert. (g.)

181. Fraisier des Alpes. Étamines vertes.

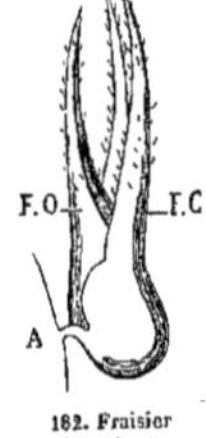

182. Fraisier des Alpes. Carpelle. (g.)

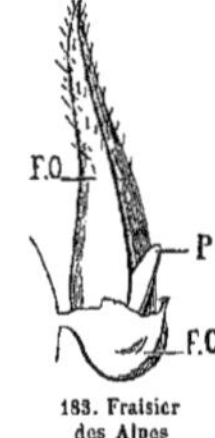

183. Fraisier des Alpes Carpelle sans l'ovaire. (g.)

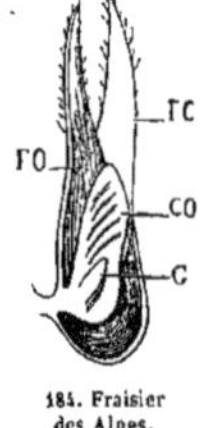

184. Fraisier des Alpes. Carpelle coupé verticalement.

vertes, pétiolées, les unes trilobées, les autres simples (fig. 181); la plupart portent des deux côtés de la base de leur limbe deux bosses jaunâtres (A, A), qui sont là pour représenter une anthère ébauchée. Les carpelles (fig. 179, C), dégénérés en feuilles, comme la corolle et l'androcée, s'échelonnent en spirale sur un réceptacle, qui devient succulent à mesure que la fleur verte-végète. — La feuille carpellaire (fig. 182, FC), le tégument de la graine (FO), nommé par extension *feuille ovulaire*, et la plantule ou embryon ont végété avec une vigueur surabondante, et se sont développés en feuilles qui s'emboîtent l'une dans l'autre. La feuille extérieure, souvent bifide (FC), représente l'ovaire; elle engaîne par sa base la feuille intérieure (FO) qui devait constituer le *testa* de l'ovule; à la base interne de cette feuille ovulaire (fig. 183, FO), naît un bourgeon pointu (P) : c'est la plantule, dont la coupe verticale (fig. 184) montre des feuilles rudimentaires, qui eussent été les cotylédons (CO) et la gemmule (G).

Dans cette curieuse fleur, l'énergie exagérée de la végétation a troublé le développement des organes de la reproduction, et les verticilles, au lieu de se modifier normalement pour concourir à cet acte important, ont conservé leur état primitif de feuilles vertes. — Cette évolution en lames vertes de toutes les parties de la fleur n'est pas très-rare dans le Règne végétal : on lui a donné le nom de *chloranthie*.

**FLEURS INCOMPLÈTES.** — La fleur est *incomplète* (*flos incompletus*), quand elle ne possède pas à la fois calyce, corolle, androcée et pistil. — On nomme *périanthe* ou *périgone* (*perianthium, perigonium*) l'enveloppe, simple ou double, de feuilles verticillées, qui entoure l'androcée et le pistil, lesquels constituent essentiellement la *fleur*.

La *fleur dipérianthée* (*fl. dichlamydeus*) est celle qui possède un périanthe double, c'est-à-dire deux verticilles bien distincts, formant un calyce et une corolle (*Giroflée*, fig. 7). Le *périanthe double* a quelquefois ses verticilles, soit *concolores*, soit *conformes*, c'est-à-dire présentant le même aspect, soit pour la couleur, soit pour la forme. Dans ce cas, le périanthe est dit : 1° *calycoïde* ou *foliacé* (*perigonium foliaceum*), quand il a l'aspect d'un double calyce (*Rumex*, fig. 185); — 2° *pétaloïde* (*perig. petaloideum*), quand il a l'aspect d'une double corolle (*Lis*, fig. 186). — Dans les *Narcisses* (fig. 187), le périanthe pétaloïde offre en dedans une espèce de godet frangé : ce godet, très-développé dans l'Espèce commune, ici figurée, l'est beaucoup moins dans le Narcisse odorant à fleur blanche, et autres Espèces, où il se montre découpé en six lobes qui alternent avec les pièces du double périanthe, d'où quelques Botanistes ont conclu qu'il représente deux verticilles analogues aux extérieurs, mais très-rapprochés et soudés intimement. D'autres Botanistes regardent le godet des *Narcisses* comme formé par des expansions latérales des filets d'étamines, qui se sont soudées en tube. — Dans les *Orchis* (fig. 188), le périanthe pétaloïde a six lobes inégaux, profondément séparés, dont les supérieurs se recouvrent, et ont reçu le nom de *casque* (*galea*); l'inférieur est étalé, de forme très-variable, et a reçu le nom de *labelle* (*labellum*) ou *tablier;* il se prolonge quelquefois en un sac, nommé *éperon* (*calcar*).

185. Rumex. Fleur à périanthe double calycoïde.

186. Lis. Fleur à périanthe double pétaloïde.

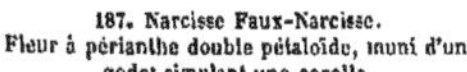
187. Narcisse Faux-Narcisse. Fleur à périanthe double pétaloïde, muni d'un godet simulant une corolle.

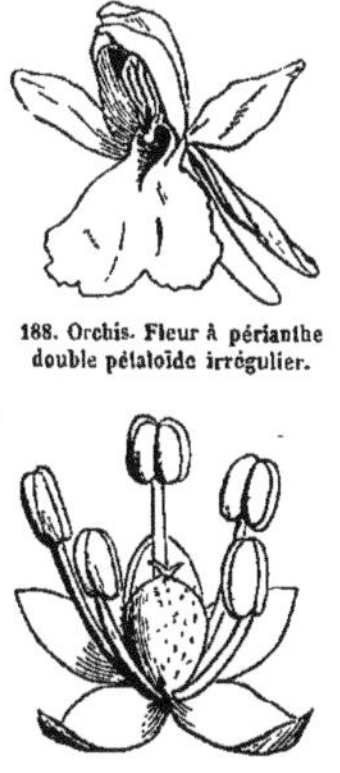
188. Orchis. Fleur à périanthe double pétaloïde irrégulier.

189. Chénopode. Fleur monopérianthée.

190. Aristoloche. Fleur monopérianthée à périanthe irrégulier.

La fleur *monopérianthée* est celle dont le périanthe est *simple* (*perigonium simplex*), c'est-à-dire formé d'un verticille unique. Le périanthe simple est ordinairement nommé *calyce*, et la fleur est dite alors *apétale* (*flos apetalus*). Il est tantôt *foliacé* (*Chénopode*, fig. 189), tantôt *pétaloïde* (*Anémone*, fig. 230) : quelquefois il est irrégulier (*Aristoloche*, fig. 190).

La fleur *apérianthée* (*flos achlamydeus*) est celle qui n'a ni calyce, ni corolle; elle est tantôt protégée par une ou plusieurs bractées (*Carex*, fig. 192 et 193), tantôt *nue* (*fl. nudus*), c'est-à-dire sans périanthe, ni bractées (*Frêne*, fig. 191).

La fleur est dite *stamino-pistillée* (*fl. hermaphroditus*) quand elle possède *androcée* et *pistil* (*Giroflée*, fig. 7) : on la désigne par ☿; — *staminée* (*fl. masculus*) quand elle est pourvue d'un androcée sans pistil (*Carex*, fig. 192) : on la désigne par ♂; — *pistillée* (*fl. fœmineus*), quand elle est pourvue de pistil sans androcée (*Carex*, fig. 193) : on la désigne par ♀; — *neutre* ou *stérile* (*fl. sterilis, neuter*) quand elle ne possède ni androcée ni pistil (fleurs extérieures du *Bleuet*, fig. 194).

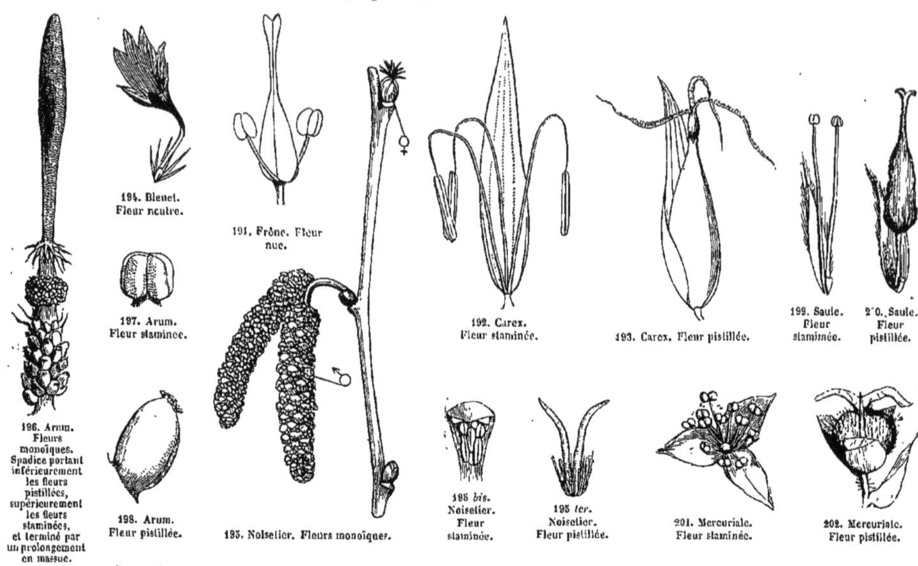

194. Bleuet. Fleur neutre.

191. Frêne. Fleur nue.

197. Arum. Fleur staminée.

192. Carex. Fleur staminée.

193. Carex. Fleur pistillée.

199. Saule. Fleur staminée.

200. Saule. Fleur pistillée.

196. Arum. Fleurs monoïques. Spadice portant inférieurement les fleurs pistillées, supérieurement les fleurs staminées, et terminé par un prolongement en massue.

198. Arum. Fleur pistillée.

195. Noisetier. Fleurs monoïques.

195 *bis*. Noisetier. Fleur staminée.

195 *ter*. Noisetier. Fleur pistillée.

201. Mercuriale. Fleur staminée.

202. Mercuriale. Fleur pistillée.

Les fleurs sont dites *monoïques* (*fl. monoici*), quand les fleurs *staminées* et les fleurs *pistillées* habitent la même Plante (*Carex*, fig. 192 et 193; *Chêne*, fig. 146; *Noisetier*, fig. 195, 195 *bis*, 195 *ter*; *Arum*, fig. 196, 197, 198); — *dioïques* (*fl. dioici*), quand les fleurs *staminées* naissent sur une Plante et les *pistillées* sur une autre (*Saule*, fig. 199 et 200; *Mercuriale*, fig. 201 et 202); — *polygames* (*fl. polygami*), quand, parmi les fleurs *monoïques* ou *dioïques*, se trouvent mêlées des fleurs *stamino-pistillées* (*Pariétaire*). — Les fleurs, soit *monoïques*, soit *dioïques*, soit *polygames*, sont dites aussi *diclines* (*fl. diclines*).

## CALYCE.

Le *calyce* (*calyx*) est le verticille situé en dehors de la corolle et de l'androcée. Il est ordinairement *simple* (*Giroflée*), quelquefois *multiple* (*Magnolia, Trolle*). Les feuilles qui le composent sont nommées *sépales* (*sepala*).

203. Mouron. Calyce 5-partit et pistil.

204. Erythrée. Calyce 5-fide.

Le calyce est dit *polysépale* (*c. polysepalus*), lorsque ses feuilles sont libres de toute cohérence entre elles (*Giroflée*, fig. 8 : *Ancolie*, fig. 30); — *monosépale* (*c. monosepalus, gamosepalus*), lorsque les feuilles sont plus ou moins complétement cohérentes, de manière à figurer un calyce d'une seule pièce.

205. Lychnis. Calyce 5-denté.

Le calyce monosépale est dit *partit* (*c. partitus*), quand les sépales sont presque libres et se soudent à la base seulement : alors il est dit, selon le nombre des découpures, *bipartit, tripartit, quadripartit, quinquépartit, multipartit*, etc. (*bipartitus, tripartitus, quadripartitus, quinquepartitus, multipartitus*, etc.) (*Mouron*, fig. 203); — *fendu* (*fissus*), quand les sépales se soudent jusqu'à moitié, ou à peu près : alors il est dit, selon le nombre des découpures, *bifide, trifide, quadrifide, quinquéfide, multifide* (*bifidus, trifidus, quadrifidus, quinquefidus, multifidus* (*Consoude, Érythrée*, fig. 204); — *denté* (*dentatus*), quand la soudure se prolonge presque jusqu'au sommet des sépales : alors il est dit, selon le nombre des dents, *bidenté, tridenté, quadridenté, quinquédenté, etc.* (*bidentatus, tridentatus, quadridentatus, quinquedentatus*, etc.) (*Lychnis*, fig. 205).

On nomme *tube* (*tubus*), dans le calyce monosépale, la partie où la cohérence des sépales s'est opérée; *limbe* (*limbus*), la partie où les sépales sont restées libres; *gorge* (*faux*), l'endroit où la soudure se termine.

Le calyce monosépale porte quelquefois au-dessous de son attache des prolongements ou *appendices* : c'est ce qu'on voit dans les *Myosures* (fig. 206), dans les *Pensées* (fig. 500), dont les cinq sépales sont attachés au réceptacle par le milieu de leur longueur; dans la *Campanule carillon* (fig. 207) : entre chaque couple de sépales, descend un appendice résultant de la soudure de deux lobes qui appartiennent à deux sépales différents.

206. Myosure. Fleur à calyce appendiculé. (g.)

207. Campanule. Calyce appendiculé.

Le calyce est *régulier* (*cal. regularis, æqualis*), quand ses sépales, soit égaux, soit inégaux, forment un verticille symétrique (*Giroflée*, fig. 8; *Mouron*, fig. 203; *Érythrée*, fig. 204; *Lychnis*, fig. 205). — Le calyce est *irrégulier* (*c. irregularis, inæqualis*), quand ses sépales ne forment pas un verticille symétrique (*Lamier*, fig. 208). Dans l'*Aconit*, le sépale supérieur se creuse en casque; dans les *Dauphinelles* (fig. 209), le sépale supérieur se prolonge en cornet creux ou *éperon*. Dans la *Capucine* (fig. 210), l'éperon est formé par les prolongements soudés des trois sépales supérieurs. Dans les *Pélargonium*, le sépale supérieur se prolonge sur le pédicelle, et forme un tube soudé avec cet organe. Dans les *Scutellaires*, les cinq sépales du calyce figurent deux lèvres, dont la supérieure forme d'abord une saillie (fig. 211) qui, après la fleuraison, se creuse en bouclier à son milieu et se recourbe sur les ovaires, qu'elle coiffe et enveloppe complétement, en se joignant à la lèvre inférieure (fig. 212).

208. Lamier. Calyce irrégulier.

209. Dauphinelle. Calyce prolongé en cornet creux.

210. Capucine. Fleur à calyce prolongé en cornet creux ou éperon.

211. Scutellaire. Calyce jeune.

212. Scutellaire. Calyce mûr.

Le tube du *calyce* monosépale est dit *cylindrique* (*cylindricus*), quand il est long, rond et d'égale grosseur partout (*Œillet*, fig. 226); — *cupuliforme* (*cupuliformis*), quand il ressemble à une coupe ou à un godet (*Oranger*); — *claviforme* (*claviformis*), quand il ressemble à une massue (*Siléné arméria*); — *vésiculeux* (*vesiculosus*), quand il ressemble à une vessie gonflée (*Alkékenge*, fig. 213); — *turbiné* (*turbinatus*), quand il ressemble à une toupie ou à une poire (*Bourdaine*); — *campanulé* (*campanulatus*), quand il ressemble à une cloche (*Haricot*); — *urcéolé* (*urceolatus*), quand il ressemble à un grelot (*Jusquiame*, fig. 214).

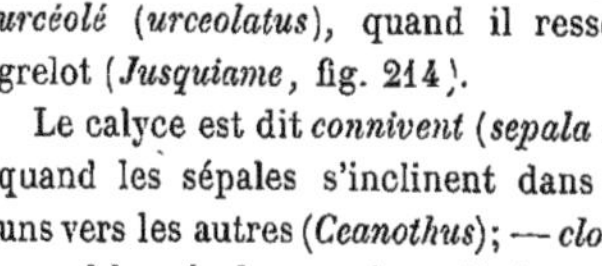

213. Alkékenge. Calyce vésiculeux.

214. Jusquiame. Calyce urcéolé.

Le calyce est dit *connivent* (*sepala conniventia*), quand les sépales s'inclinent dans la fleur les uns vers les autres (*Ceanothus*); — *clos* (*c. clausus*), quand les sépales, quoique distincts, se touchent par leurs bords (*Giroflée*, fig. 8); — *dressé* (*c. erectus*), quand les sépales sont dirigés verticalement de bas en haut (*Roquette*, fig. 250); — *étalé* (*c. patens*), quand les sépales sont dirigés à peu près horizontalement (*Moutarde*); — *réfléchi* (*c. reflexus*) quand les sépales se renversent en arrière, de manière à montrer en dehors leur face interne (*Renoncule bulbeuse*).

215. Cognassier. Fruit coupé verticalement.

Le limbe du calyce est tantôt *pétaloïde* (*Iris*); — tantôt *foliacé* Cognassier, fig. 215); — tantôt *denté* (*Fédia*, fig. 216); — tantôt réduit à une petite couronne membraneuse (*Camomille des champs*); — tantôt usé et réduit à un petit bourrelet circulaire (*calycis margo obsoletus*) (*Garance*, fig. 217); — tantôt *nul* (*Chrysanthème*, fig. 218) : dans ce dernier cas, le calyce est dit *entier* (*c. integer*), parce qu'on admet que son tube est soudé avec l'ovaire et ne se divise pas en limbe.

218. Chrysanthème. Fleur à calyce nul.

216. Fédia. Fruit couronné par un calyce à limbe denté.

217. Garance. Pistil couronné par un calyce à limbe usé.

Le limbe du calyce dégénère quelquefois en *écailles* (*squamæ*) ou en *paillettes* (*paleæ*) (*Hélianthe*, fig. 219), ou en *soies* ou en *poils*, formant une *aigrette* rayonnante (*pappus*). L'*aigrette* formée par le limbe dégénéré du calyce est dite *plumeuse* (*pappus plumosus*), quand chacun de ses poils rayonnants est couvert de petits poils secondaires ou de barbelures visibles à l'œil nu (*Valériane*,

225. Mauve. Calyce persistant.

219. Hélianthe. Fruit couronné par un calyce paléacé. (g.)

220 Valériane. Fruit couronné par un calyce à limbe en aigrette plumeuse. (g.)

221. Salsifis. Fruit couronné par un calyce à limbe en aigrette plumeuse.

222 Pissenlit. Fruit couronné par un calyce à limbe en aigrette simple.

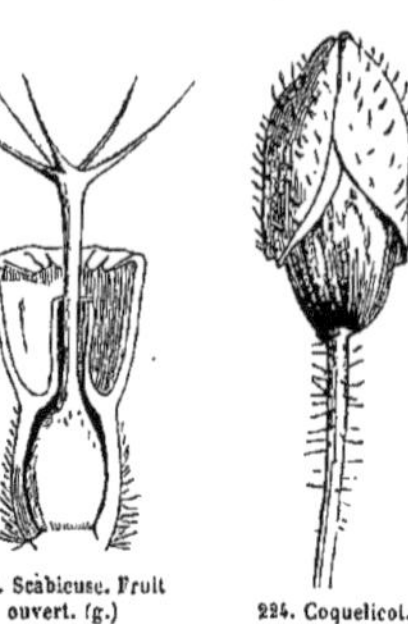

223. Scabieuse. Fruit ouvert. (g.) Calyce à aigrette stipitée.

224. Coquelicot. Fleur jeune. Calyce caduc.

fig. 220); *Salsifis*, fig. 221; — *simple* (*pappus simplex*), quand les *poils* ou *soies* sont dépourvus de duvet ou de barbelures latérales, et qu'ils offrent à l'œil nu l'apparence de poils ou soies, unis à leur surface (*Pissenlit*, fig. 222).

L'*aigrette*, soit *simple*, soit *plumeuse*, est dite *sessile* (*p. sessilis*), quand les poils ou soies naissent immédiatement du sommet de l'ovaire (*Bleuet*, *Valériane*, fig. 220); — *stipitée* (*p. stipitatus*), quand le tube du calyce est prolongé en un col grêle au-dessus de l'ovaire (*Pissenlit*, fig. 222; *Salsifis*, fig. 221; *Scabieuse*, fig. 223).

226. Œillet. Calyce calyculé par des bractées opposées.

Le calyce, quant à sa durée, est dit *tombant* (*c. deciduus*), lorsqu'il tombe avec la corolle après la fleuraison (*Giroflée*, fig. 8); — *caduc* ou *fugace* (*c. caducus*), lorsqu'il tombe dès que la fleur commence à s'épanouir (*Coquelicot*, 224); — *persistant* (*c. persistens*), lorsqu'il reste en place, même après la fleuraison (*Mouron*, fig. 203); — *marcescent*, lorsque, en persistant, il se fane et se dessèche (*Mauve*); — *accrescent* (*c. accrescens*), lorsque, en persistant, il prend de l'accroissement (*Alkékenge*, fig. 213).

**CALYCULES ET INVOLUCRES CALYCIFORMES.** — Le calyce est quelquefois accompagné de bractées, verticillées ou opposées, qui simulent un calyce accessoire. On a donné à l'ensemble de ces bractées le nom de *calycule* (*calyculus*). — L'*Œillet* (fig. 226) a un calycule de quatre bractées opposées par paires. La *Guimauve* (fig. 227) et la *Mauve* (fig. 225) ont, en dehors de leur calyce quinquéfide, un *calycule*, de six à neuf bractées pour la *Guimauve*, et de trois bractées pour la *Mauve*.

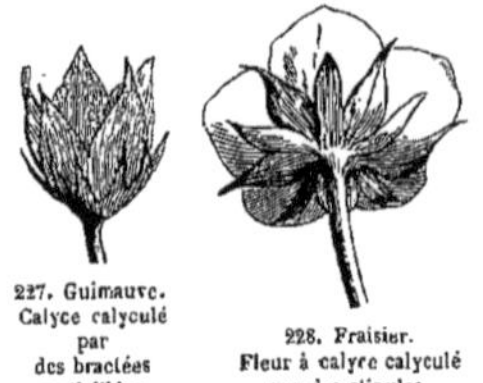

227. Guimauve. Calyce calyculé par des bractées verticillées.

228. Fraisier. Fleur à calyce calyculé par des stipules.

— Les cinq languettes qui tapissent extérieurement le calyce du *Fraisier* (fig. 228) et alternent avec les cinq sépales, ne sont pas un calycule de bractées; ce sont des *stipules* soudées ensemble deux à deux, et accompagnant les feuilles du calyce. — Le godet à fossettes et à bord frangé qui enveloppe chaque fleur dans la *Scabieuse* (fig. 223 et 229) peut être regardé comme un calycule.

Ces calycules sont de véritables involucres *uniflores*, analogues aux involucres *pluriflores* des *capitules* et des *ombelles*. — La collerette calyciforme des *Anémones* (fig. 230), composée de trois bractées foliacées, découpées, distantes du calyce; celle de l'*Hépatique* (fig. 231), composée de trois bractées entières, rapprochées du calyce; celle de l'*Hellébore d'hiver* (fig. 231 *bis*), composée de plusieurs lanières foliacées, presque contiguës au calyce, sont aussi des involucres.

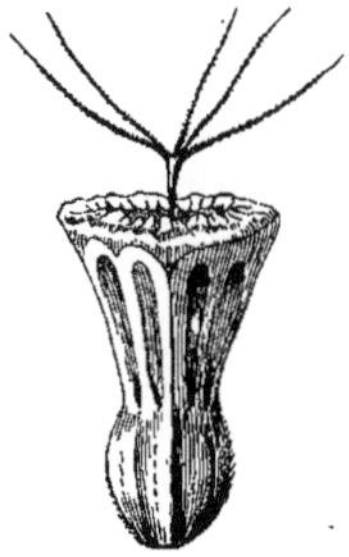

229 Scabieuse. Fruit involucré. (g.)

231. Hépatique. Involucre calyciforme rapproché de la fleur.

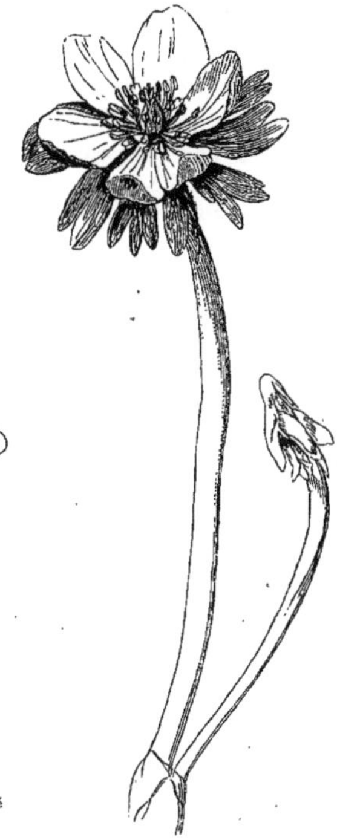

231 *bis*. Eranthis Hellébore-d'hiver. Involucre calyciforme rapproché de la fleur.

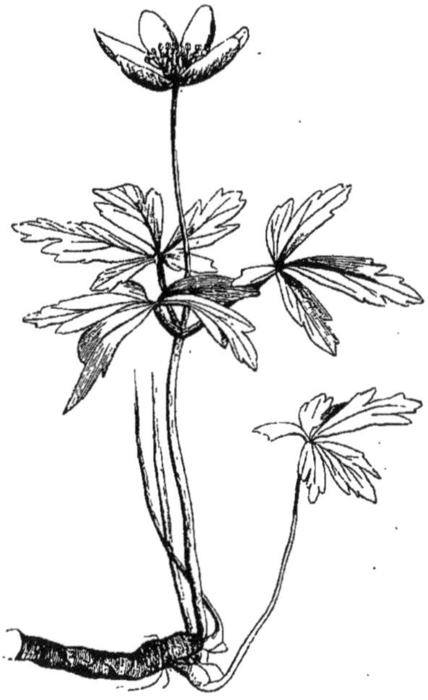

230. Anémone Sylvie. Fleur à involucre calyciforme distant.

233. Noisetier. Fruits à cupule foliacée.

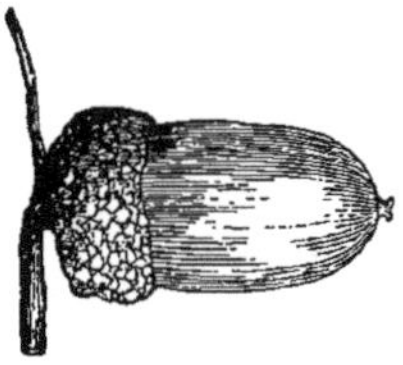

232. Chêne. Fruit à cupule écailleuse.

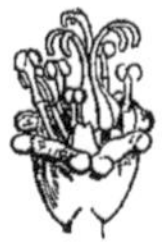

235. Euphorbe. Godet calyciforme pluriflore.

234. Châtaignier. Involucre épineux, contenant trois fleurs.

La *cupule* (*cupula*) qui emboîte le *gland* ou fruit du *Chêne* (fig. 232) et qui se compose de petites écailles imbriquées; la cupule foliacée à bords déchiquetés, qui protége la *noisette* dans le *Coudrier* (fig. 233), sont des involucres uniflores. — La cupule épineuse du *Châtaignier* (fig. 234) et le godet calyciforme de l'*Euphorbe* (fig. 235) ne diffèrent des précédents que parce qu'ils sont pluriflores.

# COROLLE.

La *corolle* (*corolla*) est le verticille placé en dedans ou au-dessus du calyce ; elle est ordinairement *simple* (*Rose*), quelquefois *multiple*, c'est-à-dire composée de plusieurs verticilles (*Magnolia, Nymphæa*) ; ses feuilles sont nommées *pétales* (*petala*).

Les pétales sont *colorés*, c'est-à-dire d'une couleur autre que la verte : c'est ce qui les distingue des sépales, qui ont généralement un aspect foliacé : cependant quelques Plantes (*Nerprun, Vigne, Narcisse viridiflore*) ont des pétales verts, de même que, par compensation, les *Hellébores*, les *Aconits*, les *Dauphinelles*, les *Ancolies*, les *Nigelles* ont des sépales colorés, c'est-à-dire pétaloïdes.

La corolle *polypétale* ou *dialypétale* (*c. polypetala, dialypetala*) est celle dont les feuilles sont libres entre elles de toute cohérence (*Giroflée, Fraisier, Ancolie*). — La corolle *monopétale* ou *gamopétale* (*c. monopetala, gamopetala*) est celle dont les feuilles sont cohérentes plus ou moins complétement, de manière à former une corolle d'une seule pièce.

La corolle est dite *régulière* (*c. regularis*), quand ses pétales, libres ou soudés, sont égaux, et forment un verticille symétrique ; *irrégulière* (*c. irregularis*), dans le cas contraire. — Une corolle peut offrir des pièces inégales, et être régulière : c'est lorsque les grandes et les petites alternent entre elles en nombre égal, que les petites sont semblables aux petites, et les grandes aux grandes : elle est encore *régulière* lorsque ses pièces sont irrégulières, mais toutes semblables : il en résulte un ensemble symétrique (*Pervenche*, fig. 274).

**COROLLE POLYPÉTALE.** — Le pétale de la corolle polypétale est dit *onguiculé* (*petalum unguiculatum*), quand il est rétréci à sa base en une sorte de pétiole qu'on nomme *onglet* (*unguis*) (*Giroflée*, fig. 9 ; *Œillet*, fig. 236) ; la partie élargie porte le nom de *lame* (*lamina*) (fig. 9, L.) ; le pétale est courtement onguiculé dans la *Rose*, la *Renoncule* (fig. 237) ; il est *sessile* dans le *Seringat*, l'*Oranger*.

236. Œillet. Pétale.

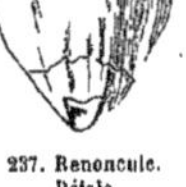

237. Renoncule. Pétale.

L'*onglet* du pétale est dit *nectarifère* (*unguis nectarifer*), quand il porte une glande sécrétant une liqueur sucrée (*Renoncule*, fig. 237) ; tantôt la glande est protégée par une écaille (fig. 237), tantôt elle est nue (*Berbéris*, fig. 238). — L'onglet est dit *nu* (*u. nudus*), quand il ne porte ni glande ni écaille ; c'est le cas le plus ordinaire (*Giroflée*, fig. 9 ; *Œillet*, fig. 236) ; — il est dit *ailé* (*u. alatus*), quand il porte, perpendiculairement à sa face interne, des bandelettes qui s'étendent jusqu'à la *lame* (*Coquelourde des blés*). — On nomme *fornices* (*fornices*) de petites excavations situées à la limite extérieure de l'onglet et de la lame et faisant saillie à l'intérieur (*Lychnis de Calcédoine*). Nous verrons la corolle monopétale offrir aussi quelquefois des fornices. — On nomme *coronule* (*coronula*) une ou plusieurs lamelles placées intérieurement au sommet de l'onglet, et formant par l'ensemble des pétales une *couronne*, qui entoure l'androcée et le pistil (*Lychnis dioïque*, fig. 239 et 240 ; *Réséda*, 241 et 242).

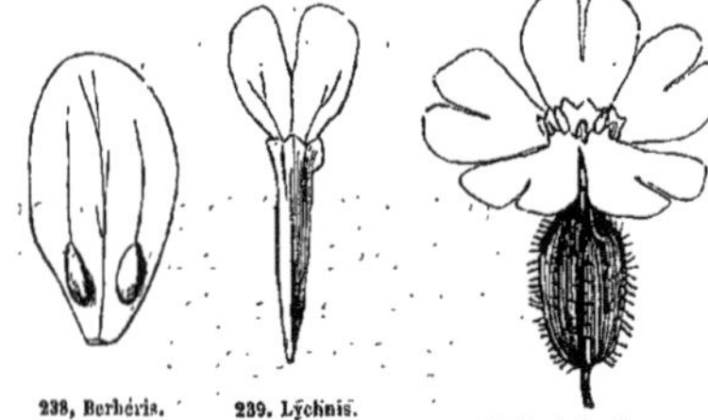

238. Berbéris. Pétale. 239. Lychnis. Pétale. 240. Lychnis. Fleur.

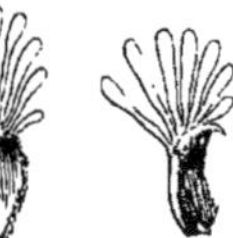

241. 242. Réséda. Pétales interne et latéral.

La *lame* du pétale est tantôt *entière* (*Giroflée*, fig. 9), tantôt *dentelée* ou *frangée* (*Œillet*, fig. 236) ; tantôt *bifide, trifide, quatrifide*, etc. (*Lychnis*, fig. 240) ; tantôt terminée par une *crête* déchiquetée (*Réséda*, fig. 241 et 242).

Les pétales sont généralement *planes* (*petala plana*) comme les feuilles ; — quelques-uns sont *concaves* (*p. concava*) (*Berbéris*, fig. 238) ; — *tubuleux* (*p. tubulosa*), c'est-à-dire creusés en un tube dont l'orifice a son bord à peu près entier (*Hellébore fétide*, fig. 243) ; — *bilabiés* (*p. bilabiata*), c'est-à-dire formant un tube dont l'orifice présente deux lèvres distinctes (*Nigelle*, fig. 244 ; *Eranthis*, fig. 244 *bis*) ; — *unilabiés* (*p. labiata*), quand le tube se termine par une lèvre unique (*Trolle*, fig. 245); — *cuculliformes* ou *en capuchon* (*p. cuculliformia*) (*Ancolie*, fig. 246; *Aconit*, fig. 247); — *calcariformes* (*p. calcariformia*), c'est-à-dire en éperon ou en cornet (*Pensée*, fig. 248; *Dauphinelle*, fig. 249). — Les pétales creux, quelle que soit leur forme, renferment généralement au fond de leur cavité une glande qui distille du nectar à l'époque où la fleur s'épanouit, et où les anthères s'ouvrent pour laisser échapper le pollen.

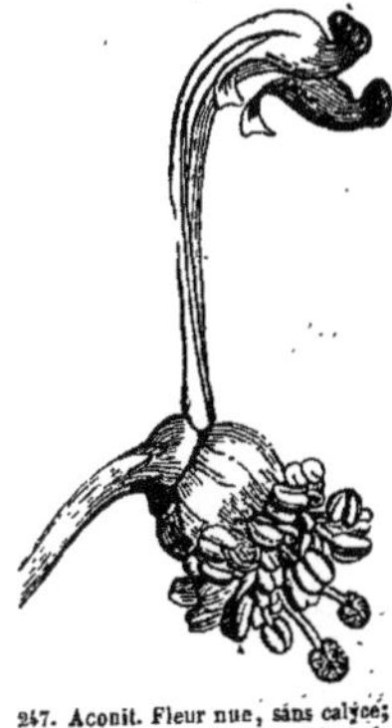

247. Aconit. Fleur nue, sans calyce; pétales en capuchon, pédicellés. (g.)

246. Ancolie. Pétale en capuchon ou corne d'abondance.

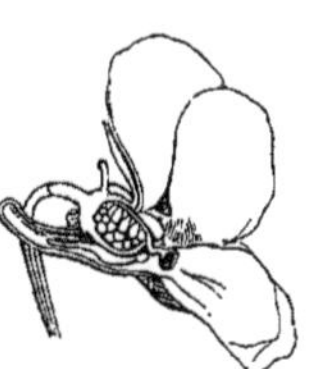

248. Pensée. Fleur coupée verticalement, montrant le cornet du pétale inférieur.

249. Dauphinelle d'Ajax. Pétale en éperon formé de quatre pétales soudés.

243. Hellébore. Pétale tubuleux.

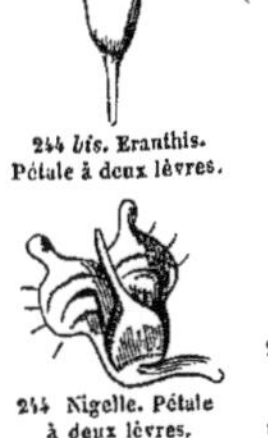

244 *bis*. Eranthis. Pétale à deux lèvres.

244 Nigelle. Pétale à deux lèvres.

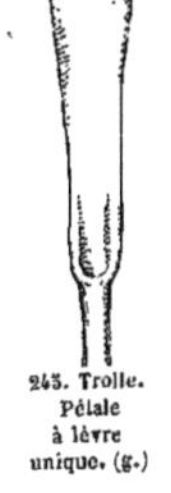

245. Trolle. Pétale à lèvre unique. (g.)

La corolle polypétale *régulière* est dite *cruciforme* (*c. cruciformis*), quand elle se compose de quatre pétales, opposés deux à deux, en croix (*Roquette*, fig. 250; *Chélidoine*, fig. 251); — *rosacée* (*rosacea*), quand elle se compose de cinq pétales à onglet court ou nul, et ouverts (*Rose*, *Fraisier*, fig. 252); — *caryophyllée* (*c. caryophyllea*), lorsqu'elle se compose de cinq pétales munis d'onglets (*Lychnis*, fig. 239 et 240).

253. Cytise. Fleur vue de profil.

255. Cytise. Etendard.

250. Roquette. Fleur.

251. Chélidoine. Fleur.

252 Fraisier. Fleur.

254. Cytise. Fleur vue de face.

257. Cytise. Pétales formant la carène.

256. Cytise. Aile gauche.

La corolle polypétale *irrégulière* est dite *papilionacée* (*c. papilionacea*) (*Cytise*, fig. 253 et 254), quand elle se compose de cinq pétales, dont un supérieur, nommé *étendard* (*vexillum*, fig. 255), est adossé à l'axe, et embrasse les quatre autres, deux latéraux, nommés *ailes* (*alæ*, fig. 256), recouvrant eux-mêmes les deux inférieurs, qui sont rapprochés, soudés souvent ensemble par leur bord inférieur, et dont la réunion se nomme *carène* (*carina*, fig. 257).

La corolle *irrégulière*, sans être papilionacée, est dite *anomale* (*c. anomala*) (*Aconit*, *Pélargonium*, *Pensée*, fig. 170).

**COROLLE MONOPÉTALE.** — Dans la corolle *monopétale*, on nomme *tube* (*tubus*) la partie dans laquelle les pétales sont unis par leurs bords; le *limbe* (*limbus*) est la portion supérieure de la corolle, à partir du point où les pétales deviennent libres; la *gorge* (*faux*) est l'entrée du *tube*, c'est-à-dire la région intermédiaire entre le *tube* et le *limbe*, ordinairement réduite à une ligne circulaire, quelquefois un peu allongée ou dilatée, comme dans la *Consoude* (fig. 268). — Il faut remarquer que le mot *limbe* a deux acceptions en Botanique : on l'emploie pour désigner la partie élargie d'*une* feuille, et par extension, en parlant de la corolle monopétale, on l'applique à *plusieurs* feuilles. Cette confusion est regrettable, mais l'usage a prévalu.

La *gorge* de la corolle monopétale est dite *appendiculée* (*faux appendiculata*), quand elle est garnie intérieurement, et souvent close par des *appendices* saillants de forme diverse, qui souvent répondent à des *fornices* ou cavités extérieures; — *nue* (*faux nuda*), quand elle est dépourvue d'appendices. Elle est *nue* dans l'*Héliotrope* (fig. 259 et 260); garnie de longs pinceaux de poils, mais non close, dans la *Pulmonaire* (fig. 261); close par cinq mamelons terminés chacun par un pinceau de poils, et répondant à autant de *fornices*, dans la *Buglosse* (fig. 265 et 266); close par cinq mamelons répondant à autant de *fornices*, dans le *Myosotis* (fig. 263 et 264) et le *Lycopsis* (fig. 262); close par cinq lames en glaive, conniventes, formant un toit conique sur le tube, et

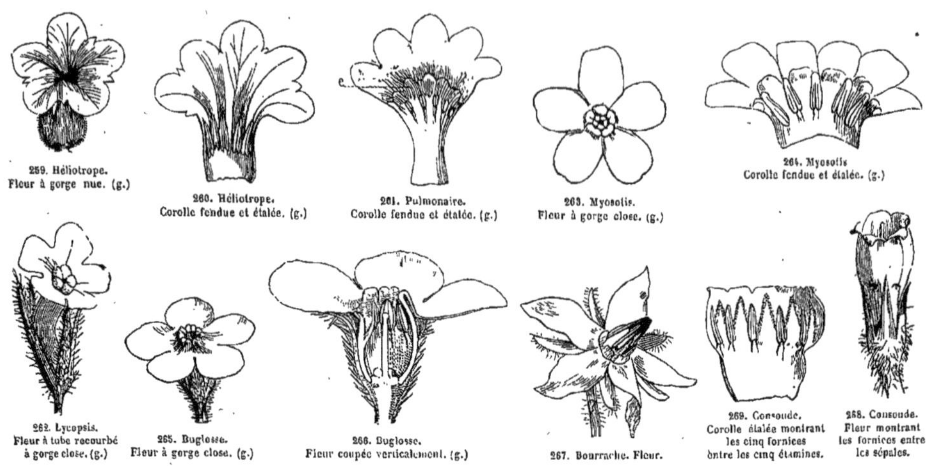

259. Héliotrope. Fleur à gorge nue. (g.)

260. Héliotrope. Corolle fendue et étalée. (g.)

261. Pulmonaire. Corolle fendue et étalée. (g.)

263. Myosotis. Fleur à gorge close. (g.)

264. Myosotis. Corolle fendue et étalée. (g.)

262. Lycopsis. Fleur à tube recourbé à gorge close. (g.)

265. Buglosse. Fleur à gorge close. (g.)

266. Buglosse. Fleur coupée verticalement. (g.)

267. Bourrache. Fleur.

269. Consoude. Corolle étalée montrant les cinq fornices entre les cinq étamines.

268. Consoude. Fleur montrant les fornices entre les sépales.

répondant à autant de fornices dans la *Consoude* (fig. 268 et 269); garnie de cinq écailles échancrées, dans la *Bourrache* (fig. 267); munie d'une couronne de lamelles longues, étroites et déchiquetées, dans le *Laurier-rose*.

La corolle *monopetale* est dite *partite* quand les pétales sont cohérents à la base seulement, et alors, selon le nombre des partitions, elle est *bipartite, tripartite, quadripartite, quinquépartite*, etc. (*Mouron rouge*, fig. 277); (*Bourrache*, fig. 267); — *fendue*, quand les pétales sont cohérents jusqu'à moitié ou à peu près, et que les sinus, ainsi que les parties libres, sont aigus; elle est alors *bifide, trifide, quadrifide, quinquéfide*, etc. (*Tabac, Campanule raiponce*, fig. 270); — *lobée*, quand la partie libre des pétales est obtuse ou arrondie : alors elle est *bilobée, trilobée, quadrilobée, quinquélobée*, etc. (*Myosotis*, fig. 263 et 264; *Héliotrope*, fig. 259 et 260; *Buglosse*, fig. 265; *Consoude*, fig. 268); — *dentée*, quand les parties qui restent libres sont très-courtes (*Bruyère*, fig. 276).

270. Raiponce. Fleur.

La corolle *monopétale régulière* est dite *tubuleuse* (*c. tubulosa*), quand le tube est allongé, cylindrique et le limbe droit, de manière à sembler une continuation du tube (*Cérinthe*, fig. 271). Les corolles centrales de la *Chrysanthème* (fig. 272) et autres Plantes à fleurs réunies en *capitule* involucré, sont de petites corolles tubuleuses, qu'on nomme *fleurons* (*flosculi*); le capitule composé de *fleurons* est nommé *capitule flosculeux*; — elle est dite *infondibuliforme* (*c. infundibuliformis*), quand le tube s'évase insensiblement de la base au sommet, de manière à former un entonnoir (*Liseron*, fig. 273); — *hypocratériforme* (*hypocrateriformis*), quand le tube, droit et allongé, est terminé brusquement par un limbe plane et étalé, de manière à figurer une patère antique ou une soucoupe à pied (*Lilas, Jasmin, Pervenche*, fig. 274; *Buglosse*, fig. 265); — *campanulée* (*c. campanulata*), quand son tube, dilaté dès sa base, s'évase graduellement en cloche (*Campanule*, fig. 275); — *urcéolée* (*c. urceolata*), quand le tube est renflé à son milieu, rétréci à ses deux bouts, et que le limbe est presque nul, de manière à figurer un grelot (*Bruyère*, fig. 276); — *rotacée*

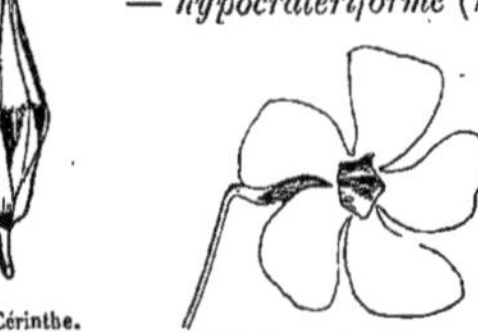

271. Cérinthe. Fleur.

274. Pervenche. Fleur.

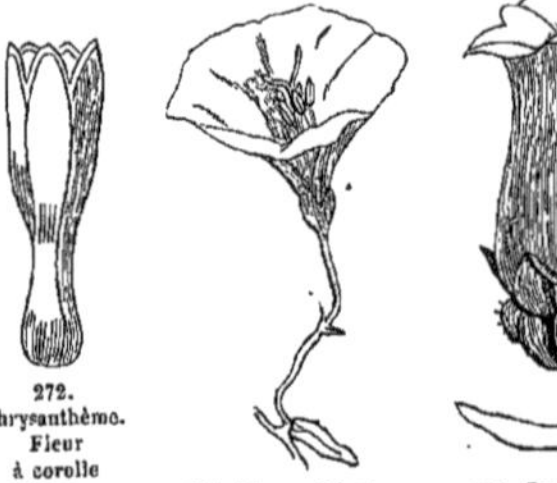

272. Chrysanthème. Fleur à corolle tubuleuse.

273. Liseron. Fleur.

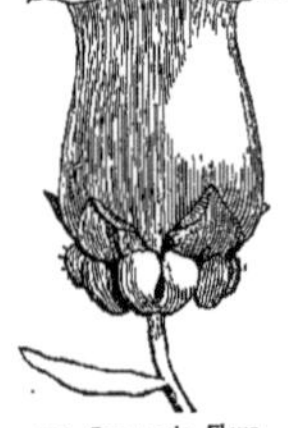

275. Campanule. Fleur.

(*c. rotacea*), quand le tube est nul ou presque nul, et que les divisions du limbe sont ouvertes et divergentes comme les rayons d'une roue (*Mouron rouge*, fig. 277; *Bourrache*, fig. 267); — *étoilée* (*c. stellata*), quand les divisions du limbe, étalées en roue, sont très-aiguës (*Caille-lait*).

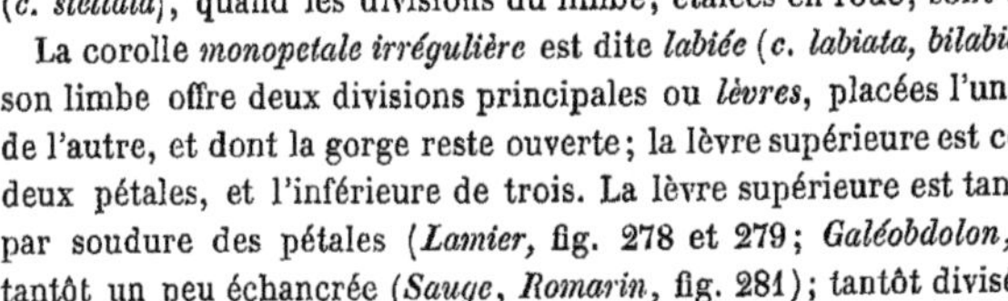
277. Mouron. Fleur.

276. Bruyère. Fleur.

La corolle *monopetale irrégulière* est dite *labiée* (*c. labiata, bilabiata*), quand son limbe offre deux divisions principales ou *lèvres*, placées l'une au-dessus de l'autre, et dont la gorge reste ouverte; la lèvre supérieure est composée de deux pétales, et l'inférieure de trois. La lèvre supérieure est tantôt entière, par soudure des pétales (*Lamier*, fig. 278 et 279; *Galéobdolon*, fig. 280); tantôt un peu échancrée (*Sauge*, *Romarin*, fig. 281); tantôt divisée très-profondément (*Germandrée*, fig. 282 et 283), de sorte que les deux pétales qui la constituent, séparés presque entièrement l'un de l'autre, sont plus unis avec les trois autres de la lèvre inférieure qu'ils ne le sont entre

278. Lamier. Fleur vue de profil.

279. Lamier. Fleur vue de face.

280. Galéobdolon. Fleur vue de face.

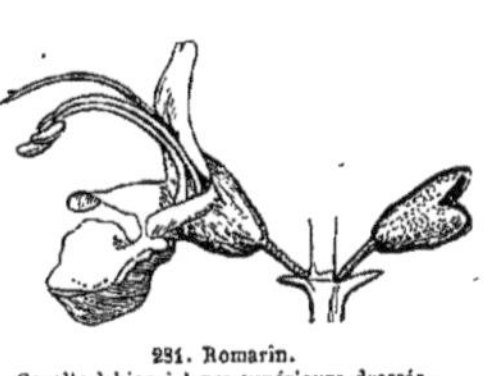
281. Romarin. Corolle labiée à lèvre supérieure dressée.

282. Germandrée Fleur vue par le dos.

283. Germandrée. Fleur vue de profil.

eux, et que la corolle consiste en une lèvre inférieure à cinq divisions; tantôt réduite presque à rien et ne se distinguant du *tube* que par une légère échancrure (*Bugle*, fig. 284). — La lèvre inférieure a son lobe moyen tantôt entier (*Romarin*, fig. 281); tantôt bifide (*Lamier*, fig. 279; *Bugle*, fig. 284); tantôt trifide (*Galéobdolon*, fig. 280).

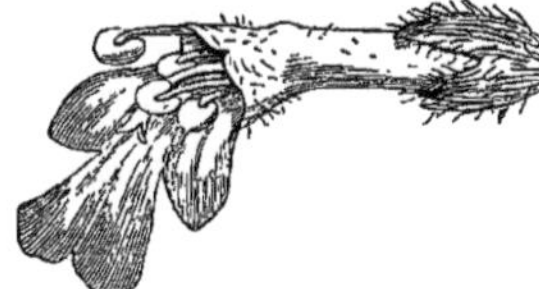
284. Bugle. Corolle labiée à lèvre supérieure presque nulle.

La corolle *personée* (*c. personata*), de même que la corolle labiée, a son limbe divisé en deux lèvres, mais la gorge est fermée par une saillie (*fornice*) de la lèvre inférieure, appelée *palais* ou *langue* (*palatum*); en outre, le tube offre inférieurement, dans la plupart des cas, un prolongement du pétale moyen de la lèvre inférieure, ce qui rend la corolle, tantôt *gibbeuse* (*c. gibbosa*) (*Muflier*, fig. 285), tantôt *éperonnée* (*c. calcarata*) (*Linaire*, fig. 286).

286. Linaire. Fleur.

285. Muflier. Fleur.

Parmi les corolles à deux lèvres, on a indiqué la corolle *ringente* (*c. ringens*); mais ce terme ayant été appliqué par les uns à des corolles labiées, par les autres à des corolles personées, peut être regardé comme superflu.

La corolle *ligulée* (*c. ligulata*) est une corolle à cinq pétales soudés, dont les deux supérieurs n'adhèrent l'un à l'autre que par leur base, et se soudent dans presque toute leur longueur avec les trois autres pétales, comme ceux-ci entre eux, de sorte que la corolle forme à sa base un tube très-court, et semble totalement constituée par une *languette* finement dentée à son extrémité (*Chrysanthème*, fig. 287). — Les fleurs à corolle *ligulée* sont ordinairement réunies en *capitule* sur un réceptacle commun involucré; elles portent alors le nom de *demi-fleurons* (*semi-flosculi*); le capitule composé de *demi-fleurons* est nommé capitule *demi-flosculeux* (*Pissenlit*); le capitule est dit *radié* (*capitulum radiatum*), quand il renferme des *fleurons* au centre et des *demi-fleurons* à la circonférence (*Chrysanthème*, *Souci*).

287. Chrysanthème. Fleur à corolle ligulée.

290. Scabieuse. Fleur de la circonférence.

La corolle monopétale irrégulière qui n'est ni *labiée*, ni *personée*, ni *ligulée*, est dite *anomale* (*c. anomala*) :

la *Digitale* (fig. 288) a sa corolle conformée en dé à coudre; le *Bleuet* porte à la circonférence de son capitule des fleurons irréguliers, amplifiés et *stériles*, c'est-à-dire dépourvus d'étamines et de pistil (fig. 289); la *Scabieuse* (fig. 290) a son capitule garni extérieurement de fleurs à corolle très-irrégulière et comme *labiée;* le *Centranthe* (fig. 291) a une corolle irrégulièrement hypocratériforme, dont le tube est éperonné inférieurement.

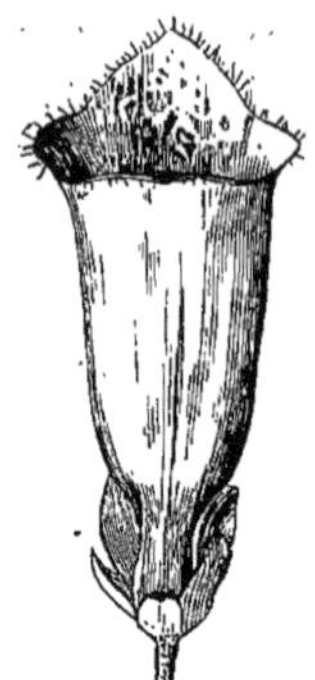

288. Digitale. Fleur à corolle anomale.

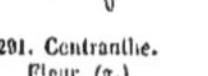

291. Centranthe. Fleur. (g.)

289. Bleuet. Fleuron stérile. (g.)

# ANDROCÉE.

L'*androcée* (*androceum*) est le verticille, *simple* ou *multiple*, placé en dedans ou au-dessus de la corolle; les feuilles qui le constituent sont nommées *étamines* (*stamina*).

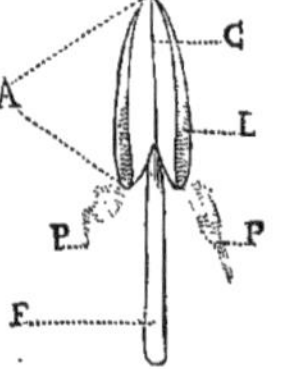


292. Giroflée. Étamine.

L'*étamine*, à l'état le plus complet (fig. 292), se compose d'un pétiole nommé *filet* (*filamentum*) (F), et d'un limbe nommé *anthère* (*anthera*) (A); l'anthère est partagée en deux moitiés latérales par une nervure médiane nommée *connectif* (*connectivum*) (C), chaque moitié forme une *loge* (*loculus*) (L); chaque loge est formée de deux feuillets ou *valves*, dont la jonction est marquée par un sillon ou *suture* extérieure. Le *dos* est le côté de l'anthère qui regarde la corolle; la *face* est le côté qui regarde le pistil.

Le parenchyme ou tissu cellulaire interposé entre les deux feuillets de l'anthère, avait, dans la jeunesse de l'organe, ses cellules molles, succulentes et adhérant les unes aux autres; mais, quand arrive l'époque de ses fonctions, ce parenchyme devient sec et pulvérulent; les deux feuillets se décollent le long de leur suture; la loge s'ouvre, et les cellules, devenues *pollen*, en sortent pour adhérer au stigmate.

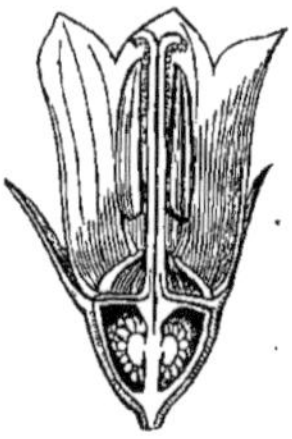

295. Campanule. Coupe verticale de la fleur.

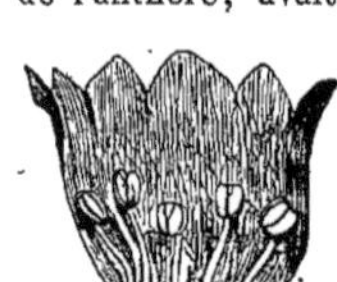

294. Belladone. Corolle étalée, et androcée.

293. Arum. Étamine. (g.)

L'anthère est rarement *sessile*, c'est-à-dire dépourvue de filet (*Arum*, fig. 293).

Quand la corolle est monopétale, les étamines sont soudées avec elle (*Belladone*, fig. 294) : cette loi générale offre très-peu d'exceptions (*Bruyère, Campanule*, fig. 295).

**INSERTION DES ÉTAMINES.** — On nomme *insertion* ou *point de départ* des étamines, la partie de l'axe floral où elles se séparent des verticilles voisins. L'insertion des pétales est toujours la même que celle des étamines : conséquemment, dans la corolle monopétale staminifère, l'insertion des étamines sera déterminée d'après celle de la corolle.

Les étamines, ainsi que la corolle, sont dites *hypogynes* (*st. hypogyna*), quand elles sont libres d'adhérence avec le pistil et avec le calyce, et qu'elles naissent du réceptacle au-dessous de la base du pistil (*Renoncule*, fig. 296; *Primevère*, fig. 297); — *périgynes* (*st. perigyna*), lorsqu'elles s'insèrent sur le calyce,

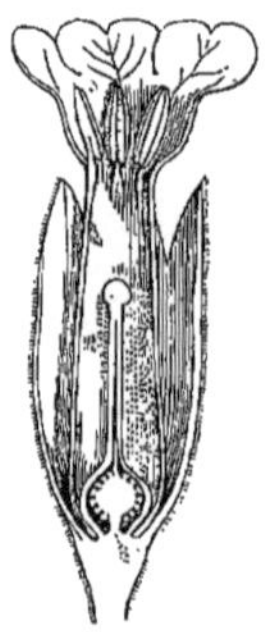

297. Primevère. Coupe verticale de la fleur. (g.)

296. Renoncule. Pistil et étamines.

298. Abricotier. Fleur ouverte.

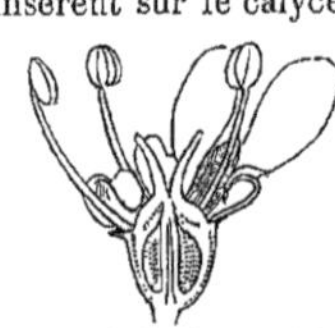

299. Coriandre. Coupe verticale de la fleur.

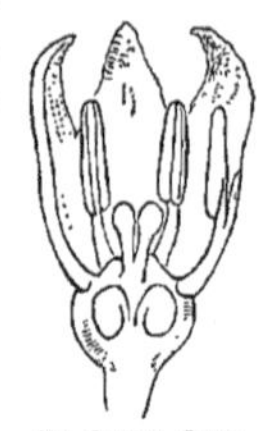

300. Garance. Coupe verticale de la fleur.

et se trouvent élevées à une certaine hauteur au-dessus de la base du pistil, de sorte que, relativement au pistil, elles sont latérales, au lieu d'être inférieures (*Abricotier*, fig. 298; *Campanule*, fig. 295); — *épigynes* (*st. epigyna*), lorsqu'elles s'insèrent sur le pistil même (*Cornouillier*, fig. 299; *Garance*, fig. 300).

Les insertions *périgynique* et *épigynique* étant souvent peu distinctes et faciles à confondre, on a nommé *calyciflores* (*Pl. calyciforæ*) les Plantes à corolle (soit monopétale, soit polypétale) et à étamines insérées sur le calyce, que ce calyce soit au-dessous de l'ovaire, comme dans l'*Abricotier* (fig. 298), ou supérieur à l'ovaire, comme dans la *Campanule*, le *Cornouillier*, la *Garance* (fig. 295, 299 et 300). — On a nommé *thalamiflores* (*pl. thalamifloræ*) les Plantes à corolle polypétale et à étamines insérées au-dessous du pistil, c'est-à-dire *hypogynes* (*Renoncule*, fig. 296); on a nommé *corolliflores* (*pl. corollifloræ*) les Plantes à corolle monopétale staminifère insérée au-dessous du pistil, c'est-à-dire *hypogyne* (*Primevère*, fig. 297).

**NOMBRE DES ÉTAMINES.** — La fleur est dite *isostémone* (*flos isostemoneus*), quand les étamines sont en nombre égal à celui des pétales (libres ou soudés) (*Cornouillier*, fig. 299; *Primevère*, fig. 297); — *anisostémone* (*fl. anisostemoneus*), quand les étamines sont moins nombreuses que les pétales (*Valériane*, fig. 301; *Centranthe*, fig. 291; *Muflier*, fig. 305), ou plus nombreuses que les pétales (*Sédum*, fig. 302; *Marronnier d'Inde*, fig. 303; *Renoncule*, fig. 296); — *diplostémone* (*fl. diplostemoneus*), quand les étamines sont en nombre double des pétales (*Sédum*, fig. 302); — *polystémone* (*fl. polystemoneus*), quand les étamines sont plus qu'en nombre double de celui des pétales (*Renoncule*, fig. 296; *Myrte*, fig. 304).

La fleur, selon le nombre de ses étamines, depuis une jusqu'à dix, est dite *monandre*, *diandre*, *triandre*, *tétrandre*, *pentandre*, *hexandre*, *heptandre*, *octandre*, *ennéandre*, *décandre* (*flos monandrus*, *diandrus*, etc.); au-delà de dix, les étamines sont dites *indéfinies* (*stamina plurima*), et la fleur est *polyandre* (*fl. polyandrus*).

301. Valériane. Fleur. (g.)

302. Sédum. Fleur.

303. Marronnier d'Inde. Fleur.

304. Myrte. Branche fleurie.

**PROPORTION DES ÉTAMINES.** — Les étamines ne sont pas toujours égales entre elles : elles sont dites *didynames* (*st. didynama*) (*Muflier*, fig. 305), lorsqu'elles sont au nombre de quatre, dont deux plus grandes : ce cas a lieu dans les fleurs monopétales irrégulières où les cinq étamines, alternant avec les cinq lobes de la corolle, se trouvent réduites à quatre, par l'avortement de la cinquième. — Les étamines sont dites *tétradynames* (*st. tetradynama*), quand il y en a six, dont deux plus petites opposées l'une à l'autre, et quatre plus grandes, opposées par paires (*Giroflée*, fig. 306) : on a remarqué que ces étamines disposées par paires sont très-rapprochées l'une de l'autre, et quelquefois plus ou moins soudées par les filets : ce qui a fait considérer chaque couple comme une étamine unique dédoublée. — Dans les fleurs *polystémones* ou *diplostémones*, les verticilles d'étamines sont souvent inégaux (*Stellaire*, fig. 307), mais cette différence ne leur a fait donner aucune qualification particulière.

305. Muflier. Androcée et moitié de la corolle.

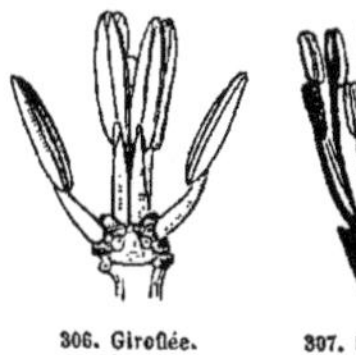

306. Giroflée. Androcée.

307. Stellaire. Androcée.

**CONNEXION DES ÉTAMINES.** — Les étamines sont dites *libres* ou *distinctes* (*st. distincta, libera*), lorsqu'elles sont complétement indépendantes les unes des autres (*Méconopsis*, fig. 308); — *monadelphes* (*st. monadelpha*), lorsque les filets sont plus ou moins complétement réunis en un seul tube (*Oxalis*, fig. 309; *Mauve*, fig. 310; *Cytise*, fig. 311); — *diadelphes* (*diadelpha*), lorsque les filets sont réunis en deux groupes (*Lotier*, fig. 312); — *triadelphes* (*st. triadelpha*), quand les filets forment trois faisceaux (*Millepertuis*, 313); — *polyadelphes* (*st. polyadelpha*), quand les filets forment plusieurs faisceaux, simples ou rameux (*Oranger*, fig. 314; *Ricin*, 315); — *syngénèses* (*st. syngenesa*), quand les anthères se soudent ensemble (*Chardon*, fig. 316). Quelquefois enfin la cohérence s'étend à la fois aux filets et aux anthères (*Lobélie, Melon*, fig. 317). —

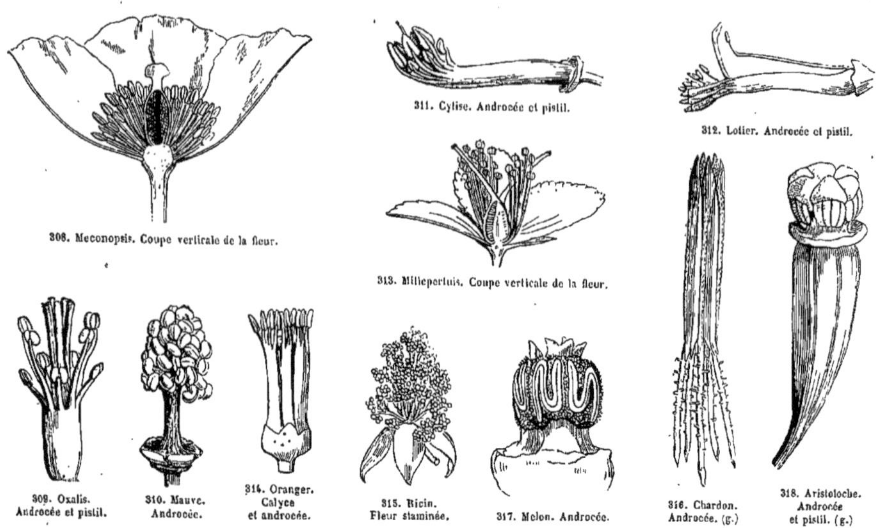

308. Meconopsis. Coupe verticale de la fleur.
311. Cytise. Androcée et pistil.
312. Lotier. Androcée et pistil.
313. Millepertuis. Coupe verticale de la fleur.
309. Oxalis. Androcée et pistil.
310. Mauve. Androcée.
314. Oranger. Calyce et androcée.
315. Ricin. Fleur staminée.
317. Melon. Androcée.
316. Chardon. Androcée. (g.)
318. Aristoloche. Androcée et pistil. (g.)

Les étamines sont dites *gynandres* (*gynandra*), lorsqu'elles font corps avec le pistil (*Orchis*, 188; *Aristoloche*, 318); dans ce cas elles sont nécessairement *épigynes*.

**FILET**. — Le *filet* de l'étamine est tantôt *cylindrique*, soit *filiforme* (*Rose*), soit *capillaire* (*Froment*, fig. 335); tantôt *subulé* ou en *alène* (*Tulipe*, fig. 345); tantôt *plane* et dilaté à sa base (*Campanule*, fig. 319). — Il est dit *bicuspidé*, ou *tricuspidé*, quand il est divisé à son extrémité en deux ou trois dents ou pointes, dont une porte l'anthère (*Ail oignon*, fig. 320; *Crambé*, fig. 321); — *appendiculé*, quand il porte un prolongement, de forme et de dimensions diverses, qui le continue, derrière ou devant l'anthère. Dans la *Bourrache* (fig. 322) le filet est dit *cornu*; dans la *Brunelle* (fig. 323) il est dit *bifurqué*, etc.

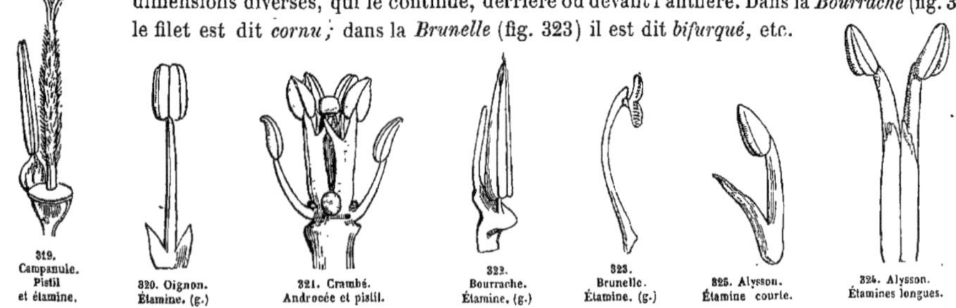

319. Campanule. Pistil et étamine.
320. Oignon. Étamine. (g.)
321. Crambé. Androcée et pistil.
322. Bourrache. Étamine. (g.)
323. Brunelle. Étamine. (g.)
325. Alysson. Étamine courte.
324. Alysson. Étamines longues.

Dans l'*Alysson des montagnes* les filets des étamines longues sont tapissés à leur face interne d'une aile dentée (fig. 324); les filets des étamines courtes sont munis à leur base interne d'un appendice oblong (fig. 325).

**ANTHÈRE**. — L'*anthère* est dite *biloculaire* (*anthera bilocularis*), quand elle présente deux loges séparées par un connectif (*Giroflée*, fig. 11); chaque loge était, dans le principe, partagée en deux logettes par une cloison ou lame partant du connectif, et dont il ne reste plus qu'un vestige quand l'anthère est adulte; l'anthère est *quadriloculaire* (*a. quadrilocularis*), quand cette cloison a persisté (*Butome*, fig. 326); l'anthère est dite *uniloculaire* (*a. unilocularis*), quand elle n'offre qu'une seule cavité (*Polygala*, 327; *Alchimille*, fig. 328), ce qui arrive souvent, soit par avortement de l'une des loges (*Mauve*, fig. 329) (et alors le filet est latéral); soit par dédoublement de l'étamine (*Charme*, fig. 330); l'anthère est quelquefois assise sur un connectif aplati et lobé; elle offre alors autant de loges qu'il y a de lobes au connectif (*If*, fig. 331).

L'anthère est dite *adnée* (*a. adnata*), quand ses loges sont fixées au connectif dans toute leur longueur (*Hépatique*, fig. 332). — Le connectif est quelquefois très-court, et ne réunit les anthères que par un point : l'anthère est dite *didyme* (*a. didyma*), quand le point d'union est situé au-dessus du milieu des loges (*Euphorbe*, fig. 333); *bicorne* (*a. bicornis*), quand, le point d'union étant situé à la base des loges, celles-ci sont dressées et un peu divergentes (*Bruyère*, fig. 334); l'anthère est en *X*, quand le point d'union est situé juste au milieu, et que les loges sont libres à leurs deux extrémités (*Froment*, fig. 335); l'anthère est *sagittée* (*a. sagittata*), quand le connectif lie les loges dans leur moitié supérieure seulement, et que leurs extrémités inférieures divergent un peu (*Giroflée*, fig. 11; *Laurier-rose*, 340). — L'anthère est le plus ordinairement *ovoïde*, quelquefois *oblongue*, *elliptique*, *globuleuse*, *carrée*, etc.; elle est *aiguë* dans la *Bourrache* (fig. 322); — *sinueuse* dans le *Melon* (fig. 317).

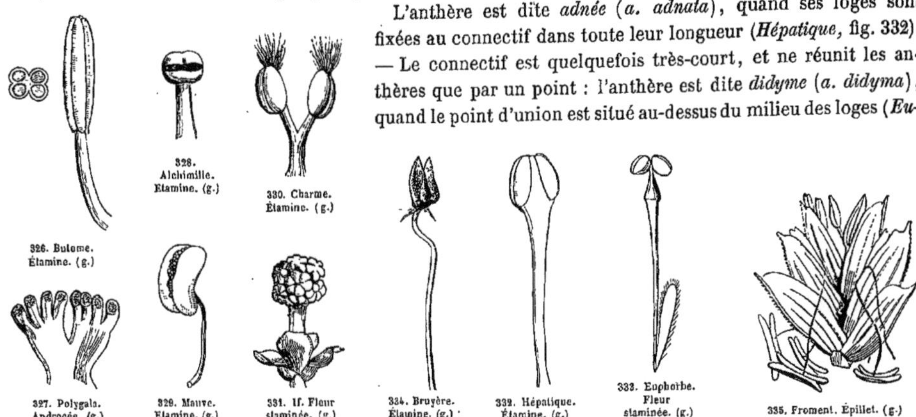

326. Butome. Étamine. (g.)
327. Polygala. Androcée. (g.)
328. Alchimille. Étamine. (g.)
329. Mauve. Étamine. (g.)
330. Charme. Étamine. (g.)
331. If. Fleur staminée. (g.)
334. Bruyère. Étamine. (g.)
332. Hépatique. Étamine. (g.)
333. Euphorbe. Fleur staminée. (g.)
335. Froment. Épillet. (g.)

Le *connectif* se développe quelquefois transversalement, et espace les deux loges de l'anthère : dans le *Tilleul* (fig. 336), le filet semble porter deux anthères uniloculaires; dans la *Pervenche* (fig. 337), les loges sont séparées et dépassées par un connectif très-épais; dans la *Sauge* (fig. 338), le connectif prend un accroissement exagéré : il forme une branche courbe, plus longue que le filet dont elle naît, et portant à ses extrémités les deux loges, dont une seule contient du pollen; l'autre reste ordinairement stérile, et s'élargit en écaille pétaloïde; dans le *Romarin* (fig. 339), la deuxième loge disparaît complétement.

L'*anthère* est dite *appendiculée*, lorsqu'elle porte des prolongements qui la dépassent, soit en haut, soit en bas. Dans la *Bruyère* (fig. 334), on voit à la base des loges deux petites écailles pétaloïdes. Dans le *Laurier-rose* (fig. 340), le connectif se prolonge en une longue soie plumeuse. Dans la *Pervenche* (fig. 337), le prolongement du connectif est large et poilu au sommet. Dans la *Pensée* (fig. 341), le connectif de deux des étamines s'allonge supérieurement en une lame jaune, plate et triangulaire, et inférieurement, en un éperon glanduleux qui se loge dans le pétale creux. Dans le *Pin* (fig. 342), l'anthère est

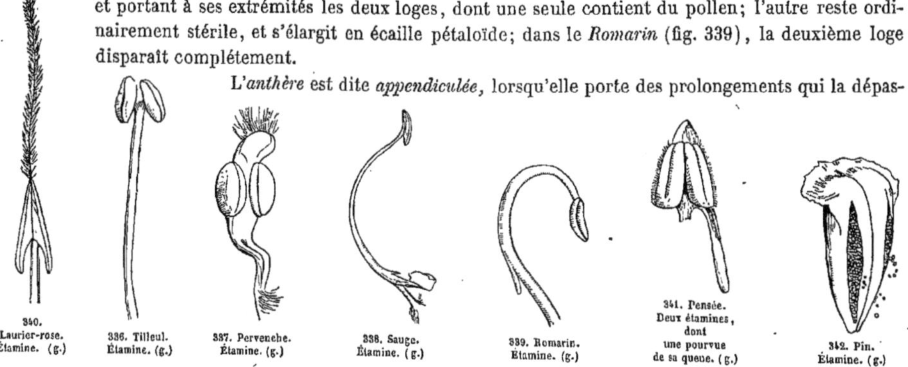

340. Laurier-rose. Étamine. (g.)
336. Tilleul. Étamine. (g.)
337. Pervenche. Étamine. (g.)
338. Sauge. Étamine. (g.)
339. Romarin. Étamine. (g.)
341. Pensée. Deux étamines, dont une pourvue de sa queue. (g.)
342. Pin. Étamine. (g.)

dépassée par un connectif bractéiforme. Dans le *Thuya* (fig. 343), le filet, après avoir émis latéralement une anthère à trois loges, se dilate au-dessus d'elle en disque pelté. Dans le *Cyprès* (fig. 344), la disposition est la même, mais l'anthère est à quatre loges.

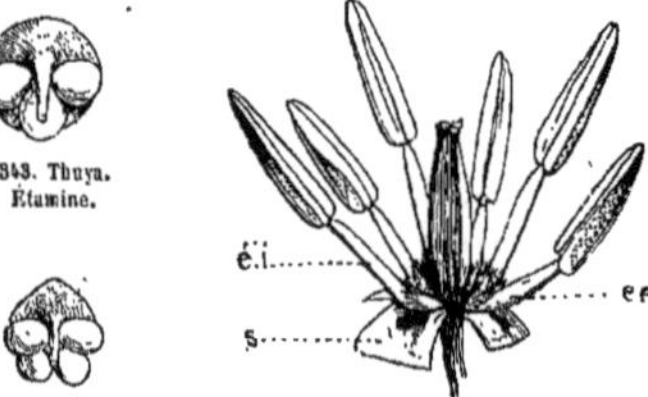

343. Thuya. Étamine.

344. Cyprès. Étamine.

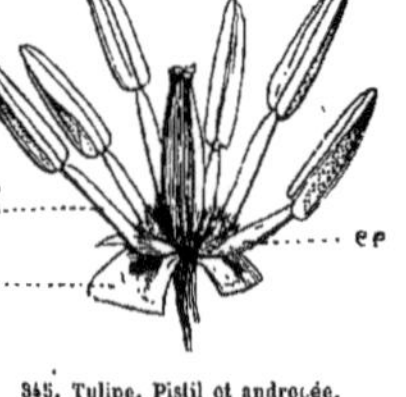


345. Tulipe. Pistil et androcée.

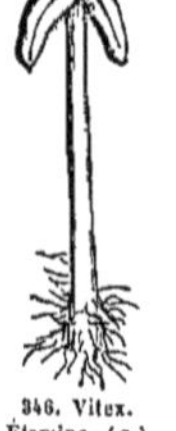

346. Vitex. Étamine. (g.)

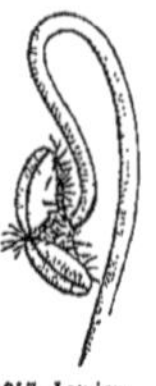

347. Lamier. Étamine.

348. Myrte. Étamine. (g.)

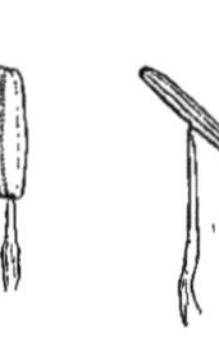

349. Colchique. Étamines.

L'anthère est dite *basifixe* (*a. basifixa*), quand elle s'attache par sa base au filet (*Giroflée*, fig. 11; *Tulipe*, fig. 345); — *apicifixe* (*a. apicifixa*), quand elle s'attache par son sommet au filet (*Vitex*, fig. 346; *Lamier*, fig. 347); souvent alors les loges sont plus ou moins divergentes; leurs sommets se touchent, et il devient difficile de distinguer s'il y a deux loges ou une seule; — *dorsifixe* (*a. dorsifixa*), quand elle s'attache par son dos au filet (*Myrte*, fig. 348); l'anthère est dite *oscillante* ou *versatile* (*a. versatilis*) lorsque, au lieu de rester verticale, elle fait la bascule sur son filet : ce qui arrive ordinairement quand le filet ne se continue pas dans le connectif, mais s'y attache par son extrémité amincie en pointe (*Lis*, *Colchique*, fig. 349).

L'anthère est dite *introrse* (*a. introrsa*) lorsque les sutures regardent le centre de la fleur (*Campanule*, fig. 319; *Chardon*, fig. 316; *Pensée*, fig. 341); — *extrorse* (*extrorsa*), lorsque ses sutures regardent la circonférence de la fleur (*Iris*, *Renoncule*, *Hépatique*, fig. 332) : ces deux cas ont lieu quand les feuillets de chaque loge sont inégaux; les sutures sont dites *latérales*, quand les deux feuillets de chaque loge ont la même étendue (*Myrte*, fig. 348).

**DÉHISCENCE.** — La *déhiscence*, c'est-à-dire la séparation des feuillets de chaque loge, est dite *longitudinale* (*anthera rimâ longitudinali dehiscens*), quand elle se fait de haut en bas, ou de bas en haut (*Giroflée*, fig. 11; *Campanule*, fig. 319); — *transversale* (*a. transversim dehiscens*), quand elle se fait horizontalement, ce qui arrive surtout dans les anthères uniloculaires (*Alchimille*, 328); la déhiscence est *apicale* (*a. apice dehiscens*) dans les *Morelles* (fig. 350), où les deux sutures, au lieu de s'ouvrir dans toute leur longueur, ne s'ouvrent que dans le haut, près du sommet du connectif; — la déhiscence est dite *valvaire* (*a. valvulâ dehiscens*), lorsque l'un des feuillets de chaque loge se détache tout d'une pièce : dans le *Berbéris* (fig. 351), le feuillet postérieur se déchire près du connectif et se soulève élastiquement comme un panneau; dans les *Lauriers*, le feuillet antérieur en fait autant; dans quelques autres *Lauriers* à anthère quadriloculaire, la déhiscence se fait par quatre panneaux.

350. Morelle. Étamine. (g.)

351. Berbéris. Étamine. (g.)

**POLLEN.** — Le *pollen* offre des formes différentes selon les Espèces, mais sa forme est invariable dans une même Espèce : la plus générale est celle d'un ellipsoïde (fig. 357) ou d'un sphéroïde (fig. 352); les grains sont quelquefois *polyédriques*, quelquefois *triangulaires* (*Onagre*, fig. 353); leur surface est tantôt *lisse*, tantôt *mamelonnée*, ou *épineuse* (*Rose-trémière*, fig. 353), tantôt *réticulée*, etc.

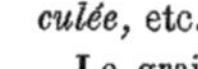

352. Rose-trémière. Pollen adulte.

353. Onagre. Pollen mûr.

Le grain de pollen, mûr, se compose généralement de deux membranes, dont l'une, extérieure, est doublée intérieurement par la seconde : celle-ci contient une matière nommée *fovilla*, et formée d'un liquide épais et de granules nombreux, souvent mêlés à des gouttelettes d'huile : la *fovilla* est l'élément essentiel du pollen.

La structure des grains de pollen peut facilement s'observer lorsqu'on provoque leur déhiscence en les plaçant dans l'humidité : cette déhiscence résulte de l'inégale extensibilité des deux membranes : quand le grain de pollen est humecté, sa membrane interne, qui est plus extensible que l'externe, force celle-ci de lui donner passage. — La déhiscence s'opère généralement sur des points déterminés : la membrane externe présente des *amincissements* formant des *plis* vers l'intérieur, ou des *ponctuations,* qu'on regarde comme des *pores;* dans la plupart des cas, la membrane repliée se gonfle, le pli disparaît, les ponctuations ou pores se prononcent davantage, et la membrane externe se rompt dans les portions amincies; la membrane interne devenue libre sort par les ouvertures sous forme d'une petite ampoule nommée *tube pollinique* (fig. 353) : bientôt, distendue elle-même de plus en plus, elle se crève à son tour, et laisse échapper la fovilla, qui forme un jet irrégulier (fig. 354). Quelquefois les amincissements sont circulaires, et circonscrivent une espèce de calotte ou de couvercle nommé *opercule,* qui se détache, poussé par la membrane interne (*Melon,* fig. 355).

354. Cerisier. Pollen mûr lançant la fovilla. (g.)

Le pollen des *Cerisiers* (fig. 354) et de l'*Onagre* (fig. 353) s'ouvre par trois *pores* donnant passage à trois ampoules; le pollen du *Melon* (fig. 355) opère sa déhiscence par le soulèvement de six couvercles en forme de disques, lesquels s'ouvrent comme autant de portes, ou sont complétement décollés et emportés par le tube pollinique; le pollen du *Pin* (fig. 356) a une membrane externe, qui se sépare en deux hémisphères par suite de la distension de la membrane interne. — Le pollen du *Polygala* (fig. 357 et 358) ressemble à un petit baril, dont les douves, constituées par la membrane externe (E), s'écartent en fentes longitudinales pour laisser sortir la membrane interne (F).

355. Melon. Pollen mûr. (g.)

356. Pin. Pollen mûr. (g.)

Le pollen des *Orchis* (fig. 359), au lieu d'être pulvérulent comme dans tous les cas précédents, se compose de deux *masses* (*massæ pollinicæ*) cireuses, soutenues par deux pédicules, de consistance élastique, nommés *caudicules* (*caudiculi*) et portés eux-mêmes sur une base glanduleuse aplatie, nommée *rétinacle* (*retinaculum*); ces masses présentent une suite de petits corps anguleux, unis par un réseau élastique, continu avec le caudicule : chaque corps est formé par quatre grains de pollen, on le nomme *massule* (*massula*); chaque grain de pollen est formé d'une membrane unique, et s'allonge en un long tube contenant la *fovilla* (fig. 360). — Le *rétinacle* appartient à la partie antérieure du style; il sécrète un suc glutineux qui s'avance vers les grains de pollen, lesquels sont originairement libres, la liqueur s'infiltre entre ces grains, les unit entre eux, puis se solidifie, et devient un réseau qui porte les grains, et un pédicule qui porte le réseau (fig. 359).

358. Polygala. Pollen vu par le haut. (g.)

357. Polygala. Pollen, vu dans sa longueur. (g.)

Le pollen des *Asclépias* (fig. 361) est très-analogue à celui des *Orchis :* les cinq anthères biloculaires sont introrses, et s'appliquent contre les côtés d'un stigmate à cinq angles arrondis : chaque loge renferme une masse de pollen compacte, dont les grains sont pourvus d'une seule membrane, et se tiennent intimement unis : à chaque angle du stigmate, entre chaque paire d'étamines, naissent deux petits corps visqueux (*rétinacles*); de ces petits corps partent deux rigoles qui descendent vers les anthères et aboutissent aux deux loges contiguës de deux anthères voisines; dans ces rigoles découle une substance molle et visqueuse, qui prend sa source dans les rétinacles, et parvient aux *masses* polliniques; bientôt les deux petits corps s'unissent, se solidifient; la matière molle émanée d'eux se solidifie aussi, et devient un double filet qui, en se concrétant, tire à lui les deux masses polliniques qu'il a happées, et qui appartiennent à deux anthères différentes : ces deux masses, extraites de leurs loges, restent suspendues aux filets, comme les plateaux d'une balance sont suspendus à leur fléau.

359. Orchis. Masses polliniques, séparées du style, avec leurs rétinacles. (g.)

361. Asclépias. Pistil et masses polliniques, adhérant au stigmate.

360. Orchis. Massule et tube pollinique. (g.)

# PISTIL.

Le *pistil* ou *gynécée* (*pistillum, gynæceum*) est le verticille qui couronne le réceptacle et occupe le centre de la fleur, dont il termine la végétation, comme la fleur, dans son ensemble, termine la végétation du rameau floral.

362. Fraxinelle. Pistil et calyce.

Le pistil, dans la plupart des cas, est posé immédiatement sur le *réceptacle* ou sommité évasée du pédoncule : dans quelques cas, l'entre-nœud qui lui donne naissance s'allonge, devient distinct, et forme un support qu'on nomme *gynophore* (*gynophorum*) : le pistil est dit alors *stipité* (*Fraxinelle*, fig. 362; *Rue*, fig. 363).

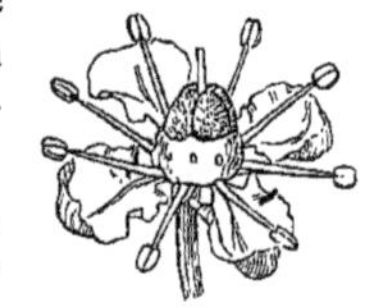

363. Rue. Fleur.

Les feuilles composant le pistil se nomment *carpelles* (*carpella, carpidia*) : leur nombre varie; les carpelles forment tantôt un verticille simple (*Sédum, Ancolie, Pigamon*, fig. 364); tantôt un verticille multiple (*Trolle*, fig. 365); tantôt le carpelle est unique, par suite de l'avortement de ceux qui, dans l'état normal de la fleur, devraient lui correspondre (*Baguenaudier*, fig. 366 et 367; *Pêcher*, fig. 368). Dans certaines circonstances, vis-à-vis du carpelle unique se développent un

364. Pigamon. Pistil.

365. Trolle. Pistil.

366. Baguenaudier. Pistil.

367. Baguenaudier. Pistil coupé verticalement.

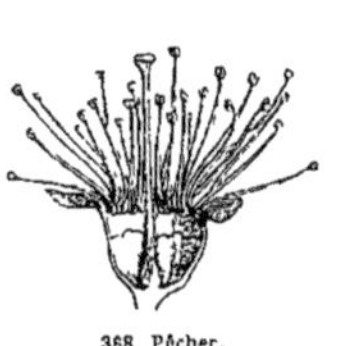

368. Pêcher. Pistil, portion du calyce et de l'androcée.

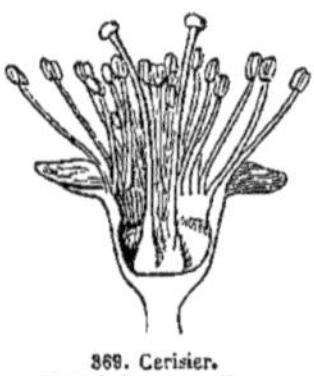

369. Cerisier. Pistil à deux carpelles.

ou plusieurs carpelles, qui complètent un verticille : c'est ce qu'on observe quelquefois sur le *Cerisier* (fig. 369), qui présente alors deux carpelles; sur quelques *Mimosa*, qui en présentent trois ou cinq, etc. — Le pistil est dit *monocarpellé*, quand le carpelle est unique; *polycarpellé*, quand il y en a plusieurs.

Dans le pistil très-jeune, chaque carpelle se présente sous la forme d'une petite écaille arrondie ou acuminée, plus ou moins étalée; plus tard, ses bords se rapprochent graduellement l'un de l'autre, finissent par se toucher, et forment une cavité close; ou bien, au lieu de se rapprocher l'un de l'autre, ils se soudent avec les bords des carpelles voisins; on voit ensuite les bords de la feuille carpellaire (ou quelquefois même la surface de sa paroi interne) couverts de petits corps arrondis qui y sont attachés immédiatement ou par l'intermédiaire d'un cordon : ces corps arrondis sont nommés *ovules*, et doivent plus tard devenir des *graines*; le bord ou la surface portant les ovules se nomme *placentaire*; le cordon qui unit l'ovule au placentaire se nomme *funicule*; le limbe de la feuille carpellaire est l'*ovaire*; la partie supérieure de ce limbe, quand elle forme un prolongement rétréci, devient le *style*; l'extrémité, ou sommet, de forme variable, et toujours d'un tissu différent, est le *stigmate*.

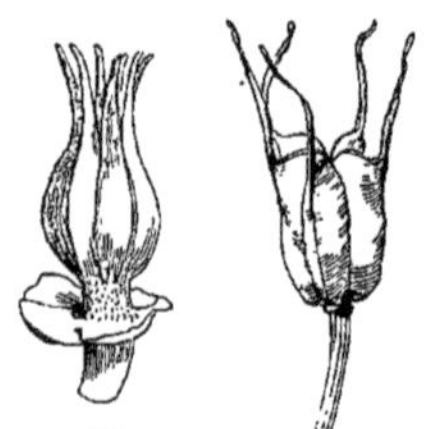

370. Hellébore. Pistil.

371. Nigelle. Pistil.

Dans le pistil polycarpellé les carpelles sont : 1° libres entre eux de toute cohérence (*carpella distincta*) (*Ancolie*, fig. 12; *Pigamon*, fig. 364; *Hellébore*, fig. 370); 2° cohérents par leurs ovaires, tantôt à la base seulement, tantôt jusqu'au milieu (*Nigelle*, fig. 371), tantôt jusqu'au sommet (*Lin*, fig. 372; *Stellaire*, fig. 373); 3° cohérents par leurs ovaires et leurs styles (*Cactus*, fig. 374; *Lis*, fig. 375); 4° cohérents

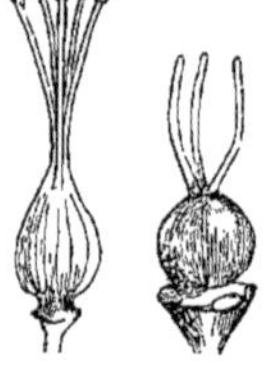

372. Lin. Pistil. (g.)

373. Stellaire. Pistil.

par leurs ovaires, styles et stigmates, de manière à simuler un carpelle unique (*Primevère*, fig. 376; *Pensée*, fig. 377); 5° cohérents par leurs styles et stigmates seulement, et libres par leurs ovaires (*Pervenche*, fig. 454; *Asclépias*, fig. 361).

Les Botanistes modernes, respectant l'ancien langage de la science, ont continué de nommer *ovaire* l'organe collectif formé par la réunion de plusieurs ovaires soudés et constituant ainsi un *ovaire composé;* ils ont également nommé *style*, *stigmate*, *placentaire*, la réunion des *styles*, *stigmates*, *placentaires*, soudés ensemble et appartenant à plusieurs carpelles.

377. Pensée. Pistil.

376. Primevère. Pistil. (g.)

Quand les ovaires sont libres entre eux, chacun replie ses bords vers le centre de la fleur, et les réunit de manière à circonscrire une cavité, close de toutes parts; ces bords, ainsi rapprochés, forment un placentaire, simple en apparence, mais double en réalité, qui souvent, à la maturité du fruit, se décolle en deux placentaires partiels, chargés de graines (*Ancolie*, fig. 13; *Sédum*, fig. 378). — Les carpelles, dans quelques cas très-rares (*Pin*, fig. 379; *Sapin*, *Cyprès*, *Thuya*), restent étalés et libres de toute cohérence : plus tard, ils se juxtaposent, s'unissent les uns aux autres par leurs surfaces, mais sans soudure, et forment ainsi des cavités closes où les graines sont abritées.

375. Lis. Pistil.

374. Cactus. Pistil.

L'ovaire, soit simple, soit composé, est dit *libre* ou *supère* (*ovarium liberum*, *ovarium superum*) quand il n'adhère avec aucun des organes voisins (*Lychnis*, fig. 380; *Primevère*, fig. 297). Il est dit *infère* (*ov. inferum*) quand, au lieu d'être situé au-dessus de l'androcée, de la corolle et du calyce, il semble leur être inférieur, tout en conservant sa position centrale (*Myrte*, fig. 381).

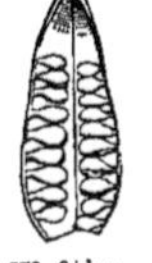

378. Sédum. Carpelle ouvert. (g.)

379. Pin. Écaille ovulifère représentant un carpelle étalé sans style ni stigmate.

La plupart des Botanistes modernes ont expliqué cette disposition en admettant que l'ovaire paraît infère, parce qu'il est soudé avec le tube du calyce. Cette théorie sur l'adhérence mutuelle du calyce et de l'ovaire a prévalu dans la première moitié du dix-neuvième siècle, et les expressions d'*ovaire adhérent au calyce*, de *calyce adhérent à l'ovaire*, ont été employées dans toutes les Flores et dans tous les ouvrages didactiques. Mais l'étude plus attentive du développement des organes a montré que, dans les fleurs à ovaire dit *infère*, la partie jusqu'à présent considérée comme un calyce à tube adhérent, est une expansion cupuliforme du réceptacle, qui a enchâssé avec adhérence l'ovaire dans sa cavité, et que le calyce ne commence qu'au point où naissent les étamines et les pétales. Ainsi, ce qu'on a nommé *tube calycinal adhérent à l'ovaire* doit être désigné sous le nom de *tube* ou *cupule réceptaculaire*. — Nous reviendrons sur cette question en parlant du *torus*.

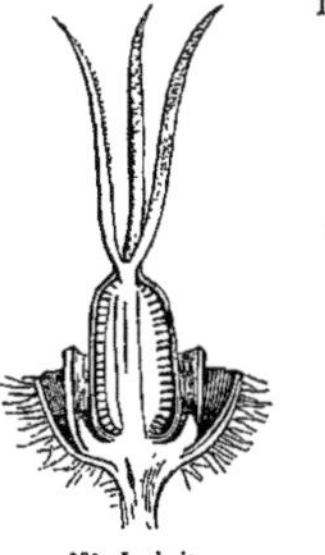

380. Lychnis. Pistil coupé verticalement.

381. Myrte. Fleur coupée verticalement.

L'ovaire est dit *demi-infère* (*ov. semi-inferum*), et dans les Flores modernes *demi-adhérent* (*o. semi-adhærens*), lorsqu'il n'adhère qu'incomplétement au tube réceptaculaire (*Saxifrage*, fig. 382).

Dans l'ovaire composé (qu'il soit libre ou qu'il soit infère), les ovaires partiels s'accolent ensemble de diverses manières : 1° ils se touchent bord à bord (*Groseillier*, fig. 383; *Réséda*, fig. 384; *Orchis*, fig. 385; *Cactus*, fig. 386), et alors leur réunion est indiquée par une couple de placentaires appartenant à deux carpelles différents; dans ce cas les placentaires sont dits *pariétaux* (*placentæ parietales*), et l'ovaire composé, ne formant qu'une seule cavité ou *loge*, est dit *uniloculaire* (*ovarium uniloculare*); 2° ils se replient de manière à former des lames verticales, composées chacune de deux feuillets accolés, et appartenant à deux carpelles différents : ces lames sont nommées *cloisons* (*septa*, *dissepimenta*); les cloisons sont *incomplètes* si elles ne s'avancent pas jusqu'au centre de la fleur de manière à se joindre toutes ensemble : dans

382. Saxifrage. Pistil et calyce coupés verticalement. (g.)

383. Groseillier. Ovaire coupé transversalement. (g.)

ce cas, encore, les placentaires sont dits *pariétaux*, et l'ovaire, *uniloculaire* (*Erythrée*, fig. 387; *Pavot*, fig. 388); les cloisons sont *complètes* si elles s'avancent les unes vers les autres, de manière que leurs bords rentrants forment un faisceau fibreux au centre de la fleur; à ce faisceau s'ajoute souvent un prolongement du réceptacle, qui forme alors ce qu'on a nommé *columelle* (*columella*) (*Mauve, Tulipe*, fig. 389; *Campanule*,

384. Réséda. Ovaire coupé transversalement. (g.)

385. Orchis. Ovaire coupé transversalement. (g.)

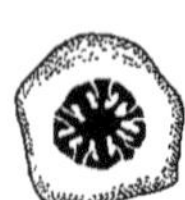
386. Cactus Ovaire coupé transversalement. (g.)

387. Érythrée. Ovaire coupé transversalement. (g.)

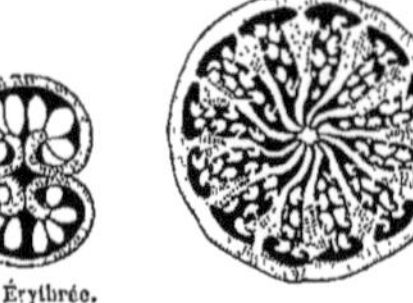
388. Pavot. Ovaire coupé transversalement.

389. Tulipe. Ovaire coupé transversalement.

390. Campanule. Ovaire coupé transversalement.

fig. 390); cette columelle, soit qu'elle émane du réceptacle, soit que, suivant la loi générale, elle appartienne aux placentaires, contribue nécessairement au transport des sucs qui montent vers les carpelles, et fournissent de la nourriture aux ovules.

Dans ce cas de cloisons complètes, il y a autant de loges que de carpelles, et l'ovaire composé est dit, selon le nombre de loges, *biloculaire, triloculaire, quadriloculaire, quinquéloculaire*, ou d'une manière générale, *pluriloculaire* (*Ovarium biloculare, triloculare, quadriloculare, quinqueloculare, pluriloculare*). Les placentaires sont alors dits *centraux* (*placentæ centrales, placentatio centralis*) et se montrent réunis par paires, appartenant chacune à un même carpelle.

Les cloisons sont formées généralement par l'endocarpe des carpelles, et une expansion du mésocarpe qui s'est interposé entre les deux lames endocarpiques.

On a nommé *fausses-cloisons* (*dissepimenta spuria*) des lames, soit verticales, soit horizontales, qui ne sont pas formées par la soudure des faces rentrantes de deux carpelles contigus : dans les *Astragales* (fig. 391) le carpelle unique est presque partagé en deux loges par une lame verticale provenant d'un repli de la face dorsale qui fait saillie à l'intérieur; le même effet a lieu dans l'ovaire composé des *Lins* (fig. 392), qui a dix cloisons, dont cinq émanent chacune de la nervure médiane d'un carpelle et s'avancent vers l'axe, qu'elles n'atteignent pas toujours. Dans les *Datura* (fig. 393), dont le pistil se compose de deux carpelles soudés, l'ovaire est à quatre loges, parce que les faces rentrantes de chaque carpelle, après s'être portées jusqu'au centre de

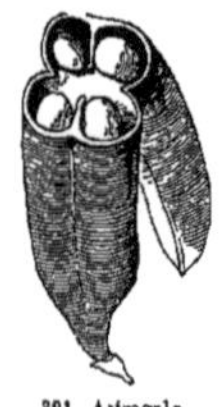
391. Astragale. Pistil mûr, ouvert.

392. Lin. Ovaire coupé transversalement, offrant cinq cloisons et cinq demi-cloisons.

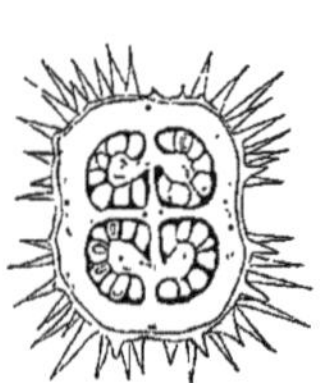
393. Datura. Milieu de l'ovaire coupé transversalement.

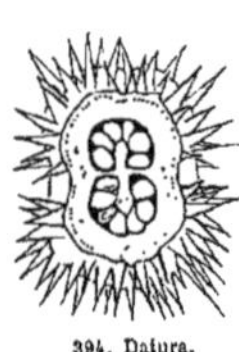
394. Datura. Sommet de l'ovaire coupé transversalement.

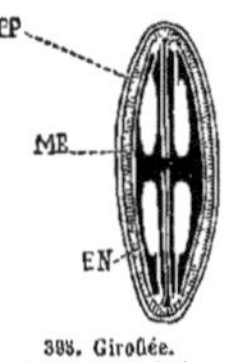

395. Giroflée. Ovaire jeune (g.), coupé transversalement.

la fleur, se replient du centre à la circonférence, et s'avancent vers la nervure médiane, laquelle, de son côté, fournit un prolongement qui s'unit à la double lame venue du centre, et complète avec elle une cloison portant un placentaire sur chacune de ses deux faces. Au sommet de l'ovaire, les cloisons accessoires disparaissent, et l'on ne voit que deux loges (fig. 394). — Dans la *Giroflée*, et autres Plantes de la même Famille (fig. 395), deux carpelles sont appliqués l'un contre l'autre; le long des deux bords de chacun règne un faisceau fibreux, portant des graines, ce qui fait, pour chaque côté, un ourlet composé de deux faisceaux juxtaposés; au total, quatre placentaires disposés deux à deux; l'intérieur est partagé en deux loges par une fausse cloison, fine et demi-transparente, à laquelle les placentaires servent en quelque sorte de châssis. Cette cloison est regardée comme une dépendance des placentaires : elle se montre, dans le jeune âge, composée de quatre lames, qui naissent par paires de chaque paire de placentaires et s'avancent l'une vers l'autre, du dehors au dedans, jusqu'à ce qu'elles aient opéré leur jonction : plus tard, cette fausse cloison paraît formée d'un feuillet unique; mais elle offre dans son milieu la trace de jonction des lames émanées des placentaires, c'est-à-dire un amincissement longitudinal, facile à diviser sans déchirement.

Dans les *Coronilles* et les *Casses* (fig. 502), le carpelle jeune offre une cavité unique, qui plus tard se subdivise en logettes superposées, et séparées par des cloisons provenant du parenchyme de l'ovaire, lequel s'est étendu horizontalement entre les graines.

On a nommé *fausses-loges* (*loculi spurii*) des cavités qui se forment dans l'ovaire, et qui ne renferment pas de graines. — La *Nigelle de Damas* offre, dans son premier âge, cinq loges séparées par des cloisons, et contenant chacune deux piles d'ovules; plus tard (fig. 396), le fruit montre dix loges, dont cinq renferment les graines attachées à leur angle interne; les cinq autres cavités, qui ne contiennent pas de graines, sont dues au boursouflement de l'épicarpe (EP), qui s'est gonflé, et a entraîné avec lui le mésocarpe (M); mais l'endocarpe (EN) est resté en place, et de ce décollement résulte un vide qui produit cinq fausses-loges situées en dehors des véritables, qu'elles emboîtent complétement.

396. Nigelle. Ovaire mûr coupé transversalement.

Les placentaires *centraux* sont dits *libres* (*placentæ centrales liberæ*), lorsqu'ils ne sont pas unis par des cloisons aux parois de l'ovaire, et qu'ils semblent complétement indépendants des carpelles : cette *placentation* s'observe notamment dans la Famille des *Primulacées* (*Mouron, Primevère, Cyclamen*, fig. 397). On pourrait, pour expliquer l'isolement apparent des placentaires dans ce cas, admettre que les feuilles carpellaires se juxtaposent bords à bords dans toute leur étendue, et constituent une cavité unique, mais, tout à fait à leur base, dilatent la partie inférieure de ces bords, et la projettent jusqu'au milieu de la loge pour former une masse centrale de placentaires : ainsi, chez les *Primulacées,* les placentaires naîtraient uniquement de la base des carpelles. — Le cas inverse a lieu dans l'ovaire uniloculaire des *Combrétacées,* où les ovules naissent du sommet de la loge.

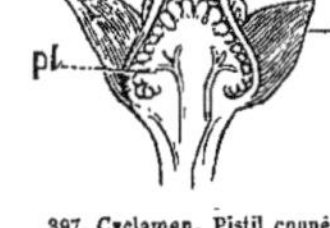


397. Cyclamen. Pistil coupé verticalement.

Dans la plupart des Plantes de la famille des *Caryophyllées* (*Œillet, Lychnis*), les placentaires semblent libres, mais cet isolement provient de la destruction des cloisons qui ont disparu de très-bonne heure, et qu'on ne voit bien que dans la fleur très-jeune (fig. 398).

398. Lychnis. Ovaire jeune (g.) coupé transversalement.

Quelques Botanistes d'Allemagne et de France ne considèrent la feuille carpellaire que comme un organe de protection : ils lui refusent la faculté de produire par elle-même des bourgeons, et attribuent exclusivement cette faculté à l'axe floral. Ainsi, selon leur manière de voir, l'axe seul produit des ovules, et les feuilles carpellaires ne se courbent que pour leur fournir une cavité protectrice. Quand le faisceau des placentaires (qui, à leurs yeux, est une véritable continuation de l'axe) occupe le centre de la fleur, les feuilles carpellaires se replient vers l'intérieur, et viennent souder leurs bords à ces placentaires, lesquels ne leur appartiennent en rien : seulement, les fibres des placentaires vont se perdre dans le tissu des styles, qui continuent la nervure médiane des carpelles; lorsque, au contraire, les placentaires, divisant leur faisceau, s'écartent, et s'élèvent en divergeant, comme les branches d'un parasol à demi ouvert, alors les feuilles carpellaires, au lieu de se replier, restent étalées et juxtaposées les unes aux autres le long de leurs bords; et les prolongements de l'axe, c'est-à-dire les placentaires, montent le long de ces bords contigus (*Pensée, Réséda,* 384; *Orchis,* fig. 385).

Cette modification apportée à la théorie des feuilles carpellaires s'appuie sur l'isolement des placentaires dans les *Primulacées* (fig. 397); sur l'énorme disproportion des placentaires, relativement aux feuilles carpellaires (*Lychnis,* fig. 398; *Campanule,* fig. 390); enfin sur la distribution des nervures dans certains ovaires (*Pois,* fig. 14; *Ancolie,* fig. 13), où l'on voit distinctement deux ordres de fibres : les unes provenant de la nervure médiane; les autres naissant des placentaires, et communiquant avec les premières : ce qui semble indiquer la jonction de l'axe avec les expansions latérales.

La fleur est dite *isogyne* (*fl. isogynus*), quand le pistil est composé d'un nombre de carpelles égal à celui des sépales (*Sédum*); *anisogyne* (*fl. anisogynus*), quand les carpelles sont moins nombreux que les sépales (*Saxifrage, Muflier, Consoude*); *polygyne* (*fl. polygynus*), quand les carpelles sont plus nombreux que les sépales (*Renoncule, Pavot*).

Le nombre des carpelles, dans les pistils à carpelles soudés, se détermine, soit par le nombre des styles, quand ceux-ci sont libres, soit par le nombre des cloisons, soit enfin, à défaut de ces indices, par le nombre des placentaires, qui sont ordinairement *géminés*, c'est-à-dire disposés par couples (qu'ils appartiennent ou non à un même carpelle), et forment tantôt des séries longitudinales, tantôt des saillies proéminentes et charnues. Dans les pistils où les ovules sont dispersés sur toute la paroi des ovaires ou des cloisons (*Butome, Pavot, Gentiane*), le nombre des carpelles se reconnaît généralement par la séparation des stigmates, ou des styles, ou par le nombre des cloisons.

L'ovaire (qu'il soit simple ou composé, libre ou adhérent) est dit *pluriovulé ov. pluriovulatum*), quand il contient deux ou plusieurs ovules, ce qui est regardé comme le cas normal, puisque, chaque carpelle ayant deux placentaires, chacun de ces placentaires a, dans l'état régulier, un droit égal à porter des graines; l'ovaire est dit *uniovulé* (*ov. uniovulatum*), lorsqu'il ne contient qu'un seul ovule : ce cas est regardé comme le résultat d'un avortement déterminé par des causes internes et constantes. — Il arrive souvent que l'ovaire, dans le jeune âge, contient plusieurs ovules très-visibles, qui plus tard avortent tous, à l'exception d'un seul : c'est ce qu'on voit dans le *Pêcher* (fig. 399), qui a toujours deux ovules dans sa jeunesse, dans le *Marronnier d'Inde* et dans le *Chêne*, qui en ont six (fig. 400).

399. Pêcher. Ovaire jeune (g.) coupé transversalement.

400. Chêne. Ovaire jeune (g.) coupé transversalement.

L'ovaire composé est ordinairement sphéroïde ou ovoïde : il est dit *lobé* (*ov. lobatum*), lorsque les faces dorsales des carpelles sont très-bombées et séparées par des sillons profonds indiquant les lignes de jonction des carpelles (fig. 225); et, selon le nombre des lobes, il est *bilobé*, *trilobé*, *quadrilobé*, *quinquélobé*, etc.

Les carpelles ne sont pas toujours verticillés; ils sont quelquefois disposés en spirale, et forment une tête ou un épi. Cette disposition a lieu quand le réceptacle s'allonge en axe hémisphérique, conique ou cylindrique (*Fraisier*, fig. 401; *Framboisier*, fig. 402; *Ficaire*, fig. 403; *Adonis*, fig. 404).

401. Fraisier. Fleur coupée verticalement.

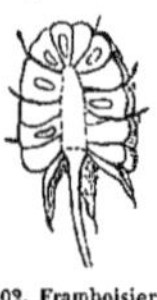
402. Framboisier. Pistil mûr coupé verticalement.

403. Ficaire. Carpelles disposées en tête.

Les *Roses* (fig. 405) présentent un arrangement tout inverse : les carpelles (OV), au lieu de naître sur une surface convexe ou plane, naissent sur les parois d'une cavité (C). Nous examinerons la nature de cette cavité en parlant du *torus*. Dans ce cas, tout exceptionnel, les carpelles sont dits *pariétaux* (*ovaria parietalia*).

404. Adonis. Pistil. (g.)

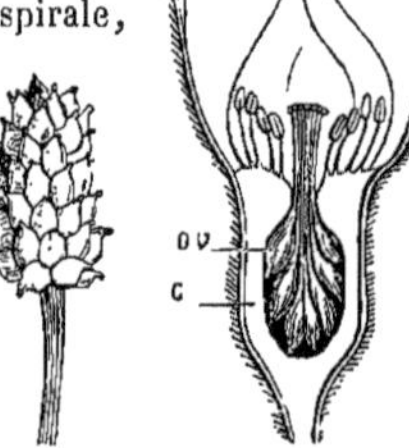

405. Rosier. Fleur coupée verticalement.

Le *style composé* est dit abusivement *simple* (*stylus simplex*), quand il est complétement indivis; il est dit *bifide*, *trifide*, *quadrifide*, *quinquéfide*, *multifide*, quand les styles partiels qui le constituent sont soudés au-delà de leur milieu; *bipartit*, *tripartit*, *quadripartit*, *quinquépartit*, *multipartit*, etc., quand la soudure des styles ne s'étend pas jusqu'à leur milieu. — Il arrive rarement que les styles de chaque carpelle se bifurquent une ou deux fois, et sont en nombre double ou quadruple de celui des carpelles (*Euphorbe*, fig. 406).

Le style est dit *terminal* (*st. terminalis*), lorsque la feuille carpellaire est ascendante dans toute sa longueur, et que l'ovaire est continué à son sommet par le style (*Abricotier*, fig. 411); il est dit *latéral* (*st. lateralis*) lorsqu'il naît plus ou moins bas sur le côté du carpelle, dont le sommet semble s'être infléchi de haut en bas (*Fraisier*, fig. 407); il est dit *basilaire* (*st. basilaris*), lorsque le sommet de l'ovaire s'est infléchi jusqu'à descendre au niveau de sa base (*Alchimille*, fig. 408). — S'il y a plusieurs ovaires, et que leurs styles *basilaires* soient soudés en un seul, le style est dit *gynobasique* (*st. gynobasicus*) (*Consoude*, fig. 409), et ce style composé plonge ses bases dilatées jusque sous les ovaires : ces bases dilatées ont reçu le nom de *gynobase* (*gynobasis*), et tapissent la surface du réceptacle, qui quelquefois lui-même se prolonge en *gynophore* (*Sauge*, fig. 410, G); mais il ne faut pas confondre le *gynophore* avec le

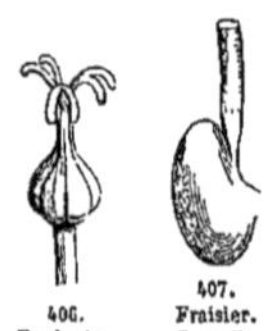
406. Euphorbe. Pistil.

407. Fraisier. Carpelle. (g.)

408. Alchimille. Carpelle. (g.)

409. Consoude. Pistil et calyce coupés verticalement.

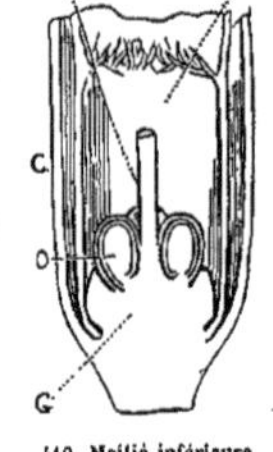

410. Moitié inférieure de la fleur coupée verticalement.

*gynobase* : ce dernier appartient aux styles, c'est-à-dire aux carpelles, qui sont des expansions latérales de l'axe; le *gynophore* appartient à l'axe même, dont il est la terminaison.

Le style est formé par la partie supérieure de la feuille carpellaire, rétrécie et enroulée de manière à former une sorte de canal longitudinal : ce canal est occupé par un parenchyme humide et peu serré, nommé *tissu conducteur* (fig. 411, T); c'est lui qui, en s'épanchant au sommet ou sur les côtés du style, forme la surface spongieuse constituant le *stigmate* (S). Ce même tissu descend du style dans la cavité de l'ovaire (fig. 412 T. C), longe les placentaires (PL) et revêt de ses cellules lâches le micropyle de chaque ovule (G) : c'est entre ces cellules (fig. 413) que le *tube pollinique* sorti du grain de pollen retenu par le stigmate doit descendre et se frayer un passage jusqu'à l'ovule qu'il doit féconder.

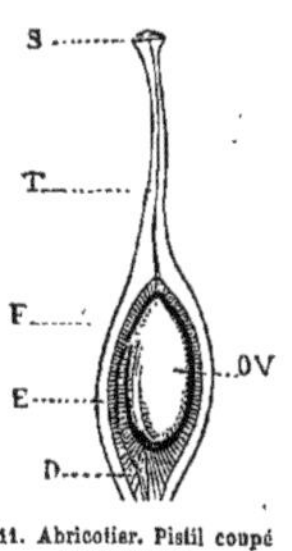

411. Abricotier. Pistil coupé verticalement.

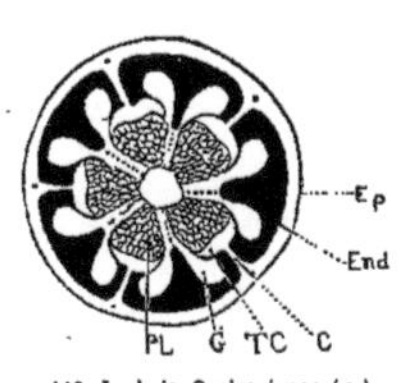

412. Lychnis. Ovaire jeune (g.) coupé transversalement. — Ep. Epicarpe. — End. Endocarpe. — PL. Placentaire. — G. Ovule. — T. C. Tissu conducteur. — C. Cloison.

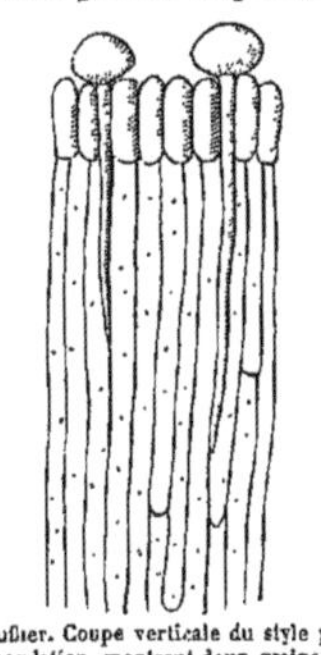
413. Muflier. Coupe verticale du style pendant la fécondation, montrant deux grains de pollen sur le stigmate, et les tubes polliniques pénétrant entre les cellules du style. (g.)

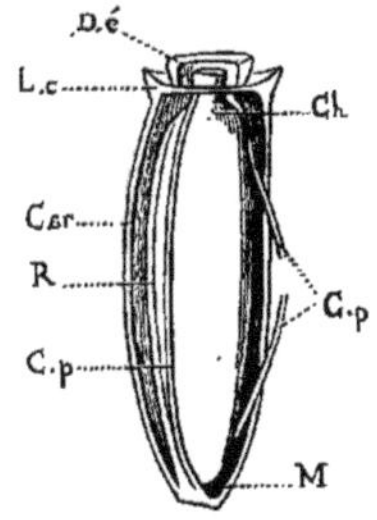

414. Pissenlit. Jeune pistil (g.) ouvert pour montrer les deux cordons C.p., C.p. du tissu conducteur, dont l'un est rompu. Car. Ovaire. — L.c. Calyce. D.é. Disque épigyne. — R. Raphé. Ch. Chalaze. — M. Micropyle.

Dans les Plantes de la famille des *Composées*, le tissu conducteur consiste en deux filets (fig. 414, C.p, C.p) qui partent de la base du style, et descendent sur les côtés de l'ovule, sans y adhérer; ils se réunissent en arrivant en bas, pour s'insérer à la base du funicule, près du micropyle.

Dans les *Statices*, d'après les observations de Mirbel (fig. 415), le tissu conducteur (*tis. c.*) a la forme d'un pilon; il descend dans la cavité de l'ovaire, au-dessus de l'ovule (*ov.*) qui est suspendu à un cordon (*cor.*) montant du fond de la loge, et dont le micropyle est largement béant. Ce tissu conducteur, parvenu au micropyle, se pose sur lui comme le bouchon d'une carafe sur son goulot, et y reste visible après la fécondation (fig. 416).

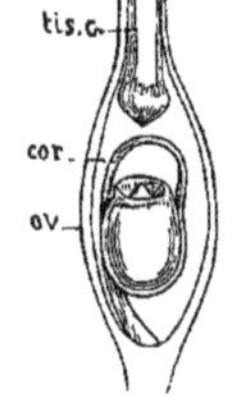

415. Statice. Ovaire coupé verticalement montrant l'ovule avant la fécondation. (g.)

416. Statice. Ovule fécondé. (g.)

Le stigmate (fig. 413 et 411, S) n'est autre chose que l'épanouissement du *tissu conducteur;* sa surface est dépourvue d'épiderme, et présente ordinairement des mamelons spongieux et humides, nommés *papilles stigmatiques* (*papillæ stigmaticæ*), et destinés à retenir le pollen.

Le stigmate (soit simple, soit composé) est dit *complet* (*st. completum*), lorsqu'il continue le style, et présente des contours qui le distinguent nettement.

Le stigmate complet est dit, suivant ses formes diverses, *globuleux* (*Daphné*, fig. 417); — *hémisphérique* (*Primevère*, fig. 376); — *arrondi* (*Tabac*, fig. 418); — *fourchu* (*Giroflée*, fig. 419); — *bilamellé* (*Datura*); — *lobé* (*Lis*, fig. 375; *Melon*, fig. 420); — *lacinié* ou *frangé* (*Safran*, *Rumex*, fig. 421); — *pénicillé* ou *en pinceau* (*Pariétaire*, fig. 422); — *plumeux* (*Froment*, fig. 423), *discoïde*, *conique*, *cylindrique*, *en massue*, *en alène*, etc.

417. Daphné. Pistil.

418. Tabac. Pistil.

419. Giroflée. Pistil. (g.)

420. Melon. Stigmate.

423. Froment. Fleur. (g.)

422. Pariétaire. Pistil. (g.)

421. Rumex. Pistil. (g.)

Le stigmate est dit *superficiel* (*st. superficiale*), lorsqu'il se montre seulement à la surface d'une partie quelconque du style ou de l'ovaire, et ne peut être caractérisé que par ses papilles. — Le stigmate superficiel est *terminal* dans la *Fraxinelle* (fig. 362), le *Fraisier* (fig. 407), la *Gesse odorante* (fig. 424); *latéral* dans les *Renoncules*, où il forme un crochet (fig. 425), dans la *Pensée* (fig. 377), où il forme une boule creuse à orifice bilabié; dans le *Polygala* (fig. 426), où il forme une petite lèvre très-courte (*sti.*) sur les côtés d'un style (*sty.*) creusé en entonnoir, et terminé en cuiller; dans l'*Iris* (fig. 427), où le style composé se divise en trois lames pétaloïdes à deux lèvres inégales, dont l'intérieure est bifurquée : c'est entre ces deux lèvres qu'est le stigmate (stig.), sous la forme d'une petite fente transversale; dans l'*Orchis* (fig. 428), où il forme un godet luisant et visqueux (ST), situé au-dessous du rétinacle (R); dans le *Lychnis* (fig. 429), où il présente de petites éminences grenues, transparentes, tapissant la face intérieure des styles, laquelle forme un sillon longitudinal; dans les *Plantains*, où les papilles stigmatiques forment deux lignes veloutées le long du style.

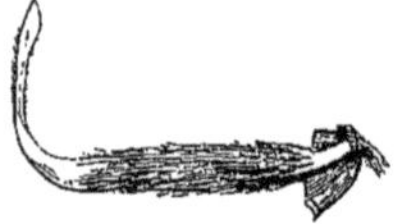

424. Gesse. Pistil.

425. Renoncule. Carpelle. (g.)

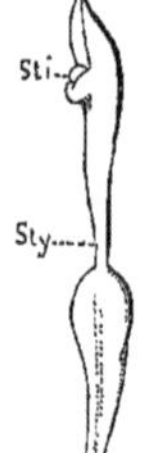


426. Polygala. Pistil.

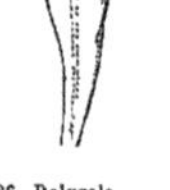

427. Iris. Pistil.

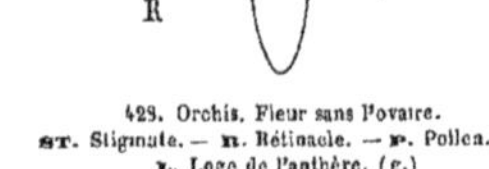

428. Orchis. Fleur sans l'ovaire. ST. Stigmate. — R. Rétinacle. — P. Pollen. — L. Loge de l'anthère. (g.)

Il ne faut pas confondre avec le stigmate des poils d'une nature particulière, dont se hérisse quelquefois le style : ces poils sont dirigés presque toujours obliquement de bas en haut, et destinés à recueillir le pollen; ils se montrent surtout dans les fleurs dont les anthères sont *introrses* et rapprochées les unes des autres : le style, qui, dans son premier âge, est plus court que les étamines, grandit rapidement à l'époque de l'épanouissement de la fleur, monte dans le cylindre creux formé par l'androcée, et ses poils, frottant les loges des anthères, les ouvrent, balayent le pollen et s'en montrent tout chargés : on les nomme *poils collecteurs* ou *balayeurs* (*pili collectores*). Dans le *Bleuet* (fig. 430) les stigmates (*st.*) sont superficiels latéraux, comme dans le *Lychnis*, et au-dessous d'eux est un petit nœud garni d'un bouquet de poils collecteurs très-petits (pc). — Dans la *Chrysanthème* (fig. 431) le style se divise en deux branches garnies sur leur face interne de papilles stigmatiques, et terminées à leur sommet par un petit faisceau de *poils collecteurs*. — Dans l'*Eupatoire* (fig. 432) les deux branches du style sont cylindriques et hérissées de poils *collecteurs;* la surface stigmatique forme une petite bande qui s'étend depuis la bifurcation jusque vers la moitié des branches. — Dans les *Achillées* (fig. 433 et 434), dont les fleurs sont réunies en capitule *radié*, le centre porte des *fleurons* hermaphrodites, c'est-à-dire stamino-pistillés (fig. 433), et la circonférence, des *demi-fleurons* femelles, c'est-à-dire pistillés (fig. 434); le style des *fleurons* est muni de papilles stigmatiques sur la face interne de ses branches, et de poils collecteurs formant une petite brosse aux extrémités de ces branches : les *demi-fleurons* femelles étant dépourvus d'étamines, leur style (fig. 436) manque par conséquent des poils collecteurs que porte le style des fleurons à l'extrémité de ses branches (fig. 435), mais, comme le pollen des

429. Lychnis. Pistil.

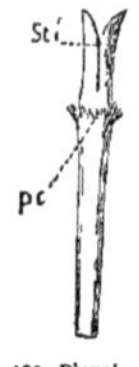


430. Bleuet. Style et stigmates. (g.)

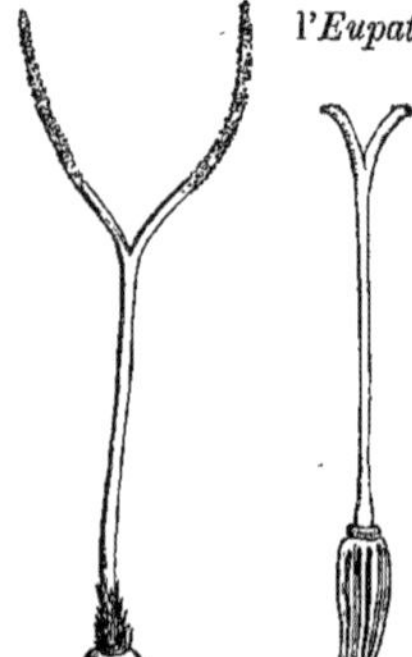

432. Eupatoire. Pistil. (g.)

431. Chrysanthème. Pistil. (g.)

433. Achillée. Fleuron. (g.)

434. Achillée. demi-fleuron. (g.)

435. Achillée. Style d'un fleuron. (g.)

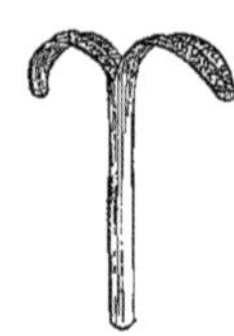

436. Achillée. Style d'un demi-fleuron. (g.)

*fleurons* du centre peut être transporté sur les *demi-fleurons* de la circonférence, les branches du style, chez ces derniers, sont pourvues de papilles stigmatiques qui retiennent le pollen et assurent la fécondation. — Dans les *Campanules*, le style (fig. 437) se termine par cinq branches garnies sur leur face interne de papilles stigmatiques; au-dessous de ces branches, il est muni de cinq séries de poils *collecteurs;* chaque série est double, et répond aux deux moitiés de chaque anthère; avant même que la corolle s'épanouisse, le tronc du style grandit rapidement, les anthères s'ouvrent, et leurs grains de pollen qui sont hérissés de crochets, adhèrent fortement aux poils qui les ont balayés; bientôt les poils collecteurs se replient sur eux-mêmes, comme les *cornes* d'un limaçon, qui se ramassent à l'intérieur quand on les touche; le pollen disparaît alors; le style se nettoie, et n'offre plus que de très-courtes aspérités.

437. Campanule. Pistil.

Le stigmate est dit *sessile* (*st. sessile*) lorsque, par suite de l'absence du style, il se pose immédiatement sur l'ovaire. Dans la *Tulipe* (fig. 345), il forme trois crêtes bilobées; dans l'*Ortie*, il forme un pinceau; dans l'*Arum* (fig. 438), une petite houppe celluleuse; dans la *Vigne* (fig. 439), une tête aplatie; dans le *Sureau* (fig. 440), trois lobes arrondis; dans le *Pavot* (fig. 441), il forme des crêtes veloutées, doubles, divergeant du centre à la circonférence, et tapissant des styles aplatis en lames, qui figurent, par leur ensemble, une espèce de bouclier, ou de calotte festonnée sur ses bords.

439 Vigne. Androcée et pistil. (g.)

438. Arum. Pistil. (g.)

440. Sureau. Pistil et calyce. (g)

441. Pavot. Pistil.

Le stigmate manque quelquefois, et alors l'ovaire ne peut pas être clos : c'est ce qu'on voit dans les *Pins* (fig. 379), les *Cyprès*, les *Thuyas*, dont les fleurs pistillées sont disposées en épi : chacune d'elles est munie extérieurement d'une bractée, qui bientôt s'atrophie et disparaît; elle se compose d'une écaille représentant un carpelle étalé, sans style ni stigmate, portant à sa base deux ovules, à micropyle béant; après la fécondation, ces carpelles s'épaississent, se durcissent et se serrent les uns contre les autres, de manière à former autant de cavités closes qui abritent les graines et leur permettent de mûrir.

# TORUS, DISQUE, NECTAIRES.

Le *torus* est la partie du réceptacle située entre le calyce et le pistil, qui sert de base commune à la corolle et à l'androcée. Cette base commune, occupant la périphérie du réceptacle, n'est pas un organe particulier; mais, pour la commodité du langage descriptif, on l'a considérée comme tel.

Le *torus* produit, outre les étamines et les pétales, des glandes nectarifères et des expansions diverses analogues à des pétales ou à des étamines. — Dans l'*Ancolie* (fig. 442), on voit, entre l'androcée et le pistil, dix écailles membraneuses, d'un blanc argenté, plissées sur leurs bords, plus larges à la base qu'au sommet, qui peuvent être regardées comme des filets d'étamines, et qui quelquefois portent une anthère à leur extrémité.

442. Ancolie. Pistil entouré par les écailles. Torus montrant les cicatrices laissées par les étamines. (g.)

443. Pivoine en arbre. Fleur sans la corolle et la plupart des étamines.

444. Nymphæa blanc. Pistil et godet portant les pétales et les étamines.

Dans la *Pivoine en arbre* (fig. 443) le *torus*, après avoir formé un bourrelet épais d'où naissent les étamines et les pétales, se prolonge autour du pistil sous la forme d'un godet membraneux qui entoure les carpelles, mais sans adhérer avec eux; il est ouvert à son extrémité pour donner passage aux stigmates, et, tant qu'on ne l'enlève pas, il semble faire partie du fruit, dont il est cependant bien distinct. Cet involucre pétaloïde porte quelquefois des anthères. — Dans le *Nymphæa à fleur blanche* (fig. 444) les étamines et les pétales sont soudés par leur base avec le *torus* qui enveloppe l'ovaire, ce qui les fait paraître adhérents à l'ovaire : ils se détruisent après la floraison, et le *torus* se trouve marqué de leurs cicatrices. — Dans le *Nymphæa à fleur jaune*, vulgairement nommé *Nénuphar*, le godet épais, vert et lisse extérieurement, que quelques Botanistes ont considéré comme un *torus* enveloppant l'ovaire, n'est autre chose que l'épicarpe de cet ovaire, lequel s'en détache à la maturité, en se déchirant irrégulièrement, et laisse les graines retenues par l'endocarpe, qui tombent au fond de l'eau pour y germer et reproduire la Plante.

Le *torus* forme souvent, au-dessous de l'ovaire, un anneau ou bourrelet saillant, d'où naissent les étamines et les pétales (*Oranger*, fig. 445 T; *Réseda*, fig. 446); mais plus souvent cet anneau, réduit à sa plus grande simplicité, n'offre sur le réceptacle qu'une ligne circulaire comprise entre le pistil et le calyce (*Chélidoine*, fig. 447). Dans tous ces cas, l'androcée et la corolle, naissant de cet anneau situé au-dessous du pistil, sont nécessairement *hypogynes*, et la Plante est dite *thalamiflore* si les pétales sont libres; *corolliflores* si les pétales sont cohérents.

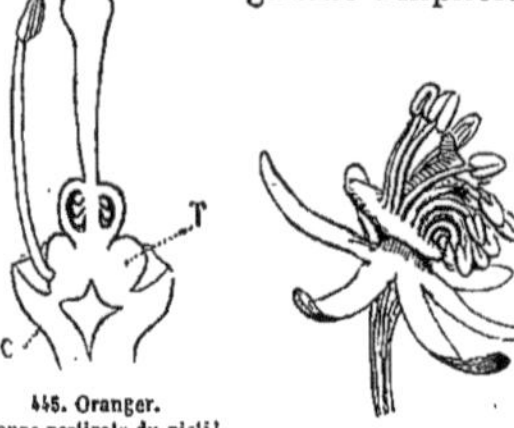

445. Oranger. Coupe verticale du pistil et du réceptacle. T. Torus. — C. Calyce.

446. Réséda. Fleur sans sa corolle. (g.)

447. Chélidoine. Pistil. (g.)

Dans un grand nombre de Plantes, le réceptacle se dilate, vers l'extérieur, en godet, qui représente un tube calycinal, sur lequel s'épanche le *torus*, et les étamines et les pétales naissent à la limite de cet épanchement (*Fraisier*, fig. 401; *Abricotier*, fig. 499). Dans beaucoup d'autres Plantes, le réceptacle prend un développement encore plus considérable; il monte le long des carpelles, se moule sur eux, les tapisse avec adhérence, de manière à former avec eux un corps unique, et le *torus*, c'est-à-dire le pourtour du réceptacle, soulevé par cette dilatation, emporte avec lui les étamines, les pétales et le calyce, qui se trouvent exhaussés au-dessus de l'ovaire (*Myrte*, fig. 381; *Saxifrage*, fig. 382). C'est cette sorte de cupule, enveloppant les carpelles et formée par l'accroissement du réceptacle, qui est décrite dans toutes les Flores modernes comme un *tube calycinal* adhérent à l'ovaire, et qu'il convient de désigner sous le nom de *tube* ou *cupule réceptaculaire*.

Cette hypertrophie du réceptacle est surtout frappante dans les fruits à pépin : si l'on coupe transversalement en deux moitiés égales une *poire* ou une *pomme* un peu avancée (fig. 448), on voit les carpelles au nombre de cinq, et formant cinq cavités dont chacune contient deux ovules; ils sont entourés par une masse charnue, ci-devant *tube calycinal*, nommée aujourd'hui *cupule réceptaculaire*, qui les a enveloppés avec adhérence et s'est interposée entre eux pour les agglutiner par leurs parties latérales, mais non par leurs bords intérieurs, lesquels restent toujours libres. Si l'on coupe verticalement une pomme mûre (fig. 449), on distingue un faisceau fibreux qui s'étend du pédoncule aux carpelles (E); ce faisceau est évidemment la continuation du pédoncule, qui sert de support aux ovaires, et qui a pris un accroissement énorme pour les enchâsser dans son parenchyme (T); à la limite de cet accroissement, c'est-à-dire tout à fait au sommet du fruit, l'on peut observer la *mouche* ou l'*œil* de la pomme (C), qui n'est qu'un débris des sépales et des étamines soulevés par l'ascension du réceptacle.

448. Pommier. Fruit jeune coupé transversalement.

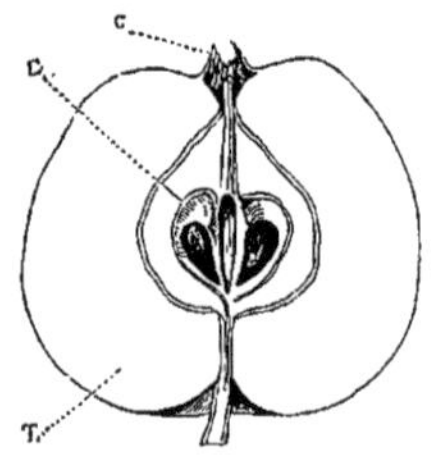

449. Pommier. Fruit coupé verticalement.

La théorie qui substitue le tube réceptaculaire au tube calycinal explique complétement la disposition des carpelles dans la *rose* (fig. 405). La cavité qui les renferme avait été considérée comme le tube d'un calyce, dont le limbe était constitué par les cinq lames foliacées qui protégent les pétales et les étamines. Mais cette position des carpelles sur la paroi interne d'un tube calycinal était difficile à admettre : les verticilles de la fleur étant des expansions latérales de l'axe, on ne pouvait, sans enfreindre la loi qui préside à l'évolution des verticilles floraux, attribuer au calyce la faculté de produire des carpelles. Si l'on observe sur la *rose* la position de l'anneau coloré, d'où émanent les pétales et les étamines, on comprendra aisément la disposition, anormale en apparence, du pistil dans la *rose;* cet anneau est situé au sommet du corps ovoïde renfermant les carpelles : le *torus* est donc monté jusque-là pour émettre latéralement les pétales et les étamines; et puisque le *torus* n'est autre chose que le pourtour du réceptacle, il est évident que c'est ce dernier organe qui constitue le corps creux renfermant les carpelles. Ici, en effet, le réceptacle, c'est-à-dire l'extrémité du pédoncule, au lieu de former, comme dans le *Fraisier* (fig. 401), une saillie hémisphérique, s'est gonflé et soulevé bien au-dessus de son niveau ordinaire, et il représente un corps concave, une sorte de coupe, ou plutôt (pour employer une comparaison familière), il figure un doigt de gant que l'on aurait retourné à l'envers, et dont la face externe, primitivement convexe, est devenue, par ce renversement, intérieure et concave.

Que l'on suppose le réceptacle bombé du *Fraisier* réduit à une mince pellicule et chargé de ses ovaires ; que l'on refoule en dedans, par la pensée, cette pellicule, les sépales se trouveront rapprochés les uns des autres, et l'on aura façonné une sorte de bouteille, dont la cavité sera formée par le réceptacle ; son goulot sera occupé par les étamines et les pétales, et bordé extérieurement par les sépales; les carpelles, qui auparavant étaient assis sur la surface convexe du réceptacle, seront implantés sur cette même surface devenue concave, et la *fraise* se sera ainsi changée en *rose*.

Ce qui achève de démontrer que le corps creux de la *rose* résulte d'une expansion cupuliforme de l'axe, c'est qu'il arrive des accidents de végétation où le réceptacle omet de se creuser en coupe, et présente une saillie centrale plus ou moins convexe, et chargée de carpelles : ici, à l'inverse du cas que nous supposions ci-dessus, la *rose* s'est en quelque sorte changée en *fraise*.

Dans les divers cas que nous venons de citer, la Plante est dite *calyciflore*; les étamines et les pétales ne sont plus *hypogynes*, comme dans le *Lychnis* et la *Primevère* (fig. 380 et 297); mais ils surgissent soit au-dessus de la base du pistil, à la limite de l'épanchement du *torus* (*Sumac*, fig. 450), soit à la base externe du bourrelet ou du godet formé par ce torus (*Circée*, fig. 450 *bis*; *Alchimille*, fig. 451); ils sont alors dits, soit *périgynes*, soit *épigynes*, suivant leur insertion *autour* (fig. 450), ou *au-dessus* de l'ovaire (fig. 450 *bis*).

450. Sumac. Fleur coupée verticalement. (g.)

450 *bis*. Circée. Fleur coupée verticalement.

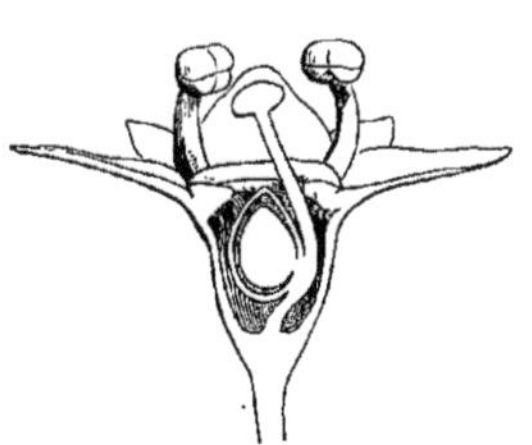
451. Alchimille. Fleur (g.) coupée verticalement.

452. Capucine. Fleur coupée verticalement.

Lorsque le torus s'épanche également sur la base du calyce et autour de celle de l'ovaire, il peut arriver que l'androcée soit *hypogyne*, tandis que la corolle est *périgyne :* ce cas, très-rare, s'observe ordinairement dans la *Capucine* (fig. 452).

On a réservé le nom de *disque* au bourrelet saillant qui, dans les fleurs hypogynes, c'est-à-dire à ovaire *supère*, entoure la base de l'ovaire (*Oranger*, fig. 445), ainsi qu'au plateau qui, dans les fleurs à ovaire *infère*, couronne l'ovaire et enchâsse la base du style (*Circée*, fig. 450 *bis*). Ces expansions du *torus* sont de nature glanduleuse, c'est-à-dire que leur tissu élabore et excrète un suc particulier, ordinairement sucré, ce qui les a fait ranger parmi les *nectaires*, dont nous allons parler.

454. Pervenche. Pistil et nectaires.

453. Radis. Pistil et nectaires.

Les *nectaires* ou *glandes nectarifères* sont généralement, comme les pétales et les étamines, des productions du *torus*, et sont posés immédiatement sur lui ou sur les organes qui en dépendent.

Dans le *Radis* (fig. 453), la *Giroflée* (fig. 10) et autres *Crucifères*, le réceptacle en porte quatre ou six : deux dans la *Pervenche* (fig. 454), cinq dans les *Sédum* (fig. 455), ainsi que dans la plupart des *Gesnériacées*, chez lesquelles on trouve tous les passages, de ces cinq glandes libres, à un gros disque hypogyne ou épigyne.

455. Sédum. Pistil et nectaires. (g.)

Dans les *Fraisiers* (fig. 401), les *Pêchers* (fig. 368) et autres *Rosacées*, la couche jaune orangé du *torus*, qui s'est épanchée sur le calyce, sécrète sur toute sa surface une liqueur miellée; le moment de cette sécrétion est souvent fugitif et difficile à saisir.

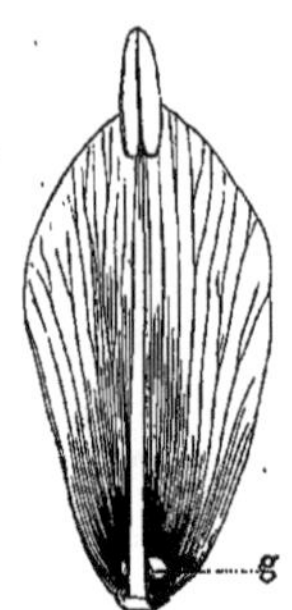

456. Fritillaire. Étamine, pétale et nectaire.

Dans les *Renoncules* (fig. 237), chaque pétale porte à la base de son onglet un petit nectaire protégé par une écaille. Dans les *Berbéris* (fig. 238), chaque pétale porte, un peu au-dessus de sa base, deux glandes nectarifères ovoïdes nues. Dans la *Fritillaire* (fig. 456), les six pièces du périanthe double pétaloïde portent chacune, un peu au-dessus de leur base, un nectaire qui, au lieu d'être saillant, est creusé en fossette; dans le *Lis*, chaque pétale offre sur sa surface interne et le long de sa nervure médiane un double sillon qui sécrète une liqueur nectarée.

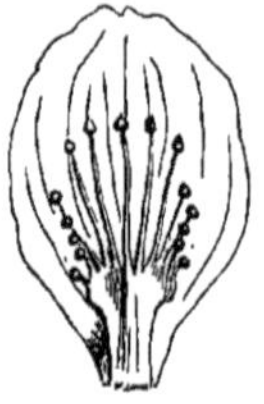
457. Parnassia. Pétale et nectaires.

Dans le *Parnassia* (fig. 457), il naît, vis-à-vis de chaque pétale, une écaille pétaloïde qui se ramifie en trois, cinq, sept, neuf, quinze branches, terminées chacune par une glande nectarifère globuleuse.

Les *nectaires* naissent quelquefois au sommet ou à la base du connectif des étamines, comme dans les *Adenanthera*, le *Prosopis*, etc. Dans la *Pensée* (fig. 458), il y a deux nectaires provenant de deux étamines, et naissant du connectif au point de jonction de l'anthère et du filet; ils ont la forme d'une queue un peu recourbée, et tous deux se logent dans le cornet creux du pétale inférieur, qui leur sert d'étui, et au fond duquel on trouve une liqueur sucrée que les nectaires ont distillée par leur extrémité.

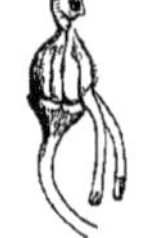
458. Pensée. Pistil et androcée.

Nous avons déjà fait remarquer que les pétales creux renferment un nectaire au fond de leur cavité (*Ancolie*, fig. 246; *Aconit*, fig. 247; *Nigelle*, fig. 244; *Hellébore*, fig. 243; *Eranthis*, fig. 244 *bis*).

Dans les corolles monopétales, les nectaires sont tantôt *superficiels* (*Chèvrefeuille*, *Lilas*), tantôt ils occupent une cavité qui forme extérieurement une saillie en bosse ou en éperon (*Linaire*, fig. 286; *Muflier*, fig. 285; *Centranthe*, fig. 291), et la corolle est irrégulière : ce qui coïncide souvent avec des avortements d'étamines; mais il est difficile de savoir si les nectaires sont la cause ou l'effet de cette irrégularité.

Les nectaires naissent quelquefois de parties de la fleur autres que le *torus* : on en observe sur la surface externe du calyce dans les *Malpighiacées;* dans l'épaisseur des cloisons de l'ovaire des *Liliacées*, se trouve une couche glanduleuse sécrétant une liqueur sucrée : M. Brongniart a nommé ces organes *glandes septales*.

Dans les fleurs staminées ou pistillées, il arrive fréquemment que le pistil avorté ou l'androcée avorté est remplacé par un nectaire : c'est ce que l'on voit dans les fleurs du *Melon* et de beaucoup d'autres Plantes diclines.

## DISPOSITION DES ORGANES APPENDICULAIRES AUTOUR DE L'AXE.

On désigne sous le nom d'*organes appendiculaires* ou *appendices* les expansions latérales nées de l'axe végétal, c'est-à-dire les feuilles, les bractées, les sépales, les pétales, les étamines et les carpelles.

On a vu dans la Leçon préliminaire (page 2) que les feuilles sont ou *opposées*, ou *verticillées*, ou *alternes*.

On a vu aussi (page 32) que les feuilles constituant la fleur représentent des groupes circulaires ou anneaux, qui ont reçu le nom de *verticillés floraux :* ce sont le *calyce*, la *corolle*, l'*androcée* et le *pistil;* mais nous avons averti le lecteur que très-fréquemment les feuilles de chaque groupe floral, au lieu de former un vrai verticille, se succèdent en spirale surbaissée, et que néanmoins on a conservé à ces groupes le nom de *verticilles*.

Nous allons revenir avec quelque détail : 1° sur la disposition des feuilles proprement dites, des feuilles *carpellaires* et des bractées (on nomme *phyllotaxie* cette branche de la Botanique); 2° sur l'agencement des pétales et des sépales, agencement qu'on désigne par le terme de *préfloraison*, parce qu'on ne l'étudie avec sûreté qu'avant l'épanouissement de la fleur.

## PHYLLOTAXIE.

Lorsque les feuilles sont nettement *verticillées*, soit par 2 (et alors on les dit *opposées*), soit par 3, ou par 4, ou par 5, etc., elles se montrent généralement séparées les unes des autres par des intervalles égaux, et conséquemment l'arc compris entre les points d'attache de deux feuilles voisines est égal à la circonférence de la tige, divisée par le nombre des feuilles du verticille. Cet arc embrassera donc $\frac{1}{2}$ circonférence si le verticille est de 2 feuilles; $\frac{1}{3}$ de circonférence si le verticille est de 3 feuilles; $\frac{1}{4}$, $\frac{1}{5}$, $\frac{1}{6}$ si le verticille est de 4, de 5, de 6 feuilles.

On a observé en outre que les feuilles d'un verticille ne sont point directement superposées à celles du verticille placé immédiatement au-dessus ou au-dessous, mais qu'elles sont superposées aux intervalles qui séparent celles des verticilles inférieur et supérieur, tantôt plus près d'un côté que de l'autre, tantôt exactement au milieu. Quand les feuilles sont simplement *opposées*, et que chaque paire croise à angle droit la paire supérieure et la paire inférieure, l'ensemble des feuilles de la tige se montre sur 4 séries rectilignes qui, vues d'en haut, figurent une croix ou un X; les feuilles alors sont dites *décussées* (*folia decussata*). On conçoit que, si le verticille est de 3 ou de 4 feuilles, l'ensemble offrira 6 ou 8 séries longitudinales.

Les Végétaux à feuilles *verticillées* sont relativement peu nombreux; ceux à feuilles *opposées* le sont beaucoup davantage, mais dans le plus grand nombre les feuilles sont *alternes :* ce sont ces dernières dont il importe surtout d'étudier la disposition.

On a vu (page 2, fig. 5) que, sur un rameau de *Chêne*, il y a 5 feuilles (1, 2, 3, 4, 5) échelonnées en spirale autour de la tige, de telle sorte que celle (6) qui fait suite à la 5<sup>e</sup> est verticalement placée au-dessus de la 1<sup>re</sup>. Sur un rameau plus long, la 7<sup>e</sup> serait superposée à la 2<sup>e</sup>, comme la 6<sup>e</sup> à la 1<sup>re</sup>; la 8<sup>e</sup> serait superposée à la 3<sup>e</sup>, la 9<sup>e</sup> à la 4<sup>e</sup>, la 10<sup>e</sup> à la 5<sup>e</sup>, la 11<sup>e</sup> à la 6<sup>e</sup> et à la 1<sup>re</sup>, et ainsi de suite. Il a été facile de concevoir que si les feuilles 1, 2, 3, 4, 5, qui ont complété un tour de spire, descendaient toutes sur un même plan, elles formeraient un verticille. On peut observer cette disposition en spirale sur une foule de Végétaux ligneux et herbacés, tels que le *Pêcher*, les *Pruniers*, les *Cerisiers*, les *Rosiers*, le *Framboisier*, l'*Aubépine*, les *Spirées*, le *Cytise*, les *Peupliers*, les *Saules*, les *Sumacs*, la *Giroflée*, le *Réséda*, la *Pensée*, les *Seneçons*, les *Pavots*, etc., etc.

Le naturaliste Ch. Bonnet, qui le premier observa cet arrangement des feuilles alternes, remarqua que leurs points d'attache étaient séparés les uns des autres par une égale portion de la circonférence de la tige; il indiqua aussi d'autres combinaisons plus compliquées; ainsi il arrive fréquemment que, au lieu de la 6<sup>e</sup> feuille, c'est la 9<sup>e</sup> ou même la 14<sup>e</sup> qui se place verticalement au-dessus de la 1<sup>re</sup>, ce qui fait des séries composées de 8 ou de 13 feuilles. Les Botanistes modernes ont poursuivi sur le même sujet des recherches qui les ont conduits à formuler comme *lois* les faits que Ch. Bonnet n'avait pas généralisés.

Nous commencerons par le cas le plus simple de l'alternance dans les feuilles : c'est la disposition qu'elles offrent quand elles sont situées alternativement des deux côtés de la tige, comme on le voit dans le *Tilleul*, le *Lierre*, l'*Orme*, le *Coudrier*, etc. Si l'on suppose un fil s'enroulant autour de la tige de manière à passer successivement par les points d'attache de toutes les feuilles, on verra qu'il décrit une spirale régulière. Si l'on prend une de ces feuilles pour point de départ, et qu'on les compte de bas en haut, suivant leur gradation relative, on reconnaîtra que la 3<sup>e</sup> est au-dessus de la 1<sup>re</sup>, la 4<sup>e</sup> au-dessus de la 2<sup>e</sup>, et ainsi de suite; en sorte que toutes les feuilles se montrent situées le long de 2 lignes verticales équidistantes, et par conséquent séparées par une demi-circonférence de la tige. Les feuilles ainsi disposées sont appelées *distiques* (page 16, fig. 69).

Si, au lieu de 2 feuilles, ce sont 3 feuilles qui occupent sur la tige un tour de spire, on verra que la 4<sup>e</sup> est verticalement superposée à la 1<sup>re</sup>, la 5<sup>e</sup> à la 2<sup>e</sup>, la 6<sup>e</sup> à la 3<sup>e</sup>, et ainsi de suite, de sorte que toutes les feuilles sont rangées sur 3 lignes verticales équidistantes, et par conséquent séparées l'une de l'autre par un tiers de circonférence de la tige. Les feuilles ainsi disposées sont dites *tristiques :* on les observe sur les *Souchets*, les *Carex* et sur un grand nombre d'autres Plantes appartenant à la Classe des monocotylédones.

Nous avons signalé plus haut la disposition si fréquente observée sur la tige du *Chêne*, des *Peupliers*, des *Pruniers*, etc., où les feuilles se superposent de 5 en 5, de sorte qu'on peut imaginer sur un rameau 5 lignes verticales, le long desquelles sont situées toutes les feuilles. Ces verticales, étant équidistantes, divisent la circonférence du rameau en 5 parties égales, c'est-à-dire qu'elles sont séparées les unes des autres par un arc équivalent à $\frac{1}{5}$ de la circonférence de la tige. Mais ici il est important de remarquer que si, prenant une de ces feuilles pour point de départ, et lui assignant le n° 1, on examine la gradation successive des feuilles dans le sens de la spirale, la feuille qui suit ou qui précède le n° 1 n'est pas située sur la verticale la plus voisine de celle à laquelle appartient le n° 1, mais sur celle qui vient après la 2e, et que cette verticale est à $\frac{2}{5}$ de circonférence de la 1re. Ici ce n'est pas un tour unique de spire embrassé par 2 ou 3 feuilles, comme dans les deux cas précédents : les 5 feuilles sont espacées de manière qu'avant d'arriver à la 6e, qui recouvre directement la 1re, la spirale passant par leurs points d'attache a décrit autour de la tige 2 tours complets : la distance qui sépare les points d'attache des feuilles sera donc égale à $\frac{2}{5}$ de la circonférence de la tige. Cette disposition a reçu le nom de *quinconce.*

On nomme *cycle* un système de feuilles dans lequel, après un ou plusieurs tours de spire, on trouve une feuille superposée à celle qui a servi de point de départ, et commençant une nouvelle série. Il faut donc, pour posséder la notion complète du cycle, considérer, outre le nombre des feuilles qui le composent, le nombre des tours de spire sur lesquels s'échelonnent ces mêmes feuilles.

L'*angle de divergence* de 2 feuilles consécutives se mesure par l'arc interposé entre les insertions de ces 2 feuilles. Ainsi l'angle de divergence des feuilles *tristiques,* dont les insertions sont éloignées l'une de l'autre de $\frac{1}{3}$ de circonférence de la tige, sera exprimé par la fraction $\frac{1}{3}$; l'angle de divergence des feuilles en *quinconce,* qui laissent entre chacune d'elles un intervalle de $\frac{2}{5}$ de la circonférence de la tige, aura pour expression la fraction $\frac{2}{5}$. Quant aux feuilles *distiques,* le terme d'*angle* ne peut s'appliquer à leur divergence, puisque cette divergence est d'une demi-circonférence; et on l'exprimera par la fraction $\frac{1}{2}$.

Il faut remarquer, en outre, que ces diverses fractions ont pour numérateur le nombre des tours de spire dont se compose le cycle, et pour dénominateur le nombre des feuilles qui occupent ce cycle, ou, pour parler plus exactement, le nombre des intervalles séparant les insertions de ces feuilles. On pourra donc désigner un cycle par la fraction exprimant l'angle de divergence, puisque le dénominateur de cette fraction indique le nombre des feuilles du cycle, et son numérateur le nombre des tours de spire.

Les cycles formés par les feuilles distiques, tristiques et en quinconce ne sont pas les seuls qu'on observe dans les Végétaux : d'autres cycles offrent un grand nombre de feuilles distribuées sur un plus grand nombre de tours de spire. Ainsi, outre les trois cycles ci-dessus mentionnés, désignés par des fractions $\frac{1}{2}$, $\frac{1}{3}$, $\frac{2}{5}$, l'on observe des cycles de 8 feuilles sur 3 tours, que l'on désigne par la fraction $\frac{3}{8}$; de 13 feuilles sur 5 tours, c'est-à-dire $\frac{5}{13}$; de 21 feuilles sur 8 tours, c'est-à-dire $\frac{8}{21}$; de 34 feuilles sur 13 tours, c'est-à-dire $\frac{13}{34}$; de 55 feuilles sur 21 tours, c'est-à-dire $\frac{21}{55}$; de 89 feuilles sur 34 tours, c'est-à-dire $\frac{34}{89}$; de 144 feuilles sur 55 tours de spire, c'est-à-dire $\frac{55}{144}$, etc., etc.

Or, si l'on examine comparativement cette série de fractions, juxtaposées selon l'ordre de progression de leurs termes,

$$\frac{1}{2}, \frac{1}{3}, \frac{2}{5}, \frac{3}{8}, \frac{5}{13}, \frac{8}{21}, \frac{13}{34}, \frac{21}{55}, \frac{34}{89}, \frac{55}{144}, \text{ etc.}$$

on découvrira entre elles plusieurs rapports très-curieux, dont le plus frappant est que chaque fraction, comparée aux deux fractions qui la précèdent, a pour numérateur la somme des numérateurs, et pour dénominateur la somme des dénominateurs de ces deux fractions. Ainsi la fraction $\frac{2}{5}$ se compose des termes ajoutés l'un à l'autre des fractions $\frac{1}{2}$ et $\frac{1}{3}$; en ajoutant respectivement l'un à l'autre les 2 termes de $\frac{1}{3}$ et $\frac{2}{5}$, on aura la fraction $\frac{3}{8}$; en additionnant les termes des fractions $\frac{2}{5}$ et $\frac{3}{8}$, on aura la fraction $\frac{5}{13}$; par le même procédé, les fractions $\frac{5}{13}$ et $\frac{8}{21}$ donneront $\frac{13}{34}$. Par la même raison, on obtiendra l'une quelconque de ces fractions en prenant les 2 fractions qui la suivent immédiatement, et retranchant l'un de l'autre leurs numérateurs, puis leurs dénominateurs : le résultat de cette soustraction sera la fraction cherchée. Si l'on veut, par exemple, connaître la fraction qui précède $\frac{5}{13}$ et $\frac{8}{21}$, on retranchera 5 de 8 et 13 de 21, et l'on aura $\frac{3}{8}$; par une opération semblable, avec les fractions $\frac{8}{21}$ et $\frac{13}{34}$, on aura $\frac{5}{13}$; avec la fraction $\frac{3}{8}$ et $\frac{5}{13}$, on aura $\frac{2}{5}$; avec $\frac{2}{5}$ et $\frac{1}{3}$, on aura $\frac{1}{2}$.

Les fractions ci-dessus mentionnées, qu'on peut obtenir les unes des autres au moyen d'un calcul fort simple, et qui, en exprimant l'angle de divergence des feuilles, indiquent en même temps par leur dénominateur le nombre des feuilles d'un cycle, et par leur numérateur le nombre de tours de spire occupés par ces mêmes feuilles; ces fractions, disons-nous, sont celles que l'on observe le plus communément dans la disposition spirale des feuilles.

Il est facile de les constater quand les feuilles ne sont ni trop espacées, ni trop rapprochées sur la tige, comme cela a lieu sur les rameaux d'un grand nombre de Végétaux, et de suivre la spirale qui passe successivement par les points d'attache des feuilles 1, 2, 3, 4, 5, 6, 7, 8, 9, 10, etc., en suivant leur ordre de hauteur sur la tige. Cette spirale, qui comprend toutes les feuilles, a été nommée *spirale primitive.*

Mais si les entre-nœuds sont longs, et les feuilles par conséquent très-espacées; si, en outre, le nombre dont se compose le cycle est considérable, alors il devient difficile de reconnaître à la simple vue la feuille verticalement superposée à celle qui commence le cycle précédent, c'est-à dire d'assigner à chaque feuille son numéro d'ordre, et par conséquent d'évaluer l'angle de divergence entre 2 feuilles consécutives. Cette évaluation devient plus difficile encore lorsque, par le raccourcissement de la tige, les feuilles se touchent, comme cela arrive dans les touffes des *Joubarbes*, dans la rosette radicale des *Plantains* et autres Plantes dites *acaules*, dans les bractées composant l'involucre des capitules, tels que celui de l'*Artichaut*; dans les écailles ou carpelles ouverts constituant le cône des *Pins, Sapins, Mélèzes* et autres arbres verts.

On peut toutefois, dans ces cas de feuilles agglomérées, parvenir par un procédé fort simple à trouver la fraction exprimant l'angle de divergence des feuilles, et à déterminer ainsi la spirale primitive.

Supposons, par exemple, une tige portant une série de cycles de 8 feuilles modérément espacées sur 3 tours de spire; le cycle sera facile à reconnaître, et l'expression de l'angle de divergence sera la fraction $\frac{3}{8}$. On peut observer cette disposition sur plusieurs Plantes *grasses*, et notamment sur le *Sédum reprise* (*Sedum telephium*). Admettons que cette tige, c'est-à-dire l'axe autour duquel s'échelonnent les feuilles, soit subitement raccourcie, au point que ces feuilles deviennent contiguës et figurent une rosette. On concevra que la spirale, qui a suivi le raccourcissement de l'axe, se trouve excessivement surbaissée, et qu'elle peut être comparée à un ressort de montre, dont les tours se rétrécissent en se rapprochant du centre (fig. 459[c]). On concevra, en outre, que l'extrémité centrale de ce ressort représente le sommet de la spire, comme son autre extrémité en représente le point le plus bas; on concevra enfin que sur cette spirale ainsi déprimée les feuilles les plus voisines de son centre seraient les plus voisines de son sommet, si elle avait conservé sa forme première, et que par la même raison les feuilles les plus externes en seraient les plus inférieures.

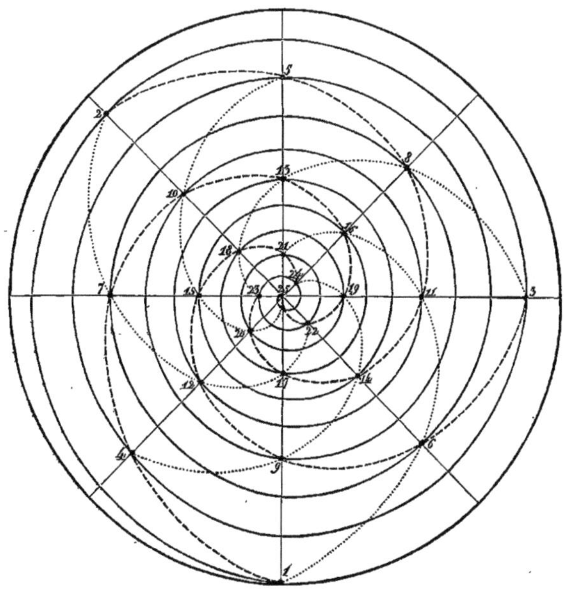

459*a*. Spirale primitive dirigée de droite à gauche, et portant 3 cycles, chacun de 8 feuilles, indiquées par des points numerotés, et insérées sur 3 tours de spire. — Les spirales secondaires, formées à droite par la série des numéros de 5 en 5, sont indiquées par des lignes finement ponctuées ; les spirales secondaires, formées à gauche par la série des numéros de 3 en 3, sont indiquées par des lignes de points allongés.

Or, étant connu l'angle de divergence des feuilles du *Sédum* à l'état normal, il reste à le trouver sur les mêmes feuilles ramassées en rosette : il suffira pour cela de figurer sur un plan les cycles des feuilles suivant la fraction $\frac{3}{8}$, c'est-à-dire de façon que 8 feuilles soient situées sur 3 tours de spire, et séparées l'une de l'autre par un arc équivalent à $\frac{3}{8}$ de circonférence.

On tracera donc sur le papier une spire marchant de droite à gauche, comme la spire normale du *Sédum*, et composée d'un nombre de tours suffisant pour représenter 3 ou 4 cycles, chaque cycle comprenant 3 tours de spire (fig. 459[a]).

On décrira ensuite autour de la spire une circonférence dont le rayon ira de l'extrémité centrale de cette spire à son extrémité opposée. C'est sur cette circonférence qu'on se réglera pour indiquer l'angle de divergence des feuilles; et, comme on sait qu'il est de $\frac{3}{8}$, on divisera la circonférence en 8 parties égales par autant de rayons : 3 de ces parties représenteront donc $\frac{3}{8}$ de circonférence, c'est-à-dire l'angle de divergence. Cela fait, on indiquera, par un point numéroté 1, la place de la 1re feuille sur l'extrémité de la spire qui touche la circonférence; puis, prenant pour point de départ cette feuille nº 1, on suivra les contours de la spire, et quand on aura parcouru les 3 premiers arcs, c'est-à dire $\frac{3}{8}$ de circonférence, on marquera sur le rayon où aboutit le 3e arc la feuille nº 2; on continuera de la même manière à suivre la spire de $\frac{3}{8}$ en $\frac{3}{8}$, et, à la fin de chaque parcours, on marquera sur le rayon la place d'une nouvelle feuille, qu'on aura soin de numéroter. On arrivera ainsi jusqu'au centre de la spire (qui en réalité en est le sommet), et l'on aura sous les yeux l'ensemble des feuilles 1, 2, 3, 4, 5, 6, 7, 8, 9, 10, 11, 12, etc., numérotées dans leur ordre successif de hauteur, ou, ce qui revient au même, leurs points d'insertion par lesquels passe la spirale primitive.

Il s'agit maintenant d'étudier les rapports des feuilles entre elles, rapports indiqués par leurs numéros.

Si l'on jette un premier coup d'œil sur le rayon portant la feuille nº 1, on verra, au-dessus de ce nº 1, les nos 9 et 17, dont la différence est de 8, et l'on comprendra sans peine que, dans la tige allongée du *Sédum*, ce rayon horizontal serait une ligne verticale, le long de laquelle se superposeraient les feuilles 1, 9 et 17, indiquant chacune un commencement de cycle. On verra en même temps que ces feuilles sont séparées l'une de l'autre par 3 tours de spire. La même observation s'applique aux 7 autres rayons, portant les nos 2, 10, 18; les nos 3, 11, 19; les nos 4, 12, 20; les nos 5, 13, 21; les nos 6, 14, 22; les nos 7, 15, 23; les nos 8, 16, 24, et l'on reconnaîtra que la fraction $\frac{3}{8}$, expression du cycle et de l'angle de divergence, doit frapper les yeux les moins clairvoyants.

Il y a d'autres rapports à constater entre les feuilles, rapports que l'image du plan tracé rend faciles à saisir. Ainsi entre le numéro de la feuille 1 et celui de la feuille 4, située sur le rayon voisin à gauche, il y a une différence de 3; même différence entre 4 et 7, 7 et 10, 10 et 13, 13 et 16, 16 et 19, 19 et 22. Si l'on prend la feuille 2 pour point de départ, et qu'on passe au rayon suivant à gauche, on trouve 5, sur le rayon suivant 8, puis 11, puis 14, puis 17, puis 20, puis 23, et l'on voit que ces nombres offrent entre eux le même rapport, c'est-à-dire la différence de 3, observée dans la série qui commence par le nº 1. Il en sera de même de la série commençant par 3, et l'on aura, en procédant toujours de droite à gauche, et de la circonférence au centre, les nos 3, 6, 9, 12, 15, 18, 21, 24. Si nous partons de la feuille nº 4, nous remarquons qu'elle est comprise dans la première série déjà étudiée.

Voilà donc, de droite à gauche, 3 séries de feuilles, dont les numéros offrent entre eux des rapports identiques, c'est-à-dire une différence exprimée par le nombre 3, nombre égal à celui des séries. Si maintenant on réunit par une ligne courbe les feuilles de chaque série, on verra que chacune de ces lignes forme une portion de spire, et que ces trois spires partielles se dirigent symétriquement dans le même sens, et comprennent dans leur ensemble toutes les insertions des feuilles.

Si, d'un autre côté, prenant encore pour point de départ la feuille nº 1, l'on examine ses rapports avec la feuille nº 6, située sur le rayon voisin à droite, on trouvera entre les numéros de ces deux feuilles une différence de 5; même différence entre les nos 6 et 11, 11 et 16, 16 et 21. Partant de la feuille nº 2, et marchant de gauche à droite en se rapprochant du centre de la spire, on trouve sur le rayon le plus voisin le nº 7, puis sur les rayons suivants les nos 12, 17, 22, entre lesquels existe la même différence. On fera une observation semblable sur la série commençant par 3, où l'on trouve les nos 3, 8, 13, 18, 23. La série commençant par 4 donnera les nombres 4, 9, 14, 19, 24; la série commençant par 5 donnera les nombres 5, 10, 15, 20, 25. Si l'on part du nº 6, on s'aperçoit qu'il est compris dans la première série, et l'on s'arrête là.

Voilà encore 5 séries marchant de gauche à droite, composées de feuilles dont les numéros d'ordre offrent entre eux la même différence exprimée par le nombre 5, nombre égal à celui des séries. Chacune de ces séries sera rendue plus visible au moyen d'une ligne courbe réunissant toutes les feuilles qui les composent, et l'on aura cinq portions de spire marchant symétriquement de gauche à droite, et comprenant toutes les insertions des feuilles.

On a nommé ces portions de spire *spirales secondaires* pour les distinguer de la spirale primitive, que l'on désigne aussi sous le nom de *spirale génératrice*.

Or il faut remarquer que les spirales secondaires marchant de droite à gauche sont au nombre de 3, lequel nombre est le numérateur de la fraction $\frac{3}{8}$, et que le total des 3 spirales secondaires de gauche, et des 5 spirales secondaires de droite, donne le nombre 8, c'est-à-dire le dénominateur de cette même fraction.

Si donc on peut sur des feuilles en rosette, sur les bractées d'un involucre ou sur les écailles d'un cône d'arbre vert, dans lesquelles la spirale primitive est dissimulée par le rapprochement des parties; si l'on peut, disons-nous, compter les spirales secondaires de gauche et celles de droite, le plus petit des deux nombres indiquera le numérateur, et la somme de ces deux nombres le dénominateur de la fraction cherchée. Dès lors on connait l'angle de divergence, le nombre des feuilles du cycle et celui des tours de spire qu'elles occupent.

Le rapprochement des feuilles en rosette, que nous avons supposé dans la tige du *Sédum*, existe en réalité dans une foule de Plantes à feuilles dites *radicales*, et chez beaucoup d'entre elles le cycle des feuilles est désigné par la fraction $\frac{3}{8}$ (*Plantain moyen*, fig. 459[b]).

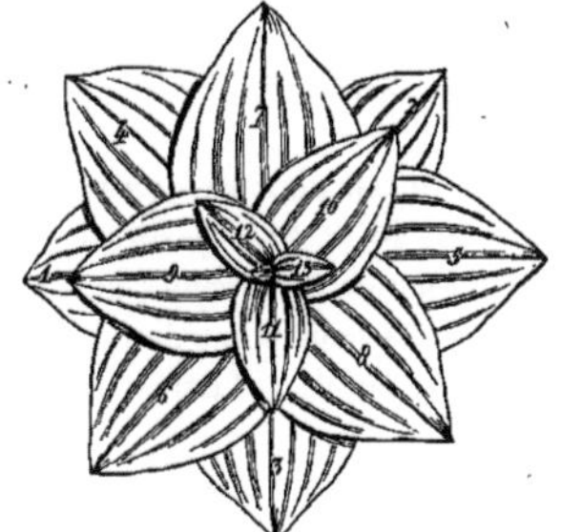

459*b*. Rosette formant deux cycles de 8 feuilles, dont l'angle de divergence est 3/8.

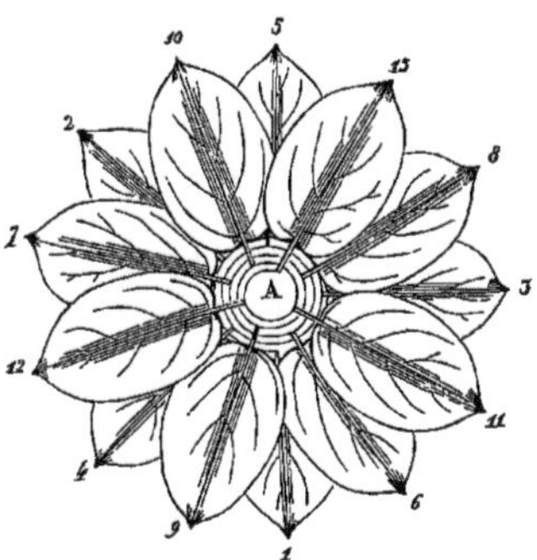


459*c*. Rosette formant un cycle de 13 feuilles, dont l'angle de divergence est 5/13, l'axe A, où elles s'insèrent, porte 5 tours de spire, indiquant le point d'insertion de chaque feuille.

Le nombre des spirales secondaires de droite et de gauche étant connu, on peut assigner à chaque feuille le numéro d'ordre qui lui appartient dans la spirale primitive ou génératrice.

Nous choisirons pour exemple des feuilles en rosette (fig. 459[c]) disposées comme celles d'une touffe de *Joubarbe*, ou les écailles d'un cône de *Pin maritime* (fig. 459[d]). Elles ont pour angle de divergence, dans les deux Plantes, la fraction $\frac{5}{13}$, ce qu'on reconnaît sans peine en comptant les spirales secondaires les plus apparentes de gauche à droite et de droite à gauche. Nous ne parlons ici que des spirales secondaires les plus apparentes; mais on conçoit qu'il y en a un grand nombre d'autres, plus ou moins obliques que celles qui sont les plus faciles à distinguer, et que toute série de numéros ayant entre eux la même différence serait une spirale. — Les spirales secondaires sont surtout visibles dans le cône des *Pins*, dont l'axe est beaucoup plus allongé que celui de la rosette de *Joubarbe*, et où elles forment des séries parallèles très-distinctement accusées (1).

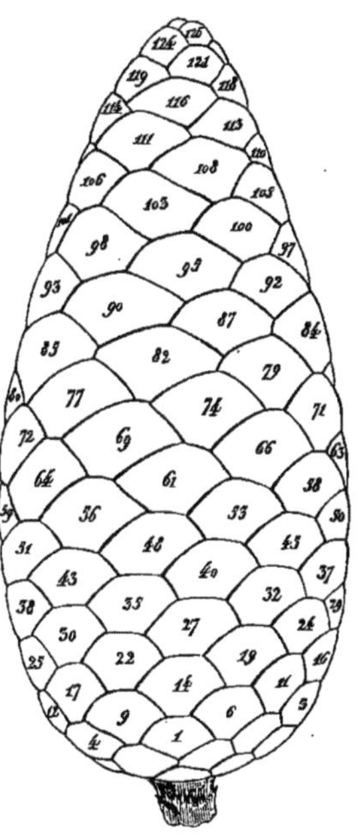

459*d*. Cône du *Pin maritime* sur lequel sont numérotées les écailles d'après leur ordre relatif de hauteur. Les spirales secondaires les plus apparentes sont formées, à droite, par la série des numéros de 5 en 5; à gauche, par la série des numéros de 8 en 8.

On prend pour point de départ une des feuilles les plus extérieures de la rosette, ou des écailles les plus inférieures du cône, et on la numérote 1. Cette feuille pourra être regardée comme la 1re d'une spirale secondaire marchant de gauche à droite. Pour numéroter la 2e pièce de cette même spirale secondaire, il faut se rappeler que les numéros des pièces d'une spirale secondaire quelconque doivent laisser entre eux une différence égale au nombre des spirales secondaires dont celle-là fait partie. Or ici il y a 5 spirales parallèles marchant de gauche à droite : la 2e feuille ou la 2e écaille portera donc le n° 6; la 3e, le n° 11; la 4e, le n° 16, et ainsi de suite jusqu'au sommet du cône de *Pin*, ou jusqu'au centre de la rosette de *Joubarbe*.

Lorsqu'on aura ainsi numéroté toutes les pièces d'une des 5 spirales secondaires et parallèles montant de gauche à droite, les numéros de cette spirale pourront servir successivement de points de départ pour numé-

(1) Rien de plus facile que cette étude : il suffit de tronquer les écailles d'un cône mûr de *Pin maritime*, pour avoir des surfaces qui permettent de les numéroter avec un crayon; pour les numéroter avec de l'encre, il faut, au préalable, les coller au moyen d'une solution très-délayée de gomme ou d'amidon.

roter toutes les autres pièces du cône ou de la rosette. On sait que chacune des pièces numérotées de la spirale secondaire allant de gauche à droite fait également partie de l'une des spirales secondaires et parallèles allant de droite à gauche; on pourra, selon la direction qu'on prendra à partir de chaque pièce numérotée, numéroter successivement celles qui lui font suite, soit de gauche à droite, soit de droite à gauche, en ajoutant 5 si l'on monte vers la droite, ou 8 si l'on monte vers la gauche.

Que l'on prenne, par exemple, le n° 32; ce numéro, dans la spirale de gauche à droite, conduirait au n° 37, puisqu'on y avait ajouté le nombre 5; puis 37 conduit à 42, 42 à 47, 47 à 52, 52 à 57, et ainsi de suite; mais comme le n° 32 entre aussi dans une des 8 spirales secondaires de droite à gauche, la pièce qui lui succède en montant dans cette spirale devra être numérotée 32 + 8, c'est-à-dire 40; et si l'on continue de monter dans cette spirale, en ajoutant 8 à chaque nouvelle pièce, on aura 40, 48, 56, 64, 72, 80, 88, 96, 104, 112, etc.

Pour obtenir dans la même spirale les numéros au-dessous de 32, on en retranchera en descendant le nombre 8, qu'on avait ajouté en montant, et l'on aura successivement 32, 24, 16, 8. Si, à partir du même n° 32, on compte de haut en bas, en descendant sur la spirale secondaire qui monte de gauche à droite, on retranchera 5 de 32, et l'on aura 27, puis 22, 17, 12, 7, 2. Si l'on prend le n° 29 pour point de départ, en descendant comme dans la spirale précédente, ce n° 29 conduira aux n$^{os}$ 24, 19, 14, 9, 4. Le n° 16 conduira aux n$^{os}$ 11, 6, 1.

Toutes les pièces de la rosette ou du cône étant numérotées, leur succession indiquera nettement la spirale génératrice.

Mais quelle sera la direction de cette spirale génératrice? Marchera-t-elle de droite à gauche ou de gauche à droite? dans le sens des spirales secondaires les plus nombreuses, ou dans le sens des moins nombreuses? La réponse à cette question dépendra de la fraction exprimant l'angle de divergence. Il est facile de voir que si cette fraction est $\frac{2}{5}$ ou $\frac{5}{13}$, ou $\frac{13}{34}$, et ainsi de suite de 2 en 2, la spirale primitive ou génératrice marchera dans le sens des spirales secondaires les plus nombreuses; si, au contraire, la fraction est $\frac{3}{8}$ ou $\frac{8}{21}$, ou $\frac{21}{55}$, et ainsi de suite de 2 en 2, la spirale génératrice marchera dans le sens des spirales secondaires les moins nombreuses.

Prenons pour exemple la fraction $\frac{3}{8}$ (fig. 459$^a$), et étudions les rapports de la spirale génératrice avec les spirales secondaires. On peut facilement démontrer que, quelle que soit la direction de la spirale génératrice, ce sont les spirales secondaires les moins nombreuses qui marchent dans le même sens qu'elle, et que, si l'on connaît leur direction, on connaîtra celle de la spirale génératrice. Supposons cette spirale génératrice marchant de droite à gauche, comme dans la figure 459$^a$, on verra que, partant du rayon qui aboutit au commencement de la spire, y plaçant le n° 1 et numérotant successivement les feuilles de $\frac{3}{8}$ en $\frac{3}{8}$, le rayon le plus voisin, *à gauche*, du rayon point de départ sera occupé par une feuille avant le rayon le plus voisin *à droite*. Quelle est, en effet, la feuille qui doit se trouver la première sur le rayon le plus voisin à gauche? C'est évidemment la feuille n° 4; car elle arrivera après un parcours de 3 fois $\frac{3}{8}$, soit $\frac{9}{8}$, c'est-à-dire après une circonférence entière, plus $\frac{1}{8}$ de circonférence, et par conséquent sur le rayon le plus voisin, *à gauche*, du rayon qui a servi de point de départ. Quelle est maintenant la feuille qui doit se trouver sur le rayon le plus voisin *à droite?* C'est évidemment la feuille n° 6, car elle arrivera après 5 fois $\frac{3}{8}$, soit $\frac{15}{8}$, c'est-à-dire après une circonférence moins $\frac{1}{8}$ de circonférence, et par conséquent sur le rayon le plus voisin à droite. Or nous savons que le nombre des spirales secondaires est égal à la différence des numéros de deux feuilles consécutives sur l'une quelconque de ces mêmes spirales : donc, si nous supposons la fraction $\frac{3}{8}$, le nombre des spirales secondaires de droite à gauche, c'est-à-dire des spirales secondaires marchant dans le même sens que la spirale génératrice, sera moins considérable que le nombre des spirales secondaires qui marchent en sens opposé.

On pourra constater le même résultat sur les fractions qui succèdent, de 2 en 2, à $\frac{3}{8}$.

Au contraire (fig. 459$^e$), avec les fractions $\frac{2}{5}$, $\frac{5}{13}$, $\frac{13}{34}$, et ainsi de suite de 2 en 2, on verra que le rayon le plus voisin, *à droite,* est occupé par une feuille avant le rayon le plus voisin *à gauche;* que par conséquent le numéro de la feuille qui se trouve la première sur le rayon à droite est indiqué par un nombre plus petit que le numéro de la feuille qui se trouve la première sur le rayon à gauche. Donc le nombre des spirales secondaires qu'on pourra tracer de gauche à droite est moindre que le nombre des spirales secondaires qu'on pourra tracer de droite à gauche; ce qui revient à dire que les spirales secondaires les plus nombreuses marchent dans le

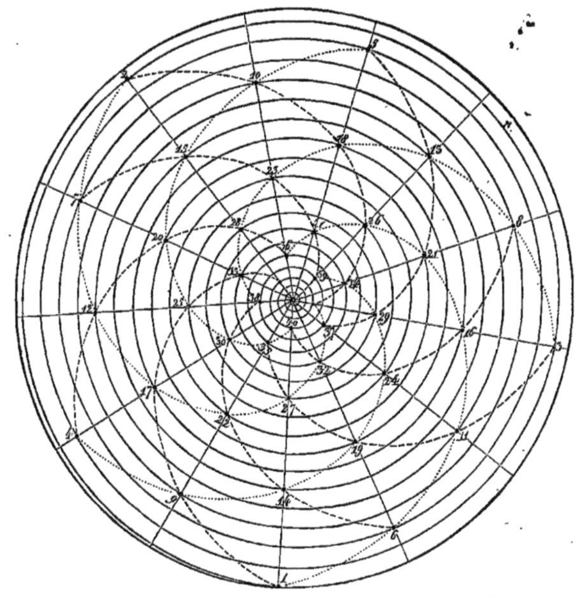

459e. Spirale primitive dirigée de droite à gauche, et portant 5 cycles, chacun de 13 feuilles, indiquées par des points numérotés, et insérées sur 5 tours de spire. Les spirales secondaires, formées à droite par la série des numéros de 5 en 5, sont indiquées par des lignes finement ponctuées; les spirales secondaires, formées à gauche par la série des numéros de 8 en 8, sont indiquées par des lignes à points allongés.

même sens que la spirale génératrice, et que, connaissant la direction des unes, on connaît la direction de l'autre.

Au reste, la direction de la spirale génératrice varie non-seulement dans les individus d'une même Espèce, mais encore sur le même individu, comme on peut le voir sur le *Pin maritime*, par exemple, si l'on étudie plusieurs cônes recueillis sur un même pied : dans les uns, en effet, les spirales secondaires les plus nombreuses marchent de droite à gauche; dans les autres, de gauche à droite; mais dans tous les cas la direction de la spirale génératrice est conforme à la loi précédemment expliquée.

L'angle de divergence lui-même n'est constant que dans les 3 premières fractions ci-dessus mentionnées, $\frac{1}{2}$, $\frac{1}{3}$, $\frac{2}{5}$, et quand ces cycles sont plus nombreux, ils se substituent fréquemment l'un à l'autre; ce qu'on explique sans peine en considérant que la différence entre eux est minime, et que les angles exprimés par les fractions $\frac{5}{13}$, $\frac{8}{21}$, $\frac{13}{34}$, $\frac{21}{55}$, $\frac{34}{89}$, $\frac{55}{144}$, etc., évalués en degrés et en minutes, ne diffèrent entre eux que d'un petit nombre de minutes : de sorte que les angles de divergence oscillent entre 137° et 138°. Or, pour opérer cette variation sur un rameau peu volumineux, il suffit d'une légère torsion de la tige. Cette torsion peut même s'observer sur les rosettes de feuilles, les involucres de bractées, les cônes d'arbres verts, et jeter de l'ambiguïté sur la valeur de l'angle de divergence. C'est ainsi que dans les *Pins* (fig. 459$^d$), la série rectiligne indiquant la succession des cycles peut dévier plus ou moins à droite ou à gauche, de sorte que les spirales secondaires, qui dans le bas du cône étaient les plus apparentes, le deviennent moins en montant vers le sommet, et que l'on est exposé à hésiter entre les fractions $\frac{3}{8}$, $\frac{5}{13}$, $\frac{8}{21}$.

Il arrive aussi que, par changement de forme dans cette tige, un cycle se substitue à un autre : c'est ce qu'on observe sur certains *Cactus,* dont la tige présente des angles saillants ou côtes, chargés de feuilles réduites à des touffes d'aiguillons, lesquelles côtes se dédoublent en montant, et offrent des cycles d'un chiffre plus élevé.

Enfin, nous devons signaler un fait exceptionnel qui pourrait jeter de la confusion dans l'étude de la phyllotaxie : c'est que les fractions ci-dessus mentionnées ne sont pas exclusivement les seules que l'on puisse observer. On en rencontre, mais très-rarement, qui en sont tout à fait différentes, comme $\frac{1}{4}$, $\frac{1}{5}$, $\frac{2}{9}$, $\frac{3}{14}$, etc., mais qui conservent entre elles les mêmes rapports que celles de la série précédente, c'est-à-dire que chaque fraction peut s'obtenir par l'addition des 2 numérateurs et des 2 dénominateurs des 2 fractions précédentes.

Nous avons vu dans les feuilles *verticillées* une suite de groupes circulaires superposés; mais là, comme dans les feuilles alternes, on peut encore reconnaître la disposition spirale; car si, observant un rameau de *Laurier-rose*, par exemple, où les feuilles sont verticillées par 3, on considère le rapport existant entre une feuille d'un verticille inférieur, et la feuille du verticille suivant, qui lui est immédiatement supérieur, soit à droite, soit à gauche; puis le rapport entre cette 2$^e$ feuille et une autre du 3$^e$ verticille, placée immédiatement au-dessus d'elle, comme celle-ci l'était au-dessus de la 1$^{re}$, on verra qu'une ligne passant successivement par les points d'insertion de ces 3 feuilles serait une spirale régulière; et si l'on établit les mêmes rapports entre les autres feuilles du 1er verticille et celles des verticilles suivants, on reconnaîtra que l'ensemble des verticilles représente autant de spirales parallèles qu'il y a de feuilles dans chacun d'eux.

## PRÉFLORAISON.

La *préfloraison* ou *estivation* (*præfloratio, æstivatio*) est l'agencement qu'observent les diverses parties de la fleur avant leur épanouissement. — C'est surtout dans le calyce et la corolle qu'il faut l'étudier.

Tantôt les feuilles constituant chaque anneau floral sont insérées exactement à la même hauteur, et forment un *verticille vrai;* tantôt elles sont insérées à des hauteurs un peu inégales : alors le verticille n'est qu'apparent, et doit être considéré comme une *spirale surbaissée,* dont la feuille la plus inférieure est nécessairement la plus externe.

Le *verticille vrai* présente deux modes de préfloraison, la préfloraison *valvaire* et la préfloraison *tordue.*

1° La préfloraison est *valvaire* (*æstivatio valvaris*), lorsque les parties se touchent dans toute leur longueur par leurs bords contigus, comme les deux battants d'une porte (fig. 460a); le verticille à préfloraison valvaire est presque toujours régulier. — La préfloraison valvaire est dite *induplicative* (*æ. induplicativa*), lorsque les parties contiguës s'appliquent l'une contre l'autre par une portion de leur face externe (fig. 460b); — *réduplicative* (*æ. reduplicativa*), lorsque les parties contiguës s'appliquent l'une contre l'autre par une portion de leur face interne (fig. 461). — 2° La préfloraison est *tordue* (*æ. contorta*) lorsque les feuilles d'un verticille, au lieu de se juxtaposer bords à bords, se superposent en cercle, de manière que chacune recouvre partiellement l'une des deux feuilles entre lesquelles elle est placée, et est recouverte également par l'autre, comme si chaque feuille se tordait sur son axe (fig. 462); le verticille à préfloraison *tordue* est toujours régulier.

460a. Préfloraison valvaire.

460 b. Préfloraison valvaire induplicative.

461. Préfloraison valvaire réduplicative.

462. Préfloraison tordue ou contournée.

463. Préfloraison imbriquée.

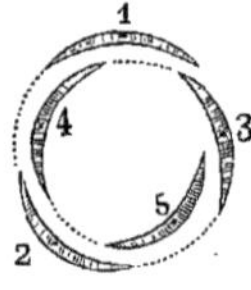

464. Préfloraison quinconciale.

La *spirale surbaissée* présente deux modes de préfloraison, la préfloraison *imbriquée proprement dite* et la préfloraison *quinconciale.* Ces deux modes sont généralement désignés par les auteurs sous le nom de *préfloraison imbriquée* (*æ. imbricativa*).

1° La préfloraison *imbriquée proprement dite* (fig. 463) est celle où les pièces de l'anneau floral, ordinairement au nombre de cinq, se recouvrent successivement, depuis la première, qui est tout à fait extérieure, jusqu'à la dernière, tout à fait intérieure et placée contre la première : dans ce mode, les feuilles ont décrit un seul tour de spire.

2° La préfloraison est *quinconciale* (*æ. quincuncialis*), lorsque les cinq pièces de l'anneau sont disposées de manière qu'il y en a deux extérieures, deux intérieures, et une intermédiaire, qui d'un côté est recouverte par l'une des extérieures, et de l'autre recouvre l'une des intérieures (fig. 464). Cette disposition doit rappeler au lecteur celle des feuilles ordinaires qui a pour expression $\frac{2}{5}$.

Pour s'expliquer cette préfloraison, qui n'est autre chose qu'une spirale surbaissée à deux tours, il faut considérer l'axe de la fleur comme un cône, et tracer par la pensée sur ce cône, en allant de la base au sommet, une ligne spirale qui en fasse deux fois le tour, puis placer sur cette ligne cinq points à égale distance les uns des autres; de telle sorte que, si l'on suppose un sixième point placé au sommet du cône, il se trouvera immédiatement au-dessus du premier : il est clair que l'intervalle compris entre chacun équivaudra aux deux cinquièmes de la circonférence du cône, et que les cinq intervalles compris entre les six points constitueront dix cinquièmes, c'est-à-dire deux unités de circonférence : ce qui égale les deux tours de spire tracés sur l'axe conique de la fleur. Maintenant, aux cinq points sans étendue que nous avons marqués sur la spire, substituons cinq feuilles (sépales ou pétales) qui soient assez larges pour se déborder mutuellement, puis déprimons notre cône de manière à en faire une surface plane : nous aurons deux feuilles extérieures (1, 2), une troisième, tout à la fois demi-extérieure et demi-intérieure (3), et deux autres tout à fait intérieures (4, 5). Ces deux dernières étaient les plus voisines du sommet de l'axe conique et sont, par conséquent, les plus centrales.

Le calyce de la *Rose* (fig. 465) confirme cette explication : les sépales les plus extérieurs, étant plus rapprochés de la tige, et, par conséquent, plus vigoureux en végétation, sont garnis latéralement de petites lames foliacées, et se terminent souvent par une véritable foliole, qui montre dans le sépale une feuille pennée à folioles impaires, comme les feuilles ordinaires du *Rosier*. A mesure que les sépales s'élèvent sur le *quinconce*, la végétation s'affaiblit, le troisième n'est plus garni que sur un côté de petites expansions foliacées, et les deux supérieurs ou internes sont terminés par un simple filet.

465. Rose en bouton.

La préfloraison *quinconciale* est, dans quelques cas, troublée par l'inégal développement des feuilles d'un même anneau floral. C'est surtout la corolle qui est exposée à ces chances de perturbation, à cause de l'accroissement tardif et rapide des pétales. — Ainsi, dans la corolle *papilionacée* (fig. 466), l'*étendard*, qui représente le n° 4 du quinconce, et qui devrait être interne, est tout à fait extérieur, parce que, s'étant développé plus que les autres pétales, il recouvre les deux *ailes* représentant les n$^{os}$ 1 et 2; cette préfloraison est dite *vexillaire* (*æ. vexillaris*). — Dans les *Cercis*, l'étendard occupe la position normale, et le quinconce est rétabli (fig. 467). — Dans le *Muflier* (fig. 468) et autres plantes à corolle *personée,* le pétale n° 2 est interne au lieu d'être externe, soit parce qu'il s'est développé avant les autres, soit parce que ceux-ci ont pris plus d'accroissement que lui : cette préfloraison est dite *cochléaire* (*æ. cochlearis*). — Le calyce présente la même disposition.

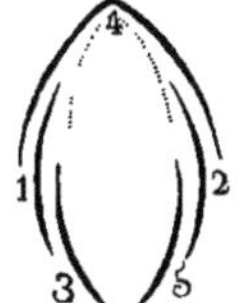

466. Préfloraison vexillaire.

467. Cercis. Fleur à étendard situé en dedans des ailes.

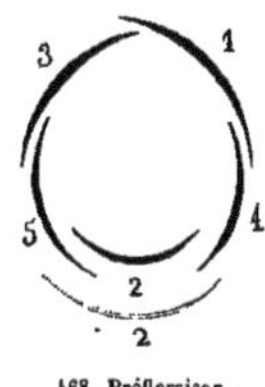

468. Préfloraison cochléaire.

Parmi les variétés de la préfloraison imbriquée, nous devons mentionner celle qu'on a nommée *convolutive* (*æ. convolutiva*); elle a lieu lorsque les sépales ou les pétales se recouvrent et s'enveloppent complétement : on l'observe dans le calyce des *Magnolia,* la corolle des *Pavots* (fig. 470).

La préfloraison est dite *alternative* (*æ. alternativa*) quand les feuilles du calyce ou de la corolle forment deux verticilles, dont l'extérieur emboîte l'intérieur en alternant avec lui. — C'est ce qu'on voit dans le calyce de la *Giroflée,* dans la corolle de la *Fumeterre* (fig. 472).

## SYMÉTRIE DE LA FLEUR.

Le terme de *symétrie* a été diversement interprété par les auteurs : selon De Candolle, la symétrie est la *régularité* non géométrique des corps organisés, c'est-à-dire des Végétaux et des Animaux; d'autres Botanistes établissent entre la *symétrie* et la *régularité* des distinctions, souvent fort confuses, que nous n'admettrons pas; nous regarderons donc *symétrie* et *régularité* comme étant synonymes, et signifiant un rapport de similitude entre les feuilles qui constituent les verticilles de la fleur; ce rapport comprenant : 1° la *forme,* 2° le *nombre,* 3° l'*indépendance,* 4° la *position relative* des parties, nous reconnaîtrons dans la fleur des Végétaux phanérogames quatre sortes de symétries : la *symétrie de forme,* la *symétrie de nombre*, la *symétrie de disjonction* et la *symétrie de position.*

La *symétrie de forme* est la régularité prise dans son sens le plus ordinaire : elle a lieu lorsque les pièces d'un même verticille sont toutes semblables entre elles, ou bien lorsque, étant dissemblables, les unes alternent avec les autres, de manière à offrir un ensemble symétrique autour d'un centre commun : on pourrait donner à cette régularité le nom de *symétrie rayonnante.* Le calyce et la corolle de l'*Ancolie* (fig. 30), de la *Giro-*

*flée* (fig. 7), des *Renoncules* en offrent un exemple. — Lorsque le verticille ne présente pas cet aspect symétrique, il est dit *irrégulier;* mais alors il offre deux moitiés collatérales semblables, ce qui constitue une symétrie analogue à celle des Animaux, et qu'on pourrait appeler *symétrie longitudinale*, pour la distinguer de la *symétrie rayonnante* qui appartient aux fleurs régulières, de même qu'aux Animaux inférieurs nommés *Rayonnés* ou *Zoophytes.* La corolle de la *Pensée* (fig. 170), du *Cytise* (fig. 253 et 254), de la *Capucine* (fig. 210), offre un exemple d'*irrégularité*, c'est-à-dire de symétrie longitudinale.

Le verticille est encore dit *régulier,* lors même qu'il n'est qu'*apparent*, et qu'il forme une spirale surbaissée; mais si l'axe floral s'allonge notablement, la symétrie rayonnante disparaît, et l'on se contente, pour décrire l'organe, d'énoncer la forme plus ou moins allongée de la spirale : ainsi l'ensemble des carpelles est *hémisphérique* dans le *Fraisier* (fig. 401), *conique* dans la *Framboise* (fig. 402), en *épi* dans l'*Adonide* (fig. 404).

La *symétrie de nombre* est complète, quand tous les verticilles ont le même nombre de pièces.

Dans les *Crassula,* le *calyce,* la *corolle,* l'*androcée,* le *pistil* offrent un exemple de la symétrie de nombre : il y a cinq sépales, cinq pétales, cinq étamines et cinq carpelles.

La *symétrie de disjonction* a lieu quand les pièces de chaque verticille ne contractent aucune *cohérence*, et que chaque verticille est libre de toute *adhérence :* l'*Ancolie*, les *Hellébores*, en offrent un exemple.

La *symétrie de position* a lieu lorsque chaque verticille *alterne* avec les pièces des verticilles qui le précèdent ou qui le suivent, et que rien ne déguise la superposition normale des verticilles, qui doit observer l'ordre suivant, de bas en haut: *calyce, corolle, androcée, pistil.* — Le *Crassula rubens* en offre un exemple.

Beaucoup de Botanistes modernes, considérant que la régularité de la fleur est le cas le plus général, ont cru reconnaître dans cette régularité un *type primitif* adopté par la Nature : ils regardent en conséquence la réunion des diverses symétries que nous venons d'indiquer comme l'état normal de la fleur dans les Végétaux phanérogames. La fleur normale est donc pour eux un ensemble de quatre verticilles composés d'un même nombre de feuilles, égales entre elles, libres de toute cohérence et de toute adhérence, alternant avec celles des deux verticilles voisins, et disposées de manière que le calyce forme le premier verticille, ou le plus externe, la corolle le second, l'androcée le troisième, et le pistil le quatrième, ou le plus intérieur. Ce type primitif, tantôt visible aux yeux, tantôt concevable par l'esprit, peut être modifié d'une manière constante et plus ou moins complétement, par diverses causes, séparées ou combinées : parmi ces causes, les principales sont : l'*inégalité de développement,* les *soudures* ou *symphyses,* les *multiplications,* les *dédoublements,* les *suppressions* et les *avortements.* Cette théorie, tout hypothétique qu'elle puisse être, a contribué au progrès de l'organographie, en perfectionnant l'analyse comparative des organes floraux.

Pour se rendre compte du degré de symétrie que présente une fleur, il faut l'observer à l'état de bouton, et en tracer une coupe horizontale, comme si tous les verticilles étaient privés de hauteur, et abaissés sur un même plan; on saisit ainsi d'un coup d'œil tous les rapports des diverses parties de la fleur : cette coupe théorique est nommée *diagramme* (fig. 469).

469. Diagramme d'une fleur idéale, complétement symétrique.

L'*inégalité de développement* altère nécessairement la symétrie de forme; elle s'observe dans la corolle de la *Pensée* (fig. 170), du *Cytise* (fig. 253 et 254), de la *Capucine* (fig. 210), etc.; cette inégalité est souvent causée par des soudures : c'est ce qu'on voit dans le calyce monosépale bilabié du *Lamier* (fig. 208), dans la corolle bilabiée du *Muflier* (fig. 285), de la *Linaire* (fig. 286), du *Lamier* (fig. 278 et 279), dans l'androcée monadelphe de la *Mauve* (fig. 310), diadelphe du *Lotier* (fig. 312), didyname du *Muflier* (fig. 305), tétradyname de la *Giroflée* (fig. 306); dans l'ovaire du *Muflier,* le pistil de l'*Orchis*, etc. Ces irrégularités coïncident ordinairement avec la présence de glandes nectarifères : on en trouve des exemples dans la *Pensée,* la *Giroflée*, le *Centranthe*, le *Chèvrefeuille,* le *Muflier*, la *Linaire,* etc. — Dans les *Linaires* (fig. 286), le calyce est monosépale à cinq divisions inégales, la corolle est monopétale à deux lèvres inégales, dont la supérieure représente deux pétales, l'inférieure en représente trois, dont le médian se prolonge inférieurement en un cornet subulé; les étamines sont au nombre de quatre, dont deux plus longues sont situées entre le pétale médian et les deux pétales latéraux de la lèvre inférieure; les deux autres, plus courtes, répondent aux fissures qui séparent les deux lèvres; à la base de la lèvre supérieure, on remarque un petit filet représentant la cinquième étamine. Dans certaines circonstances, les *Linaires* se développent avec tous leurs pétales semblables au pétale médian de la lèvre inférieure : le verticille présente alors une figure parfaitement régulière : c'est une corolle à cinq lobes et à cinq éperons ou cornets égaux entre eux (fig. 469 *bis*). En même temps, le filet placé à la base de la lèvre supérieure se développe en étamine organisée comme les autres, et celles-ci, inégales dans leur état habituel, présentent des dimensions absolument semblables, de manière que la fleur est pourvue de cinq étamines symétriques. On a donné à ce genre de métamorphose, le nom de *pélorie*, qui signifie *monstruosité;* mais les Botanistes dont nous exposons la théorie, loin de regarder ces changements comme un écart de la Nature, les considèrent comme un retour à l'état normal.

469 *bis*. Linaire. Fleur pélorée.

Les *Violettes* reprennent aussi quelquefois la régularité : tantôt il y a deux pétales en cornet, opposés l'un à l'autre, tantôt il y en a trois, tantôt enfin les cinq pétales se prolongent comme le pétale inférieur de la fleur ordinaire, et la symétrie de forme se rétablit dans les trois premiers verticilles.

Les *soudures* ou *symphyses*, qu'elles soient congénitales ou qu'elles résultent du développement des organes, détruisent la symétrie de disjonction en produisant, soit la cohérence des feuilles d'un même verticille, soit l'adhérence d'un verticille avec un autre; la cohérence s'observe dans les calyces monosépales, les corolles monopétales, les étamines monadelphes, diadelphes, polyadelphes, les ovaires composés; l'adhérence s'observe dans les fleurs à ovaire soudé avec le tube du réceptacle (*Myrte*, fig. 380; *Saxifrage*, fig. 381); dans les fleurs à corolle monopétale staminifère (*Belladone*, fig. 294), dans les fleurs à corolle insérée, avec l'androcée, sur le calyce (*Pêcher*, fig. 368); dans les fleurs à androcée faisant corps avec le pistil (*Orchis*, fig. 188; *Aristoloche*, fig. 318).

Les symphyses masquent encore la symétrie de nombre, en faisant paraître simple un organe composé, tel que le calyce monosépale, la corolle monopétale, l'ovaire composé, etc.; elles détruisent aussi la symétrie de position, soit par l'enchâssement des carpelles dans le tube réceptaculaire (*Cognassier*, fig. 215), soit en faisant paraître l'androcée supérieur au pistil, comme on l'observe dans l'*Orchis* (fig. 188)et dans l'*Aristoloche* (fig. 318).

Les *multiplications* ne sont autre chose que la répétition d'un même verticille : le *Berbéris* a trois verticilles de trois sépales, deux verticilles de trois pétales, deux verticilles de trois étamines. — Le *Pavot* (fig. 470) a deux verticilles de deux pétales, et une multitude de verticilles, composés chacun de deux étamines. — L'*Ancolie* (fig. 471) a dix verticilles de cinq étamines et deux verticilles de cinq écailles stériles. — La *Fumeterre* (fig. 472) présente deux verticilles de deux pétales, et deux verticilles de deux étamines, dont l'extérieur se compose de deux étamines biloculaires, et l'intérieur de quatre étamines uniloculaires équivalant à deux étamines complètes. — La *Salicaire* a deux verticilles de six sépales, cohérents et adhérents. — Le *Datura fastuosa* a deux ou trois corolles monopétales emboîtées l'une dans l'autre.

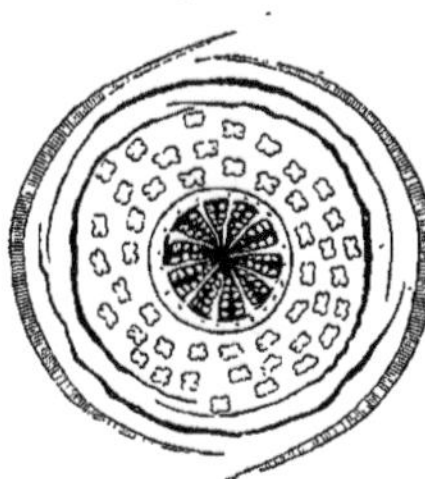
470. Pavot. Diagramme.

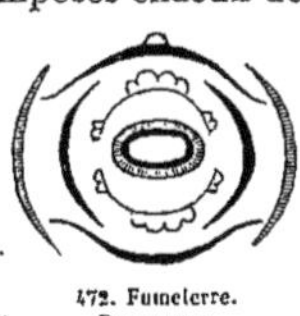
472. Fumeterre. Diagramme.

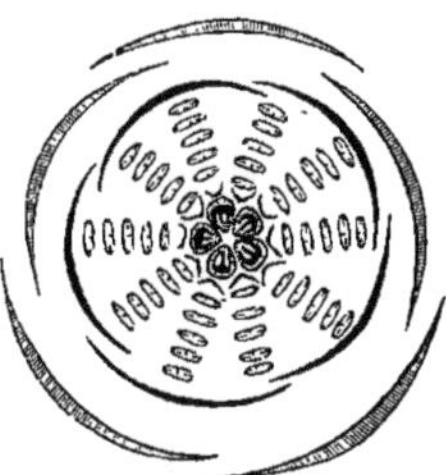
471. Ancolie. Diagramme.

Le *dédoublement* ou *chorise* a lieu lorsqu'à la place où existe ordinairement un seul organe, on en voit deux ou plusieurs. Le *dédoublement* altère non-seulement la symétrie de nombre, mais encore la symétrie de position; et, en cela, il diffère de la *multiplication*, où les verticilles, quoique dépassant le nombre normal, conservent leur alternance.

Le dédoublement est dit *parallèle*, lorsque l'organe se dédouble de dehors en dedans, et que la pièce surnuméraire est opposée à celle dont elle émane; il est dit *collatéral*, lorsque l'organe se dédouble sur ses côtés, et que les pièces dédoublées occupent toutes le même plan sur le réceptacle; le dédoublement *parallèle* peut doubler ou tripler le verticille, le dédoublement *collatéral* augmente le nombre des parties du verticille sans que ce verticille cesse d'être unique.

Dans le dédoublement parallèle, les parties surnuméraires sont ordinairement altérées, et ressemblent même plutôt à celles du verticille normal qui leur succède qu'à celles du verticille qui les a produites. Dans les *Lychnis* (fig. 239 et 240) et autres *Caryophyllées*, les pétales émettent une lame pétaloïde frangée, qui se soude avec l'onglet, et ne devient libre qu'à la limite séparant l'onglet du limbe; dans les *Sédums* (fig. 476), les cinq pétales produisent un verticille de cinq étamines plus courtes que les cinq qui alternent avec la corolle; de plus, l'androcée normal est tellement rapproché de l'androcée surnuméraire, que tous deux se soudent par le bas. Dans les *Géraniums* (fig. 473), les cinq pétales produisent par dédoublement cinq étamines plus courtes et plus extérieures que les autres; mais les cinq grandes portent à leur base externe cinq nectaires, qui rétablissent l'alternance troublée par les cinq étamines surnuméraires (fig. 474); dans les *Érodiums* (fig. 475), même disposition, si ce n'est que les étamines surnuméraires sont privés d'anthère; dans les *Sédums* (fig. 476), les étamines opposées aux pétales sont un dédoublement de ceux-ci; dans les *Lins* (fig. 477), les étamines surnuméraires ne forment pas de filets distincts, et sont réduites à des dents membraneuses; dans les *Résédas* (fig. 478), les pétales à sommet frangé portent en dedans une lamelle concave, qui est un dédoublement du pétale. Les pétales des *Renoncules* (fig. 237) portent à leur base interne une petite écaille, parallèle à l'onglet du pétale et formant avec lui une cavité nectarifère; les pétales bilabiés des *Hellébores* (V. Famille des *Renonculacées*) sont formés de deux lames presque égales, qu'on peut regarder comme deux pétales dédoublés parallèlement.

473. Géranium. Fleur (g.), sans son calyce et sans sa corolle.

474. Géranium. Diagramme.

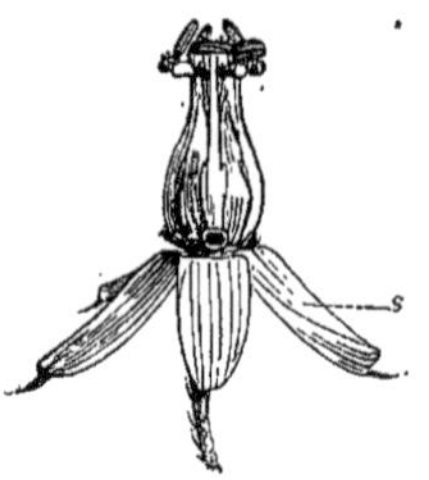

475. Érodium. Fleur (g.), sans sa corolle.

477 Lin. Androcée et pistil. (g.)

476. Sédum. Fleur.

478. Réséda. Corolle. (g.)

Il ne faut pas confondre avec les lames pétaloïdes des Plantes précédemment citées les saillies diverses qui s'observent sur la corolle de la *Consoude* (fig. 269) et autres *Borraginées*, ni l'espèce de langue velue qui forme un renflement sur la lèvre inférieure du *Muflier* et de la *Linaire* (fig. 285 et 286) : ces saillies ne proviennent pas d'un dédoublement; elles résultent d'une déviation de la substance du pétale.

Les dédoublements ne s'observent guère que dans la corolle et dans l'androcée, le pistil en offre rarement des exemples : dans le *Sédum* (fig. 455), on voit à la base externe de chaque carpelle une petite écaille verte, glanduleuse, parallèle au carpelle, et qu'on pourrait regarder comme un dédoublement de celui-ci.

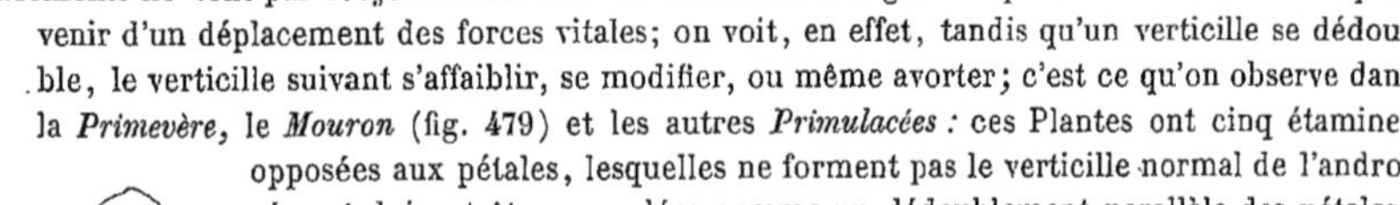

Les dédoublements ne sont pas toujours l'indice d'un surcroît d'énergie : ils peuvent tout aussi bien provenir d'un déplacement des forces vitales; on voit, en effet, tandis qu'un verticille se dédouble, le verticille suivant s'affaiblir, se modifier, ou même avorter; c'est ce qu'on observe dans la *Primevère*, le *Mouron* (fig. 479) et les autres *Primulacées :* ces Plantes ont cinq étamines opposées aux pétales, lesquelles ne forment pas le verticille normal de l'androcée, et doivent être regardées comme un dédoublement parallèle des pétales; mais leur présence est indispensable pour suppléer à l'absence de l'androcée normal; quelquefois ce verticille paraît, mais non sous forme d'étamines; c'est ce qu'on voit dans les *Samolus* (fig. 480), dont la corolle porte des écailles, alternes avec les pétales, et représentant l'androcée. — Dans la *Vigne* (fig. 481), les cinq étamines normales sont remplacées par cinq nectaires; mais la fécondation est garantie par cinq étamines opposées aux pétales.

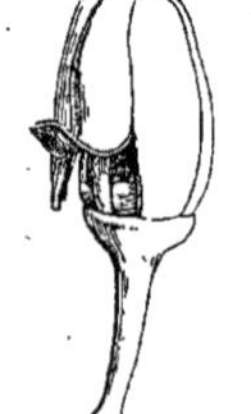

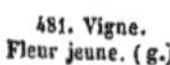

481. Vigne. Fleur jeune. (g.)

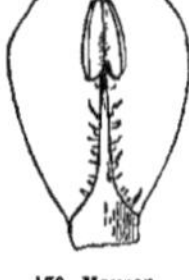

479. Mouron. Étamine et pétale. (g.)

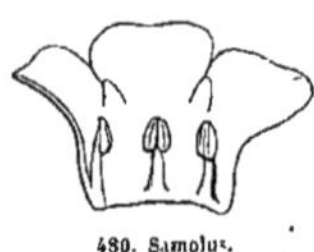

480. Samolus. Portion de la corolle et de l'androcée. (g.)

Le dédoublement *collatéral* est moins fréquent que le précédent : dans la *Roquette* (fig. 482) et les autres *Crucifères*, les quatre étamines dressées par paires le long du pistil en représentent deux seulement, qui se sont dédoublées; souvent même les étamines de chaque paire sont soudées jusqu'à la moitié de leurs filets, et même jusqu'aux anthères. — Dans les *Orangers* (fig. 483), l'androcée forme un seul verticille d'une trentaine d'étamines, soudées par leurs filets en phalanges de quatre, cinq, six étamines; dans les *Millepertuis* (fig. 484), les étamines sont groupées de manière à former trois ou cinq faisceaux, dont chacun est considéré comme une étamine dédoublée; il en est de même dans les *Ricins* (fig. 315), dont les étamines forment des pinceaux très-rameux. — Les étamines du *Laurier* (fig. 485) portent, de chaque côté de la partie inférieure de leur filet, un corps glanduleux porté sur un filet court, intimement soudé avec celui de l'étamine; ces deux corps latéraux se développent quelquefois en étamines véritables, ce qui prouve que, dans le cas ordinaire, l'étamine du *Laurier* représente, avec les deux glandes, une étamine dédoublée en trois, dont les deux latérales restent à l'état rudimentaire.

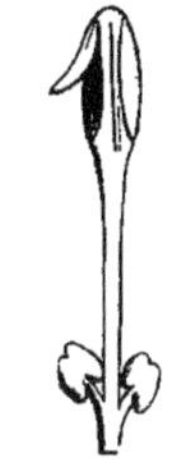
485. Laurier. étamine. (g.)

482. Requette. Androcée.

483. Oranger. Portion de l'androcée.

484. Millepertuis. Faisceau d'étamines.

Dans plusieurs Espèces d'*Ail* (fig. 320), les filets des étamines sont élargis et terminés par trois dents, dont la médiane seule porte une anthère; dans les *Pancratium*, Genre voisin, cet élargissement est plus considérable; les deux lobes latéraux de chaque filet se soudent avec les filets voisins, et forment par leur ensemble un tube frangé; dans les *Narcisses* (fig. 486), ce tube est plus remarquable encore, et on lui assigne la même origine.

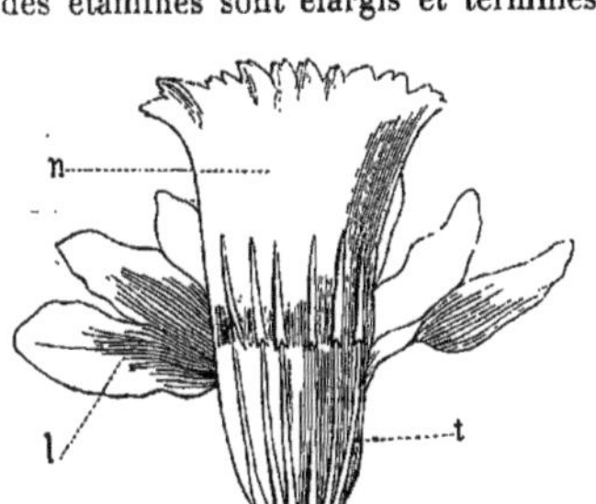

486. Narcisse faux-Narcisse. Périanthe étalé.

Beaucoup de Plantes offrent à fois des cas de multiplication et de dédoublement : la fleur du *Butome* ou *Jonc-fleuri* (fig. 487) présente trois sépales, trois pétales, six étamines opposées par paire aux sépales, trois autres étamines en dedans des six précédentes et opposées aux pétales, et six carpelles sur deux rangs : ici il y a multiplication de l'androcée et du pistil, et en outre dédoublement collatéral du premier verticille de l'androcée.

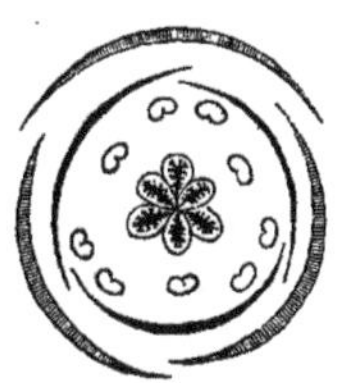
487. Butome. Diagramme.

Lorsque les étamines sont en nombre double ou triple de celui des pétales, et que, par leur extrême rapprochement, elles semblent former un cercle unique, il peut devenir difficile de décider si ce cercle est formé, ou par l'androcée *dédoublé* collatéralement, ou par l'androcée *multiplié*, ou par un dédoublement de la corolle s'ajoutant à l'androcée normal. — Cette difficulté augmente lorsque les étamines se soudent toutes ensemble. Si les étamines sont toutes exactement situées sur le même plan, il ne s'agit que d'un dédoublement collatéral (*Oranger*, fig. 483); si les étamines sont, les unes un peu en dedans ou en dehors des autres, ce qu'on peut ordinairement distinguer, malgré la soudure, alors il y a, ou *multiplication*, ou *dédoublement parallèle : multiplication*, quand les étamines les plus extérieures alternent avec les pétales (*Berbéris*, V. Famille des *Berbéridées*); *dédoublement parallèle*, quand les étamines les plus extérieures sont opposées aux pétales (*Géranium*, fig. 473).

Les *avortements* et les *suppressions* sont des défauts de développement qui contribuent, plus que toutes les autres causes ci-dessus exposées, à détruire la symétrie de la fleur. L'*avortement* est l'état d'un organe qui, après avoir commencé à se former, s'est arrêté dans son évolution, et reste réduit à une espèce de moignon, quelquefois glanduleux; la *suppression* indique l'absence d'un organe qui n'a même pas commencé à se développer. Les verticilles les plus extérieurs sont moins exposés aux avortements et aux suppressions que l'androcée et surtout que le pistil, qui n'occupe sur le réceptacle qu'un étroit espace.

La *suppression* ou l'*avortement* d'une ou plusieurs pièces d'un verticille altère la symétrie de nombre, celle de position et celle de forme. Nous en citerons quelques exemples :

Le *Berbéris*, dont le calyce, la corolle, l'androcée observent le nombre 3 ou ses multiples, a pour pistil un carpelle unique; l'*Œillet* (fig. 488), qui suit le nombre 5 ou 10, dans les autres verticilles, n'a pour pistil que deux carpelles; la *Pensée*, trois (fig. 489). L'*Orobe* (fig. 490) et les autres Plantes de la même Famille, observent le nombre 5 dans les deux premiers verticilles, 10 dans le troisième, et leur pistil est réduit à un carpelle unique; il en est de même du pistil des *Pruniers*, *Pêchers* (V. Famille des *Rosa-*

*cées*), etc. Le *Muflier* (fig. 491), dont le calyce et la corolle offrent le nombre 5, est réduit à quatre étamines par *avortement*, et à deux carpelles par *suppression*. La *Scrofulaire* offre la même disposition; seule-

488. Œillet. Diagramme.

489. Pensée. Diagramme.

490. Gesse. Diagramme.

492. Scrofulaire. Fleur. (g.)

491. Muflier. Diagramme.

ment la cinquième étamine est représentée, non par un filament rabougri comme dans le *Muflier*, mais par une lame pétaloïde (fig. 492). La *Pervenche* et les autres *Apocynées*, de même que beaucoup de Familles monopétales, ont cinq sépales, cinq pétales, cinq étamines, deux carpelles; le *Polygala* (fig. 493) a cinq sépales, trois pétales et quelquefois cinq, qui alternent avec le calyce, huit demi-anthères équivalant à quatre étamines complètes, et deux carpelles. Les *Ombellifères* (fig. 494) ont cinq sépales, cinq pétales, cinq étamines et deux carpelles. Le *Bleuet*, le *Pissenlit*, la *Chrysanthème* et les autres *Composées* ont pour leur corolle et leur androcée le nombre 5; leur pistil est réduit à un carpelle unique; le calyce, dans la plupart, dégénère en aigrette de poils ou de soies; dans quelques-unes (*Asteriscus*, *Hymenoxys*) il offre cinq écailles. Chez la plupart des *Cucurbitacées* (*Melon*, *Courge*, *Concombre*) le nombre 5 se trouve dans le calyce et dans la corolle, et les étamines se réduisent à deux et demie.

493. Polygala. Diagramme.

494. Coriandre. Diagramme.

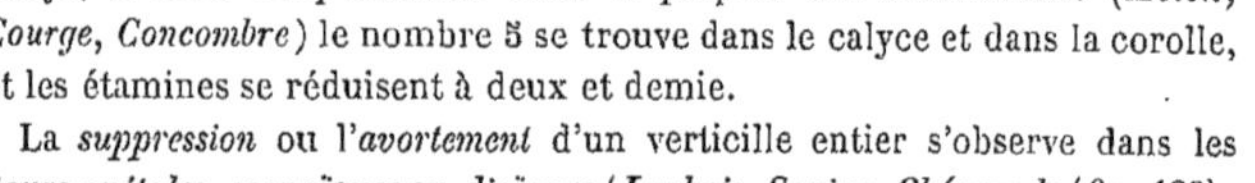

La *suppression* ou l'*avortement* d'un verticille entier s'observe dans les fleurs *apétales*, *monoïques* ou *dioïques* (*Lychnis*, *Sagine*, *Chénopode* (fig. 189); quelquefois plusieurs verticilles font défaut : la fleur des *Orties*, du *Mûrier* (fig. 495) se compose d'un calyce et d'un androcée, ou d'un calyce et d'un pistil. Quelquefois il y a simultanément *suppression* de plusieurs verticilles et *suppression* d'une ou plusieurs pièces du verticille restant : la fleur mâle des *Euphorbes* (fig. 333) se compose d'un seul verticille, lequel est lui-même réduit à une étamine; la fleur femelle (fig. 406) est réduite à un seul verticille composé de trois carpelles; les *Arums* (fig. 196, 197 et 198) ont chacune de leurs fleurs composée, soit d'une étamine, soit d'un carpelle.

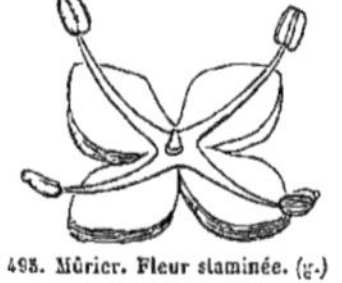
495. Mûrier. Fleur staminée. (g.)

Les graines sont, comme les verticilles de la fleur, exposées à des *suppressions* ou à des *avortements*; dans les *Géraniums* (fig. 474), les cinq carpelles sont biovulés dans le jeune âge, et, plus tard, ils contiennent chacun une seule graine; le *Chêne* (fig. 400) offre d'abord trois carpelles formant trois loges biovulées; bientôt les cloisons sont refoulées par un des ovules, qui, se développant plus rapidement que les cinq autres, les étouffe, et le fruit mûr est un ovaire uniloculaire ne contenant qu'une semence. Même avortement dans le *Marronnier d'Inde*. — Dans le *Bleuet* et les autres *Composées*, dans le *Froment* et les autres *Graminées*, etc., l'ovule est unique dès le principe, ou du moins on n'en peut découvrir plusieurs; c'est donc une *suppression* et non un *avortement*.

Les causes qui déguisent ou qui intervertissent la symétrie ne sont pas toujours isolées; elles se combinent ordinairement deux à deux, trois à trois, et même toutes peuvent se trouver réunies dans la même fleur. — Les *Dauphinelles* offrent un exemple d'*inégalité de développement* et de *symphyse* dans leur calyce et leur corolle, de *multiplication* dans leur androcée, de *suppression* dans leur pistil. — Les *Asclépias* (fig. 496) offrent un exemple de *symphyse* dans tous leurs verticilles, de *multiplication* dans leur corolle, de *dédoublement* dans le second verticille de la corolle, de *suppression* dans le pistil. — Les *Résédas* (V. Famille des *Résédacées*) offrent un exemple d'*inégalité de développement* dans leur calyce, leur corolle et leur androcée; de *symphyse* dans leur pistil, de *dédoublement parallèle* dans leur corolle, de *dédoublement collatéral* dans leur androcée, de *suppression* dans leur pistil.

496. Asclépias. Fleur. (g.)

# FRUIT.

Le fruit (*fructus*) est le pistil fécondé et mûr, c'est-à-dire renfermant des graines capables de germer et de reproduire la Plante. Le fruit est quelquefois accompagné d'organes accessoires, que l'on considère comme faisant partie intégrante du fruit, et sur lesquels nous reviendrons.

Le fruit est *apocarpé*, 1° quand les carpelles qui le composent sont libres entre eux (*Ancolie*, fig. 497); *Renoncule, Ronce, Rose* (fig. 524, 521, 525), et alors chaque carpelle est considéré comme un fruit; 2° quand le pistil se compose d'un carpelle unique (*Pois, Baguenaudier*, fig. 498;

497. Ancolie. Fruit.

498. Baguenaudier. Fruit.

499. Abricotier. Fleur ouverte.

500. Pensée. Pistil mûr.

*Abricotier*, fig. 499; *Froment*). — Il est dit *syncarpé*, quand les carpelles qui le composent sont soudés en un corps unique (*Lis*, fig. 389; *Iris, Campanule*, fig. 390; *Pavot*, fig. 388; *Pensée*, fig. 500).

Le nombre des graines est important à noter dans le fruit : selon le nombre des graines renfermées dans chaque carpelle libre, ou dans chaque loge du fruit syncarpé, ou dans un ovaire composé uniloculaire, ce carpelle, cette loge, cet ovaire composé sont dits uniséminés (*monosperma*) s'ils ne contiennent qu'une graine; pauciséminés (*oligosperma*) s'ils en contiennent quelques-unes; multiséminés (*polysperma*) s'ils en contiennent un grand nombre.

On a donné le nom de *péricarpe* (*pericarpium*) à l'ovaire mûr; nous avons déjà fait connaître les trois couches qui le composent, savoir (fig. 15 et 16) : la pellicule extérieure (E), nommée *épicarpe* (*epicarpium*), la pellicule intérieure (EN), nommée *endocarpe* (*endocarpium*), et la couche intermédiaire (MÉ), formée de fibres et de parenchyme, nommée *mésocarpe* (*mesocarpium*) ou *sarcocarpe* (*sarcocarpium*).

**CHANGEMENTS CAUSÉS PAR LA MATURATION.** — Le fruit, en mûrissant, subit des changements dont quelques-uns ont déjà été mentionnés : tantôt il est *sec*, et alors il est dit, selon sa consistance, *membraneux*, *subéreux*, *coriace*, *ligneux*, *osseux* : ce dernier cas s'observe dans la *noisette* (fig. 233) et le *gland* (fig. 232); tantôt il devient *charnu* par l'abondance des sucs qui affluent pour favoriser la maturation des graines : ces sucs sont désignés sous le nom de *pulpe;* dans la *Belladone* (fig. 567), c'est le mésocarpe qui devient succulent; dans l'*orange* (fig. 568), ce sont des cellules allongées, en forme de fuseau, fixées à l'endocarpe par l'une de leurs extrémités, et libres par l'autre; dans la *tomate*, c'est le placentaire; dans la *groseille* (fig. 501) et la *grenade*, c'est le *testa* même de la graine.

501. Groseillier. Fruit coupé verticalement.

Dans le fruit à mésocarpe succulent du *Prunier*, du *Cerisier*, du *Pêcher*, de l'*Abricotier*, du *Noyer*, etc., l'endocarpe s'épaissit aux dépens d'une portion du mésocarpe (fig. 16 et 520), acquiert une consistance osseuse, et forme ce qu'on nomme le *noyau* (*putamen*).

Les cloisons peuvent quelquefois disparaître dans le péricarpe : c'est ce qu'on voit dans le *Lychnis* (fig. 398) et autres *Caryophyllées*, où le rapide accroissement des parois les brise et les efface; dans le *Chêne* (fig. 400), où celui des ovules qui doit réussir étouffe les cinq autres, et refoule les trois cloisons; dans le *Frêne* (fig. 561), où l'une des deux loges renferme une graine, tandis que l'autre est réduite à une cavité presque imperceptible par refoulement de la cloison.

Quelquefois, dans l'ovaire, à mesure qu'il mûrit, se développent des cloisons transversales, qui ne sont que des prolongements horizontaux de l'endocarpe et du mésocarpe, lesquels peuvent quelquefois devenir ligneux, comme on le voit dans les *Casses* (fig. 502). Dans les *Cneorum* (fig. 503) et les *Tribules* (fig. 504), l'endocarpe et le mésocarpe se prolongent graduellement de la paroi vers le centre en cloisons obliques, qui à la maturité partagent le fruit en logettes superposées.

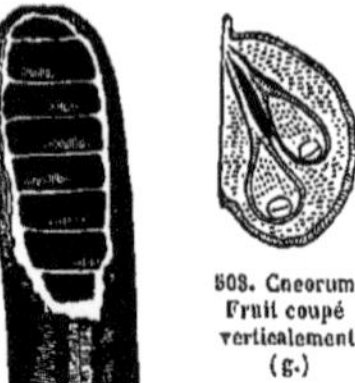

502. Casse. Portion de fruit ouverte.

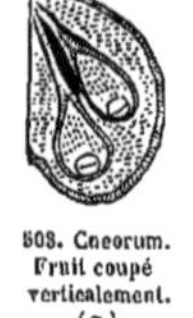

503. Cneorum. Fruit coupé verticalement. (g.)

504. Tribule. Fruit coupé verticalement. (g.)

505. Radis. Fleur coupée verticalement.

Les lames membraneuses qui séparent transversalement en logettes le fruit du *Radis* (fig. 505), de la *Ravenelle* et de quelques autres *Crucifères*, appartiennent à la cloison longitudinale, que l'accroissement des graines a fait dévier à droite et à gauche, en refoulant l'endocarpe : dans ce cas, le fruit s'ouvre par séparation transversale des logettes, dont chacune contient une graine.

**SUTURES.** — On a nommé *suture ventrale* (*sutura ventralis*) la ligne indiquant la jonction des deux bords soudés d'une feuille carpellaire : cette suture regarde l'axe de la fleur; ce qu'on nomme assez improprement la *suture dorsale* (*s. dorsalis*) n'est autre chose que la nervure médiane du carpelle : elle regarde, par conséquent, la périphérie de la fleur. Cette nervure peut être masquée par le parenchyme développé du carpelle, comme dans la *Pêche;* elle est indiquée ordinairement, soit par une côte saillante (*Ancolie*), soit par un sillon (*Astragale*). La suture ventrale peut aussi être indiquée, soit par une côte (*Pois*), soit par un sillon (*Pêche*). Dans l'ovaire pluriloculaire, les sutures ventrales, occupant le centre de la fleur, ne peuvent être vues à l'extérieur, et chaque loge est indiquée par une ligne ou côte dorsale : en outre, on voit ordinairement, sur la paroi de l'ovaire composé et entre les lignes dorsales, d'autres sutures, nommées *pariétales* (*suturæ parietales*) qui indiquent la jonction de deux cloisons ou de deux placentaires pariétaux (*Mauve*, fig. 225).

Dans les ovaires infères, ce ne sont pas des sutures qu'on observe sur la paroi du fruit, mais des nervures appartenant au tube du calyce suivant les uns, au tube réceptaculaire suivant les autres (*Groseillier*). Dans ce cas, souvent le limbe du calyce accompagne aussi le fruit, sous la forme de *dents* (*Fédia*, fig. 226), ou de *soies* (*Scabieuse*, fig. 229), ou d'*aigrette* (*Pissenlit*, fig. 222), ou de *couronne* (*Grenadier*, *Nèfle*).

**ORGANES ACCESSOIRES.** — Le style persiste quelquefois sur l'ovaire, et grandit avec le péricarpe pendant la maturation : il représente un bec aplati dans les *Radis*, dans les *Roquettes* (fig. 506); une queue plumeuse dans les *Pulsatilles* et les *Clématites* (fig. 524).

506. Roquette. Fruit.

507. Fraisier. Fruit.

Le réceptacle, par les adhérences qu'il contracte dans certains cas avec l'ovaire, appartient nécessairement au fruit; tel est le tube réceptaculaire qui enchâsse les carpelles dans les *pommes*, les *poires*, les *coings*, les *nèfles*, les *alises*, les *azeroles*, le fruit de l'*Aubépine*, etc.; tel est aussi le réceptacle du *Fraisier* (fig. 507), qui, d'abord peu charnu, se gorge bientôt de sucs, augmente de volume, déborde les ovaires, et les enchâsse dans son parenchyme, lequel prend peu à peu une couleur pourprée; ce n'est donc pas seulement le pistil, c'est surtout le réceptacle développé que l'on mange dans la *fraise*, et qui est regardé communément comme le fruit : les ovaires de la *fraise* sont insipides et craquent sous la dent, et ces petits fils noirâtres qui se déposent au fond du vin où l'on a plongé les *fraises*, sont les styles desséchés. Tel est encore, dans le *Figuier* (fig. 158), le réceptacle commun, charnu, dans lequel sont renfermées un grand nombre de petites fleurs, les inférieures pistillées ou femelles, et les supérieures staminées ou mâles.

**INDUVIES.** — On a nommé *induvies* (*induviæ*) les débris du calyce, ou de la corolle, ou même de l'androcée, qui persistent autour du fruit, mais sans adhérence; dans la *Campanule* (fig. 344), la corolle se flétrit et reste sur le calyce. Dans la *Belle-de-nuit*, la base du périanthe pétaloïde enveloppe l'ovaire et simule un des téguments de la graine. Dans l'*Alkekenge* (fig. 508), le calyce tout entier persiste, prend un développement énorme, et forme autour de l'ovaire une sorte de vessie gonflée et colorée. Dans le *Rosier* (fig. 509), le limbe du calyce se dessèche et se détruit, mais le tube réceptaculaire persiste et devient charnu. Dans le *Mûrier* (fig. 571), dont les fleurs pistillées forment un épi serré, les quatre sépales du calyce se gorgent de sucs à la maturité, et enveloppent l'ovaire placé au milieu d'eux : on peut donc les regarder comme appartenant au fruit.

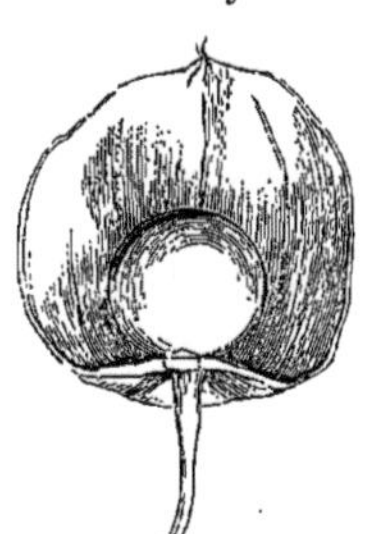

508. Alkékenge. Fruit visible par enlèvement de la moitié du calyce.

509. Rosier. Fruit.

Les involucres, dont nous avons parlé à l'article des bractées, persistent ordinairement autour des fruits et croissent avec eux : tels sont les involucres des *capitules*, les cupules du *Chêne* (fig. 332), du *Noisetier* (fig. 233), du *Châtaignier* (fig. 234).

**DÉHISCENCE.** — La *déhiscence* est l'acte par lequel le péricarpe mûr s'ouvre pour laisser échapper les graines. Les fruits qui s'ouvrent ainsi spontanément sont dits *déhiscents* (*fr. dehiscens, Tulipe, Iris*, fig. 531) : on nomme *indéhiscents* (*fr. indehiscens*), 1° les fruits charnus, qui ne s'ouvrent pas, mais qui, en se détruisant, laissent les graines libres (*Pomme*, fig. 448, 449; *Pêche*, fig. 519; *Melon, Citrouille*); 2° les fruits secs qui restent constamment clos, et enveloppent la graine, jusqu'à ce que la plantule ou embryon, en germant, les ait forcés de lui livrer passage (*Froment, Sarrasin, Avoine*, fig. 526; *Renoncule*, fig. 523).

On nomme *valves* (*valvæ, valvulæ*) les pièces ou panneaux du pistil qui s'écartent à la maturité pour laisser échapper les graines : le fruit est dit, selon le nombre des valves, *univalve, bivalve, trivalve, multivalve*, etc. (*univalvis, bivalvis, trivalvis, multivalvis*); quelquefois la déhiscence est incomplète, et les valves ne sont libres que jusqu'à la moitié ou au quart de leur longueur, ou seulement à leur sommet.

La déhiscence des fruits *apocarpés* s'opère, soit par la suture ventrale (*Ancolie*, fig. 497; *Dauphinelle d'Ajax*, fig. 512; *Caltha*, fig. 511), soit par la nervure dorsale (*Magnolia*), soit par toutes les deux à la fois (*Pois*, fig. 516, et autres *Légumineuses*) : dans ce dernier cas, il y a deux valves pour un carpelle.

La déhiscence du fruit *syncarpé pluriloculaire* est *septicide* (*dehiscentia septicida*), lorsque les cloisons se décollent en deux lames dans le sens de leur épaisseur, et que les carpelles soudés deviennent distincts (*Millepertuis*, fig. 527; *Colchique*, fig. 529; *Molène, Scrofulaire*, fig. 528); chaque valve représente alors un carpelle. Tantôt les placentaires accompagnent les valves, tantôt ils restent soudés au centre en forme de colonne (*Salicaire*, fig. 530). — Dans tous ces cas, les valves sont dites *infléchies par leurs bords* (*v. marginibus introflexæ*).

La déhiscence du fruit *syncarpé pluriloculaire* est *loculicide* (*dehiscentia loculicida*), lorsqu'elle s'opère par les sutures dorsales; elle provient de ce que les cloisons sont plus fortement unies que les fibres de la nervure médiane des carpelles; chaque valve représente alors deux moitiés de carpelle, provenant de deux carpelles différents; et les valves sont dites *septifères sur leur milieu* (*v. medio septiferæ*). — Tantôt les placentaires accompagnent les cloisons (*Lis, Iris*, fig. 531), tantôt les placentaires restent soudés en colonne centrale; tantôt, enfin, ils retiennent une partie ou même la totalité des cloisons, et la colonne centrale présente alors autant d'ailes ou de lames qu'il y avait de cloisons dans l'ovaire avant sa déhiscence (*Rhododendron, Datura*, fig. 532) : cette variété de la déhiscence *loculicide* est dite *septifrage*.

La déhiscence peut, dans un même fruit, être *septicide* et *loculicide* : dans la *Digitale*, qui a un fruit de deux carpelles, les cloisons se décollent d'abord, puis la nervure dorsale de chaque carpelle se divise; les quatre valves représentent chacune un demi-carpelle.

Dans les fruits *syncarpés* à placentaires pariétaux, la déhiscence s'opère le plus ordinairement, soit par les sutures pariétales : alors chaque valve représente une feuille entière, et est dite *placentifère sur ses bords* (*valv. marginibus placentiferæ*) (*Gentiane*, fig. 533), soit par les sutures dorsales : alors chaque valve représente deux moitiés de carpelle appartenant à deux carpelles différents, et on la dit *placentifère sur son milieu* (*v. medio placentiferæ*) (*Pensée*, fig. 534; *Saule*, fig. 535) : soit par décollement des valves, qui laissent en place les placentaires (*Giroflée*, fig. 547; *Chélidoine*, fig. 546).

Dans quelques fruits *syncarpés*, la déhiscence s'opère, non par des valves complètes, mais par des *valvules* ou des *dents*, diversement situées, qui, en s'écartant ou se soulevant, forment des ouvertures par lesquelles s'échappent les graines (*Primevère, Lychnis*, fig. 542; *Muflier*, fig. 545; *Campanule*, fig. 544; *Pavot*, fig. 543).

La déhiscence est *transversale* (*dehiscentia transversalis*), lorsque l'ovaire composé se coupe transversalement de manière à se partager en deux moitiés, comme une boîte à savonnette (*Mouron rouge*, fig. 537; *Jusquiame*, fig. 539; *Pourpier*, fig. 538; *Plantain*). — On peut rapporter à ce mode de déhiscence celle des fruits apocarpés qui se séparent en autant de pièces qu'ils contiennent de semences (*Coronille*, *Sainfoin*, fig. 518).

510. Linaire. Fruit.

La déhiscence s'opère par rupture ou déchirement irrégulier, lorsque les sutures dorsales et les cloisons résistent fortement, et que la paroi du péricarpe est partout également mince : c'est ce qu'on voit dans quelques *Linaires* (fig. 510), dont le péricarpe se divise en lanières longitudinales : le fruit, dans ce cas, est dit *ruptile* (*fr. ruptilis*). La déhiscence par rupture s'opère élastiquement dans les *Momordiques*, le *Concombre sauvage*, etc.

**CLASSIFICATION.** — Beaucoup d'auteurs ont travaillé à la classification des fruits, et leurs travaux, tout en fournissant à la science de précieuses observations, ont jeté quelquefois de la confusion dans le langage de la Botanique. — Linnæus admettait sept espèces de fruits; Gœrtner, treize; Mirbel en a établi vingt et une; Desvaux, quarante-cinq; Richard, vingt-quatre; M. Dumortier, trente-trois; M. Lindley, trente-six. La classification suivante, empruntée à ces divers auteurs, nous a paru la plus simple et la plus commode dans l'application : elle comprend la plupart des modifications de forme qu'on observe dans les fruits des Végétaux *phanérogames*.

Les fruits apocarpés sont : 1° le *follicule*, 2° le *légume*, 3° la *drupe simple*, 4° la *baie simple*, 5° l'*akène*, 6° le *caryopse*. — Les fruits syncarpés sont : 7° la *capsule* et ses variétés, 8° la *baie* et ses variétés, 9° la *drupe composée* ou *nuculaine*.

**FRUITS APOCARPÉS.** — 1° le *follicule* (*follicutus*) est un fruit sec, déhiscent, à plusieurs graines, s'ouvrant par sa suture ventrale (*Caltha*, fig. 511; *Dauphinelle*, fig. 512; *Pivoine*, fig. 513), ou, ce qui est très-rare, par sa suture dorsale (*Magnolia*). Les *follicules* sont rarement solitaires; ils forment presque toujours un verticille (*Ancolie*, fig. 497; *Pivoine*, fig. 513; *Caltha*, fig. 511), ou ils s'agglomèrent en tête (*Trolle*, fig. 515).

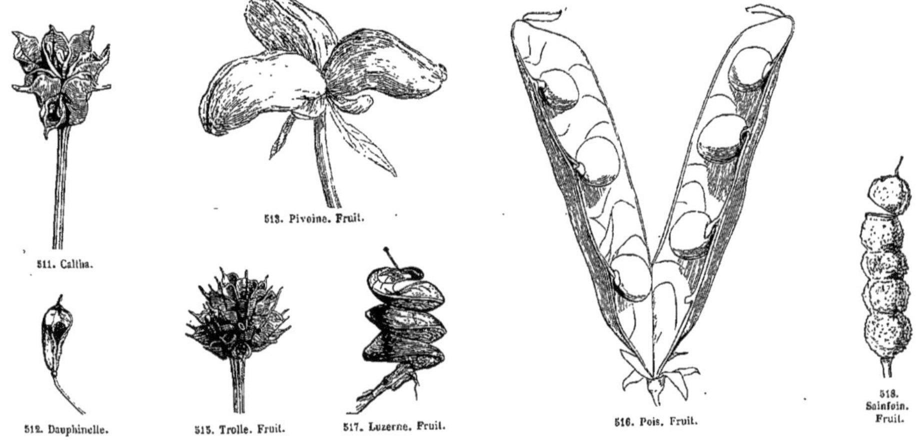
511. Caltha. 513. Pivoine. Fruit. 512. Dauphinelle. 515. Trolle. Fruit. 517. Luzerne. Fruit. 516. Pois. Fruit. 518. Sainfoin. Fruit.

2° Le *légume* ou *gousse* (*legumen*) est un fruit sec, déhiscent, ordinairement à plusieurs graines, s'ouvrant en deux valves par ses sutures dorsale et ventrale (*Pois*, fig. 516). Quelques *Légumineuses* ont leur fruit tordu en spirale (*Luzerne*, fig. 517); d'autres, un fruit à une seule graine et indéhiscent, qui n'est plus un légume, mais bien un véritable *akène* (*Trèfle*); d'autres ont leur fruit *lomentacé* (*fr. lomentaceus*), c'est-à-dire que le légume est rétréci de distance en distance, et divisé en logettes par des cloisons transversales, qui se dédoublent à la maturité; le fruit se sépare en autant d'articles, dont chacun renferme une graine (*Coronille*, *Sainfoin*, fig. 518); d'autres enfin ont une gousse partagée en deux loges longitudinales plus ou moins complètes, par inflexion, soit de la face dorsale (*Astragale*, fig. 391), soit de la suture ventrale (*Oxytropis*).

3° La *drupe* (*drupa*) est un fruit indéhiscent, ordinairement à graine unique, à mésocarpe charnu et à endocarpe durci en noyau (*Pêcher*, fig. 519; *Cerisier*, fig. 520; *Abricotier, Prunier, Amandier, Noyer*). — Les *drupéoles* sont de petites drupes, ordinairement agglomérées (*Framboisier*; *Ronce*, fig. 521).

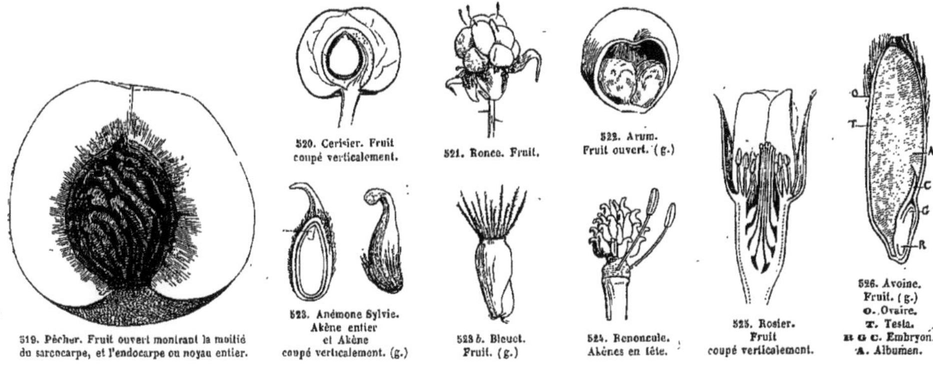


519. Pêcher. Fruit ouvert montrant la moitié du sarcocarpe, et l'endocarpe ou noyau entier.

520. Cerisier. Fruit coupé verticalement.

521. Ronce. Fruit.

522. Arum. Fruit ouvert. (g.)

523. Anémone Sylvie. Akène entier et Akène coupé verticalement. (g.)

523 *b*. Bleuet. Fruit. (g.)

524. Renoncule. Akènes en tête.

525. Rosier. Fruit coupé verticalement.

526. Avoine. Fruit. (g.) O. Ovaire. T. Testa. R G C. Embryon. A. Albumen.

4° La *baie simple* ne diffère de la *baie composée* que par son carpelle unique (*Berbéris, Arum*, fig. 522).

5° L'*akène* ou *achaine* (*akenium*) est un fruit sec, indéhiscent, à graine unique n'adhérant pas au péricarpe. Les *akènes* sont solitaires dans le *Bleuet* (fig. 523 *b*), le *Pissenlit;* agglomérés dans les *Renoncules* (fig. 524), les *Anémones* (fig. 523), les *Roses* (fig. 525), le *Fraisier* (fig. 401). — L'*utricule* (*utriculus*) est une variété de l'achaine, dont le péricarpe est très-mince et presque membraneux (*Scabieuse, Amarante, Statice*).

6° Le *caryopse* (*caryopsis*) est un fruit sec, indéhiscent, à graine unique adhérant au péricarpe (*Froment, Maïs, Avoine*, fig. 526).

**FRUITS SYNCARPÉS.** — 7° La *capsule* (*capsula*) est un fruit syncarpé, sec, à une ou plusieurs loges, et déhiscent. — La capsule *pluriloculaire* offre une déhiscence *septicide* dans le *Millepertuis* (fig. 527), la

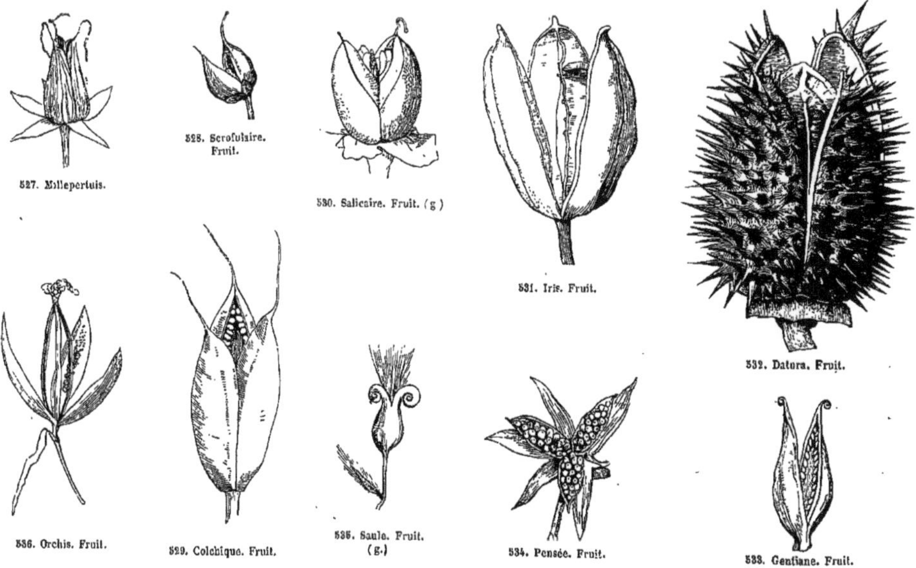

527. Millepertuis.

528. Scrofulaire. Fruit.

530. Salicaire. Fruit. (g)

531. Iris. Fruit.

532. Datura. Fruit.

536. Orchis. Fruit.

529. Colchique. Fruit.

535. Saule. Fruit. (g.)

534. Pensée. Fruit.

533. Gentiane. Fruit.

*Scrofulaire* (fig. 528), la *Molène*, le *Colchique* (fig. 529), la *Salicaire* (fig. 530); *loculicide* dans le *Lilas*, le *Lis*, l'*Iris* (fig. 531); *septifrage* dans le *Datura* (fig. 532); *septicide* et *loculicide* dans la *Digitale*, le *Lin cathartique*. —

La capsule *uniloculaire* a ses valves placentifères sur leurs bords dans la *Gentiane* (fig. 533); placentifères sur le milieu dans la *Pensée* (fig. 534), le *Saule* (fig. 535). — La capsule de l'*Orchis* (fig. 536) s'ouvre en trois valves placentifères sur leur milieu, et les nervures médianes des trois carpelles restent en place, réunies par leur base ainsi que par leur sommet, sur lequel persistent les enveloppes florales desséchées.

La déhiscence est transversale dans les *Plantains*, le *Mouron* (fig. 537), le *Pourpier* (fig. 538), la *Jusquiame* (fig. 539); cette variété de capsule se nomme *pyxide* (*pyxidium, capsula circumscissa*).

537. Mouron. Fruit. (g.)

538. Pourpier. Fruit. (g.)

539. Jusquiame. Fruit.

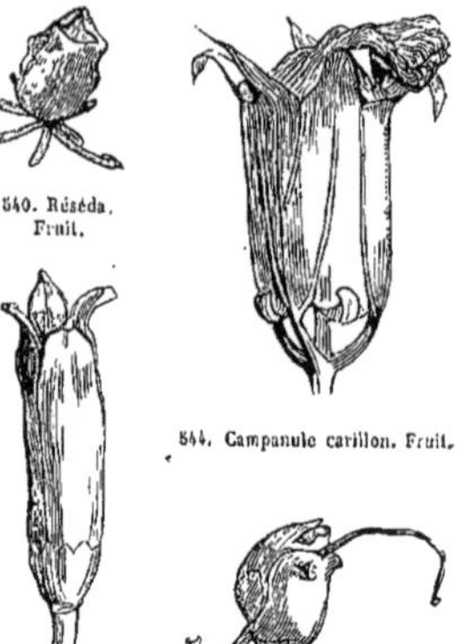
540. Réséda. Fruit.

541. Œillet. Fruit.

544. Campanule carillon. Fruit.

545. Muflier. Fruit.

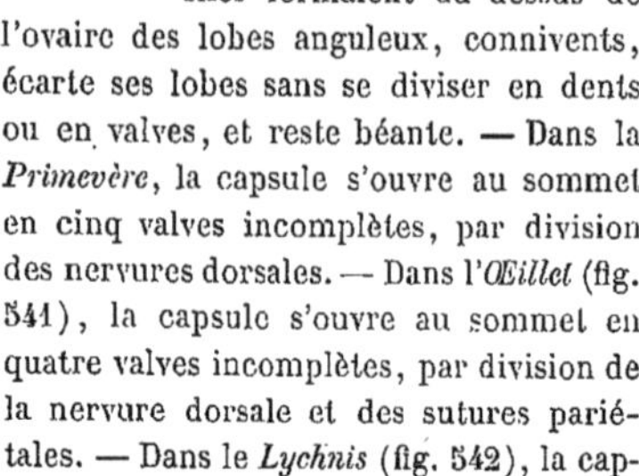
543. Pavot. Coquelicot. Fruit.

542. Lychnis. Fruit.

Dans le *Réséda* (fig. 540), la capsule, dont les stigmates sessiles formaient au-dessus de l'ovaire des lobes anguleux, connivents, écarte ses lobes sans se diviser en dents ou en valves, et reste béante. — Dans la *Primevère*, la capsule s'ouvre au sommet en cinq valves incomplètes, par division des nervures dorsales. — Dans l'*Œillet* (fig. 541), la capsule s'ouvre au sommet en quatre valves incomplètes, par division de la nervure dorsale et des sutures pariétales. — Dans le *Lychnis* (fig. 542), la capsule s'ouvre de la même manière en dix valves incomplètes. — Dans les *Pavots* (fig. 543), la capsule s'ouvre par de petites valvules situées entre les cloisons, au-dessous de la calotte formée par les lames styliques et les crêtes stigmatiques. — Dans la *Campanule carillon* (fig. 544), la capsule s'ouvre par des valvules qui se voient au bas des faces séparant les cinq côtes du tube réceptaculaire : ces ouvertures viennent de ce que les cloisons se sont décollées de l'axe central dans leur partie inférieure; l'effort qu'elles font pour se courber de bas en haut emporte avec elles une portion de l'ovaire, qui figure ainsi au dehors une petite porte ouverte. — Dans d'autres Espèces de *Campanule*, la déhiscence s'opère tout différemment; c'est à la partie supérieure, auprès du limbe calycinal, qu'elle a lieu; le bord de la cloison s'est épaissi en cet endroit, et forme un ourlet dont la concavité est en dehors; le bas de cet ourlet s'enroule sur sa concavité, et déchire la paroi de l'ovaire; on le voit alors formant entre chaque sépale une petite saillie arrondie, et les graines sortent librement par les orifices placés au niveau de leurs placentaires. — Dans le *Muflier* (fig. 545), le carpelle supérieur, c'est-à-dire celui qui est du côté de la tige, et qui s'élève au-dessus du niveau de son correspondant, s'ouvre près du style, en soulevant de petites plaques qui circonscrivent un trou; le carpelle inférieur, qui est renflé à sa base, s'ouvre en soulevant de petites plaques qui circonscrivent deux trous collatéraux. La déhiscence se fait donc par trois orifices entourant le style qui a persisté. L'ensemble du fruit, vu sens dessus dessous, représente une figure grotesque, ayant pour nez le style, pour bouche le trou du carpelle supérieur, pour yeux les deux autres trous, et pour coiffure le calyce, qui a persisté comme le style.

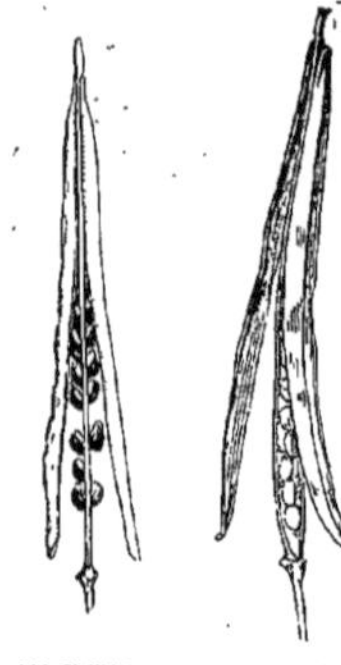
546. Chélidoine. Fruit. 547. Giroflée. Fruit.

La *silique* (*siliqua*) est une capsule à deux carpelles, quelquefois uniloculaire (*Chélidoine*, fig. 546), ordinairement divisée en deux loges par une fausse cloison membraneuse, et s'ouvrant de bas en haut en deux valves qui laissent en place les placentaires pariétaux, chargés de graines (*Giroflée*, fig. 547). La silique prend le nom de *silicule* (*silicula*), quand sa longueur n'excède pas de beaucoup sa largeur (*Drave*, fig. 548; *Cochléaria*, fig. 549; *Thlaspi*, fig. 550).

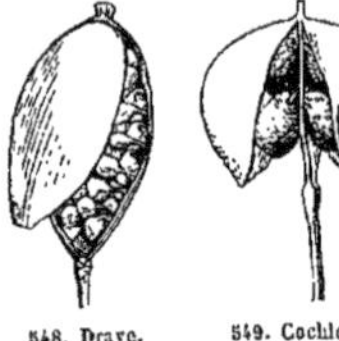
548. Drave. Fruit. (g.)

549. Cochléaria Fruit. (g.)

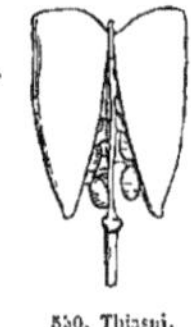
550. Thlaspi. Fruit. (g.)

Dans quelques cas, la *silique* est *lomentacée*, et se sépare transversalement en articles renfermant chacun une graine (*Radis*). — Dans le *Bunias* (fig. 551 et 552), chacune des deux loges de la *silicule* renferme deux graines et est partagée en deux compartiments ou logettes par des replis de la cloison longitudinale. — Dans les *Crambés* (fig. 553), la silicule s'étrangle de manière à figurer deux logettes inégales superposées, contenant chacune une graine; mais celle de la logette supérieure se développe, tandis que la graine de la logette inférieure, dont le funicule est étranglé dans l'isthme, reste à l'état rudimentaire, et la silicule, réduite à une graine, reste indéhiscente. — Dans le *Myagrum perfoliatum* (fig. 554), la silicule ne contient qu'une graine qui occupe la moitié inférieure et refoule en haut la cloison; les deux loges de la moitié supérieure sont vides.

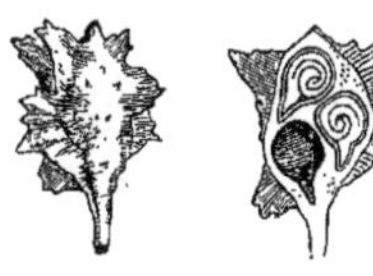

551. Bunias. Fruit. 552. Bunias. Fruit ouvert.

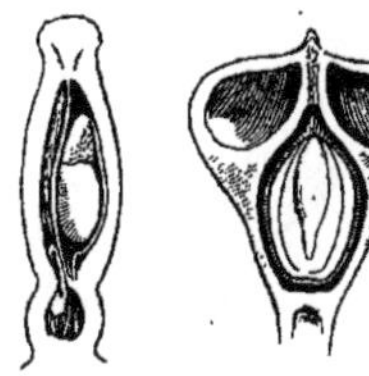

553. Crambé. Fruit ouvert. 554. Myagrum. Fruit ouvert.

On a nommé *coques* (*cocci*), dans les capsules pluriloculaires, les carpelles à une ou deux graines, qui se détachent les unes des autres (souvent avec élasticité) et emportent avec eux leurs graines, mais ordinairement sans entraîner les placentaires; ceux-ci restent soudés en colonne centrale (*Cnéorum, Fraxinelle, Euphorbe, Géranium, Mauve*). Dans les *Euphorbes*, cette colonne centrale se compose non-seulement des placentaires, mais de trois lames doubles, qui faisaient partie des cloisons, et que les trois carpelles ont laissées en se déchirant, pour lancer les graines. — Dans les *Géraniums* (fig. 555), les cinq carpelles se détachent élastiquement de bas en haut et s'enroulent sur eux-mêmes; la colonne centrale se compose, et des placentaires, et d'une portion des feuilles carpellaires, qui forme des lames très-visibles. — Dans les *Mauves*, les dix-quinze carpelles décollent leurs cloisons à la maturité, mais leurs ovaires ne se détachent pas complétement de la columelle; une notable portion des cloisons y reste adhérente. — Dans la *Fraxinelle* (fig. 556), les cinq carpelles se détachent complétement, et ne laissent rien au centre de la fleur.

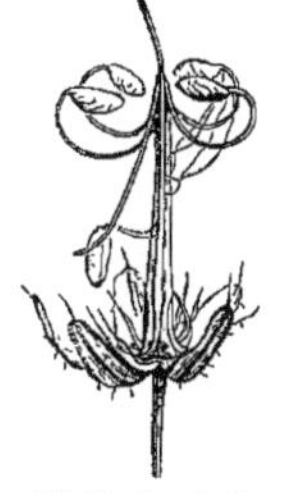

555. Géranium. Fruit.

556. Fraxinelle. Fruit.

Le fruit de l'*Angélique*, de l'*Éthuse*, et des autres *Ombellifères* (fig. 557) est une capsule à deux loges uniovulées, séparées par une cloison étroite; les deux carpelles qui la constituent se décollent à la manière des *coques*, et restent suspendus par leur sommet à l'axe filiforme qui prolonge le réceptacle. — La plupart des Botanistes considèrent ce fruit comme composé de deux akènes; mais les akènes sont des fruits apocarpés, et le fruit en question, étant évidemment syncarpé, constitue une véritable capsule biloculaire à déhiscence septicide, dont les carpelles n'ont d'autre ouverture qu'une fente étroite, qui était primitivement occupée par l'axe filiforme.

557. Éthuse. Fruit.

Le fruit de la *Bugle* (fig. 558) se compose de quatre lobes qui se séparent à la maturité, et renferment chacun une graine. Beaucoup d'auteurs voient dans chacun de ces lobes un *akène*, d'autres les regardent comme autant de *nucules*. Aujourd'hui l'on considère le fruit des *Borraginées* et des *Labiées* comme formé de deux ovaires, dont chacun est divisé en deux lobes distincts et renferme deux graines; c'est ce qu'on voit manifestement dans le fruit du *Cérinthe* (fig. 559). On s'est assuré que dans les boutons très-jeunes de la *Sauge* et des autres Plantes de la même Famille, il n'existe réellement que deux feuilles carpellaires opposées aux deux lèvres de la corolle. Le fruit en question n'est donc pas une réunion d'akènes, mais bien un fruit syncarpé, dont les parties sont réunies en dessous par la base dilatée du style (fig. 409); c'est une véritable capsule de deux carpelles, devenant tous deux biloculaires, et simulant quatre ovaires distincts.

558. Bugle. Fruit. (g.)

559. Cérinthe. Fruit.

On a donné le nom de *samare* (*samara*), à des fruits secs contenant une ou deux graines, et dont le péricarpe est aminci en lame membraneuse qui forme une sorte d'aile au-dessus ou autour de la loge : tels sont les fruits de l'*Érable*, du *Frêne*, de l'*Orme*, etc. : ces fruits, qu'on a rangés parmi les *apocarpés*, sont évidemment composés de deux carpelles soudés en ovaire biloculaire. Dans l'*Érable* (fig. 560), les deux loges sont manifestes, et le fruit mûr se sépare, comme celui des *Ombellifères*, en deux *coques* suspendues au sommet d'un axe filiforme : c'est donc une véritable capsule à déhiscence septicide, dont les carpelles n'offrent d'autre ouverture que la fente étroite occupée primitivement par l'axe. — Dans le *Frêne* (fig. 561), la cloison est perpendiculaire aux faces de l'ovaire, et, par conséquent, les deux bords aigus indiquent le dos de chaque carpelle : après la floraison, tous les ovules, moins un, avortent; la cloison est refoulée, l'une des loges disparaît presque complétement, et l'autre est remplie par la graine privilégiée. — Le fruit de l'*Orme* (fig. 562) offre la même disposition : l'une des loges est uniovulée; l'autre est stérile dès le principe.

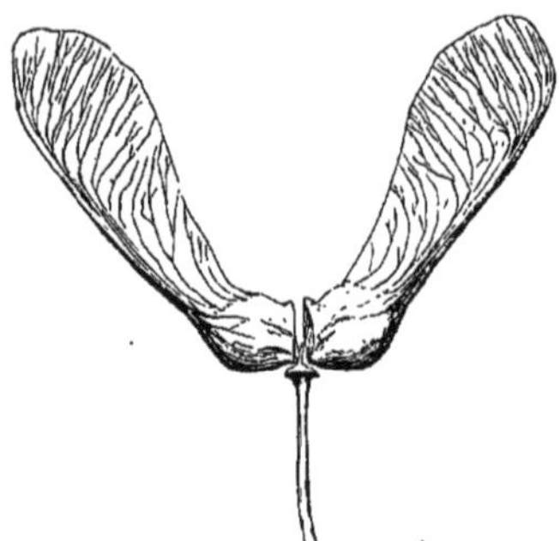
560. Érable. Fruit.

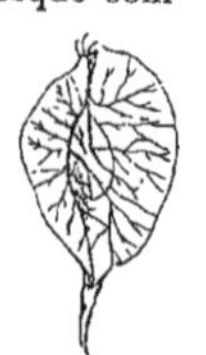
562. Orme. Fruit.

561. Frêne. Fruit ouvert.

On a donné le nom spécial de *nucule* (*nucula*) à des capsules indéhiscentes, à péricarpe osseux ou coriace, pluriloculaires dans le jeune âge, et réduites, par avortement, à une seule loge et à une graine unique (*Chêne*, fig. 232; *Coudrier*, fig. 233; *Charme, Hêtre, Châtaignier*, fig. 563; *Tilleul*, fig. 564).

563. Châtaignier. Fruit.

564. Tilleul. Fruit.

Parmi les capsules *indéhiscentes* et réduites par avortement à une seule graine, il faut aussi ranger les fruits des *Fédia* (fig. 565 et 566), et autres *Valérianées*, que l'on désigne quelquefois sous le nom d'*akènes*, ce qui est, sinon rationnel, du moins plus commode pour les descriptions.

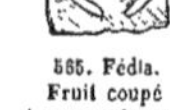
565. Fédia. Fruit coupé transversalement (g.)

566. Fédia. Fruit coupé verticalement. (g.)

8° La *Baie* (*bacca*) (soit *composée*, soit *simple*) est un fruit succulent, indéhiscent, dans lequel il n'existe pas de noyau; elle ne diffère de la capsule que par sa consistance charnue, qui provoque fréquemment la suppression des cloisons et l'avortement d'une partie des graines (*Vigne*). Il y a des fruits qu'on peut indifféremment nommer *baie* ou *capsule* (*Piment, Alkékenge*). Parmi les Espèces d'un même Genre, les unes sont pourvues d'une capsule, les autres d'une baie (*Caille-lait, Aspérule, Cucubale, Millepertuis*). Le *Troène*, les *Morelles*, la *Belladone* (fig. 567), la *Vigne*, ont une baie à deux loges; l'*Asperge*, le *Muguet*, une baie à trois loges; la *Parisette*, une baie à quatre ou cinq loges. — Parmi les Plantes dont l'ovaire est infère, le *Sureau* a une baie à trois loges, le *Myrtil*, une baie à quatre ou cinq loges; le *Lierre*, une baie à cinq loges; le *Caféier*, une baie à deux loges; le *Groseillier*, une baie uniloculaire, à placentaires pariétaux (fig. 501).

567. Belladone. Fruit.

L'*hespéridie* (*hesperidium*) est une baie pluriloculaire, à épicarpe glanduleux aromatique, à mésocarpe sec et spongieux, à endocarpe tapissé par des cellules pulpeuses qui naissent de la paroi des loges, et s'étendent jusqu'aux graines (*Oranger*, fig. 568).

568. Oranger. Fruit coupé transversalement.

La *péponide* (*pepo*) est une baie composée de trois à cinq carpelles (quelquefois un seul), soudés avec le tube réceptaculaire (ci-devant tube calycinal), et formant une seule loge à placentaires pariétaux, très-charnus et chargés de graines (*Melon, Citrouille, Sechium, Bryone*).

La *pomme* (*pomum, melonida*, fig. 569 et 570) est une baie composée de plusieurs carpelles, ordinairement cinq, cartilagineux (E) formant cinq loges, et soudés avec le tube réceptaculaire (T), (*Pommier, Poirier, Cognassier*).

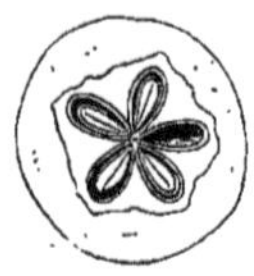
569. Pommier. Fruit coupé transversalement.

9° La *Nuculaine* (*Nuculanium*) ou *Drupe composée* est un fruit charnu, renfermant plusieurs noyaux, tantôt soudés ensemble (*Cornouiller*), tantôt libres (*Néflier, Alisier, Sapotillier*).

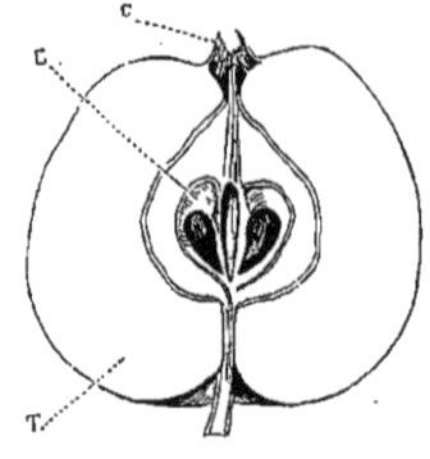

570. Pommier. Fruit coupé verticalement.

**FRUITS AGRÉGÉS.** — On nomme fruit *agrégé* celui qui est formé par la réunion de plusieurs fleurs : les fruits partiels qui le constituent rentrent dans les espèces ci-dessus décrites. — Dans les *Chèvrefeuilles,* le fruit se compose de deux *baies,* d'abord libres, qui se soudent ensuite. — Dans le *Mûrier* (fig. 571), les vrais fruits sont des drupéoles enveloppées chacune par un calyce succulent, et formant un épi. La *figue* (fig. 158) est un corps pyriforme, charnu, creux, muni à sa base de quelques bractées, garni de petites écailles à son orifice, et servant de réceptacle commun à des fleurs renfermées dans sa cavité, les mâles en haut, les femelles en bas. — Dans l'*Ananas* (fig. 572), les fleurs sont réunies en épi serré autour d'un axe qui se termine par une touffe de feuilles : les ovaires forment autant de baies, mais les calyces, les bractées, l'axe lui-même deviennent charnus. Le *cône* des *arbres verts* (*conus, strobilus*) est un fruit agrégé, qui n'a rien de commun avec les précédents. Les carpelles représentés par des écailles (fig. 573) n'ont ni style ni stigmate, et ne se replient pas pour abriter les graines; ils ne les protégent qu'en se serrant les uns contre les autres jusqu'à la maturité. Ils sont, tantôt ligneux, et forment, soit un épi conique (*Pin,* fig. 574), soit une tête globuleuse (*Cyprès,* fig. 575); tantôt charnus, et alors, en se soudant ensemble, ils simulent une drupe (*Genévrier,* fig. 576).

571. Mûrier. Fruit.

572. Ananas.

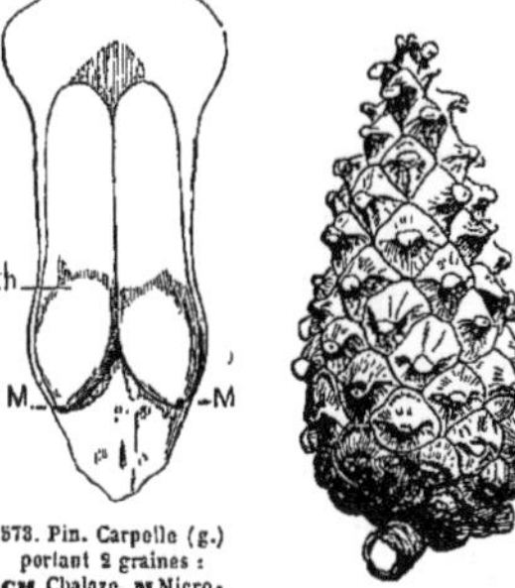

573. Pin. Carpelle (g.) portant 2 graines : CH Chalaze. M Micropyle.

574. Pin sylvestre. Fruit.

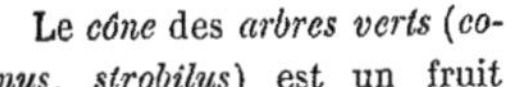

575. Cyprès. Fruit.

576. Genévrier Fruit.

# GRAINE

La *graine* (*semen*) des Végétaux *phanérogames* est l'*ovule* fécondé, mûr, et apte à la germination; elle renferme une Plante en miniature, nommée *plantule* ou *embryon* (*embryo, plantula, corculum*), et destinée à reproduire la Plante-mère.

Récapitulons ici l'organisation de l'embryon dans le *Pois* (fig. 577). Il se compose d'une *tigelle* (*cauliculus*) (T), d'une *radicule* (*radicula*) (R), de deux *cotylédons* (*cotyledones*) (C), et d'une *gemmule* ou *plumule* (*gemmula, plumula*); cet embryon est renfermé dans une cavité, close de toutes parts, que circonscrit un tégument à double tunique, dont l'externe (I), nommée *testa* (*testa*) tient par le *hile* (*hilus, umbilicus*) au funicule (*funiculus*) (F), lequel naît du placentaire (*placenta*) (P), et dont l'interne (E), nommée *endoplèvre* (*endoplevra*), donne passage aux sucs nourriciers par la *chalaze* (*chalaza*) (H), laquelle communique avec le hile au moyen d'un cordon (A) nommé *raphé* (*raphe*). Près du hile, se trouve une petite ouverture (M) nommée *micropyle* (*micropyle*), par laquelle l'ovule reçoit l'action fécondante du pollen.

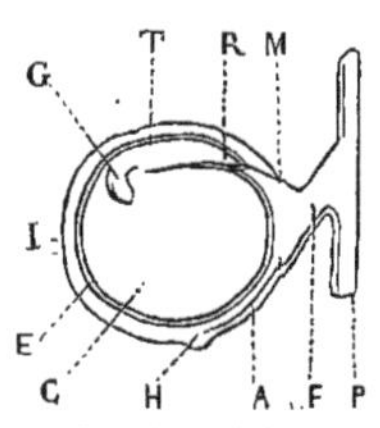

577. Graine du Pois (g.) dépouillée de la moitié de son tégument et de l'un de ses cotylédons.

On peut établir, comme règle générale, que l'extrémité radiculaire de l'embryon répond au micropyle, et que l'extrémité cotylédonaire répond à la chalaze : nous indiquerons les rares exceptions que cette règle subit, sans en être infirmée.

**POSITIONS RELATIVES DE LA GRAINE ET DE L'EMBRYON.** — Il est important de noter que, dans le premier âge de l'ovule, le hile et la chalaze se correspondent immédiatement; qu'en conséquence le raphé n'existe pas, et que le micropyle occupe l'extrémité opposée, c'est-à-dire l'extrémité libre de l'ovule.

Il faut aussi établir que, 1° la *base* de l'ovaire est le point d'attache de celui-ci sur le réceptacle, et son *sommet* est le point d'où part le style; 2° la *base* de la *graine* est le point par lequel elle tient au funicule ou au placentaire, et qui est indiqué par le hile; le *sommet* de la graine est l'extrémité d'une ligne idéale, droite ou courbe, qui, partant de la base, se continue à égale distance des bords jusqu'à l'extrémité libre de la graine. Cette ligne, allant de la base au sommet, est nommée *axe* de la graine. — L'*axe* de l'ovaire se définit de la même manière. L'embryon a aussi son *axe*, sa *base* et son *sommet :* sa base est indiquée par son extrémité radiculaire, et son sommet par son extrémité cotylédonaire.

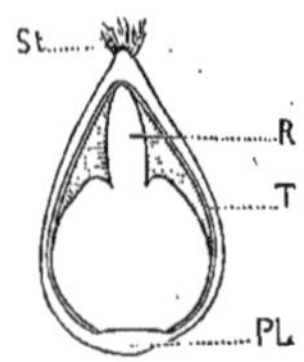


578. Ortie. Akène coupé verticalement (g.), montrant l'un des sépales grands; l'ovaire terminé par un stigmate sessile, **ST**; la graine, fixée sans funicule au placentaire **PL**; à testa, **T**, bien distinct de l'ovaire, à radicule, **R**, regardant le sommet de l'ovaire.

Le sommet de la graine est évident toutes les fois que le hile occupe l'une des extrémités du grand diamètre de la graine, ou qu'il est situé près de cette extrémité (*Ortie*, fig. 578; *Sauge*, fig. 579, *Chicorée*, fig. 580), ce qui arrive ordinairement; mais quelquefois le hile correspond au milieu du grand diamètre de la graine (*Lychnis*, fig. 587) : on le dit alors *ventral* (*hilus ventralis*), et la graine est dite *déprimée* (*semen depressum*) si elle est aplatie (*Garance*), et *peltée* (*s. peltatum*) si elle est convexe d'un côté et concave de l'autre (*Lychnis*, *Stellaire*) : dans ce cas, il est difficile et superflu de déterminer le sommet de la graine, mais il est aisé et utile de distinguer le *ventre* ou *face ventrale*, c'est-à-dire le côté qui regarde le placentaire, et le *dos*, ou *face dorsale*, c'est-à-dire le côté opposé.

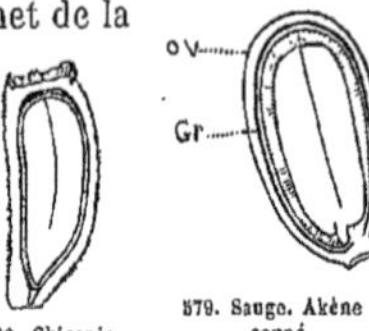


580. Chicorée. Graine coupée verticalement. (g.)

579. Sauge. Akène coupé verticalement (g.). **OV**. Ovaire, **GR**. Graine.

La graine est dite *dressée* (*f. erectum*), quand sa base correspond à celle de l'ovaire, c'est-à-dire qu'elle est fixée au fond de cette cavité (*Ortie*, fig. 578; *Sauge*, fig. 579.) — La graine est dite *ascendante* (*s. ascendens*), lorsque, étant fixée à un placentaire central ou pariétal, son sommet est tourné vers celui de l'ovaire (*Sédum*, fig. 581, *Pommier*, fig. 570). — La graine est dite *inverse* ou *renversée* (*s. inversum*), quand sa base correspond au sommet de l'ovaire, soit que le placentaire se trouve immédiatement au-dessous du style (*Valériane*, fig. 582), soit que, occupant le fond de l'ovaire, il émette un funicule qui se prolonge vers l'extrémité de l'ovaire, et à l'extrémité duquel pend la graine (*Plumbago*, fig. 583). — La graine est dite *pendante* ou *suspendue* (*s. pendulum*), lorsque, étant fixée à un placentaire central ou pariétal, son sommet est tourné vers la base de l'ovaire (*Abricotier*, *Amandier*, fig. 583 *bis*). La différence entre les graines *inverses* et les graines *pendantes* est souvent peu tranchée, et beaucoup de Botanistes emploient indistinctement ces deux termes pour qualifier les graines dont l'extrémité libre regarde le fond de l'ovaire. — La graine est dite *horizontale*, lorsque, étant fixée à un placentaire central ou pariétal, son axe se croise à angle droit avec celui de l'ovaire (*Aristoloche*, *Lis*, fig. 584).

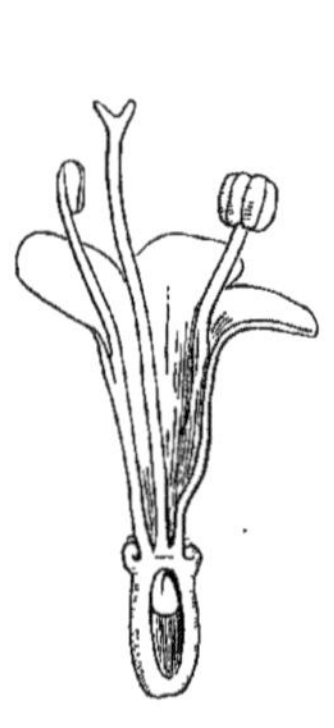
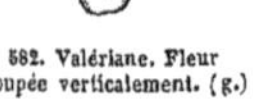

582. Valériane. Fleur coupée verticalement. (g.)

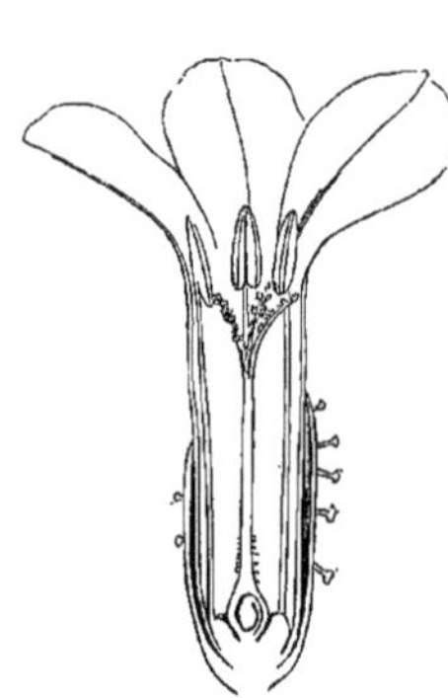

583. Plumbago. Fleur coupée verticalement. (g.)

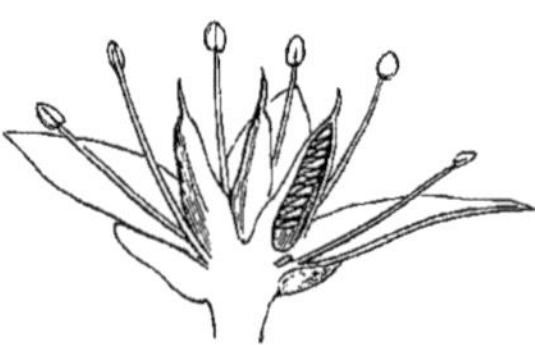

581. Sédum. Fleur coupée verticalement. (g.)

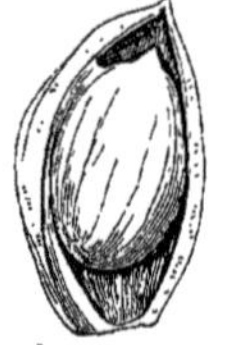

583 *bis*. Amandier.

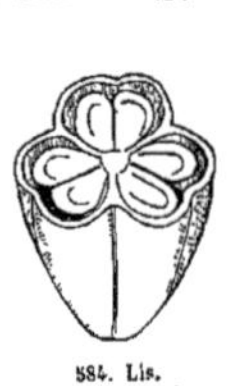

584. Lis. Ovaire coupé transversalement. (g.)

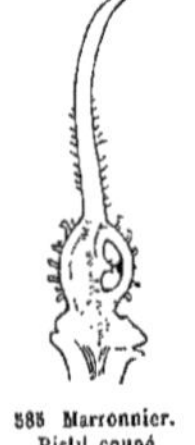

585 Marronnier. Pistil coupé verticalement. (g.)

Dans certains ovaires biovulés l'un des ovules peut être *pendant*, et l'autre *ascendant* (*Marronnier d'Inde*, fig. 585); dans d'autres à graines ou ovules nombreux, les uns sont *ascendants*, les autres *pendants*, et ceux du milieu *horizontaux* (*Ancolie*).

Tous les termes indiquant les positions de la *graine* s'appliquent pareillement aux positions de l'*ovule*.

La radicule est *supère* (*radicula supera*), lorsqu'elle regarde le sommet de l'ovaire; elle est *infère* (*r. infera*), lorsqu'elle regarde la base de cet organe. Ces deux positions peuvent s'observer dans la graine *dressée* et dans la graine *ascendante*. Exemples : 1° l'*Ortie* (fig. 578) a sa graine *dressée* et sa radicule *supère;* l'axe de la graine ne subit aucune déviation, et l'extrémité radiculaire est l'antipode de l'extrémité cotylédonaire, laquelle répond au hile. 2e la *Sauge* (fig. 579) a sa graine *dressée* et sa radicule *infère :* ici l'embryon semble avoir fait sur lui-même un demi-tour; l'extrémité cotylédonaire, qui devrait répondre au hile, se trouve au pôle opposé, et la radicule occupe à peu près la place qu'occuperait l'extrémité cotylédonaire; ce mouvement de bascule s'est opéré, non pas dans la graine, mais dans la cavité même de l'ovule, avant la fécondation, comme nous l'expliquerons bientôt : il en résulte un long *raphé*, qui règne sur tout un côté de la graine, et rend la chalaze diamétralement opposée au hile. La *Chicorée* (fig. 580) offre la même disposition.

La radicule est dite *centripète* (*r. centripeta*), lorsqu'elle regarde l'axe central du fruit (*Lis*, fig. 584), *centrifuge* (*r. centrifuga*), lorsqu'elle regarde la circonférence (*Réséda*, fig. 384).

L'embryon est *antitrope* (*embryo antitropus*), quand, son axe étant droit, le micropyle (et par conséquent l'extrémité radiculaire) reste l'antipode du hile (*Ortie*, fig. 578, *Rumex*, fig. 644.) L'embryon est *homotrope* (*e. homotropus*), quand, son axe étant droit, le micropyle (et par conséquent l'extrémité radiculaire) est contigu au hile, tandis que la chalaze (et par conséquent l'extrémité cotylédonaire) s'est éloignée du hile, et ne correspond plus avec lui que par un raphé : alors la base de la graine (c'est-à-dire le hile) et la base de l'embryon (c'est-à-dire l'extrémité radiculaire), se correspondent : de là le mot *homotrope*, signifiant *direction semblable* (*Sauge*, fig. 579; *Chicorée*, fig. 580; *Poirier, Abricotier, Rosier, Fraisier, Scabieuse, Centranthe, Campanule, Pensée, Iris*, etc.).

L'embryon est *amphitrope* (*e. amphitropus*), quand, son axe étant courbe, le micropyle (et, par conséquent,

586. Giroflée. Graine coupée verticalement. (g.)

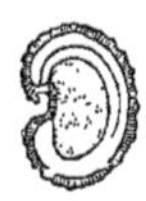

587. Lychnis. Graine coupée verticalement. (g.)

588. Datura. Graine coupée verticalement. (g.)

589. Nyctage. Fruit coupé verticalement.

591. Plantain. Graine vue par sa face ventrale. (g.)

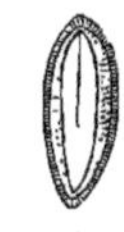

592. Plantain. Graine coupée verticalement. (g.)

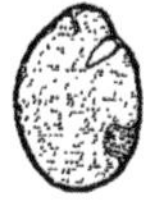

593. Palmier. Graine coupée verticalement.

594. Asperge Graine coupée verticalement. (g.

l'extrémité radiculaire) s'est rapproché du hile, sans que la chalaze (et, par conséquent, l'extrémité cotylédonaire) s'en soit éloignée : il en résulte que les deux extrémités de l'embryon sont dirigées vers le hile (*Giroflée*, fig. 586; *Lychnis*, fig. 587; *Datura*, fig. 588; *Nyctage*, fig. 589; *Mûrier*, fig. 590). — L'embryon est *hétérotrope* (*e. heterotropus*), quand, par suite de l'évolution inégale des téguments, aucune des extrémités de l'embryon ne correspond au hile, et que l'extrémité radiculaire elle-même cesse de correspondre au micropyle : dans ce cas, l'axe de l'embryon est tantôt *parallèle* au plan du hile (*Mouron, Plantain*, fig. 591 et 592), tantôt *oblique* par rapport au hile (*Froment, Chamærops*, fig. 593; *Asperge*, fig. 594); la radicule, alors, est dite *excentrique* ou *vague* (*r. vaga*, *excentrica*).

590. Mûrier. (Ovaire coupé verticalement. (g.)

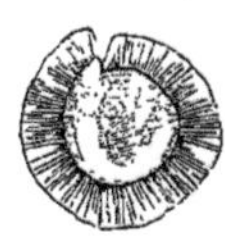

595. Sabline. Graine. (g.)

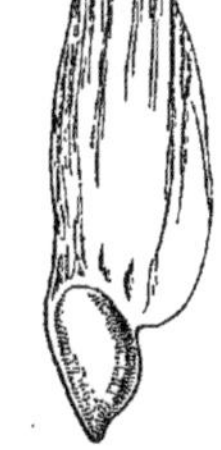

596. Pin. Graine.

**FORME ET SURFACE DES GRAINES.** — Les graines sont dites, selon leurs formes diverses, *globuleuses, ovoïdes, réniformes, oblongues, cylindriques, turbinées, aplaties, lenticulaires, anguleuses*, etc.; quelques-unes sont fines comme de la sciure de bois et sont dites *scobiformes* (*s. scobiformia*); certaines graines aplaties ont leurs bords saillants et épais, et sont dites *marginées* (*s. marginata*) (*Sabline*, fig. 595); si cette expansion devient large et membraneuse, elles sont dites *ailées :* telles sont les graines des *Bignonias*, des *Pins* (fig. 596).

La surface des graines peut être *lisse* (*s. læve*) (*Ancolie*, fig. 597); *ridée* (*s. rugosum*) (*Nigelle*, fig. 598); *striée* (*s. striatum*) (*Tabac*, fig. 599), relevée de côtes (*s. costatum*) (*Dauphinelle*, fig. 600), ou creusée de sillons; *réticulée* (c'est-à-dire présentant une sorte de réseau (*Cresson*, fig. 601), *ponctuée* (*s. punctatum*), c'est-à-dire marquée de petites taches et de petits points; *alvéolée* (*s. alveolatum*), c'est-à-dire creusée de petites fossettes ressemblant aux alvéoles des abeilles (*Coquelicot*, fig. 602); *tuberculeuse* (*s. tuberculatum*), c'est-à-dire garnie de petites saillies arrondies (*Stellaire*, fig. 603); *aiguillonnée* (*s. aculeatum*), c'est-à-dire hérissée de petites pointes (*Muflier*, fig. 604); *glabre* (*Lin*), *chevelue* (*Cotonnier*). — Quelques graines ont un

597. Ancolie. Graine. (g.)

598. Nigelle. Graine. (g.)

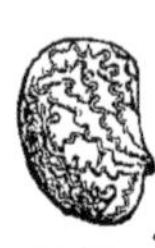
599. Tabac. Graine. (g.)

600. Dauphinelle. Graine. (g.)

601. Cresson. Graine. (g.)

602. Coquelicot. Graine. (g.)

testa pulpeux (*Groseillier*, fig. 605, *Grenadier*); d'autres sont couvertes de glandes huileuses, souvent disposées en bandelettes (*Angélique*, fig. 606), quelquefois logées dans des fossettes (*Genévrier*, fig. 607).

603. Stellaire. Graine. (g.)

604. Muflier. Graine. (g.)

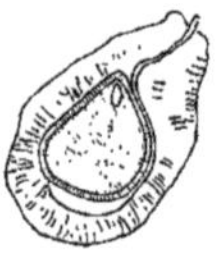
605. Groseillier. Graine coupée verticalement. (g.)

606. Angélique. Graine. (g.

607. Genévrier. Graine. (g.)

608. Oranger. Graine ouverte.

609. Oranger. Graine entière.

Le *hile*, point par lequel la graine est attachée au funicule ou au placentaire, forme une cicatrice, enfoncée ou proéminente; au centre ou vers l'un des côtés de cette cicatrice, se trouve l'*omphalode*, orifice simple ou multiple, très-petit, qui indique le passage des canaux nourriciers du funicule dans la graine. — La *chalaze*, ou hile interne, forme tantôt une proéminence plus ou moins sensible, tantôt une sorte de mamelon, tantôt une simple tache (*Oranger*, fig. 608, *Amandier*). — Le *raphé* ou funicule interne, qui conserve la communication entre le hile et la chalaze séparés par les évolutions de l'ovule, se dessine comme une bandelette le long d'un des côtés de la graine; souvent il se ramifie dans l'épaisseur du testa (*Amandier, Oranger*, fig. 609). — Le *micropyle*, qui, dans le jeune ovule, formait une ouverture large et béante, reste visible sur quelques graines (*Fève, Haricot, Pois*); il disparaît sur le plus grand nombre, mais on reconnaît la place qu'il a dû occuper, en observant le point où aboutit l'extrémité radiculaire.

**TÉGUMENTS PROPRES ET ACCESSOIRES DES GRAINES.** — Les graines ne présentent pas toujours un *testa* et un *endoplèvre* bien distincts : souvent, à la maturité, tous les téguments se confondent en un seul, ou bien un seul tégument se divise en plusieurs lames; quelquefois la graine est enveloppée par trois ou quatre tuniques. En exposant les développements de l'ovule, nous indiquerons l'origine variée de ces enveloppes.

610. Nymphæa blanc. Coupe verticale de la jeune graine. (g.)

Les *arilles* sont des téguments accessoires, qui se développent pour la plupart après la fécondation, et recouvrent plus ou moins complétement la graine, sans adhérer au testa; les uns sont des expansions du funicule, et sont plus spécialement désignés sous le nom d'*arilles* (*arillus*) (*Nymphæa, Passiflore, Opuntia, Saule, If*); les autres résultent d'une dilatation des bords du micropyle, et sont nommés par quelques auteurs, *arillodes* ou *faux-arilles* (*arillodes*).

Dans le *Nymphæa blanc* (fig. 610), l'on voit d'abord un bourrelet (A, A) naissant du funicule (F), qui s'étend peu à peu, coiffe, comme une calotte, le sommet de l'ovule, et finit par recouvrir la graine tout entière, sur laquelle il s'applique, sans adhérence, de manière à présenter à peine une étroite ouverture du côté de la chalaze (ch). — Dans les *Passiflores*, on observe, à l'extrémité rétrécie du funicule, autour du hile, un bourrelet annulaire, formant par son bord libre une espèce de manchette membraneuse; celle-ci s'épanouit graduellement et finit par envelopper la graine d'un sac lâche, charnu, qui présente une large ouverture du côté de la chalaze. — Dans les *Saules* (fig. 611), le funicule très-court, épais, s'épanouit en une touffe laineuse, ascendante, qui enveloppe la graine. — Dans le

*Cactus opuntia*, deux expansions concaves naissent latéralement du funicule, et figurent un bateau dans lequel s'enfonce l'ovule, qui y exécute ses évolutions; cette enveloppe accessoire s'épaissit, se durcit et forme une espèce de noyau, qui se recouvre de pulpe. — Dans l'*If*, la fleur pistillée (fig. 612) se compose d'un ovule unique, lequel n'est d'abord protégé que par les écailles mêmes du bourgeon dont il est sorti; encore s'en dégage-t-il après la fécondation; alors il est complétement *nu*, et l'on peut voir son micropyle béant à son sommet. Bientôt (fig. 613), entre l'ovule et les écailles qui garnissent sa base, se développe un petit godet qui croît peu à peu, devient rouge et succulent, et finit par enchâsser la graine presque complétement (fig. 614) : ce godet n'est autre chose que le funicule par lequel l'ovule tenait à la tige, et qui s'est énormément accru pour fournir une enveloppe au fruit, lequel n'était protégé ni par un ovaire, comme dans la plupart des Végétaux, ni même par une écaille, comme dans les *Pins* et *Sapins* (fig. 379).

611. Saule. Graine. (g)

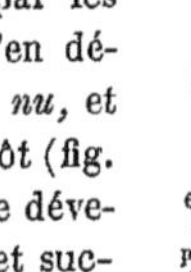

612. If. Fleur pistillée jeune.

613. If. Fleur pistillée plus âgée.

614. If. Fruit mûr, enchâssé dans son arille charnu.

Dans le *Fusain* (fig. 615, 616, 617, 618), le tégument accessoire (*a*) qui recouvre la graine forme un sac succulent, lâche, plissé, dont on peut suivre les développements successifs (1, 2, 3, 4); cette expansion naît, non pas du funicule (*f*), mais du micropyle, dont les bords se dilatent peu à peu de manière à former autour de la graine un sac, ouvert du côté de la chalaze; il faut remarquer que cet *arillode*, partant du micropyle, qui est très-voisin du hile, se soude dès le principe avec le funicule, et semble en être une dépendance, mais on peut reconnaître son origine en observant les ovules très-jeunes. — Dans le *Muscadier*, l'enveloppe charnue et découpée en réseau, qui recouvre la graine, et constitue la substance aromatique nommée *macis*,

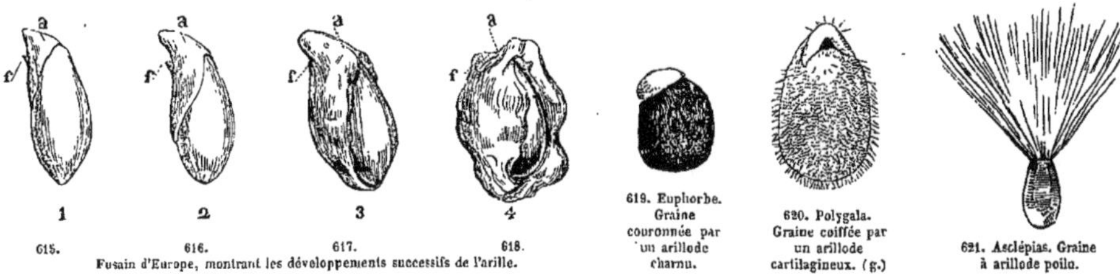

615. 616. 617. 618. Fusain d'Europe, montrant les développements successifs de l'arille.

619. Euphorbe. Graine couronnée par un arillode charnu.

620. Polygala. Graine coiffée par un arillode cartilagineux. (g.)

621. Asclépias. Graine à arillode poilu.

peut être considérée comme une expansion du micropyle. — Dans les *Euphorbes* (fig. 619), le pourtour du micropyle, qui formait d'abord un simple bourrelet, s'épaissit énormément après la fécondation, et forme un petit tourteau charnu, dont le canal central, occupé jadis par le tissu conducteur, s'obstrue peu à peu. — Dans les *Polygalas* (fig. 620), la petite voûte à trois piliers, qui coiffe la base de la graine, a la même origine que le tourteau des *Euphorbes;* on y voit encore l'ouverture micropylaire longtemps après la fécondation. — Dans les *Asclépias* (fig. 621), la touffe de poils qui couronne la graine est aussi un arillode émané du micropyle.

On a nommé *strophioles*, ou *caroncules* (*strophiolæ, carunculæ*), des excroissances qui s'élèvent sur divers points du testa, et sont indépendantes du funicule, comme du micropyle : telle est la crête glanduleuse qui, dans les *Violettes* (fig. 622), la *Chélidoine* (fig. 623), marque le passage du raphé; telle est encore la masse celluleuse qui, dans les *Asarum* (fig. 624), s'étend depuis le hile jusques et au-delà de la chalaze. La houppe de poils qui occupe la région chalazienne dans les *Épilobes* (fig. 625) peut aussi être regardée comme une *strophiole*.

622. Pensée. Graine. (g.)

623. Chélidoine. Graine coupée verticalement. (g.)

624. Asarum. Graine. (g.)

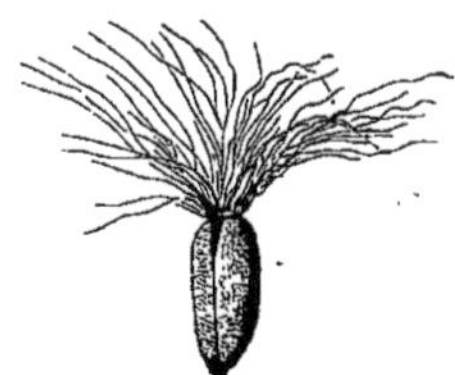

625. Epilobe. Graine couronnée par un arille de poils. (g.)

La plupart des auteurs anciens ayant employé le mot d'*arille* pour désigner indifféremment les *arilles vrais*, les *arillodes*, les *strophioles*, *caroncules*, *crêtes*, etc., il serait plus avantageux, dans la pratique, de conserver ce terme en l'appliquant d'une manière générale aux excroissances de nature variée qui se développent sur la graine, et d'en préciser la signification par un adjectif indiquant leur origine. On aurait ainsi l'arille *funiculaire* (*Saule*, *Nymphæa*, *If*), l'arille *micropylaire* (*Fusain*, *Euphorbe*, *Polygala*, *Asclépias*), l'arille *raphéen* (*Chélidoine*, *Asarum*), l'arille *chalazien* (*Épilobe*), etc. Un autre adjectif indiquerait sa texture *membraneuse*, *charnue*, *poilue*, etc.

**EMBRYON** ou **PLANTULE.** — Dans la grande majorité des Végétaux *phanérogames*, l'embryon est pourvu de deux cotylédons; de là le nom de Plantes *dicotylédones*. Quelques Espèces possèdent six, neuf, et jusqu'à quinze cotylédons verticillés : ce sont les *Pins* (fig. 626). Les autres Plantes *phanérogames* n'ont dans leur graine qu'un seul cotylédon : de là le nom de Plantes *monocotylédones*.

La couleur de l'embryon varie : il est *blanc* dans la plupart des Plantes, *jaune* dans quelques *Crucifères*, *bleu* dans le *Salpiglossis*, *vert* dans les *Fusains*, les *Érables*, *rose* dans le *Thalia*.

626. Pin. Embryon.

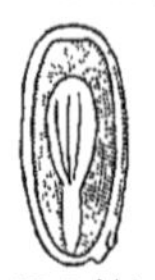

627. Berbéris. Graine coupée verticalement. (g.)

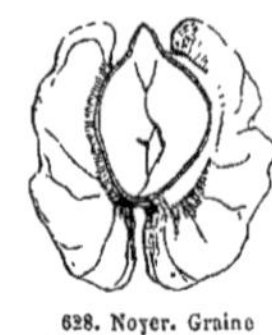

628. Noyer. Graine coupée verticalement.

629. Tilleul. Embryon étalé (g.)

630. Cuscute. Embryon enroulé autour de son albumen. (g.)

Les cotylédons sont, en général, d'une consistance charnue : leur parenchyme est huileux dans le *Noyer*, l'*Amandier*, farineux dans le *Haricot*; ils offrent quelquefois des nervures manifestes (*Berbéris*, fig. 627); ils sont tantôt sessiles, tantôt pétiolés, tantôt réduits à un simple pétiole sans limbe : ceci se voit surtout dans les *monocotylédones*. — Les cotylédons sont ordinairement entiers, quelquefois *lobés* (*Géranium*, *Noyer*, fig. 628), ou *palmés* (*Tilleul*, fig. 629). — Les cotylédons sont ordinairement égaux, quelquefois très-inégaux, et le plus petit des deux est si peu visible, qu'on pourrait prendre la Plante pour une monocotylédone (*Trapa*). Ceux de la *Capucine*, du *Marronnier d'Inde*, se soudent avec l'âge, en une masse compacte. Dans quelques Plantes parasites, ils disparaissent tout à fait, et l'embryon est réduit à son axe; c'est ce qu'on voit dans la *Cuscute* (fig. 630), petite Plante dont la tige, menue comme un fil, s'accroche aux Végétaux qu'elle rencontre, et s'y fixe par des suçoirs (page 12, fig. 48). On conçoit que la *Cuscute*, vivant du suc des autres Végétaux, n'a pas besoin de feuilles pour élaborer la séve, qu'elle puise tout élaborée dans les autres Plantes; aussi la Plante adulte, de même que l'embryon, est-elle complétement dépourvue d'appendices latéraux de couleur verte.

Les cotylédons sont tantôt pliés en deux moitiés, le long de leur ligne médiane; tantôt roulés l'un sur l'autre (*Mauve*, fig. 631), ou roulés en crosse (*Houblon*), ou chiffonnés (*Liseron*, fig. 632); l'embryon lui-même, dans son ensemble, est tantôt droit, tantôt arqué, tantôt en zigzag, ou en anneau, ou en spirale, ou roulé en boule, etc. Souvent la tigelle se replie sur les cotylédons; si alors elle s'applique sur leur commissure, elle est dite *latérale*, et les cotylédons sont dits *accombants* (*cotyledones accumbentes*) (*Giroflée*, fig. 633); si elle s'applique sur le dos de l'un des cotylédons, elle est dite *dorsale*, et les cotylédons sont dits *incombants* (*c. incumbentes*) (*Julienne*, fig. 634).

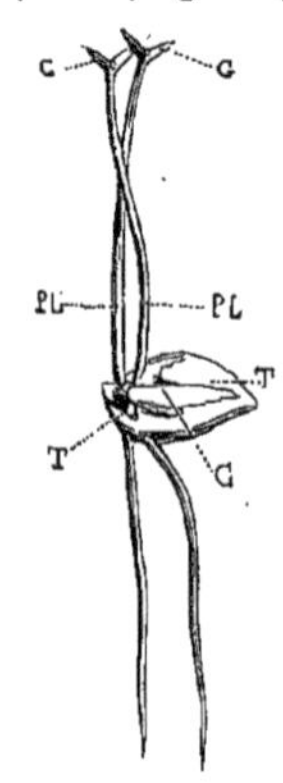


636. Oranger. Graine en germination. — T. Testa. — C. Cotylédons inclus. — PL. Tigelles. — G. Gemmules.

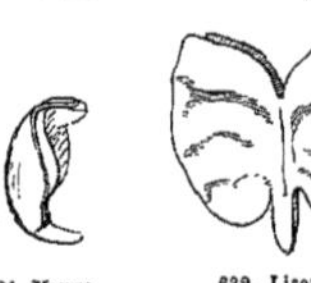

631. Mauve. Embryon.

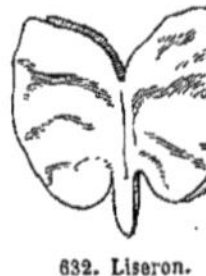

632. Liseron. Embryon étalé. (g.)

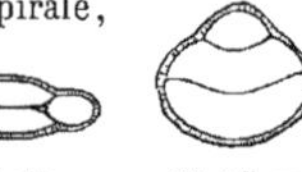

633. Giroflée. Coupe transversale de la graine. (g.)

634. Julienne. Coupe transversale de la graine. (g.)

635. Oranger. Graine sans son testa.

Dans quelques Végétaux, la graine contient plusieurs embryons : celle de l'*Oranger* (fig. 635) en offre souvent deux, trois, quatre, inégaux, irréguliers, enroulés les uns sur les autres, regardant tous la chalaze par leur extrémité cotylédonaire, et le micropyle par leur radicule; on les voit sortir de la même graine, à l'époque de la germination (fig. 636). — La graine de l'*Amandier* se compose assez fréquemment de deux embryons superposés, dont l'un semble né du premier, comme un entre-nœud naît à la suite d'un autre (fig. 637). On peut les séparer facilement (fig. 638) et reconnaître que chacun a sa tigelle et ses deux cotylédons.

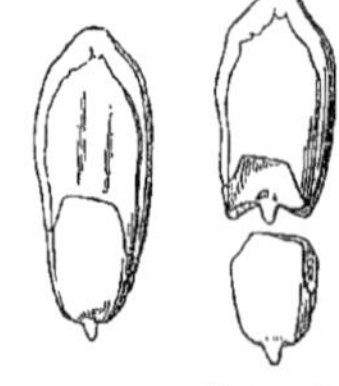

637. Amandier. Embryon double.

638. Amandier. Embryons séparés.

L'embryon *monocotylédoné* est ordinairement de forme cylindrique ou ovoïde; il faut, pour distinguer les parties qui le composent, le couper verticalement. On observe ordinairement, sur un corps allongé, plus ou moins haut, une petite saillie ou mamelon marqué d'une fente oblique ou verticale; ce mamelon représente la gemmule; la fente qui doit livrer passage aux premières feuilles indique la séparation entre la tigelle et le cotylédon. Il est quelquefois difficile, à cause de la petitesse des parties, de distinguer l'extrémité cotylédonaire de l'extrémité radiculaire; mais celle-ci, répondant au micropyle, est ordinairement plus voisine de la paroi que l'autre extrémité : c'est ce qu'on peut voir dans la graine de l'*Arum* (fig. 639).

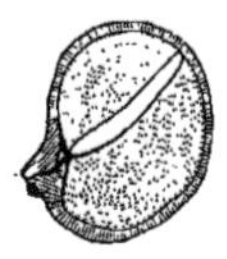

639. Arum. Graine coupée verticalement. (g.)

Dans l'*Avoine*, et les autres *Graminées* (fig. 640), la graine coupée en deux moitiés longitudinales dans le sens du sillon qui laboure sa face interne, montre, sur sa tranche, un parenchyme farineux très-abondant (A) dont nous parlerons plus loin : de la base de la graine et le long de sa face dorsale, monte l'embryon (R, G, C), dont la couleur est jaunâtre, demi-transparente; il offre en dedans une feuille charnue (C), qui s'étend jusqu'au tiers de la longueur de la graine : cette feuille en renferme plusieurs autres, de plus en plus petites (G), qui s'emboîtent, et sont placées entre la feuille la plus grande (C) et la face dorsale de l'ovaire (O) : toutes naissent d'un collet élargi qui s'amincit vers le bas en cône obtus; la feuille la plus intérieure (C) est le *cotylédon*, les autres (G) forment la gemmule; le plateau conique est la *tigelle*, terminée par l'extrémité radiculaire (R).

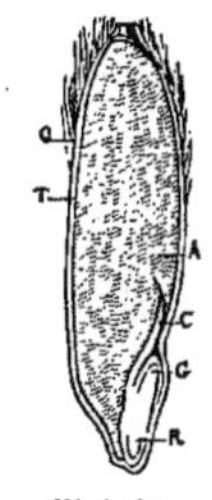


640. Avoine. Coupe verticale du fruit. (g.)

Si, au lieu de couper la graine, on en extrait l'embryon (fig. 641), on voit le cotylédon, qui est large, et se creuse en une sorte de cuiller, au milieu de laquelle est reçue la gemmule, qui forme un sac clos; sur le milieu de ce sac est une fente longitudinale très-petite, qui s'élargira plus tard en gaîne pour donner passage aux feuilles plus intérieures : au-dessous, est la tigelle, qui porte sur son côté le cotylédon, et à l'aisselle de celui-ci, la gemmule; son extrémité libre est terminée par des mamelons arrondis qui se perforeront, et d'où sortiront, comme d'autant d'étuis (fig. 642, col) des fibres radiculaires (R), à l'époque de la germination.

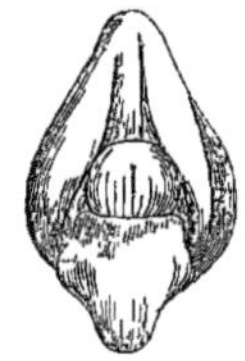

641. Avoine. Embryon isolé, vu par sa face externe. (g.)

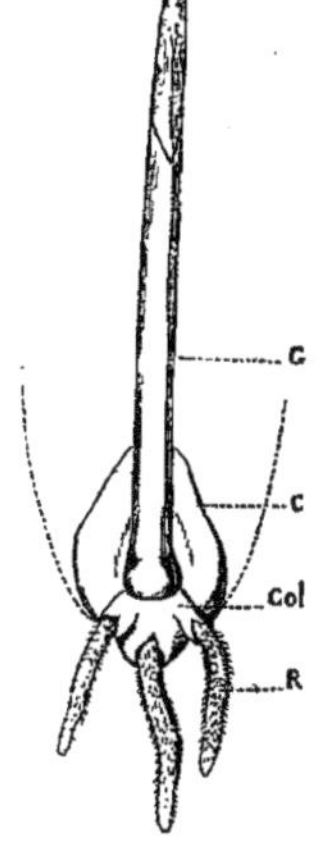


642. Avoine. Embryon en germination. (g.)

**ALBUMEN**. — Dans un grand nombre de Végétaux, la graine renferme, outre l'embryon, un parenchyme accessoire, nommé *albumen* (*albumen*, *perispermum*). Cet *albumen*, qui ne tient à rien, et dont la formation sera expliquée au chapitre de l'*ovule*, est destiné à alimenter l'embryon; il existe primitivement dans toutes les graines; si l'embryon n'en a absorbé qu'une partie, le reste se concrète jusqu'à l'époque de la germination, l'embryon alors est dit *albuminé* (*e. albuminosus*); si l'*albumen* a été absorbé en totalité, l'embryon est dit *exalbuminé* (*e. exalbuminosus*).

L'*albumen* est tantôt très-abondant (*Aconit*, fig. 643), tantôt extrêmement mince et presque membraneux; en général, il est d'autant plus grand que l'embryon est plus petit, et *vice versâ*. — L'*albumen* est dit *farineux* (*a. farinaceum*), lorsque ses cellules sont remplies de fécule (*Sarrasin*, *Froment*, *Avoine*, fig. 640; *Rumex*, fig. 644); *charnu* (*a. carnosum*), lorsque son parenchyme, sans être farineux, est épais et mou (*Berbéris*, fig. 627, *Pensée*, fig. 645, *Morelles*); *mucilagineux* (*a. mucilaginosum*) quand il est succulent et presque liquide; alors il est rapidement absorbé, et il peut disparaître presque entièrement (*Liseron*); *oléagineux* (*a. oleaginosum*), quand son parenchyme contient une huile fixe (*Pavot*, fig. 646); *corné* (*a. corneum*), quand son parenchyme s'épaissit et acquiert une grande dureté (*Galium*, *Caféier*, *Iris*); *éburné* (*a. eburneum*), quand il offre la consistance et le poli de l'ivoire (*Phytelephas*). — Dans les *Poivres*, les *Nymphæas* (fig. 647), etc., la graine contient deux espèces d'*albumen* : nous en parlerons en traitant de l'*ovule*.

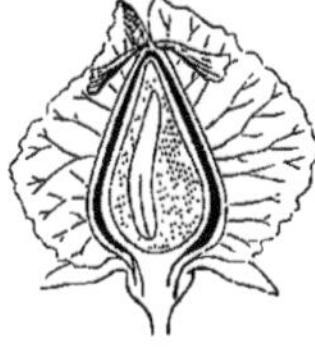

644. Rumex. Fruit coupé verticalement. (g.)

643. Aconit. Graine coupée verticalement. (g.)

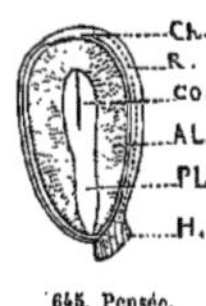


645. Pensée. Graine coupée verticalement. (g.)

646. Pavot. Graine coupée verticalement. (g.)

647. Nymphæa. Graine coupée verticalement. (g.)

L'embryon est dit *axile*, quand il se dirige suivant l'axe de la graine (*Pensée*, fig. 645); il est dit *périphérique* (*e. periphericus*), quand il longe le pourtour de la graine, et entoure l'*albumen* au lieu d'en être entouré (*Coquelourde*, fig. 648).

648. Coquelourde. Graine coupée verticalement (g.)

L'albumen est dit *ruminé* (*a. ruminatum*), lorsque le testa ou l'endoplèvre forme des replis qui se réfléchissent à l'intérieur de la graine, et projettent, dans l'épaisseur de l'albumen, des espèces de cloisons incomplètes, rappelant celles qu'on observe dans l'estomac multiple des Mammifères *ruminants* (*Lierre*, fig. 649).

649. Lierre. Graine coupée verticalement. (g.)

**GERMINATION.** — La germination est l'acte par lequel l'embryon s'accroît, se débarrasse de ses téguments, et finit par se suffire à lui-même en tirant du dehors sa nourriture.

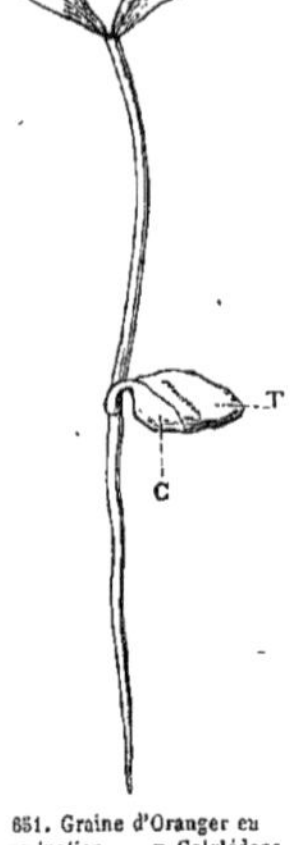


651. Graine d'Oranger en germination. — C. Cotylédons renfermés dans le testa, T.

L'extrémité libre de la tigelle (fig. 630, T), terminée par le mamelon radiculaire, est ordinairement la première partie qui fait saillie au dehors en élargissant l'orifice du micropyle; bientôt la tigelle tout entière se débarrasse de ses enveloppes, avec les cotylédons (C) et la gemmule (G) nés à son extrémité supérieure; celle-ci s'allonge à son tour, et étale ses petites feuilles en montant vers le ciel; en même temps le mamelon radiculaire s'est développé, et enfoncé de haut en bas dans le sol.

650. Graine de Haricot en germination.

Si la tigelle, c'est-à-dire le premier entre-nœud de la Plante, terminé par les cotylédons, s'allonge tandis que la germination s'opère, les cotylédons sont soulevés, et apparaissent au-dessus du sol. On les dit alors *épigés* (*c. epigæi*) (*Haricot commun*, fig. 650, *Radis*, *Tilleul*). Lorsque la tigelle reste très-courte, et que la gemmule formant le second entre-nœud s'allonge rapidement, les cotylédons restent cachés dans la terre, souvent même engagés sous les téguments de la graine : on les dit alors *hypogés* (*c. hypogæi*) (*Haricot d'Espagne*, *Chêne*, *Graminées*, *Oranger*, fig. 651).

L'évolution des radicules, chez les *Monocotylédones*, présente une particularité remarquable : elles sont pourvues, à leur base (fig. 642), d'une sorte d'étui (*col*), que l'on nomme *coléorhize* (*coleorhiza*); cet étui n'est autre chose qu'une couche cellulaire extérieure qui, n'ayant pu suivre le développement de la radicule (R), a été percée par elle.

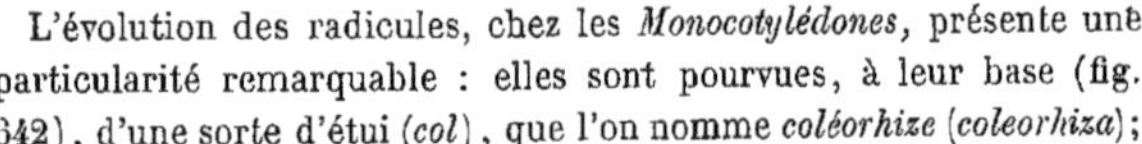

# ANATOMIE.

Dans l'ORGANOGRAPHIE nous avons décrit les *organes fondamentaux,* concourant à la végétation et à la reproduction de la Plante, c'est-à-dire la racine, la tige, les feuilles, les verticilles de la fleur et la graine; mais ces organes fondamentaux se composent eux-mêmes de parties intimes, qu'on ne peut étudier sans employer des instruments grossissants. Ces parties, dont la structure diffère peu, d'une Plante à l'autre, et qui sont les éléments du tissu végétal, ont été nommées *organes élémentaires;* la science qui a pour objet la connaissance de ces organes est nommée *anatomie des tissus*, ou plus particulièrement *anatomie.*

## ORGANES ÉLÉMENTAIRES.

Si l'on examine au microscope une tranche, aussi fine que possible, de la tige, de la racine, des feuilles ou des organes floraux, dans un Végétal quelconque, cette tranche montre un grand nombre de cavités diverses, les unes complétement circonscrites par des parois, les autres dépourvues de parois propres, et occupant les intervalles des premières; leur ensemble présente l'apparence d'un tissu; de là le nom de *tissu végétal.*

Les cavités closes présentent trois modifications principales. 1° Elles ont un diamètre à peu près égal dans tous les sens : on les nomme alors *cellules.* 2° Elles sont plus longues que larges, et leurs deux extrémités sont amincies en fuseau : on les nomme *fibres.* 3° Elles forment des sacs très-allongés, dont on ne peut voir les deux extrémités sous le microscope : on les nomme *vaisseaux.*

**CELLULES.** — Les *cellules* offrent des formes très-variées, qui dépendent de la manière dont elles se juxtaposent. Si elles ne se pressent pas mutuellement, elles conservent leur forme primitive, qui est sphéroïdale ou ovoïde (fig. 652); mais si leurs faces contiguës s'aplatissent par suite de leur développement, elles prennent une forme polyédrique, et figurent tantôt un dodécaèdre, tantôt un prisme à quatre pans, allongé en colonne, ou aplati en table, ou égal dans tous les sens et formant un cube. La coupe des cellules prismatiques présente toujours des carrés égaux; la coupe verticale des cellules dodécaédriques est hexagonale (fig. 653) : de là le nom de *tissu cellulaire* donné à l'ensemble des cellules, dont l'aspect représente les alvéoles des abeilles. Quelquefois, enfin, les cellules sont placées bout à bout, de manière à figurer des séries de cylindres ou des tonneaux superposés (fig. 654).

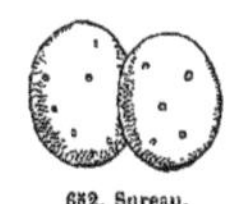

652. Sureau. Cellules ponctuées.

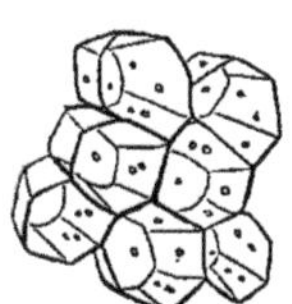

653. Sureau. Tissu cellulaire de la moelle centrale.

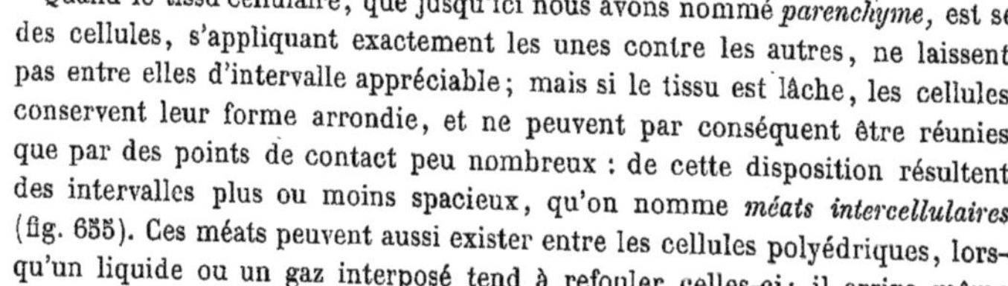

654. Lis. Cellules allongées.

Quand le tissu cellulaire, que jusqu'ici nous avons nommé *parenchyme,* est serré, les surfaces des cellules, s'appliquant exactement les unes contre les autres, ne laissent pas entre elles d'intervalle appréciable; mais si le tissu est lâche, les cellules conservent leur forme arrondie, et ne peuvent par conséquent être réunies que par des points de contact peu nombreux : de cette disposition résultent des intervalles plus ou moins spacieux, qu'on nomme *méats intercellulaires* (fig. 655). Ces méats peuvent aussi exister entre les cellules polyédriques, lorsqu'un liquide ou un gaz interposé tend à refouler celles-ci; il arrive même quelquefois (fig. 655) que le refoulement s'exécute régulièrement dans des méats voisins, dont chacun est

655. Fève. Cellules étoilées.

circonscrit par un petit nombre de cellules; alors les cellules sont disjointes, et une portion de leur paroi est refoulée vers l'intérieur; mais dans la partie où deux méats sont le plus rapprochés l'un de l'autre, leurs pressions excentriques se neutralisent réciproquement, et les cellules restent cohérentes; elles prennent alors la forme d'étoiles, dont les branches contiguës forment des isthmes qui séparent les méats.

Quelquefois l'espace intercellulaire est circonscrit par un grand nombre de cellules; on lui donne alors le nom de *lacune*. Les lacunes ne résultent pas toujours du refoulement des cellules environnantes; elles sont dues aussi, tantôt à la destruction de plusieurs d'entre elles, tantôt à la marche rapide de la végétation.

Les cellules, dans leur premier âge, sont des sacs circonscrits par une membrane mince et homogène, qui, d'abord molle et humide, se dessèche ensuite peu à peu. Tantôt cette membrane constitue à elle seule la paroi de la cellule, tantôt une seconde membrane vient la tapisser intérieurement; mais cette seconde membrane ne forme pas un sac continu; elle se rompt en divers points, et ne double la membrane externe que d'une manière incomplète; il en résulte des amincissements dans les parties où la membrane externe se voit seule, et des épaississements dans les parties où elle est doublée par l'interne. Lorsque la membrane interne ne fait défaut que dans des parties peu étendues, les amincissements résultant de son absence ont l'aspect soit de *ponctuations* (fig. 652), soit de courtes *raies* (fig. 656). Lorsque la membrane interne se rompt irrégulièrement dans une étendue plus considérable, les amincissements résultant de son absence figurent un *réseau* irrégulier (fig. 657), dont les jours répondent aux points où la membrane interne manque, et les mailles aux points où elle double la membrane externe. Lorsque, enfin, les solutions de continuité de la membrane interne affectent une régularité remarquable, les jours ou amincissements résultant de son absence sont séparés les uns des autres par des épaississements qui ont la forme d'*anneaux* parallèles (fig. 658), ou représentent un fil décrivant une *spirale* d'une extrémité de la cellule à l'autre (fig. 659).

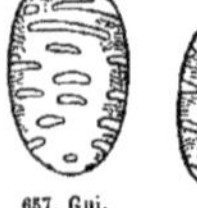

657. Gui. Cellule rayée et réticulée.

656. Sureau. Cellules rayées.

659. Orchidée. Cellule spirale.

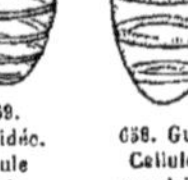

658. Gui. Cellule annulaire.

En résumé, les cellules peuvent être ou *homogènes*, ou *ponctuées*, ou *rayées*, ou *réticulées*, ou *spirales*, ou *annulaires*, et, dans beaucoup de cas, une même cellule passe successivement de l'une à l'autre de ces modifications. Il arrive souvent qu'en dedans de la seconde membrane il s'en développe une troisième, puis une quatrième, puis une cinquième, etc., ce qui augmente d'autant l'épaisseur des parois de la cellule. On a remarqué que, le plus ordinairement, les membranes postérieures à la seconde se moulent exactement sur elle, de sorte que les amincissements de la cellule se correspondent, ainsi que les épaississements.

**FIBRES.** — Les *fibres* varient dans leur longueur; mais la plupart ont une paroi très-épaisse, formée d'abord d'une membrane unique, que viennent tapisser successivement de nouvelles membranes développées de l'extérieur à l'intérieur; et comme la cavité de la fibre diminue de plus en plus avec l'âge, il vient une époque où la fibre paraît presque pleine. Le canal creux qui lui sert d'axe est cylindrique; mais ses parois extérieures, qui se juxtaposent exactement contre celles des fibres voisines, sont aplaties et prismatiques, comme on peut le voir en coupant transversalement du tissu fibreux (fig. 660).

660. China regia. Fibres coupées transversalement.

Les fibres, étant amincies en fuseau à leurs deux extrémités, ne peuvent être contiguës sur toute leur surface; mais dans les intervalles formés par ces extrémités viennent se placer de nouvelles fibres, dont le bout remplit hermétiquement l'espace conique qui se trouve libre au-dessus et au-dessous d'elles (fig. 661).

661. Clematite. Fibre ponctuée.

Lorsque les couches subséquentes formées à l'intérieur de la fibre tapissent complétement la couche externe, ce qui arrive assez souvent, la cavité de la fibre reste lisse; si la seconde couche ne double pas la première dans toute son étendue, il en résulte, dans les portions qu'elle tapisse, des épaississements en spirale ou en réseau (*fibre spirale ou réticulée*). Mais le cas le plus fréquent est celui où la fibre est *ponctuée* (fig. 661), c'est-à-dire présente des amincissements en forme de points dans tous les endroits où la couche interne fait défaut.

**VAISSEAUX.** — Les *vaisseaux* proprement dits sont des tubes très-allongés dont la peau n'est jamais lisse, mais présente, soit des amincissements figurant des *points* ou des *raies*, soit des épaississements figurant un *réseau*, des *anneaux*, ou des *spirales;* leur forme est celle d'un cylindre offrant des rétrécissements de distance en distance (fig. 668). Ces rétrécissements dessinent sur le vaisseau des cercles, tantôt horizontaux et rapprochés les uns des autres, tantôt obliques et plus distants.

Si l'on soumet le vaisseau à l'action dissolvante de l'eau bouillante aiguisée par l'acide azotique, il se divise en fragments, et la rupture a lieu au point où s'observaient les rétrécissements. A ces rétrécissements correspondent des replis membraneux qui forment intérieurement une espèce d'anneau, ou bien un diaphragme perforé comme un crible. On en a conclu que le vaisseau est formé, tantôt de *cellules*, tantôt de *fibres*, soudées bout à bout, et dont les surfaces contiguës, qui formaient d'abord autant de cloisons, se sont peu à peu amincies et presque détruites, ou criblées de trous.

663. Mamillaria. Trachée.

Les vaisseaux, de même que les cellules et les fibres, sont nommés, selon les amincissements ou les épaississements observés sur leur paroi, *ponctués, rayés, réticulés, annulaires, spiraux.*

Les *vaisseaux spiraux* ou *trachées* (fig. 662) sont des tubes membraneux, à l'intérieur desquels s'enroule un fil spiral d'un blanc nacré, qui se continue sans interruption d'un bout à l'autre du vaisseau; ce fil n'est ni tubuleux, ni canaliculé; sa forme est celle d'un cylindre, ou d'un lacet, ou d'une lame (fig. 663), ou d'un prisme à quatre faces. La membrane externe qui contient ce fil est amincie en fuseau à ses deux extrémités (fig. 662), d'où l'on a conclu que la trachée est une *fibre* allongée. Rien de plus facile que d'observer des trachées, même à l'œil nu; il suffit de rompre doucement de jeunes pousses de *Rosier* ou de *Sureau*, pour voir, entre les deux fragments, une portion du fil spiral s'allonger et se raccourcir comme un élastique de bretelle. Il n'est pas aussi facile de distinguer la membrane externe, à moins que les tours de spire du fil intérieur ne soient très-espacés. Dans le plus grand nombre des cas, le fil spiral est simple, mais il est quelquefois double, quelquefois même il s'en réunit une vingtaine qui, en se juxtaposant, forment un ruban, et peuvent se dérouler dans leur ensemble (*Bananier*). Enfin il arrive quelquefois qu'un fil spiral, d'abord simple, se dédouble et se ramifie en fils plus minces (*Betterave*).

662. Melon. Trachées.

Les *vaisseaux annulaires* (fig. 664) sont des tubes membraneux cerclés intérieurement d'anneaux quelquefois incomplets, quelquefois contournés en spirale (fig. 665), ce qui les a fait prendre pour des trachées vieillies; mais on a renoncé à cette opinion en observant que les vaisseaux annulaires les plus jeunes ne présentent jamais une spirale régulière et continue, et que les épaississements offrent à la fois dans un même vaisseau de nombreux intermédiaires entre l'anneau et la spire. Les vaisseaux annulaires étant terminés à leurs deux extrémités par un cône effilé, ont évidemment la même origine que les trachées.

664. Melon. Vaisseau annulaire.

665. Melon. Vaisseau spiral et annulaire.

666. Melon. Vaisseau réticulé et annulaire.

Les *vaisseaux réticulés* sont une modification des vaisseaux annulaires; qu'on se figure des anneaux brodés à jour et rapprochés, ils représenteront un réseau. Le même vaisseau peut même offrir les deux formes à la fois (fig. 666).

Les vaisseaux *rayés* sont des tubes membraneux, les uns cylindriques, les autres prismatiques, dans lesquels la membrane intérieure forme une toile, à jours indiqués par des amincissements en *raies;* ces raies sont plus ou moins régulières. Dans les vaisseaux prismatiques (fig. 667), elles s'étendent jusqu'aux angles, et les épaississements parallèles qu'elles séparent figurent les barreaux d'une échelle dont les raies seraient les intervalles; de là le nom de vaisseaux *scalariformes*. Quant à l'origine des vaisseaux rayés, les uns sont des séries de *cellules* superposées, les autres proviennent de *fibres*, comme l'indique leur terminaison en fuseau.

668. Melon. Vaisseau ponctué moniliforme.

667. Fougère. Vaisseaux rayés prismatiques.

Les vaisseaux *ponctués* (fig. 668) sont des tubes membraneux dont la membrane intérieure est criblée de petits jours formant des séries parallèles de points; ces séries sont obliques ou horizontales; le vaisseau offre, à des distances égales, des étranglements auxquels répondent intérieurement des replis circulaires : cette disposition indique clairement que le vaisseau ponctué est formé par des *cellules* superposées, dont les surfaces de jonction se sont détruites peu à peu. Les vaisseaux ponctués dont les cellules offrent des étranglements très-prononcés figurent des chapelets à grains serrés, ou des séries de tonneaux défoncés, placés bout à bout; de là leur nom de vaisseaux *moniliformes* ou vaisseaux *en chapelet.*

**VAISSEAUX LATICIFÈRES.** — Nous avons vu que les vaisseaux proprement dits présentent tous des inégalités résultant des éraillures variées de la membrane interne; il en est d'autres, à parois lisses, transparentes et homogènes, qui contiennent un suc particulier nommé *latex;* de là leur nom de *laticifères* (fig. 669); ils communiquent entre eux par des anastomoses, et forment un réseau varié, dont les mailles se rencontrent à angle droit ou aigu; ces mailles, ordinairement cylindriques, présentent çà et là des renflements (fig. 670), qui résultent de l'accumulation du *latex* dans certaines places; au-dessous de ces renflements, le vaisseau se resserre peu à peu, et la communication finit par être interceptée entre la partie resserrée et la partie renflée. Les vaisseaux laticifères se distinguent donc des vaisseaux proprement dits par la transparence de leurs parois et par leurs ramifications.

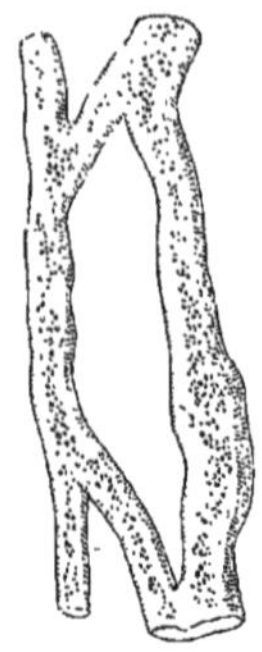
669. Chélidoine. Vaisseaux laticifères.

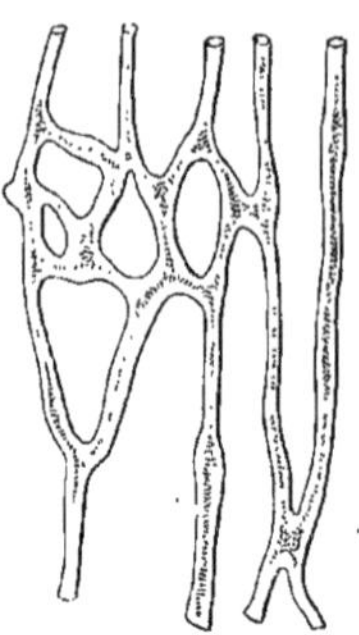
670. Pissenlit. Vaisseaux laticifères.

**UNION DES ORGANES ÉLÉMENTAIRES.** — Les Botanistes sont partagés sur la question de savoir quelle est la force qui tient unis les organes élémentaires : les uns pensent que les parois des cellules, d'abord demi-fluides, contractent par leur contact *immédiat* une adhérence qui les tient agglutinées, même après que le Végétal a cessé de vivre; d'autres admettent qu'il s'épanche une *matière intercellulaire,* qui colle *médiatement* les cellules dont elle occupe les interstices. La troisième opinion établit que le tissu végétal est primitivement un mucilage homogène, qui s'épaissit graduellement, et finit par se creuser des loges, qui seront les cavités des cellules : une cloison commune sépare donc les loges voisines; mais bientôt chaque cellule acquiert une existence individuelle, et la cloison se dédouble plus ou moins complétement; les points où deux cellules adhèrent encore sont occupés par un *tissu cellulaire interposé.* Cette troisième théorie diffère de la seconde en ce que, dans la seconde, les cellules sont unies par une matière de formation plus récente que la leur, tandis que, dans la troisième, les cellules sont unies par un tissu, primitif comme elles, et qui ne s'est pas encore organisé; ce tissu cellulaire interposé tend à se creuser en cellules, et par conséquent à séparer celles qu'il unissait, et qui s'étaient individualisées avant lui.

Comment la communication est-elle établie entre les organes élémentaires? Nous avons dit que, entre les cellules et les fibres placées bout à bout, elle a lieu par destruction de leurs surfaces contiguës, et qu'il en résulte un vaisseau; la communication peut s'établir aussi dans les parties latérales, soit par disparition de la membrane externe, soit par des fentes ou des trous pratiqués sur divers points de sa paroi, soit tout simplement par suite de la porosité qui rend ces membranes perméables.

**CONTENU DES ORGANES ÉLÉMENTAIRES.** — Les organes élémentaires contiennent dans leurs cavités closes et dans leurs interstices des matières très-variées, gazeuses, ou liquides, ou solides. La matière contenue dans l'intérieur des cellules se montre sous la forme de granules épars ou pelotonnés. Dans les cellules très-jeunes se voit ordinairement un amas granuleux en forme de lentille, qui s'applique sur la paroi, ou même s'enfonce dans son épaisseur (fig. 654); ce corps est regardé par les Botanistes comme un germe qui, par son développement, doit produire de nouvelles cellules; on lui a donné les noms de *nucleus* (*noyau*), de *cytoblaste* (*germe des cellules*), de *phacocyste* (*lentille de la cellule*). Le *nucleus,* dans la plupart des cas, devient de moins en moins apparent, à mesure que la cellule se développe.

D'après les travaux récents de M. Hartig, le *nucleus* est principalement formé de petits corpuscules d'une matière analogue à l'albumine : un certain nombre de ces corpuscules se changent en petites vésicules, desquelles naissent la *cellulose,* la *fécule,* la *chlorophylle* et l'*aleurone.*

La *cellulose* est une matière insoluble, qui constitue essentiellement les parois des cellules, des fibres et des vaisseaux, et dont la composition est identique dans tous les Végétaux. La substance à laquelle on a donné le nom de *ligneux* n'est autre chose que de la cellulose épaissie et condensée : c'est cette condensation qui donne au bois sa dureté; on l'observe aussi dans les concrétions des poires et dans le noyau des fruits.

671. Pois. Cellules féculifères.

La *fécule* ou *amidon* se reconnaît à sa coloration en bleu violet par l'iode, à son insolubilité dans l'eau froide et à sa coagulation dans l'eau chaude; sa composition chimique est la même que celle de la cellulose. Les granules de fécule ont généralement une forme sphéroïdale ou ovoïde irrégulière (fig. 671); sur leur surface se dessinent des cercles, concentriques autour d'un point qui occupe ordinairement un des pôles du granule. Ces cercles indiquent autant de couches, superposées autour d'un petit noyau indiqué par le point central : ainsi le grain de fécule s'est développé de dedans en dehors, c'est-à-dire à l'inverse de la cellule qui le contient. Pour bien voir ces cellules, il suffit d'humecter une tranche de tissu cellulaire contenant de la fécule et d'y placer une goutte d'*iode* dissous dans l'eau; cet iode a la propriété de colorer les grains de fécule en bleu violet, ce qui les isole de la cellule, et permet de distinguer le contenant et le contenu. Si les granules qui accompagnent les grains de fécule sont de nature albumineuse, ils se colorent par l'iode en brun ou en jaune.

La *chlorophylle* ou *chromule* est une matière verte, qui forme des flocons de consistance gélatineuse nageant dans le liquide incolore des cellules; ces flocons tendent à se déposer sur les parties solides qu'ils rencontrent, c'est-à-dire sur les parois internes de ces cellules ou sur les grains de fécule et d'aleurone qui y sont contenus. La chromule constitue la couleur verte des Végétaux; l'alcool la dissout, d'où l'on a conclu qu'elle est de nature résineuse.

La matière qui colore les cellules en jaune offre une consistance et des propriétés semblables à celles de la chromule; mais la matière qui les colore en rouge, en violet ou en bleu, est toujours liquide.

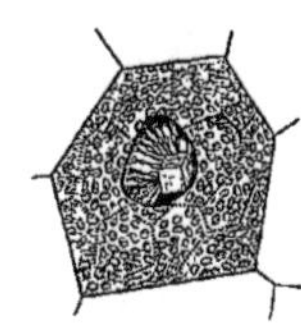

674. Lathræa. Cellule contenant des cristaux d'aleurone, au milieu de cellules contenant de la chromule.

675. Cristal d'aleurone.

L'*aleurone* se trouve en abondance dans les graines mûres; il ne manque jamais ni dans l'embryon, ni dans l'albumen. M. Hartig considère le grain d'aleurone comme une vésicule à double membrane, dont le contenu est une masse incolore, de consistance cireuse, se colorant en jaune par l'iode, ordinairement soluble dans l'eau. Dans certaines Plantes, elle peut tout entière affecter une forme cristalline (fig. 674 et 675) bien caractérisée; dans d'autres cas, le noyau interne de la masse *aleurique* s'est cristallisé, tandis que les couches qui l'environnent demeurent amorphes et donnent ainsi au grain une forme arrondie ou ovoïde. — L'aleurone est essentiellement formé de substances nommées collectivement *protéine*, sur laquelle nous reviendrons en traitant de la physiologie végétale. Suivant les observations de M. Hartig, les corpuscules du *nucleus* subissent les transformations suivantes : 1° transformation immédiate du *nucleus* soit en chlorophylle, soit en fécule, soit en aleurone; 2° transformation du *nucleus* en fécule, et de la fécule en aleurone; 3° transformation du *nucléus* en chlorophylle, laquelle donne naissance à de la fécule, qui à son tour se transforme en aleurone.

Les vaisseaux *laticifères* contiennent une grande quantité de granules pulvérulents, qui nagent dans le *latex*, et dont quelques-uns, beaucoup plus volumineux et incolores, sont de nature féculente.

Quant à la *séve* qui remplit ces cellules et monte dans les vaisseaux, c'est un liquide incolore tenant en dissolution les matériaux des cellules ou les substances qui doivent s'y déposer. Les autres liquides, accumulés soit dans les cellules, soit dans les méats ou lacunes, sont des huiles fixes ou volatiles, des térébenthines, du sucre ou de la gomme, dissous dans l'eau. Enfin on trouve des gaz, surtout dans les espaces intercellulaires, quelquefois même à des profondeurs considérables.

Outre les matières solides de nature organique, que nous venons de signaler dans le tissu cellulaire, on trouve, mais dans des cellules spéciales, certaines substances minérales, dont les éléments, combinés ou épars, ont été voiturés par la séve, et qui s'y sont ensuite cristallisés. Celles dont les éléments étaient combinés d'avance n'ont eu qu'à se condenser pour former un cristal, mais il a fallu pour les autres que les éléments divers, doués d'une affinité réciproque, se trouvassent réunis en proportions convenables. Dans tous les cas, c'est sous l'influence de la vie végétale que s'opèrent ces cristallisations, car on les trouve contenues dans des appareils celluleux particuliers, dont la forme influe sur celle des cristaux : on voit, en effet, le même sel se cristalliser très-diversement selon les différences de l'appareil où il se forme.

Les cristaux qui s'observent dans les cellules sont solitaires ou agglomérés : dans le dernier cas, ils se groupent en noyaux hérissés de pointes rayonnantes (fig. 672) ou en faisceaux d'aiguilles parallèles (fig. 673); ces dernières sont nommées *raphides* (R), et on peut les voir s'élancer par jets hors des cellules (C), quand on dissèque sous le microscope le tissu qui en contient. — Enfin les cellules et même les méats intercellulaires contiennent souvent une substance généralement répandue dans le Règne minéral, qui constitue le sable et les cailloux, et que l'on nomme *silice;* cette silice incruste même les tissus de certaines Plantes, et notamment la *paille* des *Graminées.*

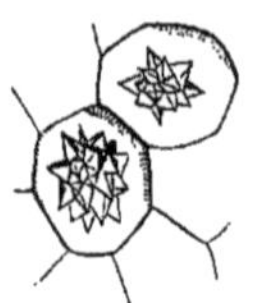
672. Bette. Cellule renfermant des cristaux agglomérés.

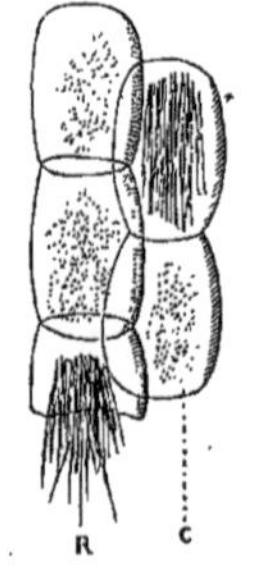

673. Rumex. Cellules contenant des raphides.

Nous devons aussi mentionner certaines concrétions minérales observées dans les feuilles de quelques *Urticées :* si l'on place une feuille d'*Ortie* entre l'œil et la lumière, on y distinguera à la loupe des points transparents; cette transparence est due à la présence de corpuscules calcaires, qui se sont déposés dans les cellules les plus superficielles, et auxquelles M. Weddel a donné le nom de *cystolithes,* pour les distinguer des autres concrétions minérales des Végétaux. Les *cystolithes* diffèrent des cristallisations signalées dans la figure 672, en ce qu'ils sont produits par le dépôt de couches calcaires, superposées successivement autour d'un axe formé aux dépens de la paroi cellulaire, laquelle a été entraînée par l'accumulation de la matière minérale, et s'est allongée en pédicule très-délié tenant suspendu le *cystolithe.* Cette formation peut être comparée à celle des *stalactites.*

**ÉPIDERME.** — Avant d'exposer l'anatomie des *organes fondamentaux,* nous parlerons d'une enveloppe qui s'étend sur toute la surface du Végétal, et qu'on nomme *épiderme.*

Si on déchire une feuille de *Lis* ou d'*Iris,* ou de toute autre Plante, on voit se décoller d'un des fragments de la feuille un lambeau d'une membrane transparente, incolore, qui a pu emporter avec elle quelques parcelles de parenchyme rempli de chromule verte : une simple loupe montre sur cette membrane plusieurs lignes parallèles (fig. 676) ou réticulées (fig. 677), et de petits points, moins transparents que le reste de la membrane. Si on la place sous le microscope, on la verra composée de cellules grandes, aplaties, à contour tantôt hexagonal ou quadrilatère, tantôt irrégulier et sinueux. Ces cellules contiennent un liquide incolore; leurs parois latérales sont intimement unies, et cette absence de méats explique la solidité de l'épiderme; leur paroi intérieure adhère faiblement aux cellules du parenchyme de la feuille; leur paroi externe est ordinairement plus épaisse que la précédente; elle se montre tantôt plane, tantôt bombée vers son milieu, ce qui rend la surface de l'épiderme unie ou chagrinée.

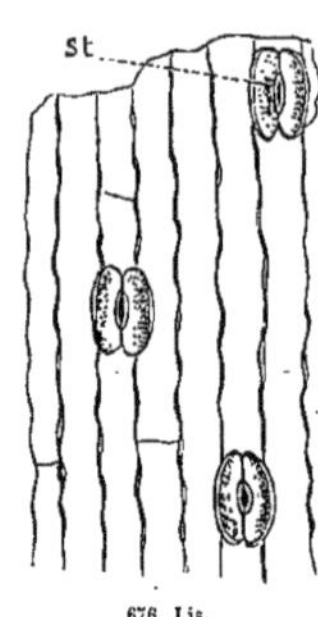

676. Lis. Épiderme et stomates.

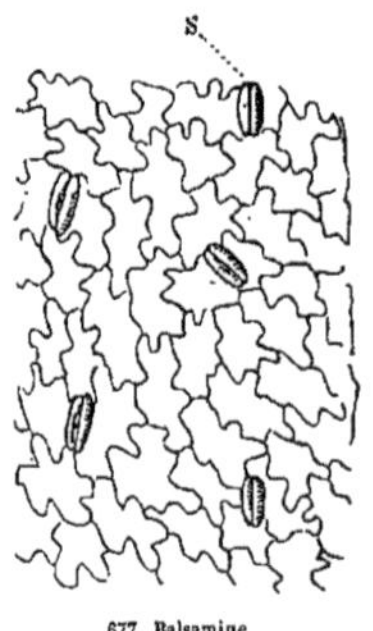

677. Balsamine. Épiderme et stomates.

Dans la plupart des cas, l'épiderme se compose d'une couche unique de cellules; quand il y en a une seconde, celle-ci est ordinairement formée de cellules beaucoup plus petites.

Les cellules de l'épiderme ne sont pas toutes entièrement contiguës les unes aux autres par leurs parois latérales; il y en a un grand nombre qui présentent entre elles des intervalles : ces intervalles sont occupés par de petits corps figurant une boutonnière garnie d'un double ourlet (*st*) (fig. 640 et 641); le double ourlet est formé de deux cellules arquées qui se regardent par leur concavité, d'où résulte un interstice qui constitue la boutonnière. On a donné le nom de *stomates* à ces cellules géminées, représentant les lèvres d'une petite bouche. Les *stomates,* quoique appartenant à l'épiderme, dont ils ne se séparent jamais quand on enlève celui-ci, en diffèrent notablement : leurs cellules sont beaucoup plus petites que celles de cette membrane, et presque toujours situées au-dessous d'elles; en outre, elles contiennent des granules divers, et surtout des grains de chromule : l'on peut donc regarder les stomates comme intermédiaires entre l'épiderme et le parenchyme sous-jacent.

Ils sont diversement distribués à la surface des feuilles, ordinairement solitaires, souvent disposés en séries, quelquefois agglomérés, et occupant le fond d'une cavité; ce dernier cas s'observe dans les feuilles de quelques *Protéacées* (fig. 678 et 679). Leur nombre varie suivant les Espèces : l'*Iris* en présente 12,000 sur une étendue d'un pouce carré; l'*Œillet*, 40,000; le *Lilas*, 120,000. S'ils sont placés dans l'humidité, leurs lèvres se gonflent et deviennent plus arquées, ce qui rend la bouche d'autant plus largement béante. Dans l'état de sécheresse, au contraire, les lèvres se rétrécissent et se touchent.

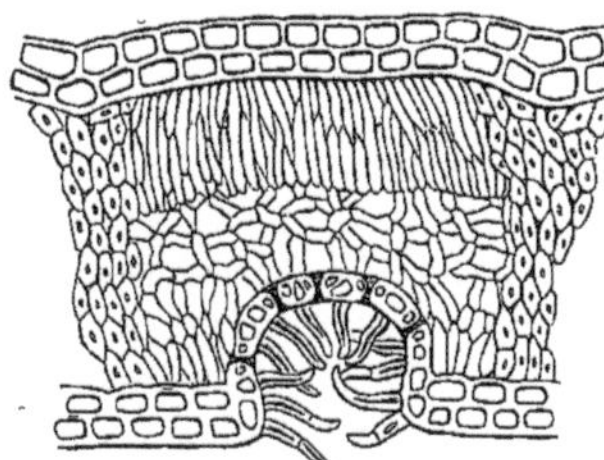

678. Coupe verticale d'une portion de feuille de Banksia. (g.) (1)

679. Portion de feuille de Banksia, offrant trois coupes parallèles à la face inférieure et diversement profondes. (g.) (2)

Les stomates correspondent toujours à des méats ou à des lacunes; ils existent sur toutes les surfaces foliacées vertes des Plantes cotylédonées, c'est-à-dire sur les feuilles ordinaires, et principalement à leur face inférieure, sur les stipules, les écorces herbacées, les calyces, les ovaires; ils manquent dans toutes les racines, les rhizômes, les pétioles non foliacés, la plupart des pétales, et les graines; les Végétaux acotylédonés, ainsi que les Plantes aquatiques submergées, étant dépourvus d'épiderme, sont aussi par conséquent dépourvus de stomates.

Lorsqu'on fait longtemps macérer dans l'eau un fragment de tige ou de feuille revêtu de son épiderme, le tissu cellulaire sous-épidermique ne tarde pas à se détruire; mais, de plus, l'épiderme se sépare en deux parties, dont l'une est l'épiderme proprement dit; l'autre, plus extérieure, est une pellicule très-fine (fig. 680) exactement moulée sur l'épiderme, et même sur ses poils, qui s'y engaînent comme des doigts dans un gant (*p*); elle offre des boutonnières (*f*) dans tous les endroits qui correspondent à des stomates. M. Brongniart a donné à cette membrane le nom spécial de *cuticule* (petite peau); elle n'est point organisée en cellules, comme l'épiderme qu'elle recouvre.

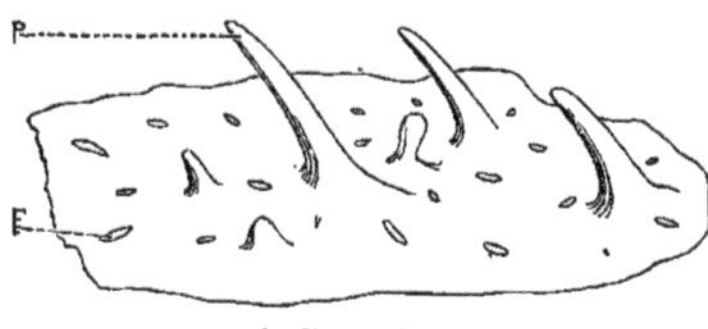


680. Chou. Cuticule.

La cuticule existe plus généralement que l'épiderme; les Végétaux submergés et les acotylédonés en sont revêtus; quelques Botanistes ont pensé, en conséquence, que c'est à elle qu'il faudrait réserver le nom d'*épiderme*. Quant à sa formation, on l'explique par l'épanchement du tissu cellulaire interposé, dont nous avons déjà parlé, et qui, se moulant intérieurement sur tous les organes, vient aussi se mouler sur leur surface extérieure, et y déposer une sorte de vernis ou couche continue. Des expériences récentes de M. Frémy semblent démontrer que la composition chimique de la cuticule est analogue à celle du caoutchouc, ce qui la rend propre à abriter le tissu sous-jacent. M. Frémy a reconnu en outre que les fibres ligneuses sont quelquefois revêtues d'une cuticule comparable à celle qui recouvre l'épiderme des feuilles.

# ORGANES FONDAMENTAUX.

Nous allons successivement exposer la composition anatomique des organes fondamentaux, c'est-à-dire de l'axe végétal (tige et racine) et de ses expansions latérales (feuilles, sépales, pétales, étamines, carpelles,

(1) Fig. 678. — Coupe verticale pratiquée dans l'épaisseur de la feuille, montrant : 1° aux faces supérieure et inférieure, deux couches de cellules épidermiques; 2° latéralement, à droite et à gauche des faisceaux fibreux, coupés perpendiculairement à leur longueur, 3° à la face inférieure, une poche ou excavation, revêtue de poils, et dont la voûte est percée de stomates, qui communiquent avec les méats d'un tissu cellulaire très-lâche. Au dessus de ce tissu, la moitié supérieure est occupée par un tissu cellulaire, allongé et dressé, perpendiculaire à la surface de l'épiderme.

(2) Fig. 679. — Trois poches ou excavations, circonscrites par les faisceaux fibro-vasculaires des nervures, et sur lesquelles ont été pratiquées, parallèlement à la face inférieure, trois sections offrant trois aspects différents, suivant qu'elles ont entamé plus ou moins profondément la face inférieure de la feuille. Dans la cavité située en bas de la figure, la coupe a enlevé les poils tapissant les parois de la poche, et l'on voit les stomates et les cellules épidermiques; la cavité latérale, à droite, laisse voir, à travers les stomates de l'épiderme, le tissu cellulaire lâche; la cavité occupant le haut de la figure ne montre que ce tissu avec les méats intercellulaires.

ovules). — Nous avons dit que la *plantule* ou *embryon* est un Végétal en raccourci qui, par ses développements successifs, produira toutes les parties énumérées ci-dessus; c'est donc de la plantule qu'il faut d'abord décrire la structure intime, pour la suivre ensuite dans toutes les phases qu'elle parcourt depuis sa naissance jusqu'à l'époque où elle produit un être semblable à elle.

La plantule, à quelque classe de Végétaux qu'elle appartienne, est toujours, dans son premier âge, une cellule contenant des granules.

Dans les Plantes *cotylédonées,* la masse cellulaire ne reste pas longtemps uniforme et homogène : de sphérique, elle devient ovoïde; puis, à l'une des extrémités, si la Plante est *monocotylédone*, un lobe arrondi s'allonge, obliquement et latéralement à l'axe; si la Plante est *dicotylédone,* il se forme deux lobes latéraux qui dépassent le sommet de l'axe : ces lobes seront les *cotylédons;* le sommet allongé de l'axe sera la *gemmule;* de l'extrémité opposée naîtra la *radicule,* et le corps même de la masse celluleuse formera la *tigelle.* Suivons maintenant les développements de chacun de ces organes fondamentaux, et commençons par la tige; elle présente des différences notables, selon que la plantule est pourvue de deux cotylédons ou d'un cotylédon unique : nous allons décrire d'abord la tige des Plantes *dicotylédones.*

**TIGE DES PLANTES DICOTYLÉDONES.** — Le *Melon* va nous servir de type. Dans la tigelle, entièrement celluleuse avant sa germination, quelques *cellules* s'allongent en *fibres;* quelques-unes de ces fibres et d'autres cellules, placées bout à bout, rompent les parois transversales qui les séparaient, et deviennent des *vaisseaux.* Ce changement s'opère dans des places déterminées, et une tranche horizontale (fig. 681) montrera, au centre, un disque (M) de cellules grandes, peu serrées, presque diaphanes, polyédriques ou sphéroïdales; à la circonférence, un cercle de cellules d'un vert foncé et d'un tissu plus serré; la communication est établie entre ce cercle et ce disque par des bandes (R. M) de cellules, qui divergent du centre à la circonférence, en verdissant de plus en plus, et figurent les rayons d'une roue, dont les jantes seraient représentées par le cercle, et l'essieu par le disque central. Entre le disque et le cercle, et séparées par les bandes, sont des plaques figurant des coins émoussés, dont l'ensemble forme un groupe circulaire; ces plaques appartiennent à des fibres et à des vaisseaux qui se sont formés au milieu des cellules et réunis en faisceaux. On peut voir les ouvertures béantes de ces vaisseaux et de ces fibres, et apprécier l'épaisseur relative de leurs parois; nous allons y revenir tout à l'heure. Le parenchyme formé par ces cellules et constituant le cercle, le disque et les bandes que nous venons d'observer, a reçu le nom de *moelle.* La moelle du disque (M) se nomme *moelle centrale;* celle du cercle extérieur, qui appartiendra à l'écorce, se nomme *moelle corticale,* et les bandes cellulaires (R. M), rayonnant du centre à la circonférence, sont appelées *rayons médullaires.* Les faisceaux de fibres et de vaisseaux qui se groupent circulairement, et sont séparés par les rayons, portent le nom de faisceaux *fibro-vasculaires.*

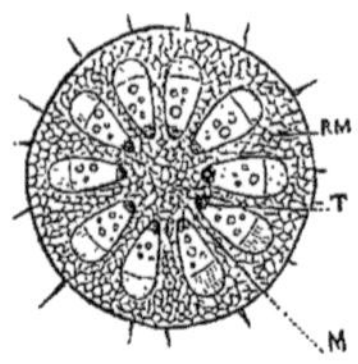

681. Melon. Tranche horizontale de la tige. (g.)

Analysons maintenant un de ces faisceaux dans la tige bien conformée du *Melon,* qui, comme on le sait, ne vit qu'un an (fig. 682).

682. Melon. Tranche horizontale d'un des faisceaux fibro-vasculaires de la tige. (g.)

Ce faisceau, suffisamment grossi, se montre cerné complétement par du tissu cellulaire, qui prend, comme nous l'avons dit, selon les régions qu'il occupe, les noms de *moelle centrale* (M), de *moelle corticale* (P. C), et de *rayons médullaires* (R. M). En observant la composition du faisceau, à partir de la moelle centrale (M), on trouve 1° des trachées déroulables (T) et des fibres d'un blanc mat, à parois épaisses; 2° des fibres (F) à parois moins épaisses, et, par conséquent, à cavité plus grande, arrangées par séries, et constituant dans leur ensemble environ la moitié du faisceau; parmi elles se voient des vaisseaux *annulaires, rayés, ponctués* (V. P), reconnaissables, les derniers surtout, au calibre de leurs parois; 3° un tissu cellulaire verdâtre (C); 4° des fibres à paroi épaisse (L), analogues à celles qui avoisinent la moelle centrale, mais plus abondantes que ces dernières; 5° quelques vaisseaux ramifiés (V. L), à parois lisses (vaisseaux laticifères); 6° la moelle corticale (P. C) recouverte par une pellicule (E) qui n'est autre chose que l'épiderme revêtu de la cuticule.

Considérons de nouveau, dans son ensemble, une coupe horizontale de la tige (fig. 681) : les trachées (T) et les fibres avoisinant la moelle centrale forment avec les faisceaux voisins un cercle (interrompu par les rayons médullaires), qui a reçu le nom collectif d'*étui médullaire;* les fibres situées en dehors de l'*étui* sont dites *fibres ligneuses;* les fibres plus extérieures, séparées des précédentes par une zone celluleuse, et analogues à celles de l'étui médullaire, ont reçu le nom de *fibres corticales* ou *liber;* enfin la zone celluleuse qui sépare les fibres corticales des fibres ligneuses se nomme *cambium.* Dans le *Melon,* dont la tige est annuelle, cette zone périt chaque année, ainsi que le faisceau fibro-vasculaire, qu'elle divise en deux parties inégales; mais si le Végétal est ligneux, et par conséquent vivace (*Chêne, Sureau*), il se forme chaque année dans l'épaisseur de cette zone des couches nouvelles, qui augmentent l'épaisseur de la tige. C'est donc sur de jeunes rameaux d'un an, de deux ans, de trois ans, ou plus, qu'il faut observer le développement graduel du *bois* et de l'*écorce,* dont le *cambium* indique la séparation.

683. Érable. Faisceau fibro-vasculaire de la tige au commencement de la deuxième année. (Coupes transversale et verticale.)

Si l'on observe un faisceau fibro-vasculaire sur un rameau de *Chêne,* de *Sureau* ou d'*Érable,* âgé d'un an (fig. 683), on y trouve la même organisation que dans la tige du *Melon;* en outre, dans la partie située en dehors du cambium (C), et qui constitue l'écorce, la moelle corticale (P. C) est doublée extérieurement d'une couche de cellules (S) serrées, en forme de cube ou de table, dépourvue de chromule verte, offrant une couleur blanche ou brune, et se distinguant nettement des cellules de la moelle corticale, lesquelles sont polyédriques, colorées par des granules verts, et séparées par de nombreux méats. Cette enveloppe, plus extérieureque la moelle corticale, a reçu le nom de *suber* (*liége*), parce que dans certains arbres elle prend un développement considérable, et forme la substance connue sous le nom de *liége.*

Après avoir observé la tranche horizontale d'un faisceau fibro-vasculaire, on peut le diviser verticalement par son milieu, et reconnaître sur cette coupe longitudinale la nature des fibres et des vaisseaux (fig. 683).

Le *cambium,* qui, dans la tige herbacée du *Melon,* n'a pu s'organiser, puisque la tige est morte dès la première année, va, dans les tiges vivaces, former de nouveaux organes (fig. 684) : le tissu gélatineux qui le constituait, et qui figurait une zone circulaire entre le bois et l'écorce, offre la seconde année les changements suivants : en dehors des fibres ligneuses et des gros vaisseaux qui s'y entremêlent (1, V), se forme une nouvelle couche ayant la même composition (2, F. V); en dedans des fibres du liber et de la moelle corticale se forme aussi une nouvelle couche absolument semblable; ces couches se moulent sur leurs aînées, et la zone de cambium qui s'est transformée pour les produire dans tous les points où elle était en contact avec des couches de même nature, conserve son organisation celluleuse dans la portion qui correspond aux cellules des rayons médullaires, de sorte que ceux-ci se continuent sans interruption de la moelle centrale à la moelle corticale.

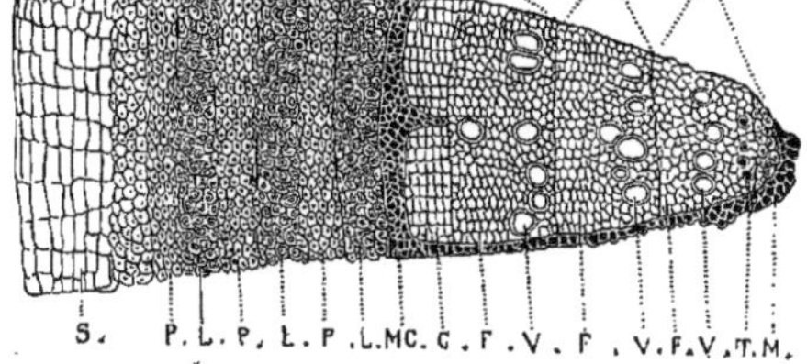


684. Érable. Tranche horizontale montrant le développement d'un faisceau ligneux sur un rameau de trois ans. — C, couche de cambium, séparant le bois de l'écorce. — 1. Moelle (M), trachées (T), vaisseaux ponctués et fibres de la première année (V). — 2. Vaisseaux ponctués (V) et fibres (F) de la deuxième année. — 3. Vaisseaux (V) et fibres de la troisième année. — En dedans du *suber* (S) se voit la couche corticale de la première année (PL); puis celle de la deuxième année (P.L.); puis enfin celle de la troisième année (P.L.), séparée par le cambium (C) de la couche ligneuse contemporaine (3).

Chaque faisceau primitif était donc, dès le principe, dédoublé par une couche de cambium en deux faisceaux partiels, dont l'un appartient au *bois,* et l'autre à l'*écorce;* à chacun de ces faisceaux partiels vient s'ajouter, par suite de la transformation du cambium, un faisceau semblable, et entre les deux faisceaux nouvellement formés existe une autre couche de cambium, qui, la troisième année (3), produira, en dedans, des fibres ligneuses (F) et de gros vaisseaux (V), en dehors, du liber (L) et de la moelle corticale (P), et ainsi de suite chaque année. Or, chaque faisceau de *bois* étant constitué par des éléments de deux espèces, et les vaisseaux de gros calibre étant en général

685. Chêne. Tranche horizontale d'une tige de 25 ans.

vers l'intérieur de ce faisceau, on peut, en comptant leurs séries (faciles à distinguer à cause des ouvertures béantes résultant de leur coupe transversale), évaluer le nombre des couches formées chaque année, en un mot connaître l'âge de la tige ou du rameau qu'on a sous les yeux (fig. 685).

Il est à remarquer que les faisceaux ligneux secondaires diffèrent du faisceau ligneux primitif par l'absence totale de trachées; ces vaisseaux n'occupent jamais, dans la tige, que la région entourant la moelle centrale, et nommée *étui médullaire.*

Nous avons dit que les rayons médullaires qui s'étendaient primitivement de la moelle centrale à la moelle corticale ne sont pas interrompus par la formation de nouveaux faisceaux, parce que la zone de cambium reste cellulaire dans les points qui correspondent à ces rayons. Si chaque faisceau nouvellement formé était indivis, comme celui auquel il se juxtapose, le nombre des rayons médullaires serait toujours le même; mais il n'en est pas ainsi : à la base externe du faisceau primitif se développent une ou plusieurs séries longitudinales de cellules, qui se prolongent jusqu'à la circonférence, et divisent le nouveau faisceau en deux ou trois parties (fig. 686). Ces rangées celluleuses (2, 3, 4), qu'on a nommées *petits rayons médullaires,* pour les distinguer des *grands* rayons (1) qui partent de la moelle centrale (M), vont donc en doublant chaque année pour une même série de faisceaux, et forment, ainsi que les grands rayons, entre les faisceaux fibro-vasculaires, des espèces de cloisons verticales ou de murailles divergentes, composées de cellules allongées et superposées : de là le nom de *tissu muriforme,* qu'on a donné aux rayons médullaires.

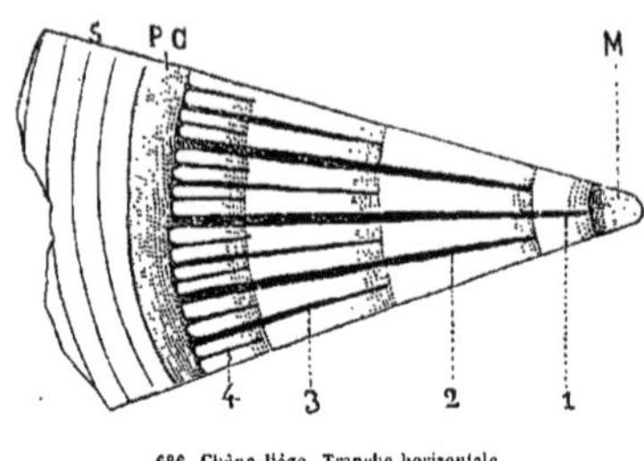

686. Chêne-liége. Tranche horizontale montrant le développement de deux faisceaux ligneux sur un rameau de quatrième année. (g.)

En résumé, la tige, considérée dans l'ensemble de son organisation, présente deux systèmes bien distincts, le *système ligneux* (bois) et le *système cortical* (écorce). — 1° Le système ligneux est constitué par la moelle centrale et des zones de faisceaux fibro-vasculaires, que séparent des rayons médullaires; la zone la plus intérieure entoure la moelle d'un cercle (étui médullaire), formé par des trachées et des fibres analogues au liber, et elle se compose plus extérieurement de fibres ligneuses et de vaisseaux rayés, annulaires, ponctués. Les autres zones, concentriques à la première, offrent la même organisation, sauf l'absence constante des trachées. — 2° Le système cortical est constitué par l'épiderme, le suber, la moelle corticale, et les fibres du liber, en dehors et au milieu desquels se ramifient des vaisseaux laticifères.

Avec l'âge, les cellules de la moelle centrale se décolorent, se dessèchent, s'écartent, et leur vitalité finit par s'éteindre tout à fait; les fibres du bois s'épaississent, et prennent une teinte de plus en plus foncée : c'est ce qu'on peut voir dans la plupart des bois, dont le *cœur,* nommé aussi *bois parfait* (*duramen*), diffère du jeune bois ou *aubier,* beaucoup plus abreuvé de sucs, plus mou et moins coloré.

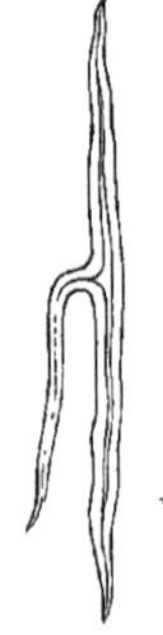
686 *bis.* Rhizophora. Fibre corticale

Les fibres corticales ou liber (fig. 686 *bis*) sont plus grêles, plus longues et plus tenaces que les fibres ligneuses : de là leur grande utilité pour la fabrication des fils, des cordes et des tissus. Leurs faisceaux ont une direction verticale et rectiligne; ils forment des plaques ou feuillets, concentriques aux faisceaux du bois, qui leur ont fait donner le nom de *liber* (livre); mais il arrive dans quelques Espèces, telles que le *Chêne* et le *Tilleul,* que les fibres corticales forment un réseau dont les interstices sont occupés par des rayons médullaires.

D'après le mode de développement que présentent les deux systèmes constituant la tige, on comprend que le bois doit tendre constamment à se solidifier, et l'écorce à se détruire. Or, il se forme sans cesse dans tous les tissus de l'écorce de nouvelles cellules, qui repoussent vers la périphérie les tissus au-dessous desquels s'est opéré leur développement; de là l'exfoliation et la chute des diverses parties constituant le système cortical, de l'épiderme d'abord, puis des cellules du suber, de la moelle corticale, et même du liber.

Nous ne parlerons pas des tiges dicotylédones dont la structure présente des anomalies qui résultent du développement disproportionné ou de l'absence des divers éléments qui les composent; mais nous devons mentionner la tige des *Conifères* (*Pin, Sapin, Mélèze, If,* etc.) dont le bois, sauf les trachées peu nombreuses qui garnissent l'étui médullaire, se compose en entier de fibres, ponctuées régulièrement. Ces fibres (fig. 687) sont creusées de petits godets, semblables à la cavité d'un verre de montre, et disposées sur deux séries droites qui occupent les deux côtés opposés de chaque fibre. Elles se juxtaposent de manière que le godet concave de l'une répond au godet semblable de l'autre (fig. 688), d'où résulte un espace vide, en forme de lentille, comme celui de deux verres de montre qui se regarderaient par leur concavité. C'est au centre de chaque godet que répond la ponctuation, c'est-à-dire l'amincissement résultant de l'absence des membranes intérieures; cet amincissement produit donc sur la convexité de chaque godet un court canal, qui n'a qu'une issue, s'ouvrant à l'intérieur de la fibre. La cavité en forme de lentille, résultant du contact de deux fibres, se remplit ordinairement de térébenthine; cette résine pénètre aussi dans l'intérieur de la cavité des fibres, qu'elle détruit peu à peu; il en résulte des dépôts résineux, qui forment des lacunes souvent considérables dans le bois des arbres *verts* (fig. 689, *la*).

688. Pin. Coupe verticale de la tige. (g.) (P.f) Paroi d'une fibre. — (C.l) Cavité lenticulaire. — (R.m) Rayon médullaire. — (C.f.) Cavité d'une fibre.

687. Pin. Fibre ponctuée. (g.)

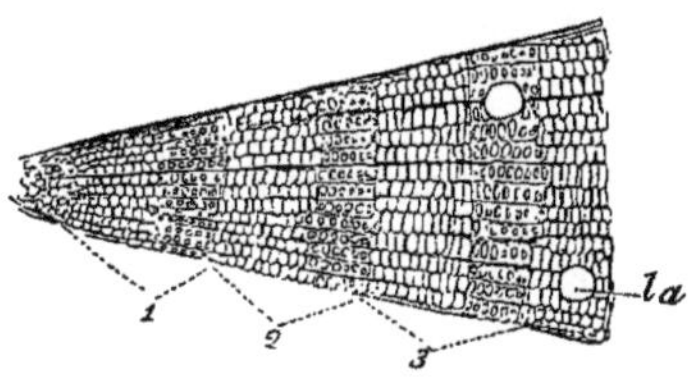

689. Pin. Tranche horizontale montrant le développement de deux faisceaux ligneux sur un rameau de trois ans.

**TIGE DES PLANTES MONOCOTYLÉDONES.** — Lorsque la plantule monocotylédone, entièrement celluleuse avant la germination, commence à s'allonger, des faisceaux fibro-vasculaires se forment dans la tige. Ces faisceaux sont d'abord disposés circulairement comme dans les jeunes Plantes dicotylédones; mais bientôt, à mesure que les feuilles se développent, les faisceaux se multiplient et naissent sans ordre apparent dans le tissu cellulaire, d'autant plus nombreux et serrés qu'ils avoisinent la circonférence de la tige. Si l'on observe sous le microscope un des faisceaux qui semblent le plus développés (fig. 690), on y remarque une organisation analogue à celle que nous avons signalée dans les dicotylédones : en partant de la région qui regarde le centre de la tige, on trouve des fibres à parois épaisses, analogues à celles du liber (L), puis des trachées (T); puis, au milieu de cellules (P), dont quelques-unes s'allongent et s'épaississent en fibres, se montrent les ouvertures de vaisseaux rayés ou ponctués (V); la région du faisceau qui regarde la circonférence de la tige est formée de fibres épaisses (*liber*) (L), en dehors et au milieu desquelles se ramifient des vaisseaux laticifères (V. L).

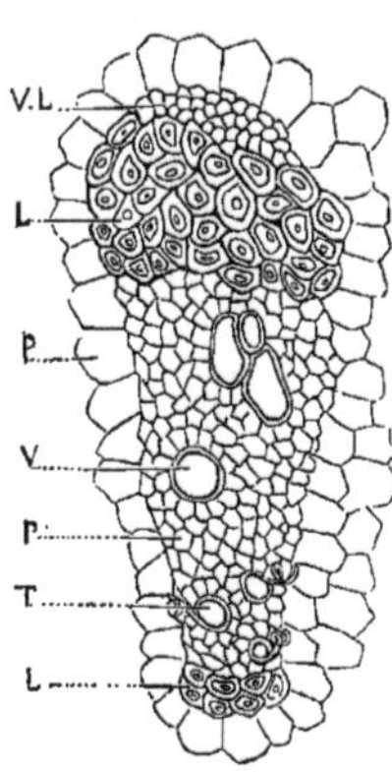

690. Coupe transversale d'un faisceau fibro-vasculaire de tige de monocotylédone. (g.) (La région répondant au centre de la tige est en bas.)

Mais si les faisceaux, considérés individuellement, ne diffèrent pas de ceux d'une tige de dicotylédone âgée d'un an, leur ensemble présente une différence très-importante (fig. 691) : ils ne sont point groupés circulairement et disposés en zones concentriques comme ceux des dicotylédones; chacun d'eux (F) est un *îlot* séparé de ses voisins, non par des rayons médullaires qui, dans les dicotylédones, forment autant de murs de séparation (*tissu muriforme*) entre les faisceaux, mais par une enceinte irrégulière de moelle (M). Ici point d'association symétrique; les faisceaux sont dispersés dans la moelle, et peuvent se multiplier sans être entravés par des pressions latérales. Chacun d'eux est isolé et reste simple; à aucune époque il ne se développe entre son système cortical et son système ligneux une couche de cambium destinée à s'organiser et à former de nouveaux faisceaux. Dans les dicotylédones, au contraire, les faisceaux étant serrés en cercle dès la première année, et leurs systèmes ligneux et cortical formant deux zones concentriques, ils ne peuvent se multiplier que par la formation, entre les deux zones, de nouveaux éléments, les

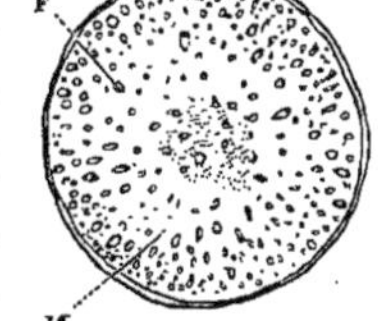

691. Palmier. Tranche horizontale de la tige.

uns ligneux, les autres corticaux, se juxtaposant à la zone analogue. La conséquence de cette position des faisceaux fibro-vasculaires est une solidité, d'autant plus grande que les faisceaux sont plus centraux; tandis que, dans les tiges monocotylédones, qui n'ont pas de couches concentriques, la solidité décroît de la circonférence vers le centre. C'est ce qui se voit facilement dans les tiges ligneuses (fig. 692), et même sur les tiges herbacées des monocotylédones.

692. Palmier. Coupe verticale de la tige.

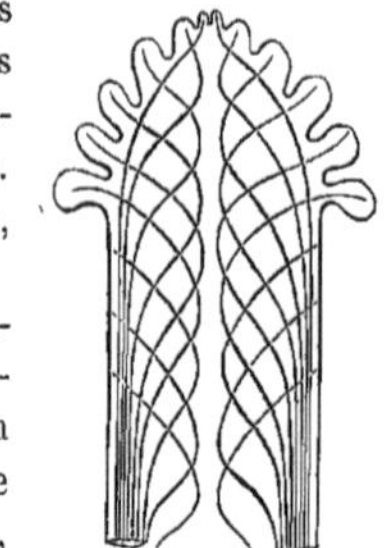
693. Coupe théorique d'une tige de Palmier.

Si l'on observe sur une tranche longitudinale la disposition des faisceaux fibro-vasculaires d'une tige de monocotylédone soit ligneuse (fig. 693), soit herbacée (fig. 694), la différence entre les tiges des deux classes de Végétaux se prononce davantage : chaque faisceau, observé de haut en bas, à partir du point de la tige où il entre dans une feuille, descend d'abord obliquement vers le centre de la tige, puis verticalement, puis obliquement encore vers la circonférence; chemin faisant, il croise successivement tous les faisceaux situés au-dessous de lui et ses aînés, et il se place en dehors d'eux. Nous avons vu, dans les dicotylédones, les faisceaux les plus jeunes être aussi les plus extérieurs; mais les faisceaux du même âge restent à peu près parallèles dans leur trajet, et forment un cylindre par leur réunion : chez les monocotylédones, au contraire, les faisceaux divergent dans le bas, et convergent les uns vers les autres dans le haut.

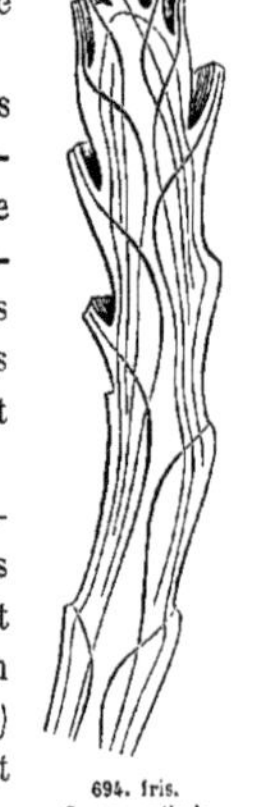
694. Iris. Coupe verticale de la tige.

En outre, la composition d'un faisceau est différente, suivant la hauteur qu'il occupe dans la tige : dans la partie qui descend vers le centre, le système ligneux l'emporte par ses proportions sur le système cortical; dans la partie qui descend vers la périphérie, le système cortical prédomine, et finit par exister presque seul, lorsque, arrivé à la zone celluleuse représentant l'écorce, le faisceau s'amincit et se partage en plusieurs filets semblables à des racines fibreuses, qui s'entrecroisent avec ceux des faisceaux voisins; leur ensemble forme, en dedans de la couche celluleuse qui sert d'écorce, une couche de fibres, que plusieurs Botanistes ont comparée à une zone de liber.

On comprend sans peine que les faisceaux fibro-vasculaires, possédant des éléments différents selon la hauteur qu'ils occupent, et s'amincissant vers la périphérie, doivent offrir des aspects très-dissemblables sur une tranche horizontale de la tige : les points fibreux, rares et accompagnés de gros vaisseaux, qui occupent le milieu de la tige, appartiennent à la portion supérieure des faisceaux, où domine le système (plutôt cellulaire et vasculaire que fibreux) auquel nous avons donné, par comparaison, le nom de *système ligneux*. Les points colorés et denses, qui forment vers la périphérie une zone plus solide, appartiennent à la moitié inférieure des faisceaux, où dominent les fibres analogues à celles du liber; enfin, les points moins serrés qui se voient ordinairement en dehors de la zone colorée proviennent de quelques-unes de ces mêmes fibres, qui se sont écartées pour venir se perdre dans l'écorce, réduite à une zone cellulaire.

La tige des monocotylédones est ordinairement à peu près égale en grosseur de la base jusqu'au sommet. Cela vient de ce que les faisceaux fibro-vasculaires, graduellement amincis vers leur extrémité inférieure, ne viennent pas se réunir à la base de la tige, qui, dans les *dicotylédones,* les possède en totalité : il en résulte que deux tranches de même longueur, coupées dans une tige de *monocotylédone,* ne seront pas plus riches en faisceaux l'une que l'autre, et, par conséquent, doivent peu différer dans leur diamètre.

**RACINE.** — On sait que, dans la plantule, la radicule n'est qu'un simple mamelon celluleux qui termine l'extrémité inférieure de la tigelle, et s'allonge en descendant quand cette dernière s'élève vers le ciel avec sa gemmule et ses cotylédons. La graine des *monocotylédones* offre ordinairement plusieurs radicules (fig. 642); mais elles ne sont pas *nues* comme celles des *dicotylédones*; elles sont enveloppées d'une couche extérieure (*col*) qui leur sert d'écorce; et en poussant devant elle cette couche qui ne peut suivre leur développement, elles la percent, et en sortent comme d'un fourreau; de là le nom de *coléorrhize* donné quelquefois à cette gaîne ou écorce des radicules (fig. 642).

Nous avons cité plusieurs exemples de la faculté que possède la tige d'émettre des divers points de sa surface des racines, que l'on nomme *accessoires* ou *adventives;* ces racines offrent absolument la même organisation que celle qui est émanée de la tigelle; on peut même établir une identité complète entre elles, et considérer la radicule comme une production de la tigelle; d'où il résulterait que toutes les racines, soit primordiales, soit secondaires, sont réellement *adventives.*

La racine se compose, dans son premier âge, d'un noyau de cellules agglomérées; celles du centre s'allongent, et deviennent des vaisseaux qui s'enchevêtrent avec ceux de la tige (fig. 695). La racine, en s'allongeant, reste simple ou se ramifie; mais ces ramifications ne naissent pas à l'aisselle d'une feuille et n'observent aucune régularité, comme les bourgeons de l'axe montant; elles se terminent par des *fibrilles,* dont l'ensemble porte le nom de *chevelu.* Ces fibrilles se flétrissent avec l'âge, et sont remplacées par de nouvelles fibrilles qui naissent ordinairement vers le bout des ramifications plus jeunes; elles sont, ainsi que ces dernières, revêtues d'épiderme ou de cuticule sur toute leur surface, excepté à leur extrémité, que quelques Botanistes ont nommée *spongiole* (SP). — Le développement de la racine s'effectue par l'extrémité de ses rameaux, mais non par ses fibrilles, qui sont caduques, et comme les cellules récemment nées n'ont pas encore leur épiderme formé, on conçoit que les racines absorbent l'humidité du sol par le bout de leurs dernières ramifications autant que par leurs fibrilles.

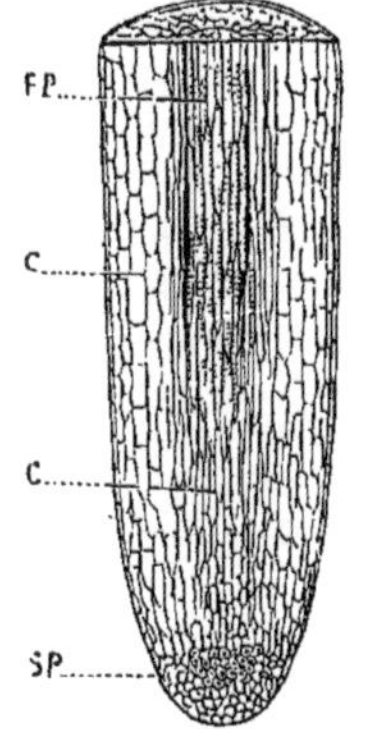

695. Orchis. Coupe verticale d'une radicelle, très-grossie. Les cellules (C, C) s'organisent graduellement en fibres ponctuées (F.P) et en vaisseaux; celles du bas, récemment formées, constituent la spongiole (SP).

Les fibres et les vaisseaux de la racine sont les mêmes que ceux de la tige, mais on n'y trouve jamais de trachées; les cellules sont abreuvées de suc ou remplies de fécule (*Orchis*, fig. 695).

Dans les *dicotylédones,* la racine se distingue de la tige en ce qu'elle n'offre ni moelle centrale, ni étui médullaire, et que son axe est occupé par des fibres ligneuses; ce fait est à peu près sans exception. Son épaisseur s'accroît, comme celle de la tige, par la formation annuelle de deux zones concentriques et contiguës de bois et d'écorce; elle ne s'allonge que par son extrémité seulement, tandis que la tige et ses rameaux croissent dans toute leur longueur, comme on peut s'en assurer par des lignes tracées sur une pousse de racine et une pousse de tige.

Les racines des *monocotylédones*, au lieu d'être *pivotantes*, c'est-à-dire formées par un axe principal qui se ramifie, ont, en général, une *base multiple*, c'est-à-dire qu'elles se composent de faisceaux simples ou peu ramifiés, naissant tous du collet. Leur structure anatomique est exactement semblable à celle des tiges.

**FEUILLES.** — La structure anatomique des feuilles est la même que celle de la tige; elles se composent d'un faisceau fibro-vasculaire, accompagné de parenchyme; ce faisceau, déjà tout formé avant de s'éloigner de la tige, s'épanouit en limbe dès qu'il s'en détache (feuille sessile), ou reste indivis dans une certaine étendue avant de s'épanouir (feuille pétiolée); les nervures du limbe sont formées par des fibres et des vaisseaux; son parenchyme est du tissu cellulaire; il est recouvert, ainsi que le pétiole, par une couche d'épiderme qui porte des stomates nombreux, excepté sur les nervures et sur le pétiole.

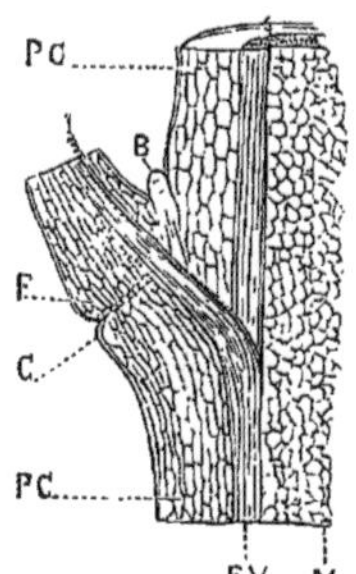

696. Coupe verticale d'un rameau, montrant la naissance du pétiole sur la tige. (g.)

Le pétiole, avant de s'étaler en limbe, forme souvent une *gaîne* ou des *stipules;* la gaîne existe quand les faisceaux partiels qui le composent s'écartent les uns des autres, mais sans diverger; les stipules se montrent quand les faisceaux latéraux du pétiole s'écartent en divergeant.

Les éléments du faisceau fibro-vasculaire (fig. 696, F. V) qui sort de la tige pour former le pétiole (F), sont forcés de subir une déviation qui les rend plus courts, les amincit, et diminue d'autant la surface de leurs extrémités contiguës; ces éléments sont donc peu solidement unis au point où la déviation a lieu : c'est ce qui cause la chute de la plupart des feuilles. Le point de la tige qui servait de base au pétiole, et dont celui-ci était la continuation, forme un petit renflement qu'on a nommé *coussinet* (C), et qui, quand le pétiole s'est *désarticulé*, se montre (fig. 54) distinct, avec la cicatrice (*f*) laissée par le pétiole.

La position respective des éléments du faisceau fibro-vasculaire, qui de la tige passe dans la feuille, montre clairement que le limbe d'une feuille peut se comparer à une tige aplatie, dont les fibres et les vaisseaux se sont épanouis, au lieu de rester en faisceau, et ont par leur écartement offert une latitude favorable aux cellules du parenchyme. Nous avons vu, en effet, que, dans la tige, le faisceau présente en dedans des trachées, puis des vaisseaux rayés ou ponctués, et des fibres ligneuses; extérieurement des vaisseaux laticifères et des fibres corticales à parois épaisses : de même, dans le limbe de la feuille, chaque nervure (qui n'est qu'un faisceau partiel) présente à sa face supérieure ou interne des trachées et des vaisseaux rayés ou ponctués, accompagnés de fibres ligneuses; à sa face inférieure ou externe, des vaisseaux laticifères et des fibres corticales.

La face inférieure ou externe de la feuille, qui représente le système cortical, est généralement plus riche en poils et en stomates que la face supérieure ou interne, qui représente le système ligneux. Le parenchyme, dont les cellules sont remplies de chromule verte, offre ordinairement (fig. 697), dans les feuilles plates, deux régions bien tranchées : la région supérieure ou interne, appartenant au système ligneux, contient un ou plusieurs rangs de cellules oblongues (P. S) juxtaposées perpendiculairement sous l'épiderme (E. *s*), et de manière à ne laisser que des méats peu sensibles (M); la région inférieure ou externe, appartenant au système cortical, renferme des cellules irrégulières (P. *i*), laissant entre elles des méats et des lacunes (L) auxquels répondent les stomates. — Le parenchyme des feuilles grasses telles que celles du *Sédum*, se compose de cellules offrant peu de méats, et d'autant plus pauvres en chromule qu'on les observe près du centre. — Les feuilles submergées (fig. 698) sont dépourvues non-seulement d'épiderme et de stomates, mais encore de fibres et de vaisseaux; leur parenchyme est réduit à des cellules allongées, disposées en séries peu épaisses, et, par conséquent, très-perméables au liquide dans lequel la feuille est plongée.

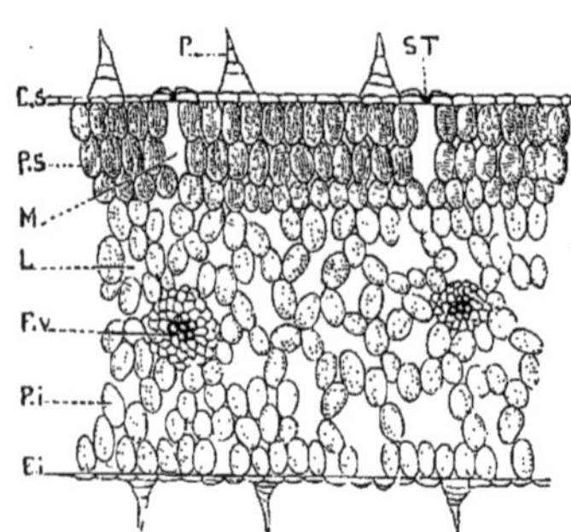

697. Melon. Coupe perpendiculaire à la surface d'une feuille. (g.) — P. Poil, — ST. Stomate, — F.V. Faisceau fibro-vasculaire. — E.S. Épiderme supérieur. — E.I. Épiderme inférieur.

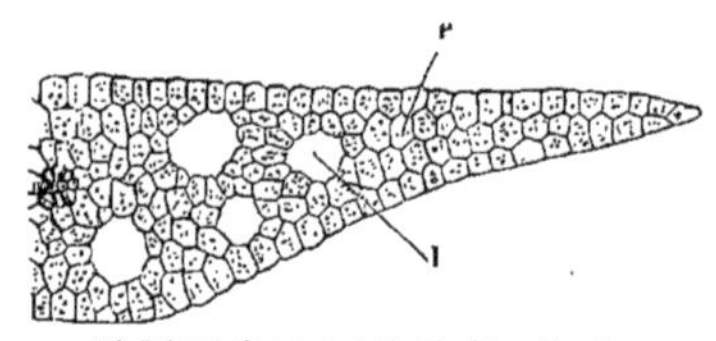

698. Potamot. Coupe perpendiculaire à la surface d'une feuille. (g.) — P. Parenchyme sans épiderme. — L. Lacune.

La feuille, dans son premier âge, est un petit tubercule purement cellulaire, qui s'aplatit ensuite en lame; bientôt, sur la ligne médiane de cette lame, les cellules s'allongent en fibres, puis en vaisseaux, dont les premiers formés sont des trachées, comme dans la tige.

Dans son Mémoire *sur la formation des feuilles,* M. Trécul admet quatre types principaux d'après lesquels se forment ces organes : la formation *basifuge,* la formation *basipète,* la formation *mixte* et la formation *parallèle.* Dans la formation *basifuge,* toutes les parties se forment de bas en haut, c'est-à-dire que les aînées sont celles qui appartiennent au bas de la feuille, et que l'extrémité est la dernière formée; les stipules se forment avant les folioles et les nervures secondaires de la feuille. — Dans la formation *basipète,* le *rachis* ou axe de la feuille paraît d'abord, et sur ses côtés les lobes et les folioles naissent de haut en bas, c'est-à-dire que le sommet est formé avant la base. Les stipules naissent toujours avant les folioles inférieures, quelquefois même avant les supérieures. Dans cette formation, non-seulement les folioles naissent de haut en bas, mais leurs nervures secondaires, leurs dents apparaissent dans le même sens. — Dans la formation *mixte,* les deux modes précédents sont réunis. — Dans la formation *parallèle,* toutes les nervures se forment parallèlement, mais la gaîne naît la première. La feuille s'allonge surtout par la base du limbe ou par celle du pétiole. La gaîne, quoique étant l'aînée, ne s'accroît que lorsque la feuille a acquis un certain développement.

La distribution des nervures dans le limbe des feuilles présente de notables différences, selon qu'on l'observe sur une Plante *monocotylédone* ou sur une Plante *dicotylédone*. Dans les *monocotylédones,* en général, (fig. 33), les nervures sont simples, ou, si elles se ramifient, leurs divisions latérales ne se mêlent pas avec celles des nervures voisines. Dans les *dicotylédones,* au contraire (fig. 6), les nervures se ramifient en *veines* et en *veinules,* lesquelles vont se joindre aux veines et aux veinules des nervures voisines, et leur ensemble forme un réseau fibro-vasculaire dont les aréoles sont remplies par le parenchyme. Toutefois, dans les feuilles de quelques *monocotylédones,* les nervures, à l'origine du limbe, ne sont pas toutes parallèles et simples : tantôt des nervures secondaires se détachent d'une ou plusieurs nervures principales, et marchent dans une autre direction (mais ces nervures secondaires sont parallèles, et la ligne arquée qu'elles décrivent a sa convexité dirigée vers la nervure principale, ce qui est rare dans les *dicotylédones*); tantôt les nervures sont anastomosées en réseau, et souvent le limbe de la feuille, au lieu d'être *entier*, ce qui est le cas le plus fréquent, est plus ou moins profondément lobé, comme on le voit dans le *Gouet* ou *Pied-de-Veau*. On trouve aussi, par compensation, quelques *dicotylédones* dont les feuilles ont leurs nervures parallèles et simples; mais ces exceptions ne détruisent pas la règle générale qui semble présider à la disposition des nervures dans les deux grandes classes des Végétaux cotylédonés. D'ailleurs, quand on voudra se fonder sur ce caractère pour savoir à laquelle des deux classes appartient la Plante que l'on aura à déterminer, il suffira, pour éviter toute erreur, de confirmer l'examen des nervures par celui des faisceaux fibro-vasculaires de la tige : si la Plante est une *dicotylédone*, ils sont disposés symétriquement autour de la moelle centrale en un ou plusieurs cercles concentriques (fig. 685); si la Plante est une *monocotylédone*, ils sont dispersés sans ordre, et plus serrés vers la circonférence (fig. 691).

**BOURGEONS**. — Le bourgeon (fig. 696, *b*) est, dans son premier âge, un petit amas de tissu cellulaire qui se continue avec l'extrémité d'un rayon médullaire; d'abord caché sous l'écorce, il pousse celle-ci devant lui et fait saillie sur la tige; bientôt ces cellules s'organisent en fibres et en vaisseaux qui communiquent avec leurs analogues appartenant à la tige; mais l'étui médullaire du jeune rameau, formé par les trachées et les fibres, se ferme à son origine, et ne communique pas avec le rayon médullaire de l'axe dont il émane.

**SÉPALES**. — Il est facile de vérifier l'analogie extérieure des feuilles calycinales avec les feuilles ordinaires; l'anatomie complète cette analogie. Les nervures sont des faisceaux composés de trachées et de fibres; entre elles est épanché du parenchyme, et le sépale est recouvert sur ses faces de deux couches d'épiderme, dont l'extérieure est plus abondamment pourvue de stomates que l'intérieure. Ces nervures, suivant la classe à laquelle appartient la Plante, observent la même disposition que dans les feuilles; elles sont, en général, parallèles et simples dans les *monocotylédones*, ramifiées et anastomosées dans les *dicotylédones*.

Les feuilles calycinales, dans leur premier âge, apparaissent sous la forme de petits mamelons, composés de tissu cellulaire et réunis à leur base par un anneau ou bourrelet appartenant au réceptacle. Quand le calyce doit être monosépale, les extrémités des sépales qui formeront le limbe calycinal sont libres, comme les mamelons du calyce polysépale; ce n'est que plus tard que naît la partie qui formera le tube calycinal. — Les faisceaux fibro-vasculaires s'organisent graduellement dans les sépales comme dans les feuilles.

**PÉTALES**. — On a vu que les feuilles de la corolle ont souvent, comme les feuilles ordinaires, un pétiole, que nous avons nommé *onglet*. Quand l'onglet existe, les faisceaux fibro-vasculaires le traversent dans toute sa longueur, et ne se séparent que pour former les nervures du limbe; ces nervures, ordinairement dichotomes, sont composées de trachées et de cellules allongées; le parenchyme qui remplit leurs intervalles est constitué par des cellules formant des couches peu nombreuses, que recouvre un épiderme où l'on ne voit que très-rarement des stomates, qui, quand ils existent, occupent la face externe seulement.

Les pétales, dans leur premier âge, offrent le même aspect que les feuilles du calyce; puis le petit mamelon cellulaire qui constitue chacun d'eux s'élargit en disque d'un vert plus ou moins foncé, lequel, plus tard, change toujours de couleur. Quoique inférieurs sur l'axe floral relativement aux étamines, les pétales se montrent ordinairement plus tardifs que ces dernières dans leur évolution, de sorte qu'on pourrait croire que les étamines sont les aînées des pétales, ce qui n'est pas. Lorsque la corolle doit être monopétale (ce qui arrive quand le *torus* s'est épanché au-dessus de son niveau ordinaire de manière à former un petit bourrelet circulaire qui réunit les feuilles émanées de sa substance), on voit les mamelons représentant les portions libres de la corolle, c'est-à-dire son limbe, qui forment autant de saillies sur le bourrelet.

Au reste, que la corolle soit monopétale ou polypétale, l'accroissement de ses feuilles s'effectue comme dans les feuilles ordinaires : l'extrémité supérieure de chaque pétale est formée la première, ainsi que sa base, et l'évolution se dirige vers le milieu de la feuille, de bas en haut, comme de haut en bas, et latéralement.

**ÉTAMINES.** — L'étamine, à son état complet, nous a montré le *filet*, le *connectif*, l'*anthère* et le *pollen*. Nous allons exposer successivement la structure anatomique de ces diverses parties dans l'étamine adulte, et leur mode de développement dans l'étamine jeune.

Le *filet* se compose d'un faisceau central de trachées, qui le parcourt dans toute sa longueur, d'une couche de cellules enveloppant ce faisceau, et d'un épiderme fin qui recouvre le tout. Le *connectif*, qui est la suite du filet, est formé par des cellules qui ont la consistance d'un tissu glanduleux, et dans lesquelles se continue et se termine ce faisceau de trachées.

L'*anthère* se partage ordinairement en deux loges, séparées par le connectif et contenant le pollen. Les parois de ces loges sont constituées extérieurement par une couche de cellules formant l'épiderme (fig. 699, C. E), où l'on voit souvent des stomates; intérieurement par une couche simple ou multiple de cellules (L) fibreuses, annulaires, ou spirales ou réticulées : cette couche diminue d'épaisseur à mesure qu'elle s'approche de la ligne où s'ouvrira l'anthère pour donner issue au pollen, et elle s'interrompt complétement sur cette ligne. Quand le moment de la déhiscence est arrivé, la membrane externe de ces cellules se détruit, et les bandelettes en réseau, en anneau ou en spirale, qui la doublaient, restent seules autour du pollen, dont elles favorisent l'émission, lorsque, par la chaleur, elles se dessèchent, se contractent, et ouvrent l'anthère.

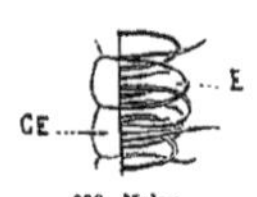

699. Melon. Débris des cellules fibreuses tapissant l'épiderme de l'anthère. (g.)

L'étamine, dans son premier âge, apparaît sous la forme d'un mamelon de tissu cellulaire, d'abord de couleur verte, qui ordinairement devient jaune par la suite. C'est l'anthère qui est formée la première; elle offre un sillon médian, qui sera le connectif, et deux latéraux, qui indiquent la ligne de déhiscence; le filet se montre ensuite, d'abord complétement cellulaire, puis traversé par un faisceau de trachées. Le tissu de l'anthère est formé, dans le principe, d'une masse de cellules semblables (fig. 700); bientôt, au milieu de ce tissu, un certain nombre de cellules se détruisent et laissent des lacunes, qui s'élargissent peu à peu. Il y en a ordinairement quatre dans la masse, disposées à peu près à égale distance du centre et de la périphérie, et

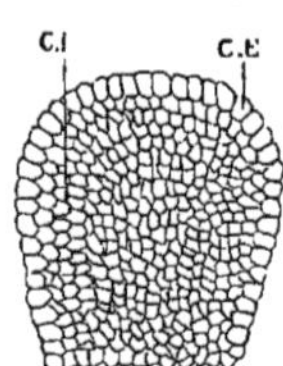

700. Melon. Coupe verticale de l'anthère jeune (g.), montrant les cellules épidermiques C.E. et les cellules internes C.I. toutes semblables et homogènes, au milieu desquelles se formeront des lacunes.

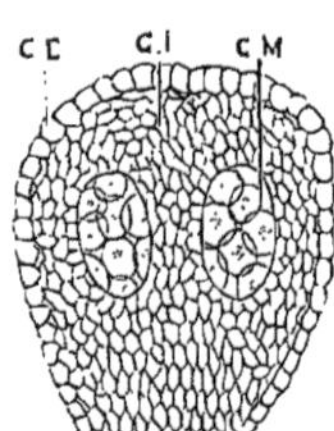

701. Melon. Coupe verticale d'une loge d'anthère (g.) où se creusent deux logettes. C. E. Cellules épidermiques; C. I. Cellules internes. C. M. Cellules-mères contenues dans les logettes.

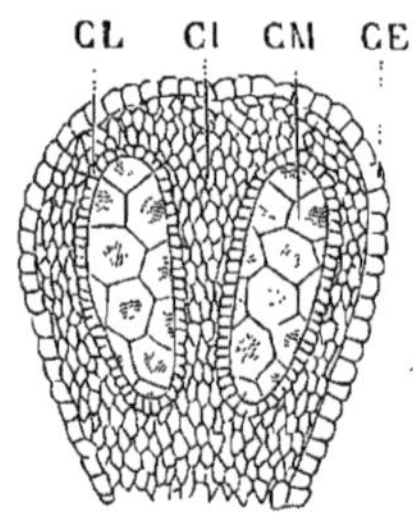

702. Melon. Coupe verticale d'une loge d'anthère où les logettes se remplissent de cellules-mères. C. L. Parois des logettes. (g.)

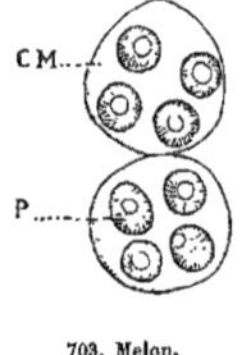

703. Melon. Cellules mères. C. M., primitivement hexagonales, dont les cloisons se sont détruites, et contenant chacune quatre grains de pollen, P. (g.)

formant quatre *logettes*, dont deux constitueront une *loge* (fig. 701). Ces lacunes se remplissent d'un mucilage qui ne tarde pas à s'organiser (fig. 702) en cellules de deux sortes : les unes, extérieures et plus petites (C. L), forment une couche qui enveloppe la lacune, et lui sert de paroi; les autres, beaucoup plus grandes (C. M), sont les cellules au sein desquelles naîtra le pollen. Bientôt, en effet, ces *cellules-mères* (C. M) se remplissent de granules; ces granules s'agglomèrent en quatre noyaux séparés par une matière liquide, qui s'épaissit peu à peu de dehors en dedans, et finit par constituer quatre cloisons partageant la cellule-mère en quatre loges. Alors chaque noyau granuleux se revêt d'une membrane propre (fig. 703); bientôt les cloisons et la paroi de chaque cellule-mère (C. M) s'amincissent, se détruisent, et tous les noyaux (P) qui les remplissaient deviennent libres dans la logette qui contenait les cellules. Ces noyaux sont les grains de pollen (fig. 704).

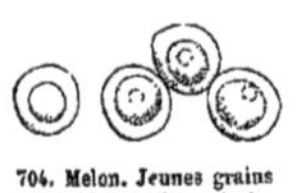
704. Melon. Jeunes grains de pollen, libres. (g.)

A mesure qu'ils s'accroissent (fig. 705 et 706), les cellules primitivement formées, au milieu desquelles s'étaient organisées les logettes, se détruisent peu à peu; celles qui constituaient la paroi des logettes viennent tapisser la membrane de l'épiderme (fig. 699, C. E) et se changent rapidement en cellules fibreuses (F); la partie du parenchyme primitif qui était interposée entre deux logettes s'amincit insensiblement, et forme une cloison qui part du connectif et s'avance vers la ligne de déhiscence; cette cloison se détruit bientôt, et les deux logettes ne forment plus qu'une seule loge. Dans quelques Plantes, cette cloison persiste, et, chaque loge offrant deux cavités, l'anthère adulte reste quadriloculaire comme elle l'était dans le jeune âge (*Butome*, fig. 326).

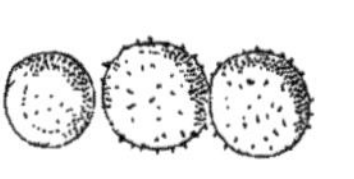
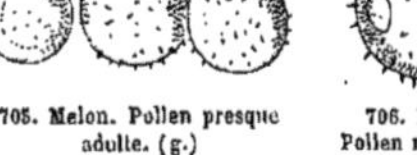

705. Melon. Pollen presque adulte. (g.)

706. Melon. Pollen mûr. (g.)

Dans plusieurs Plantes, les débris des cellules-mères ne disparaissent pas complétement, et lient encore les grains de pollen; c'est ce qu'on voit dans l'*Orchis* (fig. 359 et 360) où une sorte de réseau élastique retient les grains agglomérés par petites masses.

**CARPELLES.** — L'anatomie des feuilles carpellaires montre une structure analogue à celle des feuilles ordinaires : un tissu cellulaire (quelquefois très-succulent, comme dans les baies et les drupes), parcouru par des faisceaux fibro-vasculaires, est recouvert d'une double couche d'épiderme, dont l'extérieure seule est garnie de stomates; les faisceaux fibro-vasculaires montent de l'*ovaire* dans le *style*, et occupent non pas son centre, mais son pourtour; le centre du style est creusé en canal, et la face interne de ce canal, formé par l'enroulement de l'extrémité supérieure de la feuille carpellaire, est garnie de cellules saillantes; son milieu est occupé par des filaments celluleux humides, qu'on nomme *tissu conducteur;* c'est ce tissu qui, comme nous l'avons déjà dit, forme, au sommet ou sur les côtés du style, la surface spongieuse constituant le *stigmate*. — Le *placentaire*, chargé de transmettre à la graine les sucs nourriciers dont elle a besoin, se compose d'un faisceau de trachées entouré de cellules allongées; le *funicule*, qui n'en est qu'un prolongement, offre la même organisation.

Chez les Plantes à ovaire infère, les carpelles sont enchâssés dans un godet appartenant au réceptacle (cupule réceptaculaire), qui prend quelquefois un développement énorme, et émet à la limite de cet accroissement

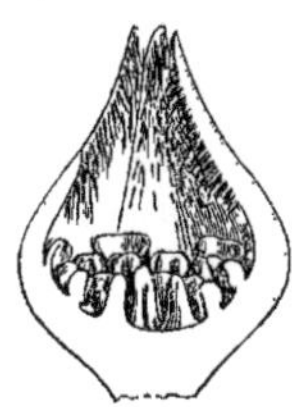

707. Poirier. Fleur très-jeune, coupée verticalement pour montrer les pétales, les étamines et les mamelons carpellaires, libres sur le réceptacle. (g.)

708. Poirier. Jeunes carpelles, vus par leur face interne, d'abord concave, et dont les bords se rapprocheront pour former le style et les placentaires. (g.)

710. Poirier. Jeune fleur sur laquelle on a enlevé le calyce, les pétales et les étamines, pour montrer les cinq carpelles, enchâssés dans la cupule réceptaculaire. (g.)

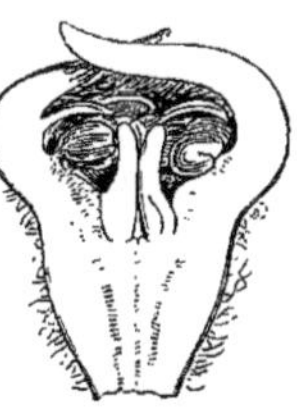

709. Poirier. Jeune fleur coupée verticalement, pour montrer l'accroissement du réceptacle, la disposition des carpelles, l'insertion des pétales et des étamines. (g.)

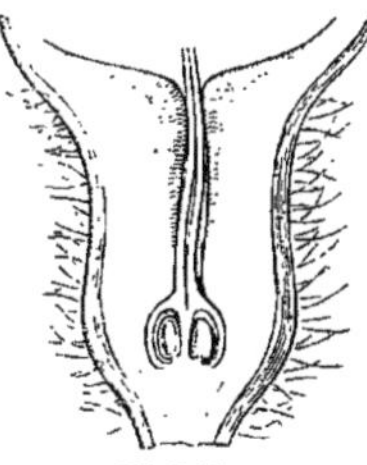

711. Poirier. Fleur coupée verticalement, sur laquelle on a enlevé les étamines et les pétales, montrant ses carpelles enveloppés par le tube réceptaculaire. (g.)

les étamines, les pétales et le calyce. Cette hypertrophie du réceptacle est surtout remarquable dans les *Rosacées-Pomacées* (fig. 707, 708, 709, 710, 711).

**OVULE.** — Les Botanistes désignent souvent sous le nom d'*ovules* les jeunes graines dont l'organisation n'est pas encore achevée; mais on doit, pour plus de précision, nommer rigoureusement OVULE la graine qui n'a pas encore été fécondée.

712. Gui. Ovule. (g.)

713. Noyer Ovule. (g.)

Il faut, pour suivre les développements de l'ovule, les observer dans le bouton de la fleur, longtemps avant son épanouissement : on le voit alors à l'intérieur de l'ovaire, formant sur le placentaire une petite saillie ou mamelon arrondi qu'on nomme *nucelle* (fig. 712); bientôt se développe autour de la base du nucelle (fig. 713) un bourrelet circulaire (S) qui monte vers son sommet, l'accompagne dans son accroissement, d'abord avec un progrès égal, et plus tard finit par l'envelopper presque entièrement;

mais, avant cette dernière époque, s'est développé un second bourrelet circulaire (fig. 714, P), extérieur au premier (S), qui le suit dans son accroissement, et finit par l'atteindre et même le dépasser; ces deux sacs enveloppent peu à peu le nucelle (N), et, quand ils sont parvenus au niveau de son sommet, l'ouverture de chacun se resserre : il en résulte une petite cavité cylindrique ou évasée en godet, qui consiste en deux anneaux superposés, et se répondant par tous les points de leur circonférence : le supérieur, appartenant au tégument externe, est nommé *exostome* (EX); l'inférieur, appartenant au tégument interne, est nommé *endostome* (End). C'est la réunion de l'endostome et de l'exostome qui constitue le *micropyle*, lequel toujours répond à la pointe du nucelle.

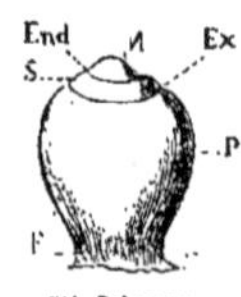

714. Polygonum. Ovule. (g.)

Le tégument le plus extérieur (P) a reçu le nom de *primine;* l'intérieur celui de *secondine* (S); le nucelle (N) a été aussi nommé *tercine.* Ces termes n'indiquent pas leur ordre de formation, mais seulement leur ordre de superposition du dehors au dedans. C'est sur la *primine* que s'insère le funicule (F) ou cordon nourricier, qui, comme nous l'avons déjà dit, renferme dans un étui de tissu cellulaire un faisceau de trachées. Ce cordon, après avoir traversé la primine, traverse aussi la secondine, et s'épanouit à la base du nucelle, dans un tissu cellulaire dense et coloré, formant un épaississement qu'on nomme *chalaze,* et auquel répond presque toujours un petit renflement de la primine.

Pendant que l'ovule, uniquement composé de tissu cellulaire, prend de l'accroissement, le nucelle se creuse, vers son centre (fig. 715), d'une cavité formée par une de ses cellules qui se dilate, s'étend dans toute la longueur du nucelle et adhère, par les deux bouts, aux cellules environnantes; cette cellule, ainsi développée, prend le nom de *sac embryonnaire* (S. E); on l'appelle aussi *quintine.* Ses parois se tapissent bientôt d'un tissu cellulaire mucilagineux, qui se développe de la circonférence vers le centre, et remplit la cavité du sac; c'est ce parenchyme, ainsi que celui du nucelle, qui constitue le dépôt alimentaire destiné à la plantule, et que nous avons désigné sous le nom d'*albumen* (*perispermum*).

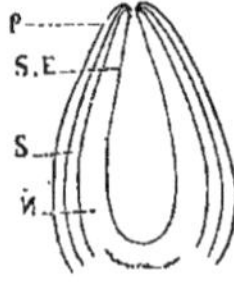

715. Polygonum. Ovule coupé verticalement. (g.) P. Primine. S. Secondine. N. Nucelle. S.E. Sac embryonnaire.

L'ovule, ainsi organisé avant la fécondation, subit l'une des trois modifications suivantes : tantôt, et c'est le cas le plus fréquent, le sac embryonnaire refoule le nucelle à l'extérieur, et son parenchyme se développe exclusivement : l'albumen alors est plus ou moins charnu; tantôt, au contraire, c'est le nucelle qui réagit sur le sac embryonnaire, le resserre et le réduit à un tube étroit : alors l'albumen est farineux; tantôt enfin la réaction réciproque des deux sacs est balancée, et l'ovule contient deux espèces d'*albumen :* on en voit un exemple remarquable dans l'ovule du *Nymphæa blanc* (fig. 610 et 647). C'est pour cela que Gaertner, comparant l'ovule végétal à celui des Oiseaux, désignait expressément sous le nom d'*albumen* (blanc de l'œuf) le parenchyme développé dans le nucelle ou tercine (fig. 610, N), et sous le nom de *vitellus* (jaune de l'œuf) le parenchyme plus intérieur développé dans le sac embryonnaire ou quintine (S. E).

La fécondation est annoncée par l'apparition d'un nouveau corps (fig. 716) qui se montre suspendu vers le haut du sac embryonnaire (se); ce nouveau corps formera la *plantule* ou *embryon.* Il se compose d'abord d'une vésicule (ve) qu'on a nommée *vésicule embryonnaire;* cette vésicule est remplie d'une matière granuleuse, au sein de laquelle se forme une cellule, puis plusieurs autres, qui toutes portent un *cytoblaste* sur leur paroi. La portion supérieure et amincie de cette petite masse celluleuse (fig. 717) est nommée *suspenseur;* dans la portion inférieure et renflée se développera la plantule; bientôt la vésicule embryonnaire et le suspenseur disparaissent; la plantule se développe, selon qu'elle est *monocotylédone* ou *dicotylédone,* comme nous l'avons déjà exposé, et s'étend dans la cavité de l'ovule, qu'elle envahit en absorbant l'albumen. Si l'albumen s'est solidifié avant la venue de la plantule, celle-ci prend moins de place et reste exiguë; mais l'absorption de l'albumen n'est qu'ajournée; elle s'effectuera à l'époque de la germination.

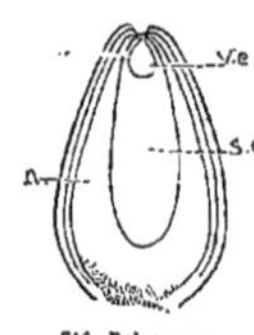

716. Polygonum. Ovule fécondé, coupé verticalement. (g.)

717. Plantule. dicotylédone à ses divers degrés de développement dans l'ovule. (g.)

L'ovule n'est pas muni de deux téguments dans tous les Végétaux; il arrive quelquefois que le nucelle n'est accompagné que du tégument interne (secondine) : le *Noyer* en offre un exemple (fig. 713). Il y a même quelques cas où le nucelle reste nu dans l'ovaire : c'est ce qui se voit dans les *Santalacées,* dans le *Gui* (fig. 712).

Il est important de connaître les évolutions que peut opérer l'ovule avant la fécondation; ces évolutions tiennent à des inégalités de développement qui changent les rapports de ses diverses parties. Dans le principe, le hile et la chalaze se correspondent immédiatement; ils occupent la base de l'ovule, et le micropyle occupe l'extrémité opposée, c'est-à-dire le sommet. Si l'ovule se développe uniformément, la disposition primitive du micropyle et du hile n'est point modifiée, et l'ovule alors est dit *ovule droit* ou *orthotrope* (*ovulum orthotropum,* fig. 716). Quand, après la fécondation, la plantule vient l'occuper, elle sera nécessairement *droite;* et comme la radicule répond au micropyle, celui-ci étant l'antipode du hile et de la chalaze, la radicule le sera aussi, c'est ce qu'on nomme plantule ou embryon *antitrope.* L'*Ortie* nous en a offert un exemple (fig. 578).

Lorsqu'il y a inégalité dans le développement de l'ovule, il peut arriver deux cas : 1° (fig. 718) la chalaze (*Ch*) s'éloigne du hile et se transporte vers la place occupée par le sommet de l'ovule; ce sommet, par un mouvement inverse, se dirige vers le hile, que la chalaze a abandonné; l'axe de l'ovule a donc fait un demi-tour sur lui-même comme l'aiguille d'une boussole, qui passerait du pôle nord au pôle sud. Or, le hile n'ayant pas été déplacé, le faisceau vasculaire qui le met en communication avec la chalaze, forcé de suivre celle-ci dans son évolution, formera par son allongement un cordon (R), plus ou moins saillant dans l'épaisseur de la primine, et qu'on nomme *raphé;* l'ovule alors est dit *ovule réfléchi* ou *anatrope* (*ovulum anatropum,* fig. 719, 720, 721, 722, 723). Ici la plantule sera *droite* comme dans l'*Ortie,* mais la chalaze est devenue l'antipode du hile; le micropyle touche presque ce dernier, et dans la graine fécondée la radicule (qu'on regarde comme la base de la plantule) correspond à la base de l'ovule : c'est ce qu'on nomme plantule ou embryon *homotrope.* On en observe de nombreux exemples (*Sauge,* fig. 579; *Chicorée,* fig. 580).

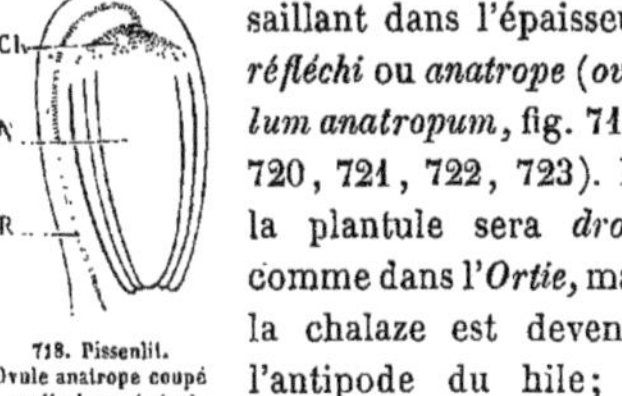


718. Pissenlit. Ovule anatrope coupé verticalement. (g.)

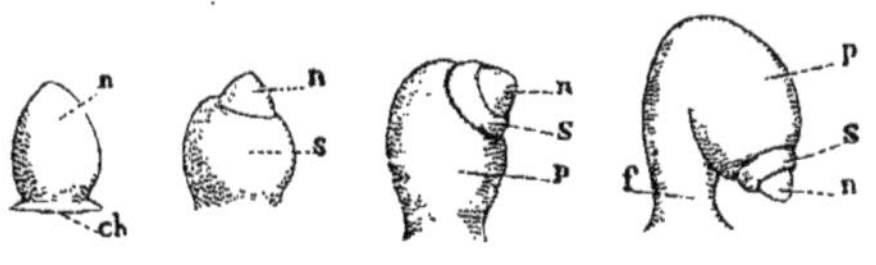


719. 720. 721. 722. Chélidoine. Ovule anatrope à ses divers degrés de développement. (g.)

723. Coupe verticale de la fig. 722.

2° (Fig. 724 et 725.) Lorsque le hile et la chalaze (*ch*) sont inséparables, et que l'un des côtés de la primine (*p*) possède plus d'énergie de développement que le côté opposé, le premier s'allonge pendant que l'autre reste stationnaire; de la résistance du côté inerte résulte la nécessité pour le côté extensible de tourner autour du centre de résistance : alors l'ovule tout entier (*n*) se recourbe sur lui-même; l'ovule alors est dit *ovule courbe* ou *campylotrope* (*ovulum campylotropum*). Ici la plantule partagera la courbure de l'ovule, et, le micropyle étant venu se placer près du hile sans que la chalaze (*ch*) ait abandonné celui-ci, l'extrémité radiculaire et l'extrémité cotylédonaire ne seront séparées l'une de l'autre que par le hile : c'est ce qu'on nomme plantule ou embryon *amphitrope.* La *Giroflée* (fig. 724, 725) et la *Mauve* (fig. 726, 727, 728, 729, 730) nous offrent deux types bien tranchés d'*ovule courbe* et d'embryon *amphitrope.*

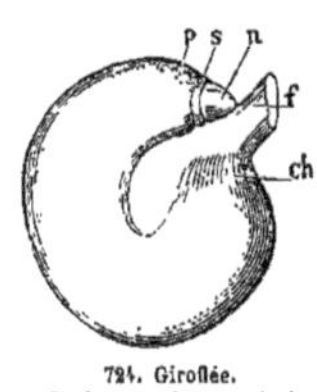


724. Giroflée. Ovule campylotrope. (g.)

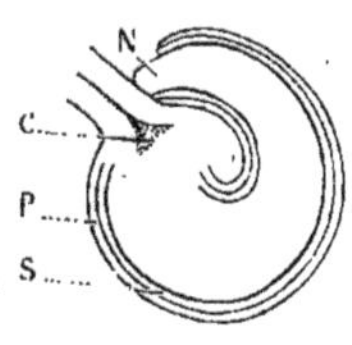


725. Giroflée. Ovule campylotrope coupé verticalement. (g.)

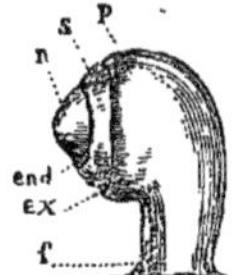


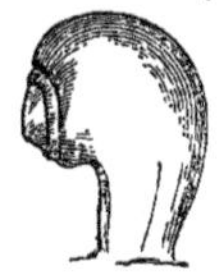

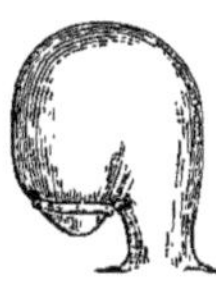

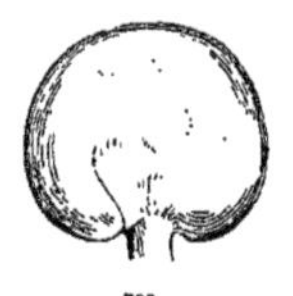

726. 727. 728. 729. Mauve. Ovule campylotrope à ses divers degrés de développement. (g.)

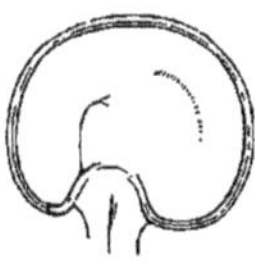

730. Coupe verticale de la figure 729.

Aux trois types que nous venons d'exposer (ovule *droit,* ovule *réfléchi,* ovule *courbe*) se rapportent tous les ovules des Végétaux cotylédonés; mais il y a des cas nombreux où les trois directions se combinent entre elles et se nuancent, de manière à présenter des modifications, qu'il importe de bien apprécier. Nous n'en indiquerons qu'une, qui, quoique très-rare, appartient à des Familles entières : — dans le *Mouron* et dans toute la famille des *Primulacées,* l'un des côtés de l'ovule se développe d'une manière exagérée, tandis que l'autre s'atrophie par degrés; cette évolution ne s'arrête pas après la fécondation, et le micropyle, se rapprochant de plus en plus du hile, cesse de correspondre à l'extrémité radiculaire; celle-ci varie même dans sa direction; mais dans le cas le plus ordinaire l'axe de la plantule est *parallèle* au hile : c'est ce qu'on nomme plantule ou embryon *hétérotrope* (*Mouron, Plantain*, fig. 592; *Asperge*, fig. 594).

Quand l'ovule est fécondé, et que la graine est complétement développée, il devient difficile de distinguer, dans ses téguments (testa et endoplèvre), la primine, la secondine, la tercine ou nucelle, et la quintine ou sac embryonnaire, qui contribuent à les former. Il est bien évident que le testa représente la primine; et, comme le raphé a cheminé entre elle et la secondine, cette secondine doit être plus tard représentée par l'endoplèvre; mais le nucelle et le sac embryonnaire, refoulés par l'embryon et réduits à l'état de membranes, sont venus tapisser la paroi interne de la secondine, ou ont complétement disparu; la secondine elle-même peut être détruite, et le sac embryonnaire persister, seul ou avec le nucelle; ces diverses membranes peuvent se souder et se confondre, de manière à devenir indistinctes; on ne peut donc guère reconnaître la primine dans le testa qu'autant que celui-ci se sépare nettement, et que le raphé reste bien distinct entre le testa et l'endoplèvre; alors il est permis d'affirmer que ce dernier est formé par la secondine, seule ou accompagnée de la tercine et de la quintine : c'est ce qui se voit assez facilement dans l'*Oranger*.

Les trois types auxquels se rapportent les évolutions de l'ovule étant connus, nous allons énoncer, en regard de ces types, les directions diverses que peuvent prendre la graine et l'embryon.

PREMIER TYPE. — L'ovule est *droit* (*orthotrope*), et, par conséquent, l'embryon est *antitrope;* la graine peut être 1° dressée (radicule supère); 2° pendante (radicule infère); 3° horizontale-pariétale (radicule centripète); 4° horizontale-axile (radicule centrifuge).

DEUXIÈME TYPE. — L'ovule est *réfléchi* (*anatrope*), et, par conséquent, l'embryon est *homotrope;* la graine peut être, 1° dressée (radicule infère); 2° pendante (radicule supère); 3° horizontale-pariétale (radicule centrifuge); 4° horizontale-axile (radicule centripète).

TROISIÈME TYPE. — L'ovule est *courbe* (*campylotrope*), et, par conséquent, l'embryon est *amphitrope*; si l'embryon n'est pas fortement arqué, la radicule est, selon la position du micropyle, infère, ou supère, ou centripète, ou centrifuge; si l'embryon n'a aucune de ses extrémités tournée vers le hile, par suite d'inégalité dans l'accroissement des téguments, il est dit *hétérotrope;* il peut alors être droit, ou arqué, ou flexueux, et la radicule est infère, ou supère, ou centripète, ou centrifuge, ou vague.

# ORGANES ACCESSOIRES.

Pour compléter l'anatomie des organes *élémentaires* et des organes *fondamentaux*, nous avons à exposer celle de quelques organes qui sont une modification du tissu cellulaire : ce sont les *aiguillons*, les *poils*, les *glandes* et les *lenticelles*.

**AIGUILLONS.** — Les aiguillons sont composés d'un tissu cellulaire analogue à celui du *suber;* il ne faut pas les confondre avec les *épines*, qui en diffèrent par leur structure fibro-vasculaire, et qui ne sont autre chose que des organes transformés, dont on reconnaît la nature par leur position; ce sont, en effet, tantôt des rameaux avortés (*Prunier épineux*, fig. 51); tantôt des stipules endurcies (*Robinia*, fig. 114); tantôt des pétioles de feuilles pennées, qui deviennent piquants après la chute des folioles (*Astragale tragacantha*); tantôt des feuilles dont les nervures se sont allongées en doigts épineux au détriment du parenchyme (*Berbéris*, fig. 94); tantôt enfin des *coussinets* qui forment des saillies exagérées et deviennent piquants (*Groseillier*, fig. 95). Les aiguillons, au contraire, sont dispersés sans ordre sur la tige, sur les feuilles, et même sur les corolles. Dans leur extrême jeunesse, ils offrent une ressemblance complète avec les *poils*, dont nous allons parler, et ce n'est qu'avec l'âge qu'ils grossissent, s'allongent et s'endurcissent; on peut les voir sur le *Rosier* (fig. 50), qui les présente dans tous les degrés de développement. Les aiguillons sont donc des poils épaissis, endurcis et piquants.

**POILS.** — Les *poils* sont des productions cellulaires qui se voient principalement sur les rameaux les pétioles, les nervures et la face inférieure des feuilles, surtout dans la jeunesse de ces organes; ils appartiennent à l'épiderme, dont ils ne sont que des cellules, plus saillantes que les autres; ces cellules sont recouvertes par la *cuticule*, comme celles qui ne font pas saillie. — Les poils sont dits *unicellulés*, quand ils ne sont formés que d'une seule cellule allongée, laquelle se dirige verticalement, ou obliquement, ou horizontalement, et reste simple (fig. 731), ou se ramifie en fourche (fig. 732), en trident, en étoile (fig. 733), etc.

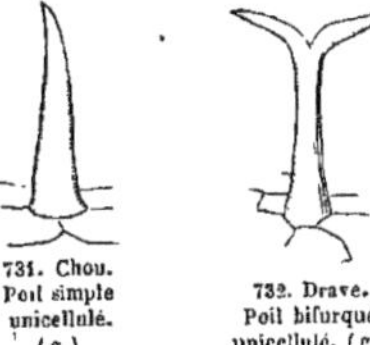

731. Chou. Poil simple unicellulé. (g.)

732. Drave. Poil bifurqué unicellulé. (g.)

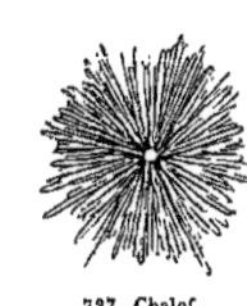

737. Chalef. Poil en soleil. (g.)

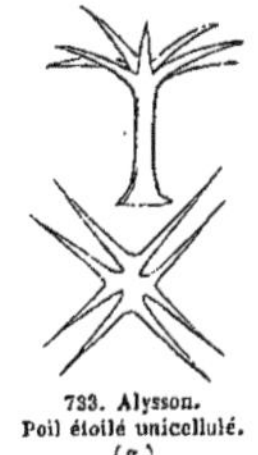

733. Alysson. Poil étoilé unicellulé. (g.)

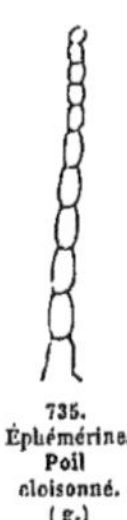

735. Éphémérine. Poil cloisonné. (g.)

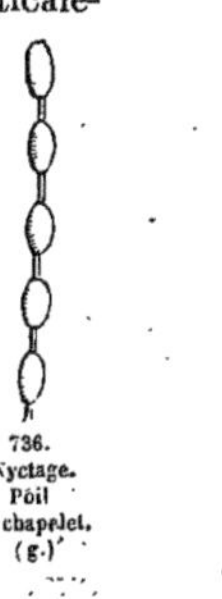

736. Nyctage. Poil en chapelet. (g.)

734. Alternanthera. Poil ramifié. (g.)

Quelques-uns se ramifient par étages, et figurent des verticilles superposés (fig. 734). Les poils *cloisonnés* se composent de cellules unies bout à bout, et formant des chapelets simples (fig. 735 et 736) ou rameux; quelquefois d'un centre commun part un faisceau de poils qui divergent horizontalement, et, réunis par la cuticule, figurent une espèce de soleil dont les rayons seraient soudés ensemble (fig. 737). — Les petites écailles brunes que l'on observe sur la *Fougère* sont regardées comme des poils *scarieux*.

**GLANDES**. — Les glandes sont des organes qui possèdent la propriété de *sécréter*, c'est-à-dire de séparer un liquide particulier des matériaux avec lesquels ils sont en contact; leur structure est toute cellulaire; quelques glandes élèvent leurs cellules en saillie, et portent alors le nom de *poils glanduleux;* ces poils ne diffèrent des poils ordinaires que par le liquide qu'ils contiennent; quelques-uns sont renflés à leur extrémité; la plupart sont unicellulés : tels sont ceux que l'on observe sur le calyce de la *Sauge* (fig. 738) et sur la langue velue de la corolle du *Muflier* (fig. 739). Les poils brûlants de l'*Ortie* (fig. 740) sont formés d'une seule cellule conique, dont la base est renflée en bulbe, et chaussée d'un groupe de cellules épidermiques; le sommet est légèrement courbé, et c'est l'extrémité fragile de ce poil qui, en se cassant dans la peau où il a pénétré, y introduit le suc vénéneux que contenait la cellule. Les poils brûlants du *Wigandia* sont terminés par une pointe lancéolée (fig. 741). Les poils glanduleux peuvent aussi être cloisonnés, et alors la cellule terminale seule est glanduleuse, comme dans le calyce du *Muflier* (fig. 742); ou bien il y en a plusieurs placées bout à bout; mais ce sont toujours celles d'en haut qui sécrètent. — Les poils *en navette* se composent d'une cellule couchée horizontalement sur la feuille, et adhérant par son milieu à l'épiderme, au moyen d'une glande qui lui sert de base (*Malpighia*).

739. Muflier. Poils glanduleux unicellulés. (g.)

738. Sauge. Poil glanduleux unicellulé. (g.)

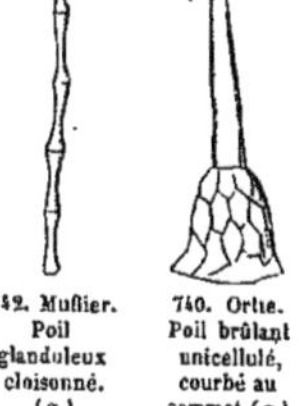

742. Muflier. Poil glanduleux cloisonné. (g.)

740. Ortie. Poil brûlant unicellulé, courbé au sommet (g.)

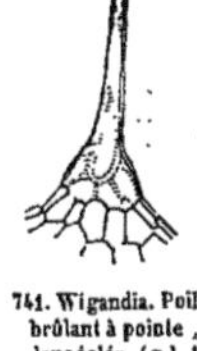

741. Wigandia. Poil brûlant à pointe lancéolée (g.)

Les *glandes proprement dites* ne diffèrent des poils glanduleux que parce qu'elles sont peu ou point saillantes sur l'épiderme; encore y a-t-il des nuances insensibles entre les deux modifications, comme on peut le voir sur les *Rosiers* glanduleux. — Les glandes superficielles qui couvrent les bractées et les fleurs du *Houblon* (fig. 743) sont des vésicules simples (fig. 744) contenant un liquide et un principe résineux, auquel les chimistes ont donné le nom de *lupuline :* ces vésicules se rompent et disparaissent bientôt, et le principe résineux persiste sous forme de granules. Quelquefois les

743. Houblon. Fleur pistillée. (g.)

744. Houblon. Glandes superficielles contenant la lupuline. (g.)

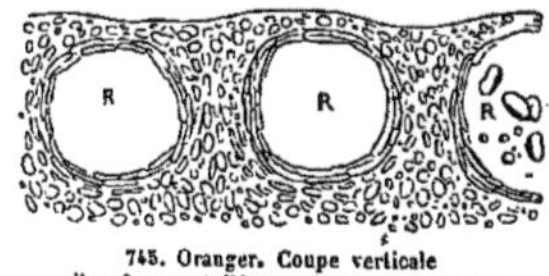


745. Oranger. Coupe verticale d'un fragment d'écorce d'orange, montrant les réservoirs (R) d'huile volatile.

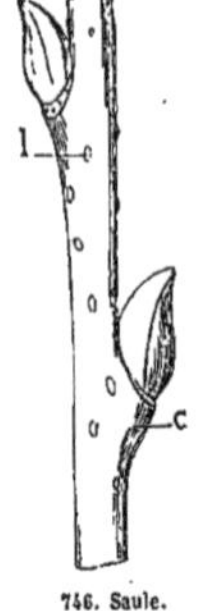

746. Saule. Lenticelles.

glandes sont enfoncées dans l'épaisseur des écorces, mais toujours elles avoisinent l'épiderme : telles sont les glandes dites *vésiculaires* des feuilles du *Millepertuis*, du *Myrte*, et de l'écorce de l'*Orange*, qui contiennent une huile volatile (fig. 745).

Nous avons parlé des glandes qui sécrètent un liquide sucré, et auxquelles on a donné le nom de glandes nectarifères ou *nectaires*. (V. page 59.)

Les cavités qu'on nomme *réservoirs du suc propre*, et où s'élaborent et s'accumulent des gommes, des résines, etc., sont circonscrites par une paroi de cellules particulières; elles sont analogues aux glandes vésiculaires, mais plus profondément situées dans le tissu.

**LENTICELLES.** — Les lenticelles, qu'on nommait autrefois *glandes lenticulaires*, n'ont rien de glanduleux : ce sont de petites taches légèrement saillantes qui se trouvent sur la surface de la tige (fig. 746 l); elles sont produites par des excroissances de la *moelle corticale*, qui a percé le suber, et vient se mettre en communication avec l'air. Il arrive souvent que les racines adventives naissent des lenticelles; mais elles naissent aussi de beaucoup d'autres points, ce qui infirme l'opinion de De Candolle, qui regardait les lenticelles comme les bourgeons des racines aériennes.

# ANATOMIE DES ACOTYLÉDONES.

**TIGE.** — Les *Fougères* sont les *acotylédones* dont la tige se rapproche le plus de celle des Végétaux *cotylédonés*. Une coupe transversale de la tige d'une Fougère en arbre (fig. 747) montre des faisceaux fibro-vasculaires (*f. v*) de forme variée, figurant un cercle plus ou moins irrégulier, qui entoure un disque central jaunâtre (*m*), et est entouré lui-même par une zone de même couleur (*p*) : ce disque et cette zone sont du tissu cellulaire, et communiquent ensemble par les intervalles plus ou moins larges qui séparent les faisceaux. — La zone noirâtre tout à fait extérieure (*é*) est une enveloppe qui a succédé à l'épiderme, et qui est formée par les bases des rameaux-feuilles (*fronde*) sur lesquels on peut, par une coupe transversale, observer une organisation analogue à celle de la tige principale, et qui, quand ils s'en détachent, y laissent des cicatrices remarquables. — La même organisation et les mêmes cicatrices s'observent dans la tige des *Fougères* herbacées d'Europe (fig. 748 et 749). Les faisceaux fibro-vasculaires des *Fougères*, soit exotiques, soit indigènes, sont formés, dans leur partie blanche (fig. 747, *v*), de vaisseaux annulaires et de vaisseaux rayés prismatiques (scalariformes); autour de cette partie blanche, qui constitue presque la totalité du faisceau, se voit, même à l'œil nu, une zone noire, très-fine (f), composée de fibres ligneuses. Les trachées manquent constamment.

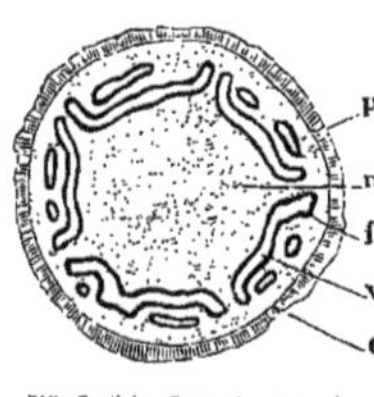

747. Cyathéa. Coupe transversale de la tige.

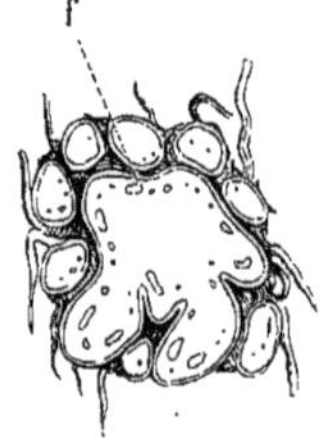

748. Fougère-mâle. Coupe transversale du rhizôme.

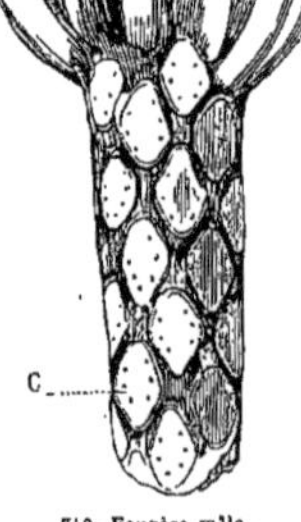

749. Fougère-mâle. Rhizôme montrant les cicatrices (c) de ses anciennes frondes.

Deux ou trois Familles d'*acotylédones* présentent, comme les *Fougères*, dans leur tige, des vaisseaux et des fibres; dans les *Mousses* et les *Hépatiques*, la tige se compose de cellules allongées, qui quelquefois deviennent des fibres; dans les *Lichens*, *Champignons*, *Algues*, etc., le tissu est entièrement cellulaire.

**RACINE.** — Les racines des *acotylédones* supérieures, telles que les *Fougères*, présentent l'organisation des tiges, c'est-à-dire qu'il s'y rencontre des fibres et des vaisseaux de même nature, au milieu du tissu cellulaire; ces racines sont toujours *adventives* et souvent *aériennes*. Dans les *acotylédones* inférieures, elles sont formées par les cellules qui touchaient le sol, et qui se sont allongées pour s'y enfoncer.

**FEUILLES.** — Les feuilles des *acotylédones* ont la même organisation que leur tige : dans les *Fougères,* elles offrent des vaisseaux rayés prismatiques et des fibres noires; dans les *Marsiléacées*, les nervures sont nombreuses; dans les *Lycopodiacées,* la feuille est une lame cellulaire traversée par un seul faisceau; dans les *Mousses* et les *Hépatiques,* les nervures sont remplacées par des cellules allongées; dans les *acotylédones inférieures*, les feuilles et la tige sont représentées par une *fronde* entièrement composée de cellules.

**ORGANES REPRODUCTEURS.** — On a donné le nom d'*anthéridies* à de petits sacs, d'abord parfaitement clos, puis s'ouvrant à une certaine époque par un point de leur surface, et émettant par cette ouverture un amas de corpuscules, ordinairement liés par un liquide mucilagineux; on regarde ces organes comme analogues à des anthères; nous les décrirons en exposant les caractères des *Familles.*

On a donné le nom de *spores* à de petits sacs membraneux, pleins d'une matière liquide, qui germent en s'allongeant par un point non déterminé de leur contour, et se développent en une petite Plante semblable à celle qui leur a donné naissance. Les spores se forment dans des cavités particulières, qu'on a nommées *sporanges;* elles sont les analogues des graines, quant à la nature de leurs fonctions, mais elles n'offrent ni téguments emboîtés l'un dans l'autre, ni tigelle, ni radicule, ni gemmule, ni cotylédons; elles sont libres dans le sporange qui les renferme, et n'ont jamais adhéré à ses parois, comme les graines cotylédonées adhèrent à leur placentaire. En outre, ce sporange, qui remplit les fonctions d'un carpelle, ne présente ni style, ni stigmate, ni cavité ovarienne : il offre à l'intérieur une masse cellulaire continue, au sein de laquelle s'isolent celles des cellules qui sont destinées à reproduire la Plante. — Nous décrirons les spores et les sporanges en exposant les caractères des *Familles.*

# NOTIONS ÉLÉMENTAIRES

DE

# PHYSIOLOGIE VÉGÉTALE.

## ALIMENTS DES VÉGÉTAUX.

Les aliments nécessaires au développement de la Plante sont puisés dans le sol par la racine : cette absorption se fait au moyen des *spongioles* qui terminent les *fibrilles,* et sont composées d'un tissu cellulaire récemment formé et dépourvu d'épiderme.

Les substances puisées dans le sol sont de l'*acide carbonique,* de l'*ammoniaque* et des *sels* alcalins et terreux dissous dans l'eau. — L'acide carbonique provient : 1° des eaux pluviales qui l'ont dissous en traversant l'atmosphère; 2° de la décomposition lente de l'*humus* ou *terreau,* dont le carbone se combine avec l'oxygène de l'air, que l'eau tient en dissolution. — L'ammoniaque provient : 1° des pluies d'orage, dans lesquelles, sous l'influence de l'électricité, il s'est formé de l'azotate d'ammoniaque; 2° de la putréfaction des matières végétales ou animales, dans lesquelles l'azote et l'hydrogène se combinent ensemble à l'état naissant. Cette décomposition devient encore plus facile par l'addition du *calcaire* que l'on mêle à la terre labourable : la chaux, ainsi que l'a prouvé M. Boussingault, attaque les matières azotées insolubles, et favorise la formation de l'ammoniaque. — Les sels alcalins et terreux, et notamment les *sulfates,* et le *phosphate de chaux* proviennent du sol : les sulfates sont décomposés par l'ammoniaque, qui se substitue à leur base, et forme un sulfate d'ammoniaque, lequel, soluble dans l'eau, et contenant azote, hydrogène, soufre et oxygène, est éminemment propre à la nutrition de la Plante. Le phosphate de chaux, insoluble dans l'eau pure, est soluble dans l'eau contenant ou un sel ammoniacal ou seulement de l'acide carbonique : c'est ce qui a lieu dans les eaux pluviales.

L'eau qui tient en dissolution ces diverses substances inorganiques est un liquide incolore, qui monte par les vaisseaux dans la racine, la tige et les feuilles, remplit les cellules et leurs interstices, dans lesquels, sous l'influence de la vie, se forment les matières organiques qui doivent se déposer dans le tissu du Végétal, ou concourir à son accroissement.

Les substances *inorganiques* que nous venons de mentionner sont toutes des composés *binaires,* qui tantôt restent isolés, tantôt se combinent entre eux. Mais les substances que l'on trouve *organisées* dans la Plante résultent de combinaisons plus compliquées; nous avons déjà parlé de la *cellulose* et de la *fécule,* près d'elles se place une troisième substance nommée *dextrine,* qui ne se colore pas en violet par l'iode, qui est soluble dans l'eau et forme avec elle un sirop : elle offre exactement la même composition chimique que la cellulose et la fécule, qui sont des corps *ternaires,* composés de carbone, d'hydrogène et d'oxygène dans les proportions de l'eau. Ces trois corps, constitués par les mêmes éléments dans des proportions semblables, sont ce qu'on nomme des corps *isomères;* leur différence consiste uniquement dans la manière dont sont groupées leurs molécules; il suffit donc que ces molécules éprouvent un dérangement pour que la dextrine, la cellulose et la fécule se convertissent l'une dans l'autre.

Le *sucre* fourni par la *Canne*, la *Betterave* et une foule d'autres Végétaux est aussi un composé ternaire presque semblable aux précédents, puisqu'il contient une molécule d'eau de plus que n'en contiennent la fécule, la dextrine et la cellulose.

La *glucose* ou *sucre de raisin* ne diffère du sucre de *canne* que parce qu'elle contient trois molécules d'eau de plus. Ainsi la fécule ou la dextrine, à laquelle on ajouterait une molécule d'eau, deviendrait du sucre de *Canne;* la glucose à laquelle on enlèverait trois molécules d'eau deviendrait aussi du sucre de *Canne.*

Les *acides* organiques, tels que l'acide *acétique*, qui se trouve dans la séve des Végétaux et se forme dans le vin aigri, l'acide *pectique* dans la groseille, l'acide *tartrique* dans les raisins, l'acide *malique* dans les pommes, l'acide *citrique* dans le citron et autres fruits, l'acide *gallique* dans la noix de *galle*, l'écorce de *Chêne*, etc., sont des composés *ternaires* qui renferment du carbone et les éléments de l'eau (oxygène et hydrogène), plus une certaine quantité d'oxygène.

Les *huiles*, *essences*, *résines*, la *chromule* ou *chlorophylle*, sont des composés *ternaires*, formés par la combinaison du carbone avec les éléments de l'eau, plus une certaine quantité d'hydrogène.

Les Végétaux contiennent encore, et surtout dans leur système cortical, des composés *quaternaires* de carbone, d'hydrogène, d'oxygène et d'azote; ils sont cristallisables, et se trouvent toujours unis à un acide organique qui forme avec eux un *sel :* de là leur nom d'*alcalis végétaux.* — Le *Pavot* contient de la *morphine*, de la *narcotine*, etc.; la *noix vomique*, de la *strychnine;* le *Quinquina*, de la *quinine*, de la *cinchonine*, de la *cusconine.* L'expérience a démontré que c'est dans les alcalis organiques que résident les propriétés vénéneuses ou médicamenteuses des Végétaux.

D'autres substances organiques généralement répandues dans les Végétaux sont plus compliquées encore; car, outre l'oxygène, l'hydrogène, le carbone et l'azote qui les constituent, elles contiennent du soufre et du phosphore : ce sont l'*albumine*, la *fibrine* et la *caséine;* les proportions de leurs éléments sont semblables, quoique leurs propriétés physiques soient différentes : de là le nom de *protéine*, sous lequel les chimistes désignent le principe essentiel de ces substances, qu'on nomme aussi collectivement *substances albuminoïdes.* Nous avons déjà mentionné la *protéine* en parlant du *nucléus.* C'est elle qui constitue la partie nutritive du Végétal pour les Animaux qui s'en repaissent : sans elle il ne peut se former de sang, et on la retrouve toujours dans ce liquide. — La *fibrine* est une matière concrète, insoluble dans l'eau, de même que la *cellulose;* on peut la regarder comme l'origine de toutes les parties de la Plante; elle y existe toujours; c'est surtout dans les graines des céréales qu'on peut l'observer. — L'*albumine* se coagule à chaud comme la fécule; elle constitue, dans le sang des Animaux, la presque totalité du sérum, et le blanc de l'œuf des Oiseaux se compose presque entièrement du même principe : elle abonde dans le suc des Plantes. — La *caséine*, qui forme avec la fécule la partie nutritive des haricots, des lentilles et des pois, constitue essentiellement, dans le lait des Animaux, l'aliment que le petit reçoit de sa mère. — La *glutine*, qui fait la base des levains ou ferments (*gluten*), existe dans la plupart des graines, et se compose des mêmes éléments (moins le soufre et le phosphore) que l'albumine, la fibrine et la caséine.

Les éléments de l'acide carbonique (*oxygène* et *carbone*), de l'ammoniaque (*hydrogène* et *azote*), de l'eau (*oxygène* et *hydrogène*), et le *soufre* des sulfates solubles, suffisent à la fabrication de la plupart des matériaux qui constituent le Végétal. Le carbone de l'acide carbonique, en s'unissant aux éléments de l'eau, forme la *cellulose*, le *sucre*, la *gomme*, la *fécule*, etc.; un excédant d'oxygène produit les *acides* végétaux (acides malique, citrique, acétique, gallique, etc.); un excédant d'hydrogène, la *chromule*, les *huiles*, les *résines;* l'azote de l'ammoniaque, s'ajoutant aux éléments de l'eau et de l'acide carbonique, donne naissance aux alcalis végétaux (*quinine*, *morphine*, etc.); enfin le soufre et le phosphore, unis à l'azote, à l'oxygène, à l'hydrogène et au carbone, forment trois substances organiques, de composition semblable, la *fibrine*, l'*albumine* et la *caséine;* ces substances sont la partie essentiellement nutritive du Végétal pour les Animaux; sans elles il ne peut se former de sang, et on les retrouve toujours dans ce liquide, unies à d'autres substances, et notamment à une certaine quantité de *phosphate de chaux*, sel qui constitue la partie solide des os.

On nomme *humus* ou *terreau* la matière noire, charbonneuse, qui résulte de la putréfaction des substances organiques; l'humus végétal n'est autre chose que de la cellulose, qui se brûle lentement sous l'influence de l'oxygène atmosphérique et se change en acide carbonique, lequel, se dissolvant dans l'eau du sol, pénètre à l'intérieur du Végétal. La décomposition de l'humus est favorisée par les alcalis minéraux (*potasse, soude, chaux, magnésie*), lesquels provoquent la formation de l'acide carbonique, et forment avec lui des carbonates solubles, absorbés par les racines; ensuite, sous l'influence de ces mêmes alcalis, l'eau et l'acide carbonique se décomposent, et il se forme des acides végétaux, de moins en moins oxygénés, avec lesquels ils se combinent; enfin ces acides se transforment, et deviennent *sucre*, ou *fécule*, ou *cellulose*.

Ainsi les acides végétaux sont indispensables à l'existence des Plantes, et leur formation dépend : 1° de l'eau et de l'acide carbonique qui se combinent pour les former; 2° des alcalis minéraux qui provoquent cette combinaison. Or ces bases alcalines, qui jouent un rôle si important dans la végétation, résident dans les roches plus ou moins dures, que l'on nomme *feldspath, mica, granit, gneiss, basalte*, et dont les éléments sont la *silice*, l'*alumine*, la *potasse*, la *magnésie*, la *chaux*, etc.; ces bases sont mises en liberté par la désagrégation ou la décomposition des roches, dont les débris, plus ou moins altérés, constituent la *terre labourable*. Les roches sont désagrégées par l'eau qui, ayant pénétré dans leur intérieur, se dilate en passant à l'état de glace, et détruit la cohésion de leurs éléments. Ces éléments sont ensuite dissous par l'eau, soit pure, soit unie à l'oxygène, soit chargée d'acide carbonique : c'est ainsi que sont désagrégés et dissous les *silicates alumineux* et *alcalins*, qui forment alors des terres nommées *argiles*.

Les alcalis, et surtout la potasse, enfouis dans les terres labourables, peuvent devenir solubles par le mélange du *plâtre* avec ces terres; c'est ce qu'ont démontré les travaux de M. Dehérain. Le sulfate de chaux devant transformer les sels de potasse en sulfate de potasse, on a supposé que c'est à cette transformation qu'il faut attribuer la plus grande solubilité de la potasse après le *plâtrage :* l'expérience n'a pas encore prononcé définitivement sur cette hypothèse, et l'on ignore si le plâtre agit chimiquement sur la potasse, ou s'il exerce une intervention purement physique, ayant pour objet de liquéfier les sels solubles, de les préserver de l'action absorbante du sol, et de favoriser leur absorption par les racines de la Plante. Mais, quelle que soit l'explication qu'on doive admettre, cette propriété du sulfate de chaux fait comprendre l'avantage que trouvent les agriculteurs à *plâtrer* les terres où l'on cultive les Plantes fourragères de la Famille des *Légumineuses* (*Trèfles, Luzernes, Sainfoin*), dont les cendres sont riches en potasse; tandis qu'au contraire le *chaulage*, c'est-à-dire l'addition du carbonate de chaux, qui provoque la formation de l'ammoniaque, est employé très-utilement dans la culture des *Céréales*, auxquelles les engrais azotés sont nécessaires.

La *silice* est utile, en ce que, étant pulvérulente et insoluble, elle livre passage à l'air et à l'humidité; l'*alumine*, en ce qu'elle retient cette humidité autour des racines; la *chaux*, en ce qu'elle déplace les bases alcalines des silicates pour se substituer à elles sous l'influence de l'eau aiguisée d'acide carbonique; c'est ce qui explique l'efficacité des *marnes*, qui sont un mélange d'argile et de chaux.

Si le sol se compose uniquement de *silice* pure ou de *calcaire* pur, il est d'une stérilité absolue; s'il est exclusivement *argileux*, les racines ne peuvent s'enfoncer dans le sol. Le meilleur terrain est celui où l'argile est mélangée avec du *calcaire* (*carbonate de chaux*) et du *sable* (*silice*), dans une proportion telle qu'il livre passage à l'air et à l'humidité.

Les *labours* sont utiles en ce qu'ils divisent la terre et multiplient les surfaces qui doivent être en contact avec l'acide carbonique, l'ammoniaque des eaux pluviales et l'oxygène de l'air, pour que les débris des roches constituant la *terre labourable* reçoivent la faculté de se dissoudre dans l'eau.

On nomme *jachère* cette période de la culture où l'on abandonne le sol aux influences atmosphériques. On peut, pendant la jachère du terrain qu'on veut préparer pour une culture quelconque, cultiver sur ce même terrain un autre Végétal, par la récolte duquel on n'enlève pas au sol les matériaux utiles au Végétal qu'on doit y cultiver plus tard : de là l'utilité des *assolements*.

## NUTRITION DES VÉGÉTAUX.

ABSORPTION. — Les racines sont les principaux organes de l'absorption; elles pompent les liquides dans le milieu où elles sont plongées, au moyen de leurs cellules perméables. Le mouvement ascensionnel de la séve est produit par un phénomène nouvellement découvert, et qui consiste en ceci : un tube fermé inférieurement par une membrane poreuse et rempli d'un liquide dense, est plongé dans un liquide moins dense et coloré, dont il n'est séparé que par la membrane poreuse : bientôt, l'équilibre de densité tendant à s'établir, on voit le liquide dense du tube se colorer par l'addition du liquide extérieur moins dense, et les hauteurs des deux liquides devenir inégales ; l'intérieur s'élève au-dessus de son niveau, et il ne cesse de monter que quand sa densité ne surpasse plus celle de l'extérieur. Mais pour que cette égalité ait lieu, il faut que le liquide extérieur reçoive une certaine quantité du liquide intérieur; aussi y a-t-il un double courant à travers la membrane poreuse : l'un, de dehors en dedans, nommé *endosmose;* l'autre, de dedans en dehors, nommé *exosmose,* beaucoup moins considérable que le premier.

Ce phénomène a lieu dans l'absorption exercée par les racines; le sol humide contient de l'eau chargée d'ammoniaque, d'acide carbonique et de divers sels; les racines, ainsi que la tige, se composent de séries de tubes superposés, dont les uns sont des cellules remplies d'un suc épais, et les autres des vaisseaux où le liquide peut monter facilement suivant les lois de la capillarité; les spongioles qui terminent les fibrilles, étant dépourvues d'épiderme, sont très-perméables, l'eau du sol tend à y pénétrer, le suc qu'elles contiennent est délayé par cette eau, et, l'équilibre de densité tendant à s'établir, la séve monte de cellule en cellule jusqu'au sommet de la Plante.

Circulation. — Lorsque l'eau du sol, chargée d'acide carbonique, d'ammoniaque et des substances minérales qu'elle a dissoutes, a pénétré dans la Plante, elle prend le nom de *séve ascendante;* cette séve s'épaissit en montant, à mesure qu'elle délaye et dissout les matériaux contenus dans les cellules; mais à la force motrice de l'endosmose et de la capillarité s'en ajoute une autre non moins puissante : c'est l'attraction exercée d'en haut par les bourgeons, lesquels attirent la nourriture nécessaire à leur développement, et en outre par les feuilles déjà formées, dont la surface est le siége d'une évaporation abondante. Les vides résultant de cette évaporation et de la substance consommée par les bourgeons sont remplis par la séve occupant les parties placées immédiatement au-dessous; celles-ci réparent leurs pertes à leur tour, et l'appel s'étend de haut en bas jusqu'aux racines, dont le sol est le réservoir.

Les bourgeons sont les premières parties du Végétal qui sortent, au printemps, de l'engourdissement causé par l'hiver; aussitôt qu'ils ont commencé à grossir, le mouvement de la séve qui en résulte réveille les racines, et celles-ci recommencent à fonctionner; dès lors le courant ascensionnel, favorisé par l'endosmose, s'établit à travers les tissus gonflés de matériaux épaissis qui s'y sont déposés l'année précédente. Toutefois, bien que les bourgeons aient donné aux racines le signal de la reprise de leur travail, le travail des racines s'opère indépendamment de l'influence des bourgeons; car ceux-ci restent clos longtemps après que la séve a commencé à monter avec une force et une abondance remarquables. Lorsque, à l'époque de la *séve du printemps,* on pratique une incision sur une tige, il en sort un ruisseau de séve; et ce qui prouve que ni les bourgeons ni les feuilles ne sont la cause prochaine de ce phénomène, c'est qu'il a lieu tout aussi bien sur une tige dépouillée de bourgeons et de feuilles. On en voit un exemple dans les *pleurs de la Vigne,* qui coulent de la tige à l'époque de la taille de cet arbuste, lors même qu'elle est coupée presque au niveau du sol; mais à mesure que les bourgeons s'allongent, et que les branches résultant de leur allongement se couvrent de feuilles, la succion du jeune rameau et l'évaporation opérée à la surface des feuilles deviennent des forces actives qui s'ajoutent à celles de l'endosmose et de la capillarité, pour favoriser l'ascension de la séve.

Quand les rameaux se sont développés et consolidés, le mouvement de la séve se ralentit sans s'arrêter; il n'a plus pour objet que de subvenir aux dépenses journalières du Végétal, et de préparer des matériaux pour la végétation de l'année suivante. Quand la *séve du printemps* a eu lieu de bonne heure, ces matériaux se trouvent préparés avant l'automne, et alors a lieu la *séve d'août,* qui représente un second printemps.

A l'automne, les tissus, solidifiés de plus en plus, se dessèchent; les feuilles, dont les canaux se sont obstrués par un afflux continuel de matériaux, cessent de végéter et tombent; dès lors l'évaporation est arrêtée, et avec elle le mouvement de la séve; la vie est suspendue pour plusieurs mois.

L'ascension de la séve n'a pas constamment lieu par les mêmes voies; celle du printemps s'opère à travers tous les tissus du corps ligneux; dans les rameaux âgés, à travers l'aubier seulement. Plus tard, la majeure partie des vaisseaux sont vides et ne contiennent plus que des gaz; c'est alors par le tissu cellulaire que monte la séve pour entretenir la végétation.

Lorsque la séve, chargée des matériaux qu'elle a dissous dans sa marche ascendante et rayonnante, est parvenue aux jeunes rameaux, elle pénètre dans leur moelle corticale et dans le parenchyme des feuilles; là elle se trouve en rapport avec l'air qui a pénétré par les stomates dans les lacunes et les méats intercellulaires; c'est alors qu'elle subit d'importantes modifications, et perd une grande partie de son eau, qui s'évapore à l'extérieur. Les cellules des parties vertes de l'écorce et des feuilles se remplissent de chromule. Le latex des vaisseaux laticifères se charge de granules colorés, et la séve, épaissie et enrichie de principes nouveaux, descend des feuilles à travers l'écorce vers les racines. Ce mouvement descendant est facile à vérifier; il suffit d'entailler l'écorce d'une jeune branche pour voir la séve, si elle est colorée, suinter de la lèvre supérieure de l'incision et non de l'inférieure. Que l'on serre fortement la tige par une ligature, on verra après quelque temps l'écorce se gonfler, former un bourrelet au-dessus de cette ligature, et au-dessous, la tige conservera son diamètre primitif. C'est pour cela que la séve *élaborée* est nommée aussi *séve descendante.*

La séve élaborée fournit le *cambium,* suc gélatineux qui abreuve la zone cellulaire dans le sein de laquelle doivent se former les organes élémentaires qui concourent à l'accroissement du Végétal.

Dans la tige des *dicotylédones,* le *cambium* se dépose principalement entre le système ligneux et le système cortical, en dedans des vaisseaux laticifères et des fibres du liber, à travers lesquels s'achemine la séve descendante. Les jeunes bourgeons nés à l'aisselle d'une feuille se trouvent sur le passage du latex qui descend de cette feuille, et qui, s'accumulant à la base du pétiole, y prépare les matériaux du cambium.

Dans la tige des *monocotylédones,* les fibres analogues au liber et les vaisseaux du latex, que contient chaque faisceau fibro-vasculaire, fournissent une séve élaborée, qui dépose du cambium par amas dispersés dans toute la tige; de sorte que leur bourgeon terminal profite de la séve élaborée par les feuilles du bourgeon précédent.

En résumé, l'eau du ciel, contenant les matériaux de la nutrition du Végétal, est absorbée par les extrémités des racines; elle monte dans la tige à travers le système ligneux, arrive dans le parenchyme des feuilles et dans la moelle corticale, y subit l'action de l'air, devient *séve élaborée,* descend à travers l'écorce, dépose entre le liber et l'aubier une zone de cambium, et arrive à l'extrémité des racines qui a été son point de départ : il y a donc eu *circulation* véritable.

On a donné le nom de *cyclose* à une circulation particulière que M. Schultz a observée dans les vaisseaux laticifères : il a vu les granules colorés former des traînées mobiles que les courants du latex emportaient dans les directions, variées en tous sens, du réseau formé par ces vaisseaux. Les physiologistes ont proposé diverses explications pour rendre compte de la force impulsive qui met le latex en mouvement; mais M. Mohl a démontré que ce prétendu mouvement n'existe pas, et que celui qu'on a observé sous le microscope provient toujours, soit d'un déchirement du tissu, d'où s'échappe nécessairement alors le latex, soit d'une pression mécanique exercée sur le tissu, laquelle suffit pour donner au latex une agitation qui, du reste, cesse bientôt.

Mais si la cyclose est un phénomène obscur et douteux, il n'en est pas ainsi de la *rotation* ou circulation intra-cellulaire que l'on observe dans les poils cloisonnés de certaines Plantes (*Éphémérine*), et surtout dans les cellules de quelques Végétaux aquatiques, tels que les *Chara*, par exemple. Les *Chara* sont des Plantes acotylédones, dépourvues de feuilles et de fronde; leurs entre-nœuds sont des cellules cylindriques placées bout à bout, isolées ou en faisceau; chaque entre-nœud produit à son extrémité un verticille de cellules semblables à lui, et qui ne tardent pas à se cloisonner à leur tour. Si l'on place sous le microscope une de ces cellules, débarrassée de la croûte calcaire qui souvent l'enveloppe comme une écorce, on voit se mouvoir à l'intérieur de nombreux granules nageant dans le liquide transparent que contient la cellule, et formant un courant qui monte le long d'une des parois latérales, puis se dirige horizontalement le long de la paroi supérieure, puis descend le long de l'autre paroi latérale, puis redevient horizontal pour longer la paroi inférieure de la cellule. C'est à ce mouvement intra-cellulaire qu'on a donné le nom de *rotation,* terme tout à fait impropre, auquel il serait convenable de substituer celui de *cyclose*, aboli par M. Hugo Mohl, et qui exprime beaucoup plus exactement le mouvement circulaire du suc dans la cellule.

Respiration. — Le carbone des Plantes provient de l'acide carbonique contenu dans l'atmosphère; les racines l'absorbent, dissous dans l'eau du sol, et celui de l'air pénètre dans les feuilles par leurs stomates. On a constaté par de nombreuses expériences que les feuilles et les parties vertes possèdent exclusivement la faculté de décomposer l'acide carbonique, de manière à en séparer l'oxygène, et à rendre celui-ci à l'atmosphère ; elles décomposent aussi l'eau et gardent l'hydrogène ; cette faculté ne s'exerce que sous l'influence de la lumière du soleil. Or, on sait que les Animaux brûlent constamment du carbone au moyen de l'oxygène de l'air, et expirent de l'acide carbonique ; ils font donc une consommation énorme d'oxygène ; mais les Plantes, par leur respiration, préviennent les inconvénients qui pourraient en résulter, car elles sont une source inépuisable d'oxygène pur, et réparent incessamment les pertes que l'acte respiratoire des Animaux fait éprouver à l'atmosphère.

La faculté que possèdent les feuilles de décomposer l'acide carbonique cesse la nuit ou dans l'obscurité ; alors l'acide carbonique, absorbé avec l'eau du sol par les racines, passe dans la tige, et reste en dissolution dans la séve dont le Végétal est imprégné ; bientôt cette eau s'évapore à travers les feuilles, et avec elle l'acide carbonique qui s'y trouvait dissous.

Les parties vertes absorbent pendant la nuit de l'oxygène, phénomène tout chimique, qui a pour but de modifier les matériaux contenus dans les tissus. Les plantes qu'on veut empêcher de verdir sont placées dans les mêmes conditions que les parties vertes des Végétaux pendant la nuit ; l'obscurité à laquelle on les soumet étant permanente, l'acide carbonique n'est point assimilé, la chromule verte n'est point formée, et les éléments de l'eau, qui dominent dans leur tissu, lui donnent une saveur aqueuse, résultat que s'était proposé l'horticulteur pour obtenir des tiges ou des feuilles sans amertume.

Ce privilége exclusif des parties vertes vient peut-être de ce qu'elles ont absorbé le rayon chimique de la lumière solaire, et que ce rayon contribue, dans la chromule des Végétaux, à la décomposition de l'acide carbonique.

L'action réciproque de la séve sur l'air et de l'air sur la séve, en un mot la respiration, s'exécute dans les cavités intercellulaires (*méats et lacunes*) répondant toujours aux stomates où l'air a pénétré et se trouve en contact avec le parenchyme.

Quant aux Plantes submergées, leur parenchyme sans épiderme est baigné par l'eau qui contient toujours une notable quantité d'acide carbonique ; cet acide est décomposé sous l'influence de la lumière qui a traversé l'eau ; le carbone est fixé et l'oxygène rejeté ; cet oxygène reste dissous dans l'eau, et les Animaux aquatiques l'empruntent à leur tour. Ici il y a échange entre les deux Règnes, comme à l'air libre, et, de même qu'à l'air libre, la Plante a besoin de lumière, car elle pâlit et s'étiole si elle habite une eau trop profonde.

Outre l'élaboration de la séve par les parties vertes, il s'exécute dans la Plante d'autres actes vraiment respiratoires, qui ont aussi pour objet la nutriton ; ainsi, quand la graine germe, elle absorbe de l'oxygène, et dégage de l'acide carbonique ; cette respiration, analogue à celle des Animaux, continue jusqu'à ce que la plantule ait étalé ses premières feuilles.

Les phénomènes qui accompagnent la floraison sont aussi un acte respiratoire ; les pétales et les étamines absorbent, le jour comme la nuit, beaucoup d'oxygène, et émettent beaucoup d'acide carbonique ; de là l'insalubrité des fleurs accumulées dans un appartement, insalubrité augmentée par l'exhalation de l'hydrogène carboné, constituant les huiles volatiles auxquelles les corolles doivent leur parfum.

ÉVAPORATION. — L'*évaporation* est un phénomène analogue à la transpiration pulmonaire des Animaux, qui doit trouver place après l'exposé de la respiration des feuilles. On a vu que l'évaporation est une des causes les plus actives de l'ascension de la séve ; elle s'opère par toute la surface poreuse des parties vertes, mais surtout par les stomates ; elle augmente ou diminue, suivant que l'air ambiant est plus sec ou plus chargé d'humidité.

Les feuilles ne possèdent qu'à un faible degré la faculté d'absorber l'eau ou la vapeur dissoute dans l'air ; et si on voit certaines Plantes déracinées se conserver fraîches pendant quelque temps, c'est qu'elles perdent peu par l'évaporation. La même explication rend compte de la conservation des feuilles, dont la face inférieure est appliquée sur l'eau : ici les stomates sont bouchés ; ce n'est pas l'absorption qui a lieu, c'est l'évaporation qui est arrêtée.

EXCRÉTIONS. — Le Végétal, après s'être nourri des matériaux de la séve élaborée, rejette au dehors, par ses feuilles, par ses glandes, par son écorce, et surtout par sa racine, les matériaux qui lui sont inutiles ou nuisibles. Ainsi, pour formuler en quelques mots les fonctions de la vie de nutrition, le *Végétal absorbe, respire, assimile, transpire, excrète.*

Direction des axes. — La tige tend toujours à monter vers le ciel, et la racine se dirige constamment vers le centre de la terre. Dans les tiges souterraines, cette tendance se conserve toujours à l'extrémité du rhizome, qui reste ascendante. Dans le *Gui*, plante parasite, la graine, attachée aux branches des arbres, germe sur l'écorce, dirige toujours sa radicule vers le centre du rameau, et sa gemmule en sens inverse : ici l'arbre devient pour le *Gui* un sol analogue au globe terrestre, et la racine obéit à une force centripète, la tige à une force centrifuge.

On a cherché à éluder cette loi générale de la direction des axes, en renversant des graines de jeunes Plantes; la racine, placée en l'air, s'est recourbée vers le bas, la tige devenue intérieure s'est redressée vers le ciel. On a suspendu une caisse pleine de terre humide, et à la face inférieure de cette caisse on a mis des graines en contact avec la terre ; le sol était en haut, l'air et la lumière en bas; la tige s'est enfoncée dans la terre, la racine a descendu dans l'air.

Mouvements des feuilles et des fleurs. — Les feuilles dirigent constamment vers le ciel leur face interne, et vers le sol leur face externe; si l'on contrarie cette direction en tordant la base du pétiole, la feuille tend toujours à se retourner malgré tous les obstacles, et, si ces obstacles se renouvellent, elle meurt à la peine; si l'on renverse le rameau, le pétiole se tord sur lui-même; si ce renversement est naturel, comme dans les arbres *pleureurs*, la face interne regarde le ciel par suite de la torsion spontanée du pétiole; si enfin on suspend une feuille de manière que son limbe soit horizontal et que la face interne regarde le sol, ce limbe fait bientôt volte-face et reprend sa position normale. Cet *instinct* de la feuille ne dépend ni de l'air ni de la lumière, car il s'exerce dans l'eau et à l'obscurité.

Mais, pour beaucoup d'espèces, l'état de l'atmosphère, obscure ou éclairée, sèche ou humide, chaude ou froide, provoque dans les feuilles et les fleurs des mouvements qui leur donnent une physionomie extraordinaire. Ainsi pendant la nuit les folioles de la *Fève* et des *Trèfles* se relèvent; celles de la *Réglisse* et des *Robinias* se baissent verticalement. Ce phénomène a été nommé *sommeil des Plantes;* et, pour s'assurer que le *sommeil* et la *veille* de certaines Plantes sont liés à l'absence ou à la présence de la lumière, des observateurs en ont fait *dormir* au milieu du jour en les transportant dans un lieu obscur, et en ont *éveillé* d'autres pendant la nuit en dirigeant sur elles une grande quantité de lumière artificielle.

Il y a d'autres Végétaux exotiques qui, veillant le jour et dormant la nuit dans leur patrie primitive, conservent dans nos serres les habitudes de leur climat, opposé au nôtre; ils dorment quand nous avons le jour, et s'éveillent quand le soleil est descendu au-dessous de notre horizon. Les Plantes équatoriales veillent et dorment chez nous comme si nous avions un équinoxe perpétuel.

On observe, dans un certain nombre de Végétaux, des mouvements provoqués par une excitation accidentelle extérieure : telle est la *Mimeuse pudique*, que tout le monde connaît sous le nom de *Sensitive*. Son sommeil ne suit que très-incomplétement les alternatives du jour et de la nuit ; mais ses veilles sont soumises à des vicissitudes qui dépendent des causes les plus légères : une faible secousse, un peu de vent, le passage d'un nuage orageux, la projection d'une ombre, le dégagement de vapeurs irritantes, le toucher le plus délicat, suffisent pour faire abaisser subitement toutes les folioles; elles se rabattent en s'imbriquant les unes sur les autres le long de leur pétiole, qui s'incline à son tour; mais peu de temps après, si la cause cesse, la Plante sort de cette espèce de défaillance, toutes ses parties se raniment et reprennent leur position première.

La *Dionée attrape-mouche* (*Dionæa muscipula*) est une petite *Droséracée* de l'Amérique septentrionale, dont l'excitabilité est funeste pour les insectes qui s'en approchent; ses feuilles sont terminées par deux plaques arrondies, hérissées de poils; entre ces deux plaques s'étend une charnière qui les réunit, comme le dossier d'un livre réunit les deux côtés de ce livre; sur leur face supérieure sont deux ou trois petites glandes distillant une liqueur qui attire les insectes; si une mouche vient à les toucher, les deux plaques se redressent vivement le long de leur charnière, se rapprochent, et saisissent l'insecte; celui-ci, par les efforts qu'il fait pour sortir de captivité, augmente l'irritation de la Plante, et finit par être étouffé; puis, quand ses mouvements ont cessé avec sa vie, les deux plaques de la *Dionée* s'ouvrent et s'étalent de nouveau, jusqu'à l'arrivée d'une nouvelle victime.

Ces phénomènes résultant d'une excitation quelconque ne sont pas aussi exceptionnels qu'on pourrait le croire; plusieurs Plantes de nos climats en présentent qui sont analogues, mais dont l'intensité est beaucoup moins remarquable.

L'épanouissement des fleurs est, dans quelques Espèces, soumis à l'influence de la lumière; la plupart s'ouvrent le jour; quelques-unes sont *nocturnes*, comme les *Nyctages* ou *Belles de nuit* (*Mirabilis longiflora* et *jalapa*); la plupart sont diurnes; d'autres s'ouvrent ou se ferment à des heures différentes, et d'après leurs habitudes on peut déterminer l'heure de la journée. Linné avait établi sur ces mouvements périodiques son *horloge de Flore*, mais une telle horloge, dans nos climats variables, avance ou retarde bien souvent; elle ne pourrait avoir quelque justesse que sous la zone torride, peu sujette à des vicissitudes atmosphériques.

La chaleur, l'humidité de l'atmosphère, influent aussi sur les mouvements journaliers des fleurs; certaines Espèces annoncent la pluie en se fermant au milieu du jour, ou restant ouvertes le soir, ou ne s'ouvrant pas le matin. Le *baromètre de Flore*, qu'on a voulu fonder sur ces observations, serait plus irrégulier encore que l'*horloge*.

## PHÉNOMÈNES DE LA REPRODUCTION.

FÉCONDATION. — Nous avons, dans l'organographie, mentionné sans explication l'action vivifiante du pollen sur les ovules contenues dans le pistil : nous allons maintenant entrer dans quelques détails sur cet acte merveilleux, qui domine toute la physiologie végétale.

Les Anciens avaient une idée confuse de la nature des étamines; les Botanistes qui écrivirent après la Renaissance émirent sur ce sujet quelques conjectures vagues : ce ne fut que vers la fin du dix-septième siècle qu'on assigna d'une manière précise au pistil et à l'étamine leurs fonctions véritables. Tournefort refusa d'admettre la fécondation, et persista à ne voir dans les étamines que des organes d'excrétion. Après sa mort, le plus fervent de ses disciples, Sébastien Vaillant, dans un discours prononcé en 1716 au Jardin du Roi, démontra la nature physiologique des étamines, et appuya de preuves incontestables le phénomène de la fécondation dans les Végétaux. Grâce à ce monument littéraire, dont la date est certaine, c'est à la France que revient l'honneur de la découverte la plus importante qui eût été faite jusqu'alors en Botanique. Huit ans après, Linné acheva de populariser la doctrine de la fécondation par ses écrits, riches d'expériences, de logique et de poésie.

Nous nous contenterons de citer un petit nombre d'exemples qui prouvent la nécessité du pollen pour la formation de la graine. Le *Dattier* est un arbre dioïque, qui produit un fruit dont les Orientaux, en certaines contrées, font leur principale nourriture. Depuis un temps immémorial, ils suspendent des panicules à fleurs mâles aux individus à fleurs femelles, et la fécondation s'opère toujours. Quand ces peuples se font la guerre, ils vont détruire les *Dattiers* à étamines sur le terrain de leurs ennemis, afin de les affamer en rendant stériles les *Dattiers* à pistil.

Lorsque la pluie est abondante à l'époque de la floraison de la *Vigne*, les cultivateurs disent que la Vigne *coule*, c'est-à-dire que les pistils avortent, parce que, le pollen ayant été emporté, la fécondation n'a pas eu lieu. — Dans des contrées nouvellement découvertes de la mer du Sud, on a semé pour la première fois des *Cucurbitacées* dioïques; elles ont levé et produit des fleurs femelles; mais, les fleurs mâles manquant, la fécondation n'a pas eu lieu.

Les Botanistes ont empêché et produit à volonté le phénomène de la fécondation, en retranchant les stigmates d'un pistil ou quelques-uns seulement : dans ce dernier cas, les ovaires correspondant à ces stigmates n'ont pas fructifié.

Un *Palmier* à pistil, cultivé dans les serres de Berlin, était stérile depuis quatre-vingts ans; on fit venir en poste du Jardin de Carlsruhe quelques pincées de pollen appartenant à un Palmier staminé, et l'arbre de Berlin fut fécondé; on le laissa ensuite stérile pendant dix-huit ans : après cet intervalle, il fut encore fécondé artificiellement, et l'opération réussit comme la première fois.

Des expérimentateurs ont employé un autre moyen pour démontrer l'action physiologique de l'étamine : ils ont répandu le pollen d'une Espèce sur le stigmate d'une Espèce différente, mais appartenant au même Genre, et il en est résulté des individus qui participaient des deux Espèces. On nomme *hybrides* les Plantes provenant d'une fécondation croisée. Ces Plantes se développent assez bien en ce qui concerne les organes de la végétation; mais les organes de la reproduction sont imparfaits, et les graines produites ne sont pas fertiles au-delà d'une ou de deux générations.

A cette question si intéressante de la fécondation se rattache un fait que nous ne devons pas passer sous silence. Il croît en Australie un arbrisseau appartenant à la Famille des Euphorbiacées, qu'on nomme *Cœlebogyne ilicifolia*. Ses fleurs sont dioïques : or, on cultive depuis plusieurs années, dans les Jardins botaniques de l'Angleterre, un individu de cette Espèce, à fleurs pistillées, lequel, sans le concours des étamines (car il n'y a pas en Europe un seul individu à fleurs mâles), a donné des graines qui ont germé, et produit à leur tour des individus parfaitement semblables à la Plante-mère. Ici la production de graines fertiles sans l'intervention du pollen est indubitable. Mais nous ne pensons pas que ce phénomène exceptionnel (que l'on a aussi constaté presque authentiquement sur le *Chanvre* et la *Mercuriale*, Plantes dioïques indigènes) renverse les idées admises sur la fécondation de l'ovule par le pollen; et nous ne trouvons aucune difficulté à admettre que la Nature a donné aux graines de certains Végétaux dioïques une faculté de reproduction multiple, qui peut s'étendre à plusieurs générations, comme cela se remarque dans le Règne animal, chez les *Pucerons*. — Au reste, l'exception que présente le *Cœlebogyne* ne pourra être appréciée à sa juste valeur que quand le temps aura montré si elle est limitée ou indéfinie.

L'époque de la fécondation est celle où la fleur développe son parfum et brille de tout son éclat : les étamines et le pistil exécutent alors des mouvements spontanés, très-remarquables chez quelques Espèces. Ainsi, dans le *Berbéris* ou *Épine-Vinette*, les filets des étamines, d'abord serrés entre les deux glandes de chaque pétale, qui en s'étalant force le filet de s'étaler avec lui, deviennent bientôt libres sous l'influence des rayons solaires, par suite de la légère évaporation qui a diminué leur épaisseur et celle des glandes qui les retenaient; ils reprennent vivement leur courbure première et se rapprochent du pistil, sur lequel les anthères lancent leur pollen. On peut même opérer artificiellement le phénomène produit par les rayons du soleil, soit en grattant doucement le filet avec une épingle, soit en agitant un rameau fleuri : la moindre secousse, le plus léger contact suffit pour délivrer l'étamine du double frein qui la retenait captive. La même irritabilité peut s'observer sur la *Pariétaire* et les *Orties*, dont les filets sont enroulés dans le calyce; si l'on effleure légèrement ces filets avec une pointe, on les voit se dérouler subitement comme un ressort, et l'anthère, qui était inclinée au fond de la fleur, se redresse pour lancer un petit nuage de pollen. — La *Rue* répand le sien avec moins de violence, mais avec des chances de succès plus nombreuses; la corolle est de 4 ou 5 pétales, et l'androcée de 8 ou 10 étamines : on trouve sur la plupart des fleurs une étamine qui, au lieu d'être étendue horizontalement dans un pétale ou entre deux pétales, comme les autres, se tient debout, inclinée sur le pistil, contre lequel son filet est appliqué. Si l'on observe patiemment, on verra l'anthère s'ouvrir et le pollen en tomber. Bientôt cette étamine, dont la fonction est remplie, se couchera dans son pétale, une autre se redressera à son tour pour venir la remplacer, et ces évolutions se succéderont jusqu'à ce que toutes les anthères aient payé leur tribut au pistil.

L'élasticité des anthères n'est pas toujours suffisante pour faire parvenir sur le stigmate la poussière fécondante. Les conditions de ce transport sont très-variées : dans beaucoup de cas, la fécondation a lieu avant l'épanouissement de la fleur; dans beaucoup d'autres, les anthères sont situées au-dessus du pistil, et le pollen est facilement mis en contact avec l'organe qu'il doit féconder; mais il arrive souvent que la position des étamines, relativement au stigmate, est contraire à la transmission du pollen. Alors ce sont les vents, et surtout les Insectes, qui favorisent cette transmission; les Papillons, les Mouches, les Bourdons, les Abeilles, et des Coléoptères souvent très-petits, qu'on voit blottis au fond des fleurs, y recherchent avidement le miel distillé par les nectaires, et deviennent ainsi d'utiles auxiliaires pour la fécondation du pistil, soit en opérant par l'agitation de leurs ailes la dispersion du pollen, soit en colportant sur une Plante le pollen d'une autre Plante de la même Espèce, qui s'est attaché aux poils de leur corps. Ici nous devons noter une coïncidence d'un grand intérêt : à l'époque où s'ouvrent les anthères pour émettre leur pollen, le stigmate devient visqueux pour le retenir; c'est alors aussi que le nectar est distillé par les glandes, et qu'apparaissent les Insectes suceurs pour s'en repaître; c'est enfin à cette même époque, souvent très-fugitive, que s'épanouit la corolle, dont la couleur et le parfum doivent affecter la vue puissante et l'odorat très-subtil des Insectes.

M. Darwin a publié récemment, sur la fécondation de certaines Plantes, des expériences qui ouvrent de nouveaux aperçus en histoire naturelle, et rendent manifestes les précautions merveilleuses qu'a prises la

Nature pour prévenir la dégénération des Espèces. Il a cherché à s'expliquer les différences que l'on observe dans la fleur des *Primevères*. On sait que, dans ce Genre, les individus d'une même Espèce présentent deux formes très-remarquables : les uns ont le style long, et le stigmate arrive juste à l'ouverture du tube de la corolle; ce stigmate est globuleux, chagriné, et dépasse de beaucoup les anthères, qui s'arrêtent vers le milieu du tube. Dans les autres individus, le style est court, et n'atteint pas à la moitié de la longueur de la corolle; le stigmate est déprimé et lisse, mais les anthères occupent le haut de ce tube, leur pollen est plus gros, et la capsule fournit des graines plus nombreuses que chez les individus à style long. Ce *dimorphisme* entre les Primevères *longistyles* et *brévistyles* est constant; jamais les deux formes ne se rencontrent sur un même individu, et les individus de chaque forme se montrent en nombre à peu près égal.

M. Darwin ayant couvert d'un canevas des Primevères, les unes *longistyles*, les autres *brévistyles*, la plupart ont fleuri, mais il n'y a pas eu de graine : il en a conclu que la visite des Insectes est nécessaire à la fécondation de ces Plantes. Mais comme il n'a jamais vu, quelle que fût sa vigilance, aucun Insecte s'approcher des fleurs pendant le jour; il suppose que les Primevères sont visitées par des Papillons nocturnes, lesquels y trouvent un nectar abondant.

Il a cherché à imiter les manœuvres des Insectes, qui, en pompant le miel des fleurs, sont les agents de leur fécondation, et ses expériences l'ont conduit à des considérations du plus haut intérêt.

Si l'on introduit dans une corolle de Primevère *brévistyle* une trompe enlevée à un Bourdon, le pollen des anthères situées à l'entrée du tube adhère autour de la base de la trompe, et l'on peut en conclure que ce pollen devra nécessairement être déposé sur le stigmate de la Primevère *longistyle* quand l'Insecte ira visiter celle-ci après avoir butiné chez la première. Mais, dans cette nouvelle visite, faite à la Primevère *longistyle*, la trompe, en descendant au fond de la corolle, y trouve le pollen des anthères fixées au bas de ce tube; ce pollen s'attache près du sommet de la trompe, et si l'Insecte va visiter une troisème fleur qui soit *brévistyle*, le bout de sa trompe touchera le stigmate situé au bas de la corolle, et y déposera du pollen.

Il faut, de plus, admettre comme très-probable que, dans la seconde visite ci-dessus mentionnée, faite à la fleur *longistyle*, l'Insecte, en retirant sa trompe, laissera sur le stigmate une partie du pollen enlevé aux anthères situées au-dessous, et la fleur sera ainsi fécondée par elle-même. Il est, en outre, presque certain que l'Insecte, en plongeant sa trompe dans une corolle *brévistyle*, aura frôlé les anthères insérées au haut du tube, et poussé en bas sur le propre stigmate de la fleur une certaine quantité de pollen. Enfin, la corolle des Primevères contient en abondance de très-petits Insectes hémiptères, de la Famille des *Pucerons* et du Genre *Thrips*, qui, parcourant la fleur dans tous les sens, transportent des anthères au stigmate le pollen retenu par leur corps : ici encore la Plante aura été fécondée par elle-même.

Il y a donc dans la fécondation des Espèces *dimorphiques* quatre opérations possibles : 1° fécondation de la fleur *longistyle* par elle-même; 2° de la fleur *brévistyle* par elle-même; 3° de la *brévistyle* par la *longistyle*; 4° de la *longistyle* par la *brévistyle*; les deux premières sont nommées par M. Darwin *homomorphiques*; les deux autres, *hétéromorphiques*.

M. Darwin a opéré artificiellement ces diverses fécondations, en tenant les fleurs à l'abri des Insectes, et il a vu, pour la *Primevère sauvage* (*Primula veris*) et la *Primevère de Chine* (*Primula Sinensis*), que les unions *hétéromorphiques* ont pour résultat un nombre de capsules et de bonnes graines beaucoup plus considérable que dans les unions *homomorphiques*. Ainsi les Primevères se partagent en deux catégories qui, quoique de la même Espèce et stamino-pistillées, ont besoin l'une de l'autre pour être parfaitement fécondées. M. Darwin en conclut que la Nature, en établissant le *dimorphisme* dans les Espèces du Genre *Primevère*, et en distribuant les deux formes à un nombre égal d'individus de la même Espèce, a eu pour but évident de favoriser les croisements entre individus *distincts*. Les hauteurs relatives des anthères et des stigmates ont pour effet d'obliger les insectes à laisser le pollen d'une forme sur le stigmate de l'autre. Toutefois il est impossible de ne pas admettre que le stigmate de la fleur *visitée* recevra du pollen de sa propre fleur. Or on sait que si les pollens de plusieurs Variétés tombent sur le stigmate d'un individu de leur Espèce, l'une des Variétés prendra le dessus, et que son pollen seul réussira à l'exclusion de tous les autres. M. Darwin croit pouvoir inférer de là que dans les Primevères le pollen *hétéromorphique*, que l'on sait être le plus efficace, annihilera l'action du pollen *homomorphique* toutes les fois qu'il y aura concurrence : ce qui nous fait, dit-il, toucher au doigt l'efficacité du *dimorphisme* pour amener les croisements entre les individus des deux formes. Ces deux formes, quoique toutes deux *stamino-pistillées*, sont, dans ce cas, vraiment *dioïques*; chacune d'elles est féconde, et toutefois le pollen de chacune a moins d'efficacité sur son propre stigmate que sur celui de l'autre forme.

M. Darwin a étudié le *dimorphisme* dans les diverses Espèces du Genre *Lin*, et il a fait sur le *Lin grandiflore* (*Linum grandiflorum*) et le *Lin vivace* (*Linum perenne*) une série d'expériences qui confirment les conclusions précédentes.

Le *Lin grandiflore*, à fleur écarlate, possède aussi les deux types *longistyles* et *brévistyles*. En outre, dans la forme *brévistyle*, les cinq stigmates divergent, passent entre les filets des étamines et vont s'appuyer sur le tube formé par les pétales contigus. Dans la forme *longistyle*, au contraire, les stigmates se tiennent droits et alternent avec les anthères. — M. Darwin a choisi sur deux individus *longistyles* douze fleurs, qu'il a fécondées *hétéromorphiquement* avec du pollen de la forme *brévistyle* : la plupart ont produit de bonnes capsules et de bonnes graines; les autres fleurs, auxquelles on n'a pas touché, sont restées absolument stériles, quoique leurs stigmates fussent couverts d'une couche épaisse de leur propre pollen. M. Darwin a cherché à connaître la cause probable de cette stérilité : il a mis le pollen d'une fleur *brévistyle* sur les cinq stigmates d'une Plante *longistyle*, et au bout de 13 heures il a trouvé ces derniers décolorés, flétris, et pénétrés profondément par une multitude de tubes polliniques; il a fait l'expérience inverse sur une fleur *longistyle*, et cette fécondation *hétéromorphique* a eu le même résultat que la première. Il a placé du pollen d'une fleur à longs styles sur les cinq stigmates d'une autre fleur à longs styles, mais appartenant à une autre Plante : au bout de 19 heures, de 24 heures et même de trois jours, pas un seul grain de pollen n'avait émis de tube. Dans une autre expérience, M. Darwin a placé sur trois des stigmates d'une fleur *longistyle* du pollen appartenant au même type, et sur les deux autres du pollen d'une fleur *brévistyle*. Au bout de 22 heures, ces deux stigmates étaient décolorés et pénétrés par de nombreux tubes polliniques; les trois autres stigmates, couverts du pollen de leur propre type, s'étaient conservés frais, et les grains de pollen y adhéraient faiblement.

Dans le *Lin vivace*, le dimorphisme est encore plus évident que dans le *Lin grandiflore;* le pistil du type *longistyle* est beaucoup plus long, et les étamines beaucoup plus courtes que dans le type contraire. — M. Darwin s'est assuré, par de nombreuses expériences faites sur chacune des deux formes, que les stigmates ne peuvent recevoir l'imprégnation que du pollen des étamines de la forme opposée.

On sait qu'il est absolument nécessaire que les Insectes transportent réciproquement le pollen des fleurs d'une forme aux fleurs d'une autre forme. Ils sont attirés vers le *Lin* par cinq gouttelettes de nectar sécrétées extérieurement à la base des étamines, de sorte que, pour atteindre à ces gouttelettes, il leur faut insérer leur trompe en dehors du verticille des étamines et en dedans du verticille des pétales. Or, dans la forme *brévistyle*, les stigmates, qui primitivement étaient verticaux et faisaient face à l'axe de la fleur, sont devenus horizontaux par suite de la divergence des styles. S'ils avaient conservé leur position première, droite et centrale, les stigmates ne présenteraient que leur dos aux Insectes, et la fleur ne pourrait jamais être fécondée; mais les styles ayant divergé, et passant entre les filets, les surfaces stigmatiques étant tournées vers le ciel, ces surfaces sont nécessairement frôlées par chaque Insecte qui entre dans la fleur, et elles reçoivent ainsi le pollen qui doit les féconder.

Dans le type *longistyle* du *Lin grandiflore*, la divergence des styles est très-légère; les stigmates se projettent un peu au-dessus du tube de la corolle, de manière à surplomber directement l'espace qui mène aux gouttelettes du nectar : conséquemment, quand un Insecte visite les fleurs de l'un ou de l'autre type, il n'en sort que la trompe bien garnie de grains de pollen. S'il introduit sa trompe dans une fleur *longistyle*, il laisse nécessairement de ce pollen sur les papilles des stigmates; s'il butine dans une fleur *brévistyle*, il dépose encore du pollen sur les stigmates, dont les papilles ici sont tournées en haut. Ainsi les stigmates de chacune des deux formes reçoivent indifféremment le pollen de toutes deux, mais on sait qu'il n'y a de fécondation pour chacune d'elles que par le pollen de la forme opposée.

Dans le type *longistyle* du *Lin vivace*, les styles ne divergent pas sensiblement, mais ils se tordent de manière à changer la position des stigmates; ceux-ci, dont la face interne regardait primitivement l'axe de la fleur, exécutent une rotation, par suite de laquelle cette face interne regarde la circonférence. Il résulte de cette position que l'Insecte, qui va chercher du nectar dans la fleur, se heurte contre les surfaces stigmatiques, et y laisse le pollen récolté sur la fleur de forme opposée.

Les faits que nous venons d'exposer démontrent suffisamment, outre la finalité du dimorphisme, l'importance du rôle que remplissent les Insectes dans la fécondation des Végétaux. M. Darwin reproche à certains

Botanistes d'attribuer indifféremment aux vents et aux Insectes le transport du pollen, comme s'il n'y avait aucune importance à distinguer ces deux agents l'un de l'autre. Les Plantes dioïques ou même stamino-pistillées, pour la fécondation desquelles les vents sont des auxiliaires nécessaires, offrent des particularités de structure appropriées à ce mode de translation : ce sont celles dont le pollen est poudreux et abondant, comme les *Pins*, les *Épinards*, etc.; celles dont les anthères pendantes dispersent au moindre souffle leur pollen autour d'elles; celles qui sont dépourvues de périanthe, ou dont les stigmates se projettent loin de la fleur au moment de la fécondation; celles dont les fleurs se montrent avant les feuilles; celles, enfin, dont les stigmates sont plumeux, comme les *Graminées*, la *Mercuriale*, etc. Dans les Plantes destinées à être fécondées par le vent, les fleurs ne sécrètent pas de nectar; le pollen est trop sec pour pouvoir s'attacher au corps des Insectes, et la corolle, ou n'existe pas, ou ne possède ni le coloris, ni le parfum, ni le nectar qui pourraient attirer ces animaux : aussi les Plantes dont nous parlons ne sont-elles pas visitées par les Insectes.

Nous terminerons ces considérations en mentionnant un des phénomènes les plus curieux qui aient été observés sur la fécondation des Végétaux aquatiques : c'est celui que présente le *Vallisneria spiralis*, Plante submergée, qui croît dans les eaux stagnantes de la France méridionale; elle est *dioïque*, mais les individus à fleurs staminées végètent toujours dans le voisinage des individus à fleur pistillée : cette dernière, protégée par une spathe, est portée sur un long pédoncule qui naît d'une touffe de feuilles et est fixée au fond de l'eau par des racines fibreuses; l'ovaire est surmonté de trois stigmates bifurqués. Les fleurs staminées naissent sur un pédoncule très-court, et sont groupées en épi autour d'un axe conique enveloppé d'une spathe. A l'époque de la floraison, le pédoncule de la fleur pistillée s'allonge, et la fleur vient flotter à la surface de l'eau, où l'on peut voir les six pièces très-petites qui forment, sur deux rangs, le calyce et la corolle. Alors les fleurs staminées qui sont restées submergées, ne pouvant point, vu la brièveté de leur pédoncule, s'élever au niveau de la fleur pistillée, ne pouvant non plus compter, pour lui envoyer leur pollen, ni sur le vent, ni sur les Insectes, exécutent spontanément une rupture, qui les détache de leur tige, et elles montent à la surface de l'eau, où on les voit voguer en grand nombre autour de la fleur pistillée, sur laquelle les anthères projettent élastiquement une pluie abondante de pollen. Après cette fécondation le pédoncule de la fleur femelle se resserre en spirale, et l'ovaire descend au fond de l'eau pour y mûrir ses graines.

En exposant la structure de l'anthère, nous avons parlé des cellules fibreuses qui, après la formation du pollen, viennent former sur la paroi interne une couche diminuant d'épaisseur à mesure qu'elle s'approche de la ligne de déhiscence, et sur cette ligne s'interrompent complétement. Au moment où le pollen doit être lancé au dehors, l'humidité de l'anthère s'évapore, son tissu hygrométrique, tiraillé en sens divers par les variations de l'atmosphère, se déchire sur la ligne où les cellules fibreuses sont interrompues, et celles-ci, par leurs contractions, favorisent l'émission du pollen.

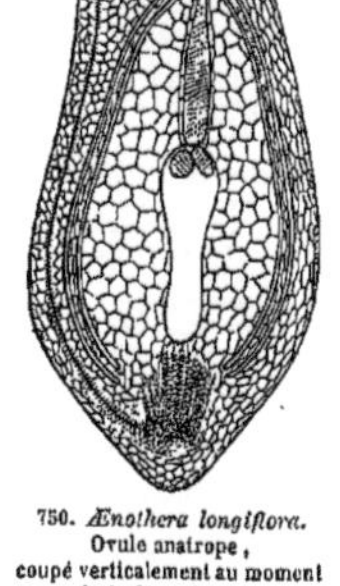

750. *Ænothera longiflora.* Ovule anatrope, coupé verticalement au moment de la fécondation, pour montrer le tube pollinique dont l'extrémité s'est mise en contact avec le sac embryonnaire; à l'intérieur et au sommet de ce sac on voit deux vésicules, dont l'une s'atrophiera, dont l'autre sera l'embryon.

En même temps que s'opère cette émission, les cellules du stigmate sont recouvertes d'une liqueur visqueuse, et lorsque les grains de pollen, lancés par l'anthère, ou transportés par le vent, ou dispersés par les Insectes, viennent à toucher la surface humide du stigmate, ils y restent attachés; dès lors ils se gonflent peu à peu par endosmose; la membrane interne finit par ouvrir l'externe sur un des points qui touchent le stigmate; le *tube* pollinique (fig. 413) s'allonge et s'engage dans les interstices des cellules stigmatiques; après les avoir traversées, il arrive au milieu du tissu conducteur remplissant le canal du style, et imprégné de sucs épais comme le stigmate; il chemine en s'allongeant toujours, et entre dans la cavité de l'ovaire; là il continue à longer le tissu conducteur qui tapisse les placentaires, et parvient enfin à l'ovule (fig. 750); il s'engage dans le micropyle et se met en contact avec la cellule du *nucelle* à laquelle on a donné le nom de *sac embryonnaire*. L'extrémité du tube pollinique s'appuie sur la membrane du sac embryonnaire avec laquelle il contracte une certaine adhérence. — C'est ordinairement peu après ce contact du tube pollinique que l'on voit, en dedans du sac embryonnaire, au-dessous du point où appuie le tube pollinique, apparaître une, ou plus souvent deux vésicules, que nous avons déjà désignées sous le nom de *vésicule embryonnaire* (fig. 750). Ces vésicules ne tardent pas à s'allonger; l'extrémité supérieure amincie est adhérente à la membrane du sac; bientôt l'une des deux s'atrophie et disparaît; l'autre continue à se développer et envahit plus ou moins complétement, par son extrémité libre, la cavité du sac embryonnaire; cette vésicule, dans laquelle doit se développer l'embryon, est d'abord remplie d'un fluide transparent; bientôt cet embryon rudimentaire se cloisonne transversalement dans la partie amincie qui forme le *suspenseur,* puis une cloison longitudinale se forme dans la partie renflée qui répond à l'extrémité libre; à cette extrémité libre se développent ensuite soit un seul lobe, soit deux lobes opposés, qui seront les cotylédons, et la tigelle se développe à l'extrémité opposée.

Tous les physiologistes sont d'accord sur les faits que nous venons d'énoncer, mais il y a eu dissidence sur l'étendue du rôle que remplit le pollen. M. Schleiden avait émis une théorie d'après laquelle c'est le tube pollinique qui constitue l'embryon. Selon cet observateur, le tube pollinique pousse devant lui la membrane du sac embryonnaire, la replie en dedans tout autour de lui, pénètre ainsi dans le sac embryonnaire, où il ne tarde pas à s'organiser et à former une plantule complète. Ainsi, pour M. Schleiden, l'ovule n'est pour l'embryon qu'un récipient chargé de lui fournir un milieu pour le contenir et un aliment pour le développer, et le véritable organe reproducteur réside dans l'anthère. Mais cette théorie n'a pas résisté à l'examen plus attentif des faits : les plus habiles anatomistes de l'école française ont constaté plusieurs fois, avant l'arrivée du tube pollinique, l'existence de la vésicule embryonnaire. Toutefois il n'est guère permis de douter que le pollen ne contribue substantiellement à la formation de l'embryon par sa *fovilla*, qui sort du tube pollinique, et pénètre par endosmose dans l'intérieur de l'ovule.

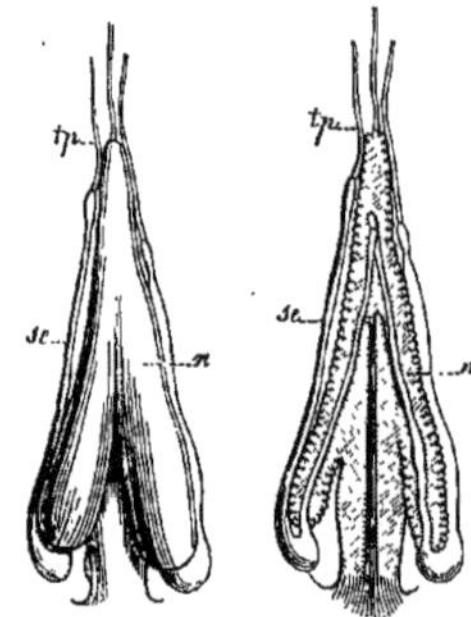


751. Santalum. Placentaire portant 3 nucelles, d'où sortent 3 sacs embryonnaires, qui reçoivent 3 tubes polliniques.

752. Coupe verticale de la fig. 751 (g ), montrant 2 des sacs embryonnaires à l'intérieur et en dehors des nucelles.

La fécondation de l'ovule dans les *Santalacées* présente une particularité tout exceptionnelle qui mérite d'être mentionnée (fig. 751, 752, 753) : l'ovaire est uniloculaire, et le placentaire central libre porte plusieurs ovules suspendus; chacun d'eux est un nucelle *nu,* c'est-à-dire dépourvu de primine et de secondine. A l'époque de la fécondation, le nucelle *n* se crève à sa partie inférieure, le sac embryonnaire *sc* sort par cette ouverture et remonte en rampant le long de la face externe du nucelle, pour aller au-devant du tube pollinique *tp.*, qui le rencontre un peu au-dessous du sommet du nucelle. Celui-ci bientôt s'atrophie, et le sac embryonnaire, qui croît seul, constitue le tégument de la graine.

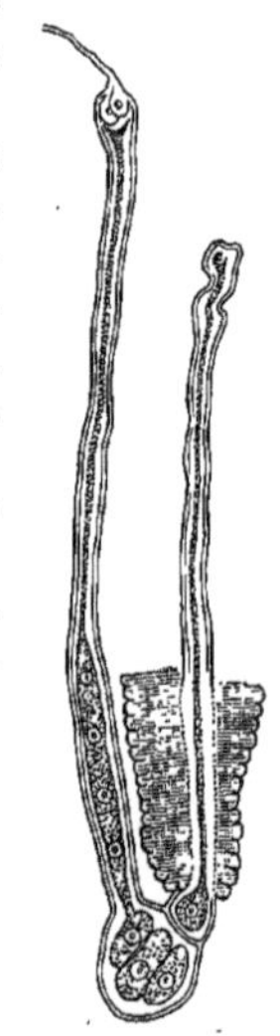

753. Santalum. Portion du nucelle coupée verticalement pour montrer le sac embryonnaire qui a crevé le nucelle par le bas, et est remonté jusqu'au tube pollinique, dont il coiffe l'extrémité libre.

A dater de la fécondation, la fleur perd rapidement sa fraîcheur; la corolle et les étamines se flétrissent et tombent; le style se dessèche, ainsi que le tissu conducteur qui le remplissait; la portion de ce tissu qui aboutissait à l'ovule ne tarde pas à disparaître. Bientôt l'ovaire, recevant les sucs nourriciers qui jusqu'alors s'étaient portés dans toutes les parties de la fleur, augmente de volume, ainsi que les ovules; plusieurs de ceux-ci avortent par suite du développement prédominant des ovules privilégiés, et cet avortement, dans la plupart des cas, est constant et uniforme; quelquefois les cloisons disparaissent. Enfin le pistil fécondé présente un ensemble de phénomènes qui modifient plus ou moins sa forme, son volume et sa consistance.

Maturation. — La maturation est l'ensemble des changements qui s'opèrent dans le fruit, depuis la fécondation jusqu'à la dispersion des graines. Les fruits qui restent foliacés continuent à agir comme les feuilles : le jour, ils décomposent de l'acide carbonique et dégagent de l'oxygène; la nuit, ils absorbent de l'oxygène et dégagent de l'acide carbonique. A la maturité, leur tissu se dessèche, leur couleur s'altère, leurs faisceaux fibro-vasculaires se décollent, et la déhiscence a lieu. Les fruits qui perdent leur consistance foliacée pour devenir charnus, respirent comme les précédents, jusqu'à l'époque de la maturité; alors le parenchyme se développe; l'eau qui arrive dans l'ovaire se décompose, et se fixe par de nouvelles combinaisons; la *cellulose* perd de son carbone et de son hydrogène, et devient de la *fécule;* celle-ci, par l'addition de l'eau, est changée en *sucre*. Les acides végétaux équivalent à de la fécule, plus de l'oxygène; il suffit donc, pour qu'ils se changent en sucre, ou que le carbone assimilé par la Plante leur enlève de l'oxygène, ou qu'il se forme de l'eau aux dépens de ce dernier. Ces acides, dans la plupart des fruits, ne sont pas totalement convertis en sucre, mais leur combinaison avec les bases alcalines diminue plus ou moins leur saveur aigre. Au reste les proportions d'acide et de sucre varient suivant la nature des fruits.

Lorsque la maturation est achevée, les fruits dégagent de l'acide carbonique formé aux dépens du sucre, et celui-ci disparaît peu à peu, mais la décomposition du fruit entoure la jeune graine des conditions les plus favorables; l'acide carbonique qui se dégage autour d'elle contribue puissamment à sa nutrition, et sa maturité est complète quand le fruit, en se désagrégeant, lui laisse une existence indépendante.

Dissémination. — La dissémination est l'acte par lequel les graines mûres sont dispersées à la surface de la terre. Dans les fruits à capsule, les graines deviennent libres par la déhiscence des carpelles; dans les fruits charnus, elles sont retenues plus longtemps, et leur séjour dans le parenchyme, qui se décompose en dégageant de l'acide carbonique, est sans doute utile à leur développement. La nature a varié à l'infini les moyens qui concourent à la dissémination; les vents, les eaux, les Animaux frugivores, en sont les agents principaux: l'homme lui-même contribue, souvent à son insu, par ses travaux ou ses voyages, au transport et à la multiplication des graines.

Germination. — Les agents de la germination sont l'eau, l'air, la chaleur, l'obscurité. On a vu des graines enfouies pendant plusieurs siècles dans un terrain sec, à l'abri du contact de l'air et des variations de la température atmosphérique, germer et reproduire l'Espèce, lorsqu'on les avait placées dans des conditions favorables.

L'eau ramollit les téguments, pénètre le tissu de la graine, et est décomposée; son hydrogène est absorbé; son oxygène, de même que celui de l'air, se combine avec le carbone de la graine pour former de l'acide carbonique, qui se dégage.

La chaleur est indispensable à la germination, et dans la série des phénomènes qui composent cet acte physiologique elle devient successivement cause et effet, puisque la graine est le siége de combinaisons chimiques.

La lumière retarde la germination, et cette influence nuisible provient de ce que, provoquant la décomposition de l'acide carbonique, elle empêche la formation de ce gaz.

Quand toutes les circonstances favorables à la germination sont réunies, la graine absorbe l'eau, qui pénètre dans son tissu avec l'oxygène de l'air qu'elle tient en dissolution; l'albumen, soumis à l'action chimique de ces agents, perd une portion de son carbone, et en même temps se combine avec les éléments de l'eau; il se change bientôt en une matière saccharine, laiteuse, soluble, propre à être absorbée par la plantule; si l'albumen a été absorbé avant la germination, ce sont les cotylédons, alors plus volumineux, qui se chargent de nourrir la gemmule. Quand celle-ci est sortie de terre et a pris une couleur verte, les phénomènes se renversent : la jeune Plante, au lieu d'absorber de l'oxygène pour le combiner avec son carbone, et dégager de l'acide carbonique, absorbe au contraire de l'acide carbonique, pour en séparer le carbone, et se l'assimiler.

# TAXONOMIE.

La *taxonomie* est la partie de la Botanique qui traite des *classifications*. — On donne le nom de classification à la distribution méthodique des Plantes en différents groupes, nommés *Classes, Familles, Genres, Espèces.*

Tous les *individus* ou êtres isolés du Règne végétal, qui se ressemblent entre eux autant qu'ils ressemblent à leurs parents et à leur postérité, forment collectivement une *Espèce.*

Toutes les *Espèces* qui se ressemblent entre elles, quoique différant par certains caractères qui deviennent le signe distinctif de chacune, forment collectivement un *Genre,* qui prend le nom de l'Espèce principale. Ainsi le *Chou,* le *Navet,* le *Colza,* la *Rave*, sont des Espèces d'un même Genre, qui a reçu le nom de *Chou.* Il en résulte que chaque Plante, appartenant à un Genre et à une Espèce, a reçu deux noms, celui du Genre et celui de l'Espèce, le nom *générique* et le nom *spécifique*, et l'on a dit le *Chou potager,* le *Chou Navet*, le *Chou Colza*, le *Chou Rave.*

Tous les *Genres* qui se ressemblent entre eux forment collectivement une *Famille;* ainsi le Genre *Chou*, le Genre *Giroflée,* le Genre *Thlaspi,* le Genre *Cochléaria* appartiennent à une même Famille, qui est celle des *Crucifères.*

Les *Familles* qui ont entre elles des analogies ont été réunies en *Classes*, et l'on a pu, par ce moyen, embrasser tout l'ensemble des Espèces qui composent le Règne végétal.

Mais l'*Espèce* elle-même peut se subdiviser : plusieurs individus de la même Espèce peuvent être placés dans de certaines conditions, différentes pour chacun d'eux : l'un végétera sur un rocher aride, l'autre sur un sol marécageux; celui-ci sera abrité, celui-là sera battu par les vents : l'homme lui-même pourra faire naître volontairement ces circonstances extérieures, et les combiner selon ses besoins. Le Végétal soumis à ces diverses influences finira par éprouver des changements dans ses qualités sensibles, telles que le volume de sa racine, les dimensions, la consistance et la durée de sa tige, la forme, la couleur, l'odeur de ses verticilles floraux, la saveur de son fruit, etc. Mais ces changements, quelque considérables qu'ils puissent être, n'effaceront pas le caractère primitif de l'Espèce, que l'on reconnaîtra toujours au milieu de ses modifications. L'ensemble des individus d'une même Espèce qui ont subi une modification semblable, porte le nom de *Variété.* Les caractères d'une Variété, tenant à des causes accidentelles, ne sont jamais constants : dès que la cause altérante s'arrête, l'altération cesse, et l'Espèce primitive reparaît avec son type originel. Nous citerons pour exemple le *Chou potager,* dont on connaît en France six Variétés : 1° le *Chou sauvage* qui est le type primitif de l'Espèce ; 2° le *Chou sans tête,* à tige allongée et à feuilles étalées ; 3° le *Chou frisé,* dont les feuilles sont presque en tête dans leur jeunesse, puis étalées et crispées; 4° le *Chou cabus,* dont la tige est courte, à feuilles vertes ou rouges, concaves, ramassées en tête avant la floraison ; 5° le *Chou Rave,* dont la tige est renflée et globuleuse à l'origine des feuilles ; 6° le *Chou-fleur*, dont les branches florales sont ramassées et serrées avant la floraison; la séve s'y jette exclusivement, et les transforme en une masse épaisse, succulente, grenue, qui fournit un aliment agréable. Telles sont les modifications que la culture fait subir au *Chou potager :* ces modifications sont dues uniquement au développement exagéré du parenchyme, qui s'accumule, tantôt dans les feuilles (*Chou cabus*), tantôt au bord seulement de ces feuilles (*Chou frisé*), tantôt au bas de la tige (*Chou-Rave*), tantôt enfin dans les pédoncules ou branches florales (*Chou-fleur*).

La graine ne conserve pas la Variété, elle tend toujours à reproduire le type primitif de l'Espèce. Il y a cependant des Plantes dont les Variétés se multiplient par graines, pourvu que l'on conserve fidèlement les conditions de culture qui ont modifié l'Espèce : telles sont les *Céréales*, qui forment, non pas des Variétés, mais des *Races*, dont le type originel est perdu.

Les anciennes classifications divisaient les Plantes selon leurs *propriétés* ou leur *station;* d'autres prenaient pour base les caractères tirés, soit de la *tige*, soit des *racines*, soit des *feuilles*, soit des *poils*. On comprit enfin que la *fleur*, renfermant la graine qui doit perpétuer l'Espèce, et se composant de feuilles dont la forme, la couleur, le nombre et la connexion diffèrent notablement dans chaque Genre et dans chaque Espèce, la fleur était la partie de la Plante qui devait fournir les caractères les plus favorables à une bonne classification. C'est donc sur la fleur que sont basés les systèmes de *Tournefort* et de *Linné*, la méthode d'*A.-L. de Jussieu*, et celle d'*A.-P. De Candolle*, qui n'en est que la reproduction légèrement modifiée.

Tournefort établit son système sur la consistance de la tige, sur la présence ou l'absence de la corolle (et pour lui toute enveloppe florale non verte est une corolle), sur l'isolement ou l'agglomération des fleurs et sur la forme des pétales. Cette méthode, qui parut en 1693, et comprenait 10,000 espèces, étant fondée sur la partie la plus saillante de la Plante, et facile à pratiquer comme à comprendre, obtint un succès universel; mais l'augmentation des Espèces connues, dont un grand nombre ne peuvent entrer dans aucune de ses Classes, l'a fait tomber en désuétude.

## TABLEAU DE LA MÉTHODE ARTIFICIELLE DE TOURNEFORT.

| | | | | | | CLASSES. | EXEMPLES. |
|---|---|---|---|---|---|---|---|
| FLEURS. | d'herbes. | pétalées. | simples. | monopétales. | régulières. | 1 Campaniformes. | *Belladone.* |
| | | | | | | 2 Infondibuliformes. | *Liseron.* |
| | | | | | irrégulières. | 3 Personées. | *Muflier.* |
| | | | | | | 4 Labiées. | *Sauge.* |
| | | | | polypétales. | régulières. | 5 Cruciformes. | *Giroflée.* |
| | | | | | | 6 Rosacées. | *Fraisier.* |
| | | | | | | 7 Ombellifères. | *Carotte.* |
| | | | | | | 8 Caryophyllées. | *Œillet.* |
| | | | | | | 9 Liliacées. | *Tulipe.* |
| | | | | | irrégulières. | 10 Papilionacées. | *Pois.* |
| | | | | | | 11 Anomales. | *Violette.* |
| | | | composées. | | | 12 Flosculeuses. | *Chardon.* |
| | | | | | | 13 Semi-flosculeuses. | *Pissenlit.* |
| | | | | | | 14 Radiées. | *Pâquerette.* |
| | | apétales. | | | | 15 A étamines. | *Avoine.* |
| | | | | | | 16 Sans fleurs. | *Fougères.* |
| | | | | | | 17 Sans fleurs ni fruit. | *Champignons.* |
| | d'arbres. | apétales. | | | | 18 Apétales. | *Laurier.* |
| | | | | | | 19 Amentacées. | *Saule.* |
| | | pétalées. | | monopétales. | | 20 Monopétales. | *Sureau.* |
| | | | | polypétales. | régulières. | 21 Rosacées. | *Cerisier.* |
| | | | | | irrégulières. | 22 Papilionacées. | *Robinier.* |

Le système de Linné, qui parut quarante ans après celui de Tournefort, fut accueilli avec un enthousiasme qui dure encore, surtout en Allemagne. Il prit pour base de ses vingt-quatre *Classes* les caractères fournis par les *étamines* dans leurs rapports entre elles et avec le *pistil.*

## CLEF DU SYSTÈME DE LINNÉ.

| | | | | | CLASSES. | EXEMPLES. |
|---|---|---|---|---|---|---|
| ÉTAMINES ET PISTIL. visibles, | habitant la même fleur. | Étamines non adhérentes au pistil. | libres entre elles et égales. | 1 étamine | 1 MONANDRIE | *Centranthe.* |
| | | | | 2 étamines | 2 DIANDRIE | *Véronique.* |
| | | | | 3 étamines | 3 TRIANDRIE | *Iris.* |
| | | | | 4 étamines | 4 TÉTRANDRIE | *Plantain.* |
| | | | | 5 étamines | 5 PENTANDRIE | *Mouron.* |
| | | | | 6 étamines | 6 HEXANDRIE | *Lis.* |
| | | | | 7 étamines | 7 HEPTANDRIE | *Marronnier d'Inde.* |
| | | | | 8 étamines | 8 OCTANDRIE | *Épilobe.* |
| | | | | 9 étamines | 9 ENNÉANDRIE | *Laurier.* |
| | | | | 10 étamines | 10 DÉCANDRIE | *Œillet.* |
| | | | | 11 à 19 étamines | 11 DODÉCANDRIE | *Joubarbe.* |
| | | | | 20 ou plus, sur le calyce | 12 ICOSANDRIE | *Fraisier.* |
| | | | | 20 ou plus, sur le réceptacle | 13 POLYANDRIE | *Renoncule.* |
| | | | libres et inégales. | 4, dont 2 plus longues | 14 DIDYNAMIE | *Muflier.* |
| | | | | 6, dont 4 plus longues | 15 TÉTRADYNAMIE | *Giroflée.* |
| | | | soudées par leurs filets | en un seul corps | 16 MONADELPHIE | *Mauve.* |
| | | | | en deux corps | 17 DIADELPHIE | *Pois.* |
| | | | | en plusieurs corps | 18 POLYADELPHIE | *Millepertuis.* |
| | | | soudées par leurs anthères en un cylindre | | 19 SYNGÉNÉSIE | *Bleuet.* |
| | | Étamines adhérentes au pistil | | | 20 GYNANDRIE | *Orchis.* |
| | habitant des fleurs différentes. | Fleurs pistillées et fleurs staminées sur le même individu | | | 21 MONOÉCIE | *Arum.* |
| | | Fleurs pistillées et fleurs staminées sur deux individus différents | | | 22 DIOÉCIE | *Ortie.* |
| | | Fleurs staminées ou pistillées, ou stamino-pistillées sur un ou plusieurs individus | | | 23 POLYGAMIE | *Pariétaire.* |
| non visibles | | | | | 24 CRYPTOGAMIE | *Fougère.* |

Les treize premières *Classes* sont divisées en *Ordres* établis sur le nombre des ovaires ou styles libres, composant le pistil : dans la *monogynie,* le pistil est formé d'un carpelle unique, ou de plusieurs carpelles réunis en un seul corps par leurs ovaires et leurs styles; dans la *digynie,* il y a deux ovaires ou deux styles distincts; dans la *trigynie,* trois; dans la *tétragynie,* quatre; dans la *pentagynie,* cinq; dans l'*hexagynie,* six; dans la *polygynie,* un nombre passant dix. — La 14ᵉ Classe comprend deux Ordres : la *gymnospermie,* où le pistil se compose de quatre lobes simulant des graines nues; l'*angiospermie*, où les graines sont renfermées dans une capsule. — La 15ᵉ Classe ou *tétradynamie,* est dite *siliqueuse* ou *siliculeuse,* selon que le fruit est, ou non, trois fois plus long que large; les 16ᵉ, 17ᵉ, 18ᵉ, 20ᵉ, 21ᵉ, 22ᵉ Classes ont leurs Ordres établis sur le nombre et la connexion des étamines et des styles (*triandrie, pentandrie, polyandrie, monogynie, polygynie, monadelphie,* etc.). — La 19ᵉ Classe se divise en *polygamie égale*, où toutes les fleurs centrales du capitule sont stamino-pistillées, et celles de la circonférence, pistillées et fertiles; *polygamie frustranée*, où les fleurs de la circonférence sont pistillées et stériles; *polygamie nécessaire,* où les fleurs du centre sont staminées, et celles de la circonférence pistillées et fertiles, etc. — La 23ᵉ Classe se divise en *monoëcie, dioëcie, trioëcie.* — La 24ᵉ classe se divise en *Fougères, Mousses, Algues, Champignons.*

Une classification complète doit satisfaire à deux conditions : la première consiste à faire connaître promptement le nom que les Botanistes ont assigné à une Plante, et à l'isoler au milieu du Règne végétal par des caractères différentiels, aussi saillants que possible; c'est là l'objet que doit remplir le *système*, véritable dictionnaire alphabétique, ne tendant qu'à la facilité des recherches, et devant, par conséquent, établir ses divisions sur les caractères les plus apparents, quelque bizarres et disparates qu'ils puissent être.

A ce point de vue, la classification linnéenne est un chef-d'œuvre qui ne sera peut-être jamais surpassé, malgré les inconvénients résultant des difficultés, peu nombreuses, que présente son application. — Les *clefs dichotomiques* sont des systèmes qui consistent à poser à l'étudiant une série de questions ne laissant de choix qu'entre deux propositions contradictoires, de manière que, l'une étant accordée, l'autre se trouve nécessairement exclue.

La seconde condition consiste à placer chaque Espèce, chaque Genre, au milieu de ceux avec lesquels il offre le plus de ressemblances essentielles : c'est l'objet que doit remplir la *méthode*, véritable science, qui établit ses divisions sur les organes les plus importants, sans avoir égard à leur nombre, ni à la difficulté de les observer. Le *système* nous fait découvrir le nom de l'individu en nous donnant son signalement; la *méthode* nous fait connaître sa position dans le *Règne* végétal. La seconde est donc le complément du premier.

Les *affinités* qui doivent servir de base à une méthode naturelle ont été établies par A.-L. de Jussieu. Avant lui, *Magnol*, de Montpellier, avait déjà introduit, en Botanique, des *Familles* dont l'arrangement était fondé sur la structure du calyce et de la corolle; *Rivin* avait publié une classification basée sur la figure de la corolle, sur le nombre des graines, sur la forme, la consistance et les loges du fruit; *Ray* avait classé plus de 18,000 Espèces, qu'il divisait d'après le nombre des cotylédons, la séparation ou l'agglomération des fleurs, la présence ou l'absence de la corolle, la consistance du fruit, et l'adhérence ou l'indépendance de l'ovaire relativement au tube réceptaculaire. Le problème des *affinités naturelles* était donc posé depuis longtemps. Ce fut Antoine-Laurent de Jussieu qui eut la gloire de le résoudre, en découvrant le grand principe de la *valeur relative des caractères ;* dans un Mémoire sur les *Renoncules*, il énonça et développa *l'importance relative et subordonnée des divers organes de la Plante ;* ensuite il publia son grand Ouvrage sur les *Familles* et les *Genres* du Règne végétal, et le principe lumineux de la subordination des caractères, qui l'avait guidé dans ses travaux, éclaira bientôt toutes les autres branches de l'histoire naturelle.

## TABLEAU DE LA MÉTHODE NATURELLE D'A.-L. DE JUSSIEU.

| | | | CLASSES. | EXEMPLES. |
|---|---|---|---|---|
| ACOTYLÉDONES | | | 1 ACOTYLÉDONIE | *Champignons.* |
| MONOCOTYLÉDONES. | | Étamines insérées sur le réceptacle | 2 MONO-HYPOGYNIE | *Avoine.* |
| | | Étamines insérées sur le calyce | 3 MONO-PÉRIGYNIE | *Iris.* |
| | | Étamines insérées sur l'ovaire | 4 MONO-ÉPIGYNIE | *Orchis.* |
| DICOTYLÉDONES. | Fleur apétale. | Étamines insérées sur l'ovaire | 5 ÉPISTAMINIE | *Aristoloche.* |
| | | Étamines insérées sur le calyce | 6 PÉRISTAMINIE | *Rumex.* |
| | | Étamines insérées sur le réceptacle | 7 HYPOSTAMINIE | *Amarante.* |
| | Fleur monopétale. | Corolle staminifère insérée sur le réceptacle | 8 HYPOCOROLLIE | *Belladone.* |
| | | Corolle staminifère insérée sur le calyce | 9 PÉRICOROLLIE | *Campanule.* |
| | | Corolle staminifère insérée sur l'ovaire | 10 ÉPICOROLLIE SYNANTHÉRIE | *Bleuet.* |
| | | | 11 ÉPICOROLLIE CORISANTHÉRIE | *Sureau.* |
| | Fleur polypétale. | Étamines insérées sur l'ovaire | 12 ÉPIPÉTALIE | *Carotte.* |
| | | Étamines insérées sur le réceptacle | 13 HYPOPÉTALIE | *Renoncule.* |
| | | Étamines insérées sur le calyce | 14 PÉRIPÉTALIE | *Fraisier.* |
| | Fleurs mâles et fleurs femelles sur des individus différents | | 15 DICLINIE | *Ortie.* |

Les Botanistes qui ont succédé à A.-L. de Jussieu ont marché dans la voie qu'il avait indiquée; mais tous n'admettent pas de la même manière la valeur prédominante de tel caractère sur tel autre; d'ailleurs, il est démontré par l'observation qu'un caractère unique de haute valeur peut, dans certains cas, être égalé et même surpassé par plusieurs caractères d'une valeur secondaire : ici la qualité est remplacée par la quantité, à peu près comme vingt sous équivalent à un franc, et vingt francs à un louis.

Toutefois on peut établir que le caractère le plus constant doit posséder aussi le plus de valeur : or, c'est dans les organes reproducteurs que cette invariabilité se fait remarquer, et précisément en raison de l'importance de leurs fonctions ; ce sont donc les organes de la fleur qu'on a dû choisir pour réunir des *Espèces* en *Genre*, des *Genres* en *Famille* et des *Familles* en *Classe*. Les caractères les plus invariables dans ces organes observent l'ordre suivant : le nombre des cotylédons, la soudure ou la séparation des pétales, l'insertion des étamines, la présence ou l'absence de l'albumen et sa nature, la direction de la radicule, la préfloraison, le degré de symétrie qui existe dans la position, le nombre et la forme des verticilles floraux, etc.

Nous ajouterons aux tableaux synoptiques précédents l'*Arrangement* de A.-P. De Candolle, qu'il a suivi dans son *Prodrome du Règne végétal*, la classification de M. Ad. Brongniart, suivant laquelle est disposée l'*École de Botanique* du *Jardin des Plantes* de Paris, et enfin la *Série des Familles* établie par Adrien de Jussieu, que nous avons adoptée pour notre *Flore des Jardins et des Champs*, et que nous suivrons également pour le présent *Atlas*.

## ARRANGEMENT D'A.-P. DE CANDOLLE.

| | | | Classes. | Exemples. |
|---|---|---|---|---|
| Végétaux vasculaires (1) ou cotylédonés. | Exogènes (2). | Corolle polypétale et étamines insérées sur le réceptacle. . . . . . | 1 Thalamiflores. | *Renoncule.* |
| | | Corolle polypétale ou monopétale et étamines insérées sur le calyce. | 2 Calyciflores. . | *Fraisier.* |
| | | Corolle monopétale staminifère insérée sur le réceptacle. . . . . . | 3 Corolliflores. . | *Belladone.* |
| | | Une seule enveloppe florale, ou calyce et corolle semblables . . . | 4 Monochlamydés. | *Ortie.* |
| | Endogènes (3). | Fructification visible et régulière. . . . . . . . . . . . . . . . | 5 Phanérogames. . | *Iris.* |
| | | Fructification invisible ou irrégulière. . . . . . . . . . . . . . | 6 Cryptogames. . | *Fougères.* |
| Végétaux cellulaires (4) ou acotylédonés. | | Expansions d'apparence foliacée . . . . . . . . . . . . . . . . . | 7 Foliacés . . . . | *Mousses.* |
| | | Point d'expansions foliacées. . . . . . . . . . . . . . . . . . . | 8 Aphylles. . . . | *Champignons.* |

## CLASSIFICATION DE M. AD. BRONGNIART.

Les familles étant énumérées dans l'Exposé de la classification d'Adr. de Jussieu, nous nous bornons à l'énumération des Classes.

**CRYPTOGAMES.** — Végétaux dépourvus d'étamines, de pistil, et même d'ovules. Embryon simple, homogène, sans organes distincts, ordinairement formé d'une seule vésicule.

**AMPHIGÈNES.** — Point d'axe et d'organes appendiculaires distincts ; croissance périphérique ; reproduction par des spores nues.

*Algues, Champignons, Lichénées.*

**ACROGÈNES.** — Axe et organes appendiculaires distincts ; tiges croissant par l'extrémité seule, sans addition de nouvelles parties vers la base. — Reproduction par des spores recouvertes d'un tégument, mais n'adhérant pas par un funicule aux parois des capsules qui les renferment.

*Muscinées, Filicinées.*

(1) *Vasculaires*, c'est-à-dire munis de cellules et de vaisseaux.
(2) *Exogènes*, c'est-à-dire offrant leurs faisceaux fibro-vasculaires disposés par couches concentriques, dont les plus jeunes sont en dehors.
(3) *Endogènes*, c'est-à-dire dont les faisceaux fibro-vasculaires sont disposés sans ordre, les plus jeunes au centre de la tige.
(4) *Cellulaires*, c'est-à-dire dépourvus de vaisseaux et composés seulement de cellules.

**PHANÉROGAMES**. — Organes reproducteurs évidents, formés d'étamines, et d'ovules, soit nus, soit renfermés dans un ovaire. Embryon composé, parenchymateux, hétérogène ou formé de plusieurs parties distinctes. — Parties anciennes des tiges vivaces s'accroissant par addition de nouveaux tissus.

**MONOCOTYLÉDONES.** — Embryon à un seul cotylédon. — Tiges composées de faisceaux fibro-vasculaires épars dans la masse du tissu cellulaire, ne formant pas un cercle régulier : les tiges vivaces ne s'accroissant pas par des zones concentriques distinctes de bois et d'écorce.

**Périspermées.** — Embryon accompagné d'un albumen.

Périanthe nul, ou sépales non pétaloïdes. Albumen farineux.

*Glumacées, Joncinées, Aroïdées.*

Périanthe nul ou double, sépaloïde ou pétaloïde. — Albumen non farineux.

*Pandanoïdées, Phœnicoïdées, Lirioïdées.*

Périanthe double, l'interne ou tous les deux pétaloïdes. Albumen farineux.

*Broméliordées, Scitaminées.*

**Apérispermées.** — Albumen nul.

*Orchioïdées, Fluviales.*

**DICOTYLÉDONES.** — Embryon à deux cotylédons opposés, ou à cotylédons verticillés. Tige présentant des faisceaux fibro-vasculaires formant un cylindre autour d'une moelle centrale, séparables en une zone interne ligneuse et une zone interne corticale, et s'accroissant par des couches concentriques.

ANGIOSPERMÉES. — Ovules renfermés dans un ovaire clos, et recevant l'influence de la fécondation par l'intermédiaire d'un stigmate.

*GAMOPÉTALES.* — Pétales soudés entre eux.

PÉRIGYNES. — Étamines et corolle insérées sur le calyce. Ovaire infère.

*Campanulinées, Astéroïdées, Lonicérinées, Cofféinées.*

HYPOGYNES. — Étamines et corolles insérées sous l'ovaire.

ANISOGYNES. — Pistil composé d'un nombre de carpelles moindre que celui des sépales.

**Isostémones.** — Étamines en nombre égal aux divisions de la corolle, alternant avec elles.

*Asclépiadinées, Convolvulinées, Aspérifoliées, Solaninées.*

**Anisostémones.** — Étamines en partie avortées, 4 didynames, ou 2.

*Personées, Sélaginoïdées, Verbéninées.*

ISOGYNES. — Pistil ordinairement composé d'un nombre de carpelles égal à celui des sépales.

*Primulinées, Éricoïdées, Diospyroïdées.*

*DIALYPÉTALES.* — Pétales libres ou nuls.

HYPOGYNES. — Étamines et pétales indépendants du calyce, insérés sous l'ovaire.

FLEURS COMPLÈTES, offrant des pétales, dans la plupart des Genres de chaque Classe.

Calyce persistant généralement après la floraison.

**Polystémones.** — Étamines généralement en nombre indéfini.

*Guttifères, Malvoïdées.*

**Oligostémones.** — Étamines généralement en nombre défini.

*Crotoninées, Polygalinées, Géranioïdées, Térébenthinées, Hespéridées, Æsculinées, Célastroïdées, Violinées.*

Calyce se détachant pendant ou après la floraison.

Albumen nul, ou très-mince.

*Crucifériinées.*

Albumen épais, charnu ou corné.

*Papavérinées, Berbérinées, Magnolinées, Renonculinées.*

Albumen double, l'externe farineux.

*Nymphéinées.*

FLEURS INCOMPLÈTES. — Corolle manquant constamment.

*Pipérinées, Urticinées, Polygonoïdées.*

PÉRIGYNES. — Étamines et pétales insérés sur le calyce.

**Cyclospermées.** — Embryon courbe situé autour d'un albumen farineux.

*Caryophyllinées, Cactoïdées.*

**Périspermées.** — Embryon droit dans l'axe d'un albumen charnu ou corné.

*Crassulinées, Saxifraginées, Passiflorinées, Hamamélinées, Ombellinées, Santalinées, Asarinées.*

**Apérispermées.** — Albumen nul ou peu épais.

*Cucurbitinées, Œnothérinées, Daphnoïdées, Protéinées, Rhamnoïdées, Myrtoïdées, Rosinées, Léguminosées, Amentacées.*

GYMNOSPERMÉES. — Ovules nus, c'est-à-dire non renfermés dans un ovaire clos et surmonté d'un stigmate, recevant directement l'influence du pollen.

*Conifères, Cycadoïdées.*

---

# SÉRIE DES FAMILLES

## SUIVANT LA CLASSIFICATION D'ADR. DE JUSSIEU.

## CRYPTOGAMES ou ACOTYLÉDONES.

### CELLULAIRES.

*ANGIOSPORÉES.*

(Spores renfermées dans la cellule-mère, qui persiste sous le nom de *thèque*.)

ALGUES. CHAMPIGNONS.
CHARACÉES. LICHENS.

*GYMNOSPORÉES.*

(Spores devenues, par la résorption de la cellule-mère, libres dans une cavité commune.)

HÉPATIQUES. MOUSSES.

### VASCULAIRES.

LYCOPODIACÉES. FOUGÈRES.
ISOÉTÉES. SALVINIÉES.
ÉQUISÉTACÉES. MARSILÉACÉES.

## PHANÉROGAMES MONOCOTYLÉDONES.

*EXALBUMINÉES AQUATIQUES.*

NAJADÉES. ALISMACÉES.
POTAMÉES. BUTOMÉES.
ZOSTÉRACÉES. HYDROCHARIDÉES.
JONCAGINÉES.

*ALBUMINÉES.*

*Spadiciflores.*

(Fleurs en spadice.)

LEMNACÉES. TYPHACÉES.
AROÏDÉES. PALMIERS.

*Glumacées.*

(Périanthe nul, remplacé par des bractées.)

GRAMINÉES. CYPÉRACÉES.

*Énantioblastées.*

(Radicule antipode du hile.)

ÉRIOCAULONÉES. COMMÉLYNÉES.

*Homoblastées.*

(Radicule regardant le hile.)

*Supérovariées.*

(Ovaire libre.)

JONCÉES. LILIACÉES.
PONTÉDÉRIACÉES. ASPARAGÉES.
APHYLLANTHÉES. MÉLANTHACÉES.

*Inférovariées.*

(Ovaire adhérent.)

DIOSCORÉES. HÉMODORACÉES.
IRIDÉES. BROMÉLIACÉES.
AMARYLLIDÉES. MUSACÉES.
HYPOXIDÉES. CANNÉES.

*Aschidoblastées.*

(Embryon indivis.)

ORCHIDÉES.

## PHANEROGAMES DICOTYLÉDONES.

### *GYMNOSPERMÉES.*

Cycadées.
Abiétinées.
Cupressinées.
Taxinées.
Gnétacées.

### *ANGIOSPERMÉES,*

### DICLINES.

#### *Pénéanthées.*

(Fleurs appauvries, c'est-à-dire monopérianthées ou apérianthées.)

Casuarinées.
Myricées.
Bétulinées.
Cupulifères.
Juglandées.
Salicinées.
Balsamifluées.
Platanées.
Morées.
Celtidées.
Ulmacées.
Urticées.
Cannabinées.
Cynocrambées.
Cératophyllées.
Saururées.

#### *Plousianthées.*

(Fleurs riches, c'est-à-dire dipérianthées.)

*Ovules 1-2, axiles.*

Euphorbiacées.
Empétrées.

*Ovules nombreux, pariétaux.*

Datiscées.
Bégoniacées.
Cucurbitacées.
Népenthées.

#### *Rhizanthées.*

(Fleurs parasites sur les racines des autres Plantes.)

Balanophorées.
Cytinées.

### ☿ APÉTALES.

(Fleurs stamino-pistillées, monopérianthées.)

#### *Gynandres.*

(Étamines faisant corps avec le pistil.)

Asarinées.

#### *Périgynes.*

Santalacées.
Loranthacées.
Protéacées.
Éléagnées.
Thymélées.
Laurinées.

#### *Cyclospermées.*

(Embryon recourbé en anneau.)

Polygonées.
Phytolaccées.
Nyctaginées.
Amarantacées.
Chénopodées.
Tétragoniées.

### ☿ POLYPÉTALES.

#### *Cyclospermées.*

Portulacées.
Paronyquiées.
Silénées.
Alsinées.
Élatinées.

#### *Hypogynes.*

*Pleurospermées.*

(Placentation pariétale.)

Frankéniacées.
Tamariscinées.
Violariées.
Cistinées.
Résédacées.
Capparidées.
Crucifères.
Fumariacées.
Papavéracées.
Sarracéniées.
Droséracées.
Parnassiées.

*Chlamydoblastées.*

(Embryon enveloppé par le sac embryonnaire épaissi en albumen interne.)

Nymphéacées.
Nélombiées.

*Axospermées.*

(Placentation axile.)

Dilléniacées.
Magnoliacées.
Anonacées.
Schizandrées.
Berbéridées.
Lardizabalées.
Ménispermées.
Coriariées.
Zanthoxylées.
Diosmées.
Rutacées.
Zygophyllées.
Oxalidées.
Linées.
Limnanthées.
Tropoeolées.
Renonculacées.
Balsaminées.
Géraniacées.
Malvacées.
Sterculiacées.
Buttnériacées.
Tiliacées.
Camelliacées.
Hypéricinées.
Polygalées.
Sapindacées.
Hippocastanées.
Acérinées.
Malpighiacées.
Méliacées.
Hespéridées.

#### *Périgynes.*

*Axospermées exalbuminées.*

(Graines axiles sans albumen.)

Térébinthacées.
Papilionacées.
Césalpiniées.
Mimosées.
Amygdalées.
Spiréacées.
Dryadées.
Sanguisorbées.
Rosacées.
Pomacées.
Calycanthées.
Granatées.
Myrtacées.
Lythrariées.
Mélastomacées.
Hippuridées.
Callitrichinées.
Trapées.
Haloragées.
Onagrariées.

*Pleurospermées.*

Loasées.
Passiflorées.
Ribésiacées.
Cactées.
Mésembryanthémées.

*Axospermées albuminées.*

(Graines axiles pourvues d'un albumen.)

Crassulacées.
Francoacées.
Saxifragées.
Hydrangées.
Cunoniacées.
Escalloniées.
Brexiacées.
Philadelphées.
Hamamélidées.
Cornées.
Garryacées.
Gunnéracées.
Araliacées.
Ombellifères.

*Péri-hypogynes.*

(Insertion soit périgyne, soit hypogyne, souvent ambiguë.)

Rhamnées.
Ampélidées.
Célastrinées.
Staphyléacées.
Pittosporées.

## ☿ MONOPÉTALES

### *Sémi-monopétalées.*

(Pétales libres dans quelques-unes.)

Éricacées.
Rhodoracées.
Vacciniées.
Diapensiées.
Épacridées.
Pyrolacées.
Monotropées.
Styracées.
Jasminées.
Oléinées.
Ilicinées.
Ébénacées.
Myrsinées.
Primulacées.
Plombaginées.
Plantaginées.

### *Eu-monopétalées.*

(Corolle toujours nettement monopétale et staminifère.)

*Hypogynes.*

*Anisandrées.*

(Étamines 4, dissemblables, ou 2 par avortement.)

Utriculariées.
Globulariées.
Sélaginées.
Myoporinées.
Stilbinées.
Verbénacées.
Labiées.
Acanthacées.
Sésamées.
Bignoniacées.
Cyrtandracées.
Gesnériacées.
Orobanchées.
Personées.

*Isandrées,*

(Étamines semblables, en nombre égal à celui des divisions de la corolle.)

Solanées.
Cestrinées.
Nolanées.
Borraginées.
Cordiacées.
Hydrophyllées.
Hydroléacées.
Polémoniacées.
Dichondrées.
Cuscutées.
Convolvulacées.
Gentianées.
Asclépiadées.
Apocynées.
Desfontainées.
Loganiacées.

*Périgynes.*

Rubiacées.
Caprifoliacées.
Valérianées.
Dipsacées.
Campanulacées.
Lobéliacées.
Goodéniacées.
Brunoniacées
Stylidiées.
Composées.

# ATLAS DE BOTANIQUE.

## DEUXIÈME PARTIE.

## ICONOGRAPHIE ET DESCRIPTION DES FAMILLES.

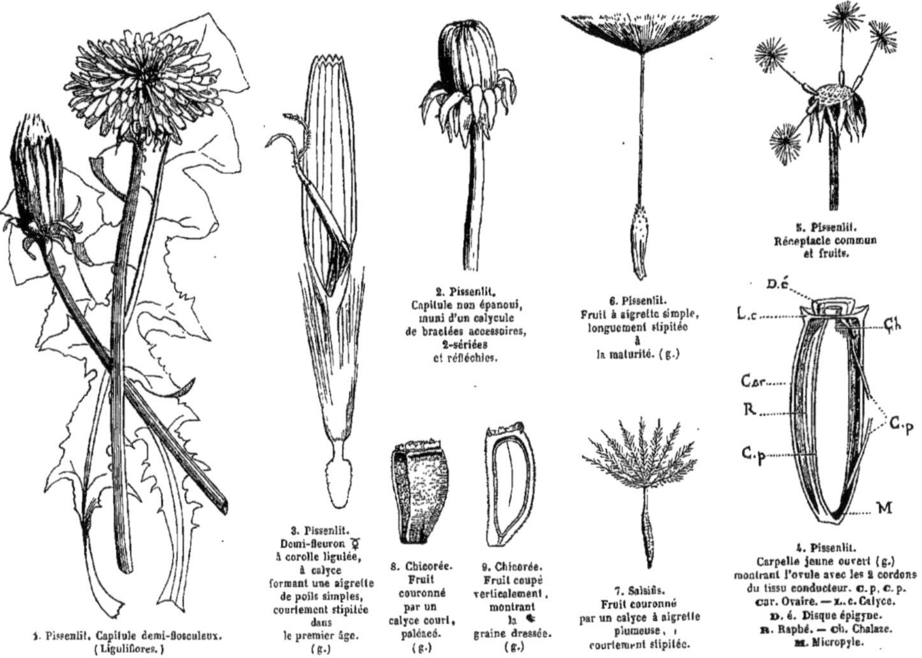


1. Pissenlit. Capitule demi-flosculeux. (Liguliflores.)

2. Pissenlit. Capitule non épanoui, muni d'un calycule de bractées accessoires, 2-sériées et réfléchies.

3. Pissenlit. Demi-fleuron ☿ à corolle liguiée, à calyce formant une aigrette de poils simples, courtement stipitée dans le premier âge. (g.)

4. Pissenlit. Carpelle jeune ouvert (g.) montrant l'ovule avec les 2 cordons du tissu conducteur. c. p. c. p. car. Ovaire. — l. c. Calyce. D. é. Disque épigyne. R. Raphé. — ch. Chalaze. M. Micropyle.

5. Pissenlit. Réceptacle commun et fruits.

6. Pissenlit. Fruit à aigrette simple, longuement stipitée à la maturité. (g.)

7. Salsifis. Fruit couronné par un calyce à aigrette plumeuse, courtement stipitée.

8. Chicorée. Fruit couronné par un calyce court, paléacé. (g.)

9. Chicorée. Fruit coupé verticalement, montrant la graine dressée. (g.)

# COMPOSÉES, *COMPOSITÆ*.

## (COMPOSITÆ, *Vaillant*. — SYNANTHERÆ, *L.-C. Richard*.)

FLEURS *en capitule involucré*. COROLLE *épigyne, monopétale, isostémone, à préfloraison valvaire*. ANTHÈRES *syngénèses*. OVAIRE *uniloculaire, uniovulé*. OVULE *dressé, anatrope*. EMBRYON *dicotylédoné, exalbuminé*.

PLANTES généralement vivaces, la plupart herbacées, quelquefois sous-ligneuses, rarement arborescentes. — FEUILLES généralement alternes, souvent très-découpées, rarement composées, privées de stipules, mais pourvues quelquefois d'oreillettes stipuliformes. — CAPITULES quelquefois pauciflores, très-rarement uniflores, généralement multiflores (1, 10, 16, 29, 38, 56), à inflorescence indéfinie, mais constituant collectivement une inflorescence définie, en corymbe, ou en cyme, ou en glomérule, et composés de fleurs insérées sur un réceptacle commun (*clinanthe*). — CLINANTHE tantôt muni de bractéoles (*paillettes*, *écailles*, *soies*, *fimbrilles*) (17); tantôt *nu* (5, 31, 40), soit *lisse*, soit ponctué de petites fossettes (*fovéoles*), soit creusé d'*alvéoles* à bord entier, ou denté, ou déchiqueté en languettes membraneuses, soit chargé d'aréoles pentagonales ceignant la base des fleurs. — INVOLUCRE (*périclìne*) composé de bractées (*écailles*, *folioles*) plurisériées ou unisériées (2, 16, 30), quelquefois pourvu extérieurement de bractées accessoires (*calycule*) (2). — FLEURS ☿, ou ♀, ou ♂, ou neutres, tantôt toutes ☿ dans un même capitule (1, 10); tantôt ♀, ou neutres (16, 24) à la périphérie du capitule, les intérieures ☿ (38, 41, 43, 47, 48, 51, 52, 57, 58, 59); tantôt ♂ au centre du capitule, et ♀ à la périphérie (31, 32, 33); capitules quelquefois exclusivement composés de fleurs ♀ ou de fleurs ♂, et alors *monoïques*, ou *dioïques*. — CALYCE rarement foliacé, généralement scarieux, ou membraneux, tantôt conformé en *godet*, tantôt évasé en *couronne* (49) entière, ou denticulée, ou laciniée; tantôt divisé en *paillettes* (11, 25, 47, 48), ou *dents*, ou *écailles* (50), ou *arêtes;* tantôt dégénéré en *poils* capillaires ou *soies*, *lisses* (3), ou *scabres* (41, 61), ou *ciliés*, ou *plumeux* (27), et formant une *aigrette* soit *sessile* (11, 27, 45, 61), soit *stipitée* (6); tantôt enfin réduit à un mince bourrelet circulaire (8), ou même entièrement nul

10. Nassauvie en épi. (Labiatiflores.)

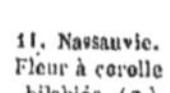

11. Nassauvie. Fleur à corolle bilabiée. (g.)

12. Nassauvie. Corolle et androcée étalés. (g.)

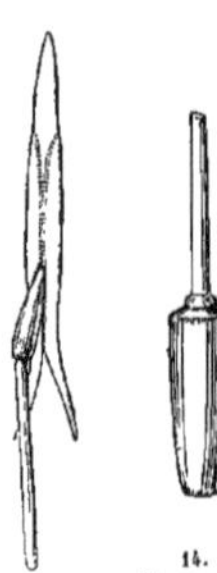

13. Nassauvie. Étamine. (g.)

14. Nassauvie. Ovaire et portion de style. (g.)

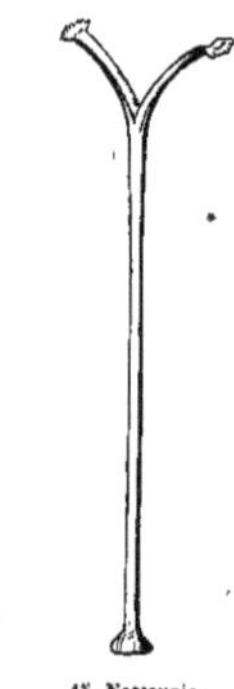

15. Nassauvie. Style. (g.)

(32, 51, 59). — Corolle épigyne, monopétale, tantôt régulière *tubuleuse*, 5-4-fide, ou 5-4-dentée (18, 33, 41, 51, 58, 61), à préfloraison valvaire (46, 64); tantôt irrégulière, soit *bilabiée* (11), soit *ligulée* (3, 32, 43, 52, 59); chaque lobe muni de deux nervures marginales, confluentes dans le tube (19, 51). — Étamines 5-4, insérées sur la corolle, et alternant avec ses divisions (12). *Filets* fixés au bas du tube, libres supérieurement, rarement monadelphes, articulés vers le sommet (13, 21). *Anthères* biloculaires, introrses, cohérentes en tube engaînant le style, très-rarement libres, ordinairement prolongées en appendice à leur sommet (13, 28), souvent terminées en queue à la base de chaque loge (13). — Ovaire infère, uniloculaire, uniovulé, couronné d'un disque annulaire qui entoure un nectaire concave (4). *Ovule* dressé, anatrope (4). *Style* filiforme, indivis dans les fleurs ♂ (33), bifide dans les fleurs ♀ et les ☿; branches du style, communément nommées *stigmates*, à face dorsale convexe, à face interne plane, munies vers leur sommet, ou extérieurement, de poils courts et roides (*poils collecteurs*), et parcourues sur le rebord de leur face interne par deux étroites bandes glanduleuses (*glandules stigmatiques*) constituant le véritable stigmate (15, 23, 44, 47, 48, 53, 58, 59, 63). Style beaucoup plus court que les étamines avant l'épanouissement de la fleur, mais grandissant rapidement à l'époque de la fécondation, montant dans le cylindre creux formé par les anthères, et enlevant, au moyen des poils collecteurs, le pollen destiné à féconder les fleurs voisines récemment épanouies (20, 42, 62). Fleurs ☿ pourvues de glandules stigmatiques et de poils collecteurs (11, 15, 10, 23, 41, 44, 47, 53, 58, 61); les ♀ pourvues de glandules stigmatiques et privées de poils collecteurs (32, 43, 52, 59); les ♂ pourvues de poils collecteurs et privées de glandules stigmatiques (33, 34). — Akène articulé sur le réceptacle commun, généralement sessile, muni d'une aréole basilaire ou latérale, indiquant son point d'insertion, souvent prolongé en bec à son sommet (7). — Graine dressée (9, 26). — Embryon droit, exalbuminé (9, 37). *Cotylédons* plans-convexes, très-rarement enroulés (*Robinsonia*, 54, 55). *Radicule* infère.

## Sous-Famille I. — LIGULIFLORES. — Tribu I. — CHICORACÉES, *CICHORACEÆ*.

Capitules *demi-flosculeux*, c'est-à-dire formés de fleurs à corolle irrégulière ligulée (*demi-fleurons*), toutes ☿ (1, 3). Style à branches filiformes, pubescentes (3). Bandes stigmatiques restant séparées, et n'atteignant pas le milieu de la longueur des branches du style. — Plantes laiteuses. Feuilles alternes.

GENRES PRINCIPAUX.

| | | | | | |
|---|---|---|---|---|---|
| *Epervière, | *Hieracium.* | Laitron, | *Sonchus.* | Porcelle, | *Hypochæris.* |
| Andryale, | *Andryala.* | Picride, | *Picridium.* | Drépanie, | *Drepania.* |
| *Crépide, | *Crepis.* | Helminthie, | *Helminthia.* | *Chicorée, | *Cichorium.* |
| Chondrille, | *Chondrilla.* | *Scorzonère, | *Scorzonera.* | *Cupidone, | *Catananche.* |
| Pissenlit, | *Taraxacum.* | *Salsifix, | *Tragopogon.* | Hyoséride, | *Hyoseris.* |
| *Laitue, | *Lactuca.* | Géropogon, | *Geropogon.* | Lampsane, | *Lapsana.* |
| Prénanthe, | *Prenanthes.* | Liondent, | *Leontodon.* | *Scolyme, | *Scolymus.* |

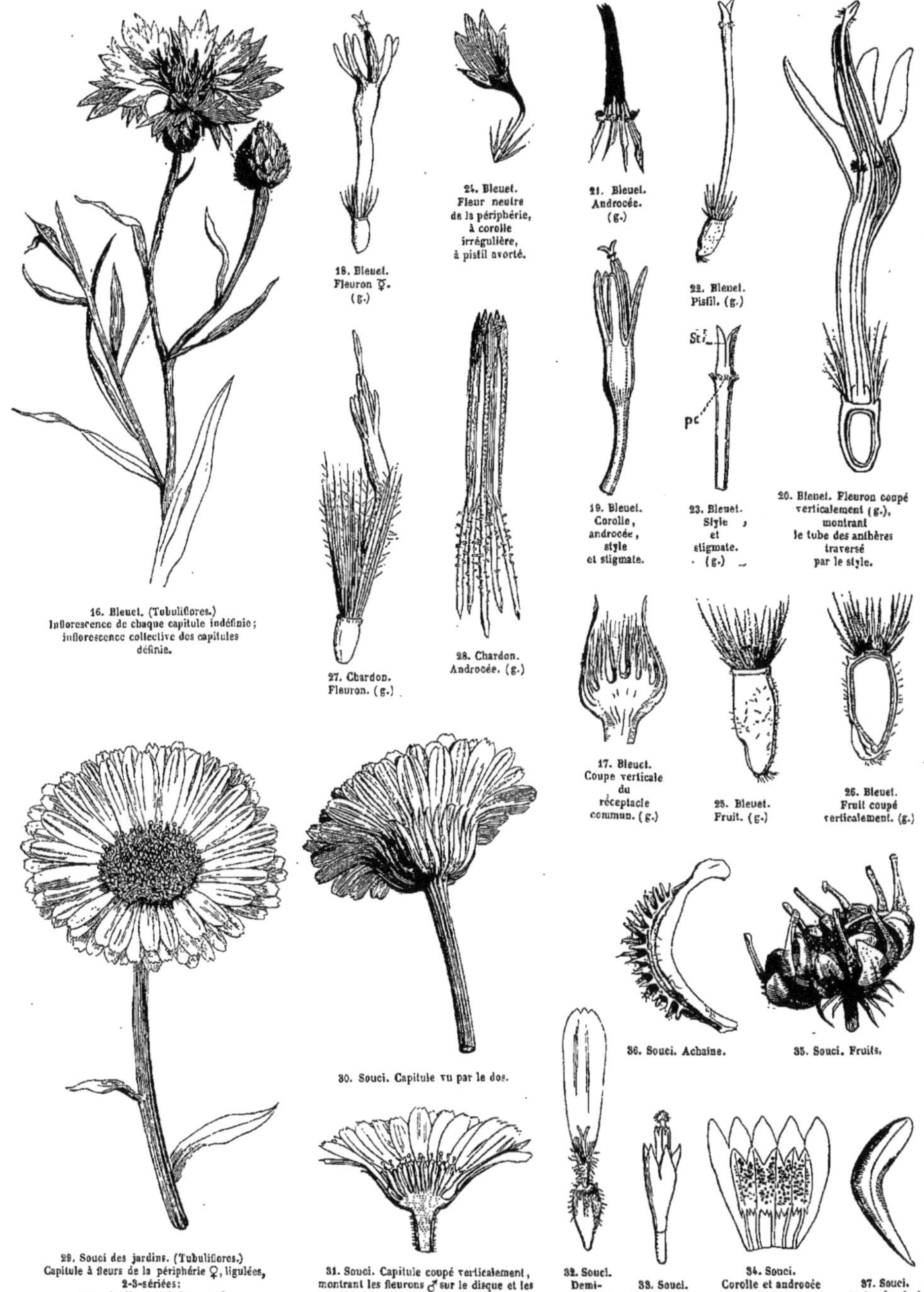


16. Bleuet. (Tubuliflores.) Inflorescence de chaque capitule indéfinie; inflorescence collective des capitules définie.

18. Bleuet. Fleuron ☿. (g.)

24. Bleuet. Fleur neutre de la périphérie, à corolle irrégulière, à pistil avorté.

21. Bleuet. Androcée. (g.)

22. Bleuet. Pistil. (g.)

19. Bleuet. Corolle, androcée, style et stigmate.

23. Bleuet. Style et stigmate. (g.)

20. Bleuet. Fleuron coupé verticalement (g.), montrant le tube des anthères traversé par le style.

27. Chardon. Fleuron. (g.)

28. Chardon. Androcée. (g.)

17. Bleuet. Coupe verticale du réceptacle commun. (g.)

25. Bleuet. Fruit. (g.)

26. Bleuet. Fruit coupé verticalement. (g.)

36. Souci. Achaine.

35. Souci. Fruits.

30. Souci. Capitule vu par le dos.

29. Souci des jardins. (Tubuliflores.) Capitule à fleurs de la périphérie ♀, ligulées, 2-3-sériées; fleurs du disque tubuleuses, ♂.

31. Souci. Capitule coupé verticalement, montrant les fleurons ♂ sur le disque et les demi-fleurons ♀ à la circonférence.

32. Souci. Demi-fleuron ♀.

33. Souci. Fleuron ♂.

34. Souci. Corolle et androcée étalés.

37. Souci. Embryon. (g.)

## SOUS-FAMILLE II. — LABIATIFLORES.

Corolle des fleurs ☿ généralement bilabiée (11); les fleurs ♂ et ♀ ligulées, ou bilabiées.

### TRIBU II. — MUTISIACÉES, *MUTISIACEÆ.*

Style des fleurs ☿ cylindrique, ou presque noueux. Stigmates obtus, très-convexes en dehors, revêtus supérieurement d'un duvet fin, égal, rarement nul.

GENRES PRINCIPAUX.

| | | | |
|---|---|---|---|
| *Mutisia, | *Mutisia.* | *Chabræa, | *Chabræa.* |

### TRIBU III. — NASSAUVIACÉES, *NASSAUVIACEÆ.*

Fleurs toutes ☿. Style renflé à sa base (14, 15). Stigmates tronqués, portant supérieurement un pinceau de poils, et intérieurement des bandes stigmatiques saillantes, qui restent séparées (15).

GENRES PRINCIPAUX.

| | | | | | |
|---|---|---|---|---|---|
| Nassauvie, | *Nassavia.* | Triptilie, | *Triptilion.* | Muscaire, | *Moscharia.* |

## SOUS-FAMILLE III. — TUBULIFLORES.

Capitules tantôt *flosculeux*, c'est-à-dire formés de fleurs à corolle tubuleuse, régulière (*fleurons*), toutes ☿, rarement irrégulières et stériles (24); tantôt *radiés*, c'est-à-dire composés de fleurons occupant l'aire (*disque*) du clinanthe, et de fleurs à corolle ligulée (*demi-fleurons*), ♀ ou neutres, occupant la circonférence (*rayon*) du clinanthe (38, 57).

### TRIBU IV. — CINARÉES, *CINAREÆ.*

Capitules généralement flosculeux (16). Style des ☿ renflé supérieurement en un nœud presque toujours garni d'un pinceau (20, 22, 23). Stigmates libres, ou cohérents, pubescents en dehors. Bandes stigmatiques atteignant le sommet du stigmate et s'y réunissant. — Feuilles alternes.

GENRES PRINCIPAUX.

| | | | | | |
|---|---|---|---|---|---|
| Sarrète, | *Serratula.* | *Carthame, | *Carthamus.* | *Echinope, | *Echinops.* |
| Bardane, | *Lappa.* | *Centaurée, | *Centaurea.* | *Gazanie, | *Gazania.* |
| Chardon, | *Carduus.* | Atractyle, | *Atractylis.* | *Vénidie, | *Venidium.* |
| *Artichaut, | *Cinara.* | Carline, | *Carlina.* | *Arctotis, | *Arctotis.* |
| Onoporde, | *Onopordon.* | Stéhéline, | *Stœhelina.* | *Ostéospore, | *Osteospermum.* |
| *Tyrimne, | *Tyrimnus.* | Arctione, | *Arctium.* | *Souci, | *Calendula.* |
| Galactite, | *Galactites.* | Saussurée, | *Saussurea.* | | |
| *Silybe, | *Silybum.* | *Xeranthème, | *Xeranthemum.* | | |

### TRIBU V. — SÉNÉCIONIDÉES, *SENECIONIDEÆ.*

Capitules généralement radiés (38, 56, 57). Style cylindrique au sommet, bifide dans les fleurs ☿ (41, 47, 58). Stigmates allongés, linéaires, tronqués, ou couronnés d'un pinceau, au-delà duquel ils s'avancent quelquefois en appendice long, ou en cône court. Bandes stigmatiques saillantes, se prolongeant, sans se rejoindre, jusqu'au pinceau. — Feuilles alternes, ou opposées.

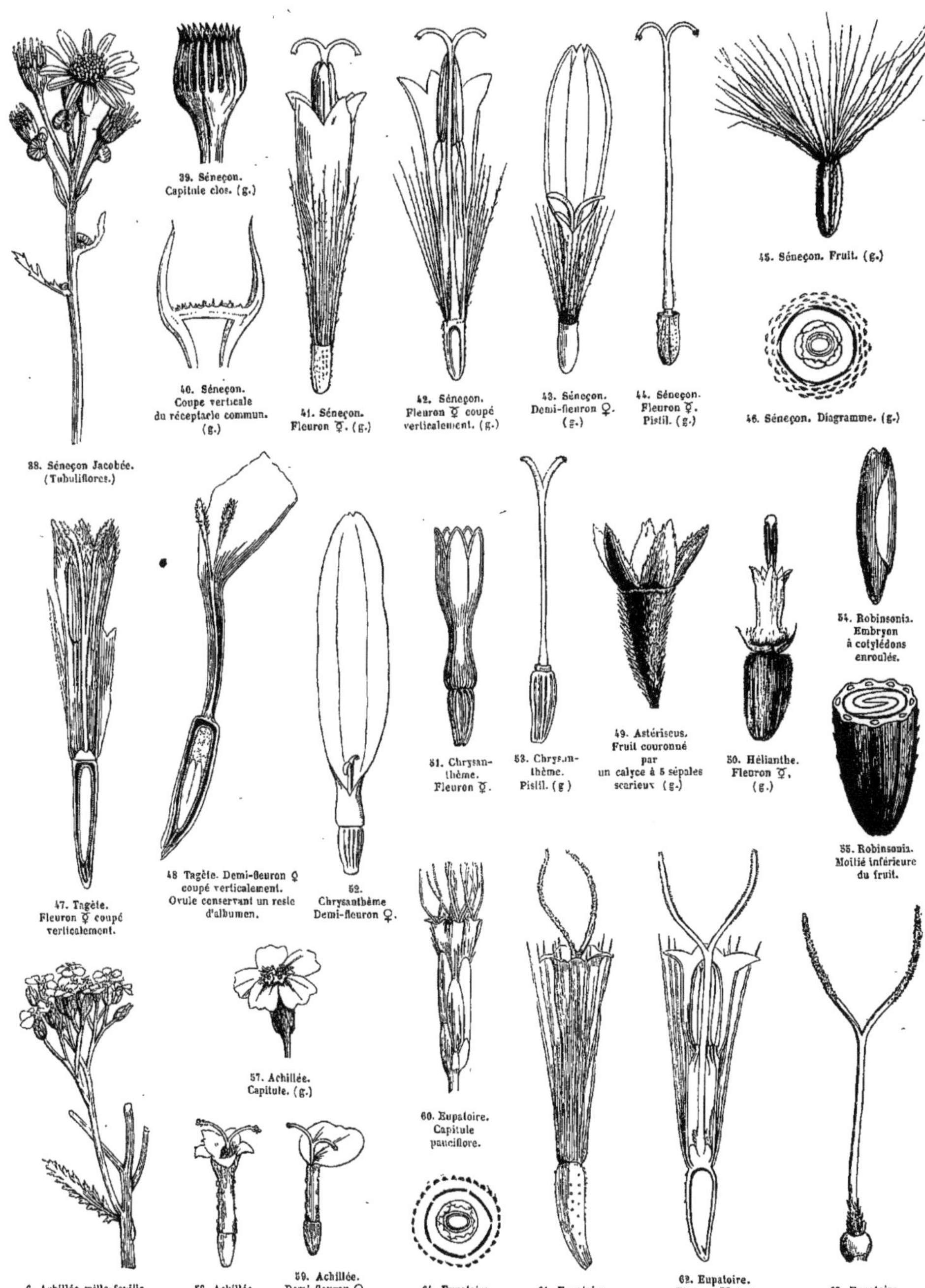

38. Séneçon Jacobée. (Tubuliflores.)

39. Séneçon. Capitule clos. (g.)

40. Séneçon. Coupe verticale du réceptacle commun. (g.)

41. Séneçon. Fleuron ☿. (g.)

42. Séneçon. Fleuron ☿ coupé verticalement. (g.)

43. Séneçon. Demi-fleuron ♀. (g.)

44. Séneçon. Fleuron ☿. Pistil. (g.)

45. Séneçon. Fruit. (g.)

46. Séneçon. Diagramme. (g.)

47. Tagète. Fleuron ☿ coupé verticalement.

48 Tagète. Demi-fleuron ♀ coupé verticalement. Ovule conservant un reste d'albumen.

49. Astériscus. Fruit couronné par un calyce à 5 sépales scarieux (g.)

50. Hélianthe. Fleuron ☿. (g.)

51. Chrysanthème. Fleuron ☿.

52. Chrysanthème Demi-fleuron ♀.

53. Chrysanthème. Pistil. (g)

54. Robinsonia. Embryon à cotylédons enroulés.

55. Robinsonia. Moitié inférieure du fruit.

6. Achillée mille-feuille. (Tubuliflores.)

57. Achillée. Capitule. (g.)

58. Achillée. Fleuron ☿. (g.)

59. Achillée. Demi-fleuron ♀. (g.)

60. Eupatoire. Capitule pauciflore.

61. Eupatoire. Fleuron ☿. (g.)

62. Eupatoire. Fleuron ☿ (g.) coupé verticalement.

63. Eupatoire. Fleuron ☿. Pistil. (g.)

64. Eupatoire. Diagramme. (g.)

GENRES PRINCIPAUX.

| | | | | | |
|---|---|---|---|---|---|
| *Séneçon, | *Senecio.* | Athanasie, | *Athanasia.* | *Gaillardie, | *Gaillardia.* |
| *Cacalie, | *Cacalia.* | Cotule, | *Cotula.* | *Porophylle, | *Porophyllum.* |
| *Doronic, | *Doronicum.* | *Monolopia, | *Monolopia.* | *Tagète, | *Tagetes.* |
| Arnica, | *Arnica.* | *Dimorphothèque, | *Dimorphotheca.* | *Ximénésie, | *Ximenesia.* |
| *Ligulaire, | *Ligularia.* | *Chrysanthème, | *Chrysanthemum.* | *Spilanthe, | *Spilanthes.* |
| *Sénécillis, | *Senecillis.* | *Gamolépide, | *Gamolepis.* | *Cosmos, | *Cosmos.* |
| *Emilie, | *Emilia.* | *Santoline, | *Santolina.* | Bident, | *Bidens.* |
| Carpésie, | *Carpesium.* | Diotis, | *Diotis.* | *Hélianthe, | *Helianthus.* |
| *Phénocome, | *Phænocoma.* | *Achillée, | *Achillea.* | *Coréopsis, | *Coreopsis.* |
| *Gnaphale, | *Gnaphalium.* | *Camomille, | *Anthemis.* | *Calliopsis, | *Calliopsis.* |
| *Podolépide, | *Podolepis.* | *Anacycle, | *Anacyclus.* | *Chrysostemme, | *Chrysostemma.* |
| *Rhodanthe, | *Rhodanthe.* | *Œdérie, | *Œderia.* | *Rudbeckia, | *Rudbeckia.* |
| *Huméa, | *Humea.* | *Oxyure, | *Oxyura.* | *Zinnia, | *Zinnia.* |
| *Cassinie, | *Cassinia.* | *Madi, | *Madia.* | Ambrosie, | *Ambrosia.* |
| *Ammobie, | *Ammobium.* | *Sphénogyne, | *Sphenogyne.* | Lampourde, | *Xanthium.* |
| *Plagie, | *Plagius.* | *Sogalgine, | *Sogalgina.* | *Silphie, | *Silphium.* |
| *Tanaisie, | *Tanacetum.* | *Baéria, | *Baeria.* | Robinsonia, | *Robinsonia.* |
| Armoise, | *Artemisia.* | *Hélénie, | *Helenium.* | | |

## TRIBU VI. — ASTÉROIDÉES, *ASTEROIDEÆ.*

Capitules généralement radiés. Style des fleurs ☿ cylindrique supérieurement, divisé en deux branches un peu aplaties en dehors et pubérules. Bandes stigmatiques saillantes, s'étendant jusqu'à l'origine des poils externes. — Feuilles alternes, ou opposées.

GENRES PRINCIPAUX.

| | | | | | |
|---|---|---|---|---|---|
| *Dahlia, | *Dahlia.* | Conyze, | *Conyza.* | Pâquerolle, | *Bellium.* |
| Buphthalme, | *Buphthalmum.* | *Chrysocome, | *Chrysocoma.* | *Boltonie, | *Boltonia.* |
| *Schizogyne, | *Schizogyne.* | Linosyris, | *Linosyris.* | *Chariéis, | *Chareis.* |
| *Inule, | *Inula.* | *Solidage, | *Solidago.* | *Sténactis, | *Stenactis.* |
| Micrope, | *Micropus.* | *Néja, | *Neja.* | *Vergerette, | *Erigeron.* |
| Evax, | *Evax.* | *Psiadie, | *Psiadia.* | *Vittadine, | *Vittadinia.* |
| *Brachylène, | *Brachylæna.* | *Brachycome, | *Brachycome.* | *Aster, | *Aster.* |
| *Baccharis, | *Baccharis.* | *Pâquerette, | *Bellis.* | *Amelle, | *Amellus.* |

## TRIBU VII. — EUPATORIACÉES, *EUPATORIACEÆ.*

Capitules généralement radiés. Style des fleurs ☿ cylindrique supérieurement, à branches longues, presque en massue, papilleuses extérieurement (63). Bandes stigmatiques étroites, peu saillantes, s'arrêtant ordinairement au-dessous de la partie moyenne des branches. — Feuilles opposées, ou alternes.

GENRES PRINCIPAUX.

| | | | | | |
|---|---|---|---|---|---|
| Tussilage, | *Tussilago.* | *Eupatoire, | *Eupatorium.* | *Agérate, | *Ageratum.* |
| *Nardosmia, | *Nardosmia.* | *Liatris, | *Liatris.* | *Célestine, | *Cœlestina.* |
| Adénostyle, | *Adenostyles.* | *Stévia, | *Stevia.* | | |

## TRIBU VIII. — VERNONIACÉES, *VERNONIACEÆ.*

Capitules généralement flosculeux. Style des fleurs ☿ cylindrique, à branches longues, hispides. Bandes stigmatiques saillantes, étroites, s'arrêtant au-dessous de la partie moyenne des branches. — Feuilles alternes, ou opposées.

GENRE PRINCIPAL.

*Vernonie, *Vernonia.*

Les *Composées*, dont on connaît aujourd'hui environ dix mille Espèces, constituent la dixième partie des Végétaux cotylédonés, et devraient peut-être former une *Classe* plutôt qu'une *Famille;* cependant le type qu'elles présentent est si nettement caractérisé, que, malgré leur énorme supériorité numérique sur les autres groupes naturels, on a conservé à leur ensemble le nom de Famille. — Les *Composées* offrent des analogies avec les *Calycérées*, les *Dipsacées*, les *Valérianées*, les *Campanulacées*, les *Brunoniacées* (voir ces Familles).

Les *Composées* habitent principalement les régions tempérées et chaudes. C'est l'Amérique qui produit le plus grand nombre de leurs Espèces; celles dont la tige est herbacée croissent dans les climats tempérés et froids. Les *Tubuliflores* sont plus nombreuses entre les tropiques; les *Liguliflores*, dans les régions tempérées de l'hémisphère boréal; les *Labiatiflores* vivent toutes au-delà du Cancer, et presque toutes appartiennent à l'Amérique méridionale.

Les *Tubuliflores radiées* comprennent des Plantes dans lesquelles un principe amer est ordinairement combiné avec une résine, ou une huile volatile. Selon les proportions réciproques de ces divers éléments, certaines Espèces sont douées de propriétés médicales différentes : les unes sont toniques, d'autres sont excitantes, ou stimulantes, quelques autres enfin sont astringentes. Plusieurs Espèces indigènes du grand Genre *Armoise* (*Absinthe, Aurone, Estragon, Génipi*), doivent à leur arome et à leur amertume des propriétés stimulantes très-prononcées.

La *Tanaisie commune* et la *Balsamite* ou *Menthe-Coq* ou *Baume*, possèdent aussi des vertus stimulantes. — Les *Camomilles* contiennent une huile volatile, âcre, ou amère, qui les rend précieuses comme antispasmodiques et comme fébrifuges. — La *Pyrèthre*, Espèce méditerranéenne qui appartient au Genre *Anacycle*, contient dans sa racine une résine et une huile volatile très-âcres, qui la font employer en masticatoire dans les maladies des dents et des gencives; le *Spilanthe* ou *Cresson de Para*, originaire de l'Amérique tropicale, est aussi un excellent anti-odontalgique. — Les fleurs de l'Arnica, la racine de l'*Aunée* (*Inula helenium*) sont usitées comme stimulants des fonctions de la peau. — L'*Ayapana* est une Eupatoire en grande renommée chez les habitants de l'Amérique du Sud, qui trouvent en elle un sudorifique puissant et un *alexipharmaque*, c'est-à-dire un remède souverain contre la morsure des serpents venimeux. Mais de tous les alexipharmaques les plus célèbres sont le *Guaco* et l'*herba-de-Cobra*, Espèces de l'Amérique tropicale, appartenant à un Genre voisin des Eupatoires. — Le *Tussilage pas-d'âne* et le *Gnaphale dioïque* ou *Pied-de-Chat* contiennent une matière gommeuse, à laquelle se joint un principe amer et légèrement astringent, qui leur donne des propriétés calmantes; aussi emploie-t-on communément leurs capitules comme *béchiques*, sous le nom de *fleurs pectorales*. — Les tubercules volumineux du *Topinambour* (*Helianthus tuberosus*), herbe vivace, originaire du Brésil, et cultivée dans toute l'Europe, contiennent un principe analogue à la fécule (*inuline*), et une forte proposition de sucre incristallisable. Ces tubercules fournissent une bonne nourriture aux bestiaux, et même à l'homme, quand ils ont été cuits et convenablement assaisonnés. — Quelques autres Espèces *radiées* sont oléifères et exploitées par l'industrie : les *Madia sativa* et *mellosa*, Plantes du Chili, fournissent une huile, qui, au dire de plusieurs voyageurs, est préférable pour la saveur à l'huile d'olives; elle se distingue en outre de cette dernière, ainsi que de la plupart des huiles fixes, par sa solubilité dans l'alcool. — Les Graines du *Guizotia oleifera*, Plante cultivée dans l'Inde et en Abyssinie, contiennent une huile comestible et propre à l'éclairage.

Les *Tubuliflores flosculeuses*, nommées aussi *Carduacées*, contiennent un principe amer, qui rend les unes stimulantes, les autres diurétiques et sudorifiques. C'est à ce titre qu'on emploie les *Bardanes*, le *Chardon-Marie* (*Silybum marianum*) le *Chardon-bénit*, Espèce du Genre *Centaurée;* à ce même Genre appartient le *Bleuet*, dont on retirait autrefois une eau distillée qu'on administrait en collyre. — Quelques Carduacées sont comestibles dans le jeune âge; il en est dont les fleurs et les feuilles fournissent un principe propre à la teinture; plusieurs ont des graines oléifères, toutes sont dépourvues d'huile volatile. *L'Atractylis gummifera* est une Carduacée exotique, voisine des *Centaurées*, qui contient un principe vénéneux.

Le Genre *Artichaut* comprend plusieurs Espèces originaires du bassin méditerranéen, dont les feuilles sont amères et diurétiques. On mange les capitules non épanouis de l'*Artichaut commun* (*Cinara Scolymus*) et la feuille du *Cardon* (*Cinara cardunculus*), blanchie par étiolement.

Parmi les Carduacées tinctoriales, le *Carthame* tient le premier rang : c'est une Plante originaire de l'Inde, cultivée aujourd'hui dans le monde entier, dont les fleurs fournissent un principe rouge (*carthamine*) que l'on fixe sur la soie et le coton, et avec lequel on prépare en Espagne un fard très-recherché. — La *Sarrète des teinturiers* (*Serratula tinctoria*) contient une couleur jaune assez estimée.

Les *Soucis* renferment une matière mucilagineuse amère, divers sels et une petite quantité d'huile volatile; ils étaient célèbres autrefois comme sudorifiques et résolutifs dans les cas d'engorgements cancéreux.

Les *Liguliflores* ou *Chicoracées* possèdent un suc laiteux qui contient des principes amers, résineux, salins, narcotiques, dont les propriétés varient en raison de leurs proportions relatives. L'herbe de plusieurs d'entre elles, cueillie dans le jeune âge, avant l'élaboration complète du *latex*, est comestible et agréable au goût; en outre, les vertus médicales des Espèces sont différentes, selon leur degré d'accroissement et le développement différent de chacun des organes : aussi ne fournissent-elles pas les mêmes observations à toutes les époques de l'année. Parmi les Chicoracées médicinales, il en est quelques-unes dans lesquelles les matières amères, résineuses, gommeuses, salines sont mélangées par la nature dans des proportions telles qu'il en résulte une vertu qui favorise les fonctions de la vie de nutrition. Au premier rang se place le *Pissenlit*, qu'on rencontre dans toute l'Europe et dans la région méditerranéenne. La *Chicorée sauvage* (*Cichorium intybus*) possède les mêmes propriétés. La racine de la *Chicorée cultivée* est l'objet d'un commerce considérable; on l'emploie, torréfiée et pulvérisée, pour la mêler à la poudre de Café, ou pour remplacer ce dernier. Les feuilles, blanchies par étiolement, sont comestibles.

Dans les *Salsifix* et les *Scorzonères*, l'amertume de la racine est corrigée par le mucilage que contient le suc laiteux, et cette racine est comestible.

Les Espèces du genre *Laitue* ont un suc amer, âcre, d'une odeur vireuse, qui contient de la cire, du caoutchouc, de l'albumine, une résine, une matière amère, cristallisable, avec un principe volatil particulier. C'est à ces diverses substances qu'elles doivent leurs propriétés médicales. Le suc épaissi de la *Laitue cultivée*, nommé *thridace*, est employé comme narcotique, et on le préfère à l'*opium* dans les cas où il y a lieu de craindre l'action stupéfiante de ce dernier produit. — Les jeunes feuilles de cette même Espèce, qui ne contiennent pas encore le suc laiteux, sont très-usitées comme substances alimentaires.

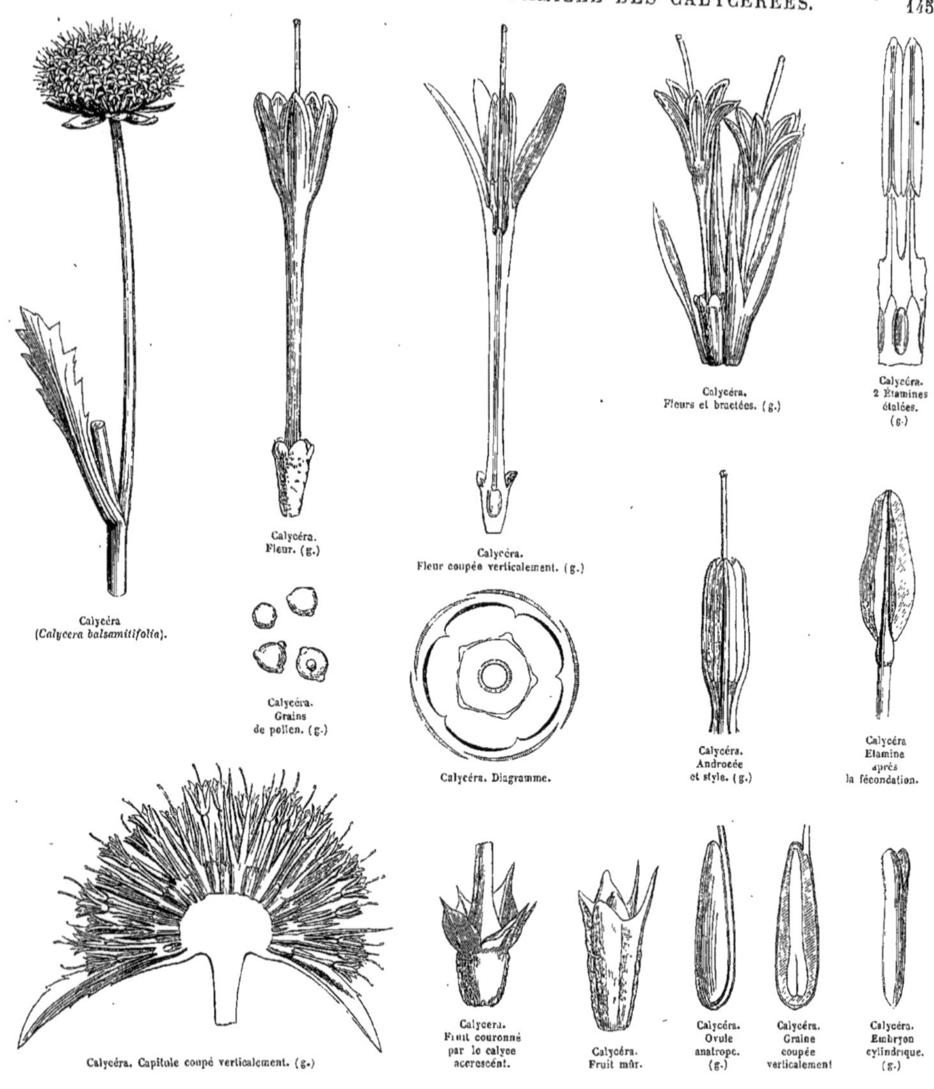

Calycéra (*Calycera balsamitifolia*).

Calycéra. Fleur. (g.)

Calycéra. Fleur coupée verticalement. (g.)

Calycéra. Fleurs et bractées. (g.)

Calycéra. 2 Étamines étalées. (g.)

Calycéra. Grains de pollen. (g.)

Calycéra. Diagramme.

Calycéra. Androcée et style. (g.)

Calycéra Étamine après la fécondation.

Calycéra. Capitule coupé verticalement. (g.)

Calycera. Fruit couronné par le calyce accrescent.

Calycéra. Fruit mûr.

Calycéra. Ovule anatrope. (g.)

Calycéra. Graine coupée verticalement

Calycéra. Embryon cylindrique. (g.)

# CALYCÉRÉES, *CALYCEREÆ.*

(CALYCEREÆ, *R. Brown.* — BOOPIDEÆ, *Cassini.*)

FLEURS *en capitule involucré.* COROLLE *épigyne, monopétale, isostémone, à préfloraison valvaire.* ANTHÈRES *syngénèses à leur base.* OVAIRE 1-*loculaire,* 1-*ovulé.* OVULE *pendant, anatrope.* EMBRYON *dicotylédoné, albuminé.*

HERBES annuelles ou vivaces. — FEUILLES alternes, sessiles, sans stipules. — INFLORESCENCE en capitule involucré par des bractées uni-pluri-sériées. — FLEURS sessiles sur un réceptacle pailleté ou alvéolé, tantôt toutes fertiles, tantôt entremêlées de fleurs à pistil avorté, les fertiles quelquefois cohérentes inférieurement.

— CALYCE à 5 lanières ordinairement inégales, persistantes. — COROLLE insérée sur un disque épigyne, monopétale, régulière, à tube allongé, grêle, à limbe 5-fide; lanières du limbe munies d'une nervure dorsale et de deux nervures sub-marginales; préfloraison valvaire. — ÉTAMINES 5, insérées au fond du tube de la corolle, et alternes avec ses divisions. *Filets* soudés au tube de la corolle dans toute sa longueur, s'en détachant près de la gorge, et monadelphes, ou distincts. *Anthères* introrses, biloculaires, cohérentes à leur base, distinctes à leur sommet, à déhiscence longitudinale. — OVAIRE infère, uniloculaire, uniovulé, couronné par un disque conique unissant la base de la corolle à celle du style, tapissant d'une lame fine le tube de la corolle, et se dilatant vers la gorge en 5 aréoles glanduleuses. *Ovule* pendant au sommet de la loge, anatrope. *Style* terminal, simple, sortant, claviforme et glabre au sommet. *Stigmate* terminal, globuleux. — AKÈNES ordinairement couronnés par le calyce accrescent, et la corolle marcescente, quelquefois soudés ensemble. — GRAINE inverse, à raphé longitudinal et à chalaze apicale. — EMBRYON droit, occupant l'axe d'un albumen charnu.

GENRES PRINCIPAUX.

| | | | | | |
|---|---|---|---|---|---|
| *Calycère, | *Calycera.* | *Boopide, | *Boopis.* | *Acicarpha. | *Acicarpha.* |

Les *Calycérées* sont liées aux *Composées* par une étroite affinité; elles s'en distinguent par la nervation de la corolle, la monadelphie des filets, la position de l'ovule, l'absence des poils collecteurs, la forme globuleuse du stigmate, et la présence de l'albumen. — Elles se rapprochent également des *Dipsacées*, dont elles s'éloignent par l'alternance des feuilles, la préfloraison valvaire de la corolle, la monadelphie et la synanthérie des étamines.

Les Calycérées sont peu nombreuses, presque toutes les Espèces habitent l'Amérique australe.

# STYLIDIÉES, *STYLIDIEÆ.*

(STYLIDEÆ, *Rob. Brown.* — STYLIDIACEÆ, *Lindley.*)

Stylidie (*Stylidium adnatum*).

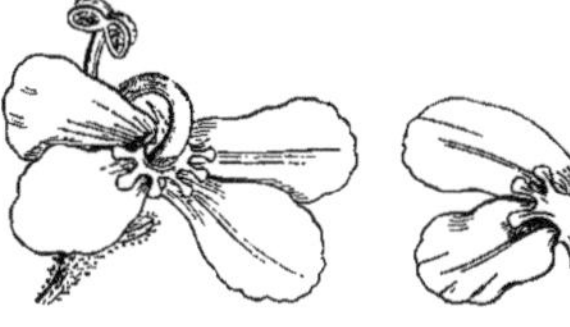

Stylidie. Fleur. (g.)

Stylidie. Corolle étalée. (g.)

Stylidie. Graine coupée verticalement.

Stylidie. Fruit. (g.)

COROLLE *épigyne, monopétale, anisostémone, à préfloraison imbriquée.* ÉTAMINES *soudées avec le style.* OVAIRE *à deux loges multiovulées.* OVULES *ascendants, anatropes.* EMBRYON *dicotylédoné, albuminé.*

PLANTES annuelles ou vivaces, généralement herbacées, quelquefois sous-ligneuses. — FEUILLES simples, entières, sans stipules, les caulinaires éparses, rarement verticillées, les radicales ramassées en touffes. — FLEURS complètes, irrégulières, en épi, ou en grappe, ou en corymbe, à pédicelles ordinairement munis de trois bractées. — CALYCE persistant, ordinairement bilabié, à lèvre inférieure bifide ou bidentée, à lèvre supérieure trifide ou tridentée. — COROLLE monopétale irrégulière, à tube court, à limbe 5-fide, dont 4 lobes plus grands, étalés, le 5ᵉ (*labelle*) plus petit, étalé ou rabattu, d'abord antérieur, puis devenant latéral par suite de la torsion du tube, auquel il tient quelquefois par une articulation irritable. — ÉTAMINES 2, parallèles, insérées sur un disque glanduleux couronnant l'ovaire. *Filets* soudés dans toute leur longueur avec le style, et formant par cette symphyse une colonne tantôt dressée et continue, tantôt à deux courbures, dont l'inférieure irritable. *Anthères* à deux loges tapissant le sommet de la colonne, et appliquées sur les stigmates. — OVAIRE infère, divisé en 2 loges plus ou moins complètes par une cloison parallèle aux lèvres du calyce. *Ovules* ascendants, anatropes, à placentaires fixés au milieu de la cloison. *Stigmate* obtus, tantôt indivis, caché entre les anthères, tantôt divisé en 2 branches capillaires terminées par une tête glanduleuse. — CAPSULE à deux loges, ou presque 1-loculaire par insuffisance de la cloison, s'ouvrant tantôt en 2 valves par déhiscence septifrage, tantôt par une fente suivant la suture dorsale de la loge postérieure, l'antérieure, plus petite, étant avortée et restant close. — GRAINES nombreuses, minimes, sub-globuleuses. — EMBRYON minime, à la base d'un albûmen charnu-huileux.

GENRE PRINCIPAL.

*Stylidie, *Stylidium.*

Les *Stylidiées* se rapprochent des *Campanulacées* par l'épigynie de la corolle et des étamines, les anthères introrses, les ovules anatropes, le fruit capsulaire et l'albumen charnu. Mais les Campanulacées ont la corolle isostémone, les filets libres, les ovules horizontaux, le style garni de poils collecteurs sériés, et la capsule à déhiscence loculicide. — Les Stylidiées tiennent aussi aux *Goodéniacées* par l'irrégularité de leur fleur, l'épigynie de la corolle et des étamines, l'ovaire 1-2-loculaire, à placentation septale, l'ovule ascendant et anatrope, et l'albumen charnu. Mais les Goodéniacées diffèrent par la préfloraison indupticative et l'isostémonie de la corolle, le stigmate indusié et l'embryon axile.

Les *Stylidiées* appartiennent à l'hémisphère austral; la plupart des Espèces naissent dans l'Australie extra-tropicale.

# BRUNONIACÉES, *BRUNONIACEÆ.*

(BRUNONIACEÆ, *Rob. Brown.*)

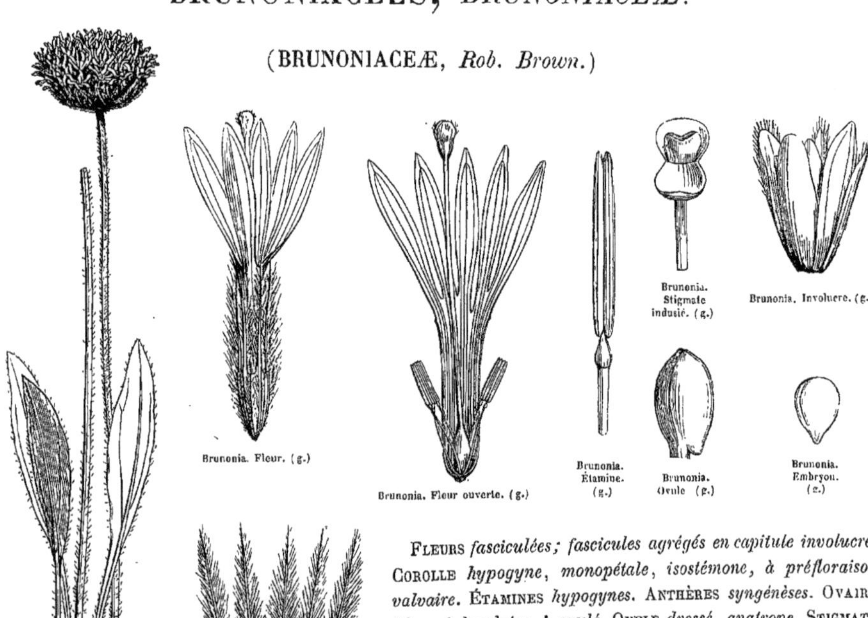

Brunonia. Fleur. (g.) — Brunonia. Fleur ouverte. (g.) — Brunonia. Étamine. (g.) — Brunonia. Stigmate indusié. (g.) — Brunonia. Involucre. (g.) — Brunonia. Ovule (g.) — Brunonia. Embryon. (g.)

FLEURS *fasciculées; fascicules agrégés en capitule involucré.* COROLLE *hypogyne, monopétale, isostémone, à préfloraison valvaire.* ÉTAMINES *hypogynes.* ANTHÈRES *syngénèses.* OVAIRE *libre, 1-loculaire, 1-ovulé.* OVULE *dressé, anatrope.* STIGMATE *indusié.* UTRICULE. EMBRYON *dicotylédoné, exalbuminé.*

HERBES vivaces, presque acaules, offrant l'aspect des *Scabieuses.*—FEUILLES radicales, ramassées, spatulées, entières. — FLEURS ☿, sub-régulières, pourvues chacune de 5 bractéoles verticillées, agglomérées en fascicules réunis en capitule involucré, et séparés par des bractées semblables à celles de l'involucre. Hampes naissant plusieurs à la fois de la même racine, simples et terminées par un seul capitule. — CALYCE à tube court, à limbe divisé en 5 lanières subulées, plumeuses. — COROLLE hypogyne,

Brunonia (*Brunonia australis*). — Brunonia. Calyce étalé. (g.)

monopétale, infondibuliforme, persistante, à tube se fendant après la floraison, à limbe 5-fide, à lobes spatulés, dont les deux supérieurs plus profondément divisés. — ÉTAMINES 5, insérées sur le pédicule de l'ovaire, et incluses. *Filets* planes, articulés, libres d'adhérence. *Anthères* linéaires, 2-loculaires, introrses, cohérentes en tube traversé par le style. — OVAIRE libre, courtement pédiculé, 1-loculaire. *Ovule* unique, basilaire, anatrope. *Style* terminal, simple, sortant, poilu supérieurement. *Stigmate* en coin, tronqué, charnu, engaîné dans un fourreau 2-fide au sommet. — FRUIT indéhiscent (*utricule*), renfermé dans le tube du calyce accru et endurci, et couronné par les lanières plumeuses du limbe calycinal. — GRAINE dressée. — EMBRYON droit, exalbuminé; *radicule* infère.

GENRE UNIQUE.

*Brunonie, *Brunonia.*

Les *Brunoniacées* se rapprochent des *Goodéniacées* par la présence d'une *indusie* enveloppant le stigmate; des *Campanulacées* et des *Lobéliacées* par l'inflorescence, l'isostémonie et la préfloraison de la corolle, les filets libres, l'ovule anatrope, et le style muni de poils; elles diffèrent par l'hypogynie, l'ovule unique, dressé, l'absence d'albumen, et surtout par l'indusie qui engaîne le stigmate. — On a signalé les mêmes analogies entre elles et les *Composées*, et, en outre, dans les deux Familles l'ovaire est à un ovule dressé, l'embryon est dépourvu d'albumen, et le calyce s'épanouit en aigrette; la diagnose est aussi la même, et la nervation de la corolle offre une différence de plus. — Il y a lieu encore de les comparer aux *Globulariées* et aux *Plombaginées* (voir ces Familles).

Les Espèces peu nombreuses de cette petite Famille habitent les côtes australes de la Nouvelle-Hollande.

# GOODÉNIACÉES, *GOODENIACEÆ.*

(GOODENOVIÆ, *Rob. Brown.* — GOODENOVIEÆ, *Bartling.* — SCÆVOLACEÆ, *Lindley.*)

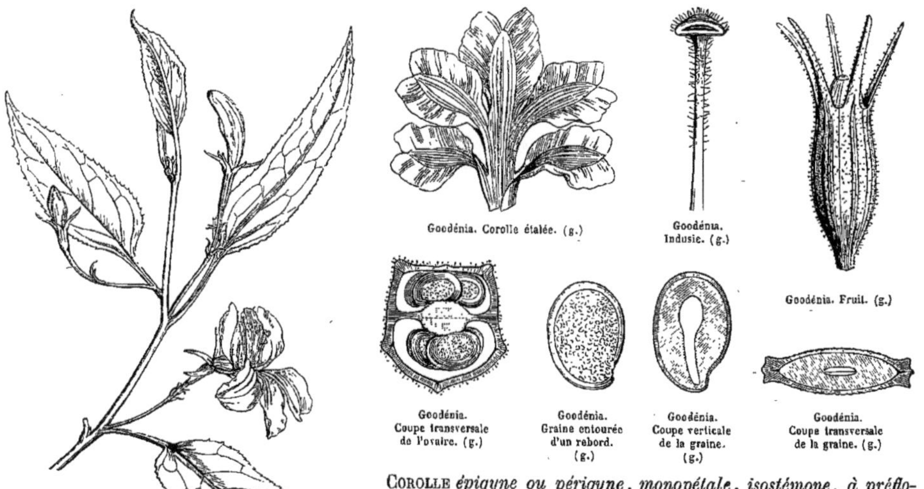

Goodénia. Corolle étalée. (g.)

Goodénia. Indusie. (g.)

Goodénia. Fruit. (g.)

Goodénia. Coupe transversale de l'ovaire. (g.)

Goodénia. Graine entourée d'un rebord. (g.)

Goodénia. Coupe verticale de la graine. (g.)

Goodénia. Coupe transversale de la graine. (g.)

COROLLE *épigyne ou périgyne, monopétale, isostémone, à préfloraison induplicative.* ÉTAMINES *épigynes.* STIGMATE *indusié.* OVULES *dressés, anatropes.* EMBRYON *dicotylédoné, albuminé.*

Goodénia (*G. lævigata*).

PLANTES généralement herbacées, quelquefois sous-ligneuses, dressées ou volubiles. — FEUILLES éparses, quelquefois toutes radicales, simples, non stipulées. — FLEURS ☿, irrégulières, axillaires, ou terminales. — CALYCE tantôt supérieur à l'ovaire, effacé, ou visiblement 5-fide; tantôt inférieur à l'ovaire et composé de 3-5 sépales cohérents à leur base. — COROLLE insérée à la base ou au sommet du calyce, monopétale, irrégulière, à tube fendu, ou divisible en 5 parties, adhérent à l'ovaire; limbe 5-partit, 1-2-labié, à préfloraison induplicative; lobes de la corolle à disque lancéolé, à marge élargie en ailes plus molles que le disque. — Étamines 5, insérées sur le disque couronnant l'ovaire, libres d'adhérence avec le style et la corolle, et alternes avec ses lobes. *Filets* distincts, ou quelquefois cohérents par leur sommet. *Anthères* distinctes, ou cohérentes, dressées, linéaires, biloculaires, introrses. — Ovaire infère, ou supère au calyce et infère à la corolle, tantôt 1-loculaire, tantôt plus ou moins complétement 2-loculaire, rarement 4-loculaire; loges tantôt 1-2-ovulées, à ovules collatéraux dressés; tantôt à ovules imbriqués, ascendants, occupant les deux faces de la cloison, anatropes. *Style* ordinairement simple. *Stigmate* charnu, enveloppé par un fourreau membraneux en godet, provenant d'un prolongement du disque soudé avec le style. — Fruit : drupe, ou nucule, ou capsule 2-loculaire, à 2 valves médio-septifères, quelquefois 4-loculaire, à 4 valves. — Graines dressées, ou ascendantes. — Embryon droit, occupant l'axe d'un albumen charnu. *Radicule* infère.

GENRES PRINCIPAUX.

*Goodénia, *Goodenia.* | Scævole, *Scævola.* | *Euthale, *Euthales.* | *Leschenaultia, *Leschenaultia.*

Nous avons indiqué l'affinité des *Goodéniacées* avec les *Brunoniacées* et les *Stylidiées* (voir ces Familles). Elles offrent aussi de l'analogie avec les *Lobéliacées* par l'épigynie des étamines, l'isostémonie et la préfloraison de la corolle, l'ovaire à plusieurs loges, l'ovule anatrope, l'embryon axile et l'albumen charnu. Mais les Lobéliacées diffèrent par le stigmate garni de poils en anneau, et non engaîné dans une indusie.

Les Goodéniacées habitent presque exclusivement la Nouvelle-Hollande, et surtout la région australe. Les *Scævoles* ont passé dans les Moluques et dans le continent indien, de là, dans le sud de l'Afrique.

Nous possédons peu de notions précises sur les propriétés de quelques *Scævoles* indiennes. Les feuilles et les baies du *Mokal* fournissent un suc amer, vanté comme efficace pour dissoudre la cataracte. Les jeunes feuilles se mangent comme légumes. Les habitants de l'île d'Amboisie se servent de la racine pour manger sans accident les Crabes et les Poissons venimeux. La moelle de la tige est employée dans les cas d'épuisement. — Les feuilles du *Béla-modogam,* qui croît à Malabar, sont appliquées en cataplasme sur les tumeurs inflammatoires, et leur décoction est diurétique. — Les *Goodénia,* les *Euthales* et les *Leschenaultia* sont cultivées dans les serres d'Europe comme Plantes d'ornement.

# LOBÉLIACÉES, *LOBELIACEÆ.*

(CAMPANULACEARUM *pars, Rob. Brown.* — LOBELIACEÆ, *Jussieu, Bartling.*)

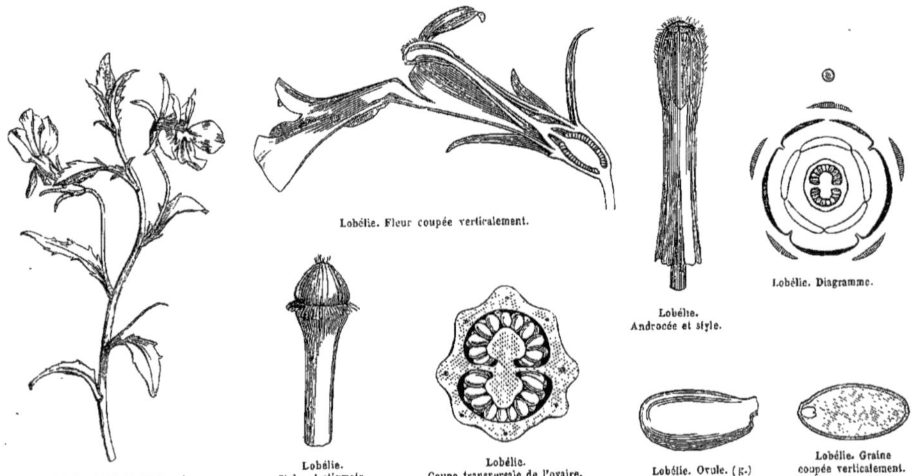

Lobélie. Fleur coupée verticalement.

Lobélie. Androcée et style.

Lobélie. Diagramme.

Lobélie (*Lobelia Erinus*).

Lobélie. Style et stigmate.

Lobélie. Coupe transversale de l'ovaire.

Lobélie. Ovule. (g.)

Lobélie. Graine coupée verticalement.

Corolle *épigyne, isostémone, irrégulière, à préfloraison valvaire.* Étamines *épigynes, soudées en tube.* Ovaire *1-2-3-loculaire.* Ovules *nombreux, généralement horizontaux, anatropes.* Stigmate *sans indusie.* Fruit *capsulaire ou baccien.* Embryon *dicotylédoné, albuminé.*

Centropogon (*Centropogon fastuosus*).

PLANTES herbacées, annuelles, ou vivaces, souvent sous-ligneuses, rarement arborescentes, ordinairement laiteuses. — FEUILLES alternes, ou radicales, simples, non stipulées. — FLEURS complètes, très-rarement dioïques par avortement, généralement irrégulières, à inflorescence axillaire, ou terminale, ordinairement en grappe, ou en épi, rarement en corymbe, ou en capitule, quelquefois solitaires, axillaires. — CALYCE supère, ou demi-supère, à 5 divisions, sub-régulières, ou irrégulières. — COROLLE insérée sur le calyce, à 5 pétales très-rarement libres et égaux, généralement cohérents et irréguliers, bi-labiés, ou uni-labiés, à préfloraison valvaire. — ÉTAMINES 5, opposées aux lobes du calyce, insérées avec la corolle sur un anneau, souvent dilaté en disque qui couronne le sommet de l'ovaire. *Filets* ordinairement libres d'adhérence avec le tube de la corolle, distincts à leur base et cohérents au sommet. *Anthères* introrses, bi-loculaires, cohérentes en cylindre ordinairement courbe. — OVAIRE infère, ou demi-supère, tantôt composé de 2-3 carpelles infléchis en cloison, et 2-3-loculaire, ou sub-uni-loculaire par insuffisance de la cloison; tantôt nettement uni-loculaire, composé de 3 carpelles réunis bords à bords, dont 2 placentifères par leur nervure médiane, et le 3e plus étroit, stérile. *Ovules* anatropes, nombreux, généralement horizontaux, sessiles, insérés à l'angle interne des loges, ou sur chaque face de la cloison. *Style* simple. *Stigmate* ordinairement échancré, ou à 2 lobes ceints d'un anneau de poils. — FRUIT tantôt indéhiscent et charnu, tantôt déhiscent et capsulaire, à déhiscence loculicide, longitudinale, ou apicale, rarement transversale. — GRAINES nombreuses, petites; *hile* marqué par une excavation orbiculaire, *raphé* peu visible. — EMBRYON droit, occupant l'axe d'un albumen charnu. *Radicule* voisine du hile.

GENRES PRINCIPAUX.

| | | | | | |
|---|---|---|---|---|---|
| *Clintonie, | *Clintonia.* | *Siphocampyle, | *Siphocampylus.* | *Centropogon, | *Centropogon.* |
| *Lobélie, | *Lobelia.* | Laurentie, | *Laurentia.* | | |
| *Tupa, | *Tupa.* | *Isotome, | *Isotoma.* | | |

Les *Lobéliacées* sont étroitement liées avec la Famille des *Campanulacées*, dans laquelle plusieurs Botanistes les ont rangées; elles n'en diffèrent que par l'irrégularité de la corolle, la cohérence plus complète des étamines, et le fruit, souvent charnu. — Elles se rapprochent des *Chicoracées*, Tribu des *Composées*, par leur suc laiteux, leur corolle épigyne, irrégulière, la synanthérie des étamines, les lobes stigmatiques garnis de poils collecteurs; elles s'en éloignent par l'ovaire pluriovulé, les ovules horizontaux et la présence de l'albumen. — Nous avons indiqué leurs rapports avec les *Goodéniacées*. (Voir cette Famille.)

Quelques *Lobéliacées* habitent l'hémisphère boréal en-deçà du Cancer; la plu part sont dispersées dans les régions tropicales et australes, à peu près en égale proportion en Amérique et dans l'ancien Continent, surtout au-delà du Capricorne, en Asie et en Afrique. Elles sont très-rares dans les régions boréales de l'Asie et de l'Europe.

Les *Lobéliacées* contiennent abondamment un suc laiteux très-âcre et narcotique, qui corrode la peau, et, pris à l'intérieur, produit sur le tube digestif une inflammation mortelle : on doit donc les ranger parmi les Végétaux les plus vénéneux. Quelques-uns cependant sont admis par les médecins des États-Unis au nombre des médicaments énergiques qu'on doit administrer avec une extrême prudence; telle est la *Lobélie enflée*, vulgairement nommée *Indian Tabacco,* que l'on emploie comme expectorante et diaphorétique dans le traitement de l'asthme; mais on a constaté par l'expérience que cette Plante, administrée sans précaution, a tué un grand nombre de malades. L'*Isotome longiflore*, employé aussi comme agent thérapeutique, est accompagné des mêmes dangers.

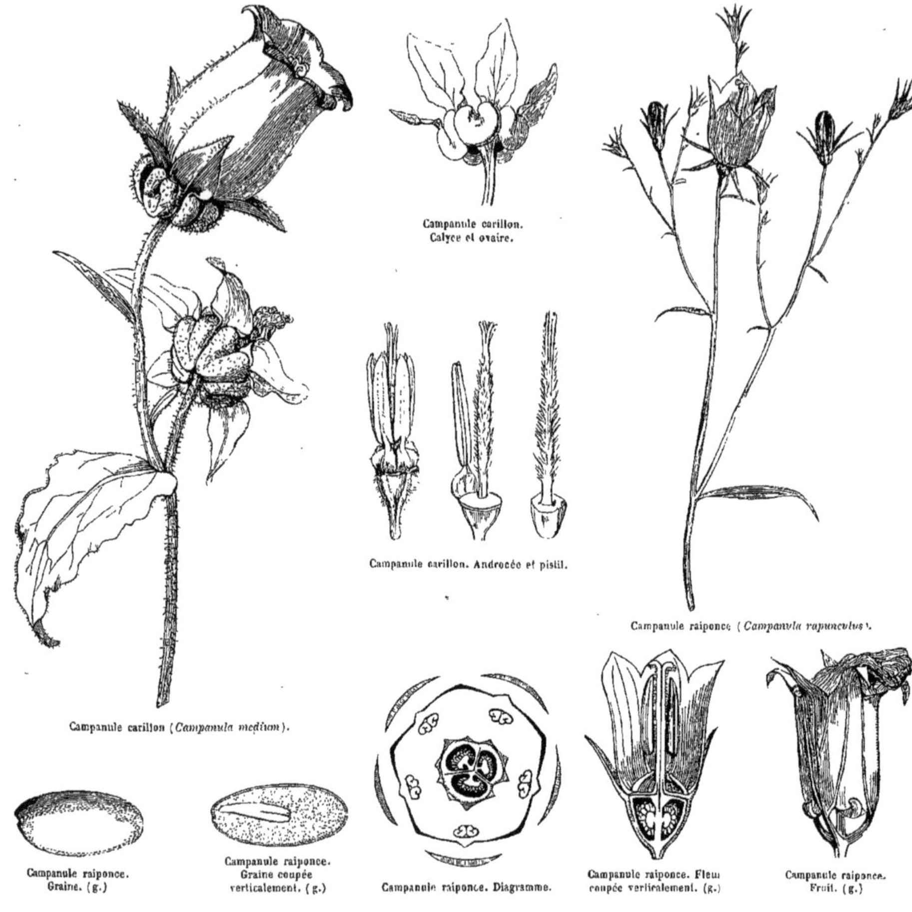

Campanule carillon. Calyce et ovaire.

Campanule carillon. Androcée et pistil.

Campanule raiponce (*Campanula rapunculus*).

Campanule carillon (*Campanula medium*).

Campanule raiponce. Graine. (g.)

Campanule raiponce. Graine coupée verticalement. (g.)

Campanule raiponce. Diagramme.

Campanule raiponce. Fleur coupée verticalement. (g.)

Campanule raiponce. Fruit. (g.)

# CAMPANULACÉES, *CAMPANULACEÆ.*

(CAMPANULÆ, *partim, Adanson.* — CAMPANULACEÆ, *exclusis pluribus, Jussieu.* CAMPANULEÆ, *A. P. De Candolle.* — CAMPANULACEÆ, *Bartling.*)

Corolle *épigyne, monopétale régulière, isostémone, à préfloraison valvaire.* Étamines *épigynes.* Ovaire *pluriloculaire, multi-ovulé.* Ovules *anatropes.* Stigmate *sans indusie.* Fruit *capsulaire.* Embryon *dicotylédoné, albuminé.*

Plantes herbacées, annuelles, ou bisannuelles, ou vivaces, rarement sous-ligneuses, quelquefois volubiles, ordinairement laiteuses. — Feuilles alternes, rarement opposées, simples, non stipulées. — Fleurs complètes, régulières, en grappe, ou en épi, ou en glomérule, quelquefois en panicule, nues, ou munies d'un involucre. — Calyce supère, ou demi-supère, persistant, ordinairement 5-partit, rarement 3-6-8-partit, à préfloraison valvaire. — COROLLE monopétale, marcescente, insérée sur un anneau épigyne, campaniforme, ou infondibuliforme, ou tubuleuse, à *limbe* plus ou moins profondément divisé; préfloraison valvaire. — ÉTAMINES alternes avec les lobes de la corolle. *Filets* libres d'adhérence, ou très-rarement adhérents à la base de la corolle, connivents, ou sub-cohérents par leur base ordinairement dilatée. *Anthères* introrses, biloculaires, distinctes, ou quelquefois cohérentes en tube traversé par le style. — OVAIRE infère ou demi-infère, à 2-8 loges, *Ovules* anatropes, nombreux, horizontaux à l'angle interne des loges, ou appliqués à la face des cloisons. *Style* simple, hérissé de poils collecteurs disposés en séries longitudinales, et fugaces. *Stigmate* ordinairement divisé en lobes glabres en dedans, poilus sur le dos, très-rarement indivis et capité. — CAPSULE à loges multi-séminées, tantôt s'ouvrant à son sommet par déhiscence loculicide, tantôt s'ouvrant près de sa base, ou à son milieu, ou derrière le calyce par des valvules, ou des pores en nombre égal à celui des loges; très-rarement déhiscente par des fentes transversales. — GRAINES nombreuses, minimes, ovoïdes, ou anguleuses. — EMBRYON droit, occupant l'axe d'un albumen charnu. *Radicule* voisine du hile.

GENRES PRINCIPAUX.

| | | | | | |
|---|---|---|---|---|---|
| Jasione, | *Jasione.* | *Roella, | *Roella.* | *Spéculaire, | *Specularia.* |
| *Canarine, | *Canarina.* | *Phyteuma, | *Phyteuma.* | *Trachélie, | *Trachelium.* |
| *Platycodone, | *Platycodon.* | *Campanule, | *Campanula.* | *Adénophore, | *Adenophora.* |
| *Campanille, | *Wahlenbergia.* | *Codonopside, | *Codonopsis.* | *Michauxia, | *Michauxia.* |

Nous avons indiqué les affinités des *Campanulacées* avec les *Lobéliacées*, les *Brunoniacées* et les *Stylidiées* (voir ces Familles). Les Campanulacées se rapprochent des *Composées* par l'inflorescence de quelques-uns de leurs Genres, la synanthérie de quelques autres, l'épigynie, l'isostémonie et la préfloraison de la corolle, les poils collecteurs, et l'ovule anatrope; elles s'en éloignent par la nervation de la corolle, la pluralité et l'horizontalité des ovules, les poils collecteurs en séries et non en anneau, le fruit capsulaire et l'embryon albuminé.

Les Campanulacées chez lesquelles la capsule s'ouvre par la base ou par les côtés, habitent les régions tempérées de l'ancien Continent. Les Campanulacées dont la déhiscence s'opère par le sommet sont rares dans l'hémisphère boréal; elles se rencontrent plus fréquemment dans l'hémisphère austral, au-delà du Capricorne, et surtout au Cap de Bonne-Espérance, dans l'Australie et l'Amérique méridionale.

Les Campanulacées ont un suc laiteux, qui diffère de celui des Lobéliacées en ce que les principes âcres y sont neutralisés par un mucilage doux, très-abondant. C'est à ce mucilage que les racines charnues de la *Campanule Raiponce* et des Espèces voisines doivent leurs propriétés alimentaires; elles sont sapides et d'une digestion facile; le lait dont elles sont pénétrées les faisait, chez les Anciens, recommander aux nourrices. Plusieurs Espèces sont, en Russie, rangées au nombre des remèdes contre la rage. Deux Campanules indigènes (*Campanula trachelium* et *cervicaria*) étaient employées autrefois dans l'angine du pharynx et de la trachée; de là leur nom spécifique.

# DIPSACÉES, *DIPSACEÆ.*

## (DIPSACEÆ, *A.-L. De Jussieu.*)

COROLLE *monopétale, épigyne, à préfloraison imbriquée.* ÉTAMINES 4 *insérées sur le tube de la corolle.* OVAIRE 1-*loculaire,* 1-*ovulé, adhérent au tube réceptaculaire dans toute sa longueur, ou au sommet seulement.* OVULE *pendant, anatrope.* EMBRYON *dicotylédoné, albuminé.*

HERBES annuelles, ou vivaces. — FEUILLES opposées, rarement verticillées, non stipulées. — FLEURS complètes, plus ou moins irrégulières, réunies en capitule dense, involucré, sur un réceptacle nu, ou pailleté, très-rarement agrégées en verticille à l'aisselle des feuilles supérieures, et pourvues chacune d'un involucelle calyciforme, ob-conique, à tube fovéolé au sommet, ou sillonné en long, à limbe scarieux. — CALYCE supère, en godet, ou en lanières sétacées formant une *aigrette* nue, ou barbue-plumeuse. — COROLLE supère, monopétale, tubuleuse, insérée au sommet du tube réceptaculaire; *limbe* quinquéfide ou quadrifide, ordinairement irrégulier, quelquefois labié, à préfloraison imbriquée. — ÉTAMINES 4, souvent inégales, rarement 2-3, alternes avec les lobes de la corolle, insérées au fond du tube. *Filets* sortants, distincts, ou rarement soudés par paires. *Anthères* introrses, biloculaires, à déhiscence longitudinale. — OVAIRE infère, uniloculaire, uniovulé, tantôt libre dans le tube réceptaculaire clos au sommet, tantôt adhérent à ce tube dans toute sa longueur, ou seulement à son sommet. *Ovule* pendant au sommet de la loge, anatrope. *Style* terminal, filiforme, simple, soudé à sa base avec le col du tube réceptaculaire. *Stigmate* simple, claviforme, ou divisé en deux

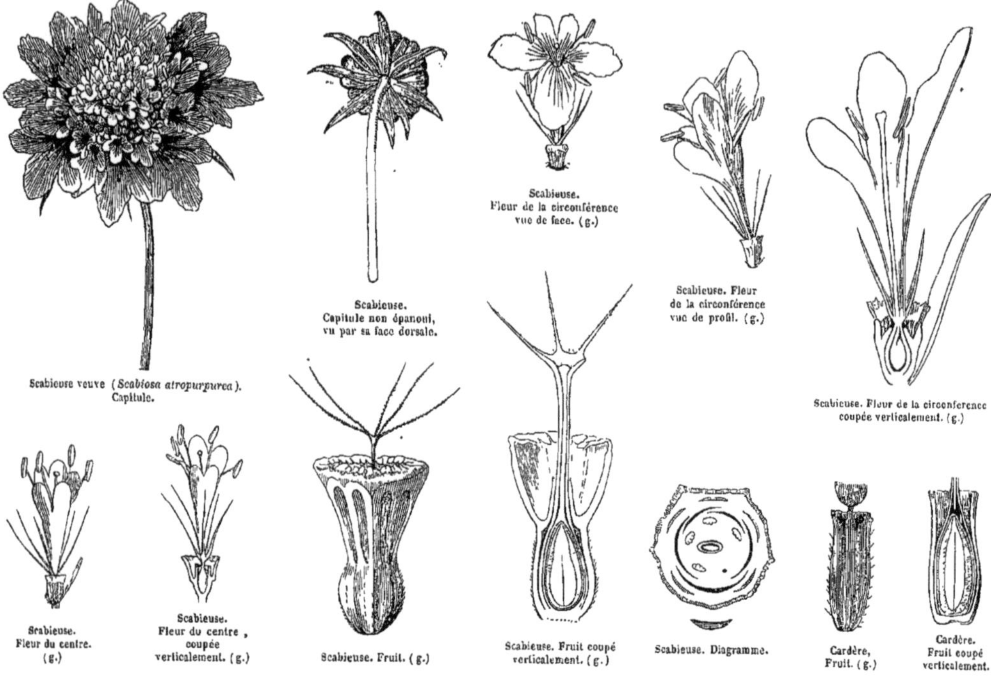

Scabieuse veuve (*Scabiosa atropurpurea*). Capitule.

Scabieuse. Capitule non épanoui, vu par sa face dorsale.

Scabieuse. Fleur de la circonférence vue de face. (g.)

Scabieuse. Fleur de la circonférence vue de profil. (g.)

Scabieuse. Fleur de la circonférence coupée verticalement. (g.)

Scabieuse. Fleur du centre. (g.)

Scabieuse. Fleur du centre, coupée verticalement. (g.)

Scabieuse. Fruit. (g.)

Scabieuse. Fruit coupé verticalement. (g.)

Scabieuse. Diagramme.

Cardère, Fruit. (g.)

Cardère. Fruit coupé verticalement.

lobes très-courts, dont l'un plus long que l'autre. — Utricule renfermé dans le tube réceptaculaire et l'involucelle. — Graine inverse, à testa membraneux, à peine séparable du péricarpe. — Embryon droit, occupant l'axe d'un albumen charnu, peu abondant. *Radicule* supère.

## GENRES PRINCIPAUX.

| | | | |
|---|---|---|---|
| *Morina, | *Morina.* | *Céphalaire, | *Cephalaria.* |
| *Cardère, | *Dipsacus.* | *Scabieuse, | *Scabiosa.* |

Les *Dipsacées* offrent avec les *Valérianées* une affinité qui avait conduit A.-L. de Jussieu à les placer dans la même Famille (voyez la Famille des Valérianées). — Elles se rattachent aux *Composées* par leur inflorescence qui, pour tous les Genres, le *Morina* excepté, est un capitule involucré, à clinanthe ordinairement pailleté; par leur corolle épigyne staminifère, l'ovaire uniloculaire, couronné par un calyce denté ou une aigrette, et l'ovule unique, anatrope; mais elles diffèrent par l'involucelle particulier de chaque fleur, la préfloraison imbriquée et la nervation de la corolle, les anthères libres, l'ovule pendant, le style simple, le stigmate terminal, et l'embryon albuminé. — Elles se rapprochent des *Calycérées*, en raison de l'inflorescence, de la corolle épigyne staminifère, tubuleuse, de l'ovaire 1-loculaire 1-ovulé, à ovule pendant, de la graine albuminée; mais les feuilles opposées, la préfloraison imbriquée et les anthères libres rendent la distinction facile. — M. Brongniart a réuni dans la même Classe les Dipsacées et les *Caprifoliacées* : leurs rapports sont fondés sur l'épigynie et la préfloraison de la corolle, l'ovule pendant et anatrope, l'embryon axile dans un albumen charnu, les feuilles opposées; mais l'inflorescence, l'ovaire 1-loculaire, l'ovule unique et la placentation apicale établissent une ligne de démarcation saillante.

Les *Dipsacées* habitent les régions tempérées et chaudes de l'ancien Continent et de l'Afrique situées en dehors des tropiques.

Les Dipsacées fournissent à la médecine quelques Espèces, qui possèdent dans leur rhizôme et dans leurs feuilles un principe amer-doux, légèrement astringent. — Les *Scabieuses* sont administrées comme dépuratives dans les maladies cutanées. — Les racines de la *Cardère* (*Dipsacus sylvestris*) sont diurétiques et sudorifiques; ses feuilles et sa racine étaient autrefois recommandées contre la rage. Les capitules du *Dipsacus fullonum*, Espèce dont on ignore l'origine, sont pourvues de bractées recourbées, dures et élastiques, qui les font employer par les drapiers pour carder les tissus de laine et de coton; de là son nom vulgaire de *Chardon des bonnetiers*.

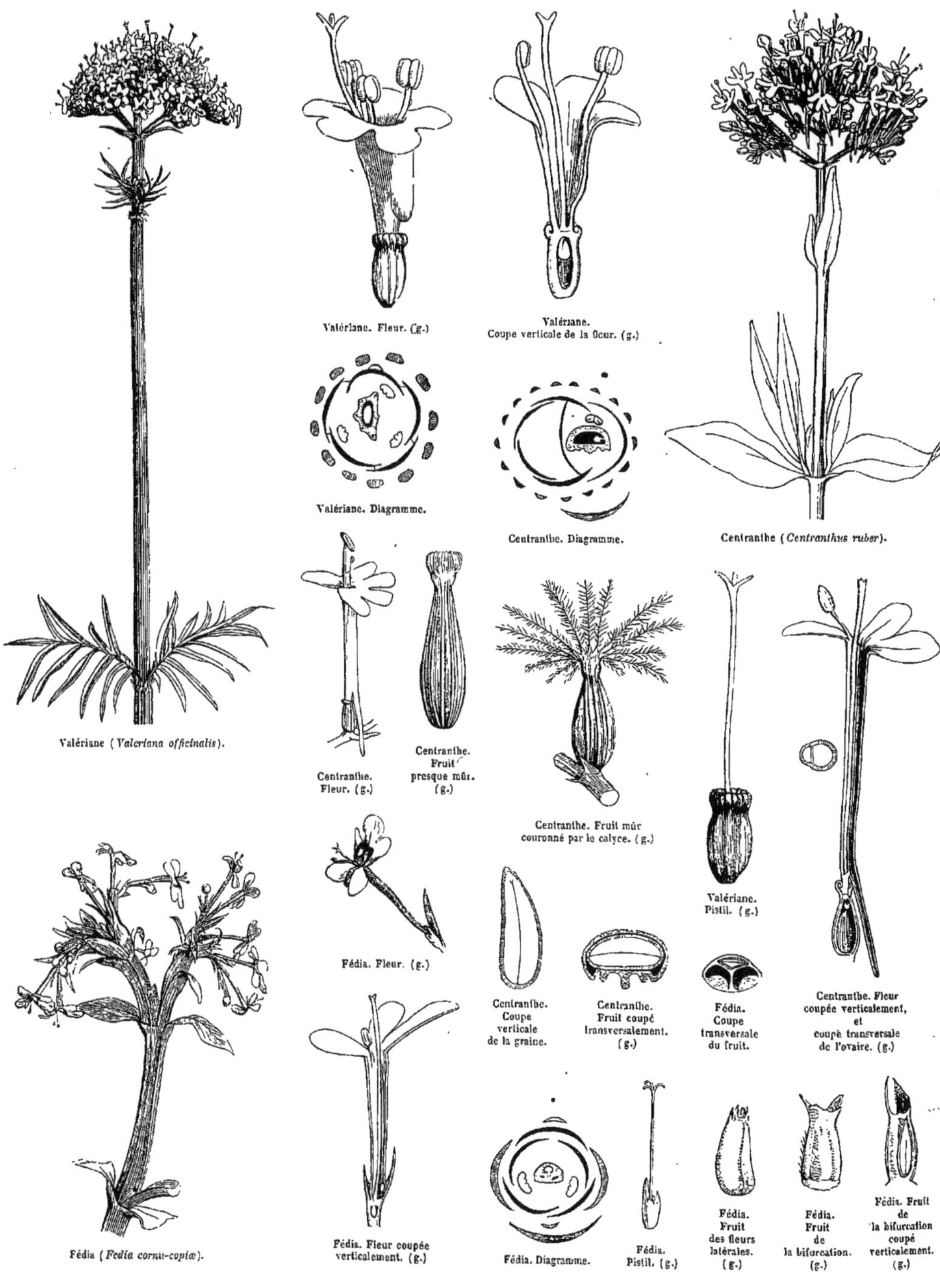
Valériane. Fleur. (g.)
Valériane. Coupe verticale de la fleur. (g.)
Valériane. Diagramme.
Centranthe. Diagramme.
Centranthe (*Centranthus ruber*).
Valériane (*Valeriana officinalis*).
Centranthe. Fleur. (g.)
Centranthe. Fruit presque mûr. (g.)
Centranthe. Fruit mûr couronné par le calyce. (g.)
Valériane. Pistil. (g.)
Fédia. Fleur. (g.)
Centranthe. Coupe verticale de la graine.
Centranthe. Fruit coupé transversalement. (g.)
Fédia. Coupe transversale du fruit.
Centranthe. Fleur coupée verticalement, et coupé transversale de l'ovaire. (g.)
Fédia (*Fedia cornu-copiæ*).
Fédia. Fleur coupée verticalement. (g.)
Fédia. Diagramme.
Fédia. Pistil. (g.)
Fédia. Fruit des fleurs latérales. (g.)
Fédia. Fruit de la bifurcation. (g.)
Fédia. Fruit de la bifurcation coupé verticalement. (g.)

# VALÉRIANÉES, *VALERIANEÆ.*

(DIPSACEARUM *sectio*, *A.-L. De Jussieu;* — VALERIANEÆ, *De Candolle;* VALERIANACEÆ, *Lindley.*)

COROLLE *monopétale épigyne, à préfloraison imbriquée.* ÉTAMINES 5-4-3-1, *insérées sur le tube de la corolle.* OVAIRE *à 3 loges, dont 2 stériles, la 3e uniovulée.* OVULE *pendant, anatrope.* EMBRYON *dicotylédoné, exalbuminé.*

PLANTES annuelles à racine grêle et inodore, ou vivaces à rhizome ordinairement odorant. — FEUILLES radicales fasciculées, les caulinaires opposées, simples, à pétiole dilaté, non stipulées. — FLEURS complètes, ou diclines par avortement, disposées en cymes dichotomes, ou en corymbe serré, ou solitaires dans la bifurcation des rameaux, et munies de bractées. — CALYCE supère, tantôt divisé en 3-4 dents accrescentes, ou réduit à une seule dent; tantôt composé de soies enroulées avant la floraison, et se déroulant en aigrette plumeuse tombante. — COROLLE monopétale, insérée sur un disque couronnant le sommet de l'ovaire, tubuleuse-infondibuliforme; *tube* régulier, ou prolongé, extérieurement à sa base, en bosse ou en éperon creux; *limbe* divisé en 5-4-3 lobes égaux, ou sub-labiés, à préfloraison imbriquée. — ÉTAMINES insérées sur le tube de la corolle au-dessous de son milieu, alternes avec ses divisions, rarement 5, ordinairement 4, par suppression de l'étamine postérieure, ou 3, par suppression de l'étamine postérieure et de l'une des latérales, quelquefois la postérieure seule développée. *Filets* distincts, sortants. *Anthères* introrses, biloculaires, à déhiscence longitudinale. — OVAIRE infère, à 3 loges, dont 2 vides, la 3e fertile. *Ovule* unique, pendant au sommet de la loge, anatrope. *Style* simple, filiforme. *Stigmate* indivis, ou 2-3-fide. — FRUIT sec, indéhiscent, coriace ou membraneux, 1-loculaire par avortement des loges stériles, quelquefois restant 3-loculaire, mais toujours 1-séminé. — GRAINE inverse. — EMBRYON droit, exalbuminé. *Radicule* supère.

GENRES PRINCIPAUX.

| | | | | | |
|---|---|---|---|---|---|
| *Valériane, | *Valeriana.* | *Fédie, | *Fedia.* | Spicanard, | *Nardostachys.* |
| *Centranthe, | *Centranthus.* | *Valérianelle, | *Valerianella.* | Patrinie, | *Patrinia.* |

La Famille des *Valérianées* touche de près à celle des *Dipsacées* : leur affinité est indiquée par les feuilles opposées, les fleurs terminales irrégulières, la corolle épigyne, tubuleuse, staminifère, à préfloraison imbriquée, l'ovule unique, pendant, anatrope, le style simple. La diagnose est dans l'inflorescence en cyme corymboïde, l'ovaire 3-loculaire et la graine exalbuminée. — Les Valérianées se rapprochent des *Composées* par leur calyce denté ou plumeux, la corolle épigyne, staminifère, la graine unique, exalbuminée; elles s'en éloignent par l'inflorescence, la préfloraison, la nervation de la corolle, les anthères libres de cohérence, l'ovaire triloculaire et l'ovule pendant. — Elles offrent quelque analogie avec les *Caprifoliacées* par l'inflorescence terminale, les feuilles opposées, la préfloraison et l'épigynie de la corolle, l'ovaire pluriloculaire et l'ovule pendant : mais celles-ci diffèrent par la consistance de la tige, la placentation axile, le fruit charnu, et l'embryon albuminé.

Les Valérianées habitent pour la plupart l'ancien Continent, et principalement l'Europe centrale, la région méditerranéenne et le domaine de la Flore caucasique, d'où quelques Espèces se sont avancées vers l'Orient, dans la Sibérie, le Népaul et le Japon. Sous la zone tropicale du Nouveau Continent elles habitent en grand nombre les montagnes qui longent la côte orientale; de là elles se sont répandues abondamment dans le Chili, les terres Magellaniques et les îles Malouines. Elles sont très-rares dans l'Amérique septentrionale.

Les Valérianées possèdent des propriétés médicales connues de toute antiquité; mais ces propriétés sont beaucoup plus marquées chez les Espèces vivaces que chez les annuelles, dont les principes n'ont pas eu le temps de s'élaborer. Les rhizômes contiennent une huile volatile, un acide spécial, un principe amer et de la fécule; leur saveur est âcre et leur odeur pénétrante. Les *Valérianes* sont placées par la médecine moderne à la tête des antispasmodiques du Règne Végétal; la principale Espèce est la *Valériane officinale*, qui croît en Europe dans les prés humides. — Le *Nard celtique* est fourni par deux Espèces alpines, que les montagnards vont chercher jusqu'à la limite des neiges éternelles, et dont les racines sont expédiées en Turquie, où on en fait un grand usage pour aromatiser les bains et pour préparer des médicaments. Le *Nard celtique* entre aussi dans la composition très-compliquée de l'électuaire connu sous le nom de *thériaque*. — Le *Spicanard* des Anciens, *Nard indien* des Modernes, est grandement estimé dans l'Inde, comme médicament et comme parfum, à cause de son arome et de ses propriétés stimulantes : il appartient au Genre *Nardostachys*.

Dans les Valérianées annuelles, les feuilles ne sont pas amères comme celles des Espèces vivaces; cette amertume est remplacée par un mucilage peu sapide, mais relevé par une faible quantité d'huile volatile, qui les rend comestibles : telles sont les *Valérianelles*, vulgairement nommées *Mâches, Doucette, Boursette*, dont l'herbe jeune se mange en salade.

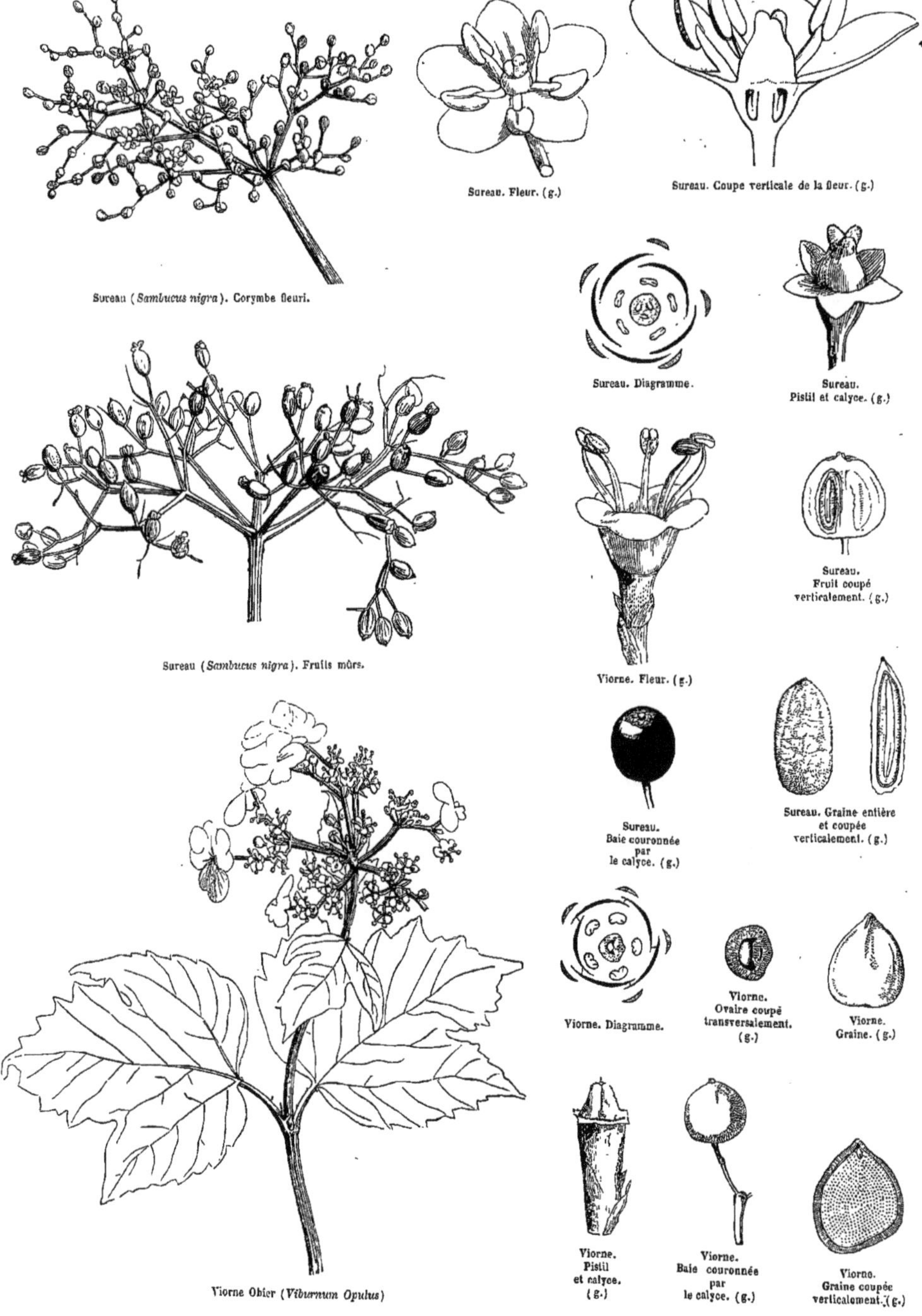

Sureau (*Sambucus nigra*). Corymbe fleuri.

Sureau. Fleur. (g.)

Sureau. Coupe verticale de la fleur. (g.)

Sureau. Diagramme.

Sureau. Pistil et calyce. (g.)

Sureau (*Sambucus nigra*). Fruits mûrs.

Viorne. Fleur. (g.)

Sureau. Fruit coupé verticalement. (g.)

Sureau. Baie couronnée par le calyce. (g.)

Sureau. Graine entière et coupée verticalement. (g.)

Viorne Obier (*Viburnum Opulus*)

Viorne. Diagramme.

Viorne. Ovaire coupé transversalement. (g.)

Viorne. Graine. (g.)

Viorne. Pistil et calyce. (g.)

Viorne. Baie couronnée par le calyce. (g.)

Viorne. Graine coupée verticalement. (g.)

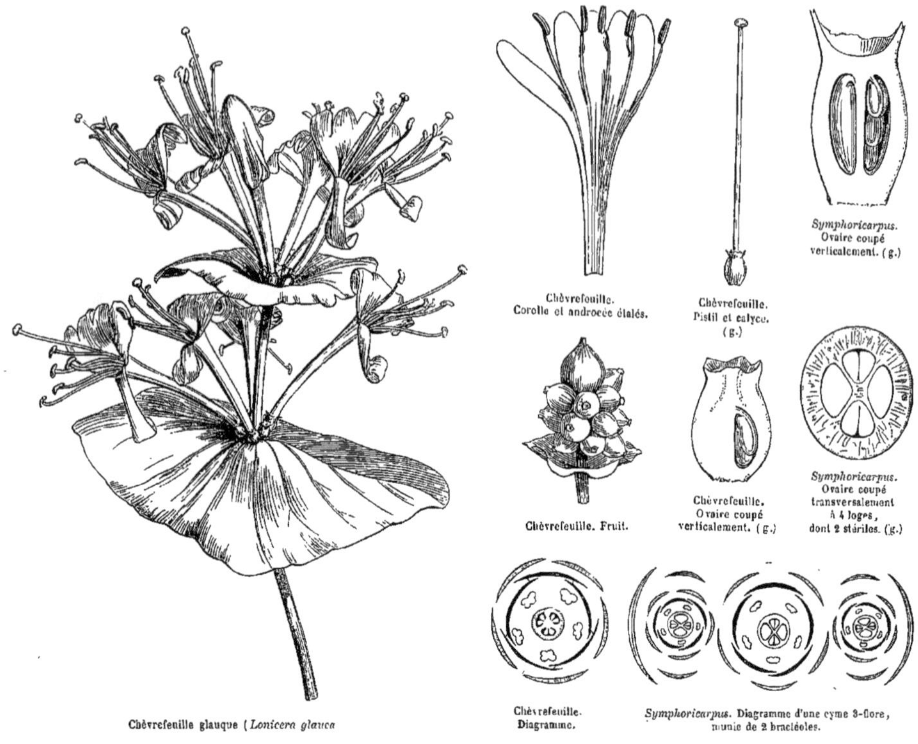

Chèvrefeuille. Corolle et androcée étalés.

Chèvrefeuille. Pistil et calyce. (g.)

*Symphoricarpus.* Ovaire coupé verticalement. (g.)

Chèvrefeuille. Fruit.

Chèvrefeuille. Ovaire coupé verticalement. (g.)

*Symphoricarpus.* Ovaire coupé transversalement à 4 loges, dont 2 stériles. (g.)

Chèvrefeuille glauque (*Lonicera glauca*

Chèvrefeuille. Diagramme.

*Symphoricarpus.* Diagramme d'une cyme 3-flore, munie de 2 bractéoles.

# CAPRIFOLIACÉES, *CAPRIFOLIACEÆ.*

(CAPRIFOLIA, *A.-L. De Jussieu.* — CAPRIFOLIACEÆ, *De Candolle.* CAPRIFOLIACEÆ ET SAMBUCEÆ, *Kunth.* — CAPRIFOLIACEÆ ET VIBURNEÆ, *Bartling.* LONICEREÆ, *Endlicher.*)

COROLLE *monopétale, épigyne, isostémone, à préfloraison imbriquée.* ÉTAMINES 5-4, *insérées sur la corolle.* OVAIRE *à 2-5 loges uni-pluri-ovulées.* OVULES *pendants, anatropes.* FRUIT *baccien.* EMBRYON *dicotylédoné, albuminé.* — FEUILLES *opposées, sans stipules.*

PLANTES à tige ligneuse ou sous-ligneuse, très-rarement herbacées-vivaces. — FEUILLES opposées. *Stipules* nulles, quelquefois représentées par des appendices filiformes ou glanduleux, situés à la base du pétiole. — FLEURS complètes, régulières ou irrégulières. *Inflorescence* variée, généralement définie. — CALYCE supère, 5-fide ou 5-denté. — COROLLE supère, monopétale, tubuleuse, ou infondibuliforme, ou rotacée; *limbe* 5-fide, régulier, ou ringent, à préfloraison imbriquée. — ÉTAMINES insérées sur le tube de la corolle, alternes avec ses lobes. *Filets* filiformes, égaux ou didynames. *Anthères* introrses, biloculaires, à déhiscence longitudinale. — OVAIRE infère, à 2-5 loges. *Ovules* tantôt solitaires et pendants près du sommet de la loge, tantôt plusieurs, 2-sériés à l'angle central, anatropes. *Style* terminal, tantôt filiforme, à *stigmate* capité, indivis ou bilobé; tantôt presque nul ou nul, à 3 ou 5 stigmates. — BAIE pluriloculaire, quelquefois uniloculaire, par destruction des cloisons. — GRAINES inverses, à testa osseux ou crustacé, à raphé dorsal, ou ventral. — EMBRYON droit, occupant l'axe d'un albumen charnu. *Radicule* supère.

## SOUS-FAMILLE. — LONICÉRÉES, *LONICEREÆ*.

Corolle tubuleuse, à limbe régulier ou irrégulier. Style filiforme. Graines à raphé dorsal.

GENRES PRINCIPAUX.

| | | | | | |
|---|---|---|---|---|---|
| *Chèvrefeuille, | *Lonicera.* | *Leycestria, | *Leycestria.* | *Abélie, | *Abelia.* |
| *Diervilla, | *Weigelia.* | *Symphorine, | *Symphoricarpos.* | Linnée, | *Linnæa.* |

## SOUS-FAMILLE. — SAMBUCÉES, *SAMBUCEÆ*.

Corolle régulière, rotacée. Stigmates 3, sessiles. Graines à raphé ventral.

GENRES PRINCIPAUX.

| | | | |
|---|---|---|---|
| *Sureau, | *Sambucus.* | *Viorne, | *Viburnum.* |

Nous avons indiqué les rapports des *Caprifoliacées* avec les *Valérianées* et les *Dipsacées* (voir ces Familles) — L'affinité avec les *Rubiacées* est beaucoup plus évidente: elle se fonde sur la corolle épigyne, isostémone, l'ovaire pluriloculaire, l'embryon axile dans un albumen charnu dense, les feuilles opposées et la tige noueuse. La différence, presque unique, est dans la préfloraison imbriquée de la corolle et dans l'absence de stipules. — La Sous-Famille des *Sambucées* s'allie de très-près aux *Cornées*, qui n'en diffèrent que par la polypétalie et la préfloraison valvaire de la corolle. La même affinité peut se constater avec les *Araliacées* et les *Ombellifères;* mais celles-ci, outre la polypétalie et la préfloraison valvaire de la corolle, diffèrent des Caprifoliacées par l'alternance des feuilles et l'inflorescence en ombelle ou en capitule. — On a aussi remarqué entre les *Viornes* et les *Hortensias* une analogie qui rapproche les *Viburnées* des *Hydrangées*, Sous-Famille des *Saxifragées*.

Les Caprifoliacées habitent les régions tempérées de l'hémisphère boréal, surtout le centre de l'Asie, le nord de l'Inde et de l'Amérique. Quelques-unes, en petit nombre, vivent sous la zone intertropicale, mais elles préfèrent le séjour des montagnes, où la température est plus froide. — Le *Sureau,* Genre cosmopolite, est représenté par très-peu d'Espèces dans l'hémisphère austral.

Les fleurs de la plupart des Caprifoliacées exhalent une odeur suave, sensible surtout après le coucher du soleil. Elles contiennent un principe âcre, amer et astringent, qui en a fait ranger quelques-unes parmi les Plantes médicinales. — Les baies du *Chèvrefeuille* des jardins (*Lonicera Caprifolium*) sont diurétiques; celles du *Ch. Xylostéon* sont laxatives. — Les tiges du *Diervilla Canadensis* sont employées comme dépuratives dans l'Amérique du Nord. — Les racines de la *Symphorine commune* (*Symphoricarpos parviflora*), arbrisseau de la Caroline, sont usitées chez les Américains comme fébrifuges. Toutes ces Espèces sont cultivées dans les jardins d'Europe. — Le *Sureau commun* (*Sambucus nigra*) produit des baies nombreuses, qui sont mangées cuites en Allemagne. Les pharmaciens préparent avec ces baies, de même qu'avec celles du *Sureau Yèble* (*S. Ebulus*) un extrait, ou *rob* purgatif. La fleur séchée du *Sureau commun* est un excellent sudorifique, employé contre la morsure de la Vipère; on l'emploie aussi pour donner à certains vins le parfum du Muscat.

La *Linnée boréale* (*Linnæa borealis*), herbe élégante, toujours verte, abonde dans les forêts de la Suède, patrie de Linné, à qui elle a été dédiée. Les médecins suédois recommandent sa tige et ses feuilles, comme diurétiques et sudorifiques.

# RUBIACÉES, *RUBIACEÆ*.

(RUBIACEÆ, *A.-L. De Jussieu.* — LYGODYSODEACEÆ ET RUBIACEÆ. *Bartling.* CINCHONACEÆ, LYGODYSODEACEÆ ET STELLATÆ, *Lindley.*)

COROLLE *monopétale, épigyne, isostémone, à préfloraison valvaire ou tordue.* ÉTAMINES 4-6, *insérées sur le tube de la corolle.* OVAIRE *infère, bi-pluriloculaire,* OVULES *anatropes, ou semi-campylotropes.* EMBRYON *dicotylédoné, presque toujours albuminé.* — FEUILLES *opposées, stipulées.*

ARBRES, ou ARBRISSEAUX, ou HERBES à tige ordinairement tétragone, noueuse-articulée. — FEUILLES opposées, simples, généralement entières, stipulées; *stipules* variées, tantôt libres, tantôt soudées avec la feuille ou la stipule voisine, tantôt semblables aux feuilles, et simulant avec ces feuilles un verticille, mais s'en distinguant par l'absence de bourgeons. — Fleurs ordinairement stamino-pistillées, très-rarement incomplètes par avortement, quelquefois sub-irrégulières, disposées généralement en cymes, ou en panicule, ou en tête. — Calyce supère, ou demi-supère, tubuleux, ou profondément divisé, ou 2-6-fide, ou denté, ou enfin complétement effacé. — Corolle supère, monopétale, infondibuliforme, ou hypocratériforme, ou rotacée; *limbe* à 4-6 divisions, ordinairement égales, à préfloraison valvaire, rarement tordue, ou imbriquée. — Étamines 4-6, insérées sur le tube, et plus souvent sur la gorge de la corolle, et alternes avec ses divisions. *Filets* filiformes, souvent très-courts, très-rarement cohérents. *Anthères* introrses, biloculaires, à déhiscence longitudinale, distinctes, très-rarement cohérentes en tube. — Ovaire infère, bi-pluri-loculaire, couronné par un disque charnu, plus ou moins développé. — *Ovules* tantôt solitaires dans chaque loge, dressés, ou pendants, ou fixés à l'angle central par le milieu de leur face ventrale; tantôt nombreux, ascendants, ou pendants, ou fixés par leur face ventrale, anatropes ou semi-campylotropes. *Style* simple. *Stigmate* bifide ou plurifide. — Fruit capsulaire, ou baccien, ou drupacé. — Graines à situation variée. *Albumen* charnu, ou cartilagineux, ou presque corné, rarement peu abondant, ou nul, quelquefois ruminé. — Embryon droit, ou courbe, occupant la base, ou l'axe de l'albumen. Cotylédons planes, ou rarement involutés. *Radicule* ordinairement infère.

## Sous-Famille I. — COFFÉACÉES, *COFFEACEÆ.*

Ovaire à loges 1-2-ovulées. Loges du fruit à une graine, rarement à 2 graines.

GENRES PRINCIPAUX.

| | | | | | |
|---|---|---|---|---|---|
| Vaillantie, | *Valantia.* | *Céphalanthe, | *Cephalanthus.* | *Pavetta, | *Pavetta.* |
| Gaillet, | *Galium.* | Coprosma, | *Coprosma.* | *Ixora, | *Ixora.* |
| *Garance, | *Rubia.* | Putoria, | *Putoria.* | *Leptodermide, | *Leptodermis.* |
| *Crucianelle, | *Crucianella.* | Céphaélis, | *Cephaëlis.* | Chiococca | *Chiococca.* |
| *Aspérule, | *Asperula.* | *Psychotria, | *Psychotria.* | Morinda, | *Morinda.* |
| Shérarde, | *Sherardia.* | *Caféier, | *Coffea.* | Mitchella, | *Mitchella.* |

## Sous-Famille II. — CINCHONACÉES, *CINCHONACEÆ.*

Ovaire à loges multi-ovulées. Loges du fruit multi-séminées.

GENRES PRINCIPAUX.

| | | | | | |
|---|---|---|---|---|---|
| *Sipanéa, | *Sipanea.* | *Manettia, | *Manettia.* | *Hindsia, | *Hindsia.* |
| *Rondélétia, | *Rondeletia.* | *Luculia, | *Luculia.* | *Gardénia, | *Gardenia.* |
| Rogiéra, | *Rogiera.* | Quinquina, | *Cinchona.* | *Oxyanthe, | *Oxyanthus.* |
| *Pincknéya, | *Pinckneya.* | *Hillia, | *Hillia.* | *Mussaenda, | *Mussaenda.* |
| *Bouvardia, | *Bouvardia.* | *Coutaréa, | *Coutarea.* | *Burchellia, | *Burchellia.* |

Nous avons indiqué l'affinité des *Rubiacées* avec les *Caprifoliacées* et les *Dipsacées* (voir ces Familles). — Les Rubiacées de la seconde section, où les loges sont multiovulées, s'allient aux *Loganiacées*, par tous leurs caractères, et ne s'en distinguent que par l'épigynie. — Les *Gentianées*, les *Oléinées*, les *Apocynées* s'en rapprochent aussi, quoique hypogynes, par l'opposition des feuilles, la préfloraison, l'isostémonie de la corolle et la présence de l'albumen. — Quelques *Gesnéracées* ne sont pas sans analogie avec la section des *Cofféacées*, comme l'indiquent leurs feuilles opposées ou verticillées, le développement de leur cupule réceptaculaire, la nature variée de leur fruit, et la présence de l'albumen; mais elles s'en éloignent considérablement par la didynamie des étamines, l'ovaire uniloculaire et la placentation pariétale.

Les Rubiacées croissent pour la plupart dans la région intertropicale. — Les principales Espèces médicinales de cette Famille sont exotiques. Nous citerons en première ligne le *Quinquina* et l'*Ipécacuanha*. Ce dernier est la racine d'un petit arbrisseau habitant les forêts vierges du Brésil, et appartenant au Genre *Cephaëlis :* l'écorce de cette racine est d'une saveur âcre et d'une odeur nauséeuse; elle contient un alcaloïde, que les chimistes ont isolé et nommé *émétine*, mais les médecins préfèrent l'usage de la racine. Ce médicament est précieux dans le traitement de la dyssenterie, de l'asthme, de la coqueluche et surtout de la fièvre puerpérale. — Le *Quinquina* nous est fourni par l'écorce de plusieurs Espèces du Genre *Cinchona ;* ce sont des arbres ou des arbrisseaux toujours verts, habitant les vallées des Andes du Pérou, à une hauteur qui varie de 1200 à 3200 mètres au-dessus du niveau de l'Océan. L'écorce des Quinquinas est amère, et contient deux alcalis organiques (*quinine* et *cinchonine*) unis à un acide spécial; elle renferme en outre des principes colorants, une matière grasse, de la fécule, de la gomme, etc. La préparation de ces alcalis végétaux est le service le plus important que la Chimie ait rendu à la médecine depuis le commencement du dix-neuvième siècle, puisque, sous un petit volume, et sans fatiguer le malade, on peut administrer des doses énormes de Quinquina, et opérer les guérisons les plus difficiles. Le Quinquina est le plus héroïque des médicaments lorsqu'il s'agit de combattre les fièvres périodiques, dont les miasmes paludéens sont la cause la plus fréquente. Il guérit ces fièvres, non pas en neutralisant le miasme, comme le ferait un contre-poison; mais, en fortifiant l'organisme par ses propriétés toniques, il le met en état de résister aux attaques incessantes de la cause morbifique. Outre ses vertus fébrifuges, le Quinquina possède à un haut degré toutes celles que la médecine recherche dans les médicaments toniques, surtout quand il s'agit de hâter les convalescences et de ranimer les fonctions digestives; enfin il est usité à l'extérieur comme antiseptique pour arrêter les progrès de la gangrène. Ici c'est le Végétal lui-même, et non son alcaloïde, qu'on emploie; ses propriétés antiseptiques ne sont pas dues au principe fébrifuge, elles résident dans les principes astringents dont l'écorce est abondamment pourvue.

Dans la même Section que les *Cephaëlis* se trouve le Genre américain *Chiococca*, dont quelques Espèces possèdent une racine vantée contre la morsure des serpents venimeux qui abondent dans le Nouveau-Continent; cette racine est connue sous le nom de *caïnça;* on l'emploie en Europe comme diurétique et purgative dans les cas d'hydropisie.

De toutes les Rubiacées originaires de l'ancien Continent, le *Caféier* est l'Espèce la plus digne de fixer l'attention. C'est sur ce Végétal, en même temps que sur le *Cotonnier* et la *Canne-à-Sucre*, que s'appuie principalement le commerce maritime de l'Europe. Le Caféier est un arbrisseau toujours vert, originaire de l'Abyssinie, qui a été transporté il y a trois siècles, dans l'Arabie, puis vers la fin du dix-septième siècle, à Batavia, puis enfin naturalisé en 1720 dans les Antilles. La graine du Caféier fournit à l'analyse chimique, outre diverses matières huileuses, albumineuses, gommeuses, un principe amer renfermant un alcali organique, cristallisable, nommé *caféine*, uni à un acide particulier. Une torréfaction légère et graduée développe dans cette graine un arome suave et une saveur pénétrante, dont l'homme a tiré parti pour composer une boisson qui exerce une stimulation toute spéciale sur les fonctions du cerveau. Pour les personnes qui ne font pas de cette boisson un usage habituel, le *café* peut devenir un médicament efficace; il réussit dans le traitement des fièvres intermittentes, il soulage puissamment les asthmatiques; on lui attribue aussi des propriétés anti-goutteuses; il combat le narcotisme produit, soit par les fumées du vin, soit par l'opium. Son action médicale la plus vulgairement connue est de dissiper les céphalalgies.

Quelques Rubiacées indigènes étaient autrefois usitées comme médicaments, et sont tombées aujourd'hui en désuétude : ce sont les Espèces du Genre *Gaillet;* les sommités fleuries du *Gaillet jaune* étaient jadis données en infusion aux nourrices pour augmenter la sécrétion du lait; on les administrait aussi comme antispasmodiques. On les emploie aujourd'hui dans plusieurs pays, et notamment en Angleterre, pour donner une teinte jaune aux fromages. — L'*Aspérule à l'esquinancie*, dont les feuilles contiennent un principe amer, faiblement astringent, était usitée contre les angines. — L'*Aspérule odorante*, dont le parfum se développe par la dessiccation, était vantée comme tonique et vulnéraire; aujourd'hui on ne s'en sert plus que pour donner du bouquet aux vins du Rhin, et les jardiniers la cultivent pour bordure.

La *Garance* (*Rubia tinctorum*) croît spontanément dans la région méditerranéenne; on la cultive à Avignon, en Alsace, en Zélande, à cause du principe colorant rouge contenu dans la racine, et dont on fait un grand usage pour teindre les tissus. Ce principe, obtenu par les chimistes à l'état de pureté, a été nommé *alizarine*. Il existe aussi, mais en moindre quantité, dans la racine du *Chaya-ver*, Rubiacée que l'on cultive sur la côte de Coromandel.

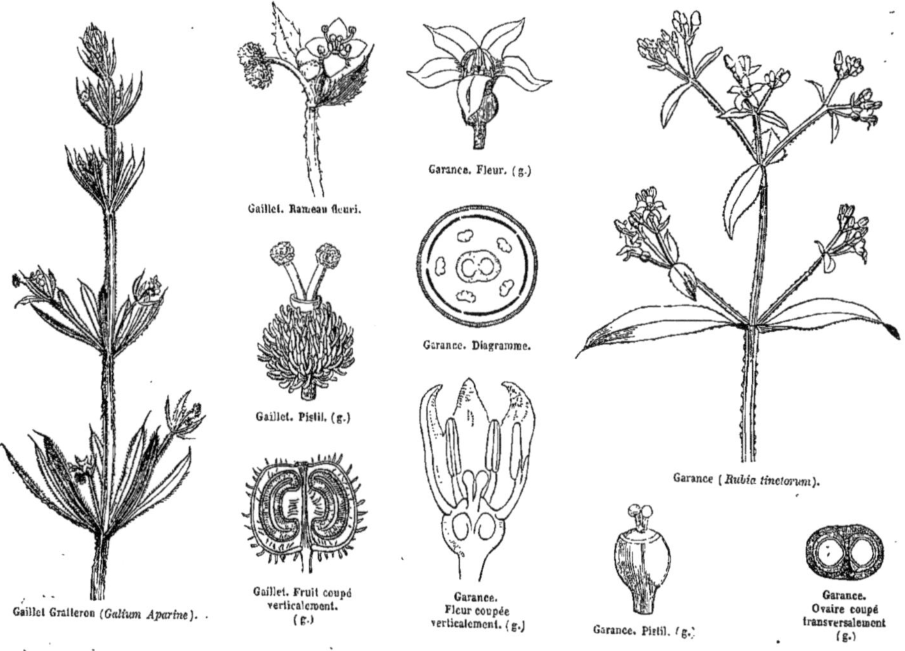

Gaillet Gratteron (*Galium Aparine*). — Gaillet. Rameau fleuri. — Gaillet. Pistil. (g.) — Gaillet. Fruit coupé verticalement. (g.) — Garance. Fleur. (g.) — Garance. Diagramme. — Garance. Fleur coupée verticalement. (g.) — Garance (*Rubia tinctorum*). — Garance. Pistil. (g.) — Garance. Ovaire coupé transversalement (g.)

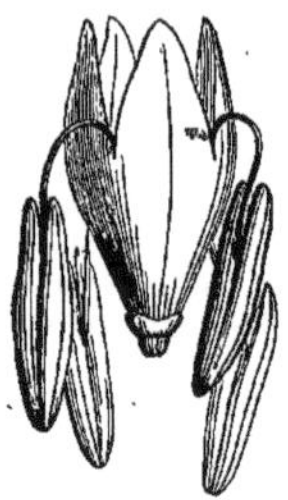
Coprosma. Fleur ♂. (g.)

Copros a Fleur ♀. (g.)

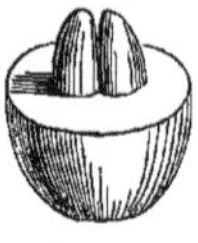

Coprosma. Baie à deux nucules, coupée transversalement.

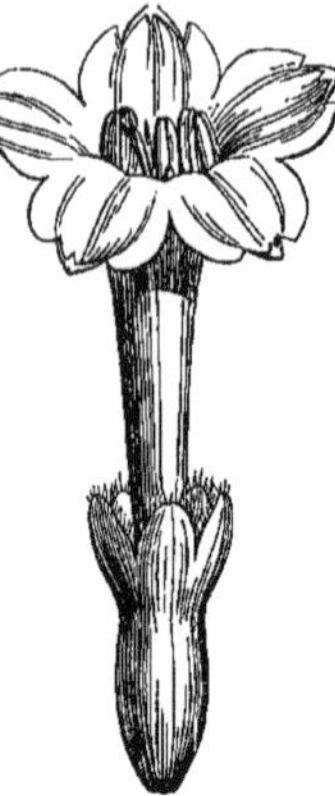
Leptodermis. Fleur. (g.)

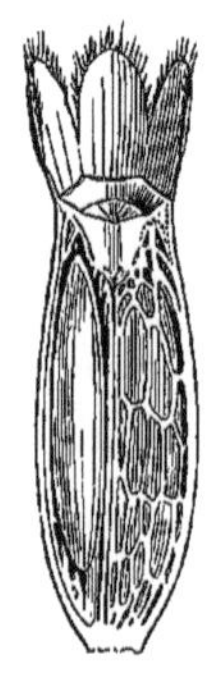
Leptodermis. Ovaire coupé verticalement, montrant une cloison treillissée.

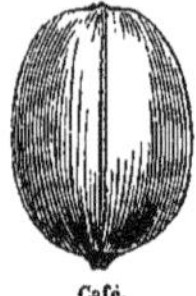
Café. Baie. (g.)

Café. Coupe transversale de la graine. (g.)

Café. Graine. Face dorsale entamée pour montrer l'embryon minime à la base de l'albumen.

Café. Graine. (g.) Face dorsale.

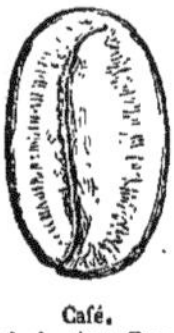

Café. Graine (g.) Face ventrale.

Bouvardia. Diagramme.

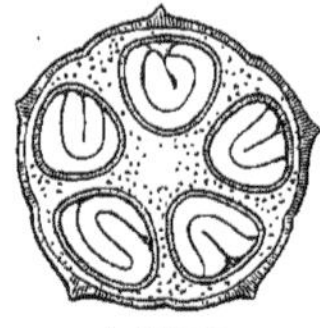
Leptodermis. Coupe transversale du fruit, montrant la disposition involutée des cotylédons. (g.)

Leptodermis. Embryon à cotylédons involutés. (g.)

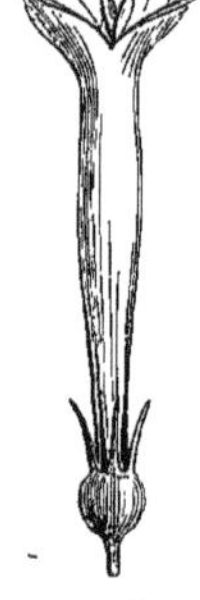
Bouvardia. Fleur. (g.)

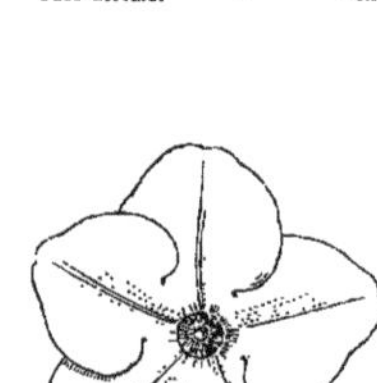
Luculia. Fleur vue d'en haut, à préfloraison convolutive. (g.)

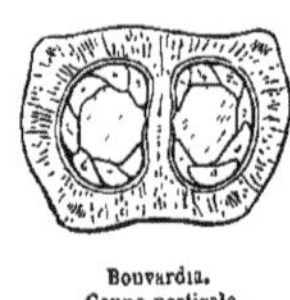
Bouvardia. Coupe verticale de l'ovaire. (g.)

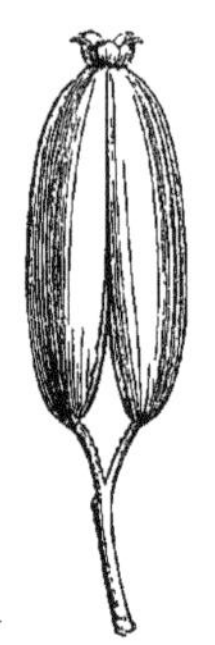
Quinquina. Capsule s'ouvrant à sa base par déhiscence septicide. (g.)

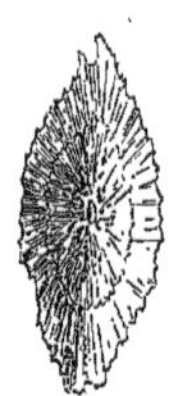
Quinquina. Graine ailée. Face ventrale.

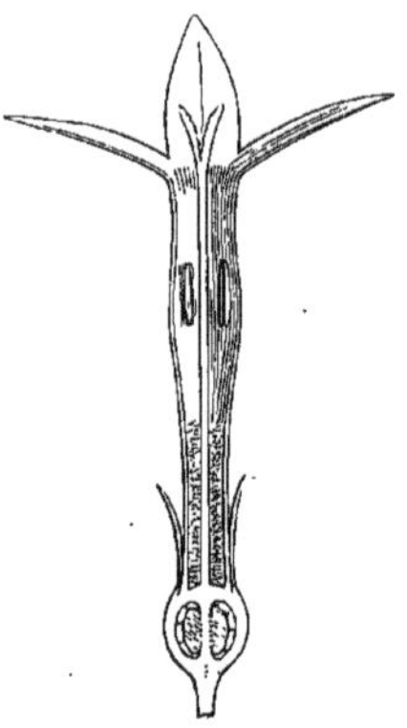
Bouvardia. Fleur coupée verticalement. (g.)

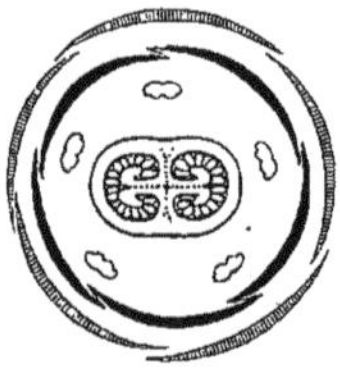

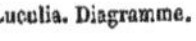
Luculia. Diagramme.

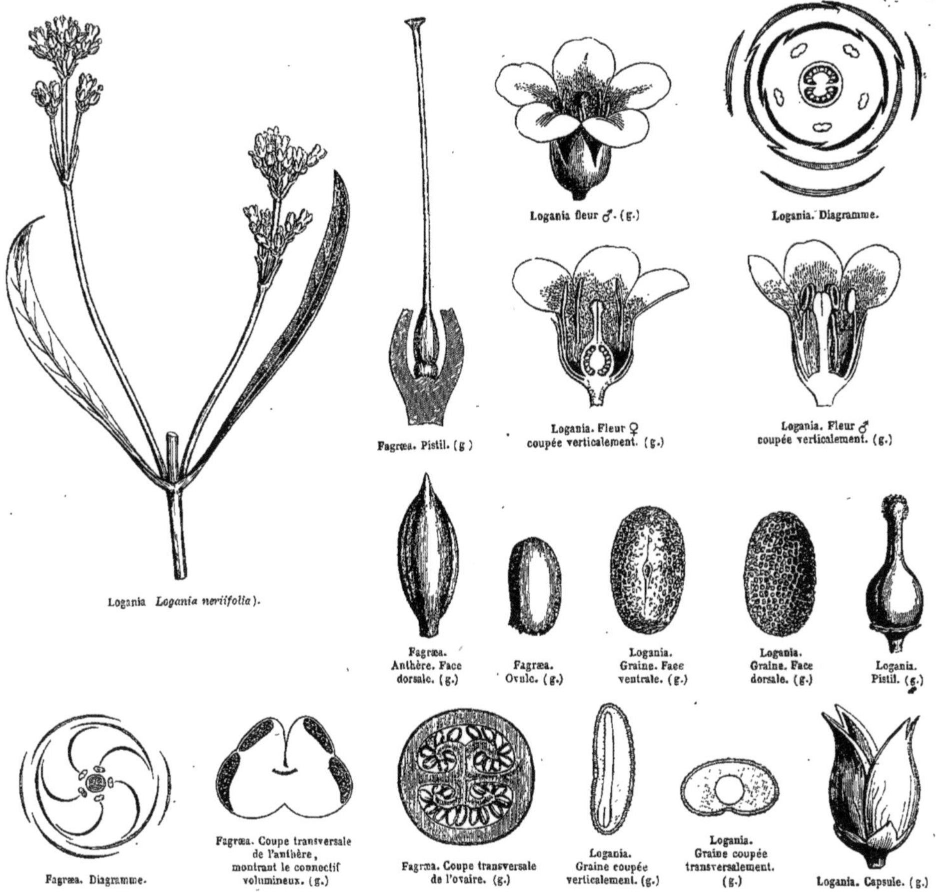

Logania fleur ♂. (g.)

Logania. Diagramme.

Fagræa. Pistil. (g.)

Logania. Fleur ♀ coupée verticalement. (g.)

Logania. Fleur ♂ coupée verticalement. (g.)

Logania *Logania neriifolia*).

Fagræa. Anthère. Face dorsale. (g.)

Fagræa. Ovule. (g.)

Logania. Graine. Face ventrale. (g.)

Logania. Graine. Face dorsale. (g.)

Logania. Pistil. (g.)

Fagræa. Diagramme.

Fagræa. Coupe transversale de l'anthère, montrant le connectif volumineux. (g.)

Fagræa. Coupe transversale de l'ovaire. (g.)

Logania. Graine coupée verticalement. (g.)

Logania. Graine coupée transversalement. (g.)

Logania. Capsule. (g.)

# LOGANIACÉES, *LOGANIACEÆ.*

(LOGANEÆ, *Rob. Brown.* — POTALIEÆ, *Martius.* — STRYCHNEÆ, *De Candolle.* STRYCHNACEÆ, *Blume.* — LOGANIACEÆ, POTALIACEÆ ET APOCYNEARUM *pars*, *Lindley.*)

Corolle *monopétale, hypogyne, régulière, généralement isostémone, à préfloraison valvaire, ou tordue, ou convolutive.* Étamines *insérées sur la corolle.* Ovaire *à 2-4 loges uni-pluriovulées.* Ovules *anatropes, ou semi-anatropes.* Embryon *dicotylédoné, albuminé.* — Feuilles *opposées.*

Tige ligneuse, rarement herbacée. — Feuilles opposées, munies de stipules, ou, à défaut de stipules, de *pétioles* réunis par leurs bases dilatées, et embrassant la tige d'un court rebord, quelquefois presque effacé. *Stipules* tantôt adnées des deux côtés aux pétioles, tantôt interpétiolaires, libres, ou cohérentes en gaîne, quelquefois axillaires, adnées par leur dos à la base du pétiole. — Fleurs complètes, régulières, très-rarement anisostémones, tantôt axillaires, solitaires, ou en grappe, ou en corymbe; tantôt terminales, en corymbe, ou en panicule. — Calyce tantôt monosépale, à préfloraison valvaire, tantôt composé de 4-5 sépales libres, à préfloraison imbriquée. — COROLLE insérée sur le réceptacle, monopétale, rotacée, ou campanulée, ou infondibuliforme; *limbe* 5-4-10-fide, à préfloraison valvaire, ou tordue, ou convolutive. — ÉTAMINES insérées sur le tube, ou sur la gorge de la corolle, alternes avec les lobes des corolles 4-5-fides, opposées aux lobes des corolles 10-fides. *Filets* filiformes, ou subulés. *Anthères* introrses, biloculaires, à déhiscence longitudinale. — OVAIRE supère, à 2 ou 4 loges. *Ovules* nombreux, appliqués aux deux faces de la cloison, ou ascendants à la base de la loge, rarement solitaires dans chaque loge, insérés par le milieu de leur face ventrale et semi-anatropes, très-rarement dressés au fond des loges, et anatropes (*Gærtnera*). *Style* filiforme, simple. *Stigmate* capité, ou pelté, ou bilobé. — FRUIT tantôt capsulaire, s'ouvrant en 2 valves par déhiscence septicide, ou septifrage, ou en 2 coques à déhiscence transversale; tantôt baccien, ou drupacé. — GRAINES nombreuses, ou solitaires, quelquefois ailées. — EMBRYON droit occupant l'axe, ou la base d'un albumen charnu, ou cartilagineux. *Radicule* infère, ou vague.

## SOUS-FAMILLE I. — STRYCHNÉES, *STRYCHNEÆ.*

Corolle à préfloraison valvaire, ou tordue.

GENRES PRINCIPAUX.

| | | | | | |
|---|---|---|---|---|---|
| Strychnos, | *Strychnos.* | Antonia, | *Antonia.* | *Spigélie, | *Spigelia.* |

## SOUS-FAMILLE II. — LOGANIÉES, *LOGANIEÆ.*

Corolle à préfloraison convolutive.

GENRES PRINCIPAUX.

| | | | | | |
|---|---|---|---|---|---|
| *Logania, | *Logania.* | *Fagræa, | *Fagræa.* | Ustérie, | *Usteria.* |

Les *Loganiacées* sont très-étroitement liées aux *Rubiacées* (voir cette Famille). — Elles tiennent aux *Gentianées* par l'opposition et l'intégrité des feuilles, l'insertion, la préfloraison et l'isostémonie de la corolle, le fruit capsulaire, et la présence de l'albumen; mais les Gentianées en diffèrent par l'ovaire uniloculaire, ou incomplétement biloculaire, par l'ovule anatrope, et les feuilles jamais stipulées. — Les rapports et les différences sont les mêmes chez les *Apocynées* : le fruit, comme celui des *Loganiacées*, est capsulaire, ou baccien, ou drupacé; mais elles se distinguent par leur suc laiteux, par l'isostémonie constante de la corolle, et par les Genres à carpelles libres.

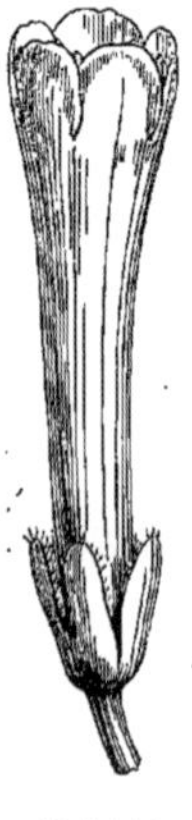

Le petit groupe des *Desfontainées* se rapproche aussi des Loganiacées, dont il reproduit presque tous les caractères, mais leur préfloraison est tordue, la placentation est pariétale, et les feuilles sont toujours dépourvues de stipules.

Desfontainia. Étamine à connectif volumineux. (g.)

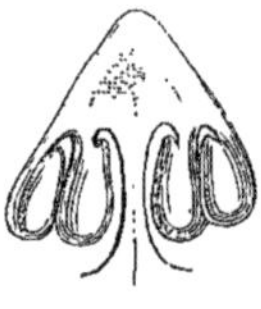

Desfontainia. Placentaire coupé transversalement, portant 4 ovules. (g.)

*Desfontainia (*Desfontainia spinosa*). Fleur. (g.)

Desfontainia. Diagramme.

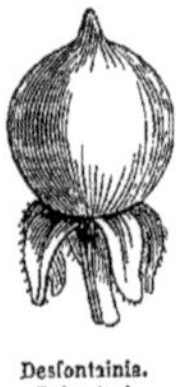

Desfontainia. Baie. (g.)

Les Loganiacées sont dispersées dans les régions tropicales de l'Asie, de l'Afrique et de l'Amérique, ainsi que dans l'Australie extra-tropicale. La plupart possèdent un suc très-amer. — Les Espèces du Genre *Strychnos* contiennent dans l'écorce de leur racine et dans leur graine deux alcaloïdes (*strychnine* et *brucine*), unis à un acide particulier (*acide igasurique*); ces principes sont doués de propriétés extrêmement énergiques : leur action sur le système nerveux est si violente, qu'ils peuvent devenir, dans les mains qui les emploient, un médicament salutaire, ou un poison mortel. La décoction de la racine du *S. Tieuté* fournit aux Javanais un extrait vénéneux, nommé *tjettek*, avec lequel ils empoisonnent leurs flèches. Le *tjettek*, pris à l'intérieur, est également toxique, mais il agit plus lentement que quand il pénètre dans l'économie par absorption veineuse. — Les indigènes de l'Amérique méridionale se servent aussi de deux Espèces de *Strychnos* pour envenimer leurs flèches : ils préparent ce poison, nommé *curare*, en mêlant le suc de l'écorce avec du *poivre*, de la *coque du levant* et autres Plantes âcres, et ils le conservent dans de petits vases de terre cuite. On a prétendu que le *curare* n'est vénéneux que quand il est mêlé au sang, et que l'on peut l'avaler sans inconvénient : ce qu'il y a de vrai, c'est que les chimistes n'y ont pas trouvé d'alcaloïde. — C'est surtout la graine du *Vomiquier* (*noix vomique*) qui fournit à l'art de guérir un agent thérapeutique propre à exciter les nerfs de la moelle épinière et à rétablir les fonctions des organes du mouvement volontaire, dans les cas de paralysie qui ne tiennent pas à une lésion du cerveau. Les médecins emploient aujourd'hui la noix vomique en nature, ou son extrait, ou même la strychnine, qu'on peut facilement isoler et obtenir à l'état pur. — Le *Spigelia anthelmia*, vulgairement la *Brinvillière*, très-vénéneux à l'état frais, perd ses propriétés nuisibles par la dessiccation, et s'emploie avec succès contre les vers intestinaux. — Le *Sp. marylandica* est moins actif, et se recommande aussi comme anthelminthique.

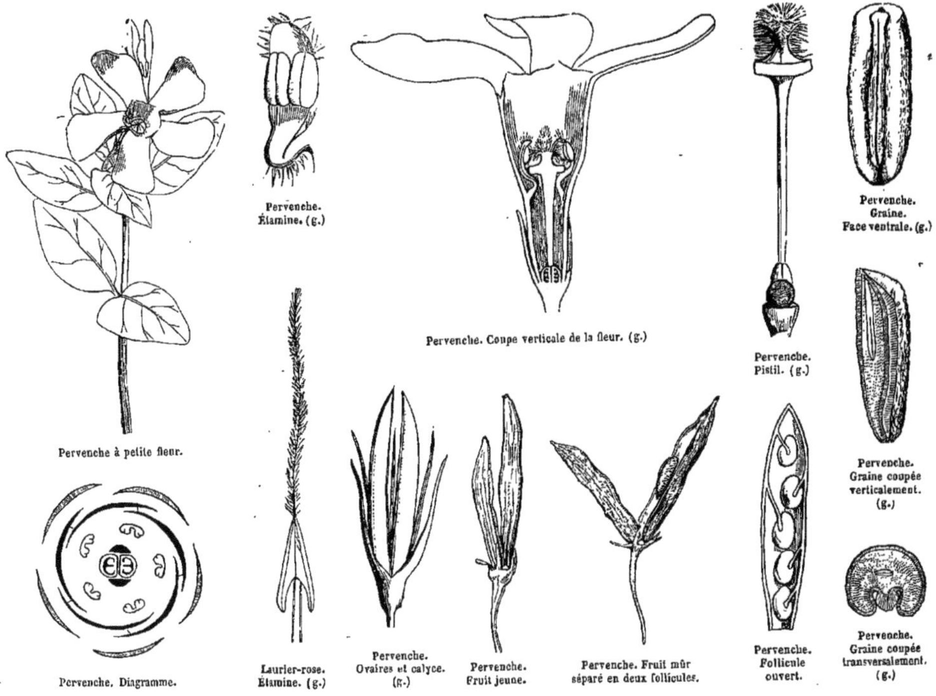


# APOCYNÉES, *APOCYNEÆ.*

(APOCYNEARUM *pars*, A.-L. *de Jussieu.* — APOCYNEÆ, *Rob. Brown.* VINCEÆ, *De Candolle.* — APOCYNACEÆ, *Lindley.*)

COROLLE *monopétale, hypogyne, régulière, isostémone, à préfloraison tordue, ou valvaire.* ÉTAMINES *insérées sur la corolle. Pollen granuleux.* CARPELLES 2, *distincts, ou cohérents.* STYLE *unique.* FRUIT *varié.* EMBRYON *dicotylédoné, albuminé, très-rarement exalbuminé. Suc laiteux.* — FEUILLES *généralement opposées, ou verticillées.*

ARBRES, ou ARBRISSEAUX souvent volubiles, ou HERBES vivaces, à suc généralement laiteux. — FEUILLES opposées, ou verticillées, rarement alternes (*Plumiera, Rhazya, Lepinia*), simples, entières, sans stipules, ou à stipules rudimentaires, glanduliformes, ou ciliiformes. — FLEURS ☿, régulières, terminales, ou axillaires, en cyme corymboïde, rarement solitaires. — CALYCE libre, 5-fide, ou 5-partit, rarement 4-fide. — COROLLE insérée sur le réceptacle, monopétale, tombante, infondibuliforme, ou hypocratériforme, à *gorge* nue, ou munie d'écailles; *limbe* 5-4-fide, ou 5-4-partit, à préfloraison tordue, ou valvaire. — ÉTAMINES insérées sur le tube ou sur la gorge de la corolle, alternes avec ses divisions. *Anthères* introrses, biloculaires, ovoïdes, ordinairement acuminées, ou mucronées, souvent sagittées, quelquefois légèrement cohérentes et à déhiscence longitudinale. *Pollen* granuleux, immédiatement appliqué sur le stigmate. — CARPELLES 2, tantôt distincts, tantôt cohérents en ovaire biloculaire, ou uniloculaire, quelquefois 3 ou 4, d'abord indivis, puis se partageant après la floraison en 3 ou 4 ovaires longuement pédiculés, et soudés ensemble à leur extrémité par la base persistante du style (*Lepinia*). *Ovules* ordinairement nombreux, anatropes, ou semi-anatropes. *Style* unique, unissant les ovaires, ordinairement épaissi vers le sommet, souvent dilaté en disque sous le stigmate. *Stigmate* généralement bifide. — FRUIT varié. — GRAINES ordinairement comprimées, souvent chevelues. — EMBRYON droit, dans un albumen cartilagineux ou charnu, quelquefois peu abondant, ou même nul. *Radicule* à position et à direction variées.

## SOUS-FAMILLE I. — CARISSÉES, *CARISSEÆ*.

Ovaire biloculaire. Placentation septale. Fruit baccien.

GENRES PRINCIPAUX.

| | | | | | |
|---|---|---|---|---|---|
| Calac, | *Carissa.* | Collophore, | *Collophora.* | Couma, | *Couma.* |
| Ambélania, | *Ambelania.* | Mélodine, | *Melodinus.* | | |
| Pacouria, | *Pacouria.* | Carpodine, | *Carpodinus.* | | |

## SOUS-FAMILLE II. — ALLAMANDÉES, *ALLAMANDEÆ*.

Ovaire uniloculaire. Placentaires 2 pariétaux. Capsule bivalve.

GENRE UNIQUE.

*Allamanda, *Allamanda.*

## SOUS-FAMILLE III. — OPHIOXYLÉES, *OPHIOXYLEÆ*.

Fruit charnu. Drupes 2, dont 1 souvent avortée.

GENRES PRINCIPAUX.

| | | | | | |
|---|---|---|---|---|---|
| Tanghin, | *Tanghinia.* | Ophioxylon, | *Ophioxylon.* | *Cerbéra, | *Cerbera.* |

## SOUS-FAMILLE IV. — APOCYNÉES VRAIES, *EUAPOCYNEÆ*.

Fruit à 2 follicules, quelquefois charnus, pulpeux, généralement secs, souvent réduits à un seul par avortement, rarement soudés en capsule.

GENRES PRINCIPAUX.

| | | | | | |
|---|---|---|---|---|---|
| *Tabernæmontane, | *Tabernæmontana.* | *Lochnéra, | *Lochnera.* | *Apocyn, | *Apocynum.* |
| Lépinia, | *Lepinia.* | *Pervenche, | *Vinca.* | *Oléandre, | *Nerium.* |
| *Frangipanier, | *Plumiera.* | *Beaumontia, | *Beaumontia.* | *Wrightia, | *Wrightia.* |
| Rhazya, | *Rhazya.* | *Mandevilléa, | *Mandevillea.* | *Gelsémine, | *Gelsemium.* |
| *Amsonie, | *Amsonia.* | *Echitès, | *Echites.* | | |

L'affinité des *Apocynées* avec les *Loganiacées* a été mentionnée (voir cette Famille). — Elles ne se distinguent des *Asclépiadées* que par les étamines (voir cette Famille). — Elles ne diffèrent des *Gentianées* que par leur suc laiteux, leur tige ordinairement ligneuse, et les Genres à ovaires distincts. — Elles tiennent aux *Rubiacées* par l'intermédiaire des *Loganiacées*. — Elles s'allient aux *Oléinées* par leur tige ligneuse, leurs feuilles opposées, la préfloraison et l'hypogynie de leur corolle, leurs Genres à ovaire biloculaire, le style unique, l'ovule anatrope, le fruit sec ou charnu, et l'embryon albuminé; mais les Oléinées ont une corolle anisostémone.

Les Apocynées habitent principalement la zone intertropicale de l'ancien et du nouveau Continent, surtout les contrées de l'Asie situées au-delà de l'équateur. Elles sont rares dans les régions extratropicales chaudes et tempérées. — La plupart des Espèces possèdent un suc laiteux, souvent riche en caoutchouc (*Collophora utilis*); ce suc est tantôt amer et employé comme purgatif, ou fébrifuge, ou dépuratif (*Allamanda cathartica, Carissa xylopicron, Plumiera alba*); tantôt âcre et très-vénéneux (*Tanghinia venenifera, Cerbera ahouai*); tantôt doux, presque sans âcreté, et seulement laxatif (*Cerbera salutaris*); tantôt enfin acidule-sucré, ou onctueux, et très-recherché comme aliment (*Carissa carandas, C. edulis, Carpodinus dulcis, Ambelania, Pacouria, Couma, Tabernæmontana utilis*, etc.).

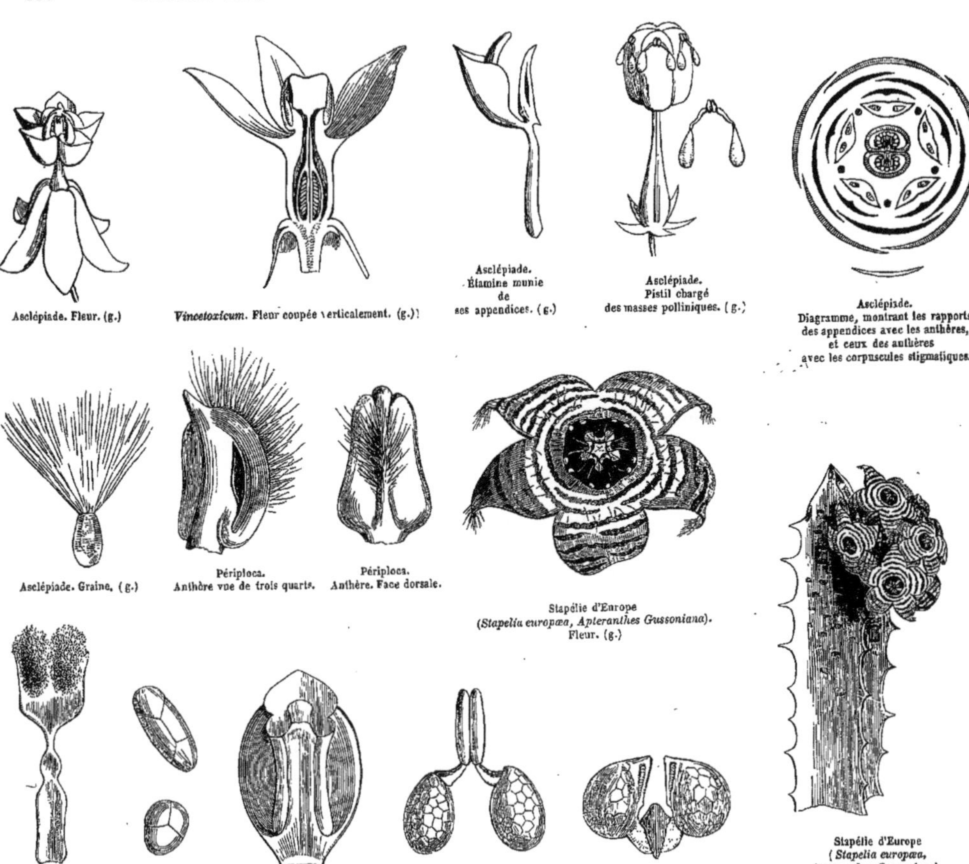

Asclépiade. Fleur. (g.)

*Vincetoxicum*. Fleur coupée verticalement. (g.)

Asclépiade. Étamine munie de ses appendices. (g.)

Asclépiade. Pistil chargé des masses polliniques. (g.)

Asclépiade. Diagramme, montrant les rapports des appendices avec les anthères, et ceux des anthères avec les corpuscules stigmatiques.

Asclépiade. Graine. (g.)

Périploca. Anthère vue de trois quarts.

Périploca. Anthère. Face dorsale.

Stapélie d'Europe (*Stapelia europæa, Apteranthes Gussoniana*). Fleur. (g.)

Périploca. Étamine après la fécondation.

Périploca. Pollen formé de 4 granules polliniques. (g.)

Cynanque. Anthère. Face interne. (g.)

Cynanque. Masses polliniques pendantes à la base du corpuscule stigmatique. (g.)

Stapélie. Masses polliniques fixées au sommet du corpuscule stigmatique. (g.)

Stapélie d'Europe (*Stapelia europæa, Apteranthes Gussoniana*). Tige grasse, aphylle, à 4 angles dentés, portant des fleurs en ombelle.

# ASCLÉPIADÉES, *ASCLEPIADEÆ*.

(APOCYNEARUM *pars, A.-L. de Jussieu*. — ASCLEPIADEÆ, *Jacquin*. ASCLEPIADACEÆ, *Lindley*.)

COROLLE *hypogyne, régulière, 5-fide, isostémone, à préfloraison ordinairement tordue.* ÉTAMINES *insérées sur la corolle, ordinairement soudées en tube.* ANTHÈRES *introrses, 2-4-loculaires.* POLLEN *agglutiné en masses autant que de loges.* CARPELLES 2, *à ovaires distincts. Styles juxtaposés, unis par un stigmate commun.* OVULES *pendants, anatropes.* FRUIT *folliculaire.* EMBRYON *dicotylédoné, albuminé.* — FEUILLES *opposées. Suc laiteux.*

PLANTES ligneuses, rarement herbacées, ordinairement volubiles et lactescentes, à tige et rameaux articulés, noueux, quelquefois charnus (*Stapelia*). — FEUILLES opposées, rarement verticillées, ou alternes, avortées, ou rudimentaires dans les Espèces à tige grasse, pétiolées, simples, entières, sans stipules, quelquefois munies de soies interpétiolaires à la place des stipules. — FLEURS ☿, régulières, très-souvent disposées en ombelle ou en panicule, rarement en cyme, ou en grappe, très-rarement solitaires. Pédoncules axillaires ou interpétiolaires. — CALYCE libre, 5-fide ou 5-partit, à préfloraison imbriquée. — COROLLE insérée sur le réceptacle, monopétale, tombante, campanulée, ou urcéolée, ou hypocratériforme, ou infondibuliforme, ou rotacée, à *limbe* tordu-imbriqué, ou rarement valvaire, à *tube* et *gorge* munis intérieurement de squamules. — ÉTAMINES 5, insérées au fond de la corolle, et alternes avec ses lanières. *Filets* aplatis, ordinairement soudés en une colonne tubuleuse entourant l'ovaire, et munis derrière l'anthère d'une *couronne* d'appendices polymorphes. *Anthères* introrses, ou latérales, biloculaires, généralement soudées en tube, à loges adossées, parallèles, quelquefois bilocellées par une cloison, s'ouvrant par une fente longitudinale ou apicale, rarement transversale (*Gonolobus*). *Pollen* agglutiné en masse; masses polliniques (*pollinies*), pendantes (*Asclepias*), ou horizontales (*Gonolobus*), ou dressées (*Stapelia*), une pour chaque loge ou logette, fusiformes, enveloppées d'une matière huileuse, réunies par paires appartenant aux deux loges contiguës, et se fixant à des saillies glanduleuses du stigmate. — OVAIRES 2, distincts. *Ovules* nombreux, anatropes, pendants, plurisériés, insérés à la suture ventrale sur des placentaires nerviformes. *Styles* ordinairement très-courts, étroitement appliqués l'un contre l'autre, et réunis par le stigmate commun. *Stigmate* à 5 angles arrondis, alternant par leur base avec les anthères, et munis de corpuscules cartilagineux, ou d'une glande retenant les pollinies. — FOLLICULES 2, quelquefois un seul par avortement, s'ouvrant par leur suture ventrale, à placentaire se détachant à la maturité. — GRAINES nombreuses, comprimées, imbriquées, souvent chevelues. — EMBRYON droit, occupant l'axe d'un albumen charnu, rarement nul. *Radicule* supère.

## SOUS-FAMILLE I. — PÉRIPLOCÉES, *PERIPLOCEÆ*.

Filets plus ou moins distincts. Anthères à 20-10 pollinies, libres, ou appliquées au sommet du stigmate; pollen formé de trois à quatre grains.

GENRE PRINCIPAL.

*Périploca, *Periploca.*

## SOUS-FAMILLE II. — SÉCAMONÉES, *SECAMONÆ*.

Filets cohérents. Anthères à 4 loges. Pollinies 20, appliquées par 4 au sommet des corpuscules du stigmate.

GENRE PRINCIPAL.

Sécamone, *Secamone.*

## SOUS-FAMILLE III. — ASCLÉPIADÉES VRAIES, *EUASCLEPIADEÆ*.

Filets cohérents. Anthères à 2 loges. Pollinies 10, fixées par paires aux saillies du stigmate, partagées par un sillon longitudinal.

GENRES PRINCIPAUX.

| | | | | | |
|---|---|---|---|---|---|
| *Tweedia, | *Tweedia.* | *Physianthe, | *Araujа.* | *Stéphanotide, | *Stephanotis.* |
| Cynanque, | *Cynanchum.* | Gomphocarpe, | *Gomphocarpus.* | *Céropégie, | *Ceropegia.* |
| Dompte-venin, | *Vincetoxicum.* | *Asclépiade, | *Asclepias.* | Aptéranthe, | *Apteranthes.* |
| *Cynoctone, | *Cynoctonum.* | *Gonolobe, | *Gonolobus.* | *Stapélie, | *Stapelia.* |
| *Oxypétale, | *Oxypetalum.* | *Hoya, | *Hoya.* | | |

Les *Asclépiadées* étaient autrefois réunies aux *Apocynées* dans une même Famille; la structure tout exceptionnelle du pollen et du stigmate les en a séparées; elles diffèrent en outre par la cohérence des filets, qui, toutefois, sont libres, ou presque libres dans les *Périplocées*, et rapprochent par là les deux Familles. — Leur affinité avec les *Gentianées* est moindre que celle des *Apocynées*, dont quelques Genres ont leurs carpelles soudés en ovaire à 1 ou 2 loges.

Les Asclépiadées ont la même patrie que les Apocynées; les Espèces à tige charnue appartiennent toutes à l'ancien Continent, et surtout au Sud de l'Afrique. — Elles doivent leurs propriétés médicales au suc laiteux qu'elles possèdent : les unes sont vomitives (*Vincetoxicum officinale*, *Gomphocarpus crispus*, *Secamone emetica*, etc.); les autres sont purgatives (*Cynanchum monspeliense*, *Solenostemma arghel*); quelques-unes sont employées comme sudorifiques (*Hemidesmum indicum*); d'autres ont un suc laiteux tellement âcre, qu'on s'en sert pour envenimer la pointe des flèches (*Gonolobus macrophyllus*), ou pour empoisonner les loups (*Periploca græca*) : de là les noms de *tue-loup*, de *tue-chien*, donnés à plusieurs Espèces. Chez d'autres enfin, le suc est dépouillé de son âcreté, et devient alibile. (*Gymnema lactiferum*, *Oxystelma esculentum*).

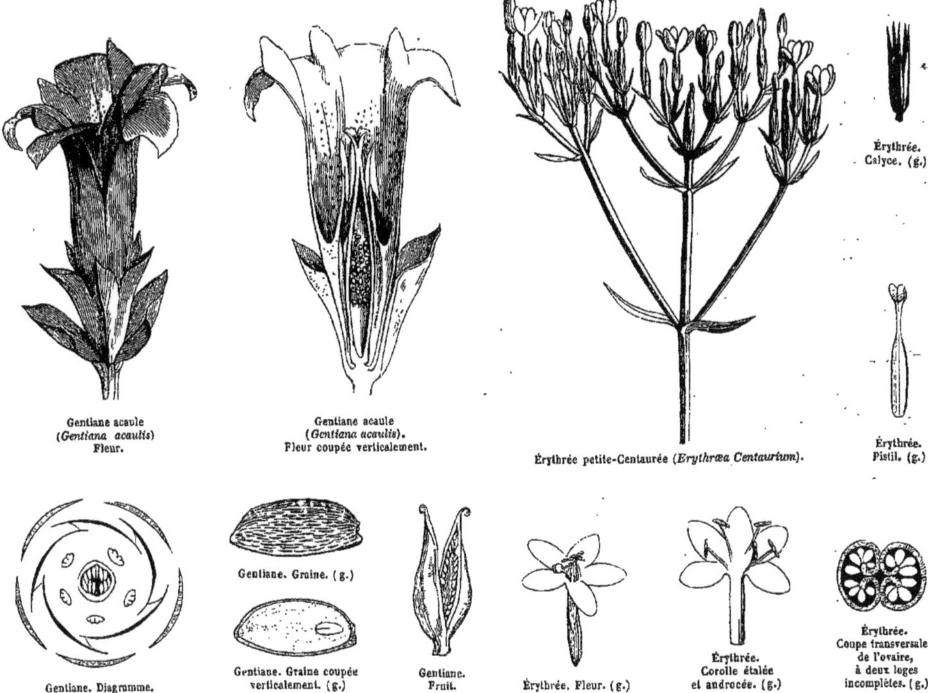

Gentiane acaule (*Gentiana acaulis*) Fleur.

Gentiane acaule (*Gentiana acaulis*). Fleur coupée verticalement.

Érythrée petite-Centaurée (*Erythræa Centaurium*).

Érythrée. Calyce. (g.)

Érythrée. Pistil. (g.)

Gentiane. Diagramme.

Gentiane. Graine. (g.)

Gentiane. Graine coupée verticalement. (g.)

Gentiane. Fruit.

Érythrée. Fleur. (g.)

Érythrée. Corolle étalée et androcée. (g.)

Érythrée. Coupe transversale de l'ovaire, à deux loges incomplètes. (g.)

# GENTIANÉES, *GENTIANEÆ*.

(GENTIANEÆ, *Jussieu*. — GENTIANACEÆ, *Lindley*.)

Corolle *monopétale, hypogyne, isostémone, à préfloraison tordue, ou induplicative,* 5-4-6-8-*fide*. Ovaire *uniloculaire, ou sub-biloculaire*. Ovules ∞, *anatropes, horizontaux, à placentation pariétale*. Capsule *s'ouvrant par décollement des bords carpellaires*. Embryon *dicotylédoné, albuminé*.

Plantes herbacées, annuelles ou vivaces, quelquefois sous-ligneuses, rarement ligneuses, quelques-unes volubiles, ordinairement glabres, à suc aqueux. — Feuilles opposées ou quelquefois verticillées, très-rarement alternes, ou ramassées en touffe radicale, presque toujours simples et entières, non stipulées. — Fleurs ☿, généralement régulières, terminales ou axillaires, à inflorescence variée. — Calyce persistant, à 5-4 sépales, rarement 6-8, distincts ou plus ou moins cohérents, à préfloraison valvaire, ou tordue. — Corolle monopétale, insérée sur le réceptacle, infondibuliforme, ou hypocratériforme, ou sub-rotacée, à *gorge* nue ou garnie d'un anneau très-fin, frangé; *limbe* nu, ou cilié, ou creusé de fossettes glandulifères, à préfloraison valvaire, ou induplicative. — Étamines insérées sur le tube, ou sur la gorge de la corolle, alternes avec ses lobes. *Filets* égaux ou presque égaux, à bases rarement dilatées et soudées en anneau. *Anthères* biloculaires, introrses, à déhiscence ordinairement longitudinale, quelquefois apicale. — Carpelles 2, cohérents en un ovaire 1-loculaire, ou sub-biloculaire, ou complétement biloculaire. *Ovules* nombreux, pluri-sériés, anatropes. *Style* terminal, quelquefois très-court ou nul. *Stigmate* bifide ou bilamellé. — Capsule à 2 valves, ordinairement placentifères sur les bords. — Graines menues. Embryon minime, occupant la base d'un albumen charnu, copieux. *Radicule* voisine du hile, presque toujours centrifuge.

## Sous-Famille I. — GENTIANÉES VRAIES, *GENTIANEÆ VERÆ*.

Corolle à préfloraison tordue. Albumen remplissant la cavité de la graine. Feuilles opposées.

GENRES PRINCIPAUX.

| | | | | | |
|---|---|---|---|---|---|
| *Chironie, | *Chironia.* | Cicendie, | *Cicendia.* | *Gentiane, | *Gentiana.* |
| *Orphie, | *Orphium.* | Chlorette, | *Chlora.* | Swertie, | *Swertia.* |
| Érythrée, | *Erythræa.* | *Lisianthe, | *Lisianthus.* | | |

## Sous-Famille II. — MÉNYANTHÉES, *MENYANTHEÆ*.

Corolle à préfloraison induplicative. Albumen plus petit que la cavité de la graine. Feuilles alternes.

GENRES PRINCIPAUX.

| | | | |
|---|---|---|---|
| Ményanthe, | *Menyanthes.* | Limnanthème, | *Villarsia.* |

Les *Gentianées* sont voisines des *Logoniacées*, des *Apocynées*, des *Asclépiadées* (voir ces Familles). — Elles offrent avec les *Gesnériacées*, et surtout avec les Genres à ovaire libre, quelques rapports fondés sur l'opposition des feuilles, l'anatropie et la placentation pariétale des ovules, le fruit capsulaire et l'albumen charnu ; mais les Gesnériacées diffèrent par l'irrégularité, l'anisostémonie, la préfloraison de la corolle, et l'embryon axile ; en outre, la plupart des Genres sont périgynes.

Les *Orobanchées* offrent la même affinité, et de plus elles ont, comme les Gentianées, un embryon minime et basilaire, mais elles sont parasites, et les écailles qui remplacent les feuilles sont alternes. — Il y a aussi quelque analogie entre les vraies Gentianées et les *Polémoniacées;* mais celles-ci s'éloignent de celles-là par l'ovaire pluri-loculaire, la placentation axile, la déhiscence loculicide de la capsule et les feuilles alternes.

Les Gentianées sont répandues sur toute la surface du globe; elles habitent les montagnes de l'hémisphère boréal; elles abondent surtout entre les tropiques, dans les régions où l'élévation du sol au-dessus du niveau de la mer abaisse la température. — Les Plantes de cette Famille sont rangées parmi les médicaments toniques; elles doivent leurs propriétés à un principe amer nommé *gentianin*. — La principale Espèce indigène est la Gentiane jaune (*Gentiana lutea*), connue dès les premiers âges de la médecine. — La *Gentiane croisette* (*G. cruciata*) est employée dans quelques pays comme fébrifuge et anthelminthique. Sa racine était recommandée chez les anciens contre la peste et la morsure des chiens enragés. — La *petite Centaurée* (*Erythrea Centaurium*) est employée comme les Gentianes; ses sommités fleuries contiennent, outre un principe amer, une substance âcre, qui contribue à ses propriétés toniques et fébrifuges. — Le *Ményanthe Trèfle d'eau* (*Menyanthes trifoliata*) a les vertus de la *petite Centaurée;* on l'emploie aussi comme antiscorbutique. — Le *Villarsia nymphæoides*, Plante indigène comme les précédentes, a des vertus analogues.

# CONVOLVULACÉES, *CONVOLVULACEÆ*.

(CONVOLVULI, *Jussieu*. — CONVOLVULEÆ, *Ventenat*. — CONVOLVULACEÆ, *De Candolle*.)

Corolle *monopétale, hypogyne, isostémone, régulière, à préfloraison tordue.* Étamines 5, *insérées au fond du tube de la corolle.* Ovaire *à 4 loges, 1-2-ovulées.* Ovules *collatéraux, dressés, anatropes.* Capsule *à valves se détachant de la cloison, ou* Baie. Embryon *dicotylédoné, courbé, à radicule infère. Albumen mucilagineux. Cotylédons plissés.*

Plantes herbacées, ou sous-ligneuses, ou ligneuses. — Tige généralement volubile, rarement dressée, à suc ordinairement laiteux. — Feuilles alternes, sans stipules. — Fleurs ☿, régulières. *Pédoncules* axillaires, ou terminaux, simples ou trichotomes, ordinairement bi-bractéolées; bractées quelquefois se rapprochant de la fleur et l'enveloppant. — Calyce à 5 sépales, ordinairement libres, persistants. — Corolle insérée sur le réceptacle, monopétale, campanulée, ou infondibuliforme, ou quelquefois hypocratériforme, à limbe 5-fide, ou formant 5 plis, à préfloraison généralement tordue. — Étamines 5, insérées au fond du tube de la corolle, alternes avec ses lobes. *Filets* ordinairement dilatés à la base, filiformes au sommet. *Anthères* introrses, biloculaires, à déhiscence longitudinale. — Ovaire quelquefois ceint à sa base d'un nectaire en anneau, à 2-3-4 loges, 1-2-ovulées, ou réduit à une loge 1-ovulée par atrophie de la cloison. *Ovules* solitaires, ou collatéraux, dressés, anatropes. *Style* terminal, simple ou bi-partit. — Fruit tantôt capsulaire, 1-4-loculaire, à valves se séparant de la cloison placentifère à sa base; tantôt charnu, indéhiscent. — Graines dressées, à testa quelquefois très-velu. — EMBRYON plus ou moins courbé. *Cotylédons* foliacés, plissés ou chiffonnés. *Radicule* voisine du hile, infère. *Albumen* mucilagineux peu abondant.

GENRES PRINCIPAUX.

| | | | | | |
|---|---|---|---|---|---|
| Evolvulus, | *Evolvulus.* | Calonyction, | *Calonyction.* | *Pharbitis, | *Pharbitis.* |
| Cressa, | *Cressa.* | Quamoclit, | *Quamoclit.* | Argyréia, | *Argyreia.* |
| *Calystégie, | *Calystegia.* | *Ipomée, | *Ipomæa.* | | |
| *Liseron, | *Convolvulus.* | *Batate, | *Batatas.* | | |

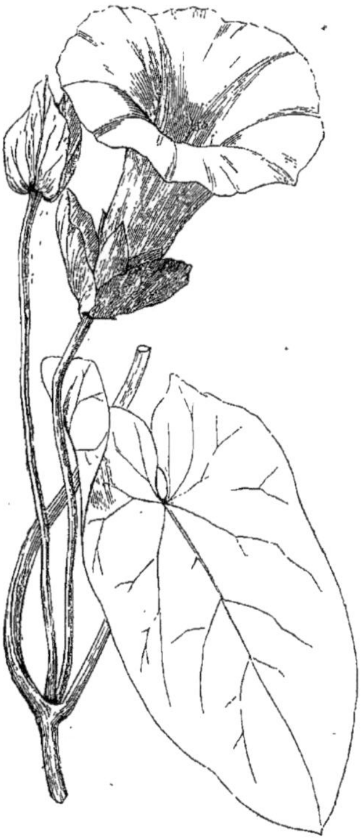

*Calystegia.* Étamine. (g.)

*Calystegia.* Pistil. (g.)

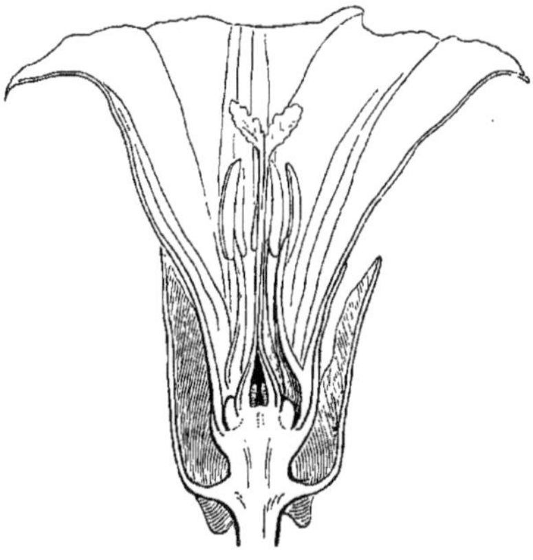

*Calystegia.* Fleur coupée verticalement avec ses deux bractées foliacées, figurant un calyce accessoire. (g.)

Liseron des champs. Fleur.

Liseron. Graine. (g.)

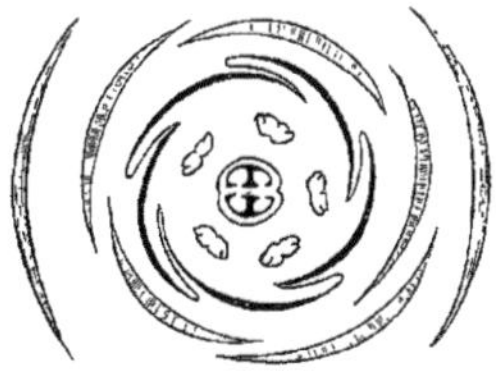

Liseron des haies (*Calystegia sepium*).

*Calystegia.* Diagramme de la fleur et des deux bractées foliacées.

Liseron. Fruit. (g.)

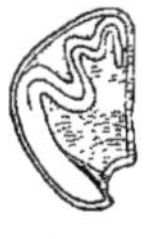

Liseron. Graine coupée verticalement. (g.)

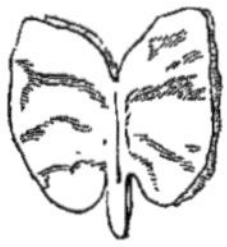

Liseron. Embryon étalé. (g.)

Les *Convolvulacées* tiennent de près aux *Cuscutées* et aux *Dichondrées* (voyez ces Familles). Elles se rapprochent des *Polémoniacées* par l'insertion, l'isostémonie et la préfloraison de la corolle, par la structure de l'ovaire, l'anatropie et la position des ovules, par le fruit capsulaire, les feuilles alternes, et la tige souvent grimpante; mais les Polémoniacées ont l'ovaire à 3 loges multi-ovulées, la capsule à valves médio-septifères, l'embryon droit axile, et l'albumen charnu abondant. — Les Convolvulacées offrent avec les *Cordiacées* une certaine analogie fondée sur la forme et la préfloraison de la corolle, l'ovaire 2-4-loculaire, le style bifide, les ovules anatropes; mais dans les Cordiacées, la radicule est supère, l'embryon droit complétement dépourvu d'albumen, et les cotylédons plissés longitudinalement. — Les Espèces non grimpantes sont voisines des *Solanées*, par l'insertion, l'isostémonie, la préfloraison, la forme de la corolle, l'ovaire à 2 loges, le fruit capsulaire ou baccien, l'embryon courbé, la radicule infère, les feuilles alternes; mais chez les Solanées l'ovule est campylotrope, l'embryon est pourvu d'un albumen copieux, et sa radicule est éloignée du hile. — Il y a aussi quelques rapports éloignés entre les Convolvulacées et les *Hydrophyllées* (voir cette dernière Famille). — Les Convolvulacées naissent pour la plupart sous la zone intertropicale; elles diminuent en remontant vers le Nord, deviennent très-rares dans nos climats, et manquent absolument dans les régions arctiques ainsi qu'au sommet des montagnes. — Plusieurs Espèces possèdent un suc laiteux contenant une résine éminemment purgative; c'est surtout dans le rhizôme qu'abonde cette résine, mais elle ne doit sa propriété qu'à l'arome qui l'accompagne, car les rhizômes pulvérisés et longtemps exposés à l'air la perdent, bien qu'ayant conservé le principe purement résineux. Les Espèces les plus usitées sont les *Jalaps* (*Convolvulus Jalapa et C. Schiedeanus*) qui nous sont venus du Mexique; le *Turbith* (*C. turpethum*), indigène de l'Inde orientale; les *Scammonées* (*C. scammonia* et *C. sagittæfolius*); qui habitent la région méditerranéenne asiatique. — Nos *Liserons* de France sont aussi doués dans leur rhizôme de vertus purgatives, mais les Espèces exotiques sont bien plus actives. — Le Genre américain *Batate* comprend plusieurs Espèces dans le rhizôme desquelles le principe résineux est remplacé par une abondante quantité de fécule, recherchée comme aliment au même titre que la *pomme-de-terre*.

# DICHONDRÉES, *DICHONDREÆ*.

(CONVOLVULACEARUM *genera*, *Endlicher*.)

Cette petite Famille peut être regardée comme une Tribu des *Convolvulacées*, auxquelles elle tient par l'insertion, la régularité, l'isostémonie de sa corolle, le nombre des carpelles et des ovules dressés et anatropes, l'albumen mucilagineux et les cotylédons contortupliqués : on l'en a séparée à cause de ses carpelles non cohérents, qui sont au nombre de 2 ou de 4, réunis par paires; le style est basilaire, et la préfloraison de la corolle est valvaire. — Le Genre *Dichondra* comprend des Espèces herbacées, rampantes, non laiteuses, qui vivent dans les régions chaudes de l'hémisphère austral et de l'Amérique. — Le Genre *Falkia* est constitué par un arbrisseau du Cap de Bonne-Espérance.

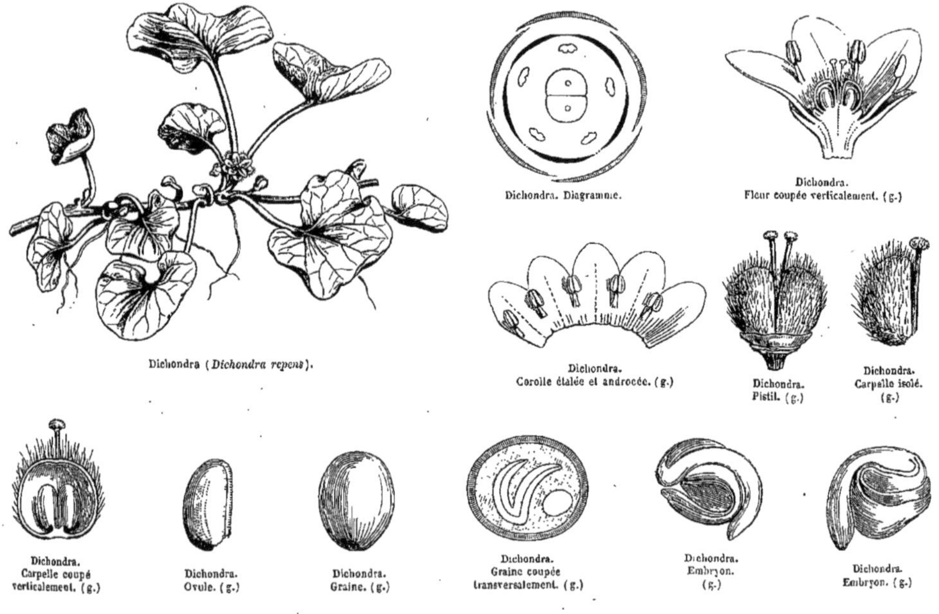

Dichondra (*Dichondra repens*). — Dichondra. Diagramme. — Dichondra. Fleur coupée verticalement. (g.) — Dichondra. Corolle étalée et androcée. (g.) — Dichondra. Pistil. (g.) — Dichondra. Carpelle isolé. (g.) — Dichondra. Carpelle coupé verticalement. (g.) — Dichondra. Ovule. (g.) — Dichondra. Graine. (g.) — Dichondra. Graine coupée transversalement. (g.) — Dichondra. Embryon. (g.) — Dichondra. Embryon. (g.)

# CUSCUTÉES, *CUSCUTEÆ*.

(CONVOLVULORUM *pars*, *Jussieu*. — CUSCUTEÆ, *Presl*. — CUSCUTINÆ, *Link*.)

Le Genre *Cuscute* (*Cuscuta*), qui constitue cette petite Famille, a été séparé de la Famille des *Convolvulacées*, à laquelle il tient par la plupart de ses caractères, et dont il ne diffère que par ses tiges filiformes, de couleur rougeâtre ou jaune verdâtre, dépourvues de feuilles, et parasites sur les autres Végétaux au moyen de suçoirs, par son fruit capsulaire, à déhiscence transversale, ou quelquefois charnu, et par l'embryon, dépourvu de cotylédons, et roulé en spirale autour de l'albumen. Les Fleurs sont réunies en tête, ou en épi, et ordinairement munies d'une bractée.

Les Cuscutes habitent toutes les régions chaudes et tempérées du globe. Elles vivent en parasites sur les tiges d'un grand nombre de

Plantes herbacées, ou même ligneuses, qu'elles épuisent, en absorbant leur sève élaborée. — La *petite Cuscute* (*Cuscuta minor*) vit aux dépens du *Trèfle des prés*, de la *Luzerne*, du *Serpolet*, du *Genêt à balais*, de l'*Ajonc nain*, des *Bruyères*, etc.; la *Cuscute densiflore* (*Cuscuta densiflora*) infeste les champs de *Lin*; la *grande Cuscute* (*Cuscuta major*) est parasite sur les *Orties*, le *Houblon*; elle envahit même les pédoncules de la *Vigne*, et les entoure de filaments qui ont fait donner le nom de *raisins barbus* aux fruits dont elle absorbe la substance.

Cuscute. (*Cuscuta minor*.) (g.)

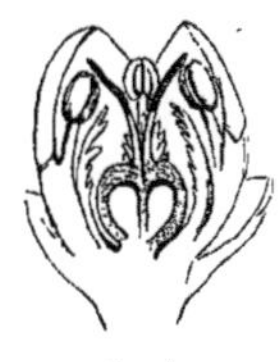

Cuscute. Fleur coupée verticalement. (g.)

Cuscute. Androcée et corolle étalée, montrant sur son tube des écailles pétaloïdes laciniées et alternes avec ses lobes. (g.)

Cuscute. Calyce et pistil. (g.)

Cuscute. Diagramme.

Cuscute. Coupe transversale du fruit.

Cuscute. Graine entière. (g.)

Cuscute. Graine coupée verticalement, montrant l'embryon enroulé autour de l'albumen. (g.)

# POLÉMONIACÉES, *POLEMONIACEÆ*.

(POLEMONIACEÆ, *Ventenat*. — POLEMONIDEÆ, *De Candolle*. COBÆACEÆ, *Don*.)

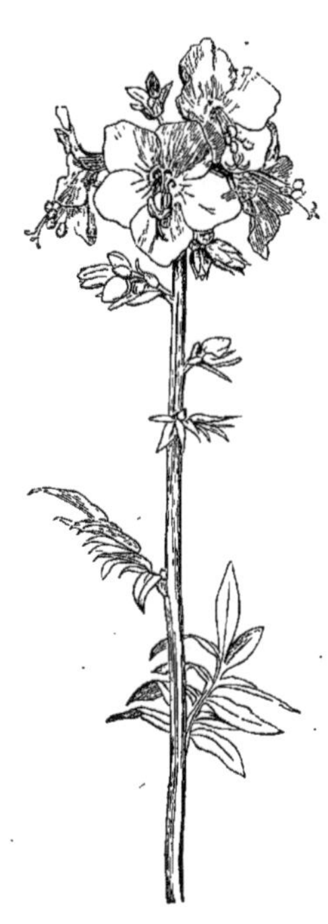

Polémoine commune (*Polemonium cæruleum*).

Corolle *monopétale, hypogyne, régulière, isostémone, à préfloraison tordue*. Étamines 5, *insérées au milieu ou au sommet du tube de la corolle*. Ovaire *à 3 loges*. Ovules *solitaires et dressés, ou nombreux et ascendants*. Capsule *à 3 valves loculicides*. Embryon *dicotylédoné, albuminé*. Radicule *infère*.

Plantes herbacées, rarement sous-ligneuses ou ligneuses, à suc aqueux. — Feuilles alternes, les inférieures quelquefois opposées, sans stipules. — Fleurs ☿, rarement solitaires, ordinairement en panicule, ou en corymbe, ou en tête involucrée. — Calyce monosépale, 5-fide. — Corolle monopétale, insérée sur le réceptacle, en entonnoir tubuleux, ou en patère, à limbe 5-partit, à préfloraison tordue. — Étamines 5, insérées à la gorge ou au tube de la corolle, et alternes avec ses lobes. *Anthères* biloculaires, à déhiscence longitudinale. — Ovaire entouré à sa base d'un anneau glanduleux plus ou moins manifeste, à 3 ou 5 loges. *Ovules* tantôt solitaires, dressés à l'angle central de la loge, et anatropes; tantôt nombreux, bi-sériés, fixés par un point de leur face ventrale, ascendants et demi-anatropes. *Style* terminal, 3-fide, ou 5-fide au sommet, à lobes portant les papilles stigmatiques sur leur face interne. — Capsule membraneuse, ou sous-ligneuse, ou rarement charnue, à 3 ou 5 valves septifères sur leur milieu. — Graines anguleuses, ou comprimées, à hile basilaire, ou ventral; testa quelquefois formé de cellules mucilagineuses à trachées déroulables. — Embryon droit ou presque droit, occupant l'axe d'un albumen charnu. *Cotylédons* foliacés. *Radicule* infère.

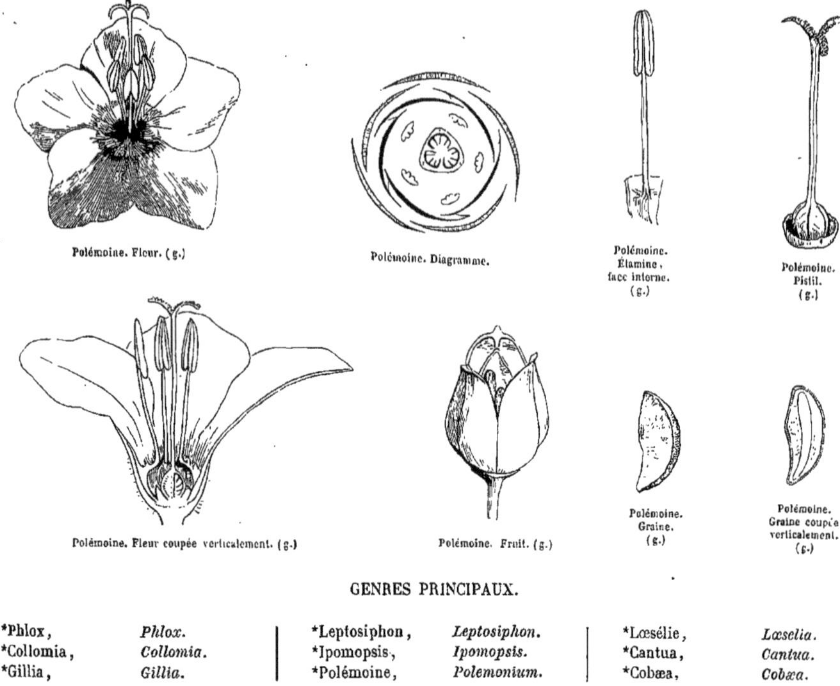

Polémoine. Fleur. (g.) Polémoine. Diagramme. Polémoine. Étamine, face interne. (g.) Polémoine. Pistil. (g.)

Polémoine. Fleur coupée verticalement. (g.) Polémoine. Fruit. (g.) Polémoine. Graine. (g.) Polémoine. Graine coupée verticalement. (g.)

GENRES PRINCIPAUX.

| | | | | | |
|---|---|---|---|---|---|
| *Phlox, | *Phlox.* | *Leptosiphon, | *Leptosiphon.* | *Lœsélie, | *Lœselia.* |
| *Collomia, | *Collomia.* | *Ipomopsis, | *Ipomopsis.* | *Cantua, | *Cantua.* |
| *Gillia, | *Gillia.* | *Polémoine, | *Polemonium.* | *Cobæa, | *Cobæa.* |

Les ***Polémoniacées*** ont une étroite affinité avec les *Convolvulacées* (voir cette Famille). Elles sont voisines des ***Hydrophyllées*** par les feuilles alternes, la corolle hypogyne et isostémone, la capsule à valves loculicides, l'embryon axile et l'albumen copieux; mais chez les Hydrophyllées, la préfloraison de la corolle est imbriquée, l'ovaire est sub-biloculaire à placentation pariétale, la radicule est supère, et l'albumen cartilagineux. — Les *Hydroléacées* présentent les mêmes rapports et les mêmes différences; en outre les styles sont distincts et les ovules horizontaux. — Les Polémoniacées ont aussi quelque affinité avec les *Gentianées* (voir cette Famille).

Les Polémoniacées habitent pour la plupart l'ouest de l'Amérique extra-tropicale; quelques-unes, en très-petit nombre, vivent dans les régions tempérées et froides de l'ancien Continent.

La *Polémoine bleue (Polemonium cæruleum)*, vulgairement nommée *Valériane grecque*, est une Plante mucilagineuse, d'une odeur nauséabonde et d'une saveur amère. On applique, dans certains pays, ses feuilles sur les ulcères résultant de certaines maladies contagieuses, et les Russes emploient la décoction de l'herbe contre la rage.

# HYDROPHYLLÉES, *HYDROPHYLLEÆ.*

## (HYDROPHYLLEÆ, *Rob. Brown.* — HYDROPHYLLACEÆ, *Lindley.*)

Corolle *monopétale, insérée sur un disque hypogyne, isostémone, à préfloraison imbriquée.* Étamines 5, *insérées au fond du tube de la corolle.* Ovaire *1-loculaire, ou incomplétement bi-loculaire.* Ovules *à hile ventral.* Fruit *capsulaire, ou presque charnu.* Embryon *dicotylédoné, droit, albuminé.* Radicule *vague.*

Herbes annuelles, ou vivaces, à suc aqueux, à tige anguleuse. — Feuilles alternes, les inférieures quelquefois opposées, non stipulées. — Fleurs ☿, régulières, disposées en épis ou en grappes scorpioïdes, très-rarement solitaires sur des pédoncules axillaires. — Calyce 5-partit, à préfloraison imbriquée, persistant. — Corolle monopétale, insérée en dehors d'un anneau ceignant la base de l'ovaire, campanulée, ou sub-rotacée, très-rarement infondibuliforme, à tube souvent muni intérieurement de languettes alternes avec les étamines, à limbe 5-fide, à préfloraison imbriquée. — Étamines 5, insérées au fond du tube de la corolle, et alternes avec ses lobes. *Filets* munis à leur base d'appendices variés. *Anthères* introrses, biloculaires, dorsifixes, versatiles, à déhiscence longitudinale. — OVAIRE à une loge, ou à 2 loges incomplètes, à 2 placentaires linéaires, ou dilatés, souvent libres d'adhérence par leur face dorsale, mais toujours fixés au sommet et à la base de l'ovaire, portant 2 ou plusieurs ovules fixés par leur face ventrale, semi-anatropes. *Style* terminal, bifide au sommet, à lobes terminés par un stigmate papilleux. — CAPSULE membraneuse ou presque charnue, à 2 valves portant les placentaires sur leur milieu, ou séparées d'eux. — GRAINES anguleuses, ou sub-globuleuses. — EMBRYON droit dans un albumen cartilagineux, copieux, tantôt axile, tantôt excentrique. *Radicule* éloignée du hile, vague, ou rarement supère.

GENRES PRINCIPAUX.

| | | | | | |
|---|---|---|---|---|---|
| *Phacélie, | *Phacelia.* | *Eutoca, | *Eutoca.* | *Whitlavia, | *Whitlavia.* |
| *Cosmanthe, | *Cosmanthus.* | *Némophile, | *Nemophila.* | *Hydrophylle, | *Hydrophyllum.* |

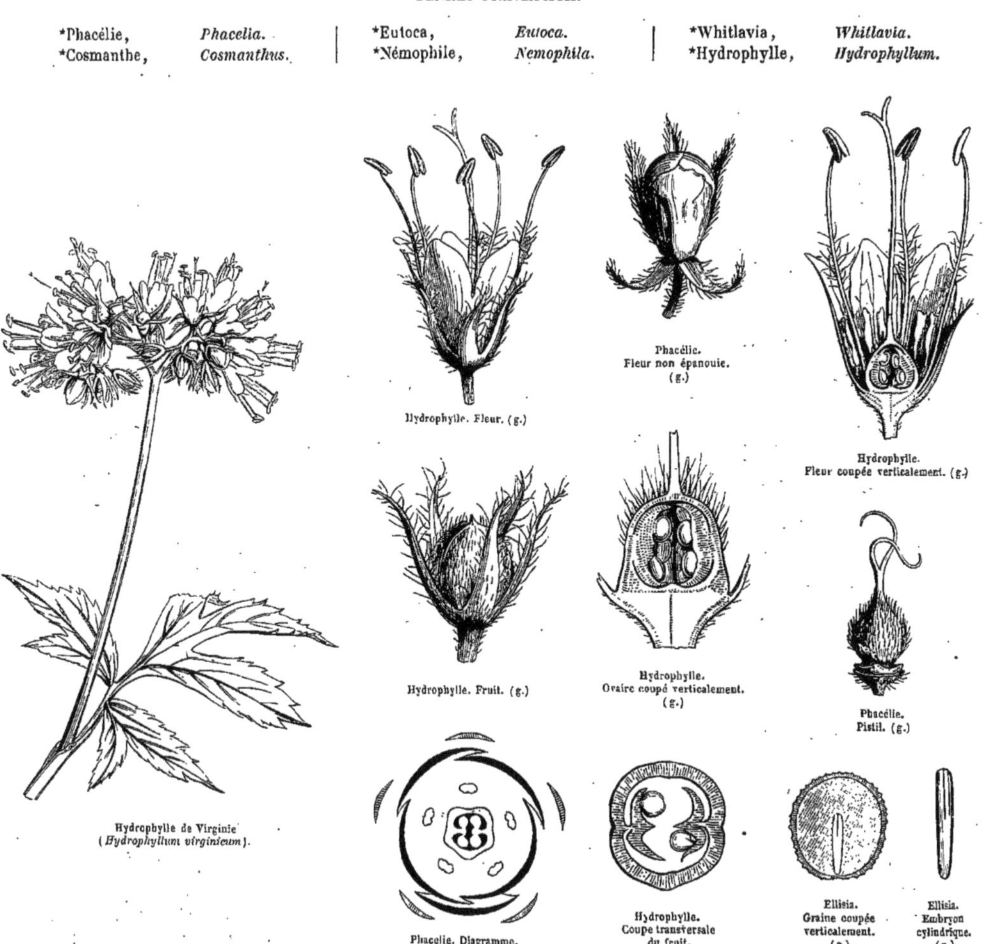

Hydrophylle de Virginie (*Hydrophyllum virginicum*).

Hydrophylle. Fleur. (g.)

Phacélie. Fleur non épanouie. (g.)

Hydrophylle. Fleur coupée verticalement. (g.)

Hydrophylle. Fruit. (g.)

Hydrophylle. Ovaire coupé verticalement. (g.)

Phacélie. Pistil. (g.)

Phacelie. Diagramme.

Hydrophylle. Coupe transversale du fruit.

Ellisia. Graine coupée verticalement. (g.)

Ellisia. Embryon cylindrique. (g.)

Les *Hydrophyllées* sont voisines des *Polémoniacées* (voir cette Famille). Elles tiennent de très-près aux *Hydroléacées*, qui n'en diffèrent que par l'anatropie des ovules, et les styles distincts. On les a longtemps confondues avec les *Borraginées*, mais elles ne leur ressemblent que par leur inflorescence scorpioïde.

Les Hydrophyllées abondent dans les régions tempérées de l'Amérique boréale; elles sont rares dans l'Amériquemé ridionale extra-tropicale, et plus rares encore entre les tropiques.

Une seule Espèce est usitée en médecine : c'est l'*Hydrophylle du Canada* (*H. canadense*), que les Américains préconisent contre la morsure des serpents.

# HYDROLÉACÉES, *HYDROLEACEÆ.*

(CONVOLVULORUM *genera, Jussieu.* — HYDROLEACEÆ, *Rob. Brown.*)

COROLLE *monopétale, hypogyne, isostémone, à préfloraison imbriquée.* ÉTAMINES *insérées sur le tube de la corolle.* OVAIRE *biloculaire, ou sub-biloculaire.* OVULES *anatropes.* STYLES 2, *distincts.* CAPSULE *à valves loculicides, ou septifrages.* EMBRYON *dicotylédoné, albuminé.*

PLANTES herbacées annuelles, ou sous-ligneuses, à suc aqueux, amer, à tige et rameaux souvent munis d'un duvet glanduleux, visqueux, ou de poils brûlants, ou quelquefois d'épines axillaires. — FEUILLES alternes, non stipulées. — FLEURS ☿, régulières, solitaires, ou réunies en corymbes ou en épis scorpoïdes. — CALYCE herbacé, 5-fide, ou 5-partit. — COROLLE monopétale, insérée sur le réceptacle, infondibuliforme, ou sub-campanulée, ou sub-rotacée; *limbe* 5-fide, à préfloraison imbriquée. — ÉTAMINES 5, insérées sur le tube de la corolle, alternes avec ses divisions. *Filets* filiformes-subulés, quelquefois dilatés en voûte à leur base. *Anthères* biloculaires, à déhiscence longitudinale. — OVAIRE à 2 loges plus ou moins complètes. *Ovules* nombreux, anatropes, horizontaux, ou pendants. *Styles* 2, terminaux, distincts. *Stigmates* en tête tronquée. — CAPSULE à 2 valves, tantôt septifrages, laissant libre la cloison placentifère, tantôt loculicides et médio-septifères. — GRAINES nombreuses, minimes, anguleuses, à testa membraneux, lâche, strié, ou aréolé. — EMBRYON droit, occupant l'axe d'un albumen charnu, peu abondant. *Radicule* voisine du hile, centripète, ou supère.

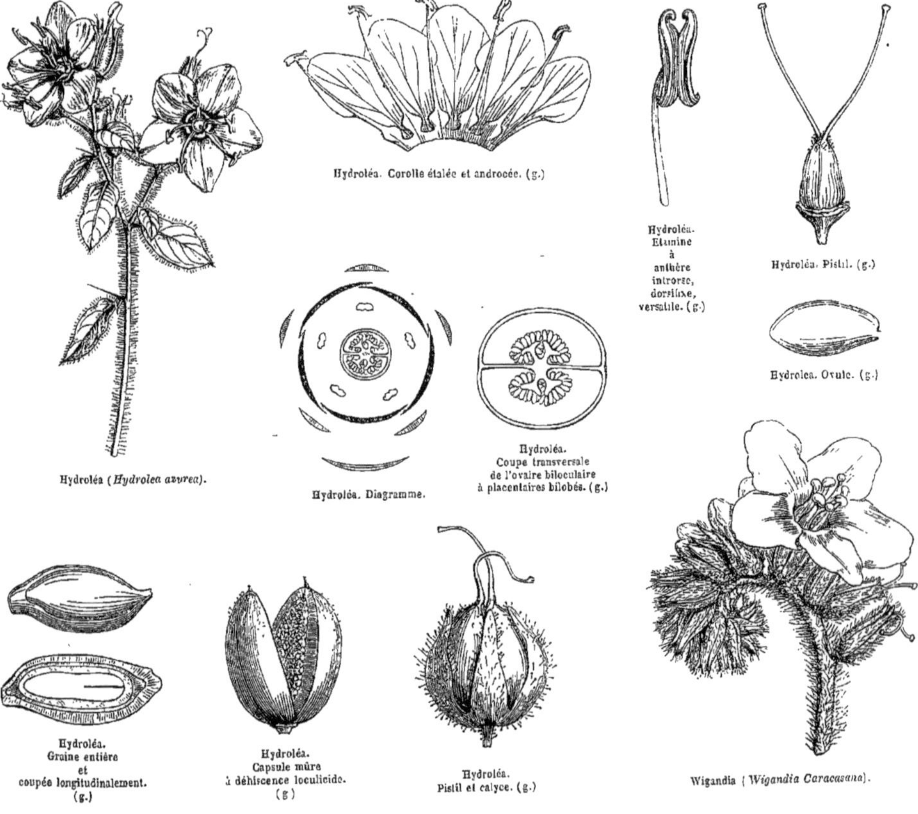

Hydroléa (*Hydrolea azurea*).

Hydroléa. Corolle étalée et androcée. (g.)

Hydroléa. Etamine à anthère introrse, dorsifixe, versatile. (g.)

Hydroléa. Pistil. (g.)

Hydroléa. Ovule. (g.)

Hydroléa. Diagramme.

Hydroléa. Coupe transversale de l'ovaire biloculaire à placentaires bilobés. (g.)

Hydroléa. Graine entière et coupée longitudinalement. (g.)

Hydroléa. Capsule mûre à déhiscence loculicide. (g)

Hydroléa. Pistil et calyce. (g.)

Wigandia (*Wigandia Caracasana*).

GENRES PRINCIPAUX.

| | | | |
|---|---|---|---|
| Hydroléa, | *Hydrolea.* | *Wigandia, | *Wigandia.* |

Nous avons indiqué les affinités des *Hydroléacées* avec les *Polémoniacées* et les *Hydrophyllées* (voir ces Familles). — Les Hydroléacées se rencontrent fréquemment dans l'Amérique tropicale et extra-tropicale; elles ne sont représentées entre les tropiques de l'ancien Continent que par les *Hydroléas*, qui habitent les lieux humides.

# RAMONDIÉES, *RAMONDIEÆ*.

## (RAMONDIACEÆ, *Godron* et *Grenier*.)

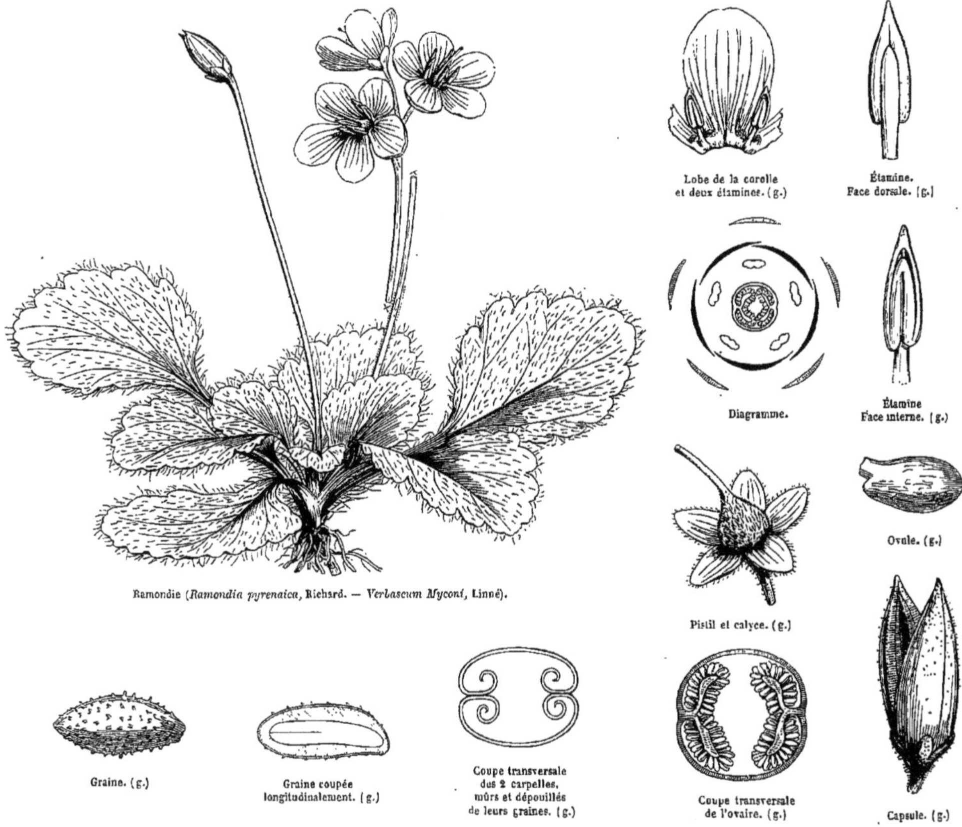


Ramondie (*Ramondia pyrenaica*, Richard. — *Verbascum Myconi*, Linné).

Tige herbacée. — Feuilles ramassées au bas de la hampe nue. — Fleurs en corymbe terminal, 2-4-flore. — Calyce 5-fide. — Corolle monopétale, hypogyne, isostémone, rotacée, 5-partite; à lobes obtus, sub-égaux, pourvus d'une glande papilleuse de chaque côté de leur base, à préfloraison imbriquée. *Étamines* 5, insérées sur le tube de la corolle. *Filets* très-courts. *Anthères* cordiformes, à 2 loges opposées, parallèles, introrses, s'ouvrant par deux fentes longitudinales et confluentes à leur sommet, de manière à figurer un pore. — Carpelles 2, cohérents en un ovaire 1-loculaire, à placentation pariétale. *Ovules* nombreux, anatropes, horizontaux. *Style* simple. *Stigmate* obtus. — CAPSULE à 2 valves placentifères sur leurs bords. *Graines* hispidules. — EMBRYON dicotylédoné, droit. *Cotylédons* planes-convexes.

Le Genre *Ramondie*, qui constitue cette petite Famille, est représenté par une Espèce alpine, que l'on rangeait autrefois parmi les *Molènes* (*Verbascum Myconi*). Il se distingue des Solanées par son fruit uniloculaire, les ovules anatropes et l'embryon droit; des *Personées* par sa fleur régulière, pentandre, et son ovaire uniloculaire; des *Gesnéracées* par sa corolle régulière isostémone, et la déhiscence placenticide de la capsule.

# BORRAGINÉES, *BORRAGINEÆ*.

(ASPERIFOLIÆ, *Linné*. — BORRAGINEÆ, *Jussieu*.
BORRAGINEÆ ET HELIOTROPICEÆ, *Schrader*. — ARGUZIEÆ ET BORRAGINEÆ, *Link*.
EHRETIACEÆ ET BORRAGINACEÆ, *Lindley*. — ASPERIFOLIÆ, *Endlicher*.)

COROLLE *monopétale, hypogyne, isostémone, à préfloraison imbriquée.* ÉTAMINES 5, *insérées sur la corolle.* OVAIRE *à 2 carpelles, bi-partit.* STYLE *gynobasique.* OVULES 4, *appendus, anatropes, ou semi-anatropes.* EMBRYON *dicotylédoné, ordinairement exalbuminé.* RADICULE *supère.* INFLORESCENCE *en grappe scorpioïde.*

HERBES, ARBRISSEAUX, ou ARBRES, ordinairement hérissés de poils roides. — FEUILLES généralement alternes,

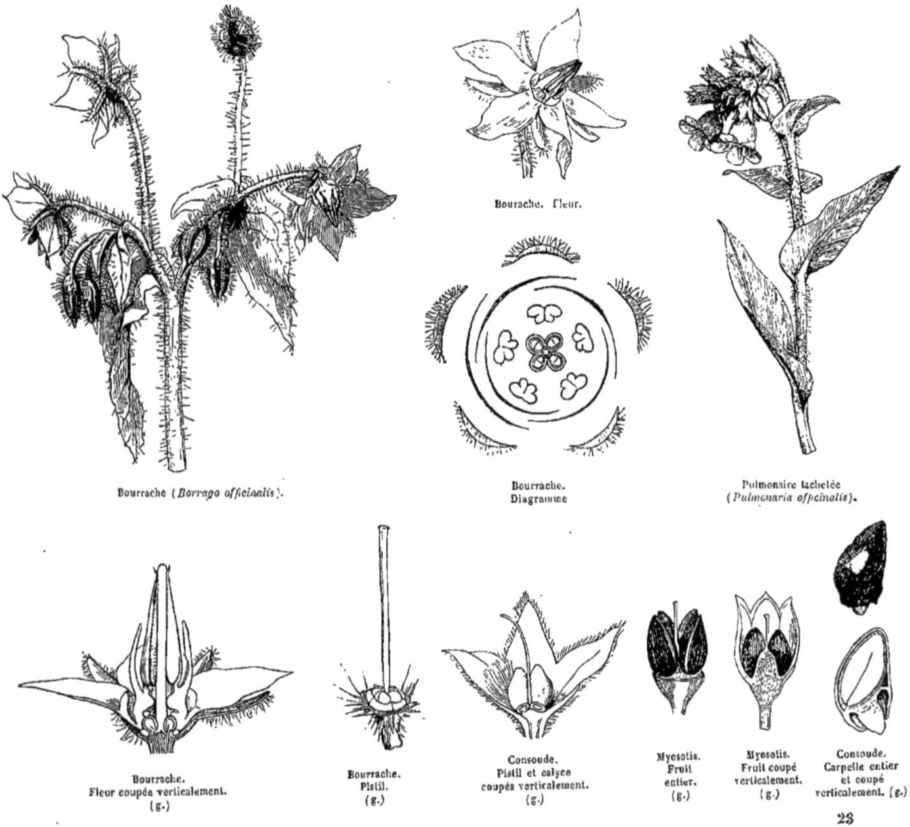

Bourrache (*Borrago officinalis*).

Bourrache. Fleur.

Bourrache. Diagramme

Pulmonaire tachetée (*Pulmonaria officinalis*).

Bourrache. Fleur coupée verticalement. (g.)

Bourrache. Pistil. (g.)

Consoude. Pistil et calyce coupés verticalement. (g.)

Myosotis. Fruit entier. (g.)

Myosotis. Fruit coupé verticalement. (g.)

Consoude. Carpelle entier et coupé verticalement. (g.)

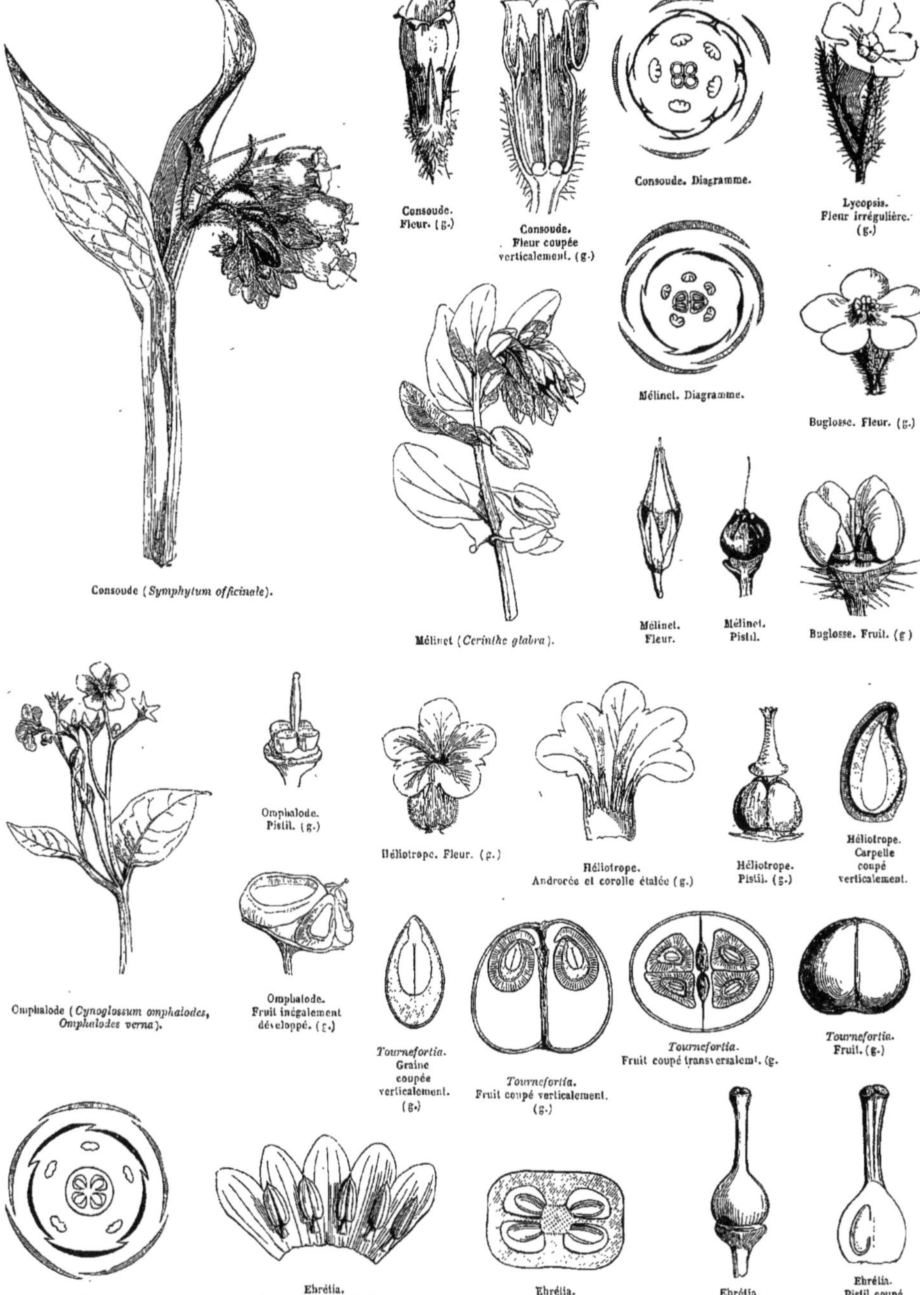
Consoude. Fleur. (g.)
Consoude. Fleur coupée verticalement. (g.)
Consoude. Diagramme.
Lycopsis. Fleur irrégulière. (g.)
Mélinet. Diagramme.
Buglosse. Fleur. (g.)
Consoude (*Symphytum officinale*).
Mélinet (*Cerinthe glabra*).
Mélinet. Fleur.
Mélinet. Pistil.
Buglosse. Fruit. (g)
Omphalode. Pistil. (g.)
Héliotrope. Fleur. (g.)
Héliotrope. Androcée et corolle étalée (g.)
Héliotrope. Pistil. (g.)
Héliotrope. Carpelle coupé verticalement.
Omphalode. Fruit inégalement développé. (g.)
Omphalode (*Cynoglossum omphalodes*, *Omphalodes verna*).
*Tournefortia*. Graine coupée verticalement. (g.)
*Tournefortia*. Fruit coupé verticalement. (g.)
*Tournefortia*. Fruit coupé transversalem[t]. (g.
*Tournefortia*. Fruit. (g.)
Ehrétia. Diagramme.
Ehrétia. Androcée et corolle étalée. (g.)
Ehrétia. Coupe transversale de l'ovaire.
Ehrétia. Pistil. (g.)
Ehrétia. Pistil coupé verticalement. (g.)

simples, entières, non stipulées. — FLEURS ☿, rarement diclines, régulières, quelquefois irrégulières, tantôt solitaires à l'aisselle des feuilles, tantôt disposées en panicules, ou corymbes, ou grappes terminales, unilatérales, roulées en crosse avant la floraison. — CALYCE persistant, monosépale, 4-5-partit. — COROLLE insérée sur le réceptacle, monopétale, tombante, tubuleuse-infondibuliforme, ou campanulée, ou rotacée, à limbe 5-fide, à préfloraison imbriquée, à gorge tantôt nue, tantôt munie de poils, ou d'écailles, ou de fornices. — ÉTAMINES 5, insérées sur le tube, ou la gorge de la corolle, alternes avec ses divisions. *Anthères* introrses, biloculaires, à déhiscence longitudinale, ordinairement libres, quelquefois légèrement cohérentes par la base, ou par le sommet. — CARPELLES 2, l'un antérieur, l'autre postérieur relativement à l'axe de la fleur, plus ou moins distincts, à deux loges plus ou moins soudées, 1-ovulées, formant ordinairement par leur ensemble un ovaire 4-lobé, inséré sur une colonne centrale (*gynobase*), constituée par le style, qui s'épaissit à sa base en se soudant avec le réceptacle (*gynophore*). *Ovules* suspendus à l'angle central de la loge, anatropes, ou semi-anatropes. *Style* tantôt gynobasique, tantôt terminant le sommet des carpelles soudés. — FRUIT, tantôt composé de 4 nucules distinctes, ou géminées, tantôt formant une drupe à 2 ou 4 noyaux. — GRAINES inverses, droites, ou un peu arquées. *Albumen* nul, ou réduit à une lame charnue. — EMBRYON droit, ou un peu courbé. *Radicule* supère.

## SOUS-FAMILLE I. — ÉHRÉTIACÉES, *EHRETIACEÆ*. — Style terminal.

GENRES PRINCIPAUX.

Ehrétia, *Ehretia*. | *Tournefortia, *Tournefortia*. | *Héliotrope, *Heliotropium*. | Tiaridie, *Tiaridium*.

## SOUS-FAMILLE II. — BORRAGINÉES, *BORRAGINEÆ*. — Style gynobasique.

GENRES PRINCIPAUX.

| | | | | | |
|---|---|---|---|---|---|
| Mélinet, | *Cerinthe*. | Nonnée, | *Nonnea*. | *Bourrache, | *Borrago*. |
| Orcanette, | *Onosma*. | Lycopside, | *Lycopsis*. | *Omphalode, | *Omphalodes*. |
| *Vipérine, | *Echium*. | *Buglosse, | *Anchusa*. | *Rindéra, | *Rindera*. |
| *Pulmonaire, | *Pulmonaria*. | Alkanna, | *Alkanna*. | *Cynoglosse, | *Cynoglossum*. |
| *Mertensia, | *Mertensia*. | *Myosotis, | *Myosotis*. | Râpette, | *Asperugo*. |
| Grémil, | *Lithospermum*. | *Consoude, | *Symphytum*. | Bardanette, | *Echinospermum*. |
| *Arnébie, | *Arnebia*. | *Psilostémone, | *Psilostemon*. | | |

Les *Borraginées* se rapprochent des *Labiées* et des *Verbénacées* par l'insertion et la préfloraison de la corolle, la disposition des carpelles et du style, l'anatropie des ovules, la nature du fruit, et l'absence presque générale d'albumen ; mais chez les Labiées et les Verbénacées la corolle est très-irrégulière, les étamines sont didynames, les ovules dressés, ou ascendants, la tige est carrée et les feuilles opposées. — Il y a aussi entre les Borraginées de la Tribu des *Ehrétiacées* et la Famille des *Cordiacées* une affinité fondée sur l'insertion, la régularité, l'isostémonie de la corolle, l'ovaire à 4 ovules suspendus et anatropes, le style terminal bifide, le fruit charnu, l'albumen nul, ou peu abondant, et les feuilles alternes ; la diagnose réside principalement dans la préfloraison tordue des Cordiacées et leurs cotylédons plissés longitudinalement.

Les Borraginées habitent les contrées extra-tropicales tempérées du globe, et surtout la région méditerranéenne et l'Asie centrale. La Tribu des Ehrétiacées se rencontre surtout entre les tropiques.

Beaucoup d'Espèces contiennent un mucilage, auquel s'ajoute souvent un principe amer astringent, qui leur donne des propriétés médicales. La racine de la *Consoude* (*Symphytum officinale*) est employée à l'intérieur contre les hémoptysies. — Les feuilles de la *Bourrache* (*Borrago officinalis*) sont remplies d'un suc visqueux, où abonde le sel de nitre, ce qui leur donne des propriétés diurétiques et sudorifiques. — La *Cynoglosse (Cynoglossum officinale)*, dont la racine d'odeur vireuse était réputée narcotique, ne s'emploie aujourd'hui qu'associée à l'opium. — On a laissé tomber en désuétude la *Pulmonaire (Pulmonaria officinalis)* dont les feuilles tachetées de blanc, comme un poumon tuberculeux, étaient employées dans les affections du poumon ; la *Vipérine (Echium vulgare)*, dont les sommités fleuries étaient recommandées contre la morsure de la vipère ; le *Grémil officinal* (*Lithospermum officinale*), nommé vulgairement *herbe aux perles*, à cause de ses nucules lisses, dures et d'un gris de perle, que l'on croyait propres à dissoudre les pierres dans la vessie ; et enfin l'*Héliotrope d'Europe (Heliotropium europæum)*, dont on employait à l'extérieur les feuilles amères et salées pour guérir les ulcères et détruire les verrues. — Le *Tournefortia umbellata* est encore aujourd'hui employé au Mexique comme fébrifuge. — Dans l'Amérique tropicale et dans l'Inde, on se sert de certaines Espèces de *Tiaridium* contre les affections dartreuses. — Quelques Ehrétiacées ont un fruit comestible. — Enfin les racines de plusieurs Espèces appartenant aux Genres *Anchusa*, *Onosma*, *Lithospermum*, *Arnebia*, contiennent une matière colorante rouge, soluble dans l'alcool et les corps gras, que l'on emploie pour colorer divers onguents et autres médicaments externes.

# CORDIACÉES, *CORDIACEÆ*.

(CORDIACEÆ, *R. Brown*. — CORDIEÆ, *Dumortier*.)

COROLLE *hypogyne, monopétale, isostémone, généralement régulière, à préfloraison tordue.* ÉTAMINES 5, *insérées sur la corolle.* OVAIRE 4-8-*loculaire. Ovules appendus, ou dressés, anatropes.* FRUIT *drupacé.* EMBRYON *dicotylédoné, droit, exalbuminé. Cotylédons plissés longitudinalement.*

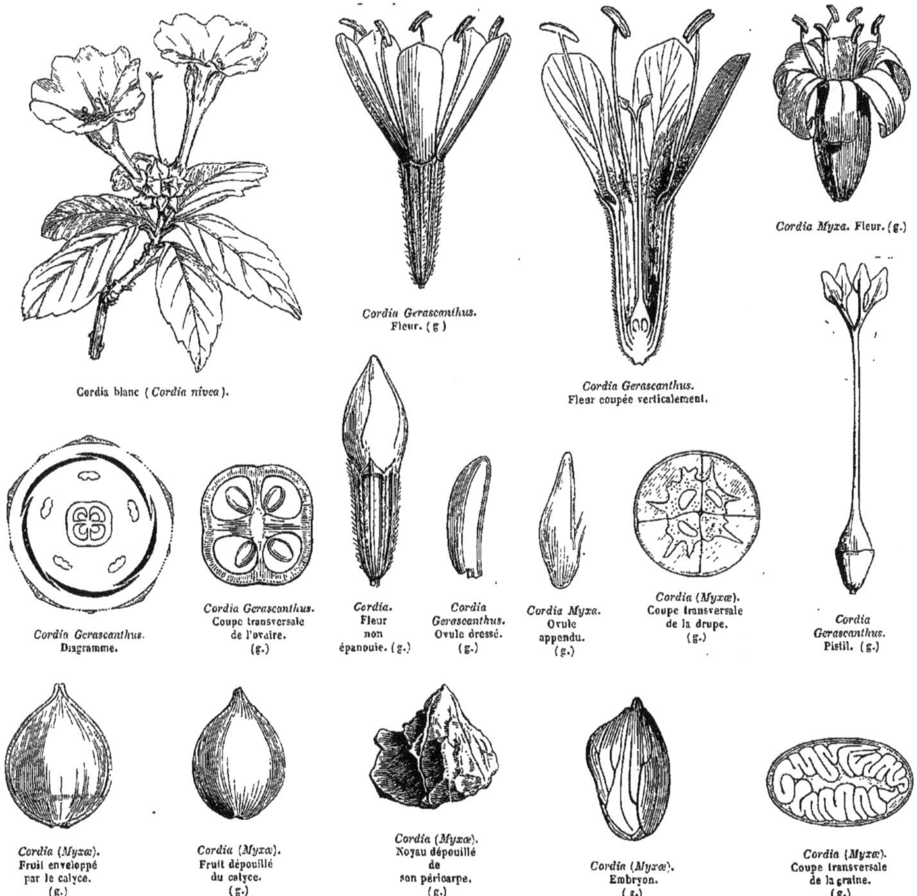

Cordia blanc (*Cordia nivea*).

*Cordia Gerascanthus.* Fleur. (g)

*Cordia Gerascanthus.* Fleur coupée verticalement.

*Cordia Myxa.* Fleur. (g.)

*Cordia Gerascanthus.* Diagramme.

*Cordia Gerascanthus.* Coupe transversale de l'ovaire. (g.)

*Cordia.* Fleur non épanouie. (g.)

*Cordia Gerascanthus.* Ovule dressé. (g.)

*Cordia Myxa.* Ovule appendu. (g.)

*Cordia (Myxæ).* Coupe transversale de la drupe. (g.)

*Cordia Gerascanthus.* Pistil. (g.)

*Cordia (Myxæ).* Fruit enveloppé par le calyce. (g.)

*Cordia (Myxæ).* Fruit dépouillé du calyce. (g.)

*Cordia (Myxæ).* Noyau dépouillé de son péricarpe. (g.)

*Cordia (Myxæ).* Embryon. (g.)

*Cordia (Myxæ).* Coupe transversale de la graine. (g.)

ARBRES, ou ARBRISSEAUX. — FEUILLES alternes, simples, coriaces, scabres, non stipulées. — FLEURS complètes, ou diclines par avortement, terminales, en panicule, ou en corymbe, quelquefois en épi plus ou moins contracté, dépourvues de bractées. — CALYCE persistant, ou accrescent, 4-denté, ou 4-5-partit. — COROLLE monopétale, insérée sur le réceptacle, infondibuliforme, ou campanulée; *limbe* ordinairement 5-fide, à préfloraison convolutive, ou tordue. — ÉTAMINES insérées sur le tube de la corolle, et alternes et avec ses lobes. *Filets* filiformes, ou subulés. *Anthères* biloculaires, à déhiscence longitudinale. — OVAIRE libre 4-8-loculaire. *Ovules* solitaires dans chaque loge, appendus, ou dressés, anatropes. *Style* terminal dichotome, ou deux fois dichotome au sommet. *Stigmates* 4, ou 8. — DRUPE charnue à un seul noyau osseux 4-8-loculaire, ou 1-loculaire par avortement. — GRAINES à testa membraneux. — EMBRYON exalbuminé, droit, à cotylédons épais, charnus, formant plusieurs plis longitudinaux contigus, à radicule courte.

GENRE PRINCIPAL.

Cordia, *Cordia.*

Nous avons indiqué les affinités plus ou moins légitimes qui rapprochent les *Cordiacées* des *Borraginées* et des *Convolvulacées* (voir ces Familles).

Les Cordiacées habitent pour la plupart la région intertropicale de l'ancien et du nouveau Continent.

La drupe des *Cordia* est mucilagineuse, d'une saveur douceâtre et légèrement astringente, acidule dans quelques Espèces. Les cotylédons contiennent une huile douce. Le *Myxa* (*Cordia Myxa*) est un arbre indigène dans l'Asie, que l'on cultive en Égypte depuis un temps immémorial. Les anciens employaient son fruit, comme émollient, dans les affections du poumon, et son écorce en gargarismes astringents. — Le *Sébestier* (*Cordia Sebestenæ*), arbre des Antilles, possède les mêmes propriétés. — Le *Cordia Rumphii* fournit un bois d'un brun marron, élégamment veiné de noir, et exhalant une odeur de musc.

# NOLANÉES, *NOLANEÆ.*

(SOLANACEARUM *Tribus*, *Dunal.* — NOLANEÆ, *G. Don.* — NOLANACEÆ, *Endlicher.*)

PLANTES herbacées ou sous-ligneuses, couchées. — FEUILLES alternes, géminées, entières. — PÉDONCULE uniflore, extra-axillaire. — CALYCE campanulé, 5-partit, persistant. — COROLLE hypogyne, monopétale, infondibuliforme, à limbe plissé, 5-10-lobé. — ÉTAMINES 5, insérées au tube de la corolle, sortantes. — OVAIRES plusieurs, insérés sur un disque charnu, hypogyne, distincts, à 1-6 loges 1-ovulées. *Style* unique, central, basilaire, simple. *Stigmate* en tête. — DRUPES distinctes, charnues, à noyau osseux. — GRAINES réniformes, comprimées. — EMBRYON filiforme, en anneau, ou en spirale. *Albumen* charnu. *Radicule* infère.

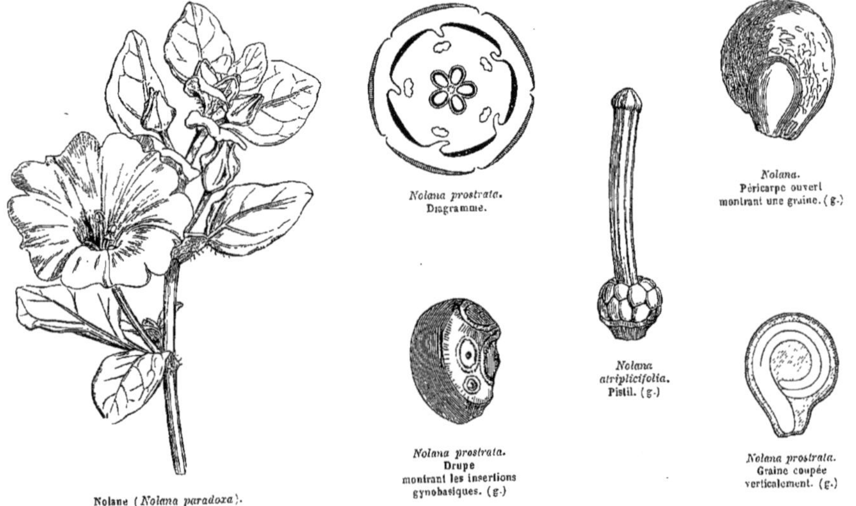

Nolane (*Nolana paradoxa*).

*Nolana prostrata.* Diagramme.

*Nolana prostrata.* Drupe montrant les insertions gynobasiques. (g.)

*Nolana atriplicifolia.* Pistil. (g.)

*Nolana.* Péricarpe ouvert montrant une graine. (g.)

*Nolana prostrata.* Graine coupée verticalement. (g.)

Cette petite Famille est composée du genre *Nolana*, placé jadis par *A.-L. de Jussieu* à la suite des *Borraginées* à cause de ses carpelles distincts et de son style gynobasique; elle se rapproche davantage des *Solanées* et des *Convolvulacées* par l'insertion, la régularité, l'isostémonie et la préfloraison de la corolle, la courbure de l'embryon; elle se rattache surtout aux Solanées par ses feuilles alternes, ou géminées, et ses fleurs extra-axillaires; elle s'en éloigne par ses carpelles distincts, son style gynobasique et son fruit drupacé.

Les Espèces du genre *Nolana* habitent le Chili et le Pérou.

# SOLANÉES, *SOLANEÆ*.

(LURIDÆ, *Linné*. — SOLANEÆ, *Jussieu*. — SOLANACEÆ, *Bartling*.)

COROLLE *monopétale, hypogyne, isostémone, à préfloraison induplicative, ou tordue*. ÉTAMINES *insérées sur la corolle*. OVAIRE *à 2 loges antéro-postérieures, multiovulées*. PLACENTATION *septale*. OVULES *campylotropes*. GRAINES *comprimées*. EMBRYON *dicotylédoné, arqué, albuminé*.

PLANTES herbacées, ou ligneuses, à suc aqueux. — FEUILLES alternes, les supérieures ordinairement géminées, simples, non stipulées. — FLEURS ☿, souvent extra-axillaires, à pédicelles sans bractées. — CALYCE monosépale, à 5, rarement à 6-4 divisions, persistant. — COROLLE insérée sur le réceptacle, monopétale, plus ou moins régulière, rotacée, ou campanulée, ou infondibuliforme, ou hypocratériforme; *limbe* à 5, rarement à 4-6 divisions, à préfloraison plissée, ou tordue, ou induplicative, ou valvaire. — ÉTAMINES insérées sur le tube de la corolle, alternes avec ses divisions. *Anthères* introrses, quelquefois conniventes, ou même cohérentes au sommet, à loges opposées, parallèles, s'ouvrant longitudinalement, ou seulement par un pore apical (*Morelle*). — CARPELLES 2, l'un antérieur, l'autre postérieur relativement à l'axe de la fleur, cohérents en ovaire à 2 loges multi-ovulées. *Placentaires* épais, adossés au milieu de la cloison par une surface élargie ou linéaire, quelquefois séparés dans chaque loge par une fausse cloison, qui subdivise la loge, excepté dans le haut, en 2 logettes secondaires. *Ovules* campylotropes. *Style* terminal, simple. *Stigmate* indivis ou lobé. — FRUIT capsulaire, ou baccien : 1° *Capsule* à valves septicides (*Tabac*), rarement loculicides et septifrages (*Datura*), ou s'ouvrant par déhiscence transversale circulaire (*Jusquiame*). 2° *Baie* pulpeuse (*Morelle*), ou sèche (*Piment*). — GRAINES nombreuses, comprimées, à hile ventral. *Albumen* charnu, copieux. — EMBRYON arqué, ou annulaire. *Cotylédons* demi-cylindriques. *Radicule* dirigée vers le hile, vague.

## TRIBU I. — NICOTIANÉES, *NICOTIANEÆ*.

Capsule biloculaire, à 2 valves septicides.

GENRES PRINCIPAUX.

| | | | |
|---|---|---|---|
| *Fabienne, | *Fabiana.* | *Pétunia, | *Petunia.* |
| *Niéremhergia, | *Nierembergia.* | *Nicotiane, | *Nicotiana.* |

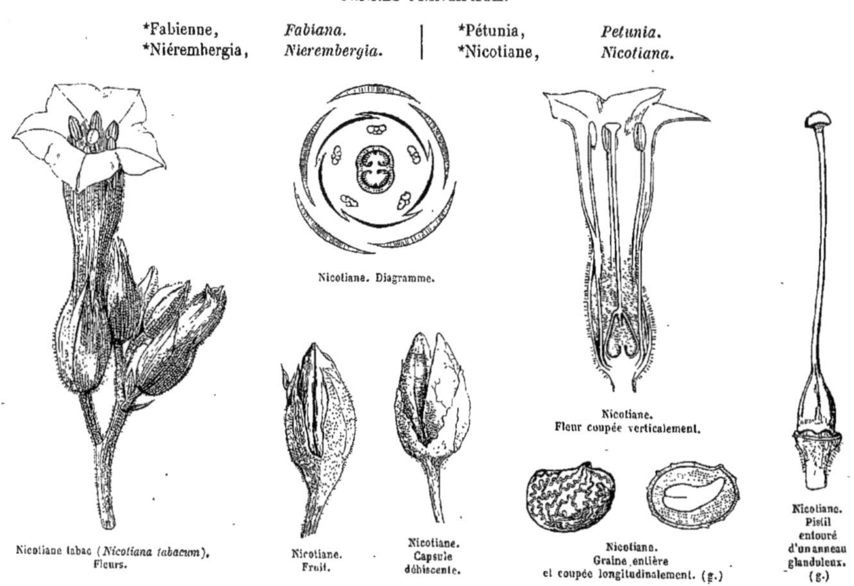

Nicotiane tabac (*Nicotiana tabacum*). Fleurs.

Nicotiane. Diagramme.

Nicotiane. Fruit.

Nicotiane. Capsule déhiscente.

Nicotiane. Fleur coupée verticalement.

Nicotiane. Graine entière et coupée longitudinalement. (g.)

Nicotiane. Pistil entouré d'un anneau glanduleux. (g.)

## Tribu II. — DATURÉES, *DATUREÆ.*

Capsule, ou baie, à 4 loges incomplètes ; cloison primaire portant des 2 côtés les placentaires sur son milieu, ou près de l'angle pariétal.

GENRES PRINCIPAUX.

*Datura, *Datura.* | *Solandre, *Solandra.*

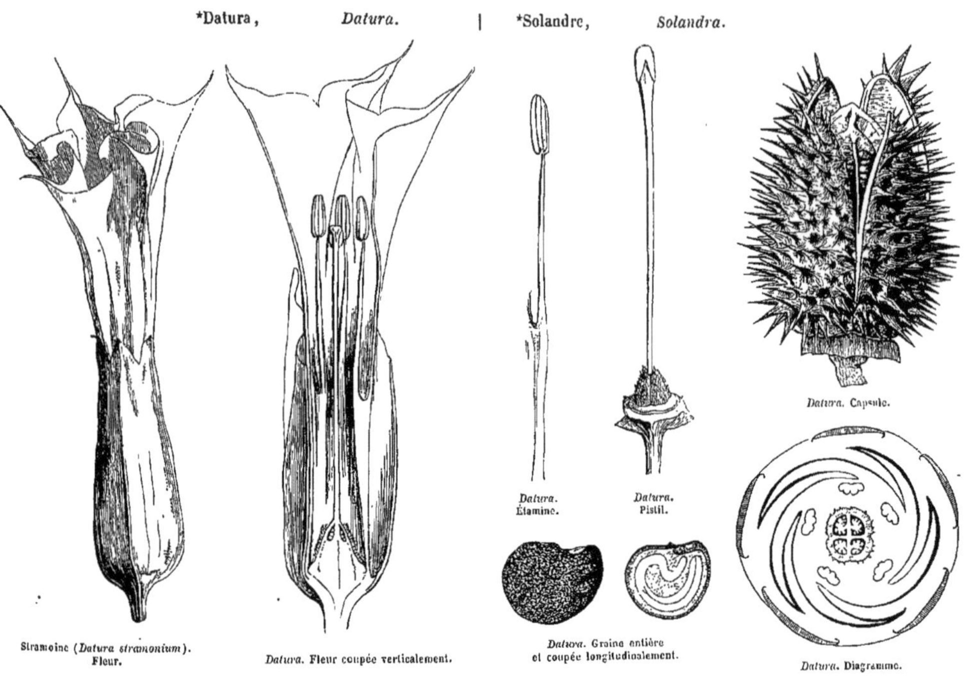

Stramoine (*Datura stramonium*). Fleur.

*Datura.* Fleur coupée verticalement.

*Datura.* Étamine.

*Datura.* Pistil.

*Datura.* Capsule.

*Datura.* Graine entière et coupée longitudinalement.

*Datura.* Diagramme.

## Tribu III. — HYOSCYAMÉES, *HYOSCYAMEÆ.*

Capsule biloculaire, à déhiscence transversale circulaire.

GENRES PRINCIPAUX.

Jusquiame, *Hyoscyamus.* | Scopolie, *Scopolia.*

Jusquiame (*Hyoscyamus niger*).

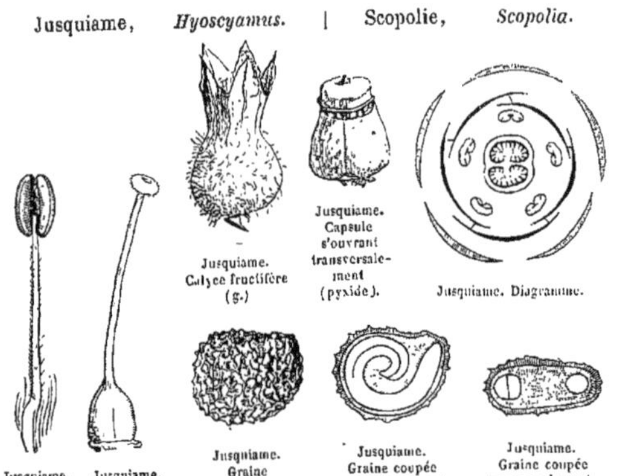

Jusquiame. Étamine. (g.)

Jusquiame. Pistil. (g.)

Jusquiame. Calyce fructifère (g.)

Jusquiame. Capsule s'ouvrant transversalement (pyxide).

Jusquiame. Diagramme.

Jusquiame. Graine entière (g.)

Jusquiame. Graine coupée longitudinalement. (g.)

Jusquiame. Graine coupée transversalement. (g.)

## TRIBU IV. — SOLANÉES VRAIES, *SOLANEÆ VERÆ*.

Baie à 2 ou plusieurs loges, à placentation centrale; rarement capsule sans valves.

GENRES PRINCIPAUX.

| | | | | | |
|---|---|---|---|---|---|
| *Nicandre, | *Nicandra.* | *Morelle, | *Solanum.* | Mandragore, | *Mandragora.* |
| Coqueret, | *Physalis.* | *Tomate, | *Lycopersicum.* | *Iochrome, | *Iochroma.* |
| *Piment, | *Capsicum.* | Belladone, | *Atropa.* | *Lyciet, | *Lycium.* |

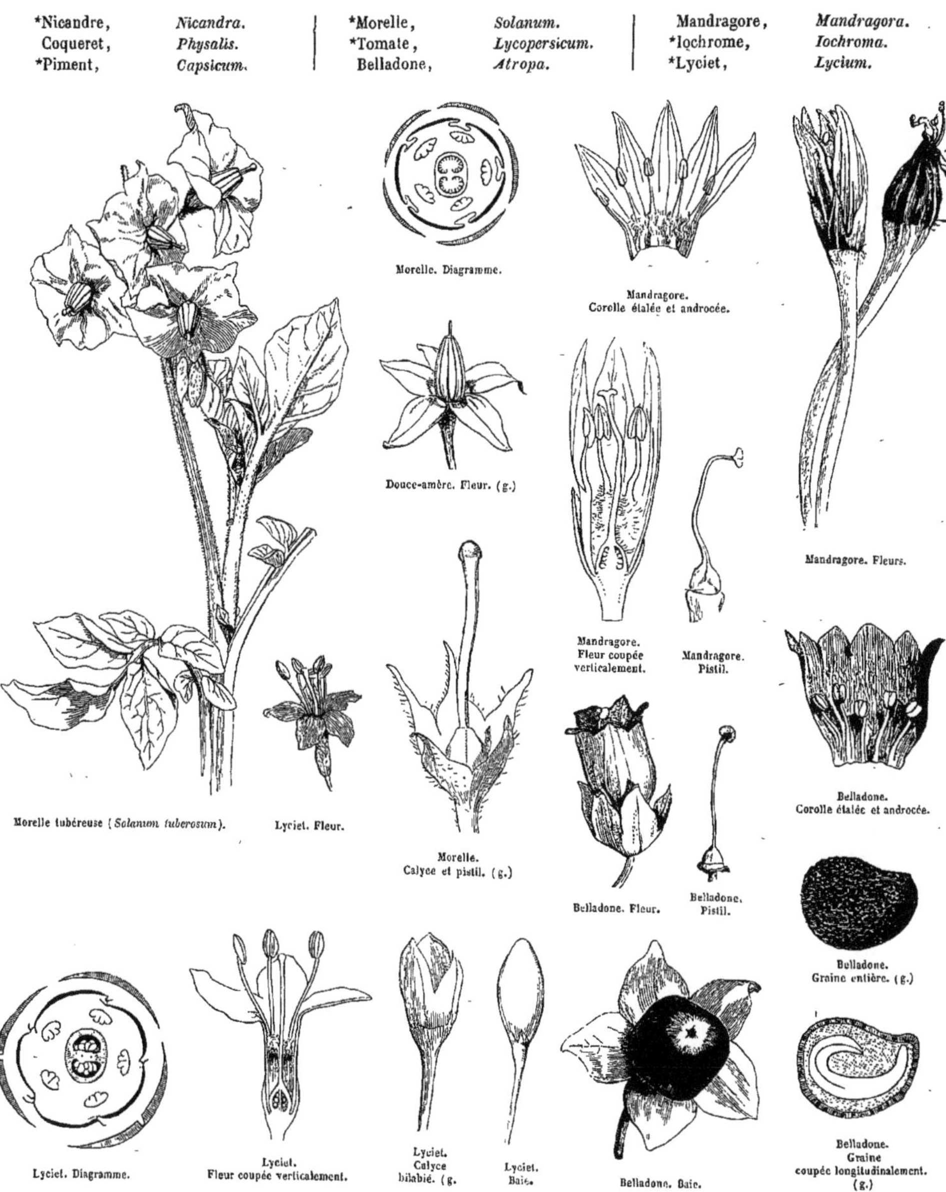

Morelle. Diagramme.

Mandragore. Corolle étalée et androcée.

Mandragore. Fleurs.

Douce-amère. Fleur. (g.)

Mandragore. Fleur coupée verticalement.

Mandragore. Pistil.

Morelle tubéreuse (*Solanum tuberosum*).

Lyciet. Fleur.

Morelle. Calyce et pistil. (g.)

Belladone. Fleur.

Belladone. Pistil.

Belladone. Corolle étalée et androcée.

Belladone. Graine entière. (g.)

Lyciet. Diagramme.

Lyciet. Fleur coupée verticalement.

Lyciet. Calyce bilabié. (g.

Lyciet. Baie.

Belladone. Baie.

Belladone. Graine coupée longitudinalement. (g.)

Nous avons exposé les affinités des *Solanées* avec les *Convolvulacées* (voir cette Famille). — Les Solanées sont voisines des *Polémoniacées* par l'insertion, l'isostémonie et la préfloraison de leur corolle, le fruit capsulaire et l'embryon albuminé; mais les Polémoniacées ont un ovaire à 3 loges, la placentation axile et l'embryon droit. — L'affinité est bien plus étroite entre les Solanées et les *Personées;* dans ces deux Familles l'ovaire est à 2 loges antéro-postérieures, multi-ovulées, le fruit est capsulaire, ou charnu, l'embryon est albuminé, et dans quelques Personées il est courbé comme celui des Solanées. La diagnose ne s'appuie que sur l'irrégularité, la préfloraison, et l'anisostémonie de la corolle chez les Personées: encore cette dernière différence disparaît-elle dans quelques Genres où la 5e étamine se montre à l'état rudimentaire.

Les Solanées habitent pour la plupart la zone intertropicale; elles deviennent rares dans les régions tempérées, deux Espèces seules (*Solanum nigrum* et *S. dulcamara*) atteignent de hautes latitudes.

Les propriétés médicales de cette Famille résident dans des substances alcalines narcotiques, unies à un principe âcre. Les principales Solanées médicinales sont la *Belladone*, la *Stramoine* et la *Jusquiame*. La Belladone (*Atropa Belladona*) contient dans sa racine, et surtout dans ses feuilles, un alcali nommé *atropine*, qui l'a fait ranger parmi les médicaments les plus efficaces contre les douleurs névralgiques et rhumatismales. La Belladone possède aussi la propriété toute spéciale de relâcher les anneaux musculeux, aussi l'emploie-t-on pour dilater la pupille dans les maladies des yeux, et pour faciliter la respiration dans l'asthme et la coqueluche. — La *Mandragore*, Genre voisin de la *Belladone*, et jouissant des mêmes propriétés, est tombée en désuétude; les sorciers l'employaient autrefois pour donner à leurs dupes des hallucinations. — La *Jusquiame* (*Hyoscyamus niger*) doit ses vertus narcotiques, moins énergiques toutefois que celles de la Belladone, à un alcali nommé *hyoscyamine*. — La *Stramoine* (*Datura stramonium*) possède aussi un alcali (*daturine*); son fruit, nommé vulgairement *pomme-épineuse*, renferme des graines nombreuses, très-narcotiques, employées autrefois par les magiciens pour produire des visions fantastiques, et par les voleurs pour endormir ceux qu'ils voulaient dépouiller.

Le Genre américain *Nicotiane* renferme plusieurs Espèces, dont les feuilles servent à la fabrication du *tabac*. L'Espèce principale est le *Nicotiana tabacum* : ce Végétal, vanté par les Caraïbes pour ses vertus calmantes, et nommé par eux *tabaco*, ou *petum*, selon qu'ils le fumaient ou le prisaient, fut introduit, vers 1520, en Portugal et en Espagne par le Docteur *Hernandez* de Tolède, en Italie par *Tornabon* et le Cardinal de *Sainte-Croix*, en Angleterre par le capitaine *Drake*, et en France par *André Thevet*, moine Cordelier; mais ce fut *Jean Nicot*, ambassadeur à la cour de Lisbonne, qui le rendit populaire : il envoya à la reine *Catherine de Médicis*, avec des graines de Tabac, une petite boîte pleine de Tabac en poudre. La reine y prit goût, et la Plante, que l'on avait d'abord appelée *Nicotiane*, du nom de l'ambassadeur français, fut nommée *herbe à la reine*. L'abbé *Jacques Gohory*, auteur du premier livre qui ait été fait en France sur le Tabac, proposa de l'appeler *Catherinaire*, ou *Médicée*, pour rappeler à la fois le nom de *Médicis* et les vertus médicinales de la Plante; mais le nom de *Nicot* a prévalu, et les Botanistes ont consacré à perpétuité le Genre *Nicotiane*. Pendant la seconde moitié du 16e siècle, les souverains de l'Europe, de la Perse et de la Turquie essayèrent vainement, par diverses mesures plus ou moins sévères, de combattre la popularité croissante du Tabac; mais dans le siècle suivant ils comprirent que cette popularité pouvait être favorable aux intérêts du fisc, et, tout en tolérant le Tabac, ils en frappèrent la consommation d'un impôt considérable, ou s'en réservèrent le monopole. Ce fut en 1621 que le gouvernement français établit le premier impôt sur le Tabac; il était de 40 sols par quintal (moins de 5 centimes par kilogramme). En 1674, le monopole du Tabac fut donné à la Ferme générale; il rapporta en 1697, 250,000 livres tournois; en 1718, 4 millions; en 1730, 8 millions; en 1789, 37 millions. La ferme fut supprimée en 1791. L'impôt, de 1801 à 1804, a donné en moyenne 4,800,000 fr. de revenu annuel. Le monopole a été rétabli en 1811. De 1814 à 1844 le Tabac a rapporté au gouvernement français un milliard 625 millions de bénéfice net, soit, en moyenne, 54 millions par an; mais en 1840 le chiffre annuel était déjà de 75 millions. De 1844 à 1864, le bénéfice a été de deux milliards. Cette progression rapide permet de penser que le Tabac prisé, fumé, mâché, dont l'usage a envahi le globe entier, rapportera dans quelques années au gouvernement le double des bénéfices qu'il lui procure aujourd'hui.

On emploie aussi quelquefois le Tabac comme Plante médicinale, mais seulement à l'extérieur; ses propriétés sont les mêmes que celles des autres Solanées vireuses : elles dépendent d'un alcali particulier, extrêmement vénéneux, auquel on a donné le nom de *nicotine*. — La *Nicotiane rustique* (*N. rustica*), originaire d'Amérique comme le *N. tabacum*, est employée aux mêmes usages.

Le *Coqueret alkékenge* (*Physalis alkekingi*) est une herbe indigène dont le fruit, renfermé dans un calyce accrescent, qui devient rouge à la maturité, est usité comme diurétique. — Le *Piment* (*Capsicum annuum*), originaire des Indes, est une herbe annuelle, dont la baie peu succulente contient un principe âcre, auquel la Plante doit les propriétés qui la font rechercher comme condiment dans toutes les contrées du globe. — Le *Piment de Cayenne*, Espèce sous-ligneuse du même Genre, est un excitant beaucoup plus énergique, et porte le nom de *Piment enragé*. — La *Tomate* (*Lycopersicum esculentum*), cultivée dans tous les jardins d'Europe, est originaire de l'Amérique tropicale; son fruit, d'un rouge vif, à lobes arrondis, est rempli d'une pulpe orangée, aigrelette, très-usitée comme condiment.

Le genre *Morelle* (*Solanum*), qui donne son nom à la Famille, comprend des Espèces dont le nombre surpasse presque du double celui des autres Solanées. — La *Morelle douce-amère* (*S. dulcamara*) est un arbrisseau indigène, dont la tige, douée d'une saveur amère, avec un arrière-goût douceâtre, est administrée comme dépurative dans les maladies cutanées. — La *Morelle noire* (*S. nigrum*) est une petite herbe d'odeur vireuse, croissant abondamment dans le voisinage des habitations; elle contient un alcali vomitif et narcotique, qu'on a nommé *solanine*, et qui existe dans toutes les Espèces du Genre; mais dans la Plante en question, de même que dans plusieurs Espèces exotiques (*S. Guineense*, *S. pterocaulon*), il est neutralisé par un acide et mitigé par un mucilage; grâce à ces combinaisons, les *Morelles*, soumises à la cuisson, qui leur enlève leur odeur vireuse, sont employées à la manière des Épinards, dans les régions tropicales, sous le nom de *brèdes*. — La *Melongène* ou *Aubergine* (*S. Melongena*) est une herbe originaire de l'Asie, cultivée dans les jardins d'Europe, dont le fruit, gros, ovoïde, de couleur violette ou jaunâtre, contient une chair blanche, qui devient comestible par la cuisson. — La baie de la *M. ovifère* (*S. oviferum*), qui a la forme, la couleur, et le volume d'un œuf de poule, est comestible comme celle de l'Espèce précédente.

De toutes les *Morelles* la plus utile à l'homme est la *M. tubéreuse* (*S. tuberosum*), vulgairement nommée *pomme-de-terre;* cette précieuse Plante, originaire des Cordillères du Pérou et du Chili, est aujourd'hui cultivée dans le monde entier; outre l'aliment agréable et sain que nous trouvons dans son tubercule, elle fournit à peu de frais du sucre et de l'alcool par les transformations que la chimie fait éprouver à sa fécule. Le tubercule est la seule partie alibile de la Plante; les feuilles, les fruits, et même les bourgeons qui naissent sur les yeux de la *pomme-de-terre*, contiennent de la *solanine*, et sont narcotiques.

# CESTRINÉES, *CESTRINEÆ*.

(SOLANEARUM *Genus*, *A.-L. de Jussieu*. — CESTRINEÆ, *Sendtn.* — CESTRACEÆ, *Lindley*. SOLANACEARUM *Tribus*, *Endlicher*.)

COROLLE *monopétale, hypogyne, isostémone, à préfloraison induplicative*. ÉTAMINES *insérées sur la corolle*. OVAIRE *à 2 loges antéro-postérieures pluri-ovulées*. PLACENTATION *septale*. OVULES *semi-anatropes*. FRUIT *capsulaire, ou baccien*. GRAINES *ovoïdes*. EMBRYON *dicotylédoné, droit, albuminé*.

### GENRES PRINCIPAUX.

| | | | | | |
|---|---|---|---|---|---|
| Cestreau, | *Cestrum*. | Habrothamnus, | *Habrothamnus*. | Vestia, | *Vestia*. |

Cette petite Famille, détachée de celle des *Solanées*, n'en diffère que par l'embryon droit et les cotylédons foliacés. — Elle se compose presque uniquement du Genre *Cestreau* (*Cestrum*), dont toutes les Espèces appartiennent à l'Amérique tropicale. Quelques-unes sont cultivées en Europe : tels sont le *Cestrum diurnum*, dont les fleurs blanches répandent une odeur suave pendant le jour; le *C. vespertinum*, à corolle violette, dont les corolles violettes exhalent une odeur de vanille; et le *C. nocturnum*, dont les fleurs verdâtres ne sont odorantes que la nuit : de là les noms populaires de *Galant du jour*, *Galant du soir*, *Galant de nuit*, donnés à ces trois Espèces.

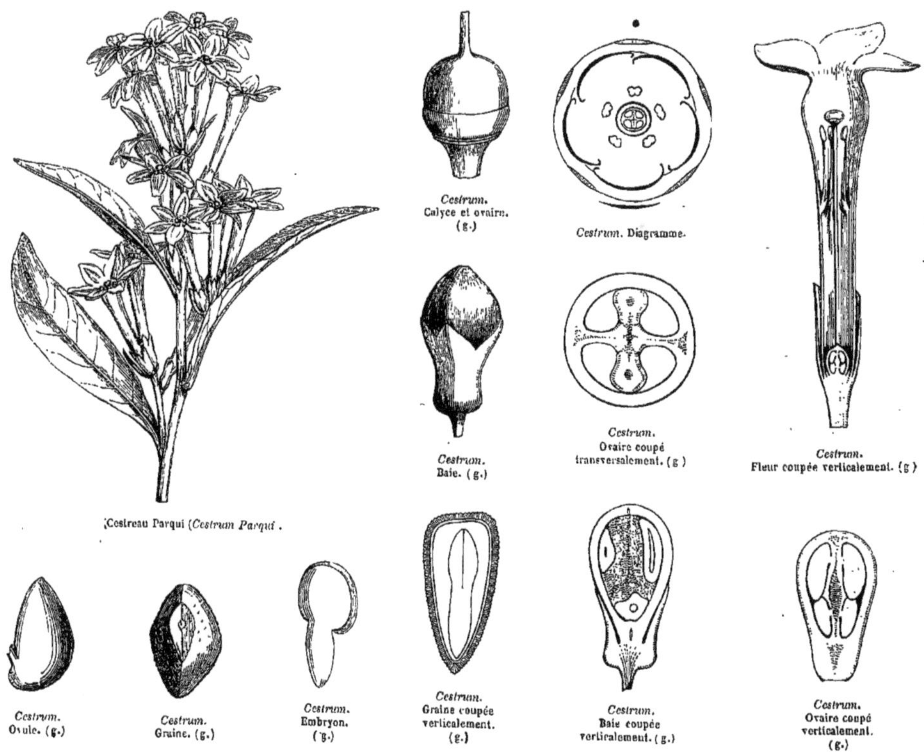

*Cestrum*. Calyce et ovaire. (g.)

*Cestrum*. Diagramme.

*Cestrum*. Baie. (g.)

*Cestrum*. Ovaire coupé transversalement. (g.)

*Cestrum*. Fleur coupée verticalement. (g.)

Cestreau Parqui (*Cestrum Parqui*).

*Cestrum*. Ovule. (g.)

*Cestrum*. Graine. (g.)

*Cestrum*. Embryon. (g.)

*Cestrum*. Graine coupée verticalement. (g.)

*Cestrum*. Baie coupée verticalement. (g.)

*Cestrum*. Ovaire coupé verticalement. (g.)

# VERBASCÉES, *VERBASCEÆ.*

(SOLANEARUM *Genus*, *Jussieu.* — SCROFULARINEARUM *sectio*, *Endlicher.* VERBASCEÆ, *Bartling.*)

COROLLE *monopétale, hypogyne, isostémone, sub-irrégulière, à préfloraison imbriquée.* ÉTAMINES *insérées sur le tube de la corolle. Filets inégaux. Anthères sub-uniloculaires.* OVAIRE *à 2 loges antéro-postérieures, multi-ovulées.* PLACENTATION *septale.* OVULES *anatropes.* CAPSULE *bivalve à déhiscence septicide.* GRAINES *minimes.* EMBRYON *dicotylédoné, droit, albuminé.*

### GENRE UNIQUE.

Molène, *Verbascum.*

PLANTES généralement bisannuelles, rarement vivaces, ordinairement cotonneuses ou laineuses, à suc aqueux, souvent mucilagineux. — FEUILLES alternes, à limbe souvent décurrent sur la tige, non stipulées. — FLEURS ☿, un peu irrégulières, fasciculées, rarement solitaires, disposées en grappes spiciformes simples, ou rameuses. — CALYCE monosépale, 5-partit, persistant. — COROLLE hypogyne, monopétale, isostémone, subrotacée, à limbe 5-partit, caduque, à préfloraison imbriquée. — ÉTAMINES 5, insérées sur le tube de la corolle, et alternes avec ses lobes. *Filets* inégaux. *Anthères* fixées au filet par leur milieu, ou par toute leur longueur, à 2 loges confluentes en une seule. — CARPELLES 2, cohérents en un ovaire à 2 loges antéro-postérieures, multiovulées. — OVULES anatropes, à placentation septale. *Style* indivis, dilaté au sommet. — STIGMATE simple, ou bilobé. — FRUIT capsulaire à 2 loges, à 2 valves septicides et bifides au sommet. — GRAINES minimes, rugueuses. — EMBRYON dicotylédoné, droit, occupant l'axe d'un albumen charnu, épais.

Cette petite Famille, composée du genre *Molène* (*Verbascum*), appartient aux *Solanées* par sa corolle isostémone, et aux *Personées* par son embryon droit.

Les *Molènes* habitent les régions tempérées de l'ancien Continent.

Quelques Espèces indigènes (*Verbascum thapsus* et *phlomoïdes*, vulgairement nommée *bouillon blanc*), contiennent dans leurs feuilles un principe amer, qui les rend astringentes, et dans leur fleur un principe muqueux uni à un peu d'huile volatile, d'une odeur suave, qui les fait employer comme béchiques et calmantes.

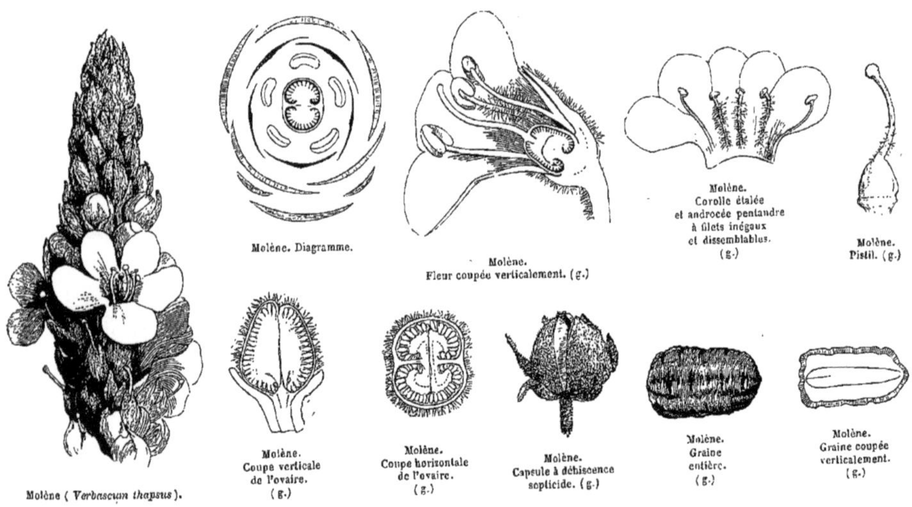

Molène (*Verbascum thapsus*). — Molène. Diagramme. — Molène. Fleur coupée verticalement. (g.) — Molène. Corolle étalée et androcée pentandre à filets inégaux et dissemblables. (g.) — Molène. Pistil. (g.) — Molène. Coupe verticale de l'ovaire. (g.) — Molène. Coupe horizontale de l'ovaire. (g.) — Molène. Capsule à déhiscence septicide. (g.) — Molène. Graine entière. (g.) — Molène. Graine coupée verticalement. (g.)

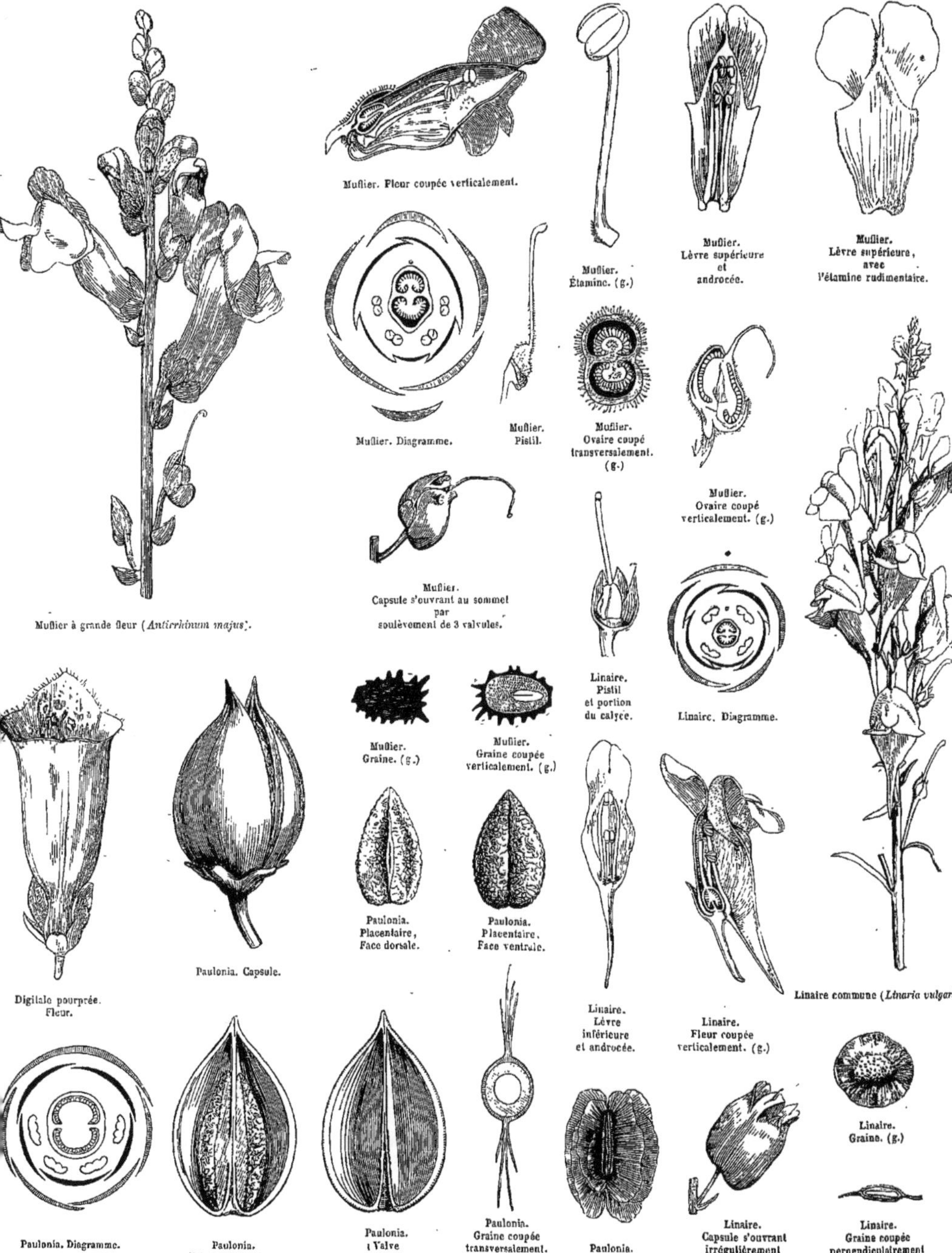

Mufier. Fleur coupée verticalement.

Mufier. Étamine. (g.)

Mufier. Lèvre supérieure et androcée.

Mufier. Lèvre supérieure, avec l'étamine rudimentaire.

Mufier. Diagramme.

Mufier. Pistil.

Mufier. Ovaire coupé transversalement. (g.)

Mufier. Ovaire coupé verticalement. (g.)

Mufier à grande fleur (*Antirrhinum majus*).

Mufier. Capsule s'ouvrant au sommet par soulèvement de 3 valvules.

Linaire. Pistil et portion du calyce.

Linaire. Diagramme.

Mufier. Graine. (g.)

Mufier. Graine coupée verticalement. (g.)

Paulonia. Placentaire, Face dorsale.

Paulonia. Placentaire, Face ventrale.

Digitale pourprée. Fleur.

Paulonia. Capsule.

Linaire. Lèvre inférieure et androcée.

Linaire. Fleur coupée verticalement. (g.)

Linaire commune (*Linaria vulgaris*

Linaire. Graine. (g.)

Paulonia. Diagramme.

Paulonia. Valve placentifère.

Paulonia. Valve sans son placentaire.

Paulonia. Graine coupée transversalement. (g.)

Paulonia. Graine. (g.)

Linaire. Capsule s'ouvrant irrégulièrement au sommet. (g.)

Linaire. Graine coupée perpendiculairement à sa surface. (g.)

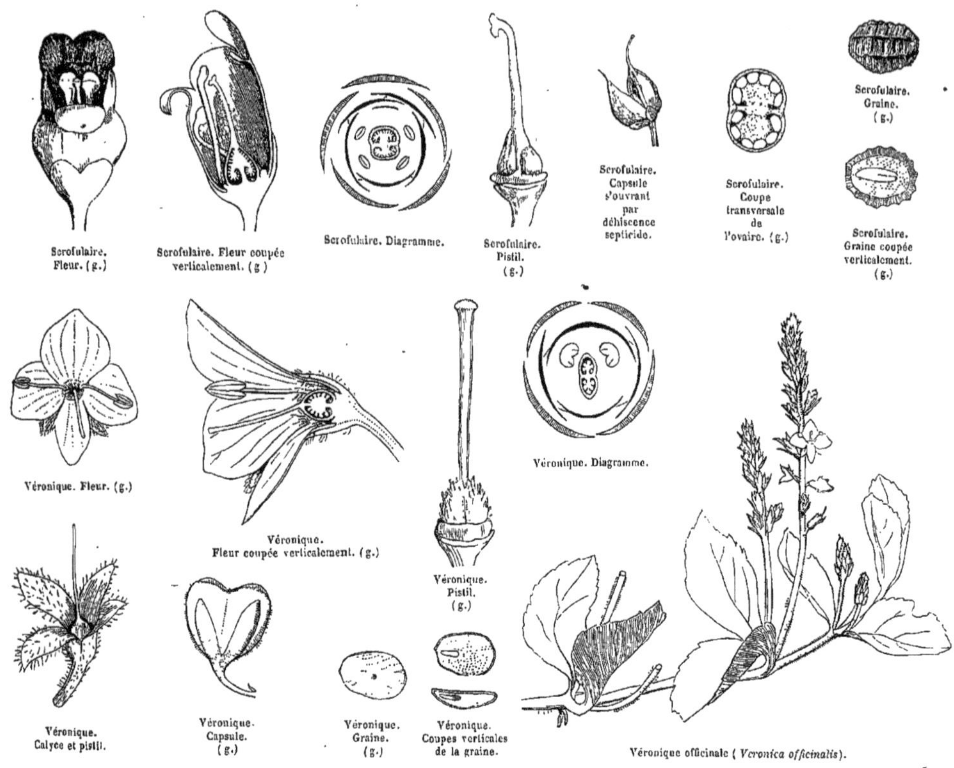

Scrofulaire. Fleur. (g.) — Scrofulaire. Fleur coupée verticalement. (g.) — Scrofulaire. Diagramme. — Scrofulaire. Pistil. (g.) — Scrofulaire. Capsule s'ouvrant par déhiscence septicide. — Scrofulaire. Coupe transversale de l'ovaire. (g.) — Scrofulaire. Graine. (g.) — Scrofulaire. Graine coupée verticalement. (g.)

Véronique. Fleur. (g.) — Véronique. Fleur coupée verticalement. (g.) — Véronique. Pistil. (g.) — Véronique. Diagramme.

Véronique. Calyce et pistil. — Véronique. Capsule. (g.) — Véronique. Graine. (g.) — Véronique. Coupes verticales de la graine. — Véronique officinale (*Veronica officinalis*).

# PERSONÉES, *SCROFULARINÆ.*

(PEDICULARES et SCROPHULARIÆ, *Jussieu.*
RHINANTHOIDEÆ et PERSONATÆ, *Ventenat.* — RHINANTHACEÆ et PERSONATÆ; *Jussieu.*
SCROPHULARINÆ, *Rob. Brown.* — SCROFULARIACEÆ, *Lindley.*)

COROLLE *hypogyne, monopétale, plus ou moins irrégulière, anisostémone, à préfloraison imbriquée.* ÉTAMINES *4 didynames, ou 2, insérées sur la corolle.* OVAIRE *à 2 loges antéro-postérieures.* OVULES *à placentation septale, nombreux et anatropes, ou en nombre défini et semi-anatropes.* FRUIT *capsulaire, rarement charnu.* EMBRYON *dicotylédoné, albuminé.*

HERBES OU SOUS-ARBRISSEAUX, OU ARBUSTES. — FEUILLES alternes, ou opposées, ou verticillées, simples, non stipulées. — FLEURS ☿, plus ou moins irrégulières, à inflorescence variée. — CALYCE persistant, à 4-5 sépales libres, ou cohérents. — COROLLE insérée sur le réceptacle, monopétale, à tube quelquefois prolongé à sa base en bosse ou en éperon, à limbe irrégulier, rarement presque régulier, campanulé, ou rotacé, ou bilabié, la lèvre supérieure bilobée, et l'inférieure trilobée. Préfloraison imbriquée. — ÉTAMINES insérées sur le tube de la corolle, normalement en nombre égal à celui des lobes de la corolle et alternant avec eux, mais étant en nombre moindre : tantôt la postérieure étant nulle ou rudimentaire, et les 4 autres didynames;

tantôt les 2 antérieures étant, comme la postérieure, stériles ou nulles. *Anthères* à 2 loges, souvent à une seule, par réunion des sutures au sommet du connectif. — CARPELLES 2, l'un antérieur, l'autre postérieur à l'axe de la fleur, cohérents en un ovaire à 2 loges, rarement uniloculaire. *Ovules* nombreux, généralement anatropes, rarement semi-anatropes. *Style* terminal, rarement bifide au sommet. *Stigmate* souvent bilobé. — FRUIT généralement capsulaire, très-rarement bacciforme et indéhiscent. *Capsule*, tantôt s'ouvrant en 2 valves loculicides, ou septicides, ou septifrages, indivises, ou bifides, ou bipartites, tantôt s'ouvrant au sommet par 2 ou 3 orifices résultant du soulèvement de valvules, ou de la chute d'un opercule. — GRAINES horizontales, ou ascendantes, ou pendantes, à hile basilaire, rarement ventral. — EMBRYON droit, ou un peu courbé, blanchâtre, ou de couleur violette, occupant l'axe d'un albumen charnu, ou cartilagineux.

## SOUS-FAMILLE I. — SALPIGLOSSIDÉES, *SALPIGLOSSIDEÆ*, *Bentham*.

Corolle à préfloraison plissée ou imbriquée, les 2 lobes postérieurs placés en dehors des autres. — Inflorescence initiale définie.

GENRES PRINCIPAUX.

| | | | |
|---|---|---|---|
| *Anthocercis, | *Anthocercis.* | *Salpiglossis, | *Salpiglossis.* |
| *Brovallie, | *Browallia.* | *Schizanthe, | *Schizanthus.* |

## SOUS-FAMILLE II. — ANTIRRHINÉES, *ANTIRRHINIDEÆ*, *Bentham*.

Corolle à préfloraison imbriquée, 2-labiée, la lèvre postérieure ou supérieure placée en dehors de l'inférieure. — Inflorescence complétement indéfinie, ou mixte.

GENRES PRINCIPAUX.

| | | | | | |
|---|---|---|---|---|---|
| *Calcéolaire, | *Calceolaria.* | *Lophospore, | *Lophospermum.* | *Sphénandre, | *Sphenandra.* |
| Celsie, | *Celsia.* | *Rhodocalyce, | *Rhodochiton.* | *Chænostome, | *Chænostoma.* |
| *Alonsoa, | *Alonsoa.* | *Paulonia, | *Paulownia.* | *Lypérie, | *Lyperia.* |
| *Némésie, | *Nemesia.* | Scrofulaire, | *Scrofularia.* | *Manulée, | *Manulea.* |
| *Linaire, | *Linaria.* | *Collinsia, | *Collinsia.* | *Diplacus, | *Diplacus.* |
| Anarrhine, | *Anarrhinum.* | *Chélonée, | *Chelone.* | *Mimule, | *Mimulus.* |
| *Muflier, | *Antirrhinum.* | *Pentstémone, | *Pentstemon.* | Gratiole, | *Gratiola.* |
| *Maurandie, | *Maurandia.* | *Polycarène, | *Polycarena.* | Lindernie, | *Lindernia.* |

## SOUS-FAMILLE III. — RHINANTHÉES, *RHINANTHIDEÆ*, *Bentham*.

Corolle à préfloraison imbriquée, les 2 lobes latéraux, ou l'un d'eux, placés en dehors de tous les autres, les postérieurs jamais. — Inflorescence ordinairement indéfinie.

GENRES PRINCIPAUX.

| | | | | | |
|---|---|---|---|---|---|
| Limoselle, | *Limosella.* | *Vulfénie, | *Wulfenia.* | Odontitès, | *Odontites.* |
| Sibthorpie, | *Sibthorpia.* | *Pæderota, | *Pæderota.* | Rhinanthe, | *Rhinanthus.* |
| *Budléa, | *Budleia.* | *Véronique, | *Veronica.* | Pédiculaire, | *Pedicularis.* |
| *Digitale, | *Digitalis.* | *Castilléja, | *Castilleja.* | Mélampyre, | *Melampyrum.* |
| *Isoplexis, | *Isoplexis.* | Bartsie, | *Bartsia.* | Tozzie, | *Tozzia.* |
| *Erine, | *Erinus.* | Euphraise, | *Euphrasia.* | | |

Nous avons indiqué l'affinité entre les *Personées* et les *Solanées* (voir cette Famille). Les Personées offrent aussi de grandes analogies avec les Familles à corolle irrégulière et anisostémone, et surtout avec les *Acanthacées* et les *Bignoniacées*. Les Acanthacées diffèrent par la préfloraison tardive de la corolle, la courbure des ovules, les processus du placentaire qui les soutiennent, et l'absence d'albumen; les Bignoniacées, par les graines ailées exalbuminées, et par l'ovaire, ceint d'un anneau charnu. — Plusieurs Genres, appartenant à la Sous-Famille des Rhinanthées, sont parasites comme les *Orobanchées* (*Rhinanthe, Mélampyre, Pédiculaire, Odontitès, Euphraise, Bartsie, Castilléja*).

Les Personées se rencontrent dans tous les climats; elles sont plus abondantes dans les régions tempérées des deux hémisphères, et très-rares vers les pôles et vers l'équateur. — Leurs propriétés médicales varient en raison des matières très-diversement combinées qui entrent dans leur composition. L'analyse chimique y a trouvé des principes amers et âcres, unis à des substances résineuses et volatiles. Quelques espèces sont toniques, astringentes, vulnéraires : telle est la *Véronique officinale*, nommée vulgairement *thé d'Eu-*

*rope*; d'autres sont antiscorbutiques (V. *Beccabonga*). — Les *Scrofulaires noueuse* et *aquatique*, herbes d'une odeur fétide et nauséeuse, sont résolutives et sudorifiques. — Le *Muflier à grande fleur* est âcre et amer; on l'employait autrefois comme diurétique. — La *Linaire commune* passe pour guérir la jaunisse et les maladies de peau. — L'*Euphraise officinale* possède un principe amer et un faible arome; on en prépare une eau distillée pour les ophthalmies. — Les graines du *Mélampyre des champs* sont émollientes à l'extérieur; mais, comme elles abondent dans les moissons, leur farine, mêlée à celle des céréales, rend celle-ci amère et vénéneuse. — La *Gratiole officinale* ou *herbe à pauvre homme* contient un principe résineux et âcre, auquel elle doit des propriétés purgatives très-énergiques, et quelquefois dangereuses.

De toutes les Personées médicinales, la plus utile est la *Digitale pourprée*, dont les feuilles ont une saveur très-amère et un peu âcre; elles sont vénéneuses à une dose élevée; mais, administrées en petite quantité, elles possèdent une action diurétique et sédative des battements du cœur. Les chimistes ont isolé le principe actif de la Digitale, auquel ils ont donné le nom de *digitaline*. La digitaline est très-vénéneuse, même à des doses minimes, et son emploi demande une extrême prudence; aussi beaucoup de praticiens préfèrent-ils administrer directement la Plante elle-même.

# OROBANCHÉES, *OROBANCHEÆ*.

## (OROBANCHEÆ, *L.-C. Richard*. — OROBANCHACEÆ, *Lindley*.)

Corolle *monopétale, hypogyne, irrégulière, anisostémone, persistante, à préfloraison imbriquée*. Étamines 4, *didynames, insérées sur la corolle*. Ovaire *ceint d'un disque charnu, 1-loculaire, à placentation pariétale*. Ovules *nombreux, anatropes*. Capsule *à deux valves médio-placentifères*. Graines *minimes*. *Albumen copieux*. Embryon *dicotylédoné, basilaire*. — Herbes *parasites, sans feuilles, à tige écailleuse*.

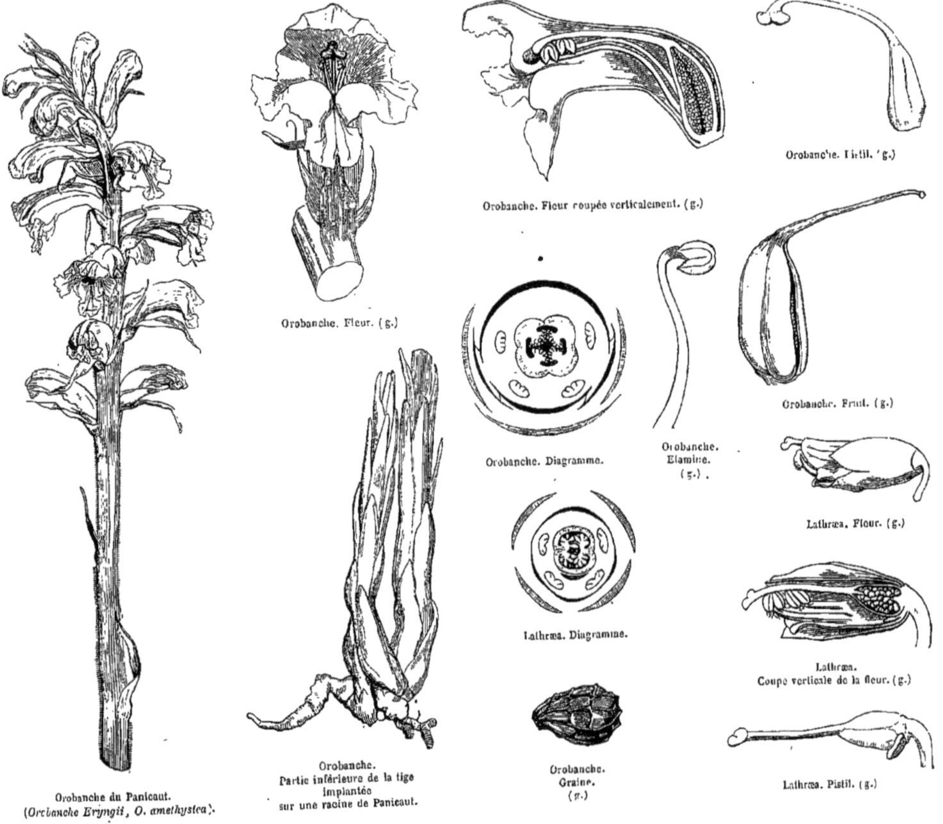

Orobanche du Panicaut. (*Orobanche Eryngii, O. amethystea*).

Orobanche. Fleur. (g.)

Orobanche. Partie inférieure de la tige implantée sur une racine de Panicaut.

Orobanche. Fleur coupée verticalement. (g.)

Orobanche. Diagramme.

Orobanche. Graine. (g.)

Lathræa. Diagramme.

Orobanche. Pistil. (g.)

Orobanche. Étamine. (g.)

Orobanche. Fruit. (g.)

Lathræa. Fleur. (g.)

Lathræa. Coupe verticale de la fleur. (g.)

Lathræa. Pistil. (g.)

Herbes ordinairement vivaces, jamais vertes, parasites sur les racines des autres Plantes. *Tige* épaisse, charnue. — Feuilles remplacées par des écailles colorées, sessiles, éparses, ou imbriquées. — Fleurs ☿, irrégulières, ordinairement solitaires à l'aisselle des écailles supérieures, disposées en épi, rarement en grappe. — Calyce persistant, tubuleux ou campanulé 4-5-fide, ou à 4 sépales soudés par paires en 2 lobes latéraux, bifides, ou entiers. — Corolle monopétale, insérée sur le réceptacle, à tube se coupant transversalement à sa base, persistante et marcescente; *limbe* à 2 lèvres, la supérieure généralement en casque, indivise, ou bifide, l'inférieure trifide, ou tridentée; *gorge* présentant ordinairement 2 plis gibbeux obliques. Préfloraison imbriquée. — Étamines insérées sur le tube, ou sur la gorge de la corolle, 4, didynames. *Filets* à base dilatée. *Anthères* biloculaires, très-rarement uniloculaires, quelquefois mucronées à leur base, à loges s'ouvrant dans toute leur longueur, ou par une petite fente basilaire, à connectif quelquefois prolongé en éperon, courbé au sommet. — Carpelles 2, l'un antérieur, l'autre postérieur, cohérents. — Ovaire supère, généralement uniloculaire, ordinairement entouré à sa base d'un disque charnu unilatéral, plus ou moins développé. *Placentaires* pariétaux, 4, distincts, ou réunis par paires. *Ovules* ordinairement nombreux, anatropes. *Style* terminal, simple, presque toujours courbé au sommet. *Stigmate* à 2 lobes capités, ou indivis et sub-claviforme. — Capsule uniloculaire, rarement biloculaire, à 2 valves placentifères se séparant au sommet, ou dans toute leur longueur, plus souvent restant cohérentes à la base et au sommet. — Graines minimes, à testa épais, tuberculeux ou pointillé. — Embryon minime, sub-globuleux, situé à la base d'un albumen copieux, transparent.

GENRES PRINCIPAUX.

Orobanche, *Orobanche.* | Phélipée, *Phelipæa.* | Clandestine, *Clandestina.* | Lathrée, *Lathræa.*

Les *Orobanchées* se rattachent aux *Personées* par la corolle irrégulière, l'androcée didyname, le fruit capsulaire et l'embryon albuminé; elles en diffèrent par leur tige aphylle et squammifère, et leur placentation pariétale. — Cette même placentation pariétale, ainsi que l'anneau, glanduleux entourant la base de l'ovaire, ajoutés aux analogies précédentes, les rapprochent des *Gesnéracées;* mais elles s'en éloignent par leurs écailles éparses, leur parasitisme, l'hypogynie de leur corolle, et leur embryon basilaire. — Nous avons indiqué leurs rapports avec les *Gentianées* (voir cette Famille).

Les Orobanchées habitent pour la plupart les pays tempérés de l'hémisphère nord, et surtout la région méditerranéenne. Quelques Espèces sont de véritables fléaux pour l'agriculture, à cause des ravages qu'elles exercent sur des Plantes utiles : le *Phelipæa ramosa* vit aux dépens du *Chanvre*, du *Maïs*, du *Tabac;* l'*Orobanche pruinosa* est parasite sur la *Fève;* l'*O. cruenta* sur le *Sainfoin;* l'*O. rubens* sur les *Luzernes;* l'*O. minor* sur le *Trèfle des prés*, etc. — Les Orobanchées sont rares dans l'Afrique tropicale et australe, et paraissent manquer dans l'Australie et l'Amérique méridionale.

Les *Orobanchées* sont aujourd'hui bannies de la médecine. Plusieurs espèces jouissaient autrefois d'une grande réputation. Elles contiennent un principe amer, âcre et astringent; quelques-unes renferment des principes hydrocarbonés, huileux ou résineux. — La souche de l'*Orobanche du Thym* était employée comme tonique, et ses fleurs, légèrement odorantes, comme antispasmodiques. On administrait aux épileptiques la *Lathrée écailleuse.* — La *Clandestine* possédait, aux yeux des Anciens, la vertu de donner aux femmes une merveilleuse fécondité.

# GESNÉRACÉES, *GESNERACEÆ.*

(GESNERIEÆ, *Richard.* — GESNEREÆ, *Martius.* — GESNERACEÆ, *Endlicher.* CYRTANDRACEÆ, *Jack.* — DIDYMOCARPEÆ, *Don.* GESNERACEÆ et CYRTANDRACEÆ, *Lindley.*)

Corolle *périgyne, ou hypogyne, monopétale, anisostémone, irrégulière, 5-lobée, à préfloraison imbriquée.* Étamines *ordinairement 4, didynames, insérées sur la corolle.* Ovaire *infère, ou demi-infère, ou libre, uniloculaire, à placentation pariétale.* Ovules *anatropes.* Embryon *dicotylédoné, albuminé, ou exalbuminé.*

Plantes généralement herbacées, rarement sous-ligneuses, ou ligneuses. — Feuilles ordinairement opposées, ou verticillées, simples, non stipulées. — Fleurs ☿, irrégulières, en grappe, ou en épi, ou en cymes, quelquefois fasciculées; pédoncules souvent uniflores, ou biflores. — Calyce persistant, 5-partit, à lobes inégaux. — Corolle insérée sur le réceptacle, ou sur un anneau charnu développé entre l'ovaire et la cupule réceptaculaire, monopétale, tubuleuse, ou infondibuliforme, ou campanulée, plus ou moins oblique, ordinairement gibbeuse à sa base; *limbe* allongé en avant, 5-fide, à 2 lèvres, la supérieure bilobée, l'inférieure trilobée, à préfloraison imbriquée. — Étamines insérées sur le tube de la corolle, ordinairement didynames, la 5ᵉ postérieure étant stérile ou nulle, quelquefois réduites à 2 par avortement des 2 antérieures ou des 2 latérales. *Anthères* très-souvent cohérentes, biloculaires, ou uniloculaires, soit par confluence des loges, soit par avortement de l'une d'elles, terminales, ou devenant latérales par bifurcation du connectif, à déhiscence longitudinale. — Ovaire uniloculaire, libre, ou demi-infère, rarement infère, ceint ou couronné d'un disque annulaire, ou interrompu, ou unilatéral. *Placentaires* pariétaux, 2, opposés, situés à droite et à gauche de l'axe de la fleur. *Ovules* nombreux, sessiles, ou stipités, anatropes. *Style* filiforme, simple. *Stigmate* capité, ou concave, ou bilobé. — Fruit tantôt charnu, à placentaire pulpeux, tantôt capsulaire, ovoïde, ou subglobuleux, ou siliquiforme, à 2 valves droites, ou tordues en spirale à la maturité, médio-placentifères. — Graines minimes, oblongues, à testa lisse, ou celluleux. — Embryon droit, exalbuminé, ou occupant l'axe d'un albumen charnu. *Radicule* voisine du hile.

## Tribu I. — GESNÉRÉES, *GESNEREÆ*.

Graines albuminées. Ovaire demi-infère, ou infère. Fruit capsulaire.

GENRES PRINCIPAUX.

| | | | | | |
|---|---|---|---|---|---|
| *Gesnéra, | *Gesnera.* | *Ligérie, | *Ligeria.* | *Tidæa, | *Tidæa.* |
| *Achimène, | *Achimenes.* | *Mandirola, | *Mandirola.* | *Pentaraphia, | *Pentaraphia.* |

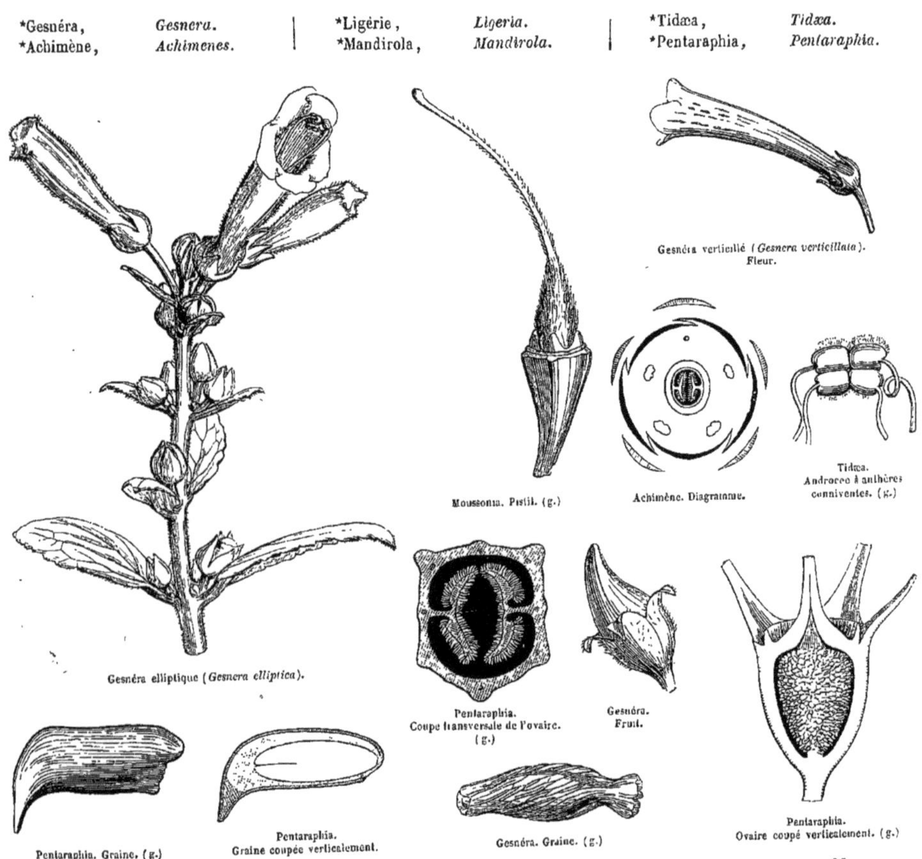

Gesnéra verticillé (*Gesnera verticillata*). Fleur.

Mousseonia. Pistil. (g.)

Achimène. Diagramme.

Tidæa. Androcée à anthères conniventes. (g.)

Gesnéra elliptique (*Gesnera elliptica*).

Pentaraphia. Coupe transversale de l'ovaire. (g.)

Gesnéra. Fruit.

Pentaraphia. Ovaire coupé verticalement. (g.)

Pentaraphia. Graine. (g.)

Pentaraphia. Graine coupée verticalement.

Gesnéra. Graine. (g.)

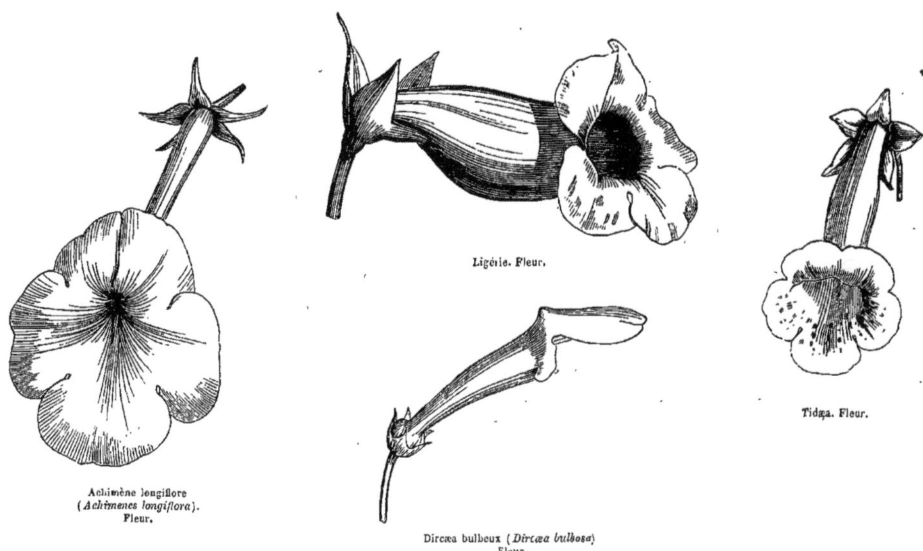

Achimène longiflore (*Achimenes longiflora*). Fleur.

Ligérie. Fleur.

Tidæa. Fleur.

Dircæa bulbeux (*Dircæa bulbosa*) Fleur.

## TRIBU II. — BESLÉRIÉES, *BESLERIEÆ*.

Graines albuminées. Fruit baccien, ou capsulaire. Ovaire libre.

GENRES PRINCIPAUX.

| | | | | | |
|---|---|---|---|---|---|
| *Mitraria, | *Mitraria.* | Beslérie, | *Besleria.* | Nématanthe, | *Nematanthus.* |
| *Alloplectus, | *Alloplectus.* | Hypocyrte, | *Hypocyrta.* | | |
| *Columnéa, | *Columnea.* | Tapeinotès, | *Tapeinotes.* | | |

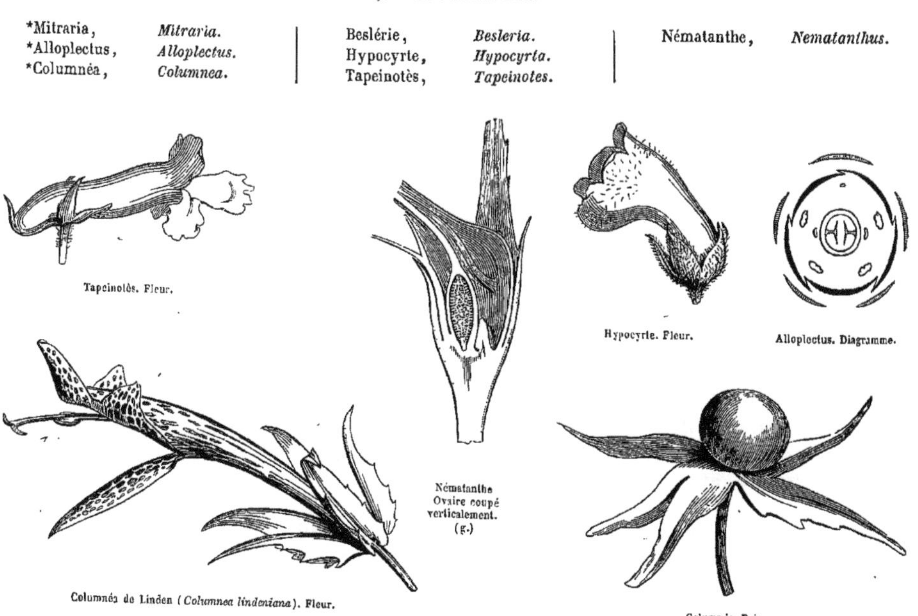

Tapeinotès. Fleur.

Némalanthe Ovaire coupé verticalement. (g.)

Hypocyrte. Fleur.

Alloplectus. Diagramme.

Columnéa de Linden (*Columnea lindeniana*). Fleur.

Columnéa. Baie.

### Tribu III. — CYRTANDRÉES, *CYRTANDREÆ*.

Graines exalbuminées. Fruit capsulaire tordu, ou baccien.

GENRES PRINCIPAUX.

*Æschynanthe, *Æschynanthus.* | *Chirita, *Chirita.* | Streptocarpe, *Streptocarpus.* | Cyrtandre, *Cyrtandra.*

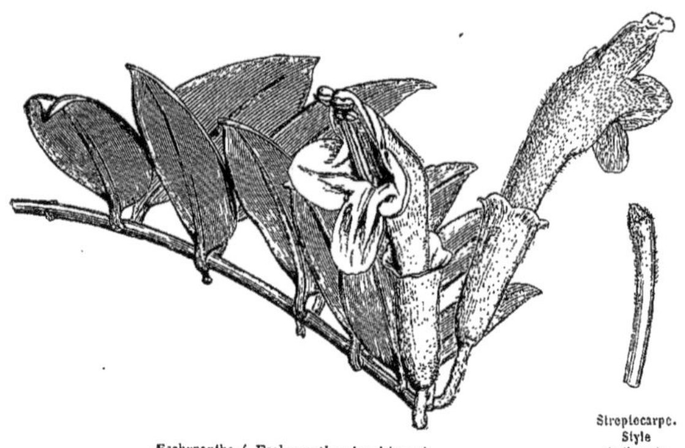

Æschynanthe (*Æschynanthus boschianus*).

Streptocarpe. Style et stigmate.

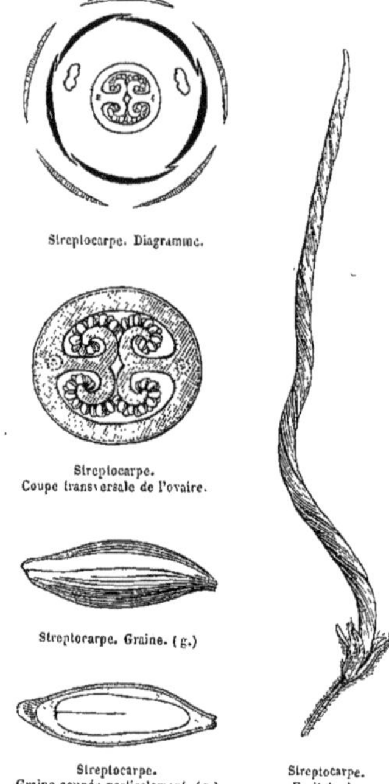

Streptocarpe. Diagramme.

Streptocarpe. Coupe transversale de l'ovaire.

Streptocarpe. Graine. (g.)

Streptocarpe. Graine coupée verticalement. (g.)

Streptocarpe. Fruit tordu.

Les *Gesnéracées* offrent des affinités avec les *Rubiacées*, les *Gentianées*, les *Sésamées*, les *Orobanchées* (voir ces Familles). Elles se rapprochent des *Bignoniacées* par les feuilles généralement opposées, la préfloraison imbriquée (et chez les *Beslériées* par l'hypogynie de la corolle), l'anneau glanduleux ceignant la base ou le milieu de l'ovaire, et l'anatropie des ovules. Elles s'en éloignent par leur corolle, généralement anisostémone et périgyne, leur ovaire uniloculaire et leurs graines non ailées, et pourvues d'un albumen.

Les Tribus des *Beslériées* et des *Gesnérées* habitent en grand nombre les régions tropicales du Nouveau-Continent; elles sont très-rares en-deçà ou au-delà des tropiques. Les *Cyrtandrées* végètent dans l'Asie tropicale, surtout dans les îles de l'océan Pacifique et sur les versants méridionaux de l'Himalaya. Leurs Espèces se rencontrent rarement dans le sud de l'Afrique et dans l'Australie subtropicale.

Cette Famille est peu importante sous le rapport des propriétés utiles, et les Espèces cultivées en Europe ne sont appréciées que comme Plantes d'ornement pour nos serres chaudes (*Ligeria*, *Achimenes*, *Gesnera*). Nous citerons en outre parmi ces dernières le *Columnéa grimpant*, dont la fleur est munie d'un disque glanduleux, fournissant un nectar abondant, qui lui a valu dans l'Inde le nom populaire de *Liane à sirop*.

# BIGNONIACÉES, *BIGNONIACEÆ*.

(BIGNONIÆ, *A.-L. De Jussieu*. — BIGNONIACEÆ, *Rob. Brown*.)

Corolle *hypogyne, monopétale, anisostémone, plus ou moins irrégulière, à préfloraison imbriquée.* Étamines *généralement 4, didynames, insérées sur la corolle.* Ovaire *biloculaire ou uniloculaire, entouré à sa base d'un disque glanduleux.* Ovules *ordinairement horizontaux, anatropes, insérés près du bord de la cloison, ou pariétaux.* Capsule *généralement bivalve.* Graines *transversales, comprimées, ailées.* Embryon *dicotylédoné, droit, exalbuminé.* Radicule *ordinairement centrifuge.*

Plantes ligneuses, souvent volubiles, ou grimpantes, très-rarement herbacées (*Incarvillea, Tourretia*). — Feuilles généralement opposées, très-souvent composées, quelquefois terminées par une vrille, non stipulées. — Fleurs complètes, en cymes racémiformes ou spiciformes. — Calyce monosépale 5-fide, ou 5-denté, ou

2-partit, ou 2-labié, ou à limbe presque entier, quelquefois spathacé (*Spathodea*), quelquefois muni extérieurement de 5 dents alternes avec ses divisions (*Incarvillea*). — Corolle monopétale, insérée sur le réceptacle, tombante; *tube* court, à *gorge* dilatée; *limbe* ordinairement à 5 divisions, bilabié, rarement sub-régulier (*Zeyheria*), à préfloraison généralement imbriquée-cochléaire. — Étamines 5, insérées sur le tube de la corolle, très-rarement toutes fertiles (*Calosanthes*) et sub-égales, généralement 4, didynames, la 5e sans anthère, ou nulle, quelquefois les 2 postérieures seules fertiles (*Catalpa*). *Anthères* introrses, à 2 loges, fixées de niveau à leur connectif, tantôt parallèles et contiguës, tantôt unies seulement par leur sommet, libres dans tout le reste de leur longueur, et plus ou moins divergentes, à déhiscence longitudinale. — Disque glanduleux ceignant la base de l'ovaire. — Ovaire supère, à 2 loges antéro-postérieures, quelquefois uniloculaire (*Calampelis*). *Ovules* plus ou moins nombreux, ordinairement horizontaux, anatropes, insérés par séries verticales le long des bords de la cloison dans les ovaires biloculaires, ou pariétaux dans les uniloculaires. — *Style* simple, filiforme. *Stigmate* bi-lamellé, ou bi-fide. — Capsule ovoïde, ou siliquiforme, ou comprimée, biloculaire, ou uniloculaire, quelquefois pseudo-quadriloculaire (*Tourretia*), généralement bivalve, rarement s'ouvrant par une fente longitudinale postérieure (*Incarvillea, Amphicome*); valves parallèles, ou perpendiculaires à la cloison, tantôt laissant libre la cloison séminifère, tantôt septifères, ou placentifères. — Graines généralement transverses, imbriquées, uni-sériées, ou pluri-sériées, bordées d'une aile membraneuse, quelquefois déchiquetée en lanières piliformes (*Amphicome, Catalpa*), très-rarement aptères (*Argylia*). — Embryon droit, exalbuminé. *Radicule* voisine du hile, ordinairement centrifuge, la face de la graine qui porte le raphé étant tournée du côté de la cloison; quelquefois centripète, la graine étant perpendiculaire à la cloison (*Jacaranda*), quelquefois supère, par suite d'évolutions qui rendent la graine pendante (*Incarvillea, Amphicome*). *Cotylédons* planes, foliacés, réniformes, ou échancrés-bilobés.

## Tribu I. — BIGNONIÉES VRAIES, *EUBIGNONIEÆ.*

Cloison parallèle aux valves; déhiscence marginicide, c'est-à-dire s'opérant le long des bords de la cloison.

GENRES PRINCIPAUX.

| | | | | | |
|---|---|---|---|---|---|
| *Bignone, | *Bignonia.* | Fridéricia, | *Fridericia.* | Arrabidæa, | *Arrabidæa.* |
| Pachyptère, | *Pachyptera.* | Calosanthe, | *Calosanthes.* | *Lundia, | *Lundia.* |

## Tribu II. — TÉCOMÉES, *TECOMEÆ.*

Cloison perpendiculaire aux valves. Déhiscence loculicide.

GENRES PRINCIPAUX.

| | | | | | |
|---|---|---|---|---|---|
| *Spathodea, | *Spathodea.* | *Pandorée, | *Pandorea.* | Argylia, | *Argylia.* |
| Zeyhéria, | *Zeyheria.* | *Catalpa, | *Catalpa.* | *Tourrétia, | *Tourretia.* |
| *Técoma, | *Tecoma.* | *Jacaranda, | *Jacaranda.* | | |

## Tribu III. — INCARVILLÉES, *INCARVILLEÆ.*

Capsule à 2 loges, dont la postérieure seule s'ouvre le long de sa ligne médiane.

GENRES PRINCIPAUX.

| | | | |
|---|---|---|---|
| *Incarvilléa, | *Incarvillea.* | *Amphicome, | *Amphicome.* |

## Tribu IV. — ECCRÉMOCARPÉES, *ECCREMOCARPEÆ.*

Capsule 1-loculaire, à 2 valves médio-placentifères.

GENRE PRINCIPAL.

*Calampélide, *Eccremocarpus.*

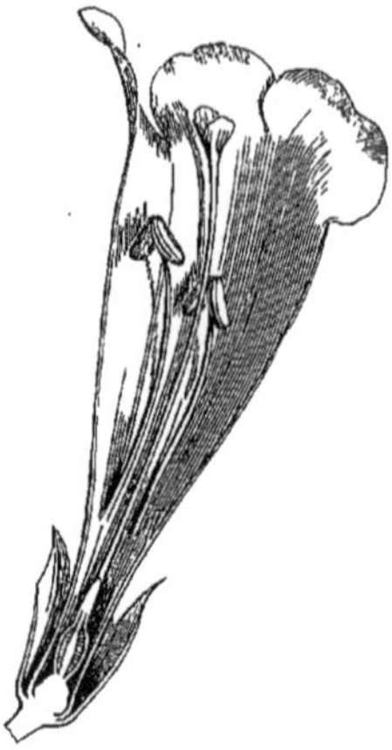

Técoma radicant. Fleur coupée verticalement.

Bignone grandiflore. Étamine. (g.)

Bignone. Pistil.

Técoma radicant (*Tecoma radicans*).

Bignone grandiflore. Coupe transversale de l'ovaire (g.)

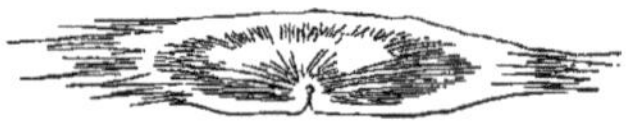

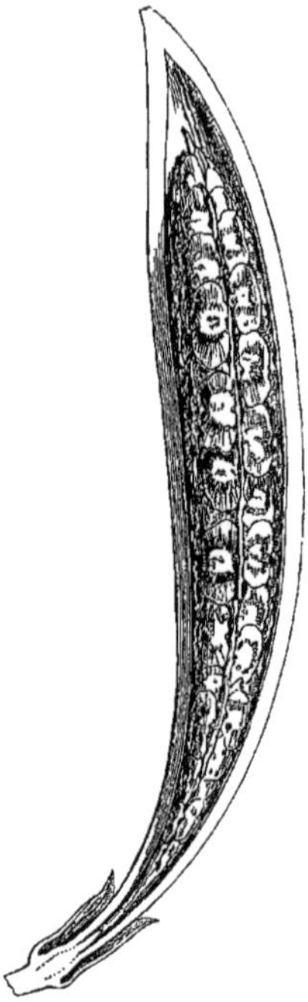

Técoma radicant. Fruit coupé verticalement.

Bignone Catalpa. Graine. (g.)

Bignone Catalpa. Embryon. (g.)

Técoma. Placentaire isolé.

Les *Bignoniacées* sont plus ou moins étroitement apparentées à la plupart des Familles monopétales, hypogynes, anisostémones, irrégulières. Nous avons indiqué leurs affinités avec les *Personées* (voir cette Famille). C'est ainsi qu'elles se rapprochent des *Acanthacées;* en outre, dans les deux Familles l'ovaire est biloculaire, la capsule bivalve, et l'embryon exalbuminé; mais les Acanthacées diffèrent par la préfloraison tordue de la corolle, et les ovules campylotropes, assis sur des rétinacles provenant du placentaire. — Les Bignoniacées ne s'éloignent des *Sésamées* que par leurs graines ailées; elles diffèrent en outre des *Pédalinées* par leur capsule déhiscente. Elles se lient aussi aux *Cyrtandrées*, Tribu des *Gesnéracées* (voir cette Famille). Enfin, elles offrent une analogie évidente avec le genre *Cobæa* de la Famille des *Polémoniacées*, analogie fondée sur l'hypogynie de la corolle, le disque entourant l'ovaire pluriloculaire, les valves de la capsule laissant libre la cloison séminifère, les graines ailées, les feuilles composées, terminées en vrille; mais dans le *Cobæa*, les feuilles sont alternes, la corolle est régulière, isostémone, à préfloraison tordue, et l'embryon est albuminé.

Le bois de quelques Bignoniacées grimpantes représente à l'intérieur une sorte de croix de Malte, qui résulte du développement inégal des couches du *liber* (*Bignonia crucis* et *B. capreolata*).

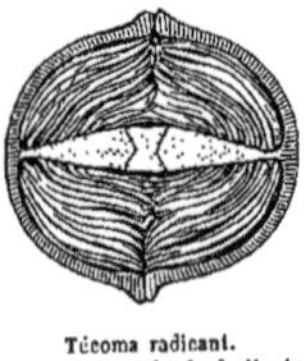

Técoma radicant. Coupe transversale du fruit. (g.)

Técoma radicant. Diagramme.

Cette Famille, remarquable par la beauté de ses fleurs, habite principalement les régions tropicales des deux Continents, et surtout de l'Amérique. — Quelques Espèces sont utiles aux indigènes des contrées où elles croissent : tel est le *Bignonia leucoxylon*, arbre de l'Amérique tropicale, nommé vulgairement *Uruparíba*, dont l'écorce est usitée comme antidote du Mancenillier. — Plusieurs espèces de *Jacaranda* contiennent dans leurs feuilles un principe âcre, astringent, qui les fait employer au Brésil comme prophylactique contre les maladies contagieuses des organes de l'absorption.

# SÉSAMÉES, *SESAMEÆ*.

(PEDALINÆ, *Rob. Brown.* — SESAMEÆ, *Kunth.* — MARTYNIACEÆ, *Link.*)

Corolle *hypogyne, monopétale, irrégulière, généralement anisostémone, à préfloraison imbriquée.* Étamines *généralement 4, didynames, insérées sur la corolle.* Anthères *à 2 loges dépassées par le connectif, glanduleux au sommet.* Ovaire *biloculaire, ou quadriloculaire, ou uniloculaire, entouré à sa base d'un disque glanduleux.* Ovules *anatropes.* Fruit *capsulaire, ou drupacé, ou nucamentacé.* Embryon *dicotylédoné, droit, exalbuminé, ou subexalbuminé.*

Plantes herbacées, pourvues de glandes vésiculeuses. — Feuilles opposées, ou alternes, simples, non stipulées. — Fleurs complètes, irrégulières, axillaires, tantôt solitaires, tantôt en grappe, ou en épi, ordinairement bi-bractéolées. — Calyce 5-partit, ou 5-fide, presque égal, quelquefois fendu d'un côté et spathacé (*Craniolaria*). — Corolle monopétale, insérée sur le réceptacle; *tube* cylindrique, ou gibbeux; *gorge* ventrue; *limbe* ordinairement bilabié, 5-lobé, à préfloraison imbriquée, ou sub-valvaire. — Étamines 5, insérées sur le tube de la corolle, la supérieure stérile, les 4 autres fertiles, didynames, quelquefois les 2 plus courtes stériles, et la 5e rudimentaire (*Martynia*). *Anthères* à 2 loges égales, parallèles, ou divergentes, à connectif articulé sur le filet et prolongé au sommet en appendice glanduleux. — Ovaire supère, entouré à sa base d'un disque glanduleux, biloculaire, ou quadriloculaire, ou uniloculaire par insuffisance des cloisons. *Ovules* anatropes. *Style* terminal, simple. *Stigmate* bilamellé. — Capsule, ou Drupe à épicarpe souvent anguleux et coriace. — Graines généralement pendantes. — Embryon droit, à cotylédons planes ou planes-convexes. *Radicule* supère, ou infère, ou centripète. — *Albumen* nul, ou presque nul.

## Tribu I. — SÉSAMÉES VRAIES, *EUSESAMEÆ*.

Capsule quadriloculaire à 2 valves laissant libre la cloison séminifère; Graines nombreuses, unisériées, fixées à l'angle central des loges, ascendantes, ou horizontales; albumen presque nul. — Stigmate irritable.

GENRE PRINCIPAL.

*Sésame, *Sesamum.*

## Tribu II. — PÉDALINÉES, *PEDALINEÆ*.

Fruit quadriloculaire, ou pseudo-quadriloculaire, sub-capsulaire, ou drupacé, indéhiscent, ou obscurément déhiscent au sommet. Graines généralement peu nombreuses, pendantes, ou horizontales, rarement dressées et solitaires (*Josephinia*), complétement exalbuminées.

GENRES PRINCIPAUX.

| | | | | | |
|---|---|---|---|---|---|
| *Craniolaire, | *Craniolaria.* | Pédalie, | *Pedalium.* | *Harpagophytum, | *Harpagophytum.* |
| *Cornaret, | *Martynia.* | Joséphinia, | *Josephinia.* | Prétréa, | *Pretrea.* |

Les *Sésamées* sont très-voisines des *Bignoniacées* (voir cette Famille); elles se rattachent aux *Gesnéracées* par l'intermédiaire des Genres *Craniolaria* et *Martynia*, et aux *Bignoniacées* par le Genre *Sesamum;* le Genre *Josephinia* leur donne quelque analogie avec les *Verbénacées* et les *Myoporinées* (voir ces Familles).

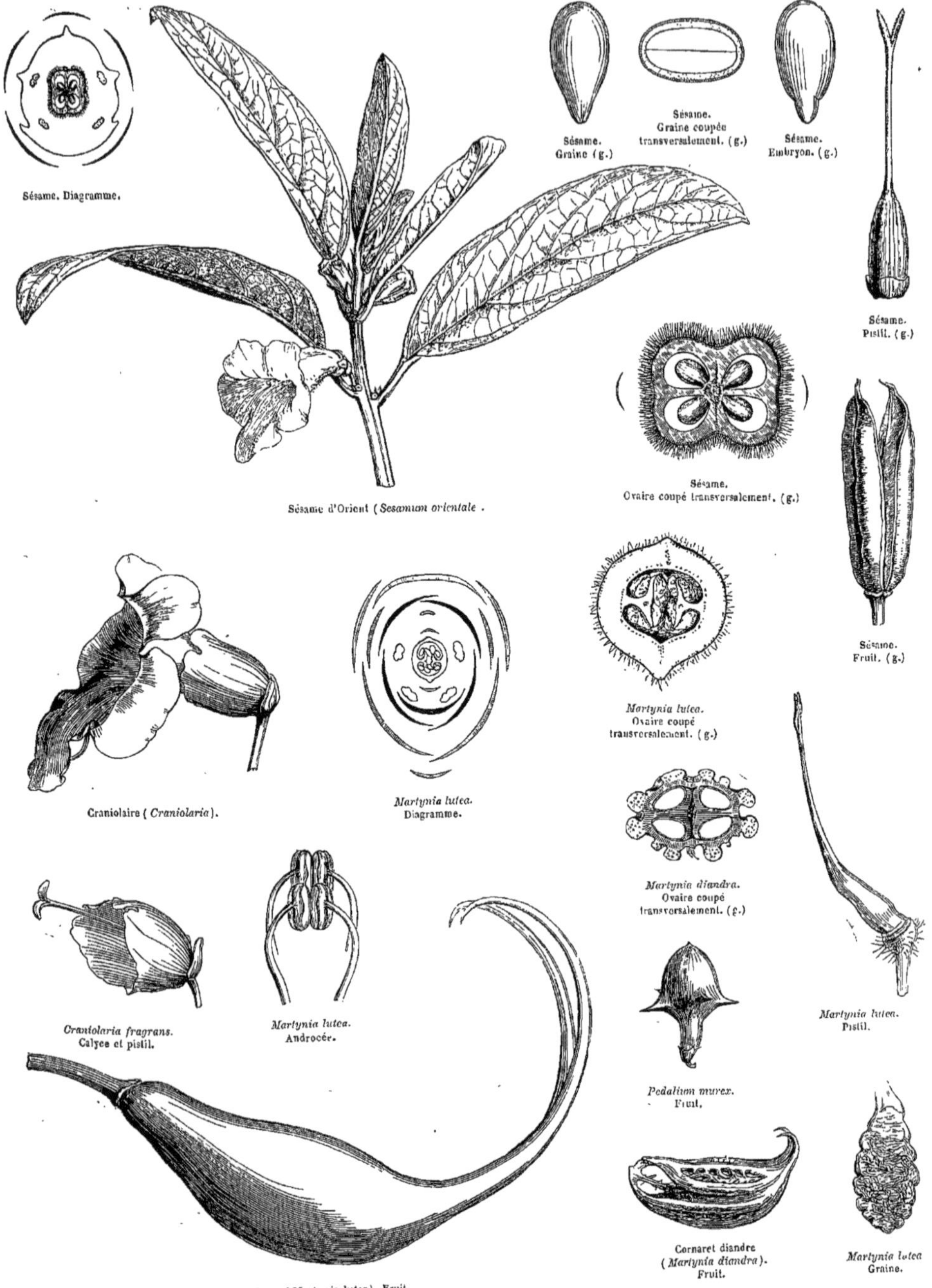
Sésame. Diagramme.
Sésame. Graine (g.)
Sésame. Graine coupée transversalement. (g.)
Sésame. Embryon. (g.)
Sésame. Pistil. (g.)
Sésame d'Orient (*Sesamum orientale*.
Sésame. Ovaire coupé transversalement. (g.)
Sésame. Fruit. (g.)
Craniolaire (*Craniolaria*).
*Martynia lutea*. Diagramme.
*Martynia lutea*. Ovaire coupé transversalement. (g.)
*Martynia diandra*. Ovaire coupé transversalement. (g.)
*Craniolaria fragrans*. Calyce et pistil.
*Martynia lutea*. Androcée.
*Martynia lutea*. Pistil.
*Pedalium murex*. Fruit.
Cornaret diandre (*Martynia diandra*). Fruit.
*Martynia lutea* Graine.
Cornaret jaune (*Martynia lutea*). Fruit.

Cette Famille habite la région intertropicale des deux Continents et le cap de Bonne-Espérance.

Peu d'Espèces sont usitées. La graine des *Sésames* (*Sesamum orientale* et *S. indicum*) contient une huile douce usitée chez les Orientaux comme substance alimentaire, médicinale et cosmétique. La culture de ces Plantes, répandue de toute antiquité dans les contrées tropicales et subtropicales de l'Asie et de l'Afrique, s'est propagée dans le nouveau Continent. L'importation en France des graines de *Sésame* est très-considérable; elle a été en 1855 de 60 millions de kilogrammes : l'huile que l'on en retire sert principalement à la fabrication du savon. — Le *Pedalium Murex* exhale une forte odeur de musc, et le suc épais que contiennent ses glandes vésiculeuses est employé dans l'Inde pour donner à l'eau une consistance mucilagineuse, qui la rend émolliente. — La racine du *Craniolaria annua* est charnue, de saveur douce, et les Créoles de l'Amérique la mangent crue, avec du sucre; ils préparent, avec la même racine desséchée, une boisson amère et rafraîchissante.

# COLUMELLIACÉES, *COLUMELLIACEÆ.*

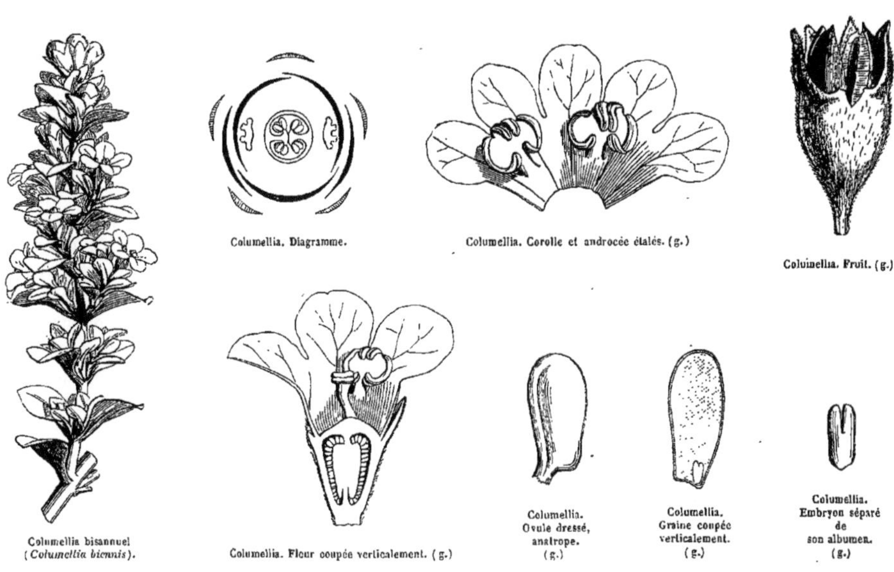

Columellia bisannuel (*Columellia biennis*). — Columellia. Diagramme. — Columellia. Corolle et androcée étalés. (g.) — Columellia. Fruit. (g.) — Columellia. Fleur coupée verticalement. (g.) — Columellia. Ovule dressé, anatrope. (g.) — Columellia. Graine coupée verticalement. (g.) — Columellia. Embryon séparé de son albumen. (g.)

ARBRES ou ARBRISSEAUX, toujours verts, péruviens ou mexicains, à rameaux comprimés, opposés. — FEUILLES opposées, non stipulées. — FLEURS terminales, jaunes, à pédoncules courts, bi-bractéolés. — CALYCE 5-partit. — COROLLE monopétale, épigyne, rotacée, 5-fide, sub-irrégulière, à préfloraison imbriquée. — ÉTAMINES 2, insérées sur la corolle, situées entre ses lanières postérieures et latérales. *Filets* courts, comprimés, dilatés en connectif trilobé. *Anthères* à loges sinueuses, confluentes au sommet. — OVAIRE infère, biloculaire, à placentaires occupant les côtés droit et gauche de l'axe floral. *Ovules* nombreux, ascendants, anatropes. *Style* court, épais, à 2 sillons. *Stigmate* bilobé. — CAPSULE sub-ligneuse, demi-supère par l'accroissement de son sommet, s'ouvrant par déhiscence septicide en 2 valves bifides. — GRAINES nombreuses, ascendantes, obovoïdes, comprimées, à *testa* coriace, lisse, à *hile* basilaire, à *chalaze* apicale, à *raphé* presque effacé. — EMBRYON droit; *albumen* charnu. *Cotylédons* ovoïdes, obtus. *Radicule* plus longue que les cotylédons, cylindrique, infère.

Cette petite famille, composée du Genre unique, *Columellia*, trouverait normalement sa place entre les *Rubiacées* et les *Gesnéracées* : comme dans les Gesnéracées, les feuilles sont opposées, la corolle est monopétale, épigyne, sub-irrégulière, anisostémone; les ovules sont nombreux, anatropes; les placentaires occupent la droite et la gauche de l'axe floral; l'embryon est droit et albuminé; mais les anthères sinueuses des *Columellia* et la déhiscence septicide de leur capsule rendent la diagnose facile. — Elles tiennent aussi de très-près aux Rubiacées par les feuilles opposées, la corolle épigyne, la capsule septicide et l'embryon albuminé; elles s'en éloignent principalement par la préfloraison et l'anisostémonie de leur corolle.

# ACANTHACÉES, *ACANTHACEÆ*.

## (ACANTHI, *Al.-L. De Jussieu.* — ACANTHACEÆ, *Rob. Brown.*)

**Corolle** *hypogyne, monopétale, à 5 divisions, ordinairement irrégulière, anisostémone, à préfloraison imbriquée.* **Étamines** *insérées sur la corolle, 4 didynames, ou 2.* **Ovaire** *à 2 loges.* **Ovules** *campylotropes, assis sur un prolongement du placentaire.* **Fruit** *capsulaire.* **Embryon** *dicotylédoné, ordinairement courbe, exalbuminé.*—**Feuilles** *opposées, ou verticillées.*

Acanthe (*Acanthus mollis*).

Plantes herbacées, sous-ligneuses à la base, ou ligneuses, à tige et rameaux articulés-noueux. — Feuilles opposées, ou verticillées par 3, ou par 4, non stipulées. — Fleurs ☿, irrégulières, axillaires, ou terminales, en épi, ou en grappes, ou en fascicule, rarement solitaires, accompagnées chacune d'une bractée et de 2 bractéoles, quelquefois minimes, quelquefois très-grandes et suppléant au calyce, qui alors est presque effacé. — Calyce à 5 divisions, égales, ou inégales, distinctes, ou diversement cohérentes, 4-fide, ou 4-partit, quelquefois peu apparent, et réduit à un anneau tronqué, entier, ou denté. — Corolle monopétale, tubuleuse, insérée sur le réceptacle. *Limbe* ordinairement bilabié, à lèvre supérieure bifide, quelquefois complétement effacée, l'inférieure 3-lobée; préfloraison imbriquée. — Étamines insérées sur le tube de la corolle, ordinairement 4 didynames, la 5e postérieure étant toujours stérile et rudimentaire, ou avortée, quelquefois deux seulement, par avortement des 2 antérieures. *Filets* filiformes, ou subulés. *Anthères* tantôt biloculaires à loges opposées, parallèles, paraissant souvent uniloculaires, par suite de la contiguité des loges; tantôt réellement uniloculaires, par suite soit de l'inégalité d'insertion, soit de l'obliquité, soit de la superposition, soit de la divergence des loges, dont l'une reste alors rudimentaire, ou avorte. — Ovaire supère, à 2 loges antéro-postérieures, séparées par une cloison à double paroi, bi-ovulées, ou tri-quadri-multi-ovulées. *Ovules* campylotropes ou semi-anatropes, bisériés sur le milieu de la cloison, ordinairement assis sur un processus du placentaire. *Style* terminal, simple, filiforme. *Stigmate* ordinairement bifide, rarement indivis. — Capsule membraneuse, ou coriace, ou cartilagineuse, sessile, ou comprimée en onglet à sa base, obtuse, ou pointue au sommet, à 2 loges, tantôt s'ouvrant élastiquement en 2 valves naviculaires médio-septifères, entières, ou bipartites; tantôt indéhiscente par suite de l'avortement de l'une des loges. — GRAINES arrondies, ou comprimées, généralement soutenues par des rétinacles subulés, ou crochus, nés de la cloison, quelquefois réduits à une cupule peu apparente; testa lisse, ou couvert de poils mucilagineux. — EMBRYON exalbuminé, ordinairement courbé. *Cotylédons* grands, arrondis, planes-convexes, ou quelquefois chiffonnés. *Radicule* cylindrique, descendante et centripète. *Albumen* nul.

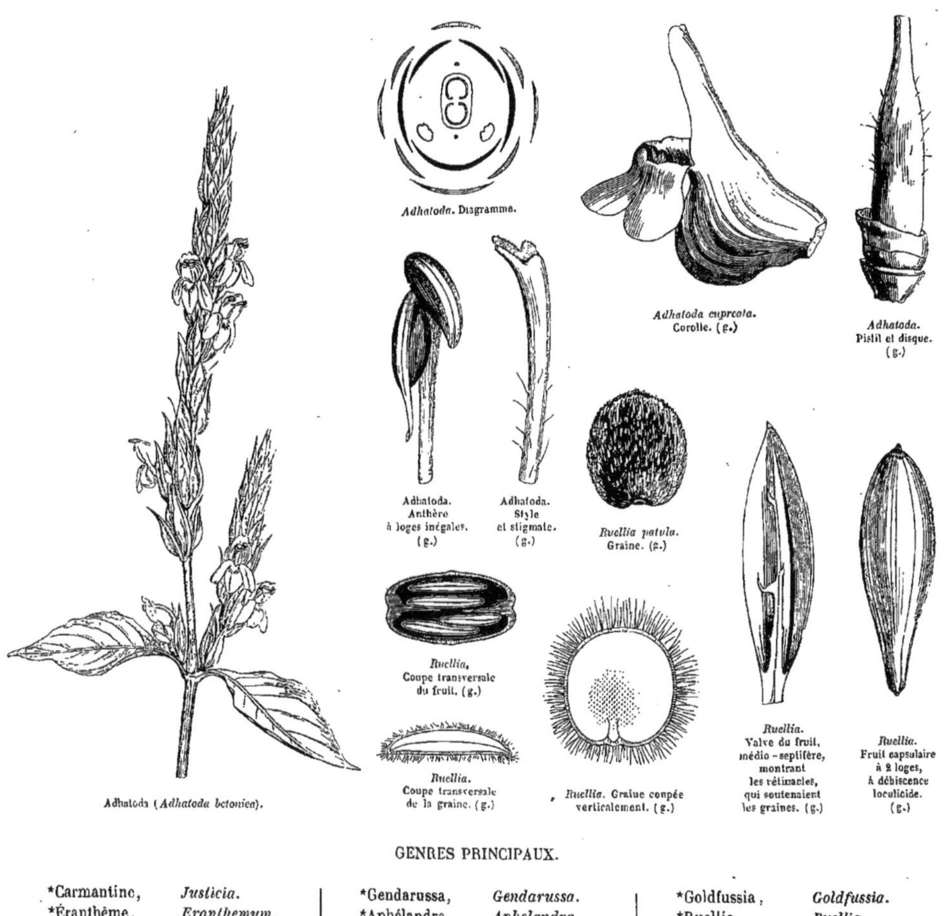

*Adhatoda*. Diagramme.

*Adhatoda cuprea*. Corolle. (g.)

*Adhatoda*. Pistil et disque. (g.)

Adhatoda. Anthère à loges inégales. (g.)

Adhatoda. Style et stigmate. (g.)

*Ruellia patula*. Graine. (g.)

*Ruellia*. Coupe transversale du fruit. (g.)

*Ruellia*. Valve du fruit, médio-septifère, montrant les rétinacles, qui soutenaient les graines. (g.)

*Ruellia*. Fruit capsulaire à 2 loges, à déhiscence loculicide. (g.)

Adhatoda (*Adhatoda betonica*).

*Ruellia*. Coupe transversale de la graine. (g.)

*Ruellia*. Graine coupée verticalement. (g.)

GENRES PRINCIPAUX.

| | | | | | |
|---|---|---|---|---|---|
| *Carmantine, | *Justicia.* | *Gendarussa, | *Gendarussa.* | *Goldfussia, | *Goldfussia.* |
| *Éranthème, | *Eranthemum.* | *Aphélandre, | *Aphelandra.* | *Ruellia, | *Ruellia.* |
| *Anisacanthe, | *Anisacanthus.* | *Acanthe, | *Acanthus.* | *Calophane, | *Calophanes.* |
| *Adhatoda, | *Adhatoda.* | *Geissomère, | *Geissomeria.* | *Thunbergia, | *Thunbergia.* |

Les *Acanthacées* se rapprochent des *Labiées* et des *Verbénacées* par l'irrégularité, l'anisostémonie et la préfloraison de la corolle, l'embryon exalbuminé, à radicule descendante, et les feuilles opposées; elles s'en éloignent par la courbure des ovules, le fruit capsulaire à valves comprimées, portant sur leur milieu les rétinacles qui soutiennent les graines. — Nous avons indiqué l'affinité qui les lie aux *Personées* et aux *Bignoniacées* (voir ces Familles).

Cette Famille habite presque exclusivement la zone intertropicale des deux Continents. On en rencontre un petit nombre d'Espèces en-deçà ou au-delà des tropiques, encore ne dépassent-elles guère le 15e degré de latitude boréale ou australe.

Les Acanthacées ne fournissent aucune Espèce à la médecine européenne. Elles contiennent cependant dans leurs parties herbacées un mucilage abondant, quelquefois relevé par un principe amer; d'autres possèdent une certaine âcreté; quelques-unes doivent à la présence d'une huile volatile des propriétés stimulantes. Les Acanthacées mucilagineuses sont employées dans l'Inde comme émollientes et béchiques; celles qui renferment un principe amer sont réputées toniques et fébrifuges; les Espèces âcres passent pour excitantes des fonctions de la peau et des membranes muqueuses. — Quelques-unes sont tinctoriales.

# LABIÉES, *LABIATÆ*.

(VERTICILLATÆ, *Linné*. — LABIATÆ, *A.-L. De Jussieu*. — LAMIACEÆ, *Lindley*.)

COROLLE *hypogyne, monopétale, irrégulière, anisostémone, à préfloraison imbriquée*. ÉTAMINES 4, *didynames, ou* 2, *insérées sur la corolle*. OVAIRE *4-lobé*. OVULES 4, *dressés, anatropes*. STYLE *gynobasique*. *Fruit se séparant en 4 akènes*. EMBRYON *dicotylédoné, exalbuminé*. RADICULE *infère*. — TIGE *tétragone*. FEUILLES *opposées, ou verticillées*.

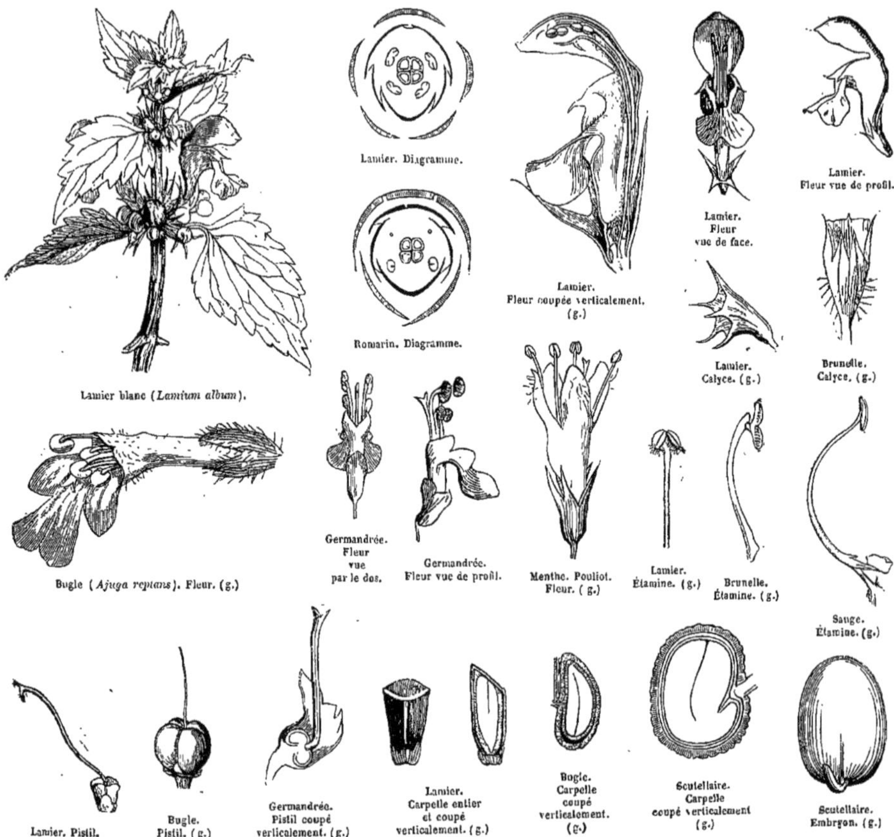


TIGE herbacée ou sous-ligneuse, rarement ligneuse, ordinairement tétragone. — FEUILLES opposées, ou verticillées, à nervures pennées-réticulées, non stipulées. — FLEURS ☿, irrégulières, très-rarement sub-régulières (*Menthe*), naissant à l'aisselle des feuilles ou des bractées, tantôt solitaires, ou géminées, tantôt réunies en glomérules, ou cymes à floraison centrifuge, qui forment, par leur réunion deux à deux, des faux-verticilles, espacés, ou rapprochés en épi. Feuilles, calyce, et même corolle et tige, souvent parsemées de glandes vésiculeuses contenant une huile volatile odorante. — CALYCE persistant, monosépale, tantôt irrégulier, à 2 lèvres, dont la supérieure représente 3 sépales, et l'inférieure 2; tantôt sub-régulier à 5 divisions, rarement 4 par l'absence de la supérieure. — COROLLE monopétale, insérée sur le réceptacle; *tube* quelquefois tordu (*Hyssopus lophantus, Ajuga orientalis*); *limbe* 4-5-lobé, à préfloraison imbriquée-cochléaire, tantôt bi-labié, la lèvre supérieure (*casque*) représentant 2 pétales et entière, ou échancrée, la lèvre inférieure représentant trois pétales et 3-lobée, quelquefois paraissant uni-labiée parce que la lèvre supérieure est fendue profondément et que ses lobes sont très-courts (*Bugle*); tantôt s'évasant en cloche, ou en entonnoir, à 4 lobes presque égaux et portant des étamines presque égales (*Menthe*). — ÉTAMINES insérées sur le tube de la corolle, ordinairement 4, didynames, rarement 2, par avortement des 2 supérieures (*Cunile, Lycope, Sauge, Romarin*). *Anthères* à 2 loges, souvent confluentes au sommet, quelquefois séparées par un connectif filiforme très-développé (*Sauge*). — OVAIRE libre, composé de 2 carpelles, porté sur un disque épais, à 4 lobes ou loges, également distincts, ou cohérents par paires, 1-ovulés. *Ovules* dressés, anatropes, *Style* simple, naissant à la base des loges de l'ovaire et se dilatant en un gynobase qui tapisse le disque. *Stigmate* généralement bifide. — FRUIT se séparant en 4 parties qui figurent 4 akènes, ou 4 nucules, distinctes, ou géminées, à épicarpe quelquefois charnu (*Prasion*). — GRAINES dressées. — EMBRYON droit, très-rarement courbe (*Scutellaire*), exalbuminé, ou entouré d'un albumen charnu très-mince. *Radicule* infère.

GENRES PRINCIPAUX.

| | | | | | |
|---|---|---|---|---|---|
| *Basilic, | *Ocimum.* | *Mélisse, | *Melissa.* | Marrube, | *Marrubium.* |
| *Plectranthe, | *Plectranthus.* | *Hysope, | *Hyssopus.* | *Bétoine, | *Betonica.* |
| *Lavande, | *Lavandula.* | Horminelle, | *Horminum.* | *Épiaire, | *Stachys.* |
| *Pogostémone, | *Pogostemon.* | *Sauge, | *Salvia.* | Galéopsis, | *Galeopsis.* |
| *Menthe, | *Mentha.* | *Romarin, | *Rosmarinus.* | Agripaume, | *Leonurus.* |
| Lycope, | *Lycopus.* | *Monarde, | *Monarda.* | *Lamier, | *Lamium.* |
| *Cunile, | *Cunila.* | *Zizyphore, | *Zizyphora.* | *Molucelle, | *Moluccella.* |
| *Origan, | *Origanum.* | Népéta, | *Nepeta.* | Ballote, | *Ballota.* |
| *Amaracus, | *Amaracus.* | Glécome, | *Glechoma.* | *Phlomide, | *Phlomis.* |
| *Marjolaine, | *Majorana.* | *Dracocéphale, | *Dracocephalum.* | *Léonotis, | *Leonotis.* |
| *Thym, | *Thymus.* | *Cédronelle, | *Cedronella.* | *Érémostachys, | *Eremostachys.* |
| *Sarriette, | *Satureia.* | *Brunelle, | *Brunella.* | Prasion, | *Prasium.* |
| Calament, | *Calamintha.* | *Toque, | *Scutellaria.* | *Prostanthéra, | *Prostanthera.* |
| Clinopode, | *Clinopodium.* | Mélitte, | *Melittis.* | *Améthystéa, | *Amethystea.* |
| *Gardoquia, | *Gardoquia.* | *Physostégie, | *Physostegia.* | *Germandrée, | *Teucrium.* |
| Thymbra, | *Thymbra.* | *Crapaudine, | *Sideritis.* | Bugle, | *Ajuga.* |

Les *Labiées* constituent un des groupes les plus naturels du Règne végétal; elles sont au nombre de ces Familles à caractères tranchés, que l'on a qualifiées de *monotypes*, comme si l'ensemble de leurs Espèces pouvait être compris dans un Genre unique. En effet, les ressemblances qui rapprochent les Genres dans les Labiées rendent souvent difficile leur distinction; par la même raison, les affinités des Labiées sont peu nombreuses. Nous avons indiqué leurs rapports avec les *Personées*, les *Borraginées*, les *Acanthacées* (voir ces familles). Les *Verbénacées* sont celles qui leur tiennent de plus près; elles n'en diffèrent que par la cohérence des parties de l'ovaire, le style terminal, le fruit baccien, ou drupacé, les feuilles non constamment opposées, et l'absence des glandes vésiculeuses oléifères.

C'est dans les régions tempérées de l'ancien Continent que vit la majorité des Labiées; elles sont peu nombreuses au-delà du 50e degré de latitude boréale, de même que sous les Tropiques, et se rencontrent rarement au-delà du Capricorne; elles manquent complétement sous les zones glaciales.

L'huile volatile renfermée dans les glandes vésiculeuses des Labiées tient en dissolution, chez quelques Espèces, un carbure d'hydrogène solide (*stéaroptène*), analogue au camphre; à ces substances se joignent un principe amer et un principe astringent, et de la diversité des proportions dans lesquelles sont combinées ces substances résultent les vertus diverses des membres de la Famille. — Les Espèces purement aromatiques sont employées comme condiments, ou comme médicaments stimulants, ou comme cosmétiques : telles sont les *Menthes*, et surtout la *Menthe poivrée*, le *Thym*, le *Serpolet*, la *Sarriette*, la *Mélisse*, le *Basilic*, etc. — Le *Romarin* doit à l'essence liquide et au *stéaroptène* qu'il contient les propriétés stimulantes énergiques utilisées par la médecine dans l'*eau de la reine de Hongrie*. — Chez beaucoup de Labiées, le principe aromatique s'allie à un principe amer qui les rend à la fois stimulantes et toniques : telles sont l'*Origan*, la *Marjolaine*, les *Lavandes*, etc. : la *Lavande Spic* (*Lavandula Spica*) fournit une essence à odeur très-forte, nommée vulgairement *huile d'aspic*, que l'on emploie en frictions contre les douleurs rhumatismales. La *Lavande officinale* (*L. vera*), cultivée dans tous les jardins, sert à parfumer le linge. — Le *Patchouly* est une Espèce indienne du Genre *Pogostemon*. Son odeur très-forte préserve des teignes les vêtements de laine et les fourrures.

Les *Germandrées* contiennent de l'acide gallique uni au principe amer, et jouissent de propriétés toniques. — La *Toque* (*Scutellaria galericulata*) était autrefois employée contre la fièvre tierce. — Le *Lierre terrestre* (*Glechoma hederacea*) est amer et légèrement âcre : on l'emploie comme béchique et antiscorbutique. Le *Marrube*, où l'amertume domine l'arome, est aussi recommandé comme tonique. — Enfin la *Sauge* réunit tous les principes médicamenteux que possèdent séparément les autres Labiées : de là les propriétés stimulantes, toniques, astringentes, qui lui ont valu son nom de *Salvia officinalis*.

# VERBÉNACÉES, *VERBENACEÆ.*

## (VITICES, *Jussieu.* — VERBENACEÆ, *Jussieu.*)

Corolle *hypogyne, monopétale, irrégulière, anisostémone, à préfloraison imbriquée.* Étamines *insérées sur la corolle, ordinairement 4 didynames, ou 2 seulement.* Ovaire *à 2-4-8 loges, 1-2-ovulées.* Ovules *dressés, ou ascendants.* Style *terminal.* Fruit *charnu.* Embryon *dicotylédoné, peu ou point albuminé.* Radicule *infère.*

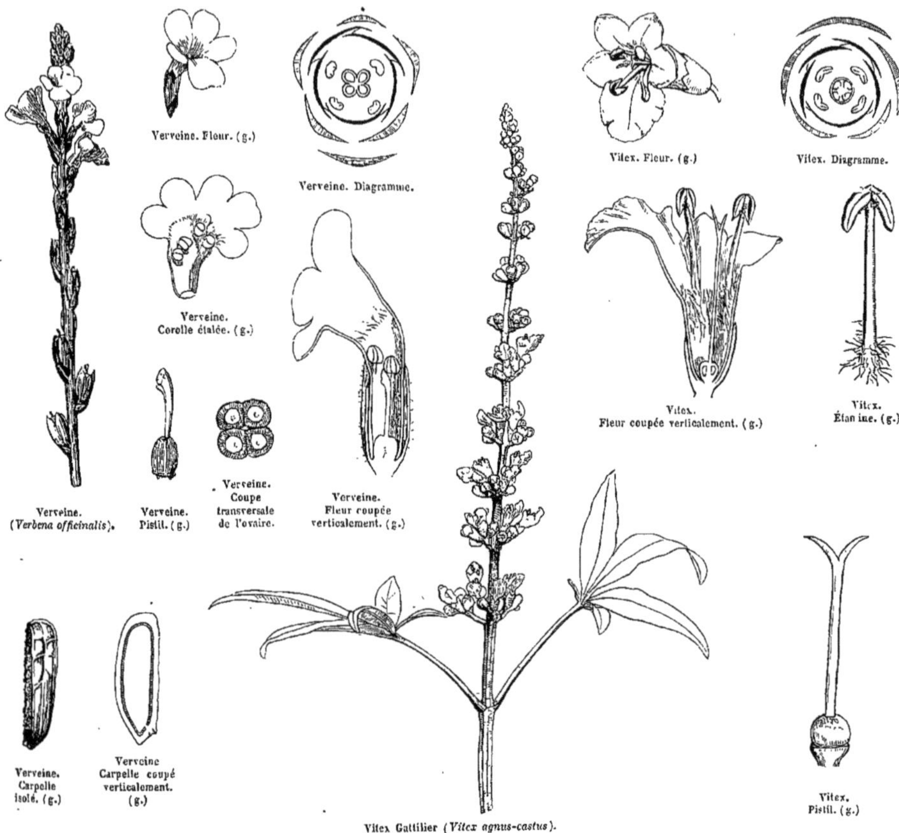

Verveine. Fleur. (g.) — Verveine. Diagramme. — Vitex. Fleur. (g.) — Vitex. Diagramme.

Verveine. Corolle étalée. (g.) — Vitex. Fleur coupée verticalement. (g.) — Vitex. Étamine. (g.)

Verveine. (*Verbena officinalis*). — Verveine. Pistil. (g.) — Verveine. Coupe transversale de l'ovaire. — Verveine. Fleur coupée verticalement. (g.)

Verveine. Carpelle isolé. (g.) — Verveine Carpelle coupé verticalement. (g.) — Vitex. Pistil. (g.)

Vitex Gattilier (*Vitex agnus-castus*).

Plantes herbacées, ou ligneuses, à tiges et rameaux généralement tétragones. — Feuilles généralement opposées, quelquefois verticillées, très-rarement alternes (*Dipyrena, Amazonia*), simples, ou composées, non stipulées. — Fleurs ☿, irrégulières, rarement sub-régulières, en épi, ou en grappe, ou en tête, ou en cyme, rarement solitaires, ordinairement pourvues d'une bractée. — Calyce monosépale, persistant, tubuleux, à limbe partit, ou denté. — Corolle insérée sur le réceptacle, monopétale, tubuleuse; *limbe* 4-5-fide, ordinairement inégal et labié, rarement régulier (*Tectonia, Callicarpa, Ægiphila*), à préfloraison imbriquée. — Étamines insérées sur le tube, ou sur la gorge de la corolle, généralement 4, didynames par avortement de la 5ᵉ, quelquefois 2, par avortement des 3 supérieures, très-rarement 5 fertiles (*Tectonia*). *Anthères* à 2 loges, quelquefois divergentes, s'ouvrant par une fente longitudinale. — Ovaire libre, composé de 2 ou 4 carpelles, 2-4-8-loculaire. *Ovules* solitaires, ou géminés, collatéraux dans chaque loge, tantôt dressés et anatropes, tantôt ascendants et semi-anatropes, rarement renversés (*Holmskioldia*). *Style* terminal, simple. *Stigmate* ordinairement indivis. — Fruit drupacé, ou baccien. *Drupes* à 2, ou 3, ou 4 noyaux, 1-2-loculaires, se séparant ordinairement de l'épicarpe à leur maturité. *Baies* à 2-4 loges, quelquefois 1-loculaires par avortement. — Graines solitaires dans chaque loge, dressées, ou ascendantes. — Embryon exalbuminé, ou sub-exalbuminé, droit. *Cotylédons* foliacés. *Radicule* infère.

GENRES PRINCIPAUX.

| | | | | | |
|---|---|---|---|---|---|
| *Lippia, | *Lippia.* | *Lantana, | *Lantana.* | *Duranta, | *Duranta.* |
| *Verveine, | *Verbena.* | *Gattilier, | *Vitex.* | *Pétrœa, | *Petrœa.* |
| *Stachytarphéta, | *Stachytarpheta.* | *Volkaméria, | *Volkameria.* | *Callicarpe, | *Callicarpa.* |
| *Caryoptéris, | *Caryopteris.* | *Clérodendron, | *Clerodendron.* | | |

Les affinités des *Verbénacées* avec les *Borraginées*, les *Labiées* et les *Acanthacées*, sont mentionnées dans la description de ces Familles. — Les *Verbénacées* touchent de près aux *Stilbinées* par l'irrégularité de la corolle, le nombre des étamines, l'ovaire à 2 loges, 1-2-ovulées, les ovules dressés et anatropes, l'inflorescence en épi et les feuilles verticillées; mais les Stilbinées ont la préfloraison de la corolle valvaire, les 4 étamines égales et non didynames, le fruit sec (capsule ou utricule), et l'embryon occupant l'axe d'un albumen charnu. — L'affinité avec les *Myoporinées* est indiquée par l'insertion, l'irrégularité, l'anisostémonie et la préfloraison de la corolle, la didynamie de l'androcée, l'ovaire à 2 loges 1-2-ovulées, le fruit drupacé, ou baccien; mais chez les *Myoporinées* les ovules sont pendants, l'embryon occupe l'axe d'un albumen charnu; les feuilles sont généralement alternes, les fleurs axillaires et ordinairement solitaires. — Même affinité avec les *Sélaginées*, qui de plus ont leurs fleurs en épi; la diagnose est aussi la même; en outre, chez les Sélaginées, les anthères sont réniformes, uniloculaires, et le fruit est sec. — La comparaison avec les *Globulariées* présente les mêmes analogies et les mêmes différences; les Globulariées se distinguent de plus par leur fruit sec, qui est un caryopse. Enfin on a signalé une étroite parenté entre les Verbénacées et les *Jasminées*. Dans les deux Familles, en effet, la corolle est hypogyne, sub-irrégulière, anisostémone, à préfloraison imbriquée; l'ovaire est biloculaire, les loges 1-2-ovulées, les ovules collatéraux, ascendants et anatropes; le fruit est charnu, l'embryon exalbuminé, ou sub-exalbuminé, et les feuilles opposées.

Les Verbénacées habitent principalement la région intertropicale; leur nombre décroît rapidement vers les pôles; les espèces ligneuses naissent sous la zone torride, les herbacées dans les climats tempérés. Elles sont rares en Europe, en Asie et dans l'Amérique septentrionale.

Les Verbénacées contiennent une petite quantité d'huile volatile; mais les principes amers et astringents prédominent, et leurs propriétés médicales sont peu estimées en Europe. — La *Verveine* (*Verbena officinalis*), célèbre chez les anciens Romains et chez les druides de la Gaule, tenait une grande place dans les cérémonies religieuses et dans les sortiléges des magiciens; son amertume, légèrement aromatique, l'avait fait ranger parmi les médicaments toniques; aujourd'hui, malgré sa qualification d'*officinale*, elle est complétement oubliée. — La *Verveine citronelle* (*Lippia citriodora*) est un sous-arbrisseau de l'Amérique méridionale, cultivé dans tous les jardins d'Europe, dont les feuilles séchées sont employées en infusion théiforme, et pour aromatiser des crèmes. — Plusieurs Espèces de *Lantana* sont aussi employées au Brésil en guise de thé (*Lantana pseudo-thea*), et leurs drupes sont comestibles (*L. annua* et *L. trifolia*) ainsi que celles des *Premna*. — Les *Callicarpa* d'Asie ont une écorce aromatique amère, et leurs feuilles sont diurétiques; les Espèces américaines du même Genre sont réputées dans le traitement de l'hydropisie. — Quelques autres Verbénacées sont alexipharmaques (*Ægiphila*, *Gmelina*). Le *Gmelina villosa* est fébrifuge; le *Gmelina arborea* est recommandé dans les affections rhumatismales. — Le *Verbena erinoides* est employé au Pérou comme stimulant des fonctions utérines. — Les *Clérodendrons* sont des arbres remarquables par l'odeur suave de leurs fleurs; les feuilles amères et la racine aromatique de plusieurs d'entre eux sont recommandées contre les cachexies scrofuleuse et syphilitique; d'autres remplissent dans les pratiques superstitieuses des sorciers indiens le même rôle que la *Verveine* chez les magiciens d'Europe. — Le *Gattilier* est un arbrisseau indigène de la France méridionale auquel les anciens attribuaient des vertus réfrigérantes; de là son nom spécifique d'*agnus castus*.

# STILBINÉES, *STILBINEÆ.*

## (STILBINEÆ, *Kunth.* — STILBACEÆ, *Lindley.*)

Corolle *monopétale, hypogyne, sub-régulière, anisostémone, à préfloraison imbriquée.* Étamines *fertiles 4, égales, insérées sur la corolle.* Ovaire *biloculaire.* Ovules *dressés, anatropes.* Fruit *sec, capsulaire, ou utriculaire.* Embryon *dicotylédoné, droit, albuminé.* Radicule *infère.* — Tige *ligneuse.* Feuilles *alternes.*

Arbrisseaux à port de Bruyères. — Feuilles verticillées, serrées, étroites, articulées sur la tige, non stipulées. — Fleurs ☿, en épis denses terminant les rameaux, munies chacune d'une bractée foliacée et de deux bractéoles latérales. — Calyce coriace, persistant, tubuleux-campanulé, 5-fide, ou 5-partit, les 2 divisions inférieures plus distinctes que les 3 supérieures, ou égales; préfloraison valvaire. — COROLLE monopétale, insérée sur le réceptacle, à *tube* infondibuliforme, à *gorge* hérissée de poils serrés, à *limbe* 5-partit, étalé, sub-bilabié; préfloraison imbriquée. — ÉTAMINES 4, fertiles, saillantes, insérées sur la gorge de la corolle, et alternes avec ses lobes, la 5ᵉ supérieure étant stérile, ou complétement avortée. *Filets* filiformes, sub-égaux. *Anthères* introrses, dorsifixes, à 2 loges souvent écartées par leurs bases, et s'ouvrant par 2 fentes longitudinales confluentes au sommet de l'anthère. — OVAIRE libre, à 2 loges antéro-postérieures, inégales, 1-ovulées, ou une seule fertile. *Ovules* dressés, anatropes. *Style* filiforme. *Stigmate* simple. — « CAPSULE à 2 loges, s'ouvrant au sommet en 4 valvules par déhiscence loculicide, ou UTRICULE indéhiscent, à graine unique par avortement. — GRAINES 1-2, dressées. — EMBRYON subcylindrique, occupant l'axe d'un albumen charnu, et de moitié plus court que lui. *Cotylédons* peu distincts. *Radicule* infère. »

GENRES PRINCIPAUX.

Stilbé, *Stilbe*. | Campylostachys, *Campylostachys*.

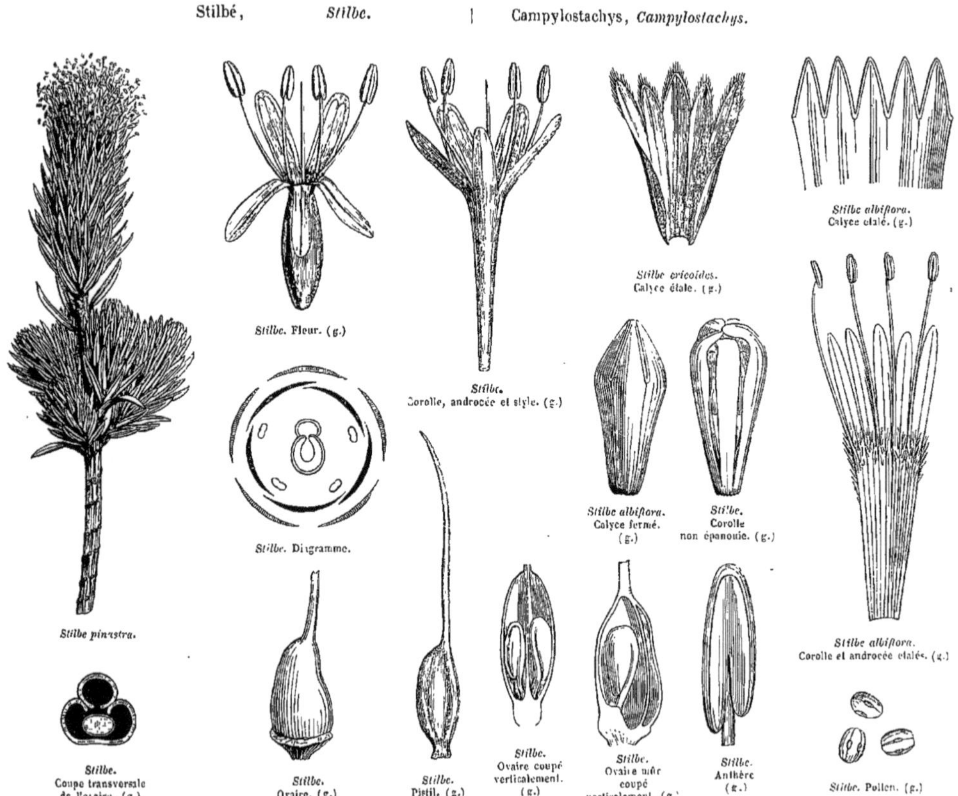

*Stilbe pinastra.* — *Stilbe*. Fleur. (g.) — *Stilbe*. Corolle, androcée et style. (g.) — *Stilbe ericoides*. Calyce étalé. (g.) — *Stilbe albiflora*. Calyce étalé. (g.) — *Stilbe*. Diagramme. — *Stilbe albiflora*. Calyce fermé. (g.) — *Stilbe*. Corolle non épanouie. (g.) — *Stilbe albiflora*. Corolle et androcée étalés. (g.) — *Stilbe*. Coupe transversale de l'ovaire. (g.) — *Stilbe*. Ovaire. (g.) — *Stilbe*. Pistil. (g.) — *Stilbe*. Ovaire coupé verticalement. (g.) — *Stilbe*. Ovaire mûr coupé verticalement. (g.) — *Stilbe*. Anthère (g.) — *Stilbe*. Pollen. (g.)

La petite Famille des *Stilbinées* se rapproche des *Verbénacées* par l'hypogynie, l'irrégularité, l'anisostémonie de la corolle, l'ovaire bicarpellé, les ovules dressés et anatropes, l'inflorescence en épi, et la non-alternance des feuilles; mais les Verbénacées diffèrent par la didynamie de l'androcée, le fruit charnu, et l'embryon exalbuminé. — Les *Sélaginées*, les *Myoporinées* et les *Globulariées* présentent les mêmes affinités que les Verbénacées; en outre, l'embryon est albuminé et les anthères sont uniloculaires par suite de la confluence des loges après l'épanouissement de la fleur. Mais dans ces trois Familles la préfloraison du calyce est imbriquée, l'androcée est didyname, les ovules sont pendants, et les feuilles sont alternes : en outre, le fruit des Globulariées est un caryopse; celui des Sélaginées se compose de 2 akènes, et celui des Myoporinées est une drupe à 2-4 loges.

Les Stilbinées habitent l'Afrique australe. Ce sont des arbrisseaux qui ne se recommandent par aucune propriété utile.

# MYOPORINÉES, *MYOPORINEÆ*.

(MYOPORINÆ, *Rob. Brown.* — MYOPORINEÆ, *Jussieu.* — MYOPORACEÆ, *Lindley.*)

COROLLE *monopétale, hypogyne, irrégulière ou sub-régulière, anisostémone.* ÉTAMINES 4, *didynames, insérées sur la corolle.* OVAIRE 2-4-*loculaire.* OVULES *pendants, anatropes.* FRUIT *drupacé, à loges 1-4-séminées.* EMBRYON *dicotylédoné, droit, albuminé.* RADICULE *supère.*

ARBRISSEAUX, ou SOUS-ARBRISSEAUX. — FEUILLES alternes, rarement opposées, simples, entières, ou dentées, ordinairement parsemées de glandes résineuses, non stipulées. — FLEURS ☿ axillaires, à pédicelles uniflores, rarement ramifiés en cyme, dépourvus de bractées. — CALYCE 5-partit, ou 5-fide, persistant, scarieux. — COROLLE monopétale 5-lobée, sub-régulière, ou ringente, à préfloraison imbriquée. — ÉTAMINES 4, insérées à la base de la corolle, alternes avec ses lobes. *Filets* filiformes. *Anthères* introrses, oscillantes au sommet du filet, à deux loges confluentes en une seule par réunion des deux fentes longitudinales. — CARPELLES 2, cohérents en un *ovaire* à 2 loges antéro-postérieures, quelquefois subdivisées par une cloison secondaire dirigée de l'axe vers la périphérie, et formant 4 logettes plus ou moins complètes. *Ovules* 2, collatéraux dans chaque carpelle, rarement 4 imbriqués par paires, pendants, anatropes. *Style* terminal, simple. *Stigmate* échancré, rarement bifide. — DRUPE succulente ou presque sèche, à noyau tantôt biloculaire, tantôt plus ou moins complétement 4-loculaire. — GRAINES inverses. — EMBRYON cylindrique, occupant l'axe d'un albumen charnu peu abondant. *Cotylédons* demi-cylindriques. *Radicule* voisine du hile, supère.

GENRES PRINCIPAUX.

| | | | |
|---|---|---|---|
| *Myopore, | *Myoporum.* | *Sténochile, | *Stenochilus.* |

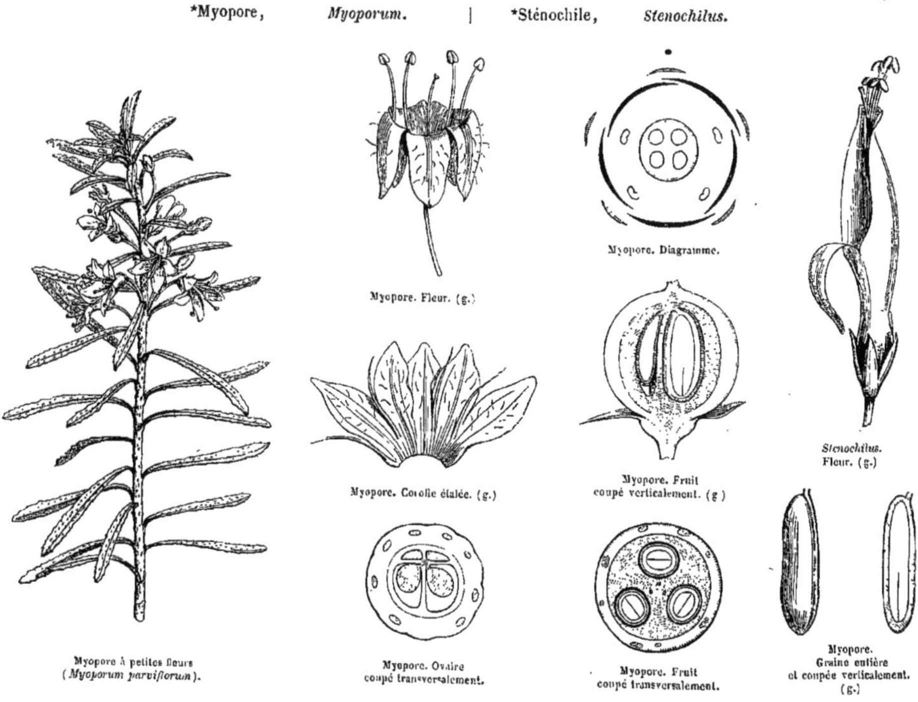

Myopore à petites fleurs (*Myoporum parviflorum*).

Myopore. Fleur. (g.)

Myopore. Corolle étalée. (g.)

Myopore. Ovaire coupé transversalement.

Myopore. Diagramme.

Myopore. Fruit coupé verticalement. (g.)

Myopore. Fruit coupé transversalement.

*Stenochilus.* Fleur. (g.)

Myopore. Graine entière et coupée verticalement. (g.)

Les *Myoporinées* sont liées aux *Verbénacées* par une affinité que nous avons signalée en décrivant cette dernière Famille. Elles se rapprochent des *Sélaginées* par l'hypogynie, l'irrégularité, l'anisostémonie et la préfloraison de la corolle, la didynamie de l'androcée, les anthères uniloculaires, le nombre des carpelles, les ovules pendants et anatropes, l'embryon albuminé et les feuilles alternes; les Sélaginées s'en éloignent par leur inflorescence terminale en épi, les loges 1-ovulées, et le fruit composé de 2 akènes. — Les rapports sont les mêmes entre les Myoporinées et les *Globulariées*; mais celles-ci diffèrent par leur inflorescence en capitule terminal, leur ovaire uniloculaire, 1-ovulé, et leur fruit, qui est un caryopse.

Les Myoporinées sont pour la plupart indigènes de l'Australie, et aussi de quelques autres îles de l'Océan pacifique. Un seul Genre (*Bontia*) vit solitaire dans les Antilles.

Les Myoporinées sont généralement parsemées de glandes résineuses. Chez quelques Espèces la résine exsude en larmes transparentes. Elles ne sont pour l'homme d'aucune utilité; quelques-unes (*Myoporum parviflorum*, etc.) sont cultivées en Europe comme Plantes d'ornement.

# SÉLAGINÉES, *SELAGINEÆ*.

## (SELAGINEÆ, *Jussieu*. — SELAGINACEÆ, *Lindley*.)

Corolle *monopétale, hypogyne, sub-régulière, anisostémone, à préfloraison imbriquée*. Étamines 4, *presque égales, ou* 2, *insérées sur la corolle*. Ovaire *à* 2 *loges*, 1-*ovulées*. Ovules *pendants, anatropes*. Fruit *composé de* 2 *akènes*. Embryon *dicotylédoné, albuminé*. Radicule *supère*.

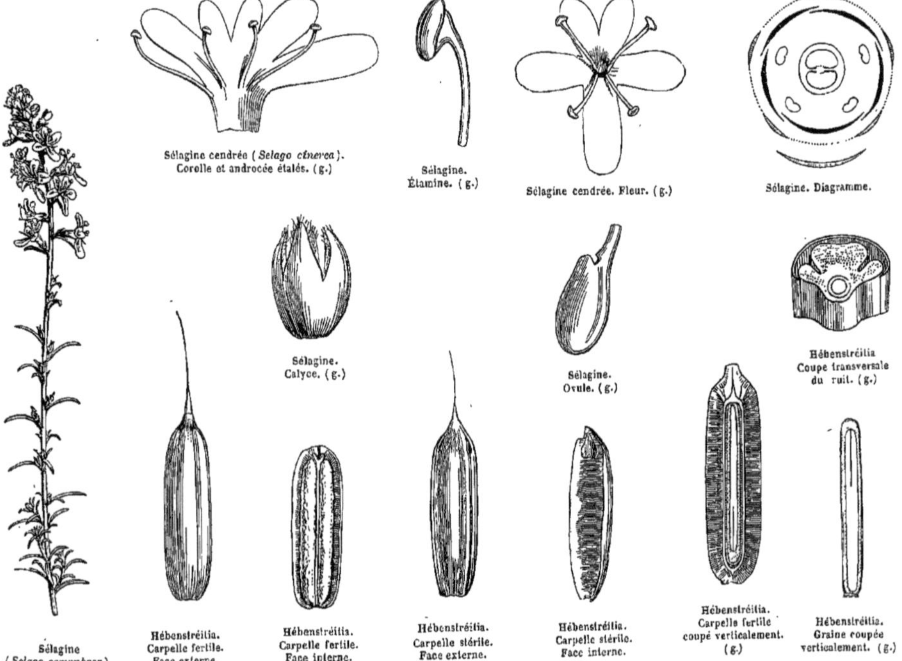

Sélagine cendrée (*Selago cinerea*). Corolle et androcée étalés. (g.)

Sélagine. Étamine. (g.)

Sélagine cendrée. Fleur. (g.)

Sélagine. Diagramme.

Sélagine. Calyce. (g.)

Sélagine. Ovule. (g.)

Hébenstréitia. Coupe transversale du fruit. (g.)

Sélagine (*Selago corymbosa*).

Hébenstréitia. Carpelle fertile. Face externe.

Hébenstréitia. Carpelle fertile. Face interne.

Hébenstréitia. Carpelle stérile. Face externe.

Hébenstréitia. Carpelle stérile. Face interne.

Hébenstréitia. Carpelle fertile coupé verticalement. (g.)

Hébenstréitia. Graine coupée verticalement. (g.)

Herbes, ou sous-arbrisseaux rameux. — Feuilles alternes, ou fasciculées, quelquefois sub-opposées, simples, ordinairement linéaires, non stipulées. — Fleurs ☿, généralement irrégulières, munies chacune d'une bractée, disposées en épis soit solitaires, soit réunis en panicule, ou en corymbe. — Calyce persistant, monosépale, spathiforme, ou tubuleux, 5-3-denté, ou 5-3-partit, rarement à 2 sépales distincts. — Corolle insérée sur le réceptacle, monopétale, tombante, à *tube* entier, ou fendu en long; *limbe* 4-5-lobé, 1-2-labié, ou sub-régulier, étalé, à préfloraison imbriquée. — ÉTAMINES insérées sur le tube de la corolle, alternes avec ses divisions, tantôt 4 sub-didynames, ou égales, avec une 5e rudimentaire; tantôt 2 seulement. *Filets* filiformes. *Anthères* uniloculaires, s'ouvrant par une fente longitudinale. — OVAIRE libre, à 2 loges antéro-postérieures, 1-ovulées. *Ovules* pendants au sommet de la loge, anatropes. *Style* terminal, simple. *Stigmate* indivis, sub-capité. — FRUIT composé de 2 akènes se séparant à la maturité, souvent inégaux, l'un des deux restant stérile, ou avortant complétement; péricarpe membraneux appliqué sur la graine, rarement spongieux, ou creusé de fausses loges. — GRAINES inverses, à *testa* coriace. — EMBRYON droit, cylindrique, occupant l'axe d'un albumen charnu, et l'égalant en longueur. *Cotylédons* demi-cylindriques. *Radicule* voisine du hile, supère.

GENRES PRINCIPAUX.

*Sélagine, *Selago.* | *Hébenstréitia, *Hebenstreitia.* | *Polycénie, *Polycenia.*

Nous avons indiqué les affinités des *Sélaginées* avec les *Verbénacées*, les *Stilbinées* et les *Myoporinées* (voir ces Familles). Elles tiennent étroitement aux *Globulariées* par la corolle hypogyne, 2-labiée, à préfloraison imbriquée, par la didynamie des étamines et les anthères 1-loculaires, par les ovules pendants et anatropes, par le fruit sec, par l'embryon droit, albuminé, axile et par les feuilles alternes; mais chez les Globulariées l'ovaire est 1-loculaire, le fruit est un caryopse, et les fleurs sont disposées en capitule.

Toutes les Sélaginées habitent le cap de Bonne-Espérance. Quelques Espèces sont cultivées dans les serres d'Europe : l'*Hebenstréitia dentée* a des fleurs dont l'odeur est nulle le matin, forte et désagréable à midi, et suave le soir.

# GLOBULARIÉES, *GLOBULARIEÆ.*

(GLOBULARIÆ, *De Candolle.* — GLOBULARINEÆ, *Endlicher.* GLOBULARIACEÆ, *Lindley.*)

COROLLE *monopétale hypogyne, bilabiée, anisostémone, à préfloraison imbriquée.* ÉTAMINES 4, *didynames, insérées sur la corolle.* OVAIRE *uniloculaire.* OVULE *unique, pendant, anatrope.* CARYOPSE. EMBRYON *dicotylédoné, albuminé.* RADICULE *supère.* — FLEURS *en capitule.*

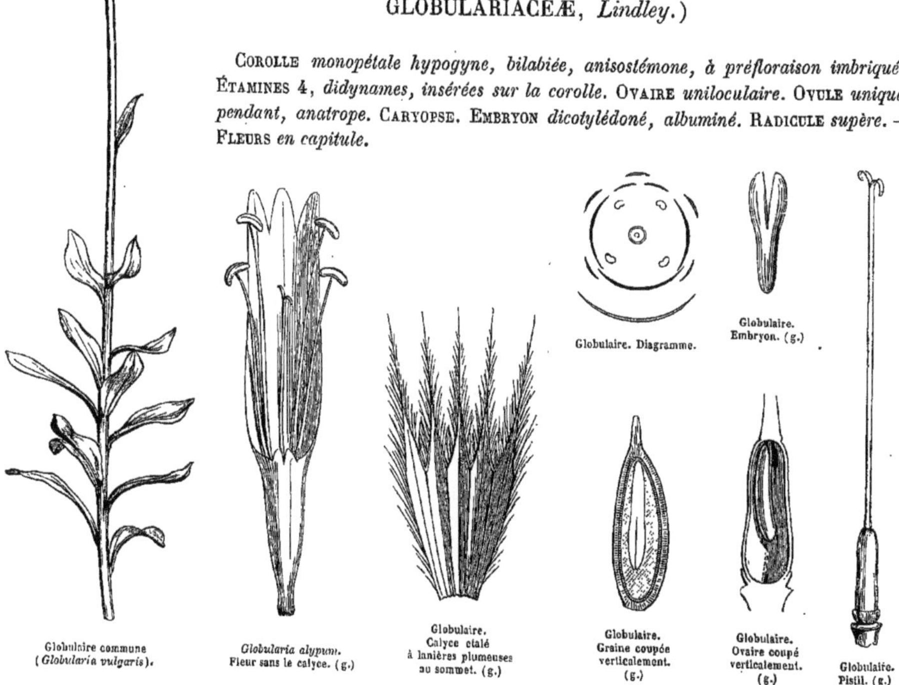

Globulaire commune (*Globularia vulgaris*). — *Globularia alypum.* Fleur sans le calyce. (g.) — Globulaire. Calyce étalé à lanières plumeuses au sommet. (g.) — Globulaire. Diagramme. — Globulaire. Embryon. (g.) — Globulaire. Graine coupée verticalement. (g.) — Globulaire. Ovaire coupé verticalement. (g.) — Globulaire. Pistil. (g.)

Arbrisseaux, ou sous-arbrisseaux, ou herbes vivaces. — Feuilles alternes, simples, entières, agrégées à la base des rameaux, les supérieures plus petites, écartées, spatulées, resserrées en pétiole bordé, non stipulées, marcescentes. — Fleurs ☿, irrégulières, agrégées en tête sur un réceptacle convexe, pailleté et involucré de bractées pluri-sériées. — Calyce herbacé, monosépale, à *tube* tétragone après la floraison, à *gorge* ordinairement fermée par des poils, à *limbe* 5-fide, régulier, ou rarement à 2 lèvres, la supérieure trifide, l'inférieure bifide. — Corolle monopétale, insérée sur le réceptacle, à *tube* cylindrique, à *limbe* unilabié, ou bilabié, la lèvre supérieure entière, ou bilobée, ou très-courte et presque effacée; l'inférieure plus longue, tripartite, ou trifide, ou tridentée; préfloraison imbriquée. — Étamines 4, insérées au sommet du tube de la corolle, alternes avec ses lobes, la 5e manquant entre les lobes de la lèvre supérieure. *Filets* filiformes, sortants, les supérieurs un peu plus courts. *Anthères* réniformes, biloculaires dans la fleur en bouton, devenant uniloculaires après l'épanouissement par la confluence des loges, et s'ouvrant en haut par une fente unique. — Ovaire libre, uniloculaire, muni à sa base d'un nectaire hypogyne, minime, rarement réduit à une glande antérieure, quelquefois nul. *Ovule* unique, pendant, anatrope. *Style* terminal, simple. *Stigmate* indivis, ou courtement bilobé. — Caryopse enveloppé par le calyce, mucroné par la base persistante du style. — Graine inverse. — Embryon droit, occupant l'axe d'un albumen charnu. *Cotylédones* ovoïdes, obtus. *Radicule* voisine du hile, supère.

GENRE UNIQUE.

Globulaire, *Globularia.*

Nous avons indiqué les affinités qui rattachent les *Globulariées* aux *Verbénacées*, aux *Stilbinées*, aux *Myoporinées* et aux *Sélaginées*, affinités qui ne sont point altérées par l'ovaire 1-loculaire et 1-ovulé des Globulariées, attendu que la base du style est géniculée et un peu creuse postérieurement, ce qui a conduit M. Alph. De Candolle à soupçonner que le pistil se compose de 2 carpelles, dont le postérieur est avorté. Quelques Botanistes ont signalé une étroite liaison entre les Globulariées et les *Dipsacées;* ces dernières en effet ne diffèrent des premières que par l'épigynie de la corolle, et les feuilles opposées, ou verticillées. — Les Globulariées présentent aussi quelque analogie avec les *Brunoniacées,* analogie fondée sur l'inflorescence en capitule, la corolle hypogyne, l'ovaire 1-loculaire, 1-ovulé, et l'ovule anatrope; mais dans les Brunoniacées la corolle est régulière, isostémone, à préfloraison valvaire, les étamines sont hypogynes, et les anthères à 2 loges; l'ovule est dressé, et l'embryon exalbuminé. — On a aussi établi des rapports de ressemblance entre les Globulariées et les *Calycérées :* dans les deux Familles l'inflorescence est la même, l'ovaire est également 1-loculaire, 1-ovulé, et l'ovule est pendant et anatrope, l'embryon est albuminé; mais les Calycérées diffèrent par l'épigynie, la régularité, l'isostémonie, la préfloraison valvaire de la corolle et la syngénésie des étamines.

Les Globulariées habitent principalement les régions austro-occidentales de l'Europe tempérée. On ne les rencontre plus au-delà du 54e degré de latitude boréale.

Quelques Espèces de *Globulaire* étaient jadis employées en médecine; les feuilles de la *Globulaire commune* sont rangées parmi les médicaments détersifs et vulnéraires. — La *Globulaire turbith* (*Globularia alypum*) remplace le *Séné* dans le midi de l'Europe, et jouit d'une propriété purgative très-prononcée.

# UTRICULARIÉES, *UTRICULARIEÆ.*

## (LENTIBULARIEÆ, *L.-C. Richard.* — UTRICULARINÆ, *Link.* LENTIBULARIACEÆ, *Lindley.*)

Corolle *monopétale, hypogyne, irrégulière, anisostémone.* Étamines 2, *à anthères 1-loculaires, insérées sur la corolle.* Ovaire *1-loculaire, à placentaire central libre.* Ovules *nombreux, anatropes.* Fruit *capsulaire.* Graines *minimes.* Embryon *dicotylédoné, droit, exalbuminé.*

Herbes aquatiques, ou palustres, — Feuilles toutes radicales, tantôt rosulées, entières, un peu charnues; tantôt éparses, ou verticillées, capillaires et chargées de vésicules, ou peltées. — Hampes ordinairement simples, nues, ou écailleuses, quelquefois munies de vésicules verticillées, uniflores, ou terminées soit par un épi, soit par une grappe. — Fleurs ☿, irrégulières, ordinairement munies de bractées. — Calyce persistant, tantôt à 2 sépales, tantôt divisé en 5 lanières sub-inégales. — Corolle monopétale, insérée sur le réceptacle, personée, ou bilabiée, à *tube* court prolongé en éperon à sa base; *limbe* à lèvre supérieure bifide, l'inférieure indivise, ou trifide; *palais* convexe, ou déprimé. — Étamines 2, insérées à la base de la corolle, sous la lèvre supérieure, et incluses. *Filets* cylindriques-comprimés, arqués, convergents. *Anthères* terminales, ordinairement étranglées par le milieu, 1-loculaires, s'ouvrant transversalement en 2 valves. — OVAIRE libre, composé de 2 carpelles cohérents, uniloculaire, à placentaire basilaire, globuleux. *Ovules* nombreux, anatropes. *Style* court, épais. *Stigmate* à 2 lèvres, la supérieure plus courte, quelquefois effacée, l'inférieure élargie en languette. — CAPSULE s'ouvrant tantôt irrégulièrement, tantôt en 2 valves complètes. — GRAINES nombreuses, à *testa* rugueux, à *hile* basilaire. — EMBRYON exalbuminé, droit, indivis, ou à *cotylédons* très-courts. *Radicule* allongée, voisine du hile.

GENRES PRINCIPAUX.

Utriculaire, *Utricularia*. | Grassette, *Pinguicula*.

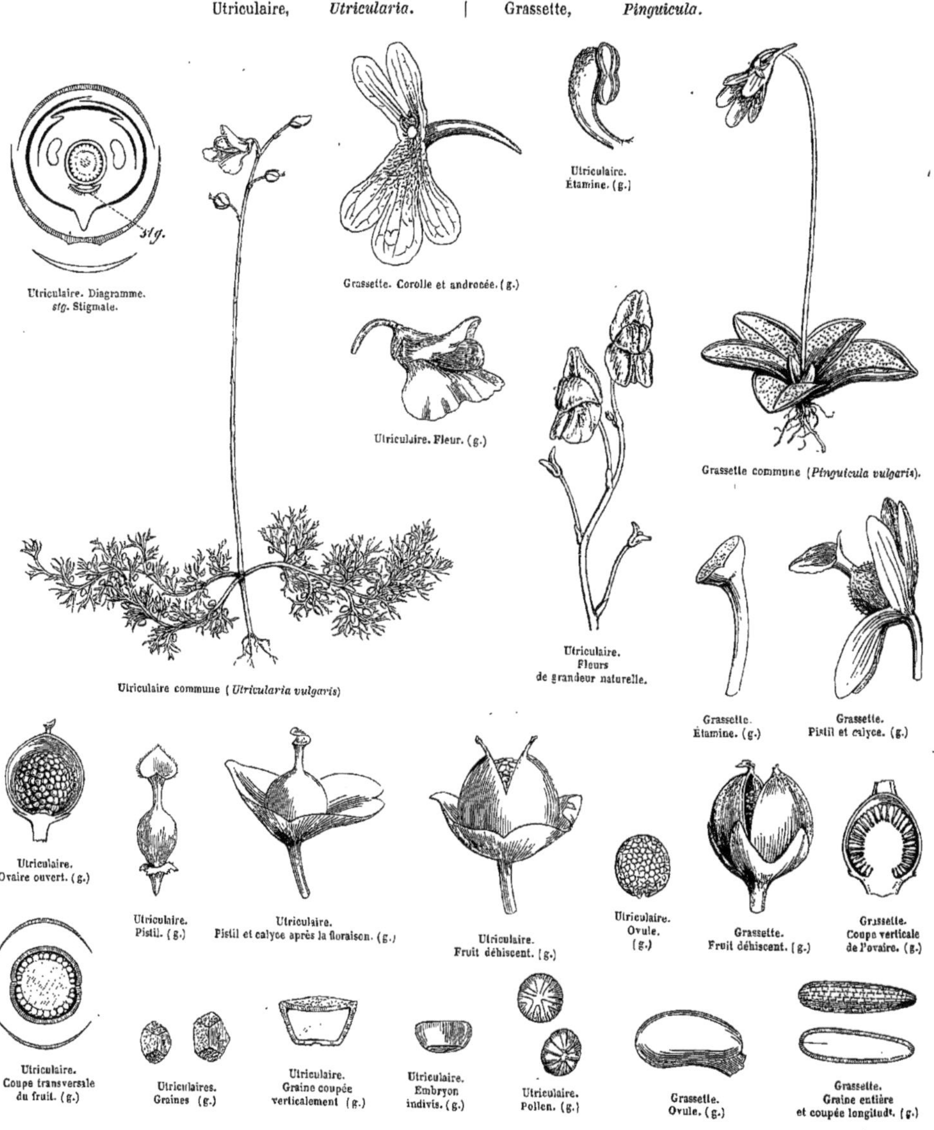


Utriculaire. Diagramme. *stg.* Stigmate.

Grassette. Corolle et androcée. (g.)

Utriculaire. Étamine. (g.)

Utriculaire. Fleur. (g.)

Grassette commune (*Pinguicula vulgaris*).

Utriculaire commune (*Utricularia vulgaris*)

Utriculaire. Fleurs de grandeur naturelle.

Grassette. Étamine. (g.)

Grassette. Pistil et calyce. (g.)

Utriculaire. Ovaire ouvert. (g.)

Utriculaire. Pistil. (g.)

Utriculaire. Pistil et calyce après la floraison. (g.)

Utriculaire. Fruit déhiscent. (g.)

Utriculaire. Ovule. (g.)

Grassette. Fruit déhiscent. (g.)

Grassette. Coupe verticale de l'ovaire. (g.)

Utriculaire. Coupe transversale du fruit. (g.)

Utriculaires. Graines (g.)

Utriculaire. Graine coupée verticalement (g.)

Utriculaire. Embryon indivis. (g.)

Utriculaire. Pollen. (g.)

Grassette. Ovule. (g.)

Grassette. Graine entière et coupée longitud^t. (g.)

Les *Utriculariées* tirent leur nom de leur principal Genre, qui doit le sien aux vésicules aériennes (*ascidies*) répandues sur les feuilles submergées. « Ces utricules sont arrondies et munies d'une espèce d'opercule mobile. Dans la jeunesse de la Plante, elles sont pleines d'un mucus plus pesant que l'eau, et la Plante, retenue par ce lest, reste au fond. Vers l'époque de la floraison, les feuilles sécrètent un gaz qui entre dans les utricules, et chasse le mucus en soulevant l'opercule; la Plante, munie alors d'une foule de vessies aériennes, se soulève lentement, et vient flotter à la surface. La floraison s'y exécute à l'air libre : dès qu'elle est achevée, les feuilles recommencent à sécréter du mucus, celui-ci remplace l'air dans les utricules; la Plante redevient plus pesante, et redescend au fond de l'eau, pour y mûrir ses graines au lieu même où elles doivent être semées. » (De Candolle, *Physiologie végétale.*)

Les *Utriculariées* se rapprochent des *Personnées* par leur corolle et leur androcée, et des *Primulacées* par leur placentation centrale et leur ovaire uniloculaire; elles s'en éloignent par l'embryon exalbuminé.

Les Utriculariées sont des Plantes cosmopolites, mais elles habitent en plus grand nombre les régions tropicales des deux Continents et de l'Australie, où elles végètent dans les eaux dormantes, les prés marécageux et les lieux inondés pendant la saison des pluies.

L'herbe des Espèces européennes du Genre *Utriculaire* était autrefois recommandée dans les cas de dysurie; on l'emploie aujourd'hui comme topique pour les plaies et les brûlures. — Les feuilles de la *Grassette commune* (*Pinguicula vulgaris*) sont réputées vénéneuses pour les moutons; prises par l'homme en petite quantité et à l'état frais, elles purgent doucement, et sont considérées comme vulnéraires. Les Lapons s'en servent pour faire cailler le lait de leurs rennes, et les paysannes du Danemark emploient leur suc, au lieu de pommade, pour lisser leurs cheveux.

# PLANTAGINÉES, *PLANTAGINEÆ.*

(PLANTAGINES, *Jussieu.* — PLANTAGINEÆ, *Rob. Brown.* — PLANTAGINACEÆ, *Lindley.*)

Corolle *monopétale, hypogyne, généralement isostémone, à préfloraison imbriquée.* Étamines 4 (*rarement une seule*), *insérées sur la corolle, ou hypogynes.* Ovaire 1-4-*loculaire.* Ovules *peltés.* Capsule, *ou* Nucule. Graines *fixées par un hile ventral.* Embryon *dicotylédoné, parallèle au hile, albuminé, droit, ou arqué.*

Plantes herbacées, annuelles, ou vivaces, à rhizôme souterrain, quelquefois stolonifère, émettant des pédoncules scapiformes, ou des tiges feuillées, rarement ligneuses. — Feuilles toutes radicales, dans la plupart des Espèces, rosulées, alternes, ou opposées dans quelques Espèces (*Psyllium*), simples, planes, à nervures saillantes, entières, ou dentées, ou pennifides (*Psyllium*), quelquefois demi-cylindriques et charnues, sessiles, ou rétrécies en pétiole dilaté à sa base et accompagné d'une membrane laineuse. — Pédoncules naissant de l'aisselle des feuilles inférieures, jamais terminaux. — Fleurs en épi, ou solitaires, pourvues d'une bractée, complètes, ou diclines, les ♂ solitaires sur un pédoncule scapiforme, les ♀ agglomérées, sessiles à la base de ce pédoncule.

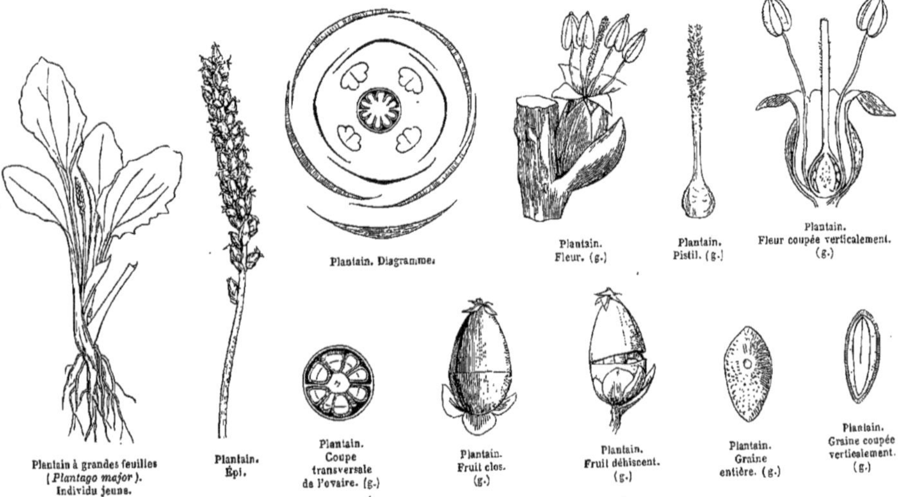

Plantain. Diagramme.

Plantain. Fleur. (g.)

Plantain. Pistil. (g.)

Plantain. Fleur coupée verticalement. (g.)

Plantain à grandes feuilles (*Plantago major*). Individu jeune.

Plantain. Épi.

Plantain. Coupe transversale de l'ovaire. (g.)

Plantain. Fruit clos. (g.)

Plantain. Fruit déhiscent. (g.)

Plantain. Graine entière. (g.)

Plantain. Graine coupée verticalement. (g.)

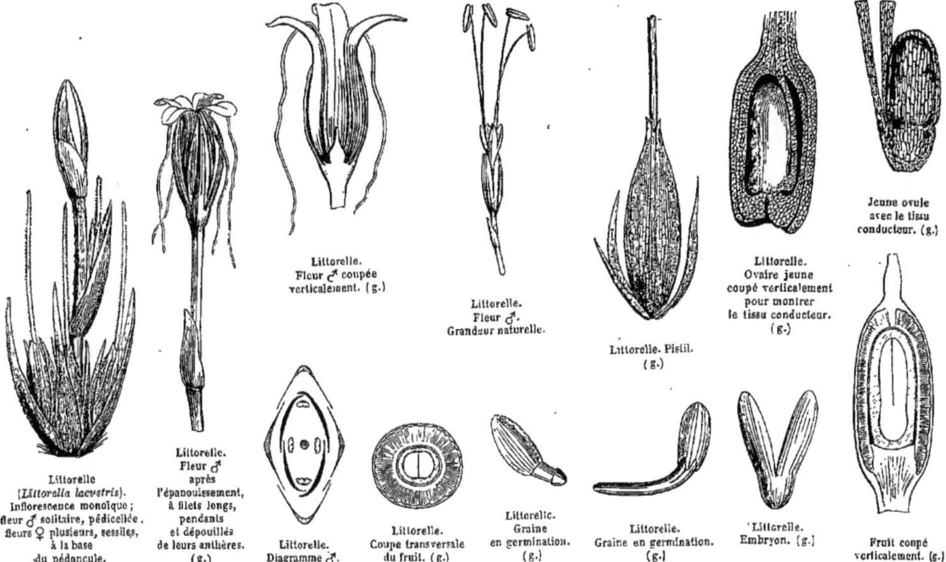

Littorelle (*Littorella lacustris*). Inflorescence monoïque ; fleur ♂ solitaire, pédicellée, fleurs ♀ plusieurs, sessiles, à la base du pédoncule.

Littorelle. Fleur ♂ après l'épanouissement, à filets longs, pendants et dépouillés de leurs anthères. (g.)

Littorelle. Fleur ♂ coupée verticalement. (g.)

Littorelle. Fleur ♂. Grandeur naturelle.

Littorelle. Pistil. (g.)

Littorelle. Ovaire jeune coupé verticalement pour montrer le tissu conducteur. (g.)

Jeune ovule avec le tissu conducteur. (g.)

Littorelle. Diagramme ♂.

Littorelle. Coupe transversale du fruit. (g.)

Littorelle. Graine en germination. (g.)

Littorelle. Graine en germination. (g.)

Littorelle. Embryon. (g.)

Fruit coupé verticalement. (g.)

1° Fleurs ☿ (*Plantain*) : Calyce? herbacé, 4-partit, persistant, à sépales antérieurs distincts, ou cohérents, imbriqués, ordinairement carénés, membraneux sur leur bord. — Corolle? hypogyne monopétale, tubuleuse, scarieuse, marcescente, à 4 lobes imbriqués. — Étamines 4, insérées sur le tube de la corolle et alternes avec ses lobes, saillantes, ou quelquefois incluses et sub-avortées. *Filets* filiformes, flasques, infléchis avant la floraison. *Anthères* versatiles, apiculées, à 2 loges parallèles, à déhiscence longitudinale introrse, tombantes. — Ovaire libre à 2-4 loges 1-8-ovulées. — *Ovules* fixés par leur face ventrale au milieu des loges pluriovulées, ou au fond des loges 1-ovulées. *Style* filiforme, dressé, saillant ou inclus, garni de 2 séries longitudinales de papilles stigmatiques. — Capsule s'ouvrant transversalement (*pyxide*), sub-membraneuse, 1-4-loculaire, à une ou plusieurs graines, à cloison libre par ses bords, et séminifère sur ses faces. — Graines peltées, à testa mucilagineux. — Embryon parallèle au hile, droit, cylindrique et occupant l'axe d'un albumen charnu. *Cotylédons* oblongs, ou linéaires. *Radicule* éloignée du hile, infère, rarement centrifuge.

2° Fleurs monoïques (*Littorelle*), ou polygames (*Bouguéria*). — ♂ : Calyce 4-partit, à bord membraneux (*Littorelle*), ou à 4 sépales sub-égaux poilus (*Bouguéria*). — Corolle tubuleuse, scarieuse à 4 lobes égaux (*Littorelle*), ou irrégulière 3-4-lobée, à bord soyeux (*Bouguéria*). — Étamines 4, hypogynes et alternes avec les lobes de la corolle (*Littorelle*), ou 1-2, insérées au milieu du tube de la corolle (*Bouguéria*). — Ovaire rudimentaire (*Littorelle*), ou complétement avorté (*Bouguéria*). — ♀ : Calyce à 3 sépales (ou bractées?) inégaux, l'antérieur plus large (*Littorelle*), ou à 4 sépales sub-égaux poilus (*Bouguéria*). — Corolle urcéolée, à gorge rétrécie, à *limbe* 3-4-denté (*Littorelle*), ou tubuleuse, irrégulièrement 3-4-lobée à bord soyeux (*Bouguéria*), — Étamines nulles. — Ovaire 1-loculaire, 1-ovulé. *Ovule* campylotrope. — Nucule osseuse. — Graine peltée, à testa membraneux. — Embryon droit dans l'axe d'un albumen charnu (*Littorelle*), ou arqué et entourant transversalement l'albumen (*Bouguéria*).

GENRES.

| | | | | | |
|---|---|---|---|---|---|
| Plantain, | *Plantago.* | Littorelle, | *Littorella.* | Bouguéria, | *Bougueria.* |

Les *Plantaginées*, bien que d'aspect très-différent, constituent un groupe très-homogène : elles se rapprochent des *Plombaginées* par leur inflorescence, par la nature de leur corolle hypogyne généralement isostémone, et par les étamines tantôt hypogynes, tantôt insérées sur la corolle, comme dans les Genres *Statice* et *Plumbago*, enfin par leur fruit sec et leur embryon albuminé. Les Plombaginées s'éloignent des *Plantains* par leur ovaire 1-loculaire et 1-ovulé; des *Plantains* et des *Littorelles* par la pluralité de leurs styles, leur ovule anatrope, pendant à un funicule né du fond de la loge, et leur albumen farineux. — Les Plantaginées s'allient assez étroitement avec les *Primulacées* par la direction des ovules, la déhiscence circulaire de la capsule, le hile ventral de la graine et la situation de l'embryon parallèle au hile, ainsi que dans les *Véroniques;* une autre analogie résulte de l'isolement du placentaire constituant la cloison dans les *Plantains,* isolement qui, bien que s'effectuant à la maturité, rappelle le mode de placentation des Primulacées. Quant à la situation des étamines, opposées aux lobes de la corolle et alternés avec ceux du calyce dans les Primulacées, qui semble éloigner les deux Familles, cette différence peut être contestée, si l'on admet que dans les Plantaginées la corolle scarieuse et persistante n'est qu'un calyce, et le prétendu calyce, un involucelle; dès lors les Plantains seraient apétales, comme le Genre *Glaux*, et les étamines alterneraient avec les sépales.

Les Plantaginées habitent les régions tempérées des deux hémisphères, principalement de l'hémisphère boréal, et surtout l'Europe et l'Amérique; elles sont plus rares entre les tropiques, et, sous ces latitudes, elles recherchent les montagnes où la température est moins brûlante.

Plusieurs Espèces indigènes de *Plantain* (*Plantago lanceolata, major*, *media*) sont employées en médecine; leurs feuilles sont amères et légèrement astringentes. L'eau distillée de la Plante entière est usitée dans les collyres. Les graines des *Plantago psyllium, arenaria* et *Bophula* contiennent dans leur testa un mucilage abondant, qui leur donne une propriété émolliente, applicable aux ophthalmies inflammatoires; ce principe est employé aussi dans l'industrie indienne pour le gommage des mousselines. — Le *Plantain à corne de cerf* (*Plantago coronopus*) passait chez les Anciens, à raison de ses feuilles dentées, pour être efficace contre la rage, et il était rangé parmi les diurétiques. On le cultive dans quelques pays pour le manger en salade.

# PLOMBAGINÉES, *PLUMBAGINEÆ.*

(PLUMBAGINES, *Jussieu.* — PLUMBAGINEÆ, *Ventenat.* — PLUMBAGINACEÆ, *Lindley.*)

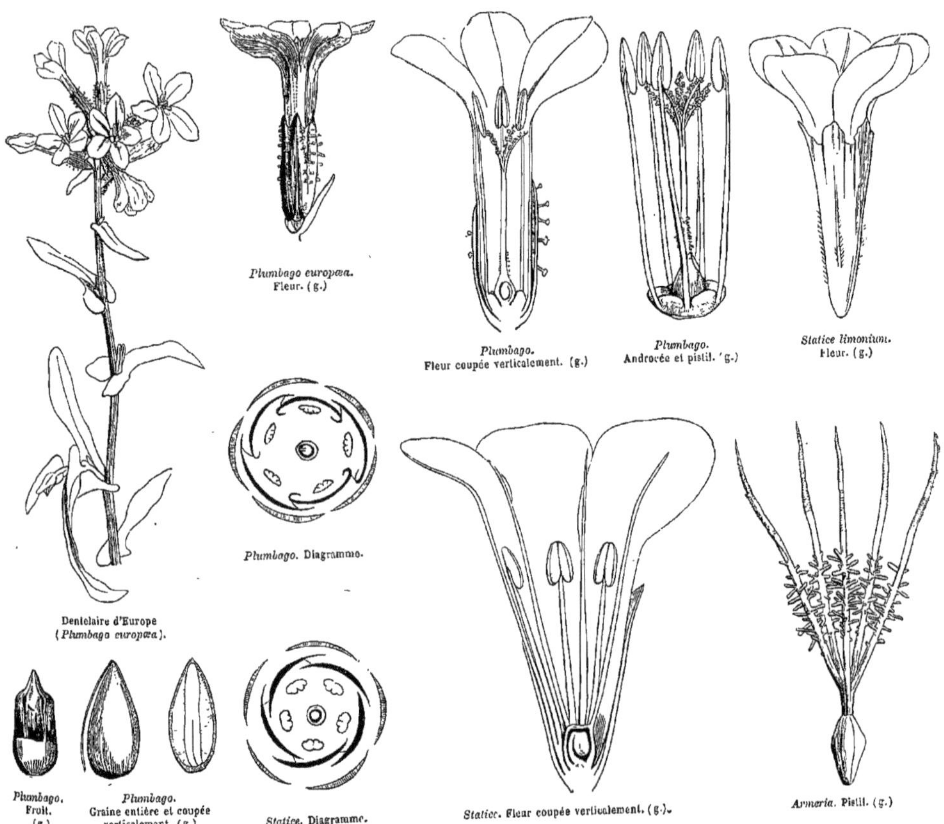

*Plumbago europæa.* Fleur. (g.)

*Plumbago.* Fleur coupée verticalement. (g.)

*Plumbago.* Androcée et pistil. (g.)

*Statice limonium.* Fleur. (g.)

Dentelaire d'Europe (*Plumbago europæa*).

*Plumbago.* Diagramme.

*Plumbago.* Fruit. (g.)

*Plumbago.* Graine entière et coupée verticalement. (g.)

*Statice.* Diagramme.

*Statice.* Fleur coupée verticalement. (g.)

*Armeria.* Pistil. (g.)

COROLLE *monopétale ou sub-polypétale, hypogyne, isostémone, à préfloraison tordue, ou imbriquée.* ÉTAMINES 5, *hypogynes, ou insérées sur la corolle, et opposées à ses lobes.* OVAIRE *1-loculaire, 1-ovulé.* OVULE *anatrope, pendant à un funicule né du fond de la loge.* FRUIT *sec.* EMBRYON *dicotylédoné, droit, à albumen farineux.* RADICULE *supère.*

PLANTES herbacées, généralement vivaces, ou ligneuses, acaules, ou caulescentes. — FEUILLES tantôt fasciculées à l'extrémité d'un rhizôme, simples, entières, demi-amplexicaules, tantôt alternes sur une tige noueuse-articulée, rameuse, quelquefois rétrécies en pétiole dilaté à sa base et amplexicaule, non stipulées. — FLEURS ☿, disposées sur des hampes simples ou rameuses, en épis unilatéraux, ou en panicule, ou en capitule involucré, chaque fleur pourvue de 3-2 bractées, ordinairement scarieuses. — CALYCE persistant, tubuleux, scarieux, coriace ou herbacé, quelquefois coloré, à 5 plis, à 5 dents, rarement 5-phylle. — COROLLE insérée sur le réceptacle, tantôt monopétale, hypocratériforme, à *tube* étroit, anguleux, à *limbe* 5-partit, régulier, imbriqué dans la préfloraison (*Plumbago*); tantôt à 5 pétales cohérents par leurs bases, ou tout à fait libres, tordus dans la préfloraison (*Statice*). — ÉTAMINES 5, opposées aux pétales, ou aux lobes de la corolle, insérées sur le réceptacle dans les monopétales, et sur les onglets des pétales dans les polypétales. — FILETS filiformes. *Anthères* introrses, à 2 loges écartées à leur base, s'ouvrant par des fentes longitudinales. — OVAIRE libre, uniloculaire, offrant 5 saillies à son sommet. *Ovule* unique, anatrope, suspendu à un funicule fixé au fond de la loge. — *Styles* 5 (rarement 3-4) naissant des saillies de l'ovaire, distincts, ou rarement cohérents en un seul. *Stigmates,* autant que de styles, capillaires, munis sur leur face interne de glandes pluri-sériées, rarement capités. — FRUIT membraneux, inclus dans le calyce, tantôt *capsulaire* et s'ouvrant au sommet en 5 valves, tantôt *utriculaire,* et se rompant irrégulièrement autour de sa base et le long de ses côtes. — GRAINE inverse, paraissant quelquefois dressée par suite de la soudure du funicule avec ses téguments (*Plumbago*). — EMBRYON droit dans un albumen farineux peu abondant. *Cotylédons* planes. *Radicule* courte, supère.

## TRIBU I. — PLOMBAGINÉES VRAIES, *PLUMBAGINEÆ VERÆ.*

Calyce herbacé. Corolle monopétale. Étamines insérées sur le réceptacle. Styles cohérents. Fruit capsulaire.

### GENRE PRINCIPAL.

*Dentelaire, *Plumbago.*

## TRIBU II. — STATICÉES, *STATICEÆ.*

Calyce scarieux, ou coriace. Corolle à 5 pétales libres, ou presque libres. Étamines insérées à la base des pétales. Styles distincts. Fruit utriculaire.

### GENRES PRINCIPAUX.

| *Arméria, | *Armeria.* | *Statice, | *Statice.* |
|---|---|---|---|

Nous avons indiqué les affinités qui lient les *Plombaginées* aux *Plantaginées* (voir cette Famille). Il en est encore une qu'il est bon de signaler : elle se fonde sur l'alternance des étamines avec le calyce, laquelle alternance existe, si l'on admet, avec M. Grisebach, que les deux Familles sont apétales, et que la prétendue corolle est, dans les Plombaginées, une couronne staminale, et dans les Plantaginées un véritable calyce. Quant à la diagnose, elle s'appuie sur l'ovaire biloculaire et pluri-ovulé des *Plantains*, sur leurs graines peltées, leur style simple, et leur albumen non farineux. — L'affinité est plus étroite entre les Plombaginées et les *Primulacées :* dans les deux Familles les étamines, à anthères introrses, sont opposées aux pétales, la préfloraison est tordue, du moins chez les *Staticées;* l'ovaire est 1-loculaire et la placentation centrale libre, le fruit s'ouvre circulairement, ou par des valves plus ou moins complètes, et l'embryon est droit; l'ovule est unique dans les Plombaginées, mais, ainsi que l'a fait remarquer M. Brongniart, l'ovaire est symétrique, à 5 nervures et à 5 stigmates, ce qui indique la pluralité des carpelles. Les Primulacées s'éloignent des Plombaginées par leur stigmate simple, leurs ovules à hile ventral, et leur albumen non farineux. — Endlicher a signalé quelques rapports des Plombaginées avec les *Brunoniacées* et les *Globulariées,* fondés sur l'inflorescence, l'hypogynie, l'ovaire uniloculaire 1-ovulé, l'ovule-anatrope, mais la diagnose affaiblit l'affinité (voir ces Familles), et nous en verrions une plus réelle avec les *Frankéniacées :* dans cette dernière Famille comme chez les Plombaginées, on observe une tige noueuse-articulée, des feuilles fasciculées, une corolle hypogyne, isostémone, à préfloraison tordue, un ovaire 1-loculaire, des styles garnis de papilles stigmatiques sur leur bord interne, et un albumen farineux. — On peut aussi mettre en parallèle les Plombaginées et les *Polygonées;* dans ces deux Familles, en effet, les étamines sont hypogynes, l'ovaire est uni-loculaire, 1-ovulé, les styles sont distincts, ou cohérents, et l'albumen est farineux; mais ici encore les disparités l'emportent sur les analogies.

Les Plombaginées sont des Plantes cosmopolites. Les *Statice* habitent dans les deux hémisphères les rivages maritimes et les terrains salés des régions tempérées. Les *Armérias* sont dispersés dans les deux Continents; plusieurs Espèces croissent sur les montagnes dans les contrées arctiques et antarctiques. Il n'y a en Europe qu'une seule Espèce de *Dentelaire* (*Plumbago europæa*); les autres habitent les zones tropicales et subtropicales.

Les feuilles de l'*Armeria vulgaris* et la racine du *Statice limonium*, quoique possédant des propriétés toniques et astringentes très-prononcées, sont tombées en désuétude. — La racine du *Statice latifolia*, Espèce voisine du *S. limonium*, récemment importée de Russie, contient une abondante quantité d'acide gallique, qui la rend propre au tannage et à la teinture en noir. — Les *Plumbago* renferment une matière colorante très-caustique; la racine de l'Espèce européenne contient une substance grasse, qui donne une couleur plombée aux doigts et au papier, et que l'on employait autrefois contre les maux de dents, les maladies cutanées et les ulcères cancéreux; les chirurgiens ont abandonné cette Plante, mais les mendiants s'en servent pour se faire des plaies superficielles, et exciter la pitié publique. — Plusieurs Espèces américaines et asiatiques (*Pl. zeylanica, rosea, scandens*) passent dans les Indes pour alexipharmaques. Quelques autres (*Pl. Larpentæ, cærulea, etc.*) sont cultivées en Europe comme Plantes d'ornement.

# PRIMULACÉES, *PRIMULACEÆ.*

## (LYSIMACHIÆ, *Jussieu.* — PRIMULACEÆ, *Ventenat.*)

Corolle *monopétale, hypogyne, ou rarement périgyne, isostémone, à préfloraison tordue, ou imbriquée, très-rarement nulle.* Étamines *opposées aux lobes de la corolle.* Ovaire *libre, ou très-rarement infère, 1-loculaire, à placentaire central globuleux, multi-ovulé.* Ovules *fixés par leur face ventrale.* Fruit *capsulaire.* Embryon *dicotylédoné, albuminé.* — Herbes *à feuilles opposées, ou radicales.*

Herbes à rhizome ligneux, quelquefois tubéreux, très-rarement sous-frutescentes. — Tige généralement souterraine, raccourcie, à pédoncules non feuillés, quelquefois épigée et feuillée. — Feuilles ponctuées de glandes, tantôt toutes radicales, ramassées; tantôt caulinaires, opposées ou verticillées, très-rarement alternes, non stipulées. — Fleurs ☿, régulières, très-rarement sub-irrégulières, tantôt solitaires, ou en ombelle au sommet d'un pédoncule scapiforme, tantôt solitaires, ou en grappe, à l'aisselle des feuilles, quelquefois en épi terminal. — Calyce tubuleux, 5-fide ou 5-partit, rarement 4-6-7-fide. — Corolle monopétale, rotacée, ou campanulée, ou infondibuliforme, ou quelquefois sub-bilabiée (*Coris*), très-rarement 3-pétale (*Pelletiera*), très-rarement nulle (*Glaux*). — Étamines insérées sur le tube ou sur la gorge de la corolle, opposées à ses divisions, souvent alternant avec autant d'écailles pétaloïdes (? *staminodes*). *Filets* filiformes, ou subulés, ordinairement très-courts. *Anthères* introrses, biloculaires, quelquefois dépassées par le *connectif*, et s'ouvrant par 2 fentes longitudinales. — Ovaire libre, ou très-rarement enchâssé par la cupule réceptaculaire (*Samolus*), uniloculaire, à placentaire central ou basilaire, libre, globuleux, sessile, ou stipité, se continuant avec le tissu conducteur du style. *Ovules* nombreux, peltés, semi-anatropes, ou très-rarement anatropes (*Hottonia, Samolus*). *Style* terminal, simple. *Stigmate* indivis. — Capsule 1-loculaire, s'ouvrant tantôt à son sommet, ou dans toute sa longueur par des valves, ou des dents entières, ou bifides; tantôt par déhiscence transversale (*pyxide*). — Graines sessiles dans les fossettes du placentaire, à hile ventral, très-rarement à hile basilaire. — Embryon droit, parallèle au hile, occupant l'axe d'un albumen charnu, ou sub-corné. *Cotylédons* demi-cylindriques. *Radicule* vague.

### Tribu I. — PRIMULÉES, *PRIMULEÆ.*

Ovaire libre. Capsule s'ouvrant par des valves, ou des valvules. Graines à hile ventral.

GENRES PRINCIPAUX.

| | | | | | |
|---|---|---|---|---|---|
| Androsace, | *Androsace.* | *Giroselle, | *Dodecatheon.* | *Bernardine, | *Bernardina.* |
| *Primevère, | *Primula.* | *Soldanelle, | *Soldanella.* | Trientale, | *Trientalis.* |
| *Cortuse, | *Cortusa.* | Glaux, | *Glaux.* | Coris, | *Coris.* |
| *Cyclame, | *Cyclamen.* | *Lysimaque, | *Lysimachia.* | | |

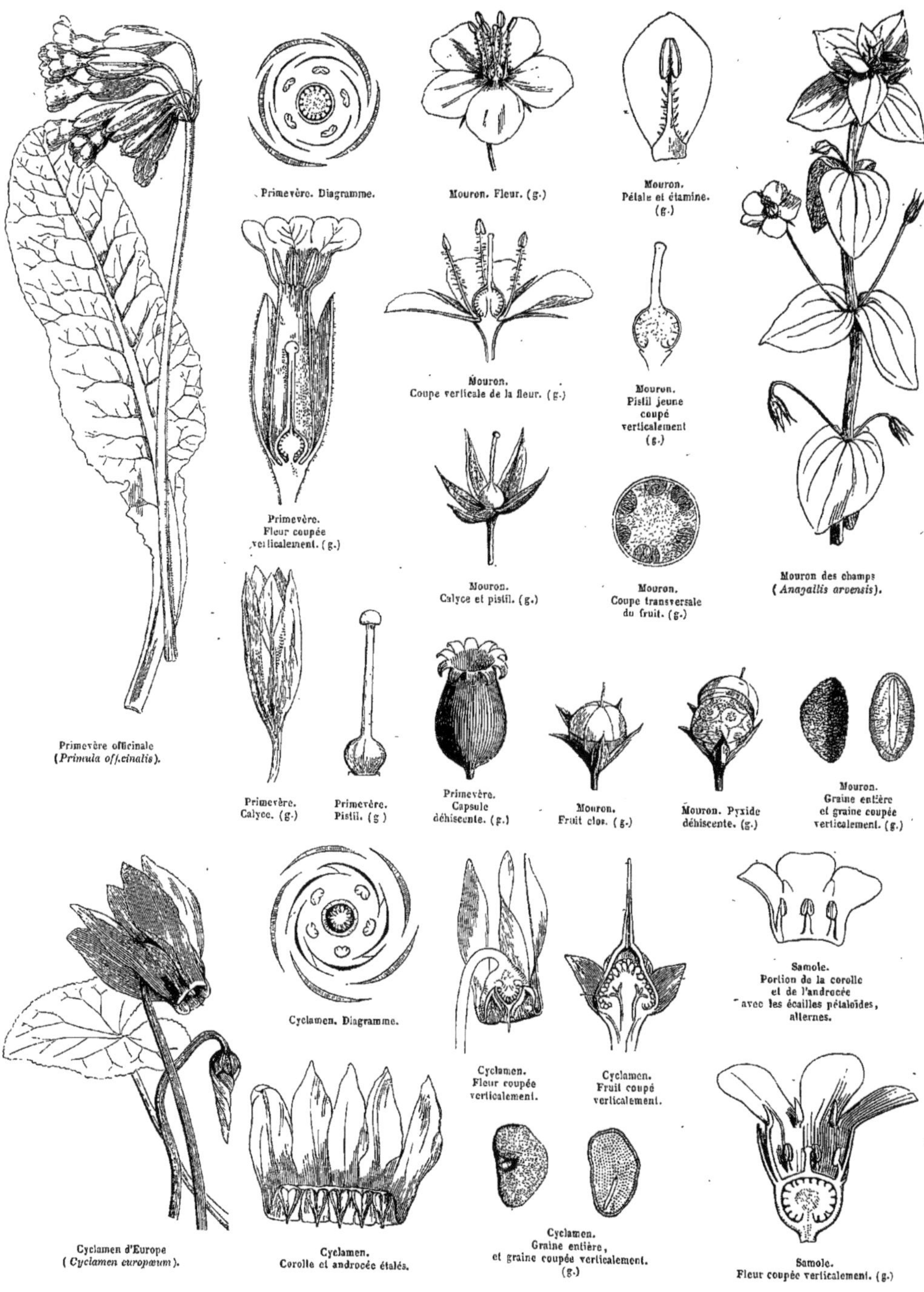

Primevère. Diagramme.

Mouron. Fleur. (g.)

Mouron. Pétale et étamine. (g.)

Primevère. Fleur coupée verticalement. (g.)

Mouron. Coupe verticale de la fleur. (g.)

Mouron. Pistil jeune coupé verticalement (g.)

Mouron. Calyce et pistil. (g.)

Mouron. Coupe transversale du fruit. (g.)

Mouron des champs (*Anagallis arvensis*).

Primevère officinale (*Primula officinalis*).

Primevère. Calyce. (g.)

Primevère. Pistil. (g.)

Primevère. Capsule déhiscente. (g.)

Mouron. Fruit clos. (g.)

Mouron. Pyxide déhiscente. (g.)

Mouron. Graine entière et graine coupée verticalement. (g.)

Cyclamen. Diagramme.

Cyclamen. Fleur coupée verticalement.

Cyclamen. Fruit coupé verticalement.

Samole. Portion de la corolle et de l'androcée avec les écailles pétaloïdes, alternes.

Cyclamen d'Europe (*Cyclamen europæum*).

Cyclamen. Corolle et androcée étalés.

Cyclamen. Graine entière, et graine coupée verticalement. (g.)

Samole. Fleur coupée verticalement. (g.)

### Tribu II. — ANAGALLIDÉES, *ANAGALLIDEÆ.*

Ovaire libre. Pyxide. Graines à hile ventral.

GENRES PRINCIPAUX.

Astérolin, *Asterolinum.* | Centenille, *Centunculus.* | *Mouron, *Anagallis.* | Euparée, *Euparea.*

### Tribu III. — HOTTONIÉES, *HOTTONIEÆ.*

Ovaire libre. Capsule s'ouvrant par des valves. Graines à hile basilaire. — Plantes aquatiques submergées.

GENRE UNIQUE.

Hottone, *Hottonia.*

### Tribu IV. — SAMOLÉES, *SAMOLEÆ.*

Ovaire semi-infère. Capsule s'ouvrant par des valves. Graines à hile basilaire.

GENRE UNIQUE.

Samole, *Samolus.*

Nous avons mentionné les affinités des *Primulacées* avec les *Plombaginées* et les *Plantaginées* (voir ces Familles). Elles sont bien plus étroitement liées avec les *Myrsinées*, par la corolle hypogyne, ou périgyne, par les étamines opposées aux lobes de la corolle, par l'ovaire uniloculaire, à placentation centrale libre, les ovules à hile ventral, et l'embryon albuminé. Les Myrsinées ne diffèrent des Primulacées que par leur tige ligneuse et leur fruit charnu.

Les Primulacées habitent pour la plupart les régions tempérées de l'Europe et de l'Asie. Beaucoup d'Espèces sont alpicoles. On en observe peu dans l'hémisphère austral. Quelques Genres se rencontrent sur les montagnes et sur les rivages de la zone intertropicale. Les *Samoles* sont nombreux en Australie.

Les Primulacées sont plus remarquables par leur beauté que par leur utilité. Plusieurs Espèces contiennent dans leurs racines une substance âcre et volatile, d'autres une substance extractive, amère et résineuse; l'herbe de quelques-unes est astringente; les fleurs de la plupart ont une odeur suave. Les racines de la Primevère (*Primula veris*) étaient jadis employées contre le rhumatisme articulaire et les maladies du rein et de la vessie; l'infusion de ses fleurs est encore prescrite comme diaphorétique. — L'*Oreille d'ours* (*Primula auricula*) est employée par les habitants des Alpes contre la phthisie pulmonaire. — Le rhizome tubéreux du Cyclame (*Cyclamen europæum*) est âcre, fortement purgatif, et même émétique : il entrait autrefois dans la composition d'un onguent qui, appliqué sur l'épigastre, purgeait, ou causait des vomissements. Dans quelques pays le rhizome broyé est employé pour enivrer le poisson; mais, desséché et torréfié, il devient alibile, à cause de la fécule qu'il contient, et les pourceaux le mangent avidement : de là son nom trivial de *Pain-de-pourceau.* — Les *Mourons* étaient autrefois préconisés dans l'hydropsie, l'épilepsie, et même dans l'hydrophobie. — Les Lysimaquies, et notamment la *Nummulaire* (*Lysimachia nummularia*), passaient pour astringentes, et sont tombées en désuétude, ainsi que les *Samoles.* — Le *Coris de Montpellier* est un sous-arbrisseau renfermant un principe amer-nauséeux, qui serait, dit-on, efficace contre la syphilis.

# MYRSINÉES, *MYRSINEÆ.*

(MYRSINEÆ, *Rob. Brown.* — OPHIOSPERMEÆ, *Ventenat.* — MYRSINACEÆ, *Lindley.* MYRSINEACEÆ, *A. De Candolle.*)

Corolle *monopétale, régulière, isostémone, hypogyne, ou périgyne.* Étamines *insérées sur la corolle, et opposées à ses lobes.* Ovaire *uniloculaire, à placentaire central libre.* Ovules *campylotropes.* Fruit *drupacé, ou baccien.* Embryon *dicotylédoné, albuminé.* — Tige *ligneuse.*

Arbres, ou Arbrisseaux. — Feuilles généralement alternes, simples, coriaces, ponctuées de glandes, non stipulées. — Fleurs ☿, souvent incomplètes par avortement, régulières, ordinairement axillaires, disposées en ombelle, ou en corymbe, ou en fascicule, ou en grappe, ou en panicule, et souvent marquées de glandes

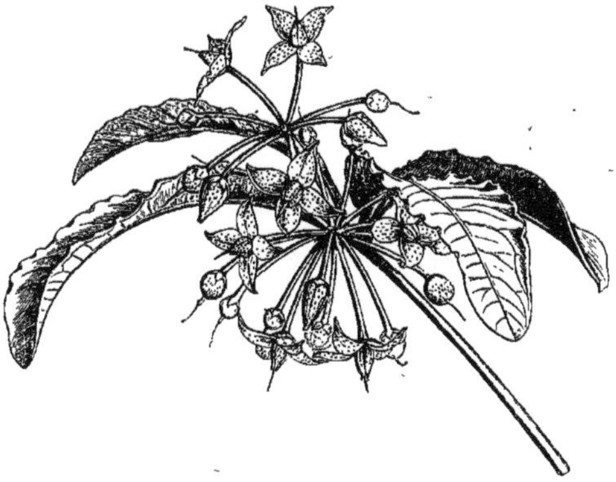

Ardisia crénelé (*Ardisia crenulata*).

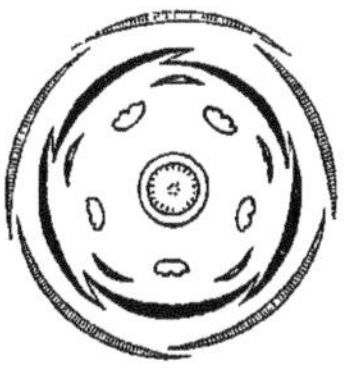

*Jacquinia aurantiaca.* Diagramme.

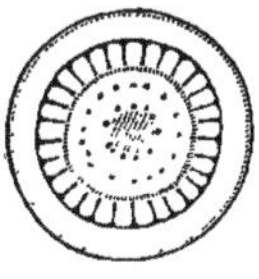

Jacquinia. Coupe transversale de l'ovaire. (g.)

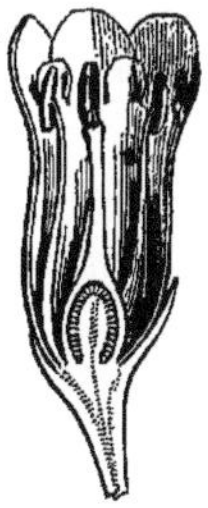

Jacquinia. Fleur coupée verticalement. (g.)

Monothéca. Ovule. (g.)

Monothéca. Pistil. (g.)

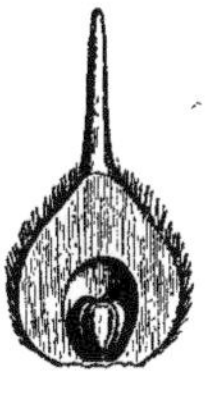

Monothéca. Pistil ouvert. (g.)

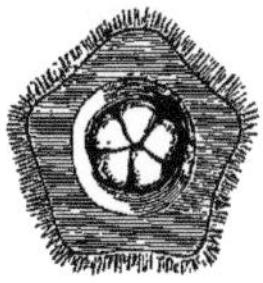

Monothéca. Coupe transversale de l'ovaire. (g.)

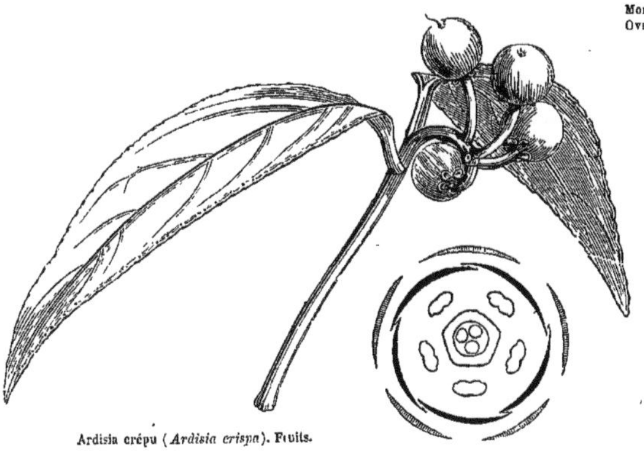

Ardisia crépu (*Ardisia crispa*). Fruits.

*Ardisia crispa.* Diagramme.

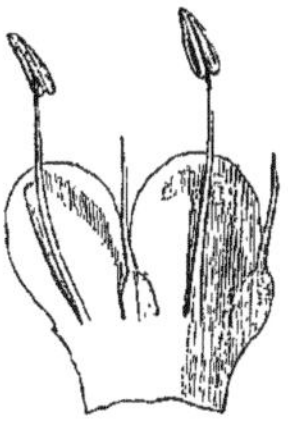

Monothéca. Portion de corolle et d'androcée. (g.)

Monothéca. Fruit. (g.)

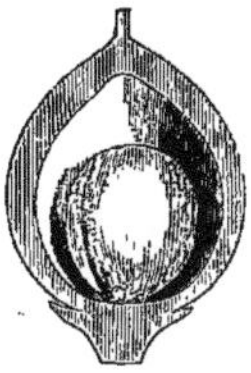

Monothéca. Fruit ouvert. (g.)

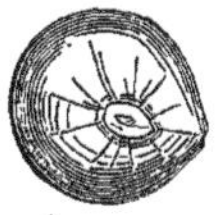

*Ardisia crispa.* Graine normale. (g.)

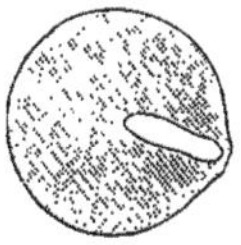

*Ardisia crispa.* Coupe de la graine. (g.)

*Ardisia polytoca.* Graine. (g.)

*Ardisia polytoca.* Graines coupées transversalement. (g.)

*Ardisia polytoca.* Fruit. (g.)

Monothéca. Graine coupée verticalement. (g.)

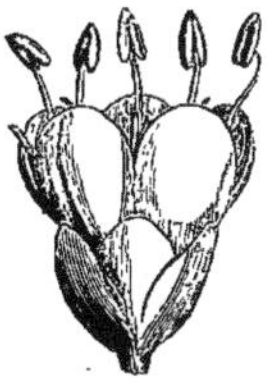

Monothéca. Fleur. (g.)

nombreuses. — Calyce 4-5-fide, ou 4-5-partit. — Corolle monopétale, ou quelquefois polypétale, campanulée, ou rotacée, isostémone. — Étamines insérées sur le tube, ou la gorge de la corolle, et opposées à ses lobes, quelquefois alternant avec autant d'écailles pétaloïdes (*staminodes?*). *Filets* courts, libres, ou plus ou moins cohérents en tube. *Anthères* biloculaires, quelquefois conniventes, à déhiscence longitudinale, ou apicale. — Ovaire libre, ou infère, uniloculaire, à placentaire basilaire ou central, sessile, ou stipité. *Ovules* fixés au placentaire par un hile ventral, linéaire, ou ponctiforme, exceptionnellement anatropes (*Monotheca*). *Style* court, simple. *Stigmate* ordinairement indivis. — Fruit drupacé, ou baccien, ordinairement paucisé-miné, ou uni-séminé par avortement. — Graines à tégument simple, souvent mucilagineux, quelquefois pluri-embryonnées. — Embryon cylindracé, ordinairement arqué, parallèle au hile dans les fruits pluri-séminés, et transversal dans les fruits à graine unique, renfermé dans un albumen charnu, ou

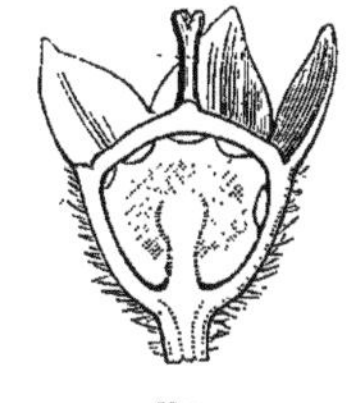

Mæsa. Coupe verticale du fruit. (g.)

corné. *Cotylédons* demi-cylindriques, ou planes et sub-foliacés. *Radicule* arrondie, plus longue que les cotylédons, infère, ou vague.

## TRIBU I. — ARDISIÉES, *ARDISIEÆ.*

Préfloraison tordue. Anthères introrses. Ovaire libre. Fruit à une graine.

GENRES PRINCIPAUX.

| | | | |
|---|---|---|---|
| Myrsine, | *Myrsine.* | *Ardisia, | *Ardisia.* |

## TRIBU II. — MÆSÉES, *MÆSEÆ.*

Préfloraison indupliquée-valvaire. Anthères introrses. Ovaire infère. Fruit pluri-séminé.

GENRE UNIQUE.

Mæsa, *Mæsa.*

## TRIBU III. — THÉOPHRASTÉES, *THEOPHRASTEÆ.*

Préfloraison imbriquée. Étamines stériles 5, alternant avec les fertiles. Anthères extrorses. Fruit pluri-séminé. Placentaire quelquefois minime, et ovules anatropes (*Monotheca*).

GENRES PRINCIPAUX.

| | | | | | |
|---|---|---|---|---|---|
| Théophrastée, | *Theophrasta.* | *Jacquinie, | *Jacquinia.* | Monothèque, | *Monotheca.* |

Nous avons indiqué l'affinité qui lie les *Myrsinées* aux *Primulacées*, affinité tellement étroite, qu'on peut les réunir en une seule Famille (voir les Primulacées).

Les Myrsinées habitent principalement la zone intertropicale de l'Asie et de l'Amérique; elles sont rares en dehors des tropiques, au cap de Bonne-Espérance, en Australie, au Japon et dans les Canaries. Les *Théophrastées* sont toutes américaines. Les *Mæsées* appartiennent à l'ancien Continent; les *Ardisiées* croissent dans les régions chaudes de l'Asie, de l'Afrique et de l'Amérique; elles remontent même jusqu'aux Canaries.

Le fruit de quelques *Ardisia* est comestible. — Les feuilles des *Jacquinia* sont employées en Amérique pour enivrer le poisson, ainsi que les rhizomes du Cyclamen, et leur fruit est vénéneux. — Les graines du *Bois-bracelets* (*Jacquinia armillaris*) servaient d'ornement aux Caraïbes, qui les enfilaient comme des perles pour en faire des bracelets. — Les graines broyées du *Theophrasta Jussiæi*, nommées à Saint-Domingue *Petit coco*, servent à faire du pain.

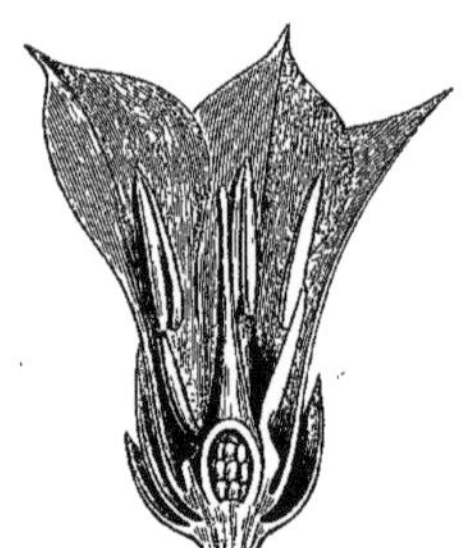

*Ægiceras.* Fleur coupée verticalement.

*Ægiceras.* Fleur en bouton, à préfloraison imbriquée-tordue.

Androcée détaché du tube de la corolle, et conservant 2 anthères.

*Ægiceras.* Embryon à cotylédons soudés en tube cylindrique. (g.)

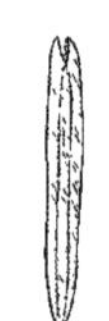

Embryon coupé longitudinalement pour montrer les cotylédons.

Graine suspendue au placentaire et montrant la radicule qui a percé ses téguments.

*Ægiceras.* Fruit folliculiforme, recourbé en corne, uni-séminé, se fendant d'un côté à la maturité, et muni de son calyce persistant.

Auprès des Myrsinées se place le Genre *Ægiceras*, qui comprend des arbrisseaux croissant sur les rivages de l'Asie tropicale et de l'Océanie, à *feuilles* alternes, à *fleurs* ☿, en ombelle. La *corolle*, les *étamines* et l'*ovaire* présentent les mêmes caractères que dans les Myrsinées; le *fruit* est un follicule arqué, en forme de corne et uni-séminé par avortement. La *graine* est dressée, et germe dans le péricarpe; son tégument membraneux se déchire pendant la germination et coiffe l'extrémité cotylédonaire. L'*embryon*, comme dans un grand nombre de Plantes aquatiques, est dépourvu d'albumen; les *cotylédons* forment un tube cylindrique, la *radicule* est infère.

# SAPOTÉES, *SAPOTEÆ.*

(SAPOTÆ, *Jussieu.* — SAPOTEÆ, *R. Brown.* — SAPOTACEÆ, *Endlicher.*)

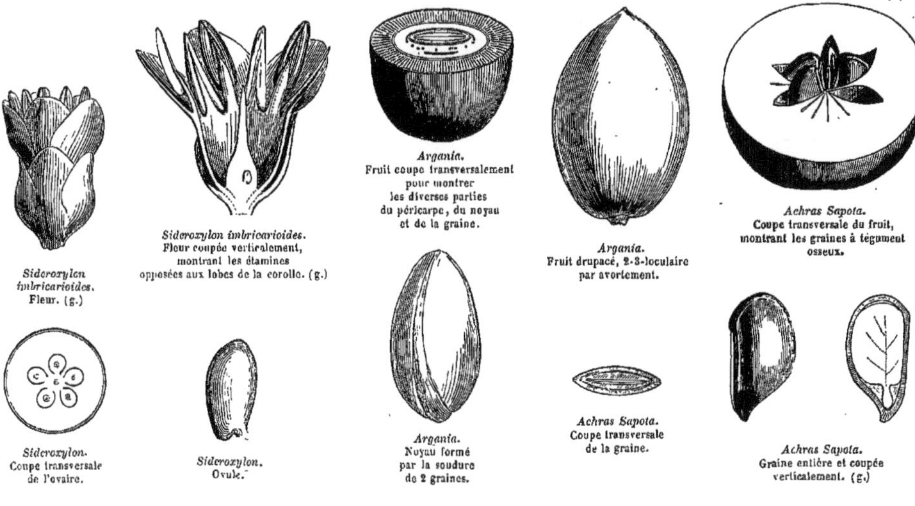

*Sideroxylon imbricarioides.* Fleur. (g.)

*Sideroxylon imbricarioides.* Fleur coupée verticalement, montrant les étamines opposées aux lobes de la corolle. (g.)

*Argania.* Fruit coupé transversalement pour montrer les diverses parties du péricarpe, du noyau et de la graine.

*Argania.* Fruit drupacé, 2-3-loculaire par avortement.

*Achras Sapota.* Coupe transversale du fruit, montrant les graines à tégument osseux.

*Sideroxylon.* Coupe transversale de l'ovaire.

*Sideroxylon.* Ovule.

*Argania.* Noyau formé par la soudure de 2 graines.

*Achras Sapota.* Coupe transversale de la graine.

*Achras Sapota.* Graine entière et coupée verticalement. (g.)

Arbres, ou Arbrisseaux à suc laiteux. — Feuilles alternes, entières, coriaces, sans stipules. — Fleurs ☿, axillaires. — Calyce 4-8-partit. — Corolle monopétale, hypogyne, régulière. — Étamines insérées sur la corolle, les fertiles tantôt en nombre égal à celui des lobes de la corolle, et opposées à ces lobes, tantôt plus nombreuses, bisériées, ou plurisériées, quelquefois mêlées à des étamines stériles, qui alternent avec elles. *Anthères* ordinairement extrorses. — Ovaire à plusieurs loges 1-ovulées. *Ovules* ascendants, situés à la base de l'angle central, anatropes. — Fruit bacciforme, à une ou plusieurs loges. — Graines à tégument osseux. — Embryon peu ou point albuminé. *Radicule* infère.

Les *Sapotacées* touchent aux *Myrsinées* par leur corolle monopétale hypogyne, leurs étamines opposées aux lobes de la corolle, leurs anthères généralement extrorses, l'embryon droit, albuminé, la tige ligneuse et les feuilles alternes; elles s'en éloignent par leur corolle anisostémone, leur ovaire pluriloculaire et leurs ovules anatropes. — Elles ont aussi une affinité manifeste avec les *Ébénacées*, par leur tige ligneuse arborescente, leurs feuilles alternes, entières, l'inflorescence axillaire, la corolle monopétale, hypogyne, régulière, l'ovaire à plusieurs loges, le fruit charnu et l'embryon albuminé; mais, chez les Ébénacées, le bois est très-dur, et le suc laiteux n'existe pas; les fleurs sont souvent diclines, le calyce et la corolle sont toujours uni-sériés, les anthères toujours introrses, les ovules géminés, pendants, collatéraux.

Cette Famille habite les régions tropicales et sub-tropicales. — Elle fournit à l'homme plusieurs Espèces utiles. Les fruits du *Lucuma de l'Orénoque* (*Lucuma mammosa*) sont un aliment très-agréable; il en est de même de ceux du *Sapotillier* (*Achras Sapota*) et des *Chrysophyllum*, qui sont très-recherchés aux Antilles; ceux des *Bassia* et des *Imbricaria*, Espèces asiatiques, sont également comestibles. Les graines du *Bassia butyracea*, dans l'Inde, et celles du *B. Parkii*, au Sénégal, fournissent par expression une huile fixe (*beurre de Galam*), qui se fige promptement et est très-usitée comme substance alimentaire. — D'autres Sapotées, les unes asiatiques, les autres africaines (*Sideroxylon*, *Argania*), sont employées dans les constructions à cause de la dureté de leur bois, de là leur nom de *bois-de-fer*. — C'est enfin à un arbre de la Famille des Sapotées (*Isonandra gutta*) que nous devons une substance résinoïde, analogue au caoutchouc, nommée *gutta-percha*, qui rend aujourd'hui, par sa plasticité, tant de services à l'industrie.

# ÉBÉNACÉES, *EBENACEÆ.*

(GUAJACANÆ, *partim, Jussieu.* — EBENACEÆ, *Ventenat.* — DIOSPYREÆ, *Duby.*)

Corolle *monopétale, hypogyne, régulière,* 3-7-*lobée, à préfloraison imbriquée.* Étamines *insérées sur la corolle, ou sur le réceptacle, tantôt en nombre égal à celui des lobes de la corolle, tantôt en nombre double ou quadruple.*

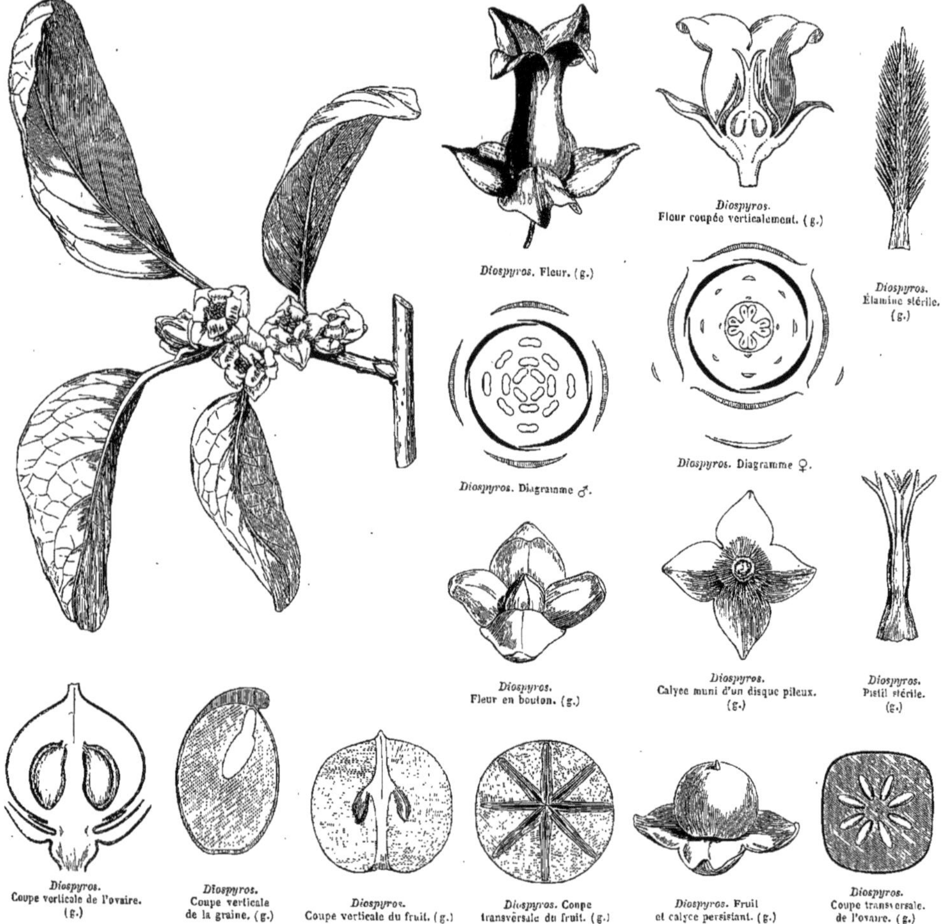

*Diospyros.* Fleur. (g.)

*Diospyros.* Fleur coupée verticalement. (g.)

*Diospyros.* Étamine stérile. (g.)

*Diospyros.* Diagramme ♂.

*Diospyros.* Diagramme ♀.

*Diospyros.* Fleur en bouton. (g.)

*Diospyros.* Calyce muni d'un disque pileux. (g.)

*Diospyros.* Pistil stérile. (g.)

*Diospyros.* Coupe verticale de l'ovaire. (g.)

*Diospyros.* Coupe verticale de la graine. (g.)

*Diospyros.* Coupe verticale du fruit. (g.)

*Diospyros.* Coupe transversale du fruit. (g.)

*Diospyros.* Fruit et calyce persistant. (g.)

*Diospyros.* Coupe transversale de l'ovaire. (g.)

OVAIRE *libre, à plusieurs loges 1-2-ovulées.* OVULES *pendants, anatropes.* FRUIT *baccien.* EMBRYON *dicotylédoné, albuminé.* RADICULE *supère.*

ARBRES, ou ARBUSTES, à bois dense, souvent très-dur et noir. — FEUILLES alternes, coriaces, entières, non stipulées. — FLEURS rarement ☿, ordinairement dioïques (les ♂ à ovaire presque avorté, les ♀ à étamines stériles ou nulles), disposées en cymes pluriflores dans les ♂, et uniflores dans les ♀, par avortement des fleurs latérales. Pédicelles articulés au sommet. — CALYCE 3-6-fide, subégal, persistant. — COROLLE insérée sur le réceptacle, monopétale, tombante, urcéolée, coriace, ordinairement pubescente en dehors, glabre en dedans; *limbe* 3-6-fide, à préfloraison imbriquée-convolutive. — ÉTAMINES insérées au fond de la corolle, ou quelquefois sur le réceptacle, en nombre double de celui des lobes de la corolle, rarement en nombre quadruple, très-rarement en nombre égal (*Maba*) et alors alternes avec ces lobes. *Filets* libres, ou soudés deux à deux inférieurement. *Anthères* introrses, biloculaires, basifixes, lancéolées, à déhiscence longitudinale. — OVAIRE sessile, 3-pluri-loculaire. *Ovules* solitaires dans chaque loge, ou géminés collatéraux, pendants au sommet de l'angle central de la loge et anatropes, à raphé externe. *Style* rarement simple. *Stigmates* simples, ou bifides. — Baie globuleuse, ou ovoïde, plus ou moins succulente, ordinairement pauci-séminée par avortement. — Graines inverses, à *testa* membraneux. — Embryon axile, ou oblique dans un albumen cartilagineux, et de moitié plus court que cet albumen. *Cotylédons* foliacés, ovales, presque égaux en longueur à la tigelle. *Radicule* supère.

GENRES PRINCIPAUX.

*Plaqueminier, *Diospyros.* | *Royéna, *Royena.*

Les *Ébénacées* formaient autrefois avec les *Styracées* une même Famille; dans toutes les deux, en effet, la corolle est à 3-7 divisions, les étamines sont nombreuses et fasciculées, l'ovaire est pluriloculaire, les ovules anatropes, le fruit charnu, et l'embryon albuminé axile; la tige est arborescente, les feuilles alternes et les fleurs axillaires; mais les Styracées diffèrent par les fleurs en grappe, la corolle épigyne ou périgyne, l'ovaire semi-infère, ou infère, les ovules plus nombreux, l'albumen charnu. — L'affinité des Ébénacées avec les *Oléinées* se fonde sur l'hypogynie et la régularité de la corolle, l'ovaire non uniloculaire, les ovules géminés, collatéraux, pendants, anatropes; le fruit baccien, l'embryon droit, albuminé, axile, et la tige ligneuse; les Oléinées diffèrent par la préfloraison valvaire de la corolle, la diandrie, l'albumen charnu et les feuilles opposées. — Les Ébénacées se rapprochent des *Ilicinées* par l'hypogynie et la préfloraison de la corolle, l'ovaire à plusieurs loges 1-ovulées, l'ovule pendant, anatrope, le fruit charnu, l'embryon droit, albuminé; la tige ligneuse et les feuilles alternes; mais chez les Ilicinées la corolle est presque polypétale, isostémone; le fruit est une drupe, l'embryon est minime au sommet de l'albumen charnu, et les feuilles sont persistantes. — M. Planchon a reconnu une certaine parenté entre les Ébénacées et les *Camelliacées :* les deux Familles se correspondent par l'insertion et la préfloraison de la corolle, les étamines nombreuses, les filets soudés, l'ovaire pluri-loculaire, les ovules pendants, anatropes; le fruit charnu, l'embryon albuminé (du moins dans un grand nombre de Genres), la tige ligneuse, les feuilles alternes, les fleurs axillaires, souvent diclines par avortement; mais chez les *Camelliacées* la corolle est polypétale ou sub-polypétale, et les étamines sont très-nombreuses.

Les Ébénacées croissent dans les régions tropicales de l'Asie, au Cap de Bonne-Espérance, dans l'Australie, dans les contrées chaudes de l'Amérique; on les rencontre rarement dans la région méditerranéenne.

Les Ébénacées se recommandent moins par la beauté de leurs fleurs et l'utilité de leurs fruits ou de leurs graines que par la dureté et la couleur de leur tissu ligneux. Le bois d'*Ébène* est fourni par des Espèces du Genre *Diospyros* (*D. ebenum*, *D. melanoxylon*, *D. ebenaster*, *D. tomentosa*, etc.). L'ébène est formé du cœur de l'arbre; il est ordinairement d'un noir uniforme, quelquefois marqué de lignes fauves, et d'un grain si fin qu'on n'y découvre, quand il est poli, aucune trace de fibres ligneuses. Il est blanc dans sa jeunesse, et n'acquiert sa couleur foncée qu'en vieillissant : c'est ce qu'on peut observer sur l'aubier, dont la couleur contraste avec celle du bois parfait. — Quelques Espèces de *Diospyros* ont des baies comestibles : tel est le *Plaqueminier d'Orient* (*D. Lotus*), qui croît dans la région méditerranéenne; tels sont encore les *D. Virginiana* et *Kaki*, que l'on cultive en pleine terre dans les jardins d'Europe et dont l'une (*D. Kaki*) est très-estimée en Chine pour la saveur de ses baies, qui, lorsqu'elles sont blettes, peuvent se comparer à nos meilleurs abricots.

# ILICINÉES, *ILICINEÆ.*

(RHAMNORUM *genera*, *Jussieu.* — AQUIFOLIACEÆ, *De Candolle.*
ILICINEÆ, *Brongniart.*)

Corolle *subpolypétale, ou polypétale, hypogyne, isostémone, à préfloraison imbriquée.* Étamines *insérées à la base des pétales, ou sur le réceptacle.* Ovaire *à plusieurs loges 1-ovulées.* Ovules *pendants à l'angle central des loges.* Fruit *drupacé.* Embryon *dicotylédoné minime, albuminé.* Radicule *supère.* — Tige *ligneuse.*

Arbres, ou Arbrisseaux à feuilles persistantes, ou caduques. — Feuilles alternes, ou opposées, simples, coriaces, glabres, luisantes, non stipulées. — Fleurs ☿, ou rarement incomplètes par avortement, petites, verdâtres, solitaires, ou fasciculées à l'aisselle des feuilles, sur des pédoncules simples, quelquefois ramifiés en cymes dichotomes. — Calyce 4-6-fide, ou 4-6-partit, persistant, à lanières obtuses. — Corolle insérée sur le réceptacle, à 5-4-3 pétales libres, ou presque libres, à préfloraison imbriquée. — Étamines 5-4-3, alternes avec les pétales, fixées à la base de ceux-ci, ou sur le réceptacle. *Filets* filiformes, ou subulés, plus courts que les pétales. *Anthères* introrses, biloculaires, adnées, à déhiscence longitudinale. — Ovaire libre, charnu, subglobuleux-tronqué, 2-6-8-loculaire. *Ovules* solitaires dans chaque loge, pendants au sommet de l'angle central, anatropes. *Stigmate* sub-sessile, lobé. — Drupe charnue, à 2-8-∞ noyaux ligneux, ou osseux, uniséminés, indéhiscents. — Graine inverse, à *testa* membraneux, à raphé dorsal, à *hile* dirigé vers le sommet de la loge, nu, ou coiffé par le funicule dilaté en cupule. *Albumen* charnu, copieux. — Embryon droit, minime au sommet de l'albumen, sub-cylindrique, ou globuleux. *Radicule* voisine du hile, supère.

GENRES PRINCIPAUX.

*Cassine, *Cassine.* | *Houx, *Ilex.* | *Prinos, *Prinos.* | *Némopanthès, *Nemopanthes*,

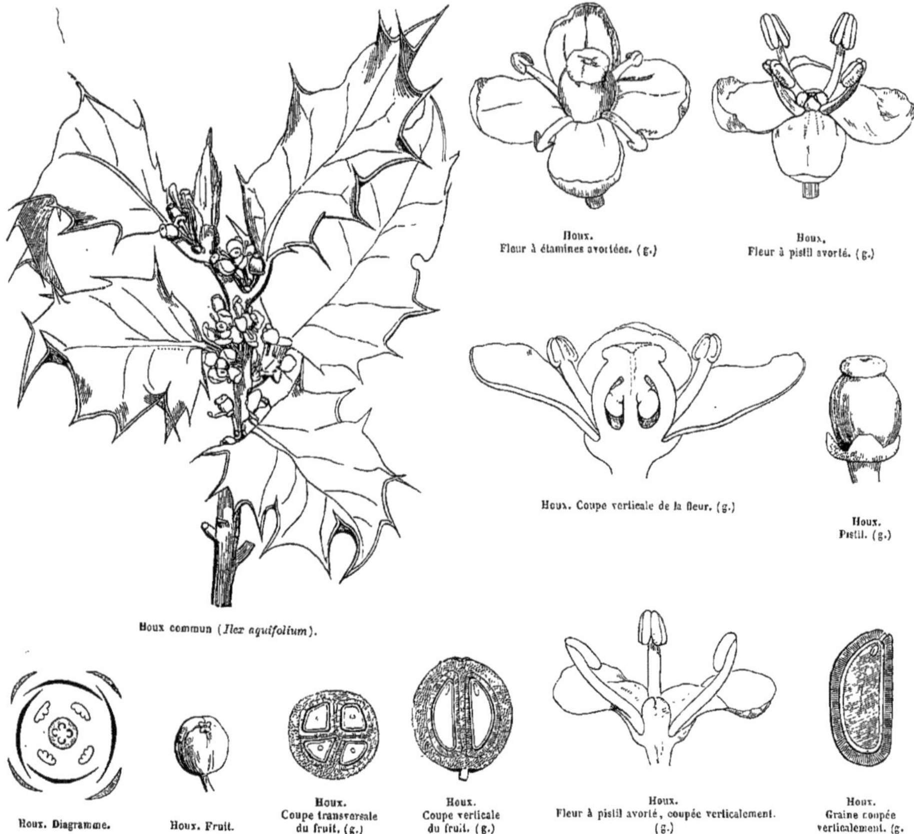

Houx. Fleur à étamines avortées. (g.)

Houx. Fleur à pistil avorté. (g.)

Houx. Coupe verticale de la fleur. (g.)

Houx. Pistil. (g.)

Houx commun (*Ilex aquifolium*).

Houx. Diagramme.

Houx. Fruit.

Houx. Coupe transversale du fruit. (g.)

Houx. Coupe verticale du fruit. (g.)

Houx. Fleur à pistil avorté, coupée verticalement. (g.)

Houx. Graine coupée verticalement. (g.)

Les *Ilicinées* ont longtemps été placées dans la Famille des *Célastrinées*, qui s'en rapprochent par leur calyce persistant, l'hypogynie, l'isostémonie et la préfloraison de leur corolle, leur ovaire pluriloculaire, leur ovule anatrope, leur style épais, court, ou nul; leur fruit quelquefois drupacé (*Elæodendron*), leur embryon droit, albuminé; leur tige ligneuse, leurs feuilles alternes et leurs fleurs axillaires, petites, verdâtres; mais elles diffèrent par le disque charnu qui revêt le fond du calyce et souvent la base de l'ovaire, par la direction de leur ovule, qui est dressé, ou ascendant, et enfin par leur corolle, qui est franchement dialypétale. — Nous avons indiqué l'affinité des Ilicinées avec les *Ébénacées* (voir cette Famille). — Les Ilicinées ont aussi avec les *Oléinées* quelques rapports fondés sur l'hypogynie de la corolle, la direction pendante et l'anatropie de l'ovule, le fruit charnu, l'embryon albuminé et la tige ligneuse; mais les Oléinées ont une corolle anisostémone, à préfloraison valvaire, et leur embryon est axile, et non apical.

Les Ilicinées sont rares en Europe et en Asie; elles sont plus nombreuses dans l'Amérique septentrionale et équatoriale, ainsi qu'au Cap de Bonne-Espérance.

Les Ilicinées contiennent un principe amer, que les chimistes ont isolé, et nommé *ilicine;* à ce principe sont associées, en proportions variées, une résine aromatique et une matière glutineuse, qui donnent à quelques Espèces du Genre *Houx* des propriétés diverses, dont la Médecine a tiré parti. Les feuilles du *Houx vomitif* (*Ilex vomitoria*), prises en infusion, sont diurétiques et diaphorétiques; administrées à haute dose, elles provoquent le vomissement : c'est l'émétique usuel des sauvages de l'Amérique septentrionale. — Le *Houx du Paraguay* (*Ilex Paraguajensis*) fournit le *maté*, qui remplace le thé de Chine dans l'Amérique du Sud. — L'écorce du *Prinos verticillé* est astringente, et on l'emploie aux États-Unis comme tonique et antiseptique. — On cultive en Europe comme Plantes d'ornement plusieurs Espèces de Houx (*Ilex Dahoun*, *Balearica*, *Maderiensis*, *latifolia*, etc.); mais l'Espèce la plus intéressante est le *Houx commun* (*Ilex aquifolium*), qui croît dans les forêts montueuses de l'Europe occidentale, et dont les feuilles sont épineuses et persistantes; on les employait autrefois comme fébrifuges, et l'*ilicine* a été proposée de nos jours comme succédanée de la *quinine*. Les baies sont d'un rouge éclatant, et contribuent avec le vert lustré des feuilles à la beauté des bosquets d'hiver. L'écorce de la Plante fournit la matière connue sous le nom de *glu*, dont se servent les oiseleurs : on l'employait aussi autrefois comme topique pour dissoudre les tumeurs. Le bois du Houx est dense, dur, et très-recherché pour l'ébénisterie.

# OLÉINÉES, *OLEINEÆ*.

(JASMINEARUM *genera, Jussieu.* — OLEINEÆ ET FRAXINEÆ, *Martius.* OLEINEÆ, *Link.* — OLEACEÆ, *Lindley.*)

Corolle *tétramère, monopétale, ou sub-polypétale, hypogyne, anisostémone, à préfloraison valvaire.* Étamines 2, *insérées sur la corolle.* Ovaire *bi-loculaire.* Ovules *pendants, anatropes.* Fruit *capsulaire, ou baccien, ou drupacé.* Embryon *dicotylédoné, albuminé, axile.* Radicule *supère.* — Tige *ligneuse.* Feuilles *opposées.*

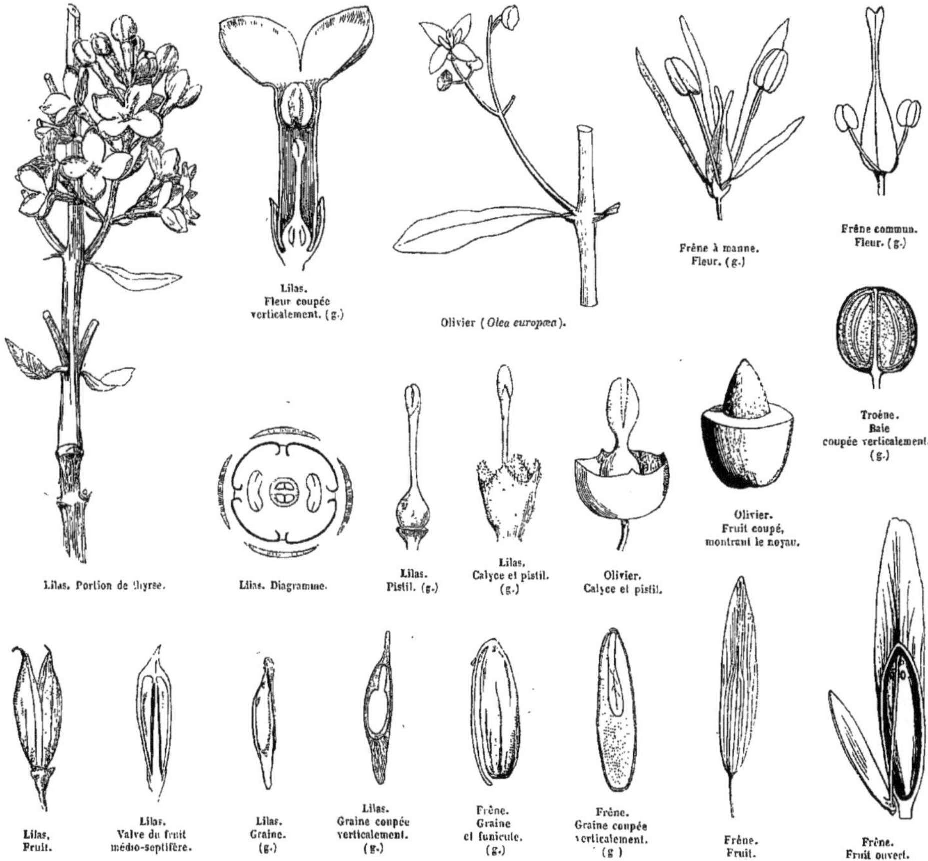

Lilas. Fleur coupée verticalement. (g.) — Olivier (*Olea europæa*). — Frêne à manne. Fleur. (g.) — Frêne commun. Fleur. (g.) — Troène. Baie coupée verticalement. (g.) — Olivier. Fruit coupé, montrant le noyau. — Lilas. Portion de thyrse. — Lilas. Diagramme. — Lilas. Pistil. (g.) — Lilas. Calyce et pistil. (g.) — Olivier. Calyce et pistil. — Lilas. Fruit. — Lilas. Valve du fruit médio-septifère. — Lilas. Graine. (g.) — Lilas. Graine coupée verticalement. (g.) — Frêne. Graine et funicule. (g.) — Frêne. Graine coupée verticalement. (g.) — Frêne. Fruit. — Frêne. Fruit ouvert.

Arbres, ou Arbrisseaux. — Feuilles opposées, pétiolées, simples, ou rarement impari-pennées, non stipulées. — Fleurs ☿, rarement dioïques et apétales, en grappe, ou en panicule trichotome, quelquefois fasciculées, à pédicelles opposés. — Calyce monosépale, 4-lobé, ou 4-denté, quelquefois nul, ou presque nul. — Corolle insérée sur le réceptacle, tantôt à 4 pétales soudés à leurs bases en deux paires, par l'intermédiaire des étamines; tantôt nettement gamopétale, infondibuliforme, ou sub-campanulée, à préfloraison valvaire, très-rarement nulle (*Frêne, Olivier*). — ÉTAMINES 2, insérées sur la corolle et alternes avec ses lobes. *Anthères* biloculaires, introrses, dorsifixes, à déhiscence longitudinale. — OVAIRE libre, à 2 loges alternant avec les étamines et ordinairement bi-ovulées. *Ovules* collatéraux, pendants au sommet de la cloison, ordinairement géminés, rarement 3, dont les deux latéraux avortent (*Frêne*), quelquefois nombreux, bi-sériés (*Forsythia*), à raphé dorsal, anatropes. *Style* simple, ou nul. *Stigmate* indivis, ou bifide. — FRUIT varié, tantôt drupacé, et souvent uniloculaire et uni-séminé par avortement (*Olivier*); tantôt baccien, biloculaire (*Troène*); tantôt capsulaire, à déhiscence loculicide (*Lilas*); tantôt samaroïde, indéhiscent, prolongé supérieurement en aile foliacée (*Frêne*). — GRAINES pendantes, généralement plus ou moins comprimées. — EMBRYON droit, occupant l'axe d'un albumen dense, charnu, ou sub-corné. *Cotylédons* foliacés. *Radicule* cylindrique, supère.

## SOUS-FAMILLE I. — OLÉINÉES VRAIES, *OLEINEÆ VERÆ.*

Fruit drupacé, ou baccien.

GENRES PRINCIPAUX.

| | | | |
|---|---|---|---|
| *Kionanthe, *Chionanthus.* | *Olivier, *Olea.* | *Philaria, *Phillyrea.* | *Troène, *Ligustrum.* |

## SOUS-FAMILLE II. — FRAXINÉES, *FRAXINEÆ.*

Fruit capsulaire, tantôt samaroïde, indéhiscent; tantôt bivalve, à déhiscence loculicide.

GENRES PRINCIPAUX.

| | | | |
|---|---|---|---|
| *Frêne, *Fraxinus.* | *Fontanésie, *Fontanesia.* | *Lilas, *Syringa.* | *Forsythie, *Forsythia.* |

Les *Oléinées* faisaient autrefois partie de la Famille des *Jasminées;* chez ces dernières, en effet, comme chez les Oléinées, la tige est ligneuse, les feuilles opposées, les fleurs diandres, en grappe ou en panicule; l'ovaire à 2 loges 1-2-ovulées, et l'ovule anatrope; le fruit est capsulaire, ou charnu; mais les Jasminées diffèrent par la préfloraison imbriquée de la corolle, les anthères basifixes, l'ovule ascendant, et l'albumen disparaissant à la maturité et réduit à une mince membrane. — On a aussi établi des rapports entre les *Oléinées* et les *Apocynées,* qui toutes deux ont une tige ligneuse, des feuilles opposées, une corolle hypogyne, staminifère, à préfloraison valvaire dans les unes, tordue dans les autres, un ovaire biloculaire (du moins dans le Genre *Carissa*) et un embryon albuminé. — Enfin, si l'on compare les Oléinées avec les *Rubiacées*, on remarquera quelques analogies fondées sur les feuilles opposées, la corolle staminifère, à préfloraison valvaire, l'ovaire à 2 loges, les ovules pendants, l'embryon albuminé, et le fruit charnu, ou sec. Les différences principales sont, chez les Rubiacées, l'épigynie et l'isostémonie de la corolle, et les feuilles stipulées, ou verticillées. — Même observation pour les *Caprifoliacées,* qui diffèrent en outre par la préfloraison imbriquée de leur corolle.

Les Oléinées habitent pour la plupart l'hémisphère boréal. Les *Oléinées vraies* préfèrent les régions tempérées et chaudes situées en deçà du Cancer; on en rencontre cependant quelques-unes entre les tropiques, et même au-dessous du Capricorne. Les *Fraxinées* croissent toutes au-dessus du 23e parallèle Nord, et l'Afrique n'en possède aucune. La majorité des *Frênes* est américaine; quelques-uns sont dispersés dans l'Europe et dans l'Asie tempérée. Les *Lilas* sont originaires de l'Orient.

L'Espèce la plus utile de cette Famille est l'*Olivier* (*Olea europæa*), qui s'est répandu de l'Orient dans toute la région méditerranéenne. La drupe contient dans son péricarpe une huile fixe qu'on en retire par expression, et qui tient le premier rang parmi les huiles alimentaires. Cette drupe elle-même, macérée avant sa maturité dans la saumure, est comestible, ainsi que celle des Espèces exotiques du même Genre (*Olea americana, O. fragrans,* etc.). L'écorce et les feuilles de l'*Olivier* étaient autrefois employées comme médicaments amers-astringents, ainsi que les feuilles du *Troène* (*Ligustrum vulgare*) et des *Phillyrea*. — L'écorce du *Frêne commun* (*Fraxinus excelsior*) possède une amertume qui l'a fait proposer comme succédanée du Quinquina. — La *manne* est un suc sucré, concret, que l'on récolte en Sicile sur deux Espèces de *Frêne* (*Fraxinus Ornus*, et *F. rotundifolia*). Ce suc exsude spontanément, ou par suite de la piqûre d'une Cigale (*Cicada Orni*); mais on provoque sa sortie par des incisions réglées, que l'on pratique dans l'écorce pendant l'été. La manne se compose presque entièrement d'un principe immédiat, que les chimistes ont nommé *mannite :* ce principe s'altère rapidement, et la manne, qui était simplement nutritive à l'état frais, acquiert des propriétés nauséeuses et devient purgative : c'est en cette qualité qu'on l'emploie en médecine; mais cette qualité elle-même disparaît lorsque la manne, dissoute dans l'eau, a été soumise à une longue ébullition.

# JASMINÉES, *JASMINEÆ.*

(JASMINEARUM *genera, Jussieu.* — JASMINEÆ, *Rob. Brown.*
JASMINACEÆ, *Lindley.*)

COROLLE *monopétale* 5-8-*fide, hypogyne, anisostémone, à préfloraison imbriquée.* ÉTAMINES 2, *insérées sur la corolle.* OVAIRE *à* 2 *loges* 1-2-*ovulées.* OVULES *collatéraux, ascendants, anatropes.* FRUIT *baccien, ou capsulaire.* EMBRYON *dicotylédoné.* ALBUMEN *disparaissant à la maturité.* RADICULE *infère.* — TIGE *ligneuse.*

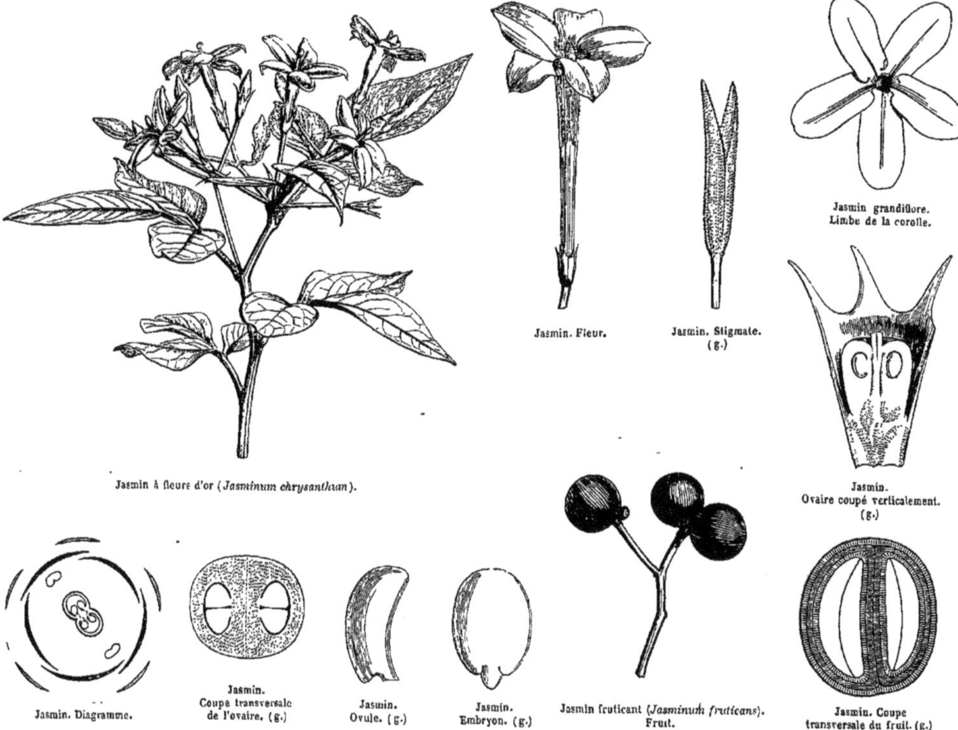

Jasmin à fleurs d'or (*Jasminum chrysanthum*).
Jasmin. Fleur.
Jasmin. Stigmate. (g.)
Jasmin grandiflore. Limbe de la corolle.
Jasmin. Ovaire coupé verticalement. (g.)
Jasmin. Diagramme.
Jasmin. Coupe transversale de l'ovaire. (g.)
Jasmin. Ovule. (g.)
Jasmin. Embryon. (g.)
Jasmin fruticant (*Jasminum fruticans*). Fruit.
Jasmin. Coupe transversale du fruit. (g.)

ARBUSTES, ou ARBRISSEAUX, souvent volubiles, ou grimpants. — FEUILLES opposées, ou alternes, tantôt à 3-5-7 folioles, tantôt 1-foliolées à pétiole articulé sur le limbe, non stipulées. — FLEURS ☿, régulières, ou sub-régulières, en corymbe, ou en panicule, à pédicelles trichotomes-multiflores. — CALYCE 5-8-fide, ou 5-8-denté, persistant. — COROLLE insérée sur le réceptacle, monopétale, en patère, 4-5-6-lobée, à préfloraison imbriquée. — ÉTAMINES 2, insérées sur le tube de la corolle, et incluses, opposées aux 2 pétales extérieurs dans les corolles 4-lobées; dans les corolles 5-lobées, où l'un des pétales extérieurs est dédoublé et remplacé par 2 pétales, l'une des étamines est insérée entre ces 2 pétales, et l'autre reste opposée au pétale simple extérieur; dans les corolles à 6 divisions, la même transformation a lieu sur les 2 pétales staminifères. *Filets* très-courts, ou nuls. *Anthères* biloculaires, introrses, basifixes, à déhiscence longitudinale. — OVAIRE libre, à 2 loges 1-2-ovulées. *Ovules* primitivement appendus près de la base de la cloison, et finalement ascendants, anatropes. *Style* terminal, très-court. *Stigmate* capité, ou bilobé. Baie didyme, souvent 1-séminée par avortement (*Jasminum*), ou capsule cordiforme, bi-loculaire, se séparant en deux pièces par déhiscence septicide (*Nyctanthes*). — Graines dressées, sub-comprimées, à *testa* coriace et à *endoplèvre* gonflée. — Albumen primitivement copieux, complétement absorbé à la maturité, et réduit à une mince membrane. — Embryon droit. *Cotylédons* planes-convexes, charnus. *Radicule* courte, infère.

GENRES PRINCIPAUX.

| Jasmin, | *Jasminum.* | Nyctanthe, | *Nyctanthes.* |
|---|---|---|---|

Nous avons indiqué les affinités qui rapprochent les *Jasminées* des *Oléinées* et des *Verbénacées* (voir ces Familles). Les Jasminées tendent vers les *Apocynées* par leur tige grimpante, ou volubile, leurs feuilles généralement opposées, non stipulées, leur corolle hypogyne staminifère, leurs carpelles cohérents en ovaire biloculaire (comme dans le Genre *Carissa*), leur fruit sec, ou charnu; mais les Apocynées, outre la séparation des ovaires dans la plupart des Genres, s'éloignent des Jasminées par leur suc laiteux, l'isostémonie et la préfloraison de la corolle, et la persistance de l'albumen. — D'un autre côté, les Jasminées se rapprochent des *Ébénacées* par leur tige ligneuse, la corolle à préfloraison imbriquée, les anthères basifixes, les loges de l'ovaire 1-2-ovulées, le fruit charnu, les graines comprimées; elles s'en éloignent par la diandrie, les ovules dressés, et l'absence d'albumen.

Les Jasminées ont pour patrie les régions chaudes de l'Asie. Quelques-unes se rencontrent dans les îles de l'Afrique et l'Australie; un petit nombre habite la région méditerranéenne. Deux Espèces seules, constituant le Genre *Menodora*, sont américaines.

Les Jasminées ne se recommandent que par l'élégance de leur feuillage, et l'odeur suave de leurs fleurs : ce parfum, dû à une huile volatile, est fixé au moyen de l'huile de *Ben*, qui le dissout et le conserve, pour la préparation des cosmétiques. C'est surtout avec les corolles du *Jasmin Sambac*, arbrisseau indien, et avec celles du *Jasmin d'Espagne* (*J. grandiflorum*), que l'on prépare l'essence de Jasmin, usitée dans la parfumerie. — Le *Jasmin officinal*, cultivé en pleine terre dans tous les jardins, est originaire de l'Asie; ses fleurs étaient jadis employées comme médicament nervin, apéritif et émollient. — Le *Nyctanthes arbor-tristis* est un arbrisseau de l'Inde, dont les fleurs ne s'ouvrent que le soir, et tombent au lever du soleil : sa floraison nocturne lui a fait donner le surnom de *somnambule*.

# STYRACÉES, *STYRACEÆ.*

(GUAJACANÆ, *partim, Jussieu.* — STYRACEÆ, *Richard.* — STYRACINEÆ, *Kunth.* STYRACACEÆ, *Alph. De Candolle.*)

Corolle *monopétale, ou sub-polypétale, périgyne, ou épigyne.* Étamines *insérées à la base de la corolle, libres, ou cohérentes par leurs filets, définies, ou indéfinies, uni-pluri-sériées.* Ovaire *infère, ou demi-infère, à 2-5 loges bi-pluri-ovulées.* Ovules *anatropes.* Fruit *généralement charnu.* Embryon *dicotylédoné, albuminé, axile.*

Arbres, ou arbustes. — Feuilles alternes, simples, non stipulées. — Fleurs en grappe, ou solitaires, axillaires, munies de bractées. — Calyce 5-4-lobé. — Corolle généralement 5-lobée, rarement 4-6-7-lobée, c'est-à-dire composée de 5-4-6-7 pétales ordinairement à peine cohérents à leur base, quelquefois augmentée d'un verticille intérieur de pétales adhérents à la corolle extérieure et alternes avec ses lobes. — Étamines insérées à la base de la corolle, libres, ou cohérentes par leurs filets, uni-pluri-sériées, tantôt 8-10; tantôt nombreuses, pentadelphes, ou monadelphes, les faisceaux, ou les étamines les plus longues alternant avec les lobes de la corolle. *Anthères* biloculaires, à déhiscence introrse, ou latérale. — Ovaire infère, ou semi-infère, 5-2-loculaire, à loges opposées aux lobes du calyce quand elles sont en même nombre. *Ovules* géminés, ou nombreux dans chaque loge, tantôt tous pendants; tantôt les inférieurs horizontaux, ou ascendants et les supérieurs pendants, toujours anatropes. *Style* simple. *Stigmate* en petite tête lobée. — Fruit généralement charnu, presque toujours 1-loculaire par avortement. — Graines 5-1, ordinairement solitaires. — Embryon droit, occupant l'axe d'un albumen charnu. *Cotylédons* planes. *Radicule* ordinairement supère.

## Tribu I. — SYMPLOCÉES, *SYMPLOCEÆ.*

*Corolle* sub-polypétale, à préfloraison quinconciale. Étamines uni-pluri-sériées, 15-∞, tantôt polyadelphes, tantôt 1-sériées, presque libres, ordinairement monadelphes. Anthères ovoïdes-globuleuses. Ovules tous pendants.

GENRE UNIQUE.

*Symplocos, *Symplocos.*

## TRIBU II. — STYRACÉES VRAIES, *STYRACEÆ VERÆ.*

Corolle 5-partite, à préfloraison convolutive, ou sub-valvaire. Étamines 1-sériées, 7-12. Anthères allongées, adnées. *Ovules,* les inférieurs horizontaux, ou ascendants, les supérieurs pendants.

GENRES PRINCIPAUX.

*Aliboufier, *Styrax.* *Halésia, *Halesia.*

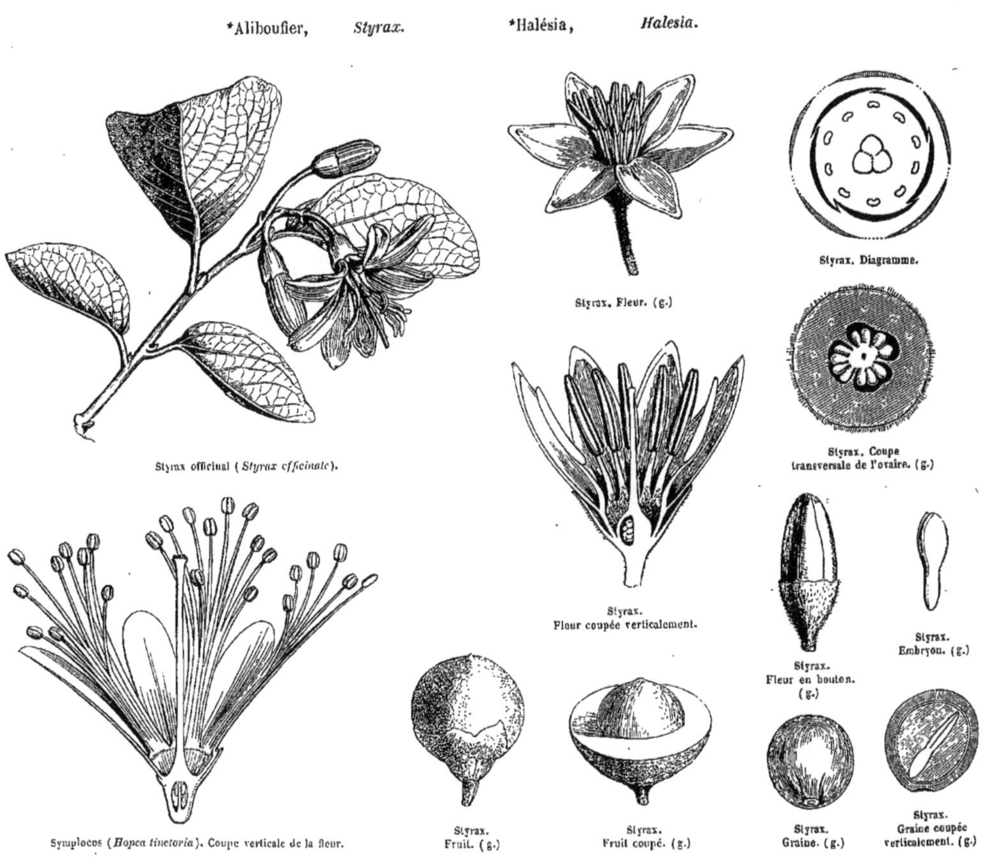

Styrax officinal (*Styrax officinale*). — Styrax. Fleur. (g.) — Styrax. Diagramme. — Styrax. Coupe transversale de l'ovaire. (g.) — Styrax. Fleur coupée verticalement. — Styrax. Fleur en bouton. (g.) — Styrax. Embryon. (g.) — Symplocos (*Hopea tinctoria*). Coupe verticale de la fleur. — Styrax. Fruit. (g.) — Styrax. Fruit coupé. (g.) — Styrax. Graine. (g.) — Styrax. Graine coupée verticalement. (g.)

Les *Styracées* sont voisines des Ébénacées (voir cette Famille). — L'affinité existe aussi entre la Tribu des *Symplocées* et les *Camelliacées :* dans les deux Familles on observe une tige ligneuse, des feuilles alternes, des corolles sub-polypétales, ou polypétales, à préfloraison imbriquée; les étamines sont nombreuses, pluri-sériées, à filets polyadelphes, et en outre, dans quelques Genres de Camelliacées, le style est simple, l'ovaire est semi-infère et l'embryon albuminé. — La Tribu des *Styracées vraies* présente quelque analogie avec les *Philadelphées :* tige ligneuse, fleurs axillaires et terminales, pétales libres, ou presque libres, étamines nombreuses, ovaire infère, pluri-loculaire, embryon albuminé, axile; mais chez les Philadelphées, les feuilles sont opposées, et le fruit est une capsule.

Les Styracées habitent l'Asie et l'Amérique tropicales; elles sont peu nombreuses au Japon, dans les contrées chaudes de l'Amérique septentrionale, et dans l'est de la région méditerranéenne.

Le *Storax* et le *Benjoin* sont deux baumes composés d'une résine aromatique unie à une huile volatile et à un acide cristallisable en aiguilles, nommé *acide benzoïque.* Ces baumes, jadis administrés à l'intérieur comme stimulants, n'entrent plus que dans la composition des médicaments externes. — Le *Storax* découle spontanément ou par incision de la tige de l'*Aliboufier officinal* (*Styrax officinale*), arbre de la région méditerranéenne, et le *benjoin* provient du *Styrax benzoïn*, qui croît dans les Moluques et les Iles de la Sonde. — Quelques Espèces de *Symplocos* sont tinctoriales. — Le *Symplocos alstonia* remplace le thé de Chine dans l'Amérique centrale.

# MONOTROPÉES, *MONOTROPEÆ*.

## (MONOTROPEÆ, *Nuttal.* — MONOTROPACEÆ, *Lindley.*)

Corolle *hypogyne, persistante, monopétale, ou polypétale, diplostémone, à préfloraison imbriquée.* Étamines 8-10, *hypogynes.* Anthères *à déhiscence variée.* Ovaire *libre, 5-4-loculaire, multiovulé.* Fruit *capsulaire.* Graines *nombreuses, minimes.* Embryon *indivis, minime.* — Herbes *parasites, charnues, non feuillées, écailleuses.*

Herbes vivaces, à port d'*Orobanches,* simples, charnues, parasites sur les racines des arbres, jamais vertes. — Feuilles nulles, remplacées par des écailles alternes. — Fleurs ☿, sub-régulières, tantôt solitaires et pentamères, tantôt en grappe, ou en épi, la terminale pentamère, les autres tétramères. — Calyce 5-partit, persistant, quelquefois nul, ou remplacé par des bractées. — Corolle hypogyne, blanche ou rosée, persistante, à 5-4 pétales gibbeux à leur base, tantôt plus ou moins cohérents en corolle 5-4-fide; tantôt complétement libres, ou presque libres. — Étamines 10 ou 8, insérées sur le réceptacle, accompagnées quelquefois d'appendices filiformes. *Anthères* tantôt uniloculaires, peltées, s'ouvrant par une fente transversale; tantôt biloculaires, munies de deux arêtes à leur base, s'ouvrant par deux fentes longitudinales, ou mutiques et s'ouvrant par des pores. — Ovaire libre, ovoïde, ou sub-globuleux, à 4-5 loges multi-ovulées, accompagné de 10 glandes à la base. *Style* simple, droit, creux. *Stigmate* discoïde, bordé. — Capsule 4-5-loculaire, à 4-5 valves loculicides, médio-septifères; placentaires 4-5, charnus. — Graines nombreuses, très-menues, sub-sphériques, renfermées dans un tégument à tissu lâche, beaucoup plus ample qu'elles. — Embryon indivis, minime.

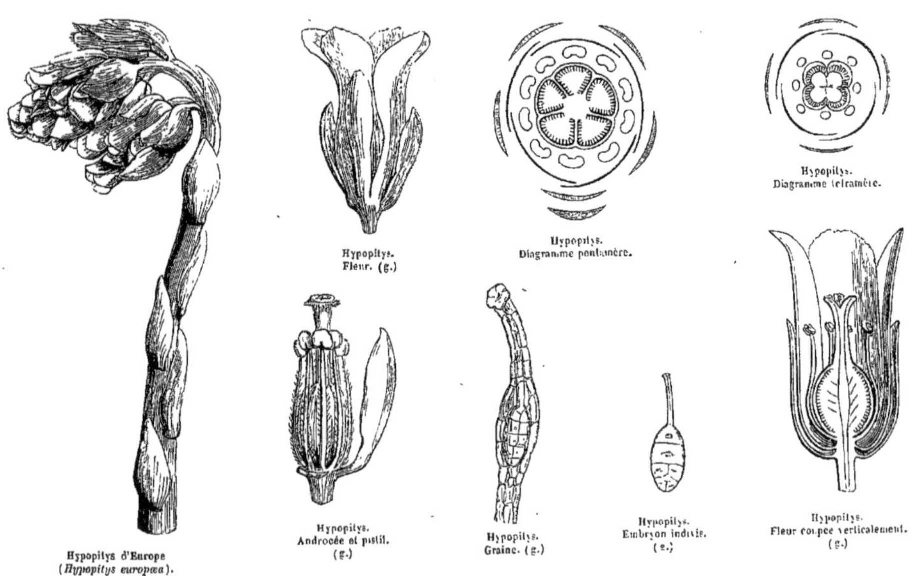

Hypopitys. Fleur. (g.)

Hypopitys. Diagramme pentamère.

Hypopitys. Diagramme tétramère.

Hypopitys d'Europe (*Hypopitys europæa*).

Hypopitys. Androcée et pistil. (g.)

Hypopitys. Graine. (g.)

Hypopitys. Embryon indivis. (g.)

Hypopitys. Fleur coupée verticalement. (g.)

GENRES PRINCIPAUX.

| Monotrope, | *Monotropa.* | Hypopitys, | *Hypopitys.* |
|---|---|---|---|

Les *Monotropées* tiennent aux *Éricinées*, et surtout aux *Pyrolacées,* par leur corolle polypétale ou sub-polypétale, diplostémone, leurs étamines distinctes de la corolle, leurs anthères s'ouvrant par des pores, ou des fentes transversales, leur ovaire pluri-loculaire et multiovulé et leur capsule loculicide. La diagnose ne porte guère que sur leur parasitisme, et leur tige charnue, pourvue d'écailles remplaçant les feuilles.

Les Monotropées sont des Plantes européennes et américaines, vivant en parasites sur les racines des arbres, principalement des Pins et du Hêtre. Plusieurs Espèces ont l'odeur de la *Violette* ou de l'*Œillet.* — Dans quelques contrées de l'Europe, les bergers font avaler à leurs brebis de l'*Hypopitys* en poudre, pour calmer la toux de ces animaux. — Une Espèce du Canada (*Pterospora andromedea*) est employée par les Peaux-rouges comme vermifuge et diaphorétique.

# PYROLACÉES, *PYROLACEÆ*.

(ERICARUM *genera*, *Jussieu.* — PYROLACEÆ, *Lindley.*)

Corolle *polypétale, ou sub-polypétale, hypogyne, diplostémone, à préfloraison imbriquée.* Étamines 10, *non adhérentes aux pétales.* Anthères *généralement biloculaires, s'ouvrant par 2 pores, ou par une fente transversale.* Ovaire 3-5-*loculaire.* Capsule *loculicide.* Graines *minimes.* Embryon *indivis, minime.*

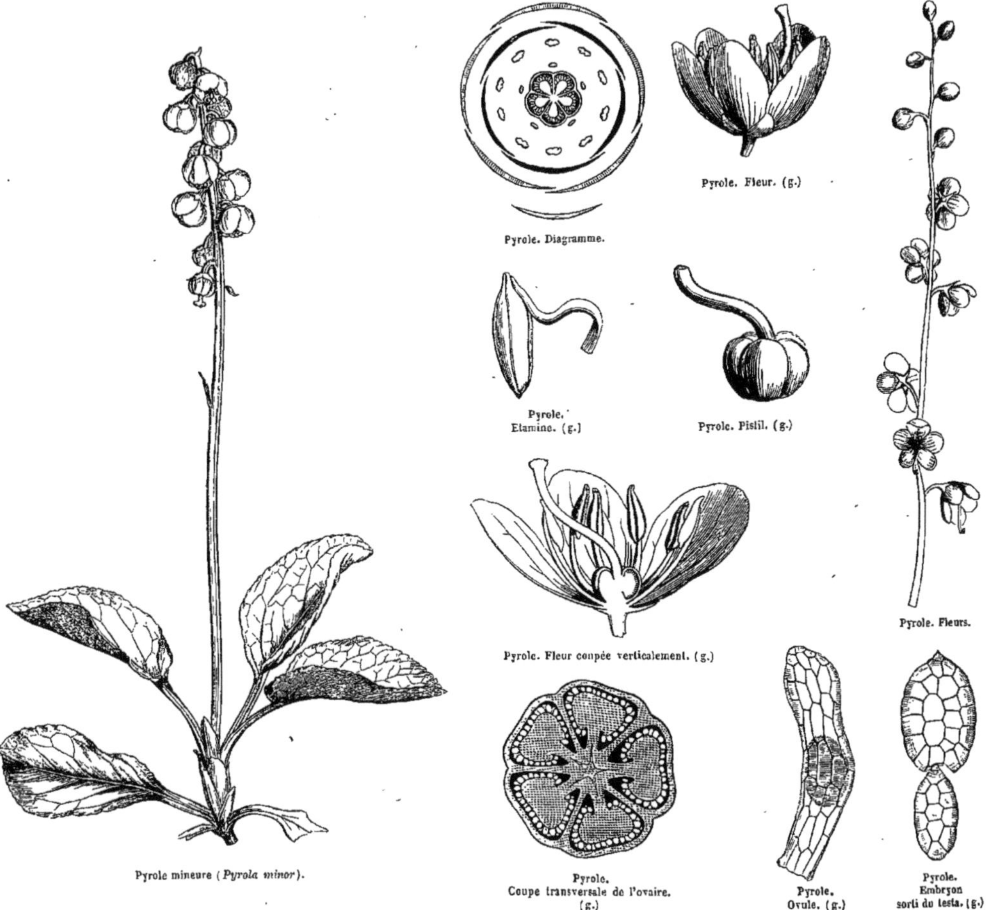


Plantes vivaces, herbacées, quelquefois sous-ligneuses à leur base, rarement ligneuses. — Feuilles éparses, ou sub-verticillées, non stipulées. — Fleurs ☿, régulières, en grappe, ou en ombelle, ou solitaires, blanches ou rosées. — Calyce 5-partit, persistant. — Corolle de 5 pétales insérés sur le réceptacle, à préfloraison imbriquée. — Étamines 10, hypogynes, tantôt toutes fertiles et distinctes; tantôt monadelphes à leur base, dont 5 fertiles, et 5 privées d'anthère (*Galax*). *Anthères* introrses, tantôt à 2 loges, s'ouvrant au sommet par

2 pores, ou par une fente oblique; tantôt 1-loculaires, s'ouvrant en 2 valves transversales. — OVAIRE libre, posé sur un disque hypogyne, à 3-5 loges multi-ovulées. *Style* terminal. *Stigmate* en tête lobée, ceinte d'un anneau membraneux. — CAPSULE à 3-5 loges, à déhiscence loculicide, à valves médio-septifères, à placentaires fongueux. — GRAINES nombreuses, minimes, revêtues d'un tégument à tissu lâche beaucoup plus ample qu'elles. — EMBRYON minime, indivis.

GENRES PRINCIPAUX.

| | | | |
|---|---|---|---|
| Pyrole, | *Pyrola.* | Kimaphile, | *Chimaphila.* |

La petite Famille des *Pyrolacées* a été séparée des *Éricinées*, dont elle ne diffère guère que par la structure de sa graine. — Nous avons indiqué l'étroite affinité qui la lie aux *Monotropées* (voir cette Famille) que l'on peut regarder comme des Pyrolacées parasites.

Les Pyrolacées ont pour séjour les régions tempérées et fraîches de l'hémisphère boréal. Elles doivent leurs propriétés médicinales à des principes amers et résineux. La *Pyrole en ombelle* (*Chimaphila umbellata*) est recommandée aujourd'hui en Amérique comme stimulante des fonctions des reins et de la peau. — La *Pyrole à feuilles rondes* (*P. rotundifolia*) était autrefois employée en Europe, comme astringente dans les flux dyssentériques et les hémorrhagies.

# ÉPACRIDÉES, *EPACRIDEÆ.*

(ERICEARUM *sectio, Link.* — EPACRIDEÆ, *Rob. Brown.* — EPACRIDACEÆ, *Lindley.*)

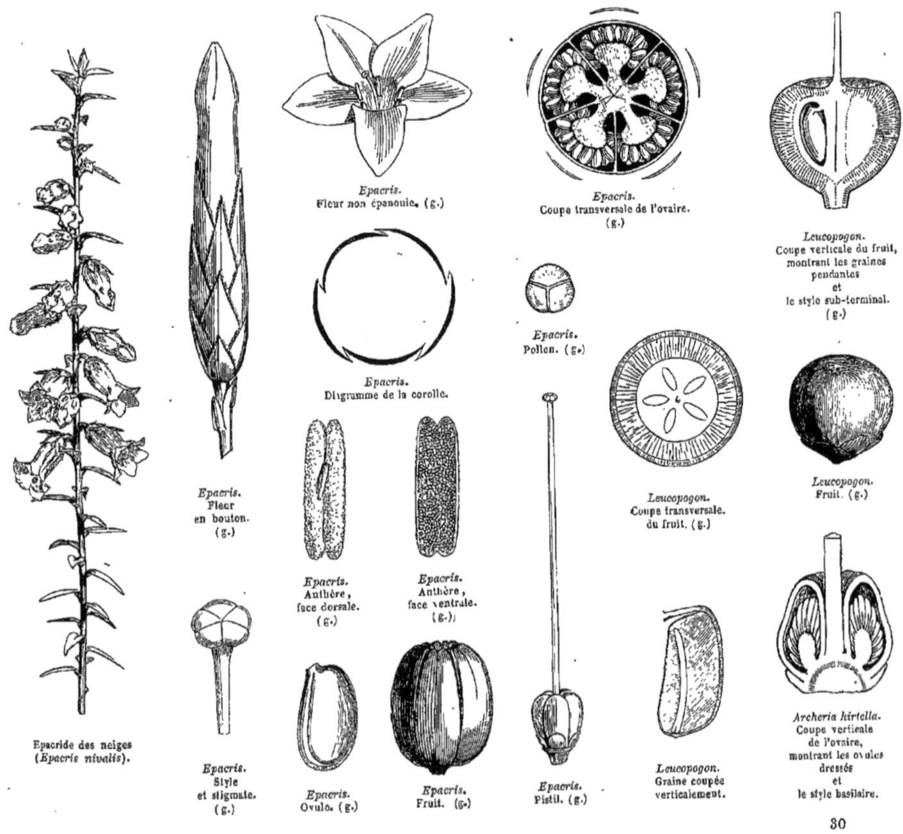

Epacride des neiges (*Epacris nivalis*).

*Epacris.* Fleur en bouton. (g.)

*Epacris.* Fleur non épanouie. (g.)

*Epacris.* Diagramme de la corolle.

*Epacris.* Coupe transversale de l'ovaire. (g.)

*Epacris.* Pollen. (g.)

*Leucopogon.* Coupe verticale du fruit, montrant les graines pendantes et le style sub-terminal. (g.)

*Leucopogon.* Coupe transversale du fruit. (g.)

*Leucopogon.* Fruit. (g.)

*Epacris.* Anthère, face dorsale. (g.)

*Epacris.* Anthère, face ventrale. (g.)

*Epacris.* Style et stigmate. (g.)

*Epacris.* Ovule. (g.)

*Epacris.* Fruit. (g.)

*Epacris.* Pistil. (g.)

*Leucopogon.* Graine coupée verticalement.

*Archeria hirtella.* Coupe verticale de l'ovaire, montrant les ovules dressés et le style basilaire.

COROLLE *monopétale, hypogyne, généralement isostémone, à préfloraison imbriquée, ou valvaire.* ÉTAMINES *insérées sur le réceptacle, ou sur la corolle.* ANTHÈRES *1-loculaires.* OVAIRE *posé sur un disque, bi-pluri-loculaire.* OVULES *pendants, anatropes.* FRUIT *charnu, ou sec.* EMBRYON *dicotylédoné, albuminé.* — TIGE *ligneuse.*

ARBUSTES, ou ARBRISSEAUX, à tige et rameaux sans nœuds. — FEUILLES alternes, souvent rapprochées, très-rarement opposées, ordinairement pétiolées, quelquefois engaînantes à la base, non stipulées. — FLEURS ☿, rarement incomplètes par avortement, tantôt terminales, en épis, ou en grappes; tantôt axillaires et solitaires, à pédicelles pourvus de 2 ou plusieurs bractées calycoïdes. — CALYCE 5-4 partit, persistant. — COROLLE monopétale, insérée sur le réceptacle, tubuleuse, ou campanulée, ou infondibuliforme, ou hypocratériforme; *tube* nu à sa base interne, ou muni de faisceaux de poils, ou de glandes alternes avec les étamines; *limbe* 5-4-fide, régulier, à préfloraison valvaire, ou imbriquée, à lobes rarement cohérents; dans ce dernier cas la corolle, restée close, se coupe transversalement (*Richea, Cystanthe*), et la base du tube persiste. — ÉTAMINES insérées sur le réceptacle, ou sur le tube de la corolle, en même nombre que ses lobes, et alternant avec eux, rarement en nombre moindre. *Anthères* dorsifixes, simples, à 2 valves longitudinales, et à réceptacle pollinifère unique, constituant une cloison complète. *Pollen* tantôt sub-globuleux, tantôt composé de 3 granules cohérents. — OVAIRE libre, sessile sur un disque, ou ceint à sa base d'écailles hypogynes libres, ou cohérentes, à 2-10 loges, rarement 1-loculaire. *Ovules* tantôt solitaires dans chaque loge, pendants au sommet de l'angle central; tantôt nombreux, insérés sur des placentaires saillants, anatropes, pendants, quelquefois dressés (*Archeria*). *Style* simple. *Stigmate* indivis. — FRUIT drupacé, ou capsulaire, 2-pluri-loculaire, rarement 1-loculaire par avortement. *Drupes* à 1 ou plusieurs noyaux; *Capsule* à déhiscence septicide, ou loculicide, multiséminée. — GRAINES solitaires dans les fruits drupacés, nombreuses dans les fruits capsulaires, et insérées sur des placentaires tantôt fixés à l'angle central des loges, tantôt libres. — EMBRYON droit, cylindrique, occupant l'axe d'un albumen charnu. *Cotylédons* très-courts. *Radicule* supère dans les drupes, à situation variée dans les capsules.

### TRIBU I. — STYPHÉLIÉES, *STYPHELIEÆ.*

Ovaire à loges 1-ovulées. Fruit drupacé.

GENRES PRINCIPAUX.

| | | | |
|---|---|---|---|
| *Styphélie, *Styphelia.* | *Leucopogon, *Leucopogon.* | *Sténanthéra, *Stenanthera.* | Lissanthe, *Lissanthe.* |

### TRIBU II. — ÉPACRÉES, *EPACREÆ.*

Ovaire à loges multi-ovulées. Fruit capsulaire.

GENRES PRINCIPAUX.

| | |
|---|---|
| *Épacride, *Epacris.* | *Sprengélie, *Sprengelia.* |

Les *Épacridées* ne diffèrent des *Éricinées* que par la structure de leurs anthères. — Elles habitent presque exclusivement l'Australie, où elles représentent les *Bruyères.* Elles sont rares dans les Moluques, la Nouvelle-Zélande, et l'archipel de Taïti. Quelques-unes se rencontrent aux îles Sandwich. On n'en trouve qu'une Espèce dans l'Amérique du sud. — Les Épacridées sont pour la plupart des Plantes d'ornement, cultivées dans les serres d'Europe. Quelques-unes (*Lissanthe sapida*) ont une drupe comestible.

## DIAPENSIÉES, *DIAPENSIACEÆ.*

SOUS-ARBRISSEAUX d'Europe et de l'Amérique septentrionale. — FEUILLES alternes, imbriquées, sempervirentes, sans nervures. — FLEURS terminales, solitaires. — CALYCE muni de 3 bractées, à 5 sépales bisériés, inégaux. — COROLLE hypogyne, en patère, 5-lobée, à préfloraison imbriquée. — ÉTAMINES 5, insérées sur la gorge de la corolle. *Filets* dilatés. *Anthères* biloculaires, s'ouvrant en deux valves transversales, mutiques, ou l'une d'elles aristée (*Pyxidanthera*). — OVAIRE libre, à 3 loges pluri-multi-ovulées. *Style* terminal, simple. *Stigmate* 3-lobé. — CAPSULE mince, terminée par le style persistant, triloculaire, s'ouvrant au sommet en

3 valves loculicides, médio-septifères. — Graines presque cubiques, fixées par un hile ventral à des placentaires centraux, fongueux. *Testa* membraneux, aréolé. — Embryon filiforme, occupant l'axe d'un albumen charnu. *Cotylédons* très-courts. *Radicule* longue, parallèle au hile.

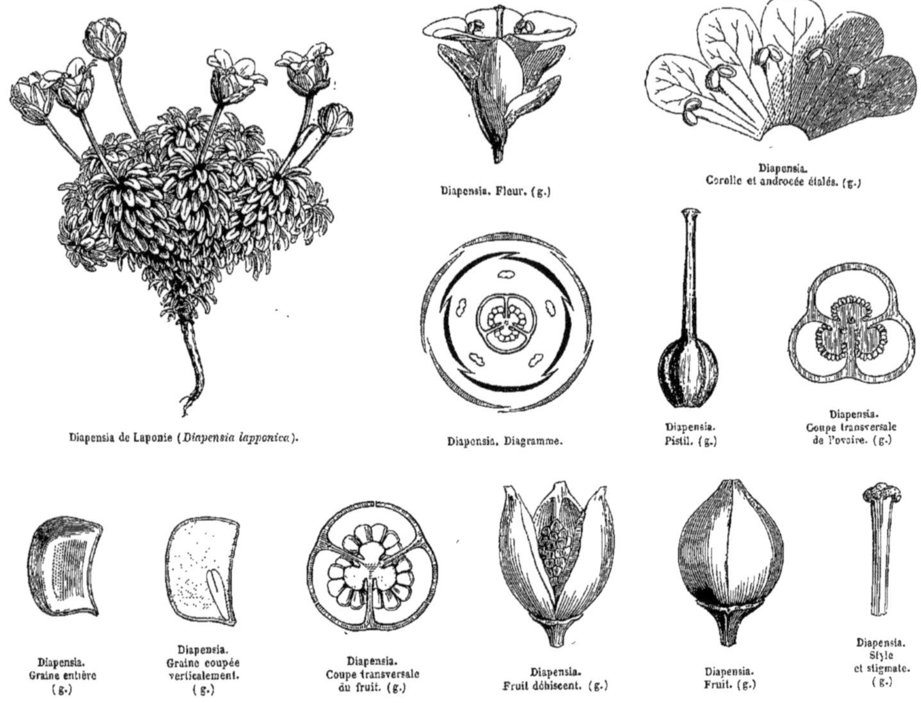

Diapensia de Laponie (*Diapensia lapponica*). Diapensia. Fleur. (g.) Diapensia. Corolle et androcée étalés. (g.) Diapensia. Diagramme. Diapensia. Pistil. (g.) Diapensia. Coupe transversale de l'ovaire. (g.) Diapensia. Graine entière (g.) Diapensia. Graine coupée verticalement. (g.) Diapensia. Coupe transversale du fruit. (g.) Diapensia. Fruit déhiscent. (g.) Diapensia. Fruit. (g.) Diapensia. Style et stigmate. (g.)

Cette petite Famille, formée des Genres *Diapensia* et *Pyxidanthera*, trouve naturellement sa place dans le voisinage des *Éricinées*. Elle s'en rapproche en effet par la corolle monopétale, hypogyne, imbriquée, les anthères biloculaires, à déhiscence anomale, l'ovaire pluriloculaire et multi-ovulé, à placentation centrale, la capsule loculicide, l'albumen charnu, l'embryon axile, la tige ligneuse et les feuilles imbriquées. Elle ne diffère guère des *Éricinées* que par l'insertion des étamines sur la gorge de la corolle.

# VACCINIÉES, *VACCINIEÆ*.

## (ERICARUM *genera*, *Jussieu*. — VACCINIEÆ, *De Candolle*. VACCINIACEÆ, *Lindley*.)

Corolle *monopétale, épigyne, diplostémone, à préfloraison imbriquée.* Étamines *épigynes,* Anthères *à 2 loges bipartites et s'ouvrant par 2 pores à leur sommet.* Ovaire *infère, à plusieurs loges.* Ovules *anatropes.* Fruit *charnu.* Embryon *dicotylédoné, albuminé.* Tige *ligneuse.*

Arbrisseaux rameux. — Feuilles éparses, ou alternes, simples, entières, ou dentées, non stipulées. — Fleurs solitaires, ou en grappe. — Calyce 4-5-6-partit, tombant, ou persistant. — Corolle monopétale, épigyne, à 4-5-6 divisions, tombante, à préfloraison imbriquée. — Étamines en nombre double des divisions de la corolle, insérées sur un disque couronnant l'ovaire. *Anthères* dorsifixes, verticales, biloculaires, à loges parallèles, souvent écartées au sommet et terminées par un tube étroit, perforé à son extrémité. — Ovaire infère, à 4-5-6-10 loges multi-uni-ovulées. *Ovules* anatropes. *Style* simple. *Stigmate* ordinairement capité. — FRUIT baccien, ou drupacé. — GRAINES insérées sur des placentaires centraux. — EMBRYON droit, occupant l'axe d'un albumen charnu.

GENRES PRINCIPAUX.

| | | | |
|---|---|---|---|
| *Thibaudie, *Thibaudia.* | *Airelle, *Vaccinium.* | Canneberge, *Oxycoccos.* | *Maclinie, *Macleania.* |

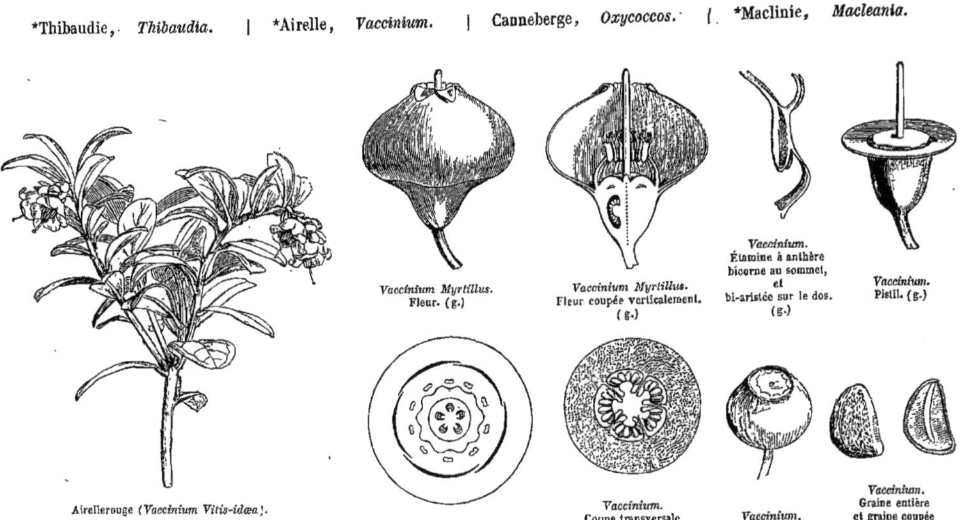

Airelle rouge (*Vaccinium Vitis-idæa*).

*Vaccinium Myrtillus.* Fleur. (g.)

*Vaccinium Myrtillus.* Fleur coupée verticalement. (g.)

*Vaccinium.* Étamine à anthère bicorne au sommet, et bi-aristée sur le dos. (g.)

*Vaccinium.* Pistil. (g.)

*Vaccinium.* Diagramme.

*Vaccinium.* Coupe transversale de l'ovaire. (g.)

*Vaccinium.* Fruit. (g.)

*Vaccinium.* Graine entière et graine coupée verticalement. (g.)

Les *Vacciniées* ne diffèrent des *Éricinées* que par l'épigynie; aussi beaucoup de Botanistes persistent-ils à les réunir dans une même Famille; à leur affinité de structure se joint l'analogie des propriétés. Les baies des *Airelles* et de la *Canneberge* sont acidules-sucrées et légèrement astringentes; on en prépare des confitures; on les emploie aussi en certains pays comme antiscorbutiques. — Les fleurs du *Thibaudia melliflora* contiennent une abondante quantité de nectar, que les Péruviens des Andes sucent avidement.

Les Vacciniées habitent généralement les régions situées en-deçà du Cancer, et surtout l'Amérique septentrionale. Quelques Espèces se rencontrent sous les tropiques en Asie, en Afrique et à Madagascar, mais elles n'y vivent que sur les hautes montagnes.

# ÉRICINÉES, *ERICINEÆ.*

(ERICÆ ET RHODODENDRA, *Jussieu.* — ERICACEÆ, *De Candolle.* ERICINEÆ, *Desvaux.*)

COROLLE *monopétale ou polypétale, hypogyne, généralement diplostémone.* ETAMINES *hypogynes, ou rarement insérées à la base des pétales.* ANTHÈRES *biloculaires, s'ouvrant généralement par 2 pores terminaux.* OVAIRE *pluriloculaire.* OVULES *anatropes.* FRUIT *sec, ou charnu.* EMBRYON *dicotylédoné, albuminé, axile.* — TIGE *ligneuse.*

ARBRISSEAUX, ou SOUS-ARBRISSEAUX. — FEUILLES généralement alternes, entières ou dentelées, non stipulées. *Fleurs* ☿, axillaires, ou terminales, solitaires, ou agrégées. — CALYCE 4-5-fide, ou 4-5-partit, persistant. — COROLLE hypogyne, tétramère, ou pentamère, généralement monopétale, ou rarement polypétale, généralement diplostémone, insérée à la base externe d'un disque hypogyne, à préfloraison tordue, ou imbriquée. — ÉTAMINES ordinairement en nombre double de celui des pétales, rarement en nombre égal, et alors alternes avec les pétales, non adhérentes à la corolle, et insérées comme elle sur le disque, ou à peine adhérentes à la base des pétales. *Filets* libres, quelquefois plus ou moins monadelphes (*Lagenocarpus*, *Philippia*). *Anthères* dorsifixes, ou basifixes, diversement appendiculées, ou mutiques, à 2 loges dures, sèches, écartées à leurs bases ou à leur sommet, s'ouvrant par 2 pores terminaux ou latéraux, plus ou moins obliques, quelquefois prolongés en 2 fentes longitudinales (*Azalea*, *Leiophyllum*). — Ovaire libre, entouré d'un disque à sa base, à plusieurs loges multiovulées, rarement pauciovulées (*Calluna*) ou 1-ovulées (*Arctostaphylos*). *Ovules* anatropes. *Style* simple. *Stigmate* capité, ou pelté, ou cyathiforme. *Fruit* capsulaire, ou baccien, ou drupacé. — Graines insérées sur des placentaires centraux, petites, nombreuses, à testa tantôt très-adhérent, pointillé; tantôt lâche, réticulé et arilliforme. — Embryon droit, cylindrique, occupant l'axe d'un albumen charnu. *Cotylédons* courts. *Radicule* opposée au hile.

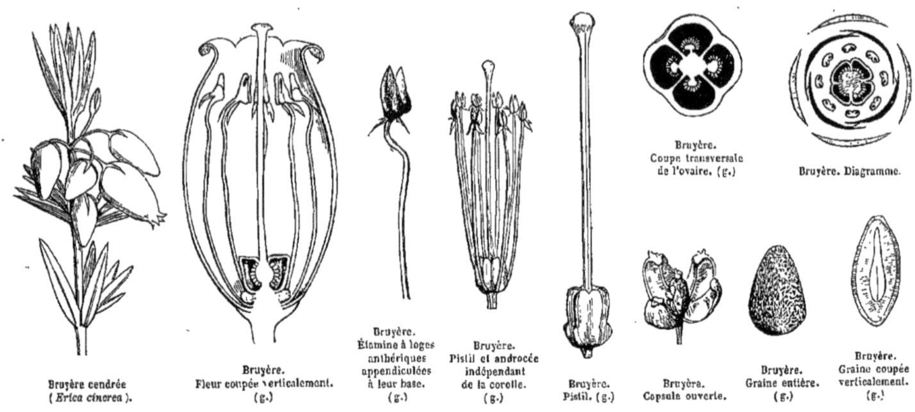

Bruyère cendrée (*Erica cinerea*). — Bruyère. Fleur coupée verticalement. (g.) — Bruyère. Étamine à loges anthériques appendiculées à leur base. (g.) — Bruyère. Pistil et androcée indépendant de la corolle. (g.) — Bruyère. Pistil. (g.) — Bruyère. Coupe transversale de l'ovaire. (g.) — Bruyère. Diagramme. — Bruyère. Capsule ouverte. — Bruyère. Graine entière. (g.) — Bruyère. Graine coupée verticalement. (g.)

## Tribu I. — ARBUTÉES, *ARBUTEÆ*.

Corolle tombante. Fruit baccien, ou drupacé, indéhiscent. Arbrisseaux toujours verts.

GENRES PRINCIPAUX.

| | | | |
|---|---|---|---|
| *Arbousier, | *Arbutus.* | Arctostaphylos, | *Arctostaphylos.* |

## Tribu II. — ANDROMÉDÉES, *ANDROMEDEÆ*.

Corolle tombante. Capsule à déhiscence loculicide. Arbrisseaux à feuilles persistantes, ou tombantes. Bourgeons généralement écailleux.

GENRES PRINCIPAUX.

| | | | | | |
|---|---|---|---|---|---|
| *Cléthra, | *Clethra.* | *Piéride, | *Pieris.* | *Andromède, | *Andromeda.* |
| *Épigée, | *Epigæa.* | *Lyonia, | *Lyonia.* | *Cassandre, | *Cassandra.* |
| *Gaulthérie, | *Gualtheria.* | *Oxydendron, | *Oxydendrum.* | *Cassiopée, | *Cassiope.* |
| *Zénobie, | *Zenobia.* | *Leucothoé, | *Leucothoe.* | | |

## Tribu III. — ÉRICÉES, *ERICEÆ*.

Corolle persistante, généralement tétramère. Anthères souvent cohérentes avant la floraison. Capsule loculicide (*Erica*), ou septicide (*Calluna*). Arbrisseaux toujours verts. Bourgeons non écailleux.

GENRES PRINCIPAUX.

| | | | |
|---|---|---|---|
| *Bruyère, | *Erica.* | *Callune, | *Calluna.* |

## TRIBU IV. — RHODORACÉES, *RHODORACEÆ*.

Corolle tombante, quelquefois irrégulière (*Azalea, Rhodora, Rhododendron*). Disque hypogyne glanduleux. Capsule à déhiscence septicide. Feuilles planes. Bourgeons floraux écailleux, strobiliformes.

### GENRES PRINCIPAUX.

| | | | | | |
|---|---|---|---|---|---|
| Phyllodoce, | *Phyllodoce.* | *Rhodora, | *Rhodora.* | *Lédon, | *Ledum.* |
| *Daboécie, | *Daboecia.* | *Rosage, | *Rhododendron.* | *Béjaria, | *Bejaria.* |
| Chamælédon, | *Loiseleuria.* | *Kalmie, | *Kalmia.* | | |
| *Azalée, | *Azalea.* | *Léiophylle, | *Leiophyllum.* | | |

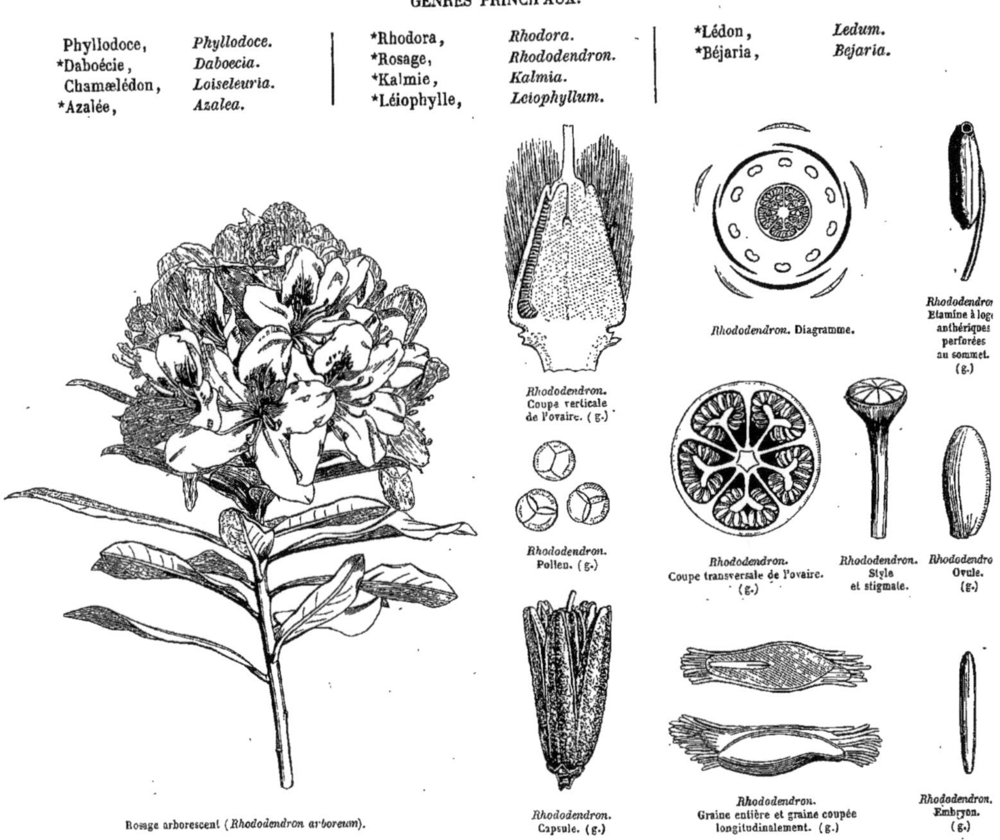

Rosage arborescent (*Rhododendron arboreum*).

*Rhododendron.* Coupe verticale de l'ovaire. (g.)

*Rhododendron.* Pollen. (g.)

*Rhododendron.* Capsule. (g.)

*Rhododendron.* Diagramme.

*Rhododendron.* Étamine à loges anthériques perforées au sommet. (g.)

*Rhododendron.* Coupe transversale de l'ovaire. (g.)

*Rhododendron.* Style et stigmate.

*Rhododendron.* Ovule. (g.)

*Rhododendron.* Graine entière et graine coupée longitudinalement. (g.)

*Rhododendron.* Embryon. (g.)

Les *Éricinées* sont très-étroitement liées avec les *Vacciniées*, les *Pyrolacées*, les *Monotropées*, et les *Épacridées* (voir ces Familles). — Il y a lieu de les comparer avec les *Empétrées*, les *Diapensiées* (voir ces Familles). — Elles se rapprochent évidemment de la Famille exotique des *Camelliacées*, par l'intermédiaire des Genres *Saurauja* et *Cléthra :* dans ce dernier Genre, en effet, comme dans plusieurs *Rhodoracées*, la corolle est polypétale, hypogyne, imbriquée; les anthères ont leurs loges écartées à la base, et ouvertes par un pore; l'ovaire est 5-loculaire et entouré à sa base d'un disque hypogyne; les ovules sont nombreux, anatropes; le style est simple, la capsule loculicide, l'albumen charnu, l'embryon droit, axile; la tige ligneuse, et les feuilles alternes. La diagnose ne s'appuie guère que sur la polyandrie de l'un et la diplostémonie des autres.

Les *Éricinées* sont dispersées sur toute la surface du globe. Un petit nombre d'Espèces du Genre *Bruyère* habitent le centre et le nord de l'Europe, où elles couvrent d'immenses terrains, dont elles annoncent la stérilité. Le nombre des Espèces augmente dans la région méditerranéenne, il est très-considérable au Cap de Bonne-Espérance. Les *Bruyères* sont bannies de l'Amérique, de l'Asie et de l'Australie; elles sont, dans ces derniers pays, remplacées par les Épacridées. — Les *Arbutées* et les *Andromédées*, Genres à corolle tombante, habitent les régions froides de l'hémisphère boréal, elles sont plus rares dans l'Europe centrale et la région méditerranéenne, elles abondent dans l'Amérique du nord, d'où elles descendent vers les tropiques, et franchissent même le Capricorne. Dans l'Asie tropicale elles sont alpicoles; on les rencontre très-rarement dans l'Australie et la Nouvelle-Zélande. — Les *Rhodoracées* vivent pour la plupart dans les régions tempérées et fraîches de l'hémisphère boréal, surtout de l'Amérique. Quelques-unes habitent les montagnes les plus élevées de l'Amérique et de l'Asie tropicales.

Le caractère général des Éricinées sous le rapport des propriétés usuelles est une saveur amère et styptique, due à un principe extractif et à du tannin, auxquels se joint quelquefois une résine aromatique : de là résultent les propriétés diurétiques et anticalculeuses des feuilles de la *Busserolle* (*Arctostaphylos uva ursi*); ses baies sont très-âpres; celles de l'*Arbousier* (*Arbutus unedo*) ressemblent à une petite fraise, elles sont douceâtres; dans quelques contrées de l'Italie, on les soumet à la fermentation, et elles fournissent une liqueur spiritueuse, dont on peut par distillation retirer de l'alcool. L'écorce et les feuilles de l'Arbousier contiennent une forte quantité d'acide gallique, et servent en Orient au tannage des peaux. — Les feuilles du *Gualtheria* sont très-usitées au Canada, sous le nom de *Mountain tea*, comme succédanées du thé de Chine; et le fruit (*box-berry*) est comestible.

Les *Rhodoracées* possèdent, comme les autres Éricinées, des propriétés amères et astringentes, mais elles sont en même temps très-narcotiques, ce qui impose une grande circonspection aux médecins qui en font usage. Le *Rhododendron chrysanthos* est préconisé dans le Nord de l'Asie contre un grand nombre de maladies internes et externes. — Les bourgeons du *Rosage ferrugineux* (*Rhododendron ferrugineum*) servent dans le Piémont à préparer un liniment antirhumatismal, nommé *huile de marmotte*. — Les Espèces des Genres *Ledum, Kalmia, Azalea* ne sont pas moins narcotiques que les *Rhododendron;* le miel retiré de leurs fleurs par les abeilles est éminemment vénéneux : celui qui causa un délire furieux aux soldats de Xénophon, dans la retraite des Dix Mille, provenait d'un *Azalea* et d'un *Rhododendron* croissant en abondance sur le littoral du Pont-Euxin.

# CYRILLÉES, *CYRILLEÆ*.

Arbrisseaux de l'Amérique septentrionale. — Feuilles alternes, membraneuses, entières, non stipulées. — Fleurs en grappes terminales, ou axillaires. — Calyce 5-fide, ou 5-partit. — Pétales 5, légèrement soudés

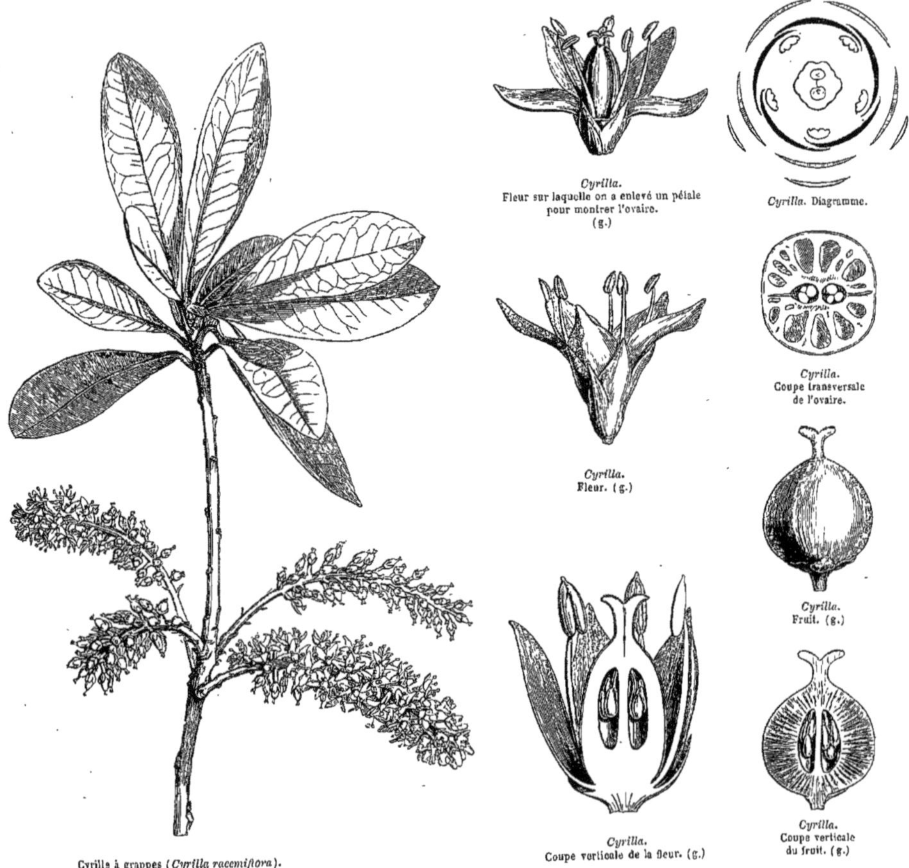

Cyrille à grappes (*Cyrilla racemiflora*).

*Cyrilla.* Fleur sur laquelle on a enlevé un pétale pour montrer l'ovaire. (g.)

*Cyrilla.* Diagramme.

*Cyrilla.* Coupe transversale de l'ovaire.

*Cyrilla.* Fleur. (g.)

*Cyrilla.* Fruit. (g.)

*Cyrilla.* Coupe verticale de la fleur. (g.)

*Cyrilla.* Coupe verticale du fruit. (g.)

à la base par l'intermédiaire des étamines, insérés sur le réceptacle, à préfloraison tordue, soit à gauche, soit à droite, quelquefois convolutive. — ÉTAMINES 5, ou 10, insérées avec les pétales. *Filets* subulés, dilatés au-dessous de leur milieu. *Anthères* introrses, biloculaires, à déhiscence longitudinale. — OVAIRE libre, à 2-4 loges uni-pluri-ovulées. — *Ovules* pendants, anatropes. *Style* court. *Stigmate* à 2 lobes aigus, ou sessile, pelté, obscurément 4-lobé. — FRUIT tantôt capsulaire, charnu, biloculaire, bivalve, 2-seminé, ou 1-séminé par avortement (*Cyrilla*); tantôt drupacé, presque sec, à 4 ailes, 4 loges, à 4 graines (*Cliftonia*). — GRAINES inverses. — EMBRYON droit, cylindracé, occupant l'axe d'un albumen charnu. *Radicule* supère.

Les *Cyrillées*, qui se composent des Genres *Cyrilla* et *Cliftonia*, se rapprochent des *Éricinées* par leur corolle hypogyne, isostémone, ou diplostémone, à préfloraison tordue, par leur ovaire pluri-loculaire à ovules pendants, leur fruit généralement capsulaire, l'embryon albuminé, axile, la tige ligneuse et les feuilles alternes; la principale différence réside dans la structure normale des anthères. — Les mêmes analogies les rattachent aux *Ilicinées*, qui en outre ont, comme les *Cyrilla*, leurs pétales soudés à la base par l'intermédiaire des étamines, leurs anthères normales, et leur fruit drupacé; mais chez les *Cyrilla* les fleurs sont en grappe, et l'embryon est plus allongé. — Enfin il y a lieu de comparer les Cyrillées aux *Pittosporées* : on a observé dans les deux Familles 5-pétales hypogynes, isostémones, un ovaire pluri-loculaire, un fruit capsulaire, ou charnu, un embryon albuminé, une tige ligneuse et des feuilles alternes; mais chez les Pittosporées les ovules sont ascendants, et l'embryon est minime.

# PITTOSPORÉES, *PITTOSPOREÆ.*

## (PITTOSPOREÆ, *Rob. Brown.*)

COROLLE *polypétale, hypogyne, isostémone, à préfloraison imbriquée.* ÉTAMINES 5, *alternes avec les pétales.* OVAIRE *à 5 loges plus ou moins complètes, multi-ovulées.* OVULES *anatropes.* FRUIT *sec, ou charnu.* EMBRYON *dicotylédoné, albuminé.* — TIGE *ligneuse.* FEUILLES *alternes.*

ARBRES, ou ARBRISSEAUX dressés, quelquefois grimpants (*Sollya*). — FEUILLES alternes, pétiolées, simples, sub-coriacées, non stipulées. — FLEURS ☿, régulières, axillaires, ou terminales, ou agglomérées en grappe, ou

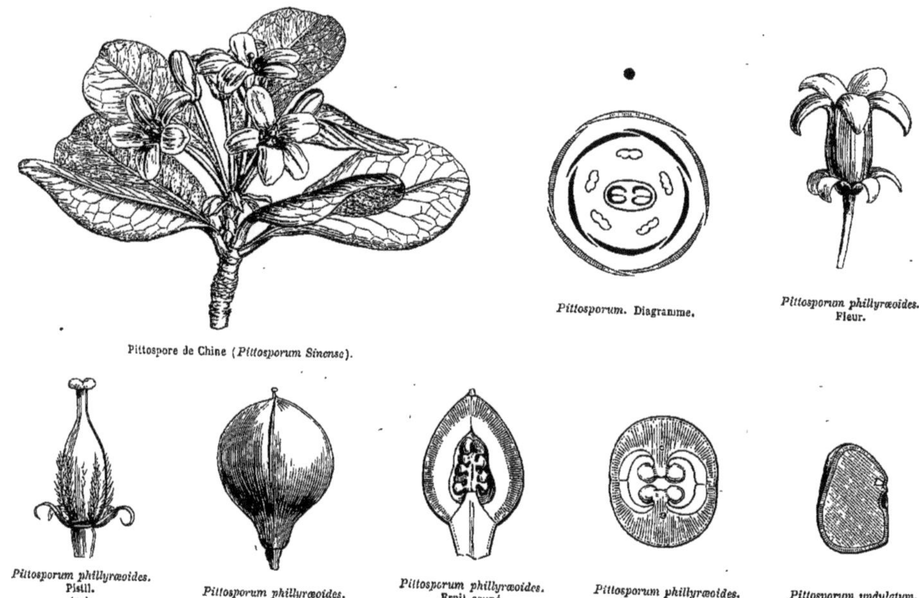

Pittospore de Chine (*Pittosporum Sinense*).

*Pittosporum*. Diagramme.

*Pittosporum phillyrœoides.* Fleur.

*Pittosporum phillyrœoides.* Pistil. (g.)

*Pittosporum phillyrœoides.* Fruit. (g.)

*Pittosporum phillyrœoides.* Fruit coupé verticalement. (g.)

*Pittosporum phillyrœoides.* Coupe transversale du fruit. (g.)

*Pittosporum undulatum.* Graine coupée verticalement. (g.)

corymbe, ou cyme. — CALYCE 5-partit, ou 5-phylle, à préfloraison imbriquée, tombant. — PÉTALES 5, insérés sur le réceptacle, ordinairement dressés, à *onglets* connivents, ou quelquefois cohérents, à préfloraison imbriquée, tombants. — ÉTAMINES 5, insérées avec les pétales et alternes avec eux. *Filets* filiformes, ou subulés. *Anthères* introrses, à 2 loges s'ouvrant dans toute leur longueur, ou seulement au sommet par une petite fente. — OVAIRE libre, sessile, ou stipité, à 2 loges complètes, ou à 2-5 loges incomplètes par brièveté des cloisons, qui n'atteignent pas l'axe floral. *Ovules* bi-sériés, horizontaux, ou sub-ascendants, anatropes. *Style* terminal, simple. *Stigmate* obtus, ou capité. — FRUIT tantôt capsulaire, à 2-5 valves médio-septifères, tantôt baccien, plus ou moins charnu, indéhiscent. — GRAINES souvent peu nombreuses par avortement, souvent entourées d'une pulpe ou d'un suc visqueux, à testa lisse, à *raphé* court, épais. — EMBRYON minime, à la base d'un albumen charnu, dense, copieux. *Cotylédons* à peine distincts.

GENRES PRINCIPAUX.

*Pittospore, *Pittosporum.* | *Bursaire, *Bursaria.* | *Sollya, *Sollya.* | *Billardière, *Billardiera.*

Les *Pittosporées* se lient aux *Célastrinées* par la corolle polypétale, isostémone, à préfloraison imbriquée, les ovules ascendants et anatropes, le fruit sec, ou charnu, l'embryon albuminé, la tige ligneuse et les feuilles alternes. Mais, dans les Célastrinées, les étamines et les pétales sont insérés en dehors d'un disque charnu tapissant le fond du calyce ; les loges de l'ovaire sont complètes ; les graines sont enveloppées dans un arille pulpeux, et l'embryon occupe l'axe de l'albumen. — Il y a aussi une affinité réelle entre les Pittosporées et les *Éricinées* polypétales pentandres (*Ledum*), fondée sur l'insertion, la préfloraison, l'isostémonie de la corolle, l'ovaire à plusieurs loges, le style simple, l'anatropie des ovules, la structure du fruit, l'embryon albuminé, la consistance de la tige et l'alternance des feuilles ; en outre, chez plusieurs Pittosporées (*Sollya*, *Cheiranthera*) les loges anthériques s'ouvrent près du sommet par de petites fentes.

Les Pittosporées habitent principalement l'Australie extratropicale. — On en cultive quelques-unes dans les jardins de l'Europe, comme plantes d'ornement. Toutes renferment des principes résineux, aromatiques et amers, qui donnent à leurs baies une saveur âpre et ingrate ; mais les indigènes de l'Australie, réduits, pour tromper leur faim, à s'ingérer dans l'estomac de l'argile mêlée de détritus organiques, dévorent avidement les fruits charnus de cette Famille.

# STAPHYLÉACÉES, *STAPHYLEACEÆ.*

## (CELASTRINEARUM *tribus, De Candolle.* — STAPHYLEACEÆ, *Bartling.*)

COROLLE *polypétale, sub-hypogyne, isostémone, à préfloraison imbriquée.* PÉTALES 5, *insérés sur un disque hypogyne.* ÉTAMINES 5, *insérées avec les pétales.* OVAIRE 2-3-*lobé.* OVULES *anatropes.* FRUIT *sec, ou charnu.* EMBRYON *dicotylédoné, albuminé.* — TIGE *ligneuse.* FEUILLES *composées, bi-stipulées.*

ARBRES, ou ARBRISSEAUX dressés. — FEUILLES généralement opposées, trifoliolées, ou imparipennées, à folioles opposées, pétiolulées. *Stipules* géminées à la base des pétioles, tombantes. — FLEURS ☿, ou incomplètes par avortement, régulières, en grappe, ou en panicule, à pédicelles munis d'une bractée à leur base. — CALYCE libre, coloré, 5-partit, à préfloraison imbriquée. — PÉTALES insérés sur ou sous un disque hypogyne, crénelé, alternes avec les lanières calycinales, à préfloraison imbriquée, et tombants. — ÉTAMINES 5, insérées comme les pétales et alternes avec eux. *Filets* subulés, libres, égaux. *Anthères* introrses, à 2 loges s'ouvrant longitudinalement. — CARPELLES 2-3, soudés à leur base, ou dans toute leur longueur, en un ovaire 2-3-loculaire et 2-3-lobé. *Ovules* plusieurs, fixés le long de la suture ventrale, à l'angle interne des loges, 1-2-sériés, horizontaux, ou ascendants, anatropes. *Styles* en même nombre que les lobes de l'ovaire, distincts, ou cohérents, finalement libres. *Stigmate* indivis. — FRUIT tantôt capsulaire, membraneux, enflé, à lobes s'ouvrant au sommet par la suture ventrale ; tantôt baccien, triloculaire, ou biloculaire par avortement, et indéhiscent. — GRAINES peu nombreuses, ou solitaires dans chaque loge, globuleuses, tronquées à leur base, à *testa* osseux, luisant. — EMBRYON droit, dans un albumen charnu, peu abondant, et réduit à une lame mince lors de la maturité. *Cotylédons* épais, charnus, planes-convexes. *Radicule* courte, infère, ou centrifuge.

GENRE PRINCIPAL.

*Staphylier, *Staphylea.*

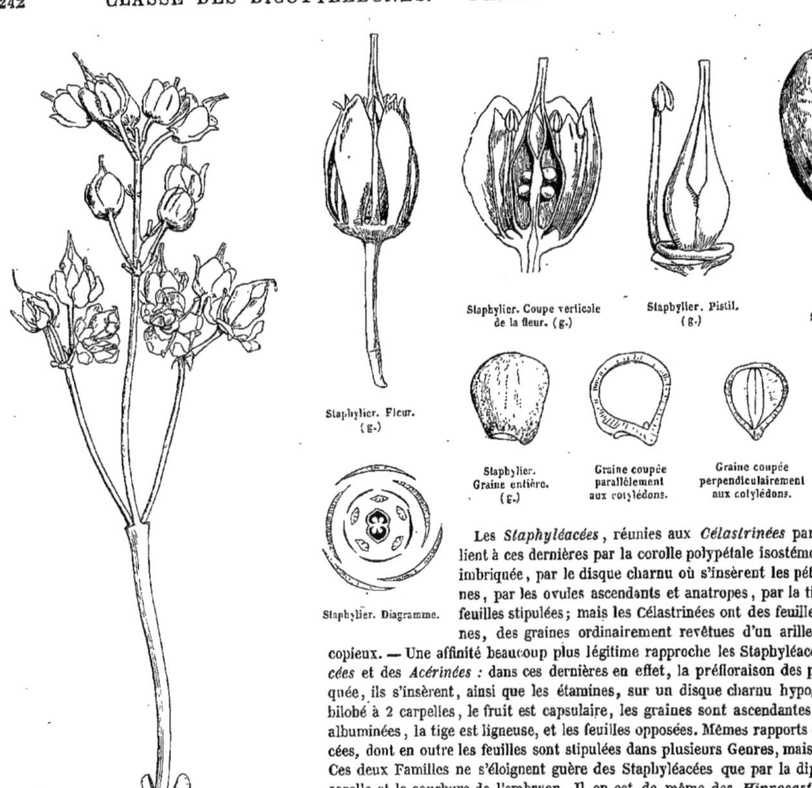

Staphylier. Fleur. (g.)

Staphylier. Coupe verticale de la fleur. (g.)

Staphylier. Pistil. (g.)

Staphylier. Fruit.

Staphylier. Graine entière. (g.)

Graine coupée parallèlement aux cotylédons.

Graine coupée perpendiculairement aux cotylédons.

Staphylier. Graine coupée transversalement.

Staphylier. Diagramme.

Staphylier penné (*Staphylæa pinnata*).

Les *Staphyléacées*, réunies aux *Célastrinées* par De Candolle, se lient à ces dernières par la corolle polypétale isostémone, à préfloraison imbriquée, par le disque charnu où s'insèrent les pétales et les étamines, par les ovules ascendants et anatropes, par la tige ligneuse et les feuilles stipulées; mais les Célastrinées ont des feuilles simples, alternes, des graines ordinairement revêtues d'un arille, et un albumen copieux. — Une affinité beaucoup plus légitime rapproche les Staphyléacées des *Sapindacées* et des *Acérinées* : dans ces dernières en effet, la préfloraison des pétales est imbriquée, ils s'insèrent, ainsi que les étamines, sur un disque charnu hypogyne, l'ovaire est bilobé à 2 carpelles, le fruit est capsulaire, les graines sont ascendantes, et peu ou point albuminées, la tige est ligneuse, et les feuilles opposées. Mêmes rapports chez les Sapindacées, dont en outre les feuilles sont stipulées dans plusieurs Genres, mais non opposées. — Ces deux Familles ne s'éloignent guère des Staphyléacées que par la diplostémonie de la corolle et la courbure de l'embryon. Il en est de même des *Hippocastanées* (voir cette Famille).

Les Espèces peu nombreuses de la petite Famille des Staphyléacées sont dispersées dans l'Europe tempérée, l'Amérique du Nord, les Antilles, le Mexique, le Japon et l'Asie tropicale. Leurs propriétés usuelles sont peu connues. La racine d'un arbrisseau du Japon (*Euscaphis*) est employée comme astringente contre la dyssenterie.

# CÉLASTRINÉES, *CELASTRINEÆ*.

(RHAMNORUM *sectio*, *Jussieu*. — CELASTRINEÆ, *Rob. Brown*. CELASTRACEÆ, *Lindley*.)

Corolle *polypétale, périgyne, isostémone, à préfloraison imbriquée.* Pétales 4-5, *insérés sur un disque charnu, entourant l'ovaire et occupant le fond du calyce.* Étamines 4-5, *insérées comme les pétales.* Ovaire *à* 2-3-5 *loges,* 1-2-*ovulées.* Ovules *ascendants, ou dressés, anatropes.* Fruit *sec, ou charnu.* Graines *généralement arillées.* Embryon *dicotylédoné, albuminé.* — Tige *ligneuse.* Feuilles *simples, stipulées.*

Arbustes, ou Arbrisseaux, quelquefois grimpants. — Feuilles alternes, ou rarement opposées, simples, entières, ou dentées, souvent coriaces. *Stipules* petites, très-caduques. — Fleurs ☿, ou incomplètes par avortement, régulières, axillaires, en cyme, petites, verdâtres, ou rougeâtres. — Calyce 4-5-fide, ou 4-5-partit,

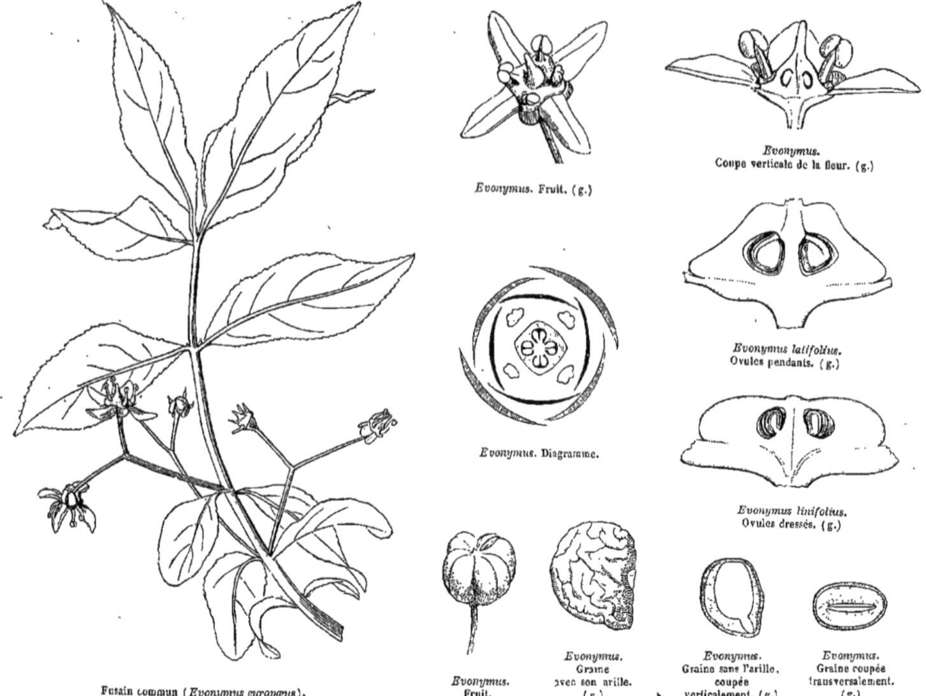

*Evonymus*. Fruit. (g.)

*Evonymus*. Coupe verticale de la fleur. (g.)

*Evonymus*. Diagramme.

*Evonymus latifolius*. Ovules pendants. (g.)

*Evonymus linifolius*. Ovules dressés. (g.)

Fusain commun (*Evonymus europæus*).

*Evonymus*. Fruit.

*Evonymus*. Graine avec son arille. (g.)

*Evonymus*. Graine sans l'arille, coupée verticalement. (g.)

*Evonymus*. Graine coupée transversalement. (g.)

à lanières égales, imbriquées dans la préfloraison, persistantes. — DISQUE charnu, annulaire, ou orbiculaire, tapissant le fond du calyce, et quelquefois adhérent à l'ovaire. — PÉTALES 4-5, alternes avec les sépales, insérés sous le bord du disque, plus larges à leur base, sessiles, à préfloraison imbriquée, tombants. — ÉTAMINES 4-5, alternes avec les pétales, insérées, tantôt sous le bord, tantôt sur le bord du disque, tantôt en dedans de ce bord. *Filets* courts. *Anthères* introrses, biloculaires, dressées, basifixes, ou dorsifixes, à connectif souvent dilaté, à déhiscence longitudinale. — OVAIRE sessile, plus ou moins plongé dans le disque, et y adhérant quelquefois par sa base, à 2-3-5 loges uni-bi-pluri-ovulées. — OVULES ordinairement géminés, collatéraux, dressés, ou ascendants à raphé ventral, quelquefois pendants, et alors à raphé dorsal (rarement plusieurs bisériés). *Style* court, épais. *Stigmate* à 2-3-5 lobes menus. — FRUIT 2-5-loculaire, tantôt indéhiscent, drupacé ou samaroïde, à loges 1-séminées; tantôt capsulaire, à déhiscence loculicide, à valves médio-septifères. — GRAINES dressées, ou ascendantes, ordinairement pourvues d'un *arille* pulpeux, coloré, quelquefois très-développé et cupuliforme. *Testa* crustacé, membraneux, parcouru par un raphé longitudinal. — EMBRYON droit, occupant l'axe d'un albumen charnu, copieux. *Cotylédons* foliacés, planes. *Radicule* cylindrique, infère.

## GENRES PRINCIPAUX.

| | | | |
|---|---|---|---|
| *Fusain, | *Evonymus*. | *Célastre, | *Celastrus*. |

Les rapports des *Célastrinées*, avec les *Ilicinées*, les *Pittosporées*, les *Staphyléacées* ont été indiqués (voir ces Familles). — Leur affinité avec les *Rhamnées* est très-étroite, et Jussieu les rangeait dans la même Famille : elle se fonde sur la tige ligneuse, les feuilles stipulées, les fleurs axillaires, petites et verdâtres, le disque charnu tapissant le calyce, et souvent adhérent à l'ovaire, l'isostémonie et la périgynie de la corolle, les loges de l'ovaire 1-2-ovulées, les ovules dressés et anatropes, le fruit charnu, ou capsulaire, les graines souvent arillées et l'embryon albuminé; mais chez les Rhamnées la préfloraison est valvaire, les étamines sont opposées aux pétales, et le fruit, s'il est capsulaire, se sépare généralement en coques. — Les deux Familles ont la même patrie. Les *Fusains* habitent les régions tempérées de l'hémisphère boréal, les *Célastres* toute la zone tropicale et sub-tropicale. Les autres Genres se trouvent pour la plupart dans l'hémisphère austral.

Les Célastrinées possèdent en général des propriétés purgatives et émétiques, dont la médecine européenne ne tire aucun parti; l'écorce des

*Célastres* est employée comme émétique dans l'Amérique septentrionale. La racine et les feuilles des *Mygindas* sont vantées dans l'Amérique tropicale pour leur vertu diurétique. Le *cât* (*Catha edulis*) est un arbrisseau, croissant en Abyssinie et dans l'Yémen, et que les Arabes cultivent avec soin, à cause du commerce dont il est l'objet : ils en mâchent les feuilles, qui produisent une excitation très-agréable, et analogue, dit-on, à celle que procure au Pérou l'usage de la *coca*. Le *cât* est, en outre, vanté par eux comme un prophylactique souverain contre la peste.

# AMPÉLIDÉES, *AMPELIDEÆ*.

(VITES, *Jussieu*. — SARMENTACEÆ, *Ventenat*. — AMPELIDEÆ, *Kunth*. VITACEÆ, *Lindley*.)

Corolle *polypétale, ou subpolypétale, isostémone, à préfloraison valvaire.* Pétales 4-5, *insérés en dehors d'un disque tapissant le calyce et entourant la base de l'ovaire.* Étamines 4-5, *opposées aux pétales et insérées avec eux.* Ovaire *libre, à 2-3-6 loges 1-2-ovulées.* Ovules *dressés, anatropes.* Baies *à 2-3-6 loges.* Embryon *dicotylédoné, albuminé.* Radicule *infère.* — Tige *ligneuse.*

Arbres, ou Arbrisseaux sarmenteux, généralement grimpants, à tige et rameaux noueux. — Feuilles pétiolées, simples, palmées, ou digitées, ou imparipennées, ou bipennées, les inférieures opposées, les supérieures alternes, opposées aux pédoncules souvent changés en vrilles rameuses. *Stipules* pétiolaires, quelquefois nulles. — Fleurs ☿, ou incomplètes par avortement, ordinairement petites, verdâtres, en grappes, ou panicules, ou thyrses. — Calyce petit, 4-5-denté, ou

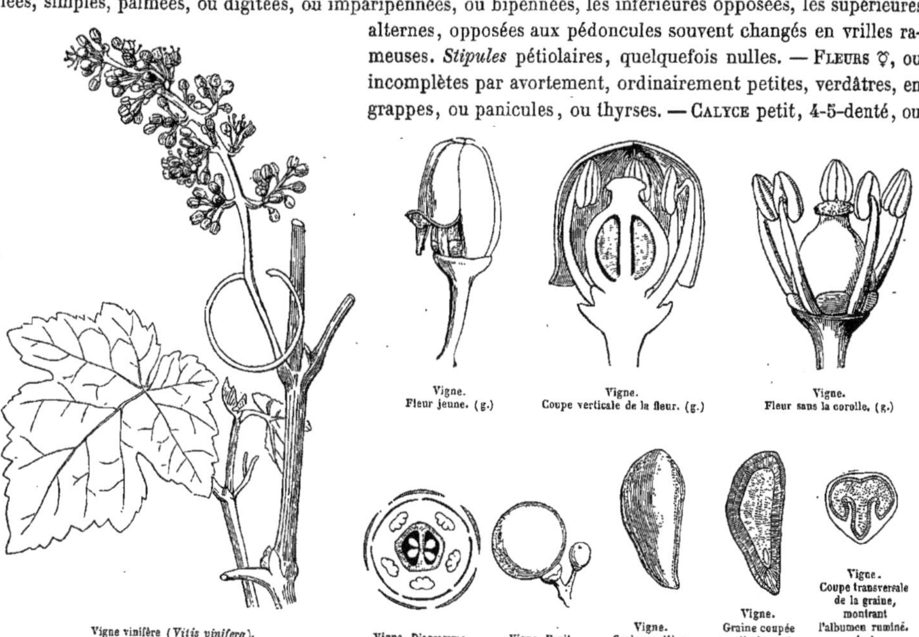

Vigne vinifère (*Vitis vinifera*). — Vigne. Fleur jeune. (g.) — Vigne. Coupe verticale de la fleur. (g.) — Vigne. Fleur sans la corolle. (g.) — Vigne. Diagramme. — Vigne. Fruit. — Vigne. Graine entière. — Vigne. Graine coupée verticalement. — Vigne. Coupe transversale de la graine, montrant l'albumen ruminé. (g.)

entier, revêtu d'un disque, ou d'une urcéole. — Pétales 4, ou 5, insérés à la base externe du disque, alternes avec les dents du calyce, sub-cohérents au sommet, quelquefois cohérents à la base (*Leea*), à préfloraison valvaire. — Étamines 4-5, opposées aux pétales, tantôt insérées avec eux, tantôt fixées sur la face dorsale d'une urcéole sub-globuleuse, 5-lobée, adnée à la base de la corolle, alternes avec ses lobes (*Leea*). *Filets* courts, distincts, ou submonadelphes à la base (*Leea*). *Anthères* introrses, biloculaires, à déhiscence longitudinale. — Ovaire libre, à 2 loges 2-ovulées, ou à 3-6 loges 1-ovulées (*Leea*). *Ovules* anatropes, les solitaires dressés, les géminés collatéraux et ascendants. *Style* court, ou nul. *Stigmate* capité, ou pelté. — BAIE 2-3-6-loculaire. — GRAINES dressées, à testa osseux, à endoplèvre souvent rugueuse, ou repliée à l'intérieur. — EMBRYON court, à la base d'un albumen cartilagineux, souvent ruminé. *Radicule* infère.

GENRES PRINCIPAUX.

| | | | | | | |
|---|---|---|---|---|---|---|
| *Cissus, | *Cissus.* | *Ampélopsis, | *Ampelopsis.* | *Vigne, | *Vitis.* | Lééa. *Leea.* |

Le Genre *Pterisanthes,* dont les Espèces habitent l'archipel Indien, présente une inflorescence particulière, qui mérite d'être mentionnée : les fleurs sont diclines, et insérées sur un réceptacle large, aplati, membraneux ; les ♂ sont marginales et pédicellées ; les ♀ sessiles sur le disque.

Les affinités des *Ampélidées* sont assez obscures. Elles se rapprochent des *Araliacées* et surtout du Genre *Lierre*, par la tige grimpante, les feuilles palmilobées, les pétales à préfloraison valvaire, les anthères dorsifixes, incombantes, le fruit bacciеu, et l'embryon petit, à albumen souvent ruminé. La différence la plus considérable est dans la position des étamines, lesquelles chez les Araliacées alternent avec les pétales ; l'épigynie, et l'inversion de l'ovule, qui distinguent en outre ces dernières des Ampélidées, n'altèrent peut-être pas autant l'affinité des deux Familles que l'opposition des étamines aux pétales. — Aux Ampélidées se rattachent aussi les *Rhamnées* par la tige ligneuse, souvent grimpante au moyen de vrilles, par les feuilles alternes, ou opposées, et stipulées, la préfloraison valvaire, l'isostémonie des pétales et leur insertion sur un disque périgyne, les étamines opposées aux pétales, l'ovaire souvent plongé dans le disque, à loges 1-2-ovulées, et les ovules dressés. Elles ne diffèrent guère que par leurs feuilles penninervées, et leur albumen peu abondant, ou nul. — Enfin on a signalé quelques rapports éloignés entre les Ampélidées et les *Méliacées,* rapports presque uniquement fondés sur la monadelphie des étamines dans les Genres *Melia* et *Leea.*

Les Ampélidées habitent la zone intertropicale des deux continents et les régions tempérées de l'Amérique septentrionale. On n'en trouve aucune qui soit spontanée en Europe. La *Vigne vinifère* (*Vitis vinifera*) est selon toute apparence originaire de la Géorgie et de la Mingrélie, on la cultive aujourd'hui dans tous les pays dont la température estivale moyenne n'est pas au-dessous de 19 degrés. Là où la température est plus basse, les principes sucrés ne se développent pas, et le raisin reste acide. La *Vigne*, cultivée sous les tropiques, y végète rapidement, mais le raisin se dessèche avant de mûrir. — La *Vigne vinifère* est presque la seule Espèce de la Famille utile à l'homme. Les baies des Espèces congénères qui croissent dans les forêts d'Amérique sont acerbes et peu recherchées. — Les *Cissus* croissent sous les tropiques ; leurs baies sont rafraîchissantes, et les jeunes feuilles de quelques-unes, soumises à la cuisson, servent d'aliment.

# RHAMNÉES, *RHAMNEÆ.*

(RHAMNORUM *genera, Jussieu.* — RHAMNEÆ, *R. Brown.* — FRANGULACEÆ, *De Candolle.* RHAMNACEÆ, *Lindley.*)

COROLLE *polypétale, périgyne, isostémone, à préfloraison valvaire.* PÉTALES 4-5, *insérés sur un disque périgyne, tapissant le calyce, et quelquefois aussi l'ovaire.* ÉTAMINES 4-5, *opposées aux pétales et insérées avec eux.* OVAIRE *libre, ou adhérent au disque, à 2-3-4 loges 1-2-ovulées.* OVULES *dressés, anatropes.* FRUIT *drupacé, ou capsulaire.* EMBRYON *dicotylédoné, grand, à albumen peu abondant.* TIGE *ligneuse.* FEUILLES *simples, bi-stipulées.*

ARBRES, ou ARBRISSEAUX, ou SOUS-ARBRISSEAUX, à rameaux quelquefois spinescents, quelquefois grimpants par leur extrémité dégarnie de feuilles (*Gouania*). — FEUILLES simples, généralement alternes, rarement sub-opposées, ou opposées, entières, ou dentelées, pétiolées, quelquefois minimes, ou avortées (*Colletia*). *Stipules* petites, quelquefois changées en aiguillons, quelquefois nulles. — FLEURS ⚥, ou incomplètes par avortement, régulières, petites, verdâtres, ordinairement axillaires, solitaires, ou diversement agglomérées. — CALYCE monophylle, 5-fide, ou 5-partit, à préfloraison valvaire. — DISQUE appliqué sur le calyce et le tapissant d'une couche simple, ou double, de forme diverse. — PÉTALES 4-5, ordinairement insérés au bord du disque, alternes avec les divisions du calyce, à préfloraison valvaire induplicative, rarement nuls (*Colletia, Pomaderris*). — ÉTAMINES 4-5, opposées aux pétales et insérées avec eux. *Filets* quelquefois adhérents à la base des pétales, mais non cohérents entre eux. *Anthères* introrses, dorsifixes, versatiles, tantôt ovoïdes, biloculaires, à déhiscence longitudinale ; tantôt réniformes et uniloculaires par confluence des loges au sommet, et s'ouvrant en 2 valves par une fente arquée. — OVAIRE tantôt libre, ordinairement plongé dans le disque ; tantôt plus ou moins adhérent, à 3, ou 2, ou 4 loges 1-2-ovulées. *Ovules* ordinairement solitaires dans chaque loge, dressés, sessiles, ou funiculés, anatropes. *Styles* autant que de loges, plus ou moins cohérents. *Stigmates* simples, distincts, ou soudés ensemble. — FRUIT supère, ou infère, rarement 1-loculaire par avortement, tantôt drupacé, indéhiscent, à péricarpe charnu, ou spongieux, ou membraneux, quelquefois ailé, à endocarpe dur, fibreux, ou ligneux, 2-3-loculaire; tantôt capsulaire, à 2-3-coques crustacées, se séparant au sommet, pendantes à l'axe, et s'ouvrant à la maturité par le bas de leur bord interne. — GRAINES dressées, à *testa* lisse, à *raphé* latéral, ou dorsal, à *chalaze* épaisse. *Albumen* charnu, peu abondant. — EMBRYON grand, droit, jaune, ou vert. *Cotylédons* planes, charnus. *Radicule* courte, infère.

GENRES PRINCIPAUX.

| | | | | | |
|---|---|---|---|---|---|
| *Paliure, | *Paliurus.* | *Nerprun, | *Rhamnus.* | *Pomaderris, | *Pomaderris.* |
| *Jujubier, | *Zizyphus.* | *Céanothe, | *Ceanothus.* | | |
| *Hovénia, | *Hovenia.* | *Philyca, | *Philyca.* | | |

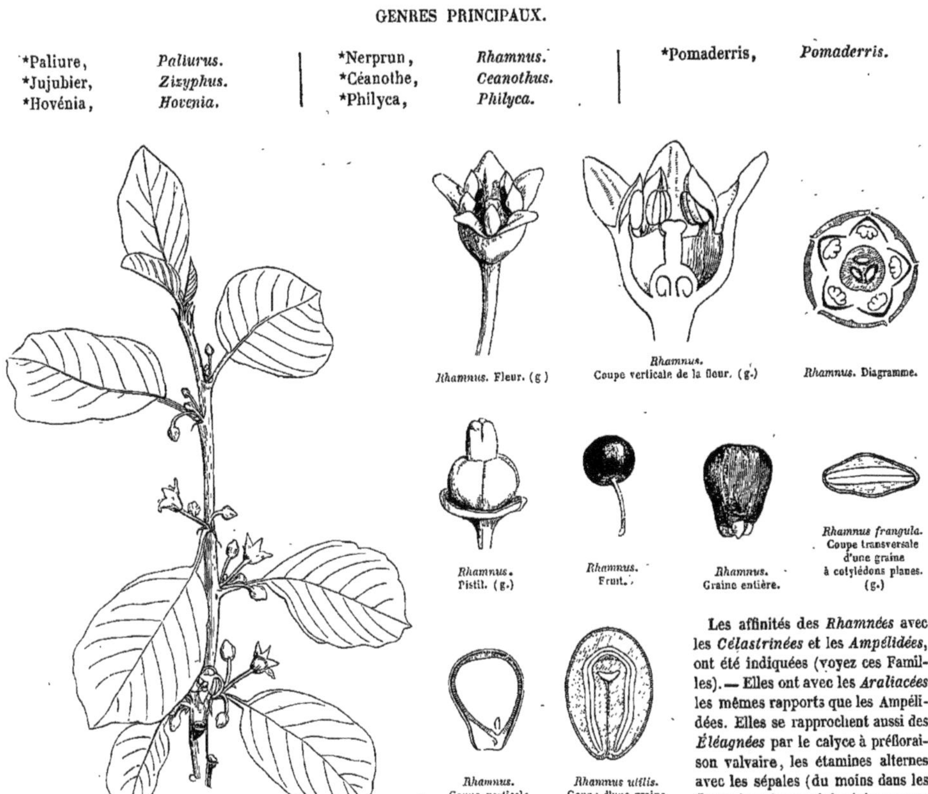

*Rhamnus.* Fleur. (g)

*Rhamnus.* Coupe verticale de la fleur. (g.)

*Rhamnus.* Diagramme.

*Rhamnus.* Pistil. (g.)

*Rhamnus.* Fruit.

*Rhamnus.* Graine entière.

*Rhamnus frangula.* Coupe transversale d'une graine à cotylédons planes. (g.)

*Rhamnus.* Coupe verticale d'une graine à raphé latéral. (g.)

*Rhamnus utilis.* Coupe d'une graine à raphé dorsal, à cotylédons recourbés. (g.)

Nerprun Bourdaine (*Rhamnus frangula*).

Les affinités des *Rhamnées* avec les *Célastrinées* et les *Ampélidées*, ont été indiquées (voyez ces Familles). — Elles ont avec les *Araliacées* les mêmes rapports que les Ampélidées. Elles se rapprochent aussi des *Éléagnées* par le calyce à préfloraison valvaire, les étamines alternes avec les sépales (du moins dans les fleurs isostémones) insérées sur un disque périgyne, l'ovule dressé, anatrope, l'embryon albuminé, droit, axile, la tige ligneuse, les feuilles alternes, et les fleurs axillaires. Mais les Éléagnées sont apétales (ce qui, du reste, se voit chez quelques Rhamnées); leur ovaire est uniloculaire et uni-ovulé; leurs feuilles sont couvertes d'écailles, et sans stipules. — Les mêmes analogies et les mêmes différences s'observent entre les Rhamnées et les *Protéacées;* celles-ci diffèrent en outre par l'absence complète d'albumen.

Les Rhamnées habitent les régions modérément chaudes des deux hémisphères, elles sont rares sous la zone torride, et l'on n'en rencontre aucune sous les zones glaciales.

De tous les Genres de la Famille des Rhamnées, les plus utiles à l'homme sont les Genres *Nerprun* et *Jujubier*. Le *Nerprun cathartique* (*Rhamnus catharticus*) fournit à la médecine des baies contenant un principe amer, qui servent à composer un sirop purgatif très-usité. — Les fruits de plusieurs Espèces congénères (*Rhamnus infectorius*) possèdent un principe colorant jaune ou vert, et, comme substances tinctoriales, sont l'objet d'un commerce assez considérable. Les *Rh. utilis* et *chlorophorus* produisent le *vert de Chine*. L'écorce du *Nerprun cathartique* peut aussi servir à teindre en jaune, de même que celle du *N. Bourdaine* (*Rh. frangula*), arbrisseau commun dans toute l'Europe tempérée, dont le bois tendre et poreux donne un charbon très-léger, qui sert, comme celui du Fusain, à la fabrication de la poudre à canon. — Les *Jujubiers* contiennent dans toutes leurs parties des principes astringents et amers, mais dans le fruit cette amertume est corrigée par une quantité de sucre et de mucilage qui suffit pour le rendre comestible. Le *Jujubier commun* (*Zizyphus vulgaris*), originaire de Syrie, a été apporté en Italie vers le 1er siècle de notre ère, et il est depuis longtemps naturalisé dans le midi de la France; sa drupe est employée comme émolliente et laxative. — Le *Lotos* (*Z. Lotus*) croît en abondance sur tout le littoral de l'Afrique méditerranéenne; son fruit pulpeux, et d'une saveur agréable, jouissait d'une grande célébrité chez les anciens.

# BRUNIACÉES, *BRUNIACEÆ*.

Arbrisseaux ou sous-arbrisseaux du Cap de Bonne-Espérance, à port de Bruyères. — Feuilles petites, acéreuses, sub-trigones, entières, ordinairement imbriquées sur 5 rangs, non stipulées. — Fleurs ☿, petites, régulières, généralement en épis, ou en capitules, sessiles, munies de 5 bractées. — Calyce 5-4-partit, persistant, ou tombant, à préfloraison imbriquée. — Cupule réceptaculaire, enveloppant l'ovaire, très-rarement épanchée en disque épigyne (*Thamnea*). — Pétales 5-4, insérés sur le bord de la cupule; alternes avec les lobes du calyce, ordinairement libres, quelquefois soudés en tube à leur base par l'intermédiaire des étamines, à préfloraison imbriquée. — Étamines insérées avec les pétales, en même nombre qu'eux et alternes. *Filets* libres, ou quelquefois adhérents par leur base à l'onglet des pétales. *Anthères* introrses, biloculaires, à loges opposées, parallèles ou divergentes par leur base, et s'ouvrant longitudinalement. — Ovaire demi-infère, ou infère, très-rarement libre (*Raspailia*), 1-2-3-loculaire. *Ovules* anatropes, solitaires, ou géminés, collatéraux dans les loges de l'ovaire 2-3-loculaire, et appendus à l'angle central ou près du sommet de la cloison, solitaires dans les ovaires 1-loculaires (dans le genre *Thamnea*, dont l'ovaire est 1-loculaire, il y a 10 ovules pendants, 1-sériés). *Styles* 2-3, terminaux, plus ou moins cohérents. *Stigmates* minimes, papilleux. — Fruit couronné par le calyce, et quelquefois par la corolle et l'androcée persistants, sec, indéhiscent, ou capsulaire, souvent à 2 coques 1-2-séminées, à déhiscence interne longitudinale. — Graines inverses, à testa crustacé, à hile nu, ou coiffé d'une cupule charnue. — Embryon minime, droit, au sommet d'un albumen copieux charnu. *Cotylédons* courts. *Radicule* conique, supère.

GENRES PRINCIPAUX.

Berzélia, *Berzelia*. | *Brunia, *Brunia*.

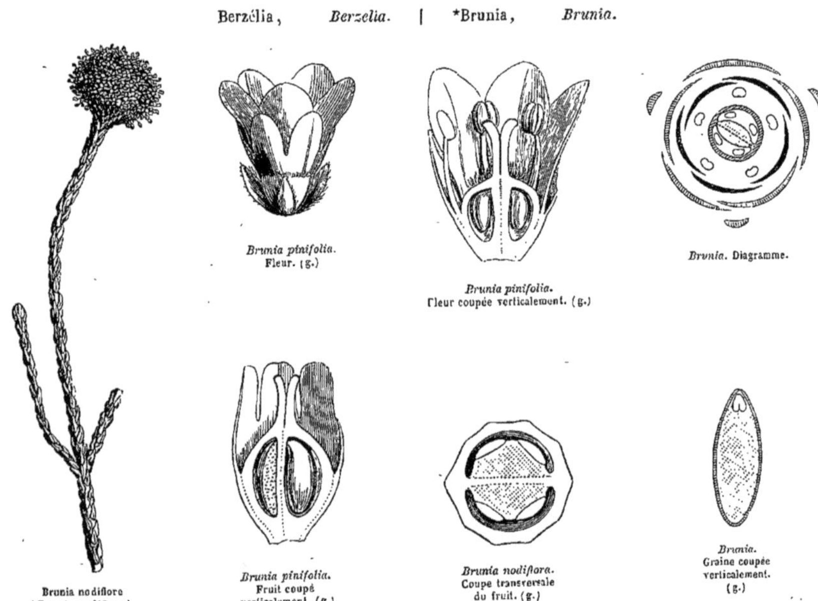

Brunia nodiflora (*Brunia nodiflora*).

*Brunia pinifolia*. Fleur. (g.)

*Brunia pinifolia*. Fleur coupée verticalement. (g.)

*Brunia*. Diagramme.

*Brunia pinifolia*. Fruit coupé verticalement. (g.)

*Brunia nodiflora*. Coupe transversale du fruit. (g.)

*Brunia*. Graine coupée verticalement. (g.)

Les *Bruniacées* se rapprochent des *Hamamélidées*, des *Cornées*, des *Araliacées*, des *Ombellifères*, par la polypétalie, l'isostémonie, l'épigynie, les ovules solitaires, ou géminés, pendants, anatropes, l'embryon albuminé; mais dans toutes ces Familles, indépendamment des autres différences, la préfloraison des pétales est valvaire. Les Cornées offrent en outre dans le Genre *Raspailia* un caractère tout à fait exceptionnel par leur ovaire supère relativement au calyce, et infère relativement aux pétales.

# OMBELLIFÈRES, *UMBELLIFERÆ.*

(UMBELLATÆ, *Tournefort.* — SCIADOPHYTUM, *Necker.* — UMBELLIFERÆ, *Jussieu.* APIACEÆ, *Lindley.*)

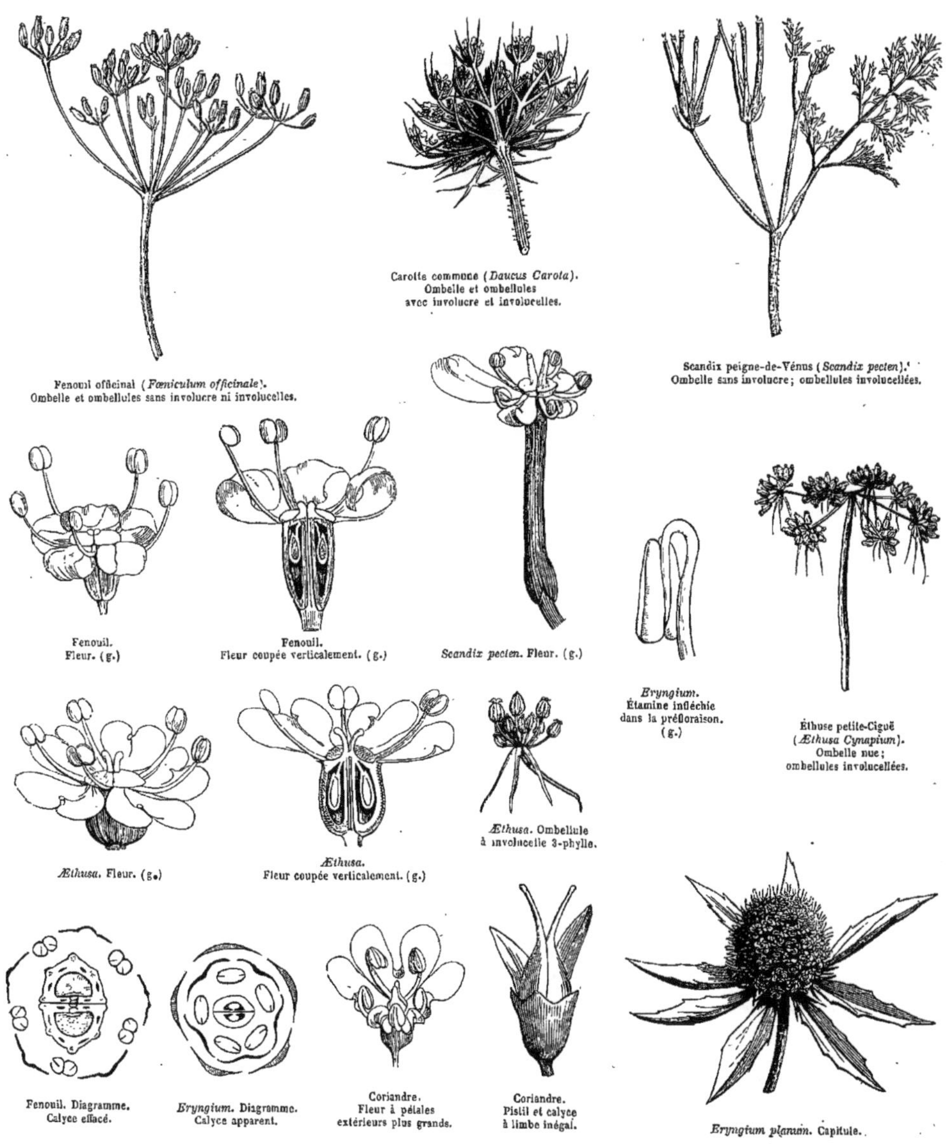

Fenouil officinal (*Fœniculum officinale*). Ombelle et ombellules sans involucre ni involucelles.

Carotte commune (*Daucus Carota*). Ombelle et ombellules avec involucre et involucelles.

Scandix peigne-de-Vénus (*Scandix pecten*). Ombelle sans involucre; ombellules involucellées.

Fenouil. Fleur. (g.)

Fenouil. Fleur coupée verticalement. (g.)

*Scandix pecten.* Fleur. (g.)

*Eryngium.* Étamine infléchie dans la préfloraison. (g.)

Éthuse petite-Ciguë (*Æthusa Cynapium*). Ombelle nue; ombellules involucellées.

*Æthusa.* Fleur. (g.)

*Æthusa.* Fleur coupée verticalement. (g.)

*Æthusa.* Ombellule à involucelle 3-phylle.

Fenouil. Diagramme. Calyce effacé.

*Eryngium.* Diagramme. Calyce apparent.

Coriandre. Fleur à pétales extérieurs plus grands.

Coriandre. Pistil et calyce à limbe inégal.

*Eryngium planum.* Capitule.

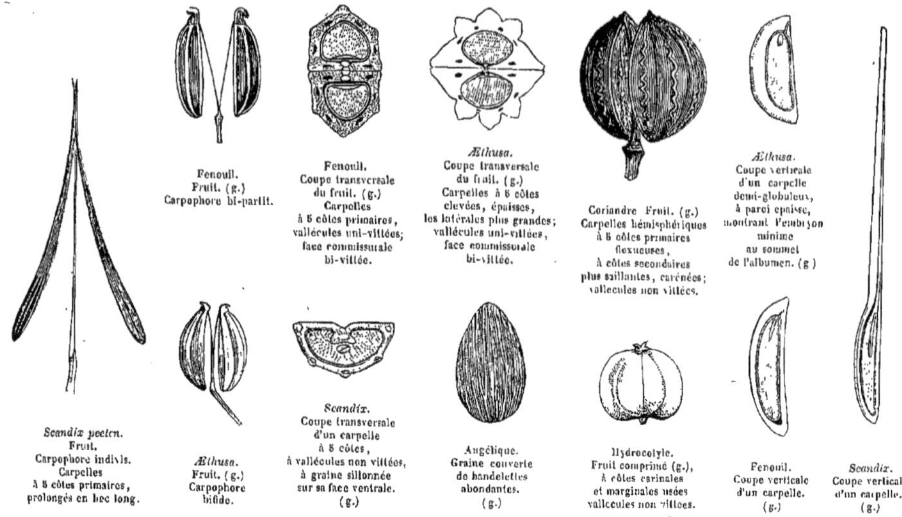

Fenouil. Fruit. (g.) Carpophore bi-partit.

Fenouil. Coupe transversale du fruit. (g.) Carpelles à 5 côtes primaires, vallécules uni-villées; face commissurale bi-villée.

*Æthusa.* Coupe transversale du fruit. (g.) Carpelles à 5 côtes élevées, épaisses, les latérales plus grandes; vallécules uni-villées, face commissurale bi-villée.

Coriandre Fruit. (g.) Carpelles hémisphériques à 5 côtes primaires flexueuses, à côtes secondaires plus saillantes, carénées; vallécules non villées.

*Æthusa.* Coupe verticale d'un carpelle demi-globuleux, à paroi épaisse, montrant l'embryon minime au sommet de l'albumen. (g.)

*Scandix pecten.* Fruit. Carpophore indivis. Carpelles à 5 côtes primaires, prolongés en bec long.

*Æthusa.* Fruit. (g.) Carpophore bifide.

*Scandix.* Coupe transversale d'un carpelle à 5 côtes, à vallécules non villées, à graine sillonnée sur sa face ventrale. (g.)

Angélique. Graine couverte de bandelettes abondantes. (g.)

Hydrocotyle. Fruit comprimé (g.), à côtes carinales et marginales usées vallécules non villées.

Fenouil. Coupe verticale d'un carpelle. (g.)

*Scandix.* Coupe verticale d'un carpelle. (g.)

Corolle *polypétale, épigyne, isostémone, à préfloraison valvaire.* Pétales 5, *insérés sur un disque épigyne.* Étamines 5, *alternes avec les pétales.* Ovaire *infère, à 2 loges 1-ovulées.* Ovule *pendant, anatrope.* Fruit *sec.* Embryon *dicotylédoné, albuminé, apical.* Radicule *supère.* — Feuilles *alternes.*

Plantes herbacées, ou rarement ligneuses (*Myodocarpus*). — Tige ordinairement sillonnée, ou cannelée, noueuse, fistuleuse, ou remplie de moelle. — Feuilles alternes, à pétiole dilaté à sa base, à limbe généralement découpé, rarement entier (*Bupleurum, Gingidium*). — Fleurs ☿, rarement diclines par avortement, disposées en ombelle et ombellules, quelquefois en capitule (*Eryngium*), quelquefois en verticilles (*Hydrocotyle*). Ombelles tantôt pourvues d'un *involucre* de bractées, tantôt *nues.* Ombellules tantôt pourvues d'un *involucelle* de bractéoles, tantôt *nues.*

Calyce 5-lobé, ou usé et presque nul. — Pétales 5, à préfloraison valvaire ou sub-imbriquée, insérés en dehors d'un disque épigyne, libres, caducs, généralement infléchis par leur pointe, quelquefois bifides, ou bipartits, les extérieurs souvent plus grands, et dits alors *rayonnants.* — Étamines 5, alternes avec les pétales, et insérées comme eux. *Filets* infléchis dans la préfloraison. *Anthères* biloculaires, sub-didymes, introrses.

Carpelles 2, cohérents en un ovaire à 2 loges, l'une répondant au centre de l'inflorescence, l'autre à la circonférence. *Ovules* primitivement géminés dans chaque loge, puis généralement réduits à un seul, pendants, anatropes. *Styles* 2, épaissis à leur base en un *stylopode* couronnant l'ovaire.

Fruit bi-loculaire, se séparant en 2 coques, qui restent suspendues au sommet d'un prolongement filiforme, nommé *columelle* ou *carpophore,* tantôt simple, tantôt dédoublé. Surface du fruit marquée de 10 côtes (*juga*), nommées *côtes primaires,* plus ou moins saillantes, quelquefois à peine indiquées. (La côte occupant le milieu du dos de chaque carpelle est dite *côte carinale* ou *dorsale;* les 2 voisines de droite et de gauche sont dites *côtes intermédiaires,* et les 2 autres, situées à chaque bord du carpelle, sont dites *côtes latérales.* Les intervalles qui séparent les côtes primaires sont dits *vallécules,* lesquelles sont quelquefois occupées par autant de côtes, nommées *côtes secondaires.*) Canaux résinifères, nommés bandelettes (*vittæ*), développés dans l'épaisseur du péricarpe, dirigés du sommet à la base des carpelles, placés dans leurs vallécules, ou à leur face commissurale, ou sur la graine même, quelquefois indistincts, ou nuls.

Graine pendante, tantôt libre, tantôt adhérant au péricarpe. — Embryon droit, minime, au sommet d'un albumen corné. *Radicule* supère.

## TRIBU I. — OMBELLIFÈRES RECTI-SÉMINÉES, *UMBELLIFERÆ ORTHOSPERMÆ.*

Graine à face commissurale plane ou convexe.

GENRES PRINCIPAUX.

| | | | | | |
|---|---|---|---|---|---|
| Hydrocotyle, | *Hydrocotyle.* | Égopode, | *Ægopodium.* | Crithme, | *Crithmum.* |
| *Didisque, | *Didiscus.* | Bunium, | *Bunium.* | Livèche, | *Levisticum.* |
| *Leucolœna, | *Leucolæna.* | Conopode, | *Conopodium.* | Angélique, | *Angelica.* |
| Sanicle, | *Sanicula.* | *Boucage, | *Pimpinella.* | *Archangélique, | *Archangelica.* |
| *Astrance, | *Astrantia.* | *Berle, | *Sium.* | Opoponax, | *Opoponax.* |
| *Panicaut, | *Eryngium.* | *Buplèvre, | *Bupleurum.* | *Férule, | *Ferula.* |
| Cicutaire, | *Cicuta.* | Œnanthe, | *Œnanthe.* | Peucédane, | *Peucedanum.* |
| *Ache, | *Apium.* | Éthuse, | *Æthusa.* | Aneth, | *Anethum.* |
| *Persil, | *Petroselinum.* | *Fenouil, | *Fœniculum.* | *Panais, | *Pastinaca.* |
| Hélosciadie, | *Helosciadium.* | Séséli, | *Seseli.* | Berce, | *Heracleum.* |
| Sison, | *Sison.* | Athamante, | *Athamanta.* | *Cumin, | *Cuminum.* |
| Ammi, | *Ammi.* | Méum, | *Meum.* | *Carotte, | *Daucus.* |

## TRIBU I. — OMBELLIFÈRES CURVI-SÉMINÉES, *UMBELLIFERÆ CAMPYLOSPERMÆ.*

Graine à face commissurale canaliculée, ou sillonnée, ou concave, par suite de l'enroulement de ses bords, ou de l'inflexion de ses deux extrémités.

GENRES PRINCIPAUX.

| | | | | | |
|---|---|---|---|---|---|
| Caucalide, | *Caucalis.* | Cerfeuil, | *Chærophyllum.* | Maceron, | *Smyrnium.* |
| Torilis, | *Torilis.* | *Myrrhis, | *Myrrhis.* | *Bifora, | *Bifora.* |
| Scandix, | *Scandix.* | Ciguë, | *Conium.* | *Coriandre, | *Coriandrum.* |
| *Anthrisque, | *Anthriscus.* | *Arracacha, | *Arracacha.* | | |

Les *Ombellifères* s'allient aux *Araliacées* par l'inflorescence, l'alternance des feuilles, la polypétalie, l'épigynie, l'isostémonie, la préfloraison valvaire de la corolle, l'inversion, l'anatropie de l'ovule, et l'embryon minime au sommet d'un albumen copieux. Les Araliacées ne diffèrent que par leur fruit, le plus ordinairement charnu. — Les Ombellifères se rapprochent aussi des *Cornées* (voir cette Famille).

Les Ombellifères appartiennent principalement à l'hémisphère Nord, dont elles habitent les contrées tempérées et fraîches; surtout la région méditerranéenne et l'Asie centrale. Celles qu'on rencontre sous la zone torride sont en petit nombre; encore ne croissent-elles que sur les hautes montagnes et au bord de la mer, où la chaleur est modérée.

Les Ombellifères comprennent un grand nombre d'Espèces, les unes alimentaires, les autres médicinales, ou vénéneuses. Ces propriétés si différentes sont dues à des principes qui résident en proportions variées, soit dans les feuilles, soit dans la racine, soit dans le fruit; les racines contiennent principalement des substances résineuses, ou gommo-résineuses; les fruits possèdent une huile volatile dans les *bandelettes* de leur péricarpe ou de leur graine; les feuilles de quelques Espèces sont aromatiques et condimentaires; celles de quelques autres sont narcotico-âcres. Si une suffisante quantité de sucre et de mucilage s'associe aux principes hydro-carbonés, la Plante devient alimentaire; si l'huile volatile domine, comme dans le fruit d'un grand nombre d'Ombellifères, la médecine y trouve un remède stimulant, et l'art culinaire un condiment agréable. — Nous mentionnerons succinctement les principales Espèces indigènes de cette nombreuse Famille.

*Cicutaire vireuse* (*Cicutaria virosa*). Vulg^t *Ciguë aquatique*. Racine et tige à suc jaunâtre, très-vénéneux. Plante rarement employée en médecine au même titre que la *Ciguë tachetée*.

*Ache odorante* (*Apium graveolens*). Racine aromatique, amère, âcre, apéritive, ainsi que le fruit. — *Ache céleri*, variété cultivée. Pétioles étiolés par la culture, et racine, usités comme aliments, et possédant des propriétés excitantes.

*Persil cultivé* (*Petroselinum sativum*). Herbe et racine employées comme condiment. Suc exprimé, recommandé comme émollient et diurétique.

*Égopode des goutteux* (*Ægopodium podagraria*). Vulg^t *Podagraire*. Plante stimulante, diurétique, vulnéraire.

*Carvi* (*Carum Carvi*). Vulg^t *Anis des Vosges*. — Fruit stimulant, stomachique, employé dans le Nord pour aromatiser le pain et les fromages.

*Bunium noix-de-terre* (*Bunium bulbo-castanum*). Souche tubéreuse, globuleuse, féculente, comestible.

*Boucage Anis* (*Pimpinella Anisum*). Fruit contenant une huile volatile et une huile fixe, aromatique, d'une saveur piquante et légèrement sucrée, très-employé par les liquoristes et les confiseurs; recommandé en thérapeutique comme médicament carminatif, diurétique, diaphorétique, et même expectorant.

*Berle Chervi* (*Sium Sisarum* et *Sium Ninsi*). Plante croissant en Chine et au Japon, rarement cultivée en Europe. Racine sucrée, d'un arome agréable, rangée parmi les médicaments excitants.

*Œnanthe safranée* (*Œnanthe crocata*). Plante croissant au bord des rivières. Racine composée de tubercules oblongs fasciculés, d'une saveur douceâtre, contenant un suc laiteux, jaunissant à l'air, et éminemment vénéneux.

*Éthuse Ache-des-chiens* (*Æthusa cynapium*). Vulgt *Petite Ciguë*. Plante très-vénéneuse, à tige presque glauque, striée de lignes rougeâtres, à feuilles finement découpées, d'un vert sombre, d'une odeur désagréable et suspecte, quand on les froisse entre les doigts. Herbe croissant dans tous les lieux cultivés, où elle est souvent confondue avec le *Persil*, lequel en diffère, outre les caractères du fruit, 1° par son feuillage d'un vert clair et gai, à découpures assez larges, dont les dents sont terminées par une petite tache blanche, à odeur franchement aromatique, 2° par la tige non glauque, ni marquée inférieurement de lignes rougeâtres.

*Phellandrie aquatique* (*Phellandrium aquaticum*). Plante vénéneuse; fruit aromatique employé en médecine, comme antiphthisique, antidysentérique.

*Fenouil commun* (*Fœniculum vulgare*). Fruit aromatique, stimulant, stomachique. Racine et feuilles aromatiques, employées en médecine, l'une comme nutritive, les autres comme stimulantes.

*Crithme maritime* (*Crithmum maritimum*). Vulgt *Perce-pierre*. Herbe à suc vermifuge, à feuilles aromatiques, employées comme condiment.

*Livèche officinale* (*Levisticum officinale*). Vulgt *Ache de montagne*. Racine et fruits d'odeur agréable, légèrement stimulantes et diurétiques.

*Angélique archangélique* (*Angelica archangelica*). Racine tonique. Fruit stimulant stomachique. Feuilles vulnéraires. Jeunes tiges confites, usitées comme condiment.

*Impératoire* (*Imperatoria Ostruthium*). Racine amère, aromatique et stimulante.

*Peucédane officinal* (*Peucedanum officinale*). Racine contenant un suc jaune fétide, employé autrefois comme anti-hystérique, apéritif et béchique.

*Aneth odorant* (*Anethum graveolens*). Vulgt *Fenouil bâtard*. Fruit excitant, tonique, carminatif, employé contre la dyspepsie.

*Panais cultivé* (*Pastinaca oleracea*). Racine alimentaire et stimulante.

*Berce Branc-Ursine* (*Heracleum sphondylium*). Racine âcre et amère. Tige sucrée, à suc fermentescible, donnant, dans le Nord, une liqueur très-enivrante.

*Cumin officinal* (*Cuminum Cyminum*). Plante égyptienne et asiatique. Fruit aromatique, de saveur amère, chaude, employé comme médicament stimulant.

*Thapsie velue* (*Thapsia villosa*). Vulgt *Malherbe*. Plante de la région méditerranéenne. Racine purgative.

*Carotte commune* (*Daucus Carota*). Racine sucrée, comestible; suc exprimé de la racine administré comme analeptique. Fleurs très-aromatiques; infusées dans l'alcool donnent la liqueur nommée *huile de Vénus*.

*Myrrhis odorant* (*Myrrhis odorata*). Vulgt *Cerfeuil musqué*. Plante aromatique, usitée comme condiment.

*Ciguë tachetée* (*Conium maculatum*). Vulgt *Grande Ciguë*. Plante vénéneuse, employée en médecine contre les engorgements des glandes et des viscères.

*Anthrisque Cerfeuil* (*Anthriscus cerefolium*). Plante cultivée dans les jardins potagers, d'odeur agréable, de saveur parfumée, sans âcreté, ni amertume.

*Maceron commun* (*Smyrnium olus-atrum*). Plante jadis estimée comme légume. Turions et feuilles très-aromatiques. Racine diurétique.

*Coriandre cultivée* (*Coriandrum sativum*). Fruit fétide, à odeur de punaise, devenant aromatique par la dessiccation, usité comme médicament stimulant et stomachique.

*Hydrocotyle asiatique* (*Hydrocotyle asiatica*). Herbe préconisée dans l'Inde contre la lèpre.

L'*Arracacha esculenta* est une Ombellifère cultivée sur les hauts plateaux de la Colombie; ses racines tuberculeuses fournissent un aliment agréable et de facile digestion.

La médecine emploie les gommes-résines de quelques Ombellifères exotiques; la plus importante de toutes est l'*Asa fœtida*, provenant d'une Espèce persane appartenant à un Genre voisin des *Ferula*. Cette substance répand une odeur d'ail, très-fétide, et sa saveur est âcre et amère. Les Persans la vantent comme un délicieux condiment; elle est recommandée par les médecins d'Europe comme le plus puissant des médicaments antihystériques; on l'administre aussi dans le traitement de l'asthme essentiel. — Le *Sagapénum* ou *Gomme séraphique* est une substance d'odeur forte, de saveur âcre et amère, composée d'une gomme, d'une résine et d'une huile volatile; elle vient de la Perse, comme l'*Asa fœtida*, et ses propriétés sont analogues, mais beaucoup moins énergiques; elle appartient probablement, comme ce dernier, à un Genre voisin des *Ferula*. — Le *Galbanum* est employé de toute antiquité comme stimulant des systèmes nerveux et vasculaire; il vient de Syrie, mais on ignore son origine botanique; il en est de même du *Laser*, représenté sur quelques médailles ou monnaies phéniciennes, et dont le suc s'expédiait de la Cyrénaïque en Grèce. — La *Gomme-Ammoniaque* provient du *Dorema Ammoniacum*, qui croît en Perse et en Arménie. Cette résine est d'une saveur d'abord un peu sucrée, puis âcre et amère; ses vertus sont les mêmes que celles de l'Asa fœtida, mais elle est moins puissante contre les spasmes de l'hystérie; on l'emploie aussi pour stimuler les fonctions des viscères abdominaux et des organes respiratoires.

# ARALIACÉES, *ARALIACEÆ*.

## (ARALIÆ, *Jussieu*. — ARALIACEÆ ET HEDERACEÆ, *Bartling*.)

COROLLE *polypétale épigyne, généralement isostémone*. PÉTALES 5-10, *à préfloraison valvaire*. ÉTAMINES *insérées avec les pétales, et alternes avec eux, rarement en plus grand nombre*. OVAIRE *infère, à 2 ou plusieurs loges 1-ovulées*. OVULES *pendants, anatropes*. FRUIT *baccien*. EMBRYON *dicotylédoné, albuminé*. RADICULE *supère*.

TIGE ligneuse, rarement herbacée, vivace, à rameaux cylindriques, quelquefois épineux, souvent grimpants, ou s'attachant aux autres Végétaux par des fibrilles, qui les font paraître parasites. — FEUILLES alternes,

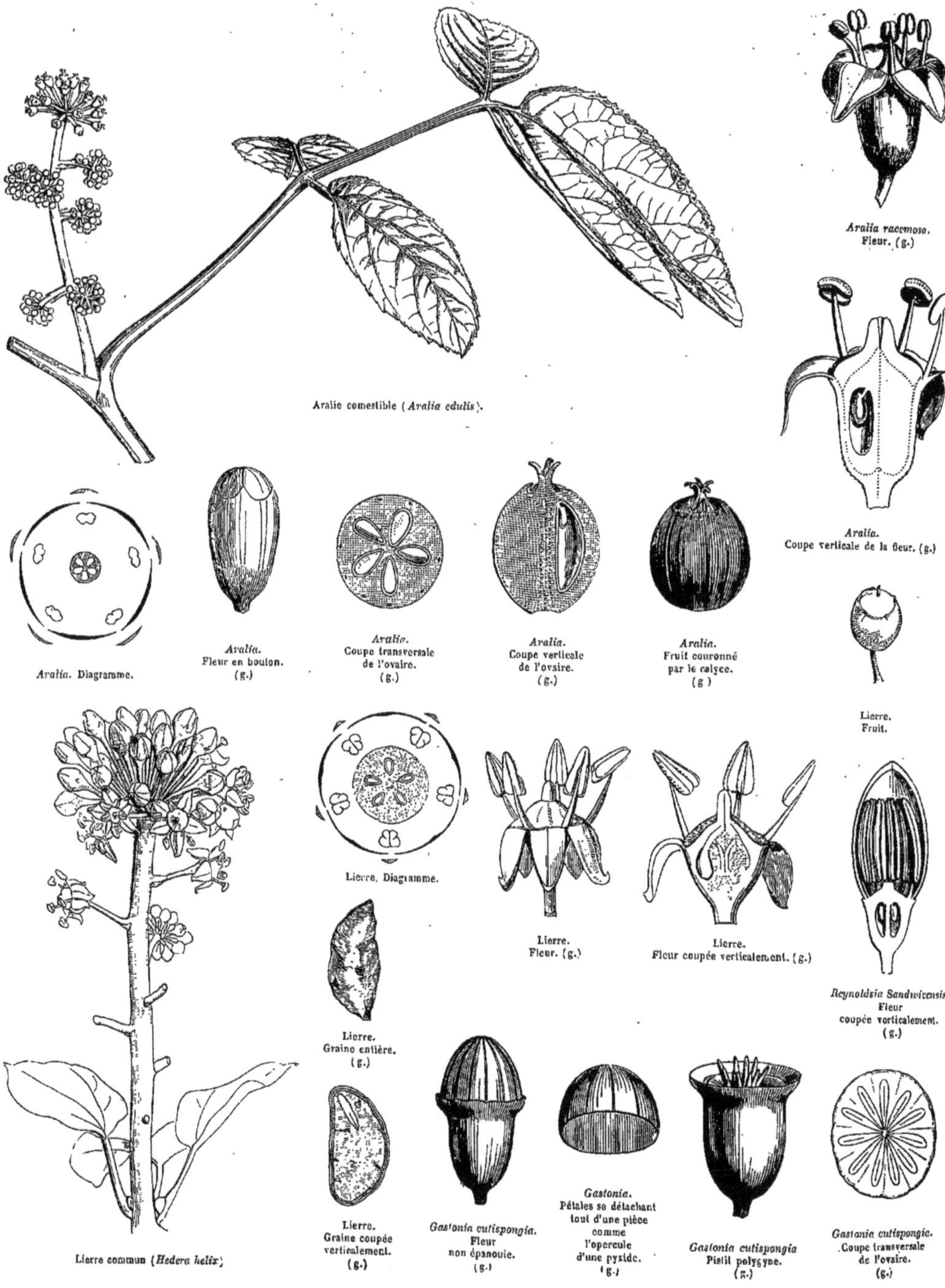

Aralie comestible (*Aralia edulis*).

*Aralia racemosa.* Fleur. (g.)

*Aralia.* Coupe verticale de la fleur. (g.)

*Aralia.* Diagramme.

*Aralia.* Fleur en bouton. (g.)

*Aralia.* Coupe transversale de l'ovaire. (g.)

*Aralia.* Coupe verticale de l'ovaire. (g.)

*Aralia.* Fruit couronné par le calyce. (g.)

Lierre. Fruit.

Lierre. Diagramme.

Lierre. Fleur. (g.)

Lierre. Fleur coupée verticalement. (g.)

*Reynoldsia Sandwicensis.* Fleur coupée verticalement. (g.)

Lierre. Graine entière. (g.)

Lierre commun (*Hedera helix*)

Lierre. Graine coupée verticalement. (g.)

*Gastonia cutispongia.* Fleur non épanouie. (g.)

*Gastonia.* Pétales se détachant tout d'une pièce comme l'opercule d'une pyxide. (g.)

*Gastonia cutispongia* Pistil polygyne. (g.)

*Gastonia cutispongia.* Coupe transversale de l'ovaire. (g.)

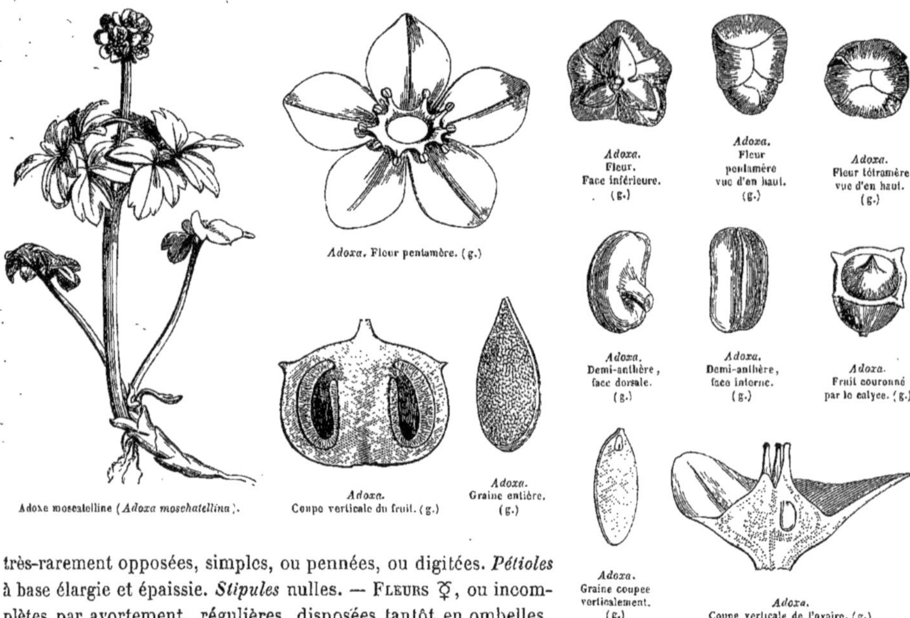

Adoxe moscatelline (*Adoxa moschatellina*).

*Adoxa.* Fleur pentamère. (g.)

*Adoxa.* Fleur. Face inférieure. (g.)

*Adoxa.* Fleur pentamère vue d'en haut. (g.)

*Adoxa.* Fleur tétramère vue d'en haut. (g.)

*Adoxa.* Coupe verticale du fruit. (g.)

*Adoxa.* Graine entière. (g.)

*Adoxa.* Demi-anthère, face dorsale. (g.)

*Adoxa.* Demi-anthère, face interne. (g.)

*Adoxa.* Fruit couronné par le calyce. (g.)

*Adoxa.* Graine coupée verticalement. (g.)

*Adoxa.* Coupe verticale de l'ovaire. (g.)

très-rarement opposées, simples, ou pennées, ou digitées. *Pétioles* à base élargie et épaissie. *Stipules* nulles. — FLEURS ☿, ou incomplètes par avortement, régulières, disposées tantôt en ombelles, ou en capitules nus, ou involucrés; tantôt en grappe, ou en panicule. — CALYCE supère, ordinairement court, entier, ou denté. — PÉTALES 5 ou 10, ou davantage, insérés au bord d'un disque épigyne, à préfloraison valvaire, ou imbriquée, libres, ou cohérents au sommet et se détachant comme une pyxide. — ÉTAMINES insérées avec les pétales, en même nombre qu'eux et alternes, ou rarement en nombre double, ou triple. *Filets* courts, distincts, très-rarement bi-partits (*Adoxa*). *Anthères* ovoïdes, ou linéaires, introrses, incombantes, à 2 loges opposées s'ouvrant par deux fentes longitudinales. — OVAIRE infère, couronné par le disque, à 2-15 loges 1-ovulées. *Ovules* suspendus au sommet des loges, anatropes. *Styles* en même nombre que les loges, quelquefois cohérents, souvent très-courts. *Stigmates simples.* — BAIE charnue, ou sèche, couronnée par le calyce. — GRAINES inverses, à testa crustacé, quelquefois marginé. — EMBRYON minime, droit, au sommet d'un albumen charnu copieux. *Cotylédons* courts. *Radicule* supère.

## TRIBU I. — ARALIÉES, *ARALIEÆ*.

Corolle nettement polypétale, à préfloraison valvaire. Tige ordinairement ligneuse.

### GENRES PRINCIPAUX.

| | | | | | |
|---|---|---|---|---|---|
| *Aralie, | *Aralia.* | *Oréopanax, | *Oreopanax.* | *Sciodaphyllum, | *Sciodaphyllum.* |
| *Lierre, | *Hedera.* | *Dendropanax, | *Dendropanax.* | *Didymopanax, | *Didymopanax.* |
| *Panax, | *Panax.* | *Paratropia, | *Paratropia.* | *Gastonia, | *Gastonia.* |

## TRIBU II. — ADOXÉES, *ADOXEÆ*.

Corolle sub-polypétale, à préfloraison imbriquée. Filets des étamines bi-partits. Tige herbacée.

### GENRE UNIQUE.

Adoxe, *Adoxa.*

Les *Araliacées* se rapprochent des *Ombellifères*, des *Ampélidées*, des *Caprifoliacées* (voir ces Familles). Elles se lient étroitement aux *Cornées:* dans les deux Familles en effet, les pétales sont épigynes isostémones, à préfloraison valvaire; les loges de l'ovaire sont 1-ovulées,

Hellwingia à fleurs de Fragon (*Hellwingia rusciflora*).

les ovules pendants, anatropes; le fruit est charnu; et l'embryon albuminé; la tige est généralement ligneuse, et les fleurs sont en ombelle, ou en capitule. — Les Cornées ne diffèrent que par leur fruit drupacé et leurs feuilles opposées.

Nous plaçons en regard des *Araliacées* le Genre *Hellwingia*, qui s'y rattache, ainsi qu'aux *Hamamélidées*, par la préfloraison valvaire, l'ovaire infère, les ovules pendants, anatropes, l'embryon albuminé, la tige ligneuse et les feuilles alternes.

Les Araliacées habitent les deux hémisphères, mais elles ne s'avancent pas au-delà du 52e degré de latitude; elles abondent en Amérique, et particulièrement dans les régions montueuses du Mexique, de la Colombie et de la Nouvelle-Grenade, et sont rares dans les régions parallèles de l'Europe et de l'Asie, quoique le Genre *Paratropia* y ait de nombreux représentants.

Cette Famille renferme peu d'Espèces utiles à l'homme. Les feuilles du *Lierre* (*Hedera helix*) sont aromatiques, et leur chromule, dissoute dans l'axonge ou dans l'huile, sert au pansement des ulcères; on emploie aussi leur décoction contre la vermine de la tête. — La racine du *Jin-Seng* (*Panax Ginseng*) est célèbre en Perse, en Chine et dans l'Inde, comme médicament tonique. — Les *Aralies* de l'Amérique du Nord y sont estimées comme sudorifiques et dépuratives, et l'on emploie en cette qualité les rhizômes de l'*Aralie nudicaule*, l'écorce de l'*Aralie épineuse*, et la racine mucilagineuse-aromatique de l'*Aralie en grappe*. — On mange au Japon les jeunes pousses de l'*Hellwingia*.

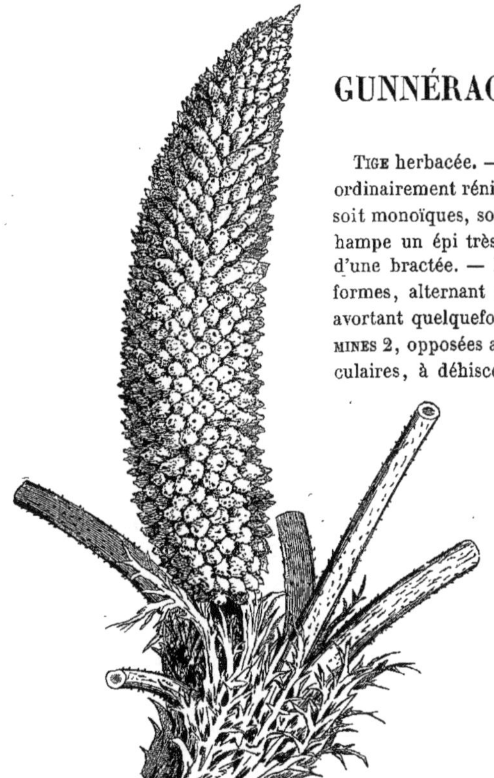

Gunnère à feuilles rudes (*Gunnera scabra*).

# GUNNÉRACÉES, *GUNNERACEÆ*, *Endlicher*.

Tige herbacée. — Feuilles toutes radicales, à long pétiole, à limbe ordinairement réniforme, crénelé, poilu. — Fleurs ☿, ou incomplètes, soit monoïques, soit dioïques, dépourvues de bractées, formant sur la hampe un épi très-dense, composé de plusieurs épis, munis chacun d'une bractée. — Périanthe 4-partit, dont 2 lanières petites, dentiformes, alternant avec 2 autres plus grandes, pétaloïdes, caduques, avortant quelquefois, réduit à des écailles dans les fleurs ♂. — Étamines 2, opposées aux lanières pétaloïdes. *Filets* courts. *Anthères* biloculaires, à déhiscence longitudinale. — Ovaire infère, 1-loculaire. *Ovule* unique, pendant au sommet de la loge. *Styles* 2, couverts de papilles stigmatiques. — Fruit drupacé. — Embryon minime, au sommet d'un albumen charnu. *Radicule* supère.

GENRE UNIQUE.

*Gunnère, *Gunnera*.

A. de Jussieu considérait, dans un grand nombre de cas, l'apétalie et la diclinie comme de simples dégradations d'un type complet, résultant de l'avortement des organes, et masquant l'affinité sans la détruire; c'est ce qui explique la place qu'il a donnée aux *Gunnéracées*, entre les *Araliacées* et les *Cornées*, dont elles se rapprochent par leur fleur, hermaphrodite dans quelques Espèces; par l'épigynie, l'unité d'ovule pour chaque carpelle, l'ovule pendant, anatrope, le fruit drupacé, et l'embryon minime au sommet d'un albumen charnu. Les mêmes considérations établissent l'affinité des Gunnéracées avec les *Haloragées* : dans ces deux Familles, en effet, on peut même observer, d'une part une organisation complète, de l'autre l'ab-

*Gunnera*. Fleurs ♂ (g.)

*Gunnera*. Coupe verticale de la fleur ♀.

*Gunnera*. Fruit. (g.)

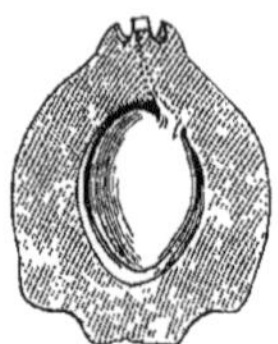
*Gunnera*. Fruit ouvert. (g.)

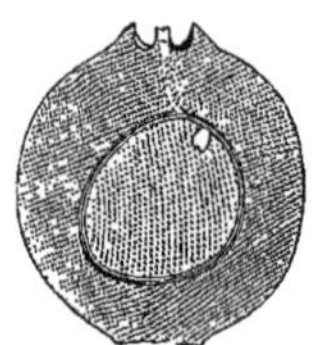
*Gunnera*. Fruit coupé verticalement. (g.)

*Gunnera*. Graine coupée verticalement. (g.)

*Gunnera*. Embryon. (g.)

sence des pétales, et l'avortement des organes de la reproduction; et, ce qui ajoute à l'analogie, les styles sont garnis sur leur longueur de papilles stigmatiques.

Les Espèces peu nombreuses constituant ce petit groupe habitent, dans l'hémisphère Sud, l'Afrique et l'Amérique extra-tropicales. On en rencontre aussi quelques-unes sur les hautes montagnes de l'Amérique tropicale, des îles Sandwich et de la Société, à Java, ainsi qu'à la Nouvelle-Zélande.

Le fruit de la *Gunnère à longues feuilles* (*G. macrophylla*) est employé à Java comme médicament stimulant. — Les racines de la *Gunnère à feuilles rudes* (*G. scabra*), vulgairement nommée *Panqué* au Chili, et cultivée dans les jardins d'Europe pour la beauté de ses feuilles, qui atteignent souvent plus de six pieds de diamètre, contiennent des principes astringents, qui la font employer au Chili dans le tannage des peaux, et administrer comme remède antidysentérique.

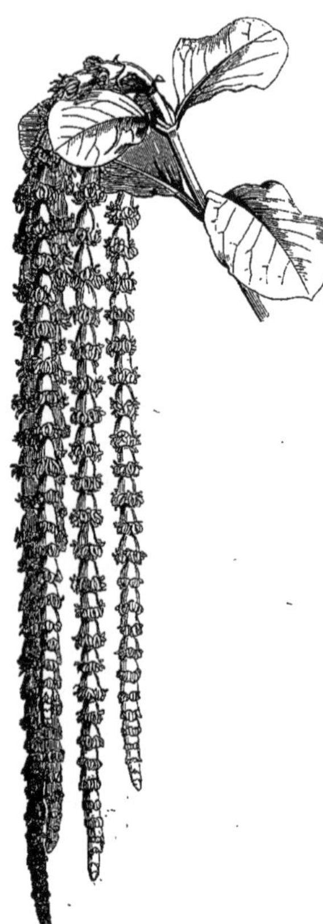
Garrya elliptique (*Garrya elliptica*) ♂.

# GARRYACÉES, *GARRYACEÆ*, *Endlicher*.

TIGE ligneuse, à rameaux tétragones. — FEUILLES opposées, courtement pétiolées, entières, penninerviées, sempervirentes. *Pétioles* réunis par leur base. *Stipules* nulles. — FLEURS dioïques, disposées en petits groupes (*Simmondsia*), ou en longs chatons axillaires, ternées à l'aisselle de bractées décussées et cohérentes (*Garrya*). — ♂ : PÉRIANTHE calycinal à 4 sépales linéaires, sub-membraneux, étalés (*Garrya*), ou pentamère (*Simmondsia*). — ÉTAMINES 4, alternes avec les sépales (*Garrya*), ou 10-12 (*Simmondsia*). *Filets* libres, égaux. *Anthères* introrses, basifixes, à 2 loges opposées s'ouvrant longitudinalement. — ♀ : PÉRIANTHE supère, à 2 lobes sétiformes, ou sans lobes apparents (*Garrya*), ou remplacé par des bractées involucrantes (*Simmondsia*). — OVAIRE infère. 1-3-loculaire. *Ovules* solitaires, ou géminés, collatéraux, suspendus par des funicules au sommet de la loge, anatropes. *Styles* 2-3, alternes avec les lobes du périanthe, pourvus dans leur longueur de papilles stigmatiques. — FRUIT baccien (*Garrya*), ou capsulaire (*Simmondsia*), couronné par les styles persistants. — GRAINES 2, pendantes, oblongues, à *testa* mince, rugueux transversalement, à *raphé* saillant latéral. *Albumen* copieux, charnu. — EMBRYON minime, droit, axile. *Cotylédons* restant hypogés dans la germination. *Radicule* supère.

GENRES PRINCIPAUX.

*Garrya, *Garrya*. | Simmondsia, *Simmondsia*.

Les affinités du genre *Garrya* sont obscures. A. de Jussieu lui applique les mêmes considérations qu'aux *Gunnéracées*, et le place entre le *Gunnera* et les *Cornées*. Comme ces dernières, le *Garrya* a des étamines épigynes, des ovules suspendus et anatropes, un fruit charnu, un embryon minime au sommet d'un albumen abondant, une tige ligneuse et des feuilles opposées. Comme chez le *Gunnera*, les styles sont stigmatifères dans leur

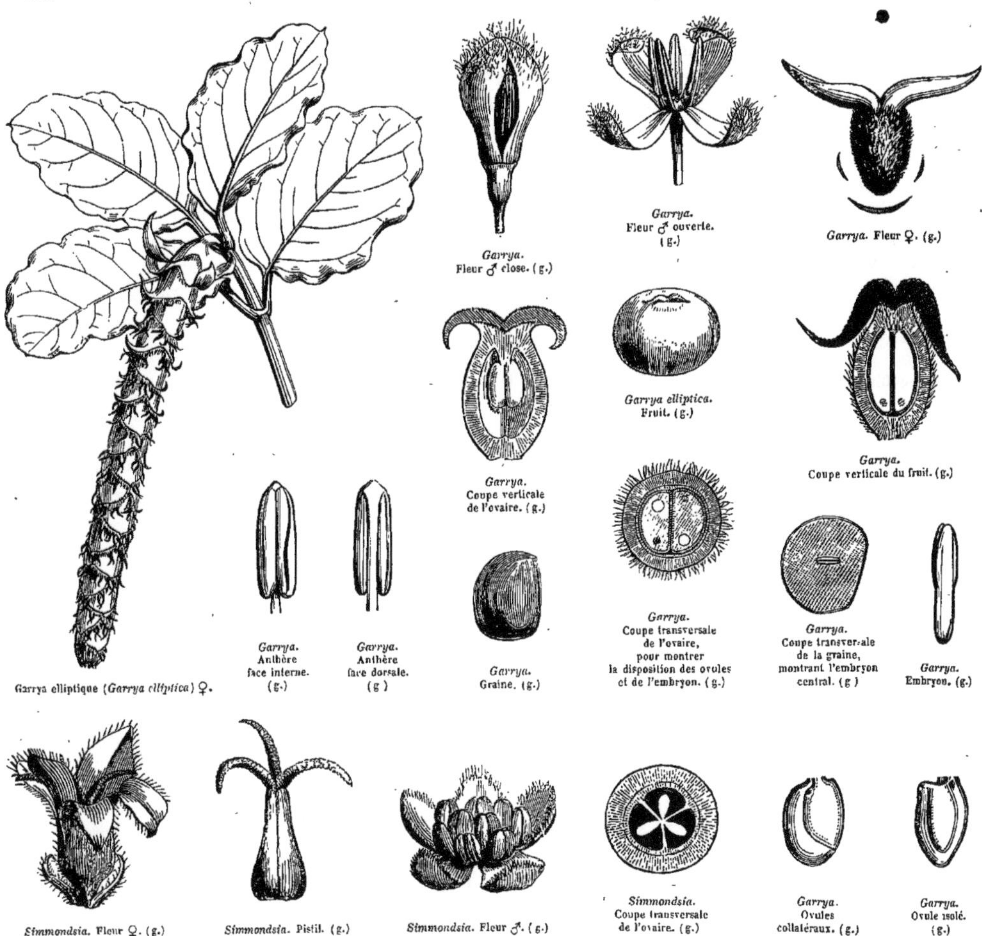

Garrya elliptique (*Garrya elliptica*) ♀. — *Garrya*. Fleur ♂ close. (g.) — *Garrya*. Fleur ♂ ouverte. (g.) — *Garrya*. Fleur ♀. (g.) — *Garrya*. Coupe verticale de l'ovaire. (g.) — *Garrya elliptica*. Fruit. (g.) — *Garrya*. Coupe verticale du fruit. (g.) — *Garrya*. Anthère face interne. (g.) — *Garrya*. Anthère face dorsale. (g.) — *Garrya*. Graine. (g.) — *Garrya*. Coupe transversale de l'ovaire, pour montrer la disposition des ovules et de l'embryon. (g.) — *Garrya*. Coupe transversale de la graine, montrant l'embryon central. (g.) — *Garrya*. Embryon. (g.)

*Simmondsia*. Fleur ♀. (g.) — *Simmondsia*. Pistil. (g.) — *Simmondsia*. Fleur ♂. (g.) — *Simmondsia*. Coupe transversale de l'ovaire. (g.) — *Garrya*. Ovules collatéraux. (g.) — *Garrya*. Ovule isolé. (g.)

longueur. — Les *Garrya* se rapprochent des *Hamamélidées* par l'ovaire infère, l'ovule pendant, anatrope, les deux styles distincts, l'embryon albuminé, axile, et la tige ligneuse; mais les Hamamélidées sont souvent pétalées, polyandres, l'ovaire est biloculaire, le fruit est une capsule à déhiscence septicide, l'embryon est grand, et les feuilles sont alternes.

Les *Garrya* croissent au Mexique et dans la Californie. — Il n'y a rien à constater relativement à leurs propriétés utiles.

# CORNÉES, *CORNEÆ*.

## (CAPRIFOLIACEARUM *Tribus, Kunth*. — CORNEÆ, *De Candolle*. CORNACEÆ, *Lindley*.)

Corolle *polypétale, épigyne, isostémone, à préfloraison valvaire*. Pétales 4-5. Étamines 4-5, *insérées avec les pétales, et alternes*. Ovaire *infère, à 2-3-loges 1-ovulées*. Ovules *pendants, anatropes*. Fruit *drupacé*. Embryon *dicotylédoné, albuminé, axile*. Radicule *supère*.

Tige ligneuse, quelquefois souterraine et émettant des rameaux herbacés. — Feuilles opposées, ou très-rarement alternes (*Decostea*), penninerviées, simples, entières, ou dentelées, caduques, ou persistantes, non stipulées. — Fleurs ☿, ou dioïques par avortement (*Griselinia*), disposées en tête, ou en ombelle, avec involucre ordinairement coloré, rarement en corymbe sans involucre. — Calyce supère, 4-denté. — Pétales 4-5, insérés sur le calyce, alternes avec ses dents, à préfloraison valvaire, sub-imbriquée dans les fleurs ♂ (*Griselinia*), tombants. — Étamines 4-5, insérées avec les pétales et alternes. *Filets* filiformes, distincts. *Anthères* introrses, dorsifixes, biloculaires, à déhiscence longitudinale. — Ovaire infère, 2-loculaire, quelquefois 3-loculaire, couronné par un disque, souvent peu apparent. *Ovules* solitaires dans chaque loge, pendants, anatropes. *Style* simple. *Stigmate* capité. — Drupes distinctes, ou cohérentes, à noyau osseux 2-3-loculaire, ou 1-loculaire par avortement. — Graines inverses, à tégument coriace. — Embryon droit, occupant l'axe d'un albumen charnu et l'égalant en longueur. *Cotylédons* oblongs, subfoliacés. *Radicule* courte, supère.

GENRES PRINCIPAUX.

*Cornouiller, *Cornus*. | *Benthamie, *Benthamia*. | *Aucuba, *Aucuba*. | *Griselinia, *Griselinia*.

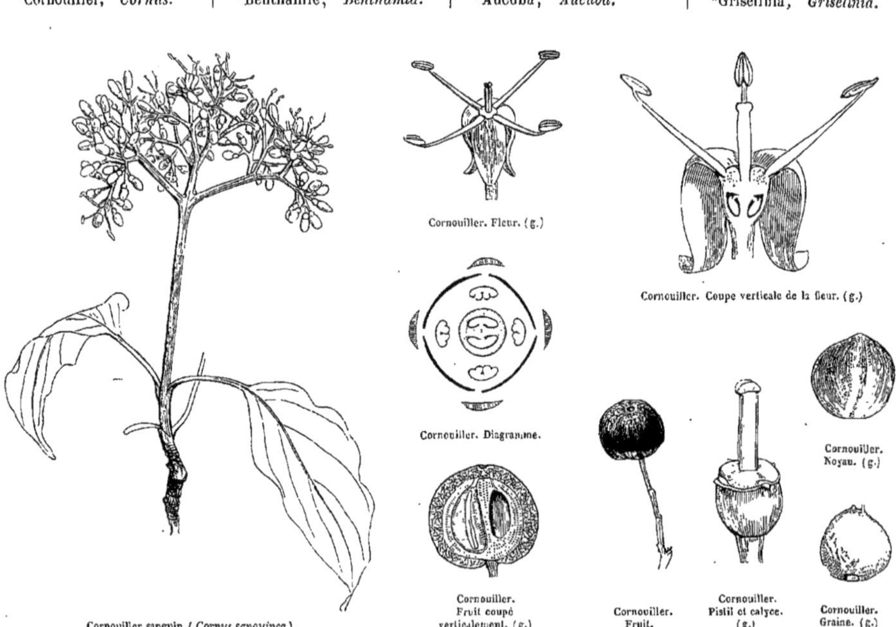

Cornouiller sanguin (*Cornus sanguinea*). — Cornouiller. Fleur. (g.) — Cornouiller. Coupe verticale de la fleur. (g.) — Cornouiller. Diagramme. — Cornouiller. Noyau. (g.) — Cornouiller. Fruit coupé verticalement. (g.) — Cornouiller. Fruit. — Cornouiller. Pistil et calyce. (g.) — Cornouiller. Graine. (g.)

Les *Cornées* faisaient autrefois partie des *Caprifoliacées;* elles touchent de près aux *Araliacées* (voir ces Familles); elles se rapprochent aussi des *Ombellifères* par l'épigynie, la polypétalie, l'isostémonie et la préfloraison de la corolle, par l'ovule pendant, anatrope, par l'embryon albuminé, et l'inflorescence en ombelle, ou en capitule. Les Ombellifères s'éloignent des Cornées par leurs deux styles, leur fruit sec, leur embryon minime, leurs feuilles alternes, à pétiole dilaté et à limbe découpé. — Les rapports des Cornées avec les *Hamamélidées* sont indiqués dans l'histoire de cette dernière Famille.

Les Cornées appartiennent presque exclusivement à l'hémisphère nord; elles habitent surtout le Népaul et les régions tempérées et fraîches de l'Amérique: elles sont très-rares dans l'Amérique tropicale. Les *Griselinia*, ainsi que les *Corokia*, appartiennent à la Nouvelle-Zélande.

Le bois des Cornées est d'une grande dureté. L'écorce des *Cornouillers*, et notamment celle du *Cornus florida*, est amère, astringente, et les chimistes en ont retiré un principe immédiat (*corniine*), qu'on administre dans l'Amérique du Nord comme succédanée de la *quinine*. Les drupes du *Cornouiller mâle* sont d'une saveur acidule-sucrée, et jouissent de propriétés astringentes. — La graine du *Cornouiller sanguin* contient une huile fixe, propre pour l'éclairage et la fabrication du savon. — Le *Benthamia porte-fraise* (*Benthamia fragifera*) est un arbrisseau du Népaul et du Japon, dont les fruits offrent l'aspect d'une fraise et possèdent une saveur agréable. — L'*Aucuba* appartient aussi au Japon, et est généralement cultivé dans les jardins d'Europe, à cause de ses feuilles coriaces, panachées et persistantes.

# HAMAMÉLIDÉES, *HAMAMELIDEÆ*.

(HAMAMELIDEÆ, *R. Brown.* — HAMAMELACEÆ, *Lindley.*)

COROLLE *nulle, ou polypétale.* PÉTALES 4-5 *périgynés, à préfloraison valvaire.* FLEURS *apétales polyandres.* FLEURS *pétalées diplostémones, à étamines les unes fertiles, opposées aux pétales, les autres stériles, squamiformes,*

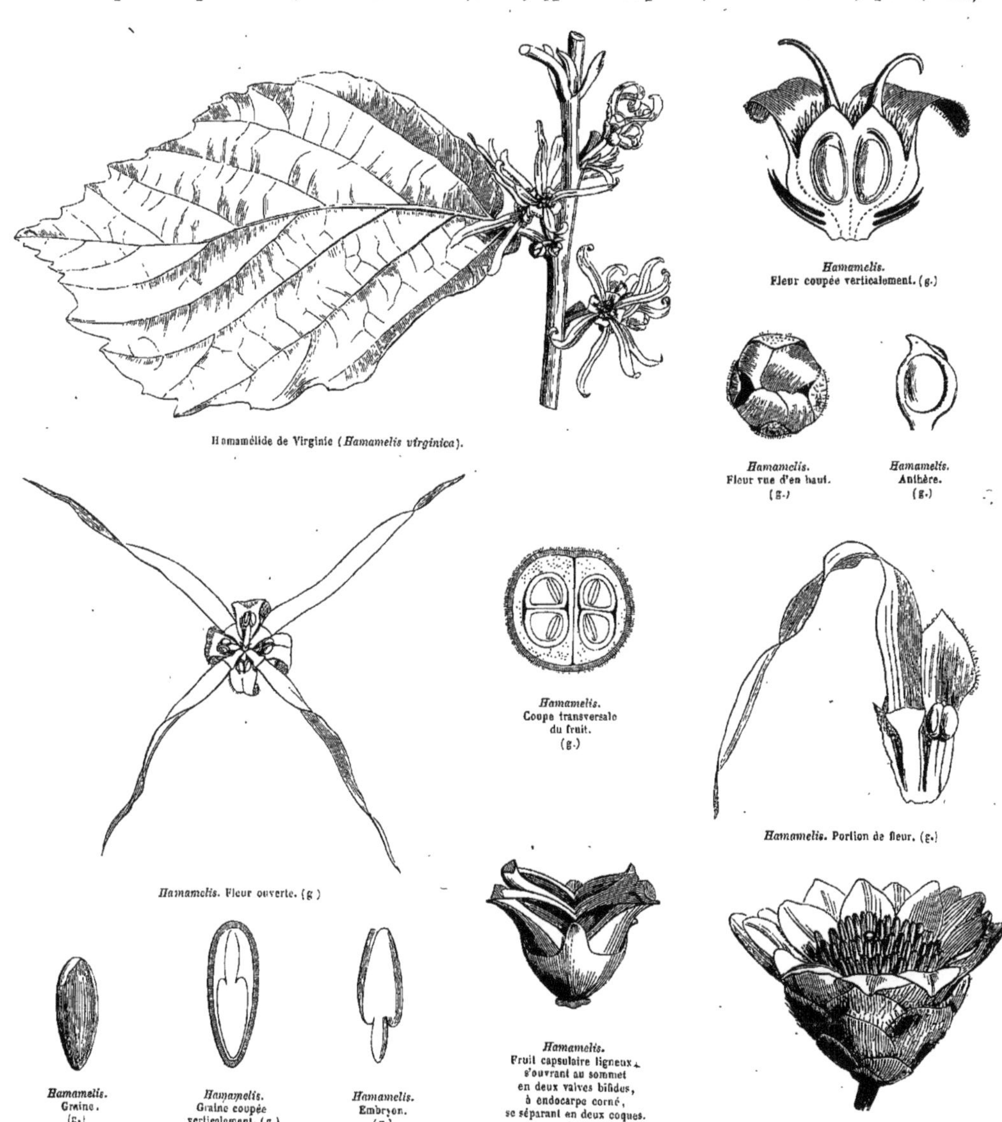

Hamamélide de Virginie (*Hamamelis virginica*).

*Hamamelis.* Fleur coupée verticalement. (g.)

*Hamamelis.* Fleur vue d'en haut. (g.)

*Hamamelis.* Anthère. (g.)

*Hamamelis.* Fleur ouverte. (g.)

*Hamamelis.* Coupe transversale du fruit. (g.)

*Hamamelis.* Portion de fleur. (g.)

*Hamamelis.* Graine. (g.)

*Hamamelis.* Graine coupée verticalement. (g.)

*Hamamelis.* Embryon. (g.)

*Hamamelis.* Fruit capsulaire ligneux, s'ouvrant au sommet en deux valves bifides, à endocarpe corné, se séparant en deux coques. (g.)

*Rhodoleia Championi.* Fleur. (g.)

*alternes.* OVAIRE *semi-infère, 2-loculaire.* OVULES *pendants, anatropes.* FRUIT *capsulaire.* EMBRYON *dicotylédoné, albuminé, axile.* RADICULE *supère.* — TIGE *ligneuse.* FEUILLES *alternes, stipulées.*

ARBRISSEAUX, ou ARBUSTES, ou grands ARBRES, à rameaux cylindriques, glabres, ou revêtus de poils étoilés. — FEUILLES alternes, pétiolées, simples, penninerviées. *Stipules* géminées à la base des pétioles, tombantes. — FLEURS ☿, ou diclines par avortement, sub-sessiles, disposées en fascicule, ou en tête, ou en épi, ordinairement pourvues de bractées. — CALYCE supère, tantôt à 4-5 lobes imbriqués dans la préfloraison et tombants; tantôt tronqué, à 5-7 dents sinueuses, calleuses. — COROLLE tantôt nulle (*Fothergilla*), tantôt polypétale. — *Pétales* périgynes, alternes avec les lobes du calyce, à préfloraison valvaire, tombants. — ÉTAMINES des fleurs pétalées insérées avec les pétales, et en nombre double, les unes fertiles, opposées aux pétales; les autres stériles, squamiformes, alternes. — ÉTAMINES des fleurs apétales en nombre indéfini. *Filets* libres, courts et dilatés à la base dans les fleurs pétalées, allongés et sub-claviformes dans les fleurs apétales. *Anthères* introrses, biloculaires, tantôt ovoïdes quadrangulaires, à loges opposées et adossées à un connectif ordinairement prolongé en pointe, bilocellées par une cloison médiane longitudinale et s'ouvrant par déhiscence valvulaire; tantôt (*Fothergilla*), en forme de fer-à-cheval, et s'ouvrant par une fente demi-circulaire. — OVAIRE semi-infère, biloculaire. *Ovules* solitaires, ou très-rarement plusieurs, dont l'inférieur seul fertile (*Bucklandia*), suspendus au sommet de la cloison, anatropes ou semi-anatropes. *Styles* 2, distincts. *Stigmates* simples. — CAPSULE devenant semi-supère, ou complétement supère, s'ouvrant en 2 valves bifides au sommet. — GRAINES pendantes. — EMBRYON droit, occupant l'axe d'un albumen charnu, ou cartilagineux, et l'égalant presque en longueur. *Cotylédons* foliacés, planes, ou enroulés par leurs bords. *Radicule* cylindrique, supère.

GENRES PRINCIPAUX.

| | | | | | |
|---|---|---|---|---|---|
| *Hamamélide, | *Hamamelis.* | *Fothergille, | *Fothergilla.* | *Rhodoléia, | *Rhodoleia.* |

Les *Hamamélidées* se rapprochent des *Cornées* par l'insertion et le nombre des pétales, leur préfloraison, les ovules pendants, anatropes, l'embryon albuminé, axile, la tige ligneuse, et l'inflorescence en capitule. Les Cornées s'éloignent par l'insertion complétement épigyne, l'alternance des étamines, le style simple, le fruit charnu, les feuilles opposées et non stipulées. — Les mêmes rapports existent entre les *Araliacées* et les Hamamélidées. — Elles offrent aussi plus d'une ressemblance avec les *Cunoniacées* : il y a dans ces deux Familles périgynie, diplostémonie, digynie, anatropie des ovules, fruit capsulaire, embryon albuminé, axile, et tige ligneuse; les principales différences qui éloignent les Cunoniacées sont les stipules interpétiolaires, les feuilles opposées et la préfloraison imbriquée des pétales. — Même observation pour les *Escalloniées*, si ce n'est que dans celles-ci les feuilles sont alternes comme dans les Hamamélidées, mais dépourvues de stipules. — Enfin on a reconnu de l'affinité entre les Hamamélidées apétales diclines et les *Platanées* : polyandrie, ovaire infère, ovules pendants, fruit sec, embryon albuminé, axile, tige ligneuse, feuilles alternes, stipulées. Quant à la diagnose, les Platanées diffèrent par leurs fleurs apérianthées, disposées en chaton, et leur fruit qui est une nucule. — L'affinité est encore plus étroite avec les *Liquidambar*, que M. Bentham réunit aux Hamamélidées. Celles-ci se rapprochent aussi des *Grubbiacées*, par la structure générale de leurs fleurs et par la déhiscence valvulaire de leurs anthères. — (Voir les *Garryacées* pour leurs rapports avec les Hamamélidées.)

Cette Famille, peu nombreuse en Espèces, est dispersée dans les deux hémisphères; elle habite l'Amérique septentrionale, le Japon, la Chine, l'Inde, la Perse, Madagascar et le Cap de Bonne-Espérance. — Quant aux Espèces utiles, la graine de l'*Hamamélide de Virginie* est huileuse; les feuilles et l'écorce sont médicinales. — Le bois du *Parrotia* est d'une dureté extrême, et désigné en Perse sous le nom de *bois-de-fer*.

# PHILADELPHÉES, *PHILADELPHEÆ.*

## (MYRTI, *partim*, *Jussieu.* — PHILADELPHEÆ, *Don.*)

COROLLE *polypétale épigyne, à préfloraison valvaire, ou tordue.* ÉTAMINES *en nombre double, ou multiple de celui des pétales.* OVAIRE *infère, à plusieurs loges, à placentaires centraux multiovulés.* OVULES *pendants, ou ascendants, imbriqués.* FRUIT *capsulaire.* GRAINES *à testa membraneux, lâche.* EMBRYON *dicotylédoné, albuminé, axile.* — TIGE *ligneuse.* FEUILLES *opposées.*

ARBRISSEAUX dressés. — FEUILLES opposées, simples, pétiolées, entières, ou dentées, tombantes, non stipulées. — FLEURS ☿, régulières, blanches, odorantes, disposées en cyme terminale. — CALYCE supère, 4-10-partit, à préfloraison valvaire, persistant. — PÉTALES 4-5-7-10, insérés sous un disque annulaire couronnant l'ovaire et bordant le calyce, en même nombre que ses divisions et alternant avec elles, à préfloraison indupliquative, ou tordue. — ÉTAMINES en nombre double, ou multiple de celui des pétales, insérées avec eux, 1-2-sériées. *Filets* filiformes, ou comprimés. *Anthères* introrses, biloculaires, ovoïdes ou sub-globuleuses didymes, à déhiscence longitudinale. — OVAIRE infère, ou semi-infère, à 3-4-10 loges. *Ovules* nombreux, ascendants, ou pendants, imbriqués sur des placentaires centraux saillants. — STYLES en même nombre que les loges, tantôt distincts, tantôt plus ou moins cohérents. *Stigmates* distincts, ou réunis. — CAPSULE à 3-10 loges, s'ouvrant au sommet par déhiscence loculicide, ou septicide, ou par rupture longitudinale le long des côtes du tube réceptaculaire. — GRAINES à testa membraneux, réticulé, lâche et ample. — EMBRYON droit, occupant l'axe d'un albumen charnu, épais, et l'égalant en longueur. *Cotylédons* courts, demi-cylindriques, ou ovales. *Radicule longue*, voisine du hile, supère ou infère.

GENRES PRINCIPAUX.

| | | | | | |
|---|---|---|---|---|---|
| *Seringat, | *Philadelphus.* | *Décumaria, | *Decumaria.* | *Deutzia, | *Deutzia.* |

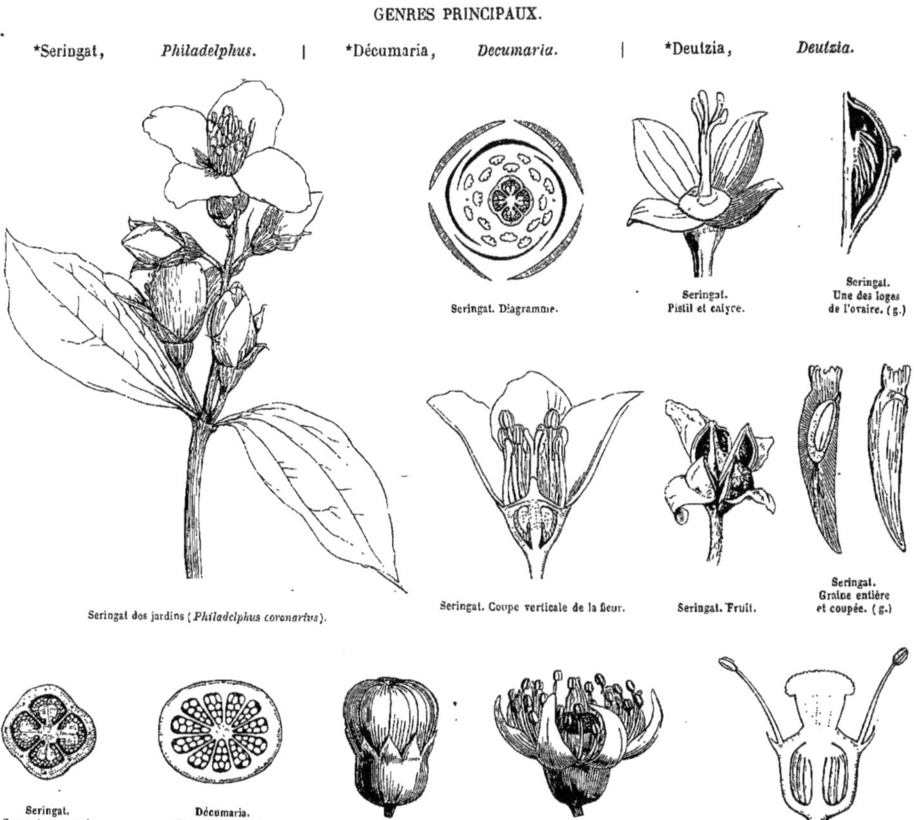

Seringat. Diagramme.

Seringat. Pistil et calyce.

Seringat. Une des loges de l'ovaire. (g.)

Seringat des jardins (*Philadelphus coronarius*).

Seringat. Coupe verticale de la fleur.

Seringat. Fruit.

Seringat. Graine entière et coupée. (g.)

Seringat. Coupe transversale de l'ovaire. (g.)

Décumaria. Coupe transversale de l'ovaire. (g.)

Décumaria. Fleur close. (g.)

Décumaria. Fleur ouverte. (g.)

Décumaria. Coupe verticale du pistil. (g.)

Les *Philadelphées* se rapprochent des *Saxifragées-Hydrangées* par l'épigynie, la préfloraison, la diplostémonie de la corolle, l'ovaire à loges multiovulées, les styles distincts, le fruit capsulaire, l'embryon droit, albuminé, axile, la tige ligneuse et les feuilles opposées. — Elles ont avec les *Onagrariées* quelques rapports, fondés sur l'insertion et la préfloraison des pétales, les ovules nombreux pendants, ou ascendants, et le fruit capsulaire, loculicide, ou septicide; mais les Onagrariées diffèrent par la structure du testa, et surtout par l'absence d'albumen.

Les Philadelphées n'abondent en aucun pays, on les trouve dans le midi de l'Europe, dans l'Inde supérieure et au Japon.

Les fleurs très-odorantes du *Seringat* (*Philadelphus coronarius*), jadis employées comme toniques, sont tombées en désuétude. — Les feuilles rudes du *Deutzia scabra* servent au Japon à polir le bois.

# SAXIFRAGÉES, *SAXIFRAGEÆ.*

(SAXIFRAGÆ, *Jussieu.* — SAXIFRAGEÆ, *Ventenat.* — SAXIFRAGACEÆ, *De Candolle.*)

COROLLE *polypétale, périgyne, ou épigyne, isostémone, ou diplostémone, à préfloraison imbriquée.* ÉTAMINES *insérées avec les pétales.* CARPELLES *généralement* 2, *distincts, ou cohérents en un ovaire à loges plus ou moins complètes.* OVULES *anatropes.* FRUIT *sec.* EMBRYON *dicotylédoné, albuminé, axile.*

TIGE herbacée, ou sous-ligneuse, quelquefois ligneuse, à port variable. — FEUILLES alternes, ou opposées, quelquefois verticillées. *Stipules* nulles dans les espèces herbacées, interpétiolaires dans les ligneuses, tombantes. — FLEURS ☿, régulières, ou rarement irrégulières, diversement disposées. — CALYCE ordinairement pentamère, à sépales distincts, ou cohérents. — PÉTALES 5, rarement moins, insérés sur un disque tapissant le calyce, et alternes avec les sépales, à préfloraison généralement imbriquée, très-rarement nuls (*Chrysosplenium*). — ÉTAMINES insérées avec les pétales, en même nombre qu'eux et alternes, ou en nombre double, très-rarement en nombre indéfini (*Bauera*). *Filets* filiformes, subulés. *Anthères* introrses, biloculaires, ovoïdes, s'ouvrant par déhiscence longitudinale. — CARPELLES ordinairement 2, quelquefois un seul (*Neillia*), rarement 3, ou 5, libres, ou soudés avec la cupule réceptaculaire, en un ovaire à loges plus ou moins complètes. *Ovules* ordinairement nombreux, fixés, soit sur toute la longueur, soit à la base, ou au sommet des placentaires, horizontaux, ou ascendants, ou pendants, anatropes. *Styles* et *stigmates* terminaux, simples, quelquefois cohérents (*Polyosma*). — FRUIT capsulaire, ou rarement nucamentacé, plus rarement charnu (*Polyosma*). *Carpelles* se séparant à la maturité par leur bord interne, tantôt du sommet à la base, tantôt de la base au sommet. — GRAINES généralement nombreuses, très-rarement solitaires, ou en nombre défini, menues, à testa lisse, ou pointillé, quelquefois ailées. — EMBRYON droit, occupant l'axe d'un albumen charnu abondant, et l'égalant presque en longueur. *Cotylédons* courts, demi-cylindriques. *Radicule* voisine du hile, à direction variée.

## SOUS-FAMILLE I. — SAXIFRAGÉES VRAIES, *SAXIFRAGEÆ*, *De Candolle.*

Tige herbacée. Feuilles alternes, ou rarement opposées, non stipulées, ou à pétioles dont la base dilatée ressemble à des stipules. Fleurs toutes fertiles, en grappe, ou en panicule, rarement solitaires. Pétales 5, réguliers, ou dimorphes, quelquefois nuls. Étamines 5, ou 10. Styles 2. Ovaire libre, ou infère.

GENRES PRINCIPAUX.

*Saxifrage, *Saxifraga.* | Dorine, *Chrysosplenium.* | *Hotéia, *Hoteia.* | *Astilbé, *Astilbe.*

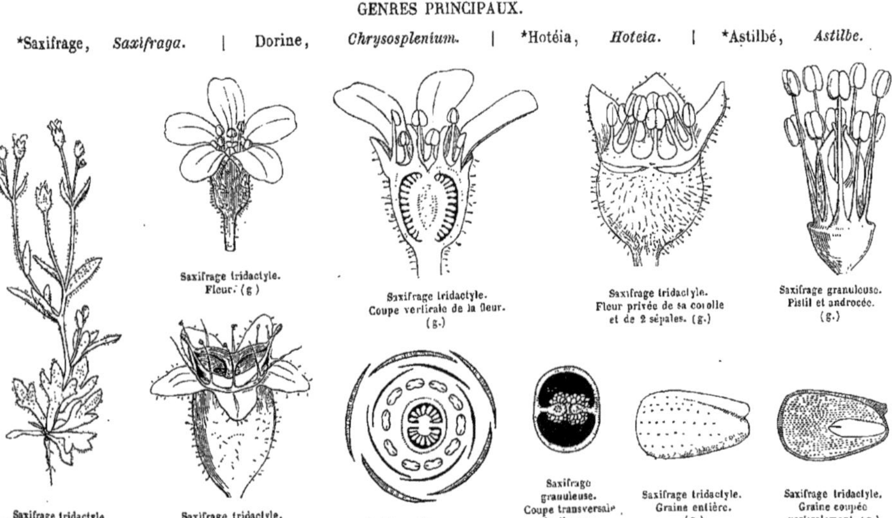

Saxifrage tridactyle. Fleur. (g.) — Saxifrage tridactyle. Coupe verticale de la fleur. (g.) — Saxifrage tridactyle. Fleur privée de sa corolle et de 2 sépales. (g.) — Saxifrage granuleuse. Pistil et androcée. (g.)

Saxifrage tridactyle (*Saxifraga tridactylites*). — Saxifrage tridactyle. Fleur dépouillée de sa corolle. — Saxifrage. Diagramme. — Saxifrage granuleuse. Coupe transversale de l'ovaire. — Saxifrage tridactyle. Graine entière. (g.) — Saxifrage tridactyle. Graine coupée verticalement. (g.)

## Sous-Famille II. — CUNONIÉES, *CUNONIEÆ*, *De Candolle.*

Arbrisseaux, ou arbres des régions australes des deux Continents. Feuilles opposées, simples, ou composées, à stipules interpétiolaires. Calyce à préfloraison imbriquée, ou valvaire. Pétales 4-5, ou 0. Étamines 4-5, ou 8-10, ou 12-14, ou ∞. Styles 2-3. Ovaire libre, ou rarement adhérent, ordinairement bi-carpellé, quelquefois 5 carpelles libres, cohérents par leurs styles (*Spiræanthemum*).

GENRES PRINCIPAUX.

| | | | | | |
|---|---|---|---|---|---|
| *Callicoma, | *Callicoma.* | *Bauéra, | *Bauera.* | Curtisia, | *Curtisia.* |
| *Cunonia, | *Cunonia.* | Weinmannia, | *Weinmannia.* | Cryptéronia, | *Crypteronia.* |

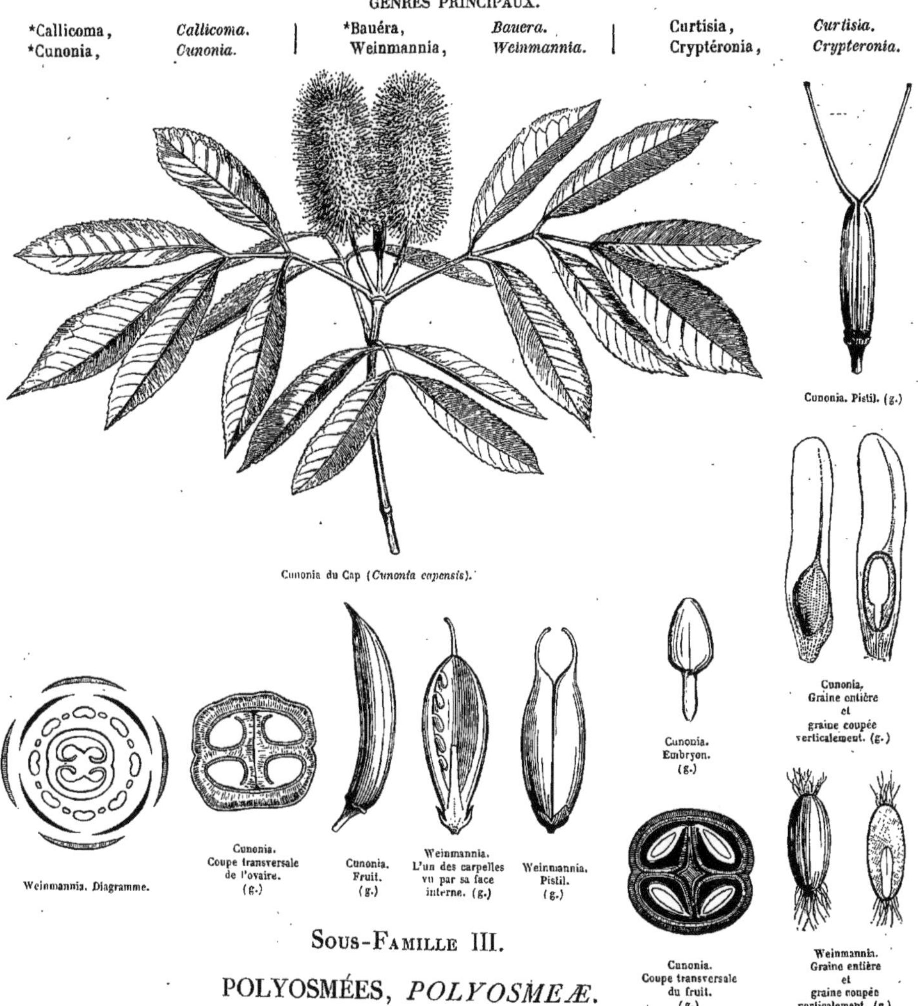

Cunonia du Cap (*Cunonia capensis*).

Cunonia. Pistil. (g.)

Cunonia. Graine entière et graine coupée verticalement. (g.)

Cunonia. Embryon. (g.)

Weinmannia. Diagramme.

Cunonia. Coupe transversale de l'ovaire. (g.)

Cunonia. Fruit. (g.)

Weinmannia. L'un des carpelles vu par sa face interne. (g.)

Weinmannia. Pistil. (g.)

Cunonia. Coupe transversale du fruit. (g.)

Weinmannia. Graine entière et graine coupée verticalement. (g.)

## Sous-Famille III.

## POLYOSMÉES, *POLYOSMEÆ*.

Tige ligneuse. Feuilles opposées, sans stipules. Pétales 4, à préfloraison valvaire. Étamines 4. Ovaire infère, 1-loculaire; placentaires 2, pariétaux. Style allongé. Stigmate simple. Baie à une graine. — Arbrisseaux de l'Asie tropicale et de l'Australie, voisins des *Marlea* (Alangiées).

GENRE UNIQUE.

Polyosma, *Polyosma.*

## Sous-Famille IV. — HYDRANGÉES, *HYDRANGEÆ*, *De Candolle*.

Arbrisseaux de l'hémisphère nord. Feuilles opposées, simples, non stipulées. Fruit capsulaire, très-rarement charnu. Fleurs en corymbe, les extérieures ordinairement amplifiées et stériles. Pétales 5. Étamines 10. Styles 2-5. Ovaire infère, ou semi-infère. Fruit s'ouvrant par le haut.

GENRE PRINCIPAL.

*Hortensia, *Hydrangea*.

*Hydrangea*. Diagramme.

*Hydrangea*. Calyce pétaloïde de la fleur stérile (g.)

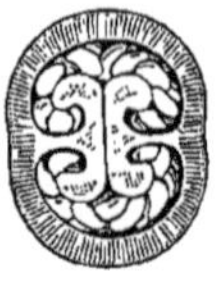

*Hydrangea*. Coupe transversale de l'ovaire. (g.)

*Hydrangea*. Graine coupée verticalement. (g.)

Hortensia arborescent (*Hydrangea arborescens*).

*Hydrangea*. Fleur close. (g.)

## Sous-Famille V. — ESCALLONIÉES, *ESCALLONIEÆ*, *De Candolle*.

Arbrisseaux, ou arbres de l'Amérique équinoxiale. Feuilles alternes, sans stipules. Pétales 5-6. Étamines 5-6. Styles 2. Ovaire libre, ou infère. Fruit s'ouvrant par le bas.

GENRES PRINCIPAUX.

*Escallonia, *Escallonia*. | *Itéa, *Itea*.

*Escallonia*. Diagramme.

*Escallonia*. Fruit. (g.)

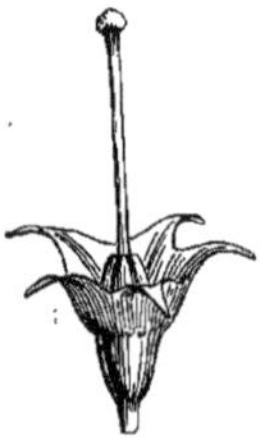

*Escallonia*. Pistil. (g.)

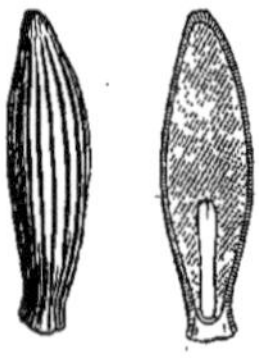

*Escallonia*. Graine entière et graine coupée verticalement. (g.)

*Escallonia rubra*. Coupe transversale de l'ovaire. (g.)

*Escallonia macrantha*. Coupe transversale de l'ovaire. (g.)

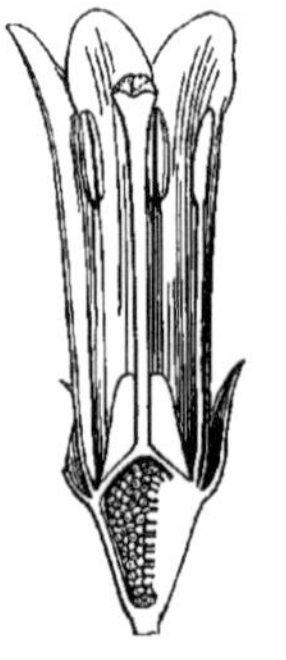

*Escallonia*. Fleur coupée verticalement. (g.)

Escallonia à fleur rouge (*Escallonia rubra*).

Les *Saxifragées*, partagées ici en 5 sous-Familles, dont chacune pourrait former une Famille particulière, sont liées par des affinités plus ou moins étroites à un assez grand nombre de Familles. Les *Saxifragées vraies* tiennent aux *Crassulacées* par la préfloraison, la diplostémonie et l'insertion de la corolle, le fruit capsulaire, la tige herbacée et les fleurs en cyme. Elles se rapprochent des *Lythrariées* par leurs pétales périgynes, imbriqués dans la préfloraison, isostémones, ou diplostémones, et le fruit capsulaire; mais chez les Lythrariées l'embryon est exalbuminé. — Il y a aussi une analogie évidente entre quelques Genres (*Hoteia, Lutkea, Astilbe*) et le *Spiræa Aruncus*, appartenant à la Famille des *Rosacées*. Outre la ressemblance de port, la corolle est polypétale, imbriquée, périgyne, polyandre, ou diplostémone; les carpelles sont distincts (du moins dans le *Lutkea*) et s'ouvrent par leur bord interne; les feuilles sont alternes, et en outre (*Hoteia*) nettement stipulées.

Nous avons indiqué les rapports des *Hydrangées* avec les *Philadelphées* (voir cette Famille). Elles rappellent aussi, par leur port et leur inflorescence, le Genre *Viorne*, appartenant aux *Caprifoliacées*; mais dans les *Hortensia*, ce sont les sépales qui deviennent pétaloïdes, et dans les *Viornes*, c'est la corolle qui est amplifiée. — Pour la comparaison entre les *Escalloniées* et les *Cunoniacées*, d'une part, et les *Hamamélidées*, de l'autre, voyez cette dernière Famille. — Les Saxifragées offrent encore quelques points de ressemblance avec les *Parnassiées* (voir cette Famille). Enfin on doit signaler une parenté réelle entre les *Escalloniées* et les *Grossulariées* : dans les deux Familles, en effet, les pétales sont isostémones, à préfloraison imbriquée; l'ovaire est infère et 1-loculaire, il y a 2 styles, et l'embryon est pourvu d'un albumen; la tige est ligneuse et les feuilles sont alternes. Mais les Grossulariées ont un ovaire à placentation plus nettement pariétale, le fruit est baccien, le testa de la graine est gélatineux, l'embryon minime, et les feuilles palminerviées.

On pourrait placer dans le voisinage des Saxifragées le petit groupe des *Diamorphées*, composé des Genres *Diamorpha* et *Penthorum*, et annexé par les auteurs à la Famille des *Crassulacées*, dont elles repoussent évidemment la parenté par leur ovaire pluriloculaire, et surtout par leur port : elles s'allieraient d'un côté aux Saxifragées, et de l'autre peut-être au *Pongatium* (*Sphenoclea*, de Gærtner), dont Jussieu indiquait l'affinité avec les *Portulacées*.

Les diverses Tribus de cette grande Famille occupent des contrées différentes. Les *Saxifragées vraies* vivent pour la plupart sur les hautes montagnes de l'hémisphère boréal, et leurs Espèces les plus variées habitent l'Amérique; elles sont très-rares sous les tropiques et dans les régions antarctiques. Les *Cunoniées* se rencontrent très-fréquemment au-delà des tropiques dans l'hémisphère austral; elles sont moins communes dans l'Amérique tropicale, et l'on n'en a pas encore vu en-deçà du Cancer. Les *Hydrangées* ne sont pas rares dans l'Inde supérieure, le Japon et l'Amérique septentrionale, elles le deviennent au Pérou et à Java. Les *Escalloniées*, toutes appartenant à l'Amérique, croissent pour la plupart au-delà de l'Équateur.

Les propriétés utiles des Saxifragées sont peu remarquables. On vantait autrefois l'herbe visqueuse-acidule et les bulbilles radicaux de la *Saxifrage granulée*, comme de puissants lithontriptiques. — La *Saxifrage tridactyle* était employée dans les maladies du foie, et la *Dorine* passait pour tonique. — On emploie comme tel, au Pérou et au Chili, les bourgeons résineux et les feuilles aromatiques des *Escalloniées*.

# BREXIACÉES, *BREXIACEÆ*, *Endlicher*.

Brexia épineux (*Brexia spinosa*).

Arbres ou arbrisseaux. — Feuilles alternes, sub-coriaces entières ou dentées-épineuses, non stipulées. — Fleurs en ombelles axillaires et terminales. — Calyce 5-fide, persistant, à préfloraison imbriquée. — Pétales 5, brièvement onguiculés, insérés sur le bord d'un disque annulaire, périgyne, à préfloraison tordue (*Brexia*), ou imbriquée (*Ixerba*). — Étamines insérées avec les pétales, en nombre égal et alternes, accompagnées d'écailles palmées, opposées aux pétales, et soudant ensemble la base des filets. *Filets* subulés. *Anthères* introrses, biloculaires, à déhiscence longitudinale. — Ovaire libre à 5 loges multiovulées. *Ovules* bisériés, horizontaux, anatropes. *Style* court. *Stigmate* 5-lobé. — Drupe à 5 côtes, à épicarpe papilleux, à endocarpe osseux, ou capsule loculicide (*Ixerba*). — Graines horizontales, courtement funiculées, ovoïdes-anguleuses, luisantes, à testa membraneux. — Embryon exalbuminé, droit. *Cotylédons* obtus. *Radicule* cylindrique.

Brexia. Fleur ouverte (g.)

Brexia. Fleur coupée verticalement. (g.)

Brexia. Diagramme.

Ixerba. Fruit déhiscent. (g.)

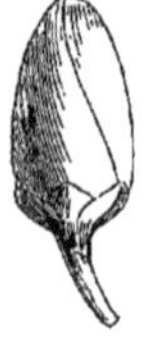

Brexia. Fleur close. (g.)

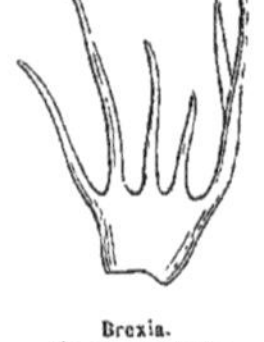

Brexia. Écaille pétaloïde émanée du disque. (g.)

Brexia Ovule. (g.)

Ce petit groupe est composé des Genres *Brexia*, *Ixerba* et *Argophyllum* : les *Brexia* habitent Madagascar, les *Ixerba* l'Australie, et les *Argophyllum* la Nouvelle-Calédonie. — Endlicher place les Brexiacées à la suite des *Saxifragées*, comme voisines de la Tribu des *Escalloniées* : dans celles-ci, en effet, comme dans les *Brexiacées*, la tige est ligneuse, les feuilles alternes, la corolle est polypétale isostémone ; l'ovaire est libre (du moins dans le Genre *Itea*) à loges pluri-ovulées, les ovules sont anatropes, à placentation centrale, et le style est simple ; mais les *Brexia* ont un embryon sans albumen. M. Ad. Brongniart les place avec un point de doute dans la Classe des *Éricoïdées*.

# FRANCOACÉES, *FRANCOACEÆ*, *Endlicher*.

Francoa. Moitié de la fleur. (g.)

Francoa. Diagramme.

Francoa. Pistil. (g.)

Francoa. Coupe transversale de l'ovaire. (g.)

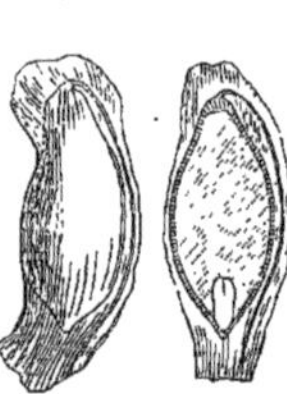

Francoa. Graine entière et graine coupée verticalement. (g.)

Francoa. Ovule. (g.)

Herbes vivaces. — Feuilles sub-radicales, lyrées-pennifides, ou palminerviées, sinuées-dentées. — Fleurs disposées en grappe terminale, munies chacune d'une bractée. — Calyce 4-partit. — Pétales 4, ou rarement 5, insérés à la base du calyce, onguiculés. — Étamines insérées avec les pétales, 8, ou 10 fertiles, alternant avec autant de stériles. *Filets* distincts, subulés. *Anthères* introrses, biloculaires, à déhiscence longitudinale. — Ovaire libre, tétragone-oblong, 4-lobé au sommet, 4-loculaire. *Ovules* nombreux, bisériés à l'angle central des loges, horizontaux, anatropes. *Stigmate* sessile, à 4 lobes alternant avec les loges. — Capsule à déhiscence loculicide. — Graines nombreuses, tuberculées et striées. — Embryon droit, cylindrique, occupant l'axe d'un albumen charnu.

Francoa appendiculé. (*Fr. appendiculata.*)

Les *Francoacées* sont des herbes du Chili, que les Botanistes ont placées dans le voisinage des *Crassulacées* et des *Saxifragées*. Elles se rapprochent de ces dernières par la corolle polypétale, périgyne, diplostémone, l'ovaire à loges multi-ovulées, à ovules anatropes, le fruit capsulaire, l'embryon droit, albuminé, la tige herbacée, les feuilles alternes et les fleurs en grappe : elles ne s'en éloignent guère que par la préfloraison tordue de la corolle, les étamines stériles, le stigmate sessile, 4-lobé, et la déhiscence de la capsule. —

Elles avoisinent les *Crassulacées* par les pétales périgynes, diplostémones, les ovules horizontaux, anatropes, le fruit capsulaire, la tige herbacée et les feuilles alternes. — Elles ont aussi quelques rapports avec les *Lythrariées*, relativement à la corolle, aux étamines, à l'ovaire; mais l'embryon des Lythrariées est exalbuminé, et les feuilles sont opposées.

# CÉPHALOTÉES, *CEPHALOTEÆ*, Endlicher.

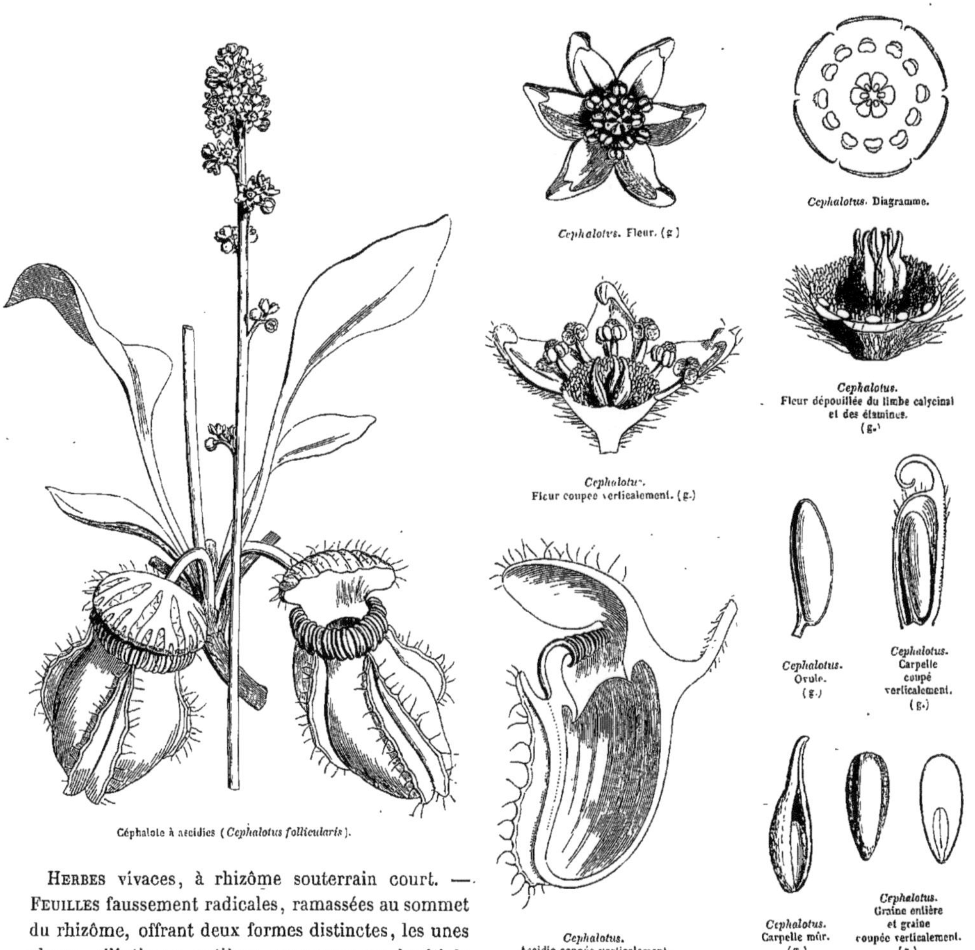

Céphalote à ascidies (*Cephalotus follicularis*).

*Cephalotus*. Fleur. (g.)

*Cephalotus*. Diagramme.

*Cephalotus*. Fleur dépouillée du limbe calycinal et des étamines. (g.)

*Cephalotus*. Fleur coupée verticalement. (g.)

*Cephalotus*. Ovule. (g.)

*Cephalotus*. Carpelle coupé verticalement. (g.)

*Cephalotus*. Ascidie coupée verticalement.

*Cephalotus*. Carpelle mûr. (g.)

*Cephalotus*. Graine entière et graine coupée verticalement. (g.)

Herbes vivaces, à rhizôme souterrain court. — Feuilles faussement radicales, ramassées au sommet du rhizôme, offrant deux formes distinctes, les unes planes, elliptiques, entières, sans nervures, à pétiole sub-cylindrique, dilaté à sa base; les autres (*ascidies*) mêlées aux précédentes, composées d'un pétiole qui se dilate au sommet en deux lèvres, dont l'inférieure grande, creusée en godet, s'ouvre par un orifice circulaire, la supérieure plus petite, plane, sert comme de couvercle au godet. — Pédoncule scapiforme, simple, muni de bractées peu nombreuses, espacées, alternes; terminé par un épi composé d'épis partiels 4-5-flores, munis à leur base de bractées linéaires. — Fleurs en corymbe, petites, blanches, dépourvues de bractées. — Calyce coloré, 6-fide; lanières ovales-lancéolées, à préfloraison valvaire, munies intérieurement d'une petite dent à leur sommet, tapissées à leur base épaissie de poils capités. — Corolle nulle. — Étamines 12, insérées à la limite du tube calycinal, plus courtes que le limbe, dont 6 alternes avec les sépales, plus longues et plus précoces que les autres. *Filets* subulés. *Anthères* arrondies, didymes, à loges apposées, s'ouvrant longitudinalement. *Connectif* sub-globuleux, fongueux-celluleux. — OVAIRES 6, rapprochés, sessiles et verticillés sur un réceptacle plane autour d'un faisceau central de poils, alternes avec les sépales, sub-comprimés, 1-loculaires et 1-ovulés. *Ovules* dressés, sub-basilaires, anatropes, à raphé dorsal. *Styles* terminaux, cylindriques. *Stigmates* simples. — AKÈNES membraneux, entourés par le calyce accrescent et les étamines, se détachant circulairement près de leur base persistante composée d'une membrane simple, de laquelle se sépare la partie supérieure composée d'une membrane double, couverte extérieurement de poils épais, terminée par le style et s'ouvrant longitudinalement. — GRAINE à *testa* membraneux, lâche, à raphé latéral mince et à chalaze apicale. — EMBRYON droit, très-court, occupant la base d'un albumen charnu-huileux. *Cotylédons* planes-convexes. *Radicule* cylindrique, infère.

GENRE UNIQUE.

*Céphalote, *Cephalotus*.

Ce Genre, composé d'une seule Espèce *(C. follicularis)*, appartient au sud-ouest de l'Australie. Il se rapproche à la fois des *Saxifragees* et des *Crassulacées:* comme chez ces dernières, les étamines sont périgynes et en nombre double des pétales (si l'on suppose en dedans du calyce l'existence d'une corolle isomère); les carpelles sont distincts, et l'embryon est albuminé. Il diffère par la préfloraison de son calyce, par la nature et l'abondance de son albumen, par son ovule solitaire et dressé, par la déhiscence de son fruit, par ses feuilles dimorphes et radicales. — Ses rapports avec les *Saxifragées* sont à peu près semblables, et de plus, quelques Genres de Saxifragées sont apétales comme lui (*Chrysosplenium*). — La Billardière, qui a découvert la Plante dans les marais de l'Australie, l'avait placée annexée à Famille des *Rosacées*, et l'affinité est incontestable : ainsi dans le *Cephalotus*, comme dans les *Dryas*, les *Geum*, etc., les étamines sont périgynes, les carpelles sont libres, 1-ovulés, l'ovule est dressé, et devient un akène; mais les Rosacées n'ont pas d'albumen, les feuilles sont stipulées, la fleur est polyandre, les carpelles sont nombreux et, à part les *Spirées*, indéhiscents. — Enfin on a comparé le *Cephalotus* aux *Renonculacées :* dans les *Renoncules*, en effet, les carpelles sont libres, l'ovule est unique et dressé, l'albumen abondant, l'embryon petit et basilaire; mais le calyce polysépale, l'insertion hypogyne, la polyandrie, le grand nombre et l'indéhiscence des carpelles, la nature cornée de l'albumen, réduisent de beaucoup les analogies qui semblent exister entre les *Renoncules* et le *Cephalotus*.

# CRASSULACÉES, *CRASSULACEÆ*.

(SEMPERVIVÆ, *Jussieu*. — SUCCULENTÆ, *Ventenat*. — CRASSULÆ, *Jussieu*. CRASSULACEÆ, *De Candolle*.)

COROLLE *généralement polypétale, périgyne, diplostémone, ou rarement isostémone, à préfloraison imbriquée.* ÉTAMINES *insérées avec les pétales au fond du calyce.* OVAIRES *en même nombre que les pétales, généralement distincts, munis d'une écaille à leur base externe, et pluri-ovulés. Ovules anatropes. Fruit folliculaire.* EMBRYON *dicotylédoné, exalbuminé.* — PLANTES *grasses.*

HERBES ou SOUS-ARBRISSEAUX, à tige et rameaux cylindriques, plus ou moins charnus. — FEUILLES ordinairement éparses, charnues, quelquefois cylindriques, ou subulées, simples, entières, ou très-rarement pennilobées (*Bryophyllum*, *Kalanchoë*), non stipulées. — FLEURS ☿, ou incomplètes par avortement, régulières, disposées en cymes uni-latérales, ou en corymbe terminal, souvent dichotome, rarement en épi, quelquefois axillaires et solitaires. — CALYCE ordinairement 5-fide, ou 5-partit, rarement 3-20-partit, à préfloraison imbriquée, persistant. — COROLLE insérée au fond du calyce, à pétales distincts, ou soudés en tube, en même nombre que les divisions du calyce et alternes avec elles, à préfloraison imbriquée, ou valvaire. — ÉTAMINES insérées sur le calyce avec les pétales, ou adnées à la corolle monopétale, tantôt en même nombre que les pétales et alternes avec eux, tantôt en nombre double. *Filets* distincts, subulés. *Anthères* introrses, basifixes, à 2 loges opposées, à déhiscence longitudinale. — ÉCAILLES hypogynes, autant que de carpelles, placées à leur base externe. — CARPELLES opposés aux pétales, et en même nombre qu'eux, verticillés, 1-loculaires, pluri-ovulés, distincts. *Ovules* 2-sériés le long de la suture ventrale, horizontaux, ou pendants, anatropes. *Styles* continus avec le dos des ovaires. *Stigmate* sub-terminal, situé au côté interne. — FOLLICULES libres, à déhiscence ventrale. — GRAINES très-menues, à testa membraneux. — EMBRYON droit, dépourvu d'albumen, ainsi que l'avait constaté M. Ad. Brongniart. *Cotylédons* très-courts. *Radicule* voisine du hile.

GENRES PRINCIPAUX.

| | | | | | |
|---|---|---|---|---|---|
| Tillée, | *Tillæa.* | *Kalanchoë, | *Kalanchoe.* | *Echévéria, | *Echeveria.* |
| *Crassule, | *Crassula.* | *Cotylet, | *Cotyledon.* | *Sédum, | *Sedum.* |
| *Rochéa, | *Rochea.* | Ombilic, | *Umbilicus.* | *Joubarbe, | *Sempervivum.* |
| *Bryophylle, | *Bryophyllum.* | | | | |

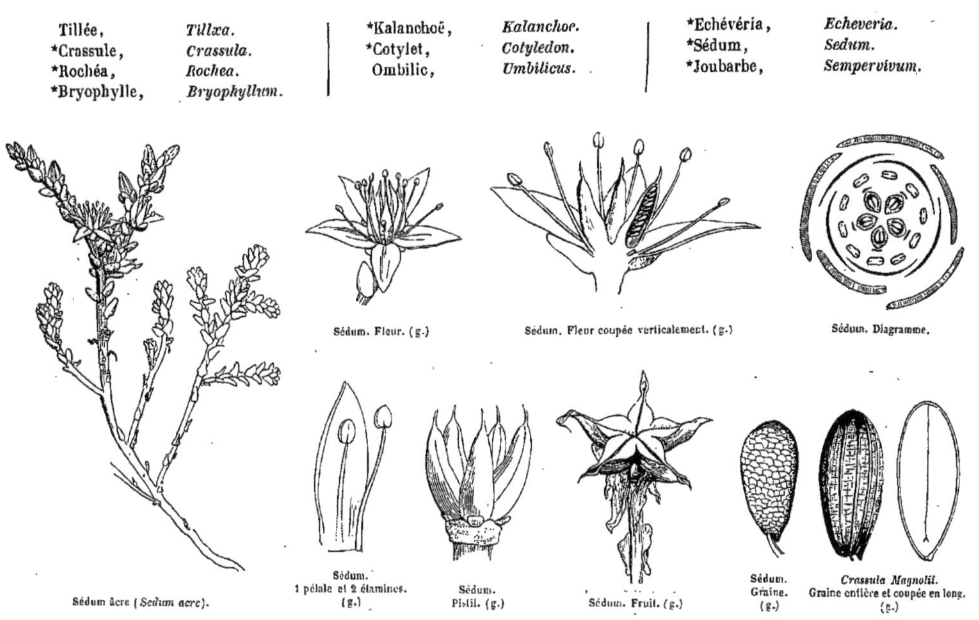

Sédum âcre (*Sedum acre*). Sédum. Fleur. (g.) Sédum. Fleur coupée verticalement. (g.) Sédum. Diagramme. Sédum. 1 pétale et 2 étamines. (g.) Sédum. Pistil. (g.) Sédum. Fruit. (g.) Sédum. Graine. (g.) *Crassula Magnolii.* Graine entière et coupée en long. (g.)

C'est à la Famille des Crassulacées qu'appartient le *Bryophyllum calycinum*, sous-arbrisseau des régions tropicales de l'ancien Continent, cité dans notre leçon préliminaire (page 6).

Les *Crassulacées* se lient aux *Saxifragées*, ainsi qu'aux *Francoacées* et aux *Céphalotées*. (Voir ces Familles.)

Les Crassulacées habitent les régions tempérées chaudes de l'ancien Continent, et se conservent fraîches dans les terrains les plus arides, ce qui tient au petit nombre de leurs stomates et conséquemment à leur peu de transpiration. Elles abondent surtout au-delà du Capricorne; la moitié des Espèces connues vit dans l'Afrique australe, la sixième partie en Europe et dans la région méditerranéenne, un autre sixième dans l'Asie centrale et aux Canaries, un autre dans l'Amérique sub-tropicale, l'Asie méridionale et l'Australie.

Le suc aqueux des Crassulacées contient, outre une abondante quantité d'albumine, des principes astringents, et de l'acide malique, libre ou combiné avec de la chaux. Les Espèces utiles sont les suivantes :

*Joubarbe des toits* (*Sempervivum tectorum*). Suc employé à l'intérieur comme rafraîchissant, à l'extérieur, uni à un corps gras, contre les brûlures et les hémorrhoïdes. On emploie aussi les feuilles pour enlever les cors des orteils. Cette propriété est partagée par les *Crassula cotyledon* et *arborescens.*

*Sédum blanc* (*Sedum album*). Vulg[t] *Petite Joubarbe*, *Trique-madame.* Suc astringent, rafraîchissant.

*Sédum reprise* (*Sedum telephium*). Vulg[t] *Orpin.* Espèce cultivée autrefois comme Plante potagère. Suc employé pour détacher les cors des orteils et pour cicatriser les plaies.

*Sédum âcre* (*Sedum acre*). Vulg[t] *Vermiculaire brûlante.* Plante purgative et émétique à l'intérieur, rubéfiante à l'extérieur, et recommandée contre les ulcères de mauvaise nature.

*Sédum réfléchi* (*Sedum reflexum*). Plante rafraîchissante, diurétique, vulnéraire.

*Crassule rouge* (*Crassula rubens*). Feuilles employées comme vulnéraires.

*Ombilic à fleurs pendantes* (*Umbilicus pendulinus*). Vulg[t] *Nombril de Vénus.* Plante émolliente, employée à l'extérieur contre l'induration des mamelles.

# MÉSEMBRIANTHÉMÉES, *MESEMBRIANTHEMEÆ.*

FICOIDEARUM *genera, Jussieu.* — MESEMBRIANTHEMEÆ, *Fenzl.*)

CALYCE *supère.* PÉTALES *et* ÉTAMINES *indéfinis, épigynes.* OVAIRE *pluriloculaire à placentaires linéaires, pariétaux, occupant le fond de la loge.* CAPSULE *déprimée, multivalve.* GRAINES *nombreuses.* EMBRYON *dicotylédoné, courbé; albumen farineux.*

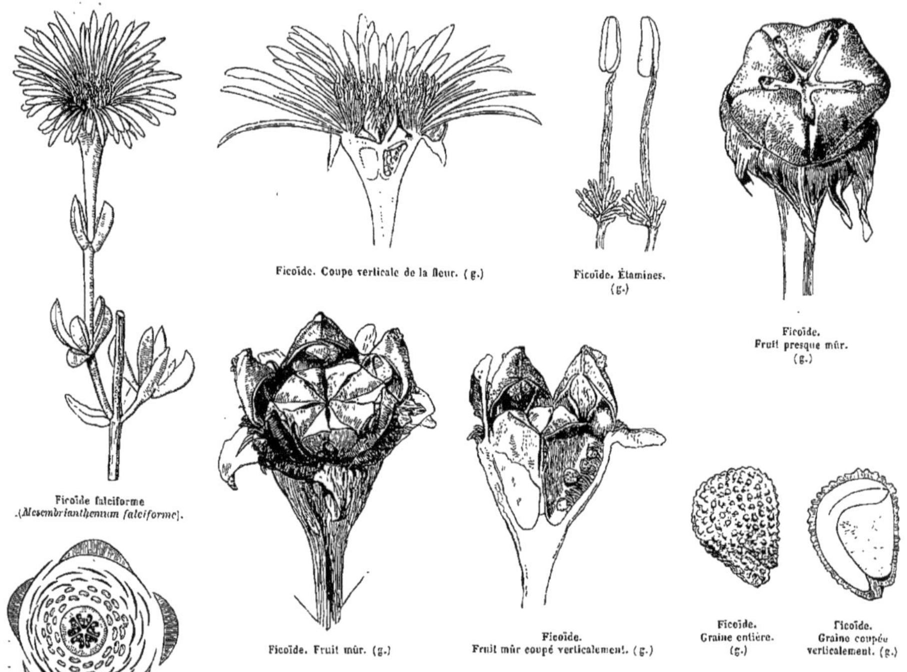

Ficoïde falciforme (*Mesembrianthemum falciforme*).

Ficoïde. Coupe verticale de la fleur. (g.)

Ficoïde. Étamines. (g.)

Ficoïde. Fruit presque mûr. (g.)

Ficoïde. Diagramme.

Ficoïde. Fruit mûr. (g.)

Ficoïde. Fruit mûr coupé verticalement. (g.)

Ficoïde. Graine entière. (g.)

Ficoïde. Graine coupée verticalement. (g.)

TIGE sous-ligneuse ou rarement herbacée, charnue. — FEUILLES opposées, ou alternes, charnues, planes, ou cylindriques, ou trigones, non stipulées. — FLEURS ☿, régulières, axillaires, ou terminales, à inflorescence variée, s'épanouissant généralement vers midi, quelquefois le soir, de couleur dorée, ou safranée, ou pourprée, ou violette, ou rose, ou blanche. — CALYCE supère, 5-partit, rarement 2-8-partit, à lanières herbacées, ou foliiformes, ou semi-scarieuses, ordinairement inégales, imbriquées. — PÉTALES nombreux, insérés sur le calyce, généralement multisériés, linéaires, marcescents, ou déliquescents, à préfloraison imbriquée. — ÉTAMINES indéfinies, multisériées. *Filets* subulés, ou sétacés, inégaux, libres, ou soudés par leurs bases. *Anthères* introrses, biloculaires, ovoïdes, versatiles, à déhiscence longitudinale. — CARPELLES 4-20, cohérents en un ovaire infère, 4-20-loculaire, à suture ventrale libre, supère. *Placentaires* linéaires, pariétaux, occupant le fond de chaque loge. *Ovules* nombreux, pluri-sériés, fixés par un hile ventral à de longs funicules. *Stigmates* 4-20, en forme de crêtes, couronnant l'axe floral. — CAPSULE d'abord charnue, puis ligneuse et sèche, à sommet tronqué, s'ouvrant le long des crêtes stigmatiques, par le soulèvement centrifuge de l'épicarpe épais et coriace qui s'est séparé de l'endocarpe, lequel persiste sous forme de feuillets géminés, chartacés, triangulaires. — GRAINES nombreuses, à testa crustacé, lisse ou granuleux. *Albumen* farineux. — EMBRYON périphérique, dorsal, courbe, ou crochu, volumineux. *Cotylédons* ovoïdes, ou oblongs. *Radicule* cylindrique.

GENRE UNIQUE.

*Ficoïde, *Mesembrianthemum.*

Les *Ficoïdes* se rapprochent des *Cactées* par la polypétalie, l'épigynie, la préfloraison de la corolle, la polyandrie, la placentation pariétale et la courbure des ovules; elles s'en éloignent par leur ovaire pluri-loculaire, leurs stigmates sessiles, leur albumen farineux et leurs feuilles normales. — Elles ont aussi de l'affinité avec les *Portulaca* et surtout avec les *Tetragonia* par l'ovaire plus ou moins infère, les étamines polyandres, l'ovule courbe, l'embryon périphérique, et l'albumen farineux; mais, chez les *Portulaca*, la placentation est centrale libre, et chez les *Tetragonia*, qui ont un ovaire pluri-loculaire, les ovules sont insérés au sommet de l'angle central des loges.

Les *Ficoïdes* ont pour patrie l'Afrique australe. Un petit nombre d'Espèces se rencontrent cependant disséminées dans la région méditerranéenne, l'Amérique et l'Australie.

Les fruits de quelques Espèces (*Mesembrianthemum edule*) contiennent du sucre, et sont comestibles. — Les feuilles du *M. geniculiflorum* sont employées comme légume par les peuplades qui bordent le grand désert d'Afrique, et la graine broyée leur fournit de la farine. — La *Ficoïde glaciale* (*M. crystallinum*), naturalisée dans la région méditerranéenne, est cultivée dans beaucoup de jardins, à cause du singulier aspect que présente sa surface, couverte de vésicules brillantes, contenant un principe gommeux insoluble dans l'eau, et ressemblant sous le soleil à une couche de gelée blanche. — Les habitants des Canaries emploient le suc de plusieurs *Ficoïdes* comme diurétique, et brûlent leurs feuilles pour en extraire de la soude. — Le suc du *M. acinaciforme* est employé avec succès au Cap contre les dysenteries. Celui du *M. tortuosum* est considéré comme narcotique, ou sédatif.

# CACTÉES, *CACTEÆ.*

## (CACTI, *Jussieu.* — CACTOIDEÆ, *Ventenat.* — NOPALEÆ, *De Candolle.*)

PÉTALES *nombreux, plurisériés, épigynes, libres ou cohérents inférieurement.* ÉTAMINES *nombreuses, multisériées, insérées à la base de la corolle.* OVAIRE *infère, 1-loculaire, à placentaires pariétaux multi-ovulés.* BAIE *pulpeuse.* GRAINES *nombreuses.* EMBRYON *dicotylédoné, droit ou courbe, à albumen nul, ou presque nul.* — ARBRISSEAUX *charnus.* FEUILLES *généralement avortées, ou rudimentaires, rarement normales.*

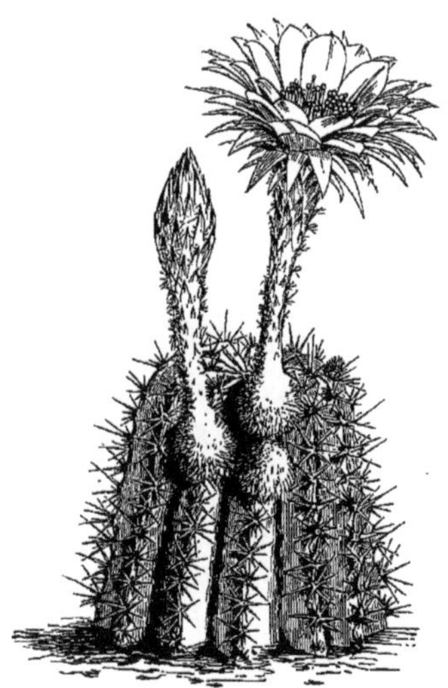

Echinocactus Decaisne [*Echinocactus Decaisneanus*].

ARBRISSEAUX à suc aqueux, ou laiteux. — RACINE ligneuse, simple ou rameuse, à écorce lisse. — TIGE rameuse, ou simple par suite de la non-évolution des bourgeons, chargée de tubercules mamelonnés, qui représentent les bourgeons avortés, cylindrique ou anguleuse, ou cannelée, ou plane, ou ailée, allongée, ou globuleuse, charnue, à écorce épaisse, ordinairement verte, à tissu cellulaire lâche, à fibres ligneuses rares, grêles, ou rarement nombreuses et dures, à étui médullaire plein. — FEUILLES généralement nulles, indiquées par un coussinet situé sous le bourgeon, quelquefois rudimentaires, tombantes, rarement parfaites, planes, pétiolées (*Pereskia*). — BOURGEONS naissant à l'aisselle de la feuille latente, ou rudimentaire, ou normale, uniques, ou géminés et superposés, l'inférieur arrêté dans son développement, muni d'épines, ou nu, ou cotonneux; le supérieur contigu, se développant en fleur, ou en rameau. *Stipules* nulles. *Épines* naissant des bourgeons avortés, fasciculées, en nombre défini, ou indéfini, rarement tout à fait nulles.

FLEURS complètes, solitaires, naissant au sommet ou à l'aisselle d'un rameau avorté, dépourvues de bractées. — PÉRIANTHE multiple, à calyce à peine distinct de la corolle. — CALYCE généralement pétaloïde, ou rarement foliacé, supère. — COROLLE épigyne, à pétales délicats, bi-pluri-sériés, les intérieurs plus grands, tantôt distincts, rotacés (*Opuntia, Rhipsalis*), tantôt dressés et cohérents par leurs bases en tube allongé (*Mamillaria, Melocactus, Echinocactus, Cereus, Epiphyllum*). — ÉTAMINES nombreuses, multi-sériées, insérées à la base de la corolle, les intérieures généralement plus petites. *Filets* filiformes. *Anthères* introrses, 2-loculaires, à déhiscence longitudinale. — OVAIRE infère, 1-loculaire, à placentaires pariétaux, 3 ou plus, bi-lamellés. *Ovules* nombreux, horizontaux, anatropes. *Style* simple, allongé, cylindrique, ou pyramidal, creux, ou plein. *Stigmates* en même nombre que les placentaires, linéaires ou lobiformes, étalés, ou fasciculés. — BAIE tantôt lisse, tantôt munie d'épines, ou de soies (à l'aisselle desquelles naissent souvent des rameaux), ombiliquée au sommet, 1-loculaire, à placentaires pariétaux, pulpeux. — GRAINES nombreuses nichées dans la pulpe, globuleuses ou ampullacées, à testa presque osseux, noir, luisant, fovéolé, à hile grand, circulaire, pâle. *Albumen* nul, ou presque nul. — EMBRYON tantôt droit, claviforme, ou sub-globuleux; tantôt courbe, demi-circulaire. *Cotylédons* libres, ou soudés. *Radicule* regardant le hile.

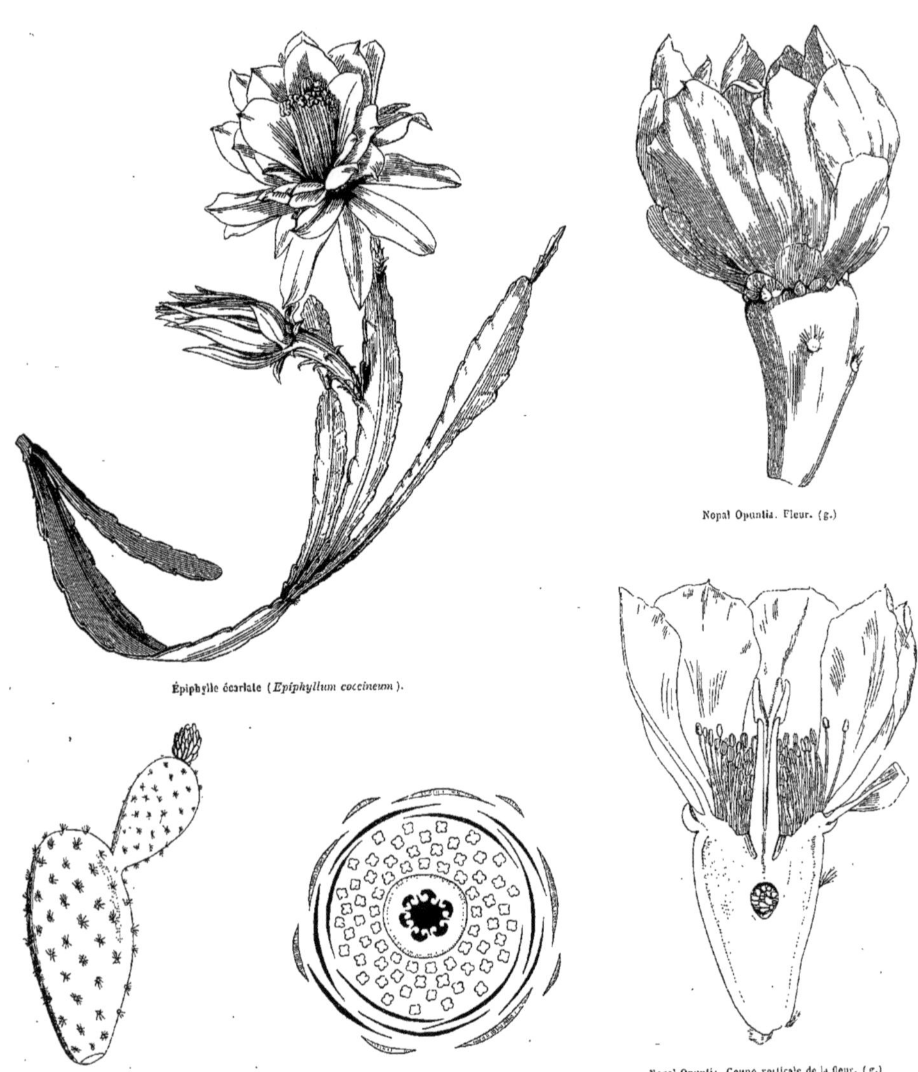

Épiphylle écarlate (*Epiphyllum coccineum*).

Nopal Opuntia. Fleur. (g.)

Nopal Opuntia. Rameau aplati.

Nopal Opuntia. Diagramme.

Nopal Opuntia. Coupe verticale de la fleur. (g.)

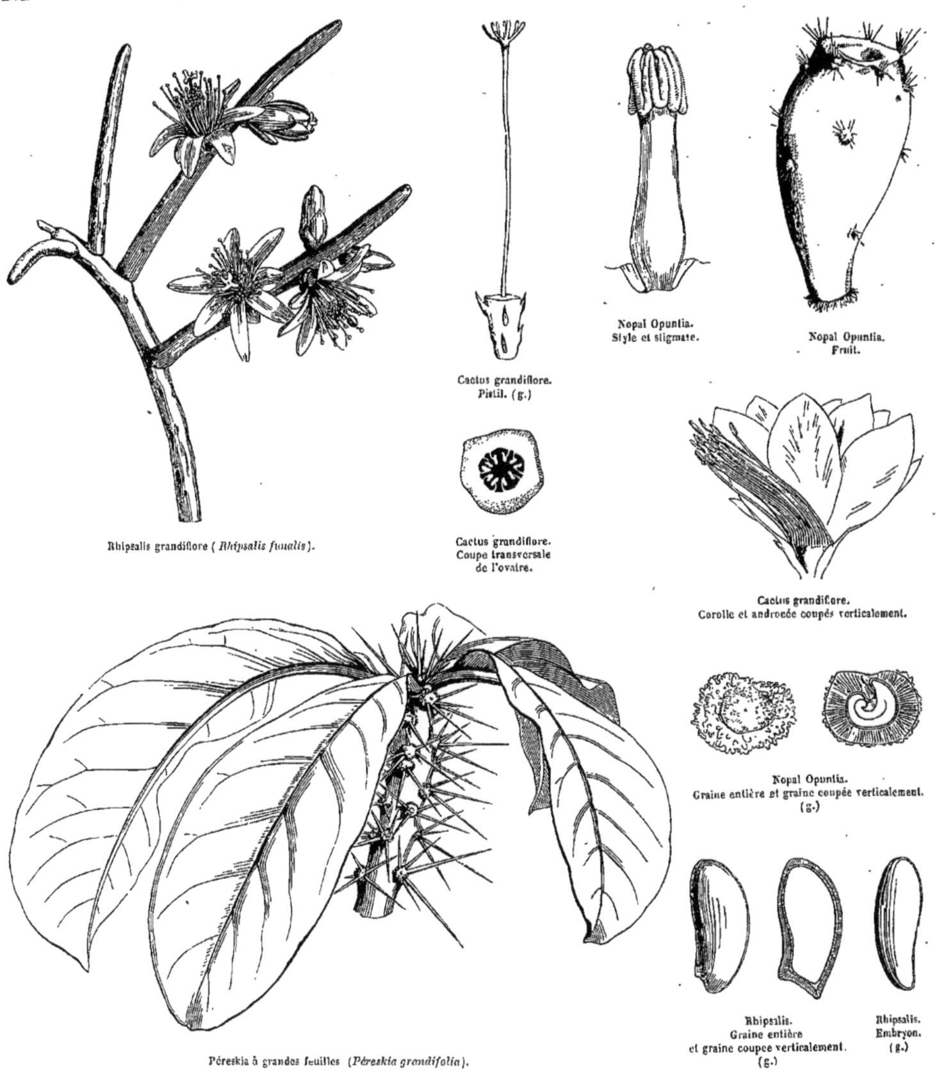

Rhipsalis grandiflore (*Rhipsalis funalis*).

Cactus grandiflore. Pistil. (g.)

Nopal Opuntia. Style et stigmate.

Nopal Opuntia. Fruit.

Cactus grandiflore. Coupe transversale de l'ovaire.

Cactus grandiflore. Corolle et androcée coupés verticalement.

Nopal Opuntia. Graine entière et graine coupée verticalement. (g.)

Péreskia à grandes feuilles (*Pereskia grandifolia*).

Rhipsalis. Graine entière et graine coupée verticalement. (g.)

Rhipsalis. Embryon. (g.)

GENRES PRINCIPAUX.

| | | | | | |
|---|---|---|---|---|---|
| *Mamillaire, | *Mamillaria.* | *Cierge, | *Cereus.* | *Phyllocactus, | *Phyllocactus.* |
| *Mélocactus, | *Melocactus.* | *Epiphylle, | *Epiphyllum.* | *Rhipsalis, | *Rhipsalis.* |
| *Echinocactus, | *Echinocactus.* | *Nopal, | *Opuntia.* | *Péreskia, | *Pereskia.* |

Nous avons indiqué les affinités qui rapprochent les *Cactées* des *Mésembrianthémées* (voir cette Famille). A. L. de Jussieu plaçait dans la même Famille les Genres *Cactus* et *Ribes* : on doit reconnaître en effet une affinité réelle entre ces deux Genres, fondée sur la polypétalie, la préfloraison, l'épigynie de la corolle, l'ovaire uniloculaire, à placentation pariétale, le fruit bacciforme, acidule, et le coussinet épineux, à l'aisselle duquel naissent les feuilles et les fleurs; mais le port des *Cactus*, la consistance charnue de leur tige, le nombre indéfini de leurs pétales et de leurs étamines, leur albumen presque nul, rendent la diagnose facile.

Les Cactées sont toutes américaines; on a cependant signalé récemment un *Rhipsalis* sur la côte occidentale d'Afrique. On les rencontre surtout entre les tropiques, et souvent en dehors de la zone tropicale, jusqu'au 49e degré de latitude nord, et au 30e de latitude australe;

elles abondent au Texas, au Mexique et dans la Californie. C'est dans la Sonora, aux environs de Gila, qu'on rencontre des Cierges gigantesques (*Cereus giganteus*) figurant des candélabres de 50 à 60 pieds de hauteur. — L'*Opuntia vulgaris* est aujourd'hui naturalisé dans toute la région méditerranéenne, où ses fruits servent d'aliment sous le nom de *figues d'Inde;* leur saveur rappelle celle des *potirons*, et leur pulpe contient un principe gélatineux, analogue à la gomme adragante.

Les baies de plusieurs Cactées possèdent une saveur douce-aigrelette, qui les fait rechercher comme rafraîchissantes, antibilieuses et antiscorbutiques. Le suc laiteux de quelques Espèces est administré en Amérique contre les vers intestinaux. — La décoction des fleurs du *Melocactus communis* y est réputée contre la syphilis. — Le fruit de l'*Opuntia vulgaris* est diurétique et colore fortement l'urine en rouge; ses articles sont appliqués comme topique pour hâter la maturation des tumeurs. C'est sur cette Espèce et ses congénères, connues sous les noms vulgaires de *Raquette* et de *Nopal*, et cultivées au Mexique et aux Canaries, que vit la *Cochenille*, insecte hémiptère, très-employé dans les arts pour la fabrication du *carmin*, de la *laque carminée* et d'une teinture nommée *rouge de cochenille.*

# RIBÉSIACÉES, *RIBESIACEÆ.*

(CACTORUM *Genus*, *Jussieu.* — GROSSULARIEÆ, *De Candolle.* — GROSSULACEÆ, *Lindley.*)

Corolle *polypétale, épigyne, isostémone, à préfloraison imbriquée.* Étamines 5, *insérées avec les pétales et alternes.* Ovaire *infère, uni-loculaire, à placentaires pariétaux.* Ovules *horizontaux, anatropes.* Fruit *baccien.* Embryon *dicotylédoné, albuminé.* — Tige *ligneuse.* Feuilles *éparses, ou fasciculées.*

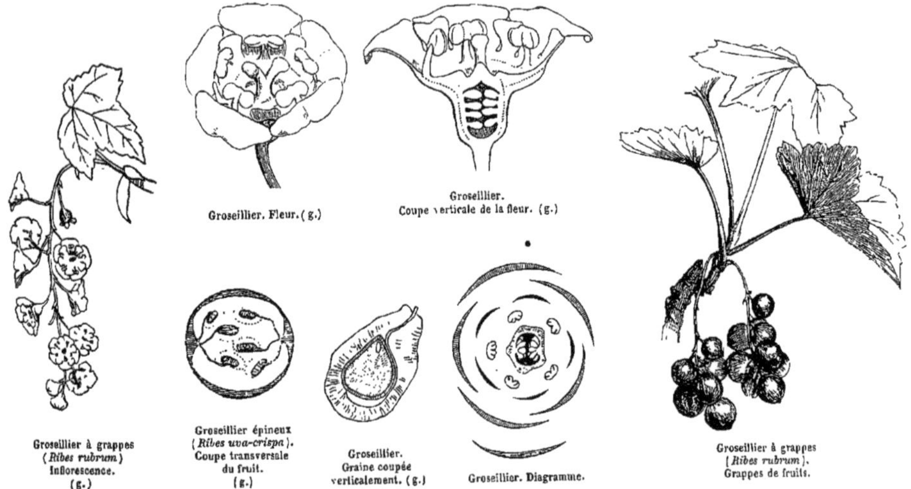

Groseillier à grappes (*Ribes rubrum*) Inflorescence. (g.)

Groseillier. Fleur. (g.)

Groseillier. Coupe verticale de la fleur. (g.)

Groseillier épineux (*Ribes uva-crispa*). Coupe transversale du fruit. (g.)

Groseillier. Graine coupée verticalement. (g.)

Groseillier. Diagramme.

Groseillier à grappes (*Ribes rubrum*). Grappes de fruits.

Arbrisseaux inermes, ou armés d'épines infra-axillaires, ou éparses. *Rameaux* cylindracés, ou anguleux. — Feuilles éparses, ou fasciculées, simples, pétiolées, palminerviées, souvent parsemées de gouttelettes résineuses, plissées, ou roulées en cornet dans le bourgeon. *Pétiole* canaliculé, dilaté à sa base. — Fleurs ⚥, ou souvent incomplètes par avortement, régulières, ordinairement disposées en grappe, tantôt naissant avec les feuilles d'un même bourgeon, et terminant un ramuscule très-court garni d'une rosette de feuilles; tantôt naissant d'un bourgeon aphylle. *Pédicelles* 2-bractéolés, articulés au-dessous du sommet. — Calyce coloré, marcescent, supère, cylindracé, ou campanulé, ou en godet, 5-4 fide. — Pétales insérés sur la gorge du calyce, en même nombre que ses divisions et alternes avec elles, à préfloraison imbriquée, marcescents. — Étamines insérées avec les pétales, en même nombre qu'eux, et alternes. *Filets* filiformes. *Anthères* introrses, biloculaires, ovoïdes, ou oblongues, échancrées au sommet, ou terminées par une pointe, quelquefois par une glande à déhiscence longitudinale. — Ovaire infère, uni-loculaire, couronné par un disque mince. *Placentaires* nerviformes pariétaux, ou bordant des demi-cloisons, généralement 2, rarement 3 ou 4. *Ovules* ordinairement nombreux, plurisériés, horizontaux, courtement funiculés, anatropes. *Styles* autant que de placentaires, tantôt distincts, tantôt plus ou moins cohérents. *Stigmates* courts, distincts, obtus. — Baie couronnée par le calyce et les pétales desséchés, 1-loculaire, pulpeuse. — Graines anguleuses, à *testa* gélatineux, à *endoplèvre* crustacée, adhérente à l'albumen. — Embryon très-petit, droit, à la base d'un albumen corné.

GENRE PRINCIPAL.

*Groseillier, *Ribes.*

Les *Ribésiacées* se rapprochent par plusieurs analogies des Cactées (voir cette Famille). — Elles sont voisines des *Saxifragées*, Tribu des *Escalloniées*, par leur tige ligneuse, leurs feuilles alternes, leurs fleurs en grappe, leur corolle polypétale, isostémone, épigyne, leur ovaire infère, généralement bi-carpellé, et leur embryon albuminé; elles s'en éloignent par leur port, leur fruit charnu, leurs graines pulpeuses, et leur embryon minime.

Les Ribésiacées croissent dans les régions tempérées et froides de l'hémisphère nord; elles habitent surtout l'Amérique septentrionale; elles sont rares dans l'Amérique du Sud; on n'en a pas encore rencontré en Afrique.

**Espèces utiles.** *Groseillier à grappes* (*Ribes rubrum*). Baies rouges ou blanches, contenant un mucilage sucré, joint à des acides citrique et malique, très-usitées comme mets de dessert, et pour la préparation d'un sirop et d'une gelée.

*Groseillier à maquereau* (*Ribes uva-crispa*). Fruits à saveur sucrée, aigrelette et un peu aromatique; suc fermentescible, avec lequel on prépare en Angleterre une liqueur spiritueuse.

*Groseillier noir* (*Ribes nigrum*). Baies contenant un principe résineux aromatique, jadis employées en médecine, aujourd'hui servant de base à la liqueur populaire nommée *cassis*.

# PASSIFLORÉES, *PASSIFLOREÆ*, *Jussieu.*

Périanthe *libre, pétaloïde.* Étamines *tantôt insérées à la base, ou sur la gorge du périanthe, tantôt hypogynes, soudées avec le gynophore.* Ovaire *ordinairement stipité, à placentaires pariétaux* 3-5. Baie, *ou* Capsule. Embryon *dicotylédoné, albuminé.* — Feuilles *alternes.*

Tige herbacée ou ligneuse, généralement grimpante, très-rarement arborescente (*Ryania, Smeathmannia*). — Feuilles alternes, tantôt simples, entières, ou lobées, ou palmées; tantôt composées imparipennées. *Stipules* géminées à la base des pétioles, rarement nulles. *Vrilles* axillaires, provenant de pédicelles stériles. — Fleurs ☿, ou incomplètes par avortement, régulières. *Pédoncules* ordinairement uniflores, articulés sous la fleur et munis, à l'articulation, d'un involucelle 3-phylle ou 3-partit. — Périanthe pétaloïde, monophylle, à tube urcéolé, ou tubuleux, quelquefois très-court, à limbe 4-5-partit, ou 8-10-partit et bisérié; les lanières extérieures quelquefois herbacées, équivalant à un calyce, les intérieures plus colorées, équivalant à une corolle; *gorge* généralement couronnée par une ou plusieurs séries de filaments subulés. *Gynophore* cylindrique, plus ou moins allongé, exhaussant le pistil et les étamines. — Étamines généralement en même nombre que les lanières du périanthe, et opposées à ces lanières, ou très-rarement alternes, quelquefois en nombre double, insérées, tantôt au fond du périanthe, tantôt à la base, ou au sommet du gynophore. *Filets* subulés, ou filiformes, libres, ou monadelphes et engaînant le gynophore. *Anthères* introrses, biloculaires, ordinairement versatiles, à déhiscence longitudinale. — Ovaire plus ou moins longuement stipité, très-rarement sessile, uniloculaire. *Ovules* nombreux, anatropes, 1-2-sériés, fixés à 3-5 placentaires pariétaux linéaires, par des funicules plus ou moins longs, élargis en cupule à leur extrémité hilaire. *Styles* en même nombre que les placentaires, cohérents à leur base, distincts à leur sommet, étalés. *Stigmates* claviformes, ou peltés, quelquefois sub-bilobés. — Fruit 1-loculaire, tantôt baccien, indéhiscent; tantôt capsulaire à 3-5 valves médio-placentifères. — Graines nombreuses, à *funicule* dilaté en arille pulpeux, cupuliforme ou sacciforme, à *testa* crustacé, fovéolé, facilement séparable de l'*endoplèvre* membraneuse, qui porte un *raphé* longitudinal. — Embryon droit, occupant l'axe d'un albumen charnu pointillé. *Cotylédons* foliacés, planes. *Radicule* cylindrique, voisine du hile, centrifuge.

GENRES PRINCIPAUX.

*Passiflore, *Passiflora.* | *Murucuja, *Murucuja.* | *Tacsonia, *Tacsonia.* | *Modecca, *Modecca.*

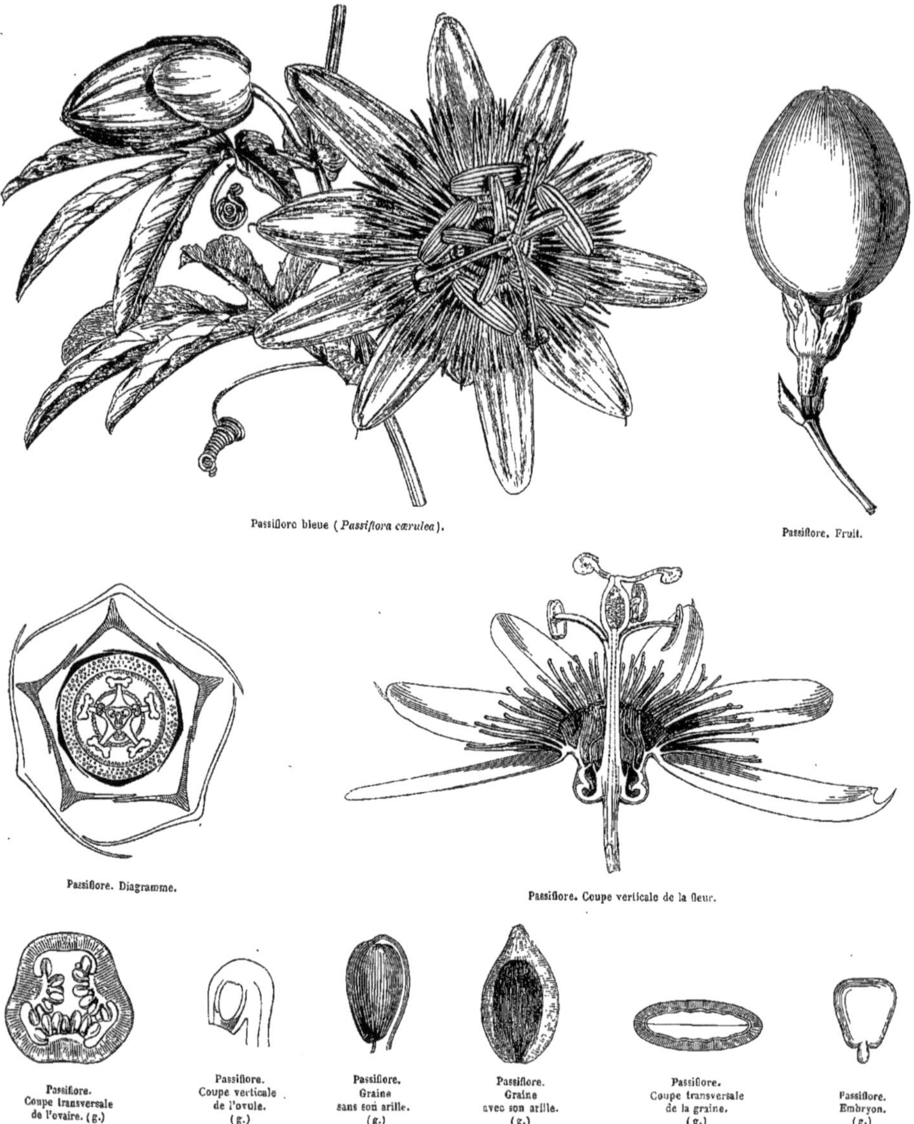

Passiflore bleue (*Passiflora cœrulea*). Passiflore. Fruit.

Passiflore. Diagramme. Passiflore. Coupe verticale de la fleur.

Passiflore. Coupe transversale de l'ovaire. (g.) Passiflore. Coupe verticale de l'ovule. (g.) Passiflore. Graine sans son arille. (g.) Passiflore. Graine avec son arille. (g.) Passiflore. Coupe transversale de la graine. (g.) Passiflore. Embryon. (g.)

A.-L. de Jussieu plaçait les *Passiflorées* dans la Famille des *Cucurbitacées*, dont elles se rapprochent, en effet, par leur tige grimpante, munie de vrilles, leurs feuilles alternes, palminerviées, leur fleur dipérianthée, leur ovaire uniloculaire, à placentation pariétale; en outre quelques Genres sont diclines (*Modecca*); mais dans les Cucurbitacées l'ovaire est infère, les anthères sont extrorses, ordinairement réduites à 3, et syngénèses; l'embryon est exalbuminé, les feuilles sont sans stipules, et les vrilles sont des feuilles provenant d'un rameau soudé à la tige, lequel avorte près du point où il s'en dégage, et se fond dans le pétiole de la feuille émanée de lui. — Quelques *Loasées* ont, comme les Passiflorées, une tige grimpante, des feuilles palminerviées, un ovaire 1-loculaire, à placentation pariétale, des ovules nombreux, pendants, anatropes, un fruit capsulaire, ou baccien, un embryon droit, axile, albuminé; mais elles manquent de stipules et de vrilles, et les placentaires occupent, non pas le milieu des valves du fruit, mais leurs intervalles. — Les Passiflorées ont avec les *Homalinées* une affinité fondée sur leur périanthe bi-sérié, leur ovaire 1-loculaire, à placentation pariétale, les styles en même nombre que les placentaires, le fruit baccien, ou capsulaire, la graine albuminée, et les feuilles alternes, stipulées; mais les Homalinées ont l'ovaire généralement infère, et les étamines insérées au haut du calyce. — Les *Papayacées* se rapprochent aussi des Passiflorées par leurs feuilles palminerviées, leur ovaire libre, ordinairement uni-loculaire, à placentation pariétale, leur fruit charnu et leurs graines arillées; mais elles s'en éloignent par la diclinie, l'insertion des étamines, le stigmate rayonnant, subsessile, etc.

Les Passiflorées habitent pour la plupart les régions tropicales du nouveau Continent; elles sont beaucoup plus rares en Asie, en Australie, et dans l'Afrique tropicale, où se rencontrent les *Smeathmannia,* qui sont des arbustes dépourvus de vrilles.

L'arille pulpeux des *Passiflorées* et des *Tacsonia* sert en Amérique à préparer des boissons rafraîchissantes. — Les fleurs et les fruits du *Passiflora rubra* sont préconisés aux Antilles pour leur vertu narcotique. — Le *Passiflora quadrangularis* est recherché comme ses congénères pour la pulpe rafraîchissante de ses graines, mais sa racine est très-vénéneuse; administrée à petite dose elle est vermifuge, ainsi que plusieurs autres Espèces de la même Famille.

# MORINGÉES, *MORINGEÆ*, *Endlicher.*

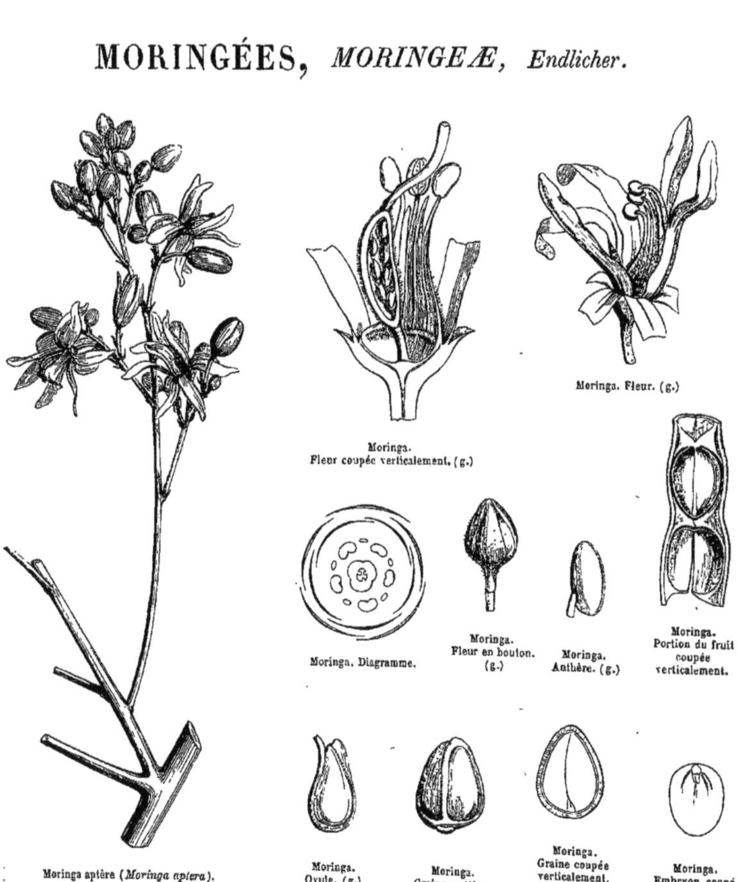

Moringa aptère (*Moringa aptera*).

Moringa. Fleur coupée verticalement. (g.)

Moringa. Fleur. (g.)

Moringa. Diagramme.

Moringa. Fleur en bouton. (g.)

Moringa. Anthère. (g.)

Moringa. Portion du fruit coupée verticalement.

Moringa. Ovule. (g.)

Moringa. Graine entière.

Moringa. Graine coupée verticalement. (g.)

Moringa. Embryon coupé verticalement.

Moringa. Fruit.

Arbres indigènes de l'Asie tropicale, introduits en Afrique et en Amérique. — Feuilles bi-pennées, ou tri-pennées, avec foliole impaire; *folioles* très-caduques. *Stipules* tombantes. — Fleurs ☿, irrégulières, en grappes paniculées. — Calyce 5-partit, à lanières oblongues, sub-égales, à préfloraison imbriquée. — Pétales 5, insérés sur le calyce, oblongs-linéaires, les 2 postérieurs un peu plus longs, ascendants, à préfloraison imbriquée. — Étamines 8-10, insérées sur un disque cupuliforme tapissant la base du calyce. *Filets* aplatis à leur base, connivents en tube fendu antérieurement, libres à leur naissance, soudés au-dessus de leur milieu, distincts au sommet, inégaux, les postérieurs plus longs, tantôt tous fertiles, tantôt ceux opposés aux lanières du calyce plus courts et stériles. *Anthères* introrses, 1-loculaires, ovoïdes-oblongues, dorsifixes, à déhiscence longitudinale. — OVAIRE pédicellé, 1-loculaire, à 3 placentaires pariétaux, nerviformes. *Ovules* nombreux, pendants, anatropes. *Style* terminal, simple, épaissi au sommet. — CAPSULE siliquiforme, à 3 ou plusieurs angles, toruleuse, à 3 valves médio-séminifères. — GRAINES 1-sériées, séparées par des cloisons fongueuses, transversales, ovoïdes-trigones, à angles aptères, ou ailés. *Chalaze* apicale, subéreuse. — EMBRYON droit, exalbuminé. *Cotylédons* planes-convexes, charnus. *Radicule* très-courte, supère.

Le Genre *Moringa* avait été placé par quelques Botanistes parmi les *Papilionacées* à cause d'une legère ressemblance observée dans la fleur; mais cette affinité n'est qu'apparente. — M. Hooker compare le *Moringa* aux *Violariées*, qui s'en rapprochent par leur fleur irrégulière, dont le pétale impair est antérieur, par leur insertion périgyne, leur style tubuleux au sommet, leur ovaire 1-loculaire, à 3 placentaires pariétaux, nerviformes, et leurs ovules anatropes; mais les *Moringa* s'en éloignent considérablement par leur port, leurs anthères 1-loculaires, et leurs graines exalbuminées. — C'est dans la Famille des *Capparidées* qu'on peut trouver, pour les *Moringa*, les preuves d'une légitime parenté : corolle polypétale à préfloraison imbriquée, insertion périgyne, étamines plus nombreuses que les pétales, ovaire stipité, uniloculaire, à placentation pariétale, capsule siliquiforme, embryon exalbuminé, feuilles alternes, à stipules caduques; il faut ajouter à ces caractères la saveur âcre de la racine, des feuilles et de l'écorce, qui s'observe dans les deux Familles; cette âcreté rappelle l'odeur et le goût du Raifort, et rapproche les *Moringa* des Crucifères, lesquelles sont étroitement liées aux Capparidées (voir ces Familles).

Les *Moringa* sont des arbres de l'Asie tropicale et de l'Arabie. — L'Espèce la plus connue est le *Moringa aptera*, dont la graine, nommée *noix de Ben*, donne une huile fixe, très-estimée en Orient parce qu'elle ne rancit pas.

# TURNÉRACÉES, *TURNERACEÆ*.

## (LOASEARUM *sectio*, *Kunth*. — TURNERACEÆ, *De Candolle*.)

COROLLE *polypétale, périgyne, isostémone, à préfloraison tordue.* ÉTAMINES 5, *sub-hypogynes.* OVAIRE *libre, uniloculaire, à* 3 *placentaires pariétaux.* CAPSULE *à* 3 *valves médio-séminifères.* GRAINES *strophiolées.* EMBRYON *dicotylédoné, albuminé.*

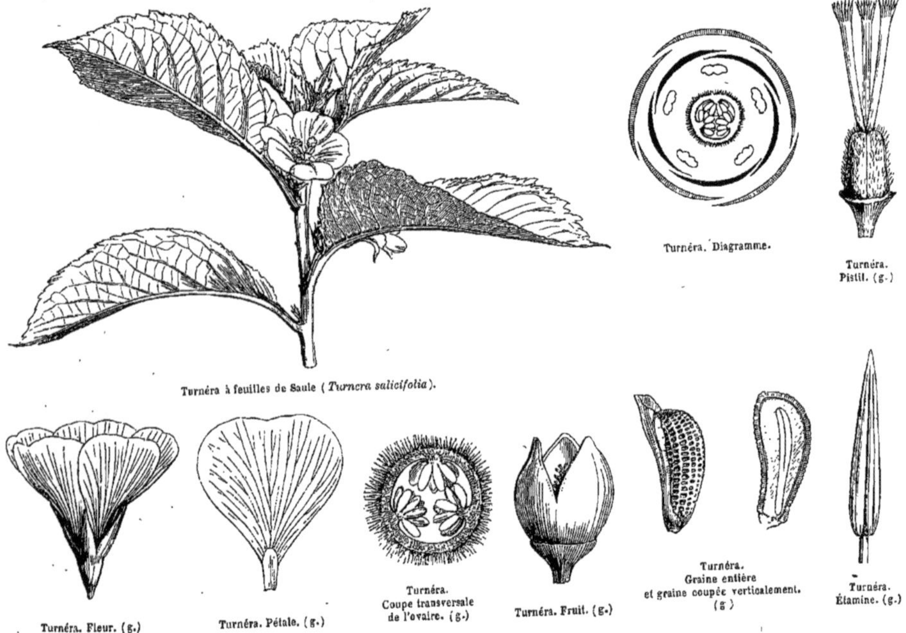

Turnéra. Diagramme.

Turnéra. Pistil. (g.)

Turnéra à feuilles de Saule (*Turnera salicifolia*).

Turnéra. Fleur. (g.)

Turnéra. Pétale. (g.)

Turnéra. Coupe transversale de l'ovaire. (g.)

Turnéra. Fruit. (g.)

Turnéra. Graine entière et graine coupée verticalement. (g.)

Turnéra. Étamine. (g.)

Herbes, ou sous-arbrisseaux, ou arbrisseaux de l'Amérique tropicale, à poils simples, rarement étoilés. — Feuilles alternes, simples, pétiolées, entières, ou dentées, rarement pennifides, non stipulées, mais souvent munies à leur base de 2 glandes latérales — Fleurs ☿, régulières, axillaires, sessiles, ou pédonculées; *pédoncule* libre, ou soudé avec le pétiole, simple, bi-bractéolé, ou articulé au-dessous du milieu, et dépourvu de bractéoles, très-rarement rameux et multiflore. — Calyce coloré, tombant, 5-fide, à préfloraison imbriquée. — Pétales 5, insérés près de la base, ou à la gorge du calyce, alternes avec ses lobes, brièvement unguiculés, égaux, à préfloraison tordue, tombants. — Étamines 5, insérées au fond du tube calycinal et opposées à ses lobes. *Filets* libres, planes-subulés. *Anthères* introrses, biloculaires, dressées, à déhiscence longitudinale. — Ovaire libre, uniloculaire, à 3 placentaires nerviformes, alternant avec les sutures des carpelles. *Ovules* nombreux, ascendants, anatropes. *Styles* 3, terminaux, opposés aux placentaires. *Stigmates* 3 ou 6, découpés en éventail. — Capsule à 3 valves médio-placentifères. — Graines nombreuses, bi-sériées, ascendantes, cylindriques-courbes, à *testa* crustacé, à *hile* basilaire, à *raphé* filiforme, à *chalaze* saillante. *Strophiole* membraneuse, appliquée à la base de la graine du côté du raphé. — Embryon droit, occupant l'axe d'un albumen charnu. *Cotylédons* sub-elliptiques, planes-convexes. *Radicule* atteignant le hile, infère.

GENRE PRINCIPAL.

*Turnéra, *Turnera.*

La petite Famille des *Turnéracées* est voisine des *Loasées* (voir cette Famille). — Elle a de nombreux rapports avec les *Malesherbiacées;* mais celles-ci diffèrent par leurs étamines, hypogynes comme dans les *Passiflores,* leurs styles dorsaux alternant avec les placentaires, leurs stigmates indivis et leurs graines non strophiolées, pendantes.

Malesherbia. Androcée et pistil.

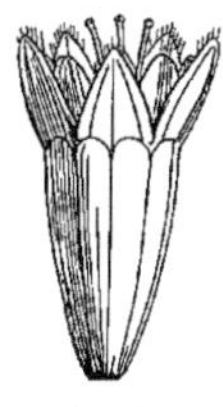

Malesherbia. Fleur. (g.)

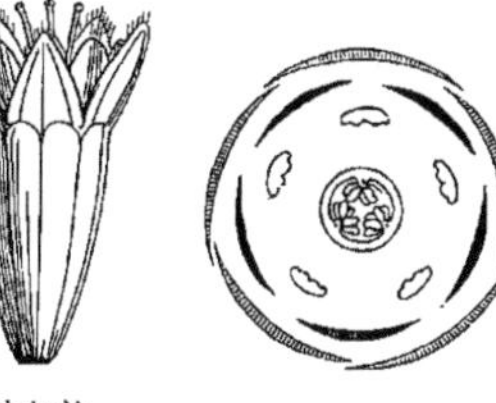

Malesherbia. Diagramme.

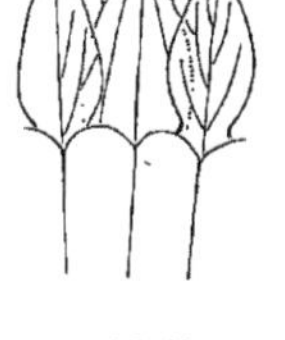

Malesherbia. Un sépale et deux pétales. (g.)

Malesherbia. Ovule. (g.)

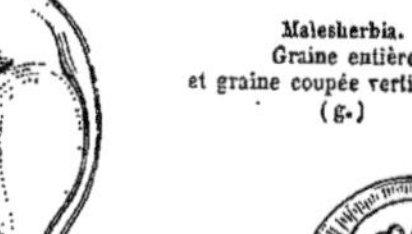

Malesherbia. Graine entière et graine coupée verticalement. (g.)

Malesherbia. Coupe transversale de l'ovaire. (g.)

Les Turnéracées doivent à des principes astringents et muqueux, ainsi qu'à une légère quantité d'huile volatile, des propriétés toniques dont on fait peu d'usage.

# LOASÉES, *LOASEÆ.*

(LOASEÆ, *Jussieu.* — LOASEÆ VERÆ, *Kunth.* — LOASACEÆ, *Lindley.*)

Corolle *polypétale, épigyne, anisostémone, à préfloraison valvaire, ou imbriquée.* Étamines *plus nombreuses que les pétales, rarement toutes fertiles, les extérieures généralement fertiles et réunies en phalanges; les intérieures stériles.* Ovaire *infère, 1-loculaire, à placentation pariétale.* Ovules *pendants, anatropes.* Fruit *capsulaire.* Embryon *dicotylédoné, albuminé.* Radicule *supère.*

Herbes dressées, ou grimpantes, souvent dichotomes, ordinairement couvertes de soies roides, souvent crochues, brûlantes. — Feuilles opposées, ou alternes, simples, généralement palmilobées, non stipulées. — Fleurs ☿, régulières, solitaires, ou agrégées, à pédoncules 2-bractéolés, axillaires, ou terminaux, ou opposés aux feuilles par suite de l'allongement du rameau axillaire. — Calyce supère, 4-5-partit, à lobes ordi-

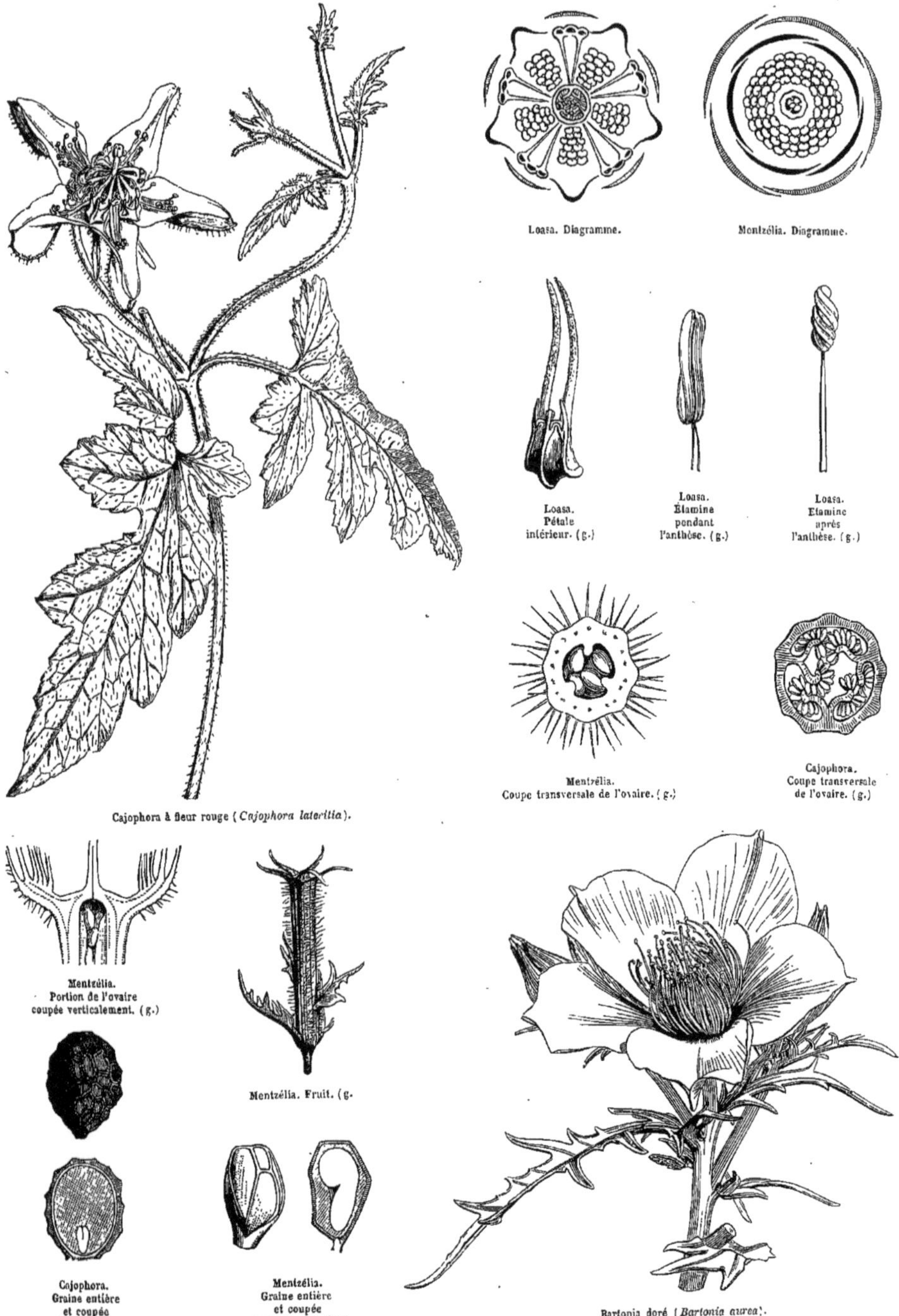

Loasa. Diagramme.

Mentzélia. Diagramme.

Loasa. Pétale intérieur. (g.)

Loasa. Étamine pendant l'anthèse. (g.)

Loasa. Étamine après l'anthèse. (g.)

Mentzélia. Coupe transversale de l'ovaire. (g.)

Cajophora. Coupe transversale de l'ovaire. (g.)

Cajophora à fleur rouge (*Cajophora lateritia*).

Mentzélia. Portion de l'ovaire coupée verticalement. (g.)

Mentzélia. Fruit. (g.

Cajophora. Graine entière et coupée verticalement. (g.)

Mentzélia. Graine entière et coupée verticalement. (g.)

Bartonia doré (*Bartonia aurea*).

nairement 3-nerviés, à préfloraison imbriquée, ou valvaire. — PÉTALES tombants, insérés sur le calyce, rarement en même nombre que les lobes, et alternes, souvent en nombre double, dont 4-5 extérieurs alternes avec ces mêmes lobes, à préfloraison indupliquée-valvaire, ou imbriquée, et autant d'intérieurs opposés aux lobes du calyce, plus petits que les extérieurs, quelquefois anthérifères, généralement squamiformes, à dos nu, ou aristé au-dessous du sommet. — ÉTAMINES insérées avec les pétales, tantôt en nombre double, tantôt indéfinies, rarement toutes fertiles, les extérieures ordinairement fertiles, en nombre variable, groupées en phalanges situées devant les pétales plus grands, les intérieures stériles, diversement transformées, opposées 2 par 2, ou 3 par 3, ou 4 par 4, aux pétales plus petits. *Filets* filiformes, ou subulés, libres, ou réunis en phalanges. *Anthères* introrses, biloculaires, dorsifixes, à déhiscence longitudinale. — OVAIRE infère, 1-loculaire, à 3-5-4 placentaires pariétaux. *Ovules* ordinairement nombreux, pendants, anatropes. *Style* simple, filiforme, ou trigone. *Stigmate* indivis, ou 3-4-fide. — CAPSULE tordue, ou cylindrique, tuniquée par la cupule réceptaculaire (souvent foliifère), qui quelquefois n'y adhère que par ses nervures, et couronnée par le calyce, rarement charnue et indéhiscente, ordinairement s'ouvrant à son sommet, ou dans toute sa longueur par 3-5 valves alternant avec les placentaires, qui y adhèrent, ou finalement s'en séparent et figurent des valves alternes plus étroites que les vraies valves, et médio-séminifères. — GRAINES ordinairement nombreuses, pendantes à de courts funicules. *Testa* lâche, réticulé. *Endoplèvre* membraneuse. — EMBRYON droit, occupant l'axe d'un albumen charnu, et l'égalant presque en longueur. *Cotylédons* planes, petits. *Radicule* cylindracée, plus longue que les cotylédons, supère.

GENRES PRINCIPAUX.

*Mentzélia, *Mentzelia.* | *Bartonia, *Bartonia.* | *Loasa, *Loasa.* | *Cajophora, *Cajophora.*

Les *Loasées* se rapprochent des *Passiflorées* (voir cette Famille). — Comme les *Cucurbitacées*, elles sont généralement grimpantes, à feuilles palmilobées; leur ovaire est infère 1-loculaire, à placentation pariétale; les ovules sont nombreux, anatropes; mais les Cucurbitacées ont des étamines définies, des anthères extrorses, le plus ordinairement syngénèses, des fleurs diclines, des vrilles; leur embryon est exalbuminé, et la préfloraison de leur corolle est imbriquée. — La même affinité rapproche les Loasées des *Gronoviées*, qui s'en éloignent par leur androcée pentandre, l'anneau charnu couronnant leur ovaire, leur fruit sec, qui est une nucule, et leur graine sans albumen. — Les Loasées ont aussi quelques rapports avec les *Turnéracées :* préfloraison tordue, ovaire 1-loculaire, à placentation pariétale, ovules nombreux, anatropes; fruit capsulaire, embryon droit, albuminé, axile; mais chez les Turnéracées l'ovaire est libre, les étamines sont définies, les valves de la capsule sont médio-placentifères, et la tige n'est pas grimpante.

Les Loasées sont toutes américaines, à l'exception du Genre *Fissenia*, qui est africain. La plupart croissent sur le versant de la Cordillère qui regarde l'océan Pacifique, au-delà de l'équateur, excepté dans les régions froides. — Leurs Espèces sont peu usitées, une seule, *Mentzelia hispida*, est violemment purgative, et les Mexicains l'emploient contre les affections syphilitiques.

# ONAGRARIÉES, *ONAGRARIÆ.*

(EPILOBIACEÆ, *Ventenat.* — ONAGRACEÆ, *Lindley.* — ONAGREÆ, *Spach.* ŒNOTHEREÆ, *Endlicher.*)

COROLLE *polypétale, épigyne, à préfloraison tordue.* ÉTAMINES *insérées avec les pétales, en même nombre qu'eux, ou en nombre double, rarement en nombre moindre.* OVAIRE *infère, à plusieurs loges, multi-ovulées, rarement pauci-ovulées.* EMBRYON *dicotylédoné, exalbuminé.*

HERBES terrestres, ou aquatiques, ou ARBRISSEAUX. — FEUILLES opposées, ou alternes, simples, penninerviées, entières, ou dentelées, non stipulées. — FLEURS ☿, ordinairement régulières, souvent fugaces, tantôt axillaires et solitaires, tantôt disposées en grappes ou en épis. — CALYCE herbacé ou coloré; *limbe* 4-partit, rarement 3-2-partit, persistant, ou tombant, à préfloraison valvaire. — PÉTALES (très-rarement nuls) naissant au sommet de la gorge du calyce, sur un disque épigyne, laminiforme ou annulaire-glanduleux, en même nombre que les pièces du calyce et alternes, plus ou moins distinctement onguiculés, quelquefois échancrés ou bifides, à préfloraison tordue. — ÉTAMINES insérées avec les pétales, tantôt en même nombre qu'eux et alternes, tantôt en nombre double, 1-2-sériés, rarement en nombre moindre. *Filets* filiformes, ou subulés, libres. *Anthères* 2-loculaires, introrses, à déhiscence longitudinale. *Pollen* à granules trigones, souvent cohérents par des fils. — OVAIRE infère, souvent couronné par le bord glanduleux du disque, ordinairement 4-loculaire, rarement 2-loculaire. *Ovules* nombreux dans les loges, insérés à l'angle central, rarement peu nombreux, ascendants, ou pendants, anatropes. *Style* filiforme. *Stigmates* autant que de loges, linéaires, papilleux sur leur face interne, rarement cohérents. — FRUIT généralement capsulaire, quelquefois baccien (*Fuchsia*), rarement nucamentacé (*Gaura*.) Capsule à 4 ou 2 loges, quelquefois 1-loculaire par oblitération des cloisons, à déhiscence loculicide (*Œnothera*), ou septicide (*Jussieua, Isnardia*), à valves médio-septifères, ou à columelle séminifère libre. — GRAINES nombreuses, rarement en petit nombre, ou solitaires, ascendantes, ou pendantes. *Testa* crustacé, ou membraneux, quelquefois dilaté en aile (*Montinia*), quelquefois frangé (*Godetia, Clarkia*), ou chevelu à la chalaze (*Epilobium*). — EMBRYON exalbuminé, droit. *Cotylédons* foliacés, ou un peu charnus, souvent garnis de 2 oreillettes à leur base. *Radicule* conique, cylindrique, voisine du hile, supère, ou infère, rarement centripète.

GENRES PRINCIPAUX.

| | | | | | |
|---|---|---|---|---|---|
| Isnardie, | *Isnardia.* | *Clarkia, | *Clarkia.* | *Fuchsia, | *Fuchsia.* |
| *Jussieua. | *Jussieua.* | *Eucharidie, | *Eucharidium.* | *Lopézia, | *Lopezia.* |
| *Onagre, | *Œnothera.* | *Épilobe, | *Epilobium.* | Circée, | *Circæa.* |
| *Godétia, | *Godetia.* | *Zauschnéria, | *Zauschneria.* | *Gaura, | *Gaura.* |

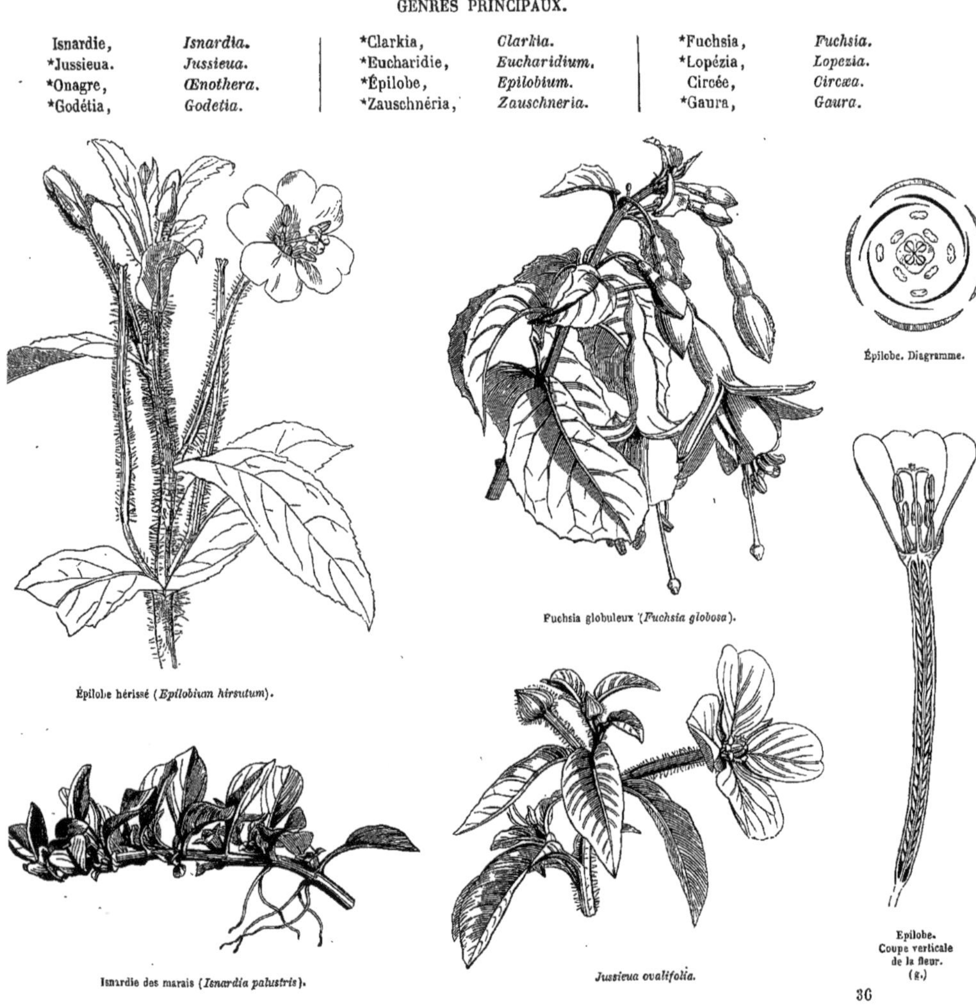

Fuchsia globuleux (*Fuchsia globosa*).

Épilobe. Diagramme.

Épilobe hérissé (*Epilobium hirsutum*).

Isnardie des marais (*Isnardia palustris*).

*Jussieua ovalifolia.*

Epilobe. Coupe verticale de la fleur. (g.)

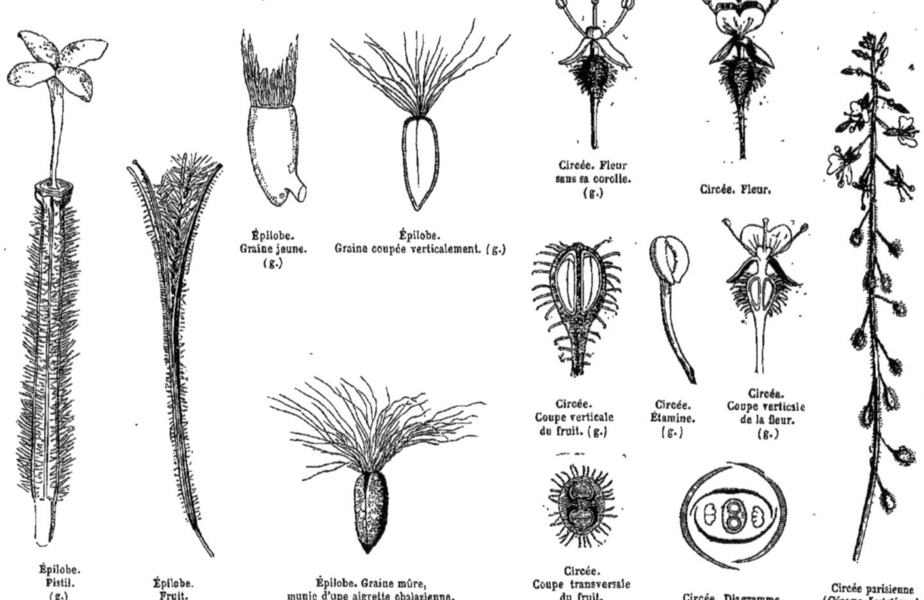


Les *Onagrariées* se rattachent aux *Haloragées*, aux *Trapées* et aux *Combrétacées* par la préfloraison valvaire du calyce, la corolle isostémone, ou diplostémone, et l'ovaire infère; mais les Haloragées en diffèrent par leur embryon albuminé, les Trapées par la préfloraison imbriquée de leur corolle, les Combrétacées par leur ovaire uni-loculaire. — Les *Lythrariées* s'allient par quelque affinité avec les Onagrariées : dans les deux Familles le calyce est valvaire, la corolle isostémone, ou diplostémone, l'ovaire à loges multi-ovulées, le style simple, le fruit capsulaire, l'embryon droit, exalbuminé; mais les Lythrariées ont l'ovaire libre, et les pétales imbriqués.

Les Onagrariées sont répandues dans presque toutes les contrées du globe; elles habitent pour la plupart les régions extra-tropicales tempérées de l'hémisphère nord, et surtout du nouveau Continent. Les Espèces du Genre *Fuchsia* s'étendent du Mexique aux Terres Magellaniques, et à la Nouvelle-Zélande. Plusieurs *Épilobes* se rencontrent dans l'hémisphère austral.

Les Onagrariées contiennent des principes muqueux, et quelquefois légèrement astringents : c'est à ce titre que sont employées dans quelques pays, surtout à l'extérieur, la *Circée parisienne* et l'*Épilobe à feuilles étroites;* on mange en Suède les jeunes pousses de cette dernière Espèce. — Plusieurs *Onagres*, et notamment l'*O. bisannuelle*, ont une racine sucrée et comestible. — Le *Fuchsia ecorticata* a des baies vénéneuses.

# HALORAGÉES, *HALORAGEÆ*.

(ONAGRARUM *genera, Jussieu.* — HALORAGEÆ, *Rob. Brown.* — CERCODIACEÆ, *Jussieu.* HYGROBIÆ, *Richard.*)

Calyce *supère.* Pétales *insérés sur le calyce, égaux en nombre aux lobes calycinaux et alternes, quelquefois nuls.* Étamines *insérées avec les pétales, ordinairement en même nombre que les lobes du calyce, ou en nombre double, quelquefois réduites à une seule.* Ovaire *infère, à une ou plusieurs loges, 1-ovulées.* Ovules *pendants.* Embryon *dicotylédoné, droit, dans l'axe d'un albumen charnu.*

Herbes aquatiques, ou sous-arbrisseaux terrestres. — Feuilles ordinairement opposées ou verticillées (*Myriophyllum, Hippuris*), simples, entières, ou dentées, les submergées ordinairement pectinées-pennniséquées, rarement entières (*Myriophyllum*). *Stipules* nulles. — Fleurs ☿ (*Haloragis, Hippuris*), ou monoïques par avortement (*Myriophyllum, Hippuris*), régulières, peu brillantes, sessiles à l'aisselle des feuilles, solitaires, ou agglomérées, souvent bi-bractéolées à la base, quelquefois verticillées en épi, rarement pédicellées, quelquefois disposées en panicule. — CALYCE supère, ordinairement 4-fide ou 4-partit, quelquefois tronqué ou presque effacé. — COROLLE nulle, ou à pétales insérés sur le calyce, en même nombre que ses divisions, et alternes, ordinairement plus longs, sub-concaves, à préfloraison valvaire, ou imbriquée, étalés après la floraison et tombants. — ÉTAMINES insérées avec les pétales, ordinairement en nombre égal à celui des lobes calycinaux, et opposées à ces lobes, ou en nombre double, quelquefois réduites à une seule (*Hippuris*). *Filets* filiformes. *Anthères* introrses, biloculaires, oblongues, ou ovoïdes, basifixes (*Myriophyllum*, *Haloragis*), ou dorsifixes (*Hippuris*), à déhiscence longitudinale. — OVAIRE infère, à 2-3-4 loges 1-ovulées, rarement 1-loculaire (*Hippuris*). *Ovules* pendants au sommet de la loge, anatropes. *Styles* autant que d'ovules, souvent courts, ou presque nuls. *Stigmates* velus ou pénicillés. — FRUIT nucamentacé, souvent couronné par le limbe calycinal, 2-3-4-loculaire, ou 1-loculaire soit normalement, soit par avortement. — GRAINES inverses, à *testa* membraneux. — EMBRYON droit, dans l'axe d'un albumen plus ou moins charnu. *Cotylédons* courts, obtus. *Radicule* plus longue, voisine du hile, supère.

GENRES PRINCIPAUX.

Pesse, *Hippuris*. | Myriophylle, *Myriophyllum*. | Haloragis, *Haloragis*.

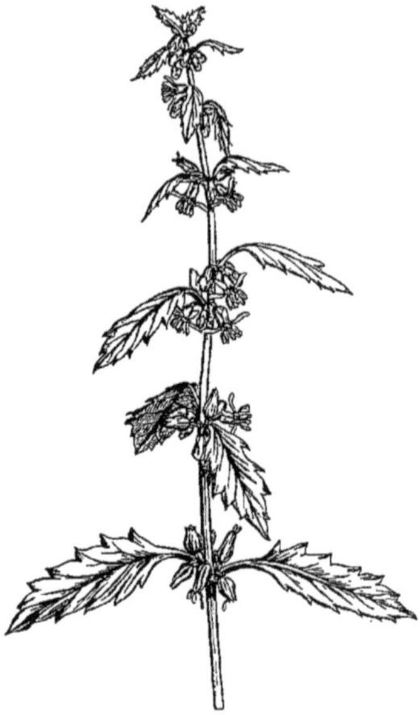
Haloragis dressé (*Haloragis erecta*).

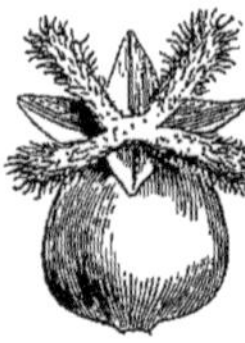
Haloragis. Fleur ♀. (g.)

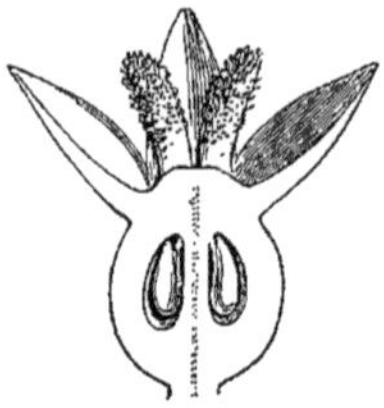
Haloragis. Fleur ♀ coupée verticalement. (g.)

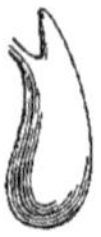
Haloragis. Ovule. (g.)

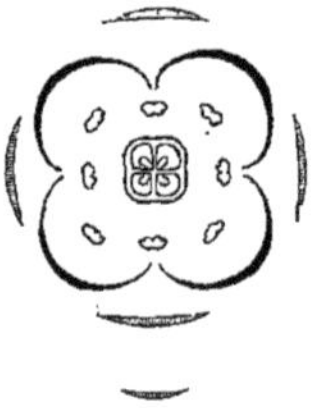
Haloragis. Diagramme.

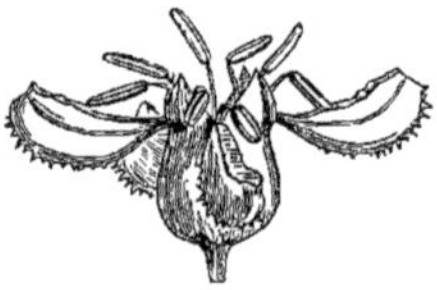
Haloragis. Fleur ♂. (g.

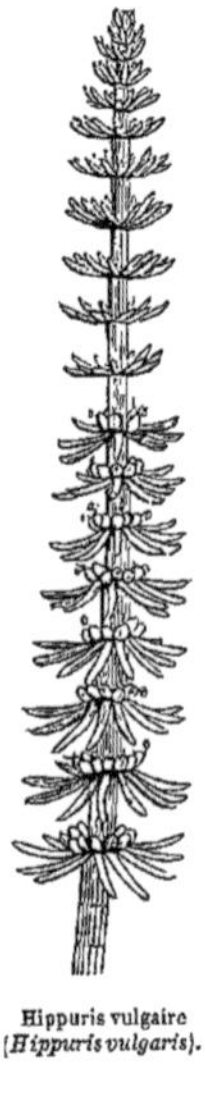
Hippuris vulgaire (*Hippuris vulgaris*).

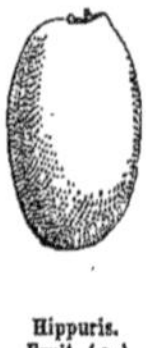
Hippuris. Fruit. (g.)

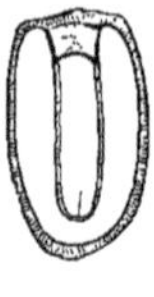
Hippuris. Coupe verticale du fruit. (g.)

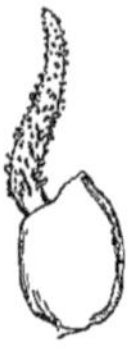
Hippuris. Pistil. (g.)

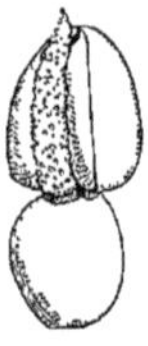
Hippuris. Fleur ☿. (g.)

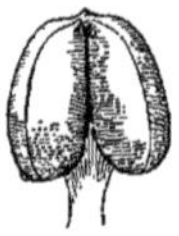
Hippuris. Étamine, face interne. (g.)

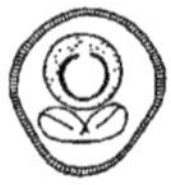
Hippuris. Diagramme.

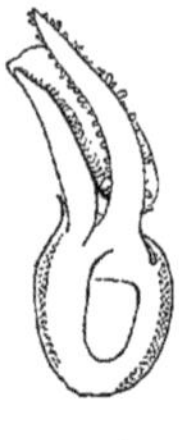
Hippuris. Coupe verticale de la fleur ☿. (g.)

Les affinités des *Haloragées* avec les *Onagrariées* sont indiquées dans la description de ces dernières. — Elles tiennent de près aux *Trapées*, qui étaient autrefois rangées dans la même Famille, et qui n'en diffèrent que par leur stigmate hémisphérique et leur embryon exalbuminé. — Elles se rapprochent aussi des *Combrétacées*, qui s'en éloignent par leur ovaire toujours 1-loculaire, 2-4-5-ovulé, leur style simple, leur fruit drupacé, et leur embryon dépourvu d'albumen.

Les Haloragées sont rares dans les régions tropicales; elles habitent en plus grand nombre les pays tempérés et froids (*Hippuris*), surtout au-delà du Capricorne; les *Haloragis* vivent toutes en Australie et dans les îles voisines. — Elles ne sont d'aucune utilité pour l'homme.

# TRAPÉES, *TRAPEÆ*, *Endlicher*.

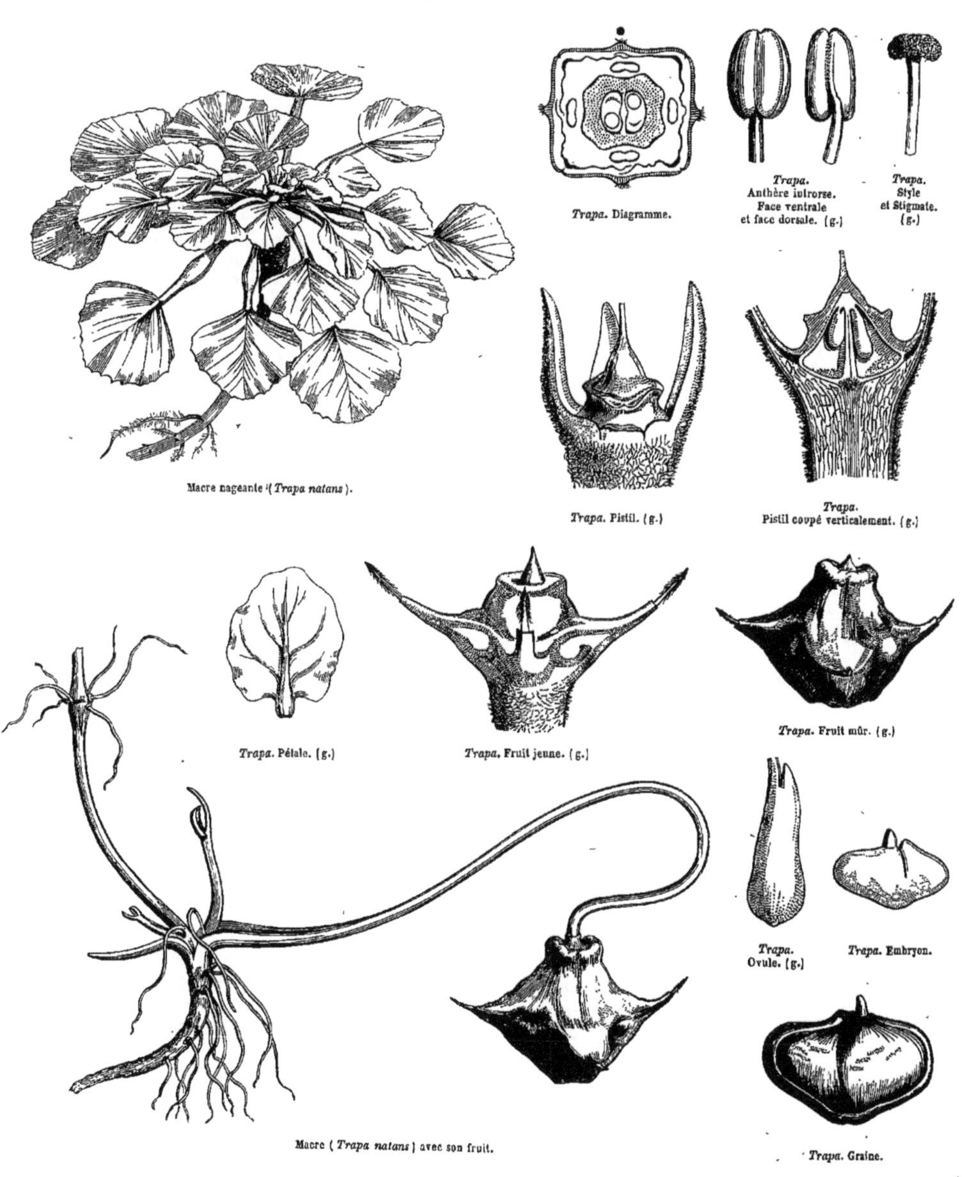

Macre nageante (*Trapa natans*).

*Trapa*. Diagramme.

*Trapa*. Anthère introrse. Face ventrale et face dorsale. (g.)

*Trapa*. Style et Stigmate. (g.)

*Trapa*. Pistil. (g.)

*Trapa*. Pistil coupé verticalement. (g.)

*Trapa*. Pétale. (g.)

*Trapa*. Fruit jeune. (g.)

*Trapa*. Fruit mûr. (g.)

*Trapa*. Ovule. (g.)

*Trapa*. Embryon.

Macre (*Trapa natans*) avec son fruit.

*Trapa*. Graine.

HERBES lacustres, nageantes. — FEUILLES, les unes submergées, les autres émergées; les submergées opposées, pennıséquées, radiciformes; les supérieures alternes; les émergées réunies en rosette, pétiolées, rhombiformes, à pétiole vésiculeux pendant la floraison. *Stipules* nulles. — FLEURS axillaires, solitaires, brièvement pédonculées. — CALYCE 4-partit, à préfloraison valvaire, à lobes épineux. — Pétales 4, insérés sous un disque annulaire, charnu, sinueux, ceignant le sommet de l'ovaire, alternes avec les lanières calycinales, à préfloraison imbriquée, à bords plissés. — ÉTAMINES 4, insérées avec les pétales, alternes et plus courtes. *Filets* filiformes-subulés. *Anthères* introrses, biloculaires, dorsifixes, à déhiscence longitudinale. — OVAIRE semi-infère, à 2 loges 1-ovulées. *Ovules* appendus au sommet de la cloison, anatropes, à raphé dorsal. *Style* cylindrique, simple. *Stigmate* aplati, obtus. — FRUIT nucamentacé, coriace, couronné par le limbe épineux du calyce, qui figure 2-4 cornes, coiffé à son sommet par le disque endurci, 1-loculaire et 1-séminé par avortement. — GRAINE inverse, à *testa* membraneux, adhérent, spongieux dans sa partie supérieure. — EMBRYON exalbuminé, droit. *Cotylédons* très-inégaux, l'un très-grand, très-épais, farineux, l'autre minime, squamiforme, inséré un peu plus bas. *Radicule* légèrement courbe, supère, perçant dans la germination le sommet du fruit. *Gemmule* très-petite, cachée en dedans du petit cotylédon.

GENRE UNIQUE.

Macre, *Trapa*.

Les *Trapa* sont étroitement apparentés aux *Haloragées* (voir cette Famille). Une de leurs Espèces (*Trapa natans*) vulgairement nommée *Cornuelle*, *Châtaigne d'eau*, *Macre*, habite les eaux stagnantes de l'Europe centrale et méridionale. Ses graines fournissent un aliment farineux. — Le *Trapa bispinosa*, qui habite les grands lacs du Cachemire, est également comestible. — Les Chinois se nourrissent aussi des graines du *Trapa bicornis*, nommé par eux *Ling* ou *Ki-chi*.

# CALLITRICHINÉES, *CALLITRICHINEÆ*, *Léveillé*.

Callitriche printanière (*Callitriche verna*).

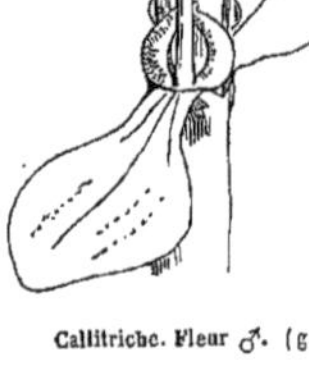

Callitriche. Fleur ♂. (g.)

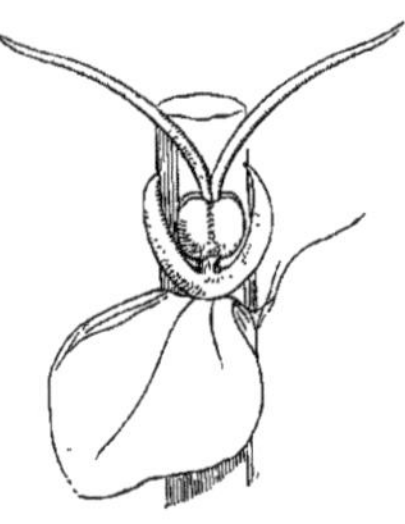

Callitriche. Fleur ♀. (g.)

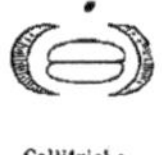

Callitriche. Fleur ♂. Diagramme.

Callitriche. Fleur ♀. Diagramme.

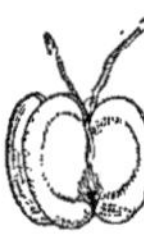

Callitriche. Fruit. (g.)

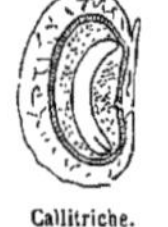

Callitriche. Demi-carpelle mûr, coupé verticalement. (g.)

HERBES nageantes, molles, annuelles, simples ou rameuses, à tige cylindrique. — FEUILLES opposées, sessiles, les inférieures souvent linéaires, les supérieures ovales, 1-3-nerviées, entières, les supérieures émergées, souvent rosulées. *Stipules* nulles. — FLEURS ☿, ou monoïques-dioïques par avortement, solitaires et sessiles à l'aisselle des feuilles. *Involucre* diphylle, à folioles latérales, opposées, courbes, un peu charnues, un peu colorées, persistantes, ou tombantes. PÉRIANTHE nul. — ÉTAMINE unique postérieure, rarement 2, antéro-postérieures, insérées sous l'ovaire dans les fleurs ☿. *Filet* filiforme, allongé. *Anthère* réniforme, basifixe, 1-loculaire, s'ouvrant au sommet par une fente arquée. — OVAIRE libre, d'abord sessile, puis stipité, formé de 2 carpelles bilobés, à 2 loges 2-ovulées. *Ovules* courbes, fixés à l'angle central près du sommet de la loge, à micropyle latéral et interne, situé au-dessous du sommet. *Styles* 2, écartés. *Stigmates* aigus, papilleux sur toute leur surface. — FRUIT charnu-membraneux, indéhiscent, 4-loculaire, 4-lobé, à côtes arrondies, ou aiguës. — GRAINES à *testa* finement membraneux. — EMBRYON un peu arqué, occupant l'axe d'un albumen charnu, et l'égalant presque en longueur. *Cotylédons* très-courts. *Radicule* supère.

GENRE UNIQUE.

Callitrique, *Callitriche*.

Les *Callitriche* faisaient autrefois partie de la Famille des *Haloragées*, dont elles se rapprochent par la tige herbacée aquatique, les feuilles opposées, les fleurs axillaires, les loges 1-ovulées, les styles distincts, et l'embryon albuminé; mais elles s'en éloignent par leurs fleurs apérianthées, et leur capsule à 4 coques. — Elles offrent avec les *Euphorbiacées* quelques rapports remarquables : fleurs diclines, apérianthées, involucrées, étamines insérées sur le réceptacle, ovaire à loges 1-ovulées, ovules pendants, anatropes, stigmates distincts, fruit s'ouvrant en coques, embryon albuminé, axile; ces analogies ont conduit quelques Botanistes modernes à regarder les *Callitriche* comme des *Euphorbes* aquatiques; toutefois les *Callitriche* diffèrent des *Euphorbes* par leur ovaire 4-lobé et la structure de leurs graines.

Les *Callitrichinées* habitent les eaux stagnantes de l'Europe et de l'Amérique boréale. — Elles sont sans utilité.

# COMBRÉTACÉES, *COMBRETACEÆ*, *Rob. Brown.*

## (TERMINALIACEÆ, *Jaume Saint-Hilaire.* — MYROBALANEÆ, *Jussieu.*)

Corolle *polypétale, épigyne, isostémone ou diplostémone, ou triplostémone, à préfloraison tordue, ou valvaire, quelquefois nulle.* Étamines *insérées avec les pétales.* Ovaire *infère, 1-loculaire.* Ovules *pendants au sommet de la loge.* Embryon *dicotylédoné, exalbuminé.*

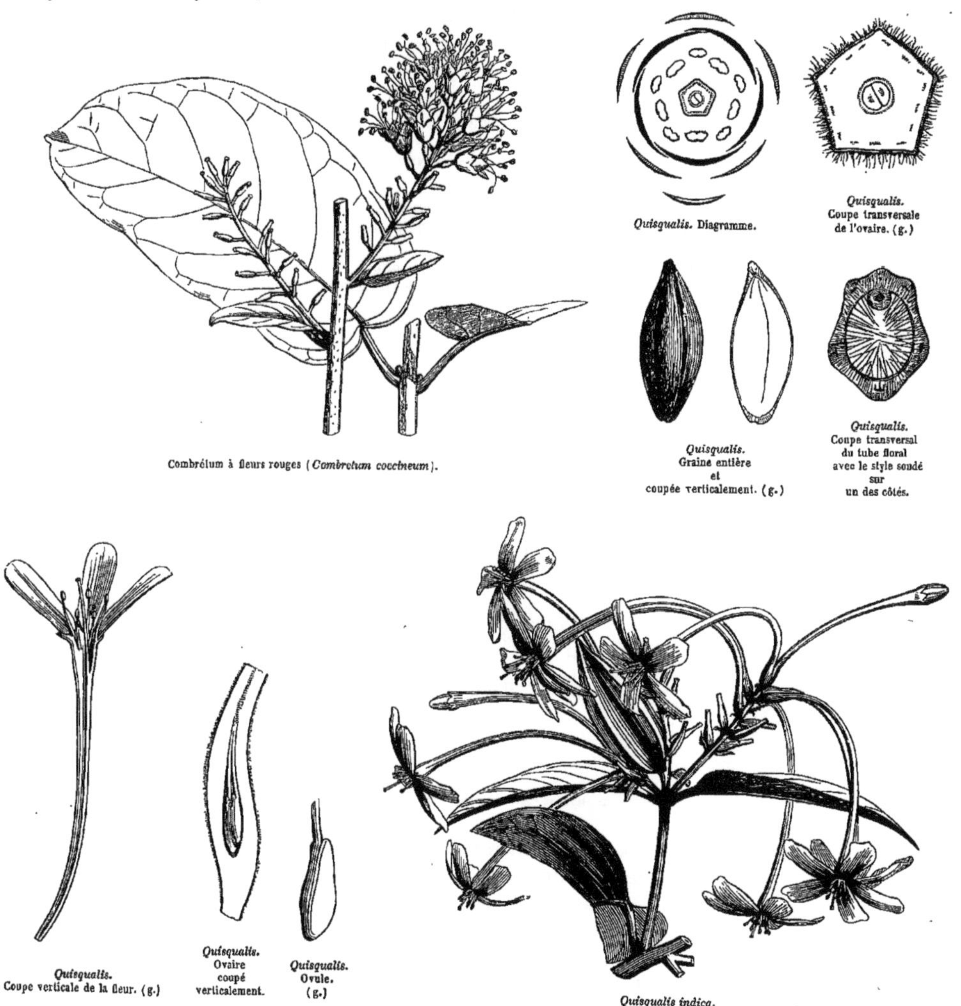

Combrétum à fleurs rouges (*Combretum coccineum*).

*Quisqualis.* Diagramme.

*Quisqualis.* Coupe transversale de l'ovaire. (g.)

*Quisqualis.* Graine entière et coupée verticalement. (g.)

*Quisqualis.* Coupe transversal du tube floral avec le style soudé sur un des côtés.

*Quisqualis.* Coupe verticale de la fleur. (g.)

*Quisqualis.* Ovaire coupé verticalement.

*Quisqualis.* Ovule. (g.)

*Quisqualis indica.*

ARBRES, ou ARBRISSEAUX, dressés, ou quelquefois grimpants. — FEUILLES alternes, ou opposées, simples, penninerviées, entières, ou dentées, coriaces, à pétiole souvent bi-glanduleux au sommet, non stipulées. — FLEURS régulières, ☿, ou imparfaites par avortement, disposées en épis, ou en grappes, ou en capitules, soit nus, soit involúcrés, axillaires ou terminaux, chaque fleur munie d'une bractée et de deux bractéoles latérales opposées. — CALYCE supère, 4-5-fide, à lobes valvaires dans la préfloraison, tombant après l'anthèse, ou persistants avec le fruit. — COROLLE nulle, ou pétales insérés sur le calyce, en même nombre que ses lobes, et alternes, à préfloraison valvaire. — ÉTAMINES insérées avec les pétales, tantôt en même nombre qu'eux et alternes, plus souvent en nombre double, dont 5 alternes, insérées plus haut et opposées aux pétales, rarement en nombre triple. *Filets* libres, filiformes, ou subulés. *Anthères* introrses bi-loculaires, à déhiscence longitudinale. — OVAIRE infère, uni-loculaire, ordinairement couronné d'un disque quelquefois rayonnant ou crénelé. *Ovules* 2 ou 4, rarement 5, pendants au sommet de la loge, longuement funiculés, anatropes. *Style* terminal, simple. *Stigmate* indivis. — FRUIT drupacé, souvent muni à la maturité d'ailes longitudinales, membraneuses, ou coriaces. — GRAINE ordinairement solitaire par avortement des autres ovules, à *testa* membraneux, mince, à *endoplèvre* gonflée, s'insinuant entre les plis des cotylédons. — EMBRYON exalbuminé, droit. *Cotylédons* foliacés, enroulés en spirale, ou épais, repliés soit dans le sens de leur longueur, soit irrégulièrement. *Radicule* voisine du hile, supère.

GENRES PRINCIPAUX.

| | | | | | |
|---|---|---|---|---|---|
| *Quisqualis, | *Quisqualis.* | *Combrétum, | *Combretum.* | Terminalia, | *Terminalia.* |

Les *Combrétacées* sont voisines des *Onagrariées*, des *Haloragées*, des *Napoléonées*, etc. (voir ces Familles). La diagnose s'appuie principalement sur l'ovaire uniloculaire, les ovules pendants au sommet de la loge, le fruit uni-séminé, et la structure de la graine.

Toutes les Combrétacées habitent la zone intertropicale.

Les arbres de cette Famille sont utiles à l'homme par la dureté et la compacité de leur bois; leur écorce contient des principes astringents, qui la rendent propre au tannage et à la teinture. Leurs fruits, connus en médecine sous le nom de *Myrobolans* ou *Myrobalans*, ont une graine huileuse, qu'on employait autrefois comme médicament laxatif.

# NAPOLÉONÉES, *NAPOLEONEÆ*, *Endlicher*.

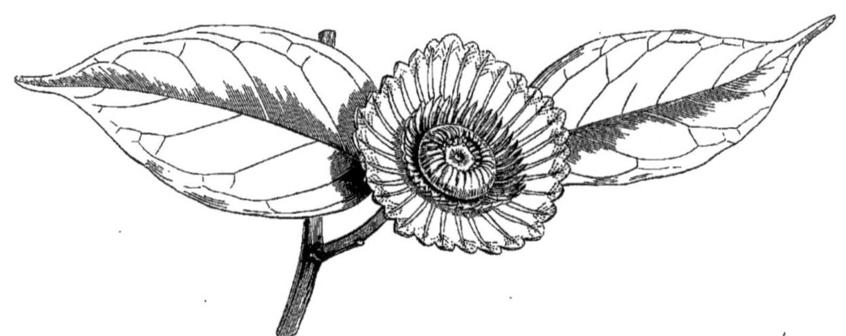

Napoléone de Vogel (*Napoleona Vogelii*).

ARBRISSEAUX de l'Afrique tropicale. — FEUILLES alternes, non stipulées, entières ou inégalement 2-3-dentées au sommet. — FLEURS ☿, régulières, solitaires sur des pédoncules axillaires (*Asteranthos*), ou éparses sur les rameaux et sessiles (*Napoleona*). — CALYCE supère 5-partit (*Napoleona*), ou multi-denté (*Asteranthos*). — COROLLE épigyne, simple, rotacée, à limbe brièvement multifide (*Asteranthos*), ou double, l'extérieure sub-rotacée, nervoso-plissée, entière, l'intérieure, rayonnante, multifide (*Napoleona*). — ÉTAMINES insérées au fond de la corolle, 5 pétaloïdes, à 2 anthères (*Napoleona*), ou indéfinies, filiformes (*Asteranthos*). *Anthères* biloculaire, à déhiscence longitudinale (*Asteranthos*). — Ovaire infère. *Style* court. *Stigmate* en tête déprimée, lobée (*Asteranthos*), ou pelté, anguleux (*Napoleona*). — Baie couronnée par le limbe calycinal. — Graines nombreuses, nichées dans la pulpe.

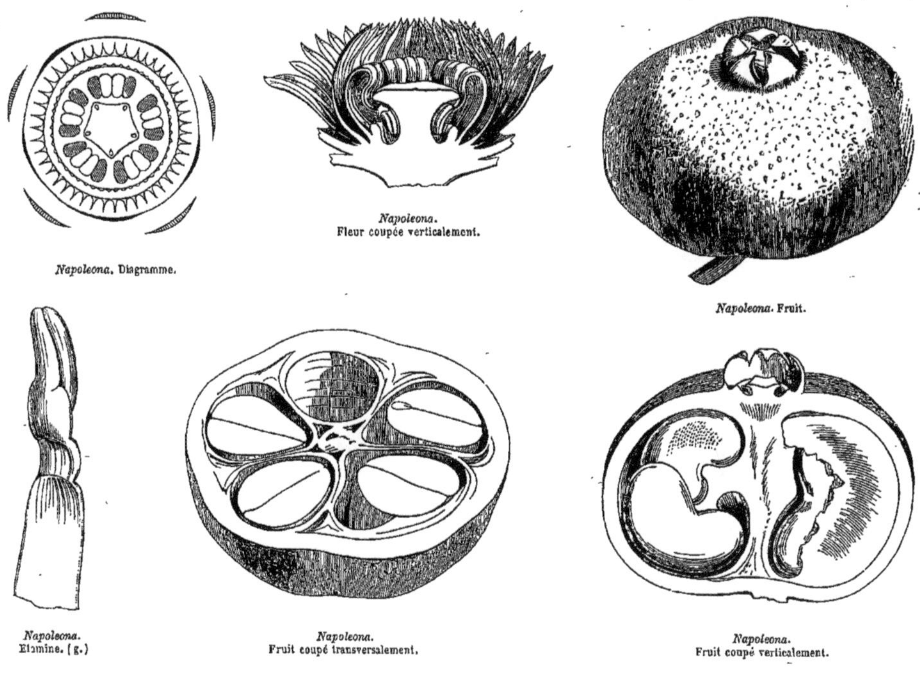

*Napoleona*. Diagramme. — *Napoleona*. Fleur coupée verticalement. — *Napoleona*. Fruit. — *Napoleona*. Étamine. (g.) — *Napoleona*. Fruit coupé transversalement. — *Napoleona*. Fruit coupé verticalement.

GENRE PRINCIPAL.

Napoléone, *Napoleona*.

Les *Napoléonées* se rapprochent des *Combrétacées* par l'insertion de la corolle, l'ovaire infère, 1-loculaire, à ovules pendants, et le fruit charnu ; elles s'en éloignent par leur corolle monopétale, souvent double, et leurs étamines à filets dianthérifères.

# MÉLASTOMACÉES, *MELASTOMACEÆ*.

## (MELASTOMA, *Jussieu*. — MELASTOMACEÆ, *Rob. Brown*.)

Corolle *polypétale, ordinairement diplostémone, insérée sur le calyce, à préfloraison tordue*. Étamines 3-12, *insérées avec les pétales*. Ovaire *libre, ou adhérent, à 1-20 loges multi-ovulées*. Fruit *capsulaire, ou baccien*. Embryon *dicotylédoné, droit, ou courbe, exalbuminé*.

Tige arborescente, ou frutescente, ou sous-frutescente, rarement herbacée, ou grimpante, ou épiphyte, à rameaux cylindriques, ou tétragones, noueux. — Feuilles opposées, ou verticillées, simples, égales, ou inégales, entières, rarement dentées, rétrécies en pétiole quelquefois ampullacé; nervures latérales 2, ou 4, ou 6, ou 8, presque aussi saillantes que la médiane, se dirigeant comme elle de la base au sommet de la feuille,

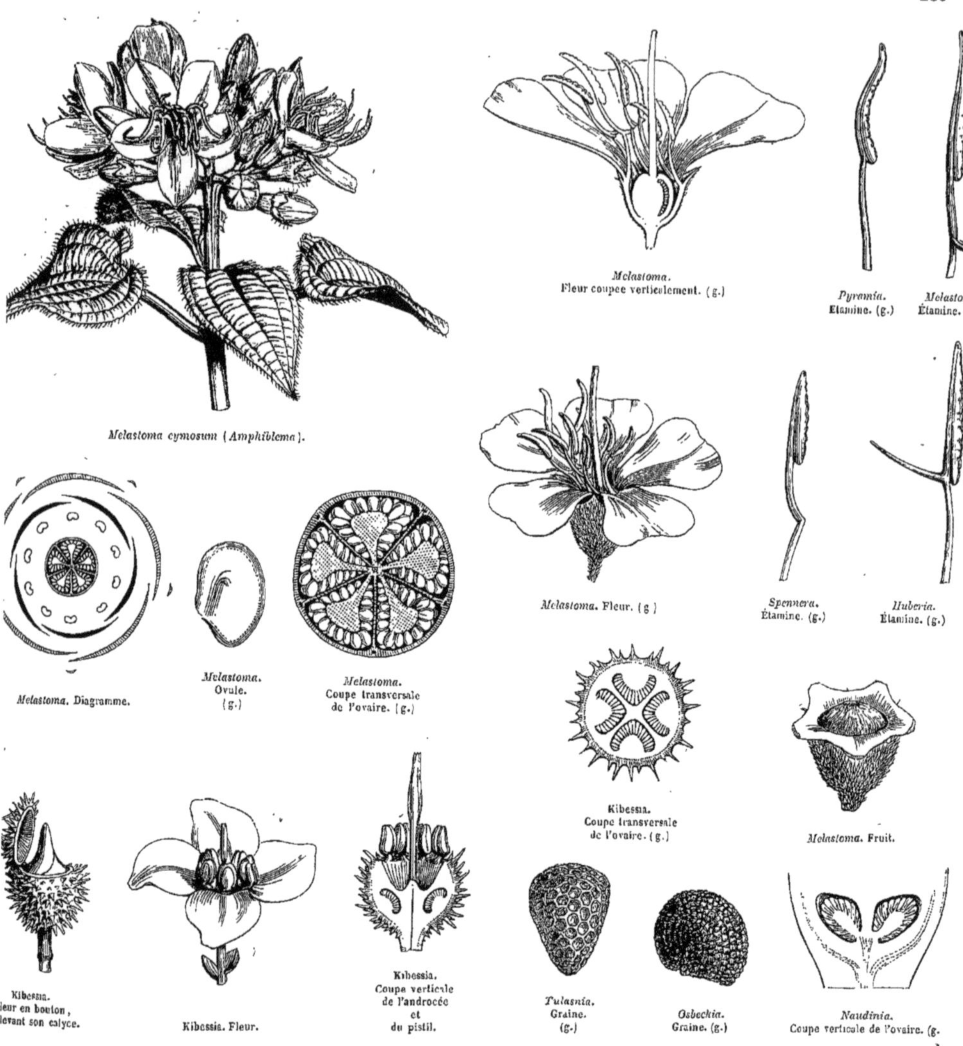

*Melastoma cymosum* (*Amphiblema*).

*Melastoma*. Fleur coupée verticalement. (g.)

*Pyramia*. Étamine. (g.)

*Melastoma*. Étamine. (g.)

*Melastoma*. Fleur. (g.)

*Spennera*. Étamine. (g.)

*Huberia*. Étamine. (g.)

*Melastoma*. Diagramme.

*Melastoma*. Ovule. (g.)

*Melastoma*. Coupe transversale de l'ovaire. (g.)

Kibessia. Coupe transversale de l'ovaire. (g.)

*Melastoma*. Fruit.

Kibessia. Fleur en bouton, levant son calyce.

Kibessia. Fleur.

Kibessia. Coupe verticale de l'androcée et du pistil.

*Tulasnia*. Graine. (g.)

*Osbeckia*. Graine. (g.)

*Naudinia*. Coupe verticale de l'ovaire. (g.)

conservant une épaisseur uniforme, et réunies entre elles par des nervures plus minces et transversales. — Fleurs ☿, régulières, ordinairement disposées en cymes paniculées, ou contractées, rarement solitaires, nues, ou diversement bractéolées, quelquefois munies d'une sorte d'involucre coloré (*Blakea*). — Cupule réceptaculaire campanulée, ou urcéolée, ou oblongue-tubuleuse, tantôt complétement libre, tantôt adhérente à l'ovaire par des côtes longitudinales. — Calyce à limbe 5-6-3-partit, quelquefois entier, à préfloraison imbriquée, ou tordue. — Pétales libres, ou quelquefois légèrement soudés à la base, insérés à la gorge du calyce, sur une lame charnue annulaire, en même nombre que les lanières calycinales et alternes, brièvement onguiculés, à préfloraison tordue. — Étamines insérées avec les pétales, ordinairement en nombre double (ou quelquefois multiple) de celui des pétales, quelquefois en nombre égal (*Sonerila, Poteranthera*), tantôt toutes égales et fertiles, tantôt celles opposées aux pétales plus petites, ou stériles, rarement rudimentaires, ou tout à fait nulles. *Filets* libres, infléchis dans la préfloraison. *Anthères* terminales, biloculaires, pendantes avant la floraison et nichées dans les intervalles séparant l'ovaire et la cupule réceptaculaire, globuleuses, ou ovoïdes, ou allongées, à loges parallèles, s'ouvrant généralement à leur sommet (souvent prolongé en bec) par un seul pore commun, ou par deux pores distincts, rarement à déhiscence longitudinale (*Kibessia*). *Connectif* polymorphe : 1° non prolongé au-dessous de l'anthère, et dépourvu d'appendices (*Pyramia*); 2° prolongé au-dessous de l'anthère, et dépourvu d'appendices (*Spennera*); 3° prolongé au-dessous de l'anthère, avec appendices internes (*Melastoma*); 4° non prolongé au-dessous de l'anthère, mais pourvu d'appendices externes (*Huberia*). — Ovaire tantôt tout à fait libre, tantôt adhérent aux nervures de la cupule réceptaculaire, tantôt complétement adhérent, à loges nombreuses, quelquefois 20, quelquefois une seule (*Memecylon*). *Ovules* nombreux, anatropes, ou semi-anatropes. *Style* simple. *Stigmate* indivis, polymorphe. — Fruit à placentation ordinairement axile, ou pariétale (*Kibessia*), ou basilaire (*Naudinia*), à 1-20 loges, tantôt baccien par suite du développement de la cupule réceptaculaire, indéhiscent, ou ruptile (*Astronia*); tantôt drupacé (*Mouriria*); tantôt sec indéhiscent; tantôt capsulaire, à déhiscence loculicide, à valves médio-septifères, les placentaires restant fréquemment soudés en colonne centrale (*Melastoma*). — Graines nombreuses, à testa crustacé, pointillé, ou aréolé, tantôt réniformes, ou cochléaires, à hile ventral; tantôt ovoïdes, ou oblongues, ou anguleuses, ou pyramidales, ou scobiformes (*Huberia*), rarement marginées (*Castanella*), à hile basilaire. — Embryon exalbuminé, droit ou courbe. *Cotylédons* égaux, ou l'extérieur beaucoup plus grand dans les graines contournées. *Radicule* voisine du hile.

GENRES PRINCIPAUX.

| | | | | | |
|---|---|---|---|---|---|
| Blakéa, | *Blakea.* | *Pléroma, | *Pleroma.* | *Bertolonia, | *Bertolonia.* |
| *Médinilla, | *Medinilla.* | *Monochætum, | *Monochætum.* | *Rhynchanthéra, | *Rhynchanthera.* |
| *Osbeckia, | *Osbeckia.* | *Rhexia, | *Rhexia.* | *Centradénia, | *Centradenia.* |
| *Mélastome, | *Melastoma.* | *Sonérila, | *Sonerila.* | | |

Les *Mélastomacées* se rapprochent des *Lythrariées* par la préfloraison valvaire du calyce, l'insertion des pétales, la diplostémonie, l'ovaire à plusieurs loges multi-ovulées, l'embryon exalbuminé, les feuilles opposées, ou verticillées, et surtout par la structure singulière des étamines. — Elles offrent aussi une affinité réelle avec les *Myrtacées :* dans les deux Familles, en effet, les pétales sont insérés sur le calyce, l'ovaire est à plusieurs loges multi-ovulées, le style est simple, l'embryon exalbuminé, les feuilles opposées, quelquefois même trinerviées (*Rhodomyrtus*), et la tige ligneuse; mais les Myrtacées sont généralement odorantes, à feuilles ponctuées; elles ont les anthères courtes, arrondies, dépourvues d'appendices, et la préfloraison des pétales est imbriquée.

Les Mélastomacées croissent pour la plupart dans l'Amérique tropicale; quelques-unes habitent l'Amérique boréale, jusqu'au 40e degré de latitude (*Rhexia*). On n'en a pas encore rencontré au Chili; quelques-unes habitent en Asie et en Afrique.

Les feuilles des Mélastomacées sont astringentes, et dans plusieurs Espèces légèrement acidules. Les baies contiennent aussi des acides libres unis à une certaine quantité de sucre; de là des propriétés médicales diverses; quelques-unes possèdent une petite quantité d'huile volatile, ou de résine balsamique, qui les rend stimulantes. L'écorce, les fruits et surtout les feuilles de quelques autres renferment des principes colorants.

# LYTHRARIÉES, *LYTHRARIEÆ.*

## (SALICARIÆ, LYTHRARIEÆ, *Jussieu.* — CALYCANTHEMÆ, *Ventenat.* LYTHRACEÆ, *Lindley.*)

Calyce *libre.* Corolle *polypétale, périgyne, isostémone ou diplostémone, ou triplostémone, à préfloraison imbriquée, rarement nulle.* Étamines *insérées sur le tube du calyce.* Ovaire *à 2 ou plusieurs loges multi-ovulées.* Embryon *dicotylédoné, exalbuminé.*

Herbes, ou arbrisseaux ou arbres. — Feuilles opposées, ou verticillées, rarement opposées et alternes sur la même Plante, simples, penninerviées, entières, pétiolées, ou sessiles, quelquefois ponctuées-glanduleuses, toujours dépourvues de stipules. — Fleurs ☿, régulières, ou rarement irrégulières (*Cuphea*), solitaires à l'aisselle des feuilles, ou fasciculées, ou en cyme, quelquefois disposées en épi, ou en grappe, et accompagnées de feuilles florales bractéiformes, rarement paniculées, à pédoncule et pédicelles bi-bractéolés à la base, ou au milieu, ou au sommet. — Calyce libre, persistant, tubuleux, ou campanulé, rarement urcéolé, tri-multidenté; *tube* ordinairement marqué de nervures ou de côtes, droit, ou rarement oblique, gibbeux ou sub-éperonné à la base (*Cuphea*); *limbe* à dents plus ou moins profondes, tantôt 1-sériées, égales, à préfloraison valvaire; tantôt bi-sériées, les extérieures alternes, plus étroites, incombantes sur la commissure des intérieures valvaires. — Pétales (rarement nuls, *Peplis, Abatia*, etc.), insérés au haut de la gorge du calyce, en même nombre que ses dents intérieures, et alternes, sessiles, ou onguiculés, obovales, ou ovales, ou oblongs, égaux, ou les postérieurs très-rarement plus grands, à préfloraison imbriquée, souvent plissés-ondulés sur les bords (*Lagerstrœmia*), étalés après la floraison, tombants, ou fugaces (*Suffrenia, Peplis*). — Étamines insérées sur le tube du calyce, au-dessus de sa base, continues avec ses nervures, en même nombre que les pétales, et alternes, très-rarement moins nombreuses (*Suffrenia*), très-souvent en nombre double, ou triple (*Dodecas, Antherylium, Lagerstrœmia*), uni-pluri-sériées, incluses ou exsertes, égales, ou inégales, toutes fertiles, ou rarement quelques-unes stériles. *Filets* filiformes, libres. *Anthères* introrses, biloculaires, orbiculaires, ou ovoïdes ou oblongues, dressées, ou incombantes, dorsifixes, à déhiscence longitudinale. — Ovaire libre, sessile, ou brièvement stipité, rarement ceint à sa base d'un anneau charnu, ou accompagné d'une glande unilatérale (*Cuphea*), 2-3-4-5-6-loculaire, quelquefois sub-uniloculaire par insuffisance des cloisons (*Diplusodon*), ou complétement 1-loculaire, à placentaire latéral (*Cryptotheca*). *Ovules* fixés à des placentaires appliqués soit au milieu de la cloison, soit à l'angle interne des loges, ou unissant la base des demi-cloisons, ordinairement nombreux, ascendants, ou horizontaux, anatropes. *Style* terminal, simple, plus ou moins long. *Stigmate* simple, obtus, ou capité, rarement échancré-bilobé. — Capsule membraneuse, ou rarement coriace-ligneuse, accompagnée du calyce persistant ou accrescent, à 2 ou plusieurs loges, quelquefois à une seule, se rompant irrégulièrement ou par déhiscence circulaire, ou par des valves régulières, médio-septifères, les placentaires restant soudés en colonne libre. — Graines généralement nombreuses, ovoïdes-anguleuses, ou cunéiformes, ou planes-comprimées, ou bordées d'une membrane (*Lagerstrœmia*); *testa* coriace; *hile* marginal, ou basilaire. — Embryon exalbuminé, droit. *Cotylédons* sub-orbiculaires, planes-convexes, bi-auriculés à la base, rarement semi-cylindriques, ou enroulés. *Radicule* courte, voisine du hile.

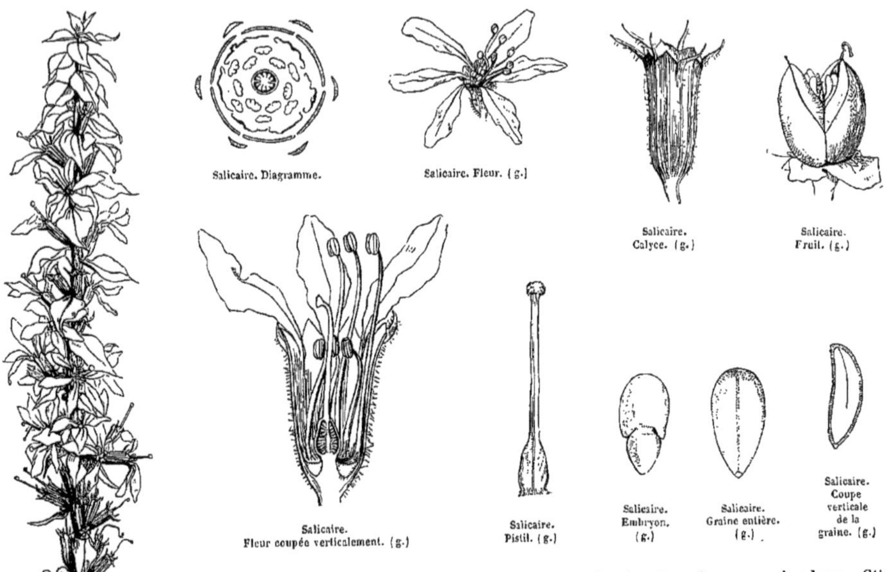

Salicaire. Diagramme.

Salicaire. Fleur. (g.)

Salicaire. Calyce. (g.)

Salicaire. Fruit. (g.)

Salicaire. Fleur coupée verticalement. (g.)

Salicaire. Pistil. (g.)

Salicaire. Embryon. (g.)

Salicaire. Graine entière. (g.)

Salicaire. Coupe verticale de la graine. (g.)

Salicaire commune (*Lythrum Salicaria*).

GENRES PRINCIPAUX.

| | | | | | |
|---|---|---|---|---|---|
| *Suffrénie, | *Suffrenia.* | *Néséa, | *Nesæa.* | *Cuphéa, | *Cuphea.* |
| Péplide, | *Peplis.* | Pemphis, | *Pemphis.* | *Grisléa, | *Grislea.* |
| Ammannia, | *Ammannia.* | *Salicaire, | *Lythrum.* | *Lagerstrome, | *Lagerstrœmia.* |

Les Lythrariées sont voisines des *Onagrariées*, des *Mélastomacées*, des *Saxifragées* (voir ces Familles). Elles se rapprochent aussi des *Rhizophorées* par leur calyce persistant, à préfloraison valvaire, leurs étamines plus nombreuses que les pétales, leur ovaire pluriloculaire, leur embryon droit et exalbuminé; mais les Rhizophorées ont un ovaire infère, ou demi-infère, dont les loges ne contiennent que 2 ovules pendants.

Les Lythrariées naissent pour la plupart sous la zone intertropicale, et surtout en Amérique; elles sont beaucoup plus rares dans les régions tempérées des deux hémisphères.

Les Espèces de cette Famille possèdent des propriétés diverses; les unes (*Lythrum Salicaria*) contiennent du tannin qui les rend astringentes; les autres (*Heimia*, *Cuphea*) sécrètent des principes résineux et âcres qui les font employer comme purgatives, ou émétiques, ou diurétiques. — Le *Lawsonia alba*, arbrisseau d'Égypte, est renommé dans tout l'Orient à cause du parfum de ses fleurs et du principe colorant fauve que contiennent ses feuilles et dont les femmes se servent pour teindre leurs ongles et leurs cheveux; sa racine (*alcanna*) est astringente, et fournit une couleur rouge.

## OLINIÉES, *OLINIEÆ*, *Arnott.*

Arbrisseaux de l'Afrique australe, du Brésil et de l'Australie. — Feuilles opposées, coriaces, penninerviées, entières, non ponctuées, non stipulées. — Fleurs axillaires, ou terminales, disposées en petites cymes, ou solitaires, bi-bractéolées à leur base. — Calyce 5-4-denté, ou 4-fide, ou 5-partit. — Pétales 5-4, insérés sur le calyce, alternes avec ses divisions, oblongs, ou obovales, obtus, quelquefois (*Olinia*) 5-4 squamules, alternes avec les pétales, pubescentes sur leur dos, et conniventes. — Étamines 5-4-∞, inserées avec les pétales. *Filets* flexueux dans la préfloraison. *Anthères* biloculaires, globuleuses-didymes, ou oblongues, à déhiscence longitudinale. — Ovaire infère, 2-4-5-loculaire, à loges 2-3-∞-ovulées. *Ovules* pendants, anatropes. — *Style* subulé, ou flexueux. *Stigmate* simple. — Baie (*Myrrhinium, Fenzlia*), ou drupe (*Olinia*) couronnée par le limbe calycinal, ou par sa cicatrice à noyau ligneux 3-4-loculaire. — Graines ovales. — Embryon dicotylédoné, exalbuminé, enroulé en spirale, ou arqué. *Cotylédons* à peine distincts.

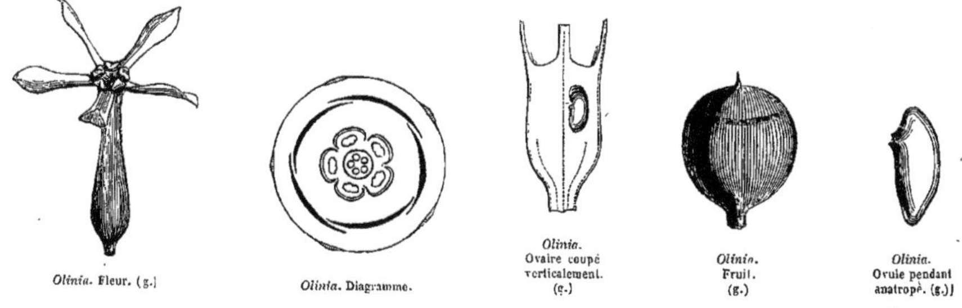

*Olinia*. Fleur. (g.) — *Olinia*. Diagramme. — *Olinia*. Ovaire coupé verticalement. (g.) — *Olinia*. Fruit. (g.) — *Olinia*. Ovule pendant anatropé. (g.)

Le petit groupe des *Oliniées*, composé des Genres *Olinia*, *Myrrhinium*, *Fenzlia*, tient le milieu entre les Myrtacées et les Mélastomacées. — Les baies du *Myrrhinium atropurpureum*, arbuste de Madagascar, sont comestibles.

## MYRTACÉES, *MYRTACEÆ*.

(MYRTI, MYRTEÆ, *Jussieu*. — MYRTOIDEÆ, *Ventenat*. — MYRTINEÆ, *De Candolle*. MYRTACEÆ, *Rob. Brown*.)

Calyce *à préfloraison valvaire*. Corolle *polypétale, insérée sur le calyce, à préfloraison imbriquée*. Étamines *nombreuses, insérées avec les pétales*. Ovaire *infère, ou semi-infère, quelquefois libre, à une ou plusieurs loges*. Fruit *capsulaire, ou baccien*. Embryon *dicotylédoné, exalbuminé*.

Myrte commun (*Myrtus communis*).

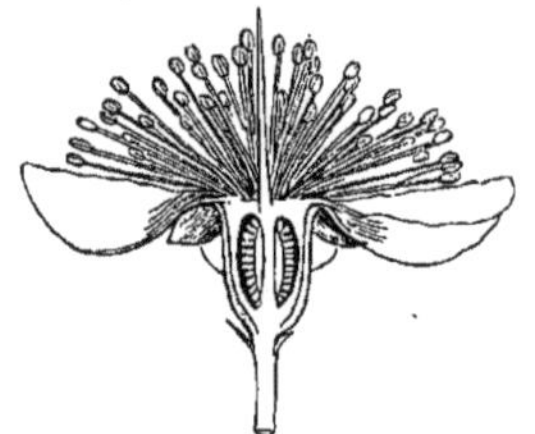

Myrte. Coupe verticale de la fleur.

Myrte. Diagramme.

Myrte. Étamine. (g.)

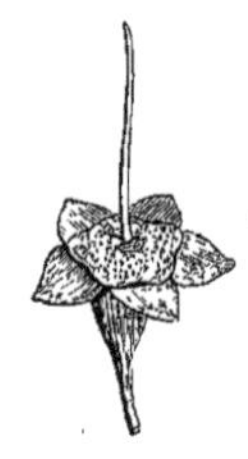

Myrte. Pistil, disque et calyce. (g.)

*Beaufortia.* Fleur dont les étamines et le style ont été décapités.

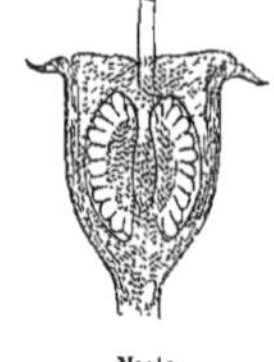

Myrte. Ovaire coupé verticalement. (g.)

Myrte. Coupe verticale de la graine. (g.)

Myrte. Graine. (g.)

*Eucalyptus globulus.* Coupe de la partie supérieure de l'ovaire.

Myrte. Ovaire coupé transversalement (g.)

*Eucalyptus globulus.* Coupe de la partie inférieure de l'ovaire.

*Eucalyptus.* Ovule supérieur.

*Eucalyptus.* Ovule inférieur.

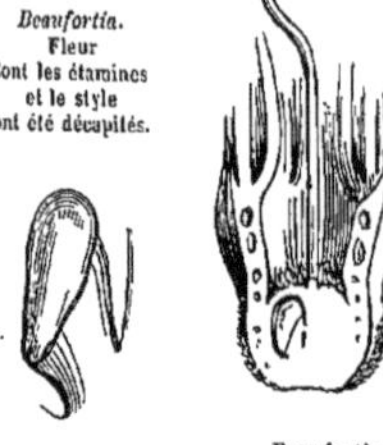

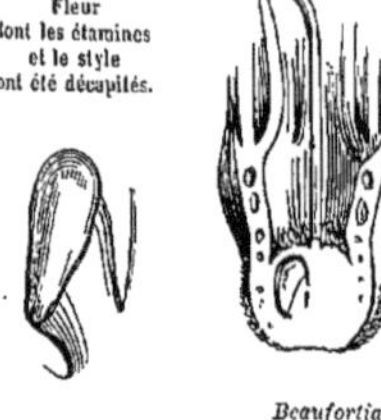

*Beaufortia.* Ovule. (g.)

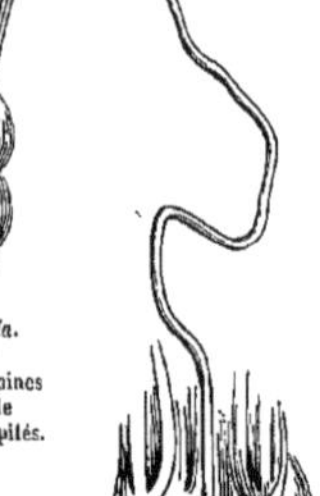

*Beaufortia.* Coupe verticale du pistil. (g.)

*Beaufortia.* Phalange d'étamines.

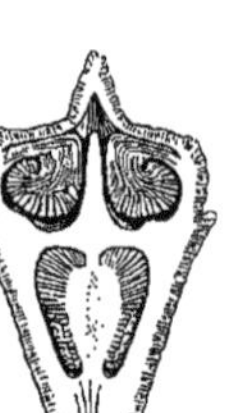

*Eucalyptus.* Fleur non épanouie, coupée verticalement.

Fabricia lisse (*Fabricia lævigata*).

*Calycothrix.* Ovules fixés à un placentaire basilaire filiforme. (g.)

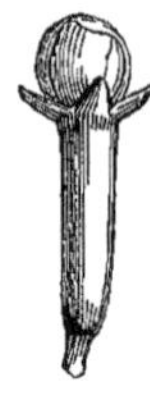

Giroflier. Fleur en bouton. (g.)

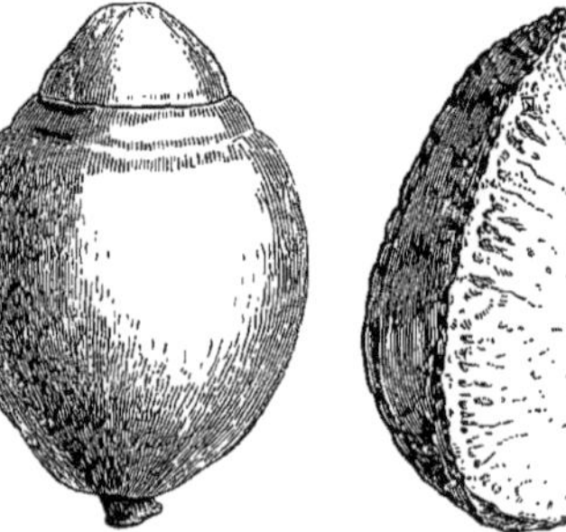

*Lecythis urnigera.* Fruit, 8cm de diamètre.

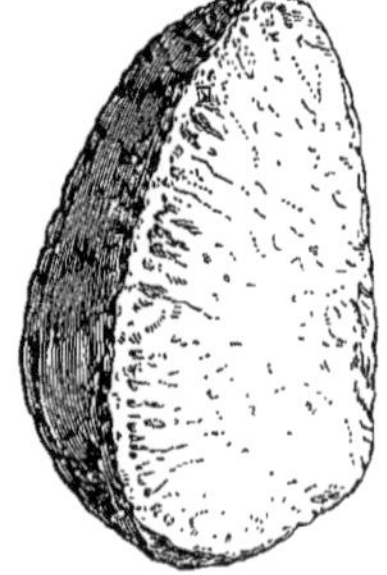

*Bertholletia excelsa.* Graine, grandeur naturelle.

*Fabricia.* Fruit.

*Couroupita Surinamensis.* Androcée à étamines inégales.

*Couroupita Surinamensis.* Embryon. (g.)

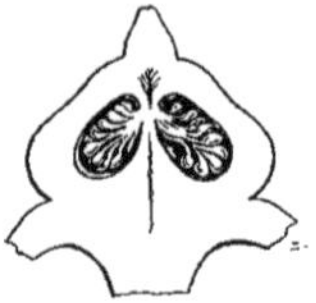

*Couroupita Surinamensis.* Coupe verticale de l'ovaire.

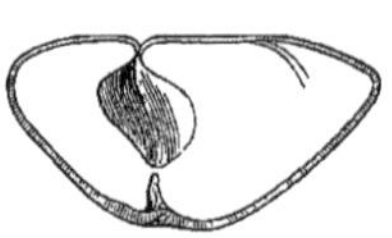

*Bertholletia excelsa.* Coupe transversale de la graine.

TIGE arborescente, ou sous-frutescente, très-rarement herbacée (*Careya*). — FEUILLES opposées, rarement alternes, ou verticillées, simples, entières, ou très-rarement denticulées, tantôt cylindriques, ou semi-cylindriques, tantôt planes, trinerviées, ou penninerviées, à nervures souvent marginales, ordinairement coriaces, très-souvent ponctuées de glandes pellucides plongées dans le parenchyme, rétrécies en pétiole à leur base. *Stipules* généralement nulles, rarement géminées à la base des pétioles, minimes, caduques. — FLEURS ☿, régulières, très-rarement sub-irrégulières par l'inégalité de longueur des étamines, tantôt axillaires solitaires, tantôt disposées en épi, ou en cyme, ou en corymbe, ou en panicule, quelquefois même en tête, nues, ou involucrées, souvent bi-bractéolées à la base, blanches, ou roses, ou purpurines, ou jaunes, jamais bleues. — CALYCE supère, ou demi-supère; *limbe* 4-5-multi-fide, ou 4-5-multi-partit, persistant, ou tombant, à préfloraison valvaire, quelquefois entier, clos avant l'anthèse, et se détachant comme un opercule à l'épanouissement de la fleur. — PÉTALES insérés sur un disque bordant la gorge du calyce, et s'épanchant ordinairement en lame ou en coussin qui couronne le sommet de l'ovaire, en même nombre que les lobes du calyce, et alternant avec eux, à préfloraison imbriquée, ou convolutive, très-rarement nuls. — ÉTAMINES nombreuses, insérées avec les pétales, très-rarement en même nombre qu'eux, et alternes, souvent en nombre double, ou triple, et alors quelques-unes privées d'anthères, le plus souvent indéfinies, pluri-sériées, et alors ordinairement toutes fertiles. *Filets* filiformes, ou linéaires, tantôt libres, tantôt plus ou moins monadelphes à la base, ou réunis en faisceaux opposés aux pétales, rarement soudés en urcéole raccourcie d'un côté, et de l'autre prolongée en lame pétaloïde, concave, penchée sur le style, anthérifère intérieurement. *Anthères* petites, arrondies, introrses, à 2 loges contiguës ou séparées, s'ouvrant longitudinalement, ou transversalement. — OVAIRE infère ou semi-infère, recouvert par un disque charnu, quelquefois libre (*Fremya*), tantôt 1-loculaire, à un ou plusieurs ovules, dressés sur un placentaire basilaire, et anatropes; tantôt bi-pluri-loculaire, à ovules nombreux, insérés à l'angle central des loges et anatropes, ou rarement solitaires et fixés à l'angle central par leur face ventrale. *Style* terminal, ou rarement latéral (dans l'ovaire 1-loculaire), simple, nu ou barbu au sommet. *Stigmate* indivis. — FRUIT généralement couronné par le limbe calycinal, tantôt 1-loculaire et 1-séminé par avortement, sec, indéhiscent, ou incomplétement bivalve à son sommet, tantôt bi-multi-loculaire, et alors soit capsulaire, s'ouvrant au sommet par déhiscence loculicide, ou septicide, ou par soulèvement du disque épigyne, soit baccien, indéhiscent, à loges multi-séminées, ou 1-séminées par avortement. — GRAINES droites, anguleuses, ou cylindriques, ou comprimées, quelquefois dimorphes dans chaque loge, les unes arrondies et fertiles, les autres linéaires et stériles (*Eucalyptus, Fabricia*); *testa* crustacé, ou membraneux, ailé, ou quelquefois accompagné d'écailles vacillantes (*Spermolepis*). — EMBRYON exalbuminé, droit, ou arqué, ou enroulé en spirale. *Cotylédons* ordinairement courts, obtus, quelquefois soudés en masse homogène avec la radicule, très-rarement foliacés. *Radicule* très-souvent épaisse, voisine du hile.

## TRIBU I. — CHAMÉLAUCIÉES, *CHAMÆLAUCIEÆ.*

Étamines souvent définies, quelques-unes ordinairement stériles. Ovaire 1-loculaire, à 1 ou plusieurs ovules basilaires. Capsule 1-séminée, indéhiscente, ou incomplétement bivalve au sommet. — Arbrisseaux de l'Australie, ressemblant souvent à des Bruyères et notamment aux *Blaeria*. Feuilles opposées, ou rarement alternes, ponctuées, non stipulées, ou rarement bi-stipulées (*Calycothrix*).

### GENRES PRINCIPAUX.

*Calycothrix, *Calycothrix.* | *Verticordia, *Verticordia.* | *Chamélaucium, *Chamælaucium.*

## TRIBU II. — LEPTOSPERMÉES, *LEPTOSPERMEÆ.*

Étamines très-souvent indéfinies, libres, ou polyadelphes, rarement monadelphes. Ovaire bi-multi-loculaire, à ovules nombreux, rarement solitaires, dans chaque loge. Capsule à déhiscence loculicide, ou septicide, rarement indéhiscente. Graines quelquefois dimorphes (*Eucalyptus, Fabricia,* etc.). Arbrisseaux, ou Arbres, abondants en Australie, moins nombreux dans l'Asie tropicale. Feuilles opposées ou alternes, non stipulées, entières, ou rarement denticulées, ponctuées, quelquefois offrant l'aspect de *phyllodes.*

GENRES PRINCIPAUX.

| | | | | | |
|---|---|---|---|---|---|
| *Tristania, | *Tristania.* | *Eucalyptus, | *Eucalyptus.* | Billiottia, | *Billiottia.* |
| *Calothamnus, | *Calothamnus.* | *Angophora, | *Angophora.* | *Leptospore, | *Leptospermum.* |
| *Beaufortia, | *Beaufortia.* | *Callistémon, | *Callistemon.* | *Fabricia, | *Fabricia.* |
| *Mélaleuca, | *Melaleuca.* | *Métrosidéros, | *Metrosideros.* | *Beckéa, | *Bæckea.* |

## Tribu III. — MYRTÉES, *MYRTEÆ.*

Étamines indéfinies, libres. Ovaire bi-pluri-loculaire, à ovules nombreux. Baie bi-pluri-loculaire, à loges souvent 1-séminées par avortement. — Arbres, ou Arbrisseaux croissant dans les régions tropicales et sub-tropicales des deux Continents. (Le *Myrte commun* s'avance jusqu'au 43e degré de latitude Nord.) Feuilles opposées, entières, ponctuées, non stipulées.

GENRES PRINCIPAUX.

| | | | | | |
|---|---|---|---|---|---|
| Goyavier, | *Psidium.* | Giroflier, | *Caryophyllus.* | *Jambosier, | *Jambosa.* |
| *Myrte, | *Myrtus.* | *Acména, | *Acmenas.* | | |
| *Calyptranthe, | *Calyptranthes.* | *Eugénia, | *Eugenia.* | | |

## Tribu IV. — BARRINGTONIÉES, *BARRINGTONIEÆ.*

Étamines nombreuses, souvent monadelphes. Ovaire infère, bi-pluri-loculaire, à ovules définis, ou nombreux. Baie cortiquée, uni-pluri-loculaire, uni-pauci-séminée. — Arbres croissant dans l'Asie et dans l'Amérique tropicales. Feuilles alternes rarement opposées, ou verticillées, non stipulées, non ponctuées de glandes, entières ou dentelées.

GENRE PRINCIPAL.

Barringtonia, *Barringtonia.*

## Tribu V. — LÉCYTHIDÉES, *LECYTHIDEÆ.*

Étamines nombreuses, à filets soudés en urcéole, raccourcie d'un côté, de l'autre prolongée en languette pétaloïde concave, stérile, ou anthérifère intérieurement. Ovaire pluri-loculaire, à ovules nombreux. Fruit sec, ou charnu, indéhiscent, ou s'ouvrant par soulèvement du disque.—Arbres de l'Amérique tropicale, à feuilles alternes, non ponctuées, entières, ou rarement dentelées; stipules nulles, ou caduques.

GENRES PRINCIPAUX.

| | | | | | |
|---|---|---|---|---|---|
| Couroupita, | *Couroupita.* | Bertholletia, | *Bertholletia.* | Lécythis, | *Lecythis.* |

La Famille des *Myrtacées* est apparentée aux *Mélastomacées*, et, par l'intermédiaire de celles-ci, aux *Onagrariées* et aux *Lythrariées* (voir ces Familles). Elle tient aux *Granatées* par la préfloraison valvaire du calyce, et imbriquée de la corolle, par la polyandrie, l'ovaire infère, à loges multi-ovulées, le style et les stigmates simples, le fruit charnu, l'embryon exalbuminé, la tige ligneuse et les feuilles généralement opposées; la diagnose s'appuie principalement sur la structure de l'ovaire, qui, chez les Granatées, forme deux étages superposés. — Les Myrtacées tiennent aussi aux *Oliniées* par l'ovaire infère, pluri-loculaire, le style subulé, le fruit charnu, l'embryon exalbuminé, la tige ligneuse, les feuilles opposées, coriaces; les Oliniées sont isostémones, et les loges de l'ovaire ne contiennent que 3 ovules, mais cette diminution numérique s'observe aussi dans quelques Genres de Myrtacées. — On a encore établi entre certaines Myrtacées et la petite Famille des *Calycanthées* quelques rapports de ressemblance : étamines nombreuses, dont quelques-unes privées d'anthères, insérées sur un anneau charnu couronnant la gorge du calyce, embryon exalbuminé, tige ligneuse et feuilles généralement opposées; mais les Calycanthées sont apétales, leurs anthères sont extrorses, leurs ovaires sont libres, et le fruit est composé d'akènes. — Enfin on peut voir dans les feuilles ponctuées de glandes, la corolle polypétale, les étamines monadelphes ou polyadelphes, la graine exalbuminée des *Hespéridées* et des *Hypéricinées*, une analogie qui rapproche ces Familles de celle des Myrtacées.

Les Myrtacées contiennent du tannin, des huiles fixes et des huiles volatiles, des acides libres, du mucilage et du sucre : ces principes, associés en diverses proportions, donnent à quelques Espèces des propriétés que l'homme a mises à profit. Le *Myrte* (*Myrtus communis*), arbrisseau de la région méditerranéenne, a des baies astringentes; ses feuilles étaient renommées autrefois pour leur vertu tonique et stimulante. — Le *Giroflier* (*Caryophyllus aromaticus*), arbre originaire des îles Moluques, fournit au commerce les *clous de girofle*, qui ne sont autre chose que la fleur en bouton et qui contiennent une huile volatile très-aromatique. Les clous de Girofle sont universellement employés comme condiment, comme médicament et comme parfum. — Le fruit de l'*Eugenia pimenta*, arbre des Antilles, possède un arome et une saveur qui réunissent les qualités de la Muscade, de la Cannelle et du Girofle : de là son nom vulgaire de *toute-épice*. — Les baies des Goyaviers (*Psidium*), des Jambosiers (*Jambosa*) et de plusieurs autres Espèces sont très-recherchées à cause de leur saveur aromatique, et on les conserve en marmelade.— Les Myrtacées, dont le fruit est capsulaire, possèdent aussi une huile volatile dans leurs feuilles et dans leur fruit : l'Espèce principale est le *Melaleuca cajuputi*, arbrisseau des Moluques, qui fournit à la distillation une huile verte, d'une odeur suave et pénétrante, rappelant à la fois le camphre, la rose, la menthe et la térébenthine, et très-estimée comme antispasmodique. — Les *Eucalyptus* sont des arbres gigantesques de l'Australie, éminemment précieux comme bois de construction (*Eucalyptus robusta, globulus, etc.*). — Le fruit du *Couroupita*, grand arbre de l'Amérique tropicale, nommé à la Guyane *boulet de canon*, à cause de sa forme et de son volume, renferme une pulpe acidule-sucrée, très-agréable et très-rafraîchissante. — La graine du *Bertholletia excelsa* est comestible et se vend en Europe sous les noms de *Noix du Brésil*, *Noix d'Amérique*. — Nous mentionnerons aussi le *Sapucaya* (*Lecythis ollaria*), arbre brésilien, dont la capsule est ligneuse, très-grosse, très-épaisse, et s'ouvre circulairement en travers par soulèvement de son disque épigyne, lequel a la forme d'une calotte. On fait avec cette capsule des vases et des marmites, de là le nom populaire de *marmite de singe*, donné au fruit du *Sapucaya*.

## GRANATÉES, *GRANATEÆ*, *Endlicher*.

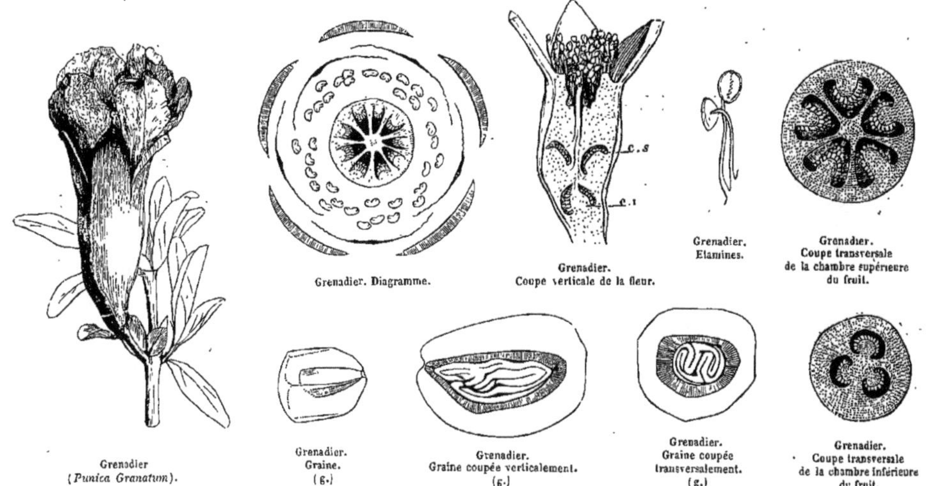


Grenadier (*Punica Granatum*). — Grenadier. Diagramme. — Grenadier. Coupe verticale de la fleur. — Grenadier. Etamines. — Grenadier. Coupe transversale de la chambre supérieure du fruit. — Grenadier. Graine. (g.) — Grenadier. Graine coupée verticalement. (g.) — Grenadier. Graine coupée transversalement. (g.) — Grenadier. Coupe transversale de la chambre inférieure du fruit.

Tige ligneuse, à rameaux dégénérant quelquefois en épines. — Feuilles généralement opposées, souvent fasciculées, entières, non ponctuées de glandes pellucides, glabres. *Stipules* nulles. — Fleurs ☿, terminales, solitaires, ou agrégées. — Calyce coloré, à limbe multi-partit, multi-sérié, à préfloraison valvaire. — Pétales 5-7, insérés sur la gorge du calyce, alternes avec les sépales, et à préfloraison imbriquée. — Étamines nombreuses, multi-sériées, insérées au-dessous des pétales, et incluses. *Filets* filiformes, libres. *Anthères* introrses, biloculaires, ovoïdes, dorsifixes, à déhiscence longitudinale. — Ovaire adhérent à la cupule réceptaculaire (tube calycinal des anciens Botanistes), formant deux étages superposés, l'inférieur 3-loculaire, à placentation centrale, le supérieur 5-7-loculaire, à placentation pariétale. *Ovules* nombreux, anatropes. *Style* filiforme, simple. *Stigmate* capité. — Baie sphérique, couronnée par le limbe du calyce, à loges séparées par des cloisons membraneuses. — Graines nombreuses, à tégument plein d'une pulpe pellucide acidule. — Embryon dicotylédoné, exalbuminé, droit. *Cotylédons* foliacés, enroulés. *Radicule* oblongue, courte, aiguë.

GENRE UNIQUE.

Grenadier, *Punica*.

Le fruit du Grenadier est probablement monstrueux, et analogue à certains fruits singulièrement modifiés par la culture, tels que la *Tomate* (*Lycopersicum esculentum*), et la variété d'orange nommée *bizarrerie* ou *mellarose*.

Le genre *Punica* est très-voisin des *Myrtacées* (voyez cette Famille). — L'Espèce unique qui le constitue (*Punica granatum*) est originaire de la Mauritanie, d'où lui vient le nom de *Punica*. Elle s'est répandue sur le littoral méditerranéen, et de là dans toutes les régions tempérées du globe; son fruit (*grenade*) est recouvert d'une écorce coriace, nommée vulgairement *malicor*, très-riche en tannin, et pouvant servir aux corroyeurs. Ses graines pulpeuses sont rafraîchissantes. Ses fleurs, nommées *balaustes*, étaient administrées autrefois comme vermifuges; mais c'est surtout dans l'écorce de sa racine que réside la vertu anthelminthique. Cette écorce contient une substance astringente un principe doux et un principe âcre, qui lui donnent la propriété toute spécifique de détruire le tænia ou ver solitaire.

# CALYCANTHÉES, *CALYCANTHEÆ*, *Lindley*.

Corolle *nulle*. Étamines *nombreuses, insérées sur le calyce*. Carpelles *nombreux, libres, insérés à l'intérieur du tube réceptaculaire*. Embryon *dicotylédoné, exalbuminé*. — Tige *ligneuse*. Feuilles *opposées, non stipulées*.

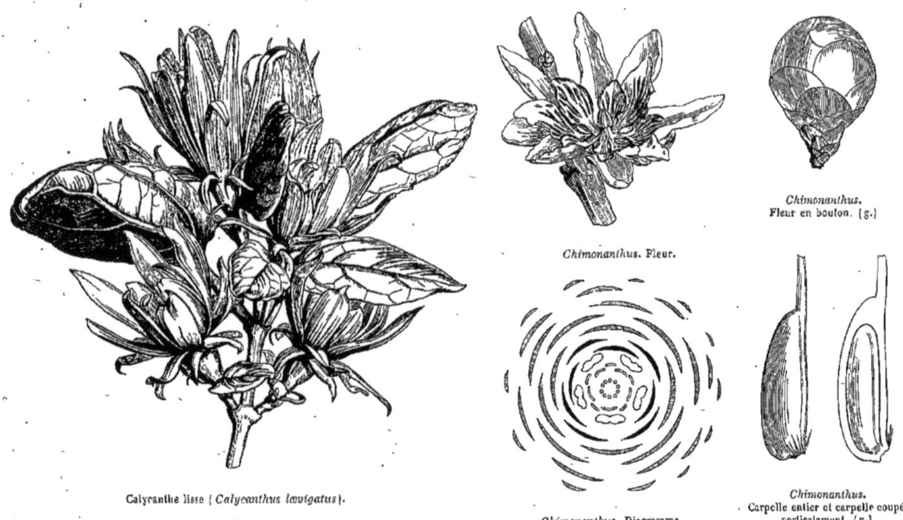

Calycanthe lisse (*Calycanthus lævigatus*).

*Chimonanthus*. Fleur.

*Chimonanthus*. Fleur en bouton. (g.)

*Chimonanthus*. Diagramme.

*Chimonanthus*. Carpelle entier et carpelle coupé verticalement. (g.)

*Chimonanthus*. Fleur coupée verticalement.

Arbrisseaux à tige tétragone. — Feuilles opposées, pétiolées, entières, non stipulées. — Fleurs ☿, régulières, contemporaines des feuilles, ou plus précoces, terminales, ou axillaires, souvent odorantes ou aromatiques. — Calyce coloré, à lanières nombreuses, multi-sériées, imbriquées, toutes semblables, ou les extérieures bractéiformes et les intérieures pétaloïdes, naissant d'une cupule réceptaculaire (tube calycinal des anciens Botanistes), courte, urcéolée. — Corolle nulle. — Étamines nombreuses, insérées sur un anneau charnu tapissant la gorge du calyce, les extérieures fertiles, les intérieures stériles, persistantes, ou tombantes, libres, ou cohérentes à la base. *Filets* courts, subulés, ou filiformes. *Anthères* extrorses, biloculaires, ovoïdes, ou oblongues, adnées, à déhiscence longitudinale. — Ovaires nombreux, insérés sur la paroi interne de la cupule réceptaculaire, libres, 1-loculaires, 1-ovulés. *Ovules* solitaires, ou rarement géminés, dont un minime, superposés, ascendants du fond de la loge, anatropes, à raphé ventral. *Styles* autant que d'ovaires, terminaux, simples, filiformes, ou comprimés-subulés. *Stigmates* indivis, obtus, terminaux. — Akènes nombreux, inclus dans le tube réceptaculaire accrescent, herbacé sub-charnu, ovoïde, ou oblong. — GRAINE unique, dressée, à *testa* membraneux. — EMBRYON exalbuminé. *Cotylédons* foliacés, enroulés. *Radicule* infère.

GENRES PRINCIPAUX.

| | | | |
|---|---|---|---|
| *Kimonanthe, | *Chimonanthus.* | *Calycanthe, | *Calycanthus.* |

L'affinité des *Calycanthées* avec les *Myrtacées* a été indiquée dans la description de ces dernières. Elles se rapprochent aussi des *Granatées* par leur calyce coloré, par le nombre et l'insertion des étamines, par les carpelles renfermées dans le tube réceptaculaire, l'embryon exalbuminé, les cotylédons enroulés, la tige ligneuse, les feuilles généralement opposées et les fleurs terminales; elles s'en éloignent par leurs fleurs sans pétales, leurs anthères extrorses, leurs ovaires libres et 1-ovulés, et leur fruit sec. — Elles ont aussi quelques rapports avec les *Monimiacées* : fleurs apétales, calyce bisérié, étamines nombreuses, insérées sur la gorge du calyce, ovaires nombreux, libres, insérés sur la paroi interne de la cupule réceptaculaire, 1-loculaires, 1-ovulés, ovules anatropes, styles simples, tige ligneuse et feuilles opposées; mais chez les Monimiacées les fleurs sont diclines, le périanthe est calycoïde, l'ovule est pendant, le fruit est drupacé et l'embryon petit, placé dans un albumen copieux. — Enfin on a rapproché les *Calycanthus* de la *Rose;* mais leur tige carrée, leurs feuilles opposées, non stipulées, leurs étamines stériles, leurs anthères extrorses, rendent la diagnose facile.

Les *Calycanthus,* dont on connaît 2 Espèces, habitent l'Amérique septentrionale; le *Chimonanthus* croît au Japon.

Les Calycanthées sont aromatiques; l'écorce du *Calycanthus floridus* est employée en Amérique comme tonique-stimulant.

# ROSACÉES, *ROSACEÆ, Jussieu.*

TIGE *herbacée ou ligneuse.* FEUILLES *alternes, stipulées, ou très-rarement dépourvues de stipules* (Spiræa Aruncus, etc.). INFLORESCENCE *variée.* FLEURS ☿, *quelquefois diclines.* CALYCE 5-*mère ou* 4-*mère, à préfloraison imbriquée, ou valvaire.* PÉTALES *autant que de sépales, libres, insérés sur le calyce, à préfloraison imbriquée, quelquefois nuls.* ÉTAMINES *ordinairement indéfinies, multisériées, insérées comme les pétales.* ANTHÈRES 2-*loculaires, introrses, dorsifixes.* PISTIL *très-varié.* OVULES *anatropes.* EMBRYON *dicotylédoné, droit, exalbuminé, ou très-rarement albuminé* (Neviusia).

## TRIBU I. — POMACÉES, *POMACEÆ, Jussieu.*

Cognassier (*Cydonia vulgaris*).

TIGE ligneuse. — FEUILLES à stipules libres, caduques. — FLEURS ☿, terminales, en corymbe, ou en cyme, ou en grappe, ou en ombelle. — CUPULE RÉCEPTACULAIRE (tube calycinal des anciens Botanistes) enveloppant les ovaires et soudée avec eux, terminée par un calyce 5-lobé. — PÉTALES 5. — ÉTAMINES nombreuses. — OVAIRES 5, quelquefois 3, 2, 1, adhérents à la cupule réceptaculaire, 1-loculaires, bi-pluri-ovulés. *Ovules* ascendants. *Styles* autant que d'ovaires, libres, ou cohérents par leur base. — FRUIT formé par les carpelles et par la cupule réceptaculaire devenue succulente, couronné par le limbe calycinal ou par sa cicatrice, à 5 loges, ou moins, renfermant 1-2, ou plusieurs graines. Péricarpe tantôt osseux, indéhiscent, percé d'un trou à la base; tantôt cartilagineux, ou membraneux, et s'entr'ouvrant du côté de l'axe. — GRAINE ascendante. *Radicule* infère.

GENRES PRINCIPAUX.

| | | | |
|---|---|---|---|
| *Cognassier, | *Cydonia.* | *Cotonéaster, | *Cotoneaster.* |
| *Poirier, | *Pyrus.* | *Eriobotrya, | *Eriobotrya.* |
| *Pommier, | *Malus.* | *Photinia, | *Photinia.* |
| *Sorbier, | *Sorbus.* | *Raphiolépis, | *Raphiolepis.* |
| *Néflier, | *Mespilus.* | *Stranvœsia, | *Stranvœsia.* |
| *Amélanchier, | *Aronia.* | *Aubépine, | *Cratægus.* |

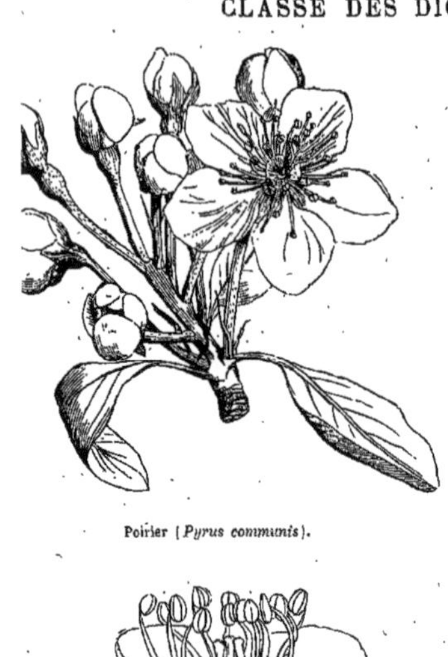

Poirier (*Pyrus communis*).

Cognassier.
Coupe verticale de la fleur.

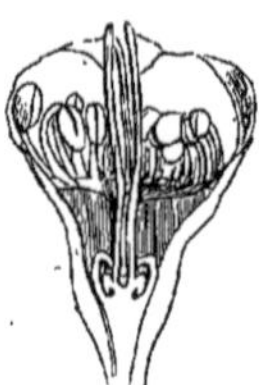

Poirier.
Coupe verticale de la fleur.

Poirier.
Coupe verticale du fruit.

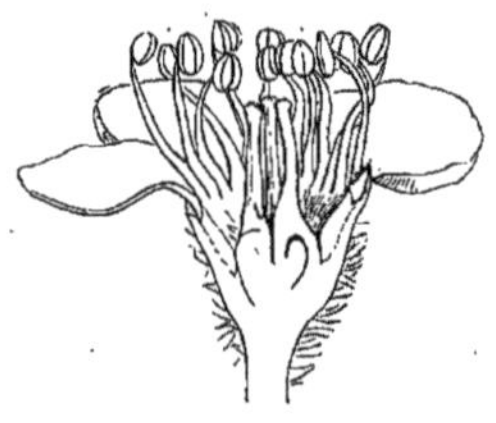

Sorbier des oiseaux (*Sorbus aucuparia*).
Fleur coupée verticalement. (g.)

Poirier.
Coupe transversale de l'ovaire.

Poirier.
Graine entière. (g.)

Poirier.
Graine coupée verticalement. (g.)

Sorbier des oiseaux.
Fleur. (g.)

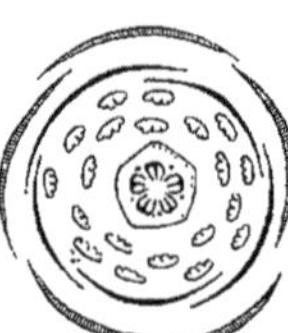

Cognassier. Diagramme.

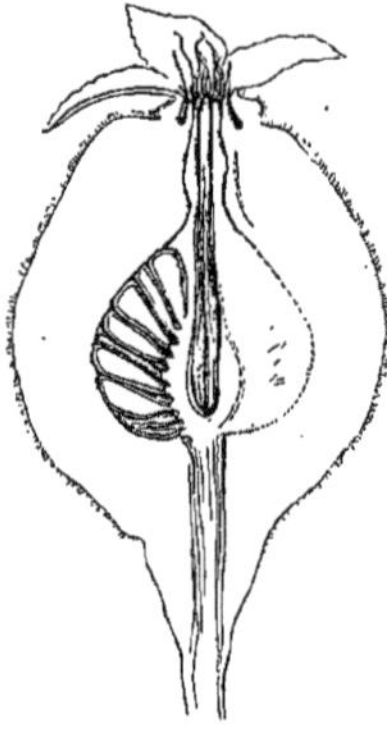

Cognassier. (*Cydonia vulgaris*).
Coupe verticale du fruit.

Amélanchier (*Aronia rotundifolia*).

Amélanchier
Fruit.

Amélanchier.
Carpelle. (g.)

Amélanchier.
Carpelle coupé verticalement. (g.)

Sorbier. Diagramme.

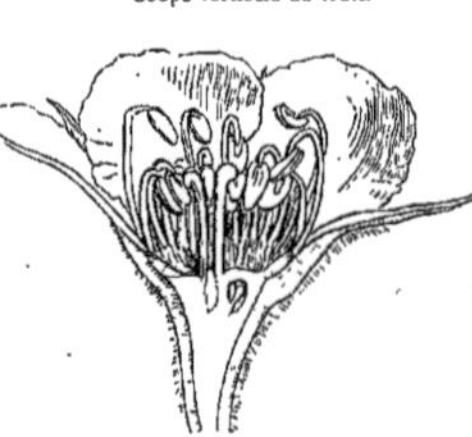

Néflier.
Coupe verticale de la fleur.

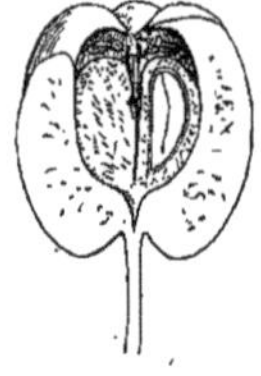

Cotonéaster.
Fruit coupé verticalement. (g.)

Cotonéaster.
Fruit.

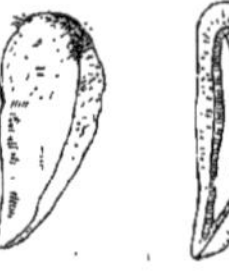

Cotonéaster.
Carpelle mûr.

Cotonéaster.
Carpelle coupé.

Alisier Aubépine.
Fruit. (g.)

Alisier Aubépine.
Carpelle entier. (g.)

Alisier Aubépine.
Carpelle coupé. (g.)

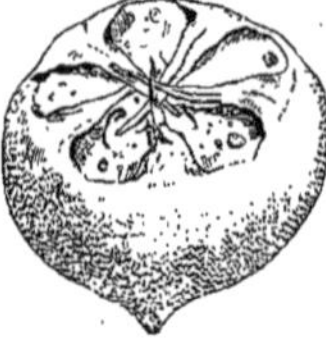

Néflier. Fruit.

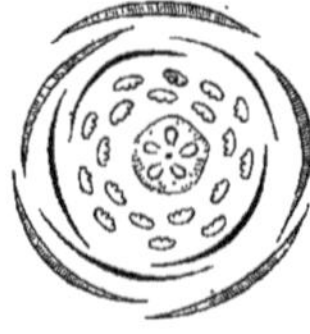

Néflier. Diagramme.

Néflier.
Fleur sans sa corolle.

Néflier.
Carpelle entier et coupé.

TRIBU DES POMACÉES. Néflier commun (*Mespilus germanica*).

## TRIBU II. — ROSÉES, *ROSEÆ*, *Candolle.*

TIGE ligneuse, ordinairement aiguillonnée, droite, ou sarmenteuse. — FEUILLES imparipennées, à stipules adnées au pétiole, rarement simples, quelquefois nulles et remplacées par les stipules. — FLEURS ☿, terminales, en corymbe, blanches, ou rouges, ou jaunes. — CUPULE RÉCEPTACULAIRE (tube calycinal des anciens Botanistes) ordinairement ovoïde, et se rétrécissant pour donner naissance au calyce, quelquefois cyathiforme. — SÉPALES foliacés, imbriqués. — PÉTALES 5, multipliant facilement par la culture. — ÉTAMINES nombreuses. — CARPELLES nombreux, insérés sur le fond, ou à la paroi interne de la cupule réceptaculaire, libres, 1-ovulés. *Ovule* pendant. — AKÈNES renfermés dans la cupule réceptaculaire, qui devient charnue à la maturité. — GRAINE pendante. *Radicule* supère.

GENRES.

| | |
|---|---|
| *Rosier, *Rosa.* | *Hulthémia, *Hulthemia.* |

Le Genre *Hulthemia*, séparé du Genre *Rosa* par un Botaniste moderne, a pour type un petit arbrisseau aphylle de l'Asie centrale (*Rosa berberifolia*, de *Pallas*), chez lequel la feuille est remplacée par deux stipules soudées ensemble, et figurant une feuille simple, réticulée, cunéiforme, obovale, dentelée à son pourtour, entière, ou bifide à son sommet, d'où naît quelquefois, à la bifurcation des stipules, un rudiment de feuille normale.

Rosier à feuilles odorantes (*Rosa rubiginosa*).

Rosier. Fleur coupée verticalement. (g.)

Rosier. Fleur en bouton.

Rosier. Fruit. (g.)

Rosier. Carpelle jeune (g.)

Rosier. Diagramme.

Rosier. Carpelle mûr. (g.)

Rosier. Carpelle mûr coupé verticalement. (g.)

## TRIBU III. — SANGUISORBÉES, *SANGUISORBEÆ*, *A. Gray*.

TIGE herbacée, ou rarement ligneuse. — FEUILLES généralement composées, à stipules adnées au pétiole. — FLEURS terminales, petites, ☿, ou diclines. — CUPULE RÉCEPTACULAIRE des fleurs ☿ et des fleurs ♀ urcéolée, resserrée au sommet, et donnant naissance à un limbe calycinal 4-5-3-fide; calyce des fleurs ♂ 4-phylle (*Poterium*), ou 3-phylle (*Cliffortia*). — PÉTALES ordinairement nuls, rarement 4. — ÉTAMINES tantôt en même nombre que les lobes calycinaux (*Sanguisorba*), tantôt en nombre moindre (*Margyricarpus*, *Tetraglochin*, *etc.*), tantôt en nombre double, ou triple, ou multiple (*Agrimonia*, *Aremonia*, *Cliffortia*, *Poterium*, *etc.*). — CARPELLES 1-4, libres. *Ovaires* renfermés dans la cupule réceptaculaire. *Styles* sub-basilaires, latéraux, ou terminaux. *Stigmates* en tête, ou en pinceau. — AKÈNES. — GRAINE pendante. *Radicule* supère.

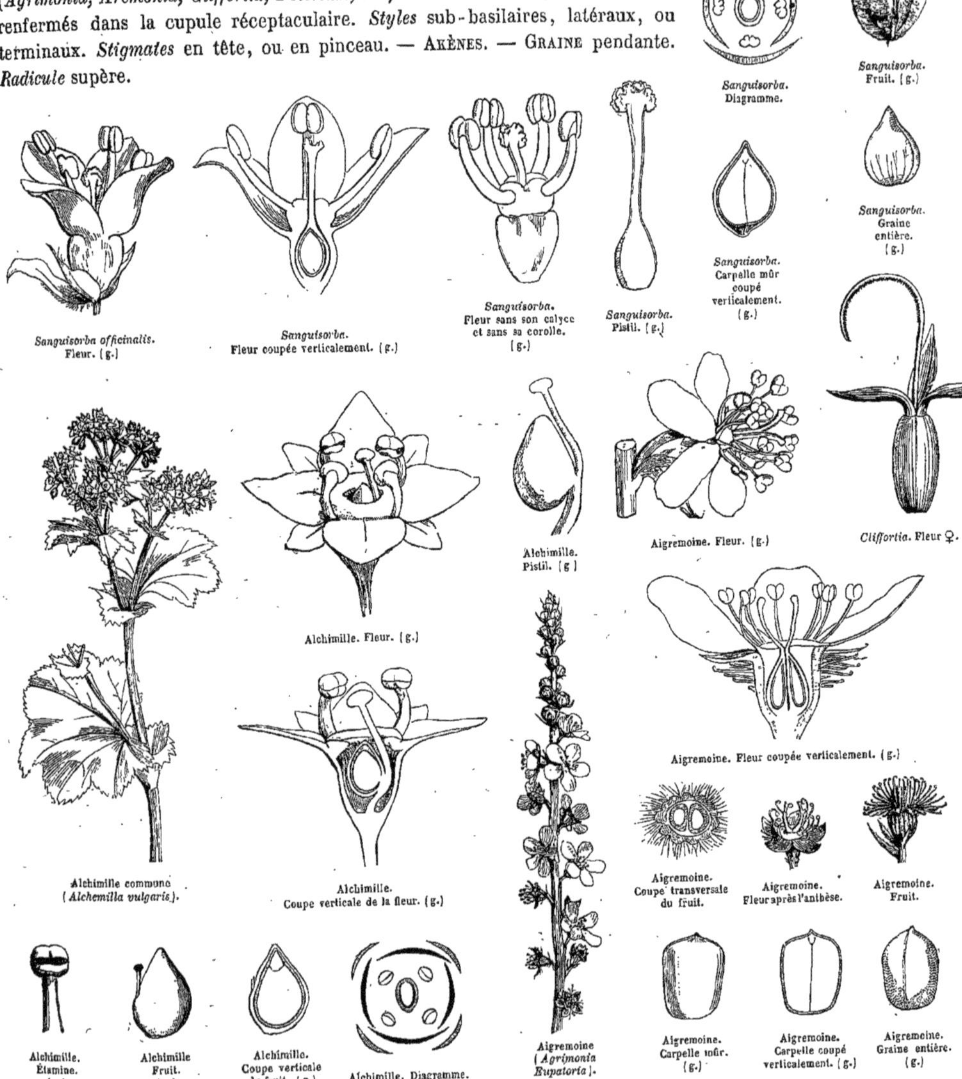

*Sanguisorba*. Diagramme.
*Sanguisorba*. Fruit. (g.)
*Sanguisorba officinalis*. Fleur. (g.)
*Sanguisorba*. Fleur coupée verticalement. (g.)
*Sanguisorba*. Fleur sans son calyce et sans sa corolle. (g.)
*Sanguisorba*. Pistil. (g.)
*Sanguisorba*. Carpelle mûr coupé verticalement. (g.)
*Sanguisorba*. Graine entière. (g.)
Alchimille. Fleur. (g.)
Alchimille. Pistil. (g.)
Aigremoine. Fleur. (g.)
*Cliffortia*. Fleur ♀.
Aigremoine. Fleur coupée verticalement. (g.)
Alchimille commune (*Alchemilla vulgaris*).
Alchimille. Coupe verticale de la fleur. (g.)
Aigremoine. Coupe transversale du fruit.
Aigremoine. Fleur après l'anthèse.
Aigremoine. Fruit.
Alchimille. Étamine. (g.)
Alchimille Fruit. (g.)
Alchimille. Coupe verticale du fruit. (g.)
Alchimille. Diagramme.
Aigremoine (*Agrimonia Eupatoria*).
Aigremoine. Carpelle mûr. (g.)
Aigremoine. Carpelle coupé verticalement. (g.)
Aigremoine. Graine entière. (g.)

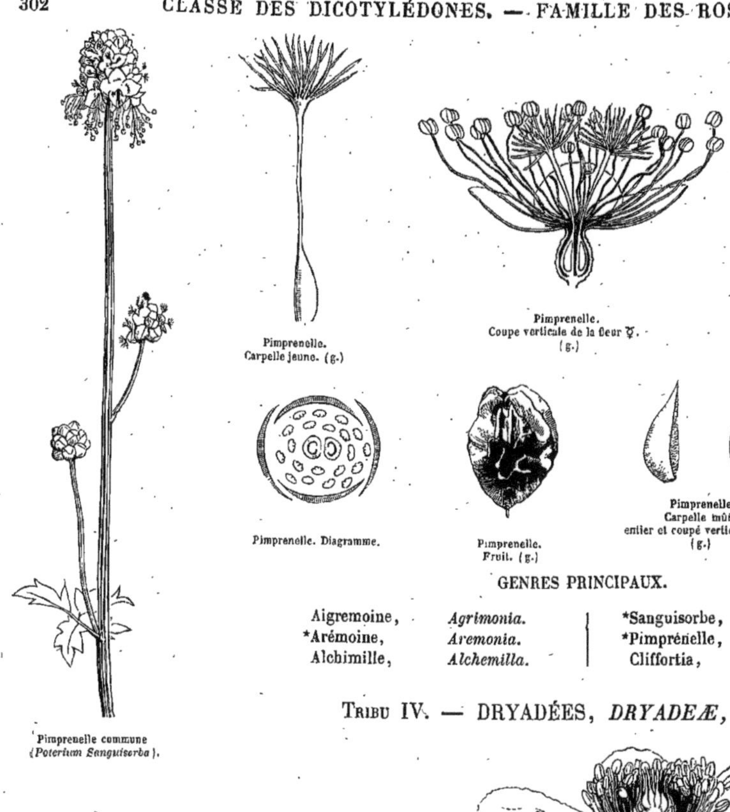

Pimprenelle commune (*Poterium Sanguisorba*).

Pimprenelle. Carpelle jeune. (g.)

Pimprenelle. Coupe verticale de la fleur ☿. (g.)

Pimprenelle. Fleur ☿. (g.)

Pimprenelle. Diagramme.

Pimprenelle. Fruit. (g.)

Pimprenelle. Carpelle mûr, entier et coupé verticalement. (g.)

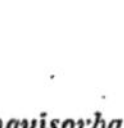

Pimprenelle. Graine entière. (g.)

GENRES PRINCIPAUX.

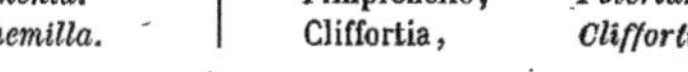

| | | | |
|---|---|---|---|
| Aigremoine, | *Agrimonia.* | *Sanguisorbe, | *Sanguisorba.* |
| *Arémoine, | *Aremonia.* | *Pimprénelle, | *Poterium.* |
| Alchimille, | *Alchemilla.* | Cliffortia, | *Cliffortia.* |

## TRIBU IV. — DRYADÉES, *DRYADEÆ*, *Ventenat.*

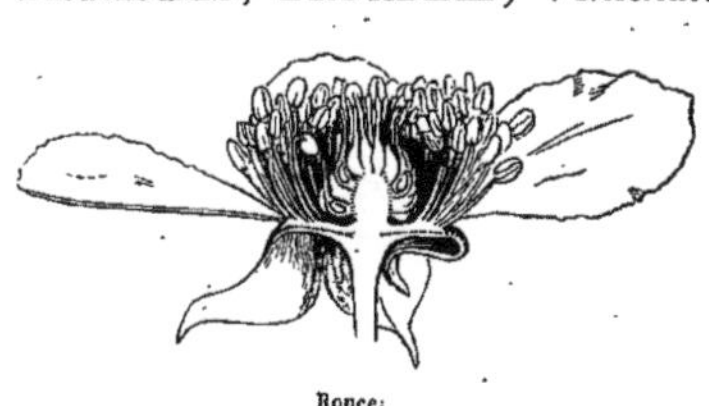

Ronce. Coupe verticale de la fleur. (g.)

Ronce. Carpelle. (g.)

Ronce à fruit bleuâtre (*Rubus cæsius*).

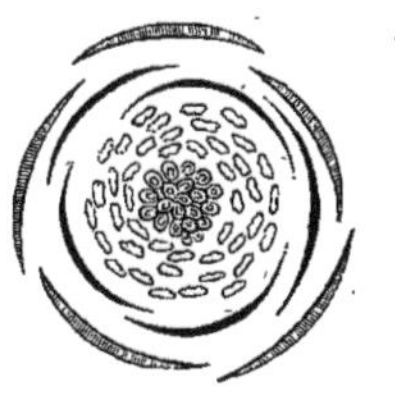

Ronce. Diagramme.

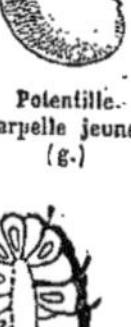

Potentille. Carpelle jeune. (g.)

Potentille. Calyce et calycule.

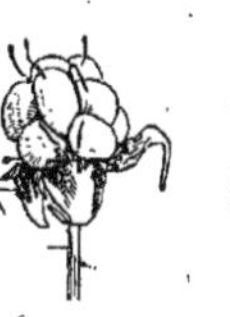

Ronce. Fruit.

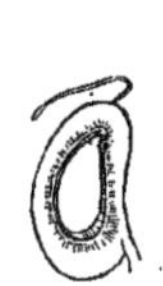

Ronce. Coupe verticale d'une drupéole.

Framboisier. Fruit coupé verticalement.

Potentille. Carpelle mûr entier et coupé verticalement.

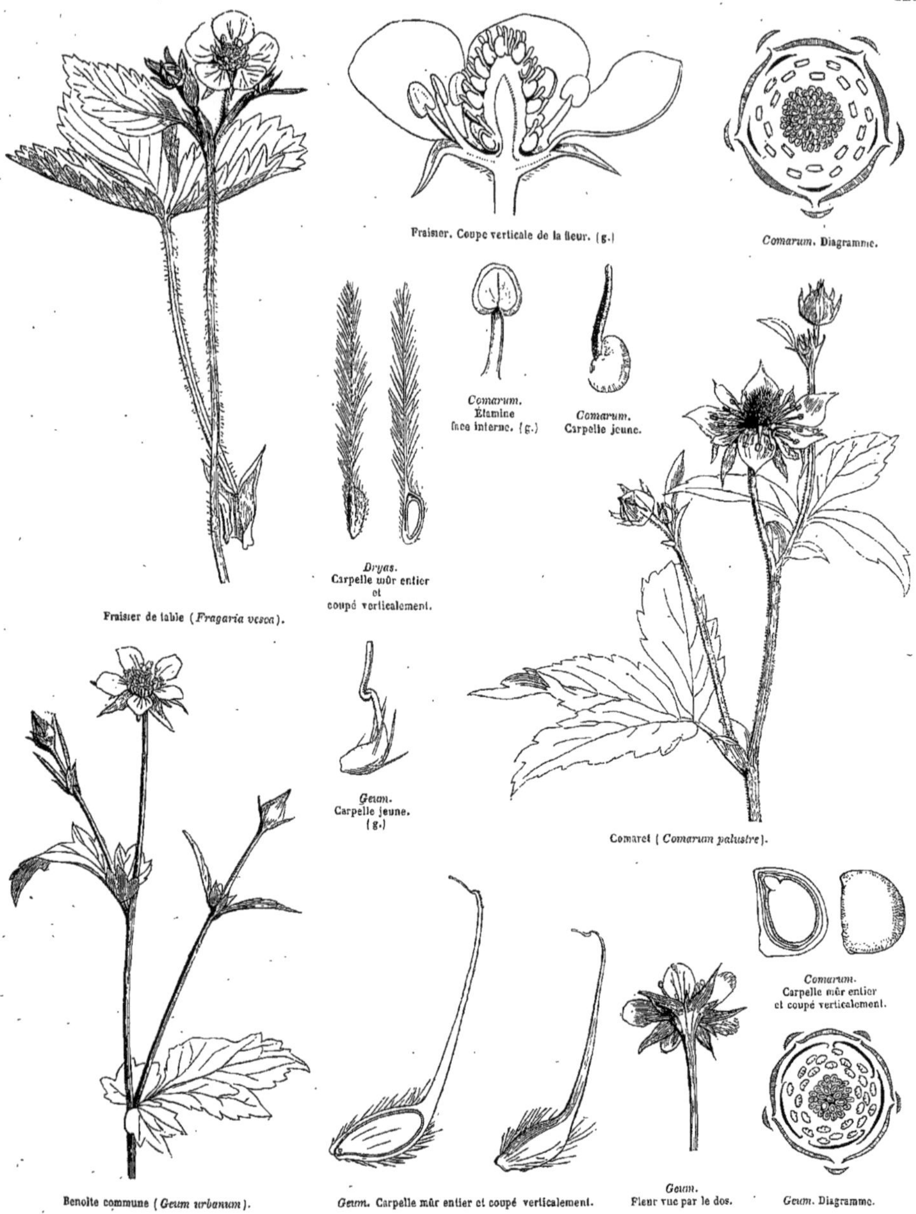

Fraisier. Coupe verticale de la fleur. (g.)

*Comarum*. Diagramme.

*Comarum*. Étamine face interne. (g.)

*Comarum*. Carpelle jeune.

*Dryas*. Carpelle mûr entier et coupé verticalement.

Fraisier de table (*Fragaria vesca*).

*Geum*. Carpelle jeune. (g.)

Comaret (*Comarum palustre*).

*Comarum*. Carpelle mûr entier et coupé verticalement.

Benoîte commune (*Geum urbanum*).

*Geum*. Carpelle mûr entier et coupé verticalement.

*Geum*. Fleur vue par le dos.

*Geum*. Diagramme.

Herbes, ou Arbrisseaux. — Feuilles ordinairement composées, à stipules adnées au pétiole. — Fleurs ☿. — Calyce 5-4-partit, persistant, tantôt nu, tantôt calyculé, à préfloraison valvaire. — Pétales 5-4. — Carpelles libres, ordinairement nombreux, quelquefois 5-10, disposés en tête sur un réceptacle convexe. — Ovaire 1-ovulé. *Ovule* pendant, rarement ascendant (*Geum*, *Dryas*). *Style* naissant sur le bord interne de l'ovaire, au-dessous du sommet. — AKÈNES, soit nus (*Potentilla, Comarum*, etc.), soit terminés par un style plumeux (*Dryas, Cercocarpus*), ou DRUPÉOLES sur un réceptacle ordinairement sec (*Rubus*), quelquefois charnu (*Fraisier*). — GRAINE pendante, ou rarement ascendante (*Geum, Dryas*). *Radicule* supère, ou rarement infère.

GENRES PRINCIPAUX.

| | | | | | |
|---|---|---|---|---|---|
| *Ronce, | *Rubus.* | *Potentille, | *Potentilla.* | Dryade, | *Dryas.* |
| *Fraisier, | *Fragaria.* | Sibbaldie, | *Sibbaldia.* | | |
| Comaret, | *Comarum.* | *Benoite, | *Geum.* | | |

## TRIBU V. — SPIRÉACÉES, *SPIRÆACEÆ*, De Candolle.

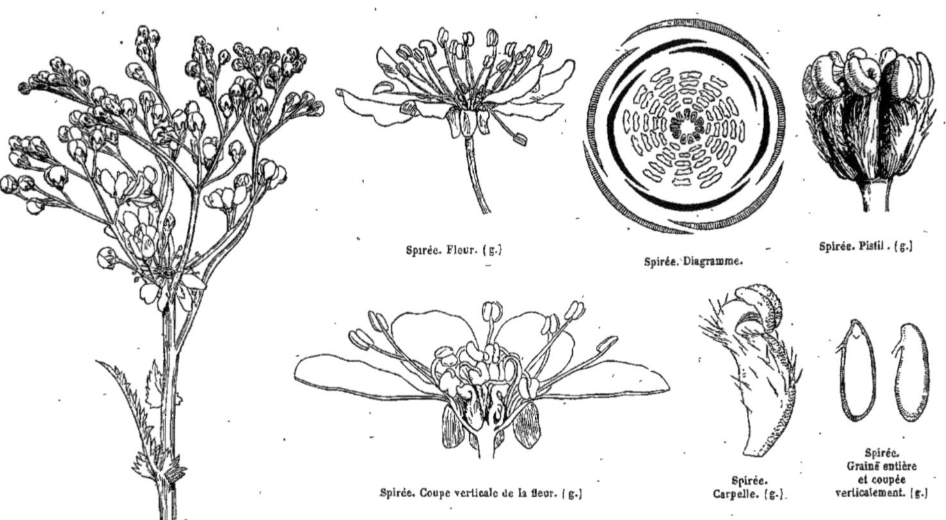

Spirée. Fleur. (g.)

Spirée. Diagramme.

Spirée. Pistil. (g.)

Spirée. Coupe verticale de la fleur. (g.)

Spirée. Carpelle. (g.)

Spirée. Graine entière et coupée verticalement. (g.)

Spirée filipendule (*Spiræa filipendula*).

TIGE ligneuse, ou herbacée. — FEUILLES souvent dépourvues de stipules. — FLEURS ☿, axillaires, ou terminales, disposées en grappe, ou en corymbe, ou en cyme, ou en panicule. — CALYCE 5-partit, persistant. — PÉTALES 5. — ÉTAMINES nombreuses. — CARPELLES ordinairement 5, rarement plus, ou moins, verticillés, libres, rarement cohérents, pluri-ovulés. *Ovules* 2-12, pendants. *Style* court. *Stigmate* épais. — FOLLICULES. — GRAINE pendante. *Radicule* supère.

GENRES PRINCIPAUX.

| | | | | | | | |
|---|---|---|---|---|---|---|---|
| *Corète, | *Kerria.* | *Spirée, | *Spiræa.* | *Gillénie, | *Gillenia.* | Neviusia, | *Neviusia.* |

## TRIBU VI. — NEURADÉES, *NEURADEÆ*, De Candolle.

TUBE réceptaculaire accrescent. — PÉTALES 5. — ÉTAMINES 10. — OVAIRES 10, adhérents par le dos au tube réceptaculaire, et libres par leur face ventrale. — FRUIT capsulaire, à loges 1-séminées. — GRAINES pendantes. — HERBES à feuilles sinuées-pennifides, stipulées.

GENRE PRINCIPAL.

Neurada, *Neurada.*

## TRIBU VII. — AMYGDALÉES, *AMYGDALEÆ*, *Jussieu.*

TIGE ligneuse, produisant de la gomme, à rameaux quelquefois spinescents. — FEUILLES simples, entières, ou dentées, munies de glandes, à stipules libres, caduques. — FLEURS ☿, axillaires, solitaires, ou géminées, ou en grappe, ou en corymbe, ou en ombelle. — CALYCE tombant. — PÉTALES 5. — ÉTAMINES nombreuses. — CARPELLE unique, très-rarement plusieurs. — OVAIRE à 2 ovules pendants. — DRUPE. — GRAINE ordinairement solitaire par avortement, pendante. — *Radicule* supère.

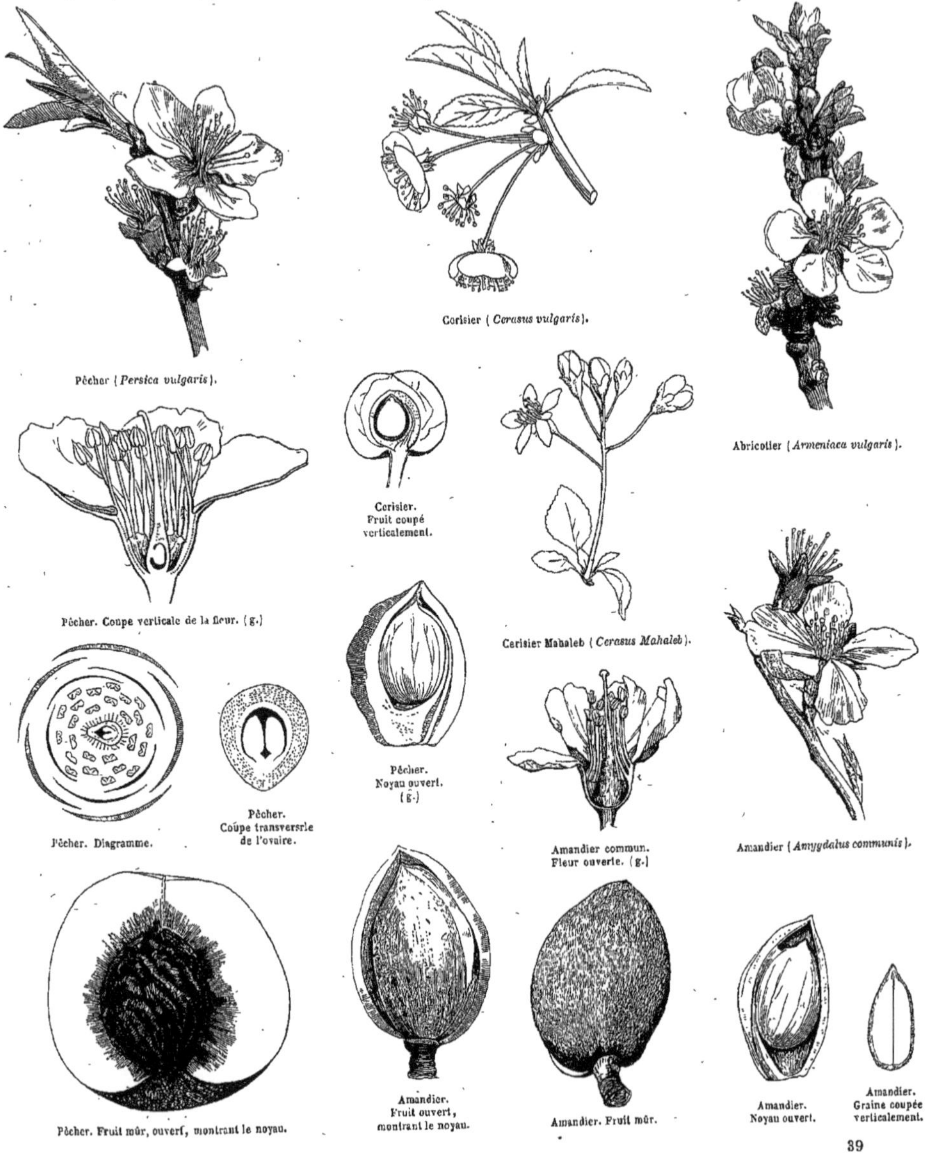

Pêcher (*Persica vulgaris*).

Cerisier (*Cerasus vulgaris*).

Abricotier (*Armeniaca vulgaris*).

Pêcher. Coupe verticale de la fleur. (g.)

Cerisier. Fruit coupé verticalement.

Cerisier Mahaleb (*Cerasus Mahaleb*).

Pêcher. Diagramme.

Pêcher. Coupe transversale de l'ovaire.

Pêcher. Noyau ouvert. (g.)

Amandier commun. Fleur ouverte. (g.)

Amandier (*Amygdalus communis*).

Pêcher. Fruit mûr, ouvert, montrant le noyau.

Amandier. Fruit ouvert, montrant le noyau.

Amandier. Fruit mûr.

Amandier. Noyau ouvert.

Amandier. Graine coupée verticalement.

GENRES PRINCIPAUX.

| | | | | | |
|---|---|---|---|---|---|
| *Amandier, | *Amygdalus.* | *Prunier, | *Prunus.* | *Cerisier, | *Cerasus.* |
| *Pêcher, | *Persica.* | *Abricotier, | *Armeniaca.* | | |

Chacune des Tribus constituant le groupe entier des *Rosacées* peut être considérée comme une Famille particulière. Les descriptions de ces Tribus placées en regard les unes des autres permettront au lecteur de saisir rapidement les rapports qui les lient et les différences qui les séparent. — En ce qui concerne les autres Familles, les *Amygdalées* se rattachent aux *Chrysobalanées* par leur calyce et leur corolle pentamères, par l'insertion et le nombre des étamines, le fruit drupacé, l'embryon exalbuminé, la tige ligneuse et les feuilles alternes, simples, stipulées; les Chrysobalanées diffèrent par leur pétiole non glanduleux, leur calyce inéquilatéral et leurs étamines inégales, plus petites et souvent stériles du côté où le calyce est moins développé, leur graine dressée et privée des éléments de l'acide cyanhydrique. — Les Rosacées dans leur ensemble offrent une grande ressemblance de port avec les *Légumineuses*, par leurs feuilles alternes, stipulées, souvent pennées et quelquefois tout à fait semblables à celles de quelques *Papilionacées* (*Osteomeles, Horkelia*). — Ce sont surtout les *Amygdalées* qui se lient étroitement à cette grande Famille par leur inflorescence axillaire, leur calyce et leur corolle pentamères, à préfloraison imbriquée, par leur carpelle unique et leurs feuilles munies de glandes analogues à celles que présentent les feuilles des *Mimosées*; en outre, comme ces dernières, elles excrètent de la gomme. — Les Légumineuses *Papilionacées* ne diffèrent guère que par l'irrégularité de la corolle, le nombre limité des étamines et la soudure de leurs filets; mais dans quelques Genres de Légumineuses les fleurs sont régulières ou sub-régulières (*Hæmatoxylon, Labichea, Bauhinia*, etc.), les filets des étamines sont libres (*Cæsalpinia, Cassia, Gymnocladus, Gleditschia, Hymenæa*, etc.), et, pour surcroît d'affinité, le fruit est quelquefois une drupe (*Detarium*), de sorte que le seul caractère distinctif et sans exception qui sépare les Légumineuses des Rosacées, réside dans le calyce, dont la foliole impaire est antérieure chez les Légumineuses, tandis que chez les Rosacées cette foliole est située du côté de l'axe. (Comparer les diagrammes des deux Familles.)

Les Rosacées tiennent aux *Saxifragées* par les *Spiréacées*, et en particulier par le Genre *Neviusia*, dont la graine est albuminée. Elles se rapprochent par les *Dryadées* des *Céphalotées* (voir ces Familles). — M. Ad. Brongniart a signalé une affinité incontestable entre les *Pomacées* et les *Cupulifères* : tige ligneuse, riche en tannin, feuilles alternes, stipulées, ovaire infère à plusieurs loges 2-ovulées, ovules anatropes, embryon exalbuminé; la diagnose ne s'appuie guère que sur l'absence de pétales et les ovules, pendants chez les *Cupulifères*. — Enfin nous mentionnerons une analogie indiquée par Rob. Brown entre les *Amygdalées* et les *Thymélées*; elle se fonde sur l'insertion des étamines, le pistil monocarpellé, l'ovaire oblique 1-loculaire, 1-ovulé, l'ovule pendant, le style subterminal, le fruit drupacé, et l'embryon exalbuminé, à cotylédons charnus; mais les *Thymélées* diffèrent par la nature des organes élémentaires de leur tige, par leurs principes âcres et vésicants, leurs feuilles sans stipules, et le nombre défini de leurs étamines.

Les *Pomacées* appartiennent toutes à l'hémisphère Nord; elles habitent l'Europe, l'Asie et l'Amérique septentrionale; elles sont fréquentes dans les montagnes de l'Inde, et rares au Mexique, aux îles Madères, dans l'Afrique méditerranéenne et l'archipel des îles Sandwich. — Le *Poirier* appartient exclusivement à l'ancien Continent; le *Sorbier des Oiseaux* accompagne souvent le *Bouleau* dans les latitudes les plus élevées de l'hémisphère Nord. — Les *Rosiers* naissent tous en-deçà du Cancer. — Les *Fraisiers* croissent dans toutes les parties tempérées de l'hémisphère Nord ainsi que dans l'Amérique méridionale extra-tropicale et aux Moluques. — Les *Ronces* croissent surtout dans les régions tempérées des deux Continents; elles sont rares entre les tropiques; quelques-unes s'avancent dans l'hémisphère austral jusqu'à la Nouvelle-Zélande. — Les *Potentilles*, les *Benoîtes*, les *Dryades*, les *Aigremoines*, les *Sanguisorbes*, les *Pimprenelles* et les *Alchimilles* habitent pour la plupart les parties tempérées et fraîches de l'hémisphère Nord. Quelques *Sanguisorbées* appartiennent à l'Amérique tropicale et sub-tropicale. — Les vraies *Spiréacées* vivent en-deçà du Cancer; les autres habitent le Pérou et le Chili. — Les *Neuradées* se rencontrent au sud et au nord de l'Afrique. — Les *Amygdalées* naissent pour la plupart dans les parties tempérées de l'hémisphère boréal. On n'en trouve qu'un petit nombre dans l'Amérique tropicale; il en existe quelques-unes aux Canaries, aux Açores, ainsi qu'aux îles Sandwich; on n'en a jusqu'aujourd'hui rencontré aucune au-delà du Capricorne.

Le fruit des *Pomacées* contient du mucilage, du sucre et de l'acide malique, dont les proportions ont été si heureusement développées et modifiées par la culture, que cette Famille est devenue pour l'homme une des plus utiles du Règne végétal.

*Cognassier commun* (*Cydonia vulgaris*). Fruit alimentaire avec le sucre, astringent en gelée et en sirop. Graines à mucilage émollient.

*Poirier commun* (*Pyrus communis*). Fruit obconique ou sub-globuleux, à chair saccharine, savoureuse et fondante, présentant vers le cœur des granules pierreux nommés *carrière*. Bois d'un grain serré, très-recherché des menuisiers, et employé autrefois par les graveurs.

*Pommier commun* (*Malus communis*). Fruit ordinairement globuleux, toujours ombiliqué à sa base, et ne s'amincissant pas vers le pédoncule, à chair ferme, cassante et acidule, jamais pierreuse, contenant, outre le sucre et l'acide malique, de la gomme, de la pectine, de l'albumine. Les *Pommes* servent à préparer une compote, un sirop et une gelée. — Leur suc fermenté fournit un *cidre* et un vinaigre. — La chair de la *poire* contient les mêmes principes, et son suc est également fermentescible (*poiré*).

*Sorbier domestique* (*Sorbus domestica*), vulgairement *Cormier*. Fruit d'abord acerbe, puis devenant pulpeux et sucré après la cueillette, comestible, fermentescible. Bois d'un grain très-fin et susceptible de poli.

*S. des Oiseleurs* (*S. aucuparia*). Fruit pulpeux, contenant de l'acide malique, à saveur nauséabonde, mais fermentescible, et pouvant donner à la distillation une liqueur spiritueuse.

*S. Alisier* (*S. Aria*). Fruit à pulpe sucrée, à peine acidule. Bois d'une texture très-fine, et plus estimé que celui du Poirier.

*S. torminal* (*S. torminalis*). Fruit acerbe, puis acidule. Écorce jadis employée comme astringente dans la dyssenterie.

*Azérolier* (*Cratægus Azarolus*). Fruit pulpeux, comestible.

*Néflier* (*Mespilus germanica*). Fruit acerbe, devenant pulpeux et sucré après la cueillette, alimentaire, astringent.

Les *Rosées*, les *Sanguisorbées* et les *Dryadées* fournissent à la médecine plusieurs Espèces utiles; quelques-unes sont alimentaires.

*Rosier sauvage* (*Rosa canina*). Fruit pulpeux, donnant une conserve astringente, antiputride. Akènes employés à l'intérieur comme médicament vermifuge; jeunes feuilles infusées comme le thé. Racine vantée autrefois contre la rage canine : de là le nom spécifique. Tige offrant souvent une excroissance moussue, résultant de la piqûre d'un insecte, et usitée autrefois, sous le nom de *Bédéguar*, comme médicament diurétique, anthelminthique, antiscrofuleux.

*R. de Provins* (*R. gallica*). Pétales astringents servant à la préparation de la *conserve de roses* et du *miel rosat*.

*R. à cent feuilles* (*R. centifolia*), *R. des quatre-saisons* (*R. Kalendarum*, *R. moschata, etc.*). Fleurs fournissant par la distillation l'*eau de Roses*, employée comme collyre astringent, et, par macération dans l'huile de Sésame, l'*essence de rose* employée dans la parfumerie.

*Aigremoine* (*Agrimonia Eupatoria*, et *A. odorata*). Feuilles astringentes, employées contre les angines, la néphrite, les catarrhes pulmonaires, etc. — *Alchimille pied-de-lion* (*Alchemilla vulgaris*). Feuilles astringentes, vulnéraires. — *Sanguisorbe officinale* (*Sanguisorba officinalis*). Plante astringente. — *Pimprenelle commune* (*Poterium Sanguisorba*). Plante fourragère, condimentaire, astringente.

*Ronce arbrisseau* (*Rubus fruticosus*). Fruits comestibles, astringents, ainsi que les bourgeons.

*R. Framboisier* (*R. idæus*). Fruit parfumé, acidule et sucré, employé dans la préparation des gelées et du vinaigre *framboisé*.

*Fraisier de table* (*Fragaria vesca*). Plante alimentaire et médicinale. Fruit succulent, parfumé. Racine astringente et diurétique.

*Tormentille* (*Tormentilla erecta*). *Potentille quintefeuille* (*Potentilla reptans*). *P. Ansérine* (*P. anserina*). Plantes à racine et feuilles astringentes.

*Benoîte commune* (*Geum urbanum*) et *B. des ruisseaux* (*G. rivale*). Racine aromatique, amère, tonique et stimulante.

*Dryade à 8 pétales* (*Dryas octopetala*). Plante astringente, tonique.

Les racines des *Spiréacées* possèdent, comme celles des Dryadées, des propriétés astringentes, et les principes résineux et aromatiques qu'elles contiennent les rendent amères, toniques et stimulantes : telles sont la *Spirée filipendule* (*Spiræa filipendula*), la *Sp. barbe-de-chèvre* (*Sp. aruncus*) et la *Sp. reine-des-prés* (*Sp. ulmaria*) ; les fleurs de cette dernière sont employées pour donner du bouquet aux vins, et leur infusion aqueuse est sudorifique et cordiale. — Les fleurs du *Brayera anthelminthica*, arbre de l'Abyssinie, appartenant probablement à la Tribu des Spiréacées, sont, avec l'écorce de la racine du *Grenadier*, le remède le plus efficace qui soit employé pour la destruction du Tænia.

La Tribu des *Amygdalées* n'est pas moins utile à l'homme que celle des *Pomacées*, et c'est à la culture qu'elle doit l'excellence de ses fruits : la matière sucrée et le principe acide s'y combinent dans des proportions telles, que le sucre domine l'acide sans l'effacer, et donne à la drupe une saveur délicieuse. Beaucoup d'Espèces, et notamment l'*Amandier à graine amère*, contiennent en outre dans leur graine, et même dans leurs feuilles, les éléments de l'acide cyanhydrique, unis à une huile volatile particulière, qui ne se développent qu'au contact de l'eau, et leur donnent des propriétés narcotiques. — Le bois des Amygdalées est, comme celui des *Pomacées*, très-recherché pour le service de la menuiserie. Les espèces les plus utiles sont les suivantes :

*Amandier commun* (*Amygdalus communis*). Arbre indigène de la région méditerranéenne. Drupe, contrairement à celle des autres Amygdalées, fibreuse-coriace et sèche. Graine donnant par expression une huile fixe, douce, alimentaire, médicinale, miscible à l'eau par l'intermédiaire de la gomme, du sucre et de l'albumine qui l'accompagnent, et fournissant une émulsion laiteuse, avec laquelle on prépare les *loochs* et le sirop d'orgeat.

*Pêcher commun* (*Persica vulgaris*). Arbre originaire de la Chine. Fruit alimentaire ; amande contenant les éléments de l'acide cyanhydrique, comme celle de l'*Amandier amer*, et servant, avec le noyau broyé, à composer un ratafia nommé *liqueur de noyau*. Fleur médicinale employée en sirop purgatif.

*P. Brugnon* (*P. lævis*). Fruit à épicarpe lisse, comestible. Origine inconnue.

*Abricotier* (*Armeniaca vulgaris*). Arbre originaire de l'Asie septentrionale (Chine?). Fruit alimentaire, à chair succulente, parfumée.

*Prunier épineux* (*Prunus spinosa*). Arbrisseau indigène. Fleurs purgatives. Fruits, nommés *prunelles*, très-acerbes, et devenant comestibles quand la gelée a macéré leur parenchyme. Écorce astringente, amère et fébrifuge.

*Pr. domestique* (*Pr. domestica*) et son type sauvage (*Pr. insititia*), répandus dans toutes les régions tempérées du globe. Fruit alimentaire et médicamenteux.

*Cerisier Merisier* (*Cerasus avium*). Espèce européenne, à drupe fournissant par la fermentation et la distillation le *kirsch-wasser* et le *vin de cerise*. Bois d'un jaune rougeâtre, estimé par les ébénistes.

*C. Bigarreautier* (*C. duracina*). Espèce voisine de la précédente. Drupe comestible, et chair se séparant difficilement du noyau. Patrie inconnue.

*C. Guignier* (*C. Juliana*). Drupe comestible, à chair se séparant aisément du noyau. Patrie inconnue.

*C. Griottier* (*C. caproniana*). Arbre originaire d'Asie, apporté, dit-on, de Cérasonte par Lucullus après ses victoires sur Mithridate. Fruit comestible, très-varié par la culture, à chair acidule rafraîchissante.

*C. Mahaleb* (*C. Mahaleb*). Bois recherché des ébénistes sous le nom de *bois de Sainte-Lucie*. Graine de saveur douce et d'odeur suave, renommée chez les Arabes contre les calculs de la vessie, donnant par expression une huile fixe, employée dans la parfumerie.

*C. Putiet* (*C. Padus*). Écorce amère et astringente, proposée comme succédanée du quinquina.

*C. Laurier-Cerise* (*C. Lauro-Cerasus*). Arbre de l'Asie Mineure, à feuilles condimentaires, donnant à la distillation une huile volatile associée à une notable quantité d'acide cyanhydrique. Eau distillée médicinale, narcotique, même à petite dose.

# LÉGUMINEUSES, *LEGUMINOSÆ*.

## (PAPILIONACEÆ ET LOMENTACEÆ, *Linné*. — LEGUMINOSÆ, *Jussieu*.

HERBES *ou* ARBRISSEAUX, *ou* ARBRES. FEUILLES *alternes, ordinairement composées, stipulées.* FLEURS *irrégulières, ou régulières, ☿, ou quelquefois diclines.* COROLLE *périgyne, ou hypogyne, régulière et à préfloraison valvaire, ou irrégulière et à préfloraison imbriquée, rarement nulle.* ÉTAMINES *insérées avec la corolle, en nombre double de celui des pétales, ou indéfinies.* ANTHÈRES *biloculaires.* PISTIL *généralement monocarpellé, devenant une gousse, ou un fruit indéhiscent, souvent articulé.* EMBRYON *dicotylédoné, généralement exalbuminé.*

## Sous-Famille I. — MIMOSÉES, *MIMOSEÆ*, *Rob. Brown.*

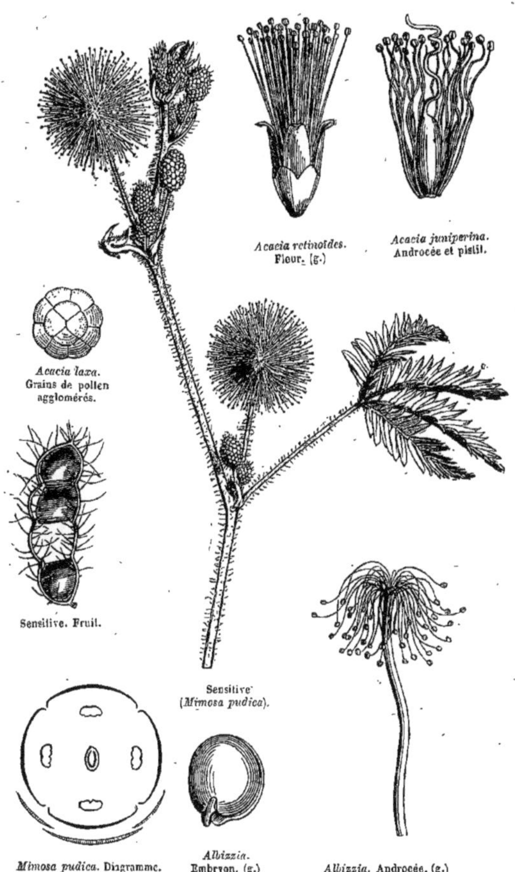


Tige ligneuse, rarement herbacée, inerme, ou épineuse, droite, ou sarmenteuse, quelquefois aquatique et flottante (*Neptunia*). — Feuilles simples (*phyllodes*), ou bi-tri-pennées, quelquefois irritables, reposant sur un coussinet, ordinairement munies de glandes pétiolaires, ou rachidiennes. Stipules libres, caduques, quelquefois persistantes et spinescentes. — Fleurs ☿, souvent polygames, régulières, en épi, ou en tête, rarement en panicule, ou en corymbe. — Calyce 4-5-fide, ou 4-5-partit, à préfloraison généralement valvaire. — Pétales autant que de sépales et alternes, insérés sur la base du calyce, ou distinctement hypogynes, tantôt libres (*Parkia*, *Prosopis*), tantôt plus ou moins cohérents en tube (*Acacia*, *Mimosa*, *Inga*, etc.), à préfloraison généralement valvaire. — Étamines ordinairement en nombre double ou multiple de celui des pétales, très-rarement en nombre égal (*Desmanthus*). *Filets* libres (*Adenanthera*, *Desmanthus*, *Entada*, *Gagnebina*, etc.), ou monadelphes (*Albizzia*, *Parkia*, *Prosopis*, *Inga*, etc.). *Anthères* petites, arrondies, dorsifixes. Pollen à granules souvent agglomérés par 4 ou 6. — Carpelle unique, ou très-rarement plusieurs libres (*Affonsea*). *Ovaire* 1-loculaire. *Ovules* anatropes. — Légume tantôt 1-loculaire bivalve, tantôt pluri-loculaire par des cloisons transversales, ou lomentacé, atteignant quelquefois des proportions énormes (*Entada*). — Graines souvent marquées d'une aréole. — Embryon droit, ordinairement exalbuminé, très-rarement albuminé (*Fillæa*).

GENRES PRINCIPAUX.

| | | | | | |
|---|---|---|---|---|---|
| Parkia, | *Parkia.* | Gagnebina, | *Gagnebina.* | *Sensitive, | *Mimosa.* |
| Entada, | *Entada.* | Neptunia, | *Neptunia.* | *Acacia, | *Acacia.* |
| Adénanthéra, | *Adenanthera.* | Desmanthus, | *Desmanthus.* | *Inga, | *Inga.* |
| *Calliandra, | *Calliandra.* | *Albizzia, | *Albizzia.* | | |

## Sous-Famille II. — SWARTZIÉES, *SWARTZIEÆ*, *De Candolle.*

Arbres inermes. — Feuilles impari-pennées, ou simples, stipulées. — Fleurs ☿, sub-irrégulières, en grappe. — Calyce à préfloraison valvaire, 4-5-lobé, ou rarement se fendant en long d'un côté (*Zollernia*). — Pétales plus ou moins inégaux, à préfloraison imbriquée, 5 ou 3, ou 1, quelquefois 0, généralement hypogynes, rarement périgynes (*Aldina*). — Carpelle unique. *Ovaire* 1-loculaire, stipité. — Légume 1-loculaire, bivalve, pauci-séminé, rarement drupacé, indéhiscent (*Detarium*). — Embryon exalbuminé.

GENRES PRINCIPAUX.

| | | | | | |
|---|---|---|---|---|---|
| Swartzia, | *Swartzia.* | Aldina, | *Aldina.* | Détar, | *Detarium.* |

## Sous-Famille III. — CÆSALPINIÉES, *CÆSALPINIEÆ*, Rob. Brown.

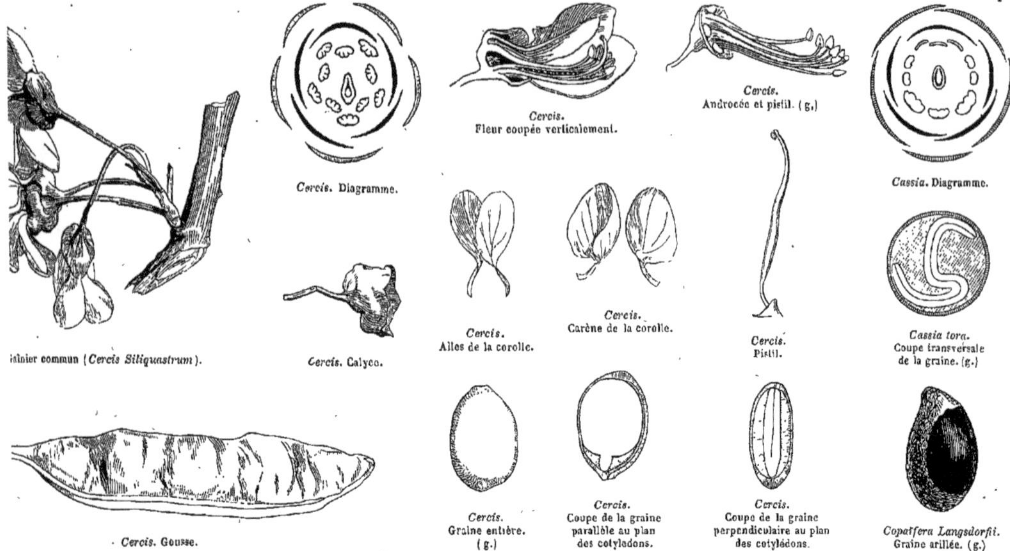


Tige ligneuse droite, ou volubile, quelquefois flexueuse, aplatie, rubanée (*Bauhinia*). — Feuilles généralement composées, stipulées. — Fleurs ☿, rarement dioïques (*Caroubier*), à préfloraison imbriquée, presque régulières, ou sub-papilionacées, disposées en grappes, ou en épis. — Calyce ordinairement pentamère. — Pétales insérés sur le calyce, ordinairement 5, alternes avec les sépales, rarement 3 ou 2, ou 1, quelquefois 0 (*Copaïfera*, *Ceratonia*). — Étamines 10, ou moins, insérées avec les pétales, filets généralement libres, rarement cohérents (*Leptolobium*), plus ou moins inégaux. — Carpelle unique. *Ovules* anatropes. — Légume déhiscent, ou souvent indéhiscent, quelquefois plurilocellé par des cloisons transversales (*Cassia*, *Gleditschia*). *Graines* souvent marquées d'une aréole. — Embryon droit, exalbuminé, ou souvent albuminé.

GENRES PRINCIPAUX.

| | | | | | |
|---|---|---|---|---|---|
| *Gainier, | *Cercis.* | Bauhinia, | *Bauhinia.* | Campêche, | *Hæmatoxylon.* |
| *Févier, | *Gleditschia.* | Courbaril, | *Hymenæa.* | *Poincillade, | *Poinciana.* |
| *Chicot, | *Gymnocladus.* | Tamarin, | *Tamarindus.* | Brésillet, | *Cæsalpinia.* |
| Caroubier, | *Ceratonia.* | *Casse, | *Cassia.* | | |

## Sous-Famille IV. — PAPILIONACÉES, *PAPILIONACEÆ*, Rob. Brown.

Tige ligneuse, ou herbacée. Radicelles souvent couvertes de petites excroissances tubériformes. — Feuilles stipulées, dépourvues de glandes pétiolaires, souvent terminées en vrilles, quelquefois nulles, et remplacées soit par des stipules (*Lathyrus aphaca*), soit par des ailes herbacées et membraneuses, bordant la tige (*Crotalaria Vespertilio*); quelquefois opposées dans le premier âge (*Phaseolus*). — Fleurs complètes, très-rarement polygames (*Arachis*), à inflorescence axillaire, disposées en grappe, ou en épi, ou en tête, ou en ombelle, ou solitaires, à préfloraison imbriquée. — Calyce plus ou moins irrégulier, 5-denté, ou 5-fide, ou 5-partit, ou

2-labié, les 2 divisions postérieures formant la lèvre supérieure, les 2 latérales et l'antérieure formant la lèvre inférieure. — Pétales ordinairement 5, alternes avec les sépales, quelquefois 4, 3, 2, ou 1 (*Amorpha*), insérés sur un disque tapissant le fond du calyce, ordinairement libres, ou rarement cohérents (*Trèfle*), inégaux, le pétale postérieur (*étendard*) embrassant les autres, les 2 latéraux (*ailes*) semblables entre eux, appliqués sur les 2 antérieurs, qui sont semblables entre eux, souvent connivents, et simulent un pétale unique (*carène* ou *nacelle*). — Étamines 10, ou moins par avortement. *Filets* tantôt monadelphes, tantôt diadelphes par la séparation de l'étamine opposée à l'étendard; tantôt complétement libres (*Sophora, Cladrastis, Anagyris*, etc.). — Ovaire unique, opposé au sépale antérieur, sessile ou pédiculé, ordinairement pluri-ovulé. *Ovules* situés le long de la suture qui regarde l'étendard, campylotropes. *Style* filiforme. *Stigmate* terminal, ou situé latéralement du côté interne, au-dessous de l'extrémité stylaire. — Légume tantôt 1-loculaire, s'ouvrant en 2 valves, qui quelquefois se séparent des placentaires (*Carmichaëlia*); tantôt divisé en deux loges par une cloison longitudinale (*Astragalus, Oxytropis*); tantôt divisé par des cloisons transversales en logettes superposées; tantôt partagé par des étranglements (*isthmes*) en articles 1-séminés, qui se séparent à la maturité. — Graine à *testa* lisse, généralement caronculée. Embryon exalbuminé, ou albuminé, à radicule courbe.

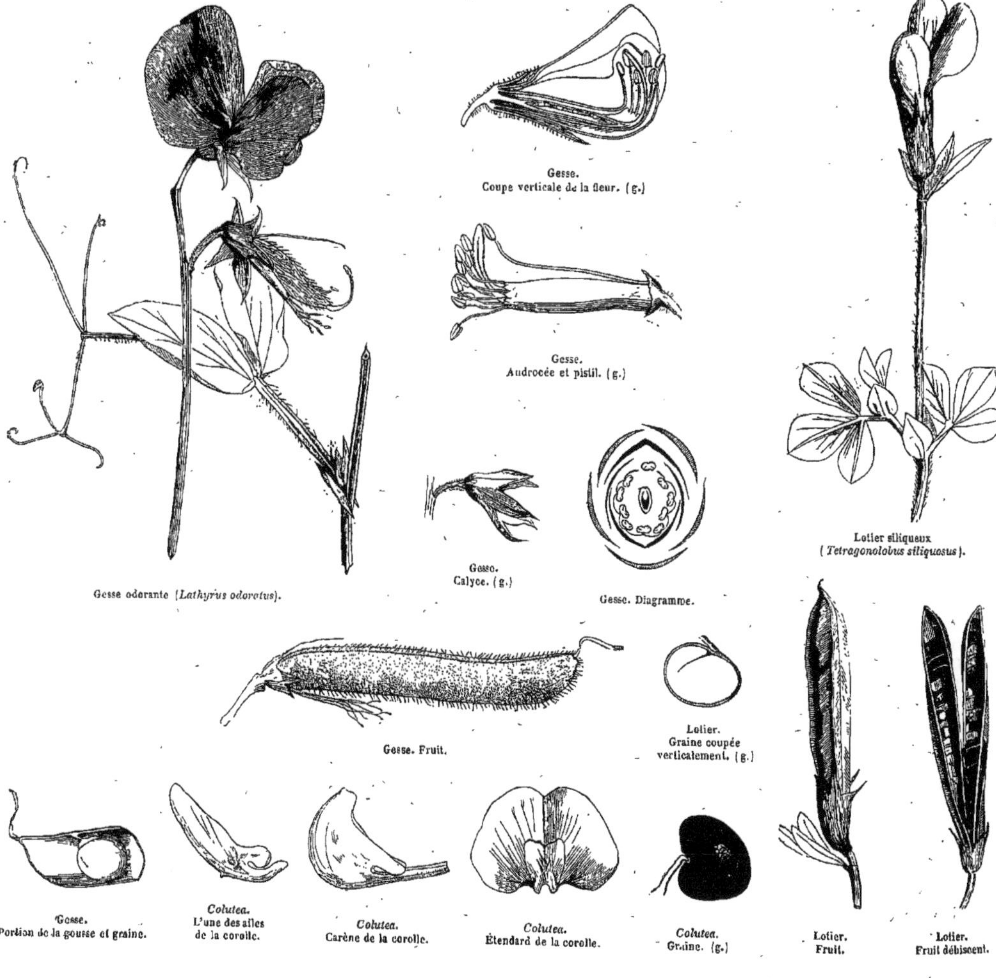

Gesse odorante (*Lathyrus odoratus*).

Gesse. Coupe verticale de la fleur. (g.)

Gesse. Androcée et pistil. (g.)

Gesse. Calyce. (g.)

Gesse. Diagramme.

Lotier siliqueux (*Tetragonolobus siliquosus*).

Gesse. Fruit.

Lotier. Graine coupée verticalement. (g.)

Gesse. Portion de la gousse et graine.

*Colutea*. L'une des ailes de la corolle.

*Colutea*. Carène de la corolle.

*Colutea*. Étendard de la corolle.

*Colutea*. Graine. (g.)

Lotier. Fruit.

Lotier. Fruit déhiscent.

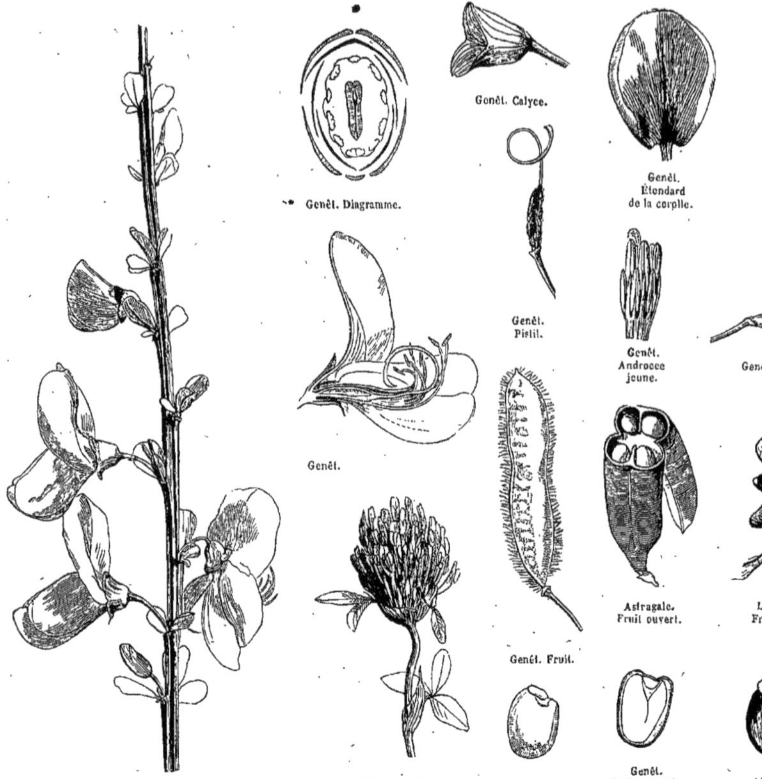


Genêt à balai (*Sarothamnus scoparius*). — Trèfle des prés (*Trifolium pratense*). — Genêt. Graine. (g.) — Genêt. Graine coupée verticalement. — Ajonc. Graine entière. — Ajonc. Graine coupée transversalement.

## GENRES PRINCIPAUX.

*Styphnolobium, *Styphnolobium.*
*Cladrastis, *Cladrastis.*
Virgilia, *Virgilia.*
Sophora, *Sophora.*
Myrospermum, *Myrospermum.*
Ptérocarpe, *Pterocarpus.*
Abrus, *Abrus.*
*Dolique, *Dolichos.*
*Haricot, *Phaseolus.*
*Apios, *Apios.*
*Wistéria, *Wisteria.*
*Érythrine, *Erythrina.*
*Dioclée, *Dioclea.*
*Glycine, *Glycine.*
*Kennédie, *Kennedya.*
*Esparcette, *Onobrychis.*
*Sainfoin, *Hedysarum.*
*Desmodie, *Desmodium.*
*Arachide, *Arachis.*
Sécurigère, *Securigera.*
Hippocrépide, *Hippocrepis.*

Ornithope, *Ornithopus.*
*Coronille, *Coronilla.*
Scorpiure, *Scorpiurus.*
Orobe, *Orobus.*
*Gesse, *Lathyrus.*
*Vesce, *Vicia.*
*Lentille, *Lens.*
*Pois, *Pisum.*
*Chiche, *Cicer.*
Biserrule, *Biserrula.*
*Astragale, *Astragalus.*
Oxytrope, *Oxytropis.*
Phaque, *Phaca.*
*Clianthe, *Clianthus.*
*Baguenaudier, *Colutea.*
*Halimodendron, *Halimodendron.*
*Caragana, *Caragana.*
*Daubentonie, *Daubentonia.*
*Robinier, *Robinia.*
*Galéga, *Galega.*
*Réglisse, *Glycyrhiza.*

*Indigotier, *Indigofera.*
Psoralier, *Psoralea.*
*Amorpha, *Amorpha.*
Lotier, *Lotus.*
*Tétragonolobe, *Tetragonolobus.*
Dorycnie, *Dorycnium.*
*Trèfle, *Trifolium.*
Mélilot, *Melilotus.*
*Trigonelle, *Trigonella.*
*Luzerne, *Medicago.*
Anthyllide, *Anthyllis.*
*Cytise, *Cytisus.*
*Genêt, *Genista.*
Sarothamnus, *Sarothamnus.*
*Spartium, *Spartium.*
*Rétame, *Retama.*
*Ajonc, *Ulex.*
Hérissonne, *Erinacea.*
Bugrane, *Ononis.*
Adénocarpe, *Adenocarpus.*
*Lupin, *Lupinus.*

| | | | | | |
|---|---|---|---|---|---|
| *Crotalaire, | *Crotalaria.* | *Eutaxie, | *Eutaxia.* | *Baptisie, | *Baptisia.* |
| *Templetonie, | *Templetonia.* | *Chorozéma, | *Chorozema.* | *Thermopsis, | *Thermopsis.* |
| *Hovéa, | *Hovea.* | *Callistachys, | *Callistachys.* | *Anagyris, | *Anagyris.* |
| *Pulténéa, | *Pultenæa.* | *Podalyrie, | *Podalyria.* | | |

La vaste Famille des *Légumineuses* est liée par d'étroites affinités aux *Amygdalées* (voir cette Famille). — Les *Mimosées* se rapprochent manifestement des *Oxalidées*, ainsi que l'a démontré M. Planchon : chez ces dernières, en effet, comme dans plusieurs Mimosées, la corolle est diplostémone; les étamines sont monadelphes, les ovules anatropes, l'embryon albuminé, droit; les graines arillées, les feuilles alternes, composées et irritables; mais leur calyce est imbriqué, leur ovaire 5-loculaire; leurs feuilles sont sans stipules et leur tige est généralement herbacée (excepté toutefois dans le Genre *Averrhoa*). — Les *Papilionacées* touchent aux *Térébinthacées*, qui leur ressemblent par leur port, leurs feuilles alternes souvent composées, leurs étamines périgynes, leur ovaire souvent unique; leur ovule campylotrope et leur embryon exalbuminé, mais qui s'en éloignent par leur fleur régulière, leurs étamines libres, leur fruit ordinairement charnu, et leurs feuilles non stipulées; toutefois l'affinité est rétablie par quelques *Césalpiniées* (*Ceratonia*), apétales et dioïques comme beaucoup de Térébinthacées, et dont en outre la fleur est sub-régulière et les étamines presque libres.

Les Mimosées abondent sous la zone tropicale; elles sont rares dans les régions sub-tropicales de l'hémisphère Nord. Elles sont surtout nombreuses en Afrique et en Australie. L'Amérique tropicale produit un grand nombre d'Espèces, appartenant au groupe des *Inga*. — Les *Swartziées* habitent l'Amérique et l'Afrique intertropicales; on n'en a pas encore rencontré en Asie. — Les *Papilionacées* ne sont bannies d'aucun climat, mais elles croissent pour la plupart entre les tropiques et près des tropiques, dans l'ancien Continent plus que dans le nouveau. Quelques *Astragales* s'élèvent jusqu'au sommet des plus hautes montagnes. — Les *Césalpiniées* sont nombreuses dans les régions tropicales; elles dépassent à peine le Cancer dans l'ancien Continent, et sont assez rares dans l'Amérique septentrionale.

La Famille des Légumineuses rend encore plus de services à l'homme que celle des Rosacées; ces dernières concourent à notre alimentation par la pulpe sucrée ou acidule de leur péricarpe; mais les graines farineuses des Papilionacées sont beaucoup plus nutritives; on trouve en outre dans leurs parties herbacées un fourrage précieux pour les animaux domestiques; enfin la Famille des Légumineuses est, de toutes les Familles du Règne végétal, celle qui fournit le plus de substances utiles à la médecine et à l'industrie : nous mentionnons ici les Espèces les plus importantes, dans l'ordre de leur classification botanique, et nous signalerons en passant quelques Plantes nuisibles :

*Albizzia anthelminthica* (*Moucenna*). Arbre d'Abyssinie, dont l'écorce est employée contre le Tænia.

*Acacia vera, A. arabica*, Arbres du Nord-Est de l'Afrique, de l'Arabie et de l'Inde, produisant la *gomme arabique*, usitée dans les arts et en médecine. — *Acacia Verek, A. Seyal, A. Adansonii.* Arbres de Sénégambie, produisant la *gomme du Sénégal*, employée aux mêmes usages que la gomme arabique.

*Acacia catechu.* Arbre de l'Inde, fournissant, par décoction de son bois, un suc épaissi, soluble dans l'eau, nommé *cachou*, et usité en médecine comme astringent-tonique.

*Adenanthera pavonina* (vulgairement *Condori*). Arbre indien, à graines lisses, rouges, nommées *Kuara*, dont on fait des colliers et des bracelets.

*Detarium Senegalense.* Arbre de Sénégambie, à fruit drupacé, comestible.

*Swartzia tomentosa.* Arbre de l'Amérique tropicale, à écorce résineuse, sudorifique.

*Ceratonia siliqua* (vulgairement *Caroubier*). Arbre de la région méditerranéenne. Fruit lomentacé, contenant une pulpe rousse, de saveur douceâtre, alimentaire, servant de fourrage en Espagne.

*Copaifera officinalis, C. coriacea, C. cordifolia*, etc. Arbres de l'Amérique tropicale, donnant par incision du tronc une térébenthine nommée *baume de copahu*, et usitée dans les affections catarrhales de l'urèthre, de la vessie et du poumon.

*Hymenæa verrucosa.* Arbre de Madagascar, fournissant une résine jaune nommée *copal* ou *animé*, insoluble dans l'alcool, mais soluble après fusion dans l'huile de lin, puis dans l'essence de térébenthine, et très-employée comme vernis.

*Aloexylon Agallochum.* Arbre de Cochinchine, à bois veiné, résineux, aromatique, nommé vulg[t] *bois d'Aloès*, brûlant avec flamme, et répandant une odeur suave.

*Cassia obovata, acutifolia, lanceolata*, etc. Arbrisseaux de la haute Égypte, de la Syrie, de l'Arabie, de l'Inde, du Sénégal, à feuilles contenant un principe purgatif actif, et très-usitées en médecine sous le nom de *séné;* les fruits sont des gousses aplaties, dont la propriété purgative est moins prononcée.

*C. fistula.* Arbre indien, à fruit ligneux, indéhiscent, nommé *casse*, et divisé par des cloisons transversales en logettes contenant une pulpe noire sucrée, laxative. — Les graines du *Cassia Absus* sont employées en Égypte pour guérir les ophthalmies chroniques.

*Tamarindus indica.* Arbre des Indes, de l'Asie occidentale et de l'Égypte, à mésocarpe pulpeux, acide et sucré, employé en médecine sous le nom de *tamarins*.

*Hæmatoxylon campechianum.* Arbre croissant à Campèche et aux Antilles, à bois aromatique, connu sous le nom vulgaire de *bois d'Inde, bois de Campêche*, et contenant un principe colorant (*hématine*), très-employé pour la teinture en noir et en violet.

*Cæsalpinia echinata.* Arbre du Brésil, à bois nommé *bois de Fernambouc*, contenant un principe colorant rouge (*brasiline*). — *Cæsalpinia coriaria.* Arbre de l'Asie tropicale, nommé vulgairement *Libidibi*, à gousse très-astringente, employée pour le tannage des cuirs.

*Castanospermum australe.* Arbre de l'Australie, à graines alibiles, connues sous le nom de *châtaignes d'Australie.*

*Sophora tomentosa.* Arbre dont la racine et les graines sont employées dans l'Inde pour arrêter les vomissements du choléra. — Les fleurs du *Styphnolobium japonicum* servent en Chine pour la teinture en jaune.

*Myroxylon Peruiferum.* Arbre du Pérou, produisant un *baume* liquide, à odeur suave, formé d'une résine, d'une huile et d'un acide particulier (acide cinnamique). — *Myroxylon toluiferum.* Arbre de la Colombie, produisant un baume sec ou mou, d'une odeur suave, composé d'une résine, d'une huile volatile, d'acides benzoïque et cinnamique, usité en médecine, comme le baume du Pérou, dans le traitement du catarrhe pulmonaire chronique.

*Coumarouna odorata.* Arbre de la Guyane, à bois très-dur et très-pesant, à graine contenant un principe cristallisable très-odorant (*coumarine*), et employée sous le nom de *fève tonka*, pour parfumer le tabac.

*Andira Surinamensis, A. inermis, A. racemosa*, etc. Arbres de l'Amérique tropicale, contenant des principes narcotico-âcres, et employés comme médicament émétique, purgatif, narcotique et vermifuge.

*Geoffroya vermifuga*, et *G. spinulosa.* Arbres du Brésil à graines possédant un principe âcre et volatil, qui les fait administrer comme médicament antelminthique.

*Dalbergia latifolia.* Arbre du Brésil, de l'Inde et de l'Afrique, dont le bois, nommé *palissandre*, est recherché par les ébénistes. — Plusieurs Espèces de *Machærium* produisent des bois connus aussi sous les noms de *jacaranda* ou *palissandre.*

*Pterocarpus Draco.* Arbre des Antilles, fournissant par incision de son écorce une résine rouge astringente nommée *sang-dragon.*

*Butea frondosa.* Arbre de l'Asie tropicale, produisant par incision un suc astringent nommé *gomme kino d'Orient.*

*Drepanocarpus senegalensis.* Arbre d'Afrique, produisant le *kino* vrai, ou *kino de Gambie.*

*Abrus precatorius.* Arbrisseau de l'Afrique et de l'Asie tropicales, transplanté en Amérique, à racine employée dans toute la zone torride au même usage que la Réglisse. Graines rouges, luisantes, à hile noir, dont on fait des chapelets et des colliers.

*Dolichos lablab.* Herbe de l'Inde, Espèces à graines farineuses, comestibles, et quelques Genres voisins (*Pachyrrhizus*), à rhizôme tubéreux, et à graines alimentaires.

*Phaseolus vulgaris.* Herbe volubile, ou naine, originaire de l'Inde, ou de l'Amérique, à jeune gousse sucrée-mucilagineuse, et à graines (*haricots*) farineuses alimentaires.

*Faba vulgaris* (*Fève*), *Pisum sativum* (*Pois*), *Cicer arietinum* (*Pois chiche*), *Ervum Lens* (*Lentille*). Herbes annuelles à graine farineuse, alimentaire. — Les graines de l'*Ervum Ervilia* (*Jarosse*) sont vénéneuses.

*Apios tuberosa, Psoralea esculenta* et *hypogæa.* Herbes de l'Amérique septentrionale, à rhizôme tubéreux, féculent, alimentaire.

*Alhagi Maurorum.* Arbrisseau de l'Asie et de l'Afrique tropicale et subtropicale, d'où exsude une substance analogue à la manne du Frêne, possédant les mêmes propriétés, et nommée *Manne de Perse* ou *Théréniabin.*

*Mucuna pruriens.* Herbe annuelle des Indes, dont la gousse est couverte de poils roides et brûlants : de là le nom vulgaire de *pois à gratter.* La graine est nommée *œil de bourrique*, à cause d'une grande aréole figurant un œil rond sur le testa.

*Onobrychis sativa.* Herbe vivace, cultivée sous les noms de *Sainfoin*, d'*Esparcette*, et fournissant un excellent fourrage.

*Arachis hypogæa.* Herbe annuelle, originaire du Brésil, enterrant son fruit pour mûrir les graines; graines huileuses et féculentes (*pistaches de terre*), usitées comme aliment, très-estimées dans l'industrie, à cause de leur huile, analogue à l'huile d'olives, et donnant lieu à un immense commerce d'importation, qui dépasse, pour la France seulement, quatre-vingt millions de kilogrammes.

*Voandzeia subterranea.* Herbe de Madagascar, à fruit hypogé, et alibile comme celui de l'*Arachis.*

*Lathyrus tuberosus.* Herbe vivace, volubile, à rhizôme féculent-sucré, cultivée comme Plante alimentaire avant l'introduction de la *Pomme-de-terre.*

*Vicia sativa.* Herbe annuelle grimpante (*Vesce*), cultivée comme fourrage.

*Astragalus creticus, verus, aristatus.* Arbrisseaux de la Crète, de la Syrie et de la Perse, du tronc desquels exsude la gomme *adragante*, suc gélatineux, se gonflant dans l'eau, très-usité en pharmacie et dans l'industrie.

*Colutea arborescens* (vulgairement *Baguenaudier*). Arbuste indigène de l'Europe méridionale, à feuilles purgatives et à graines émétiques.

*Herminiera elaphroxylon.* Arbrisseau de la Sénégambie, à bois très-léger, remplaçant le liége dans les pêcheries.

*Glycyrrhiza glabra, echinata, glandulifera.* Herbes vivaces, indigènes de l'Europe austro-occidentale, à rhizôme sucré, employé en médecine comme émollient, sous le nom de *bois de Réglisse*, et fournissant par décoction et évaporation un extrait sec nommé *jus* ou *suc de Réglisse.*

*Indigofera tinctoria, anil* et *argentea.* Sous-arbrisseaux indigènes de l'Asie tropicale, contenant dans leurs feuilles un principe colorant connue sous le nom d'*indigo*, que l'on extrait par fermentation dans l'eau.

*Melilotus officinalis* (*Mélilot*). Herbe indigène devenant plus odorante par la dessiccation, et rendant plus agréable aux bestiaux le foin auquel elle est mêlée. Fleurs usitées en infusion anti-ophthalmique.

*Trigonella fænum-græcum* (*Fenugrec*). Herbe à graines aromatiques et amères, employées en cataplasme résolutif, et mêlées comme stimulant à l'avoine des chevaux.

*Medicago sativa, lupulina*, etc. (*Luzernes*). — *Trifolium pratense, repens*, etc. (*Trèfles*). Herbes indigènes fournissant un fourrage excellent.

*Genista tinctoria* (vulgairement *Génestrolle*). Plante indigène, tinctoriale. Fleurs diurétiques. Graines purgatives et émétiques, jadis préconisées contre la rage.

*Sarothamnus scoparius* (vulgairement *Genêt à balais*). Arbrisseau indigène, à rameaux effilés et flexibles. Fleurs infusées dans du lait employées en lotions contre les maladies de peau. Boutons de fleurs, confits dans le vinaigre, employés comme les câpres.

*Ulex europæus* (vulgairement *Ajonc, Jonc marin, Lande, Thuie*). Arbrisseau indigène, très-usité comme combustible, servant à nourrir les bestiaux pendant l'hiver.

*Lupinus albus, varius, luteus*, etc. Herbes annuelles, à graine féculente, alimentaire; tiges et feuilles employées comme engrais vert.

*Crotalaria juncea.* Arbrisseau du Bengale, nommé vulgairement *Sunn* ou *Dhul*, à fibres fournissant une filasse textile.

*Anagyris fœtida.* Arbrisseau méditerranéen, vulgairement nommé *Bois puant*, à feuilles purgatives, stimulantes. Graines très-vénéneuses, ainsi que celles du *Physostigma venenosum*, nommées vulgairement *fèves de Calabar.*

# TÉRÉBINTHACÉES, *TEREBINTHACEÆ.*

## (ANACARDIEÆ, *R. Brown.* — TEREBINTHACEÆ, *Kunth.* — ANACARDIACEÆ, *Lindley.*)

Fleurs *très-souvent diclines, par avortement.* Pétales *insérés sur un disque annulaire, en même nombre que les lobes du calyce, et alternes, quelquefois nuls.* Étamines *tantôt en même nombre que les pétales, tantôt en nombre double.* Ovaire *généralement unique, 1-loculaire, 1-ovulé.* Ovule *fixé à un funicule basilaire ou latéral.* Fruit *généralement drupacé.* Embryon *dicotylédoné, exalbuminé.* — Tige *ligneuse.* Feuilles *non stipulées.*

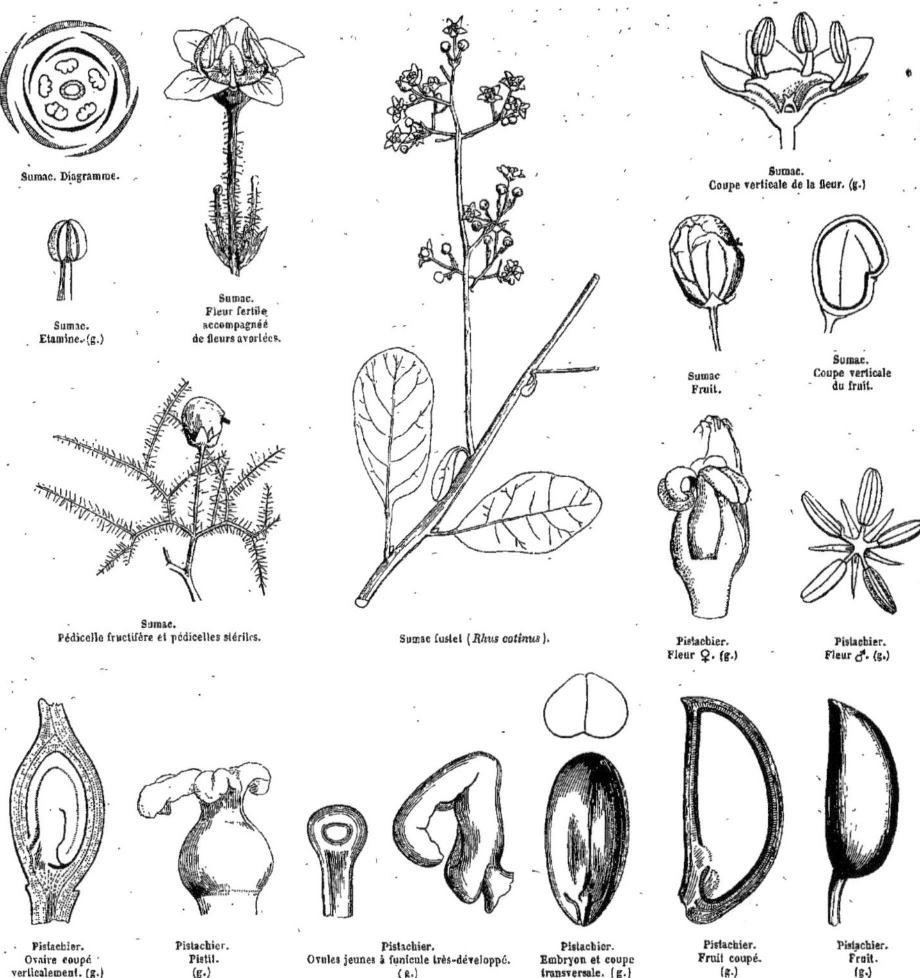


Arbres, ou Arbustes, à suc gommeux, ou laiteux-résineux, souvent vénéneux. — Feuilles alternes, ou très-rarement opposées (*Bouea*), tantôt simples, tantôt ternées, ou imparipennées, non stipulées. — Fleurs ☿, ou polygames-dioïques, ou monoïques, régulières, petites, axillaires, ou terminales, disposées en épi, ou en panicule. — Calyce 3-5-fide, ou 3-5-partit, souvent persistant, quelquefois accrescent (*Loxostylis*). — Pétales en même nombre que les lobes calycinaux, alternes et plus grands, insérés à la base, ou au sommet d'un disque annulaire, à préfloraison ordinairement imbriquée, quelquefois accrescents (*Melanorrhœa*), quelquefois nuls (*Pistacia*). — Étamines insérées avec les pétales, en même nombre qu'eux et alternes, ou en nombre double, très-rarement davantage (*Melanorrhœa*), et alors quelques-unes stériles. *Filets* subulés ou filiformes. *Anthères* très-souvent versatiles, introrses, à déhiscence longitudinale. — Ovaire 1-loculaire (*Anacardieæ*), ou 2-5-loculaire (*Spondieæ*), ou très-rarement 5-6 carpelles distincts, dont un seul fertile et les autres stériles, ou réduits au style (*Buchanania*). *Ovules* solitaires, pendants, ou largement adnés à la paroi de la loge, ou suspendus à un funicule ascendant du fond de la loge, à micropyle supère et à raphé dorsal, rarement dressés, à micropyle infère et à raphé ventral (*Anacardium, Mangifera,* etc.). *Style* simple, terminal, ou sub-latéral, quelquefois plusieurs, par suite de l'avortement des ovaires, qui se sont soudés avec le seul fertile. — FRUIT ordinairement supère, rarement infère (*Holigarna*); libre, ou entouré à sa base par la cupule réceptaculaire, quelquefois assis sur un réceptacle très-amplifié, pyriforme et charnu (*Anacardium*); ordinairement drupacé, indéhiscent, ou à noyau déhiscent, rarement nucamentacé (*Anacardium*). — GRAINE dressée, ou horizontale, ou inverse, à *testa* membraneux, quelquefois confondu avec l'endocarpe, à *hile* ordinairement ventral. — EMBRYON exalbuminé. *Cotylédons* planes-convexes. *Radicule* plus ou moins courbe, supère, ou infère.

### TRIBU I. — ANACARDIÉES, *ANACARDIEÆ*.

Ovaire 1-loculaire.

GENRES PRINCIPAUX.

| | | | | | |
|---|---|---|---|---|---|
| *Pistachier, | *Pistacia.* | *Sumac, | *Rhus.* | Anacarde, | *Anacardium.* |
| *Mollé, | *Schinus.* | Manguier, | *Mangifera.* | Sémécarpus, | *Semecarpus.* |
| Duvaua, | *Duvaua.* | | | | |

### TRIBU II. — SPONDIÉES, *SPONDIEÆ*.

Ovaire 2-5-loculaire.

GENRE PRINCIPAL.

Spondias, *Spondias.*

### TRIBU ou SOUS-FAMILLE très-voisine. — BURSÉRACÉES, *BURSERACEÆ, Kunth.*

Ovaire à loges 2-ovulées. Ovules à micropyle supère et à raphé ventral. Cotylédons plissés-tordus, très-rarement planes-convexes (*Hedwigia, Amyris*).

GENRES PRINCIPAUX.

| | | | | | |
|---|---|---|---|---|---|
| Boswellia, | *Boswellia.* | Icica, | *Icica.* | Hedwigia, | *Hedwigia.* |
| Balsamodendron, | *Balsamodendron.* | Bursèra, | *Bursera.* | | |
| Elaphrium, | *Elaphrium.* | Canarium, | *Canarium.* | Amyris, | *Amyris.* |

Les *Térébinthacées* se rapprochent des *Rosacées Amygdalées* par leur port, leur tige ligneuse, leurs feuilles alternes, l'insertion périgyne de leur corolle polypétale et de leur androcée (quelquefois polyandre), par l'unité de carpelle, le fruit généralement drupacé et la graine exalbuminée. — Elles se rapprochent de quelques *Légumineuses* par les mêmes analogies, et, de plus, par la monadelphie assez fréquente des étamines, ainsi que par l'embryon plus ou moins courbe. — Les Térébinthacées s'allient aux *Juglandées*, lesquelles ont, comme les Térébinthacées, des fleurs diclines, un ovaire 1-loculaire, 1-ovulé, un fruit drupacé, un embryon exalbuminé, une tige ligneuse, et des feuilles alternes, ordinairement pennées.

Les Térébinthacées offrent aussi, avec les *Connaracées* et les *Zanthoxylées*, une étroite affinité, qui les a fait ranger dans une même Classe : les *Burséracées* n'en diffèrent guère que par les loges bi-ovulées du pistil, et les ovules à micropyle supère et à raphé ventral. — Les Connaracées diffèrent par leurs carpelles distincts, à 2 ovules collatéraux, dressés, et leurs fruits capsulaires. Enfin les Zanthoxylées diffèrent principalement par leur graine pourvue d'un albumen plus ou moins copieux.

Les Térébinthacées sont fréquentes sous la zone intertropicale des deux Continents; elles diminuent rapidement en dehors de cette zone, de sorte qu'elles sont déjà rares dans la région méditerranéenne, dans l'Afrique australe et l'Amérique septentrionale. Elles manquent complétement dans l'Australie.

Les Térébinthacées fournissent à nos besoins des substances médicinales, des fruits alimentaires et plusieurs bois recherchés par les teinturiers et les ébénistes. Les principales Espèces sont les suivantes :

*Pistacia vera* (vulgairement *Pistachier*). Arbre spontané en Perse et en Syrie, cultivé aujourd'hui dans toute la région méditerranéenne. Fruit nommé *pistache*, à graine huileuse, verte, d'un goût agréable, employée par les confiseurs et les pharmaciens.

*Pistacia Lentiscus* (vulgairement *Lentisque*). Arbuste cultivé dans l'archipel grec et surtout à Scio, donnant par incision de son tronc une résine aromatique nommée *mastic*, se ramollissant sous la dent, légèrement tonique et astringente, et très-usitée en Orient pour parfumer l'haleine et fortifier les gencives. — Le *Pistacia atlantica*, de Mauritanie, fournit aussi un *mastic* employé aux mêmes usages.

*Pistacia Terebinthus* (vulgairement *Térébinthe*). Arbre méditerranéen, donnant par incision une térébenthine jadis employée en médecine et injustement abandonnée.

*Schinus molle* (*faux Poivrier*). Arbuste de l'Amérique tropicale, à drupe sucrée, comestible, à mastic d'une odeur de poivre, légèrement purgatif.

*Duvaua dependens*. Arbuste du Chili, à graines fermentescibles et donnant une boisson enivrante.

*Rhus coriaria* (vulgairement *Sumac des corroyeurs*). Arbuste de la région méditerranéenne. Feuilles desséchées et pulvérisées, fournissant un tan très-usité pour l'apprêt des maroquins. Fruits acides, employés en Turquie comme condiment. — Les fleurs et les fruits du *Rhus typhina*, arbrisseau de l'Amérique septentrionale, y servent à aiguiser le vinaigre; de là le nom vulgaire de *Vinaigrier*.

*Rhus cotinus* (vulgairement *Fustet*). Arbrisseau de l'Europe méridionale. Écorce aromatique et astringente, employée comme fébrifuge. Bois usité pour teindre les étoffes en jaune orangé.

*Rhus toxicodendron* (vulgairement *Sumac vénéneux*). Arbrisseau de l'Amérique boréale, à suc laiteux volatil, très-acre, dont le contact, ou même les exhalaisons, déterminent un violent érysipèle. Feuilles préparées en extrait, et employées dans quelques maladies cutanées.

*Rhus vernix.* Arbrisseau du Japon, à suc laiteux, servant à composer le *vernis du Japon.* D'autres arbres de la même Famille, indigènes de la Chine et de l'Inde, fournissent aussi par incision un suc résineux très-délétère, employé à la composition des laques de Chine. — Le suc du *Rh. venenata* de l'Amérique septentrionale n'est pas moins délétère, et sert aux mêmes usages. — Le *Rhus succedanea* donne une cire végétale. — Le *Melanorrhœa usitatissima* fournit une résine nommée *vernis noir.*

*Mangifera indica* (vulgairement *Manguier*). Arbre des Indes orientales, propagé dans les Antilles; drupe (*mangue* ou *mango*) de couleur et de grosseur variables, d'un goût parfumé et sucré-acidule, devenant purgative quand on en abuse.

*Anacardium occidentale.* Arbre indigène d'Amérique, et naturalisé aujourd'hui dans toute la région tropicale. Nucule réniforme nommée *noix d'acajou*, contenant dans son péricarpe une huile caustique, et dans sa graine une huile douce. Réceptacle amplifié, pyriforme, charnu, de saveur sucrée-acidule, un peu âcre, usité sous le nom de *pomme d'Acajou.* — Le vrai *bois d'Acajou* est fourni par un arbre des Antilles, appartenant à la Famille des Cédrélacées. — Le suc du péricarpe du *Semecarpus* donne une teinture noire indélébile, dont on se sert pour marquer le linge.

*Spondias purpurea* (vulgairement *Prunier d'Espagne*). Arbre des Antilles, à drupe acidule-sucrée. — *Sp. dulcis*, cultivé dans les îles des Amis et de la Société, pour son fruit savoureux, sain et rafraîchissant. — *Sp. birrea*, indigène de la Sénégambie, à fruit fermentescible, donnant aux nègres une liqueur spiritueuse.

Les *Burséracées*, dont nous avons indiqué l'étroite affinité avec les *Térébinthacées* et auxquelles on a annexé le Genre *Amyris* (qui n'en diffère que par son ovaire 1-loculaire, et ses feuilles généralement opposées), fournissent, spontanément, ou par incision de leur tronc, des substances résineuses balsamiques, employées en médecine. L'*Encens* ou *Oliban*, résine d'odeur balsamique et de propriétés stimulantes, provient du *Boswellia thurifera*, arbre de l'Inde et du Bengale; on ne sait si l'*encens d'Arabie* est produit par la même Espèce, ou par une Espèce congénère. — La *résine Élémi*, jaune, d'odeur pénétrante, est fournie par un arbre de Ceylan (*Canarium commune*). — L'*Élémi du Mexique* provient de l'*Elaphrium elemiferum.* — Le *baume de la Mecque* ou *de Giléad* est une térébenthine d'odeur suave, provenant, par incision, de deux Espèces du Genre *Balsamodendron*, appartenant à l'Arabie Heureuse. — Le *Bdellium*, gomme-résine, d'odeur suave et de saveur amère, employé pour des médicaments externes, provient du *Balsamodendron africanum* (*Heudelotia africana*). — Le *Guggur* est fourni par le *Balsamodendron Mukul*, arbre de la Province du Scind, dans l'Inde. — Le *Kafal* (*Balsamodendron Kafal*) produit un bois rouge et aromatique, qui est un objet de commerce considérable pour l'Arabie. — La *Myrrhe*, gomme-résine dont l'usage, comme aromate et comme médicament, remonte à la plus haute antiquité, est fournie par le *Balsamodendron Myrrha*, arbre de l'Arabie et de l'Abyssinie.

L'*Icica guianensis*, arbre de la Guyane, nommé vulgairement *bois d'encens*, fournit une résine employée aux mêmes usages que l'*Oliban.* — L'*Icica altissima* donne la *gomme Carana*, qui remplace en Amérique le baume de Giléad. — La résine *Chibou* ou *Cachibou* provient du *Gommart* ou *Gommier* (*Bursera gummifera*), grand arbre d'Amérique, répandu depuis la Guyane jusqu'au Mexique. — Le *Sucrier de montagne* (*Hedwigia balsamifera*) est un arbre des Antilles, fournissant en abondance une résine, nommée vulgairement *baume à cochon*, parce que les cochons marrons blessés par les chasseurs entament, dit-on, son écorce avec leurs défenses, pour frotter leurs plaies avec le suc balsamique qui en découle.

# HESPÉRIDÉES, *AURANTIACEÆ.*

(AURANTIORUM *sectio*, *Jussieu.* — HESPERIDEARUM *sectio*, *Ventenat.* AURANTIACEÆ, *Correa.*)

PÉTALES *hypogynes, à préfloraison imbriquée.* ÉTAMINES *hypogynes, en nombre double, ou multiple de celui des pétales, libres, ou monadelphes, ou polyadelphes.* OVAIRE *pluriloculaire.* OVULES *solitaires dans chaque loge, ou géminés, ou nombreux, pendants, ou horizontaux, anatropes.* FRUIT *baccien, uni-multi-séminé.* EMBRYON *dicotylédoné, exalbuminé.* — TIGE *ligneuse.* FEUILLES *alternes, imparipennées, ou 1-foliolées.*

ARBRES, ou ARBRISSEAUX, ordinairement glabres, à écorce, feuilles, calyce, corolle, filets et épicarpe munis de vésicules contenant une huile volatile. — FEUILLES persistantes, alternes, composées, souvent 1-foliolées par avortement, à folioles articulées avec le sommet du pétiole souvent dilaté-ailé. *Stipules* nulles. *Bourgeons* axillaires, dont le plus extérieur se change souvent en épine persistante. — FLEURS généralement ☿, régulières, terminales, solitaires, ou réunies soit en corymbe, soit en grappe. — CALYCE court, urcéolé, ou campanulé, 4-5-fide, ou 4-5-denté, rarement 3-fide (*Triphasia*), quelquefois presque entier, à préfloraison imbriquée, marcescent. — PÉTALES en même nombre que les lanières calycinales, insérés au-dessous de l'ovaire à la base d'un disque stipitiforme, ou annulaire, ou cupuliforme, libres, ou quelquefois légèrement cohérents à la base, à préfloraison imbriquée, tombants. — ÉTAMINES insérées sur le réceptacle, en nombre double ou multiple de celui des pétales. *Filets* libres, ou soudés en tube à leur base et souvent jusqu'au milieu, ou polyadelphes, linéaires-subulés, ordinairement dilatés, amincis en haut, égaux ou alternativement plus courts. — ANTHÈRES introrses, biloculaires, dorsifixes, ou basifixes, incombantes, à déhiscence longitudinale. — OVAIRE libre, quelquefois entouré à sa base par le disque cupuliforme, 5-multi-loculaire. *Ovules* insérés à l'angle central des loges, tantôt solitaires, tantôt géminés, collatéraux ou superposés, tantôt nombreux, bisériés, pendants, ou rarement horizontaux, anatropes. *Style* terminal, simple, épais. *Stigmate* capité, indivis, ou lobé. — BAIE charnue, ou sèche, à écorce épaisse, indéhiscente, à 2 ou plusieurs loges ordinairement 1-séminées, remplies de mucilage ou de cellules vésiculeuses. — GRAINES inverses, ou sub-horizontales, à *testa* membraneux, à *raphé* rameux, à *chalaze* colorée, souvent pluri-embryonnées. — EMBRYON exalbuminé, droit. *Cotylédons* tantôt charnus-amygdalins, planes-convexes, souvent inégaux; tantôt épais, verts, lobés-rugueux, auriculés. *Radicule* courte, voisine du hile, supère.

GENRES PRINCIPAUX.

*Triphasia, *Triphasia*. | *Limonia, *Limonia*. | *Murraya, *Murraya*. | *Cookia, *Cookia*. | *Citronnier, *Citrus*.

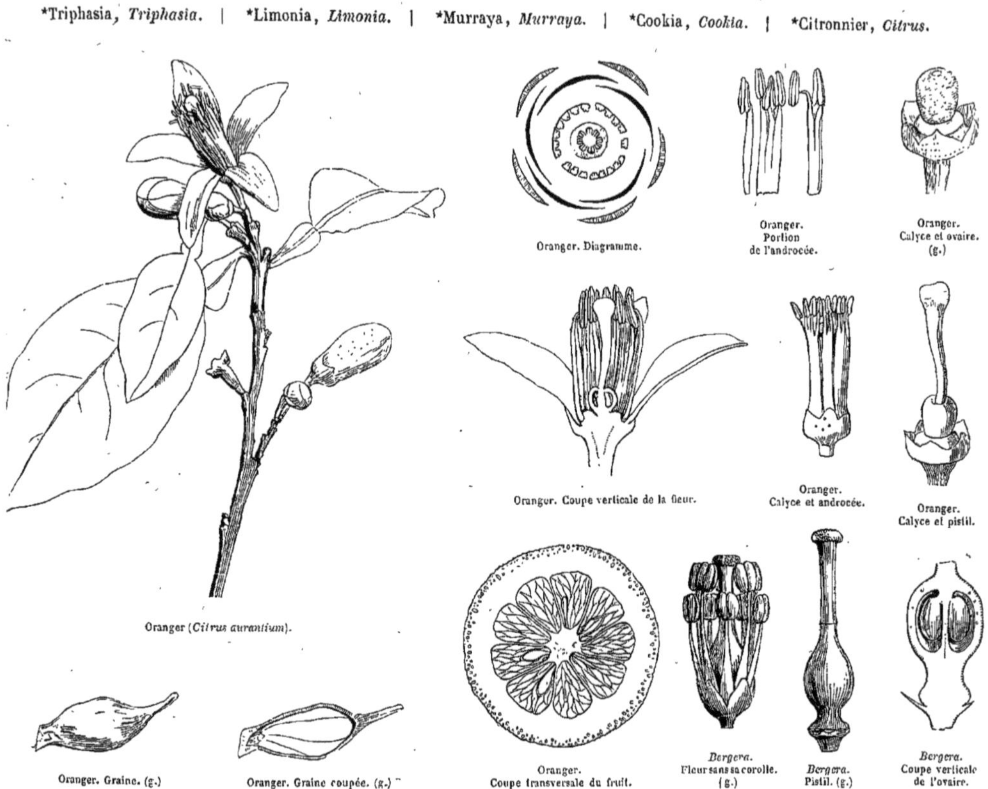

Oranger (*Citrus aurantium*). — Oranger. Diagramme. — Oranger. Portion de l'androcée. — Oranger. Calyce et ovaire. (g.) — Oranger. Coupe verticale de la fleur. — Oranger. Calyce et androcée. — Oranger. Calyce et pistil. — Oranger. Graine. (g.) — Oranger. Graine coupée. (g.) — Oranger. Coupe transversale du fruit. — *Bergera*. Fleur sans sa corolle. (g.) — *Bergera*. Pistil. (g.) — *Bergera*. Coupe verticale de l'ovaire.

Les *Hespéridées* ont été réunies par MM. Lindley, Hooker et Bentham aux *Rutacées*, aux *Diosmées* et aux *Zanthoxylées*, qui leur sont liées en effet par d'étroites affinités, et ne s'en écartent guère que par leurs carpelles plus ou moins distincts, à style basilaire ou ventral, par leur fruit capsulaire et leur graine albuminée; encore ces différences disparaissent-elles chez beaucoup de Diosmées, qui sont privées d'albumen, et dans quelques Zanthoxylées dont le fruit est charnu : c'est ce qui explique comment un Genre de cette dernière Famille, le *Skimmia*, a pu être classé parmi les Hespéridées sous le nom de *Limonia laureola*. — Les Hespéridées se rapprochent des *Méliacées* par les pétales insérés à la base d'un disque hypogyne, par les filets soudés, l'ovaire pluriloculaire, le style simple, le fruit charnu, la tige ligneuse et les feuilles alternes; mais dans les Méliacées, outre la différence du port, les feuilles sont dépourvues de glandes, les sépales sont plus ou moins distincts, et la graine est quelquefois pourvue d'un albumen.— Les *Cédrélacées* tiennent aux Hespéridées par l'intermédiaire du Genre *Flindersia*, dont les feuilles sont ponctuées, les étamines insérées à la base du disque, et l'embryon sans albumen; la différence principale est dans la nature du fruit, qui est capsulaire. — Les *Humiriacées* se rattachent aussi aux Hespéridées par la plupart des caractères, et ne s'en éloignent guère que par leur fruit drupacé et leur albumen abondant. — Les *Burséracées* leur sont également apparentées, surtout le Genre *Amyris*, et s'en distinguent par leur fruit drupacé. — Enfin nous mentionnerons une autre affinité, signalée par M. Planchon, entre les Hespéridées et les *Hypéricinées*, affinité fondée sur les feuilles et les fleurs glanduleuses, les pétales hypogynes, les étamines polyadelphes, le fruit quelquefois charnu (*Vismia*) et l'embryon exalbuminé. — Même observation pour les *Myrtacées*, et surtout pour les Genres à ovaire libre (*Fremya*).

Les Hespéridées sont indigènes de l'Asie tropicale, et cultivées aujourd'hui dans les régions chaudes des deux Continents.

La célébrité séculaire et universelle du Genre *Citrus* tient d'une part aux acides libres (*citrique* et *malique*) contenus dans les cellules du parenchyme, qui remplit les loges du fruit, de l'autre, à l'huile volatile, d'odeur suave et pénétrante, sécrétée par les glandes qui abondent dans presque toutes les parties de la Plante. Les acides sont employés dans l'économie domestique et en médecine comme rafraîchissants, laxatifs et anti-putrides. Le principe aromatique dissous en faible quantité dans l'eau, par infusion des feuilles, ou par distillation des fleurs, donne à cette eau des propriétés stimulantes et antispasmodiques. — Enfin l'huile volatile, obtenue par distillation des fleurs et de l'épicarpe, est usitée dans la parfumerie, soit mêlée à des corps gras, sous forme de pommade, soit dissoute dans l'alcool, pour composer le cosmétique connu sous le nom d'*eau de Cologne*.

L'*Oranger vrai* (*Citrus Aurantium*) est l'Espèce dont la baie est si universellement recherchée pour sa saveur acidule-sucrée. — Le *Bigaradier* (*Citrus communis*) a un fruit amer, mais il n'est pas moins utile que le précédent. Ce sont ses feuilles que l'on emploie en infusion; ce sont ses fleurs qui servent à préparer l'eau distillée, si usitée en médecine, et qui fournissent l'huile volatile, dite *essence de Néroly*. De ses jeunes fruits, séparés de l'arbre peu après la floraison, on retire par distillation un *Néroly* nommé communément *essence de petit grain*. L'épicarpe de la *bigarade* (écorce d'orange amère) sert à préparer une teinture, un sirop et une liqueur de table très-estimée, connue sous le nom de *curaçao*. — Le *Cédratier* (*Citrus medica*) porte des fruits volumineux, oblongs, à surface raboteuse; l'écorce extérieure fournit, par expression, ou par distillation, une essence d'odeur suave; l'écorce intérieure est épaisse, charnue, et l'on en prépare une confiture très-agréable. — Le *Limonier* (*Citrus Limon*) a un fruit ovoïde et terminé par un mamelon; son écorce est très-adhérente à la baie, sa pulpe contient un suc acide abondant. Ce sont les fruits de cette Espèce que l'on connaît sous le nom de *citron*, et qui fournissent le suc, employé en médecine pour la préparation du *sirop de limons*. — Le *Limettier* (*Citrus Limetta*) porte une baie globuleuse, à suc doux et fade; une autre Espèce, qui n'est peut être qu'une variété de la précédente, le *C. Bergamota* produit des fruits petits et pyriformes, dont la pulpe est aigre et amère; mais leur écorce est mince, d'une jaune doré, et remplie d'une essence suave; on en faisait autrefois des *bonbonnières*, nommées *bergamotes*; aujourd'hui on n'emploie cette écorce que pour en retirer par expression l'essence de bergamote. — Nous devons citer encore le *C. à feuilles de Myrte* (*C. myrtifolia*) et le *C. deliciosa*, dont le fruit, confit à l'eau-de-vie, est usité sous le nom de *chinois*. — La baie de quelques autres Espèces de la Chine et de l'Inde est comestible : tels sont le *Glycosmis citrifolia*, le *Triphasia trifoliata*, le *Feronia elephantum*, l'*Ægle marmelos*, le *Cookia punctata*, etc.

# MÉLIACÉES, *MELIACEÆ*.

## (MELIACEÆ ET CEDRELACEÆ, *Adr. Jussieu.*)

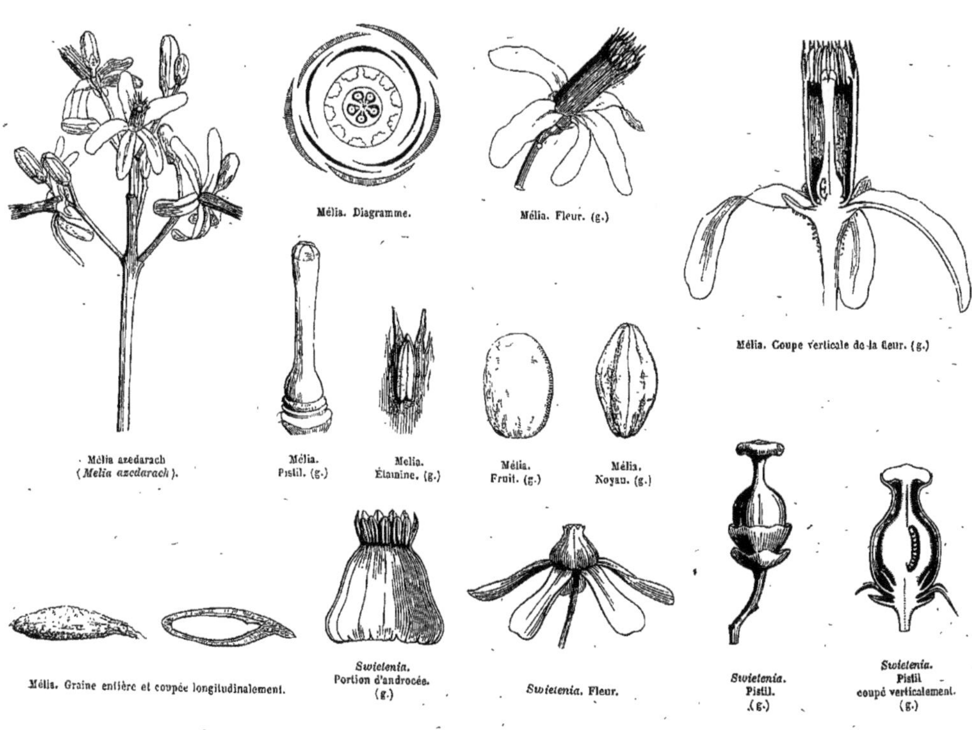

Mélia azedarach (*Melia azedarach*).

Mélia. Diagramme.

Mélia. Fleur. (g.)

Mélia. Coupe verticale de la fleur. (g.)

Mélia. Pistil. (g.)

Mélia. Étamine. (g.)

Mélia. Fruit. (g.)

Mélia. Noyau. (g.)

Mélia. Graine entière et coupée longitudinalement.

*Swietenia*. Portion d'androcée. (g.)

*Swietenia*. Fleur.

*Swietenia*. Pistil. (g.)

*Swietenia*. Pistil coupé verticalement. (g.)

PÉTALES *hypogynes 4-5, ou 3-7, distincts, ou cohérents, ou adnés au tube staminal, à préfloraison tordue, ou imbriquée, ou valvaire.* ÉTAMINES *ordinairement en nombre double de celui des pétales, insérées avec eux, à filets soudés en tube.* OVAIRE *libre, ceint ou engainé à sa base par un disque plus ou moins développé, à 2 ou plusieurs loges 1-2-pluri-ovulées.* OVULES *ascendants, ou pendants, à hile ordinairement ventral, à micropyle supère.* FRUIT *sec, ou charnu.* EMBRYON *dicotylédoné, albuminé, ou exalbuminé.* — TIGE *ligneuse.* FEUILLES *alternes.*

ARBRES, ou ARBUSTES, ou rarement SOUS-ARBRISSEAUX, à bois souvent dur, coloré, quelquefois odorant. — FEUILLES alternes, non stipulées, très-rarement ponctuées (*Flindersia*), pennées ou rarement simples, entières. — FLEURS ☿, ou rarement polygames-dioïques, régulières, terminales, ou axillaires, disposées en panicules. — CALYCE généralement petit, 4-5-fide, ou 4-5-partit, à préfloraison ordinairement imbriquée. — PÉTALES hypogynes, 4-5, rarement 3-7, tantôt libres et tordus, ou imbriqués, tantôt cohérents, ou adnés au tube staminal, et valvaires. — ÉTAMINES généralement 8 ou 10, rarement 5, très-rarement 16-20, insérées avec les pétales en dehors de la base d'un disque hypogyne. *Filets* soudés par leurs bords en tube plus ou moins complet, entier, ou denté, ou diversement lacinié, très-rarement libres (*Cedrela*). *Anthères* introrses, biloculaires, à déhiscence longitudinale, sessiles, ou sub-sessiles sur le tube staminal, incluses, ou exsertes, à connectif quelquefois prolongé. *Disque* varié, ordinairement annulaire, ou tubuleux et engaînant, libre, ou adné soit à l'ovaire (*Trichilia*), soit au tube staminal (*Mallea*). — OVAIRE libre, ordinairement 3-5-loculaire. *Ovules* ordinairement 2 dans chaque loge, collatéraux ou superposés, très-rarement solitaires, quelquefois 6 ou plus (*Cedrela, Swietenia*), ascendants, ou pendants, à raphé ventral, à micropyle supère. *Style* simple. *Stigmate* disciforme, ou pyramidal. — FRUIT varié, tantôt drupacé (*Melia, Mallea*), ou baccien (*Vavæa, Sandoricum*); tantôt capsulaire, loculicide (*Trichilia*, etc.), ou septifrage (*Cedrela, Swietenia,* etc.). — GRAINES exalbuminées, ou pourvues d'un albumen charnu, tantôt ailées (*Swietenia, Cedrela*, etc.); tantôt non ailées (*Melia, Trichilia*, etc.). — EMBRYON plane, à hile ordinairement ventral. *Cotylédons* charnus. *Radicule* ordinairement retirée entre les cotylédons et supère, quelquefois vague.

## TRIBU I. — MÉLIÉES, *MELIEÆ*.

Étamines soudées en tube. Ovaire à loges 2-ovulées. Graines non ailées, à albumen mince, charnu. Cotylédons planes-convexes, ou foliacés. Feuilles simples, 3-foliolées, ou pennées, ou décomposées. Fruit capsulaire (*Quivisia, Turræa*, etc.), ou drupacé (*Melia, Mallea*), ou baccien (*Vavæa*).

GENRES PRINCIPAUX.

Mélia, *Melia.* | Azédarach, *Azadirachta.* | Quivisia, *Quivisia.*

## TRIBU II. — TRICHILIÉES, *TRICHILIEÆ*.

Étamines soudées en tube. Ovaire à loges 1-2-ovulées. Graines non ailées, exalbuminées. Cotylédons épais. Feuilles pennées. Fruit capsulaire (*Carapa, Trichilia, Guarea*, etc.), ou baccien (*Sandoricum, Milnea, Dasycoleum, Lansium*, etc.).

GENRES PRINCIPAUX.

Trichilia, *Trichilia.* | Carapa, *Carapa.*

## TRIBU III. — SWIÉTÉNIÉES, *SWIETENIEÆ*.

Étamines soudées en tube. Ovaire à loges multi-ovulées. Capsule s'ouvrant au sommet par déhiscence septifrage en 3-5 valves bi-lamellées, détachées de l'axe. Graines nombreuses, albuminées, ou exalbuminées, ordinairement ailées, à hile latéral, ou apical, à raphé longeant l'aile. Feuilles pennées.

GENRE PRINCIPAL.

Swiéténia, *Swietenia.*

## TRIBU IV. — CÉDRÉLÉES, *CEDRELEÆ*.

Étamines libres. Ovaire à loges multi-ovulées. Capsule s'ouvrant au sommet par déhiscence septifrage, ou loculicide, en 3-5 valves détachées de l'axe. Graines nombreuses, comprimées, ailées, albuminées, ou exalbuminées. Feuilles ordinairement pennées.

GENRES PRINCIPAUX.

| | | | |
|---|---|---|---|
| Cédréla, | *Cedrela.* | Flindersia, | *Flindersia.* |

Les *Méliées* et les *Cédrelées* sont voisines des *Hespérîdées* et des *Rutacées* (voir ces Familles). — Elles se rapprochent des *Sapindacées* par l'hypopétalie, la diplostémonie, la soudure des filets, le disque hypogyne, les loges de l'ovaire 1-2-ovulées, le style simple, la tige ligneuse et les feuilles alternes; mais, dans les Sapindacées, les filets, quand ils sont cohérents, ne le sont qu'à leur base; les étamines sont fixées en dedans du disque, et la radicule est infère. Il y a aussi, entre les Méliacées et les *Humiriacées*, quelques rapports, fondés sur l'insertion des pétales, le nombre des étamines, et la connexion de leurs filets, les loges de l'ovaire 1-2-ovulées, le style simple, le stigmate lobé, le fruit baccien, ou drupacé, ou capsulaire, la tige ligneuse et les feuilles alternes et souvent ponctuées. — Même analogie avec les *Bursé-racées*, qui s'en distinguent par leur graine exalbuminée et leur embryon à cotylédons plissés-tordus.

Les *Méliées* croissent dans les régions tropicales de l'Afrique et de l'Asie. Les *Trichiliées* sont plus fréquentes, surtout dans l'Asie et dans l'Amérique. Les *Swiéténiées* habitent la partie tropicale des deux Continents. Les *Cédrélées* habitent les régions chaudes de l'Asie et de l'Amérique; quelques-unes croissent dans les îles Moluques et l'Australie.

Cette Famille est utile à l'homme au double point de vue de la médecine et de l'industrie. Les principes âcres, amers, astringents et aromatiques qu'elle possède en proportions diverses, lui donnent des propriétés toniques, ou stimulantes, ou purgatives, ou émétiques. Quelques Espèces ont des fruits sapides, sucrés et rafraîchissants.

Le *Mélia Azédarach* est un arbuste indigène de l'Asie, naturalisé dans la région méditerranéenne et dans l'Amérique septentrionale, dont toutes les parties sont amères, purgatives, vermifuges, mais vénéneuses à haute dose; les graines contiennent une huile fixe, propre à l'éclairage. — Les fruits du *Melia sempervirens*, vulgairement *Lilas des Indes*, sont vénéneux. — L'écorce de l'*Azadirachta indica* est amère et puissamment tonique. L'huile contenue dans les graines est recommandée contre la céphalalgie résultant de l'insolation. — La racine aromatique du *Sandoricum indicum* est employée dans la cardialgie. — Les *Trichilia* et les *Guarea*, Espèces américaines, possèdent des propriétés purgatives et émétiques très-énergiques. Plusieurs Espèces de *Dysoxylum* ont une odeur alliacée très-prononcée. — On emploie en Asie l'écorce du *Walsura piscidia* pour enivrer le poisson. — L'écorce du *Carapa guianensis* est vantée en Amérique comme fébrifuge; l'huile des graines, qui a la consistance du suif, est rangée parmi les médicaments anthelminthiques. — Les *Xylocarpus* d'Asie sont vantés comme stomachiques. — La pulpe qui entoure la graine du *Milnea edulis*, Espèce asiatique, est d'une saveur délicieuse. — Le péricarpe du *Lansium* est acidule-sucré. — Le *Soymida febrifuga*, célèbre dans l'Inde à cause des vertus de son écorce amère, astringente et aromatique, est admis par les médecins européens au nombre des succédanés du quinquina. — Il en est de même du *Cedrela febrifuga*, indigène de l'île de Java. — Les *Khaya* en usage au Sénégal, les *Chickrassia* dans l'Asie tropicale, possèdent les mêmes propriétés. — L'écorce amère et styptique du *Swietenia Mahogoni*, indigène de l'Amérique tropicale, s'emploie, mêlée au quinquina, contre les fièvres intermittentes. — Le bois de la plupart des Espèces de cette Famille, désignés vulgairement sous le nom de *cèdre*, est estimé, non-seulement à cause de son odeur suave, mais surtout en raison de sa densité et de ses belles couleurs. L'espèce la plus célèbre est le *Swietenia Mahogoni*, qui fournit l'*acajou*, bois compacte, d'une texture fine et serrée, d'une couleur rougeâtre, qui prend à l'air un rouge plus foncé, nuancé de brun, et qu'on recherche surtout parce qu'il est facile à travailler et susceptible d'un beau poli.

# ÉRYTHROXYLÉES, *ERYTHROXYLEÆ*, *Kunth.*

Sous-Arbrisseaux, ou Arbrisseaux, ou Arbres, à rameaux ordinairement aplatis, ou comprimés au sommet dans le jeune âge. — Feuilles alternes, ou rarement opposées, simples, entières, généralement glabres, penninerviées, pliées en long avant leur épanouissement, et conservant 2 impressions parallèles à la nervure médiane. *Stipules* intra-axillaires, concaves, scarieuses-squamiformes, bractéiformes sur les pédoncules aphylles. — Fleurs ☿, régulières, solitaires, ou géminées, ou fasciculées à l'aisselle des feuilles ou des stipules. *Pédoncules* à 5 angles, graduellement épaissis au sommet. — Calyce persistant, 5-partit, ou rarement 5-fide, imbriqué. — Pétales 5, hypogynes, alternes avec les lanières du calyce, égaux, appendiculés au-dessus de leur base interne d'une ligule double, ou d'une lamelle, ou d'une côte saillante, à préfloraison ordinairement imbriquée, rarement tordue. — Étamines 10, insérées sur le réceptacle. *Filets* aplatis à leur base, et cohérents en tube court, filiformes et libres à leur sommet. *Anthères* introrses, biloculaires, ovoïdes-sub-globuleuses, dorsifixes, mobiles, à déhiscence longitudinale. — Ovaire libre, 2-3-loculaire. *Ovule* solitaire dans les loges, pendant au sommet de l'angle central, anatrope, manquant souvent dans une ou deux loges. *Styles* 3, tantôt distincts, tantôt plus ou moins cohérents. *Stigmates* 3, capités. — Drupe ovoïde, anguleuse, uni-loculaire et uni-séminée par avortement. — Graine inverse, à testa coriace. — Embryon droit, occupant l'axe d'un albumen cartilagineux peu abondant. *Cotylédons* elliptiques, ou linéaires, planes, foliacés. *Radicule* courte, cylindrique, supère.

GENRE PRINCIPAL.

Érythroxylon. *Erythroxylon.*

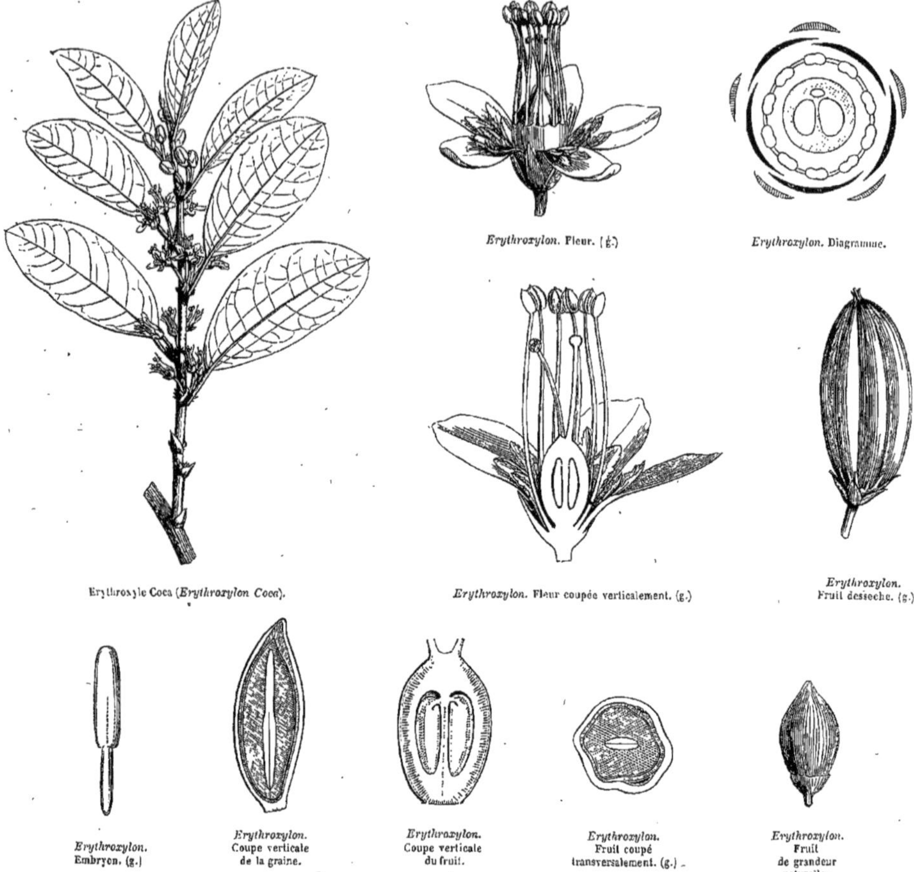

*Erythroxylon.* Fleur. (g.)

*Erythroxylon.* Diagramme.

Erythroxyle Coca (*Erythroxylon Coca*).

*Erythroxylon.* Fleur coupée verticalement. (g.)

*Erythroxylon.* Fruit desséché. (g.)

*Erythroxylon.* Embryon. (g.)

*Erythroxylon.* Coupe verticale de la graine.

*Erythroxylon.* Coupe verticale du fruit.

*Erythroxylon.* Fruit coupé transversalement. (g.)

*Erythroxylon.* Fruit de grandeur naturelle.

Les *Érythroxylées* sont étroitement apparentées aux *Linées*, et n'en diffèrent que par leurs pétales toujours appendiculés, diplostémones, leur fruit drupacé et leur tige ligneuse. — Elles tiennent de près aux *Malpighiacées* par l'hypopétalie, la diplostémonie, la connexion des filets, les loges de l'ovaire à un seul ovule pendant, les styles distincts, la tige ligneuse et les feuilles stipulées; seulement, chez les Malpighiacées, plusieurs des étamines avortent souvent, les pétales sont sans appendices, longuement onguiculés, et les stipules sont situées à la base du pétiole. — Même affinité avec les *Sapindacées*, qui, de plus, ont leurs pétales glanduleux ou velus à l'onglet, et ne diffèrent guère que par leur fruit capsulaire, ou samaroïde, et leur graine exalbuminée. — Les *Érythroxylées* se rapprochent aussi des *Géraniacées* par leur calyce persistant, leurs pétales hypogynes et diplostémones, leurs styles plus ou moins distincts, leurs feuilles stipulées; mais chez les Géraniacées les carpelles sont presque libres, le fruit est capsulaire, l'embryon est courbe et dépourvu d'albumen.

Les Érythroxylées habitent la région intertropicale de l'ancien et du nouveau Continent. Le bois de plusieurs Espèces contient un principe tinctorial rouge. Les jeunes pousses de l'*Erythroxylum areolatum* sont rafraîchissantes; son écorce est tonique, et le suc de ses feuilles est employé à l'extérieur contre les affections dartreuses. — Les feuilles de l'*Erythroxylum Coca* contiennent un principe stimulant très-volatil, produisant, chez ceux qui en mâchent, une excitation du système nerveux, que les Péruviens recherchent avidement, et dont ils ne peuvent plus se passer quand ils en ont contracté l'habitude.

# MALPIGHIACÉES, *MALPIGHIACEÆ*, *Jussieu.*

CALYCE *pentamère, persistant, à lanières ordinairement biglanduleuses.* PÉTALES 5, *généralement onguiculés, isostémones, ou diplostémones, insérés soit sur le réceptacle, soit sur un disque hypogyne, ou périgyne.* ÉTAMINES *in-*

*sérées avec les pétales, ordinairement monadelphes, dont plusieurs privées d'anthères.* Ovaire *composé de 3 ou de 2 carpelles, cohérents, ou distincts au sommet, à 3 ou 2 loges 1-ovulées.* Ovule *presque orthotrope.* Fruit *drupacé, ou à 3-2 coques.* Embryon *dicotylédoné, exalbuminé.* — Tige *ligneuse.*

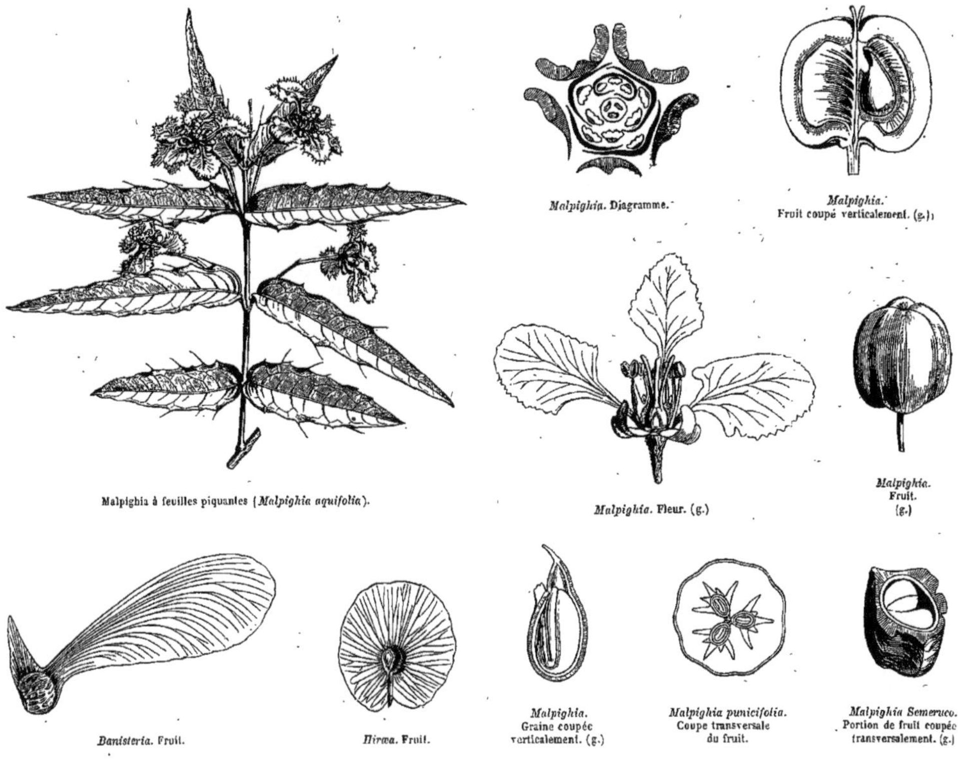

Malpighia à feuilles piquantes (*Malpighia aquifolia*). — *Malpighia.* Diagramme. — *Malpighia.* Fruit coupé verticalement. (g.) — *Malpighia.* Fleur. (g.) — *Malpighia.* Fruit. (g.) — *Banisteria.* Fruit. — *Hiræa.* Fruit. — *Malpighia.* Graine coupée verticalement. (g.) — *Malpighia punicifolia.* Coupe transversale du fruit. — *Malpighia Semeruco.* Portion de fruit coupée transversalement. (g.)

Arbres, ou Arbrisseaux, rarement sous-Arbrisseaux, souvent grimpants, à rameaux ordinairement pubescents; poils les uns fixés par le milieu et brûlants, les autres soyeux, à éclat métallique, appliqués, non brûlants. — Feuilles généralement opposées, à pétiole articulé avec la tige, entières, planes (rarement alternes, ou verticillées, sessiles, sinuées-dentelées, ou lobées, ou recourbées sur leurs bords); pétiole, ou face inférieure, ou bord de la feuille souvent glanduleux. *Stipules* ordinairement géminées à la base du pétiole, au-dessous, rarement au-dessus de l'articulation, généralement rudimentaires, ou effacées, rarement plus grandes, tantôt les 2 appartenant à la même feuille, cohérentes en une seule et axillaires; tantôt les 4 de deux feuilles opposées, se soudant par paires en 2 stipules interpétiolaires. — Fleurs ☿, ou polygames par avortement, quelquefois dimorphes (*Aspicarpa, Janusia*) axillaires, ou terminales, disposées en corymbe, ou en ombelle, ou en grappe, ou en panicule, à pédoncule pourvu d'une bractée à sa base, à pédicelles articulés, bi-bractéolés au-dessous de l'articulation. — Calyce 5-partit, à lanières imbriquées, ou très-rarement valvaires, toutes, ou 4, ou 3, bi-glanduleuses en dehors. — Pétales 5, insérés soit immédiatement sur le réceptacle, soit sur un disque hypogyne, ou tapissant la base du calyce, alternes avec les divisions de celui-ci, généralement égaux, frangés, ou dentés, à onglet grêle, à préfloraison imbriquée. — Disque peu apparent. — Étamines ordinairement 10, hypogynes ou sub-périgynes, tantôt toutes fertiles, tantôt quelques-unes privées d'anthères, celles opposées aux pétales manquant quelquefois toutes, ou seulement quelques-unes. *Filets* filiformes, ou subulés, ordinairement cohérents à leur base. *Anthères* courtes, introrses, à 2 loges quelquefois ailées, à connectif souvent épaissi, quelquefois prolongé au sommet en appendice glanduleux. — Ovaire libre, composé de 3 (rarement 2) carpelles cohérents, ou distincts au sommet, à 3 ou 2 loges 1-ovulées. *Ovule* presque orthotrope, fixé à un funicule court, pendant à l'angle interne de la loge, ou au milieu de la cloison, ascendant, droit, ou courbe, à raphé ventral et à micropyle supère. *Styles* sortant entre les lobes de l'ovaire, 3, distincts ou cohérents. — Carpelles mûrs 3, ou moins, 1-séminés, tantôt cohérents en fruit charnu, drupacé, ou ligneux; tantôt distincts, et se séparant en samares ordinairement ailées, indéhiscentes, ou rarement bivalves. — Graine obliquement appendue au-dessous du sommet de la loge, exalbuminée. *Testa* double, ordinairement membraneux. — Embryon droit, ou courbe, ou crochu, très-rarement circulaire. *Cotylédons* planes, ou épais, souvent inégaux. *Radicule* courte, située au-dessus du hile, supère.

GENRES PRINCIPAUX.

| | | | | | |
|---|---|---|---|---|---|
| *Malpighia, | *Malpighia.* | *Banistéria, | *Banisteria.* | Hiræa, | *Hiræa.* |
| *Stigmaphyllon, | *Stigmaphyllon.* | Hiptage, | *Hiptage.* | Aspicarpa, | *Aspicarpa.* |

Les *Malpighiacées* sont voisines des *Érythroxylées* (voir cette Famille), des *Acérinées*, des *Sapindacées*; elles s'éloignent des Acérinées par leur calyce glanduleux, leurs pétales longuement onguiculés, leurs étamines monadelphes, leur fruit généralement trimère, leurs loges ovariennes 1-ovulées, leurs ovules recourbés et leur radicule supère. — L'affinité est plus étroite encore avec les *Sapindacées*, dont elles ne diffèrent que par le disque peu apparent, l'unité et la forme insolite des ovules.

Les Malpighiacées habitent pour la plupart les plaines et les forêts vierges de l'Amérique tropicale, situées entre l'Équateur et le Capricorne; elles sont moins nombreuses au-delà de ce tropique; elles deviennent beaucoup plus rares dans l'Asie équatoriale, et très-rares dans l'Afrique australe. On n'en a pas encore rencontré en-deçà du Cancer.

Beaucoup de Malpighiacées doivent au principe colorant et au tannin contenus dans leur écorce des propriétés astringentes qui les font employer dans diverses maladies, et notamment contre la dyssenterie et les fièvres intermittentes : telles sont les diverses Espèces du Genre américain *Byrsonima*. Le fruit acidule-sucré des *Malpighia urens* et *glabra* est recommandé comme rafraîchissant et antiputride.

# ACÉRINÉES, *ACERINEÆ.*

(ACERA, *Jussieu.* — ACERINEÆ, *De Candolle.* — ACERACEÆ, *Lindley.*)

Pétales 4-5, *hypogynes, imbriqués, quelquefois nuls.* Étamines *en même nombre, ou plus nombreuses que les pétales.* Ovaire *bilobé, à 2 loges 2-ovulées, à style central.* Ovules *pendants, courbes.* Fruit *samaroïde.* Embryon *dicotylédoné, exalbuminé, plié, ou enroulé, à radicule descendante.* — Tige *ligneuse.* Feuilles *opposées.*

Arbres à séve sucrée, ordinairement limpide, quelquefois à suc laiteux. — Feuilles naissant de bourgeons écailleux, opposées, pétiolées, ordinairement simples, palminerviées et palmilobées, rarement entières, ou imparipennées, à folioles pétiolulées. *Stipules* nulles. — Fleurs ☿, ou souvent polygames-dioïques par avortement, régulières, disposées en grappes, ou en corymbes, soit simples, soit composés, axillaires, ou terminaux, à pédicelles accompagnés d'une bractée caduque. — Calyce 4-5-partit, rarement 6-8-partit, à lanières souvent colorées, imbriquées, tombantes. — Corolle nulle, ou Pétales 4-5, alternes avec les sépales et souvent semblables, insérés sur le bord d'un disque libre, ceignant la base de l'ovaire, courtement onguiculés, à préfloraison imbriquée. — Étamines insérées avec les pétales, en même nombre, ou plus nombreuses que les pétales, 4-12, le plus souvent 8. *Filets* filiformes, libres, quelquefois très-courts. *Anthères* biloculaires, introrses, oblongues, basifixes, ou versatiles, à déhiscence longitudinale. — Ovaire libre, sessile, biloculaire, bilobé, comprimé perpendiculairement à la cloison. *Ovules* géminés dans chaque loge, insérés à l'angle central, superposés, ou collatéraux, pendants, campylotropes. *Style* central, sub-basilaire. *Stigmate* bifide. — Fruit formé de 2 coques samaroïdes, indéhiscentes, uni-séminées, rarement bi-séminées, prolongées en aile dorsale coriace, ou membraneuse, réticulée, et restant suspendues à un carpophore, comme dans les *Ombellifères*. — Graines ascendantes, à *testa* membraneux, à *endoplèvre* charnue. — Embryon exalbuminé, plié, ou enroulé. *Cotylédons* foliacés, verts, accombants, plissés irrégulièrement. *Radicule* descendante, regardant le hile.

GENRES PRINCIPAUX.

| | | | |
|---|---|---|---|
| *Érable, | *Acer.* | *Négundo, | *Negundo.* |

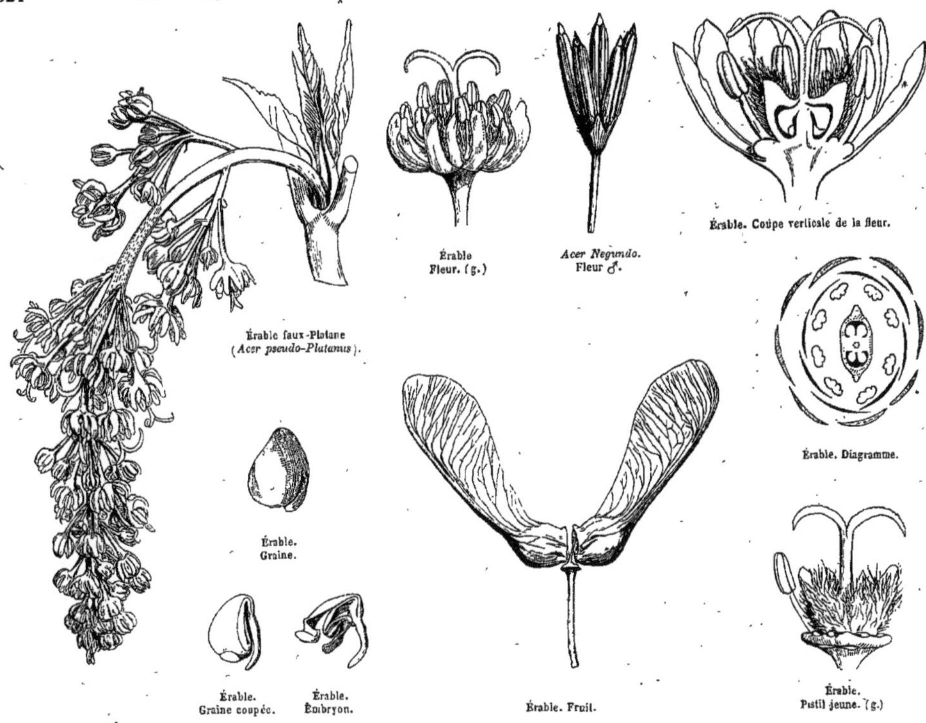


Les *Acérinées*, rangées par MM. Bentham et Hooker dans la Famille des *Sapindacées*, ne diffèrent de celles-ci que par leurs feuilles toujours opposées et leurs pétales non appendiculés : il arrive même quelquefois que leur fruit est trimère (*Acer pseudo-Platanus*), comme dans la plupart des Sapindacées. — Les *Hippocastanées* ne diffèrent des Acérinées que par leur capsule à valves médio-septifères; en outre, dans ces deux Familles, les bourgeons sont à la fois folifères et florifères. — Pour l'affinité avec les *Malpighiacées*, voir cette Famille.

Les Acérinées habitent les régions tempérées de l'hémisphère boréal, et surtout l'Amérique. Le Genre *Dobinea*, que l'on rapporte aux Acérinées, vit au Népaul.

Les Acérinées contiennent une séve sucrée, laiteuse chez les unes, limpide chez les autres, que l'on recueille par incision du tronc, soit pour la faire évaporer, et en retirer du sucre, soit pour la soumettre à la fermentation spiritueuse ou acétique. Leur écorce est astringente et fournit des principes colorants rougeâtres, ou jaunes.

## HIPPOCASTANÉES, *HIPPOCASTANEÆ*, *Endlicher.*

Arbres, ou arbustes à bourgeons écailleux. — Feuilles opposées, généralement digitées, rarement imparipennées, à folioles dentelées, ou crénelées. *Stipules* nulles. — Fleurs ☿, ou polygames par avortement, disposées en grappes, ou en panicules terminales thyrsoïdes. — Calyce campanulé, ou tubuleux, 5-fide, à lobes inégaux, imbriqués. — Pétales 4-5, insérés sur le réceptacle, inégaux, onguiculés, non appendiculés, imbriqués. — Disque hypogyne, entier, annulaire, ou unilatéral. — Étamines 5-8, ordinairement 7, insérées en dedans du disque, et libres. *Filets* filiformes, exserts, ascendants. *Anthères* biloculaires, à déhiscence longitudinale. — Ovaire sessile, oblong, ou lancéolé, à 3 loges bi-ovulées. *Ovules* courbes, fixés à l'angle central de la loge, superposés, horizontaux, ou l'un ascendant, l'autre pendant. *Style* conique, ou filiforme. *Stigmate* aigu. — Capsule coriace, lisse, ou hérissée de pointes, 3-loculaire, ou 2-1-loculaire par avortement, à déhiscence loculicide, à valves médio-septifères. — Graines ordinairement solitaires dans chaque loge, à *testa* coriace, luisant, à hile basilaire large. — Embryon exalbuminé, courbe. *Cotylédons* grands, épais, charnus, souvent plus ou moins soudés ensemble. *Radicule* courte, voisine du hile.

GENRES PRINCIPAUX.

*Marronnier-d'Inde, *Æsculus.* | *Pavia, *Pavia.* | *Ungnadia, *Ungnadia.*

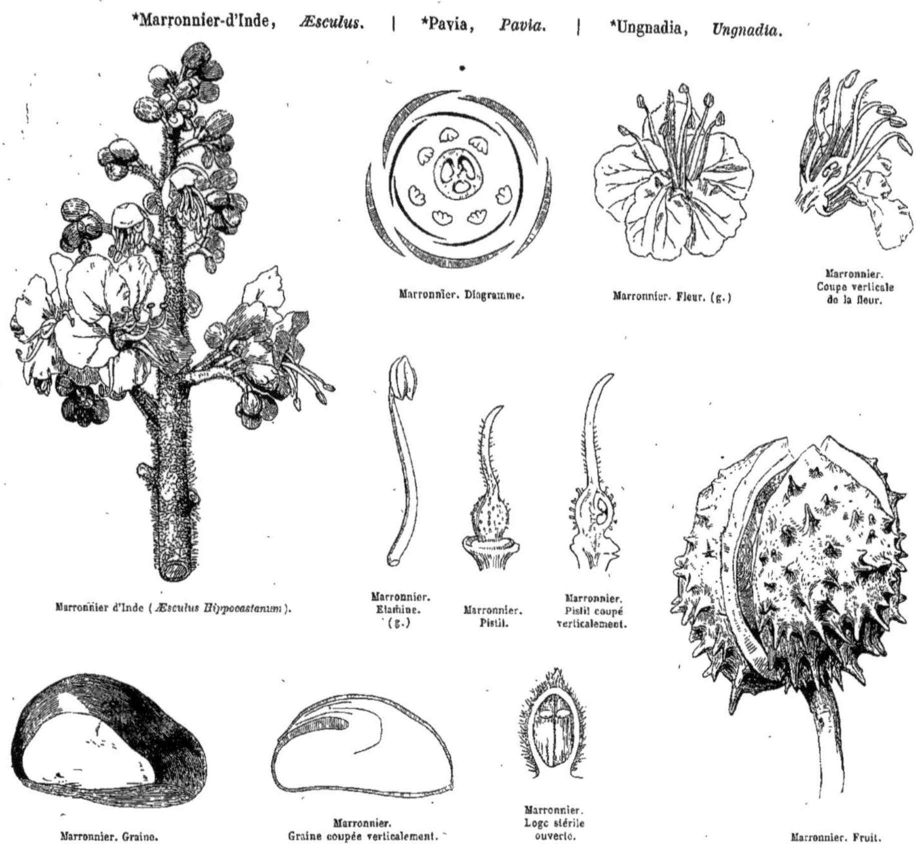

Marronnier d'Inde (*Æsculus Hippocastanum*).

Marronnier. Diagramme.

Marronnier. Fleur. (g.)

Marronnier. Coupe verticale de la fleur.

Marronnier. Etamine. (g.)

Marronnier. Pistil.

Marronnier. Pistil coupé verticalement.

Marronnier. Graine.

Marronnier. Graine coupée verticalement.

Marronnier. Loge stérile ouverte.

Marronnier. Fruit.

Le petit groupe des *Hippocastanées*, qui appartient évidemment à la Famille des *Sapindacées*, ne se distingue de celles-ci que par ses feuilles constamment opposées, digitées, et les loges ovariennes 2-ovulées : encore faut-il observer que le Genre *Ungnadia*, placé par les Botanistes auprès du Genre *Æsculus*, a des feuilles alternes et imparipennées qui le rattachent aux Sapindacées. — Pour l'affinité avec les *Acérinées*, voir cette Famille.

Les Hippocastanées sont toutes de l'Amérique boréale, excepté le Genre *Castanella*, qui appartient à la Nouvelle-Grenade : une seule Espèce, le *Marronnier d'Inde* (*Æsculus hippocastanum*), croît en Asie et dans l'Europe orientale.

L'écorce du Marronnier d'Inde contient de l'acide gallique et un principe amer qui la font rivaliser, comme tonique, avec l'écorce du Saule : ses graines, dont la saveur est à la fois douce et amère, sont riches en fécule, et on les donne en Turquie aux chevaux poussifs; réduites en poudre, elles servent de savon; torréfiées, elles sont employées en guise de café, et, soumises à la fermentation, elles fournissent un liquide spiritueux, qui donne de l'alcool par distillation; les jeunes bourgeons, aromatiques, peuvent remplacer le Houblon dans la fabrication de la bière; mais les avantages que peuvent offrir ces diverses propriétés ne compensent pas les frais d'exploitation.

# SAPINDACÉES, *SAPINDACEÆ*, *Jussieu.*

Corolle *tantôt nulle, tantôt composée de 5 ou 4 pétales, imbriqués, insérés en dehors d'un disque glanduleux, ou annulaire.* Étamines *ordinairement insérées en dedans du disque, en nombre double de celui des sépales, ou en nombre égal, ou en nombre moindre, rarement en plus grand nombre.* Ovaire *central, ou excentrique, ordinaire-*

*ment 3-loculaire, à loges ordinairement 1-ovulées, quelquefois 2-ovulées, rarement pluri-ovulées.* Fruit *capsulaire, ou samaroïde, ou drupacé, ou baccien.* Embryon *dicotylédoné, ordinairement courbe, ou roulé en spirale.*

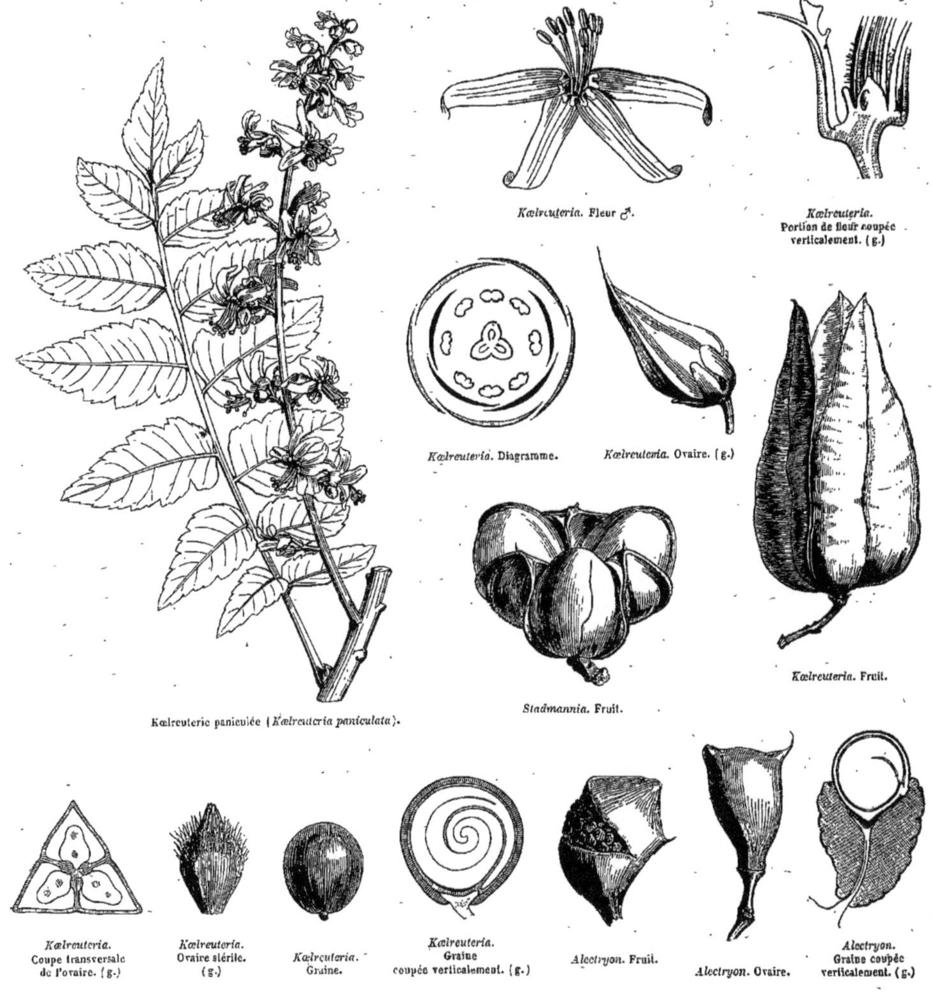

*Kœlreuteria.* Fleur ♂.

*Kœlreuteria.* Portion de fleur coupée verticalement. (g.)

*Kœlreuteria.* Diagramme.

*Kœlreuteria.* Ovaire. (g.)

*Kœlreuteria.* Fruit.

Kœlreuterie paniculée (*Kœlreuteria paniculata*).

*Stadmannia.* Fruit.

*Kœlreuteria.* Coupe transversale de l'ovaire. (g.)

*Kœlreuteria.* Ovaire stérile. (g.)

*Kœlreuteria.* Graine.

*Kœlreuteria.* Graine coupée verticalement. (g.)

*Alectryon.* Fruit.

*Alectryon.* Ovaire.

*Alectryon.* Graine coupée verticalement. (g.)

Tige à suc aqueux, tantôt arborescente, ou frutescente, ou sous-frutescente, dressée, ou grimpante, souvent munie de vrilles; tantôt herbacée. — Feuilles alternes, ou très-rarement opposées, généralement composées, quelquefois paraissant simples par avortement des folioles latérales; *pétiole* quelquefois ailé. *Stipules* caduques, ou souvent nulles. — Fleurs ☿, ou polygames-dioïques par avortement, disposées en grappes, ou en panicules, à pédicelles bractéolés à leur base, les inférieurs souvent changés en vrilles. — Calyce à 5 sépales ordinairement inégaux, les 2 postérieurs souvent réunis en un seul, tous plus ou moins cohérents, à préfloraison imbriquée. — Disque charnu, libre, ou tapissant la base du calyce; tantôt régulier, formant un anneau entier, ou lobé entre les pétales et les étamines; tantôt uni-latéral, plus court, ou effacé à la partie postérieure de la fleur, prolongé à la partie antérieure en lame quelquefois double, ou divisé en glandes opposées aux pétales. — Corolle tantôt nulle, tantôt composée de pétales insérés en dehors du disque, alternes avec les sépales, le postérieur manquant souvent, les 4 autres égaux, ou inégaux, imbriqués, ou rarement sub-valvaires, à onglet velu, ou glanduleux intérieurement, pourvus dans tous les pétales, ou seulement dans les antérieurs, d'une écaille figurant un capuchon ou une crête souvent terminée par un appendice infléchi. — ÉTAMINES ordinairement 8, quelquefois 10, rarement 5 (très-rarement 2, ou 4, ou 12, ou ∞), insérées généralement en dedans du disque, rarement sur son bord, ou autour de sa base, souvent excentriques, ou uni-latérales. *Filets* filiformes-subulés, libres, ou soudés ensemble à leur base, égaux, ou inégaux. *Anthères* introrses, biloculaires, dorsi-fixes, à déhiscence longitudinale. — OVAIRE libre, central, ou excentrique, un peu oblique, 3-loculaire, rarement 2-4-loculaire. *Ovules* anatropes, ou campylotropes, insérés à l'angle des loges, ordinairement solitaires, quelquefois géminés, généralement ascendants, à raphé ventral et à micropyle infère, très-rarement nombreux et horizontaux, ou inverses, à funicule souvent gonflé. *Style* terminal, simple. *Stigmates* autant que de loges. — FRUIT 2-3-4-loculaire, ou 1-loculaire par avortement, rarement 5-6-loculaire (*Dodonæa*), tantôt capsulaire, ligneux, ou coriace, ou membraneux, à déhiscence loculicide, ou septicide, ou transversale; tantôt composé de samares ailées à leur dos, ou à leur base, ou à leur sommet, ordinairement indéhiscentes; tantôt drupacé, ou baccien. — GRAINES globuleuses, ou comprimées, à *testa* crustacé, ou membraneux, quelquefois ailé, souvent arillé, ou largement ombiliqué. — EMBRYON exalbuminé, rarement droit, souvent courbe, ou roulé en crosse. *Cotylédons* incombants, quelquefois plissés transversalement, assez souvent soudés en masse charnue. *Radicule* regardant le hile, ordinairement infère, très-rarement supère.

GENRES PRINCIPAUX.

| | | | | | |
|---|---|---|---|---|---|
| *Corinde, | *Cardiospermum.* | Savonnier, | *Sapindus.* | *Kœlreutérie, | *Kœlreuteria.* |
| Paullinia, | *Paullinia.* | Stadmannia, | *Stadmannia.* | Dodonée, | *Dodonæa.* |

Cette famille est très-étroitement liée aux *Acérinées* et aux *Malpighiacées*, ainsi qu'aux *Hippocastanées* et aux *Staphyléacées* (voir ces Familles). Elle n'a pas moins d'affinité avec les *Mélianthées*, qui n'en diffèrent que par leur graine albuminée. — Elle s'unit aussi, par l'intermédiaire des *Staphyléacées*, aux *Célastrinées*; mais elle s'en distingue par ses feuilles généralement composées, ses fleurs souvent irrégulières, ses pétales rarement isostémones, ses étamines insérées en dedans du disque, son calyce à sépales libres, et son embryon généralement courbe.

Les Sapindacées abondent dans la région intertropicale, surtout en Amérique; elles sont rares au-delà du Capricorne; on n'en a pas encore observé en-deçà du Cancer, si ce n'est dans le nord de la Chine (*Xanthoceras*). Les *Dodonæa* croissent spécialement dans l'Australie.

Les Sapindacées possèdent des propriétés très-diverses. Beaucoup d'entre elles contiennent des principes astringents et amers, auxquels se joignent quelquefois une matière résineuse et une certaine quantité d'huile volatile. Les baies de plusieurs Espèces et l'arille de la graine doivent au mucilage, au sucre et aux acides libres qu'elles renferment une saveur agréable, tandis que d'autres contiennent des principes narcotiques qui les rendent éminemment vénéneuses. Les graines de la plupart fournissent par expression une huile fixe. L'écorce et la racine du *Savonnier des Antilles* (*Sapindus Saponaria*) sont rangées parmi les médicaments toniques; la pulpe de son fruit est recommandée au même titre; en outre cette pulpe, ainsi que celle des autres Espèces congénères asiatiques, écume avec l'eau chaude comme du savon, et sert au blanchissage des toiles. — Les baies du *Sapindus senegalensis* sont recherchées des nègres pour leur saveur sucrée et vineuse. — L'arille succulent et sapide des *Melicocca* sert d'aliment en Asie et en Amérique, ainsi que celui du *Cupania sapida*, Espèce répandue dans la région tropicale des deux Continents. Le fruit, cuit avec du sucre et de la canelle, est employé contre la dyssenterie, et ce même fruit, torréfié sous la cendre, est appliqué sur les tumeurs comme topique résolutif. — Les Espèces du Genre *Nephelium* tiennent un rang distingué parmi les arbres fruitiers de l'Asie tropicale : le *N. Litchi* (Litchi), le *N. longanum* (Longam), le *N. lappaceum* (Rambutan) et les autres congénères sont cultivés à cause de la pulpe sapide de leur fruit, employée très-utilement dans les fièvres inflammatoire et bilieuse. — Les *Serjania* et les *Paullinia*, appartenant à des Genres américains, sont vénéneux; les Brésiliens se servent de leur suc pour enivrer le poisson; c'est dans la fleur du *Serjania lethalis* que la guêpe *Léchéquana* recueille un miel narcotico-âcre, dont une faible quantité jette ceux qui en ont mangé dans un délire furieux, et peut occasionner la mort. — Le suc du *Paullinia cururu* est employé par les sauvages de la Guyane pour envenimer leurs flèches; les nègres esclaves préparent un poison avec la racine et les graines du *Paullinia pinnata*; le suc exprimé de ses feuilles fournit un vulnéraire puissant aux Indiens habitant les forêts du Brésil. — La graine du *Paullinia sorbilis* est amère et astringente : les Brésiliens la réduisent en poudre et en font, avec de l'eau, une pâte nommée *guarana*, qu'ils roulent en boulettes ou en petits cylindres; ils emportent dans leurs voyages cette pâte desséchée; ils la délaient dans de l'eau sucrée, et en composent une boisson rafraîchissante et fébrifuge. — Le *Corinde Alkékenge* (*Cardiospermum Halicacabum*), herbe croissant dans toute la région intertropicale, produit une racine muqueuse, nauséabonde, à laquelle on attribue des vertus apéritives et lithontriptiques. — Les *Dodonæa* doivent leur arôme à un principe résineux qui exsude de leurs feuilles et de leur capsule; les feuilles du *Dodonæa viscosa* sont mises en usage pour des bains et des fomentations; ses graines sont comestibles.

# MÉLIANTHÉES, *MELIANTHEÆ*, *Endlicher.*

ARBRISSEAUX glabres, glauques, ou blanchâtres. — FEUILLES alternes, stipulées, imparipennées, à folioles inéquilatérales, dentées, décurrentes. *Stipules* 2, libres, ou réunies en une seule très-grande, intra-pétiolaire. — FLEURS ☿, en grappes axillaires et terminales, courtement pédicellées, pourvues d'une bractée, les inférieures quelquefois apétales, à 2 étamines fertiles et à 2 stériles. — Calyce comprimé, à 5 lanières inégales, l'inférieure très-courte, distante, gibbeuse inférieurement, capuchonnée au sommet, les autres lancéolées, planes, les 2 supérieures plus grandes, recouvrant les latérales. — Pétales 5, excentriques (le 5e minime, ou nul), sub-périgynes, étroits, longuement onguiculés, cotonneux sur leur milieu. — Disque épaissi, unilatéral, tapissant le fond gibbeux du calyce, et distillant un nectar abondant. — Étamines 4, hypogynes, insérées en dedans du disque, presque centrales, didynames et un peu inclinées. *Anthères* introrses, biloculaires, ovoïdes-oblongues, à déhiscence longitudinale. — Ovaire oblong, 4-lobé, 4-loculaire. *Style* central, arqué, fistuleux en dedans, sillonné en dehors, 4-denté au sommet. *Ovules* 2-4 dans chaque loge, bi-sériés, fixés à l'angle interne au-dessus du milieu, ascendants, ou horizontaux, anatropes. — Capsule papyracée, profondément 4-lobée, à 4 loges 1-séminées, s'ouvrant à leur sommet du côté interne. — Graines subglobuleuses, sans arille, à *testa* crustacé, luisant, à *hile* conique, fovéolé. *Albumen* copieux, charnu, ou corné. — Embryon petit, vert. *Cotylédons* ovales-linéaires. *Radicule* épaissie au sommet.

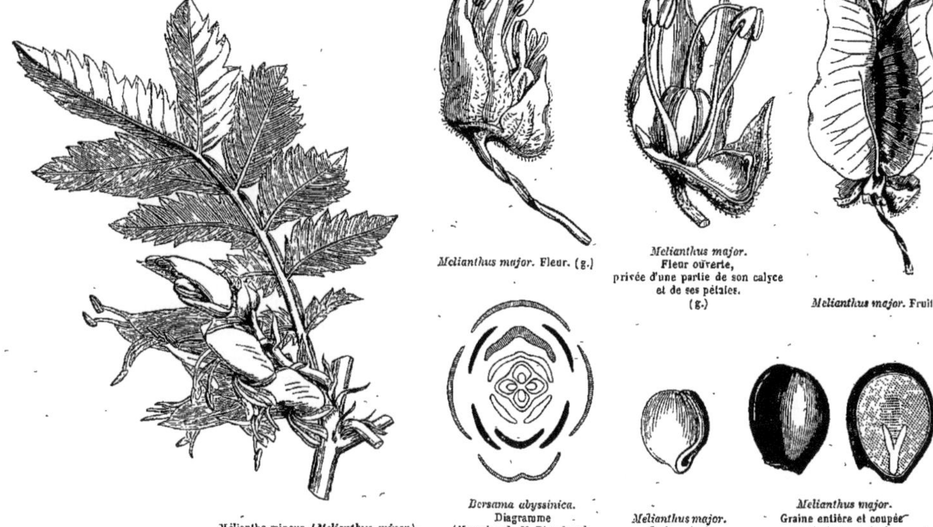

Mélianthe mineur (*Melianthus minor*). — *Melianthus major*. Fleur. (g.) — *Melianthus major*. Fleur ouverte, privée d'une partie de son calyce et de ses pétales. (g.) — *Melianthus major*. Fruit. — *Bersama abyssinica*. Diagramme (Mémoire de M. Planchon). — *Melianthus major*. Graine. (g.) — *Melianthus major*. Graine entière et coupée verticalement. (g.)

Le Genre *Mélianthe* (*Melianthus*), que l'on avait jusqu'aujourd'hui placé dans les *Zygophyllées*, s'en éloigne par ses fleurs irrégulières, ses pétales périgynes, isostémones, ses ovules ascendants et ses fleurs en grappes. — Il ne se distingue des *Sapindacées* que par sa graine albuminée; aussi est-il annexé à cette Famille par MM. Planchon, Bentham et Hooker, conjointement avec le Genre *Bersama*, qui en diffère par ses fleurs souvent polygames, ses étamines toutes, ou deux seulement, soudées à la base, son ovaire à loges 1-ovulées, sa capsule à 4 valves médio-septifères, et ses graines pourvues d'un arille. — Les *Melianthus* habitent l'Afrique australe; une Espèce a été introduite dans le Népaul. — Le nectar sucré-vineux excrété par le disque du *Melianthus major* est très-recherché par les colons du Cap et les indigènes. — Celui du *Melianthus minor* est plus épais et moins estimé.

# POLYGALÉES, *POLYGALEÆ*.

## (POLYGALEÆ, *Jussieu*. — POLYGALACEÆ et KRAMERIACEÆ, *Lindley*.)

Fleurs *irrégulières*. Pétales *hypogynes, inégaux*. Étamines *ordinairement en nombre double de celui des pétales*. Anthères *1-loculaires, ou rarement biloculaires, s'ouvrant au sommet par un ou deux pores*. Ovaire *biloculaire*. Ovules *pendants, anatropes*. Fruit *capsulaire, ou rarement indéhiscent, soit sec, soit charnu*. Embryon *dicotylédoné, albuminé, ou exalbuminé*.

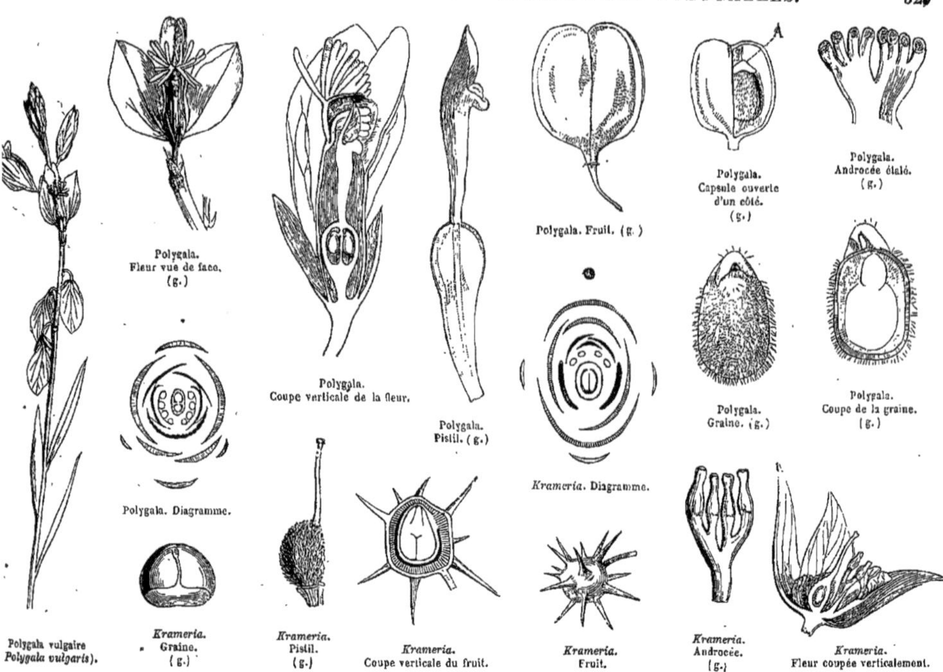


HERBES, ou SOUS-ARBRISSEAUX quelquefois volubiles, ou ARBRISSEAUX dressés, quelquefois grimpants, rarement arborescents, glabres, ou cotonneux, ou velus, à poils non étoilés. — FEUILLES alternes, ou rarement opposées, simples, entières. FLEURS ☿, irrégulières, solitaires, ou disposées soit en épi, soit en grappe, rarement en panicule, axillaires, ou terminales. *Pédicelles* ordinairement articulés à leur base, pourvus d'une bractée et de 2 bractéoles. — SÉPALES 5, libres, imbriqués, dont 2 intérieurs plus grands, souvent dilatés en ailes et pétaloïdes. — PÉTALES 3, ou 5, hypogynes, les deux latéraux libres, ou soudés à leur base avec l'inférieur concave ou galéiforme (*carène*) en corolle gamopétale fendue en arrière, rarement nuls; les supérieurs 2, tantôt égaux aux latéraux enveloppant la carène dans la préfloraison, tantôt petits, squamiformes, ou nuls (*Securidaca*). — ÉTAMINES 8, rarement 5, ou 4 (*Salomonia*) insérées sur le réceptacle. *Filets* rarement libres (*Xanthophyllum*), généralement monadelphes, formant une gaîne fendue sur son bord supérieur, et plus ou moins soudée en dehors avec les pétales. *Anthères* dressées, basifixes, uniloculaires, ou rarement biloculaires (*Xanthophyllum*, *Securidaca*), s'ouvrant au sommet par un pore (rarement 2) plus ou moins oblique. Pollen du *Polygala* ovoïde, à membrane externe s'écartant en bandes longitudinales, pour laisser sortir la membrane interne, et figurant les douves d'un barillet. — DISQUE petit, souvent nul, ou rarement épanché en anneau incomplet, unilatéral. — OVAIRE libre, à 2 loges antéro-postérieures, rarement 1-loculaire par avortement (*Securidaca*), très-rarement 3-5 loculaire (*Trigoniastrum*, *Moutabea*). *Ovules* pendants, ordinairement solitaires dans chaque loge, ou rarement géminés, collatéraux (*Krameria*), ou très-rarement 2-6 épars (*Xanthophyllum*), anatropes, à raphé ventral. *Style* terminal, courbé, dilaté au sommet, indivis, ou 2-4-lobé. *Stigmate* terminal, ou situé entre les lobes du style. — FRUIT généralement capsulaire, à déhiscence loculicide, quelquefois indéhiscent, drupacé (*Carpolobia*, *Mundtia*), ou samaroïde (*Securidaca*, *Trigoniastrum*). — GRAINES pendantes, à *testa* crustacé, souvent velu (*Comespermum*), à *hile* souvent strophiolé (*Polygala*). *Albumen* tantôt copieux charnu, ou mucilagineux, tantôt peu abondant, ou nul. — EMBRYON axile, droit. *Cotylédons* planes-convexes, charnus et épais dans les graines exalbuminées. *Radicule* courte, supère.

GENRE PRINCIPAL.

*Polygala, *Polygala*.

Les affinités des *Polygalées* sont obscures. On les avait autrefois rapprochées des *Rhinanthées* à cause de la corolle irrégulière, hypogyne, monopétale en apparence, de l'ovaire biloculaire et de la capsule comprimée des *Polygala;* mais les autres caractères s'opposent à ce rapprochement. — On les a depuis comparées avec les *Papilionacées;* mais dans celles-ci, outre l'insertion périgyne et une foule d'autres différences, le pétale impair est contigu à l'axe, tandis qu'il est externe dans les Polygalées. — L'affinité avec les *Sapindacées* est aussi fort éloignée, et ne s'appuie guère que sur la corolle hypogyne, imbriquée, souvent irrégulière, l'ovaire à loges 1-2-ovulées, le style simple, le fruit capsulaire, ou samaroïde, les graines souvent arillées, ou strophiolées. — Il y a une affinité bien plus étroite avec les *Trémandrées :* port semblable, ovaire à 2 loges, 1-ovulées, ovules pendants, capsule comprimée, graines strophiolées, anthères uniloculaires, s'ouvrant par des pores, granules de pollen s'ouvrant par des fentes longitudinales; chez les Trémandrées la fleur est régulière, la préfloraison du calyce est valvaire, les étamines sont opposées par paires aux pétales, les filets sont libres, les anthères extrorses, les poils étoilés et glanduleux; mais, malgré ces différences, on peut regarder les Trémandrées comme des Polygalées régulières, etc.

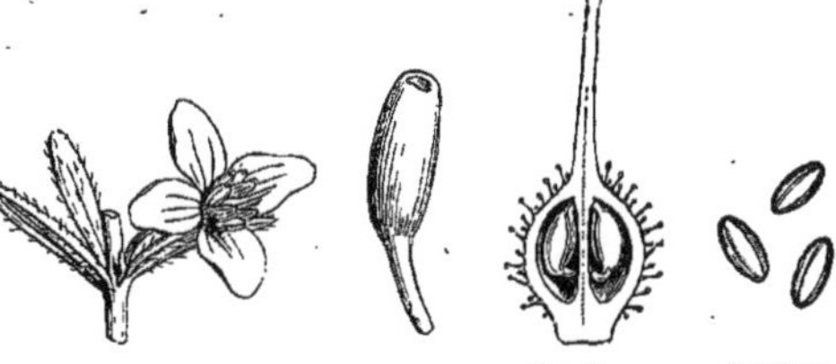

*Tetratheca procumbens.* Fleur. — *Tetratheca.* Étamine. (g.) — *Tetratheca.* Coupe verticale du pistil. (g.) — *Tetratheca.* Granules de pollen. (g.) — *Tetratheca.* Graine coupée verticalement. (g.)

Le Genre *Polygala*, type de la Famille, est dispersé dans toutes les parties du globe; ses Espèces sont plus rares dans l'Amérique australe extra-tropicale, et dans les contrées chaudes de l'Asie. Les autres Polygalées sont distribuées dans la région intertropicale et dans les pays chauds situés au-delà du Capricorne.

Les Polygalées contiennent un principe amer qui leur donne des propriétés toniques et astringentes; ce principe s'accompagne souvent d'une substance âcre, isolée par les chimistes et nommée *sénégine*, ce qui rend quelques Polygalées émétiques. La racine du *Polygala de Virginie* (*Polygala Senega*) est employée en Europe à cause de son action stimulante sur la muqueuse pulmonaire; les naturels de la Virginie s'en servent contre la morsure des serpents venimeux; il en est de même de la *Serpentaire* (*Polygala Serpentaria*), qui croît dans l'Afrique australe. — Les *Polygala* d'Europe peuvent aussi être administrés dans les affections du poumon. — Le *Badiera diversifolia*, arbrisseau des Antilles, a des propriétés sudorifiques analogues à celles du *Gaïac*. — L'écorce de la racine du *Monnina polystachia* est employée au Pérou comme astringente et antidysentérique; les dames du pays s'en servent aussi pour lisser leurs cheveux. — La drupe du *Mundtia spinosa*, qui croît dans l'Afrique australe, est comestible. — La racine du *Krameria triandra* (*ratanhia*) doit au tannin qu'elle possède abondamment des vertus astringentes et toniques.

Trémandrées. Tetrathèque verticillé (*Tetratheca verticillata*).

# HYPÉRICINÉES, *HYPERICINEÆ*.

## (HYPERICA, *Jussieu*. — HYPERICINEÆ, *De Candolle*. — HYPERICACEÆ, *Lindley*.)

Pétales *hypogynes, à onglet tantôt nu, tantôt squamulifère, ou fovéolé.* Étamines *nombreuses, hypogynes, monadelphes, ou polyadelphes.* Ovaire 5-3-*loculaire, ou* 1-*loculaire par insuffisance des cloisons.* Ovules *nombreux, anatropes.* — Fruit *capsulaire, ou rarement charnu.* Embryon *dicotylédoné, exalbuminé.* — Feuilles *opposées, entières, ordinairement ponctuées de glandes pellucides.*

Tige ligneuse, ou herbacée vivace, rarement annuelle, à suc résineux, ou limpide, à rameaux opposés, ou rarement verticillés, généralement tétragones, quelquefois comprimés, ou cylindriques, quelquefois éricoïdes. — Feuilles opposées ou rarement verticillées, simples, penninerviées, entières ou denticulées-glanduleuses, ordinairement parsemées de glandes pellucides plongées dans le parenchyme, et bordées de glandes vésiculeuses noires. *Stipules* nulles. — Fleurs ☿, régulières, ordinairement terminales, disposées en panicule, ou en cymes dichotomes. — Calyce persistant, à 4-5 sépales plus ou moins cohérents, bisériés, dont 2 extérieurs souvent plus petits, rarement à 4 sépales décussés, dont 2 extérieurs plus grands, recouvrant les 2 intérieurs. — Pétales insérés sur le réceptacle, en même nombre que les sépales, et alternes avec eux, sessiles, ou onguiculés, égaux, plus ou moins inéquilatéraux, à veinules en éventail, à préfloraison tordue, ou imbriquée. *Onglet* tantôt nu (*Hypericum*), tantôt muni intérieurement, au-dessus de sa base, d'une écaille charnue; tantôt creusé d'une fossette. — Étamines insérées sur le réceptacle, ordinairement indéfinies, rarement définies, mais toujours plus nombreuses que les pétales. *Filets* réunis en 3 ou 5 phalanges, alternant quelquefois avec des glandes, ou des écailles hypogynes, ou irrégulièrement polyadelphes, ou soudés en tube, ou tout à fait libres. *Anthères* petites, arrondies, introrses, biloculaires, sub-didymes, souvent terminées par une glande, à loges parallèles, s'ouvrant longitudinalement. — Ovaire composé de 3-5 carpelles, quelquefois d'un seul (*Endodesmia*), tantôt 3-5-loculaire, tantôt à loges incomplètes par insuffisance des cloisons. *Ovules* nombreux dans chaque loge, 2-sériés, rarement peu nombreux, ou solitaires (*Endodesmia*), ordinairement horizontaux, rarement ascendants (*Haronga, Psorospermum*), anatropes, très-rarement pendants (*Endodesmia*). *Styles* autant que de carpelles, filiformes. *Stigmates* terminaux, capités, ou peltés, ou claviformes. — Fruit tantôt capsulaire, à déhiscence ordinairement septicide, rarement loculicide (*Cratoxylon, Elisæa*); tantôt baccien indéhiscent. — Graines droites, rarement courbes, fixées par un hile basilaire, ou pourvues d'un funicule sub-latéral; *testa* crustacé, ou membraneux, pointillé, ou lisse, quelquefois lâchement celluleux, arilliforme; *chalaze* diamétralement opposée au *hile*, souvent dilatée en aile membraneuse (*Elisæa, Cratoxylon*). — Embryon droit, ou arqué, exalbuminé. *Cotylédons* planes, demi-cylindriques ou rarement enroulés. *Radicule* cylindrique, obtuse, ordinairement plus longue que les cotylédons, et voisine du hile.

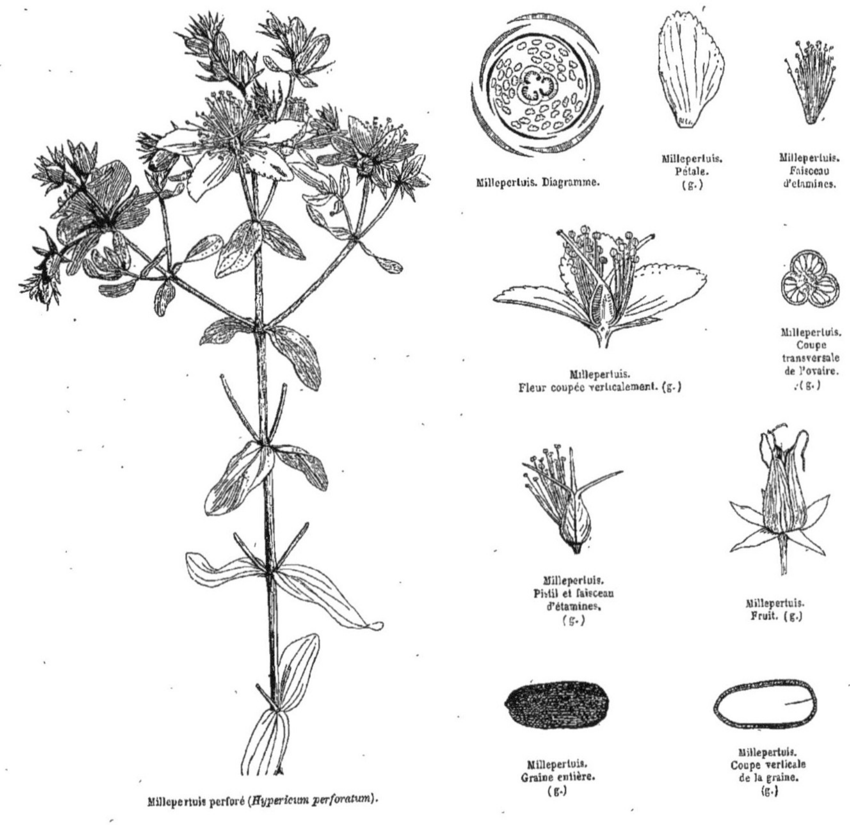

Millepertuis. Diagramme.

Millepertuis. Pétale. (g.)

Millepertuis. Faisceau d'étamines.

Millepertuis. Fleur coupée verticalement. (g.)

Millepertuis. Coupe transversale de l'ovaire. (g.)

Millepertuis. Pistil et faisceau d'étamines. (g.)

Millepertuis. Fruit. (g.)

Millepertuis perforé (*Hypericum perforatum*).

Millepertuis. Graine entière. (g.)

Millepertuis. Coupe verticale de la graine. (g.)

GENRES PRINCIPAUX.

| | | | | | |
|---|---|---|---|---|---|
| Millepertuis, | *Hypericum.* | Vismia, | *Vismia.* | Cratoxylon, | *Cratoxylon.* |

Les *Hypéricinées* sont étroitement liées aux *Guttifères* et aux *Camelliacées;* elles tiennent aux Guttifères par leur suc résineux, leurs rameaux tétragones, leurs feuilles opposées, entières, leurs sépales libres, ou presque libres, décussés, inégaux, leurs pétales tordus, ou imbriqués, leurs étamines indéfinies, à filets ordinairement réunis en plusieurs phalanges, ou monadelphes, leur ovaire 1-pluri-loculaire, leurs ovules horizontaux, ou ascendants, anatropes, leur fruit capsulaire, ou charnu, et leur embryon exalbuminé; la diagnose ne s'appuie guère que sur la tige généralement herbacée des Hypéricinées, leurs rameaux non articulés, leurs feuilles moins coriaces, leurs fleurs toujours complètes, et leurs styles filiformes. Elles tiennent aux *Camelliacées* par leurs sépales libres, leurs pétales imbriqués, ou tordus, leurs étamines indéfinies, à filets monadelphes, ou réunis en phalanges, à connectif souvent glanduleux au sommet, leur fruit capsulaire, ou charnu, leur graine exalbuminée; mais elles s'en éloignent principalement par leur suc résineux, par leurs feuilles opposées et leur inflorescence. — On peut aussi reconnaître une affinité réelle avec les *Cistinées :* sépales bisériés, pétales hypogynes, tordus; étamines nombreuses; ovaire uniloculaire, ou sub-pluriloculaire; capsule à valves septicides ou placentifères sur leurs bords; mais chez les Cistinées les étamines sont complétement libres, le style est simple, l'embryon est très-courbe, ou enroulé, et pourvu d'un albumen farineux; les feuilles sont stipulées et généralement alternes. — Enfin on a reconnu plus d'une analogie entre les Hypéricinées et les *Myrtacées* (voir cette Famille).

Les Hypéricinées sont répandues dans les régions tempérées et chaudes du globe, et surtout dans l'hémisphère Nord. Elles ne sont pas rares dans l'Amérique tropicale; elles le deviennent dans l'Asie et l'Afrique équinoxiales. Les espèces sont en plus grand nombre dans l'Amérique boréale qu'en Europe et en Asie. Toutes les Espèces frutescentes ou arborescentes sont intertropicales.

Les Hypéricinées, de même que les Guttifères, possèdent des sucs résineux balsamiques qui découlent abondamment des Espèces ligneuses, et qui, chez les herbacées, sont sécrétés par des glandes noires, ou pellucides, plongées dans le parenchyme des feuilles. A ces sucs se joignent une certaine quantité d'huile volatile et un principe extractif amer résidant dans l'écorce, qui donnent aux Hypéricinées des propriétés diverses. — Les Espèces indigènes du Genre *Millepertuis*, autrefois recommandées comme astringentes, sont bannies aujourd'hui des officines, excepté le *Millepertuis criblé* (*Hypericum perforatum*) dont les sommités, infusées dans l'huile d'olives, sont employées en frictions dans les douleurs goutteuses. — La *Toute-Saine* (*Hypericum Androsæmum*), jadis renommée en qualité de vulnéraire, est mal à propos tombée en désuétude. — Le *Cratoxylon Hornschuchii*, arbuste de Java, est employé dans le pays comme astringent et diurétique.

# MARCGRAVIACÉES, *MARCGRAVIACEÆ.*

## (MARCGRAVIACEÆ, *Jussieu.* — MARCGRAVIEÆ, *Planchon.* TERNSTROEMIACEARUM *Tribus, Bentham* et *Hooker.*)

Arbres, ou Arbrisseaux inermes, dressés, ou grimpants, ou épiphytes. — Feuilles alternes, simples, penninerviées, entières, glabres, luisantes, articulées avec les rameaux, non stipulées. — Fleurs ☿, régulières, disposées en ombelles, ou en grappes, ou en épis terminaux; *pédoncules* articulés à la base, ordinairement pourvus de bractées quelquefois sacciformes, ou cuculliformes et pétiolées. Bractéoles situées à la base du calyce, minimes et figurant un calyce extérieur, quelquefois nulles. — Calyce à 2-3-5-6 sépales sub-égaux, distincts, ou un peu cohérents à leur base, imbriqués, coriaces, ordinairement colorés, tombants. — Pétales imbriqués, insérés sur le réceptacle, libres, ou cohérents par leurs bases, tantôt en même nombre que les sépales et alternes; tantôt plus nombreux, et soudés en coiffe, se détachant circulairement par sa base. — Étamines insérées tantôt au-dessous de l'ovaire, tantôt sur le bord d'un plateau discoïde, ceignant la base de l'ovaire, très-rarement en même nombre que les sépales et opposés à ces sépales (*Ruyschia*) généralement en plus grand nombre (*Marcgravia*). *Filets* libres, ou cohérents entre eux par leur base, quelquefois adhérents à la base des pétales. *Anthères* introrses, biloculaires, ovoïdes, linéaires, ou oblongues, basifixes, à loges opposées, contiguës, s'ouvrant longitudinalement. — Ovaire sessile, libre, quelquefois ceint à sa base par le disque staminifère, 3-5-multi-loculaire. *Ovules* nombreux, fixés aux lobes charnus et saillants des placentaires ascendants, ou horizontaux. *Stigmate* sessile, ou sub-sessile, rayonnant. — Fruit indéhiscent, ou s'ouvrant tardivement à sa base par déhiscence loculicide, à valves médio-septifères (*Ruyschia*). — Graines peu nombreuses, plongées dans les placentaires charnus, ascendantes, oblongues, à *testa* aréolé, à *hile* latéral, à *endoplèvre* membraneuse. — Embryon exalbuminé, sub-claviforme, droit, légèrement arqué. *Cotylédons* obtus. *Radicule* longue, conique, aiguë, contiguë au hile, infère.

GENRES PRINCIPAUX.

| | | | | | |
|---|---|---|---|---|---|
| Ruyschia, | *Ruyschia.* | Marcgravia, | *Marcgravia.* | *Norantéa, | *Norantea.* |

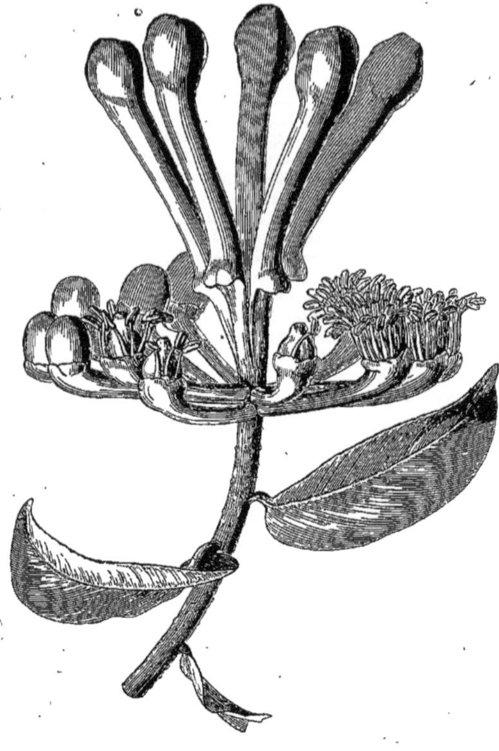

Marcgravia en ombelle (*Marcgravia umbellata*). Inflorescence surmontée de bractées sacciformes.

*Marcgravia.* Fleur sans sa corolle.

*Marcgravia.* Fleur en bouton. (g.)

*Marcgravia.* Corolle. (g.)

*Marcgravia.* Pistil. (g.)

*Marcgravia.* Ovule. (g.)

*Marcgravia.* Diagramme.

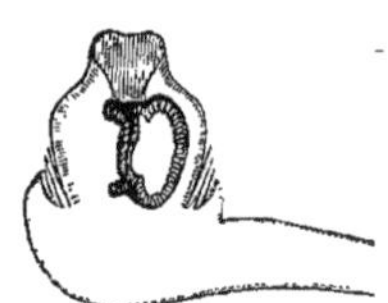

*Marcgravia.* Pistil coupé verticalement.

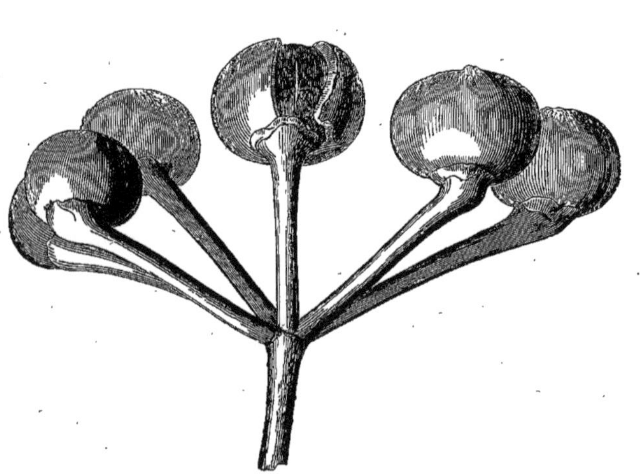

*Marcgravia umbellata.* Ombelle de fruits.

*Marcgravia.* Coupe transversale de l'ovaire.

*Marcgravia.* Cloison et placentaire couvert de graines. (g.)

*Marcgravia.* Graine entière. (g.)

*Marcgravia.* Graine coupée verticalement. (g.)

Ce petit groupe est étroitement lié aux diverses Tribus des *Ternstrœmiacées*, réunies avec lui dans une même Famille par MM. Hooker et Bentham, et qui en diffèrent, les unes (*Rhizobolées*) par leurs anthères versatiles, leur radicule supère, leurs feuilles opposées et digitées ; les autres (*Ternstrœmiées*) par leur pédoncule uniflore ; les autres (*Sauraugées*) par leurs anthères versatiles et leur albumen copieux ; d'autres par leurs pétales tordus et leur capsule à déhiscence septicide, etc. Les Marcgraviacées se distinguent en outre par leur stigmate sessile, rayonnant, et surtout par la singulière conformation de leurs bractées, sacciformes (*Marcgravia*), ou cuculliformes (*Norantea*). — Elles sont aussi très-voisines des *Guttifères*, dont elles ne s'éloignent que par leurs anthères basifixes, leurs feuilles alternes et leurs bractées sacciformes.

Les Marcgraviacées habitent l'Amérique tropicale. — La racine, la tige et les feuilles du *Marcgravia umbellata* sont renommées aux Antilles comme diurétiques et antisyphilitiques.

# GUTTIFÈRES, *GUTTIFERÆ*.

(GUTTIFERÆ, *Jussieu*. — GARCINIEÆ, *Bartling*. — CLUSIACEÆ, *Lindley*.)

Fleurs *dioïques-polygames, ou rarement* ☿. Calyce *4-6-phylle ou polyphylle*. Pétales *hypogynes, en même nombre que les sépales, rarement plus nombreux*. Étamines *indéfinies, ou rarement définies, libres, ou soudées en phalanges, ou en anneau, ou en tube*. Ovaire *2-∞-loculaire, rarement 1-loculaire*. Ovules *1∞ dans les loges, ascendants, ou dressés, anatropes*. Fruit *capsulaire, ou drupacé, ou baccien*. Embryon *dicotylédoné, exalbuminé, droit*. — Tige *ligneuse*. Feuilles *opposées*.

Arbres, ou Arbrisseaux, quelquefois grimpants, épiphytes, à suc résineux, ordinairement jaune, ou vert, à rameaux opposés, généralement tétragones, articulés. — Feuilles opposées, ordinairement décussées, rarement verticillées, coriaces, le plus souvent luisantes, penninerviées, à nervures secondaires transversales, rarement ponctuées-pellucides, à pétiole articulé à sa base avec le rameau, entières et non stipulées, ou très-rarement penniséquées et stipulées (*Quiina*). — Fleurs blanches, ou jaunes, ou roses, régulières, polygames-dioïques, ou ☿, terminales, ou axillaires, tantôt solitaires, tantôt disposées en fascicules, ou en cymes pauciflores, ou en panicules trichotomes, ou en grappes. — Sépales 2-6, rarement plus, imbriqués, ou décussés par paires, quelquefois accompagnés extérieurement de quelques paires de bractées décussées. — Pétales 2-6, rarement plus, hypogynes, imbriqués, ou tordus, rarement décussés par paires, très-rarement 4, sub-valvaires. — Fleurs ♂ : Étamines insérées sur le réceptacle, nombreuses, ou rarement définies et en même nombre que les pétales, ou en nombre double. *Filets* souvent épais, ou courts, libres, ou diversement cohérents, tantôt réunis en masse charnue, ou en phalanges opposées aux pétales et en même nombre qu'eux ; tantôt longuement filiformes. *Anthères* 2-loculaires, ou rarement 1-loculaires, à loges ordinairement linéaires, adnées, ou terminales, extrorses, ou rarement introrses, parfois sessiles, ou plongées dans la masse des filets, s'ouvrant longitudinalement, ou par un pore apical. — Ovaire tantôt rudimentaire, tantôt plus ou moins développé. — Fleurs ♀ et ☿ : Staminodes ou Étamines entourant l'ovaire, souvent définies, moins nombreuses et moins cohérentes que celles de la fleur ♂. — Ovaire assis sur un réceptacle plane, ou sur un disque charnu, bi-multi-loculaire, rarement 1-loculaire. *Ovules* 1-∞ dans les loges fixés à l'angle central, ou dressés à la base de la loge, anatropes. *Stigmates* autant que de loges, tantôt sessiles, ou sub-sessiles rayonnants, ou cohérents et peltés, tantôt rayonnants au sommet d'un style unique allongé, tantôt distincts sur autant de styles. — Fruit ordinairement charnu-coriace, tantôt indéhiscent, baccien, ou drupacé, tantôt en valves septicides en même nombre que les loges. — Graines grosses, souvent arillées, ou strophiolées, à *testa* mince, coriace, ou rarement fongueux. — Embryon droit, exalbuminé, remplissant la graine, tantôt à *radicule* volumineuse, et à *cotylédons* minimes ou squamiformes, tantôt divisé en 2 cotylédons soudés ensemble, ou difficilement séparables. *Radicule* très-courte, infère.

GENRES PRINCIPAUX.

| | | | | | |
|---|---|---|---|---|---|
| *Clusia, | *Clusia.* | Garcinia, | *Garcinia.* | Calophyllum, | *Calophyllum.* |

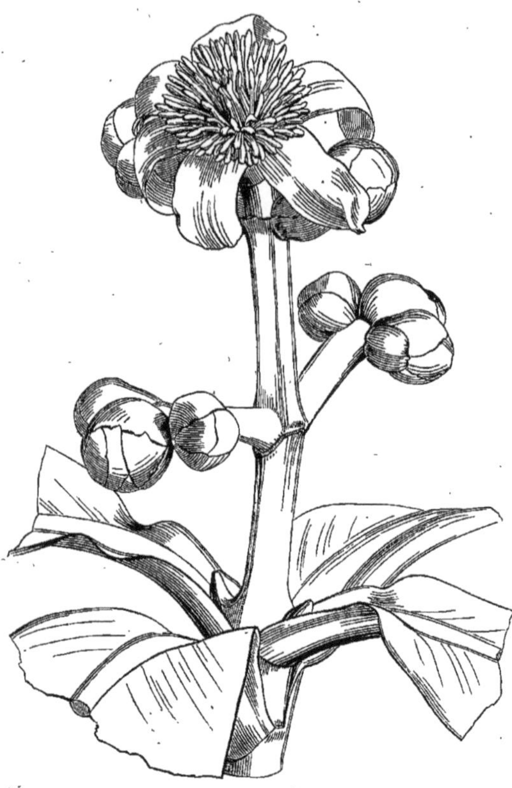

Clusia angulaire (*Clusia angularis*). Fleurs ♂.

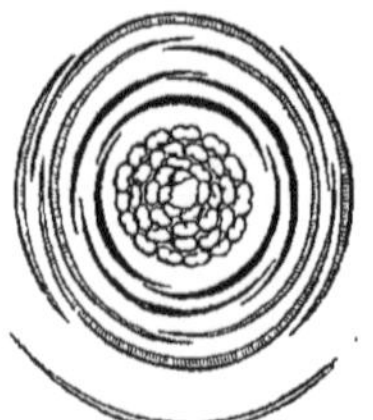

*Clusia* ♂. Diagramme.

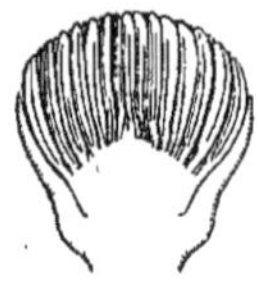

*Clusia angularis* ♂.
Portion de l'androcée. (g.)

*Chrysopia urophylla.*
Fleur
sans sa corolle.

*Chrysopia.*
Pétale. (g.)

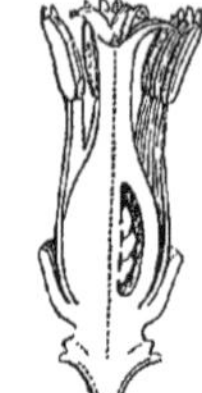

*Chrysopia urophylla.*
Coupe verticale
du pistil.

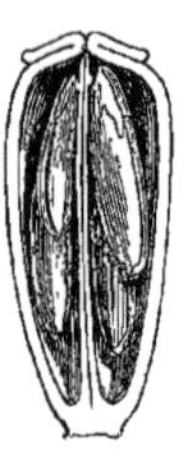

*Pilosperma caudatum.*
Coupe verticale
de l'ovaire. (g.)

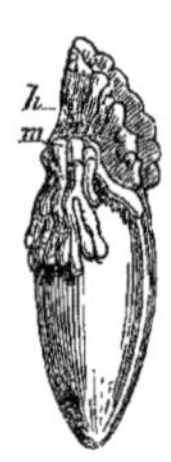


*Pilosperma.*
Graine entière
avec son arillode.

*Pilosperma.*
Graine coupée
verticalement.
*h*, hile. *m*, micropyle.

*Garcinia Mangostana.* Fruit.

*Garcinia Mangostana.*
Baie à écorce épaisse, enlevée à la partie supérieure
pour montrer les loges ovariennes.

*Pilosperma.*
Embryon.
(g.)

Les *Guttifères* sont très-voisines des *Hypéricinées* et des *Marcgraviacées* (voir ces Familles). — Elles tiennent également aux *Camelliacées* par leurs sépales plus ou moins distincts, la préfloraison de leurs pétales et les connexions de leurs filets : elles s'en éloignent par leurs feuilles opposées, leurs fleurs généralement diclines, tétramères, à sépales et pétales décussés, leur embryon droit, à cotylédons souvent peu apparents.

Toutes les Guttifères, à l'exception de quelques Espèces qui croissent dans quelques parties chaudes de l'Amérique du Nord, habitent la zone intertropicale ; elles sont plus nombreuses en Amérique qu'en Asie, et assez rares en Afrique.

Les Guttifères doivent leur nom au suc jaune ou verdâtre qui découle par incision de leur tige, et qui renferme une résine âcre dissoute dans une huile volatile, quelquefois tempérée par un principe gommeux. La baie acidule-sucrée de plusieurs Espèces est comestible. La graine de quelques autres contient une huile fixe, et toutes ont un bois précieux pour sa durée. — Le *Guttier* (*Hebradendron cambogioides*), arbre de Ceylan, donne un suc qui s'épaissit au soleil en masse d'un rouge safran, opaque, lisse, luisante et nommée *gomme-gutte* : cette substance fournit aux peintres une riche couleur d'un jaune d'or, et à la médecine un purgatif énergique. Il en est de même du *Clusia rosea*, arbre des Antilles, dont le suc noirâtre, amer, s'épaississant à l'air, est fréquemment employé à la place de la *Scammonée*. — Celui du *Clusia flava*, cultivé dans les serres chaudes d'Europe, ainsi que le précédent, est vanté à la Jamaïque comme vulnéraire. — Le *Calophyllum inophyllum*, qui croît dans l'Inde, donne une résine purgative et émétique, et son écorce est vantée comme diurétique. Celle du *Calophyllum turiferum*, indigène au Pérou, répand au feu une odeur balsamique, qui la fait employer par les habitants à la place de l'*encens*. — Le *Calophyllum Calaba* des Antilles fournit un suc (*aceite de Maria*), qui peut rivaliser avec la térébenthine de *copahu*. Les Espèces de ce Genre ont des baies d'une saveur acidule-sucrée très-agréable. — Les *Mesua speciosa* et *ferrea*, qui croissent dans l'Inde, ont un bois très-dur et très-estimé ; leur racine et leur écorce, aromatiques et amères, sont de puissants sudorifiques. — Le *Mangoustan* (*Garcinia mangostana*), originaire des Moluques, a été transporté dans les Antilles ; l'épicarpe de sa baie est amer et astringent, mais la pulpe est sapide, rafraîchissante et antibilieuse. Le fruit du *Mammea* rivalise avec celui du Mangoustan ; l'eau distillée de ses fleurs (*eau de créole*) est éminemment digestive, et le suc de ses jeunes pousses donne une liqueur vineuse très-agréable.

# CAMELLIACÉES, *CAMELLIACEÆ*.

(TERNSTROEMIEÆ, *Mirbel*. — TERNSTROEMIACEÆ, *De Candolle*. — THEACEÆ, *Mirbel*. CAMELLIEÆ, *De Candolle*. — CAMELLIACEÆ, *Bartling*.)

PÉTALES *hypogynes, ordinairement* 5, *libres, ou presque libres, imbriqués, ou tordus.* ÉTAMINES *généralement indéfinies, hypogynes.* OVAIRE *ordinairement* 3-5-*loculaire.* OVULES *pendants, ou ascendants.* FRUIT *indéhiscent, ou capsulaire.* EMBRYON *dicotylédoné, exalbuminé, ou albuminé.* — TIGE *ligneuse.* FEUILLES *généralement alternes.*

ARBRES, ou ARBUSTES, à suc aqueux, à rameaux cylindriques. — FEUILLES alternes, souvent fasciculées au sommet des rameaux, très-rarement opposées (*Caryocar, Haploclathra*, etc.), généralement simples, rarement digitées (*Caryocar, Anthodiscus*), coriaces ou membraneuses, penninerviées, entières ou dentelées. *Stipules* nulles, ou très-rarement 2, minimes, caduques. — FLEURS ☿, rarement diclines (*Actinidia, Omphalocarpus*, etc.), régulières, tantôt axillaires, solitaires, ou fasciculées ; tantôt terminales en grappe, ou en panicule ; *pédoncule* articulé à sa base, nu, ou muni de bractées. — SÉPALES 5, rarement 4, ou 6-7, libres, ou légèrement soudés à leur base, imbriqués. — PÉTALES 5, rarement 4, ou 6-9, hypogynes, libres, ou plus souvent cohérents à leur base en anneau, ou en tube court, à préfloraison imbriquée, ou tordue. — ÉTAMINES généralement indéfinies, rarement en même nombre que les pétales (*Pentaphylax, Pelliciera*), ou en nombre double (*Stachyurus*), hypogynes, tantôt libres, tantôt diversement cohérentes à leur base, ou adhérentes à la base de la corolle. *Anthères* basifixes et dressées, ou dorsifixes et versatiles, 2-loculaires, à loges parallèles, s'ouvrant par une fente, ou quelquefois par un pore apical (*Saurauja, Pentaphylax*). — OVAIRE libre, quelquefois plongé plus ou moins dans le torus (*Anneslea, Visnea*), à base large et sessile, à 3-5 loges, rarement 2-loculaire (*Pelliciera*), ou multiloculaire (*Anthodiscus, Omphalocarpum*, etc.). *Styles* autant que de loges, tantôt libres, tantôt plus ou moins cohérents. *Stigmates* aigus, ou obtus. *Ovules* 2-∞ dans chaque loge, rarement solitaires, tantôt dressés, ou horizontaux et anatropes ; tantôt pendants et anatropes, ou campylotropes ; tantôt fixés latéralement et semi-anatropes. — FRUIT tantôt charnu, ou coriace et indéhiscent ; tantôt capsulaire, à déhiscence loculicide, ou septicide. — GRAINES nombreuses, ou en petit nombre, fixées à l'angle interne des loges sur des placentaires saillants, charnus, ou fongueux. *Albumen* souvent peu abondant, ou nul, rarement copieux (*Actinidia, Saurauja, Stachyurus*). — EMBRYON droit, ou arqué, ou enroulé. *Cotylédons* tantôt demi-cylindriques, continus avec la *radicule* et plus courts qu'elle ; tantôt plus grands, planes, chiffonnés, pliés longitudinalement, ou épais et charnus.

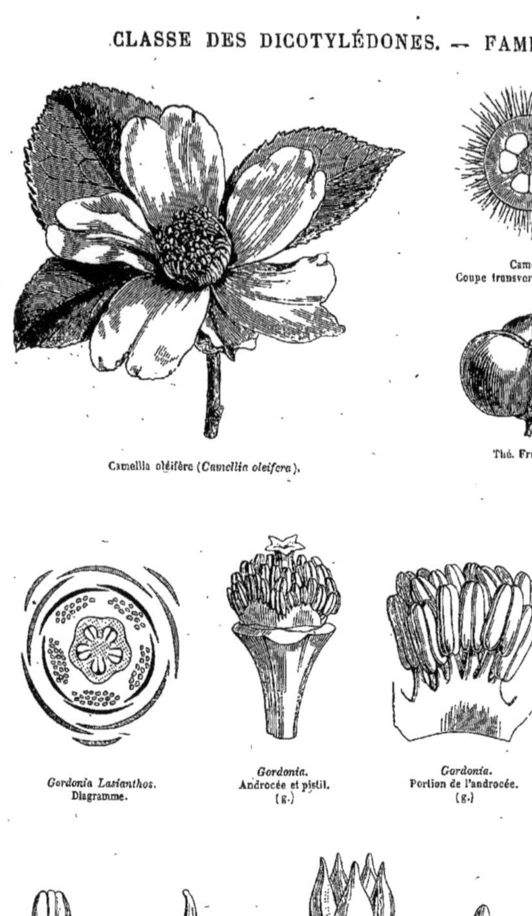

Camellia oléifère (*Camellia oleifera*).

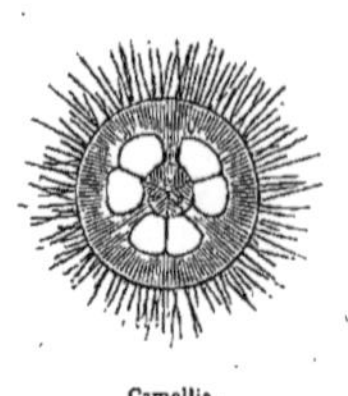

Camellia. Coupe transversale de l'ovaire.

Thé. Graine entière. (g.)

Thé. Embryon entier. (g.)

Thé. Demi-embryon, face interne. (g.)

Thé. Fruit. (g.)

Thé. Graine coupée verticalement. (g.)

*Gordonia*. Fleur en bouton. (g.)

*Gordonia Lasianthos*. Diagramme.

*Gordonia*. Androcée et pistil. (g.)

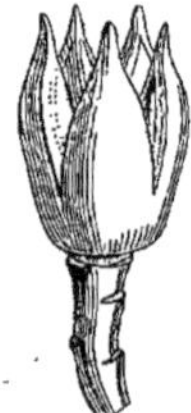

*Gordonia*. Portion de l'androcée. (g.)

*Gordonia*. Pistil. (g.)

*Gordonia*. Coupe verticale de l'ovaire. (g.)

*Gordonia*. Embryon coupé. (g.)

*Gordonia*. Étamine. (g.)

*Gordonia*. Jeune fruit.

*Gordonia*. Fruit mûr.

*Gordonia*. Ovule. (g.)

*Gordonia*. Graine entière. (g.)

*Gordonia*. Graine coupée verticalement. (g.)

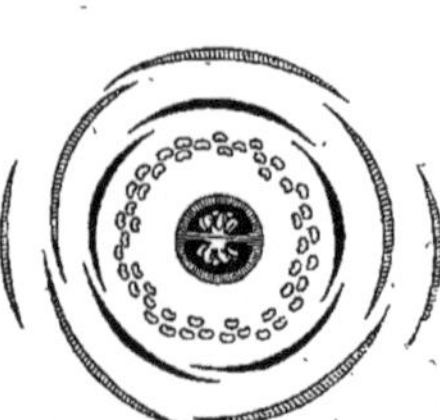

*Ternstrœmia*. Diagramme.

*Ternstrœmia*. Fleur coupée verticalement. (g)

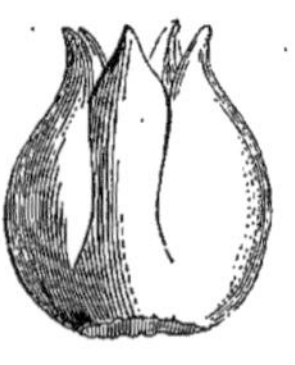

*Ternstrœmia*. Corolle monopétale (g.)

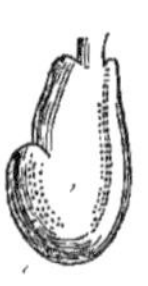

*Ternstrœmia*. Ovule. (g.)

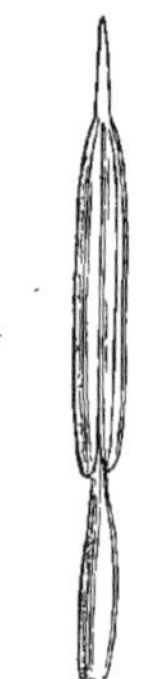

*Ternstrœmia*. Étamine. (g.)

Ternstrœmia pédonculé (*Ternstrœmia pedunculata*).

### TRIBU I. — RHIZOBOLÉES, *RHIZOBOLEÆ.*

Pétales imbriqués, ou soudés en coiffe. Anthères dorsifixes, sub-versatiles. Fruit indéhiscent. Albumen nul, ou presque nul. Graines solitaires dans les loges. Radicule supère, très-grande, recourbée en haut, ou enroulée. Cotylédons minimes. Feuilles digitées. Grappes terminales.

GENRE PRINCIPAL.

Caryocar, *Caryocar.*

### TRIBU II. — TERNSTROEMIÉES, *TERNSTROEMIEÆ.*

Pétales imbriqués. Anthères basifixes. Fruit rarement déhiscent. Graines généralement peu nombreuses. Albumen charnu, ordinairement peu abondant. Embryon infléchi, ou arqué. Cotylédons plus courts et non plus larges que la radicule. Pédoncules 1-flores. Arbres, ou arbrisseaux.

GENRES PRINCIPAUX.

Visnea, *Visnea.* | *Ternstrœmia, *Ternstrœmia.* | Pentaphylax, *Pentaphylax.*

### TRIBU III. — SAURAUJÉES, *SAURAUJEÆ.*

Pétales imbriquées. Anthères versatiles. Fruit très-rarement sub-déhiscent, ordinairement pulpeux. Graines nombreuses, petites. Albumen copieux. Embryon droit, ou légèrement courbé, à radicule ordinairement plus longue que les cotylédons. Arbres, ou Arbrisseaux dressés, ou volubiles. Pédoncules mutiflores.

GENRES PRINCIPAUX.

*Saurauja, *Saurauja.* | Actinidia, *Actinidia.*

### TRIBU IV. — GORDONIÉES, *GORDONIEÆ.*

Pétales imbriqués. Anthères versatiles. Fruit à déhiscence loculicide (*Camellia, Thea, Stuartia*) ou indéhiscent (*Pelliciera, Omphalocarpum*). Albumen ordinairement nul, ou presque nul. Cotylédons épais planes, ou chiffonnés, ou plissés. Radicule courte, droite, ou infléchie. Arbres, ou Arbrisseaux dressés. Pédoncules 1-flores.

GENRES PRINCIPAUX.

*Stuartia, *Stuartia.* | *Gordonia, *Gordonia.* | *Camellia, *Camellia.* | *Thé, *Thea.*

### TRIBU IV. — BONNÉTIÉES, *BONNETIEÆ.*

Pétales tordus. Anthères versatiles, ou sub-basifixes. Capsule à déhiscence septicide. Albumen nul, ou presque nul. Embryon droit, à cotylédons larges, à radicule courte. Arbres dressés. Fleurs en panicules terminales, ou en grappes axillaires.

GENRES PRINCIPAUX.

Bonnétia, *Bonnetia.* | Mahuréa, *Mahurea.* | Caraïpa, *Caraipa.*

Les *Camelliacées* ont de nombreuses affinités : 1° avec les Familles polypétales, polyandres, hypogynes, à ovaire pluri-loculaire (voir les *Hypéricinées*, les *Guttifères*). — Elles ne diffèrent guère des *Bixinées*, auxquelles elles se lient par les *Cochlospermées*, que par leur ovaire à loges complètes et leurs feuilles non stipulées. — Elles se rapprochent des *Diptérocarpées* par le calyce polyphylle, la corolle polypétale hypogyne à préfloraison imbriquée, la polyandrie, l'ovaire à plusieurs loges, largement sessile, ou légèrement plongé dans le torus, la graine exalbuminée, la tige ligneuse et les feuilles alternes; mais les Diptérocarpées s'en éloignent par leur calyce fructifère ordinairement accrescent, par leur fruit 1-loculaire et uni-séminé, leur port, et surtout par leur suc résineux. Elles ont aussi quelques rapports avec les *Tiliacées*, qui en diffèrent principalement par la préfloraison valvaire de leur calyce. — 2° Quant aux affinités qui les lient aux Familles monopétales, voyez les *Éricinées*, les *Styracées*, les *Ébénacées*. Elles se rattachent en outre aux *Sapotées* par l'intermédiaire des Genres *Eurya* et *Ternstrœmia*, dont la corolle est monopétale, imbriquée, diplo ou triplo-stémone, le fruit baccien, la tige ligneuse et les feuilles alternes et coriaces; mais les Sapotées ont leurs anthères extrorses.

Les Camelliacées habitent principalement l'Amérique tropicale et l'Asie orientale; on en rencontre très-peu dans l'Amérique du Nord, et une seule Espèce (*Visnea Moccanera*) au îles Canaries. — Quelques Espèces de *Saurauja* et de *Kielmeyera* sont mucilagineuses et usitées en médecine comme émollientes. — Les *Gordonia* contiennent un principe astringent qui les fait employer pour le tannage des cuirs. — Le *Camellia* ou *Rose du Japon* (*Camellia Japonica*), introduit en Europe depuis 1739, y est cultivé comme Plante d'ornement, mais dans l'Asie orientale on fait cas surtout de ses graines qui contiennent une huile fixe très-recherchée. Ses feuilles ont un léger arome qui rappelle celui du Thé. — L'Espèce la plus importante de cette Famille est le *Thé de Chine* (*Thea Chinensis*) que quelques auteurs placent dans le Genre *Camellia*, et dont les feuilles, infusées dans l'eau, fournissent une boisson en usage dans le monde entier. Il n'y a pas encore deux siècles que le Thé a pénétré en Europe, et aujourd'hui l'importation annuelle de cette substance dépasse dix millions de kilogrammes. Les propriétés stimulantes du Thé sont dues à un principe astringent, à une substance azotée que les chimistes ont isolée et nommée *théine*, et surtout à une huile volatile un peu narcotique, qui y existe en petite proportion; les feuilles contiennent en outre une quantité considérable de *caséine*, matière éminemment nutritive, qui ne se dissout pas dans l'eau; aussi les habitants du Thibet, après avoir bu l'infusion, mangent-ils les feuilles bouillies, qu'ils assaisonnent avec de la graisse, et qui leur fournit un aliment substantiel. Les deux principales sortes de Thés du commerce, nommées *Thé vert* et *Thé noir*, appartiennent à la même Espèce; leur différence tient uniquement à une préparation particulière subie par le Thé noir avant sa dessiccation. On distingue un grand nombre de variétés de Thés verts et de Thés noirs : celle qui porte le nom de *Thé chulan* est un Thé vert très-recherché pour son odeur suave qui lui a été communiquée par la fleur de l'*Olea fragrans*. Les Chinois aromatisent d'autres sortes de Thés avec diverses fleurs odorantes, telles que celles du *Jasmin Sambac* et du *Camellia Sesangua*. On a fait de nombreux essais pour cultiver le Thé au Brésil et en Europe, mais les produits obtenus ne peuvent être comparés au Thé cultivé en Chine.

# TILIACÉES, *TILIACEÆ*.

(TILIACEÆ, *Jussieu*. — ELÆOCARPEÆ, *Jussieu*. — ELÆOCARPACEÆ, *Lindley*.)

CALYCE *valvaire, tombant*. PÉTALES 4-5, *hypogynes, à préfloraison tordue, ou imbriquée, ou valvaire*. ÉTAMINES *en nombre double, ou multiple de celui des pétales, toutes fertiles, ou les extérieures stériles, libres, ou réunies en phalanges*. ANTHÈRES *biloculaires*. FRUIT *sec, ou charnu*. EMBRYON *dicotylédoné, généralement albuminé*. — TIGE *ligneuse, ou très-rarement herbacée*. FEUILLES *stipulées, ordinairement alternes*.

Tilleul d'Europe (*Tilia europæa*).

ARBRES, ou ARBRISSEAUX, ou rarement HERBES. — FEUILLES alternes, rarement opposées, ou sub-opposées (*Plagiopteron*), simples, penninerviées, ou palmi-nerviées, entières, ou palmilobées, crénelées, ou dentées, très-souvent coriaces, veinées en réseau à la face inférieure. *Stipules* géminées à la base du pétiole, libres, tombantes ou rarement persistantes. — FLEURS ☿, très-rarement imparfaites, régulières, axillaires, ou terminales, tantôt solitaires, tantôt disposées en petites cymes, ou en corymbes, ou en panicules. — Calyce pentamère, rarement 4-3-mère, à sépales libres, ou cohérents, généralement valvaires, très-rarement imbriqués (*Ropalocarpus*, *Echinocarpus*). — Pétales autant que de sépales, ou en nombre moindre, ou nuls (*Sloanea*, *Triumfetta*, *Prockia*, etc.), alternes avec les sépales, insérés autour de la base du torus, entiers, ou incisés, à préfloraison tordue, ou diversement imbriquée, ou indupliquée, ou valvaire, très-rarement soudés en corolle gamopétale (*Antholoma*). — Étamines ordinairement indéfinies, rarement en nombre double des sépales (*Triumfetta*, *Corchorus*), tantôt insérées en plusieurs séries au sommet d'un torus stipitiforme, et distinctes des pétales; tantôt couvrant le torus discoïdal depuis les pétales jusqu'à l'ovaire; tantôt insérées autour du torus, contiguës aux pétales, ou enveloppées par eux. *Filets* libres, ou soudés à leur base, en anneau, ou en 5-10 phalanges, filiformes, tous anthérifères, ou quelques-uns sans anthères (*Sparmannia*, *Luhea*, *Diplodiscus*, etc.). *Anthères* à 2 loges parallèles, contiguës, à déhiscence longitudinale, ou s'ouvrant au sommet par un pore ou valvule transversale (*Elæocarpus*, *Sloanea*, *Vallea*, *Aristotelia*, etc.), rarement divergentes et confluentes au sommet (*Brownlowia*, *Diplodiscus*), quelquefois irritables (*Sparmannia*). — Ovaire libre, sessile, à 2-10 loges. *Style* simple. *Stigmates* autant que de loges, libres, ou cohérents, quelquefois sessiles (*Carpodiptera*, *Muntingia*). *Ovules* fixés à l'angle interne des loges, tantôt solitaires, ou géminés dans chaque loge, pendants au sommet, ou ascendants à la base; tantôt en petit nombre, insérés au milieu de la loge, tantôt nombreux, bi-multi-sériés, anatropes, ou sub-anatropes, à raphé ventral, ou latéral. — Fruit à 2-10 loges, ou 1-loculaire par avortement, ou multiloculaire par des fausses cloisons, tantôt indéhiscent, nucamentacé (*Tilia*), ou drupacé (*Grewia*, *Elæocarpus*), rarement baccien (*Aristotelia*, *Muntingia*); tantôt se séparant en coques (*Colombia*); tantôt s'ouvrant par déhiscence ordinairement loculicide, rarement septicide (*Dubouzetia*). — Graines solitaires, ou nombreuses dans chaque loge, ascendantes, ou pendantes, ou horizontales, dépourvues d'arille, ovoïdes, ou anguleuses. *Testa* ordinairement coriace, ou crustacé, souvent velu. *Endoplèvre* quelquefois endurcie à la chalaze. *Albumen* charnu, copieux, ou mince, rarement nul (*Brownlowia*). *Cotylédons* foliacés, planes entiers, ou lobés. *Radicule* infère, ou supère, ou centripète.

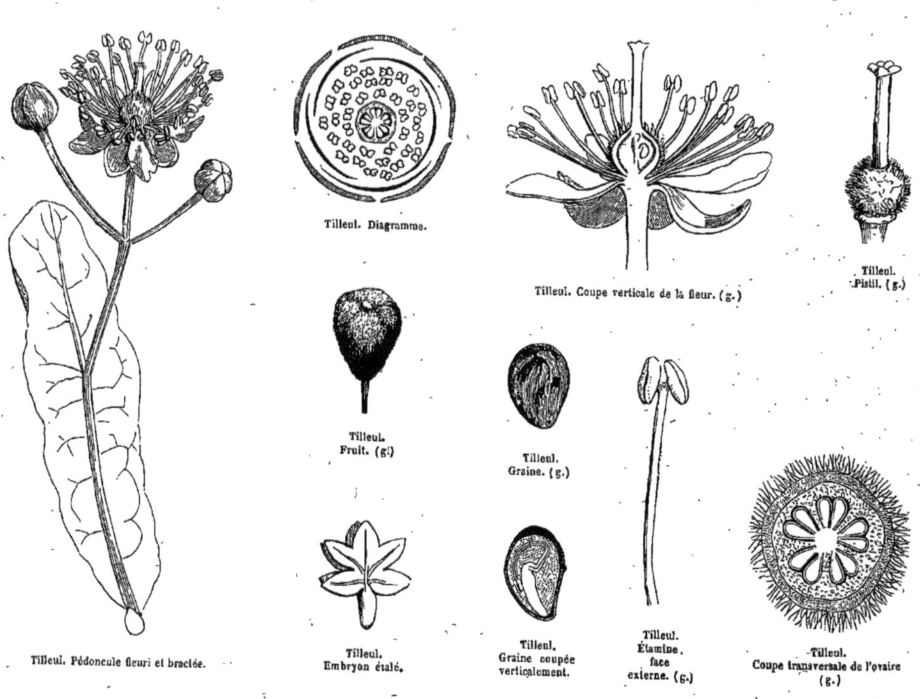

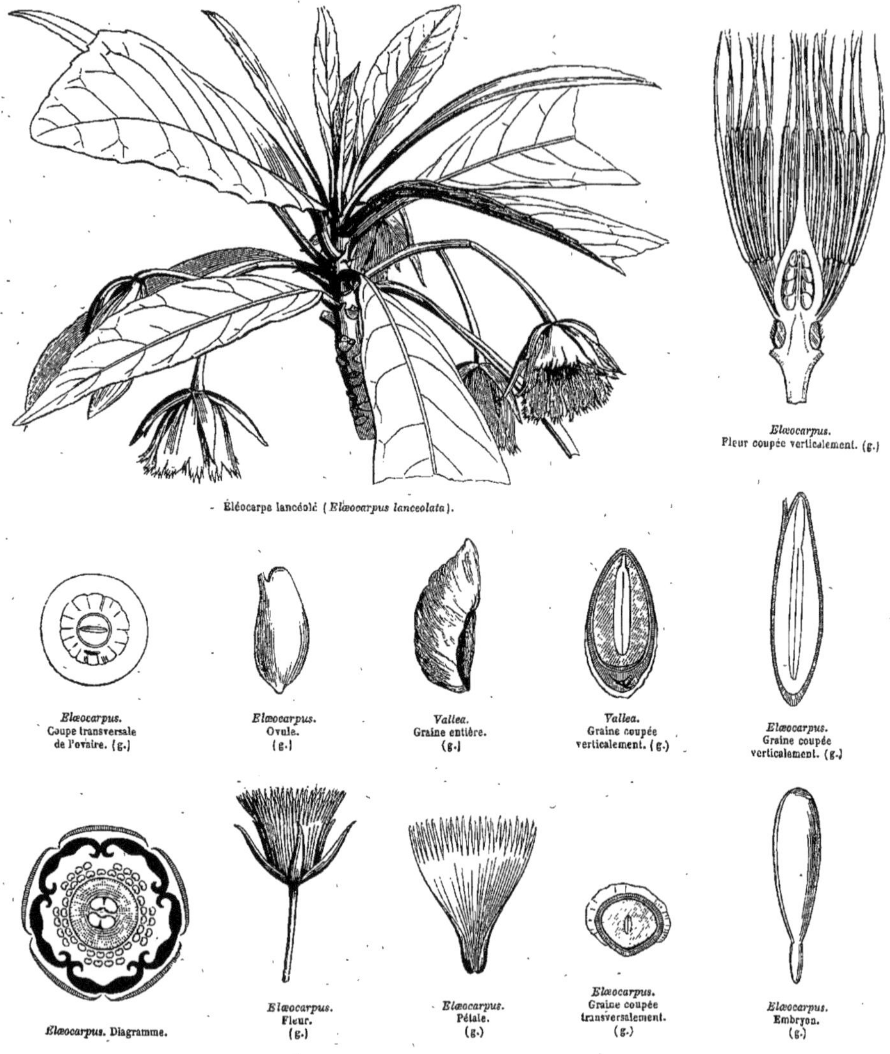

Éléocarpe lancéolé (*Elæocarpus lanceolata*).

*Elæocarpus.* Fleur coupée verticalement. (g.)

*Elæocarpus.* Coupe transversale de l'ovaire. (g.)

*Elæocarpus.* Ovule. (g.)

*Vallea.* Graine entière. (g.)

*Vallea.* Graine coupée verticalement. (g.)

*Elæocarpus.* Graine coupée verticalement. (g.)

*Elæocarpus.* Diagramme.

*Elæocarpus.* Fleur. (g.)

*Elæocarpus.* Pétale. (g.)

*Elæocarpus.* Graine coupée transversalement. (g.)

*Elæocarpus.* Embryon. (g.)

## Section I. — TILIÉES, *TILIEÆ*.

Pétales entiers, ou très-rarement échancrés, à préfloraison imbriquée, ou plus souvent tordue.

GENRES PRINCIPAUX.

| | | | | | |
|---|---|---|---|---|---|
| Brownlowia, | *Brownlowia.* | *Sparmanne, | *Sparmannia.* | *Tilleul, | *Tilia.* |
| *Grewia, | *Grewia.* | *Corchorus, | *Corchorus.* | Apéiba, | *Apeiba.* |
| *Triumfetta, | *Triumfetta.* | Luhéa, | *Luhea.* | Valléa, | *Vallea.* |

### SECTION II. — ELÉOCARPÉES, *ELÆOCARPEÆ.*

Pétales souvent incisés, quelquefois entiers (*Dubouzetia*), ou nuls, ordinairement pubescents, à préfloraison valvaire, ou induplicative, jamais tordue. Étamines, les unes opposées par groupes aux pétales, les autres solitaires et alternes.

GENRES PRINCIPAUX.

| | | | | | |
|---|---|---|---|---|---|
| Prockia, | *Prockia.* | Sloanéa, | *Sloanea.* | *Eléocarpe, | *Elæocarpus.* |
| Hasseltia, | *Hasseltia.* | *Aristotélie, | *Aristotelia.* | *Monocère, | *Monocera.* |

Les *Tiliacées* et les *Élæocarpées*, qui formaient autrefois deux Familles distinctes, ont été réunies en une seule par Endlicher et MM. Hooker et Bentham; ces derniers leur ont adjoint les *Prockia*, jadis appartenant aux *Bixacées*, et s'en éloignant par leur placentation axile. — Les Tiliacées tiennent à l'une des Tribus des *Sterculiacées* (*Byttnériacées*) par leur calyce valvaire, leurs pétales hypogynes, ou nuls, leurs étamines nombreuses, leur albumen charnu, leur tige ligneuse, leurs feuilles alternes, stipulées, leur pubescence étoilée; en outre, dans les *Éléocarpées*, la base indupliquée de chaque pétale embrasse un groupe d'étamines, et entre ces groupes se place une étamine isolée opposítisépale; caractère analogue à celui que présentent les *Byttnériacées*, où la base indupliquée des pétales embrasse également le système staminal. — Mêmes rapports avec les *Malvacées*, qui diffèrent en outre par leurs anthères 1-loculaires. — Elles se rapprochent aussi des *Camelliacées* par la polypétalie, l'hypogynie, la polyandrie, la connexion des filets, la déhiscence apicale des anthères (qui s'observe dans les Genres *Saurauja* et *Pentaphylax*), l'ovaire pluriloculaire, etc.; mais la préfloraison valvaire du calyce les en sépare. — Enfin elles ont plus d'une analogie avec les *Chlænacées;* mais celles-ci se distinguent par leur calyce imbriqué, et surtout par les filets de leurs étamines, soudés en urcéole.

La plupart des Tiliacées croissent entre les tropiques; un petit nombre habite les régions tempérées de l'hémisphère Nord; quelques-unes vivent au-delà du Capricorne. Les *Brownlowia* et les Genres voisins sont indigènes de l'Asie et de l'Afrique tropicales; les *Grewia* et les *Corchorus*, des parties chaudes de l'ancien continent; les *Sparmannia*, de l'Afrique tropicale et australe; les *Luhea*, de l'Amérique tropicale et subtropicale; les *Tilleuls*, de l'Europe, de l'Asie tempérée et de l'Amérique septentrionale; les *Prockia*, les *Hasseltia*, les *Vallea*, les *Sloanea*, de l'Amérique tropicale; les *Aristotelia*, du Chili et de la Nouvelle-Zélande; les *Elæocarpus*, de l'Asie tropicale et de l'Australasie, les *Antholoma*, les *Dubouzetia*, de la Nouvelle-Calédonie, etc.

Les Espèces utiles de la Famille des Tiliacées sont assez nombreuses. Les *Tilia parvifolia* et *grandifolia* sont des arbres européens connus sous le nom de *Tilleul;* leur écorce intérieure, à mucilage astringent, est employée en Allemagne comme vulnéraire, et ses fibres tenaces servent à faire des cordes; la séve sucrée de leur tronc est fermentescible et fournit une liqueur vineuse d'un goût agréable; leur bois est facile à travailler et donne un charbon estimé; ses fleurs, d'odeur balsamique, très-usitées en infusion, sont antispasmodiques et diaphorétiques, et deviennent astringentes quand on les emploie avec la grande bractée qui les accompagne. — Les *Triumfetta*, le *Sparmannia africana*, Plantes mucilagineuses, sont mises au nombre des médicaments émollients. — Le *Corchorus olitorius* est usité comme Plante potagère dans toute la zone intertropicale, où l'on mange ses jeunes fruits et ses feuilles cuites et assaisonnées; ses graines sont purgatives. D'autres Espèces congénères (*C. tridens, C. acutangulus, C. depressus*) sont également alimentaires, et les Arabes mettent à profit la ténacité de leurs fibres corticales pour faire des cordes ou des nattes grossières. — Les *Grewia orientalis* et *microcos* se recommandent par leur écorce aromatique-amère et leurs feuilles astringentes; le bois du *Gr. elastica* est très-estimé à cause de sa flexibilité, qui le rend propre à la fabrication des arcs. — L'écorce amère et résineuse des *Elæocarpus* est renommée comme tonique. Leur fruit acidule-sucré est alimentaire et stomachique. Les noyaux de plusieurs Espèces de ce Genre, élégamment sillonnés, servent aux Indiens de colliers et de bracelets. — Les feuilles du *Vallea cordifolia*, arbre du Pérou, renferment un principe tinctorial jaune.

# STERCULIACÉES, *STERCULIACEÆ.*

(STERCULIACEÆ, *Ventenat.* — STERCULIACEÆ ET BUTTNERIACEÆ, *Endlicher.*)

CALYCE 5-4-3-*mère, valvaire.* COROLLE *nulle, ou* PÉTALES *en même nombre que les lobes calycinaux, hypogynes.* ÉTAMINES *tantôt en même nombre que les pétales, et opposées à ces pétales, tantôt en nombre multiple, souvent mêlées de staminodes opposés aux lobes calycinaux.* FILETS *diversement cohérents.* ANTHÈRES *extrorses.* CARPELLES *plus ou moins soudés, quelquefois distincts.* OVULES *ascendants, ou horizontaux, anatropes, ou orthotropes.* FRUIT *généralement capsulaire.* EMBRYON *dicotylédoné, droit, ou arqué, albuminé, ou exalbuminé.*

ARBRES, ou ARBRISSEAUX, à bois mou, dressés, quelquefois grimpants, rarement HERBES vivaces, ou annuelles (*Ayenia*). Plantes pubescentes, à poils étoilés, ou bifurqués, souvent mêlés de poils simples, rarement écailleux. — FEUILLES alternes, tantôt simples, penninerviées, ou palminerviées; tantôt digitées à 3-9 folioles. *Stipules* libres à la base des pétioles, tombantes, rarement foliacées et persistantes, très-rarement nulles (*Lasiopetalum*). FLEURS régulières, ☿, ou imparfaites par avortement. *Inflorescence* très-diverse, généralement axillaire. — CALYCE ordinairement persistant, 5-4-3-fide, ou à 5 sépales libres, à préfloraison valvaire. — COROLLE nulle,

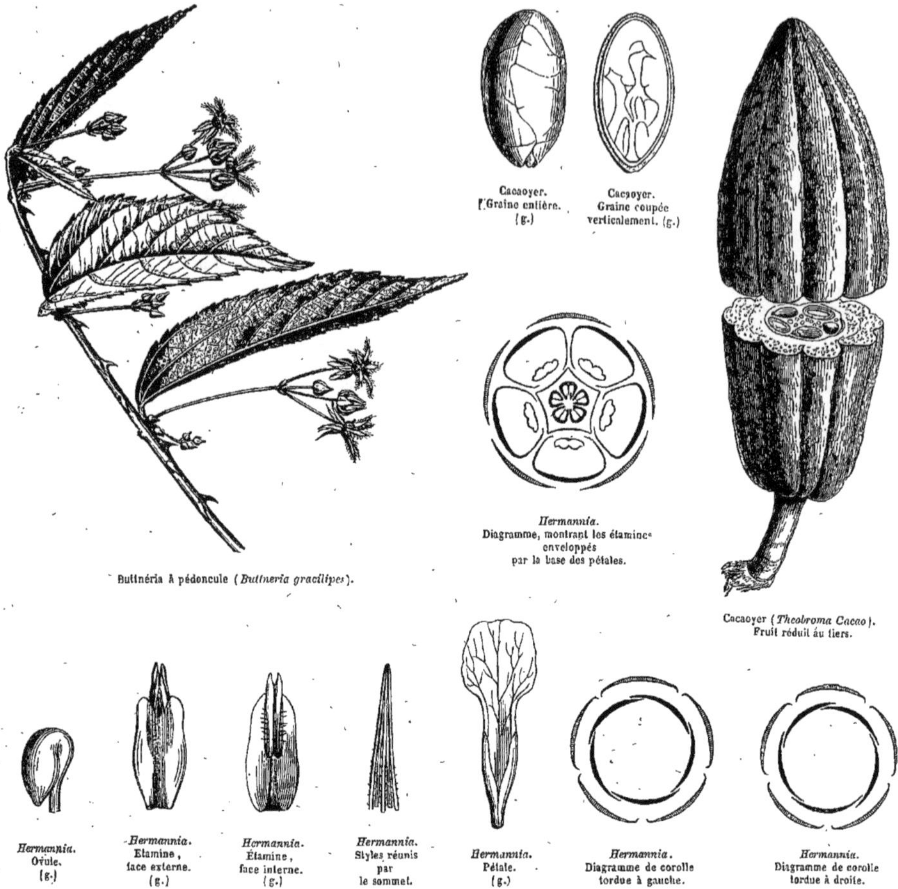

Buttnéria à pédoncule (*Buttneria gracilipes*).

Cacaoyer. Graine entière. (g.)

Cacaoyer. Graine coupée verticalement. (g.)

*Hermannia*. Diagramme, montrant les étamines enveloppés par la base des pétales.

Cacaoyer (*Theobroma Cacao*). Fruit réduit au tiers.

*Hermannia*. Ovule. (g.)

*Hermannia*. Étamine, face externe. (g.)

*Hermannia*. Étamine, face interne. (g.)

*Hermannia*. Styles réunis par le sommet.

*Hermannia*. Pétale. (g.)

*Hermannia*. Diagramme de corolle tordue à gauche.

*Hermannia*. Diagramme de corolle tordue à droite.

ou PÉTALES hypogynes, soit libres, soit adnés par leur base au tube staminal, à préfloraison imbriquée, ou convolutive, ou tordue. — ANDROCÉE très-varié. — ÉTAMINES à filets plus ou moins complétement soudés à leur base en colonne tubuleuse, ou urcéolée : 1° tube staminal divisé au sommet en 5 dents ou languettes (staminodes) alternes avec les pétales et portant dans les sinus qui séparent les staminodes 1-2-5-∞ anthères opposées aux pétales, stipitées, ou subsessiles (*Buttneria*) ; 2° staminodes nuls, anthères nombreuses, multi-sériées, insérées sur la colonne depuis son milieu jusqu'à son sommet (*Eriolæna*), ou 1-sériées au sommet de l'urcéole (*Astiria*) ; 3° anthères adnées au sommet de la colonne et disposées en anneau ou sans ordre (*Sterculia*); 4° étamines fertiles 5, libres ou presque libres, opposées aux pétales, sans staminodes, ou alternant avec 5 staminodes opposés aux sépales (*Seringia*). *Anthères* extrorses, à 2 loges parallèles ou divergentes, très-rarement confluentes au sommet (*Helicteres*), quelquefois à déhiscence apicale par 2 pores ou 2 petites fentes (*Lasiopetalum, Guichenotia*). — PISTIL libre, sessile, ou sub-stipité, généralement composé de 4-5 carpelles, quelquefois plus, ou moins, rarement distincts (*Seringia*), ordinairement cohérents en ovaire à 4-5, quelquefois 10-12 loges. *Ovules* 2-∞ dans chaque loge, rarement solitaires, fixés à l'angle interne, ascendants, ou horizontaux, anatropes, ou semi-anatropes, à raphé ventral, ou latéral, et à micropyle infère, rarement orthotropes (*Sterculia Balanghas*). *Styles* en même nombre que les loges de l'ovaire, tantôt distincts, tantôt plus ou moins cohérents. — FRUIT sec, ou rarement charnu (*Theobroma*), à carpelles tantôt soudés en capsule

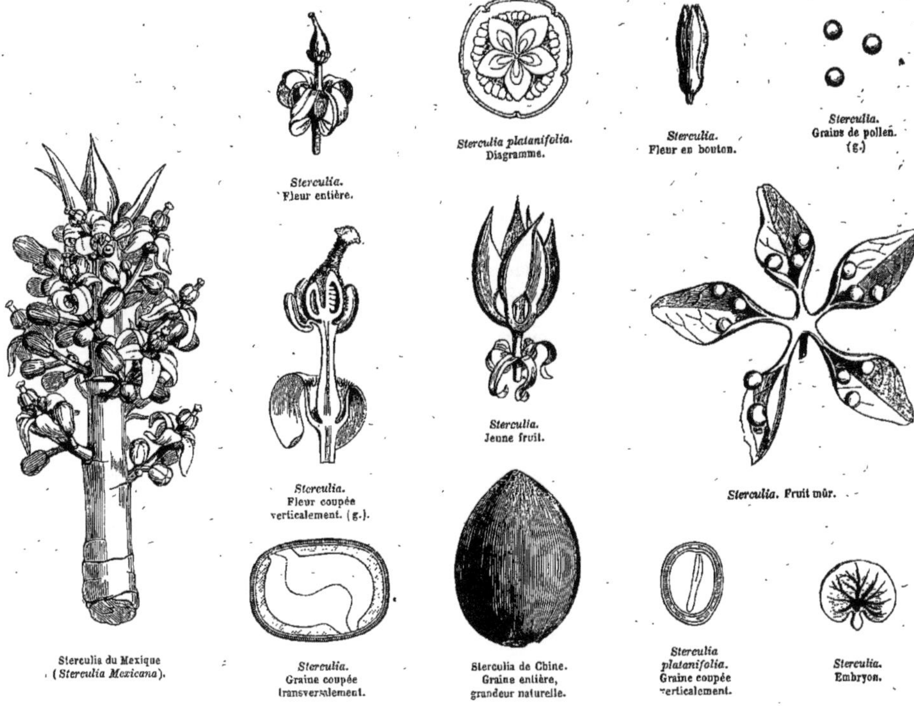

*Sterculia.* Fleur entière. — *Sterculia platanifolia.* Diagramme. — *Sterculia.* Fleur en bouton. — *Sterculia.* Grains de pollen. (g.) — *Sterculia.* Fleur coupée verticalement. (g.) — *Sterculia.* Jeune fruit. — *Sterculia.* Fruit mûr. — Sterculia du Mexique (*Sterculia Mexicana*). — *Sterculia.* Graine coupée transversalement. — Sterculia de Chine. Graine entière, grandeur naturelle. — *Sterculia platanifolia.* Graine coupée verticalement. — *Sterculia.* Embryon.

loculicide, ou ligneuse-indéhiscente; tantôt se séparant en follicules, ou en coques bivalves. — Graines arrondies, ou ovoïdes, quelquefois comprimées et prolongées supérieurement en aile membraneuse, tantôt courtement strophiolées, tantôt, et plus souvent, nues, à *testa* coriace, ou crustacé, quelquefois revêtu d'un épiderme succulent (*Sterculia*). *Albumen* charnu, souvent mince, ou nul. — Embryon droit, ou arqué, divisant quelquefois l'albumen en 2 parties (*Sterculia*). *Cotylédons* ordinairement foliacés, planes, ou plissés-chiffonnés, ou enroulés en cornet, rarement charnus. *Radicule* courte, infère, tendant vers le hile, ou s'en éloignant.

## Tribu I. — LASIOPÉTALÉES, *LASIOPETALEÆ.*

Fleurs ☿. Calyce pétaloïde. Pétales nuls, ou squamiformes, planes, plus courts que les sépales. Étamines légèrement monadelphes à la base, 5 fertiles, alternes avec les sépales. Staminodes 5, ou moins, opposés aux sépales, quelquefois nuls. Anthères incombantes, à loges parallèles, ou s'ouvrant au sommet par deux pores. Carpelles libres, ou soudés en ovaire 3-5-loculaire. Ovules 2, ou 8 dans chaque loge, ascendants. Graines strophiolées. Albumen charnu. Embryon droit, ou légèrement courbé, axile, à cotylédons foliacés, planes.

### GENRES PRINCIPAUX.

Séringia, *Seringia.* | Guichenotia, *Guichenotia.* | *Thomasia, *Thomasia.* | *Lasiopétale, *Lasiopetalum.*

## Tribu II. — BUTTNÉRIÉES, *BUTTNERIEÆ.*

Fleurs ☿. Pétales sessiles, ou onguiculés, concaves, ou cuculliformes, souvent prolongés supérieurement en languette. Tube staminal divisé à son sommet en plusieurs lanières, les unes 1-3-anthérifères, opposées aux pétales, les autres stériles (staminodes) opposées aux sépales. Ovaire à 5 loges bi-pluri-ovulées. Fruit généralement capsulaire, à déhiscence loculicide, ou septicide. Graines droites, ou arquées, nues, ou strophiolées. Embryon albuminé, ou exalbuminé, droit, ou courbé, à cotylédons tantôt planes, foliacés, tantôt enroulés, ou chiffonnés.

GENRES PRINCIPAUX.

Commersonia, *Commersonia.* | *Buttnéria, *Buttneria.* | *Cacaoyer, *Theobroma.* | Guazuma, *Guazuma.*

## Tribu III. — HERMANNIÉES, *HERMANNIEÆ.*

Fleurs ☿. Pétales planes, marcescents, linéaires, et quelquefois enroulés sur eux-mêmes (*Visenia*). Étamines plus ou moins monadelphes, égales en nombre et opposées aux pétales; staminodes nuls, ou rarement dentiformes. Ovaire à une ou plusieurs loges 1-∞-ovulées. Capsule loculicide. Graines obovoïdes, ou réniformes. Albumen charnu. Embryon axile, droit, ou arqué, à cotylédons foliacés, planes.

GENRES PRINCIPAUX.

*Hermannia, *Hermannia.* | *Mahernia, *Mahernia.* | *Mélochia, *Melochia.*

## Tribu IV. — DOMBEYÉES, *DOMBEYEÆ.*

Fleurs ☿. Pétales planes, souvent marcescents. Anthères 10-20 à loges parallèles, insérées au sommet, ou près du sommet d'une colonne courtement urcéolée, ou rarement allongée. Staminodes 5, ou 0. Ovaire sessile, à 5 ou plusieurs loges 2-pluri-ovulées. Capsule loculicide, ou septicide. Albumen charnu, peu abondant. Cotylédons foliacés, souvent bifides, ou plissés tordus, rarement planes.

GENRES PRINCIPAUX.

*Pentapétès, *Pentapetes.* | *Dombéya, *Dombeya.* | *Astrapée, *Astrapæa.*

## Tribu V. — ÉRIOLÆNÉES, *ERIOLÆNEÆ.*

Fleurs ☿. Pétales planes, tombants. Anthères nombreuses, multisériées, stipitées, insérées sur la colonne depuis son milieu jusqu'à son sommet. Staminodes nuls. Ovaire à 5-10 loges multi-ovulées. Capsule loculicide. Albumen charnu. Embryon droit, axile.

GENRE PRINCIPAL.

Eriolæna, *Eriolæna.*

## Tribu VI. — HÉLICTÉRÉES, *HELICTEREÆ.*

Fleurs ☿. Pétales 5, tombants. Anthères 5-15, sessiles, ou stipitées au sommet d'une colonne allongée, alternant en 5 groupes avec autant de staminodes, ou de dents plus ou moins courtes de la colonne. Albumen charnu. Embryon droit, ou arqué.

GENRE PRINCIPAL.

Hélictère, *Helicteres.*

## Tribu VII. — STERCULIÉES, *STERCULIEÆ.*

Fleurs diclines ou polygames. Calyce souvent coloré. Corolle nulle. Étamines à anthères tantôt 5-15, adnées au sommet d'une colonne courte, ou allongée, tantôt courtement polyadelphes, ou 1-sériées en anneau. Pollen lisse. Carpelles mûrs libres, sessiles, ou courtement stipités. Graines albuminées, ou exalbuminées.

GENRES PRINCIPAUX.

*Sterculia, *Sterculia.* | Héritiéra, *Heritiera.*

Les *Tribus* ci-dessus décrites, réunies en une seule Famille par Ventenat, puis séparées en 2 Familles, viennent d'être de nouveau réunies par MM. Bentham et Hooker; elles sont étroitement liées d'une part aux *Malvacées*, de l'autre aux *Tiliacées;* elles se distinguent des premières par leurs anthères biloculaires, leur pollen généralement lisse, et des secondes par leurs anthères extrorses, alternant avec les sépales lorsqu'elles sont définies, ou monadelphes lorsqu'elles sont indéfinies. — Les *Trémandrées*, que nous avons annexées aux *Polygalées* (voir page 330), et qui se rapprochent de la Tribu des *Lasiopétalées* par la préfloraison du calyce, la déhiscence apicale des anthères extrorses, les loges ovariennes bi-ovulées, les ovules anatropes, l'albumen charnu, l'embryon droit, axile, s'en éloignent par les filets libres, le stigmate simple, l'ovule pendant, à micropyle supère, les feuilles sans stipules, etc.

Les Sterculiacées appartiennent aux régions tropicales et sub-tropicales.—La Tribu des *Lasiopétalées* habite l'Australie et Madagascar.— Les *Buttnériées* vivent, les unes dans la région tropicale des deux Continents (*Buttneria, Guazuma*), les autres spécialement en Amérique (*Theobroma*), ou en Asie (*Abroma*), ou en Australie et à Madagascar (*Rulingia*). — Le Genre *Commersonia* se rencontre en Australie et dans l'Amérique tropicale. — Les *Hermanniées* habitent principalement l'Afrique australe. — Les *Dombéyées* croissent dans les contrées chaudes de l'Asie et de l'Afrique. — Les *Ériolænées* sont exclusivement asiatiques. — Il en est de même pour la plupart des *Hélictérées.* Toutefois le Genre *Helictères* appartient aux deux Continents; les *Ungeria* se trouvent dans l'île Norfolk; les *Myrodia* sont américains. — La tribu des *Sterculiées* est dispersée dans toute la zone tropicale; les *Sterculia* sont presque tous asiatiques; il y en a peu d'Espèces africaines ou américaines. Les Espèces connues du Genre *Cola* sont toutes d'Afrique. Le Genre *Heritiera* appartient à l'Asie et à l'Australie tropicales.

Les Sterculiacées contiennent, ainsi que les Malvacées, un mucilage abondant, auquel se joint, avec l'âge, dans l'écorce des Espèces ligneuses, une matière extractive amère, astringente, qui s'accompagne souvent de substances stimulantes et émétiques. Les graines sont huileuses. — Les *Sterculia* se recommandent par des qualités variées : l'enveloppe charnue de leur graine est sapide; leur graine, huileuse et légèrement âcre, sert à assaisonner les aliments; leur écorce est fortement astringente, et quelques Espèces produisent une gomme analogue à la gomme adragante.

L'Espèce la plus importante de la Tribu des Buttnériées est le *Theobroma Cacao*, arbre américain, propagé par les Européens dans les climats analogues de l'Asie et de l'Afrique. Au milieu de la pulpe amère de son fruit sont nichées des graines contenant une huile fixe, solide (*Beurre de cacao*), une matière colorante rouge, une autre, analogue au tannin, de la gomme, et un principe azoté cristallisable, isolé par les chimistes, et nommé *théobromine*. Ce sont ces graines qui fournissent l'aliment si généralement usité sous le nom de *chocolat*, qu'on rend plus facile à digérer en l'aromatisant avec de la vanille ou de la cannelle. — Le fruit mucilagineux-astringent du *Guazuma* est employé en Amérique dans le traitement des maladies de la peau. Sa pulpe sucrée et comestible est soumise à la fermentation, et fournit une boisson qui tient lieu de bière. — Plusieurs Espèces de *Buttneria*, de *Waltheria et de Pterospermum* sont usitées en Amérique et en Asie comme remède émollient.

La racine amère et fétide de l'*Helicteres Sacarolha* est vantée au Brésil comme stomachique, et son écorce y est fréquemment employée contre les affections syphilitiques.

# MALVACÉES, *MALVACEÆ.*

(MALVACEÆ, *Jussieu, R. Brown, Kunth, Bartling, Lindley.*)

CALYCE *généralement 5-lobé, valvaire.* PÉTALES *tordus, en même nombre que les lobes calycinaux, et alternes, hypogynes, très-souvent adnés par la base au tube staminal.* ÉTAMINES ∞, *hypogynes, à filets plus ou moins monadelphes, alternes, ou opposées aux lobes calycinaux.* ANTHÈRES *uniloculaires. Pollen échinulé.* OVAIRE *composé de plusieurs carpelles verticillés, ou agglomérés en tête.* FRUIT *généralement sec, rarement baccien.* GRAINES *réniformes, ascendantes, ou horizontales, ou pendantes, à albumen peu abondant.* EMBRYON *dicotylédoné, arqué, à cotylédons pliés l'un sur l'autre.*

HERBES, ou ARBRISSEAUX, ou ARBRES, à bois léger et mou. — FEUILLES alternes, simples, généralement palminerviées, entières, ou palmilobées, à poils ordinairement étoilés. *Stipules* 2, latérales, persistantes, ou tombantes, — FLEURS ☿, régulières, axillaires, solitaires, ou agglomérées, quelquefois en grappe, ou en corymbe, ou en panicule. — CALYCE involucellé de bractéoles verticillées, ou rarement nu (*Sida, Abutilon*), 5-fide, ou 5-partit, rarement 3-4-fide, à préfloraison valvaire, persistant, ou rarement tombant. — PÉTALES en même nombre que les lanières calycinales, et alternant avec elles, insérés sur le réceptacle, très-souvent soudés par leur onglet avec le tube staminal, à limbe ordinairement inéquilatéral, à préfloraison tordue. — ÉTAMINES cohérentes en tube ou colonne couvrant l'ovaire par sa base dilatée, tantôt divisé à son sommet en lanières alternes ou opposées aux lobes calycinaux, et se séparant en filets nombreux monanthérifères, tantôt émettant de sa face externe des anthères brièvement stipitées ou sessiles. *Anthères* réniformes, simples, à une seule loge, s'ouvrant en deux valves par une fente demi-circulaire. *Pollen* échinulé. — OVAIRE sessile, composé de 5 carpelles, ou plus, rarement 3-4, tantôt verticillés autour d'un axe central plus ou moins développé, quelquefois dilaté au sommet, quelquefois atténué en colonne, libres, ou cohérents; tantôt agglomérés en tête et cohérents. *Ovules* solitaires, ou nombreux dans chaque carpelle, insérés à son angle central, campylotropes, ou semi-anatropes, tantôt ascendants, ou horizontaux, à raphé ventral ou supère (*Callirhoe*); tantôt pendants, à raphé dorsal (*Sida*).

*Styles* terminaux, soudés inférieurement, stigmatifères à leur sommet (*Abutilon, Hibiscus,* etc.), ou dans leur longueur (*Malva, Lavatera, Malope,* etc.). — Fruit tantôt composé de plusieurs coques libres, ou provenant de déhiscence septicide, s'ouvrant à la maturité par leur bord interne, ou indéhiscentes; tantôt capsulaire, à déhiscence loculicide par 5, ou 3, ou plusieurs valves médio-septifères; très-rarement charnu (*Malvaviscus*). — Graines réniformes, à *testa* crustacé, ordinairement chagriné, quelquefois chevelu (*Cotonnier, Fugosia, Hibiscus*), rarement pulpeux. *Albumen* mucilagineux, peu abondant, ou nul. — Embryon arqué, à cotylédons foliacés, repliés l'un sur l'autre, ou diversement plissés-tordus. *Radicule* tendant vers le hile, infère dans les graines ascendantes, recourbée vers le haut dans les graines pendantes.

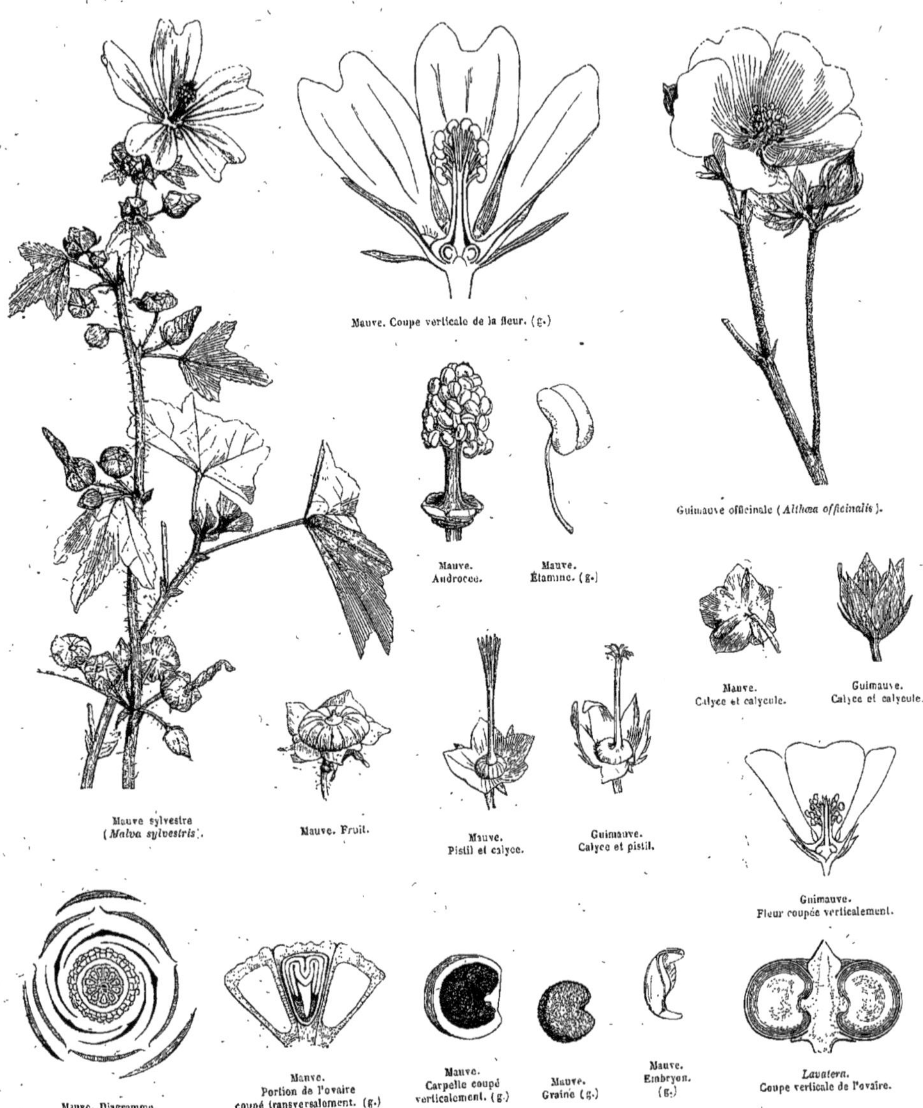

Mauve. Coupe verticale de la fleur. (g.)

Guimauve officinale (*Althæa officinalis*).

Mauve. Androcee.

Mauve. Étamine. (g.)

Mauve. Calyce et calycule.

Guimauve. Calyce et calycule.

Mauve sylvestre (*Malva sylvestris*).

Mauve. Fruit.

Mauve. Pistil et calyce.

Guimauve. Calyce et pistil.

Guimauve. Fleur coupée verticalement.

Mauve. Diagramme.

Mauve. Portion de l'ovaire coupé transversalement. (g.)

Mauve. Carpelle coupé verticalement. (g.)

Mauve. Graine (g.)

Mauve. Embryon. (g.)

*Lavatera.* Coupe verticale de l'ovaire.

*Plagianthus* (*Philippodendron*). Fleur. (g.)

*Plagianthus* (*Philippodendron*). Androcée et pétales.

*Plagianthus* (*Philippodendron*). Portion de l'androcée avec un pétale.

*Plagianthus* (*Philippodendron*). Fleur coupée verticalement. (g.)

## Tribu I. — MALOPÉES, *MALOPEÆ*.

Calyce involucellé, ou rarement nu. Carpelles nombreux, 1-loculaires, uni-ovulés, réunis en capitule, se séparant de l'axe à la maturité.

GENRES PRINCIPAUX.

| | | | | | |
|---|---|---|---|---|---|
| *Palava, | *Palava.* | *Malope, | *Malope.* | *Kitaibélie, | *Kitaibelia.* |

## Tribu II. — MALVÉES, *MALVEÆ*.

Calyce involucellé. Carpelles 5-∞, verticillés, se séparant de l'axe à la maturité, ou soudés en capsule à plusieurs coques.

GENRES PRINCIPAUX.

| | | | | | |
|---|---|---|---|---|---|
| *Lavatère, | *Lavatera.* | *Mauve, | *Malva.* | *Pavonie. | *Pavonia.* |
| *Guimauve, | *Althæa.* | *Sphéralcéa, | *Sphæralcea.* | *Gœthéa, | *Gœthea.* |

## Tribu III. — HIBISCÉES, *HIBISCEÆ*.

Calyce involucellé. Carpelles 3-5-10, soudés en capsule loculicide, ou rarement indéhiscente (*Thespesia*), quelquefois fruit baccien (*Malvaviscus*).

GENRES PRINCIPAUX.

*Ketmie, *Hibiscus.* | *Malvavisque, *Malvaviscus.* — *Lagunaria, *Lagunaria.* | *Cotonnier, *Gossypium.*

## Tribu IV. — SIDÉES, *SIDEÆ*.

Calyce nu. Carpelles 5-∞ (rarement 1-2, *Plagianthus*), verticillés, soudés en capsule loculicide, ou en fruit à plusieurs coques.

GENRES PRINCIPAUX.

| | | | | | |
|---|---|---|---|---|---|
| *Sida, | *Sida.* | *Abutilon, | *Abutilon.* | *Plagianthe, | *Plagianthus.* |

Les *Malvacées* sont liées par d'étroites affinités aux *Sterculiacées* et aux *Tiliacées* (voir ces Familles). Elles tiennent encore de plus près aux *Bombacées* que MM. Bentham et Hooker leur ont annexées, les séparant des *Sterculiacées* à cause de leurs anthères uniloculaires, lesquelles ne sont biloculaires qu'en apparence dans quelques Genres où elles se réunissent par paires, ce qui les distingue des Sterculiacées dont les anthères ne paraissent uniloculaires que par confluence des loges. — Chez les Bombacées la colonne staminale est divisée plus ou moins profondément en 5-8 rameaux portant chacun 2-∞ anthères, tantôt libres et réniformes (*Adansonia*), tantôt adnées, globuleuses (*Cœlostegia*), ou linéaires (*Matisia*), ou sinueuses (*Ochroma*); la capsule est loculicide, ou indéhiscente; les cotylédons sont enroulés (*Ochroma*), ou plissés-tordus (*Adansonia*, *Bombax*, etc.), ou planes (*Cheirostemon*). — Les Malvacées ont en outre avec les *Urticées* quelques caractères communs de végétation.

On a réuni aux Espèces normales monogynes ou digynes du Genre *Plagianthus* le *Philippodendron*, de Poiteau, dont l'Espèce est remarquable par la ténacité de ses fibres corticales.

Les Malvacées croissent surtout dans la région tropicale; elles diminuent sensiblement en s'éloignant des tropiques; et elles sont plus nombreuses en-deçà du Cancer et en Amérique que dans l'ancien Continent.

Le mucilage qui abonde dans la plupart des Espèces leur donne des propriétés émollientes; quelques-unes contiennent des acides libres, et sont employées comme rafraîchissantes; quelques autres sont rangées parmi les médicaments stimulants, à cause d'un principe hydrocarboné qui altère le mucilage. — Les graines contiennent une huile fixe, et leur testa est souvent laineux; l'écorce de plusieurs Espèces a des fibres tenaces. — Les feuilles et les fleurs des *Mauves* (*Malva sylvestris* et *rotundifolia*), la racine et les fleurs de la *Guimauve* (*Althæa officinalis*) et de la *Rose-Trémière* (*Althæa rosea*) sont usitées comme émollientes. — Les Malvacées à suc acide sont principalement la *Ketmie Oseille-de-Guinée rouge* (*Hibiscus Sabdariffa*) et l'*Oseille-de-Guinée blanche* (*Hibiscus digitatus*); ces herbes, indigènes de l'Afrique tropicale, sont aujourd'hui cultivées dans toute l'Amérique, à cause de l'acide oxalique libre qui s'unit à leur mucilage. — La *Ketmie Gombo* ou *Bamia* (*Hibiscus esculentus*) est une herbe annuelle, répandue dans toute la zone tropicale; on fait une grande consommation de sa capsule verte, soit pour dissoudre son mucilage par l'eau bouillante et donner de la consistance aux aliments liquides, soit pour manger le fruit en nature, cuit et assaisonné. — La racine du *Pavonia odorata*, qui croît dans l'Inde, est aromatique et fébrifuge. — Les Indiens vantent comme stomachique celle du *Sida lanceolata*. — La *Ketmie musquée* (*Hibiscus Abelmoschus*) est une herbe annuelle, indigène de l'Inde et de l'Égypte, qui a été transportée dans les Antilles; ses semences (*graine d'ambrette*) possèdent une odeur de musc très-prononcée, qui les fait rechercher par les parfumeurs. — La *Ketmie Rose-de-Chine* (*Hibiscus Rosa-Sinensis*) contient dans sa fleur un principe colorant dont les Chinois se servent pour noircir leur chaussure et leurs sourcils. — La *Guimauve à feuilles de Chanvre* (*Althæa-Cannabina*), indigène de l'Europe méridionale, a des fibres tenaces comme celles du Chanvre et employées aux mêmes usages. — Les *Cotonniers* (*Gossypium*) sont des Plantes herbacées ou ligneuses, dont la capsule renferme des graines nombreuses, ovoïdes, à testa spongieux recouvert de poils laineux denticulés, nommés *coton*, faciles à filer, et devenus l'objet d'un immense commerce entre les deux Continents. Les *Cotonniers* sont indigènes de toute la zone intertropicale, mais on en a peu à peu étendu la culture vers le Nord jusqu'à des latitudes tempérées. Les principales Espèces, encore très-mal connues, sont : le *G. herbaceum*, de la haute Égypte; les *G. arboreum* et *religiosum*, de l'Inde; les *G. peruvianum* et *hirsutum*, du nouveau Continent, etc. Le Coton était connu en Égypte dès la plus haute antiquité. Les graines des *Gossypium*, outre les poils de leur testa, fournissent par expression une huile fixe, qui sert à l'éclairage et à la fabrication du savon.

Parmi les *Bombacées*, le *Durio* produit un gros fruit fétide, dont les graines sont comestibles. — Le *Baobab* donne un fruit oblong, de la grosseur d'un melon, rempli d'une pulpe blanche acidule, fort recherchée des nègres, et qui les préserve, dit-on, de la dyssenterie; son écorce est fébrifuge. — Toutes les Bombacées sont arborescentes, et appartiennent principalement à la région tropicale des deux Continents. C'est dans ce groupe que l'on observe quelques-uns des plus grands arbres du Règne végétal, les *Bombax*, les *Adansonia*, les *Pachira*, les *Durio*, les *Neesia*, etc. L'Espèce la plus remarquable est le *Baobab* (*Adansonia digitata*), arbre de l'Afrique tropicale, transplanté par l'homme en Asie et en Amérique; son tronc n'a que 4 ou 5 mètres de hauteur à partir du sol jusqu'aux branches, mais sa grosseur est énorme, et il peut acquérir 30 mètres de circonférence. Adanson a observé, aux îles du cap Vert, des Baobabs, qui avaient été mesurés par des voyageurs deux siècles auparavant, et d'après le peu d'accroissement qu'ils avaient pris depuis cette époque, il calcula que leur âge devait être de plus de six mille ans.

# GÉRANIACÉES, *GERANIACEÆ*.

(GERANIA, *Jussieu*. — GERANIOIDEÆ, *Ventenat*. — GERANIACEÆ, *De Candolle*.)

CALYCE *pentamère, imbriqué*. PÉTALES *hypogynes, à préfloraison tordue*. ÉTAMINES *hypogynes, ordinairement en nombre double de celui des pétales*. CARPELLES 5, *cohérents par leurs bords internes en un ovaire prolongé en bec, à 5 loges bi-ovulées*. FRUIT *capsulaire, s'ouvrant élastiquement de la base au sommet*. GRAINES *exalbuminées*. EMBRYON *courbe, à cotylédons plissés ou enroulés*. — FEUILLES *stipulées*.

PLANTES herbacées, ou sous-frutescentes, quelquefois charnues (*Pelargonium, Sarcocaulon*). — FEUILLES inférieures opposées, les supérieures alternes, ou opposées, pétiolées, simples, ordinairement palminerviées et à divisions palmées, rarement penniséquées, quelquefois entières, ou crénelées. *Stipules* géminées à la base des pétioles, foliacées, ou scarieuses. — FLEURS ☿, régulières, ou irrégulières (*Pelargonium*). *Pédoncules* opposés aux feuilles alternes, ou naissant, soit à l'aisselle de l'une des feuilles opposées, soit dans la dichotomie des rameaux, quelquefois radicaux, rarement 1-flores, le plus souvent 2-flores, souvent disposés en ombelle simple, involucrée. — CALYCE libre, persistant, 5-phylle, ou 5-partit, à préfloraison imbriquée; sépales égaux, quelquefois inégaux, le postérieur se prolongeant alors en éperon soudé longitudinalement au pédoncule (*Pelargonium*). — PÉTALES insérés sur le réceptacle, alternes avec les divisions du calyce, tantôt en même nombre qu'elles; tantôt moins nombreux par avortement et sub-périgynes (*Pelargonium*), onguiculés, égaux ou inégaux (*Pelargonium*), à préfloraison tordue, caducs. — ÉTAMINES insérées avec les pétales, généralement en nombre double, bi-sériées, les intérieures fertiles, les extérieures alternant avec les intérieures et plus courtes, opposées aux pétales, et tantôt toutes fertiles (*Geranium*); tantôt toutes (*Erodium*) ou quelques-unes (*Pelargonium*) privées d'anthères; rarement en nombre triple de celui des pétales, et séparées en 5 phalanges triandres, opposées aux pétales (*Monsonia, Sarcocaulon*). *Filets* membraneux, aplatis et plus ou moins monadelphes inférieurement, subulés au sommet, les intérieurs munis extérieurement à leur base d'une glande alterne avec les pétales, rarement dépourvus de glande (*Pelargonium*). *Anthères* introrses, bi-loculaires, oblongues, dorsifixes, versatiles, à déhiscence longitudinale. — Pistil composé de 5 carpelles verticillés, cohérents en ovaire 5-lobé, 5-loculaire, prolongé supérieurement en bec terminé par les styles. *Ovules* géminés dans chaque loge, insérés à la suture ventrale, plus ou moins superposés, semi-anatropes. *Styles* continus avec les ovaires, d'abord soudés ensemble, puis se séparant supérieurement en 5 branches stigmatifères le long de leur bord interne. — Fruit capsulaire, s'ouvrant élastiquement de bas en haut, par déhiscence septifrage, en 5 coques 1-séminées, à bec roulé en spirale, et se détachant de la columelle formée par les placentaires, qui sont restés cohérents. — Graine trigone, à *testa* crustacé, à *hile* ventral, situé un peu au-dessus de la base. — Embryon exalbuminé, courbe; *cotylédons* foliacés, enroulés-flexueux; *radicule* conique, incombante sur le cotylédon intérieur, voisine du hile, et regardant, ainsi que l'extrémité cotylédonaire, la base du fruit.

GENRES PRINCIPAUX.

*Monsonia, *Monsonia*. | *Géranium, *Geranium*. | *Érodium, *Erodium*. | *Pélargonium, *Pelargonium*.

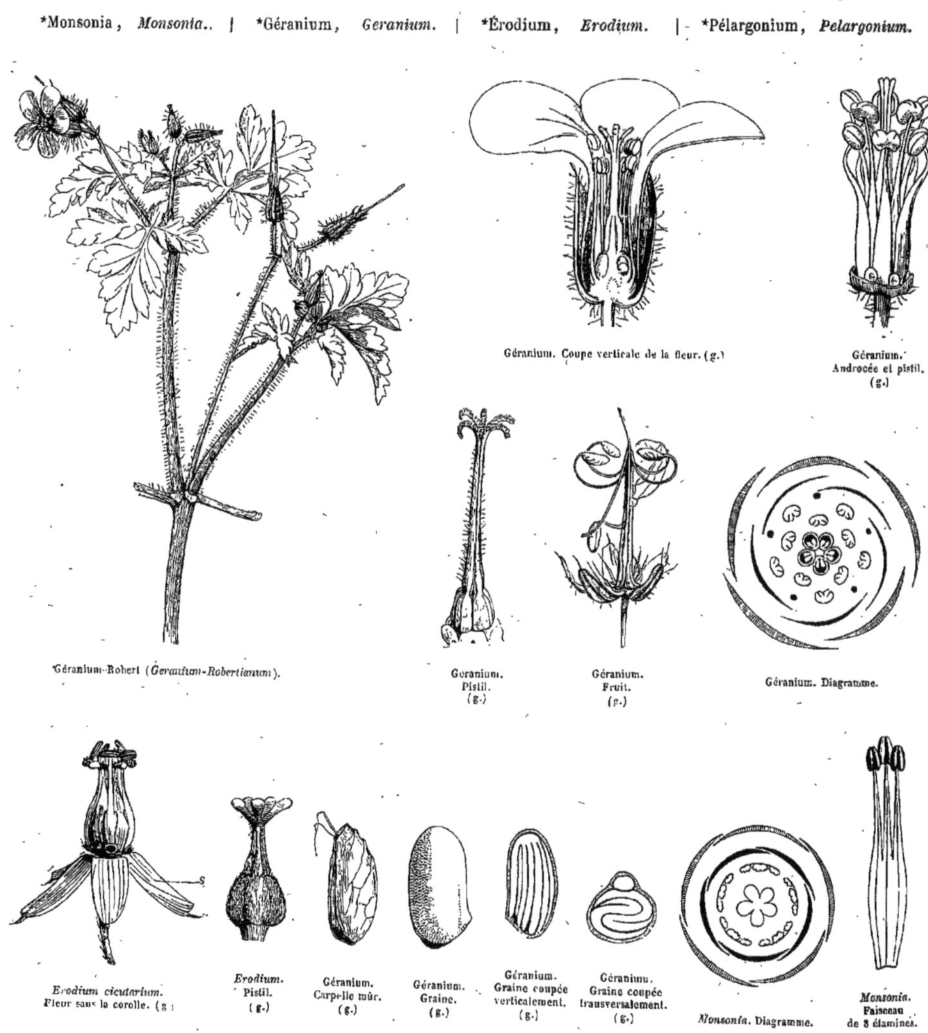

Géranium-Robert (*Geranium-Robertianum*).

Géranium. Coupe verticale de la fleur. (g.)

Géranium. Androcée et pistil. (g.)

Geranium. Pistil. (g.)

Géranium. Fruit. (g.)

Géranium. Diagramme.

*Erodium cicutarium*. Fleur sans la corolle. (g.)

*Erodium*. Pistil. (g.)

Géranium. Carpelle mûr. (g.)

Géranium. Graine. (g.)

Géranium. Graine coupée verticalement. (g.)

Géranium. Graine coupée transversalement. (g.)

*Monsonia*. Diagramme.

*Monsonia*. Faisceau de 3 étamines.

Les *Géraniacées* sont liées aux *Limnanthées*, aux *Vivianiées*, aux *Lédocarpées*, aux *Oxalidées*, aux *Balsaminées* par d'étroites affinités qui ont conduit MM. Bentham et Hooker à les réunir en une même Famille, en leur adjoignant même les *Tropéolées*, voisines des *Pelargonium* par leur fleur irrégulière, anisostémone, sans glandes, leur sépale postérieur éperonné, leurs pétales périgynes dont les deux supérieurs sont extérieurs; mais s'en éloignant par leurs étamines libres, toutes fertiles, par leurs carpelles 1-ovulés, sans bec indéhiscent et leurs feuilles sans stipules. — Le *Limnanthes* se distingue des *Géraniums* par son calyce valvaire, ses étamines libres, son style gynobasique, ses carpelles 1-ovulés, sans bec, indéhiscents, son embryon droit et ses feuilles sans stipules. — Les Vivianiées diffèrent par leur calyce valvaire, leur capsule 3-loculaire, à déhiscence loculicide, leur graine copieusement albuminée et leurs feuilles sans stipules. — Les Lédocarpées diffèrent par l'absence de glandes, les stigmates ligulés, la capsule loculicide et les feuilles sans stipules. — Les Oxalidées s'éloignent des Géraniacées par leurs feuilles composées, non stipulées, leur réceptacle non glandulifère, leurs stigmates capités, leur fruit capsulaire, ou baccien, leur graine albuminée, et leur embryon droit, ou à peine arqué. — Les Balsaminées ont, comme les *Pelargonium*, des fleurs irrégulières, un calyce à sépale postérieur éperonné, un fruit s'ouvrant élastiquement; mais elles en diffèrent par leurs feuilles sans stipules, leur disque non glanduleux, leur androcée pentandre, à anthères cohérentes, ou conniventes, leur stigmate sessile, leur capsule loculicide et leur embryon droit, à radicule supère.

Erodium à feuilles de Ciguë (*Erodium cicutarium*).

Les Géraniacées se rapprochent des *Zygophyllées* par leur tige articulée, leur préfloraison, leur fleur diplostémone ou triplostémone, leur fruit capsulaire, se séparant en coques, leurs feuilles opposées et stipulées; mais les Zygophyllées s'en éloignent par leurs filets libres de cohérence, filiformes, leur style simple, leurs graines souvent albuminées, leur embryon droit, ou à peine arqué.

Les *Linées* (surtout le Genre *Linum*) se rapprochent aussi des Géraniacées par leur corolle et leur androcée composé de 5 étamines fertiles et de 5 staminodes opposés aux pétales, par leurs filets dilatés et monadelphes à la base, leur ovaire non lobé, à loges 2-ovulées, leur fruit capsulaire se séparant en coques; elles s'en éloignent par leur ovaire non lobé, leurs ovules pendants, anatropes, leurs stigmates terminaux, capités, leur embryon droit et leurs feuilles ordinairement non stipulées.

Enfin les Géraniacées offrent quelque affinité avec les *Malvacées*, qui ont, comme elles, des feuilles stipulées palmilobées, des étamines monadelphes, des graines exalbuminées et un embryon enroulé.

Les Géraniacées habitent principalement les contrées tempérées extra-tropicales et tropicales des deux Continents. Les *Geranium* et les *Erodium* appartiennent surtout à l'hémisphère Nord. — Les *Monsonia* vivent dans l'Afrique australe et dans l'Asie tropicale occidentale. — Les *Pelargonium* se rencontrent au-delà du Capricorne, et surtout au cap de Bonne-Espérance ; ils sont plus rares en Australie et dans les îles de la Notasie. Une Espèce (*P. Endlicherianum*) s'avance jusqu'en Asie Mineure.

Les Géraniacées contiennent du tannin et de l'acide gallique qui leur donnent des propriétés astringentes. Plusieurs d'entre elles possèdent des substances résineuses et une certaine quantité d'huile volatile, tempérée par un mucilage abondant; d'autres renferment des acides libres. — L'*Herbe à Robert* (*Geranium Robertianum*) et le *Geranium sanguin* (*G. sanguineum*), Espèces indigènes, usitées jadis comme astringentes et légèrement stimulantes, sont tombées en désuétude; le *G. des prés* (*G. pratense*) est encore estimé comme vulnéraire. — La racine du *G. maculatum*, indigène de l'Amérique boréale, y est administrée contre la dyssenterie; celle des *G. nodosum* et *striatum* remplace en Italie la *Tormentille*. — L'*Erodium moschatum*, qui exhale une forte odeur de musc, est réputée stimulante et diaphorétique.

Quelques *Pelargonium* sont aussi remarquables par leur arome que par l'éclat de leurs couleurs, qui les fait cultiver comme Plantes d'ornement; tels sont le *P. à feuilles zonales* (*P. zonale*), le *P. à feuilles tachantes* (*P. inquinans*); dont les feuilles froissées font des taches couleur de rouille; le *P. triste* (*P. triste*), dont les fleurs, d'un jaune pâle taché de brun, répandent la nuit une odeur suave, etc. On retire de plusieurs Espèces, par distillation, une huile volatile très-odorante, qui sert à falsifier l'essence de roses. — Les tubercules des *P. antidysentericum*, *triste*, etc. sont employés par les Namaquois contre les flux de ventre. — Les feuilles des *P. acetosum* et *peltatum* ont un goût aigrelet très-agréable. — La tige résineuse balsamique du *Monsonia spinosa* brûle avec flamme, et les habitants de l'Afrique australe en font des torches pour s'éclairer.

# BALSAMINÉES, *BALSAMINEÆ*.

(BALSAMINEÆ, *A. Richard*. — BALSAMINACEÆ, *Lindley*.
HYDROCEREÆ, *Blume*.)

Calyce *irrégulier*, 3-5-*phylle*, *imbriqué*, *caduc*. Pétales 3-5, *hypogynes*, *alternes avec les sépales*, *inégaux*, *imbriqués*. Étamines 5, *hypogynes*, *alternes avec les pétales*, *cohérentes supérieurement*, *et recouvrant l'ovaire*. Ovaire *à* 5 *loges multi-pauci-ovulées*. Stigmate *sessile*. Fruit *capsulaire*, *à déhiscence élastique*, *ou drupacé indéhiscent*. Embryon *dicotylédoné*, *droit*, *exalbuminé*.

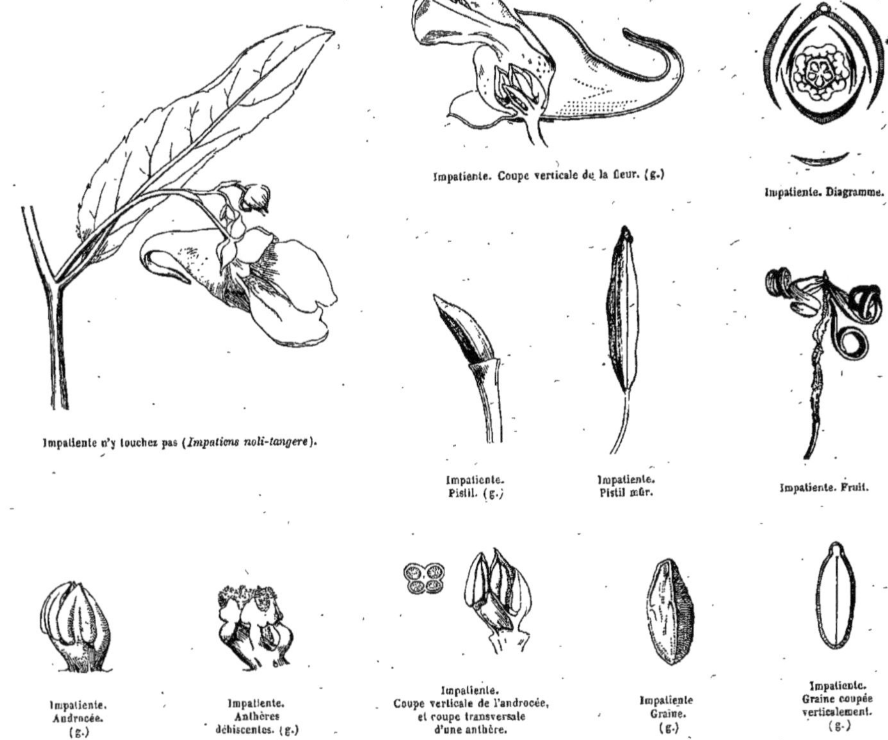

Impatiente n'y touchez pas (*Impatiens noli-tangere*).

Impatiente. Coupe verticale de la fleur. (g.)

Impatiente. Diagramme.

Impatiente. Pistil. (g.)

Impatiente. Pistil mûr.

Impatiente. Fruit.

Impatiente. Androcée. (g.)

Impatiente. Anthères déhiscentes. (g.)

Impatiente. Coupe verticale de l'androcée, et coupe transversale d'une anthère.

Impatiente Graine. (g.)

Impatiente. Graine coupée verticalement. (g.)

PLANTES herbacées, molles, succulentes, généralement annuelles, quelquefois sous-ligneuses, dressées, pleines d'un suc aqueux, à racine fibreuse, ou quelquefois tubéreuse. — FEUILLES quelquefois toutes radicales, longuement pétiolées, cordiformes, ou réniformes; les caulinaires opposées, ou alternes, ou ternées; courtement pétiolées, ou sessiles, penninerviées, lancéolées, ou linéaires, dentées, ou dentelées. *Stipules* nulles, mais pétioles quelquefois munis à la base de glandes cupuliformes sub-stipitées. — PÉDONCULES axillaires, solitaires, ou agrégés, 1-∞-flores, munis de bractées; *pédicelles* nus, ou bractéolés. — FLEURS ☿, irrégulières, éperonnées, souvent renversées à cause de la faiblesse du pédicelle et du poids de l'éperon qui paraît postérieur, quoique antérieur en réalité. — CALYCE 3-5-phylle, irrégulier, coloré, caduc, à préfloraison imbriquée, les 2 sépales extérieurs latéraux, opposés, petits, ou minimes, incombants sur les antérieurs, qui manquent quelquefois; le sépale postérieur grand, concave, prolongé à sa base en bosse ou en éperon, et enveloppant la corolle avant l'anthèse. — COROLLE insérée sur le réceptacle, composée de 5 pétales alternant avec les sépales, tantôt tous libres (*Hydrocera*); tantôt paraissant réduits à 3, par suite de la soudure des pétales latéraux avec les pétales postérieurs (*Impatiens*); pétale antérieur concave, beaucoup plus grand que les autres et les enveloppant; pétales postérieurs plus petits, enveloppant les 2 latéraux. — ÉTAMINES 5, insérées sur le réceptacle, alternes avec les pétales, de la même longueur que l'ovaire, et le recouvrant comme un opercule. *Filets* courts, aplatis, cohérents au sommet. *Anthères* introrses, biloculaires, conniventes, ou cohérentes. — OVAIRE libre, sessile, cylindrique-oblong, ou prismatique-arrondi, 5-loculaire. *Stigmate* sessile, entier, ou 5-partit. *Ovules* nombreux dans chaque loge (*Impatiens*), ou 2-3 (*Hydrocera*), 1-sériés, pendants, anatropes. — FRUIT tantôt capsulaire, s'ouvrant élastiquement, par déhiscence loculicide, en 5 valves qui s'enroulent en dedans par leur extrémité supérieure, ou se déroulent en dehors, de la base au sommet; tantôt drupacé, indéhiscent, 5-loculaire, à épicarpe charnu, à endocarpe osseux formant un noyau 5-lobé. — GRAINES pendantes, elliptiques-arrondies, un peu comprimées, à testa membraneux, ponctué-tuberculeux, glabre, ou velu. — EMBRYON exalbuminé, droit; *cotylédons* planes-convexes, charnus; *radicule* très-courte, supère.

GENRES PRINCIPAUX.

| | |
|---|---|
| *Balsamine, *Impatiens.* | Hydrocère, *Hydrocera.* |

Les *Balsaminées* sont étroitement liées aux *Géraniacées* (voir cette Famille). Elles sont également voisines des *Oxalidées* par l'hypopétalie, l'ovaire 5-loculaire, à ovules pendants, anatropes, le fruit ordinairement capsulaire, loculicide, et les fleurs axillaires; mais les Oxalidées diffèrent par la fleur régulière, diplostémone, les stigmates non sessiles et libres, les valves de la capsule restant attachées à la columelle placentifère, la graine albuminée généralement arillée, et les feuilles composées. — Les *Linées* ont avec les Balsaminées quelques rapports, fondés sur le calyce 5-phylle, la corolle polypétale hypogyne, isostémone, l'ovaire pluriloculaire, à ovules pendants, anatropes, le fruit capsulaire, et la graine peu ou point albuminée; mais elles s'en éloignent par leur fleur régulière, la préfloraison tordue de la corolle, les stigmates portés sur de longs styles, l'inflorescence terminale et les feuilles entières. — L'affinité avec les *Tropéolées* est plus manifeste : calyce coloré irrégulier, dont un sépale prolongé en éperon; ovaire pluri-loculaire, ovules pendants, anatropes; fruit capsulaire; embryon exalbuminé, droit, fleurs axillaires, tige herbacée; mais chez les Tropéolées le calyce est persistant, et c'est le sépale postérieur qui se prolonge en éperon; la corolle est anisostémone; l'ovaire est à 3 loges 1-ovulées; le fruit se sépare en 3 coques indéhiscentes.

Les *Balsaminées* naissent pour la plupart dans les régions tempérées et chaudes de l'Asie orientale; quelques-unes habitent l'Afrique australe et l'Amérique boréale; l'Europe en possède une seule, répandue aussi dans toute l'Asie centrale : c'est la *Balsamine jaune*, nommée vulgairement *N'y touchez pas* (*Impatiens noli tangere*) à cause de l'élasticité de ses capsules, qui s'ouvrent de bas en haut, et lancent leurs graines au plus léger attouchement. On la rangeait autrefois parmi les médicaments diurétiques. — La *Balsamine des jardins* (*Impatiens Balsamina*) est une Espèce annuelle des Indes orientales, cultivée partout comme Plante d'ornement, à cause de l'abondance et de la variété de couleurs de ses fleurs, que les horticulteurs ont fait doubler au point de la rendre presque régulière. — L'*Impatiens parviflora* tend à se répandre dans les lieux ombragés des environs de Paris. — Les *Hydrocera* appartiennent à l'Asie tropicale.

# TROPÉOLÉES, *TROPÆOLEÆ.*

(TROPÆOLEÆ, *Jussieu.* — BALSAMINACEARUM *subordo*, *Lindley.*)

FLEURS *irrégulières.* SÉPALES *inégaux, le postérieur prolongé en éperon.* PÉTALES *périgynes, inégaux, en même nombre que les sépales et alternes, ou en nombre moindre.* ÉTAMINES 8, *hypogynes.* OVAIRE *libre, à 3 loges 1-ovulées.* GRAINES *exalbuminées.* EMBRYON *droit, à cotylédons épais.* — TIGE *herbacée.* FEUILLES *alternes.*

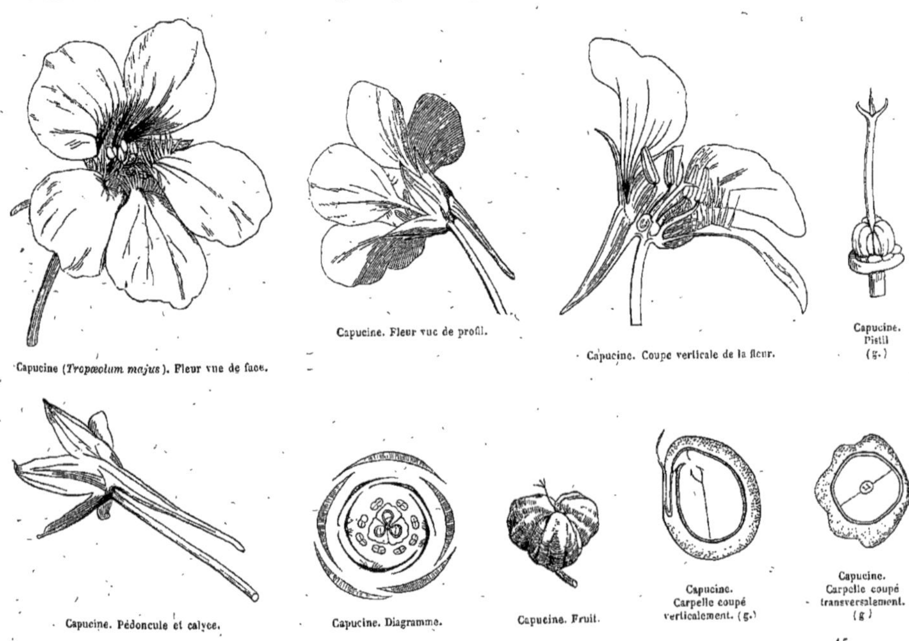

Capucine (*Tropæolum majus*). Fleur vue de face. — Capucine. Fleur vue de profil. — Capucine. Coupe verticale de la fleur. — Capucine. Pistil (g.) — Capucine. Pédoncule et calyce. — Capucine. Diagramme. — Capucine. Fruit. — Capucine. Carpelle coupé verticalement. (g.) — Capucine. Carpelle coupé transversalement. (g.)

Herbes molles, diffuses, ou volubiles, glabres, à suc aqueux, à racine ordinairement tubéreuse. — Feuilles primordiales opposées, bi-stipulées, les autres alternes, non stipulées, pétiolées, simples, peltées, entières, ou lobées, ou profondément palmi-partites, à lobes entiers, ou incisés, quelquefois ponctuées-pellucides. — Fleurs ☿, irrégulières, axillaires, longuement pédonculées. — Calyce coloré, persistant, 5-fide, à 2 lèvres, la supérieure bifide, l'inférieure trifide prolongée à sa base en éperon ou cornet creux, béant au-dessous de la fleur, à préfloraison imbriquée, ou subvalvaire. — Pétales insérés au fond du calyce, en même nombre que les sépales et alternes, ou en nombre moindre; à préfloraison imbriquée, les 2 supérieurs insérés sur la gorge de l'éperon, et extérieurs, écartés et différents des 3 inférieurs, qui sont ordinairement plus petits et quelquefois nuls. — Étamines 8, insérées sur le réceptacle, entourant l'ovaire, et inégales. *Filets* subulés, libres. *Anthères* introrses, biloculaires, basifixes, dressées, à déhiscence longitudinale. — Ovaire libre, sessile, 3-lobé, 3-loculaire. *Ovules* solitaires dans chaque loge, pendants au sommet de l'angle central, anatropes. *Style* central, filiforme, divisé au sommet en 3 branches terminées par un stigmate minime. — Fruit à 3 carpelles indéhiscents, secs, ou fongueux-charnus, rugueux, se séparant d'une columelle courte, persistante. — Graine inverse, à *testa* cartilagineux, souvent confondu avec l'endocarpe. — Embryon exalbuminé, droit. *Cotylédons* épais, semi-orbiculaire dans le jeune âge, se soudant souvent plus tard l'un avec l'autre, prolongés à leur base en oreillettes rapprochées, distinctes, cachant la *radicule* courte, voisine du hile et supère.

GENRE UNIQUE.

*Capucine, *Tropæolum.*

Les *Tropéolées*, placées à côté des *Pelargonium* par MM. Bentham et Hooker, se rapprochent des *Limnanthées* (annexées comme elles à la Famille des *Géraniacées*) par leur calyce persistant, leurs pétales imbriqués, périgynes, ou sub-périgynes, anisostémones, ou diplostémones, leurs carpelles verticillés et soudés autour d'un style central en ovaire à loges uni-ovulées, se séparant de la columelle, leurs graines exalbuminées, leur tige herbacée, leurs feuilles alternes et leurs pédoncules axillaires 1-flores; les Limnanthées ne s'en éloignent guère que par la régularité de leurs fleurs, l'anneau staminifère tapissant le fond de leur calyce, leur ovaire profondément 3 ou 5-lobé et leur ovule ascendant. — Quant à l'affinité avec les *Balsaminées*, voyez cette Famille. — On a constaté entre les Tropéolées et les *Linées* quelques rapports, mais les Linées diffèrent par leurs pétales hypogynes, réguliers, les loges 2-ovulées de leur ovaire, les styles libres, l'inflorescence terminale. — Il y a lieu de comparer avec plus de fondement les Tropéolées avec les *Capparidées* (voir cette Famille).

Les Tropéolées sont toutes indigènes de l'Amérique australe.

Les Tropéolées contiennent un principe âcre, analogue à celui du *Cresson*, qui leur donne des propriétés antiscorbutiques. La *Capucine grande* (*Tropæolum majus*) et la *petite* (*Tr. minus*) sont cultivées en Europe; leurs fleurs en boutons et leurs fruits jeunes s'emploient comme condiment en guise de câpres. — Les tubercules farineux du *Tropæolum tuberosum* fournissent, étant gelés et assaisonnés de mélasse, une sorte d'aliment aux habitants du Pérou.

# LIMNANTHÉES, *LIMNANTHEÆ.*

(LIMNANTHEÆ, *Rob. Brown.* — LIMNANTHACEÆ, *Lindley.*)

Sépales 3-5, *valvaires, ou légèrement imbriqués.* — Pétales *en même nombre que les sépales et alternes, à préfloraison tordue, insérés sur un anneau glanduleux, tapissant le fond du calyce.* Étamines *en nombre double de celui des pétales, sub-périgynes.* Ovaire *profondément 5-lobé, à style gynobasique, à loges 1-ovulées.* Ovule *dressé, anatrope.* Carpelles *mûrs, libres, indéhiscents.* Embryon *dicotylédoné, exalbuminé.* — Tige *herbacée.* Feuilles *alternes.*

Herbes annuelles, palustres, molles, glabres, diffuses. — Feuilles alternes, longuement pétiolées, pennifides ou bi-pennifides, à découpures étroites, ou lancéolées, ou ovales. *Stipules* nulles. — Fleurs régulières, ☿, à pédoncules axillaires, longs, 1-flores, solitaires, dépourvus de bractées et épaissis au sommet. — Sépales 5, à préfloraison valvaire (*Limnanthes*), ou 3, légèrement imbriqués (*Flœrkea*). — Pétales 5, ou 3, sub-périgynes, à préfloraison tordue, marcescents. — Étamines 10 (*Limnanthes*), ou 6 (*Flœrkea*), sub-périgynes. *Filets* planes-subulés, ou subulés-filiformes, marcescents, les uns opposés aux pétales, les autres opposés aux sépales et munis d'une glande à leur base. *Anthères* introrses, biloculaires, sub-globuleuses-didymes, à déhiscence longitudinale. — Carpelles 5 (*Limnanthes*), ou 3 (*Flœrkea*), opposés aux sépales, presque libres, soudés ensemble à leur base en un ovaire profondément 5-3-lobé, 5-3-loculaire par un style gynobasique, divisé au sommet en 5-3 branches courtes stigmatifères. *Ovules* solitaires dans chaque loge, ascendants, anatropes, à micropyle infère, à raphé dorsal. — CARPELLES mûrs libres, indéhiscents (akènes), d'abord charnus, puis coriaces, rugueux. — GRAINE dressée, à *testa* membraneux. — EMBRYON exalbuminé, droit; *cotylédons* charnus-épais, verts, cordiformes à leur base, et renfermant la radicule très-courte, infère.

GENRES PRINCIPAUX.

*Limnanthe, *Limnanthes.* | Flœrkéa, *Flœrkea.*

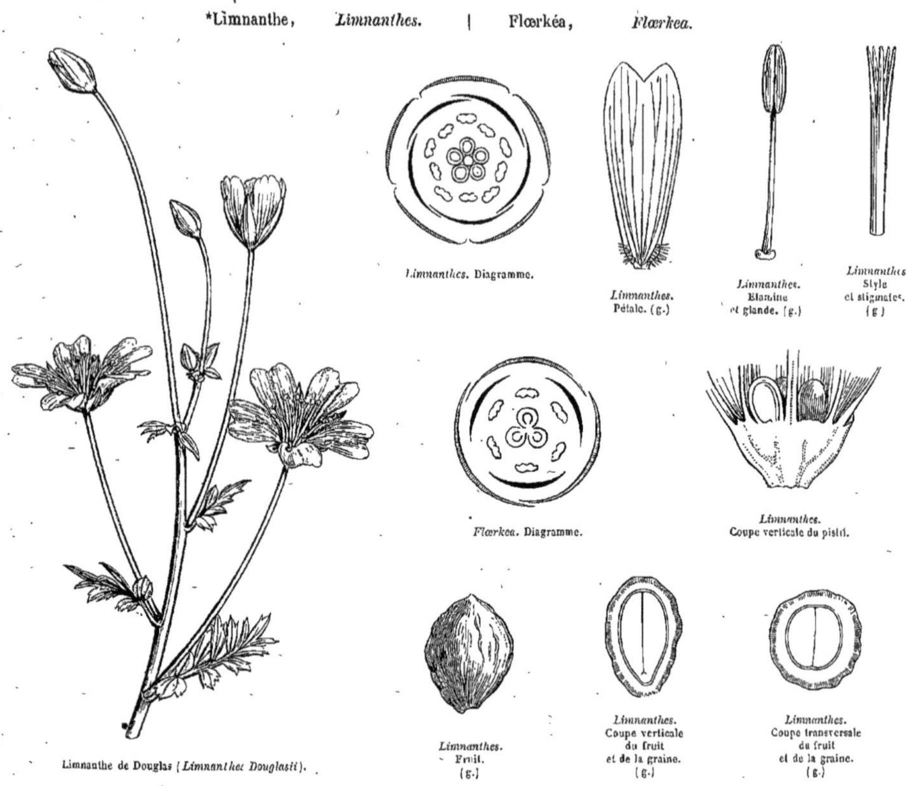

Limnanthe de Douglas (*Limnanthes Douglasii*). — *Limnanthes.* Diagramme. — *Limnanthes.* Pétale. (g.) — *Limnanthes.* Étamine et glande. (g.) — *Limnanthes.* Style et stigmates. (g.) — *Flœrkea.* Diagramme. — *Limnanthes.* Coupe verticale du pistil. — *Limnanthes.* Fruit. (g.) — *Limnanthes.* Coupe verticale du fruit et de la graine. (g.) — *Limnanthes.* Coupe transversale du fruit et de la graine. (g.)

Les *Limnanthées* sont étroitement liées aux *Tropéolées* (voir cette Famille). — Elles ont été annexées par MM. Bentham et Hooker aux *Géraniacées* (voir cette Famille).

Les Limnanthées habitent les régions tempérées de l'Amérique septentrionale. — Le *Limnanthes Douglasii*, herbe de la Californie, est cultivé dans les jardins d'Europe comme Plante d'ornement; il possède une saveur âcridule, qui confirme son affinité avec les *Tropæolum.*

# LINÉES, *LINEÆ.*

(LINEÆ, *De Candolle.* — LINACEÆ, *Lindley.*)

CALYCE 5-4-*mère, imbriqué.* PÉTALES 5-4, *hypogynes, alternes avec les sépales, tordus.* ÉTAMINES *fertiles, autant que de pétales, ordinairement accompagnées d'autant de staminodes.* OVAIRE *à 5-4 loges 2-ovulées.* OVULES *pendants, anatropes.* STYLES 3-5, *libres.* CAPSULE *globuleuse, septicide.* GRAINES *plus ou moins copieusement albuminées, rarement exalbuminées.* EMBRYON *dicotylédoné, droit.*

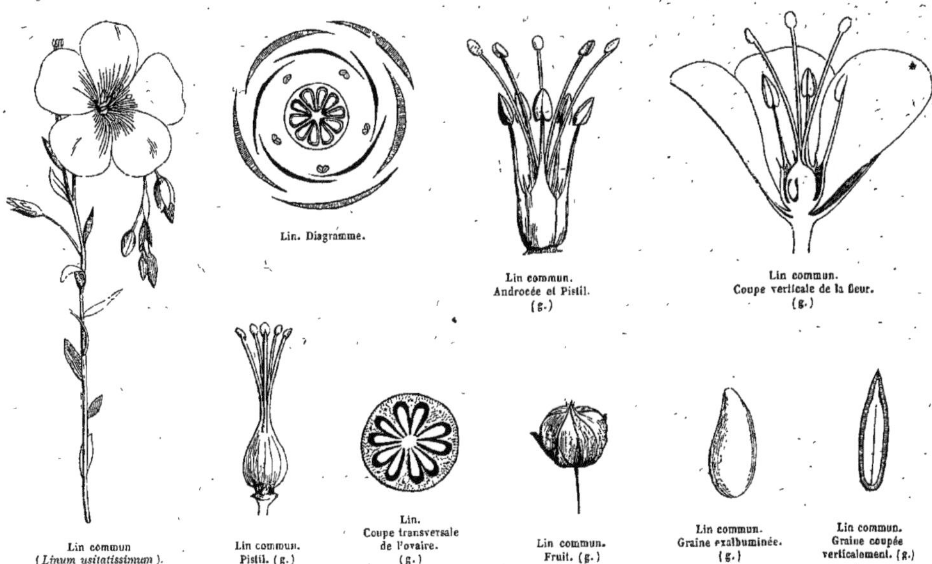
Lin. Diagramme.

Lin commun. Androcée et Pistil. (g.)

Lin commun. Coupe verticale de la fleur. (g.)

Lin commun (*Linum usitatissimum*).

Lin commun. Pistil. (g.)

Lin. Coupe transversale de l'ovaire. (g.)

Lin commun. Fruit. (g.)

Lin commun. Graine exalbuminée. (g.)

Lin commun. Graine coupée verticalement. (g.)

Tige tantôt herbacée, annuelle, ou vivace; tantôt sous-ligneuse, ou ligneuse. — Feuilles alternes, ou opposées, rarement verticillées, simples, sessiles, entières, à 1-3 nervures, quelquefois bi-glanduleuses à la base, tantôt dépourvues de stipules (*Linum*, *Radiola*), tantôt pourvues de 2 stipules latérales minimes, caduques (*Reinwardtia*) ou intraxillaires (*Anisadenia*). — Fleurs ☿, régulières, ordinairement terminales, disposées en grappes, ou en panicules, ou en corymbes, ou en têtes, ou en fascicules, ou en épis. — Calyce persistant, à préfloraison imbriquée, à 5 sépales entiers, ou rarement 4-partit à lobes trifides (*Radiola*). — Pétales ordinairement 5, rarement 4 (*Radiola*), à onglet lisse, ou muni d'une sorte de crête (*Anisadenia, Reinwardtia*), insérés sur le réceptacle, alternes avec les sépales, onguiculés, à préfloraison tordue, caducs. — Étamines fertiles en même nombre que les pétales et alternes, accompagnées d'autant de stériles ou staminodes, opposées aux pétales, dentiformes, quelquefois nulles. *Filets* aplatis-subulés, ordinairement soudés à leur base en courte cupule garnie extérieurement de 5 glandes petites, quelquefois nulles (*Radiola*). *Anthères* introrses, biloculaires, linéaires, ou oblongues, basifixes, ou dorsifixes, à déhiscence longitudinale. — Ovaire généralement 5-loculaire, rarement 4-loculaire (*Radiola*) ou 3-loculaire (*Anisadenia, Reinwardtia*) à loges 2-ovulées, 2-locellées par une cloison dorsale plus ou moins complète. *Ovules* pendants, anatropes. *Style* 5, rarement 4-3, filiformes, libres. *Stigmates* simples, linéaires ou sub-capités. — Capsule globuleuse, enveloppée par le calyce et l'androcée persistants, surmontée par la base desséchée des styles, s'ouvrant, par déhiscence septicide, en coques, dont le nombre est égal à celui des loges, ou double par suite du décollement des deux feuillets de la cloison dorsale. — Graines pendantes, comprimées; *testa* coriace, luisant à l'état sec, et développant dans l'eau un mucilage abondant; *albumen* copieux, ou peu abondant, ou nul. — Embryon droit; *cotylédons* planes; *radicule* contiguë et parallèle au hile, supère.

## GENRES PRINCIPAUX.

| | | | |
|---|---|---|---|
| *Lin, | *Linum*. | Radiole, | *Radiola*. |

Les *Linées* sont étroitement apparentées aux *Érythroxylées*, et plus ou moins aux *Géraniacées*, et aux *Oxalidées* (voir ces Familles). — Elles se rapprochent de ces dernières par la polypétalie, l'hypogynie et la préfloraison tordue de leur corolle, par leurs pétales onguiculés, caducs, par leur fausse diplostémonie (*Averrhoa*), par leurs filets soudés à la base, leur ovaire 5-loculaire, à ovules pendants, anatropes, leurs styles libres, leurs stigmates capités, et leur fruit capsulaire; mais les Oxalidées s'en éloignent par leurs feuilles composées, leur albumen copieux et leur graine généralement arillée.

Les Espèces du Genre *Linum* sont répandues dans les régions tempérées du monde entier; le Genre *Radiola* appartient à l'Europe et à l'Asie; les *Reinwardtia* vivent dans l'Asie tropicale; les *Anisadenia* habitent l'*Himalaya*.

Le *Lin commun* (*Linum usitatissimum*) est un des Végétaux les plus utiles à l'homme : la ténacité de ses fibres corticales le place à la tête des Plantes textiles. Il est spontané dans le midi de l'Europe et en Orient, mais on le cultive dans beaucoup d'autres pays, et cette culture, qui remonte à la plus haute antiquité, s'étend jusqu'au 54e degré de latitude boréale. Le testa contient un mucilage abondant, et l'embryon une huile fixe, qui donne à la graine de Lin des propriétés émollientes; cette huile fixe est très-siccative. — Le *Lin cathartique* (*Linum catharticum*), Espèce indigène qu'on rencontre partout, est d'une saveur légèrement amère et salée; on l'employait autrefois comme purgatif. — Le *Linum selaginoides* est mis, chez les Péruviens, au nombre des médicaments amers et apéritifs. — Le *Linum aquilinium*, herbe du Chili, y passe pour rafraîchissant et anti-fébrile. — Plusieurs Espèces à fleurs rouges, jaunes, bleues, et blanches, sont cultivées dans nos jardins comme Plantes d'ornement.

# OXALIDÉES, *OXALIDEÆ*.

## (OXALIDEÆ, *De Candolle*. — OXALIDACEÆ, *Lindley*.)

Calyce *pentamère, imbriqué*. Pétales 5, *hypogynes, alternes avec les sépales, tordus*. Étamines *en nombre double de celui des pétales*. Ovaire 5-*loculaire*. Ovules 1-*sériés, pendants, anatropes*. Styles libres. Fruit *capsulaire, ou rarement baccien*. Graines *à albumen abondant*. Embryon *dicotylédoné, axile*. — Feuilles *alternes*.

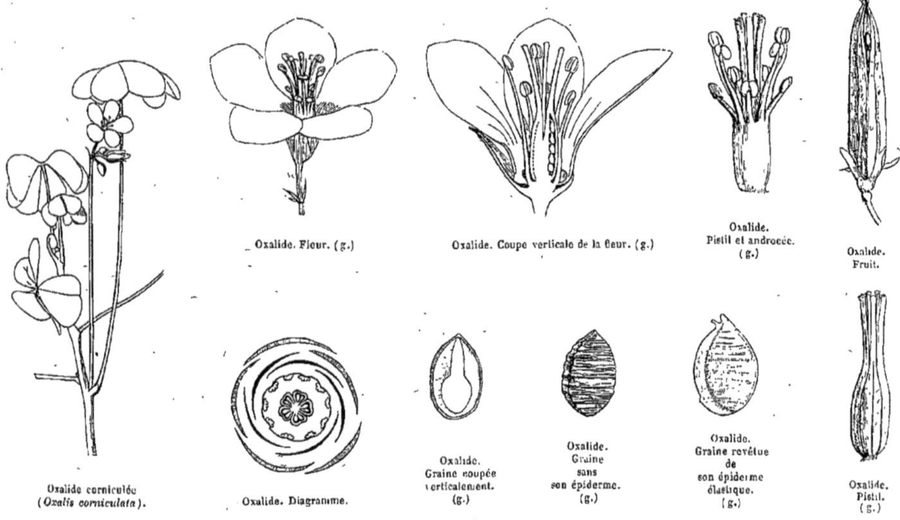

Oxalide corniculée (*Oxalis corniculata*). — Oxalide. Fleur. (g.) — Oxalide. Coupe verticale de la fleur. (g.) — Oxalide. Pistil et androcée. (g.) — Oxalide. Fruit. — Oxalide. Diagramme. — Oxalide. Graine coupée verticalement. (g.) — Oxalide. Graine sans son épiderme. (g.) — Oxalide. Graine revêtue de son épiderme élastique. (g.) — Oxalide. Pistil. (g.)

Plantes herbacées annuelles, ou vivaces, acaules, ou caulescentes, à rhizôme rampant, bulbeux ou tubéreux, rarement sous-frutescentes (*Connaropsis*), très-rarement arborescentes (*Averrhoa*). — Feuilles alternes, pétiolées, digitées, rarement pennées, quelquefois paraissant simples par avortement des folioles latérales; folioles enroulées en spirale dans le jeune âge, sessiles, ou rarement pétiolulées, entières, souvent obcordiformes, généralement dormantes. *Stipules* nulles. — Fleurs ☿, régulières, quelquefois dimorphes, les unes complètes, les autres minimes, apétales; *pédoncules* axillaires, ou radicaux, 1-flores, ou ramifiés en ombelle, ou en grappe, ou en panicule, ou en cymes. — Calyce 5-fide, ou 5-partit, ou 5-phylle, à préfloraison imbriquée. — Pétales 5, insérés sur le réceptacle, alternes avec les sépales et plus longs, égaux, obtus, courtement onguiculés, libres, ou brièvement soudés à la base, à préfloraison tordue, tombants. — Étamines 10, insérées sur le réceptacle, cohérentes par leur base, dont 5 alternes, plus courtes, opposées aux pétales, fertiles, ou quelquefois privées d'anthère (*Averrhoa*). *Filets* filiformes ou subulés-aplatis. *Anthères* introrses, biloculaires, ovoïdes, ou elliptiques, dorsifixes, à déhiscence longitudinale. — Ovaire 5-lobé, à 5 loges opposées aux pétales. *Ovules* pendants à l'angle central des loges, solitaires, ou nombreux, 1-sériés, anatropes. *Styles* 5, filiformes, libres, ou courtement soudés ensemble à leur base, persistants. *Stigmates* capités, quelquefois bifides, ou laciniés. — Fruit généralement capsulaire, cylindrique, ou ovoïde, ou sub-globuleux, 5-lobé, à loges s'ouvrant longitudinalement par le dos, à valves ne se séparant pas de la columelle placentifère, rarement baccien, oblong, à 5 sillons, indéhiscent (*Averrhoa*). — Graines pendantes, ordinairement revêtues d'un épiderme charnu arilliforme, se détachant élastiquement; *testa* crustacé. *Albumen* charnu abondant. — Embryon axile, droit, ou sub-arqué; *cotylédons* souvent elliptiques; *radicule* courte, supère.

GENRES PRINCIPAUX.

*Oxalide, *Oxalis.* | Biophyte, *Biophytum.* | Connaropsis, *Connaropsis.* | Averrhoa, *Averrhoa.*

Les *Oxalidées* sont voisines des *Géraniacées*, auxquelles les ont adjointes MM. Bentham et Hooker (voir cette Famille). Elles ne tiennent pas moins aux *Balsaminées* et aux *Linées* (voir ces Familles). — Elles se rapprochent également des *Zygophyllées* par l'hypopétalie, la diplostémonie, l'ovaire pluriloculaire, les ovules pendants, superposés, anatropes, le fruit capsulaire, ou baccien, la tige herbacée, ou ligneuse, les feuilles composées, et l'inflorescence axillaire; mais chez les Zygophyllées les pétales sont souvent imbriqués, le style est simple, la graine est quelquefois privée d'albumen, et les feuilles sont opposées et stipulées. — Les Oxalidées offrent aussi quelque affinité avec les *Rutacées* : dans les deux Familles, en effet, le calyce est 5-partit, imbriqué; la corolle est polypétale, hypogyne, diplostémone, l'ovaire est lobé et pluri-loculaire, les ovules sont pendants, anatropes, le fruit est capsulaire, la graine est pourvue d'un albumen charnu, les feuilles sont alternes et sans stipules; mais chez les Rutacées les pétales sont imbriqués, l'ovaire est muni à sa base d'un disque glanduleux, très-développé, l'embryon est arqué, et la Plante est odorante et ordinairement ponctuée-glanduleuse. — Les Oxalidées se lient encore aux *Connaracées* par l'intermédiaire des Genres *Averrhoa* et *Cnestis*, tous deux polypétales, hypogynes, diplostémones, à styles distincts, à stigmates capités, à graine albuminée, à tige ligneuse, à feuilles alternes, non stipulées, imparipennées; à inflorescence axillaire; mais le Genre *Cnestis* diffère par ses fleurs polygames-dioïques, son calice valvaire, ses filets libres, ses carpelles distincts, ses graines non arillées. — Les Oxalidées offrent quelques rapports éloignés avec les *Droséracées* par leurs feuilles roulées en spirale dans le jeune âge, par l'hypopétalie, les fleurs diplostémones (du moins dans le *Dionæa* et le *Drosophyllum*), les ovules pendants, anatropes, le fruit capsulaire, la graine albuminée et l'embryon axile. — Enfin on a constaté une certaine analogie entre les *Oxalis* et les *Mimosées* (voir cette Famille).

Les Espèces du Genre *Oxalis* habitent les deux Continents; elles abondent surtout dans l'Afrique australe et dans l'Amérique tropicale et subtropicale; elles sont rares dans les régions tempérées, et manquent complétement dans les pays froids. Les *Averrhoa* et les *Connaropsis* appartiennent à l'Asie tropicale.

Les Oxalidées contiennent, dans leurs parties herbacées et dans leur fruit, quand il est charnu, un sel acide, tempéré par une suffisante quantité de mucilage, qui leur donne des propriétés rafraîchissantes, anti-bilieuses, et anti-putrides. Les tubercules des Espèces acaules sont farineux et comestibles. — La *Surelle* (*Oxalis acetosella*), herbe indigène de l'Europe et de l'Amérique septentrionale, contribue, ainsi que ses congénères, avec les *Rumex acetosa et acetosella*, à la production du bioxalate de potasse, nommé vulgairement *sel d'oseille*, et d'un usage si commun pour la destruction des taches d'encre. — Beaucoup d'*Oxalis* américains possèdent dans leurs parties souterraines une matière féculente, saine, légère et très-nourrissante, dont la saveur, légèrement acide, disparaît presque complétement par la cuisson; ces parties se présentent sous trois formes : tantôt elles sont tuberculeuses comme la *pomme-de-terre* (*O. crenata*), ou bulbiformes (*O. esculenta*); tantôt ce sont les racines qui sont renflées et charnues (*O. Deppei*). — Les feuilles légèrement amères de l'*O. Sensitiva* (*Biophytum*) sont toniques et stimulantes; sa racine est recommandée contre les affections calculeuses et la morsure des Scorpions. — Les baies de l'*Averrhoa Carambola*, arbre indien, sont très-acides chez les individus sauvages, mais la culture les rend sucrées-acidules et comestibles. — Celles de l'*A. Bilimbi* sont plus aigres que les précédentes, et ne deviennent comestibles que par la cuisson et le mélange avec d'autres aliments. Les feuilles de ces deux Espèces sont employées en topique pour hâter la maturation des tumeurs.

# ZYGOPHYLLÉES, *ZYGOPHYLLEÆ.*

(RUTACEARUM *sectio*, *Jussieu.* — ZYGOPHYLLEÆ, *Rob. Brown.*
ZYGOPHYLLACEÆ, *Lindley.*)

Calyce *4-5-mère, généralement imbriqué.* Pétales *hypogynes, en même nombre que les sépales et alternes, généralement imbriqués.* Étamines *ordinairement en nombre double de celui des pétales, hypogynes.* Filets *ordinairement munis en dedans d'une squamule.* Ovaire *pluriloculaire.* Fruit *capsulaire loculicide, ou s'ouvrant en coques par déhiscence septicide.* Embryon *exalbuminé, ou renfermé dans un albumen cartilagineux.* — Plantes *inodores.* Feuilles *opposées, pennées, stipulées.*

Plantes herbacées, ou frutescentes, ou arborescentes, à rameaux souvent divariqués et articulés aux nœuds. — Feuilles opposées, ou alternes par défaut de l'une d'elles, stipulées, composées, tantôt pennées, avec ou sans impaire; tantôt 2-foliolées, rarement 1-foliolées (*Zygophyllum*), à *pétiole* quelquefois aplati et ailé, à fo-

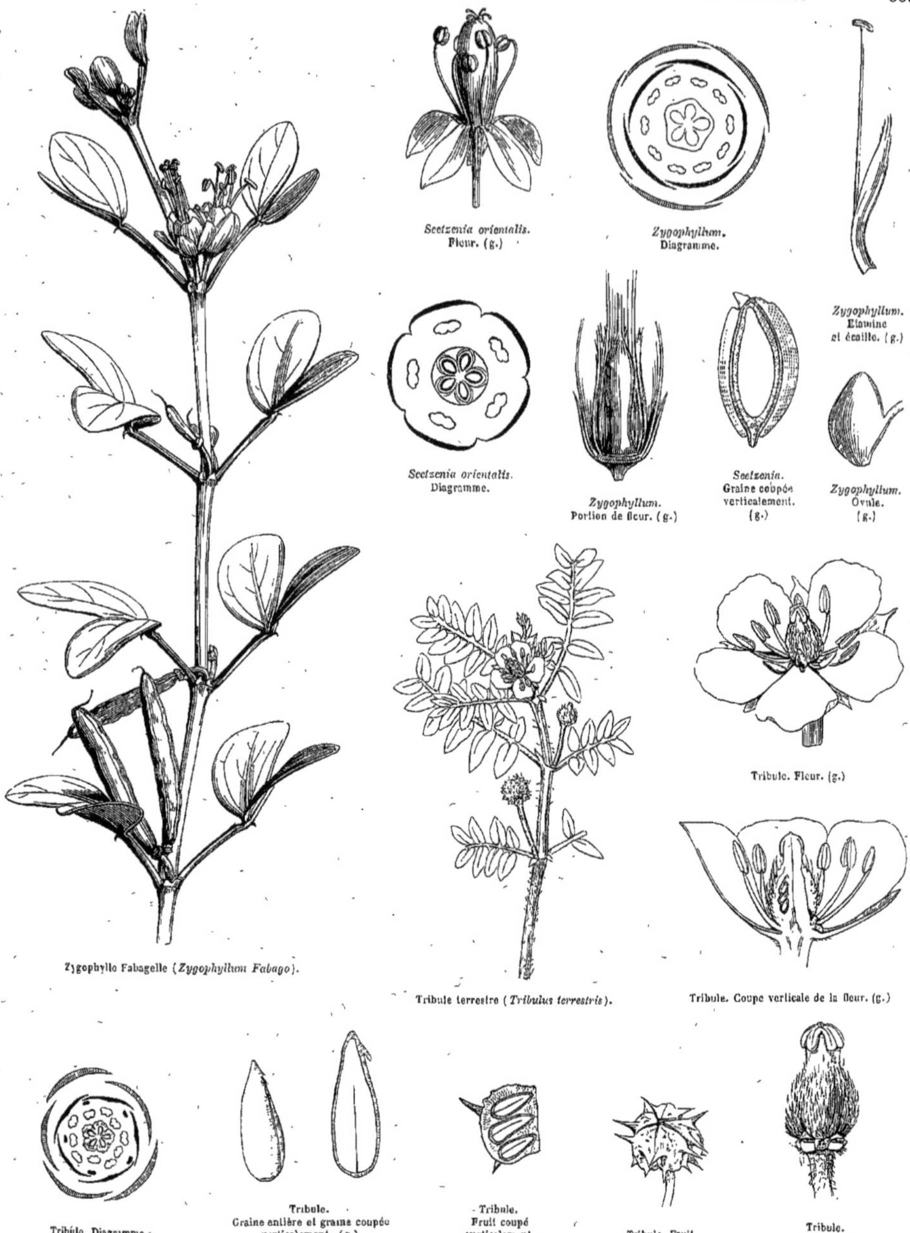

*Seetzenia orientalis.* Fleur. (g.)

*Zygophyllum.* Diagramme.

*Zygophyllum.* Étamine et écaille. (g.)

*Seetzenia orientalis.* Diagramme.

*Zygophyllum.* Portion de fleur. (g.)

*Seetzenia.* Graine coupée verticalement. (g.)

*Zygophyllum.* Ovule. (g.)

Zygophylle Fabagelle (*Zygophyllum Fabago*).

Tribule terrestre (*Tribulus terrestris*).

Tribule. Fleur. (g.)

Tribule. Coupe verticale de la fleur. (g.)

Tribule. Diagramme.

Tribule. Graine entière et graine coupée verticalement. (g.)

Tribule. Fruit coupé verticalement.

Tribule. Fruit.

Tribule. Pistil. (g.)

lioles sessiles, entières, non ponctuées, souvent inéquilatérales, planes, ou charnues, et quelquefois subcylindriques. *Stipules* géminées à la base des pétioles, persistantes, quelquefois spinescentes. — FLEURS ☿, régulières, ou irrégulières, blanches, ou rouges, ou jaunes, rarement bleues; *pédoncules* ordinairement 1-2, naissant à l'aisselle des stipules, 1-flores, dépourvus de bractée. — CALYCE ordinairement persistant, à 5-4 sépales libres, ou rarement cohérents à la base, à préfloraison imbriquée, ou très-rarement valvaire (*Seetzenia*). — PÉTALES 5-4, très-rarement nuls (*Seetzenia*), alternes avec les sépales, hypogynes, libres, à préfloraison généralement imbriquée, quelquefois tordue (*Zygophyllum*). *Disque* hypogyne, convexe, ou déprimé, rarement annulaire (*Tribulus*), quelquefois peu apparent (*Fagonia, Guajacum*, etc.), ou nul (*Seetzenia*). — ÉTAMINES ordinairement en nombre double de celui des pétales, rarement en nombre égal (*Seetzenia*), insérées sur le réceptacle, bi-sériées, les extérieures opposées aux sépales. *Filets* filiformes, ordinairement munis à leur base interne, ou sur leur milieu, d'une petite écaille. *Anthères* introrses, biloculaires, dorsifixes au-dessus de leur base, versatiles, à déhiscence longitudinale. — OVAIRE libre, sessile, ou rarement porté sur un court gynophore (*Larrea, Guajacum*), sillonné, anguleux, ou ailé, 4-5-loculaire, rarement 10-12-loculaire (*Tribulus, Augea*), ou 2-3-loculaire (*Zygophyllum*), à loges divisées quelquefois en plusieurs logettes par des cloisons transversales (*Tribulus*). *Ovules* 2, superposés dans chaque loge, ou plusieurs bi-sériés, pendants, ou ascendants, à raphé ventral et à micropyle supère. *Style* simple, terminal, anguleux, ou sillonné, quelquefois presque nul, ou nul (*Tribulus*). *Stigmate* simple. — FRUIT coriace, ou crustacé, tantôt septicide, et se séparant en 2-10 coques déhiscentes, ou indéhiscentes, cohérentes, ou détachées de la columelle placentaire; tantôt capsulaire à déhiscence loculicide. — GRAINES ordinairement solitaires dans chaque loge, rarement 2, ou plusieurs, pendantes, à *testa* membraneux, ou crustacé, ou épais et muqueux, pourvues d'un albumen cartilagineux, rarement nul (*Tribulus*, etc.). — EMBRYON vert, droit, ou sub-arqué; *cotylédons* foliacés. *Radicule* courte, droite, supère.

GENRES PRINCIPAUX.

| | | | | | |
|---|---|---|---|---|---|
| *Zygophylle, | *Zygophyllum.* | Larréa, | *Larrea.* | Tribule, | *Tribulus.* |
| *Fagonie, | *Fagonia.* | Gayac, | *Guajacum.* | | |

Les *Zygophyllées* sont voisines des *Géraniacées* et des *Oxalidées* (voir ces Familles). — Elles se lient aux *Rutacées* par l'hypopétalie, la diplostémonie, l'ovaire pluri-loculaire, le disque hypogyne, la capsule loculicide, ou septicide, les graines albuminées, l'embryon droit, ou arqué, la radicule supère; mais les Rutacées diffèrent par leur port, leurs feuilles alternes et ponctuées-glanduleuses, non stipulées, leurs filets dépourvus de glandes, et leur style basilaire. — Le Genre *Nitraria*, que MM. Bentham et Hooker ont placé dans les Zygophyllées s'en rapproche en effet par ses feuilles stipulées, ses anthères oblongues, la structure de son ovaire; mais il s'en éloigne par son port, ses feuilles simples, sa corolle valvaire indupliquée, ses filets nus, les loges 1-ovulées de son ovaire et son fruit drupacé. — Les Zygophyllées ne diffèrent guère des *Simarubées* que par l'ovaire atténué en style simple terminal chez les premières, et jamais chez les secondes. — Les *Batidées* offrent de leur côté certaine analogie avec le Genre *Tribulus*.

Les Zygophyllées habitent principalement les régions extra-tropicales chaudes des deux hémisphères; elles abondent surtout depuis le nord-ouest de l'Afrique, en passant par la région méditerranéenne, jusqu'à la limite septentrionale de l'Inde; elles sont plus rares dans l'Afrique australe, en Australie, et dans l'Amérique du Sud. Excepté le *Fagonia*, répandu dans la région méditerranéenne et dans l'Asie centrale, excepté le *Zygophyllum*, qui croît dans toute l'Afrique et en Asie, excepté le *Tribulus*, dispersé dans les contrées tropicales et subtropicales, tous les Genres ont un *habitat* spécial. Les *Seetzenia* habitent l'Afrique tropicale et l'Asie orientale; les autres Genres sont exclusivement américains. — Les *Nitraria* croissent dans les terrains salés du nord de l'Afrique, de l'Asie occidentale et de l'Australie.

L'espèce la plus utile de la Famille est le *Gayac officinal* (*Guajacum officinale*), arbre des Antilles, à bois très-dur, bien plus pesant que l'eau, d'une odeur faiblement aromatique, d'une saveur âcre et amère. Les ébénistes l'emploient pour fabriquer des boules, des roulettes, des poulies, et autres objets qui doivent résister au poids et au frottement. La râpure de *Gayac* est un médicament précieux, exerçant une action énergique sur les fonctions de la peau et la sécrétion des reins, et recommandé comme dépuratif dans la syphilis. Ces propriétés sont dues à une substance résineuse (*guayacine*), contenue dans le bois, et qui en découle par incision; on l'obtient aussi en traitant le Gayac par l'alcool, et faisant évaporer la teinture. — Le *Gayac saint*, autre espèce américaine, possède les mêmes vertus, mais n'est usitée que dans le nouveau Continent. — La *Fabagelle* (*Zygophyllum Fabago*) est réputée anti-syphilitique et vermifuge; ses fleurs en bouton sont usitées en guise de câpres. — Le *Garmal* (*Zygophyllum simplex*), Espèce très-commune dans les déserts les plus arides, est employé par les Arabes pour dissoudre les taies; cette Plante, ainsi que ses congénères, exhale une odeur fétide, qui la fait rebuter par les animaux herbivores, et même par le Chameau. — Le *Tribulus terrestris*, autrefois vanté comme astringent, est tombé en désuétude.

# RUTACÉES, *RUTACEÆ.*

(RUTACEARUM *pars, Jussieu.* — RUTEÆ, *Adr. Jussieu.* — RUTACEÆ, *Bartling.*)

PÉTALES 4-5, *hypogynes.* ÉTAMINES *généralement en nombre double de celui des pétales, insérées à la base d'un disque épais.* OVAIRE *3-5-lobé, à loges 2-4-∞-ovulées.* FRUIT *capsulaire.* EMBRYON *dicotylédoné, albuminé, plus ou moins arqué.* — PLANTES *odorantes.* FEUILLES *alternes, généralement ponctuées-pellucides, non stipulées.*

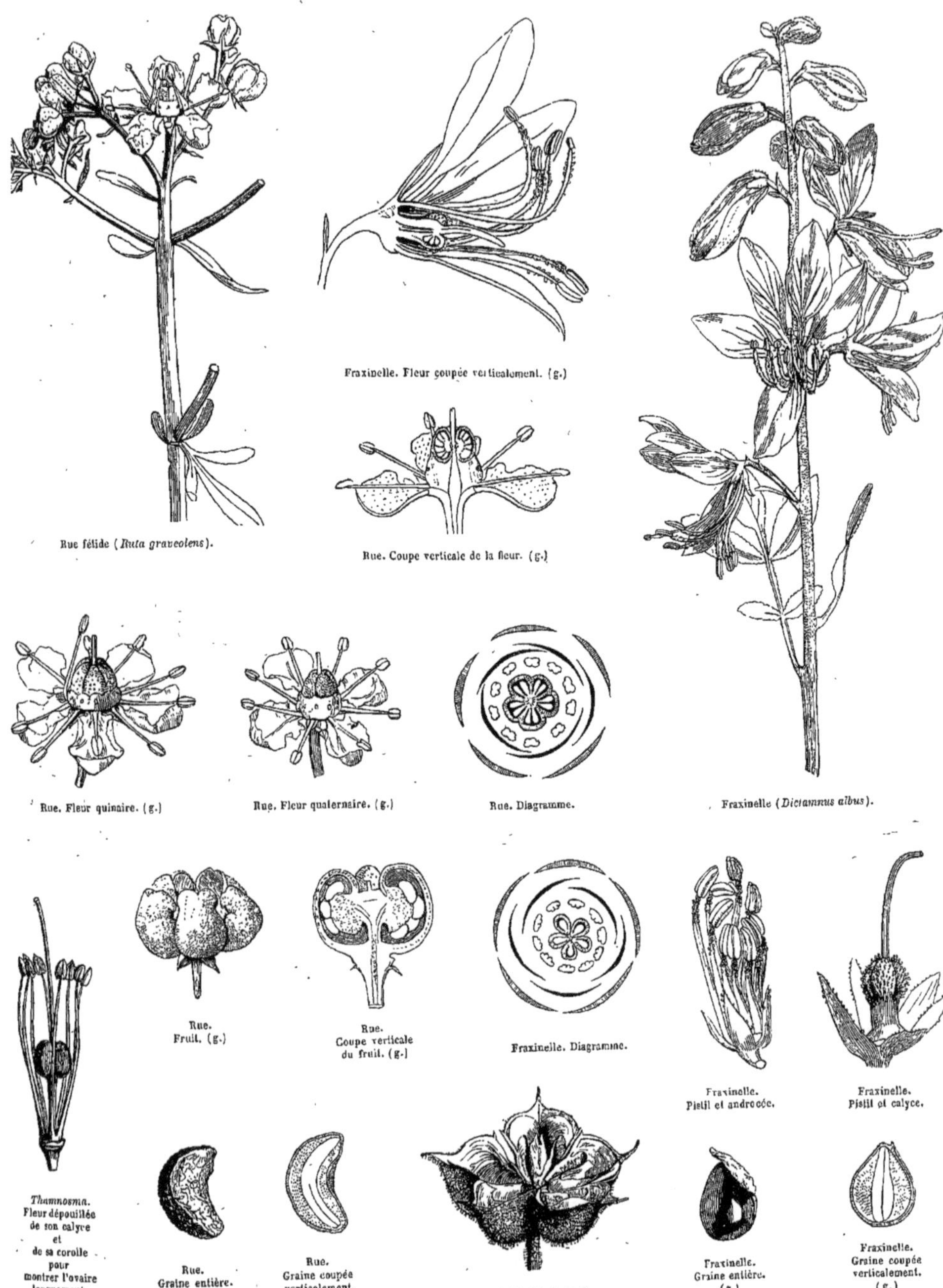

Rue fétide (*Ruta graveolens*).

Fraxinelle. Fleur coupée verticalement. (g.)

Rue. Coupe verticale de la fleur. (g.)

Fraxinelle (*Dictamnus albus*).

Rue. Fleur quinaire. (g.)

Rue. Fleur quaternaire. (g.)

Rue. Diagramme.

*Thamnosma*. Fleur dépouillée de son calyce et de sa corolle pour montrer l'ovaire longuement stipité.

Rue. Fruit. (g.)

Rue. Coupe verticale du fruit. (g.)

Fraxinelle. Diagramme.

Fraxinelle. Pistil et androcée.

Fraxinelle. Pistil et calyce.

Rue. Graine entière. (g.)

Rue. Graine coupée verticalement. (g.)

Fraxinelle. Fruit. (g.)

Fraxinelle. Graine entière. (g.)

Fraxinelle. Graine coupée verticalement. (g.)

Herbes vivaces, souvent sous-frutescentes à la base. — Feuilles alternes, simples, diversement découpées, rarement entières (*Peganum*), généralement ponctuées-pellucides, ou tuberculées. *Stipules* nulles, ou remplacées par deux dents sétiformes à la base des feuilles (*Peganum*). — Fleurs ☿, régulières, terminales, en grappes, ou en corymbe, jaunes, ou quelquefois blanches. — Calyce persistant, 4-5-partit, à préfloraison imbriquée. — Pétales 4-5, alternes avec les divisions du calyce, insérés à la base d'un gynophore plus ou moins court, à préfloraison imbriquée. — Étamines insérées avec les pétales, généralement en nombre double, quelquefois en nombre triple (*Peganum*), rarement en nombre égal (*Thamnosma*). *Filets* filiformes, libres, ou quelquefois brièvement monadelphes, souvent dilatés à leur base. *Anthères* introrses, biloculaires, quelquefois surmontées d'une glande appartenant au connectif (*Haplophyllum*), à déhiscence longitudinale. — Ovaire profondément 2-3-5-lobé, 2-3-5-loculaire, assis sur un gynophore dilaté ordinairement à sa base en disque glanduleux. *Ovules* 3, ou 4, ou ∞ dans chaque loge, insérés sur un placentaire saillant à l'angle interne de la loge, bi-sériés, anatropes, ou semi-anatropes. *Styles* centraux, quelquefois distincts à leur base et à leur sommet (*Bœnninghausenia*), ordinairement soudés en un seul, stigmatifère au sommet, ou sur ses angles. — Fruit capsulaire, tantôt s'ouvrant en 3-4 valves loculicides (*Peganum*), tantôt à 4-5 lobes s'ouvrant à leur sommet (*Ruta*), quelquefois charnu et indéhiscent (*Ruteria*); tantôt se séparant en coques (*Dictamnus*, *Bœnninghausenia*); endocarpe quelquefois crustacé, ou cartilagineux, et se détachant des carpelles (*Dictamnus*). — Graines pendantes, ou fixées par leur face ventrale, à *testa* crustacé, ou spongieux, fovéolé, ou pointillé. *Albumen* charnu. — Embryon axile, arqué, ou rarement droit (*Dictamnus*). *Radicule* supère.

GENRES PRINCIPAUX.

*Rue, *Ruta*. | Pégane, *Peganum*. | *Fraxinelle, *Dictamnus*. | *Bœnninghausénia, *Bœnninghausenia*.

Les *Rutacées* sont très-étroitement liées aux *Diosmées*, qui ne s'en distinguent que par la tige ligneuse, par les loges ovariennes 2-ovulées, et l'embryon généralement droit. — Elles tiennent aussi aux *Zygophyllées*, aux *Oxalidées*, aux *Simarubées* (voir ces Familles). MM. Bentham et Hooker leur ont adjoint les *Diosmées*, *les Aurantiées*, les *Zanthoxylées* (voir ces Familles).

Les Rutacées appartiennent toutes à l'ancien continent; elles abondent surtout dans les régions tempérées de l'hémisphère boréal, la région méditerranéenne et la Sibérie australe; elles deviennent très-rares vers les pôles et vers l'équateur. — Le *Bœnninghausenia* habite le Népaul et le Japon.

Les Rutacées doivent leurs propriétés stimulantes à une substance amère, à un principe résineux, âcre, et surtout à une huile volatile, sécrétée par les glandes des feuilles et de la fleur. — La *Rue fétide* (*Ruta graveolens*), spontanée dans la région méditerranéenne, et cultivée dans tous les jardins, Espèce remarquable par son odeur forte et sa saveur âcre, est rangée parmi les médicaments sudorifiques, vermifuges, et emménagogues; on emploie surtout son essence, qu'on obtient par distillation. Le vinaigre dans lequel on a fait macérer ses feuilles a été, pendant des siècles, vanté comme un prophylactique efficace contre la peste. Les Romains mettaient la *Rue* au nombre de leurs condiments, et on l'emploie encore assez souvent comme telle en Allemagne. — La *Rue de montagne* (*Ruta montana*), qui croît en Espagne, est d'une telle âcreté qu'elle produit des érysipèles et des pustules ulcéreuses sur la peau de ceux qui la cueillent. — L'*Haplophyllum tuberculatum*, qui croît en Égypte, est beaucoup moins âcre; les femmes du pays broient ses feuilles dans l'eau, et s'en lavent la tête pour faire pousser leurs cheveux. — La *Fraxinelle* (*Dictamnus albus*) est une Espèce indigène, dont les pédoncules et les fleurs sont chargés de glandes pédicellées sécrétant une huile volatile abondante, qui forme autour de la Plante une atmosphère s'enflammant à l'approche d'une bougie; sa racine, d'odeur résineuse et de saveur amère, jouit de propriétés toniques stimulantes. — Le *Peganum Harmala* croît dans les terres sablonneuses de la région méditerranéenne; son odeur est repoussante; sa saveur est âcre et amère; les Turcs emploient ses graines comme condiment, et en tirent une matière tinctoriale rouge.

# DIOSMÉES, *DIOSMEÆ*.

(RUTACEARUM *genera*, *Jussieu*. — DIOSMEARUM *genera*, *Rob. Brown*. DIOSMEÆ, *Adr. Jussieu*.)

Pétales 5-4, *insérés sur un disque hypogyne, et imbriqués.* Étamines *en même nombre que les pétales et alternes, ou en nombre double.* Ovaires *distincts, ou cohérents, 2-ovulés.* Fruit *capsulaire, se séparant en coques.* Graines *albuminées, ou exalbuminées.* Embryon *dicotylédoné, ordinairement droit.* — Plantes *odorantes.* Tige *ligneuse.* Feuilles *généralement ponctuées-glanduleuses, non stipulées.*

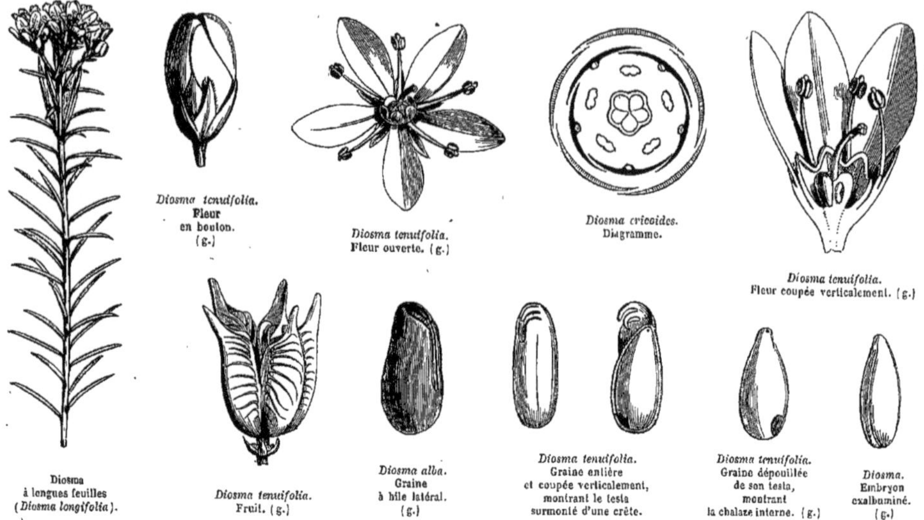

*Diosma tenuifolia.* Fleur en bouton. (g.)

*Diosma tenuifolia.* Fleur ouverte. (g.)

*Diosma ericoides.* Diagramme.

*Diosma tenuifolia.* Fleur coupée verticalement. (g.)

Diosma à longues feuilles (*Diosma longifolia*).

*Diosma tenuifolia.* Fruit. (g.)

*Diosma alba.* Graine à hile latéral. (g.)

*Diosma tenuifolia.* Graine entière et coupée verticalement, montrant le testa surmonté d'une crête.

*Diosma tenuifolia.* Graine dépouillée de son testa, montrant la chalaze interne. (g.)

*Diosma.* Embryon exalbuminé. (g.)

Arbustes, ou Arbrisseaux. — Feuilles opposées, ou alternes, coriaces, généralement simples, quelquefois trifoliolées (*Spiranthera*, *Zieria*, etc.), rarement pennées (*Boronia*), généralement ponctuées-glanduleuses. *Stipules* nulles, ou remplacées par des glandes à la base des pétioles. — Fleurs ☿, ou très-rarement imparfaites par avortement (*Empleurum*), régulières, axillaires, ou terminales, solitaires, ou réunies en ombelle, ou en corymbe, ou en panicule, rarement en capitule involucré (*Diplolæna*). — Calyce 4-5-fide, ou 4-5-partit, à préfloraison imbriquée. — Pétales 4-5, alternes avec les divisions du calyce, insérés sous un disque libre, ou rarement sub-périgyne, à préfloraison imbriquée, généralement libres, rarement cohérents, ou connivents par leur base dilatée en tube cylindrique, et alors à préfloraison valvaire (*Correa*, *Nematolepis*, etc.), ou nuls (*Empleurum*). — Étamines insérées avec les pétales, généralement en même nombre, rarement en nombre double (et alors les étamines opposées aux pétales sont stériles, ou du moins plus courtes que les étamines alternant avec les pétales). *Filets* subulés, ordinairement libres, rarement monadelphes (*Erythrochiton*), ou adhérents aux pétales (*Galipea*, etc.). *Anthères* introrses, biloculaires, dorsifixes près de leur base, à loges apposées, parallèles, s'ouvrant longitudinalement, à connectif souvent prolongé au sommet en appendice glanduleux (*Crowea*, *Eriostemon*, *Philotheca*, etc.). — Carpelles 5-3, rarement 1 (*Empleurum*), sessiles ou portés sur un gynophore, ceints d'un disque à leur base, ou plongés dans ce disque; réunis en un ovaire profondément lobé, à lobes distincts, cohérents par les styles seulement. *Ovules* géminés dans chaque loge, insérés au milieu de la suture ventrale, collatéraux, ou superposés. *Styles* autant que d'ovaires, naissant de leur bord ventral, distincts à la base, puis soudés en un seul. *Stigmates* réunis en tête lobée, ou à 3-5 sillons. — Capsules à 3-5 coques, distinctes, ou soudées à la base, uni-séminées par avortement; épicarpe sec, sub-coriace, ponctué-glanduleux, ou muriqué; endocarpe lisse, cartilagineux, souvent élastique et se détachant en 2 lobes. — Graines oblongues ou sub-réniformes, à *testa* cartilagineux, lisse. — Embryon exalbuminé, ou renfermé dans un albumen charnu, généralement droit, rarement arqué (*Almeida*, *Spiranthera*, etc.). *Cotylédons* planes, ou chiffonnés, s'enveloppant l'un l'autre, foliacés dans la germination. *Radicule* généralement supère, droite, ou infléchie.

## Tribu I. — EUDIOSMÉES, *EUDIOSMEÆ*.

Étamines fertiles en même nombre que les pétales, très-souvent accompagnées d'autant de staminodes alternes, insérés au-dessous du bord libre d'un disque tapissant le tube du calyce. Carpelles 2-ovulés. Testa coriace, ou sub-crustacé. Embryon exalbuminé, droit. — Arbrisseaux éricoïdes, à feuilles alternes, ou opposées, simples, coriaces, petites et imbriquées, rarement Arbres à feuilles amples (*Calodendron*).

GENRES PRINCIPAUX.

| | | | | | |
|---|---|---|---|---|---|
| *Calodendron, | *Calodendron.* | *Adénandra, | *Adenandra.* | *Barosma, | *Barosma.* |
| *Coléonéma, | *Coleonema.* | *Diosma, | *Diosma.* | | |
| *Acmadénia, | *Acmadenia.* | *Agathosma, | *Agathosma.* | | |

## TRIBU II. — BORONIÉES, *BORONIEÆ.*

Étamines hypogynes, en nombre double de celui des pétales et toutes fertiles, rarement en même nombre et périgynes (*Zieria*). Disque libre cupuliforme, ou annulaire, quelquefois peu apparent. Testa crustacé. Albumen charnu. Embryon droit, cylindrique. Arbrisseaux, rarement Arbres. Feuilles simples, ou 3-foliolées, ou pennées.

GENRES PRINCIPAUX.

| | | | | | |
|---|---|---|---|---|---|
| *Corréa, | *Correa.* | *Crowéa, | *Crowea.* | *Zieria, | *Zieria.* |
| *Diplolæna, | *Diplolæna.* | *Ériostémon, | *Eriostemon.* | *Agathosma, | *Agathosma.* |
| *Phébalium, | *Phebalium.* | *Boronia, | *Boronia.* | | |

## TRIBU III. — CUSPARIÉES, *CUSPARIEÆ.*

Fleurs souvent irrégulières, corolle souvent tubuleuse. Étamines 5, dont quelques-unes souvent stériles, tantôt hypogynes, tantôt soudées entre elles et avec la corolle. Disque ordinairement cupuliforme (*Almeida*, *Naudinia*, *Ticorea*, etc.), ou urcéolé (*Erythrochiton*), quelquefois allongé en colonne (*Spiranthera*), rarement déprimé (*Galipea*), ou squamiforme uni-latéral (*Monnieria*). Carpelles 2-ovulés. Testa coriace. Embryon exalbuminé, arqué. *Cotylédons* chiffonnés, enroulés. Feuilles ordinairement alternes, 1-3-foliolées.

GENRES PRINCIPAUX.

| | | | | | |
|---|---|---|---|---|---|
| Monniéria, | *Monnieria.* | *Érythrochiton, | *Erythrochiton.* | Spiranthéra, | *Spiranthera.* |
| Galipéa, | *Galipea.* | Alméidéa, | *Almeidea.* | | |

Les *Diosmées* ne peuvent être séparées des *Rutacées* (voir cette Famille); le Genre *Dictamnus* est l'intermédiaire qui les réunit par ses fleurs irrégulières, son embryon droit, ses loges ovariennes 4-ovulées, sa graine albuminée, sa tige herbacée, et ses feuilles imparipennées. — Aux Diosmées se rattachent également les *Zanthoxyllées* par leurs fleurs régulières, leur corolle polypétale, hypogyne, imbriquée, isostémone ou diplostémone, leurs carpelles libres ou presque libres, à loges 2-ovulées, à endocarpe souvent élastique, leur embryon droit, rarement arqué; leur tige ligneuse, et leurs feuilles ordinairement ponctuées-pellucides, simples ou composées, alternes ou opposées, sans stipules; elles ne diffèrent guère que par les fleurs diclines et la structure du fruit. — Les Diosmées offrent aussi quelque analogie avec les Simarubées (voir cette Famille).

Les *Eudiosmées* appartiennent toutes à l'Afrique australe; les *Boroniées* à l'Australie, et les *Cuspariées* à l'Amérique tropicale.

L'huile volatile et la résine aromatique que possèdent les *Eudiosmées* leur donnent des propriétés stimulantes et anti-spasmodiques. Plusieurs Espèces sont usitées comme telles par les indigènes et les colons du Cap. — Les feuilles du *Barosma crenata*, vulgairement *Bucchu*, ou *Bucco*, contiennent en outre un principe extractif (*diosmine*); elles sont aujourd'hui admises dans les officines européennes, et recommandées, comme diurétiques et diaphorétiques, contre les affections du rein et de la vessie, contre les rhumatismes, et même contre le choléra. — Les propriétés des *Boroniées* sont peu connues; on emploie en Australie les feuilles des *Correa* aux mêmes usages que le Thé. — Dans l'écorce des *Cuspariées* réside un principe amer, alcaloïde, nommé par les chimistes *angusturine* ou *cusparine*, uni à une résine molle et à une faible proportion d'huile volatile, qui les place, après le Quinquina, au rang des toniques et des fébrifuges les plus efficaces. Cette écorce est fournie, selon les uns, par le *Galipea Cusparia*, grand arbre formant de vastes forêts sur les bords de l'Orénoque; selon les autres, par le *Galipea officinalis*, arbrisseau du même pays. — L'écorce du *Ticorea febrifuga*, arbre du Brésil et de la Guyane, est aussi recommandée comme succédanée du Quinquina. — La racine aromatique et âcre du *Monnieria trifolia*, Plante se distinguant par sa tige herbacée des Espèces ligneuses de sa Tribu, est vantée dans l'Amérique tropicale comme diaphorétique, diurétique et alexipharmaque.

# ZANTHOXYLÉES, *ZANTHOXYLEÆ*, *Adr. Jussieu.*

(DIOSMEARUM *genera* ET PTELEACEÆ, *Kunth.* — XANTHOXYLACEÆ, *Lindley.*)

FLEURS *régulières, très-souvent polygames-dioïques.* PÉTALES 5-4-3, *imbriqués, ou valvaires, insérés à la base d'un disque libre.* ÉTAMINES *insérées avec les pétales, en même nombre, ou en nombre double.* CARPELLES *distincts, ou soudés, 2-ovulés.* Fruit *varié, tantôt drupacé, ou samaroïde; tantôt se séparant en coques déhiscentes.* Albumen *charnu, rarement nul.* Embryon *dicotylédoné, axile, droit, ou arqué.* — Tige *ligneuse,* Feuilles *non stipulées, généralement ponctuées-glanduleuses.*

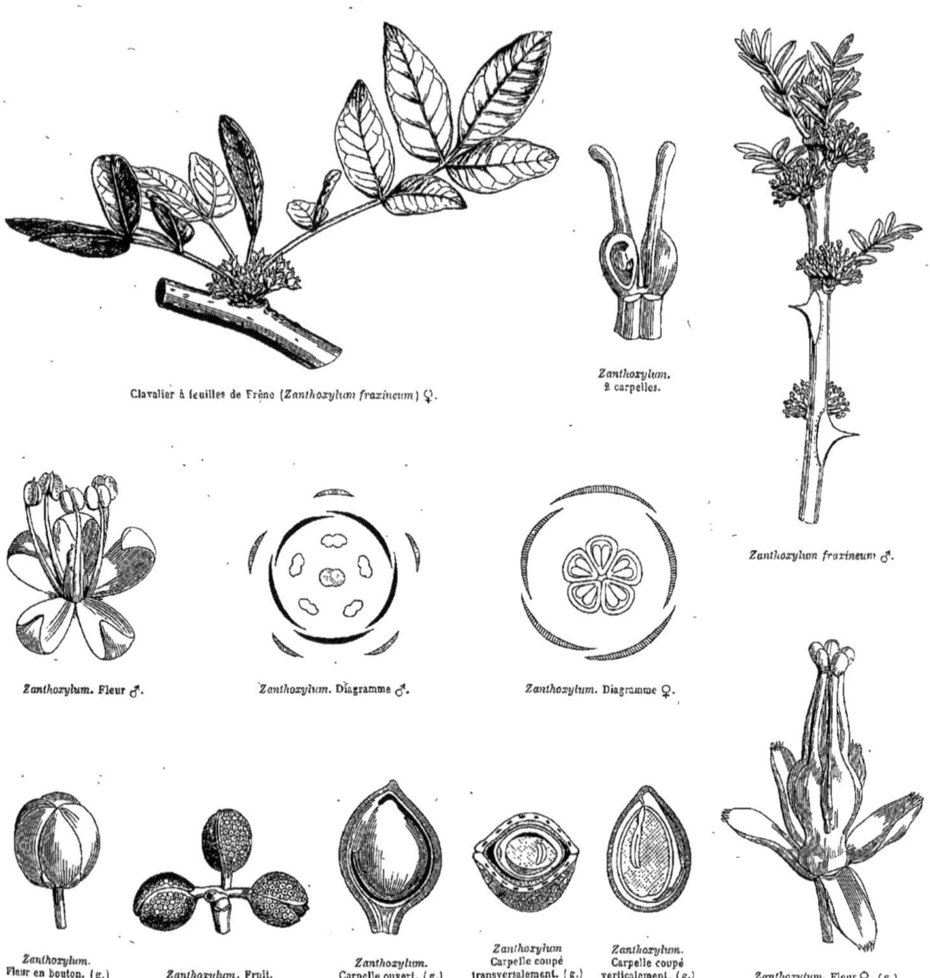

Clavalier à feuilles de Frêne (*Zanthoxylum fraxineum*) ♀.

*Zanthoxylum.* 2 carpelles.

*Zanthoxylum fraxineum* ♂.

*Zanthoxylum.* Fleur ♂.

*Zanthoxylum.* Diagramme ♂.

*Zanthoxylum.* Diagramme ♀.

*Zanthoxylum.* Fleur en bouton. (g.)

*Zanthoxylum.* Fruit.

*Zanthoxylum.* Carpelle ouvert. (g.)

*Zanthoxylum* Carpelle coupé transversalement. (g.)

*Zanthoxylum.* Carpelle coupé verticalement. (g.)

*Zanthoxylum.* Fleur ♀. (g.)

Arbres, ou Arbustes, ou Arbrisseaux, inermes, ou quelquefois armés d'aiguillons. — Feuilles alternes, ou opposées, rarement verticillées (*Pitavia, Pilocarpus*), généralement pennées avec ou sans impaire, souvent 1-foliolées par avortement des folioles latérales (*Zanthoxylum, Evodia*, etc.), rarement simples (*Skimmia*), à pétiole quelquefois marginé, ou ailé (*Zanthoxylum*), généralement ponctuées-pellucides. *Stipules* nulles. — Fleurs ordinairement imparfaites par avortement, régulières, axillaires, ou terminales, disposées le plus souvent en cymes axillaires, ou en panicules, ou en corymbes, rarement en grappes, ou en épis (*Pilocarpus, Esenbeckia*), très-rarement solitaires (*Astrophyllum*). — Calyce persistant, ou tombant, 4-5-partit, rarement 3-partit (*Zanthoxylum*), à préfloraison imbriquée, ou rarement valvaire (*Melanococca*). — Pétales en même nombre que les pièces du calyce, et alternes, insérés à la base d'un disque libre, en anneau, ou en bourrelet, quelquefois peu apparent, à préfloraison imbriquée, ou valvaire, tombants, rarement nuls (*Zanthoxylum*). — FLEURS ♂ : ÉTAMINES insérées avec les pétales, en même nombre, et alternes, ou assez souvent en nombre double. *Filets* filiformes, ou subulés, libres. *Anthères* biloculaires, à déhiscence longitudinale. — OVAIRE rudimentaire stipité, quelquefois nul. — FLEURS ♀ : ÉTAMINES nulles, ou rudimentaires, insérées à la base du disque, plus courtes que l'ovaire. — CARPELLES en même nombre que les pétales, ou moins nombreux; tantôt complétement distincts, ou cohérents par leur base, tantôt complétement soudés en un ovaire pluriloculaire. *Ovules* 2 dans chaque loge, superposés, ou collatéraux, très-rarement solitaires (*Skimmia*), ordinairement anatropes, ou semi-anatropes. — FRUIT tantôt simple, 2-5-loculaire, charnu (*Toddalia, Acronychia, Skimmia*), ou rarement samaroïde (*Ptelea*), ordinairement capsulaire et s'ouvrant en coques déhiscentes par leur bord interne; tantôt multiple, formé de plusieurs drupes (*Melanococca*, etc.) ou capsules (*Zanthoxylum, Boymia*). Endocarpe se détachant quelquefois élastiquement. — GRAINES pendantes, à *testa* coriace, ou crustacé, ordinairement lisse, luisant. *Albumen* charnu, plus ou moins copieux, rarement nul (*Pilocarpus, Esenbeckia, Casimiroa*). — EMBRYON axile, droit, ou légèrement arqué. *Cotylédons* ovales, ou oblongs, aplatis; *radicule* plus courte que les cotylédons, supère.

GENRES PRINCIPAUX.

| | | | | | |
|---|---|---|---|---|---|
| *Skimmia, | *Skimmia.* | Pitavia, | *Pitavia.* | *Ptéléa, | *Ptelea.* |
| *Clavalier, | *Zanthoxylum.* | Toddalia, | *Toddalia.* | Acronychia, | *Acronychia.* |

Les *Zanthoxylées* sont liées aux *Rutacées*, aux *Diosmées*, aux *Simarubées* (voir ces Familles). Elles se rapprochent aussi des *Burséracées* par la tige ligneuse, les feuilles ponctuées-pellucides, composées, sans stipules; par les fleurs, souvent polygames-dioïques, la préfloraison du calyce et de la corolle, le disque annulaire, ou cupuliforme, la diplostémonie, les loges ovariennes 2-ovulées, et le fruit drupacé. — Les *Anacardiacées* offrent aussi plus d'un rapport avec les Zanthoxylées; mais c'est avec les *Hespéridées* qu'elles offrent le plus d'affinité, à tel point qu'un *Skimmia* a été décrit comme Espèce du Genre *Limonia*.

Les Zanthoxylées habitent les régions tropicales de l'Asie et surtout de l'Amérique; elles sont moins nombreuses dans l'Amérique extratropicale, dans l'Afrique australe et en Australie. Les *Zanthoxylum* appartiennent à la zone tropicale des deux continents; les *Skimmia* au Japon et à l'Himalaya; les *Toddalia* à l'Asie et à l'Afrique tropicales; les *Ptelea* à l'Amérique du Nord. L'Australie possède les Genres *Acronychia*, *Pentaceras*, *Medicosma*, etc.

Quelques Espèces de cette Famille sont médicinales : l'écorce des *Zanthoxylum*, et surtout celle de la racine, contient un principe amer cristallisable (*xanthopicrite*), une résine âcre, et une matière colorante jaune. La racine aromatique du *Z. nitidum* est rangée, en Chine, parmi les médicaments sudorifiques, emménagogues et fébrifuges; les feuilles renferment une légère quantité d'huile volatile, qui les fait employer comme condiment. — Le *Z. Budrunga*, dans l'Inde, sert aux mêmes usages. — Le *Z. Rethza* croît dans les montagnes de l'Inde; ses fruits jeunes ont la saveur de l'écorce d'orange, et ses graines celle du poivre noir. — Les capsules du *Z. piperitum*, dont toutes les parties possèdent un arome âcre, sont connues dans le commerce sous le nom de *poivre du Japon*. — L'écorce du *Z. fraxineum*, indigène de l'Amérique septentrionale, y est recommandée par les médecins comme diurétique et sudorifique; on la mâche aussi pour exciter la salivation et calmer les odontalgies. — Il en est de même des *Z. ternatum* et *clava-Herculis*, arbrisseaux des Antilles, qui fournissent aux teinturiers un principe colorant jaune; on attribue aussi à leur écorce des vertus antisyphilitiques, et leurs feuilles amères-astringentes sont usitées comme vulnéraire. — Enfin les graines de quelques Espèces sont employées pour enivrer le poisson. — Le *Ptelea trifoliata*, vulgairement *Orme à 3 feuilles* ou *de Samarie*, est un petit arbre de la Caroline, cultivé dans tous les jardins d'Europe; ses feuilles sont regardées, dans l'Amérique du Nord, comme vermifuges et propres à déterger les ulcères. Ses capsules, amères-aromatiques, sont employées à la place du *Houblon* dans la fabrication de la bière; mais cette substitution n'est pas sans inconvénients. — Le *Toddalia aculeata*, arbrisseau de l'Asie tropicale, dont toutes les parties contiennent un principe aromatique, amer-âcre, fournit aux habitants de l'Archipel indien un médicament stomachique et fébrifuge, qu'ils emploient aussi pour assaisonner leurs aliments.

## SIMARUBÉES, *SIMARUBEÆ*, *De Candolle*.

### (SIMARUBACEÆ, *Richard*.
### SIMARUBEÆ, *De Candolle*, *Planchon*, *Bentham* et *Hooker*.)

FLEURS *diclines, ou polygames*. PÉTALES *hypogynes* 3-5, *rarement* 0, *imbriqués, ou valvaires*. ÉTAMINES *insérées à la base d'un disque hypogyne, en même nombre que les pétales, ou en nombre double, rarement* ∞. — CARPELLES 2-5 *libres, ou soudés en ovaire profondément lobé*, 1-5-*loculaire*. *Ovules ordinairement solitaires dans chaque loge*. FRUIT *drupacé, ou capsulaire, ou samaroïde*. GRAINES *pendantes, albuminées, ou exalbuminées*. EMBRYON *dicotylédoné, droit, ou courbe*. — TIGE *ligneuse*. FEUILLES *ordinairement alternes et pennées, non ponctuées*.

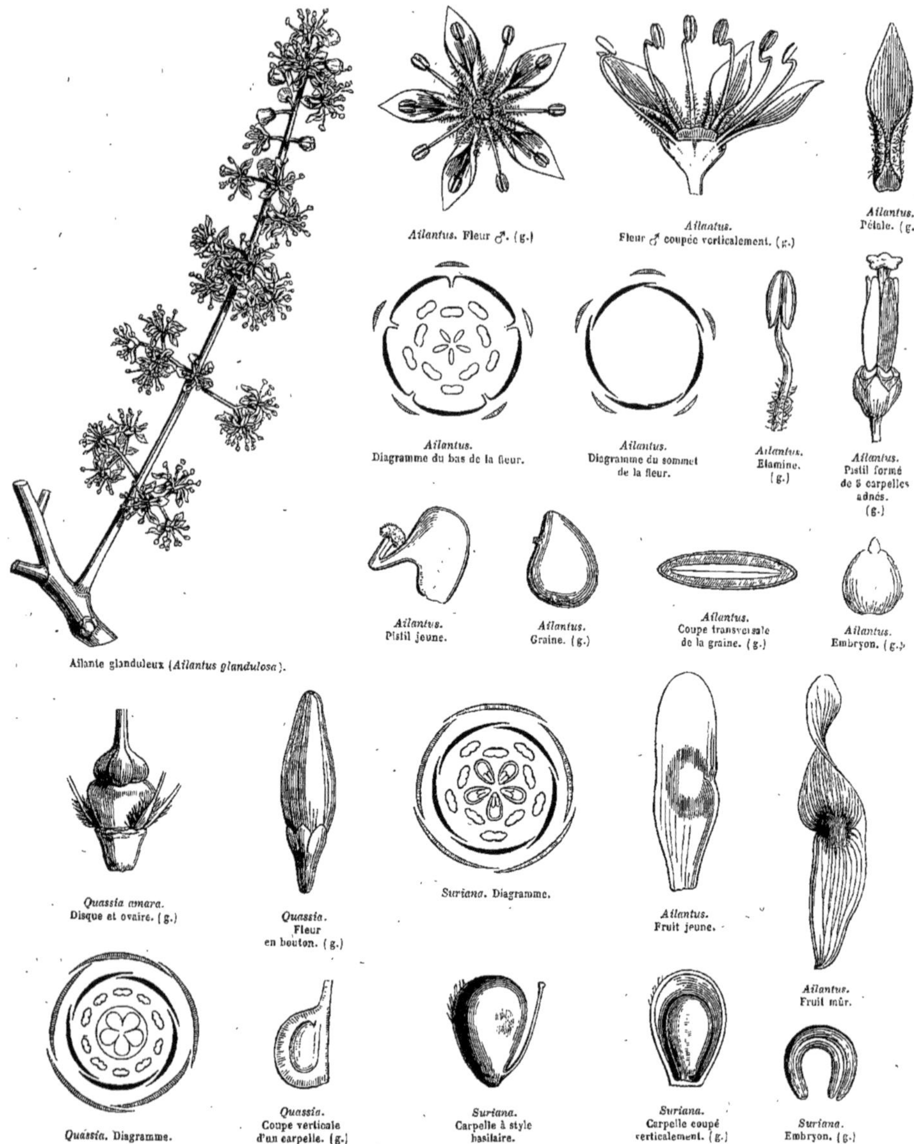

*Ailantus.* Fleur ♂. (g.)

*Ailantus.* Fleur ♂ coupée verticalement. (g.)

*Ailantus.* Pétale. (g.)

*Ailantus.* Diagramme du bas de la fleur.

*Ailantus.* Diagramme du sommet de la fleur.

*Ailantus.* Étamine. (g.)

*Ailantus.* Pistil formé de 5 carpelles adnés. (g.)

*Ailantus.* Pistil jeune.

*Ailantus.* Graine. (g.)

*Ailantus.* Coupe transversale de la graine. (g.)

*Ailantus.* Embryon. (g.)

Ailante glanduleux (*Ailantus glandulosa*).

*Quassia amara.* Disque et ovaire. (g.)

*Quassia.* Fleur en bouton. (g.)

*Suriana.* Diagramme.

*Ailantus.* Fruit jeune.

*Ailantus.* Fruit mûr.

*Quassia.* Diagramme.

*Quassia.* Coupe verticale d'un carpelle. (g.)

*Suriana.* Carpelle à style basilaire.

*Suriana.* Carpelle coupé verticalement. (g.)

*Suriana.* Embryon. (g.)

ARBRISSEAUX, ou ARBRES inodores, à écorce souvent amère, ou quelquefois excessivement amère. — FEUILLES alternes, ou rarement opposées (*Brunellia*, *Cneoridium*), pennées, rarement 1-3-foliolées (*Harrisonia*, *Brunellia*), ou 2-foliolées (*Balanites*), ou simples (*Cneorum*, *Castela*, *Soulamea*, etc.), non ponctuées, dépourvues de stipules, ou très-rarement stipulées (*Brunellia*, *Irvingia*, *Cadellia*). FLEURS diclines, ou polygames, régulières, généralement axillaires, disposées en panicule, ou en grappe, ou rarement les ♂ en épi, les ♀ solitaires (*Picrodendron*). — CALYCE 3-5-lobé, ou 3-5-partit, régulier, très-rarement sub-bilabié (*Hannoa*), à préfloraison

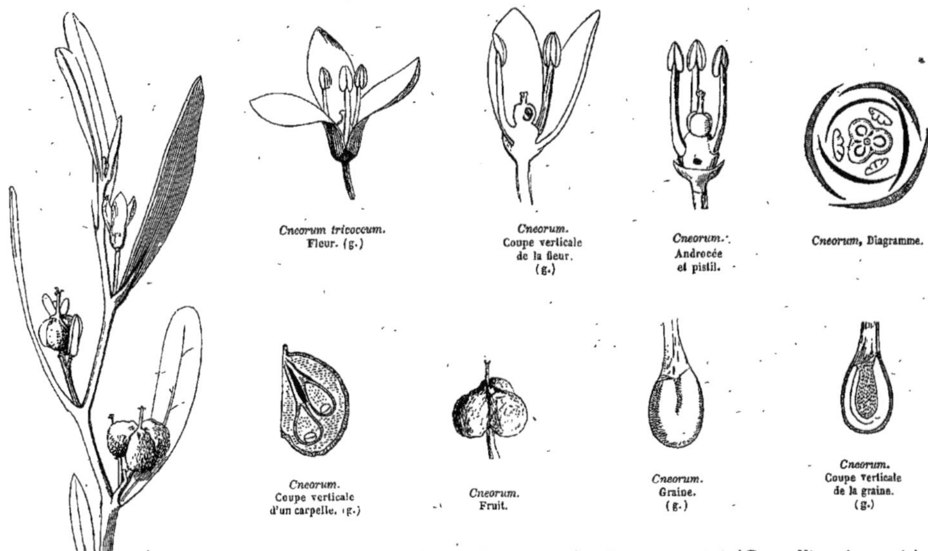

*Cneorum tricoccum.* Fleur. (g.)

*Cneorum.* Coupe verticale de la fleur. (g.)

*Cneorum.* Androcée et pistil.

*Cneorum,* Diagramme.

*Cneorum.* Coupe verticale d'un carpelle. (g.)

*Cneorum.* Fruit.

*Cneorum.* Graine. (g.)

*Cneorum.* Coupe verticale de la graine. (g.)

Camélée à 3 coques (*Cneorum tricoccum*).

imbriquée, ou valvaire. — PÉTALES 3-5, très-rarement 0 (*Brunellia, Amaroria*), libres, ou très-rarement connivents en tube (*Quassia*), hypogynes, à préfloraison imbriquée, ou valvaire, ou tordue. — DISQUE annulaire, ou cupuliforme, ou pulviniforme, entier, ou lobé, quelquefois allongé en colonne (*Quassia, Cneorum*), rarement peu apparent (*Suriana, Picrolemma*, ou nul (*Spathelia, Eurycoma, Cadellia*). — ÉTAMINES insérées à la base du disque, en nombre double de celui des pétales, ou en nombre égal et alternes, très-rarement opposées aux pétales (*Picrolemma, Picramnia*), très-rarement plus de 10 (*Mannia*). *Filets* libres, nus, ou plus souvent poilus, ou munis d'une écaille à leur base, *Anthères* oblongues, généralement introrses, biloculaires, à déhiscence longitudinale. — CARPELLES 2-5, rarement solitaires (*Cneoridium, Amaroria*), tantôt complétement libres (*Brunellia, Suriana*); tantôt réunis en ovaire à lobes distincts, ou cohérents par les styles seulement; tantôt complétement soudés en ovaire à 2-5-loges. *Styles* 2-5, libres par leur base et leur sommet, ou cohérents seulement par les stigmates réunis en tête. *Ovules* généralement solitaires dans chaque loge, quelquefois géminés, très-rarement 4-5 (*Dictyoloma*), *ou* ∞ (*Kœberlinia*), fixés à l'angle interne de la loge, anatropes, à raphé ventral et à micropyle supère, très-rarement ascendants à raphé dorsal et micropyle infère (*Cneoridium*). — FRUIT généralement composé de drupes charnues, ou sèches, rarement de capsules bivalves (*Dictyoloma, Brunellia*), ou indéhiscentes (*Soulamea*), très-rarement de samares (*Ailantus*). — GRAINES pendantes, généralement solitaires, à *testa* membraneux; *albumen* généralement nul, ou peu abondant; rarement plus ou moins copieux (*Cneorum, Brucea, Brunellia, Spathelia*). — EMBRYON droit, ou rarement courbe (*Cneorum, Suriana, Dictyoloma*). *Cotylédons* planes-convexes, ou planes, rarement enroulés ou pliés (*Harrisonia, Cadellia*). *Radicule* supère.

## TRIBU I. — EUSIMARUBÉES, *EUSIMARUBEÆ*.

Carpelles libres ou presque libres.

### GENRES PRINCIPAUX.

| | | | | | |
|---|---|---|---|---|---|
| *Quassia, | *Quassia.* | *Ailante, | *Ailantus.* | Dictyoloma, | *Dictyoloma.* |
| Simaba, | *Simaba.* | Camélée, | *Cneorum.* | | |
| Simaruba, | *Simaruba.* | Brucéa, | *Brucea.* | Suriana, | *Suriana.* |

### Tribu II. — PICRAMNIÉES, *PICRAMNIEÆ*.

Carpelles soudés en ovaire non lobé, 2-5-1-loculaire.

GENRES PRINCIPAUX.

| | | | | | |
|---|---|---|---|---|---|
| Soulaméa, | *Soulamea.* | Harrisonia, | *Harrisonia.* | Spathélia, | *Spathelia.* |
| Amaroria, | *Amaroria.* | Balanite, | *Balanites.* | Picramnia. | *Picramnia.* |

La Famille des *Simarubées*, telle que l'ont reconstituée MM. Bentham et Hooker, et M. Planchon, ne diffère des *Rutacées, Diosmées, Zanthoxylées, Hespéridées*, que par ses feuilles dépourvues de glandes, son écorce très-souvent amère, et ses filets généralement pourvus d'une écaille, caractères qui, sans être d'une haute valeur intrinsèque, associent naturellement les Genres des Simarubées, et les distinguent nettement des Familles mentionnées ci-dessus. — L'affinité est moins étroite avec les *Zygophyllées* (voir cette Famille). Elles paraissent se rapprocher davantage des *Ochnacées* (voir cette Famille).

Les Simarubées croissent, pour la plupart, sous la zone torride. — A l'Amérique tropicale appartiennent les Genres *Quassia*, *Simaba*, *Simaruba*, *Castela*, *Picramnia*, etc.; à l'Afrique tropicale, les Genres *Hannoa*, *Samadera*, *Brucea*, *Balanites;* les trois derniers habitent aussi l'Asie, ainsi que les Genres *Picrasma* et *Ailantus*. Le *Suriana* habite le littoral maritime de toute la zone intertropicale. Les *Soulamea*, les *Eurycoma*, les *Harrisonia*, sont indigènes de l'Archipel malais et des îles du Pacifique; le dernier croît aussi en Australie, ainsi que le *Cadellia*. Le Genre *Cneorum* habite la région méditerranéenne et les Canaries.

Plusieurs Végétaux appartenant aux Genres de la première tribu (*Quassia*, *Simaba*, *Simaruba*) contiennent un principe extractif particulier, d'une grande amertume, tempéré par des sels, par une matière résineuse, et une légère quantité d'huile volatile, qui leur donne des propriétés toniques, éminemment digestives. — Le *Quassia amara* doit être placé au premier rang des médicaments amers. — L'écorce de la racine et du tronc des *Simaruba Guyanensis* et *amara* fournit le *Simaruba* des officines, dont les vertus rivalisent avec celles du *Quassia*. Le *Simaruba versicolor* est en grand renom chez les Brésiliens, qui emploient la décoction de son écorce et de ses feuilles comme spécifique contre la morsure des serpents venimeux et les exanthèmes syphilitiques. — Les *Simaba* de la Guyane et du Brésil, les *Samadera* de l'Inde, possèdent aussi dans toutes leurs parties une grande amertume, et sont célèbres au même titre que les *Simaruba*. — L'écorce intérieure du *Brucea antidysenterica*, arbuste d'Abyssinie, est regardée comme un médicament héroïque dans les cas de dyssenterie et de fièvres intermittentes rebelles. — Le *Brucea Sumatrana*, qui croît aux îles Moluques et dans le continent indien, possède les mêmes propriétés. — L'*Ailante* (*Ailantus glandulosa*), originaire de la Chine, naturalisé dans toutes les parties tempérées de l'Europe, est nommé vulgairement *vernis du Japon*; mais ce nom renferme une erreur. (Voyez les *Térébinthacées*, page 316.)

# OCHNACÉES, *OCHNACEÆ*, *De Candolle.*

## (OCHNACEÆ, *De Candolle.* — *Planchon.* — *Bentham et Hooker.*)

Sépales 4-5. Pétales *autant que de sépales, ou en nombre double.* Étamines *en nombre double, ou multiple de celui des pétales.* Anthères *à déhiscence apicale.* Carpelles 4-5, *ou plus, réunis par la base du style gynobasique, 1-ovulés.* Fruit *charnu.* Embryon *dicotylédoné, peu ou point albuminé.* — Tige *ligneuse.* Feuilles *alternes, stipulées.*

Arbrisseaux, ou Arbres, à suc aqueux. — Feuilles alternes, stipulées, glabres, simples, ou très-rarement pennées (*Godoya*), coriaces, luisantes, à bords souvent denticulés, quelquefois épaissis, à nervure médiane forte, les latérales serrées, parallèles. — Fleurs ☿, ordinairement en panicule, rarement axillaires et solitaires, ou fasciculées. — Sépales 4-5 libres, imbriqués, très-souvent scarieux, concaves et striés. — Pétales hypogynes 5, rarement 3-4, ou 10 (*Ochna*) libres, plus longs que le calyce, tombants, étalés, à préfloraison imbriquée, ou tordue. — Disque s'allongeant après la floraison, jamais annulaire, ni glanduleux, souvent peu apparent, ou nul. *Staminodes* 1-3-sériés, accompagnant les étamines dans quelques Genres (*Wallacea, Pæcilandra, Blastemanthus*). — Étamines insérées à la base ou au sommet du torus, 4, ou 5, ou 8, ou 10, ou ∞, dressées, égales, ou inégales, unilatérales, ou déclinées. *Filets* libres, courts, persistants. *Anthères* linéaires-allongées, basifixes, à loges unies, ou flexueuses, s'ouvrant le plus ordinairement par des pores terminaux. — Ovaire central, ou excentrique, court et profondément 2-10-lobé, ou allongé et 2-10-loculaire, rarement 1-loculaire à 3 placentaires pariétaux (*Wallacea*). *Style* central gynobasique, simple, subulé, aigu, droit, ou arqué, rarement divisé en autant de branches que de carpelles (*Ochna*). *Stigmate* simple, terminal. *Ovules* solitaires dans chaque loge (*Ochna, Gomphia,* etc.), ou géminés (*Euthemis*), ou nombreux (*Luxemburgia, Godoya,* etc.), ascendants, ou rarement pendants, à raphé ventral et à micropyle supère. — Fruit tantôt composé de drupes 3-10-1-séminées, verticillées sur le gynophore amplifié (*Ochna, Gomphia,* etc.); tantôt 2-4-lobé, 1-4-séminé, coriace, indéhiscent (*Elvasia*); tantôt charnu, à 5 noyaux (*Euthemis*), tantôt capsulaire, 1-loculaire, coriace

(*Luxemburgia*), ou ligneux 2-5-loculaire, à déhiscence septicide (*Godoya, Pœcilandra,* etc.). — GRAINES à albumen charnu (*Luxemburgia, Pœcilandra, Ccspedesia, Euthemis,* etc.), ou exalbuminées (*Ochna, Gomphia, Elvasia,* etc.). *Testa* ordinairement membraneux, quelquefois ailé, ou bordé (*Luxemburgia, Pœcilandra*). — EMBRYON grand, sub-cylindrique, droit, ou très-rarement courbe (*Brackenridgea*). *Cotylédons* planes-convexes (*Ochna, Gomphia,* etc.), ou linéaires (*Luxemburgia, Pœcilandra,* etc.). *Radicule* infère, ou supère.

GENRES PRINCIPAUX.

| | | | | | |
|---|---|---|---|---|---|
| Ochna, | *Ochna.* | Luxemburgia, | *Luxemburgia.* | Wallacéa, | *Wallacea.* |
| Gomphia, | *Gomphia.* | Godoya, | *Godoya.* | Pœcilandra, | *Pœcilandra.* |
| Euthémis, | *Euthemis.* | Blastémanthus, | *Blastemanthus.* | | |

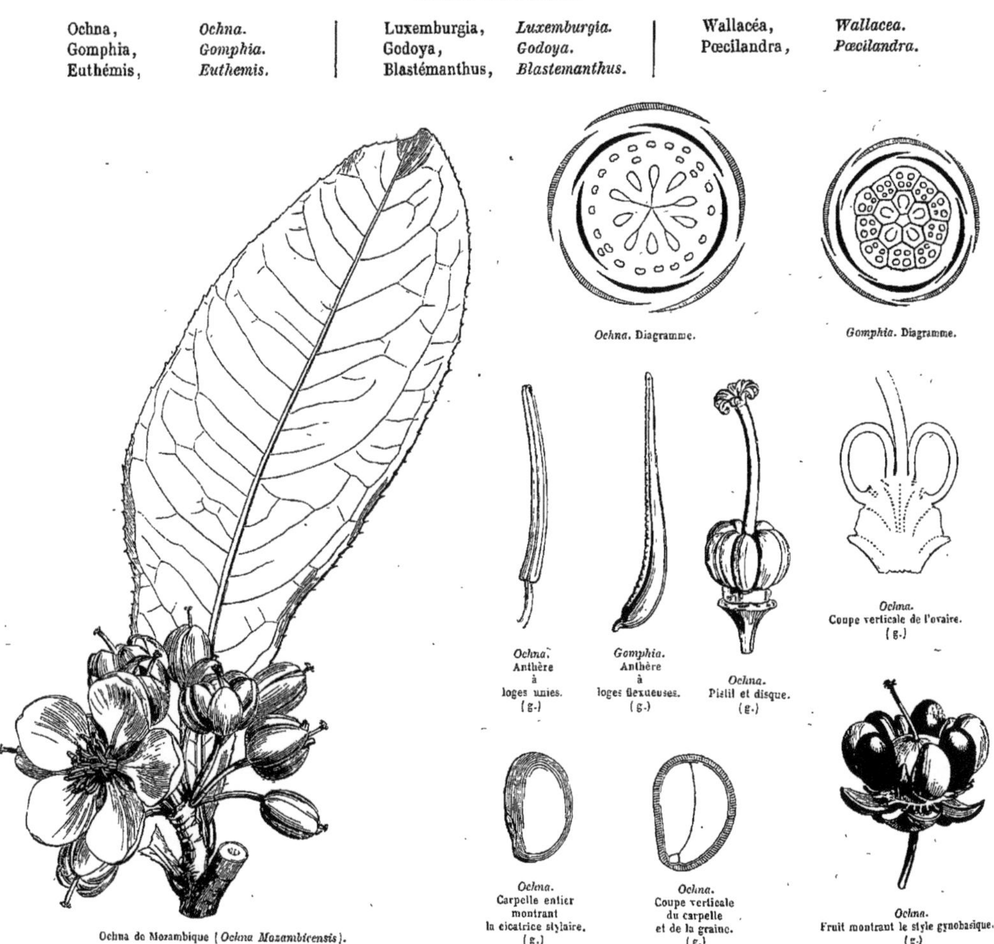

*Ochna.* Diagramme.

*Gomphia.* Diagramme.

*Ochna.* Anthère à loges unies. (g.)

*Gomphia.* Anthère à loges flexueuses. (g.)

*Ochna.* Pistil et disque. (g.)

*Ochna.* Coupe verticale de l'ovaire. (g.)

Ochna de Mozambique (*Ochna Mozambicensis*).

*Ochna.* Carpelle entier montrant la cicatrice stylaire. (g.)

*Ochna.* Coupe verticale du carpelle et de la graine. (g.)

*Ochna.* Fruit montrant le style gynobasique. (g.)

Les *Ochnacées*, voisines des *Rutacées*, des *Diosmées* et des *Zanthoxylées*, s'en éloignent par leurs feuilles stipulées, non ponctuées, par leur disque jamais annulaire, ni glanduleux, par leur style gynobasique aigu, et leurs carpelles jamais libres. Elles diffèrent des *Simarubées* par leur disque, leurs étamines à filets privés de squamules, à anthères s'ouvrant par des pores terminaux, leur style indivis à la base.

Les Ochnacées sont dispersées dans les régions tropicales des deux Continents; tous les Genres à fruit capsulaire sont américains; ceux dont le fruit est drupacé habitent l'Asie tropicale, l'Afrique tropicale et australe, et l'Archipel malais.

Les Ochnacées sont amères comme les *Simarubées*, mais l'amertume y est tempérée par un principe astringent. La racine aromatique et les feuilles du *Gomphia angustifolia*, arbre de l'Inde, sont employées comme toniques et stomachiques. — L'écorce du *G. hexasperma*, arbuste du Brésil, est astringente et très-utile pour la guérison des ulcères que cause la piqûre des mouches aux bestiaux. — Les baies du *G. jobotapita*, arbre des Antilles et du Brésil, sont comestibles comme celles de l'*Airelle*; ses graines sont oléagineuses.

# CORIARIÉES, *CORIARIEÆ*, *Endlicher*.

PÉTALES 5, *hypogynes, petits, charnus.* ÉTAMINES 10, *hypogynes.* OVAIRE 5-*lobé, à loges alternant avec les pétales,* 1-*ovulées.* STYLES 5, *stigmatifères sur toute leur longueur.* FRUIT *à* 5 *coques.* EMBRYON *dicotylédoné, peu ou point albuminé.* — TIGE *ligneuse.* FEUILLES *opposées.*

ARBRISSEAUX inermes, à rameaux anguleux, les inférieurs opposés, ou ternés, les supérieurs opposés, souvent sarmenteux, à bourgeons écailleux. — FEUILLES opposées, rarement ternées, ovales, ou cordiformes, ou lancéolées, 1-5-nerviées, entières, glabres, non stipulées. — FLEURS ☿, ou polygames, disposées en grappes terminales, à pédicelles opposés, ou les supérieurs alternes, munis d'une bractée à la base, souvent 2-bractéolés. — SÉPALES 5, ovales-triangulaires, à préfloraison imbriquée, persistants, étalés, à bords membraneux. — PÉTALES 5, hypogynes, plus courts que les sépales et alternes, triangulaires, charnus, carénés en dedans, épaissis après la floraison, persistants. — ÉTAMINES 10, hypogynes, libres, ou les intérieures adhérentes à la carène des pétales. *Filets* courts, filiformes. *Anthères* grandes, introrses, biloculaires, basifixes, à déhiscence longitudinale, à pollen très-fin, sub-globuleux. — CARPELLES 5-10, libres, oblongs, verticillés sur un réceptacle charnu, conique, alternes avec les pétales 1-ovulés. *Ovules* pendants au sommet de la loge, anatropes, à raphé dorsal. *Styles,* autant que d'ovaires, libres, épais, allongés, écartés, entièrement couverts de papilles stigmatiques. — FRUIT de 5-8 coques incluses dans les pétales accrescents et charnus, comprimés, oblongs, à péricarpe crustacé, caréné sur le dos et sur les côtés. — GRAINES comprimées, à *testa* membraneux, à albumen mince, ou nul. — EMBRYON droit, ovoïde, comprimé. *Cotylédons* planes-convexes. *Radicule* très-courte, obtuse, supère.

GENRE UNIQUE.

*Coriaire, *Coriaria.*

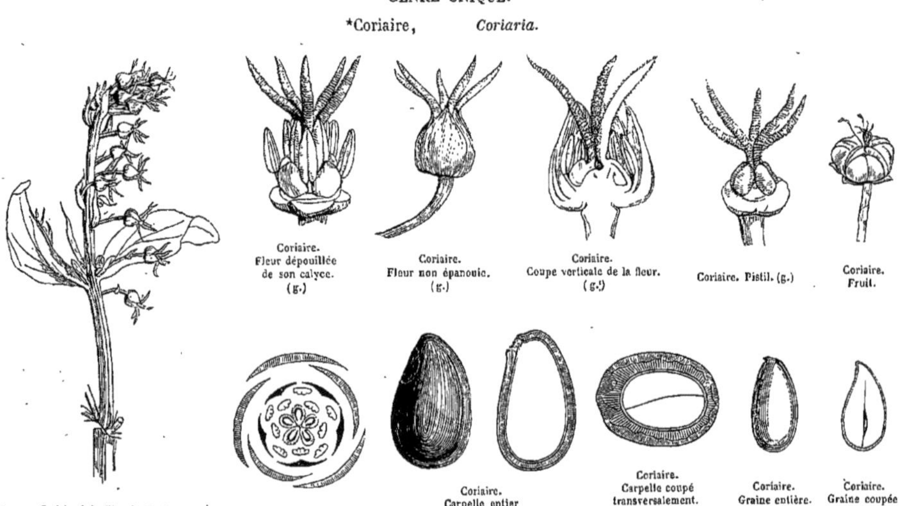

Coriaire. Fleur dépouillée de son calyce. (g.) — Coriaire. Fleur non épanouie. (g.) — Coriaire. Coupe verticale de la fleur. (g.) — Coriaire. Pistil. (g.) — Coriaire. Fruit.

Coriaire à feuilles de Myrte (*Coriaria myrtifolia*). — Coriaire. Diagramme. — Coriaire. Carpelle entier et carpelle coupé verticalement. (g.) — Coriaire. Carpelle coupé transversalement. (g.) — Coriaire. Graine entière. (g.) — Coriaire. Graine coupée verticalement.

Les affinités du Genre *Coriaria* sont très-obscures. — On l'a rapproché des *Malpighiacées* (voir cette Famille). Il rappelle confusément les *Rutacées* et les *Zanthoxylées* par l'hypopétalie, la diplostémonie, les carpelles libres, etc., mais il s'en éloigne par l'ovule pendant, à raphé dorsal et à micropyle supère. Comparé avec les *Sapindacées*, les *Térébinthacées*, il en diffère par le port, les étamines intérieures, ordinairement adhérentes aux pétales, et les styles stigmatifères sur toute leur longueur. Il offre avec les *Phytolaccées* quelques analogies fondées sur les carpelles distincts et verticillés, à styles chargés de papilles stigmatiques, et le fruit s'ouvrant en coques.

Le Genre *Coriaria* est composé d'un petit nombre d'Espèces, dispersées dans la région méditerranéenne, le Népaul, le Japon, la Nouvelle-Zélande et l'Amérique méridionale.

La *Coriaire à feuilles de myrte* (*Coriaria myrtifolia*), vulgairement *Redoul*, qui croît surtout dans l'ouest de la région méditerranéenne possède une abondante quantité de tannin, utilisée par les corroyeurs; ses feuilles et ses fruits contiennent un principe narcotico-âcre, cristallisable (*coriarine*), qui les rend vénéneux. Les feuilles du *Redoul* sont mêlées frauduleusement par certains droguistes avec celles du Séné, et cette sophistication est souvent funeste aux malades. Le *Coriaria sarmentosa*, arbrisseau buissonneux de la Nouvelle-Zélande, produit des baies pleines d'un suc vineux, que les indigènes et les colons boivent sans inconvénient, en évitant avec soin d'avaler les graines, qui sont éminemment vénéneuses. Il en est de même du *C. nepalensis*. — Le *C. ruscifolia*, de la Chine, fournit aux cordonniers une couleur noire.

# MÉNISPERMÉES, *MENISPERMEÆ*.

## (MENISPERMA, *Jussieu*. — MENISPERMOIDEÆ, *Ventenat*. MENISPERMEÆ, *De Candolle*.)

Fleurs *dioïques*. Sépales *ordinairement* 6, *libres*, *bi-sériés*, *imbriqués*. Pétales *hypogynes*, *généralement* 6, *imbriqués*, 2-*sériés*. Étamines *insérées sur le réceptacle*, *en même nombre que les pétales*, *et opposées aux pétales*, *rarement plus ou moins nombreuses*, *stériles*, *ou nulles dans les fleurs* ♀. Carpelles, *ordinairement* 3, *rarement* $\infty$, *distincts*, 1-*ovulés*, *rudimentaires*, *ou nuls dans la fleur* ♂. Drupes *à cicatrice stylaire plus ou moins rapprochée de leur base*. Graines *albuminées*, *ou exalbuminées*. Embryon *dicotylédoné*, *ordinairement arqué*. Radicule *regardant la cicatrice du style*. — Tige *généralement ligneuse*, *grimpante*, *ou volubile*. Feuilles *alternes*, *non stipulées*.

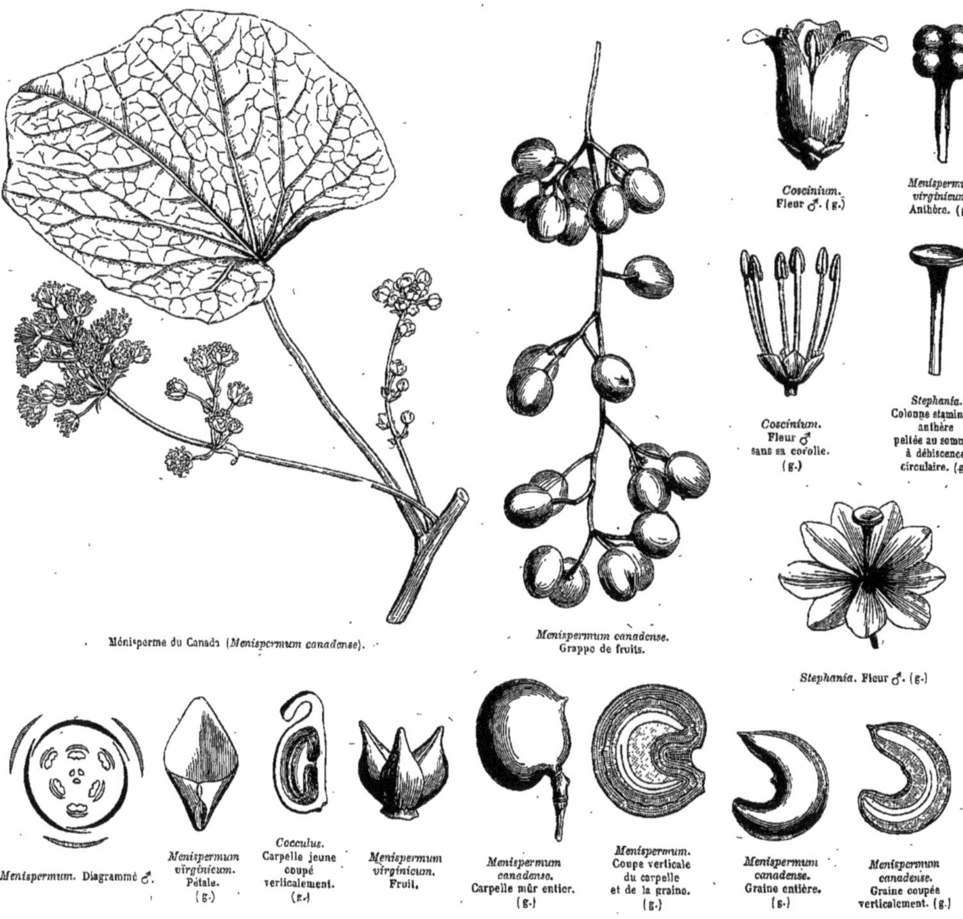

Ménisperme du Canada (*Menispermum canadense*).

*Menispermum canadense*. Grappe de fruits.

*Coscinium*. Fleur ♂. (g.)

*Menispermum virginicum*. Anthère. (g.)

*Coscinium*. Fleur ♂ sans sa corolle. (g.)

*Stephania*. Colonne staminale, anthère peltée au sommet, à déhiscence circulaire. (g.)

*Stephania*. Fleur ♂. (g.)

*Menispermum*. Diagramme ♂.

*Menispermum virginicum*. Pétale. (g.)

*Cocculus*. Carpelle jeune coupé verticalement. (g.)

*Menispermum virginicum*. Fruit.

*Menispermum canadense*. Carpelle mûr entier. (g.)

*Menispermum*. Coupe verticale du carpelle et de la graine. (g.)

*Menispermum canadense*. Graine entière. (g.)

*Menispermum canadense*. Graine coupée verticalement. (g.)

TIGE grimpante, à ramules finement striés, ordinairement volubile, ligneuse, quelquefois sous-ligneuse, rarement herbacée et naissant d'un rhizôme ligneux (*Cissampelos*). — FEUILLES alternes, non stipulées, ordinairement palminerviées, entières, ou palmi-lobées, ou peltées, rarement composées (*Burasaia*) à pétiole faussement articulé à sa base, et quelquefois à son sommet. — FLEURS dioïques, petites, en panicule, ou en grappe, ou en cyme, rarement solitaires, quelquefois accompagnées de bractées cordiformes (*Cissampelos*). — SÉPALES ordinairement 6, bisériés, quelquefois 9-3-sériés, ou 12-4-sériés, rarement 4 (*Cissampelos*); quelquefois 4, ou 8 (*Menispermum*), très-rarement 5 (*Sarcopetalum*); généralement distincts, très-rarement cohérents (*Synclisia, Cyclea*). — PÉTALES ordinairement 6, bi-sériés imbriqués, mais égaux entre eux et simulant une série unique, plus petits que les sépales intérieurs, rarement 4, ou 8 (*Cyclea*), très-rarement 3, ou 5 (*Stephania*), ou 2 (*Cissampelos*) ou 0 (*Anamirta, Abuta,* etc.), très-rarement soudés (*Cissampelos*). — ÉTAMINES, autant que de pétales, généralement 6, opposées aux pétales, très-rarement 3 (*Triclisia,* etc.), ou 4-8 (*Cyclea*) ou 9 (*Limacia,* etc.), ou ∞ (*Menispermum*). *Filets* plus ou moins libres, ou soudés en colonne monadelphe. *Anthères* variées, libres, ou soudées, généralement extrorses, 1-loculaires, ou 2-loculaires, à déhiscence longitudinale, ou transversale, ou circulaire (*Stephania*). — CARPELLES ordinairement 3, rarement 6 (*Coscinium, Sarcopetalum, Fibraurea*), ou 9-12 (*Tiliacora, Sciadotenia*), ou 2-4 (*Menispermum*), ou 1 (*Cissampelos, Cyclea, Stephania*). *Styles* terminaux, simples, ou lobés, devenant souvent basilaires par suite de la courbure de l'ovaire. *Ovules* solitaires dans les carpelles, semi-anatropes, fixés par le milieu de leur face ventrale à la suture interne du carpelle, ou très-rarement anatropes; *micropyle* supère, *chalaze* regardant la base de l'ovaire. — CARPELLES mûrs drupacés, sessiles, ou stipités; cicatrice stylaire sub-terminale excentrique, ou plus souvent rapprochée de la base du carpelle. Cavité du noyau ordinairement courbe, ou arquée en fer à cheval, offrant à sa face interne une saillie hémisphérique, ou peltée, ou laminiforme, à laquelle la graine est fixée par sa face ventrale. — GRAINE conforme à la cavité, concave ou sillonnée à sa face ventrale; *testa* mince, membraneux; *albumen* plus ou moins copieux, quelquefois ruminé (*Anamirta, Abuta,* etc.), ou nul (*Pachygone, Botryopsis, Triclisia,* etc.). — EMBRYON ordinairement courbe, rarement droit (*Anomospermum*); *radicule* regardant la cicatrice du style. *Cotylédons* linéaires, appliqués, ou larges et épais, souvent divariqués.

GENRES PRINCIPAUX.

| | | | | | |
|---|---|---|---|---|---|
| *Ménisperme, | *Menispermum.* | Stéphania, | *Stephania.* | Pachygone, | *Pachygone.* |
| *Coque, | *Cocculus.* | Anamirta, | *Anamirta.* | Triclisia, | *Triclisia.* |
| *Cissampélide, | *Cissampelos.* | Coscinium, | *Coscinium.* | Fibraurea, | *Fibraurea.* |

Les Ménispermées sont liées par une étroite affinité avec les *Anonacées*, les *Lardizabalées*, les *Berbéridées*, les *Schizandrées*. Elles tiennent aux *Lardizabalées* par la diclinie, l'hypopétalie, les sépales et les pétales bi-sériés, les étamines généralement monadelphes, les anthères extrorses, les carpelles distincts et charnus, la tige ligneuse, volubile, les feuilles alternes non stipulées et quelquefois composées (*Burasaia*), et les fleurs diclines, disposées en grappe; mais, chez les Lardizabalées, les carpelles contiennent presque toujours plusieurs ovules fixés sur toute la surface des parois ovariennes, et l'embryon est minime, à la base d'un albumen corné très-abondant. — Les *Berbéridées* offrent les mêmes rapports, mais elles diffèrent par leurs fleurs ☿, par leurs filets libres, par la déhiscence de leurs anthères, par leur carpelle unique, leur tige non grimpante, leurs feuilles penninerviées, etc. — Les *Anonacées* se lient aux Ménispermées par la tige ligneuse, les feuilles alternes, non stipulées, les fleurs souvent diclines, les pétales hypogynes bi-sériés, les anthères extrorses, les carpelles libres, souvent 1-ovulés et charnus; elles s'en distinguent par leur port, leur inflorescence, leur odeur aromatique, leur tige non grimpante, leurs feuilles penninerviées, la graine à albumen ruminé, etc. — Les *Schizandrées* se rapprochent des Ménispermées par leur tige ligneuse, grimpante, leurs feuilles alternes sans stipules, leurs fleurs diclines, leurs sépales et leurs pétales pluri-sériés, leurs anthères extrorses, leurs carpelles libres, charnus à la maturité; elles s'en éloignent par les ovaires 2-ovulés, l'embryon droit, minime à la base d'un albumen abondant, et les feuilles penninerviées.

Les Ménispermées habitent principalement la région intertropicale des deux Continents. On en rencontre peu dans l'Amérique septentrionale, l'Asie occidentale, l'Afrique australe et l'Australie extra-tropicale; l'Europe n'en possède aucune.

Cette Famille fournit à la médecine plusieurs Espèces utiles; les unes possèdent dans leur racine un principe amer qui facilite les fonctions des organes digestifs, les autres joignent à cette amertume une âcreté qui les rend diurétiques. Beaucoup d'entre elles contiennent, dans leurs parties herbacées un mucilage abondant, auquel elles doivent des propriétés émollientes. Le péricarpe de quelques-unes est narcotico-âcre, et très-vénéneux. — Le *Cocculus palmatus* est une Plante vivace, croissant spontanément dans l'Afrique tropicale et à Madagascar, dont la racine napiforme, connue dans le commerce sous le nom de *Colombo*, est mise au nombre des médicaments toniques les plus efficaces, et prescrite contre les coliques, les dyssenteries et les vomissements opiniâtres; on lui substitue frauduleusement d'autres racines venues de l'Inde et des États barbaresques, qui prennent son nom sans avoir ses propriétés. — Les *C. peltatus*, de Malabar, et *C. flavescens*, des Moluques, sont ses meilleurs succédanés. — Parmi les Ménispermées brésiliennes à racine amère-tonique, on doit citer les *C. platyphyllus, cinerascens*, et le *Cissampelos ovalifolia*. — Le *Cissampelos Pareira* est un arbrisseau du Brésil méridional, dont la racine, nommée *pareira brava*, ligneuse, inodore, d'une saveur d'abord douceâtre, puis amère et un peu âcre, était renommée autrefois comme lithontriptique; on l'emploie encore à la Martinique contre la morsure du Trigonocéphale. Le *Cissampelos Caapeba*, des Antilles, et le *C. Mauritiana*, des îles Mascareignes, sont employés à la place du *pareira brava*. — La racine du *Coscinium fenestratum*, de Ceylan, est stomachique. — Les nègres de la Sénégambie emploient la racine du *Cocculus Bakis* comme diurétique et fébrifuge. — La racine des *Cissampelos glaberrimus* et *ebracteatus* est administrée au Brésil contre la morsure des serpents. — Le *Cocculus crispus*, qui croît aux îles Moluques, contient un suc glutineux et amer, usité dans la médecine populaire de l'Inde contre les fièvres intermittentes, l'ictère et les vers intestinaux.

L'écorce de plusieurs Espèces est douée d'une grande amertume; quelques-unes fournissent un principe colorant jaune. — L'*Anamirta cocculus* est un arbrisseau croissant dans l'Asie tropicale; ses fruits, nommés dans le commerce *coques du Levant*, sont éminemment vénéneux; on en fait usage dans l'Inde pour enivrer et empoisonner les poissons : il produit en effet des pêches abondantes, mais il est quelquefois dangereux de manger le poisson qui a été pris par ce moyen, attendu que la graine de l'*Anamirta* contient un principe narcotique (*picrotoxine*) qui n'est guère moins délétère que la *strychnine*. La bière anglaise est quelquefois falsifiée avec la coque du Levant.

# LARDIZABALÉES, *LARDIZABALEÆ*, *Rob. Brown.*

(MENISPERMACEARUM *Tribus*, *De Candolle*. — BERBERIDEARUM *Tribus*, *Bentham* et *Hooker*.)

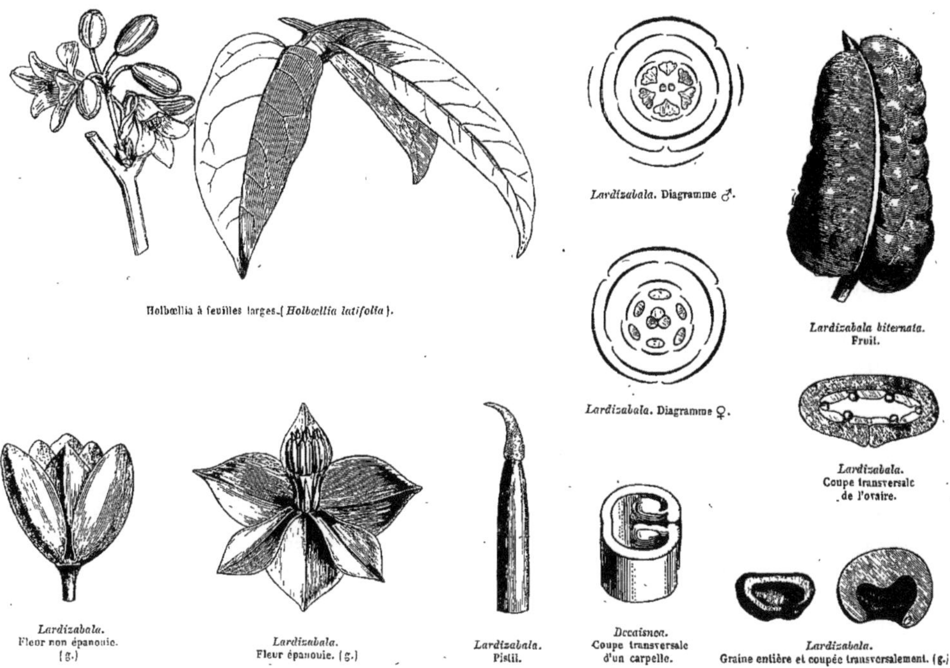

Holbœllia à feuilles larges (*Holbœllia latifolia*).

*Lardizabala*. Diagramme ♂.

*Lardizabala*. Diagramme ♀.

*Lardizabala biternata*. Fruit.

*Lardizabala*. Coupe transversale de l'ovaire.

*Lardizabala*. Fleur non épanouie. (g.)

*Lardizabala*. Fleur épanouie. (g.)

*Lardizabala*. Pistil.

*Decaisnea*. Coupe transversale d'un carpelle.

*Lardizabala*. Graine entière et coupée transversalement. (g.)

Arbrisseaux volubiles, ou rarement dressés (*Decaisnea*), à rameaux striés. — Feuilles alternes composées, 2-3-ternées (*Lardizabala*), ou 3-5-foliolées (*Boquila, Parvatia*), ou pennées (*Decaisnea*), ou digitées (*Akebia, Holbœllia*), à folioles dentées, ou sinuées, à pétioles et pétiolules gonflés à la base et au sommet, non stipulées. — Fleurs diclines, ou polygames, disposées en une ou plusieurs grappes axillaires, nues, ou bractéolées. — Fleurs ♂ : Calyce coloré, 6-phylle, 2-sérié, ou rarement 3-phylle (*Akebia*), à préfloraison imbriquée, les sépales extérieurs souvent valvaires. — Pétales 6, insérés sur le réceptacle, beaucoup plus petits que les sépales, ou nuls. — Étamines 6, insérées sur le réceptacle, opposées aux pétales. *Filets* cylindriques, monadelphes, ou rarement libres (*Akebia, Holbœllia*). *Anthères* extrorses, apiculées, très-rarement mutiques (*Akebia*). Ovaires rudimentaires 2-3, ou plus, charnus. — Fleurs ♀ un peu plus grandes, à calyce et corolle comme dans les ♂. — Étamines 6, à anthères stériles, ou nulles. — Ovaires 3, rarement 6, ou 9 (*Akebia*), distincts, sessiles, 1-loculaires. *Ovules* nombreux, rarement en petit nombre (*Boquila*), insérés sur tous les points de la paroi, reçus dans des alvéoles particuliers, ou bi-sériés le long des bords de la feuille carpellaire (*Decaisnea*), anatropes, ou campylotropes. *Styles* courts, ou presque nuls. *Stigmates* terminaux, papilleux, peltés, ou obtus, ou coniques. — CARPELLES mûrs bacciens, indéhiscents, ou déhiscents (*Decaisnea*). — GRAINES nichées dans la pulpe, à *testa* mince. — EMBRYON ordinairement minime, à la base d'un albumen copieux, charnu-corné. *Cotylédons* planes.

GENRES PRINCIPAUX.

| | | | | | |
|---|---|---|---|---|---|
| *Lardizabala, | *Lardizabala.* | Boquila, | *Boquila.* | *Akébia, | *Akebia.* |
| Decaisnea, | *Decaisnea.* | *Holbœllia, | *Holbœllia.* | | |

Les *Lardizabalées* tiennent aux *Berbéridées* par l'hypopétalie, les sépales pétaloïdes et les pétales bi-sériés, par l'isostémonie, les anthères extrorses, le fruit baccien, la graine albuminée, les feuilles alternes, composées, les fleurs en grappes; elles en diffèrent par la diclinie, la monadelphie, les anthères à déhiscence toujours longitudinale et la pluralité des carpelles.

Pour l'affinité avec les Ménispermées, voyez cette Famille. — Les *Lardizabalées* se rapprochent aussi des *Magnoliacées* par la disposition ternaire des fleurs, l'hypopétalie, les anthères extrorses, les carpelles libres, la graine albuminée et l'embryon basilaire; mais chez les Magnoliacées la tige n'est pas volubile, les feuilles sont toujours simples et pourvues de stipules; la fleur est ordinairement ☿, polyandre, les ovules sont constamment fixés à la suture ventrale des ovaires; les carpelles sont folliculaires, ou samaroïdes. — L'affinité est plus marquée avec les *Schizandrées* : arbrisseaux sarmenteux, feuilles alternes, sans stipules; fleurs diclines, à disposition ternaire; sépales et pétales bi-pluri-sériés, libres, hypogynes, anthères extrorses, carpelles libres, bacciens, graines nichées dans la pulpe, albumen copieux, embryon basilaire; mais chez les Schizandrées les feuilles sont simples, souvent ponctuées-pellucides, les étamines sont nombreuses; les carpelles 2-ovulés, et les ovules fixés à la suture ventrale.

La majorité des Lardizabalées habite l'Inde, la Chine et le Japon; les Genres *Lardizabala* et *Boquila* appartiennent au Chili.

Les Lardizabalées ne contiennent ni principe amer, ni principe aromatique; leurs baies sont mucilagineuses et comestibles; la fleur de plusieurs Espèces est odoriférante. — Les habitants du Népaul mangent les fruits de l'*Holbœllia latifolia*, et les Chiliens ceux des *Lardizabala* et du *Boquila*. — Les sarments des *Lardizabala*, passés au feu et macérés dans l'eau, fournissent des liens d'une grande ténacité.

# BERBÉRIDÉES, *BERBERIDEÆ.*

(BERBERIDES, *Jussieu.* — BERBERIDEÆ, *Ventenat.* — BERBERACEÆ, *Lindley.*)

SÉPALES 3-4-9, 1-3-*sériés.* PÉTALES *hypogynes* 4-6-8-9-∞, 1-2-3 *sériés.* ÉTAMINES *hypogynes, en même nombre que les pétales. Anthères extrorses, s'ouvrant généralement par des valvules soulevées de bas en haut.* CARPELLE *unique* 1-*loculaire, pluri-ovulé.* FRUIT *baccien, ou capsulaire.* GRAINES *albuminées.* EMBRYON *dicotylédoné, petit, axile.*

HERBES, ou ARBRISSEAUX à tige et rameaux cylindriques, à suc aqueux. — FEUILLES tantôt simples (1-foliolées) ou pennées, à dents ordinairement épineuses, avortant quelquefois en épines simples, ou rameuses (*Berberis*); tantôt 2-3-pennniséquées (*Epimedium, Nandina, Leontice,* etc.), tantôt palmilobées (*Diphylleia, Jeffersonia*). *Stipules* pétiolaires, géminées, minimes, caduques. — FLEURS ☿, régulières, très-rarement apérianthées (*Achlys*), axillaires, solitaires (*Jeffersonia, Podophyllum*), ou en grappes (*Berberis, Epimedium, Leontice*), ou en panicule (*Bongardia*), ou en cyme (*Diphylleia*), ou en épi (*Achlys*). — CALYCE à 3, ou 4, ou 9 sépales 1-3-sériés, souvent pétaloïdes, complétement distincts, à préfloraison imbriquée. — PÉTALES insérés sur le réceptacle, en même nombre que les sépales dans les calyces pluri-sériés, en nombre double dans les calyces 1-sériés, tantôt bi-glanduleux à la base (*Berberis*), tantôt munis à leur onglet d'un pore nectarifère (*Bongardia*); tantôt nectariformes (*Leontice, Caulophyllum*); tantôt capuchonnés, ou allongés en éperon (*Epimedium*); tantôt semblables aux sépales (*Aceranthus, Diphylleia*). — ÉTAMINES insérées sur le réceptacle, ordinairement en même nombre que les pétales, ou très-rarement en nombre double (*Podophyllum*). *Filets* libres, courts, aplatis, souvent irritables. *Anthères* biloculaires, extrorses, s'ouvrant par deux valvules soulevées de bas en haut, ou quelquefois par deux fentes longitudinales (*Nandina, Podophyllum*). — CARPELLE unique, 1-loculaire. *Ovules* tantôt nombreux, ascendants, fixés le long d'un placentaire pariétal; tantôt peu nombreux, dressés à la base, ou près de la base de l'ovaire, anatropes. *Style* terminal, très-court, souvent nul. *Stigmate* ordinairement épais, pelté, ombiliqué. — BAIE, ou CAPSULE charnue, ou membraneuse, indéhiscente, quelquefois déhiscente (*Epimedium, Vancouveria, Jeffersonia*), quelquefois se rompant après la fécondation, et disparaissant à la maturité, en laissant à nu les graines drupiformes (*Caulophyllum*). — GRAINES ovoïdes, ou globuleuses, dressées, ou horizontales, à *testa* crustacé, ou membraneux, ou charnu, à hile sublatéral situé près de la base.

quelquefois caronculé. *Albumen* charnu, ou sub-corné. — EMBRYON, droit, axile. *Cotylédons* planes, elliptiques; *radicule* plus longue que les cotylédons.

GENRES PRINCIPAUX.

| | | | | | |
|---|---|---|---|---|---|
| *Podophylle, | *Podophyllum.* | *Léontice, | *Leontice.* | *Berbéris, | *Berberis.* |
| *Épimède, | *Epimedium.* | Caulophylle, | *Caulophyllum.* | *Mahonia, | *Mahonia.* |
| *Nandine, | *Nandina.* | | | | |

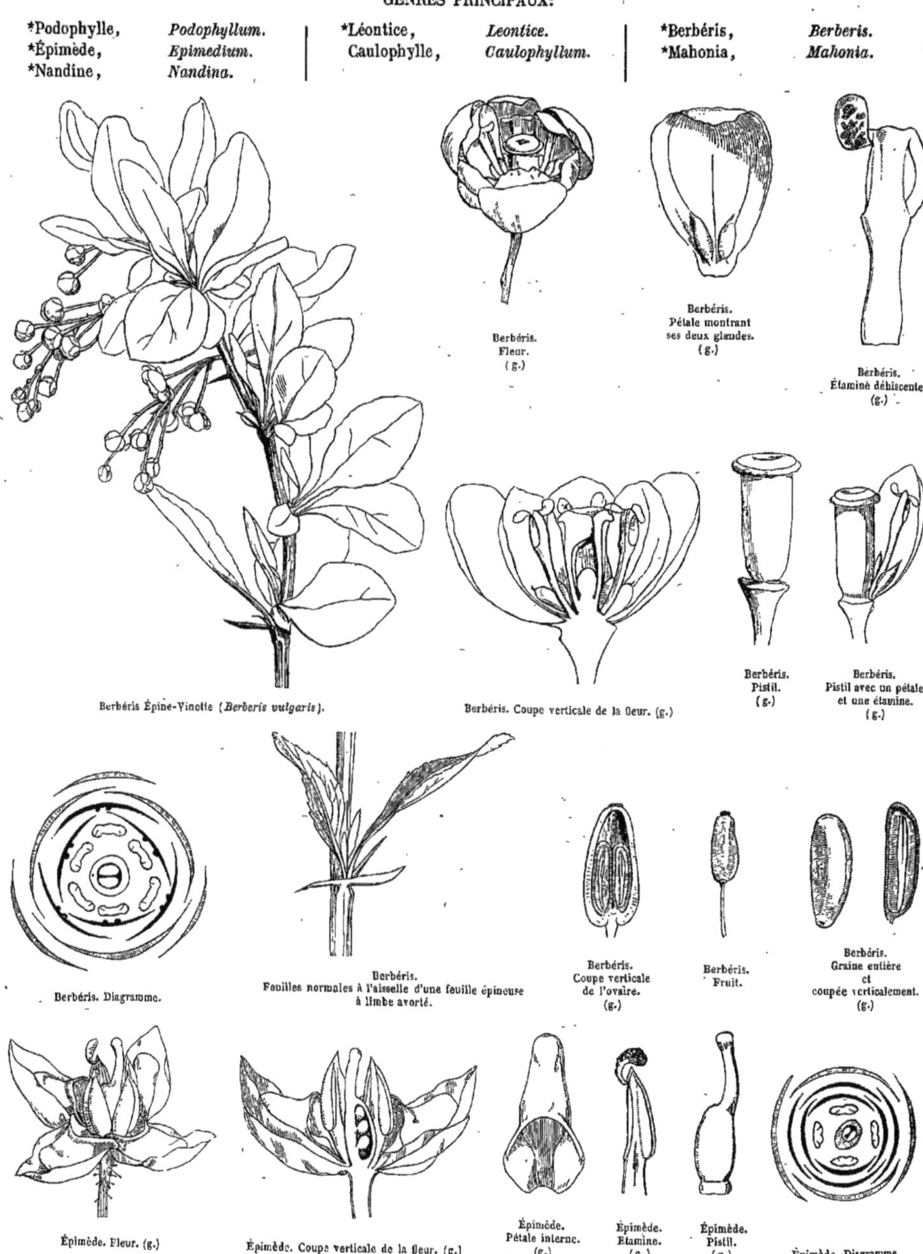

Berbéris. Fleur. (g.)

Berbéris. Pétale montrant ses deux glandes. (g.)

Berbéris. Étamine déhiscente. (g.)

Berbéris Épine-Vinette (*Berberis vulgaris*).

Berbéris. Coupe verticale de la fleur. (g.)

Berbéris. Pistil. (g.)

Berbéris. Pistil avec un pétale et une étamine. (g.)

Berbéris. Diagramme.

Berbéris. Feuilles normales à l'aisselle d'une feuille épineuse à limbe avorté.

Berbéris. Coupe verticale de l'ovaire. (g.)

Berbéris. Fruit.

Berbéris. Graine entière et coupée verticalement. (g.)

Épimède. Fleur. (g.)

Épimède. Coupe verticale de la fleur. (g.)

Épimède. Pétale interne. (g.)

Épimède. Étamine. (g.)

Épimède. Pistil. (g.)

Épimède. Diagramme.

Épimède des Alpes (*Epimedium alpinum*).

*Caulophyllum*. Carpelle s'ouvrant avant la maturité pour livrer passage à 2 ovules dressés, basilaires.

*Caulophyllum*. Fruit laissant à nu les 2 graines, dont l'une est avortée, et l'autre globuleuse drupiforme.

*Caulophyllum*. Graine fertile, drupiforme, coupée verticalement, portée sur un funicule très-développé.

*Berberidopsis*. Fleur. (g.)

*Berberidopsis*. Androcée et pistil. (g.)

*Berberidopsis*. Pistil. (g.)

Les Berbéridées sont liées par une étroite affinité aux *Lardizabalées*, (voir cette Famille); le Genre *Berberidopsis*, dont l'ovaire, uniloculaire, à 3 placentaires pariétaux, fait exception aux Berbéridées normales, établit le passage de celles-ci aux Lardizabalées, par l'intermédiaire du Genre *Decaisnea*, dont les carpelles à ovules bisériés sont béants à la maturité. — Les Berbéridées se rapprochent aussi des *Magnoliacées* par l'hypopétalie, les sépales distincts pluri-sériés, les anthères adnées, la graine albuminée, l'embryon droit, la tige ligneuse et les feuilles alternes, à stipules caduques; mais les Magnoliacées s'en éloignent par leur port, leur bois odorant, la polyandrie, le nombre et le mode de déhiscence des carpelles. — Les Berbéridées tiennent aux *Renonculacées* (voir cette Famille) et un peu aux *Papavéracées*, qui s'en éloignent par le port, le suc laiteux, l'inflorescence terminale, la polyandrie, les anthères introrses, la structure du fruit et de la graine. — Les Berbéridées ont aussi avec les *Anonacées* quelques rapports, fondés sur la disposition ternaire de la fleur, les sépales libres, les pétales hypogynes, bisériés, l'isostémonie (*Bocagea*), les anthères adnées, le stigmate épais capité, souvent sessile, les ovules dressés, anatropes, le fruit baccien; mais les Anonacées se distinguent par leur port, leurs feuilles distiques, entières, leur tige souvent grimpante, leurs fleurs terminales, généralement polyandres, leurs carpelles en nombre ternaire, et leurs graines à albumen ruminé.

Les Berbéridées croissent dans les régions tempérées de l'hémisphère Nord, ou de l'Amérique australe extra-tropicale. Elles semblent manquer tout à fait dans l'Afrique australe et tropicale, dans l'Australie et la Nouvelle-Zélande.

Les baies et les parties herbacées des Berbéridées contiennent de l'acide malique libre; on trouve dans la racine et l'écorce de plusieurs Espèces un principe extractif jaune, amer (*berbérine*), possédant des propriétés analogues à celles de la Rhubarbe. Cette observation s'applique surtout à l'*Épine-Vinette* ou *Vinettier* (*Berberis vulgaris*), arbrisseau répandu dans les terrains calcaires de l'Europe et de l'Asie boréale; le principe tinctorial contenu dans l'écorce de la racine et de la tige, est purgatif, et la couleur jaune a conduit les anciens médecins à l'administrer dans l'ictère; ses baies aigrelettes servent à préparer une confiture très-agréable; les jeunes feuilles, acides-astringentes, sont employées pour raffermir les gencives. — Le *Berberis fascicularis* (*Mahonia*) est estimé dans la Californie pour ses baies aigres-douces. — Le bois des *Berbéris* de l'Inde et de l'Amérique du Sud est usité comme matière tinctoriale. — La racine du *Caulophyllum thalictroides* est estimée comme sudorifique dans l'Amérique septentrionale, et ses graines sont employées comme succédanées du Café. — Le *Bongardia Chrysogonum* croît en Grèce et en Orient; ses feuilles sont mangées comme celles de l'Oseille; sa racine passait autrefois pour être alexitère. — La racine pulvérisée du *Leontice Leontopetalum*, Plante de l'Asie mineure, sert de savon à Alep, pour le lavage des étoffes; les Turcs l'emploient aussi comme correctif de l'opium pris à trop forte dose. — Le *Podophyllum peltatum*, de l'Amérique du Nord, rattache les Berbéridées aux *Papavéracées*; ses parties herbacées sont narcotiques et vénéneuses; sa racine contient une gomme-résine amère, qui purge aussi bien que le Jalap; ses baies sont très-acides, et peuvent être mangées sans accident, ainsi que celles d'une autre Espèce congénère, le *P. Himalayense*.

# SCHIZANDRÉES, *SCHIZANDREÆ.*

(SCHIZANDREÆ, *Blume.* — MAGNOLIACEARUM *Tribus, Bentham et Hooker.*)

ARBRISSEAUX sarmenteux, glabres, à suc muqueux. — FEUILLES alternes simples, penninerviées, entières, ou denticulées, un peu épaisses, souvent ponctuées-pellucides (*Schizandra*), non stipulées. — FLEURS diclines, axillaires, solitaires, petites, généralement odorantes. — PÉRIANTHE ternaire, multiple; sépales et pétales hypogynes, 9-12-15, 3-∞ sériés, passant graduellement des extérieurs plus petits aux intérieurs pétaloïdes. — FLEURS ♂ : ÉTAMINES ∞, ou 5-15, distinctes, ou réunies en une masse globuleuse. *Filets* très-courts, épais, libres, ou cohérents. *Anthères* adnées, à loges courtes, arrondies, plus ou moins écartées par le connectif. — FLEURS ♀ : CARPELLES ∞, en tête (*Kadsura*), ou en épi (*Schizandra*), 2-3-ovulés. *Ovules* superposés, pendants, anatropes. *Stigmates* sessiles, décurrents sur le bord interne de l'ovaire. — BAIES indéhiscentes. — GRAINES nichées dans la pulpe. *Albumen* huileux, copieux. — EMBRYON minime, droit, basilaire. *Cotylédons* divariqués. *Radicule* voisine du hile, oblongue, supère.

GENRES PRINCIPAUX.

*Schizandra, *Schizandra.* | Kadsura, *Kadsura.*

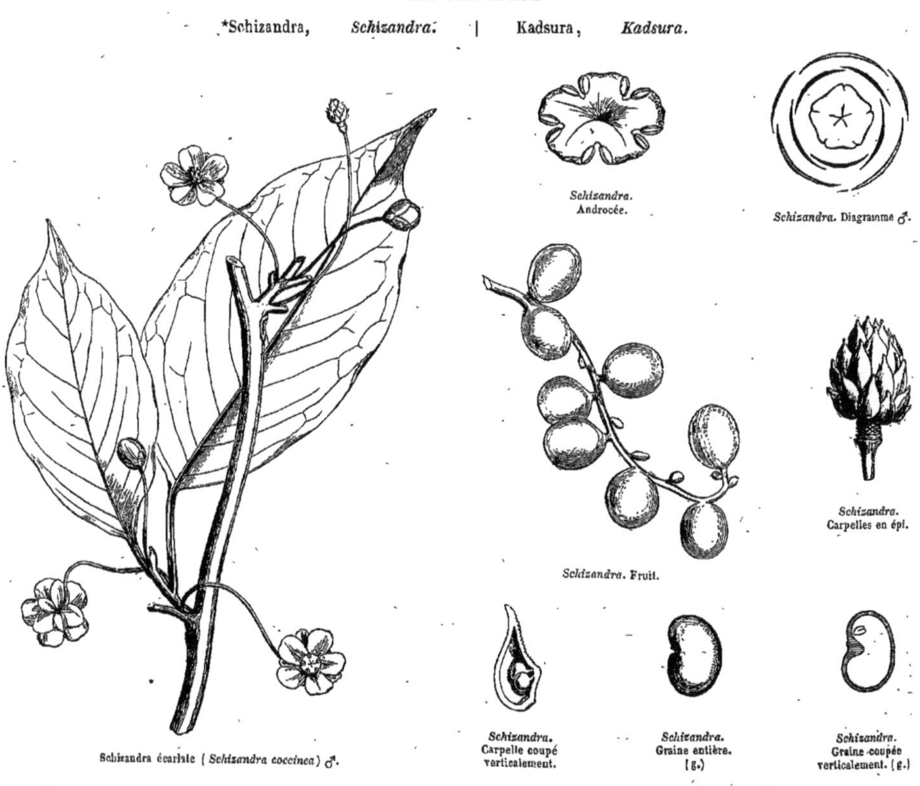

*Schizandra.* Androcée.

*Schizandra.* Diagramme ♂.

*Schizandra.* Fruit.

*Schizandra.* Carpelles en épi.

Schizandra écarlate (*Schizandra coccinea*) ♂.

*Schizandra.* Carpelle coupé verticalement.

*Schizandra.* Graine entière. (g.)

*Schizandra.* Graine coupée verticalement. (g.)

Cette petite Famille, annexée par MM. Bentham et Hooker aux *Magnoliacées*, ne s'en distingue, en effet, que par sa tige grimpante, ses feuilles sans stipules, ses fleurs diclines et ses carpelles charnus 2-3-séminés. — Elle se rapproche aussi des *Ménispermées*, des *Lardizabalées* et des *Anonacées* (voir ces Familles). Les *Schizandrées* habitent l'Asie orientale et tropicale; une Espèce croît dans les régions chaudes de l'Amérique septentrionale. — Les baies mucilagineuses de quelques-unes sont comestibles, mais peu sapides.

# MYRISTICÉES, *MYRISTICEÆ*.

(MYRISTICEÆ, *Rob. Brown*. — MYRISTICACEÆ, *Lindley*.)

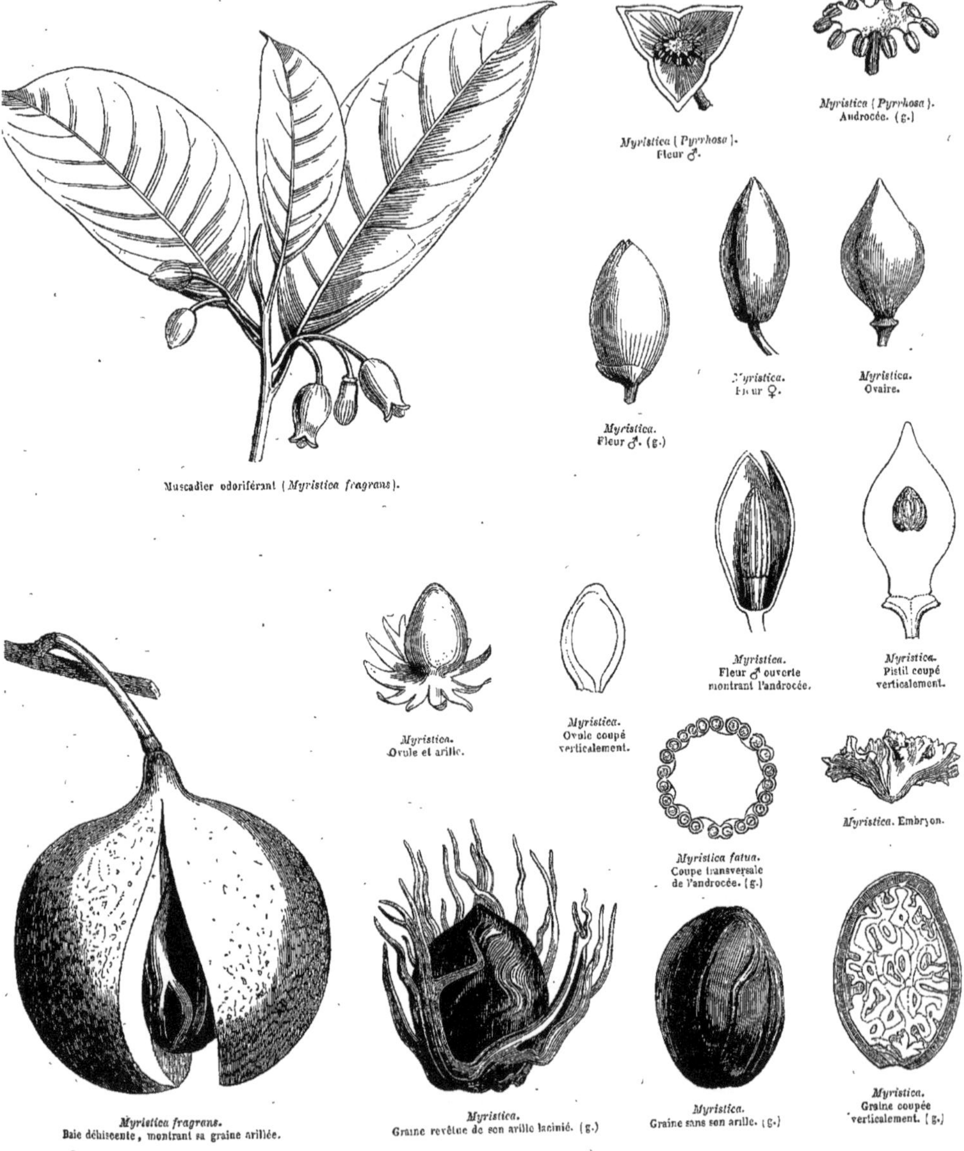

Muscadier odoriférant (*Myristica fragrans*).

*Myristica* (*Pyrrhosa*). Fleur ♂.

*Myristica* (*Pyrrhosa*). Androcée. (g.)

*Myristica*. Fleur ♂. (g.)

*Myristica*. Fleur ♀.

*Myristica*. Ovaire.

*Myristica*. Fleur ♂ ouverte montrant l'androcée.

*Myristica*. Pistil coupé verticalement.

*Myristica*. Ovule et arille.

*Myristica*. Ovule coupé verticalement.

*Myristica fatua*. Coupe transversale de l'androcée. (g.)

*Myristica*. Embryon.

*Myristica fragrans*. Baie déhiscente, montrant sa graine arillée.

*Myristica*. Graine revêtue de son arille lacinié. (g.)

*Myristica*. Graine sans son arille. (g.)

*Myristica*. Graine coupée verticalement. (g.)

Arbres, ou Arbrisseaux, contenant ordinairement un suc styptique, rougissant au contact de l'air, à *rameaux* très-souvent revêtus d'une écorce réticulée, à jeunes pousses ordinairement pubescentes-farineuses. — Feuilles alternes, presque distiques, courtement pétiolées, coriaces, simples, entières, penninerviées, pliées en long dans le jeune âge, pubescentes, ou écailleuses, non stipulées. — Fleurs dioïques, ordinairement axillaires, disposées en grappes, ou en glomérule, ou en tête, ou en panicule, généralement munies d'une bractée concave, petites, peu apparentes, blanches, ou jaunes, souvent couvertes d'un duvet, ou d'une farine de couleur ferrugineuse, glabres intérieurement. — Périanthe simple, coriace, tubuleux, ou urcéolé, ou sub-campanulé, 3-fide, ou 2-4-fide, à préfloraison valvaire. — Fleurs ♂ : Étamines 3-15, monadelphes. *Filets* soudés en colonne compacte, cylindrique, ou turbinée, ou évasée en une sorte de disque denticulé au sommet. *Anthères* extrorses, biloculaires, adnées à la colonne ou aux denticules du disque; rarement insérées sur les denticules et libres, à loges parallèles, s'ouvrant longitudinalement. — Fleurs ♀ : Carpelle unique (très-rarement 2, dont un minime et stérile), libre, 1-loculaire, 1-ovulé. *Ovule* basilaire dressé, anatrope. *Style* terminal, très-court, ou nul. *Stigmate* indivis, ou sub-lobé. — Baie capsulaire, à 2 valves indivises, ou bifides. — Graine dressée, enveloppée en tout ou en partie par un arille charnu, lacinié, souvent aromatique, naissant à la base d'un funicule court et épais. *Testa* dur. *Albumen* odorant, copieux, sébacé, profondément ruminé transversalement par les processus irréguliers de la membrane interne de la graine. — Embryon minime, basilaire, droit. *Cotylédons* sub-foliacés, divariqués, planes, ou rugueux-plissés; *radicule* courte, cylindrique, infère.

GENRE PRINCIPAL.

Muscadier, *Myristica.*

Les *Myristicées,* longtemps rangées parmi les Familles Monochlamydées dans le voisinage des *Laurinées,* à cause de leurs fleurs tripartites, peu apparentes, diclines et apétales, de leurs anthères adnées, de leur ovaire 1-loculaire, 1-ovulé, de leur fruit baccien, de leur tige ligneuse, de leurs feuilles coriaces, de leurs propriétés aromatiques, paraissent aujourd'hui devoir être placées de préférence auprès des *Anonacées,* ou des *Monimiées,* qui s'en rapprochent en effet par le périanthe tripartit, à préfloraison valvaire, les anthères extrorses, l'ovule unique, dressé, anatrope, l'albumen copieux, ruminé, l'embryon minime, basilaire, à radicule infère, la tige ligneuse, aromatique, et les feuilles alternes, presque distiques et pliées en long dans le jeune âge; mais chez les Anonacées les fleurs sont généralement hermaphrodites, pétalées, les étamines indéfinies, multi-sériées, libres, les carpelles plus ou moins nombreux, et la graine est dépourvue d'arille. — Les Myristicées se rapprochent aussi des *Magnoliacées* par les anthères extrorses, hypogynes, les carpelles bacciens, bipartits, l'albumen copieux, l'embryon basilaire, la tige ligneuse et les feuilles alternes; elles s'en éloignent par la préfloraison valvaire du calyce, l'absence de corolle, la monadelphie, l'unité de carpelle, l'ovule solitaire, dressé, et la graine arillée, non ruminée. Nous avons conservé de préférence le nom d'*arille* à l'organe qui enveloppe la muscade, parce que, d'après l'examen de deux ovules, nous avons cru remarquer que cet organe naît plutôt de la base de l'ovule que de l'exostome, ainsi que l'admettent MM. Alph. De Candolle et Planchon.

Cette petite Famille appartient à la région tropicale; elle habite l'Amérique et surtout les îles Moluques, ainsi que Madagascar.

Toutes les parties des Myristicées sont plus ou moins aromatiques, leur suc styptique contient une matière colorante très-tenace, qui rougit au contact de l'air et n'est pas exempte d'âcreté. La graine et son arille possèdent des principes hydro-carbonés, dont l'arome est plus ou moins prononcé suivant les Espèces.

La plus remarquable est le *Muscadier aromatique* (*Myristica fragrans*), bel arbre des îles Moluques, cultivé surtout aux îles Banda, et introduit en 1770 dans les îles de France et de Bourbon; c'est de là qu'il est ensuite passé en Amérique. Ses graines, nommées *noix muscades,* et son arille, nommé *macis,* sont employées comme épice et comme médicament stimulant. La muscade contient une essence qu'on peut obtenir par distillation, et une huile fixe, solide, qu'on en retire par l'expression à chaud, mêlée avec l'huile volatile : cette huile mixte est nommée *beurre de muscade,* à cause de sa consistance et de sa couleur jaune. L'huile volatile, séparée de l'huile fixe par la distillation, est usitée dans la parfumerie, mais l'arome de la muscade est narcotique; on a constaté dans beaucoup de circonstances que les exhalaisons des muscades entassées sont pernicieuses pour les personnes couchées dans leur voisinage. La Muscade, prise à l'intérieur en quantité considérable, devient un véritable poison; elle allume la soif, rend la tête pesante, cause de l'oppression, de la dyspnée, de l'ivresse, du délire, et peut amener une apoplexie mortelle.

Plusieurs autres Espèces de *Myristica* produisent des graines aromatiques, mais moins estimées que celles du *M. fragrans.* Celles du *M. spuria,* indigène des îles Philippines, sont recouvertes d'un *macis* d'abord jaune, puis d'un rouge vif; leur arome se dissipe au bout d'une année. Le suc rouge recueilli par incision du tronc est substitué dans le commerce au *sang-dragon.* — La graine du *M. tomentosa* passe pour aphrodisiaque chez les habitants d'Amboine.

Parmi les Espèces américaines le *M. bicuiba* et le *M. officinalis* méritent d'être mentionnés; l'arome de leur graine est faible, altéré par quelque amertume; on en retire une huile grasse, et même une substance cireuse. Le *M. otoba,* qui croît dans les montagnes de la Colombie, produit des fruits d'une odeur pénétrante, mais désagréable; on prépare avec leur arille blanchâtre un onguent anti-psorique. — Les *M. fatua* et *sebifera* habitent les Antilles et la Guyane; l'arome de leur graine est très-fugace, et se dissipe au bout de quelques jours. La graine de ce dernier, traitée par l'eau chaude, fournit un suif dont on fabrique des chandelles. Le suc rougeâtre et âcre, qui coule par incision du tronc, est employé contre les aphthes et la carie des dents. — Le macis du *Myristica* (*Pyrrosa*) *tingens*, indigène de l'île d'Amboine, contient un principe colorant rouge, que les habitants mêlent avec de la chaux pour en faire un masticatoire.

# ANONACÉES, *ANONACEÆ*.

(ANONÆ, *Jussieu*. — GLYPTOSPERMÆ, *Ventenat*. — ANONACEÆ, *Dunal*.

FLEURS ☿. *Sépales* 3. PÉTALES *ordinairement* 6, *bi-sériés, hypogynes, généralement valvaires*. ÉTAMINES *ordinairement* ∞, *hypogynes, multi-sériées*. ANTHÈRES *adnées*. OVAIRES *ordinairement nombreux, et distincts*, 1-2-∞-*ovulés*. OVULES *dressés, ou ascendants*. FRUIT *capsulaire, ou baccien*. ALBUMEN *ruminé*. EMBRYON *dicotylédoné, minime, basilaire*.

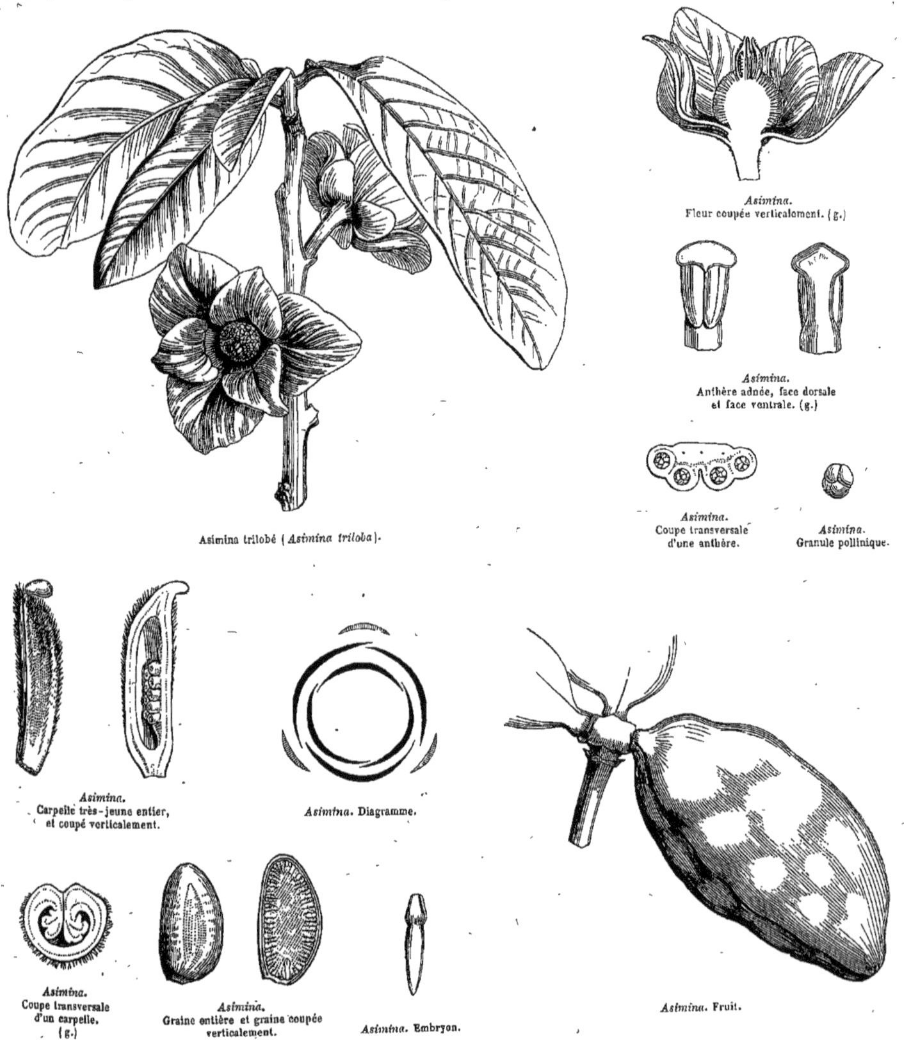

*Asimina*. Fleur coupée verticalement. (g.)

*Asimina*. Anthère adnée, face dorsale et face ventrale. (g.)

*Asimina*. Coupe transversale d'une anthère.

*Asimina*. Granule pollinique.

Asimina trilobé (*Asimina triloba*).

*Asimina*. Carpelle très-jeune entier, et coupé verticalement.

*Asimina*. Diagramme.

*Asimina*. Coupe transversale d'un carpelle. (g.)

*Asimina*. Graine entière et graine coupée verticalement.

*Asimina*. Embryon.

*Asimina*. Fruit.

ARBRES, ou ARBRISSEAUX, quelquefois grimpants, généralement aromatiques, à suc âcre. — FEUILLES alternes, distiques, pliées en long avant leur développement, simples, entières, penninerviées, pubescentes dans le jeune âge, à pétiole ordinairement articulé à sa base. *Stipules* nulles. — FLEURS ☿, rarement diclines, solitaires, ou fasciculées sur des pédoncules axillaires, rarement latéraux, ou opposés aux feuilles; corolle membraneuse, ou coriace, ou charnue, verdâtre-pourpre, ou jaunâtre. — SÉPALES 3, rarement 2 (*Disepalum*), distincts, ou soudés à la base, ou cohérents en calyce 3-lobé, ou 3-denté (*Cyathocalyx*), à préfloraison valvaire, ou imbriquée. — PÉTALES ordinairement 6, 2-sériés, à préfloraison valvaire, ou légèrement imbriquée, hypogynes, rarement 4, bisériés (*Disepalum*), ou seulement 3-1-sériés (*Unona*), rarement cohérents (*Hexalobus*). — ÉTAMINES tantôt en nombre indéfini, multisériées sur un torus épais, à anthères adnées, bi-loculaires, à loges dorsales, ou latérales, s'ouvrant par une fente longitudinale, contiguës, ou séparées, recouvertes par le sommet dilaté du connectif; tantôt, et plus rarement, définies, à anthères non cachées par le connectif, peu ou point dilaté (*Miliusa, Orophea, Bocagea*, etc.). — CARPELLES ∞, rarement définis (*Asimina, Xylopia, Bocagea*, etc.), ou solitaires (*Cyathocalyx*), distincts, ou rarement cohérents (*Anona, Monodora*), sessiles au sommet du torus. *Styles* courts, épais, ou presque nuls. *Stigmates* épais, capités, ou oblongs, quelquefois sillonnés, ou bilobés, ou rayonnants en étoile (*Monodora*). *Ovules* 1-2, dressés, basilaires, ou 1-∞, fixés soit à la suture, soit sur toute la surface pariétale (*Monodora*), anatropes, à raphé ventral et micropyle infère. — CARPELLES MURS, sessiles, ou stipités, distincts, ou soudés en fruit ∞-loculaire (*Anona*), ou 1-loculaire (*Monodora*), secs, ou charnus, ou pulpeux, indéhiscents, ou déhiscents en 2 valves. — GRAINES à *albumen* copieux, ruminé. — EMBRYON minime, basilaire. *Radicule* voisine du hile, infère.

GENRES PRINCIPAUX.

| | | | | | |
|---|---|---|---|---|---|
| *Uvaria, | *Uvaria.* | *Asimina, | *Asimina.* | Xylopia, | *Xylopia.* |
| Guattéria, | *Guatteria.* | Monodora, | *Monodora.* | | |
| Artabotrys, | *Artabotrys.* | Rollinia, | *Rollinia.* | | |
| Unona, | *Unona.* | *Anona, | *Anona.* | *Eupomatia, | *Eupomatia.* |

Le Genre *Eupomatia*, qui se lie étroitement aux *Anonacées*, présente des anomalies de structure remarquables : les sépales et les pétales sont soudés en une masse conique, insérée sur le bord supérieur d'un torus turbiné, dont elle se détache transversalement comme un opercule; les étamines sont nombreuses, périgynes, les intérieures multi-sériées, stériles, pétaloïdes, les extérieures pauci-sériées, linéaires-lancéolées, à connectif dépassant les loges anthériques et acuminé. L'ovaire est infère, enchâssé dans le torus, et composé de plusieurs carpelles épais; les ovules sont nombreux et insérés à la suture ventrale des carpelles; les styles sont soudés en masse terminée par un stigmate plane, creusé d'aréoles en même nombre que les carpelles. Le fruit est une baie tronquée au sommet et couronnée par le bord du torus. Les graines sont anguleuses. — Les étamines intérieures, stériles, conniventes, et très-étroitement imbriquées au-dessus du stigmate, qu'elles séparent des étamines externes fertiles, rendraient la fécondation impossible; mais, comme l'a observé Rob. Brown, elles sont rongées par des insectes, dont l'intervention facilite ainsi l'arrivée du pollen sur le stigmate.

Les *Anonacées* sont voisines des *Myristicées* (voir cette Famille). — Elles se rapprochent des *Schizandrées*, des *Lardizabalées* et des *Ménispermées*, par la disposition ternaire du calyce et de la corolle, l'hypopétalie, les anthères extrorses, le fruit baccien, l'albumen copieux, l'embryon basilaire (du moins chez les Lardizabalées et les Schizandrées), les feuilles alternes et les fleurs axillaires; mais chez les Schizandrées les fleurs sont diclines, la préfloraison est imbriquée, les ovules sont pendants, la radicule supère, et l'albumen n'est pas ruminé. — L'affinité avec les *Magnoliacées* s'appuie sur les mêmes analogies, et la diagnose sur les mêmes différences; en outre, chez ces dernières, les feuilles sont stipulées, et les graines ont généralement un testa charnu (*Magnolia*). — Les Anonacées tiennent aussi aux *Dilléniacées* par l'hypopétalie, la polyandrie, les anthères adnées, la polygynie, les ovules dressés, anatropes, l'albumen charnu, copieux, l'embryon basilaire, la tige ligneuse et les feuilles alternes; mais, chez les Dilléniacées, les feuilles sont quelquefois stipulées, les fleurs sont terminales, à disposition quinaire, la préfloraison est imbriquée, et l'albumen n'est pas ruminé.

Les Anonacées appartiennent presque toutes à la région tropicale. Quelques-unes (*Asimina*) remontent en Amérique, jusqu'au 33ᵉ degré de latitude N. L'Asie et l'Amérique possèdent un nombre d'Espèces à peu près égal; on en rencontre un peu moins en Afrique. — Les *Anona* et les *Rollinia* n'ont pas encore été observés en Asie. — Plusieurs *Anona* habitent l'Afrique.

L'écorce des Anonacées est en général plus ou moins aromatique et stimulante; dans quelques Espèces la saveur est âcre et presque nauséeuse; les feuilles sont douées de propriétés analogues, mais moins prononcées; les fruits sont ou aromatiques et poivrés (*Xylopia*), les autres sont presque inodores, et seulement comestibles. Les habitants de l'Archipel malais emploient à l'extérieur l'écorce de plusieurs Anonacées, réduite en pulpe, contre les contusions et les douleurs rhumatismales; ils prennent à l'intérieur le fruit de quelques autres comme médicament stomachique. Ils préparent avec les fleurs de l'*Uvaria odorata*, associées à d'autres aromates et à la racine de curcuma, un onguent dont ils se frictionnent le corps pour se préserver de la fièvre dans la saison des pluies. Les femmes européennes, qui habitent l'Inde, font, dit-on, macérer ces fleurs odorantes dans l'huile de coco, et s'en servent pour lisser leurs cheveux. — La racine du *Polyalthia macrophylla* est fortement aromatique : les habitants des montagnes de Java l'emploient en infusion dans les fièvres éruptives; ils se servent des fruits du *Polyalthia subcordata* pour calmer les coliques nerveuses. — L'*Artabotrys suaveolens* croît dans presque toutes les îles de l'Archipel malais; on prépare avec ses feuilles infusées une potion aromatique, très-efficace contre le choléra, pour déterminer la réaction dans la période algide. — Le fruit aromatique du *Xylopia grandiflora* fournit aux Brésiliens un condiment et un médicament stimulant. — Celui du *X. frutescens*, arbrisseau répandu dans toute l'Amérique tropicale, sert de poivre aux nègres; celui du *X. longifolia*, qui croît sur les bords de l'Orénoque, est compté au nombre des meilleurs succédanés du Quinquina. — Le *Xylopia æthiopica*, fournit la denrée usitée chez les anciens sous le nom de *poivre d'Éthiopie*, avant que le *Poivre noir* fût apporté de l'Inde en Europe.

Les *Asimina*, de l'Amérique septentrionale, sont remarquables par leur odeur nauséeuse; les feuilles de l'*Asimina triloba* sont appliquées comme topique pour hâter la maturation des abcès; ses baies sont comestibles, mais ses graines sont émétiques. — Beaucoup d'Espèces du Genre *Anona* produisent des fruits sapides, très-recherchés sous la zône tropicale : tels sont le *Chérimolia* (*Anona Cherimolia*), originaire du Pérou; la *Pomme-Cannelle* (*A. squamosa*) et le *Corossol* (*A. muricata*). D'autres *Anona*, et par exemple l'*A. reticulata*, des Antilles, ont un fruit mucilagineux astringent, d'une saveur peu agréable, et employé comme antidysentérique et vermifuge. Toutes ces Espèces sont indigènes de l'Amérique, et l'on suppose qu'elles ont été répandues par l'homme dans les régions intertropicales de l'ancien Continent.

# MAGNOLIACÉES, *MAGNOLIACEÆ*.

## (MAGNOLIÆ, *Jussieu*. — MAGNOLIACEÆ, *De Candolle*. MAGNOLIEÆ ET WINTEREÆ, *Rob. Brown*.)

FLEURS ☿. SÉPALES *ordinairement* 3. PÉTALES 6-∞, *libres, hypogynes*. ÉTAMINES ∞, *hypogynes, à anthères adnées*. CARPELLES *ordinairement* ∞, *distincts, ou cohérents*, *1-loculaires*, *1-2-∞-ovulés*. OVULES *anatropes*. ALBUMEN *copieux, non ruminé*. EMBRYON *dicotylédoné, droit, minime, basilaire*. — TIGE *ligneuse*. FEUILLES *alternes*.

ARBRES, ou ARBRISSEAUX. — FEUILLES alternes, simples, coriaces, entières, ou rarement lobées (*Liriodendron*), penninerviées-réticulées, quelquefois finement ponctuées-pellucides. *Stipules* membraneuses, enroulées dans le bourgeon, ou opposées, rarement nulles (*Drimys, Illicium*). — FLEURS ☿, ou très-rarement incomplètes (*Tasmannia*), ordinairement grandes, terminales, ou axillaires, le plus souvent solitaires, rarement réunies en grappe, ou en fascicule. — SÉPALES 3, rarement 6, ou 2-4, ordinairement pétaloïdes, libres, imbriqués, tombants. — PÉTALES 6-∞, insérés à la base d'un torus stipitiforme, 1-2-∞-sériés, à préfloraison imbriquée, tombants. — ÉTAMINES ∞, pluri-sériées, insérées avec les pétales. *Filets* libres. *Anthères* bi-loculaires, adnées, extrorses (*Liriodendron, Drimys, Illicium*), ou latérales, ou introrses (*Magnolia, Talauma, Michelia*, etc.), à déhiscence longitudinale, ou transversale (*Tasmannia*). — OVAIRES ∞, ou peu nombreux, tantôt multisériés en tête, ou en épi, libres, ou rarement cohérents (*Manglietia*), tantôt verticillés au sommet du réceptacle (*Illicium*), toujours 1-loculaires, 1-2-6-8-∞-ovulés. *Ovules* fixés à la suture ventrale, tantôt 2, collatéraux, ou superposés (*Magnolia, Liriodendron*); tantôt plus nombreux, 2-sériés (*Michelia, Manglietia*); généralement pendants, rarement dressés au fond de la loge, et solitaires (*Illicium*), anatropes. *Styles* continus avec l'ovaire, stigmatifères en dedans et près du sommet. — FRUIT varié : *carpelles* sub-pédicellés, libres, ou cohérents, tantôt capsulaires, bivalves, à déhiscence dorsale, ou ventrale (*Magnolia, Michelia, Manglietia, Illicium*), tantôt indéhiscents, charnus (*Drimys*), ou ligneux et se rompant transversalement à la base (*Talauma*), ou samaroïdes (*Liriodendron*). — GRAINES sessiles, ou funiculées, souvent suspendues en dehors du péricarpe (*Magnolia*), quelquefois pourvues d'un testa charnu (*Magnolia*), ou crustacé (*Illicium*). — EMBRYON minime, droit, à la base d'un albumen charnu, copieux. *Radicule* et *cotylédons* très-courts.

### TRIBU I. — MAGNOLIÉES, *MAGNOLIEÆ*, *De Candolle*.

Fleurs ☿. Carpelles imbriqués, multisériés, disposés en tête ou en épi. Stipules enveloppant les feuilles.

GENRES PRINCIPAUX.

*Magnolia, *Magnolia*. | *Tulipier, *Liriodendron*.

### TRIBU II. — ILLICIÉES, *ILLICIEÆ*, *De Candolle*.

Fleurs ☿, ou polygames. Carpelles verticillés 1-sériés, ou solitaires. Feuilles finement ponctuées-pellucides, non stipulées.

GENRES PRINCIPAUX.

*Tasmannia, *Tasmannia*. | Drimys, *Drimys*. | *Badiane, *Illicium*.

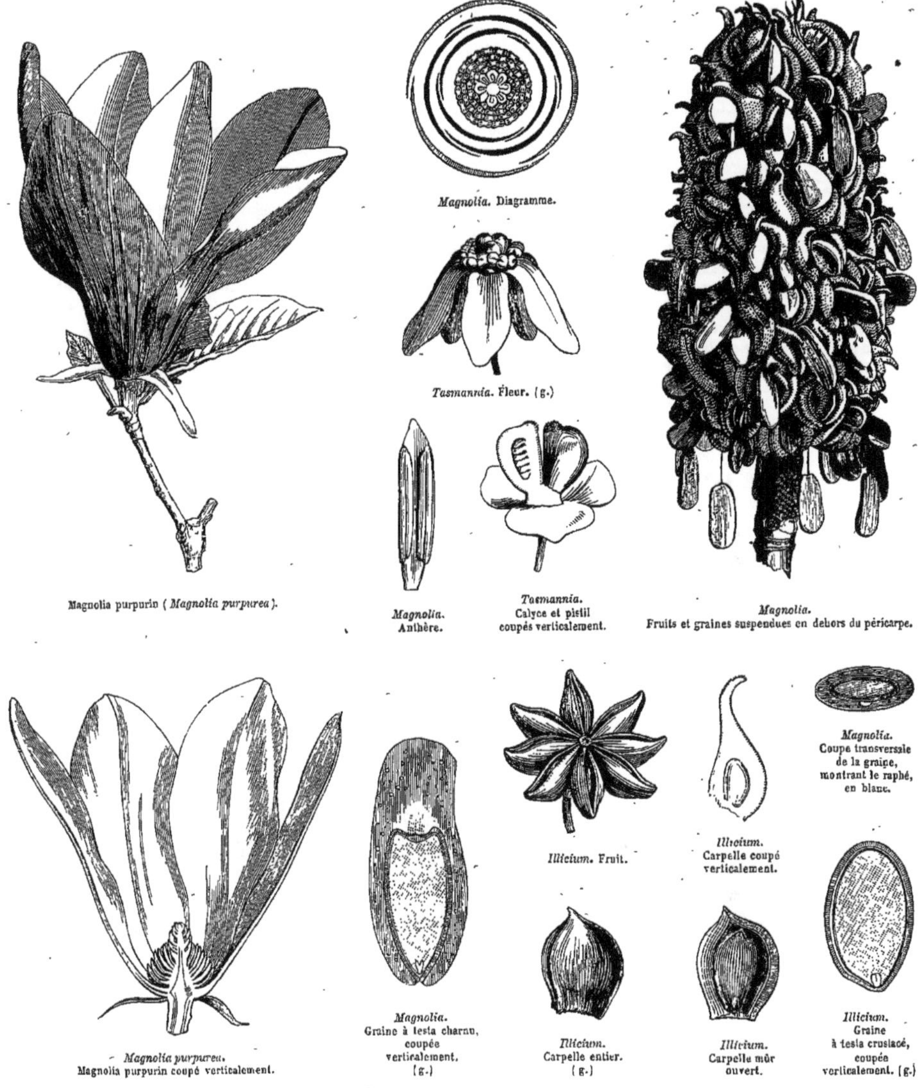
Magnolia purpurin (*Magnolia purpurea*).

*Magnolia.* Diagramme.

*Tasmannia.* Fleur. (g.)

*Magnolia.* Anthère.

*Tasmannia.* Calyce et pistil coupés verticalement.

*Magnolia.* Fruits et graines suspendues en dehors du péricarpe.

*Magnolia purpurea.* Magnolia purpurin coupé verticalement.

*Magnolia.* Graine à testa charnu, coupée verticalement. (g.)

*Illicium.* Fruit.

*Illicium.* Carpelle coupé verticalement.

*Magnolia.* Coupe transversale de la graine, montrant le raphé, en blanc.

*Illicium.* Carpelle entier. (g.)

*Illicium.* Carpelle mûr ouvert.

*Illicium.* Graine à testa crustacé, coupée verticalement. (g.)

Les *Magnoliacées*, très-voisines des *Schizandrées*, des *Anonacées*, des *Myristicées* (voyez ces Familles), sont également liées aux *Dilléniacées*, par l'hypopétalie, la préfloraison, la polyandrie, les anthères adnées, les ovaires libres, les ovules anatropes, le fruit capsulaire, la graine albuminée, l'embryon droit, minime, basilaire, la tige ligneuse et les feuilles alternes. Les Dilléniacées ne diffèrent que par la disposition quinaire de la fleur, les étamines souvent uni-latérales et polyadelphes, les ovules dressés, ou ascendants, et la graine franchement arillée. — Les Magnoliacées se rapprochent aussi des *Renonculacées*, en passant par les *Dilléniacées*; elles s'en éloignent surtout par le port.

Les *Magnoliées* appartiennent pour la plupart à l'Amérique boréale, d'où quelques-unes se sont répandues en Europe; elles sont également nombreuses dans l'Asie sub-tropicale, le Japon et l'Inde. La Tribu des *Illiciées* est dispersée dans l'Amérique, l'Asie orientale, l'Australie, la Nouvelle-Zélande et les Moluques.

Les *Magnoliacées* se rapprochent des *Anonacées* par leurs propriétés; mais leurs feuilles et leur écorce possèdent une amertume plus intense, due à des principes extractifs et résineux. Les péricarpes et les graines contiennent une huile fixe, unie à un arome souvent âcre. Le ruit est rarement comestible, mais chez beaucoup d'Espèces il jouit de propriétés toniques-stimulantes, et quelquefois il est employé comme condiment. — Le *Michelia Champaca* est cultivé dans tout l'archipel malais, à cause de l'odeur suave de ses fleurs, qui cependant deviennent fétides en se flétrissant. Toutes les parties de l'arbre sont aromatiques et amères-âcres; son écorce, pulvérisée et délayée dans l'eau, est un emménagogue puissant; ses jeunes bourgeons sont administrés dans l'urétrite, et ses feuilles, réduites en poudre, sont recommandées contre la goutte; on emploie aussi ce remède à l'extérieur en lotions, pour calmer les douleurs rhumatismales et arthritiques. Enfin ses graines, qui renferment une substance très-âcre, associées au *Gingembre* et au *Galanga*, sont administrées en frictions sur la région précordiale, pour guérir la fièvre intermittente chez les enfants. — L'écorce de l'*Aromadendron elegans* est en grand renom à Java comme médicament stomachique; ses feuilles, légèrement amères, sont employées comme antispasmodiques et antihystériques.

Parmi les Espèces asiatiques du Genre *Magnolia*, on doit mentionner le *M. Yulan*, cultivé de temps immémorial en Chine, et le splendide *M. Campbellii*, à grandes fleurs rouges, tous deux à feuilles caduques; leurs graines, très-amères, y passent pour fébrifuges. — Les principales Espèces américaines sont les *Magnolia grandiflora*, *auriculata*, *macrophylla*, dont l'écorce amère et légèrement aromatique est mise au nombre des toniques. — Le fruit et les graines des *M. glauca* et *acuminata* sont employés comme stimulants. — L'écorce amère, aromatique-piquante du *Tulipier* (*Liriodendron Tulipifera*), arbre qui atteint une hauteur de 100 pieds dans l'Amérique septentrionale, est regardée comme une excellente succédanée de la Cascarille et du Quinquina.

Dans les *Illiciées*, qui, par leurs feuilles ponctuées-pellucides et leurs carpelles uni-sériés et verticillés, forment plutôt une Famille distincte qu'une Tribu des Magnoliacées, l'arome de l'huile volatile et de la résine domine l'amertume, et leur donne des vertus stimulantes : tels sont le *Drimys Winteri*, de l'Amérique australe, le *Dr. Granatensis*, de la Nouvelle-Grenade, le *Dr. axillaris*, de la Nouvelle-Zélande, les *Tasmannia*, de l'Australie, et surtout la *Badiane* (*Illicium anisatum*), arbrisseau de Chine, dont le fruit, nommé *Anis étoilé*, à cause de son odeur et de la disposition verticillée de ses carpelles, est un stimulant énergique, qui entre dans la composition de l'*anisette de Hollande*. Le *Skimmi* (*Illicium religiosum*), transporté de Chine au Japon, et qui n'est peut-être qu'une variété de la *Badiane*, possède les mêmes propriétés, mais à un degré inférieur.

# DILLÉNIACÉES, *DILLENIACEÆ*.

## (DILLENEÆ, *Salisbury*. — DILLENIACEÆ, *de Candolle*.)

SÉPALES *ordinairement* 5, *imbriqués, persistants*. PÉTALES *ordinairement* 5, *hypogynes, imbriqués, tombants*. ÉTAMINES ∞, *hypogynes*. OVAIRES *ordinairement distincts, 1-loculaires, uni-pluri-ovulés*. OVULES *anatropes*. CARPELLES *folliculaires, ou bacciens*. GRAINES *dressées, ou ascendantes, ordinairement arillées, albuminées*. EMBRYON *dicotylédoné, minime, droit, axile*.

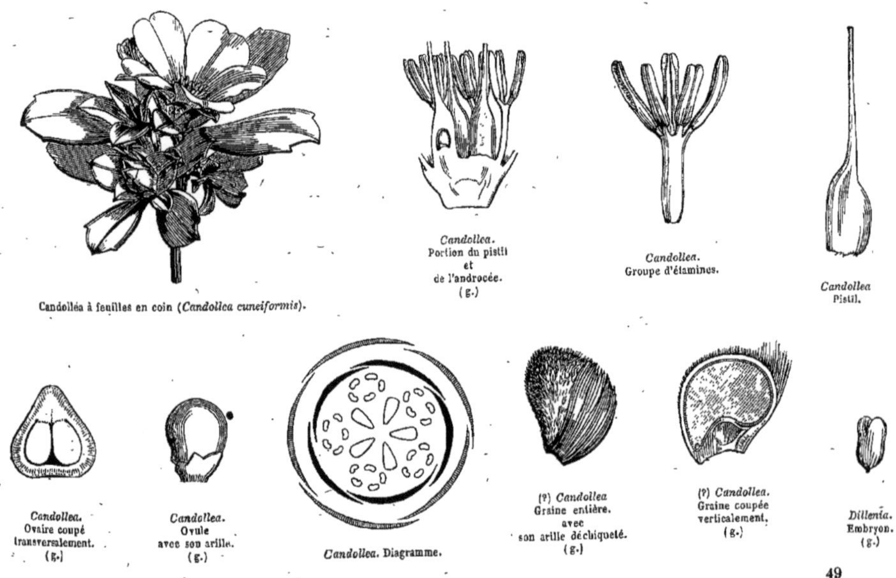

Candolléa à feuilles en coin (*Candollea cuneiformis*).

*Candollea*. Portion du pistil et de l'androcée. (g.)

*Candollea*. Groupe d'étamines.

*Candollea* Pistil.

*Candollea*. Ovaire coupé transversalement. (g.)

*Candollea*. Ovule avec son arille. (g.)

*Candollea*. Diagramme.

(?) *Candollea* Graine entière, avec son arille déchiqueté. (g.)

(?) *Candollea*. Graine coupée verticalement. (g.)

*Dillenia*. Embryon. (g.)

TIGE arborescente, ou frutescente, quelquefois grimpante, rarement sous-ligneuse, ou herbacée (*Acrotrema, Hibbertia*). — FEUILLES alternes, ou très-rarement opposées (*Hibbertia*), entières, ou dentées, rarement pennifides, ou trifides. *Stipules* nulles, ou adnées au pétiole, et caduques. — FLEURS ☿, ou polygames, rarement dioïques, solitaires, ou en grappe, ou en panicule, généralement jaunes. — SÉPALES 5, rarement moins (*Tetracera*, etc.), ou ∞ (*Empedoclea*), imbriqués, persistants. — PÉTALES 5, ou moins (*Davilla*, etc.), alternes avec les sépales, hypogynes, imbriqués, tombants. — ÉTAMINES ∞, rarement définies (*Hibbertia*, etc.), hypogynes, entourant l'ovaire, ou unilatérales (*Hibbertia*), ordinairement libres, rarement monadelphes, ou polyadelphes (*Hibbertia, Candollea*). *Anthères* introrses, ou extrorses, à 2 loges linéaires, ou sub-globuleuses, adnées, souvent séparées et dépassées par le connectif, s'ouvrant longitudinalement, ou par un pore apical. — OVAIRES plusieurs, distincts, ou cohérents au centre de la fleur, quelquefois solitaires (*Empedoclea, Doliocarpus, Delima*, etc.). *Ovules* 2, ou plusieurs, bisériés, ascendants, à raphé ventral, rarement solitaires, dressés (*Schumacheria*), anatropes, ou semi-anatropes. *Styles* terminaux, ou sub-dorsaux, divergents. *Stigmates* simples, ou sub-capités. — CARPELLES tantôt déhiscents par la suture ventrale ou par le dos, tantôt indéhiscents; crustacés, ou bacciens. — GRAINES solitaires, ou peu nombreuses, épaisses, ovoïdes, arillées (excepté le genre *Dillenia*); testa crustacé, arille pulpeux, ou membraneux, cupuliforme, lacinié. *Albumen* charnu. — EMBRYON minime, droit, basilaire. *Radicule* voisine du hile, infère.

GENRES PRINCIPAUX.

| | | | | | |
|---|---|---|---|---|---|
| *Candolléa, | *Candollea.* | Dillénia, | *Dillénia.* | Délima, | *Delima.* |
| *Hibbertia, | *Hibbertia.* | Tétracéra, | *Tetracera.* | Davilla, | *Davilla.* |

Les *Dilléniacées* tiennent par une affinité plus ou moins étroite aux *Magnoliacées*, aux *Anonacées*, aux *Renonculacées* (voir ces Familles).
Toutes les Dilléniacées vivent au-delà de l'Équateur; l'Amérique et l'Asie tropicales possèdent un nombre d'Espèces à peu près égal; elles sont rares en Afrique. Le Genre *Dillenia* est propre à l'Asie tropicale. Les *Hibbertia* et les *Candollea* habitent spécialement l'Australie extra-tropicale. On n'a trouvé jusqu'ici aucune Dilléniacée dans l'Afrique australe et l'Amérique antarctique.
Les Dilléniacées sont astringentes, et quelques-unes sont employées comme telles en médecine. Très-peu d'Espèces ont un fruit acidule; d'autres sont comptées parmi les médicaments toniques-stimulants. — Les feuilles du *Davilla elliptica*, arbrisseau du Brésil, sont vulnéraires; celles du *Curatella Çambaïba*, appliquées sur les ulcères, sont détersives. — Le *Tetracera Tigarea*, qui croît à la Guyane et aux Antilles, est sudorifique et diurétique; la décoction de la Plante y est administrée contre la syphilis; sa graine, infusée dans du vin, est vantée comme efficace dans le traitement des fièvres intermittentes, des chloroses et du scorbut. — L'écorce astringente du *Dillenia serrata* est employée en Asie contre les aphthes. — Le fruit acide, mais non comestible, du *D. speciosa* sert à assaisonner les ragoûts; on prépare encore avec le suc du fruit non mûr un sirop incisif, qui calme la toux, facilite l'expectoration, et guérit les angines et les aphthes. Enfin l'écorce broyée est appliquée en cataplasme sur les articulations affectées d'arthrite. Elle sert aussi, comme celle des autres Espèces, au tannage des cuirs.

# RENONCULACÉES, *RANUNCULACEÆ.*

## (RANUNCULACEÆ, *Jussieu.* — PÆONIACEÆ ET RANUNCULACEÆ, *Bartling.*)

CALYCE *polysépale.* COROLLE *polypétale, hypogyne, régulière, ou irrégulière, imbriquée, quelquefois nulle.* ÉTAMINES *nombreuses.* ANTHÈRES *adnées.* CARPELLES *généralement distincts.* FRUIT *akénien, ou folliculaire, rarement capsulaire, ou baccien.* GRAINES *dressées, ou inverses, ou horizontales.* EMBRYON *dicotylédoné, minime à la base d'un albumen ordinairement corné.*

PLANTES herbacées, rarement frutescentes (*Pæonia Moutan*), ou ligneuses-grimpantes (*Clematis*). — FEUILLES radicales, alternes, ou rarement opposées (*Clematis*), à limbe disséqué, ou entier, à pétiole souvent dilaté-amplexicaule, ou rarement muni d'appendices stipuliformes (*Thalictrum, Ranunculus*). — FLEURS ordinairement terminales, solitaires, ou en grappe, ou en panicule, généralement régulières, ou irrégulières (*Delphinium, Aconitum*), ☿, ou rarement dioïques par avortement (*Clematis*). — SÉPALES 3-∞, ordinairement 5, libres, rarement persistants (*Helleborus, Pæonia*), souvent pétaloïdes, généralement imbriqués, quelquefois valvaires (*Clematis*). — PÉTALES en même nombre que les sépales, et alternes, ou en plus grand nombre (*Ficaria, Oxygraphis*, etc.), hypogynes, libres, onguiculés, imbriqués, tombants, égaux, ou inégaux, de forme très-variée, souvent nuls. — ÉTAMINES ordinairement nombreuses, plurisériées, hypogynes. *Filets* filiformes, libres. *Anthères* terminales, biloculaires, à loges adnées, extrorses, ou latérales. — CARPELLES plus ou moins nombreux, rarement solitaires (*Actæa*), libres, ou rarement cohérents (*Nigella*). *Style* simple. *Stigmate* situé au côté interne du sommet du style, ou sessile. *Ovules* anatropes, tantôt solitaires, ascendants, à raphé ventral, ou pendants, à raphé dorsal; tantôt nombreux, fixés à la suture ventrale, bisériés et horizontaux. — FRUIT composé tantôt d'akènes mucronés, ou plumeux, tantôt de follicules libres, ou quelquefois soudés en capsule (*Nigella*), tantôt de baies uni-pauci-séminées (*Actæa*). — GRAINES dressées, ou inverses, ou horizontales; *testa* coriace dans les akènes, et à raphé peu proéminent; *testa* crustacé, ou charnu-fongueux dans les follicules, à raphé ordinairement très-proéminent et presque caronculé. — EMBRYON minime à la base d'un albumen corné, ou rarement charnu (*Pæonia*).

Nous avons illustré la Famille des *Renonculacées* avec une abondance exceptionnelle, en commémoration du beau travail d'Antoine-Laurent de Jussieu, lu en 1773 à l'Académie des Sciences, époque d'où l'on peut dater la naissance de la *Méthode naturelle*. Bernard de Jussieu, oncle d'Antoine-Laurent, avait longtemps médité les affinités qui lient entre eux les divers groupes du Règne végétal; mais il n'entreprit pas de motiver les préférences qu'il avait accordées à telles ou telles analogies; elles restèrent pour lui des vérités de sentiment, dont il se contenta de consigner l'expression matérielle dans les plates-bandes du jardin de Trianon, qu'il créa pour l'instruction du Roi Louis XV.

Ce fut trente ans plus tard qu'Antoine-Laurent, chargé de suppléer au Jardin du Roi son oncle, devenu vieux et infirme, fit sur les *Renoncules* une étude qui lui ouvrit les yeux. Il ne pouvait choisir une Famille plus favorable à des considérations philosophiques; en effet, les anomalies multipliées que présentent dans leur calyce et leur corolle les *Ancolies*, les *Aconits*, les *Dauphinelles*, les *Hellébores*, les *Nigelles*, les *Renoncules*, les *Anémones*, les *Clématites*, les *Actées*, les *Pigamons*, et en même temps l'analogie invariable qui associe tous ces Genres lorsqu'on observe la séparation des sépales et des pétales, l'insertion et le nombre des étamines, la direction des anthères, la forme des ovaires, et surtout la structure de la graine, durent conduire Antoine-Laurent à découvrir le grand principe de la *valeur relative* des *caractères*. Bientôt il put raisonner et formuler l'axiome fécond que son oncle avait pressenti; il vit qu'il fallait, non pas *compter*, mais *évaluer* les caractères, et que cette appréciation pouvait seule résoudre le problème de la *Méthode*. C'est dans ce mémoire sur les *Renoncules* que se trouve énoncée et développée *l'importance relative et subordonnée* des divers organes de la Plante, importance que tous les autres Botanistes, et Linné lui-même, avaient méconnue avant les Jussieu. Ce mémoire, qui renfermait les principes d'une classification naturelle, détermina l'Academie des Sciences à admettre l'auteur dans son sein. « Antoine-Laurent, dit son fils (*Dictionnaire universel d'histoire naturelle*, article TAXONOMIE), compléta cette « exposition l'année suivante (1774), dans un second mémoire, non plus borné à l'examen d'une unique Famille, mais « s'étendant à leur ensemble. Il s'agissait, en effet, de replanter l'École Botanique du Jardin du Roi, s'accroissant, dans « toutes ses parties, sous la puissante influence de Buffon; la méthode de Tournefort, jusqu'alors appliquée à cette École, « ne répondait plus aux progrès et aux besoins de la science. Quoique le système de Linné prévalût dans presque tout le « reste de l'Europe, il ne pouvait en être question au Jardin de Paris, administré par Buffon et dirigé par Bernard de « Jussieu. Celui-ci, vieux et presque aveugle, abandonna à son jeune successeur le soin de créer l'ordre nouveau qui « devait présider à la plantation : il paraît donc que celui de Trianon ne le satisfaisait pas pleinement puisqu'il ne « l'imposa pas. » Antoine-Laurent exécuta le plan de la nouvelle classification qu'il avait proposé en 1774 à l'Académie, et devint seul ainsi, selon l'expression de son fils, *législateur* et *ministre de la Méthode, legis simul lator et minister* (1). A dater de cette époque mémorable, Jussieu prépara son grand ouvrage sur les Familles et les Genres du Règne Végétal. Il y travailla sans relâche pendant quinze ans, analysa tous les Genres, observa la germination de toutes les graines, sans que personne l'aidât dans cette immense opération, et quand ses études furent terminées, il rédigea son livre, qui parut en 1789, sous le titre de *Genera Plantarum*. L'auteur expose dans son Introduction le principe lumineux qui l'a guidé, et les applications qu'il en a faites à la méthode. Dans sa coordination des Familles et des Genres, il corrige par des notes profondément judicieuses ce qu'une série linéaire a toujours d'artificiel. Il indique les rapports multiples qui lient entre eux les divers groupes du Règne Végétal, et les doutes même qu'il exprime révèlent ce sentiment exquis des affinités qu'il avait reçu de la nature.

La science a marché depuis 1789, et la Famille des *Renonculacées* s'est enrichie de nouveaux types, sans perdre aucun des caractères que lui avait assignés Jussieu. L'ouvrage le plus récent sur cette matière est celui de MM. Bentham et Hooker; nous empruntons au *Genera* de ces éminents Botanistes la description de tous les Genres, actuellement connus, qui constituent la Famille des Renonculacées.

(1) Le précieux manuscrit, tout entier de la main de l'auteur, qui servit à ce travail de plantation, existe dans la bibliothèque de l'un de nous. On trouve en tête une note d'André Thouin, professeur de culture au Jardin du Roi, qui en était resté possesseur; il y est dit que ce catalogue est le premier qui ait été dressé à Paris suivant la nomenclature binaire de Linné, et qui présente en même temps les Familles naturelles établies par M. de Jussieu. A. Thouin ajoute que la plantation de l'École de Botanique, commencée à l'automne de 1773, fut achevée au printemps de l'année suivante, de sorte que les leçons ne subirent aucune interruption.

## TRIBU I. — CLÉMATIDÉES, *CLEMATIDEÆ*, *De Candolle.*

Sépales valvaires, pétaloïdes. Pétales nuls, ou étroits, planes, plus courts que les sépales et staminoïdes. Carpelles 1-ovulés. Ovule pendant, à raphé dorsal. Akènes nombreux, souvent plumeux. Tige herbacée, ou ligneuse-grimpante. Feuilles opposées. Fleurs en cyme, quelquefois dioïques.

1. **Clématite** (**Clematis*). Pétales nuls, ou représentés par les étamines extérieures changées graduellement en staminodes pétaloïdes. Carpelles nombreux. Akènes capités, sessiles, ou à peine stipités, terminés au sommet par le style persistant, nu, ou barbu-plumeux. — Tige ligneuse grimpante, ou sous-ligneuse, ou herbacée. Feuilles pluri-foliolées (rarement 1-foliolées), à pétiole souvent volubile, mais non cirrhifère. Fleurs solitaires, ou paniculées, souvent polygames-dioïques. — *Genre presque cosmopolite.*

SECTION I. — *Flammula*. Involucre nul. Pétales nuls. Akènes prolongés en queue barbue-plumeuse.

SECTION II. — *Viticella*. Involucre nul. Pétales nuls. Akènes à queue courte, non plumeuse.

SECTION III. — *Cheiropsis*. Involucre calyciforme, formé de 2 bractées soudées, situées sous la fleur au sommet du pédoncule. Pétales nuls. Akènes à queue barbue-plumeuse.

SECTION IV. — *Atragène*. Involucre nul. Etamines extérieures à filets dilatés passant graduellement à l'état de staminodes pétaloïdes. Akènes à queue barbue-plumeuse.

2. **Naravelia** (*Naravelia*). Pétales linéaires, ou claviformes, nettement distincts des étamines. Carpelles nombreux. Akènes stipités sur un pédicule épais et creux, terminés par le style persistant, barbu. — Tige ligneuse grimpante. Feuilles 2-foliolées, à pétiole contourné en vrille. Fleurs paniculées. — *Asie tropicale.*

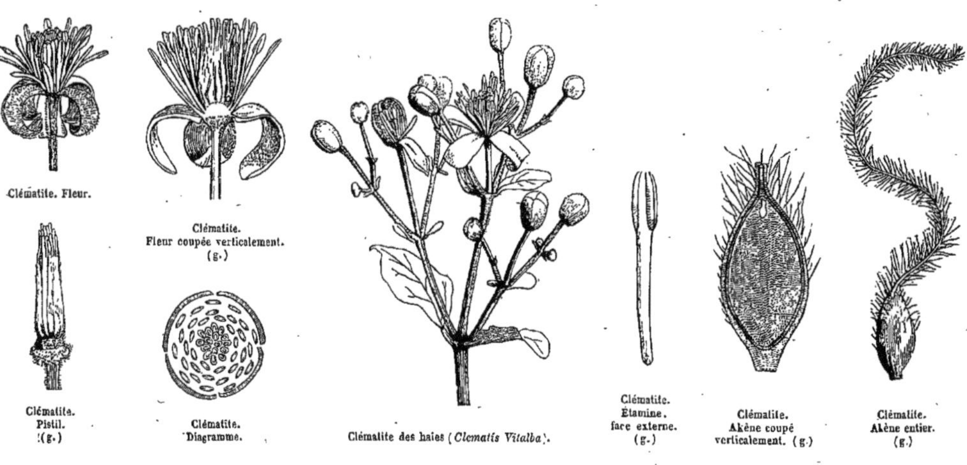

Clématite. Fleur. — Clématite. Fleur coupée verticalement. (g.) — Clématite. Pistil. (g.) — Clématite. Diagramme. — Clématite des haies (*Clematis Vitalba*). — Clématite. Étamine, face externe. (g.) — Clématite. Akène coupé verticalement. (g.) — Clématite. Akène entier. (g.)

## TRIBU II. — ANÉMONÉES, *ANEMONEÆ*, *De Candolle.*

Sépales imbriqués, ordinairement pétaloïdes, quelquefois éperonnés (*Myosurus*). Corolle nulle, ou pétales planes, à onglet non nectarifère (*Adonis*), ou nectarifère (*Callianthemum*, *Myosurus*). Carpelles 1-ovulés. Ovule pendant, à raphé dorsal. Akènes secs, ou rarement charnus (*Knowltonia*). Tige herbacée, dressée. Feuilles toutes radicales, ou les caulinaires alternes, fournissant souvent un involucre à la fleur.

3. **Pigamon** (**Thalictrum*). Involucre nul. Sépales 4-5, pétaloïdes. Pétales nuls. Carpelles plus ou moins nombreux, insérés sur un réceptacle étroit; style court, tombant, ou nul. Akènes souvent stipités, munis de nervures, ou de côtes, ou d'ailes. — Herbes à souche vivace. Feuilles 2-3-penniséquées. Fleurs souvent polygames, paniculées, ou en grappes, verdâtres, ou jaunâtres, ou purpurines, ou blanchâtres, ordinairement petites. — *Europe, Asie, Amérique.*

4. **Anémone** (**Anemone*). Involucre distant de la fleur, à 3 folioles verticillées. Sépales pétaloïdes 4-20. Pétales nuls, quelquefois représentés par les étamines extérieures changées en glandes stipitées. Carpelles nombreux. Akènes en tête, terminés par le style persistant nu, ou barbu. — Herbes à souche vivace. Hampes à feuilles radicales lobées, ou disséquées. Fleurs bleues, ou blanches, ou rouges, ou purpurines, rarement jaunâtres. Étamines plus courtes que les sépales. — *Régions extra-tropicales.*

Section I. — *Pulsatilla.* Étamines extérieures stériles, glanduliformes. Akènes terminés par une queue barbue-plumeuse.
Section II. — *Anemone.* Étamines toutes fertiles. Akènes terminés par une pointe courte, non barbue-plumeuse.
Section III. — *Hepatica.* Involucre rapproché de la fleur et figurant un calyce. Akènes terminés par un style court non barbu-plumeux.

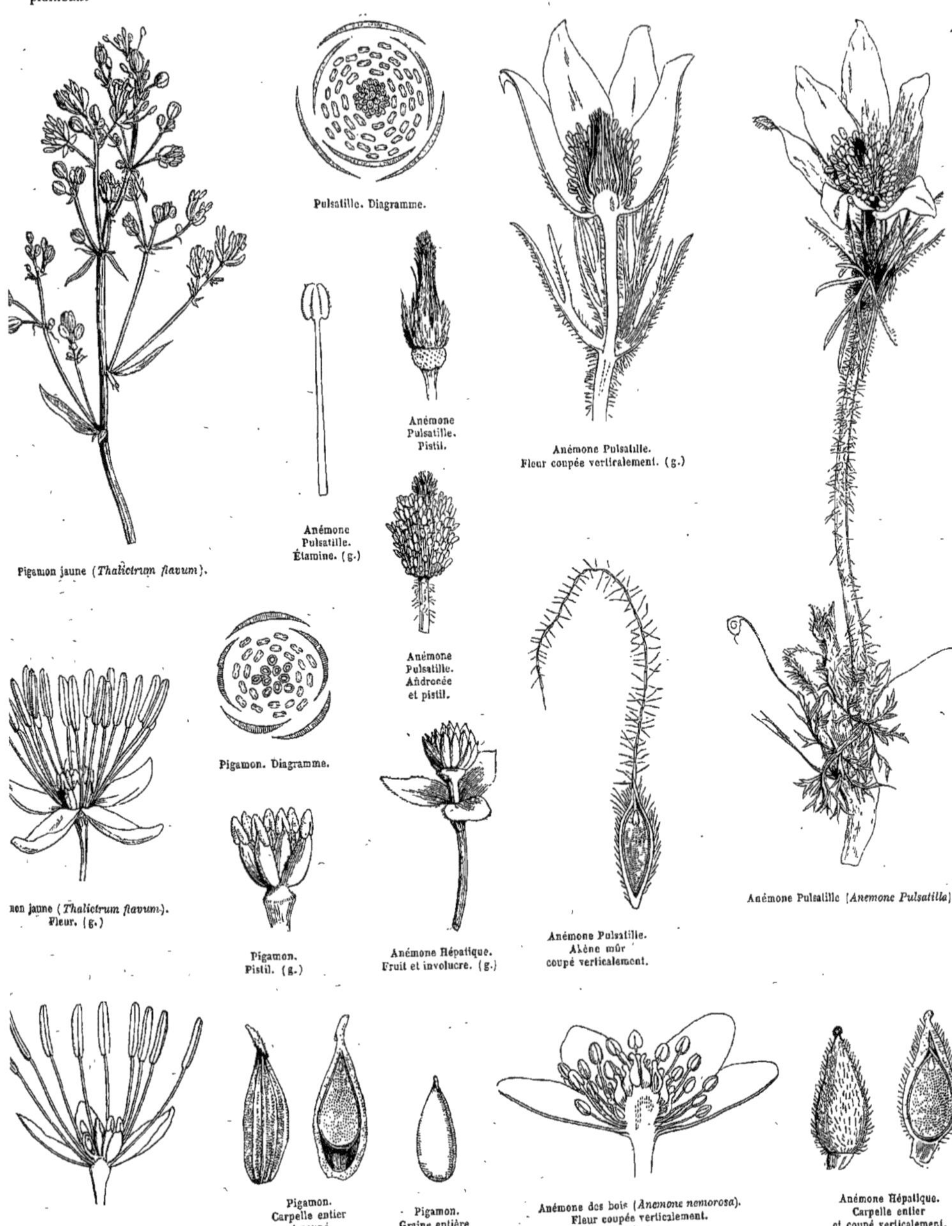

Pigamon jaune (*Thalictrum flavum*).

Pulsatille. Diagramme.

Anémone Pulsatille. Pistil.

Anémone Pulsatille. Fleur coupée verticalement. (g.)

Anémone Pulsatille. Étamine. (g.)

Anémone Pulsatille. Andrœcée et pistil.

Pigamon. Diagramme.

...mon jaune (*Thalictrum flavum*). Fleur. (g.)

Pigamon. Pistil. (g.)

Anémone Hépatique. Fruit et involucre. (g.)

Anémone Pulsatille. Akène mûr coupé verticalement.

Anémone Pulsatille (*Anemone Pulsatilla*).

Pigamon. Fleur coupée verticalement. (g.)

Pigamon. Carpelle entier et coupé verticalement. (g.)

Pigamon. Graine entière pendante.

Anémone des bois (*Anemone nemorosa*). Fleur coupée verticalement. (g.)

Anémone Hépatique. Carpelle entier et coupé verticalement.

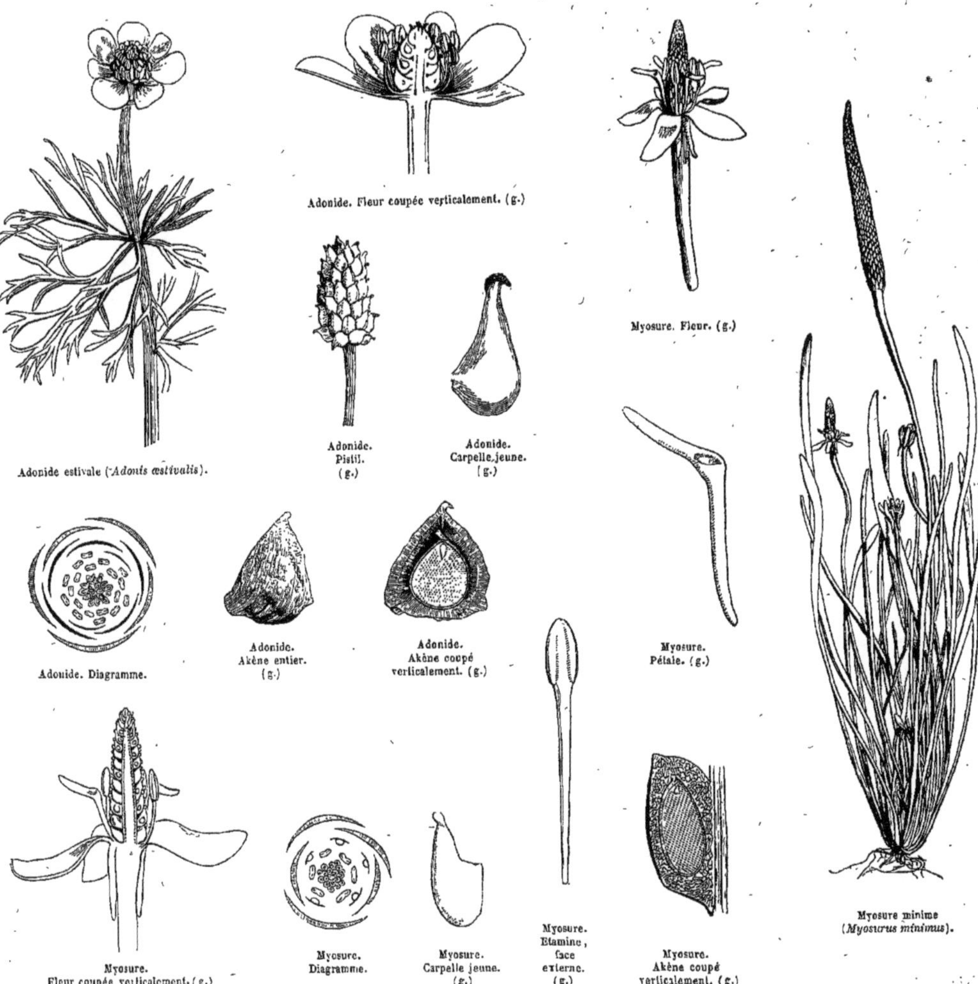

Adonide estivale (*Adonis æstivalis*).
Adonide. Fleur coupée verticalement. (g.)
Myosure. Fleur. (g.)
Adonide. Pistil. (g.)
Adonide. Carpelle jeune. (g.)
Adonide. Diagramme.
Adonide. Akène entier. (g.)
Adonide. Akène coupé verticalement. (g.)
Myosure. Pétale. (g.)
Myosure. Fleur coupée verticalement. (g.)
Myosure. Diagramme.
Myosure. Carpelle jeune. (g.)
Myosure. Étamine, face externe. (g.)
Myosure. Akène coupé verticalement. (g.)
Myosure minime (*Myosurus minimus*).

5. **Knowltonia** (*Knowltonia*). Sépales 5, herbacés, tombants. Pétales 5-16, sans fossette nectarifère. Carpelles nombreux. Akènes capités, charnus, ou pulpeux. Style tombant. — Herbes à souche vivace, à port d'*Ombellifères*. Feuilles radicales raides, décomposées-ternées, les caulinaires petites, ou réduites à l'état de bractées, ou nulles. Fleurs verdâtres, ou jaunâtres, à pédoncules souvent disposés en ombelle irrégulière. — *Afrique australe.*

6. **Adonide** (**Adonis*). Sépales 5-8, colorés, tombants. Pétales 5-16 souvent maculés à la base, mais dépourvus de fossette nectarifère. Carpelles nombreux. Akènes en tête, ou en épi, apiculés par le style court, persistant, droit, ou crochu. — Herbes annuelles, ou vivaces. Feuilles pennipartites, multifides, à segments étroits. Fleurs solitaires, jaunes, ou rouges. — *Europe, Asie.*

7. **Callianthème** (**Callianthemum*). Sépales 5, herbacés, tombants. Pétales 5-15, creusés à leur base ou à leur onglet d'une fossette nectarifère. Carpelles nombreux. Akènes capités, apiculés par le style court, persistant. — Herbes alpestres, basses, à souche vivace. Feuilles radicales décomposées, les caulinaires peu nombreuses, ou nulles. Fleurs blanches. — *Europe, Asie.*

8. **Myosure** (*Myosurus*). Sépales 5 (rarement 6-7), prolongés en éperon au-dessous de leur insertion. Pétales en même nombre que les sépales, étroits, spatulés, à onglet filiforme tubuleux-nectarifère au sommet. Carpelles nombreux. Akènes minimes, disposés en long épi, fixés latéralement, apiculés par le style court, persistant. — Herbes annuelles, petites. Feuilles entières, toutes radicales. Hampes uniflores, nues. Fleurs minimes. — *Europe, Asie, Afrique, Australie, Nouvelle-Zélande.*

## TRIBU III. — RENONCULÉES, *RANUNCULEÆ*, De Candolle.

Sépales imbriqués. Pétales à onglet nectarifère, rarement nuls (*Trautvetteria*). Carpelles 1-ovulés. Ovule ascendant, à raphé ventral. Akènes secs. Tige herbacée. Feuilles radicales, ou alternes.

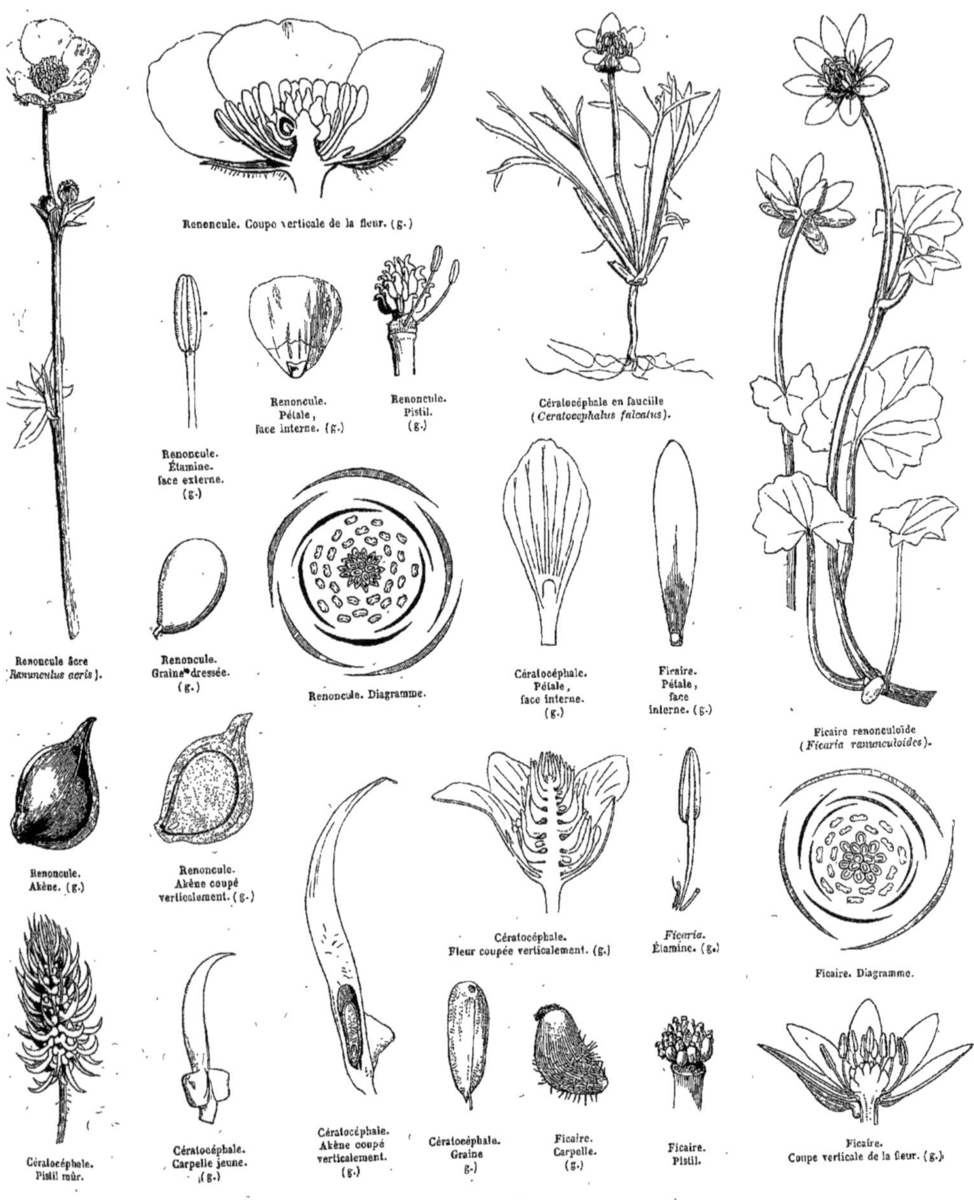

9. **Trautvetteria** (*Trautvetteria*). Sépales 3-5, concaves. Pétales nuls. Carpelles nombreux. Akènes capités, membraneux, apiculés par le style très-court. Embryon assez grand. — Herbes à souche vivace. Feuilles palmilobées, les caulinaires peu nombreuses. Fleurs en panicule corymboïde. — *Amérique boréale et Japon.*

10. **Renoncule** (**Ranunculus*). Sépales 3-5 caducs. Pétales en même nombre, ou plus nombreux, munis à la base de leur onglet d'une fossette nectarifère, ou d'une squamule. Carpelles nombreux. Akènes en tête, ou en épi, apiculés par le style, formant un bec plus ou moins court. — Herbes annuelles, ou plus souvent à souche vivace. Feuilles entières, ou découpées. Fleurs blanches, ou jaunes, ou rouges, solitaires, ou paniculées. — *Genre presque cosmopolite.* — Les *Batrachium* ou *Renoncules aquatiles*, ont été séparés, par plusieurs Botanistes modernes, du Genre *Ranunculus*, dont ils ne diffèrent que par leurs akènes rugueux-striés transversalement et leur *habitat*. — D'autre part, on a réuni aux *Ranunculus* les *Ficaria* et les *Ceratocephalus*. Les *Ficaria* ont 3 sépales, 6-9 pétales, et les carpelles sont obtus. — Dans les *Ceratocephalus* les carpelles offrent à la base 2 bosses en dehors et 2 loges vides en dedans, et se prolongent au sommet en une corne 5-6 fois plus longue que la graine.

11. **Hamadryade** (*Hamadryas*). Fleurs dioïques par avortement. Sépales 5-6, caducs, ou sub-persistants. Pétales 10-12, munis d'une squamule à leur base. Carpelles nombreux. Akènes capités, apiculés par le style court. — Herbes basses, à souche vivace, ne différant des *Renoncules* que par les fleurs dioïques. — *Amérique antarctique.*

12. **Oxygraphis** (*Oxygraphis*). Sépales 5, persistants. Pétales 10-15, creusés à leur base d'une fossette nectarifère. Carpelles nombreux. Akènes capités, terminés en bec par le style persistant. — Herbes basses, à souche vivace. Feuilles radicales, entières. Hampes nues. Fleurs solitaires, d'un jaune d'or. — *Montagnes de l'Asie extra-tropicale.*

## TRIBU IV. — HELLÉBORÉES, *HELLEBOREÆ*, *De Candolle.*

Fleurs régulières, quelquefois irrégulières (*Aconitum*, *Delphinium*). Sépales imbriqués, pétaloïdes. Pétales petits, ou irréguliers et nectarifères, ou nuls (*Caltha*, *Hydrastis*). Carpelles pluri-ovulés, déhiscents à la maturité, rarement bacciformes (*Actæa*, *Hydrastis*) généralement libres, folliculaires, rarement plus ou moins cohérents en capsule pluriloculaire (*Nigella*). Herbes à feuilles toutes radicales, ou les caulinaires alternes.

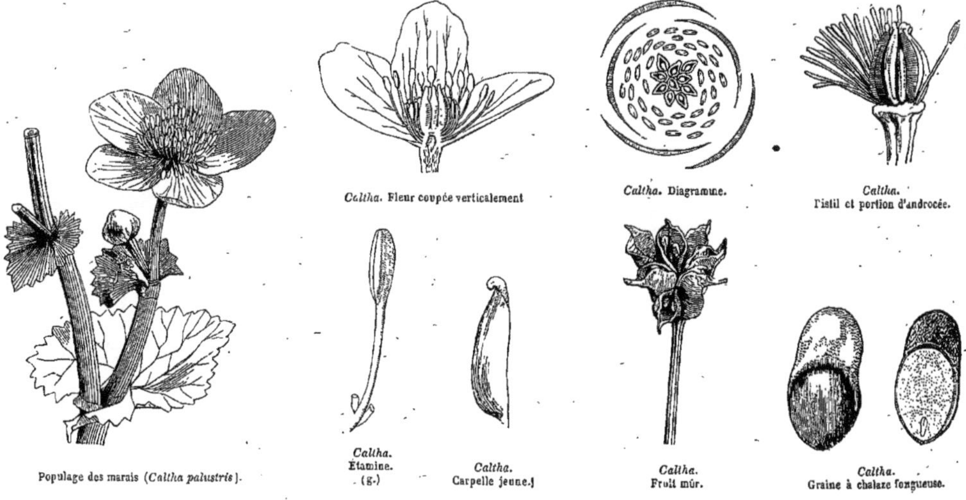

Populage des marais (*Caltha palustris*). — *Caltha.* Fleur coupée verticalement. — *Caltha.* Diagramme. — *Caltha.* Pistil et portion d'androcée. — *Caltha.* Étamine. (g.) — *Caltha.* Carpelle jeune. — *Caltha.* Fruit mûr. — *Caltha.* Graine à chalaze fongueuse.

13. **Populage** (**Caltha*). Sépales 5-∞, égaux, colorés, tombants. Pétales nuls. Carpelles plus ou moins nombreux, sessiles, multiovulés, à ovules bisériés sur toute la longueur de la suture ventrale, et devenant des follicules à la maturité. Graines obovoïdes, à testa crustacé, lisse, à raphé proéminent. — Herbes à souche cespiteuse, ou vivace, glabres. Feuilles radicales, palminerviées, entières, ou crénelées, cordiformes, ou auriculées, les caulinaires peu nombreuses, ou nulles. Fleurs jaunes, ou blanches, solitaires, ou peu nombreuses. Étamines et carpelles tantôt nombreux, tantôt peu nombreux. — *Europe, Asie, Amérique, Australie, Nouvelle-Zélande.*

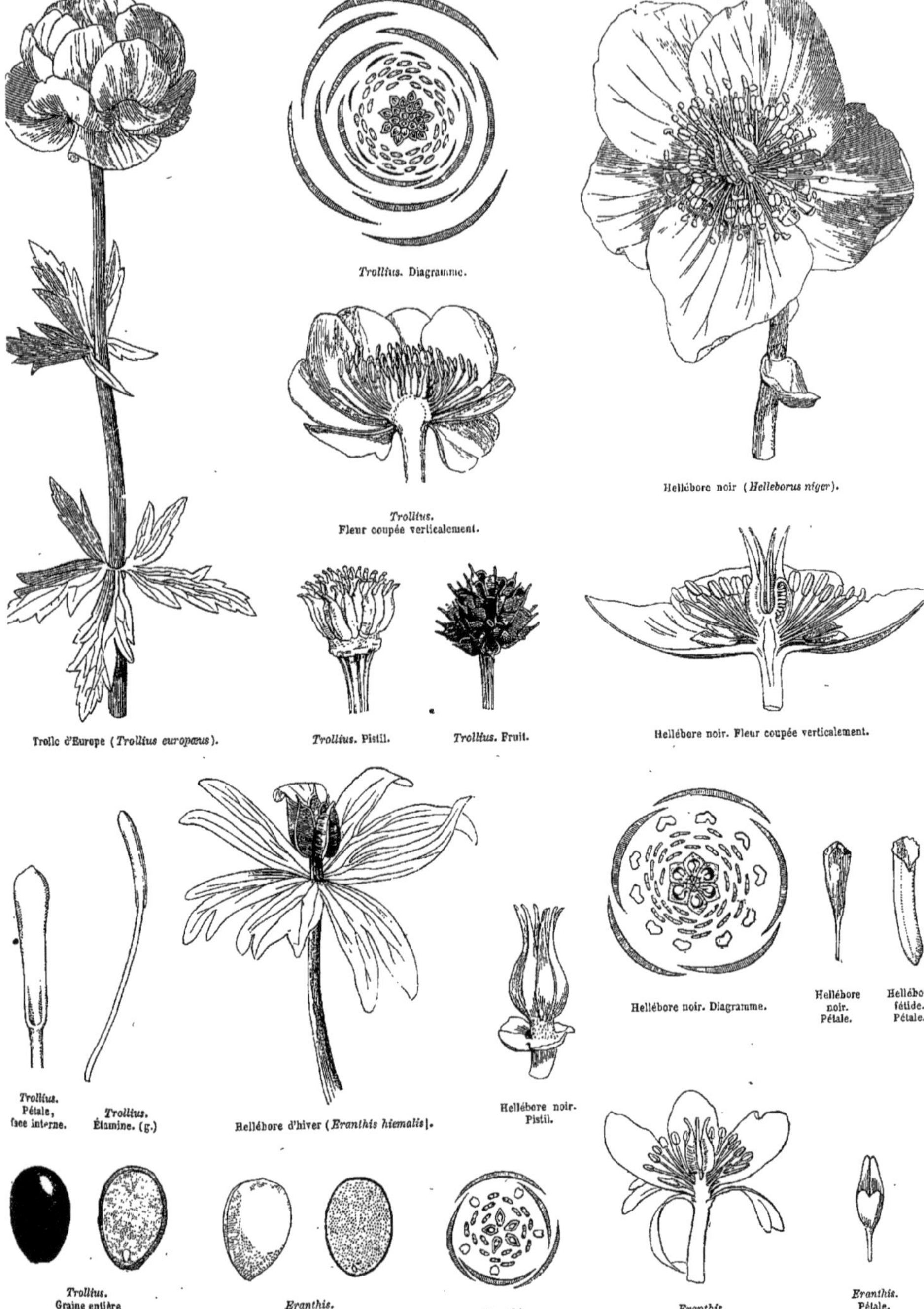

*Trollius*. Diagramme.

Hellébore noir (*Helleborus niger*).

*Trollius*.
Fleur coupée verticalement.

Trolle d'Europe (*Trollius europæus*).

*Trollius*. Pistil.

*Trollius*. Fruit.

Hellébore noir. Fleur coupée verticalement.

Hellébore noir. Diagramme.

Hellébore noir. Pétale.

Hellébore fétide. Pétale.

*Trollius*. Pétale, face interne.

*Trollius*. Étamine. (g.)

Hellébore d'hiver (*Eranthis hiemalis*).

Hellébore noir. Pistil.

*Trollius*. Graine entière et coupée verticalement. (g.)

*Eranthis*. Graine entière et graine coupée verticalement. (g.)

*Eranthis*. Diagramme.

*Eranthis*. Fleur coupée verticalement.

*Eranthis*. Pétale. (g.)

14. **Calathode** (*Calathodes*). Sépales 5, réguliers, colorés, tombants. Pétales nuls. Carpelles nombreux, sessiles, distincts. Ovules 8-10, bisériés près de la base de la suture. — Herbe vivace, dressée, à port de *Trolle*. Feuilles caulinaires palmilobées, ou disséquées. Fleurs jaunes, solitaires. — *Himalaya oriental.*

15. **Glaucidie** (*Glaucidium*). Sépales 4, réguliers, tombants. Pétales nuls. Carpelles peu nombreux, ou solitaires, sessiles, légèrement cohérents à la base. Ovules nombreux, multi-sériés le long de la suture ventrale. Follicules carrés, à déhiscence dorsale. Graines nombreuses, oblongues, déprimées, à testa finement crustacé, à raphé très-proéminent et comme ailé. — Herbe vivace, dressée. Feuilles palmilobées. Fleurs solitaires, amples, lilas ou roses. — *Japon.*

16. **Hydrastis** (*Hydrastis*). Sépales 3, réguliers, pétaloïdes, caducs. Pétales nuls. Carpelles nombreux, sessiles, distincts, bi-ovulés, charnus à la maturité, réunis en tête qui ressemble au fruit d'un *Rubus*. — Herbe vivace, dressée. Feuilles palmilobées, ou disséquées. Fleurs solitaires, petites, blanches. Étamines un peu plus longues que les sépales. — *Amérique boréale.*

17. **Trolle** (**Trollius*). Sépales 5-∞, réguliers, pétaloïdes, tombants. Pétales 5-8, petits, onguiculés, rarement ∞, longuement linéaires, à lame entière, munie à sa base d'une fossette nectarifère. Carpelles plus ou moins nombreux, libres, sessiles, pluri-ovulés, s'ouvrant en follicules à la maturité. Graines oblongues, ordinairement anguleuses, à testa crustacé, un peu lisse. — Herbes dressées, à souche vivace. Feuilles palmilobées, ou palmiséquées. Fleurs solitaires, ou peu nombreuses, grandes, jaunes, ou lilas. — *Europe, Asie, Amérique boréale.*

18. **Hellébore** (**Helleborus*). Sépales 5, réguliers, pétaloïdes, ou sub-herbacés, ordinairement persistants. Pétales petits, onguiculés, nectariiformes, à lame munie à sa base d'une lèvre interne, ou d'une squamule. Carpelles plus ou moins nombreux, sessiles, ou sub-sessiles, distincts, ou cohérents à la base, pluri-ovulés, déhiscents intérieurement au sommet à la maturité. Graines bisériées, à testa crustacé, luisant. — Herbes dressées, à souche vivace. Feuilles palmiséquées, ou palmilobées, ou pédalées, les caulinaires peu nombreuses, les supérieures simulant quelquefois un involucre, ou toutes bractéiformes. Fleurs grandes, blanches, ou verdâtres, ou jaunâtres, ou livides, solitaires, ou paniculées. Sépales larges. Follicules coriaces, ou membraneux. — *Europe et Asie occidentale.*

19. **Eranthis** (**Eranthis*). Sépales 5-8, réguliers, pétaloïdes, tombants. Pétales petits, nectariiformes, onguiculés, à lame munie à sa base d'une lèvre interne squamiforme. Carpelles plus ou moins nombreux, distincts, stipités, pluri-ovulés, s'ouvrant en follicules à la maturité. Graines ovoïdes, ou sub-globuleuses, à testa crustacé lisse. — Herbes basses, à souche vivace tubériforme. Feuilles radicales palmiséquées, une caulinaire unique, amplexicaule sous la fleur, ou sous le pédoncule, à segments simulant les folioles verticillées d'un involucre. Fleur solitaire, jaune, à sépales étroits. — *Europe et montagnes d'Asie.*

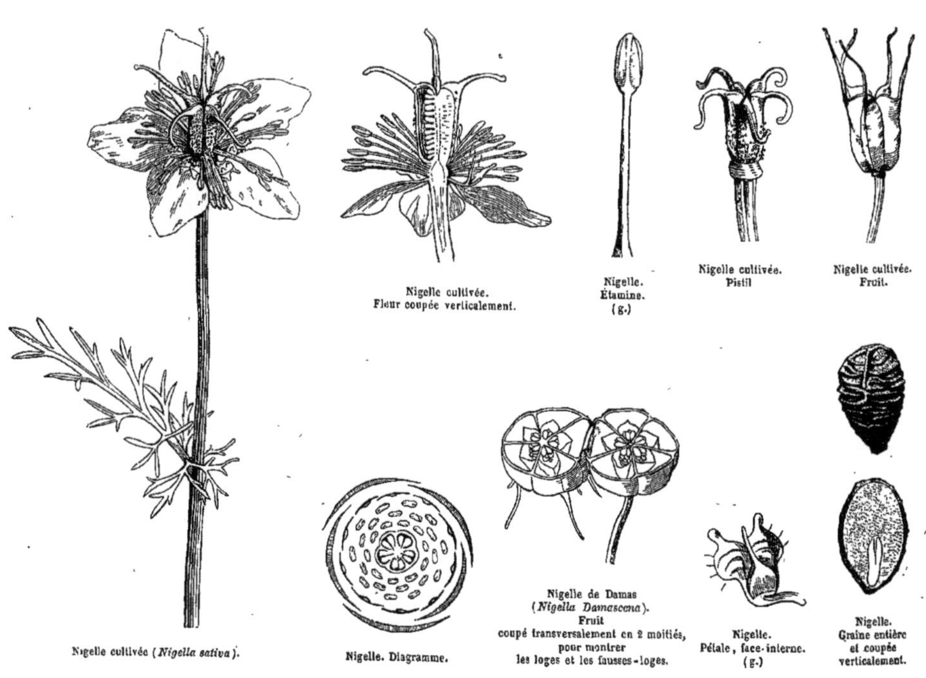

Nigelle cultivée. Fleur coupée verticalement.

Nigelle. Étamine. (g.)

Nigelle cultivée. Pistil

Nigelle cultivée. Fruit.

Nigelle cultivée (*Nigella sativa*).

Nigelle. Diagramme.

Nigelle de Damas (*Nigella Damascena*). Fruit coupé transversalement en 2 moitiés, pour montrer les loges et les fausses-loges.

Nigelle. Pétale, face interne. (g.)

Nigelle. Graine entière et coupée verticalement.

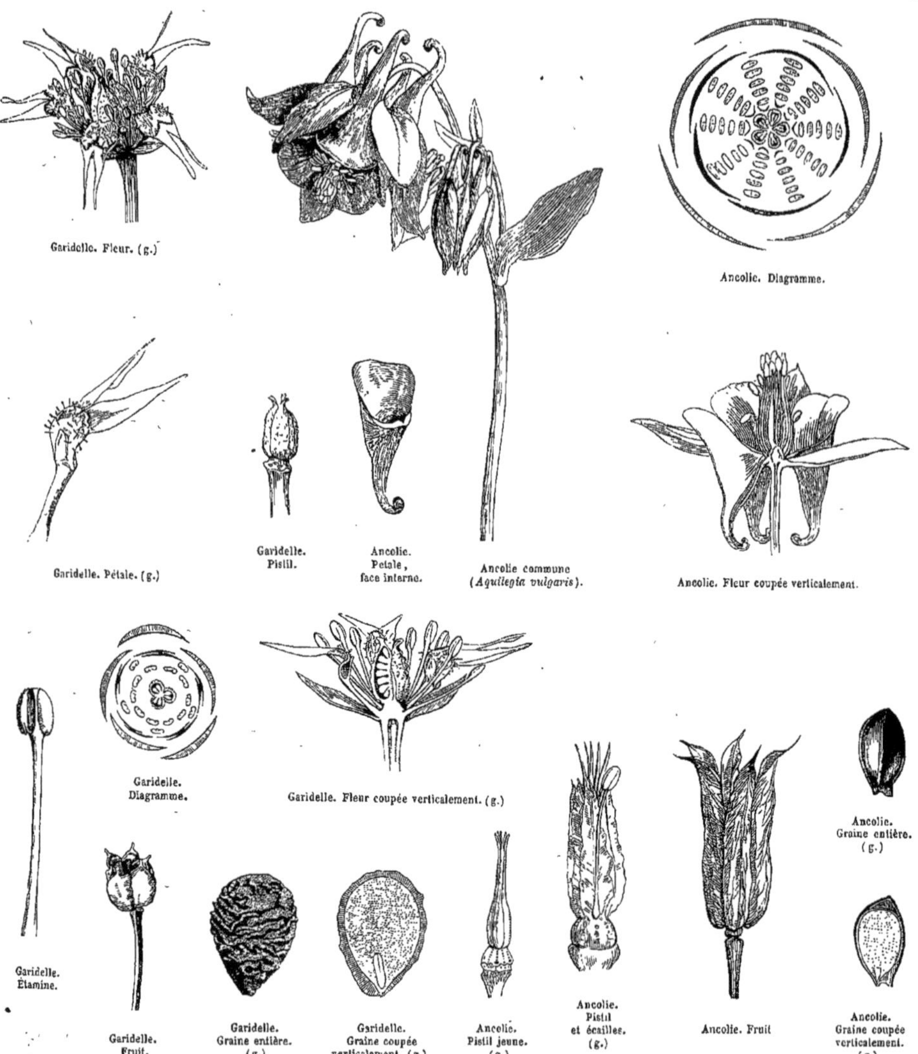

Garidelle. Fleur. (g.)

Ancolie commune (*Aquilegia vulgaris*).

Ancolie. Diagramme.

Garidelle. Pétale. (g.)

Garidelle. Pistil.

Ancolie. Pétale, face interne.

Ancolie. Fleur coupée verticalement.

Garidelle. Diagramme.

Garidelle. Fleur coupée verticalement. (g.)

Ancolie. Graine entière. (g.)

Garidelle. Étamine.

Garidelle. Fruit.

Garidelle. Graine entière. (g.)

Garidelle. Graine coupée verticalement. (g.)

Ancolie. Pistil jeune. (g.)

Ancolie. Pistil et écailles. (g.)

Ancolie. Fruit

Ancolie. Graine coupée verticalement. (g.)

22. **Nigelle** (**Nigella*). Sépales 5, réguliers, pétaloïdes, tombants. Pétales 5, onguiculés, à lame petite, bifide. Carpelles 3-10, sessiles, plus ou moins cohérents, pluri-ovulés, s'ouvrant à la maturité par le haut de leur suture ventrale. Graines anguleuses, à testa crustacé, ou sub-charnu, souvent granuleux. — Herbes dressées, glabres. Feuilles caulinaires penniséquées en segments très-étroits. Fleurs blanches, ou bleues, ou jaunâtres, quelquefois involucrées par une feuille florale. — *Europe, Asie occidentale.*

22*b*. **Garidelle** (*Garidella*). Sépales 5, pétaloïdes, caducs. Pétales 5, bi-labiés. Follicules 2-3, sessiles, cohérents à la base, et s'ouvrant par le sommet. Style très-court. Graines 2-sériées. — Herbes grêles, à feuilles finement multifides. Fleurs petites, blanches. — *Région méditerranéenne.*

23. **Ancolie** (**Aquilegia*). Sépales 5, réguliers, pétaloïdes, tombants. Pétales 5, conformés en corne d'abondance ou en capuchon, fixés au réceptacle par la marge de leur limbe, et nectarifères au fond de leur cavité. Étamines intérieures réduites à l'état de staminodes squamiformes. Carpelles 5, sessiles, distincts, pluri-ovulés, s'ouvrant en follicules à la maturité. Graines à testa

crustacé, lisse, ou granuleux. — Herbes dressées, à souche vivace. Feuilles décomposées-ternées. Fleurs remarquables, bleues, ou jaunes, ou écarlates, ou versicolores, solitaires, ou paniculées. — *Europe, Asie, Amérique boréale.*

20. **Coptis** (*Coptis*). Sépales 5-6, réguliers, pétaloïdes, tombants. Pétales 5-6, petits, cuculliformes, ou linéaires. Carpelles plus ou moins nombreux, stipités, distincts, pluri-ovulés, s'ouvrant en follicules à la maturité. Graines à testa crustacé luisant. — Herbes basses à souche vivace. Feuilles radicales, disséquées-ternées. Hampes nues, 1-3-flores. Fleurs blanches. — *Europe, Asie, Amérique boréale.*

21. **Isopyre** (**Isopyrum*). Sépales 5-6, réguliers, pétaloïdes, tombants. Pétales 6, très-courts, nectariiformes, ou nuls. Carpelles 2-20, sessiles, distincts, 3-∞-ovulés, s'ouvrant en follicules à la maturité. — Herbes grêles, basses, à souche vivace. Feuilles décomposées-ternées, les caulinaires alternes, ou sub-opposées, ou nulles. Fleurs solitaires, ou lâchement paniculées, blanches. Pétales de forme variable. Étamines quelquefois ne dépassant guère le nombre 10. — *Europe, Asie, Amérique boréale.*

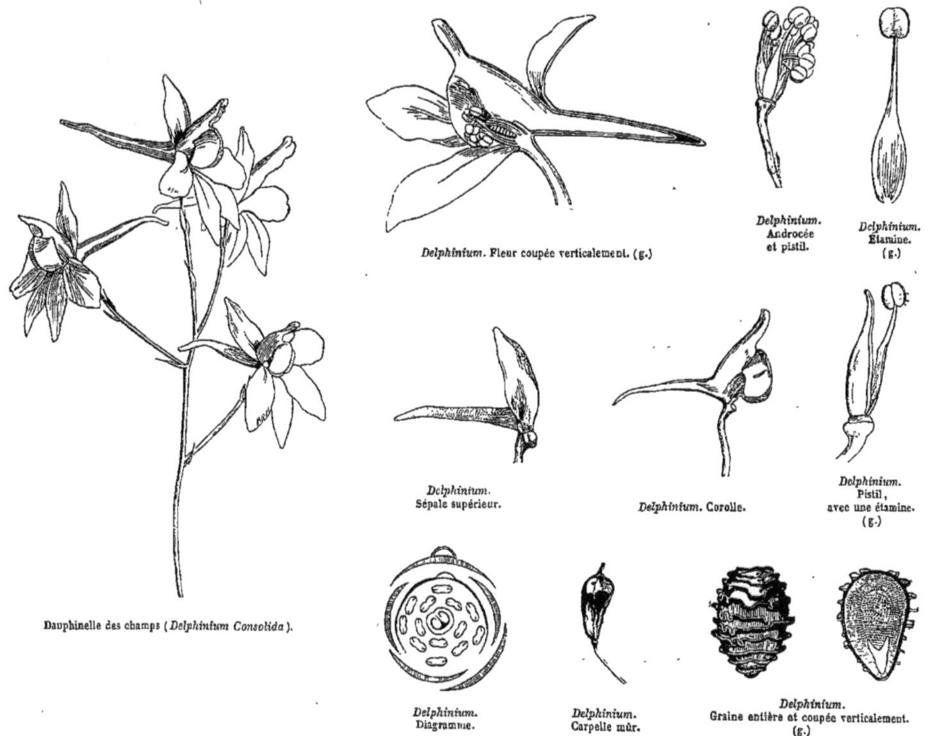

*Delphinium*. Fleur coupée verticalement. (g.)

*Delphinium*. Androcée et pistil.

*Delphinium*. Étamine. (g.)

Dauphinelle des champs (*Delphinium Consolida*).

*Delphinium*. Sépale supérieur.

*Delphinium*. Corolle.

*Delphinium*. Pistil, avec une étamine. (g.)

*Delphinium*. Diagramme.

*Delphinium*. Carpelle mûr.

*Delphinium*. Graine entière et coupée verticalement. (g.)

24. **Dauphinelle** (**Delphinium*). Sépales 5, pétaloïdes, inégaux, sub-cohérents à la base, le postérieur redressé en cornet, ou en éperon. Pétales 2, ou 4, petits, quelquefois réduits à un seul par leur soudure, les 2 supérieurs ou le pétale unique prolongés en cornet pointu inclus dans celui du calice, les 2 latéraux non éperonnés, ou nuls. Carpelles 1-5, sessiles, distincts, pluri-ovulés, s'ouvrant en follicules à la maturité. Graines sub-charnues. — Herbes annuelles, ou à souche vivace, dressées, rameuses. Feuilles palmilobées, ou disséquées. Fleurs assez grandes, en grappe lâche, ou en panicule, bleues, ou purpurines, ou roses, ou blanches, rarement jaunes. Filets quelquefois dilatés à la base. — *Europe, Asie, Amérique boréale.*

25. **Aconit** (**Aconitum*). Sépales 5, pétaloïdes, inégaux, le postérieur grand, en casque, recouvrant la corolle, les 2 latéraux plus larges que les deux antérieurs. Pétales 2-8, petits, très-inégaux, les 2 supérieurs longuement onguiculés, cuculliformes au sommet cachés sous le casque, les inférieurs minimes, filiformes, souvent nuls. Carpelles 3-5, sessiles, distincts, pluri-ovulés, s'ouvrant en follicules à la maturité. Graines à testa spongieux, fortement ridé. — Herbes dressées, à souche vivace. Feuilles palmilobées, ou palmiséquées. Fleurs en grappes, ou en panicules, à pédicelles bractéolés, bleues, ou purpurines, ou jaunes, ou blanches. Filets ordinairement dilatés à la base. — *Europe, Asie.*

26. **Actée** (**Actæa*). Sépales 3-5, subégaux, pétaloïdes, tombants. Pétales 4-10, petits, onguiculés, spatulés, planes. Carpelle

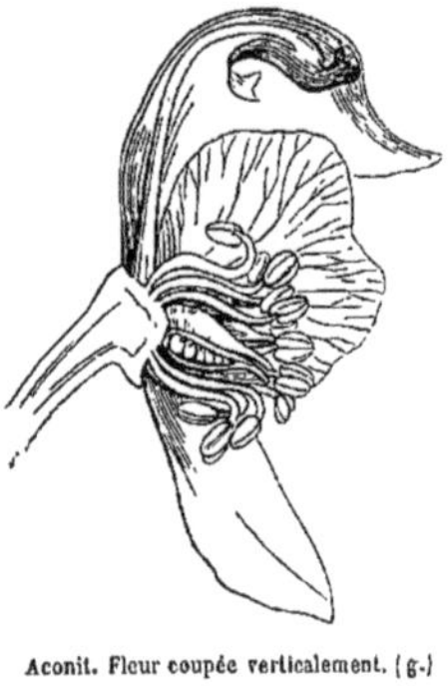

Aconit. Fleur coupée verticalement. (g.)

Aconit. Diagramme.

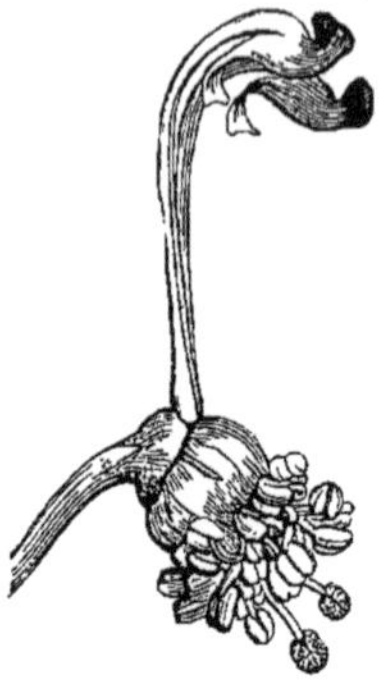

Aconit. Fleur dépouillée de son calyce, pétales en capuchon, pédicellés.

Aconit Napel (*Aconitum Napellus*).

Aconit. Étamine. (g.)

Aconit. Pistil avec une étamine. (g.)

Aconit. Fruit. (g.)

Aconit. Graine entière. (g.)

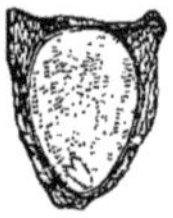

Aconit. Graine coupée verticalement. (g.)

unique, pluri-ovulé, baccien à la maturité. Graines déprimées, à testa crustacé, lisse. — Herbes à souche vivace, radiciforme, à tige dressée. — Feuilles décomposées-ternées. Fleurs petites, réunies en grappe courte, s'allongeant après l'anthèse. Étamines plus longues que les sépales. Stigmate sessile, dilaté. — *Europe, Asie, Amérique boréale.*

27. **Cimicifuge** (*Cimicifuga*). Sépales 4-5, subégaux, pétaloïdes, tombants. Pétales 1-8, petits, onguiculés, bilobés, ou nuls. Carpelles 1-8, distincts, pluri-ovulés, s'ouvrant en follicules à la maturité. — Herbes à port et feuilles d'*Actæa*. Fleurs petites, très-nombreuses, disposées en grappes allongées. — *Europe, Asie, Amérique boréale.*

28. **Botrophis** (**Botrophis*). Sépales 4-5, pétaloïdes, égaux. Pétales nuls. Étamines extérieures, stériles, dilatées, terminées par un rudiment d'anthère. Carpelle unique, 1-loculaire, à ovules bi-sériés. Follicule sub-stipité. — Herbe à feuilles bi-terni-séquées, à segments incisés, dentelés. — Fleurs en grappe, blanches. — *Amérique boréale.*

29. **Xanthorhize** (*Xanthorhiza*). Sépales 5, subégaux, pétaloïdes, tombants. Pétales 5, petits, onguiculés, glanduliformes, dilatés au sommet. Étamines 5, alternes avec les pétales, ou 10. Carpelles 5-10, distincts, sessiles, bi-ovulés au milieu de la suture interne, s'ouvrant en follicules à la maturité, et uniséminés par avortement. Graine pendante. — Arbrisseau, ou sous-arbrisseau, nain, à tige jaune inté-

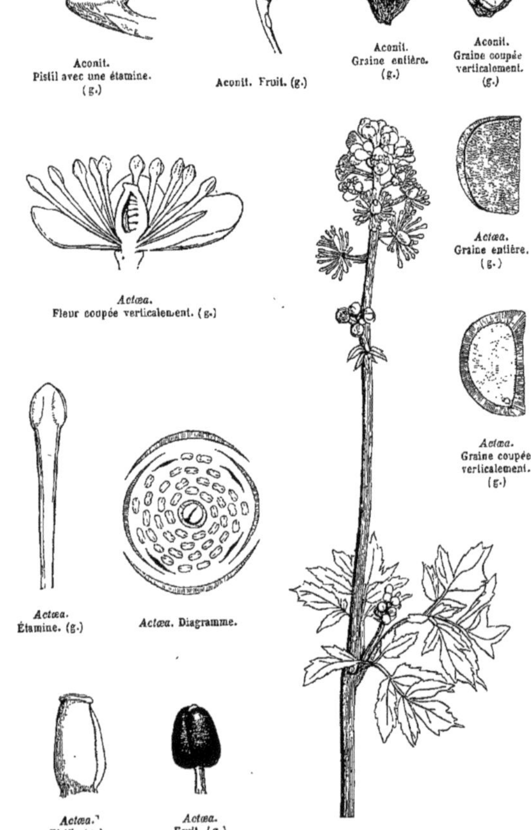

*Actæa.* Fleur coupée verticalement. (g.)

*Actæa.* Graine entière. (g.)

*Actæa.* Graine coupée verticalement. (g.)

*Actæa.* Étamine. (g.)

*Actæa.* Diagramme.

*Actæa.* Pistil. (g.)

*Actæa.* Fruit. (g.)

Actée en épi (*Actæa spicata*).

rieurement. Grappes composées, pendantes. Feuilles penniséquées, sortant, au premier printemps, d'un bourgeon écailleux. Fleurs petites, noires-purpurines, souvent polygames. Étamines courtes. — *Amérique boréale.*

## TRIBU V. — PÉONIÉES, *PÆONIEÆ*, *De Candolle.*

30. **Pivoine** (**Pæonia*). Sépales 5, imbriqués, herbacés, persistants. Pétales 5-10, remarquables, amples, dépourvus de fossette nectarifère. Carpelles 2-5, multi-ovulés, ceints à leur base d'un disque charnu, souvent épanché à la base du calyce, quelquefois

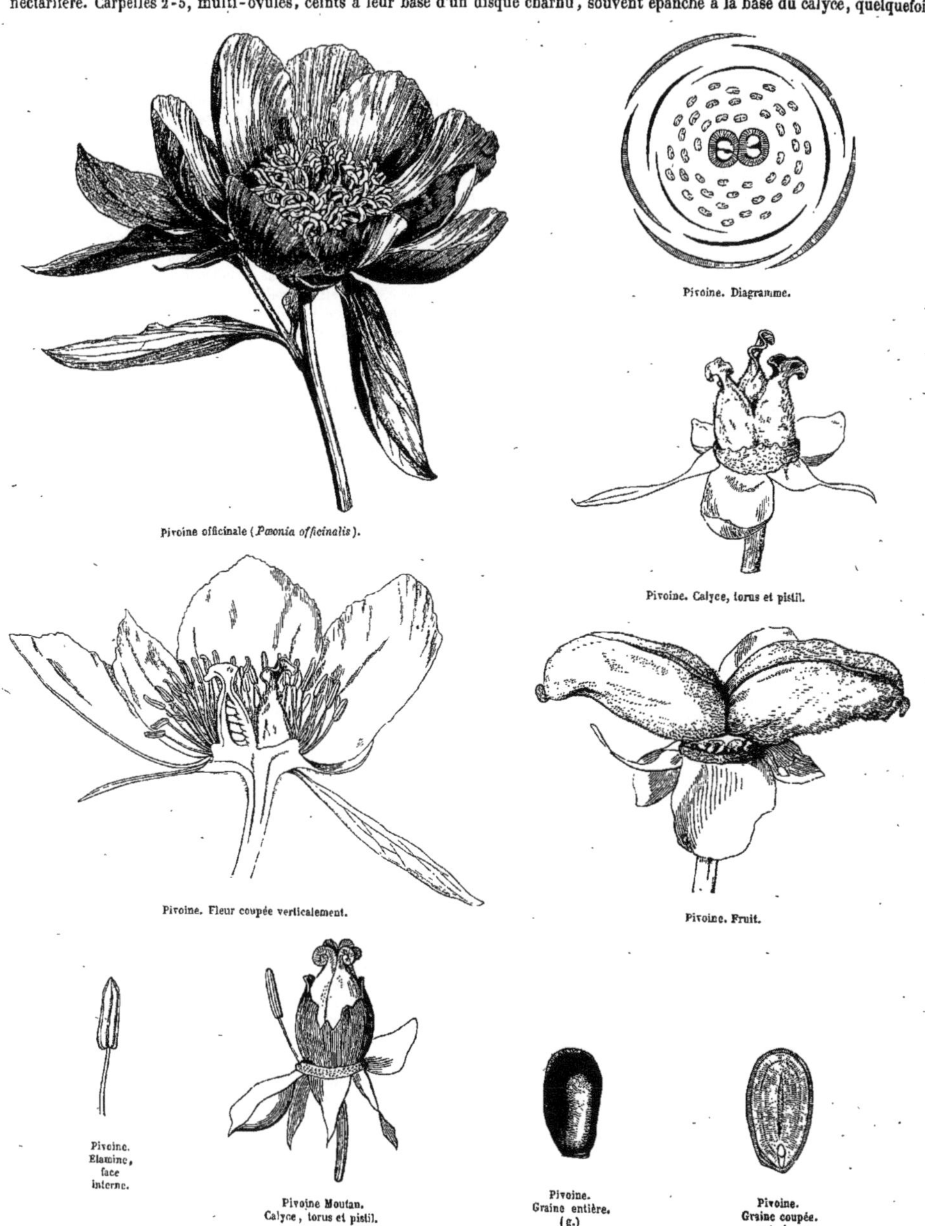

Pivoine officinale (*Pæonia officinalis*).

Pivoine. Diagramme.

Pivoine. Calyce, torus et pistil.

Pivoine. Fleur coupée verticalement.

Pivoine. Fruit.

Pivoine. Etamine, face interne.

Pivoine Moutan. Calyce, torus et pistil.

Pivoine. Graine entière. (g.)

Pivoine. Graine coupée. (g.)

développé en urcéole irrégulier et enveloppant plus ou moins les ovaires. Fruit composé de follicules coriaces. Graines volumineuses, à albumen charnu. — Herbes à souche radiciforme vivace, ou tige rameuse, plus ou moins ligneuse. Feuilles amples, pennisèquées, ou décomposées. Fleurs remarquables, purpurines, ou blanches, ou rouges. — *Europe, Asie.*

Les *Renonculacées* se rappprochent des *Dilléniacées* par le calyce à sépales distincts, imbriqués, la polypétalie, l'hypogynie, la polyandrie, les anthères adnées, les carpelles distincts, les ovules anatropes, le fruit capsulaire, ou folliculaire, la graine dressée, albuminée, l'embryon minime, basilaire, et l'inflorescence terminale. Les Dilléniacées ne diffèrent que par leur port, leurs sépales persistants, et surtout par leurs graines arillées. — Les *Magnoliacées* offrent les mêmes analogies et les mêmes différences; elles se distinguent en outre par leur port et leurs pétales pluri-sériés. — Les *Berbéridées* ont, comme les Renonculacées, des sépales et des pétales distincts et souvent nectarifères, des anthères adnées, un ou plusieurs carpelles libres et la graine albuminée; mais leur fleur est isostémone ou diplostémone, leurs anthères s'ouvrent par des valvules; enfin l'embryon est axile et non basilaire. — Les *Papavéracées* offrent aussi plus d'une ressemblance avec les Renonculacées, mais elles diffèrent par leur pistil syncarpé, leur fleur dimère et leur suc laiteux. — Même parallèle à établir avec les *Nymphéacées*, qui diffèrent en outre par leur port, leur hampe uniflore, leurs pétales pluri-sériés, leurs filets largement dilatés, leur stigmate rayonnant, leurs graines arillées. — Enfin on a cru pouvoir établir quelque affinité avec les *Sarracéniées*, qui se distinguent par leur stigmate pelté et pétaloïde, leurs feuilles radicales à pétiole tubuleux, à limbe peu développé et leur hampe uniflore.

Les Renonculacées sont répandues sur toute la terre, mais la plupart naissent dans les régions tempérées et froides de l'hémisphère Nord. Elles sont fréquentes en Europe sous toutes les latitudes, et depuis les rivages maritimes jusqu'à la limite des neiges éternelles. On les observe beaucoup moins nombreuses dans l'Amérique septentrionale et dans l'Asie tempérée. Les seules *Clématites* vivent sous la zone intertropicale, et se distinguent du reste de la Famille par leur port sarmenteux et leurs feuilles opposées. On a rencontré peu de *Renoncules* sur les hautes montagnes de l'équateur. Plusieurs Genres voisins des *Renoncules* (*Hamadryas*) et des *Clématites* (*Naravelia*) habitent exclusivement l'Amérique australe et l'Asie tropicale. Les genres *Renoncule*, *Caltha*, *Clématite* sont répandus presque partout. A l'ancien Continent appartiennent les Genres *Adonide*, *Cératocéphale*, *Eranthis*, *Hellébore*, *Garidelle*, *Nigelle*, *Pivoine*, etc. Les *Cyrtorhyncha*, les *Hydrastis*, les *Trautvetteria*, les *Botrophis*, les *Zanthoriza*, sont leurs analogues dans le nouveau Continent. Les *Knowltonia* vivent dans l'Afrique australe; les *Hamadryas* habitent l'Amérique au-delà du Capricorne; les autres Genres sont dispersés dans tout l'hémisphère boréal.

La plupart des Renonculacées sont âcres et plus ou moins vénéneuses; mais le principe qui leur donne ces propriétés est volatil, et se dissipe par la cuisson et la dessiccation; toutefois, dans quelques-unes, il est de nature alcaline, et par conséquent plus fixe et plus énergique. Les racines des Espèces vivaces contiennent, outre une matière âcre, un principe extractif amer, associé en proportions variées à une certaine quantité d'huile volatile, ce qui les rend drastiques et vomitives. Les graines sont âcres; quelques-unes possèdent une huile fixe, une huile volatile, et sont aromatiques.

Les *Clematis erecta*, *Vitalba*, *Flammula*, sont très-âcres et vésicantes. Les feuilles de l'*Herbe aux gueux* (*Cl. Vitalba*) sont employées par les mendiants, qui se font avec son suc des ulcères superficiels pour exciter la pitié publique. — Le *Clematis cirrhosa*, de la région méditerranéenne, le *Cl. crispa* de l'Amérique septentrionale, et le *Cl. mauritiana*, de Madagascar, remplacent les Cantharides dans ces divers pays. — Les nombreuses Espèces du Genre *Ranunculus* sont vésicantes et souvent employées comme telles par la médecine populaire de certains pays. Les deux plus âcres sont la *Renoncule Thora*, Plante alpine, et la *R. scélérate*, nommée par les Romains *Sardonia*, parce qu'elle excite un rire convulsif, connu sous le nom de *rire sardonique*. Cette herbe perd ses propriétés vénéneuses par une cuisson prolongée, et devient alibile comme une Plante potagère. Il en est de même de la *Clématite flammète* (*Clematis flammula*) que l'on range parmi les Espèces les plus âcres, et dont les jeunes pousses peuvent être mangées sans danger. La *Ficaire* (*Ranunculus Ficaria*), herbe commune dans les haies et les bois humides, est très-âcre avant sa floraison, mais le mucilage et la fécule qui s'y développent plus tard la rendent comestible. — La *Renoncule alpestre* est vésicante et fortement purgative; cependant les chasseurs des Alpes mâchent ses feuilles pour se défendre du vertige et soutenir leurs forces.

Les *Anémones* sont également vésicantes. La *Sylvie* (*Anemone nemorosa*) est employée comme telle dans certaines contrées d'Europe. L'*Anémone à feuilles d'Hellébore* tient lieu de cantharides chez les Péruviens; les *Knowltonia* de l'Afrique australe servent au même usage. On prépare en Italie, avec l'*Anémone apennine*, une eau rubéfiante dont se servent, dit-on, les dames pour aviver leur teint. — L'*Anémone fausse-Renoncule* (*A. ranunculoides*), Plante très-répandue sous les hautes latitudes de l'hémisphère Nord, possède une âcreté que les habitants du Kamtschatka mettent à profit pour empoisonner leurs flèches. — La *Pulsatille* (*A. Pulsatilla*) est l'Espèce la plus riche en propriétés médicales. Quoique presque inodore, elle dégage, quand on la broie, une vapeur qui irrite violemment la muqueuse des yeux, du nez et de l'arrière-bouche. L'analyse chimique a constaté dans cette Plante la présence d'un acide volatil, d'un alcali nommé *anémonine* et d'une huile volatile. Employée à l'état frais, elle est utile dans les divers cas de paralysies, surtout dans celle de la rétine, dans les rhumatismes et les maladies cutanées rebelles.

Le *Pigamon jaune* (*Thalictrum flavum*), vulgairement nommé *Rhubarbe des pauvres*, est administré dans l'ictère et contre les fièvres intermittentes. — Le *Thalictrum Cornuti* est regardé dans l'Amérique du Nord comme un puissant alexipharmaque. — La *Dauphinelle des champs* (*Delphinium Consolida*), vulgairement nommée *Pied-d'Alouette*, est mise au nombre des médicaments apéritifs, diurétiques et vermifuges. — Les graines de la *Staphysaigre* (*Delphinium Staphysagria*) sont drastiques et vomitives; on les emploie à l'extérieur en poudre, pour détruire la vermine de la tête et guérir les maladies cutanées. — Les graines de la *Nigelle* (*Nigella sativa*) et de ses congénères sont légèrement âcres et aromatiques; on les emploie dans le midi de l'Europe et en Orient pour assaisonner le pain. — Le *Coptis trifoliata* est une Plante sub-arctique des deux Continents, renommée par ses propriétés stomachiques; elle fournit un principe colorant jaune. — La racine du *Coptis Teeta* jouit d'une grande célébrité dans l'Inde et en Chine, comme stimulant puissant des fonctions digestives. — L'*Hydrastis canadensis* est également tinctorial et tonique.

Les *Hellébores* (*Helleborus niger*, *fœtidus*, *viridis*, *orientalis*) contiennent une substance amère unie à un principe résineux, qui leur donnent des propriétés violemment drastiques, et les rendent vénéneux à haute dose. — Les *Aconits* sont des herbes narcotico-âcres, renfermant un alcaloïde nommé *aconitine*, combiné avec un acide particulier, et uni à des principes résineux et volatils; les feuilles et les graines de l'*Aconit Napel* (*Aconitum Napellus*), administrées à petite dose, fournissent à la médecine un précieux médicament, excitant avec énergie les organes glanduleux et les vaisseaux lymphatiques; mais, à une dose plus élevée, elles deviennent éminemment vénéneuses. — L'*Aconitum paniculatum*, Espèce alpine comme la précédente, jouit des mêmes propriétés. La plus vénéneuse est l'*A. ferox*, qui habite les montagnes du Népaul.

L'*Actée en épi* (*Actæa spicata*), jadis employée à l'intérieur contre l'asthme et le vice scrofuleux, à l'extérieur contre les affections cutanées, est aujourd'hui tombée en désuétude. — Le *Cimicifuga serpentaria*, Espèce américaine, d'odeur nauséeuse et de saveur amère, est regardée en Amérique comme le remède spécifique contre la morsure du Crotale. — Le *Cimicifuga fœtida*, Plante très-répandue dans les régions froides de l'hémisphère Nord, était autrefois très-usité comme purgatif dans les cas d'hydropisie. Son nom lui vient de la propriété qu'on lui attribuait de chasser les Punaises. — La racine et le bois du *Zanthorhiza apiifolia*, sous-arbrisseau de l'Amérique boréale, contenant une résine amère et un principe colorant jaune, sont renommés comme toniques.

La *Pivoine officinale* (*Pæonia officinalis*) était jadis fameuse dans la sorcellerie; on employait ses graines fraîches comme émétiques contre l'épilepsie; on en fait encore, dans quelques pays, des colliers pour préserver de convulsions les jeunes enfants.—La *Pivoine anomale* (*P. anomala*), qui croît en Sibérie, a une racine amère sans âcreté, à odeur suave de violette, très-efficace contre les fièvres intermittentes.

# NYMPHÉINÉES, *NYMPHÆINEÆ*, *Brongniart.*

Sépales 3-5. Pétales 3-∞, *hypogynes, ou périgynes, c'est-à-dire insérés à diverses hauteurs sur un torus enveloppant les ovaires et plus ou moins soudé avec eux.* Étamines *généralement nombreuses, insérées avec les pétales.* Ovaires *plusieurs, libres, ou cohérents.* Fruit *baccien et ruptile, ou nucamentacé et indéhiscent.* Graines *pourvues d'un double albumen, ou rarement exalbuminées.* — Herbes *aquatiques.*

Herbes aquatiques; *rhizôme* vivace, submergé, tubériforme, épais, ou rampant, à suc quelquefois laiteux, émettant des feuilles et des hampes uniflores, rarement des rameaux nageants (*Brasenia*). — Feuilles alternes, ou opposées, longuement pétiolées, à limbe nageant, rarement émergé (*Nelumbium*), généralement cordiforme-pelté, quelquefois oblong, ou linéaire (*Barclaya*), souvent disséqué-capillaire dans les feuilles submergées (*Cabomba*). — Fleurs grandes ☿, régulières, ordinairement nageantes, rarement émergées (*Nelumbium*). *Pédoncules* axillaires, uniflores. — Sépales ordinairement 4-5-6, rarement 3 (*Cabomba, Brasenia*). — Pétales à préfloraison imbriquée, généralement nombreux, rarement 3 (*Cabomba*); tantôt tous libres et hypogynes (*Nuphar*); tantôt tous, ou seulement les intérieurs, appliqués par leur base, à des hauteurs diverses, sur un torus renfermant les carpelles. — Étamines ∞, ou rarement 6 (*Cabomba*), insérées comme les pétales. *Anthères* dressées, à connectif continu avec le filet, à loges adnées, s'ouvrant par une fente longitudinale, introrses, ou rarement extrorses (*Cabomba*). — Carpelles ∞, ou 8-10, rarement 3-4 (*Cabomba*), tantôt distincts (*Cabomba, Brasenia*), tantôt cohérents en verticille, et formant un ovaire pluriloculaire, soit libre et supère (*Nuphar*), soit adhérent au torus, et alors infère, ou semi-infère (*Nymphæa, Victoria, Euryale,* etc.); tantôt plongés sans ordre dans les alvéoles d'un torus obconique (*Nelumbium*). *Stigmates* tantôt distincts (*Nelumbium, Cabomba*); tantôt réunis en disque rayonnant, ou annulaire (*Nymphæa, Euryale, Victoria*). *Ovules* anatropes, fixés aux parois ovariennes, ou pendants soit à la suture ventrale des carpelles (*Cabomba, Brasenia*), soit au sommet de la cavité ovarienne (*Nelumbium*). — Carpelles mûrs indéhiscents, distincts, ou réunis en fruit charnu, pulpeux ou spongieux. — Graines arillées, ou nues. *Albumen* abondant, farineux, ou charnu, ou très-rarement nul (*Nelumbium*). — Embryon droit, renfermé dans le sac embryonnaire, plongé lui-même au sein de l'albumen, et formant ainsi un second albumen. *Cotylédons* épais; *radicule* très-courte.

## Sous-Famille I. — NYMPHÉACÉES, *NYMPHÆACEÆ.*

(HYDROCHARIDUM *Genera, Jussieu.* — NYMPHÆACEÆ, *Salisbury.*)

Sépales 4-6. Pétales ∞, pluri-sériés, hypogynes (*Nuphar*), ou périgynes, c'est-à-dire insérés à diverses hauteurs sur le torus enveloppant les carpelles (*Nymphæa*), ou épigynes, c'est-à-dire insérés au sommet du torus (*Euryale, Victoria, Barclaya*), les intérieurs plus étroits que les extérieurs, et passant graduellement, dans quelques Genres, à l'état d'étamines (*Nymphœa, Victoria*). (Dans le Genre *Barclaya* les pétales sont cohérents en tube à leur base, insérés au sommet du torus enveloppant les carpelles, et le calyce reste en dehors, indépendant du torus.) *Filets* souvent aplatis (surtout les extérieurs), et sub-pétaloïdes, généralement prolongés au-dessus des anthères. Carpelles verticillés, cohérents entre eux, et formant un ovaire pluriloculaire, supère (*Nuphar*), ou semi-infère (*Nymphæa*), ou infère (*Victoria, Euryale, Barclaya*). *Ovules* ordinairement nombreux, insérés aux parois des cloisons. *Styles* soudés en stigmate pelté, rayonnant, lépassant le torus, sessile, ou stipité, plus ou moins déprimé au centre, quelquefois ombiliqué par une glande *Nymphæa*). **Fruit** baccien, pluri-loculaire, se rompant irrégulièrement à la maturité, rarement se séparant en carpelles distincts. **Graines** albuminées, souvent munies d'un arille sacciforme pulpeux (*Nymphæa, Euryale*). *Albumen* farineux.

GENRES.

| | | | | | |
|---|---|---|---|---|---|
| *Nénuphar, | *Nuphar.* | Barclaya, | *Barclaya.* | *Victoria, | *Victoria.* |
| *Nymphéa, | *Nymphæa.* | *Euryale, | *Euryale,* | | |

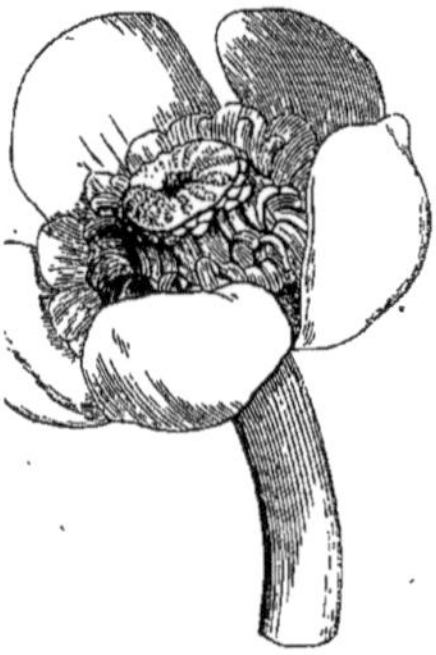

Nénuphar jaune (*Nuphar luteum*).

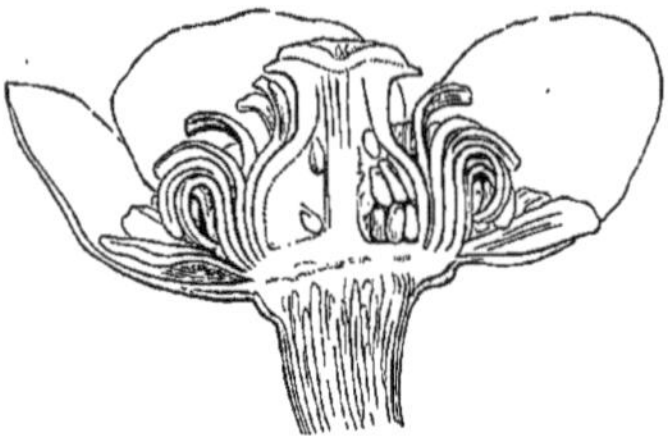

Nénuphar jaune. Fleur coupée verticalement.

Nénuphar. Pétale.

Nénuphar. Androcée et pistil.

Nénuphar. Etamine.

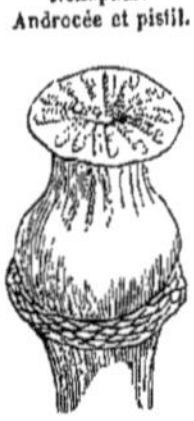

Nénuphar. Pistil.

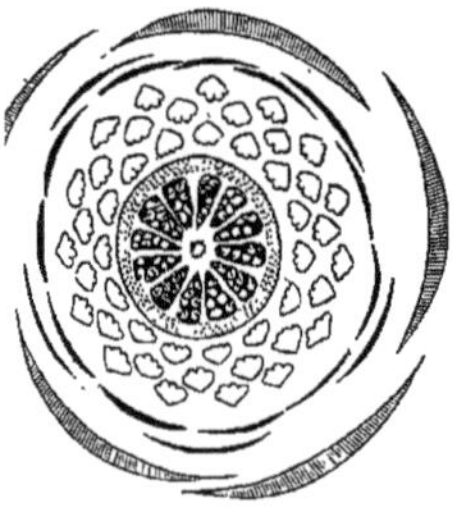

Nénuphar. Graine entière. (g.)

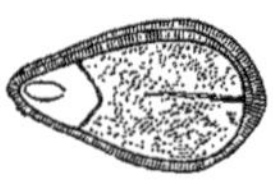

Nénuphar jaune. Diagramme.

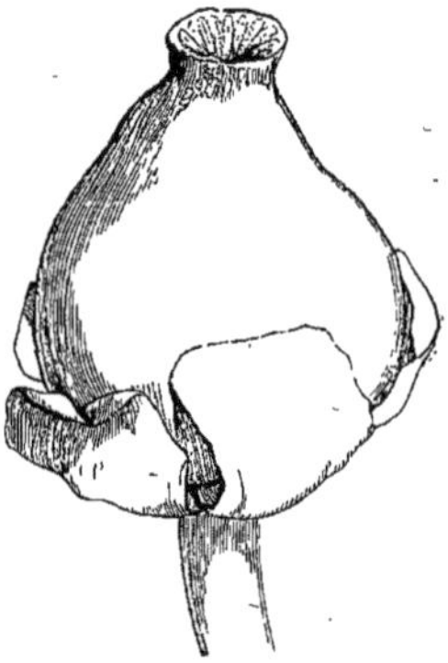

Nénuphar. Fruit.

Nymphéa blanc. Portion de fleur.

Nénuphar. Graine coupée. (g.)

## Sous-Famille II. — CABOMBÉES, *CABOMBEÆ.*

CABOMBEÆ, *Richard.* — HYDROPELTIDEÆ, *De Candolle.* — CABOMBACEÆ, *Asa Gray.*

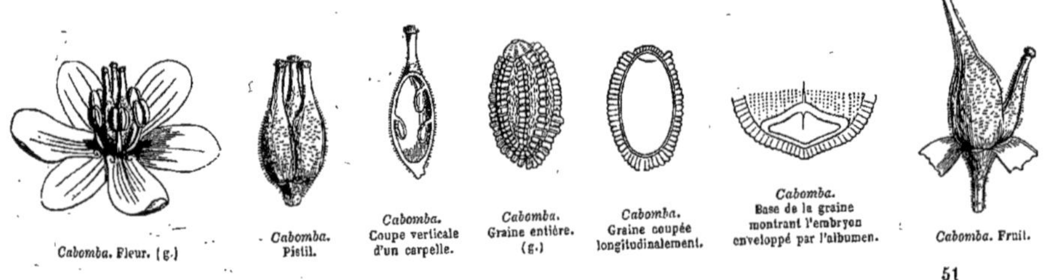

*Cabomba.* Fleur. (g.) — *Cabomba.* Pistil. — *Cabomba.* Coupe verticale d'un carpelle. — *Cabomba.* Graine entière. (g.) — *Cabomba.* Graine coupée longitudinalement. — *Cabomba.* Base de la graine montrant l'embryon enveloppé par l'albumen. — *Cabomba.* Fruit.

Cabomba de la Caroline (*Cabomba Caroliniana*).

SÉPALES 3-4. PÉTALES 3-4, hypogynes, persistants. ÉTAMINES 6, ou 12, ou 18. *Filets* subulés. *Anthères* extrorses, ou latérales. OVAIRES 3-2-4, ou 6-18, libres, verticillés, insérés sur un torus étroit, atténués en styles, stigmatifères au sommet (*Cabomba*), ou sur leur longueur (*Brasenia*). *Ovules* 2-3, pendants. CARPELLES mûrs, protégés par le calyce et la corolle persistants, souvent solitaires par avortement, folliculiformes, indéhiscents. — GRAINES pourvues d'un albumen charnu, copieux.

GENRES.

Cabomba, *Cabomba*. | Brasénia, *Brasenia*.

## SOUS-FAMILLE III.

## NÉLOMBONÉES, *NELUMBONEÆ*.

(NELUMBONEÆ, *Bartling*. — NELUMBIACEÆ, *Lindley*.)

SÉPALES 4-5. PÉTALES et ÉTAMINES ∞, hypogynes, plurisériés au bas du torus. *Filets* filiformes, dilatés supérieurement. *Anthères* introrses, à connectif prolongé au-delà des loges en appendice plane, ou claviforme. OVAIRES plusieurs, plongés séparément dans les fossettes d'un torus charnu, obconique, plane au sommet. *Styles* courts. *Stigmates* terminaux, sub-dilatés. *Ovules* 1-2 dans chaque ovaire, pendants à l'extrémité d'un funicule né du fond de l'ovaire, montant le long de sa paroi, et libre au sommet; raphé dorsal. — NUCULES sub-globuleuses, indéhiscentes. — GRAINES à *testa* mince, non albuminé. — EMBRYON farineux, à gemmule foliacée.

GENRE UNIQUE.

*Nélombo, *Nelumbium*.

*Nelumbium*. Pistil. (g.)

*Nelumbium*. Pistil coupé. (g.)

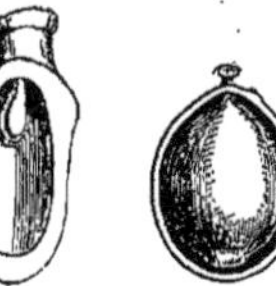
*Nelumbium*. Fruit ouvert.

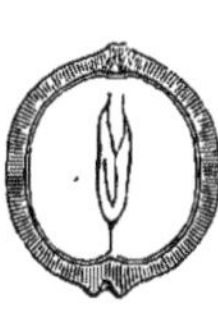
*Nelumbium*. Fruit coupé.

*Nelumbium*. Embryon à lobes écartés. (g.)

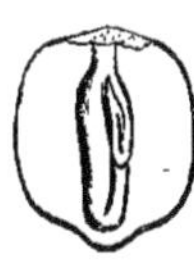
*Nelumbium*. Embryon. Un des lobes enlevé pour montrer la plumule (g.)

*Nelumbium*. Plumule à feuilles enroulées. (g.)

Les *Nymphéinées* se rapprochent des Familles polypétales hypogynes à fruit apocarpé, quoique leurs Genres principaux soient syncarpés, et que l'ovaire soit adhérent au torus. La sous-Famille des *Nymphéacées* se lie aux *Pavots* par l'ovaire multi-ovulé, à placentation septale, les stigmates rayonnants, la polyandrie, le suc propre laiteux; mais elle s'en éloigne par l'insertion souvent périgyne ou épigyne, l'*habitat* aquatique, et surtout par l'embryon immergé, avec le sac qui l'enveloppe, dans une cavité superficielle de l'albumen amylacé : ce dernier caractère est presque le seul qui distingue les *Cabombées* des *Renonculacées*. — Les Nymphéacées offrent aussi une affinité réelle avec les *Sarracéniacées* (voir cette Famille).

Les Espèces du Genre *Nymphæa* sont dispersées dans presque toutes les régions du globe. Le Genre *Nuphar* appartient à l'hémisphère Nord extra-tropical. Les Genres *Barclaya* et *Euryale* habitent l'Asie tropicale; le *Victoria* croît dans l'Amérique équatoriale. — Les

Nélombo jaune (*Nelumbium luteum*). Feuille, fleur, et carpelles enchâssés dans un réceptacle alvéolé.

*Nelumbium.* Anthère. (g.)

3 ou 4 Espèces de la sous-Famille des *Cabombées* sont américaines; le *Brasenia* se trouve aussi dans l'Inde et l'Australie. — Les 2 Espèces connues de *Nelumbium* croissent l'une en Amérique, l'autre en Asie et dans les Moluques.

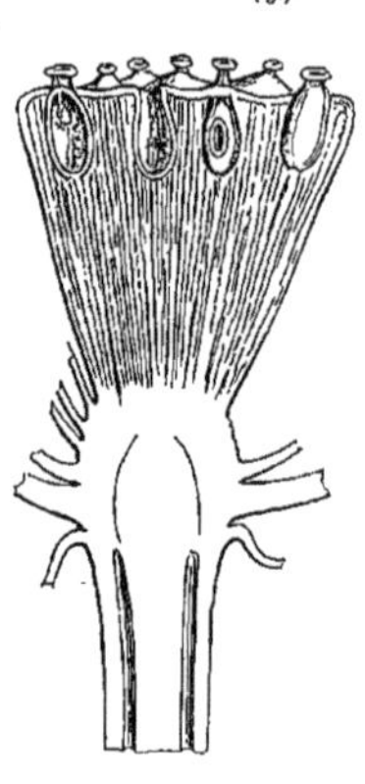

*Nelumbium.* Coupe verticale du réceptacle et des carpelles.

Quelques Espèces de cette Famille étaient révérées des anciens, non-seulement à cause de la magnificence de leurs fleurs et de leurs feuilles, tapissant la surface des eaux tranquilles, mais encore au point de vue de leur utilité. Leur rhizôme, dans sa jeunesse, contient abondamment des matières féculentes, mucilagineuses et sucrées, qui le rendent alimentaire; dans le rhizôme adulte, ces principes sont remplacés par de l'acide gallique. Les fleurs, d'une odeur particulière, jouissent de propriétés narcotiques. Les graines, remplies d'un albumen farineux, sont comestibles; les Nègres de la Nubie les emploient à la manière des graines de *Millet*, et les Égyptiens modernes se nourrissent encore aujourd'hui des graines et du rhizôme des *Nymphæa lotus* et *cærulea*. — Le *Nymphéa blanc* (*Nymphæa alba*) est le plus bel ornement des eaux tranquilles dans l'hémisphère boréal : son rhizôme, mucilagineux et un peu âcre, est employé, dans certaines contrées, contre la dysenterie, et ses fleurs sont réputées anti-aphrodisiaques. — Le *Nénuphar à fleur jaune* (*Nuphar luteum*) est indigène, comme l'Espèce précédente; sa fleur exhale une odeur analogue à celle de l'alcool, et passe pour avoir les mêmes vertus calmantes que le *Nymphéa;* ses feuilles sont astringentes, et employées en Allemagne contre les hémorragies; on les applique aussi sur le sein des nourrices pour arrêter la sécrétion du lait, et ses rhizômes servent d'aliment en Russie et en Finlande. — Il en est de même des rhizômes et des graines de l'*Euryale ferox*, qui croît spontanément dans l'Inde, et qui est cultivé en Chine, où on le connaît sous le nom de *Ki-téou*. — Le *Maruru*, dédié à la reine d'Angleterre, sous le nom de *Victoria regia*, est la plus belle des Nymphéacées; elle habite les eaux tranquilles des lagunes formées par l'élargissement des grands fleuves de l'Amérique méridionale. Ses feuilles sont flottantes et peltées; leur limbe circulaire offre une circonférence de 4-5 mètres, et son bord se relève de 6-15 centimètres de hauteur; la face supérieure est d'un vert foncé brillant; l'inférieure est d'un rouge brun, et munie de grosses nervures réticulées, saillantes, celluleuses, pleines d'air, hérissées, ainsi que le pétiole et le pédoncule, d'aiguillons élastiques. Les fleurs, qui s'élèvent de 12-16 centimètres au-dessus de l'eau, ont une circonférence de plus de 75 centimètres; leur couleur, d'abord d'un blanc pur, passe en 24 heures, par des nuances successives, d'un rose tendre à un rouge vif; elles exhalent une odeur agréable pendant la première journée de leur épanouissement; à la fin du troisième jour, la fleur se flétrit, et se replonge sous les eaux pour y mûrir ses graines. Le fruit, qui est infère, offre à sa maturité le volume d'une grosse pomme déprimée et couverte d'aguillons. Les graines, riches en fécule, sont recueillies par les habitants, qui les font rôtir et trouvent en elles un aliment agréable, connu dans la province de Corrientès sous le nom de *Maïs d'eau*.

Le *Brasenia peltata*, appartenant à la sous-famille des *Cabombées*, est usité dans l'Amérique du Nord comme légèrement astringent. — Le *Nelombo* (*Nelumbium speciosum*) était le *Lotos* des Égyptiens; ses feuilles, peltées et creusées en cuvette, sont représentées sur leurs monuments et les statues de leurs divinités; ses pédoncules fructifères ont servi de modèle pour les colonnes de leurs édifices, mais on ne la rencontre plus en Égypte; ses fleurs roses ressemblent à d'énormes Tulipes. Cette Espèce croît dans plusieurs régions de l'Asie, jusqu'aux embouchures du Volga; ses graines, nommées jadis *fèves d'Égypte*, servent encore de nourriture aux Indiens et aux Chinois, qui emploient aussi ses pétales comme astringents. — Le *Nelumbium luteum* habite les grands fleuves de la Louisiane et de la Caroline.

# DROSÉRACÉES, *DROSERACEÆ.*

(DROSEREÆ, *Salisbury.* — DROSERACEÆ, *De Candolle.*)

Pétales 5, *hypogynes, imbriqués.* Étamines 5, *ou rarement plus.* Anthères *extrorses.* Ovaire *généralement 1-loculaire et à placentation pariétale.* Capsule *à valves médio-placentifères.* Embryon *dicotylédoné, albuminé.*

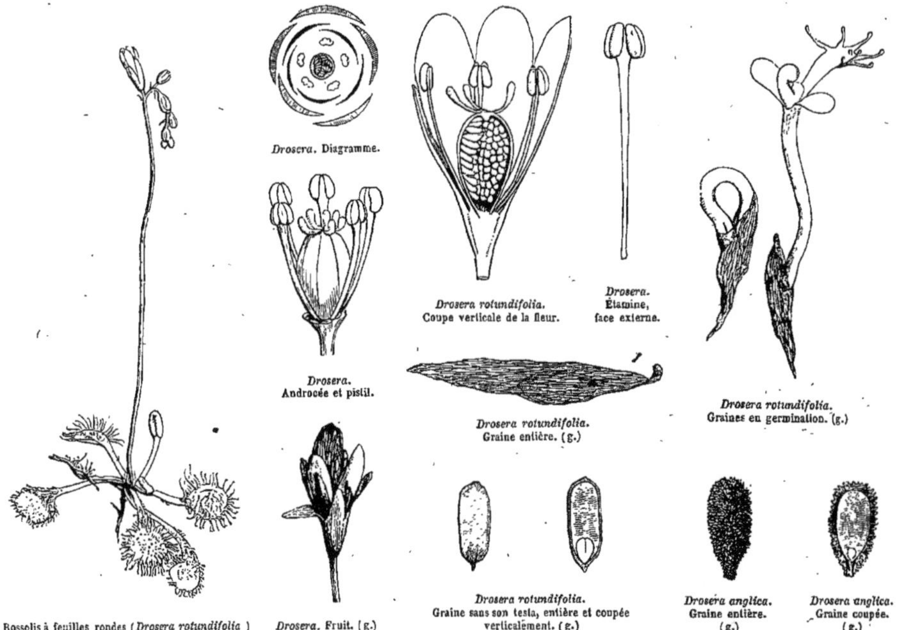

*Drosera.* Diagramme.

*Drosera rotundifolia.* Coupe verticale de la fleur.

*Drosera.* Étamine, face externe.

*Drosera.* Androcée et pistil.

*Drosera rotundifolia.* Graine entière. (g.)

*Drosera rotundifolia.* Graines en germination. (g.)

Rossolis à feuilles rondes (*Drosera rotundifolia*)

*Drosera.* Fruit. (g.)

*Drosera rotundifolia.* Graine sans son testa, entière et coupée verticalement. (g.)

*Drosera anglica.* Graine entière. (g.)

*Drosera anglica.* Graine coupée. (g.)

Herbes, quelquefois sous-frutescentes, acaules, ou caulescentes, parsemées et ciliées de poils glanduleux trachéifères. — Feuilles alternes, ordinairement ramassées à la base de la hampe, simples, entières, ou rarement découpées, enroulées du sommet à la base avant leur épanouissement; limbe atténué en pétiole, quelquefois articulé, à nervure médiane irritable et rapprochant brusquement au moindre contact les deux moitiés du limbe (*Dionæa*, page 119). *Stipules* nulles, représentées par des cils bordant les bases dilatées des pétioles. — Fleurs ☿, régulières, solitaires, ou disposées en grappes uni-latérales enroulées en crosse avant l'anthèse. — Calyce à 5 sépales libres, ou presque libres, imbriqués. — Pétales 5, hypogynes, ou soudés par leur base avec les sépales et alternes, courtement onguiculés, à préfloraison imbriquée, marcescents. — Étamines hypogynes, tantôt en nombre égal à celui des pétales et alternes avec eux; tantôt en nombre double, (*Dionæa, Drosophyllum*); tantôt en nombre triple, ou quadruple (*Dionæa*), et alors les uns opposés solitairement aux sépales, les autres opposés aux pétales par 2, ou par 3. *Filets* filiformes, linéaires, libres. *Anthères* extrorses, biloculaires, dressées et immobiles (*Drosera, Dionæa, Roridula*), ou incombantes et versatiles (*Drosophyllum, Byblis*), à déhiscence longitudinale, ou rarement apicale (*Byblis, Roridula*). — Ovaire libre, sessile, uniloculaire, à 3-5 placentaires pariétaux, quelquefois réunis en un seul basilaire (*Dionæa, Drosophyllum*), rarement biloculaire (*Byblis*) ou triloculaire (*Roridula*). *Ovules* anatropes, généralement dressés, ou ascendants, rarement pendants au sommet des loges dans les ovaires 3-loculaires (*Roridula*). *Styles* en même nombre que les placentaires, indivis, ou bifides, ou laciniés (*Drosera*), ou cohérents en style simple (*Dionæa*, *Roridula*, etc.). *Stigmates* capités, ou lobés, ou frangés. — CAPSULE tantôt 1-loculaire, s'ouvrant sur toute sa longueur en 3-5 valves médio-placentifères, ou au sommet seulement, avec le placentaire basilaire libre (*Drosera, Aldrovanda, Drosophyllum, Dionæa*); tantôt bi-loculaire à 2 valves loculicides, portant sur leur milieu une demi-cloison séminifère (*Byblis*), tantôt 3-loculaire à 3 valves loculicides, médio-septifères, séparées de la columelle persistante, séminifère (*Roridula*). — GRAINES à tégument crustacé, granuleux, ou strié, rarement lâche et celluleux. *Albumen* charnu. — EMBRYON droit, axile, ou basilaire. *Cotylédons* tronqués; *radicule* très-courte, infère, ou supère.

GENRES PRINCIPAUX.

Rossolis, *Drosera*. | Aldrovande, *Aldrovanda*. | *Dionée, *Dionæa*. | Drosophylle, *Drosophyllum*.

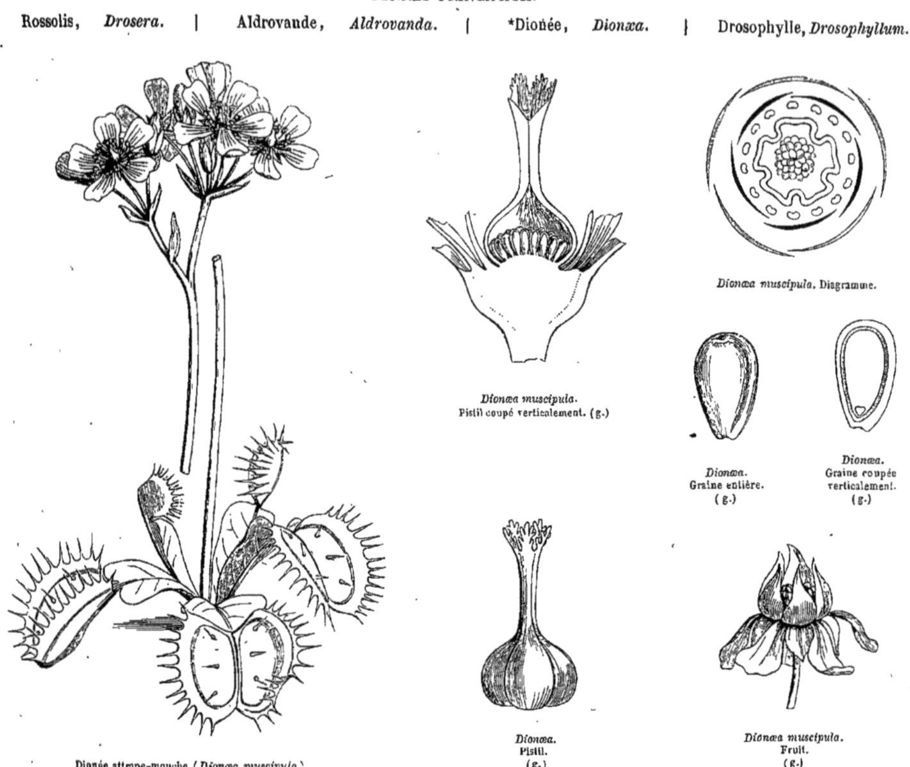

Dionée attrape-mouche (*Dionæa muscipula*).

*Dionæa muscipula*. Pistil coupé verticalement. (g.)

*Dionæa muscipula*. Diagramme.

*Dionæa*. Graine entière. (g.)

*Dionæa*. Graine coupée verticalement. (g.)

*Dionæa*. Pistil. (g.)

*Dionæa muscipula*. Fruit. (g.)

Les *Droséracées*, voisines des *Violariées* par la placentation généralement pariétale, la préfloraison, l'insertion, la structure du fruit, la présence de l'albumen, s'en éloignent par le port, la préfoliation, l'absence de stipules, les anthères extrorses. — Elles ont avec les *Frankéniacées* quelques analogies semblables aux précédentes, et, de plus, la direction extrorse des anthères; mais chez les Frankéniacées le calyce est tubuleux, les feuilles sont opposées, ou quaternées. — Les *Népenthées* et les *Sarracéniées* offrent aussi avec les Droséracées quelques rapports fondés sur la capsule loculicide, la nature des graines, l'embryon albuminé, et la structure exceptionnelle des feuilles; mais les Népenthées sont dioïques (voir ces Familles). — Les *Parnassiées*, qui se composent d'un seul Genre, ont été annexées aux Droséracées par beaucoup de Botanistes, mais elles en diffèrent par le port, les écailles pétaloïdes glandulifères, opposées aux pétales, le stigmate sessile et la graine exalbuminée.

Les Droséracées habitent presque tous les climats. Les *Drosera* ont un *habitat* très-étendu; ils sont surtout fréquents dans l'Australie, l'Amérique équatoriale, et l'Afrique australe. On les rencontre dans les prairies tourbeuses de l'Europe et de l'Amérique du Nord. Les autres Genres sont monotypes : l'*Aldrovanda* végète dans les eaux dormantes du midi de la France et la haute Italie, le *Drosophyllum* dans le Sud de la péninsule Ibérique, le *Dionæa* dans les savanes de la Caroline du Sud, le *Roridula* dans l'Afrique australe, le *Byblis* en Australie.

Les propriétés des Droséracées sont imparfaitement connues. Les *Drosera* indigènes sont acidules-âcres, amers, vésicants, et très-dangereux pour les moutons qui en font pâture. On a éprouvé leur utilité dans l'hydropisie et les fièvres intermittentes. Le nom de *Rossolis* (rosée du soleil) leur vient des gouttelettes sécrétées par les cils glanduleux des feuilles.

# PARNASSIÉES, *PARNASSIEÆ*, *Endlicher*.

HERBES vivaces, glabres. — TIGES scapiformes, simples, uniflores. — FEUILLES radicales longuement pétiolées, cordiformes, ou réniformes, les caulinaires sessiles. FLEURS ☿, régulières, blanches, ou jaunâtres. — CALYCE 5-partit, imbriqué, persistant. — PÉTALES 5, périgynes, alternes avec les sépales, à préfloraison imbriquée, tombants. — ÉTAMINES, 5, fertiles, insérées comme les pétales, et alternes avec eux. *Filets* subulés. *Anthères* extrorses, bi-loculaires, ovoïdes, ou sub-globuleuses, à déhiscence longitudinale. *Écailles* pétaloïdes 5, opposées aux pétales, représentant peut-être des phalanges d'étamines stériles, et se ramifiant en 3, 5, 7, 9, 15 branches terminées chacune par une glande nectarifère globuleuse. — OVAIRE supère (*Parnassia palustris*), ou semi-infère (*P. himalayensis*), 1 loculaire, à 3-4 placentaires pariétaux. *Ovules* nombreux, anatropes. *Stigmate* sessile, 3-4-partit. — CAPSULE 1-loculaire à 3-4 valves médio-placentifères. — GRAINES très-menues, à *testa* membraneux, réticulé, lâche, débordant l'*endoplèvre*. — EMBRYON exalbuminé, droit, oblong-cylindrique.

GENRE UNIQUE.

Parnassie, *Parnassia*.

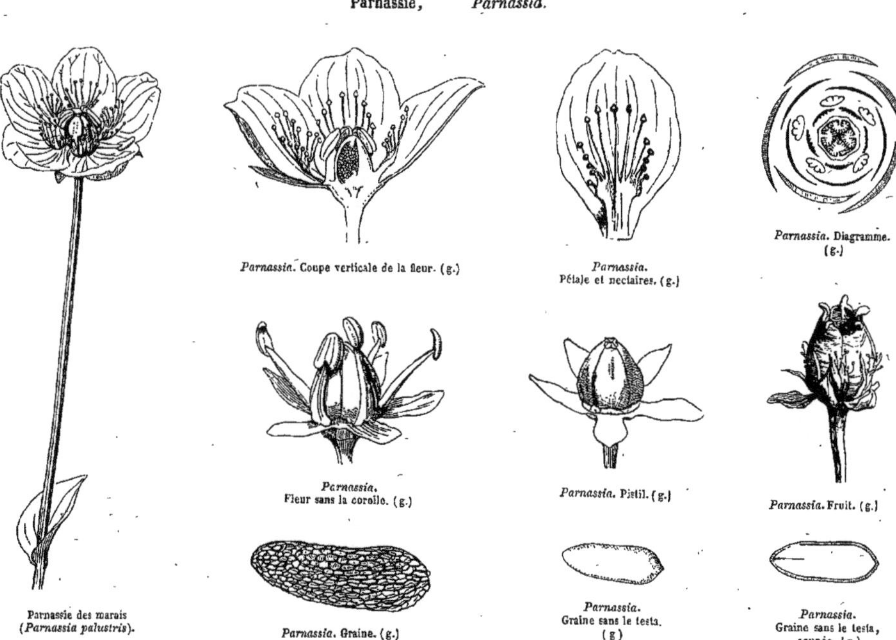

Parnassie des marais (*Parnassia palustris*).

*Parnassia*. Coupe verticale de la fleur. (g.)

*Parnassia*. Pétale et nectaires. (g.)

*Parnassia*. Diagramme. (g.)

*Parnassia*. Fleur sans la corolle. (g.)

*Parnassia*. Pistil. (g.)

*Parnassia*. Fruit. (g.)

*Parnassia*. Graine. (g.)

*Parnassia*. Graine sans le testa. (g)

*Parnassia*. Graine sans le testa, coupée. (g.)

Le Genre *Parnassia*, longtemps annexé aux *Droséracées*, ne s'en rapproche que par sa placentation pariétale (voir cette Famille). Ses staminodes, réunis en phalanges, et ses graines exalbuminées le rapprochent des *Hypéricinées*, dont il s'éloigne par d'autres caractères, et surtout par les anthères extrorses. On l'a à plus juste titre rapproché des *Saxifragées*. — Les Espèces peu nombreuses qui le constituent habitent les parties tempérées et fraîches de l'hémisphère Nord, surtout de l'Amérique; elles sont rares sur les hautes montagnes de l'Asie tropicale.

La *Parnassie des marais* (*Parnassia palustris*), Plante indigène, est une herbe amère et astringente, employée autrefois comme diurétique et anti-ophthalmique; sa décoction est ajoutée à la bière, en Suède, et on lui attribue des vertus stomachiques.

# SARRACÉNIACÉES, *SARRACENIACEÆ*, *Endlicher.*

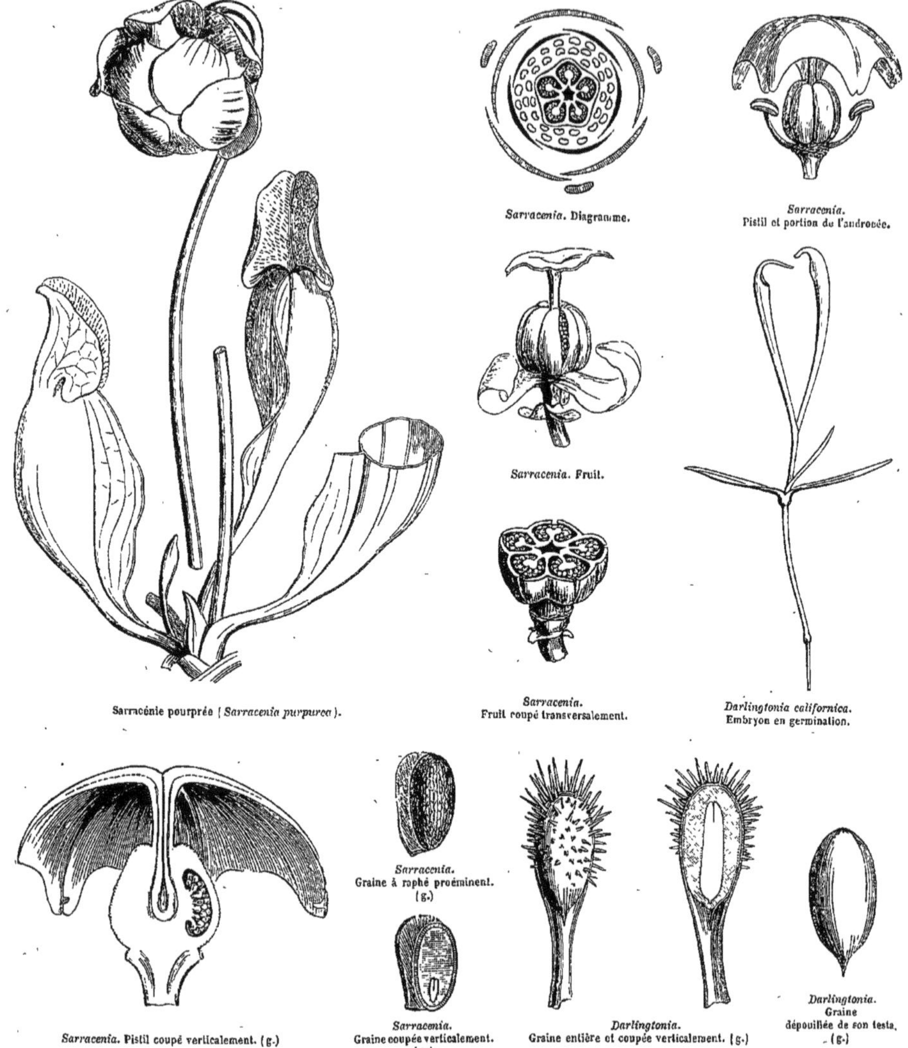

*Sarracenia.* Diagramme.

*Sarracenia.* Pistil et portion de l'androcée.

*Sarracenia.* Fruit.

Sarracénie pourprée (*Sarracenia purpurea*).

*Sarracenia.* Fruit coupé transversalement.

*Darlingtonia californica.* Embryon en germination.

*Sarracenia.* Graine à raphé proéminent. (g.)

*Sarracenia.* Pistil coupé verticalement. (g.)

*Sarracenia.* Graine coupée verticalement. (g.)

*Darlingtonia.* Graine entière et coupée verticalement. (g.)

*Darlingtonia.* Graine dépouillée de son testa. (g.)

Herbes vivaces, habitant les marais tourbeux spongieux de l'Amérique septentrionale, ou de la Guyane. Racine fibreuse. — Feuilles toutes radicales, à pétiole conformé en tube, ou en amphore, à limbe petit, arrondi, s'appliquant ordinairement sur l'orifice du pétiole. — Hampes nues, ou pourvues de bractées peu nombreuses, uniflores (*Sarracenia, Darlingtonia*) ou terminées par une grappe pauciflore (*Heliamphora*). *Fleurs* grandes, penchées. — Sépales 4-5, libres, très-imbriqués à leur base, sub-pétaloïdes, persistants. — Pé-

TALES 5, libres, hypogynes, imbriqués, tombants, rarement nuls (*Heliamphora*). — ÉTAMINES ∞, hypogynes, libres. *Filets* filiformes. *Anthères* biloculaires, versatiles, s'ouvrant par 2 fentes longitudinales. — OVAIRE libre 3-5 loculaire; placentaires proéminents à l'angle interne des loges. *Ovules* nombreux multisériés, sub-horizontaux, anatropes, à raphé latéral. *Style* terminal, court, tantôt dilaté en sommet, en parasol pétaloïde à 5 nervures rayonnantes, à 5 angles ou à 5 lobes (*Sarracenia*); tantôt 5-fide, à lobes étroits, étalés, recourbés, stigmatifères (*Darlingtonia*); tantôt à sommet obtus terminé par 1 stigmate obscurément 3-lobé (*Heliamphora*). — CAPSULE à 3-5 loges, à 3-5 valves loculicides. — GRAINES ∞, petites, à testa crustacé, quelquefois lâchement réticulé (*Darlingtonia*), ou membraneux-ailé (*Heliamphora*). *Albumen* copieux, charnu. — EMBRYON dicotylédoné, minime, voisin du hile.

GENRES PRINCIPAUX.

| | | |
|---|---|---|
| *Sarracénie, *Sarracenia*. | *Darlingtonie, *Darlingtonia*. | Héliamphore, *Heliamphora*. |

Cette petite Famille se rapproche des *Papavéracées* par l'hypopétalie, la polyandrie, les ovules nombreux, le fruit capsulaire, l'albumen charnu, copieux, l'embryon minime, basilaire; mais les Papavéracées s'en éloignent considérablement par leur port, leur suc propre, leur calyce caduc, dimère, leur ovaire 1-loculaire, à placentation pariétale. — Les Sarracéniacées se lient aux *Nymphéacées* par les mêmes analogies, et en outre par les feuilles toutes radicales, la hampe uniflore, et l'habitation aquatique; mais les Nymphéacées diffèrent par leurs pétales nombreux, plurisériés, leur placentation, leur stigmate sessile, leur double albumen. — On a indiqué en outre certaines affinités ou ressemblances qui rapprochent les Sarracéniacées des *Droséracées*, des *Pyrolacées*, des *Népenthées* et des *Céphalotées*.

# PAPAVÉRACÉES, *PAPAVERACEÆ*, *Jussieu*.

SÉPALES 2, *rarement* 3. PÉTALES *en nombre double, ou multiple de celui des sépales, libres, réguliers, généralement hypogynes*. ÉTAMINES ∞, *hypogynes, libres*. OVAIRE 1-*loculaire, à placentaires pariétaux, multi-ovulés*. FRUIT *capsulaire, ou siliquiforme*. GRAINES *albuminées*. EMBRYON *dicotylédoné, minime, basilaire*. — TIGE *herbacée*. FEUILLES *alternes*.

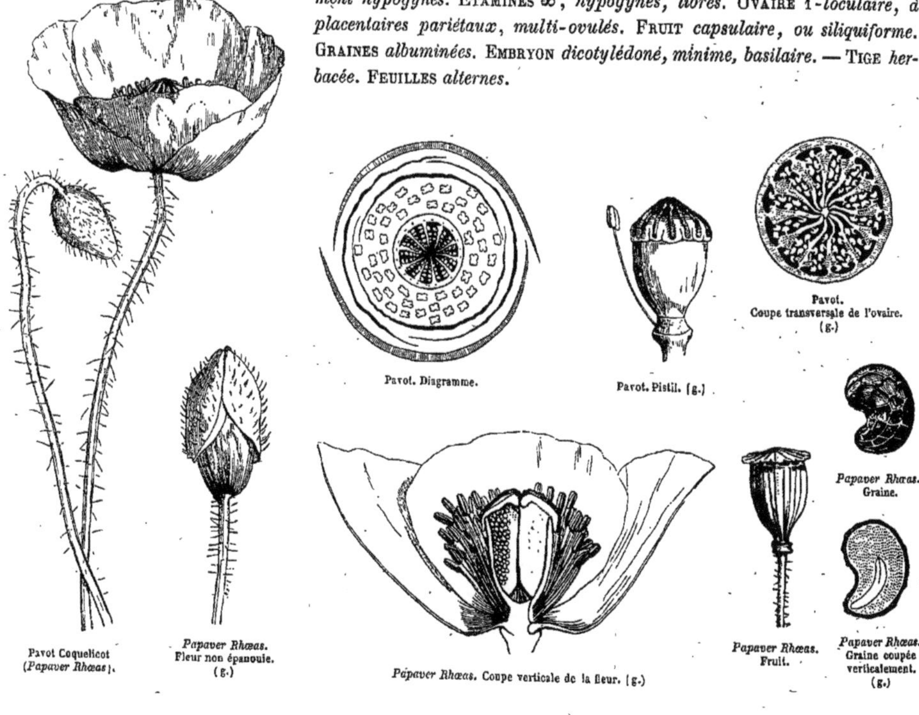

Pavot Coquelicot (*Papaver Rhœas*). — *Papaver Rhœas*. Fleur non épanouie. (g.) — Pavot. Diagramme. — Pavot. Pistil. (g.) — Pavot. Coupe transversale de l'ovaire. (g.) — *Papaver Rhœas*. Graine. — *Papaver Rhœas*. Coupe verticale de la fleur. (g.) — *Papaver Rhœas*. Fruit. — *Papaver Rhœas*. Graine coupée verticalement. (g.)

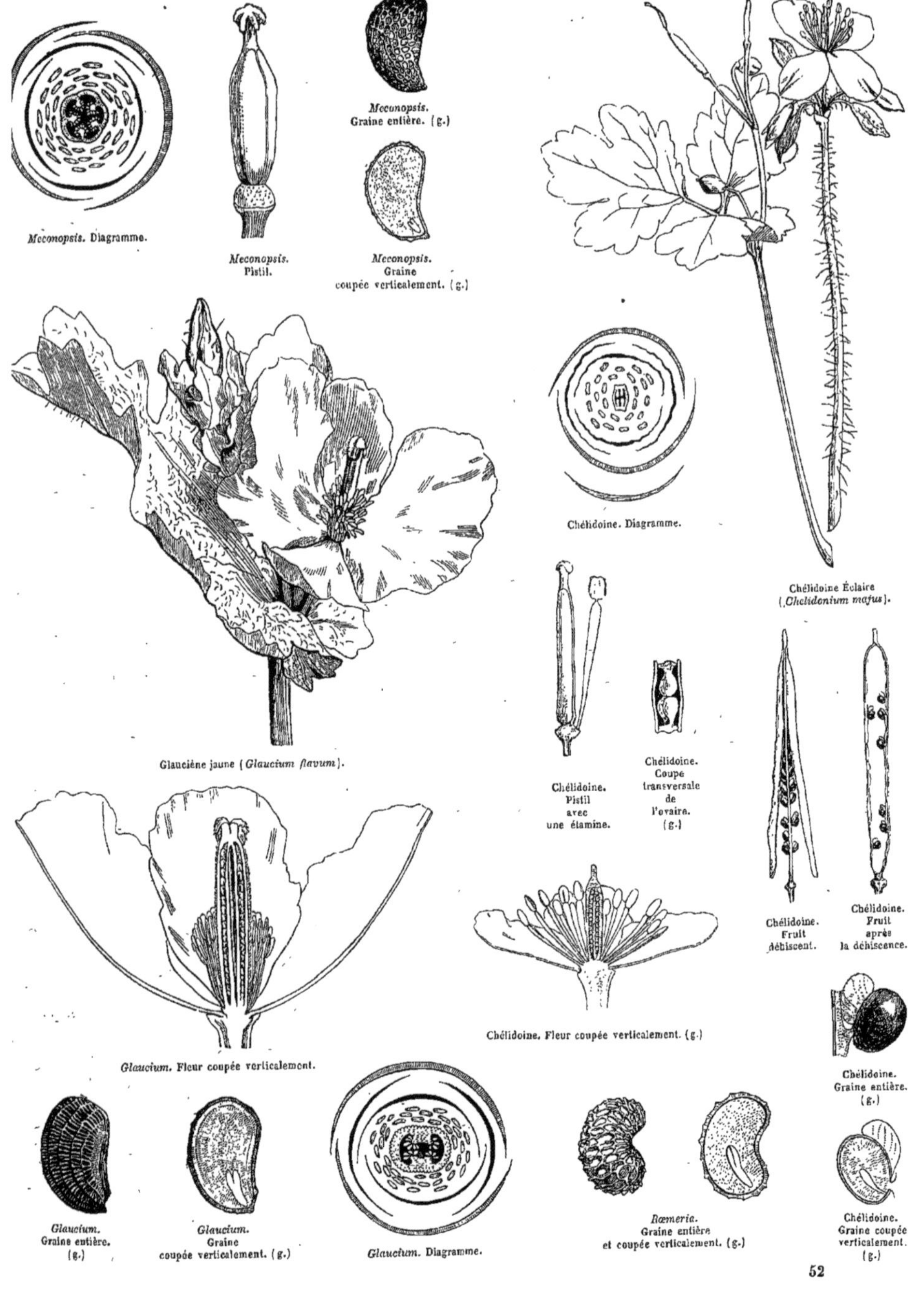

*Meconopsis.* Diagramme.

*Meconopsis.* Pistil.

*Meconopsis.* Graine entière. (g.)

*Meconopsis.* Graine coupée verticalement. (g.)

Chélidoine Éclaire (*Chelidonium majus*).

Glaucière jaune (*Glaucium flavum*).

Chélidoine. Diagramme.

Chélidoine. Pistil avec une étamine.

Chélidoine. Coupe transversale de l'ovaire. (g.)

Chélidoine. Fruit déhiscent.

Chélidoine. Fruit après la déhiscence.

*Glaucium.* Fleur coupée verticalement.

Chélidoine. Fleur coupée verticalement. (g.)

Chélidoine. Graine entière. (g.)

*Glaucium.* Graine entière. (g.)

*Glaucium.* Graine coupée verticalement. (g.)

*Glaucium.* Diagramme.

*Rœmeria.* Graine entière et coupée verticalement. (g.)

Chélidoine. Graine coupée verticalement. (g.)

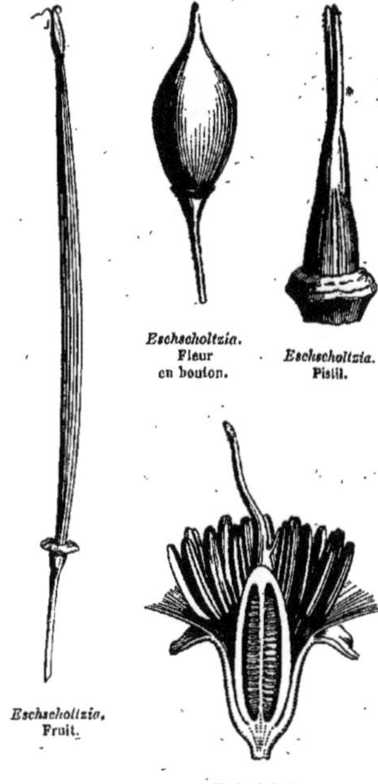

*Eschscholtzia.* Fruit.

*Eschscholtzia.* Fleur en bouton.

*Eschscholtzia.* Pistil.

*Eschscholtzia.* Fleur sans les pétales, coupée verticalement. (g.)

HERBES annuelles, ou vivaces, rarement sous-frutescentes (*Bocconia, Dendromecon*), à suc laiteux, jaune, ou blanc, ou rouge, rarement aqueux (*Eschscholtzia, Hunnemannia, Platystemon*, etc.). — FEUILLES alternes, simples, penninerviées, dentées, ou pennilobées. — INFLORESCENCE terminale; *pédoncules* ordinairement 1-flores, rarement ramifiés en cyme ombelliforme (*Chelidonium*) ou en panicule (*Bocconia, Macleya*). *Fleurs* ☿, régulières, jaunes, ou rouges, très-rarement bleues (*Meconopsis Wallichii*, etc.). — SÉPALES 2 (rarement 3), libres, ou très-rarement cohérents en coiffe (*Eschscholtzia*), latéraux, se recouvrant réciproquement par les bords, caducs. — PÉTALES hypogynes, très-rarement périgynes (*Eschscholtzia*), égaux, libres, ordinairement en nombre double de celui des sépales, rarement 8, ou 12, 2-3 sériés (*Sanguinaria*), rarement nuls (*Bocconia, Macleya*), souvent chiffonnés avant leur épanouissement, les extérieurs chevauchant sur les intérieurs. — ÉTAMINES hypogynes, très-rarement périgynes (*Eschscholtzia*), libres de cohérence, ordinairement ∞, multisériées, rarement 4-6, unisériées (*Meconella*). *Filets* filiformes. *Anthères* 2-loculaires, basifixes, à déhiscence longitudinale. — CARPELLES soudés en ovaire ovoïde, ou oblong, 1-loculaire, à placentaires pariétaux 2-∞, tantôt prolongés en lames verticales, et formant des cloisons incomplètes (*Papaver*); tantôt marginaux-filiformes (*Chelidonium, Argemone, Rœmeria*, etc.). *Ovules* anatropes, ascendants, ou horizontaux, à micropyle infère, à raphé supère, ou latéral. *Style* court, ou presque nul. *Stigmates* autant que de placentaires, persistants, plus ou moins cohérents, 2, ou plus, subsessiles, ou disposés en rayons sur des styles aplatis en lames et formant un plateau qui couronne l'ovaire (*Papaver*). — CARPELLES mûrs, très-rarement distincts (*Platystemon*), généralement soudés en capsule, ou en silique 1-loculaire, ou rarement biloculaire par suite d'un développement celluleux des placentaires (*Glaucium*); s'ouvrant, soit par des valvules situées entre les placentaires (*Papaver*), soit en 2 ou 4 valves qui se séparent de bas en haut (*Chelidonium*), ou de haut en bas, en laissant à nu les placentaires (*Glaucium, Stylophorum*); rarement charnue dans la jeunesse (*Bocconia, Sanguinaria*). — GRAINES ordinairement nombreuses, rarement définies (*Macleya*), ou solitaires (*Bocconia*), globuleuses, ou ovoïdes-subréniformes; tantôt nues (*Papaver*), tantôt pourvues de crêtes le long du raphé (*Chelidonium*, etc.). Albumen abondant, huileux. — EMBRYON minime, basilaire. *Radicule* voisine du hile et centrifuge.

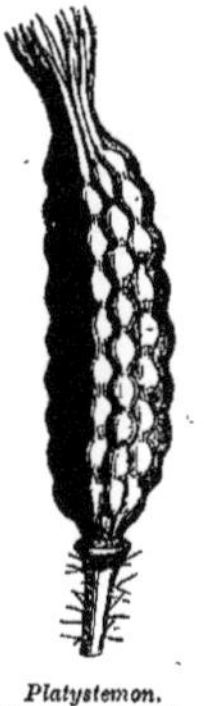

*Platystemon.* Carpelles agrégés.

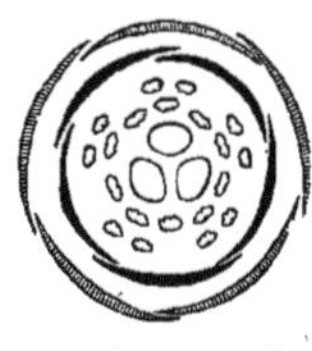

*Crossosoma.* Portion de fleur et diagramme.

GENRES PRINCIPAUX.

| | | | | | |
|---|---|---|---|---|---|
| *Platystémon, | *Platystemon.* | *Méconopsis, | *Meconopsis.* | *Eschscholtzia, | *Eschscholtzia.* |
| *Pavot, | *Papaver.* | *Glaucière, | *Glaucium.* | *Bocconie, | *Bocconia.* |
| *Argémone, | *Argemone.* | *Chélidoine, | *Chelidonium.* | *Sanguinaire, | *Sanguinaria.* |

Les *Papavéracées* sont étroitement liées aux *Fumariacées*, qui ne s'en distinguent que par leurs pétales irréguliers, leurs étamines définies, ordinairement diadelphes, et leur albumen non huileux. — Elles se rapprochent des *Crucifères* par leur fleur construite sur le type binaire, par l'hypopétalie, la placentation pariétale, le fruit capsulaire-siliqueux ; la polyandrie (*Megacarpæa*), et la graine huileuse; mais les Crucifères sont généralement tétradynames, leur ovaire est bi-loculaire, leurs ovules sont campylotropes, et leur graine sans albumen. — Les Papavéracées avoisinent aussi les *Renonculacées*, les *Berbéridées*, les *Nymphéacées* (voir ces Familles).

Un Genre monotype de la Californie, le *Crossosoma*, placé parmi les Renonculacées, se rapproche des Papavéracées par son calyce monosépale, par la polyandrie, par l'insertion périgynique des pétales et des étamines comme dans l'*Eschscholtzia*, par la séparation des carpelles comme dans le *Platystemon*. Il s'en éloigne par l'isomérie du calyce et de la corolle, et par l'arille multifide qui enveloppe les graines.

Les Papavéracées habitent les régions tempérées ou sub-tropicales de l'hémisphère Nord; on n'en rencontre qu'un petit nombre entre les tropiques, ou dans l'hémisphère austral. Quelques Espèces sont aujourd'hui dispersées dans les lieux cultivés du monde entier.

L'Espèce la plus importante, parmi les Papavéracées à suc laiteux, est le *Pavot somnifère* (*Papaver somniferum*), herbe annuelle, originaire de l'Asie. Le suc, recueilli par incision superficielle de sa capsule, et épaissi à l'air, est l'*opium*, substance renfermant de nombreux principes immédiats, et notamment un alcaloïde (*morphine*), auquel elle doit des propriétés très-énergiques, qui font de l'*opium* l'un des plus précieux auxiliaires de la médecine.

L'*opium*, pris à haute dose, est un poison mortel; mais l'habitude émousse rapidement son action, et l'on peut arriver par degrés à en avaler impunément des quantités considérables. Les Orientaux, et surtout les Chinois, boivent, mâchent, ou fument l'*opium*, et ce narcotique leur procure une ivresse, dont le renouvellement quotidien devient pour eux un besoin, qu'ils satisfont à tout prix : ils tombent bientôt dans un état d'abrutissement physique et moral, dont rien ne peut les tirer.

On cultive en grand, dans le nord de la France, une variété du *Pavot somnifère*, dont les graines sont noirâtres à la maturité, et fournissent par expression une huile douce, comestible, connue sous les noms d'*huile blanche*, *huile d'oliette* (*oleolum*), et employée aux mêmes usages que l'huile d'olives. — Les pétales du *Coquelicot* (*Papaver Rhœas*) sont mucilagineux, émollients, et légèrement narcotiques. — La *Chélidoine* (*Chelidonium majus*) est une herbe vivace, qu'on trouve dans les lieux cultivés. Le suc laiteux, jaune et âcre, qui remplit toutes les parties de la Plante, est employé en Europe pour ronger les verrues et pour dissiper les taies de la cornée; on le regarde au Brésil, à tort ou à raison, comme un remède efficace contre la morsure des serpents venimeux. — Le suc de l'*Argemone mexicana* possède, dit-on, les mêmes vertus. — La racine du *Sanguinaria canadensis*, qui renferme un suc rouge, est d'une saveur âcre-amère et colore la salive en rouge vif; on lui attribue des propriétés sédatives analogues à celles de la *Digitale*, et ses graines narcotiques sont estimées à l'égal de celles du *Datura stramonium*, ou *pomme-épineuse*.

# FUMARIACÉES, *FUMARIACEÆ*, *De Candolle*.

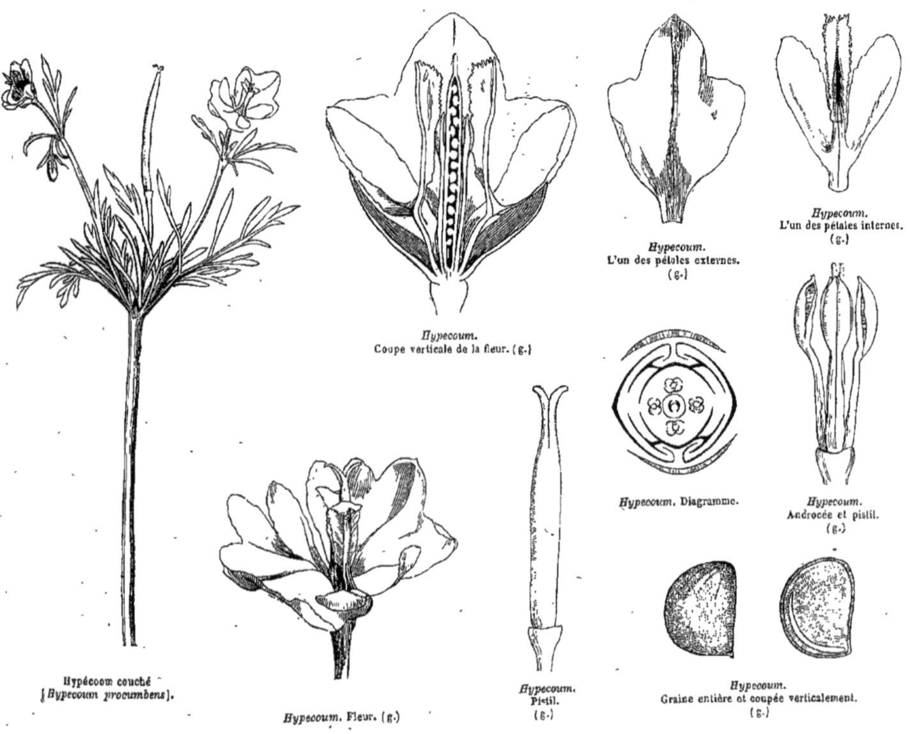

Hypécoum couché (*Hypecoum procumbens*).

*Hypecoum*. Coupe verticale de la fleur. (g.)

*Hypecoum*. L'un des pétales externes. (g.)

*Hypecoum*. L'un des pétales internes. (g.)

*Hypecoum*. Diagramme.

*Hypecoum*. Androcée et pistil. (g.)

*Hypecoum*. Fleur. (g.)

*Hypecoum*. Pistil. (g.)

*Hypecoum*. Graine entière et coupée verticalement. (g.)

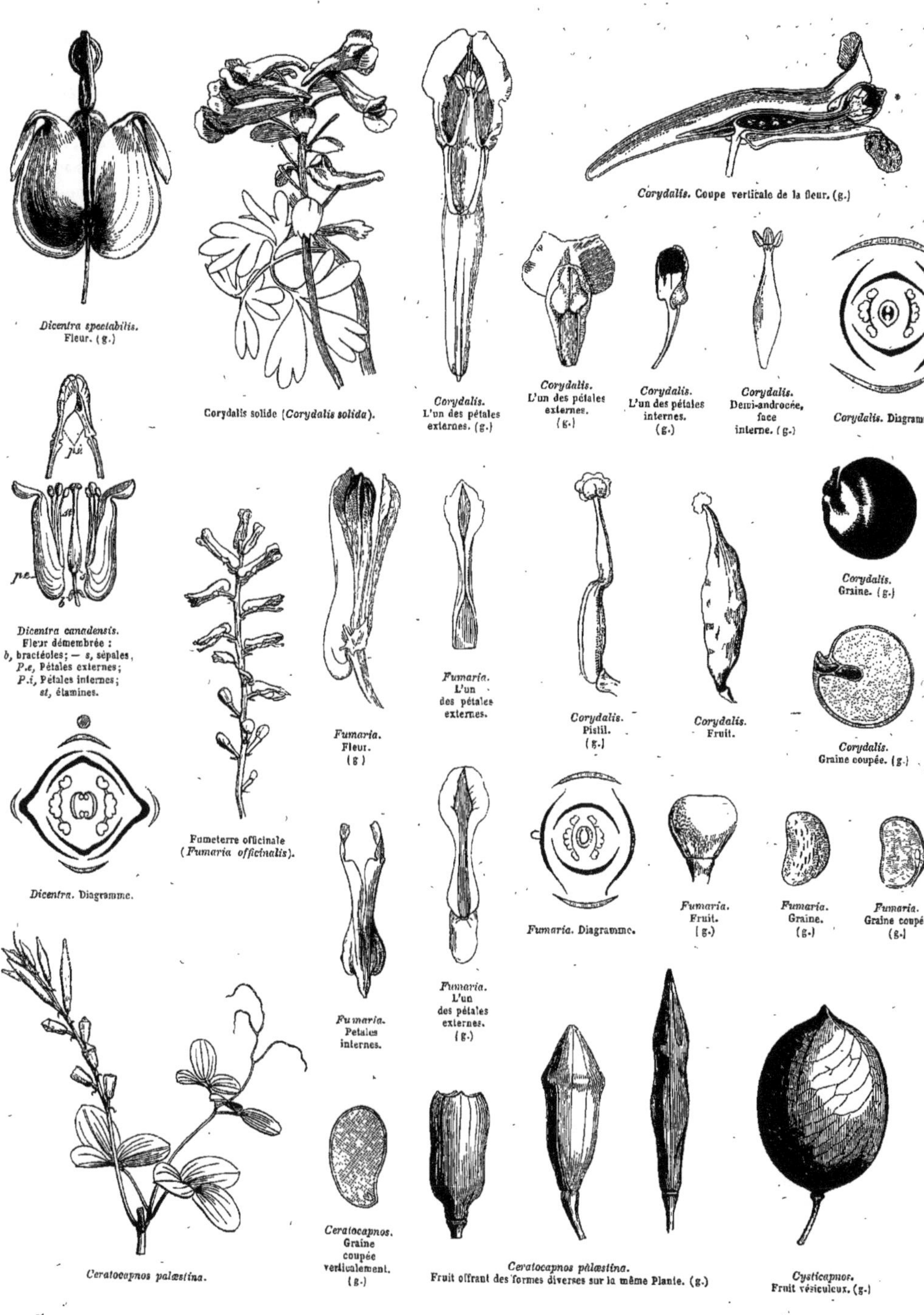

*Dicentra spectabilis.* Fleur. (g.)

Corydalis solide (*Corydalis solida*).

*Corydalis.* L'un des pétales externes. (g.)

*Corydalis.* Coupe verticale de la fleur. (g.)

*Corydalis.* L'un des pétales externes. (g.)

*Corydalis.* L'un des pétales internes. (g.)

*Corydalis.* Demi-androcée, face interne. (g.)

*Corydalis.* Diagramme.

*Dicentra canadensis.* Fleur démembrée : *b*, bractéoles; — *s*, sépales, *P.e*, Pétales externes; *P.i*, Pétales internes; *st*, étamines.

Fumeterre officinale (*Fumaria officinalis*).

*Fumaria.* Fleur. (g.)

*Fumaria.* L'un des pétales externes.

*Corydalis.* Pistil. (g.)

*Corydalis.* Fruit.

*Corydalis.* Graine. (g.)

*Corydalis.* Graine coupée. (g.)

*Dicentra.* Diagramme.

*Fumaria.* Petales internes.

*Fumaria.* L'un des pétales externes. (g.)

*Fumaria.* Diagramme.

*Fumaria.* Fruit. (g.)

*Fumaria.* Graine. (g.)

*Fumaria.* Graine coupée. (g.)

*Ceratocapnos palæstina.*

*Ceratocapnos.* Graine coupée verticalement. (g.)

*Ceratocapnos palæstina.* Fruit offrant des formes diverses sur la même Plante. (g.)

*Cysticapnos.* Fruit vésiculeux. (g.)

PLANTES herbacées, annuelles, ou vivaces, ordinairement glauques, à suc aqueux. — TIGE quelquefois tuberculeuse, rarement sarmenteuse. — FEUILLES alternes, découpées. — FLEURS ☿, irrégulières, terminales, en grappe, ou en épi, ou quelquefois solitaires. — SÉPALES 2, antéro-postérieurs, libres, pétaloïdes, ou squamiformes, à préfloraison imbriquée, caducs. — PÉTALES hypogynes 4, libres, ou cohérents à la base, 2-sériés, dont 2 extérieurs latéraux, alternes avec les sépales, différant des intérieurs et chevauchant sur eux, tantôt semblables l'un à l'autre (*Hypecoum, Dicentra, Adlumia*), tantôt inégaux, l'un d'eux éperonné, ou gibbeux, et l'autre plane; les 2 pétales intérieurs croisant les extérieurs, oblongs-linéaires, sub-calleux et cohérents au sommet, protégeant les anthères et les stigmates. — ÉTAMINES tantôt 4 libres, à anthères biloculaires (*Hypecoum*); tantôt 6, soudées par leurs filets en 2 phalanges opposées aux pétales extérieurs, et composées chacune de 3 anthères, dont les 2 latérales 1-loculaires, et la médiane biloculaire (*Fumaria, Sarcocapnos, Corydalis, Adlumia, Dicentra*). *Anthères* extrorses, à déhiscence quelquefois latérale (*Hypecoum*). — OVAIRE libre, à placentation pariétale, 1-pluri-ovulé. *Ovules* semi-anatropes. *Style* simple, quelquefois bifide (*Hypecoum*). *Stigmate* formant ordinairement 2 lobes crénelés. — FRUIT tantôt siliquiforme, multiséminé, bivalve (*Corydalis, Adlumia, Dicentra*), quelquefois vésiculeux (*Cysticapnos*); tantôt 1-2-séminé et indéhiscent (*Fumaria, Sarcocapnos*); tantôt articulé et séparé par des cloisons transversales en loges 1-séminées, indéhiscentes (*Ceratocapnos, Hypecoum*). — GRAINES horizontales, à hile ordinairement nu, quelquefois strophiolé (*Dicentra, Corydalis*). *Albumen* charnu. — EMBRYON ordinairement minime, presque droit, basilaire, ne se montrant souvent qu'au moment de la germination, et souvent aussi n'offrant qu'un seul cotylédon ovale (*Corydalis*).

GENRES PRINCIPAUX.

| | | | | | |
|---|---|---|---|---|---|
| *Fumeterre, | *Fumaria.* | *Corydalis, | *Corydalis.* | *Dicentra, | *Dicentra.* |
| Sarcocapnos, | *Sarcocapnos.* | *Adlumia, | *Adlumia.* | Hypécoom, | *Hypecoum.* |

Les *Fumariacées* sont liées aux *Papavéracées* (voir cette Famille) par une affinité tellement étroite, que beaucoup de Botanistes modernes les ont annexées à cette dernière Famille, dont elles ne diffèrent que par leurs pétales intérieurs différents des extérieurs et leur étamines défluies. Elles se rapprochent, comme les Papavéracées, de la Famille des *Crucifères*, par la corolle, l'hypopétalie, la placentation pariétale, la courbure de l'ovule et la structure du fruit; mais elles s'en éloignent par leur fleur irrégulière à 2 sépales, leurs étamines diadelphes, leur graine albuminée, et leur embryon minime et basilaire. — Elles habitent les pays tempérés de l'hémisphère Nord, et surtout la région méditerranéenne et l'Amérique septentrionale. Quelques Espèces (*Cysticapnos, Phacocapnos*) habitent l'Afrique australe; aucune n'a été observée dans les régions chaudes des tropiques.

La plupart des Fumariacées contiennent, dans leurs parties herbacées, du mucilage, des substances salines, et un acide particulier, ou suc âcre, combinés dans des proportions telles qu'on les a rangées parmi les médicaments toniques et altérants. La *Fumeterre officinale* (*Fumaria officinalis*) se rencontre partout dans les moissons, ou dans les décombres; son suc est amer, stomachique et dépuratif. Le rhizôme des *Corydalis bulbosa* et *fabacea* est sub-aromatique, très-amer et légèrement astringent; on l'emploie comme emménagogue et vermifuge. — L'herbe du *Corydalis capnoides*, médiocrement amère et très-âcre, est réputée stimulante.

# CRUCIFÈRES, *CRUCIFERÆ*.

(TETRAPETALÆ, *Rai.* — SILIQUOSÆ, *Magnol.* — CRUCIFORMES, *Tournefort.* TETRADYNAMÆ, *Linné.* — ANTISCORBUTICÆ, *Crantz.* — CRUCIATÆ, *Haller.* CRUCIFERÆ, *Adanson.* — BRASSICACEÆ, *Lindley.*)

SÉPALES 4. PÉTALES 4, *hypogynes.* ÉTAMINES 6, *tétradynames.* OVAIRE *sessile 2-loculaires (rarement 1-loculaire), à 2 placentaires pariétaux.* FRUIT *siliqueux, ou siliculeux, ou nucamentacé, ou lomentacé.* GRAINES *exalbuminées.* EMBRYON *dicotylédoné, huileux, courbé, rarement droit.*

PLANTES ordinairement herbacées, rarement sous-frutescentes, à suc aqueux, souvent un peu âcre, à poils simples, ou étoilés, ou fixés par le milieu, très-rarement glanduleux. — TIGE cylindrique, ou anguleuse, quelquefois spinescente. — FEUILLES simples, alternes, ou rarement opposées, entières, ou lobées, ou disséquées, les radicales souvent roncinées, et les caulinaires souvent auriculées à la base. *Stipules* généralement nulles. —

Fleurs ☿ en grappe, rarement solitaires et terminant une hampe; grappes ordinairement terminales, corymbiformes dans le jeune âge, rarement pourvues de bractées. *Corolle* blanche, ou jaune, ou purpurine, rarement bleue, ou rose. — Sépales 4, libres, bi-sériés, les 2 extérieurs opposés, antéro-postérieurs, répondant aux placentaires; les 2 intérieurs latéraux, souvent plus larges, et gibbeux à leur base; à préfloraison imbriquée, ou très-rarement valvaire (*Ricotia, Savignya,* etc.). — Pétales 4, hypogynes, rarement nuls (*Armoracia, Lepidium qq., Cardamine qq.*, etc.), étalés en croix, ordinairement entiers, égaux, ou les extérieurs plus grands, à préfloraison diversement imbriquée. Glandes sessiles à la base ou sur le pourtour du torus, généralement 4, opposées aux sépales, quelquefois 2, ou 6, quelquefois formant un anneau continu, diversement découpé, quelquefois nulles. — Étamines hypogynes, 6, dont 2 plus courtes, insérées devant les sépales latéraux, et quatre plus longues, insérées devant les sépales placentaires, et rapprochées par paires, ou cohérentes, quelquefois réduites à 4-2 par avortement (*Lepidium qq., Capsella qq., Senebiera qq.*), rarement ∞ (*Megacarpæa polyandra*). *Filets* subulés, les plus longs quelquefois 1-dentés, ou arqués, rarement dilatés en larges appendices (*Lepidostemone*). *Anthères* biloculaires, très-rarement 1-loculaires (*Atelanthera*), introrses, à déhiscence longitudinale, basifixes, cordiformes, ou sagittées, quelquefois linéaires (*Parrya*), ou tordues (*Stanleya*). — Pistil composé de 2 carpelles (très-rarement 3-4, *Tetrapoma*) disposés à droite et à gauche de l'axe floral, et cohérents. — Ovaire sessile, rarement stipité (*Warea*, etc.), à placentation pariétale, généralement divisé en 2 loges par des lames celluleuses nées des placentaires et dilatées en fausse cloison verticale; quelquefois 1-loculaire à placentation pariétale, ou basilaire, ou apicale; quelquefois divisé en plusieurs logettes superposées par des cloisons spongieuses transversales (*Raphanus*). *Style* simple, quelquefois dilaté ou appendiculé au-dessous des stigmates. *Stigmates* 2, opposés aux placentaires, dressés, ou divergents, ou soudés en un seul, quelquefois décurrents sur le style. *Ovules* ∞, ou peu nombreux, ou solitaires, pendants, ou horizontaux, très-rarement solitaires et basilaires dans les ovaires 1-loculaires (*Clypeola, Dipterygium*), ou apicaux (*Isatis, Tauscheria, Euclidium*), campylotropes, ou semi-anatropes, à raphé ventral et micropyle supère. — Fruit allongé (silique), ou court (silicule), généralement 2-loculaire, ou 1-loculaire par insuffisance de la cloison (*Isatis, Clypeola, Calepina, Myagrum*, etc.), ordinairement à 2 valves se séparant des placentaires, rarement à 3-4 valves (*Tetrapoma*), quelquefois indéhiscent par suite de la cohérence des valves (*Raphanus*), rarement divisé transversalement en 2 articles uni-pluri-séminés, indéhiscents excepté l'inférieur (*Erucaria, Morisia*, etc.), ou le supérieur (*Crambe, Rapistrum, Cakile, Enarthrocarpus*). — Graines sub-globuleuses, ou bordées, ou ailées, à testa celluleux, devenant ordinairement mucilagineux au contact de l'eau. — Embryon huileux, courbe, très-rarement droit (*Leavenworthia*), exalbuminé, ou très-rarement enveloppé d'une couche d'albumen charnu (*Isatis qq.*). *Cotylédons* épigés, ordinairement planes-convexes, accombants (*pleurorhizeæ*), ou incombants (*notorhizeæ*) relativement à la radicule (qui est ordinairement ascendante), rarement obliques, quelquefois pliés en deux dans le sens de leur longueur et embrassant la radicule (*orthoploceæ*), rarement linéaires et pliés 2 fois en travers sur eux-mêmes (*diplecolobeæ*), très-rarement linéaires et roulés transversalement sur eux-mêmes (*spirolobeæ*).

## Tribu I. — ORTHOPLOCÉES, *ORTHOPLOCEÆ, De Candolle.*

Cotylédons condupliqués longitudinalement et embrassant la radicule dorsale.

GENRES PRINCIPAUX.

| | | | | | |
|---|---|---|---|---|---|
| *Sénevé, | *Sinapis.* | Diplotaxis, | *Diplotaxis.* | Morisia, | *Morisia.* |
| Roquette, | *Eruca.* | Vella, | *Vella.* | Rapistre, | *Rapistrum.* |
| *Chou, | *Brassica.* | Moricandie, | *Moricandia.* | Énarthrocarpe, | *Enarthrocarpus.* |
| Hirschfeldie, | *Hirschfeldia.* | Calépine, | *Calepina.* | *Radis, | *Raphanus.* |
| Érucastre, | *Erucastrum.* | *Crambé, | *Crambe.* | Ravenelle, | *Raphanistrum.* |

## Tribu II. — PLATYLOBÉES, *PLATYLOBEÆ.*

(PLEURORHIZEÆ et NOTORHIZEÆ, *De Candolle*).

Cotylédons planes. Radicule latérale, ou dorsale.

GENRES PRINCIPAUX.

**Platylobées siliqueuses.**

| | | | | | |
|---|---|---|---|---|---|
| *Julienne, | *Hesperis.* | *Vélar, | *Erysimum.* | *Cresson, | *Nasturtium.* |
| *Malcolmia, | *Malcolmia.* | *Barbarée, | *Barbarea.* | *Arabette, | *Arabis.* |
| *Giroflée, | *Cheiranthus.* | Sisymbre, | *Sisymbrium.* | *Cardamine, | *Cardamine.* |
| *Matthiole, | *Matthiola.* | Alliaire, | *Alliaria.* | Dentaire, | *Dentaria.* |

**Platylobées siliculeuses.**

| | | | | | |
|---|---|---|---|---|---|
| *Lunaire, | *Lunaria.* | *Cranson, | *Armoracia.* | Hutchinsia, | *Hutchinsia.* |
| *Farsétia, | *Farsetia.* | *Cochléaria, | *Cochlearia.* | *Ibéride, | *Iberis.* |
| *Aubriétia, | *Aubrietia.* | Tétrapoma, | *Tetrapoma.* | Teesdalia, | *Teesdalia.* |
| *Vésicaire, | *Vesicaria.* | Neslie, | *Neslia.* | *Éthionème, | *Æthionema.* |
| *Alysson, | *Alyssum.* | *Myagre, | *Myagrum.* | Thlaspi, | *Thlaspi.* |
| Clypéole, | *Clypeola.* | *Caméline, | *Camelina.* | Tabouret, | *Capsella.* |
| Peltaire, | *Peltaria.* | Lunetière, | *Biscutella.* | Caquillier, | *Cakile.* |
| Drave, | *Draba.* | Mégacarpæa, | *Megacarpæa.* | *Pastel, | *Isatis.* |
| Érophile, | *Erophila.* | *Lépidie, | *Lepidium.* | Jérose, | *Anastatica.* |

## TRIBU III. — SPIROLOBÉES, *SPIROLOBEÆ, De Candolle.*

Cotylédons linéaires, enroulés transversalement sur eux-mêmes. Radicule dorsale.

GENRES PRINCIPAUX.

| | | | |
|---|---|---|---|
| *Bunias, | *Bunias.* | *Schizopétale, | *Schizopetalum.* |

## TRIBU IV. — DIPLÉCOLOBÉES, *DIPLECOLOBEÆ, De Candolle.*

Cotylédons linéaires, pliés deux fois en travers sur eux-mêmes. Radicule dorsale.

GENRES PRINCIPAUX.

| | | | | | |
|---|---|---|---|---|---|
| Coronope, | *Coronopus.* | Subulaire, | *Subularia.* | *Héliophile, | *Heliophila.* |

---

## CLASSIFICATION DES CRUCIFÈRES,

PAR MM. BENTHAM ET HOOKER.

**Série A.** Silique allongée, ou courte, déhiscente dans toute sa longueur. Valves continues en dedans, rarement septifères, planes, ou concaves, non comprimées, perpendiculaires à la cloison. Cloison de la même largeur que les valves.

TRIBU I. ARABIDÉES. — Silique étroite, allongée, à graines souvent 1-sériées. Cotylédons accombants. — *Matthiola, Cheiranthus, Atelanthera, Nasturtium, Barbarea, Arabis, Cardamine, Lonchophora, Anastatica,* etc.

TRIBU II. ALYSSINÉES. — Silique souvent courte, large, à graines bi-sériées. Cotylédons accombants. — *Lunaria, Farsetia, Aubrietia, Vesicaria, Alyssum, Draba, Erophila, Cochlearia,* etc.

TRIBU III. SISYMBRIÉES. — Silique étroite, allongée, à graines souvent 1-sériées. Cotylédons incombants, droits, ou enroulés, ou plissés transversalement. — *Schizopetalum, Hesperis, Malcolmia, Streptoloma, Sisymbrium, Conringia, Erysimum, Heliophila,* etc.

TRIBU IV. CAMÉLINÉES. — Silique courte, allongée, ou oblongue, ou ovoïde, ou globuleuse. Graines bi-sériées. Cotylédons incombants. — *Stenopetalum, Braya, Camelina, Tetrapoma, Subularia,* etc.

TRIBU V. BRASSICÉES. — Silique courte, ou allongée, déhiscente dans toute sa longueur, ou au sommet seulement. Cotylédons pliés longitudinalement. — *Brassica, Sinapis, Erucastrum, Hirschfeldia, Diplotaxis, Eruca, Moricandia, Vella, Carrichtera, Succovia*, etc.

**Série B.** Silique courte, déhiscente dans toute sa longueur. Valves continues en dedans, très-concaves, comprimées contrairement à la cloison. Cloison étroite.

TRIBU VI. LÉPIDINÉES. — Cotylédons incombants, droits, ou courbes, ou condupliqués longitudinalement, ou enroulés sur eux-mêmes. — *Capsella, Senebiera, Lepidium, Æthionema, Campyloptera*, etc.

TRIBU VII. THLASPIDEÆ. — Cotylédons accombants, droits. — *Cremolobus, Biscutella, Megacarpæa, Thlaspi, Iberis, Teesdalia, Hutchinsia, Iberidella*, etc.

**Série C.** Silique courte (rarement allongée), indéhiscente, non articulée, souvent crustacée, ou osseuse, 1-loculaire, 1-séminée (rarement 2-séminée), ou 2-4-loculaire à loges parallèles 1-séminées. Pédicelles souvent grêles, les fructifères penchés. Graines à testa non mucilagineux, souvent munies d'un mince albumen.

TRIBU VIII. ISATIDÉES. — Caractères de la série. — *Peltaria, Clypeola, Isatis, Tauscheria, Neslia, Calepina, Myagrum, Euclidium, Bunias, Zilla*, etc.

**Série D.** Silique 2-articulée transversalement, courte, ou allongée ; article inférieur indéhiscent, vide, ou biloculaire longitudinalement, 2-∞-séminé; article supérieur indéhiscent, 1-loculaire, 1-séminé, ou 2-∞-loculaire, à loges parallèles, ou superposées. — Siliques toujours dressées, ou presque dressées, à pédicelle filiforme.

TRIBU IX. CAKILINÉES. — Caractères de la série. — *Crambe, Muricaria, Rapistrum, Cakile, Enarthrocarpus, Erucária, Morisia*, etc.

**Série E.** Silique allongée, non articulée, indéhiscente, cylindrique, ou moniliforme, 1-loculaire, multiséminée, ou à plusieurs logettes 1-2-sériées, 1-séminées, et se séparant à la maturité.

TRIBU X. RAPHANÉES. — Caractères de la série. — *Raphanus, Raffenaldia, Anchonium, Parlatoria*, etc.

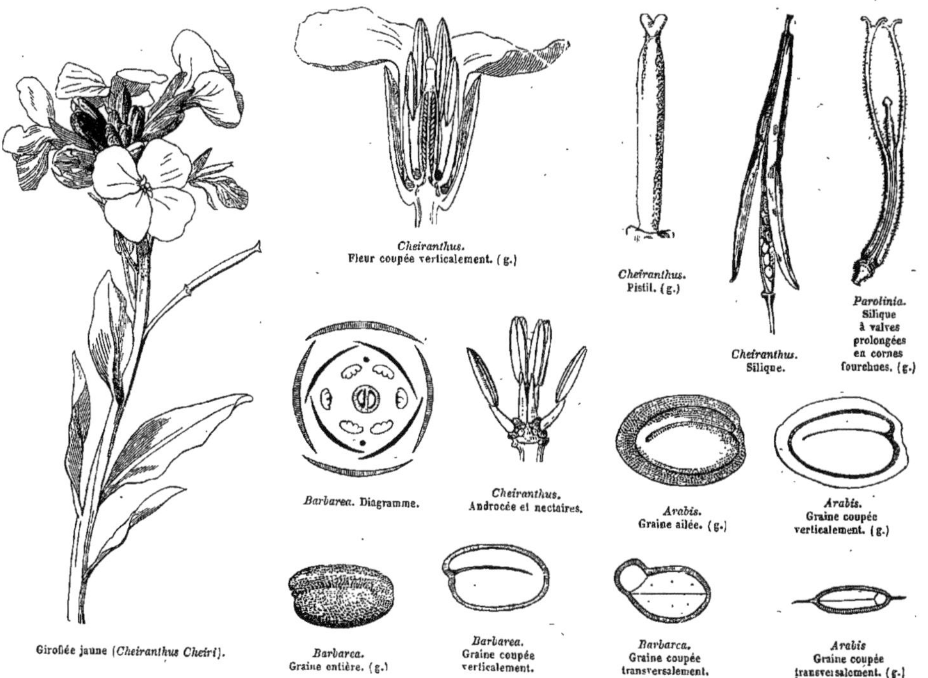

Giroflée jaune (*Cheiranthus Cheiri*).

*Cheiranthus.* Fleur coupée verticalement. (g.)

*Cheiranthus.* Pistil. (g.)

*Cheiranthus.* Silique.

*Parolinia.* Silique à valves prolongées en cornes fourchues. (g.)

*Barbarea.* Diagramme.

*Cheiranthus.* Androcée et nectaires.

*Arabis.* Graine ailée. (g.)

*Arabis.* Graine coupée verticalement. (g.)

*Barbarea.* Graine entière. (g.)

*Barbarea.* Graine coupée verticalement.

*Barbarea.* Graine coupée transversalement.

*Arabis* Graine coupée transversalement. (g.)

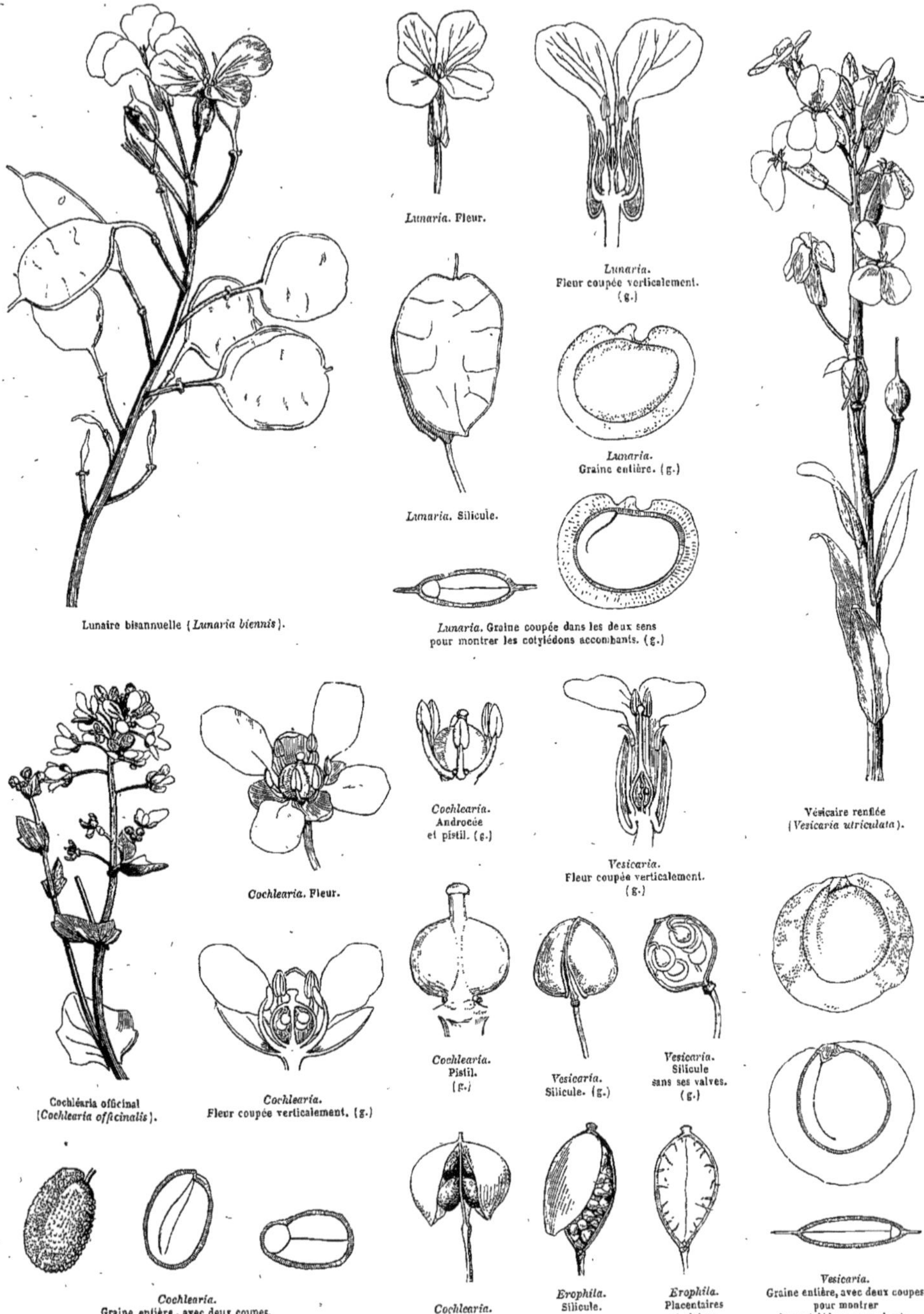

Lunaire bisannuelle (*Lunaria biennis*).

*Lunaria*. Fleur.

*Lunaria*. Fleur coupée verticalement. (g.)

*Lunaria*. Silicule.

*Lunaria*. Graine entière. (g.)

*Lunaria*. Graine coupée dans les deux sens pour montrer les cotylédons accombants. (g.)

Vésicaire renflée (*Vesicaria utriculata*).

Cochléaria officinal (*Cochlearia officinalis*).

*Cochlearia*. Fleur.

*Cochlearia*. Androcée et pistil. (g.)

*Vesicaria*. Fleur coupée verticalement. (g.)

*Cochlearia*. Fleur coupée verticalement. (g.)

*Cochlearia*. Pistil. (g.)

*Vesicaria*. Silicule. (g.)

*Vesicaria*. Silicule sans ses valves. (g.)

*Cochlearia*. Graine entière, avec deux coupes, pour montrer les cotylédons accombants. (g.)

*Cochlearia*. Silicule. (g.)

*Erophila*. Silicule. (g.)

*Erophila*. Placentaires et cloison.

*Vesicaria*. Graine entière, avec deux coupes pour montrer les cotylédons accombants.

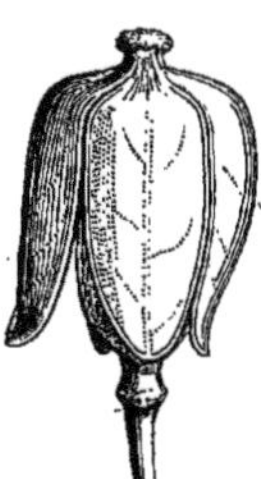
*Tetrapoma barbareæfolia.* Silicule à 4 valves.

*Tetrapoma barbareæfolia.* Coupe transversale de la silicule, montrant les 4 placentaires et les cloisons incomplètes. (g.)

*Erysimum.* Graine entière. (g.)

*Erysimum.* Graine coupée dans les deux sens pour montrer les cotylédons incombants.

*Eruca.* Pistil à style ensiforme. (g.)

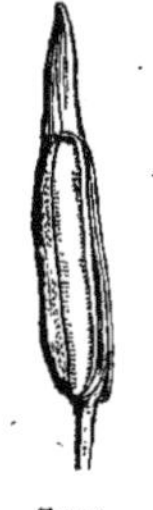
*Eruca.* Silique terminée par le style élargi en bec.

Roquette cultivée (*Eruca sativa*).

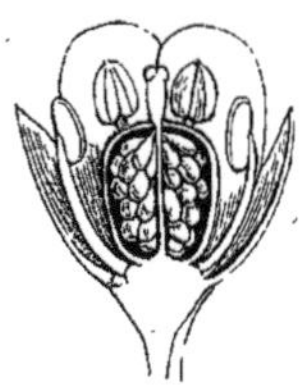
Tabouret bourse-à-berger. *Capsella bursa-pastoris.* (g.)

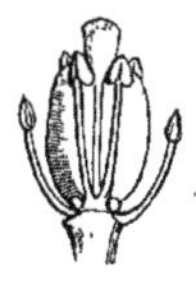
*Capsella.* Androcée et pistil. (g.)

*Eruca.* Diagramme.

*Eruca.* Graine entière, avec deux coupes pour montrer les cotylédons pliés en long et incombants.

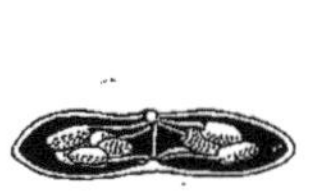
*Capsella bursa-pastoris.* Coupe transversale de la silicule.

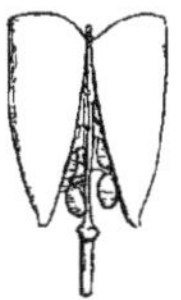
*Capsella.* Silicule. (g.)

*Capsella.* Silicule sans ses valves.

*Capsella.* Placentaires et cloison.

*Iberis.* Fleur. (g.)

*Lepidium.* Graine entière, avec deux coupes pour montrer les cotylédons 3-partits et incombants.

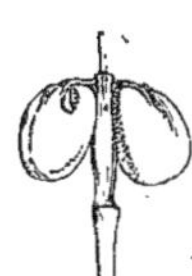
*Iberis.* Fleur coupée verticalement. (g.)

*Æthionema saxatile.* Graine entière, avec deux coupes pour montrer les cotylédons incombants. (g.)

*Iberis.* Androcée et pistil. (g.)

*Iberis.* Silicule sans ses valves.

Ibéride amère (*Iberis amara*).

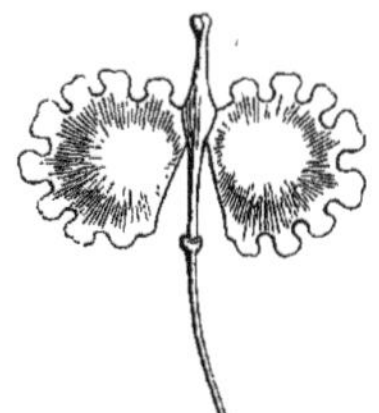
*Cremolobus sinuatus.* Silicule. (g.)

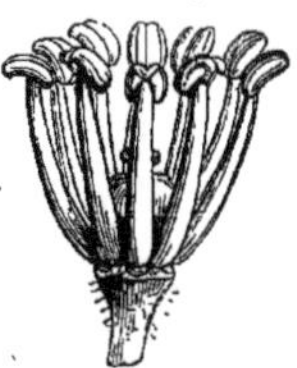
*Megacarpæa polyandra.* Androcée.

*Megacarpæa.* Pistil. (g.)

*Thlaspi arvense.* Graine entière et coupée dans les deux sens pour montrer les cotylédons accombants. (g.)

Pastel tinctorial.
(*Isatis tinctoria.*)
Fleur coupée verticalement.
(g.)

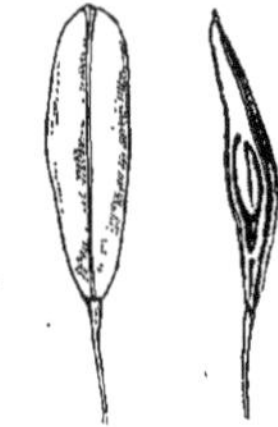
*Isatis.*
Fruit entier
et coupé verticalement.
(g.)

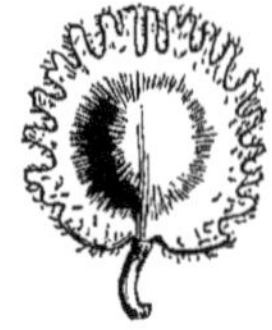
*Clypeola cyclodonta.*
Silicule.
(g.)

*Neslia paniculata.*
Graine entière et coupée pour montrer les cotylédons incombants.
(g.)

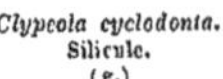

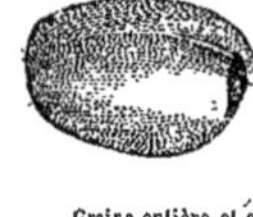
*Myagrum perfoliatum.*
Graine entière et coupée pour montrer les cotylédons incombants. (g.)

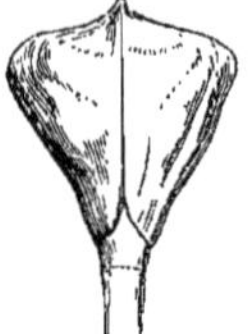
*Myagrum perfoliatum.*
Silicule entière et coupée verticalement. (g.)

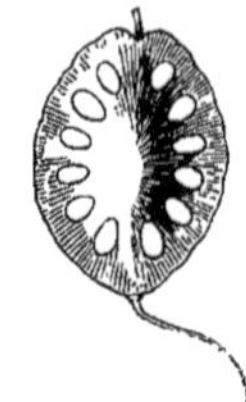
*Thysanocarpus elegans.*
Silicule perforée
dans son pourtour. (g.)

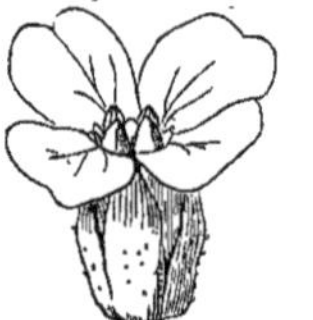
*Bunias.*
Fleur. (g.)

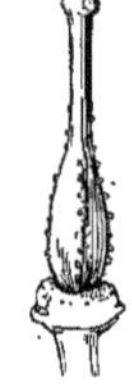
*Bunias.*
Pistil. (g.)

*Bunias.*
Silicule entière
et coupée verticalement. (g.)

*Bunias Erucago.*
Graine entière et coupée verticalement
pour montrer
les cotylédons enroulés.
(g.)

Bunias fausse-Roquette.
(*Bunias Erucago.*)

*Bunias Erucago.*
Fleur coupée verticalement.
(g.)

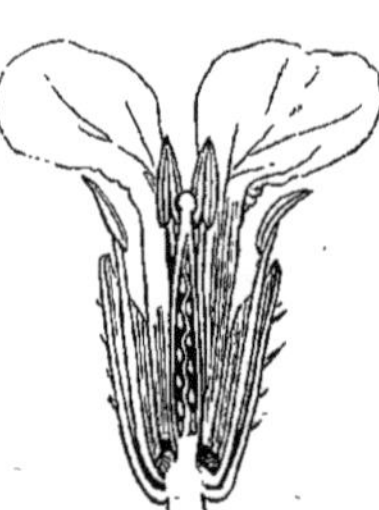
*Raphanistrum.*
Fleur coupée verticalement.
(g.)

*Raphanistrum.*
Androcée
et nectaires.
(g.)

*Raphanistrum.*
Diagramme.

*Crambe maritima.*
Fleur coupée verticalement.
(g.)

*Crambe.*
Androcée, pistil
et nectaires.
(g.)

*Crambe.*
Silicule
coupée
verticalement.
(g.)

*Crambe.*
Pistil
et nectaires.
(g.)

*Crambe.*
Graine. (g.)

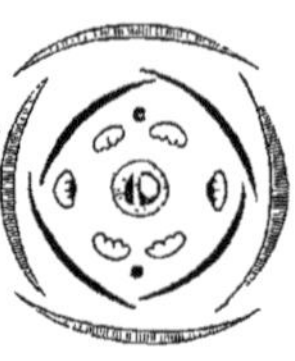
*Crambe.* Diagramme.

La fleur des *Crucifères* n'est pas rigoureusement symétrique relativement à l'axe floral. La disposition du calyce et de la corolle paraît, au premier aspect, se conformer au type quaternaire : 4 sépales alternent avec 4 pétales; toutefois il suffit du plus léger examen pour s'assurer que les 2 sépales antéro-postérieurs sont insérés plus bas que les 2 latéraux. Quant aux pétales, ils forment évidemment un seul verticille. Vient ensuite l'androcée, dont la structure tout exceptionnelle a donné lieu à un grand nombre de théories contradictoires. Les 2 étamines latérales, plus courtes, sont inférieures aux 4 plus longues, rapprochées par paires, et alternent avec elles. Ce sont ces 2 paires d'étamines longues qui ont surtout exercé la sagacité des Botanistes. De Candolle, et après lui Seringe, Saint-Hilaire, Moquin-Tandon et Webb, ont admis le type quaternaire pour le calyce et la corolle, et l'attribuent également à l'androcée, où, d'après leur opinion, chaque paire d'étamines longues représente une étamine dédoublée. Cette théorie ne tient pas compte de la position inférieure des 2 sépales antéro-postérieurs, relativement aux sépales latéraux, et de la situation des étamines courtes opposées aux carpelles, laquelle serait contraire aux lois de l'alternance.

Des Botanistes plus modernes (MM. Lestiboudois, Kunth, Lindley, puis MM. J. Gay, Schimper, Wydler, Krause, Duchartre, Chatin, Godron), soutiennent, sur la morphologie de la fleur des Crucifères, une théorie toute différente. Ils n'admettent pas le dédoublement des étamines longues; ils affirment, contrairement aux observations organogéniques de Payer, que, dans la fleur très-jeune, chaque groupe d'étamines géminées naît de 2 mamelons distincts, écartés l'un de l'autre et parfaitement opposés aux pétales. Ils regardent l'androcée comme composé de 2 verticilles quaternaires : 1° le verticille inférieur, représenté par les 2 étamines latérales seulement, et restant incomplet en raison de l'avortement constant des 2 étamines qui devraient se trouver devant les sépales antérieur et postérieur; 2° le verticille supérieur, formé des 4 étamines grandes, primitivement opposées aux pétales, et se rapprochant plus tard de manière à former 2 paires. Quant au pistil, ils le considèrent comme normalement formé de 4 carpelles opposés aux 4 sépales, disposition qu'on observe dans le Genre *Tetrapoma*. Ainsi le plan originel de la fleur peut, suivant eux, se formuler comme il suit : 4 sépales, 4 pétales, 4 étamines externes, dont 2 avortent constamment, 4 étamines internes, 4 carpelles, dont les 2 antéro-postérieurs avortent (excepté dans le *Tetrapoma*), tous ces verticilles alternant exactement les uns avec les autres.

M. A. G. Eichler, qui est venu après les Botanistes ci-dessus désignés, a publié, en 1865, dans la *Flore du Brésil*, le résultat de ses recherches. Il affirme, comme De Candolle, que chaque paire d'étamines longues résulte de la *diremption* ou *chorize* d'une seule étamine. Il se fonde d'abord sur ce que, d'après ses observations organogéniques, le mamelon qui donne naissance à chaque paire d'étamines est primitivement simple, et ne se bilobe que plus tard. Relativement aux anthères biloculaires des étamines géminées, qui, selon les partisans de la théorie des avortements, devraient être 1-loculaires, M. Eichler prétend que cette objection est sans valeur; qu'il s'agit ici non pas d'un *dédoublement*, qui partage un organe entier en 2 moitiés, mais d'une *chorize*, où les organes éprouvent une sorte de multiplication; que d'ailleurs, dans le Genre *Atelanthera*, les étamines longues sont constamment 1-loculaires.

Quant à la polyandrie, qui s'observe chez quelques Espèces de *Megacarpæa*, où l'androcée se compose de 8-16 étamines, on peut, selon M. Eichler, admettre qu'elle résulte d'une multiplication des étamines longues, plus abondante que dans l'état ordinaire, et que la chorize a envahi les étamines latérales. Il faut, en outre, considérer que cette tendance à la multiplication, d'ailleurs tout exceptionnelle, et ne se présentant pas dans toutes les Espèces du Genre *Megacarpæa*, se montre aussi chez les *Cléomées*, Tribu des *Capparidées*, Famille étroitement liée aux Crucifères; leur androcée, normalement hexandre, et disposé comme celui des Crucifères, présente, dans quelques Espèces de *Cleome*, 4 étamines, et, dans les *Polanisia*, 8 étamines ou ∞, rapprochées en groupes antéro-postérieurs, les 2 latérales restant solitaires, ou très-rarement géminées.

D'après les observations organogéniques de M. Eichler, le sépale antérieur, puis le postérieur, apparaissent les premiers; les 2 sépales latéraux se montrent en même temps; les 4 pétales naissent ensuite simultanément, et occupent 4 places, qui se croisent diagonalement avec les sépales latéraux. L'androcée commence par 2 gibbosités larges, obtuses, opposées aux sépales latéraux, qui restent simples, et deviennent les étamines courtes. Peu après leur naissance apparaissent 2 semblables gibbosités, antéro-postérieures, insérées plus haut que les précédentes, plus larges et plus obtuses, lesquelles, en s'élargissant de plus en plus, se bilobent peu à peu, et se partagent en 2 mamelons, qui s'isolent et finissent par produire 2 étamines longues. Jamais, dit M. Eichler (qui maintient énergiquement son assertion contre celles de MM. Duchartre, Chatin et Krause), jamais ces étamines ne sont, dans leur jeunesse, exactement opposées aux pétales; elles sont, au contraire, d'autant plus voisines de la ligne médiane que leur âge est moins avancé, disposition qui s'observe plus manifestement encore dans quelques Capparidées hexandres.

Il affirme, contrairement aux observations de M. Chatin, que, dans les Crucifères qui ont moins de 6 étamines (*Lepidium ruderale*, *latifolium*, *virginianum*, etc.), les étamines latérales sont insérées plus bas que les 2 antéro-postérieures, ce qui prouve que ces dernières n'appartiennent pas à un verticille inférieur, comme le veut la théorie de l'avortement.

En conséquence, M. Eichler regarde comme vraie la théorie de la diremption ou chorize; mais la sienne diffère de celle qu'a donnée De Candolle en ce que les partisans de cette dernière font de l'androcée, de la corolle et du calyce 3 verticilles quaternaires, tandis que M. Eichler n'admet la tétramérie que pour la corolle seulement, et assigne le type binaire au reste de la fleur, dont la composition par conséquent serait la suivante : 2 sépales antéro-postérieurs, 2 sépales latéraux, 4 pétales se croisant diagonalement avec les sépales latéraux, 2 étamines latérales courtes, 2 étamines antéro-postérieures chorizées, 2 carpelles latéraux, valvairement juxtaposés.

La Famille des Crucifères s'allie étroitement aux *Capparidées*, aux *Papavéracées*, aux *Fumariacées* (voir ces Familles). — Elle se rapproche aussi des *Résédacées* par le port, la préfloraison, l'hypopétalie, la placentation pariétale, la courbure de l'ovule, et la graine exalbuminée.

Les Crucifères sont dispersées par toute la terre; elles atteignent, dans les régions polaires, et sur les plus hautes montagnes, les limites de la végétation phanérogame. La majorité des Genres et des Espèces habite le midi de l'Europe et l'Asie Mineure; elles sont plus rares entre les tropiques, dans l'Amérique extra-tropicale et boréale tempérée.

Le titre d'*antiscorbutiques*, donné par Crantz aux Plantes de cette Famille, fait allusion à la plus importante de leurs propriétés. Elles contiennent, outre l'oxygène, l'hydrogène et le carbone, une notable quantité de soufre et d'azote : ces corps simples forment par leurs combinaisons diverses du mucilage, de la fécule, du sucre, une huile fixe, de l'albumine, et surtout les éléments d'une huile volatile particulière très-âcre, à laquelle les Crucifères doivent leur vertu stimulante. Quand la Plante est soustraite aux lois de la vie, les produits ternaires et quaternaires qu'elle possédait se désagrègent rapidement pour former des composés binaires, et surtout de l'acide sulfhydrique et de l'ammoniaque, dont la fétidité est insupportable.

La principale Espèce alimentaire est le *Chou* (*Brassica oleracea*), dont la culture remonte à la plus haute antiquité, et fournit des *variétés* ou *races* connues sous les noms de *Chou colza*, *Chou cavalier*, *Chou cabus*, *Chou frisé*, *Chou-fleur*, *Chou Broccoli*, etc. Le

*Chou Rave* (*Br. Rapa*), le *Chou Navet* (*Br. Napus*), ont une racine charnue, riche en sucre et en albumine, et leurs graines contiennent une huile fixe, employée pour l'éclairage. — Les *Radis* (*Raphanus*), dont on cultive deux Espèces : l'une à racine noire en dehors et blanche en dedans, l'autre (*petite Rave*) à racine blanche, ou rosée, ou violette, sont employés comme condiment.

A la tête des Crucifères antiscorbutiques se place le *Cochléaria officinal* (*Cochlearia officinalis*), herbe bisannuelle, qui habite le littoral maritime et le rivage des lacs salés du nord de l'Europe ; ses congénères des Alpes européennes, de la région méditerranéenne, de l'Asie et de l'Amérique septentrionale, possèdent des vertus analogues, mais à un moindre degré. — Le *Cresson alénois* (*Lepidium sativum*), le *Cresson de fontaine* (*Nasturtium officinale*), s'emploient aussi comme substances condimentaires. — Le *Lepidium oleraceum*, qui croît sur les rivages de la Nouvelle-Zélande, est un excellent antiscorbutique, et en même temps un légume d'un goût agréable, précieux pour les marins qui naviguent dans ces parages. — Les *Cardamine hirsuta*, *amara* et *pratensis*, Espèces indigènes, qui peuvent rivaliser avec le *Cresson de fontaine*, ont une saveur âcre, mêlée d'une légère amertume. Le *Cardamine asarifolia* remplace le *Cochléaria* chez les Piémontais ; le *Cardamine nasturtioïdes* est mangé au Chili comme le *Cresson* en France. — Le *Cakile maritima*, qui croît sur les côtes de l'Océan et de la Méditerranée, est tombé en désuétude, mais le *C. americana* jouit, dans l'Amérique du Nord et aux Antilles, d'une grande réputation comme antiscorbutique. — L'*Herbe de Sainte-Barbe* (*Barbarea vulgaris*), Plante indigène, d'une saveur âcre et piquante, a été injustement abandonnée. — Le *Vélar* ou *Herbe-au-Chantre* (*Sisymbrium officinale*), autre Espèce indigène très-commune, était jadis réputé béchique et anti-catarrhal. — L'*Alliaire* (*Sisymbrium Alliaria*), dont les feuilles, froissées entre les doigts, exhalent une forte odeur d'ail, a été longtemps employée comme vermifuge, diurétique et dépurative.

Le *Chou marin* (*Crambe maritima*), qui habite le littoral de l'Océan atlantique et de la Manche, est cultivé comme Plante potagère ; on fait blanchir au printemps ses jeunes pousses en les privant de la lumière ; ces turions cuits ont le goût des *Choux-fleurs*. — Le *Crambe tatarica* habite les champs sablonneux de la Hongrie et de la Moravie ; sa racine volumineuse est nommée vulgairement *pain des Tartares* ; on la mange, cuite ou crue, assaisonnée avec de l'huile, du vinaigre et du sel.

Le *Sénevé noir* ou *Moutarde noire* (*Sinapis nigra*) croît dans les champs de toute l'Europe. Sa graine pulvérisée est employée à l'intérieur comme condiment, et à l'extérieur comme médicament rubéfiant ; elle contient une huile fixe et une huile volatile très-âcre, à laquelle est due sa vertu excitante. Mais cette huile volatile n'y existe pas toute formée, elle est produite par la réaction d'une albumine particulière (*myrosine*) sur l'acide *myronique* contenu dans la semence : c'est cet acide qui devient une huile volatile. Or, pour que cette transformation ait lieu, il faut que l'albumine soit délayée dans de l'eau froide, qui, en la dissolvant, la rende apte à transformer l'acide en huile volatile. — La *Moutarde blanche* (*Sinapis alba*) contient des principes analogues à ceux de l'Espèce précédente ; on prend à l'intérieur la graine entière, dont le testa mucilagineux est associé à un principe actif, qui stimule les fonctions digestives. Le *Sinapis chinensis* est estimé dans l'Inde au même titre que le *S. nigra*.

Le *Raifort*, *Cran* ou *Cranson* (*Cochlearia rusticana* ou *Armoracia*), est cultivé dans tous les jardins de l'Europe moyenne ; sa racine contient beaucoup de sucre, de fécule, d'huile grasse et d'albumine, et on la mange comme condiment. Le principe âcre qu'elle renferme, et qui se développe par la réaction de l'eau, comme celui des *Sinapis*, lui donne des propriétés antiscorbutiques.

Les graines de la *Ravenelle* (*Raphanistrum arvense*), de la *Roquette* (*Eruca sativa*), de la *Monnoyère* (*Thlaspi arvense*), de la *Lunaire* (*Lunaria rediviva*), Plantes indigènes, sont tombées en désuétude, malgré leur âcreté stimulante. — Celles de la *Caméline* (*Camelina sativa*), contiennent une huile fixe, employée pour l'éclairage.

Les feuilles de la *Guède* ou *Pastel* (*Isatis tinctoria*), herbe commune dans toute la France, fournissent un principe colorant bleu, analogue à l'indigo, mais d'une qualité inférieure. Les anciens *Pictes*, *Celtes* ou *Gaulois*, l'employaient pour se peindre le corps en bleu ; la couleur bleue est restée depuis ces temps reculés la couleur nationale du manteau de nos rois.

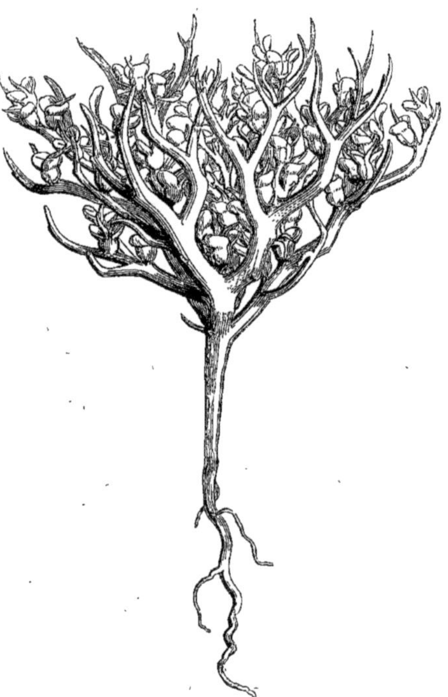

*Anastatica hierochuntina*. Rose de Jéricho.

L'*Anastatica Jerochuntina* est une petite Plante annuelle, haute de 8-12 centimètres, qui croît dans les lieux sablonneux de l'Arabie, de l'Égypte et de la Syrie. Sa tige se ramifie dès la base, et porte des fleurs sessiles, qui deviennent des silicules arrondies ; à la maturité de ces fruits, les feuilles tombent, les rameaux s'endurcissent, se dessèchent, se courbent en dedans, et se contractent en un peloton arrondi ; les vents d'automne déracinent bientôt la Plante, et l'emportent jusque sur les rivages de la mer. C'est de là qu'on l'apporte en Europe, où on la vend fort cher, à cause de ses propriétés hygrométriques : si l'on plonge dans l'eau l'extrémité de sa racine, ou si même on la place dans une atmosphère humide, ses silicules s'ouvrent, ses rameaux s'étendent, puis ils se resserrent de nouveau, à mesure qu'ils se dessèchent. Cette particularité, jointe à l'origine de la Plante, a donné lieu à des superstitions populaires : dans beaucoup de pays on croit que la fleur s'épanouit tous les ans au jour et à l'heure de la naissance du Christ ; de là son nom de *rose de Jéricho*. Quelques femmes font tremper la Plante dans l'eau dès que commencent pour elles les douleurs de l'enfantement, espérant que son épanouissement sera le signal de leur délivrance. — Plusieurs autres Végétaux partagent avec l'*Anastatica* cette propriété hygrométrique : tels sont certaines *Composées* du Genre *Asteriscus*, le *Plantago cretica*, le *Selaginella circinalis*, etc.

# CAPPARIDÉES, *CAPPARIDEÆ.*

(CAPPARIDES, *Jussieu.* — CAPPARIDEÆ, *Ventenat.* — CAPPARIDACEÆ, *Lindley.*)

Sépales 4-8, *libres, ou cohérents.* Pétales *hypogynes, ou périgynes 4-8, ou 0.* Étamines *ordinairement 6, ou ∞, hypogynes, ou périgynes.* Ovaire *généralement stipité et 1-loculaire, à placentaires pariétaux.* Ovules *courbes.* Fruit *capsulaire siliquiforme, ou baccien.* Graines *exalbuminées.* Embryon *dicotylédoné, arqué, ou plié.*

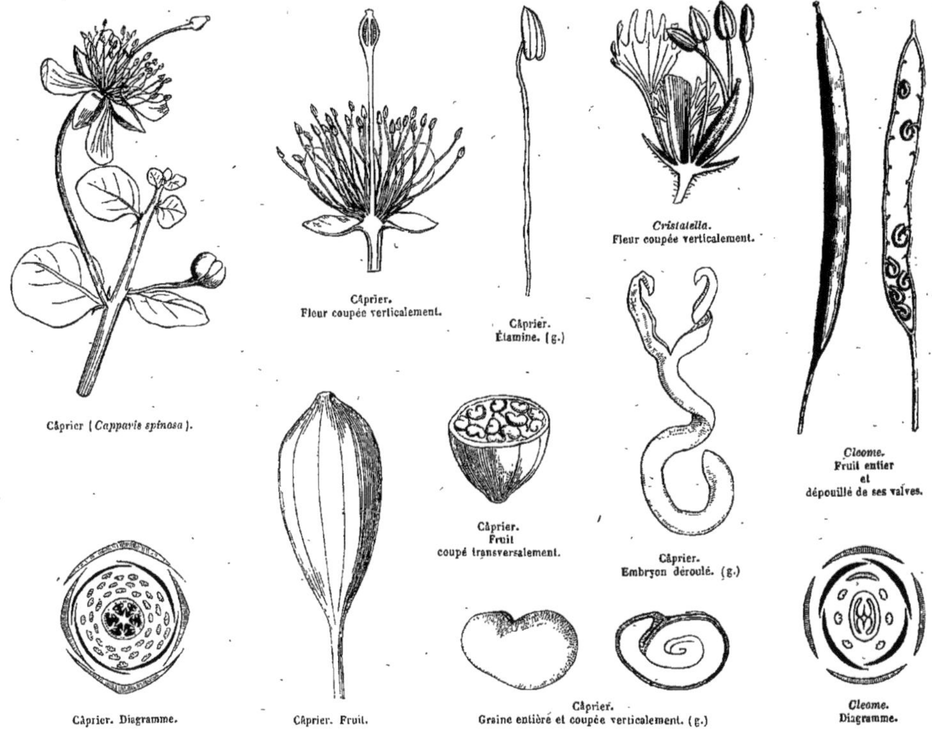


Plantes herbacées, annuelles, ou rarement vivaces, souvent frutescentes, quelquefois arborescentes (*Morisonia, Cratæva,* etc.), à suc aqueux. — Tige et rameaux arrondis, glabres, ou glanduleux, ou cotonneux, ou rarement écailleux (*Atamisquea, Capparis*). — Feuilles alternes, ou très-rarement opposées (*Atamisquea*), pétiolées, simples, ou digitées, à folioles entières, très-rarement dentées (*Cleome*), ou lobées (*Thylachium*). *Stipules* ordinairement nulles, ou peu apparentes, ou sétacées, ou spinescentes (*Capparis*). — Fleurs ☿, très-rarement dioïques (*Apophyllum*), régulières, ou quelquefois sub-irrégulières, tantôt axillaires, fasciculées, ou solitaires; tantôt terminales et disposées en grappe, ou en corymbe. — Sépales 4-8, tantôt libres, 1-2-sériés, sub-égaux ou inégaux; tantôt diversement cohérents en calycé tubuleux, quelquefois clos et s'ouvrant irrégulièrement (*Cleome, Thylachium, Steriphoma*), à préfloraison imbriquée, ou rarement valvaire. — Pétales ordinairement 4, rarement 0 (*Thylachium, Boscia, Niebuhria,* etc.), très-rarement 2 (*Cadaba, Apophyllum*), ou 8 (*Tovaria*), sessiles, ou onguiculés, à préfloraison imbriquée, ou tordue, très-rarement valvaire (*Ritchiea*) insérés sur le bord du torus. *Torus* court, ou allongé, symétrique, ou asymétrique, ou disciforme, ou prolongé postérieurement en appendice, ou déprimé, ou atténué en pédicule, quelquefois tapissant le fond du calyce, à bord glanduleux, ou frangé. — ÉTAMINES insérées à la base ou au sommet du torus, ordinairement 6, rarement 4-8 (*Polanisia, Cadaba*), souvent en nombre multiple de 6 ou de 8, toutes fertiles, ou quelques-unes stériles (*Dactylæna, Cleome, Polanisia,* etc.). *Filets* filiformes, quelquefois épaissis au sommet (*Cleome*), libres, ou soudés avec le torus, ou monadelphes à la base (*Gynandropsis, Cadaba, Boscia,* etc.). *Anthères* introrses, biloculaires, oblongues, ou ovoïdes, basi-dorsi-fixes, à déhiscence longitudinale. — OVAIRE ordinairement stipité, rarement sessile, 1-loculaire, ou quelquefois rendu 2-8-loculaire par des fausses-cloisons nées des placentaires (*Morisonia, Capparis, Tovaria,* etc.). *Ovules* nombreux, fixés à des placentaires pariétaux, campylotropes, ou semi-anatropes, rarement solitaires (*Apophyllum*). *Style* ordinairement court, ou nul, simple, quelquefois 3 *styles* crochus. *Stigmate* ordinairement orbiculaire, sessile. — FRUIT capsulaire, siliquiforme et bivalve, ou baccien, très-rarement drupacé (*Roydsia*). — GRAINES réniformes, ou anguleuses, souvent nichées dans la pulpe des fruits charnus, exalbuminées, ou très-rarement albuminées (*Tovaria*). *Testa* lisse, coriace, ou crustacé. EMBRYON courbe, ou arqué. *Cotylédons* incombants, ou accombants, pliés, ou enroulés, ou indupliqués, rarement planes.

## TRIBU I. — CLÉOMÉES, *CLEOMEÆ*.

Fruit capsulaire 1-loculaire, ordinairement siliquiforme. Herbes ordinairement annuelles.

### GENRES PRINCIPAUX.

*Cléomé, *Cleome.* | Isoméris, *Isomeris.* | *Polanisia, *Polanisia.* | *Gynandropsis, *Gynandropsis.*

## TRIBU II. — CAPPARÉES, *CAPPAREÆ*.

Fruit baccien, ou drupacé. — Arbrisseaux, ou arbres.

### GENRES PRINCIPAUX.

Mærua, *Mærua.* | *Morisonia, *Morisonia.* | Cadaba, *Cadaba.* | *Câprier, *Capparis.* | Cratæva, *Cratæva.*

Les *Capparidées* tiennent de près aux *Crucifères* par le nombre ordinaire des sépales, pétales et étamines, par la préfloraison, par l'ovaire à placentation pariétale, avec ou sans fausse cloison, par les ovules campylotropes, le fruit siliquiforme, la graine exalbuminée, l'embryon courbe, enfin par le principe âcre volatil. — Elles ne diffèrent guère que par l'insertion quelquefois périgyne, les étamines non tétradynames, l'ovaire généralement stipité, le fruit souvent charnu. — Elles ne sont pas moins étroitement liées aux *Moringées* (voir cette Famille, page 277). — Elles se rapprochent aussi des *Tropéolées* par leur port, leur graine exalbuminée, et le principe âcre qui existe dans leurs diverses parties. — Elles sont également très-voisines des *Résédacées*, qui ne s'en éloignent que par leur port et la structure de leur fruit.

Les Capparidées sont distribuées en proportion presque égale dans les régions tropicales et sub-tropicales des deux hémisphères; les Espèces frutescentes vivent pour la plupart en Amérique.

Les Capparidées herbacées à fruit capsulaire rivalisent avec les *Crucifères* par des propriétés stimulantes, qui dépendent d'un principe âcre volatil. Les Espèces à fruit charnu, qui, pour la plupart, sont ligneuses, possèdent cette âcreté dans leur racine, leurs feuilles et leurs parties herbacées; leur écorce est amère, et quelques-unes ont un fruit d'une saveur agréable. — Le *Cleome gigantea* est usité comme rubéfiant chez les habitants de l'Amérique tropicale. — L'herbe du *Gynandropsis pentaphylla*, qui croît entre les tropiques des deux Continents, a les vertus des *Cochlearia* et des *Lepidium*, et sa graine oléifère est âcre comme celle des *Sinapis*. — Les *Polanisia fellina* et *icosandra*, indigènes de l'Inde, sont épispastiques et vermifuges; le suc de l'herbe fraîche est employé comme condiment. — Les *Cleome heptaphylla* et *polygama*, herbes américaines, ont un arome balsamique qui les a fait ranger parmi les médicaments vulnéraires et stomachiques. — Le *Polanisia graveolens*, indigène de l'Amérique du Nord, Plante très-fétide, possède les vertus du *Chenopodium anthelminthicum*.

Parmi les Capparidées à fruit charnu, on doit placer en première ligne le *Câprier épineux* (*Capparis spinosa*), arbrisseau de la région méditerranéenne; l'écorce de sa racine, douée d'une amertume âcre et astringente, est estimée, depuis les temps les plus reculés, pour ses vertus apéritives et diurétiques. Les fleurs en bouton, confites au sel et au vinaigre, sont connues sous le nom de *câpres*, et très-usitées comme condiment. D'autres *Capparis* de la Grèce, de la Barbarie et de l'Égypte, servent au même usage. — Le *Capparis sodada* est indigène de l'Afrique tropicale; les négresses mangent son fruit acidule et stimulant, qu'elles croient propre à les rendre fécondes. — L'écorce amère et astringente des *Cratæva Tâpia* et *gynandra*, arbres d'Amérique, est réputée fébrifuge. Leur fruit, qui a l'odeur de l'ail, est comestible. — Le *Cratæva Nurvala*, de l'Asie tropicale, produit des baies succulentes et vineuses; ses feuilles acidules sont diurétiques.

# RÉSÉDACÉES, *RESEDACEÆ*, *De Candolle.*

Calyce *4-8-partit.* Pétales *généralement hypogynes* 4-8 (*rarement* 2 *ou* 0). Étamines 3-40, *insérées en dedans d'un disque charnu.* Carpelles *ordinairement soudés en ovaire* 1-*loculaire.* Fruit *capsulaire, ou baccien.* Graines *exalbuminées.* Embryon *dicotylédoné, arqué.*

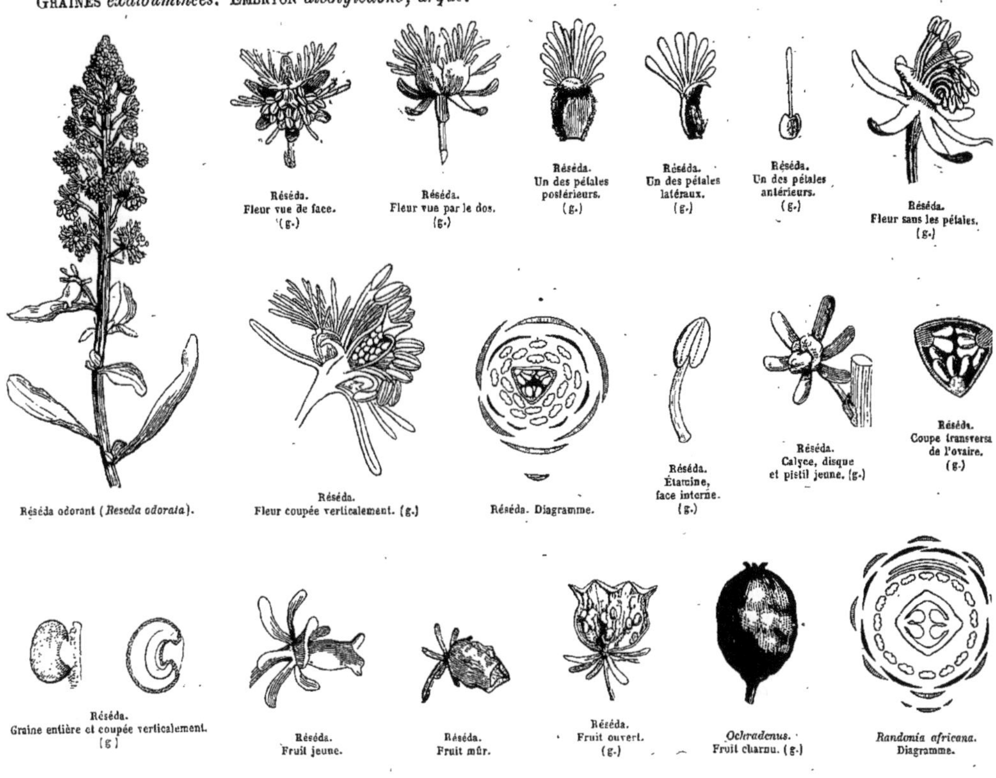

Réséda odorant (*Reseda odorata*). — Réséda. Fleur vue de face. (g.) — Réséda. Fleur vue par le dos. (g.) — Réséda. Un des pétales postérieurs. (g.) — Réséda. Un des pétales latéraux. (g.) — Réséda. Un des pétales antérieurs. (g.) — Réséda. Fleur sans les pétales. (g.) — Réséda. Fleur coupée verticalement. (g.) — Réséda. Diagramme. — Réséda. Étamine, face interne. (g.) — Réséda. Calyce, disque et pistil jeune. (g.) — Réséda. Coupe transversa de l'ovaire. (g.) — Réséda. Graine entière et coupée verticalement. (g) — Réséda. Fruit jeune. — Réséda. Fruit mûr. — Réséda. Fruit ouvert. (g.) — *Ochradenus.* Fruit charnu. (g.) — *Randonia africana.* Diagramme.

Herbes annuelles, ou vivaces, quelquefois sous-frutescentes, rarement frutescentes (*Ochradenus*), à suc aqueux, à tige et rameaux arrondis. — Feuilles éparses, simples, entières, ou trifides, ou pennipartites. *Stipules* minimes, glanduliformes. — Fleurs ☿, rarement diclines, plus ou moins irrégulières, disposées en grappe, ou en épi, et munies d'une bractée. — Calyce persistant, 4-8-partit, plus ou moins inégal, à préfloraison imbriquée. — Pétales alternes avec les lobes calycinaux, 4-8, rarement 2 (*Oligomeris*), ou 0 (*Ochradenus*), hypogynes, ou rarement périgynes (*Randonia*), entiers, ou 3-∞-fides, simples, ou accompagnés d'une membrane à leur base, libres, ou rarement sub-cohérents (*Oligomeris*), égaux, ou inégaux, ouverts dans la préfloraison. *Disque* hypogyne, sessile, ou stipité, plus ou moins concave, charnu, souvent prolongé postérieurement, rarement nul (*Oligomeris*). — Étamines 3-40, insérées en dedans du disque, rarement périgynes (*Randonia*), non recouvertes par les pétales dans la préfloraison. *Filets* égaux, ou inégaux, souvent penchés, libres, ou rarement monadelphes à la base (*Oligomeris*). *Anthères* introrses, biloculaires, à déhiscence longitudinale. — Pistil sessile, ou stipité, composé de 2-6 carpelles, tantôt cohérents en un ovaire 1-loculaire, clos ou béant au sommet, à placentaires pariétaux multi-ovulés; tantôt, et plus rarement, distincts, ou sub-cohérents à la base, multi-ovulés et à placentation basilaire, béants (*Caylusea*), ou 1-2-ovulés, et clos (*Astrocarpus*). *Ovules* campylotropes, ou semi-anatropes. *Stigmates* sessiles, terminant le sommet bilobé des carpelles. — FRUIT ordinairement capsulaire, indéhiscent, clos, ou béant au sommet; rarement baccien (*Ochradenus*), quelquefois composé de follicules (*Astrocarpus*). — GRAINES réniformes, exalbuminées, à épiderme membraneux, adhérent au testa, ou s'en détachant à la maturité; *testa* crustacé. — EMBRYON arqué, ou plié; *cotylédons* incombants; *radicule* voisine du hile.

GENRES PRINCIPAUX.

Astrocarpe, *Astrocarpus*. | Randonia, *Randonia*. | Caylusea, *Caylusea*. | *Réséda, *Reseda*. | Ochradénus, *Ochradenus*.

La petite Famille des *Résédacées* s'allie aux *Crucifères* et aux *Capparidées* (voir ces Familles). — Elle se rapproche aussi des *Moringées* par les fleurs irrégulières, la polypétalie, le disque charnu, les étamines plus nombreuses que les pétales, la placentation pariétale, le fruit capsulaire, l'embryon exalbuminé, les feuilles alternes, stipulées, et enfin le principe âcre qui réside dans la racine de plusieurs Espèces; mais les Moringées s'en éloignent par leur port, leur tige arborescente, leurs feuilles bi-tri-pennées, leur embryon droit, leurs filets soudés en tube au-dessus du milieu, et leurs anthères 1-loculaires.

La plupart des Résédacées croissent dans l'Europe australe, l'Afrique boréale, la Syrie, l'Asie Mineure, la Perse. Quelques-unes atteignent les frontières de l'Inde; quelques autres, en petit nombre, habitent le centre et le nord de l'Europe. Trois Espèces vivent au Cap de Bonne-Espérance.

Les Résédacées, ainsi nommées parce qu'on leur attribuait jadis des vertus sédatives, sont inusitées aujourd'hui en médecine, malgré l'âcreté de leur racine, qui contribue, avec d'autres caractères, à les rapprocher des *Crucifères* et des *Capparidées;* tel est surtout le *Reseda lutea*, dont la racine, exhalant l'odeur du *Radis*, a longtemps été rangée parmi les médicaments apéritifs, sudorifiques et diurétiques. — La *Gaude* (*Reseda luteola*) a des feuilles d'une amertume intense, et toute la Plante fournit un principe tinctorial jaune très-usité. — Le *Réséda odorant* (*R. odorata*), Plante d'origine inconnue, mais que Griffith indique comme spontanée dans l'Afghanistan, est aujourd'hui cultivé dans tous les jardins, à cause de son odeur suave.

# BIXINÉES, *BIXINEÆ*.

(BIXINEÆ, *Kunth*. — BIXACEÆ ET COCHLOSPERMEÆ, *Endlicher*. FLACOURTIACEÆ ET PANGIACEÆ, *Lindley*. — FLACOURTIANEÆ, *L. C. Richard, D. Clos*.)

SÉPALES *distincts, ou cohérents, ordinairement imbriqués.* COROLLE *polypétale, hypogyne, ou nulle.* ÉTAMINES *ordinairement* ∞, *hypogynes, ou sub-périgynes.* OVAIRE *libre, ordinairement 1-loculaire, à placentation pariétale.* STYLE *simple, ou divisé jusqu'à sa base.* BAIE, *ou* CAPSULE *à valves médio-séminifères.* GRAINES *albuminées.* EMBRYON *dicotylédoné, ordinairement droit, axile.*

ARBRES, ou ARBRISSEAUX. — FEUILLES alternes, simples, dentées, ou rarement entières, quelquefois palmilobées, ou composées (*Cochlospermum, Amoreuxia*), quelquefois munies de glandes pellucides. *Stipules* minimes, caduques, ou nulles. — FLEURS ☿, ou incomplètes par avortement, régulières, axillaires, ou terminales, solitaires, ou plus souvent fasciculées, ou en corymbe, ou en grappe, ou en panicule. — SÉPALES 4-5, ou 2-6, distincts, ou cohérents, à préfloraison imbriquée, rarement sub-valvaire (*Azara*, etc.), ou soudés en calyce s'ouvrant en 2 valves plus ou moins régulières (*Pangium*, etc.). — PÉTALES hypogynes, autant que de sépales, ou ∞, à préfloraison imbriquée, ou tordue, tombants, ou nuls. — ÉTAMINES hypogynes, ou à peine sub-périgynes, indéfinies, ou rarement définies (*Azara, Erythrospermum*, etc.). *Anthères* à 2 loges s'ouvrant par une fente, ou rarement par un pore apical (*Bixa, Cochlospermum*, etc.). — TORUS souvent glanduleux, épais, ou dilaté en disque (*Xylosma*), quelquefois adhérent à la base du calyce, ou rarement annulaire et adhérent à l'ovaire (*Peridiscus*). — OVAIRE libre, ordinairement 1-loculaire, à placentaires pariétaux 2-∞, plus ou moins saillants dans la cavité ovarienne, quelquefois pluriloculaire (*Flacourtia, Amoreuxia*, etc.). *Styles* autant que de placentaires, soit soudés en un seul, soit plus ou moins distincts. *Ovules* 2-∞ pour chaque placentaire, anatropes, ou semi-anatropes. — FRUIT charnu, ou sec, indéhiscent, ou s'ouvrant en valves médio-séminifères. — GRAINES ordinairement ovoïdes, ou pisiformes, rarement réniformes, ou cochléaires et velues (*Cochlospermum*), lisses, ou pulpeuses extérieurement (*Bixa, Dendrostylis*). *Albumen* charnu, plus ou moins copieux. — EMBRYON axile, droit, ou courbe. *Radicule* voisine du hile. *Cotylédons* larges, ordinairement cordiformes.

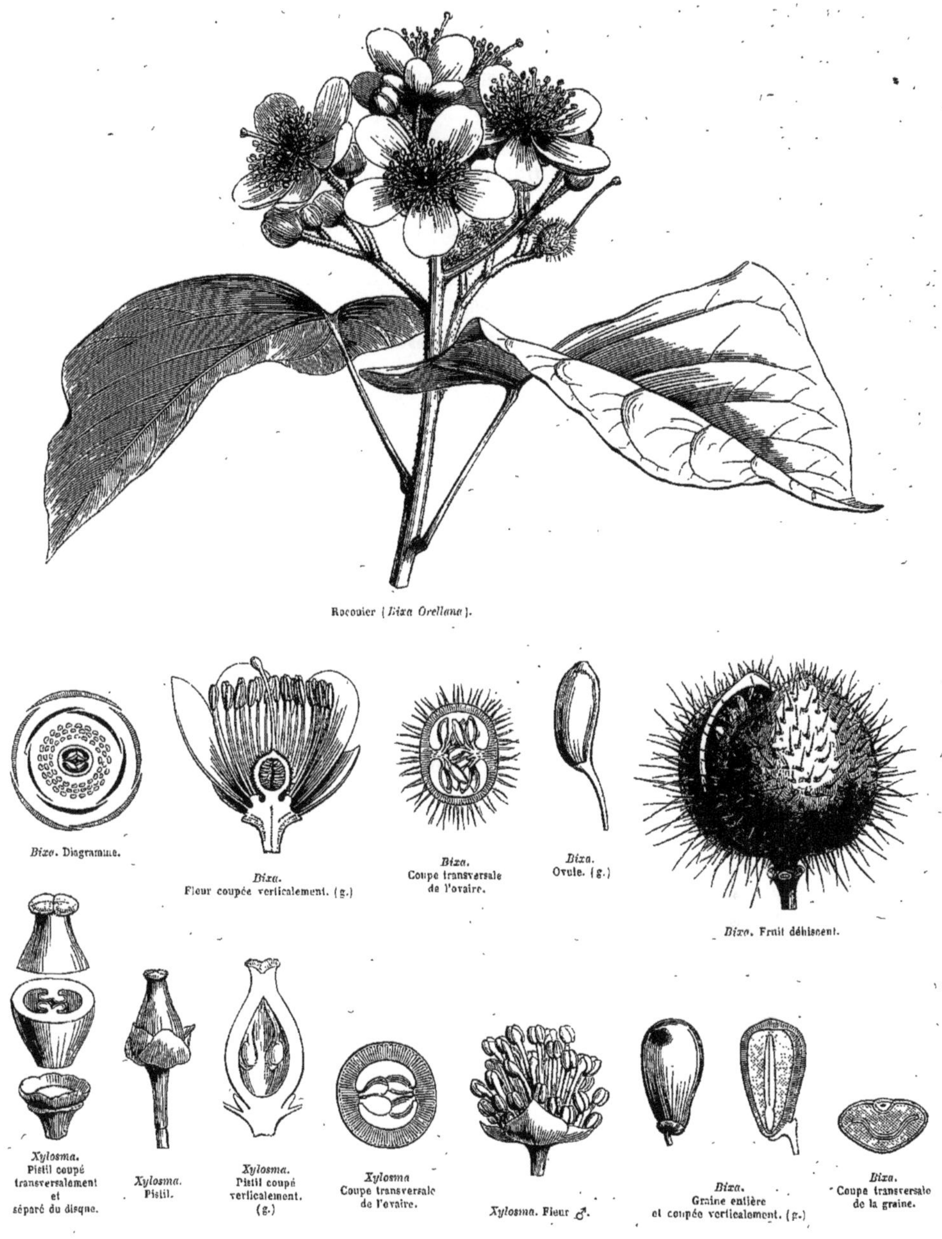

Rocouier (*Bixa Orellana*).

*Bixa*. Diagramme.

*Bixa*. Fleur coupée verticalement. (g.)

*Bixa*. Coupe transversale de l'ovaire.

*Bixa*. Ovule. (g.)

*Bixa*. Fruit déhiscent.

*Xylosma*. Pistil coupé transversalement et séparé du disque.

*Xylosma*. Pistil.

*Xylosma*. Pistil coupé verticalement. (g.)

*Xylosma* Coupe transversale de l'ovaire.

*Xylosma*. Fleur ♂.

*Bixa*. Graine entière et coupée verticalement. (g.)

*Bixa*. Coupe transversale de la graine.

## Tribu I. — BIXÉES, *BIXEÆ*.

Fleurs ☿, ou rarement polygames. Pétales amples, sans écaille, tordus. Anthères linéaires, ou oblongues, s'ouvrant au sommet par 2 pores, ou 2 courtes valvules. Capsule déhiscente, à endocarpe membraneux, se détachant des valves.

GENRES PRINCIPAUX.

| | | | |
|---|---|---|---|
| Cochlosperme, | *Cochlospermum.* | *Bixa, | *Bixa.* |

## TRIBU II. — ONCOBÉES, *ONCOBEÆ.*

Fleurs dioïques, ou polygames. Sépales et pétales imbriqués, ceux-ci plus nombreux et dépourvus d'écaille. Anthères linéaires, à déhiscence longitudinale.

GENRES PRINCIPAUX.

| | | | |
|---|---|---|---|
| Oncoba, | *Oncoba.* | Dendrostyle, | *Dendrostylis.* |

## TRIBU III. — FLACOURTIÉES, *FLACOURTIEÆ.*

Fleurs ☿, ou dioïques. Pétales 0, ou en nombre égal à celui des sépales, imbriqués, dépourvus d'écaille. Disque entourant les étamines ou l'ovaire. Anthères courtes, linéaires, à déhiscence longitudinale.

GENRES PRINCIPAUX.

| | | | | | |
|---|---|---|---|---|---|
| Ryania, | *Ryania.* | *Azara, | *Azara.* | Xylosma, | *Xylosma.* |
| Lætia, | *Lætia.* | Scolopia, | *Scolopia.* | Érythrosperme, | *Erythrospermum.* |
| Ludia, | *Ludia.* | Flacourtia, | *Flacourtia.* | | |

## TRIBU IV. — PANGIÉES, *PANGIEÆ.*

Fleurs dioïques. Pétales munis d'une écaille à leur base.

GENRES PRINCIPAUX.

| | | | | | |
|---|---|---|---|---|---|
| *Kiggellaria, | *Kiggelaria.* | Pangium, | *Pangium.* | Hydnocarpe, | *Hydnocarpus.* |

*Pangium edule.* Fleur ♂. en bouton.

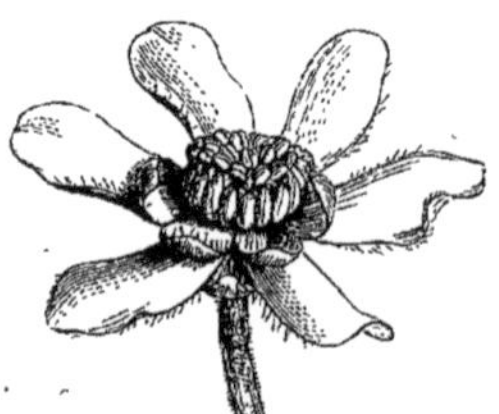

*Pangium edule.* Fleur ♂.

*Pangium edule.* Pistil coupé transversalement.

*Pangium edule.* Fleur ♀.

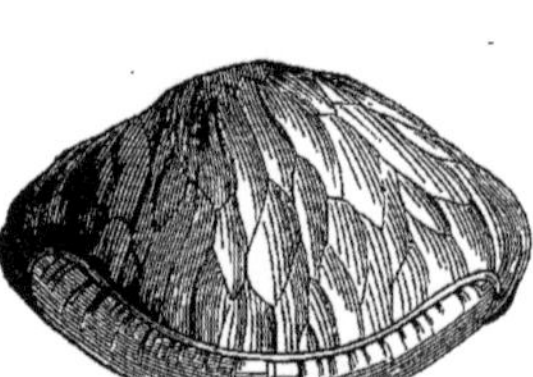

*Pangium edule.* Graine entière.

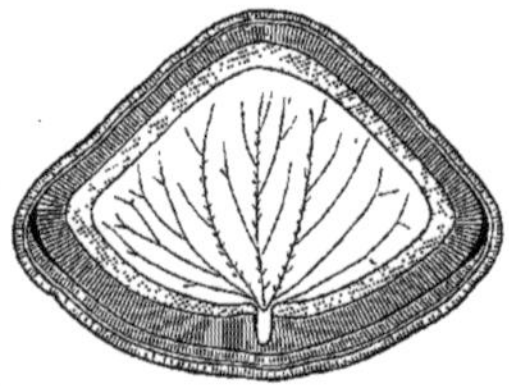

*Pangium edule.* Graine coupée verticalement. (g.)

Les *Bixinées* normales se lient aux *Cistinées* par la préfloraison, l'insertion des pétales, la polyandrie, l'ovaire uni-loculaire et la placentation pariétale; mais les Cistinées diffèrent par leur embryon plus courbe et orthotrope, ou sub-orthotrope, et leur albumen généralement farineux. — Les Bixinées ont quelques rapports avec les *Capparidées*, dont elles s'éloignent par leurs graines albuminées. Elles diffèrent des *Tiliacées* par l'ovaire uni-loculaire et la placentation pariétale. — Les Bixinées non polyandres se rapprochent des *Violariées*, qui s'en éloignent par l'irrégularité de la corolle et la connivence des anthères. — Elles tiennent aussi aux *Papayacées*, par la Tribu des *Pangiées*.

Les Bixinées habitent les régions tropicales des deux Continents.

L'Espèce la plus importante de la Tribu des *Bixées* est le *Rocouier* (*Bixa orellana*), arbre originaire de l'Amérique tropicale, propagé par la culture dans toute la zone torride. La pulpe des graines est rougeâtre, son odeur rappelle celle de la Violette, et sa saveur est amère-astringente. On en prépare, dans le pays, une décoction rafraîchissante, qui passe pour antifébrile, et qu'on emploie aussi contre les hémorrhagies, les diarrhées et les calculs. Les graines, aromatiques-amères, sont réputées stomachiques, et la racine elle-même est vantée comme digestive et fortifiante. Les graines délayées dans l'eau chaude, et abandonnées à la fermentation, fournissent une matière colorante rouge, qui prend, par l'évaporation, la consistance d'une pâte solide, et qu'on livre au commerce sous le nom de *rocou;* les peintres, et surtout les teinturiers, en font un grand usage. On l'emploie aussi pour colorer le beurre et la cire, les anciens Caraïbes s'en tatouaient le corps pour se préserver des piqûres des moustiques. — Le bois mou du *Bixa* sert d'amadou aux Indiens sauvages pour allumer du feu au moyen de deux morceaux de bois d'espèces différentes, frottés l'un contre l'autre. — Le *Cochlospermum insigne*, qui croît au Brésil, passe pour guérir les abcès des viscères. La racine du *C. tinctorium*, qui renferme un principe tinctorial jaune, est utile dans l'aménorrhée. — L'*Oncoba*, qui habite l'Afrique tropicale depuis la Nubie jusqu'au Cap-Vert, produit un fruit dont la pulpe est douce et comestible. — Le *Lætia apetala*, de l'Amérique tropicale, sécrète une résine balsamique semblable à la *sandaraque*. — Les baies douceâtres et un peu âcres des *Flacourtia cataphracta*, *sepiaria*, *sapida*, *inermis*, Espèces asiatiques, et du *Fl. Ramontchi*, indigène de Madagascar, sont comestibles. Les turions amers du *Fl. cataphracta* ont la saveur de la Rhubarbe et sont employés comme médicament tonique. — Les habitants de Ceylan se servent des fruits de l'*Hydnocarpus inebrians* pour enivrer le poisson.

Caséaria élégant (*Casearia pulchella*).

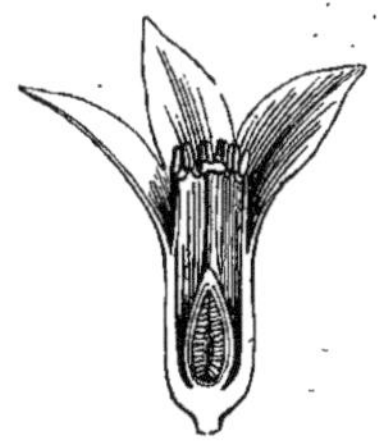

*Samyda.* Fleur coupée verticalement (g.)

*Casearia.* Portion de l'androcée et du pistil. (g.)

*Casearia.* Diagramme.

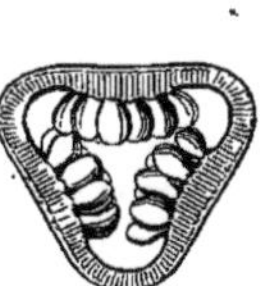

*Casearia.* Coupe transversale de l'ovaire.

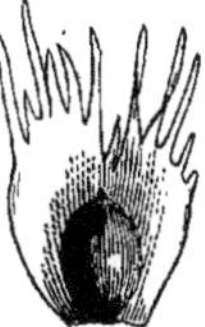

*Samyda.* Graine et arille. (g.)

Les *Samydées* forment un petit groupe d'arbres et d'arbrisseaux habitant la zone tropicale, surtout en Amérique; elles se lient aux Bixinées par la plupart des caractères, et ne s'en séparent que par leur fleur apétale, leurs étamines franchement périgynes, sub-monadelphes et leur embryon apical. — Elles se rapprochent aussi des *Homalinées* et des *Passiflorées* par l'apétalie, la périgynie, l'ovaire 1-loculaire à placentation pariétale, la graine albuminée, les feuilles alternes, stipulées, etc.

# CISTINÉES, *CISTINEÆ*.

(CISTI, *Jussieu*. — CISTOIDEÆ, *Ventenat*. — CISTINEÆ, *De Candolle*. CISTACEÆ, *Lindley*.)

PÉTALES 5-3, *hypogynes*. ÉTAMINES ∞, *hypogynes*. OVAIRE 1-*loculaire, à* 3-5 *placentaires-pariétaux*. OVULES *orthotropes*. STYLE *simple*. CAPSULE *à valves médio-séminifères*. GRAINES *albuminées*. EMBRYON *dicotylédoné, courbe, enroulé, ou plié*.

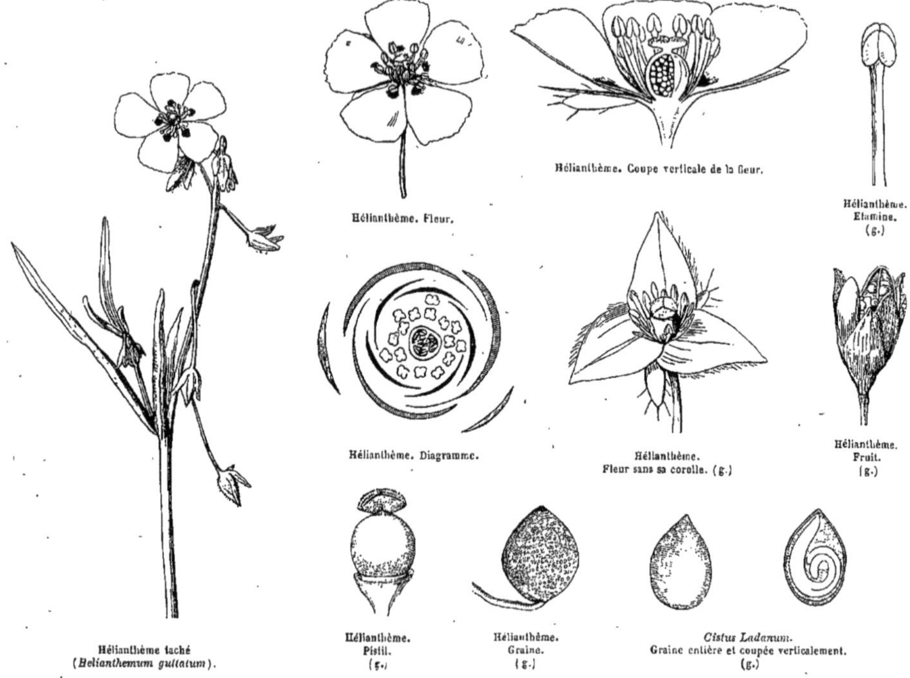

Hélianthème. Fleur. — Hélianthème. Coupe verticale de la fleur. — Hélianthème. Étamine. (g.) — Hélianthème. Diagramme. — Hélianthème. Fleur sans sa corolle. (g.) — Hélianthème. Fruit. (g.) — Hélianthème taché (*Helianthemum guttatum*). — Hélianthème. Pistil. (g.) — Hélianthème. Graine. (g.) — *Cistus Ladanum*. Graine entière et coupée verticalement. (g.)

HERBES, ou SOUS-ARBRISSEAUX, ou ARBRISSEAUX, à tige et rameaux arrondis, ou sub-tétragones, souvent visqueux, pubescents, ou tomenteux à poils simples, quelquefois étoilés. — FEUILLES simples, opposées, rarement alternes, quelquefois verticillées, entières, sessiles, ou pétiolées. *Stipules* foliacées, libres à la base rétrécie du pétiole, ou nulles quand le pétiole est amplexicaule. — FLEURS ☿, régulières, terminales, solitaires, ou en cymes, ou en grappes uni-latérales, à pédoncule situé en dehors de l'aisselle des bractées. — SÉPALES 3, à préfloraison tordue, souvent munis extérieurement de 2 bractées calycoïdes, ordinairement plus petites. — PÉTALES hypogynes 5, très-rarement 3, ou 0 (*Lechea*), à préfloraison tordue en sens inverse des sépales, à peine onguiculés, étalés, très-fugaces. — ÉTAMINES ∞, hypogynes. *Filets* libres, filiformes. *Anthères* 2-loculaires, introrses, ovoïdes, ou lancéolées, à déhiscence longitudinale. — OVAIRE libre, sessile, 1-loculaire, ou à 3-5 loges incomplètes formées par des cloisons placentifères réunies seulement au fond de l'ovaire. *Placentaires* 3-5 pariétaux, ou fixés aux demi-cloisons, 2-∞-ovulés. *Style* simple. *Stigmates* 3-5, libres, ou réunis en tête. *Ovules* plus ou moins longuement funiculés, ordinairement ascendants, orthotropes, ou semi-anatropes. — CAPSULE membraneuse, ou testacée, s'ouvrant jusqu'à sa base, ou dans sa moitié supérieure, en 3-5 valves médio-placentifères. GRAINES à testa crustacé, à albumen farineux ou sub-corné. — EMBRYON excentrique, ou sub-central, courbé, ou enroulé, ou plié, rarement presque droit (*Lechea*); *hile* et *chalaze* contigus, diamétralement opposés à la radicule, excepté dans quelques Espèces (*Lechea*), où le funicule est soudé à la graine.

GENRES PRINCIPAUX.

| | | |
|---|---|---|
| *Ciste, *Cistus.* | *Hélianthème, *Helianthemum.* | Hudsonie, *Hudsonia.* | Léchéa, *Lechea.* |

Les *Cistinées* sont voisines des *Droséracées*, des *Violariées*, des *Bixinées* par la polypétalie, la placentation pariétale, le fruit capsulaire à valves médio-séminifères, et la graine albuminée; elles sont polyandres comme les Bixinées et les *Dionæa*, et l'albumen de ces derniers est farineux. Mais, outre les différences de port, les Droséracées ont les anthères extrorses, l'ovule anatrope, l'embryon droit; les Violariées proprement dites ont leur fleur irrégulière, imbriquée, isostémone, les ovules anatropes, l'embryon droit et l'albumen charnu; les Bixinées ne diffèrent guère que par l'anatropie des ovules. — Il y a aussi une affinité incontestable entre les Cistinées et les *Hypéricinées* (voir cette Famille). — On les a encore rapprochées des *Capparidées*, dont elles s'éloignent par le port, les pétales fugaces, la graine albuminée, etc., etc.

Les Cistinées habitent pour la plupart la région méditerranéenne; quelques-unes croissent dans l'Amérique septentrionale; un très-petit nombre dans l'Europe centrale, dans l'est de l'Asie, et moins encore dans l'Amérique méridionale.

L'herbe des Cistinées est légèrement astringente; quelques-unes produisent une résine balsamique, nommée *ladanum*, et employée dans la parfumerie. — L'*Helianthemum vulgare*, Espèce de l'Europe centrale, y est quelquefois administrée comme vulnéraire.

# VIOLARIÉES, *VIOLARIEÆ.*

(*Genera* CISTIS *affinia, Jussieu.* — IONIDIA, *Ventenat.* — VIOLARIEÆ, *De Candolle.* VIOLACEÆ, *Lindley.* — VIOLEÆ, *R. Brown.*)

PÉTALES 5, *plus ou moins inégaux, hypogynes, ou légèrement périgynes, imbriqués.* ÉTAMINES 5, *insérées comme les pétales.* OVAIRE 1-*loculaire, à placentation pariétale.* STYLE *simple.* FRUIT *capsulaire, à valves médio-séminifères, ou rarement baccien et indéhiscent.* GRAINES *albuminées.* EMBRYON *dicotylédoné, droit.*

HERBES, ou SOUS-ARBRISSEAUX, ou ARBRISSEAUX, rarement sarmenteux (*Agation*). — FEUILLES alternes, ou rarement opposées (*Ionidium, Alsodeia*), simples, pétiolées, à préfoliation ordinairement involutive, disposées quelquefois en rosettes radicales, et ponctuées de brun en dessous (*Viola cotyledon, rosulata*). *Stipules* libres, foliacées, ou petites, ordinairement tombantes chez les Espèces ligneuses. — FLEURS ☿, souvent dimorphes et apétales, irrégulières, ou sub-régulières, pentamères, ou très-rarement tétramères (*Tetrathylacium*), axillaires, soit solitaires, soit disposées en cyme, ou en panicule, ou en grappe. *Pédicelles* ordinairement 2-bractéolés. — SÉPALES 5, distincts, ou cohérents à la base, ordinairement persistants, égaux, ou inégaux, à préfloraison imbriquée. — PÉTALES 5, hypogynes, ou légèrement périgynes, alternes avec les sépales, à préfloraison imbriquée-convolutive, tantôt égaux, ou sub-égaux, onguiculés, connivents, ou cohérents en tube à leur base (*Paypayrola, Tetrathylacium, Gloiospermum, Sauvagesia*); tantôt très-inégaux, les deux supérieurs externes, les deux latéraux situés en dedans des précédents et dépourvus d'onglet, l'interne (devenu inférieur par le renversement de la fleur), plus grand, onguiculé et prolongé en cornet creux au-dessous de son insertion. — ÉTAMINES 5, insérées sur le réceptacle, ou sur le fond du calyce. *Filets* très-courts, dilatés, libres, ou quelquefois monadelphes à la base (*Leonia, Gloiospermum, Alsodeia*, etc.). *Anthères* introrses, biloculaires, conniventes, ou cohérentes autour de l'ovaire, à loges adnées par leur dos à la face interne du connectif, et s'ouvrant par une fente longitudinale; connectif prolongé au-dessus des loges en appendice membraneux, ceux des 2 ou des 4 étamines inférieures (dans les fleurs irrégulières), gibbeux-glanduleux à leur face dorsale, ou se prolongeant en appendice filiforme, logé dans le cornet du pétale inférieur. — OVAIRE libre, sessile, souvent ceint d'un anneau à sa base, 1-loculaire, à placentaires pariétaux nerviformes, généralement 3, rarement 2 (*Hymenanthera*), ou 5 (*Melicytus*), ou 4 (*Tetrathylacium*), ordinairement multi-ovulés, très-rarement 1-2-ovulés (*Isodendrion, Hymenanthera, Scyphellandra*). *Ovules* anatropes. *Style* simple, tantôt épaissi au sommet, ou courbé, à stigmate antérieur creux, ou de forme variée; tantôt subulé à stigmate terminal;

rarement 3-5-fide, ou nul à 3-5 stigmates libres (*Melicytus*). — FRUIT tantôt capsulaire, à déhiscence souvent élastique, s'ouvrant en autant de valves médio-séminifères qu'il y a de placentaires; tantôt baccien et indéhiscent (*Leonia, Tetrathylacium, Melicytus, Hymenanthera*). — GRAINES ovoïdes, ou sub-globuleuses; *testa* crustacé, ou membraneux, parcouru quelquefois par un raphé très-développé, qui se détache à la maturité. *Albumen* charnu, copieux. — EMBRYON axile, droit. *Cotylédons* planes, larges, ou étroits. *Radicule* cylindrique, voisine du hile.

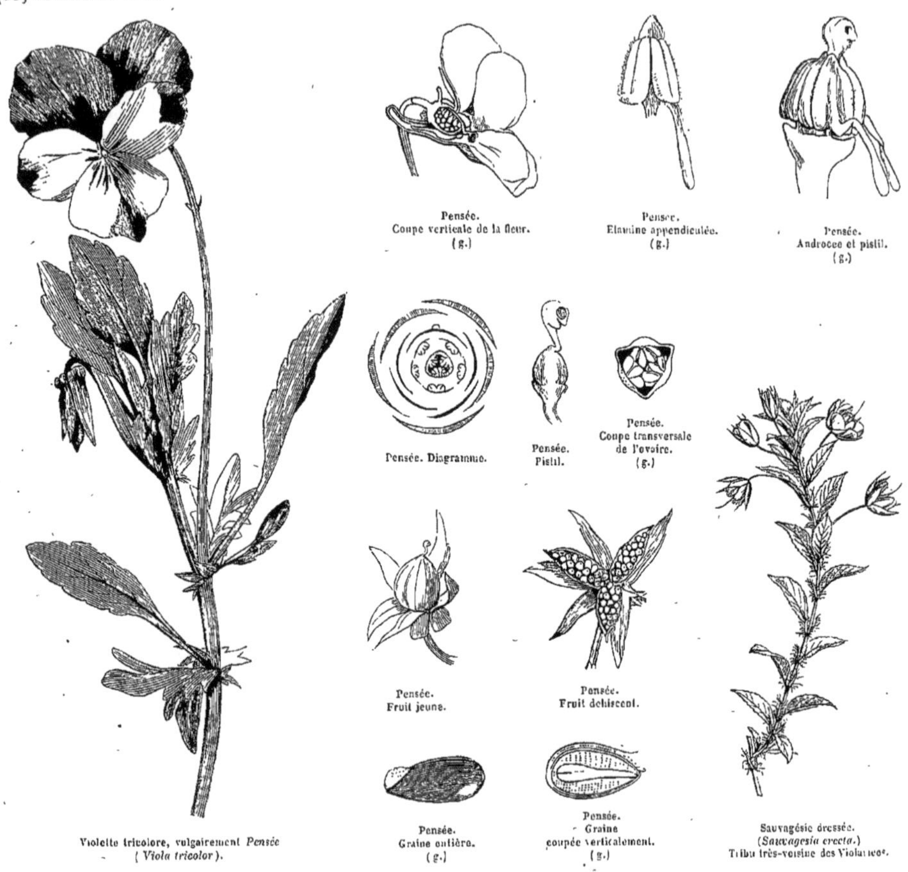

Pensée. Coupe verticale de la fleur. (g.)

Pensée. Étamine appendiculée. (g.)

Pensée. Androcée et pistil. (g.)

Pensée. Diagramme.

Pensée. Pistil.

Pensée. Coupe transversale de l'ovaire. (g.)

Pensée. Fruit jeune.

Pensée. Fruit déhiscent.

Pensée. Graine entière. (g.)

Pensée. Graine coupée verticalement. (g.)

Violette tricolore, vulgairement *Pensée* (*Viola tricolor*).

Sauvagésie dressée. (*Sauvagesia erecta.*) Tribu très-voisine des Violariées.

## TRIBU I. — VIOLÉES, *VIOLEÆ.*

Corolle irrégulière, à pétale inférieur dissemblable. Fruit capsulaire.

GENRES PRINCIPAUX.

| | | | | | |
|---|---|---|---|---|---|
| *Violette, | *Viola.* | Ionidium, | *Ionidium.* | Agation, | *Agation.* |

## TRIBU II. — PAYPAYROLÉES, *PAYPAYROLEÆ.*

Pétales sub-égaux, à onglets rapprochés et sub-cohérents en tube. Fruit capsulaire.

GENRES PRINCIPAUX.

| | | | | | |
|---|---|---|---|---|---|
| Isodendrion. | *Isodendrion.* | Paypayrola, | *Paypayrola.* | Amphirrhox. | *Amphirrhox.* |

### Tribu III. — ALSODINÉES, *ALSODINEÆ*.

Pétales égaux, ou sub-égaux, très-courtement onguiculés. Fruit baccien, ou capsulaire.

GENRES PRINCIPAUX.

Alsodéia, *Alsodeia*. | Léonia, *Leonia*. | Hyménanthéra, *Hymenanthera*. | Melicytus, *Melicytus*.

Les Sauvagésiées, dont nous plaçons une figure près des *Violariées*, leur sont si étroitement liées que plusieurs Botanistes les ont rangées dans une même Famille; en effet, les Sauvagésiées ne se distinguent que par la présence de staminodes 5-∞ placées en dehors des étamines, et par la capsule à 3 valves séminifères sur leurs bords.— Les Violariées se rapprochent aussi des *Droséracées* par l'isostémonie, l'ovaire 1-loculaire, à placentation pariétale, la capsule à valves médio-placentifères, et la graine albuminée; mais chez les Droséracées les anthères sont extrorses, les styles sont distincts, l'embryon est minime et basilaire. — Mêmes rapports avec les *Frankéniacées*, qui, de plus, ont un style simple et un embryon axile; mais leur calyce est longuement tubuleux, leurs anthères sont extrorses, leurs ovules ascendants, leurs feuilles généralement opposées, et sans stipules. — Elles se lient encore aux *Cistinées* (voir cette Famille).

Les Espèces herbacées de la Tribu des *Violées* habitent principalement l'hémisphère Nord; elles sont rares dans les régions tempérées de l'hémisphère austral et entre les tropiques; les Espèces ligneuses de cette Tribu ne se rencontrent guère que dans l'Amérique équatoriale. — Les autres tribus habitent la région intertropicale des deux Continents, et surtout de l'Amérique. Les *Hymenanthera* croissent en Australie et dans la Nouvelle-Zélande.

Le principe actif des *Violées* (*violine*), est une substance non salifiable et voisine de l'*émétine* (voyez *Cephælis*, page 159), dont elle partage les propriétés émétiques et laxatives. La violine réside principalement dans la racine et les rhizômes; on en a aussi retiré, ainsi que des feuilles, un acide particulier, et les pétales odorants contiennent une huile volatile. La racine des *Violettes* européennes, et notamment de la *Violette odorante* (*Viola odorata*), est légèrement amère-âcre, et rappelle la saveur de l'*Ipécacuanha;* les fleurs, d'odeur suave et de saveur nauséabonde, s'emploient en sirop et en infusion comme émollientes et béchiques. — L'herbe de la *Pensée sauvage* (*Viola tricolor*) est fréquemment administrée en tisane dépurative dans les maladies cutanées. — Les Espèces américaines du même Genre (*V. pedata* et *palmata*) sont appliquées aux mêmes usages que celles d'Europe. — Le *Viola ovata* est renommé comme spécifique contre la morsure du Crotale. — Les *Ionidium*, dans l'Amérique méridionale, sont rangés parmi les succédanés de l'*Ipécacuanha :* on estime surtout l'*Ionidium Ipecacuanha*, désigné, dans le commerce, sous le nom d'*Ipécacuanha blanc*. Sa racine, fortement vomitive, est un médicament qui convient surtout aux tempéraments lymphatiques.— La racine de l'*Anchietea salutaris*, arbuste du Brésil, est purgative, et efficace, comme notre *Pensée sauvage*, dans les affections de la peau. — On pense que c'est l'*Ionidium microphyllum*, Espèce croissant au pied du Chimboraço, qui fournit la racine nommée *Cuichunchulli*, et préconisée chez les Américains contre l'éléphantiasis tuberculeux.

Les propriétés médicales des *Alsodinées* sont fort obscures, et diffèrent complètement de celles des *Violées*. Les feuilles et l'écorce de l'*Alsodeia Cuspa*, qui croît dans la Colombie, sont amères et astringentes. — Les feuilles des *A. castaneæfolia* et *Lobolobo*, Espèces brésiliennes, sont mucilagineuses, et les nègres s'en nourrissent après les avoir fait cuire.

# TAMARISCINÉES, *TAMARISCINEÆ*.

(PORTULACEARUM *Genus*, *Jussieu*. — TAMARISCINEÆ, *Desvaux*.
TAMARICACEÆ, *Lindley*.)

Sépales 5-4. Pétales 5, *hypogynes, imbriqués, marcescents*. Étamines 5, *ou* 10. Ovaire 1-*loculaire, à placentaires pariétaux, ou basilaires, ordinairement* 3, *multi-ovulés*. Graines *ascendantes, à chalaze apicale chevelue*. Embryon *dicotylédoné, droit, exalbuminé*. — Feuilles *alternes, un peu charnues*.

Herbes sous-ligneuses, ou Arbrisseaux, ou Arbustes, à ramilles les unes persistantes, les autres annuelles, caduques. — Feuilles alternes, sessiles, menues, sub-imbriquées, un peu charnues, quelquefois amplexicaules, entières, souvent ponctuées, ordinairement glaucescentes, non stipulées. — Fleurs complètes, régulières, blanches, ou roses, bractéolées, disposées en épis formant des grappes terminales. — Calyce libre, persistant, à 5 (rarement 4) sépales imbriqués, bi-sériés, quelquefois cohérents par la base. — Pétales 5, insérés sur le réceptacle, alternes avec les sépales, à préfloraison imbriquée, marcescents. — Étamines en nombre égal à celui des pétales et alternes avec eux, ou en nombre double, insérées sur le bord d'un disque hypogyne. *Filets* tantôt libres, tantôt soudés à leur base en anneau, ou en cupule, ou en tube. *Anthères* introrses, biloculaires, dorsifixes, à déhiscence longitudinale. — Ovaire libre, sessile, ordinairement trigone, uniloculaire, à 3-4 (rarement 2-5) placentaires pariétaux, ou basilaires. *Ovules* nombreux, ascendants, anatropes. *Styles* en même nombre que les placentaires. *Stigmates* obtus, ou tronqués-dilatés, quelquefois sessiles. — CAPSULE 1-loculaire, ou pseudo-pluriloculaire par le développement des placentaires, s'ouvrant en 2-5 valves, placentifères à leur base. — GRAINES nombreuses, ascendantes, à testa membraneux, garnies à leur chalaze apicale d'une chevelure serrée, ou prolongées en bec garni de poils plumeux étalés. — EMBRYON exalbuminé, droit. *Cotylédons* oblongs, obtus, plans-convexes. *Radicule* courte, conique, infère.

GENRES PRINCIPAUX.

*Myricaire, *Myricaria*. | *Tamarix, *Tamarix*.

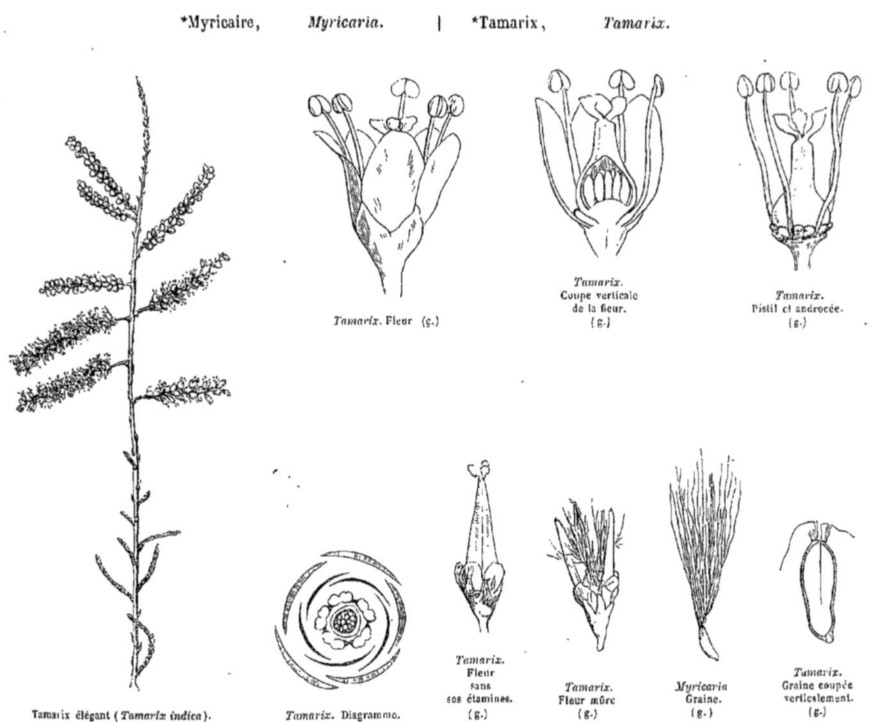

*Tamarix*. Fleur (g.) — *Tamarix*. Coupe verticale de la fleur. (g.) — *Tamarix*. Pistil et androcée. (g.)

Tamarix élégant (*Tamarix indica*). — *Tamarix*. Diagramme. — *Tamarix*. Fleur sans ses étamines. (g.) — *Tamarix*. Fleur mûre (g.) — *Myricaria* Graine. (g.) — *Tamarix*. Graine coupée verticalement. (g.)

MM. Bentham et Hooker ont réuni à la petite Famille des *Tamariscinées* les *Réaumuriacées* et le Genre *Fouquiera*, qui s'en rapprochent, en effet, par leurs feuilles un peu charnues, par la préfloraison, l'hypogynie, la corolle souvent isostémone, ou diplostémone, l'ovaire 1-loculaire, à placentation pariétale, le fruit capsulaire, les graines dressées et munies de poils; mais ces graines sont albuminées, et les poils qui les couvrent sont répandus sur toute leur surface. Les *Reaumuria* se distinguent par leurs fleurs solitaires et leur albumen farineux; les *Fouquiera* ont une corolle monopétale, longuement tubuleuse et 5-fide, 10-8 étamines hypogynes, de longueur inégale, des graines entourées d'une aile membraneuse, ou de poils transparents qui simulent une aile; l'albumen est charnu, et les fleurs sont disposées en épi, ou en panicule thyrsoïde. — Les Tamariscinées sont voisines des *Caryophyllées*, des *Portulacées*, des *Frankéniacées*, qui s'en éloignent surtout par la structure de leurs ovules et leur albumen farineux. Les Tamariscinées diffèrent en outre des Caryophyllées et des Frankéniacées par les feuilles alternes et charnues, des Portulacées par le port, l'insertion, etc. Elles ont aussi quelque affinité avec les *Crassulacées*.

Les Tamariscinées appartiennent uniquement à l'hémisphère Nord de l'ancien Continent, où elles s'étendent du 9ᵉ au 55ᵉ degré. Elles habitent de préférence le littoral des mers, le bord des lacs saumâtres, des fleuves et des torrents, dans les terrains sablonneux ou argileux.

Les Tamariscinées contiennent du tannin, de la résine, et une huile volatile, qui les rendent amères et astringentes. L'écorce du *Myricaria germanica* est employée en Allemagne contre l'ictère; celle du *Tamarix gallica* est apéritive. Le *Tamarix mannifera*, qui croît au mont Sinaï et dans l'Arabie, sécrète, par suite de la piqûre d'un cynips, une matière sucrée, que l'on croit être la manne qui nourrit les Hébreux dans le désert. Les galles qui naissent sur les autres Espèces, et qui résultent aussi de la piqûre d'un insecte, sont renommées pour leurs propriétés fortement astringentes.

# FRANKÉNIACÉES, *FRANKENIACEÆ*, *Saint-Hilaire.*

CALYCE *tubuleux, 4-5-fide.* PÉTALES 4-5, *hypogynes, égaux, longuement onguiculés.* ÉTAMINES *ordinairement* 6, *hypogynes.* OVAIRE *libre à 3-4-2 placentaires pariétaux.* STYLE *3-4-2-partit au sommet.* CAPSULE *à 3-4 valves médio-séminifères inférieurement.* GRAINES *à albumen farineux.* EMBRYON *dicotylédoné, droit, axile.*

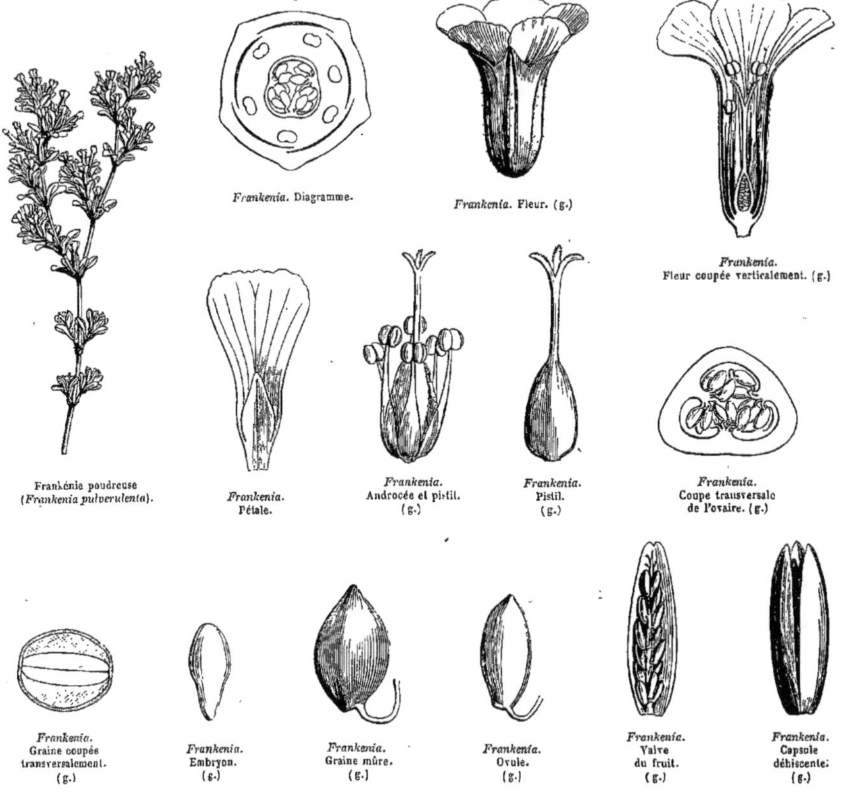

*Frankenia.* Diagramme. — *Frankenia.* Fleur. (g.) — *Frankenia.* Fleur coupée verticalement. (g.) — Frankénie poudreuse (*Frankenia pulverulenta*). — *Frankenia.* Pétale. — *Frankenia.* Androcée et pistil. (g.) — *Frankenia.* Pistil. (g.) — *Frankenia.* Coupe transversale de l'ovaire. (g.) — *Frankenia.* Graine coupée transversalement. (g.) — *Frankenia.* Embryon. (g.) — *Frankenia.* Graine mûre. (g.) — *Frankenia.* Ovule. (g.) — *Frankenia.* Valve du fruit. (g.) — *Frankenia.* Capsule déhiscente. (g.)

TIGE herbacée, ou sous-frutescente, très-rameuse, à rameaux arrondis, articulés aux nœuds. — FEUILLES opposées, petites, entières, sub-sessiles, ou pétiolées, souvent fasciculées dans le jeune âge, non stipulées. — FLEURS ☿ régulières, roses, ou violettes, solitaires dans les dichotomies des rameaux, sessiles, formant une cyme terminale, dense, feuillée. — CALYCE monosépale, tubuleux, persistant, 4-6-lobé, à préfloraison valvaire-induplicative. — PÉTALES 4-6, alternes avec les lobes calycinaux, insérés sur le réceptacle, longuement onguiculés, libres, à préfloraison imbriquée, à onglet pourvu intérieurement d'une lamelle adnée, à limbe étalé. — ÉTAMINES ordinairement 6, quelquefois 4-5-∞, hypogynes, libres, ou connées à leur base en anneau très-court. *Filets* filiformes, ou aplatis. *Anthères* extrorses, bi-loculaires, versatiles, globuleuses-didymes, ou ovoïdes, à loges parallèles, s'ouvrant longitudinalement. — OVAIRE libre, sessile, trigone, ou tétragone, uni-loculaire, à 3 ou quelquefois 4-2 placentaires pariétaux, nerviformes. *Ovules* ∞, bisériés, fixés à de longs funicules ascendants, demi-anatropes, à micropyle infère. *Style* filiforme, divisé au sommet en autant de branches que de placentaires, à branches stigmatifères en dedans de leur sommet. — CAPSULE incluse dans le tube calycinal, à 3-4 valves médio-placentifères dans leur moitié inférieure. — GRAINES ascendantes, ovoïdes, à *testa* crustacé, à *hile* basilaire, à *raphé* linéaire, à *chalaze* apicale. — EMBRYON droit, occupant l'axe d'un albumen farineux. *Cotylédons* ovoïdes-oblongs. *Radicule* très-courte, infère.

GENRE PRINCIPAL.

Frankénie, *Frankenia.*

Cette petite Famille est étroitement liée aux *Caryophyllées* de la Tribu des *Silénées*, mais elle s'en distingue par les anthères extrorses, la placentation pariétale, la graine à hile sub-terminal, et l'embryon droit. Elle se rapproche aussi des *Tamariscinées* par l'hypopétalie, l'ovaire uniloculaire, à placentation pariétale, les ovules ascendants anatropes, la capsule à valves médio-sémiuifères, et l'embryon droit; mais les Tamariscinées en diffèrent par les sépales presque libres, imbriqués, les anthères introrses, la graine exalbuminée, les feuilles alternes, l'inflorescence en épis. — Les Frankéniacées habitent les rivages maritimes extra-tropicaux, et principalement ceux de la Méditerranée et de l'Atlantique, en deçà du Cancer; elles sont très-rares entre les tropiques et au delà du Capricorne.

Les *Frankenia* sont mucilagineux et faiblement aromatiques. Le *Beatsonia portulacifolia*, qui croît sur les rochers maritimes de l'île Sainte-Hélène, est employé par les colons en guise de thé.

# ÉLATINÉES, *ELATINEÆ.*

(ELATINEÆ, *Cambessèdes.* — ELATINACEÆ, *Lindley.*)

SÉPALES 2-5. PÉTALES 2-5, *hypogynes, imbriqués.* ÉTAMINES *en nombre égal à celui des pétales, ou en nombre double, hypogynes.* OVAIRE 3-5-*loculaire.* OVULES *anatropes.* FRUIT *capsulaire.* GRAINES *exalbuminées.* EMBRYON *dicotylédoné.* — FEUILLES *opposées, ou fasciculées, stipulées.*

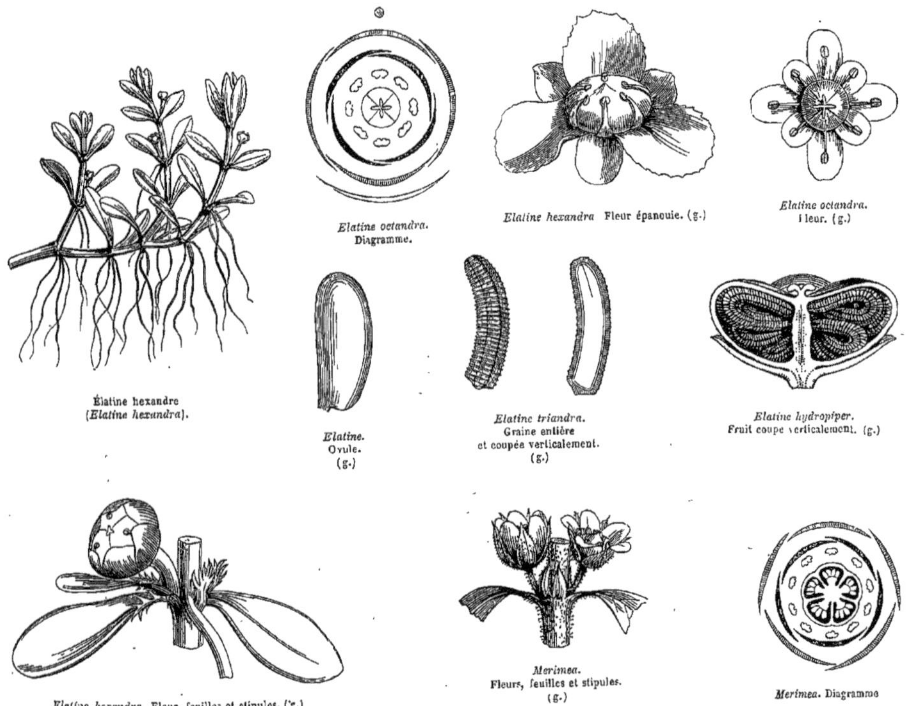

*Elatine octandra.* Diagramme.

*Elatine hexandra* Fleur épanouie. (g.)

*Elatine octandra.* Fleur. (g.)

Élatine hexandre (*Elatine hexandra*).

*Elatine.* Ovule. (g.)

*Elatine triandra.* Graine entière et coupée verticalement. (g.)

*Elatine hydropiper.* Fruit coupé verticalement. (g.)

*Elatine hexandra.* Fleur, feuilles et stipules. (g.)

*Merimea.* Fleurs, feuilles et stipules. (g.)

*Merimea.* Diagramme

HERBES naines, ou SOUS-ARBRISSEAUX palustres, à tiges rampantes, ou diffuses. — FEUILLES opposées, ou rarement verticillées, sessiles, ou sub-sessiles, entières, ou dentées, stipulées. — FLEURS ☿, petites, régulières, axillaires, solitaires, ou en cyme. — SÉPALES 2-5 distincts, à préfloraison imbriquée. — PÉTALES 2-5, alternes avec les sépales, hypogynes, à préfloraison imbriquée. — ÉTAMINES en nombre égal à celui des pétales, ou en nombre double, hypogynes. *Filets* filiformes-subulés, libres. *Anthères* introrses, biloculaires, dorsifixes, versatiles, à déhiscence longitudinale. — OVAIRE libre, à autant de loges que de sépales. *Styles* autant que de loges, distincts, à stigmates capités. *Ovules* ∞, fixés à l'angle central des loges, horizontaux, ou sub-ascendants, anatropes, à raphé latéral, ou supère. — CAPSULE à déhiscence septicide, à valves planes, ou infléchies, laissant libre la columelle centrale placentifère. — GRAINES nombreuses, cylindriques, droites, ou arquées, fortement striées transversalement, ou rarement lisses (*Merimea*), à hile basilaire, exalbuminées. — EMBRYON droit, ou légèrement arqué. *Cotylédons* courts, obtus. *Radicule* cylindrique, longue, voisine du hile.

GENRES PRINCIPAUX.

| | | | | | |
|---|---|---|---|---|---|
| Élatine, | *Elatine.* | Bergia, | *Bergia.* | Mériméa, | *Merimea.* |

Les *Élatinées*, jadis placées dans la Famille des *Caryophyllées*, Tribu des *Alsinées*, s'en distinguent par les stigmates capités, la déhiscence de la capsule, la graine exalbuminée, et l'embryon plus ou moins droit. — Elles se rapprochent des *Hypéricinées* par l'hypopétalie, l'ovaire à 3-5 loges multi-ovulées, les styles libres, les stigmates terminaux, le fruit capsulaire, les graines droites, ou arquées, exalbuminées, les feuilles opposées, ou verticillées; mais, chez les Hypéricinées, les pétales sont tordus, les étamines ordinairement nombreuses et polyadelphes, et les feuilles non stipulées. — Les Élatinées avoisinent aussi quelques *Lythrariées*, qui ont comme elles des fleurs isostémones, ou diplostémones, un ovaire à 2 ou plusieurs loges multi-ovulées, des ovules anatropes, une capsule à déhiscence septicide, des graines exalbuminées, et des feuilles opposées; mais elles diffèrent par le calyce tubuleux, l'insertion périgynique, le style simple et les feuilles non stipulées.

Le Genre *Tétradiclis* ou *Anatropa* nous semble beaucoup plus voisin des Élatinées que des *Zygophyllées*, auxquelles l'adjoignent MM. Bentham et Hooker : il s'éloigne des Zygophyllées par le nombre des parties de la fleur, la déhiscence de la capsule, la nature des graines, etc. Il ne s'éloigne des Élatinées que par ses feuilles dépourvues de stipules et laciniées.

Les Élatinées sont dispersées dans le monde entier; elles habitent, dans l'ancien Continent surtout, les fossés humides, les rivages inondés des étangs et les rizières. — Elles ne sont d'aucune utilité pour l'homme.

# CARYOPHYLLÉES, *CARYOPHYLLEÆ*, *Jussieu.*

SÉPALES *libres, ou soudés.* PÉTALES 4-5, *hypogynes, ou sub-périgynes, quelquefois* 0. ÉTAMINES *ordinairement en nombre double de celui des pétales, et insérées avec eux.* OVAIRE 1-*loculaire, ou à* 2-5 *loges incomplètes.* OVULES *fixés par le milieu de leur face ou de leur bord interne, à placentation centrale, ou basilaire.* GRAINES *lisses, ou granuleuses, à albumen généralement farineux.* EMBRYON *dicotylédoné, plus ou moins courbé.*—FEUILLES *opposées.*

HERBES annuelles, ou vivaces, rarement frutescentes. — TIGE et rameaux souvent épaissis aux nœuds, et quelquefois articulés. — FEUILLES opposées, entières, ordinairement 1-3-nerviées, quelquefois sans nervures, souvent réunies par leur base, non stipulées, ou munies de stipules petites et scarieuses. — FLEURS régulières ☿, ou rarement incomplètes par avortement. — INFLORESCENCE centrifuge, tantôt multiflore, en cyme simple, ou dichotome, lâche, ou serrée, rarement en grappe thyrsoïde, ou paniculée; tantôt pauciflore, simplement bifurquée, ou réduite à une fleur unique. *Bractées* opposées, situées aux ramifications, les supérieures souvent scarieuses. — SÉPALES 4-5, persistants, libres, ou soudés en calyce 4-5-denté, à préfloraison imbriquée. — PÉTALES tantôt en même nombre que les sépales, insérés sur un anneau hypogyne, ou sub-périgyne, entiers, ou bifides, ou laciniés, à onglet nu, ou appendiculé intérieurement, à préfloraison imbriquée, ou tordue; tantôt minimes, squamiformes, ou nuls. — ÉTAMINES 8-10, insérées avec les pétales, quelquefois en même nombre qu'eux et opposées aux sépales, ou très-rarement alternes avec eux (*Colobanthus*); quelquefois moins nombreuses que les pétales. *Filets* filiformes. *Anthères* introrses, dorsifixes, à 2 loges parallèles, s'ouvrant longitudinalement. — TORUS ordinairement petit, tantôt (dans quelques *Silénées*) allongé en gynophore, et portant à son sommet les étamines au-dessous de l'ovaire; tantôt (dans beaucoup d'*Alsinées*) formant un disque staminifère, annulaire, légèrement adné à la base du calyce, ou épanché entre les étamines en glandes courtes, ou portant, en dehors des étamines, des staminodes opposés aux sépales. —

**Pistil** formé de carpelles soudés en un seul ovaire, tantôt 5, ou 4, tantôt 3 dont 2 antérieurs, tantôt 2 antéro-postérieurs. *Ovaire* libre, 1-loculaire, ou rarement 2-5-loculaire par des cloisons membraneuses plus ou moins complètes et disparaissant de bonne heure. *Styles* 2-5, stigmatifères le long de leur bord interne, ou à leur sommet, libres, ou soudés en un seul style lobé, ou denté (*Polycarpées*). *Ovules* 2-∞, très-rarement solitaires (*Queria*), fixés, par le milieu de leur bord et de leur face interne, à des funicules nés du fond de l'ovaire, distincts, ou cohérents en columelle centrale, ascendants, à micropyle infère, ou transversal. — **Capsule** membraneuse, ou crustacée, rarement sub-baccienne (*Cucubalus*), s'ouvrant, par déhiscence loculicide, ou septicide, en valves, ou en valvules, ou en dents apicales, tantôt aussi nombreuses que les styles, et, dans les fleurs pentagynes, opposées, soit aux sépales (*Lychnis, Viscaria, Petrocoptis*), soit aux pétales (*Agrostemma*); tantôt en nombre double; rarement sub-indéhiscente (*Drypis, Cucubalus*, etc.). — **Graines** ∞, ou solitaires par avortement, lisses et luisantes, tuberculeuses, ou muriquées, rarement ailées sur leur pourtour; tantôt réniformes, globuleuses, ou obovoïdes, ou comprimées, à hile marginal; tantôt déprimées, scutiformes, à hile facial. *Albumen* farineux, ou rarement sub-charnu, situé dans la courbure de l'embryon, ou sur les côtés, formant quelquefois une couche mince sur sa surface dorsale, rarement nul (*Velezia*, qq. *Dianthus*). — **Embryon** plus ou moins courbé, périphérique, ou annulaire (*Drypis*), ou presque droit dans les graines scutiformes. *Cotylédons* étroits, plano-convexes, ou demi-cylindriques, incombants, ou très-rarement accombants. *Radicule* cylindrique, infère, ou supère.

## Tribu I. — SILÉNÉES, *SILENEÆ*, De Candolle.

Sépales soudés en calyce 4-5-denté, ou 4-5 lobé. Pétales et étamines hypogynes, insérés sur un gynophore stipitiforme, ou rarement sessiles. Pétales munis intérieurement de squamules au sommet de l'onglet, ou nus. Styles complétement distincts. — Feuilles sans stipules.

### GENRES PRINCIPAUX.

1° **Lychnidées.** — Corolle à préfloraison tordue, ou imbriquée. Calyce muni de nervures commissurales. Pétales généralement pourvus à la base de leur limbe d'écailles formant une coronule, très-rarement pourvues à leur onglet de bandelettes ailées (*Agrostemma*). Fruit trimère, ou pentamère. Embryon arqué, ou circulaire, ou enroulé (*Drypis*).

| | | | | | |
|---|---|---|---|---|---|
| Petrocoptis, | *Petrocoptis.* | *Viscaire, | *Viscaria.* | Cucubale, | *Cucubalus.* |
| *Agrostemme, | *Agrostemma.* | Mélandrie, | *Melandrium.* | *Drypis, | *Drypis.* |
| *Lychnis, | *Lychnis.* | *Silénée, | *Silene.* | | |

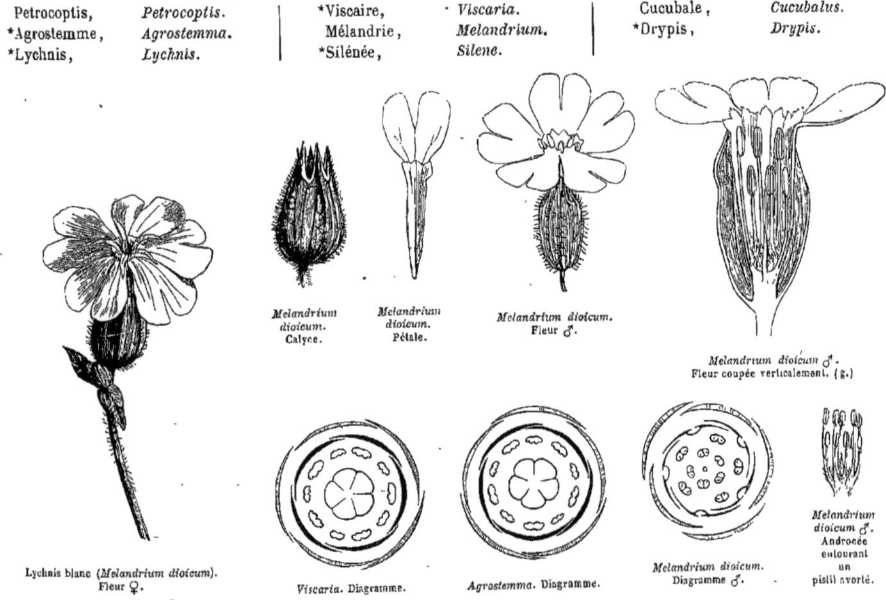

*Melandrium dioicum.* Calyce.

*Melandrium dioicum.* Pétale.

*Melandrium dioicum.* Fleur ♂.

*Melandrium dioicum* ♂. Fleur coupée verticalement. (g.)

Lychnis blanc (*Melandrium dioicum*). Fleur ♀.

*Viscaria.* Diagramme.

*Agrostemma.* Diagramme.

*Melandrium dioicum.* Diagramme ♂.

*Melandrium dioicum* ♂. Androcée entourant un pistil avorté.

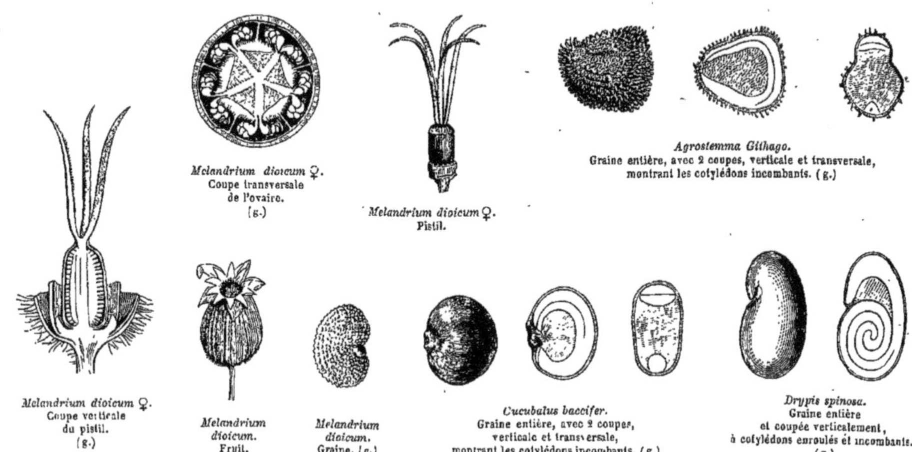

*Melandrium dioicum* ♀. Coupe transversale de l'ovaire. (g.)

*Melandrium dioicum* ♀. Pistil.

*Agrostemma Githago.* Graine entière, avec 2 coupes, verticale et transversale, montrant les cotylédons incombants. (g.)

*Melandrium dioicum* ♀. Coupe verticale du pistil. (g.)

*Melandrium dioicum.* Fruit.

*Melandrium dioicum.* Graine. (g.)

*Cucubalus baccifer.* Graine entière, avec 2 coupes, verticale et transversale, montrant les cotylédons incombants. (g.)

*Drypis spinosa.* Graine entière et coupée verticalement, à cotylédons enroulés et incombants. (g.)

2° **Dianthées.** — Corolle à préfloraison constamment tordue à droite. Calyce dépourvu de nervures commissurales. Pétales généralement munis à leur onglet de bandelettes ailées, quelquefois munis à la base de leur limbe d'écailles formant une coronule (*Saponaria*, *Velezia*). Fruit dimère. Embryon périphérique, ou rarement droit, et alors albumen peu abondant, ou nul.

| | | | |
|---|---|---|---|
| *Saponaire, *Saponaria.* | *Gypsophile, *Gypsophila.* | *Œillet, *Dianthus.* | Velèze, *Velezia.* |

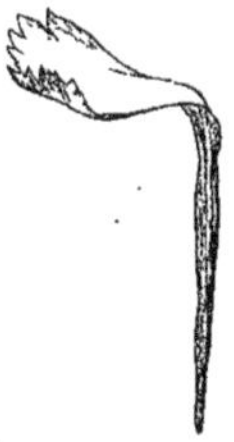

*Dianthus.* Pétale.

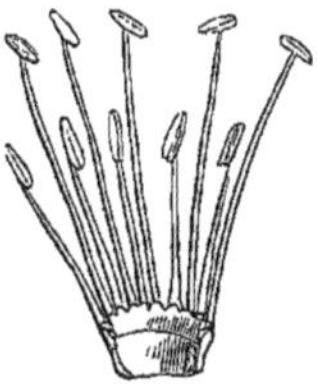

*Dianthus Caryophyllus.* Androcée étalé.

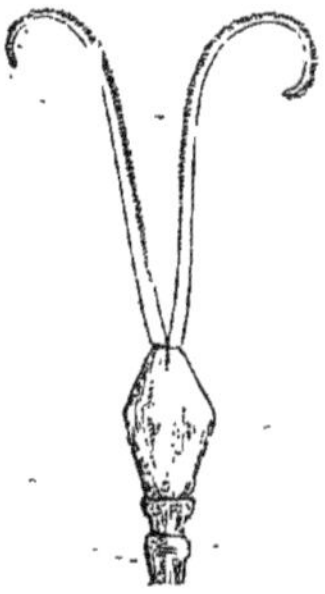

*Dianthus Caryophyllus.* Pistil. (g.)

*Dianthus.* Coupes transversales de l'ovaire au sommet, au milieu et en bas. (g.)

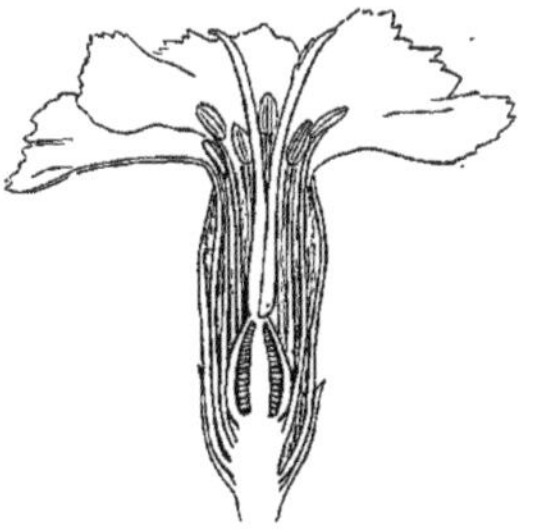

Œillet Giroflier (*Dianthus Caryophyllus*).

*Dianthus Caryophyllus.* Fleur coupée verticalement.

*Dianthus.* Capsule déhiscente.

*Dianthus.* Graine coupée verticalement. (g.)

*Dianthus.* Graine, face dorsale. (g.)

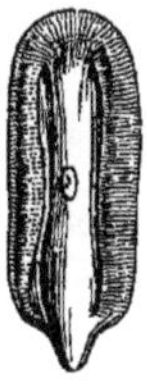

*Velezia.* Graine entière, face ventrale. (g.)

*Velezia.* Embryon. (g.)

*Dianthus.* Diagramme.

*Gysophila repens.* Graine entière, avec 2 coupes, verticale et transversale. (g.)

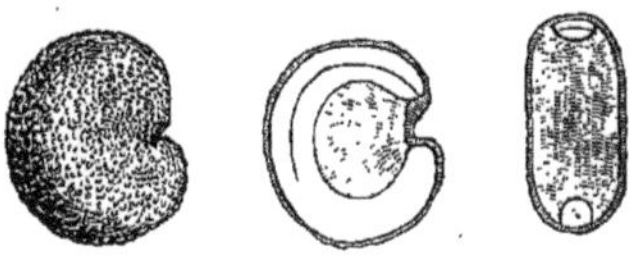

*Saponaria officinalis.* Graine entière, avec 2 coupes, verticale et transversale. (g.)

*Velezia.* Coupe transversale de la graine (g.)

## Tribu II. — ALSINÉES, *ALSINEÆ*, *De Candolle.*

Sépales libres, ou soudés à leur base par le disque. Pétales et étamines hypogynes sur un disque peu développé, ou brièvement périgynes. Pétales à base rétrécie, ou obtuse, sans onglet, ni squamules. Styles complétement distincts. — Feuilles sans stipules, ou quelquefois munies de stipules petites et scarieuses.

GENRES PRINCIPAUX.

| | | | | | |
|---|---|---|---|---|---|
| Holostée, | *Holosteum.* | Buffonie, | *Buffonia.* | Quéria, | *Queria.* |
| *Céraiste, | *Cerastium.* | Sagine, | *Sagina.* | *Spargoute, | *Spergula.* |
| Stellaire, | *Stellaria.* | Colobanthe, | *Colobanthus.* | Spargulaire, | *Spergularia.* |
| *Sabline, | *Arenaria.* | | | | |

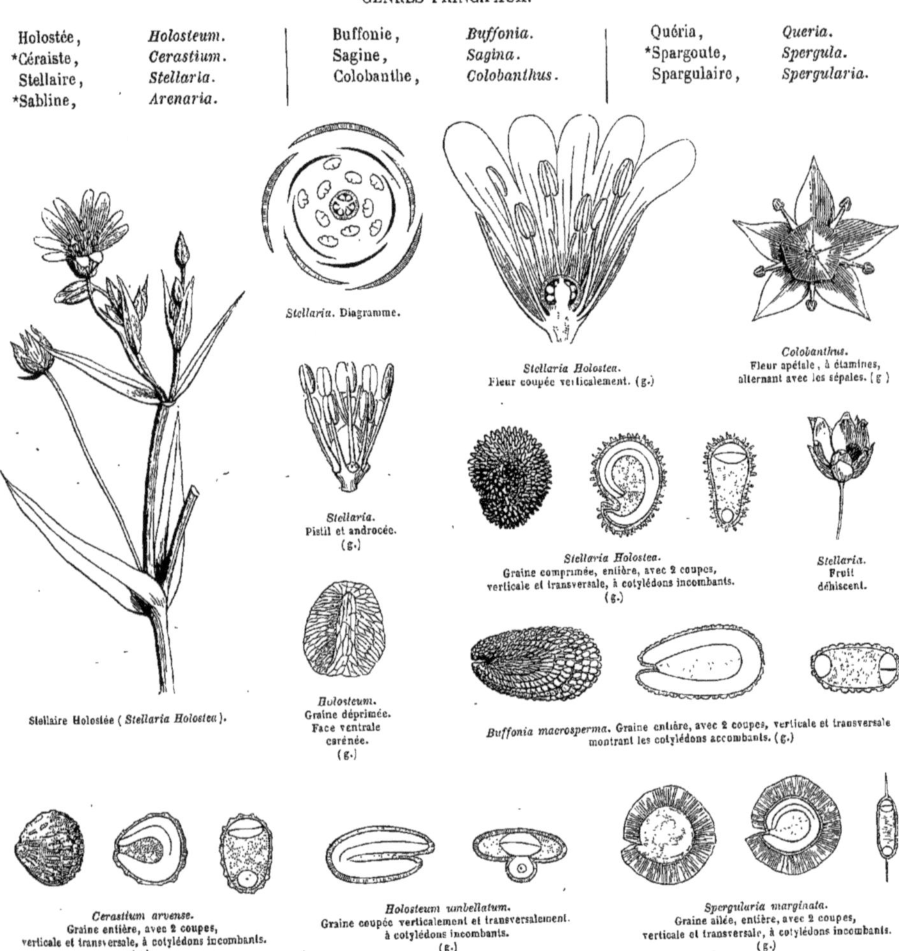

*Stellaria.* Diagramme.

*Stellaria Holostea.* Fleur coupée verticalement. (g.)

*Colobanthus.* Fleur apétale, à étamines, alternant avec les sépales. (g.)

*Stellaria.* Pistil et androcée. (g.)

*Stellaria Holostea.* Graine comprimée, entière, avec 2 coupes, verticale et transversale, à cotylédons incombants. (g.)

*Stellaria.* Fruit déhiscent.

Stellaire Holostée (*Stellaria Holostea*).

*Holosteum.* Graine déprimée. Face ventrale carénée. (g.)

*Buffonia macrosperma.* Graine entière, avec 2 coupes, verticale et transversale montrant les cotylédons accombants. (g.)

*Cerastium arvense.* Graine entière, avec 2 coupes, verticale et transversale, à cotylédons incombants. (g.)

*Holosteum umbellatum.* Graine coupée verticalement et transversalement. à cotylédons incombants. (g.)

*Spergularia marginata.* Graine ailée, entière, avec 2 coupes, verticale et transversale, à cotylédons incombants. (g.)

## Tribu III. — POLYCARPÉES, *POLYCARPEÆ*, *De Candolle.*

Sépales libres, ou soudés à leur base par le disque. Pétales semblables à ceux des *Alsinées*, généralement petits, hypogynes, insérés, ainsi que les étamines, sur un torus peu développé, ou brièvement périgynes. Style simple à sa base, 3-2-fide supérieurement. Étamines 5, ou moins. — Feuilles généralement munies de stipules scarieuses.

GENRES PRINCIPAUX.

| | | | | | |
|---|---|---|---|---|---|
| Drymaria, | *Drymaria.* | Ortégie, | *Ortegia.* | Polycarpæa, | *Polycarpæa.* |
| Polycarpe, | *Polycarpon.* | Lœflingie, | *Lœflingia.* | Stipulicida. | *Stipulicida.* |

Les *Caryophyllées* forment, avec les *Paronyquiées*, les *Portulacées*, les *Amarantacées*, les *Basellées*, les *Chénopodées*, les *Phytolaccées*, les *Nyctaginées*, et même les *Polygonées*, un groupe de Végétaux qui ont pour caractère commun un embryon courbe, situé autour d'un albumen farineux (voir ces Familles). Les Caryophyllées pourvues de pétales, à étamines définies, à ovaire 1-loculaire, multi-ovulé, et à feuilles opposées, se distinguent facilement de toutes ces Familles; mais les Genres apétales et pauci-ovulés se rapprochent de plusieurs d'entre elles. — On pourrait aussi rapporter à ce groupe, malgré leur placentation pariétale, les *Mésembrianthémées*, qui ont leur embryon arqué, entourant un albumen farineux, et les *Cactées* qui ont l'embryon courbe, mais non albuminé.

Les Caryophyllées habitent pour la plupart les régions extra-tropicales de l'hémisphère Nord; elles remontent jusqu'aux terres arctiques et au sommet des plus hautes Alpes. Elles sont plus rares dans l'hémisphère austral, et très-rares entre les tropiques, où on ne les rencontre guère que sur les montagnes.

Quelques Caryophyllées possèdent des propriétés rafraîchissantes et légèrement fondantes, mais elles sont tombées en désuétude. Nous citerons comme telles la *Stellaire Holostée* (*Stellaria Holostea*), l'*Holostée en ombelle* (*Holosteum umbellatum*), le *Céraiste des champs* (*Cerastium arvense*), la Morgeline (*Stellaria media*); cette dernière, qui croît partout, et qui est connue sous le nom vulgaire de *Mouron*, fournit des graines servant à la nourriture des petits oiseaux qu'on élève en cage. — Les graines des *Spergula* étaient jadis recommandées dans la phthisie. — La racine de la *Saponaire* (*Saponaria officinalis*), Espèce indigène, contient une gomme, une résine et une matière particulière moussant avec l'eau comme le savon, qui la font ranger parmi les médicaments fondants et dépuratifs; quelques médecins la substituent même à la *Salsepareille* pour combattre la syphilis. — Le *Lychnis blanc* (*Melandrium dioicum*) et le *Lychnis croix-de-Malte* (*L. chalcedonica*) sont employés aussi comme fondants. — La *Silénée à petites fleurs* (*Silene otites*), herbe amère et astringente, est recommandée contre l'hydrophobie. — La racine de la *Silénée de Virginie* (*S. virginica*) est usitée comme anthelminthique dans l'Amérique du Nord. — Les *Œillets*, et surtout l'*Œ. Girofle* (*Dianthus Caryophyllus*) ont des pétales d'odeur suave, avec lesquels on prépare en pharmacie un sirop et une eau distillée. — La *Nielle des champs* (*Lychnis Githago*) est commune parmi les blés. Les graines sont âcres, et rendent le pain vénéneux, quand elles ont été mêlées avec la farine en trop grande abondance.

# PARONYQUIÉES, *PARONYCHIEÆ*, *Saint-Hilaire.*

Fleurs *petites, à préfloraison imbriquée.* Calyce *5-4-mère.* Pétales *squamiformes, périgynes, alternes avec les lobes du calyce, quelquefois nuls.* Étamines *périgynes, en même nombre que les sépales, ou en nombre double.* Ovaire *libre, 1-loculaire.* Fruit *sec, 1-séminé.* Graine *à albumen farineux.* Embryon *dicotylédoné, arqué, ou périphérique.*

Plantes herbacées, ou sous-ligneuses, très-rameuses, ordinairement couchées. — Feuilles généralement opposées, quelquefois paraissant verticillées par agglomération, sessiles, petites, entières, munies de stipules scarieuses, rarement nues (*Scleranthus, Mniarum*). — Fleurs petites, ordinairement blanchâtres, ou verdâtres, tantôt sessiles, tantôt disposées en cymes axillaires, ou terminales, souvent accompagnées de ramilles avortées, quelquefois d'aspect plumeux. *Bractées* analogues aux stipules. — Calyce à 5-4 sépales plus ou moins moins cohérents, à préfloraison imbriquée. — Pétales petits, squamiformes, ressemblant à des étamines stériles, à préfloraison imbriquée, insérés sur le calyce, alternes avec ses lobes et ordinairement en même nombre qu'eux, rarement nuls (*Scleranthus, Pteranthus*, etc.), ou changés en étamines surnuméraires. — Étamines insérées sur le calyce, opposées à ses lobes et en même nombre qu'eux, rarement moins nombreuses (*Pollichia, Mniarum*), ou en nombre double par la métamorphose des pétales (*Scleranthus*). *Anthères* biloculaires, introrses. *Filets* distincts. — Ovaire libre 1-loculaire, 1-ovulé, rarement 2-ovulé (*Pollichia*). *Ovule* semi-anatrope, basilaire, dressé, ou pendant à l'extrémité d'un funicule né du fond de la loge. *Style* ordinairement 2-partit, ou 2-fide. — Fruit sec, petit, ordinairement membraneux, 1-séminé. — Graine à albumen farineux. — Embryon cylindrique, latéral, arqué, ou annulaire. *Radicule* dirigée vers le hile. *Cotylédons* petits.

GENRES PRINCIPAUX.

| | | | | | |
|---|---|---|---|---|---|
| Herniaire, | *Herniaria.* | Gymnocarpe, | *Gymnocarpus.* | Comètes, | *Cometes.* |
| Illécèbre, | *Illecebrum.* | Polliquie, | *Pollichia.* | Dichéranthe, | *Dicheranthus.* |
| Paronyque, | *Paronychia.* | Scléranthe, | *Scleranthus.* | Saltia, | *Saltia.* |

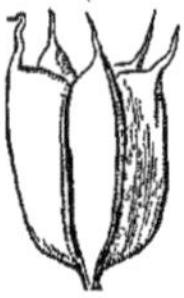

Illécèbre. Calyce. (g.)

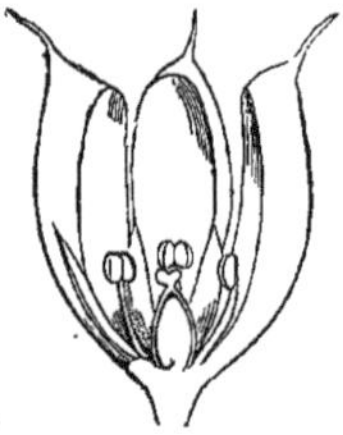

Illécèbre. Coupe verticale de la fleur. (g.)

Illécèbre. Diagramme.

Scléranthe. Calyce durci. (g.)

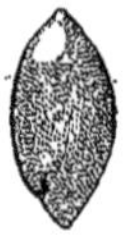

Sclérant̃he annuel (*Scleranthus annuus*).

Illécèbre verticillé (*Illecebrum verticillatum*).

Illécèbre. Graine. (g.)

Illécèbre. Graine coupée verticalement.

Illécèbre. Graine coupée transversalement. (g.)

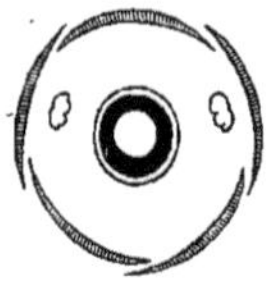

*Anychia.* Diagramme.

*Anychia dichotoma.* Fleur.

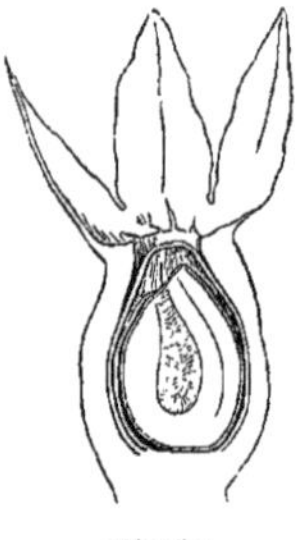

Scléranthe. Coupe verticale du fruit. (g.)

*Dicheranthus plocamoides.* Cyme fleurie.

## Tribu voisine. — TÉLÉPHIÉES, *TELEPHIEÆ.*

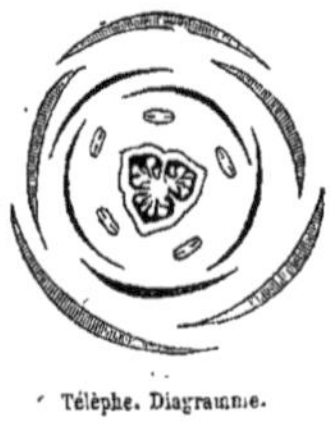

Télèphe. Diagramme.

Télèphe. Fleur. (g.)

Télèphe. Coupe verticale de la fleur. (g.)

Télèphe. Coupe transversale de l'ovaire.

Télèphe. Pistil. (g.)

Télèphe. Fruit. (g.)

Télèphe d'Impérati (*Telephium Imperati*).

Télèphe. Graine. (g.)

Télèphe. Graine coupée verticalement. (g.)

Télèphe. Graine coupée transversalement (g.)

Calyce, androcée, placentation, ovules et graines comme dans les *Paronyquiées.* Style 3-partit, ou stigmates 3, recourbés. Fruit utriculaire, 1-séminé, indéhiscent, enveloppé par le calyce (*Corrigiola*), ou capsulaire, multiséminé, à 3 valves (*Telephium*). — Feuilles alternes, glauques, à stipules scarieuses. Fleurs en grappes, ou en cymes terminales.

GENRES PRINCIPAUX.

| | | | |
|---|---|---|---|
| Corrigiole, | *Corrigiola.* | Télèphe, | *Telephium.* |

Les *Paronyquiées* se lient étroitement aux *Caryophyllées* par la préfloraison, l'insertion, la placentation, la forme de la graine, et la nature de l'albumen; elles en diffèrent par le port, les pétales squamiformes, ou nuls, les feuilles munies de stipules scarieuses, etc.—Elles sont également voisines des *Amarantacées* par l'ovaire 1-loculaire, l'ovule courbe, basilaire, et l'albumen farineux; mais les Amarantacées s'en éloignent par leur fleur plus manifestement apétale, l'hypogynie des étamines, l'absence de stipules, etc. — Les Paronyquiées tiennent aussi aux *Portulacées* par leur ovule courbe et leur albumen farineux; mais les Portulacées s'en distinguent assez par leurs pétales fugaces, par leur ovaire généralement pluri-loculaire, et à loges pluri-ovulées, par le port, etc. — Elles ont quelques rapports avec les *Basellées*, qui en diffèrent surtout par leur tige volubile, leur double calyce, leurs filets dilatés, etc. — Enfin elles se rattachent aux *Polygonées* par l'ovaire 1-loculaire et 1-ovulé, et la nature de la graine; mais chez les Polygonées, outre les autres différences, l'ovule est orthotrope.

Les Paronyquiées sont dispersées dans les régions tempérées de l'hémisphère Nord. — Peu d'Espèces sont utiles à l'homme : la *Turquette* ou *Herniole* (*Herniaria glabra*), Plante indigène, vivant dans les terrains sablonneux, était jadis estimée comme fondante, diurétique et vulnéraire; elle est aujourd'hui tombée en désuétude. — La *Gnävelle* ou *Scléranthe vivace* (*Scleranthus perennis*), qui croît dans les champs siliceux ou granitiques, nourrit la *Cochenille de Pologne*, qui a longtemps tenu lieu de la Cochenille du Mexique dans la teinture rouge.

# PORTULACÉES, *PORTULACEÆ*, *Jussieu.*

FLEURS ☿. COROLLE *nulle, ou pétales quelquefois cohérents par la base, très-fugaces.* ÉTAMINES *hypogynes, ou périgynes, en même nombre que les lobes du calyce, et alternes, ou en nombre double, triple, multiple.* OVAIRE *ordinairement libre, rarement infère, 1-8-loculaire, indéhiscent, ou s'ouvrant, soit en pyxide, soit en capsule loculicide.* EMBRYON *dicotylédoné, périphérique, arqué, ou annulaire, entourant un albumen farineux.*

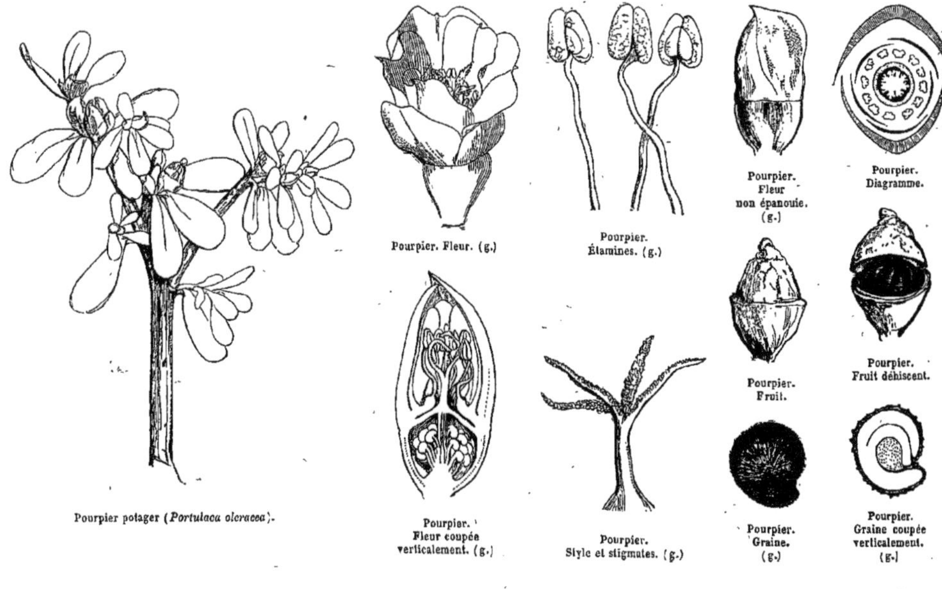

Pourpier potager (*Portulaca oleracea*).

Pourpier. Fleur. (g.)

Pourpier. Étamines. (g.)

Pourpier. Fleur non épanouie. (g.)

Pourpier. Diagramme.

Pourpier. Fruit.

Pourpier. Fruit déhiscent.

Pourpier. Fleur coupée verticalement. (g.)

Pourpier. Style et stigmates. (g.)

Pourpier. Graine. (g.)

Pourpier. Graine coupée verticalement. (g.)

Plantes herbacées, annuelles, ou vivaces, souvent sous-frutescentes, ou frutescentes, à tige et rameaux diffus, glabres, ou munies de poils simples, rarement étoilés, ou bi-acuminés. — Feuilles alternes, ou opposées, de forme très-variée, entières, sessiles, ou sub-sessiles, souvent charnues, à nervure unique, ou sans nervure, quelquefois stipulées. — Fleurs ☿, généralement régulières et axillaires, solitaires, ou diversement agglomérées, à préfloraison imbriquée. — Calyce diphylle, ou monosépale à 2, 3, 4, 5 divisions. — Pétales 5, 4, 3, hypogynes, ou rarement sub-épigynes (*Pourpier*), distincts, ou cohérents par leur base, très-mous et très-fugaces, souvent nuls. — Étamines en nombre variable 1-∞, insérées sur le réceptacle, ou sur le calyce, séparément, ou par phalanges. *Filets* filiformes, ou subulés. *Anthères* introrses, biloculaires, à déhiscence longitudinale. — Disque hypogyne, ceignant la base de l'ovaire, très-souvent peu apparent. — Ovaire sessile, ordinairement libre, quelquefois semi-infère (*Pourpier*), 1-5-loculaire, à loges uni-pauci-multi-ovulées. *Ovules* semi-anatropes, ceux des ovaires 1-loculaires rarement solitaires (*Portulacaria*), généralement nombreux, insérés par des funicules distincts sur un placentaire central libre, ou pendants à des funicules ascendants du fond de la loge; ceux des ovaires pluriloculaires solitaires, ou peu nombreux, ou nombreux dans chaque loge, fixés à l'angle central dans toute sa longueur, ou à son milieu, ou à son sommet. *Style* terminal, divisé en 2-8 branches stigmatifères sur leur face interne. — Fruit capsulaire déhiscent, ou rarement indéhiscent (*Portulacaria*). — Graines réniformes, ou ovoïdes, ou globuleuses, ou lenticulaires. *Albumen* farineux. — Embryon périphérique, arqué, ou annulaire, entourant l'albumen. *Cotylédons* incombants. *Radicule* regardant le hile.

## Tribu I. — CALANDRINIÉES, *CALANDRINIEÆ.*

Calyce diphylle, ou 2-partit, ou 2-3-fide. Pétales 5, 4, 3, hypogynes, distincts, quelquefois plus ou moins cohérents en tube (*Montia*). Étamines plus ou moins nombreuses que les sépales, ou indéfinies, hypogynes, insérées soit isolément, soit par groupes, à la base des pétales. Filets libres, ou soudés à la base. Ovaire uniloculaire, pauci-pluri-multi-ovulé, à placentation basilaire, ou centrale libre. Style filiforme, 2-5-fide. Capsule à 2-5 valves. — Plantes herbacées, ou frutescentes. Feuilles alternes, ou opposées, souvent charnues, quelquefois munies de stipules intra-foliaires déchiquetées en poils, ou en languettes. Fleurs solitaires, ou réunies soit en grappes, soit en cymes axillaires, ou terminales.

GENRES PRINCIPAUX.

| | | | | | |
|---|---|---|---|---|---|
| Anacampséros, | *Anacampseros.* | *Calandrinie, | *Calandrinia.* | Portulacaria, | *Portulacaria.* |
| Taline, | *Talinum.* | *Claytonie, | *Claytonia* | | |

## Tribu II. — SÉSUVIÉES, *SESUVIEÆ.*

Calyce 5-fide, rarement 2-fide, ou 2-partit. Pétales nuls, ou rarement 4-6, épigynes (*Pourpier*). Étamines 5-10-∞, insérées isolément, ou par couples, ou par groupes à la base ou à la gorge du calyce et entre ses divisions. Ovaire libre, rarement infère (*Pourpier*); 1-5-loculaire, multi-ovulé. Ovules ascendants, fixés à un placentaire basilaire, ou pendants à l'angle central des loges. Stigmates 2-5. Capsule s'ouvrant transversalement par déhiscence circulaire. — Herbes charnues, glabres, à feuilles opposées, ou alternes, souvent stipulées, ou munies à leur aisselle de poils stipulaires. Fleurs axillaires, sessiles, solitaires, ou réunies soit en glomérules, soit en cymes spiciformes, ou ombelliformes.

GENRES PRINCIPAUX.

| | | | |
|---|---|---|---|
| *Pourpier, | *Portulaca.* | Sésuvie, | *Sesuvium.* |

## Tribu III. — AÏZOIDÉES, *AIZOIDEÆ.*

Calyce 4-5-fide, ou 4-5-partit. Corolle nulle. Étamines 5-15, insérées isolément, ou par couples, ou par phalanges sur le calyce et entre ses divisions. Ovaire libre, à 2-5 loges 1-2-∞-ovulées. Ovules pendants à l'angle central des loges. Stigmates 5-2. Capsule loculicide. — Plantes herbacées, ou frutescentes, couvertes de poils simples, ou bi-acuminés. Feuilles alternes, ou opposées. Fleurs axillaires, sessiles.

GENRES PRINCIPAUX.

| | | | | | |
|---|---|---|---|---|---|
| Aizoon, | *Aizoon.* | Galénie, | *Galenia.* | Plinthus, | *Plinthus.* |

## TRIBU VOISINE. — MOLLUGINÉES, *MOLLUGINEÆ.*

Calyce 5-4-partit, ou 5-fide, persistant. Pétales nuls, ou très-nombreux, liguliformes, sub-périgynes. Étamines hypogynes, ou périgynes, en même nombre que les sépales, alternes avec eux, ou moins nombreuses, ou plus nombreuses, ou indéfinies, distinctes, ou agrégées en phalanges, les extérieures alternes avec les divisions du calyce. Ovaire libre, multiovulé, 2-3-5-loculaire, à ovules nombreux fixés à l'angle interne des loges par des funicules distincts, ou rarement solitaires et basilaires (*Acrosanthes*). Capsule généralement anguleuse, ou comprimée, à valves loculicides. Graines comme dans les *Portulacées.* — Plantes herbacées, ou sous-ligneuses, glabres, ou couvertes de poils étoilés. Feuilles opposées, ou alternes, ou fasciculées et pseudo-verticillées, souvent stipulées. Fleurs agglomérées en grappes, ou en cymes, ou en ombellules axillaires, ou oppositifoliées, rarement solitaires (*Acrosanthes*).

GENRES PRINCIPAUX.

| | | | | | |
|---|---|---|---|---|---|
| Orygia, | *Orygia.* | Mollugine, | *Mollugo.* | Acrosanthe, | *Acrosanthes.* |
| Glinus, | *Glinus.* | Pharnace, | *Pharnaceum.* | | |

Les *Portulacées* tiennent aux *Tétragoniées,* aux *Mésembrianthémées,* aux *Paronyquiées* (voir ces Familles). — La Tribu des *Molluginées* se rattache aussi aux *Phytolaccées* par le port, les feuilles entières, charnues, par l'inflorescence, par la corolle périgyne, souvent nulle, par les étamines isostémones, ou indéfinies, distinctes, ou agrégées en phalanges alternes avec les sépales, et surtout par la structure de l'ovule et la nature de l'albumen.

Les Portulacées ne sont absolument bannies d'aucun climat; elles se rencontrent toutefois plus rarement dans les régions tempérées de l'Europe et de l'Asie centrale que dans l'Amérique boréale. La plupart habitent les régions sub-tropicales de l'hémisphère Sud. — Les *Aïzoïdées* vivent dans l'Afrique australe, quelques-unes dans l'Arabie Pétrée, un très-petit nombre dans la région méditerranéenne. — Les *Sésuviées* sont beaucoup plus dispersées; aucune cependant n'a été rencontrée en Amérique en-deçà du Cancer, et on en trouve très-peu dans l'Asie tempérée et en Europe. — Les *Calandriniées* sont presque cosmopolites; elles ont pénétré dans les régions froides du Nord, elles croissent généralement en dehors des tropiques, et plutôt dans l'hémisphère Nord que dans l'hémisphère Sud. — Les *Molluginées* se trouvent plus fréquemment dans les régions tropicales et sub-tropicales.

La plupart des Espèces sont mucilagineuses; quelques-unes sont légèrement amères, astringentes, et ont été rangées parmi les agents modérément toniques et diurétiques. L'herbe du *Pourpier* (*Portulaca oleracea*) jouit d'une antique réputation comme rafraîchissante, sédative et antiscorbutique. On la mange aussi en salade; sa graine, macérée dans du vin, donne à celui-ci des propriétés emménagogues. — Plusieurs *Calandriniées* américaines et asiatiques sont aussi usitées comme Plantes potagères. Il en est de même des *Sesuvium portulacastrum* et *repens,* qui croissent dans l'Asie tropicale. — La racine du *Claytonia tuberosa,* indigène de la Sibérie orientale, est comestible. — Les *Talinum,* les *Pharnaceum* sont des Espèces amères-astringentes, employées dans la médecine populaire de l'Asie et de l'Amérique. — Les *Aizoon canariense* et *hispanicum* donnent par incinération une abondante quantité de soude.

# TÉTRAGONIÉES, *TETRAGONIEÆ,* Fenzl.

PLANTES herbacées, annuelles, ou sous-frutescentes, diffuses, succulentes, glabres, ou velues. — FEUILLES alternes, ou sub-opposées, planes, charnues, généralement entières. — FLEURS ☿, régulières, axillaires, ou oppositifoliées, solitaires, ou agglomérées, quelquefois disposées en épi, ou en grappe. — CALYCE supère, 3-5-lobé, charnu, coloré intérieurement, à préfloraison valvaire-induplicative. — COROLLE nulle. — ÉTAMINES épigynes, 1-5-∞, solitaires, ou agrégées entre les lobes calycinaux. *Filets* filiformes-subulés. *Anthères* biloculaires, didymes, à loges oblongues séparées à la base et au sommet, s'ouvrant longitudinalement. — OVAIRE infère, 3-5-loculaire, quelquefois 8-9-loculaire, ou 1-2-loculaire par avortement. *Ovules* solitaires dans chaque loge, appendus au sommet de l'angle central par un court funicule, semi-anatropes, à micropyle supère, à raphé dorsal. *Styles* en même nombre que les loges, courts, stigmatifères sur leur bord interne. — DRUPE, ou NOIX anguleuse, couronnée par le calyce accrescent et dilaté en cornes ou en ailes longitudinales; péricarpe nu au sommet et marqué de sillons rayonnants, à 1-9 loges. — GRAINES pendantes, pyri-réniformes, à *testa* crustacé, luisant, brun, strié longitudinalement, à *hile* nu. — EMBRYON annulaire, entourant un *albumen* farineux.

GENRE UNIQUE.

*Tétragone, *Tetragonia.*

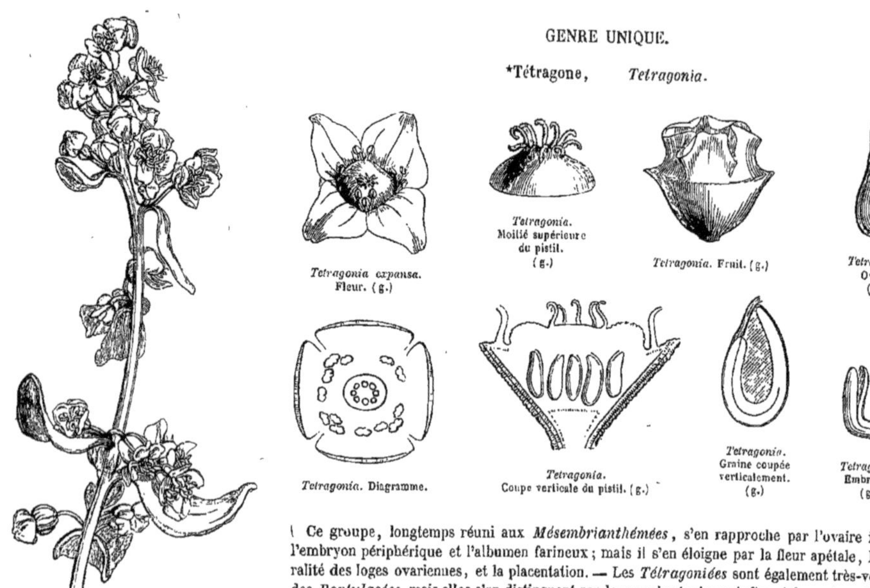

Tétragone ligneuse (*Tetragonia fruticosa*).

*Tetragonia expansa.* Fleur. (g.)

*Tetragonia.* Moitié supérieure du pistil. (g.)

*Tetragonia.* Fruit. (g.)

*Tetragonia.* Ovule. (g.)

*Tetragonia.* Diagramme.

*Tetragonia.* Coupe verticale du pistil. (g.)

*Tetragonia.* Graine coupée verticalement. (g.)

*Tetragonia.* Embryon. (g.)

Ce groupe, longtemps réuni aux *Mésembrianthémées*, s'en rapproche par l'ovaire infère, l'embryon périphérique et l'albumen farineux; mais il s'en éloigne par la fleur apétale, la pluralité des loges ovariennes, et la placentation. — Les *Tétragoniées* sont également très-voisines des *Portulacées*, mais elles s'en distinguent par leur ovaire toujours infère, à loges 1-ovulées, la forme et la consistance du fruit, etc. — Elles tiennent aussi aux *Chénopodées* par la courbure de l'ovule et la nature de l'albumen; mais celles-ci s'en éloignent par leur ovaire supère, toujours 1-loculaire, leurs étamines périgynes, opposées aux sépales, etc.

Toutes les Espèces du Genre *Tetragonia* sont dispersées dans les îles et sur les promontoires de l'hémisphère austral, au-delà du Capricorne.

La *Tétragone cornue* (*Tetragonia expansa*) est une herbe de la Nouvelle-Zélande et des îles de la mer du Sud, dont les propriétés sont restées inconnues des indigènes jusqu'à l'époque où le capitaine Cook s'en servit pour alimenter ses équipages, et rétablir leur santé altérée par le scorbut. Elle a été introduite en Europe par J. Banks, et on la cultive aujourd'hui dans les jardins sous les noms d'*Épinard d'été* ou d'*Épinard de la Nouvelle-Zélande.*

# BASELLÉES, *BASELLEÆ, Ad. Brongniart.*

## (BASELLACEÆ, *Moquin-Tandon.* — ATRIPLICUM *Genera, Jussieu.*)

Plantes herbacées, rarement sous-frutescentes, glabres. — Tiges souvent grimpantes, ou volubiles, sub-anguleuses, peu feuillées. — Feuilles alternes, ou très-rarement opposées, pétiolées, simples, entières, ou sub-sinuées, charnues, ou rarement sub-coriaces, non stipulées. — Fleurs ☿, régulières, petites, solitaires, ou disposées en épis axillaires et munies de bractées souvent ailées, ou carénées. — Calyce souvent coloré, persistant, 5-fide, ou 5-partit, ou 5-phylle, à préfloraison imbriquée. — Corolle nulle. — Étamines périgynes et opposées aux sépales. *Filets* subulés, dilatés à la base. *Anthères* biloculaires, introrses, dorsifixes, à déhiscence longitudinale. — Ovaire libre, 1-loculaire, 1-ovulé. *Ovule* courbe, fixé au fond de la loge, à micropyle regardant la base de l'ovaire. *Style* terminal, simple. *Stigmates* 3, sub-divariqués, quelquefois un stigmate 3-lobé (*Tandonia*), ou rarement simple (*Ullucus*). — Fruit indéhiscent, enveloppé par le calyce resté sec, ou devenu succulent (*Basella*). — Graine ovoïde, ou sub-globuleuse, à *testa* membraneux, à *albumen* farineux. — Embryon tantôt enroulé en spirale plate, séparant l'albumen en 2 tranches minces; tantôt annulaire, ou en fer à cheval, entourant un albumen copieux. *Radicule* descendante. *Cotylédons* planes-convexes, quelquefois sub-foliacés.

GENRES PRINCIPAUX.

| | | | | | |
|---|---|---|---|---|---|
| *Baselle, | *Basella.* | *Anrédéra, | *Anredera.* | *Ullucus, | *Ullucus.* |

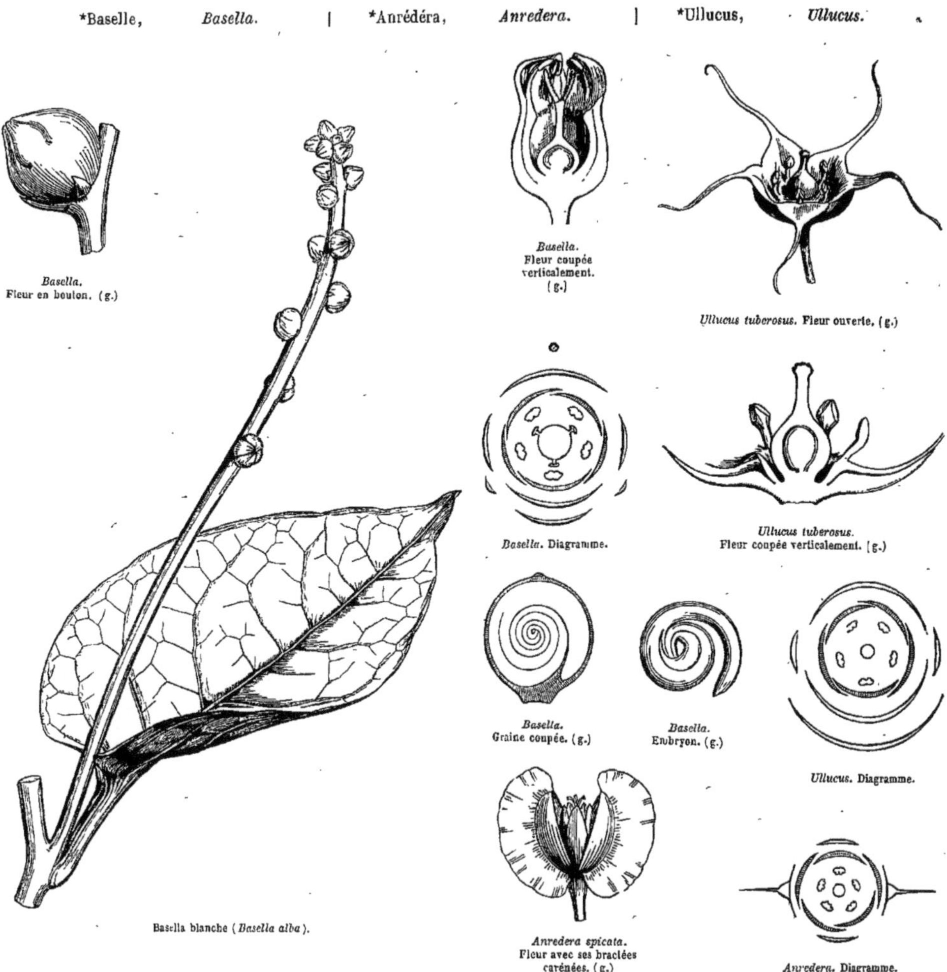

*Basella.* Fleur en bouton. (g.)

*Basella.* Fleur coupée verticalement. (g.)

*Ullucus tuberosus.* Fleur ouverte. (g.)

*Basella.* Diagramme.

*Ullucus tuberosus.* Fleur coupée verticalement. (g.)

*Basella.* Graine coupée. (g.)

*Basella.* Embryon. (g.)

*Ullucus.* Diagramme.

Basella blanche (*Basella alba*).

*Anredera spicata.* Fleur avec ses bractées carénées. (g.)

*Anredera.* Diagramme.

Les *Basellées* sont intermédiaires entre les *Chénopodées* et les *Amarantacées;* elles se rapprochent un peu des *Portulacées*, et leur tige grimpante rappelle celles de quelques *Polygonées;* mais elles s'éloignent de toutes ces Familles par leur port, leurs tiges volubiles à droite, leur calyce accompagné de bractées persistantes et souvent ailées, leurs étamines à anthères sagittées, et à filets dilatés inférieurement, etc.

Les Basellées appartiennent à l'Amérique et à l'Asie tropicale. Quelques Espèces de *Basella*, alimentaires en Chine et dans l'Inde, ont été importées en Europe, et y sont cultivées comme Plantes potagères sous les noms d'*Épinard rouge* (*B. rubra*) et d'*Épinard blanc* (*B. alba*); les baies de la première fournissent un suc d'un beau rouge, mais peu tenace. La racine féculente de l'*Ullucus tuberosus*, qui sert d'aliment au Pérou, a été introduite en France, et recommandée comme succédanée de la *pomme-de-terre*.

# CHÉNOPODÉES, *CHENOPODEÆ*.

(ATRIPLICES, *Jussieu*. — CHENOPODEÆ, *Rob. Brown*. — CHENOPODIEÆ, *Bartling*. CHENOPODIACEÆ, *Lindley*. — SALSOLACEÆ, *Moquin-Tandon*.)

FLEURS ☿, *ou diclines*. PÉRIANTHE *herbacé, régulier, 5-3-2-phylle, persistant*. ÉTAMINES *sub-périgynes, ou hypogynes, opposées aux sépales, et en même nombre qu'eux, ou moins nombreuses*. OVAIRE *1-loculaire, 1-ovulé*. OVULE *courbe*. EMBRYON *dicotylédoné, annulaire, ou semi-annulaire, ou enroulé en spirale*. ALBUMEN *généralement farineux, quelquefois nul*.

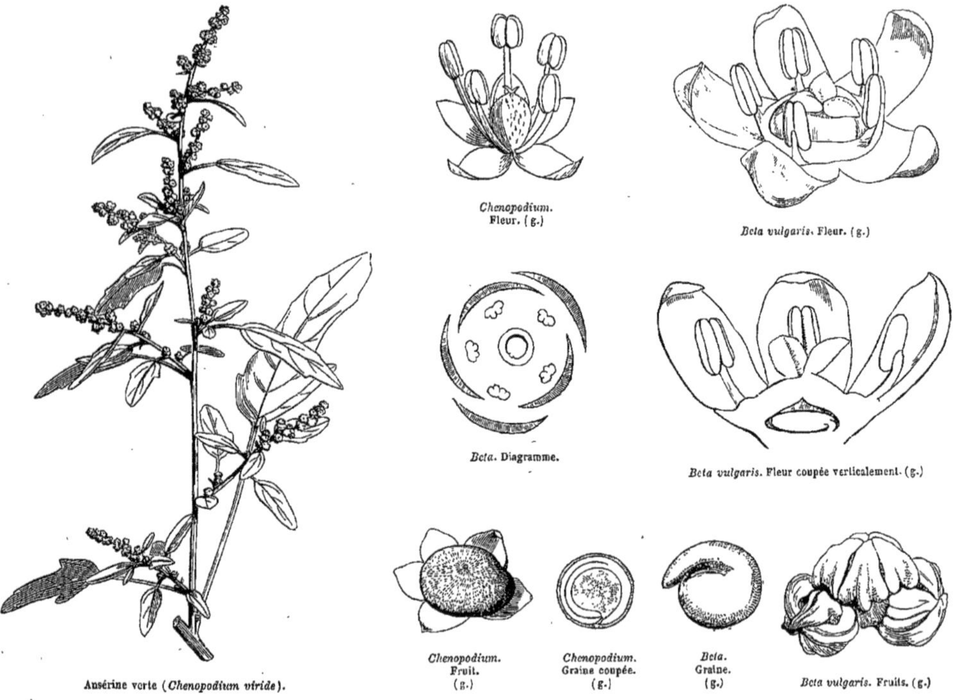

*Chenopodium*. Fleur. (g.) — *Beta vulgaris*. Fleur. (g.) — *Beta*. Diagramme. — *Beta vulgaris*. Fleur coupée verticalement. (g.) — Ansérine verte (*Chenopodium viride*). — *Chenopodium*. Fruit. (g.) — *Chenopodium*. Graine coupée. (g.) — *Beta*. Graine. (g.) — *Beta vulgaris*. Fruits. (g.)

PLANTES herbacées, ou sous-frutescentes, ou rarement frutescentes, glabres, ou pubescentes, ou laineuses. TIGES cylindriques, ou anguleuses, dressées, ou ascendantes, continues et feuillées, ou articulées, et souvent aphylles. — FEUILLES alternes, rarement opposées, simples, sessiles, ou pétiolées, généralement planes, entières, ou dentées, ou sinuées, ou incisées, quelquefois charnues, demi-cylindriques, ou cylindriques. *Stipules* nulles. — FLEURS ☿, petites, régulières, souvent dimorphes (*Atriplex*), quelquefois diclines, ou polygames, sessiles, ou pédicellées, solitaires ou diversement agglomérées, axillaires, ou terminales, munies d'une bractée et de 2 bractéoles, ou nues. — CALYCE à 5, 3, 2 sépales (rarement 4), plus ou moins cohérents par leur base, herbacés, verdâtres, à préfloraison imbriquée, devenant quelquefois charnus après la fleuraison et figurant une baie, ou restant secs et figurant une capsule. — COROLLE nulle. — ÉTAMINES généralement insérées sur le réceptacle, ou au fond du calyce, 5, ou rarement moins par avortement, toutes fertiles et opposées aux sépales. *Filets* filiformes, ou subulés, ordinairement distincts, quelquefois soudés à leur base en godet très-court. *Staminodes* (dans quelques Genres) très-menus, situés entre les filets et alternant avec les sépales (*Anabasis*, etc.). *Anthères* biloculaires, ovoïdes, ou oblongues, introrses, à déhiscence longitudinale, à connectif quelquefois vésiculeux au-dessus des loges (*Physogeton*). — Ovaire ovoïde, ou déprimé-globuleux, généralement libre, très-rarement adhérent par sa base, 1-loculaire. *Ovule* campylotrope, tantôt sessile au fond de la loge, tantôt fixé latéralement, ou pendant à un court funicule, micropyle regardant la base ou la périphérie ou le sommet de l'ovaire. *Stigmates* 2-4, distincts, ou cohérents en style à leur base. — Fruit indéhiscent, inclus dans le calyce (diversement modifié, ou non changé), devenant un utricule, ou un caryopse, ou rarement une baie. — Graine horizontale, ou verticale, dressée, ou inverse, lenticulaire, ou réniforme; tégument tantôt double, à *testa* crustacé et à *endoplèvre* membraneuse, tantôt simple et membraneux. *Albumen* copieux, ou peu abondant, ou nul (*Anabasis, Salsola*, etc.), généralement farineux, très-rarement sub-charnu. — Embryon tantôt arqué, ou annulaire, entourant l'albumen; tantôt enroulé en spirale plate et séparant l'albumen en 2 tranches, ou, à défaut d'albumen, formant une spirale conique (*Salsola*). *Radicule* regardant le hile. *Cotylédons* planes-convexes, étroits.

## Tribu I. — CYCLOLOBÉES, *CYCLOLOBEÆ*.

Embryon annulaire, ou en fer à cheval. Albumen plus ou moins abondant, central.

GENRES PRINCIPAUX.

| | | | | | |
|---|---|---|---|---|---|
| *Bette, | *Beta.* | *Arroche, | *Atriplex.* | *Kokie, | *Kochia.* |
| *Ansérine, | *Chenopodium.* | *Épinard, | *Spinacia.* | Corispermum, | *Corispermum.* |
| *Blite, | *Blitum.* | Camphrée, | *Camphorosma.* | Salicorne, | *Salicornia.* |

## Tribu II. — SPIROLOBÉES, *SPIROLOBEÆ*.

Embryon enroulé en spirale plate, ou conique. Albumen peu abondant, ou nul.

GENRES PRINCIPAUX.

| | | | | | | | |
|---|---|---|---|---|---|---|---|
| Suéda, | *Suæda.* | Chénopodine, | *Chenopodina.* | *Soude, | *Salsola.* | Anabase, | *Anabasis.* |

Les *Chénopodées* se rapprochent des *Basellées*, des *Amarantacées*, des *Phytolaccées*, des *Tétragoniées*, par divers caractères, dont le plus saillant est la courbure de l'embryon, situé autour d'un albumen farineux plus ou moins abondant (voir ces Familles).

La plupart des Chénopodées habitent les rivages de l'Océan et des lacs salés, ainsi que les déserts jadis occupés par la mer; on les rencontre principalement dans la région méditerranéenne et la Russie asiatique. D'autres Espèces semblent préférer le voisinage des habitations de l'homme, et végètent parmi les décombres, le long des chemins et dans les lieux cultivés, où le sol est imprégné de matières azotées; elles y croissent en abondance et y présentent de nombreuses variétés. Elles sont généralement rares entre les Tropiques, où elles cèdent la place aux Amarantacées. Elles deviennent plus rares au-delà du Capricorne. L'Australie nourrit plusieurs Espèces qui se font remarquer par la singularité de leur structure. Quelques-unes émigrent au loin avec l'homme (*Chenopodium hybridum, leiospermum*, etc.).

Parmi les Chénopodées, plusieurs Espèces contiennent du mucilage, ou de la fécule, ou du sucre, qui les rendent alimentaires, d'autres sont médicinales; quelques-unes fournissent par incinération du carbonate de soude. — L'*Épinard* (*Spinacia oleracea*), herbe potagère, inconnue des anciens, a été introduit en Espagne par les Arabes, et de là répandu dans toute l'Europe; on le cultive aussi dans les Indes. — Les feuilles de l'*Arroche des jardins* (*Atriplex hortensis*), vulgairement nommée *Bonne-Dame*, sont alimentaires et rafraîchissantes; les graines possèdent des propriétés émétiques et purgatives. — Les *Chenopodium album*, *viride*, *ficifolium*, les *Blitum rubrum* et *Bonus-Henricus* sont aussi employés comme l'Épinard. — Les *Bettes*, dont l'origine est incertaine, sont cultivées depuis des siècles dans les jardins potagers et dans les champs. Les feuilles de la *Poirée* (*Beta Cycla*) sont alimentaires dans le jeune âge, et employées en bouillon pour leur vertu laxative. La *Betterave* (*Beta Rapa*) a des racines charnues, jaunes, ou rouges, ou blanches, contenant une abondante quantité de sucre cristallisable, indentique au sucre de Canne, qui est aujourd'hui en Europe l'objet d'une immense industrie. Cette Espèce est en outre cultivée comme Plante fourragère pour la nourriture des bestiaux.

Les graines féculentes des *Chenopodium* peuvent être, en cas de disette, mêlées aux céréales. — Le *Quinoa* (*Ch. Quinoa*) est une herbe annuelle, dont les semences, réduites en bouillie, servent de nourriture aux habitants du Pérou.

D'autres Chénopodées possèdent des principes aromatiques qui peuvent agir puissamment sur le système nerveux : le *Botrys* (*Chenopodium Botrys*) est une herbe croissant dans l'Europe centrale et méridionale, dont l'odeur est agréable; on l'emploie en infusion béchique et incisive. L'*Ambroisie* (*Ambrina ambrosioides*), Espèce mexicaine, est cultivée aujourd'hui dans tous les jardins; son arome suave et pénétrant la fait employer en infusion comme stomachique sous le nom de *thé du Mexique*. Les Graines du *Chenopodium anthelminthicum*, Plante de l'Amérique du Sud, sont un excellent vermifuge. — La *Camphrée de Montpellier* (*Camphorosma monspeliaca*) exhale une odeur de camphre très-prononcée ; on en prépare une infusion théiforme, vantée comme diurétique, céphalique et antispasmodique. L'*Ansérine fétide* (*Chenopodium fœtidum*) est une herbe indigène, à tiges rameuses et diffuses, commune dans les lieux incultes des terrains calcaires; toutes ses parties exhalent une odeur de poisson pourri, due au carbonate d'ammoniaque qu'elle contient. Elle est employée en lavements et en fomentations, comme antispasmodique, emménagogue et antihystérique.

Les *Salsola*, les *Suæda*, les *Salicornia*, croissent en abondance sur les rivages maritimes et dans les terrains salés; elles contiennent en abondance des sels alcalins, que l'on obtient en incinérant la Plante, et que l'on convertit par le charbon et la chaux en carbonate de soude. — Les jeunes pousses de *Salicornes*, recueillies sur les plages, sont mangées, en guise de *Pourpier*, par les habitants des provinces maritimes de la Hollande.

# AMARANTACÉES, *AMARANTACEÆ*.

(AMARANTI, *Jussieu*. — AMARANTOIDEÆ, *Ventenat*. — AMARANTACEÆ, *R. Brown*.)

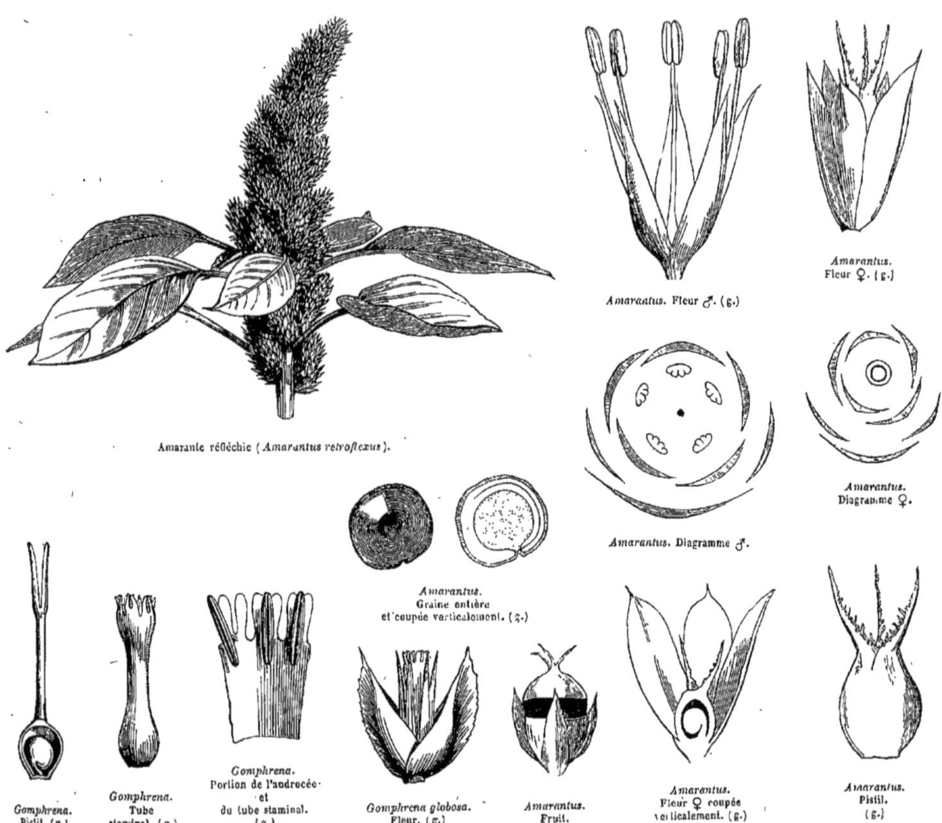

Amarante réfléchie (*Amarantus retroflexus*). — *Amarantus*. Fleur ♂. (g.) — *Amarantus*. Fleur ♀. (g.) — *Amarantus*. Diagramme ♂. — *Amarantus*. Diagramme ♀. — *Amarantus*. Graine entière et coupée verticalement. (g.) — *Gomphrena*. Pistil. (g.) — *Gomphrena*. Tube staminal. (g.) — *Gomphrena*. Portion de l'androcée et du tube staminal. (g.) — *Gomphrena globosa*. Fleur. (g.) — *Amarantus*. Fruit. — *Amarantus*. Fleur ♀ coupée verticalement. (g.) — *Amarantus*. Pistil. (g.)

Plantes herbacées, ou sous-frutescentes, quelquefois frutescentes, glabres, ou pubescentes, ou laineuses. — Tige et rameaux souvent diffus, cylindriques, ou sub-anguleux, continus, ou articulés, dressés, ou ascendants, quelquefois volubiles (*Hablitzia*). — Feuilles opposées, ou alternes, simples, sessiles, ou brièvement pétiolées, membraneuses, ou un peu charnues, ordinairement entières. *Stipules* nulles. — Fleurs petites, régulières, ou sub-régulières, ⚥, ou diclines par avortement, sessiles, solitaires, ou disposées en glomérules, ou en têtes, ou en épis, les latérales quelquefois avortées et changées en crête, ou en arêtes, ou en poils crochus. *Bractées* 3, rarement 2, ordinairement contiguës, l'inférieure plus grande, généralement persistante, manquant rarement (et alors les fleurs sont à l'aisselle d'une feuille florale); les latérales très-souvent carénées, concaves, jamais foliacées, plus ou moins scarieuses, tombant avec la fleur. — CALYCE à 3-5 sépales, ou très-rarement 1 (*Mengea*), distincts, ou quelquefois plus ou moins cohérents à la base, égaux, ou sub-égaux, sub-scarieux, glabres, ou pourvus d'un duvet accrescent, pétaloïdes, ou verdâtres, persistants, à préfloraison imbriquée. — COROLLE nulle. — ÉTAMINES hypogynes, 5 fertiles, opposées aux sépales (rarement 3, ou moins) et 5 stériles alternes avec les fertiles, ou nulles, tantôt toutes libres, tantôt soudées inférieurement en cupule, ou en tube. *Filets* fertiles filiformes, ou subulés, ou dilatés, quelquefois trifides; les stériles entiers, ou frangés, planes, ou rarement concaves, quelquefois très-menus et dentiformes, ou lobuliformes. *Anthères* introrses, 1-loculaires, ou 2-loculaires, dressées, ovoïdes, ou linéaires, dorsifixes, à déhiscence longitudinale. — OVAIRE libre, comprimé, rarement déprimé, monocarpellé, 1-loculaire, uni-pluri-ovulé. *Ovules* courbes, fixés au fond de la loge, ou suspendus isolément à des funicules distincts et dressés; micropyle infère. *Style* terminal, simple, de longueur variée, quelquefois presque nul. *Stigmate* capité, échancré-bilobé, ou 2-3-fide. — FRUIT ordinairement enveloppé par le calyce, tantôt devenant un *utricule* membraneux, à une ou plusieurs graines, indéhiscent, ou ruptile, ou s'ouvrant en *pyxide;* quelquefois un *caryopse*, rarement une *baie*. — GRAINES ordinairement un peu comprimées, réniformes, verticales. *Testa* crustacé noir, brillant; *endoplèvre* membraneuse; *hile* nu, ou rarement arillé. *Albumen* abondant, central, farineux. — EMBRYON périphérique, annulaire, ou arqué. *Radicule* voisine du hile, infère, sub-ascendante. *Cotylédons* incombants.

## TRIBU I. — CÉLOSIÉES, *CELOSIEÆ*.

Anthères bi-loculaires. Ovaire multi-ovulé.

GENRES PRINCIPAUX.

Cladostachys, *Cladostachys*. | *Célosie, *Celosia*.

## TRIBU II. — ACHYRANTHÉES, *ACHYRANTHEÆ*.

Anthères bi-loculaires. Ovaire 1-ovulé.

GENRES PRINCIPAUX.

*Amarante, *Amarantus*. | Achyranthe, *Achyranthes*. | Polycnème, *Polycnemum*.

## TRIBU III. — GOMPHRÉNÉES, *GOMPHRENEÆ*.

Anthères uni-loculaires. Ovaire 1-ovulé.

GENRES PRINCIPAUX.

*Alternanthéra, *Alternanthera*. | *Gomphréna, *Gomphrena*. | *Irésine, *Iresine*.

Les *Amarantacées*, par leur embryon et leur albumen farineux, sont voisines des *Chénopodées*, des *Basellées*, des *Phytolaccées* et des *Paronyquiées*. Leur affinité avec les *Chénopodées* est si étroite, qu'il est difficile d'établir entre ces deux Familles une diagnose nettement tranchée, quoique leur port les distingue facilement; les Chénopodées ne diffèrent que par leurs styles distincts et leur calyce herbacé. — Les *Basellées* s'éloignent des Amarantacées par leur port, leurs étamines périgynes, leur pollen généralement cubique, etc.; les *Phytolaccées*, par leurs ovaires verticillés et portés sur un gynophore; les *Paronyquiées*, par leurs fleurs munies de pétales squamiformes, leurs étamines périgynes, leurs feuilles à stipules scarieuses, etc.

Les Amarantacées croissent pour la plupart entre les Tropiques de l'ancien et du nouveau Continent; elles ne sont pas rares dans les régions sub-tropicales; elles se rencontrent en très-petit nombre sous la zone tempérée, et manquent absolument dans les pays froids.

Plusieurs Espèces d'Amarantacées contiennent des principes mucilagineux et sucrés, qui les font ranger parmi les Plantes alimentaires et émollientes. Quelques-unes sont légèrement astringentes, d'autres sont diaphorétiques et diurétiques, ou toniques et stimulantes. — L'*Amarante Blite* (*Amarantus Blitum*) est mangée dans le midi de l'Europe en guise d'Épinard. Plusieurs autres Espèces d'*Amarante* servent aussi d'aliment en Chine et dans l'Inde, où les habitants s'abstiennent de nourriture animale. On y emploie comme herbes résolutives le *Gomphrena globosa*, les *Celosia argentea* et *margaritacea*, l'*Aerva lanata*, etc. — Les fleurs du *Celosia cristata* sont astringentes, et préconisées en Asie contre les diarrhées, la ménorrhagie, l'hématémèse, etc. — La racine tubéreuse des *Gomphrena officinalis* et *macrocephala*, du Brésil, possède des propriétés toniques et stimulantes, qui la font regarder au Brésil comme une panacée, de là son nom de *paratudo;* elle est réputée efficace contre la débilité de l'estomac et des intestins. On l'applique surtout à la guérison des fièvres intermittentes. — Les *Amarantus frumentaceus* et *Anardhana* sont cultivés dans l'Himalaya, à cause de leurs graines alimentaires.

# NYCTAGINÉES, *NYCTAGINEÆ*, *Jussieu.*

Fleurs ☿, *ou diclines par avortement.* Périanthe *pétaloïde, ou coloré.* Étamines *hypogynes.* Ovaire *1-loculaire, 1-ovulé.* Ovule *campylotrope, dressé.* Akène *inclus dans la base persistante du périanthe.* Albumen *farineux (rarement nul).* Embryon *dicotylédoné, courbé, rarement droit.* Radicule *infère.*

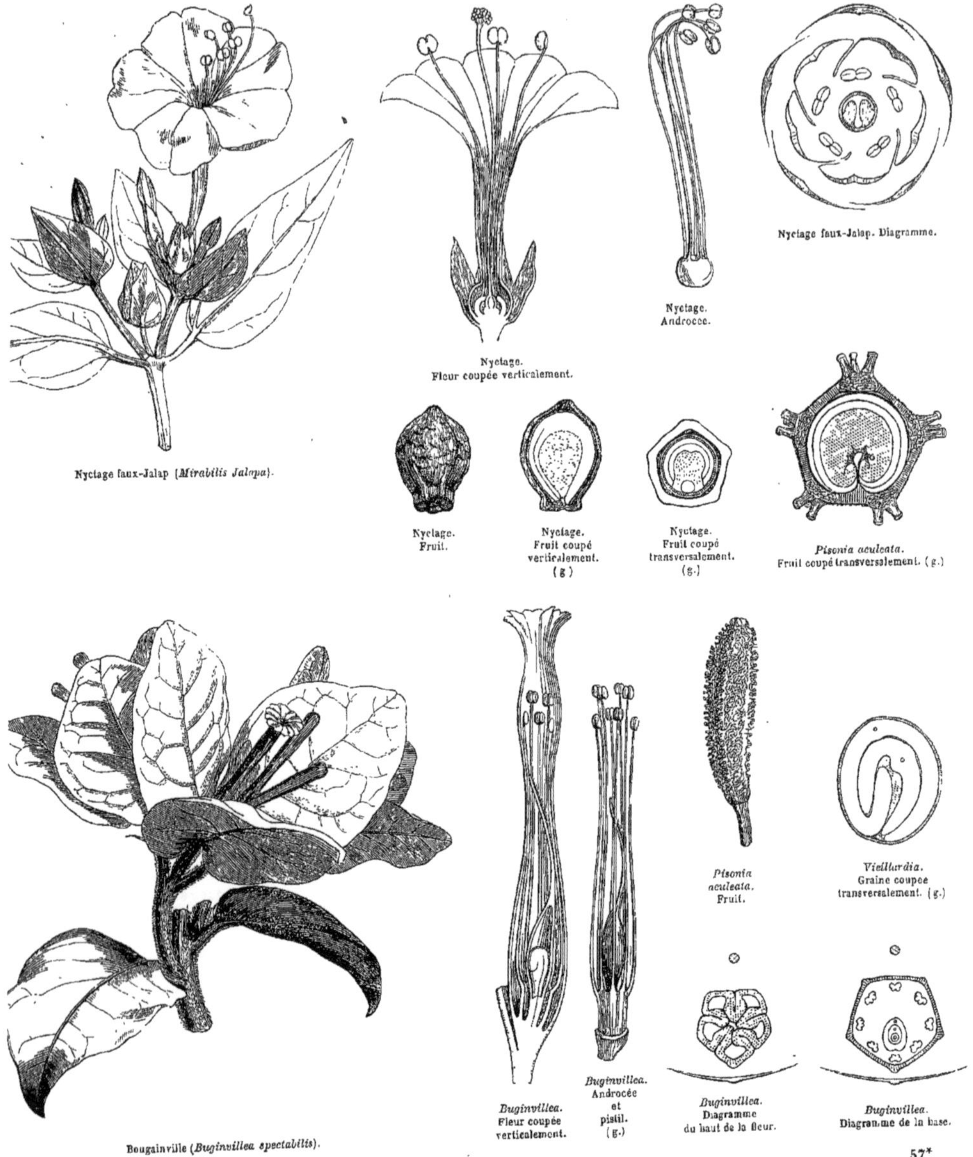

Nyctage faux-Jalap (*Mirabilis Jalapa*).

Nyctage. Fleur coupée verticalement.

Nyctage. Androcée.

Nyctage faux-Jalap. Diagramme.

Nyctage. Fruit.

Nyctage. Fruit coupé verticalement. (g)

Nyctage. Fruit coupé transversalement. (g.)

*Pisonia aculeata.* Fruit coupé transversalement. (g.)

Bougainville (*Buginvillea spectabilis*).

*Buginvillea.* Fleur coupée verticalement.

*Buginvillea.* Androcée et pistil. (g.)

*Pisonia aculeata.* Fruit.

*Vieillardia.* Graine coupée transversalement. (g.)

*Buginvillea.* Diagramme du haut de la fleur.

*Buginvillea.* Diagramme de la base.

ARBRES, ou ARBRISSEAUX, ou HERBES. — TIGES noueuses, fragiles, à rameaux souvent spinescents. — FEUILLES généralement opposées (celle qui sous-tend un rameau, ou un pédoncule, ou une épine, étant plus petite que sa correspondante de la même paire), rarement alternes, ou éparses, pétiolées, entières. — FLEURS ☿, ou rarement diclines par avortement (*Pisonia*), axillaires, ou terminales, solitaires, ou agrégées, rarement disposées en épi simple, ou en ombelle, ou en cyme, ou en panicule. *Bractées* à la base des fleurs, tantôt ovales, ou lancéolées, libres, ou soudées, formant souvent autour des fleurs un involucre calyciforme; tantôt très-dilatées, plus grandes que les fleurs, et colorées; tantôt minimes, 1-3 à chaque fleur. *Involucre* calyciforme herbacé, tantôt monophylle, 3-5-denté, 1-5-flore, et souvent amplifié après la floraison; tantôt polyphylle, multiflore. — PÉRIANTHE pétaloïde, tubuleux, ou tubuleux-campanulé, ou tubuleux-infundibuliforme, diversement coloré : la partie inférieure du tube plus dure, quelquefois striée, toujours persistante, enveloppant le fruit et accrescente; la partie supérieure ressemblant à une corolle, à limbe plissé dans l'estivation, d'une texture délicate, rarement marcescente, tombant ordinairement après la floraison. — ÉTAMINES insérées sur le réceptacle, plus ou moins nombreuses que les divisions du périanthe, 8-30, rarement en nombre égal, quelquefois unilatérales. *Filets* filiformes, souvent inégaux, inclus, ou sortants, courbés dans l'estivation, libres, ou cohérents par leur base, quelquefois même soudés inférieurement au tube du périanthe. *Anthères* introrses, 2-loculaires, arrondies, à déhiscence longitudinale. *Pollen* à granules arrondis et volumineux. — OVAIRE libre, sessile, ou sub-stipité, monocarpellé, 1-loculaire, 1-ovulé. *Ovule* dressé, sessile, à micropyle infère. — *Style* terminal, ou sub-latéral, simple, enroulé dans l'estivation. Stigmate simple, aigu, ou globuleux, droit, ou enroulé, quelquefois rameux, ou pénicillé-multifide. — AKÈNE membraneux, inclus dans le tube endurci du périanthe. — GRAINE dressée, à *testa* adhérent à l'endocarpe. — EMBRYON, ordinairement courbe, ou plié, rarement droit (*Pisonia*). *Cotylédons* foliacés, enveloppant un *albumen* farineux, ou enroulés sur eux-mêmes, et à peine séparés par un albumen mucilagineux (*Vieillardia*). *Radicule* infère.

GENRES PRINCIPAUX.

| | | | | | |
|---|---|---|---|---|---|
| *Nyctage, | *Mirabilis.* | Pentacrophys, | *Pentacrophys.* | Pisonia, | *Pisonia.* |
| *Oxybaphus, | *Oxybaphus.* | *Bougainville, | *Buginvillea.* | Cephalotomandra, | *Cephalotomandra.* |
| Acleisanthes. | *Acleisanthes.* | *Abronia, | *Abronia.* | Vieillardia, | *Vieillardia.* |
| Quamoclidion, | *Quamoclidion.* | Boerhaavia, | *Boerhaavia.* | | |

Les Nyctaginées ne sont étroitement liées à aucune des Familles connues du Règne végétal; elles ont été placées près des *Phytolaccées*, des *Chénopodées* et des *Polygonées*, à cause de la structure de leur ovaire, de la courbure de leur graine et de la nature de leur albumen; mais elles s'en éloignent par leur estivation plissée et leurs feuilles toujours dépourvues de stipules. — Elles ont une affinité apparente avec les *Valérianées* (ainsi que l'avait observé A.-L. de Jussieu), par l'intermédiaire du Genre *Boerhaavia*, dont plusieurs Espèces ont été souvent confondues avec cette Famille.

Les Nyctaginées habitent principalement la région intertropicale de l'ancien et surtout du nouveau Continent. Les *Abronia* croissent dans le Nord-Ouest de l'Amérique; quelques *Boerhaavia* dans l'Australie extra-tropicale, et dans l'Amérique du Sud. Les *Buginvillea* sont limités à l'Amérique australe.

Les racines des Nyctaginées possèdent des propriétés purgatives, ou émétiques. Le *Nyctage faux-Jalap* (*Mirabilis Jalapa*), cultivé en Europe sous le nom de *Belle-de-nuit*, est indigène de l'Amérique tropicale; sa racine, longtemps confondue avec celle du vrai Jalap, dont elle a l'odeur nauséeuse, offre des vertus analogues, mais beaucoup moins efficaces, et on l'administre quelquefois dans l'hydropisie, ainsi que les *M. dichotoma* et *longiflora*, cultivés aussi dans nos Jardins. Le *M. suaveolens* est recommandé au Mexique contre les diarrhées et les douleurs rhumatismales. — Les nombreuses Espèces du Genre *Boerhaavia* fournissent aux Américains des racines émétiques et purgatives. Le suc du *B. hirsuta* est employé au Brésil contre l'ictère. La racine cuite du *B. tuberosa* est alimentaire au Pérou; son infusion est rangée parmi les médicaments antisyphilitiques. La décoction de l'herbe du *B. procumbens* est regardée dans l'Inde comme un fébrifuge. — Les *Pisonia* ont des propriétés analogues à celles du *Boerhaavia*.

# SALVADORACÉES, *SALVADORACEÆ*, *Lindley*.

ARBRISSEAUX glabres, glauques-poudreux; rameaux marqués de cicatrices transversales. — Feuilles opposées, pétiolées, entières, coriaces, obscurément veinées, pourvues de 2 stipules minimes. — FLEURS peu apparentes, en grappes spiciformes paniculées. — CALYCE petit, 4-denté, à préfloraison imbriquée. — COROLLE monopétale, membraneuse, à préfloraison imbriquée. — ÉTAMINES 4, très-courtes, insérées sur la corolle, unissant ses lobes et alternant avec eux. *Anthères* 2-loculaires, introrses. *Disque* hypogygne 4-lobé. — OVAIRE libre, 2 loges 2-ovulées. *Ovules* collatéraux et ascendants, anatropes. *Stigmate* bilobé, subsessile. — BAIE 1-2-loculaire. — GRAINES 4-1 dressées, à testa pulpeux, exalbuminées. — EMBRYON à *cotylédons* charnus, plano-convexes, à *radicule* infère.

GENRE UNIQUE.

Salvadora, *Salvadora.*

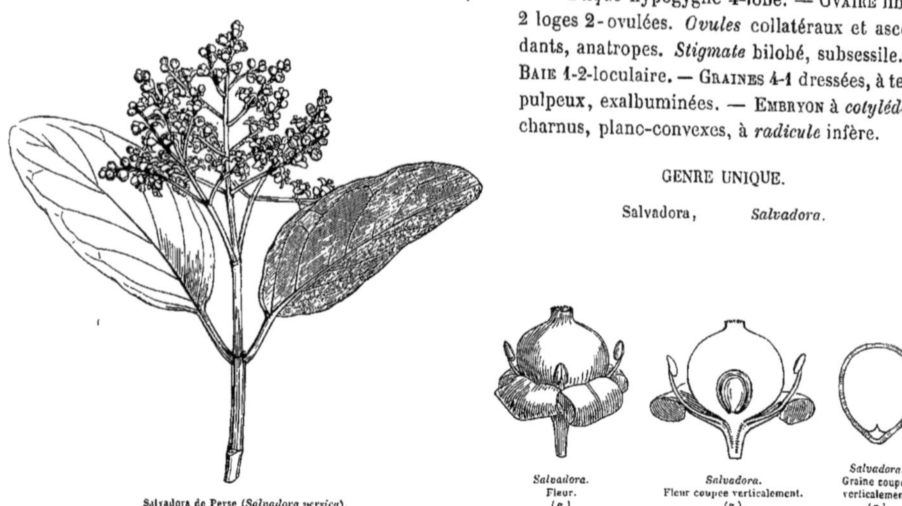

Salvadora de Perse (*Salvadora persica*).

*Salvadora.* Fleur. (g.)

*Salvadora.* Fleur coupée verticalement. (g.)

*Salvadora.* Graine coupée verticalement. (g.)

M. Planchon a groupé autour du *Salvadora* les Genres *Monetia* et *Dobera*, tous deux monopétales, hypogynes, tétrandres, à ovaire biloculaire, à fruit baccien, à graines exalbuminées, à tige ligneuse, à feuilles opposées, et ne différant guère du *Salvadora* que par les fleurs dioïques et l'ovule pendant. — Ce rapprochement, fondé sur leur organisation', est confirmé par leur distribution géographique, laquelle comprend les régions tropicales et sub-tropicales de l'ancien monde. En effet, les *Monetia* s'étendent de l'Afrique australe, par la péninsule de l'Inde et l'île de Ceylan, jusque dans la Malaisie; les *Salvadora*, depuis la côte de Bengnela, par l'Afrique septentrionale, dans la Palestine, la Perse et l'Inde; les *Dobera*, de l'Abyssinie, par l'Arabie, jusqu'à la péninsule indienne. Quant à l'affinité, MM. Gardner et Wight rapprochent les Salvadoracées des *Oléinées* et des *Jasminées*, et M. Planchon n'est pas éloigné d'adopter ce rapprochement.

La racine du *Salvadora persica* renferme dans son écorce des principes âcres et vésicants; l'écorce de la tige est tonique, les baies rouges sont comestibles, ainsi que celles du *Salvadora indica*, dont les feuilles, semblables à celles du *Séné*, sont purgatives et vermifuges. C'est cette plante qui portait, chez les Hébreux, le nom de *Sénevé*, et à laquelle il est fait allusion dans les paraboles de l'Écriture sainte.

# BATIDÉES, *BATIDEÆ*, *Lindley*.

PLANTES littorales, salées, de couleur grise. TIGES rameuses, diffuses, fragiles. — FEUILLES opposées, oblongues-linéaires, ou obovales-oblongues, sessiles, ou sub-sessiles, planes supérieurement, convexes en dessous, charnues, dépourvues de stipules. — FLEURS dioïques, disposées sur 4 rangs, en épis coniques-oblongs, opposés, sessiles, verts. — ♂ : *Fleurs* distinctes. *Bractées* cochléiformes, obtuses, ou très-courtement acuminées, concaves, entières, persistantes, étroitement rapprochées. Calyce membraneux, campanulé, ou en godet comprimé, tronqué, sub-bilabié. — *Pétales* 4, réunis par la base des onglets, à limbe rhomboïdal. — ÉTAMINES 4, alternes avec les pétales, et saillantes. *Filets* subulés, glabres; *Anthères* biloculaires, introrses, oblongues, didymes, incombantes, versatiles, à déhiscence longitudinale. — OVAIRE rudimentaire, ou nul. — ♀ : *Fleurs* réunies en épi charnu. *Bractées* comme dans les ♂, tombantes, les 2 inférieures soudées. — CALYCE et COROLLE nuls. — OVAIRES 8-12 cohérents, et adhérents à la base des bractées, 4-loculaires. *Ovules* solitaires, dressés, anatropes. *Style* nul. *Stigmate* capité, sub-bilobé. *Péricarpes* 4-loculaires, soudés ensemble, et formant un fruit charnu, ovoïde-conique; endocarpe coriace. — GRAINES oblongues, dressées, droites, à *testa* membraneux, et dépourvues d'albumen. — EMBRYON conforme à la graine. *Cotylédons* charnus, oblongs, comprimés. *Radicule* courte, voisine du *hile*.

GENRE UNIQUE.

Batis, *Batis.*

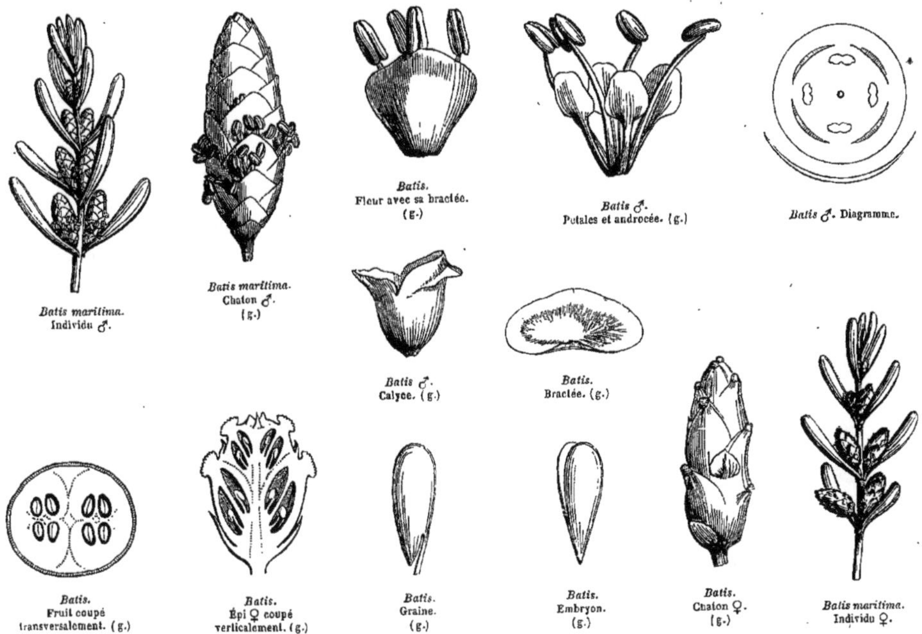

*Batis maritima.* Individu ♂. — *Batis maritima.* Chaton ♂. (g.) — *Batis.* Fleur avec sa bractée. (g.) — *Batis* ♂. Pétales et androcée. (g.) — *Batis* ♂. Diagramme. — *Batis* ♂. Calyce. (g.) — *Batis.* Bractée. (g.) — *Batis.* Fruit coupé transversalement. (g.) — *Batis.* Épi ♀ coupé verticalement. (g.) — *Batis.* Graine. (g.) — *Batis.* Embryon. (g.) — *Batis.* Chaton ♀. (g.) — *Batis maritima.* Individu ♀.

Les affinités du Genre ***Batis*** sont très-obscures : leur port les rapproche des *Chénopodées;* mais la structure de leur fleur semble indiquer une plus grande analogie avec les *Réaumuriacées*, les *Tamariscinées*, et quelques *Zygophyllées* par l'intermédiaire des *Tribulus*.

Les *Batis* habitent les rivages maritimes de l'Amérique tropicale.

# PHYTOLACCÉES, *PHYTOLACCEÆ*.

(ATRIPLICUM *sectio*, *Jussieu.* — PHYTOLACCEÆ, *R. Brown.*
RIVINEÆ ET PETIVEREÆ, *Agardh.* — PHYTOLACCACEÆ ET PETIVERIACEÆ, *Lindley.*
PHYTOLACCACEÆ, *Endlicher.*)

CALYCE 4-5-*partit.* COROLLE *ordinairement nulle.* ÉTAMINES *sub-hypogynes, ou hypogynes, en même nombre que les sépales, ou plus nombreuses.* CARPELLES *plusieurs, verticillés, ou un seul excentrique, 1-ovulés.* STYLES *latéraux-internes, crochus.* FRUIT *charnu, ou sec.* GRAINE *dressée.* ALBUMEN *farineux, quelquefois nul, ou presque nul.* EMBRYON *dicotylédoné, annulaire, ou arqué, rarement droit.* RADICULE *infère.*

HERBES, ou SOUS-ARBRISSEAUX, ordinairement glabres. — TIGES cylindriques, ou irrégulièrement anguleuses, rarement volubiles (*Ercilla*). FEUILLES alternes, ou rarement sub-opposées, simples, entières, membraneuses, ou un peu charnues, quelquefois ponctuées-pellucides. *Stipules* tantôt nulles, tantôt géminées à la base des pétioles, libres, tombantes, ou changées en aiguillons persistants. — FLEURS ☿, ou rarement dioïques (*Achatocarpus*, *Gyrostemon*), régulières, ou sub-irrégulières, disposées en épi, ou en grappe, ou en cyme-glomérule, axillaires ou terminales, ou oppositifoliées, à pédicelles nus, ou munis de 1-3 bractées. — CALYCE 4-5-partit, à lobes herbacés, souvent membraneux sur leur bord, fréquemment colorés sur leur face interne, égaux, ou quelquefois inégaux, à préfloraison imbriquée. — COROLLE généralement nulle, rarement 4-5 pétales (*Semonvillea*, etc.) alternes avec les sépales, et insérés à leur base, distincts, et étroitement onguiculés. — Étamines sub-hypogynes, ou hypogynes, insérées à la base d'un disque tapissant le fond du calyce, ou d'un torus un peu convexe, ou quelquefois d'un carpophore grêle, tantôt en même nombre que les sépales et alternes; tantôt plus nombreuses, les extérieures alternes, les intérieures opposées, rarement réunies en phalanges alternes, plus rarement indéfinies et disposées sans ordre. *Filets* filiformes, ou élargis à la base, distincts, ou cohérents par les bords de leur base dilatée. *Anthères* introrses, 2-loculaires, basifixes, ou dorsifixes, dressées, ou incombantes, à déhiscence longitudinale. — Ovaire composé de plusieurs carpelles verticillés, très-rarement d'un seul sub-excentrique; carpelles distincts, ou plus ou moins cohérents, assis sur un carpophore peu apparent, ou fixés à une columelle centrale, 1-loculaires et généralement 1-ovulés. *Ovules* basifixes, campylotropes, ou rarement semi-anatropes. *Styles* latéraux insérés à l'angle central des carpelles, distincts, ou rarement cohérents par la base, recourbés au sommet et stigmatifères sur leur face interne. — Fruit baccien, ou utriculaire, ou cocciforme, ou nucamentacé, ou samaroïde. — Graine dressée; *testa* membraneux, ou crustacé, ordinairement luisant et fragile. — Embryon tantôt annulaire, ou arqué, périphérique, enfermant un *albumen* farineux abondant, à *cotylédons* planes, larges, ou étroits et inégaux, dont l'extérieur embrasse l'intérieur par ses bords; tantôt droit, à cotylédons foliacés, roulés en cornet, à albumen nul, ou presque nul. *Radicule* infère.

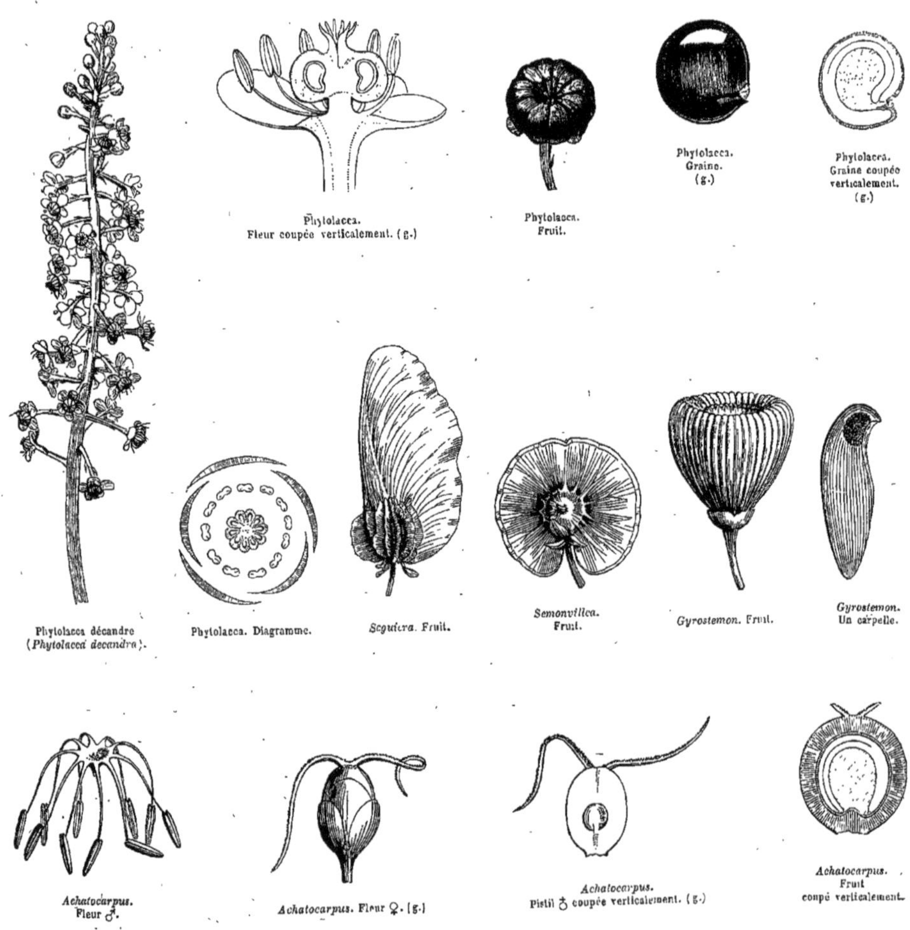

Phytolacca. Fleur coupée verticalement. (g.)

Phytolacca. Fruit.

Phytolacca. Graine. (g.)

Phytolacca. Graine coupée verticalement. (g.)

Phytolacca décandre (*Phytolacca decandra*).

Phytolacca. Diagramme.

*Seguiera*. Fruit.

*Semonvillea*. Fruit.

*Gyrostemon*. Fruit.

*Gyrostemon*. Un carpelle.

*Achatocarpus*. Fleur ♂.

*Achatocarpus*. Fleur ♀. (g.)

*Achatocarpus*. Pistil ☿ coupé verticalement. (g.)

*Achatocarpus*. Fruit coupé verticalement.

### Tribu I. — PÉTIVÉRIÉES, *PETIVERIEÆ.*

Fruit composé d'un carpelle unique, devenant une samare, ou un akène. Cotylédons roulés en cornet. Embryon arqué (*Seguieria*), ou droit (*Petiveria*). — Feuilles stipulées.

GENRES PRINCIPAUX.

| | | | |
|---|---|---|---|
| Séguiéria, | *Seguieria.* | Pétivéria, | *Petiveria.* |

### Tribu II. — PHYTOLACCÉES, *PHYTOLACCEÆ.*

Fruit généralement composé de 2 ou plusieurs carpelles distincts, ou cohérents, mais sans columelle. — Feuilles non stipulées.

GENRES PRINCIPAUX.

| | | | | | |
|---|---|---|---|---|---|
| * Rivina, | *Rivina.* | Microtéa, | *Microtea.* | Pircunia, | *Pircunia.* |
| Sémonvilléa, | *Semonvillea.* | Phytolacca, | *Phytolacca.* | Achatocarpus, | *Achatocarpus.* |

### Tribu III. — GYROSTÉMONÉES, *GYROSTEMONEÆ.*

Fruit composé, à columelle centrale, tantôt figurant une capsule 1-loculaire, tantôt bi-pluri-loculaire. Cotylédons non enroulés. — Feuilles non stipulées.

GENRES PRINCIPAUX.

| | | | |
|---|---|---|---|
| Gyrostémon, | *Gyrostemon.* | Tersonia, | *Tersonia.* |

Les *Phytolaccées*, longtemps confondues avec les *Chénopodées*, s'y rattachent par leurs feuilles alternes, leur inflorescence, leurs carpelles 1-ovulés, leur albumen farineux et leur embryon généralement périphérique : elles s'en séparent suffisamment par leur fleur souvent pétalée, le nombre et la position des étamines, le style latéral, la pluralité des carpelles, et le péricarpe baccien, ou cocciforme. — Elles se rapprochent des *Basellées* et des *Amarantacées* par le calyce coloré et la structure de la graine; des *Portulacées* par les feuilles alternes, les étamines alternant avec les sépales quand elles sont en même nombre, par la structure de la fleur et de la graine. — Les *Seguieria*, dont les cotylédons sont enroulés, et l'albumen nul ou presque nul; les *Gyrostemon*, dont les carpelles sont verticillés autour d'une columelle centrale, établissent une certaine affinité entre les Phytolaccées et les *Malvacées*.

Les Phytolaccées habitent les régions intertropicales et subtropicales de l'ancien et surtout du nouveau Continent; elles sont beaucoup plus rares en Asie qu'en Afrique. Les *Pétivériées* sont toutes de l'Amérique tropicale. Les *Phytolaccées* proprement dites appartiennent pour la plupart à l'ancien monde. Les *Gyrostémonées* sont toutes australasiennes.

Les Phytolaccées doivent leurs propriétés à des substances âcres, vésicantes et drastiques. Le *Phytolacca decandra* (vulgairement *raisin d'Amérique*) est une herbe indigène de l'Amérique septentrionale, qui a été transportée en Europe et naturalisée dans les Landes; ses feuilles âcres, sa racine et ses baies non mûres, sont violemment purgatives. Ses baies mûres contiennent un suc pourpre qui n'est nullement inoffensif, et qu'on emploie imprudemment pour colorer les confitures et le vin; inconvénient qui a conduit le gouvernement portugais à interdire la culture du *Phytolacca*. Cependant les jeunes feuilles de cette Espèce et de ses congénères (*Ph. esculenta, etc.*) deviennent comestibles par la cuisson. — Le *Phytolacca drastica* croît parmi les rochers du Chili, et les habitants mâchent sa racine pour se purger. — Quelques Phytolaccées noircissent par la dessiccation (*Bosia, Achatocarpus*). Les *Petiveria*, remarquables par leur odeur alliacée, sont employés, dans la médecine domestique des Américains, comme anti-fébriles, diaphorétiques, diurétiques et vermifuges.

# POLYGONÉES, *POLYGONEÆ.*

(PERSICARIÆ, *Adanson.* — POLYGONEÆ, *Jussieu.* — POLYGONACEÆ, *Lindley.*)

Fleurs ☿, *ou diclines.* Périanthe *herbacé, ou pétaloïde.* Étamines *périgynes.* Ovaire *1-loculaire, 1-ovulé.* Ovule *dressé, orthotrope.* Akène. Graine *dressée.* Albumen *farineux.* Embryon *dicotylédoné, droit, arqué et latéral, ou droit et axile.* Radicule *supère.* Feuilles *alternes, à stipule intra-pétiolaire.*

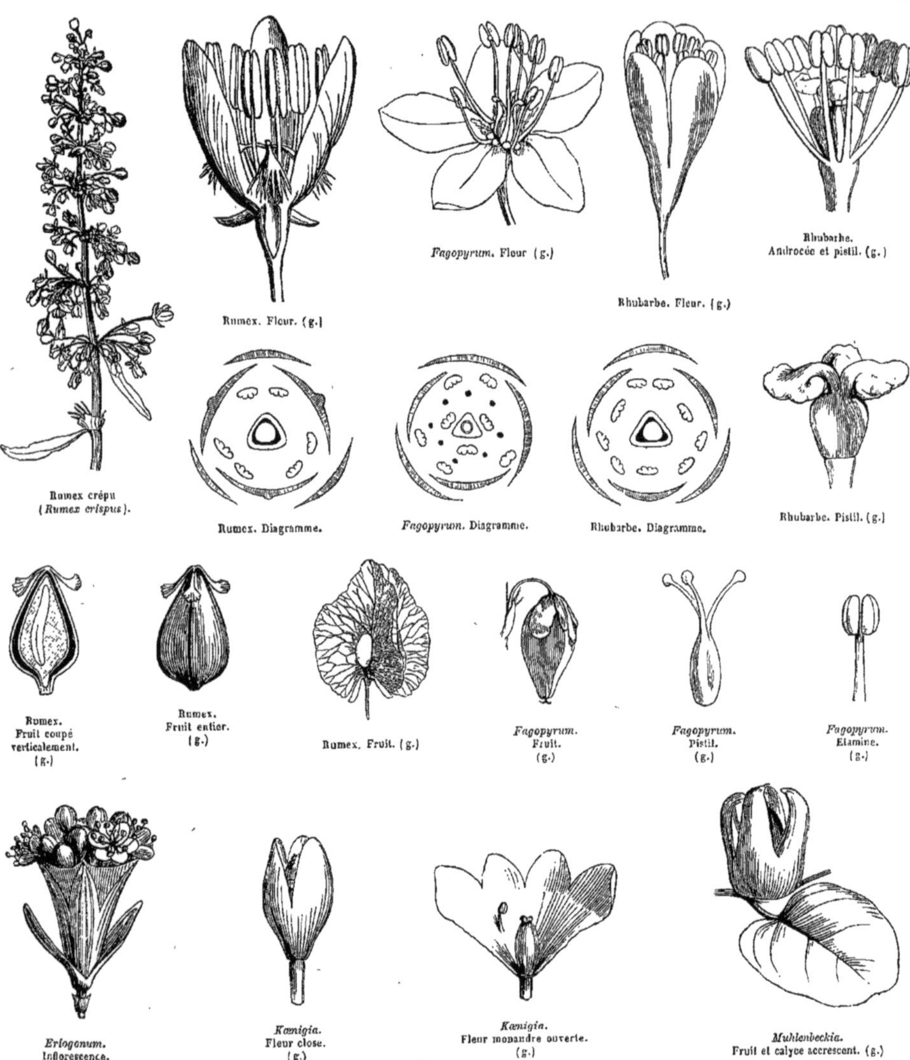


PLANTES herbacées, ou frutescentes, quelquefois arborescentes, dressées, ou volubiles, à tige et rameaux articulés-noueux, feuillés, rarement aphylles et scapiformes. — FEUILLES alternes, souvent ramassées à la base de la tige, très-rarement opposées (*Pterostegia*), simples, entières, ou ondulées, ou crépues-crénelées, très-rarement incisées, généralement penninerviées, à bords roulés en dehors dans le jeune âge, souvent glanduleuses, ou ponctuées-pellucides. *Pétiole* dilaté à la base et amplexicaule, ou inséré sur une stipule intra-pétiolaire engaînante (*ochrea,* page 15) close, quelquefois peu apparente. — *Fleurs* ☿, ou diclines par avortement, naissant à l'aisselle des feuilles ou des bractées (quelquefois ochréiformes); solitaires, ou réunies soit en verticilles, ou en grappes, ou en épi, soit en panicules, ou en cymes, quelquefois agglomérées en capitules, tantôt nues, tantôt pourvues, isolément ou collectivement, d'un involucre tubuleux, ou cyathiforme. *Pédicelles* filiformes (quelquefois nuls), généralement articulés, les fructifères souvent penchés. — PÉRIANTHE calycoïde.

ou pétaloïde, à 3-4-5-6 sépales distincts, ou cohérents à leur base, rarement soudés en tube, ordinairement persistants et accrescents à la maturité du fruit; sépales ou segments, tantôt 3, 1-sériés; tantôt 5, imbriqués; tantôt 4, ou 6, 2-sériés, imbriqués, ou sub-valvaires, égaux, ou inégaux, et dans ce dernier cas, les extérieurs 2 ou 3, herbacés, rarement colorés, plus petits ou plus grands que les intérieurs, ordinairement concaves, ou carénés, quelquefois ailés, ou épineux; les intérieurs 2 ou 3, pétaloïdes (rarement herbacés), planes, ou concaves-plissés, entiers, ou dentés, ou frangés, ou épineux sur les bords, devenant ordinairement à la maturité membraneux-scarieux, veinés en réseau, à nervure médiane quelquefois gonflée-calleuse. — Étamines périgynes 1-15, ordinairement 6, ou 8, ou 9, très-rarement ∞, insérées sur un torus tapissant le bas du périanthe et quelquefois épaissi en anneau glanduleux, opposées aux sépales, ou rarement alternes avec eux, ordinairement géminées ou ternées devant les extérieurs, solitaires devant les intérieurs. *Filets* capillaires, ou subulés, distincts, ou très-courtement cohérents par leur base dilatée. *Anthères* biloculaires, à déhiscence longitudinale, ovoïdes, ou oblongues, dorsifixes et versatiles, ou rarement basifixes et dressées; tantôt toutes introrses; tantôt 5 externes introrses et 3 internes extrorses; tantôt toutes s'ouvrant latéralement. — Ovaire unique, composé de 2-3-4 carpelles soudés valvairement, libre ou rarement adhérent par sa base, ovoïde, ou elliptique, comprimé, ou trigone, 1-loculaire, ou rarement semi-triloculaire par des fausses-cloisons. *Ovule* unique, basilaire, orthotrope, dressé, à micropyle regardant le sommet de la loge, rarement pendant à l'extrémité d'un funicule basilaire, et alors à micropyle regardant la base de la loge, mais toujours dressé à la maturité. *Styles* 2-4, répondant aux angles de l'ovaire, distincts, quelquefois plus ou moins soudés, très-rarement adhérents aux angles de l'ovaire. *Stigmates* simples, capités, ou discoïdes, quelquefois plumeux, ou pénicillés. — Akène, ou Caryopse, comprimé-lenticulaire, ou trigone, ou tétragone, à angles saillants, ou obtus, quelquefois ailés, entiers, ou dentés, ou épineux, rarement nu, ordinairement recouvert par le périanthe plus ou moins accrescent et quelquefois charnu. — Graine conforme à la loge, dressée, libre, ou soudée avec l'endocarpe. *Testa* membraneux; *hile* basilaire, large. *Albumen* copieux, farineux, rarement sub-charnu et peu abondant. — Embryon antitrope, tantôt appliqué latéralement sur l'albumen, et alors plus ou moins arqué; tantôt axile, inclus dans l'albumen et droit. *Cotylédons* linéaires, ou ovales, incombants, ou accombants, quelquefois largement foliacés, flexueux. *Radicule* supère.

## Tribu I. — ÉRIOGONÉES, *ERIOGONEÆ*.

Fleurs ☿, ou rarement polygames, munies d'un involucre tubuleux, pluri-flore, ou uni-flore. Calyce 6-partit. Étamines 9. Ovaire libre. Ovule basilaire, dressé. Embryon inclus dans un albumen peu abondant.— Ochréas nuls, ou effacés.

GENRES PRINCIPAUX.

| | | | | | |
|---|---|---|---|---|---|
| Ptérostégie, | *Pterostegia.* | Chorizanthe, | *Chorizanthe.* | Ériogone, | *Eriogonum.* |

## Tribu II. — POLYGONÉES VRAIES, *POLYGONEÆ VERÆ*.

Fleurs ☿, ou polygames, dépourvues d'involucre. Étamines 1-9, ordinairement 6, ou 8, rarement 12-17. Ovaire libre, ou rarement adhérent inférieurement. Ovule basilaire, dressé. — Feuilles pourvues d'ochréas variés.

GENRES PRINCIPAUX.

| | | | | | |
|---|---|---|---|---|---|
| Oxyria, | *Oxyria.* | Sarrasin, | *Fagopyrum.* | *Rumex, | *Rumex.* |
| *Rhubarbe, | *Rheum.* | *Coccoloba, | *Coccoloba.* | *Atraphaxis, | *Atraphaxis.* |
| *Renouée, | *Polygonum.* | Muhlenbeckia, | *Muhlenbeckia.* | | |

## Tribu III. — BRUNNIQUIÉES, *BRUNNICHIEÆ*.

Fleurs ☿, dépourvues d'involucre. Calyce 5-partit. Étamines 8. Ovaire libre, trigone. Ovule pendant à un funicule basilaire, dressé à la maturité du fruit. — Ochréas nuls, ou effacés. Tiges généralement ligneuses, grimpantes, munies de vrilles.

GENRES PRINCIPAUX.

| | | | |
|---|---|---|---|
| Brunniquie, | *Brunnichia.* | Antigone, | *Antigonum.* |

## TRIBU IV. — SYMMÉRIÉES, *SYMMERIEÆ*.

Fleurs dioïques, polyandres. Calyce ♀ 6-partit. Ovaire adhérent. — Feuilles dépourvues d'ochréas.

### GENRE PRINCIPAL.

Symméria, *Symmeria.*

Les *Polygonées* se séparent nettement des Familles *Cyclospermées* à albumen farineux par leur ovule orthotrope et leur embryon antitrope. Elles se distinguent des *Chénopodées* et des *Amarantacées* par le nombre ternaire des parties de la fleur, le périanthe souvent coloré, et la présence presque constante d'un ochréa. La Tribu des *Ériogonées*, dont les fleurs sont involucrées, se rapproche davantage des *Phytolaccées*, mais elle s'en éloigne par la radicule supère.

Les Polygonées se lient en outre aux *Caryophyllées* par les *Paronyquiées*. Elles offrent aussi quelques rapports avec les *Plombaginées* (voir cette Famille).

Les Polygonées croissent pour la plupart dans les régions tempérées de l'hémisphère Nord; elles sont moins fréquentes entre les Tropiques et n'y occupent que des stations élevées. Elles sont frutescentes, ou arborescentes dans l'Amérique équatoriale, et deviennent rares au-delà du Capricorne. La Tribu des Ériogonées habite principalement l'Amérique septentrionale et les montagnes du Chili. Les *Brunniquiées*, dont l'ovule est d'abord funiculé et pendant, puis dressé, vivent dans l'Amérique, en-deçà du Cancer. Les *Rhubarbes* croissent sur les montagnes de l'Asie cis-tropicale. Les Genres *Calligonum*, *Tragopyrum*, *Atraphaxis*, dont la tige est ligneuse, naissent dans les plaines de l'Asie centrale. Les *Coccoloba*, *Triplaris*, etc., sont de grands arbres de l'Amérique tropicale; le *Kœnigia*, herbe minime, occupe l'extrême Nord; les nombreuses Espèces de *Polygonum* et de *Rumex* sont répandues partout, depuis le rivage des mers jusqu'à la limite des neiges alpines.

Les propriétés des Polygonées confirment l'affinité qui réunit leurs Genres. Leurs parties herbacées contiennent des acides oxalique, citrique, malique, et sont alimentaires, ou médicinales. Les graines de quelques autres abondent en fécule nutritive; la racine de la plupart des Espèces contient des matières astringentes, unies quelquefois à un principe résineux, qui lui donnent des propriétés que la médecine a mises en usage dès la plus haute antiquité. Le Genre le plus important sous ce dernier rapport est le *Rheum*, qui fournit la *Rhubarbe*.

Cette racine précieuse est spécialement employée contre les maladies de l'appareil digestif; elle se distingue de tous les autres purgatifs, en ce que, au lieu de causer du malaise, elle relève les fonctions de l'estomac. On l'emploie aussi comme anti-dyssentérique et vermifuge. — L'origine botanique de la Rhubarbe est encore enveloppée d'obscurité : c'est au dixième siècle que les Arabes l'ont reçue des Chinois et répandue en Europe; mais les Chinois n'indiquent que vaguement la localité de leur Rhubarbe; et les Botanistes ont été longtemps en désaccord pour déterminer l'Espèce à laquelle elle appartient. La *Rhubarbe Emodi* (*Rheum australe*) que les Anglais ont reçue du Thibet, et cultivée à Calcutta, paraît aujourd'hui devoir concilier toutes les opinions : sa racine a l'odeur prononcée, la saveur amère-tonique, et elle craque sous la dent, comme celle que les Chinois vendent aux Russes, et qui nous arrive sous le nom de *Rhubarbe de Moscovie*; en outre, la forme de ses feuilles s'accorde avec la description que les habitants de la Boukharie ont faite de la vraie Rhubarbe à l'illustre naturaliste Pallas.

Le *Rhapontic* (*Rheum Rhaponticum*) croît spontanément dans l'ancienne Thrace et sur les bords du Pont-Euxin : c'est l'Espèce primitivement connue des Anciens, qui lui donnaient le nom de *Rha*; on l'appela plus tard *Rha-ponticum* pour la distinguer d'une autre Espèce apportée de Scythie, qu'ils nommaient *Rha-barbarum*, mot dont nous avons fait *rhubarbe*. On cultive en Europe, et surtout en Allemagne et en Angleterre, diverses Espèces de Rhubarbe, peu estimées par les médecins, mais très-recherchées comme Plantes potagères, à cause de la saveur agréablement acidule de leurs feuilles, dont on emploie le pétiole et les nervures principales pour préparer des tartes et des confitures.

Les *Rumex* se partagent en deux groupes distincts; les uns contiennent dans leur tige et dans leurs feuilles du suroxalate de potasse, qui leur donne une saveur acide, et les fait employer comme substance alimentaire et comme médicament laxatif; leur racine est rouge et inodore : ce sont les *Oseilles* (*Rumex Acetosa, scutatus, etc.*). Les autres ont des feuilles âpres, mais leur racine jaune et odorante contient du soufre, et présente une saveur amère : on l'emploie comme dépurative et antiscorbutique : ce sont les *Patiences* ou *Parelles* (*Rumex patientia, crispus, aquaticus, etc.*).

Quelques Espèces indigènes du Genre *Renouée* (*Polygonum Bistorta, Hydropiper, Persicaria, aviculare, amphibium*), étaient jadis rangées au nombre des Plantes médicinales; elles sont tombées en désuétude, à l'exception de la *Bistorte* (*P. Bistorta*), dont la racine, toute contournée, est employée comme astringente-tonique. — Le *P. stypticum* est en grand renom au Brésil à cause des propriétés astringentes de l'herbe et de la racine. Les habitants de la Colombie emploient le *P. tamnifolium* en décoction contre les hémorrhagies. Le *P. perfoliatum* est appliqué à l'extérieur en Cochinchine contre les tumeurs et les maladies de la peau. Le *P. cochinchinense*, administré en topique et en breuvage, est regardé comme un remède efficace, propre à guérir les engorgements du genou, maladie commune en Cochinchine et très-rebelle. — La racine tubéreuse du *P. multiflorum* est réputée cordiale au Japon. Le *P. hæmorrhoidale* contient un principe âcre, qui le fait, chez les Brésiliens, employer à l'intérieur comme condiment, et à l'extérieur, en topique, ou en bains, contre les douleurs rhumatismales.

Le *Sarrasin* (*Fagopyrum esculentum*), connu aussi sous le nom de *Blé noir*, est une Espèce précieuse par la farine abondante et sapide de sa graine, qui peut remplacer les Céréales de la Famille des *Graminées*. Elle se contente du sol le plus maigre, n'exige presque aucune culture, et fructifie rapidement; elle est originaire du Nord de l'Asie, et aujourd'hui on la cultive en grand dans les contrées les plus stériles de l'Europe; elle sert aussi pour la nourriture des oiseaux domestiques, et les abeilles trouvent dans ses fleurs un butin abondant. Une autre Espèce de *Sarrasin* (*F. tataricum*) est cultivée conjointement avec la précédente; elle est plus rustique, moins sensible au froid, et réussit même sur les montagnes élevées, mais sa farine est légèrement amère. — Les feuilles de certains *Polygonum* fournissent un principe tinctorial : telle est la *Renouée indigo* (*P. tinctorium*) cultivée de temps immémorial en Chine pour l'extraction d'une matière identique à l'*indigo*, et propre à teindre en bleu; elle a été introduite en France en 1834. — Le *Coccoloba uvifera* est un arbrisseau qui croît aux Antilles et sur le littoral Atlantique de l'Amérique tropicale; son suc épaissi est un astringent énergique, connu dans la droguerie sous les noms de *Kino d'Amérique* et de *faux Ratanhia*. — Le *Calligonum Pallasia* est un arbuste aphylle, qui vit dans les sables de la Sibérie méridionale; sa racine cuite fournit une matière gommeuse et mucilagineuse, dont les Kalmouks font usage pour tromper leur faim; ils calment aussi leur soif avec les jeunes pousses et les fruits acidules de la Plante.

# LAURINÉES, *LAURINEÆ*.

(LAURI, *Jussieu.* — LAURINÆ, *Ventenat.* — LAURINEÆ, *De Candolle.*)

FLEURS ☿, *ou polygames.* PÉRIANTHE *simple, monoséphale* 6-4-9-*fide.* ÉTAMINES *périgynes en même nombre que les lobes du périanthe, ou en nombre multiple, les fertiles alternant avec les stériles.* ANTHÈRES 2-*loculaires, ou* 4-*locellaires, s'ouvrant de bas en haut par des valvules.* OVAIRE 1-*loculaire.* OVULE *pendant, anatrope.* FRUIT *drupacé, ou baccien.* GRAINE *unique, inverse, exalbuminée.* EMBRYON *dicotylédoné, droit.* RADICULE *supère.*

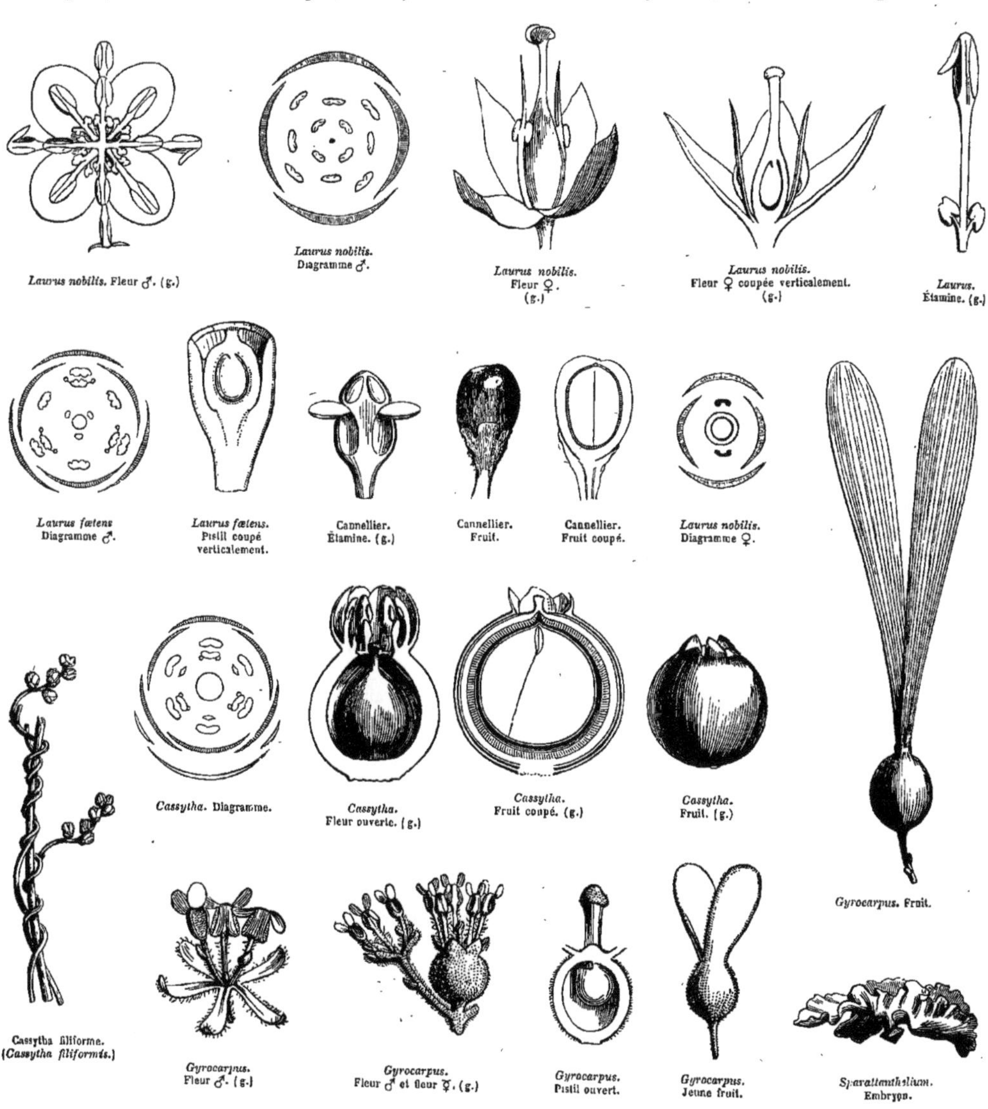

*Laurus nobilis.* Fleur ♂. (g.)

*Laurus nobilis.* Diagramme ♂.

*Laurus nobilis.* Fleur ♀. (g.)

*Laurus nobilis.* Fleur ♀ coupée verticalement. (g.)

*Laurus.* Étamine. (g.)

*Laurus fœtens* Diagramme ♂.

*Laurus fœtens.* Pistil coupé verticalement.

Cannellier. Étamine. (g.)

Cannellier. Fruit.

Cannellier. Fruit coupé.

*Laurus nobilis.* Diagramme ♀.

*Gyrocarpus.* Fruit.

*Cassytha.* Diagramme.

*Cassytha.* Fleur ouverte. (g.)

*Cassytha.* Fruit coupé. (g.)

*Cassytha.* Fruit. (g.)

Cassytha filiforme. (*Cassytha filiformis.*)

*Gyrocarpus.* Fleur ♂. (g.)

*Gyrocarpus.* Fleur ♂ et fleur ☿. (g.)

*Gyrocarpus.* Pistil ouvert.

*Gyrocarpus.* Jeune fruit.

*Sparattanthelium.* Embryon.

Arbres, ou Arbrisseaux, rarement Sous-Arbrisseaux, aromatiques, quelquefois fétides, très-rarement Herbes aphylles, parasites, volubiles (*Cassytha*). — Feuilles alternes, quelquefois rapprochées, sub-opposées, ou sub-verticillées, simples, entières, penninerviées, ou palminerviées, finement réticulées, coriaces et persistantes, ou rarement molles et tombantes, ponctuées de glandes remplies d'une huile volatile, et souvent pellucides. *Stipules* nulles. — Fleurs ☿, ou diclines par avortement, régulières, petites, blanches, ou jaunes, ou vertes, généralement odoriférantes. Cymes 3-∞-flores (quelquefois 1-flores), ramifiées en grappes, ou en panicules, ou ramassées en ombelle ou en capitule, munies à leur base d'une bractée, rarement d'un involucre 4-6-phylle, ou écailleux-imbriqué. — Périanthe simple (calyce) monosépale, herbacé, ou pétaloïde, rarement coriace, quelquefois charnu, ou endurci à la maturité, rotacé, ou infundibuliforme, ou urcéolé, 6-fide, rarement 4-fide, très-rarement 9-fide, à lobes bi-sériés, imbriqués, égaux, ou les extérieurs plus petits, à tube généralement persistant, souvent plus ou moins accrescent et changé en cupule entourant la base du fruit. — Étamines insérées à la base ou à la gorge du calyce, en nombre défini, très-rarement sub-indéfini (*Tetranthera*), 3-4-sériées, changées, dans les fleurs ♀, en glandes, ou en écailles, ou en languettes pétaloïdes. Fleurs ♂ et ☿ à étamines extérieures toujours introrses, 4, ou 6, ou 9, généralement fertiles, et dépourvues de glandes à la base; les intérieures extrorses, 2, 3, généralement fertiles et bi-glanduleuses à la base, quelquefois stériles. *Filets* libres, ou très-rarement monadelphes, ordinairement dilatés au sommet. *Anthères* ovoïdes, ou oblongues, quelquefois acuminées par le connectif prolongé au-delà des loges, bi-loculaires, à loges apposées, parallèles, souvent divisées par une cloison transversale en 4 logettes, et s'ouvrant de la base au sommet par une valvule longitudinale persistante. — Ovaire libre (ou très-rarement adhérent), 1-loculaire. *Ovule* unique (très-rarement 2), pendant au sommet de la loge et anatrope. *Style* simple, un peu épais, court. *Stigmate* obtus, ou sub-capité, ou discoïde, obscurément 2-3-lobé. — Fruit baccien, rarement drupacé, ou sec, globuleux, ou ellipsoïde, ordinairement assis sur le pédicelle épaissi, ou entouré à sa base par le tube calycinal, ou inclus dans ce tube persistant et accrescent. — Graine inverse, exalbuminée; *testa* membraneux. — Embryon droit. *Cotylédons* grands, plano-convexes (enroulés dans les *Gyrocarpées*), peltés près de leur base, charnus-huileux; *radicule* très-courte, supère.

## Tribu I. — LAURINÉES VRAIES, *LAURINEÆ VERÆ.*

Plantes frutescentes, ou arborescentes, feuillées. Fruit supère, ou très-rarement infère (*Agathophyllum*). Cotylédons plano-convexes. Anthères 2-loculaires, ou 4-locellées.

### GENRES PRINCIPAUX.

Cannellier, *Cinnamomum.* | Camphrier, *Camphora.* | *Perséa, *Persea.* | *Sassafras, *Sassafras.* | *Laurier, *Laurus.*

## Tribu II. — CASSYTHÉES, *CASSYTHEÆ.*

Herbes parasites, à tige volubile filiforme, adhérant par des suçoirs aux Plantes vivantes. Feuilles avortées, remplacées par des squamules. Ovaire inclus dans le tube calycinal. Anthères 2-loculaires.

### GENRE UNIQUE.

Cassytha, *Cassytha.*

## Tribu III. — GYROCARPÉES, *GYROCARPEÆ.*

Plantes frutescentes, ou arborescentes, dressées, ou grimpantes, feuillues. Fruit infère. Cotylédons roulés en spirale autour de la gemmule. Anthères 2-loculaires.

### GENRES PRINCIPAUX.

Illigéra, *Illigera.* — Gyrocarpe, *Gyrocarpus.* | Sparattanthélium, *Sparattanthelium.*

Les *Laurinées* forment une Famille très-naturelle qui, par sa tige ligneuse, ses feuilles généralement coriaces, sempervirentes et dépourvues de stipules, ses fleurs souvent diclines par avortement, son périanthe simple, ses étamines périgynes, son ovaire 1-loculaire et 1-ovulé, offre de l'affinité avec les *Athérospermées* et les *Thymélées;* ces dernières s'en rapprochent en outre par l'ovule pendant, la graine exalbuminée, les cotylédons charnus, mais s'en éloignent par la déhiscence des anthères. Les Athérospermées ont, comme les Laurinées, des anthères s'ouvrant par des valvules ascendantes; mais le pistil se compose de plusieurs carpelles, l'ovule est dressé, et l'embryon minime, à la base d'un albumen charnu.

Les Laurinées croissent surtout dans la région intertropicale, où elles forment des forêts sur les montagnes fraîches; il ne s'en trouve qu'un petit nombre dans l'Amérique septentrionale, les îles Canaries et l'Europe méditerranéenne; elles sont bannies de l'Asie boréale et du Continent africain, excepté les *Cassythées,* qui se rencontrent dans le Sud de l'Afrique, et habitent les régions chaudes de tout l'hémisphère austral.

Les Laurinées possèdent un arome pénétrant, dû à une huile volatile sécrétée dans l'écorce et dispersée dans les glandes des feuilles et des fleurs. Cette huile volatile possède, suivant les Espèces, des propriétés stimulantes, ou sédatives, représentées dans leur maximum d'intensité, les unes par le *Cinnamome*, les autres par le *Camphrier*, de sorte que l'on peut considérer les vertus spécifiques de la Famille comme étant renfermées entre ces deux types extrêmes. — Nous ne citerons ici que les Espèces les plus répandues.

Le *Laurier d'Apollon* (*Laurus nobilis*) arbre de l'Europe méridionale, est cultivé en France, mais il y prend peu de développement. Ses feuilles sont d'une odeur agréable et d'une saveur âcre et aromatique; elles sont usitées comme assaisonnement. Leur chromule et leur essence, solubles dans les corps gras, entrent dans la composition de plusieurs médicaments externes; il en est de même des baies, qui contiennent une huile fixe et une huile volatile, et qu'on emploie en pharmacie pour préparer un onguent et un alcoolat.

Le *Sassafras* (*Sassafras officinalis*) est un grand arbre, qui croît dans les forêts et au bord des fleuves de l'Amérique septentrionale, depuis le Canada jusqu'aux Florides; le bois de la tige et l'écorce de la racine ont un arome qui rappelle à la fois le Fenouil et le Camphre. On les estime comme sudorifiques.

La *fève Pichurim* est une graine contenant, outre un acide volatil, une huile butyracée, dont la saveur et l'odeur tiennent le milieu entre celles de la muscade et du Sassafras : elle est produite par l'*Ocotea Puchury major,* arbre du Brésil. Les habitants de ce pays en font un grand usage dans les diverses maladies résultant de la débilité du tube intestinal.

L'*Avocatier* (*Persea gratissima*), grand arbre de l'Amérique méridionale, est dépourvu de principe aromatique, et n'est utile que par son fruit baccien, à chair épaisse et butyreuse, ayant la saveur de la pistache : on le mange comme hors-d'œuvre avec les viandes, et tous les animaux, quel que soit leur régime, s'en nourrissent également.

Le *Cinnamome officinal* (*Cinnamomum zeylanicum*), qui fournit l'écorce nommée *cannelle,* est cultivé à Ceylan et dans les colonies intertropicales : cette écorce est de couleur blonde, d'odeur suave; sa saveur est chaude, aromatique et sucrée : elle est usitée comme condiment et médicament tonique-stimulant. — Le *Cinnamome de Chine* (*Cinnamomum Cassia*) croît au Malabar, en Chine et dans les îles de la Sonde. Son écorce, nommée dans le commerce *cannelle de Chine,* est plus épaisse que celle de la cannelle de Ceylan, elle n'est pas enroulée sur elle-même, sa couleur est plus foncée; sa saveur est chaude, piquante, et rappelle la Punaise; aussi est-elle moins estimée.

Le *Camphrier* (*Camphora officinarum*) croît spontanément en Chine et au Japon, et est cultivé dans les colonies tropicales et sub-tropicales; son bois et ses feuilles contiennent une huile volatile concrète, connue sous le nom de *camphre,* incolore, plus légère que l'eau, d'une odeur pénétrante, d'une saveur âcre et fraîche, très-soluble dans les huiles fixes et volatiles, dans l'alcool et dans l'éther, se vaporisant complétement à l'air, et très-inflammable. Ce principe existe dans plusieurs autres Espèces de Laurinées. On le trouve aussi dans beaucoup de Végétaux étrangers à cette Famille, et notamment chez les *Labiées.* Le camphre est très-usité en médecine; il possède des propriétés sédatives, antispasmodiques et antiseptiques : on l'emploie surtout à l'extérieur dissous dans l'alcool, dans l'huile, dans le vinaigre; administré à l'intérieur, il peut, suivant les doses, remplacer la sédation par un narcotisme complet, et produire des accidents graves.

Le bois de la plupart des Laurinées est d'un tissu fin, solide, et se prête facilement à l'industrie des ébénistes et des tourneurs. Les plus usités en France sont le *Bois d'Anis* ou *Sassafras* de l'Orénoque (*Ocotea cymbarum*); le *Bebeeru* (*Nectandra Rodiei*), bois dur, pesant, d'un jaune verdâtre, originaire de la Guyane; le *Licari,* ou *bois de rose de Cayenne* (*Licaria guyanensis*), arbre croissant dans le même pays que le *Bebeeru,* et paraissant appartenir à la même Famille; les ouvriers français le nomment *bois de poivre* à cause de l'âcreté de sa poussière.

# THYMÉLÉES, *THYMELEÆ.*

(THYMELÆÆ, *Adanson.* — DAPHNOIDEÆ, *Ventenat.* — DAPHNACEÆ, *Meyer.* AQUILARINEÆ, *R. Brown.* — AQUILARIACEÆ, *Lindley.*)

Fleurs ☿, *ou polygames.* Périanthe *simple*, *4-5-fide.* Étamines *en même nombre, ou moins nombreuses que les lobes du périanthe, ou en nombre double, insérées sur le tube ou sur la gorge du périanthe.* Ovaire *libre, 1-2-loculaire.* Ovule *pendant, anatrope.* Graine *exalbuminée, ou sub-exalbuminée.* Embryon *dicotylédoné, droit.* Radicule *supère.*

Arbrisseaux, ou Arbustes, rarement Herbes annuelles, à écorce munie d'un liber fibreux et tenace, à suc âcre et caustique. — Feuilles éparses, ou opposées, simples, entières, ordinairement coriaces et luisantes, articulées à la base, penninerviées, non stipulées. — Fleurs ☿, ou polygames-dioïques par avortement, axillaires, ou terminales, solitaires, ou réunies en épi, en grappe, en ombelle, en fascicule, en tête, quelquefois involucrées, de couleur pourpre, ou blanche, ou jaune, ou verdâtre, très-rarement bleue, souvent élégantes et odoriférantes, ordinairement pubescentes-soyeuses. PÉRIANTHE simple (CALYCE), pétaloïde, ou rarement herbacé, monosépale, tubuleux, ou infundibuliforme, ou urcéolé, tombant, ou marcescent; *tube* quelquefois articulé au-dessus de l'ovaire, ou au-dessus de sa base, laquelle persiste à la maturité; *limbe* à 4-5 lobes égaux, ou les 2 extérieurs un peu plus grands, à préfloraison imbriquée, à gorge nue, ou munie d'écailles, ou de glandes périgynes, ou de filaments courts, en même nombre que les lobes du périanthe et alternes, ou en nombre multiple. *Squamules* hypogynes 4-8, exiguës, membraneuses, ou charnues, ou filiformes, entourant la base de l'ovaire, distinctes, ou soudées en anneau ou en godet, quelquefois nulles. — ÉTAMINES en même nombre que les lobes calycinaux et alternes avec eux (*Drapetes, Struthiola*), ou quelquefois 2 seulement, ou en nombre double et alors bi-sériées, insérées sur le tube ou sur la gorge du périanthe, celles de la série supérieure opposées aux lobes du calyce, les inférieures alternes. *Filets* filiformes, ou aplatis. *Anthères* biloculaires, ovoïdes, ou oblongues, ou linéaires, basifixes, ou dorsifixes, ou adnées, à déhiscence longitudinale introrse, quelquefois apiculées par un court prolongement du connectif. — OVAIRE libre, 1-loculaire, rarement 2-loculaire. *Ovules* anatropes, tantôt solitaires, appendus près du sommet de la loge; tantôt (mais rarement) 2-3, collatéraux, ou superposés. *Style* simple, sub-terminal, latéral, naissant un peu au-dessous du bord ovulifère, quelquefois très-court, ou nul. *Stigmate* capité, ou sub-claviforme, papilleux, ou hispidule, rarement lisse. — FRUIT indéhiscent, nucamentacé, ou drupacé, ou baccien, très-rarement capsulaire à 2 valves médio-placentifères (*Aquilaria, Gyrinops*). — GRAINES pendantes, à *raphé* latéral, à *testa* mince, ou crustacé. — EMBRYON droit, exalbuminé, ou inclus dans un albumen peu abondant, charnu. *Cotylédons* plano-convexes. *Radicule* courte, supère.

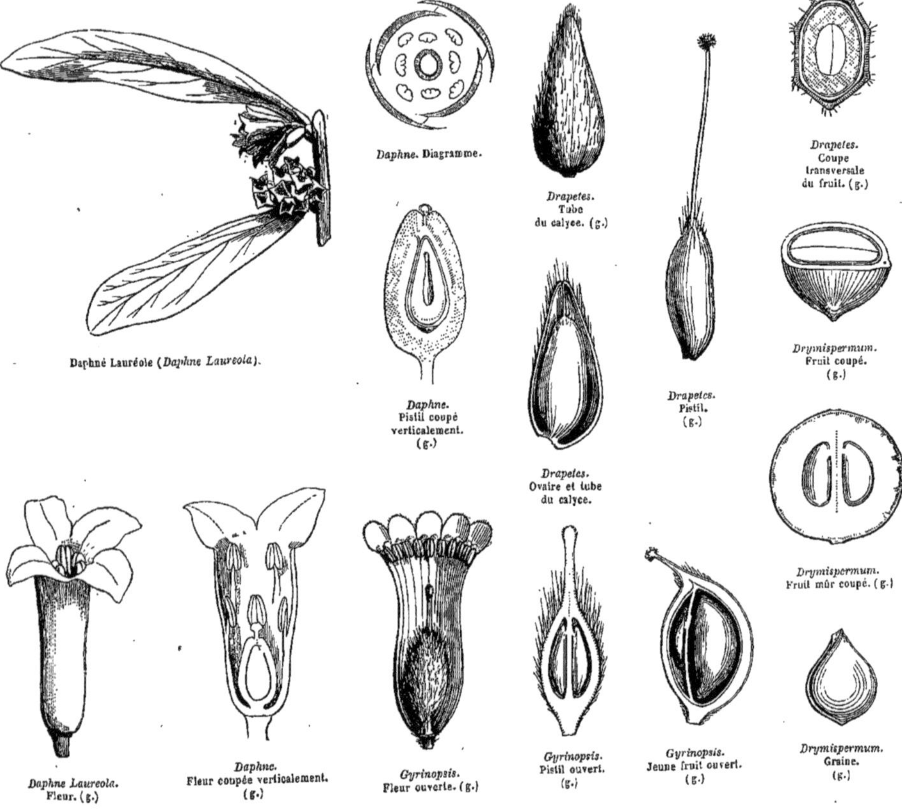

Daphné Lauréole (*Daphne Laureola*).

*Daphne*. Diagramme.

*Drapetes*. Tube du calyce. (g.)

*Drapetes*. Coupe transversale du fruit. (g.)

*Daphne*. Pistil coupé verticalement. (g.)

*Drapetes*. Ovaire et tube du calyce.

*Drapetes*. Pistil. (g.)

*Drymispermum*. Fruit coupé. (g.)

*Drymispermum*. Fruit mûr coupé. (g.)

*Daphne Laureola*. Fleur. (g.)

*Daphne*. Fleur coupée verticalement. (g.)

*Gyrinopsis*. Fleur ouverte. (g.)

*Gyrinopsis*. Pistil ouvert. (g.)

*Gyrinopsis*. Jeune fruit ouvert. (g.)

*Drymispermum*. Graine. (g.)

### Tribu I. — DAPHNÉES, *DAPHNEÆ.*

Ovaire 1-loculaire, 1-ovulé (ou très-rarement 2-3-ovulé?). Ovule appendu près du sommet de la loge à la paroi stylaire. — Tige ligneuse, ou herbacée.

GENRES PRINCIPAUX.

| | | | | | |
|---|---|---|---|---|---|
| Drapétès, | *Drapetes.* | *Daphné, | *Daphne.* | Struthiole, | *Struthiola.* |
| *Pimélée, | *Pimelea.* | *Wikstroemia, | *Wikstroemia.* | Lachnée, | *Lachnæa.* |
| *Lagetta, | *Lagetta.* | Stellère, | *Stellera.* | *Gnidia, | *Gnidia.* |
| Dirca, | *Dirca.* | Thymélée, | *Thymelæa.* | *Lasiosiphon, | *Lasiosiphon.* |
| *Daïs, | *Dais.* | *Passérine, | *Passerina.* | Linostoma, | *Linostoma.* |

### Tribu II. — AQUILARINÉES, *AQUILARINEÆ.*

Ovaire 2-loculaire, à loges 1-ovulées, ou 1-loculaire, à 2 placentaires pariétaux 1-ovulés. — Tige ligneuse.

GENRES PRINCIPAUX.

| | | | | | |
|---|---|---|---|---|---|
| Aquilaria, | *Aquilaria.* | Gyrinopsis, | *Gyrinopsis.* | Pseudaïs, | *Pseudais.* |
| Gyrinops, | *Gyrinops.* | Leucosmia, | *Leucosmia.* | Drymispermum, | *Drymispermum.* |

Les *Thymélées* offrent de l'affinité avec les *Santalacées*, les *Éléagnées*, les *Protéacées*. Les *Santalacées* se distinguent facilement par l'estivation valvaire du périanthe, l'ovaire infère, la structure des ovules réduits au nucelle, portés au sommet d'un placentaire central libre, et les graines abondamment albuminées; les *Éléagnées* par l'ovule dressé, basilaire, les rameaux souvent spinescents et les feuilles couvertes de squamules peltées; les *Protéacées* diffèrent des Thymélées par l'estivation valvaire et la radicule infère. — Les Thymélées ne se distinguent guère des *Rosacées* que par leur végétation, leurs feuilles souvent opposées, et dépourvues de stipules, les fibres tenaces du liber, et le principe âcre qui lui donne des propriétés vésicantes. Comme dans les Rosacées, la fleur est colorée, et, si les pétales manquent, ils sont représentés par des écailles accompagnant le calyce; les étamines sont périgynes, l'ovaire est libre, l'ovule pendant, anatrope, l'embryon droit, exalbuminé, etc. En un mot, une fleur de *Daïs* ou de *Daphné* représente exactement celle d'une *Amygdalée*.

Les Thymélées habitent pour la plupart les régions extratropicales chaudes de l'hémisphère austral, surtout en Afrique et en Australie; on les rencontre en moins grand nombre dans les contrées tempérées de l'hémisphère Nord et entre les tropiques; elles sont plus rares en Amérique. Le Genre *Daphné* appartient à l'ancien Continent; les *Pimelea* sont répandues dans le continent australasien; les *Gnidia* habitent l'Afrique australe. Les *Lagetta* séjournent, avec plusieurs autres Genres, entre les tropiques; le *Dirca* est de l'Amérique septentrionale; le *Drapetes*, de l'Amérique du Sud. Plusieurs Genres, et notamment la Tribu des *Aquilarinées*, habitent l'Asie tropicale.

Cette Famille, très-naturelle par ses caractères botaniques, l'est aussi par les propriétés analogues de ses Espèces. L'écorce et le fruit de beaucoup d'entre elles contiennent, outre une substance extractive amère, une matière particulière sébacée, verte, très-âcre et très-active. Les racines de plusieurs fournissent un principe tinctorial jaune (*Passerina tinctoria*); d'autres ont des fibres corticales tenaces, dont on tire parti pour divers usages dans les pays chauds.

Le *Garou* ou *Sain-bois* (*Daphne Gnidium*) est un arbrisseau du midi de la France et de l'Europe. Ses graines, extrêmement âcres, étaient usitées autrefois comme purgatives; mais elles peuvent causer des superpurgations dangereuses; la décoction des feuilles est aussi employée pour le même objet, et son effet est moins violent. L'écorce a une odeur légèrement nauséeuse, et une saveur corrosive; elle est activement épispastique lorsqu'on l'applique sur la peau, soit entière, soit pulvérisée, soit en pommade. — Le *Mézéréon*, ou *Bois-gentil*, *Bois-joli* (*Daphne Mezereum*), habite l'Europe et l'Asie moyenne; son écorce et ses graines ont les mêmes propriétés que celles du Garou, ainsi que les *D. alpina* et *Cneorum*, tous deux indigènes comme les précédents. — La *Lauréole* (*D. Laureola*), croît dans les bois, par toute la France; ses feuilles et son écorce sont souvent employées, comme exutoires, à l'état frais, par les paysans. — Le *Dirca palustris* dans l'Amérique septentrionale, le *Lagetta lintearia* dans l'Amérique du Sud, le *Daphne cannabina* dans l'Inde, servent aux mêmes usages. — Les feuilles du *Daphne Tartonraira* en Sardaigne, celles des *Gnidia* au Cap de Bonne-Espérance, les baies des *Drymispermum* à Java, sont usitées dans la médecine populaire comme purgatives et émétiques. — On prépare dans l'Inde un papier avec le liber du *Daphne cannabina*; et celui des *Lagetta funifera* et *lintearia* sert à fabriquer des cordes dans l'Amérique méridionale.

# ÉLÉAGNÉES, *ELÆAGNEÆ.*

(ELÆAGNORUM *pars*, *Jussieu*. — ELÆAGNEÆ, *R. Brown*. — ELÆAGNACEÆ, *Lindley*.)

Fleurs ☿, *ou dioïques, ou polygames.* Périanthe *simple, herbacé, ou coloré intérieurement.* Étamines *périgynes, en nombre double de celui des lobes du périanthe, ou en nombre égal et alors alternes avec eux.* Ovaire *libre, 1-loculaire, 1-ovulé.* Ovule *ascendant, anatrope.* Fruit *inclus dans le tube induré du périanthe.* Graine *dressée.* Albumen *peu abondant.* Embryon *dicotylédoné, droit, axile.* Radicule *infère.*

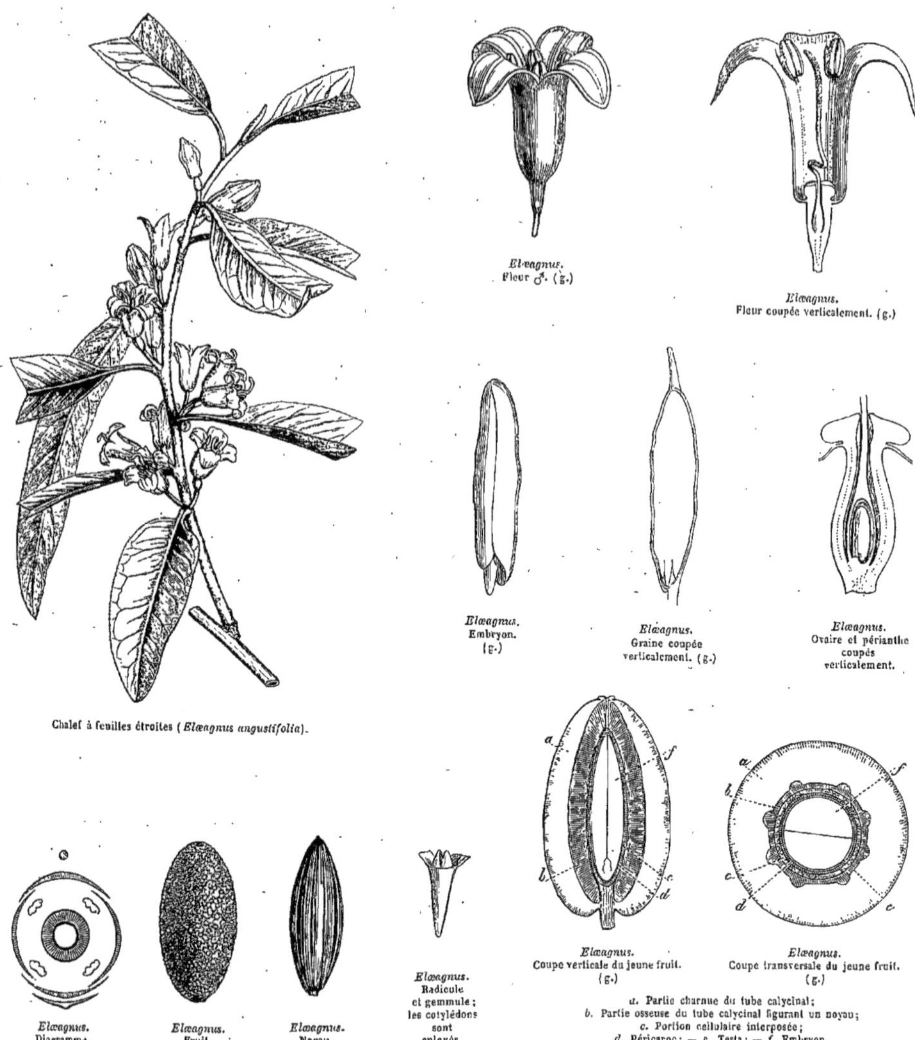

*Elæagnus.* Fleur ♂. (g.)

*Elæagnus.* Fleur coupée verticalement. (g.)

*Elæagnus.* Embryon. (g.)

*Elæagnus.* Graine coupée verticalement. (g.)

*Elæagnus.* Ovaire et périanthe coupés verticalement.

Chalef à feuilles étroites (*Elæagnus angustifolia*).

*Elæagnus.* Coupe verticale du jeune fruit. (g.)

*Elæagnus.* Coupe transversale du jeune fruit. (g.)

*a.* Partie charnue du tube calycinal; *b.* Partie osseuse du tube calycinal figurant un noyau; *c.* Portion cellulaire interposée; *d.* Péricarpe; — *e.* Testa; — *f.* Embryon.

*Elæagnus.* Diagramme.

*Elæagnus.* Fruit.

*Elæagnus.* Noyau.

*Elæagnus.* Radicule et gemmule; les cotylédons sont enlevés.

Arbres, ou Arbrisseaux à rameaux quelquefois spinescents, à ramilles annuelles et tombantes. — Feuilles alternes (*Elæagnus, Hippophaë*), ou opposées (*Shepherdia, Conuleum*), simples, penninerviées, entières, courtement pétiolées, couvertes, ainsi que les rameaux, d'écailles scarieuses, discoïdes, argentées, ou brunes, munies sur leurs bords de poils étoilés. *Stipules* nulles. *Bourgeons* nus. — Fleurs régulières, ☿, ou dioïques, ou polygames, solitaires à l'aisselle des feuilles, ou disposées, soit en épis, soit en grappes, soit en cymes, de couleur jaune ou blanche, souvent odoriférantes. — Fleurs normalement mâles : *périanthe* simple, herbacé, composé de 2 sépales antéro-postérieurs (*Hippophaë*), ou de 4 sépales soudés à la base en tube court (*Shepherdia*). — Fleurs ☿, ♀ et polygames : *périanthe* tubuleux, écailleux extérieurement, souvent coloré intérieurement, à limbe bifide (*Hippophaë*), ou 4-partit (*Shepherdia*), ou 4-6-fide (*Elæagnus*), imbriqué, ou valvaire dans l'estivation, rarement conique entier (*Conuleum*). — Torus tapissant le tube du périanthe, et formant à la gorge un anneau glanduleux (*Elæagnus, Shepherdia*), quelquefois dilaté en cône charnu percé au sommet, traversé par le style, et dépassant le périanthe (*Conuleum*), quelquefois nul (*Hippophaë*). — Étamines insérées sur le torus, tantôt (dans les fleurs ♂) 4-8, c'est-à-dire en nombre double des sépales, et alors opposées et alternes avec eux; tantôt (dans les fleurs ☿ et polygames) en même nombre que les lobes du périanthe et alternes (*Elæagnus*). *Anthères* dressées, basifixes, ou dorsifixes, à 2 loges sub-opposées, parallèles, introrses, s'ouvrant par une fente longitudinale. *Pollen* comprimé, obscurément trigone. — Ovaire sessile, inclus dans le tube accrescent du périanthe, mais complétement libre, 1-loculaire, 1-ovulé. *Style* simple, dressé, allongé, stigmatifère sur l'un de ses côtés. *Ovule* anatrope, inséré près de la base de l'ovaire ascendant, sessile, ou courtement funiculé. — Fruit indéhiscent, enveloppé, sans adhérence, par le tube calycinal devenu charnu extérieurement et osseux intérieurement, de manière à figurer une drupe. — Graine ascendante, à *testa* membraneux, ou cartilagineux, à *hile* basilaire, à *raphé* saillant, à *chalaze* apicale. *Albumen* nul, ou très-mince. — Embryon droit, axile. *Cotylédons* épais. *Radicule* infère.

GENRES PRINCIPAUX.

*Argoussier, *Hippophaë.* | Shépherdie, *Shepherdia.* | *Chalef, *Elæagnus.*

Les *Éléagnées* sont très-voisines des *Protéacées* (voir cette Famille). Elles se rapprochent des *Santalacées;* mais celles-ci diffèrent par leur ovaire réellement adhérent et leurs ovules sans téguments, pendants à une columelle centrale. — Nous avons indiqué l'affinité entre les *Éléagnées* et les *Thymélées* (voir cette dernière Famille).

Les Éléagnées forment une Famille peu nombreuse, dont la majeure partie habite les montagnes de l'Asie tropicale et sub-tropicale; quelques Espèces, en petit nombre, sont dispersées en Europe dans la région méditerranéenne et dans l'Amérique septentrionale. Elles sont très-rares dans l'Amérique tropicale, et manquent complétement au-delà du Capricorne.

La base charnue du périanthe, enveloppant le fruit dans les *Elæagnus*, contient de l'acide malique libre, qui rend comestible le fruit de quelques Espèces. On mange en Perse le fruit des *E. hortensis* et *orientalis*, dans l'Inde celui des *E. arborea* et *conferta*. — L'*Argoussier, faux-Nerprun* (*Hippophaë rhamnoides*), arbrisseau indigène, produit un fruit acide, d'une saveur âpre-résineuse, dont les Finlandais font usage pour assaisonner le poisson. On le cultive, à cause de ses racines traçantes, de ses rameaux épineux, serrés et entre-croisés, pour former des haies et fixer les dunes. — La fleur balsamique de l'*Elæagnus angustifolia*, vulgairement nommé *Olivier de Bohême*, est préconisée, dans plusieurs contrées de l'Europe méridionale, comme efficace contre les fièvres malignes.

# PROTÉACÉES, *PROTEACEÆ*.

## (PROTEÆ, *Jussieu.* — PROTEACEÆ, *R. Brown.*)

Fleurs *ordinairement* ☿, *tétramères.* Périanthe *simple, à estivation valvaire.* Étamines *périgynes, en même nombre que les sépales et opposées.* Ovaire *libre,* 1-*loculaire,* 1-∞-*ovulé.* Ovules *anatropes, ou orthotropes, à micropyle toujours inférieur.* Fruit *nucamentacé, ou folliculaire,* 1-∞-*séminé.* Graine *exalbuminée.* Embryon *dicotylédoné.* Radicule *infère.*

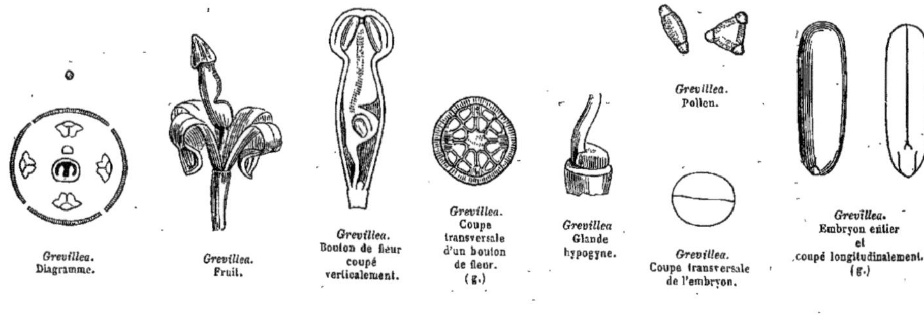

*Grevillea.* Diagramme. — *Grevillea.* Fruit. — *Grevillea.* Bouton de fleur coupé verticalement. — *Grevillea.* Coupe transversale d'un bouton de fleur. (g.) — *Grevillea.* Glande hypogyne. — *Grevillea.* Pollen. — *Grevillea.* Coupe transversale de l'embryon. — *Grevillea.* Embryon entier et coupé longitudinalement. (g.)

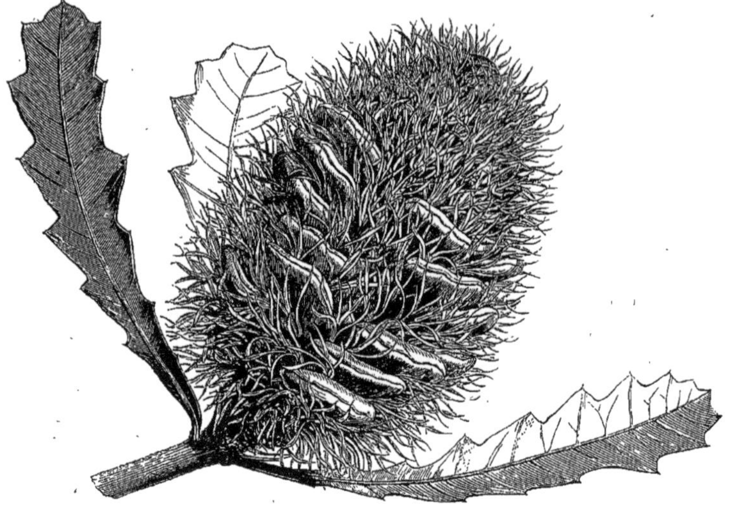

Banksia à feuilles de Chêne (*Banksia quercifolia*). Cône fructifère.

*Banksia.*
Coupe transversale
d'une fleur en bouton.
(g.)

*Banksia.*
Portion de cône coupé transversalement,
grandeur naturelle.

*Banksia.*
Inflorescence
de grandeur naturelle.

*Banksia.*
Fleur
en bouton,
vue de profil.
(g)

*Banksia.*
Stigmate.

*Banksia.*
Coupe transversale
de l'ovaire.

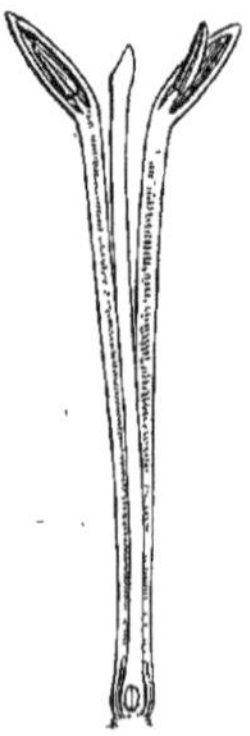

*Banksia.*
Fleur coupée verticalement.
(g.)

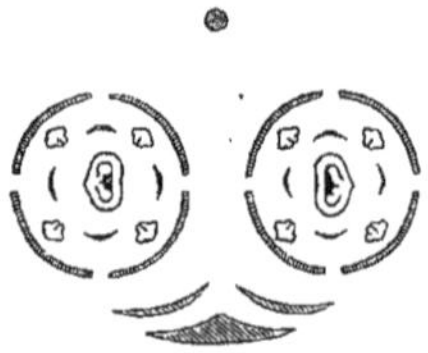

*Banksia.*
Diagramme montrant la position des fleurs
et des écailles.

*Banksia.*
Sépale
et étamine.
(g.)

*Banksia.*
Ovaire
et écailles
hypogynes.
(g.)

*Banksia.*
Ovaire
coupé
verticalement.
(g.)

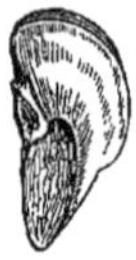

*Banksia.*
Fausse cloison
d'un
follicule.

*Banksia.*
Fruit coupé
verticalement.

*Banksia.*
Graine entière.

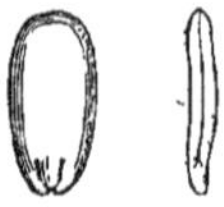

*Banksia.*
Embryon entier
et
coupé verticalement.

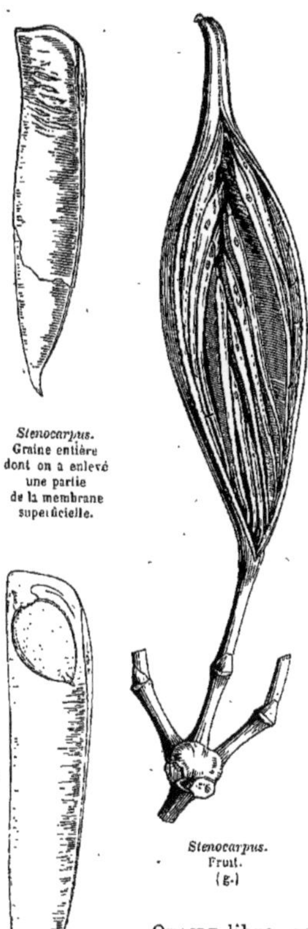

*Stenocarpus.* Graine entière dont on a enlevé une partie de la membrane superficielle.

*Stenocarpus.* Fruit. (g.)

*Stenocarpus.* Graine ouverte, montrant l'embryon revêtu d'une membrane propre et de ses téguments externes. (g.)

PLANTES frutescentes, ou arborescentes, très-rarement herbacées. — FEUILLES éparses, rarement opposées, ou verticillées, généralement coriaces, persistantes, simples, entières, ou souvent dentées, ou diversement laciniées, rarement penni-séquées, ou pennées, quelquefois polymorphes sur la même Plante. *Stipules* nulles. — FLEURS ☿, rarement diclines par avortement, terminales, ou axillaires, réunies en capitule, ou en épi, ou en fascicule-ombelle, ou en grappe, ou en panicule, rarement axillaires et solitaires; capitules et épis munis de bractées imbriquées, quelquefois d'un involucre général; rachis ou réceptacle ordinairement épais, conique, sphéroïdal, ou cylindrique, alvéolé, pailleté, ou velu, rarement nu; pédicelles des grappes géminés ou solitaires à l'aisselle d'une bractée. FLEURS souvent élégantes et odoriférantes, blanches, ou jaunes, ou rouges, très-rarement bleues, ou vertes, quelques-unes abondamment nectarifères. — PÉRIANTHE simple (CALYCE); coriace, coloré, ou herbacé, régulier, ou irrégulier, marcescent, ou tombant, ordinairement pubescent en dehors; *Sépales* 4, linéaires, ou spatulés, valvaires dans l'estivation, ou imbriqués au sommet, étalés, ou connivents, ou soudés en tube ordinairement fendu d'un côté; limbe tantôt clos et retenant le stigmate, tantôt 4-fide, régulier, ou 1-2-labié, à lobes réfléchis, planes, ou creusés en cuiller. — ÉTAMINES 4 (quelquefois une avortée), opposées aux sépales, et insérées sur leur limbe, ou sur leur onglet, très-rarement hypogynes (*Bellendena*). *Filets* filiformes, courts, ou complétement adnés au calyce. *Anthères* dorsifixes, ou basifixes, linéaires, ou oblongues, ou ovoïdes, ou cordiformes, biloculaires, introrses, distinctes, ou rarement soudées avec leurs voisines par les loges contiguës, l'autre avortant quelquefois. *Pollen* triangulaire, ou elliptique, ou lunulé, rarement sphérique. *Glandes*, ou *squamules* hypogynes (rarement effacées, ou nulles), tantôt 4, alternes avec les sépales, soit distinctes, soit soudées en urcéole, ou en anneau, quelquefois adhérentes au fond du calyce; tantôt moins de 4, ou réduites à une seule antérieure. — OVAIRE libre, sessile, ou stipité, 1-loculaire (rarement pseudo-biloculaire). *Ovule* unique, ou 2 collatéraux, ou plusieurs bi-sériés, à micropyle toujours inférieur, fixés tantôt à la base de la loge et anatropes, tantôt au sommet de la loge et orthotropes. *Style* terminal, filiforme, persistant, ou tombant, tantôt égalant le calyce et droit, tantôt longuement saillant et arqué. *Stigmate* terminal, ou latéral, indivis, ou échancré, ou bifide. — FRUIT comprimé, ou ventru, ou gibbeux, lisse, ou rugueux, ou verruqueux, ou hérissé de pointes, tantôt indéhiscent, 1-loculaire, 1-2-séminé, nucamentacé, ou samaroïde, ou drupacé; tantôt capsulaire, ou folliculaire, 1-2-valve, uni-bi-multi-séminé, 1-loculaire, ou quelquefois pseudo-biloculaire, au moyen d'une fausse-cloison formée par des membranes détachées du *testa* des graines, et séparable en 2 lames. — GRAINES fixées à la suture, ordinairement ovoïdes, ou globuleuses dans les fruits nucamentacés, comprimées et ailées dans les fruits folliculaires, exalbuminées. *Hile* basilaire, ou latéral. — EMBRYON droit. *Radicule* tantôt voisine du hile, tantôt diamétralement opposée au hile, mais toujours infère.

## TRIBU I. — NUCAMENTACÉES, *NUCAMENTACEÆ*.

Fruit indéhiscent à une graine (très-rarement 2).

### GENRES PRINCIPAUX.

| | | | | | |
|---|---|---|---|---|---|
| *Leucadendron, | *Leucadendron.* | Isopogon, | *Isopogon.* | *Persoonia. | *Persoonia.* |
| Pétrophila, | *Petrophila.* | Conospermum, | *Conospermum.* | *Guévina, | *Guevina.* |
| *Protéa, | *Protea.* | Franklandia, | *Franklandia.* | Kermadécia, | *Kermadecia.* |
| Leucospermum, | *Leucospermum.* | | | | |

### TRIBU II. — FOLLICULAIRES, *FOLLICULARES.*

Fruit déhiscent, coriace, ou ligneux, 1-2-valve, à 2 ou plusieurs graines (très-rarement 1).

GENRES PRINCIPAUX.

| | | | | | |
|---|---|---|---|---|---|
| Grévilléa, | *Grevillea.* | Rhopala, | *Rhopala.* | Lomatia, | *Lomatia.* |
| Hakéa, | *Hakea.* | Embothrium, | *Embothrium.* | Banksia, | *Banksia.* |
| Lambertia, | *Lambertia.* | Sténocarpus, | *Stenocarpus.* | Dryandra, | *Dryandra.* |

Les *Protéacées,* réunies par Endlicher, dans une même classe, aux *Éléagnées, Thymélées, Santalacées, Laurinées,* en ont été séparées, avec les *Éléagnées,* par M. Brongniart, et forment ainsi un groupe bien tranché et beaucoup plus naturel. Ces deux Familles, en effet, sont étroitement liées par le port, le périanthe simple à estivation valvaire, la périgynie des étamines, l'ovaire libre 1-loculaire, l'ovule à micropyle inférieur, la graine exalbuminée, etc. Les *Éléagnées* ne diffèrent que par la fleur toujours régulière, les étamines alternes avec les lobes du périanthe dans les fleurs isostémones, le fruit inclus dans le tube du périanthe charnu extérieurement et osseux intérieurement. — Les Protéacées se rapprochent des *Santalacées* par l'estivation valvaire, l'isostémonie, les étamines opposées aux lobes du périanthe; mais les Santalacées s'en éloignent par l'ovaire infère, la structure de leur ovule, dépourvu de téguments, la graine albuminée, et la radicule supère. — Les Protéacées offrent aussi avec les *Thymélées* quelque analogie fondée sur l'apétalie, l'ovaire 1-loculaire, et l'embryon exalbuminé; mais les Thymélées diffèrent par l'estivation imbriquée, la fleur généralement diplostémone, l'alternance des étamines avec les lobes du calyce dans les fleurs isostémones, et la radicule supère. Au reste, le plus important des caractères qui séparent les Protéacées des Familles ci-dessus mentionnées, réside dans la direction invariable du micropyle, qui regarde toujours le fond de l'ovaire, quelles que soient la structure de l'ovule et la situation du hile.

Les Protéacées appartiennent presque exclusivement à l'hémisphère austral extratropical, elles abondent surtout au Cap de Bonne-Espérance et dans l'Australie. Elles sont beaucoup plus rares dans la Nouvelle-Zélande et l'Amérique australe. On en trouve un petit nombre dans l'Australie tropicale et l'Asie équatoriale; quelques-unes habitent l'Amérique dans le voisinage de l'équateur; très-peu ont été observées dans l'Afrique équatoriale. Aucune n'a été trouvée au nord du Cancer.

Cette Famille est plus recommandable par la richesse et l'élégance de ses fleurs que par ses propriétés utiles : aussi les Adonistes les ont-ils longtemps cultivées avec une prédilection toute particulière. — L'écorce de plusieurs Espèces est astringente, les graines de quelques-unes sont comestibles. Le *Protea grandiflora,* de l'Afrique australe, est employé par les habitants pour la guérison des diarrhées. — Les graines du *Brabejum stellatum,* rôties à l'instar des châtaignes, sont alimentaires, et son péricarpe peut remplacer le café. La graine du *Guevina avellana* est recueillie par les habitants du Chili, qui aiment sa saveur douce, un peu huileuse; son péricarpe remplace pour eux l'écorce de Grenadier. — Les nectaires des *Banksia* et des *Protea* distillent une abondante quantité de liqueur sucrée, que recueillent avidement les abeilles : celle que fournissent les *Protea mellifera, lepidocarpos* et *speciosa* est employée, sous le nom de *sirop de Protéa* (*Boschjes stroop*), comme béchique, au Cap de Bonne-Espérance. — Les autochthones de l'Australie trouvent un aliment dans le nectar des Banksia.

# LORANTHACÉES, *LORANTHACEÆ.*

(LORANTHEÆ, *Jussieu.* — LORANTHACEÆ, *Lindley.* — VISCOIDEÆ, *Richard.*)

FLEURS *diclines, ou* ☿, PÉRIANTHE *simple, souvent muni extérieurement d'un calycode.* SÉPALES 4-6-8, *rarement* 3, *insérés autour d'un disque épigyne, distincts, ou cohérents, à préfloraison valvaire.* ÉTAMINES *en même nombre que les sépales, insérées sur eux, et opposées.* OVAIRE *infère, 1-loculaire, 1-ovulé.* OVULE *sessile, dressé, orthotrope.* STYLE *simple.* FRUIT *baccien.* ALBUMEN *charnu.* EMBRYON *dicotylédoné, droit.* RADICULE *supère.* — ARBRISSEAUX *parasites.* FEUILLES *entières.*

ARBRISSEAUX toujours verts, vivant implantés dans la partie ligneuse des autres Plantes dicotylédones, quelquefois paraissant simplement épiphytes, et émettant des racines rampantes à la surface des branches de l'arbre usurpé. *Rameaux* noueux, très-souvent articulés, cylindriques, ou tétragones, ou comprimés. — FEUILLES opposées, rarement alternes, ou verticillées, épaisses, coriaces, entières, penninerviées, ou palminerviées, à nervures peu apparentes, quelquefois réduites à des écailles stipuliformes, ou 0. *Stipules* nulles. — FLEURS tantôt incomplètes, petites, peu apparentes, blanchâtres, ou jaunes-verdâtres; tantôt complètes, brillamment colorées, diversement disposées, ordinairement munies d'une ou plusieurs bractées et d'un *calycode* figurant un périanthe externe, quelquefois effacé. — PÉRIANTHE simple (CALYCE), supère dans les ☿ et les ♀, et inséré autour d'un disque couronnant le sommet de l'ovaire. *Sépales* 4, ou 6, ou 8, rarement 3, distincts, ou cohérents en tube souvent fendu d'un côté, à préfloraison valvaire. — ÉTAMINES en même nombre que les lobes du périanthe, opposées à ces lobes, et insérées sur eux. *Filets* adnés par la base, libres supérieurement, ou très-rarement cohérents, de longueur variable, quelquefois nuls. *Anthères* introrses, biloculaires, dressées et adnées, ou incombantes et versatiles, à déhiscence longitudinale, quelquefois multi-cellulées, et s'ouvrant par des pores nombreux (*Viscum*), rarement uni-loculaires, à déhiscence transversale (*Arceuthobium*). — OVAIRE infère, ordinairement couronné d'un disque annulaire, 1-loculaire. *Ovule* sessile, orthotrope, souvent réduit au nucelle, ou au sac embryonnaire, dressé, solitaire, ou accompagné de 2 autres à l'état rudimentaire. *Style* terminal, simple, quelquefois nul. *Stigmate* terminal, plus ou moins épais (quelquefois effacé), indivis, ou échancré. — BAIE uni-séminée. — GRAINE dressée. *Albumen* charnu, copieux. — EMBRYON (souvent plusieurs), axile, ou inverse dans une cavité excentrique de l'albumen, périphérique, ou latéral, claviforme, droit, ou arqué. *Cotylédons* un peu charnus, obtus, quelquefois cohérents. *Radicule* épaisse, supère.

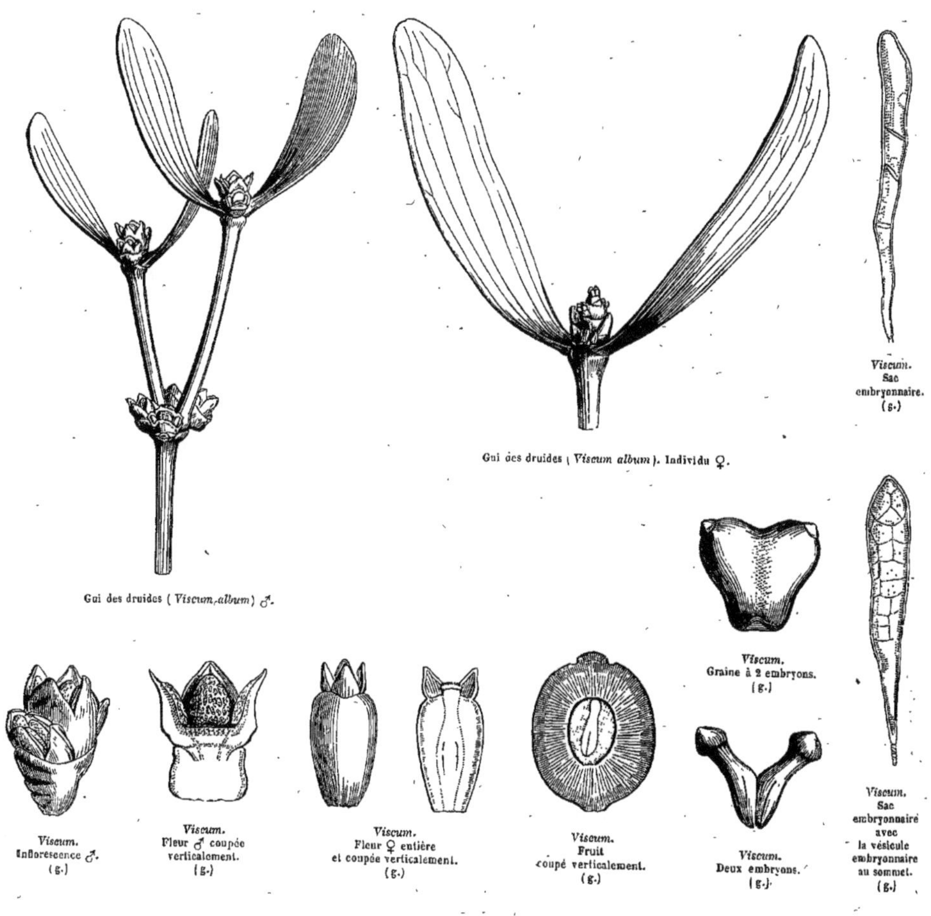

Gui des druides (*Viscum album*) ♂.

Gui des druides (*Viscum album*). Individu ♀.

*Viscum*. Sac embryonnaire. (g.)

*Viscum*. Graine à 2 embryons. (g.)

*Viscum*. Inflorescence ♂. (g.)

*Viscum*. Fleur ♂ coupée verticalement. (g.)

*Viscum*. Fleur ♀ entière et coupée verticalement. (g.)

*Viscum*. Fruit coupé verticalement. (g.)

*Viscum*. Deux embryons. (g.)

*Viscum*. Sac embryonnaire avec la vésicule embryonnaire au sommet. (g.)

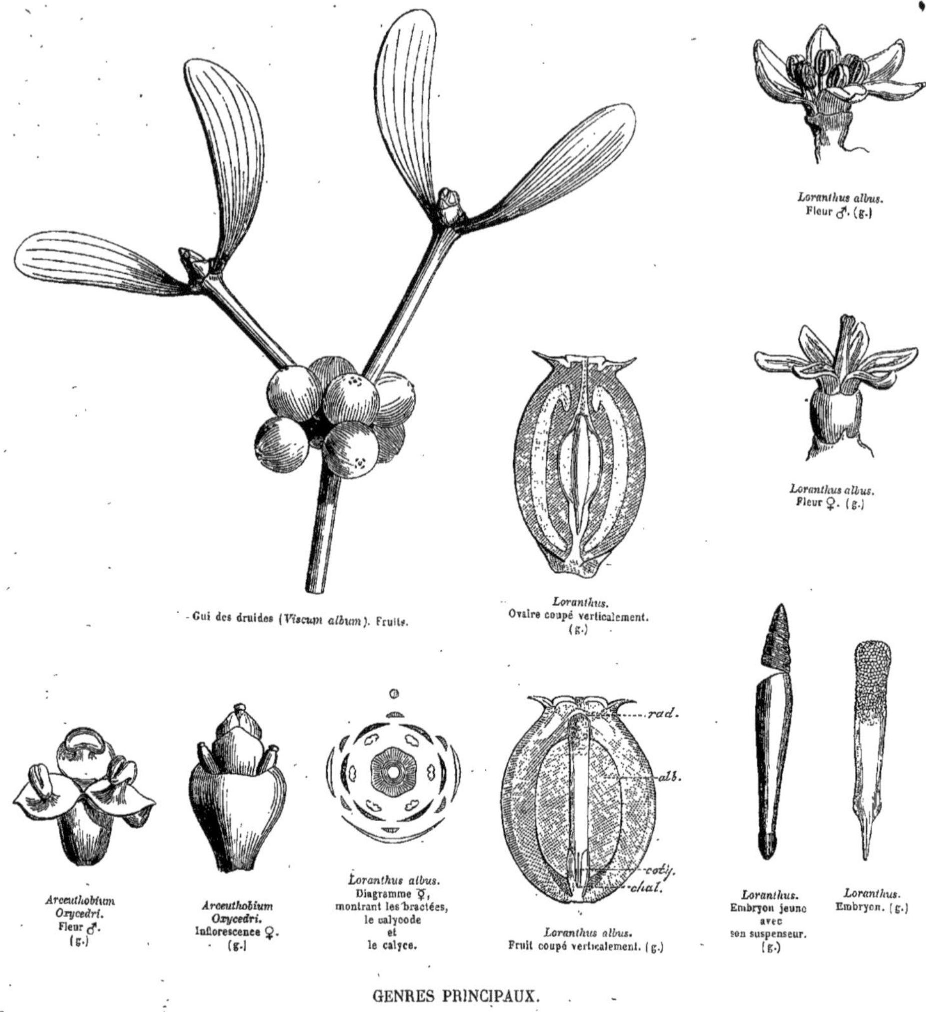

Gui des druides (*Viscum album*). Fruits.

*Loranthus albus.* Fleur ♂. (g.)

*Loranthus albus.* Fleur ♀. (g.)

*Loranthus.* Ovaire coupé verticalement. (g.)

*Arceuthobium Oxycedri.* Fleur ♂. (g.)

*Arceuthobium Oxycedri.* Inflorescence ♀. (g.)

*Loranthus albus.* Diagramme ♀, montrant les bractées, le calycode et le calyce.

*Loranthus albus.* Fruit coupé verticalement. (g.)

*Loranthus.* Embryon jeune avec son suspenseur. (g.)

*Loranthus.* Embryon. (g.)

GENRES PRINCIPAUX.

| | | | | | |
|---|---|---|---|---|---|
| Arceuthobium, | *Arceuthobium.* | Loranthe, | *Loranthus.* | Élythranthe, | *Elythranthe.* |
| Gui, | *Viscum.* | Loxanthéra, | *Loxanthera.* | Lépidocéras, | *Lepidoceras.* |

Les *Loranthacées* sont liées aux *Santalacées* par une étroite affinité. Dans les deux familles en effet, outre l'importante analogie fondée sur le parasitisme, l'estivation est valvaire, la fleur est isostémone, les étamines sont épigynes et opposées aux sépales, l'ovaire est infère, 1-loculaire; l'ovule est réduit au sac embryonnaire, et la graine est pourvue d'un albumen charnu; les feuilles sont entières, coriaces et dépourvues de stipules. — Les Loranthacées se rapprochent aussi des *Protéacées* par l'estivation valvaire, l'isostémonie, l'ovaire uniloculaire, etc.

Les Loranthacées habitent pour la plupart la région intertropicale, mais on en rencontre quelques-unes dans les contrées tempérées et fraîches de l'hémisphère Nord; il en existe un plus grand nombre au-delà du Capricorne. Trois Genres sont représentés en Europe : le *Gui blanc* (*Viscum album*) vit principalement sur les *Pommiers*, les *Peupliers*, le *Chêne*, bien qu'il ne rebute presque aucune Espèce d'arbre ou d'arbrisseau, et s'implante même sur le *Loranthus europæus*, qui de son côté est parasite des *Chênes* et des *Châtaigniers*. L'*Arceuthobium* naît sur le *Genévrier oxycèdre*. — La dissémination des Loranthacées s'effectue, le plus ordinairement, par l'entremise des Oiseaux qui se nourrissent de leurs baies, et déposent sur les arbres avec leur fiente les graines non digérées. Dans l'*Arceuthobium* la graine est lancée hors du fruit par une sorte de contraction particulière.

L'écorce des Loranthacées contient une matière particulière, visqueuse, tenace et élastique, nommée *glu*, qui tient le milieu entre la résine et le caoutchouc; elle existe dans d'autres Végétaux (*Houx*), mais c'est la glu des Loranthacées, et surtout celle du *Viscum album* et du *Loranthus albus*, qui possède les meilleures qualités; son abondance dépend des arbres qui ont nourri le *Gui*. Les Espèces les plus favorables sont l'*Érable* et l'*Orme*; viennent ensuite le *Bouleau* et le *Sorbier*, puis le *Pommier* et le *Poirier*, etc.

Plusieurs Espèces de *Loranthus* sont médicinales chez les Brésiliens, qui préparent avec les jeunes pousses et les feuilles du *L. citrocolus* un onguent très-vanté pour la guérison des tumeurs œdémateuses; les *L. globosus, elasticus, longiflorus* servent dans l'Inde au même usage. Le *L. bicolor* y est rangé au nombre des remèdes anti-syphilitiques. Les feuilles du *L. rotundifolius*, cuites dans du lait, sont recommandées au Brésil pour les maladies de poitrine. — Les feuilles de notre *Gui*, jadis employées en médecine comme antispasmodiques et anti-épileptiques, sont depuis longtemps tombées en désuétude. — On sait que le *Gui* était révéré chez les anciens peuples de la Gaule, qui voyaient un emblème mystérieux dans un arbrisseau végétant et se reproduisant sans toucher la terre. Le *Gui* cueilli sur le *Chêne* était la Plante sacrée des Druides.

## GENRE INTERMÉDIAIRE, *MYSODENDRON*, *Banks*.

Les *Mysodendron* forment un groupe intermédiaire entre les *Loranthacées* et les *Santalacées*. — Ce sont de petits arbrisseaux dioïques, parasites, de l'Amérique antarctique, vivant surtout aux dépens des *Hêtres*, et dont voici les caractères : Fleurs mâles : *Périanthe* nul. *Étamines* placées à l'aisselle d'une bractée. *Anthères* 1-loculaires, s'ouvrant au sommet par une fente transversale. — Fleurs femelles : *Périanthe* supère, entier et étroit. *Ovaire* infère, accompagné de soies qui partent de la base, 1-loculaire, à placentaire cylindrique surmonté de 3 ovules nus, pendants. Radicule supère.

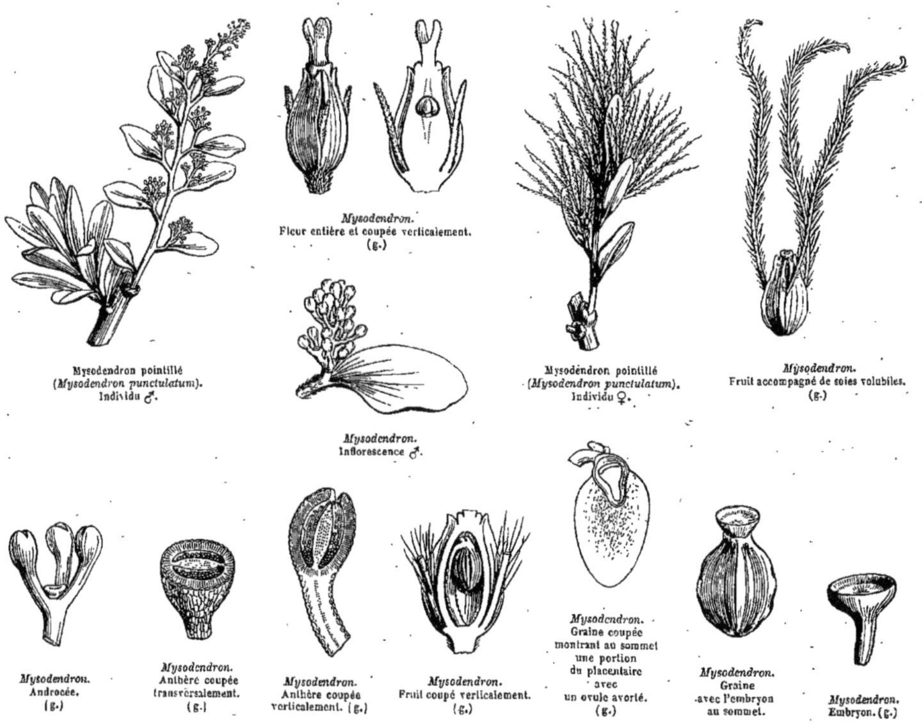

Mysodendron pointillé (*Mysodendron punctulatum*). Individu ♂.

*Mysodendron.* Fleur entière et coupée verticalement. (g.)

*Mysodendron.* Inflorescence ♂.

Mysodendron pointillé (*Mysodendron punctulatum*). Individu ♀.

*Mysodendron.* Fruit accompagné de soies volubiles. (g.)

*Mysodendron.* Androcée. (g.)

*Mysodendron.* Anthère coupée transversalement. (g.)

*Mysodendron.* Anthère coupée verticalement. (g.)

*Mysodendron.* Fruit coupé verticalement. (g.)

*Mysodendron.* Graine coupée montrant au sommet une portion du placentaire avec un ovule avorté. (g.)

*Mysodendron.* Graine avec l'embryon au sommet.

*Mysodendron.* Embryon. (g.)

Les soies d'apparence plumeuse, qui s'échappent de l'ovaire des *Mysodendron*, et qui sont volubiles, remplissent les fonctions de la substance visqueuse renfermée dans les fruits des *Loranthus* et des *Viscum*, et servent à fixer les graines aux branches sur lesquelles elles vivent. Le *Mysodendron punctulatum* est tellement abondant sur les *Hêtres* de la *Terre-de-Feu*, qu'on le reconnaît de loin à sa couleur jaune, qui contraste avec le vert sombre des arbres sur lesquels il vit en parasite.

# SANTALACÉES, *SANTALACEÆ*, *R. Brown.*

Fleurs *ordinairement* ☿. Périanthe *simple.* Étamines *en même nombre que les lobes du périanthe, et opposées.* Ovaire *infère, ou adhérent par sa base seulement, 1-loculaire.* Ovules 2-3-5, *réduits au nucelle, et pendants au sommet d'un placentaire central libre.* Fruit *sec, ou charnu, 1-séminé.* Albumen *charnu.* Embryon *dicotylédoné, droit, axile.* Radicule *supère.*

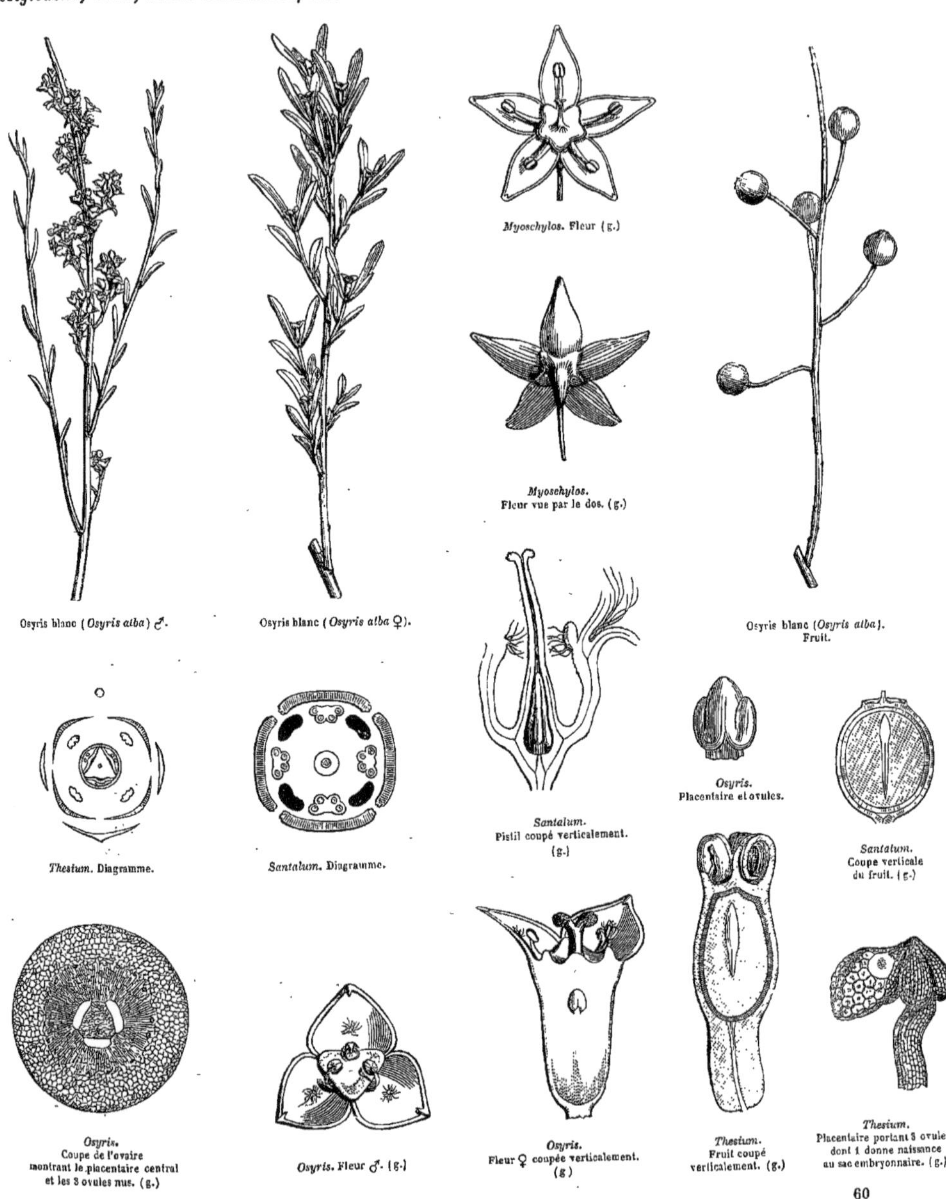

Osyris blanc (*Osyris alba*) ♂.

Osyris blanc (*Osyris alba* ♀).

*Myoschylos.* Fleur (g.)

*Myoschylos.* Fleur vue par le dos. (g.)

Osyris blanc (*Osyris alba*). Fruit.

*Thesium.* Diagramme.

*Santalum.* Diagramme.

*Santalum.* Pistil coupé verticalement. (g.)

*Osyris.* Placentaire et ovules.

*Santalum.* Coupe verticale du fruit. (g.)

*Osyris.* Coupe de l'ovaire montrant le placentaire central et les 3 ovules nus. (g.)

*Osyris.* Fleur ♂. (g.)

*Osyris.* Fleur ♀ coupée verticalement. (g)

*Thesium.* Fruit coupé verticalement. (g.)

*Thesium.* Placentaire portant 3 ovules, dont 1 donne naissance au sac embryonnaire. (g.)

Thésium intermédiaire
(*Thesium intermedium*).

Plantes herbacées, ou frutescentes, ou arborescentes, souvent (toujours?) parasites, et vivant de la séve des autres Végétaux en se fixant sur leurs racines, ou sur leurs rameaux (*Henslowia*). *Rameaux* fréquemment anguleux. — Feuilles non stipulées, ordinairement alternes, quelquefois opposées, entières, penninerviées, ou à 3-5 nervures latérales obliques, ordinairement étroites, fréquemment courtes et squamiformes, rarement pétiolés. — Fleurs ☿, ou polygames, ou diclines, blanches, ou vertes, ou d'un jaune sale, ou rouges, souvent minimes. *Inflorescence* terminale quand les feuilles sont opposées, ordinairement indéfinie quand les feuilles sont alternes, et alors *fleurs* en épi, ou en tête, ou disposées en petites cymes extra-axillaires, à pédoncule soudé avec la feuille florale, ou quelquefois solitaires. *Bractéoles* ordinairement 2, latérales, situées en dedans de la bractée ou de la feuille florale, accompagnant la fleur solitaire, ou les fleurs latérales de la cyme. *Pédicelles* nuls, ou courts, et continus avec le périanthe. — Périanthe simple, à tube se confondant avec la cupule réceptaculaire (*calycode*) qui se prolonge souvent au-delà de l'ovaire; limbe 5-4-3-lobé, valvaire dans la préfloraison, à lobes caducs, ou persistants, portant souvent au milieu de leur face interne un faisceau de poils. — Étamines opposées aux lobes du périanthe, et insérées à leur base, ou à leur milieu. *Filets* courts. *Anthères* basifixes, ou dorsifixes, introrses, 2-loculaires, à déhiscence longitudinale, quelquefois 4-locellées et s'ouvrant en haut par un large orifice (*Choretrum*). — *Disque* épigyne, souvent apparent, se dilatant quelquefois en lame lobée, dont les lobes alternent avec les étamines. — Ovaire 1-loculaire, infère, ou libre dans le premier âge, et finalement soudé avec la cupule réceptaculaire ou calycode (*Santalum*), quelquefois adhérent par sa base seulement à la cupule réceptaculaire (*Anthobolus*). *Style* inclus, entier au sommet, ou divisé en 2-3-4-5 lobes, tantôt alternes avec les étamines, tantôt opposés. *Placentaire* basilaire, central, dressé, cylindrique. Ovules 2-3-5, pendants au sommet du placentaire, nus, c'est-à-dire dépourvus de téguments; sac embryonnaire sortant du nucelle, se recourbant vers le haut, et donnant naissance en dehors à l'embryon et à l'albumen. — Fruit nucamentacé, ou rarement baccien, indéhiscent, à épicarpe mince, à mésocarpe ordinairement endurci, à endocarpe pulpeux dans le jeune âge, se desséchant ensuite, se détachant du mésocarpe et enveloppant la graine. — Graine unique par avortement, inverse, recouverte des débris de l'endocarpe et du placentaire, et accompagnée des ovules avortés. *Albumen* charnu. — Embryon droit, axile. *Radicule* supère. *Cotylédons* linéaires, ou oblongs, convexes sur leur face dorsale, et plus courts que la radicule.

## Tribu I. — SANTALÉES, *SANTALEÆ*.

Fleurs ☿, ou rarement dioïques. Ovaire infère. Étamines insérées sur le milieu des lobes du périanthe.

GENRES PRINCIPAUX.

| | | | | | |
|---|---|---|---|---|---|
| Quinchamalium, | *Quinchamalium.* | Nanodéa, | *Nanodea.* | Osyris, | *Osyris.* |
| Arjoona, | *Arjoona.* | Henslowia, | *Henslowia.* | Santal, | *Santalum.* |
| Thésium, | *Thesium.* | Chorétrum, | *Choretrum.* | Myoschilos, | *Myoschilos.* |

## Tribu II. — ANTHOBOLÉES, *ANTHOBOLEÆ*.

Fleurs ☿, ou polygames, ou dioïques. Ovaire adhérent à la base seulement. Étamines insérées à la base des lobes du périanthe.

GENRES PRINCIPAUX.

| | | | |
|---|---|---|---|
| Anthobole, | *Anthobolus.* | Exocarpe, | *Exocarpos.* |

Les Genres réunis par les Botanistes modernes sous le nom d'*Olacinées* se lient si étroitement aux *Santalacées*, que nous avons cru devoir les annexer à ces dernières, dont elles se distinguent à peine par leur ovaire libre; encore cette différence est-elle annulée par les Genres *Liriosma, Erythropalum*, *Strombosia*, qui ont une drupe infère.

## OLACINÉES, *OLACINEÆ, Endlicher.*

Arbres, ou Arbrisseaux dressés, ou grimpants, ou volubiles, rarement sous-frutescents. — Feuilles généralement alternes, non stipulées. — Fleurs hermaphrodites, ou uni-sexuelles, régulières, axillaires, en grappe, ou en corymbe, ou en épi, très-rarement terminales, paniculées; pédoncules articulés à la base. — Cupule réceptaculaire (calycode) dentée, ou lobée, souvent accrescente à la maturité. — Périanthe simple; *sépales* 4-5 (rarement 6), distincts, ou cohérents en calyce campanulé, ou tubuleux, à préfloraison valvaire. — Étamines 4-10 (rarement 12), souvent adnées aux sépales, toutes anthérifères, ou rarement quelques-unes stériles (*Olax, Liriosma*). *Filets* libres, ou très-rarement monadelphes (*Aptandra*). Anthères bi-loculaires, dressées, versatiles, ou rarement adnées (*Cathedra*, *Lasianthera*, etc.). — Disque très-varié, libre, ou adné soit au calycode, soit à l'ovaire, quelquefois peu ou point apparent. — Ovaire libre, ou légèrement plongé à sa base dans le disque 1-loculaire, ou faussement 3-5-loculaire par des cloisons incomplètes, ou très-rarement 3-loculaire (*Emmotum*). *Ovules* anatropes, privés de téguments et réduits au nucelle, tantôt 2-3 (rarement 4-5), pendants collatéralement, soit au sommet d'un placentaire central, soit au sommet de la cavité ovarienne, et excentriques (peut-être par suite de la soudure latérale du placentaire avec la paroi?); tantôt (rarement) solitaires et pendants au sommet de l'ovaire ou d'un placentaire central libre (*Opilia*, *Pennantia*); tantôt (très-rarement) presque dressés et basilaires, peut-être par suite de l'avortement du placentaire? (*Cansjera, Agonandra.*) — Fruit le plus souvent drupacé, 1-loculaire, uni-séminé, supère, ou devenant infère par suite de l'accrescence et de l'adhérence du calycode. — Graine à albumen charnu, copieux, entier, ou quelquefois ridé, ou lobé, ou 2-partit (*Aptandra*, *Gomphandra*, etc.). — Embryon tantôt petit au sommet de l'albumen, tantôt un peu plus court que l'albumen, et droit. *Radicule* cylindrique, supère. *Cotylédons* tantôt menus, tantôt larges et foliacés, entiers, ou découpés.

### Tribu I. — OLACÉES, *OLACEÆ.*

Étamines en nombre inégal à celui des sépales (*Olax*), ou en nombre double (*Ximenia*, *Heisteria*, etc.), ou en nombre égal, et alors opposées aux sépales (*Erythropalum*, *Anacolosa*, *Strombosia*, etc.). Ovaire 1-loculaire (*Erythropalum*, *Olax*, *Ptychopetalum*, etc.), ou à 3-5 loges incomplètes 1-ovulées (*Ximenia*, *Heisteria*, *Liriosma*, *Schœpfia*, *Anacolosa*, *Aptandra*). Ovules pendants au sommet d'un placentaire central.

### Tribu II. — OPILIÉES, *OPILIEÆ.*

Fleurs isostémones. Étamines opposées aux sépales. Ovaire 1-loculaire, 1-ovulé. Ovule presque dressé et basilaire. (*Cansgera*, *Agonandra.*)

### Tribu III. — ICACINÉES, *ICACINEÆ.*

Fleurs isostémones. Étamines alternes avec les sépales. Ovaire 1-loculaire, à 1-2 ovules pendants au sommet de la cavité ovarienne (*Lasianthera*, *Gomphandra*, *Pennantia*, *Poraqueiba*, *Icacina*, etc.); très-rarement à 3 loges complètes (?) 1-2-ovulées (*Emmotum*).

Nous avons indiqué l'affinité des *Santalacées* avec les *Loranthacées*, les *Protéacées*, les *Éléagnées*, les *Thymélées* (voir ces Familles). Elles se rapprochent aussi des *Combrétacées* apétales par le périanthe simple, à estivation valvaire, les étamines opposées aux lobes du périanthe, l'ovaire infère, 1-loculaire, couronné par un disque, etc.

Les Santalacées sont dispersées dans les régions tempérées du monde entier : elles habitent surtout l'Asie, l'Europe, l'Afrique australe et l'Australie; elles semblent complétement bannies de l'Amérique et de l'Afrique tropicale. Elles sont herbacées dans l'Europe, dans l'Asie moyenne, et dans l'Amérique australe, où le *Nanodea* n'atteint que 2-3 centimètres; sous-frutescentes dans la région méditerranéenne, généralement arborescentes en Asie et en Australie, ainsi que dans les régions tempérées du nouveau Continent situées en-deçà du Cancer.

On ne possède que des notions très-restreintes sur les propriétés des Santalacées. — L'Espèce la plus remarquable est le *Santal blanc* (*Santalum album*) grand arbre de l'Asie australe, dont le bois aromatique, à odeur suave, était jadis célèbre en médecine; on l'emploie encore aujourd'hui dans la parfumerie et l'ébénisterie. — Les racines et les fruits de l'*Osyris* et des *Thesium* sont astringents. Les feuilles de l'*Osyris du Népaul* (*O. nepalensis*) servent aux mêmes usages que le thé. — L'infusion des feuilles du *Myoschilos oblongus* du Chili est purgative. — Les Péruviens mangent les graines des *Cervantesia tomentosa*, en guise de noisettes. — Les graines du *Pyrularia pubera*, qui croît sur les montagnes de la Caroline et de la Virginie, fournissent une huile fixe, comestible.

# ARISTOLOCHIÉES, *ARISTOLOCHIEÆ.*

(ARISTOLOCHIÆ, *Adanson.* — ARISTOLOCHIEÆ, *Endlicher.*
ARISTOLOCHIACEÆ, *Lindley.* — ASARINEÆ, *Bartling.*)

PÉRIANTHE *simple, supère, régulier, ou irrégulier, ordinairement coloré.* ÉTAMINES *épigynes et gynandres, insérées à la base du style.* OVAIRE *infère, pluri-loculaire, pluri-ovulé.* OVULES *anatropes.* GRAINES *albuminées.* EMBRYON *dicotylédoné, minime, basilaire, axile.*

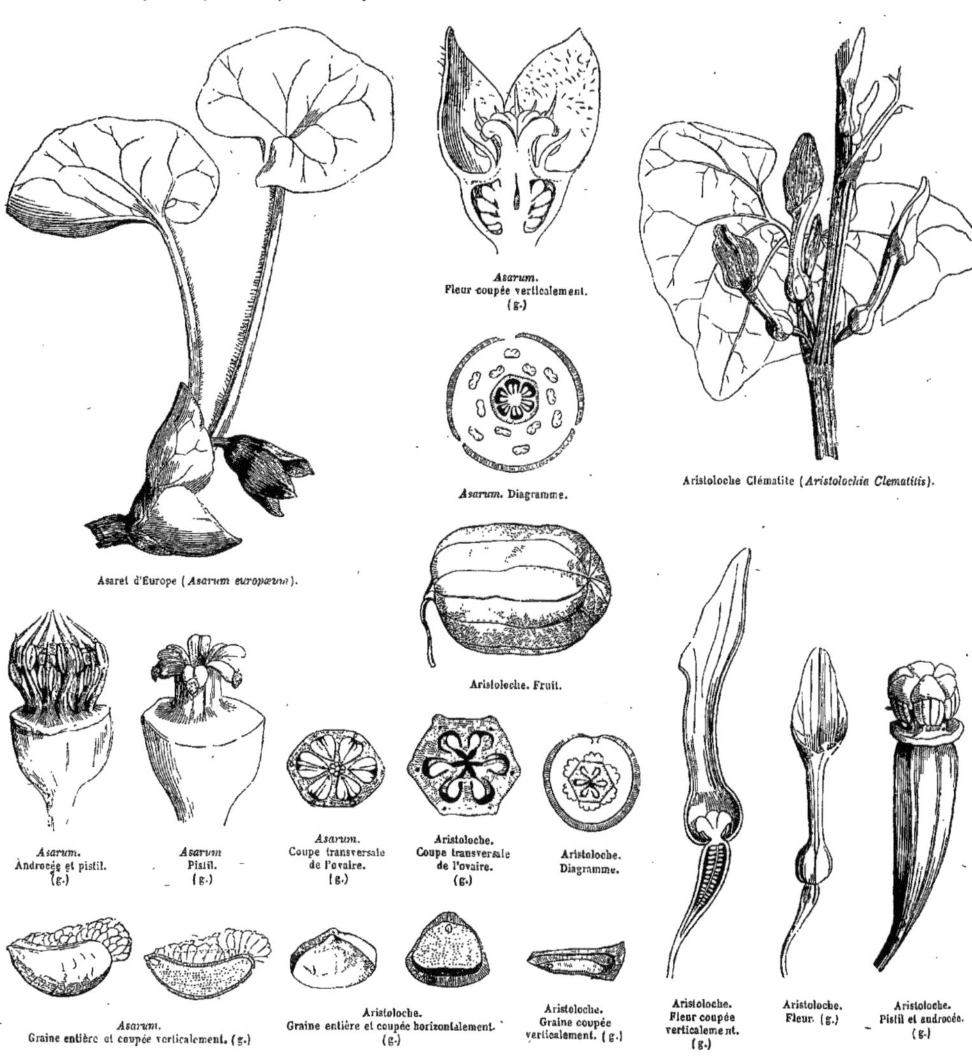

**Plantes** herbacées, à rhizôme rampant, ou tubéreux, ou sous-frutescentes, ou frutescentes, souvent volubiles, à bois odorant, quelquefois dépourvu de zones concentriques et de fibres libériennes, à tige simple, ou rameuse, souvent épaissie aux nœuds. — **Feuilles** alternes, simples, tantôt toutes vertes, tantôt les unes squamiformes et les autres vertes; *pétiole* très-souvent dilaté à sa base et semi-amplexicaule, protégeant les bourgeons; *limbe* de forme variée, généralement cordiforme, penninervié ou pédalinervié, à veines réticulées. *Stipules* nulles, mais quelquefois remplacées par une feuille axillaire (rarement 2), appartenant à un rameau non développé. — **Fleurs** ☿, axillaires, ou terminales, solitaires, rarement disposées en épi, ou en cyme-grappe, quelquefois munies de bractées, ordinairement grandes, quelquefois petites, de couleur brune ou noire-pourprée, souvent fétides. — **Périanthe** simple (calyce), tantôt régulier, 3-lobé, campanulé, ou rotacé; tantôt irrégulier, polymorphe, à tube gonflé au-dessus du sommet de l'ovaire en utricule renfermant les étamines et s'évasant en limbe 1-2-labié, ou périphérique, valvaire ou indupliqué dans la préfloraison, persistant, ou marcescent. — **Étamines** 6, rarement 5, ou 12 (rarement 18-36), tantôt pourvues de filets courts, libres, ou cohérents inférieurement, insérées sur un disque annulaire épigyne, ou à la base de la colonne stylaire; tantôt dépourvues de filets, et alors adnées à la colonne stylaire par toute la face interne des anthères. *Anthères* biloculaires extrorses, ou rarement sub-introrses, ou les unes extrorses, les autres introrses dans la même fleur (*Heterotropa*), à loges parallèles, apposées, s'ouvrant par une fente longitudinale, à connectif quelquefois prolongé en pointe (*Asarum*). — **Ovaire** plus ou moins complétement infère, allongé, grêle (excepté l'*Asarum*), à 6 ou 4 loges multi-ovulées. *Ovules* anatropes, à raphé épais, 2-sériés à l'angle interne des loges dans les ovaires à 6 loges, et 1-sériés sur le milieu de la largeur des cloisons dans les ovaires 4-loculaires (*Bragantia*). *Styles* ordinairement 6, rarement 3, ou plus, soudés à leur base en colonne (presque toujours staminifère), divisés au sommet en lobes stigmatifères. — **Fruit** tantôt couronné par le limbe calycinal persistant, ou par sa base marcescente; tantôt ombiliqué par sa cicatrice, capsulaire, rarement bacciforme, quelquefois sub-globuleux, ou tétragone, ordinairement hexagone, à 6 ou 4 loges; tantôt irrégulièrement déhiscent, tantôt, et le plus souvent, à 6-4-valves, s'ouvrant par déhiscence septicide, ordinairement basilaire, rarement apicale. — **Graines** plus ou moins nombreuses, horizontales, ordinairement aplaties, à face inférieure convexe, la supérieure concave et occupée par un *raphé* saillant, subéreux, fongueux, se détachant de l'amande. *Albumen* copieux, charnu, ou sub-corné. — **Embryon** minime, basilaire, axile. *Cotylédons* très-courts, à peine visibles avant la germination. *Radicule* voisine du hile, centripète, ou infère.

## Tribu I. — ASARÉES, *ASAREÆ*.

Ovaire à 6 loges, plus ou moins complétement infère, raccourci et assez large relativement à sa longueur. Étamines 12, libres, à filets distincts de la colonne stylaire, dont 6 extérieurs plus courts et opposés aux styles; anthères introrses, ou extrorses. Calyce persistant, à limbe régulier 3-lobé. Capsule s'ouvrant irrégulièrement. — Herbes à rhizôme radicant vivace, à feuilles, les inférieures squamiformes, les caulinaires normales, réniformes. Fleur terminale, solitaire.

GENRE UNIQUE.

Asaret, *Asarum*. | Hetérotropa, *Heterotropa*.

## Tribu II. — BRAGANTIÉES, *BRAGANTIEÆ*.

Ovaire complétement infère, allongé, grêle, stipitiforme, tétragone, 4-loculaire, à ovules nombreux unisériés sur le milieu des cloisons. Étamines 6-36, égales, pourvues de filets. Calyce tombant, très-resserré au-dessus du sommet de l'ovaire et 3-lobé. Capsule siliquiforme, 4-valve. — Arbrisseaux, ou sous-arbrisseaux, à feuilles toutes réniformes, ovales, ou oblongues-lancéolées, réticulées. Fleurs en épis, ou en grappes, petites (*Bragantia*), ou très-grandes campanulées (*Thottea*).

GENRES PRINCIPAUX.

Bragantia, *Bragantia*. | Thottéa, *Thottea*.

## Tribu III. — ARISTOLOCHES, *ARISTOLOCHIÆ*.

Ovaire complétement infère, allongé, grêle, stipitiforme, hexagone, à 6 loges (rarement 5). Ovules nombreux, insérés à l'angle central des loges et 2-sériés. Étamines 6 (rarement 5). Anthères sessiles, extrorses, complétement adnées par leur face dorsale à la colonne stylaire. Calyce tombant, étranglé au-dessus du sommet de l'ovaire, irrégulier, tubuleux, à limbe varié. Capsule oblongue, ou globuleuse, hexagone, à 6 valves, s'ouvrant à la base ou au sommet du fruit.

GENRES PRINCIPAUX.

Holostylis, *Holostylis.* | *Aristoloche, *Aristolochia.*

Les affinités des *Aristolochiées* sont assez obscures; quelques Botanistes les ont rapprochées des *Cucurbitacées*, auxquelles elles ressemblent par leur tige volubile, leurs feuilles alternes, leur ovaire infère, leurs étamines extrorses; mais les Cucurbitacées s'en éloignent par leurs fleurs diclines, dipérianthées, à préfloraison imbriquée, par la forme et le nombre des étamines, le mode de placentation, l'absence d'albumen, etc. — On peut avec plus d'apparence de raison les placer près des *Népenthées* et des *Cytinées;* elles ont, comme les Cytinées, la fleur monopérianthée, isostémone, ou diplostémone, les anthères extrorses, l'ovaire infère, souvent 1-loculaire; mais les Cytinées sont parasites, aphylles et diclines. — Les Népenthées s'allient aux Aristolochiées, et surtout à la Tribu des *Bragantiées,* par leur périanthe simple, leurs anthères extrorses, leur ovaire tétragone, pluriloculaire, multiovulé, leurs stigmates rayonnants, leurs graines albuminées, etc., mais elles diffèrent complétement par la diclinie, l'ovaire libre, et surtout par la structure exceptionnelle des feuilles (voir cette Famille).

Les Aristolochiées naissent pour la plupart dans l'Amérique tropicale; elles sont plus rares dans les pays tempérés de l'hémisphère Nord et dans l'Asie tropicale, et un peu plus fréquentes dans la région méditerranéenne. On n'en a pas encore rencontré au-delà du Capricorne.

La plupart des *Aristoloches* contiennent dans leur racine une huile volatile, une résine amère et une substance extractive, âcre, auxquelles de tout temps et dans tous les pays on a attribué la propriété de stimuler l'action des organes glanduleux, et les fonctions de la peau. D'autres Espèces, chez lesquelles domine le principe résineux amer, ont été, dès la plus haute antiquité, administrées par les médecins comme anti-hystériques, emménagogues, et propres à hâter l'écoulement des lochies : de là le nom qu'on leur a donné. Aujourd'hui les Espèces les plus usitées sont l'*Aristoloche Serpentaire* et l'*Aristoloche officinale*, désignées dans l'Amérique septentrionale sous les noms de *Serpentaire de Virginie*, *Vipérine*, *Colubrine*, etc., et préconisées surtout contre la morsure du Crotale. Ce n'est qu'au dix-septième siècle que les médecins européens ont connu leurs propriétés, et les ont employées, à l'exclusion des *Aristoloches* indigènes. Leurs congénères des Antilles, du Pérou, du Brésil, de l'Inde, sont également vantées comme alexipharmaques. On emploie au Mexique la décoction de l'*Aristoloche fétide* pour laver les ulcères. — Les *Aristoloches* d'Europe et de la région méditerranéenne, auxquelles on préfère aujourd'hui les Espèces exotiques, sont : *l'A. ronde, l'A. longue, l'A. pâle, l'A. crénelée,* qui croissent dans le midi de l'Europe; l'*A. des Maures*, qui habite la Syrie, et l'*A. clématite*, dispersée dans toute la France. Ces espèces ne sont plus usitées aujourd'hui. — L'*Asaret* ou *Cabaret* (*Asarum europæum*) est une Plante très-basse, croissant en Europe dans les lieux frais et ombragés; ses racines sont amères, nauséeuses et d'une odeur très-forte; on les employait autrefois comme émétiques; depuis la découverte de l'*Ipécacuanha*, elles sont tombées en désuétude. Les feuilles réduites en poudre fournissent un très-bon sternutatoire. L'*Asarum arifolium* sert aux mêmes usages en Amérique. L'*A. Canadense* y est aussi usité fréquemment comme emménagogue; cette Plante, qui a l'odeur du Gingembre, est employée pour aromatiser les vins et assaisonner les aliments.

# RAFFLÉSIACÉES, *RAFFLESIACEÆ*, *R. Brown.*

## (RAFFLESIÆ, HYDNOREÆ, CYTINEÆ, APODANTHEÆ.)

Plantes parasites sur les racines ou quelquefois sur les rameaux des Végétaux dicotylédonés. — Périanthe monophylle, régulier. — Corolle nulle, ou rarement 4-pétale (*Apodanthées*). — Anthères ∞, 1-sériées, ou rarement 2-3-sériées (*Apodanthées*). — Ovaire 1-loculaire, à plusieurs placentaires multi-ovulés. *Ovules* orthotropes, quelquefois sub-anatropes. — Fruit indéhiscent, multi-séminé. — Embryon indivis, albuminé, ou exalbuminé.

### Tribu I. — RAFFLÉSIÉES, *RAFFLESIEÆ*.

Fleurs ☿, ou dioïques. Périanthe 5-10-fide, à estivation imbriquée (*Rafflesia, Sapria*), ou valvaire (*Brugmansia*). Anthères 1-sériées, adnées sous le sommet dilaté d'une colonne staminale ou synéma, et s'ouvrant par un pore unique, ou double. — Ovaire à placentaires confluents, ou distincts, multi-ovulés. Péricarpe demi-adhérent, ou libre, charnu. Graines recourbées, à funicule dilaté au sommet. Embryon albuminé, axile, plus court que l'albumen. — Plantes parasites sur les racines des *Vignes* et des *Cissus.* Fleur sub-sessile, à bractées imbriquées.

GENRES.

Rafflésia, *Rafflesia.* | Sapria, *Sapria.* | Brugmansia, *Brugmansia.*

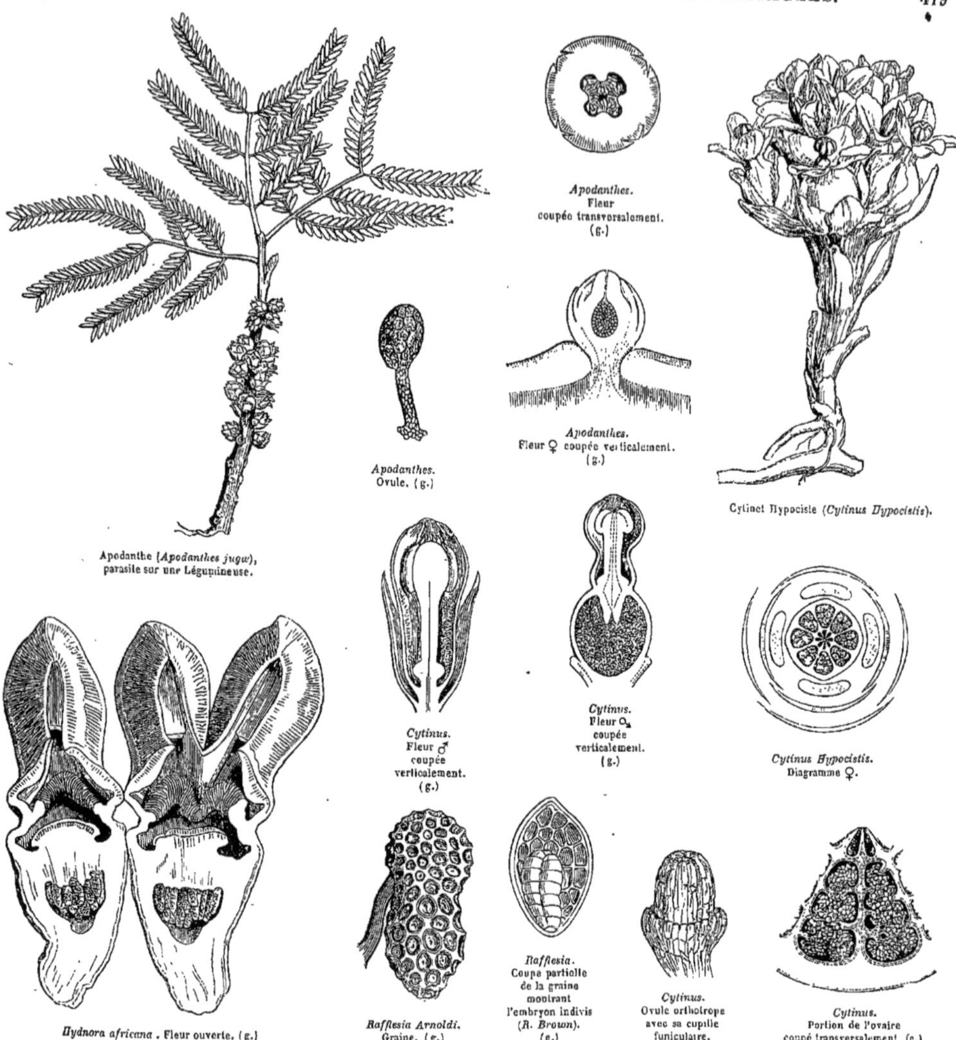

Apodanthes. Fleur coupée transversalement. (g.)

Cytinet Hypociste (*Cytinus Hypocistis*).

Apodanthes. Ovule. (g.)

Apodanthes. Fleur ♀ coupée verticalement. (g.)

Apodanthe (*Apodanthes jugæ*), parasite sur une Légumineuse.

Cytinus. Fleur ♂ coupée verticalement. (g.)

Cytinus. Fleur ♀ coupée verticalement. (g.)

*Cytinus Hypocistis*. Diagramme ♀.

*Hydnora africana*. Fleur ouverte. (g.)

*Rafflesia Arnoldi*. Graine. (g.)

*Rafflesia*. Coupe partielle de la graine montrant l'embryon indivis (*R. Brown*). (g.)

*Cytinus*. Ovule orthotrope avec sa cupule funiculaire.

*Cytinus*. Portion de l'ovaire coupé transversalement (g.)

## Tribu II. — HYDNORÉES, *HYDNOREÆ*.

Fleur ⚥. Périanthe 3-fide, à estivation valvaire. Étamines insérées sur le tube du périanthe. Anthères nombreuses, s'ouvrant longitudinalement, soudées en anneau trilobé, dont chaque lobe est opposé aux lanières du périanthe. Ovaire infère. Stigmate sessile, déprimé, à 3 lobes formés de lamelles apposées, distinctes jusqu'à la cavité de l'ovaire, où ils deviennent placentifères. Placentaires pendants au sommet de l'ovaire, sub-cylindriques, ou rameux, couverts partout d'ovules très-nombreux, orthotropes. Fruit charnu. Embryon globuleux dans l'axe d'un albumen cartilagineux. — Plantes parasites sur les rhizômes des *Euphorbes* de l'Afrique australe.

GENRE UNIQUE.

Hydnora, *Hydnora*.

### TRIBU III. — CYTINÉES, *CYTINEÆ.*

Fleurs diclines. Périanthe 4-8-fide, à estivation imbriquée. ♂ : Étamines en nombre double de celui des lobes calycinaux, réunies en un seul corps. Anthères 1-sériées au sommet du synéma, à 2 loges apposées-parallèles, s'ouvrant longitudinalement. ♀ : Ovaire infère, à 8-16 loges dans le haut, mais 1-loculaire dans le bas, à placentaires pariétaux distincts, rapprochés par paires, lobés. Style unique. Stigmate à lobes rayonnants. Fruit baccien, ou sub-coriace, pulpeux intérieurement. Embryon exalbuminé, indivis, homogène. — Plantes parasites sur les *Cistes* de la région méditerranéenne, et sur les racines d'autres Plantes, dans l'Amérique et dans l'Afrique australe.

GENRE UNIQUE.

Cytinet, *Cytinus.*

### TRIBU IV. — APODANTHÉES, *APODANTHEÆ.*

Fleurs dioïques. Calyce 4-fide, ou 4-partit, à estivation imbriquée et persistant. Corolle à 4-pétales tombants. ♂ : Anthères situées au-dessous du sommet dilaté de la colonne staminale, 2-3-sériées, sessiles, 1-loculaires. Ovaire adhérent, multi-ovulé. Ovules orthotropes épars dans toute la cavité. Stigmate capité. Fruit baccien, infère. Embryon exalbuminé, indivis, homogène. — Plantes parasites sur la tige et les rameaux des Plantes dicotylédones, jamais sur les racines.

GENRES.

Apodanthe, *Apodanthes.* | Pilostyle, *Pilostyles.*

Les Genres *Rafflesia* et *Brugmansia* appartiennent à l'Archipel indien. Le *Sapria* habite les forêts ombragées de l'Himalaya. Les *Hydnora* croissent dans l'Afrique et dans l'Amérique australe. Les *Cytinus* habitent principalement l'Afrique australe et l'Amérique équatoriale; une Espèce (*C. Hypocistis*) appartient à la région méditerranéenne. Les *Apodanthes* et les *Pilostyles* vivent en Amérique sur les tiges et les rameaux de plusieurs *Légumineuses* (*Adesmia*, *Bauhinia*, *Calliandra*). Quelques Espèces sont remarquables par les dimensions gigantesques de leur fleur; celle du *Rafflesia Arnoldi* naît immédiatement sur les racines du *Cissus angustifolia;* elle s'épanouit au niveau de la terre, et présente près d'un mètre de diamètre. Le périanthe est 5-fide, étalé, et la gorge porte une couronne annulaire; sa couleur rosée et l'odeur de viande qu'elle exhale y attirent les mouches, qui deviennent ainsi les auxiliaires de la fécondation.

Les *Cytinus* contiennent, outre de l'acide gallique et du tannin, deux principes colorants et une matière analogue à l'*ulmine.* On retire de l'herbe et du fruit un extrait nommé *suc d'Hypocistis*, noirâtre, acidule, d'une saveur astringente-austère, déjà connu des anciens, et employé encore aujourd'hui dans le midi de l'Europe contre le flux de sang et les dysentéries. — Les bourgeons du *Rafflesia Patma* sont employés à Java contre les hémorrhagies utérines. — Le *Brugmansia* possède aussi des propriétés énergiquement styptiques.

# BALANOPHORÉES, *BALANOPHOREÆ*, *L.-Cl. Richard.*

HERBES *parasites, charnues, aphylles, monoïques, ou dioïques.* HAMPES *nues, ou écailleuses.* FLEURS *en capitule.* PÉRIANTHE *ordinairement 3-lobé.* ÉTAMINES 3 (*rarement plus ou moins*) *insérées sur le périanthe.* OVAIRE *infère, 1-loculaire;* OVULE *pendant, orthotrope.* ALBUMEN *charnu.* EMBRYON *indivis.*

HERBES charnues, à rhizome hypogé, sub-globuleux, ou rameux et rampant, parasites sur les racines des autres Végétaux. — HAMPES simples, ou rameuses, tantôt toutes chargées de fleurs, tantôt stériles à la base, nues, ou munies d'écailles remplaçant les feuilles, et souvent garnies à leur base de bractées, ou d'un anneau, ou d'un volva. — FLEURS monoïques, ou dioïques, rarement polygames (*Cynomorium*), sessiles, ou sub-sessiles, réunies en capitule globuleux, ou oblong, ou cylindrique; les ♂ et les ♀, tantôt séparées dans des inflorescences différentes, tantôt réunies dans une même inflorescence, souvent entremêlées d'écailles peltées et de rudiments de fleurs avortées. — PÉRIANTHE simple, 3-6-phylle, ou 3-lobé, ou tubuleux, ou campanulé, ou 2-labié, à préfloraison valvaire, ou induplicative. — FLEURS ♂ : Étamines ordinairement 3, rarement plus, quelquefois 1 (*Cynomorium*), opposées aux sépales, insérées à leur base quand ils sont libres, et alors distinctes, ou sur leur tube quand ils sont cohérents, et alors soudées en cylindre. *Anthères* 1-2-loculaires, tantôt introrses, tantôt extrorses, à déhiscence longitudinale, ou apicale. — FLEURS ♀ : OVAIRE infère, 1-loculaire (rarement 1-2-loculaire (*Helosis*). *Ovules* solitaires, pendants au sommet de la loge, et orthotropes. *Style* filiforme. *Stigmate* terminal, quelquefois sessile. — Fruit sec, coriace. — Graine inverse, à *testa* crustacé. *Albumen* charnu. — Embryon minime, globuleux, indivis, voisin ou éloigné du hile.

GENRES PRINCIPAUX.

| | | | | | |
|---|---|---|---|---|---|
| Cynomorium, | *Cynomorium.* | Balanophora, | *Balanophora.* | Scybalium, | *Scybalium.* |
| Sarcophyte, | *Sarcophyte.* | Lophophytum, | *Lophophytum.* | Corynæa, | *Corynæa.* |
| Langsdorfia, | *Langsdorfia.* | Ombrophytum, | *Ombrophytum.* | Helosis, | *Helosis.* |

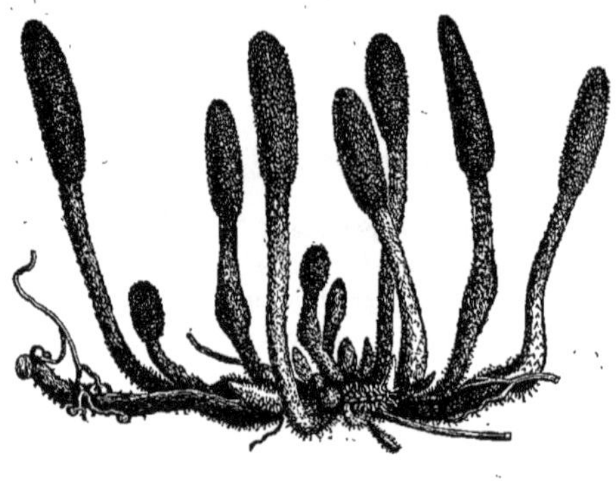

Cynomorium rouge (*Cynomorium coccineum*). Individu greffé sur les extrémités épatées d'une racine de *Salsola*. (Sixième de grandeur naturelle).

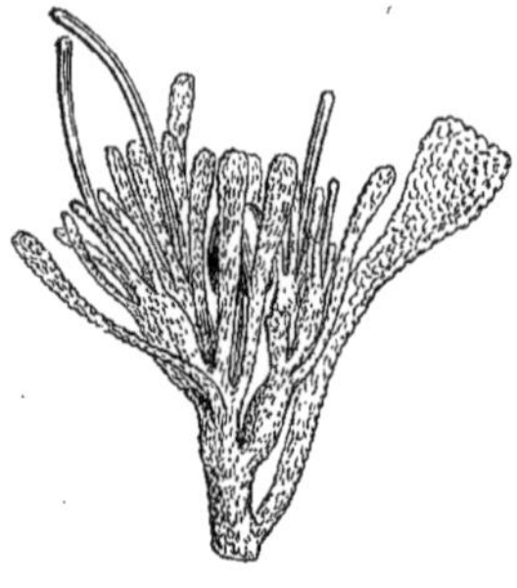

*Cynomorium coccineum.* Inflorescence ♀ et ♂ entourée de bractéoles. (g.)

*Cynomorium.* Fleur ♂ à périanthe 5-phylle, ouvert, montrant un style avorté. (g.)

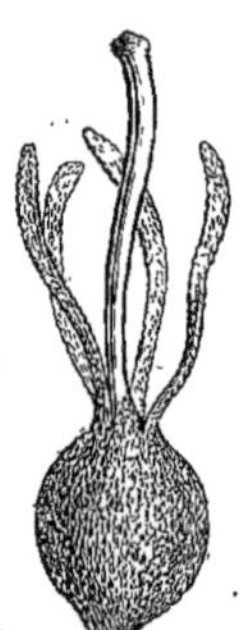

*Cynomorium.* Fleur ♀ presque mûre à périanthe 4-phylle. (g.)

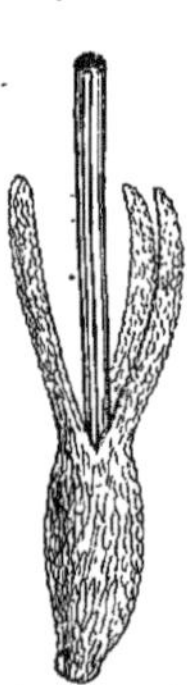

*Cynomorium.* Fleur ♀ à périanthe 3-phylle. (g.)

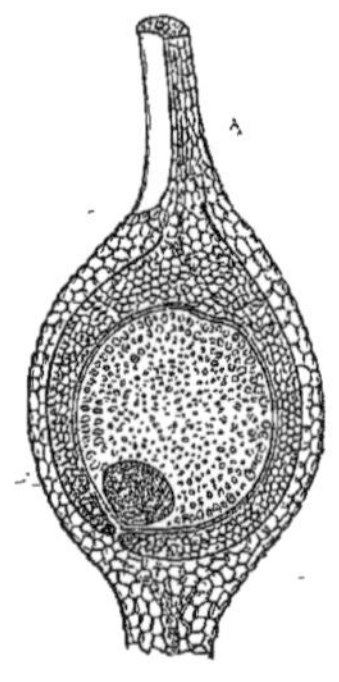

*Cynomorium.* Fruit coupé longitudinalement, montrant l'embryon à la base de l'albumen, le micropyle infère, et la chalaze à l'extrémité opposée.

Le parasitisme des *Balanophorées*, la structure anatomique de leur tissu, composé de cellules parcourues par des vaisseaux rayés ou scalariformes, la nature de leurs graines, les rapprochent des *Cytinées* et des *Rafflésiacées;* mais elles s'en éloignent par leur port, leur inflorescence et la composition de leur ovaire. Elles ont aussi quelque analogie avec les *Gunnéracées* par la diclinie, l'apétalie, l'inflorescence, l'oligandrie, l'ovaire infère, 1-loculaire, 1-ovulé, l'ovule pendant, la graine albuminée, l'embryon indivis, la propriété astringente. Elles en diffèrent par le parasitisme, l'absence de feuilles, etc.

Elles habitent principalement la région intertropicale des deux Continents, mais elles n'abondent nulle part : une seule Espèce (*Cynomorium coccineum*), dont nous avons emprunté l'analyse au beau mémoire de M. H. A. Weddell, naît sur les Plantes du littoral de la région méditerranéenne; quelques-unes vivent dans l'Afrique australe.

Les propriétés des Balanophorées sont plus ou moins astringentes. Le *Cynomorium coccineum*, vulgairement nommé *Champignon de Malte*, a une saveur astringente et légèrement acide. Son suc rougeâtre était préconisé autrefois comme un styptique souverain pour arrêter les hémorrhagies et les diarrhées. — L'*Helosis* jouit à la Jamaïque d'une réputation semblable. — Le *Sarcophyte*, Espèce du Cap, exhale une odeur fétide. Il en est de même de plusieurs autres Espèces. — L'*Ombrophyte*, qui se développe au Pérou, après la pluie, avec une prodigieuse rapidité, est nommé par les habitants *Maïs de montagne;* ils font cuire sa hampe, et la mangent en guise de champignons.

# NÉPENTHÉES, *NEPENTHEÆ*.

(NEPENTHINÆ, *Link*. — NEPENTHEÆ, *Blume*. — NEPENTHACEÆ, *Lindley*.)

Fleurs *dioïques*. Périanthe *simple*. Étamines *soudées en colonne anthérifère supérieurement*. Ovaire *pluri-loculaire, multi-ovulé*. Capsule *à valves loculicides médio-septifères*, Graines *scobiformes, multi-sériées sur les 2 faces des cloisons*. Albumen *charnu*. Embryon *dicotylédoné, droit, axile*. — Feuilles *terminées par une ascidie operculée.*

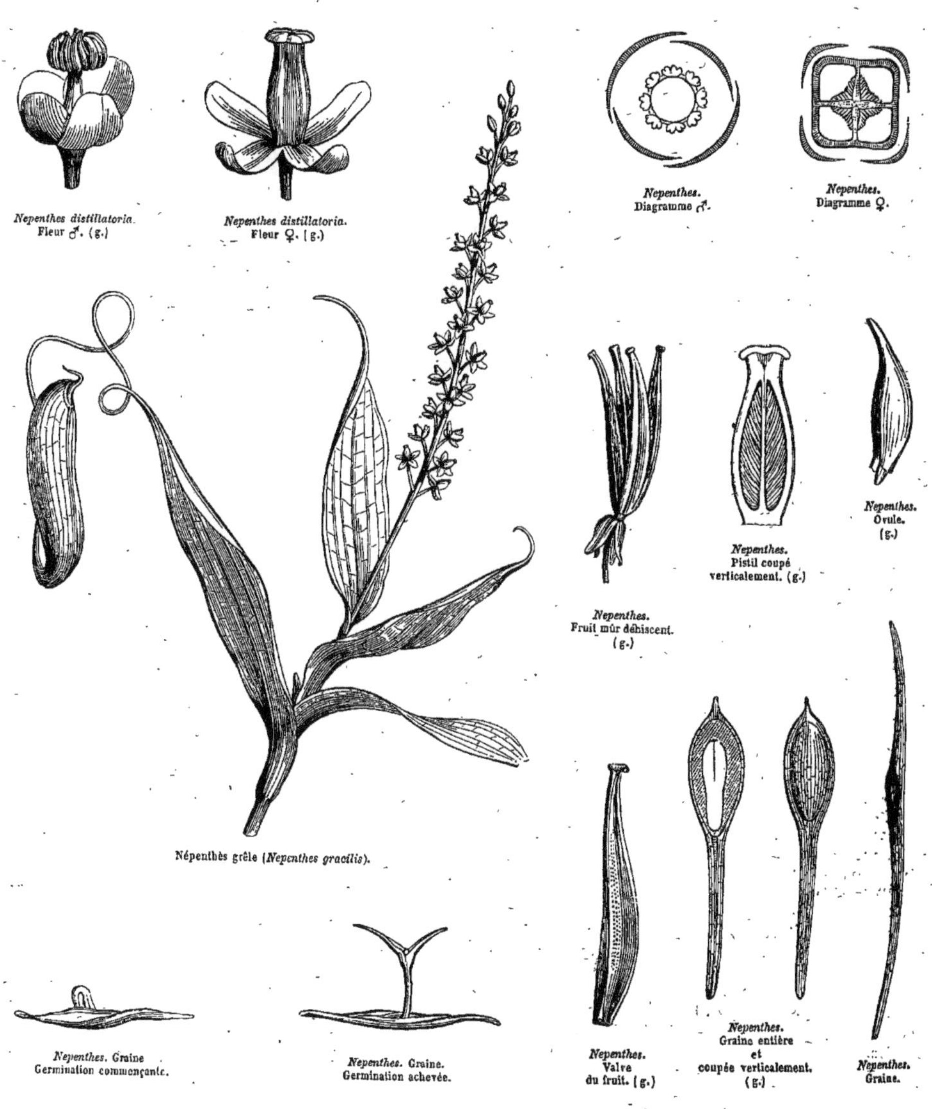

*Nepenthes distillatoria.* Fleur ♂. (g.)

*Nepenthes distillatoria.* Fleur ♀. (g.)

*Nepenthes.* Diagramme ♂.

*Nepenthes.* Diagramme ♀.

*Nepenthes.* Fruit mûr déhiscent. (g.)

*Nepenthes.* Pistil coupé verticalement. (g.)

*Nepenthes.* Ovule. (g.)

Népenthès grêle (*Nepenthes gracilis*).

*Nepenthes.* Graine. Germination commençante.

*Nepenthes.* Graine. Germination achevée.

*Nepenthes.* Valve du fruit. (g.)

*Nepenthes.* Graine entière et coupée verticalement. (g.)

*Nepenthes.* Graine.

Plantes sous-frutescentes à tige couchée, ou sarmenteuse; bois dépourvu de zones concentriques; faisceaux nombreux de trachées dispersés à travers la moelle et le liber et entourant le corps ligneux. — Feuilles alternes; *pétiole* ailé à la base, prolongé au sommet par sa nervure médiane qui se recourbe, se contourne quelquefois en spirale, et se termine par une nouvelle expansion foliacée, creusée en urne (*ascidie*), à l'ouverture de laquelle s'adapte une sorte de couvercle attaché comme par une charnière, et susceptible d'abaissement et d'élévation, de sorte que l'urne se trouve tantôt fermée, tantôt ouverte : on la trouve souvent pleine d'un liquide aqueux, qui paraît sécrété dans son intérieur. — Fleurs dioïques nombreuses, disposées en grappe, ou en panicule sub-terminale, devenant latérale par l'accroissement de la tige. — Fleurs ♂ : *Périanthe* simple (calyce), 4-partit, à lobes sub-ovales, hérissés extérieurement, creusés de fossettes intérieurement, imbriqués dans l'estivation, les 2 extérieurs un peu plus grands. — Étamines soudées en colonne centrale pleine; *anthères* environ 16, extrorses, réunies en tête sphérique, à 2 loges apposées et contiguës, à déhiscence longitudinale. — Fleurs ♀ : *Périanthe* semblable à celui des fleurs ♂. *Pistil* libre, tétragone, composé de 4 carpelles opposés aux lobes du périanthe, soudés valvairement en un ovaire 4-loculaire; ovules nombreux insérés sur les cloisons, multi-sériés, ascendants, anatropes. *Stigmate* sessile, discoïde, obscurément quadrilobé, à lobes répondant aux cloisons. — Capsule coriace, oblongue, tronquée, couronnée par le stigmate, 4-loculaire, à 4 valves médio-septifères. — Graines allongées-fusiformes, imbriquées, recouvertes d'un tégument membraneux, lâche, longuement tubuleux. *Hile* situé latéralement près de la base : *raphé* filiforme, libre sous le tégument dans sa moitié inférieure se soudant à lui au-dessus du milieu, et se terminant en *chalaze* qui soutient une amande globuleuse. *Albumen* charnu. — Embryon droit, axile, sub-cylindrique, ou fusiforme. *Cotylédons* linéaires, plano-convexes. *Radicule* courte, infère.

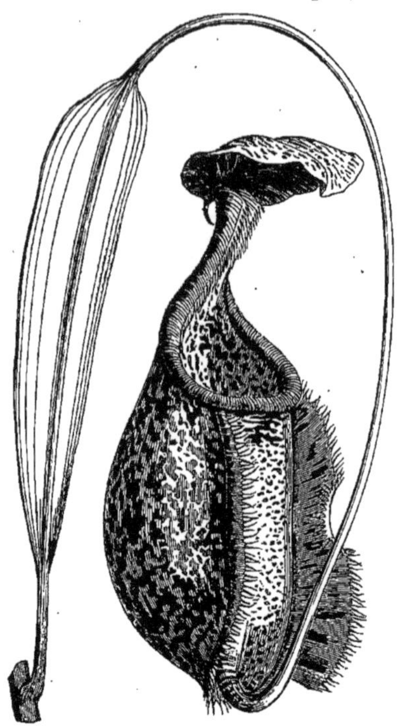

*Nepenthes.*
Feuille à pétiole ailé et terminé par une ascidie operculée.

GENRE UNIQUE.

Népenthès, *Nepenthes.*

Les *Népenthées*, liées par quelques affinités aux *Aristolochiées* (voir cette Famille), s'en éloignent par la diclinie, la monadelphie, l'ovaire libre, la capsule loculicide, et surtout par les pétioles dilatés en urne. — Elles offrent aussi plus d'une analogie avec les *Droséracées*, les *Parnassiées;* enfin leurs feuilles rappellent celles du *Sarracenia* (voir ces Familles).

Les Népenthées sont des Plantes indigènes de l'Asie tropicale et de Madagascar; elles habitent les lieux marécageux; leurs graines, soutenues par un tégument celluleux lâche, flottent d'abord à la surface de l'eau, s'imbibent peu à peu, et descendent au fond pour y germer.

## CUCURBITACÉES, *CUCURBITACEÆ*, *Jussieu.*

Fleurs *monoïques, ou dioïques, ou polygames.* Corolle *pentamère, imbriquée.* Étamines 5, *ou* 3, *dont* 1 *ordinairement* 1*-loculaire.* Ovaire *infère, uni-pluri-loculaire, uni-multi-ovulé.* Fruit *baccien.* Graines *exalbuminées.* Embryon *dicotylédoné, droit.* — Tige *munie de vrilles.* Feuilles *alternes.*

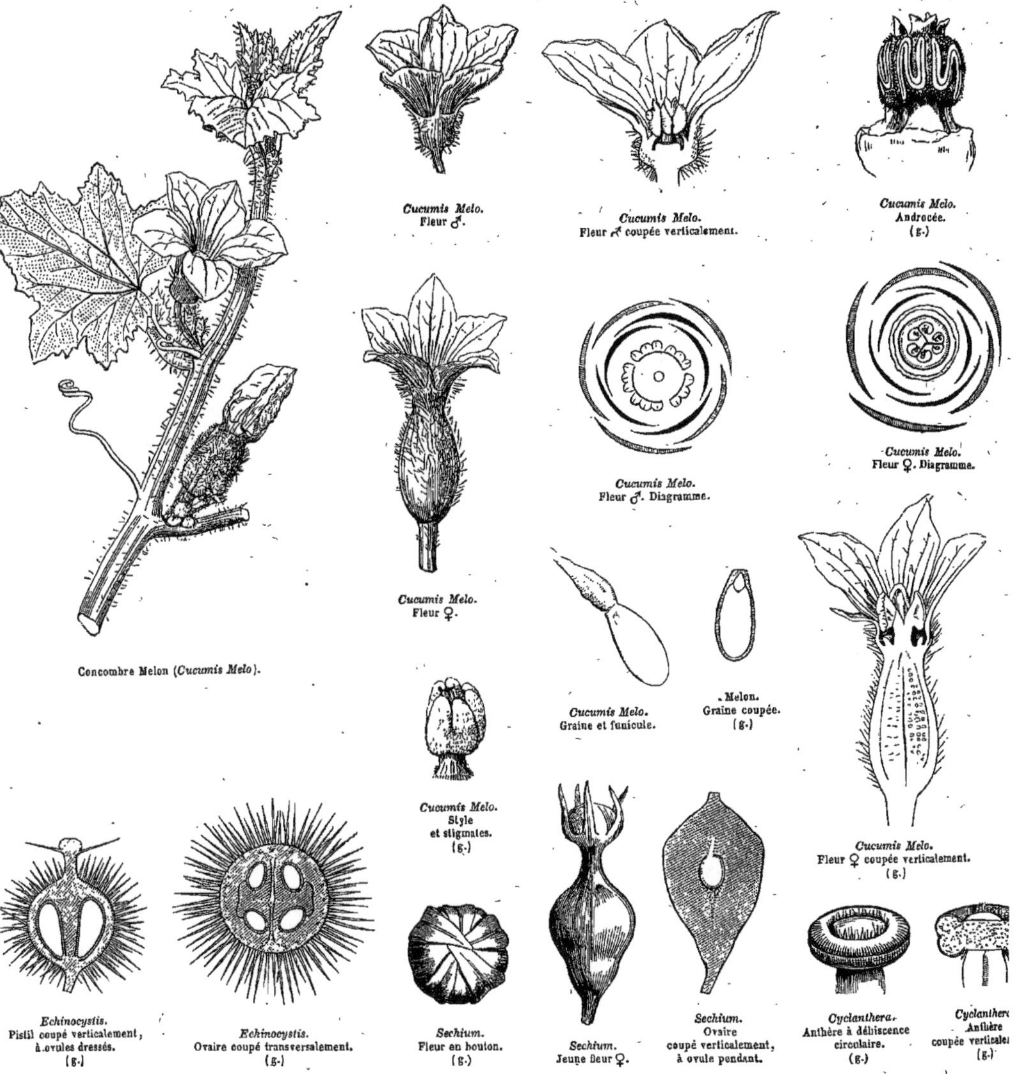

Concombre Melon (*Cucumis Melo*).

*Cucumis Melo.* Fleur ♂.

*Cucumis Melo.* Fleur ♂ coupée verticalement.

*Cucumis Melo.* Androcée. (g.)

*Cucumis Melo.* Fleur ♀.

*Cucumis Melo.* Fleur ♂. Diagramme.

*Cucumis Melo.* Fleur ♀. Diagramme.

*Cucumis Melo.* Graine et funicule.

Melon. Graine coupée. (g.)

*Cucumis Melo.* Style et stigmates. (g.)

*Cucumis Melo.* Fleur ♀ coupée verticalement. (g.)

*Echinocystis.* Pistil coupé verticalement, à ovules dressés. (g.)

*Echinocystis.* Ovaire coupé transversalement. (g.)

*Sechium.* Fleur en bouton. (g.)

*Sechium.* Jeune fleur ♀.

*Sechium.* Ovaire coupé verticalement, à ovule pendant.

*Cyclanthera.* Anthère à déhiscence circulaire. (g.)

*Cyclanthera.* Anthère coupée verticalement. (g.)

Herbes annuelles, ou vivaces, ou sous-arbrisseaux, à racines fibreuses, ou souvent tubéreuses. — Tiges cylindriques, ou anguleuses, aqueuses, grimpantes. — Feuilles alternes, pétiolées, palminerviées, souvent palmi-lobées, ordinairement cordiformes. *Vrilles* simples, ou rameuses, naissant isolément au niveau des feuilles. — Fleurs monoïques, ou dioïques, très-rarement ☿, axillaires, solitaires, ou en fascicules, ou en grappes, ou en panicule, de couleur blanche, ou jaune, rarement rouge. — Calyce ordinairement campanulé, à limbe 5-denté, ou 5-lobé, imbriqué dans l'estivation. — Corolle monopétale rotacée, ou campanulée 5-lobée, quelquefois un peu irrégulière (*Thladiantha*), à lobes entiers, ou frangés, imbriqués dans l'estivation, insérés sur le limbe calycinal, et alternes avec ses divisions, distincts, ou plus souvent cohérents, et alors adnés au calyce et comme continus avec son limbe. — Androcée inséré au fond de la corolle, ou à la base du calyce, composé de 2 anthères et demie, ou de 5 normales. *Filets* bi-loculaires, courts, épais, libres, ou monadelphes, quelquefois prolongés au-delà de l'anthère en connectif plus ou moins développé. *Anthères* extrorses, à loges ordinairement sinueuses, adnées au connectif, rarement droites, ou arquées, et s'ouvrant longitudinalement ou circulairement. — OVAIRE infère, généralement composé de 3-5 carpelles (rarement 1), cohérents, à placentaires pariétaux se réfléchissant vers la circonférence. *Ovules* solitaires, ou nombreux, pluri-sériés, pendants, ou dressés, ou horizontaux, anatropes. *Style* terminal, court, trifide, ou tripartit. *Stigmates* épais, lamelleux, lobés, ou frangés. — BAIE (*péponide*) charnue (ou rarement sèche), généralement indéhiscente, quelquefois s'ouvrant élastiquement à sa base par la séparation du pédoncule (*Ecbalium*), ou au sommet par le soulèvement d'un opercule (*Luffa*), ou par rupture irrégulière (*Momordica*), quelquefois déhiscente en 3 valves, ou en pyxide (*Actinostemma*). — GRAINES nombreuses, horizontales, ou dressées au fond de la loge (*Echinocystis, Abobra*), rarement une seule pendante (*Sicyos, Sechium*), généralement comprimées, sessiles, ou courtement funiculées; *testa* membraneux, ou crustacé, ou corné, souvent ceint d'un rebord épais, rarement linéaire et samaroïde. *Albumen* nul. — EMBRYON droit. *Cotylédons* foliacés, veinés. *Radicule* courte, atteignant le hile, centrifuge. *Gemmule* à 2 feuilles distinctes.

## GENRES PRINCIPAUX.

Androcée composé de 2 anthères 1/2, à loges flexueuses, ou droites. Ovaire à 3 placentaires. Graines horizontales. — **Cucurbita*, **Citrullus*, *Peponopsis*, **Cucumis*, *Ecbalium*, *Prasopepon*, *Bryonia*, *Bryonopsis*, *Thladiantha*, *Scotanthus*, *Sicydium*, *Calycophysum*, *Telfairia*, *Mukia*, **Benincasa*, **Luffa*, **Lagenaria*, **Trichosanthes*, *Hodgsonia*, **Momordica*, etc.

Une anthère peltée à loge s'ouvrant circulairement et horizontalement; un placentaire multi-ovulé. — *Cyclanthera*.

Cinq étamines. Un placentaire. Graines pendantes. — *Actinostemma*.

Ovaire 1-loculaire. Graine unique, pendante. — *Sicyos*, *Sicyosperma*, **Sechium*.

Ovaire 1-2-3-loculaire. Graines dressées. — *Echinocystis*, *Abobra*, *Cayaponia*, *Trianosperma*, *Perianthopodus*.

Les vrilles des Cucurbitacées ont été longtemps considérées par beaucoup de Botanistes comme une stipule impaire, mais selon toute probabilité, d'après les observations de M. Naudin, elles représentent, par leur partie supérieure, la nervure médiane ou les nervures principales d'un limbe de feuilles, et par leur base une production de l'axe, c'est-à-dire un rameau qui avorte près du point où il s'est dégagé de la tige, et se fond dans le pétiole de la feuille émanée de lui.

Les *Cucurbitacées* se rattachent, par des affinités plus ou moins étroites, aux *Gronoviées*, *Passiflorées*, *Loasées*, *Bégoniacées*, *Papayacées*, etc. — Les *Gronoviées* n'en diffèrent que par leurs fleurs ☿, leurs anthères didymes, leur ovaire 1-ovulé, et leur fruit nucamentacé. — Nous avons indiqué les affinités existant avec les *Loasées* et les *Passiflorées* (voir ces Familles). — Les Cucurbitacées se rapprochent aussi un peu des *Bégoniacées* par les feuilles palminerviées, la diclinie, les anthères extrorses et l'ovaire infère; mais celles-ci s'en éloignent par la polyandrie, la capsule loculicide, les graines très-petites, la tige sans vrilles et les feuilles nettement stipulées. — Il y a encore quelque analogie entre les Cucurbitacées et les *Papayacées* en raison de la diclinie, du fruit baccien et des feuilles palmi-nerviées; mais chez les Papayacées la fleur est diplostémone, la corolle est valvaire, hypogyne, les anthères introrses, la graine albuminée, etc. — Enfin, les Cucurbitacées ont, comme les *Aristoloches*, l'ovaire infère, les anthères extrorses, la tige grimpante, les feuilles alternes et les fleurs axillaires, mais la ressemblance ne va pas plus loin.

Les Cucurbitacées se rencontrent dans les régions tropicales et sub-tropicales des deux mondes; elles sont complétement bannies des pays froids, et rares dans les pays tempérés. Toutefois, plusieurs Espèces tropicales peuvent y être cultivées à cause de la brièveté de leur vie, dont toutes les phases peuvent s'accomplir dans un été.

On pourrait penser, en comparant le *Melon* et la *Coloquinte*, que les propriétés des Espèces de cette Famille sont très-différentes; cependant ces propriétés sont identiques dans la plupart, et ne varient que par leur intensité, graduée selon la nature et le développement des organes et la présence de certains principes accessoires, dont le principal est le sucre. Beaucoup d'Espèces, en effet, doivent à des substances amères, extractives et sub-résineuses, cristallisables ou incristallisables, une vertu drastique et émétique, violente chez les unes, faible chez les autres, concentrée généralement dans la racine, quelquefois fixée dans les fruits pulpeux. La baie d'un grand nombre est amère dans sa partie corticale, tandis que la partie centrale est savoureuse par le sucre, le mucilage, les sels, les acides libres, et les principes aromatiques qu'elle contient; en outre, la qualité varie selon l'âge et la maturité plus ou moins complète. Les graines sont huileuses et rarement amères. — Les *Bryones* (*Bryonia alba* et *dioica*) ont une racine vigoureuse, renfermant un suc laiteux-âcre, amer, d'odeur nauséeuse, et fortement drastique; même à l'extérieur, appliquée fraîche sur l'abdomen, elle est purgative. Les *Bryones* exotiques ont la même propriété; la racine du *Bryonia abyssinica*, riche en fécule comme toutes ses congénères, sert d'aliment en Abyssinie, après avoir été soumise à la cuisson. — La *Coloquinte* (*Citrullus Colocynthis*) est une Plante d'Orient, dont les fruits possèdent une amertume supérieure à celle de toutes les autres Espèces; leur pulpe spongieuse, d'odeur fade et nauséeuse, contient une huile fixe, une résine et une substance extractive, auxquelles sont dues des propriétés drastiques qui étaient connues des Anciens. — L'*Ecbalie élastique* (*Ecbalium agreste*), vulgairement nommée *Concombre sauvage*, Plante commune dans les décombres de toute la région méditerranéenne, et renommée jadis pour son amertume et ses propriétés purgatives, est aujourd'hui tombée dans l'oubli. — Le fruit des *Luffa* est comestible dans l'Inde et en Arabie avant sa maturité, mais, quand il est mûr, il devient un violent purgatif. Il en est de même de celui du *Trichosanthes anguina*, qui croît en Chine et dans l'Inde, et des *Momordica* de l'Amérique. — La baie des *Momordica Balsamina*, infusée dans de l'huile d'olives, jouit, chez les habitants de l'Asie tropicale, d'une grande renommée comme vulnéraire. — Les feuilles du *Papareh* de l'Inde (*Momordica Charantia*) possèdent les mêmes propriétés.

Parmi les Cucurbitacées comestibles, nous devons placer en première ligne la *Courge musquée* (*Cucurbita moschata*), le *Pâtisson* (*C. Pepo*, var.), la *Citrouille* (*C. Pepo*), le *Potiron* (*C. maxima*), la *Gourde* (*Lagenaria vulgaris*), le *Concombre* (*Cucumis sativus*), le *Pastèque* (*Citrullus vulgaris*), le *Melon* (*Cucumis Melo*), Espèces asiatiques, ou africaines, propagées en Europe dès la plus haute antiquité. Toutes ces Plantes fournissent à l'horticulture de nombreuses variétés, à écorce réticulée, ou lisse, à côtes tuberculeuses, à chair blanche, ou jaune, ou rouge, etc. Le *Pastèque* ou *Melon d'eau* offre aux habitants des pays chauds un aliment rafraîchissant. — Le suc du *Concombre*, associé à de la graisse de veau, est généralement employé comme cosmétique; le fruit d'une de ses variétés, cueilli avant la maturité et confit au vinaigre, donne un condiment connu sous le nom de *cornichon*. — Le *Dudaïm* (*Cucumis Dudaim*) est cultivé en Turquie, à cause de son fruit, doué d'une odeur délicieuse, mais dont la pulpe est insipide. Les graines de ces diverses Espèces contiennent une huile fixe et du mucilage, qui les font employer en émulsion. les graines de *Concombre*, de *Melon*, de *Courge* et de *Citrouille* sont appelées en pharmacie les 4 *semences froides majeures*. — Le *Telfairia pedata*, arbrisseau spontané sur les rivages de l'Afrique austro-orientale, et cultivé dans les îles Mascareignes, est renommé à cause de l'huile fixe, alimentaire, abondamment contenue dans ses cotylédons. — Toutes les Cucurbitacées cultivées se font remarquer par le polymorphisme et la variété de leurs fruits. Le *Lagenaria* produit les petites gourdes des pèlerins, ou d'énormes calebasses. Le *Trichosantes colubrina*, de l'Amérique équatoriale, a des fruits grêles, cylindriques, variés de rouge, de jaune et de vert, enroulés à leur extrémité comme la queue d'un serpent, et atteignant 2 mètres de longueur. — Nous mentionnerons aussi les *Luffa*, dont le fruit, desséché et réduit à sa partie fibreuse, sert d'éponge ou de torchon aux Antilles

# BÉGONIACÉES, *BEGONIACEÆ*, *R. Brown.*

Fleurs *monoïques.* Étamines *nombreuses.* Anthères *extrorses.* Ovaire *infère, 3-loculaire, multi-ovulé.* Capsule *à 3 loges ailées sur le dos, à 3 valves loculicides.* Graines *nombreuses, peu ou point albuminées.* Embryon *dicotylédoné, droit, axile.*

Herbes à rhizôme charnu tubéreux, ou Sous-Arbrisseaux, ou Arbrisseaux, à suc aqueux-acidule. — Tige et rameaux alternes, cylindriques, articulés-noueux. — Feuilles alternes, quelquefois distiques, rarement sub-verticillées, pétiolées, simples, ordinairement palmi-nerviées, ou pelti-nerviées, ou penni-nerviées, ordinairement inéquilatérales, cordiformes à la base, denticulées, à dents souvent mucronées, rarement entières et linéaires-lancéolées, quelquefois diversement découpées, pliées en dedans des stipules avant l'épanouissement, garnies ordinairement de poils simples, rarement étoilés, épars sur la face supérieure et situés principalement sur les nervures à la face inférieure. *Stipules* libres, souvent caduques. — Fleurs monoïques, à pédoncules axillaires, ramifiés en cymes; les ♂ au centre, les ♀ à la circonférence, munies sous l'inflorescence de bractées membraneuses. — Fleurs ♂ : *Périanthe* pétaloïde à folioles 2-sériées, pouvant être considérées comme calyce et corolle; folioles externes 2, opposées, valvaires dans l'estivation; folioles internes ordinairement 2, pliées dans l'estivation, alternes avec les externes, quelquefois 3-7, quelquefois 0. — Étamines nombreuses, réunies au centre de la fleur. *Filets* distincts, ou diversement monadelphes, se continuant dans un connectif. *Anthères* extrorses, 2-loculaires, à loges adnées au connectif et séparées par lui, s'ouvrant par 2 fentes longitudinales, ou rarement par 2 pores terminaux. — Ovaire rudimentaire 0. — Fleurs ♀ : lobes du *périanthe* (sépales et pétales), presque semblables par la forme et la couleur; tantôt 2, valvaires dans l'estivation et opposés, tantôt 3 ou 4, dont 1-2 intérieurs et plus petits; tantôt 5, ou 6-8, à estivation imbriquée. — Ovaire infère, ordinairement divisé en loges correspondantes aux styles et ailées sur le dos, rarement presque 1-loculaire (*Mezierea*). *Placentaires* occupant l'angle interne des loges, épais, simples, ou bi-partits, rarement semi-pariétaux (*Mezierea*). *Ovules* très-nombreux, anatropes. *Styles* généralement 3, courts, épais, bifides, ou pluri-partits. *Stigmates* ordinairement disposés sur les branches stylaires en bandes flexueuses, ou spirales, réunies à la base externe. — Fruit capsulaire, ou rarement baccien (*Mezierea*). — Capsule 3-loculaire (rarement 1-2-4-5-loculaire), à valves loculicides portant sur leur milieu des cloisons membraneuses, séparées de l'axe séminifère, et cohérentes par leur base et par leur sommet. — Graines minimes, rarement funiculées, obovoïdes, ou globuleuses, ou ellipsoïdes, ou sub-cylindriques; *testa* réticulé-fovéolé, crustacé; *endoplèvre* sub-charnue. *Albumen* peu abondant, ou nul. — Embryon droit, axile. *Cotylédons* très-courts. *Radicule* allongée, touchant le hile, centripète.

GENRES PRINCIPAUX.

| | | | | | |
|---|---|---|---|---|---|
| Casparya, | *Casparya.* | *Bégonia, | *Begonia,* | Méziéréa, | *Mezierea.* |

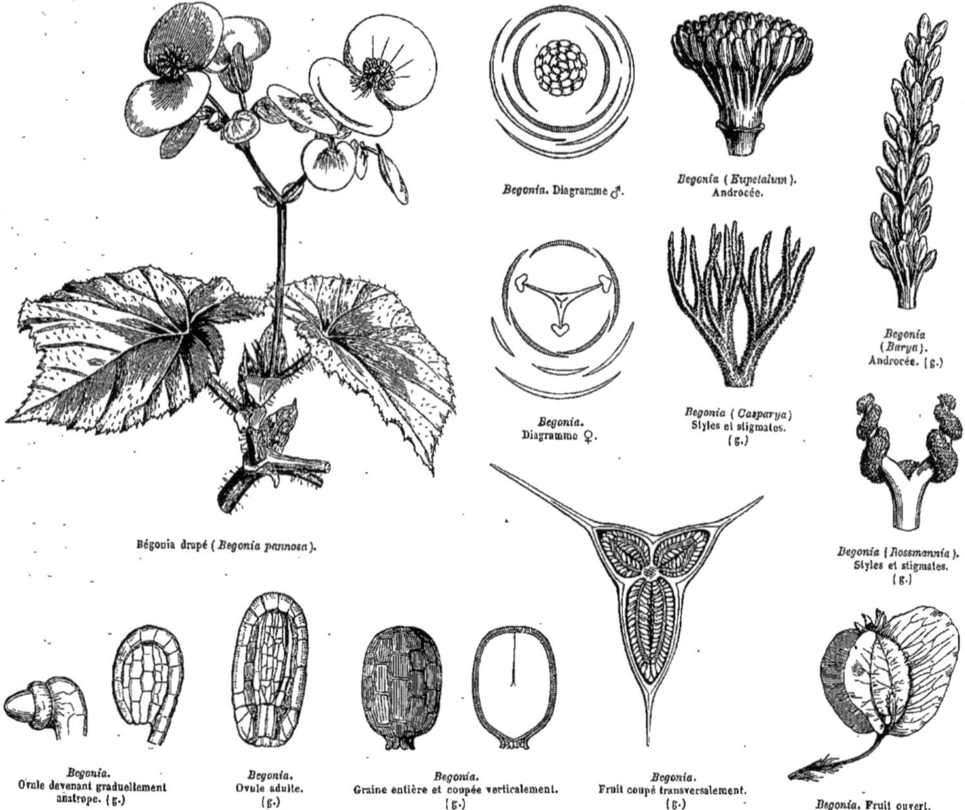

Bégonia drapé (*Begonia pannosa*).

*Begonia*. Diagramme ♂.

*Begonia* (*Eupetalum*). Androcée.

*Begonia* (*Barya*). Androcée. (g.)

*Begonia*. Diagramme ♀.

*Begonia* (*Casparya*) Styles et stigmates. (g.)

*Begonia* (*Rossmannia*). Styles et stigmates. (g.)

*Begonia*. Ovule devenant graduellement anatrope. (g.)

*Begonia*. Ovule adulte. (g.)

*Begonia*. Graine entière et coupée verticalement. (g.)

*Begonia*. Fruit coupé transversalement. (g.)

*Begonia*. Fruit ouvert.

Les affinités des *Bégoniacées* sont fort incertaines; aussi les a-t-on jusqu'ici ballottées partout sans pouvoir saisir leur véritable affinité. Parmi les Familles connues qui ont avec elles quelques rapports, nous nous contenterons de mentionner les *Cucurbitacées* et les *Datiscées*. Ces dernières ont, comme les Bégoniacées, des fleurs diclines, un androcée polyandre, à anthères extrorses et adnées, plusieurs styles, opposés aux sépales quand il y a isomérie, et garnis de papilles stigmatiques sur leur face interne, un ovaire infère (à placentation pariétale, du moins dans le Genre *Mezierea*), des ovules nombreux, anatropes, un fruit capsulaire, des graines sub-exalbuminées, un embryon droit, cylindrique, axile, à cotylédons très-courts; mais, chez les Datiscées, outre les différences de port, les feuilles sont ordinairement imparipennées, et manquent de stipules; les rameaux ne sont pas articulés-noueux; la capsule est toujours 1-loculaire, béante au sommet, etc.

Les Bégoniacées habitent presque exclusivement la région intertropicale; toutefois une Espèce du nord de la Chine, le *Begonia discolor*, résiste aux hivers de notre climat. Elles sont plus fréquentes en Amérique qu'en Asie, beaucoup plus rares en Afrique, et inconnues jusqu'à ce jour en Australie.

Les Bégoniacées contiennent de l'acide oxalique, qui leur donne des propriétés analogues à celles des *Oseilles* : aussi portent-elles ce nom aux Antilles; il s'y joint, chez quelques-unes, des substances astringentes et drastiques. Plusieurs Espèces américaines et asiatiques sont rangées parmi les médicaments rafraîchissants, antibilieux et antiscorbutiques. Les *Begonia malabarica* et *tuberosa* sont des Plantes alimentaires. — La racine amère des *B. tomentosa* et *grandiflora* est considérée chez les Péruviens comme un puissant astringent. — Quelques *Begonia* du Mexique ont une racine drastique, qui est réputée salutaire contre les maladies syphilitiques et scrofuleuses. — Un grand nombre de *Begonia* font aujourd'hui l'ornement de nos serres : tels sont, entre autres, les *B. incarnata*, *semperflorens*, *manicata*, *coccinea*, *Rex*, *fuchsioides*, *cinnabarina*, *heracleifolia*, *argyrostigma*, *zebrina*, *diversifolia*, etc. Le *B. discolor* est une Espèce de la Chine, dont les rameaux sont teintés de rouge au-dessus de chaque articulation, et dont les feuilles sont vertes en dessus et d'un rouge foncé en dessous; ses tubercules résistent aux hivers les plus rigoureux. — Nous avons signalé (page 6) l'énergie vitale des *Begonia*.

# DATISCÉES, *DATISCEÆ.*

## (DATISCEÆ, *Presl.* — DATISCACEÆ, *Lindley.*)

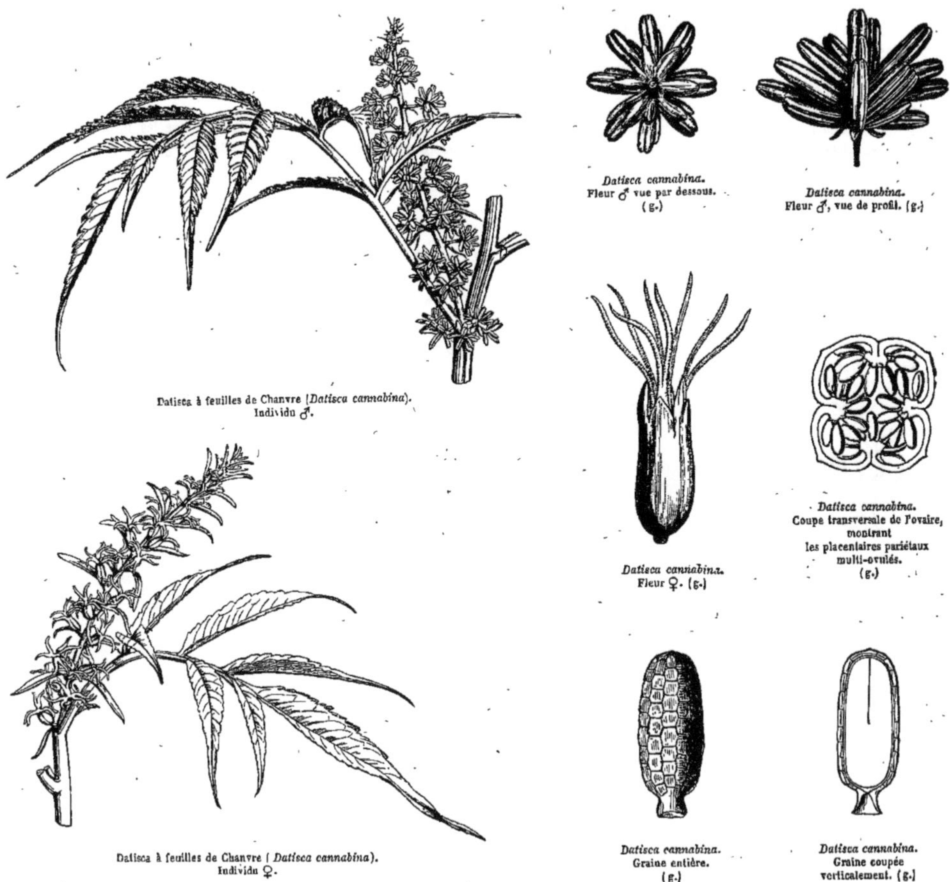

Datisca à feuilles de Chanvre (*Datisca cannabina*). Individu ♂.

*Datisca cannabina.* Fleur ♂ vue par dessous. (g.)

*Datisca cannabina.* Fleur ♂, vue de profil. (g.)

*Datisca cannabina.* Fleur ♀. (g.)

*Datisca cannabina.* Coupe transversale de l'ovaire, montrant les placentaires pariétaux multi-ovulés. (g.)

Datisca à feuilles de Chanvre (*Datisca cannabina*). Individu ♀.

*Datisca cannabina.* Graine entière. (g.)

*Datisca cannabina.* Graine coupée verticalement. (g.)

Herbes, ou Arbres. — Feuilles alternes, imparipennées, ou palminerviées et sub-inéquilatérales, non stipulées. — Fleurs ordinairement dioïques, quelquefois ☿, ou polygames, verdâtres, petites, disposées en panicule, ou en grappe spiciforme. — Fleurs ♂ : Calyce 3-9-fide. — Corolle nulle. — Étamines 3-15, insérées sur le calyce; *anthères* biloculaires, dorsifixes, à déhiscence longitudinale extrorse. — Fleurs ♀ et ☿ : Calyce à limbe supère, 3-8-denté. — Corolle nulle. — Étamines, dans les ☿, en même nombre que les dents calycinales et alternes (*Tricerastes*). *Anthères* extrorses, à déhiscence longitudinale. — Ovaire infère, 1-loculaire, ordinairement béant au sommet, à placentaires pariétaux alternant avec les lobes du calyce. *Styles* opposés aux lobes du calyce, simples, stigmatifères en dedans de leur sommet, ou bifides, à rameaux linéaires, portant des papilles stigmatiques le long de leur face interne. *Ovules* nombreux, sub-horizontaux, anatropes. — Capsule membraneuse, couronnée par le limbe calycinal et les styles. — Graines nombreuses, petites, oblongues : *testa* réticulé et fovéolé; *hile* portant une strophiole membraneuse, cupuliforme. *Albumen* peu abondant. — Embryon cylindrique. *Cotylédons* très-courts. *Radicule* longue, voisine du hile.

GENRES PRINCIPAUX.

*Datisca, *Datisca*. | Tétramélès, *Tetrameles*.

Les *Datiscées* ont une certaine affinité avec les *Bégoniacées* (voir cette Famille). Quelques Botanistes les ont rapprochées des *Loasées* à cause de l'épigynie et de la disposition des placentaires; d'autres, à cause de leur ovaire uniloculaire, béant au sommet dès l'origine, et de leur placentation pariétale, les ont rapprochées des *Résédacées*, mais là s'arrêtent les analogies.

Les Genres de cette petite Famille sont singulièrement dispersés sur le globe : le *Datisca* habite l'Asie occidentale et le Népaul; le *Tricerastes* se rencontre en Californie; le *Tetrameles* est un grand arbre de l'île de Java.

L'herbe du *Datisca cannabina* est nauséeuse, purgative et émétique; on l'emploie assez souvent en Italie contre les fièvres intermittentes et les affections de l'estomac. La racine contient une fécule particulière que les chimistes ont nommée *datiscine*. — On ne sait rien sur les propriétés des *Tetrameles*.

# EMPÉTRÉES, *EMPETREÆ*, Nuttall.

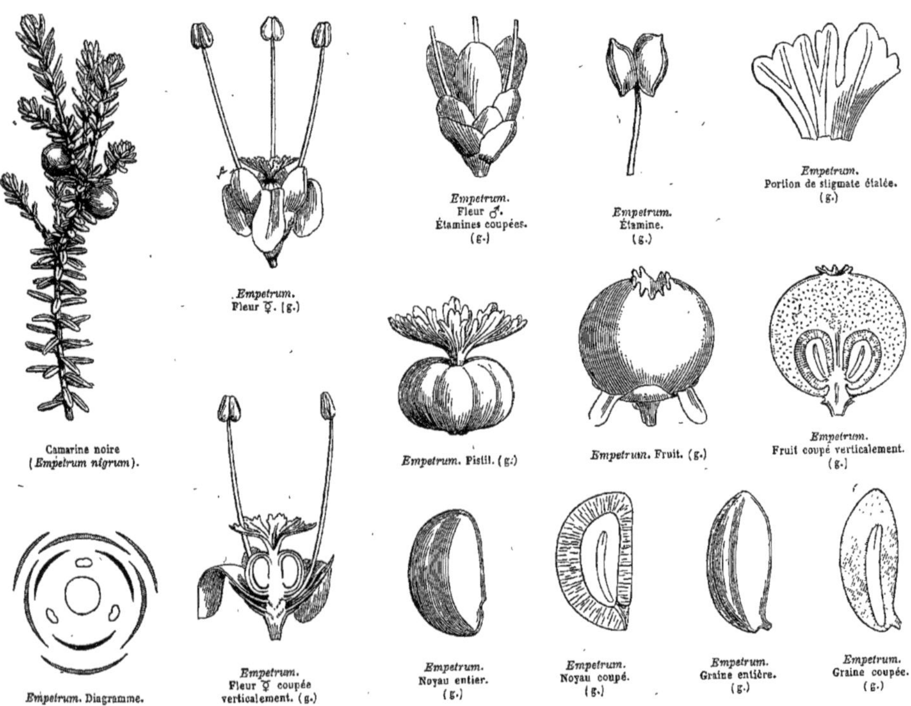

Camarine noire (*Empetrum nigrum*).

*Empetrum*. Fleur ☿. (g.)

*Empetrum*. Fleur ♂. Étamines coupées. (g.)

*Empetrum*. Étamine. (g.)

*Empetrum*. Portion de stigmate étalée. (g.)

*Empetrum*. Pistil. (g.)

*Empetrum*. Fruit. (g.)

*Empetrum*. Fruit coupé verticalement. (g.)

*Empetrum*. Diagramme.

*Empetrum*. Fleur ☿ coupée verticalement. (g.)

*Empetrum*. Noyau entier. (g.)

*Empetrum*. Noyau coupé. (g.)

*Empetrum*. Graine entière. (g.)

*Empetrum*. Graine coupée. (g.)

Arbrisseaux de petite taille, éricoïdes, secs, dressés, ou couchés, très-rameux, à rameaux cylindriques. — Feuilles alternes, quelquefois sub-verticillées, coriaces, pointues, simples, entières, non stipulées. — Fleurs petites, régulières, ordinairement dioïques, rarement polygames, sessiles à l'aisselle des feuilles supérieures, solitaires (*Empetrum*), ou agrégées en petit nombre (*Ceratiola*), rarement agglomérées au sommet des rameaux (*Corema*), nues, ou munies de bractéoles squamiformes, imbriquées. — CALYCE 3-2-phylle, à folioles imbriquées dans l'estivation, coriaces, ou membraneuses, et conformes aux bractéoles. — PÉTALES hypogynes, en même nombre que les sépales et alternes avec eux, brièvement onguiculés, persistants-marcescents. — ÉTAMINES (rudimentaires ou nulles dans les fleurs ♀), insérées avec les pétales, en même nombre qu'eux et alternes; *filets* filiformes, libres, persistants après la chute des anthères; *anthères* extrorses, biloculaires, sub-globuleuses-didymes, ou oblongues, à déhiscence longitudinale. — PISTIL (rudimentaire dans les fleurs ♂), assis sur un disque charnu, sub-globuleux, composé de 2-3-6-9 carpelles cohérents en ovaire à 3-9 loges, 1-ovulées. *Ovules* ascendants à la base de l'angle central, anatropes. *Style* court, anguleux, ou presque nul. *Stigmate* lobé-rayonnant, à lobes tronqués, laciniés, ou incisés. — DRUPE charnue, sphérique, sub-déprimée, ombiliquée au sommet, à 2-3-6-9 noyaux cohérents, ou distincts, osseux, uni-séminés. — GRAINES conformes à la cavité du noyau, triangulaires, dressées, à tégument membraneux et mince. *Albumen* charnu, dense. — EMBRYON droit, axile, cylindrique. *Cotylédons* courts, obtus. *Radicule* voisine du hile, infère.

GENRES PRINCIPAUX.

Camarine, *Empetrum*. | Coréma, *Corema*. | Cératiola, *Ceratiola*.

La petite Famille des *Empétrées* se rapproche des *Célastrinées*, des *Ilicinées* et surtout des *Éricinées* proprement dites. Elle a le port de ces dernières, leur corolle marcescente, hypogyne, leur ovaire pluri-loculaire, à ovules anatropes, leur graine albuminée, et leur embryon droit; elle rappelle, en outre, la Tribu des *Rhodoracées* par la structure du stigmate; mais les Éricinées sont monopétales et monosépales, leur fleur est complète, leurs anthères s'ouvrent par des pores apicaux ou basilaires, leurs ovules sont pendants et nombreux, leur style est long, leur fruit est une capsule, ou une baie. — L'affinité avec les *Ilicinées* n'est pas douteuse; il y a, dans les deux Familles, diclinie, hypo-corollie, isostémonie, estivation imbriquée, ovaire à plusieurs loges 1-ovulées, anatropie des ovules, style très-court, fruit drupacé, albumen charnu, tige ligneuse, feuilles alternes, fleurs axillaires. Les *Célastrinées* ont, comme les *Empétrées*, des fleurs petites, axillaires, polypétales, isostémones, à préfloraison imbriquée, un disque charnu, un ovaire à plusieurs loges 1-ovulées, à ovule ascendant et anatrope, un stigmate sub-sessile, lobé, un fruit drupacé, une graine albuminée, à embryon droit et axile; la diagnose chez les Célastrinées ne s'appuie guère, outre les différences de port, que sur les feuilles stipulées, la périgynie, les anthères introrses, les loges ovariennes souvent 2-ovulées, et l'arille charnu de la graine.

Les Espèces peu nombreuses de cette Famille sont dispersées dans la péninsule Ibérique, dans l'Europe centrale alpestre et boréale, l'Amérique septentrionale et la région magellanique.

Les feuilles et les drupes sont acidules; les fruits de l'*Empetrum nigrum* ont une saveur aigre, peu agréable; on les mange dans le nord de l'Europe à cause de leurs propriétés antiscorbutiques et diurétiques. Les habitants du Grœnland les soumettent à la fermentation pour en obtenir une boisson spiritueuse. — Les drupes du *Corema* servent en Portugal à la préparation d'une boisson acide, employée comme fébrifuge dans la médecine populaire.

# EUPHORBIACÉES, *EUPHORBIACEÆ*.

(TRICOCCÆ, *Linné*. — TITHYMALOIDEÆ, *Ventenat*. — EUPHORBIÆ, *Jussieu*.
EUPHORBIACEÆ, *R. Brown*.
ANTIDESMEÆ, PUTRANJIVEÆ *adjunctæ*. — BUXINEÆ *exclusæ*.)

FLEURS *diclines, monopérianthées, ou dipérianthées, rarement apérianthées.* OVAIRE *libre, à 3 loges, rarement à 2 ou plusieurs loges 1-2-ovulées.* OVULES *pendants.* FRUIT *ordinairement à 3 coques, rarement baccien.* GRAINES *solitaires, ou géminées-collatérales pendantes.* EMBRYON *dicotylédoné, droit dans l'axe d'un albumen charnu abondant.*

ARBRES, ou ARBUSTES, ou SOUS-ARBRISSEAUX, ou HERBES de port très-varié, contenant un suc laiteux, âcre, ou opalin, ou aqueux. — FEUILLES alternes, rarement opposées, ou verticillées, ne manquant jamais complétement, mais quelquefois très-réduites, pétiolées, ou sessiles, ordinairement bi-stipulées à la base, presque toujours simples, rarement 3-foliolées, à limbe entier, ou denté, ou lobé, penni-nervié, ou palmi-nervié, de grandeur, de forme, de consistance, de vestiture très-variées. — INFLORESCENCE axillaire (rarement extra-axillaire), ou terminale, définie, ou indéfinie, très-polymorphe. — FLEURS monoïques, ou dioïques, les ♂ souvent accompagnées d'un pistil rudimentaire, les ♀ centrales (c'est-à-dire terminales) quand l'inflorescence est androgyne et définie, périphériques (c'est-à-dire inférieures) quand l'inflorescence androgyne est indéfinie. — Calyce gamosépale, ordinairement tri-mère ou penta-mère, à estivation variée (très-rarement nul), à lobes égaux, ou inégaux, entiers ou dentés, ou découpés. — Corolle polypétale, ou très-rarement gamopétale, hypogyne, ou périgyne (ou nulle), variant comme le calyce quant au nombre des parties, à leur couleur et à leur estivation. — Pétales alternes avec les lobes calycinaux quand ils sont isomères, à préfloraison imbriquée, ou tordue. — Disque variant pour la situation et la forme (ou nul). — Étamines 1-∞, centrales dans les fleurs ♂, ou insérées soit au fond, soit sur la base du calyce; *filets* libres ou mono-polyadelphes, dressés, ou courbés en dedans; *anthères* ordinairement arrondies, ou didymes, libres, ou cohérentes, s'ouvrant longitudinalement, quelquefois paraissant s'ouvrir obliquement, ou horizontalement par 2 (ou 1) fentes extrorses, ou introrses, ou par des pores oblongs, diversement insérées sur les filets par un connectif très-varié. — Ovaire supère, uni-multi-loculaire, ordinairement 3-loculaire. *Carpelles* cohérents, verticillés autour d'une colonne centrale persistante après la chute du fruit lorsqu'il est capsulaire, à loges 1-2-ovulées. *Style* varié, ordinairement court, et divisé en autant de branches que de loges ovariennes, souvent subdivisées elles-mêmes, plus ou moins réfléchies et papilleuses supérieurement. *Ovules* pendants au sommet de l'angle interne des loges, sessiles, solitaires, ou géminés et collatéraux, ordinairement operculés par une masse cellulaire provenant du placentaire, ordinairement anatropes, ou semi-anatropes, à *raphé* ventral, ou rarement dorsal. — Fruit varié, généralement capsulaire, s'ouvrant en 3 ou 2-∞ coques ordinairement bivalves. — Graines pendantes, à *testa* crustacé, très-souvent arillées ou caronculées. *Albumen* charnu plus ou moins copieux. *Cotylédons* plus ou moins larges. *Radicule* supère.

Nous avons adopté, pour cette Famille, la classification de M. Muller, qui en a savamment élaboré la monographie, destinée au *Prodrome :* chacune des Tribus ci-dessous mentionnées se subdivise naturellement en Sous-Tribus, dont nous ne pouvons donner ici les caractères; nous nous bornons à citer les Genres les plus importants qui s'y rapportent.

## Section I. — STÉNOLOBÉES, *STENOLOBEÆ.*

Cotylédons semi-cylindriques, ne dépassant pas sensiblement la radicule en largeur, et beaucoup plus étroits que l'albumen. — Tige sous-ligneuse. Feuilles étroites.

### Tribu I. — CALÉTIÉES, *CALETIEÆ.*

Loges ovariennes 2-ovulées. Calyce des fleurs ♂ à estivation quinconciale.

GENRES PRINCIPAUX.

Caletia, *Caletia.* | Pseudanthus, *Pseudanthus.* | Poranthera, *Poranthera.* | Stachystémon, *Stachystemon.* | Micranthéum, *Micrantheum.*

### Tribu II. — RICINOCARPÉES, *RICINOCARPEÆ.*

Loges ovariennes 1-ovulées. Calyce des fleurs ♂ à estivation quinconciale.

GENRES PRINCIPAUX.

Ricinocarpus, *Ricinocarpus.* | Beyéria, *Beyeria.* | Hippocrépandra, *Hippocrepandra.* | Bertya, *Bertya.*

### Tribu III. — AMPÉRÉES, *AMPEREÆ.*

Loges ovariennes 1-ovulées. Calyce des fleurs ♂ à estivation valvaire, ou sub-valvaire.

GENRES PRINCIPAUX.

Ampéréa, *Amperea.* | Monotaxis, *Monotaxis.*

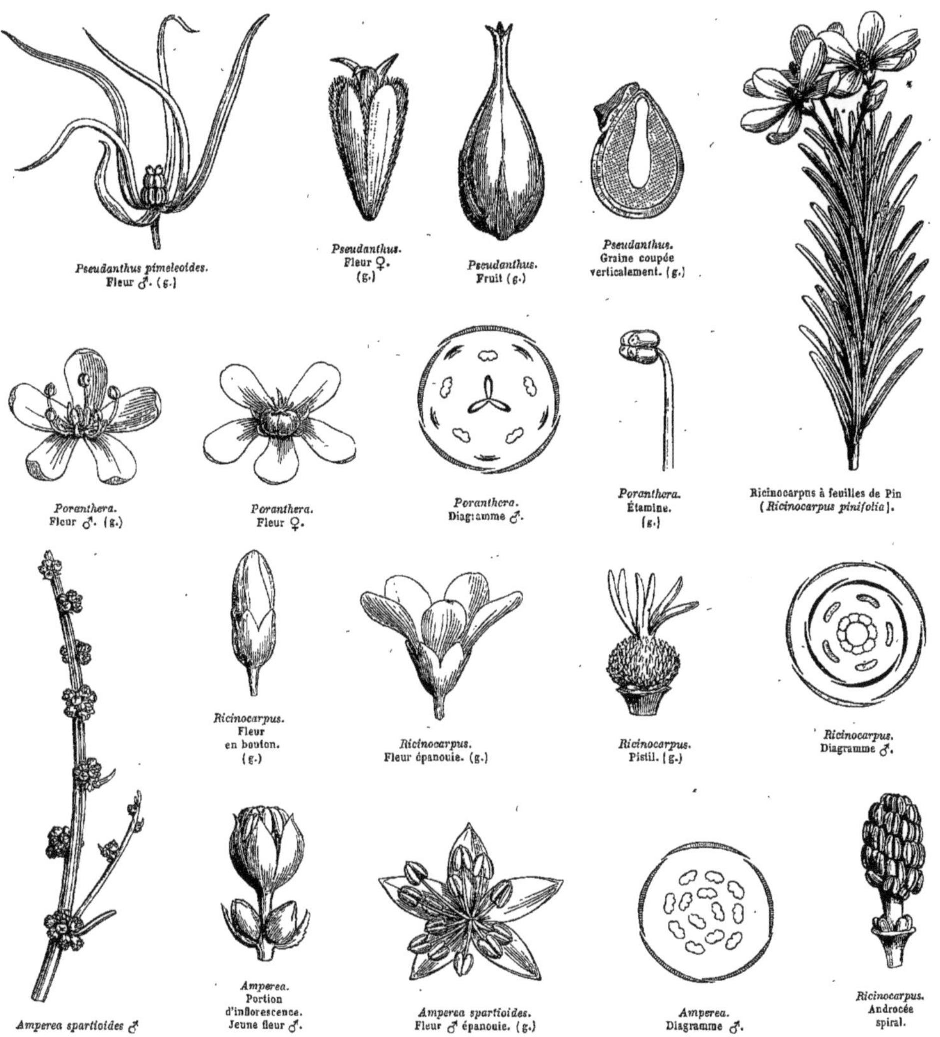

Pseudanthus pimeleoides. Fleur ♂. (g.)
Pseudanthus. Fleur ♀. (g.)
Pseudanthus. Fruit (g.)
Pseudanthus. Graine coupée verticalement. (g.)
Ricinocarpus à feuilles de Pin (*Ricinocarpus pinifolia*).
Poranthera. Fleur ♂. (g.)
Poranthera. Fleur ♀.
Poranthera. Diagramme ♂.
Poranthera. Étamine. (g.)
Amperea spartioides ♂
Ricinocarpus. Fleur en bouton. (g.)
Ricinocarpus. Fleur épanouie. (g.)
Ricinocarpus. Pistil. (g.)
Ricinocarpus. Diagramme ♂.
Amperea. Portion d'inflorescence. Jeune fleur ♂.
Amperea spartioides. Fleur ♂ épanouie. (g.)
Amperea. Diagramme ♂.
Ricinocarpus. Androcée spiral.

## Section II. — PLATYLOBÉES, *PLATYLOBEÆ.*

Cotylédons planes, beaucoup plus larges que la radicule, et égalant presque complétement l'albumen en largeur.

### Tribu IV. — PHYLLANTHÉES, *PHYLLANTHEÆ.*

Loges ovariennes 2-ovulées. Calyce des fleurs ♂ à estivation quinconciale.

GENRES PRINCIPAUX.

| | | | | | |
|---|---|---|---|---|---|
| Andrachné, | *Andrachne.* | Leptonéma, | *Leptonema.* | Breynia, | *Breynia.* |
| Agynéia, | *Agyneia.* | Phyllanthus, | *Phyllanthus.* | Bischoffia, | *Bischoffia.* |
| Mélanthésa, | *Melanthesa.* | Xylophylla, | *Xylophylla.* | Hyænanche, | *Hyænanche.* |

## TRIBU V. — BRIDÉLIÉES, *BRIDELIEÆ*.

Loges ovariennes 2-ovulées. Calyce des fleurs ♂ à estivation valvaire.

GENRES PRINCIPAUX.

Bridélia, *Bridelia.* | Cléistanthus, *Cleistanthus.* | Nanopetalum, *Nanopetalum.*

## TRIBU VI. — CROTONÉES, *CROTONEÆ*.

Loges ovariennes 1-ovulées. Anthères infléchies dans le bouton. Calyce des fleurs ♂ à estivation quinconciale.

GENRES PRINCIPAUX.

*Croton, *Croton.* | Julocroton, *Julocroton.* | Crotonopsis, *Crotonopsis.* | Micrandra, *Micrandra.*

## TRIBU VII. — ACALYPHÉES, *ACALYPHEÆ*.

Loges ovariennes 1-ovulées. Anthères dressées dans le bouton. Fleurs situées à l'aisselle de bractées, ou involucrées; involucres uni-sexuels. Calyce des fleurs ♂ à estivation valvaire.

GENRES PRINCIPAUX.

| | | | | | |
|---|---|---|---|---|---|
| Aleuritès, | *Aleurites.* | Acalypha, | *Acalypha.* | *Ricin, | *Ricinus.* |
| Mercuriale, | *Mercurialis.* | Tragia, | *Tragia.* | Crozophora, | *Crozophora.* |

## TRIBU VIII. — HIPPOMANÉES, *HIPPOMANEÆ*.

Loges ovariennes 1-ovulées. Étamines quelquefois insérées autour d'un disque central. Anthères dressées dans le bouton. Fleurs situées à l'aisselle de bractées, ou involucrées. Involucres uni-sexuels. Calyce des fleurs ♂ à estivation quinconciale.

GENRES PRINCIPAUX.

| | | | | | |
|---|---|---|---|---|---|
| Cluytia, | *Cluytia.* | Baliospermum, | *Baliospermum.* | Hura, | *Hura.* |
| *Jatropha, | *Jatropha.* | Mancenillier, | *Hippomane.* | Cœlébogyne, | *Cœlebogyne.* |
| *Manihot, | *Manihot.* | Sapium, | *Sapium.* | Microstachys, | *Microstachys.* |
| *Stillingia, | *Stillingia.* | Colliguaya, | *Colliguaya.* | | |

## TRIBU IX. — DALECHAMPIÉES, *DALECHAMPIEÆ*.

Loges ovariennes 1-ovulées. Anthères dressées dans le bouton. Fleurs involucrées. Involucres bi-sexuels, c'est-à-dire portant des fleurs ♂ et des fleurs ♀. Calyce des fleurs ♂ à estivation valvaire. Involucre comprimé di-phylle. Fleurs ♂ polyandres.

GENRES PRINCIPAUX.

Dalechampia, *Dalechampia.*

## TRIBU X. — EUPHORBIÉES, *EUPHORBIEÆ*.

Loges ovariennes 1-ovulées. Anthères dressées dans le bouton. Fleurs involucrées; involucres bi-sexuels. Calyce des fleurs ♂ (rarement développé) à estivation quinconciale. Involucre calyciforme, non comprimé. Fleurs ♂ monandres.

GENRES PRINCIPAUX.

*Euphorbe, *Euphorbia.* | Pédilanthus, *Pédilanthus.* | Calycopéplus, *Calycopeplus.* | Anthostéma, *Anthostema.*

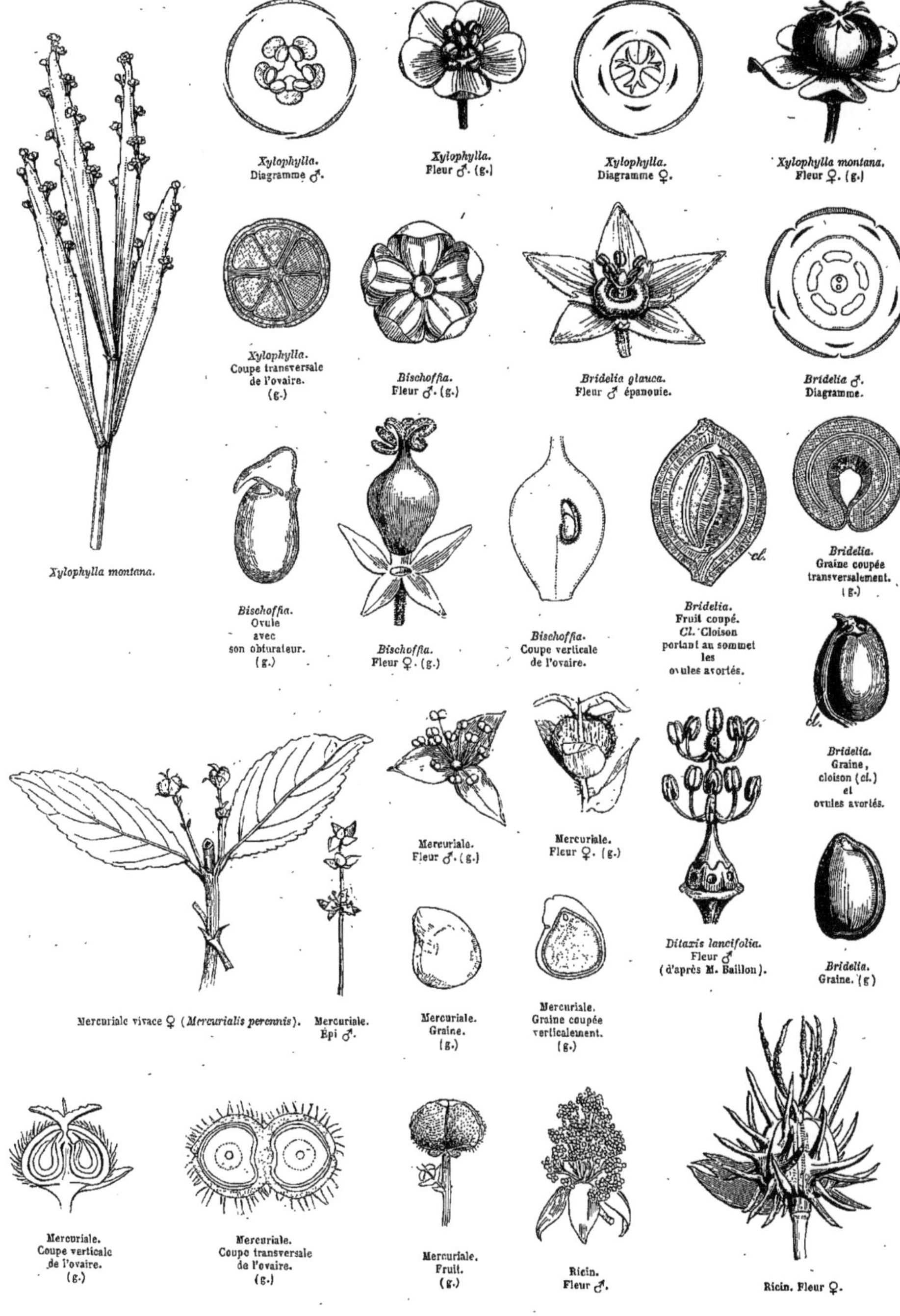

*Xylophylla montana.*

*Xylophylla.* Diagramme ♂.

*Xylophylla.* Fleur ♂. (g.)

*Xylophylla.* Diagramme ♀.

*Xylophylla montana.* Fleur ♀. (g.)

*Xylophylla.* Coupe transversale de l'ovaire. (g.)

*Bischoffia.* Fleur ♂. (g.)

*Bridelia glauca.* Fleur ♂ épanouie.

*Bridelia* ♂. Diagramme.

*Bischoffia.* Ovule avec son obturateur. (g.)

*Bischoffia.* Fleur ♀. (g.)

*Bischoffia.* Coupe verticale de l'ovaire.

*Bridelia.* Fruit coupé. *Cl.* Cloison portant au sommet les ovules avortés.

*Bridelia.* Graine coupée transversalement. (g.)

*Bridelia.* Graine, cloison (*cl.*) et ovules avortés.

Mercuriale. Fleur ♂. (g.)

Mercuriale. Fleur ♀. (g.)

*Ditaxis lancifolia.* Fleur ♂ (d'après M. Baillon).

*Bridelia.* Graine. (g)

Mercuriale vivace ♀ (*Mercurialis perennis*).

Mercuriale. Épi ♂.

Mercuriale. Graine. (g.)

Mercuriale. Graine coupée verticalement. (g.)

Mercuriale. Coupe verticale de l'ovaire. (g.)

Mercuriale. Coupe transversale de l'ovaire. (g.)

Mercuriale. Fruit. (g.)

Ricin. Fleur ♂.

Ricin. Fleur ♀.

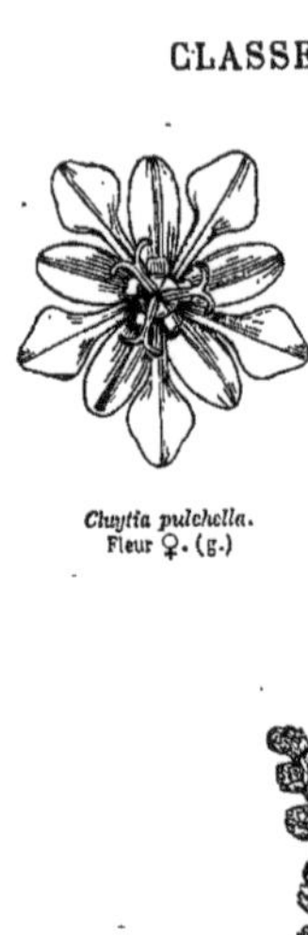

*Cluytia pulchella.*
Fleur ♀. (g.)

*Baliospermum.*
Fleur ♂ épanouie. (g.)

*Baliospermum.*
Fleurs ♂.

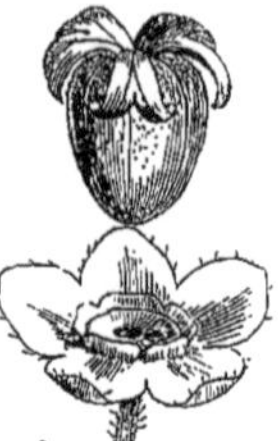

*Baliospermum.*
Pistil séparé du calyce. (g.)

*Stillingia.*
Fleur ♂ diandre.
(g.)

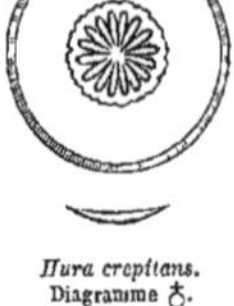

*Hura crepitans.*
Diagramme ♂.

Mancenillier (*Hippomane Mancinella*).

Cœlebogyne.
Diagramme ♂.

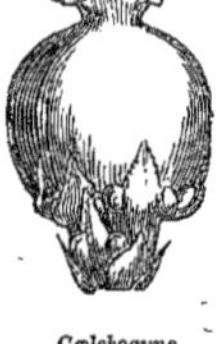

*Cœlebogyne ilicifolia.*
Fleur ♀.

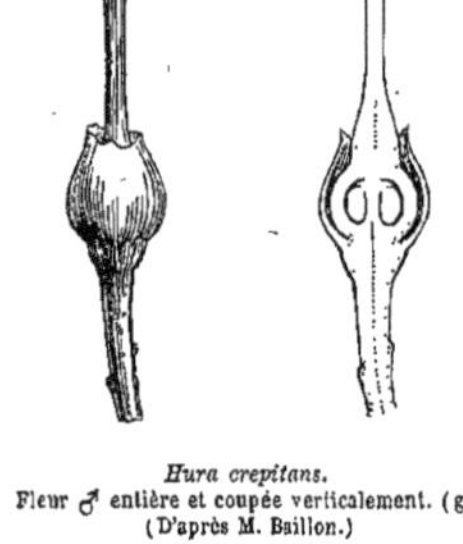

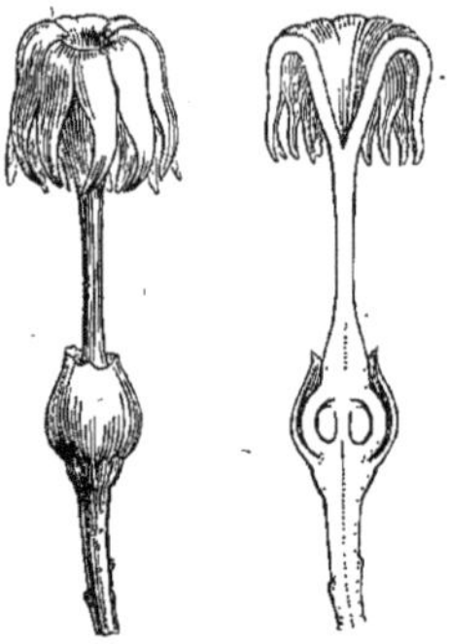

*Hura crepitans.*
Fleur ♂ entière et coupée verticalement. (g.)
(D'après M. Baillon.)

*Hura crepitans.*
Androcée entier
et
coupé verticalement.
(g.)
(M. Baillon.)

*Calycopeplus.*
Fleur ♂.

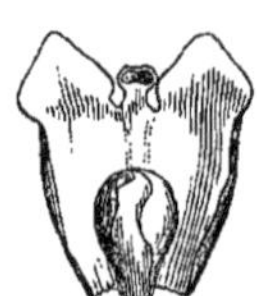

*Calycopeplus.*
Fleur ♂ en bouton
au fond
de l'involucre
ouvert.

*Calycopeplus.*
Fleur ♀
dans son involucre
coupé
verticalement.

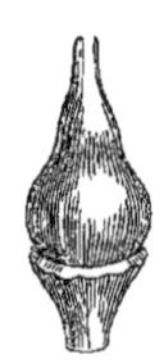

*Hura crepitans.*
Ovaire.

*Hura crepitans.*
Fruit, demi-grandeur.

*Euphorbia Characias.*
Diagramme de l'inflorescence.

*Euphorbia Lathyris.*
Involucre étalé.
(g.)

*Euphorbia Lathyris.*
Inflorescence
androgyne.

*Euphorbia.*
Étamine.
(g.)

*Euphorbia Characias.*
Phalange de 3 étamines
accompagnées de leurs bractées.
(g.)

*Euphorbia Lathyris.*
Pistil.

*Euphorbia Lathyris.*
Coupe
transversale
de
l'ovaire.
(g.)

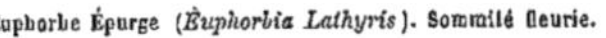

Euphorbe Épurge (*Euphorbia Lathyris*). Sommité fleurie.

*Euphorbia Lathyris.* Ovule coupé verticalement, montrant l'arillode coiffé par obturateur (g.)

*Euphorbia Lathyris.* Axe défleuri de la fleur ♀ et involucre. (g.)

*Euphorbia Lathyris.* Graine. (g.)

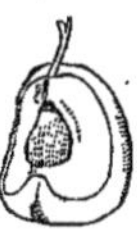

*Euphorbia Lathyris.* Coque. (g.)

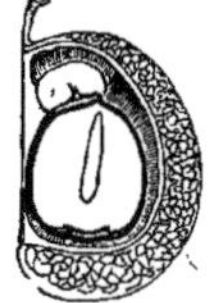

*Euphorbia Lathyris.* Coque coupée verticalement. (g.)

La vaste Famille des *Euphorbiacées* offre avec plusieurs autres Familles des affinités multiples, aujourd'hui reconnues par la plupart des Botanistes. Ainsi les *Euphorbiacées* touchent aux *Malvacées* par leur port, leur vestiture, leurs feuilles stipulées, leurs étamines souvent monadelphes et leur fruit capsulaire loculicide; elles en diffèrent par la nature de leurs principes immédiats, la diclinie, la position des ovules, et la structure des graines. Elles se lient aux *Urticées*, qui s'en éloignent par leur ovaire 1-loculaire, le style simple, l'ovule unique orthotrope, le fruit 1-loculaire, indéhiscent, le calyce persistant, etc. — Elles se rapprochent des *Rhamnées* par le port (*Bridelia*), mais celles-ci s'en distinguent aisément par les fleurs hermaphrodites, la position et la direction des ovules, et la situation des étamines relativement aux pétales. — Les *Ménispermées* offrent aussi, dans la configuration de leur fleur, quelque ressemblance avec les Euphorbiacées; mais elles s'en distinguent par la disposition de leurs carpelles libres.

La moitié environ des Espèces de cette Famille habite l'Amérique équatoriale; elles sont beaucoup plus rares dans la partie du nouveau continent située en dehors des tropiques. Quant à celles de l'ancien continent, elles sont plus fréquentes dans la région méditerranéenne et l'Asie tempérée que dans la région intertropicale. Le vaste Genre *Euphorbe*, comprenant aujourd'hui plus de 700 Espèces, est dispersé dans le monde entier, mais il s'éloigne des stations élevées et froides.

On a constaté dans les propriétés des Euphorbiacées la même analogie que dans leurs caractères botaniques, et les anciens l'avaient si bien remarquée, que toutes les Plantes pourvues d'un fruit à 3 coques constituaient à leurs yeux une Famille nuisible et suspecte : toutes en effet possèdent une vertu de même nature, c'est-à-dire excitante; mais cette vertu existe chez elles à des degrés très-différents. Elles sécrètent un suc laiteux, qui contient des matières très-âcres, dont l'énergie varie selon l'Espèce, le climat, et n'est pas la même dans tous les organes du Végétal : chez les uns, ce suc peut être mis au nombre des poisons les plus délétères; chez les autres, son âcreté est assez mitigée par des principes mucilagineux et résineux pour qu'on les range parmi les médicaments simplement purgatifs et diurétiques. Quelques Espèces sont légèrement narcotico-âcres; d'autres ont une odeur et une saveur aromatiques. L'albumen contient ordinairement une huile fixe, sans âcreté, mais l'âcreté réside dans l'embryon et les téguments. C'est à une résine liquide et à un principe volatil que sont dues toutes les propriétés des Euphorbiacées; aussi ces propriétés se montrent-elles avec toute leur intensité dans les teintures alcooliques, tandis qu'elles se dissipent ou s'affaiblissent par l'application de la chaleur. La racine de *Manihot* en offre un exemple remarquable : il n'est presque aucun Végétal dont le suc soit plus vénéneux, et l'action du feu en fait un aliment très-sain.

Les *Euphorbes*, Genre type de la Famille, offrent un port très-variable; quelques-unes ont une tige charnue, anguleuse, garnie d'épines, et leur port général rappelle celui des *Cactus;* ces Espèces (*Euphorbia antiquorum, canariensis, officinarum, abyssinica*) fournissent par incision un suc résineux violemment drastique, et employé à l'extérieur comme vésicant. Les autres *Euphorbes,* pourvues d'une tige et de feuilles normales, ont un suc laiteux purgatif : telles sont, parmi les Espèces indigènes, les *Euphorbia Esula*, *Cyparissias, amygdaloides*, *helioscopia*, *Peplus*, *palustris, Lathyris*, etc. — Quelques-unes sont regardées comme efficaces contre la cachexie syphilitique. On recommande à ce titre les *E. parviflora* et *hirta*, de l'Inde, l'*E. linearis* d'Amérique. Les médecins anglais, avant l'emploi du mercure, prescrivaient l'*E. hiberna;* aujourd'hui encore, en Espagne, l'*E. canescens* est administré pour le même objet. D'autres *Euphorbes* sont émétiques. On emploie en cette qualité, dans l'Amérique septentrionale, les *E. corollata*, et *Ipecacuanha*. L'*E. thymifolia*, légèrement astringente et aromatique, est donnée, dans l'Inde, en boisson vermifuge aux enfants en bas âge. L'*E. hypericifolia*, de l'Amérique tropicale, dont le suc est à la fois astringent et un peu narcotique, fournit un médicament efficace contre la dysenterie. Dans l'*E. balsamifera*, qui habite les Canaries, le suc laiteux est si peu âcre, que les habitants le font cuire, et le convertissent, dit-on, en gelée alimentaire; celui de l'*E. cotinifolia*, au contraire, est tellement vénéneux, que les Caraïbes y trempaient leurs flèches pour les empoisonner. Enfin, nous citerons une Euphorbe des forêts vierges du Brésil (*E. phosphorea*), décrite par M. de Martius, dont la tige distille un suc phosphorescent.

C'est surtout chez les Euphorbiacées arborescentes que la séve est abondante et caustique. L'*arbre aveuglant* (*Excæcaria Agallocha*), des îles Moluques, contient un suc tellement âcre que, s'il en tombe une goutte dans les yeux, on risque de perdre la vue : c'est ce qu'ont éprouvé des matelots qu'on avait envoyés à terre pour y couper du bois. La fumée même de ce bois, quand on le brûle, est dangereuse. — Le *Mancenillier* (*Hippomanes Mancinella*) est un bel arbre de l'Amérique intertropicale, qui, suivant les récits de quelques voyageurs, possède des propriétés si vénéneuses que la pluie, tombant sur la peau, après avoir coulé sur ses feuilles, y produit l'effet d'un vésicatoire, et que l'homme qui s'endort sous son ombrage ne se réveille plus. Mais Joseph Jacquin, qui a séjourné longtemps aux Antilles, a mis cette tradition au rang des fables; il s'est tenu, pendant plusieurs heures, dépouillé de tout vêtement, sous un *Mancenillier;* il a reçu la pluie qui avait coulé sur son feuillage, et il n'a éprouvé aucun accident. Ce qu'il y a de vrai, c'est qu'une goutte du suc laiteux de l'arbre, posée sur la peau, y produit l'effet d'une brûlure, et soulève une ampoule pleine de sérosité. Le fruit charnu, qui a la forme, la couleur et l'odeur d'une pomme, serait un poison très-actif, si sa saveur caustique permettait de le mettre un seul instant en contact avec la muqueuse buccale.

Si le *Mancenillier* perd ainsi de son prestige, une autre Euphorbiacée de l'Amérique tropicale, l'*Hura crepitans*, nous fournit l'exemple d'un principe délétère d'une extrême énergie. Voici ce que rapporte à ce sujet M. Boussingault dans son Cours d'Agriculture : Lorsque nous analysâmes le lait de l'*Hura*, M. Rivero et moi, nous fûmes atteints d'érysipèle. Le lait nous avait été envoyé de Guaduas par M. le docteur Roulin. Le courrier qui l'apporta fut gravement incommodé, et les habitants des maisons où il avait logé sur la route éprouvèrent les mêmes accidents. Ce lait ressemblait parfaitement à celui de l'*arbre à vache*, dont nous aurons occasion de parler en traitant des *Artocarpées*. Le fruit de l'*Hura crepitans* est une capsule ligneuse, composée de 12 à 18 coques, qui, en se desséchant, s'ouvrent subitement par le dos en deux valves, se détachent élastiquement de l'axe, et font entendre un bruit semblable à un coup de pistolet. Cette capsule, bouillie dans l'huile pour empêcher sa déhiscence, puis évidée, sert de sablier dans les colonies, de là son nom vulgaire de *Sablier*. — Le *Siphonia elastica* est un arbre de la Guyane et du Brésil, qui atteint une hauteur de 16 à 20 mètres; son suc laiteux, obtenu par des incisions faites au tronc, se prend à l'air en une masse tenace et très-élastique, connue sous le nom de *caoutchouc;* c'est un carbure d'hydrogène, se ramollissant dans l'eau bouillante, insoluble dans l'alcool, mais soluble dans l'éther, le sulfure de carbone et les huiles volatiles. Grâce à cette solubilité, le caoutchouc est devenu l'objet d'un commerce considérable, par l'application qui en a été faite à la fabrication de tissus élastiques, de vêtements, de chaussures imperméables, et d'ustensiles divers. Beaucoup de Végétaux, étrangers à la Famille des Euphorbiacées, contiennent ce suc laiteux : tels sont, parmi les *Morées* et *Artocarpées*, plusieurs *Figuiers* de l'Asie et de l'Amérique, et surtout le *Ficus elastica*, de l'Inde; tels sont également le *Castilloa elastica*, le *Cecropia peltata*, de l'Amérique tropicale; parmi les *Apocynées* on doit citer principalement l'*Urceola elastica*, de Sumatra, le *Vahea gummifera*, de Madagascar, le *Hancornia speciosa*, du Brésil; mais aucune de ces Espèces n'est comparable au *Siphonia* pour l'abondance du produit.

Parmi les nombreuses Espèces de la Famille des Euphorbiacées, préconisées contre la syphilis chez les nations étrangères, nous mentionnerons le *Stillingia sylvatica*, de la Caroline et de la Floride, le *Jatropha officinalis*, les *Croton perdiceps* et *campestris* du Brésil. — Les *Tragia*, les *Acalypha*, Plantes américaines et asiatiques, sont vantées comme résolutives, diaphorétiques et diurétiques. — Les *Mercuriales*, dont deux Espèces (*M. annua* et *perennis*) sont indigènes, jouissent de propriétés modérément purgatives. — L'*Omphalea triandra*, arbre de la Guyane, possède un suc, blanc d'abord, qui noircit à l'air et sert d'encre. — Quelques *Croton* d'Amérique et d'Afrique fournissent, par incision, une résine balsamique, d'odeur suave. — L'écorce du *Croton Eluteria*, arbrisseau des Antilles, renferme une huile volatile et un principe résineux amer qui lui donnent des propriétés stimulantes, toniques et légèrement astringentes. D'autres Espèces congénères, habitant l'Amérique tropicale (*C. nitens*, *micans*, *suberosus*, *pseudo-china*), ont des vertus analogues, et les graines de plusieurs d'entre elles renferment une huile essentielle très-odorante, employée dans la parfumerie de nos colonies; telles sont celles du *Croton gratissimum*, qui rappellent l'odeur de nos *Menthes*.

Le *Croton Tiglium* est un arbuste des Moluques, dont toutes les parties sont purgatives. Ses graines, nommées *grains de tilly*, contiennent une huile fixe, unie à une résine et à un acide particulier, dont l'action est si énergique qu'une ou deux gouttes, prises à l'intérieur, purgent fortement; il suffit même, pour obtenir cet effet, d'en frotter l'abdomen. Cette onction détermine, en outre, sur la peau une éruption de pustules, qui peut être avantageuse au malade. — Les graines du *Jatropha Curcas*, arbrisseau croissant dans toutes les contrées chaudes de l'Amérique, fournissent abondamment une huile, que l'on emploie à la fabrication du savon. — Mais la plus justement célèbre des Euphorbiacées oléifères est le *Ricin* (*Ricinus communis*), dont les graines fournissent par expression à froid une huile fixe, nommée *huile de palma-Christi*, soluble dans l'alcool (ce qui la distingue de toutes les autres huiles), et très-usitée comme médicament purgatif. — Les graines de l'*Épurge* (*Euphorbia Lathyris*), herbe indigène, peuvent rivaliser pour l'énergie avec celles du *Ricin* et du *Croton Tiglium*. — On emploie ses capsules, ainsi que celles de ses congénères, pour enivrer le poisson. Celles des *Phyllanthus*, plantes des régions tropicales, servent au même usage.

Les graines pulvérisées du *Hyænanche globosa*, arbre de l'Afrique australe, sont récoltées par les colons du Cap, qui en saupoudrent de la chair de mouton pour empoisonner les hyènes. — Les graines du *Stillingia sebifera*, vulgairement nommé *arbre à suif de la Chine*, outre l'huile fixe qu'elles contiennent, sont couvertes d'une matière sébacée très-blanche, qui sert en Chine à la fabrication des chandelles. — Les graines très-vénéneuses de l'*arbre à l'huile*, du Japon (*Elæococca verrucosa*) fournissent, par expression, une huile employée pour l'éclairage.

Les fruits ou les graines de quelques Euphorbiacées peuvent être mangés impunément. L'amande de l'*Aleurites triloba*, petit arbre des îles Moluques, est très-sapide, et passe pour excitante. Les graines du *Conceveiba guianensis*, dont le suc est vert, ont un goût délicieux. L'amande des *Omphalea* d'Amérique est comestible quand on en a séparé l'embryon. Les baies acidules-sucrées du *Cicca disticha* sont alimentaires dans l'Inde. L'*Emblic* (*Emblica officinalis*), qui croît aussi dans l'Asie tropicale, produit un fruit charnu, d'une saveur d'abord austère, puis sucrée. Ce fruit desséché, connu autrefois sous le nom de *Myrobalan Emblic*, était employé comme astringent contre la dysenterie et le choléra. Les Indiens le font servir au tannage du cuir.

Mais, de toutes les Euphorbiacées alibiles, les plus précieuses sont deux Espèces du Genre *Manioc* (*Manihot*), que l'on cultive aujourd'hui dans toute la région intertropicale de l'Afrique et de l'Amérique, à cause de l'abondante quantité de fécule contenue dans leur racine. Celle du *Manioc doux* (*Manihot Aipi*) se mange cuite sous la cendre ou dans l'eau, comme la pomme de terre, et les animaux peuvent la manger crue sans inconvénient. Il n'en est pas de même du *Manioc amer* (*Manihot utilissima*), qui contient dans sa racine un suc chargé d'un principe éminemment vénéneux, analogue ou semblable à l'acide cyanhydrique; mais la volatilité de ce principe, et la facilité avec laquelle il se détruit par la fermentation, expliquent comment on a pu retirer de la racine du Manioc un aliment abondant et salutaire.

Cette racine est râpée, pressée, séchée, tamisée, puis légèrement torréfiée sur des plaques de fer. Ainsi préparée, elle se gonfle considérablement dans l'eau ou le bouillon; on donne à cet aliment le nom de *couaque*. Si, au lieu de faire sécher la pulpe râpée, on l'étend sur une plaque de fer chauffée, la fécule et le mucilage, en cuisant ensemble, lient toutes les parties de la pulpe, et en forment un biscuit nommé *pain de cassave*. Le *cipipa* est la fécule pure du *Manioc* qui a été entraînée par le suc de la racine soumise à l'expression, et que l'on a lavée et séchée à l'air. Cette même fécule, chauffée sur des plaques de fer, se cuit en partie, et s'agglomère en grumeaux durs et irréguliers, qui portent le nom de *tapioka*. Le *tapioka* est partiellement soluble dans l'eau froide, et forme avec l'eau bouillante une sorte de gelée transparente, fréquemment usitée dans nos potages.

Le *Tournesol* ou *Maurelle* (*Crozophora tinctoria*), qui croît dans la région méditerranéenne, possède, comme la plupart des Euphorbiacées, un suc âcre et des graines purgatives, mais c'est par ses principes colorants qu'il se recommande à l'industrie. Dans le suc exprimé des sommités de la Plante on trempe des chiffons de toile, que l'on expose ensuite à la vapeur ammoniacale de l'urine. Les chiffons prennent une couleur bleue foncée, et portent le nom de *tournesol en drapeaux*. Cette matière est utilisée surtout pour la coloration des fromages de Hollande. On trempe les fromages dans un baquet d'eau bleuie par le *tournesol*, et on les fait sécher immédiatement. La teinte rouge que la croûte prend ensuite est due probablement à l'action de l'acide acétique contenu dans les fromages. — Les *Mercuriales* contiennent un principe colorant bleu, analogue à celui de la *Maurelle*. — Certaines Euphorbiacées indiennes, telles que les *Bischoffia*, servent à teindre en rouge.

# BUXINÉES, *BUXINEÆ*.

(EUPHORBIACEARUM *Genera, Jussieu.* — BUXINEÆ, *Franç. Plée.* BUXACEÆ, *Baillon.*)

Arbres, ou Arbrisseaux, ou Herbes vivaces. — Feuilles opposées, ou alternes, simples, entières, ou lobées, coriaces, persistantes, non stipulées. — Fleurs monoïques, axillaires, ou terminales, en épi, ou en grappe, une ♀ terminale (*Buxus*), ou quelques ♀ inférieures (*Sarcococca, Pachysandra*), les autres ♂. — Fleurs ♂ : Calyce profondément 4-partit, à lobes décussés, 2 latéraux extérieurs; enveloppant les 2 antéro-postérieurs, à préfloraison imbriquée. — Étamines 4, opposées aux lobes du calyce. *Filets* hypogynes, dressés, saillants à l'âge adulte. *Anthères* bi-loculaires, introrses, à déhiscence longitudinale. — Ovaire avorté (?), central. — Fleurs ♀ : Calyce profondément 4-12-partit, à lobes pluri-sériés, ordinairement verticillés par 3, à préfloraison imbriquée. — Ovaire supère, 2-3-loculaire, à loges 2-ovulées. *Ovules* suspendus au sommet de l'angle interne, anatropes, à raphé externe, à micropyle supérieur et interne. *Styles* 2-3, excentriques, divergents, stigmatifères sur leur face interne, canaliculés. — Fruit 2-3-loculaire, ou 1-loculaire par avortement, capsulaire, ou charnu (*Sarcococca*), à déhiscence loculicide, ou indéhiscent, couronné par les styles persistants; loges 1-2-séminées. — Graines pendantes, à testa crustacé, noir, brillant, caronculées. — Embryon sub-arqué, enveloppé d'un albumen charnu. *Radicule* supère.

GENRES PRINCIPAUX.

| | | |
|---|---|---|
| *Buis, *Buxus.* | *Sarcococca, *Sarcococca.* | *Pachysandra, *Pachysandra.* |

Les *Buxinées* ont été jusqu'à ce jour comprises dans la Famille des *Euphorbiacées* à cause de leur fruit à 3 loges ou 3 coques, s'ouvrant élastiquement. M. Plée, en 1853, a séparé les *Buxus* des Euphorbiacées, pour en faire le type d'une petite Famille: les Buxinées ne diffèrent des Euphorbiacées que par l'absence de suc laiteux, les styles périphériques laissant à nu le sommet de l'ovaire, les placentaires, qui sont distincts dans leur portion supérieure, au lieu de former un axe commun central, les ovules constamment à raphé externe et à micropyle interne; mais nous avons vu, en traitant des *Célastrinées*, etc., que le caractère du raphé externe est de peu de valeur. — Les Buxinées se rapprochent aussi des *Hamamélidées* par leurs feuilles opposées, ou alternes, leur inflorescence, la déhiscence de leurs fruits, leur graine à raphé externe, et leur embryon légèrement courbé, placé au milieu d'un large albumen.

Les *Buis* proprement dits appartiennent à l'ancien continent. Le *Buis* commun (*Buxus sempervirens*) habite la région méditerranéenne, d'où il remonte jusqu'au nord de l'Europe. Une autre Espèce croît aux îles Baléares; 3 ou 4 autres habitent l'Asie. Les *Buis* à fleurs ♂ pédicellées, formant le sous-Genre *Tricera*, sont américains, ainsi qu'une Espèce de *Pachysandra*. Les *Sarcococca* sont asiatiques.

Le *Buis commun* est un arbuste atteignant 5 à 6 mètres de hauteur, dont une variété naine est cultivée pour bordure dans tous les jardins. Le tissu serré et homogène du bois le rend précieux pour la gravure, et c'est sur le *Buis* que sont gravées les figures intercalées dans le texte, que le lecteur a sous les yeux. La décoction du bois râpé était jadis employée en médecine comme sudorifique et fébrifuge; ses feuilles et ses graines sont purgatives. On les substitue souvent au *Houblon* pour donner de l'amertume à la bière, mais cette falsification est dangereuse, en ce qu'elle donne lieu à des inflammations intestinales.

Pachysandra couché (*Pachysandra procumbens*).

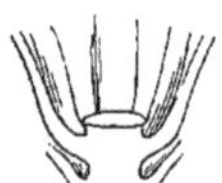

*Pachysandra.* Fleur ♂. (g.)

*Pachysandra.* Base des étamines avec l'ovaire avorté. (g.)

*Pachysandra.* Fleur ♀.

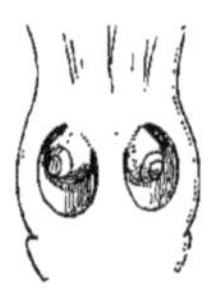

*Pachysandra.* Coupe verticale de l'ovaire. (g.)

*Pachysandra.* Coupe transversale de l'ovaire. (g.)

*Pachysandra.* Fruit. (g.)

*Pachysandra.* Graine entière. (g.)

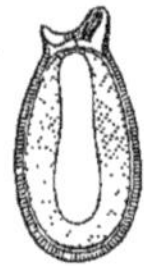

*Pachysandra.* Coupe verticale de la graine.

*Pachysandra.* Coupe transversale de la graine.

*Pachysandra.* Embryon. (g.)

Buis (*Buxus sempervirens*). Rameau fleuri.

Buis. Inflorescence.

Buis. Fleur ♂. (g.)

Buis. Fleur ♀. (g.)

Buis. Diagramme ♂.

Buis. Graine entière et coupée verticalement. (g.)

Buis. Capsule déhiscente.

Buis. Coupe transversale de l'ovaire. (g.)

Buis. Pistil. (g.)

Buis. Diagramme ♀.

# SAURURÉES, *SAURUREÆ*, *L.-C. Richard.*

FLEURS ⚥. PÉRIANTHE *nul.* OVAIRE *uni-pluri-loculaire.* OVULES *ascendants, orthotropes.* GRAINES *à albumen farineux, ou corné.* EMBRYON *antitrope, inclus au sommet de l'albumen dans le sac embryonnaire.* RADICULE *supère.*

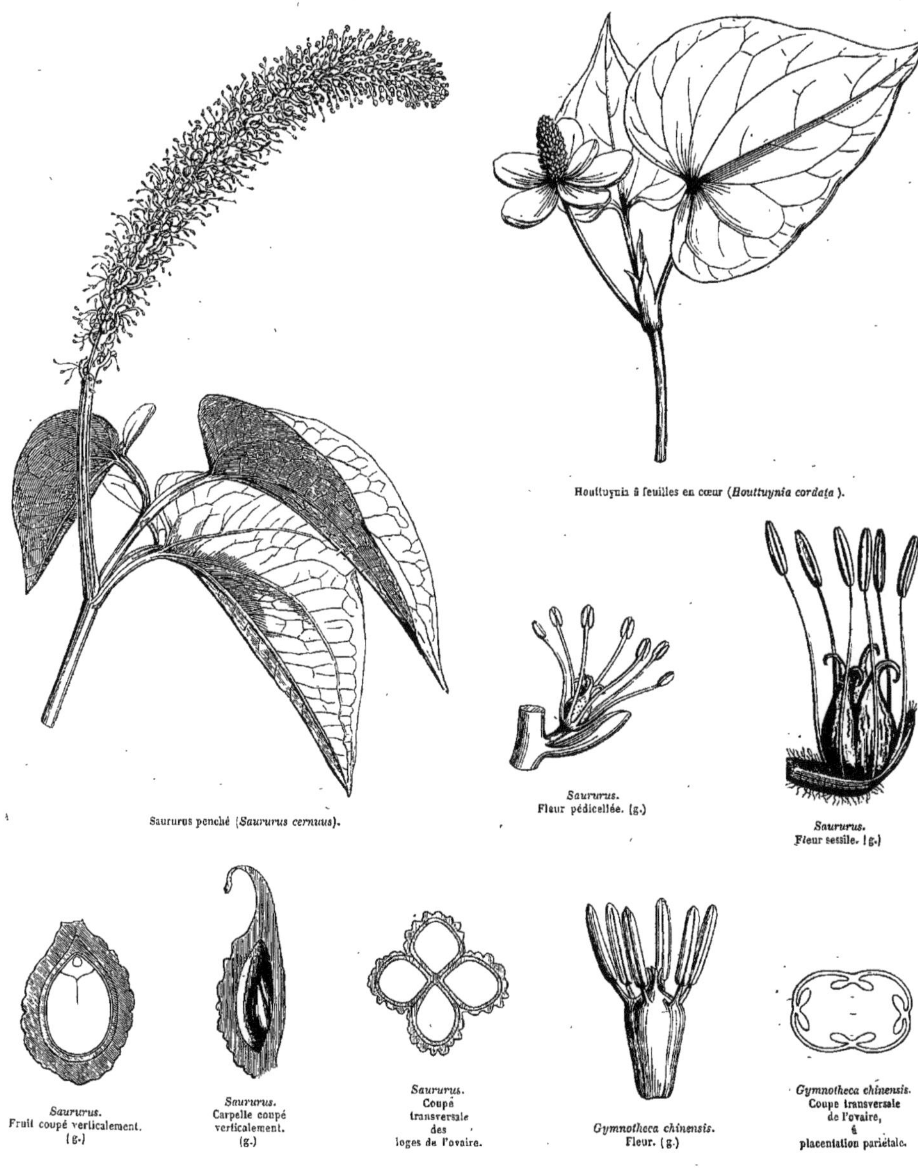

Houttuynia à feuilles en cœur (*Houttuynia cordata*).

Saururus penché (*Saururus cernuus*).

*Saururus.* Fleur pédicellée. (g.)

*Saururus.* Fleur sessile. (g.)

*Saururus.* Fruit coupé verticalement. (g.)

*Saururus.* Carpelle coupé verticalement. (g.)

*Saururus.* Coupé transversale des loges de l'ovaire.

*Gymnotheca chinensis.* Fleur. (g.)

*Gymnotheca chinensis.* Coupe transversale de l'ovaire, à placentation pariétale.

HERBES aquatiques, ou palustres, vivaces, à rhizôme rampant, écailleux, ou tubéreux. *Tiges* tantôt simples, ou peu rameuses, articulées-noueuses, cylindriques et feuillées; tantôt raccourcies et presque nulles, portant une hampe. — FEUILLES radicales, ou alternes, pétiolées, entières, réticulées; *pétiole* engaînant par sa base dilatée, ou adné à une gaîne intra-pétiolaire fendue longitudinalement d'un côté. — FLEURS ☿, oppositifoliées, disposées sur un spadice en grappes, ou en épis denses, terminaux, solitaires, ou quelquefois conjugués, nus, ou munis à leur base de plusieurs spathes colorées, chaque fleur pourvue d'une bractée, ou de 2 bractées collatérales. — PÉRIANTHE nul. — ÉTAMINES 3-6, ou plus, verticillées autour de l'ovaire, libres, ou soudées inférieurement avec sa base, ou insérées à son sommet. *Filets* subulés, ou claviformes, dépassant les bractées. *Anthères* introrses, à 2 loges opposées, contiguës, ou disjointes par le connectif, à déhiscence longitudinale. — OVAIRE supère, ou infère, composé de 3-5 carpelles plus ou moins cohérents, et 3-5-loculaire à placentation centrale, ou 1-loculaire à placentation pariétale. *Ovules* insérés à l'angle central des loges, 2-4-8, bisériés, ascendants, ou horizontaux, orthotropes. *Stigmates* terminant les sommets libres et amincis des carpelles, papilleux sur leur face interne. — FRUIT composé de follicules, ou baccien et lobé. — GRAINES peu nombreuses, ou solitaires dans chaque loge, sub-basilaires, ovoïdes-sub-globuleuses, ou cylindriques, à *testa* coriace, épais. *Albumen* farineux, ou corné. — EMBRYON apical, situé dans une cavité superficielle de l'albumen et renfermé dans le sac embryonnaire persistant. *Cotylédons* très-courts. *Radicule* supère.

GENRES PRINCIPAUX.

Saururus, *Saururus*. | Houttuynia, *Houttuynia*. | Anémiopsis, *Anemiopsis*. | Gymnothéca, *Gymnotheca*.

Les *Saururées* touchent de près aux *Pipéracées* par la gaîne intra-pétiolaire, les fleurs achlamydées, et l'embryon antitrope renfermé, au sommet de l'albumen, dans le sac embryonnaire persistant; mais les Pipéracées s'en distinguent par leur ovaire à un seul carpelle, 1-loculaire et 1-ovulé.

Cette Famille a été observée dans l'Asie tropicale, l'Afrique équatoriale et australe, le Japon, et l'Amérique septentrionale extra-tropicale. Les Saururées possèdent un arome un peu âcre, qui confirme leur affinité avec les Pipéracées. La racine du *Saururus cernuus*, qui croît en Amérique, est appliquée à l'extérieur, réduite en bouillie, contre la pleurodynie. — L'herbe du *Houttuynia* est employée comme emménagogue en Cochinchine.

# PIPÉRACÉES, *PIPERACEÆ*, *L.-C. Richard.*

FLEURS ☿, *ou dioïques, apérianthées.* ÉTAMINES 2, *ou* 3, *ou* 6-∞. OVAIRE 1-*loculaire*, 1-*ovulé.* OVULE *sessile, basilaire, dressé, orthotrope.* BAIE *presque sèche.* ALBUMEN *charnu, dense.* EMBRYON *dicotylédoné, antitrope, apical, inclus dans le sac embryonnaire.* RADICULE *supère.*

HERBES annuelles, ou vivaces, ordinairement succulentes, ou ARBRISSEAUX. — TIGES simples, ou rameuses, cylindriques, articulées-noueuses, à rameaux axillaires, solitaires ou oppositifoliés, jamais verticillés, munies de faisceaux fibro-vasculaires épars dans leur moelle, qui leur donnent l'apparence de Plantes *monocotylédones*. — FEUILLES souvent succulentes, opposées, ou verticillées, quelquefois alternes par avortement, simples, entières, à nervures à peine visibles, ou prononcées, réticulées; pétiole très-court, engaînant à sa base. *Stipules* nulles. — FLEURS ☿, ou dioïques par avortement des étamines, apérianthées, pourvues d'une bractée peltée, ou décurrente, sessiles sur un spadice souvent charnu et sub-cylindrique, ou à demi plongées dans ses fossettes, rarement pédicellées; spadices solitaires ou fasciculés, terminaux, ou oppositifoliés, nus, ou accompagnés d'une spathe foliacée courte. — ÉTAMINES tantôt 2, occupant les côtés droit et gauche de l'ovaire; tantôt 3, dont une postérieure; souvent plus nombreuses (6-∞), dont plusieurs avortent. *Filets* très-courts, linéaires, soudés par leur base avec l'ovaire. *Anthères* extrorses, ovoïdes, adnées, 2-loculaires, rarement 1-loculaires par confluence des loges, et réniformes, à déhiscence longitudinale. *Pollen* à granules lisses, sub-globuleux, pellucides. — OVAIRE sessile, sub-globuleux, 1-loculaire, 1-ovulé. *Ovule* basilaire, sessile, orthotrope. *Stigmate* ordinairement sessile, terminal, ou sub-oblique, court, ou allongé-subulé, ou orbiculaire, indivis, ou 3-4-lobé, glabre, ou hispide. — BAIE sèche, ou charnue. — GRAINE dressée, basilaire, sub-globuleuse, à testa cartilagineux, mince. — *Albumen* charnu-farineux, ou sub-cartilagineux, ordinairement creux au centre. — EMBRYON antitrope, au sommet de la graine, occupant une cavité superficielle de l'albumen, et inclus dans le sac embryonnaire persistant, petit, turbiné, ou lenticulaire. *Cotylédons* très-courts, épais. *Radicule* supère.

GENRES PRINCIPAUX.

| | | | | | |
|---|---|---|---|---|---|
| Poivrier, | *Piper.* | Cubèbe, | *Cubeba.* | Serronia, | *Serronia.* |
| Pépéromia, | *Peperomia.* | Artanthe, | *Artanthe.* | Zippélia, | *Zippelia.* |
| Macropiper, | *Macropiper.* | | | | |

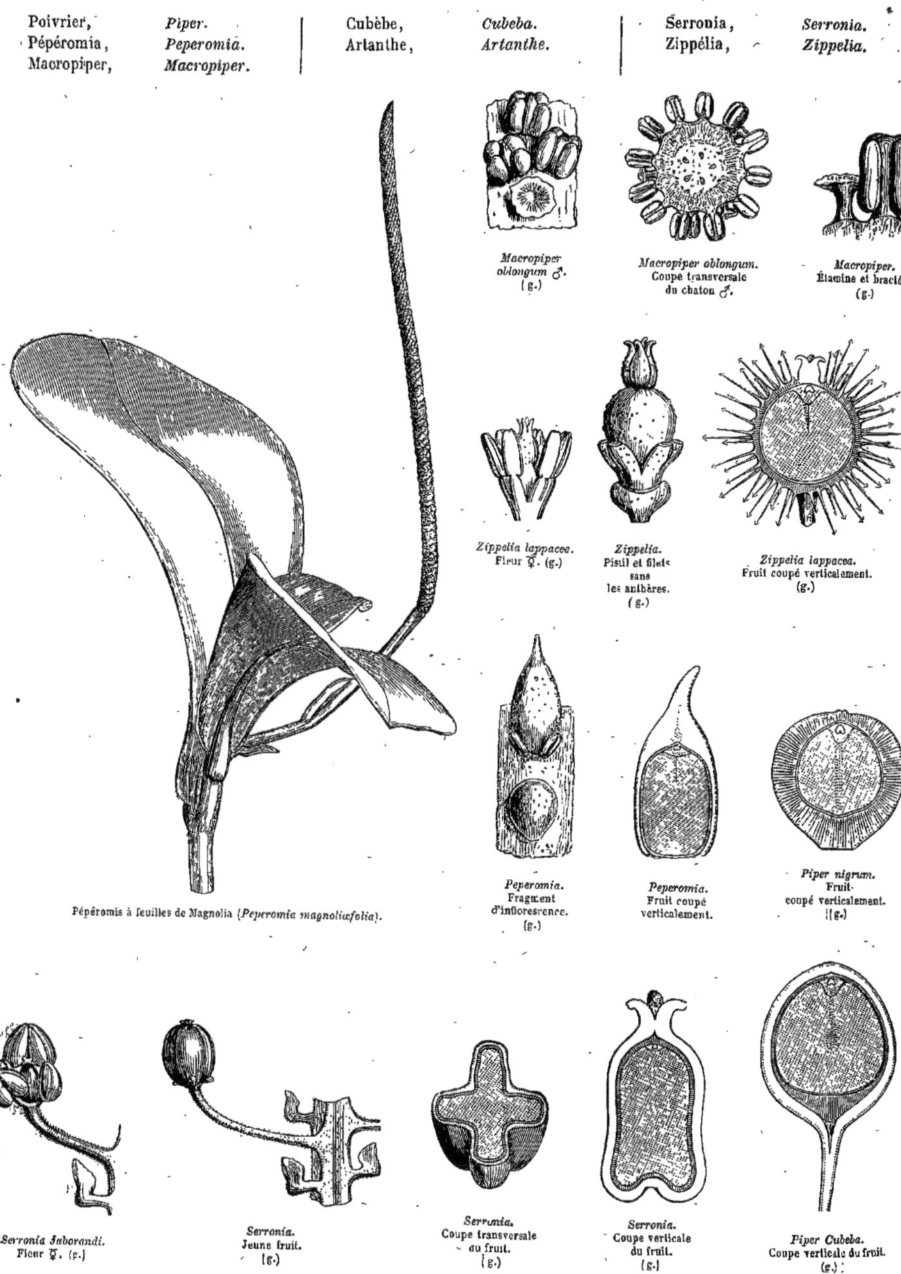

*Macropiper oblongum* ♂. (g.)

*Macropiper oblongum*. Coupe transversale du chaton ♂.

*Macropiper*. Étamine et bractée. (g.)

*Zippelia lappacea*. Fleur ☿. (g.)

*Zippelia*. Pistil et filets sans les anthères. (g.)

*Zippelia lappacea*. Fruit coupé verticalement. (g.)

Pépéromia à feuilles de Magnolia (*Peperomia magnoliæfolia*).

*Peperomia*. Fragment d'inflorescence. (g.)

*Peperomia*. Fruit coupé verticalement.

*Piper nigrum*. Fruit coupé verticalement. (g.)

*Serronia Jaborandi*. Fleur ☿. (g.)

*Serronia*. Jeune fruit. (g.)

*Serronia*. Coupe transversale du fruit. (g.)

*Serronia*. Coupe verticale du fruit. (g.)

*Piper Cubeba*. Coupe verticale du fruit. (g.)

Les *Pipéracées* sont liées par une étroite affinité aux *Saururées*, dont elles se distinguent par leur ovaire 1-loculaire et leur fruit 1-séminé (voir cette Famille). — Elles tiennent également aux *Chloranthacées* par les fleurs apérianthées, les étamines à filets soudés avec l'ovaire, l'ovaire 1-loculaire, 1-ovulé, l'ovule orthotrope, le stigmate sessile, la graine albuminée; mais chez les Chloranthacées la graine est pendante; le sac embryonnaire n'est pas persistant; les feuilles sont constamment opposées, et leurs pétioles sont soudés en gaîne amplexicaule, 2-stipulée de chaque côté. — L'orthotropie et la situation basilaire de l'ovule rapprochent aussi les Pipéracées des *Urticées*, des *Loranthacées* et même des *Polygonées* (voir ces Familles).

Les Pipéracées, renfermées entre le 35° degré de latitude Nord et le 42° de latitude Sud, abondent surtout dans les contrées chaudes de l'Amérique. Elles sont moins nombreuses dans l'Archipel indien et les îles de la Sonde; de là elles se répandent soit vers le Sud, soit vers le Nord, dans le continent asiatique. L'Afrique est pauvre en Espèces; quelques-unes végètent dans l'Afrique australe; on en rencontre un peu plus dans les îles d'Afrique voisines de l'Inde. Les Espèces ligneuses se voient surtout en Asie, les herbacées en Amérique.

Les Pipéracées possèdent une résine âcre, une huile volatile aromatique, et un principe immédiat cristallisable (*pipérine*), qui résident tantôt dans toutes les parties de la Plante, tantôt principalement dans la racine, ou dans le fruit. Le *Poivre* (*Piper nigrum*) croît spontanément et se cultive en grand dans l'Inde, à Java, à Sumatra et au Malabar. Son fruit, cueilli avant la maturité, séché et pulvérisé, est le *poivre noir*, épice connue en Europe depuis les conquêtes d'Alexandre; le fruit mûr, macéré dans l'eau, puis séché et débarrassé de son péricarpe par le frottement, donne le *poivre blanc*. On préfère ce dernier pour le service des tables, mais le second est préféré par les médecins comme stimulant. — Le *P. trioïcum*, qui croît en Asie, est autant estimé comme condiment que le *P. nigrum*. — Le fruit des Espèces américaines *P. citrifolium*, *crocatum*, *Amalago*, est employé aux mêmes usages. Le *poivre long* est l'épi entier, cueilli avant la maturité du *P. longum*, arbrisseau des montagnes de l'Inde. Les jeunes fruits qui le composent ont une saveur encore plus brûlante que celle du poivre noir. — Le *Cubèbe* (*Piper Cubeba*) croît spontanément à Java; ses propriétés sont aussi énergiques que celles du poivre noir. On administre ses baies dans les affections syphilitiques de la muqueuse urétrale. — Le *Bétel* (*Piper Betel*) a des feuilles aromatiques amères, que les habitants de l'Asie équatoriale mêlent avec la noix d'*Arec* et la chaux pour composer un masticatoire, dont ils font un usage continuel. Ce mélange est utile pour relever les forces digestives dans ces climats chauds et humides; mais l'abus en devient à la longue pernicieux : il donne aux dents la couleur noire de l'Ébène, et rend les gencives sanguinolentes. — L'*Ava* (*Piper methysticum*) est cultivé dans les îles tropicales de l'Océan pacifique; sa racine contuse, mâchée et imprégnée de salive, puis mêlée avec du suc de *Coco*, sert à préparer une liqueur très-enivrante, et narcotique, dont l'usage fréquent n'est pas moins nuisible que celui du *Bétel*. Cette racine est employée comme sudorifique par les médecins d'Angleterre. — Plusieurs Espèces américaines sont renommées pour leurs vertus diaphorétiques et antispasmodiques : ce sont les *Piper crystallinum*, *rotundifolium*, *heterophyllum*, *churumaya*, etc., dont on emploie les feuilles en infusion. La décoction du *P. elongatum* est administrée au Pérou comme antisyphilitique. Au Pérou croît aussi le *P. crocatum*, dont les épis mûrs fournissent un principe tinctorial d'un jaune safran.

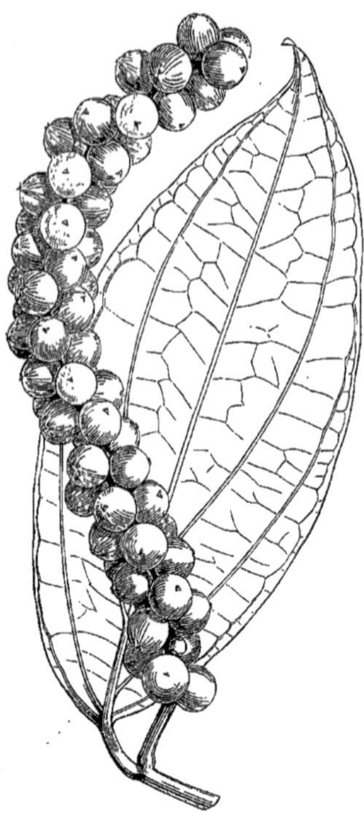

Poivrier noir (*Piper nigrum*).

# CHLORANTHACÉES, *CHLORANTHACEÆ*.

## (CHLORANTHEÆ, *R. Brown*. — CHLORANTHACEÆ, *Lindley*.)

Fleurs ☿, *ou diclines, apérianthées.* Ovaire *1-loculaire, 1-ovulé.* Ovule *pendant, orthotrope.* Drupe *charnue.* Albumen *charnu, copieux.* Embryon *dicotylédoné, petit, antitrope, apical.* Radicule *infère.*

Arbustes ou Sous-Arbrisseaux, rarement Herbes annuelles, aromatiques, à rameaux, opposés, articulés-noueux. — Feuilles opposées, pétiolées, simples, penninerviées, dentelées, ou rarement entières, à pétioles soudés en gaîne courte, amplexicaule, bi-stipulée de chaque côté. — Fleurs petites, terminales, ou rarement axillaires, enfoncées chacune dans une bractée naviculaire, ou rarement nues. — Périanthe nul. — Étamines dans les fleurs ♂, insérées sur un axe commun et formant un épi, tantôt rares et pourvues d'une bractée; tantôt serrées, imbriquées et dépourvues de bractées; *filets* courts, *anthères* à 2 loges bordant le connectif et s'ouvrant longitudinalement. — Étamines dans les fleurs ☿, 1-3, soudées avec la face dorsale de l'ovaire, les 2 latérales à *anthères* 1-loculaires, l'intermédiaire à *anthère* 2-loculaire, à loges introrses, opposées, s'ouvrant longitudinalement; *filets* carénés, soudés ensemble par leur base. — OVAIRE sessile, trigone, ou sub-globuleux, 1-loculaire. *Ovule* unique, appendu près du sommet de la cavité, orthotropé. *Stigmate* terminal, sessile, obtus, ou déprimé, sillonné ou sub-lobé, tombant. — DRUPE charnue, sub-globuleuse, ou trigone, épaisse, à noyau mince et fragile. — GRAINE pendante, à tégument finement membraneux. — EMBRYON anti-trope, minime, inclus au sommet d'un *albumen* charnu, copieux. *Cotylédons* très-courts, divariqués. *Radicule* infère.

GENRES PRINCIPAUX.

Hédyosmum, *Hedyosmum*. | *Chloranthe, *Chloranthus*. | Sarcandra, *Sarcandra*. | Ascarine, *Ascarina*.

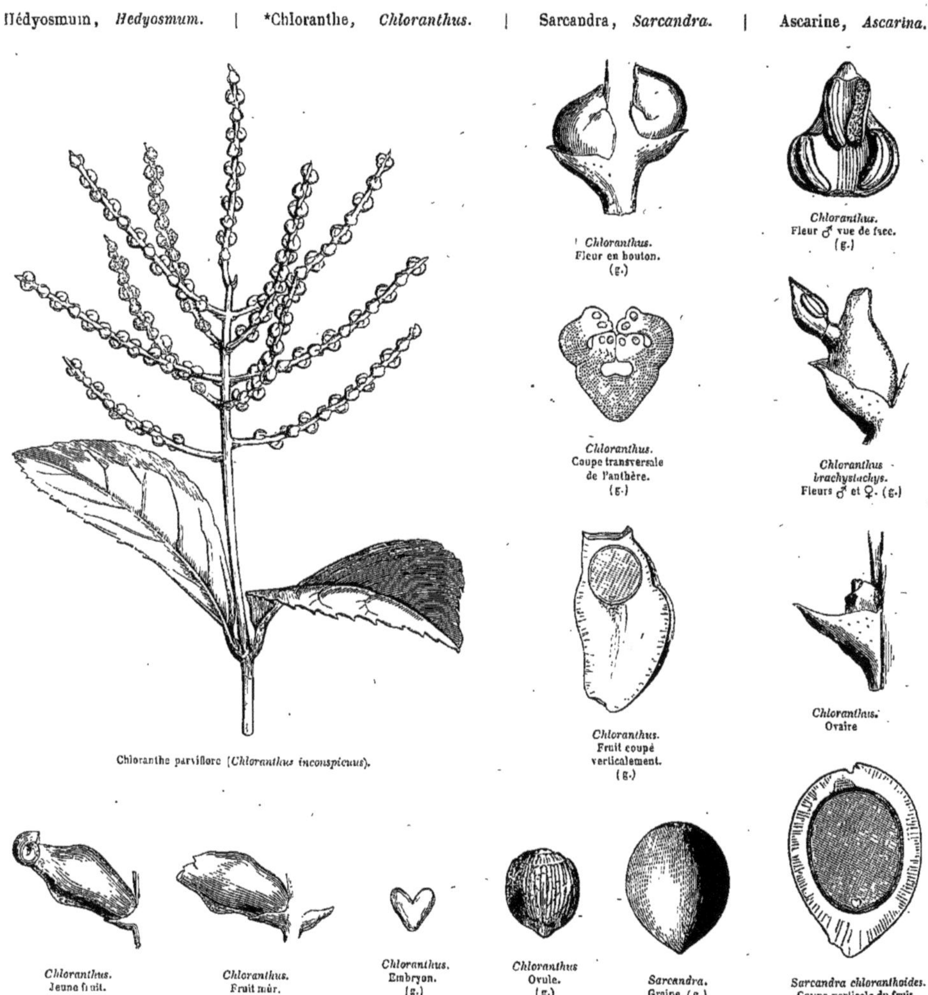

Chloranthe parviflore (*Chloranthus inconspicuus*).

*Chloranthus*. Fleur en bouton. (g.)

*Chloranthus*. Fleur ♂ vue de face. (g.)

*Chloranthus*. Coupe transversale de l'anthère. (g.)

*Chloranthus brachystachys*. Fleurs ♂ et ♀. (g.)

*Chloranthus*. Fruit coupé verticalement. (g.)

*Chloranthus*. Ovaire

*Chloranthus*. Jeune fruit.

*Chloranthus*. Fruit mûr.

*Chloranthus*. Embryon. (g.)

*Chloranthus* Ovule. (g.)

*Sarcandra*. Graine. (g.)

*Sarcandra chloranthoides*. Coupe verticale du fruit.

Les *Chloranthacées* sont très-voisines des Pipéracées (voir cette Famille). Elles se rapprochent aussi des *Saururées* par la fleur apérianthée, les filets d'étamines adnés à l'ovaire, l'ovule orthotrope, et la graine copieusement albuminée. Elles s'en éloignent par le nombre moindre des étamines, l'ovaire 1-loculaire, l'ovule unique, pendant, la tige ligneuse et les feuilles opposées. — Payer s'est trompé en décrivant et figurant comme anatrope l'ovule du *Chloranthus* (Organ., p. 423, Tab. 90).

Cette petite Famille est tropicale. Les *Chloranthus* et le *Sarcandra* croissent dans les parties chaudes et surtout dans les îles de l'Asie. Le Genre *Ascarina* habite les îles de la Société; l'*Hedyosmum*, l'Amérique.

Les Chloranthacées sont aromatiques, et peuvent être rangées parmi les médicaments excitants. La racine du *Chloranthus officinalis*, qui croît dans les forêts humides de l'île de Java, possède une odeur camphrée très-pénétrante, et une saveur aromatique sub-amère ; elle est renommée à Java comme antispasmodique et fébrifuge. Le célèbre botaniste M. Blume y a éprouvé son efficacité dans le traitement de la fièvre intermittente pernicieuse, qui, en 1824, fit périr trente mille indigènes, et du typhus qui dévastait, en 1825, plusieurs provinces de cette île. — Les jeunes pousses et les feuilles des *Hedyosmum nutans* et *arborescens* sont employées à la Jamaïque dans la médecine populaire comme antispasmodiques et digestives.

# CÉRATOPHYLLÉES, *CERATOPHYLLEÆ*, *S. Fr. Gray*.

Fleurs *monoïques, sessiles à l'aisselle des feuilles, involucrées, apérianthées. Anthères* ∞. Ovaire *1-loculaire, 1-ovulé.* Ovule *pendant, orthotrope.* Albumen *nul.* Embryon *antitrope, épais.* Radicule *infère.* Gemmule *polyphylle.*

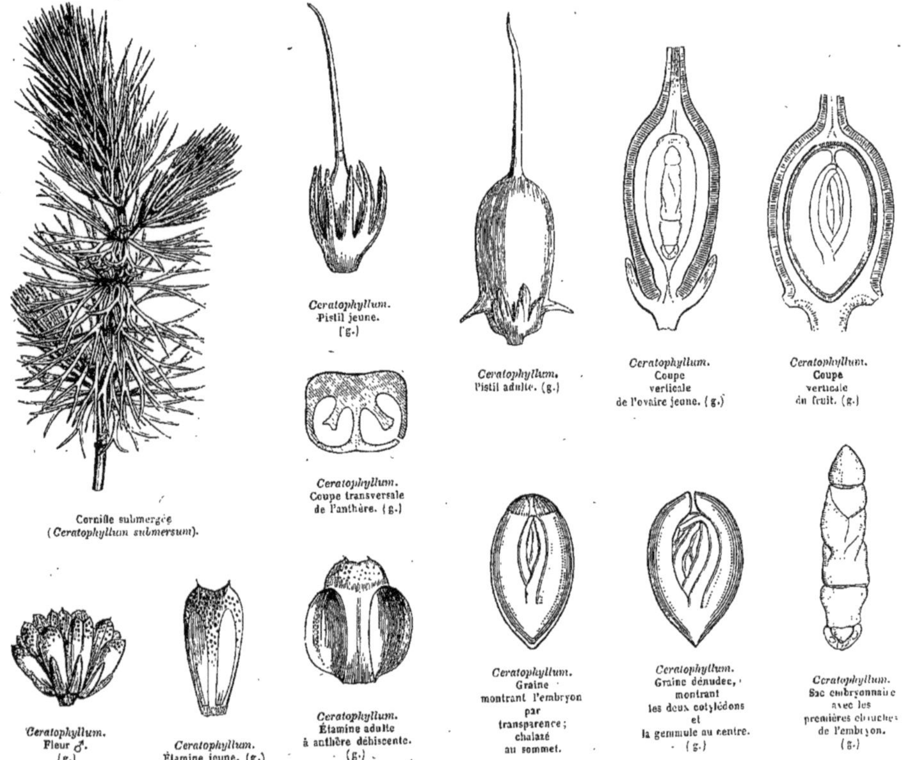


Herbes aquatiques submergées, très-rameuses, raides, à tiges et rameaux cylindriques, articulés-noueux. — Feuilles verticillées, sessiles, non stipulées, disséquées, à lanières dichotomes ou trichotomes, filiformes, aiguës, finement dentelées. — Fleurs monoïques, sessiles à l'aisselle des feuilles. — Fleurs ♂. *Involucre* 10-12-partit à lanières linéaires, égales, entières, ou incisées. — Périanthe nul. *Anthères* ∞, agglomérées au centre de l'involucre, sessiles, ovoïdes-oblongues, 2-3-cuspidées au sommet, à 2 loges collatérales plongées dans une masse celluleuse, se déchirant irrégulièrement à la maturité. — Fleurs ♀ : *involucre* comme dans les ♂.

Périanthe nul. — Ovaire unique, sessile, présentant un peu au-dessus de sa base 2 pointes courtes latérales, 1-loculaire, 1-ovulé. *Ovule* pendant au sommet de la cavité, orthotrope. *Style* terminal, aminci en pointe, continu avec l'ovaire, garni à son sommet de papilles stigmatiques uni-latérales. — Nucule coriace, accompagnée de l'involucre persistant, armée de 2 pointes basilaires et accrescentes, et terminée par le style persistant. — Graine pendante, à tégument finement membraneux épaissi autour du hile, exalbuminée. — Embryon antitrope. *Cotylédons* ovales, épais. *Radicule* très-courte, infère. *Gemmule* herbacée, sub-stipitée, polyphylle, égalant les cotylédons.

GENRE UNIQUE.

Cornifle, *Ceratophyllum.*

Les affinités des *Cératophyllées* sont peu manifestes; elles ont, comme les *Chloranthacées*, des feuilles opposées, des fleurs diclines, apérianthées, un ovaire 1-loculaire, 1-ovulé, et un ovule pendant, orthotrope; mais elles sont aquatiques, leurs feuilles sont capillaires, et leur graine est exalbuminée. Elles rappellent les *Urticées* par les mêmes analogies; toutefois, chez les Urticées, la fleur a un périanthe, et l'ovule est basilaire. Elles n'ont, avec les *Callitrichinées*, d'autres rapports que leur *habitat* aquatique, leurs fleurs apérianthées, involucrées, leur ovaire 1-loculaire et 1-ovulé. — M. Brongniart le premier a fait connaître la grande analogie que présente la graine des *Ceratophyllum*, comparée à celle du *Nelumbo* (voir page 402).

Cette Famille se compose d'un petit nombre d'Espèces habitant les eaux stagnantes de l'Europe et de l'Amérique septentrionale. — On ne leur connaît aucune propriété utile.

# CYNOCRAMBÉES, *CYNOCRAMBEÆ*, Endlicher.

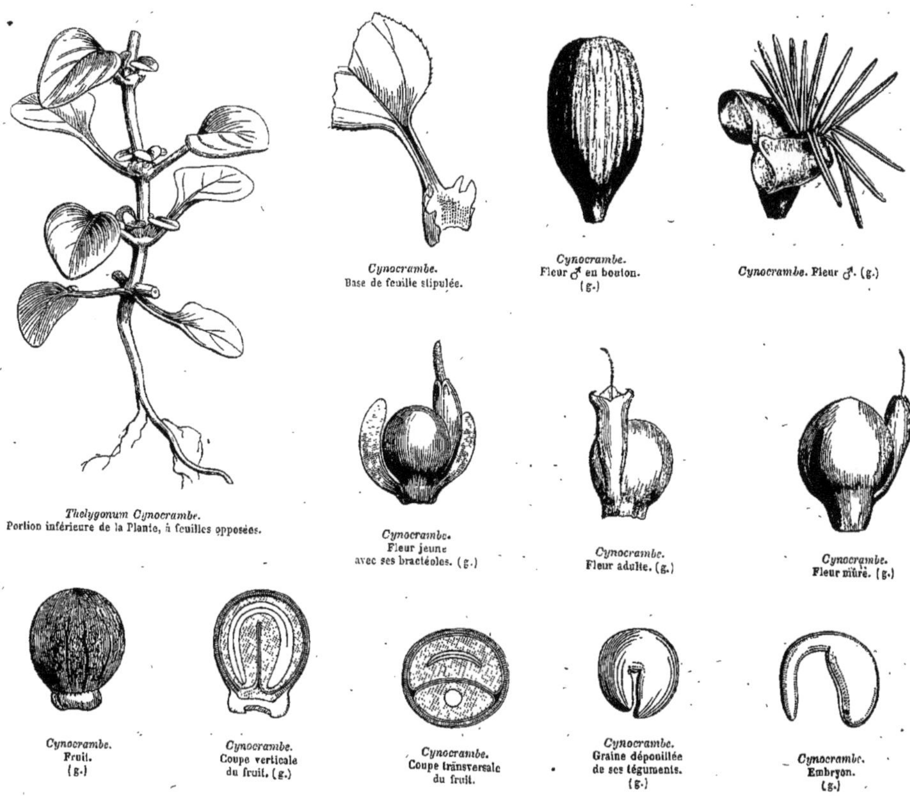

*Thelygonum Cynocrambe.* Portion inférieure de la Plante, à feuilles opposées.

*Cynocrambe.* Base de feuille stipulée.

*Cynocrambe.* Fleur ♂ en bouton. (g.)

*Cynocrambe.* Fleur ♂. (g.)

*Cynocrambe.* Fleur jeune avec ses bractéoles. (g.)

*Cynocrambe.* Fleur adulte. (g.)

*Cynocrambe.* Fleur mûre. (g.)

*Cynocrambe.* Fruit. (g.)

*Cynocrambe.* Coupe verticale du fruit. (g.)

*Cynocrambe.* Coupe transversale du fruit.

*Cynocrambe.* Graine dépouillée de ses téguments. (g.)

*Cynocrambe.* Embryon. (g.)

HERBE annuelle, sub-succulente. — FEUILLES pétiolées, les inférieures opposées, les supérieures alternes, entières, penninerviées, ou tri-nerviées. *Stipules* incisées unissant les bases des pétioles. — FLEURS monoïques, naissant à des aisselles différentes. — FLEURS ♂ dépourvues de bractées 2-3, sessiles. — PÉRIANTHE à 2 folioles antéro-postérieures, juxtaposées dans l'estivation, roulées en dehors après la floraison. — ÉTAMINES 2-20, insérées à la base des folioles du périanthe. *Filets* finement capillaires, libres. *Anthères* d'abord linéaires, puis sagittées, versatiles, biloculaires, à déhiscence longitudinale. — FLEURS ♀ généralement 3, rarement plus (l'intermédiaire ordinairement plus grande, les latérales avortant quelquefois), sessiles, pourvues d'une bractée postérieure, de 2 bractéoles antérieures et de 2 latérales. — PÉRIANTHE excentrique, tubuleux, sub-claviforme, 3-lobulé, traversé au sommet par le style, et devenant latéral par le grossissement de l'ovaire. OVAIRE 1-loculaire, 1-ovulé. *Ovule* basilaire, campylotrope. *Style* latéral. *Stigmate* claviforme, indivis. — FRUIT drupacé. — GRAINE arquée en fer à cheval, à *testa* finement membraneux. — EMBRYON dicotylédoné, crochu, occupant l'axe d'un albumen sub-cartilagineux. *Cotylédons* linéaires, incombants. *Radicule* cylindrique, infère.

*Thelygonum cynocrambe.*
Portion supérieure de la Plante, à feuilles alternes.

GENRE UNIQUE.

Cynocrambe, *Thelygonum.*

Ce Genre se rapproche des *Urticées* et des *Cannabinées* par la diclinie, les fleurs monopérianthées, l'ovaire 1-loculaire, 1-ovulé, l'ovule basilaire, à chalaze correspondant au hile, l'albumen charnu, les feuilles stipulées; mais chez les Urticées l'ovaire est libre, et le fruit est un akène. — Il rappelle aussi les *cyclospermées* apétales, et surtout les *Tétragoniées*, dont l'ovaire est infère; mais il s'en éloigne par le nombre des étamines, la forme linéaire des anthères, l'ovule basilaire, l'albumen non farineux, etc.

Le *Thelygonum* appartient à la région méditerranéenne; c'est une herbe un peu âcre, légèrement purgative, et pouvant servir comme Plante potagère de qualité inférieure.

# CANNABINÉES, *CANNABINEÆ*, *Endlicher.*

FLEURS *diclines.* PÉRIANTHE ♂ *calyciforme.* PÉRIANTHE ♀ *squamiforme.* OVAIRE *1-loculaire, 1-ovulé.* STYLES 2. OVULE *pendant, campylotrope.* FRUIT *sec.* GRAINE *pendante, exalbuminée.* EMBRYON *dicotylédoné, crochu, ou roulé en spirale.* RADICULE *supère.* — TIGE *herbacée, à suc aqueux.* FEUILLES *stipulées.*

HERBES annuelles et dressées, ou vivaces et volubiles, à suc aqueux. — FEUILLES opposées, ou les supérieures alternes, pétiolées, incisées, ou lobées, dentelées, souvent glanduleuses (*Chanvre*), stipulées. — FLEURS dioïques. — FLEURS ♂, en grappe, ou en panicule. — PÉRIANTHE herbacé à 5 sépales libres, sub-égaux, imbriqués dans l'estivation. — ÉTAMINES 5, opposées aux sépales et insérées sur leur base. *Filets* filiformes, courts. *Anthères* terminales, biloculaires, oblongues, à loges opposées, marquées de 4 sillons, mutiques, ou apiculées par le connectif qui les dépasse, et s'ouvrant longitudinalement. — FLEURS ♀ en épi strobiloïde (*Houblon*) ou en glomérules (*Chanvre*) à bractées biflores (*Houblon*) ou uniflores (*Chanvre*), chaque fleur munie d'une bractéole. — PÉRIANTHE urcéolé, réduit à un seul sépale bractéiforme, membraneux, enveloppant étroitement l'ovaire. — *Ovaire* libre, ovoïde, ou sub-globuleux, un peu comprimé, 1-loculaire, 1-ovulé. *Ovule* pendant au sommet de la loge, campylotrope, à micropyle supère. *Style* terminal, très-court, ou nul. *Stigmates* 2, allongés-filiformes, ou subulés, pubescents. — AKÈNE glanduleux, embrassé par le périanthe accrescent (*Houblon*), ou CARYOPSE lisse, inclus dans le périanthe et bivalve par la pression (*Chanvre*). — GRAINE pendante, à *testa* soudé ou non avec le péricarpe, à *endoplèvre* charnue simulant un albumen; hile marqué d'une tache brune. — EMBRYON exalbuminé, crochu, ou roulé en spirale. — *Cotylédons* incombants. *Radicule* supère.

GENRES.

*Chanvre, *Cannabis.* | *Houblon, *Humulus.*

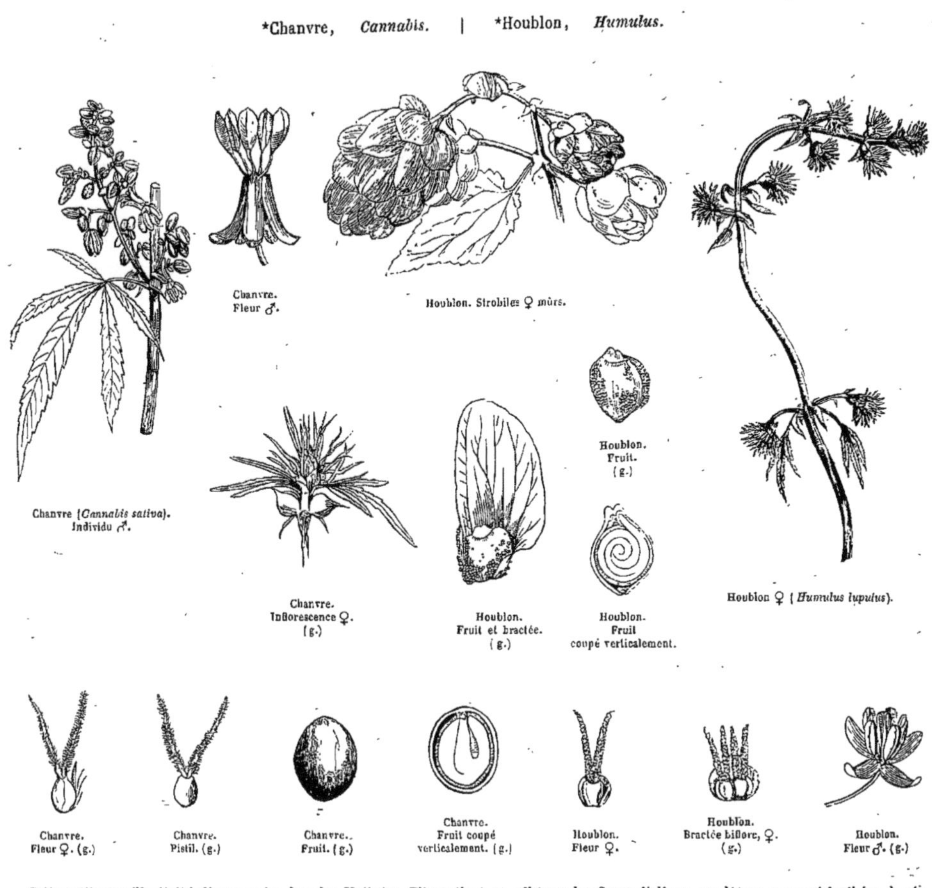

Chanvre (*Cannabis sativa*). Individu ♂.

Chanvre. Fleur ♂.

Houblon. Strobiles ♀ mûrs.

Houblon. Fruit. (g.)

Chanvre. Inflorescence ♀. (g.)

Houblon. Fruit et bractée. (g.)

Houblon. Fruit coupé verticalement.

Houblon ♀ (*Humulus lupulus*).

Chanvre. Fleur ♀. (g.)

Chanvre. Pistil. (g.)

Chanvre. Fruit. (g.)

Chanvre. Fruit coupé verticalement. (g.)

Houblon. Fleur ♀.

Houblon. Bractée biflore, ♀. (g.)

Houblon. Fleur ♂. (g.)

Cette petite Famille était jadis comprise dans les *Urticées.* Elle y tient en effet par les fleurs diclines, verdâtres, monopérianthées, à estivation imbriquée, les étamines opposées aux sépales, l'ovaire 1-loculaire et 1-ovulé, le fruit sec, la radicule supère et les feuilles stipulées; mais les Urticées s'en éloignent par les étamines à filets longs, enroulés et élastiques, les anthères arrondies, l'ovule dressé, orthotrope, et la graine plus ou moins abondamment albuminée. — Les *Celtidées* présentent les mêmes affinités, et, de plus, la graine est pendante et l'ovule campylotrope.

Les Cannabinées, cultivées depuis la plus haute antiquité, sont répandues aujourd'hui dans toutes les régions tempérées de l'hémisphère Nord. Le *Chanvre* croît, dit-on, spontanément dans les parties montueuses de l'Asie moyenne et australe; le *Houblon* est indigène de l'Europe, de l'Amérique et de l'Asie occidentale.

Le *Houblon* et le *Chanvre*, quoique d'aspect différent, se rapprochent non-seulement par la structure de leurs fleurs, mais aussi par la ténacité de leurs fibres et le suc amer-narcotique qu'ils contiennent. L'akène du *Houblon* (*Humulus lupulus*) est recouvert, ainsi que sa bractée, de glandes globuleuses jaunes, contenant un principe amer, aromatique (*lupuline*), qui donne à la bière une qualité légèrement narcotique, en même temps qu'une amertume agréable; les jeunes pousses blanches et souterraines du *Houblon* sont alimentaires. — La graine du *Chanvre* (*Cannabis sativa*) contient une huile fixe, que l'on emploie pour la fabrication du savon noir et pour l'éclairage. Les tiges fournissent les fibres corticales textiles, si précieuses par leur ténacité : ces fibres corticales, séparées de la partie ligneuse de la tige par une macération prolongée dans l'eau, servent à préparer la *filasse*, dont on fabrique la toile et les cordages. Le *Chanvre* fournit une résine gélatineuse, contenue dans de petites glandes placées à la surface de la tige et des feuilles, et qui possède des propriétés très-enivrantes; on la nomme en Orient *cherris :* ce principe, plus narcotique et plus dangereux encore que l'*opium*, est la base d'une préparation grasse, de couleur verte, nommée *hachich* par les Arabes et employée surtout par eux comme aphrodisiaque.

# URTICÉES, *URTICEÆ.*

(URTICARUM *Genera, Jussieu.* — URTICEARUM *Genera, De Candolle.*
URTICEÆ, *R. Brown, Weddell.* — URTICACEÆ, *Endlicher.*)

FLEURS *diclines, ou polygames.* ♂ : PÉRIANTHE *calyciforme, isostémone.* ÉTAMINES *à filets se déroulant élastiquement.* ♀ : PÉRIANTHE *calyciforme, quelquefois nul.* OVAIRE *1-loculaire, 1-ovulé.* OVULE *dressé, orthotrope.* FRUIT *sec, ou charnu.* ALBUMEN *plus ou moins copieux.* EMBRYON *dicotylédoné, droit, axile, antitrope.* RADICULE *supère.* FEUILLES *stipulées.*

HERBES, ou SOUS-ARBRISSEAUX, ou ARBRISSEAUX très-rarement grimpants (*Urera*), ou ARBRES, à suc aqueux, très-rarement laiteux (*Neraudia*). *Tige* souvent anguleuse, à écorce mince, pourvue de fibres très-tenaces, armée souvent, ainsi que les autres parties de la Plante, de poils, les uns simples, les autres munis à leur base d'une couche extérieure de cellules renfermant un suc âcre et brûlant; cellules épidermiques contenant souvent des cystolithes (voyez page 95). — FEUILLES alternes, ou opposées, pétiolées, penninerviées, entières, ou dentées, ou serretées, rarement palminerviées et palmilobées. *Stipules* caulinaires, ou pétiolaires, latérales, ou axillaires, libres, ou soudées avec celles de la feuille opposée. — FLEURS monoïques, ou dioïques, ou polygames, généralement disposées en cymes, très-rarement solitaires et axillaires (*Helxine*), quelquefois ramassées sur un réceptacle commun, convexe (*Pipturus*, *Procris*, etc.), ou concave (*Elatostema*). *Cymes* tantôt lâches, tantôt contractées en glomérule, ou en tête, quelquefois solitaires, ou géminées, et formant alors une inflorescence définie; quelquefois aussi disposées en épi, ou en grappe, ou en panicule, et formant alors une inflorescence mixte et indéfinie. *Pédicelles* assez souvent articulés. *Bractées* ordinairement petites et persistantes, souvent réunies en involucre et distinctes, ou cohérentes, quelquefois nulles. — FLEURS ♂ : PÉRIANTHE simple (CALYCE), ordinairement vert, rarement coloré, gamosépale, 4-5-partit (rarement 2-3-partit), quelquefois à un seul sépale (*Forskõhlea*); segments calycinaux égaux, concaves, à préfloraison imbriquée (*Urtica*, etc.), ou valvaire (*Parietaria*, etc.). — ÉTAMINES en même nombre que les segments, insérées à leur base et opposées. *Filets* filiformes, ou subulés, ou dilatés, ordinairement marqués de rides transversales, infléchis dans l'estivation, et se déroulant élastiquement dans l'anthèse. *Anthères* biloculaires, introrses, dorsifixes, à loges contiguës, ordinairement oblongues, ou globuleuses, ou réniformes, s'ouvrant longitudinalement. *Pistil* rudimentaire sessile, ou stipité, glabre, ou poilu. — FLEURS ♀ : PÉRIANTHE (CALYCE) tubuleux, ou 3-5-partit, ou 3-5-lobé, souvent accrescent, rarement nul (*Forskõhlea*, etc.). — ÉTAMINES rudimentaires squamiformes, opposées aux sépales (*Pilea*, *Procris*, etc.), ordinairement nulles. — OVAIRE libre, quelquefois adhérent au périanthe (*Pipturus*, etc.), sessile, ou brièvement stipité, ovoïde, 1-loculaire, 1-ovulé. *Ovule* dressé, sessile, ou funiculé, orthotrope. *Style* terminal, ou sub-latéral, simple, tantôt terminé par un stigmate capité, ou pénicilliforme, tantôt stigmatifère d'un côté, quelquefois très-court, ou presque nul, à stigmate sessile, lacinié-multipartit. — FRUIT sec (*akène*), ou charnu (*drupe*), soit nu, soit inclus (quelquefois avec adhérence) dans le périanthe, quelquefois accrescent, sec, ou charnu : *akènes* comprimés, ou ovoïdes, ou sphériques, lisses, ou pointillés, ou tuberculeux, quelquefois ailés, ou couverts de longs poils analogues à ceux du coton; *drupes* ovoïdes, ordinairement agrégées en têtes comme le fruit du *Mûrier*, à endocarpe crustacé, à sarcocarpe mince, quelquefois adhérent au périanthe. — GRAINE dressée, ordinairement distincte de l'endocarpe, à *testa* mince, à *chalaze* large, brunâtre. *Albumen* charnu-huileux, rarement abondant, très-rarement nul (*Elatostema*). — EMBRYON droit, axile, antitrope. *Cotylédons* charnus, ovales, ou sub-orbiculaires, plano-convexes. *Radicule* cylindrique ou conique, supère.

GENRES PRINCIPAUX.

| | | | | | |
|---|---|---|---|---|---|
| Ortie, | *Urtica.* | Élatostéma, | *Elatostema.* | Pariétaire, | *Parietaria.* |
| Uréra, | *Urera.* | *Boehméria, | *Boehmeria.* | Helxine, | *Helxine.* |
| Laportéa, | *Laportea.* | Pouzolsia, | *Pouzolsia.* | Forskõhléa, | *Forskõhlea.* |
| *Piléa, | *Pilea.* | Pipturus, | *Pipturus.* | | |

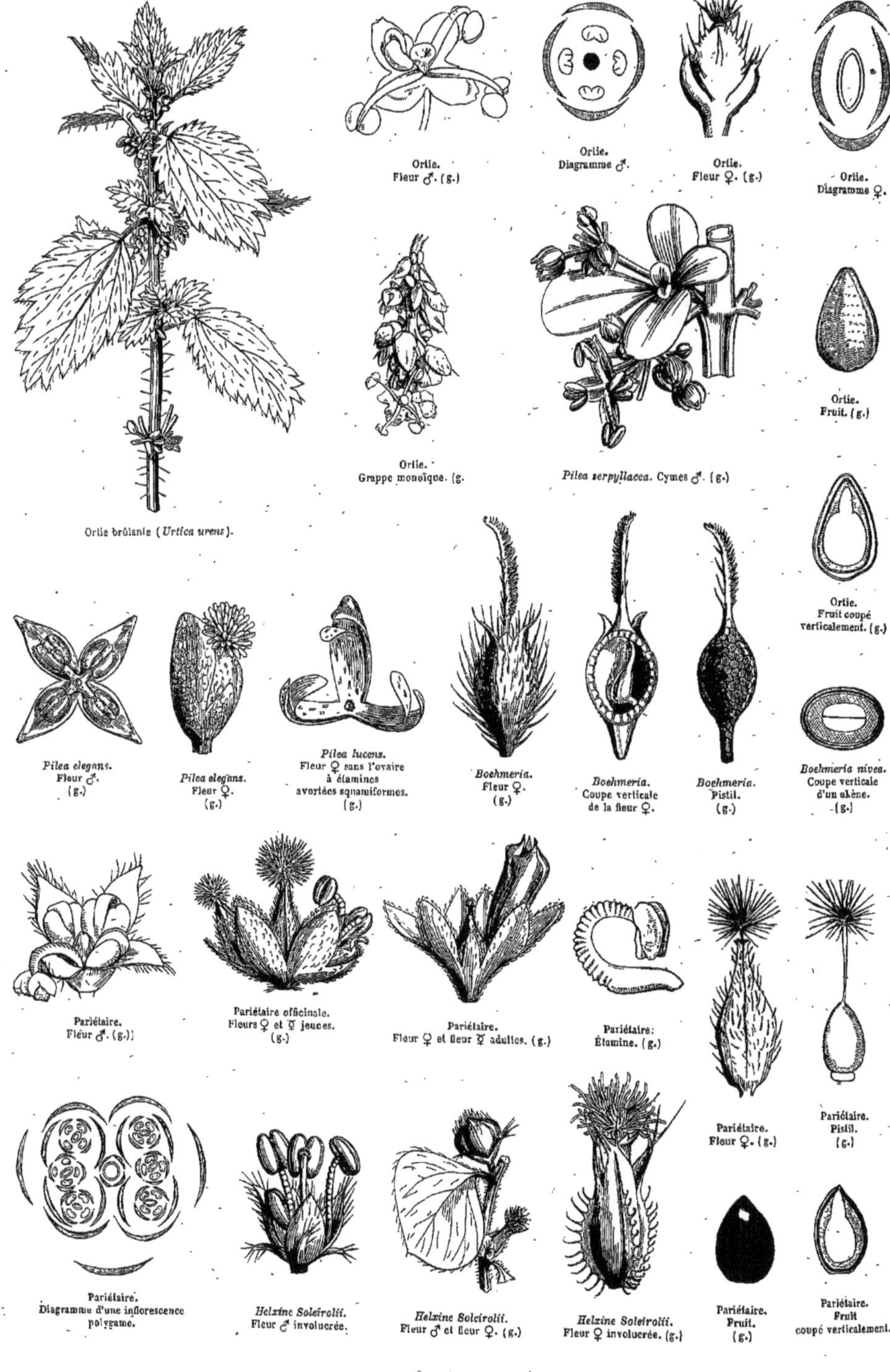

Ortie brûlante (*Urtica urens*).

Ortie. Fleur ♂. (g.)

Ortie. Diagramme ♂.

Ortie. Fleur ♀. (g.)

Ortie. Diagramme ♀.

Ortie. Grappe monoïque. (g.

*Pilea serpyllacea*. Cymes ♂. (g.)

Ortie. Fruit. (g.)

Ortie. Fruit coupé verticalement. (g.)

*Pilea elegans*. Fleur ♂. (g.)

*Pilea elegans*. Fleur ♀. (g.)

*Pilea lucens*. Fleur ♀ sans l'ovaire à étamines avortées squamiformes. (g.)

*Boehmeria*. Fleur ♀. (g.)

*Boehmeria*. Coupe verticale de la fleur ♀.

*Boehmeria*. Pistil. (g.)

*Boehmeria nivea*. Coupe verticale d'un akène. (g.)

Pariétaire. Fleur ♂. (g.))

Pariétaire officinale. Fleurs ♀ et ☿ jeunes. (g.)

Pariétaire. Fleur ♀ et fleur ☿ adultes. (g.)

Pariétaire. Étamine. (g.)

Pariétaire. Fleur ♀. (g.)

Pariétaire. Pistil. (g.)

Pariétaire. Diagramme d'une inflorescence polygame.

*Helxine Soleirolii*. Fleur ♂ involucrée.

*Helxine Soleirolii*. Fleur ♂ et fleur ♀. (g.)

*Helxine Soleirolii*. Fleur ♀ involucrée. (g.)

Pariétaire. Fruit. (g.)

Pariétaire. Fruit coupé verticalement.

Les *Urticées* sont si étroitement liées avec les *Morées*, les *Ulmacées*, les *Celtidées* et les *Cannabinées* (voir ces Familles) que les Botanistes modernes s'accordent à les réunir dans une même classe (URTICINÉES, *Brongniart*), qui a pour caractères communs : l'apétalie, l'isostémonie, l'opposition des étamines aux sépales, l'ovaire 1-loculaire, 1-ovulé; l'ovule généralement orthotrope, ou campylotrope; l'albumen charnu, ou nul, et la radicule supère. Nous avons indiqué les analogies qui rapprochent les Urticées des *Cynocrambées*, *Pipéracées*, *Saururées*, *Cératophyllées* (voir ces Familles). — M. Weddell, dans sa monographie des Urticées, a comparé cette Famille avec les *Tiliacées*, et signalé entre elles des rapports fondés principalement sur la ténacité des fibres corticales du liber, la présence des stipules, l'inflorescence définie, l'estivation valvaire du calyce, les anthères bilobées, le pollen lisse, etc., et ce parallèle l'a porté à admettre que les Urticées constituent une dégradation du type des *Malvacées*, s'opérant par l'intermédiaire des *Tiliacées*.

Le véritable domaine de cette Famille est la zone intertropicale; l'Europe est de toutes les parties du monde la plus pauvre en Urticées, mais M. Weddell fait remarquer que ce qu'elle perd sous le rapport de la variété et du nombre des Espèces, elle le compense en partie par la multitude des individus, de sorte qu'il n'y a peut-être pas d'exagération à dire que les 5 ou 6 Espèces d'*Orties* et de *Pariétaires* qui pullulent autour de nos habitations couvrent presque autant de terrain que les nombreuses Espèces répandues sous les climats équatoriaux. — Le Genre *Urtica* possède des représentants sur beaucoup de points du globe, mais les Plantes qui le composent sont confinées dans les régions tempérées ou froides, et on les voit, à ce titre, préférer, dans les plaines et sur les montagnes des deux hémisphères, les lieux où elles rencontrent la température qui leur convient. Si l'on écarte les Genres *Urtica* et *Parietaria*, on remarquera que tous les autres, au nombre d'environ 36, sont essentiellement intertropicaux ou sub-tropicaux, et que c'est en quelque sorte accidentellement que, dans l'un ou l'autre continent, on en voit apparaître quelques Espèces, comme perdues en dehors des tropiques. C'est ce qu'on observe pour les Genres *Boehmeria*, *Elatostema*, *Pilea*, *Laportea*, etc. Quant à la distribution numérique des Urticées dans les diverses contrées du globe, l'Amérique en possède un tiers, l'Asie et la Malaisie un second tiers, l'Océanie et l'Afrique un autre tiers, dont il faut retrancher une douzaine d'Espèces qui habitent l'Europe.

Pariétaire officinale
(*Parietaria officinalis*).

La matière médicale des Urticées se borne à la *Pariétaire*, et à quelques Espèces d'*Orties*. La *Pariétaire* (*Parietaria diffusa*, et *erecta*), contient une quantité notable de *nitre*, qui la fait employer comme diurétique en décoction et en applications externes. — Nos *Orties* indigènes (*Urtica urens* et *dioica*), hérissées de poils brûlants, étaient jadis fréquemment employées par les médecins, qui se servaient de la Plante fraîche pour flageller leurs malades, et produire, en irritant la peau, une révulsion salutaire. Ce moyen thérapeutique, nommé *urtication*, est encore employé de nos jours avec succès, non-seulement en Europe et dans les pays civilisés, mais chez les peuples sauvages de diverses contrées, et notamment chez les Malais, qui en ont reconnu l'efficacité, et font de l'*urtication* un usage journalier.

La *grande Ortie* (*U. dioïca*) constitue un bon fourrage pour les vaches laitières; ses feuilles sont mangées en guise d'épinards, et servent aussi à la nourriture des jeunes dindons.

Au point de vue industriel, les Urticées méritent de fixer l'attention; leurs fibres corticales peuvent rivaliser, pour la ténacité, avec celles du *Chanvre*. Tels sont notre *Urtica dioica*, l'*U. cannabina* du nord-est de l'Asie et de la Perse, le *Laportea canadensis*, fréquent dans les régions tempérées de l'Amérique septentrionale, et surtout le *Boehmeria nivea* (*Tchou-ma* des Chinois, *Ramie* des îles de la Sonde), qui forme peut-être 2 Espèces distinctes, et dont les fibres sont aussi remarquables par leur blancheur et leur aspect soyeux que par leur ténacité. L'industrie les utilise aujourd'hui de nouveau sous le nom de *China-grass*, bien qu'elles fussent en usage dès le seizième siècle dans les Pays-Bas.

# ULMACÉES, *ULMACEÆ*, *Mirbel.*

FLEURS ☿. PÉRIANTHE *simple*, *campanulé*, *persistant*. OVAIRE *libre* 1-2-*loculaire*. STYLES 2. OVULES *solitaires*, *pendants*, *anatropes*. FRUIT *samaroïde*, *ou nucamentacé*, 1-*séminé*. GRAINE *inverse*. EMBRYON *dicotylédoné*, *exalbuminé*, *droit*. RADICULE *supère*. — TIGE *ligneuse*. FEUILLES *alternes*. STIPULES *fugaces*.

ARBRES, ou ARBRISSEAUX, à rameaux alternes, à suc aqueux. — FEUILLES alternes, distiques, simples, pétiolées, penninerviées, généralement inéquilatérales, scabres. *Stipules* 2, caduques. — FLEURS latérales sur les ramilles, fasciculées, ☿, ou uni-sexuelles par avortement. — PÉRIANTHE herbacé, ou sub-coloré, sub-campanulé, à limbe 4-5-fide, ou 8-fide, imbriqué dans l'estivation, dressé après la floraison, et persistant. — ÉTAMINES insérées au fond du périanthe, égales en nombre et opposées à ses lobes, rarement plus nombreuses. *Filets* filiformes, distincts. *Anthères* biloculaires, dorsifixes, à loges opposées un peu obliquement, extrorses, à déhiscence longitudinale. — PISTIL composé de 2 carpelles cohérents en un *ovaire* libre, 2-loculaire (*Ulmus*), ou 1-loculaire

(*Planera*). *Ovules* solitaires dans chaque loge, appendus à la cloison près du sommet, ou pendants au sommet de la loge unique, anatropes. *Styles* 2, divergents, stigmatifères le long de leur face interne. — Fruit accompagné du périanthe persistant, tantôt membraneux, samaroïde (*Ulmus*), tantôt nuculiforme, coriace, indéhiscent, 1-loculaire et 1-séminé (*Planera*). — Graine inverse, à *testa* membraneux, parcouru par un *raphé* longitudinal. — Embryon exalbuminé, droit. *Cotylédons* planes (*Orme*), ou sub-sinueux (*Planera*), ou condupliqués (*Holoptelea*). *Radicule* courte, supère.

GENRES.

| *Orme, *Ulmus.* | *Planéra, *Planera.* | Holoptéléa, *Holoptelea.* |
|---|---|---|

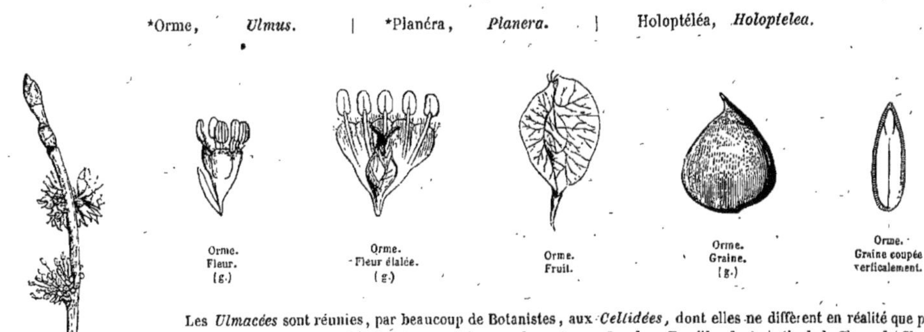

Orme. Fleur. (g.)

Orme. Fleur étalée. (g.)

Orme. Fruit.

Orme. Graine. (g.)

Orme. Graine coupée verticalement.

Orme (*Ulmus campestris*). Rameau fleuri.

Les *Ulmacées* sont réunies, par beaucoup de Botanistes, aux *Celtidées*, dont elles ne diffèrent en réalité que par leur inflorescence, leurs anthères extrorses et leur ovule anatrope. Ces deux Familles font partie de la Classe des Urticinées, établie par M. Brongniart et adoptée par M. Planchon. Chez les Ulmacées, à la vérité, l'ovule est anatrope, mais le micropyle regarde le sommet de l'ovaire, comme dans les autres Familles de la Classe des Urticinées.

Les Ulmacées sont répandues dans les régions tempérées de l'hémisphère Nord. Leur écorce contient un mucilage amer et du tannin, qui lui donnent des propriétés astringentes et toniques. L'écorce intérieure de l'*Orme champêtre* (*Ulmus campestris*) a été longtemps vantée contre l'hydropisie et les dartres. Celle des *Ormes* d'Amérique (*U. fulva* et *americana*) est si riche en mucilage qu'on en fait des cataplasmes et des gelées nourrissantes. Les Américains la réduisent en poudre aussi fine que de la farine, et l'emploient dans un grand nombre de maladies inflammatoires. — Le *Planera Abelicea*, indigène en Crète, produit un bois aromatique, que l'on exportait autrefois sous le nom de *Faux-Santal*. — Le bois d'Orme est assez dur, rougeâtre, et usité surtout pour le charronnage. On en fait des brancards, des moyeux de roues, des vis de pressoirs, etc. — Il se développe souvent, sur le tronc des *Ormes*, des exostoses ou loupes, qui acquièrent une grande dureté, et sont très-recherchées des ébénistes à cause des figures variées résultant de la disposition contournée de leurs fibres.

# CELTIDÉES, *CELTIDEÆ*, *Endlicher.*

Fleurs *polygames*. Périanthe *simple*. Ovaire *libre 1-loculaire*. Styles 2. Ovule *unique, basilaire, campylotrope*. Fruit *drupacé*. Albumen *peu abondant, ou nul*. Embryon *dicotylédoné, arqué*. Radicule *supère*. — Tige *ligneuse*. Feuilles *alternes*. Stipules *fugaces*.

Arbrisseaux, ou Arbres, à rameaux alternes, souvent armés de ramilles axillaires spinescentes. — Feuilles alternes, pétiolées, entières, ou serretées, généralement tri-nerviées, pubescentes-scabres, ou rarement glabres. *Stipules* géminées à la base des pétioles, et caduques. — Fleurs ☿, ou souvent ♂, par avortement de l'ovaire, tantôt solitaires, pédonculées, tantôt disposées en grappes, ou en panicules. — Périanthe calycoïde, 5-phylle, ou 5-partit, imbriqué dans l'estivation, étalé après la floraison, persistant. — Étamines 5, insérées au fond du périanthe, et opposées aux sépales. *Filets* cylindriques, ordinairement courts, courbés en dedans avant l'anthèse, se redressant élastiquement comme dans les *Orties* (*Celtis tetrandra*). *Anthères* biloculaires, dorsifixes, rarement renversées en arrière dans le bouton, et plus tard devenant introrses, à loges s'ouvrant par une fente longitudinale, quelquefois très-courte. — Ovaire libre, ovoïde, ordinairement inéquilatéral, 1-loculaire, 1-ovulé. *Ovule* fixé à la paroi près du sommet, campylotrope, ou semi-anatrope, à micropyle supère. *Stigmates* 2, terminaux, ordinairement allongés-subulés, indivis, ou bifides. — Drupe médiocrement charnue. — Graine pendante, arquée supérieurement, à tégument membraneux. — Embryon courbé, dans un albumen charnu peu abondant, quelquefois presque nul. *Cotylédons* planes, ou pliés l'un sur l'autre, incombants. *Radicule* allongée, supère.

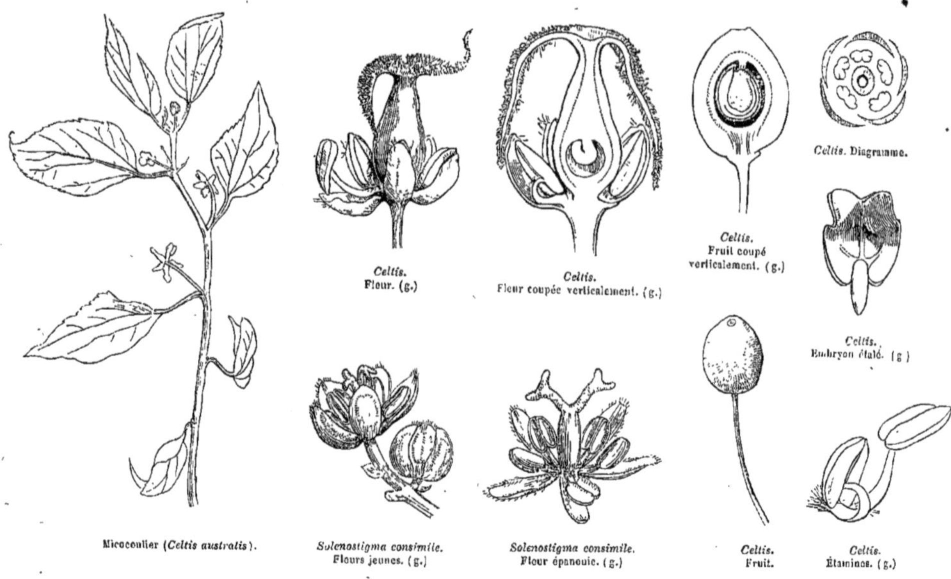

Micocoulier (*Celtis australis*). — *Celtis.* Fleur. (g.) — *Celtis.* Fleur coupée verticalement. (g.) — *Celtis.* Fruit coupé verticalement. (g.) — *Celtis.* Diagramme. — *Celtis.* Embryon étalé. (g.) — *Solenostigma consimile.* Fleurs jeunes. (g.) — *Solenostigma consimile.* Fleur épanouie. (g.) — *Celtis.* Fruit. — *Celtis.* Étamines. (g.)

GENRES PRINCIPAUX.

| | | | | | |
|---|---|---|---|---|---|
| *Micocoulier, | *Celtis.* | Sponia, | *Sponia.* | Solénostigma, | *Solenostigma.* |
| Homoioceltis, | *Homoioceltis.* | Gironniéra, | *Gironniera.* | Mertensia, | *Mertensia.* |
| Parasponia, | *Parasponia.* | Tréma, | *Trema.* | Momisia, | *Momisia.* |

Les *Celtidées* se rapprochent des *Morées* par la structure de l'ovaire, de l'ovule, de la graine et de l'embryon; elles s'en éloignent par leur inflorescence et la nature du fruit. Elles se lient intimement aux *Ulmacées* (voir cette Famille).

Les Celtidées habitent les régions tropicales et tempérées de l'Asie et de l'Amérique, et s'observent en Europe dans la région méditerranéenne.

L'écorce et les feuilles ont quelquefois une odeur sub-aromatique, et une saveur amère-âcre. La chair du fruit est astringente. Plusieurs Espèces ont des graines huileuses. Quelques-unes possèdent un bois compacte très-durable; quelques autres un bois léger et presque spongieux, ou flexible et très-tenace, aussi les jeunes pousses de notre *Celtis australis* sont-elles employées à faire des fourches ou des manches de fouet. Son fruit, un peu styptique, est comestible. Ses graines fournissent, par expression, une huile semblable à l'huile des amandes. — Le *C. occidentalis* se rencontre fréquemment dans les parties chaudes de l'Amérique septentrionale; sa drupe est administrée comme astringente. La racine, l'écorce et les feuilles du *C. orientalis*, Espèce de l'Asie occidentale, sont regardées comme un remède spécifique contre l'épilepsie.

# MORÉES, *MOREÆ*.

## MOREÆ ET ARTOCARPEÆ, *Endlicher*.

Fleurs *diclines*. Périanthe *simple, imbriqué, quelquefois nul*. Ovaire *1-loculaire*. Styles 1-2. Ovule *unique, tantôt basilaire et orthotrope, tantôt pariétal et campylotrope, ou anatrope*. Akène, *ou* Drupe, *ou* Utricule. Albumen *charnu, ou nul*. Embryon *dicotylédoné, courbé, ou droit, axile*. Radicule *supère*. — Feuilles *alternes*. Stipules *fugaces*. Suc *laiteux*.

Arbres ou Arbrisseaux, quelquefois grimpants, à suc laiteux, rarement Herbes acaules (*Dorstenia*). — Feuilles alternes, indivises, ou lobées, souvent polymorphes. *Stipules* ordinairement roulées en cornet enveloppant le bourgeon terminal, persistantes, ou tombantes, et laissant généralement une cicatrice semi-annulaire. — Fleurs diclines, soit dioïques, les ♂ en petites cymes spiciformes, les ♀ rapprochées en tête sur un réceptacle globuleux (*Broussonetia, Maclura*), soit monoïques; tantôt disposées en forme d'épis ♂ et ♀ distincts (*Mûrier*); tantôt fixées à la surface interne d'un réceptacle commun creux, pyriforme, charnu, muni à sa base de bractéoles écailleuses, offrant à son sommet un orifice fermé par des squamules, les fleurs ♂ en haut, les ♀ en bas (*Figuier*); tantôt réunies sur un réceptacle commun étalé et un peu concave, les ♂ et les ♀ entremêlées, et enchâssées dans des alvéoles à bords laciniés (*Dorstenia*). — ♂ : Périanthe simple (calyce), imbriqué, 4-partit (*Mûrier, Maclura, Broussonetia*, etc.) ou 3-partit (*Figuier, Artocarpus*, etc.), ou nul (*Dorstenia, Brosimum*, etc.), quelquefois plus ou moins tubuleux (*Pourouma, Cecropia*). — Étamines généralement isostémones, opposées aux lobes du calyce, et insérées à leur base, ordinairement 4, rarement 3 (*Figuier*), quelquefois 2, ou plus (*Dorstenia*). *Filets* filiformes, ou subulés, lisses, ou ridés transversalement, ordinairement infléchis dans l'estivation, puis étalés, un peu plus longs que les sépales, généralement libres, rarement soudés ensemble (*Pourouma*). *Anthères* introrses, ou extrorses, généralement biloculaires, ovoïdes, ou sub-globuleuses, dorsifixes, dressées, ou incombantes, à déhiscence longitudinale; rarement peltées et uniloculaires (*Brosimum*). Ovaire rudimentaire, quelquefois oblitéré. — ♀ : Périanthe imbriqué, persistant, tantôt à 3-4 sépales libres (*Mûrier, Maclura, Treculia*); tantôt 4-5-fide (*Conocephalus, Figuier*), ou 4-denté (*Olmedia*); tantôt tubuleux, ou urcéolé (*Cecropia, Artocarpus*, etc.); tantôt nul (*Dorstenia*). — Ovaire sessile (*Mûrier, Maclura*), ou stipité (*Figuier, Broussonetia, Dorstenia*), ordinairement 1-loculaire, 1-ovulé, quelquefois à 2 loges inégales. *Ovule* tantôt inséré au milieu de la paroi, ordinairement campylotrope, ou anatrope (*Artocarpus*); tantôt basilaire et orthotrope (*Cecropia*), à *micropyle* supère. *Style* tantôt terminal, à 2 branches presque libres, souvent inégales, stigmatifères sur leur face interne, ou sur toute leur étendue; tantôt latéral, filiforme, plus ou moins divisé au sommet (*Figuier, Dorstenia*), ou indivis (*Broussonetia, Cecropia*, etc.). — Fruit : 1° *akènes* (*Maclura*), ou *drupes* (*Mûrier*), enveloppés par le calyce devenu succulent; quelquefois supporté par une sorte de gynophore charnu (*Broussonetia*, etc.); 2° *utricules* enchâssés dans un réceptacle commun, tantôt presque succulent (*Dorstenia*), tantôt complétement charnu (*Figuier*). — Graine à tégument crustacé, fragile, ou finement membraneux, à hile ventral. — Embryon occupant l'axe d'un albumen charnu, plus ou moins copieux, quelquefois nul. *Cotylédons* oblongs, planes, incombants. *Radicule* supère.

GENRES PRINCIPAUX.

| | | | | | |
|---|---|---|---|---|---|
| *Mûrier, | *Morus.* | Brosimum, | *Brosimum.* | Cécropia, | *Cecropia.* |
| *Maclure, | *Maclura.* | Galactodendrum, | *Galactodendrum.* | *Artocarpe, | *Artocarpus.* |
| *Broussonétia, | *Broussonetia.* | Bleekrodéa, | *Bleekrodea.* | Tréculia, | *Treculia.* |
| *Figuier, | *Ficus.* | Antiaris, | *Antiaris.* | Trophis, | *Trophis.* |
| *Dorsténia, | *Dorstenia.* | Olmédia, | *Olmedia.* | Stréblus, | *Streblus.* |

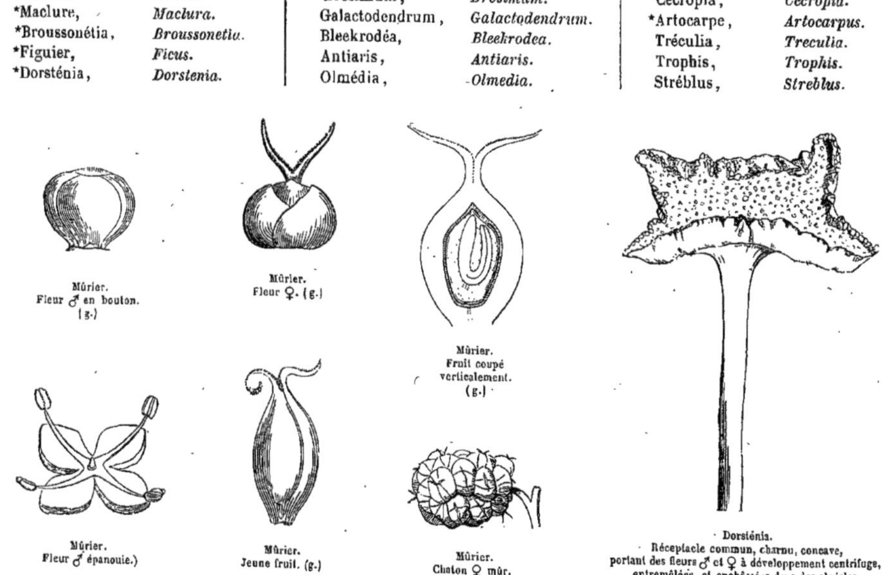

Mûrier. Fleur ♂ en bouton. (g.)

Mûrier. Fleur ♀. (g.)

Mûrier. Fruit coupé verticalement. (g.)

Dorsténia. Réceptacle commun, charnu, concave, portant des fleurs ♂ et ♀ à développement centrifuge, entremêlées, et enchâssées dans des alvéoles.

Mûrier. Fleur ♂ épanouie.)

Mûrier. Jeune fruit. (g.)

Mûrier. Chaton ♀ mûr.

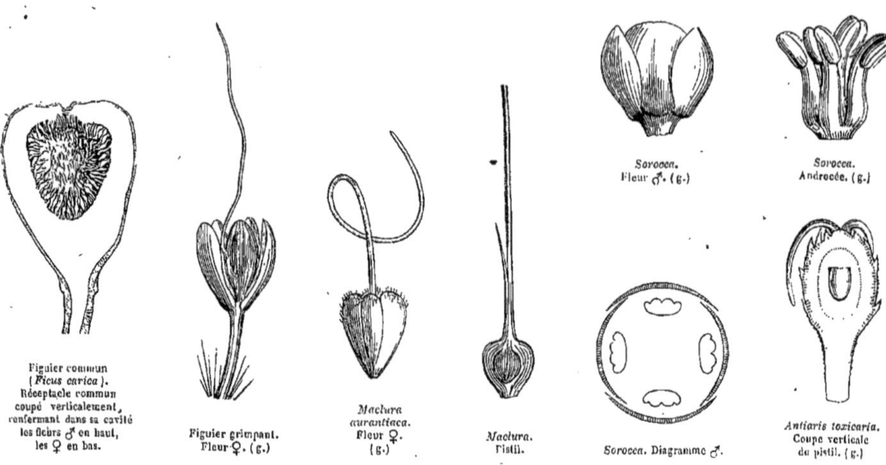

Figuier commun (*Ficus carica*). Réceptacle commun coupé verticalement, renfermant dans sa cavité les fleurs ♂ en haut, les ♀ en bas.

Figuier grimpant. Fleur ♀. (g.)

*Maclura aurantiaca.* Fleur ♀. (g.)

*Maclura.* Pistil.

*Sorocea.* Fleur ♂. (g.)

*Sorocea.* Androcée. (g.)

*Sorocea.* Diagramme ♂.

*Antiaris toxicaria.* Coupe verticale du pistil. (g.)

Les *Morées* entrent dans la Classe des *Urticinées.* Elles sont si étroitement liées aux *Artocarpées,* que M. Trécul, qui a publié un savant Mémoire sur ces dernières, n'indique qu'un seul caractère à l'aide duquel on puisse les distinguer les unes des autres : c'est l'inflexion du filet de l'étamine dans la préfloraison, inflexion qui s'observe chez les Morées, tandis que toutes les Artocarpées, excepté le Genre *Trophis,* ont leurs filets dressés avant comme après l'anthèse; encore cette diagnose fait-elle défaut dans le Genre *Figuier,* de sorte que si l'on conserve les *Figuiers* dans les Morées, et les *Trophis* dans les Artocarpées, il n'existe pas de ligne de démarcation entre les deux Familles. — Les Morées sont aussi très-voisines des *Celtidées* (voir cette Famille). — Les vraies *Urticées,* auxquelles on les adjoignait autrefois, n'en diffèrent que par leur suc aqueux et leur port; en outre la ténacité des fibres corticales se remarque dans les deux Familles.

Les Morées habitent les régions tropicales et sub-tropicales des deux hémisphères. On en rencontre un petit nombre dans les parties tempérées de l'Amérique septentrionale. — Le *Figuier commun*, originaire de l'Asie Mineure, est aujourd'hui répandu dans tout le bassin méditerranéen.

Les Morées possèdent un suc laiteux, peu abondant et presque incolore chez les unes, très-copieux chez les autres, âcre et corrosif chez la plupart, contenant des matières variées, telles que la *mannite* et l'acide *succinique* dans les *Mûriers,* un principe colorant dans le *Maclura,* une résine élastique (*caoutchouc*) dans beaucoup de *Figuiers.* A ces matières se joignent des principes astringents dans l'écorce, mucilagineux et aromatiques dans les parties herbacées, qui donnent aux diverses Espèces de cette nombreuse Famille des propriétés très-différentes : quelques-unes sont rangées parmi les médicaments lénitifs, les autres sont stimulantes, d'autres enfin sont vénéneuses. La fleur, d'abord pénétrée d'un suc âcre, acquiert à la maturité des propriétés tout opposées. Le mucilage et le sucre s'y développent dans des proportions telles, que le fruit devient un aliment très-nourrissant, ou un médicament acidule-rafraîchissant, qu'on emploie avec succès dans un grand nombre de maladies.

Le *Mûrier noir* (*Morus nigra*), originaire de la Perse, est cultivé en Europe depuis les temps les plus reculés. Son fruit drupacé, formé par des fleurs resserrées en épi, doit, en grande partie, sa saveur acidule-sucrée aux calyces devenus succulents. Il est nutritif et rafraîchissant; on en prépare, un peu avant sa maturité, un sirop légèrement astringent. L'écorce de la racine du *M. noir* est âcre, amère, purgative et vermifuge. Dioscoride la cite comme propre à détruire le tænia. Ses feuilles peuvent nourrir le *ver à soie;* mais cette précieuse propriété appartient surtout au *Mûrier blanc* (*M. alba*), qui est originaire de la Chine, ainsi que le *Bombyx.* C'est pour l'éducation de cet insecte qu'on cultive en Chine le *M. blanc.* Cette culture a passé de la Chine dans la Perse, de la Perse à Constantinople, sous le règne de Justinien, puis en Espagne, plus tard encore en Sicile et dans la Calabre, du temps de Roger; enfin, à la suite des guerres que les Français soutinrent en Italie pour la conquête du royaume de Naples, l'arbre et l'insecte qui s'en nourrit furent introduits dans le midi de la France, où le *M. alba* est aujourd'hui presque naturalisé, grâce à Charles VIII, à Henri IV, et surtout à Colbert. — Les Chinois attribuent à la racine de cette Espèce des propriétés diurétiques et anthelminthiques, et regardent ses feuilles comme fébrifuges. Les fruits et les jeunes feuilles du *M. indica* sont alimentaires dans l'Inde. — Les fruits du *M. rubra,* dans l'Amérique septentrionale, et ceux des *M. celtidifolia* et *corylifolia*, dans l'Amérique du Sud, sont comestibles. — Le *M. pabularia* est cultivé comme fourrage dans le Thibet, le Cachemire, etc. — Le *Mûrier à papier* (*Broussonetia papyrifera*), arbre dioïque, cultivé en Chine et au Japon, a été transporté dans les jardins d'Europe. Ses feuilles sont remarquables par leur polymorphisme; le gynophore charnu qui supporte le fruit est d'une saveur douceâtre assez fade. L'écorce fibreuse de sa tige sert à fabriquer le *papier de Chine;* c'est aussi avec l'écorce d'une autre Espèce de *Broussonetia* que les insulaires de la mer du Sud préparent une étoffe dont ils se font des vêtements. — Le *Maclura tinctoria* croît aux Antilles et au Mexique, où son fruit est employé aux mêmes usages que celui de notre Mûrier. Son bois dur, compacte, et susceptible d'un beau poli, pourrait être très-utile à l'ébénisterie, mais il est exclusivement employé pour la teinture sous le nom de *bois jaune.* Le *Maclura aurantiaca* est un petit arbre de l'Amérique septentrionale, dont le bois flexible et très-élastique porte le nom de *bois d'arc.* Son fruit, de la grosseur d'une orange (*orange des Osages*), renferme un suc jaune et fétide, dont les Indiens se peignent la face quand ils vont à la guerre.

Les *Figuiers* sont des arbres, ou des arbrisseaux grimpants, dont la principale Espèce est le *Ficus carica,* cultivé aujourd'hui dans toute la région méditerranéenne. Son réceptacle charnu, nommé *figue,* fournit, à l'état frais ou sec, un aliment très-sapide et très-nutritif, qui est l'objet d'un commerce considérable. La figue est employée aussi comme médicament émollient. Le *F. carica* laisse découler, par incision, de son écorce, un suc laiteux, âcre, caustique, contenant une notable quantité de *caoutchouc;* mais le suc des *Figuiers* croissant dans les régions tropicales en contient bien davantage : tels sont le *F. élastique* (*F. elastica*), le *F. des Banians* (*F. indica*), le *F. des pagodes* (*F. religiosa*). Ces dernières Espèces sont de grands arbres toujours verts, dont les racines adventives descendent vers le sol, s'y implantent, et forment des arcades qui se propagent de tous côtés, à de grandes distances du tronc; le fameux *Figuier* de Nerbuddah occupe ainsi une surface de plus de deux mille pieds de circonférence, sur laquelle on compte 320 colonnes provenant de racines adventives. — Quelques Espèces du groupe dont nous venons de parler nourrissent, en Chine, un insecte hémiptère du Genre *Cochenille*, le *Coccus lacca*. Les femelles se fixent en grand nombre sur les jeunes branches, s'y agglomèrent de manière à ne laisser aucun vide entre elles, et laissent exsuder de leur corps une matière résineuse nommée *laque*, qu'on emploie pour la fabrication de la cire à cacheter et de certains vernis. — Le *F. Sycomore* (*F. Sycomorus*) est un arbre d'Égypte d'une vaste étendue. Son bois, qui est très-léger, passe pour incorruptible, et servait, chez les anciens Égyptiens, à faire les cercueils destinés à leurs momies.

Les *Dorstenia* diffèrent des *Ficus* en ce que le réceptacle commun des fleurs ♂ et ♀, au lieu d'être conformé en poire, ouverte seulement au sommet, est étalé et peu concave. — La racine du *Contrayerva* (*D. brasiliensis*) possède une odeur aromatique faible et agréable; elle est employée au Brésil contre la morsure des serpents venimeux; de là lui vient son nom espagnol, *contrayerva*, qui signifie contre-poison.

Les *Artocarpées*, que nous annexons aux *Morées*, sont répandues dans toute l'Amérique équatoriale, en Afrique, dans l'Inde, dans le nord de l'Australie, dans les Moluques, ainsi que dans tous les archipels de l'océan Pacifique.

La plupart des Artocarpées contiennent un suc laiteux, qui jouit des propriétés les plus opposées, soit dans le même Genre (*Antiaris innocua* et *A. toxicaria*), soit dans des Genres en apparence très-voisins : inoffensif, doux et même alimentaire dans les uns, il est âcre, caustique et vénéneux dans les autres : tel est l'*Antiar* des Javanais (*Antiaris toxicaria*), dont le suc visqueux, obtenu par des incisions faites à l'écorce, fournit, en se concrétant, une gomme-résine, avec laquelle les habitants des îles de la Sonde et des Moluques préparent le *pohon upas*, pour empoisonner leurs flèches et la pointe de leurs *criss*. Cet *upas* diffère de l'*upas tieuté* et du *curare*, fournis par les *Loganiacées* (page 163), en ce qu'il agit sur les organes de la circulation, tandis que les *Strychnos* portent leur action délétère sur le système nerveux. Ce que ces agents toxiques ont de commun, c'est qu'ils détruisent rapidement la vie.

Le *Jaquier* (*Artocarpus incisa*) fournit aux insulaires de la mer du Sud une nourriture abondante, saine et agréable. Son fruit collectif, composé de carpelles agglomérés sur un réceptacle charnu, a le volume de la tête d'un homme. On le cueille avant sa parfaite maturité; il est alors composé d'une chair blanche et farineuse produite par les calyces soudés entre eux; coupé par tranches, et légèrement torréfié sur des charbons, on le mange comme du pain, dont il a un peu le goût. Les Français et les Anglais ont propagé ce précieux *Arbre à pain* dans toute la zone torride. — Le fruit de l'*Artocarpus integrifolia* n'est pas moins estimé; sa pulpe ferme et sucrée est très-recherchée des créoles, malgré son odeur désagréable. Ses semences, ainsi que celles de l'Espèce précédente, se mangent grillées ou bouillies. — Il en est de même des fruits du *Brosimum alicastrum*, qui croît à la Jamaïque, et y remplace le pain pour les classes pauvres. — La Colombie possède un autre arbre de la même Famille, qu'il faut placer au nombre des productions les plus merveilleuses du Règne végétal : c'est l'*Arbre à la vache*, ou *Palo de leche* (*Galactodendron utile*), que les habitants de la Cordillère de Venezuela mettent en *traite* réglée. Cet arbre leur fournit par incision une énorme quantité d'un liquide blanc et un peu visqueux, offrant toutes les propriétés physiques du meilleur lait, et en outre une légère odeur balsamique. Il contient, avec du sucre et de l'albumine, une grande proportion d'une matière grasse, céroïde, à laquelle paraissent dues ses principales propriétés; en l'évaporant au bain-marie, on obtient un extrait semblable à la frangipane.

Le bois des *Artocarpus* est usité dans l'Inde et la Cochinchine pour la menuiserie et l'ébénisterie. Celui du *Cudrania javanensis*, arbrisseau des îles de la Sonde, fournit une matière tinctoriale. — Les feuilles de l'*Arbre à pain*, qui ont jusqu'à trois pieds de longueur sur un pied et demi de largeur, sont employées en guise de nappes et de nattes. — L'écorce du *Guarumo* (*Cecropia peltata*), grand arbre élancé, de la région tropicale du nouveau continent, contient du caoutchouc; on l'administre comme astringente contre les diarrhées et les blennorrhées, et sa cendre est riche en sels alcalins.

# MONIMIACÉES, *MONIMIACEÆ*.

(URTICARUM *Genera*, *Jussieu*. — MONIMIEÆ ET ATHEROSPERMEÆ, *R. Brown*. MONIMIACEÆ, *Endlicher*, *Tulasne*.)

Fleurs *diclines*, *apétales*. Sépales 4, *ou plus*, *imbriqués*. Étamines ∞, *insérées sur une cupule réceptaculaire ouverte*, *ou urcéolée*. Carpelles ∞, *1-loculaires*, *1-ovulés*, *enchâssés dans la cupule*, *ou assis sur elle*. Ovule *anatrope*. Fruit *drupacé*, *ou nucamentacé*. Graine *pendante dans les drupes*, *dressée dans les nucules*. Albumen *copieux*. Embryon *dicotylédoné*, *axile*, *ou basilaire*. — Tige *ligneuse*. Feuilles *opposées*, *ou verticillées*, *non-stipulées*.

Arbres, ou Arbrisseaux aromatiques. — Feuilles persistantes, opposées, ou verticillées par 3-4, très-rarement alternes, entières, ou dentées, pétiolées, non stipulées, très-souvent ponctuées de glandes pellucides, glabres, ou soyeuses, ou cotonneuses, ou écailleuses. — Fleurs apétales, ordinairement monoïques, très-rarement hermaphrodites (*Hortonia*), ou polygames (*Doryphora*, *Atherosperma*, etc.), solitaires, ou géminées, ou réunies en grappe, en cyme, en panicule, et munies de bractées et de bractéoles caduques. — Cupule réceptaculaire discoïde, ou urcéolée, rarement capsuliforme, ordinairement accrescente. — Sépales 4, décussés, ou 5-8, ou ∞, multisériés, à préfloraison imbriquée. — Étamines généralement indéfinies, rarement 8 (*Ephippiandra*), ou 5 (*Ægotoxicum*), tapissant la paroi de la cupule dans les fleurs ♂, occupant la gorge seulement dans les fleurs ☿, toujours libres de cohérence, toutes fertiles, ou quelques-unes changées en staminodes. *Filets* linéaires et grêles, ou dilatés en membrane pétaloïde, allongés, ou très-courts et presque nuls, tantôt nus, tantôt bi-appendiculés près de leur base, ou vers leur milieu. *Anthères* introrses, ou extrorses, ordinairement adnées et dépassées par le connectif, à 2 loges opposées, s'ouvrant tantôt par 2 fentes longitudinales distinctes, ou confluentes au sommet; tantôt transversalement par 2 valvules soulevées de bas en haut. *Staminodes* situés en dedans des étamines fertiles, et quelquefois pourvus d'une moitié d'anthère. — Carpelles nombreux 1-loculaires, 1-ovulés, libres de cohérence, sessiles sur les parois ou la surface discoïde de la cupule réceptaculaire, rarement enchâssés dans ses parois épaissies (*Ambora*). *Ovule* anatrope, tantôt pendant, et alors *style* terminal; tantôt dressé, et alors *style* latéral, ou basilaire. — Fruit composé de drupes, ou de nucules, enchâssées dans la cupule réceptaculaire, ou assises sur elle. *Drupes* à graine pendante ou dressée, sèches, ou pulpeuses-odorantes. *Nucules* à graine dressée, quelquefois (*Doryphora*), terminées par un style plumeux. — Graine séparée du noyau dans les drupes, adnée au péricarpe dans les nucules. *Albumen* copieux, charnu, quelquefois huileux. — Embryon droit, axile dans les graines pendantes, basilaire et minime dans les graines dressées. *Cotylédons* divariqués.

GENRES PRINCIPAUX.

| | | | |
|---|---|---|---|
| *Boldoa, | *Boldoa.* | Laurélie, | *Laurelia.* |
| Citrosma, | *Citrosma.* | Doryphore, | *Doryphora.* |
| Kibara, | *Kibara.* | Matthæa, | *Matthæa.* |
| Ephippiandra, | *Ephippiandra.* | Ægotoxicum, | *Ægotoxicum.* |

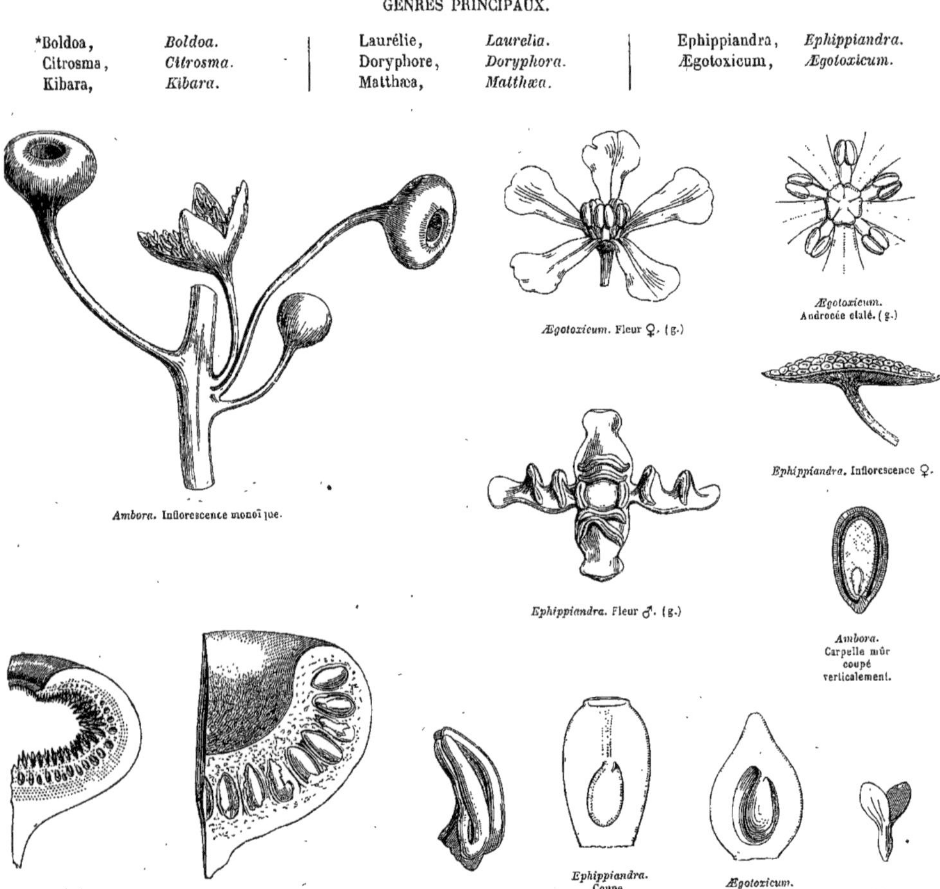

*Ambora.* Inflorescence monoïque.

*Ægotoxicum.* Fleur ♀. (g.)

*Ægotoxicum.* Androcée étalé. (g.)

*Ephippiandra.* Inflorescence ♀.

*Ephippiandra.* Fleur ♂. (g.)

*Ambora.* Carpelle mûr coupé verticalement.

*Ambora.* Portion d'inflorescence coupée verticalement.

*Ambora.* Portion de fruit coupé verticalement.

*Ambora.* Étamine. (g.)

*Ephippiandra.* Coupe verticale de la fleur ♀. (g.)

*Ægotoxicum.* Coupe verticale du fruit. (g.)

*Ambora.* Embryon. (g.)

Les affinités des *Monimiacées* ont donné lieu à des opinions très-diverses. A.-L. de Jussieu, qui, lors de la publication de son *Genera plantarum*, ne connaissait de cette Famille que le Genre *Ambora*, l'avait placé près des *Figuiers*, dans la Famille des *Urticées*; plus tard il connut les Genres *Monimia*, *Citrosma*, *Atherosperma*, etc., et les réunit à l'*Ambora* pour en faire la Famille des *Monimiées*, Famille qu'il divisa en deux Tribus, d'après la nature drupacée ou nucamentacée du fruit, et qu'il maintint dans le voisinage des Urticées. Il avait également constaté l'affinité des Monimiées avec les *Calycanthées*, sans toutefois méconnaître les rapports qui lient ces dernières aux *Rosacées* (voir page 298). Rob. Brown sépara en deux familles les Monimiées et les Athérospermées; il plaça les premières près des Urticées, comme l'avait fait Jussieu, et rapprocha les Athérospermées des *Laurinées* en raison de leurs propriétés aromatiques et surtout de la structure de leurs anthères. Endlicher a réuni, comme Jussieu, les Athérospermées et les Monimiées, et comme R. Brown, il les a placées en avant des Laurinées. M. Tulasne, auteur d'une savante monographie des Monimiacées, pense que, parmi les Familles qu'on peut leur comparer, c'est celle des *Rosacées* qui les avoisine de plus près, par l'intermédiaire des Calycanthées, nonobstant la différence résultant de l'alternance des feuilles, de la présence des stipules et de l'absence d'albumen. Chez la plupart des Rosacées, en effet, les feuilles sont simples comme dans les Monimiacées; la même analogie se remarque dans l'inflorescence, dans le type numérique des enveloppes florales, et dans l'insertion périgynique des étamines. En ce qui concerne le pistil, les carpelles de la *Rose* et des *Pomacées* sont inclus dans une cupule réceptaculaire, comme ceux des *Citrosma, Monimia, Atherosperma;* ceux des Genres *Geum* et *Spiræa* sont assis sur un receptacle convexe, comme dans les *Mollinedia* et les *Hedycarya;* mêmes rapports entre les *Sanguisorbées* et les *Boldoa* relativement au petit nombre et à la situation des carpelles. En outre, le fruit sec, ou charnu, l'ovule généralement unique, et tantôt pendant, tantôt dressé, resserrent l'affinité des deux Familles, affinité beaucoup plus étroite, selon M. Tulasne, que celle qui rapproche les Monimiacées des Laurinées et des Urticées. Il ne voit, chez les Laurinées, d'autre ressemblance organique que la structure des anthères. Quant à la parenté des *Urticées*, établie par Jussieu, principalement sur les Genres *Ficus* et *Dorstenia*, il la repousse, en raison du grand développement des stipules chez ces derniers, de l'absence d'arome, du petit nombre des étamines, de la forme du périanthe, de l'ovule orthotrope, ou campylotrope, et de la radicule constamment supère; Endlicher a le premier comparé avec sagacité le Genre *Mollinedia* aux *Anonacées* à carpelles libres. Enfin MM. Hooker et Thomson rangent les Monimiacées dans le voisinage des *Myristicées* et de la deuxième Tribu des *Magnoliacées* (*Illicium*) : cette affinité, fondée sur les propriétés aromatiques, les feuilles ponctuées-pellucides, la diclinie, le nombre des étamines, l'ovule solitaire anatrope, la graine albuminée, les cotylédons divariqués, etc., nous paraît la plus naturelle.

La plupart des Monimiacées vivent au-delà de l'équateur, et plusieurs descendent au-dessous du Capricorne. Les *Citrosma* et les *Mollinedia* habitent les diverses contrées de l'Amérique tropicale, et se ne rencontrent ni en Asie, ni en Afrique. Les *Laurelia* habitent le Chili et la Nouvelle-Zélande. Le *Boldoa*, Genre monotype, appartient au Chili. Les *Hedycarya* et les *Atherosperma* sont dispersés dans l'Australie orientale, la Tasmanie, et la Nouvelle-Zélande. Les *Ambora* et les *Monimia* croissent dans les îles Comores et Mascareignes, ainsi qu'à Madagascar. Les *Kibara* habitent Java. Le *Doryphora* est confiné sur la côte de l'Australie orientale.

Les Monimiacées possèdent une huile volatile répandue dans toutes leurs parties, qui leur donne des propriétés toniques et stimulantes. Les feuilles du *Boldoa* sont employées en infusion digestive, comme le thé et le café; ses drupes ont une saveur sucrée, et ses graines contiennent une huile fixe. Le fruit du *Laurelia sempervirens* est également comestible. — L'*Atherosperma moschatum* est un arbre gigantesque, très-recherché pour la construction des navires : son écorce, riche en arome, est employée en décoction, mêlée à du lait, pour remplacer le thé. — Les drupes de l'*Ambora* fournissent un suc rouge, analogue au *rocou;* mais elles ne sont mangées que par les oiseaux.

# PLATANÉES, *PLATANEÆ*.

## (PLATANEÆ, *Lestiboudois*. — PLATANACEÆ, *Lindley*.)

Fleurs *diclines, en capitules uni-sexuels.* Périanthe *nul, remplacé par des écailles claviformes.* Étamines *alternes avec les écailles, et en même nombre.* Ovaires *1-loculaires, 1-2-ovulés.* Ovule *pendant, orthotrope.* Fruit *nucamentacé.* Graine *exalbuminée ou sub-exalbuminée.* Embryon *dicotylédoné.* Radicule *infère.* — Tige *ligneuse.* Feuilles *stipulées, alternes, palminerviées.*

Arbres généralement de grande taille, à écorce se dénudant par plaques. — Feuilles alternes, pétiolées, à limbe palminervié, large, pauci-lobé, pourvu de poils étoilés, fugaces. *Stipules* oppositifoliées, tubuleuses à la base, souvent couronnées d'un limbe au sommet, caduques. *Bourgeons* longtemps cachés sous la base concave du pétiole, et n'apparaissant qu'après la chute de la feuille. — Fleurs monoïques, agglomérées en capitules uni-sexuels globuleux, occupant des rameaux différents. Fleurs ♂ entourées extérieurement de bractées squamiformes, minimes, poilues au sommet, et intérieurement de sépales (étamines avortées?) plus longs que les bractées, linéaires-claviformes, sillonnés, tronqués au sommet. — Étamines autant que de lobes et alternes avec eux. *Filets* très-courts. *Anthères* allongées, claviformes, à 2 loges latérales, à *connectif* dépassant les loges, pelté, pubescent. — Fleurs ♀ entourées de 3-4-0 *bractées. Sépales* 3-4, claviformes à sommet tronqué. *Squamules* (étamines avortées?) alternes avec les sépales, beaucoup plus petites, manquant souvent, irrégulièrement obovales-aiguës. — Carpelles 5-8-4-2, sub-verticillés, opposés aux lobes, et leur adhérant par la base. — Ovaires ovoïdes, 1-loculaires, terminés par un *style* linéaire allongé, recourbé en dehors au sommet, et papilleux-stigmatifère du côté interne. *Ovule* 1 suspendu au sommet de la loge (rarement 2?), orthotrope. — **Nucules** uni-séminées, coriaces, terminées par le style persistant, entourées à leur base de poils roides. — **Graine** pendante. *Testa* mince membraneux. *Albumen* nul, ou presque nul. *Radicule* cylindrique, allongée, infère.

### GENRE UNIQUE.

*Platane, *Platanus*.

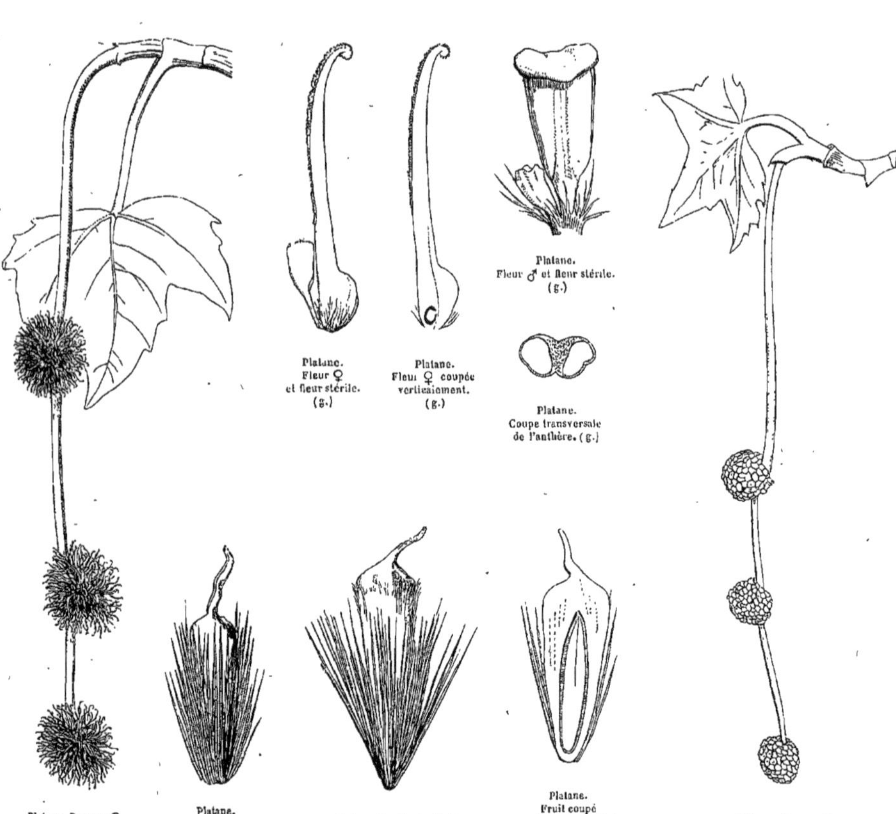

Platane. Fleur ♀ et fleur stérile. (g.)

Platane. Fleur ♀ coupée verticalement. (g.)

Platane. Fleur ♂ et fleur stérile. (g.)

Platane. Coupe transversale de l'anthère. (g.)

Platane. Rameau ♀.

Platane. Fruit jeune. (g.)

Platane. Fruit mûr. (g.)

Platane. Fruit coupé verticalement. (g.)

Platane. Rameau ♂.

Les *Platanées* sont voisines des *Balsamifluées;* mais celles-ci s'en éloignent par leur suc balsamique, leurs chatons coniques involucrés, leur ovaire à 2 styles, et à 2 loges multi-ovulées, leurs ovules sub-anatropes et leur fruit capsulaire. — Les Platanées se rapprochent également des *Hamamélidées* (voir cette Famille, page 259). — Elles ont aussi quelque affinité avec les *Garryacées* par l'inflorescence, la diclinie, l'ovaire à 1-2 ovules pendants, les styles pourvus dans leur longueur de papilles stigmatiques, l'embryon droit, axile; mais les Garryacées diffèrent par la fleur nettement tétrandre, à 4 sépales, l'ovule anatrope, l'albumen abondant, le fruit baccien, les feuilles opposées, penni-nerviées, etc.

Les *Platanes* sont indigènes de l'Asie méditerranéenne et de l'Amérique septentrionale. On les cultive aujourd'hui, comme arbres d'ornement, dans les régions tempérées du monde entier. Ils possèdent une propriété légèrement astringente.

# BALSAMIFLUÉES, *BALSAMIFLUÆ*, *Blume.*

FLEURS *monoïques, en chatons, ou en capitules.* PÉRIANTHE *simple, ou nul.* ÉTAMINES *nombreuses.* FLEURS ♀, *à périanthe simple, accrescent.* OVAIRE *biloculaire, soudé avec les ovaires voisins.* STYLES 2. OVULES *nombreux, subanatropes.* FRUIT *agrégé, à capsules bivalves.* GRAINES *fertiles, elliptiques, peltées, albuminées.* EMBRYON *dicotylédoné, axile.* RADICULE *supère.* TIGE *ligneuse.* FEUILLES *alternes.* STIPULES *caduques.* SUC *résineux.*

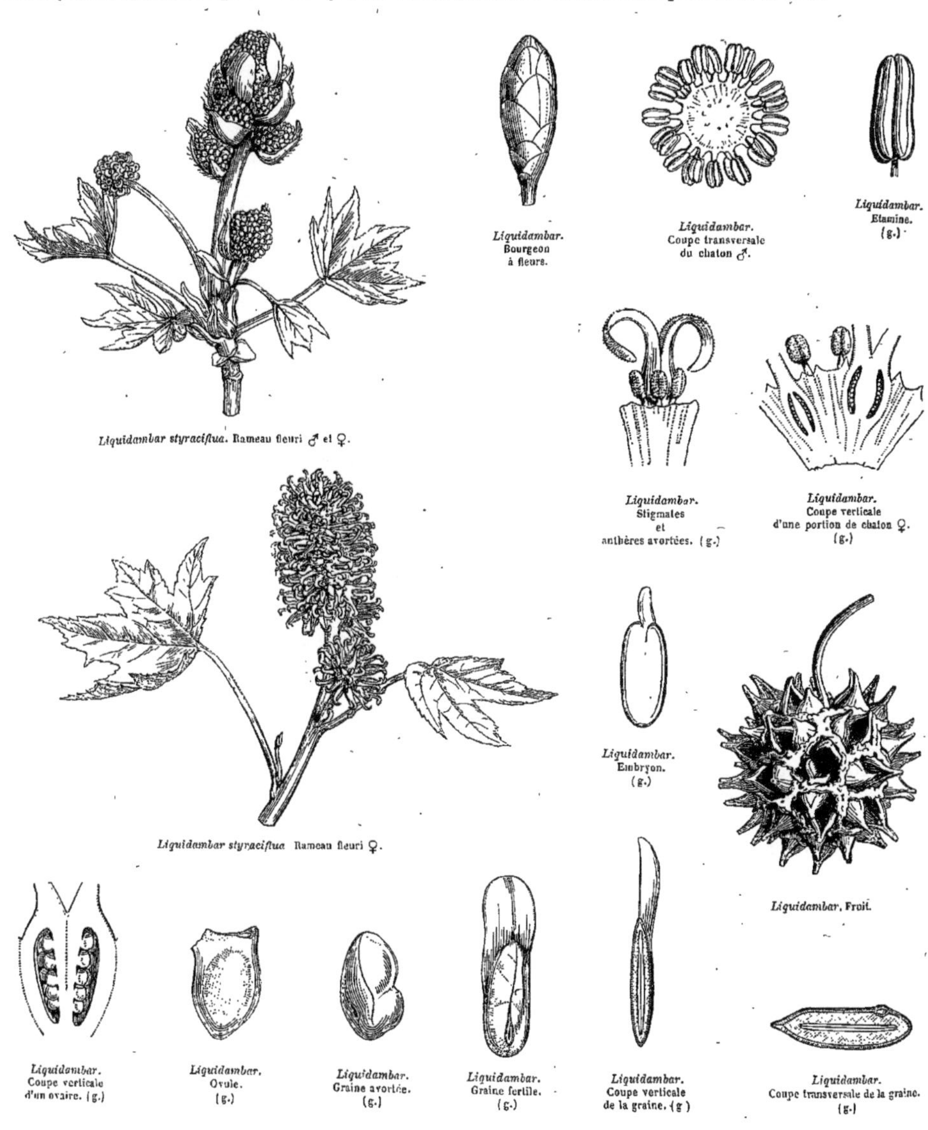

*Liquidambar styraciflua.* Rameau fleuri ♂ et ♀.

*Liquidambar.* Bourgeon à fleurs.

*Liquidambar.* Coupe transversale du chaton ♂.

*Liquidambar.* Étamine. (g.)

*Liquidambar.* Stigmates et anthères avortées. (g.)

*Liquidambar.* Coupe verticale d'une portion de chaton ♀. (g.)

*Liquidambar styraciflua* Rameau fleuri ♀.

*Liquidambar.* Embryon. (g.)

*Liquidambar.* Fruit.

*Liquidambar.* Coupe verticale d'un ovaire. (g.)

*Liquidambar.* Ovule. (g.)

*Liquidambar.* Graine avortée. (g.)

*Liquidambar.* Graine fertile. (g.)

*Liquidambar.* Coupe verticale de la graine. (g.)

*Liquidambar.* Coupe transversale de la graine. (g.)

ARBRES à rameaux alternes, laissant exsuder de leur écorce des sucs balsamiques. — FEUILLES alternes, pétiolées, entières, ou lobées, à dents glanduleuses, à lobes pliés en dedans par leur bord avant l'épanouissement. *Stipules* fugaces. *Bourgeons* floraux terminaux, écailleux, plus précoces que les feuilles. — FLEURS monoïques, en chatons ou en capitules uni-sexuels, munis de 4 bractées caduques. — FLEURS ♂ apérianthées, composées d'étamines agglomérées entre les bractées du capitule. *Anthères* pyramidales-linéaires, quadrangulaires, à 2 loges opposées. *Filet* court, ou nul. — FLEURS ♀ : CALYCE infondibuliforme, entier, ou lobé-glanduleux au sommet. — PÉTALES nuls. — ÉTAMINES stériles, souvent 4-9, insérées autour du sommet du calyce. — OVAIRE semi-infère, à 2 loges antéro-postérieures, multi-ovulées. *Ovules* sub-anatropes, insérés sur deux rangs à l'angle interne de chaque loge. *Styles* 2, linéaires, aigus, recourbés, papillifères sur leur face interne. — CAPSULE soudée par ses bords avec ses voisines, s'ouvrant en haut par déhiscence septicide. — GRAINES peu nombreuses, ou solitaires par avortement, les avortées nombreuses, difformes, les fertiles sub-peltées elliptiques, amincies au sommet, ou courtement ailées vers leur extrémité. *Albumen* mince. — EMBRYON axile. *Cotylédons* planes. *Radicule* courte, supère.

GENRE UNIQUE.

*Liquidambar, *Liquidambar.*

Les *Balsamifluées* se lient aux *Platanées* (voir cette Famille) et aux *Hamamélidées*, que leur adjoint M. Bentham : elles s'en eloignent par leur inflorescence et leur fruit agrégé. Les *Liquidambar* se rapprochent aussi des *Salicinées*, et surtout des *Peupliers*, par l'inflorescence, les fleurs diclines, apérianthées, polyandres, l'ovaire multi-ovulé, le fruit capsulaire, la tige ligneuse et les feuilles stipulées; mais chez les Salicinées les fleurs sont dioïques, l'ovaire est 1-loculaire, à placentation pariétale; les ovules sont anatropes, et le funicule est chevelu.

On ne connaît, jusqu'à présent, du Genre *Liquidambar* que 4 Espèces. Le *L. Altingia*, arbre gigantesque, forme de vastes forêts dans l'île de Java, en Asie, dans la Nouvelle-Guinée, etc.; il porte, dans ces divers pays, les noms de *Rosa-mallos, Rassa-mala*, etc. Le *L. orientale*, petit arbre ressemblant à un *Érable*, habite l'île de Chypre et l'Asie Mineure. Les *L. macrophylla* et *styraciflua* croissent dans l'Amérique, en-deçà du Cancer. Cette dernière Espèce fournit le *baume Liquidambar*, qu'on obtient par des incisions faites à l'arbre. Ce baume renferme une assez grande quantité d'acide benzoïque; il offre la consistance tantôt d'une huile épaisse, tantôt d'une poix molle. C'est du *Liquidambar Altingia*, et peut-être aussi du *L. orientale*, que provient le *styrax liquide*, baume suave, très-usité chez les Orientaux comme parfum, et entrant dans la composition de plusieurs médicaments externes.

# SALICINÉES *SALICINEÆ*, *L.-C. Richard.*

FLEURS *dioïques*. PÉRIANTHE *nul*. ÉTAMINES 2-∞. OVAIRE 1-*loculaire*. STYLES 2. PLACENTAIRES *pariétaux* 2, *multi-ovulés*. OVULES *anatropes*. CAPSULE *à* 2 *valves médio-placentifères*. GRAINES *dressées, chevelues à la base, exalbuminées*. EMBRYON *dicotylédoné*. RADICULE *infère*. — TIGE *ligneuse*. FEUILLES *alternes, stipulées*.

ARBRES, ou ARBRISSEAUX, ou SOUS-ARBRISSEAUX nains et rampants, à rameaux cylindriques, alternes. — FEUILLES alternes, simples, penninerviées, entières, ou dentées-anguleuses, pétiolées. *Stipules* écailleuses et tombantes, ou foliacées et persistantes. — FLEURS dioïques, disposées en chatons terminaux, sessiles, ou pédicellées, pourvues chacune d'une bractée membraneuse entière, ou lobée. — FLEURS ♂ : PÉRIANTHE nul, remplacé par un *torus* glanduleux, annulaire, ou urcéolé et tronqué obliquement. — ÉTAMINES naissant au centre du torus, 2-∞. *Filets* filiformes, tantôt distincts, tantôt plus ou moins monadelphes. *Anthères* basifixes, à 2 loges apposées parallèles, contiguës, s'ouvrant longitudinalement. — FLEURS ♀ : PÉRIANTHE nul. *Torus* ou disque hypogyne, glanduliforme, ou urcéolé. — OVAIRE sessile, 1-loculaire, à 2 placentaires pariétaux, multi-ovulés. *Ovules* ascendants, anatropes. *Styles* 2, très-courts, plus ou moins adhérents, terminés chacun par un stigmate 2-3-lobé. — CAPSULE 1-loculaire, à 2 valves s'enroulant en dehors à la maturité, médio-séminifères. — GRAINES nombreuses, dressées, minimes, à *testa* membraneux, à *hile* basilaire tronqué, à *funicule* court, épais, s'épanouissant en une touffe laineuse, ascendante, qui enveloppe toute la graine. — EMBRYON exalbuminé, droit. *Cotylédons* plano-convexes, elliptiques. *Radicule* très-courte, infère.

GENRES.

*Saule, *Salix.* | *Peuplier, *Populus.*

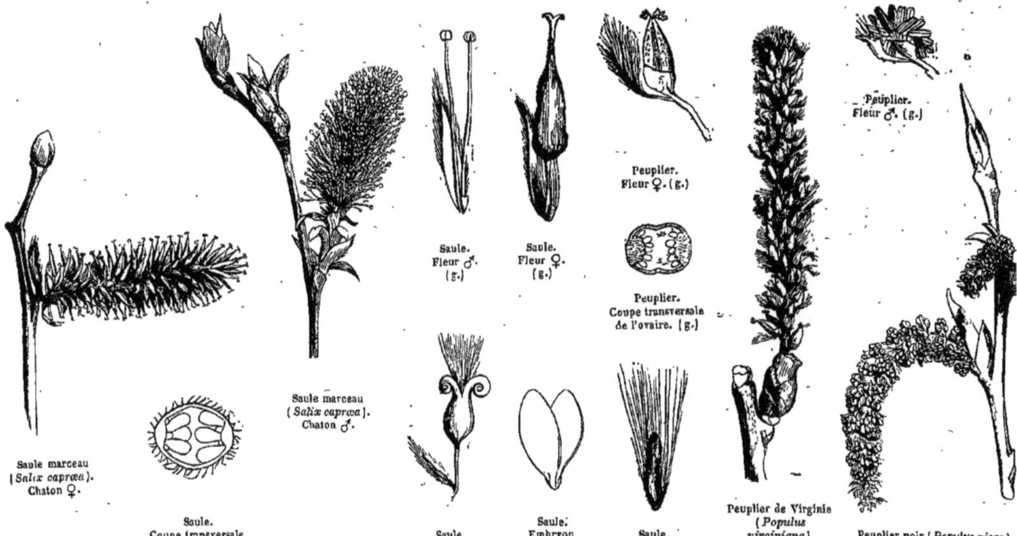
Saule marceau (Salix caprœa). Chaton ♀. Saule. Coupe transversale de l'ovaire. (g.) Saule marceau (Salix caprœa). Chaton ♂. Saule. Fleur ♂. (g.) Saule. Fleur ♀. (g.) Saule. Fruit. (g.) Saule. Embryon. (g.) Peuplier. Fleur ♀. (g.) Peuplier. Coupe transversale de l'ovaire. (g.) Saule. Graine. (g.) Peuplier de Virginie (Populus virginiana). Chaton ♀. Peuplier. Fleur ♂. (g.) Peuplier noir (Populus nigra). Chatons ♂.

Les affinités des *Salicinées* sont obscures; elles se rapprochent des *Balsamifluées* (voir cette Famille), et offrent quelque analogie avec les familles dites *amentacées* par l'inflorescence en chaton, la diclinie, l'absence de périanthe (du moins dans les ♀), l'ovaire à carpelles cohérents, le fruit sec, l'embryon droit, exalbuminé; mais là s'arrête la ressemblance. — Quelques Botanistes les ont comparées aux *Tamariscinées* en considération de la placentation pariétale et des graines chevelues, mais ce rapprochement ne nous semble pas naturel.

Les *Saules* sont principalement répandus dans les lieux humides et marécageux de tout l'hémisphère Nord. Les *Peupliers* croissent dans l'Europe centrale et méridionale, et dans l'Afrique méditerranéenne. Plusieurs Espèces habitent l'Amérique septentrionale. On n'en a pas rencontré ailleurs.

Les Salicinées possèdent, dans leur écorce, des substances astringentes et amères, dont la médecine tire parti pour la guérison des fièvres intermittentes, surtout depuis que la chimie est parvenue à extraire des *Saules* le principe actif auquel on a donné le nom de *salicine*. Les Espèces dont on a obtenu de la *salicine* sont les *Salix alba*, *vitellina*, *amygdalina*, *viminalis*, *helix*, *purpurea*, etc. Quelques Peupliers (*Populus alba et tremula*) contiennent aussi de la *salicine*, mais elle y est accompagnée d'un autre alcaloïde nommé *populine*. Leur écorce renferme en outre un principe tinctorial jaune, que l'on a souvent utilisé. — Le *Peuplier noir* (*Populus nigra*) et le *Tremble* (*P. tremula*) fournissent les bourgeons résineux et balsamiques qui font la base de l'onguent *populeum*, préparation employée contre les hémorrhoïdes. Ces bourgeons sont aussi recommandés à l'intérieur dans les affections chroniques des poumons. Le *P. baumier* (*P. balsamifera*), de l'Amérique septentrionale, fournit la résine *tacamahaca*, résolutive et vulnéraire. — Les chatons ♂ du *Salix ægyptiaca* sont très-odorants, et l'on en prépare en Orient une eau médicinale, vantée comme sudorifique et cordiale. — Le bois des peupliers, bien que mou, est estimé à cause de sa légèreté; celui des *Saules*, et surtout du *Marsault* (*Salix capræa*) et des *Osiers* (*S. vitellina, viminalis, purpurea*), est universellement employé par les vanniers, les tonneliers et les jardiniers. — Plusieurs Espèces de *Saules* et de *Peupliers* trouvent place dans nos jardins par l'élégance de leur port.

# JUGLANDÉES, *JUGLANDEÆ*.

(JUGLANDEÆ, *De Candolle.* — JUGLANDINEÆ, *Dumortier.* JUGLANDACEÆ, *Lindley, Casim. De Candolle.*)

Fleurs *diclines, en épi.* ♂ : Périanthe *simple, 6-2-3-lobé, ou nul.* Étamines 3-∞, *insérées à la base du périanthe, ou de la bractée.* ♀ : Périanthe *supère, 4-2-denté.* Ovaire *infère, 1-loculaire.* Ovule *unique, dressé, orthotrope.* Fruit *charnu, indéhiscent, ou ruptile.* Noix *cloisonnée.* Graine *exalbuminée.* Cotylédons *charnus, huileux, bi-lobés.* — Tige *ligneuse.* — Feuilles *alternes, pennées, non stipulées.*

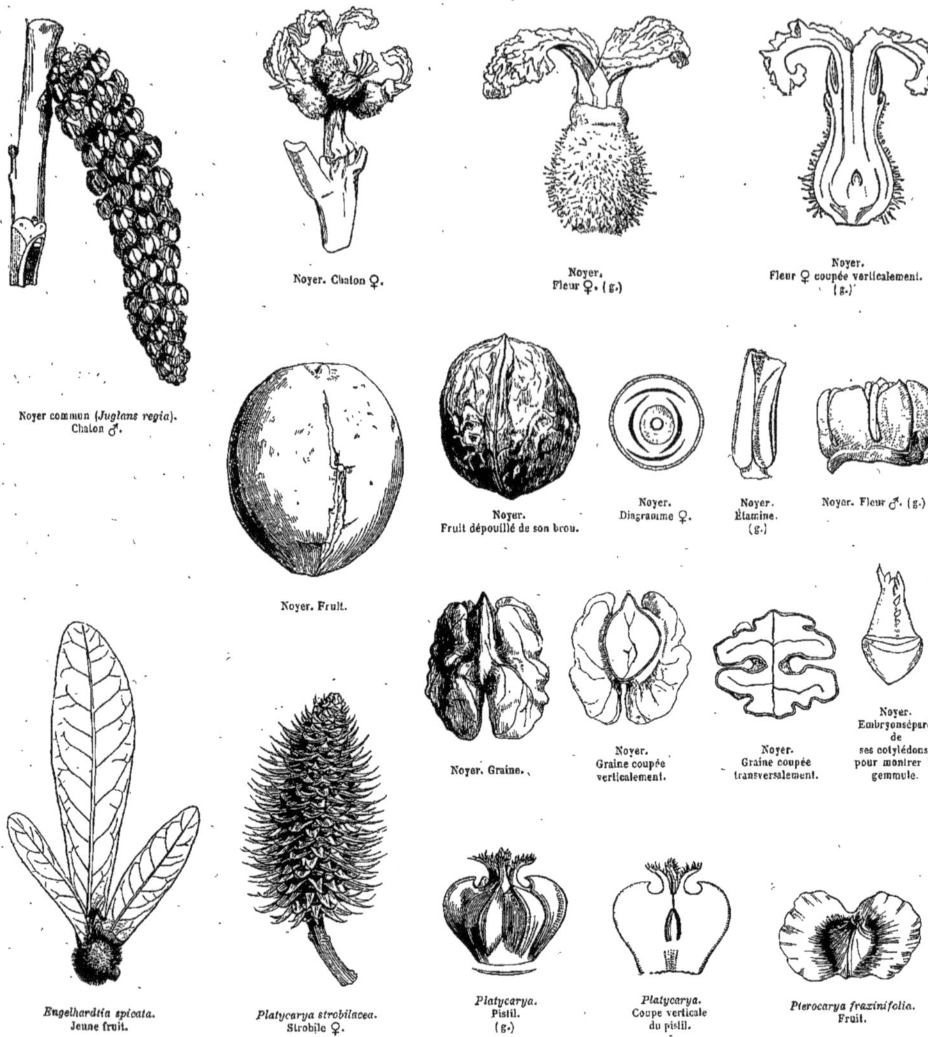

Noyer commun (*Juglans regia*). Chaton ♂.

Noyer. Chaton ♀.

Noyer. Fleur ♀. (g.)

Noyer. Fleur ♀ coupée verticalement. (g.)

Noyer. Fruit.

Noyer. Fruit dépouillé de son brou.

Noyer. Diagramme ♀.

Noyer. Étamine. (g.)

Noyer. Fleur ♂. (g.)

Noyer. Graine.

Noyer. Graine coupée verticalement.

Noyer. Graine coupée transversalement.

Noyer. Embryon séparé de ses cotylédons, pour montrer la gemmule.

*Engelhardtia spicata.* Jeune fruit.

*Platycarya strobilacea.* Strobile ♀.

*Platycarya.* Pistil. (g.)

*Platycarya.* Coupe verticale du pistil.

*Pterocarya fraxinifolia.* Fruit.

Arbres, ou Arbrisseaux à suc aqueux, ou résineux. — Feuilles alternes, non stipulées, imparipennées, ou rarement paripennées, glabres, ou pubescentes, ou tomenteuses, ou parsemées de poils disciformes; folioles membraneuses, ou coriaces, non ponctuées. *Bourgeons* 2-3 superposés dans la même aisselle, foliacés, ou écailleux, tantôt sessiles, tantôt stipités avant l'évolution des feuilles. — Fleurs monoïques. Inflorescence indéfinie, tantôt uni-sexuelle (et alors les ♂ en chaton axillaire, et les ♀ en épi terminal, ou axillaire); tantôt bi-sexuelle (et alors disposée en chaton terminé par les ♂). — Fleurs ♂ petites; Périanthe simple, adné à la face interne d'une bractée, tantôt à 6 lobes, ou 2-3-lobé par avortement; tantôt nul. — Étamines 3-36, insérées à la base du périanthe ou de la bractée, bi-pluri-sériées. *Filets* très-courts, ou presque nuls, libres ou cohérents à la base. *Anthères* bi-loculaires, glabres, ou pubescentes, déhiscentes longitudinalement, à connectif ordinairement prolongé au-delà des loges. — Ovaire rudimentaire souvent nul. — Fleurs ♀ munies d'une bractée plus ou moins soudée à la fleur, ou libre. — CUPULE réceptaculaire (*calyce* des auteurs) plus ou moins adhérente à l'ovaire, 3-∞-dentée au sommet, ou formant un involucre bractéal. — PÉRIANTHE (*corolle?*) tantôt à 4 dents, dont les 2 antéro-postérieures externes dans l'estivation, l'antérieure souvent plus grande et bractéale; tantôt à 2 dents latérales soudées avec l'ovaire. — OVAIRE infère, primitivement 1-loculaire, puis incomplétement 2-4-loculaire à la base et au sommet. *Style* court. *Stigmates* ordinairement 2, rarement 4. *Placentaire* central, très-court, portant un *ovule* orthotrope, dressé, sessile. — FRUIT composé de la fleur épaissie. *Péricarpe* charnu, ou membraneux, indéhiscent, ou irrégulièrement ruptile, ou 4-valve. *Noix* soudée avec le péricarpe, ou plus souvent libre, indéhiscente, ou s'ouvrant en 2-3 valves, à cloisons cartilagineuses formant à la base et au sommet 2 ou 4 loges incomplètes. Coque et cloisons lacuneuses dans leur épaisseur. — GRAINE exalbuminée. *Testa* membraneux. *Endoplèvre* très-mince, quelquefois rouge. — EMBRYON charnu, huileux, remplissant la coque, bilobé, cérébriforme, ou cordiforme à la base. *Radicule* très-courte, supère. *Gemmule* souvent 2-phylle, montrant ordinairement les rudiments des petits bourgeons.

GENRES.

*Noyer, *Juglans.* | *Carya, *Carya.* | *Ptérocarya, *Pterocarya.* | Engelhardtia, *Engelhardtia.* | *Platycarya, *Platycarya.*

Les *Juglandées*, qui ne comprennent dans leur ensemble qu'une trentaine d'Espèces, sont très-voisines des *Myricées* (voir cette Famille); elles tiennent aussi aux *Térébinthacées*, par l'intermédiaire du Genre *Pistachier* (voir cette Famille, page 315). Mais les Térébinthacées diffèrent par leur inflorescence, par leur fleur pétalée, leur ovaire libre, et leur ovule courbe, ou réfléchi. — Les Juglandées se rapprochent des *Cupulifères* et des *Bétulacées* par l'inflorescence amentacée, la diclinie, l'apétalie, a graine exalbuminée, la tige ligneuse, et les feuilles alternes. Elles s'en éloignent par la structure du fruit et de l'ovule, les feuilles pennées, non stipulées, et le principe aromatique.

Les Genres *Juglans* et *Carya* appartiennent à l'Amérique septentrionale, mais l'Espèce la plus remarquable (*Juglans regia*), ainsi que les *Pterocarya*, habitent les provinces méridionales du Caucase. Les *Engelhardtia* se rencontrent surtout à Java, les *Platycarya* en Chine. Le *Noyer commun* (*Juglans regia*), originaire de Perse, et propagé en Grèce et en Italie quelques siècles avant J.-C, est aujourd'hui répandu dans toute l'Europe tempérée. Son bois est très-recherché par les ébénistes et les armuriers pour la fabrication des crosses de fusil. Les teinturiers en retirent aussi une couleur brun-noirâtre. Toutes les parties du Végétal possèdent un arome particulier, assez agréable, mais causant des céphalalgies à ceux qui se tiennent longtemps sous son ombrage quand la température est élevée. Le péricarpe de sa noix contient une huile volatile, qu'on dissout dans l'alcool pour préparer une liqueur de table. Cette huile volatile est associée à du tannin et à des acides citrique et malique, qui font employer en médecine le *brou* de noix comme astringent, tonique et stimulant. Les feuilles possèdent des propriétés analogues. La graine est alimentaire avant et après sa maturité; elle contient une huile fixe, dont la saveur est agréable, mais qui rancit promptement. Le bois du *Juglans nigra* est encore plus estimé que celui du *J. regia*, à cause de sa couleur d'un noir-violet. L'écorce du *J. cinerea* est employée comme purgative en Amérique. — La graine des *Carya* est alimentaire, excepté celle du *C. amara*; mais cette dernière, associée à l'huile de Camomille, passe pour efficace contre les coliques saturnines. — Les *Engelhardtia* contiennent des sucs résineux abondants. L'*E. spicata* atteint cinquante à soixante-dix mètres de hauteur, et présente un tronc dont la grosseur est telle que trois hommes se tenant par la main peuvent à peine en embrasser la circonférence. Son bois roussâtre, dur et pesant, sert à fabriquer des roues discoïdes de charrette, en usage à Java, et des vases dont le diamètre est quelquefois prodigieux.

# CUPULIFÈRES, *CUPULIFERÆ*.

(CASTANEÆ, *Adanson.*—AMENTACEARUM *pars*, *Jussieu.*—CUPULIFERÆ, *Richard, Endlicher.* QUERCINÆ, *Jussieu.* — QUERCINEÆ ET FAGINEÆ, *Dumortier.*)

FLEURS *diclines, en épis, les ♂ à* PÉRIANTHE *simple.* ÉTAMINES 5-∞. FLEURS ♀ *sessiles dans un involucre cupuliforme.* PÉRIANTHE *simple, calyciforme.* OVAIRE *infère, à 2-3-6 loges 2-ovulées.* OVULES *anatropes, pendants, ou dressés.* NUCULES *involucrées, ordinairement uni-séminées par avortement.* GRAINE *exalbuminée.* EMBRYON *dicotylédoné, droit.* — TIGE *ligneuse.* FEUILLES *alternes, stipulées.*

ARBRES, rarement ARBRISSEAUX. — FEUILLES alternes, simples, penninerviées, caduques, ou persistantes, stipulées. — FLEURS monoïques, en épis ordinairement uni-sexuels, quelquefois ♀ à la base et ♂ à l'extrémité. — FLEURS ♂, disposées en chatons cylindriques ou globuleux, nues, ou pourvues de bractées. — PÉRIANTHE simple, à lobes souvent inégaux. — ÉTAMINES 5-20, insérées au fond du périanthe, libres. *Filets* grêles. *Anthères* bi-loculaires. — OVAIRE rudimentaire, présent, ou nul. — FLEURS ♀ 1-3-5, sessiles dans un involucre commun cupuliforme, garni extérieurement d'écailles, ou d'aiguillons, ou de lanières accrescentes. — PÉRIANTHE supère, régulier, ordinairement 6-lobé. — OVAIRE infère, 2-3-6-loculaire par des cloisons centripètes bientôt détruites.

*Ovules* géminés dans chaque loge, dressés-basilaires, ou pendants au sommet, anatropes, pourvus d'un double tégument. *Styles* autant que de loges, indivis, stigmatifères au sommet. — Fruit composé de nucules contenues dans un *involucre*, ou *cupule* quelquefois déhiscente. — Graine ordinairement unique dans chaque nucule, par avortement des autres ovules, qui persistent dans leur position première. *Albumen* nul. — Embryon droit. *Radicule* petite, supère. *Cotylédons* ordinairement charnus, planes, ou plissés, ou sinueux, et appliqués l'un contre l'autre par leur face interne.

GENRES.

*Chêne, *Quercus*. | Lithocarpe, *Lithocarpus*. | *Châtaignier, *Castanea*. | Castanopsis, *Castanopsis*. | *Hêtre, *Fagus*.

Chêne. Fleur ♂. (g.)

Chêne. Fleur ♀ coupée verticalement. (g.)

Chêne. Fleur ♀. (g.)

*Quercus Cerris*. Fleur ♀ coupée transversalement. (g.)

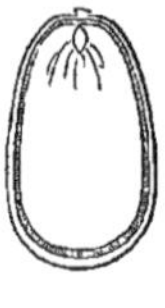

Chêne Rouvre (*Quercus Robur*). Rameaux ♂ et ♀, avec le gland.

Chêne. Fruit coupé verticalement.

*Quercus coccifera*. Ovule à membrane externe flexueuse, et à large exostome. (g.)

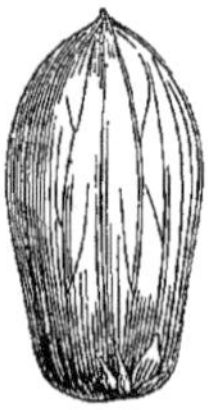

*Quercus Ægilops*. Ovules avortés à la base de la graine.

Châtaignier. Chatons ♀ et ♂.

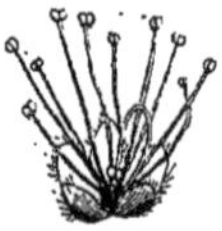

Châtaignier. Fleur ♂. (g.)

Hêtre (*Fagus sylvatica*). Coupe transversale de la graine. (g.)

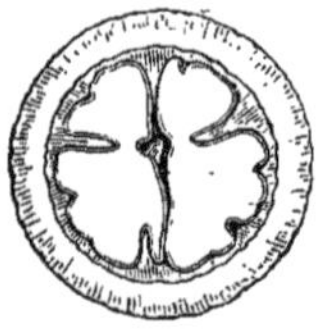

*Quercus costata*. Coupe transversale du gland.

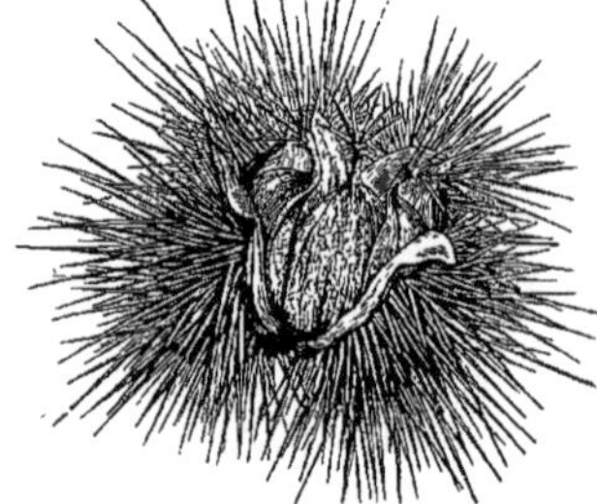

Châtaignier (*Castanea vesca*). Fruits et involucre dont chaque épine représente un rameau avorté, situé à l'aisselle d'une squamule foliacée.

Châtaignier. Inflorescence ♀.

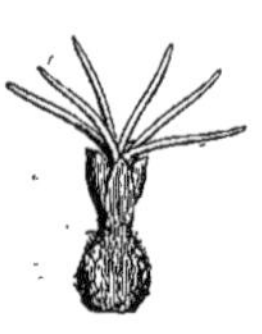

Châtaignier. Fleur ♀. (g.)

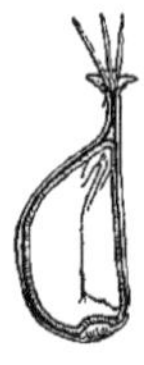

Châtaignier. Fruit coupé.

Châtaignier. Fruit.

Les *Cupulifères* se rapprochent des *Bétulinées* par les feuilles alternes stipulées, l'inflorescence amentacée, la diclinie, l'ovaire à plusieurs loges, l'ovule anatrope, le fruit sec, 1-loculaire, et la graine exalbuminée; mais elles s'en éloignent par leur ovaire infère et leur fruit muni d'une cupule. — Elles se lient aussi aux *Juglandées* (voir cette Famille). Outre les affinités indiquées, le gland se montre quelquefois divisé en 4 par de fausses cloisons, caractère sur lequel Lindley a établi son Genre *Synædrys*. Enfin, elles offrent avec les *Pomacées* une affinité manifeste, indiquée par M. Brongniart (voir cette Famille, page 306).

Les Cupulifères habitent principalement les régions tempérées de l'hémisphère Nord. Elles abondent surtout en Amérique; elles sont très-rares dans le nord de l'Asie, mais elles forment de vastes forêts dans l'Europe méridionale et centrale. Quelques-unes s'élèvent dans la région antarctique jusqu'à la limite des neiges. Elles deviennent rares en s'approchant de l'équateur, et ne croissent que dans les stations élevées des grandes îles de l'Archipel indien. Les *Châtaigniers* et les *Chênes* sont nombreux sur les hautes montagnes de l'Asie trans-équatoriale, et les Espèces de ce dernier Genre ne sont pas rares dans l'Amérique tropicale située entre le Cancer et l'équateur. Elles manquent presque complétement entre la ligne et le Capricorne. L'Afrique n'en produit aucune, si ce n'est dans la région méditerranéenne, où l'on rencontre quelques *Chênes*. Le Genre *Hêtre* est représenté sur les Andes du Chili, par des Arbres très-élevés (*Fagus procera*), qui ne le cèdent qu'à l'*Araucaria* pour la hauteur; et sur les montagnes de cette même contrée le *F. pumilio* marque la limite de la végétation arborée. — D'autres Espèces de *Hêtres* ont été observées dans l'île de Van-Diémen et la Nouvelle-Zélande.

Les Cupulifères, outre la beauté de leur port et de leur feuillage, constituent l'une des Familles les plus utiles du Règne végétal. Non-seulement elles fournissent à l'homme un précieux bois de chauffage, mais ce bois, d'un tissu serré, presque inaltérable, et facile à travailler, rend d'immenses services à l'agriculture, à l'industrie, et aux arts, qui l'emploient à la fabrication d'instruments, de meubles, d'ustensiles de toutes sortes, de même qu'à la construction des machines, des édifices, des navires, etc. — Ces arbres acquièrent souvent des proportions qui attestent une prodigieuse longévité. Il y a en Italie des *Châtaigniers* dont le tronc atteint une circonférence de 12 mètres, de 25 mètres, et même de 56 mètres, et qui comptent indubitablement plusieurs milliers d'années d'existence. On voyait naguère en France un grand nombre de chênes qui furent certainement contemporains des Druides. Le chêne d'Autrage, en Alsace, dont le tronc, au niveau du sol, mesurait 15 mètres de circonférence, a été abattu en 1858, et vendu aux enchères. Celui d'Allouville, en Normandie, dans lequel on a creusé une chapelle, il y a 200 ans, offre à peu près les mêmes dimensions. Le plus volumineux des chênes existant encore en France est celui de Montravail, aux environs de Saintes, qui présente 9 mètres de diamètre, ce qui lui donne une circonférence de plus de 80 pieds. Il serait à désirer que ces monuments vénérables du Règne végétal fussent placés sous la protection de l'État, comme les monuments historiques, construits par la main de l'homme.

Les *Cupulifères* possèdent, entre autres principes, des proportions considérables de tannin et d'acide gallique, qui leur donnent des propriétés astringentes, utiles à la médecine et à l'industrie. Le *Quercitron* (*Quercus tinctoria*) est une grande Espèce, qui croît dans les forêts de la Pensylvanie. Son écorce est exportée en Europe à cause de la richesse du principe colorant jaune qu'elle possède; elle est aussi employée en Amérique pour le tannage des peaux. — L'Écorce des Espèces européennes (*Q. Robur, pedunculata, pubescens, Cerris*), séchée et réduite en poudre sous le nom de *tan*, sert aux mêmes usages. Le *Q. coccifera* est un arbrisseau de la région méditerrannéenne; c'est sur lui que vit le *Kermès*, insecte hémiptère du Genre des *Cochenilles*, que l'on récolte pour teindre la soie et la laine en rouge cramoisi. Le *Q. suber* croît dans les parties méridionales de la France et de l'Europe. La partie extérieure et spongieuse de son écorce fournit la substance élastique connue sous le nom de *liége*. Les *glands* de la plupart des Chênes contiennent une grande quantité d'amidon, une huile fixe, et une substance amère-astringente. Ces glands, torréfiés et traités par l'eau bouillante, fournissent une boisson éminemment tonique, que l'on administre avec succès, en guise de café, aux enfants d'un tempérament lymphatique. Les glands des *Q. Ilex, Ballota, Æsculus, Ægilops*, sont privés du principe amer et acerbe, et servent encore aujourd'hui à la nourriture des habitants de quelques parties de la région méditerranéenne et surtout de l'Algérie. Les feuilles du *Q. mannifera*, Espèce du Kurdistan, secrétent une matière sucrée. Les cupules du *Q. Ægilops*, vulgairement nommé *Vélani*, sont l'objet d'un commerce considérable, pour la teinture en noir et le tannage des peaux. — Diverses Espèces de *Chênes*, et principalement le *Vélani*, fournissent le produit connu sous le nom de *noix de galle* : un insecte hyménoptère pique le pétiole de leurs feuilles pour y déposer ses œufs; les sucs végétaux s'extravasent à l'endroit qui a été piqué, et y forment une excroissance contenant de l'acide *gallique* et du tannin. Notre encre à écrire s'obtient au moyen d'une infusion aqueuse de noix de galle, dans laquelle on fait dissoudre un sel de fer (couperose verte). — Le Hêtre (*Fagus sylvatica*) a des fruits anguleux, nommés *faînes*, dont la graine est huileuse et sapide; mais elles causent, si l'on en fait abus, de la céphalalgie et des vertiges. — Le *Châtaignier* (*Castanea vesca*) produit des graines farineuses, qui, mangées crues, sont astringentes, et fournissent, par la cuisson ou la torréfaction, un aliment agréable et sain. Le marron dit *de Lyon* n'est qu'une race améliorée du Châtaignier ordinaire.

# CORYLACÉES, *CORYLACEÆ*.

(CASTANEARUM *pars, Adanson.* — AMENTACEARUM *pars, Jussieu.*
CUPULIFERARUM *pars, Richard.* — CORYLACEÆ, *Hartig. Alph. De Candolle.*)

Fleurs *diclines, en épis, les ♂ apérianthées, munies d'une bractée staminifère.* Fleurs ♀ *géminées sur une bractée, munies de bractéoles très-accrescentes.* Périanthe *simple, irrégulièrement lobé.* Ovaire *infère, sub-biloculaire, 2-ovulé.* Ovules *pendants, anatropes.* Nucule *involucrée par des bractéoles foliacées.* Graine *unique, exalbuminée.* Embryon *dicotylédoné, droit.* Tige *ligneuse.* Feuilles *alternes, stipulées.*

Arbrisseaux, ou Arbustes. — Feuilles alternes, penninerviées, doublement dentées, stipulées, plissées obliquement le long de leurs nervures latérales, et regardant l'axe soit par leur face interne étalée (*Ostrya, Carpinus*), soit par l'un de leurs côtés appliqué contre l'autre (*Corylus*). — Fleurs monoïques, en épis uni-sexuels. — *Fleurs* ♂ en chatons cylindriques, accompagnées d'une bractée nue, ou doublée en dedans de deux bractéoles juxtaposées. — PÉRIANTHE nul. — ÉTAMINES plusieurs, insérées à la base ou au milieu de la bractée, et incluses. *Filets* souvent divisés ou bifides. *Anthères* à loges séparées, ordinairement poilues au sommet. — OVAIRE rudimentaire nul. — FLEURS ♀ en épi court, géminées à l'intérieur d'une bractée, et munies chacune de bractéoles très-accrescentes après la floraison. — PÉRIANTHE supère, irrégulièrement lobé au sommet. — OVAIRE infère, sub-biloculaire par 2 placentaires proéminents, dont un stérile, et l'autre portant au sommet 2 ovules pendants, anatropes, revêtus d'un tégument simple. *Style* très-court, divisé en 2 *stigmates* allongés linéaires. — FRUIT composé d'une nucule largement ombiliquée à la base, renfermée dans un involucre foliacé, lobé, ou lacinié. — GRAINE unique par avortement. *Albumen* nul. — EMBRYON droit. *Radicule* supère, petite. *Cotylédons* charnus, appliqués par leur face interne, plus longs que la radicule.

GENRES.

*Ostrya, *Ostrya.* | *Charme, *Carpinus.* | Distegocarpus, *Distegocarpus.* | *Coudrier, *Corylus.*

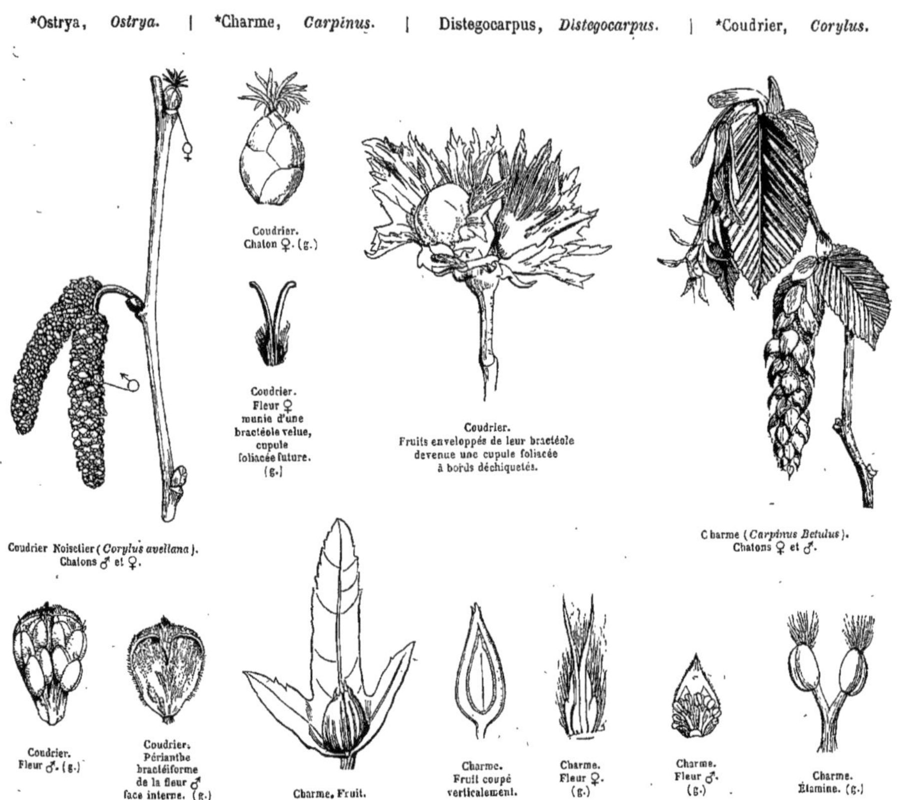

Coudrier. Chaton ♀. (g.)

Coudrier. Fleur ♀ munie d'une bractéole velue, cupule foliacée future. (g.)

Coudrier. Fruits enveloppés de leur bractéole devenue une cupule foliacée à bords déchiquetés.

Coudrier Noisetier (*Corylus avellana*). Chatons ♂ et ♀.

Charme (*Carpinus Betulus*). Chatons ♀ et ♂.

Coudrier. Fleur ♂. (g.)

Coudrier. Périanthe bractéiforme de la fleur ♂ face interne. (g.)

Charme. Fruit.

Charme. Fruit coupé verticalement.

Charme. Fleur ♀. (g.)

Charme. Fleur ♂. (g.)

Charme. Étamine. (g.)

Les *Corylacées*, séparées des *Cupulifères*, ne s'en distinguent que par leurs fleurs ♂, apérianthées, à bractée staminifère, et par l'involucre de leur fruit, foliacé, tubuleux, lacinié et de saveur acide. Elles habitent les régions froides, ou tempérées de l'hémisphère boréal. — Le *Coudrier* ou *Noisetier* (*Corylus Avellana*) est un arbrisseau répandu en Europe et dans le nord de l'Asie. Sa graine (*noisette, aveline*) est d'un goût agréable, et fournit par expression une huile douce, non siccative; son écorce est astringente et passe pour fébrifuge. Les *C. Colurna* et *tubulosa*, qui croissent dans le midi de l'Europe, les *C. rostrata* et *americana*, de l'Amérique septentrionale, fournissent un fruit comestible comme celui du Noisetier. — Le *Charme* (*Carpinus Betulus*) est un arbre indigène d'un feuillage élégant, cultivé pour faire des palissades nommées *charmilles*. Son bois est blanc, très-fin, très-serré, et acquiert une grande dureté par la dessiccation. On l'emploie pour les ouvrages de charronnage, pour des roues de moulin, des vis de pressoir, des manches d'outil. C'est en outre un très-bon bois de chauffage. — Les écailles du fruit de l'*Ostrya* sont couvertes de poils prurients.

# BÉTULACÉES, *BETULACEÆ*.

(AMENTACEARUM *Genera, Jussieu.* — BETULINÆ, *L. C. Richard.* — BETULACEÆ, *Bartling.*)

Fleurs *monoïques, en chatons, les ♂ à périanthe calyciforme, ou squamiforme, les ♀ apérianthées, à écailles accrescentes.* Étamines 4, *ou* 2. Ovaire *à* 2 *loges* 2*-ovulées.* Ovules *pendants, anatropes.* Nucules *ordinairement ailées, bi-loculaires, uni-séminées.* Embryon *dicotylédoné, exalbuminé.* Radicule *supère.* — Tige *ligneuse.* Feuilles *alternes, stipulées.*

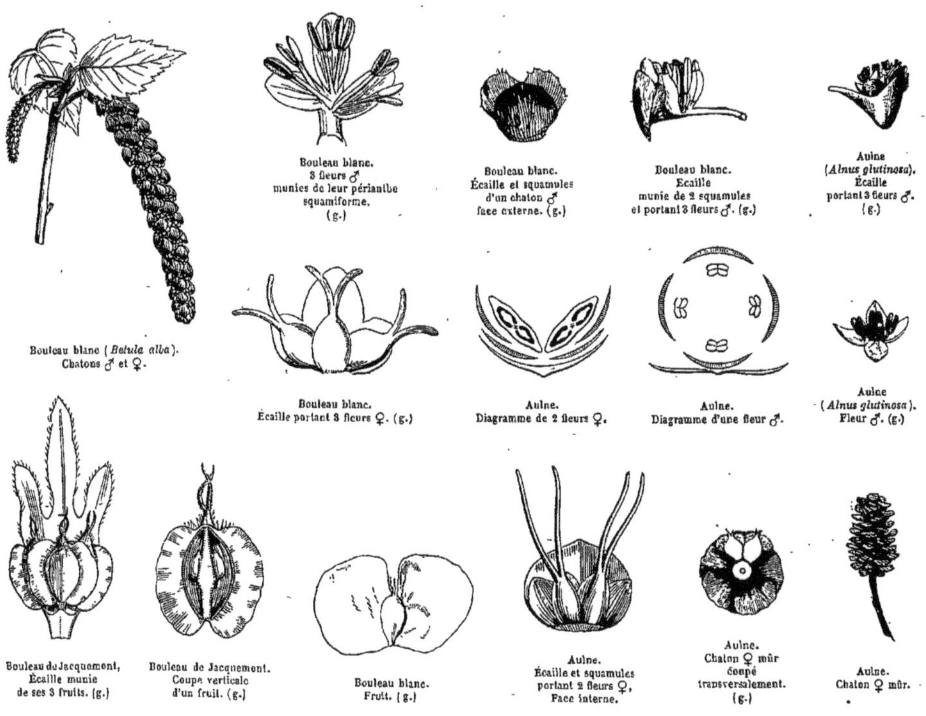

Bouleau blanc (*Betula alba*). Chatons ♂ et ♀.

Bouleau blanc. 3 fleurs ♂ munies de leur périanthe squamiforme. (g.)

Bouleau blanc. Écaille et squamules d'un chaton ♂ face externe. (g.)

Bouleau blanc. Écaille munie de 2 squamules et portant 3 fleurs ♂. (g.)

Aulne (*Alnus glutinosa*). Écaille portant 3 fleurs ♂. (g.)

Bouleau blanc. Écaille portant 3 fleurs ♀. (g.)

Aulne. Diagramme de 2 fleurs ♀.

Aulne. Diagramme d'une fleur ♂.

Aulne (*Alnus glutinosa*). Fleur ♂. (g.)

Bouleau de Jacquemont, Écaille munie de ses 3 fruits. (g.)

Bouleau de Jacquemont. Coupe verticale d'un fruit. (g.)

Bouleau blanc. Fruit. (g.)

Aulne. Écaille et squamules portant 2 fleurs ♀, Face interne.

Aulne. Chaton ♀ mûr coupé transversalement. (g.)

Aulne. Chaton ♀ mûr.

Arbres, ou Arbrisseaux, à rameaux épars, à bourgeons écailleux. — Feuilles souvent parsemées de glandes résineuses, alternes, simples, dentées à nervures pennées, atteignant les dents de la feuille. *Stipules* libres, caduques. — Fleurs monoïques, sessiles, à la base de bractées écailleuses, disposées en chatons terminaux, ou latéraux. — Chatons ♂ : *écailles* portant 2-3 fleurs et accompagnées chacune en dedans de 2 ou 4 squamules. — Périanthe soit calyciforme, régulier, 4-lobé (*Aulne*), soit réduit à une écaille (*Bouleau*). — Étamines tantôt 4, insérées à la base des lobes du périanthe et opposées à ces lobes (*Aulne*); tantôt 2, insérées à la base du périanthe squamiforme, à filets bifurqués au sommet (*Bouleau*). *Anthères* basi-fixes, à 2 loges juxtaposées (*Aulne*), ou portées chacune sur une des branches du filet bifurqué (*Bouleau*), et s'ouvrant longitudinalement. — Chatons ♀ tantôt pendants, solitaires, à écailles membraneuses-coriaces et caduques à la maturité (*Bouleau*); tantôt dressés, disposés en grappe corymboïde, à écailles d'abord charnues, puis ligneuses et persistantes (*Aulne*). *Écailles* sessiles, tantôt 3-lobées et 3-flores (*Bouleau*); tantôt entières et accompagnées chacune de 4 squamules latérales, et biflores (*Aulne*). — Périanthe nul. — Ovaire sessile, à 2 loges 1-ovulées, dont une souvent avortée. — Ovules appendus à la cloison un peu au-dessous de son sommet, anatropes. *Stigmates* 2, terminaux, sessiles, allongés, filiformes. — Strobile formé par les écailles amplifiées. — Nucules ailées, ou anguleuses, uni-loculaires et uni-séminées par avortement. — Graine inverse, à *testa* membraneux, mince. — Embryon exalbuminé, droit. *Cotylédons* planes, foliacés dans la germination. *Radicule* supère.

GENRES.

| | | |
|---|---|---|
| *Bouleau, *Betula.* | *Aulne, *Alnus.* | Cléthropsis, *Clethropsis.* |

Nous avons indiqué les affinités des *Bétulacées* avec les *Cupulifères* et les *Myricées* (voir ces Familles). Elles se rapprochent des *Ulmacées* par les étamines opposées aux lobes du calyce, par l'ovaire à 2 loges 1-ovulées, à ovule pendant et anatrope, par le fruit ailé, la graine exalbuminée, et les feuilles alternes, à stipules caduques; mais leur diclinie et leur inflorescence amentacée les en éloignent considérablement.

Les *Bétulacées* sont répandues sous les climats tempérés et froids de l'hémisphère Nord. Les *Bouleaux* forment des bois ou de vastes forêts dans l'Europe, l'Asie et l'Amérique septentrionales. Quelques-uns végètent à l'état d'arbustes rabougris dans les régions polaires et à la limite des neiges éternelles. Les *Aulnes* sont dispersés dans les contrées tempérées de l'hémisphère Nord; quelques-uns habitent l'Amérique juxta-tropicale.

La Famille des Bétulacées, sans rivaliser avec celle des *Cupulifères* pour les services rendus à l'homme, lui fournit plusieurs Espèces utiles, en tête desquelles se place le *Bouleau blanc* (*Betula alba*), qui croît dans presque toute l'Europe, en Sibérie, dans l'Asie Mineure et l'Amérique septentrionale; c'est celui de tous les arbres européens qui s'avance le plus près du pôle, et qui habite les altitudes Alpines les moins favorables à la végétation. Son bois, trop hygrométrique, est peu employé pour les constructions; mais les charrons, les menuisiers et les tourneurs l'estiment à cause de sa ténacité; comme combustible, il est apprécié presque autant que le *Hêtre*, et son charbon est recherché pour les forges. Ses rameaux flexibles servent à faire des balais. Son écorce est imperméable à l'eau, qualité qui la fait employer dans le Nord pour fabriquer divers ustensiles, des chaussures, des cordes, des boîtes, des tabatières, et pour garantir les toitures de l'humidité; une Variété de *Bouleau blanc* a été en usage au Canada pour la construction de pirogues légères et portatives, formées de plaques d'écorce reliées au moyen des fibres radicales du *Sapin blanc*, et enduites de la résine du *Sapin baumier*, de là le nom vulgaire de *Bouleau à canot*, donné à la Variété en question, qu'on désigne aussi sous la dénomination de *Bouleau à papier*, à cause de l'usage qu'on peut faire des feuillets corticaux. L'écorce du *Bouleau blanc* contient, outre un principe astringent, qui la rend propre au tannage des cuirs, une huile balsamique résineuse, qui devient empyreumatique par la distillation, et sert à la préparation du *cuir de Russie*. Enfin la partie cellulaire de cette écorce, renfermant de la fécule, fournit une précieuse ressource aux Samoyèdes et aux Kamtchadales, qui la broient, et la mêlent à leurs aliments. — La séve du *Bouleau* contient, avant la pousse des feuilles, des principes sucrés dont les habitants du Nord tirent parti : cette séve passe pour un excellent antiscorbutique; ils en font aussi du vinaigre et de la bière. D'autres Espèces de *Bouleau* (*Betula lenta*, *nigra*, *lutea*, etc.) sont recherchées au même titre dans l'Amérique septentrionale pour leur bois, leur tannin et leur séve sucrée. — L'*Aulne commun* (*Alnus glutinosa*) est un arbre presque aquatique, dont le bois ne s'emploie guère aux constructions ordinaires parce qu'il ne résiste pas aux alternatives de sécheresse et d'humidité; mais s'il est constamment submergé, il devient aussi incorruptible que le bois de *Chêne*, ce qui le fait choisir de préférence pour les pilotis. Ce bois est recherché par les menuisiers, les ébénistes, les tourneurs et les sabotiers; on l'estime comme combustible, parce qu'il brûle avec une flamme vive et presque sans fumée. C'est le charbon d'*Aulne* qui est le plus employé pour la fabrication de la poudre à canon. L'écorce, les feuilles et les strobiles peuvent servir au tannage et à la teinture en noir.

# MYRICÉES, *MYRICEÆ*.

(AMENTACEARUM *pars*, *Jussieu.* — MYRICEÆ, *L.-C. Richard.*
MYRICACEÆ, *Lindley.*)

Fleurs *diclines, en épis, apérianthées, sessiles à l'aisselle d'une bractée.* Étamines 2-16. Ovaire *muni à sa base de 2-4 squamules, 1-loculaire, 1-ovulé.* Ovule *sessile, basilaire, orthotrope.* Fruit *drupacé, succulent, ou sapide, cérifère.* Graine *dressée, exalbuminée.* Embryon *dicotylédoné, droit.* — Tige *ligneuse.* Feuilles *alternes.*

Sous-Arbrisseaux, ou Arbrisseaux, ou Arbres, à rameaux épars, cylindriques, non articulés. *Bourgeons* écailleux, solitaires à l'aisselle des feuilles. — Feuilles alternes, simples, ordinairement serretées, quelquefois incisées, ou pennifides, rarement entières, roides ou coriaces à l'état sec, généralement parsemées de points globuleux, ou disciformes, céracés, odorants, à nervure médiane émettant des veinules anastomosées. — *Stipules* nulles (excepté dans le *Comptonia aspleniifolia*). — Fleurs monoïques, ou dioïques, en chatons axillaires, simples, ou composés, et formant des épis rapprochés, ou distants. Chatons des Espèces monoïques bi-sexuels et portant des ♂ à la base et des ♀ au sommet. — Fleur ♂ : Périanthe nul. — Étamines 2-16, sessiles à l'aisselle d'une bractée, nues, ou munies de 2 bractéoles latérales, accompagnées souvent de plusieurs bractéoles stériles. *Filets* libres, ou plus ou moins soudés à la base. *Anthères* biloculaires, extrorses, basifixes, sub-didymes, à déhiscence longitudinale. — Fleurs ♀, disposées en chatons ovoïdes, ou cylindriques, pourvues d'une bractée. — Ovaire sessile à l'aisselle de la bractée, muni de 2-4 squamules stériles, plus ou moins soudé par sa base avec elles, et uni-loculaire. *Stigmates* 2, latéraux, filiformes, sessiles. *Ovule* unique, orthotrope, sessile au fond de la loge. — Fruit drupacé; péricarpe couvert, soit de longues papilles charnues, succulentes, comestibles (*M. sapida*), soit de glandes superficielles odorantes ou excrétant de la cire. *Nucule* osseuse, plus ou moins dure. — Graine dressée, à tégument mince et membraneux. — Embryon exalbuminé, antitrope. *Cotylédons* charnus, plano-convexes. *Radicule* cylindrique, supère.

GENRES PRINCIPAUX.

Myrica, *Myrica*. | Comptonia, *Comptonia*.

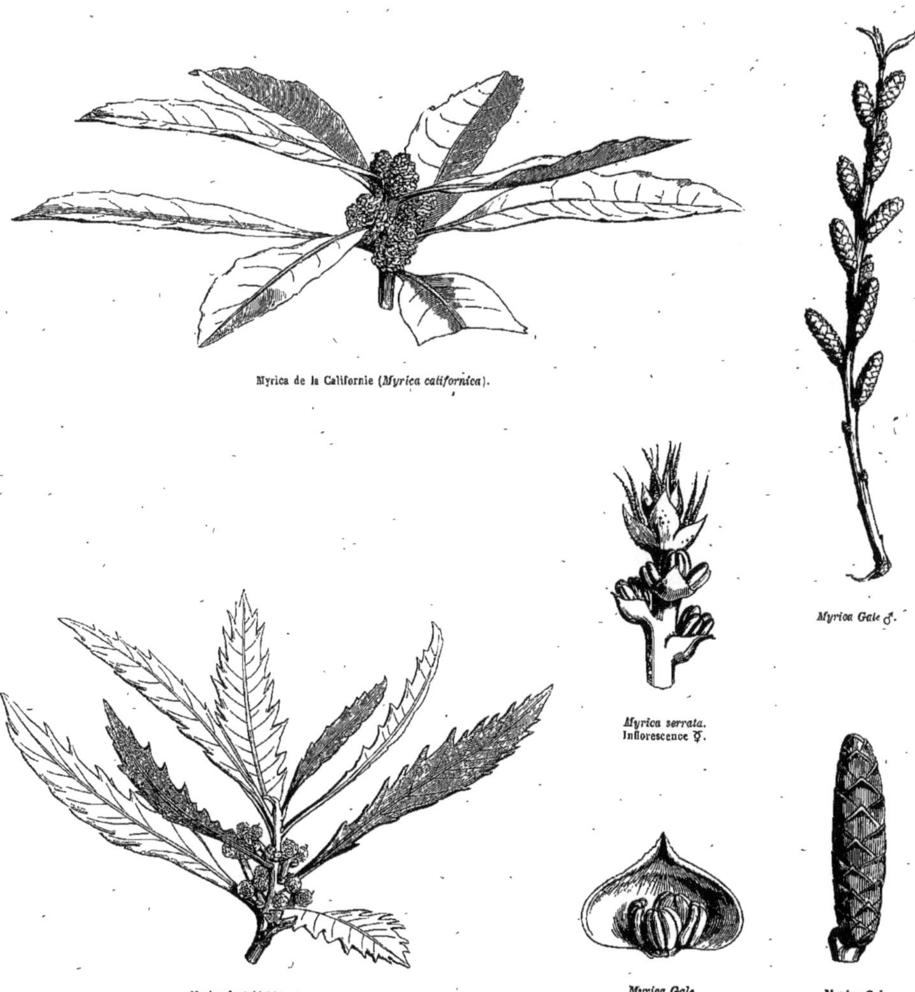

Myrica de la Californie (*Myrica californica*).

*Myrica serrata*. Inflorescence ☿.

*Myrica Gale* ♂.

Myrica dentelé (*Myrica serrata*).

*Myrica Gale*. Bractée et étamines. (g.)

*Myrica Gale*. Épi ♂.

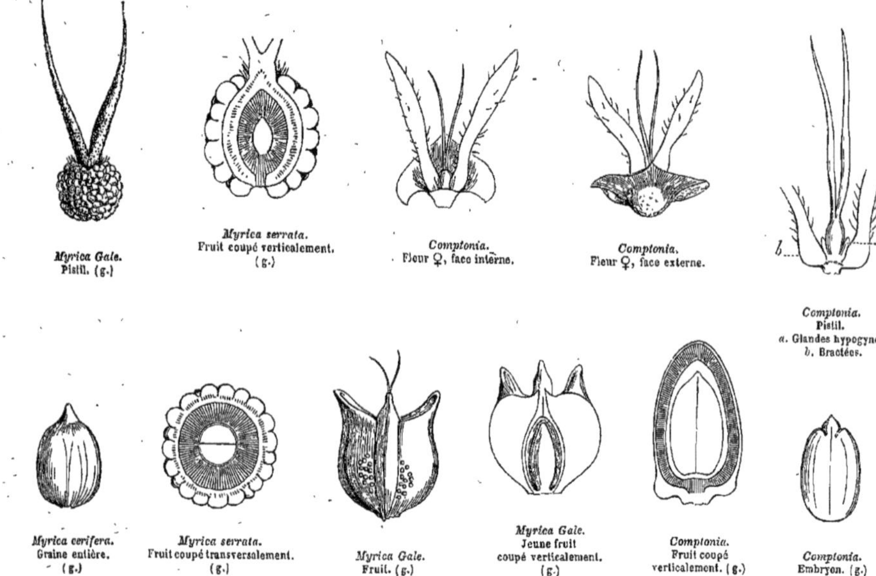


*Myrica Gale.* Pistil. (g.)

*Myrica serrata.* Fruit coupé verticalement. (g.)

*Comptonia.* Fleur ♀, face interne.

*Comptonia.* Fleur ♀, face externe.

*Comptonia.* Pistil. *a.* Glandes hypogynes. *b.* Bractées.

*Myrica cerifera.* Graine entière. (g.)

*Myrica serrata.* Fruit coupé transversalement. (g.)

*Myrica Gale.* Fruit. (g.)

*Myrica Gale.* Jeune fruit coupé verticalement. (g.)

*Comptonia.* Fruit coupé verticalement. (g.)

*Comptonia.* Embryon. (g.)

Les *Myricées* se rapprochent des *Juglandées* par la diclinie, l'inflorescence, l'ovaire 1-loculaire, 1-ovulé, l'ovule dressé et orthotrope, le fruit drupacé, la graine exalbuminée, la tige ligneuse, les feuilles alternes et aromatiques. Elles s'en éloignent par leurs fleurs apérianthées, leur ovaire libre, leur fruit cérifère, leur port, et leurs feuilles simples, coriaces, uni-nerviées, parsemées de glandes résineuses. — Elles offrent aussi quelque affinité avec les *Casuarinées* (voir cette Famille) ainsi qu'avec les *Bétulacées,* dont elles s'éloignent par leur ovaire 1-loculaire, leur ovule dressé, orthotrope, et leurs propriétés. — M. Chapman a adjoint aux Myricées le Genre *Leitneria,* qui en diffère par son ovule campylotrope.

Les Myricées appartiennent aux deux continents, mais elles n'abondent nulle part. On les observe surtout dans l'Amérique septentrionale, dans l'Afrique australe, et sur les montagnes de l'Asie et de l'île de Java. On trouve aux Açores et aux Canaries le *M. Faya.* Une seule Espèce (*Myrica Gale*) habite les lieux tourbeux du nord-ouest de l'Europe.

L'écorce de plusieurs Myricées contient de l'acide benzoïque et du tannin, unis à une substance résineuse, qui lui donnent des propriétés astringentes-toniques : tel est le *Comptonia aspleniifolia,* dont la décoction est employée dans l'Amérique septentrionale contre les diarrhées opiniâtres. — On retire des fruits du *Myrica Gale* une huile volatile, d'une odeur faible, d'une saveur d'abord douce, puis un peu âcre. Ceux du *M. sapida,* originaire du Népaul, ont un goût aigrelet très-agréable, qu'ils doivent à la présence de poils claviformes pleins d'un suc rouge acidule-sucré. — La cire du *M. cerifera* a été longtemps employée en Amérique pour l'éclairage, mais cet usage est aujourd'hui à peu près perdu. — Les feuilles du *M. Gale* étaient jadis vantées comme anti-psoriques. — La racine du *M. cerifera* est émétique et violemment purgative.

# CASUARINÉES, *CASUARINEÆ,* *Mirbel.*

Fleurs *diclines, apérianthées, les ♂ à 2 ou 4 bractéoles, monandres.* Fleurs ♀, *à 2 ou 4 bractéoles scarieuses.* Ovaire *1-loculaire.* Styles *2.* Ovules *2, semi-anatropes.* Caryopse *samaroïde.* Graine *exalbuminée.* Embryon *dicotylédoné.* Radicule *supère.* — Tige *ligneuse, à rameaux articulés, aphylles.*

Arbrisseaux, ou Arbres très-rameux, à port d'*Ephedra* ou d'*Equisetum,* à rameaux verticillés, articulés-noueux, striés-sillonnés. — Feuilles nulles, remplacées par des gaînes entourant les nœuds des rameaux, striées, multidentées. — Fleurs monoïques, ou dioïques, les ♂ en épis, les ♀ en capitules. — Fleurs ♂, naissant à l'intérieur des dernières gaînes des rameaux, pourvues chacune d'une sorte de périanthe formé de bractéoles, dont 2 latérales, et 2 antéro-postérieures, cohérentes au-dessus de l'étamine, tombantes, ou détachées et soulevées par l'allongement de celle-ci. — Étamine unique, centrale. *Filet* d'abord très-court, épais à sa base, s'allongeant pendant la floraison. *Anthère* biloculaire, incombante, à loges sub-opposées, séparées au sommet et à la base, s'ouvrant par déhiscence longitudinale. — Fleurs ♀ capitées au sommet des rameaux, chacune sessile à l'aisselle d'une bractée persistante, pourvue de 2 bractéoles naviculaires, d'abord ouvertes, puis se fermant sur le jeune fruit, et s'ouvrant de nouveau à la maturité. — Périanthe nul. — Ovaire comprimé-lenticulaire, 1-loculaire. *Style* terminal très-court. *Stigmates* 2, allongés-filiformes. *Ovules* 2, collatéraux, fixés au-dessus de la base de la loge et semi-anatropes. — Fruit strobilacé, formé de bractées et de bractéoles ligneuses, s'ouvrant en 2 valves divergentes qui simulent une capsule, renfermant des caryopses samaroïdes membraneux au sommet, crustacés à la base, et remplis de filets trachéens. — Graine unique par avortement, dressée, portée sur un funicule inséré au milieu du testa, et adossée à l'ovule avorté. *Testa* membraneux, presque transparent. — Embryon exalbuminé. *Cotylédons* grands, oblongs, comprimés. *Radicule* minime, supère.

GENRE UNIQUE.

*Casuarine, *Casuarina*.

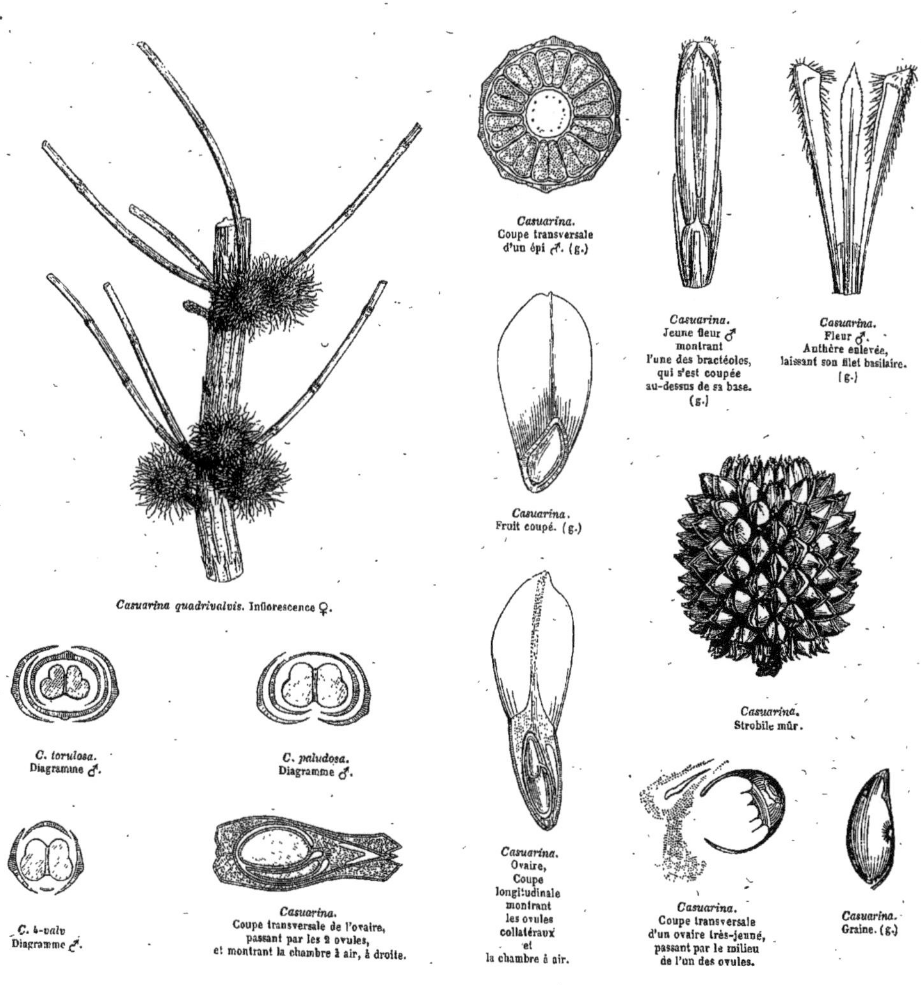

*Casuarina*. Coupe transversale d'un épi ♂. (g.)

*Casuarina*. Jeune fleur ♂ montrant l'une des bractéoles, qui s'est coupée au-dessus de sa base. (g.)

*Casuarina*. Fleur ♂. Anthère enlevée, laissant son filet basilaire. (g.)

*Casuarina quadrivalvis*. Inflorescence ♀.

*Casuarina*. Fruit coupé. (g.)

*Casuarina*. Strobile mûr.

*C. torulosa*. Diagramme ♂.

*C. paludosa*. Diagramme ♂.

*C. 4-valv*. Diagramme ♂.

*Casuarina*. Coupe transversale de l'ovaire, passant par les 2 ovules, et montrant la chambre à air, à droite.

*Casuarina*. Ovaire, Coupe longitudinale montrant les ovules collatéraux et la chambre à air.

*Casuarina*. Coupe transversale d'un ovaire très-jeune, passant par le milieu de l'un des ovules.

*Casuarina*. Graine. (g.)

Les *Casuarinées* se distinguent, au premier aspect, de toutes les Familles dicotylédones. Elles n'offrent guère d'affinité qu'avec les *Myricées*, qui s'en éloignent, outre la différence caractéristique du port, par la nature de leur fruit drupacé.

M. le Dr Bornet, qui a eu occasion d'étudier des fleurs de *Casuarina* vivants et cultivés dans la propriété de M. Thuret à Antibes, nous a communiqué le résultat de ses recherches, dont nous donnons ici le résumé.

« Dans le *C. quadrivalvis* chaque étamine est entourée d'un périanthe (?) à trois valves; deux valves sont latérales, c'est-à-dire placées sur les faces qui sont en contact avec les étamines voisines; la troisième est postérieure ou interne, c'est-à-dire placée sur la face qui regarde l'axe du rameau. Dans quelques cas très-rares, il a trouvé une quatrième valve appliquée sur la face antérieure de l'étamine. La valve postérieure est linéaire et n'adhère point aux valves latérales; celles-ci sont beaucoup plus grandes, pliées en gouttière, élargies au sommet, recourbées en capuchon, et adhèrent entre elles par l'entrelacement des poils crochus dont leur bord est garni. Lorsqu'il y a une quatrième valve, elle est étroite et linéaire. La fleur mâle du *C. torulosa* est la plus compliquée de toutes, et la seule qui ait offert constamment à M. Bornet le type quaternaire : le périanthe se compose en effet de quatre pièces, deux latérales, une postérieure et une antérieure. — Cette composition du périanthe est facile à reconnaître sur les fleurs jeunes, chez lesquelles les filets des étamines sont encore très-courts. Lorsque le filet s'allonge, les valves se rompent à une petite distance au-dessus de l'insertion; la partie inférieure reste sous l'apparence de petites écailles brunes, à sommet tronqué, qui entourent la base du filet; la partie supérieure demeure appliquée sur l'anthère; elle en coiffe le sommet jusqu'au moment où l'anthère, prête à s'ouvrir, prend une forme ovale, s'élargit beaucoup, et chasse, à la manière d'un coin, les valves latérales. »

Quant aux fleurs femelles, autant qu'en a pu juger M. Bornet, le funicule dans dans le *C. quadrivalvis* ne serait pas libre normalement, et le faisceau du placentaire offrirait une disposition curieuse : la coupe de l'ovaire montre cette disposition; la cavité du péricarpe est partagée en deux par une masse celluleuse du placentaire; l'une des cavités contient les ovules collatéraux, l'autre plus petite ne renferme que de l'air. Cette chambre à air n'est pas accidentelle; car on la voit dans les ovaires très-jeunes, et peut-être est-elle partagée elle-même en deux par un prolongement du placentaire.

La plupart des Casuarinées appartiennent à l'Australie, où elles ont été découvertes à l'état fossile et silicifiées ; elles se rencontrent aussi dans l'Inde, dans l'Archipel indien et à Madagascar, où on les désigne sous le nom de *Filao*.

Les Casuarinées sont de peu d'utilité pour l'homme; leur bois, dur et pesant, peut être employé par la marine, et servait d'arme offensive aux habitants de l'Australie. — L'écorce des *Casuarina equisetifolia* et *ateriflora* est astringente; on l'emploie en poudre dans le pansement des plaies de mauvaise nature, et en décoction, pour arrêter les diarrhées chroniques et cholériques. Cette écorce peut aussi être utilisée comme matière colorante, ou comme mordant. Celle du *C. muricata* fournit aux Indiens un médicament nervin-tonique.

*Casuarina quadrivalvis* ♂.
Inflorescence ♂.

# CONIFÈRES, *CONIFERÆ*, *Jussieu*.

## (ABIETINÆ, CUPRESSINÆ, TAXINÆ, *L.-C. Richard*, et GNETEÆ, *Blume*. GYMNOSPERMARUM *pars*, *Brongniart*.)

Fleurs *diclines, amentacées, apérianthees*. Ovaire, Style *et* Stigmate *nuls*. Ovules *nus, à micropyle béant, recevant immédiatement les granules polliniques*. Graine *albuminée*. Embryon *di-pluri-cotylédoné*. — Tige *ligneuse*. Feuilles *éparses, ou opposées, ou verticillées, ou fasciculées*.

Arbres, ou Sous-Arbrisseaux, ou Arbrisseaux généralement résinifères, à bois dépourvu de vaisseaux et composé de fibres offrant une ou plusieurs séries de ponctuations concaves. *Bourgeons* nus, ou protégés par des écailles. — Feuilles non stipulées, ordinairement persistantes, éparses, ou distiques, ou opposées, ou ternées, ou imbriquées, ou fasciculées sur des rameaux raccourcis ; simples, entières, ou rarement denticulées, ou très-rarement lobées; généralement linéaires, ou aciculaires, souvent naviculaires, ou squamiformes, rarement elliptiques, ou flabelliformes, toujours à nervures simples, très-rarement réduites à des dents à l'aisselle desquelles naissent des rameaux dilatés en phyllode; quelquefois dimorphes (les unes aciculaires, les autres squamiformes) sur le même individu (*Genévrier*).

Fleurs en chatons, monoïques, ou dioïques, sans calyce ni corolle. *Chatons* ♂ composés d'écailles anthérifères. *Anthères* à 1-20 loges parallèles, ou rayonnantes, contiguës ou distantes, adnées à l'écaille (dilatée ou peltée) qui leur sert de connectif et de filet, quelquefois pendantes (*Araucaria*), à déhiscence longitudinale, ou rarement transversale. *Pollen* tantôt composé de 2 vésicules assez volumineuses, réunies par une membrane intermédiaire (*Pin, Sapin, Dacrydium, Podocarpus,* etc.); tantot formé de grains très-petits, lisses et globuleux (*Araucaria, Sequoia, Cunninghamia, Cupressinées, Taxinées*).

Fleurs ♀ réduites à des ovules nus, généralement orthotropes, naissant sur des écailles étalées, ou sur un disque cupuliforme; *micropyle* béant, à endostome souvent prolongé en tube styloïde. Fruit tantôt formant un strobile sec, ou charnu par la réunion des écailles épaissies et souvent endurcies; tantôt simulant une drupe, à *testa* charnu, ou coriace, ou crustacé; tantôt entouré d'une cupule charnue. — Graine nue, souvent ailée. *Albumen* corné, ou charnu-farineux, ou huileux, rarement ruminé (*Torreya*), contenant originairement plusieurs embryons rudimentaires, dont un seul se développe. — Embryon axile, généralement antitrope, souvent muni d'un très-long suspenseur formé de plusieurs filets disposés en écheveau. *Cotylédons* soit 2, soit plusieurs verticillés (ou plutôt, d'après M. Duchartre, 2 seulement multi-partits et opposés), épigés, ou hypogés à l'époque de la germination. *Radicule* supère, ou infère.

Les Conifères, si remarquables par la structure tout exceptionnelle de leurs fibres ligneuses, par leur graine contenant primitivement plusieurs embryons (qui tous avortent, à l'exception d'un seul, lequel est souvent pluri-cotylédoné), et par le long intervalle qui sépare la fécondation des ovules de la maturité des graines, offrent surtout comme caractère distinctif l'extrême simplicité de leurs organes reproducteurs, et forment avec les *Cycadées*, dont les fleurs sont également réduites à des ovules *nus*, un groupe isolé dans le Règne végétal. On pourrait les considérer comme intermédiaires entre les *Phanérogames* et les *Cryptogames*, si l'on se contentait de quelques ressemblances extérieures, comme celles qui existent entre les *Ephedra* et les *Equisetum*, entre les *Cycadées* et les *Fougères*, etc.

Les Conifères, qui ont joué un rôle si considérable à toutes les époques géologiques de notre planète, sont encore aujourd'hui une des Familles les plus nombreuses et les plus répandues à la surface de la terre. Elles forment une Classe plutôt qu'une Famille, et leurs Tribus peuvent être considérées comme autant de Familles distinctes, susceptibles elles-mêmes de subdivisions : Ces Tribus ou Sous-Familles sont les suivantes.

## Tribu I. — ABIÉTINÉES, *ABIETINÆ, L.-C. Richard.*

Arbres généralement élevés, souvent gigantesques, résinifères, à tronc conique, à rameaux nombreux, le plus souvent verticillés, ou Arbrisseaux à rameaux divariqués. *Bourgeons* nus, ou écailleux. — Feuilles ordinairement persistantes, roides, étroitement linéaires, ou subulées, ou lancéolées, ou elliptiques, éparses, ou réunies en fascicules 1-7 foliés, ceints à leur base d'une gaîne scarieuse (*Pin*). — Fleurs monoïques, ou rarement dioïques, à étamines et à écailles ovulifères disposées en spirale autour d'un axe commun, et formant des chatons terminaux, ou latéraux.

*Chatons* ♂ : Étamines nombreuses, nues, plus ou moins serrées. *Filets* très-courts, épais, ordinairement prolongés au sommet en connectif squamiforme, droit, ou infléchi. *Anthères* tantôt bi-loculaires, à loges ovoïdes, oblongues, apposées, séparées par un connectif plus ou moins dilaté et qui les dépasse; tantôt tri-multi-loculaires, à loges cylindriques, uni-sériées ou bi-sériées au-dessous du connectif, et s'ouvrant longitudinalement, ou transversalement. *Pollen* composé de 2 vésicules réunies par une membrane intermédiaire.

*Chatons* ♀ : Écailles ovulifères ordinairement nombreuses, sessiles sur leur axe, ou courtement onguiculées, jamais peltées, imbriquées, accrescentes, nues, ou naissant à l'aisselle d'une bractée bientôt oblitérée, ou s'accroissant et dépassant l'écaille. *Ovules* à micropyle inférieur, 2 collatéraux (*Pinus*, *Abies*, *Picea*, *Larix*, *Cedrus*), ou 3-5 (*Cunninghamia, Arthrotaxis*), ou 5-9 (*Sequoia, Sciadopitys*), ou solitaires (*Araucaria, Eutassa, Dammara, Dacrydium, Podocarpus*), insérés par leur base vers le milieu de l'écaille, ou quelquefois y adhérant dans toute leur longueur, près du sommet (*Araucaria, Podocarpus*); orthotropes, ou très-rarement anatropes (*Podocarpus*, *Dacrydium*). — Strobile généralement composé d'écailles séminifères ligneuses, ou coriaces, épaissies, ou amincies au sommet, persistantes, ou se détachant à la maturité. — Graines en même nombre que les ovules, inverses, adhérant à l'écaille, ou caduques. *Testa* coriace, ou osseux, rarement mou (*Podocarpus*), souvent terminé en aile membraneuse supérieure (*Pin*, *Sapin*, etc.) ou uni-latérale (*Araucaria*). *Albumen* charnu-huileux. — Embryon à *cotylédons* oblongs-linéaires. *Radicule* cylindrique, infère.

### GENRES PRINCIPAUX.

| | | | | | | | | | |
|---|---|---|---|---|---|---|---|---|---|
| *Sapin, | *Abies.* | *Mélèze, | *Larix.* | *Eutassa, | *Eutassa.* | *Dammara, | *Dammara.* | *Podocarpe, | *Podocarpus.* |
| *Epicéa, | *Picea.* | *Cèdre, | *Cedrus.* | | | *Cunninghamia, | *Cunninghamia.* | *Dacrydie, | *Dacrydium.* |
| *Pin, | *Pinus.* | *Araucaria, | *Araucaria.* | *Séquoia, | *Sequoia.* | *Sciadopitys, | *Sciadopitys.* | *Arthrotaxis, | *Arthrotaxis.* |

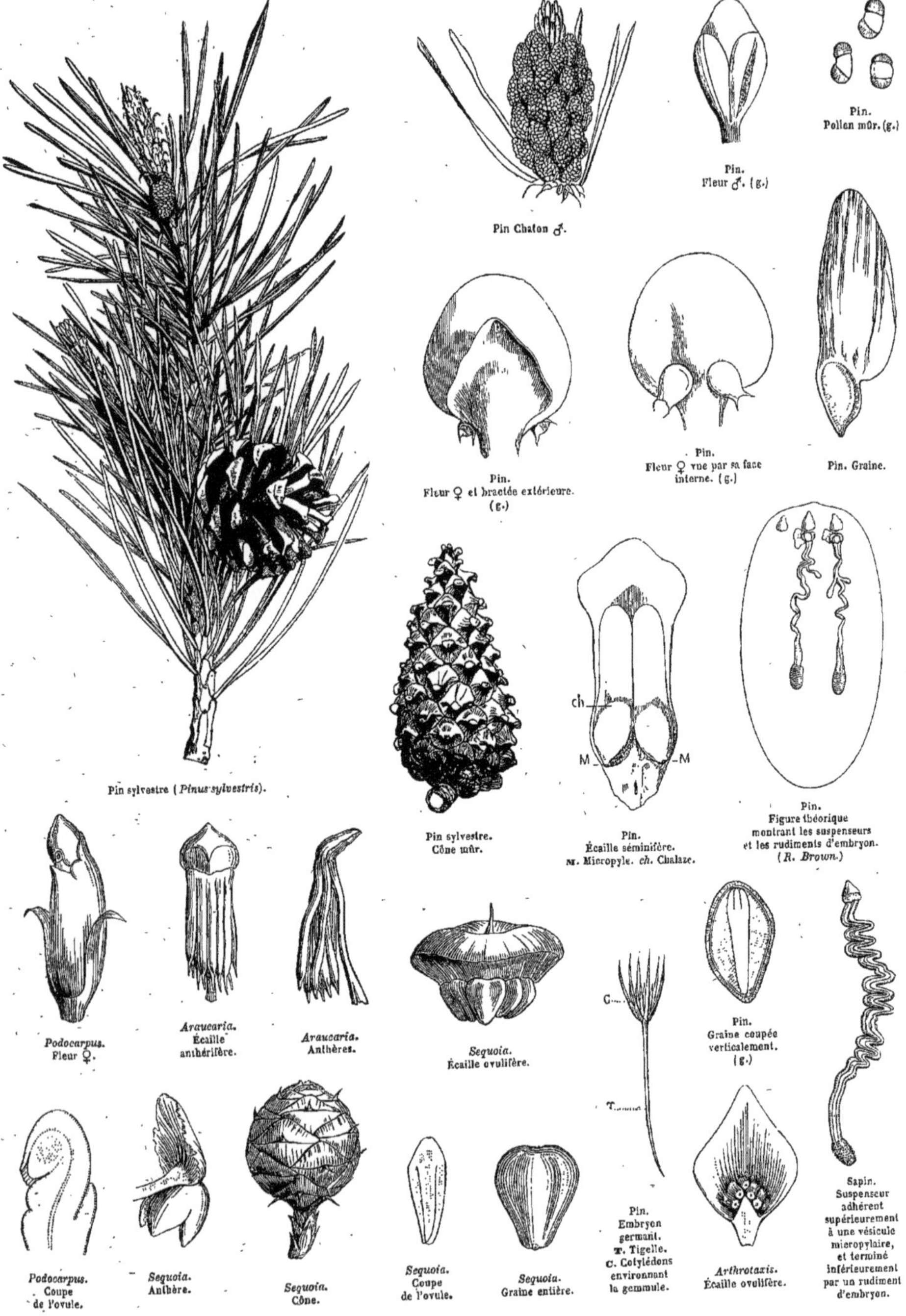


Pin sylvestre (*Pinus sylvestris*).

Pin Chaton ♂.

Pin. Fleur ♂. (g.)

Pin. Pollen mûr. (g.)

Pin. Fleur ♀ et bractée extérieure. (g.)

Pin. Fleur ♀ vue par sa face interne. (g.)

Pin. Graine.

Pin sylvestre. Cône mûr.

Pin. Écaille séminifère. M. Micropyle. *ch.* Chalaze.

Pin. Figure théorique montrant les suspenseurs et les rudiments d'embryon. (*R. Brown.*)

*Podocarpus.* Fleur ♀.

*Araucaria.* Écaille anthérifère.

*Araucaria.* Anthères.

*Sequoia.* Écaille ovulifère.

Pin. Graine coupée verticalement. (g.)

*Podocarpus.* Coupe de l'ovule.

*Sequoia.* Anthère.

*Sequoia.* Cône.

*Sequoia.* Coupe de l'ovule.

*Sequoia.* Graine entière.

Pin. Embryon germant. T. Tigelle. C. Cotylédons environnant la gemmule.

*Arthrotaxis.* Écaille ovulifère.

Sapin. Suspenseur adhérent supérieurement à une vésicule micropylaire, et terminé inférieurement par un rudiment d'embryon.

Les *Pins*, les *Sapins*, les *Mélèzes*, les *Cèdres*, qui formaient autrefois le Genre *Pinus* de Linné, couvrent de vastes contrées dans l'hémisphère Nord; ils vivent en société sur les montagnes des régions tempérées, et descendent vers les plaines, à mesure qu'ils s'approchent du pôle; ceux qui habitent les Alpes y marquent la limite de la végétation arborescente (*P. Pumilio*, *Larix*). On rencontre une grande diversité d'Espèces du *Genre Pinus*, L., dans l'Amérique septentrionale, depuis les hautes montagnes du Mexique jusqu'à l'océan Glacial. Elles sont moins variées en Europe. L'Asie possède le *Cèdre* du Liban et celui de l'Himalaya (*Deodara*), qui sont toujours établis sur d'anciennes moraines. On trouve en Chine et au Japon le singulier *Sciadopitys*, le *Cunninghamia* et nos Genres européens.

Les *Sequoia sempervirens* et *gigantea* sont des arbres de la Californie et du Mexique, qui atteignent une hauteur de 300 pieds, et dont le tronc a 30 pieds de circonférence.

Ce sont les régions australes, ainsi que l'a remarqué M. J.-D. Hooker, qui possèdent le plus grand nombre de Genres qu'on ne trouve pas dans les autres parties du globe, ou qui ne s'y rencontrent que rarement. Tels sont, parmi les *Abiétinées*, les Genres *Dammara*, *Eutassa*, *Araucaria*, *Cunninghamia*, *Arthrotaxis*, *Dacrydium*, *Podocarpus*, etc., et dans les autres Tribus, les Genres *Callitris*, *Actinostrobus*, *Pachylepis*, *Thuia*, *Phyllocladus*, etc.

Les *Araucaria* forment de vastes forêts sur les montagnes du Brésil et du Chili; les *Dammara* croissent aux îles Moluques et dans la Nouvelle Zelande; les *Eutassa* appartiennent à l'Australie, aux îles Norfolk et à la Nouvelle-Calédonie; les *Arthrotaxis*, remarquables par leur port de *Lycopode*, habitent la Tasmanie. Les *Dacrydium* appartiennent surtout à la Nouvelle-Zélande, ainsi que les *Podocarpus*, qui vivent aussi dans l'Afrique australe, dans le Chili, et dont quelques Espèces se rencontrent les unes au Japon, les autres aux Antilles.

Les Abiétinées, outre l'élégance de leur port, leur stature gigantesque, la persistance et la singularité de leurs feuilles et de leurs fruits, qui donnent aux paysages un caractère si marqué, tiennent un des premiers rangs parmi les Végétaux utiles à l'homme; cette utilité consiste principalement dans la nature de leur bois flexible, léger et imprégné d'une résine qui le rend imperméable à l'eau et perpétue sa durée. L'inaltérabilité des Abiétinées les fait rechercher pour les constructions civiles et navales. Les principes résineux qu'elles possèdent sont eux-mêmes d'un usage très-important pour l'industrie, et la médecine y trouve de précieux agents thérapeutiques.

Ce sont surtout les *Pins*, les *Sapins* et les *Mélèzes* dont le tronc fournit, par transsudation spontanée, ou par incision, la *térébenthine*, substance demi-liquide, âcre, amère, d'odeur pénétrante, essentiellement composée d'une résine fixe dissoute dans une huile volatile, et unie à une certaine quantité d'acide *succinique*. On retire de la *térébenthine* divers produits naturels et artificiels : celle qui sort de l'arbre prend, suivant son degré d'épaisseur et l'époque de la saison, les noms de *térébenthine-en-pâte*, de *barras*, de *galipot*; exposée au soleil pendant un temps plus ou moins long, elle est nommée *térébenthine jaune* ou *blanche*, ou *fausse térébenthine de Venise*. L'*huile* de térébenthine est une térébenthine épurée par filtration; distillée à feu doux, elle donne l'*essence*; si répandue dans l'industrie, et fournissant, par son mélange avec l'alcool, l'*hydrogène liquide*, employé pour l'éclairage. Le résidu de la distillation est l'*arcanson* ou *colophane*. Le galipot, fondu et brassé avec de l'eau, donne la *résine jaune* du commerce. La *poix noire* ou *brai gras* se prépare en brûlant dans une chaudière les matières résineuses de rebut. Le *goudron* est une poix noire demi-liquide, que l'on obtient en brûlant à l'étouffée tous les débris des produits précédents. Le *noir de fumée* provient de tous les matériaux ci-dessus mentionnés, que l'on brûle dans un fourneau aboutissant à une chambre, où la fumée se condense en poudre impalpable.

La térébenthine du *Mélèze* (*Larix europea*) est la plus estimée de toutes : on la connaît sous le nom de *térébenthine de Venise*. — Le *Sapin baumier* (*Abies balsamea*), arbre de l'Amérique septentrionale, fournit le *baume du Canada*, térébenthine d'odeur suave, administrée dans les affections de la muqueuse urétrale. On attribue, dans l'Amérique du Nord, des vertus antisyphilitiques à la décoction de ses racines. — Les Canadiens emploient comme sudorifique les strobiles du *Pinus banksiana*. — Le *Sapin argenté* (*Abies pectinata*) est une des Espèces les plus utiles pour la construction des navires, des charpentes, des planchers et des meubles de nos habitations; ses bourgeons, d'odeur et de saveur résineuses, sont employés en médecine. — Le *Mélèze* fournit, outre sa térébenthine, une substance blanche, sucrée, laxative, nommée *manne de Briançon*, et une matière analogue à la gomme arabique. — Le *Pinus sabiniana*, de l'Amérique septentrionale, laisse exsuder de son tronc, par la chaleur, une substance (*pinite*) analogue à la précédente. — Le *Cèdre du Liban* (*Cedrus Libani*) est une des Espèces les plus majestueuses de la Famille; les Hébreux regardaient son bois comme incorruptible; nous lisons dans la Bible que le temple de Salomon fut bâti avec des *Cèdres* coupés sur le mont Liban; mais il est probable qu'on a pris pour du *Cèdre* des bois de *Mélèze* ou de *Cyprès*, qui sont beaucoup plus durables, plus compactes et moins sujets à se fendre. — Le *Dévadara* (*Cedrus Deodara*), Espèce non moins belle que celle du Liban, croît sur les montagnes du Thibet et du Népaul : c'est un arbre sacré dans la religion hindoue; il fournit une huile efficace dans le traitement de certaines maladies cutanées. — Le *Pin à pignon* (*Pinus pinea*) est un arbre très-pittoresque de la région méditerranéenne, dont les graines, nommées *pignons doux*, sont d'une saveur huileuse, douce et agréable; il en est de même des graines du *Cembro* (*P. Cembra*), Espèce alpine, qui servent de nourriture aux habitants de la Sibérie.

Linné nous apprend que les Lapons et les Esquimaux, à défaut de Céréales, ont su trouver les matériaux du pain dans les forêts d'*arbres verts*. Ils choisissent de jeunes individus de *Pinus sylvestris* et d'*Abies alba*, et détachent la couche intérieure de l'écorce, qu'ils torréfient légèrement, et qu'ils réduisent en farine; avec cette farine ils pétrissent de minces galettes, qu'ils conservent très-longtemps, et dont ils se régalent comme d'un mets très-friand. — Les jeunes pousses de plusieurs Espèces de *Sapin* peuvent servir à préparer une bière antiscorbutique; celles du *Dacrydium cupressinum*, bel arbre de la Nouvelle-Zélande, contiennent une matière résineuse légèrement amère, dont le capitaine Cook sut tirer partie, en composant une boisson avec laquelle il parvint à dissiper le scorbut qui désolait ses équipages. — L'écorce des *Pinus pinea*, *cembra*, *maritima*, *etc.*, était jadis estimée pour ses propriétés astringentes; elle est employée pour le tannage des cuirs. — Sur les vieilles racines du *P. massoniana* il se développe un champignon particulier, scabre, brun en dehors, blanchâtre en dedans, de consistance cireuse, dont la décoction est employée chez les Chinois et les Japonais contre les maladies du poumon et de la vessie.

Le *Dammara oriental* (*D. orientalis*) est un arbre à larges feuilles, qui croît sur les montagnes d'Amboine, et produit une résine blanche et dure, analogue à la résine *copal*. Le *Kauri* (*Dammara australis*) est un des arbres les plus élevés de la Nouvelle-Zélande; de son tronc découle une résine nommée *Wari*, et dont on trouve des blocs demi-fossiles, qui portent le nom de *Kapia*. Elle ressemble à la résine *elémi*; les indigènes la mâchent, et la brûlent pour en obtenir un noir de fumée, dont ils se servent pour tatouer leur visage. — Les graines des *Araucaria brasiliensis* et *imbricata* sont comestibles comme nos châtaignes; il en est de même de celles de quelques *Podocarpus*, et notament du *P. neriifolia*. Le bois dur, léger et incorruptible du *P. totara* est très-recherché par les naturels de la Nouvelle-Zélande pour la construction de leurs pirogues.

Le *succin*, ou *karabé*, ou *ambre jaune*, est une résine fossile, provenant des lignites du littoral de la Baltique. Les morceaux les plus transparents sont travaillés pour fabriquer des bijoux; on en prépare aussi des vernis et des médicaments. — Le *pétrole*, bitume liquide, dont on trouve des sources abondantes dans plusieurs contrées, a la même origine que le succin.

## Tribu II. — CUPRESSINÉES, *CUPRESSINÆ*, *L. C. Richard.*

Arbres, ou Arbrisseaux résinifères, rameux; *rameaux* le plus souvent épars, cylindriques, ou quelquefois anguleux. *Bourgeons* nus, ou rarement écailleux. — Feuilles persistantes, opposées, ou verticillées par 3, ou éparses, très-souvent adnées-décurrentes, étroitement linéaires, ou squamiformes, généralement petites, roides, imbriquées, rarement caduques (*Taxodium*). — Fleurs monoïques, ou dioïques, à étamines et à écailles ovulifères insérées sur un axe commun, généralement dépourvues de bractées, imbriquées, et formant des chatons terminaux, ou latéraux.

*Chatons* ♂ : Étamines nombreuses, nues, presque horizontales. *Filet* court, épais, prolongé en connectif squamiforme, et pelté excentriquement. *Anthères* à 2-3 loges, ou plus, séparées, adnées, ovoïdes, ou oblongues, s'ouvrant longitudinalement. *Pollen* globuleux.

*Chatons* ♀ : Écailles ovulifères peu nombreuses, peltées, très-souvent mucronées sur le dos, au-dessous du sommet, verticillées en une ou plusieurs séries autour d'un axe plus ou moins raccourci. — Ovules solitaires, ou géminés, ou nombreux, sessiles, insérés à la base ou vers le milieu de l'écaille, orthotropes, à micropyle supérieur. — Fruit strobilacé, à écailles ligneuses, ou charnues, étroitement conniventes, ou quelquefois osseuses à l'intérieur (*Juniperus drupacea*). — Graines solitaires, ou géminées, rarement nombreuses, à tégument mince, ou ligneux, ou osseux, anguleux, ou bordé d'une aile membraneuse. — Embryon antitrope, occupant l'axe d'un *albumen* charnu peu abondant. *Cotylédons* 2, rarement 3-9, oblongs-obtus. *Radicule* cylindrique, supère.

GENRES PRINCIPAUX.

| | | | | | |
|---|---|---|---|---|---|
| *Genévrier, | *Juniperus.* | *Libocèdre, | *Libocedrus.* | *Cyprès, | *Cupressus.* |
| *Widdringtonia, | *Widdringtonia.* | *Biota, | *Biota.* | Chamæcyparis, | *Chamæcyparis.* |
| Frénéla, | *Frenela.* | *Thuia, | *Thuja.* | *Taxodie, | *Taxodium.* |
| *Callitris, | *Callitris.* | *Thuiopsis, | *Thuiopsis.* | *Cryptomère, | *Cryptomeria.* |

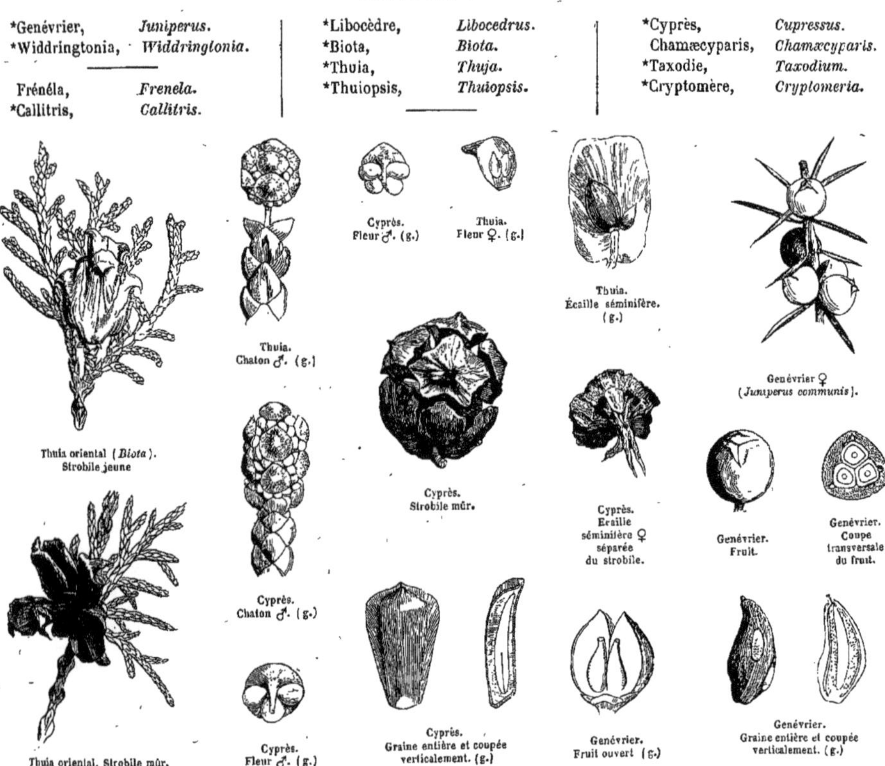

Les *Cupressinées* préfèrent un climat tempéré; elles s'étendent depuis l'Europe centrale jusqu'à l'extrémité orientale de l'Asie; elles sont répandues dans l'Amérique septentrionale, le sud de l'Afrique et l'Australie. Les *Genévriers*, les *Cyprès* habitent toute la zone tempérée de l'hémisphère Nord; le *Genévrier commun* (*Juniperus communis*) monte jusqu'à la limite des neiges éternelles. Les Genres *Cryptomeria* et *Biota* sont de la Chine et du Japon, ainsi que les *Thuiopsis* et les *Chamæcyparis*, dont plusieurs Espèces sont américaines. Le *Taxodium* et le *Thuia* appartiennent à l'Amérique septentrionale, le *Libocedrus* à l'Amérique australe et à la Nouvelle-Zélande, les *Widdringtonia* à l'Afrique australe et à Madagascar, les *Frenela* à l'Australie, ainsi que les *Callitris*, dont une seule Espèce habite la Mauritanie.

Les *Cupressinées* possèdent des matières résineuses volatiles qui offrent des propriétés analogues à celles des *Abiétinées*. Les essences contenues dans leurs parties herbacées et leurs fruits sont de la même nature que l'essence de térébenthine; mais la résine qui exsude de leur tronc ne renferme que des proportions minimes d'huile volatile, et elle est complétement privée d'acide succinique. Cette résine, unie à un principe astringent, donne à quelques Espèces une vertu stimulante et tonique. D'autres Cupressinées se recommandent à l'industrie par la dureté et l'arome de leur bois.

Le *Genévrier commun* (*Juniperus communis*), arbre dioïque, comme tous ses congénères, est indigène en Europe et dans la Sibérie; il produit des fruits charnus, improprement nommés *baies de Genièvre*, renfermant une certaine proportion de sucre, qui les rend fermentescibles; ils fournissent aussi à la médecine un extrait ou *rob* sucré-résineux, très-stomachique, et ils entrent dans la fabrication du *gin*; le bois aromatique du *Genévrier* sert pour fumigations. Les fruits de l'*Oxycèdre* (*Juniperus Oxycedrus*), arbrisseau de la région mediterranéenne, peuvent remplacer ceux de l'Espèce précédente; son bois, brûlé à l'étouffée, laisse découler un liquide huileux, d'odeur empyreumatique très-forte (*huile de cade*), employé dans la médecine vétérinaire. La *Sabine* (*J. Sabina*) est un arbrisseau indigène, dont les feuiles contiennent une huile volatile fétide, administrée comme anthelminthique et emménagogue. Le *G. de Virginie* (*J. virginana*), nommé vulgairement *Cèdre rouge*, a des feuilles d'odeur résineuse, mais non fétide, que l'on peut substituer à celles de la *Sabine*. Son bois violacé-rougeâtre, très-odorant, léger et facile à travailler, sert à fabriquer les demi-cylindres canaliculés dans lesquels on renferme les crayons.

Le *Taxodium distichum*, nommé vulgairement *Cyprès chauve* à cause de la caducité de son feuillage, qui périt à l'automne, est un arbre des marais de la Louisiane, qui se rencontre aujourd'hui naturalisé dans plusieurs contrées de l'Europe. Ses strobiles sont employés comme diurétiques dans la médecine anglo-américaine et l'on vante l'efficacité de sa résine contre les douleurs arthritiques. Les racines produisent des excroissances coniques, naturellement creusées à l'intérieur, dont les Américains font des ruches d'abeilles. — Le *Cyprès* (*Cupressus sempervirens*) croît spontanément dans l'Asie mediterranéenne; la verdure triste de son feuillage l'a fait consacrer aux morts, mais c'est plus particulièrement la variété *pyramidale* que l'on plante autour des tombeaux; son bois est dur, rougeâtre, aromatique et presque incorruptible. — Le *Biota* (*Thuia orientalis*) vulgairement *arbre de vie*, indigène en Chine, a été introduit en France sous le règne de François Ier. Le *Thuia thériacal* (*Th. occidentalis*), Espèce américaine, dont les rameaux exhalent une forte odeur de thériaque, était autrefois recommandé pour ses propriétés diurétiques. — Le *Callitris quadrivalvis*, arbre de Mauritanie, excrète une résine connue sous le nom de *sandaraque*. Il se développe à la base de son tronc d'énormes loupes, nommées chez les anciens Romains *bois de citre*, avec lesquelles ils fabriquaient des tables, que l'on payait au poids de l'or : Pline en mentionne une, achetée par Cicéron 210,000 francs, une autre qui fut vendue à l'encan 294,000 francs.

## TRIBU III. — TAXINÉES, *TAXINEÆ, L. C. Richard.*

ARBRES, ou ARBRISSEAUX non résineux, à rameaux épars, rarement verticillés. *Bourgeons* écailleux. — FEUILLES persistantes, ou annuelles (*Salisburya*), éparses, ou distiques, rarement fasciculées (*Salisburya*), simples, entières, roides, linéaires, quelquefois flabelliformes, lobées, ou réduites à une écaille accompagnée à son aisselle d'un rameau dilaté en phyllode (*Phyllocladus*). — FLEURS dioïques, les staminifères disposées en chatons sub-globuleux, ou allongés, les ovulifères solitaires, ou réunies en épi court, souvent entourées à leur base de bractées imbriquées.

*Chatons* ♂ nus, ou munis d'écailles à leur base. ÉTAMINES nombreuses, nues, disposées le long de l'axe du chaton. *Filets* très-courts, prolongés en connectif lacinié (*Salisburya, Phyllocladus*), ou pelté (*Taxus*). *Anthères* à 2-3-8 loges s'ouvrant longitudinalement. *Pollen* globuleux.

FLEURS ♀ nues, ou munies de bractées, insérées chacune sur un disque cupuliforme, d'abord court, puis accrescent. *Ovule* unique, sessile au centre du disque, dressé, orthotrope, à micropyle supérieur. — FRUIT drupiforme, composé du disque épaissi et charnu, entourant une GRAINE dressée, à *testa* osseux, ou quelquefois charnu (*Salisburya*). — EMBRYON antitrope, occupant l'axe d'un albumen charnu-dense, quelquefois charnu-farineux (*Taxus*) ou ruminé (*Torreya*). *Cotylédons* 2, demi-cylindriques. *Radicule* cylindrique, supère.

### GENRES PRINCIPAUX.

*If, *Taxus*. | *Phyllocladus, *Phyllocladus*. | *Gingko, *Salisburya*. | *Céphalotaxus, *Cephalotaxus*. | Torréya, *Torreya*.

Les *Taxinées* se séparent des deux Tribus précédentes, soit par la cupule succulente qui entoure leurs graines, soit par leur testa charnu. Elles se rencontrent dans toutes les régions tempérées du globe, ainsi que sur les montagnes de la zone intertropicale asiatique et américaine. L'Europe centrale et méditerranéenne possède l'*If commun* (*Taxus baccata*), répandu aussi dans tout le nord de l'Asie. Les *Torreya* croissent, l'un au Japon, l'autre dans la Floride; les *Phyllocladus* appartiennent à la Tasmanie et à la Nouvelle-Zélande; le *Cephalotaxus* et le *Salisburya* au Japon et à la Chine.

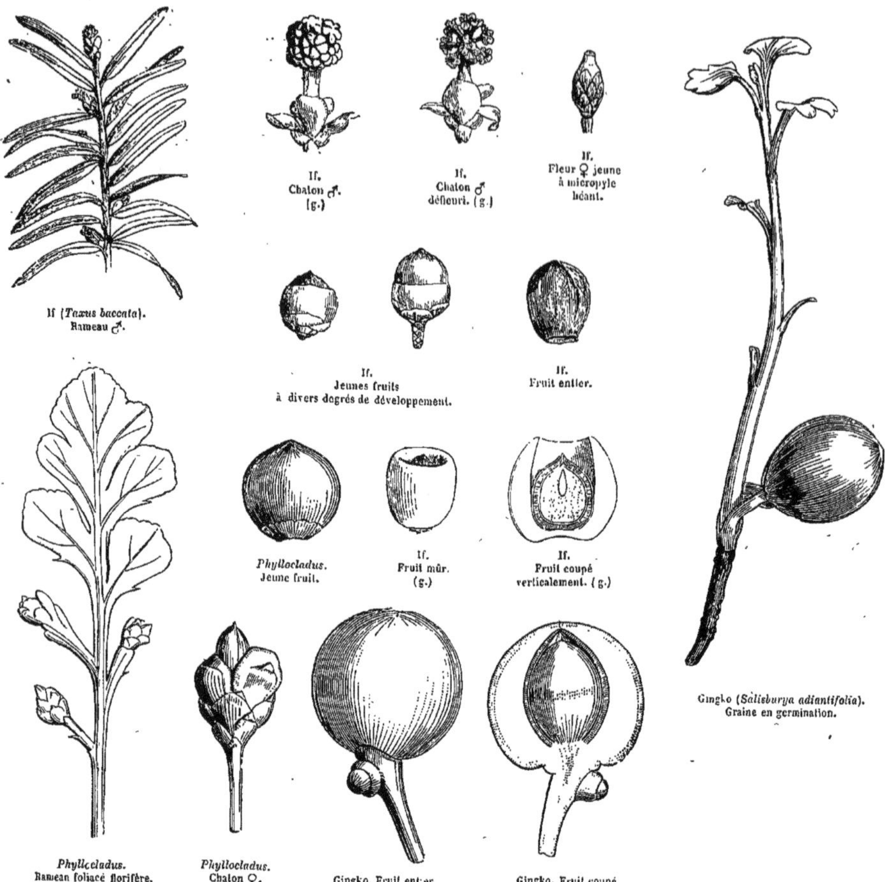


Les Taxinées sécrètent, comme les Conifères précédentes, mais beaucoup moins abondamment, des sucs résineux unis à une huile volatile, auxquels s'associent des principes astringents-amers, quelquefois narcotico-âcres. — L'*If commun*, qui formait autrefois des forêts dans quelques contrées de l'Europe, est aujourd'hui cultivé dans les jardins, et sa longévité surpasse celle de tous les autres arbres; son bois rouge, dur et susceptible d'un beau poli, était très-estimé dans l'ébénisterie; la cupule charnue de son fruit contient un suc mucilagineux-douceâtre, et peut se manger sans inconvénient, mais la graine, et surtout les feuilles, sont réputées très-vénéneuses. — Le *Gingko* (*Salisburya adiantifolia*) est regardé comme sacré en Chine et au Japon, et planté autour des temples. La graine, à testa charnu et huileux, exhale à sa maturité une forte odeur de beurre rance; son amande a la saveur de la noisette, unie à une légère âpreté, elle passe pour digestive au Japon, et on l'y sert toujours dans les grands repas.

## TRIBU IV. — GNÉTACÉES, *GNETACEÆ*, *Lindley*.

ARBRES, ou ARBUSTES, ou SOUS-ARBRISSEAUX, non résineux, souvent sarmenteux. *Rameaux* articulés-noueux, opposés, ou fasciculés, tantôt pourvus de FEUILLES ovales, penni-nerviées, entières (*Gnetum*); tantôt offrant à leurs articulations des gaînes aphylles, ou munies de feuilles très-petites, sétacées (*Ephedra*); tantôt possédant seulement 2 grandes feuilles radicales pérennantes (*Welwitschia*). — FLEURS monoïques, ou dioïques, accompagnées de gaînes ou d'écailles laciniées, les ♂ munies d'une gaîne membraneuse, tubuleuse, bifide, calyciforme. — ÉTAMINE unique (*Gnetum*), ou 6-∞ soudées en colonne. *Anthères* à 2-4 loges, s'ouvrant au sommet par autant de pores ou valvules. — *Ovule* solitaire, quelquefois placé au centre des étamines

(*Welwitschia*), sessile, dressé, orthotrope; tégument externe membraneux, offrant au sommet une ouverture ou échancrure (exostome); tégument interne sortant par cette ouverture, et s'allongeant en tube styliforme qui s'épanouit en disque stigmatoïde (endostome), plus ou moins persistant. — **Graine** à testa coriace, ou charnu. — **Embryon** dicotylédoné, antitrope, placé au sommet d'un albumen charnu. *Radicule* supère.

GENRES.

Gnétum, *Gnetum*. | Éphédra, *Ephedra*. | Welwitschia, *Welwitschia*.

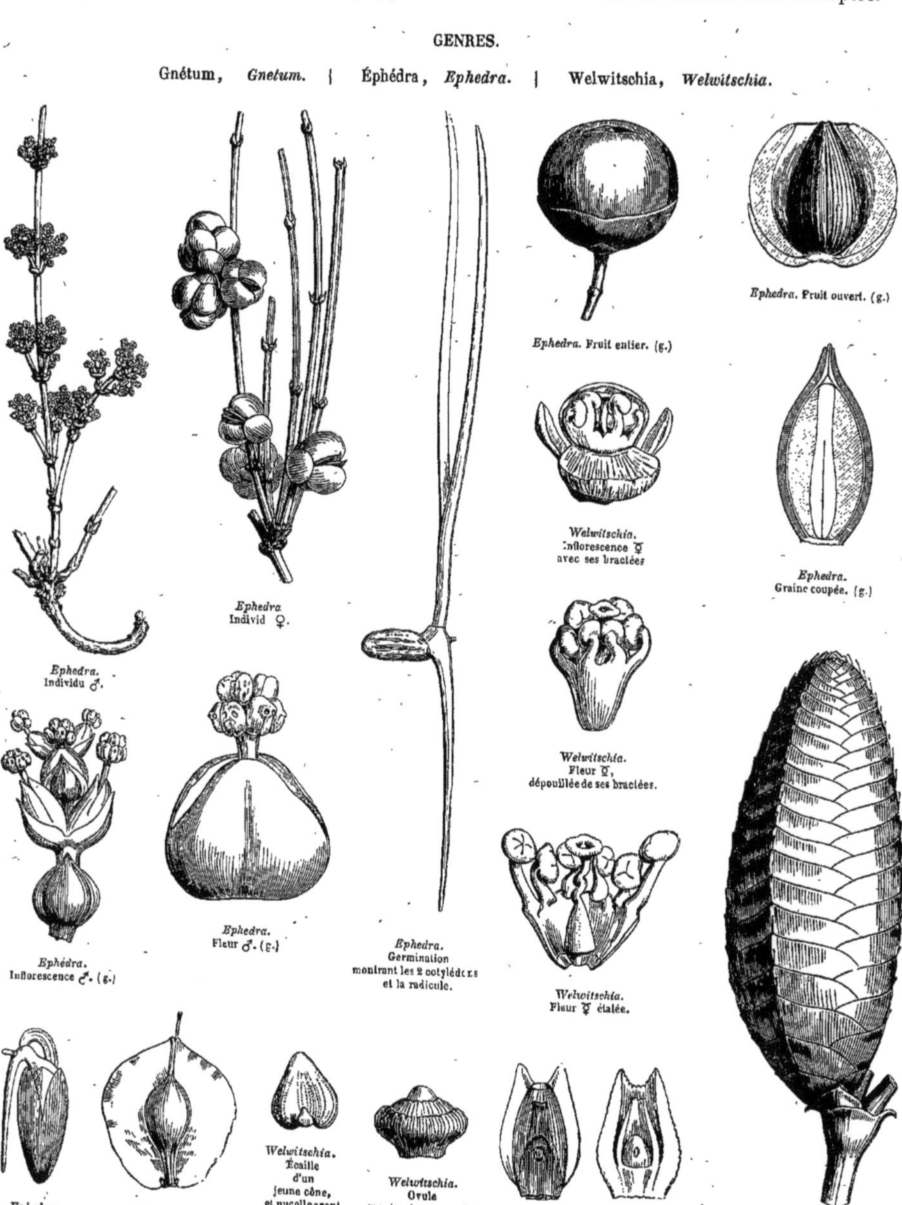

*Ephedra.* Individu ♂.

*Ephedra* Individ ♀.

*Ephedra.* Fruit entier. (g.)

*Ephedra.* Fruit ouvert. (g.)

*Welwitschia.* Inflorescence ☿ avec ses bractées

*Ephedra.* Graine coupée. (g.)

*Welwitschia.* Fleur ☿, dépouillée de ses bractées.

*Ephedra.* Inflorescence ♂. (g.)

*Ephedra.* Fleur ♂. (g.)

*Ephedra.* Germination montrant les 2 cotylédons et la radicule.

*Welwitschia.* Fleur ☿ étalée.

*Ephedra.* Graine germant.

*Welwitschia.* Jeune fruit.

*Welwitschia.* Écaille d'un jeune cône, et nucelle avant l'apparition des téguments

*Welwitschia.* Ovule montrant son nucelle et ses téguments développés.

*Welwitschia.* Ovules coupés verticalement.

*Welwitschia.* Cône mûr, de grandeur naturelle.

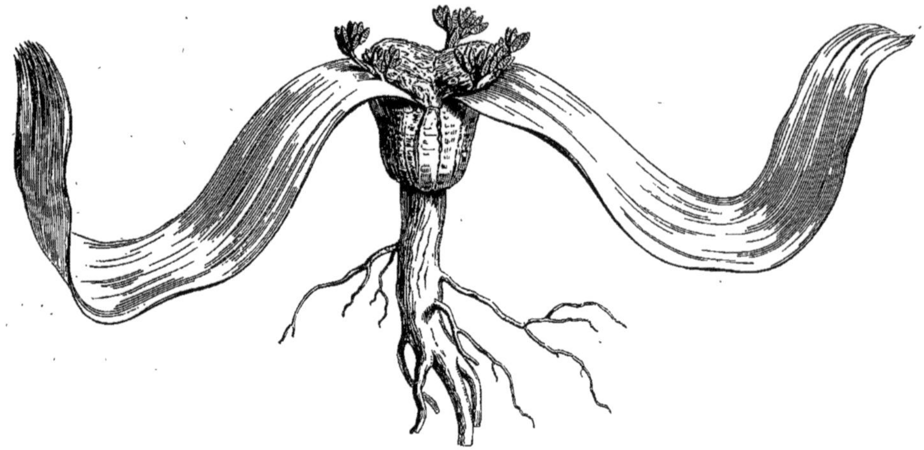

*Welwitschia*. Plante entière, réduite à $\frac{1}{18}$, garnie de ses cotylédons qui lui tiennent lieu de feuilles.

Quelques *Gnétacées*, par leurs feuilles à nervures pennées et anastamosées (*Gnetum*), par la structure de leur tronc, renfermant, comme celui des Conifères, des fibres ligneuses à ponctuations uni-sériées, auxquelles sont associés de gros vaisseaux ponctués, établissent le passage des Conifères aux autres Dicotylédones, et en particulier aux *Casuarinées*, par le Genre *Ephedra*, aux *Chloranthées*, par le Genre *Gnetum*.

Les Espèces peu nombreuses du Genre *Gnetum* appartiennent les unes à l'Asie, les autres à l'Amérique tropicale. Le *Gn. Gnemon* habite Java et les Moluques, ainsi que le *Gn. funiculare*, qui se rencontre également en Cochinchine. Le *Gn. edule* vit à Java et au Malabar. Le *Gn. Brunonnianum* appartient à l'Inde orientale; les *Gn. urens* et *nodiflorum* à la Guiane. — Les *Ephedra* habitent les rivages extra-tropicaux des deux hémisphères, les déserts salés et les bords des torrents; quelques Espèces s'avancent dans la région alpine, soit en Europe (*E. helvetica*), soit en Amérique (*E. andina*). L'*E. distachya* habite les rivages maritimes de l'Europe et de l'Asie. L'*E. alata* appartient à l'Egypte; l'*E. campylopoda* à la Crète.

La plus curieuse des *Gnétacées*, et peut-être de toutes les Dicotylédones, est celle qui a été découverte, il y a quelques années, sur la côte occidentale de l'Afrique, dans le voisinage du cap Nègre, par le Dr Welwitsch. C'est un Végétal, qui ne dépasse jamais un pied de hauteur, mais dont la tige a souvent 4 pieds, ou plus, de diamètre. Il ne porte d'autres appendices que ses 2 cotylédons, qui durent autant que lui, c'est-à-dire plus d'un siècle, et qui prennent avec l'âge des dimensions démesurées, égalant 6 pieds en longueur sur 2-3 pieds en largeur; ils sont verts, très-coriaces et découpés en nombreuses lanières qui s'étalent sur le sol. A la surface de cet énorme plateau caulinaire marqué de cercles concentriques, s'élèvent de courts pédoncules floraux dichotomes, dont les ramuscules portent à leur extrémités des chatons, ou jeunes cônes à bractées du plus brillant incarnat, imbriquées sur 4 rangs, et contenant une masse de fleurs serrées. Après la floraison, les cônes grandissent et acquièrent à peu près deux pouces de longueur sur un pouce de diamètre. Ce bizarre Végétal est nommé *toumbo* par les indigènes. Nous en avons emprunté toutes les analyses au précieux travail de M. le Dr J.-D. Hooker.

Les *Ephedra* rendent peu de services à l'homme : les rameaux fleuris des Espèces croissant dans la région méditerranéenne étaient jadis conservés dans les officines à cause de leurs propriétés styptiques. — Les *Gnetum* fournissent des fibres textiles plus tenaces que celles du Chanvre. Les feuilles et les fruits du *Gn. Gnemon*, cultivé à Amboine et Java, se mangent comme légumes. Les rameaux du *Gn. urens* contiennent un suc limpide un peu mucilagineux et potable; ses graines, cuites et torréfiées, sont comestibles.

# CYCADÉES, *CYCADEÆ*.

## CYCADEÆ, *Persoon, R. Brown, L. C. Richard.* — CYCADACEÆ, *Lindley.* CYCADEACEÆ, *Endlicher.* — TYMPANOCHETÆ, *Martius.*

Fleurs *dioïques, apérianthées.* Fleurs ♂ *disposées en cônes terminaux, et formées d'écailles portant sur leur face dorsale des anthères nombreuses uni-loculaires.* Fleurs ♀ *réduites à des ovules nus, orthotropes, tantôt solitaires, dressés, insérés dans les crénelures d'appendices foliiformes velus; tantôt géminés, inverses, situés à la face inférieure d'écailles peltées.* Graine *albuminée.* Embryon *dicotylédoné.*—Tige *ligneuse.* Feuilles *pennées, couronnant la tige.*

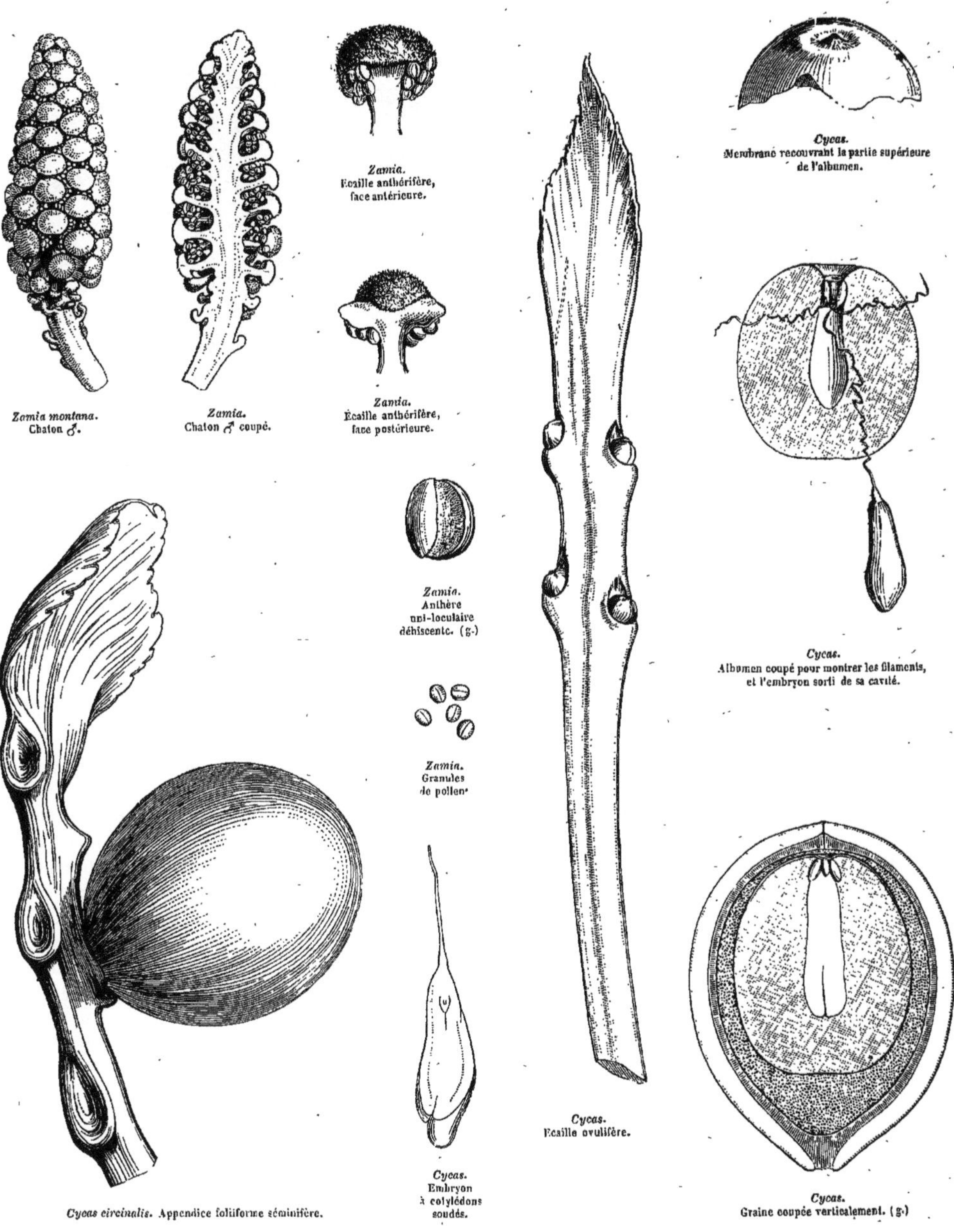

*Zamia montana.* Chaton ♂.

*Zamia.* Chaton ♂ coupé.

*Zamia.* Écaille anthérifère, face antérieure.

*Zamia.* Écaille anthérifère, face postérieure.

*Cycas.* Membrane recouvrant la partie supérieure de l'albumen.

*Cycas.* Albumen coupé pour montrer les filaments, et l'embryon sorti de sa cavité.

*Zamia.* Anthère uni-loculaire déhiscente. (g.)

*Zamia.* Granules de pollen.

*Cycas circinalis.* Appendice foliiforme séminifère.

*Cycas.* Embryon à cotylédons soudés.

*Cycas.* Écaille ovulifère.

*Cycas.* Graine coupée verticalement. (g.)

Arbres, ou Arbustes élégants, d'une grande longévité. — Tige ordinairement simple, droite, arrondie, ou ovoïde, ou cylindrique, et atteignant quelquefois 3 mètres; plus épaisse chez les individus ♀; couverte par les bases persistantes des pétioles, ou marquée de cicatrices circulaires; offrant une moelle centrale volumineuse, entourée d'un ou plusieurs cercles ligneux résultant chacun de plusieurs années de végétation, et composés de fibres ponctuées, ou rayées, ou réticulées, disposées en rangées rayonnantes, séparées par des rayons médullaires et enveloppées extérieurement d'une couche épaisse de parenchyme cortical. — Feuilles de deux sortes, les unes courtes, dures, squamiformes (*pérules*) appliquées sur le bourgeon terminal; les autres normales, couronnant le sommet du tronc, comme dans les *Palmiers; folioles* entières, ou denticulées, coriaces, planes, ou ondulées, à nervures fines, tantôt parallèles, toutes égales (*Zamia*); tantôt réduites à une côte saillante (*Cycas*); tantôt pennées, partant d'une nervure médiane et bifurquées (*Stangeria*). *Préfoliation* variée : 1° rachis et folioles enroulés en crosse, comme dans les *Fougères;* 2° rachis seul enroulé et folioles imbriquées; 3° rachis droit, et folioles pliées le long de leur nervure médiane et juxtaposées.

Cycas (*Cycas circinalis*).

Fleurs apérianthées, dioïques, réunies en strobiles ou en cônes terminaux. — Fleurs ♂, formant des cônes volumineux, ovoïdes, ou oblongs, composés d'écailles épaisses, coriaces, oblongues, ou élargies en tête de clou, plane (*Zamia*), ou cuspidée (*Cycas*), ou bi-dentée (*Ceratozamia*); portant à leur face dorsale des anthères nombreuses uni-loculaires, coriaces, tantôt couvrant toute la face de l'écaille (*Cycas*), tantôt formant deux groupes le long de la nervure médiane (*Zamia*), et s'ouvrant par une fente longitudinale. *Pollen* hyalin, globuleux, ou ellipsoïde.

Fleurs ♀ : *Ovaire, style* et *stigmate* nuls. Appendices foliiformes, tantôt imbriqués, figurant une sorte de cône au sommet de la tige, crénelés, et portant dans chaque crénelure un ovule dressé (*Cycas*); tantôt formant un véritable cône pédonculé (*Zamia*), composé d'écailles stipitées, peltées, sous lesquelles sont placés 2 ovules. — Ovules nus, sessiles, orthotropes. — Graine offrant plusieurs ouvertures auxquelles correspondent des vésicules embryonnaires, d'où naissent des cordons repliés et terminés par des embryons dont un seul se développe. *Testa* charnu à l'extérieur, crustacé intérieurement, et simulant une drupe. *Albumen* charnu, épais, au centre duquel se trouve la cavité renfermant l'embryon parfait. — Embryon paraissant indivis par la cohérence des cotylédons. *Radicule* soit supère (*Cycas*), soit infère, ou dirigée obliquement vers le rachis (*Zamia, etc.*). *Cotylédons* inégaux, souvent hypogés dans la germination.

## GENRES PRINCIPAUX.

| | | | | | |
|---|---|---|---|---|---|
| *Cycas, | *Cycas.* | *Macrozamia, | *Macrozamia.* | *Dion, | *Dion.* |
| *Zamia, | *Zamia.* | *Cératozamia, | *Ceratozamia.* | *Stangéria, | *Stangeria.* |

Les *Cycadées*, que les anciens Botanistes avaient rapprochées, d'après leur port et leur préfoliation, soit des *Palmiers*, soit des *Fougères* arborescentes et autres Familles *cryptogames*, appartiennent évidemment à la Classe des *dicotylédones*, et se lient étroitement à la Famille des *Conifères* : l'organisation intérieure des tiges, l'inflorescence, la structure des étamines, des ovules, des graines et de l'embryon sont presque identiques dans les deux Familles; en outre, chez les Cycadées, les ovules sont tantôt géminés et à micropyle infère, comme dans les *Abiétinées*, tantôt solitaires et à mycropyle supère, comme dans les *Taxinées* (*Gingko*). La seule différence importante est dans le port et la foliation des Cycadées.

Les *Cycas* habitent plus spécialement l'Inde, les grandes îles qui s'y rattachent par leur végétation, ainsi que Madagascar et les parties équatoriales de l'Australie. Le *Macrozamia* est particulier à l'Australie. Les *Encephalartos* et le *Stangeria* appartiennent à l'Afrique australe les *Zamia*, le *Dion* à l'Amérique tropicale et juxta-tropicale.

La moelle centrale et corticale des Cycadées abonde en fécule nutritive. Les *Cycas* des Moluques et du Japon fournissent aux habitants une sorte de *sagou*, avec lequel ils font du pain. — Les Hottentots se nourrissent de l'*Encephalartos*, nommé par les colons hollandais *broodboom* (arbre à pain). — Les graines de *Cycas* et des *Zamia* sont également alimentaires, en raison de leur fécule, associée à une matière gommeuse; mais elles sont astringentes à l'état cru; celles d'une Espèce d'Australie sont réputées violemment émétiques.

# ORCHIDÉES, *ORCHIDEÆ*.

## (ORCHIDES, *Jussieu*. — ORCHIDEÆ, *R. Brown*. — ORCHIDACEÆ, *Lindley*.)

PÉRIANTHE *supère, irrégulier, bi-sérié*. ÉTAMINES 1, *ou* 2, *gynandres*. POLLEN *à granules diversement agglomérés*. OVAIRE *infère, 1-loculaire, à 3 placentaires pariétaux*. OVULES *nombreux, anatropes*. GRAINES *nombreuses, scobiformes, exalbuminées*. EMBRYON *minime*. — TIGE *herbacée*. RACINES *fibreuses, souvent tuberculifères*. FEUILLES *radicales, ou alternes, engaînantes, quelquefois squamiformes*. FLEURS *ordinairement en épi, ou en grappe*.

PLANTES vivaces, herbacées, terrestres, ou épiphytes, ou parasites? (*Epipogium, Corallorhiza, Neottia nidus-avis*), quelquefois sarmenteuses et pourvues de racines adventives (*Vanilla*), quelquefois aquatiques (*Liparis, Malaxis*), à souche rampante, ou à racines fasciculées-fibreuses, souvent accompagnées de tubercules ovoïdes, ou palmés ; tantôt caulescentes, tantôt acaules, souvent à feuilles soudées ensemble à leur base et formant avec la tige épaissie une masse oblongue, renflée, ou aplatie (*pseudo-bulbe*). — TIGE, ou HAMPE ordinairement simple, cylindrique ou anguleuse, souvent aphylle, ou munie d'écailles. — FEUILLES, les radicales et caulinaires inférieures rapprochées, les supérieures équitantes, ou alternes, ou opposées, engaînantes, glabres, rarement velues (*Eria*), charnues, ou membraneuses, cylindriques, ou linéaires, ou linéaires-lancéolées, généralement entières, ou émarginées (*Vanda*), ou flabelliformes (*Pogonia*), ou cordiformes (*Neottia*), à nervures parallèles, rarement réticulées (*Anæctochilus*), quelquefois gemmipares (*Malaxis paludosa, Spiranthes gemmipara*).

FLEURS ☿, ou incomplètes par avortement, irrégulières, terminales, tantôt solitaires, tantôt disposées en épi, ou en grappe, ou en panicule, et munies d'une bractée; inflorescence naissant quelquefois du milieu de la feuille (*Pleurothallis*). — PÉRIANTHE supère, généralement pétaloïde, irrégulier, composé de 6 folioles bi-sériées, libres, ou cohérentes, persistantes, ou caduques; les externes (*sépales*) 3, dont 2 latérales et une inférieure, devenant ordinairement supérieure par suite de la torsion du pédicelle ou de l'ovaire; les internes (*pétales*) 3, alternant avec les sépales, dont 2 latérales semblables, et la 3e (*labelle*) primitivement supérieure, puis devenant inférieure, généralement dissemblable, plus grande, très-variée dans ses formes et dans sa coloration, fréquemment creusée à sa base en sac, ou en éperon; limbe du labelle ordinairement 3-lobé, quelquefois entier, à disque nu, ou calleux, ou glanduleux, ou laminifère. — ANDROCÉE et STYLE soudés ensemble en colonne (*gynostème*), dont la face antérieure, opposée au labelle et terminée par le stigmate, appartient à la substance du style, et dont la face dorsale, terminée par les anthères, appartient à l'androcée. — ÉTAMINES, ordinairement une seule normale, opposée au sépale supérieur, et accompagnée de 2 étamines rudimentaires, réduites à de simples mamelons peu ou point apparents; très-rarement 2 normales opposées aux 2 pétales latéraux (*Cypripedium*). — ANTHÈRE tantôt 2-loculaire (ou 1-loculaire par insuffisance de la cloison), tantôt 4-loculaire au moyen de cloisons secondaires plus ou moins complètes, quelquefois divisée en plusieurs logettes par des cloisons transversales; tantôt dressée, tantôt penchée et protégée par le sommet concave du gynostème (*clinandre*). — POLLEN aggloméré en 2 ou 4 ou 8 masses (*pollinies*), logées dans les poches membraneuses de l'anthère, et composées de granules ordinairement réunis par 4 en groupes nombreux (*massules*), tantôt cohérents au moyen de filaments élastiques; tantôt amassés autour d'un axe celluleux, sub-pulvérulents, à granules facilement séparables; tantôt agglutinés en tissu solide, compacte et d'aspect cireux. *Masses polliniques* quelquefois libres, le plus ordinairement fixées, soit immédiatement, soit par l'intermédiaire d'un pédicule celluleux (*caudicule*), à une glande visqueuse (*rétinacle*), située au-dessous de l'anthère, nue, ou renfermée dans un repli membraneux de la surface stylaire (*bursicule*).

*Carpelles* 3, soudés en un ovaire infère, uni-loculaire, à placentation pariétale, quelquefois surmontés d'une sorte de calycode analogue à celui des *Santalacées*. *Ovules* nombreux, brièvement funiculés, anatropes. *Style* soudé avec les étamines, occupant la face opposée au labelle, prolongé à son sommet en saillie ou bec charnu (*rostelle*). *Surface stigmatique* (*gynixus*) oblique, concave, visqueuse, composée, d'après R. Brown, de 3 stigmates ordinairement confluents, mais quelquefois distincts et opposés aux sépales. — CAPSULE membraneuse, ou coriace, cylindrique, ou ovoïde, ou ailée, uni-loculaire, à déhiscence très-variée, mais le plus ordinairement s'ouvrant en 3 valves médio-placentifères, qui laissent en place les 3 nervures médianes des carpelles, réunies en châssis par leur base et par leur sommet. — GRAINES très-nombreuses, très-menues, à *testa* lâche, réticulé, quelquefois crustacé noir (*Vanilla, Cyrtosia*). — EMBRYON exalbuminé, charnu.

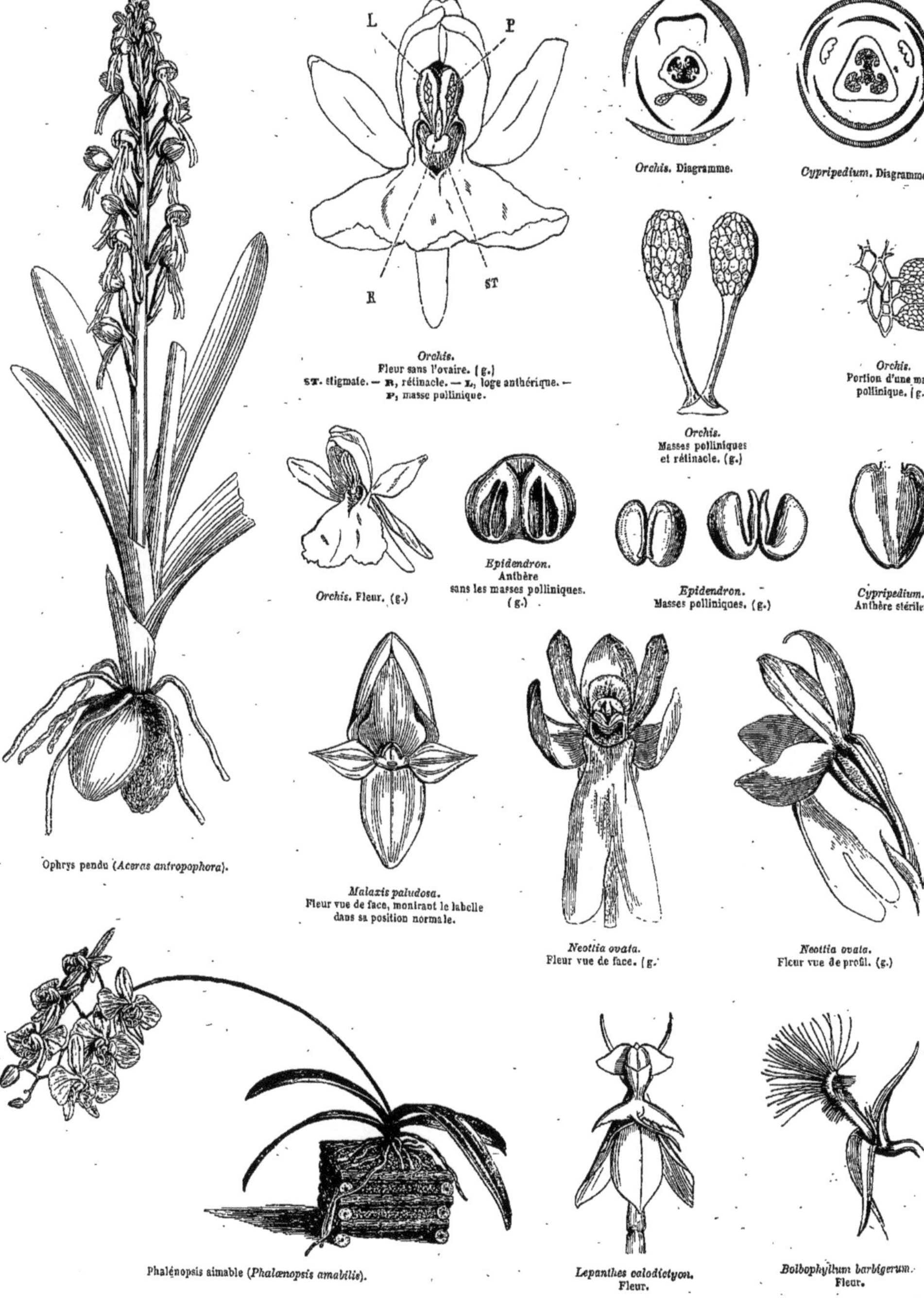


*Orchis.* Diagramme.

*Cypripedium.* Diagramme.

*Orchis.*
Fleur sans l'ovaire. (g.)
ST. stigmate. — R, rétinacle. — L, loge anthérique. — P, masse pollinique.

*Orchis.*
Portion d'une masse pollinique. (g.)

*Orchis.*
Masses polliniques et rétinacle. (g.)

*Orchis.* Fleur. (g.)

*Epidendron.*
Anthère sans les masses polliniques. (g.)

*Epidendron.*
Masses polliniques. (g.)

*Cypripedium.*
Anthère stérile.

Ophrys pendu (*Aceras antropophora*).

*Malaxis paludosa.*
Fleur vue de face, montrant le labelle dans sa position normale.

*Neottia ovata.*
Fleur vue de face. (g.)

*Neottia ovata.*
Fleur vue de profil. (g.)

Phalénopsis aimable (*Phalænopsis amabilis*).

*Lepanthes calodictyon.*
Fleur.

*Bolbophyllum barbigerum.*
Fleur.

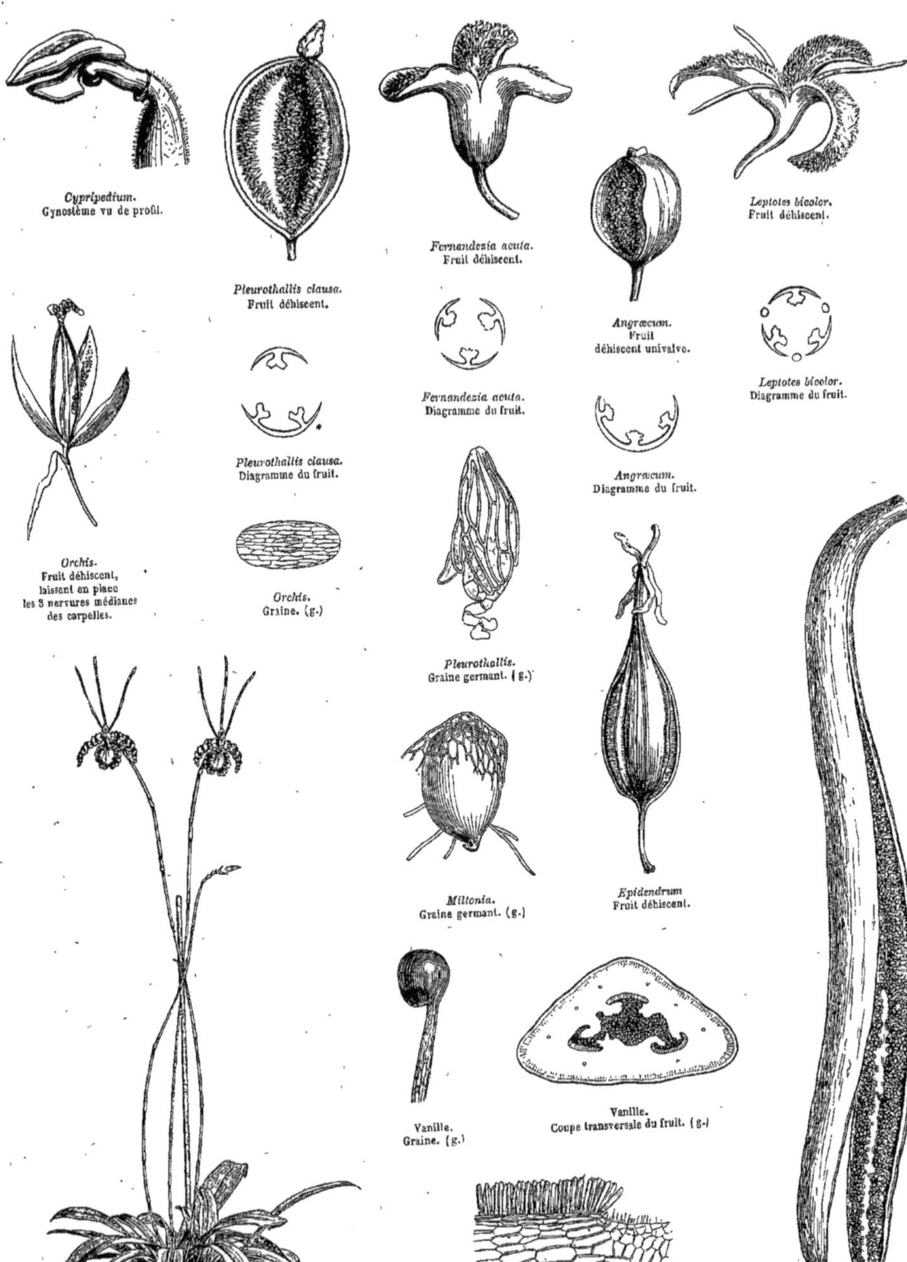

*Cypripedium*. Gynostème vu de profil.

*Pleurothallis clausa*. Fruit déhiscent.

*Fernandezia acuta*. Fruit déhiscent.

*Leptotes bicolor*. Fruit déhiscent.

*Angræcum*. Fruit déhiscent univalve.

*Fernandezia acuta*. Diagramme du fruit.

*Leptotes bicolor*. Diagramme du fruit.

*Pleurothallis clausa*. Diagramme du fruit.

*Angræcum*. Diagramme du fruit.

*Orchis*. Fruit déhiscent, laissant en place les 3 nervures médianes des carpelles.

*Orchis*. Graine. (g.)

*Pleurothallis*. Graine germant. (g.)

*Miltonia*. Graine germant. (g.)

*Epidendrum* Fruit déhiscent.

Vanille. Graine. (g.)

Vanille. Coupe transversale du fruit. (g.)

Oncidie papillon (*Oncidium papilio*).

Vanille. Tissu balsamifère du fruit.

Vanille. Fruit déhiscent

Phajus à grandes feuilles (*Phajus grandifolius*).

Chysis à bractées (*Chysis bractescens*).

## Tribu I. — MALAXIDÉES, *MALAXIDEÆ*.

Pollen cohérent en masses céracées, immédiatement appliquées sur le stigmate, sans tissu celluleux accessoire. Anthère terminale, ou operculaire. — Plantes épiphytes, ou rarement terrestres; pseudo-bulbes formés par les bases de feuilles soudées ensemble et par la tige épaissie.

GENRES CULTIVÉS.

| | | | | |
|---|---|---|---|---|
| *Pleurothallis.* | *Masdevallia.* | *Dendrochylum.* | *Pedilonum.* | *Cirrhopetalum.* |
| *Stelis.* | *Octomeria.* | *Malaxis.* | *Aporum.* | *Eria.* |
| *Lepanthes.* | *Liparis.* | *Dendrobium.* | *Bolbophyllum.* | *Polystachia.* |
| *Physosiphon.* | | | | |

## Tribu II. — ÉPIDENDRÉES, *EPIPENDREÆ*.

Pollen cohérent en masses céracées définies. Membrane celluleuse prolongée en caudicules élastiques, souvent repliées; glandes propres nulles. Anthère terminale operculaire. — Plantes généralement épiphytes, caulescentes, ou pseudo-bulbeuses, rarement pourvues de racines charnues.

GENRES CULTIVÉS.

| | | | | |
|---|---|---|---|---|
| *Cœlogyne.* | *Ponera.* | *Barkeria.* | *Cattleya.* | *Evelina.* |
| *Pholidota.* | *Hexadesmia.* | *Broughtonia.* | *Schomburgkia.* | *Bletia.* |
| *Isochilus.* | *Dinema.* | *Chysis.* | *Leptoles.* | *Spathoglottis.* |
| *Diothonea.* | *Sophronitis.* | *Lœlia.* | *Brasavola.* | *Phajus.* |
| *Epidendrum.* | | | | |

## Tribu III. — VANDÉES, *VANDEÆ*.

Pollen cohérent en masses céracées définies, fixées lors de l'anthèse à une caudicule et à un rétinacle. Anthère terminale, rarement dorsale, operculaire. — Plantes épiphytes ou rarement terrestres, tantôt caulescentes, surtout les espèces américaines, tantôt pseudo-bulbeuses, surtout les asiatiques. Feuilles souvent échancrées à l'extrémité.

GENRES CULTIVÉS.

| | | | | |
|---|---|---|---|---|
| *Eulophia.* | *Sarcadenia.* | *Miltonia.* | *Zygopetalum.* | *Mormodes.* |
| *Galeandra.* | *Acanthophippium.* | *Stanhopea.* | *Warrea.* | *Cychnoches.* |
| *Cyrtopera.* | *Ansellia.* | *Houlletia.* | *Ornithidium.* | *Cyrtopodium.* |
| *Lissochilus.* | *Acriopsis.* | *Peristeria.* | *Maxillaria.* | *Notylia.* |
| *Vanda.* | *Trichopilia.* | *Govenia.* | *Dicrypta.* | *Cirrhea.* |
| *Renanthera.* | *Pilumna.* | *Gongora.* | *Lycaste.* | *Ornithocephalus.* |
| *Camarotis.* | *Dichæa.* | *Acropera.* | *Camaridium.* | *Rodriguezia.* |
| *Saccolabium.* | *Fernandezia.* | *Cœlia.* | *Scaphiglottis.* | *Burlingtonia.* |
| *Sarcanthus.* | *Oncidium.* | *Trigonidium.* | *Colax.* | *Jonopsis.* |
| *Œceoclades.* | *Odontoglossum.* | *Grobya.* | *Galeottia.* | *Calanthe.* |
| *Angræcum.* | *Brassia.* | *Huntleya.* | *Catasetum.* | *Phalænopsis.* |

## Tribu IV. — OPHRYDÉES, *OPHRYDEÆ*.

Pollen composé de massules indéfinies, réunies en 2 masses ou pollinies par un axe arachnoïde élastique, agglutiné à un rétinacle. Anthère terminale, dressée, ou renversée, persistante, à loges complètes. — Plantes terrestres, à racines tubéreuses.

GENRES CULTIVÉS.

| | | | | |
|---|---|---|---|---|
| *Orchis.* | *Aceras.* | *Ophrys.* | *Gymnadenia.* | *Habenaria.* |
| *Anacamptis.* | *Serapias.* | *Satyrium.* | *Platanthera.* | *Bonatea.* |
| *Nigritella.* | | | | |

## Tribu V. — ARÉTHUSÉES, *ARETHUSEÆ*.

Pollinies sub-pulvérulentes, ou formées de lobules anguleux, fixées par leur base ou par un point situé au-dessous du sommet. Anthère terminale operculaire. — Plantes généralement terrestres, acaules, ou caulescentes sarmenteuses, quelques-unes aphylles, parasites?

GENRES CULTIVÉS.

*Limodorum.* *Cephalanthera.* *Cyathoglottis.* *Guebina.* *Sobralia.* *Vanilla.*

## Tribu VI. — NÉOTTIÉES, *NEOTTIEÆ*.

Pollinies sub-pulvérulentes, à granules lâchement cohérents, fixées à un rétinacle. Anthère parallèle au stigmate, persistante, à loges rapprochées. — Plantes terrestres, à racines fasciculées, fibreuses, ou tubéreuses, quelquefois épiphytes, quelquefois aphylles, parasites? et d'aspect analogue à celui des *Orobanches*.

GENRES CULTIVÉS.

| | | | | |
|---|---|---|---|---|
| *Ponthiæva,* | *Neottia.* | *Spiranthes.* | *Pelexia.* | *Anæctochilus.* |
| *Prescottia.* | *Epipactis.* | *Stenorhynchus.* | *Goodiera.* | *Physurus.* |
| *Listera.* | | | | |

## Tribu VII. — CYPRIPÉDIÉES, *CYPRIPEDIEÆ*.

Anthères 2, latérales, fertiles, l'intermédiaire stérile, pétaloïde. Pollen granuleux, se résolvant dans la fécondation en matière pultacée. Stigmate divisé en 3 aréoles opposées aux étamines.

GENRES CULTIVÉS.

*Cypripedium.* *Uropedium.*

Cypripède remarquable (*Cypripedium spectabile*).

Les *Orchidées*, qui constituent une des Familles les plus naturelles du Règne végétal, ont exercé la sagacité de nos plus éminents Botanistes, Dupetit-Thouars, R. Brown, L.-C. Richard, Blume, Lindley, etc. Elles sont surtout remarquables par les formes et les couleurs bizarrement variées de leur périanthe, qui représente les objets les plus divers, tels qu'un casque, un sabot, une mouche, une abeille, un bourdon, un petit singe, etc., et dont les proportions relatives sont quelquefois démesurées (*Uropedium*). L'androcée, gynandre comme celui des *Aristoloches* (p. 476), le pollen aggloméré en masses, qui rappelle celui des *Asclépiadées* (p. 166), l'embryon indivis, sont des caractères exceptionnels, qui pourraient rendre leur classification douteuse; mais la structure de leur tige, la nervation de leurs feuilles, la disposition de leur périanthe hexaphylle et bi-sérié, les rangent évidemment parmi les monocotylédones. On peut même reconnaître dans leur androcée, tout incomplet qu'il paraisse, le type ternaire de la plupart des Familles monocotylédones : cet androcée se compose en effet, d'après les observations sagaces de R. Brown, tantôt d'un verticille externe de 3 étamines représenté par une anthère normale et 2 rudimentaires opposées aux sépales, tantôt d'un verticille interne également triandre, dont une étamine avortée et 2 normales opposées aux pétales latéraux, et alternant avec les carpelles. Cette disposition ternaire est confirmée par les *Apostasia*, qui se lient étroitement aux Orchidées par leur périanthe pétaloïde, hexaphylle, bi-sérié, irrégulier, leur androcée gynandre, composé de 3 étamines, dont une souvent stérile, et qui ne s'en distinguent que par leur pollen granuleux et leur ovaire triloculaire. — Les Orchidées se rapprochent aussi des *Burmanniacées* par l'épigynie, l'ovaire uniloculaire, la capsule trivalve, les graines scobiformes; des *Cannées* par l'ovaire infère, le périanthe, l'androcée réduit à une seule étamine.

La structure florale des Orchidées présente quelquefois une singularité très-remarquable et très-rare dans le Règne végétal : on observe sur une même inflorescence des fleurs dimorphes (*Cychnoches ventricosum*, *Vanda Lowii*, *Spiculæa*, *Drakæa*, etc.); ou même trois formes différentes (*Catasetum*, *Myanthus*, *Cychnoches*.

## GENRES VOISINS DES ORCHIDÉES.

Caractères des Orchidées, mais ovaire 3-loculaire, à placentation centrale.

*Apostasia*. *Neuwiedia*.

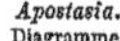

*Apostasia*.
Diagramme.

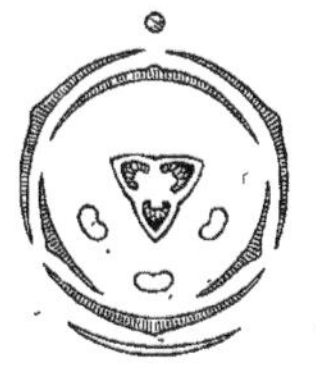

*Neuwiedia*.
Diagramme.

C'est surtout chez les Orchidées que l'action fécondante du pollen demande une intervention étrangère, en raison de la consistance des masses polliniques. Aussi les insectes sont-ils chargés d'intervenir comme pour les *Asclépiadées;* et dans nos serres d'Europe, où manquent ces auxiliaires, la fécondation ne peut s'opérer que par la main de l'homme. Chez quelques Espèces, le labelle est irritable; il oscille de haut en bas, en face du gynostème (*Megaclinium*), ou tourne autour de lui (*Caleana*) : dès qu'un insecte vient se poser sur la surface du labelle, celui-ci se rapproche brusquement du gynostème, et y applique l'insecte, qui, pour se dégager, gratte et écrase les masses polliniques et les répand sur le stigmate.

Les Orchidées habitent pour la plupart les forêts de la zone tropicale; elles abondent surtout dans le Nouveau Continent, où leurs nombreuses Espèces végètent généralement sur les troncs des arbres, auxquels elles s'attachent par leurs longues racines adventives; mais elles sont terrestres dans les régions tempérées de l'hémisphère Nord; elles deviennent rares en se rapprochant du pôle, et le *Calypso borealis* est la seule qui s'avance jusqu'au 68ᵉ degré de latitude boréale. — Les *Malaxidées* habitent le Continent et les îles de l'Inde, et principalement l'archipel Malais; elles sont moins nombreuses dans l'Amérique tropicale et dans les îles de l'Afrique australe; on les rencontre assez fréquemment dans l'Australie et l'Océanie, et très-rarement dans l'hémisphère Nord. Elles semblent manquer absolument dans la région méditerranéenne, dans l'Amérique extratropicale et au cap de Bonne-Espérance. — Les *Épidendrées* appartiennent presque toutes aux régions tropicales du Nouveau Continent; quelques-unes cependant habitent la même zone en Asie; un très-petit nombre se rencontrent dans le Nord de l'Inde et dans le voisinage de la Chine; une seule Espèce s'avance jusque dans la Caroline du Sud. — Les *Vandées* habitent en nombre égal les régions tropicales de l'Asie et de l'Amérique; elles sont communes à Madagascar, rares en Afrique, et très-rares en dehors des tropiques. — Les *Ophrydées* croissent dans les régions tempérées et subtropicales du monde entier; elles sont plus fréquentes dans l'Europe centrale et méditerranéenne, ainsi que dans l'Afrique australe, et plus rares entre les tropiques. — Les *Néottiées* croissent principalement dans l'Asie et l'Australie extratropicales; elles sont beaucoup moins nombreuses en-deçà du Cancer et très-rares en Afrique. — Les *Aréthusées* abondent dans les régions tempérées situées au-delà du Capricorne, et surtout en Australie; elles deviennent plus rares sous la zone tropicale des deux continents et les climats tempérés de l'hémisphère Nord. — Les *Chloræa* s'avancent jusqu'aux terres magellaniques. — Les *Cypripédiées* habitent les régions tempérées et fraîches de l'hémisphère Nord; elles sont un peu plus fréquentes en Amérique.

Les Plantes de la Famille des Orchidées sont très-recherchées des *Adonistes* à cause de la bizarrerie, de la beauté et de la suavité de leur fleur. Leur culture, qui demande le plus ordinairement la serre chaude et des soins assidus, est devenue en Europe depuis près de quarante ans, l'objet d'une véritable passion. Linné, dans le milieu du siècle dernier, ne connaissait qu'une douzaine d'Orchidées exotiques, et aujourd'hui les catalogues des horticulteurs anglais contiennent les noms d'environ 2500 Espèces.

En tête des Orchidées, peu nombreuses, utiles à l'homme, se placent les *Vanilles* (*Vanilla claviculata*, *planifolia*, etc.), Plantes sarmenteuses, qui croissent dans les contrées chaudes et humides du Mexique, de la Colombie et de la Guyane. Leur fruit est une capsule charnue, longue et siliquiforme, dont les graines noires, globuleuses, sont accompagnées d'un tissu spécial qui sécrète une huile balsamique; ce fruit, conservé dans un lieu sec, se couvre de cristaux aiguillés et brillants d'acide benzoïque; son parfum délicieux le fait rechercher pour la préparation de quelques mets délicats, du chocolat, des liqueurs, etc.; on lui attribue des propriétés excitantes et aphrodisiaques. — Le *Faham* (*Angræcum fragrans*) est une Plante des îles Mascareignes; ses feuilles, connues dans le commerce sous le nom de *thé Bourbon*, ont un goût d'amandes amères et une odeur de *fève tonka*; on les emploie pour stimuler les fonctions digestives et contre la phthisie pulmonaire. — Le *salep*, qui nous est apporté de l'Asie Mineure et de la Perse, provient des tubercules de plusieurs Espèces d'*Orchis*, qui sont également indigènes de l'Europe (*O. mascula*, *morio*, *militaris*, *maculata*, etc.). Le salep contient, sous un petit volume, des proportions abondantes de fécule nutritive, associée à un principe gommeux, particulier, analogue à la *bassorine*; il passait autrefois pour un puissant analeptique; on l'emploie encore aujourd'hui en gelée sucrée et aromatisée, ou incorporée dans du chocolat. — La racine de l'*Ellébo-rine* (*Epipactis latifolia*) est employée contre les douleurs arthritiques; celles de l'*Himantoglossum hircinum*, du *Spiranthes autumnalis*, du *Platanthera bifolia*, sont réputées aphrodisiaques. — Les fleurs du *Gymnadenia conopsea* sont administrées contre la dyssenterie; on se sert, dans l'Amérique septentrionale, des tubercules de l'*Arethusa bulbosa* pour hâter la maturation des tumeurs indolentes et calmer les odontalgies. — La racine du *Spiranthes diuretica* est renommée au Chili. — Le rhizôme du *Cypripedium pubescens* remplace la *Valériane*, comme antispasmodique, chez les Anglo-Américains.

# BURMANNIACÉES, *BURMANNIACEÆ*.

(BURMANNIÆ, *Sprengel*. — BURMANNIACEÆ, *Blume*. — TRIPTERELLEÆ, *Nuttal*. THISMIEÆ ET TRIURIDEÆ, *Miers*.)

Fleurs ☿. Périanthe *supère, sex-partit, bi-sérié*. Étamines 3, *ou* 6. Ovaire *infère, 1-3-loculaire*. Stigmates 3. Graines *à testa celluleux, exalbuminées*. Embryon *indivis*. — Herbes *grêles, à feuilles linéaires, ou aphylles*.

Herbes annuelles, ou vivaces, terrestres, ou parasites (?), très-grêles, vertes, ou blanchâtres, ou rosées, aphylles, rarement sarmenteuses et pourvues de feuilles. — Fleurs ☿, disposées en cyme bifide multiflore, ou uni-bi-flore, de couleurs très-variées, et accompagnées de bractées. — Périanthe supère, pétaloïde, tubuleux, à tube régulier, ou gibbeux; *limbe* à 6 segments bi-sériés, les internes plus petits, les externes quelquefois très-allongés (*Ophiomeris*). — Étamines insérées au sommet du tube, ou à la gorge du périanthe. *Filets* distincts, ou monadelphes (*Thismia*). *Anthères* à 2 loges disjointes, introrses; *connectif* dilaté et de forme variée. — Carpelles cohérents en un ovaire infère, uni-loculaire, à 3 placentaires pariétaux, ou tri-loculaire, à 3 placentaires axiles. Ovules nombreux. *Style* simple, naissant du sommet épaissi de l'ovaire. *Stigmates* 3, bifides, ou trifides. — *Capsule* couronnée par le périanthe marcescent, arrondie, ou à 3 angles, ou à 3 ailes, membraneuse, tantôt uni-loculaire, s'ouvrant au sommet, ou par un seul côté, en 3 valves médio-placentifères; tantôt triloculaire, s'ouvrant latéralement entre ses angles par des fentes transversales, ou en pyxide. — Graines nombreuses, menues, oblongues, les unes tronquées et ombiliquées à leur extrémité, les autres aiguës. *Testa* plus ou moins lâche. — Embryon minime, indivis, celluleux.

Les *Burmanniacées* forment au milieu des Familles monocotylédones un petit groupe bien caractérisé, soit par le parasitisme, soit par la structure de la fleur, et qui se rattache, d'une part aux *Taccacées*, de l'autre aux *Aristoloches*, ainsi qu'aux Plantes *Rhizanthées* qui les avoisinent. C'est autour des Burmanniacées proprement dites (*Burmanniées*) que l'on réunit plusieurs Genres identiques par le mode de végétation et la structure florale; ces Genres forment les sections suivantes :

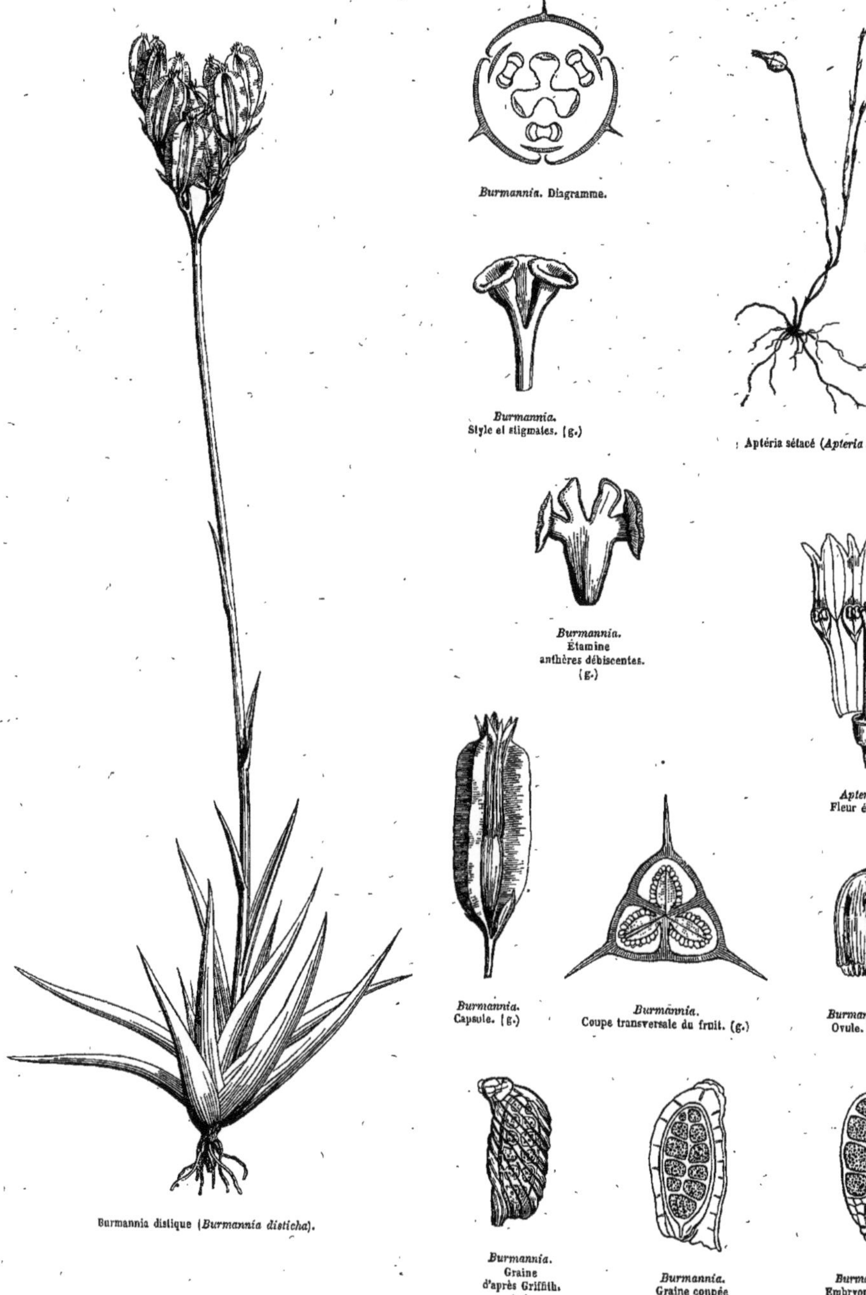

*Burmannia.* Diagramme.

*Burmannia.* Style et stigmates. (g.)

Aptéria sétacé (*Apteria setacea*).

*Burmannia.* Étamine anthères débiscentes. (g.)

*Apteria* Fleur étalée.

*Burmannia.* Capsule. (g.)

*Burmannia.* Coupe transversale du fruit. (g.)

*Burmannia.* Ovule. (g.)

Burmannia distique (*Burmannia disticha*).

*Burmannia.* Graine d'après Griffith. (g.)

*Burmannia.* Graine coupée verticalement. (g.)

*Burmannia.* Embryon indivis. (g.)

Burmanniées. Plantes terrestres, vertes et feuillées, ou décolorées et aphylles. Périanthe à 6 segments, dont les 3 externes ailés. Étamines 3, opposées aux segments internes. Stigmates 3. Ovaire 3-loculaire. — Genres : *Burmannia, Gonyanthes, Nephrocodum.*

Aptéranthées. Plantes décolorées, aphylles. Périanthe persistant, ou caduc, dépourvu d'ailes. Étamines 3. Ovaire uni-loculaire. — Genres : *Apteria, Dictyostegia, Gymnosiphon, Benitzia, Cymbocarpus.*

Thismiées. Plantes décolorées, aphylles. Périanthe régulier, ou gibbeux, dépourvu d'ailes. Étamines 6, monadelphes, ou libres. Ovaire 1-loculaire. Capsule s'ouvrant transversalement. Genres : *Thismia, Ophiomeris.*

Sténoméridées. Plantes vertes, feuillées, sarmenteuses. Feuilles cordiformes, rappelant celles des *Dioscorées* ou des *Smilax*. Périanthe à 6 divisions. Étamines 6. Ovaire 3-loculaire. Capsule linéaire, allongée, membraneuse, triquètre. Genre : *Stenomeris.*

Triuridées. (Tribu voisine des Burmanniacées.) — Plantes décolorées, monoïques. Périanthe hexamère. Étamines 6. Ovaires nombreux, libres sur un réceptacle arrondi, 1-ovulés, à style latéral et basilaire, rappelant les carpelles et le gynophore des *Fraisiers*. — Genres : *Sciaphila, Hexuris, Triuris.*

Les *Burmanniées* ont été rapprochées des *Orchidées* par plusieurs Botanistes à cause de leur embryon indivis, réduit à une petite masse celluleuse, qui semble formée entièrement par la tigelle. Elles offrent de l'affinité avec les *Iridées* par leur périanthe hexamère, bi-sérié, leur androcée triandre, leurs anthères à déhiscence longitudinale, leur ovaire infère, 3-loculaire et leurs 3 stigmates dilatés. Elles ont aussi quelques rapports avec les *Hémodoracées* (voir cette Famille).

Les Burmanniées végètent dans les terrains humides et gramineux, mais la plupart des autres Genres vivent, à l'ombre des grandes forêts, sur les détritus végétaux, ou peut-être en parasites. Elles habitent les régions tropicales de l'Asie et de l'Amérique, et elles s'étendent dans le nouveau Continent jusqu'au 37e parallèle nord. On les rencontre aussi à Madagascar.

Les herbes de cette Famille sont légèrement amères-astringentes ; elle ne sont connues par aucune propriété.

# CANNACÉES, *CANNACEÆ.*

(CANNEÆ, *R. Brown.* — CANNACEÆ, *Agardh.* — MARANTACEÆ, *Lindley.*)

Fleurs ☿. Périanthe *supère, double, l'externe herbacé, tri-phylle, l'interne pétaloïde, irrégulier, composé de pétales et de staminodes.* Étamine *unique, latérale.* Anthère *1-loculaire.* Ovaire *infère, 3-loculaire, ou 1-loculaire.* Ovules *campylotropes, ou anatropes.* Capsule *trivalve.* Graine *albuminée.* Embryon *monocotylédoné, droit, ou crochu.* — Plantes *herbacées.* Feuilles *alternes, engaînantes, à nervure médiane émettant latéralement des nervures secondaires simples et parallèles.*

Herbes vivaces, à racines fibreuses, ou à rhizôme souvent charnu et rampant. — Tige simple, ou rameuse au sommet, enveloppée par les bases engaînantes des feuilles. — Feuilles alternes, simples; *pétiole* engaînant à sa base, souvent épaissi-noueux à son sommet; *limbe* plane, large, entier, à nervure médiane épaisse, émettant latéralement des nervures secondaires simples, parallèles, obliques, ou horizontales, et recourbées en dedans à leur extrémité. — Fleurs ☿, irrégulières, disposées en grappe, ou en panicule terminale, ou latérale, et munies de bractées. — Périanthe supère, formé en apparence de 3-4 verticilles irréguliers et pétaloïdes, l'extérieur (*calyce*) herbacé, ou scarieux, triphylle, imbriqué. — Corolle à 3 divisions imbriquées, alternant avec le calyce, colorées, tubuleuses à la base, égales, ou sub-égales. — Staminodes externes, pétaloïdes, imbriqués, insérés sur la corolle et alternant avec elle, l'intérieur bilobé, ou ringent. *Staminodes* internes, pétaloïdes, alternant avec les externes, l'un labelliforme, l'autre anthérifère. *Anthère* 1-loculaire, introrse, à déhiscence longitudinale. *Pollen* globuleux, lisse, ou verruqueux (*Canna*). — Ovaire infère, tri-loculaire, ou uni-loculaire par avortement. — *Ovules* tantôt solitaires, basilaires, campylotropes, ou semi-anatropes; tantôt nombreux, bi-sériés à l'angle interne des loges, horizontaux et anatropes. *Style* tantôt dilaté, pétaloïde, droit, ou arqué; tantôt grêle et filiforme, libre, ou adné inférieurement au tube de la corolle et au bord du staminode anthérifère. *Stigmate* terminal, ou sub-latéral, entier, ou sub-labié, ou concave, etc. — Capsule 1-loculaire, quelquefois charnue, ou tri-loculaire à 3 valves loculicides. — Graines globuleuses, ou anguleuses, dépourvues d'arillé, ou munies dans leur jeunesse d'un arille filamenteux (*Canna*). *Testa* coriace. *Endoplèvre* épaissie autour du micropyle. *Albumen* corné. — Embryon des graines anatropes droit, ou légèrement arqué au sommet, à radicule extraire dirigée vers le hile; embryon des graines campylotropes crochu, ou courbé en crosse, accompagné de deux canaux chalaziens qui traversent l'albumen.

GENRES PRINCIPAUX.

| | | | | | | | |
|---|---|---|---|---|---|---|---|
| *Thalie, | *Thalia.* | Calathée, | *Calathea.* | Ichnosiphon, | *Ichnosiphon.* | Phrynie, | *Phrynium.* |
| *Balisier, | *Canna.* | Marante, | *Maranta.* | Stromanthe, | *Stromanthe.* | | |

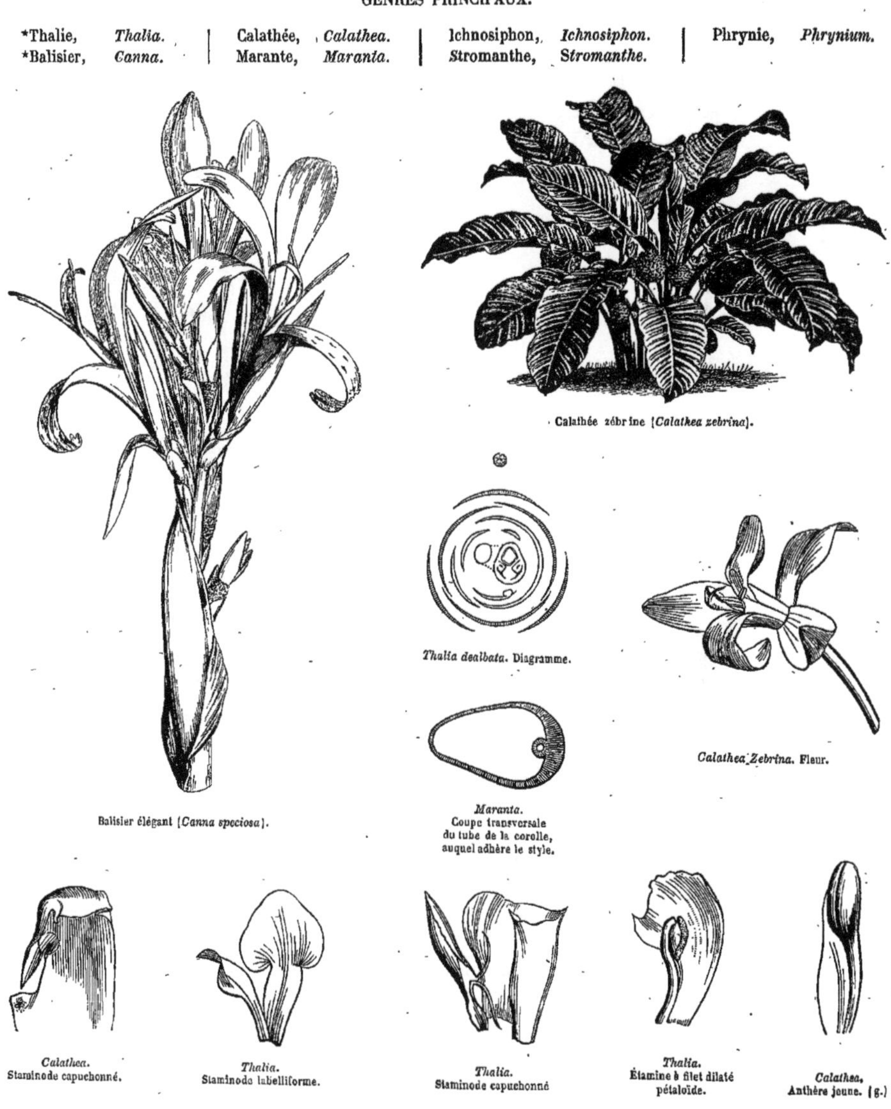

Balisier élégant (*Canna speciosa*).

Calathée zébrine (*Calathea zebrina*).

*Thalia dealbata.* Diagramme.

*Maranta.* Coupe transversale du tube de la corolle, auquel adhère le style.

*Calathea Zebrina.* Fleur.

*Calathea.* Staminode capuchonné.

*Thalia.* Staminode labelliforme.

*Thalia.* Staminode capuchonné

*Thalia.* Étamine à filet dilaté pétaloïde.

*Calathea.* Anthère jeune. (g.)

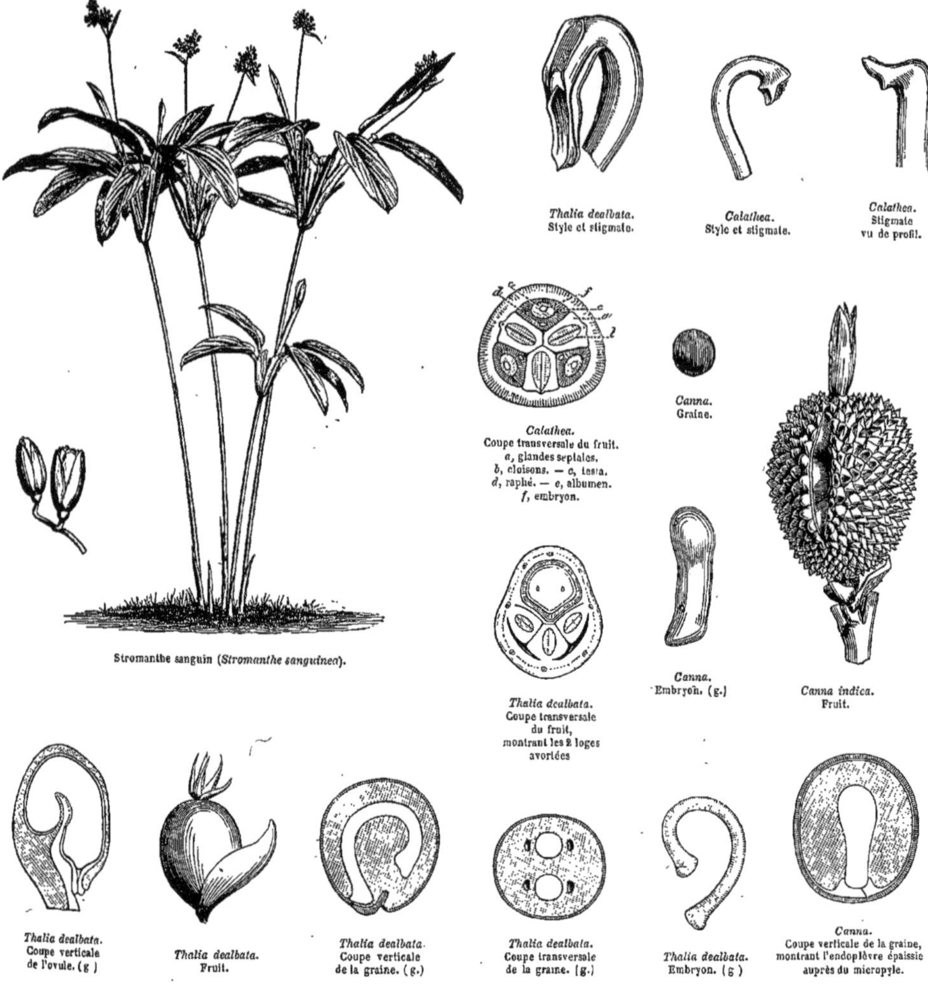

Stromanthe sanguin (*Stromanthe sanguinea*).

*Thalia dealbata.* Style et stigmate.

*Calathea.* Style et stigmate.

*Calathea.* Stigmate vu de profil.

*Calathea.* Coupe transversale du fruit. *a*, glandes septales. *b*, cloisons. — *c*, testa. *d*, raphé. — *e*, albumen. *f*, embryon.

*Canna.* Graine.

*Thalia dealbata.* Coupe transversale du fruit, montrant les 2 loges avortées

*Canna.* Embryon. (g.)

*Canna indica.* Fruit.

*Thalia dealbata.* Coupe verticale de l'ovule. (g.)

*Thalia dealbata.* Fruit.

*Thalia dealbata.* Coupe verticale de la graine. (g.)

*Thalia dealbata.* Coupe transversale de la graine. (g.)

*Thalia dealbata.* Embryon. (g.)

*Canna.* Coupe verticale de la graine, montrant l'endoplèvre épaissie auprès du micropyle.

A.-L. de Jussieu réunissait dans une même Famille, sous le nom de *Balisiers*, les *Cannacées* et les *Zingibéracées*. Ces dernières ne diffèrent, en effet, des précédentes, que par leur étamine appartenant au premier verticille des staminodes, antérieure, à anthère bi-loculaire, et par leur graine pourvue d'un double albumen.

Les Cannacées proprement dites paraissent être, pour la plupart, originaires de l'Amérique tropicale et sub-tropicale, où elles remplacent les Zingibéracées, et d'où elles se sont répandues dans toutes les parties chaudes de l'ancien Continent.

Les Cannacées sont dépourvues de principes aromatiques, ce qui distingue leurs propriétés de celles des Zingibéracées; mais leur rhizôme contient une abondante quantité de fécule nutritive. Celle du *Maranta arundinacea*, cultivé aux Antilles, et nommée *arrow-root*, est recommandée par les médecins comme un aliment de facile digestion. Le rhizôme de la Plante, à l'état de crudité, est âcre, rubéfiant, salivatoire, et il passe pour un remède efficace contre les blessures faites par les flèches trempées dans le suc du *Mancenillier*. — Les feuilles du *Maranta lutea* sont couvertes sur leur face inférieure d'une excrétion résineuse, que l'on croit utile contre la dysurie. — Les tubercules du *Maranta Allouya*, cuits et assaisonnés avec le poivre, servent d'aliment aux Antilles. — La racine des *Canna* est réputée diurétique et diaphorétique. — Les graines de plusieurs Espèces sont rangées parmi les succédanées du café, et fournissent un principe colorant pourpre.

# ZINGIBÉRACÉES, *ZINGIBERACEÆ*.

(ZINGIBERACEÆ, *L.-C. Richard*. — SCITAMINEÆ, *R. Brown*. — AMOMEÆ, *Jussieu*. ALPINIACEÆ, *Link*.)

FLEURS ☿. PÉRIANTHE *et* STAMINODES *des Cannacées*. ÉTAMINE *unique, antérieure*. ANTHÈRE *2-loculaire*. OVAIRE *infère, ordinairement 3-loculaire*. OVULES *anatropes*. FRUIT *ordinairement capsulaire*. GRAINES *à 2 albumens, l'un farineux, l'autre corné (vitellus)*. EMBRYON *monocotylédoné à extrémité cotylédonaire engaînée par le vitellus, à extrémité radiculaire libre et touchant le hile*. — HERBES *à rhizôme rampant, ou tubéreux*. FEUILLES *des Cannées*.

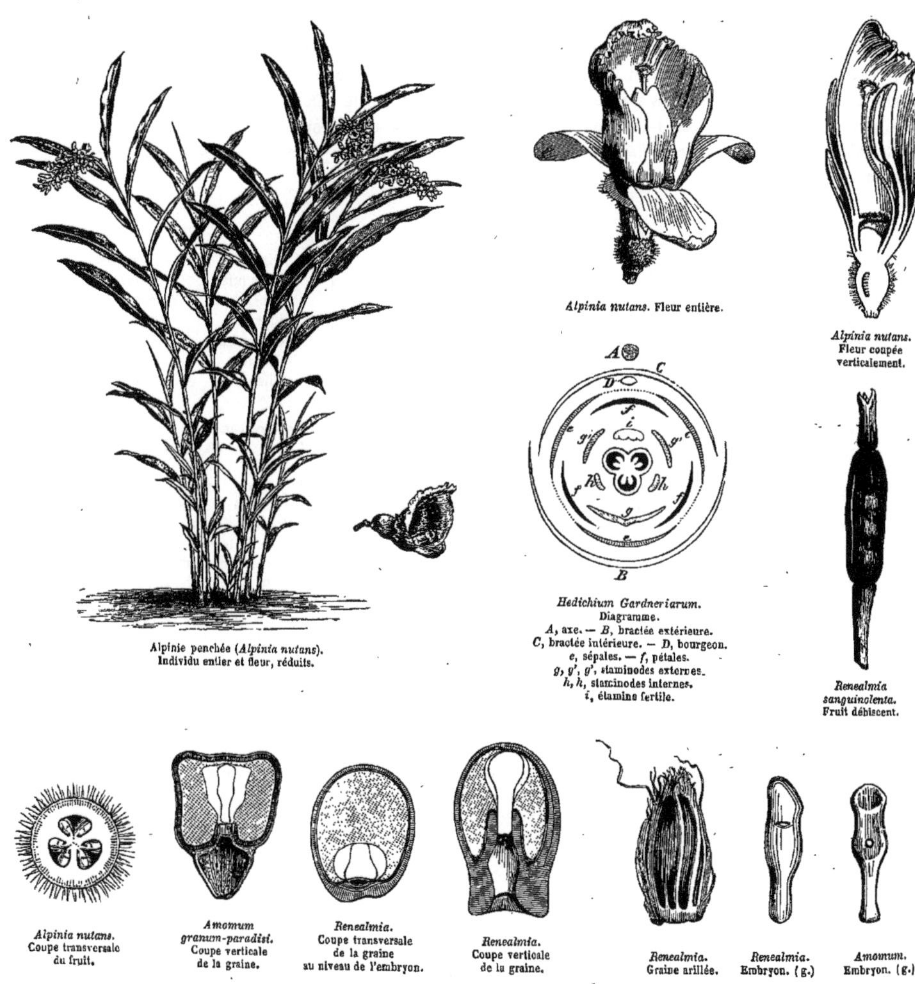


Alpinie penchée (*Alpinia nutans*). Individu entier et fleur, réduits.

*Alpinia nutans*. Fleur entière.

*Alpinia nutans*. Fleur coupée verticalement.

*Hedichium Gardnerianum*. Diagramme. *A*, axe. — *B*, bractée extérieure. *C*, bractée intérieure. — *D*, bourgeon. *e*, sépales. — *f*, pétales. *g*, *g'*, *g'*, staminodes externes. *h*, *h*, staminodes internes. *i*, étamine fertile.

*Renealmia sanguinolenta*. Fruit déhiscent.

*Alpinia nutans*. Coupe transversale du fruit.

*Amomum granum-paradisi*. Coupe verticale de la graine.

*Renealmia*. Coupe transversale de la graine au niveau de l'embryon.

*Renealmia*. Coupe verticale de la graine.

*Renealmia*. Graine arillée.

*Renealmia*. Embryon. (g.)

*Amomum*. Embryon. (g.)

HERBES vivaces, à rhizôme rampant, ou tubéreux, rarement à racines fibreuses, acaules, ou à tige simple, enveloppée par les gaînes foliaires. — FEUILLES toutes radicales, ou alternes, simples; *pétiole* formant une gaîne fendue longitudinalement, très-rarement close, quelquefois ligulée; *limbe* plane, entier, à nervure médiane épaisse, émettant latéralement des nervures secondaires nombreuses, simples, parallèles, obliques, ou transversales. — FLEURS ☿, irrégulières, nues, ou bractéolées, disposées en épi, ou en grappe, ou en panicule. *Inflorescence* radicale, ou terminale, souvent accompagnée de bractées spathacées. — PÉRIANTHE double, supère, l'externe (*calyce*) coloré, ou herbacé, tubuleux, entier, ou fendu d'un côté comme une spathe, 3-denté, ou 3-fide; l'interne (*corolle*) plus ou moins longuement tubuleux, 3-partit, à divisions plus ou moins inégales, la supérieure en général plus grande, cuculliforme. *Staminodes* pétaloïdes dissemblables, soudés au tube de la corolle, et formant eux-mêmes un tube à 2 lèvres, dont l'inférieure plus grande. — ÉTAMINE unique insérée à la base du tube de la corolle. *Filet* libre, ordinairement dilaté et pétaloïde, souvent prolongé au-delà de l'anthère. *Anthère* dressée, ou incombante, introrse, à 2 loges distantes, marginales. — OVAIRE infère, 3-loculaire, rarement 1-2-loculaire, souvent surmonté d'appendices représentant des étamines avortées; loges multi-uni-ovulées. *Ovules* bi-pluri-sériés à l'angle central des loges, horizontaux, anatropes. — FRUIT couronné par les débris du périanthe, ordinairement capsulaire; capsule s'ouvrant en 3 valves loculicides, ou irrégulièrement ruptile par des fentes longitudinales. — GRAINES ordinairement nombreuses, sub-sphériques, ou anguleuses, munies ou dépourvues d'arille. *Testa* cartilagineux. *Albumen* farineux, manquant vers le hile, interposé entre les téguments de la graine et un second albumen corné (*vitellus*), clos à son sommet opposé au hile, et perforé à sa base pour laisser passer la radicule. — EMBRYON droit, sub-cylindrique, axile, coiffé à son extrémité cotylédonaire par le *vitellus*. *Radicule* sortant du vitellus, prolongée au-delà de l'albumen, et atteignant le hile.

GENRES PRINCIPAUX.

| | | | | | |
|---|---|---|---|---|---|
| *Globba, | *Globba.* | Trilophus, | *Trilophus.* | Diracode, | *Diracodes.* |
| *Alpinie, | *Alpinia.* | *Roscoëa, | *Roscoëa.* | *Hédyquie, | *Hedychium.* |
| Colebrookia, | *Colebrookia.* | Achasma, | *Achasma.* | *Rénéalmie, | *Renealmia.* |
| Céranthère, | *Ceranthera.* | Sténochasma, | *Stenochasma.* | Pipéridie, | *Piperidium.* |
| Gingembre, | *Zingiber.* | *Amome, | *Amomum.* | *Gastrochile, | *Gastrochilus.* |
| Curcuma, | *Curcuma.* | *Élettaire, | *Elettaria.* | *Costus, | *Costus.* |
| Kæmférie, | *Kæmpferia.* | Donacode, | *Donacodes.* | Hitchénie, | *Hitchenia.* |

Nous avons indiqué l'étroite affinité qui lie les *Zingibéracées* aux *Cannacées* et aux *Musacées* (voir ces Familles).

Les Zingibéracées croissent, pour la plupart, entre les tropiques, et surtout en Asie; elles sont rares dans les régions sub-tropicales du Japon, ainsi que dans l'Afrique et l'Amérique équinoxiales.

La racine des Zingibéracées contient diverses huiles volatiles, une résine aromatique, un principe amer, une quantité plus ou moins considérable d'amidon, et quelquefois une matière colorante jaune (*curcumine*). Les principes odorants qui abondent dans les racines se retrouvent aussi dans les fruits, mais sont peu sensibles dans les parties herbacées. La racine du *Gingembre* (*Zingiber officinale*), transplanté de l'Inde aux Antilles par les Espagnols, est douée d'une saveur âcre et piquante et d'une odeur fortement aromatique; elle passe aux Indes pour antiscorbutique et aphrodisiaque. Les médecins de plusieurs contrées de l'Europe la recommandent comme un stimulant puissant, et elle entre, en cette qualité, dans la fabrication d'une bière anglaise fort en usage dans le nord de l'Europe. Elle est également estimée comme condiment; on la confit au sucre, et on en prépare des conserves. — Les racines de *Galanga*, dont l'origine est assez obscure, et l'usage presque abandonné, sont fournies dans l'Inde par diverses Espèces d'*Alpinia*. — Les *Zédoaires* proviennent des *Curcuma Zedoaria* et *Zerumbet*. On retire de la racine des *C. leucorhiza* et *angustifolia* une fécule analogue à l'*arrow-root*, mais altérée par une matière jaune et de beaucoup inférieure à celle des *Maranta*. — Les racines de *Costus*, jadis renommées en Europe, y sont aujourd'hui tombées en désuétude, bien que leur grande amertume les fasse encore employer dans l'Inde comme tonique. Il en est de même des racines de plusieurs *Curcuma* et *Kæmpferia*, vulgairement nommées *terra-merita*, *safran des Indes*, etc., qui contiennent un principe colorant jaune très-abondant, et servent à la teinture plus qu'à la médecine. — Les fruits des *Amomum*, désignés sous le nom de *Cardamomes*, et usités autrefois pour leurs propriétés stomachiques et sudorifiques, ne sont plus employés aujourd'hui que comme substances condimentaires. La *Maniguette*, ou *graine du Paradis* (*A. granum-paradisi*), espèce de la Guinée, sert, ainsi que plusieurs de ses congénères (*A. citriodorum*, etc.), à donner de la force au vinaigre et à falsifier le poivre. — Les Péruviens, au rapport de Pöppig, appliquent les feuilles odoriférantes des *Renealmia* en topique contre les douleurs rhumatismales.

# MUSACÉES, *MUSACEÆ*.

(MUSÆ, *Jussieu*. — MUSACEÆ, *Agardh*.)

FLEURS ☿. PÉRIANTHE *supère, pétaloïde, irrégulier, hexamère, bi-sérié*. ÉTAMINES 6, *dont* 1 *ordinairement avortée, et plusieurs des autres quelquefois stériles*. OVAIRE *infère, à* 3 *loges uni-multi-ovulées*. OVULES *anatropes*. FRUIT *charnu indéhiscent, ou sub-drupacé, à déhiscence, soit loculicide, soit septicide*. GRAINE *albuminée*. EMBRYON *monocotylédoné*. RADICULE *infère, ou centripète*. — PLANTES *herbacées*. FEUILLES *alternes, engaînantes, à nervure médiane émettant latéralement des nervures secondaires simples et parallèles*.

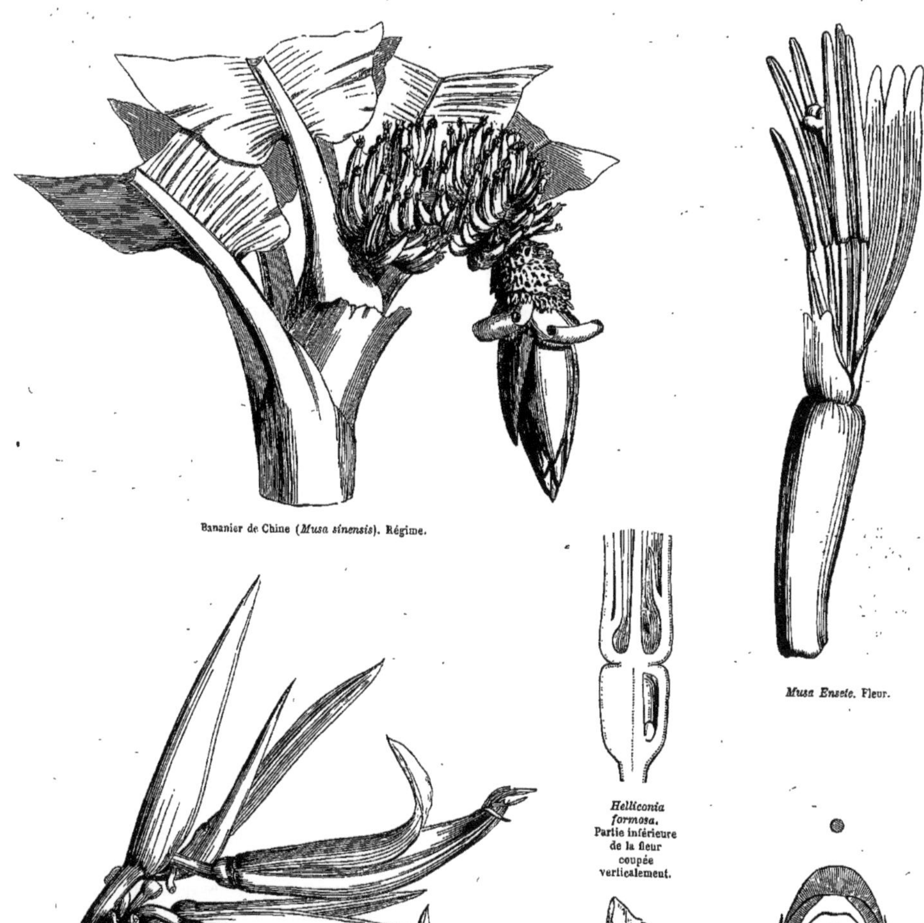

Bananier de Chine (*Musa sinensis*). Régime.

*Musa Ensete*. Fleur.

*Helliconia formosa*. Partie inférieure de la fleur coupée verticalement.

Héliconie métallique (*Heliconia metallica*). Fleurs.

*Heliconia metallica*. Étamine avortée.

*Heliconia metallica*. Coupe transversale de la base de la fleur.

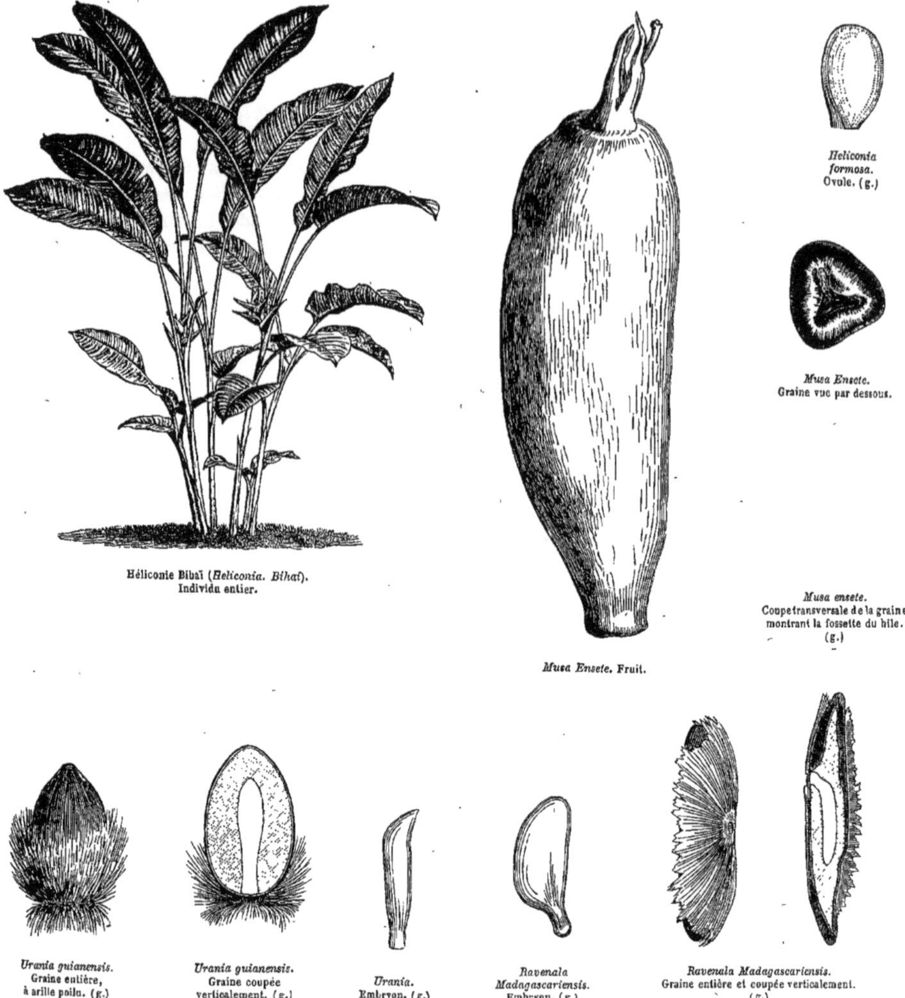

Héliconie Bibaï (*Heliconia. Bihai*). Individu entier.

*Musa Ensete.* Fruit.

*Heliconia formosa.* Ovule. (g.)

*Musa Ensete.* Graine vue par dessous.

*Musa ensete.* Coupe transversale de la graine, montrant la fossette du hile. (g.)

*Urania guianensis.* Graine entière, à arille poilu. (g.)

*Urania guianensis.* Graine coupée verticalement. (g.)

*Urania.* Embryon. (g.)

*Ravenala Madagascariensis.* Embryon. (g.)

*Ravenala Madagascariensis.* Graine entière et coupée verticalement. (g.)

Herbes souvent gigantesques. — Tige ou Hampe enveloppée par les gaînes épaisses et persistantes des feuilles, simple, quelquefois offrant un tronc arborescent, quelquefois très-courte, ou presque nulle. — Feuilles alternes, pétiolées, simples, entières, à préfoliation convolutive; *limbe* ordinairement allongé, quelquefois avorté, à nervure médiane épaisse, émettant latéralement des nervures secondaires transversales, ou obliques, parallèles, très-serrées, un peu recourbées en dedans au sommet. — Fleurs ☿, irrégulières, sessiles, ou pédicellées à l'aisselle d'une spathe; *pédoncules* radicaux, ou axillaires, garnis de bractées spathiformes, amples, épaisses et colorées, distiques-alternes. — Périanthe épigyne, pétaloïde, à 6 segments bi-sériés, souvent dissemblables, un des externes antérieur, ordinairement très-grand, souvent caréné, deux des internes latéraux souvent plus petits, le troisième postérieur, toujours minime, labelliforme; segments tous distincts (*Ravenala, Heliconia*), ou diversement cohérents, tantôt les 2 internes latéraux soudés en tube fendu postérieurement, et renfermant les étamines (*Strelitzia*); tantôt les 3 externes et les 2 latéraux internes formant un tube ouvert postérieurement, et 5-lobé au sommet (*Musa*). — ÉTAMINES 6, insérées à la base des segments du périanthe, la postérieure opposée au segment labelliforme, généralement avortée, et plusieurs des autres quelquefois stériles. *Filets* planes, libres. *Anthères* introrses, à 2 loges sub-opposées, allongées, s'ouvrant longitudinalement, et adnées à un connectif prolongé en pointe ou en appendice membraneux. *Pollen* globuleux. — OVAIRE infère, à 3 loges opposées aux segments internes du périanthe. *Ovules* soit solitaires dans chaque loge et basilaires, soit nombreux et bi-pluri-sériés à l'angle central de la loge, anatropes. *Style* simple, cylindrique. *Stigmate* tantôt à 3 lobes linéaires, papilleux sur leur face interne; tantôt concave, obscurément 6-lobé. — FRUIT ombiliqué par la cicatrice résultant de la chute du périanthe, à 3 loges uni-multi-séminées, tantôt charnu, indéhiscent, à graines nombreuses nichées dans la pulpe; tantôt sub-drupacé, à épicarpe coriace charnu, à endocarpe osseux, s'ouvrant soit en valves loculicides multi-séminées (*Musa, Strelitzia, Ravenala*), soit en 3 coques septicides uni-séminées (*Heliconia*). — GRAINES ovoïdes, fixées par une de leurs extrémités, ou par leur centre; *funicule* presque nul, ou s'épanouissant en arille charnu, membraneux-lacinié, ou poilu. *Testa* coriace, dur, lisse, ou rugueux. *Albumen* charnu-farineux. — EMBRYON droit, oblong-linéaire, ou fongiforme, à extrémité radiculaire perforant l'albumen, atteignant le hile, infère, ou centripète.

GENRES PRINCIPAUX.

Héliconie, *Heliconia*. | Bananier, *Musa*. | Strélitzia, *Strelitzia*. | Ravénala, *Ravenala*.

Les *Musacées* touchent aux *Cannacées* et aux *Zingibéracées* par la structure de leur tige, la nervation de leurs feuilles, l'ovaire infère triloculaire, et les graines albuminées; elles s'en éloignent par leur périanthe bi-sérié, sans staminodes, par le nombre de leurs étamines normales et l'absence du principe aromatique. Elles se distinguent surtout des autres Familles monocotylédones épigynes par leur port, leur fleur irrégulière et la nature de leurs bractées quelquefois spathacées.

Les *Heliconia* habitent l'Amérique tropicale. Les *Urania* croissent sous la zone tropicale dans l'ancien Continent. Les *Strelitzia* appartiennent à l'Afrique australe, le *Ravenala* à Madagascar; les *Musa*, originaires de l'ancien Continent et transportées en Amérique avant sa découverte par les Européens, sont maintenant dispersés dans toute la zone tropicale et sub-tropicale.

Les Musacées, qui par l'élégance de leur port et la beauté de leurs fleurs et de leur feuillage forment le plus bel ornement de la flore tropicale, sont en outre éminemment utiles aux habitants de ces climats. Le fruit des *Bananiers* (*Musa paradisiaca, sapientûm, Ensete*) fournit à l'homme un aliment farineux, sucré, très-sapide, et une boisson rafraîchissante. La moelle de la tige, le sommet de l'épi floral et même les turions de plusieurs Espèces se mangent en guise de légumes. La culture de ces précieux Végétaux n'est pas moins importante entre les tropiques que celle des céréales et des tubercules farineux dans les régions tempérées. La diversité d'aliments fournis par les *bananes*, suivant leurs différents degrés de maturité, fait de ces Plantes un objet d'admiration pour les voyageurs. On en a obtenu, par la culture, de nombreuses variétés de forme, de couleur et de saveur. D'après des calculs entrepris par MM. Humboldt et Boussingault, on estime qu'en général, dans de bonnes conditions de culture, un plant de *Bananier* peut produire par an trois *régimes*, chacun du poids de 20 kilogrammes, ce qui donnerait par hectare, dans les régions chaudes, 184000 kilogrammes de bananes, et dans les pays situés à la limite de la zone culturale (à la Nouvelle-Grenade, par exemple), 64000 kilogrammes, chiffre qui dépasse encore de beaucoup le maximum de rendement de nos Plantes tuberculifères, d'ailleurs bien moins nutritives à poids égal que la banane.

Les pétioles des *Bananiers*, et notamment ceux de l'*Abaca* (*Musa textilis*), sont formés de fibres très-tenaces, dont les indigènes font du fil et se fabriquent des vêtements; ils emploient le limbe des feuilles à couvrir leurs cases. — Le *Ravenala madagascariensis* est la plus belle Espèce de la Famille : son nom populaire d'*arbre du voyageur* lui vient du réservoir formé par la gaîne des feuilles, où s'amasse une eau limpide et fraîche, que l'on peut boire en perçant la base du pétiole. Les habitants de Madagascar font cuire avec du lait ses graines broyées, et en préparent une bouillie; l'arille pulpeux de la graine, remarquable par sa magnifique couleur bleue, leur fournit une huile volatile abondante. Le suc du *Musa Ensete* passe en Abyssinie pour un diaphorétique puissant.

# BROMÉLIACÉES, *BROMELIACEÆ*.

(BROMELIEÆ, *A.-L. de Jussieu*. — BROMELIACEÆ, *Lindley*.
BROMELIÆ ET TILLANDSIÆ, *Adr. Jussieu*.)

FLEURS ☿. PÉRIANTHE *hexamère, à 2 séries, l'externe calycoïde, l'interne pétaloïde.* ÉTAMINES 6, *épigynes, ou périgynes, ou hypogynes.* OVAIRE *infère, ou demi-infère, ou supère, 3-loculaire.* BAIE *indéhiscente*, ou CAPSULE *tri-valve.* GRAINES *albuminées, souvent chevelues.* EMBRYON *monocotylédoné, petit, axile, placé en dehors de l'albumen.* — PLANTES *généralement herbacées.* FEUILLES *engaînantes.*

Ananas (*Ananassa sativa*). Épi terminé par une couronne de feuilles.

Ananas. Fleur.

Ananas. Fleur coupée verticalement. (g.)

Ananas Pétale et étamine.

Ananas. Coupe transversale de l'ovaire.

Ananas. Diagramme.

Ananas. Coupe verticale de l'ovule.

Ananas. Calyce et pistil.

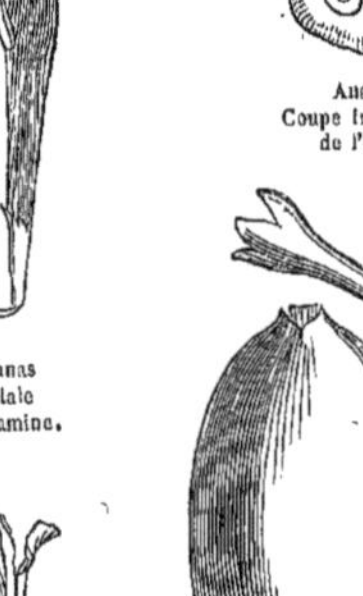

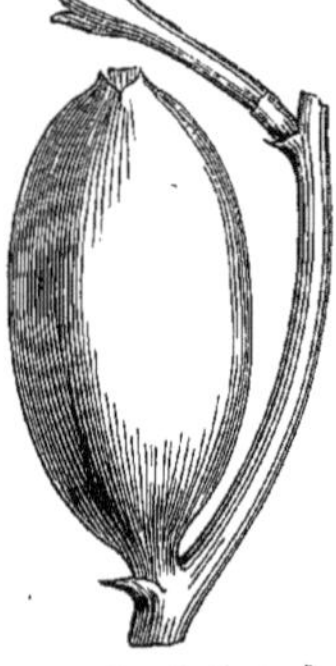
*Bromelia Caratas.* Fruit.

*Billbergia zebrina.* Fruit.

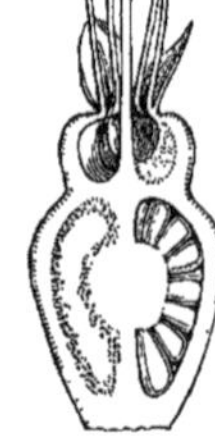

*Billbergia.* Coupe verticale du fruit

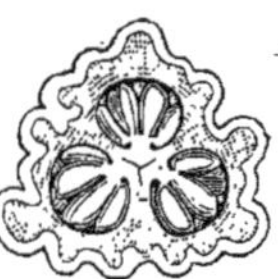
*Billbergia.* Coupe transversale du fruit.

*Bromelia Caratas.* Coupe transversale du fruit.

*Bromelia Caratas.* Coupe verticale de la graine. (g.)

*Billbergia.* Graine entière.

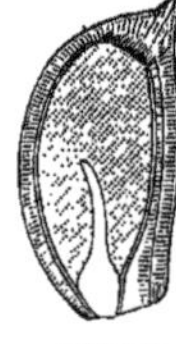
*Billbergia.* Graine coupée verticalement. (g.)

*Billbergia.* Embryon. (g.)

*Tillandsia.* Graine à testa décomposé en soies. (g.)

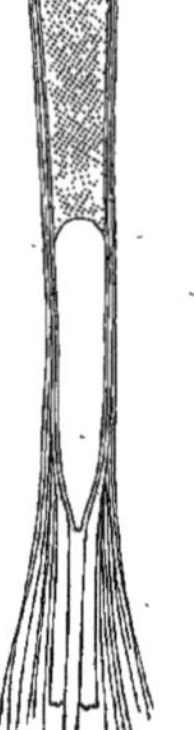
*Tillandsia.* Graine coupée verticalement. (g.)

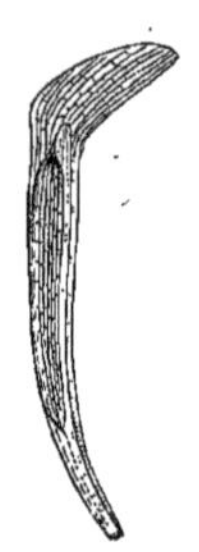
*Pitcairnia magnifica.* Graine.

*Dyckia remotiflora.* Fruit.

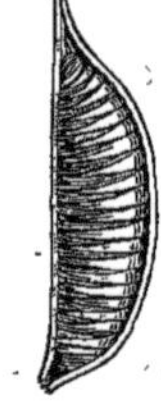
*Dyckia.* Valve séminifère. Graines discoïdes.

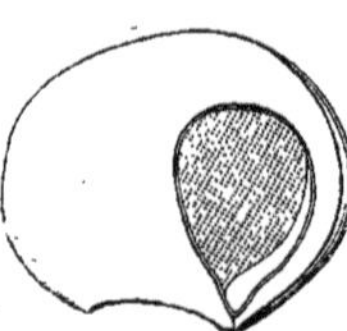
*Dyckia.* Coupe verticale de la graine. (g.)

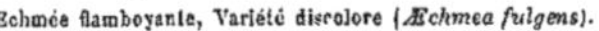

Echmée flamboyante, Variété discolore (*Æchmea fulgens*).

Tillandsia splendide (*Tillandsia splendens*).

Plantes herbacées, quelquefois ligneuses, généralement acaules, à souche vivace, à racines fibreuses, le plus souvent épiphytes. — Feuilles ordinairement toutes ramassées à la base de la tige ou de la hampe, engaînantes, roides, canaliculées, souvent dentées, épineuses sur leur bord, à épiderme revêtu de poils écailleux se détachant du limbe. — Fleurs ☿, régulières, ou sub-irrégulières, disposées en épi, ou en grappe, ou en panicule, et pourvues chacune d'une bractée scarieuse, ou colorée. — Périanthe tantôt complétement infère, tantôt demi-supère, ou supère, sex-partit, bi-sérié; segments externes herbacés (*calyce*), les 2 postérieurs ordinairement cohérents, le troisième antérieur, quelquefois plus court, à préfloraison imbriquée, ou rarement valvaire; segments intérieurs pétaloïdes (*corolle*) plus ou moins cohérents, munis ordinairement à leur base interne d'une écaille ou d'une crête nectarifère, tordus en spirale dans la préfloraison, ou rarement valvaires, marcescents et enroulés. — Étamines 6, épigynes, ou périgynes, ou hypogynes. *Filets* subulés, ordinairement dilatés à la base, libres de cohérence, ou cohérents, et plus ou moins adhérents aux segments internes du périanthe. *Anthères* introrses, bi-loculaires, basi-fixes, ou dorsi-fixes, dressées, ou incombantes, à déhiscence longitudinale. — Ovaire tantôt complétement supère (*Dyckia*), tantôt demi-infère (*Pitcairnia*), ou infère (*Ananas, Billbergia*, etc.), 3-loculaire. *Ovules* anatropes, nombreux, bi-sériés à l'angle central des loges, horizontaux, ou ascendants; rarement en nombre défini et pendants au sommet de l'angle central de la loge (*Ananassa*). *Style* simple, trigone, quelquefois tri-partit. *Stigmates* 3, simples, ou rarement bifides, quelquefois charnus, ou pétaloïdes, droits, ou tordus en spirale. — Fruit à 3 loges, baccien, ou capsulaire et s'ouvrant en 3 valves septicides, ou rarement loculicides, ordinairement doublées, par suite du décollement de l'endocarpe. — Graines généralement nombreuses, oblongues (*Guzmannia, Brocchinia*), ou linéaires (*Pitcairnia, Tillandsia*), ou ovoïdes (*Bromelia, Billbergia*), ou discoïdes (*Dyckia*). *Testa* celluleux (*Pitcairnia*), ou charnu (*Ananassa, Billbergia*), ou subéreux (*Dyckia*), ou soyeux (*Tillandsia*), souvent brusquement acuminé aux deux extrémités. *Albumen* farineux. — Embryon placé en dehors de l'albumen, droit, ou crochu, à extrémité radiculaire voisine du hile.

GENRES PRINCIPAUX.

| | | | | | | | |
|---|---|---|---|---|---|---|---|
| *Ananas, | *Ananassa.* | *Acanthostachys, | *Billbergia.* | *Tillandsia, | *Tillandsia.* | *Gusmannia, | *Gusmannia.* |
| *Bromélie, | *Bromelia.* | *Billbergia, | *Acanthostachys.* | *Quesnélia, | *Quesnelia.* | *Dyckia, | *Dyckia.* |
| *Echmée, | *Æchmea.* | *Pitcairnie, | *Pitcairnia.* | *Caraguata, | *Caraguata.* | Pourretia, | *Pourretia.* |

Les *Broméliacées*, eu égard à leur insertion épigyne, ou périgyne, ou hypogyne, tiennent le milieu entre les monocotylédones à ovaire libre, et celles dont l'ovaire est adhérent. M. Brongniart les a placées dans la Classe des *Pontédériacées*, dont elles se rapprochent par la tige herbacée, les feuilles radicales engaînantes, les fleurs en épi, ou en grappe, pourvues de bractées, le périanthe 2-sérié, l'ovaire supère, ou demi-adhérent, 3-loculaire, la capsule à 3 valves loculicides, et l'albumen farineux; mais les Pontédériacées s'en éloignent par leur périanthe complétement pétaloïde, les loges de l'ovaire inégales, ou réduites à une seule, l'ovule unique et pendant au sommet de la loge fertile, et l'embryon axile et inclus. — D'autre part, les Broméliacées sont voisines des *Hémodoracées*, qui en diffèrent par leurs feuilles distiques équitantes, leur périanthe tout pétaloïde, leurs étamines, dont 3 seulement sont fertiles, leur stigmate indivis, leur albumen non farineux, etc.

Les Broméliacées appartiennent toutes à l'Amérique, où la plupart vivent épiphytes dans les forêts de la zone tropicale; elles sont beaucoup plus rares dans les régions chaudes extra-tropicales. L'Espèce la plus importante (*Ananas*) a été transportée par l'homme en Asie et en Afrique.

Le fruit des Broméliacées baccifères contient des acides citrique et malique, auxquels il doit des propriétés astringentes, utilisées par la médecine. Les baies de quelques Espèces acquièrent par la maturité une abondante quantité de sucre, qui leur donne une saveur exquise. L'*Ananas* (*Ananassa sativa*) produit un épi serré, couronné par une touffe de feuilles; ses baies, privées de graines par la culture, se soudent ensemble, et forment avec les bractées un fruit agrégé ou *syncarpe* sub-globuleux, ou oblong, plein d'un suc acidule-sucré et parfumé, qui le fait rechercher comme un mets des plus délicats. Ce fruit non mûr contient un suc aigre et âcre, très-estimé aux Antilles comme vermifuge et diurétique. — Le *Bromelia Pinguin* et plusieurs autres Espèces possèdent les mêmes propriétés. — Le *Tillandsia usneoides* sert en Amérique à préparer un onguent contre les hémorroïdes; ses tiges, grêles et très-longues, dépouillées de leur parenchyme extérieur, sont employées pour la confection des matelas sous le nom de *crin végétal;* elles offrent en outre un singulier caractère, qui consiste à être privées de vaisseaux spiraux. — Le *Billbergia tinctoria* produit une matière colorante, jaune, et plusieurs *Ananas* fournissent des fibres textiles d'une très-grande finesse.

# HÉMODORACÉES, *HÆMODORACEÆ*, *R. Brown.*

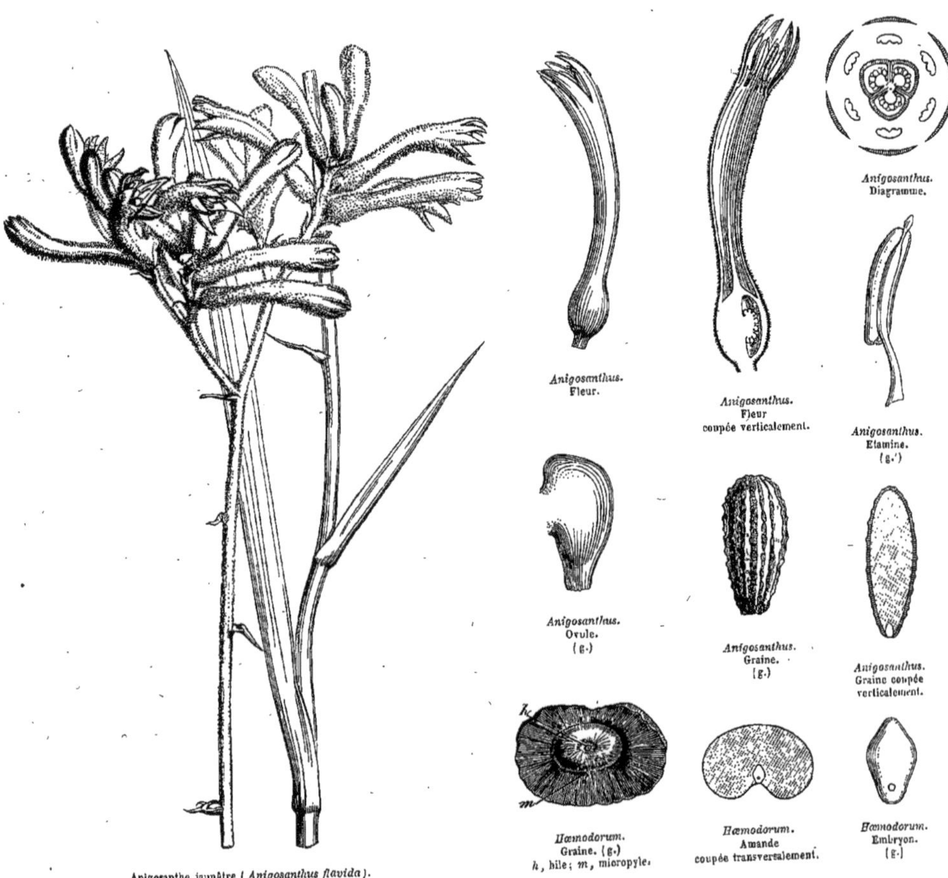


Anigosanthe jaunâtre (*Anigosanthus flavida*).

*Anigosanthus.* Fleur.

*Anigosanthus.* Fleur coupée verticalement.

*Anigosanthus.* Diagramme.

*Anigosanthus.* Etamine. (g.)

*Anigosanthus.* Ovule. (g.)

*Anigosanthus.* Graine. (g.)

*Anigosanthus.* Graine coupée verticalement.

*Hæmodorum.* Graine. (g.) *h*, hile; *m*, micropyle.

*Hæmodorum.* Amande coupée transversalement.

*Hæmodorum.* Embryon. (g.)

FLEURS ☿. PÉRIANTHE *pétaloïde, hexamère, bi-sérié, régulier, ou sub-irrégulier, généralement supère.* — ÉTAMINES 6, *dont* 3 *souvent stériles, ou nulles, insérées sur les segments du périanthe.* OVAIRE *infère, ou rarement supère, tri-loculaire, ou sub-uniloculaire.* OVULES *généralement semi-anatropes.* FRUIT *ordinairement capsulaire, à* 3 *valves loculicides.* GRAINES *albuminées.* EMBRYON *à radicule voisine ou éloignée du hile.* — HERBES *vivaces.* FEUILLES *ensiformes, équitantes.* FLEURS *en panicule, ou en corymbe.*

PLANTES herbacées, vivaces. RACINES fibreuses-fasciculées. — TIGE simple, ou sub-rameuse, quelquefois raccourcie, ou rhizomateuse. — FEUILLES alternes, ordinairement distiques, ensiformes, engaînantes à la base, équitantes. — FLEURS ☿, régulières, ou sub-irrégulières, disposées en grappes ou en corymbe, et bractéolées. — PÉRIANTHE pétaloïde, tubuleux, ou sub-campanulé, ordinairement poilu ou laineux en dehors, glabre en dedans, généralement supère, sex-partit, à divisions bi-sériées, tantôt libres jusqu'à la base, tantôt soudées inférieurement en tube, quelquefois sub-irrégulières, et unilatérales supérieurement (*Anigosanthus*). — ÉTAMINES 6, insérées à la base des segments du périanthe, dont 3 opposées aux segments externes, souvent stériles, ou nulles, les 3 autres opposées aux segments internes, et fertiles, dont une quelquefois difforme. *Filets* filiformes, ou subulés, rarement dilatés-pétaloïdes, libres, ou partiellement adnés aux segments du périanthe. *Anthères* introrses, bi-loculaires, basifixes, ou dorsifixes, à déhiscence longitudinale. — OVAIRE infère, ou rarement supère (*Xiphidium*, *Wachendorfia, etc.*), à 3 loges opposées aux segments internes du périanthe, rarement sub-uni-loculaire par insuffisance des cloisons (*Phlebocarya*). *Ovules* insérés à l'angle central des loges, solitaires, ou géminés, ou indéfinis, peltés, semi-anatropes, ou rarement anatropes. *Style* terminal simple, à base quelquefois dilatée et creuse. *Stigmate* indivis. — FRUIT capsulaire à 3 loges, accompagné ou surmonté du périanthe marcescent, à 3 valves loculicides, emportant les cloisons, ou les laissant soudées en colonne axile; rarement nucamentacé et uni-séminé (*Phlebocarya*). — GRAINES solitaires, ou géminées, ou nombreuses, oblongues, peltées, ou fixées par leur base, à *testa* chartacé, coriace, glabre, ou poilu. *Albumen* cartilagineux, dur. — EMBRYON droit, court, à extrémité radiculaire ordinairement éloignée du hile, et placée presque en dehors de l'albumen.

GENRES PRINCIPAUX.

| | | | | | | | |
|---|---|---|---|---|---|---|---|
| Lachnanthes, | *Lachnanthes.* | Xiphidie, | *Xiphidium.* | *Hémodore, | *Hæmodorum.* | *Anigosanthe, | *Anigosanthus.* |
| Blancoa, | *Blancoa.* | *Wachendorfia, | *Wachendorfia.* | Conostylis, | *Conostylis.* | | |

Les *Hémodoracées* sont voisines des *Amaryllidées* et des *Iridées* par le périanthe hexamère bi-sérié, pétaloïde, l'androcée soit hexandre, soit triandre, l'ovaire généralement infère et tri-loculaire, les graines albuminées, etc.; elles diffèrent des Amaryllidées par leur périanthe ordinairement poilu ou laineux, leurs feuilles équitantes, leurs étamines, souvent réduites à 3, leur ovaire quelquefois supère, et leur racine jamais bulbeuse; elles s'éloignent des Iridées par leurs anthères introrses. — Les *Anigosanthus* les rapprochent des *Broméliacées* par la position périgyne de l'androcée.

Les Hémodoracées se rencontrent principalement dans l'Amérique septentrionale, l'Afrique australe et les régions sud-ouest de l'Australie; les Genres *Xiphidium* et *Hagenbachia* habitent l'Amérique tropicale.

Les racines et les graines de plusieurs Espèces contiennent un principe colorant rouge; tel est le *Lachnanthes tinctoria*, de l'Amérique septentrionale; mais ce principe, analogue à celui de la *Garance*, est beaucoup moins solide et peu utilisé.

# VELLOSIÉES, *VELLOSIEÆ*, *D. Don.*

PLANTES vivaces. — TIGE munie de fibres ligneuses dans sa partie souterraine, rameuse-dichotome, revêtue des bases des feuilles, agglutinées par un suc résineux-visqueux. — FEUILLES ramassées au sommet de la tige et des rameaux, graminées, piquantes, ou très-roides. — PÉRIANTHE supère, pétaloïde, sex-partit, bi-sérié, régulier. — ÉTAMINES insérées à la base du périanthe, tantôt 6, libres; tantôt indéfinies et soudées en plusieurs phalanges nues, ou munies d'une squamule à leur base (*Vellosia*). *Filets* filiformes, ou planes et bifides au sommet. *Anthères* linéaires, dorsifixes, ou basifixes, 2-loculaires, introrses. — OVAIRE infère, 3-loculaire. *Ovules* nombreux, horizontaux, anatropes, ou semi-anatropes. — CAPSULE s'ouvrant au sommet en 3 valves incomplètes loculicides, médio-placentifères. — GRAINES nombreuses, cunéiformes, ou anguleuses, à *testa* coriace, ou subéreux. *Albumen* charnu. — EMBRYON monocotylédoné, minime, placé latéralement et en dehors de l'albumen.

GENRES PRINCIPAUX.

Barbacénia, *Barbacenia*. Vellosia, *Vellosia*.

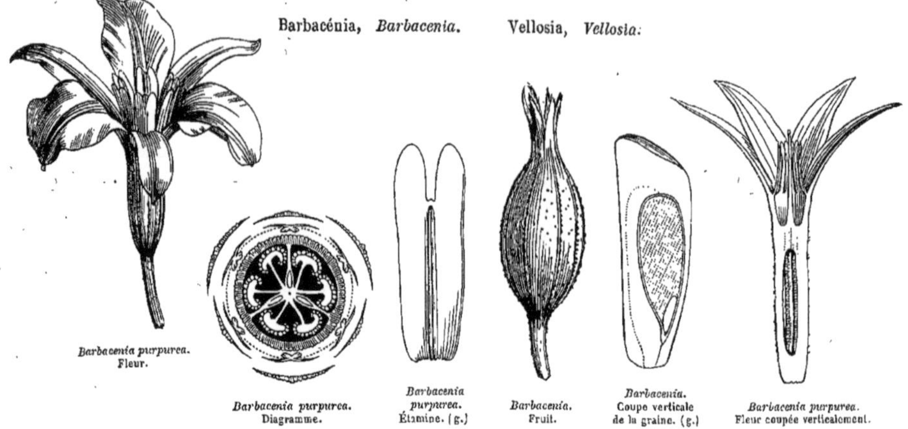

*Barbacenia purpurea.* Fleur.

*Barbacenia purpurea.* Diagramme.

*Barbacenia purpurea.* Étamine. (g.)

*Barbacenia.* Fruit.

*Barbacenia.* Coupe verticale de la graine. (g.)

*Barbacenia purpurea.* Fleur coupée verticalement.

Les *Vellosiées* sont étroitement liées aux *Broméliacées* par la structure du périanthe, du style, de l'ovaire, du fruit, de l'embryon, et par les feuilles couronnant le sommet de la tige ; les Broméliacées s'en éloignent par leur périanthe externe calycoïde et leur albumen farineux. — Les Vellosiées se rapprochent également des *Hémodoracées*, dont elles ne diffèrent que par le nombre des étamines, quelquefois indéfini, le style trigone et tripartit, la tige généralement arborescente, revêtue des bases foliaires persistantes, et feuillée au sommet. — Elles croissent abondamment au Brésil, et se rencontrent exceptionnellement à Madagascar, en Arabie et en Abyssinie.

# HYPOXIDÉES, *HYPOXIDEÆ*, *R. Brown.*

FLEURS ☿, *régulières*. PÉRIANTHE *supère, pétaloïde, hexamère, bi-sérié*. ÉTAMINES 6. ANTHÈRES *introrses*. OVAIRE *infère, à 3 loges multi-ovulées*. OVULES *semi-anatropes*. FRUIT *capsulaire, ou baccien*. GRAINES *strophiolées, albuminées*. EMBRYON *monocotylédoné, axile*. RADICULE *éloignée du hile, supère*. — HERBES *acaules*. FEUILLES *toutes radicales, linéaires*.

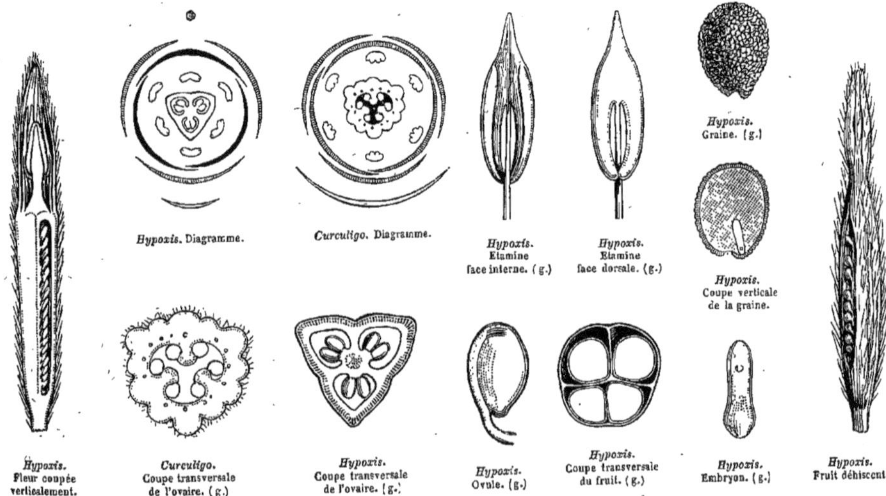

*Hypoxis.* Diagramme.

*Curculigo.* Diagramme.

*Hypoxis.* Étamine face interne. (g.)

*Hypoxis.* Étamine face dorsale. (g.)

*Hypoxis.* Graine. (g.)

*Hypoxis.* Coupe verticale de la graine.

*Hypoxis.* Fleur coupée verticalement.

*Curculigo.* Coupe transversale de l'ovaire. (g.)

*Hypoxis.* Coupe transversale de l'ovaire. (g.)

*Hypoxis.* Ovule. (g.)

*Hypoxis.* Coupe transversale du fruit. (g.)

*Hypoxis.* Embryon. (g.)

*Hypoxis.* Fruit déhiscent.

Hypoxide dressée (*Hypoxis erecta*).

Plantes herbacées, acaules, vivaces, à racine tubéreuse, ou fibreuse. Feuilles toutes radicales, linéaires, entières, plissées, à nervures parallèles. — Hampes simples, ou rameuses au sommet, cylindriques, quelquefois très-courtes, ou nulles (*Curculigo*). — Fleurs ☿, jaunes, rarement diclines par avortement, régulières, tantôt sessiles, radicales; tantôt terminant la hampe, solitaires, ou fasciculées, ou paniculées, 1-2-bractéolées. — Périanthe pétaloïde supère, sex-partit, persistant, ou tombant, à segments bi-sériés, les externes plus velus. — Étamines 6, insérées à la base des segments du périanthe. *Filets* libres. *Anthères* introrses, bi-loculaires, basifixes, dressées, sagittées, à déhiscence longitudinale, quelquefois cohérentes en tube. — Ovaire infère, à 3 loges, ou 1-loculaire à 3 placentaires pariétaux (*Curculigo*). — Ovules nombreux, bi-pluri-sériés à l'angle central des loges (*Hypoxis*), anatropes. *Style* terminal, simple. *Stigmates* 3, distincts, ou soudés. — Fruit capsulaire fendu longitudinalement, ou baccien, 3-loculaire, ou 1-2-loculaire par avortement. — Graines nombreuses, sub-globuleuses, à *testa* noir, crustacé, chagriné, à *funicule* quelquefois persistant. *Albumen* charnu. — Embryon droit, axile, presque aussi long que l'albumen. *Radicule* éloignée du hile, supère.

GENRES PRINCIPAUX.

*Hypoxide, *Hypoxis*. *Curculigo, *Curculigo*.

Les *Hypoxidées* sont voisines des *Amaryllidées* par leur périanthe, leur ovaire infère, etc.; elles s'en éloignent par leur port, leurs graines à testa noir et crustacé, etc.; elles se rapprochent surtout des *Astéliées* par leur port, leur villosité, le nombre des étamines et des stigmates, l'ovaire uni-loculaire ou tri-loculaire, etc. — Leurs feuilles linéaires-plissées, à nervures parallèles, rappellent celles des *Gagea*, Genre appartenant aux *Liliacées*.

Les *Hypoxidées* n'abondent nulle part : elles habitent en petit nombre l'Afrique australe, l'Australie extra-tropicale, l'Inde, et les régions tropicales et extra-tropicales chaudes de l'Amérique.

On sait peu de chose de leurs propriétés. Les tubercules du *Curculigo orchioides*, semblables à ceux des *Orchidées*, acquièrent par la dessiccation la transparence du succin; leur amertume sub-aromatique les fait employer dans les affections de la muqueuse urétrale. Les racines du *C. stans*, qui croît aux îles Mariannes, sont comestibles. — Les tubercules de l'*Hypoxis erecta* sont préconisés chez les populations autochthones de l'Amérique septentrionale pour la guérison des ulcères; on les emploie à l'intérieur contre les fièvres intermittentes.

# AMARYLLIDÉES, *AMARYLLIDEÆ*.

(NARCISSORUM *sectio, Jussieu.* — NARCISSEÆ, *Agardh.* — AMARYLLIDEÆ, *R. Brown.* AMARYLLIDACEÆ, *Lindley.*)

Fleurs ☿. Périanthe *supère pétaloïde, sex-fide, ou sex-partit, bi-sérié, quelquefois pourvu d'une couronne simulant un périanthe supplémentaire.* Étamines 6, *très-rarement* 12-18, *insérées sur le périanthe.* Ovaire *infère, 3-loculaire ou 1-loculaire.* Ovules *anatropes. Style simple.* Fruit *capsulaire à 3 valves loculicides, ou charnu indéhiscent.* Graines *albuminées, à testa membraneux, ou épais, à raphé latéral enfoncé.* Embryon *monocotylédoné, court, axile.* — Plantes *herbacées, vivaces, généralement bulbeuses, acaules.* Feuilles *radicales, allongées, entières.* Hampe *terminée par une ou plusieurs fleurs pourvues de bractées spathacées.*

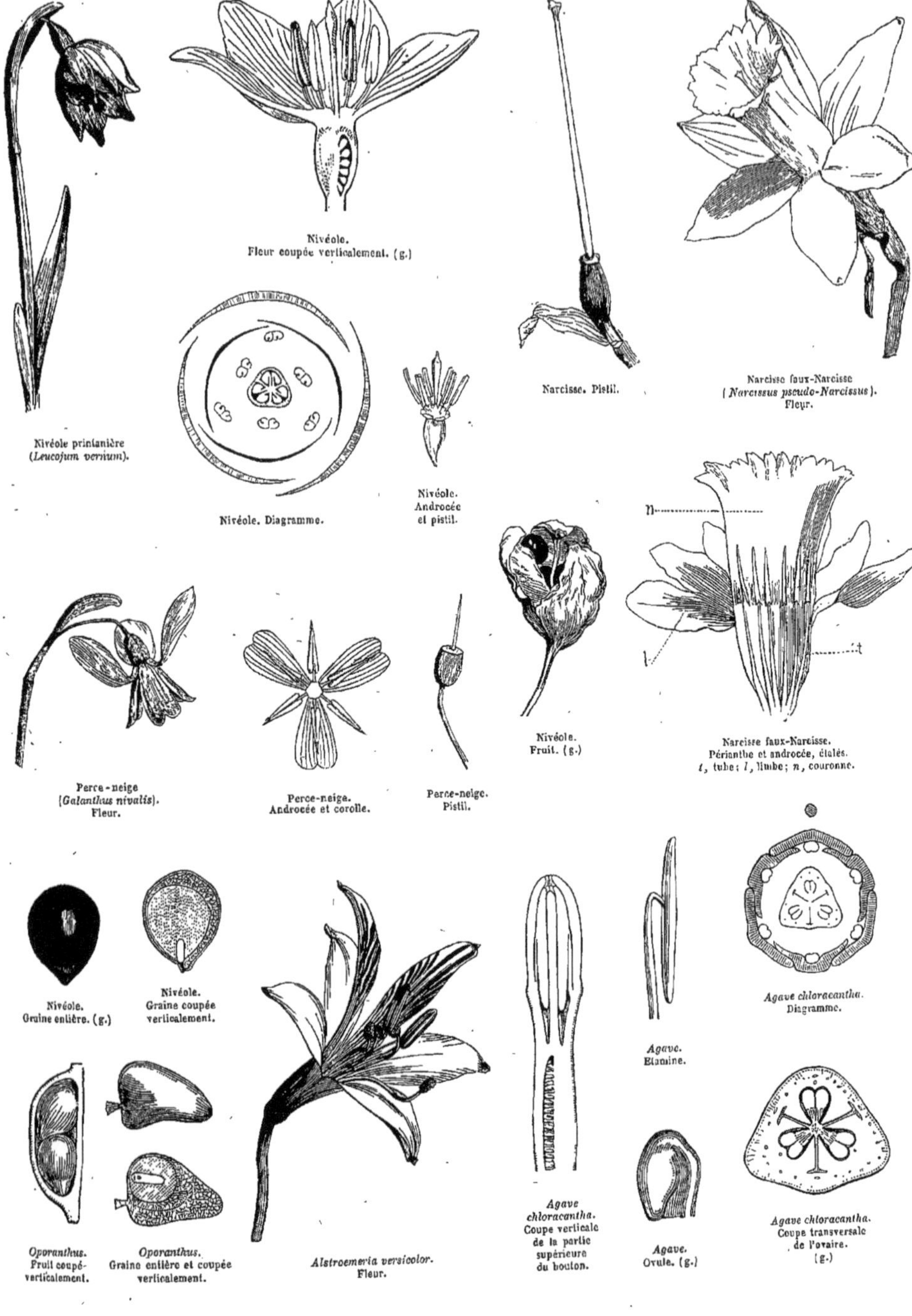

Nivéole printanière (*Leucojum vernum*).

Nivéole. Fleur coupée verticalement. (g.)

Nivéole. Diagramme.

Nivéole. Androcée et pistil.

Narcisse. Pistil.

Narcisse faux-Narcisse (*Narcissus pseudo-Narcissus*). Fleur.

Nivéole. Fruit. (g.)

Narcisse faux-Narcisse. Périanthe et androcée, étalés. *t*, tube; *l*, limbe; *n*, couronne.

Perce-neige (*Galanthus nivalis*). Fleur.

Perce-neige. Androcée et corolle.

Perce-neige. Pistil.

Nivéole. Graine entière. (g.)

Nivéole. Graine coupée verticalement.

*Alstroemeria versicolor*. Fleur.

*Agave chloracantha*. Coupe verticale de la partie supérieure du bouton.

*Agave*. Etamine.

*Agave chloracantha*. Diagramme.

*Oporanthus*. Fruit coupé verticalement.

*Oporanthus*. Graine entière et coupée verticalement.

*Agave*. Ovule. (g.)

*Agave chloracantha*. Coupe transversale de l'ovaire. (g.)

**Herbes** vivaces, généralement acaules, bulbeuses et à racines fibreuses, rarement caulescentes à racines fasciculées et à feuilles caulinaires alternes (*Alstroemeria, Doryanthes*). — **Feuilles** radicales disposées sur 2 ou plusieurs rangées, quelquefois géminées-étalées (*Hæmanthus*), entières, engaînantes à la base, à nervures parallèles. — **Hampe** cylindrique, ou anguleuse, pleine, ou fistuleuse, quelquefois très-courte, ou presque nulle; rarement **Tige** dressée, ou volubile (*Bomarea*). — **Fleurs** ☿, élégantes, régulières, ou irrégulières, solitaires, ou en ombelle, ou rarement en épis agrégés (*Doryanthes*), renfermées dans des bractées spathacées. — **Périanthe** supère, pétaloïde, hexaphylle, ou tubuleux-infondibuliforme, à limbe sex-partit, bi-sérié, régulier, ou ringent, imbriqué, tombant, ou persistant-marcescent, souvent garni, à la gorge, d'une couronne pétaloïde simulant une corolle accessoire (*Narcissus, Pancratium, etc.*). — **Étamines** insérées, soit sur un disque épigyne, soit sur le tube ou la gorge du périanthe, 6, opposées aux divisions du périanthe, ou quelquefois 12-18 (*Gethyllis*), très-rarement toutes fertiles. *Filets* cohérents par leurs bases dilatées, égaux et dressés, ou inégaux et inclinés. *Anthères* introrses, bi-loculaires, basifixes, ou dorsifixes, dressées, ou incombantes, très-rarement adnées intérieurement à un connectif épais (*Chlidanthus*), s'ouvrant par deux fentes longitudinales, ou par leur sommet. — **Ovaire** infère, tri-loculaire, rarement sub-uni-loculaire (*Calostemma*). *Ovules* nombreux, rarement définis (*Griffinia, Hæmanthus, Calostemma, etc.*), 2-sériés à l'angle central des loges, pariétaux dans l'ovaire uni-loculaire, ordinairement horizontaux, ou pendants, rarement ascendants (*Griffinia, Hæmanthus, Gethyllis, etc.*), toujours anatropes. *Style* simple, dressé, ou incliné avec les étamines. *Stigmate* indivis, ou 3-lobé. — **Fruit** capsulaire s'ouvrant en 3 valves loculicides, ou irrégulièrement ruptile, rarement 1-2-loculaire par avortement, quelquefois baccien et indéhiscent (*Gethyllis, Hæmanthus, Sternbergia, Clivia, etc.*). — **Graines** brièvement funiculées, rarement solitaires, sub-globuleuses, ou anguleuses, ou planes. *Testa* tantôt membraneux ou papyracé, souvent marginé ou ailé; tantôt épais et charnu, ou même énormément hypertrophié et herbacé (*Pancratium, Calostemma*, etc.); *raphé* longitudinal, enfoncé, quelquefois charnu; *chalaze* apicale. *Albumen* charnu. — **Embryon** droit, axile, plus court que l'albumen. *Radicule* atteignant le hile, centripète, ou supère, rarement infère.

GENRES PRINCIPAUX.

| | | | | | |
|---|---|---|---|---|---|
| *Perce-neige, | *Galanthus.* | *Crinole, | *Crinum.* | *Narcisse, | *Narcissus.* |
| *Nivéole, | *Leucoium.* | *Hémanthe, | *Hæmanthus.* | Géthyllis, | *Gethyllis.* |
| *Amaryllis, | *Amaryllis.* | *Chlidanthe, | *Chlidanthus.* | *Clivie, | *Clivia.* |
| *Sternbergia, | *Sternbergia.* | Eustéphia, | *Eustephia.* | *Alstroémère, | *Alstroemeria.* |
| *Oporanthe, | *Oporanthus.* | *Calostemme, | *Calostemma.* | *Bomarée, | *Bomarea.* |
| *Griffinie, | *Griffinia.* | *Pancrais, | *Pancratium.* | *Doryanthe, | *Doryanthes.* |

AGAVÉES, GENRES TRÈS-VOISINS.

| | | | |
|---|---|---|---|
| *Agavé, | *Agave.* | Furcroya, | *Furcroya.* |

Les *Amaryllidées* ne diffèrent des *Liliacées* que par leur ovaire infère (voir cette Famille). — Elles se rapprochent des *Iridées*, des *Hypoxidées*, des *Hémodoracées* : les Iridées s'en éloignent par la triandrie et les anthères extrorses; les Hypoxidées par leur port, la nature de leur fleur, et leurs graines à testa noir et crustacé; les Hémodoracées par leurs étamines, souvent réduites à 3, leurs racines non bulbeuses, etc.

Les *Agavées* sont de véritables Amaryllidées non bulbeuses, à préfloraison valvaire, à style fistuleux perforé au sommet, remarquables par leurs feuilles épineuses, charnues, et leur hampe souvent gigantesque, qui ne fleurit qu'une fois, et se termine par une riche panicule.

Les Amaryllidées croissent pour la plupart dans les régions tempérées ou intertropicales, et présentent cela de remarquable dans leur distribution géographique, que les Genres à périanthe dépourvu de *couronne* sont très-rares en Europe et dans l'Amérique septentrionale, tandis qu'ils abondent dans le sud de l'Afrique et l'Amérique trans-équatoriale; ils sont moins communs dans l'Australie. Plusieurs Genres appartiennent exclusivement, soit à l'Europe, soit à l'Afrique australe, soit à l'Amérique, soit à l'Australie. Le *Perce-neige* (*Galanthus nivalis*) s'avance seul dans les hautes latitudes. Les *Crinum* et les *Pancratium* habitent de préférence les rivages maritimes des régions tempérées ou chaudes.

L'*Agave americana* est aujourd'hui répandu dans toute la zone intertropicale, et croît même spontanément dans l'Europe et l'Afrique méditerranéennes, où on l'emploie à faire des clôtures.

Les Amaryllidées sont très-recherchées comme Plantes d'ornement, et rivalisent avec les *Liliacées* par la magnificence de leurs fleurs et l'odeur suave de plusieurs Espèces, employées à ce titre dans la parfumerie. Leurs propriétés sont une analogie de plus, qui les rapproche des Liliacées : le mucilage de leurs bulbes est plus abondant et moins âcre, mais il s'y joint une gomme-résine amère, très-violemment émétique. Cette propriété avait fait admettre parmi les Espèces officinales de l'ancienne médecine le *Porillon* (*Narcissus pseudo-Narcissus*) et la *Nivéole* (*Leucojum vernum*), Plantes indigènes, qui fleurissent au premier printemps. — Le bulbe du *Sternbergia lutea*, qui croît en Orient, était jadis employé pour hâter la maturation des tumeurs indolentes; celui des *Amaryllis*, des *Crinum* et des *Pancratium* sert encore aujourd'hui au même usage en Asie et en Amérique. — Notre *Pancratium maritimum* possède des propriétés semblables à celles de la *Scille*, et lui est quelquefois substitué. — L'*Amaryllis belladonna*, des Antilles, et l'*Hæmanthus toxicaria*, de l'Afrique australe, sont éminemment vénéneux; les Cafres se servent de ce dernier pour empoisonner leurs armes. — Le *Crinum zeylanicum* passe aussi dans les îles Moluques pour un violent poison. — Enfin les fleurs du *Narcissus pseudo-Narcissus*, administrées à petite dose, possèdent des propriétés narcotiques; mais, à une dose plus élevée, leur emploi devient dangereux. — Les *Alstroemeria*, de l'Amérique australe, remarquables par leur port et la beauté de leurs fleurs, sont munis de tubercules farineux, qui peuvent servir d'aliment. — L'*A. salsilla* est employé au Chili comme succédané de la *Salsepareille*.

L'*Agave americana*, cultivé dans nos jardins sous le nom impropre d'*Aloès*, est très-estimé au Mexique pour les services divers qu'il rend aux habitants. Il fournit abondamment, lorsqu'on enlève son bourgeon central avant l'allongement de la hampe, une liqueur sucrée, dont on obtient par la fermentation une boisson spiritueuse, nommée *pulqué*, très-recherchée des Mexicains; ce *pulqué* distillé donne un alcool analogue au *rhum*, et nommé *mescal*. — Le suc exprimé des feuilles est vanté par les médecins américains comme un remède résolutif et altérant, très-efficace contre les affections syphilitiques, scrofuleuses et même cancéreuses. — Les fibres ligneuses qui forment la charpente des feuilles donnent une filasse très-tenace, connue dans le commerce sous le nom de *soie végétale*, et dont les anciens Mexicains fabriquaient leur papier. — La hampe florale, desséchée et taillée en bandes d'épaisseur variable, tient lieu de cuir à rasoirs, et se prête avantageusement aux mêmes usages que le liége.

# ASTÉLIÉES, *ASTELIEÆ*, *Brongniart*.

Herbes vivaces, touffues, souvent épiphytes sur les vieux arbres. — Racines fibreuses. — Feuilles radicales, imbriquées, lancéolées-linéaires, ou ensiformes, carénées, couvertes en dessous, ou sur leurs deux faces, de poils longs, soyeux ou argentés. — Fleurs polygames-dioïques, disposées en grappe, ou en panicule, ou rarement sub-solitaires; *pédicelles* non articulés, uni-bractéolés à la base. — Périanthe sub-glumacé, soyeux extérieurement, sex-partit, imbriqué, persistant. — Étamines 6, insérées à la base du périanthe. *Anthères* introrses. — Ovaire 3-loculaire (*Astelia Solandri*, *nervosa*, *etc.*) ou 1-loculaire par insuffisance des cloisons et à 3 placentaires pariétaux (*A. linearis*, *Cunninghamii*, *etc.*). *Ovules* nombreux, anatropes. *Stigmates* 3. — Fruit charnu, ou capsulaire à 3 valves loculicides. — Graines plus ou moins nombreuses, appendiculées au sommet, ou à leurs deux extrémités. *Testa* noir, crustacé. *Endoplèvre* membraneuse. *Albumen* épais. — Embryon monocotylédoné, droit, cylindrique, axile.

GENRES PRINCIPAUX.

Astélie, *Astelia*. Milligania, *Milligania*.

*Astelia hemichrysa.* Fruit.

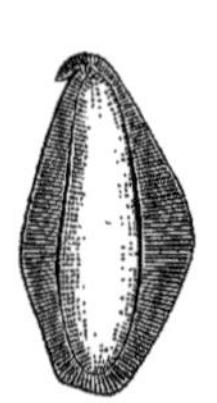

*Astelia hemichrysa.* Graine entière.

*Astelia hemichrysa.* Graine coupée verticalement.

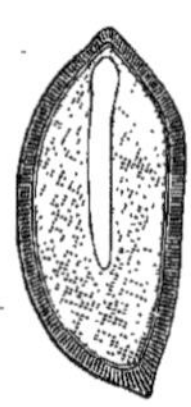

*Astelia hemichrysa.* Amande coupée verticalement. (g.)

*Astelia Solandri.* Graine coupée verticalement.

*Astelia Solandri.* Embryon. (g.)

Les *Astéliées* ne sont liées étroitement à aucune Famille, mais elles se rapprochent plus particulièrement des *Hypoxidées* par leurs feuilles radicales graminées, velues, leur périanthe, leur androcée, leur ovaire, etc. Le port de la plupart des Espèces rappelle celui des *Broméliacées* du Genre *Tillandsia;* elles sont souvent épiphytes, comme ces dernières, et vivent sur les grands arbres, où elles ressemblent à des nids d'oiseaux; d'autres Espèces habitent les marécages. Elles se rencontrent dans la Nouvelle-Zélande, les îles Bourbon, Van-Diemen, Sandwich et l'Amérique du Sud.

M. Blume a observé dans l'île de Java un sous-arbrisseau dioïque, à racine fibreuse, à feuilles lancéolées, tomenteuses en dessous, à fleurs paniculées, à périanthe sex-partit, persistant, à ovaire 3-loculaire, à baie 1-séminée, dont il a fait son Genre *Hanguana*, qu'il regarde comme voisin des Astéliées.

# IRIDÉES, *IRIDEÆ*.

(ENSATÆ, *L. Ker*. — IRIDES, *Jussieu*. — IRIDEÆ, *R. Brown*. — IRIDACEÆ, *Lindley*.)

FLEURS ☿. PÉRIANTHE *supère, pétaloïde, hexamère, bi-sérié.* ÉTAMINES 3, *opposées aux segments externes du périanthe.* ANTHÈRES *extrorses.* OVAIRE *infère, à 3 loges multi-ovulées.* OVULES *anatropes.* CAPSULE *à 3 valves loculicides.* GRAINES *albuminées.* EMBRYON *monocotylédoné.* — TIGE *herbacée.* FEUILLES *équitantes, ou engaînantes, ensiformes, ou linéaires.*

Iris germanique (*Iris germanica*).
Fleur.

Iris.
Fleur dépouillée du limbe
de son périanthe.

Iris. Fleur coupée verticalement.

Iris.
Rhizôme et feuilles équitantes.

Iris.
Diagramme montrant
les stigmates
opposés aux étamines.

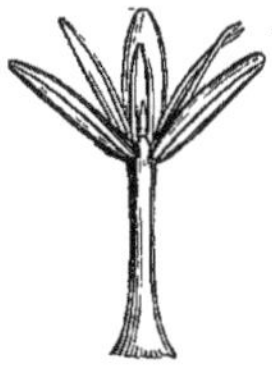

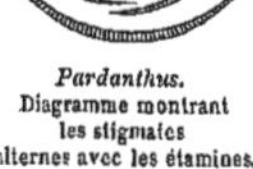

*Pardanthus.*
Diagramme montrant
les stigmates
alternes avec les étamines.

*Hydrotænia Meleagris.*
Androcée et stigmates
vus de profil.

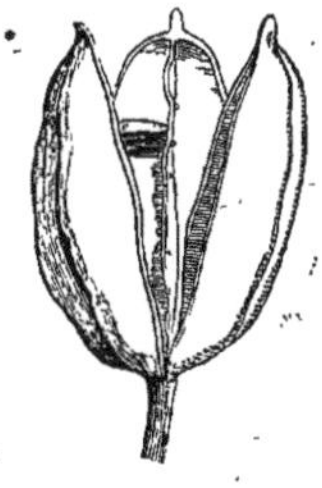

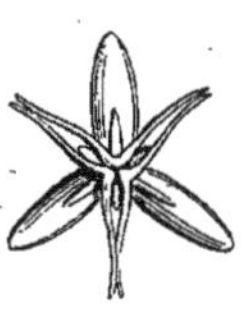

*Hydrotænia Meleagris.*
Androcée et stigmates
vus de face.

Iris.
Capsule à valves loculicides.

Iris.
Graine coupée
verticalement
(g.)

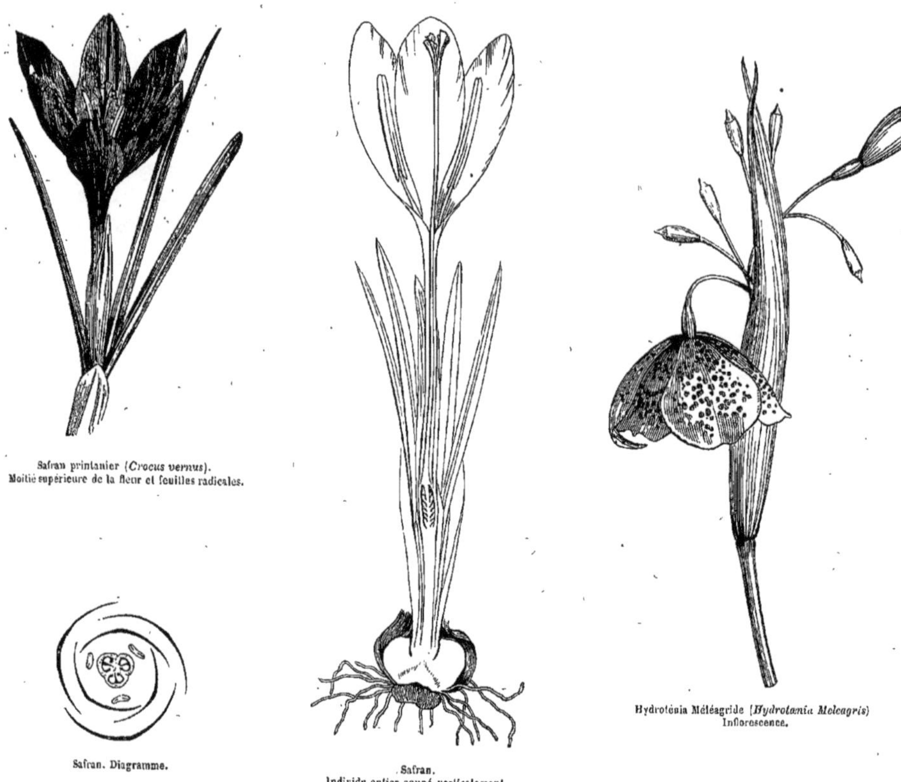

Safran printanier (*Crocus vernus*).
Moitié supérieure de la fleur et feuilles radicales.

Safran. Diagramme.

Safran.
Individu entier coupé verticalement.

Hydrotænia Méléagride (*Hydrotænia Meleagris*)
Inflorescence.

Herbes vivaces, à rhizôme tubéreux, ou bulbeux, rarement à racines fibreuses; très-rarement sous-frutescentes (*Witsenia*), glabres, quelquefois pubescentes, ou velues. — Feuilles généralement toutes radicales, équitantes, distiques, ensiformes, ou linéaires, anguleuses, entières, unies, ou plissées longitudinalement, les caulinaires alternes, engaînantes. — Tige centrale entre les feuilles, articulée, ou sans nœuds, quelquefois scapiforme, ou presque nulle, simple, ou rameuse. — Fleurs ☿, régulières, ou irrégulières, terminales, disposées en épi, ou en corymbe, ou en panicule lâche, rarement solitaires, pourvues chacune de 2 bractées spathacées (rarement plus), ordinairement scarieuses. Préfloraison tordue. *Inflorescence* munie d'une double bractée sub-foliacée. — Périanthe supère, pétaloïde, tubuleux, sex-fide, ou sex-partit, régulier, ou sub-bilabié, à segments bi-sériés, égaux, ou les intérieurs plus petits, dissemblables, très-rarement plus grands (*Libertia, Aristea*); généralement fugaces, quelquefois tordus en spirale après la floraison, et persistants (*Moræa, Pardanthus, Aristea, Galaxis, etc.*) — Étamines 3, épigynes, ou insérées soit sur le tube, soit à la base des segments externes du périanthe. *Filets* tantôt tous distincts, tantôt plus ou moins monadelphes (*Tigridia, Ferraria, Vieusseuxia, etc.*). *Anthères* extrorses, bi-loculaires, basifixes, ou dorsifixes et versatiles, oblongues, ou ovoïdes, ou sagittées, à déhiscence longitudinale. — Ovaire infère, ou rarement semi-infère (*Witsenia*), à 3 loges multi-ovulées, rarement pauci-ovulées (*Aristea*). *Ovules* bi-pluri-uni-sériés à l'angle interne des loges, généralement horizontaux, quelquefois ascendants (*Patersonia, Galaxia, Crocus, etc.*), ou pendants (*Gladiolus, Watsonia, etc.*), anatropes. *Style* simple. *Stigmates* 3, soit opposés aux étamines (*Iris, Moræa, Vieusseuxia*), soit alternes (*Pardanthus, Sisyrinchium, Libertia, etc.*), très-souvent dilatés-pétaloïdes, ou lamelleux-contournés (*Patersonia, Galaxia, Libertia, etc.*), entiers, ou bi-tri-fides, ou bi-labiés (*Diplarrhena, Iris*). — Capsule trigone, ou lobée-gibbeuse, tri-loculaire, s'ouvrant en 3 valves loculicides, membraneuses, ou coriaces, ou quelquefois cartilagineuses, médio-septifères. *Placentaires* nerviformes, adnés au bord de la cloison, quelquefois cohérents en colonne centrale détachée des cloisons et persistante (*Pardanthus*). — GRAINES ordinairement nombreuses, sub-globuleuses, ou comprimées par leur pression mutuelle, quelquefois marginées, ou ailées. *Testa* membraneux, lâche, ou papyracé, quelquefois coriace ou charnu, à *raphé* ordinairement libre, ou facilement séparable. *Albumen* charnu, ou cartilagineux, quelquefois sub-corné. — EMBRYON axile, ou excentrique, ordinairement plus court de moitié que l'albumen. *Radicule* atteignant le hile, à situation variable,

GENRES PRINCIPAUX.

| | | | | | | | |
|---|---|---|---|---|---|---|---|
| *Safran, | *Crocus.* | *Watsonie, | *Watsonia.* | *Witsénia, | *Witsenia.* | *Iris, | *Iris.* |
| *Trichonéma, | *Trichonema.* | *Glaïeul, | *Gladiolus.* | *Aristée, | *Aristea.* | *Moræa, | *Moræa.* |
| *Gélasine, | *Gelasine.* | *Anomathèque, | *Anomatheca.* | *Pardanthe, | *Pardanthus.* | *Vieusseuxia, | *Vieusseuxia.* |
| *Ixia, | *Ixia.* | Babiane, | *Babiana.* | *Ferraria, | *Ferraria.* | *Cipura, | *Cipura.* |
| *Sparaxis, | *Sparaxis.* | *Galaxie, | *Galaxia.* | *Hydrotænia, | *Hydrotænia.* | *Libertia, | *Libertia.* |
| *Antholyze, | *Antholyza.* | *Patersonia, | *Patersonia.* | *Tigridie, | *Tigridia.* | *Sisyrinchium, | *Sisyrinchium.* |

Les *Iridées* se distinguent des autres Familles monocotylédones inférovariées par leur androcée ternaire, la direction extrorse des anthères, et la nature pétaloïde des stigmates dans la plupart des Genres. — Elles offrent quelque affinité avec les *Burmanniacées* et les *Hémodoracées* (voir ces Familles).

Les Iridées sont beaucoup plus abondantes dans les régions extra-tropicales tempérées des deux hémisphères que sous la zone torride. C'est principalement au cap de Bonne-Espérance qu'elles se font remarquer par le nombre et la diversité des Espèces. Elles sont également fréquentes au Mexique, mais elles sont rares en Asie. Beaucoup de Genres appartiennent exclusivement soit à l'Afrique (*Sparaxis, Vieusseuxia*, etc.), soit à l'Amérique (*Sisyrinchium, Hydrotænia*), ou à l'Australie (*Patersonia*), tandis que les Espèces de plusieurs autres sont dispersées dans l'Australasie et dans tout le Continent américain. Les *Iris* habitent les régions tempérées de l'hémisphère boréal. Les *Gladiolus* et les *Trichonema*, qui abondent dans l'Afrique australe, s'avancent jusque dans la région méditerranéenne et l'Europe centrale. Les *Crocus* habitent les régions subalpines et les plaines de l'Europe et de l'Asie tempérée.

Les rhizômes tubéreux ou bulbeux des Iridées contiennent, en petite proportion, dans une grande quantité d'amidon, une matière grasse et âcre, unie à une huile volatile particulière, qui leur donne des propriétés stimulantes. Quelques Espèces perdent leur âcreté par la dessiccation, ou la coction, et leurs tubercules peuvent être employés comme médicament émollient, ou même comme substance alimentaire : telles sont plusieurs Espèces de l'Afrique australe qui servent de nourriture aux Hottentots. — Le rhizôme de l'*Iris de Florence* (*Iris florentina*) occupe le premier rang parmi les Iridées officinales ; à l'état frais, il est violemment purgatif ; desséché, il stimule modérément les membranes muqueuses pulmonaire et gastro-intestinale ; il entre dans plusieurs compositions pharmaceutiques, et son odeur de violette le fait employer dans la parfumerie ; on en fabrique aussi de petites boules, nommées *pois d'Iris*, destinées à entretenir la suppuration des cautères. Nos *I. germanica* et *pallida* étaient jadis usités comme diurétiques et purgatifs. — Les tubercules de l'*Iris des marais* (*I. pseudo-Acorus*), dont la saveur est âcre et astringente, sont encore administrés par quelques médecins de campagne dans les cas d'hydropisie et de diarrhée chronique. Ceux des *I. virginica* et *versicolor* sont recommandés au même titre dans l'Amérique septentrionale. — L'*I. sibirica* est compté au nombre des remèdes antisyphilitiques dans le nord de l'Asie.

Le rhizôme de l'*I. fœtidissima* était renommé chez les anciens pour la guérison des affections hystériques et scrofuleuses. — Les bulbes du *Sisyrinchium galaxioides*, des *Ferraria purgans* et *cathartica*, du *Libertia ixioides*, sont mis en usage dans l'Amérique méridionale comme purgatifs et diurétiques. — Le *Pardanthus chinensis* est vanté dans l'Inde pour ses propriétés apéritives. — La racine du *Glaïeul commun* (*Gladiolus communis*) sert d'amulette aux paysans superstitieux de l'Allemagne ; celle du *Gl. des moissons* (*Gl. segetum*) passait dans l'ancienne médecine pour emménagogue et aphrodisiaque. — Les bulbes du *Moræa collina* du Cap sont très-vénéneux, et agissent sur l'économie à la manière des champignons.

Les stigmates du *Safran* (*Crocus sativus*), Espèce dont on ignore l'origine, et dont la culture remonte à l'époque la plus reculée, contiennent une huile volatile très-odorante et un riche principe colorant jaune ; ces stigmates sont pour la médecine un agent thérapeutique très-estimé comme emménagogue et excitant des fonctions gastriques et cérébrales. Le *Safran*, cultivé encore de nos jours en France et en Espagne, est usité comme condiment dans plusieurs pays ; les teinturiers et les liquoristes en font aussi un grand usage. Les stigmates des autres Espèces de *Crocus*, bien que contenant une matière colorante, sont sans utilité.

Le périanthe bleu de l'*Iris germanica*, écrasé et mêlé avec de la chaux, fournit le *vert d'Iris* des peintres. Enfin les graines de notre *Iris des marais*, précédemment citée, ont été préconisées, sous le régime du système continental, comme succédanées du *café*.

# TACCACÉES, *TACCACEÆ.*

## (TACCEÆ, *Presl.* — TACCACEÆ, *Lindley.*)

FLEURS ☿. PÉRIANTHE *supère, pétaloïde, hexamère, bi-sérié.* ÉTAMINES 6. FILETS *concaves.* ANTHÈRES *adnées à leur concavité.* OVAIRE *infère, 1-loculaire, à 3 placentaires pariétaux.* OVULES *nombreux, anatropes, ou semi-anatropes.* BAIE. GRAINES *nombreuses, albuminées.* EMBRYON *monocotylédoné.* — HERBES *à feuilles radicales, veinées-réticulées.*

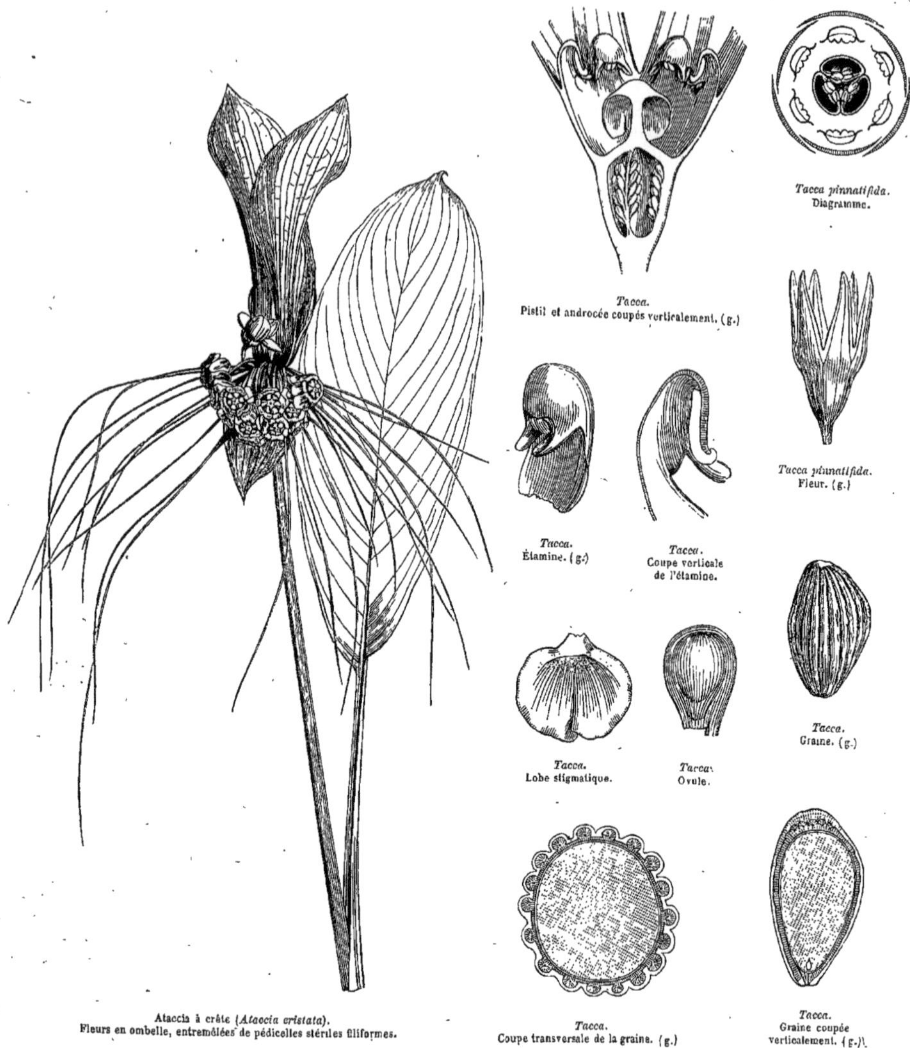

Ataccia à crête (*Ataccia cristata*). Fleurs en ombelle, entremêlées de pédicelles stériles filiformes.

*Tacca.* Pistil et androcée coupés verticalement. (g.)

*Tacca pinnatifida.* Diagramme.

*Tacca pinnatifida.* Fleur. (g.)

*Tacca.* Étamine. (g.)

*Tacca.* Coupe verticale de l'étamine.

*Tacca.* Graine. (g.)

*Tacca.* Lobe stigmatique.

*Tacca.* Ovule.

*Tacca.* Coupe transversale de la graine. (g.)

*Tacca.* Graine coupée verticalement. (g.)

Herbes vivaces, acaules, à rhizôme tubéreux. — Feuilles toutes radicales; *pétiole* demi-engaînant, *limbe* tantôt entier, tantôt palmi-séqué, ou bi-pennifide, à nervures saillantes. — Fleurs ☿ régulières, disposées en ombelle au sommet d'une hampe simple, cylindrique ou anguleuse; *involucre* foliacé tétra-phylle; *pédicelles* uni-flores, longs, nus, dont plusieurs stériles, allongés-filiformes, mêlés aux pédicelles fertiles. — Périanthe supère, pétaloïde, à 6 segments bi-sériés, égaux, ou les internes un peu plus grands, persistants. — Étamines 6, insérées à la base des segments. *Filets* dilatés, voûtés, ou cuculliformes au sommet. *Anthères* introrses, à 2 loges écartées, parallèles, adnées à la cavité des filets, libres au sommet, droites, ou incurves, à déhiscence longitudinale. — Ovaire infère, 1-loculaire, ou incomplétement 3-loculaire. *Placentaires* 3, pariétaux, nerviformes, ou bi-lobés. *Ovules* nombreux, pluri-sériés, sub-ascendants et anatropes, ou horizontaux et semi-anatropes. *Style* court, épais. *Stigmate* orbiculaire, ou déprimé, à 3 lobes rayonnants, échancrés ou bifides. BAIE ombiliquée par le limbe périanthique persistant, 1-loculaire, ou incomplétement 3-loculaire. — GRAINES ovoïdes, ou anguleuses, ou lunulées; *testa* coriace, strié, facilement séparable de l'*endoplèvre* membraneuse. *Albumen* charnu. — EMBRYON excessivement petit, ovoïde, inclus dans l'albumen, voisin du hile basilaire, ou éloigné du hile ventral.

GENRES.

*Tacca, *Tacca.* *Ataccia, *Ataccia.*

Tacca à feuilles pennifides (*Tacca pinnatifida*). Rameau fructifère.

Lindley a rangé les *Taccacées*, les *Dioscorées* et les *Smilacées* dans sa classe des *Dictyogènes*, ainsi nommées à cause des nervures réticulées des feuilles, qui rappellent la nervation des Dicotylédones, dont les rapproche en outre la structure de la tige, offrant des faisceaux fibro-vasculaires disposés assez régulièrement en cercle autour d'une moelle centrale. — Les Taccacées diffèrent des *Dioscorées* par le port, la conformation des étamines et l'ovaire 1-loculaire. Elles ont avec les *Aroïdées* (*Diffenbachia, Dracunculus, Amorphophallus*) une affinité, fondée principalement sur la nature des feuilles, et R. Brown les regarde comme intermédiaires entre cette Famille et les *Aristoloches*.

Les Taccacées croissent spontanément dans les forêts montueuses de l'Asie, de l'Afrique, de l'Océanie (et de la Guyane? d'après M. Planchon). Le *Tacca pinnatifida* se rencontre principalement à l'embouchure des vallées humides et ombragées des îles de l'Océanie; on le cultive à cause de ses tubercules féculents, qui fournissent aux insulaires une sorte d'*arrow-root*. Les Tahitiennes préparent avec les hampes florales du *Tacca* une paille très-blanche et luisante, qui leur sert à faire des chapeaux ou des couronnes, qu'elles façonnent avec beaucoup d'art et de goût.

# DIOSCORÉES, *DIOSCOREÆ*.

## (DIOSCOREÆ, *R. Brown.* — DIOSCOREACEÆ, *Lindley.*)

FLEURS *dioïques.* PÉRIANTHE *supère, hexamère, bi-sérié.* ÉTAMINES 6. OVAIRE *infère à 3 loges 2-1-ovulées.* OVULES *appendus-superposés, anatropes.* CAPSULE, *ou* BAIE. GRAINES *comprimées, ou ailées, ou globuleuses, albuminées.* EMBRYON *monocotylédoné.* — HERBES *volubiles, ou sarmenteuses, à rhizome tubéreux.* FEUILLES *réticulées-veinées.*

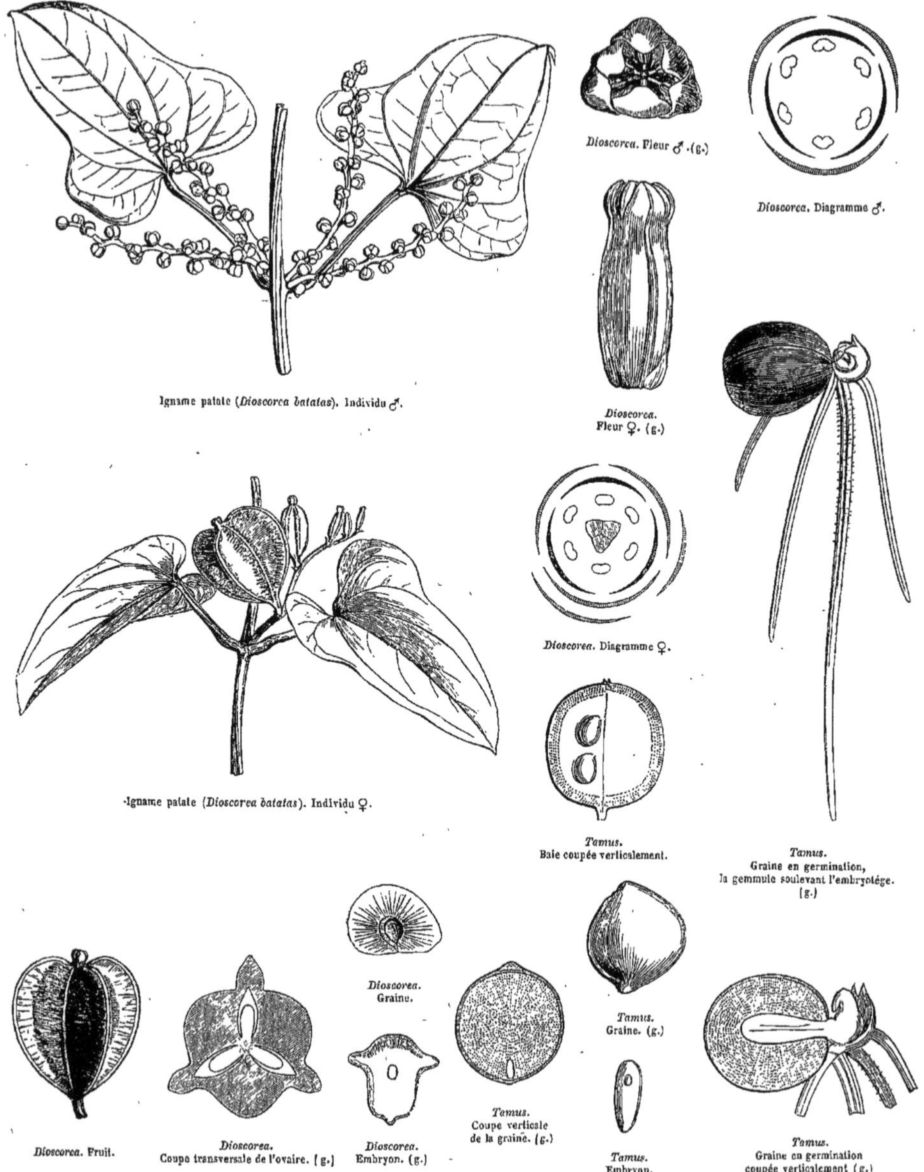

Igname patate (*Dioscorea batatas*). Individu ♂.

*Dioscorea*. Fleur ♂. (g.)

*Dioscorea*. Diagramme ♂.

*Dioscorea*. Fleur ♀. (g.)

*Dioscorea*. Diagramme ♀.

Igname patate (*Dioscorea batatas*). Individu ♀.

*Tamus*. Baie coupée verticalement.

*Tamus*. Graine en germination, la gemmule soulevant l'embryotége. (g.)

*Dioscorea*. Graine.

*Tamus*. Graine. (g.)

*Dioscorea*. Fruit.

*Dioscorea*. Coupe transversale de l'ovaire. (g.)

*Dioscorea*. Embryon. (g.)

*Tamus*. Coupe verticale de la graine. (g.)

*Tamus*. Embryon.

*Tamus*. Graine en germination coupée verticalement (g.)

Herbes vivaces, ou sous-arbrisseaux, volubiles de droite à gauche, à rhizome souterrain tubéreux, charnu, ou épigé et revêtu d'une écorce subéreuse épaisse et fendillée régulièrement (*Testudinaria*), émettant à son sommet des rameaux annuels. — Feuilles alternes, ou sub-opposées, pétiolées, simples, palminerviées, à nervures réticulées, tantôt entières, tantôt palmi-séquées; *pétioles* souvent bi-glanduleux à la base et produisant souvent à leur aisselle des bulbilles, ou même de gros tubercules. — FLEURS dioïques par avortement, petites, peu apparentes, régulières, disposées en grappe ou en épi à l'aisselle des feuilles. — *Périanthe* herbacé, ou sub-pétaloïde, supère dans les fleurs ♀; *limbe* à 6 divisions bi-sériées, égales, persistantes. — ÉTAMINES 6, insérées à la base des divisions du périanthe, nulles, ou rudimentaires-glanduliformes dans les fleurs ♀. *Filets* courts, libres. *Anthères* introrses, bi-loculaires, ovoïdes-sub-globuleuses, dorsifixes, à déhiscence longitudinale. — OVAIRE infère, 3-loculaire. *Ovules* solitaires, ou géminés, appendus-superposés à l'angle central et anatropes. *Styles* 3, courts, souvent cohérents à la base. *Stigmates* obtus, ou rarement échancrés-bilobés. — FRUIT tantôt membraneux, capsulaire, trigone, 3-loculaire, s'ouvrant à ses angles saillants par déhiscence loculicide (*Dioscorea*); tantôt 1-loculaire, par suite de l'avortement de 2 loges, la 3e fertile, prolongée en aile (*Rajania*); tantôt baccien, indéhiscent, 3-loculaire ou 1-loculaire par oblitération des cloisons (*Tamus*). — GRAINES comprimées et souvent ailées dans les fruits capsulaires, globuleuses dans les fruits bacciens. *Albumen* charnu-dense, ou cartilagineux. — EMBRYON petit, inclus, voisin du hile, aminci à son extrémité supérieure, et muni d'oreillettes (*Dioscorea, Rajania*), ou oblong-cylindracé (*Tamus*). *Radicule* voisine du hile.

Testudinaire pied-d'éléphant (*Testudinaria elephantipes*), réduit.

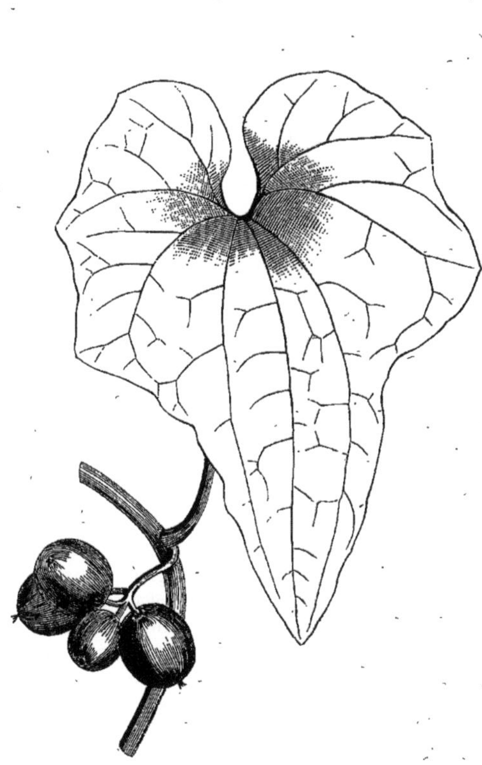

Tame commun (*Tamus communis*). Rameau fructifère.

GENRES PRINCIPAUX.

*Igname, *Dioscorea.* | Rajanie, *Rajania.* | Tame, *Tamus.* | *Testudinaire, *Testudinaria.*

Les *Dioscorées*, très-voisines des *Smilax* par la nervation des feuilles, le périanthe, l'androcée, le fruit charnu, etc., s'en éloignent par l'ovaire infère. — Elles diffèrent des *Taccacées* par le port, l'ovaire à 3 loges 1-2-ovulées et la structure interne de la graine; de même que les Taccacées, elles offrent quelques points de ressemblance avec les *Aristoloches*.

Les Dioscorées habitent surtout les régions tropicales et extra-tropicales de l'hémisphère austral; elles sont beaucoup plus rares dans les régions tempérées situées en-deçà de l'équateur. Les *Rajania* sont particuliers à l'Amérique tropicale. Le *Tamus* habite les bois de l'Europe et de l'Asie tempérées. Les *Dioscorea* se rencontrent entre les tropiques dans les deux Continents, et en Australie en-deçà du Cancer; une petite Espèce vient d'être récemment découverte dans les Pyrenées (*D. pyrenaica*). — Le *Testudinaria* est particulier à l'Afrique australe.

Le tubercule radical des Dioscorées, souvent désigné par les noms d'*Ubi*, d'*Ufi* et de *Papa*, que les Américains appliquaient à la pomme-de-terre, est rempli d'une fécule abondante, mêlée à un principe âcre et amer. Les *Ignames* (*Dioscorea sativa*, *alata*, *pentaphylla*, *bulbifera*, *Batatas*, etc.) sont cultivées dans toute la région intertropicale, et concourent puissamment à l'alimentation des Malais et des Chinois, des indigènes de l'Océanie et de l'Afrique occidentale. Les feuilles de quelques Espèces sont employées contre les fièvres intermittentes. — Le tubercule du *Tame* (*Tamus communis*) était autrefois usité comme purgatif et diurétique. On lui attribuait en outre des vertus résolutives, et on l'appliquait râpé, en cataplasme, sur les tumeurs arthritiques, strumeuses, et sur les contusions : de là son nom populaire d'*herbe aux femmes battues*. — Les turions, dépouillés de leur âcreté par la coction, sont comestibles comme ceux de l'Asperge.

# MÉLANTHACÉES, *MELANTHACEÆ*.

(MELANTHEÆ, *Batsch*. — MELANTHACEÆ, *R. Brown*. — COLCHICACEÆ, *De Candolle*. VERATREÆ, *Salisbury*.)

FLEURS ☿. PÉRIANTHE *sub-herbacé, ou pétaloïde, hexamère, bi-sérié, à préfloraison imbriquée, ou valvaire*. ÉTAMINES 6, *insérées à la base ou à la gorge du périanthe*. ANTHÈRES *dorsifixes, généralement extrorses*. OVAIRE *supère, ou rarement semi-infère, à 3 loges multi-ovulées*. *Styles* 3. FRUIT *folliculaire, ou rarement capsulaire, ou très-rarement baccien*. GRAINES *albuminées*. EMBRYON *monocotylédoné, petit, inclus*. — TIGE *ou* HAMPE *herbacée*. FEUILLES *radicales, ou alternes*.

HERBES vivaces, à racines bulbeuses, ou tubéreuses, rarement fibreuses-fasciculées, quelquefois à rhizôme horizontal. — TIGE ou HAMPE annuelle, simple, ou très-rarement rameuse, souvent raccourcie, ou souterraine. — FEUILLES toutes radicales, ou les caulinaires alternes, tantôt graminées, ou sétacées; tantôt larges, nerveuses, entières, sessiles et plus ou moins engaînantes. — FLEURS ☿, ou très-rarement incomplètes par avortement (*Veratrum, etc.*), régulières, tantôt radicales, tantôt axillaires ou terminales sur la hampe ou la tige, disposées en grappe-épi, ou en panicule, nues, ou munies de bractées, exceptionnellement calyculées (*Tofieldia*). Périanthe infère, très-rarement demi-supère, pétaloïde, tantôt tubuleux, à 6 segments souvent persistants; tantôt à 6 folioles bi-sériées, toutes distinctes, sessiles, ou onguiculées, tombantes, les internes conformes aux externes, rarement creusées en sac et nectarifères (*Tricyrtis, Melanthium, Androcymbium*); souvent munies à leur onglet de pores ou de fossettes glanduleuses (*Uvularia, Burchardia, Ornithoglossum*). *Préfloraison* tantôt imbriquée (*Colchicum, Tofieldia, Veratrum*); tantôt valvaire (*Tricyrtis*), ou sub-valvaire (*Tofieldia nepalensis*). — ÉTAMINES 6, ou très-rarement 3 (*Scoliopus*), insérées tantôt à la base, tantôt au-dessus de l'onglet des folioles du périanthe, très-rarement hypogynes (*Uvularia*), quelquefois entremêlées de staminodes? (*Kreysigia*). *Filets* filiformes, libres, souvent persistants. Anthères 2-loculaires, ou faussement 1-loculaires (*Veratrum*), généralement dorsifixes, très-rarement basifixes (*Helonias*), extrorses dans le bouton et versatiles après la floraison, ou quelquefois introrses (*Tofieldia, Bulbocodium, Colchicum, Amianthium*); loges anthériques soit linéaires (*Colchicum, Uvularia, Tricyrtis, Ledebouria, etc.*), soit réniformes, ou didymes (*Amianthium, Veratrum, Melanthium, Helonias, etc.*), à déhiscence longitudinale, ou rarement transversale (*Amianthium*). — OVAIRE supère, ou très-rarement demi-infère (*Zygadenus*, qq. *Tofieldia*, qq. *Veratrum*), 3-loculaire et formé de 3 carpelles; rarement simple et 1-loculaire (*Monocaryum*). *Ovules* insérés à l'angle interne des loges, uni-bi-multi-sériés, généralement nombreux, anatropes, ou semi-anatropes. *Styles* 3, opposés aux loges de l'ovaire, tantôt distincts et papilleux-stigmatifères le long de leur bord interne, tantôt plus ou moins soudés ensemble par leur base et terminés par 3 *stigmates*. — FRUIT généralement capsulaire, membraneux, ou coriace, 3-loculaire, tantôt se séparant en 3 follicules; tantôt s'ouvrant en 3 valves loculicides médio-placentifères (*Ornithoglossum, Anguillaria, Tricyrtis, etc.*), rarement sub-baccien et s'ouvrant au sommet

(*Uvularia*), très-rarement baccien et indéhiscent? (*Drapiezia*). — Graines ordinairement nombreuses, globuleuses, ou anguleuses, ou oblongues, ou comprimées. *Testa* mince, membraneux, mou et subéreux, ou noir et brillant (*Disporum*). *Albumen* copieux, coriace, ou cartilagineux. — Embryon inclus, petit, à extrémité radiculaire voisine ou éloignée du hile.

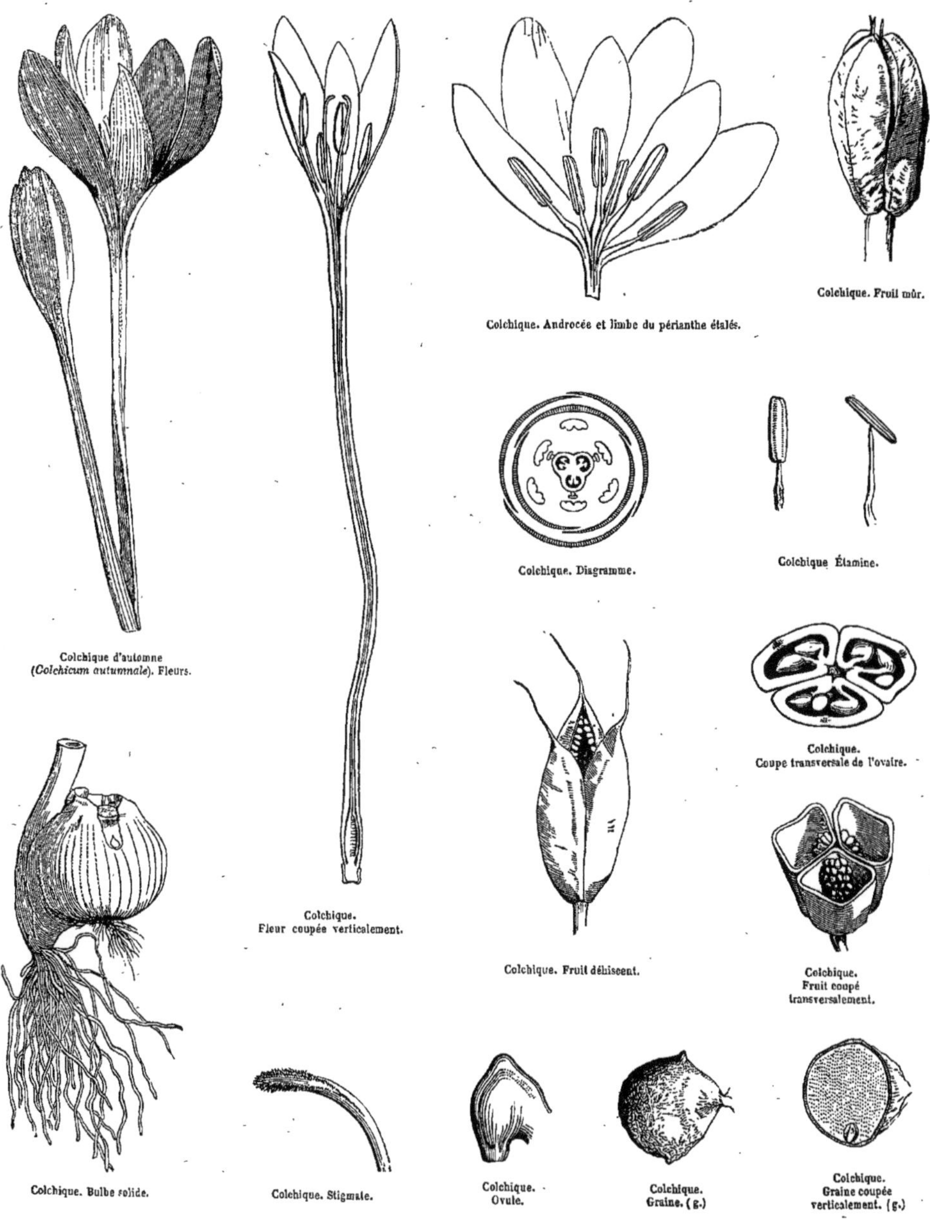

Colchique d'automne (*Colchicum autumnale*). Fleurs.

Colchique. Fleur coupée verticalement.

Colchique. Androcée et limbe du périanthe étalés.

Colchique. Fruit mûr.

Colchique. Diagramme.

Colchique Étamine.

Colchique. Coupe transversale de l'ovaire.

Colchique. Fruit déhiscent.

Colchique. Fruit coupé transversalement.

Colchique. Bulbe solide.

Colchique. Stigmate.

Colchique. Ovule.

Colchique. Graine. (g.)

Colchique. Graine coupée verticalement. (g.)

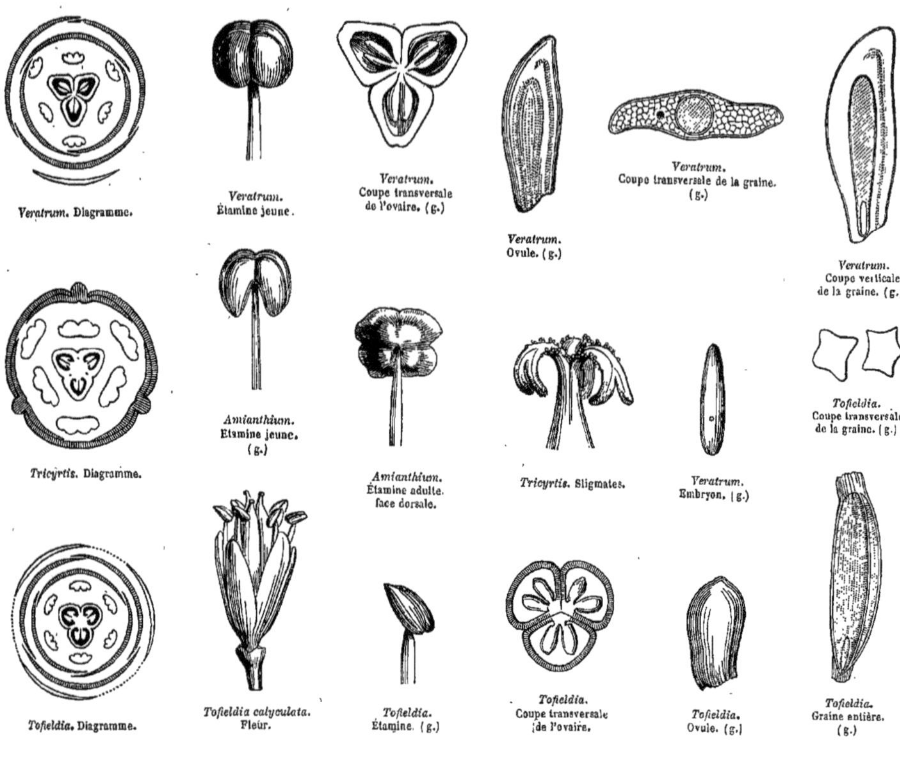


## TRIBU I. — VÉRATRÉES, *VERATREÆ*.

Tige feuillée, ou hampe. Fleurs axillaires, solitaires, ou en grappe, ou en épi. Styles courts, généralement distincts. Folioles périgoniales tantôt libres, sessiles, ou très-brièvement onguiculées; tantôt soudées par la base. Ovaire libre ou demi-infère.

GENRES PRINCIPAUX.

| | | | | | |
|---|---|---|---|---|---|
| Tofieldie, | *Tofieldia.* | Amianthe, | *Amianthium.* | Schelhamméra, | *Schelhammera.* |
| *Vératre, | *Veratrum.* | Zygadénus, | *Zygadenus.* | *Uvulaire, | *Uvularia.* |
| Aza Graya, | *Aza Graya.* | Burchardie, | *Burchardia.* | *Tricyrtis, | *Tricyrtis.* |
| *Xérophylle, | *Xerophyllum.* | Ornithoglosse, | *Ornithoglossum.* | *Dispore, | *Disporum.* |
| *Hélonie, | *Helonias.* | Anguillaire, | *Anguillaria.* | Scoliope, | *Scoliopus.* |
| Schénocaulon, | *Schœnocaulon.* | Mélanthe, | *Melanthium.* | | |

## TRIBU II. — COLCHICÉES, *COLCHICEÆ*.

Plantes acaules. Fleurs naissant d'un bulbe souterrain. Périanthe tubuleux, ou à segments longuement onguiculés, nus, ou munis d'une crête. Ovaires libres. Styles grêles, distincts, ou plus ou moins cohérents.

GENRES PRINCIPAUX.

| | | | | | |
|---|---|---|---|---|---|
| *Colchique, | *Colchicum.* | *Mérendère, | *Merendera.* | *Bulbocode, | *Bulbocodium.* |

Les Mélanthacées touchent par quelques points aux *Joncées* et surtout aux *Liliacées*; mais elles s'éloignent de la première Famille par leur périanthe pétaloïde, et des deux Familles par la direction des anthères; elles se distinguent des Liliacées-Asphodélées, par la nature de leur testa. — La Tribu des *Colchicées* forme un groupe très-naturel; celle des *Vératrées* renferme plusieurs Genres, dont l'affinité réciproque est beaucoup moins étroite. Quelques-uns en effet sont baccifères et offrent de l'analogie avec les *Smilacées*, nonobstant la différence résultant de la direction des anthères; d'une autre part, les Genres à capsule loculicide se rapprochent de la Tribu des Liliacées-Tulipacées.

La Tribu des *Vératrées*, caractérisée par son périanthe à folioles libres, très-souvent onguiculées et nectarifères, constitue le noyau principal de la Famille. Un tiers des Espèces habite l'Amérique septentrionale; un deuxième tiers appartient à l'Afrique australe; les autres sont dispersées sur le littoral nord de l'Afrique, dans l'Inde, dans l'Australie, dans l'Asie centrale, l'Europe boréale alpine et sub-alpine; on en rencontre très-peu dans l'Amérique du Sud. Les *Tofieldia* habitent l'Europe, l'Amérique septentrionale et la Nouvelle-Grenade. Le *Pleea* se rencontre dans l'une des Antilles. Les *Uvularia* croissent, les unes dans le nouveau Continent, les autres dans l'Inde, la Chine et le Japon. Les *Tricyrtis* sont asiatiques. Les *Veratrum* appartiennent aux deux continents. Les *Colchicum* habitent l'Europe moyenne et la région méditerranéenne et caucasique. Les *Burchardia*, *Anguillaria*, *Schelhammera*, *Kreysigia*, sont propres à l'Australie.

Les Mélanthacées occupent une place importante dans la matière médicale; elles sont âcres, drastiques, émétiques, et leur emploi demande une grande circonspection; on les recommande principalement dans les affections goutteuses et rhumatismales; leurs propriétés dépendent de divers alcaloïdes (*vératrine*, *colchicine*, *sabadilline*) que les chimistes modernes ont isolés. Les Espèces officinales sont les suivantes :

L'*Ellébore blanc* (*Veratrum album*) habite les provinces alpines et sub-alpines de l'Europe; sa racine, violemment drastique et vomitive, dangereuse même à pulvériser, n'est plus guère usitée qu'à l'extérieur, dans les maladies cutanées et pédiculaires. Le *V. nigrum*, qu'on recueille dans les bois taillis et les prés montueux de l'Europe moyenne et méridionale, jouit de propriétés semblables, mais moins énergiques. — Le *V. viride* est employé aux mêmes usages chez les Anglo-Américains.

La *Cévadille* croît au Mexique, ses capsules et ses graines parviennent seules en Europe; on les a longtemps attribuées au *Veratrum Sabadilla*, Espèce de la Chine, et plus tard à plusieurs Espèces du Genre *Schœnocaulon* (*Sch. officinale*, *caricifolium*, etc.); on sait aujourd'hui qu'elles proviennent de l'*Aza Graya*. On les emploie à l'extérieur en poudre, ou en liniment, comme anti-pédiculaires; à l'intérieur, on les administre en bols, en lavement, en infusion, pour détruire les vers intestinaux et même le tænia.

Le *Colchique* (*Colchicum autumnale*) est commun dans les prés de presque toute l'Europe; ses fleurs, nées d'un bulbe souterrain, comme celles du *Safran*, paraissent à l'automne; ce n'est qu'au printemps suivant que les feuilles se développent, et que les fruits se montrent au milieu d'elles. Le bulbe, les fleurs et les graines de la Plante sont usités en médecine.

Le tubercule d'*Hermodacte*, préconisé depuis le sixième siècle par les médecins grecs, et plus tard par les médecins arabes, dans le traitement des affections arthritiques, est aujourd'hui presque partout tombé en désuétude; son origine a été longtemps obscure, tant à cause des faux produits qui usurpaient son nom, que par les erreurs des Botanistes. Linné l'avait attribué à l'*Iris tuberosa*, mais les recherches des Pharmacologues modernes, et notamment de MM. Guibourt et Planchon, ont démontré que l'*Hermodacte* provient du *Colchicum variegatum*, Espèce indigène de l'Europe et de l'Asie méditerranéenne.

Les habitants de l'Amérique septentrionale emploient comme vermifuge la racine de l'*Helonias dioica*; cette racine, macérée dans le vin, leur fournit un médicament amer-tonique. — La décoction de la racine de l'*Helonias bullata* est administrée chez eux contre les obstructions des viscères abdominaux. — Les graines de l'*Amianthium muscætoxicum* sont narcotiques, et mises en usage pour la destruction des mouches. — Le bulbe du *Ledebouria hyacinthoides* remplace dans l'Inde celui de la *Scille*. Les *Uvularia* s'éloignent des autres Mélanthacées par les propriétés médicales comme par les caractères botaniques, qui les rapprochent du *Streptopus*, appartenant aux *Asparagées*. La racine des *U. latifolia et flava* est en effet mucilagineuse et légèrement astringente; les médecins anglo-américains la prescrivent en infusion pour gargarismes. — La décoction des feuilles et de la racine de l'*U. grandiflora* est vantée par les autochthones de l'Amérique septentrionale contre la morsure du Crotale.

# SMILACÉES, *SMILACEÆ*.

(ASPARAGORUM *Genera*, *Jussieu*. — SMILACEÆ, *R. Brown*.
LILIACEARUM *pars*, SMILACEÆ ET PHILESIACEÆ, *Lindley*.)

FLEURS *généralement* ☿. PÉRIANTHE *infère*, *pétaloïde*, *le plus souvent hexamère*, *bi-sérié*, *isostémoné*. ÉTAMINES *hypogynes*, *ou périgynes*. OVAIRE *supère*, *3-loculaire*, *rarement 1-2-4-loculaire*. OVULES *plus ou moins nombreux*, *anatropes*, *ou semi-anatropes*, *ou orthotropes*. BAIE *pauci-séminée*. GRAINES *globuleuses*, *à testa membraneux*. ALBUMEN *très-dense*. EMBRYON *monocotylédoné*, *petit*, *inclus*. — HERBES, *ou* SOUS-ARBRISSEAUX *sarmenteux*, *quelquefois cirrhifères et aiguillonnés*. FEUILLES *soit toutes radicales*, *soit caulinaires alternes*, *ou verticillées*.

PLANTES vivaces, à rhizôme généralement rampant, herbacées, ou sous-frutescentes-sarmenteuses, à rameaux lisses, ou aiguillonnés. — FEUILLES toutes radicales, ou les caulinaires soit alternes, soit verticillées, sessiles, ou engaînantes, ou pétiolées, quelquefois munies de vrilles stipulaires (*Smilax*), à nervures soit parallèles, soit 3-5-7 palmées et anastomosées (*Smilax*); quelquefois squamiformes, et alors accompagnées de rameaux dilatés en phyllode ou cladode (*Ruscus*). — FLEURS régulières, ☿, ou diclines par avortement; terminales, ou axillaires; tantôt solitaires (*Paris*, *Trillium*), ou sub-solitaires (*Streptopus*); tantôt réunies en grappe (*Convallaria*, *Polygonatum*, *Smilacina*, etc.), ou en ombelle (*Smilax*, *Medeola*), à pédicelles souvent articulés et bractéolés. — PÉRIANTHE pétaloïde, à 6 folioles, rarement 4 (*Majanthemum*), ou 5-8 (*Paris*), bi-sériées, semblables entre elles, ou les internes quelquefois plus étroites et plus grandes (*Paris, Trillium*); distinctes, ou formant un périanthe tubuleux, ou campanulé (*Polygonatum, Convallaria*). *Préfloraison* imbriquée. — ÉTAMINES en même nombre que les folioles du périanthe, insérées sur elles, ou sur le réceptacle. *Filets* libres, rarement plus ou moins monadelphes (*Ruscus, Paris*, etc.). *Anthères* introrses, 2-loculaires, à connectif apiculé (*Trillium, Paris*). — OVAIRE libre, sessile, généralement 3-loculaire, quelquefois 1-loculaire à 3-5 placentaires pariétaux (*Lapageria, Paris*, etc.), ou 2-loculaire (*Majanthemum*); loges ovariennes tantôt multi-ovulées (*Paris, Trillium, Medeola, Drymophila, Streptopus*); tantôt 1-2-ovulées (*Convallaria, Polygonatum, Smilacina, Smilax, Ruscus*, etc.). *Ovules* insérés à l'angle central des loges, anatropes, ou semi-anatropes ou orthotropes. *Styles* en même nombre que les carpelles, distincts, ou cohérents. *Stigmates* distincts, simples. — BAIE à 1-2-3-4 loges uni-pauci-séminées. — GRAINES sub-globuleuses, à testa membraneux, mince. *Albumen* cartilagineux, ou sub-corné. — EMBRYON petit, inclus, souvent éloigné du hile.

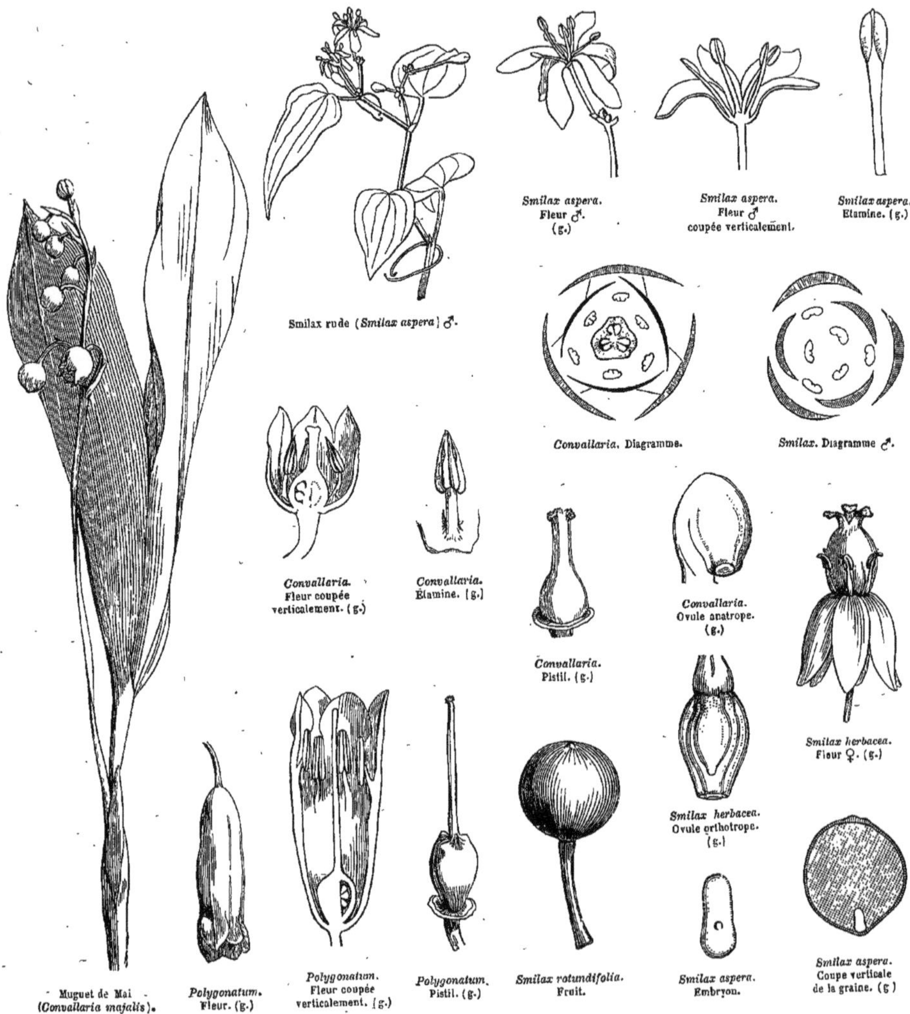

Smilax rude (*Smilax aspera*) ♂.

*Smilax aspera*. Fleur ♂. (g.)

*Smilax aspera*. Fleur ♂ coupée verticalement.

*Smilax aspera*. Etamine. (g.)

*Convallaria*. Diagramme.

*Smilax*. Diagramme ♂.

*Convallaria*. Fleur coupée verticalement. (g.)

*Convallaria*. Étamine. (g.)

*Convallaria*. Pistil. (g.)

*Convallaria*. Ovule anatrope. (g.)

*Smilax herbacea*. Fleur ♀. (g.)

*Smilax herbacea*. Ovule orthotrope. (g.)

Muguet de Mai (*Convallaria majalis*).

*Polygonatum*. Fleur. (g.)

*Polygonatum*. Fleur coupée verticalement. (g.)

*Polygonatum*. Pistil. (g.)

*Smilax rotundifolia*. Fruit.

*Smilax aspera*. Embryon.

*Smilax aspera*. Coupe verticale de la graine. (g)

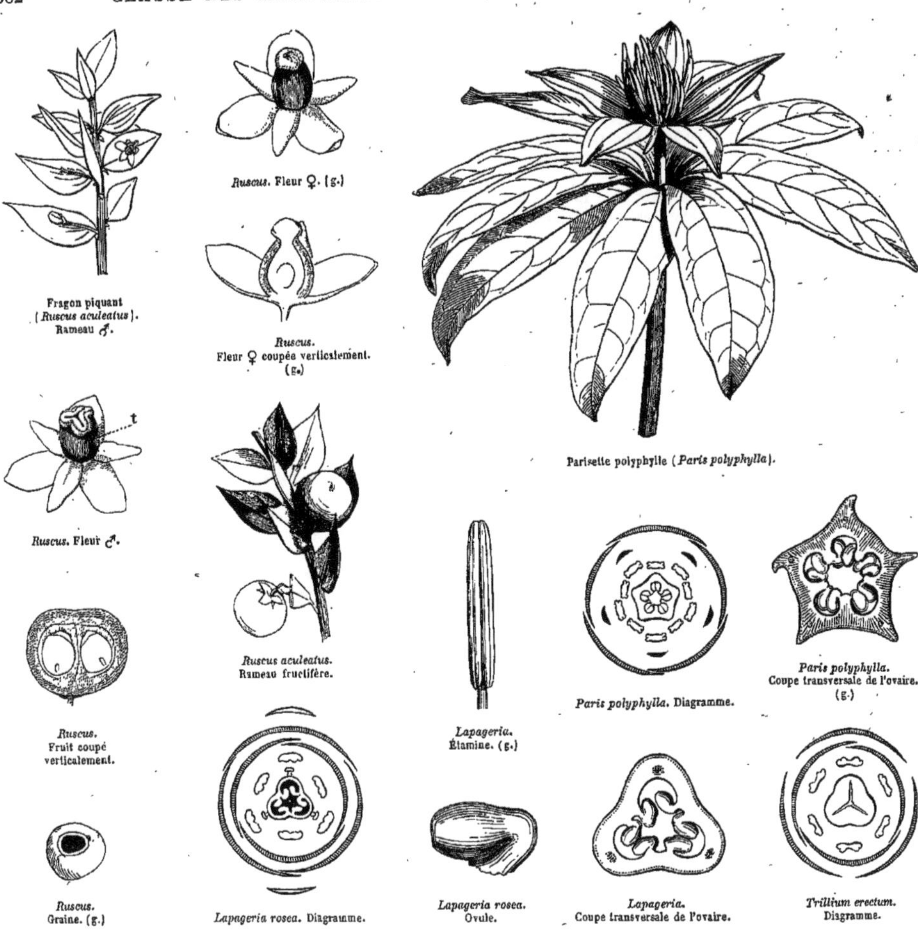

Fragon piquant (*Ruscus aculeatus*). Rameau ♂.

*Ruscus*. Fleur ♀. (g.)

*Ruscus*. Fleur ♀ coupée verticalement. (g.)

Parisette polyphylle (*Paris polyphylla*).

*Ruscus*. Fleur ♂.

*Ruscus aculeatus*. Rameau fructifère.

*Ruscus*. Fruit coupé verticalement.

*Lapageria*. Étamine. (g.)

*Paris polyphylla*. Diagramme.

*Paris polyphylla*. Coupe transversale de l'ovaire. (g.)

*Ruscus*. Graine. (g.)

*Lapageria rosea*. Diagramme.

*Lapageria rosea*. Ovule.

*Lapageria*. Coupe transversale de l'ovaire.

*Trillium erectum*. Diagramme.

## TRIBU I. — CONVALLARIÉES, *CONVALLARIEÆ*.

Fleurs axillaires ☿, ou polygames. Styles soudés. Ovules semi-anatropes. Feuilles radicales, ou caulinaires et alternes.

GENRES PRINCIPAUX.

| | | | | | |
|---|---|---|---|---|---|
| Drymophile, | *Drymophila.* | Clintonie, | *Clintonia.* | Fragon, | *Ruscus.* |
| *Streptope, | *Streptopus.* | Majanthème, | *Majanthemum.* | Callixène, | *Callixene.* |
| *Polygonate, | *Polygonatum.* | Smilax, | *Smilax.* | Philésia, | *Philesia.* |
| *Muguet, | *Convallaria.* | Luzuriaga, | *Luzuriaga.* | Lapageria, | *Lapageria.* |
| *Smilacine, | *Smilacina.* | | | | |

## TRIBU II. — PARIDÉES, *PARIDEÆ*.

Fleurs terminales ☿. — Styles distincts. Ovules anatropes. Feuilles verticillées.

GENRES PRINCIPAUX.

| | | | | | |
|---|---|---|---|---|---|
| Parisette, | *Paris.* | * Trillie, | *Trillium.* | Médéole, | *Medeola.* |

Les *Smilacées* se rattachent aux *Mélanthacées* par leur port, si nous comparons le *Streptopus* et l'*Uvularia*, etc., dont le fruit est charnu dans le jeune âge, ainsi que celui des *Asphodèles*. — Elles sont étroitement liées aux *Asparagées* baccifères, et ne s'en distinguent que par leur testa membraneux, leur albumen cartilagineux et le port de quelques Genres, rappelant celui des Dicotylédones. Ces différences, bien que légères, ont cependant conduit R. Brown à circonscrire les Smilacées en les séparant des vraies Asparagées, qu'il joint aux *Liliacées*.

« Rapproché des *Smilax* par ses organes de végétation, par ses fruits et par ses propriétés dépuratives, qui font de ses racines une succédanée de la *Salsepareille;* orné de fleurs, qui, abstraction faite de leurs dimensions et de leur coloris, semblent modelées sur celles de nos obscures *Asperges*, le *Lapageria*, joint à deux Genres analogues (*Callixene* et *Philesia*) forme, dit M. Planchon, le chaînon intermédiaire qui relie l'un à l'autre les Genres placés aux limites extrêmes du groupe des *Smilacées*, et qui rattache ce même groupe aux *Liliacées* proprement dites. »

Les Smilacées croissent pour la plupart dans les régions tropicales et extra-tropicales du Nouveau Continent, depuis le Canada jusqu'au détroit de Magellan. La moitié des Espèces vit en-deçà du Cancer, un troisième quart habite l'Europe et l'Asie sous les mêmes latitudes, l'autre quart est dispersé dans l'Asie tropicale et l'Australasie. L'Afrique australe en paraît entièrement privée. Les Genres *Polygonatum*, *Convallaria*, *Smilacina*, *Majanthemum*, *Streptopus* appartiennent aux régions tempérées et froides de l'hémisphère Nord; les *Ruscus* au midi de l'Europe et aux Canaries, les *Medeola* à l'Amérique septentrionale; les *Trillium*, qui habitent les lieux frais et ombragés, sont répartis entre l'Amérique et l'Asie boréale. Les *Paris* croissent dans l'Europe et l'Asie centrales; le Genre *Smilax* est répandu dans les régions tempérées et tropicales des deux hémisphères.

Les Smilacées, séparées en 2 Tribus par leurs caractères botaniques, le sont également par leurs propriétés. — La *Parisette* (*Paris quadrifolia*) et ses congénères sont rangés parmi les Plantes vénéneuses narcotico-âcres ; ses feuilles, sa racine et ses baies faisaient jadis partie de la matière médicale. — La racine du *Medeola virginica* est conservée dans les officines anglo-américaines, comme diurétique et vomitive, sous le nom de *Indian-Cucumber-root*.

La racine de nos *Polygonatum*, vulgairement nommée *sceau de Salomon*, à cause des empreintes circulaires laissées sur le rhizôme par les tiges florales, est inodore, sucrée-mucilagineuse, astringente, et faisait autrefois partie des médicaments vulnéraires; l'amidon qu'elle contient abondamment la fait quelquefois mêler au pain dans quelques contrées du nord de l'Europe; ses turions sont comestibles, comme ceux des Asperges, mais ses baies sont nauséeuses, émétiques et purgatives. — Les baies des *Smilacina racemosa* passent pour toniques-nervines. On attribue les mêmes propriétés au *Muguet de Mai* (*Convallaria majalis*), connu par l'odeur suave de ses fleurs; sa racine est sternutatoire, et l'on en prépare un extrait drastique — Les feuilles du *Streptopus amplexifolius* sont employées dans la médecine populaire pour des gargarismes astringents; la racine jeune est mangée en salade. — Les racines des *Ruscus*, mucilagineuses, légèrement âcres et amères, participent des qualités de l'*Asperge*, et étaient vantées autrefois pour leurs vertus apéritives, diurétiques et emménagogues. Leurs graines torréfiées ont un arome agréable, qui les a fait ranger, de même que celles de l'*Asperge*, parmi les succédanées du *Café*.

Les racines de *Salsepareille*, dont l'emploi est si important dans le traitement de la syphilis, sont fournies par diverses Espèces du Genre *Smilax* (*Sm. Sarsaparilla*, *Sm. officinalis*, *Sm. papyracea*, *Sm. syphilitica*), qui croissent dans l'Amérique tropicale. Les Espèces du même Genre habitant le midi de l'Europe (*Sm. aspera*, *Sm. nigra*, *Sm. mauritanica*, *Sm. Alpini*) fournissent la *Salsepareille d'Italie*, dont les propriétés sont analogues, mais de beaucoup inférieures. — La *Squine*, provenant des *Smilax* asiatiques (*Sm. China*, *Sm. zeylanica*, *Sm. perfoliata*), possède la même efficacité que la Salsepareille d'Amérique.— Les volumineuses racines de quelques Espèces du même Genre et du *Ripogonum* de l'Asie et de l'Australie sont remplies d'amidon et alimentaires. Celle du *Luzuriaga radicans* est usitée au Pérou et au Chili comme succédanée de la Salsepareille.

## GROUPES VOISINS DES SMILACÉES ET DES JONCÉES.

XÉROTIDÉES. — Herbes vivaces. Tige nulle, ou très-courte. Feuilles graminées, ou filiformes, dilatées à la base, ou réduites à des gaînes radicales (*Aphyllantes*). Fleurs ☿, ou *dioïques* (*Xerotes, Dasylirion*), en grappe, ou en épi, ou en tête, ou en ombelle. Périanthe pétaloïde, ou sub-coloré (*Xerotes, Abama*), à 6 folioles ou segments égaux. Étamines 6, hypogynes, ou périgynes. Anthères 2-loculaires, oblongues, ou ovoïdes, quelquefois *peltées* (*Xerotes*). Ovaire libre, à 3 loges 1-2-*ovulées*, rarement pluri-ovulées (*Abama, Xanthorrhœa*), quelquefois 1-loculaire (*Calectasia*). Ovules *fixés près de la base des loges, dressés*. Styles 3, ordinairement soudés. Capsule à 3 valves loculicides, médio-septifères, quelquefois uni-séminée et indéhiscente (*Kingia, Calectasia*). Albumen charnu, ou cartilagineux. Embryon droit, basilaire, ou axile. — GENRES : *Abama, Dasylirion, Sowerbæa, Aphyllantes, Xerotes, Xanthorrhœa, Kingia, Calectasia*.

*Xerotes longifolia.* Diagramme ♀.

*Xerotes longifolia.* Diagramme ♂.

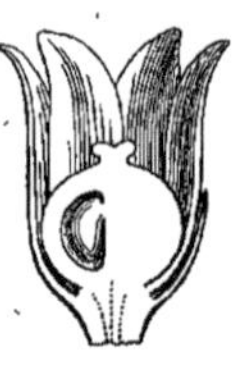

*Xerotes longifolia.* Fleur ♀ coupée verticalement (g.)

*Xerotes rigida.* Fruit.

*Xerotes rigida.* Graine. (g.)

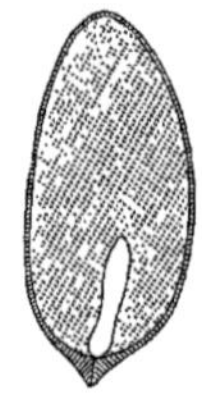

*Xerotes rigida.* Graine coupée verticalement. (g.)

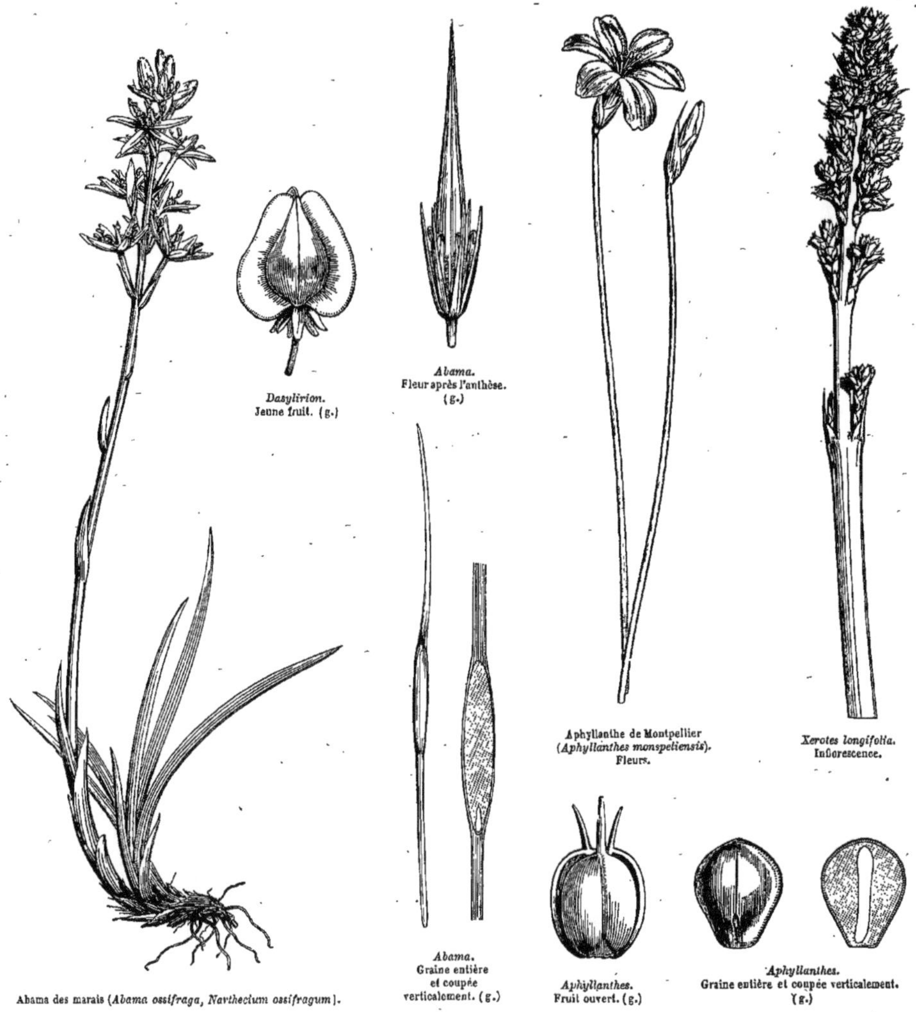

*Dasylirion.* Jeune fruit. (g.)

*Abama.* Fleur après l'anthèse. (g.)

Aphyllanthe de Montpellier (*Aphyllanthes monspeliensis*). Fleurs.

*Xerotes longifolia.* Inflorescence.

Abama des marais (*Abama ossifraga, Narthecium ossifragum*).

*Abama.* Graine entière et coupée verticalement. (g.)

*Aphyllanthes.* Fruit ouvert. (g.)

*Aphyllanthes.* Graine entière et coupée verticalement. (g.)

Le Genre *Abama* appartient à l'Europe et à l'Amérique boréale, l'*Aphyllanthes* à l'Europe méridionale, les *Xerotes*, les *Xanthorrhœa* et les *Sowerbæa* à l'Australie, le *Dasylirion* au Mexique.

La tige du *Xanthorrhœa arborea* laisse exsuder un suc résineux, jaune, vulgairement nommé *gomme de Botany-bay*, d'une saveur âcre, ayant, quand on la brûle, l'odeur du benjoin, et employée par les médecins australiens contre la lienterie et les diverses maladies de la cavité thoracique.

L'*Abama ossifraga* était jadis rangé parmi les médicaments vulnéraires. Cette Plante, qui croît dans les marécages de l'Europe centrale et septentrionale, passait pour amollir les os des moutons et des bœufs qui la broutent; c'est à cette prétendue propriété qu'elle doit son nom spécifique.

ASPIDISTRÉES. — Herbes glabres, acaules, à rhizôme ordinairement rampant. Feuilles radicales, engaînantes, oblongues-lancéolées, coriaces, à nervures saillantes. Fleur solitaire épigée (*Aspidistra*), ou hampe terminée par un épi dense (*Rhodea*, etc.). Fleurs ⚥. Périanthe pétaloïde, à préfloraison valvaire, sub-globuleux (*Rhodea*), ou campanulé (*Tupistra, Aspidistra*), 6-8-fide. Étamines 6-8, insérées sur le périanthe. Ovaire libre à

3 loges, 2-*ovulées*. Ovules semi-anatropes. Stigmate sessile, *rayonnant*, 3-fide (*Rhodea*), ou stipité 3-6-lobé (*Tupistra, Aspidistra*). *Baie* (*Rhodea*) 1-*loculaire*, 1-*séminée*. Plantes croissant au Japon et en Asie. — GENRES : *Aspidistra, Tupistra, Rhodea.*

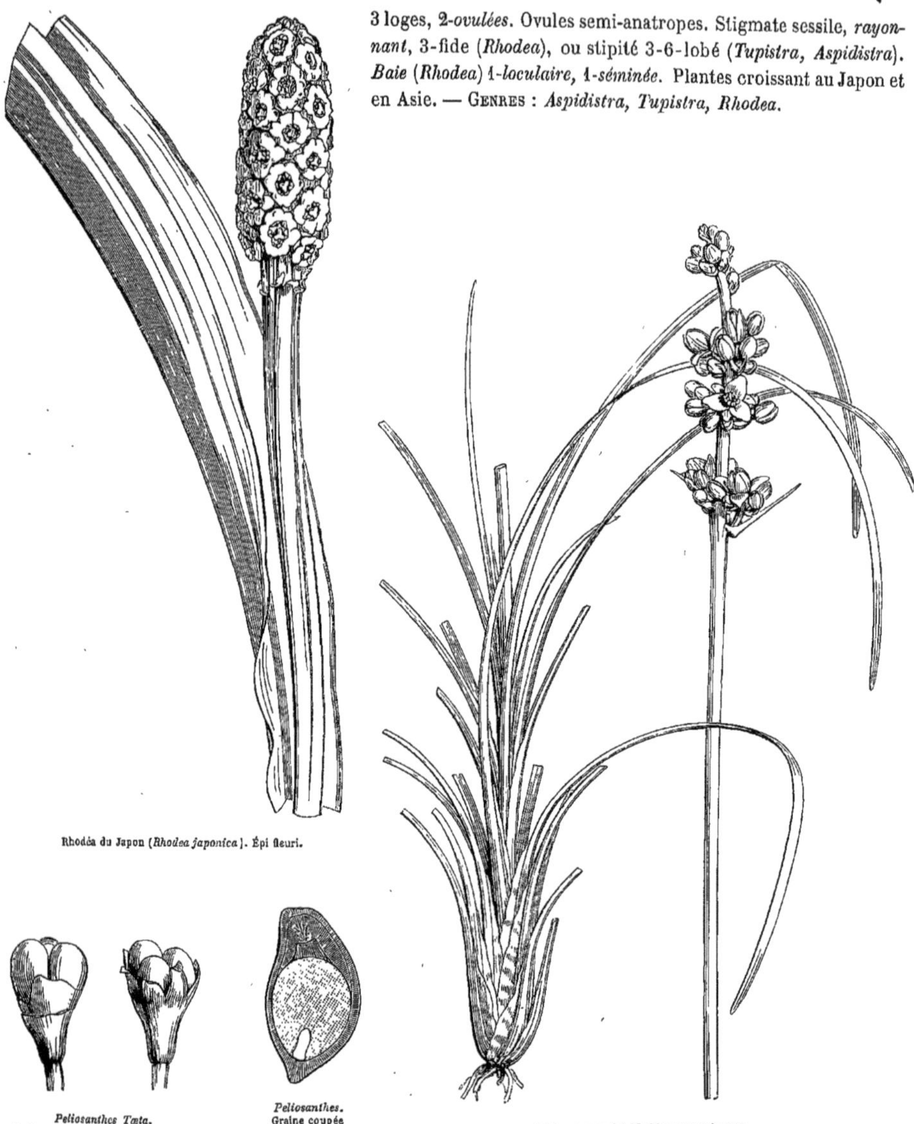

Rhodéa du Japon (*Rhodea japonica*). Épi fleuri.

*Peliosanthes Tæta.* Fruits ruptiles laissant à nu les graines.

*Peliosanthes.* Graine coupée verticalement. (g.)

Ophiopogon en épi (*Ophiopogon spicatus*).

OPHIOPOGONÉES. — Herbes acaules. Feuilles engainantes, linéaires-ensiformes, ou oblongues-lancéolées. Hampe simple, terminée par des fleurs ☿ en grappe. Périanthe pétaloïde, à limbe rotacé, 6-fide, ou 6-partit, à gorge nue, ou garnie d'une *couronne annulaire* (*Peliosanthes*). Étamines 6. Filets dilatés *presque nuls*. Anthères basifixes, sagittées-mucronées (*Ophiopogon*), ou adnées à la couronne annulaire (*Peliosanthes*). Ovaire *adhérent à la base du périanthe,* à 3 loges 2-*ovulées*. Ovules anatropes. Style trigone épais. Stigmate brièvement trifide (*Ophiopogon*), ou trifide-rayonnant (*Peliosanthes*). Fruit *ruptile,* laissant à nu les graines avant leur maturité. Graines à testa charnu herbacé. — Plantes croissant, comme les *Aspidistrées*, dans l'Inde et au Japon. — GENRES : *Ophiopogon*, *Peliosanthes*.

L'*Ophiopogon japonicus*, nommé par les indigènes *barbe de serpent*, produit des tubercules mucilagineux-sucrés, fréquemment employés en Chine et au Japon contre les maladies de l'abdomen.

*Peliosanthes Teta*. Rameau fleuri.

# ASPARAGÉES, *ASPARAGEÆ*.

(ASPARAGI, *partim*, *Jussieu*. — ASPHODELEARUM *Genera*, *R. Brown*. ASPARAGINEARUM *Genera*, *A. Richard*. LILIACEARUM *Genera*, *Endlicher*, *Lindley*, *Brongniart*.)

FLEURS *généralement* ☿, *régulières*, *à pédicelles articulés*. PÉRIANTHE *infère*, *pétaloïde*, *sex-fide*, *ou sex-partit*, *bi-sérié*. ÉTAMINES 6, *périgynes*, *ou hypogynes*. OVAIRE *supère*, 3-*loculaire*. STYLE *simple*. FRUIT *baccien*. GRAINES *à testa noir*, *crustacé*. ALBUMEN *charnu*. EMBRYON *monocotylédoné*. RADICULE *à direction variable*.

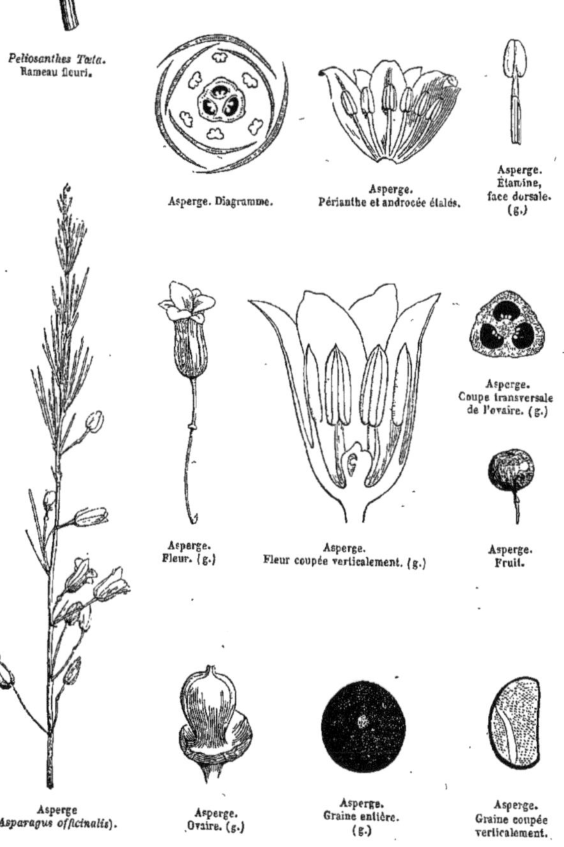

Asperge. Diagramme.

Asperge. Périanthe et androcée étalés.

Asperge. Étamine, face dorsale. (g.)

Asperge. Fleur. (g.)

Asperge. Fleur coupée verticalement. (g.)

Asperge. Coupe transversale de l'ovaire. (g.)

Asperge. Fruit.

Asperge (*Asparagus officinalis*).

Asperge. Ovaire. (g.)

Asperge. Graine entière. (g.)

Asperge. Graine coupée verticalement.

Dragonnier du Brésil (*Dracœna brasiliensis*).

Plantes tantôt herbacées; tantôt frutescentes, ou arborescentes, et alors marquées de cicatrices annulaires. — Racine tubéreuse, ou fibreuse. — Tige quelquefois sarmenteuse (*Eustrephus, Myrsiphyllum*, etc.). — Feuilles distiques, ou alternes, distantes, ou ramassées au sommet des rameaux, souvent engaînantes, sessiles, ou pétiolées, linéaires, ou ensiformes, ou ovales-lancéolées, ou elliptiques, à nervures parallèles (*Dracœna*), ou divergentes (*Cordyline*); quelquefois réduites à des écailles membraneuses, et garnies à leur aisselle de rameaux fasciculés, filiformes, simples, verts, remplissant l'office de feuilles (*Asparagus*). — Fleurs ☿, ou rarement diclines (*Asparagus*), solitaires, ou diversement agrégées, à pédicelles articulés. — Périanthe infère, pétaloïde, sex-partit, ou sex-fide, à divisions campanulées-conniventes, ou étalées. — Étamines 6, insérées soit sur le réceptacle, soit à la base, ou rarement à la gorge du périanthe (*Cordyline*). *Filets* filiformes, quelquefois renflés au sommet (*Dianella*). *Anthères* bi-loculaires, basifixes, linéaires, ou sagittées, ou rarement dorsifixes (*Asparagus*) et versatiles (*Cordyline*). — Ovaire à 3 loges uni-bi-pluri-ovulées. *Ovules* insérés à l'angle central des loges, semi-anatropes, ou anatropes. *Style* simple. *Stigmate* 3-lobé. — Baie globuleuse, ou 3-lobée, 3-loculaire, souvent 1-séminée par avortement. — Graines sub-globuleuses, ou ovoïdes, ou anguleuses, à *testa* noir, brillant, crustacé, ou coriace, à *hile* généralement ventral, quelquefois strophiolé (*Cordyline*). *Albumen* charnu. — Embryon axile, ou excentrique, droit, ou arqué, à extrémité radiculaire centripète, ou infère, ou vague.

## GENRES PRINCIPAUX.

| | | | | | |
|---|---|---|---|---|---|
| *Dianelle, | *Dianella.* | Myrsiphylle, | *Myrsiphyllum.* | Eustréphus, | *Eustrephus.* |
| *Cordyline, | *Cordyline.* | *Asperge, | *Asparagus.* | *Dragonnier. | *Dracæna.* |

Les *Asparagées* sont intermédiaires entre les *Liliacées* et les *Smilacées*, et ont avec elles d'étroites affinités, qui rendent difficile leur séparation. Elles ne se distinguent en effet des Liliacées que par leur fruit baccien, et tiennent surtout à la Tribu des *Hyacinthinées* et aux *Asphodèles* par leur testa noir et crustacé. Elles sont encore plus voisines des *Smilacées* par leur fruit charnu et par leur port, et la nature différente du testa est le seul caractère qui s'oppose à leur réunion ; cette différence n'avait pas arrêté Jussieu et A. Richard, et aujourd'hui la plupart des Botanistes réunissent en un seul ordre les Asparagées, les Smilacées et les Liliacées proprement dites; mais cette annexion donne à beaucoup d'autres Genres voisins le droit de réclamer pour eux le titre de Liliacées, et dès lors la délimitation de l'un des groupes les plus naturels du Règne Végétal devient très-incertaine. La nécessité de circonscrire nettement les Familles pour simplifier leur étude nous a fait juger plus convenable d'isoler les Liliacées, les Asparagées et les Smilacées, et nous avons placé dans leur voisinage, comme apparentés, les *Aphyllanthes*, les *Xerotes*, les *Abama*, les *Ophiopogon*, les *Aspidistra*, etc.

Les Espèces du Genre *Asparagus* sont dispersées dans les régions tempérées et chaudes de l'ancien Continent et manquent dans le nouveau. Les *Cordyline* vivent sous la zone inter-tropicale de l'hémisphère Sud. Les *Dianella* sont dispersés à Madagascar, dans les régions tropicales de l'Inde, la Malaisie, la Polynésie, l'Australie et la Nouvelle-Zélande. Les *Eustrephus* appartiennent à l'Australie. Les *Myrsiphyllum* sont limités à l'Afrique australe. Les vrais *Dracæna* se rencontrent au Brésil, dans l'Inde, en Afrique et dans les îles qui en dépendent.

Les *Asparagées* ne se distinguent pas moins des vraies Liliacées par leurs propriétés que par leurs caractères botaniques, surtout en ce qui concerne les organes de la végétation. Les racines de l'*Asperge* (*Asparagus officinalis*) faisaient partie, dans l'ancienne médecine, des *cinq racines apéritives majeures;* ses baies et ses graines étaient également préconisées comme diurétiques et aphrodisiaques. L'*Asperge* est cultivée dans toute l'Europe, à cause de ses turions, très-recherchés comme aliment, et dont on prépare un sirop sédatif, recommandé dans les affections du cœur. Les chimistes en ont extrait un principe immédiat particulier (*asparagine*), auquel l'Asperge doit ses propriétés, et qui existe en plus grande quantité dans une Espèce méditerranéenne (*A. acutifolius*). — Les racines des *Cordyline* sont usitées dans l'Asie tropicale contre la dysenterie; les fleurs du *C. reflexa* passent pour emménagogues. Le *C. australis*, des îles de la mer du Sud, produit une racine charnue, que les indigènes de la Nouvelle-Zélande désignent par le nom de *ti*, et dont ils se nourrissent; ils en préparent aussi une boisson spiritueuse, recherchée par les marins européens à cause de ses qualités antiscorbutiques. — La racine du *Dianella odorata* est employée à Java, selon Blume, avec d'autres aromates, pour composer des pastilles fumantes.

Le *Dragonnier* (*Dracæna Draco*), remarquable par ses dimensions monstrueuses et sa prodigieuse longévité, laisse exsuder de son tronc un suc résineux rouge, qui est rangé parmi les diverses espèces de *sang-dragon*, employées en médecine comme astringent. Cette résine a son analogue chez les *Xanthorrhœa*, que nous avons rapprochés des *Xérotidées*. — C'est surtout le *Dragonnier d'Orotava*, que les voyageurs vont visiter à Ténériffe. Son tronc, jusqu'aux premières branches, s'élève à une hauteur de 24 mètres, et dix hommes se tenant par la main peuvent à peine en embrasser la circonférence. Lorsque l'île de Ténériffe fut découverte en 1402, la tradition rapporte qu'il était déjà aussi gros qu'aujourd'hui, et ce qui confirme cette tradition, c'est la lenteur avec laquelle croissent les jeunes *Dragonniers* qui vivent aux Canaries, et dont l'âge est exactement connu. Cette comparaison donne lieu à des calculs qui permettent de penser que le Dragonnier d'Orotava est le plus vieux des Végétaux vivant aujourd'hui sur la surface du globe.

# LILIACÉES, *LILIACEÆ.*

(LILIACEÆ ET NARCISSORUM *pars, Juss.* — HEMEROCALLIDEÆ ET ASPHODELEÆ, *Brown.* LILIACEÆ, TULIPACEÆ ET ASPHODELEÆ, *De Candolle.*)

FLEURS ☿. PÉRIANTHE *infère, pétaloïde, hexamère, bi-sérié.* ÉTAMINES 6, *hypogynes, ou périgynes.* OVAIRE *supère à 3 loges pluri-multi-ovulées.* STYLE *simple.* FRUIT *capsulaire.* GRAINES *à testa membraneux, ou crustacé.* ALBUMEN *charnu,* EMBRYON *monocotylédoné.* — TIGE *ou* HAMPE *à racine bulbeuse, ou tubéreuse, ou fibreuse-fasciculée.*

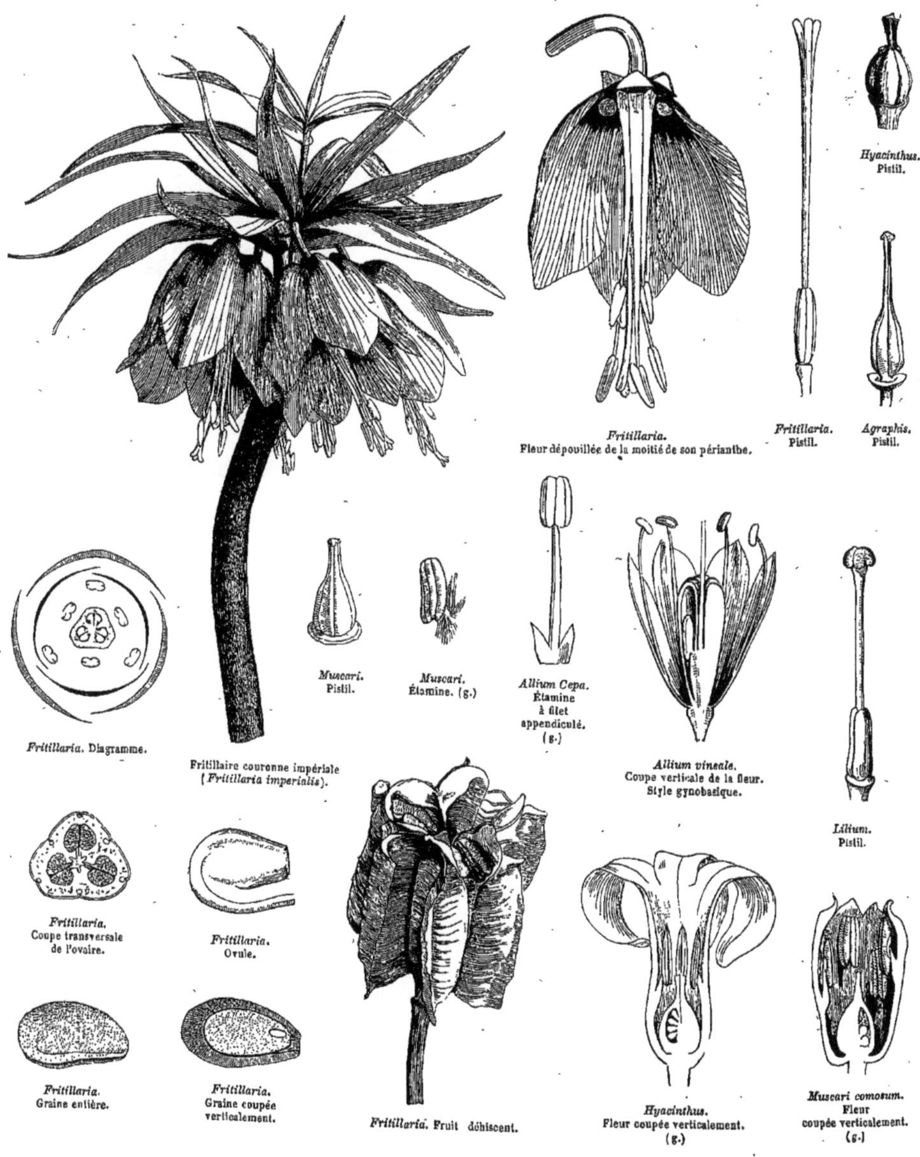

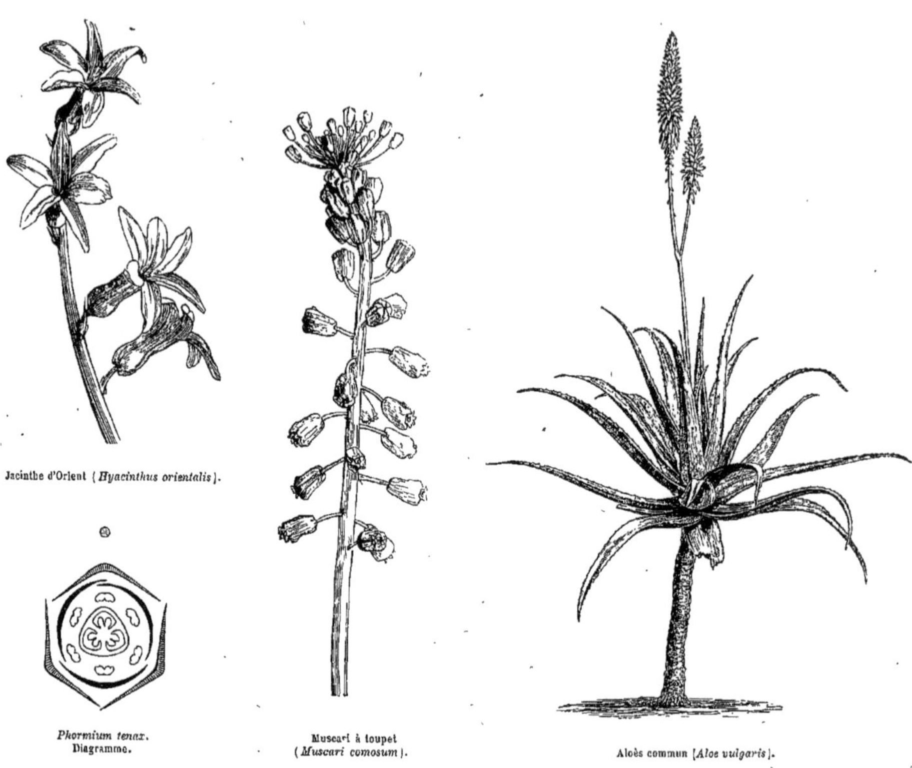

Jacinthe d'Orient (*Hyacinthus orientalis*).

*Phormium tenax*. Diagramme.

Muscari à toupet (*Muscari comosum*).

Aloès commun (*Aloe vulgaris*).

Plantes herbacées, vivaces, très-rarement annuelles, quelquefois frutescentes, ou arborescentes, à racine bulbeuse, ou tubéreuse, ou fibreuse-fasciculée, ou à rhizôme rampant. — Tige simple, ou rameuse au sommet, droite, ou flexueuse; ou Hampe aphylle, dressée, très-rarement volubile (*Streptolirion*). — Feuilles simples, entières, engaînantes ou amplexicaules, les radicales ramassées, les caulinaires ordinairement sessiles, généralement linéaires, ou planes, ou canaliculées, quelquefois cylindriques, rarement terminées par une vrille (*Methonica*). — Fleurs ☿, le plus souvent terminales, tantôt solitaires, tantôt disposées en grappe, ou en épi, ou en ombelle, ou en tête, rarement en panicule (*Yucca*), munies de bractées scarieuses, ou spathacées, régulières, ou très-rarement bilabiées (*Daubenya*). — *Périanthe* infère, pétaloïde, à 6 divisions bi-sériées, distinctes, ou formant un tube sex-fide au sommet, quelquefois nectarifères à la base (*Fritillaria*). Préfloraison imbriquée. — Étamines 6, insérées sur le réceptacle, ou à la base du périanthe. *Filets* distincts, filiformes, ou planes, quelquefois appendiculés, ou 3-dentés, à dent intermédiaire anthérifère. *Anthères* introrses, 2-loculaires, basifixes, ou dorsifixes, ou versatiles, à déhiscence longitudinale. — Ovaire libre à 3 loges pluri-multi-ovulées. *Ovules* insérés à l'angle central des loges, anatropes, ou semi-anatropes. *Style* simple, terminal, ou rarement gynobasique (*Allium vineale*, etc.). *Stigmates* 3, plus ou moins distincts. — Fruit sec, très-rarement baccien (*Sanseviera*, *Lomatophyllum*) ou sub-baccien (*Yucca*, qq. *Asphodelus*). — Capsule 3-loculaire à 3 valves loculicides, ou rarement septicides (*Calochortus*, *Agapanthus*, *Kniphofia*, etc.). — Graines généralement nombreuses, à *testa* varié, tantôt membraneux, ou subéreux, pâle, quelquefois marginé; tantôt crustacé, fragile, noir. *Albumen* charnu. — Embryon axile, ou excentrique, de longueur variable, droit, ou diversement courbé, à extrémité radiculaire voisine du hile.

## Tribu I. — TULIPACÉES, *TULIPACEÆ.*

Périanthe à folioles distinctes ou cohérentes à la base, quelquefois nectarifères. Étamines hypogynes, ou obscurément périgynes. Ovules anatropes. Fruit capsulaire, ou rarement baccien. Graines généralement comprimées, à testa d'un brun pâle, spongieux, ou dur. Embryon petit, droit, ou sub-arqué, basilaire. — Herbes à racine généralement bulbeuse, quelquefois tubéreuse (*Methonica*) ou à tige frutescente et annelée (*Yucca*).

GENRES PRINCIPAUX.

| | | | | | |
|---|---|---|---|---|---|
| *Tulipe, | *Tulipa.* | *Méthonique, | *Methonica.* | *Erythrone, | *Erythronium.* |
| *Lis, | *Lilium.* | Gagée, | *Gagea.* | *Yucca, | *Yucca.* |
| *Fritillaire, | *Fritillaria.* | Loydie, | *Lloydia.* | *Calochortus, | *Calochortus.* |

## Tribu II. — HÉMÉROCALLIDÉES, *HEMEROCALLIDEÆ.*

Périanthe tubuleux, à limbe sex-fide. Étamines insérées sur le périanthe. Fruit capsulaire. Ovules anatropes, Graines plus ou moins comprimées, à testa membraneux, ordinairement pâle. Embryon axile, droit. — Herbes vivaces, à racine tubéreuse, ou fibreuse.

GENRES PRINCIPAUX.

| | | | | | |
|---|---|---|---|---|---|
| *Funkia, | *Funkia.* | *Tubéreuse, | *Polianthes.* | Brodiæa, | *Brodiæa.* |
| *Phormium, | *Phormium.* | *Blandfordia, | *Blandfordia.* | *Triteleïa, | *Triteleia.* |
| *Agapanthe, | *Agapanthus.* | Leucocoryne, | *Leucocoryne.* | *Hémérocalle, | *Hemerocallis.* |

## Tribu III. — ALOÏNÉES, *ALOINEÆ.*

Périanthe tubuleux, sex-fide, ou sex-denté, ou sex-partit. Étamines insérées sur le réceptacle ou sur le tube du périanthe. Ovules anatropes. Fruit capsulaire, ou rarement baccien. Graines comprimées ou anguleuses, ou ailées, à testa membraneux-pâle, ou noir et crustacé. Embryon axile, droit. — Herbes vivaces, quelquefois frutescentes, ou arborescentes et à feuilles charnues (*Aloès*), à racines fibreuses-fasciculées, souvent renflées.

GENRES PRINCIPAUX.

| | | | | | |
|---|---|---|---|---|---|
| *Sansevière, | *Sanseviera.* | *Aloès, | *Aloe.* | *Asphodèle, | *Asphodelus.* |
| Kniphofia, | *Kniphofia.* | Lomatophylle, | *Lomatophyllum.* | *Érémure, | *Eremurus.* |
| *Tritome, | *Tritoma.* | | | | |

## Tribu IV. — HYACINTHINÉES, *HYACINTHINEÆ.*

Périanthe tubuleux, ou sex-partit. Étamines insérées sur le réceptacle, ou sur le tube du périanthe. Ovules anatropes, ou semi-anatropes. Fruit capsulaire. Graines globuleuses, ou anguleuses, à testa crustacé, noir. Embryon droit, ou courbé, à radicule regardant le hile. — Herbes à racine bulbeuse, ou fibreuse-fasciculée.

GENRES PRINCIPAUX.

| | | | | | |
|---|---|---|---|---|---|
| *Muscari, | *Muscari.* | *Eucomis, | *Eucomis.* | Thysanotus, | *Thysanotus.* |
| Bellevalia, | *Bellevalia.* | *Scille, | *Scilla.* | *Arthropode, | *Arthropodium.* |
| *Hyacinthe, | *Hyacinthus.* | *Urginée, | *Urginea.* | *Bulbine, | *Bulbine.* |
| *Weltheimia, | *Weltheimia.* | *Ornithogale, | *Ornithogalum.* | *Anthéric, | *Anthericum.* |
| Uropétale, | *Uropetalum.* | *Albuca, | *Albuca.* | *Phalangie, | *Phalangium.* |
| *Agraphis, | *Agraphis.* | Myogale, | *Myogalum.* | *Cyanelle, | *Cyanella.* |
| *Lachenalia, | *Lachenalia.* | *Ail, | *Allium.* | | |

Nous avons indiqué les étroites affinités qui rendent presque inséparables les *Liliacées*, les *Asparagées* et les *Smilacées*; ce groupe peut être regardé comme un centre auquel se rattachent, par des intermédiaires plus ou moins nombreux, la plupart de ceux qui composent l'Embranchement des Monocotylédones : c'est ainsi que les *Joncées*, voisines de certaines Mélanthacées et des Liliacées, les relient aux autres Familles à ovaire libre, et que, d'un autre côté, les *Amaryllidées* et les *Dioscorées*, qui sont les unes des Liliacées, les autres des Smilacées à ovaire infère, les mettent en communication avec les Monocotylédones épigynes.

Les *Liliacées* sont répandues par toute la terre, excepté sous la zone glaciale; elles habitent principalement les régions tempérées et subtropicales de l'ancien continent. — Les *Tulipacées*, excepté le Genre *Methonica*, appartiennent à l'hémisphère Nord. Les *Hémérocallidées* se rencontrent plus fréquemment au-delà du Capricorne, rarement dans l'Amérique septentrionale et au Japon. Les *Aloïnées* ont pour séjour principal l'Afrique australe; les *Asphodèles* habitent l'Europe. Les *Hyacinthinées*, qui l'emportent sur les autres Tribus pour le nombre des Espèces, vivent dans les parties tempérées des deux hémisphères; elles sont surtout fréquentes dans la région méditerranéenne, et se rencontrent en Australie. La plupart des Genres sont exclusivement propres à certaines contrées : ainsi les *Drimia, Eucomis, Lachenalia*, habitent le sud de l'Afrique; les *Arthropodium* sont australiens, tandis que les *Scilla, Urginea*, etc., sont dispersés en Europe, en Afrique et au Japon. Le Genre *Allium* est répandu dans toute l'Europe orientale et dans l'Asie septentrionale et méditerranéenne.

La Famille des Liliacées fournit aux adonistes un grand nombre d'Espèces remarquables par la beauté de leurs fleurs : à leur tête se place la *Tulipe* (*Tulipa Gesneriana*), dont les variétés sont encore recherchées avec passion par les amateurs, surtout en Belgique et en Hollande. Parmi les principaux Genres cultivés pour l'ornement des jardins, il faut mentionner, après les *Tulipes*, les Genres *Jacinthe, Lis, Tubéreuse, Yucca, Agapanthus, Tritoma, Hémérocalle, Funkia, Fritillaire, Methonica*, etc.

Les Liliacées contiennent un mucilage abondant, souvent riche en sucre et en fécule, une substance résineuse, amère, une huile volatile âcre et un principe extractif, combinés dans des proportions très-diverses : c'est à cette diversité de composition qu'elles doivent celle de leurs propriétés : les unes, en effet, sont condimentaires, ou alimentaires ; les autres fournissent des médicaments plus ou moins énergiques ; quelques-unes sont même vénéneuses.

Les bulbes de plusieurs Liliacées de la Tribu des *Tulipacées* étaient jadis conservés dans les officines à cause de leur principe amer-âcre, analogue à celui de la *Scille*. — La racine de l'*Erythronium dens-canis* était autrefois préconisée en Europe comme anthelminthique et aphrodisiaque; les Espèces propres à l'Amérique septentrionale y sont employées pour déterminer le vomissement. — Les racines du *Methonica* passent pour très-vénéneuses ; les bulbes des *Gagea*, plus mucilagineuses et moins âcres, servent aussi de vomitif. Ceux des *Lis* (*Lilium candidum*, etc.), très-riches en fécule, sont employés en cataplasme, comme émollients. — Les fruits des *Yucca* sont purgatifs ; leur racine est employée en guise de savon.

Dans la Tribu des *Hémérocallidées*, nous ne trouvons à mentionner, comme espèces utiles, que la *Tubéreuse* (*Polianthes tuberosa*), dont les fleurs sont usitées dans la parfumerie, et le *Lin de la Nouvelle-Zélande* (*Phormium tenax*), cultivé dans quelques parties de la France occidentale pour l'extraction des fibres de ses feuilles, qui peuvent servir à la fabrication de cordages. — La fleur des *Hemerocallis* était mise jadis au nombre des médicaments cordiaux.

La Tribu des *Aloïnées* est constituée presque entièrement par les *Aloès*, Plantes à feuilles épaisses, charnues, cassantes, qui possèdent, sous leur épiderme, des vaisseaux propres, remplis d'un suc résineux excessivement amer et très-usité en médecine comme tonique, purgatif-drastique et emménagogue; les principales espèces qui le fournissent sont les *Aloe ferox*, *spicata, plicatilis*, *arborescens*, du Cap de Bonne-Espérance, l'*A. soccotrina*, qui croît à Soccotora et dans l'Afrique australe, l'*A. vulgaris*, indigène du Cap, comme les premières, aujourd'hui naturalisé dans l'Inde et en Amérique, et cultivé dans quelques parties de la région méditerranéenne. — Les *Sanseviera* croissent dans l'Inde : la racine de quelques Espèces est administrée contre les affections des muqueuses urétrale et pulmonaire, et contre les douleurs rhumatismales. Le feuilles de quelques autres (*S. cylindrica*, etc.) sont riches en fibres textiles d'une très-grande finesse.

L'Espèce la plus importante de la Tribu des *Hyacinthinées* est la *Scille* (*Squilla maritima*), qui croît principalement en Algérie : son bulbe, très-volumineux, se compose de tuniques nombreuses, remplies d'un suc visqueux, très-amer, très-âcre, et même corrosif, qui contient un principe particulier (*scillitine*) auquel la *Scille* doit une partie de ses propriétés. La *Scille* est un puissant diurétique et un incisif efficace pour faciliter l'expectoration et même pour déterminer le vomissement. — On l'emploie aussi dans l'industrie pour le tannage des cuirs. — Les bulbes du *Camassia esculenta* sont alimentaires et recherchées par quelques tribus indiennes de l'Amérique du Nord.

Les nombreuses Espèces du Genre *Ail*, contenant pour la plupart des matières nutritives, associées à une huile volatile sulfurée, de saveur âcre et d'odeur irritante, doivent à ces principes des propriétés alimentaires et médicinales. Le bulbe de l'*Ail cultivé* (*Allium sativum*), usité dans l'art culinaire comme assaisonnement, l'est également en médecine, comme rubéfiant à l'extérieur et vermifuge à l'intérieur; il entre aussi, avec le camphre, dans la composition d'un prophylactique célèbre, connu sous le nom de *vinaigre des quatre voleurs*.—Les autres Espèces d'*Ail*, cultivées comme condimentaires, sont : l'*Oignon commun* (*Allium Cepa*), l'*Oignon d'hiver* (*A. fistulosum*), l'*Échalotte* (*A. ascalonicum*), le *Poireau* (*A. Porrum*), le *faux-Poireau* (*A. Ampeloprasum*), la *Rocambole* (*A. Scorodoprasum*), la *Civette* ou *Ciboule* (*A. Schœnoprasum*). — Plusieurs autres *Allium* (*A. Moly, nigrum, Dioscoridis, Victorialis, ursinum*, etc.), jadis rangés parmi les Espèces officinales, sont aujourd'hui tombés en désuétude. Il en est de même des Genres *Hyacinthus, Muscari, Ornithogalum*, dont les bulbes étaient employés par l'ancienne médecine comme purgatifs et diurétiques; ceux de l'*Ornithogalum altissimum* sont encore usités au Cap contre l'asthme et les catarrhes pulmonaires. Les racines tubéreuses des *Anthericum* et des *Asphodelus* perdent leur âcreté par la dessiccation ou l'eau bouillante; elles passaient autrefois pour diurétiques et emménagogues; on se servait de l'*Asphodèle* (*A. ramosus*) comme d'un succédané de la *Scille*. Les racines tubéreuses de cette Espèce ont attiré récemment l'attention de quelques industriels pour l'extraction d'une liqueur alcoolique.

Les *Tulbaghia alliacea, cepacea*, etc., à odeur alliacée, ont une racine composée de fibres épaisses, que l'on fait cuire dans du lait, et qu'on administre au Cap contre la phthisie et les maladies vermineuses.

## GROUPES VOISINS DES LILIACÉES.

ÉRIOSPERMÉES. — Herbes vivaces, à racine tubéreuse. Feuilles *précoces*, petiolées, arrondies, épaisses, *à nervures saillantes réticulées*, à limbe bulbillifère ou gemmifère inférieurement. Hampe croissant après la destruction des feuilles, simple, cylindrique. Fleurs ☿, en grappe, ou en panicule; pédicelles munis à leur base d'une bractée scarieuse. Périanthe pétaloïde 6-partit, campanulé, persistant. Étamines 6, insérées au fond du périanthe. Filets planes, dilatés à leur base. Anthères *sagittées-didymes*, incombantes. Ovaire libre, à 3 loges *pauci-ovulées*. Ovules *insérés au fond de la loge*, *ascendants*, anatropes. Style filiforme, trigone. Stigmate sub-capité, obscurément tri-fide. Capsule membraneuse, ovoïde-trilobée-trigone, à 3 valves loculicides médioseptifères. Graines peu nombreuses, ou solitaires, dressées, lancéolées; testa mince, couvert de longs poils soyeux redressés à la chalaze, et dépassant l'amande. — GENRE : *Eriospermum.*

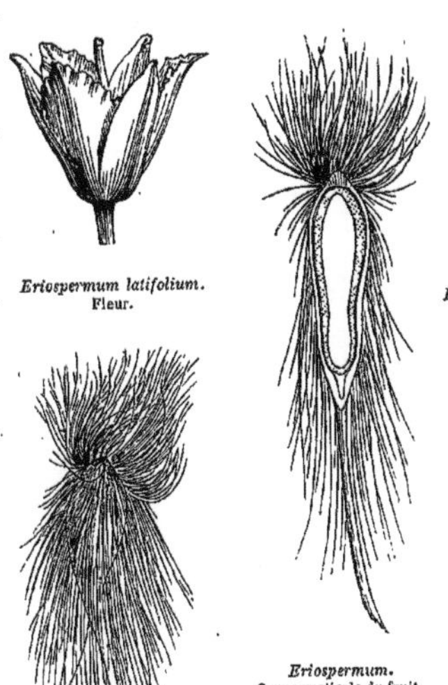

*Eriospermum latifolium.* Fleur.

*Eriospermum.* Ovule.

*Eriospermum.* Coupe verticale du fruit.

*Eriospermum.* Graine. (g.)

Plantes acaules de l'Afrique australe. — La villosité des graines est le seul caractère qui distingue les *Eriospermées* des *Liliacées*, différence qui, du reste, s'observe entre les Genres des *Malvacées*, *Ternstrœmiacées*, *Convolvulacées*, et qui ne les a pas dissociés.

Les tubercules d'une Espèce, de couleur écarlate, sont employées en topique pour la guérison des ulcères.

CONANTHÉRÉES. — Plantes indigènes du Pérou et du Chili. Herbes acaules. Racine tubéro-bulbeuse, à tuniques fibreuses. Hampe rameuse, munie de bractées. Fleurs ☿, bleues, en panicule. Périanthe pétaloïde *adhérent à l'ovaire par sa base*, à limbe sex-partit, tordu en spirale après la floraison, et se détachant ensuite transversalement au-dessus de sa base. Étamines 6, insérées sur le périanthe. Filets comprimés, courts, glabres. *Anthères basifixes conniventes en cône, s'ouvrant par un pore à leur sommet.* Ovaire sub-adhérent, à 3 loges multi-ovulées. Style filiforme. Stigmate simple. Capsule à 3 valves loculicides. Graines globuleuses. — GENRES : *Conanthera*, *Cummingia*, *Zephyra*, etc.

GILLIÉSIÉES. — Plantes du Chili. Herbes bulbeuses, glabres. Feuilles radicales linéaires. Fleurs ☿, peu apparentes, disposées en ombelle munie *d'un double involucre coloré*. Périanthe verdâtre, charnu, tantôt à 3 folioles bilabiées (*Gilliesia*); tantôt régulier, urcéolé, sex-denté (*Miersia*). Étamines 6, tantôt adnées à la base du périanthe, et soudées en godet, *les* 3 *postérieures stériles* (*Gilliesia*); tantôt minimes, insérées à la gorge du périanthe (*Miersia*). Ovaire à 3 loges multi-ovulées. Style filiforme. Stigmate capité. Capsule à 3 valves médioseptifères. Graines à testa crustacé, noir. — GENRES : *Gilliesia*, *Miersia*.

# PONTÉDÉRIACÉES, *PONTEDERIACEÆ*.

## (PONTEDERIACEÆ, *A. Richard.* — PONTEDEREÆ, *Kunth.*)

FLEURS ☿. PÉRIANTHE *infère, pétaloïde, sex-partit, irrégulier, persistant.* ÉTAMINES *insérées sur le périanthe,* 6, *ou* 3 *opposées aux segments internes.* OVAIRE *supère, à* 3 *loges multi-ovulées, ou à* 2 *loges stériles et une fertile* 1*-ovulée.* FRUIT *capsulaire, enveloppé par le périanthe devenu charnu.* ALBUMEN *farineux.* EMBRYON *monocotylédoné, droit, axile.* — PLANTES *palustres.* TIGE *herbacée.* FEUILLES *alternes, à pétiole engaînant.*

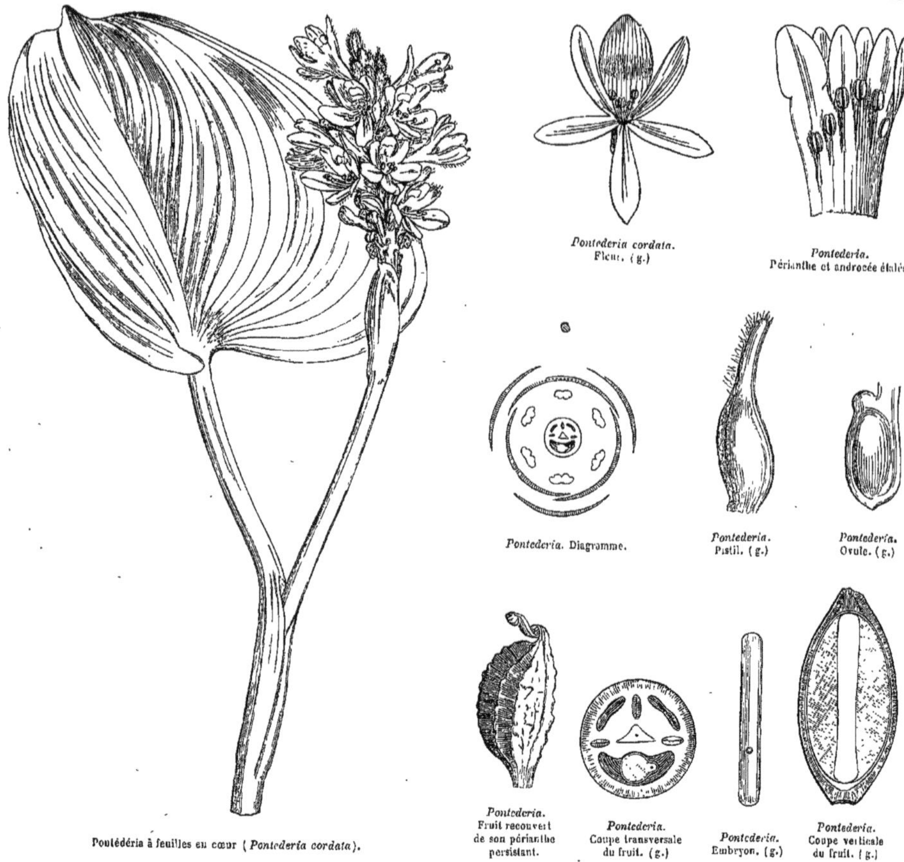

*Pontederia cordata.* Fleur. (g.)

*Pontederia.* Périanthe et androcée étalés.

*Pontederia.* Diagramme.

*Pontederia.* Pistil. (g.)

*Pontederia.* Ovule. (g.)

Pontédéria à feuilles en cœur (*Pontederia cordata*).

*Pontederia.* Fruit recouvert de son périanthe persistant.

*Pontederia.* Coupe transversale du fruit. (g.)

*Pontederia.* Embryon. (g.)

*Pontederia.* Coupe verticale du fruit. (g.)

Herbes vivaces, aquatiques, ou palustres, à rhizôme raccourci, ou à tiges radicantes. — Feuilles alternes; *pétiole* cylindrique, ou vésiculeux, largement engaînant à la base; *limbe* ovale, arrondi, ou sub-cordiforme, à nervures arquées, quelquefois remplacé par un phyllode pétiolaire représentant une feuille à nervures parallèles (*Heteranthera*). — Inflorescence axillaire, ou sub-terminale. — Fleurs en épi, ou en panicule, dépourvues de bractées, généralement sessiles. — Périanthe infère, pétaloïde, glanduleux, ou poilu extérieurement, ordinairement blanc, ou bleu, ou violet, infundibuliforme ou hypocratériforme; *tube* plus ou moins allongé; *limbe* sex-partit, à segments inégaux, obscurément bi-sériés, dont le médian interne supérieur et plus large; bi-labiés-ringents, enroulés en spirale dans la préfloraison, marcescents, ou succulents. — Étamines insérées sur le tube ou sur la gorge du périanthe, tantôt 6, opposées aux six segments du périanthe; tantôt 3 intérieures, opposées aux segments internes, l'antérieure ordinairement dissemblable. *Filets* filiformes, arqués, quelquefois épaissis au milieu. *Anthères* introrses, basi-dorsi-fixes, à 2 loges parallèles s'ouvrant longitudinalement. — Ovaire libre, à 3 loges pluri-ovulées, quelquefois sub-uni-loculaire à 3 loges incomplètes, dont 2 plus petites et vides et une fertile uni-ovulée. *Ovules* anatropes, tantôt plusieurs horizontaux, ou dressés; tantôt un seul pendant. *Style* terminal, simple. *Stigmate* épais, unilatéral, ou obscurément 3-lobé. — Capsule enveloppée par la base persistante du périanthe, à 3 loges multi-séminées, à 3 valves loculicides médio-septifères, ou indéhiscente, 1-loculaire, uni-séminée. — Graines nombreuses, insérées à l'angle central des loges, ou solitaires, pendantes au sommet de la loge fertile, oblongues-cylindriques; *testa* chartacé, relevé de stries ou de côtes; *raphé* filiforme peu apparent; *chalaze* apicale épaissie. *Albumen* farineux. — EMBRYON droit, axile, claviforme, ou cylindrique, à extrémité radiculaire voisine du hile.

GENRES PRINCIPAUX.

| | | | | | |
|---|---|---|---|---|---|
| Hétéranthéra, | *Heteranthera.* | *Pontédéria, | *Pontederia.* | Reussia, | *Reussia.* |

Les *Pontédériacées* ont été placées par M. Brongniart dans une même classe avec les *Broméliacées*, les *Vellosiées* et les *Hémodoracées :* elles diffèrent des deux dernières par leur ovaire libre et leur albumen farineux; des *Broméliacées* par leur périanthe complétement pétaloïde, leur androcée souvent triandre, leur ovaire à loges inégales, et leur embryon axile aussi long que l'albumen. — Elles se rapprochent des *Asphodèles* par leur périanthe et leur androcée; mais elles s'en éloignent par le port, la préfloraison et la nature de l'albumen.

Les *Pontédériacées* habitent surtout l'Amérique entre le 40ᵉ degré de latitude N. et le 30ᵉ degré de latitude S.; elles sont rares dans l'Afrique et l'Asie tropicales.

Le *Pontederia vaginalis* est estimé comme Plante médicinale au Japon, à Java et sur la côte de Coromandel; sa racine y est employée en décoction dans les maladies du foie et de l'estomac; réduite en poudre et mêlée à du sucre, elle est administrée comme anti-asthmatique; on l'emploie en masticatoire contre les odontalgies; ses feuilles, broyées et mêlées à du lait, sont recommandées dans les affections cholériques; ses jeunes pousses sont comestibles.

# JONCÉES, *JUNCEÆ*.

## (JUNCI, *Jussieu.* — JUNCEÆ, *De Candolle.* — JUNCACEÆ, *Agardh.*)

FLEURS *généralement* ☿. PÉRIANTHE *infère, hexaphylle, glumacé, bi-sérié.* ÉTAMINES 6, *ou rarement* 3, *insérées à la base des folioles du périanthe.* OVAIRE *supère, à* 3 *ou* 1 *loges, uni-multi-ovulées.* OVULES *dressés, anatropes.* CAPSULE 1-3-*loculaire, à déhiscence loculicide, ou septifrage.* GRAINES *albuminées.* EMBRYON *monocotylédoné, basilaire, à radicule infère.* — TIGE *herbacée.* FEUILLES *alternes, engaînantes.*

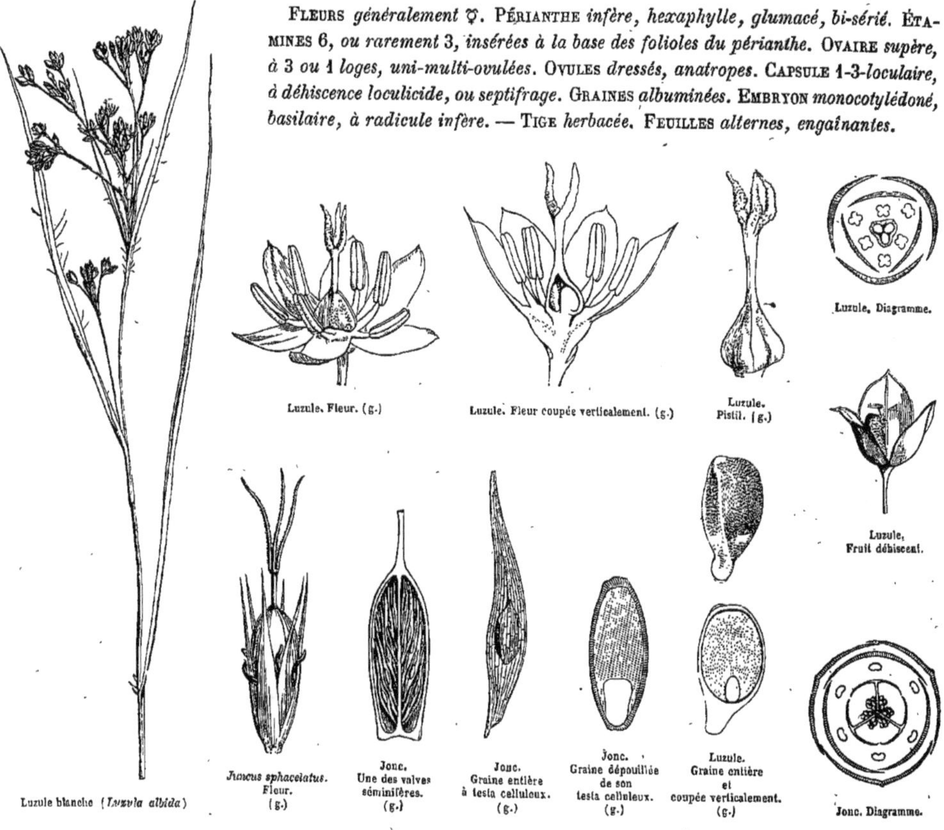

Luzule blanche (*Luzula albida*)

Luzule. Fleur. (g.)

Luzule. Fleur coupée verticalement. (g.)

Luzule. Pistil. (g.)

Luzule. Diagramme.

Luzule. Fruit déhiscent.

*Juncus sphacelatus.* Fleur. (g.)

Jonc. Une des valves séminifères. (g.)

Jonc. Graine entière à testa celluleux. (g.)

Jonc. Graine dépouillée de son testa celluleux. (g.)

Luzule. Graine entière et coupée verticalement. (g.)

Jonc. Diagramme.

HERBES annuelles, ou vivaces, à rhizôme cespiteux, ou rampant. — TIGES cylindriques, spongieuses, ou quelquefois cloisonnées par des diaphragmes médullaires; simples, ou rarement rameuses, feuillées, ou quelquefois raccourcies et émettant des hampes florifères. — FEUILLES alternes, engaînantes à la base, à limbe linéaire-aigu, nerveux-strié, entier, ou denticulé, glabre, ou poilu, tantôt plane, tantôt canaliculé, ou cylindrique, tantôt comprimé et cloisonné, ainsi que les tiges, enfin quelquefois avorté. — FLEURS ☿, ou diclines par avortement, régulières, disposées en cyme, ou en épi, ou en tête, rarement solitaires, pourvues chacune d'une bractéole. — PÉRIANTHE à 6 folioles bi-sériées, égales, glumacées-scarieuses, persistantes. *Préfloraison* imbriquée. — ÉTAMINES ordinairement 6, opposées aux folioles du périanthe, et insérées à leur base, ou quelquefois hypogynes, rarement 3, opposées aux folioles externes du périanthe. *Filets* filiformes, libres, ou soudés ensemble par leur base. *Anthères* introrses, 2-loculaires, à déhiscence longitudinale. — OVAIRE libre, 3-loculaire, ou 1-loculaire (*Luzula, Rostkovia*). *Ovules* 3, basilaires, ou nombreux et à placentation centrale, ou pariétale, dressés, ou ascendants, anatropes. *Style* terminal simple. *Stigmates* 3, filiformes, papilleux. — CAPSULE 1-3-loculaire à 3 valves médio-septifères, quelquefois cohérentes à leur base, rarement à déhiscence septifrage. — GRAINES 3-∞, petites, arrondies, ou anguleuses à testa membraneux, ou fusiformes à *testa* celluleux, lâche. *Albumen* charnu-dense, rarement farineux (*Prionium*). — EMBRYON inclus, basilaire, à extrémité radiculaire épaisse, voisine du hile et infère.

GENRES PRINCIPAUX.

| | | |
|---|---|---|
| Luzule, *Luzula.* | Prionie, *Prionium.* | *Jonc, *Juncus.* |

Les *Joncées*, voisines des *Liliacées* par plusieurs points de leur organisation, s'en éloignent surtout par leur périanthe glumacé et par leur port, qui rappelle celui des *Cypéracées* et des *Graminées*, de même que les Espèces triandres se rapprochent des *Restiacées*; mais, chez ces dernières, les 3 étamines sont opposées aux sépales internes, les ovules sont orthotropes et pendants, etc. — Les Genres *Xerotes, Aphyllantes, Abama*, rangés autrefois parmi les *Joncées*, en ont été retirés pour prendre rang à la suite des *Smilacées*, etc.

Les *Joncées* habitent les prairies humides et les marécages, ou les localités herbeuses et boisées des montagnes; elles sont en petit nombre dans les terrains secs. La plupart croissent dans les régions tempérées de l'hémisphère Nord, et quelques Espèces s'avancent jusque vers les régions polaires des deux hémisphères. Elles deviennent moins fréquentes à mesure qu'on s'approche de l'équateur. Les *Joncs* et les *Luzules* sont cosmopolites, et se rencontrent sur les plus hautes montagnes des deux Continents. Le Genre *Prionium* appartient à l'Afrique australe. Les *Rostkovia* habitent les terres magellaniques.

Les propriétés des *Joncées* offrent peu d'intérêt. Le fruit du *Juncus acutus*, torréfié et délayé dans du vin, excite, dit-on, la sécrétion urinaire et arrête la ménorrhagie, mais il occasionne des céphalalgies. — Le rhizôme des *J. conglomeratus, effusus, glaucus*, et surtout du *Luzula vernalis*, est préconisé comme diurétique dans la médecine populaire de l'Europe centrale. — Le *Juncus glaucus* est cultivé pour servir de liens aux jardiniers. — Les Chinois emploient la moelle de certaines Espèces pour en faire des mèches de chandelles.

# COMMÉLYNÉES, *COMMELYNEÆ.*

(JUNCORUM *Genera, Jussieu.* — EPHEMERÆ, *Batsch.* — COMMELINEÆ, *R. Brown.* COMMELYNACEÆ, *Lindley.*)

FLEURS ☿. PÉRIANTHE *infère, double. Sépales* 3. *Pétales* 3. ÉTAMINES 6, *hypogynes, toutes fertiles, ou quelques-unes stériles.* OVAIRE *supère, à* 3 *loges pauci-ovulées.* OVULES *orthotropes.* CAPSULE *à* 3-2 *loges, à déhiscence loculicide.* GRAINES *albuminées.* EMBRYON *monocotylédoné, antitrope.* — TIGE *herbacée.* FEUILLES *alternes.*

HERBES succulentes, annuelles à racine fibreuse, ou vivaces à rhizôme tubéreux. — TIGES cylindriques, noueuses. — FEUILLES alternes, simples, entières, engaînantes à la base, planes, ou canaliculées, molles, nerveuses, à gaîne entière. — FLEURS ☿, ou incomplètes par avortement de l'ovaire, régulières, ou sub-irrégulières, généralement de couleur bleue, solitaires, ou disposées en fascicule, en ombelle, en grappe; munies, soit de bractées, soit d'involucres spathiformes, ou cuculliformes, monophylles, ou diphylles. — PÉRIANTHE double, l'extérieur calycoïde, à 3 sépales, persistant; l'intérieur corollin, à 3 pétales distincts, sessiles, ou onguiculés, très-rarement réunis par leur base en tube court (*Cyanotis*); caducs, ou marcescents, quelquefois devenant charnus après la floraison (*Campelia*), l'un d'eux souvent dissemblable, ou oblitéré, ou avorté. *Préfloraison* imbriquée. — ÉTAMINES 6, hypogynes, opposées aux sépales et aux pétales, quelquefois rapprochées en 2 groupes (*Dichorisandra*), rarement 3-5 par avortement, quelques-unes souvent sans anthère. *Filets* filiformes, ordinairement garnis de poils articulés, à connectif dilaté. *Anthères* introrses, ou rarement une extrorse et 2 introrses dans la même fleur, 2-loculaires, à loges écartées, bordant le connectif, très-rarement adnées à sa face antérieure et contiguës-parallèles (*Dichorisandra*), à déhiscence longitudinale; tantôt toutes fertiles, tantôt quelques-unes stériles et difformes. — OVAIRE libre, 3-loculaire. *Ovules* insérés à l'angle central des loges, tantôt plus ou moins nombreux, peltés, fixés en 2 séries à des placentaires nerviformes; tantôt géminés, soit basifixes et collatéraux, soit superposés, l'un pendant, l'autre dressé. *Style* simple. *Stigmate* indivis, ou obscurément 3-lobé, ou quelquefois concave (*Cyanotis*). CAPSULE ordinairement accompagnée du périanthe persistant, 3-loculaire, ou 2-loculaire par avortement, à 3-2 valves loculicides, médio-septifères. — GRAINES peu nombreuses, ou solitaires, ovoïdes, ou anguleuses, ou peltées, ou presque carrées, à *testa* membraneux, duriuscule, rugueux, ou fovéolé, étroitement adhérent à l'albumen. *Albumen* charnu-dense. *Hile* ventral enfoncé, ou situé à l'une des extrémités de la graine et large. — EMBRYON en forme de poulie, plongé dans une fossette de l'albumen diamétralement opposée au hile. *Radicule* recouverte par une papille ou calotte (*embryotége*).

Éphémérine âpre (*Tradescantia subaspera*).

*Commelyna nilagirica.* Etamine, face interne.

*Commelyna nilagirica.* Etamine, face dorsale.

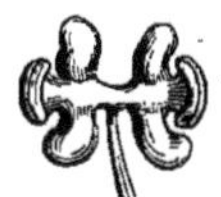

*Commelyna nilagirica.* Etamine stérile.

*Tradescantia Warczewiczii.* Diagramme.

*Commelyna nilagirica.* Diagramme montrant 2 anthères introrses, 1 extrorse et 3 stériles.

*Tradescantia virginica.* Calyce et pistil.

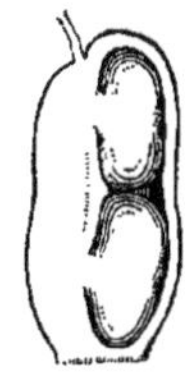

*Tradescantia virginica.* Coupe verticale de l'ovaire.

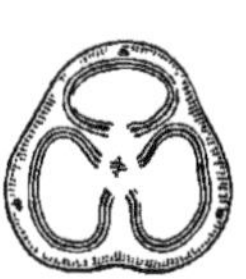

*Commelyna.* Coupe transversale de l'ovaire.

*Tradescantia virginica* Fruit déhiscent.

*Tradescantia virginica.* Ovule. (g.)

*Tradescantia Virginica.* Graine (g.), face hilaire.

*Tradescantia virginica.* Graine (g.), face micropylaire.

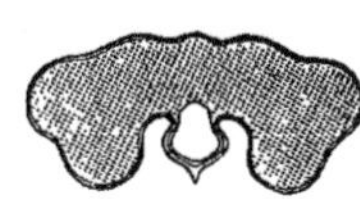

*Tradescantia virginica.* Graine coupée transversalement. (g.)

*Commelyna.* Embryotége recouvrant la radicule. (g.)

*Tradescantia virginica.* Embryon. (g.)

GENRES PRINCIPAUX.

| | | | | | |
|---|---|---|---|---|---|
| *Commélyne, | *Commelyna.* | Spironème, | *Spironema.* | Campélie, | *Campelia.* |
| *Éphémérine, | *Tradescantia.* | *Cyanotis, | *Cyanotis.* | *Dichorisandre, | *Dichorisandra.* |
| *Aneiléma, | *Aneilema.* | | | | |

Les *Commélynées* se distinguent, parmi les autres Familles monocotylédones, par leur périanthe double, nettement séparé, comme celui des *Alismacées*, en calyce et corolle. Elles s'éloignent, par leur port et leur structure, des *Joncées*, auxquelles on les joignait autrefois; elles se rapprochent des *Restiacées*, et surtout des *Xyridées*, par leur embryon antitrope et leurs feuilles engaînantes; mais celles-ci en diffèrent par plusieurs autres caractères, et notamment par la forme et la situation de leur embryon, qui est lenticulaire et appliqué extérieurement contre l'albumen.

Les *Commélynées* croissent dans les régions intertropicales des deux Continents, et surtout du Nouveau; elles se rencontrent en petit nombre dans l'Australie, où elles descendent jusqu'au 35e degré de latitude australe. Quelques-unes vivent en-deçà du Cancer, et s'étendent jusqu'au 40e parallèle septentrional.

On a recueilli peu de renseignements sur les propriétés des *Commélynées*. Beaucoup d'espèces possèdent un mucilage abondant, qui devient alimentaire par la coction. Les rhizômes tubéreux de quelques-unes contiennent, outre le mucilage, de la fécule qui ajoute à leur qualité nutritive : tels sont les *Commelyna tuberosa*, *cœlestis*, *angustifolia*, *stricta*, etc.; d'autres Espèces mexicaines sont administrées dans les maladies du foie. — Le rhizôme du *C. Rumphii* est vanté comme emménagogue. — Les tubercules du *C. medica* sont usités en Chine contre la toux, l'asthme, la pleurésie et la strangurie. — L'herbe du *Tradescantia malabarica*, cuite dans de l'huile, est employée dans le traitement de la lèpre et de l'impétigo. — Les Indiens boivent la décoction du *Cyanotis axillaris* pour combattre la tympanite. — Le *Tradescantia diuretica* est préconisé au Brésil.

# ÉRIOCAULONÉES, *ERIOCAULONEÆ.*

(JUNCORUM *Genera, Jussieu.* — ERIOCAULONEÆ, *L.-C. Richard.*)

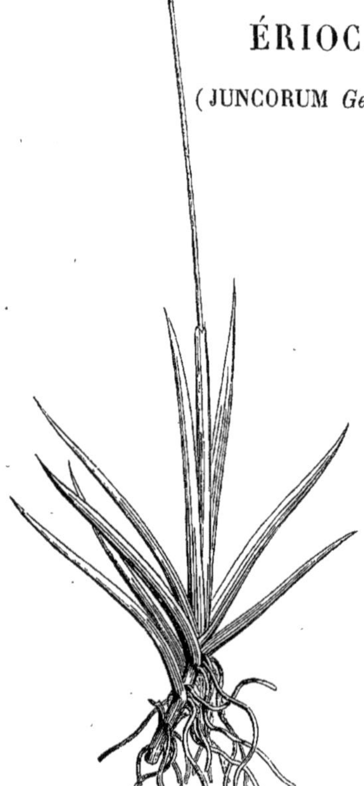

Ériocaulon à sept angles (*Eriocaulon septangulare*).

Fleurs *monoïques, ou dioïques.* Périanthe *infère double, l'externe 2-3-phylle, l'interne sub-tubuleux,* 3-2-*fide.* Étamines *en nombre double des folioles périgoniales, insérées sur les intérieures, les alternes souvent stériles.* Ovaire *supère, à 2-3-loges 1-ovulées.* Ovules *pendants, orthotropes.* Capsule 2-3-*loculaire, loculicide.* Graines *albuminées.* Embryon *monocotylédoné, globuleux, ou sub-lenticulaire, antitrope, extraire.* — Tige, *ou* Hampe. Feuilles *caulinaires, ou radicales, demi-engaînantes.* Fleurs *en capitule.*

Herbes habitant les marais, ou les lieux exondés, vivaces, acaules, rarement caulescentes, très-rarement sous-frutescentes. — Feuilles linéaires, sub-charnues, entières, quelquefois fistuleuses, nervoso-striées, demi-engaînantes à la base, les radicales ramassées, les caulinaires alternes. — Fleurs minimes, réunies en capitule involucré, sur un réceptacle ordinairement poilu, incomplètes, monoïques dans le même capitule, ou rarement dioïques, pourvues chacune d'une bractée, et accompagnées de poils, ou de paillettes. — Périanthe double, l'interne ordinairement discolore. — Fleurs ♂ : *Périanthe* externe, à 2 sépales latéraux, ou à 3 sépales, dont un postérieur. *Périanthe* interne tubuleux-sub-campanulé; limbe bifide, ou 3-denté, ou trifide, à lanières imbriquées, égales, ou l'antérieure plus grande. *Préfloraison* imbriquée. — Étamines insérées sur le tube du périanthe interne, tantôt en même nombre que ses divisions et opposées; tantôt en nombre double, les unes plus grandes, opposées à ces divisions; les autres plus petites, alternes, souvent privées d'anthères, ou rudimentaires. *Filet.* subulés, infléchis dans la préfloraison. *Anthères* 2-loculaires, très rarement 1-loculaires, dorsifixes, à déhiscence longitudinale. Rudiments ovariens 3-2, glanduliformes, ou tuberculiformes. — Fleurs ♀ : *Périanthe* interne et *périanthe* externe 3-phylles, rarement 2-phylles, les folioles internes plus molles, quelquefois remplacées par 3 faisceaux de poils (*Lachnocaulon, Tonina*), quelquefois distinctes par leurs onglets et cohérentes par leurs limbes (*Philodice*). Rudiments des étamines nuls. — OVAIRE libre, à 3-2 carpelles, quelquefois augmenté d'une 2$^{me}$ série accessoire de carpelles superposés et stériles, simulant des stigmates internes (*Pæpalanthus*). OVULES solitaires dans chaque carpelle, pendants près du sommet de l'angle interne, orthotropes. *Style* terminal, très-court. *Stigmates* autant que de carpelles, simples, ou bifides, entourant les carpelles stériles. — CAPSULE couronnée par le style, entourée par le périanthe, 2-3-loculaire, s'ouvrant par déhiscence loculicide. — GRAINES pendantes, ovoïdes, ou sub-cylindriques, relevées de côtes longitudinales, membraneuses-hyalines, se divisant plus tard en poils fins. *Testa* coriace, luisant. *Endoplèvre* nulle. *Albumen* farineux. — EMBRYON diamétralement opposé au hile, appliqué extérieurement à l'albumen, antitrope, sub-globuleux, ou lenticulaire.

GENRES PRINCIPAUX.

Ériocaulon, *Eriocaulon.* | Tonina, *Tonina.* | Philodice, *Philodice.* | Pæpalanthus, *Pæpalanthus.* | Lachnocaulon, *Lachnocaulon.*

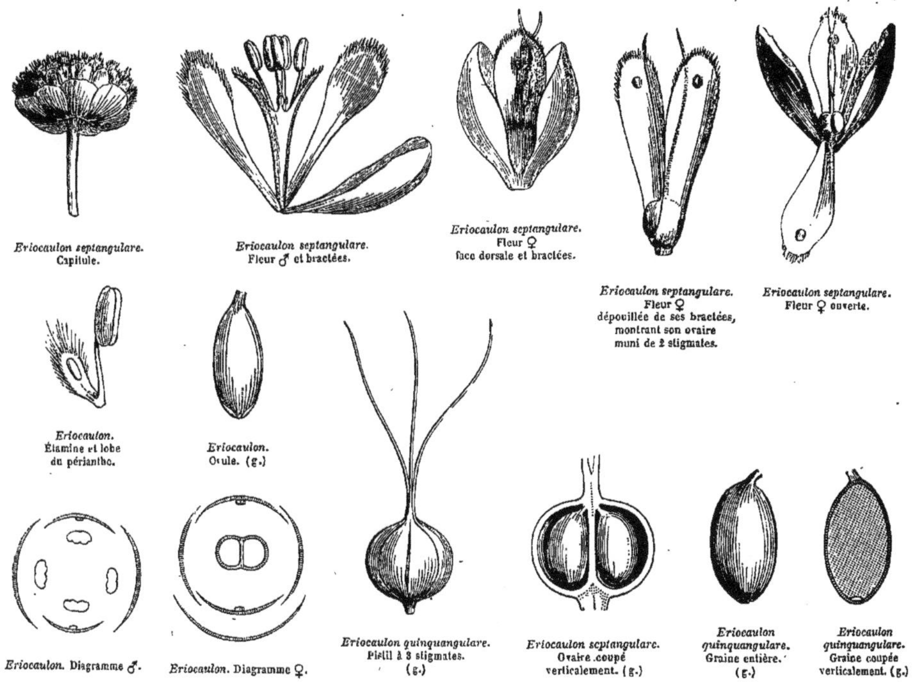

*Eriocaulon septangulare.* Capitule.

*Eriocaulon septangulare.* Fleur ♂ et bractées.

*Eriocaulon septangulare.* Fleur ♀ face dorsale et bractées.

*Eriocaulon septangulare.* Fleur ♀ dépouillée de ses bractées, montrant son ovaire muni de 2 stigmates.

*Eriocaulon septangulare.* Fleur ♀ ouverte.

*Eriocaulon.* Étamine et lobe du périanthe.

*Eriocaulon.* Ovule. (g.)

*Eriocaulon.* Diagramme ♂.

*Eriocaulon.* Diagramme ♀.

*Eriocaulon quinquangulare.* Pistil à 3 stigmates. (g.)

*Eriocaulon septangulare.* Ovaire coupé verticalement. (g.)

*Eriocaulon quinquangulare.* Graine entière. (g.)

*Eriocaulon quinquangulare.* Graine coupée verticalement. (g.)

Les *Ériocaulonées* forment avec les *Commélynées*, les *Xyridées*, les *Restiacées* et les *Centrolépidées*, la Classe des *Énantioblastées*, de M. *de Martius*, ainsi nommées à cause de la position constante de l'embryon à l'extrémité de la graine opposée au hile.

Les *Ériocaulonées* se rapprochent des *Restiacées* par l'ovaire à 2-3 loges 1-ovulées, l'ovule pendant et orthotrope, la structure de la graine et la direction de l'embryon; mais les Restiacées s'en éloignent par l'inflorescence, par le périanthe complétement glumacé, les étamines 1-sériées, les anthères 1-loculaires, et le testa lisse, à hile nu, ou strophiolé, etc.

Les Ériocaulonées sont assez riches en Espèces; les deux tiers de la Famille habitent l'Amérique tropicale; la moitié du 3$^{e}$ tiers appartient à l'Australie située au Nord du Capricorne. Peu d'Espèces se rencontrent dans l'Asie tropicale, à Madagascar, et dans les îles de l'Afrique australe. Elles sont moins rares dans l'Amérique septentrionale, où elles s'étendent jusqu'au 44$^{e}$ degré latitude Nord; une seule Espèce (*Eriocaulon septangulare*) habite le Nord de l'Amérique et de l'Écosse, où elle a été rencontrée dans l'île de Sckye, l'une des Hébrides.

On ne sait, sur les propriétés de cette Famille, que ce qui est relatif à l'*Eriocaulon setaceum*, dont l'herbe, cuite dans l'huile, est employée comme antipsorique dans la médecine populaire de l'Inde.

Les XYRIDÉES, Plantes habitant les régions chaudes de l'Asie, de l'Australie et de l'Amérique, sont étroitement liées aux Ériocaulonées par leur inflorescence, leur androcée à 2 séries, dont l'une souvent stérile, leur embryon antitrope et extraire; mais elles diffèrent par leurs fleurs ☿, par leur périanthe, dont la série externe est nettement pétaloïde, par leurs anthères extrorses, par leurs ovules nombreux et dressés, etc. — GENRES : *Xyris*, *Abolboda*.

# RESTIACÉES, *RESTIACEÆ*.

(JUNCORUM *Genera, Jussieu.* — RESTIACEÆ, *R. Brown* ET CENTROLEPIDEÆ, *Desvaux.*)

FLEURS *diclines.* PÉRIANTHE *infère, calyciforme, à 2-6 glumes bi-sériées.* ÉTAMINES 3-2. OVAIRE 3-2-1-*loculaire.* OVULES *solitaires, orthotropes, pendants.* CAPSULE 3-*loculaire, ou* NUCULE. — GRAINE *albuminée.* EMBRYON *monocotylédoné, antitrope, extraire.* — TIGE, *ou* HAMPE. — FEUILLES *toutes radicales, ou caulinaires, engaînantes.* FLEURS *en épi, ou en grappes.*

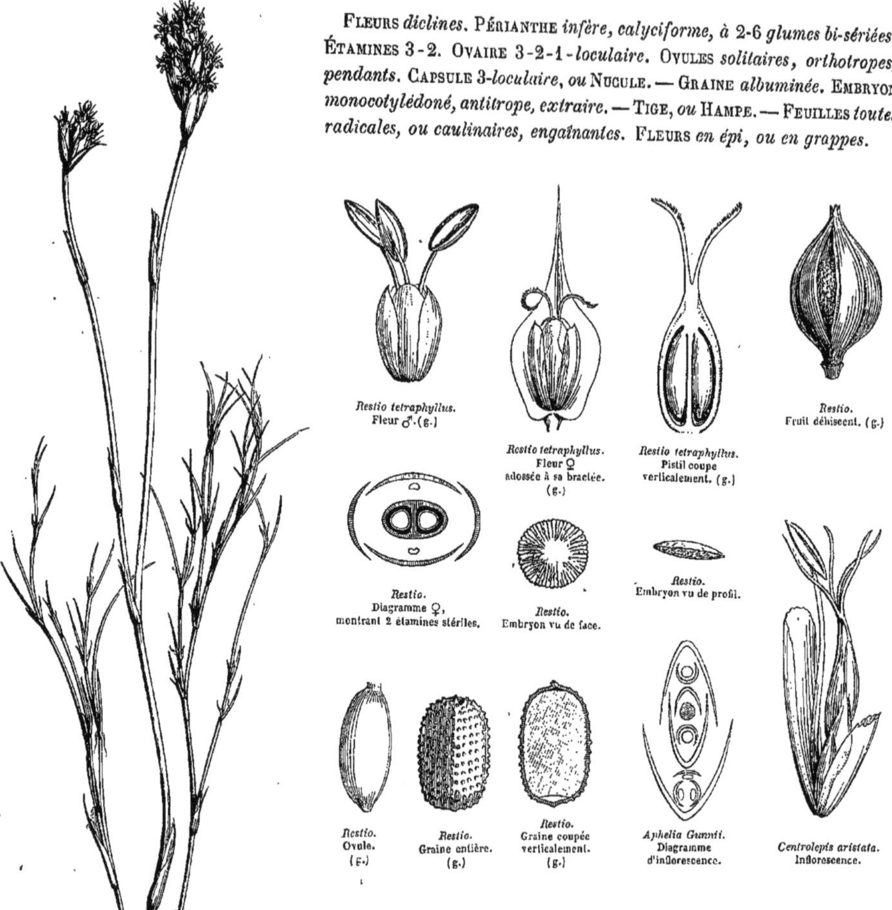

*Restio tetraphyllus.* Fleur ♂. (g.)

*Restio tetraphyllus.* Fleur ♀ adossée à sa bractée. (g.)

*Restio tetraphyllus.* Pistil coupé verticalement. (g.)

*Restio.* Fruit déhiscent. (g.)

*Restio.* Diagramme ♀, montrant 2 étamines stériles.

*Restio.* Embryon vu de face.

*Restio.* Embryon vu de profil.

*Restio.* Ovule. (g.)

*Restio.* Graine entière. (g.)

*Restio.* Graine coupée verticalement. (g.)

*Aphelia Gunnii.* Diagramme d'inflorescence.

*Centrolepis aristata.* Inflorescence.

Restio engainé (*Restio vaginatus*).

HERBES, ou SOUS-ARBRISSEAUX, à rhizôme rampant. — TIGES rameuses-noueuses, ou HAMPES simples. — FEUILLES tantôt toutes radicales, ramassées, tantôt caulinaires, alternes, engaînantes à la base, à gaîne fendue, à limbe entier, étroitement linéaire, ou avorté. — FLEURS régulières, en épi, ou en grappe, ou en panicule, entremêlées de bractées scarieuses, généralement diclines, rarement ⚥ (*Lepyrodia*). — PÉRIANTHE glumacé, à 4-6 glumes bi-sériées, 2 des externes latérales et une postérieure, les internes plus grandes, ou plus petites, persistantes dans les fleurs ♀. — ÉTAMINES 2-3, opposées aux glumes internes et insérées à leur base, stériles, ou nulles dans les fleurs ♀. *Filets* filiformes, ordinairement libres. *Anthères* 1-loculaires, dorsifixes, peltées, rarement 2-loculaires (*Lyginia, Lepidanthus, Anarthria,* etc.), à déhiscence longitudinale introrse. — OVAIRE libre, 3-2-loculaire, rarement 1-loculaire (*Chætanthus, Leptocarpus, Loxocarya*). *Ovules* solitaires dans chaque loge, pendants, orthotropes. *Styles* 1-3, continus avec le dos des carpelles, distincts, ou soudés à leur base. *Stigmates* 1-3, plumeux, ordinairement (?) introrses. — FRUIT capsulaire-loculicide, ou folliculaire, ou nucamentacé, indéhiscent. — GRAINES suspendues au sommet de la loge, à *testa* coriace, dur, crustacé, lisse, ou tuberculeux, à *hile* nu, ou strophiolé. *Albumen* charnu, copieux. — EMBRYON situé à l'extrémité de la graine opposée au hile, et appliqué extérieurement contre l'albumen, lenticulaire, antitrope.

GENRES PRINCIPAUX.

| | | | | | |
|---|---|---|---|---|---|
| Restio, | *Restio.* | Élégia, | *Elegia.* | Anthochortus, | *Anthochortus.* |
| Calopsis, | *Calopsis.* | Lépyrodia, | *Lepyrodia.* | Leucoplocus, | *Leucoplocus.* |
| Thamnochortus, | *Thamnochortus.* | Lyginia, | *Lyginia.* | Willdenowia, | *Willdenowia.* |

Les *Restiacées* sont étroitement liées aux *Ériocaulonées* (voir cette Famille). Elles se rapprochent des *Joncées* par leur rhizôme, leur tige noueuse, leurs feuilles alternes engaînantes, leur périanthe glumacé, 2-sérié, leur ovaire 3-1-loculaire, leur fruit capsulaire et leur albumen charnu ; elles s'en éloignent par leurs feuilles à gaîne fendue, leur androcée à 3-2 étamines, leur ovule orthotrope et leur embryon lenticulaire extraire. — Elles ont aussi quelque affinité avec les *Cypéracées* par le port, la diclinie, le nombre des étamines, etc., mais les Cypéracées diffèrent par la gaîne des feuilles, non fendue, le périanthe remplacé par des soies ou des écailles, les anthères 2-loculaires et basifixes, l'ovule dressé, anatrope, l'albumen farineux, l'embryon plus ou moins inclus, etc.

Les CENTROLÉPIDÉES primitivement annexées aux *Restiacées*, puis séparées, puis réunies de nouveau à cette Famille, n'en diffèrent en effet que par leurs fleurs, à périanthe remplacé par 2 glumes sub-opposées, à androcée monandre, à ovaire toujours uni-loculaire, à fruit utriculaire s'ouvrant latéralement par une fente longitudinale. — GENRES : *Centrolepis, Aphelia, Alepyrum.*

Les Restiacées vivent toutes au-delà de l'équateur; la plupart croissent au cap de Bonne-Espérance; quelques-unes habitent Madagascar et l'Australie. On n'en a pas encore observé dans le Nouveau Continent. — Les *Centrolépidées* appartiennent à l'Australie tropicale et extra-tropicale.

Les Restiacées ne sont connues par aucune propriété, si ce n'est par l'usage que les Autochthones font du chaume de la Plante pour couvrir leurs cases.

FLAGELLARIÉES. — M. Brongniart place près des Restiacées les *Flagellariées*, composées des Genres *Flagellaria* et *Joinvillea,* dont les caractères sont les suivants : *Fleurs* ☿. *Sépales* 3, distincts. *Pétales* 3, distincts, scarieux, semblables aux sépales. *Étamines* 6, hypogynes, libres. *Anthères* introrses. *Ovaire* à 3 loges 1-ovulées. *Ovules* suspendus par un court funicule au sommet de chaque loge, orthotropes, à micropyle infère. *Stigmates* 3, apicaux, divergents, filiformes, papilleux intérieurement de la base au sommet. *Fruit* baccien, 1-2-séminé. *Graine* à testa crustacé. *Albumen* farineux. *Embryon* minime, antitrope, lenticulaire, extraire et recouvert d'un embryotége. — Herbes arondinacées, ou sarmenteuses. Feuilles longuement engaînantes, parallélinerviées.

Herbes appartenant à l'Asie tropicale, à l'Australie et à la Nouvelle-Calédonie.

# CYPÉRACÉES, *CYPERACEÆ.*

## (CYPEROIDEÆ, *Jussieu.* — CYPERACEÆ, *R. Brown, De Candolle.*)

FLEURS *glumacées* ☿, *ou diclines.* PÉRIANTHE *nul, ou remplacé par des soies.* ÉTAMINES *hypogynes, généralement* 3-2. ANTHÈRES *basifixes.* OVAIRE 1-*loculaire,* 1-*ovulé.* OVULE *basilaire, anatrope.* STYLES 3-2. AKÈNE. GRAINE *albuminée.* EMBRYON *monocotylédoné, minime, inclus, ou extraire.* — TIGE *généralement anguleuse.* FEUILLES *graminées, à gaîne très-rarement fendue.* FLEURS *en épis.*

HERBES ordinairement gazonnantes, à rhizôme tantôt raccourci, tantôt rampant, stolonifère, engaîné par des squames foliaires, quelquefois tubéreux à ses extrémités. — TIGES anguleuses, ou cylindriques, sans nœuds, ou coupées de diaphragmes (*Eleocharis geniculata, articulata,* etc.), souvent hypogées, à dernier entre-nœud allongé, épigé; simples, ou très-rarement rameuses, pleines dans leur jeunesse, lacuneuses après leur accroissement. — FEUILLES alternes, naissant des nœuds, équitantes sur 2 ou 3 rangées; *pétiole* en gaîne close ou très-rarement fendue, quelquefois dépourvu de limbe et longuement mucroné; *limbe* linéaire, ou rubané, ou canaliculé, à nervures parallèles, à veinules transversales, à bord entier, souvent scabre. *Stipule* axillaire, membraneuse, soudée dans toute son étendue par sa face dorsale à la gaîne de la feuille, et ne la dépassant pas, ou la dépassant sous forme de bourrelet ou de membrane (*ligule*), libre seulement au sommet.

Fleurs ☿, ou monoïques, ou dioïques, disposées en *épillets* rarement solitaires, ordinairement agrégés en épi, ou en panicule, ou en glomérules, et munis de bractées ou d'involucres polymorphes. — Fleurs pourvues chacune d'une ou de deux bractées scarieuses (*glumes*), tantôt solitaires, tantôt insérées, en 2 ou plusieurs rangées, sur un pédicelle commun, et formant un épillet uni-pauci-multi-flore. Bractées inférieures de l'épillet souvent stériles, quelquefois hétéromorphes, et servant à l'épillet de spathe commune. — Périanthe tantôt nul, tantôt constitué par des soies, ordinairement 6, quelquefois 3-∞, quelquefois soudées en anneau à leur base. — Étamines hypogynes, généralement 3, dont une antérieure et 2 postérieures, quelquefois 2-1, rarement 4 (*Hypolytrum*), ou 5 (*Scleria, Caustis*), ou 6-8 (*Lepironia, Diplasia*), ou 12 (*Evandra, Chrysithrix*). *Filets* filiformes, ou aplatis, libres. *Anthères* basifixes, bi-loculaires, linéaires, introrses, à déhiscence longitudinale. — Ovaire libre, sessile, ou stipité, souvent entouré à sa base d'un disque cupuliforme (*Scleria, Ficinia, Melancranis,* etc.), ou d'un anneau membraneux adhérent (*Fimbristylis*), ou de 3 staminodes spatulés (*Fuirena*); comprimé, ou plane-convexe, ou plus ordinairement à 3 angles répondant aux 3 étamines; uni-loculaire 1-ovulé. *Ovule* inséré à la base interne de l'ovaire, dressé, anatrope. *Styles* 3, rarement 2, stigmatifères sur leur bord interne, plus ou moins cohérents inférieurement, à base tantôt continue, tantôt épaissie et articulée avec le sommet de l'ovaire. — Fruit 1-séminé, indéhiscent, lenticulaire, ou plane-convexe, ou trigone, ou cylindrique, ou globuleux, lisse, ou pointillé, ou scabre, ou hérissé, ou tuberculeux, ou rugueux, ou strié, ordinairement terminé par la base des styles, qui quelquefois le coiffe complétement (*Cladium,* etc.). *Péricarpe* membraneux, ou crustacé, ou osseux, très-rarement drupacé (*Diplasia*). — Graine dressée, à *testa* mince. *Albumen* farineux, ou quelquefois charnu. — Embryon voisin du hile, minime; extraire, ou rarement entouré d'une couche mince d'albumen et inclus (*Carex,* etc.). *Cotylédon* lenticulaire, charnu, indivis. *Gemmule* peu apparente. Extrémité *radiculaire* infère, obtuse.

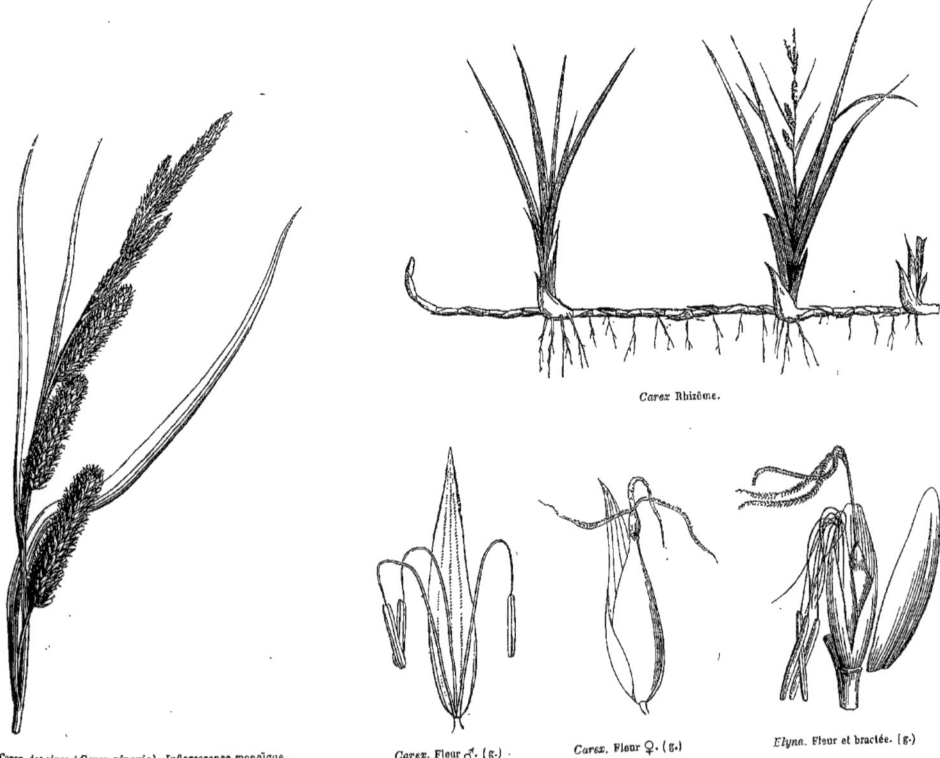

*Carex* Rhizôme.

Carex des rives (*Carex riparia*). Inflorescence monoïque.

*Carex*. Fleur ♂. (g.)

*Carex*. Fleur ♀. (g.)

*Elyna*. Fleur et bractée. (g.)

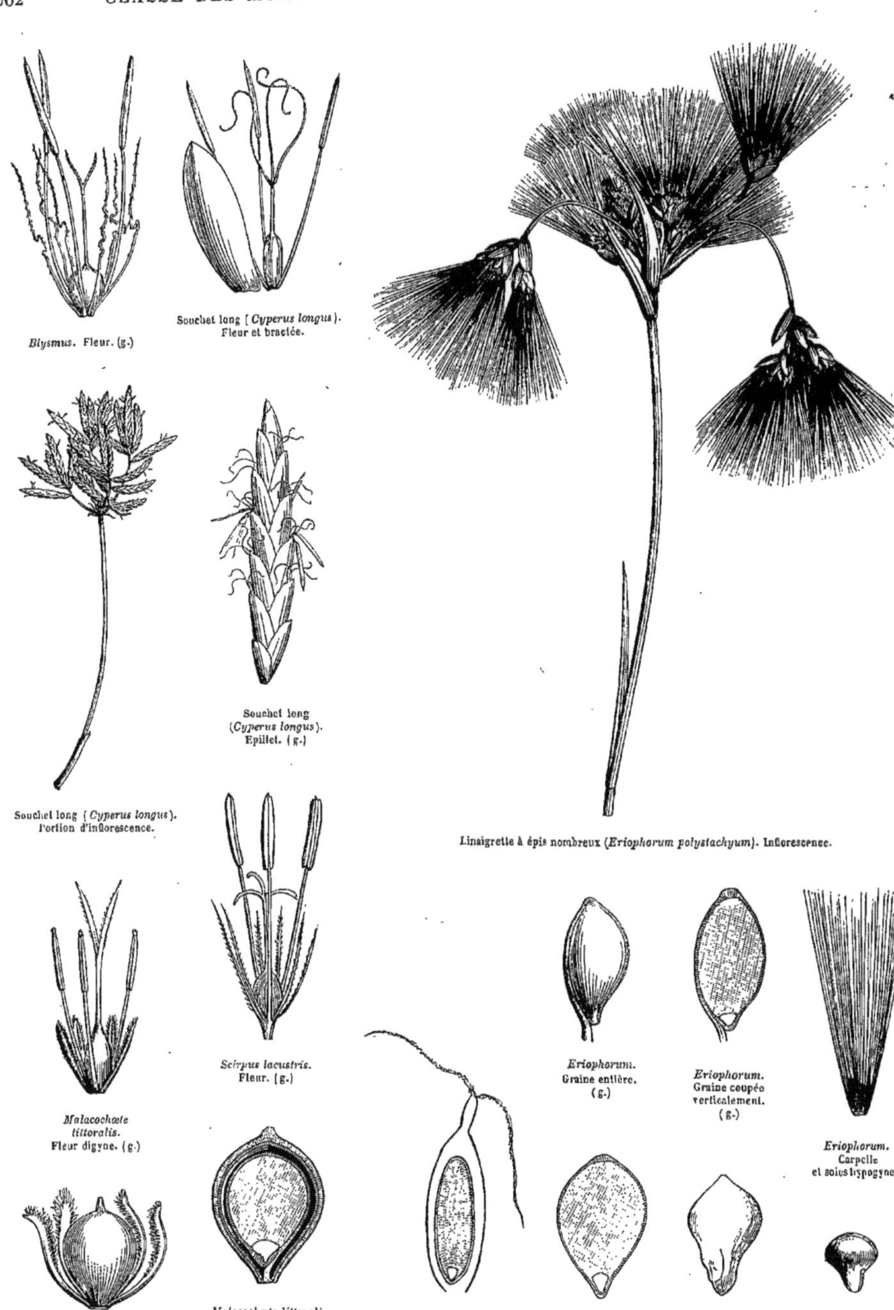

*Blysmus*. Fleur. (g.)

Souchet long (*Cyperus longus*). Fleur et bractée.

Linaigrette à épis nombreux (*Eriophorum polystachyum*). Inflorescence.

Souchet long (*Cyperus longus*). Portion d'inflorescence.

Souchet long (*Cyperus longus*). Epillet. (g.)

*Malacochæte littoralis*. Fleur digyne. (g.)

*Scirpus lacustris*. Fleur. (g.)

*Eriophorum*. Graine entière. (g.)

*Eriophorum*. Graine coupée verticalement. (g.)

*Eriophorum*. Carpelle et soies hypogynes.

*Malacochæte littoralis*. Fruit mûr. (g.)

*Malacochæte littoralis*. Akène coupé verticalement. (g.)

*Carex*. Carpelle mûr, coupé verticalement. (g.)

*Carex*. Coupe verticale de la graine. (g.)

*Carex*. Embryon. (g.)

*Eriophorum*. Embryon. (g.)

## Tribu I. — CYPÉRÉES, *CYPEREÆ*.

Épillets ordinairement multi-flores. Glumes distiques, imbriquées, quelques-unes des inférieures souvent vides. Fleurs ☿. Périanthe nul, ou représenté par des soies hispides. Style très-rarement renflé à sa base, tombant.

GENRES PRINCIPAUX.

*Papyrus, *Papyrus*. | *Souchet, *Cyperus*. | Kyllingia, *Kyllingia*. | Marisque, *Mariscus*.

## Tribu II. — SCIRPÉES, *SCIRPEÆ*.

Épillets ordinairement multi-flores. Glumes imbriquées sur plusieurs rangs, très-rarement distiques (*Androtrichum, Abilgaardia*), quelques-unes des inférieures souvent vides. Fleurs ☿. Périanthe tantôt nul, tantôt représenté par des soies écailleuses, ou capillaires. Akène ordinairement terminé en pointe ou en bec par la base persistante du style.

GENRES PRINCIPAUX.

| | | | | | |
|---|---|---|---|---|---|
| Éléocharis, | *Eleocharis*. | Fuirêna. | *Fuirena*. | Androtrichum, | *Androtrichum*. |
| Scirpe, | *Scirpus*. | Isolépide, | *Isolepis*. | Ficinia, | *Ficinia*. |
| Linaigrette, | *Eriophorum*. | Fimbristylis, | *Fimbristylis*. | Mélancranis, | *Melancranis*. |

## Tribu III. — HYPOLYTRÉES, *HYPOLYTREÆ*.

Épillets uni-flores, agglomérés en épis capités, ou cymoso-paniculés. Fleurs ☿, munies chacune de 2-4-6 glumes étroitement imbriquées. Périanthe nul. Étamines 2-3, ou 6-8. Style 2-3-fide, tombant, ou persistant par sa base.

GENRES PRINCIPAUX.

Hypolytre, *Hypolytrum*. | Lipocarpha, *Lipocarpha*. | Hémicarpha, *Hemicarpha*. | Diplasie, *Diplasia*.

## Tribu IV. — RHYNCHOSPORÉES, *RHYNCHOSPOREÆ*.

Épillets généralement pauci-flores. Glumes imbriquées sur 2 ou plusieurs rangées, les inférieures vides. Fleurs ordinairement polygames. Périanthe tantôt nul, tantôt composé de 6 soies, rarement moins, très-rarement plus (8-10). Étamines 3, quelquefois 6. Akène souvent terminée en bec par la base persistante du style.

GENRES PRINCIPAUX.

| | | | | | |
|---|---|---|---|---|---|
| Arthrostylis, | *Arthrostylis*. | Caustis, | *Caustis*. | Blysmus, | *Blysmus*. |
| Pleurostachys, | *Pleurostachys*. | Lépidosperma, | *Lepidosperma*. | Dulichium, | *Dulichium*. |
| Rhynchospore, | *Rhynchospora*. | Carpha, | *Carpha*. | Choin, | *Schœnus*. |
| Cladie, | *Cladium*. | Chætospore, | *Chætospora*. | | |

## Tribu V. — SCLÉRIÉES, *SCLERIEÆ*.

Épillets diclines, les ♂ multi-flores, à glumes imbriquées sur 2 ou plusieurs rangs, les inférieures quelquefois vides. Périanthe nul. Étamines 1-3, très-rarement 5. Épillets ♀ 1-flores, à glumes imbriquées sur plusieurs rangs. Périanthe nul. Style 3-fide, égal à sa base. Akène osseux, ou crustacé, ordinairement assis sur un disque 3-lobé.

GENRES PRINCIPAUX.

Sclérie, *Scleria*. | Diplacrum, *Diplacrum*.

### Tribu VI. — CARICINÉES, *CARICINEÆ.*

Fleurs monoïques, ou dioïques, en épis, à glumes imbriquées sur plusieurs rangs. Périanthe nul. Épis ♂ simples. Étamines 3-2. Épis ♀ simples, ou composés. Pistil embrassé par une écaille intérieure adossée à l'axe, bi-carénée (analogue à la glumelle supérieure des *Graminées*), à bords ordinairement soudés et formant une enveloppe ou utricule (*urcéole, périanthe, périgyne*), persistante et accrescente, qui renferme l'ovaire seul, ou l'ovaire accompagné d'un pédicelle stérile sétiforme.

GENRES PRINCIPAUX.

| | | | |
|---|---|---|---|
| Carex, | *Carex.* | Élyna, | *Elyna.* |

Les *Cypéracées* sont étroitement liées aux *Graminées :* celles-ci s'en distinguent par leur gaîne foliaire fendue, leur chaume non anguleux, à nœuds saillants, leurs anthères dorsifixes, leurs stigmates généralement plumeux, leur fruit à péricarpe adhérent au testa, et leur embryon toujours extraire. — Le port des Cypéracées est analogue à celui des *Restiacées,* mais ces dernières diffèrent essentiellement par leur fruit 3-loculaire et leurs ovules orthotropes suspendus au sommet de la loge.

Les Cypéracées sont répandues par toute la terre, et surtout dans les régions froides de l'hémisphère Nord; elles habitent en société les plaines marécageuses, les prés humides et les pentes sèches des hautes montagnes. Elles sont moins fréquentes dans les estuaires des rivages maritimes. Le nombre des *Carex* et des *Scirpus* diminue à mesure qu'on approche de l'équateur; le contraire a lieu pour les *Cyperus,* qui abondent entre les tropiques, où ils occupent les rives des grands fleuves et les clairières des forêts vierges. Les Cypéracées sont moins abondantes dans l'hémisphère austral, où elles cèdent la place aux *Restiacées.*

Les propriétés des Cypéracées diffèrent de celles des Graminées, en ce qu'elles possèdent peu de sucre et de fécule; leurs feuilles et leur tige sont dépourvues de suc, et ne fournissent aux animaux herbivores qu'un mauvais pâturage. Les rhizômes de quelques Espèces contiennent un principe amer et une huile volatile, unis à une certaine quantité de fécule, qui les font ranger parmi les médicaments résolutifs et diurétiques.

Les rhizômes de nos *Carex,* amers et légèrement camphrés, étaient autrefois employés, surtout ceux du *C. arenaria* (qui atteignent souvent une très-grande longueur), dans les cachexies herpétiques et syphilitiques, comme succédanées de la *salsepareille.* — La souche du *Scirpus lacustris* est astringente et diurétique. — Le *Remirea maritima,* commun dans l'Amérique tropicale, possède les mêmes qualités à un plus haut degré. — L'herbe de nos *Eriophorum* était jadis administrée contre la dysenterie, et la moelle fongueuse de leur tige passe chez les paysans de l'Allemagne pour un remède efficace contre le tænia. — Les tubercules des *Cyperus longus, rotundus* et de quelques-uns de leurs congénères, croissant dans le midi de l'Europe et dans les parties chaudes de l'Asie, sont aromatiques-amers, et jouissent de propriétés toniques-stimulantes. — La racine du *Kyllingia triceps* est préconisée dans l'Inde pour le traitement du diabète. — Les tubercules du *Souchet comestible* (*Cyperus esculentus*), originaire d'Afrique, cultivé par les anciens Égyptiens, et mentionné par Théophraste, contiennent, outre la fécule, une notable quantité d'huile douce, ce qui s'observe rarement dans les parties souterraines des Végétaux : ces tubercules fournissent un aliment nourrissant, analeptique, et réputé aphrodisiaque. — Les tubercules sont disposés en chapelet dans le *C. articulatus,* qui croît dans les régions chaudes des deux Continents : de là son nom populaire de *Pater-noster.* — Nos *Scirpes* maritimes portent à l'extrémité de leurs filets radicaux des renflements féculents et alibiles; il en est de même du *Scirpus tuberosus.* — Plusieurs Cypéracées sont usitées dans la sparterie. En Égypte, les tiges des *Cyperus dives* et *alopecuroides* servent à fabriquer des nattes très-fines, préférables de beaucoup par leur fraîcheur à celles de paille ordinaire. En France, nos meilleurs paillassons se fabriquent avec les tiges du *Scirpus lacustris;* cette Plante subit dans les eaux courantes une modification singulière : elle se transforme en phyllode rubané flottant. On emploie dans le Midi pour les chaises les longues tiges du *Carex nervosa.* — Enfin, c'est aux Cypéracées qu'appartient le *papyrus* (*Papyrus antiquorum*), qui croît dans les marais de la haute Égypte, et avec lequel les anciens fabriquaient leur papier : ils coupaient les fibres parallèles de la tige en tranches horizontales, qu'ils appliquaient à angle droit les unes sur les autres; ces tranches, soumises à la pression et à la percussion, s'aplatissaient et formaient bientôt un feuillet, que l'ouvrier lissait ensuite avec un instrument d'ivoire.

## GRAMINÉES, *GRAMINEÆ,* *Jussieu.*

Fleurs *glumacées, disposées en épillets, généralement* ☿. Périanthe *incomplet, ou nul.* Étamines *hypogynes, généralement* 3, *rarement moins, ou plus.* Anthères *dorsifixes.* Ovaire *libre* 1-*loculaire,* 1-*ovulé.* Ovule *pariétal, semi-anatrope.* Caryopse. *Albumen farineux.* Embryon *monocotylédoné, basilaire, extraire.* — Tiges *généralement noueuses.* Feuilles *à gaîne fendue, ordinairement ligulée.*

Plantes annuelles, ou vivaces, généralement herbacées, cespiteuses, rarement sous-frutescentes, ou frutescentes, ou arborescentes; à racines fibreuses, ou à rhizôme rampant et émettant souvent des stolons de ses nœuds radicants. — Tige (*chaume*) cylindrique, rarement comprimée, fistuleuse, ou quelquefois pleine, ordinairement articulée au niveau de l'insertion des feuilles; à nœuds annulaires pleins, gonflés, rarement contractés (*Molinia*); simple, ou quelquefois rameuse par suite de l'évolution d'un bourgeon axillaire adossé à la tige par sa feuille primaire. — Feuilles alternes, distiques, naissant des nœuds; *pétiole* dilaté, enroulé en une gaîne qui entoure la tige, et dont les bords sont libres, ou très-rarement soudés plus ou moins complétement; *limbe* entier généralement étroit, linéaire, quelquefois oblong, ou ovale, à nervures parallèles, à bords très-souvent scabres. *Stipule* axillaire soudée par sa face dorsale avec la gaîne, et la dépassant peu ou point, sous forme de languette membraneuse (*ligule*). — Fleurs ☿, rarement diclines, monoïques ou dioïques, ou quelquefois polygames, disposées le long d'un axe (*rachis*) en petits épis (*épillets*), tantôt sessiles sur le rachis (*épi*), tantôt portés sur des pédoncules rameux, diffus (*panicule*) ou courtement rameux (*panicule spiciforme*), rarement réunis en fascicules et pourvus d'une spathe commune; chaque épillet involucré par 2 bractées écailleuses (*glumes*), opposées, presque de niveau, l'une extérieure, l'autre intérieure, quelquefois nulle. *Épillets* uni-flores, ou pluri-flores, contenant souvent des fleurs stériles. — Fleurs pourvues chacune de 2 bractées (*paillettes, bâles, glumelles*) sub-opposées, dont l'une inférieure et externe, plus grande, imparinerviée, ou carénée, tantôt munie d'une arête terminale ou dorsale, ou basilaire, tantôt mutique; *glumelle* supérieure et interne emboîtée par l'inférieure, ordinairement dépourvue de nervure moyenne, et munie de 2 nervures latérales, échancrée, ou bifide, rarement nulle par avortement. — Périanthe imparfait, très-rarement nul, composé de squamules verticillées, hypogynes (*glumellules*), membraneuses-charnues, irrégulières, libres, ou soudées entre elles, normalement au nombre de 3, les 2 externes alternant avec les glumelles, l'interne opposée à la glumelle supérieure, souvent hétéromorphe et plus étroite, ordinairement avortée.

Étamines hypogynes, définies, généralement 3, quelquefois 6 (*Oryza, Potamophila, Hydrochloa, Zizania, Pharus, Nastus, Bambusa*, etc.), rarement 4 (*Microlæna, Anomochloa, Tetrarrhena*) ou 2 (*Anthoxanthum*, etc.), ou 1 (*Uniola*, etc.); très-rarement indéfinies par avortement de l'ovaire (*Luziola, Pariana*); dans les fleurs hexandres, verticillées autour de l'ovaire; dans les fleurs triandres, 2 opposées aux nervures latérales de la glumelle supérieure et une à la glumelle inférieure; dans les fleurs diandres, l'extérieure manquant; dans les fleurs monandres, l'extérieure seule existant. *Filets* capillaires, libres, ou quelquefois cohérents par leur base. *Anthères* dorsifixes, 2-loculaires, linéaires, généralement bifides à leurs deux extrémités, à déhiscence latérale-longitudinale, ou très-rarement apicale. — Ovaire libre, 1-loculaire, 1-ovulé. *Ovule* fixé à la partie postérieure de l'ovaire dans toute sa longueur, ou par sa base, très-rarement suspendu au-dessous du sommet. *Styles* 2, ou très-rarement 3, libres, ou soudés à la base, quelquefois soudés en un style indivis. *Stigmates* à poils simples, ou rameux. — Fruit libre, ou soudé avec les glumelles, sec, indéhiscent, à péricarpe ordinairement mince, membraneux, ou coriace, et adhérent à la graine (*caryopse*), ou rarement membraneux et déhiscent (*Sporobolus*), présentant ordinairement au niveau du hile, qui réunit le testa au péricarpe, une macule ponctiforme, ou linéaire. *Albumen* farineux, ou farineux-corné, très-épais. — Embryon placé en dehors de l'albumen dans une fossette à la base de sa face antérieure. *Cotylédon* scutelliforme, souvent fendu en long sur sa face externe, et montrant le *blaste* ou *corculum*, formé de la radicule et de la gemmule. *Gemmule* terminale, conique, composée de 1-4 feuilles primordiales enroulées. *Radicule* basilaire, épaisse, obtuse, souvent munie intérieurement de plusieurs tubercules, perforée à la germination, par des fibres radicales nées chacune de l'un de ces tubercules, et entourées à leur base d'une petite gaîne (*coléorrhize*), débris de la partie perforée du blaste.

## Tribu I. — ANDROPOGONÉES, *ANDROPOGONEÆ*.

Épillets ordinairement géminés, ou ternés, polygames, le médian fertile, les latéraux ♂, ou neutres, très-rarement tous fertiles, disposés en panicule spiciforme ou rameuse, quelquefois digitée, plus rarement en grappe spiciforme. Épillets fertiles composés d'une fleur ☿ accompagnée d'une fleur inférieure ♂, ou neutre. Glumes sub-égales, dépassant souvent la fleur ☿, ou rarement inégales, l'inférieure étant la plus grande. Glumelles membraneuses, rarement cartilagineuses. Glumelle inférieure de la fleur ☿ regardant la glume supérieure. Étamines 3. Stigmates ordinairement longs, sortant sous le sommet ou au sommet de la fleur. Caryopse marqué d'une macule hilaire ponctiforme.

GENRES PRINCIPAUX.

| | | | | | |
|---|---|---|---|---|---|
| *Barbon, | *Andropogon.* | *Érianthe, | *Erianthus.* | *Canne, | *Saccharum.* |
| Ischœmum, | *Ischœmum.* | Impérate, | *Imperata.* | Tripsacum, | *Tripsacum.* |
| *Sorgho, | *Sorghum.* | | | | |

## TRIBU II. — PANICÉES, *PANICEÆ.*

Épillets tous fertiles, disposés en panicule spiciforme, ou rameuse, quelquefois digitée; composés d'une fleur ☿ accompagnée d'une fleur inférieure ♂, ou neutre. Glume inférieure plus petite que la supérieure, souvent minime, ou avortée. Glumelles ordinairement cartilagineuses, brillantes. Glumelle inférieure de la fleur ☿ regardant la glume supérieure. Étamines 3. Stigmates ordinairement longs, sortant au sommet ou sous le sommet de la fleur. Caryopse marqué d'une macule hilaire ponctiforme.

GENRES PRINCIPAUX.

| | | | | | |
|---|---|---|---|---|---|
| Reimaria, | *Reimaria.* | Oplismène, | *Oplismenus.* | *Pennisète, | *Pennisetum.* |
| Paspale, | *Paspalum.* | *Sétaire, | *Setaria.* | *Pénicillaire, | *Penicillaria.* |
| *Panic, | *Panicum.* | Digitaire, | *Digitaria.* | Bardanette, | *Tragus.* |

## TRIBU III. — ORYZÉES, *ORYZEÆ.*

Épillets tous fertiles, disposés en grappe ou en panicule, tantôt 1-flores, à glumes souvent avortées; tantôt 2-3-flores, les fleurs inférieures à une seule glumelle, neutres, la terminale seule fertile. Glumelles chartacées-roides. Étamines généralement 6, souvent 3 (*Hygroryza, Ehrharta, Leersia*), ou 4 (*Microlæna, Tetrarrhena*), rarement 1 (*Leersia*). Stigmates divergents, sortant sur les côtés de la fleur. Caryopse marqué d'une macule hilaire linéaire.

GENRES PRINCIPAUX.

| | | | | | |
|---|---|---|---|---|---|
| Pharus, | *Pharus.* | Zizanie, | *Zizania.* | Léersie, | *Leersia.* |
| Ehrharta, | *Ehrharta.* | *Riz, | *Oryza.* | Anomochloa, | *Anomochloa.* |

## TRIBU IV. — PHALARIDÉES, *PHALARIDEÆ.*

Épillets hermaphrodites, ou monoïques, ou polygames, disposés en panicule spiciforme, ou en épis; tantôt à 2 fleurs ☿, ou ♀, ou ♂; tantôt à 2-3 fleurs, dont la supérieure seule fertile. Glumes ordinairement égales, plus longues ou aussi longues que la fleur. Glumelles plus ou moins endurcies après la floraison. Glumelle inférieure de la fleur fertile regardant la glume inférieure. Étamines 3, ou 2. Stigmates généralement allongés, ou filiformes, sortant au sommet ou sur les côtés de la fleur. Caryopse marqué d'une macule linéaire, ou ponctiforme.

GENRES PRINCIPAUX.

| | | | | | |
|---|---|---|---|---|---|
| *Flouve, | *Anthoxanthum.* | *Phalaris, | *Phalaris.* | *Maïs, | *Zea.* |
| Hiérochloa, | *Hierochloa.* | Lygée, | *Lygeum.* | *Larmille, | *Coix.* |

## TRIBU V. — PHLÉINÉES, *PHLEINEÆ.*

Épillets tous fertiles, comprimés latéralement, disposés en panicule spiciforme, ou en épi, à une fleur ☿ unique, avec ou sans le rudiment pédicelliforme d'une deuxième fleur. Glumes sub-égales, ou inégales, aussi longues ou plus longues que la fleur. Glumelles membraneuses. Glumelle inférieure regardant la glume inférieure. Étamines 3, ou 2. Stigmates allongés, sortant au sommet de la fleur ou de l'épillet. Caryopse marqué d'une macule hilaire ponctiforme.

GENRES PRINCIPAUX.

| | | | | | |
|---|---|---|---|---|---|
| *Phléole, | *Phleum.* | Vulpin, | *Alopecurus.* | Crypsis, | *Crypsis.* |
| Beckmannia, | *Beckmannia.* | Mibora, | *Mibora.* | Coqueluchiole, | *Cornu-copiæ.* |

## TRIBU VI. — AGROSTIDÉES, *AGROSTIDEÆ.*

Épillets tous fertiles, plus ou moins comprimés latéralement, disposés en panicule rameuse, ou spiciforme, à une seule fleur ☿, rarement accompagnée du rudiment pédicelliforme d'une deuxième fleur supérieure. Glumes sub-égales, ou inégales, ordinairement plus longues que la fleur. Glumelles membraneuses-herbacées, ainsi que les glumes, l'inférieure mutique, ou aristée, à arête ordinairement dorsale, et regardant la glume inférieure. Étamines 3, rarement 1-2. Stigmates généralement sessiles, sortant latéralement à la base de l'épillet.

GENRES PRINCIPAUX.

| | | | | | |
|---|---|---|---|---|---|
| Chæturus, | *Chæturus.* | Gastridie, | *Gastridium.* | Cinna, | *Cinna.* |
| Polypogon, | *Polypogon.* | Sporobole, | *Sporobolus.* | Muhlenbergia, | *Muhlenbergia.* |
| *Agrostide, | *Agrostis.* | | | | |

## Tribu VII. — STIPÉES, *STIPEÆ.*

Épillets tous fertiles, sub-cylindriques, ou comprimés, disposés en panicules, à une seule fleur ☿. Glumes sub-égales, ou inégales, égalant ou dépassant la fleur. Glumelles devenant coriaces à la maturité, l'inférieure répondant à la glume inférieure, souvent enroulée, aristée au sommet, à arête simple, ou tri-fide; très-rarement mutique. Étamines 3. Stigmates sortant latéralement vers la base de l'épillet. Caryopse à macule hilaire linéaire, située vers le milieu, ou près du sommet.

GENRES PRINCIPAUX.

| | | | | | |
|---|---|---|---|---|---|
| *Millet, | *Milium.* | Lasiagrostide, | *Lasiagrostis.* | *Stipe, | *Stipa.* |
| Piptathère, | *Piptatherum.* | Macrochloa, | *Macrochloa.* | Aristide, | *Aristida.* |

## Tribu VIII. — ARONDINÉES, *ARUNDINEÆ.*

Épillets tous fertiles, disposés en panicule rameuse, ou spiciforme, tantôt à une seule fleur ☿, avec ou sans rudiment pédicelliforme d'une fleur supérieure; tantôt multi-flores. Fleurs ordinairement entourées à leur base de longs poils. Glumes égalant ou surpassant les fleurs. Glumelles membraneuses-herbacées, ainsi que les glumes, l'inférieure aristée, ou mutique, et regardant la glume inférieure. Étamines 3, ou rarement 2. Stigmates ordinairement sessiles, ou sub-sessiles, sortant des côtés ou vers la base de l'épillet. Caryopse marqué d'une macule hilaire ponctiforme, ou linéaire.

GENRES PRINCIPAUX.

| | | | | | |
|---|---|---|---|---|---|
| *Calamagrostide, | *Calamagrostis.* | *Roseau, | *Arundo.* | Phragmite, | *Phragmites.* |
| Deyeuxia, | *Deyeuxia.* | Ampélodesmos, | *Ampelodesmos.* | *Gynérie, | *Gynerium.* |
| *Ammophile, | *Ammophila.* | | | | |

## Tribu IX. — CHLORIDÉES, *CHLORIDEÆ.*

Épillets tous fertiles, disposés en épis uni-latéraux, digités, ou paniculés, sessiles sur la face interne d'un rachis continu, comprimés latéralement; tantôt à plusieurs fleurs, dont 1-3 inférieures ☿, les supérieures rudimentaires; tantôt à une seule fleur ☿, avec ou sans rudiment d'une deuxième fleur. Glumes plus ou moins inégales, ordinairement plus courtes que les fleurs. Glumelles membraneuses, l'inférieure répondant à la glume inférieure. Étamines 3. Stigmates ordinairement allongés, dressés, sortant vers le sommet ou au-dessus du milieu de la fleur. Caryopse marqué d'une macule hilaire ponctiforme.

GENRES PRINCIPAUX.

| | | | | | |
|---|---|---|---|---|---|
| Chiendent, | *Cynodon.* | Chloris, | *Chloris.* | Leptochloa, | *Leptochloa.* |
| Dactyloténie, | *Dactylotenium.* | *Éleusine, | *Eleusine.* | Spartine, | *Spartina.* |

## Tribu X. — PAPPOPHORÉES, *PAPPOPHOREÆ.*

Épillets tous fertiles, tantôt en épis cylindriques, ou globuleux, tantôt en panicule; plus ou moins comprimés latéralement, à 2 ou plusieurs fleurs, les inférieures ☿, 1-5, les supérieures ordinairement avortées. Glumes plus ou moins inégales. Glumelles membraneuses, ou sub-coriaces, l'inférieure à 9-13 nervures souvent prolongées en soies, ou en lanières. Glumelle inférieure du bas de l'épillet répondant à la glume inférieure. Étamines 3, rarement 2. Stigmates dressés, sortant au sommet de la fleur. Caryopse à macule hilaire ponctiforme, ou oblongue.

GENRES PRINCIPAUX.

| | | | |
|---|---|---|---|
| Échinaire, | *Echinaria.* | Seslérie, | *Sesleria.* |

## Tribu XI. — AVÉNÉES, *AVENEÆ.*

Épillets tous fertiles, pédicellés, ou sub-sessiles, disposés en panicule rameuse, étalée, ou spiciforme, plus rarement en grappe, ou en épi, bi-multi-flores, la fleur supérieure ou inférieure souvent ♂, ou rudimentaire. Glumes grandes sub-égales, ou inégales, embrassant ordinairement presque complétement les fleurs. Glumelles membraneuses, ou un peu coriaces, l'inférieure ordinairement aristée, à arête ordinairement dorsale, genouillée et tordue inférieurement. Glumelle inférieure de la fleur du bas de l'épillet répondant à la glume inférieure. Étamines 3, rarement 2. Stigmates sessiles, ou sub-sessiles, divergents, sortant des côtés de la fleur. Caryopse marqué d'une macule hilaire linéaire, ou ponctiforme.

GENRES PRINCIPAUX.

| | | | | | |
|---|---|---|---|---|---|
| *Canche, | *Aira.* | *Lagure, | *Lagurus.* | Gaudinie, | *Gaudinia.* |
| Corynéphore, | *Corynephorus.* | Trisète, | *Trisetum.* | Arrhénathère, | *Arrhenatherum.* |
| Deschampsia, | *Deschampsia.* | *Houque, | *Holcus.* | Danthonie, | *Danthonia.* |
| Airopside. | *Airopsis.* | *Avoine, | *Avena.* | Uralépide, | *Uralepis.* |

## Tribu XII. — FESTUCÉES, *FESTUCEÆ.*

Épillets tous fertiles, pédicellés, ou plus rarement sub-sessiles, disposés en panicule rameuse, étalée, ou spiciforme, plus rarement en grappe, ou en épi; bi-multi-flores, la fleur supérieure ou inférieure souvent rudimentaire, ou ♂. Glumes 2, souvent plus courtes que la fleur contiguë. Glumelles 2, membraneuses, ou un peu coriaces, l'inférieure aristée au sommet, ou au-dessous du sommet, à arête non tordue, ou mutique. Glumelle inférieure de la fleur du bas de l'épillet répondant à la glume inférieure. Étamines 3, rarement 2-1. Stigmates ordinairement sessiles, ou sub-sessiles, divergents, sortant sur les côtés et ordinairement vers la base de la fleur. Caryopse à macule hilaire linéaire, ou ponctiforme.

GENRES PRINCIPAUX.

| | | | | | |
|---|---|---|---|---|---|
| *Paturin, | *Poa.* | Molinie, | *Molinia.* | *Brome, | *Bromus.* |
| Eragrostide, | *Eragrostis.* | Kœlérie, | *Kœleria.* | Uniole, | *Uniola.* |
| Glycérie. | *Glyceria.* | Schisme, | *Schismus.* | Diarrhène, | *Diarrhena.* |
| Oréochloa, | *Oreochloa.* | *Dactylis, | *Dactylis.* | *Arondinaire, | *Arundinaria.* |
| Catabrosa, | *Catabrosa.* | *Cynosure, | *Cynosurus.* | Nastus, | *Nastus.* |
| *Brize, | *Briza.* | Lamarckia, | *Lamarckia.* | *Bambou, | *Bambusa.* |
| Mélique, | *Melica.* | *Fétuque, | *Festuca.* | | |

## Tribu XIII. — TRITICÉES, *TRITICEÆ.*

Épillets tous fertiles, ou rarement polygames, disposés en épi, sessiles ou sub-sessiles sur les entaillures du rachis, ordinairement flexueux; uni-bi-multi-flores, la fleur supérieure avortant ordinairement. Glumes 2, rarement 1, de longueur variable. Glumelles herbacées, ou sub-coriaces, rarement membraneuses, l'inférieure tantôt aristée au sommet, ou sous le sommet; tantôt mutique. Glumelle inférieure du bas de l'épillet répondant à la glume inférieure. Étamines 3, rarement 1. Stigmates sessiles, ou sub-sessiles, divergents, sortant des côtés et souvent vers la base de la fleur. Caryopse à macule hilaire linéaire.

GENRES PRINCIPAUX.

| | | | | | |
|---|---|---|---|---|---|
| *Ivraie, | *Lolium.* | *Froment, | *Triticum.* | Psilure, | *Psilurus.* |
| *Orge, | *Hordeum.* | Egilope, | *Ægilops.* | Lepture, | *Lepturus.* |
| *Élyme, | *Elymus.* | Nard, | *Nardus.* | Rottboellia, | *Rottboellia.* |
| *Seigle, | *Secale.* | | | | |

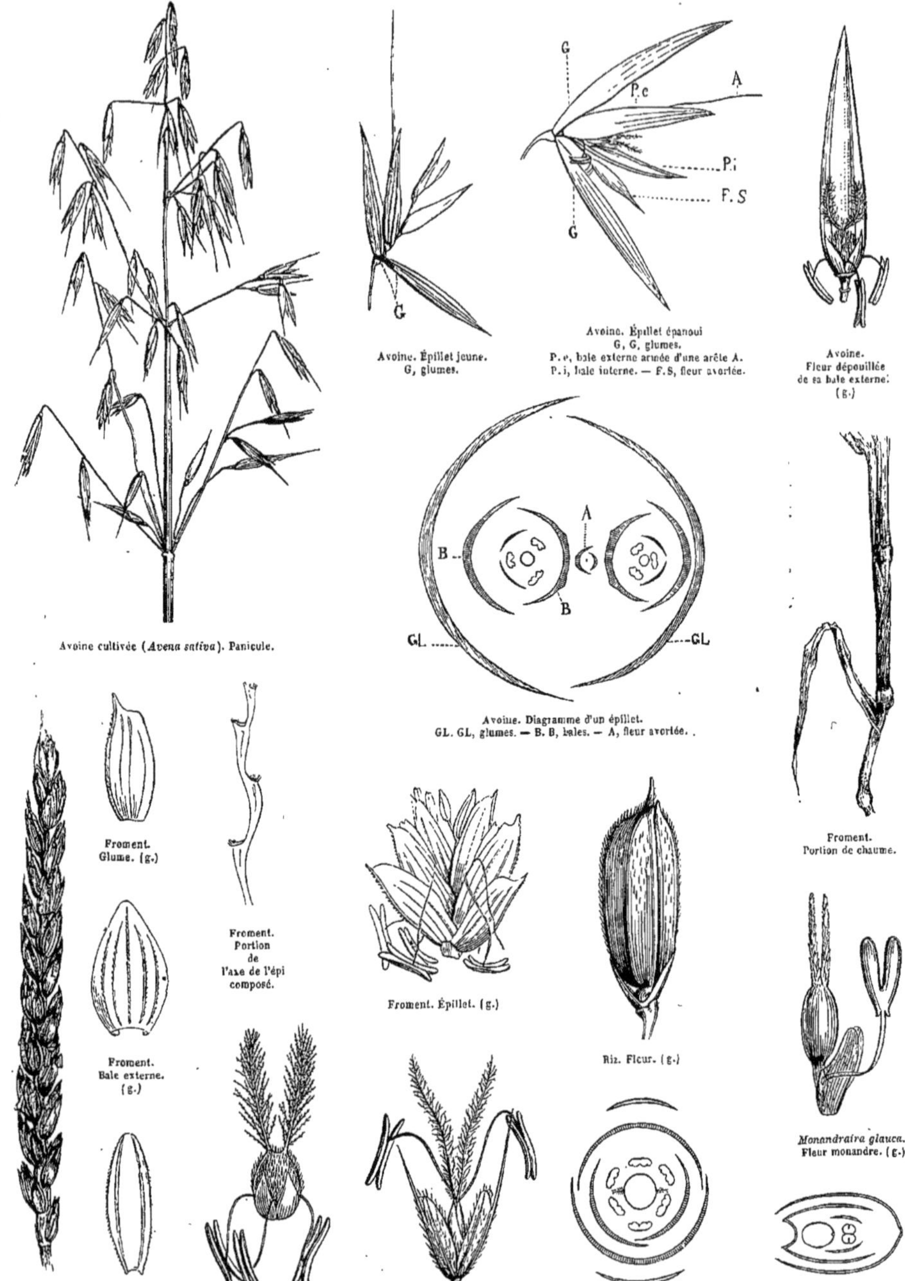


Avoine cultivée (*Avena sativa*). Panicule.

Avoine. Épillet jeune.
G, glumes.

Avoine. Épillet épanoui
G, G, glumes.
P. e, bale externe armée d'une arête A.
P. i, bale interne. — F. S, fleur avortée.

Avoine.
Fleur dépouillée
de sa bale externe.
(g.)

Avoine. Diagramme d'un épillet.
GL. GL, glumes. — B. B, bales. — A, fleur avortée.

Froment.
Portion de chaume.

Froment.
Glume. (g.)

Froment.
Portion
de
l'axe de l'épi
composé.

Froment. Épillet. (g.)

Riz. Fleur. (g.)

Froment.
Bale externe.
(g.)

*Monandraira glauca.*
Fleur monandre. (g.)

Froment.
Épi composé.

Froment.
Bale interne.
(g.)

Froment. Fleur triandre. (g.)

Flouve. Fleur diandre. (g.)

Riz. Diagramme, fleur hexandre.

*Monandraira glauca.*
Diagramme.

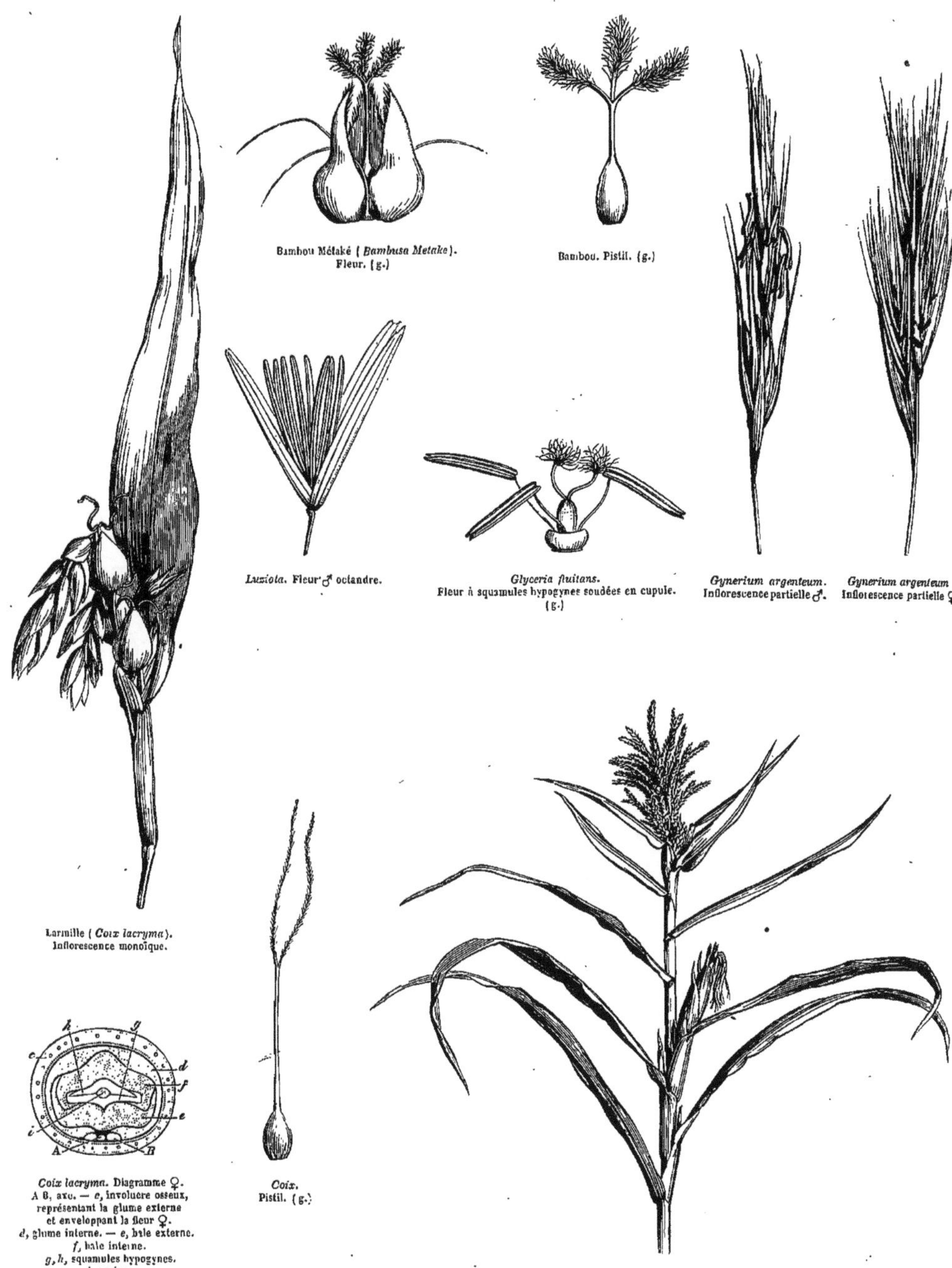


Bambou Métaké (*Bambusa Metake*). Fleur. (g.)

Bambou. Pistil. (g.)

*Luziola*. Fleur ♂ octandre.

*Glyceria fluitans*. Fleur à squamules hypogynes soudées en cupule. (g.)

*Gynerium argenteum*. Inflorescence partielle ♂.

*Gynerium argenteum*. Inflorescence partielle ♀.

Larmille (*Coix lacryma*). Inflorescence monoïque.

*Coix lacryma*. Diagramme ♀. A B, axe. — c, involucre osseux, représentant la glume externe et enveloppant la fleur ♀. d, glume interne. — e, bale externe. f, bale interne. g, h, squamules hypogynes. i, ovaire.

*Coix*. Pistil. (g.)

Maïs cultivé (*Zea Mays*). Plante monoïque.

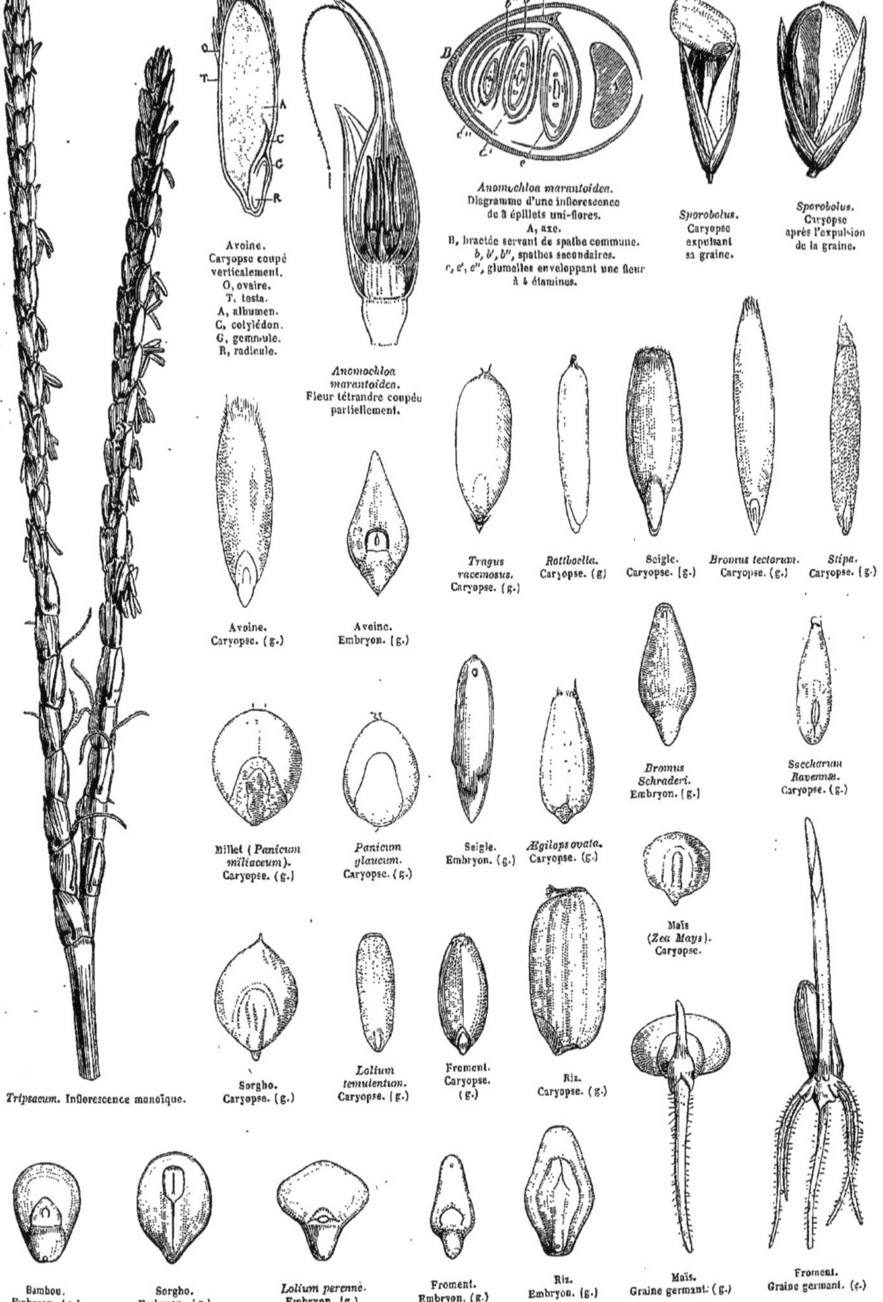


Avoine. Caryopse coupé verticalement. O, ovaire. T, testa. A, albumen. C, cotylédon. G, gemmule. R, radicule.

*Anomochloa marantoidea*. Fleur tétrandre coupée partiellement.

*Anomochloa marantoidea*. Diagramme d'une inflorescence de 3 épillets uni-flores. A, axe. B, bractée servant de spathe commune. *b, b', b''*, spathes secondaires. *c, c', c''*, glumelles enveloppant une fleur à 4 étamines.

*Sporobolus*. Caryopse expulsant sa graine.

*Sporobolus*. Caryopse après l'expulsion de la graine.

Avoine. Caryopse. (g.)

Avoine. Embryon. (g.)

*Tragus racemosus*. Caryopse. (g.)

*Rottboellia*. Caryopse. (g)

Seigle. Caryopse. (g.)

*Bromus tectorum*. Caryopse. (g.)

*Stipa*. Caryopse. (g.)

*Bromus Schraderi*. Embryon. (g.)

*Saccharum Ravennæ*. Caryopse. (g.)

Millet (*Panicum miliaceum*). Caryopse. (g.)

*Panicum glaucum*. Caryopse. (g.)

Seigle. Embryon. (g.)

*Ægilops ovata*. Caryopse. (g.)

Maïs (*Zea Mays*). Caryopse.

*Tripsacum*. Inflorescence monoïque.

Sorgho. Caryopse. (g.)

*Lolium temulentum*. Caryopse. (g.)

Froment. Caryopse. (g.)

Riz. Caryopse. (g.)

Bambou. Embryon. (g.)

Sorgho. Embryon. (g.)

*Lolium perenne*. Embryon. (g.)

Froment. Embryon. (g.)

Riz. Embryon. (g.)

Maïs. Graine germant. (g.)

Froment. Graine germant. (g.)

Les *Graminées* forment un des groupes les plus naturels du Règne Végétal; c'est principalement à leurs nombreuses Espèces que le vulgaire donne le nom d'*herbe;* mais dans l'Asie tropicale on trouve des Graminées de haute taille, et même de véritables arbres. Comme toutes les Familles nettement caractérisées, elles offrent peu d'affinités avec les autres Ordres, et elles ne sont réellement apparentées qu'aux *Cypéracées*, nommées par les anciens Botanistes *Graminées bâtardes* (*Gramineæ spuriæ*), dont elles diffèrent par leur ovule pariétal, leur graine à albumen farineux abondant, leurs feuilles à gaine fendue, ligulée, leur chaume généralement fistuleux, à nœuds renflés et formant des cloisons transversales à la naissance des feuilles. — Les Graminées arborescentes, et notamment les *Bambous*, dont la fleur est hexandre et pourvue d'une verticille de 3 glumellules, offrent quelques points de ressemblance avec les *Palmiers*.

M. Brongniart a observé récemment le phénomène du *sommeil* dans le *Strephium guyanense*, de la Tribu des *Panicées :* ses feuilles, étalées pendant le jour, se redressent et se juxtaposent imbricativement, quand vient la nuit, comme les feuilles de la *Sensitive* et de plusieurs autres *Mimosées*.

Cette immense Famille est distribuée sur tout le Globe, à partir des tropiques jusqu'au voisinage des régions glaciales; la majorité habite les régions tempérées; mais les *Panicées*, les *Chloridées*, les *Oryzées*, les *Andropogonées*, les *Bambous*, appartiennent surtout à la zone torride. Le berceau primitif des Espèces cultivées sous le nom de *Céréales* est encore enveloppé d'obscurité.

Les Graminées contiennent dans leurs parties herbacées, et surtout dans leurs graines, des principes nutritifs qui les placent au premier rang des Familles utiles à l'homme, et leur donnent une haute importance au point de vue économique ou politique. Elles fournissent à nos besoins, outre la fécule, le sucre et le mucilage, des matières sulfo-azotées (*fibrine*, *caséine*, *albumine*), éléments essentiels de la chair des animaux, et surtout le *phosphate de chaux*, qui est la base de leur charpente osseuse. Les Céréales, dont la graine est riche en farine, en matière azotée et en phosphate, sont, en première ligne, le *Froment* (*Triticum sativum*), le *Seigle* (*Secale cereale*), les *Orges* (*Hordeum vulgare*, *distichum*, etc.), l'*Avoine* (*Avena sativa*), cultivées par la race caucasique dans le Nord et les régions tempérées. — Le *Riz* (*Oryza sativa*), et le *Millet* (*Panicum miliaceum*) appartiennent aux races asiatiques, ainsi que l'*Eleusine coracana*, qui est d'une grande ressource dans l'Inde quand la récolte du Riz vient à manquer. — Le *Maïs* (*Zea Mays*) qui servait primitivement à l'alimentation de la race américaine, est aujourd'hui répandu dans le monde entier. — Le *Bromus Mango*, Espèce voisine de notre *B. secalinus*, était cultivé dans le Chili austral avant l'arrivée des Européens; aujourd'hui les Araucaniens l'ont abandonné pour les Céréales de l'ancien Continent. — Le *Sorgho* (*Sorghum vulgare*) et le *Boujera* (*Penicillaria spicata*) nourrissent la race nègre. — Les habitants de l'Afrique orientale cultivent le *Tef* (*Poa abyssinica*), l'*Éleusine*, et nos Céréales européennes, qui sont souvent infestées par diverses productions cryptogames (*Nielle*, *Charbon*, *Ergot*) dont nous parlerons en traitant de la Famille des *Champignons*.

La *Canne-à-sucre* (*Saccharum officinarum*) est, selon toutes les probabilités, originaire de l'Asie tropicale; elle était cultivée de toute antiquité dans l'Inde et dans les îles adjacentes. C'est à la suite des conquêtes d'Alexandre qu'elle a été connue en Europe. Vers la fin du treizième siècle, elle fut transportée de l'Inde en Arabie et dans la région méditerranéenne. Au commencement du quinzième siècle, les Portugais la plantèrent à Madère, où elle prospéra, et d'où elle passa aux Canaries et à Saint-Thomas. En 1506, les Espagnols l'introduisirent à Saint-Domingue; elle s'y multiplia rapidement, et se répandit bientôt dans toute l'Amérique tropicale, où elle a produit de nombreuses variétés. C'est surtout la partie inférieure de son chaume qui fournit la séve dont on extrait le principe immédiat cristallisable, si universellement usité comme substance alibile, condimentaire et médicinale. Le sucre de Canne est fermentescible comme celui qui existe dans beaucoup d'autres Végétaux : c'est du liquide sirupeux et non cristallisable (*mélasse*), resté après la cristallisation du sucre et soumis à la fermentation spiritueuse, que l'on obtient par distillation l'alcool connu sous le nom de *rhum* ou *tafia*. — Le *Sorghum saccharatum*, dont la tige est très-riche en sucre, est cultivé en Chine, en Afrique, etc.

Les Graminées fournissent à la médecine un assez grand nombre d'Espèces. Le rhizôme du *Chiendent* (*Triticum repens*), qui infeste les lieux cultivés dans toute l'Europe, est employé en tisane émolliente et apéritive; d'autres Espèces européennes, désignées aussi sous le nom de Chiendent (*Triticum glaucum* et *junceum*, *Cynodon dactylon*), possèdent des propriétés semblables : il en est de même du *Cynodon lineare*, de l'Inde, et de l'*Andropogon bicornis*, de l'Amérique tropicale. — La *Canne de Provence* (*Arundo Donax*) est un grand Roseau, dont la racine est diurétique, sudorifique, et administrée comme anti-laiteuse. On prescrivait autrefois celle du *Roseau à balai* (*Phragmites communis*) comme dépurative et anti-syphilitique. — Nos *Calamagrostis* passent pour diurétiques chez les paysans. Le *Perotis latifolia* jouit dans l'Inde de la même réputation.

Les semences mucilagineuses de l'*Orge* servent encore aujourd'hui, comme du temps d'Hippocrate, à la préparation d'une tisane délayante et antiphlogistique; elles sont aussi employées à la fabrication de la *bière :* on leur fait subir, sous l'influence d'une chaleur humide, un commencement de germination, qui change la fécule en sucre; cette matière sucrée est séchée, pulvérisée, et sa décoction, aromatisée par le Houblon, est soumise à la fermentation spiritueuse. — Les semences du *Riz*, émollientes comme celles de l'Orge, sont de plus légèrement astringentes. Elles sont également fermentescibles, et fournissent par distillation un alcool nommé *arak*.

La *Larmille* (*Coix lacryma*), vulgairement nommée *Larme-de-Job*, spontanée dans l'Asie tropicale, et cultivée en Chine, est une Espèce monoïque, remarquable par ses épillets ♀ enveloppés d'un involucre qui devient pierreux à la maturité; ses graines sont réputées en Chine comme toniques et diurétiques, et administrées en tisane dans la phthisie et l'hydropisie. — La racine du *Manisuris granularis* est préconisée dans l'Inde contre les engorgements des viscères abdominaux. — Le *Dactyloctenium ægyptiacum* jouit d'un grand renom en Afrique; la décoction de ses graines calme les douleurs néphrétiques, et ses parties herbacées sont appliquées à l'extérieur pour la guérison des ulcères.

Les *Andropogon* ont des racines aromatiques qui font employer dans l'Inde quelques Espèces comme stimulantes : tels sont les *A. Nardus*, ou *faux Spica-nard*, *A. Iwarunkusa*, *A. Parancura*, *A. citratus*. — Les feuilles du *Schœnanthe* ou *Jonc odorant* (*Andropogon laniger* et *Schœnanthus*), qui croissent en Afrique et en Arabie, sont préconisées en Orient pour leurs vertus stimulantes, antispasmodiques, diaphorétiques, etc. — Le *Vétiver* ou *Viti-Vayr*, est une racine fibreuse très-odorante, importée en Europe depuis une cinquantaine d'années, qui sert dans l'Inde à parfumer les appartements et à préserver des insectes les étoffes et les vêtements : cette racine, pénétrée d'un principe aromatique analogue à la *myrrhe*, d'après Vauquelin, provient de l'*Andropogon muricatus*, et possède les propriétés stimulantes de ses congénères. — Le *Bambou Illy* (*Bambusa arundinacea*) est employé dans les constructions en Chine et au Japon, ainsi que le *Bambusa verticillata*. Les jeunes pousses de ces deux arbres renferment une moelle sucrée, dont les Indiens sont très-avides; lorsqu'elles ont acquis plus de solidité, il découle spontanément de leurs nœuds un liquide que l'action du soleil convertit en larmes d'un véritable sucre. — Les entre-nœuds des tiges renferment souvent en outre des concrétions siliceuses, de la nature de l'opale, nommées *tabaschirs*. — Plusieurs *Bambous* américains contiennent une eau potable très-fraîche, recherchée des Indiens et des voyageurs.

La plupart de nos Graminées indigènes fournissent aux troupeaux une pâture salubre, et deviennent par la dessiccation un très-bon foin, qui répand une odeur agréable, surtout quand il s'y mêle de la *Flouve* (*Anthoxanthum odoratum*), dont les racines contiennent de l'acide benzoïque. Quelques Espèces sont trop siliceuses, ou armées d'arêtes pouvant s'enfoncer dans la peau, ou léser les intestins des animaux qui les ont broutées (*Calamagrostis*, *Stipa*, etc.); quelques autres sont purgatives (*Bromus catharticus*, etc.); d'autres enfin sont vénéneuses : telle est l'*Ivraie* (*Lolium temulentum*), dont les fruits, mêlés aux Céréales, causent des vomissements, des vertiges et l'ivresse. — La *Mélique bleue* (*Molinia cærulea*), qui croît en Europe dans les prés humides, devient dangereuse pour les chevaux vers l'époque de la floraison. — Le *Pigonil* (*Festuca quadridentata*), fréquent au Pérou, est éminemment vénéneux, et cause la mort du bétail.

La paille de nos Céréales, outre son utilité agricole, sert aussi à la fabrication des chapeaux, et surtout de ceux dits *de paille d'Italie*, qui luttent avec les *panamas* par leur finesse et leur prix élevé. — Le *Lygeum spartum* et le *Macrochloa tenacissima* sont usités dans la sparterie.

La Famille des Graminées fournit aussi à nos Jardins de plein air plusieurs Plantes ornementales. Le *Roseau à quenouille*, ou *Canne de Provence*, mentionné ci-dessus, est indigène du midi de l'Europe, où on le cultive comme Plante économique et médicinale; nous avons indiqué les propriétés de sa racine; ses tiges longues, solides et légères, servent à beaucoup d'usages; on en fait des lignes à pêcher, des treillis, etc. Il prospère moins et ne fleurit jamais dans le Nord de la France; il fleurit même rarement sous son climat natal; ce caractère négatif, qu'il partage avec son congénère le *Roseau commun*, tient peut-être à la puissance de propagation de ses rhizômes, qui rend superflue sa reproduction par graines. — Le *Roseau de Mauritanie* diffère du précédent par sa taille moins élevée (2-3 mètres), et surtout par une abondante floraison, jusque sous le climat de Paris. — Le *Roseau des Pampas* (*Gynerium argenteum*), originaire des régions tempérées de l'Amérique australe, et introduit depuis peu d'années dans les Jardins d'Europe, y est l'objet de la faveur universelle. L'espèce est dioïque, et les individus femelles se distinguent des mâles par leurs panicules beaucoup plus grandes et plus étalées. — Les *Bambous* capables de vivre en pleine terre sous nos latitudes septentrionales sont tous originaires de la Chine moyenne, ou des montagnes du nord de l'Inde; à Paris, ils se réduisent à deux ou trois Espèces : le *Bambou noir*, le *B. Métaké*, et le *B. glaucescent*. Le *Grand Bambou* (*Bambusa arundinacea*), arbre de la Chine méridionale et de l'Inde, ci-dessus mentionné, est une des Espèces les plus ornementales; mais il ne réussit que dans les parties les plus chaudes de l'Europe méditerranéenne. — Les *Arondinaires* de l'Himalaya sont de véritables *Bambous* par le port, le feuillage et la consistance ligneuse de la tige; une seule Espèce, l'*A. falcata*, a été introduite dans l'horticulture de l'Europe; elle supporte les hivers au sud du 43e degré, et se cultive même avec quelque succès dans nos provinces maritimes de l'Ouest. — On rencontre çà et là, dans les jardins de la région méditerranéenne, la *Canne de Ravenne* (*Saccharum Ravennæ*), presque aussi grande et plus belle que la *Canne-à-sucre*, et le *Panic à feuilles plissées* (*Panicum plicatum*), Plante propre à la décoration des pelouses. — L'*Alpiste commun* (*Phalaris arundinacea*) produit une Variété à feuilles rubanées de blanc, qui a quelque valeur ornementale. — Les *Briza*, les *Agrostis*, les *Festuca*, les *Lolium*, les *Aira*, servent principalement à confectionner des gazons ou des bordures.

Bambou (*Bambusa Thouarsii*).

# PALMIERS, *PALMÆ*, *Linné*, *Jussieu*, *Martius*, *Blume*, etc.

Fleurs *ordinairement diclines, sessiles, ou pédicellées sur un spadice simple ou rameux.* Calyce *et* Corolle *trimères.* Étamines *ordinairement* 6, *hypogynes, ou périgynes.* Ovaire *libre à* 1-3 *carpelles, cohérents, ou distincts.* Ovules *solitaires dans chaque loge, rarement géminés.* Fruit *baccien, ou drupacé.* Graine *albuminée.* Embryon *monocotylédoné, périphérique.* — Tige *ligneuse.* Feuilles *alternes, à pétiole engaînant, à limbe ordinairement divisé par déchirure.*

Végétaux vivaces, ligneux, à port élégant, ou majestueux. — Racine primaire se détruisant de bonne heure, et remplacée par des racines adventives nombreuses, lesquelles se développent à la base du stipe en formant une masse compacte conique souvent très-volumineuse, qui s'élève plus ou moins au-dessus du sol et dans certains cas soulève le stipe, et le soutient à la manière des haubans. — Tronc (*stipe*) généralement élevé et élancé, quelquefois raccourci en bulbe (*Geonoma* et *Phœnix acaulis, Astrocaryum acaule*, etc.), ou modifié en souche courte et rampante, relevé en arrière, ou formant sous terre un rhizôme rameux, dont le sommet, couronné par des feuilles, se trouve à la surface du sol (*Sabal, Rhapis*); *stipe* simple, ou très-rarement dichotome (*Hyphæne*, etc.), sub-cylindrique, ou rarement renflé vers son milieu (*Iriartea, Acrocomia, Jubæa*), pourvu ou dépourvu de nœuds, tantôt lisse, tantôt armé de poils épaissis et allongés en épines (*Martinezia, Bactris*), ordinairement raboteux et annelé par les bases persistantes des feuilles, quelquefois marqué de cicatrices spirales (*Corypha elata*). — Feuilles émanées du bourgeon terminal, alternes, à base vaginale embrassant la tige; gaîne présentant quelquefois à sa partie supérieure un prolongement liguliforme (*Sabal, Copernicia*, etc.), et se décomposant ordinairement en réseau fibrilleux après la destruction de la feuille; pétiole convexe en dessous; *limbe* penni-séqué, ou flabelliforme, ou pelté (*Licuala peltata*), ou simplement fendu; segments ou pennules calleux à leur base, complétement distincts, ou cohérents inférieurement, à nervures longitudinales, plissés dans la préfoliation, à bords redressés, ou rabattus, souvent fendus le long des nervures secondaires; nervures quelquefois persistantes et offrant l'aspect de filaments, quelquefois très-prolongées en appendices cirrhiformes (*Calamus*). — Inflorescence axillaire. Spadice (*régime*) pourvu d'une *spathe* herbacée, ou demi-ligneuse, monophylle, ou composée de plusieurs bractées distiques, tantôt enveloppant toute l'inflorescence, tantôt ne s'ouvrant qu'à demi, tantôt considérablement dépassée par elle. — Fleurs petites, généralement dioïques, ou monoïques, rarement ☿ (*Corypha, Sabal*, etc.), brièvement pédicellées, ou sessiles, souvent enfoncées dans des fossettes du spadice, pourvues d'une bractée et de 2 bractéoles opposées, libres, ou cohérentes, quelquefois réduites à une callosité, ou nulles. — Périanthe double, persistant, coriace, formé d'un calyce et d'une corolle calycoïde. — Calyce à 3 sépales, soit distincts, soit plus ou moins cohérents, souvent carénés. — Pétales 3, plus ou moins distincts, à préfloraison valvaire dans les fleurs ♂, imbriquée-convolutive dans les fleurs ♀. — Étamines hypogynes sur un disque sub-charnu, ou périgynes à la base du périanthe, ordinairement 6, 2-sériées, opposées aux sépales et aux pétales, rarement au nombre de 3 (qq. *Areca*, qq. *Phœnix*), ou des multiples de 3 (15-30 dans le *Borassus*, 24-26 dans le *Lodoicea*), quelquefois rudimentaires dans les fleurs ♀. *Filets* distincts, ou soudés à leur base en tube, ou en cupule. *Anthères* introrses, ou quelquefois extrorses, 2-loculaires, linéaires, dorsifixes, à déhiscence longitudinale. — Carpelles 3 (rarement 2-1), distincts, ou cohérents en un ovaire sub-globuleux, ou 3-lobé, à 1-3 loges, dont 2 très-souvent avortées, ordinairement rudimentaire dans les fleurs ♂. *Ovules* rarement géminés-collatéraux dans chaque loge, ordinairement un seul, fixé à l'angle central, un peu au-dessus de la base, tantôt orthotrope à micropyle supère; tantôt plus ou moins anatrope à micropyle infère, ou regardant la paroi de l'ovaire. *Styles* continus avec le dos des carpelles, cohérents, ou rarement sub-distincts, *Stigmates* simples. Fruit tantôt 3-2-1-loculaire, 3-1-séminé, quelquefois 3-lobé; tantôt composé de 3 carpelles distincts, accompagné à sa base du périanthe persistant et ordinairement endurci. — Baie, ou Drupe à *épicarpe* lisse, ou écailleux, à *sarcocarpe* tantôt charnu, quelquefois huileux, tantôt fibreux; *endocarpe* membraneux, ou fibreux, ou ligneux, ou osseux. — Graine oblongue, ou ovoïde, ou sphérique, dressée, ou appendue latéralement. *Testa* souvent adhérent à l'endocarpe. *Albumen* copieux, cartilagineux, ou corné, ou sub-ligneux, sec, ou huileux, homogène, ou ruminé. — Embryon appliqué à la périphérie de la graine, et couvert d'une mince couche d'albumen, turbiné, ou conique, ou cylindroïde.

*Chamærops humilis.* Diagramme ♂.

*Chamærops humilis.* Diagramme ♀.

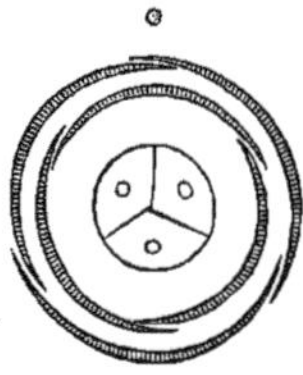

*Pinanga.* Diagramme ♀.

*Rhapis.* Diagramme ♂.

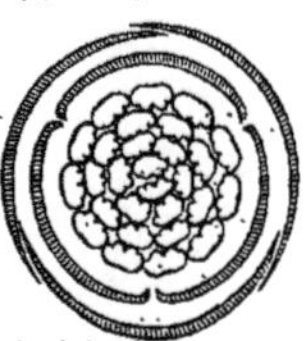

*Caryota* Diagramme ♂.

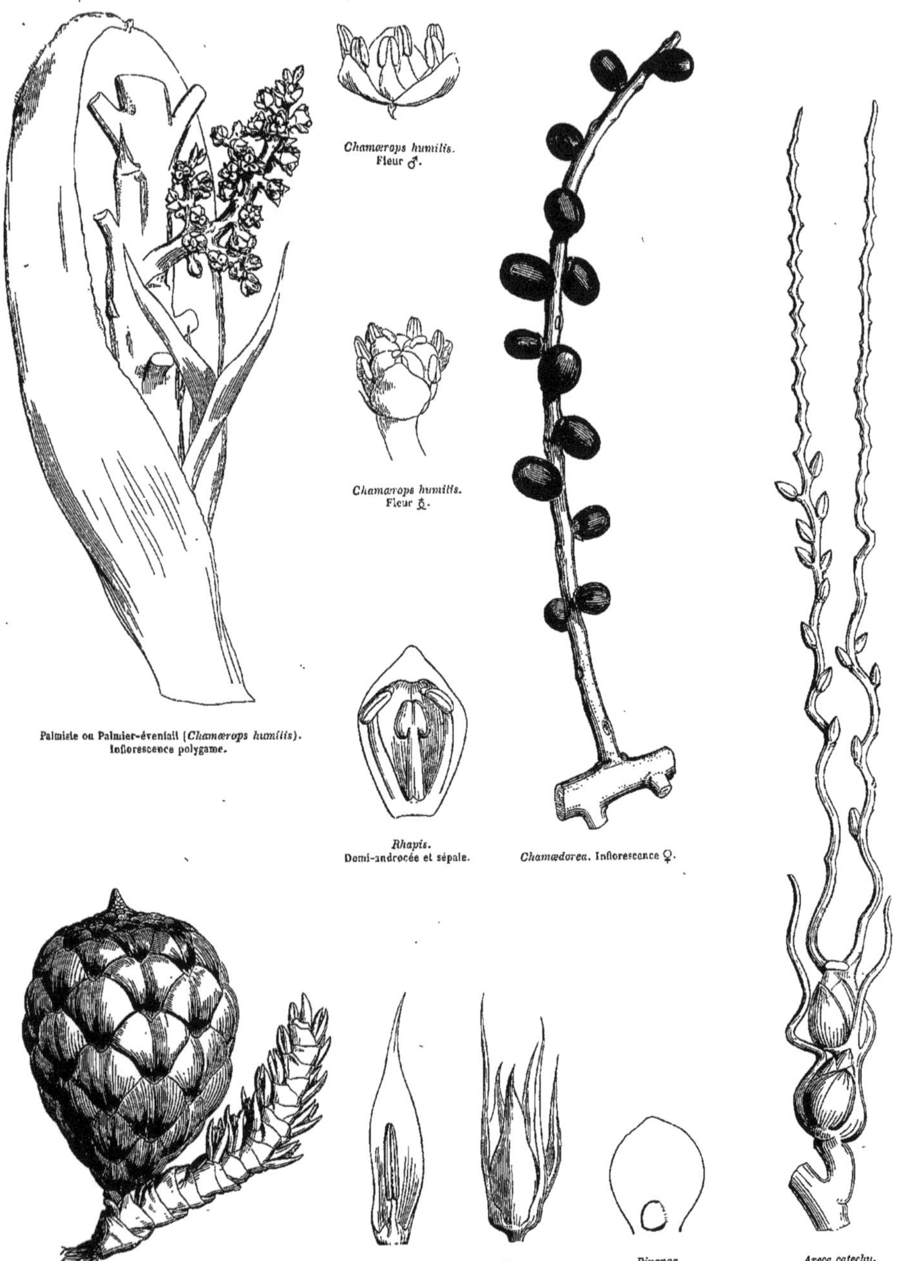

*Chamærops humilis.* Fleur ♂.

*Chamærops humilis.* Fleur ☿.

Palmiste ou Palmier-éventail (*Chamærops humilis*). Inflorescence polygame.

*Rhapis.* Demi-androcée et sépale.

*Chamædorea.* Inflorescence ♀.

*Areca catechu.* Inflorescence monoïque, les fleurs ♀ en bas, les ♂ en haut

Sagoutier. Fruit et inflorescence ♂.

*Pinanga.* Etamine et sépale.

*Pinanga.* Fleur ♀. (g.)

*Pinanga.* Coupe verticale de l'ovaire. (g.)

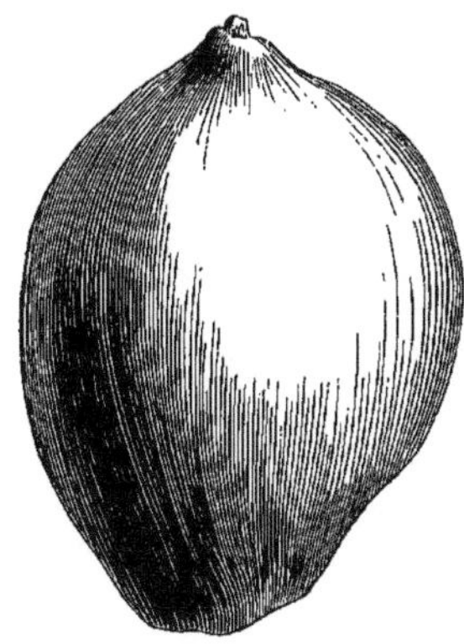

Cocotier (*Cocos nucifera*) Fruit entier.
1/3 de grandeur.

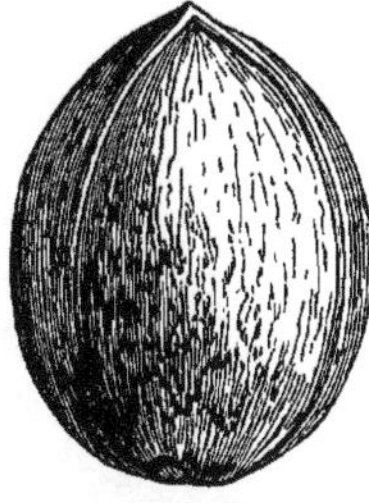

Cocotier.
Noix vue dans sa longueur,
montrant les trois côtés
correspondant
à chacun des carpelles primitifs.

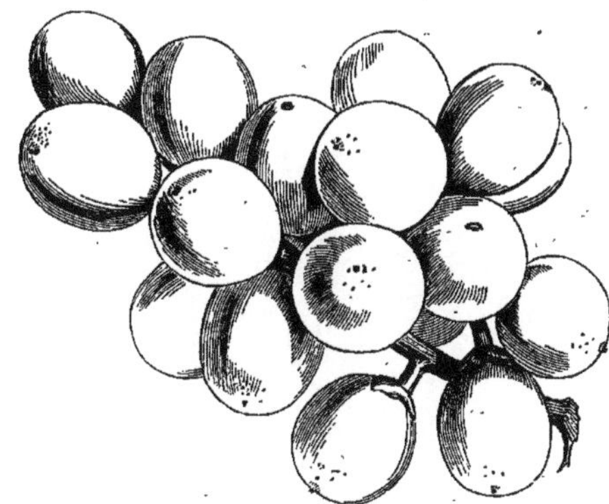

Palmiste (*Chamærops humilis*). Régime de fruits, grandeur naturelle.

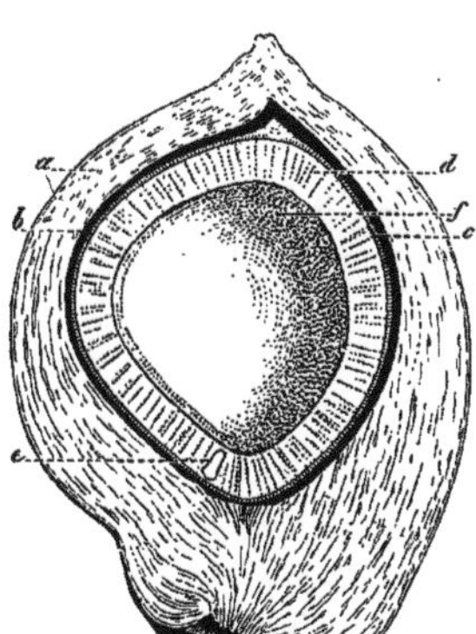


Cocotier (*Cocos nucifera*). Fruit coupé verticalement
*b*, endocarpe. — *c*, testa. — *d*, albumen. — *e*, embryon.
*f*, cavité occupée par le lait.

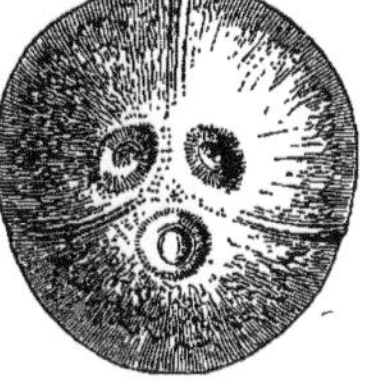

Cocotier.
Noix vue par desssous,
et montrant les 3 cavités
correspondant
aux 3 carpelles primitifs.

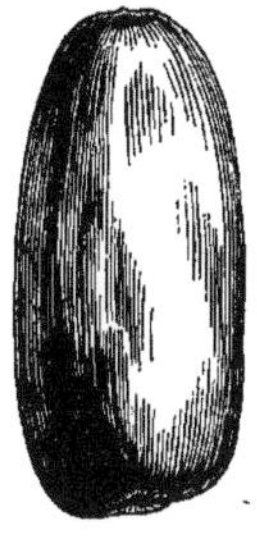

Dattier.
Fruit entier.

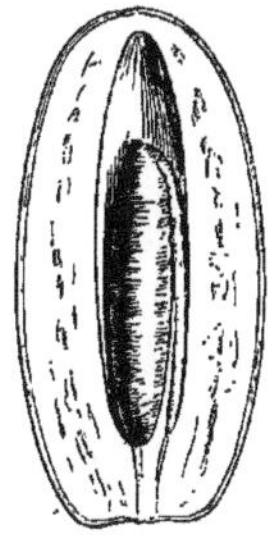

Dattier.
Fruit coupé verticalement.

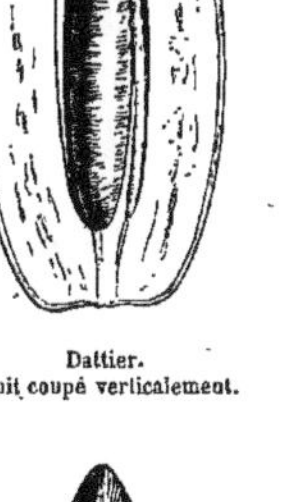

*Chamærops.*
Fruit.

*Chamærops.*
Graine entière.

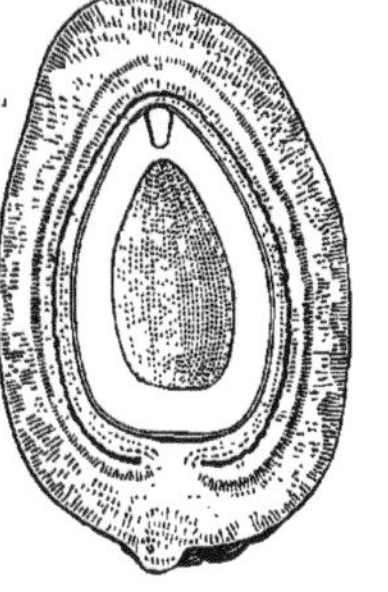

*Cucifera thebaica.*
Fruit coupé verticalement.

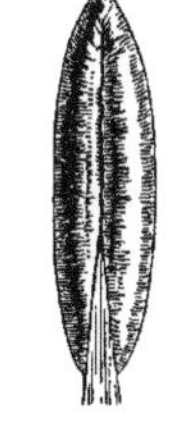

Dattier.
Graine vue
par
sa face chalazienne.

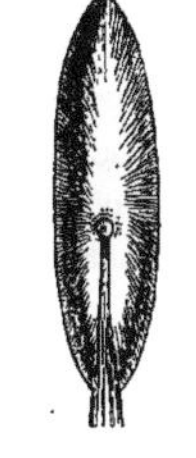

Dattier.
Graine vue
par sa face hilaire.

*Chamærops.*
Graine coupée
verticalement.

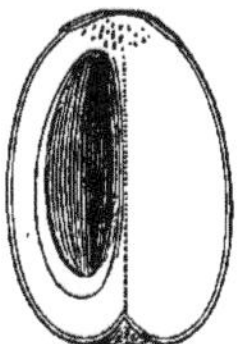

*Saguerus Langkab.*
Fruit coupé
verticalement.

*Saguerus Langkab.*
Fruit coupé
transversalement.

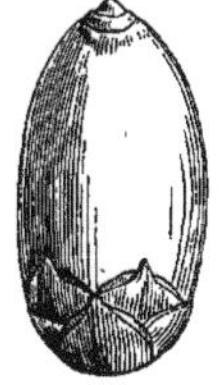

*Areca catechu.*
Fruit entier.

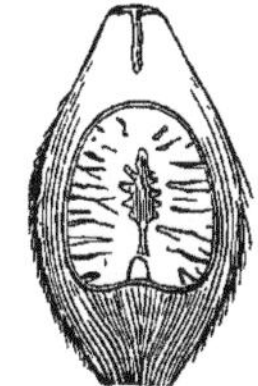

*Areca catechu.*
Fruit coupé verticalement.

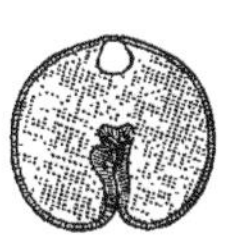

Dattier.
Graine coupée
transversalement. (g.)

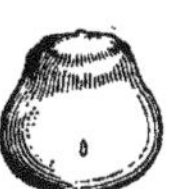

Dattier.
Embryon.
(g.)

Dattier (*Phœnix dactylifera*).

Livistone australe (*Livistona australis*).

## Tribu I. — ARÉCINÉES, *ARECINEÆ*.

Arbres, ou arbrisseaux, à feuilles pennées, ou pennifides, ou bi-pennées; pennules à bords rabattus. Spathe polyphylle, rarement monophylle, très-rarement nulle. Fleurs monoïques, ou dioïques, sessiles sur un rachis lisse, ou fovéolé, ou bractéolé. Étamines hypogynes. Fruit profondément 3-lobé, baccien, ou drupacé. Albumen homogène, ou ruminé. Embryon généralement basilaire.

GENRES PRINCIPAUX.

| | | | | | |
|---|---|---|---|---|---|
| *Chamædore, | *Chamædorea.* | *Arec, | *Areca.* | Harina, | *Harina.* |
| Hyospathe, | *Hyospathe.* | Pinanga, | *Pinanga.* | Iriarte, | *Iriartea.* |
| Hyophorbe, | *Hyophorbe.* | Kentia, | *Kentia.* | Céroxylon, | *Ceroxylon.* |
| Œnocarpe, | *Œnocarpus.* | Seaforthia, | *Seaforthia.* | *Arenga, | *Arenga.* |
| Oréodoxe, | *Oreodoxa.* | Orania, | *Orania.* | *Caryote, | *Caryota.* |

## Tribu II. — CALAMÉES, *CALAMEÆ*.

Plantes sarmenteuses, ou arborescentes. Feuilles pennées, ou palmées-flabelliformes, souvent terminées par un long appendice armé de crochets; pennules à bords rabattus. Spathe ordinairement polyphylle, rarement monophylle. Spadices rameux. Fleurs généralement diclines, sessiles; bractées et bractéoles enveloppant les fleurs et figurant une inflorescence amentacée. Étamines hypogynes, ou périgynes. Fruit baccien, recouvert d'écailles imbriquées en damier, d'abord dressées, puis renversées, cornées. Albumen homogène, ou ruminé. Embryon latéral, ou sub-basilaire.

Caryota sobolifère (*Caryota sobolifera*). Seaforthia élégant (*Seaforthia elegans*).

GENRES PRINCIPAUX.

| | | | | | |
|---|---|---|---|---|---|
| *Rotang, | *Calamus.* | Plectocomie, | *Plectocomia.* | Zalacca, | *Zalacca.* |
| Démonorope, | *Dæmonorops.* | *Sagoutier, | *Sagus.* | *Mauritie, | *Mauritia.* |

## TRIBU III. — BORASSINÉES, *BORASSINEÆ*.

Arbres à feuilles palmées-flabelliformes, ou pennées; pennules des flabelliformes à bords redressés. Spathes ligneuses, ou fibreuses-réticulées (*Manicaria*), tantôt incomplètes et engaînant la base des spadices, tantôt complètes et les enveloppant entièrement. Fleurs généralement dioïques, les ♂ à texture presque glumacée, plongées dans des fossettes formées sur le spadice par la soudure des bractées, et offrant un aspect amentacé. Étamines hypogynes. Fruit drupacé, rarement baccien. Albumen homogène. Embryon généralement apical.

GENRES PRINCIPAUX.

| | | | | | |
|---|---|---|---|---|---|
| Rondier, | *Borassus.* | Doum, | *Hyphæne.* | Manicaire, | *Manicaria.* |
| *Latanier, | *Latania.* | Géonome, | *Geonoma.* | Bentinckia, | *Bentinckia.* |

Chamædore à larges feuilles
(*Chamædorea latifolia*).

Rhapis éventail
(*Rhapis flabelliformis*).

## TRIBU IV. — CORYPHINÉES, *CORYPHINEÆ*.

Arbres, ou Plantes acaules. Feuilles généralement palmées-flabelliformes, très-rarement pennées (*Dattier*); pennules à bords redressés. Spathes incomplètes, ou rarement complètes. Fleurs sessiles, généralement hermaphrodites, ou dioïques-polygames. Étamines hypogynes, ou périgynes. Fruit baccien. Albumen homogène, ou ruminé. Embryon dorsal.

GENRES PRINCIPAUX.

| | | | | | |
|---|---|---|---|---|---|
| Corypha, | *Corypha.* | Brahéa, | *Brahea.* | *Trachycarpus, | *Trachycarpus.* |
| *Livistone, | *Livistona.* | Copernicia, | *Copernicia.* | *Rhapis, | *Rhapis.* |
| Licuala, | *Licuala.* | Sabal, | *Sabal.* | Thrinax, | *Thrinax.* |
| Saribe, | *Saribus.* | *Palmiste, | *Chamærops.* | *Dattier, | *Phœnix.* |

## TRIBU V. — COCOÏNÉES, *COCOINEÆ*.

Arbres, ou arbustes. Feuilles pennées; pennules à bords rabattus. Stipe armé d'aiguillons, ou inerme. Fleurs d'abord enfermées dans la spathe, diclines, bractéolées, sessiles, ou plongées dans des fossettes formées par la soudure des bractées. Étamines hypogynes, à filets confluents par leur base. Fruit drupacé, à sarcocarpe fibreux, ou huileux (*Elaeis*), et à endocarpe épais, ligneux, marqué de 3 cicatrices, dont l'une correspond à l'embryon. Graine huileuse; albumen homogène. Embryon basilaire.

GENRES PRINCIPAUX.

| | | | | | |
|---|---|---|---|---|---|
| Desmoncus, | *Desmoncus.* | Acrocomia, | *Acrocomia.* | *Cocotier, | *Cocos.* |
| Bactris, | *Bactris.* | Astrocaryum, | *Astrocaryum.* | Diplothème, | *Diplothemium.* |
| Guilielma, | *Guilielma.* | Attaléa, | *Attalea.* | Maximiliane, | *Maximiliana.* |
| Martinézia, | *Martinezia.* | *Avoira, | *Elaeis.* | *Jubæa, | *Jubæa.* |

Les *Palmiers* n'ont d'étroite affinité avec aucune des Familles de l'Embranchement auquel ils appartiennent; toutefois les ***Cyclanthées***, les *Nipacées* et les *Phytéléphasiées* s'en rapprochent par leurs feuilles engaînantes flabelliformes, ou pennées, et leur inflorescence. — Endlicher signale quelque ressemblance de port entre les Palmiers et les *Graminées* arondinacées; mais Rob. Brown n'admet pas cette analogie, et regarde plutôt les Palmiers comme voisins des *Joncées* par l'intermédiaire des *Xerotes* et des *Flagellaria*.

Les Palmiers appartiennent exclusivement à la zone torride et aux régions les plus chaudes de la zone tempérée. Les Espèces qui s'éloignent le plus de l'équateur ne dépassent pas le 44ᵉ degré de latitude septentrionale, ni le 39ᵉ de latitude australe (*Areca sapida*, Nouvelle Zélande), et ces Espèces sont en petit nombre. La grande majorité de la Famille est cantonnée entre les tropiques, et même très-inégalement répartie sous cette zone. Les Espèces sont d'autant plus abondantes qu'à un climat plus chaud se joint une plus grande humidité atmosphérique. Elles sont déjà nombreuses dans l'Inde et dans l'archipel Indien; elles fourmillent dans l'Amérique équatoriale; mais elles sont comparativement rares en Afrique, à cause des longues sécheresses de ce continent. Une seule est indigène de l'Europe méridionale, et se retrouve avec plus d'abondance sur les côtes voisines de l'Afrique : c'est le *Palmier-nain* (*Chamærops humilis*); il relie en quelque sorte la région méditerranéenne à la région juxta-tropicale qui lui fait suite au Midi. — Le *Dattier* (*Phœnix dactylifera*) est propre à l'Arabie et au nord de l'Afrique. Certains Palmiers vivent en société, et occupent seuls d'immenses espaces de terrain; les uns croissent dans les savanes inondées (*Iriartea*), les autres au milieu des sables arides.

Le stipe des Palmiers offre une extrême variété dans ses dimensions : celui de l'*Oreodoxa frigida* égale à peine la grosseur d'un petit Roseau, tandis que la tige du *Jubæa* mesure un mètre et plus de diamètre. Certaines Espèces sont acaules; d'autres s'élancent à 80 mètres de hauteur.

L'abondance des fleurs chez les Palmiers est quelquefois prodigieuse : On a compté 12000 fleurs ♂ dans une seule spathe de *Dattier*, 207000 dans une spathe d'*Alfonsia amygdalina*, et 600000 dans celles d'un seul individu.

La famille des Palmiers, dont on connaît aujourd'hui près d'un millier d'Espèces, vient immédiatement après celle des *Graminées*, relativement à l'utilité générale. Il n'y a peut-être pas une seule de ces Espèces qui ne puisse trouver un emploi dans l'économie domestique, ou dans l'industrie. Toutes peuvent fournir des fibres textiles, propres surtout à la confection du papier; leurs grandes feuilles servent à couvrir les habitations, et, découpées en lanières, elles entrent dans la fabrication de cordes, de nattes, de paniers, de chapeaux et de divers ustensiles. Le bois de beaucoup de Palmiers arborescents fournit des solives employées à de nombreux usages. Quelques-uns contiennent dans leur stipe une fécule alibile, d'autres ont une séve sucrée et fermentescible; certaines Espèces sont surtout utiles par leur fruit; certaines autres par l'huile contenue dans leur graine ou dans leur péricarpe. Chez beaucoup de Palmiers, le bourgeon central est, dans le jeune âge, un légume fort recherché. Enfin la Famille des Palmiers enrichit la matière médicale de plusieurs produits intéressants.

Les *Sagoutiers* (*Sagus Rumphii*, *lævis*, *genuina*), qui croissent aux îles Moluques, contiennent une moelle farineuse très-nourrissante, connue sous le nom de *sagou*. Plusieurs *Mauritia*, de l'Amérique tropicale, peuvent rivaliser avec le *Sagoutier*. — L'*Arenga saccharifera*, le *Corypha umbraculifera*, le *Borassus flabelliformis*, le *Cocos nucifera*, le *Sagus Rumphii*, les *Raphia* et *Mauritia vinifera*, etc., possèdent une séve abondante, dont on extrait du sucre, ou qui se convertit par fermentation en une boisson alcoolique connue sous le nom de *vin de palme*, *Toddi*, *Laymi* et *Arrak*.

Le *Dattier* (*Phœnix dactylifera*) est un arbre dioïque; ses fleurs ♀ donnent naissance à 3 baies, dont 2 avortent généralement; leur chair solide, d'un goût vineux, sucré, un peu visqueux, sert de nourriture aux Nègres et aux Arabes qui vivent dans le *Belad-el-Djérid*, ou *pays des dattes*, situé au sud de l'Atlas, et s'étendant du Maroc à la régence de Tunis.

Le *Cocotier* (*Cocos nucifera*), arbre monoïque, habitant le voisinage des mers dans toute la région intertropicale, est nommé par quelques voyageurs le *roi des végétaux*, et justifie ce titre par son immense utilité. Sa tige, ses feuilles, et les fibres qui les accompagnent, sa graine, suffisent à tous les besoins des peuplades qui vivent sous la zone torride : il leur fournit du sucre, du lait, une crème solide, du vin, du vinaigre, de l'huile, des cordages, de la toile, des vases, du bois de construction, des toitures, etc.

Le légume nommé *chou palmiste* est le bourgeon central des *Areca*; mais beaucoup d'autres Palmiers donnent un chou beaucoup plus gros et plus savoureux : ce sont le *Cocos nucifera*, l'*Arenga saccharifera*, le *Maximiliana regia* et toutes les Espèces du genre *Attalea*. — On retire aussi une sorte de chou palmiste du *Chamærops humilis*, le seul Palmier indigène de la région méditerranéenne.

L'*Avoira* (*Elaeis guineensis*), grand Palmier monoïque de l'Afrique occidentale, transporté et cultivé en Amérique, a pour fruit une drupe, dont le sarcocarpe contient une huile jaune, odorante, nommée *huile de palme*, que l'on emploie en Afrique et à la Guyane à tous les usages de l'huile d'olives; l'amande fournit en outre une huile blanche, solide, servant aux mêmes usages que le beurre : cette dernière, beaucoup moins abondante que l'autre, ne vient pas en Europe; mais la première, qui reste toujours liquide sous le ciel tropical, est importée en France et en Angleterre, où elle arrive figée, et où elle sert surtout à la fabrication des savons. — Le *Ceroxylon andicola*, Espèce magnifique, croissant au Pérou, et le *Corypha cerifera*, nommé au Brésil *Carnaüba*, produisent une véritable cire, qui exsude des feuilles et surtout du tronc, à l'endroit des anneaux. — Le *Coco des Maldives* (*Lodoicea Sechellarum*) est un arbre de haute taille, dont le fruit noir, bilobé, d'une grosseur monstrueuse, jouissait autrefois d'une extrême réputation, comme antidote universel. Ce fruit n'est plus aujourd'hui qu'un objet de curiosité.

L'*Arec-Cachou* (*Areca Catechu*), grand Palmier de l'Inde, de Ceylan et des Moluques, produit un fruit nommé *noix d'Arec*, dont la graine sert à préparer un suc astringent très-estimé : c'est avec cette amande, mêlée à la chaux vive et aux feuilles du *Poivre Bétel*, que les habitants de l'Asie tropicale préparent le masticatoire dont nous avons parlé en traitant de la Famille des *Pipéracées* (p. 501).

Les feuilles de tous les Palmiers fournissent des nattes et des chapeaux plus ou moins grossiers : on se sert pour cet usage des jeunes feuilles, que l'on a soin de couper avant leur épanouissement, lorsqu'elles sont encore blanchâtres et souples. Les feuilles des *Corypha* sont celles qu'on préfère pour faire des chapeaux. — La partie fibreuse de la noix de coco sert à faire des cordes, mais les autres parties de plusieurs Palmiers fournissent aussi des fibres avec lesquelles on fabrique des cordages : le *piaçaba* est le produit le plus important pour les câbles de navire, à cause de son incorruptibilité dans l'eau; on en fait aussi des paillassons, des brosses et des balais : les Espèces qui produisent le *piaçaba* sont le *Leopoldinia Piaçaba* et l'*Attalea funifera*. On retire, au Brésil, des feuilles de plusieurs Espèces de *Bactris*, et surtout du *B. setosa*, une matière textile nommée *tecun*, plus fine et plus tenace que le Chanvre, et avec laquelle on confectionne des hamacs fins et des filets de pêche. M. Marius Porte, dans une notice sur les usages de quelques Palmiers, nous apprend qu'on n'emploie pas ce fil à faire des tissus, à cause d'une espèce de mordant qui lui donne la propriété de la lime ou du papier de verre : ainsi, un vêtement de cette matière, appliqué sur la peau, l'excorie, et si on le mettait sur d'autres vêtements, il les userait très-vite. Avec du fil de *tecun* et de la patience, dit M. Porte, on peut couper une barre de fer.

Les *Rotangs* (*Calamus*), ou *Palmiers-Joncs*, ont une tige très-grêle, égalant à peine la grosseur du pouce; cette tige, dans quelques Espèces, monte le long des arbres, et atteint quelquefois 1200 à 1800 pieds de longueur (*Rumphia*, vol. 2, p. 158). Les jets flexibles qui composent cette tige sont envoyés en Europe, où l'on en fabrique différents ouvrages légers et solides, des meubles treillissés, des badines, des cannes, connues sous le nom de *joncs, jets de Hollande*, etc. — Le fruit du *Calamus Draco* est imprégné d'une résine rouge astringente, nommée *sang-dragon*, bien plus répandue dans le commerce de la droguerie que le sang-dragon des Antilles produit par un *Pterocarpus* (p. 313), et surtout que le sang-dragon du *Dracæna*. — Les racines des *Sabal Palmetto* sont très-riches en tannin.

La séve des *Corypha umbraculifera* et *sylvestris*, Espèces asiatiques, est émétique et passe pour alexipharmaque. — L'*Hyphæne cucifera*, Palmier d'Égypte, remarquable par la dichotomie de sa tige, produit une gomme-résine (*bdellium ægyptiacum*) rangée autrefois parmi les médicaments diurétiques, et le brou de son fruit a la saveur du pain-d'épice.

La Famille si élégante des Palmiers fournit quelques Espèces ornementales à nos jardins méridionaux, et même, moyennant certaines précautions, à ceux du Nord, jusque sous le climat de Paris, et au delà. Le *Palmier-nain*, ou *Palmier à éventail* (*Chamærops humilis*) ci-dessus mentionné, est un arbuste polygame, tantôt acaule, tantôt caulescent, abondamment répandu en Sicile, en Italie, en Espagne, en Algérie, et qui peut vivre en plein air dans le sud-est de la France. — Le *Palmier de Chusan* (*Trachycarpus*, ou *Chamærops excelsa*), arbuste dioïque de 3 à 4 mètres, est moins pittoresque, mais plus rustique que le précédent; son tronc est garni d'une sorte d'étoupe ou de bourre, provenant des bases pétiolaires décomposées : cette bourre, que les Chinois emploient à fabriquer des cordages et des étoffes grossières, sert aussi de vêtement naturel au Palmier, et l'abrite assez du froid pour qu'il résiste à tous les hivers dans les jardins de la Provence et du Languedoc, ainsi que dans le voisinage de l'Océan, de Bordeaux à Cherbourg, et même au sud de l'Angleterre, dans l'île de Wight.

L'Amérique septentrionale fournit aussi à l'horticulture quelques Palmiers à taille naine : le plus connu est le *Sabal* (*Sabal Adansonii*), Espèce acaule, rustique dans nos provinces méridionales. — Un autre Palmier américain, bien préférable à celui-ci, et non moins rustique, est le *Chamærops hérisson* (*Ch. hystrix*), Espèce caulescente, qui ne manque pas d'élégance, mais dont la tige, hérissée de dards aigus, s'élève rarement à un mètre.

L'Espèce la plus anciennement introduite en Europe, et probablement par les Arabes, est le *Dattier*, l'arbre par excellence des oasis d'Afrique, sans lequel le Sahara serait inhabitable. Sa culture remonte aux temps bibliques, et son origine première est inconnue, quoiqu'on puisse supposer avec une certaine vraisemblance qu'il était primitivement indigène de l'Arabie. Mais, fort anciennement déjà, la culture l'a propagé dans la Perse méridionale, en Égypte, et dans le nord de l'Afrique, d'où il a été beaucoup plus tard introduit dans le midi de l'Europe. Ses fruits n'acquièrent toutes leurs qualités que sous le ciel torride et sec des régions désertiques. Les meilleurs nous viennent des oasis du Sahara central; ceux de seconde qualité, des oasis plus septentrionales de l'Algérie et de la Tunisie. Des dattes, peu inférieures à ces dernières, se récoltent encore aux alentours de la ville d'Elche, en Espagne, entre le 38e et le 39e degré de latitude; mais c'est l'extrême limite septentrionale de la culture du Dattier, considéré comme arbre à fruits. Au-delà de ce point, la pulpe de la datte reste plus ou moins acerbe, et le Dattier n'est plus qu'un arbre d'ornement. Cependant, sur la côte de Ligurie, on le cultive pour en obtenir des palmes qui servent aux cérémonies du dimanche des Rameaux, dans le culte catholique, ainsi qu'à celles de la Pâque juive. Il est commun sur le littoral de la Provence, entre Toulon et Nice; sa rusticité paraît être la même que celle de l'*Oranger*, car il gèle partout où ce dernier est tué par le froid.

# CYCLANTHÉES, *CYCLANTHEÆ*, *Poiteau*.

Plantes acaules, ou caulescentes. — Tige demi-ligneuse, souvent grimpante, et s'attachant aux arbres par des racines adventives épiphytes, ou s'implantant dans le sol. — Feuilles caulinaires, ou radicales, pétiolées, alternes, ou alternes-distiques, coriaces, à nervures parallèles ou obliques, flabelliformes, soit entières, soit 2-3-5-partites. — Spathes 4-3-phylles, imbriquées. — Spadice monoïque, cylindrique. — Fleurs denses couvrant le spadice; les ♂ groupées en 4 phalanges accompagnant les ♀ (*Carludovica*), ou les ♀ et les ♂ disposées en cycles alternatifs (*Cyclanthus*). — Fleurs ♂ : Périanthe multifide, à lobes très-courts, irrégulièrement bi-sériés, imbriqués dans la préfloraison (*Carludovica*), ou nul (*Cyclanthus*). — Étamines groupées en 4 phalanges opposées aux lobes du périanthe ♀. *Filets* courts, légèrement dilatés (*Carludovica*), ou grêles (*Cyclanthus*). *Anthères* oblongues, ou linéaires, 2-loculaires, à déhiscence longitudinale. — Fleurs ♀ : Périanthe nul (*Cyclanthus*), ou formé de 4 écailles charnues valvaires, herbacées, ou colorées, munies chacune à leur base d'un long filament (*staminode*) caduc et ne laissant qu'un vestige peu apparent (*Carludovica*). — Ovaire 2-4-lobé au sommet, 1-loculaire, ∞-ovulé, à 4 placentaires pariétaux. *Stigmates* petits, sessiles, offrant 2 lobes antéro-postérieurs (*Cyclanthus*), ou linéaires et répondant aux placentaires (*Carludovica*). *Ovules* anatropes, sessiles (*Carludovica*), ou longuement funiculés (*Cyclanthus*). — Fruit formant un syncarpe baccien, composé de fleurs ♀ devenues charnues; écorce du spadice fructifère, éclatant par sa base en 3-4 lambeaux irréguliers, charnus, qui s'enroulent peu à peu vers le sommet du spadice, et retiennent les baies fixées dans leur pulpe, lesquelles se liquéfient bientôt et rejettent les graines (*Carludovica palmata*). — Graines nombreuses; *testa* mou, ou coriace, rempli de raphides; *raphé* souvent épaissi. *Albumen* corné. — Embryon monocotylédoné, petit, droit, cylindrique, basilaire, à extrémité radiculaire voisine du hile.

GENRES.

| | |
|---|---|
| Cyclanthe, *Cyclanthus*. | *Carludovica, *Carludovica*. |

Carludovica palmé (*Carludovica palmata*).

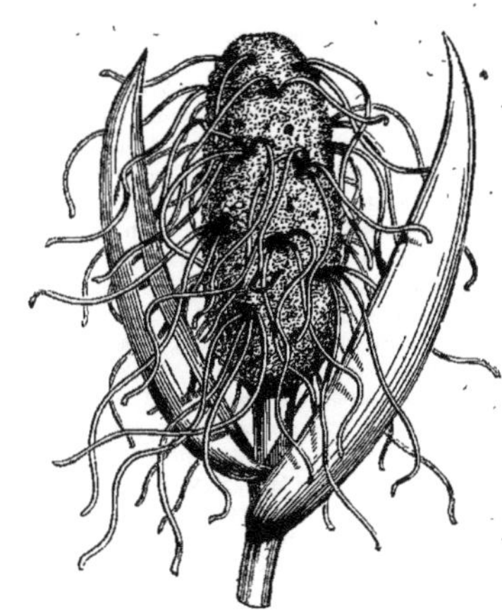

*Carludovica lancæfolia.* Inflorescence.

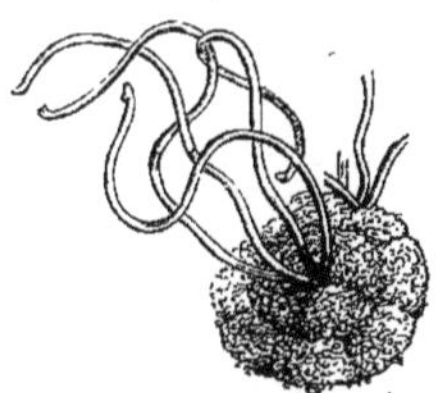

*Carludovica.*
Portion d'inflorescence,
montrant les 4 filaments
entourés des phalanges d'étamines.

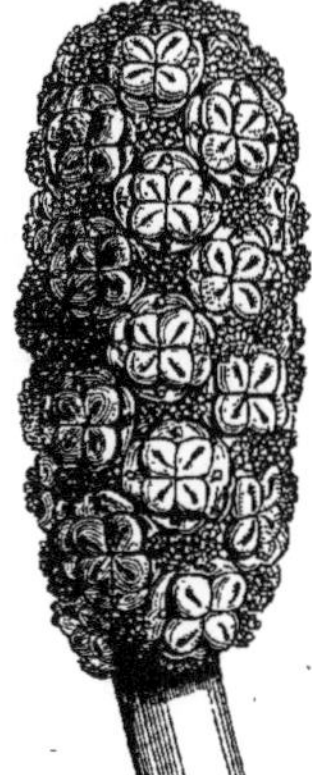

*Carludovica latifolia.*
Spadice chargé de fruits
et d'étamines.

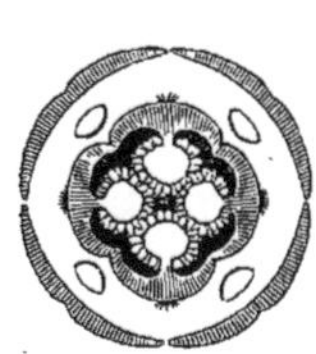

*Carludovica.* Diagramme ♀
montrant le périanthe,
la place des 4 filaments
et les 4 placentaires pariétaux.

*Carludovica.*
Fleur ♀ vue d'en haut,
montrant
les 4 écailles périgoniales,
auxquelles sont opposés
les 4 filaments caducs,
et avec lesquelles alternent
les 4 ovaires
à stigmate sessile.

*Carludovica.*
Phalange d'étamines,
face externe.

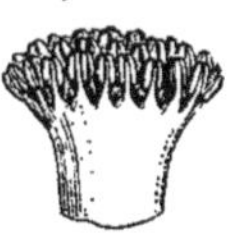

*Carludovica.*
Phalange d'étamines,
face interne.

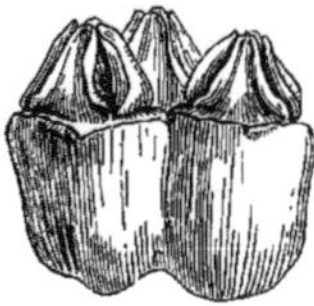

*Carludovica palmata.*
Groupe de jeunes fruits
couronnés par les écailles.

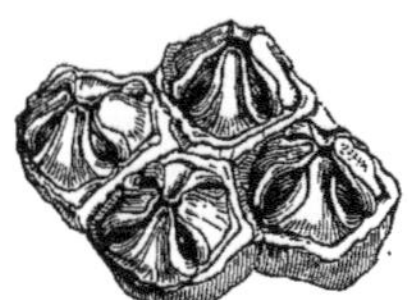

*Carludovica palmata.*
Groupe de fruits vus d'en haut.

*Carludovica.*
Etamine,
face interne.

*Carludovica.*
Etamine,
face externe.

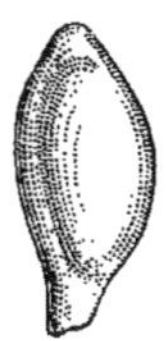

*Carludovica.*
Ovule. (g.)

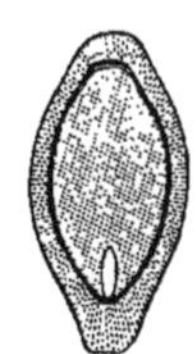

*Carludovica.*
Graine coupée
verticalement. (g.)

Les *Cyclanthées*, étroitement liées aux *Pandanées* et aux *Freycinétiées*, se rapprochent également des *Aroïdées* et des *Palmiers*. Elles appartiennent exclusivement à l'Amérique tropicale.

Les spadices fleuris de plusieurs *Cyclanthus*, et notamment du *C. bipartitus*, cultivé au Brésil dans les jardins des aborigènes de la province de Maynas, ont une odeur suave qui tient le milieu entre l'arome de la vanille et celui de la cannelle. Les Indiens les font cuire avec des viandes pour en préparer des aliments aphrodisiaques. — Pœppig a observé que ces spadices ne sont jamais attaqués par les animaux fructivores, pas même par les nombreuses Espèces de fourmis, si avides de fruits succulents.

Le *Carludovica palmata*, qui croît dans les forêts humides de la république de l'équateur, du Pérou, de la Bolivie et de la Nouvelle-Grenade, fournit une paille très-estimée, qui sert à la fabrication des chapeaux dits de *Guayaquil*, et nommés en France *panamas*. Nous lisons dans une note, publiée par M. A.-H. Weddell, qu'on recueille les jeunes feuilles de la Plante pendant leur vernation, lorsqu'elles sont à peine teintées de vert. On taille dans le limbe découpé en éventail les lanières ou brius qui doivent être utilisés, de manière à ne conserver que la partie moyenne des divisions de ce limbe, qui reste attachée au pétiole, et à laquelle on laisse une largeur qui varie selon la finesse du tissu auquel elle est destinée; la feuille ainsi préparée est trempée successivement dans de l'eau bouillante, dans de l'eau acidulée par le suc de citron et dans de l'eau très-froide, puis on la laisse sécher; alors la décoloration est complète; les bords de chacune des lanières se reploient en arrière, et lui donnent une forme cylindroïde qui augmente beaucoup sa solidité. Le prix de ces chapeaux varie singulièrement; les plus communs se vendent 1 fr. 80 c., ceux de qualité moyenne valent 6 fr.; un beau chapeau de Guayaquil se vend 75 à 125 fr.; mais on en fabrique quelques-uns dont le tissu est tellement fin qu'ils sont achetés au prix énorme de 500 fr. La paille du *Carludovica* sert aussi à fabriquer des porte-cigares.

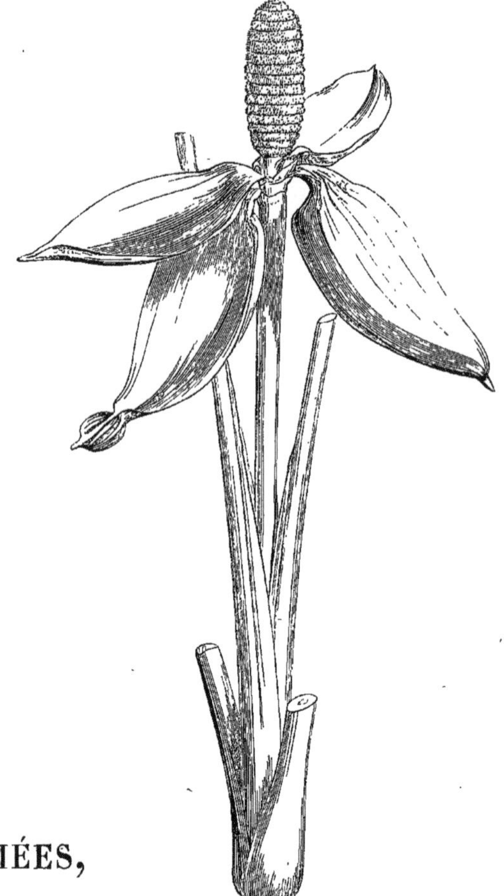

Cyclanthe à feuilles bilobées (*Cyclanthus bipartitus*). Inflorescence.

# PHYTÉLÉPHASIÉES,

## *PHYTELEPHASIEÆ*, *Brongniart*.

Plantes palmiformes, acaules, ou caulescentes. — Feuilles très-longues, pennées, ramassées au sommet de la tige. — Fleurs monoïques ou polygames-dioïques. *Spathe* monophylle (*Phytelephas*) ou diphylle (*Wettinia*). *Spadices* simples, claviformes, ou cylindriques, couverts de fleurs très-serrées. — Périanthe à folioles 2-sériées, inégales, à préfloraison imbriquée, ou valvaire. Étamines ∞, insérées à la base du périanthe. *Anthères* linéaires, ou oblongues, apiculées par le connectif, 2-loculaires, s'ouvrant longitudinalement. — Ovaire à 4 loges 1-ovulées (*Phytelephas*), ou 1-loculaire 1-ovulé (*Wettinia*). *Ovule* basilaire, ascendant, anatrope. *Style* terminal divisé en 5-6 branches stigmatiques (*Phytelephas*), ou basilaire et latéral 3-fide (*Wettinia*). — Drupes agrégées, anguleuses-muriquées, 4-loculaires, à endocarpe crustacé, simulant un cône arrondi (*Phytelephas*), ou Baie coriace 1-loculaire, 1-séminée (*Wettinia*). — Graines à testa coriace, ou membraneux. *Albumen* copieux, éburné. — Embryon monocotylédoné, à radicule voisine du hile.

GENRES.

Phytéléphas, *Phytelephas*. | Wettinia, *Wettinia*.

Les *Phytéléphasiées* sont voisines des *Pandanées* et des *Cyclanthées*. — Le *Wettinia*, par son ovaire 1-loculaire et son ovule anatrope établit le passage des Phytéléphasiées aux *Palmiers*.

Ce petit groupe appartient au Pérou. — L'albumen éburné du *Phytelephas* est comestible dans le jeune âge ; il se durcit tellement à la maturité, qu'il est employé aux mêmes usages que les défenses de l'Éléphant ; de là son nom vulgaire d'*ivoire* ou *morfil végétal*.

# NIPACÉES, *NIPACEÆ*, *Brongniart.*

PLANTE palmiforme. — STIPE inerme, épais, court, spongieux intérieurement. FEUILLES terminales, vastes, penniséquées, à pennules étroites, dressées, fermes, pliées en dehors. — SPADICE monoïque terminal, engaîné par une spathe polyphylle, persistante, d'abord dressé, puis penché. Fleurs ♂ minimes, jaunâtres, pourvues chacune d'une bractée, et réunies en chatons latéraux cylindriques ; les ♀ agglomérées en capitule terminal. — FLEURS ♂ : SÉPALES 3. — PÉTALES 3, à préfloraison valvaire. — ÉTAMINES 3, à filets cohérents. *Anthères* adnées, extrorses, sub-didymes. — FLEURS ♀ : PÉRIANTHE nul. — PISTIL composé de 3 carpelles distincts, obliquement tronqués, anguleux, muni à sa base de quelques squamules. *Stigmates* 3, sessiles, excentriques, marqués d'une fente latérale. — DRUPES d'un brun marron, formant par leur agrégation un capitule volumineux, turbinées, anguleuses, 1-séminées ; *sarcocarpe* épais, sec, fibreux ; *endocarpe* fibreux-ligneux, perforé à sa base. — GRAINE sillonnée longitudinalement par une saillie du noyau. *Albumen* homogène, cartilagineux, creux au centre. — EMBRYON monocotylédoné, basilaire.

GENRE UNIQUE.

Nipa, *Nipa.*

Le *Nipa*, comme les *Phytéléphasiées*, est voisin des *Pandanées*, des *Cyclanthées* et des *Palmiers*. — Ce Genre monotype habite les lieux marécageux et les estuaires des grands fleuves de l'Inde et des Moluques.

La graine germe dans le fruit, et celui-ci tombe dans la mer, qui le transporte au loin ; mais il ne se détache de son spadice qu'après plusieurs années, quand la germination de la graine est assez avancée pour que l'eau salée ne puisse nuire à l'embryon. — Les graines sont comestibles avant leur complète maturité, on relève avec du sucre leur peu de sapidité. Les habitants des îles Philippines et de la Cochinchine tirent du spadice un suc qui leur fournit par la fermentation une liqueur spiritueuse et de l'acide acétique. Les frondes servent à couvrir les cases dans l'archipel Indien ; on en fait aussi des chapeaux et des porte-cigares.

# FREYCINÉTIÉES, *FREYCINETIEÆ*, *Brongniart.*

PLANTES souvent radicantes, ou sarmenteuses, rarement arborescentes, offrant le port des *Pandanus*. — FEUILLES étroites, engaînantes-amplexicaules inférieurement, parallèli-nerviées, denticulées ou sub-épineuses sur leur bord et leur face dorsale, équitantes dans la préfoliation. — INFLORESCENCE terminale, ou rarement latérale. *Spathes* ordinairement colorées (jaunes, ou rouges). — SPADICE polygame-dioïque, simple, entièrement couvert de fleurs nues. — FLEURS ♂, en pompon, souvent groupées autour d'un ovaire avorté. — ÉTAMINES ∞. *Filets* filiformes, isolés, ou groupés par 2-3. *Anthères* bi-loculaires. — FLEURS ♀ : OVAIRES nombreux, 1-loculaires, pluri-ovulés, accompagnés à leur base d'étamines stériles, isolés, ou agglomérés en phalanges de 3-4-∞. *Ovules* anatropes, ascendants, bi-sériés sur 3 placentaires pariétaux, linéaires, alternant avec les stigmates. *Stigmates* sessiles, distincts. — BAIES agrégées, 1-loculaires, pluri-séminées. — GRAINES menues, plongées dans une pulpe incolore, dressées sur de courts funicules. *Testa* membraneux, lisse, ou strié ; *raphé* latéral plus ou moins développé, et strophiolé. *Albumen* charnu dense. — EMBRYON monocotylédoné, minime, droit, à extrémité radiculaire voisine du hile et infère.

GENRE UNIQUE.

Freycinétia, *Freycinetia.*

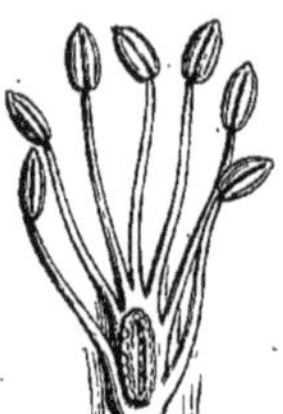

*Freycinetia Banksii.* Coupe verticale d'un groupe d'étamines enveloppant le pistil avorté.

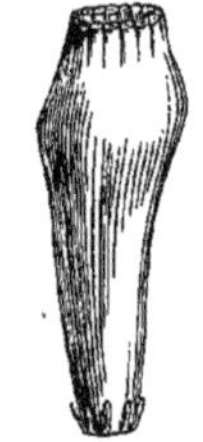

*Freycinetia Banksii.* Ovaire accompagné d'étamines stériles.

*Freycinetia imbricata.* Coupe transversale du fruit. (g.)

*Freycinetia.* Graine entière. (g.)

*Freycinetia.* Graine coupée verticalement. (g.)

Les *Freycinétiées* se distinguent des *Pandanées* par leurs ovaires munis de 3 placentaires multi-ovulés, et complétement bacciens dans leur partie inférieure, à la maturité. — Elles habitent, ainsi que les Pandanées, les grandes îles de l'océan Pacifique, les îles Norfolk, la Nouvelle-Zélande et le nord de l'Australie.

# PANDANÉES, *PANDANEÆ*, *R. Brown.*

Vaquois candélabre (*Pandanus candelabrum*).

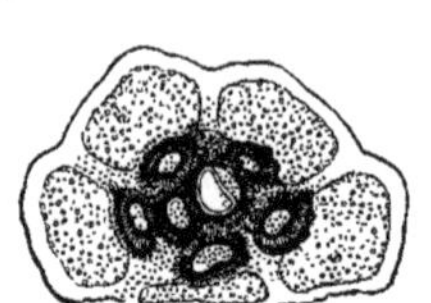

*Pandanus.* Moitié de fruit coupé transversalement ; loge fertile au centre.

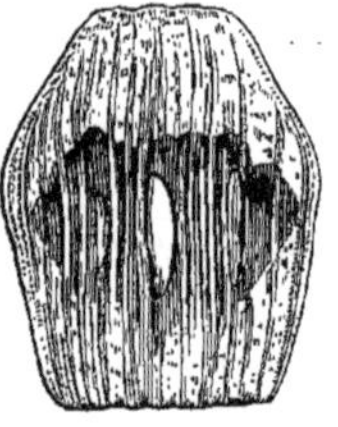

*Pandanus.* Fruit coupé verticalement.

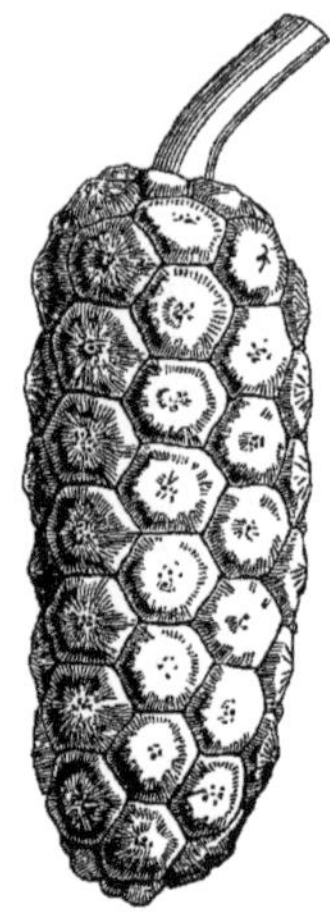

*Pandanus utilis.* Spadice fructifère, 6e de grandeur.

*Pandanus.* Etamines.

*Pandanus.* Graine coupée transversalement.

*Pandanus.* Graine fixée à son placentaire.

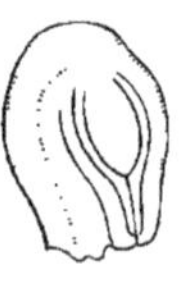

*Pandanus.* Coupe verticale de l'ovule.

*Pandanus.* Coupe verticale d'une portion de la graine.

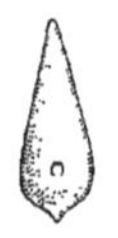

*Pandanus.* Embryon. (g.)

PLANTES à tige frutescente, ou arborescente, simple, ou rameuse, annelée, soutenue par de fortes racines adventives; rameaux foliifères à leur extrémité. — FEUILLES imbriquées sur 3 rangs, en spirales très-rapprochées, linéaires-lancéolées, amplexicaules, à bords souvent épineux. — FLEURS dioïques, apérianthées, couvrant complétement des spadices simples, ou rameux, accompagnés de spathes herbacées, ou colorées, caduques. — FLEURS ♂ : *Spadice* rameux, thyrsoïde, en forme de pompons, ou de gros chatons. — ÉTAMINES nombreuses, très-denses. *Filets* filiformes, isolés, ou groupés en phalanges. Anthères 2-loculaires, à déhiscence longitudinale. — FLEURS ♀ : SPADICE simple. — OVAIRES nombreux, 1-loculaires, cohérents en phalanges, ou rarement isolés. *Ovule* solitaire, anatrope, accolé à un placentaire pariétal (*Pandanus*), ou *ovules* 3 orthotropes (?), insérés au fond de la loge (*Souleyetia*). *Stigmates* sessiles, distincts. — FRUIT constitué par des drupes fibreuses réunies en groupes et étroitement cohérentes. *Endocarpe* osseux. — GRAINE ovoïde, à *testa* membraneux, à *raphé* filiforme peu saillant, mais à *chalaze* très-apparente touchant le sommet de la loge. *Albumen* charnu, dense. — EMBRYON monocotylédoné, droit, basilaire, à extrémité radiculaire dirigée vers le fond de la loge.

GENRES PRINCIPAUX.

Vaquois, *Pandanus.* | Souléyétia, *Souleyetia.* | Hétérostigma, *Heterostigma.*

Les *Pandanées* proprement dites, réunies par plusieurs Botanistes aux *Freycinétiées, Cyclanthées, Phytéléphasiées, Nipacées*, forment avec ces petites Familles et avec les *Typhacées* un groupe de Plantes gravitant autour des *Palmiers* et des *Aroïdées*. Les Nipacées, Phytéléphasiées, Cyclanthées, Freycinétiées, se rapprochent des Palmiers par leur port.

Les *Pandanées* habitent le littoral de l'Asie, de l'Arabie Heureuse, des grandes îles de l'océan Pacifique, de Madagascar, de l'Afrique occidentale, du nord de l'Australie, etc. Leur port représente des *Broméliacées* gigantesques; une des Espèces les plus remarquables de cette Famille est le *Pandanus candelabrum*, qui doit son nom spécifique à l'élégance de sa ramification dichotome. Mungo-Park a rapporté un phénomène singulier présenté par une autre Espèce, nommée *Fang-Jani* (*Heterostigma Heudelotianum*), qui croît à Gorée, sur les bords de la Gambie, et qui, d'après ce célèbre voyageur, brûlerait spontanément à la maturité; il est aujourd'hui reconnu que cette apparence de combustion est due à une maladie de la Plante, provenant de la multiplication d'un Champignon parasite (*Fumago*), qui couvre les feuilles d'une poudre noire analogue à du charbon.

Gaudichaud a divisé le Genre *Pandanus* en 16 Genres dont les caractères semblent ne reposer que sur la forme des stigmates; ces Genres n'ont pas été décrits, mais seulement figurés; nous mentionnons seulement ici le *Souleyetia* et l'*Heterostigma*, qui sont plus nettement caractérisés.

Les fleurs ♂ des *Pandanus* ont une odeur suave, mais très-pénétrante. Les feuilles sont employées à faire les nattes dans lesquelles on expédie en Europe le café Bourbon. — Le suc de certaines Espèces de *Pandanus* est recommandé comme astringent contre les dyssenteries; le fruit jeune passe pour emménagogue.

# TYPHACÉES, *TYPHACEÆ.*

(TYPHÆ, *Jussieu.* — TYPHINÆ, *Agardh.* — TYPHACEÆ, *De Candolle.*)

FLEURS *monoïques, en épi, ou en têtes, assises sur un spadice.* PÉRIANTHE *nul.* ÉTAMINES *accompagnées de soies ou de squamules.* OVAIRES *1-2-loculaires, 1-ovulés.* OVULE *pendant, anatrope.* FRUIT *sec, ou charnu.* GRAINE *albuminée.* EMBRYON *monocotylédoné, axile.* RADICULE *supère.* — TIGE *herbacée.* FEUILLES *alternes.*

HERBES aquatiques, ou palustres, vivaces, à rhizôme rampant. — TIGES cylindriques, non noueuses, pleines, simples, ou rameuses. — FEUILLES alternes, linéaires, nerveuses-striées, entières, ramassées au bas de la tige, engaînantes; les caulinaires sous-tendant les rameaux ou les spadices, involucrantes avant l'anthèse. — FLEURS incomplètes, assises sur un spadice monoïque, et disposées soit en têtes (*Sparganium*), soit en épi dense, tantôt continu et pourvu par intervalles de spathes foliacées très-caduques; tantôt interrompu (*Typha*); les fleurs supérieures staminifères, les inférieures pistillifères. — FLEURS ♂ : PÉRIANTHE nul. — ÉTAMINES nombreuses, accompagnées de soies ou d'écailles membraneuses. *Anthères* basifixes, oblongues, à 2 loges, souvent dépassées par le connectif (*Typha*), et s'ouvrant longitudinalement. — FLEURS ♀ : PÉRIANTHE nul. — OVAIRES accompagnés de soies, ou de squamules, tantôt sessiles (*Sparganium*), tantôt longuement stipités à la maturité (*Typha*), à 1-2 loges 1-ovulées. *Ovule* pendant au sommet de la loge, anatrope. *Style* continu avec l'ovaire, simple. *Stigmate* uni-latéral, papilleux, linguiforme, allongé. — **Fruits** sub-drupacés, ou secs, anguleux, surmontés par le style; *épicarpe* membraneux, ou sub-spongieux, *endocarpe* sub-ligneux, indéhiscent (*Sparganium*), ou fendu d'un côté à la maturité et *endocarpe* coriace (*Typha*). — **Graine** inverse. *Albumen* farineux, ou charnu, copieux. — **Embryon** droit, axile, à extrémité radiculaire supère.

## Tribu I. — SPARGANIÉES, *SPARGANIEÆ*.

Fleurs agglomérées sur un réceptacle hémisphérique en capitules munis de bractées foliacées. Spadice rameux, ou simple. Étamines accompagnées d'écailles membraneuses; ovaires 1-2-loculaires, accompagnés chacun de 3-4 squamules imbriquées et persistantes. Fruit drupacé indéhiscent, 1-2-loculaire, à épicarpe spongieux. Graine ovoïde, à testa lisse, à raphé externe.

### GENRE UNIQUE.

Rubanier, *Sparganium*.

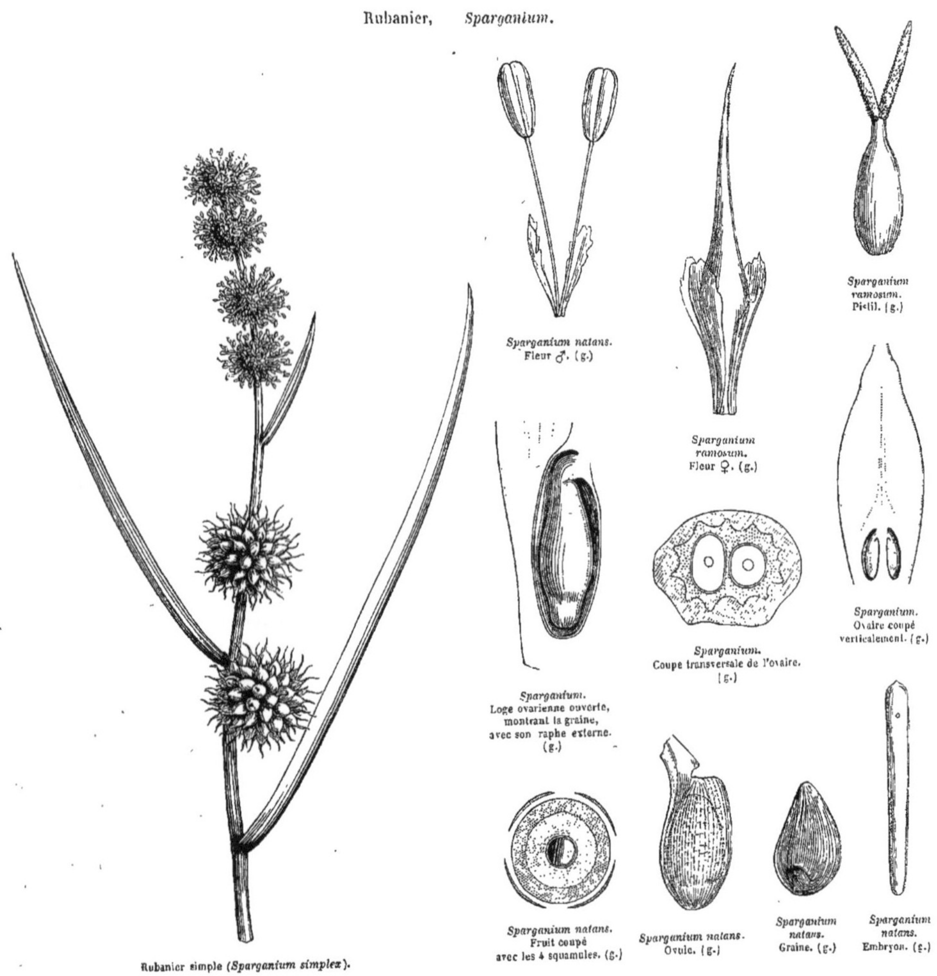

*Sparganium natans.* Fleur ♂. (g.)

*Sparganium ramosum.* Fleur ♀. (g.)

*Sparganium ramosum.* Pistil. (g.)

*Sparganium.* Loge ovarienne ouverte, montrant la graine, avec son raphe externe. (g.)

*Sparganium.* Coupe transversale de l'ovaire. (g.)

*Sparganium.* Ovaire coupé verticalement. (g.)

Rubanier simple (*Sparganium simplex*).

*Sparganium natans.* Fruit coupé avec les 4 squamules. (g.)

*Sparganium natans.* Ovule. (g.)

*Sparganium natans.* Graine. (g.)

*Sparganium natans.* Embryon. (g.)

## TRIBU II. — TYPHÉES, *TYPHEÆ.*

Fleurs en épi compacte, cylindrique. Spadice simple. Étamines naissant sur le spadice, accompagnées de soies nombreuses. Ovaires 1-loculaires, insérés sur de petites protubérances du rachis, longuement stipités à la maturité, accompagnés de soies nombreuses, et d'ovaires rudimentaires claviformes. Fruit sec, à épicarpe fendu d'un côté. Graine linéaire, à testa strié.

### GENRE UNIQUE.

Massette, *Typha.*

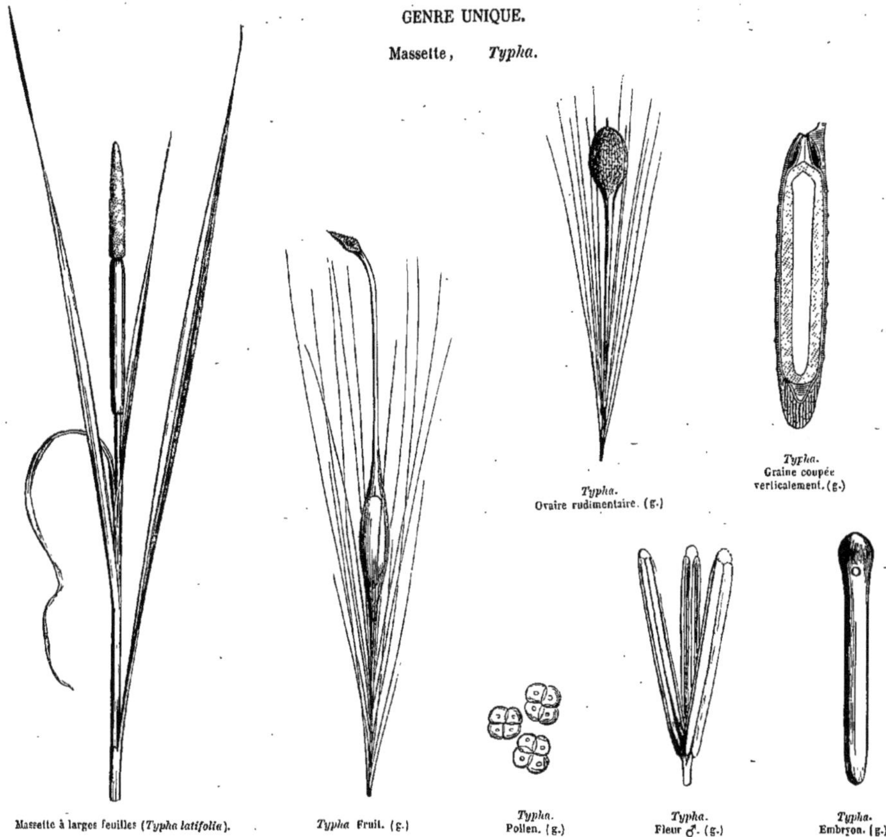

Massette à larges feuilles (*Typha latifolia*). — *Typha* Fruit. (g.) — *Typha.* Ovaire rudimentaire. (g.) — *Typha.* Graine coupée verticalement. (g.) — *Typha.* Pollen. (g.) — *Typha.* Fleur ♂. (g.) — *Typha.* Embryon. (g.)

Nous avons cru devoir séparer les *Typhacées* en 2 Tribus distinctes, en raison des différences qui existent entre les *Typha* et les *Sparganium*, relativement au port, à l'inflorescence, à la structure des fleurs, soit ♂, soit ♀, et à l'organisation du fruit et de la graine. — On a figuré l'ovule du *Typha* comme orthotrope, mais l'anatropie est évidente; le micropyle regarde le sommet de la loge, et la chalaze est dirigée vers le fond.

Les Typhacées se lient d'un côté aux *Aroïdées* et aux *Cypéracées*, de l'autre aux *Pandanées*, dont les *Sparganium* ne diffèrent que par leur petite stature, leur fruit plus simple et leur graine pendante; cette ressemblance est si frappante qu'on serait tenté de regarder les Pandanées comme de gigantesques *Sparganium.*

Cette Famille renferme peu d'Espèces : les *Typha* sont dispersés dans les régions tropicales et extra-tropicales du monde entier, et principalement de l'hémisphère Nord; ils y habitent les eaux stagnantes et les rives des fleuves. Les *Sparganium* habitent de préférence les régions froides ou tempérées.

Le rhizôme féculent des *Typha* possède des propriétés légèrement astringentes et diurétiques, qui le font employer dans l'Asie orientale pour la guérison des dyssenteries, des urétrites et des aphthes. Les tiges et les feuilles sont employées à la couverture des chaumières. On a vainement essayé d'utiliser les soies qui garnissent l'épi, pour fabriquer une sorte de velours. — Les graines du *Sparganium* servent de nourriture aux oiseaux aquatiques.

# AROÏDÉES, *AROIDEÆ*.

(AROIDEÆ, *Jussieu*. — ARACEÆ, *Schott*. — CALLACEÆ, *Bartling*.)

FLEURS *monoïques, ou plus rarement dioïques, ou ☿, insérées sur un spadice simple, pourvu d'une spathe, nues, ou périanthées.* OVAIRE *uni-pluri-loculaire.* OVULES *basilaires, ou pariétaux, dressés, ou ascendants, ou pendants, orthotropes, ou campylotropes, ou anatropes.* FRUIT *baccien.* GRAINE *albuminée, ou très-rarement exalbuminée.* EMBRYON *monocotylédoné, axile.* — PLANTES *acaules, ou caulescentes.* FEUILLES *radicales, ou alternes, à limbe dilaté, ou linéaire, muni de nervures saillantes, réticulées.*

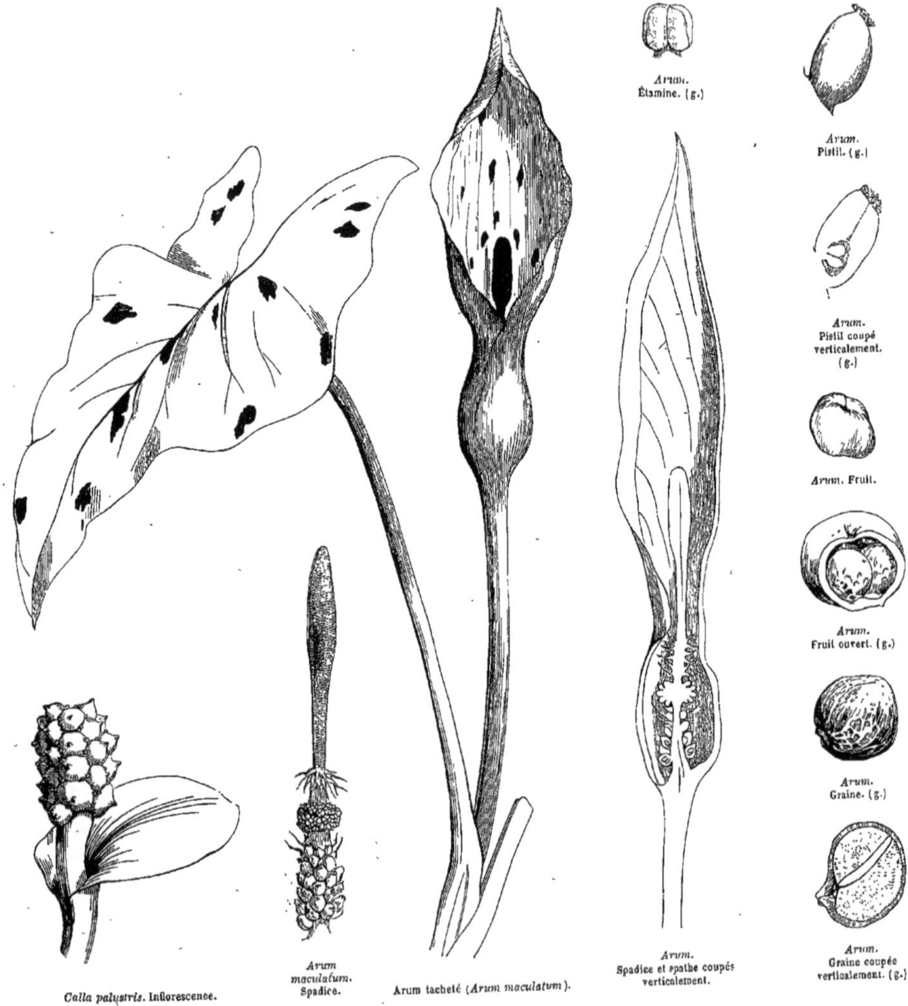


*Calla palustris.* Inflorescence.

Arum tacheté (*Arum maculatum*).

Colocasia de Bory (*Colocasia Boryi*).

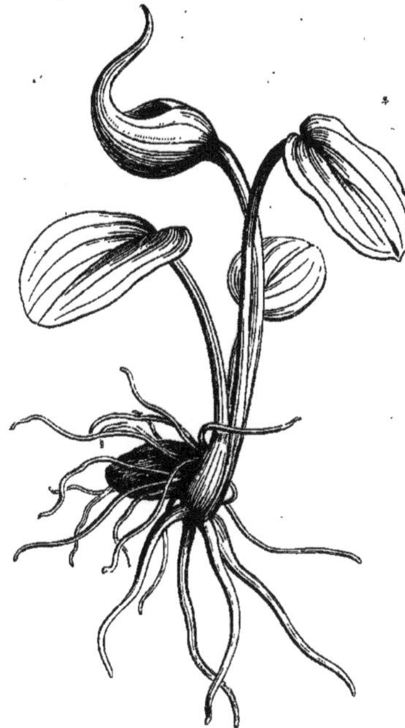

Ambrosinia de Bassi (*Ambrosinia Bassii*).

Tornelia odorant (*Tornelia fragrans*).

*Pistia Stratiotes.*
Inflorescence.

*Gymnostachys anceps.*
Inflorescence.

*Orontium aquaticum.*
Fleur vue de face. (g.)

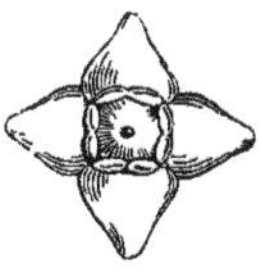

*Gymnostachys anceps.*
Fleur vue de face. (g.)

*Pistia Stratiotes.*
Inflorescence coupée verticalement. (g.)

*Ambrosinia.*
Inflorescence coupée verticalement, montrant le pistil et l'androcée séparés par un diaphragme charnu.

*Ambrosinia.*
Pistil couvrant le diaphragme qui cache l'androcée.

*Ambrosinia.*
Pistil. (g.)

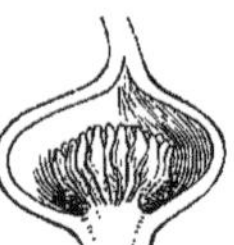

*Ambrosinia.*
Ovaire coupé verticalement. (g.)

*Ambrosinia.*
Androcée.

*Orontium aquaticum.*
Ovaire coupé verticalement. (g.)

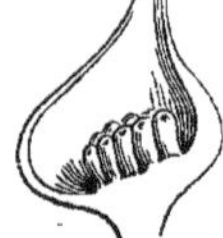

*Pistia.*
Ovaire coupé verticalement. (g.)

*Richardia.*
Coupe transversale de la partie inférieure de l'ovaire.

*Richardia.*
Coupe transversale de la partie supérieure de l'ovaire.

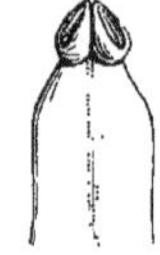

*Orontium.*
Étamine. (g.)

*Pistia.*
Portion d'androcée. (g.)

*Acorus Calamus*
Ovule montrant son endostome saillant.

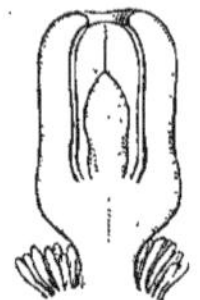

*Pistia.*
Ovule orthotrope coupé verticalement et poils accompagnant le placentaire. (g.)

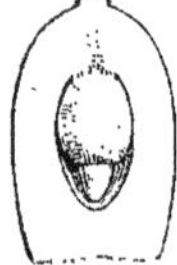

*Gymnostachys.*
Pistil montrant l'ovule pendant orthotrope.

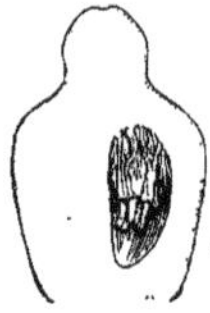

*Acorus Calamus.*
Coupe verticale du pistil montrant les ovules pendants orthotropes.

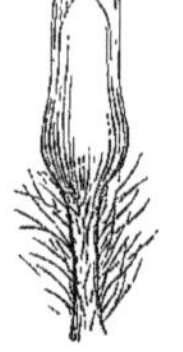

*Ambrosinia.*
Ovule dressé orthotrope. (g.)

*Acorus Calamus*
Carpelle mûr. (g.)

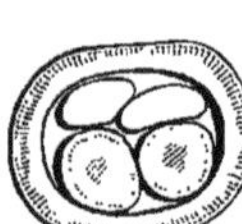

*Calla palustris.*
Coupe transversale d'un carpelle. (g.)

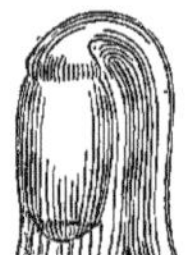

*Calla.*
Ovule. (g.)

*Calla.*
Graine. (g.)

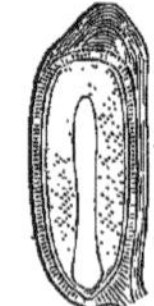
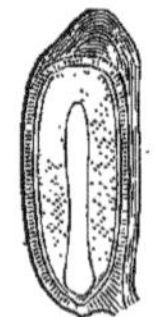

*Calla*
Graine coupée verticalement. (g.)

*Pistia.*
Embryon. (g.)

*Symplocarpus fœtidus.*
Graine. (g.)

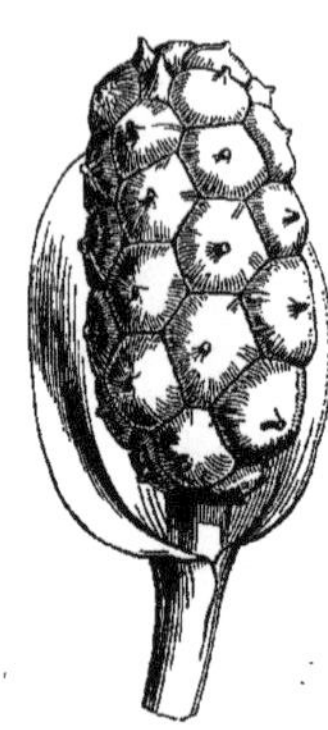

*Calla palustris.*
Fruits mûrs.

*Calla.*
Embryon. (g.)

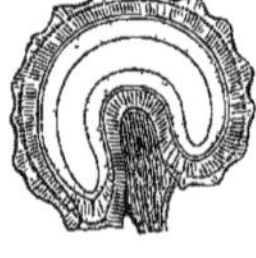

*Cyrtosperma.*
Graine coupée verticalement. (g.)

*Pistia.*
Graine entière. (g.)

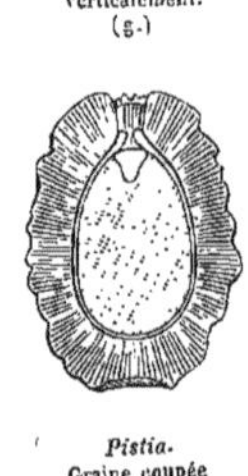

*Pistia.*
Graine coupée verticalement. (g.)

*Symplocarpus.*
Graine exalbuminée, coupée verticalement. (g.)
(*Asa Gray.*)

Plantes généralement herbacées, à sève incolore, ou laiteuse, vivaces, tantôt munies d'un rhizôme, ou de tubercules, et alors acaules; tantôt caulescentes, à tiges droites, rameuses et arborescentes, marquées de cicatrices pétiolaires, quelquefois sarmenteuses, ou grimpantes au moyen de racines adventives; quelquefois vivipares (*Remusatia vivipara*), très-rarement nageantes (*Pistia*). — Feuilles quelquefois solitaires, ordinairement ramassées à l'extrémité d'un rhizôme épigé, ou au sommet de la tige, alternes, glabres; *pétioles* engaînants par leur base; *limbe* ordinairement dilaté, fortement palmi-pédali-pelti-nervié, cordiforme, ou hasté, entier, ou diversement découpé, quelquefois perforé, quelquefois bulbillifère, à préfoliation convolutive. — Hampe, ou Tige terminée par un spadice. — Spathe monophylle, diversement enroulée, souvent persistante, ou tombante. — Spadice simple, naissant à l'aisselle de la spathe, libre, ou adhérent à sa nervure médiane; sessile, ou stipité, entièrement couvert de fleurs, ou terminé par un appendice stérile, de formes très-variées. — Fleurs généralement incomplètes, rarement ☿, sessiles sur le spadice, les ♀ ordinairement situées à la partie inférieure, les ♂ à la partie supérieure; contiguës, ou séparées, soit par un intervalle nu, soit par des ovaires rudimentaires, ou des staminodes interposés entre les fleurs fertiles, ou mêmes situés quelquefois au-dessus des fleurs ♂. — Périanthe tantôt complétement nul; tantôt (dans les fleurs ☿) 4-5-6-8-phylle, ou 5-8-fide. — Étamines nombreuses, libres, ou diversement cohérentes. *Filets* courts, ou presque nuls. *Anthères* extrorses, à 2 loges s'ouvrant soit par une fente longitudinale, ou transversale, soit par un pore apical, ou sub-apical. *Pollen* à granules, quelquefois agglutinés. — Ovaires généralement agrégés, distincts, ou cohérents, uni-loculaires, ou bi-tri-quadri-multi-loculaires par prolongement de placentaires pariétaux munis de poils sécrétant un mucilage abondant. *Ovules* tantôt solitaires, tantôt plus ou moins nombreux, basilaires, ou pariétaux, ou apicaux, dressés, ou ascendants, ou sub-horizontaux, ou pendants; orthotropes, ou campylotropes, rarement anatropes et à raphé externe (*Amorphophallus variabilis*). *Style* nul, ou simple. *Stigmate* capité, ou discoïde, indivis, ou quelquefois lobé (*Asterostigma*). — Fruit baccien, indéhiscent, uni-pluri-loculaire, uni-multi-séminé. — Graines sub-globuleuses, ou oblongues, ou anguleuses; *testa* coriace, épais. *Albumen* farineux, ou charnu, copieux, disparaissant par la germination, ou rarement nul (*Symplocarpus*). — Embryon blanc, ou vert, axile, turbiné, ou cylindracé, ou quelquefois légèrement anguleux (*Acorus*), ou très-rarement arqué (*Cyrtosperma*).

## Tribu I. — CALLACÉES, *CALLACEÆ.*

Fleurs ☿, ou ♂ et ♀ sur le même spadice, périanthées, ou nues.

### Section I. — ACOROÏDÉES, *ACOROIDEÆ.*

Spathe phyllodiforme, soudée avec le pédoncule. Fleurs ☿, périanthées, couvrant le spadice. Périanthe 4-6-phylle. Étamines en même nombre, et opposées aux sépales. Ovaires 1-3-loculaires. Ovules pendants, orthotropes. Graines albuminées. — Herbes contenant ordinairement une huile aromatique (*Acorus*), à rhizôme articulé, à feuilles ensiformes, embrassantes dans la préfoliation.

GENRES PRINCIPAUX.

*Acore, *Acorus.* | Gymnostachys, *Gymnostachys.*

### Section II. — ORONTIACÉES, *ORONTIACEÆ.*

Spathe persistante, herbacée, ou quelquefois colorée (*Dracontium*, *Symplocarpus*), rarement nulle (*Orontium*). Spadice couvert de fleurs ☿ périanthées. Périanthe 4-5-6-8-phylle, ou quelquefois 5-8-fide (*Dracontium*). Étamines en même nombre que les pièces du périanthe. Ovaires uni-pauci-loculaires. Ovules tantôt basilaires et campylotropes (*Pothos*), ou horizontaux et semi-anatropes (*Orontium*); tantôt pendants et anatropes (*Anthurium*), ou campylotropes (*Cyrtosperma*, *Lasia*). Style généralement nul, rarement subulé-allongé (*Dracontium*), ou tétragone-pyramidal (*Symplocarpus*). Graine généralement exalbuminée. — Herbes rarement aquatiques (*Orontium*), acaules, ou caulescentes et souvent sarmenteuses, ou grimpantes (*Pothos*, *Anthurium*). Feuilles alternes, quelquefois articulées (*Pothos*, etc.), simples, entières (*Orontium*, *Symplocarpus*, *Pothos*), ou penni-séquées (*Lasia*), ou palmi-séquées (*Anthurium*), ou décomposées en segments pédalés (*Dracontium*). Gaînes stipulaires adnées au pétiole, ou opposées aux feuilles, quelquefois alternant avec le pétiole (*Anthurium*). Spathe plus longue ou plus courte que le spadice.

GENRES PRINCIPAUX.

| | | | | | |
|---|---|---|---|---|---|
| Orontium, | *Orontium.* | Symplocarpus, | *Symplocarpus.* | Cyrtosperma, | *Cyrtosperma.* |
| Arctiodracon, | *Arctiodracon.* | *Spathiphyllum, | *Spathiphyllum.* | Lasia, | *Lasia.* |
| Dracontium, | *Dracontium.* | *Anthurium, | *Anthurium.* | Pothos, | *Pothos.* |

### SECTION III. — CALLÉES, *CALLEÆ.*

Spathe colorée, persistante (*Calla*) ou tombante (*Monstera, Scindapsus*). Fleurs apérianthées. Spadice tantôt ☿ inférieurement; tantôt ♀ à la base et ☿ supérieurement (*Monstera, Scindapsus*). Étamines à filets planes. Anthères à 2 loges s'ouvrant longitudinalement. Ovaires uni-pauci-loculaires. Ovules dressés, anatropes (*Calla, Monstera*), ou campylotropes (*Scindapsus*). Stigmate sessile, ou sub-sessile. Graine quelquefois exalbuminée (*Scindapsus*). — Herbes terrestres, quelquefois aquatiques (*Calla*). Tige allongée, souvent stoloniforme, rameuse, ou grimpante et plus ou moins pourvue de racines adventives. Feuilles sub-distiques, à limbe entier, ou perforé (*Monstera*, etc.). Gaînes stipulaires adnées au pétiole, ou libres et opposées aux feuilles.

GENRES PRINCIPAUX.

| | | | | | | | |
|---|---|---|---|---|---|---|---|
| *Calla, | *Calla.* | *Monstera, | *Monstera.* | *Scindapsus, | *Scindapsus.* | *Tornélia, | *Tornelia.* |

## TRIBU II. — ARACÉES, *ARACEÆ.*

Fleurs diclines, apérianthées, les ♀ occupant la partie inférieure, les ♂ la partie supérieure du spadice.

### SECTION IV. — ANAPORÉES, *ANAPOREÆ.*

Spadice tantôt libre (*Aglaonema, Richardia*); tantôt adné à la spathe (*Spathicarpa, Dieffenbachia,* etc.), rarement terminé par un appendice stérile (*Pinellia*). Fleurs ♀ et ♂ contiguës, les ♀ ordinairement entremêlées de staminodes. Anthères libres, ou cohérentes, enfoncées dans un connectif épais, s'ouvrant par des pores. Ovaires 1-3-loculaires. Ovules solitaires, ou nombreux, dressés, ou ascendants, rarement pendants (*Richardia*), orthotropes, ou rarement anatropes (*Richardia, Aglaonema*). Style court, ou nul. — Herbes à rhizôme noueux, acaules, ou caulescentes. Gaînes pétiolaires allongées, les stipulaires nulles.

GENRES PRINCIPAUX.

| | | | | | |
|---|---|---|---|---|---|
| *Richardia, | *Richardia.* | *Pinellia, | *Pinellia.* | Spathicarpa, | *Spathicarpa.* |
| *Aglaonema, | *Aglaonema.* | *Dieffenbachia, | *Dieffenbachia.* | | |

### SECTION V. — COLOCASIÉES, *COLOCASIEÆ.*

Spadice libre, terminé par un appendice nu et stérile (*Colocasia, Peltandra,* etc.), ou privé d'appendice (*Caladium, Xanthosoma, Acontias, Syngonium, Philodendron,* etc.). Fleurs ♀ et ♂ nombreuses, ordinairement séparées par des organes rudimentaires. Anthères libres, ou cohérentes, à loges plongées dans un connectif épais et pelté. Ovaires nombreux, libres, uni-multi-loculaires, pluri-ovulés. Ovules orthotropes, ou semi-anatropes. Style court, ou nul. Graines albuminées. — Herbes à rhizôme tubéreux et acaules, ou caulescentes, quelquefois grimpantes. Limbe foliaire pelti-palmi-nervié. Gaînes pétiolaires allongées, ou courtes, les stipulaires nulles, ou allongées et opposées aux feuilles. Spathes ordinairement d'odeur suave.

GENRES PRINCIPAUX.

| | | | | | |
|---|---|---|---|---|---|
| *Colocasia, | *Colocasia.* | Peltandra, | *Peltandra.* | Syngonium, | *Syngonium.* |
| *Alocasia, | *Alocasia.* | *Xanthosoma, | *Xanthosoma.* | *Philodendron, | *Philodendron.* |
| *Caladium, | *Caladium.* | *Acontias, | *Acontias.* | | |

## Section VI. — DRACONCULINÉES, *DRACUNCULINEÆ.*

Spadice libre, ou rarement adné au bas de la spathe, monoïque, ou très-rarement dioïque (*Arisæma*), terminé par un appendice nu, claviforme (*Arum*) ou flagelliforme (*Arisæma*), ou globuleux et irrégulier (*Amorphophallus*). Fleurs ♀ et ♂ nombreuses, quelquefois séparées par des organes rudimentaires. Anthères libres, ou rarement cohérentes, à loges plus grandes que le connectif. Ovaires libres, 1-loculaires, uni-pluri-ovulés. Stigmate sessile, ou sub-sessile. Ovules orthotropes, ou très-rarement anatropes (*Amorphophallus*), pendants et dressés dans une même loge. Graines albuminées, ou très-rarement exalbuminées (*Amorphophallus*). — Herbes à rhizôme ordinairement tubéreux, ou épais. Limbe foliaire fortement palmi-pelti-nervié, entier, cordiforme, ou hasté, ou sagitté, ou palmi-pédali-partit. Spathe colorée, généralement violette, glabre ou poilue à l'intérieur et fétide.

GENRES PRINCIPAUX.

| | | | | | |
|---|---|---|---|---|---|
| Arisarum, | *Arisarum.* | *Arum, | *Arum.* | *Dracunculus, | *Dracunculus.* |
| *Arisæma, | *Arisæma.* | Typhonium, | *Typhonium.* | Pythonium, | *Pythonium.* |
| Biarum, | *Biarum.* | Sauromatum, | *Sauromatum.* | *Amorphophallus, | *Amorphophallus.* |

## Section VII. — CRYPTOCORYNÉES, *CRYPTOCORYNEÆ.*

Spadice inclus et soudé à la spathe par son sommet (*Cryptocoryne*), ou saillant et libre (*Stylochæton*). Fleurs ♀ nombreuses, basilaires séparées des fleurs ♂. Anthères sessiles ou sub-sessiles au sommet du spadice. Carpelles nombreux, verticillés autour de la base du spadice et soudés en ovaire pluri-loculaire. Ovules ascendants, orthotropes. Styles autant que de carpelles. Organes rudimentaires nuls, ou indistincts. Graines albuminées. — Herbes palustres (*Cryptocoryne*), ou arénicoles (*Stylochæton*), à rhizôme stolonifère. Limbe foliaire sub-uninervié, ou palmi-nervié, entier, lancéolé, échancré à sa base ou sagitté.

GENRES PRINCIPAUX.

| | | | | | |
|---|---|---|---|---|---|
| Cryptocoryne, | *Cryptocoryne.* | Stylochæton, | *Stylochæton.* | Lagenandre, | *Lagenandra.* |

## Section VIII. — PISTIACÉES, *PISTIACEÆ.*

Spadice soudé avec la spathe. Fleur ♀ solitaire, séparée des fleurs ♂. Anthères sessiles au sommet ou sur le côté du spadice. Ovaire 1-loculaire, multi-ovulé. Ovules basilaires, ou sub-latéraux, dressés, orthotropes. Styles distincts. Organes rudimentaires nuls. Graines albuminées. — Herbes aquatiques, flottantes, stolonifères, ou terrestres à rhizôme tubéreux. Limbe foliaire entier, pluri-nervié.

GENRES PRINCIPAUX.

| | | | |
|---|---|---|---|
| *Pistia, | *Pistia.* | Ambrosinia, | *Ambrosinia.* |

Les *Aroïdées*, malgré leur polymorphisme, forment un groupe très-homogène; elles offrent une affinité manifeste avec les *Typhacées* et les *Pandanées;* les premières en diffèrent par la structure des anthères, les secondes par la conformation du fruit. Les *Pistia* se rapprochent des *Lemnacées*, chez lesquelles les anthères et les graines présentent une telle analogie avec les Aroïdées, que certains auteurs les ont placées dans la même Famille. Lindley réunit, en effet, les Lemnacées aux *Pistiacées*, qu'il sépare des Aroïdées; mais il en sépare également les *Orontiacées*, qu'il classe à tort, selon nous, entre les *Liliacées* et les *Joncées;* les Orontiacées sont inséparables des vraies Aroïdées, et cette affinité a été confirmée par une observation de Gasparrini, qui a vu des fleurs monstrueuses de l'*Arum italicum* pourvues d'un périanthe analogue à celui des *Acorus* et des *Orontium*.

Les feuilles des Aroïdées, de forme, de consistance, de nervation très-variables, rappellent tantôt les *Sparganiées* (*Acorus*); tantôt les *Marantacées* (*Aglaonema marantæfolium*); tantôt les *Smilacées* (*Goniurus*); tantôt les *Taccacées* (*Dracunculus*, *Amorphophallus*);

tantôt enfin quelques Familles dicotylédones, telles que les *Aquilarinées* (*Heteropsis salicifolia*), ou les *Cycadées* (*Caladium zamiæfolium*). Elles sont quelquefois articulées comme celle des *Orangers* (*Pothos*), ou munies de stipules semblables à celles des *Pipéracées*; mais, à l'exception de l'*Anthurium violaceum*, qui présente quelques écailles épidermoïdes peltées, toutes les Aroïdées connues ont des feuilles glabres. — Les fruits de quelques *Anthurium* se détachent par un mécanisme particulier de leur spadice, auquel ils restent suspendus par des cordons de fibres allongées comparables à celles qui retiennent les graines des *Magnolia* au moment de la déhiscence du fruit.

La majeure partie de la Famille des Aroïdées vit sous la zone torride, surtout dans les grandes forêts de l'Amérique et dans la région tempérée des Andes. L'Asie tropicale en possède un moins grand nombre; mais la quantité y est remplacée par l'élégance et les formes variées des Espèces. On en rencontre peu en-deçà du Cancer. Les *Orontiacées* et les *Callacées* sont les Aroïdées les plus arctiques : l'une d'elles (*Calla palustris*) remonte dans l'Europe boréale jusqu'au 64e parallèle. Les vrais *Arum* se rencontrent principalement dans l'est de la région méditerranéenne. Le nombre des Aroïdées observées jusqu'ici en Afrique au-delà du Capricorne est très-peu considérable; les États-Unis d'Amérique en comptent au plus 6 Espèces. Les *Symplocarpus* croissent dans l'Asie et l'Amérique septentrionale, ainsi que l'*Arctiodracon* qui s'avance jusqu'au-delà du 49e degré. Le *Richardia* appartient à l'Afrique australe; les *Cryptocorynées* se rencontrent dans les marécages de l'Asie et sur les collines sablonneuses de l'Afrique tropicale; les *Arisæma* habitent les montagnes de l'Asie sub-équatoriale et l'Amérique septentrionale. Les *Acorus*, indigènes de l'Asie septentrionale, ont été transportés dans l'Europe. Le *Gymnostachys* végète dans l'Australie orientale et extratropicale. Les *Pistia* sont communs dans les eaux de toute la région intertropicale.

Le spadice de plusieurs *Arum* dégage à l'époque de la floraison une chaleur plus ou moins considérable. Ce phénomène, observé par Lamarck, Bory, Hubert, MM. Brongniart, Van Beck, etc., est surtout remarquable chez les Espèces de la région intertropicale : le *maximum* de la température développée par notre *Arum maculatum* est de 7 à 9 degrés au-dessus de celle de l'air ambiant; mais les *Coloc. cordifolia* et *odora* émettent une chaleur supérieure de 10 à 12 et même de 22 degrés à celle de l'atmosphère, d'après MM. Van Beck et Bergsma.

Quelques Aroïdées répandent, pendant l'anthèse, une odeur repoussante : tel est, entre autres, le *Dracunculus crinitus*, dont les émanations cadavéreuses attirent les mouches, qui descendent au fond de la spathe, et restent prises par les longs poils garnissant l'intérieur du cornet; mais si quelques Espèces sont fétides, d'autres au contraire exhalent une odeur des plus suaves : tel est le *Richardia æthiopica* de l'Afrique australe, cultivé en Europe pour la beauté et le parfum de sa spathe blanche, protégeant un spadice jaune d'or. Beaucoup de *Colocasia* et de *Caladium* sont aujourd'hui cultivés dans nos serres et nos jardins publics à cause de l'élégance et de l'ampleur de leurs feuilles.

Les Aroïdées sont remarquables par l'abondance des cristaux que renferme tout leur tissu. Delile en a constaté la présence jusque dans les anthères, où ils sont mêlés aux granules polliniques.

Les Aroïdées contiennent dans leur rhizôme et dans leurs feuilles un suc très-âcre, qui peut occasionner des accidents graves; le *Lagenandra toxicaria*, cité par Lindley, passe pour un poison des plus violents; la tige et les feuilles du *Dieffenbachia seguina* déterminent, lorsqu'on les mâche, une inflammation intense de la muqueuse buccale et un gonflement de la langue qui rend toute articulation impossible; les feuilles des *Colocasia* et des *Arum* sont aussi excessivement irritantes, mais cette âcreté se dissipe par la dessiccation ou la coction, et disparaît presque entièrement à l'époque de la floraison. A ce principe âcre se joint, dans le rhizôme des Aroïdées, une fécule abondante, qui fournit à l'homme un aliment.

Le *Gouet* (*Arum maculatum*), herbe indigène, était préconisé dans l'ancienne médecine, et passait pour un excitant efficace dans les affections des muqueuses gastro-intestinale et pulmonaire; on l'employait aussi à l'extérieur comme rubéfiant et comme épispastique. Mais cette efficacité, très-variable suivant l'âge de la Plante, tantôt excessive, tantôt insuffisante, l'a fait tomber en désuétude. — Le *Calla palustris* était jadis rangé au nombre des alexipharmaques, à cause de ses propriétés violemment diaphorétiques. — Beaucoup d'autres Aroïdées sont usitées comme plantes médicinales : telles sont, parmi les Genres de la région méditerranéenne, les *Arum*, les *Arisarum*, les *Dracunculus*, les *Biarum*. — Les principales Espèces renommées dans la médecine indienne sont l'*Amorphophallus campanulatus*, le *Typhonium trilobatum*, les *Arisæma triphyllum*, *pentaphyllum*, *dracontium*, le *Scindapsus officinalis*, etc. Le *Symplocarpus fœtidus*, remarquable par sa fétidité, analogue à celle du Putois, fournit une racine très-employée chez les Américains contre l'asthme et les toux chroniques. — La racine desséchée de l'*Orontium aquaticum* passe pour alimentaire aux États-Unis. — Les feuilles du *Monstera pertusa*, remplies de raphides, sont légèrement caustiques, et employées contuses, en topique, contre l'anasarque dans l'Amérique tropicale.

Les Aroïdées recherchées pour leur rhizôme féculent et alimentaire appartiennent principalement à la section des *Colocasiées*. La plus célèbre de ces Espèces est le *Colocasia antiquorum*, originaire de l'Inde, cultivé en Égypte dès la plus haute antiquité, et répandu partout entre les tropiques. Le *Colocasia himalaiensis* nourrit, ainsi que l'*Arisæma utile*, les habitants des montagnes de l'Inde. D'autres Espèces congénères sont cultivées au Bengale. — Le *Taro* (*C. macrorrhiza*) abonde dans les îles de l'Océanie. — Le rhizôme et le spadice fructifère du *Peltandra virginica*, de l'Amérique septentrionale, sont également comestibles. — Les spadices charnus et chargés de fruits parfumés et savoureux du *Tornelia fragrans* se vendent habituellement sur les marchés de Mexico, où ils rivalisent avec les *Ananas*. — Les turions du *Xanthosoma sagittæfolium*, connus sous le nom de *chou caraïbe*, sont recherchés comme légume aux Antilles. — Les rhizômes de notre *Arum maculatum* et de notre *Calla palustris*, broyés, lavés et mêlés à de la farine de céréales, servent, d'après le naturaliste Pallas, à nourrir les populations pauvres de la Laponie et de la Finlande. On vend même à Londres de la fécule d'*arum* sous le nom de *sagou-Portland*.

L'*Acorus calamus*, devenu aujourd'hui sauvage dans diverses contrées de l'Europe, fournit un rhizôme aromatique, âcre et amer, usité comme tonique et excitant, et entrant dans la composition de quelques médicaments compliqués : il en est de même de l'*A. gramineus*, indigène en Chine. — L'herbe du *Pistia*, apportée chaque année de l'Afrique centrale en Égypte, était jadis préconisée comme émolliente et rafraîchissante.

Les longues racines adventives de plusieurs Aroïdées, et en particulier celles du *Phyllodendron*, désignées dans l'Amérique équinoxiale sous les noms d'*Imbé*, *Oumbé*, etc., sont employées en guise de cordes pour lier les faisceaux de *salsepareille* qui sont envoyés en Europe.

# LEMNACÉES, *LEMNACEÆ*.

(LEMNACEÆ, *De Candolle* ET *Duby*, *Link*, *Schleiden*. — PISTIACEÆ, *Lindley*.)

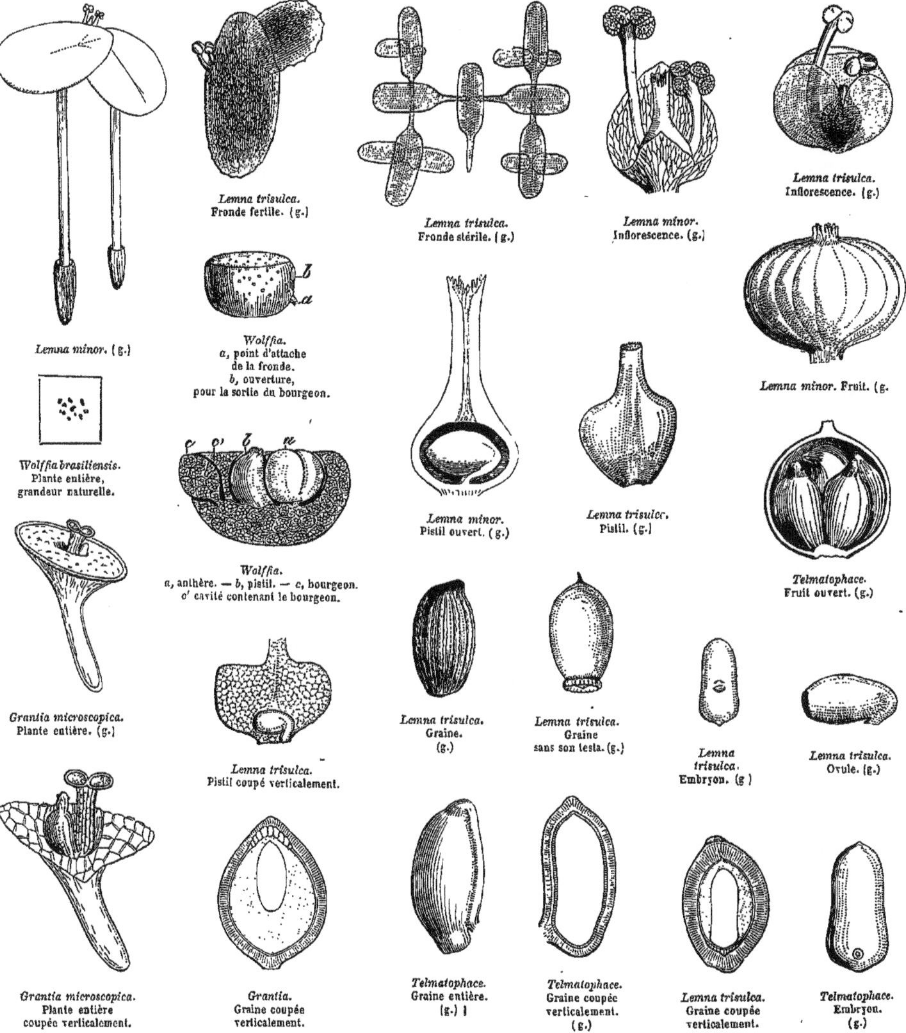


*Lemna trisulca.* Fronde fertile. (g.)

*Lemna trisulca.* Fronde stérile. (g.)

*Lemna minor.* Inflorescence. (g.)

*Lemna trisulca.* Inflorescence. (g.)

*Lemna minor.* (g.)

*Wolffia.* *a*, point d'attache de la fronde. *b*, ouverture, pour la sortie du bourgeon.

*Lemna minor.* Fruit. (g.

*Wolffia brasiliensis.* Plante entière, grandeur naturelle.

*Wolffia.* *a*, anthère. — *b*, pistil. — *c*, bourgeon. *c'* cavité contenant le bourgeon.

*Lemna minor.* Pistil ouvert. (g.)

*Lemna trisulca.* Pistil. (g.)

*Telmatophace.* Fruit ouvert. (g.)

*Grantia microscopica.* Plante entière. (g.)

*Lemna trisulca.* Pistil coupé verticalement.

*Lemna trisulca.* Graine. (g.)

*Lemna trisulca.* Graine sans son testa. (g.)

*Lemna trisulca.* Embryon. (g.)

*Lemna trisulca.* Ovule. (g.)

*Grantia microscopica.* Plante entière coupée verticalement.

*Grantia.* Graine coupée verticalement.

*Telmatophace.* Graine entière. (g.)

*Telmatophace.* Graine coupée verticalement. (g.)

*Lemna trisulca.* Graine coupée verticalement.

*Telmatophace.* Embryon. (g.)

PLANTES herbacées, très-petites, flottant librement à la surface des eaux stagnantes, dépourvues de tiges et réduites, soit à des disques lenticulaires, ou obovales (*frondes*), aplatis en dessus, quelquefois plus ou moins convexes en dessous; soit à des productions membraneuses naissant à angles droits les unes des autres. *Frondes* émettant par deux fentes latérales, ou quelquefois par une seule fente basilaire (*Wolffia*), de jeunes frondes identiques aux premières, dépourvues de vaisseaux, ou pourvues de trachées rudimentaires, transitoires dans le pistil, quelquefois apparentes dans tout le tissu de la Plante (*Spirodela*); frondes ordinairement nues, quelquefois munies de 2 stipules membraneuses, l'une supérieure, l'autre inférieure (*Spirodela*); face inférieure des frondes ordinairement pourvue à sa partie moyenne de radicelles terminées par une coiffe membraneuse (*piléorhize*), fasciculées (*Spirodela*), ou réduites à une seule (*Lemna, Grantia, Telmatophace*); tantôt dépourvue de radicelles (*Wolffia*). — INFLORESCENCE renfermée dans la fronde. — FLEURS apérianthées, nues, ou renfermées dans une spathe, réduites à 1-2 étamines, accompagnant un pistil sessile. *Spathe* urcéolée-membraneuse, se fendant irrégulièrement par l'évolution des étamines. *Filets* filiformes. *Anthères* à 2 loges sub-globuleuses, s'ouvrant par une fente transversale. *Pollen* muriqué, s'ouvrant par une fente unique. — OVAIRE 1-loculaire, uni-multi-ovulé. *Ovule* anatrope (*Spirodela, Telmatophace*), ou semi-anatrope (*Lemna*), ou orthotrope (*Wolffia*). *Style* continu avec le sommet de l'ovaire. *Stigmate* infondibuliforme. — FRUIT uni-multi-séminé, indéhiscent (*Lemna*, *Wolffia*), ou déhiscent transversalement (*Telmatophace*). — GRAINE à *testa* coriace, subéreux-charnu, à endoplèvre membraneuse formant un embryotége au point micropylaire. *Albumen* charnu, ou peu abondant. — EMBRYON monocotylédoné, axile, droit. *Radicule* supère, ou infère, ou vague.

GENRES PRINCIPAUX.

Lenticule, *Lemna*. | Telmatophacé, *Telmatophace*. | Spirodèle, *Spirodela*. | Grantia, *Grantia*. | Wolffie, *Wolffia*.

Au commencement de l'hiver, les *Lemna* s'enfoncent dans la vase, où ils subissent peut-être des transformations analogues à celles que nous montre le seul *L. trisulca*, dont les productions membraneuses stériles donnent naissance à une Plante fertile, arrondie et semblable en tous points au *L. minor*.

Les *Lemnacées*, qui sont les plus petites phanérogames connues, tiennent le milieu entre les *Naïadées* et les *Aroïdées;* elles se lient étroitement à ces dernières par l'intermédiaire du genre *Pistia*, dont les rapprochent leur inflorescence et la structure de leurs graines. — On les observe dans les eaux stagnantes sous tous les climats, mais surtout dans les régions tempérées. Elles sont plus rares entre les tropiques à cause des chaleurs qui dessèchent les marais et des pluies torrentielles qui agitent violemment les eaux. Leur rôle dans la nature paraît être de protéger contre l'action trop vive de la lumière solaire les organismes inférieurs du Règne animal qui vivent dans les mares, et en même temps de leur servir de pâture.

# HYDROCHARIDÉES, *HYDROCHARIDEÆ*.

(HYDROCHARIDÉES, *Jussieu, L.-C. Richard.* — HYDROCHARIDEÆ, *De Candolle.*)

FLEURS *généralement diclines, renfermées dans une spathe membraneuse.* PÉRIANTHE *hexamère, bi-sérié* (*calyce et corolle*). ÉTAMINES 3-6-9-12, *insérées à la base du périanthe, dont plusieurs souvent stériles.* OVAIRE *infère, à* 1 *ou plusieurs loges pluri-ovulées.* OVULES *ascendants, ou orthotropes, à placentation pariétale.* UTRICULE *ou* BAIE. GRAINES *exalbuminées.* EMBRYON *monocotylédoné.* — PLANTES *aquatiques.* FEUILLES *ordinairement radicales.*

HERBES aquatiques, généralement submergées-nageantes et vivaces stolonifères, quelquefois gemmipares : leur aisselle (*Hydrocharis*). — RHIZÔME tantôt court, rampant; tantôt allongé, articulé-noueux, cylindrique. — FEUILLES ordinairement toutes radicales, rarement caulinaires, opposées, ou verticillées (*Udora, Anacharis*, etc.), flottantes, ou submergées, quelquefois émergées, pétiolées; *limbe* entier, à préfoliation convolutive; *pétiole* quelquefois engaînant à la base, se transformant souvent, par l'avortement du limbe, en phyllode, à nervures longitudinales, souvent denticulé sur ses bords (*Vallisneria, Blyxa*). — FLEURS dioïques, ou rarement ☿ (*Udora, Ottelia*), renfermées avant la floraison dans une spathe membraneuse, ou herbacée, sessile, ou pétiolée, tantôt mono-phylle, ou di-phylle, lisse, ou élégamment frangée sur sa nervure dorsale (*Enhalus*); tantôt tubuleuse, ou fendue longitudinalement d'un côté. — FLEURS staminifères ordinairement nombreuses dans une spathe mono-di-phylle, rarement solitaires (*Hydrilla*, etc.), ordinairement pédicellées, quelquefois pourvues d'une spathelle ou bractée propre, rarement sessiles. — PÉRIANTHE hexaphylle, bi-sérié; folioles externes calycinales, tubuleuses, ou sub-cohérentes à leur base, imbriquées ou valvaires dans la préfloraison ;

folioles internes pétaloïdes, plus grandes, tordues-plissées dans la préfloraison, très-rarement nulles (*Vallisneria*). — ÉTAMINES insérées au fond du périanthe, tantôt 3, opposées aux sépales (*Hydrilla*, *Vallisneria*); tantôt 6-9-12, pluri-sériées, dont quelques-unes souvent stériles. *Filets* libres, ou sub-monadelphes à leur base, courts, cylindriques, ou comprimés, ou claviformes, quelquefois munis d'appendices (*Hydrocharis*). *Anthères* introrses, ou rarement extrorses (*Hydrocharis*), bi-loculaires, ovoïdes-globuleuses, ou linéaires, adnées au connectif, et à déhiscence longitudinale. *Pollen* lisse, ou papilleux. — OVAIRE rudimentaire, occupant le centre de la fleur. — FLEURS ♀ et ⚥ généralement solitaires dans une spathe tubuleuse, ou quelquefois fendue longitudinalement, très-souvent sessiles. — PÉRIANTHE supère, à limbe sex-partit, bi-sérié; segments externes calycinaux, les internes pétaloïdes. — ÉTAMINES insérées au fond du périanthe. — OVAIRE infère, 1-loculaire, à placentation pariétale (*Udora, Anacharis, Hydrilla, Vallisneria, Blyxa*), ou 6-8-9-loculaire (*Stratiotes, Enhalus, Ottelia, Bootia, Limnobium, Hydrocharis*). *Ovules* nombreux, ascendants, orthotropes, ou anatropes. *Style* très-court, ou allongé, et soudé avec le tube du périanthe. *Stigmates* 3 pour l'ovaire 1-loculaire, 6 pour l'ovaire pluri-loculaire, plus ou moins profondément bifides, glanduleux-papilleux à leur côté interne. — FRUIT submergé, de forme variée, ordinairement relevé de côtes longitudinales, nu au sommet, ou couronné par le périanthe persistant, coriace-sub-charnu, se détruisant par sa macération dans l'eau, uni-loculaire, ou plus ou moins complétement pluri-loculaire au moyen de cloisons membraneuses opposées aux stigmates et s'avançant de la périphérie vers l'axe. — GRAINES nombreuses, insérées sur des placentaires pariétaux pulpeux qui s'étendent partiellement sur les cloisons; *testa* membraneux, résistant, ordinairement couvert de petites cellules cylindriques d'une structure très-élégante et souvent spiralée. — EMBRYON exalbuminé, droit; *radicule* atteignant le hile; *gemmule* ordinairement très-apparente, plus ou moins latérale.

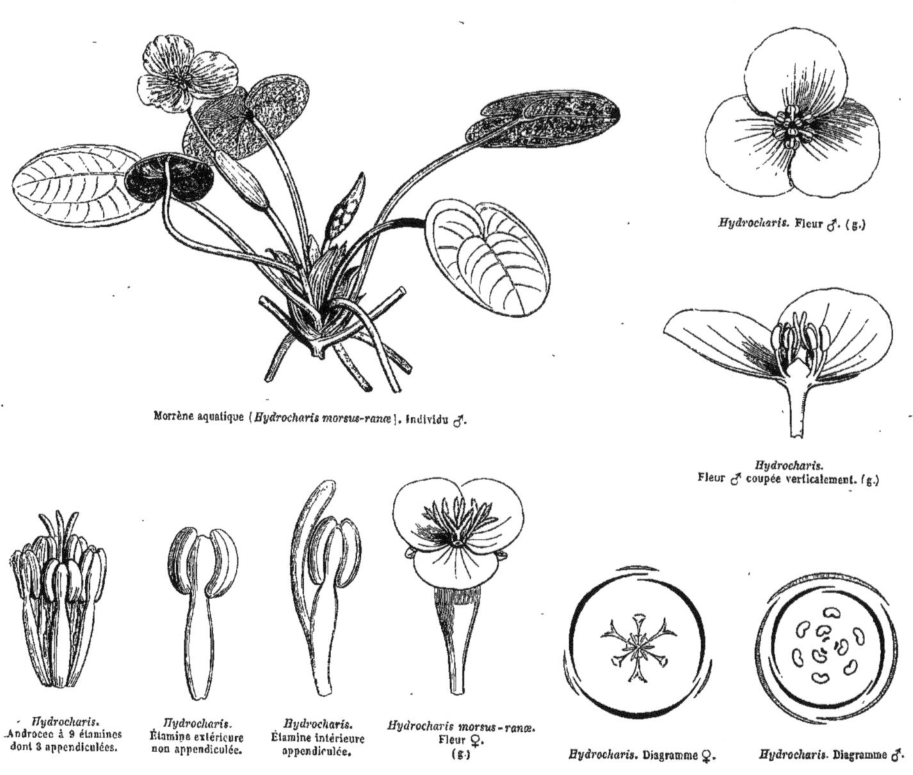

Morrène aquatique (*Hydrocharis morsus-ranæ*). Individu ♂.

*Hydrocharis*. Fleur ♂. (g.)

*Hydrocharis*. Fleur ♂ coupée verticalement. (g.)

*Hydrocharis*. Androcée à 9 étamines dont 3 appendiculées.

*Hydrocharis*. Étamine extérieure non appendiculée.

*Hydrocharis*. Étamine intérieure appendiculée.

*Hydrocharis morsus-ranæ*. Fleur ♀. (g.)

*Hydrocharis*. Diagramme ♀.

*Hydrocharis*. Diagramme ♂.

*Hydrocharis.* Branche stigmatique opposée aux sépales.

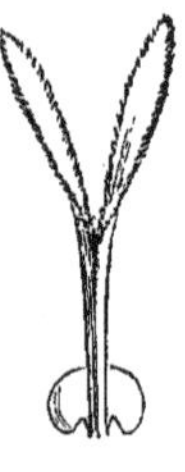
*Hydrocharis.* Branche stigmatique opposée aux pétales.

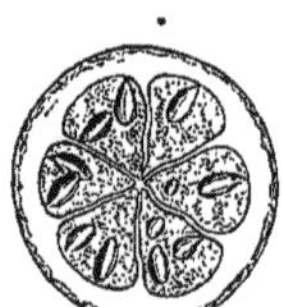
*Hydrocharis.* Coupe transversale de l'ovaire. (g.)

*Hydrocharis.* Rudiment d'ovaire dans une fleur ♂.

*Hydrocharis.* Fruit. (Grandeur naturelle).

*Hydrocharis.* Fruit déhiscent. (Grandeur naturelle.)

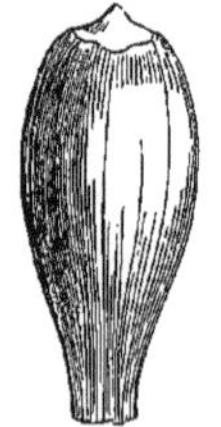
*Hydrocharis.* Jeune fruit. (g.)

*Hydrocharis.* Ovule. (g.)

*Hydrocharis.* Coupe verticale de la graine. (g.)

*Hydrocharis.* Embryon vu de face. (g.)

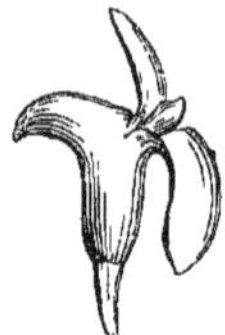
*Hydrocharis morsus-ranæ.* Embryons vus de profil à divers degrés de germination. (g.)

GENRES PRINCIPAUX.

| | | | | | |
|---|---|---|---|---|---|
| Udore, | *Udora.* | Vallisnérie, | *Vallisneria.* | Ottélia, | *Ottelia.* |
| Anacharis, | *Anacharis.* | Blyxa, | *Blyxa.* | Bootia, | *Bootia.* |
| Hydrilla, | *Hydrilla.* | Stratiote, | *Stratiotes.* | Limnobie, | *Limnobium.* |
| Apalanthe, | *Apalanthe.* | Enhalus, | *Enhalus.* | Morrène, | *Hydrocharis.* |

Les *Hydrocharidées,* rangées par M. Brongniart dans la classe des *Fluviales* avec les *Butomées,* les *Alismacées,* les *Joncaginées,* les *Naïadées,* etc., se séparent principalement de ces Familles par leur ovaire infère. Tout en reconnaissant ici le peu de valeur de ce caractère différentiel, nous avons cru cependant devoir nous en servir pour distinguer les Hydrocharidées afin de ne pas être entraînés à réunir en une seule Famille toutes les Plantes monocotylédones à graine dépourvue d'albumen, qui passent, suivant la judicieuse remarque d'A. de Jussieu, du type le plus simple d'une fleur réduite à une étamine et à un carpelle (*Najas*), au type le plus complet, représenté par l'*Hydrocharis.*

Les Espèces peu nombreuses, connues jusqu'ici, vivent pour la plupart sous les climats tempérés des deux hémisphères, dans les eaux douces et tranquilles, ou sont rarement maritimes (*Enhalus*). Quelques Genres sont dispersés au loin; quelques autres appartiennent à des contrées spéciales. Les *Ottelia* habitent le Gange, le Nil, et les ruisseaux des Moluques, de Java, de Ceylan et de l'Australie. Les *Vallisneria* se rencontrent en Europe, dans l'Inde, aux Moluques, en Afrique, aux États-Unis et dans la Nouvelle-Hollande. Nous avons décrit leur mode de fécondation. (Voir page 124.) Les *Anacharis,* originaires de l'Amérique, se rencontrent aujourd'hui dans le nord de l'Europe, où leur multiplication est telle qu'elle entrave la navigation sur les canaux de plusieurs points de l'Angleterre. L'*Hydrocharis* et le *Stratiotes* abondent aussi dans l'Europe septentrionale, où on les utilise pour fumer les terres. Le *Blyxa* se rencontre dans les rizières de l'Inde et de Madagascar.

L'herbe des Hydrocharidées est mucilagineuse et modérément astringente; l'*Hydrocharis morsus-ranæ* était jadis employé avec les *Nymphæa.* — L'*Ottellia* et le *Bootia* fournissent aux Indiens un légume peu estimé. — Les tubercules et les fruits de l'*Enhalus,* Plante de l'Inde et des Célèbes, sont comestibles; les fibres de ses feuilles sont textiles.

# BUTOMÉES, *BUTOMEÆ.*

(BUTOMEÆ, *L.-C. Richard.* — BUTOMACEÆ, *Endlicher, Lindley.*)

FLEURS ☿. PÉRIANTHE *hexamère, bi-sérié* (calyce et corolle). ÉTAMINES *hypogynes* 9-∞. OVAIRES 6-∞, *verticillés, plus ou moins distincts, uniloculaires, multi-ovulés.* OVULES *dressés, anatropes, ou campylotropes, à placentation pariétale réticulée.* FRUIT *folliculaire.* GRAINES *nombreuses.* EMBRYON *droit, ou crochu, exalbuminé.* RADICULE *infère.* — HERBES *palustres, vivaces, acaules.* FLEURS *solitaires, ou en ombelle.*

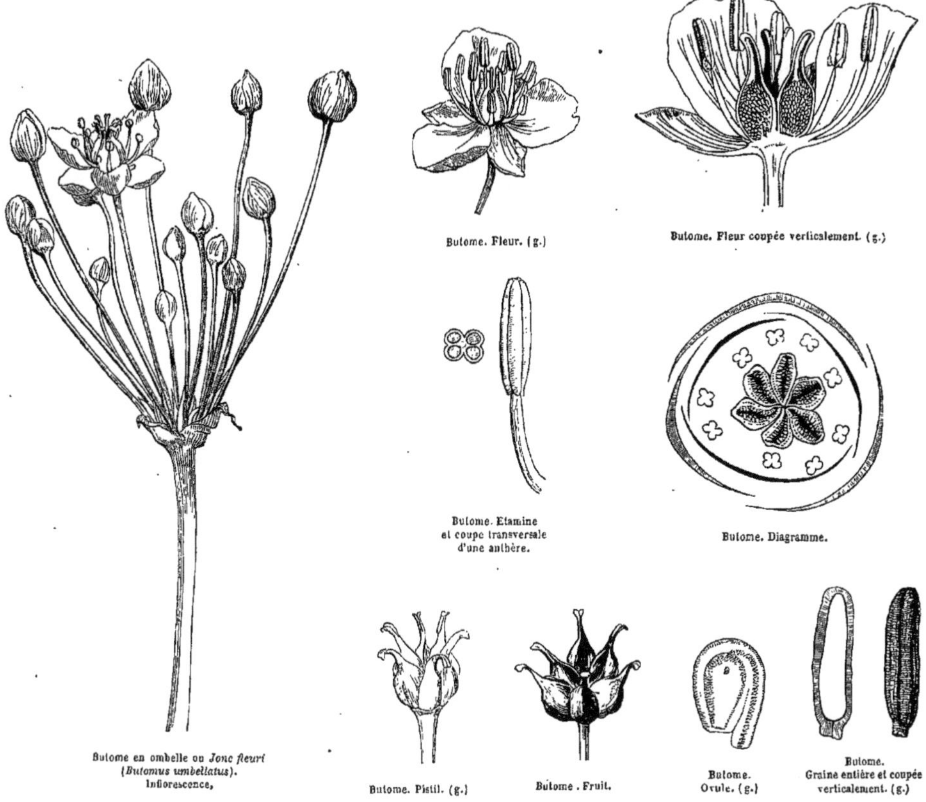

Butome en ombelle ou *Jonc fleuri* (*Butomus umbellatus*). Inflorescence.

Butome. Fleur. (g.)

Butome. Fleur coupée verticalement. (g.)

Butome. Etamine et coupe transversale d'une anthère.

Butome. Diagramme.

Butome. Pistil. (g.)

Butome. Fruit.

Butome. Ovule. (g.)

Butome. Graine entière et coupée verticalement. (g.)

HERBES vivaces, palustres, ou fluviatiles, acaules, glabres, quelquefois lactescentes. — FEUILLES toutes radicales ; *pétioles* demi-engaînants à la base ; *limbe* linéaire, ou ovale, large, nerveux, quelquefois avorté. — HAMPES simples, uni-multiflores. — FLEURS ☿, régulières, solitaires (*Hydrocleis*), ou en ombelle (*Butomus*, *Limnocharis*) ; *pédicelles* munis de bractées membraneuses. — PÉRIANTHE hexaphylle, à folioles bi-sériées, les extérieures herbacées, ou sub-colorées, les intérieures pétaloïdes, imbriquées, ordinairement tombantes. — ÉTAMINES hypogynes, tantôt 9, dont 6 opposées par paires aux sépales, et 3 opposées aux pétales (*Butomus*), tantôt indéfinies, les extérieures souvent stériles (*Limnocharis*, *Hydrocleis*). *Filets* filiformes, libres. *Anthères* introrses, biloculaires, linéaires, à déhiscence longitudinale. — OVAIRES 6, ou plus, verticillés, distincts ou légèrement cohérents par leur suture ventrale, 1-loculaires, multi-ovulés. *Ovules* insérés sur toute la surface de la loge, ou fixés à un placentaire pariétal réticulé, dressés, anatropes (*Butomus*), ou campylotropes (*Limnocharis*). *Styles* continus avec les ovaires, stigmatifères sur leur face interne. — CARPELLES distincts, coriaces, ordinairement terminés en bec par les styles persistants, déhiscents par leur suture ventrale (*Butomus*) ou par leur suture dorsale? (*Limnocharis*), multi-séminés. — GRAINES dressées, tantôt courtement funiculées, droites, à testa membraneux (*Butomus*) ; tantôt sessiles, recourbées en crochet, à *testa* crustacé, ridé transversalement (*Limnocharis*). — EMBRYON exalbuminé, droit, ou crochu, à extrémité radiculaire infère.

GENRES PRINCIPAUX.

*Butome, *Butomus*. | Butomopsis, *Butomopsis*. | *Limnocharis, *Limnocharis*. | *Hydrocléis. *Hydrocleis*.

Les *Butomées* sont étroitement liées aux *Alismacées*, par l'intermédiaire du *Limnocharis*, et n'en diffèrent que par leur singulière placentation et le nombre des ovules.

Cette Famille est peu nombreuse; les *Butomus* habitent les régions tempérées de l'hémisphère Nord. Les Genres *Limnocharis* et *Hydrocleis* appartiennent à l'Amérique tropicale, le *Butomopsis* à l'Afrique.

Le *Butomus umbellatus*, vulgairement nommé *Jonc fleuri*, était rangé autrefois parmi les Plantes médicinales; sa racine et ses semences étaient recommandées pour leurs propriétés émollientes et rafraîchissantes. Le rhizôme torréfié sert encore d'aliment dans le nord de l'Asie. — Le genre *Hydrocleis* est remarquable par son suc laiteux, et le *Limnocharis* par la structure de ses feuilles, qui présentent à leur extrémité un large pore, par lequel la plante semble se débarrasser du liquide surabondant qui gorge ses tissus. C'est un phénomène identique à celui dont MM. Schmidt, Duchartre et Ch. Musset nous ont fait connaître les curieuses phases chez plusieurs Aroïdées du Genre *Colocasia* et qui consiste en une émission saccadée, et plus ou moins abondante d'eau pure qui s'est élevée en été jusqu'à 21 grammes, durant une nuit chaude, phénomène qui s'observe du reste sur les feuilles des Graminées, et de plusieurs autres plantes monocotylédonées.

# ALISMACÉES, *ALISMACEÆ*, *Rob. Brown.*

Fleurs ☿, *ou monoïques.* Périanthe *hexamère, bi-sérié (calyce et corolle).* Étamines *hypogynes, ou périgynes, en même nombre que les folioles du périanthe, ou en nombre multiple.* Ovaires *plus ou moins nombreux, verticillés, ou capités, distincts, 1-loculaires, 1-2-ovulés.* Ovules *campylotropes.* Fruit *folliculaire.* Graines *recourbées, exalbuminées.* Embryon *monocotylédoné, crochu.* — Tige *herbacée.* Feuilles *radicales fortement nerviées.*

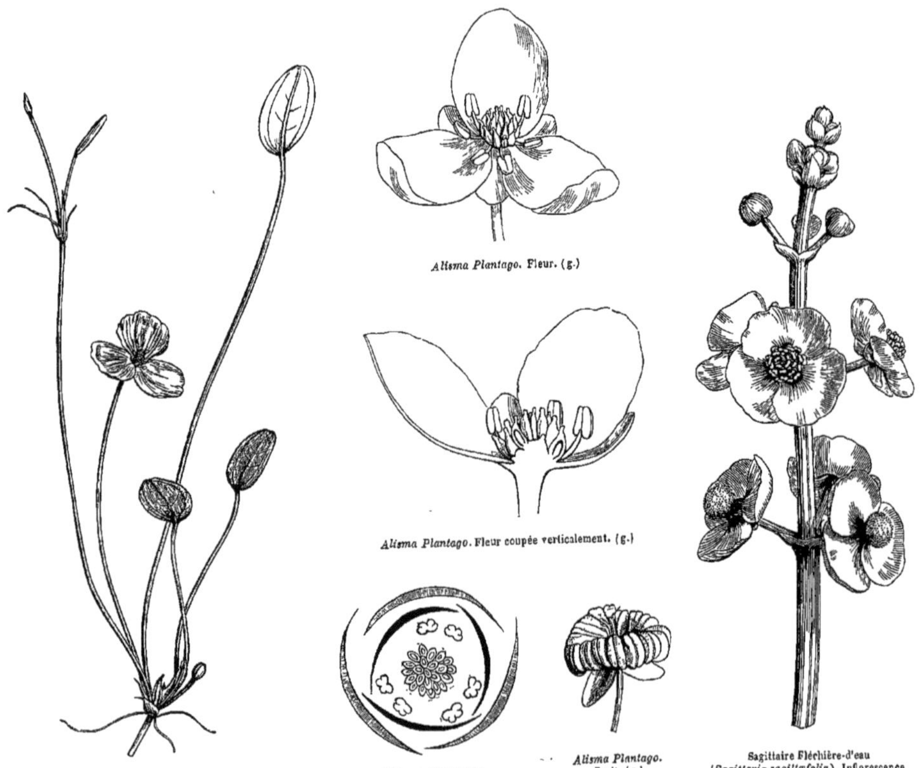

*Alisma Plantago.* Fleur. (g.)

*Alisma Plantago.* Fleur coupée verticalement. (g.)

Alisma nageant (*Alisma natans*).

*Alisma.* Diagramme.

*Alisma Plantago.* Fruit. (g.)

Sagittaire Flèchière-d'eau (*Sagittaria sagittæfolia*). Inflorescence.

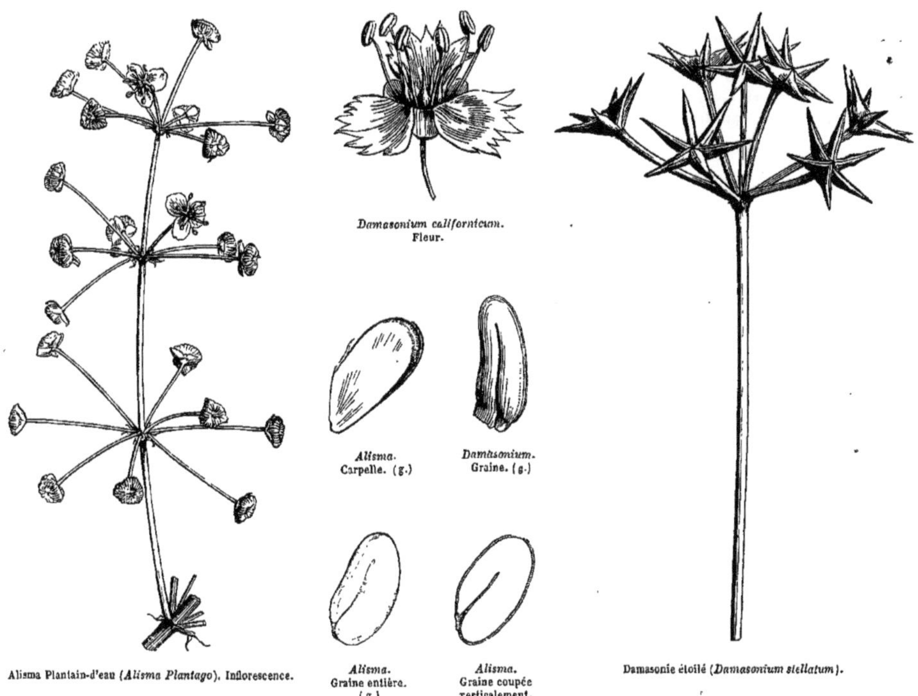

Damasonium californicum. Fleur.

Alisma. Carpelle. (g.)

Damasonium. Graine. (g.)

Alisma Plantain-d'eau (*Alisma Plantago*). Inflorescence.

Alisma. Graine entière. (g.)

Alisma. Graine coupée verticalement.

Damasonie étoilé (*Damasonium stellatum*).

Herbes aquatiques, ou palustres, vivaces, produisant quelquefois des bourgeons souterrains bulbiformes (*Sagittaria*). — Feuilles généralement radicales, rosulées, ou fasciculées; *pétiole* à base dilatée-engaînante; *limbe* entier, à nervures saillantes, convergentes vers le sommet et réunies par des nervures secondaires transversales, cordiforme ou sagitté, ou ovale-oblong, avortant quand la feuille est submergée, et alors remplacé par le pétiole changé en phyllode linéaire ou spatulé. — Fleurs régulières ☿, ou rarement monoïques (*Sagittaria*), disposées en grappe, ou en panicule à pédicelles verticillés. — Périanthe hexaphylle, à folioles bi-sériées, les 3 externes calycinales, les 3 internes pétaloïdes, à préfloraison imbriquée, ou convolutive, caduques. — Étamines insérées sur le réceptacle, ou à la base et sur les côtés des folioles périgoniales internes, en même nombre qu'elles, ou en nombre soit double, soit multiple. *Filets* filiformes. *Anthères* bi-loculaires, introrses dorsifixes dans les fleurs ☿, extrorses basifixes dans les ♂ (*Sagittaria*), à déhiscence longitudinale. — Ovaires 6-8-$\infty$, verticillés, ou capités, complétement distincts (*Alisma, Sagittaria*), ou cohérents par leur suture ventrale (*Damasonium*). *Ovules* campylotropes, tantôt solitaires, basilaires, dressés (*Alisma, Sagittaria*); tantôt 2-3, superposés, l'un basilaire dressé, les autres horizontaux. *Style* ventral, très-court. *Stigmate* simple. — Carpelles mûrs indéhiscents, ou déhiscents par leur suture ventrale. — Graines recourbées, à *testa* membraneux, exalbuminées. — Embryon crochu, sub-cylindrique. *Radicule* infère, ou centripète.

GENRES PRINCIPAUX.

| | | |
|---|---|---|
| *Alisma, *Alisma*. | *Sagittaire, *Sagittaria*. | Damasonie, *Damasonium*. |

Les *Alismacées* ont été réunies par un grand nombre de Botanistes aux *Joncaginées*, qui n'en diffèrent que par leurs anthères toujours extrorses, leurs ovules anatropes et leur embryon droit; les *Alismacées* tiennent d'autre part aux *Butomées*, qui s'en éloignent par la placentation et le nombre des ovules.

Elles se rencontrent, mais peu abondamment, dans les régions tempérées et tropicales des deux hémisphères. Les *Alisma* croissent sous la one tempérée de l'hémisphère Nord, et dans la partie intertropicale du Nouveau Continent. Les *Sagittaria* vivent dans les mêmes contrées, nais sont plus rares entre les tropiques; on ne les trouve jamais au-delà du Cancer. Les espèces connues du genre *Damasonium* habient certaines parties de l'Europe, le Nord de l'Afrique, le Nord-Ouest des États-Unis, et l'Est de l'Australie.

La plupart des Espèces possèdent un suc âcre, qui les faisait jadis employer en médecine. On a préconisé sans fondement contre l'hydrophobie le *Plantain d'eau* (*Alisma Plantago*), et la *Sagittaire* (*Sagittaria sagittæfolia*) dont les rhizômes féculents perdent eur âcreté par la dessiccation, et servent d'aliment aux Tartares Kalmoucks; il en est de même du *S. sinensis*, cultivé en Chine, et du S. *obtusifolia*, de l'Amérique septentrionale.

# JONCAGINÉES, *JUNCAGINEÆ*, *L.-C. Richard.*

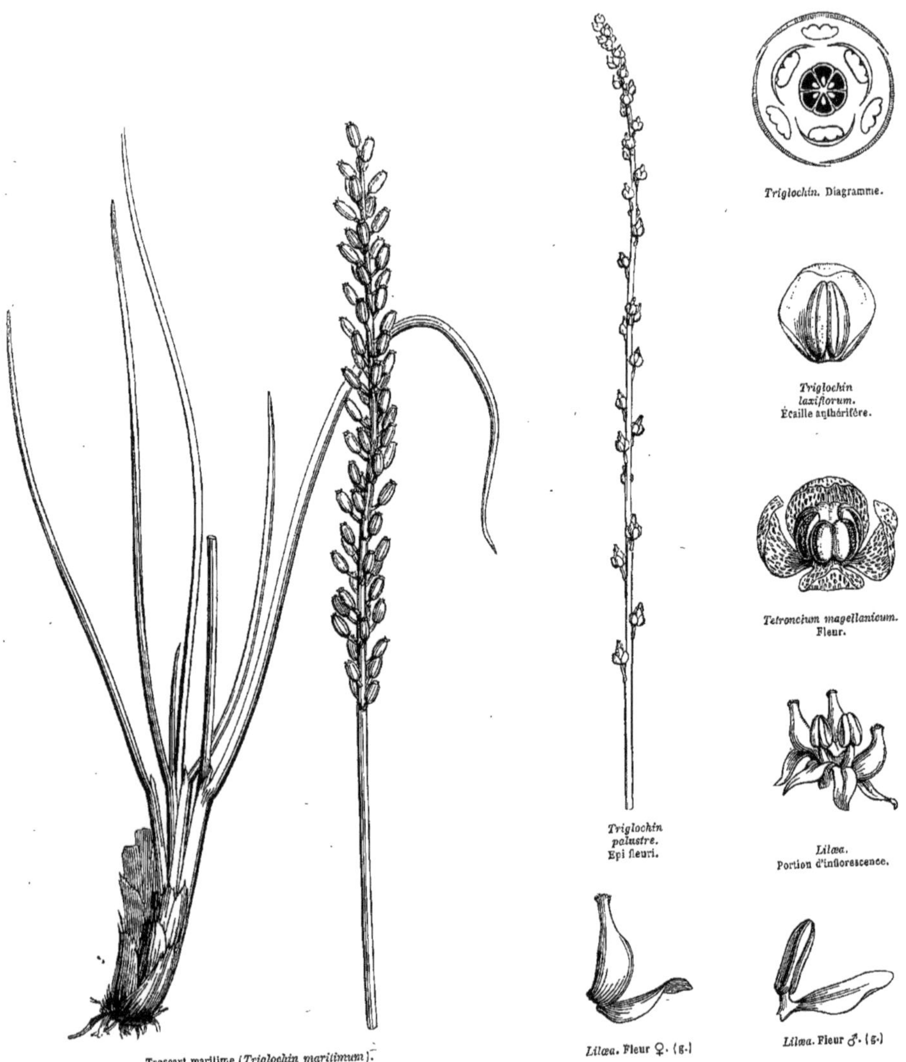

*Triglochin.* Diagramme.

*Triglochin laxiflorum.* Écaille anthérifère.

*Tetroncium magellanicum.* Fleur.

*Triglochin palustre.* Epi fleuri.

*Lilæa.* Portion d'inflorescence.

Troscart maritime (*Triglochin maritimum*).

*Lilæa.* Fleur ♀. (g.)

*Lilæa.* Fleur ♂. (g.)

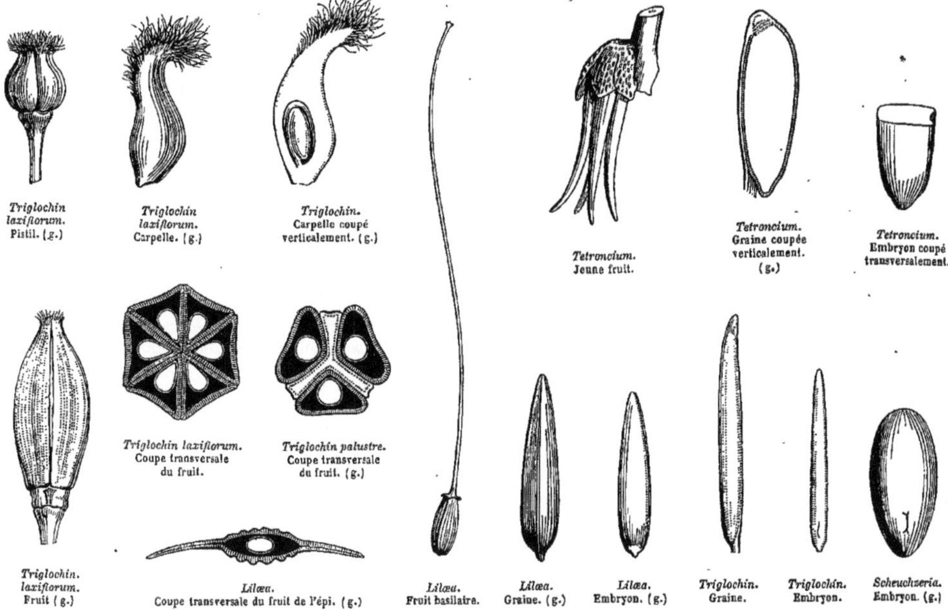

*Triglochin laxiflorum.* Pistil. (g.) — *Triglochin laxiflorum.* Carpelle. (g.) — *Triglochin.* Carpelle coupé verticalement. (g.) — *Tetroncium.* Jeune fruit. — *Tetroncium.* Graine coupée verticalement. (g.) — *Tetroncium.* Embryon coupé transversalement.

*Triglochin laxiflorum.* Fruit (g.) — *Triglochin laxiflorum.* Coupe transversale du fruit. — *Triglochin palustre.* Coupe transversale du fruit. (g.) — *Lilæa.* Coupe transversale du fruit de l'épi. (g.) — *Lilæa.* Fruit basilaire. — *Lilæa.* Graine. (g.) — *Lilæa.* Embryon. (g.) — *Triglochin.* Graine. — *Triglochin.* Embryon. — *Scheuchzeria.* Embryon. (g.)

Fleurs ☿, *ou diclines.* Périanthe *hexamère bi-sérié, calycoïde, quelquefois nul.* Étamines 6, *périgynes, ou hypogynes, quelquefois une seule.* Anthères *extrorses.* Ovaires 3, *ou plus, distincts, ou plus ou moins cohérents, 1-2-ovulés.* Ovules *basilaires, anatropes.* Fruit *capsulaire, ou folliculaire, ou indéhiscent.* Graines *dressées, exalbuminées.* Embryon *monocotylédoné, droit.* — Tige *ou* Hampe *herbacée.* Feuilles *toutes radicales, ou caulinaires alternes.*

Herbes palustres. — Feuilles engaînantes à la base, graminées, demi-cylindriques, ou linéaires ensiformes, quelquefois odorantes. — Fleurs ☿ (*Triglochin*, *Scheuchzeria*), ou dioïques (*Tetroncium*), ou monoïques (*Lilæa*); disposées en grappe, ou en épi. — Périanthe hexaphylle, ou sex-partit, concolore, herbacé, ou sub-coloré, bi-sérié, la série interne manquant quelquefois (*Triglochin*), quelquefois nul (*Lilæa*). — Étamines 6, insérées à la base des folioles du périanthe (*Tetroncium*, *Triglochin*), ou hypogynes (*Scheuchzeria*), rarement une seule (*Lilæa*). *Filets* très-courts. *Anthères* biloculaires, extrorses, à déhiscence longitudinale. — Carpelles 3, distincts, 1-loculaires (*Scheuchzeria*), ou 6 soudés en ovaire à 6 loges, dont 3 quelquefois stériles (*Triglochin*), rarement solitaires ou réunis en épi (*Lilæa*). *Ovules* 2 collatéraux dressés, ou solitaires et basilaires, anatropes. *Styles* autant que de carpelles, allongés, ou très-courts. *Stigmates* simples (*Tetroncium*), ou capités (*Lilæa*), ou plumeux (*Triglochin*), ou papilleux (*Scheuchzeria*). — Fruit formé de *follicules* distincts, étalés, s'ouvrant par leur suture ventrale (*Scheuchzeria*), ou d'une *capsule* à 4 ou 6 ou 3 loges s'ouvrant par leur angle interne (*Triglochin*, *Tetroncium*), ou indéhiscent (*Lilæa*). — Graines dressées, exalbuminées. — Embryon droit. *Radicule infère.*

## GENRES PRINCIPAUX.

Scheuchzérie, *Scheuchzeria.* | Troscart, *Triglochin.* | Tétroncium, *Tetroncium.* | Lilæa, *Lilæa.*

Les *Joncaginées*, liées par d'étroites affinités aux *Alismacées*, se rapprochent aussi des *Naïadées*. (Voir ces Familles.) — Les *Triglochin* sont disséminés dans les terrains marécageux, exondés ou salés des régions tempérées des deux hémisphères (Europe, Asie, Afrique, Australie). Le *Scheuchzeria* croît dans les marais tourbeux de l'Europe et de l'Amérique septentrionale. Le *Tetroncium* appartient aux terres Magelaniques, le *Lilæa* à la Nouvelle-Grenade et au Chili.

# APONOGÉTÉES, *APONOGETEÆ*, *Planchon*.

Herbes aquatiques, acaules, à rhizômes tubéreux, féculents. — Feuilles submergées, ou nageantes, pétiolées; *pétiole* élargi et membraneux à la base; *limbe* linéaire, ou ovale, ou oblong, à nervures 1-5, parallèles, souvent coupé de veines transversales, plein, ou élégamment treillissé à jour (*Ouvirandra fenestralis*). — Fleurs blanches, ou roses, en épi uni-latéral, simple, 2-3-fide, au sommet d'une hampe axillaire, renfermé d'abord dans une spathe conique, fermée, membraneuse, ou colorée. — Périanthe nul, ou 2-3-phylle, caduc, ou persistant, accompagné quelquefois de bractées distiques 10-15, blanches, épaisses et accrescentes (*Aponogeton*). — Étamines 6-18-20, hypogynes, sub-égales; *filets* subulés, persistants; *anthères* ovoïdes, basifixes, 2-loculaires; *pollen* globuleux, ou elliptique-aigu. — Ovaires 3-5 lagéniformes, sessiles, 1-loculaires, 2-4-6-ovulés. *Ovules* insérés un peu latéralement au fond de la loge, ascendants, anatropes. *Style* continu avec l'ovaire, oblique, et stigmatifère à la face interne. — Fruit folliculaire, s'ouvrant par la face ventrale, 1-2-séminé. — Graines à *testa* membraneux, ou sub-spongieux. *Albumen* nul. — Embryon monocotylédoné, ovale, ou elliptique, épais, comprimé, à extrémité radiculaire infère.

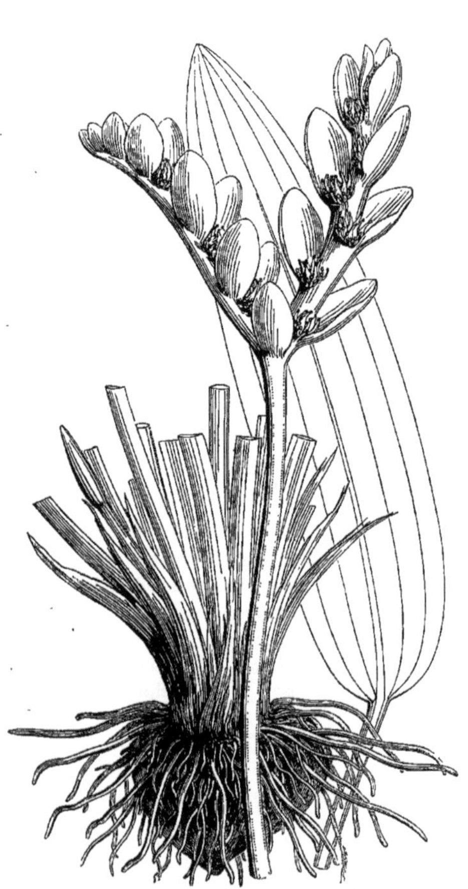

Aponogéton à double épi (*Aponogeton distachyus*).

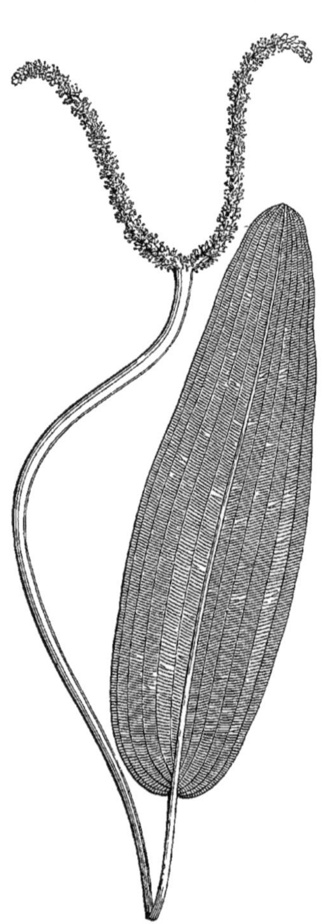

Ouvirandra à feuilles treillissées (*Ouvirandra fenestralis*).

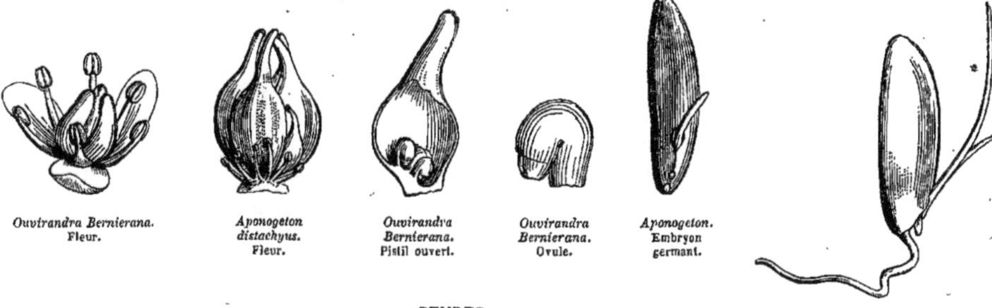

*Ouvirandra Bernierana.* Fleur.

*Aponogeton distachyus.* Fleur.

*Ouvirandra Bernierana.* Pistil ouvert.

*Ouvirandra Bernierana.* Ovule.

*Aponogeton.* Embryon germant.

*Aponogeton distachyus.* Germination plus avancée.

GENRES.

*Aponogéton, *Aponogeton.* | *Ouvirandra, *Ouvirandra.*

Les genres *Ouvirandra* et *Aponogeton* appartiennent à l'Afrique tropicale, à l'Inde et à Madagascar. Le nom d'*Ouvirandra* est emprunté à la langue madécasse, dans laquelle le mot *Ouvirandrou* signifie *racine alimentaire*, et s'applique également à plusieurs Espèces de *Dioscorea;* le radical *ouvi* se retrouve avec la même signification dans toutes les îles de la mer du Sud. — Nous avons fait voir ailleurs que le genre *Spathium*, de Loureiro, a pour synonyme le *Saururus.*

# POTAMÉES, *POTAMEÆ*, *Jussieu.*

*Potamogeton* Diagramme.

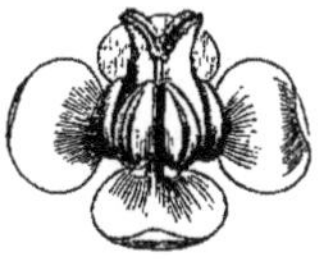

*Potamogeton crispus.* Fleur. (g.)

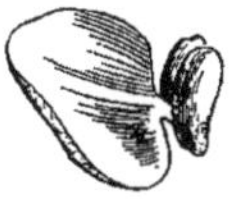

*Potamogeton crispus.* Étamine et sépale. (g.)

*Zannichellia.* Fruits. (g.)

*Potamogeton crispus* Fruit jeune. (g.)

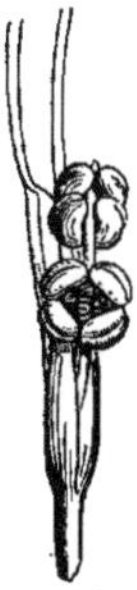

*Ruppia.* Inflorescence ☿. (g.)

Potamot perfolié (*Potamogeton perfoliatus*).

*Potamogeton crispus.* Fruit coupé verticalement. (g.)

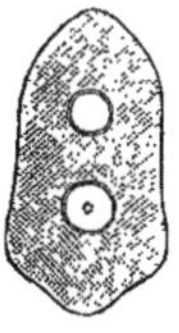

*Potamogeton crispus.* Fruit coupé transversalement. (g.)

*Potamogeton crispus.* Graine. (g.)

*Potamogeton crispus.* Embryon.

Plantes annuelles, ou vivaces, à rhizôme quelquefois renflé-articulé, végétant dans les eaux douces, ou saumâtres, ou salées. — Tiges noueuses, articulées, ordinairement rameuses, radicantes. — Feuilles toutes submergées, ou les supérieures flottantes, alternes, ou distiques, ou rapprochées, ou rarement opposées, sessiles, ou pétiolées, entières, filiformes, ou linéaires, ou ovales, ou oblongues-lancéolées, toutes semblables, ou les submergées plus étroites et dépourvues d'épiderme stomatifère, stipulées; *stipules* libres, ou soudées avec la base du pétiole, membraneuses, intrafoliaires, entières, ou échancrées. — Fleurs ☿, ou monoïques, ou polygames, disposées en épi, ou en glomérule, ou solitaires. — Périanthe tantôt à 4 sépales herbacés valvaires (*Potamogeton*); tantôt formant une cupule membraneuse 3-dentée dans les fleurs ♂, et nul dans les ♀ (*Zannichellia*); tantôt enfin complétement nul dans les fleurs ☿ (*Ruppia*). — Étamines tantôt 4, sub-sessiles, insérées sur l'onglet des sépales (*Potamogeton*); tantôt 2, sessiles, insérées sous le pistil (*Ruppia*); tantôt une seule, stipitée (*Zannichellia*, *Althenia*). *Anthères* tantôt arrondies, obtuses, ou apiculées et 2-loculaires; tantôt oblongues et 1-loculaires (*Althenia*). *Pollen* globuleux, ou oblong-arqué et très-finement granuleux. — Ovaires 1-4-6, 1-loculaires, 1-ovulés. *Ovule* pendant, orthotrope, ou campylotrope. *Stigmate* pelté, ou unilatéral, sessile, ou porté sur un style allongé. — Fruit sessile, ou stipité, composé de nucules coriaces, à épicarpe membraneux, indéhiscentes, ou s'ouvrant en 2 valves à la germination. — Graine oblongue, à *testa* membraneux, *Albumen* nul. — Embryon monocotylédoné, macropode, antitrope, ou amphitrope, à extrémité cotylédonaire arquée, ou roulée en crosse.

GENRES.

| | | | | | |
|---|---|---|---|---|---|
| Potamot, | *Potamogeton.* | Grœnlandia, | *Grœnlandia.* | Zannichellia, | *Zannichellia.* |
| Spirille, | *Spirillus.* | Althénia, | *Althenia.* | Ruppia, | *Ruppia.* |

Les Potamées habitent soit les eaux douces stagnantes, ou peu rapides, soit les eaux saumâtres des estuaires, soit les mers peu profondes des régions froides et tempérées du globe. Elles sont rares entre les tropiques. Les *Zannichellia* vivent dans les fossés de l'Europe et de l'Amérique septentrionale : l'*Althenia* se rencontre dans les étangs maritimes de la France méridionale et de l'Algérie. Les *Ruppia* ont été observés sur les fonds vaseux des mers qui bordent les deux Continents. — Ces plantes sont sans utilité pour l'homme.

# NAIADÉES, *NAJADEÆ*.

Herbes marines, ou fluviatiles, annuelles, ou vivaces. — Tiges rampantes, ou radicantes, rameuses. — Feuilles alternes, ou distiques, ou opposées, souvent rapprochées au sommet des entre-nœuds, linéaires, 1-3-nerviées, entières, ou denticulées au sommet, engaînantes à la base, persistantes, ou articulées et caduques; *gaîne* munie de stipules intra-vaginales, libres, ou soudées, membraneuses, quelquefois accompagnées de squamules (*Phucagrostis*). — Fleurs ☿ (*Posidonia*), ou monoïques (*Zostera*), ou dioïques (*Najas, Phucagrostis*); tantôt solitaires (*Phucagrostis*), ou sub-solitaires (*Najas*), ou agglomérées à l'aisselle des feuilles (*Caulinia*); tantôt réunies, 2 ou plus, sur un spadice contenu dans une spathe foliacée. *Spadices* ordinairement solitaires, quelquefois plusieurs réunis dans une spathe commune, pourvus chacun d'une spathelle bivalve, et portant 3-6 fleurs ☿ (*Posidonia*). — Périanthe tantôt nul (*Zostera, Phyllospadix, Phucagrostis, Posidonia,* etc.); tantôt tubuleux, membraneux, 4-lobé (*Caulinia, Najas*), ou tubuleux-denticulé (*Halophila*). — Étamines 1 (*Najas*, *Caulinia*, *Zostera*, etc.), ou 2 (*Phucagrostis*), ou 4-3 (*Posidonia*). *Filets* nuls (*Najas*), ou très-courts, squamiformes (*Zostera*), ou dilatés-aristés (*Posidonia*), ou géminés et cohérents (*Phucagrostis*). *Anthères* 1-loculaires (*Zostera*), ou 2-loculaires (*Posidonia, Phucagrostis,* etc.), ou 4-loculaires (*Caulinia*, *Najas*), à déhiscence longitudinale. *Pollen* ordinairement confervoïde (*Zostera*, *Phucagrostis,* etc.), ou globuleux (*Najas*, *Caulinia*). — Ovaires 1-2-4, distincts, 1-loculaires, généralement 1-ovulés, quelquefois à 3 placentaires pariétaux pluri-ovulés (*Halophila, Lemnopsis*). *Ovule* tantôt pendant et orthotrope (*Zostera*), ou campylotrope (*Phucagrostis,* etc.); tantôt ascendant et anatrope (*Caulinia*, *Halophila*, etc.). *Stigmates* 2 apiculés, ou 3 filiformes, quelquefois articulés au sommet du style (*Halophila*, etc.), rarement discoïdes et rameux-aigus (*Posidonia*). — Fruit ordinairement nucamentacé, ou utriculaire, quelquefois baccien (*Posidonia*), indéhiscent, ou s'ouvrant plus ou moins irrégulièrement à la germination. — Graine sub-globuleuse, ou ovoïde; *testa* mince, ou membraneux, lisse, ou réticulé. — Embryon monocotylédoné, macropode.

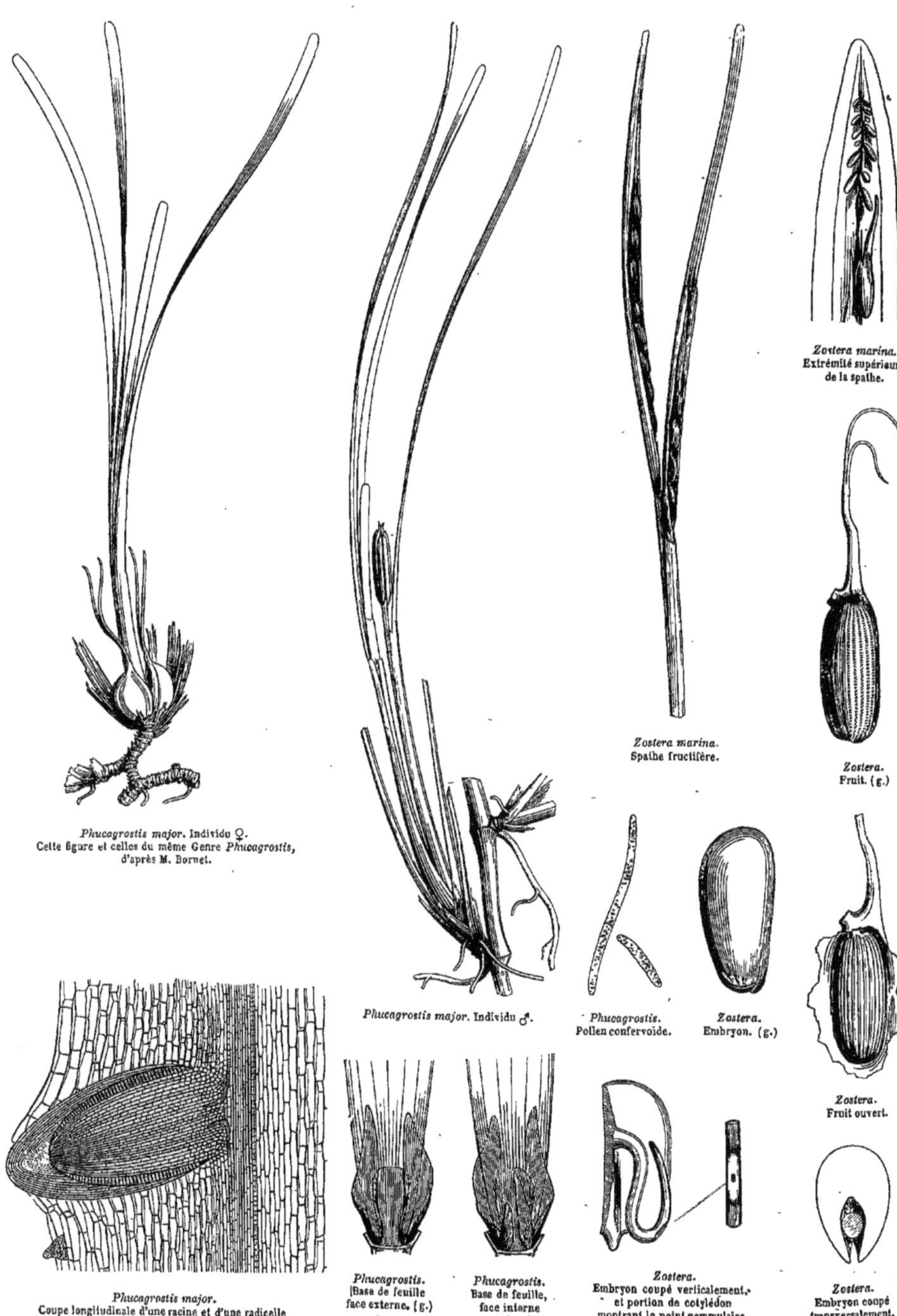

*Phucagrostis major*. Individu ♀.
Cette figure et celles du même Genre *Phucagrostis*, d'après M. Bornet.

*Phucagrostis major*. Individu ♂.

*Zostera marina*.
Spathe fructifère.

*Zostera marina*.
Extrémité supérieure de la spathe.

*Zostera*.
Fruit. (g.)

*Phucagrostis*.
Pollen confervoïde.

*Zostera*.
Embryon. (g.)

*Zostera*.
Fruit ouvert.

*Phucagrostis major*.
Coupe longitudinale d'une racine et d'une radicelle montrant la piléorhize. (g.)

*Phucagrostis*.
Base de feuille face externe. (g.)

*Phucagrostis*.
Base de feuille, face interne montrant les squamules.

*Zostera*.
Embryon coupé verticalement, et portion de cotylédon montrant le point gemmulaire.

*Zostera*.
Embryon coupé transversalement. (g.)

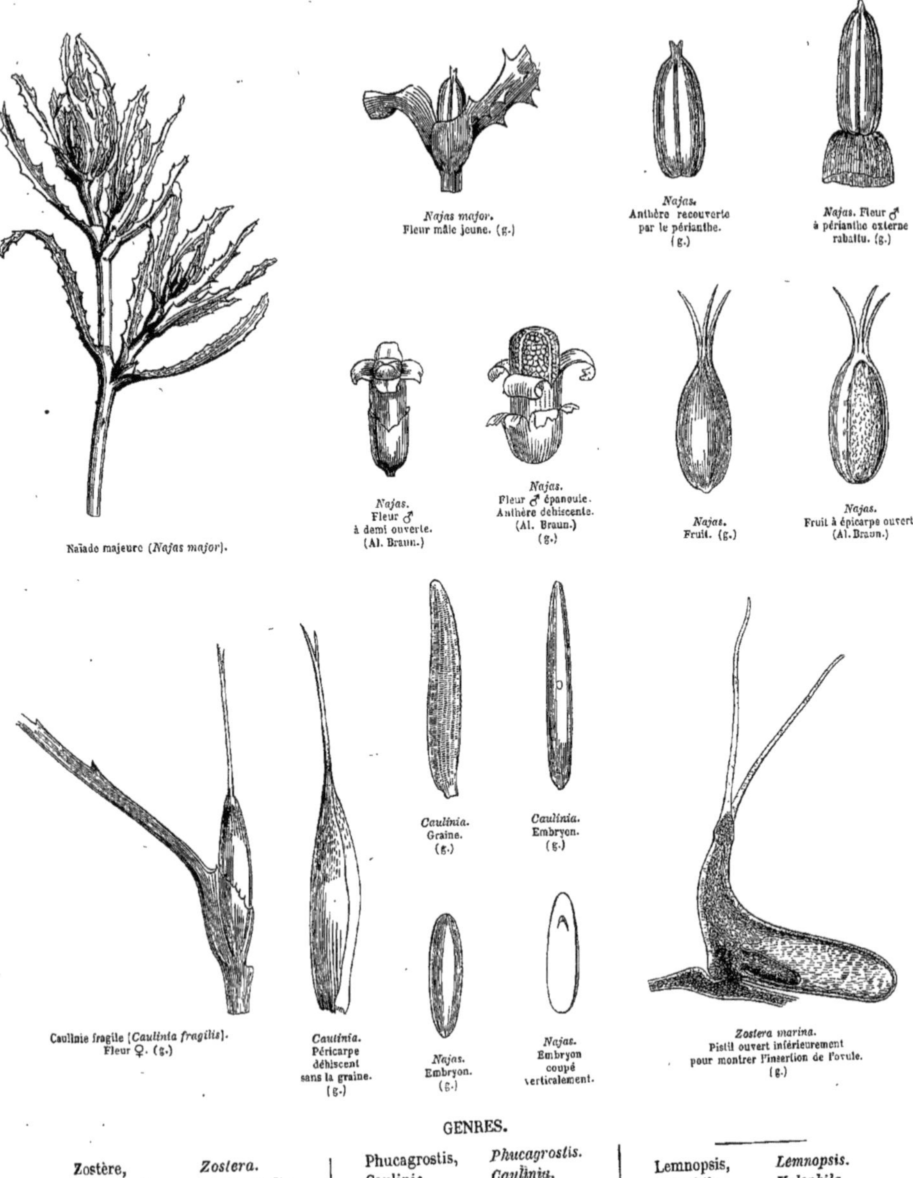

Naïade majeure (*Najas major*).

*Najas major*. Fleur mâle jeune. (g.)

*Najas*. Anthère recouverte par le périanthe. (g.)

*Najas*. Fleur ♂ à périanthe externe rabattu. (g.)

*Najas*. Fleur ♂ à demi ouverte. (Al. Braun.)

*Najas*. Fleur ♂ épanouie. Anthère déhiscente. (Al. Braun.) (g.)

*Najas*. Fruit. (g.)

*Najas*. Fruit à épicarpe ouvert. (Al. Braun.)

*Caulinia*. Graine. (g.)

*Caulinia*. Embryon. (g.)

Caulinie fragile (*Caulinia fragilis*). Fleur ♀. (g.)

*Caulinia*. Péricarpe déhiscent sans la graine. (g.)

*Najas*. Embryon. (g.)

*Najas*. Embryon coupé verticalement.

*Zostera marina*. Pistil ouvert inférieurement pour montrer l'insertion de l'ovule. (g.)

## GENRES.

| | | | | | |
|---|---|---|---|---|---|
| Zostère, | *Zostera.* | Phucagrostis, | *Phucagrostis.* | Lemnopsis, | *Lemnopsis.* |
| Phyllospadice, | *Phyllospadix.* | Caulinie, | *Caulinia.* | Halophile, | *Halophila.* |
| Posidonie, | *Posidonia.* | Naïade, | *Najas.* | | |

Les *Zostera* habitent les estuaires de la mer du Nord, de l'Atlantique et de la mer des Indes ; les *Posidonia* et le *Phucagrostis* végètent dans la Méditerranée. Le *Phyllospadix* se rencontre sur les côtes occidentales de l'Amérique septentrionale. Les *Caulinia* et le *Najas* vivent dans les eaux douces et tranquilles de l'Europe et de l'Amérique.

On emploie en Hollande les feuilles des *Zostera* dans la construction des digues. Depuis quelques années, elles servent, en France, à garnir des couchettes, et on les utilise aussi pour l'emballage des marchandises.

Adrien de Jussieu, qui s'est particulièrement occupé de la classification des *Monocotylédones*, les a divisées en *albuminées* et *exalbuminées*, et celles-ci en *terrestres* (*Orchidées*) et *aquatiques*. Les exalbuminées aquatiques ont été séparées en deux Sections, d'après la présence ou l'absence d'un vrai périanthe. Dans la Section des périanthées figurent les *Alismacées*, les *Butomées* et les *Hydrocharidées*, qui ont un périanthe à 6 divisions, dont au moins les 3 intérieures pétaloïdes; l'autre Section comprend les *Joncaginées*, les *Naïadées*, les *Potamées* et les *Zostéracées*, caractérisées par un périanthe nul, ou écailleux, ou membraneux, ou herbacé. Les 3 Familles de la première Section se distinguent par les ovaires libres, ou cohérents, et par la placentation des ovules. Les Familles de la deuxième Section sont caractérisées par l'embryon, brachypode et homotrope dans les Joncaginées, macropode et antitrope dans les Zostéracées, macropode et amphitrope dans les Potamées, macropode et homotrope dans les Naïadées.

Nous avons adopté, en la modifiant, cette classification, et, après de longs tâtonnements, nous sommes arrivés à réunir en groupes qui nous paraissent homogènes les Genres monocotylédonés, exalbuminés aquatiques, réunis en une seule Famille par la plupart des Botanistes. Sans méconnaître l'étroite affinité qui relie les Joncaginées, les Potamées, les Naïadées, etc., nous croyons que la forme des stigmates, entiers et peltés, ou divisés et aigus, peut servir à grouper très-naturellement les différents Genres répartis entre les Naïadées et les Potamées, ces dernières se rattachant aux Joncaginées. C'est ainsi que nous avons réuni aux Potamées le *Ruppia*, placé jusqu'ici près des *Posidonia* et et des *Zostera*. D'autre part, il est probable que lorsque les fruits et les graines des *Halophila*, *Lemnopsis*, etc., seront connus, on fera de ces Genres une Famille, qui, par ses ovaires multi-ovulés à placentation pariétale, sera aux Naïadées ce que sont les Butomées aux Alismacées, desquelles se rapprochent les *Aponogeton* et les *Ouvirandra*.

Nous croyons absolument superflu de discuter l'opinion récemment publiée, et appuyée sur celle d'Adanson, qui considère « comme très-rationnel » le rapprochement des *Alismacées* et des *Renonculacées*, et nous persisterons dans cette croyance tant que l'examen des graines « avec ou sans verre lenticulaire » ne nous aura pas démontré la présence d'un albumen et d'un embryon dicotylédoné dans la *Sagittaire*, comme Adanson prétend l'avoir reconnu, de même qu'il avait vu deux cotylédons dans la graine des *Joncs*.

Si, malgré les travaux consciencieux et les observations sagaces qui depuis cent cinquante années ont fait si rapidement progresser la Botanique, il est permis de ressusciter des opinions paradoxales condamnées sans retour par la Science ; si de simples ressemblances extérieures suffisent pour constituer des affinités naturelles, nous ne voyons pas pourquoi l'on hésiterait à marcher résolûment sur les traces d'Adanson, et à réunir, ainsi qu'il l'a fait, les *Cycadées* aux *Palmiers*, les *Aristoloches* au *Vallisneria*, les *Polygala* aux *Tithymales*, etc., etc.

# FOUGÈRES, *FILICES*, *Linné*.

PLANTES *acotylédones, très-généralement vivaces et terrestres, acaules, ou caulescentes, ou arborescentes.* FRONDES *naissant à la surface supérieure des rhizômes rampants, ou formant des gerbes régulières à l'extrémité des tiges dressées. Limbe des frondes roulé en crosse dans la préfoliation, foliiforme, stomatifère, simple, ou pennifide, ou penni-séqué.*

ORGANES REPRODUCTEURS *composés de capsules* (sporanges) *réunies en groupes* (sores), *situées sur les nervures, au dos ou le long des bords de la fronde.* SORES *généralement recouverts d'une pellicule* (indusie). SPORANGES *s'ouvrant en long, ou entourés d'un anneau élastique qui les rompt irrégulièrement en se détendant.* SPORES *nombreuses, d'abord réunies 4 par 4 dans des cellules remplissant le sporange, devenant libres par la destruction de ces cellules mères, et émettant sur le sol humide une expansion celluleuse* (prothalle), *à la face inférieure de laquelle se développent :* 1° *des mamelons celluleux* (anthéridies) *renfermant des fils aplatis, tordus en hélice, munis de cils, et doués de mouvements actifs* (anthérozoïdes); 2° *des sacs celluleux, ouverts à leur extrémité* (archégones) *où arrivent les anthérozoïdes pour féconder la vésicule qui doit reproduire la Plante.*

Doradille Capillaire-noir (*Asplenium Adiantum-nigrum*). Lygodium palmé (*Lygodium palmatum*). Osmonde royale (*Osmunda regalis*). Portion de fronde.

*Polypodium vulgare.* Coupe transversale du rhizôme. *Polypodium vulgare.* Coupe transversale du rachis à la base. *Polypodium vulgare.* Coupe transversale du rachis au milieu. *Pteris aquilina.* Coupe transversale du rachis. *Pteris longifolia.* Coupe transversale du rachis. *Polystichum aculeatum.* Coupe transversale du rachis.

Hyménophyllum de Tumbridge (*Hymenophyllum Tumbridgense*).

*Alsophila aculeata.*

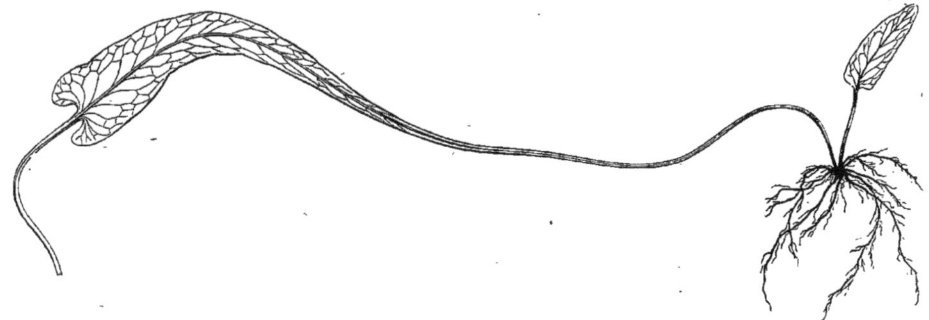

Doradille radicante (*Asplenium rhizophyllum*). Fronde radicante à son extrémité.

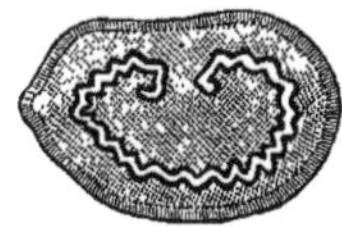

*Dicksonia antarctica.* Coupe transversale du rachis.

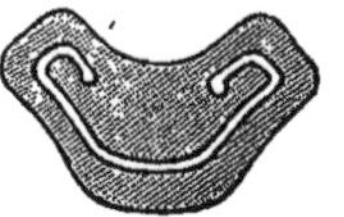

*Osmunda regalis.* Coupe transversale du rachis.

*Adiantum trapeziforme.* Coupe transversale du rachis.

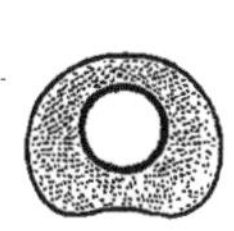

*Gleichenia polypodioides.* Coupe transversale du rachis.

*Cheilanthes odora.* Coupe transversale du rachis.

*Scolopendrium officin.* Coupe transversale du rachis.

*Aspidium.*
Portion de fronde fructifère.

*Nephrodium.*
Portion de fronde fructifère.

*Polystichum.*
Portion de fronde fructifère.

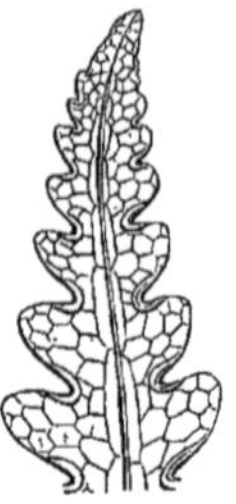
*Lonchitis.*
Portion de fronde fructifère.

*Cyathea.*
Portion de fronde fructifère.

*Asplenium.*
Portion de fronde fructifère.

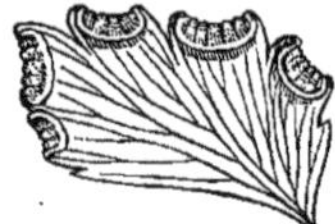
*Adiantum.*
Portion de fronde fructifère.

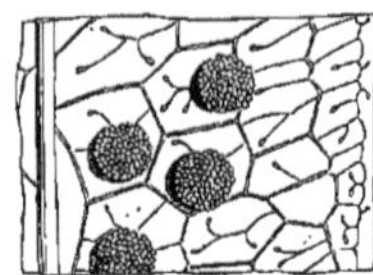
*Polypodium.*
Portion de fronde fructifère.

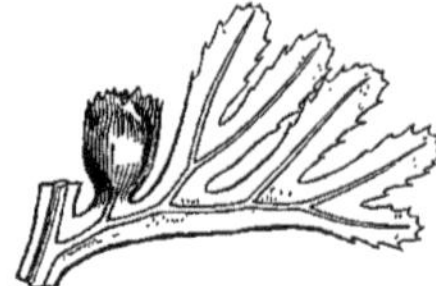
*Hymenophyllum.*
Portion de fronde fructifère.

*Pteris aquilina.*
Portion de fronde fructifère.

*Woodsia.*
Sporanges entourés de filaments représentant l'indusie.

*Cystopteris.*
Sporanges mis à nu par abaissement de l'indusie.

*Hymenophyllum.*
Sporanges mis à nu par enlèvement de l'une des valves de l'indusie.

*Hymenophyllum.*
Sporange vu de face (g.).

*Pteris.*
Indusie écartée pour montrer l'insertion des sporanges.

*Cyathea.*
Indusie vue de face, commençant à s'ouvrir.

*Cyathea.*
Indusie ouverte montrant les sporanges.

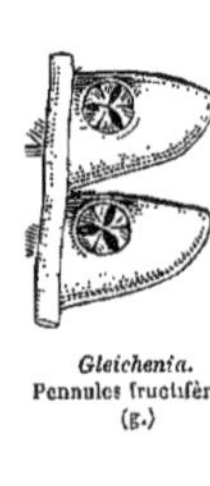
*Gleichenia.*
Pennules fructifères. (g.)

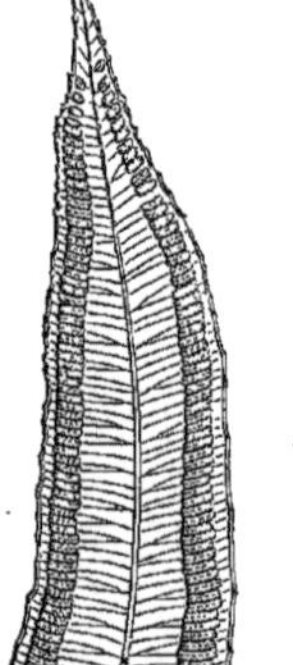
*Angiopteris.*
Portion de fronde fructifère.

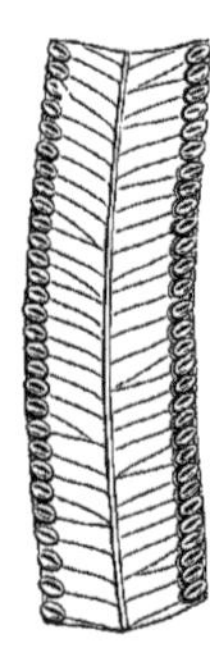
*Marattia.*
Portion de fronde fructifère.

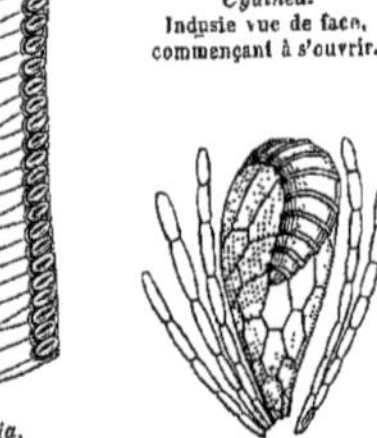
*Cyathea.* Sporange. (g.)

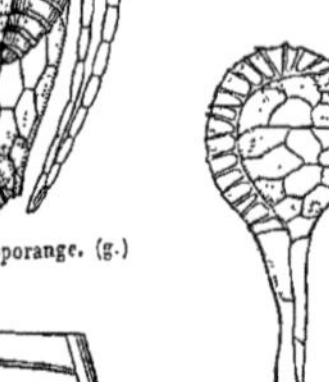
*Nephrodium.*
Sporange clos. (g.)

*Cystopteris.*
Sporange s'ouvrant par une sorte d'anneau accessoire.

*Gleichenia.*
Portion de fronde fructifère.

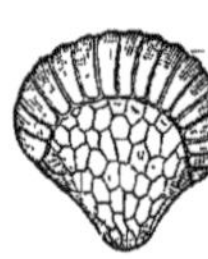
*Gleichenia.*
Sporange (g.).

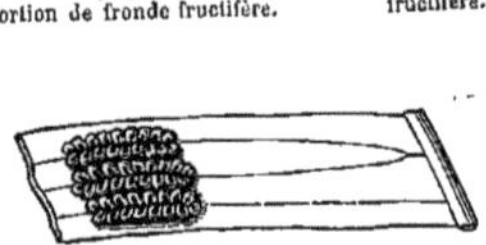
*Angiopteris.*
Portion de fronde (g.).

*Marattia.*
Portion de fronde (g.).

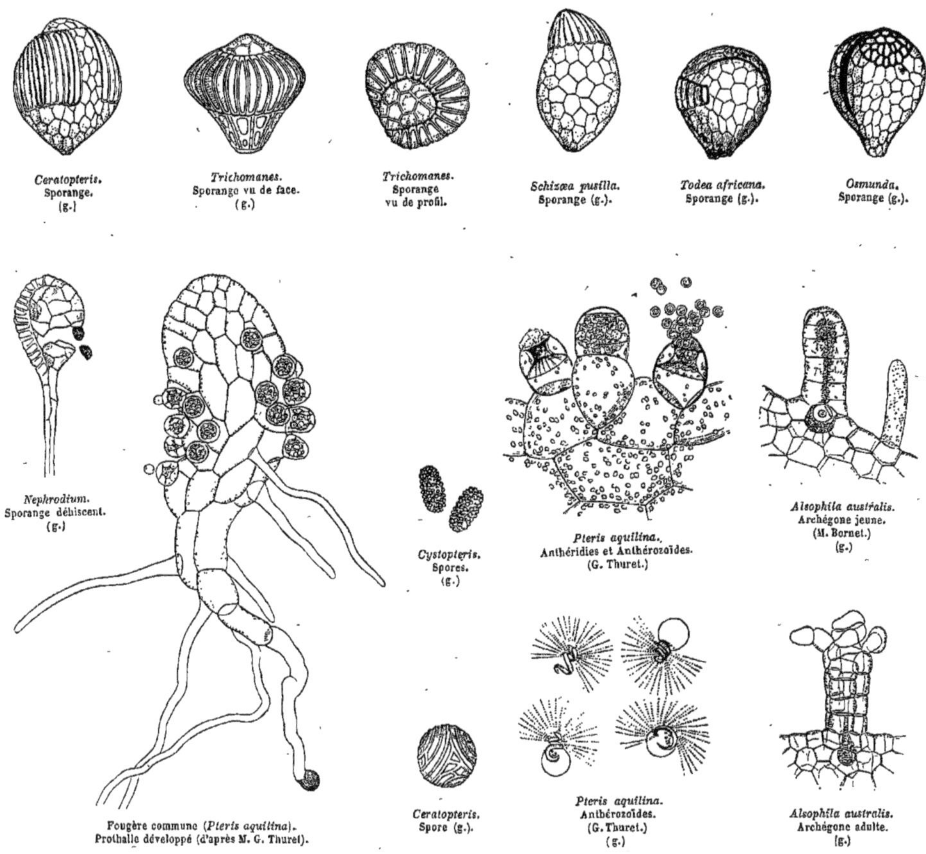

*Ceratopteris.* Sporange. (g.)

*Trichomanes.* Sporange vu de face. (g.)

*Trichomanes.* Sporange vu de profil.

*Schizæa pusilla.* Sporange (g.).

*Todea africana.* Sporange (g.).

*Osmunda.* Sporange (g.).

*Nephrodium.* Sporange déhiscent. (g.)

*Cystopteris.* Spores. (g.)

*Pteris aquilina.* Anthéridies et Anthérozoïdes. (G. Thuret.)

*Alsophila australis.* Archégone jeune. (M. Bornet.) (g.)

Fougère commune (*Pteris aquilina*). Prothalle développé (d'après M. G. Thuret).

*Ceratopteris.* Spore (g.).

*Pteris aquilina.* Anthérozoïdes. (G. Thuret.) (g.)

*Alsophila australis.* Archégone adulte. (g.)

Végétaux vivaces, ou très-rarement annuels (*Gymnogramme leptophylla*), terrestres, ou très-rarement aquatiques (*Ceratopteris*). — Tige tantôt formant un rhizôme souterrain arrondi et charnu (*Angiopteris*), ou rampant à la surface du sol et quelquefois des arbres, tantôt verticale et arborescente, ou rarement volubile (*Lygodium*), ou sub-sarmenteuse et dichotome (*Gleichenia*). Elle se compose de faisceaux fibro-vasculaires, disposés en cercle plus ou moins irrégulier autour d'un tissu cellulaire central abondant; chaque faisceau offre à sa circonférence une zone noire constituée par des fibres ligneuses (*prosenchyme*), et un centre blanc constitué par des vaisseaux annulaires et rayés. Le tissu cellulaire central de la tige communique, par les intervalles des faisceaux, avec une zone extérieure de tissu semblable, ayant pour écorce les bases persistantes des rameaux.

Rameaux foliiformes (*frondes*), naissant tantôt à la face supérieure du rhizôme, à des distances plus ou moins grandes, et se désarticulant partiellement ou totalement à mesure que la tige s'allonge, et que de nouvelles frondes se développent; tantôt très-rapprochés et entourant de toutes parts le rhizôme, qui se redresse vers l'extrémité, d'où naissent les nouvelles frondes rapprochées en gerbe régulière (*Struthiopteris germanica*, etc.). Cette disposition établit le passage aux Fougères arborescentes, chez lesquelles la tige (*stipe*, *caudex*) s'élève verticalement, et atteint dans certaines Espèces jusqu'à 15 et 20 mètres de hauteur. Ce stipe s'accroît, non pas seulement en diamètre, mais en longueur, comme le montrent les cicatrices des frondes, d'abord contiguës, puis espacées, et dirigées dans le sens longitudinal de la tige.

Les Fougères, soit rampantes, soit dressées, donnent naissance à de nombreuses racines, qui, chez les Espèces arborescentes, embrassent tout le pourtour de la tige. Ces fibres radicales sont noirâtres, glabres, ou velues, grêles, cylindriques, ordinairement entremêlées de poils écailleux roux, qui se voient souvent aussi sur la tige aérienne, sur le rachis, et jusque sur les nervures principales des frondes.

Les frondes sont enroulées en crosse avant leur épanouissement, de manière que leur sommet forme le centre de la crosse, et que leur face inférieure est extérieure. Leur pétiole (*rachis*) est arrondi, ou elliptique, ou hexagone à sa base; leur limbe, ordinairement revêtu d'un épiderme stomatifère, est quelquefois simple et entier, plus fréquemment penniséqué, ou bi-tri-penniséqué, et découpé en *pennules,* quelquefois extrêmement fines (*Trichomanes pluma*), presque toujours continues avec la côte moyenne des *pennes* secondaires, quelquefois caduques (*Drynaria*), rarement membraneuses, pellucides et dépourvues de stomates (*Hymenophyllum*).

Les nervures des frondes sont fines et nettes; tantôt simples et naissant latéralement de la nervure médiane; tantôt bifurquées et dichotomes, et souvent, par suite de cette dichotomie, anastomosées en réseau à mailles plus ou moins régulières et hexagonales. Quelques Genres offrent des anastomoses formant des arcades transversales et régulières, ou de larges mailles irrégulières, d'où naissent des nervures courtes qui se terminent dans le milieu de ces espaces de parenchyme. Souvent aussi les nervures s'anastomosent en arcade près de la nervure médiane, et produisent du côté extérieur des veinules simples, ou bifurquées, ou anastomosées et réticulées.

Les frondes sont quelquefois munies de bulbilles (*Hemionitis,* etc.), ou radicantes (*Asplenium rhizophyllum, Woodwardia,* etc.), souvent très-dissemblables dans une même Espèce (*Platycerium*), et les unes stériles, les autres fructifères.

Organes reproducteurs composés de capsules (*sporanges*). — Sporanges naissant sur des nervures, à la face inférieure des frondes, ou près de leur bord, et rapprochés en groupes (*sores*). — Sores *nus*, ou recouverts soit d'un repli du bord de la fronde, soit d'un prolongement de l'épiderme (*indusie*). Quelquefois leur abondance détermine l'atrophie et la disparition plus ou moins complète du limbe foliacé de la fronde, et ils forment alors des panicules ou des épis isolés à l'extrémité de la fronde générale (*Osmunda, Aneimia, Lygodium,* etc.). — Chaque sporange est pédicellé, ou sessile, diversement déhiscent, et ordinairement muni d'un anneau élastique de formes variées; le sporange renferme de nombreux corpuscules reproducteurs (*spores*) libres, sphériques, ou anguleux, à surface lisse, ou verruqueuse, ou réticulée. Ces spores étaient primitivement renfermées 4 par 4 dans des cellules, qui plus tard se sont détruites. Sous l'influence de l'humidité, le sporange s'ouvre, ou se déchire, et les spores en sont expulsées avec élasticité.

Les spores, placées sur de la terre humide, ne tardent pas à germer; elles émettent un filament qui se développe en une petite expansion foliacée, celluleuse, échancrée à son extrémité (*proembryon, prothalle*).

A la surface inférieure du prothalle se développent bientôt de petits mamelons celluleux, résultant ordinairement de la superposition de 3 cellules, dont l'inférieure sert de support et la supérieure de couvercle à la moyenne : cette dernière contient un tissu mucilagineux, dont les cellules renferment des fils aplatis, tordus en hélice, munis d'une série de cils courts et nombreux, accompagnés d'une petite vésicule; ces corpuscules motiles ont été nommés *anthérozoïdes,* et l'organe qui les renferme, *anthéridie.*

Dans le voisinage des anthéridies apparaissent, un peu plus tard qu'elles, des organes plus volumineux, celluleux, ovoïdes, ou arrondis, terminés par une sorte de style ouvert à l'époque de la fécondation. Ces sacs celluleux, analogues aux ovules des phanérogames, sont nommés *archégones;* au fond de leur cavité se voit un utricule globuleux qu'on a comparé au *sac embryonnaire.* Dans cet utricule ne tarde pas à apparaître une vésicule qui donnera naissance à la nouvelle Plante.

Toutes les conditions de la fécondation étant ainsi disposées, les anthérozoïdes rompent la paroi de l'anthéridie, entraînant avec eux une sorte de vésicule mucilagineuse, et s'échappent, en exécutant, au moyen des cils vibratiles qui garnissent l'une de leurs extrémités, des mouvements très-vifs de translation favorisés par la pluie ou la rosée qui humecte le mucilage projeté en même temps qu'eux hors de la cellule-mère. Ils arrivent ainsi au canal de l'archégone, et la reproduction est assurée : une petite masse celluleuse se développe dans l'archégone fécondé, et s'allonge en un axe redressé, dont le sommet produira des frondes, et dont la base émettra latéralement des racines. Le *prothalle* disparaît bientôt.

Quelques Espèces, notamment celles qui végètent sur les rochers ou sur les murs exposés aux ardeurs du soleil, et dont les frondes sont friables, ont la propriété de revivre après une dessiccation presque complète.

Les *Fougères* offrent des caractères si tranchés que dans toutes les classifications elles forment un groupe distinct. M. Brongniart, à qui nous empruntons la plupart des détails relatifs à cette importante Famille, a rapproché d'elle les *Marsiléacées*, les *Lycopodiacées*, les *Equisétacées* et les *Characées*, pour en former sa Classe des *Filicinées*. Il a divisé les Fougères en plusieurs Tribus très-naturelles, fondées sur la structure des sporanges et sur leur mode d'insertion.

Les Genres nombreux de la vaste Famille des Fougères ont été classés d'après la disposition des *sores* et des *indusies*; mais il faut observer que, dans certains cas, les sores d'une même Espèce se présentent avec ou sans indusie; c'est ainsi qu'ont été séparés le *Polypodium rugulosum* et l'*Hypolepis tenella*, qui ne forment qu'une seule Espèce; il en est de même du *Polystichum venustum* et du *Polypodium sylvaticum*, etc.

## Tribu I. — POLYPODIACÉES, *POLYPODIACEÆ*.

L'anneau élastique, généralement étroit, fait suite d'un côté au pédicelle, qui est assez long, et s'interrompt au sommet, ou du côté opposé près du pédicelle.

GENRES PRINCIPAUX.

| | | | | | |
|---|---|---|---|---|---|
| Acrostic, | *Acrostichum*. | Phymatodes, | *Phymatodes*. | Woodwardia, | *Woodwardia*. |
| Olfersia, | *Olfersia*. | Drynaria, | *Drynaria*. | Doodia, | *Doodia*. |
| Platycérium, | *Platycerium*. | Niphobolus, | *Niphobolus*. | Scolopendre, | *Scolopendrium*. |
| Hémionitis, | *Hemionitis*. | Chéilanthe, | *Cheilanthes*. | Néphrodie, | *Nephrodium*. |
| Gymnogramme, | *Gymnogramme*. | Lonchitis, | *Lonchitis*. | Aspidie, | *Aspidium*. |
| Cétérach, | *Ceterach*. | Davallia, | *Davallia*. | Cystoptéris, | *Cystopteris*. |
| Grammitis, | *Grammitis*. | Blechnum, | *Blechnum*. | Woodsia, | *Woodsia*. |
| Notochlæna, | *Notochlæna*. | Struthioptéris. | *Struthiopteris*. | Cibotium, | *Cibotium*. |
| Polypode, | *Polypodium*. | Doradille, | *Asplenium*. | Dicksonia, | *Dicksonia*. |
| Dictyoptéris, | *Dictyopteris*. | Capillaire, | *Adiantum*. | | |

## Tribu II. — CYATHÉACÉES, *CYATHEACEÆ*.

L'anneau élastique, dans beaucoup de cas, entoure obliquement le sporange; sporange souvent comprimé, sessile, ou fixé par un court pédicelle qui ne fait pas suite à l'anneau.

GENRES PRINCIPAUX.

| | | | | | |
|---|---|---|---|---|---|
| Hémitélia, | *Hemitelia*. | Arachniodes | *Arachniodes*. | Mattonia, | *Mattonia*. |
| Alsophila, | *Alsophila*. | Cyathéa, | *Cyathea*. | | |

## Tribu III. — HYMÉNOPHYLLÉES, *HYMENOPHYLLEÆ*.

La disposition est assez analogue à celle des Cyathéacées, mais les sporanges sont presque ronds, et l'anneau élastique est situé dans un plan presque perpendiculaire au point d'attache.

GENRES PRINCIPAUX.

| | | | | | |
|---|---|---|---|---|---|
| Hyménophyllum, | *Hymenophyllum*. | Trichomanes, | *Trichomanes*. | Loxsoma, | *Loxsoma*. |

## Tribu IV. — CÉRATOPTÉRIDÉES, *CERATOPTERIDEÆ*.

L'anneau élastique est large, formé de cellules verticales n'entourant pas complétement le sporange qui est sessile.

GENRES.

| | | | |
|---|---|---|---|
| Cératoptéris, | *Ceratopteris*. | Parkéria, | *Parkeria*. |

## TRIBU V. — GLÉICHÉNIÉES, *GLEICHENIEÆ*.

Les sporanges solitaires, ou réunis en nombre défini (2 ou 3) sont sessiles, globuleux; l'anneau élastique est complet, et ne correspond pas au point d'attache.

GENRES PRINCIPAUX.

Gléichénia, *Gleichenia*. | Mertensia, *Mertensia*. | Platysoma, *Platysoma*.

## TRIBU VI. — LYGODIÉES, *LYGODIEÆ*.

Les sporanges sont sessiles, ovoïdes, ou turbinés; l'organe élastique n'est plus en forme d'anneau, mais représente une sorte de calotte à stries rayonnantes, occupant l'extrémité opposée au point d'attache.

GENRES PRINCIPAUX.

Anémia, *Aneimia*. | Schizæa, *Schizæa*. | Lygodium, *Lygodium*. | Mohria, *Mohria*.

## TRIBU VII. — OSMONDÉES, *OSMUNDEÆ*.

L'anneau élastique n'embrasse qu'une partie de la circonférence du sporange, ou se réduit à un petit disque de cellules à parois épaisses.

GENRES.

Osmonde, *Osmunda*. | Todéa, *Todea*.

## TRIBU VIII. — MARATTIÉES, *MARATTIEÆ*.

Les sporanges, libres, serrés les uns à côté des autres sur 2 rangs, ou en cercle, ou soudés ensemble et figurant une capsule à plusieurs loges et dépourvus d'anneaux, s'ouvrent chacun par une fente ou par un pore.

GENRES.

Kaulfussia, *Kaulfussia*. | Angioptéris, *Angiopteris*. | Marattia, *Marattia*. | Danaea, *Danaea*.

Les *Marattiées* croissent, en petit nombre, dans l'Amérique, l'Asie et l'Océanie tropicale; elles sont très-rares au delà du Capricorne. Quelques Espèces sont arborescentes. — Les frondes contuses de l'*Angiopteris evecta*, Espèce répandue dans les îles de l'océan Pacifique, communiquent à l'huile de *Coco* un arome agréable; les jeunes pousses sont comestibles.

« Les Fougères sont répandues dans les climats les plus différents, depuis les régions polaires (*Woodsia hyperborea*, *Pteris argentea*, etc.), où elles sont cependant très-peu nombreuses, jusque sous les tropiques, où elles deviennent très-abondantes et très-variées. Un grand nombre de Genres sont même limités aux régions équatoriales, ou s'étendent peu au delà, surtout dans l'hémisphère austral. Peu de Genres, au contraire, sont bornés à un seul des deux Continents, et ceux qui sont dans ce cas sont en général peu nombreux en Espèces. La plupart des Genres de Fougères ont donc un habitat très-étendu, et ce fait est non-seulement vrai pour les grands Genres, tels qu'ils étaient limités par Swartz et Willdenow, mais pour la plupart de ceux qu'on a formés en les subdivisant. Quelques Tribus sont entièrement ou presque entièrement propres aux régions chaudes: telles sont les *Cyathéacées*, les *Cératoptéridées* et les *Hyménophyllées*, dont trois Espèces seulement (*Trichomanes radicans*, *Hymenophyllum Tunbridgense* et *Wilsoni*) croissent en Europe. Toutes les Fougères arborescentes, et particulièrement celles de la Tribu des *Cyathéacées*, sont propres aux pays situés entre les tropiques, ou s'étendent peu au delà dans quelques îles situées loin de l'équateur (*Alsophila Colensoi*, *Cyathea Smithii*, de la Nouvelle-Zélande). Les *Dicksoniées* arborescentes (*Dicksonia antarctica*, *lanata*, etc.) s'étendent plus au sud jusqu'à la Nouvelle-Zélande, et les *Lomaria* à tige droite, mais peu élevée, se trouvent jusqu'aux Terres Magellaniques.

« La Famille tout entière des Fougères comprend au moins 3000 Espèces décrites (environ 1/30<sup>e</sup> des Phanérogames), dont environ 150 à 200 appartiennent à chacune des zones tempérées boréale et australe, et 2600 aux régions intertropicales des deux Continents, et aux îles comprises dans cette zone.

« Dans chacune de ces zones leur nombre varie beaucoup, suivant les localités. Une réunion particulière de conditions climatériques étant presque toujours nécessaire à l'existence de ces Plantes, les régions sèches n'en produisent que très-peu d'Espèces; au contraire, les lieux humides, frais et ombragés leur conviennent mieux, et le nombre des Espèces est d'autant plus considérable que ces conditions sont plus généralement répandues dans un pays : aussi les climats insulaires leur sont-ils très-favorables, et la prédominance des Fougères y a-t-elle été signalée depuis longtemps. On sait, en effet, que plus les îles sont petites et éloignées des continents, plus leur climat prend le caractère maritime par l'humidité habituelle de l'air et l'uniformité de la température, et plus les Fougères deviennent nombreuses proportionnellement aux Plantes phanérogames.

« La Famille des Fougères est, avec les Conifères, celle qui présente le plus grand nombre de représentants à l'état fossile dans la série entière des formations géologiques, et c'est, sans aucun doute, une des plus intéressantes à considérer sous ce point de vue. En effet, cette Famille si nombreuse, et si généralement répandue sur la surface entière du globe dans le monde actuel, se montre avec des caractères presque identiques, même spécifiquement, dans un grand nombre de cas, dans les terrains les plus anciens, parmi ceux qui recèlent des restes de Végétaux. C'est même dans ces couches anciennes, composant la formation houillère, que cette Famille est prédominante. On en connaît maintenant plus de 200 Espèces, réparties pour la plupart dans les terrains houillers de l'Europe et de quelques parties de l'Amérique septentrionale. » (Ad. Brongniart, *Dictionnaire universel d'Histoire naturelle.*)

Les nombreuses Espèces de la Tribu des *Polypodiacées* possèdent des propriétés analogues; leur fronde est mucilagineuse, légèrement astringente, et quelquefois sub-aromatique; le rhizôme est généralement amer, astringent et un peu âcre. Quelques Espèces contiennent une matière adipo-cireuse, des huiles fixes et volatiles; quelques autres ont fourni à l'analyse un principe analogue à la manne. Le rhizôme et la tige d'un grand nombre de Fougères sont pourvus d'une fécule abondante.

Le rhizôme de la *Fougère-mâle* (*Nephrodium Filix-mas*), qui croît dans les forêts de l'Europe centrale et méridionale, est un anthelminthique très-usité. Les diverses Espèces européennes d'*Aspidium* ont la même propriété, mais à un degré beaucoup moindre. — Plusieurs Fougères indigènes de l'Amérique et de l'Asie tropicale, appartenant aux Genres *Asplenium, Polypodium, Diplazium*, etc., y sont employées aux mêmes usages que notre Fougère-mâle. — Le rhizôme du *Polypodium Calaguala* est très-estimé au Pérou comme astringent et diaphorétique. — Le *Capillaire* (*Adiantum Capillus-Veneris*), qui croît dans le midi de l'Europe, sert à préparer un sirop béchique; les *Asplenium trichomanes, Adiantum-nigrum, Ruta-muraria*, des coutrées septentrionales de l'Europe, possèdent des propriétés analogues. Le *Capillaire du Canada* (*Adiantum pedatum*) est usité au même titre, ainsi que d'autres Espèces exotiques du même Genre. — Les *Scolopendres* (*Scolopendrium officinale* et *Hemionitis*), Plantes indigènes, sont employées comme astringentes et mucilagineuses, ainsi que le *Ceterach officinarum.*

L'herbe de l'*Aspidium fragrans*, qui a le parfum de la framboise, est très-recherchée dans le nord de l'Asie pour ses qualités antiscorbutiques, et les Mongols l'emploient en guise de thé. — Le rhizôme de l'*Aspidium Baromez*, vulgairement nommé *Agneau de Scythie*, est couvert de poils jaunes dorés, d'où provenait peut-être le fameux *byssus* des Anciens, avec lequel ils fabriquaient des étoffes d'un prix excessif; son suc rouge et visqueux est vanté en Chine comme astringent. — Les poils qui garnissent la tige de quelques *Polypodes* sont renommés aux Antilles pour leur vertu styptique, et les médecins de l'Angleterre en font usage, comme hémostatiques, ainsi que des poils de plusieurs *Cyathea* des Moluques, qui ont été préconisés dans ces derniers temps sous le nom de *Penjavar Yambi.*

Les jeunes pousses, encore remplies de mucilage, de plusieurs Fougères sont mangées en salade, surtout dans le nord de l'Europe. Le *Ceratopteris thalictroides* est compté, dans l'Asie tropicale, parmi les Plantes potagères. Le rhizôme du *Pteris esculenta*, Espèce très-voisine de notre Fougère commune, sert d'aliment aux autochthones de la Nouvelle-Zélande; il en est de même du *Nephrodium esculentum*, au Népaul. — Le *Cyathea medullaris* de la Nouvelle-Zélande contient dans la partie inférieure de sa tige une moelle rougeâtre et glutineuse, qui par la torréfaction acquiert le goût de la rave, et dont les insulaires sont friands. La tige du *Gleichenia Hermanni* est féculente, un peu amère, sub-aromatique et alibile.

L'*Aneimia tomentosa* à odeur de myrrhe, le *Mohria thurifraga* du Cap, qui sent le benjoin, ainsi que les *Lygodium microphyllum* et *circinatum*, jouissent de propriétés incisives et béchiques.

## OPHIOGLOSSÉES, *OPHIOGLOSSEÆ*, *R. Brown.*

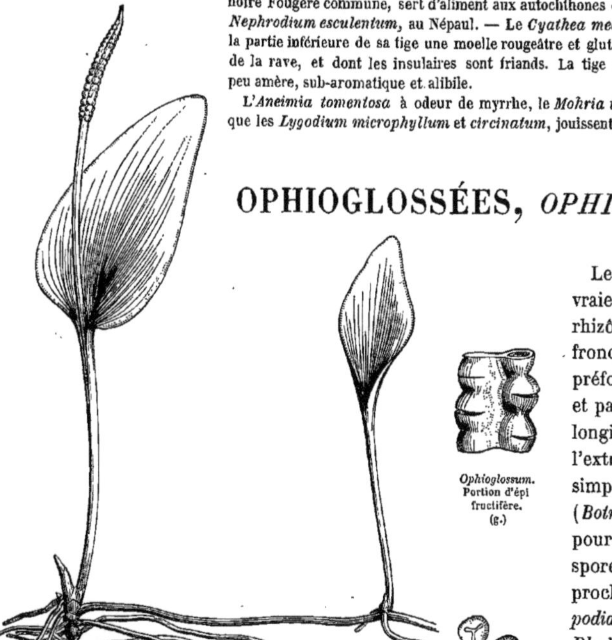

*Ophioglossum vulgatum.* Ophioglosse vulgaire.

*Ophioglossum.* Portion d'épi fructifère. (g.)

*Ophioglossum.* Spores (g.).

Les Ophioglossées se séparent des vraies *Fougères* par la nature de leur rhizôme, et le développement de leurs frondes non enroulées en crosse dans la préfoliation, par la texture de ces frondes et par leurs sporanges disposés en série longitudinale sur une sorte de hampe, à l'extrémité de laquelle ils forment un épi simple (*Ophioglossum*), ou une grappe (*Botrychium*). Ces sporanges sont dépourvus d'anneau et renferment des spores lisses, triangulaires, qui rapprochent les Ophioglossées des *Lycopodiacées* par l'intermédiaire du genre *Phylloglossum.*

GENRES.

Botryquie, *Botrychium*. | Ophioglosse, *Ophioglossum*. | Helminthostachys, *Helminthostachys*.

La plupart des *Ophioglossées* sont exotiques; presque toutes sont terrestres, mais l'*Ophioglossum* (Ophioderma) *pendulum* vit sur les arbres à la manière de quelques *Lycopodes* à rameaux pendants; quelques-unes se rencontrent dans les îles Mascareignes et l'Australie extratropicale; elles sont plus rares dans l'Archipel des Antilles et les parties du continent américain situées entre le Cancer et l'Équateur; le nombre des Espèces européennes est encore moins considérable; l'une d'elles habite également l'Amérique septentrionale, une autre le nord de l'Asie. Une ou deux Espèces se rencontrent plus fréquemment au Cap. On n'en a observé aucune dans le nord de l'Afrique et dans l'Amérique australe.

Toutes les Ophioglossées sont mucilagineuses, et leur décoction est alimentaire. L'*Ophioglosse commune* (*Ophioglossum vulgatum*) était jadis estimée comme vulneraire; on l'emploie encore aujourd'hui comme astringent dans les angines. — L'*Helminthostachys dulcis*, des Moluques, est une Plante succulente et laxative; ses jeunes pousses sont comestibles. — L'herbe du *Botrychium cicutarium* est réputée alexipharmaque à Saint-Domingue.

# EQUISÉTACÉES, *EQUISETACEÆ*, *De Candolle*.

(FILICUM *Genus, Linné*. — GONOPTERIDES, *Willdenow*. — PELTATA, *Hoffmann*.)

PLANTES *acotylédones, vivaces, habitant les lieux humides, à rhizôme souterrain.* TIGES *droites, cylindriques, cannelées, roides, simples, ou rameuses, articulées, fistuleuses; articulations accompagnées de gaines denticulées au sommet, de la base desquelles sortent les rameaux, verticillés et semblables aux tiges.* — APPAREIL REPRODUCTEUR *sous forme de chatons composés d'écailles nombreuses, verticillées, peltées, polygonales, perpendiculaires à l'axe, portant à leur face inférieure* 5-6-9 *sacs* (sporanges) *qui s'ouvrent longitudinalement pour émettre sous forme pulvérulente des* SPORES *libres, globuleuses, lisses, accompagnées de* 2 *filaments spatulés* (élatères), *et germant, comme les spores des Fougères, pour former un* PROTHALLE, *sur lequel se développent des* ANTHÉRIDIES *renfermant des anthérozoïdes, ou des* ARCHÉGONES, *dans lesquels pénètrent les anthérozoïdes qui doivent opérer la fécondation.*

PLANTES vivaces, terrestres, ou aquatiques, à rhizôme souterrain, traçant, souvent rameux, couvert de poils bruns, à articles quelquefois bulbiformes — TIGES droites dans leur évolution, articulées et constituées par des entre-nœuds cylindriques, régulièrement sillonnés, et terminés à leur partie supérieure par un anneau dont le bord libre s'est allongé et divisé en gaîne dentée. Une gaîne semblable termine aussi les articles du rhizôme. Ces entre-nœuds de la tige présentent dans leur longueur une cavité centrale fermée supérieurement par un diaphragme celluleux correspondant au point d'origine de la gaîne.

La partie solide de chaque entre-nœud se décompose en deux cylindres emboîtés l'un dans l'autre : l'externe ou *cortical* est entièrement fibro-cellulaire et présente généralement de grandes lacunes longitudinales répondant exactement aux sillons extérieurs; l'interne est constitué par des faisceaux de vaisseaux annulaires, ou spiraux, et présente de petites lacunes longitudinales qui correspondent aux côtes ou carènes de l'extérieur, et alternent par conséquent avec celles du cylindre cortical. — Le nombre et la disposition des cavités que présente la coupe transversale des tiges peut servir d'une manière certaine à la détermination des Espèces, que l'on a divisées en *vernales* et *estivales,* suivant l'époque de l'apparition des fructifications.

Les tiges sont simples, ou munies de rameaux régulièrement verticillés, et rigoureusement placés au-dessous des nœuds et de la naissance des gaînes; ces rameaux, et les ramuscules verticillés qu'ils supportent quelquefois, reproduisent l'organisation de la tige; ils manquent, dans quelques Espèces, de cavité centrale et de lacunes corticales, mais ils offrent toujours les lacunes et les faisceaux fibro-vasculaires du cylindre intérieur : il en est de même des rhizômes. L'épiderme de la tige, des rameaux et des gaînes est pourvu de stomates dont la position est toujours limitée aux parties qui recouvrent un parenchyme rempli de chromule. La couche siliceuse qui recouvre l'épiderme est regardée par M. Duval-Jouve comme une sécrétion de la partie des cellules qui est en contact avec l'air, et non pas comme entrant dans la constitution même de leurs membranes, ainsi que le pensent plusieurs auteurs.

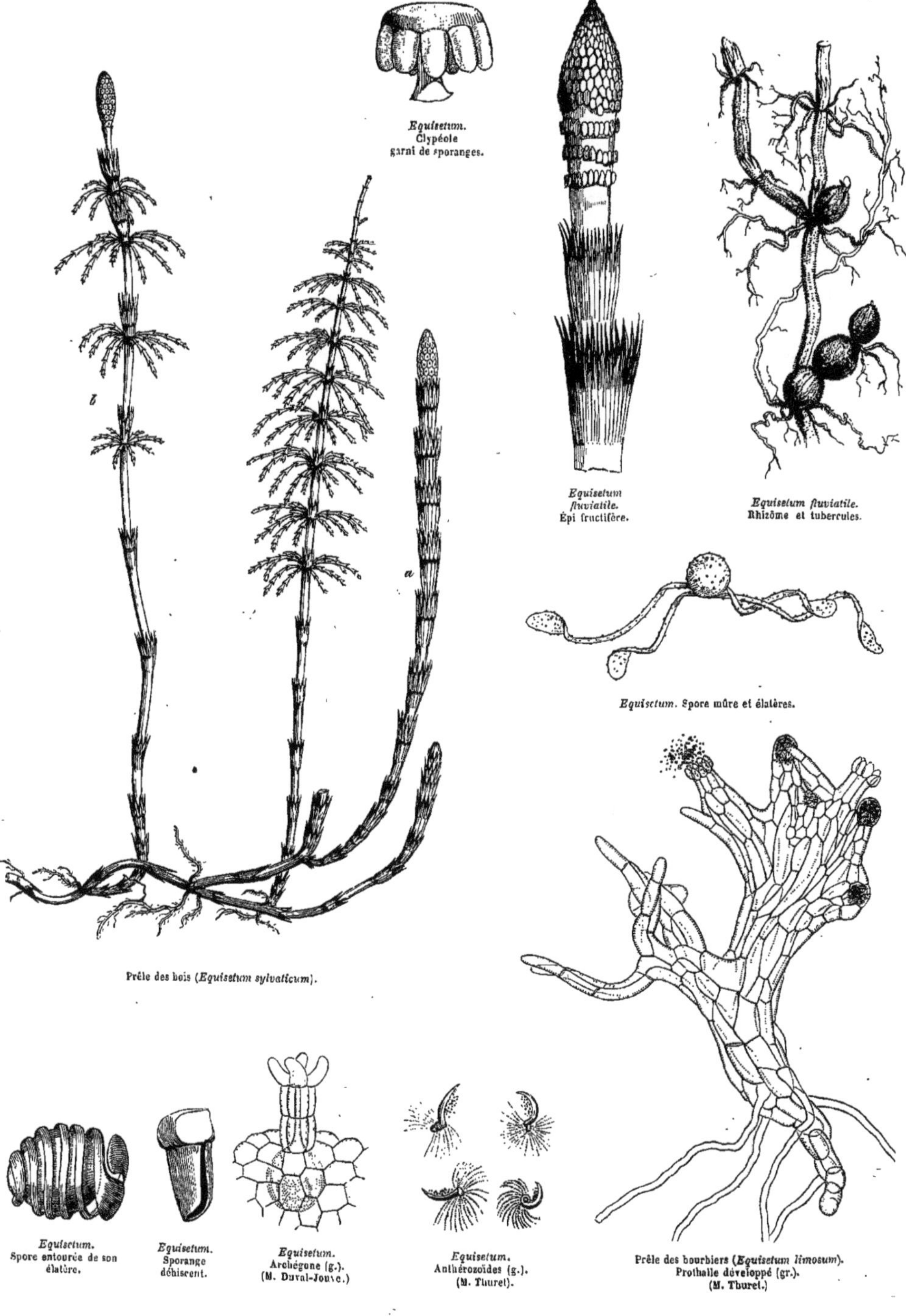


*Equisetum.* Clypéole garni de sporanges.

*Equisetum fluviatile.* Épi fructifère.

*Equisetum fluviatile.* Rhizôme et tubercules.

*Equisetum.* Spore mûre et élatères.

Prêle des bois (*Equisetum sylvaticum*).

*Equisetum.* Spore entourée de son élatère.

*Equisetum.* Sporange déhiscent.

*Equisetum.* Archégone (g.). (M. Duval-Jouve.)

*Equisetum.* Anthérozoïdes (g.). (M. Thuret).

Prêle des bourbiers (*Equisetum limosum*). Prothalle développé (gr.). (M. Thuret.)

FRUCTIFICATIONS, soit estivales et terminant les tiges, soit vernales et naissant directement du rhizôme souterrain; organes reproducteurs offrant l'aspect d'un épi ou chaton conique. Cet épi est formé de plusieurs verticilles de pédicelles horizontaux, dilatés à leur extrémité libre en une expansion verticale, peltiforme (*clypéole*), portant à sa face interne 6-9 *sporanges* conformes, verticillés autour du pédicelle et parallèlement à lui : ces sporanges, à l'époque de l'émission des spores, s'ouvrent par une fente longitudinale sur le côté qui regarde le pédicelle.

Les *spores* sont très-nombreuses, libres entre elles, toutes semblables, sphériques, et portent deux appendices filiformes, dilatés à chacune de leurs extrémités en une spatule aplatie, très-hygroscopiques, et se roulant en spire, ou se déroulant suivant les alternatives de sécheresse ou d'humidité; on les a nommés *élatères*. Avant leur épanouissement, les élatères constituent, d'après M. Duval-Jouve, une sphère autour de la spore, leur point commun d'adhérence étant placé sur l'équateur, et la dilatation spatulée vers les pôles.

Les spores germent comme dans les Fougères, et se développent en *prothalle* irrégulièrement lobulé, dioïque, ou monoïque, portant les *anthéridies* à l'extrémité de ses lobes, et les *archégones* à la surface supérieure du tissu charnu de sa base.

L'anthéridie se présente sous la forme d'un renflement ovoïde composé de cellules larges enveloppant un groupe central de cellules prismatiques, lesquelles se multiplient bientôt en une multitude de petites cellules contenant chacune un globule ellipsoïde aplati. Peu après, les parois de ces cellules disparaissent, et les globules sont isolés en liberté; ces globules deviendront les *anthérozoïdes*. Au bout de quelques jours, on voit se dessiner à l'intérieur des globules un anneau incolore, incomplet, à extrémités inégalement renflées, fixé contre la circonférence du disque, et en occupant les trois quarts; l'espace restant est occupé par une masse mucilagineuse. Bientôt les cellules terminales de l'anthéridie se disjoignent au centre du sommet, s'écartent en figurant une couronne, et livrent passage aux globules ; ils sont à peine sortis qu'on les voit frémir, s'agiter, et osciller à la façon d'un balancier de montre. On a à peine quelques instants pour observer ces oscillations, et l'on voit aussitôt les anthérozoïdes à la place des globules, sans qu'on puisse apercevoir la moindre trace de ces derniers ; M. Duval-Jouve, qui a publié sur cette Famille un Mémoire très-beau et très-complet, pense que le globule est résorbé à mesure que se forme l'anthérozoïde.

Les anthérozoïdes des Équisétacées sont conformés comme ceux des *Fougères*, et doués de la même faculté de translation.

Les *archégones* s'observent vers la base des ramifications lobulées du prothalle; ces ramifications sont presque constamment privées d'anthéridies à leur extrémité ; leur partie inférieure est plus épaisse et composée de cellules plus petites que celles des ramifications anthéridifères : cette région charnue porte plusieurs petits corps celluleux, colorés en roux clair, figurant des matras à ventricule globuleux, et à long col terminé par un évasement quadrilobé; le ventricule est entièrement engagé dans le tissu à petites cellules, et il contient une cellule plus ou moins sphérique qui le remplit presque en entier, et qui, après la fécondation, sera le point de départ de la nouvelle Plante. C'est dans la cavité de ces petits matras que doivent pénétrer, dit-on, les anthérozoïdes pour opérer la fécondation.

Des observations nombreuses ont fait reconnaître que, dans la généralité des cas, les *Equisetum* sont dioïques : les *prothalles* pourvus d'archégones nombreux et bien développés portent très-rarement des anthéridies, et si à la base des prothalles anthéridifères on trouve quelques archégones, ceux-ci sont presque toujours stériles. Cette tendance à la diœcie n'est pas un obstacle à la reproduction de l'Espèce : le voisinage immédiat, ou l'entrelacement des prothalles de sexe différent, conséquence de la réunion des spores par l'enchevêtrement de leurs élatères, favorise la fécondation. Grâce à cette intimité de voisinage, une goutte de pluie ou de rosée permet aux anthérozoïdes d'arriver par leur mouvement de natation jusqu'à l'orifice de l'archégone qu'ils doivent féconder.

GENRE UNIQUE.

Prêle, *Equisetum*.

Les *Équisétacées* se rapprochent des *Fougères* par la structure de leurs anthéridies et de leurs archégones, ainsi que par leur mode de germination; mais elles n'ont d'affinité, pour le port, avec aucune autre Famille, si ce n'est avec les *Casuarinées*, auxquelles nous les avons comparées, ou avec les *Calamites*, qui rappellent extérieurement des Prêles gigantesques.

Les Équisétacées aujourd'hui vivantes sont en général de petite taille et peu nombreuses; certaines Espèces cependant atteignent des dimensions assez considérables : les plus grandes ont été rencontrées aux environs de Caracas par M. Ernst; elles mesurent environ 10 mètres de hauteur. — Les *Prêles* habitent principalement les régions tempérées; elles décroissent vers le pôle, et sont rares dans les régions tropicales; elles manquent dans presque tout l'hémisphère sud. — On trouve en Algérie une Espèce remarquable (*Equisetum ramosissimum*), dont les rameaux s'étendent à d'assez grandes distances sur les haies ou sur les buissons.

Les tiges de plusieurs Espèces, incrustées de silice, sont employées dans les arts pour polir le bois et même les métaux. — Les rhizômes de quelques-unes sont féculents. Les *Equisetum arvense*, *fluviatile*, *limosum*, *hyemale*, étaient jadis employés en médecine comme astringents et diurétiques.

## MARSILÉACÉES, *MARSILEACEÆ*, *R. Brown*, *Brongniart*.

HERBES *acotylédones, palustres, à rhizôme rampant*. FRONDES *roulées en crosse dans la préfoliation*. — FRUCTIFICATIONS *rhizocarpiennes renfermées dans des sporocarpes bi-pluri-loculaires, 2-4-valves*. ANTHÉRIDIES et SPORANGES *renfermés dans un même sporocarpe, mais occupant des loges distinctes, sessiles, ou subsessiles sur une sorte de placentaire presque gélatineux. Sporanges émettant une* SPORE *unique, d'où naît un* PROTHALLE *portant un seul* ARCHÉGONE.

PLANTES vivaces, habitant les marais, ou les lieux exondés. — RHIZÔME filiforme, rampant et radicant, dont l'axe est composé de vaisseaux rayés et annulaires, et de cellules allongées. — FRONDES radicales, à épiderme pourvu de stomates, enroulées en crosse à leur extrémité avant leur épanouissement, à rachis tantôt nu (*Pilularia*); tantôt terminé par deux paires de folioles disposées en croix, cunéiformes, entières, ou lobées, parcourues par des nervures dichotomes en éventail, et présentant, comme celles des *Oxalis*, des phénomènes de sommeil (*Marsilea*).

FRUCTIFICATIONS de deux sortes renfermées dans des conceptacles capsuliformes (*sporocarpes*), solitaires, axillaires, situés près du rhizôme, ou géminés, ou insérés vers la base, ou le long des frondes, globuleux, ou réniformes, glabres, ou velus. — Sporocarpes s'ouvrant en 2 ou en 4 valves et émettant soit une masse mucilagineuse qui renferme des micro- et des macrospores entremêlées (*Pilularia*), soit un cylindre muqueux portant de distance en distance des sporanges oblongs qui renferment chacun, mais sur des faces opposées, des micro- et des macrospores (*Marsileo*). Macro-sporanges (*oophoridies*) et micro-sporanges (*anthéridies*), formés primitivement de cellules, au sein desquelles s'organise une masse celluleuse, qui se partage plus tard en granules agglomérés 4 par 4. Les anthéridies donnent naissance à des *anthérozoïdes* grêles, vermiformes, multiciliés et semblables à ceux des *Fougères*. Dans les oophoridies toutes les cellules sont résorbées, avec les 4 granules qu'elles contiennent, excepté une seule, où l'un des 4 granules se développe et devient la *spore*; cette spore, enveloppée d'une couche muqueuse, émet rapidement un *prothalle*, qui porte à son centre une grande cellule surmontée d'une papille creuse, formée de 4 rangs de cellules superposées : c'est l'*archégone*, sur laquelle agissent les *anthérozoïdes* pour opérer la fécondation.

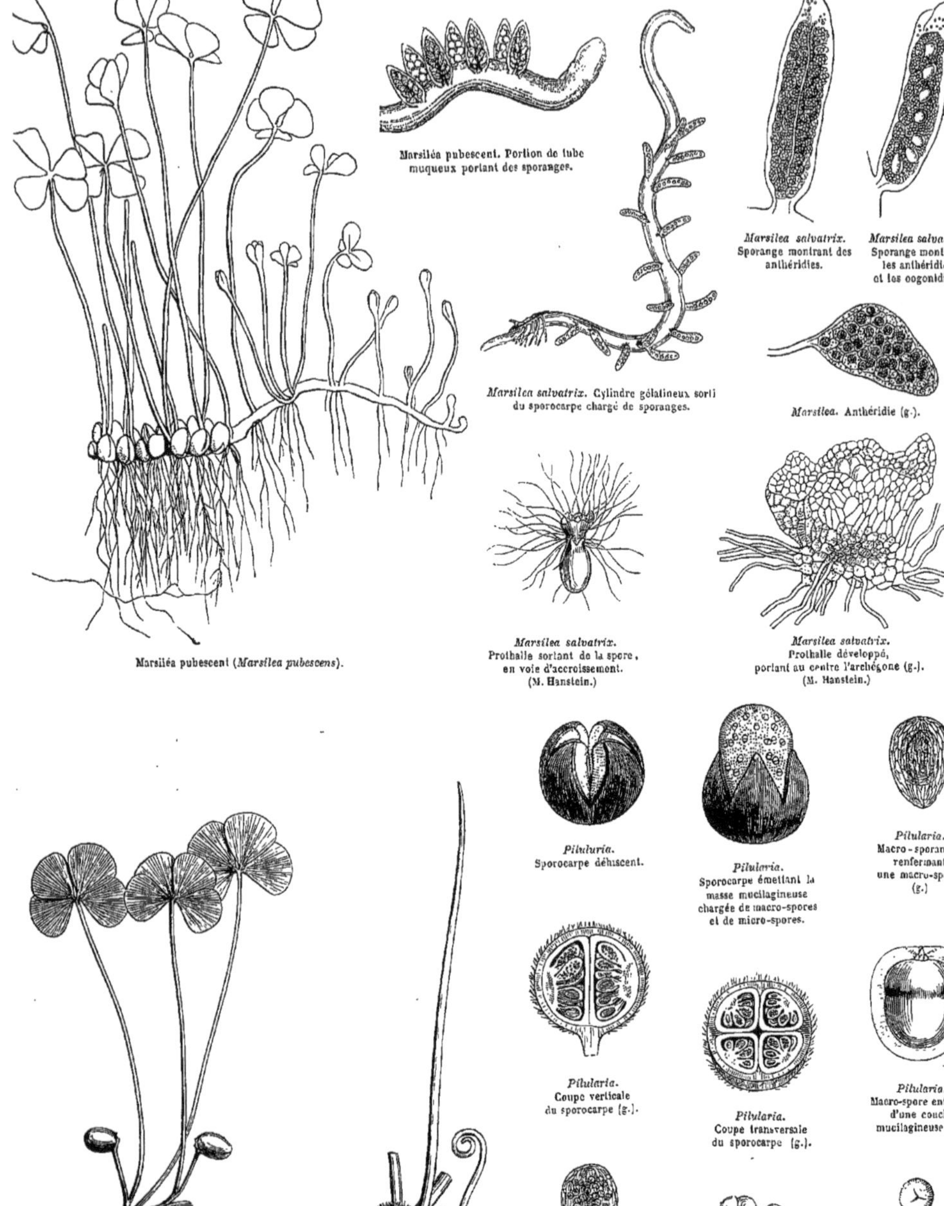

Marsiléa pubescent. Portion de tube muqueux portant des sporanges.

*Marsilea salvatrix.* Cylindre gélatineux sorti du sporocarpe chargé de sporanges.

*Marsilea salvatrix.* Sporange montrant des anthéridies.

*Marsilea salvatrix.* Sporange montrant les anthéridies et les oogonidies.

*Marsilea.* Anthéridie (g.).

Marsiléa pubescent (*Marsilea pubescens*).

*Marsilea salvatrix.* Prothalle sortant de la spore, en voie d'accroissement. (M. Hanstein.)

*Marsilea salvatrix.* Prothalle développé, portant au centre l'archégone (g.). (M. Hanstein.)

*Pilularia.* Sporocarpe déhiscent.

*Pilularia.* Sporocarpe émettant la masse mucilagineuse chargée de macro-spores et de micro-spores.

*Pilularia.* Macro-sporange renfermant une macro-spore. (g.)

*Pilularia.* Coupe verticale du sporocarpe (g.).

*Pilularia.* Coupe transversale du sporocarpe (g.).

*Pilularia.* Macro-spore entourée d'une couche mucilagineuse (g.).

Marsiléa sauveur. *Marsilea salvatrix.*

*Pilularia globulifera.*

*Pilularia.* Micro-sporange.

*Pilularia.* Micro-spores agglomérées (g.).

*Pilularia.* Micro-spore isolée. (g.)

GENRES.

Marsilée, *Marsilea.* | Pilulaire, *Pilularia.*

Les *Marsileacées* rappellent les *Fougères* par l'enroulement de leurs frondes, mais la structure de leurs spores ou corps reproducteurs les rapproche davantage des *Lycopodiacées.*

Cette Famille habite les régions tempérées et chaudes des deux Continents et de la Nouvelle-Hollande. Ses Espèces sont peu nombreuses : l'une d'elles est devenue célèbre dans ces dernières années par des services rendus à d'intrépides naturalistes explorateurs, qui, perdus au milieu des immenses déserts de l'Australie, et dépourvus de vivres, ont trouvé leur salut dans les sporanges du *Marsilea salvatrix.*

# SALVINIÉES, *SALVINIEÆ*, *Bartling.*

PLANTES *acotylédones, aquatiques.* FRONDES *à bords repliés dans la préfoliation.* — FRUCTIFICATIONS *rhizocarpiennes, renfermées dans des sporocarpes distincts, 1-loculaires.* ANTHÉRIDIES et SPORANGES *naissant sur un placentaire rameux, situé au fond du conceptacle.* SPORE *unique.* PROTHALLE *à plusieurs archégones.*

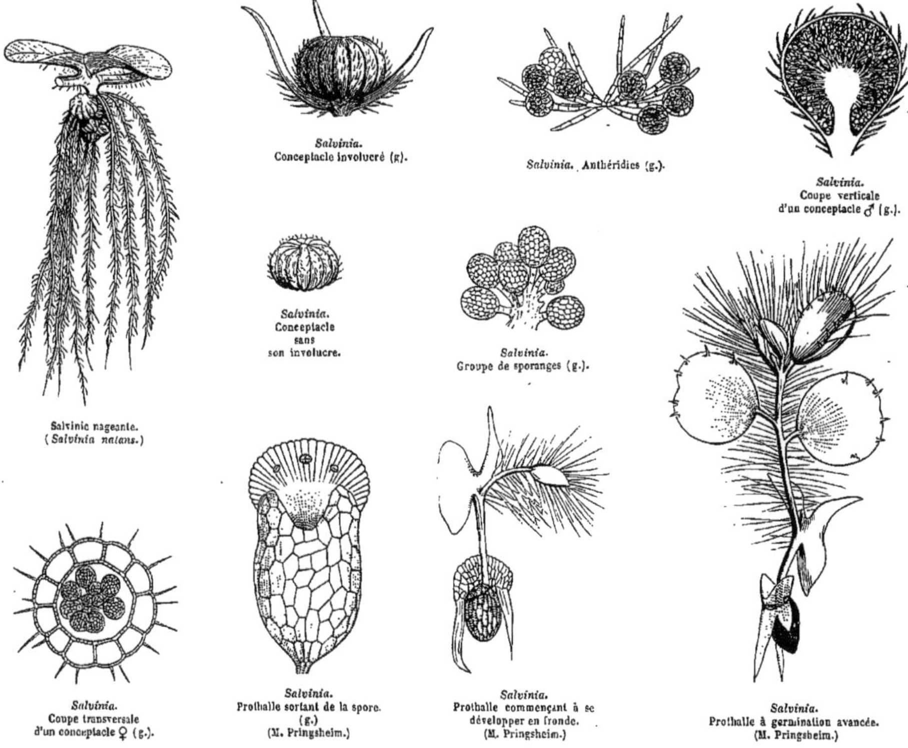

*Salvinia.* Conceptacle involucré (g).

*Salvinia.* Anthéridies (g.).

*Salvinia.* Coupe verticale d'un conceptacle ♂ (g.).

Salvinie nageante. (*Salvinia natans.*)

*Salvinia.* Conceptacle sans son involucre.

*Salvinia.* Groupe de sporanges (g.).

*Salvinia.* Coupe transversale d'un conceptacle ♀ (g.).

*Salvinia.* Prothalle sortant de la spore. (g.) (M. Pringsheim.)

*Salvinia.* Prothalle commençant à se développer en fronde. (M. Pringsheim.)

*Salvinia.* Prothalle à germination avancée. (M. Pringsheim.)

HERBES annuelles, flottantes, ne tenant pas au sol, ressemblant à de grands *Lemna* (*Salvinia*), ou à des *Jungermannia* (*Azolla*), dépourvues de tige proprement dite. — FRONDES à bords repliés avant leur épanouissement, ordinairement colorées en rouge vineux à la face inférieure, tantôt dépourvues de nervures et de stomates, et composées uniquement de tissu cellulaire (*Salvinia*); tantôt à épiderme stomatifère (*Azolla*), arrondies, ou lobées, sessiles, ou sub-sessiles, alternes, ou distiques, imbriquées. — Organes reproducteurs de 2 sortes, semblables à ceux des *Marsiléacées*, insérés à la base des frondes. *Anthéridies* et *sporanges* renfermés dans des *conceptacles* ou *sporocarpes* distincts, globuleux, uni-loculaires, composés de 2 feuillets séparés par des lacunes aériennes. — Anthéridies sphériques, naissant sur une columelle basilaire très-ramifiée. — Sporanges ovoïdes, pédicellés, au sommet d'une columelle centrale claviforme. La spore unique développée dans le sporange émet un *prothalle*, sur lequel se développent ordinairement plusieurs *archégones*.

GENRES.

| | | | |
|---|---|---|---|
| Azolla, | *Azolla.* | Salvinie, | *Salvinia.* |

Les *Salviniées*, qui composaient autrefois avec les *Marsiléacées* la Famille des *Rhizocarpées*, diffèrent des *Marsiléacées* et des *Pilulaires* par leur port, leurs organes reproducteurs, occupant des conceptacles distincts, 1-loculaires, à placentation centrale; elles en diffèrent en outre en ce que le conceptacle ou sporocarpe ne produit pas de corps muqueux et qu'il se décompose à la maturité.

Ces Plantes flottent sur les eaux tranquilles à la manière des *Lemna*. Les *Salvinia* se rencontrent dans tout l'hémisphère Nord, ainsi que dans l'Amérique tropicale et australe. Les *Azolla* habitent l'Asie, l'Afrique, la Nouvelle-Hollande et l'Amérique, depuis le Canada jusqu'au détroit de Magellan.

# LYCOPODIACÉES, *LYCOPODIACEÆ.*

(LYCOPODINEÆ, *Swartz, R. Brown.* — LYCOPODIACEÆ, *L. C. Richard, Brongniart, Spring.*)

Plantes *acotylédones, terrestres, muscoïdes.* Tige *herbacée, radicante, ou rampante, ou simple, ou rameuse.* Feuilles *opposées, ou verticillées, persistantes, petites, uni-nerviées.* Fructifications *épiphylles à la base des feuilles et dispersées sur toute l'étendue de la tige, ou disposées en chatons à l'extrémité des rameaux.* Sporanges *sessiles, ou courtement stipités, réniformes, ou cordiformes, coriaces, 2-3-valves, renfermant, soit des granules pulvérulents quaternés, lisses, ou papilleux, soit des granules plus gros, marqués sur l'une de leurs faces de 3 lignes proéminentes.*

Plantes terrestres, vivaces, ou très-rarement annuelles, offrant l'aspect de *Mousses* ou de *Jongermannes*. Racines filiformes, d'abord simples, puis dichotomes, exceptionnellement fusiformes (*Phylloglossum*). — Tige herbacée, feuillue, radicante, rampante, ou dressée; ou quelquefois sarmenteuse (*Selaginella scandens, Lycopodium volubile*); simple, ou rameuse-dichotome. Axe constitué par des vaisseaux scalariformes, disposés en faisceaux, dont le nombre est un multiple de 2 (4, 8, 16, 32, 64), et dont la division produit une ramification dichotomique de la tige, comme dans les *Fougères*.

Par leur port, les Lycopodiacées se partagent en deux groupes naturels : les unes ont les rameaux développés dans toutes les directions, ou du moins dans des directions indéterminées : tels sont les vrais *Lycopodes*, les *Psilotum*, les *Tmesipteris;* les autres ont les rameaux étalés sur un plan, et constituant une sorte de fronde analogue à celle de quelques *Fougères :* tels sont les *Selaginella.* Quelques Espèces ont la tige comprimée (*Lycopodium complanatum*), ou carrée (*L. tetragonum*). Plusieurs ressemblent à de grandes *Mousses* (*L. fontinaloides*), ou à de longues cordes (*L. funiforme*). Notre *Lycopodium clavatum* présente souvent des tiges rampantes qui atteignent plus de 4 mètres de longueur; et Pœppig a observé des tiges de *Selaginella exaltata*, qui mesuraient plus de 20 mètres.

Feuilles simples, sessiles, plus ou moins décurrentes, jamais articulées, régulières, ou falciformes, à nervure unique stomatifère, tantôt verticillées autour de l'axe, et offrant toutes, à une hauteur donnée, la même forme et la même grandeur (*Lycopodium*, etc.); tantôt disposées en 4 séries régulières, placées dans le plan des rameaux, et divisées en deux catégories différentes : les unes plus grandes, occupant le côté de l'axe, et dites *latérales*, les autres, plus petites, dites *intermédiaires* ou *stipuliformes* (*Selaginella*); quelquefois accompagnées d'oreillettes; glabres ou très-rarement sub-pubescentes; vertes, ou d'un rouge plus ou moins foncé (*Lycopodium rubrum, rubescens*, etc.); quelquefois chatoyantes (*Selaginella cæsia, atro-viridis*), terminées en pointe aiguë, ou en languette scarieuse blanche (*L. vestitum*); toujours privées de bourgeons axillaires.

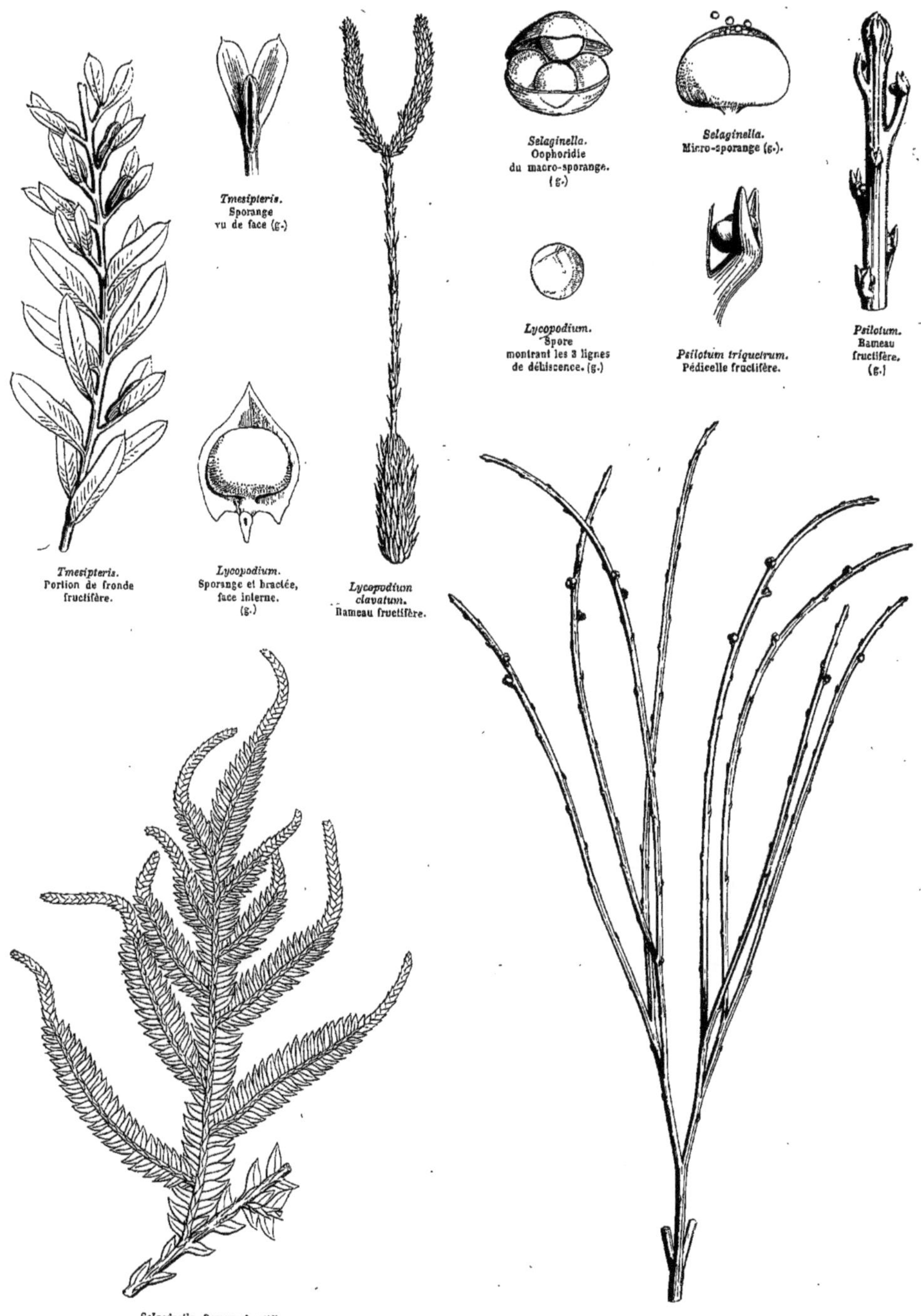

*Tmesipteris.* Sporange vu de face (g.)

*Selaginella.* Oophoridie du macro-sporange. (g.)

*Selaginella.* Micro-sporange (g.).

*Lycopodium.* Spore montrant les 3 lignes de déhiscence. (g.)

*Psilotum triquetrum.* Pédicelle fructifère.

*Psilotum.* Rameau fructifère. (g.)

*Tmesipteris.* Portion de fronde fructifère.

*Lycopodium.* Sporange et bractée, face interne. (g.)

*Lycopodium clavatum.* Rameau fructifère.

*Selaginella.* Rameau fructifère.

*Psilotum triquetrum.* Rameau fructifère.

**Organes reproducteurs** naissant tantôt vers la base des feuilles, dans toute la longueur des rameaux, ou seulement dans leur partie supérieure; tantôt vers la base de feuilles bractéales, et formant des épis ou chatons ou cônes terminaux; rarement portés à l'extrémité d'une sorte de hampe nue, qui naît du milieu d'une rosette de petites feuilles subulées (*Phylloglossum*). — **Sporanges** tantôt tous semblables, 1-loculaires (*Lycopodium*, *Phylloglossum*), ou 2-loculaires (*Tmesipteris*), ou 3-loculaires (*Psilotum*), ne renfermant que de très-petits granules homogènes; tantôt dimorphes (*Selaginella*).

**Sporanges** *dimorphes :* les uns (*micro-sporanges, goniothèques*) 2-3-valves, contiennent de nombreux granules (*micro-spores, anthéridies*) lisses, ou papilleux, qui se sont organisés par groupes de 4 dans des cellules bientôt résorbées; ces anthéridies, placées dans des conditions d'humidité convenable, se rompent, et projettent au dehors des cellules, d'où sortent des *anthérozoïdes* semblables à ceux des *Fougères* et des *Prêles*; 2° les autres (*macro-sporanges, oophoridies, sphérothèques*), moins nombreux, tantôt solitaires et très-grands, tantôt 4-5-6 à la base de l'épi, tantôt en nombre indéterminé, et entremêlés avec les micro-sporanges; tantôt placés sur des épis distincts et formant une sorte de monœcie, s'ouvrent en 2 valves tri-lobées, et contiennent 3-4-8 corps sub-globuleux (*macro-spores*), beaucoup plus gros que les micro-spores : ce sont les *spores* véritables, ayant seules la faculté de germer. Elles sont arrondies sur le côté externe, et présentent sur la face par laquelle elles se touchaient dans le sporange 3 ou 4 surfaces triangulaires, un peu aplaties et séparées par des lignes plus ou moins saillantes : c'est au point de réunion de ces lignes que naît le *prothalle*. Sa forme est orbiculaire; trois ou quatre couches de cellules le composent; les *archégones* se développent à sa surface, ils sont à peu près semblables à ceux des *Fougères*. — On n'a pas encore vu germer les micro-spores qui constituent seules les organes sexuels des vraies Lycopodes.

Il règne encore une grande obscurité au sujet de la fécondation des Lycopodes. Dans les vrais Lycopodes où les conceptacles sont tous semblables (*Lycopodium, Psilotum*, etc.), on ne trouve que des micro-spores en apparence homogènes, mais peut-être de deux natures différentes, et mélangées dans un même sporange. Il n'en est pas de même au sujet des *Selaginella* sur lesquelles on a pu suivre le développement de la vésicule embryonnaire et de l'embryon, identique à celui qui s'observe dans les *Fougères*. Un seul archégone est fertile, et il n'est pas rare de trouver à la base de la jeune Plante les débris du *prothalle* chargés d'archégones inféconds.

Une particularité de la formation de l'embryon dans les Sélaginellées : c'est qu'au moment de la fécondation opérée, la cavité de la spore se remplit en partie d'un tissu cellulaire très-délicat. La vésicule embryonnaire grandit, se cloisonne, et s'allonge en un filament qui s'enfonce au milieu de ce nouveau tissu. Alors les cellules inférieures du filament se multiplient, et forment une petite masse celluleuse, de laquelle naissent le premier bourgeon et la première radicule. Ainsi constitué, l'embryon ne tarde pas à rompre le prothallium, et à donner naissance à une jeune Plante.

GENRES.

| | | | | | |
|---|---|---|---|---|---|
| Psilotum, | *Psilotum.* | Lycopode, | *Lycopodium.* | *Sélaginelle, | *Selaginella.* |
| Tmésiptéris, | *Tmesipteris.* | | | Phylloglossum, | *Phylloglossum.* |

Les *Lycopodiacées*, telles qu'on les comprend aujourd'hui, n'ont d'étroite affinité qu'avec les *Isoëtées;* elles en diffèrent par la déhiscence régulière et valvaire des sporanges et par le nombre des macro-spores, qui est de 4 et rarement de 8, tandis qu'il est considérable dans les Isoëtées.

Les Espèces rampantes, en s'accroissant par l'une de leurs extrémités, se détruisent par l'extrémité opposée, de sorte qu'elles voyagent, comme les rhizômes de beaucoup de Phanérogames (*Carex, Iris, Polygonatum*, etc.).

Quelques *Lycopodes* (*L. venustulum, curvatum*, etc.) rappellent par leurs tiges dichotomes et feuillues certains Végétaux fossiles du terrain houiller (*Calamites*); leur fructification en cône rappelle la structure d'un autre Végétal fossile, le *Triplosporites*, décrit par R. Brown, et placé par cet illustre Botaniste entre les *Lycopodiacées* et les *Ophioglosses*. — Peut-être enfin est-il permis de signaler quelque ressemblance d'aspect entre les Lycopodiées et le groupe des *Gymnospermes*.

On connaît aujourd'hui environ 350 Lycopodiacées, dont 100 *Lycopodes* et 200 *Sélaginelles*. Ce Groupe a des représentants jusque vers les régions polaires : tels sont les *Lycopodium Selago, alpinum, complanatum, magellanicum*, etc., ainsi que les *Selaginella spinulosa, helvetica, denticulata*, qui s'avancent jusqu'à la limite des neiges éternelles; ainsi le *S. sanguinolenta* se rencontre sur l'Altaï et vers l'embouchure du fleuve Amour. — Le *Phylloglossum* (*L. Sanguisorba*, Spg.), la plus petite des Espèces connues, comparable par son port à un très-petit *Plantago pusilla* (0m,03 de hauteur) a été observé sur la côte occidentale de l'Australie, à la rivière des Cygnes, ainsi que dans la Nouvelle-Zélande. — Les *Tmesipteris* appartiennent à l'Australie, les *Psilotum* à Madagascar, aux îles Mascareignes, Moluques et Sandwich.

On ne possède pas de notions bien précises sur les propriétés des Lycopodiacées. Le *Lycopode à massue* (*Lycopodium clavatum*), qui croît dans les bois montagneux de l'Europe, est une herbe insipide, qu'on administre encore aujourd'hui en Russie contre la rage. Les granules qui remplissent les sporanges de ses épis sont éminemment inflammables, ce qui leur a fait donner le nom de *soufre végétal*, et les rend précieux pour les feux de théâtre. On se sert aussi de cette poussière pour rouler les bols dans les pharmacies; en médecine, elle est usitée comme dessiccative, pour remédier aux excoriations de la peau des enfants nouveau-nés. — La décoction du *Lycopodium Selago* est émétique, drastique, vermifuge, emménagogue; les *L. myrsinites* et *catharticum* passent aussi pour purgatifs. — La racine du *L. phlegmaria* est légèrement salée; les Indiens lui attribuent de merveilleuses propriétés pour arrêter les vomissements, solliciter les menstrues, guérir les affections pulmonaires et l'hydropisie : ils s'en servent aussi pour composer des philtres.

On cultive quelques Espèces de Lycopodiacées; les *Lycopodes* proprement dits sont d'une culture très-difficile; mais il n'en est pas de même des *Selaginella*, dont plusieurs remplissent un rôle considérable dans l'ornement des serres, soit pour tapisser des murs humides, soit pour former des bordures ou des gazons : tels sont les *S. apoda, denticulata, Hugelii, cæsia*, et le *cuspidata*, comme Plante sarmenteuse. — Deux ou trois Espèces possèdent la propriété de se dessécher et de revivre lorsqu'on les humecte (*S. convoluta, involvens, etc.*), et rappellent ainsi la *rose de Jéricho*. (Voir page 421.)

## ISOÉTÉES, *ISOETEÆ*, *Bartling*.

Plantes *acotylédones, aquatiques-submergées, ou terrestres.* Rhizôme *très-court, sillonné, émettant des racines dichotomes et des frondes subulées cespiteuses, dressées dans leur évolution, élargies et membraneuses à la base.* — Sporanges *situés à la partie inférieure des frondes, les uns contenant des macro-spores, et fixés aux frondes de la circonférence; les autres renfermant des micro-spores, et fixés aux frondes qui occupent le centre de la rosette; les macro-spores marquées de 3 côtes conniventes, les micro-spores marquées d'un sillon.*

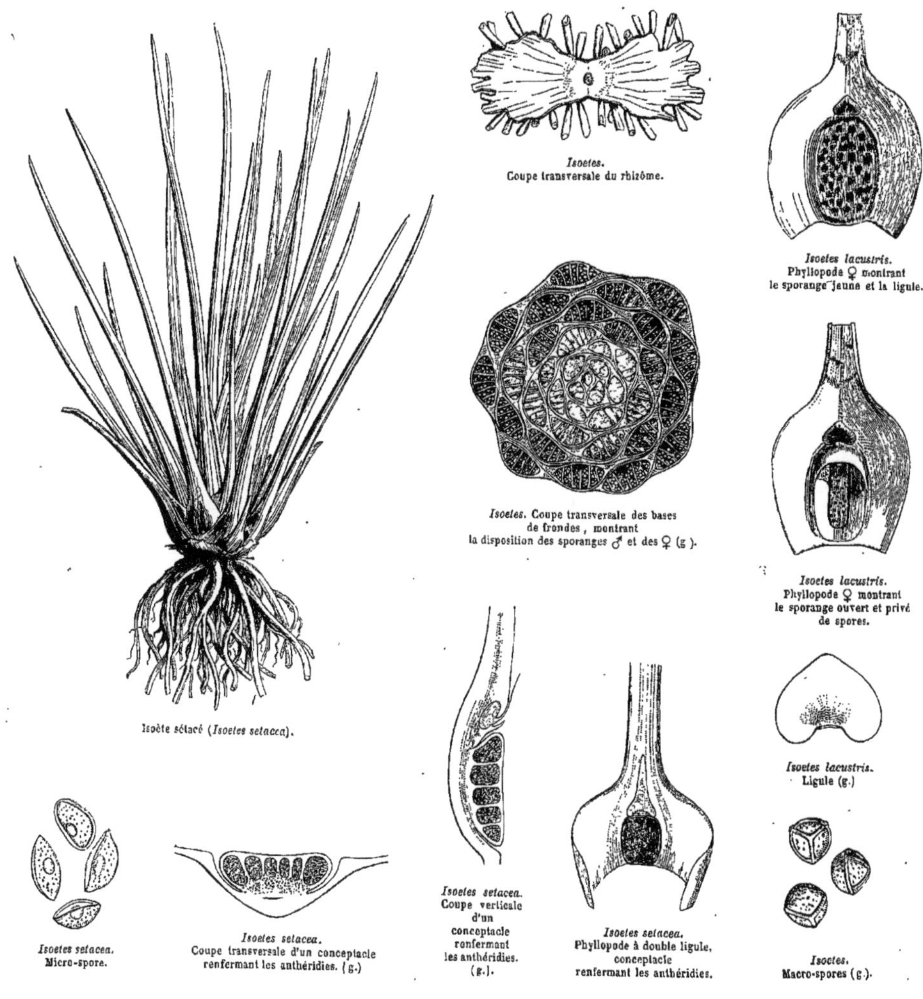

*Isoetes.* Coupe transversale du rhizôme.

*Isoetes lacustris.* Phyllopode ♀ montrant le sporange jaune et la ligule.

*Isoetes.* Coupe transversale des bases de frondes, montrant la disposition des sporanges ♂ et des ♀ (g.).

*Isoetes lacustris.* Phyllopode ♀ montrant le sporange ouvert et privé de spores.

Isoète sétacé (*Isoetes setacea*).

*Isoetes lacustris.* Ligule (g.)

*Isoetes setacea.* Micro-spore.

*Isoetes setacea.* Coupe transversale d'un conceptacle renfermant les anthéridies. (g.)

*Isoetes setacea.* Coupe verticale d'un conceptacle renfermant les anthéridies. (g.).

*Isoetes setacea.* Phyllopode à double ligule, conceptacle renfermant les anthéridies.

*Isoetes.* Macro-spores (g.).

PLANTES vivaces, d'aspect graminiforme, aquatiques, ou amphibies, ou terrestres, dépourvues de tige. — RHIZÔME presque nul, sub-globuleux, ou déprimé, formé d'un tissu utriculaire charnu, souvent huileux, portant inférieurement 2-3-4 sillons ou fissures, dans le sens desquelles il se partage, par une sorte de bourgeonnement, en plusieurs individus distincts, qui finissent par vivre de leur vie propre (*Isoetes setacea*, etc.). — RACINES naissant souvent en séries longitudinales dans chacun des sillons que présente la souche, dichotomes, brunes, presque glabres dans les Espèces lacustres, velues dans les Espèces terrestres. — FRONDES rapprochées en faisceau plus ou moins dense, droites pendant la préfoliation, embrassant plus ou moins complétement l'axe par leur base, et serrées en forme de bulbe, terminées au sommet en un limbe foliaire, linéaire-filiforme ou subulé, ressemblant aux feuilles de quelques Phanérogames (*Littorella, Lobelia Dortmanna*, etc.), avec lesquelles les *Isoetes* vivent souvent en société.

D'après J. Gay, M. Alex. Braun a distingué dans la fronde « le *phyllopode*, le *voile*, l'*aire*, le *sporange*, la *ligule* et le *limbe*. Il nomme *phyllopode* la base dilatée ou semi-embrassante de la fronde : ce serait un organe analogue au pétiole, si l'on pouvait comparer la fronde à une feuille. Dans les Espèces terrstres, ce phyllopode persiste pendant plusieurs années à la circonférence du rhizôme sous forme d'écailles brunes, dures, 2-3-dentées; il est creusé d'une poche (*voile*) qui en occupe presque toute la surface; cette poche est plus ou moins largement ouverte du côté de l'axe, et quelquefois, au contraire, elle est percée d'un petit trou à sa base. Une bande étroite, d'un tissu particulier (*aire*) la circonscrit. Le voile recouvre un sac membraneux (*sporange*), clos de toutes parts, et traversé d'avant en arrière par de petites lamelles, qui le partagent en plusieurs compartiments. Au-dessus du sporange est une petite écaille lisse, d'un tissu mince (*ligule*). Le reste de la fronde, de couleur verte plus ou moins intense, porte le nom de *limbe;* il est en général de forme subulée, plane sur la face interne, convexe sur la face externe; il offre intérieurement dans sa longueur 4 lacunes cloisonnées transversalement et entourant un faisceau central de vaisseaux annulaires et spiraux. L'épiderme des Espèces terrestres porte des stomates, qui manquent dans les Espèces lacustres. »

Les sporanges, quoique tous semblables de forme, de structure, d'insertion, renferment des organes reproducteurs de 2 sortes : les uns (*macro-spores*) contenus dans les sporanges situés à l'aisselle des frondes de la périphérie; les autres (*micro-spores*) contenus dans les sporanges situés à l'aisselle des frondes centrales.

Les macro-spores, au nombre de 40 à 200, dans chaque sporange, d'abord réunies par 4, puis libres, sont divisées par une arête circulaire en 2 hémisphères, dont l'un est régulier, et l'autre, un peu plus allongé, est marqué de 3 côtes partageant sa surface en 3 triangles. La membrane des macro-spores est double, l'interne très-mince et très-lisse, l'externe plus épaisse, crustacée, est granulée, ou fovéolée, ou échinulée; sa couleur est blanche, ou opaline. Les macro-spores s'ouvrent, à la germination, en 3 valves le long des arêtes conniventes.

Les micro-spores ressemblent à une fine farine, blanchâtre à l'état frais, et plus tard brunâtre; leur nombre dépasse 1 000 000 dans chaque sporange. Elles sont d'abord réunies par 4, puis libres, oblongues, convexes sur le dos, creusées d'un sillon, pourvues d'une double membrane comme les macro-spores, souvent granulées ou papilleuses à la surface, et renfermant une gouttelette oléagineuse.

Le développement du prothalle dans les *Isoètes* est absolument le même que dans les *Selaginella;* seulement les macro-spores se développent en plus grand nombre dans les sporanges, et les archégones sont moins abondants sur le prothallium. Les anthérozoïdes sont à peu près semblables à celles des Fougères.

GENRE UNIQUE.

Isoète, *Isoetes.*

Les Isoétées, réunies comme section aux Lycopodiacées par la plupart des Botanistes, et offrant avec ces dernières d'incontestables anitffiés, nous semblent cependant devoir former une petite Famille ou Tribu distincte, soit par la nature des organes de la végétation, soit par la structure des sporanges et des macro-spores.

Les Espèces d'*Isoètes* sont réparties dans le monde entier. Si quelques-unes forment sur terre une sorte de gazon ras et serré, à peine haut de 3 centimètres, il en est qui, vivant dans des eaux profondes, atteignent souvent 50 à 60 centimètres (*I. Malinverniana*).

# CHARACÉES, *CHARACEÆ*, *L.-C. Richard*; *CHAREÆ*, *Kütz.*

PLANTES *acotylédones, cellulaires, aquatiques.* TIGES *tubuleuses articulées, nues ou revêtues de plusieurs cellules allongées parallèles.* RAMEAUX *verticillés au niveau des articulations.* ORGANES REPRODUCTEURS *constitués par des anthéridies et des sporanges, portés sur des rameaux, et souvent accompagnés de ramuscules ou bractéoles.* ANTHÉRIDIES *composées d'une vésicule sphérique, renfermant des vésicules oblongues d'où naissent des tubes nombreux, cloisonnés, contenant des anthérozoïdes.* SPORANGES *oblongs, ou ovoïdes, formés de tubes en spirales et couronnés par* 5 *mamelons* (*coronule*), *et renfermant une spore unique féculente monoembryonnée.*

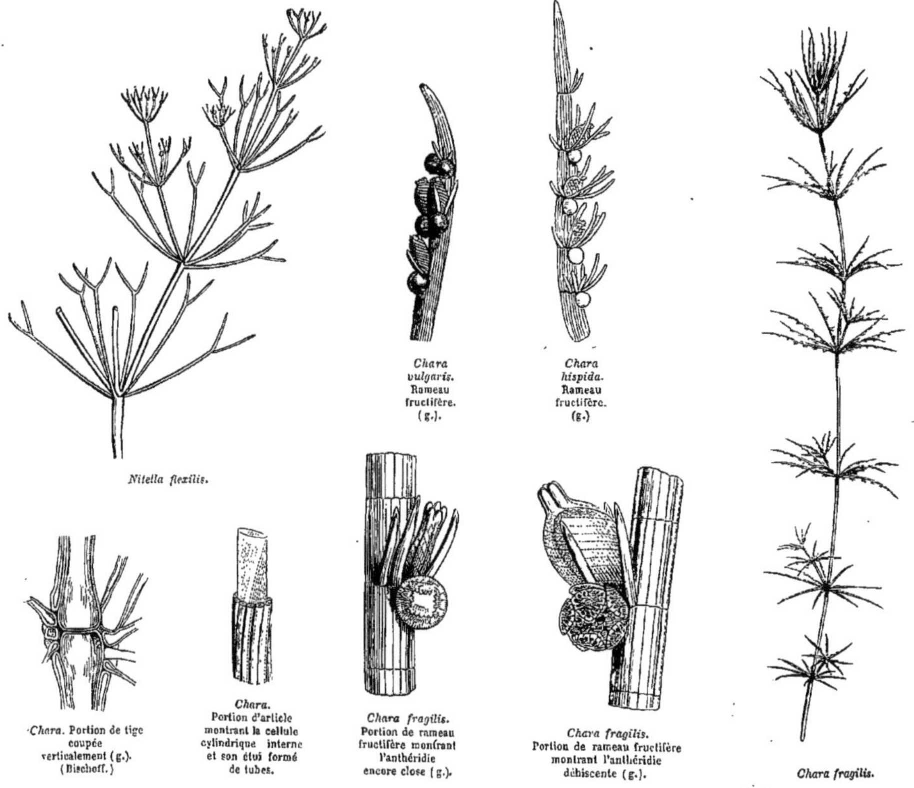

*Nitella flexilis.*

*Chara vulgaris.* Rameau fructifère. (g.).

*Chara hispida.* Rameau fructifère. (g.)

*Chara.* Portion de tige coupée verticalement (g.). (Bischoff.)

*Chara.* Portion d'article montrant la cellule cylindrique interne et son étui formé de tubes.

*Chara fragilis.* Portion de rameau fructifère montrant l'anthéridie encore close (g.).

*Chara fragilis.* Portion de rameau fructifère montrant l'anthéridie déhiscente (g.).

*Chara fragilis.*

Les *Characées* sont des Végétaux aquatiques submergés, exhalant souvent une odeur alliacée fétide, à rhizôme transparent, composé d'articles toujours formés d'un seul tube, et se fixant dans la vase des eaux stagnantes et des ruisseaux par des radicelles tubuleuses, filiformes, très-fines, incolores. La Plante se reproduit quelquefois par les nœuds inférieurs de la tige renflés en forme de tubercule féculent de formes variées, ou par de véritables bulbilles blanchâtres, crustacées, se développant aux articulations des tiges.

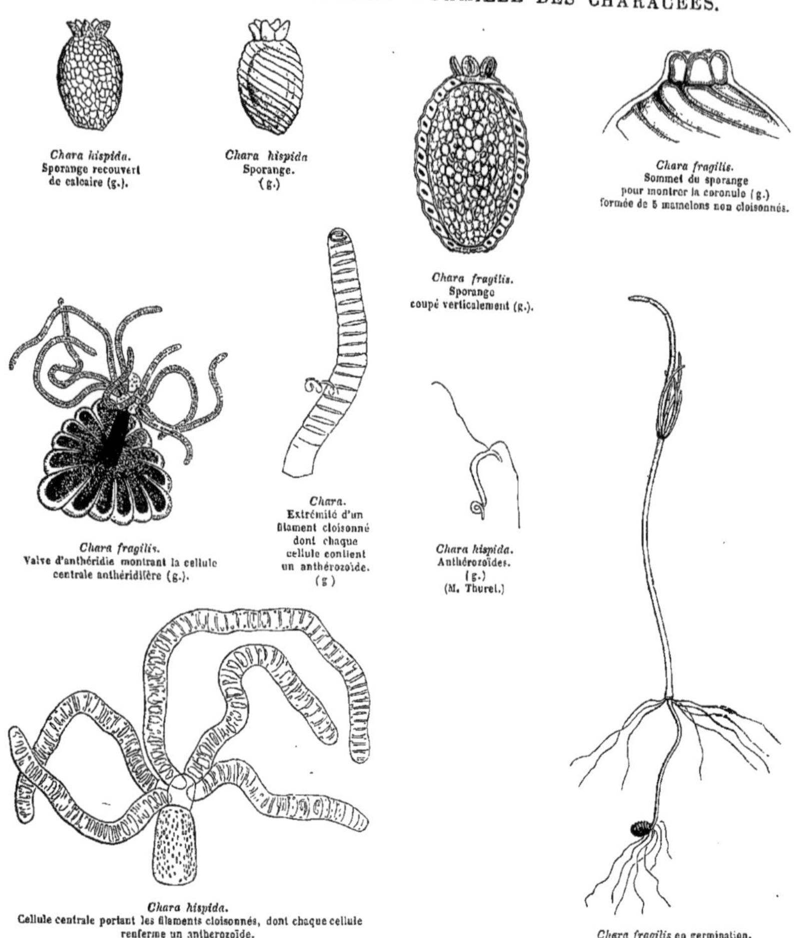

*Chara hispida.* Sporange recouvert de calcaire (g.).

*Chara hispida* Sporange. (g.)

*Chara fragilis.* Sporange coupé verticalement (g.).

*Chara fragilis.* Sommet du sporange pour montrer la coronule (g.) formée de 5 mamelons non cloisonnés.

*Chara fragilis.* Valve d'anthéridie montrant la cellule centrale anthéridifère (g.).

*Chara.* Extrémité d'un filament cloisonné dont chaque cellule contient un anthérozoïde. (g)

*Chara hispida.* Anthérozoïdes. (g.) (M. Thuret.)

*Chara hispida.* Cellule centrale portant les filaments cloisonnés, dont chaque cellule renferme un anthérozoïde.

*Chara fragilis* en germination.

Les tiges sont tubuleuses, cylindriques, aphylles, articulées, tantôt transparentes et flexibles, même après la dessiccation (*Nitella*); tantôt opaques et fragiles, même avant la dessiccation (*Chara*); souvent recouvertes de sels calcaires; ordinairement rameuses. Les articles sont composés chacun d'une cellule cylindrique tubuleuse, tantôt nue (*Nitella*), tantôt revêtue d'une sorte d'étui formé de tubes plus petits réunis entre eux et déterminant sur la face externe des stries ou cannelures longitudinales et obliques (*Chara*). Les articles ou *tubes* sont remplis d'un liquide incolore dans lequel nagent des granules d'un vert pâle; leur paroi interne est tapissée de granules verts, uniformes, disposés en chapelet ou séries longitudinales parallèles très-régulières, et plus ou moins serrées entre elles; ces séries sont obliques par rapport à l'axe du tube, obliquité résultant d'une torsion plus ou moins considérable de ce tube. Les séries de granules verts garnissent toute la surface interne du tube, à l'exception de deux bandes parallèles opposées entre elles, qui en sont totalement dépourvues. Cette disposition des granules s'observe également sur le tube simple des *Nitella*, de même que sur le tube central et les tubes périphériques des *Chara*; mais c'est principalement dans le tube central des *Chara*, dépouillé de son enveloppe de tubes corticaux, que l'on peut observer la circulation intra-cellulaire dont nous avons parlé (voyez page 117), et qui a exercé la sagacité de nombreux physiologistes, Corti, Slack, Sachs, Schumacher, etc. Cette circulation n'existe pas dans la partie qui correspond aux deux bandes dépourvues de granules, ce qui prouve, comme l'avait pensé Amici, et comme l'a établi Dutrochet, que les courants intracellulaires ont lieu sous l'influence de ces séries de globules fixés aux parois du tube, et sont déterminés par une action de ces granules sur ce fluide. Amici les avait attribués à une action électrique; M. Becquerel et Dutrochet ont combattu cette opinion; M. Donné, ayant observé que les granules verts, détachés du tube qu'ils tapissaient, et placés dans l'une des bandes où le courant ne se fait pas sentir, exécutent un mouvement rotatoire très-vif, explique par leur rotation le mouvement imprimé au liquide, et, comme dans ces granules on n'a pu découvrir des traces de cils vibratiles, M. Brongniart est porté à penser que le fluide ambiant est mis en mouvement par une contraction successive des diverses parties de chaque granule, c'est-à-dire par un changement de forme, analogue à une sorte de mouvement péristaltique.

Les rameaux sont verticillés au niveau des articulations, tantôt simples et portant le long de leur face interne les organes reproducteurs munis d'un involucre de *ramuscules* ou bractées, tantôt plus ou moins ramifiés, souvent dichotomes et portant les organes reproducteurs à leur sommet, ou au niveau de l'angle de leurs divisions.

Les organes reproducteurs (*anthéridies* et *sporanges*) sont portés sur le même individu, et alors ordinairement rapprochés (Plante monoïque), ou portés sur deux individus différents (Plante dioïque).

Les ANTHÉRIDIES paraissent avant les sporanges, et sont situées immédiatement au-dessous d'eux (*Chara*), ou au-dessus (*Nitella*); leur paroi est composée de 8 valves aplaties, triangulaires, s'engrenant par des crénelures, et cintrées, de manière à constituer un globule par leur ensemble. Chaque valve se compose de 12-20 cellules rayonnant d'un centre commun; chaque crénelure répond à une cloison incomplète dirigée vers le centre de la valve. La face interne des valves est revêtue d'une couche de granules rouges; le reste de la cavité du globule ne renferme qu'un liquide incolore, dont l'épaisseur produit l'apparence d'un anneau blanchâtre entourant l'anthéridie. Au centre de chaque valve est fixée perpendiculairement une vésicule oblongue qui renferme des granules orangés alignés en série, et présentant une circulation observée par M. Thuret et analogue à celle des tiges. Les 8 vésicules émanant des 8 valves convergent vers le centre de l'anthéridie, où leurs extrémités se réunissent par l'intermédiaire d'une petite masse celluleuse. Une neuvième vésicule, plus grande et lagéniforme, sert à fixer l'anthéridie à la Plante; sa base élargie prend naissance sur le rameau du *Chara*, tandis que son extrémité opposée pénètre, par une échancrure des 4 valves inférieures, jusqu'à la masse celluleuse centrale. De ce point émane un grand nombre de tubes flexueux, hyalins, cloisonnés, dans chaque article desquels naît un anthérozoïde filiforme, enroulé plusieurs fois en spirale sur lui-même, et muni de 2 appendices ou soies très-longues et d'une extrême finesse, qui finit par s'échapper de l'article où il était emprisonné.

Les SPORANGES sont terminés par une *coronule* composée de 5 cellules simples, verticillées et plus ou moins persistantes (*Chara*) ou de 5 cellules cloisonnées simulant une *coronule* de 2 verticilles et très-caduque (*Nitella*), circonscrivant un orifice, qu'on peut regarder comme une sorte de micropyle. Les parois du sporange sont constituées par 2 tuniques; l'externe membraneuse, incolore, transparente; l'interne formée de tubes spiraux, comprimés, épais, renfermant des matières colorantes. La *spore* unique, amylacée, remplissant le sporange, est revêtue d'une tunique membraneuse, fauve, marquée, ainsi que la membrane externe, de stries spiralées dues à l'impression des tubes du sporange; elle germe sans donner naissance à un prothalle.

GENRES.

Charagne, *Chara*. | Nitelle, *Nitella*.

Les affinités des *Characées* sont fort obscures. A.-L. de Jussieu les plaçait parmi les Phanérogames monocotylédones, auprès des *Naïadées;* R. Brown, dans le voisinage des *Hydrocharidées;* quelques Botanistes les ont rapprochées des *Myriophyllum* et des *Ceratophyllum*, dont elles ont l'habitat, et dont elles rappellent le port. Plusieurs auteurs modernes, Wallroth, de Martius, Agardh, Endlicher, les ont classées à la suite des *Algues;* Adr. de Jussieu leur a conservé cette dernière place, tout en observant que, malgré leur structure purement cellulaire, elles se rapprochent des Plantes axifères. M. Brongniart, considérant que, dans les Plantes phanérogames aquatiques submergées, les tiges et les feuilles offrent une organisation souvent très-peu complexe, comparativement aux Plantes des mêmes Familles vivant hors de l'eau, pense que la structure de la tige des Characées ne doit pas déterminer leur classification, et que c'est plutôt d'après la nature de leurs organes reproducteurs qu'il convient de se diriger, d'où il conclut à ranger ces Plantes parmi les cryptogames les plus élevées, c'est-à-dire près des *Fougères* et des *Marsiléacées*, ou tout au moins entre celles-ci et les *Mousses* et les *Hépatiques*.

Les Characées croissent toutes dans les eaux douces, ou quelquefois dans les eaux saumâtres des rivages maritimes, et paraissent répandues sur presque tous les points du globe.

Cette Famille est presque sans utilité pour l'homme : quelques Espèces de *Charagne* sont souvent recouvertes de sels calcaires, ce qui les rend propres à fourbir la vaisselle : de là les noms vulgaires d'*Herbe à écurer*, de *Lustre d'eau*.

# MOUSSES, *MUSCI*, *Dillenius*, *Hedwig*.

PLANTES *acotylédones, cellulaires, terrestres, ou aquatiques, annuelles, ou vivaces.* TIGES *dressées, ou couchées, feuillues.* FEUILLES *alternes, ou rarement distiques, sessiles, simples.* ORGANES REPRODUCTEURS *constitués par des anthéridies et des archégones, et naissant à l'aisselle de bractéoles, ou au centre d'un involucre commun* (perigonium, perigynium). *Inflorescence polygame, ou monoïque, ou dioïque.* ANTHÉRIDIES *constituées par des sacs celluleux plus ou moins brièvement pédicellés, s'ouvrant à leur sommet, et émettant un parenchyme demi-fluide composé de cellules contenant chacune un anthérozoïde.* ARCHÉGONES *lagéniformes contenant en suspension dans un mucus le* nucleus embryonnaire, *et formés d'un sac celluleux, lequel, plus tard, rompu transversalement et soulevé par l'allongement rapide de l'embryon, formera à sa base un bourrelet membraneux* (vaginule) *et surmontera le fruit d'une sorte de coiffe* (calyptra). FRUIT *capsulaire* (urne) *porté sur un pédicelle* (soie). *Soie engaînée à sa base par la vaginule et quelquefois terminée à son sommet par un renflement* (apophyse). URNE *sphérique, ovoïde, cylindrique, ou prismatique, parfois indéhiscente, le plus souvent munie d'un couvercle* (opercule) *qui s'en détache circulairement à la maturité, et dans ce cas offrant un orifice* (péristome), *tantôt nu, tantôt bordé d'un ourlet annulaire* (anneau), *et d'ordinaire couronné par des dents ou cils au nombre de 4, ou des multiples de 4. Axe de l'urne occupé par un faisceau celluleux* (columelle) *s'élevant jusque dans l'opercule.* SPORANGE *renfermé dans l'urne, et formé d'un double sac tapissant les parois de l'urne et la columelle.* SPORES *naissant 4 par 4 dans des cellules-mères contenues entre les deux sacs du sporange.*

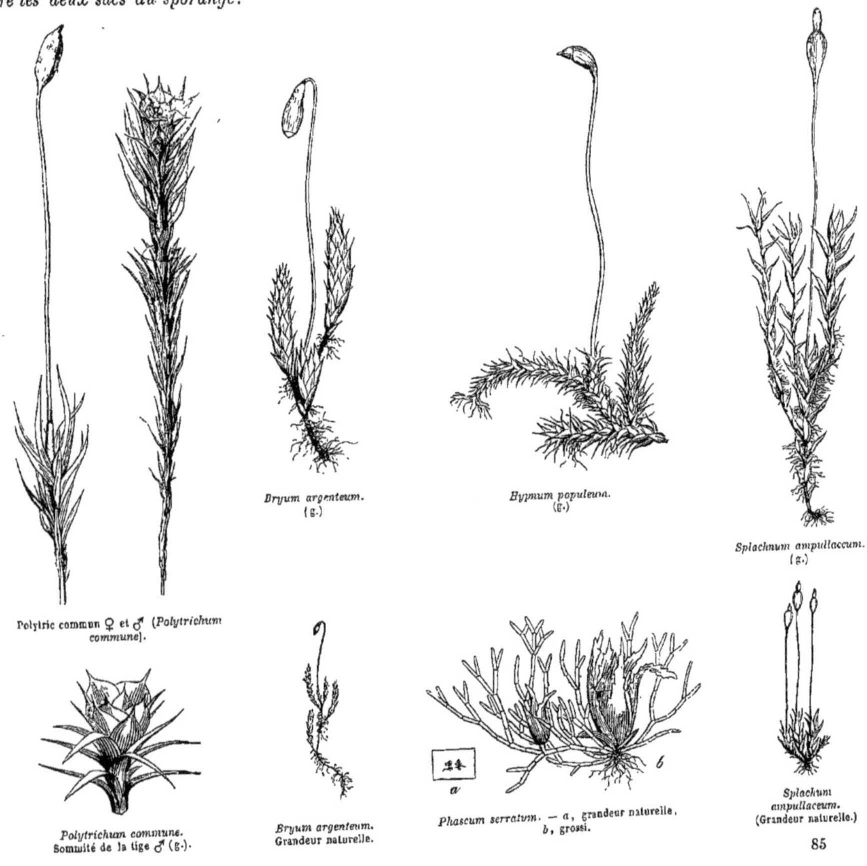


Polytric commun ♀ et ♂ (*Polytrichum commune*).

*Bryum argenteum.* (g.)

*Hypnum populeum.* (g.)

*Splachnum ampullaceum.* (g.)

*Polytrichum commune.* Sommité de la tige ♂ (g.).

*Bryum argenteum.* Grandeur naturelle.

*Phascum serratum.* — *a*, grandeur naturelle, *b*, grossi.

*Splachum ampullaceum.* (Grandeur naturelle.)

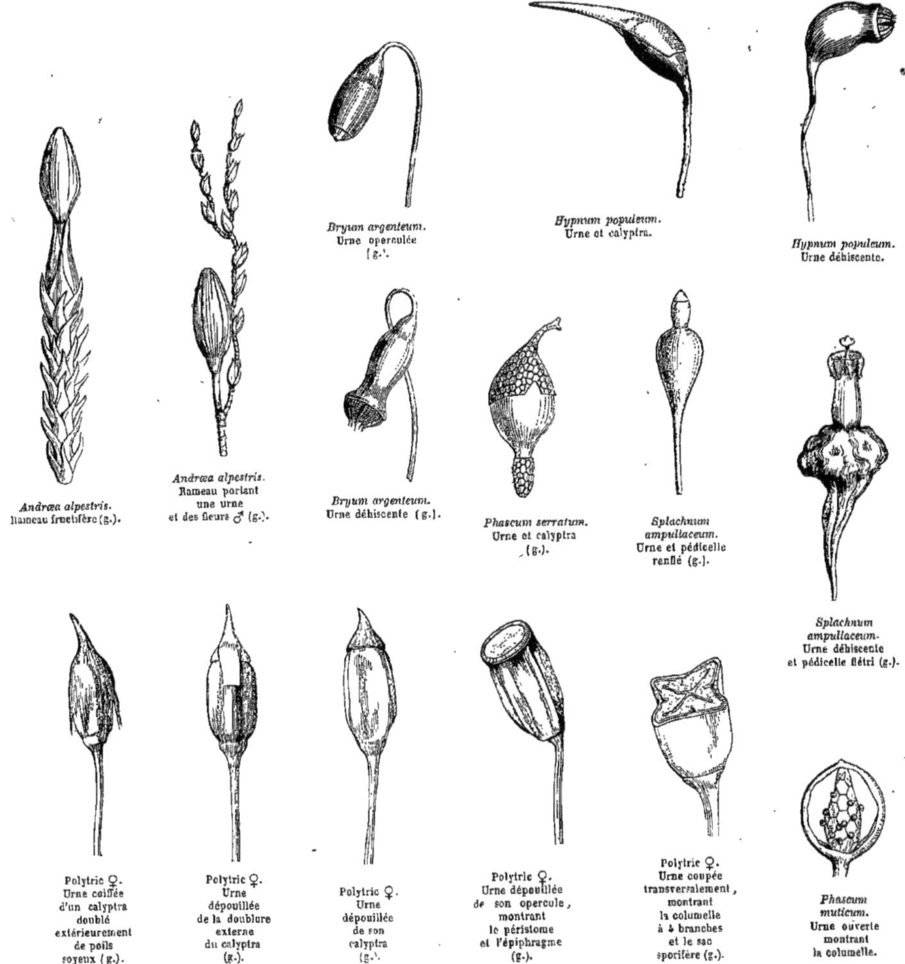

*Andræa alpestris.* Rameau fructifère (g.).

*Andræa alpestris.* Rameau portant une urne et des fleurs ♂ (g.).

*Bryum argenteum.* Urne operculée (g.).

*Bryum argenteum.* Urne déhiscente (g.).

*Hypnum populeum.* Urne et calyptra.

*Hypnum populeum.* Urne déhiscente.

*Phascum serratum.* Urne et calyptra (g.).

*Splachnum ampullaceum.* Urne et pédicelle renflé (g.).

*Splachnum ampullaceum.* Urne déhiscente et pédicelle flétri (g.).

Polytric ♀. Urne coiffée d'un calyptra doublé extérieurement de poils soyeux (g.).

Polytric ♀. Urne dépouillée de la doublure externe du calyptra (g.).

Polytric ♀. Urne dépouillée de son calyptra (g.).

Polytric ♀. Urne dépouillée de son opercule, montrant le péristome et l'épiphragme (g.).

Polytric ♀. Urne coupée transversalement, montrant la columelle à 4 branches et le sac sporifère (g.).

*Phascum muticum.* Urne ouverte montrant la columelle.

Tige. L'accroissement de la tige ne se fait que dans un sens, c'est-à-dire de bas en haut. Sa longueur varie à l'infini; tantôt elle est à peine perceptible (*Buxbaumia*, *Phascum*, *Discelium*, etc.); tantôt elle atteint une dimension de plusieurs pieds (*Neckera*, etc.). Elle est tantôt simple, tantôt rameuse, d'une épaisseur égale depuis la base jusqu'au sommet, cylindrique, ou triangulaire, de consistance et de couleur variées; tantôt molle, aqueuse et presque transparente (*Schistostega*, etc.), ou verte, ou rougeâtre (*Bryum*, *Splachnum*, *Mnium*, etc.); tantôt presque ligneuse et noire (*Polytrichum*, *Hypnum*, *Neckera*, etc.). — Le corps de la tige se compose uniquement de cellules fibreuses, plus ou moins allongées et étroites; les cellules superficielles qui tiennent lieu d'épiderme sont plus épaisses et d'une couleur rouge plus ou moins intense; elles se prolongent souvent en radicelles aériennes, ou en appendices de forme très-variée. Celles qui tiennent lieu de corps ligneux sont plus grandes, très-minces, hyalines, remplies d'un liquide aqueux et de granulations amylacées. Les cellules formant le faisceau médullaire sont plus étroites, plus épaisses, mais molles et brunâtres; elles ne contiennent pas de granulations, mais se colorent par l'iode.

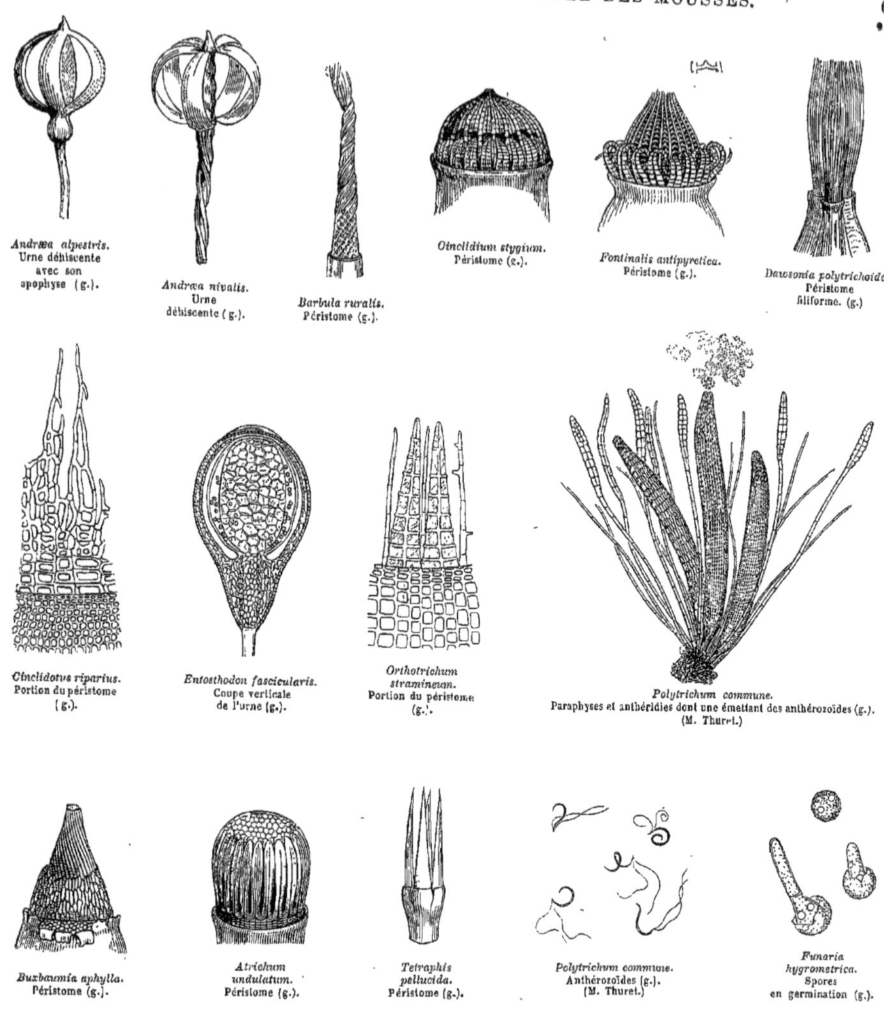

*Andræa alpestris.* Urne déhiscente avec son apophyse (g.).

*Andræa nivalis.* Urne déhiscente (g.).

*Barbula ruralis.* Péristome (g.).

*Oinclidium stygium.* Péristome (g.).

*Fontinalis antipyretica.* Péristome (g.).

*Dawsonia polytrichoides.* Péristome filiforme. (g.)

*Cinclidotus riparius.* Portion du péristome (g.).

*Entosthodon fascicularis.* Coupe verticale de l'urne (g.).

*Orthotrichum stramineum.* Portion du péristome (g.).

*Polytrichum commune.* Paraphyses et anthéridies dont une émettant des anthérozoïdes (g.). (M. Thuret.)

*Buxbaumia aphylla.* Péristome (g.).

*Atrichum undulatum.* Péristome (g.).

*Tetraphis pellucida.* Péristome (g.).

*Polytrichum commune.* Anthérozoïdes (g.). (M. Thuret.)

*Funaria hygrometrica.* Spores en germination (g.).

Racines. Les racines naissent, soit des cellules basilaires, soit d'autres cellules périphériques de la tige; leur axe est toujours composé d'une seule série de cellules réunies par des parois obliques; elles sont plus ou moins ramifiées, ordinairement d'un brun rougeâtre aux rameaux principaux, blanches ou hyalines aux ramules. Dans beaucoup d'Espèces, il se forme à leur surface un dépôt granuleux, provenant d'une exsudation résineuse très-importante pour les Mousses qui doivent se fixer sur des corps durs, ou dans un sol mouvant; elle contribue à la conglutination des sables et à la fixation des dunes dans les terrains maritimes (*Polytrichum piliferum, nanum, Barbula ruralis, Rhacomitrium canescens,* etc.).

Outre les racines souterraines, il existe dans la plupart des Mousses des racines aériennes, ou adventives qui naissent sur toute la surface de la tige, mais plus particulièrement dans les aisselles des feuilles des rameaux.

Feuilles. Leur limbe est généralement simple, parfois sans nervures, ou bien parcouru longitudinalement par un, rarement par deux faisceaux cellulaires (*Hylocomium*) appelés communément nervures, tantôt plus courts que le limbe, tantôt atteignant le sommet, tantôt le dépassant sous forme d'une pointe, ou d'une arête, ou d'une soie, ou d'un poil. Dans quelques Espèces, il se forme, soit à la face supérieure, soit à la face inférieure, des excroissances plus ou moins régulières produites par la nervure (*Fissidens, Pottia*), soit des lames épaissies sur leur bord (*Barbula*, *Polytrichum*).

Les feuilles sont toujours sessiles et insérées plus ou moins horizontalement, souvent décurrentes, à ailes ordinairement symétriques. Elles sont distiques, ou alternes, et disposées en spirales régulières.

Les cellules composant le tissu des feuilles forment tantôt des dodécaèdres réguliers, ou un véritable parenchyme (*Mnium, Orthotrichum*, etc.); tantôt des dodécaèdres allongés, ou rhombiques (*Bryum*) se rapprochant des cellules fibreuses vermiculaires (*Hypnum*, etc.); dans les *Dichelyma*, comme dans la nervure médiane et le rebord marginal de beaucoup d'Espèces, elles s'allongent au point de ressembler à des vaisseaux. Leur forme et leur grandeur sont souvent différentes dans la même feuille : vers la base du limbe foliaire, elles sont ordinairement plus grandes et plus allongées que vers le sommet, formées d'une membrane plus mince, et privées de chlorophylle ; la série marginale est toujours composée de cellules étroites qui font souvent saillie sous la forme de tubercules ou de dents (*Polytrichum*, etc.), ou de cils ramifiés (*Buxbaumia*, etc.). Quant à la membrane cellulaire en elle-même, elle est lisse ou couverte de papilles; de là le nom de cellules papilleuses (*Barbula*).

Dans un certain nombre de Mousses, le parenchyme foliaire se compose de plusieurs couches cellulaires semblables, ou dissemblables (*Leucobryum*) : dans ces dernières, chaque couche est homogène; chez les unes les cellules sont petites, allongées, presque cylindriques, remplies de chlorophylle; chez les autres, elles sont grandes, presque octaédriques et tabulaires, à membrane hyaline percée de trous, et privées de granules verts. Ces couches sont disposées de manière à ce qu'elles alternent, et que les cellules tabulaires recouvrent toujours les deux faces des feuilles.

Organes reproducteurs. Les sexes sont doubles chez les Mousses; ils se montrent tantôt réunis dans un même involucre, tantôt séparés, et alors la Plante est monoïque, ou dioïque. Dans les fleurs bi-sexuées les organes reproducteurs se trouvent ou mêlés ensemble au centre même de l'involucre, ou disposés en deux groupes, ou séparés enfin par des feuilles involucrales particulières. L'aspect extérieur des fleurs varie pour les deux sexes : l'involucre des fleurs mâles est nommé périgone (*perigonium*), celui des fleurs femelles périgyne (*perigynium*), celui des fleurs bi-sexuelles périgame (*perigamium*). Le périgyne et le périgame forment un bourgeon allongé, presque clos, composé de feuilles ressemblant aux feuilles caulinaires dont elles ne sont que des modifications; le périgone est plus épais, ses feuilles sont plus larges et plus creuses. Lors du développement du fruit, un nouveau cycle de feuilles, encore à l'état rudimentaire avant la fécondation, effectue simultanément son évolution : il porte le nom de périchèse (*perichætium*) et affecte, suivant les Espèces, des formes particulières.

On nomme *paraphyses* des filaments articulés qui se trouvent dans la plupart des fleurs des Mousses; elles sont simples, composées d'une seule série de cellules, filiformes dans toutes les fleurs femelles; filiformes, ou claviformes, ou spatulées et terminées par des cellules pluri-sériées dans les fleurs mâles.

Le périgone est souvent traversé par l'axe, qui se continue (*Polytrichum*), de sorte qu'une même tige périgoniale présente plusieurs séries superposées de périgones, caractère unique dans les *Polytrics*, ainsi que la présence d'un *épiphragme* qui ferme l'urne.

Les Anthéridies ou organes mâles sont de petits sacs allongés, cylindroïdes, quelquefois sub-sphériques (*Buxbaumia*), munis d'un pédicelle ordinairement très-court, formé d'un tissu de cellules tabulaires remplies de granules verts, enveloppés d'une substance extra-cellulaire épaisse et hyaline et remplis d'un fluide granuleux-mucilagineux, destiné à être expulsé par jets à travers une ouverture apicale qui se fait à la maturité de l'anthéridie. La masse remplissant l'anthéridie se compose de cellules sphériques, hyalines, ayant pour diamètre 7 à 10 millièmes de millimètre et renfermant un anthérozoïde : celui-ci est filiforme, muni à sa partie antérieure de deux cils vibratiles d'une ténuité extrême, qui l'égalent en longueur. Il décrit une spire de deux tours dans l'intérieur de la cellule-mère, et présente, soit dans son milieu, soit à sa partie postérieure, un amas de 12 à 20 granules, de composition amylacée : l'eau, par son action dissolvante sur la cellule-mère, met en liberté l'anthérozoïde qui peut alors, au moyen de ses cils vibratiles, gagner l'ouverture béante de l'archégone.

Les Archégones ou organes femelles commencent, comme les anthéridies, par une cellule qui se sous-divise, et constitue bientôt un corps celluleux, uniformément cylindrique et arrondi à son sommet. L'intérieur présente alors une cavité canaliculaire, mais la base s'élargissant peu à peu pendant l'allongement de la paroi cellulaire, l'organe devient lagéniforme, et dans cette cavité nouvelle apparaît, au sein d'un mucus liquide, un *nucleus* ou globule mucilagineux, centre futur de l'évolution fécondatrice. En même temps, le col se dilate légèrement vers sa partie supérieure, de sorte qu'à la maturité de l'organe et par suite de l'action de l'eau qui détermine la brusque dissociation et le renversement au dehors des cellules apicales, une ouverture en entonnoir se manifeste, à l'entrée du canal interne, sur l'extrémité stigmatoïde de l'archégone.

Le *nucleus* de celui des archégones qui doit former un fruit (il n'y en a souvent qu'un seul fécondé, et dans ce cas les autres avortent), s'allonge, et prend l'aspect d'une sorte de cylindre celluleux. Le tissu de l'enveloppe archégoniale subit de même d'abord un accroissement simultané; puis ce tissu, ainsi distendu, ne pouvant poursuivre au delà d'une certaine limite la rapide évolution de l'embryon, se déchire transversalement sous la pression produite par l'allongement continu de ce dernier : par suite, la base engaînante devient la *vaginule,* et la partie supérieure le *calyptra* ou *coiffe.* L'embryon, en se développant, constitue premièrement, en effet, le pédicelle ou *soie*, et c'est seulement quand cette soie a atteint son maximum d'élévation que son extrémité supérieure, recouverte de la coiffe, commence elle-même à présenter toutes les phases de la formation du fruit.

Le fruit des Mousses est terminal; il forme une capsule ordinairement ovoïde, ou cylindrique, parfois sphérique (*Phascum*), quelquefois anguleuse (*Polytrichum*), rarement comprimée d'un côté et inégale. Tantôt elle reste entière, jusqu'à sa destruction par des agents extérieurs (*Phascum*); tantôt elle se fend en quatre segments réunis au sommet (*Andræa*); dans toutes les autres Mousses elle se désarticule par scission circulaire au-dessus de sa moitié supérieure; la portion qui se détache est nommée *opercule*, et la portion qui reste forme l'*urne*. Entre le bord de l'opercule et celui de l'urne il existe souvent un organe intermédiaire, composée d'une ou de plusieurs rangées de cellules très-hygroscopiques : cet organe est nommé *anneau* (*annulus*); il sert à faciliter ou à accélérer la chute de l'opercule.

L'orifice de l'urne est tantôt nu, tantôt garni d'une ou de deux rangées d'appendices lancéolés, ou filiformes (*Dawsonia*) constituant le *péristome* (*peristomium*), et dont le nombre est déterminé (4, 8, 16, 32, 64). Quand le péristome est simple, il prend ordinairement son origine du tissu lâche qui tapisse la face interne de l'urne; quand il est double, la rangée intérieure appartient toujours au sac (*sporange*) contenant les spores.

Dans l'*Archidium*, et surtout dans l'*Andræa*, on observe un *pseudopode* qui les rapproche des *Sphaignes*.

Quelquefois (*Polytrichum*) le péristome interne s'étend horizontalement de la circonférence vers le centre pour former une membrane nommée *épiphragme*.

Le sporange est renfermé dans la capsule; il se compose de deux sacs membraneux enchâssés l'un dans l'autre, l'extérieur tenant à la membrane capsulaire par un tissu lâche ou par des filaments articulés et quelquefois anastomosés; l'intérieur tapissant une masse cellulaire occupant l'axe de la capsule et nommée *columelle* (*columella*), qui s'élève jusque dans l'opercule et se continue inférieurement dans le tissu du pédicelle : c'est principalement par l'intermédiaire de cet organe que le fruit reçoit la séve nécessaire à son développement. Le col (*collum*) de la capsule est plus ou moins apparent, et s'amincit ordinairement dans le pédicelle; rarement il se développe et constitue la partie accessoire nommée apophyse (*apophysis*). La columelle manque dans quelques *Phascum*.

Les parois de l'urne sont composées d'une couche épidermique formée de cellules tabulaires petites et épaisses, et de 2-3 couches de cellules parenchymateuses, grandes, minces, hyalines. La couche épidermique est souvent percée de stomates, surtout à sa partie inférieure, ainsi qu'au col et à l'apophyse.

Les *spores* se développent par 4 dans des cellules-mères qui constituent un tissu très-mou entre les deux sacs du sporange et sont rapidement résorbées. Le fruit des *Archidium* fait seul exception à la règle, en ce qu'il ne contient qu'une seule spore dans chaque cellule-mère.

Le *prothallium* résultant de la germination des spores est un filament celluleux, confervoïde, plusieurs fois dichotome, ou même fasciculé, sur plusieurs points duquel naissent des bourgeons qui reproduisent la Plante. Il persiste chez quelques mousses à tige minime (*Schistostega*, *Ephemerum*, etc.).

## TRIBU I. — BRYACÉES, *BRYACEÆ.*

Mousses proprement dites, *cléistocarpes* ou *stégocarpes*. Capsule sessile ou pédicellée, indéhiscente ou operculée, et s'ouvrant par scission circulaire de l'opercule : orifice de l'urne garni ou dépourvu d'un anneau, et tantôt nu, tantôt orné d'un péristome simple, ou double.

GENRES PRINCIPAUX.

*Ephemerum.*
*Physcomitrella.*

*Phascum.*
*Acaulon.*
*Bruchia.*

*Voitia.*

*Archidium.*

*Pleuridium.*
*Sporledera.*

*Schistostega.*

*Astomum.*
*Rhabdoweisia.*
*Hymenostomum.*
*Weisia.*
*Gymnostomum.*

*Anœctangium.*

*Dicranum.*
*Dicranella.*
*Cynodontium.*
*Stylostegium.*
*Holomitrium.*
*Dicranodontium.*

*Campylopus*
*Angströmia.*
*Trematodon.*

*Leucobryum.*
*Octoblepharum.*

*Fissidens.*
*Conomitrium.*

*Seligeria.*
*Campylostelium.*
*Stylostegium.*
*Blindia.*
*Brachyodus.*

*Pottia.*
*Anacalypta.*
*Trichostomum.*
*Desmatodon.*
*Barbula.*
*Leptotrichum.*
*Didymodon*
*Ceratodon.*
*Distichium.*

*Tetraphis.*
*Tetrodontium.*

*Encalypta.*
*Calymperes.*

*Zygodon.*
*Amphidium.*

*Orthotrichum.*
*Ulota.*
*Ptychomitrium.*
*Glyphomitrium.*
*Macromitrium.*
*Coscinodon.*
*Schlotheimia.*

*Grimmia.*
*Scouleria.*
*Schistidium.*
*Dryptodon.*
*Rhacomitrium.*

*Hedwigia.*
*Braunia.*

*Cinclidotus.*

*Splachnum.*
*Tayloria.*
*Dissodon.*
*Œdipodium.*

*Tetraplodon.*

*Discelium.*

*Funaria.*
*Entosthodon.*
*Physcomitrium.*
*Pyramidula.*

*Meesia.*
*Amblyodon.*

*Bartramia.*
*Oreades.*
*Glyphocarpus.*
*Cryptopodium.*
*Conostomum.*

*Mielichhoferia.*

*Bryum.*
*Orthodontium*
*Mnium.*
*Aulacomnium.*
*Timmia.*
*Paludella.*
*Webera.*
*Hymenodon.*
*Cinclidium.*

*Buxbaumia.*
*Diphyscium.*
*Leptostomum.*
*Fontinalis.*
*Dichelyma.*
*Climacium.*

*Cryphæa.*
*Leucodon.*
*Leptodon.*
*Cladomnium.*
*Neckera.*
*Trachyloma.*
*Homalia.*

*Hookeria.*
*Cyathophorum.*
*Pterygophyllum.*
*Daltonia.*
*Mniadelphus.*

*Fabronia.*
*Aulacopilum.*
*Anisodon.*
*Anacamptodon.*
*Thedenia.*

*Hypnum.*
*Hypopterygium.*

*Rhysogonium.*
*Hymenodon.*
*Plagiothecium.*
*Rhynchostegium.*
*Thamnium.*
*Eurhynchium.*

*Polytrichum.*
*Dawsonia.*
*Lyellia.*

*Orthothecium.*
*Pylaisæa.*
*Homalothecium.*
*Platygyrium.*
*Cylindrothecium.*
*Pterogonium.*
*Lescurea.*
*Pterigynandrum.*
*Pterogonium.*

*Leucodon.*
*Antitrichia.*

*Leskea.*
*Anomodon.*
*Heterocladium.*
*Pseudoleskea.*
*Thuidium.*
*Hylocomium.*

## TRIBU II. — ANDRÉACÉES, *ANDRÆACEÆ.*

Mousses *schistocarpes*. — Capsule portée sur un *pseudopode* dépourvu d'opercule, et s'ouvrant par quatre fissures longitudinales en formant quatre valvules cohérentes par leur sommet (*Andræa*), ou libres (*Acroschisma*).

Cette petite tribu, que l'on rapprochait autrefois des *Jongermanniées* par le port et la déhiscence valvaire du fruit, s'en éloigne par la présence d'une columelle, l'absence des élatères et la cohérence des valvules au sommet, ou vers le milieu de l'urne; mais elle s'en rapproche, ainsi que des *Sphaignes* par la genèse du fruit.

GENRES.

*Andræa.* — *Acroschisma.*

Les Mousses possèdent, comme les Plantes phanérogames, des moyens de reproduction autres que ceux qui se rattachent à la propagation directe par les graines. En première ligne se placent les *tubercules*, qui dans presque toutes les Mousses se forment sur les racines souterraines. Tant que ces tubercules restent cachés dans la terre, ils restent stationnaires; mais, exposés à l'air libre, ils se comportent comme les Bourgeons sortis du prothallium formé par la germination de la spore : une partie des cellules de la périphérie s'allonge pour former les racines; les autres fournissent de nouvelles cellules pour la tige et les feuilles, et le développement suit la marche régulière des Jeunes Plantes issues de la spore.

Les radicelles adventives ou aériennes, nées sur la tige, possèdent la même faculté reproductrice que les racines souterraines. — Dans quelques Mousses, les tubercules reproducteurs se développent aussi à l'aisselle des feuilles (*Phascum nitidum, Bryum erythrocarpum*). Quelquefois ils passent de l'état tuberculaire à l'état de bourgeons, sans quitter la Plante, et ils s'en détachent pour s'enraciner dans le sol (*Bryum annotinum*). Dans d'autres cas, le mode de propagation est plus direct encore : les bulbilles se garnissent de racines avant de se séparer de la Plante-mère (*Conomitrium Julianum, Cinclidotus aquaticus*). — La feuille même des Mousses, détachée de sa tige, peut, suivant M. Schimper, produire un prothallium par la multiplication de ses cellules parenchymateuses (*Funaria hygrometrica*). Enfin à ces nombreux moyens de multiplication on peut ajouter les excroissances ou *propagules* qui s'observent à l'extrémité de la tige et des rameaux de quelques Mousses (*Aulacomnium, Tetraphis*, etc.), ou même sur les feuilles (*Orthotrichum*).

Les *Mousses*, si distinctes des Hépatiques par leurs organes de végétation et de fructification, s'en rapprochent éminemment par leurs organes sexuels. Quant aux *Sphaignes*, elles servent pour ainsi dire de trait d'union entre les deux familles, tenant des unes par le port, le feuillage et la conformation du fruit, des autres par l'évolution du prothallium, la structure des anthéridies et des anthérozoïdes, etc.

Les Mousses vivent sous tous les climats et dans les localités les plus diverses, depuis l'équateur jusqu'aux pôles, et surtout dans les zones tempérées, sur les plus hautes montagnes comme dans les vallées les plus profondes. Elles tapissent de leur verdure, pour ainsi dire perpétuelle, le tronc des arbres, les rochers, et souvent aussi les vieux murs et les toits de nos habitations. On les retrouve partout où il y a de l'humidité; quelques-unes même sont totalement submergées soit dans les eaux courantes (*Fontinalis*), soit dans les eaux dormantes (*Hypnum*). Il en est cependant, et en grand nombre, qui, après avoir été totalement desséchées pendant l'été par les ardeurs du soleil, reprennent leur verdure avec les fraîcheurs et les pluies de l'automne.

Leur rôle n'est pas moins important que celui des *Lichens*, dont elles continuent le travail, en ajoutant leurs propres détritus à ceux de ces derniers, et formant sur les terres sablonneuses, par la destruction et le renouvellement de leur génération, une couche de terre favorable aux travaux de l'agriculteur.

On employait autrefois en médecine certaines Espèces, comme astringentes et diurétiques. Le *Leskea sericea* est encore usité à l'extérieur dans quelques pays pour ses propriétés hémostatiques. Plusieurs Mousses servent dans les arts et dans l'économie domestique; en Suède et en Norwége les paysans utilisent l'*Hypnum parietinum* et le *Fontinalis* pour calfeutrer les fentes des parois de leurs chaumières. Le *Polytric commun* sert à faire des brosses très-usitées pour donner l'apprêt aux étoffes. Enfin l'*Hypnum triquetrum* est employé, vu sa grande élasticité, à l'emballage des Plantes phanérogames.

## SPHAIGNES, *SPHAGNA*, *Schimper*.

Plantes *acotylédones, muscoïdes, molles, flasques, spongieuses.* Tiges *dressées dans les tourbières émergées, flottantes dans les marais, à rameaux régulièrement fasciculés naissant de la tige latéralement à l'insertion des feuilles.* Feuilles *imbriquées, concaves, sans nervures, décolorées et presque diaphanes.* Organes reproducteurs *constitués par des anthéridies et des archégones.* Anthéridies *situées sur des ramules amentiformes, longuement pédicellées, s'ouvrant élastiquement au sommet, et émettant des anthérozoïdes.* Archégones *terminaux, naissant d'involucres gemmiformes.* Fruit (*urne*) *solitaire, capsulaire, globuleux, ou ovoïde, sessile sur une vaginule hémisphérique ou sub-discoïde. Calyptra dont la majeure partie reste attachée à la vaginule, et dont le reste adhère au sommet de la capsule, et forme une coiffe très-incomplète.* Capsule *s'ouvrant par désarticulation circulaire de son couvercle ou opercule, et offrant un orifice nu, sans anneau.* Sporange *hémisphérique, assis sur une columelle très-courte, épaisse, et s'effaçant à la maturité.* Spores *dimorphes, les unes plus grosses, pyramidales, les autres polyédriques.* Prothallium *filamenteux, ou noueux, ou lobé, analogue à celui des Hépatiques.*

Tige. Le corps de la tige se compose de cellules fibreuses formant un cylindre ligneux qui entoure le faisceau médullaire ou axile. L'enveloppe corticale est formée de 1 à 4 couches de cellules quelquefois fibreuses, et presque toujours percées de trous annulaires. Cette organisation, augmentant l'action capillaire de la tige et des rameaux, permet à la Plante de végéter sans racines, et de s'élever à une hauteur considérable, souvent de plusieurs pieds au-dessus du sol, sans diminution de la force végétative : ce résultat est dû principalement aux rameaux réfléchis, qui restent toujours stériles, et qui, fonctionnant comme des racines adventives, contribuent, avec le tissu spongieux de l'écorce de la tige, à faire monter l'eau depuis la base de la Plante jusqu'à son sommet.

Racines. Les racines ou radicelles n'existent que dans le premier âge de la Plante, et disparaissent ensuite complétement; elles se composent, comme dans les vraies *Mousses*, d'une seule série de cellules cylindriques hyalines.

Feuilles. Les feuilles ne naissent pas de la couche corticale de la tige, mais elles ont la même origine que les rameaux, c'est-à-dire qu'elles naissent de la couche cellulaire extérieure du cylindre ligneux. Leur parenchyme, primitivement formé de cellules toutes semblables, présente, par suite de la segmentation inégale de ces dernières, des cellules allongées, chlorophyllées, et des cellules tabulaires, diaphanes et poreuses; cette structure est analogue à celle qu'on observe dans les vraies *Mousses;* mais chez les *Sphaignes* les deux espèces de cellules sont distribuées dans une seule et même couche, et alternent entre elles, de sorte que les cellules cylindriques vertes forment les mailles du réseau foliaire, et que les grandes cellules poreuses en constituent les aréoles. Les cellules percées de trous sont évidemment destinées, ainsi que celles qui entourent la tige, à augmenter l'hygroscopicité de la Plante. Aucune Mousse, à l'exception des *Leucophanes*, ne possède plus que les *Sphaignes* la faculté de pomper l'eau et de l'élever à des hauteurs considérables : ce sont de véritables siphons, contribuant au desséchement des terrains marécageux ; c'est ainsi que les marais se changent en tourbières, et les tourbières en terreau.

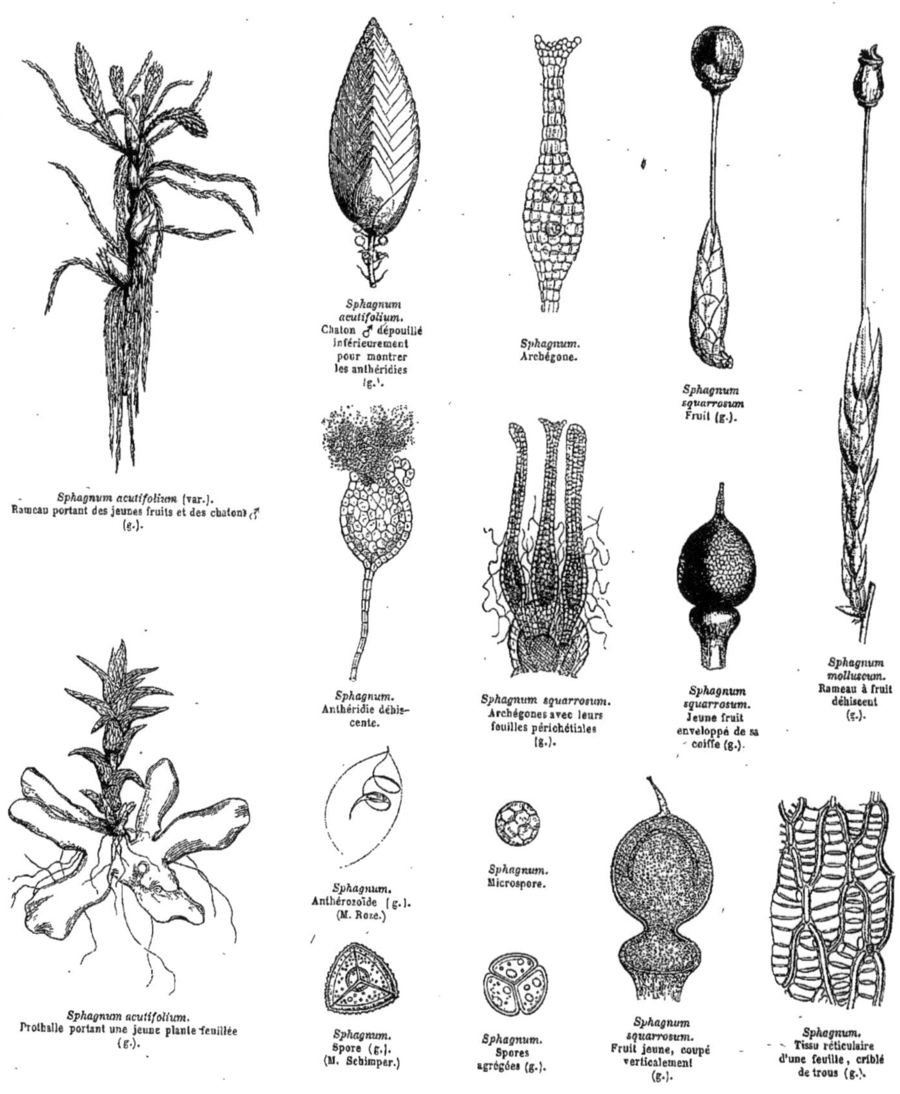

*Sphagnum acutifolium* (var.). Rameau portant des jeunes fruits et des chatons ♂ (g.).

*Sphagnum acutifolium.* Chaton ♂ dépouillé inférieurement pour montrer les anthéridies (g.).

*Sphagnum.* Archégone.

*Sphagnum squarrosum* Fruit (g.).

*Sphagnum.* Anthéridie déhiscente.

*Sphagnum squarrosum.* Archégones avec leurs feuilles périchétiales (g.).

*Sphagnum squarrosum.* Jeune fruit enveloppé de sa coiffe (g.).

*Sphagnum molluscum.* Rameau à fruit déhiscent (g.).

*Sphagnum acutifolium.* Prothalle portant une jeune plante feuillée (g.).

*Sphagnum.* Anthérozoïde (g.). (M. Roze.)

*Sphagnum.* Microspore.

*Sphagnum.* Spore (g.). (M. Schimper.)

*Sphagnum.* Spores agrégées (g.).

*Sphagnum squarrosum.* Fruit jeune, coupé verticalement (g.).

*Sphagnum.* Tissu réticulaire d'une feuille, criblé de trous (g.).

ORGANES REPRODUCTEURS. Les *Sphaignes* se reproduisent par des *anthéridies* et des *archégones*, comme les vraies *Mousses* et les *Hépatiques*. Les deux sexes se trouvent généralement sur des individus différents, quelquefois sur le même individu; mais jamais on ne les rencontre réunis dans un seul et même involucre, comme cela s'observe si souvent chez les *Mousses*.

Les FLEURS MALES constituent des inflorescences qui n'ont d'analogues que dans les *Hépatiques* feuillées; elles sont réunies sur des axes secondaires, où elles forment des chatons, ou de petits cônes. Chaque fleur est composée d'une feuille involucrale et d'une anthéridie insérée latéralement à cette feuille. Les anthéridies ressemblent beaucoup pour la forme à celle des *Hépatiques :* ce sont des poches globuleuses ou ovoïdes, à pédicelle formé de 4 séries de cellules cylindriques. La poche elle-même n'offre qu'une seule couche de cellules hyalines chlorophyllées ; la déhiscence se fait par la rupture du sommet, et l'émission de son contenu s'opère comme dans les *Hépatiques* et les *Mousses;* elle ne tarde pas à se détruire après la sortie des anthérozoïdes, et cette fugacité est un caractère qui la distingue de l'anthéridie des *Mousses*, laquelle persiste quelquefois pendant des années. M. Thuret a observé que les cellules contenues dans l'anthéridie sont lenticulaires, plus aplaties d'un côté que de l'autre, comme dans les *Hépatiques*, tandis que dans les *Mousses* elles sont parfaitement symétriques : chacune d'elles renferme un anthérozoïde que l'action dissolvante de l'eau sur la paroi cellulaire met rapidement en liberté.

L'anthérozoïde est constitué par un filament bi-cilié, à deux tours de spire, adhérent à une vésicule dans l'intérieur de laquelle, ainsi que l'a constaté M. Roze, existe un granule amylacé. Tant qu'il se trouve renfermé dans sa cellule, dit M. Schimper, il exécute des mouvements assez rapides autour de son axe; mais, comme la spire tend à devenir excentrique, il ne tarde pas à sortir de sa prison, et, une fois libre, il ajoute au mouvement de rotation celui de progression; le premier paraît être produit au moyen de deux filaments qui, par leurs oscillations rapides, remplissent la fonction de cils vibratiles; la spire elle-même ne fait aucun mouvement, ni de contraction, ni de dilatation, et ne semble progresser que par les lois mécaniques de la vis d'Archimède, ses filaments oscillants la faisant tourner autour de son axe, et sa forme d'hélice avancer dans le liquide; sa progression est d'autant plus rapide que ses rotations sont plus nombreuses.

Les anthéridies sont accompagnées de nombreuses *paraphyses*, filaments ramifiés, très-fins, succulents, servant évidemment à entretenir l'humidité autour du sac qui renferme les anthérozoïdes, et à faciliter sa déhiscence.

La FLEUR FEMELLE est un bourgeon allongé, composé de feuilles de formes très-diverses, servant d'involucre aux archégones; en dedans des plus intérieures se trouve un verticille de très-petites feuilles, qui plus tard constitueront le *périchèse* du fruit. Les archégones, au nombre de 1 à 3, rarement 4, occupent le sommet arrondi du ramule fertile : un seul se transforme en fruit. La structure de ces organes est à peu près identique à celle des archégones des *Mousses* et des *Hépatiques*. De même que les anthéridies, ils sont accompagnés de nombreux filaments (*paraphyses*), très-ramifiés et très-tendres, entrelacés de manière à figurer un tissu aréneux lâche.

Du moment où un *nucleus* germinatif a été fécondé, comme chez les *Mousses*, dans la cavité de l'archégone, ses cellules se multiplient rapidement, surtout à la partie inférieure du jeune fruit; bientôt elles s'ouvrent un passage à travers le pied de l'archégone, perforent le sommet de la tige, et s'avancent, en se multipliant sans cesse, jusqu'à l'endroit où commencent les feuilles involucrales. Ce tissu cellulaire, une fois établi dans l'intérieur du réceptacle, c'est-à-dire sur la partie de la tige qui doit former la *vaginule*, se développe tellement vite, qu'il produit après quelques jours un corps hémisphérique, ou mamelon presque bulbiforme, portant sur ses flancs les archégones avortés. Le sommet, ainsi dilaté, de la tige tient dès lors lieu de vaginule. Bientôt apparaît sur ce mamelon, et dans le pied même de l'archégone, un bourrelet, premier rudiment de la future capsule. On voit ensuite ce bourrelet s'agrandir, sans qu'on observe le moindre changement dans la partie ventrale de l'archégone, laquelle, chez les vraies *Mousses*, accompagne l'embryon dans sa première évolution.

Dès que le jeune fruit a commencé à s'élever au-dessus de la vaginule, ses couches cellulaires se modifient: l'extérieur, qui doit former la membrane capsulaire, est encore simple; la couche suivante, destinée à former le sporange, est également simple; les cellules centrales, qui représentent le commencement de la columelle, sont lâches et transparentes; bientôt les cellules de la capsule et du sporange se doublent et se quadruplent par segmentation verticale. Les parois de la couche extérieure s'épaississent et prennent une teinte foncée. La couche sporangiale qui repose sur le tissu central ou columellaire se divise en trois parties concentriques, dont la médiane devient la couche génératrice des spores.

L'organe qui forme la *coiffe* ou *calyptra* dans les vraies *Mousses*, et qui n'est autre chose que l'enveloppe archégoniale, ne prend pas dans les *Sphaignes* une forme déterminée, comme chez les *Mousses*. L'enveloppe archégoniale persiste intacte sur le jeune fruit jusque vers sa maturité; alors que l'enveloppe primordiale de de ce dernier se déchirant irrégulièrement, une partie reste attachée à la base, une autre qui adhère faiblement au sommet de la capsule se détache le plus souvent en même temps que l'opercule.

La capsule repose donc immédiatement sur la vaginule; celle-ci offre en général une forme discoïde; elle est séparée du périchèse par un prolongement du rameau, de sorte que la capsule s'élève au-dessus de son involucre; ce faux pédicelle qui n'est pas une partie intégrante de la capsule, comme dans les *Mousses*, est nommé *pseudopode* (*pseudopodium*).

La forme de la capsule est sphérique ou ovoïde; elle devient souvent oblongue par suite de la dessiccation de son tissu extérieur. La déhiscence se fait au moyen d'un *opercule* formé par la section horizontale de la partie supérieure de la capsule; quand celle-ci, en se desséchant, s'allonge et se contracte, l'opercule se désarticule avec un petit pétillement, et les spores sont en même temps lancées au dehors par l'air comprimé que les stomates avaient laissé pénétrer dans l'urne. L'orifice de la capsule est lisse et sans trace d'*anneau* ni de *péristome*.

A la maturité parfaite du fruit, la columelle se contracte au fond de la capsule, et laisse le sporange attaché aux parois internes de cette dernière. La couche sporogène renfermée dans le sporange produit quatre générations successives avant que les spores ne se montrent; celles-ci appartiennent donc à la cinquième génération; elles offrent deux formes et deux dimensions différentes : les unes sont tétraédriques, à base convexe, et servent à la reproduction de la Plante; les autres, infiniment plus petites, forment des polyèdres réguliers dont le diamètre est de un cent-cinquantième de millimètre; elles sont toujours stériles.

Le *prothallium* résultant de la germination des spores dans l'eau ou sur la terre humide se montre d'abord filamenteux et ramifié, puis il offre, à une ou plusieurs extrémités de ses ramifications, des renflements d'aspect tuberculeux qui se composent de cellules vésiculeuses renfermant un mucilage dans lequel nagent des granulations vertes, qui sont le rudiment de jeunes Plantes. Ces tubercules, dans d'autres circonstances, se transforment en expansions thalliformes, lobées, dans les sinus desquelles naissent aussi de jeunes Plantes (*Sphagnum acutifolium*), ce qui, dans l'un et dans l'autre cas, rappelle le mode de germination des Hépatiques proprement dites et des Jongermannes.

## GENRE UNIQUE.

### Sphaigne, *Sphagnum*.

Les *Sphaignes*, qui formaient autrefois une Tribu de la Famille des *Mousses*, et dont notre célèbre bryologue M. W. Schimper fait aujourd'hui une Famille particulière, sont, en effet, intermédiaires entre les *Hépatiques* et les *Mousses*. Elles se rattachent aux Hépatiques par le mode de germination et de première évolution, par la forme des fleurs mâles, la structure des anthéridies et des anthérozoïdes, et par l'absence d'un *calyptra* normal; aux *Bryacées* ou vraies Mousses par leur capsule operculée, portée sur une vaginule et munie d'une columelle. Elles s'éloignent des Hépatiques et des Mousses par la structure de la tige et des feuilles, le mode de ramification, la vaginule discoïde, le calyptra imparfait et les spores dimorphes.

Les *Sphaignes* habitent de préférence les pays tempérés et froids; elles occupent d'immenses étendues marécageuses dans le Nord des deux continents, où leurs débris, accumulés pendant des siècles, donnent naissance à la *tourbe*, combustible précieux pour les contrées dépourvues de bois. C'est dans les terrains humides habités par les *Sphagnum* que viennent s'établir successivement les premiers éléments d'une végétation supérieure, les *Cypéracées* et les *Graminées* d'abord, puis les *Airelles*, les *Myrica*, les *Saules* nains, et en dernier lieu, le *Pin sylvestre*, le *Bouleau glutineux*, etc.

Quelques Espèces de *Sphagnum*, qui abondent dans les marais des régions polaires, servent de pâture aux troupeaux de rennes. Mêlées avec du poil de rennes, elles servent à confectionner des matelas. — Enfin les *Sphagnum* sont généralement employés dans nos serres pour la culture de certaines *Orchidées* épiphytes, auxquelles les *Sphagnum* servent en quelque sorte de sol, en maintenant leurs racines toujours humides.

# HÉPATIQUES, *HEPATICÆ*, *Jussieu*, *Bischoff*, *Nees v. Esenb.*

Plantes *acotylédones, cellulaires, tantôt acaules, à frondes rampantes, souvent dichotomes, munies ou dépourvues de nervures; tantôt à tiges foliées.* Organes reproducteurs *constitués par des anthéridies et des archégones.* Enveloppe *du fruit* (calyptra) *se rompant au sommet, et persistant à la base du pédicelle.* Sporanges *capsulaires, s'ouvrant généralement par 4 valves presque toujours accompagnées d'élatères.* Spores *très-nombreuses.*

Les Hépatiques sont de petites Plantes annuelles, ou vivaces, composées d'un tissu cellulaire en général assez délicat, ordinairement couchées, radicantes, et vivant dans les lieux ombragés et humides. Les frondes sont vertes, ou violâtres, ou brunes, tantôt étalées en lames membraneuses, foliacées, lobées, stomatifères, sans nervure, ou parcourues par une nervure formée de cellules allongées; tantôt pourvues d'un axe simple, ou rameux, chargé de feuilles membraneuses, généralement distiques, souvent entières, lobées ou dentées, quelquefois profondément divisées, assez souvent accompagnées de feuilles accessoires stipulaires nommées *amphigastres*.

Les racines sont des fibrilles simples, tubuleuses, blanches, ou brunes, ou purpurines, transparentes, éparses, ou réunies en petites houppes, et naissant de la face inférieure des frondes, quelquefois de la base des amphigastres.

Les *organes reproducteurs* sont monoïques, ou dioïques, tantôt enfoncés dans l'épaisseur de la fronde (*Riccia*, etc.); tantôt saillants au-dessus de la fronde et souvent pédicellés (*Marchantia*). — Les Anthéridies sont oblongues, ou sphériques, et formées d'une seule couche de cellules transparentes; elles renferment une substance mucilagineuse, qui s'organise en cellules discoïdes, très-petites et délicates; à la maturité, les anthéridies se rompent, ou se disloquent à leur sommet, et projettent une grande quantité de ces cellules discoïdes, d'où sortent, au bout de quelques instants, des anthérozoïdes filiformes, roulés en spirale, et portant à leur extrémité antérieure deux cils très-ténus.

Les Archégones précèdent l'apparition du *périanthe* et se trouvent ordinairement réunis au sommet de la tige principale, ou des rameaux latéraux, ou à l'aisselle des amphigastres (*Calypogeia, Mastigobryum*); en général ils sont renfermés dans un organe particulier en forme de godet plus ou moins évasé; leur forme est celle d'un sac celluleux, atténué ordinairement en prolongement styloïde, canaliculé dans toute sa longueur, qui, à un certain moment, se rompt au sommet pour recevoir l'action des anthérozoïdes. La partie large du sac contient une cellule plus grande le *nucleus*, élément du fruit futur; bientôt le nucleus se divise en deux par une cloison horizontale; la moitié inférieure constituera le pédicelle (*seta*) qui, à la maturité du sporange, est ordinairement blanc et transparent, souvent très-court, et qui en poussant en avant le sporange rompt irrégulièrement le sac membraneux ou *calyptra* par le sommet; la base du sac persiste, et forme une gaîne (*vaginule*) autour de la base du pédicelle.

Le Sporange s'ouvre ordinairement en 4 valves, très-rarement en plus grand nombre, ou se rompt irrégulièrement (*Fossombronia*). Dans les Anthocérotées, il est parcouru par une *columelle* centrale. Il contient: 1° des cellules très-allongées, ordinairement fusiformes, quelquefois tronquées (*Frullania*, *Lejeunia*), en général libres dans le sporange à l'époque de la déhiscence du fruit, ou fixées au sommet des valves (*Frullania, Lejeunia, Aneura, Metzgeria*), ou attachées en partie au fond du sporange (*Pellia*). Ces cellules appelées *élatères* contiennent, appliquée à leur paroi, une petite lanière d'une couleur foncée contournée en spirale simple (*Aneura*) ou double; ces élatères, par leur mouvement de torsion, servent à la dissémination des spores; 2° des cellules-mères sphéroïdes, au sein de chacune desquelles se développent 4 spores, qui deviennent libres par la résorption des cellules. Ces spores émettent par leur germination une petite masse celluleuse, le *prothallium* qui reproduit la Plante.

Les Hépatiques, outre leur reproduction sexuelle, peuvent se propager comme les *Mousses* par des *gemmes* ou *propagules*, qui se montrent sur la face de la fronde, ou sur ses bords. Ce sont des corps celluleux, arrondis, polymorphes, assez volumineux quelquefois, et analogues à des bulbilles. Dans quelques cas (*Blasia*) ces propagules occupent des poches ovoïdes, creusées dans la nervure et au sommet de la fronde. Un exemple assez curieux de ce mode de propagation se rencontre dans la tribu des *Marchantiées :* on observe à la surface des frondes du *Marchantia* des Espèces de cupules foliacées, membraneuses, à bord entier ou élégamment frangé; au fond de ces cupules ou corbeilles se voient des corps ovoïdes, ou lenticulaires, composés de cellules granuleuses; ces petits corps sont d'abord fixés au fond des capsules par une petite cellule qui leur sert de pédicelle. Dans le *Lunularia* qui couvre la terre humide de nos jardins, ces sortes de cupules figurent un vase arqué, ou une demi-corbeille : de là le nom de *lunule*.

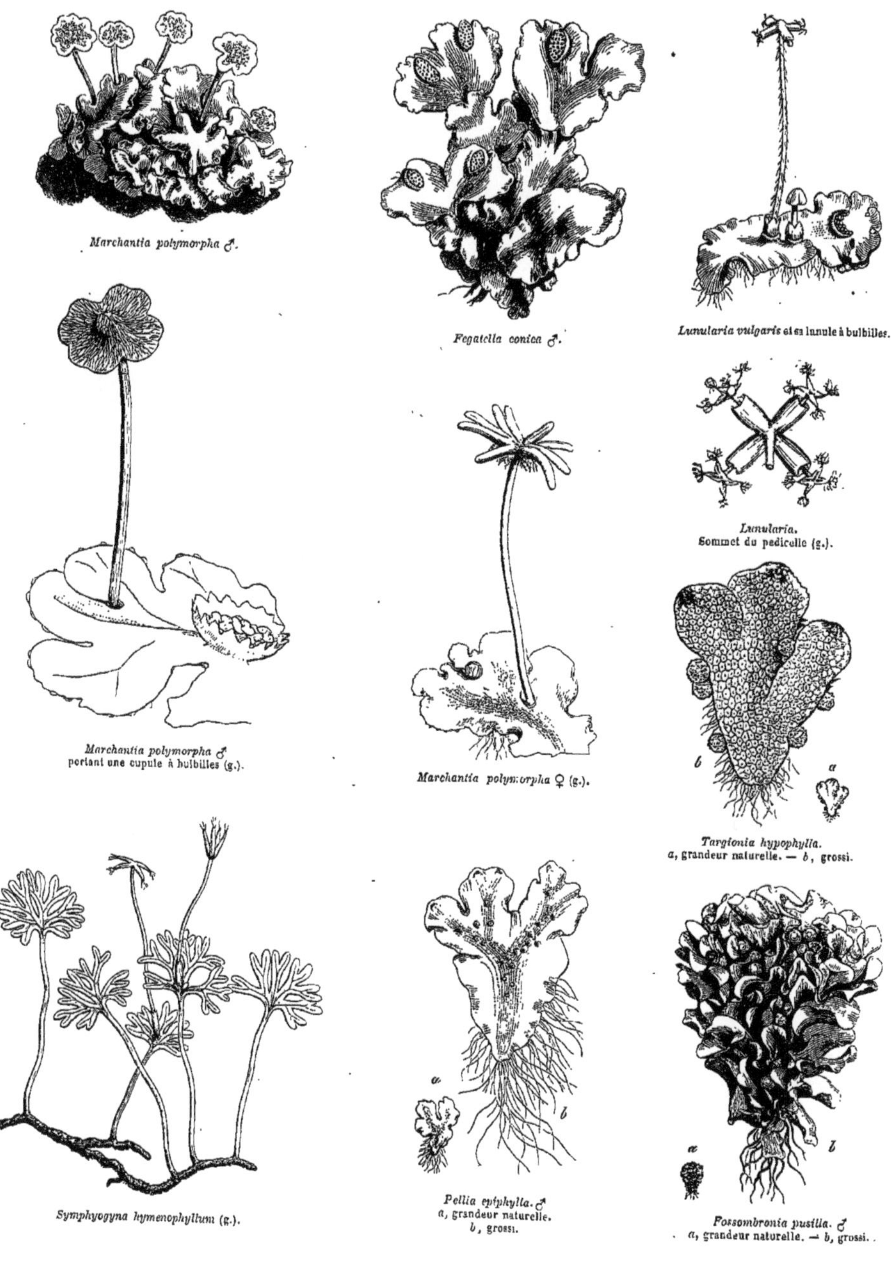

*Marchantia polymorpha* ♂.

*Fegatella conica* ♂.

*Lunularia vulgaris* et sa lunule à bulbilles.

*Lunularia*.
Sommet du pédicelle (g.).

*Marchantia polymorpha* ♂ portant une cupule à bulbilles (g.).

*Marchantia polymorpha* ♀ (g.).

*Targionia hypophylla*.
*a*, grandeur naturelle. — *b*, grossi.

*Symphyogyna hymenophyllum* (g.).

*Pellia epiphylla*. ♂
*a*, grandeur naturelle.
*b*, grossi.

*Fossombronia pusilla*. ♂
*a*, grandeur naturelle. — *b*, grossi.

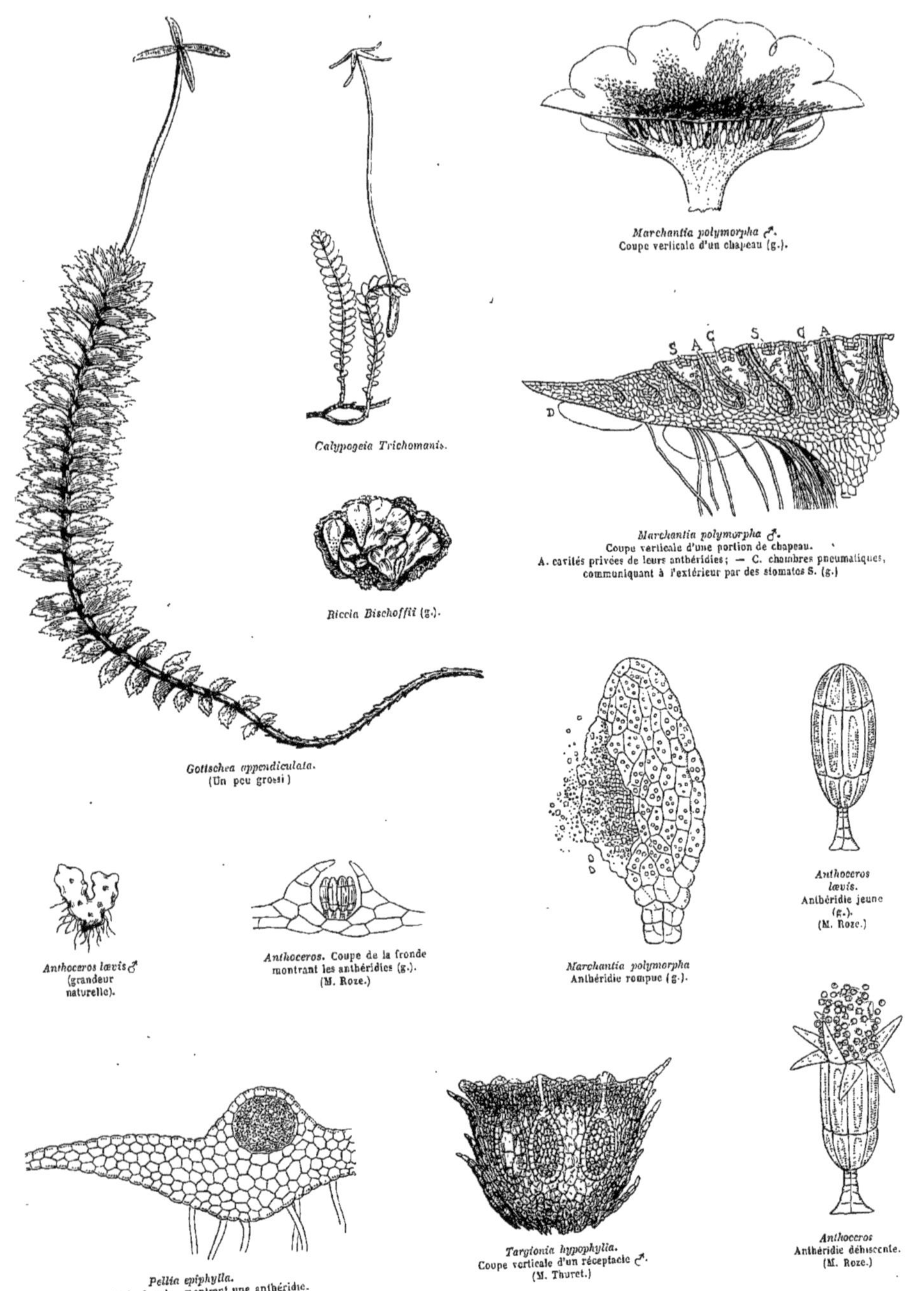


*Marchantia polymorpha* ♂.
Coupe verticale d'un chapeau (g.).

*Calypogeia Trichomanis.*

*Marchantia polymorpha* ♂.
Coupe verticale d'une portion de chapeau.
A. cavités privées de leurs anthéridies; — C. chambres pneumatiques, communiquant à l'extérieur par des stomates S. (g.)

*Riccia Bischoffii* (g.).

*Gottschea appendiculata.*
(Un peu grossi)

*Anthoceros lævis.*
Anthéridie jeune (g.).
(M. Roze.)

*Anthoceros lævis* ♂
(grandeur naturelle).

*Anthoceros.* Coupe de la fronde montrant les anthéridies (g.).
(M. Roze.)

*Marchantia polymorpha*
Anthéridie rompue (g.).

*Pellia epiphylla.*
Coupe de la fronde, montrant une anthéridie.

*Targionia hypophylla.*
Coupe verticale d'un réceptacle ♂.
(M. Thuret.)

*Anthoceros*
Anthéridie déhiscente.
(M. Roze.)

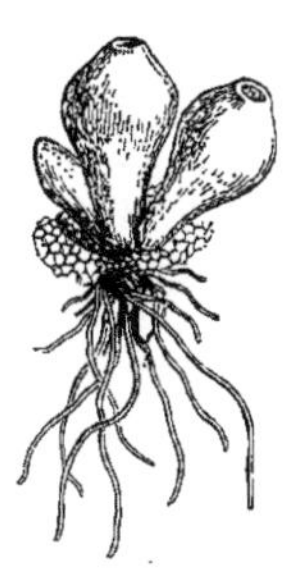

*Sphærocarpus terrestris.*
Portion de fronde (g.).

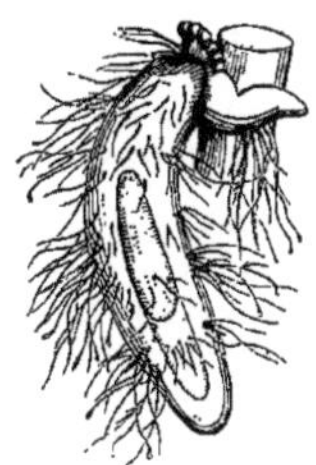

*Calypogeia Trichomanis.*
Sac entier renfermant
un archégone (g.).

*Monoclea Forsteri.*
Portion de fronde
et sporange uniloculaire (g.).

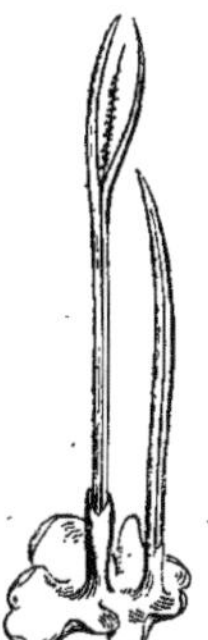

*Anthoceros lævis*
montrant une capsule
déhiscente.

*Lunularia vulgaris.*
Coupe d'une branche
fructifère.

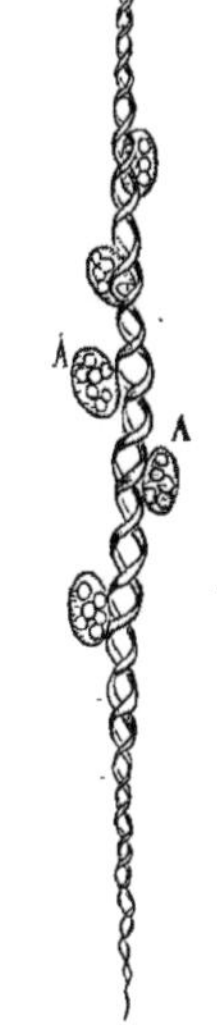


*Marchantia*
*polymorpha.*
Élatère adulte
et spores A.
(g.)

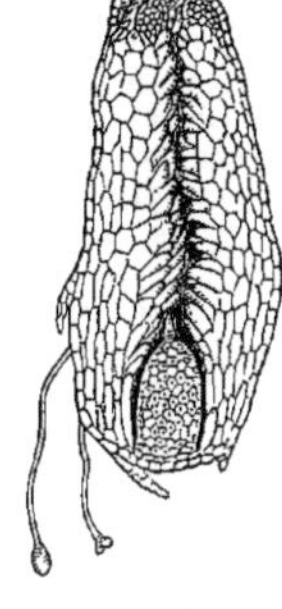

*Calypogeia Trichomanis.*
Coupe verticale
du sac montrant l'archégone.

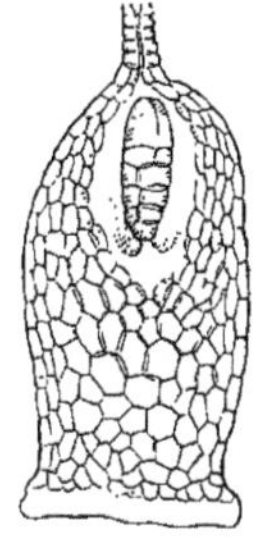

*Calypogeia Trichomanis.*
Archégone (g.).
(M. Gotsche.)

*Pellia epiphylla.*
Archégones.

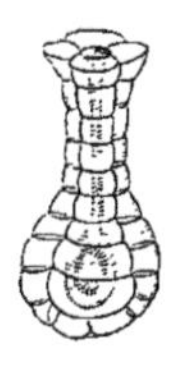

*Fossombronia.*
Archégone.

*Sphærocarpus terrestris.*
Fronde et archégone ouverts (g.).

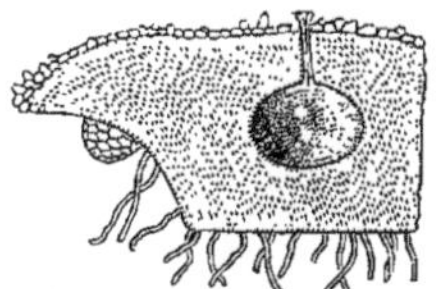

*Riccia Bischoffii.*
Coupe d'une portion de fronde, montrant
les archégones (g.).

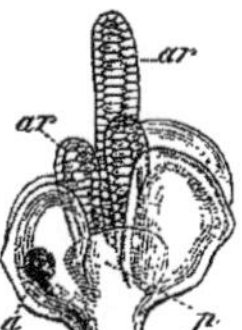


*Radula complanata.*
Inflorescence jeune;
P. Périanthe;
A. Anthéridie;
Ar. Archégones (g.).
(M Grœnland.)

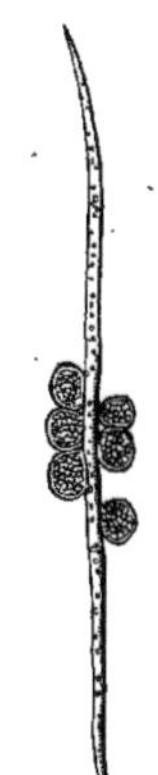

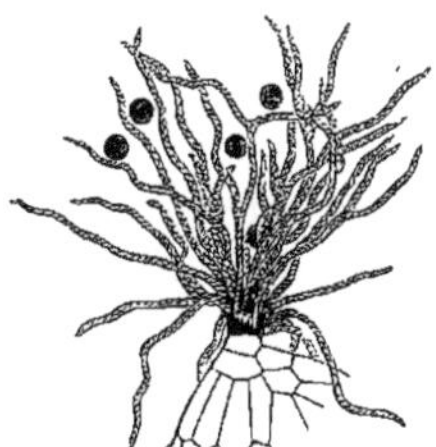

*Metzgeria furcata.*
Fragment de sporange
portant des élatères à spires simples.

*Monoclea Forsteri.*
Fructification univalve.

*Marchantia.*
Cupule à bulbilles (g.).

*Marchantia*
*polymorpha.*
Bulbille isolée
(g.).

*Marchantia.*
Élatère
jeune
et spores
(g.).

Les Hépatiques se partagent en groupes très-naturels, d'après leur mode de végétation : les unes nous offrent des frondes planes, dichotomes, membraneuses, étroitement appliquées sur le sol au moyen de radicelles, et sont ordinairement dépourvues de nervures, mais non de stomates ; plus rarement la fronde membraneuse se contourne en spirale autour d'une sorte d'axe formé par la nervure (*Riellia*). Tantôt au contraire les Hépatiques sont caulescentes, et présentent une tige simple, ou rameuse, couchée, ou dressée et munie de véritables organes appendiculaires ou feuilles. Quelquefois cette tige rampe sur le sol, émet des frondes de distance en distance, et simule alors un rhizôme, ou des coulants (*flagella*). La ramification est en général dichotome, comme dans les *Lycopodes* et les *Fougères ;* mais l'une des branches avorte quelquefois, ou se transforme en ramuscule secondaire flagelliforme.

Les feuilles des Hépatiques caulescentes ont des formes extrêmement variées, mais cependant assez constantes dans chacun des Genres, pour avoir permis aux Botanistes de décrire les Espèces sans avoir sous les yeux leurs organes reproducteurs. Ces petites feuilles, dépourvues de nervures et de stomates, sont opposées, ou alternes, et leur insertion présente un caractère qui les assimile à celles des *Selaginella*. Ordinairement elles sont plus rapprochées à la face supérieure de la tige qu'à la face inférieure, et l'on voit dans les intervalles tournés vers le sol un 3me rang de folioles plus petites, à insertion oblique, nommées *amphigastres*. Lorsque les feuilles sont alternes, leur disposition spirale va de droite à gauche (*Frullania*), ou de gauche à droite (*Lophocolea*). Les feuilles et les amphigastres sont toujours sessiles ; mais les feuilles ne sont pas constamment planes et étalées : elles offrent souvent sur leur face supérieure une sorte de crête ou d'appendice, qui forme avec elle une sorte d'aile (*Gottschea*), ou bien elle présente à sa base un petit pli relevé (*Lejeunia*), ou enfin une sorte de poche ouverte par en haut ou par en bas (*Frullania*). Ces modifications, en apparence très-légères, se rencontrent dans toutes les Espèces d'un même Genre, et la forme de ces pochettes est constante chez la même Espèce.

Les feuilles des *Jungermanniées* sont disposées de telle façon que les lignes d'insertion de deux feuilles consécutives convergent l'une vers l'autre, et représentent un V droit ou renversé.

Dans l'*Anthoceros*, le système végétatif consiste en une simple expansion membraneuse étalée sur la terre.

La forme et la position du périanthe ont servi à diviser méthodiquement les Hépatiques caulescentes du groupe des *Jungermanniées*. Ce périanthe, de structure identique à celle des feuilles, constitue un godet ou une petite urne parfois rétrécie au sommet qui, dans ce dernier cas, se rompt pour livrer passage au sporange. Mais cette sorte de déhiscence présente des différences assez notables : elle se fait en 4 segments à peu près égaux dans le *Marchantia ;* elle se divise en lanières nombreuses dans le *Fimbriaria*. Le périanthe reste à peu près entier et campanulé dans le *Lejeunia*, et de forme cylindrique dans un grand nombre de vrais *Jungermannia ;* il est nul dans quelques Genres, ou remplacé par des feuilles dans le *Gymnomitrium*. — A l'exception des Genres *Marchantia*, *Fimbriaria* et *Preissia*, il est nul dans la Tribu des *Marchantiées*.

Le pédicelle qui supporte le sporange est toujours cylindrique, celluleux, d'une grande délicatesse, ordinairement transparent et incolore ; son élongation est souvent très-rapide.

Dans la plupart des Hépatiques, le périgone ne renferme qu'un seul archégone (*Marchantia*, etc.). Dans les *Jungermanniées*, au contraire, il en renferme toujours plusieurs ; mais tous avortent, excepté un seul ; dans le *Sarcoscyphus*, il s'en développe 2 ou 3.

On donne le nom de *périchèse* ou de *feuilles périchétiales* à l'enveloppe extérieure ou involucre du périanthe. Le périchèse enveloppe primitivement l'archégone avec son appendice styliforme ; le périgone se forme après. Dans les Genres *Calypogeia*, *Harpanthus*, etc., il n'y a qu'un périanthe, et point de périchèse, tandis que dans les *Gymnomitrium*, les *Schisma*, etc., il n'y a qu'un périchèse, et point de périgone.

Les Anthéridies des Hépatiques ont été observées pour la première fois par Schmidel sur le *Jungermannia pusilla*, L. (*Fossombronia*). Chez cette petite Plante, les anthéridies sont libres, courtement pédicellées, et implantées sur la nervure centrale de la fronde. Les cellules qui constituent l'enveloppe renferment des granules d'un beau jaune, qui font ressembler l'anthéridie à un grain de pollen. Lorsque les anthéridies sont arrivées à leur complet développement, on remarque dans les cellules du sommet une turgescence très-prononcée qui indique le moment de la déhiscence. M. *Thuret*, à qui nous empruntons la plus grande partie de ces détails, a observé les phénomènes suivants : les cellules qui forment la moitié supérieure de l'anthéridie se recourbent tout-à-coup en sens inverse de leur courbure première ; il en résulte aussitôt une décoloration complète, et la mise en liberté du contenu de l'anthéridie ; on reconnaît alors la présence d'une membrane ou cuticule qui recouvrait ou reliait les cellules entre elles. Les anthérozoïdes sont flexueux, munis de 2 cils, et les archégones accompagnent les anthéridies.

Dans la Tribu des *Marchantiées*, les anthéridies occupent des réceptacles particuliers de formes très-diverses : tantôt ce sont de petits chapeaux pédicellés, à bords sinués (*Marchantia polymorpha*), ou bien sessiles au bord des frondes (*Fegatella conica*) ; tantôt (*Targionia*) ils forment de petits appendices en forme de tourteaux, qui garnissent les deux côtés de la fronde. Mais, quelle que soit la diversité apparente de ces organes, ils offrent, comme caractère commun, un tissu à superficie mamelonnée, dans lequel chaque protubérance correspond à une anthéridie ovoïde immergée dans le parenchyme du réceptacle, et communiquant au dehors par un petit conduit qui aboutit au sommet du mamelon. Ces anthéridies renferment de très-petites cellules contenant elles-mêmes des anthérozoïdes qui diffèrent de ceux du *Fossombronia* par leur petitesse, la brièveté de leur corps et l'extrême ténuité de leurs cils vibratiles.

Les sporanges sont, ainsi que les anthéridies, réunis sur un réceptacle commun dans lequel ils sont immergés (*Marchantia*) ; quelquefois ce réceptacle est conique (*Fegatella*) ou hémisphérique (*Reboulia*). Dans le Genre *Lunularia*, dont la végétation est identique à celle des Genres précédents, les sporanges sont tubuleux, au nombre de 4, disposés en croix au sommet du pédicelle. Dans les *Jungermannia* les sporanges, d'abord ovoïdes, ou sphériques, s'ouvrent à la maturité en 4 valves qui portent les élatères dans leur milieu. — Les élatères manquent dans la Tribu des *Ricciées*, ils sont très-rudimentaires chez les Anthocérées.

Les spores sont de grosseur et d'aspect divers ; elles sont ovoïdes, ou sphéroïdales, lisses, ou granuleuses, ou hérissées de petites pointes.

## Tribu I. — JUNGERMANNIÉES, *JUNGERMANNIEÆ*.

Plantes aphylles, ou pourvues d'une tige et de feuilles. Archégones et anthéridies naissant à l'extrémité de la tige. Sporange muni d'élatères, privé de columelle.

### GENRES PRINCIPAUX.

§ I. — PLANTES FEUILLUES.

| | | | | | | |
|---|---|---|---|---|---|---|
| *Jungermannia.* | *Lophocolea.* | *Frullania.* | *Calypogeia.* | *Geocalyx.* | *Gymnomitrium.* | *Sendtnera.* |
| *Gottschea.* | *Lejeunia.* | *Sarcoscyphus.* | *Saccogyna.* | *Tricholea.* | *Schisma.* | *Pleuranthe.* |

§ II. — PLANTES APHYLLES.

*Pellia.* | *Blytia.* | *Fossombronia.* | *Metzgeria.* | *Aneura.* | *Symphiogyna.* | *Blasia.*

## TRIBU II. — MONOCLÉÉES, *MONOCLEEÆ.*

Thalle irrégulier ou tige feuillue. Sporange solitaire, s'ouvrant en long, dépourvu de columelles; élatères entraînés avec les spores.

GENRES.

*Monoclea.* | *Calobryum.*

## TRIBU III. — RICCIÉES, *RICCIEÆ.*

Fronde ou thalle à divisions dichotomes parcourues par une nervure médiane. Archégones et anthéridies immergés dans le tissu, ou sessiles à la surface. Sporange dépourvu de columelle et d'élatères.

GENRES PRINCIPAUX.

*Riccia.* | *Ricciella.* | *Riellia.* | *Oxymitra.* | *Corsinia.* | *Sphærocarpus.*

## TRIBU IV. — MARCHANTIÉES, *MARCHANTIEÆ.*

Fronde ou thalle irrégulier à divisions échancrées, sans nervure médiane. Archégones et anthéridies portées à la face inférieure d'une sorte de chapeau pédicellé qui naît aux échancrures du thalle. Sporange muni d'élatères, sans columelle.

GENRES PRINCIPAUX.

| | | | | |
|---|---|---|---|---|
| *Marchantia.* | *Athalamia.* | *Reboulia.* | *Duvalia.* | *Monosolenium.* |
| *Dumortiera.* | *Plagiochasma.* | *Preissia.* | *Cymatodium.* | *Askepos.* |
| *Lunularia.* | *Grimaldia.* | *Fegatella.* | *Targionia.* | *Antrocephalus.* |
| *Sauteria.* | *Fimbriaria.* | | | |

## TRIBU V. — ANTHOCÉRÉES, *ANTHOCEREÆ.*

Fronde ou thalle irrégulier, sans nervure médiane. Archégones et anthéridies dispersés sur le thalle. Sporange siliquiforme, bivalve, muni d'une columelle centrale couverte d'élatères.

GENRES PRINCIPAUX.

*Anthoceros.* | *Nothotylus.*

Les *Hépatiques* diffèrent des *vraies Mousses* par leur port, leur calyptra se rompant au sommet, et engaînant la base des pédicelles, par la structure de leur sporange sans opercule et généralement accompagné d'élatères. — Elles se lient aux *Sphaignes* par le mode de germination, par la forme des anthéridies, l'absence de coiffe normale ou *calyptra;* mais les Sphaignes s'en éloignent par leur port, par la forme de leur sporange toujours muni d'une columelle qui s'efface à la maturité, leurs spores dimorphes, etc.

La plupart des Genres de cette Famille sont cosmopolites ; quelques-uns habitent de préférence les régions tempérées, ou froides. Les Genres *Gottschea*, *Thysananthus*, *Polyotus*, etc., se rencontrent surtout entre les tropiques. Les *Targionia* appartiennent exclusivement aux pays tempérés; le genre *Cymatodium* habite les Antilles. Les deux tiers des *Ricciées* ont été observées en Europe. La plupart des *Anthocérées*, ainsi que le reste de la Famille, sont dispersées par toute la terre.

Quelques Hépatiques sont douées d'une odeur particulière très-pénétrante, propre à certaines Espèces, servant à les caractériser, et d'une saveur un peu âcre. Les anciens regardaient le *Marchantia polymorpha* comme un médicament résolutif, et l'employaient dans les maladies du foie. Le *Marchantia chenopoda* jouit de la même réputation dans l'Amérique tropicale.

# LICHENS, *LICHENES*, *Jussieu.*

PLANTES *acotylédones, cellulaires, vivaces, végétant sur la terre, les pierres, l'écorce, les feuilles des autres Plantes, et même sur d'autres Lichens.* ORGANES DE LA VÉGÉTATION (thalle) *polymorphes, irréguliers, étalés, ou dressés, de consistance et de couleur variées.* ORGANES REPRODUCTEURS *de 2 sortes : les uns* (apothécies), *situés à la surface, ou à la marge, ou dans l'épaisseur du thalle, de forme et de couleur variées, composés de sporanges* (thèques) *renfermant 2 - ∞ spores ; les autres* (spermogonies), *constitués par des conceptacles sphériques plongés dans l'épaisseur du thalle, et voisins des apothécies, tapissés de filaments* (stérigmates) *qui supportent des corpuscules d'une extrême ténuité, transparents, polymorphes* (spermaties), *considérés comme les analogues des anthérozoïdes, mais dénués de motilité.*

Un *Lichen* complet se compose généralement : 1° d'un THALLE ou appareil végétatif; 2° d'APOTHÉCIES ou organes de fructification; 3° de SPERMOGONIES ou organes de fécondation. — Le thalle varie beaucoup de forme, de texture et de couleur; il est toujours dépourvu de stomates; sa consistance est ordinairement sèche, coriace; quelquefois gélatineuse. Il est dit *foliacé* lorsqu'il offre des expansions lobées, laciniées, peltées, etc. Il est dit *fruticuleux* lorsqu'il se dresse en prenant une forme cylindracée, et qu'il se ramifie (*Roccella, Cladonia*, etc.); *filamenteux* quand ses ramifications sont molles et couchées (*Ephebe, Evernia, Cornicularia*, etc.); *crustacé* lorsqu'il forme soit à la surface du sol, soit à celle des corps organiques ou inorganiques qui le supportent, des sortes de croûtes plus ou moins friables (*Opegrapha, Endocarpon*). On le dit *hypophléole* lorsqu'il se cache sous l'épiderme ou entre les fibres des arbres (*Verrucaria, Xylographa*, etc.). — Sa couleur est très-variée : il est gris, blanc, jaune, rouge, noir, et prend ordinairement une teinte verdâtre lorsqu'il est humecté.

Quant à sa structure anatomique, le THALLE est formé dans son épaisseur de trois ou quatre couches d'éléments différents : 1° une couche *corticale;* 2° une couche *gonidiale;* 3° une couche *médullaire;* 4° quelquefois une couche inférieure, d'où naissent les filaments radicellaires, et qu'on a nommée *hypothalle.*

1° La couche *corticale* est ordinairement formée de cellules incolores à parois plus ou moins épaisses; sa surface présente en outre une sorte de croûte amorphe, diversement colorée, et nommée *épithalle.*

2° La couche *gonidiale* est située immédiatement au-dessous de la couche corticale; les éléments qui la constituent sont continus, ou disjoints, et se présentent sous la forme de granules (*gonidies*) de couleur verte ou olivâtre. La présence de ces gonidies distingue le tissu des *Lichens* de celui des *Champignons*, qui en est toujours dénué.

3° La couche *médullaire* présente trois modifications principales : elle est *feutrée*, c'est-à-dire composée de filaments étroitement enchevêtrés; *crustacée* lorsque les filaments, plus rares, sont accompagnés de molécules blanches entremêlées de nombreux cristaux d'oxalate de chaux; on la dit *celluleuse* quand elle est constituée par des utricules arrondies ou anguleuses, associées aux filaments.

4° La couche inférieure ou *hypothalle* est d'une couleur ordinairement plus foncée que la couche supérieure : elle se couvre en outre de poils radicellaires, auxquels on a donné le nom de *rhizines.*

Le thalle ou fronde de quelques Espèces (*Collema*, etc.) offre une structure plus simple et paraît réduit à deux membranes séparées par une masse mucilagineuse, au milieu de laquelle sont suspendus des filaments.

Les APOTHÉCIES, tantôt occupent la surface du thalle, sur lequel elles se montrent sessiles, ou stipitées; tantôt elles sont enfoncées dans son tissu. Dans le premier cas, elles sont discoïdes, ou scutelliformes, ou patelliformes (*Usnea*, etc.), ou linéaires-allongées (*Opegrapha*), ou globuleuses (*Roccella*); dans le second cas, elles forment une sorte de poche ou conceptacle occupant l'épaisseur du thalle. Il est très-rare de voir les apothécies de la même couleur que le thalle; elles sont ordinairement noires, ou brunes, ou présentent toutes les nuances intermédiaires entre le jaune clair et le rouge vif; on n'en connaît pas de bleues. Leur grandeur est très-variable : les plus petites mesurent au plus 0mm,1; les plus grandes atteignent quelquefois plus de 0m,03 (*Nephroma*). — Les apothécies se composent de *sporanges* (*thèques*) qui contiennent les *spores* ou semences des Lichens. Ces thèques, plus ou moins pressées les unes contre les autres, sont ordinairement accompagnées de filaments épaissis à leur sommet (*paraphyses*).

Les sporanges ou thèques sont de grosses vésicules oblongues, ou cylindriques, ou ovoïdes, à base amincie, et fixée à une couche d'un tissu spécial plus dense que celui de la couche moyenne du thalle (*hypothecium*).

Les dimensions des sporanges varient beaucoup avec l'âge, selon les Genres et les Espèces, et le nombre des spores qu'ils renferment. Leur paroi est formée par une membrane assez épaisse, surtout dans le jeune âge, d'une ténuité extrême dans certains Genres; dans quelques autres elle atteint 0mm,010, et c'est en général le sommet du sporange qui présente la plus grande épaisseur. Elle persiste après l'émission des spores.

Les spores sont en nombre régulier dans chacun des sporanges, et ordinairement on en compte 8, assez rarement 6-4-2, ou bien 1. Quelquefois, au contraire, le sporange contient 20-100 spores, et au delà. On conçoit que ces spores présentent à leur tour des variations considérables de volume en raison de leur nombre. Dans les thèques 8-spores, ces corpuscules mesurent, en longueur, de 0mm,007 à 0mm,040, leur épaisseur étant de 0mm,002 à 0mm,018. Les plus petites connues ne dépassent pas 0mm,001, sur une épaisseur de moitié moindre. — Les spores sont ellipsoïdes, ou ovoïdes, ou fusiformes, ou oblongues-cylindriques; elles sont simples, ou cloisonnées et 2-3-4-∞-loculaires. On y distingue deux couches, l'externe ou *épispore*, et l'interne ou *endospore*. L'épispore est en général extrêmement mince, et ne se dessine que par un contour à peine perceptible. — La coloration des spores est toujours déterminée par celle de l'épispore même; la couleur blanche est la plus ordinaire. L'iode les colore souvent en bleu, mais dans tous les cas c'est l'épispore seul qui se teint. — L'émission des spores se fait par une sorte de contraction particulière du sporange, de la même manière que dans les *Helvelles*, les *Pézizes* et la plupart des *Champignons* du groupe des *Ascophorées*. — A leur germination, les spores des Lichens produisent, comme les Champignons, un lacis filamenteux.

Les SPERMOGONIES sont de petits conceptacles immergés dans les couches superficielles du thalle, rarement logés dans des tubercules particuliers, communiquant au dehors par un petit orifice, et renfermant des filaments simples, ou articulés (*stérigmates*), qui donnent naissance à de petits corpuscules arqués, oblongs, ou linéaires, ou aciculaires (*spermaties*), auxquels on attribue le rôle d'agents fécondateurs. Les spermaties sont d'une ténuité extrême; les plus grosses présentent 0mm,011 à 0mm,018; les plus petites mesurent 0mm,001 en longueur, sur une épaisseur de moitié moindre : elles ne paraissent douées d'aucun mouvement, et ne possèdent aucun organe de locomotion.

Bien que les lichénographes soient d'accord pour considérer les spermaties comme les analogues des anthérozoïdes, on se rend difficilement compte de leur action sur les spores. On a même remarqué que, dans quelques Genres, les individus d'une même Espèce sont les uns pourvus, les autres privés de spermogonies : à ce point de vue, certaines Espèces seraient *dioïques*, au lieu d'être *monoïques*, comme la plupart des Lichens. On en voit un exemple dans le Genre *Ephebe*, dont les Espèces peuvent être considérées comme monoïques, ou dioïques, selon que les spermogonies et les apothécies sont réunies sur le même individu, ou possédées séparément par des invidus différents.

On a donné le nom de *pycnides* à de petites protubérances conceptaculiformes, ressemblant aux spermogonies, mais en différant par des produits moins abondants, plus volumineux, et par leur propriété germinative. Leur origine et leurs fonctions sont encore enveloppées d'obscurité. M. Tulasne les considère comme des appareils supplémentaires de propagation.

M. Nylander, à qui nous avons emprunté la plus grande partie des notions qui précèdent, a partagé les Lichens en plusieurs Familles qui, à notre avis, ne peuvent être que des Tribus formant trois groupes fort inégaux relativement au nombre des Genres qu'ils comprennent : ce sont les *Collémacées*, qui en comptent une quinzaine; les *Myriangiacées*, représentées par le seul Genre *Myriangium*, et les *Lichinacées* proprement dites, qui en renferment une centaine.

A la Tribu des *Collémacées* appartiennent les Genres *Gonionema*, *Spilonema*, *Ephebe*, *Synalyssis*, *Paulia*, *Collema*, *Leptogium*, *Obryzum*, etc.

La Tribu des *Myriangiacées* se compose du Genre *Myriangium*.

La Tribu des *Lichinacées* proprement dites se divise en 6 sections :

1re *Épiconiodées*. — Genres : *Calycium*, *Coniocybe*, *Sphærophoron*, *Acroscyphus*.

2e *Cladoniodées*. — Genres : *Bæomyces*, *Cladonia*, *Stereocaulon*.

3e *Ramalodées*. — Genres : *Roccella*, *Siphula*, *Usnea*, *Alectoria*, *Evernia*, *Ramalina*, *Citraria*.

4e *Phyllodées*. — Genres : *Nephroma*, *Peltigera*, *Solorina*, *Sticta*, *Parmelia*, *Physcia*, *Umbilicaria*.

5e *Placodées*. — Genres : *Squamaria*, *Placodium*, *Lecanora*, *Urceolaria*, *Pertusaria*, *Thelotrema*, *Lecidea*, *Opegrapha*, *Chiodecton*.

6e *Pyrénodées*. — Genres : *Endocarpon*, *Verrucaria*, *Endococcus*, *Trypethelium*, etc.

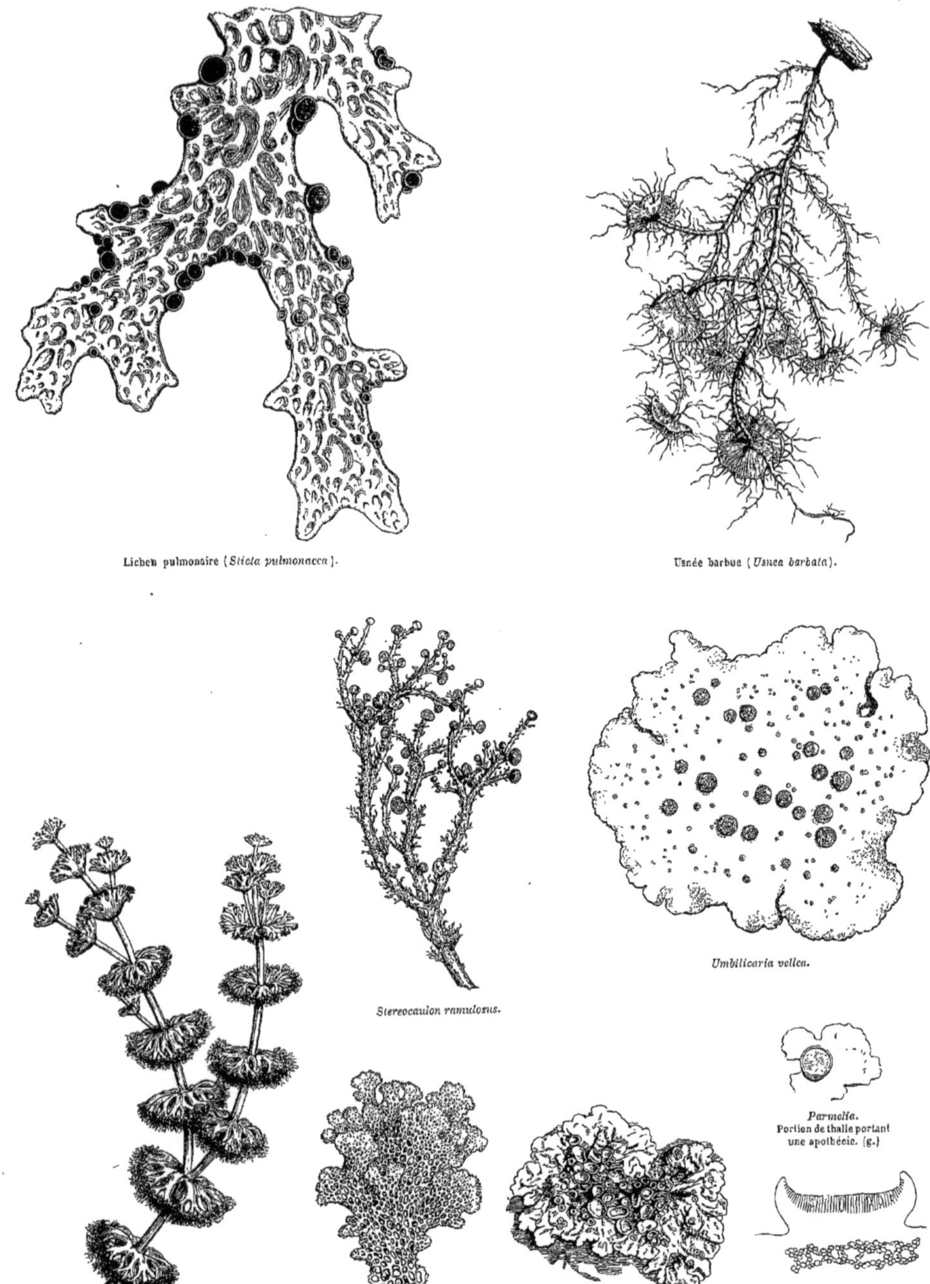

Lichen pulmonaire (*Sticta pulmonacea*).

Usnée barbue (*Usnea barbata*).

*Stereocaulon ramulosus.*

*Umbilicaria vellea.*

*Parmelia.*
Portion de thalle portant une apothécie. (g.)

*Parmelia tiliacea.*
Coupe verticale d'une apothécie. (g.)

Cladonie verticillaire (*Cladonia verticillaris*).

*Cladonia retipora.*

Lichen des Tilleuls (*Parmelia tiliacea*).

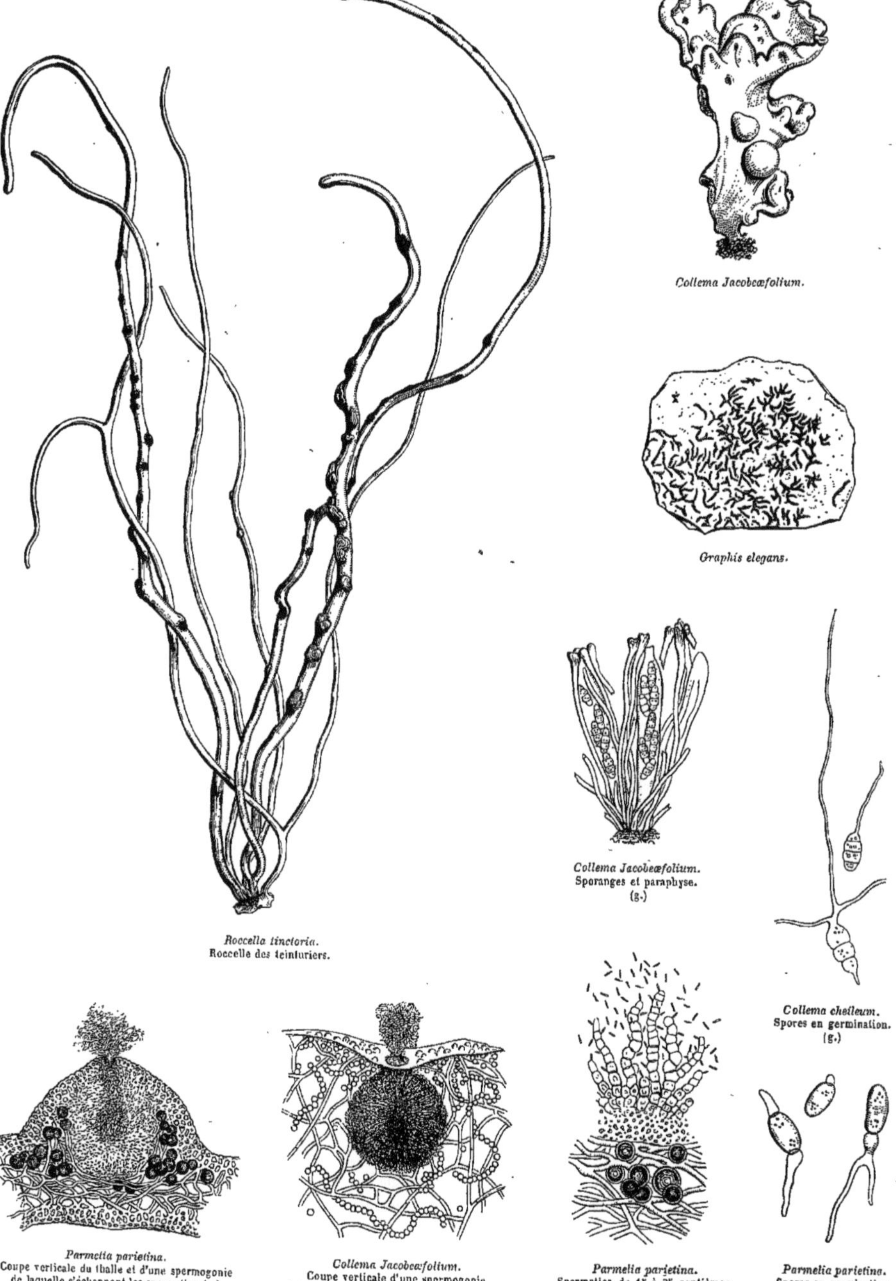

*Collema Jacobeæfolium.*

*Graphis elegans.*

*Collema Jacobeæfolium.*
Sporanges et paraphyse.
(g.)

*Roccella tinctoria.*
Roccelle des teinturiers.

*Collema cheileum.*
Spores en germination.
(g.)

*Parmelia parietina.*
Coupe verticale du thalle et d'une spermogonie de laquelle s'échappent les spermaties. (g.)
(M. Tulasne.)

*Collema Jacobeæfolium.*
Coupe verticale d'une spermogonie de laquelle s'échappent les spermaties. (g.)
(M. Tulasne.)

*Parmelia parietina.*
Spermaties de 15 à 25 centièmes de millimètre.
(M. Tulasne.)

*Parmelia parietina.*
Spores en germination.
(g.)

Mais aujourd'hui plusieurs Botanistes sont portés à réunir aux Lichens le groupe entier des *Champignons thécasporés*, qui n'en diffèrent par aucun caractère de quelque importance, si ce n'est qu'ils sont dépourvus de la couche gonidiale; l'absence d'oxalate de chaux dans le tissu des Champignons, sur laquelle on avait fondé la séparation des deux groupes, ne peut être invoquée, puisque depuis longtemps déjà Dawson Turner, Tripier et Steinheil avaient constaté chimiquement la présence de ce sel dans certains *Bolets* (*Boletus sulfureus*, etc.). L'action de l'iode, qui bleuit les sporanges de la plupart des Lichens, ne nous semble pas suffisante pour établir une ligne de démarcation entre les Lichens et les Champignons thécasporés.

Notre opinion est corroborée par celle d'un savant Botaniste, M. le Dr Léveillé, dont les travaux font autorité dans toutes les questions relatives à la cryptogamie qui nous occupe, et qui a bien voulu écrire à l'un de nous une lettre dont nous extrayons les principaux passages :

« Vous me demandez, mon cher Decaisne, la différence qu'il y a entre les *Lichens* et les *Champignons thécasporés :* la question est nettement posée, il n'y a pas à tourner. Je vous dirai que je l'ai souvent abordée moi-même et que j'ai vu des différences si minimes, que j'ai toujours regretté que ces Végétaux ne fussent pas réunis sous un même chef. Les paraphyses, les thèques et les spores ne présentent aucune différence. L'*hypothalle* des Lichens correspond au *mycelium* des Champignons : comme lui il s'étale à la surface des corps, se développe sous l'épiderme des Plantes, dans l'épaisseur des tissus, dans la terre. Le réceptacle (*apothécie*) des Lichens varie autant pour la forme que celui des Champignons : il est tantôt superficiel, tantôt plongé dans les tissus; mais dans les Lichens, il est toujours, comme le thalle, de nature coriace. Dans les Champignons il l'est souvent aussi, et dans les *Pézizes* il est charnu, aqueux, et friable comme de la cire. La surface du réceptacle (*epithecium*) est nue dans les Champignons; l'extrémité des paraphyses, qui souvent fait saillie et colore le disque, passe rapidement et disparait avec le Champignon. Dans les Lichens, au contraire, l'*epithecium* est un état normal; il est formé, non-seulement par le renflement de l'extrémité saillante des paraphyses, mais par une matière granuleuse et persistante. De plus, le réceptacle des Champignons n'a qu'une durée limitée; mais pour les *Sphéries*, qui persistent longtemps, sans pour cela être vivaces, les conceptacles n'ont que la durée d'une année au plus. Les *Sphéries*, développées et fructifiées une fois, ont accompli leur existence; vous ne les voyez pas végéter de nouveau. Chez les Lichens les choses se passent autrement : leur réceptacle est vivace; il peut durer plusieurs années, et peut toujours être en état de fructification naissante, parfaite et totalement accomplie; cette pérennité du réceptacle a été signalée par Meyen, et je me suis assuré du fait sur le *Parmelia parietina ;* je dis plus, ce réceptacle a la faculté de produire tous les ans de nouvelles thèques, je m'en suis assuré par des expériences, à Paris, sur le *Parmelia parietina*, et en Corse, sur le *Parmelia Lagascæ*. Enfin j'ai vu ici, à Montmorency, le *Lecanora sulphurea*, dont les disques (*thecium*) avaient été détruits par des limaces, reproduire un nouveau *thecium*. Ce phénomène des organes de la reproduction, ajouté au caractère du thalle des Lichens, et l'existence tout au plus annuelle des *Sphéries* même les plus composées, forment pour moi un caractère biologique des plus curieux et des plus importants. Malheureusement c'est moi qui l'ai mis en lumière et établi : il n'est pas coté à la Bourse de la science.

« Comment distinguerons-nous un Lichen d'un *Champignon ascosporé*, puisque les organes de la reproduction se ressemblent? Cette différence, nous ne pouvons la trouver que dans le thalle; mais s'il est crustacé, écailleux, filamenteux, etc., dans les Lichens et dans les *Sphéries*, n'oublions pas cependant que le thalle a toujours été et sera toujours la partie caractéristique des Lichens, d'autant mieux qu'elle n'appartient qu'à eux. Le point principal est donc d'établir la différence entre le thalle des Lichens et le *stroma* des Champignons. Que celui-ci représente des ramifications, que celui-là représente un simple coussinet, la chose est indifférente. Le thalle des Lichens présente toujours 3 couches : la corticale, la gonidiale et la médullaire ; les *Sphéries*, au contraire, n'en présentent que 2 : la couche gonidiale manque toujours ; c'est une vérité anatomique qu'il faut, bon gré mal gré, adopter.

« Ces gonidies, par leur présence, lèvent la difficulté, quand il y a doute sur la nature d'un Champignon ou d'un Lichen. Si j'avais songé à constater sa présence, je n'aurais pas décrit l'*Ascroscyphus* comme un Champignon, j'aurais vu de suite que c'était un Lichen : vous serez forcé de tenir compte des gonidies comme caractère propre aux Lichens. Elles jouent d'ailleurs un assez grand rôle chez les Lichens pour qu'on ne les oublie pas : leur présence constante dans presque tous les Lichens, leur forme, leur couleur verte, méritent certainement qu'on ne les passe pas sous silence. Quel est leur rôle dans l'économie des Lichens? Ne seraient-elles pas pour quelque chose dans la respiration de ces Végétaux, dans la formation des principes colorants qu'ils fournissent, dans la faculté de donner naissance à de nouveaux Lichens? Leur éruption à travers l'épiderme sous la forme de *soridies*, le changement de couleur qu'elles éprouvent quelquefois au contact de l'air, sont autant de points qui commandent l'attention : nous n'avons rien de semblable chez les Champignons thécasporés.

« Le thalle des Lichens est très-hygrométrique, tant qu'il jouit de la vie; il se dilate ou se contracte suivant l'humidité, verdit sans présenter d'altération ; mais s'il est mort et qu'on le mouille, il change de couleur presque à chaque fois. C'est probablement à cette hygrométricité, qui s'exerce surtout pendant la nuit, que les Lichens doivent la conservation de leur vie dans les pays où la sécheresse n'a pas d'interruption, ou quand ils ont pris naissance sur des pierres dures, imperméables à l'eau, ou sur du fer, ou sur des lames de verre, comme vous l'avez vu avec moi à la crypte de l'église de Jouarre.

« Le thalle des Lichens n'est jamais visqueux, ce qui est très-commun chez les Champignons proprement dits; mais je dois vous dire que je n'ai vu que très-peu d'*ascophorés* visqueux (*Geoglossum viscosum*, *glutinosum*).

« Les Lichens, surtout ceux dont le thalle est crustacé, ou appliqué sur les pierres, ont une grande tendance à se colorer si les pierres renferment de l'oxyde de fer ou de manganèse; ils prennent alors une teinte ferrugineuse, teinte qui a contribué à faire établir de mauvaises Espèces.

« Les Champignons thécasporés peuvent se développer presque partout, dans les endroits humides ou privés de lumière; les Lichens aiment la grande lumière et paraissent indifférents à la nature de leur support; les Champignons thécasporés sont plus difficiles; ils aiment surtout le bois, ils vivent en parasites sur des insectes, sur des Champignons, sur le *Seigle ergoté ;* l'habitation, comme vous le voyez, sans être un caractère, a sa petite importance. Les Lichens puisent leur nourriture dans l'air, dans l'eau du ciel : le *Lecanora* de Pallas le prouve incontestablement.

« Nylander indique comme caractère d'un Lichen : la coloration en bleu ou en rouge par l'iode; la présence de l'oxalate de chaux; la présence de grains d'amidon discoïdes, ou lenticulaires; la présence de gonidies, qui manquent souvent.

« La coloration en bleu ou en rouge est pour moi un phénomène plus curieux que caractéristique. Comme le thalle des Lichens contient de l'amidon, et que les Champignons n'en contiennent jamais, on peut facilement reconnaître le thalle d'un Lichen à ce bleuissement; mais quand il s'agit des parties de la fructification, on voit dans les Lichens, de même que dans les Champignons, l'influence de l'iode se manifester tantôt sur la substance interne du conceptacle, tantôt à l'extrémité des paraphyses, tantôt sur toutes les thèques, ou seulement à leur extrémité. Les spores s'en ressentent aussi quelquefois.

« La présence de l'oxalate de chaux dans les Lichens peut avoir de l'importance ; mais, comme vous me le dites, il existe aussi dans les Champignons ; il faut avoir examiné bien superficiellement ces derniers pour ne pas avoir rencontré des cristaux d'oxalate de chaux. Les *Clavaires* surtout en présentent une grande quantité.

« Un mot seulement sur les Lichens et les Champignons qui vivent en parasites sur le thalle des Lichens. Ces productions n'ont ni *mycelium*, ni thalle. M. Tulasne en fait des Lichens, probablement parce qu'ils bleuissent par l'iode ; d'autres n'y voient que des Champignons, parce qu'ils n'ont pas de thalle. Comment s'accorder ? On y voit, il est vrai, des gonidies, mais ces gonidies appartiennent au thalle du Lichen sur lequel ils vivent.

« Maintenant nous allons aborder un autre chapitre, celui des *spermogonies*, ou mieux des *spermatogonies*. Je ne vous engage pas à adopter ce nom, par la raison qu'un conceptacle, qu'il soit masculin ou féminin, est toujours un conceptacle. De même que l'on dit : *flores masculi, flores fœminei*, on peut dire *conceptaculum masculinum, fœmineum*. Je pense toutefois que vous pouvez adopter le nom de *spermatie*, quoiqu'on ne les observe pas sur tous les Lichens, et quoique des Botanistes s'obstinent à les regarder comme des Champignons parasites, parce qu'elles ont l'air de jouer un rôle très-réel dans l'économie des Lichens, et qu'elles complètent parfaitement bien une description ; mais je désirerais que le point d'interrogation (?) accompagnât *conceptaculum masculinum*.

« Je vous engage encore à vous servir du mot *thèque* de préférence au mot *asci* (*ascosporées*). Fries, le *summus magister*, a dit quelque part qu'il ne se servirait jamais du mot *theca*, et toujours de celui d'*asci*. Voyez comme il est facile de s'entendre, quand il ajoute à ces mots les désignations suivantes : *asci, ascelli, ascidii primarii, constitutivi, reproductorii, liberi, fixi, diffluentes, persistentes, emersi, semi-emersi, immersi, inclusivi, suffultorii, sporophori*, etc., etc. Je vous épargne le reste : tout cela veut dire qu'il n'y a qu'une cellule modifiée à l'infini.... »

Les Lichens s'observent sous tous les climats, mais leur nombre s'accroît en avançant de l'Équateur aux régions polaires ; ils croissent, en général, avons-nous dit, sur la terre, les pierres, les feuilles, les écorces et les autres Lichens ; ils végètent aussi sur les mousses, le bois mort, les os, le cuir, le vieux fer, les vieilles vitres des églises de campagne, qu'ils décomposent séculairement, sous l'influence de l'humidité, en y puisant, un peu de potasse : tel est surtout le *Parmelia parietina*, qui s'accommode de toute espèce de support. Les uns recherchent les roches calcaires, les autres, les roches granitiques ; quelques Espèces habitent les rochers mouillés par la mer (*Lichina, Roccella*).

Le *Lichen comestible* (*Lecanora esculenta*) est cité dans la lettre de M. Léveillé à l'appui de l'opinion qui établit que les Lichens tirent leur nourriture de l'atmosphère. Le thalle de cette Espèce est arrondi en petites mottes de la grosseur d'une aveline ; l'intérieur est blanc, crustacé ; la surface, grise, inégale, ridée, offre des verrues élargies en lobes : ces lobes se recouvrent irrégulièrement, mais ils sont évidemment originaires d'un germe qui s'est développé du centre vers la périphérie, et qui par suite de l'entrelacement précoce des ramifications, ou plutôt de leur destruction, a formé un corps solide à l'intérieur et imparfaitement foliacé à l'extérieur. Ce Lichen, qui a été observé en Algérie, se rencontre fréquemment dans les montagnes les plus arides du désert de Tartarie, dont le sol est calcaire et gypseux, et gît sur le sol parmi les cailloux, dont on ne le distingue qu'avec des yeux exercés. On en trouve d'abondantes quantités dans les déserts des Kirghizes, au sud de la rivière Jaïk, à la base des collines gypseuses qui ceignent les lacs salés. Le voyageur Parrot a rapporté des échantillons de ce Lichen qui, au commencement de l'année 1828, tomba comme de la pluie en plusieurs contrées de la Perse ; on lui assura que le sol en avait été couvert à une hauteur de deux décimètres ; que les bestiaux en avaient mangé avec avidité, que les indigènes l'avaient recueilli comme une manne tombée du ciel, et en avaient fait du pain. Le naturaliste Pallas et le professeur Eversmann, qui l'ont observé sur les lieux, n'ont jamais rencontré un seul échantillon qui fût fixé à un support quelconque ; ils en ont recueilli qui étaient de la grosseur d'une tête d'épingle ; tous étaient libres, et ne tenaient à aucun corps. Eversmann conjectura que ce Lichen avait dans le principe germé autour d'un grain de sable, qu'il avait ensuite englobé ; mais l'observation n'ayant pas confirmé cette hypothèse, il a été porté à admettre que le premier germe de ce Lichen s'étend originairement dans tous les sens, et ne puise sa nourriture qu'au sein de l'air ambiant.

Les Lichens, contenant pour la plupart une certaine quantité de fécule, peuvent, comme le *Lecanora esculenta*, contribuer plus ou moins à l'alimentation de l'homme, ou des animaux : tel est le *Lichen des rennes* (*Cenomyce rangiferina*) qui sert de pâture, dans les régions boréales, aux troupeaux de rennes et à quelques autres mammifères herbivores. — Le *Lichen d'Islande* (*Cetraria Islandica*) et la *Pulmonaire de Chêne* (*Sticta pulmonacea*) contiennent un principe amer et mucilagineux qui les fait employer en médecine dans les maladies du poumon. — Le *Variolaria amara* et plusieurs Espèces de *Parmelia* sont usités en certains pays comme fébrifuges et anthelminthiques. Le *Peltigera canina* entrait jadis dans la composition d'un remède contre la rage canine. — Les Lichens fournissent aussi aux arts des Espèces contenant des matières tinctoriales : tel sont les *Roccella*, les *Lecanora tartarea* et *Parella*, le *Parmelia saxatilis*, qui donnent les *orseilles* et les *parelles* du commerce.

Les Lichens remplissent en outre un rôle important dans l'économie de la nature. On peut dire qu'ils ont été, avec les *Mousses*, les premiers défricheurs du sol, ou plutôt qu'ils ont créé le sol lui-même sur les grandes masses minérales du globe. C'est de leurs détritus que se forme encore aujourd'hui sur les rochers les plus arides la première couche d'*humus* ou terreau, dans lequel ne tardent pas à s'enraciner des Plantes d'un ordre plus élevé, dont les débris, s'accumulant pendant des siècles, forment à la longue un sol capable de soutenir et d'alimenter les plus grands Végétaux.

On croit généralement que les Lichens, de même que les Mousses, nuisent aux arbres sur lesquels ils végètent : cette opinion ne s'appuie sur aucune preuve sérieuse.

Nous trouvons dans un mémoire publié récemment par M. le docteur Lortet des détails très-intéressants relatifs à l'action de l'électricité sur les spermaties des Lichens et des Champignons ; l'électricité statique, non plus que la voltaïque, n'exercent aucune influence sur ces organes, mais l'électricité développée par un appareil à induction présente à l'observateur un phénomène des plus curieux.

Les spermaties, selon M. Lortet, qui adopte en cela l'opinion de M. Itzigsohn, sont douées de mouvements très-actifs : contrairement à la manière de voir de la plupart des Botanistes, qui regardent ces mouvements comme une *trépidation brownienne*, M. Lortet ne reconnaît aucune différence entre ces mouvements et la motilité des anthérozoïdes, bien que les plus forts grossissements ne lui aient pas fait apercevoir des cils vibratiles apparents sur les spermaties. Quoi qu'il en soit, ces corpuscules, mis dans l'eau, exécutent deux mouvements extrêmement vifs, l'un de trépidation, qui agite l'organe sur lui-même, et l'autre de translation, qui lui permet de parcourir en peu de temps un chemin assez considérable. La plaque de verre qui sert de porte-objet est creusée de deux sillons se croisant à angle droit ; dans chaque sillon est mastiqué solidement un fil métallique ; ces fils laissent au milieu de la plaque de verre un espace libre où nagent les corpuscules ;

l'appareil à induction est une bobine dont le générateur est un simple élément de bichromate de potasse. Toutes choses étant ainsi disposées, il est facile de faire passer les courants induits dans le liquide de la préparation entre la lame qui la supporte et la lamelle de verre qui la recouvre. — Les anthérozoïdes des *Hépatiques* et des *Mousses* ne sont nullement influencés par les courants induits; leurs mouvements ne sont pas modifiés et leur position respective reste la même, bien qu'ils soient sur le passage d'un courant violent. Mais il n'en est pas de même des spermaties des Lichens et des Champignons : à l'instant où l'on met les petits fils incrustés sur le porte-objet en contact avec les réophores de la bobine d'induction, les milliers de spermaties visibles à la fois dans le champ de l'instrument se placent parallèlement au courant, c'est-à-dire dirigent leur grand diamètre dans le sens d'une ligne droite qui s'étendrait d'un réophore à l'autre; leurs mouvements de translation sont alors tout à fait arrêtés ; leur trépidation se manifeste toujours, mais faiblement. Si, au moyen des deux autres fils incrustés dans la plaque de verre, on fait passer l'électricité dans une direction perpendiculaire à la première, on voit toutes les spermaties changer de position et se placer instantanément dans ce sens. Au lieu de se toucher bout à bout, sous l'influence du courant, comme si elles s'attiraient les unes les autres, elles ne se placent que parallèlement entre elles et au courant. Si on diminue peu à peu le courant, son influence ne se fait plus sentir au milieu de la préparation; là, les spermaties reprennent leurs mouvements et des positions irrégulières; vers les deux réophores, l'action du courant continue à se manifester, et l'alignement persiste. Si l'on arrête tout à fait le courant, tous les corpuscules se dispersent dans tous les sens; dès qu'il recommence, l'alignement se produit de nouveau, et peut durer des heures entières sans aucune modification. — Lorsque le courant induit passe, il n'y a pas transport de liquide, puisque à chaque changement de direction il n'y a nullement progression des spermaties : elles restent immobiles dans l'eau qui les contient et ne font que pivoter sur elles-mêmes. Cet alignement singulier ne peut provenir que d'une polarisation semblable à celle qu'on fait naître par induction dans plusieurs conducteurs métalliques placés les uns près des autres.

# CHAMPIGNONS, *FUNGI*, *Jussieu*, *Persoon*, etc.

## HYMENOMYCETES, *Fries*. DISCOMYCETES, *Fries*. GASTEROMYCETES, *Fries*. PYRENOMYCETES, *Fries*. HYPHOMYCETES, *Link*. GYMNOMYCETES, *Link*.

PLANTES *acotylédones, cellulaires, de durée, de forme et de consistance très-variées, épigées, ou hypogées, le plus ordinairement parasites sur des organismes languissants végétaux ou animaux, sur l'écorce des arbres, à la surface ou à l'intérieur des feuilles, et même sur d'autres Champignons, vivant très-rarement sur les pierres, ou dans l'eau, recherchant l'ombre, toujours dépourvues de fronde, de stomates et de matière verte.* ORGANE DE LA VÉGÉTATION (mycélium), *le plus souvent souterrain, composé de cellules allongées, isolées, ou réunies soit en filaments, soit en membranes.* ORGANE DE LA FRUCTIFICATION, *naissant du mycélium, sessiles ou pédicellés, nus, ou renfermés dans une enveloppe particulière, de formes très-variées et portant les spores à l'intérieur ou à l'extérieur.* SPORES *tantôt portées par des basides, tantôt renfermées dans des sporanges (thèques) formées le plus souvent de 2 membranes, toujours (?) privées de motilité.*

Les *Champignons*, qui constituent avec les *Lichens* le groupe des Cryptogames privées d'archégones, sont des Végétaux polymorphes, éphémères, ou annuels, ou vivaces, toujours privés de matière verte; composés soit de filaments, soit d'un tissu lâche, ou serré, pulpeux, ou charnu, rarement de consistance ligneuse, quelquefois pourvus de vaisseaux propres renfermant un suc laiteux blanc, jaune, ou orangé.

Ils croissent à l'air, ou sous terre, sur les matières végétales ou animales en décomposition, et vivent en parasites aux dépens d'un grand nombre de Plantes phanérogames, et même sur d'autres Champignons; quelques-uns se développent chez les Animaux vivants, et les médecins les accusent d'être la cause de plusieurs maladies. On les observe très-rarement sur les pierres, ou dans l'eau. Ils n'offrent aucune partie qui permette de les comparer aux Phanérogames; on y chercherait en vain des organes comparables à des feuilles ou à des fleurs.

Parmi les Végétaux acotylédonés, ils se rapprochent des *Algues* par leur partie végétative, et des *Lichens* par la fructification; mais ils n'offrent jamais de frondes; on ne connaît toutefois aucun Champignon qui puisse se comparer à une Algue uni-cellulaire.

Dans un Champignon proprement dit on doit distinguer le *mycélium*, la *volve*, le *stipe* ou *pédicule*, le *réceptacle* ou *chapeau*, le *conceptacle*, les *basides*, les *thèques* et les *spores*.

Le *mycélium* remplit à la fois les fonctions de racine et de tige : la substance nommée vulgairement *blanc de Champignon* en offre un exemple remarquable. Produit par la végétation des spores, il se compose de cellules, libres dans l'origine, de couleur variable, plus ou moins allongées, et quelquefois en si faible quantité qu'on ne peut le distinguer : il se présente, lorsqu'il a atteint son complet développement, sous quatre formes différentes : 1° composé de cellules allongées, rameuses, isolées, ou disposées en cordon; il est dit *filamenteux* ou *nématoïde;* 2° composé de cellules réunies en membrane de consistance diverse, il constitue le mycélium *membraneux* ou *hyménoïde;* 3° lorsqu'il offre l'aspect d'un corps mou et pulpeux, ramifié ou grumeleux, il prend le nom de mycélium *pulpeux* ou *malacoïde :* dans ce cas, les granulations qui le composent rappellent assez exactement certains Animaux infusoires nommés *Amibes,* ou la substance à laquelle on a donné le nom de *sarcode;* ce mycélium, placé dans l'eau, végète, mais ne fructifie pas. Enfin la 4e forme de mycélium est celle de tubercules globuleux, ou aplatis, réguliers ou irréguliers, de consistance ferme, de structure homogène, et composés de cellules extrêmement petites : alors le mycélium est dit *tuberculeux* ou *scléroïde.* Cette 4e forme, dont le rôle est très-important dans la vie végétative des Champignons, n'est que transitoire; elle procède toujours d'un état filamenteux; l'on peut comparer le mycélium scléroïde aux tubercules de la *pomme-de-terre* et non à une véritable tige souterraine; sa vie est véritablement latente, et ne se conserve que par la nature hygrométrique de son tissu. Quand la saison est favorable, le mycélium *scléroïde* se pénètre d'humidité, et donne immédiatement naissance à un Champignon parfait, ou à un mycélium *nématoïde,* d'où naissent également des individus complets : ce mycélium se comporte comme l'albumen d'une graine amylacée, ou comme un tubercule qui s'épuise à mesure que la Plante grandit, et ne laisse enfin qu'une membrane corticale : c'est ainsi que l'*Agaricus tuberosus* provient du *Sclerotium cornutum,* l'*A. racemosus* du *S. lacunosum,* le *Clavaria phacorrhiza* d'un *S.* innominé; il en est de même de certaines *Pézizes,* telles que les *Peziza tuberosa, Candolleana,* etc., et d'une *Moisissure* (*Botrytis cinerea*) qui naît indifféremment de divers *Sclérotes,* que l'on a décrits sous les noms de *Sclerotium durum, compactum, medullosum,* etc. Le mycélium est remarquable par la faculté qu'il possède de se conserver, et de végéter longtemps après avoir été récolté; mais dès que, placé dans des conditions favorables, il a quitté la vie latente, on le voit reproduire ses filaments et s'étendre indéfiniment en dévorant les substances organiques qu'il rencontre, jusqu'à ce que l'influence de la lumière le détermine à produire ses organes de fructification.

On désigne sous le nom de *volve* (*volva*) une enveloppe ou poche plus ou moins résistante, membraneuse, qui renferme le Champignon dans son jeune âge, et qu'il déchire pour se développer (*Amanita,* etc.). — Le *pédicule* ou *stipe* est la partie tigellaire qui supporte le *réceptacle;* il est souvent entouré d'un *anneau* (*annulus*) ou d'une *cortine* (*cortina*), sortes de voiles membraneux ou filamenteux, qui s'insèrent, d'un côté au pédicule, de l'autre à la marge du chapeau, de sorte que dans le jeune âge ils protégent les organes de la fructification (*Agaricus, Amanita,* etc.).

On donne généralement le nom de chapeau à la partie dilatée d'un Champignon, distincte du pédicule, et portant les organes de la fructification et leurs annexes, *lames, tubes, aiguillons,* etc. — Les *lames* sont des parties appendiculaires et membraneuses du chapeau, disposées en rayons, ou en éventail (*Agaricus*). — Les *tubes* occupent, ainsi que les lames, la face inférieure du chapeau, et se présentent sous forme de petits tuyaux cylindriques, ou anguleux (*Boletus, Polyporus,* etc.). — Les *aiguillons* offrent l'aspect de dents, ou de pointes, et leur position est la même que celle des lames et des tubes (*Hydnum*). Ces parties sont revêtues d'une couche spéciale fructifère, à laquelle on a donné le nom d'*hyménium.* — On désigne indistinctement sous la dénomination de *réceptacle* soit le Champignon tout entier (*Agaricus,* etc.), soit la partie sur laquelle reposent les organes de fructification (basides, thèques, spores, etc.), que cette partie se présente sous forme filamenteuse (*Moisissures*), ou membraneuse (*Thelephora*), ou alvéolée (*Morchella*). — Le *Clinode* est un organe analogue à l'*hyménium,* naissant de la paroi interne du conceptacle, ou de la surface du réceptacle, et qui se termine par des filets simples ou rameux portant une spore isolée à leur extrémité. On pourrait à la rigueur lui conserver le nom d'*hyménium,* car il en remplit les fonctions.

Les Spores (graines ou corps reproducteurs) sont libres, ou portées à l'extrémité de filaments, ou insérées sur des organes spéciaux nommés *basides,* surmontés de 2 à 4 pointes ou *stérigmates,* ou renfermées dans des cellules (*sporanges, thèques,* etc.). Elles sont formées de 2 membranes, l'externe (*épispore*) lisse, aréolée, ou verruqueuse, etc.; l'interne (*endospore*) mince, incolore, sans structure appréciable, contient des granules, avec ou sans mélange de gouttelettes oléagineuses. Ces spores germent en émettant un ou deux filaments, premiers rudiments du mycélium.

La fécondation chez les Champignons était plongée, il n'y a pas longtemps, dans la plus profonde obscurité; mais les recherches de MM. De Bary et Woronin font espérer qu'elle ne tardera pas à être aussi bien connue que celle des autres plantes cryptogames. Cependant on prétend que, outre les spores, les Champignons possèdent d'autres organes reproducteurs sporomorphes, tels sont :

ORGANES FEMELLES. — *Oogonies*, corps globuleux d'abord remplis d'une masse granuleuse qui se partage plus tard en plusieurs globules qui sont autant de corps reproducteurs que l'on nomme *Oospores* (voir p. 716). — Les *Gonosphéries* ne diffèrent des *Oogonies* que par la condensation du protoplasma au centre de la cellule, laissant par conséquent un espace vide entre la cellule et le protoplasma, ce qui entraîne une légère modification de structure peu différente de celle de l'anthéridie. — Le *Scolécite*, corps vermiforme composé de cellules à peu près semblables aux *Oogonies*, disposées soit en petits groupes, soit en séries linéaires.

ORGANES MALES. — Les *Anthéridies* sont composées de cellules simples, naissant du *Mycélium* sous, ou autour des organes femelles, d'abord filiformes, puis elles se renflent au sommet, se séparent du *Mycélium* par une cloison, s'emplissent de protoplasma, mais jamais d'anthérozoïdes, et s'appliquent sur l'organe femelle pour opérer la fécondation. — Les *Spermaties* sont des cellules simples, ovoïdes, droites, ou courbées, jamais rondes et renfermées dans un conceptacle (*Spermogonie*), d'où elles sortent, mélangées à une matière mucilagineuse, sous forme de fils, de globules, qui se durcissent à l'air, mais qui se réduisent en cellules dans l'eau sans laisser aucun vestige des parties avec lesquelles elles étaient en rapport. Ces organes, auxquels on a attribué les fonctions d'organes sexuels mâles, sont destinés, suivant l'opinion de quelques Botanistes modernes, à la fécondation. Ils sont privés de la faculté d'émettre des filaments germes ; dans ce cas ils doivent être considérés comme des *stylospores* ou organes reproducteurs. — *Zygospores*, cellules rondes ou ovales, situées à l'extrémité d'un réceptacle filamenteux, ou développées sur les côtés de deux rameaux d'une même branche qui se rapprochent et se réunissent pour ne former qu'un seul corps (*Zygosporange*) qui renferme une seule spore *Zygospore*). Ce mode de fécondation n'a encore été observé que sur le *Syzygites megalocarpus*, l'*Ascophora rhizopus* et le *Mucor fusipes*.

ORGANES REPRODUCTEURS SECONDAIRES. — Les *Conidies* sont des cellules simples, globuleuses, ou ovoïdes, nues, pulvérulentes, isolées, ou agglomérées en masse compacte : dans le premier cas, elles sont articulées bout à bout, ou disposées en grappes, ou situées à l'extrémité de filaments soit simples, soit ramifiés; dans le second cas, elles représentent des tubercules diversement colorés, pulpeux ou charnus, qui se ramollissent dans l'eau et s'y dissolvent en grande partie. — Les *Stylospores* sont des cellules ovoïdes, ou sphéroïdales, ou elliptiques, droites, ou courbées, simples ou cloisonnées, diversement colorées, toujours pédicellées et incluses dans un conceptacle (*Pycnide*). — *Zoospores*. Elles sont absolument semblables à celles de quelques Algues (voir p. 716) ; à l'aide de deux cils dont ces zoospores sont pourvues, elles se meuvent avec facilité; placées sur une feuille légèrement humectée, elles germent en émettant des filaments qui pénètrent dans les stomates, ou qui percent l'épiderme en s'étendant dans le parenchyme. On les a observées dans les articles des *Cystopus* et chez les *Peronospora*.

Quelle que soit, au reste, la manière d'envisager la nature des *conidies*, *stylospores* et des *spermaties*, etc., l'on peut, d'après la disposition des *spores* proprement dites, répartir l'ensemble des Végétaux composant l'immense Classe des Champignons en 6 groupes nettement distincts : les *Basidiosporées*, les *Thécasporées*, les *Clinosporées*, les *Cystosporées*, les *Trichosporées* et les *Arthrosporées*, dont nous allons indiquer les caractères généraux.

## TRIBU I. — BASIDIOSPORÉES.

Spores simples, portées sur des cellules arrondies, semi-elliptiques, ou coniques, nommées *Basides*, et terminés par 2-4 apicules (*Stérigmates*) portant chacun une spore; ces basides sont souvent accompagnés d'autres grosses cellules saillantes, transparentes, aiguës ou obtuses, toujours dépourvues de stérigmates, auxquelles on a donné le nom de *cystides*. Les basides naissent tantôt sur les lames, les plis, les veines, les aiguillons du réceptacle, ou dans les tubes qu'il présente (dans ce cas ils sont externes); tantôt à l'intérieur du conceptacle, dont ils tapissent les vacuoles.

SECTION I. — Basides externes, placés à la surface d'un réceptacle lisse, veiné, lamelleux, poreux, etc. (*Ectobasides*).

Agaric comestible (*Agaricus campestris*) à divers degrés de développement.

*Amanita rubescens.*
*v.* volva; — *s.* stipe; — *a.* anneau.

*Gymnosporangium aurantiacum.*
Sur rameau de Genévrier Oxycèdre.

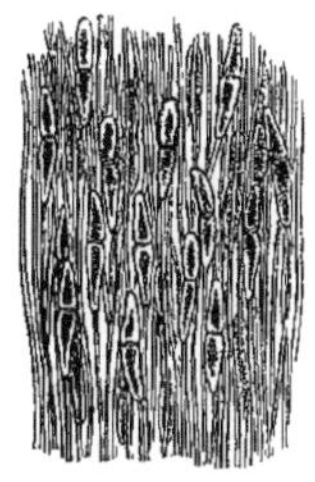

*Gymnosporangium aurantiacum.*
Portion du tissu jeune.

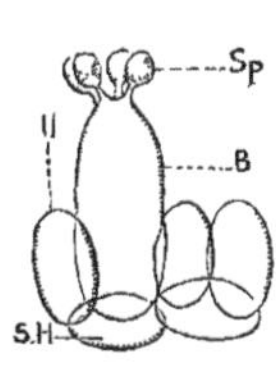


Agaric champêtre.
Portion de lame coupée transversalement et montrant une de ses faces.
— *h.* hyménium;
*sh.* sous-hyménium;
*b.* baside; *sp.* spores.
(g.)

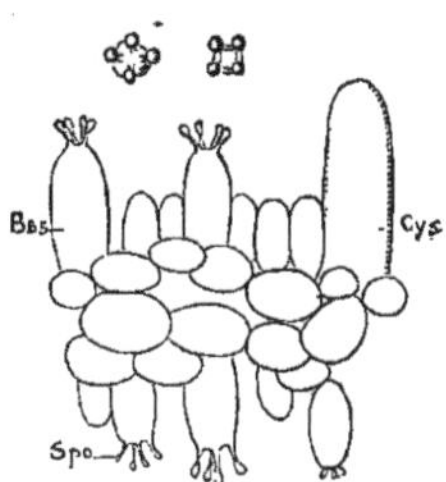


Agaric champêtre.
Portion de lame coupée transversalement et montrant ses deux faces latérales. — *bas.* baside, *spo.* spores, *cys.* cystides.
(g.)

*Gymnosporangium aurantiacum.*
Basides, stérigmates et spores.

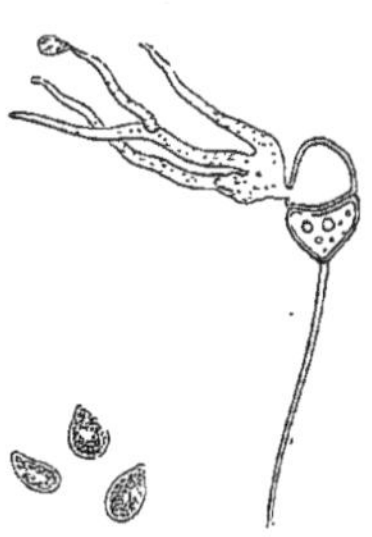

*Podisoma Juniperi Sabinæ.*
Basides, stérigmates et spores.

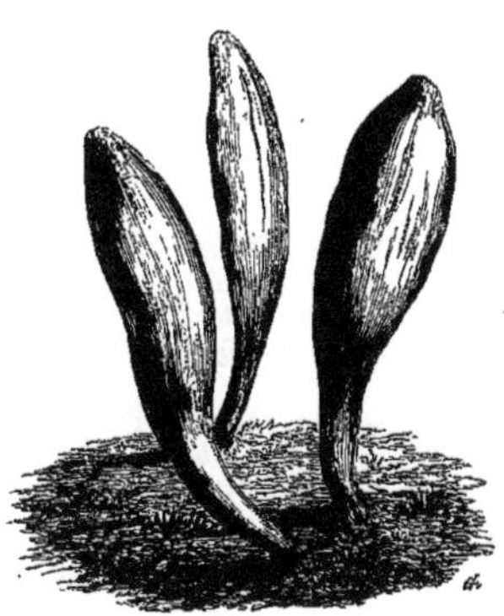

*Clavaria ligula.*

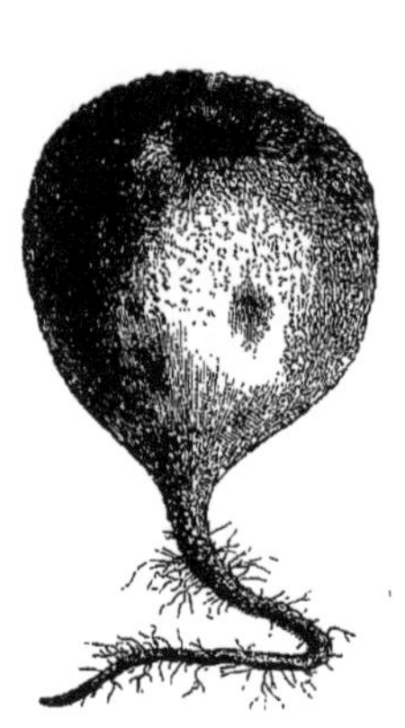

*Bovista ammophila.*

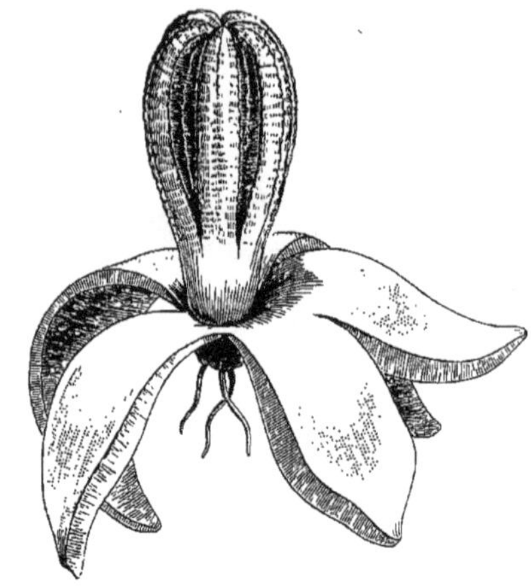

*Lysurus pentactinus.* Plante adulte; volva divisé en étoile; réceptacle à cinq branches connivcntes.

Étoile de terre (*Geastrum tenuipes*). Plante adulte; volva divisé en étoile; conceptacle globuleux.

*Cyathus vernicosus.* Plante entière, réceptacles remplis de conceptacles lenticulaires.

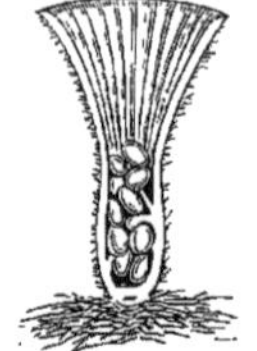

*Cyathus striatus.* Plante coupée verticalement montrant l'insertion des conceptacles.

*Cyathus vernicosus.* Un des conceptacles détaché et muni de son funicule.

*Cyathus vernicosus* Conceptacle coupé verticalement.

*Cyathus vernicosus.* Fragment de tissu fructifère, montrant les basides et les spores. (M. Tulasne.)

## GENRES PRINCIPAUX.

| | | | | | |
|---|---|---|---|---|---|
| *Amanita.* | *Polyporus.* | *Stereum.* | *Hericium.* | *Dacrymyces.* | *Clathrus.* |
| *Agaricus.* | *Boletus.* | *Schizophyllum.* | | *Exidia.* | *Ileodictyon.* |
| *Lentinus.* | *Favolus.* | | *Gomphus.* | *Gymnosporangium.* | *Laternea.* |
| *Cantharellus.* | *Hexagona.* | *Phlebophora.* | *Clavaria.* | *Podisoma.* | |
| *Lenzites.* | | *Phlebia.* | *Lachnocladium.* | | *Lysurus.* |
| *Cyclomyces.* | *Craterellus.* | *Fistulina.* | *Merisma.* | *Phallus.* | *Aseroë.* |
| | *Thelephora.* | | | *Dictyophora.* | *Calathiscus.* |
| *Dædalea.* | *Leptochæte.* | *Hydnum.* | *Tremella.* | *Sophronia.* | |

SECTION II. — Basides internes renfermés dans un conceptacle déhiscent, ou indéhiscent, offrant ordinairement à l'intérieur des vacuoles tapissées par les basides (*Endobasides*).

GENRES PRINCIPAUX.

| | | | | | |
|---|---|---|---|---|---|
| *Podaxon.* | *Schizostoma.* | *Lycogala.* | *Spumaria.* | *Perichæna.* | *Atractobolus.* |
| *Cauloglossum.* | *Geaster.* | | | *Tipularia.* | *Thelebolus.* |
| *Secotium.* | *Myriostoma.* | *Polysaccum.* | *Physarum.* | | |
| *Cycloderma.* | *Plecostoma.* | | *Didymium.* | *Polygaster.* | *Gautiera.* |
| *Polyplocium.* | | *Scleroderma.* | *Diderma.* | *Endogone.* | *Hymenangium.* |
| *Gyrophragmium.* | *Broomeia.* | *Sclerangium.* | *Cenangium.* | *Myriococcum.* | *Octaviana.* |
| *Hyperrhiza.* | | *Trichoderma.* | *Tripotrichia.* | *Polyangium.* | *Melanogaster.* |
| *Stemonitis.* | *Lycoperdon.* | *Pilacre.* | | | |
| | *Mycenastrum.* | | *Trichia.* | *Cyathus.* | *Hymenogaster.* |
| *Battarrea.* | *Phellorina.* | *Reticularia.* | *Arcyria.* | *Crucibulum.* | *Hysterangium.* |
| | | *Lignidium.* | | | *Hydnangium.* |
| *Tylostoma.* | *Bovista.* | *Diphtherium.* | *Licea.* | *Carpobolus.* | |

Les *Basidiosporées*, surtout celles de la première Section, comprennent les Végétaux auxquels on applique le plus communément le nom de *Champignons*. — Le Genre *Agaric* (*Agaricus*), qui en est le principal, renferme des Espèces extrêmement nombreuses, et très-difficiles à distinguer, malgré les divisions et subdivisions établies par les mycologues. La plupart sont inodores et insipides; mais il en est qui sont odorantes, et d'autres dont la saveur est âcre et même brûlante. Un groupe entier d'*Agarics* contient un suc propre laiteux, de couleur blanche, ou jaune, ou rougeâtre, insipide, ou caustique. — L'*Agaric des couches*, Variété de l'*Agaricus campestris*, se rencontre abondamment dans les prairies où pâturent surtout les chevaux : c'est la seule Espèce qui soit cultivée et qui donne lieu à un commerce de quelque importance. On se la procure dans toutes les saisons en l'élevant sur couches dans des caves ou des souterrains. — L'*A. neapolitanus* était autrefois cultivé dans un couvent des environs de Naples, où les religieuses le récoltaient sur une couche formée par du marc de café. — L'*A. du Peuplier* (*A. Ægerita*), celui du *Noisetier* (*A. avellanus*), s'obtiennent de même sur des tranches de Peuplier ou de Noisetier recouvertes de cendres et d'une légère couche de terre que l'on arrose de temps à autre. — Les *Amanites* (*Amanita*), détachées du Genre *Agaric*, fournissent la délicieuse *Oronge* (*A. Cæsarea*), si recherchée des gastronomes, et quelques Espèces très-vénéneuses, telles que les *A. bulbosa, phalloides, muscaria,* etc., qui contiennent un principe narcotico-âcre, agissant comme le *Chanvre indien* ou *Haschich;* on a, vainement jusqu'ici, cherché à le neutraliser au moyen de diverses préparations : le sel de cuisine, usité en Russie pour la conservation des Champignons, est loin d'être un antidote efficace, ainsi que le témoigne la mort de l'impératrice femme du czar Alexis Ier, qui, pendant le carême, faisait usage de Champignons conservés dans du sel. — La *Chanterelle* (*Cantharellus cibarius*), qui se distingue de tous les autres Champignons par sa forme et par sa couleur, se trouve abondamment, depuis juin jusqu'en octobre, dans les bois de Chênes et de Châtaigniers, et fournit aux gens de la campagne une excellente alimentation. — Le *Bolet* ou *Cèpe comestible* (*Boletus edulis*) se mange frais ou desséché : coupé par tranches et séché au soleil ou au four, il devient un objet de commerce et de provision; il en serait de même du *B. castaneus*, si on le trouvait en abondance. — Les *Bolets amadouviers* (*Polyporus igniarius* et *fomentarius*) servent à préparer l'*amadou*, préconisé dans le siècle dernier comme hémostatique. Les cendres, ainsi que celles de quelques autres *Polypores*, sont employées par les Ostiaques et les Kamtchadales en guise de tabac à priser, probablement pour entretenir une vive irritation de la muqueuse nasale et garantir ainsi le nez de la gangrène par congélation. — Le *P. officinalis*, nommé improprement *Agaric blanc*, est un purgatif violent, aujourd'hui tombé en désuétude. — Les *Théléphores* (*Thelephora*) sont toutes sans usage : ce sont des Champignons membraneux, coriaces, présentant à leur face supérieure des zones versicolores, quelquefois assez brillantes : l'Espèce la plus remarquable est le *Th. princeps*, de Java, célèbre par ses dimensions, qui dépassent celles des plus grands Champignons connus, et atteignent souvent de 30 à 50 centimètres. — Les *Hydnes* (*Hydnum repandum*, etc.), ainsi que les *Clavaires* (*Clavaria*), fournissent quelques Espèces alimentaires : les *Clavaires* sont connues sous les noms vulgaires de *Menottes*, *Gelinotes*, etc.; elles forment de petites touffes buissonneuses, de couleur blanche, jaune, orangée, rose, ou bleue; mais les Espèces offrant cette dernière couleur sont à bon droit suspectes, et l'usage du *Clavaria amethystea* n'est peut-être pas sans danger, car il cause de violentes coliques. — Le *Tremella violacea*, qui donne une couleur bleuâtre, ainsi que l'*Oreille-de-Judas* (*Exidia Auricula-Judæ*), employées anciennement pour combattre l'hydropisie, sont absolument abandonnées. Ce dernier est recherché par les habitants de l'Ukraine comme aliment.

Le groupe des Champignons *basidiosporés endobasides* comprend à la fois des Plantes assez petites et d'autres de dimensions presque gigantesques (*Lycoperdon giganteum*); à ce groupe appartiennent les *Lycoperdons* ou *Vesses-de-loup;* ces Végétaux varient singulièrement suivant leur âge : jeunes et adultes, ils sont blancs et fermes; puis ils brunissent et se ramollissent au point de paraître tombés en pourriture, ils se dessèchent enfin et se convertissent en poussière qui s'échappe par une ouverture apicale en laissant à l'intérieur du conceptacle des filaments, et des cellules d'apparence spongieuse à la base. Cette substance spongieuse, imbibée d'une solution de sel de nitre, servait autrefois d'amadou et était employée comme hémostatique; on la brûlait aussi dans les ruches pour produire l'anesthésie des Abeilles. — Les *Scleroderma* ressemblent extérieurement aux *Lycoperdons*, et leur intérieur rappelle la couleur et la consistance de la *Truffe*, mais leur odeur sulfureuse-alliacée les éloigne des substances alimentaires, les porcs eux-mêmes les repoussent. — L'*Étoile-de-terre* (*Geastrum hygrometricum*), Plante hypogée, présente un phénomène curieux : à l'époque de sa maturité, si la saison est sèche, on voit son enveloppe externe dure, résistante et hygrométrique, se diviser en lanières du sommet à la base, s'étaler horizontalement et soulever ainsi la Plante; puis, s'il vient à pleuvoir, les lanières se redressent, et reprennent leur position première; une seconde sécheresse lui fait opérer un second soulèvement, et les choses se répètent ainsi jusqu'à ce que le Champignon arrive au niveau du sol et s'y étale; c'est alors que la membrane du conceptacle s'ouvre pour émettre les spores sous forme de poussière.

C'est aussi au groupe des *Basidiosporées* qu'appartient le *Podisoma de la Sabine* (*Podisoma Juniperi Sabinæ*), que l'on confond avec le *Gymnosporangium aurantiacum*, et auquel on attribue la production du *Rœstelia cancellata*, maladie qui se montre d'abord sous la forme de taches orangées, parsemées de petits points noirs à la surface des feuilles du Poirier. Les expériences que nous avons multipliées pour vérifier cette transformation de Genre et d'Espèce ne l'ayant pas confirmée, nous croyons prudent d'attendre de nouvelles preuves avant d'admettre une théorie de métamorphoses et de transmigrations qui ne tend à rien moins qu'à renverser toutes les notions acquises en mycologie, en transportant dans le Règne végétal la série de phénomènes auxquels les zoologistes ont donné le nom de *génération alternante* ou *digénèse.* Il est reconnu aujourd'hui que la comparaison inexacte établie par les anatomistes du XVIIe siècle entre l'œuf animal et ses annexes et l'œuf végétal a longtemps retardé nos connaissances relativement à la fécondation des Plantes phanérogames : gardons-nous de léguer de semblables embarras à nos successeurs en introduisant dans la science des idées qui, de l'aveu même de leur auteur, ne nous permettent guère d'espérer qu'on puisse jamais fournir une preuve directe d'identité spécifique entre des productions offrant les formes les plus dissemblables.

## TRIBU II. — THÉCASPORÉES.

Spores ordinairement renfermées au nombre de 8 dans des cellules (*thèques, sporanges*), recouvrant en tout ou en partie la surface du réceptacle, ou l'intérieur du conceptacle. Thèques accompagnées ou dépourvues de *paraphyses*, et s'ouvrant au sommet par un opercule peu visible qui livre passage à des spores simples, ou cloisonnées.

SECTION I. — Thèques allongées, recouvrant la surface du réceptacle (*Ectothèques*).

GENRES PRINCIPAUX.

| | | | | | |
|---|---|---|---|---|---|
| *Geoglossum.* | *Gyrocephalus.* | *Cyttaria.* | | *Mellitiosporium.* | *Rhytisma.* |
| *Spathularia.* | | *Helotium.* | *Cenangium.* | | *Excipula.* |
| *Mitrula.* | *Helvella.* | *Rhizina.* | *Tympanis.* | *Hysterium.* | |
| | | | | *Stegilla.* | *Cliostomum.* |
| *Morchella.* | *Peziza.* | *Agyrium.* | *Stictis.* | *Lophium.* | *Actidium.* |
| *Eromitra* | *Ascobolus.* | *Pyronema.* | *Cryptodiscus.* | *Glonium.* | *Phacidium.* |
| *Verpa.* | *Bulgaria.* | *Cryptomyces.* | *Godronia.* | *Schizothecium.* | |

SECTION II. — Thèques arrondies, ou ovoïdes, ou claviformes, ou cylindriques, renfermées dans un conceptacle (*Endothèques*).

GENRES PRINCIPAUX.

| | | | | | |
|---|---|---|---|---|---|
| *Sphæria.* | *Dothidea.* | *Genea.* | *Genabea.* | *Picoa.* | |
| *Hypoxylon.* | *Asterina.* | *Balsamia.* | *Stephensia.* | *Chæromyces.* | *Onygena.* |
| *Cordyceps.* | *Elaphomyces.* | *Hydnobolites.* | *Pachyphlœus.* | *Terfezia.* | |
| *Thamnomyces.* | *Hydnocystis.* | *Hydnotria.* | *Tuber.* | *Delastria.* | *Erysiphe.* |

Truffe comestible.
*Tuber melanosporum.*

*Sphæria ophioglossoides.*

*Tuber melanosporum.*
Coupe transversale.

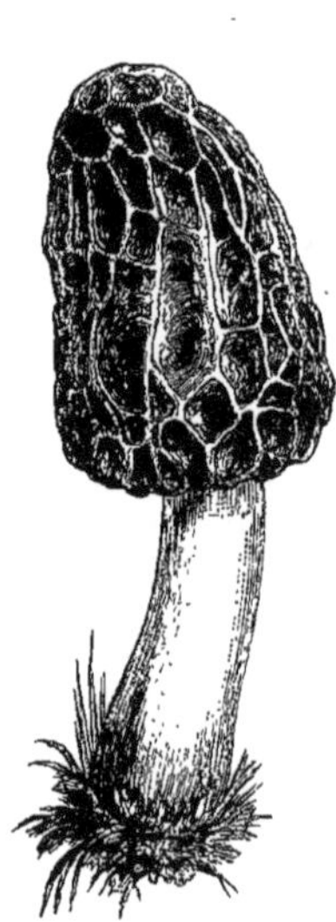

Morille (*Morchella esculenta*).

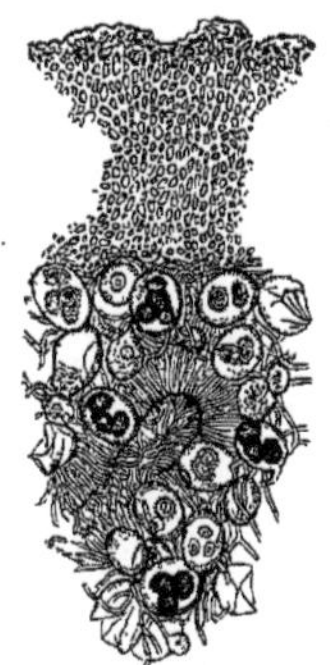
*Tuber melanosporum.* Fragment montrant les sporanges. (M. Tulasne.)

*Tuber melanosporum.* Sporange (thèque) à 2 spores.

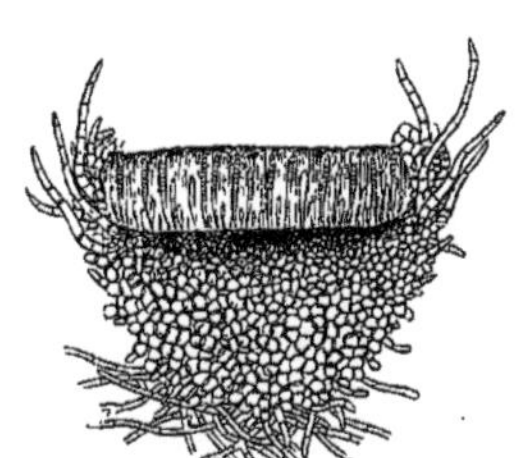
*Ascolobus pulcherrimus.* Coupe verticale montrant le tissu et les sporanges (thèques).

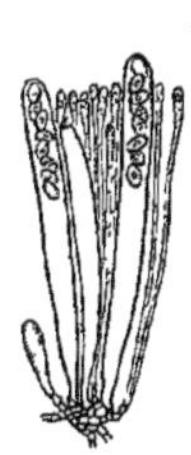
*Ascolobus pulcherrimus.* Thèques isolées renfermant 8 spores.

*Ascolobus pulcherrimus.* Thèque s'ouvrant au sommet et accompagnée de paraphyse. (M. Woronin.)

Le groupe des *Thécasporées ectothèques* se rapproche des *Lichens* par l'organisation de ses organes reproducteurs (*thèques*), accompagnés de paraphyses et operculées. — Le *Mitrula paludosa* est un petit Champignon orangé, dont l'*habitat* est curieux et exceptionnel : il végète au fond des eaux marécageuses, fixé aux feuilles et à de petites brindilles. — La *Morille ordinaire* (*Morchella esculenta*) peut être regardée comme la messagère du printemps : elle apparaît, en effet, assez régulièrement dans le courant d'avril, si ce mois est pluvieux. On la mange fraîche, ou desséchée, ainsi que toutes ses congénères. — Il en est de même des *Helvelles* (*Helvella*) ; toutefois une Espèce de ce Genre a été signalée comme suspecte par Krombhotz : c'est l'*H. suspecta*, qu'il rapporte à une Plante découverte à Fontainebleau par Paulet, et décrite sous le nom de *Morille-de-loup* (*Morchella pleopos*). — Les *Cyttaria Gunnii*, *Berteroi*, *Hookeri* végètent sur les petits rameaux de plusieurs Espèces de *Hêtres* à feuilles persistantes (*Fagus Cunninghamii*, etc.) de l'hémisphère austral, et se présentent en immense quantité sous la forme de petites masses charnues-cartilagineuses, percées de trous, que les indigènes recueillent, et dont ils se nourrissent une partie de l'année. — Les *Pezizes* (*Peziza*) sont parfois revêtues des plus brillantes couleurs; elles forment un Genre très-nombreux en Espèces d'une distinction difficile, dont quelques-unes sont alimentaires, telles que la *Pezize en colimaçon* (*P. cochleata*, etc.). — C'est la beauté des *Pezizes écarlate* et *orangée* qui a décidé de la vocation de deux illustres mycologues, Persoon et Battarra; Persoon est le premier qui ait distribué méthodiquement les Champignons. — Nous citerons, parmi les Genres les plus curieux, les *Phacidium*, les *Hysterium* et les *Stegilla*, dont les réceptacles s'ouvrent soit en pyxide, soit par une fente longitudinale, soit en lanières simulant celles d'un *Geastrum*.

Les *Thécasporées endothèques* présentent des formes très-diverses : depuis les *Erysiphe* épiphylles, formées de filaments aranéeux blancs entremêlés de petits conceptacles globuleux noirâtres, qu'entourent des organes extrêmement élégants, jusqu'aux *Truffes* proprement dites, on observe toutes les transitions et tous les degrés de complication de structure. — Le Genre *Sphérie* (*Sphæria*), malgré ses démembrements, est le plus nombreux en Espèces et le plus singulier du groupe, en ce qu'il a des représentants dans le monde entier et sur tous les végétaux. Les spores de plusieurs Espèces naissent à l'intérieur du corps de certaines chenilles, d'où elles sortent pour prendre leur entier développement. On connaît l'histoire du *Sphæria militaris*, que l'on a donnée, sous le nom de *mouche végétante des Caraïbes*, comme un exemple de la transformation d'un Animal en Végétal; le *Sphæria Robertsii* de la Nouvelle-Zélande et le *Sph. sinensis* n'ont pas d'autre origine; cette dernière Espèce jouit en Chine d'une grande réputation; on la vend par petites bottes, comme un médicament doué de propriétés merveilleuses. — Sous le nom de *Truffe* (*Tuber cibarium*) on confond 3 Espèces noires et verruqueuses extérieurement, composées d'une masse de tissu dont l'intérieur est noir et parsemé de veines blanches. Les thèques, qui renferment de 4 à 8 spores, constituent par leur ensemble la couleur noire de ce Champignon; les jeunes Truffes sont blanches, parce qu'elles ne se composent encore que d'un tissu homogène; elles deviennent noires avec l'âge par la présence des corps reproducteurs; c'est à cette période de leur développement que leur odeur et leur saveur ont acquis les qualités les plus exquises. Les bénéfices considérables qui résulteraient de la culture de la Truffe comestible ont fréquemment stimulé les efforts de l'industrie: mais les essais tentés dans cette direction ont partout et constamment échoué. Si dans quelques circonstances on a vu ces précieux Champignons apparaître à la suite de semis de Chênes, on n'a pas tardé à reconnaître que cette apparition était très-éphémère, et que la culture ne donnait que des profits fort irréguliers. Au reste, la Truffe noire n'est pas la seule Espèce comestible du Genre : les *Tuber magnatum*, *griseum*, *album*, etc., sont très-recherchés en Hongrie, en Italie, ainsi qu'en Algérie, où le *T. album* est désigné sous le nom de *Terfez*. — Les *Onygena*, qui participent des caractères des *Tuber* et des *Sphæria*, croissent sur toutes les substances animales épidermiques, telles que les sabots de cheval, les cornes de bœuf, les plumes, les poils, et même sur les vieux chiffons de drap. — Les *Erysiphe* sont les Champignons du groupe des *Thécasporées endothèques*, les plus curieux à étudier sous le rapport de leur organisation; on leur donne le nom de *meunier*, par allusion à la couleur des feuilles sur lesquelles on les observe et qui paraissent saupoudrées de farine. Les *Erysiphe* sont, en général, peu nuisibles, mais lorsqu'ils envahissent complétement certaines Plantes, ils en arrêtent la végétation ou la floraison, comme on le voit dans les *houblonnières*, où ils causent des dommages considérables. Les feuilles de nos grandes *Cucurbitacées* sont quelquefois blanchies par la présence d'un *Erysiphe*, qui toutefois ne semble pas nuire beaucoup à la Plante sur laquelle il s'étend.

## Tribu III. — CLINOSPORÉES.

Spores naissant d'un *clinode* recouvrant en tout ou en partie la surface du réceptacle ou renfermé dans un conceptacle.

Section I. — Réceptacle charnu, sessile, ou pédiculé, convexe, ou concave, recouvert par le clinode (*Clinosporées ectoclines*).

GENRES PRINCIPAUX.

| | | | | |
|---|---|---|---|---|
| *Tubercularia.* | *Stilbum.* | *Melanconium.* | *Uredo.* | *Puccinia.* |
| *Ægerita.* | *Graphium.* | *Stilbospora.* | *Uromyces.* | *Phragmidium.* |
| *Fusarium.* | | *Dictyosporium.* | *Polycystis.* | *Triphragmium.* |
| *Selenosporium.* | *Dinemasporium.* | | *Ustilago.* | *Coryneum.* |
| *Sphacelia.* | *Asterosporium.* | *Myrothecium.* | *Thecaphora.* | |

Section II. — Conceptacle membraneux, plus ou moins épais, charnu, coriace, ou corné, sessile, ou pédiculé, s'ouvrant diversement, et renfermant le clinode (*Clinosporées endoclines*).

GENRES PRINCIPAUX.

| | | | | | |
|---|---|---|---|---|---|
| *Œcidium.* | *Leptothyrium.* | *Dilophospora.* | *Septaria.* | *Polychæton.* | *Microthecium.* |
| *Ræstelia.* | *Parmularia.* | *Neottiospora.* | *Phoma.* | *Phylacia.* | *Angiopoma.* |
| *Peridermium.* | *Asteroma.* | *Prosthemium.* | *Melasmia.* | *Piptostomum.* | *Ravenalia.* |
| *Endophyllum.* | *Pestalozzia.* | *Sphæronema.* | *Hendersonia.* | *Scopinula.* | |
| *Actinothyrium.* | *Discosia.* | *Hercospora.* | | | |

Les *Tuberculaires* (*Tubercularia*) sont des Champignons extrêmement communs : elles croissent de préférence sur les branches d'arbres encore recouvertes de leur écorce, et se font remarquer par leur couleur rouge plus ou moins intense. Plusieurs Espèces de *Sphéries* vivent en parasites sur elles, et ce parasitisme est si fréquent, qu'il a porté quelques Botanistes à les regarder comme l'état particulier, *conidial*, c'est-à-dire un mode supplémentaire de reproduction de ces mêmes *Sphéries;* mais quand on voit la même *Tuberculaire* donner naissance simultanément à 2 *sphéries* parfaitement distinctes (*S. parasitans* et *cinnabarina*), et la *Tuberculaire commune* qui naît sur les Groseilliers nourrir tantôt les *Sphæria cinnabarina* et *appendiculata* qui n'en est certainement pas une variété, le *Fusarium aurantiacum* porter en même temps les *Sphæria pulicaris* et *olerum*, le *Fusarium tremellosum* produire en même temps le *Peziza Tulasnorum* et les *Sphæria coccinea*, on peut craindre que la théorie qui admet cet état conidial ne repose pas sur des bases solides. Aussi, afin de ne pas violer la théorie, a-t-il fallu réunir différentes espèces de *Fusarium* et *Selenosporium* en une seule, comme on l'a fait des *Tuberculaires*. — La *Sphacélie* (*Sphacelia segetum*) végète entre le péricarpe et l'ovule des *Graminées* et des *Cypéracées :* par son développement elle déchire l'un, s'en débarrasse et dénature l'accroissement de l'autre qui, à cause de sa forme, est désigné par le nom d'*ergot;* cet ergot rappelle à peu près la forme du grain, mais il est dépourvu d'enveloppe, son odeur est fétide, sa surface d'un violet très-foncé ou noir, et gercée; semé comme du grain, il ne germe pas ; mais si on pique en terre une de ses extrémités et qu'on le recouvre d'une cloche, il donne naissance à deux *Sphéries* élégantes (*Sphæria purpurea*, et *microcephala*). On a vu le même *Ergot* porter ces deux *sphéries* en même temps. — Les *Stilbum* ont la même structure que les *Tubercularia;* leur pédicule est seulement plus élancé : on les regarde aussi comme l'état conidial de quelques *Sphéries*. — Les spores de l'*Asterosporium*, placées entre deux lames de verre, donnent l'idée d'une étoile, mais elles ressemblent davantage encore à ce qu'on appelait autrefois une chausse-trappe. — Les spores du *Dictyosporium* sont ovales, comprimées et lacuneuses comme les feuilles de l'*Ouvirandra*.

C'est au groupe des Clinosporées qu'il faut rapporter la plupart des maladies de nos *Céréales;* leurs spores les envahissent en pénétrant par les feuilles ou les racines, dont elles percent le tissu.

La *Rouille des blés*, qui comporte 2 Espèces (*Uredo linearis* et *U. Rubigo vera*) mal décrites par les auteurs, se montre sur les feuilles et les chaumes des *Graminées* sous forme de poussière jaune ou orangée ; elle est composée de globules sphériques ou légèrement ovoïdes. — La *grosse Rouille* (*U. Vilmorinea*) se distingue facilement des autres Espèces par ses spores volumineuses, elliptiques, couvertes de très-petits spicules, ordinairement munies d'un court pédicelle, et par sa couleur orangée sombre : elle se montre principalement sur les chaumes; lorsqu'elle est très-abondante, les cultivateurs disent que les Blés *passent au rouge ;* on a cru, sur leur affirmation, que cette *Rouille* est le premier état de la *Puccinie* des *Graminées;* mais, pour se convaincre du contraire, il suffit de marquer les chaumes soumis à l'observation. — La *Rouille des glumes* (*Uredo glumarum*) se développe sur les enveloppes florales et souvent sur le grain lui-même. Elle n'existe véritablement pas, car on trouve sur les mêmes glumes et les bales, les trois Espèces dont il est question, et avec elles la *Puccinie des Graminées*. — La *Carie* (*Ustilago caries*) est très-fréquente, et attaque le *Froment* en se substituant à l'ovule, dont on ne trouve plus de traces à l'intérieur du péricarpe : le grain malade conserve à peu près sa forme, et quand on le presse entre les doigts, on en fait sortir une pulpe, ou une poussière noire, onctueuse, douce au toucher, qui répand une odeur de poisson corrompu. — Le *Charbon* (*Ustilago segetum*) est un Champignon qui se substitue à l'ovule des Céréales, ou le fait seulement avorter; parce qu'il attaque en outre le péricarpe, les enveloppes florales, même les épillets, et les réduit en poussière noire que le vent transporte au loin. On l'observe sur le *Froment*, l'*Orge*, l'*Avoine*, le *Millet*, le *Sorgho*, mais très-rarement sur le *Seigle*. — Le *Charbon du Maïs* (*Ustilago Maydis*) est remarquable en ce qu'il envahit toutes les parties aériennes du Végétal, sur lesquelles il forme des tubercules plus ou moins gros, irréguliers, qui finissent par se rompre et se réduisent en une sanie noire souillant toute la Plante. Si les organes de la fructification sont atteints, il n'y a pas à en attendre de fruits. — Les *Puccinies* (*Puccinia*) sont des Champignons parasites, de couleur brune ou noirâtre, et dont les sporanges présentent 2 loges superposées; elles se développent sur une infinité de Plantes phanérogames, et principalement à la face inférieure de leurs feuilles. — Les *Phragmidium* ressemblent beaucoup aux Puccinies ; seulement leurs sporanges sont multiloculaires; ils vivent en parasites sur les *Uredo* qui habitent les feuilles de plusieurs *Rosacées*. Ici encore l'existence fréquente de ce parasitisme a fait croire que l'*Uredo* n'était qu'une forme du *Phragmidium*.

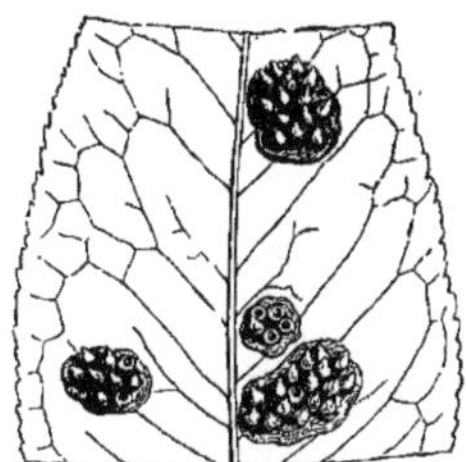
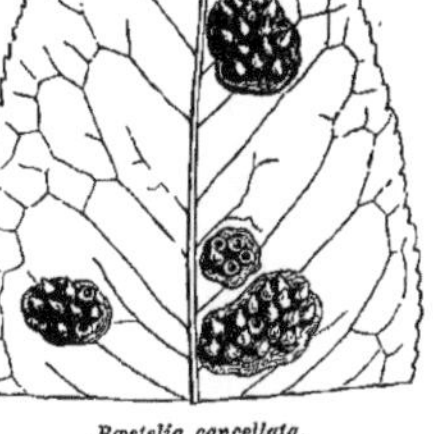

*Rœstelia cancellata.*
Face inférieure d'un fragment de feuille de poirier.

*Rœstelia cancellata.*
Un des réceptacles isolés. (g.)

*Ustilago urceolorum.*
Charbon du Carex aigu.
Fruit aminci, et se déchirant par l'action de l'*Ustilago*.

*Ustilago urceolorum.*
Charbon du Carex aigu.
Fruit coupé verticalement montrant l'ovule avorté et le charbon qui l'entoure.

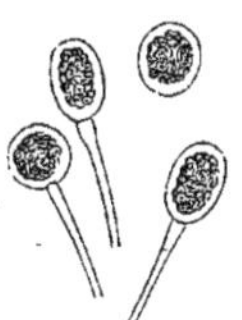

*Uredo rubigo vera.*
Rouille du blé.
Spores isolées.

*Phragmidium mucronatum.*
Sporange au milieu des cystides de l'*Uredo Rosæ*.

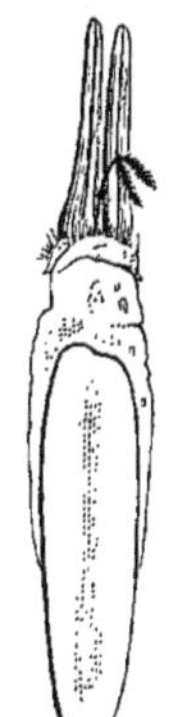

*Ergot du blé.*
Coupé verticalement, surmonté de la *sphacélie* et de la fleur avortée.

*Uredo Rosæ.*
Rouille du Rosier. — Groupe de spores très-jeunes avec les cystides.

*Uredo Rosæ.*
Spores très-jeunes isolées.

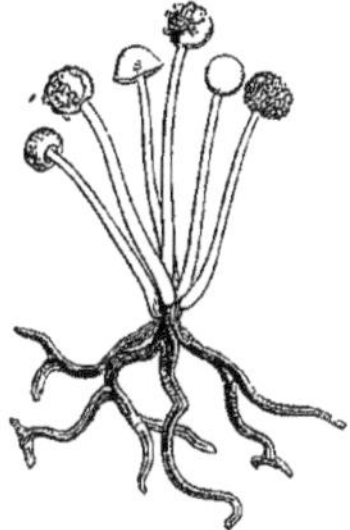

*Ascophora Mucedo.*
Groupe de sporanges à divers états de développement.

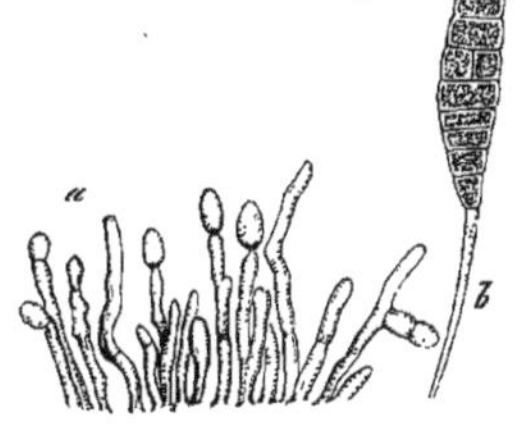

*Macrosporium gramineum.*
*a.* Spores jeunes; — *b.* Sporange.

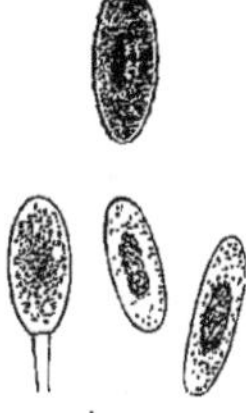

*Uredo Vilmorinea.*
Grosse Rouille; spores à différents âges.

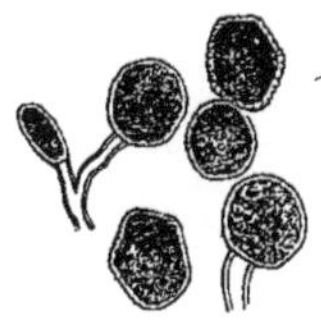

*Uredo Rosæ.*
Spores isolées, sphériques ou anguleuses.

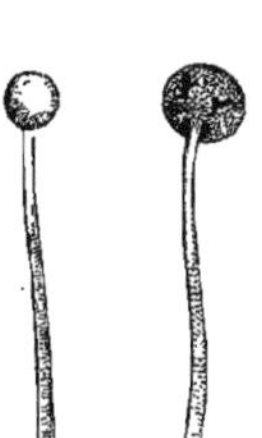

*Ascophora Mucedo*
jeune et adulte.

*Ascophora Mucedo.*
*v.* vésicule centrale; — *s.* spores; — *p.* pellicule externe.

*Ascophora mucedo.*
Vésicule flétrie.

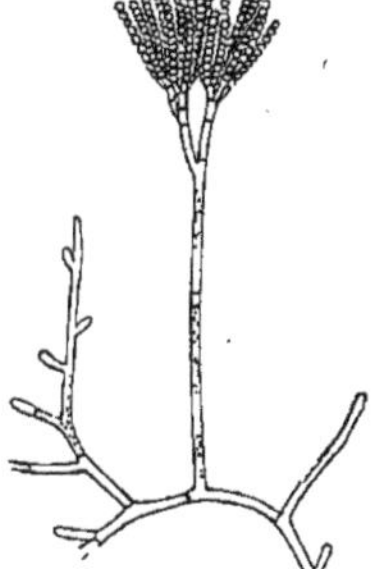

*Penicillium glaucum.*

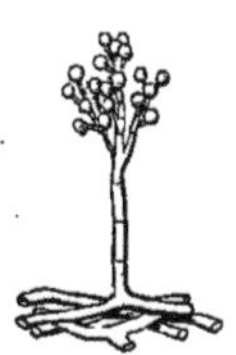

*Botrytis.* (g.)

Les *Actinothyrium*, *Asteroma*, *Pestalozzia* et les genres voisins ont donné lieu à d'autres assertions : quelques Botanistes les ont décrits comme des *Sphéries* et ont légué à leurs successeurs le soin de les caractériser et de les classer méthodiquement, ce qui est extrêmement difficile. MM. Tulasne ont singulièrement simplifié la question en les considérant comme des *conidies* ou des *stylospores* de telle ou telle espèce. En effet, cette théorie étant admise, il faudra indiquer si l'Espèce de *Sphérie* que l'on a sous les yeux est hermaphrodite, monoïque ou dioïque, et en faire connaître en même temps les spermaties, les conidies, les stylospores, etc. A cette difficulté, déjà très-grande quand il s'agit de l'histoire d'une espèce microscopique, nous devons ajouter qu'on ne les rencontre que dispersés, à de grandes distances, ou mélangés avec d'autres organes de même nature qui appartiennent à des Espèces distinctes. Comment dès lors les distinguer, et ne doit-on pas craindre de faire des rapprochements illégitimes? L'erreur est ici d'autant plus facile qu'aucun caractère n'indique qu'une spermatie, une conidie, une stylospore, appartient à une espèce plutôt qu'à une autre. La théorie nouvelle peut être séduisante, mais, quand on rencontrera différentes formes isolées, il faudra les décrire et placer ces descriptions parmi celles des espèces autonomes avec cette certitude qui repose sur des caractères incontestables et non sur la foi d'autrui : c'est pourtant ce qui a déjà été fait. Ajoutons enfin que le mode de copulation signalé par MM. de Bary et Woronin chez les *Peziza confluens*, *Melaloma* et *Ascobolus furfuraceus*, s'il ne change pas les idées qu'on peut se faire du rôle que jouent les conidies et les stylospores, laisse beaucoup à désirer sur celui des spermaties. Pour nous, tous les Champignons ectoclines ou endoclines, quoique d'une composition très-simple, seront toujours des Champignons complets et aussi dignes d'attention que ceux dont l'organisation est plus compliquée.

Les *Œcidium*, qui naissent à la face inférieure des feuilles de quelques *Euphorbes*, en changent tellement le *facies*, que les individus de l'*E. cyparissias* qui sont envahis par ces Champignons ont été décrits par les anciens Botanistes comme Espèce particulière. — L'*Œcidium* de l'*Epine-vinette* (*Berberis vulgaris*) est accusé par les cultivateurs de causer la Rouille et même la *Puccinie* des *Graminées*, ce qui ne les empêche pas d'employer fréquemment cet arbuste pour enclore leurs champs.

Le *Ræstelia cancellata* se développe sur les *Poiriers* et les Genres voisins, en épargnant toutefois les *Pommiers;* on commence à l'apercevoir vers le mois de juin; il s'annonce par des taches d'un rouge orangé parsemées au centre de points noirs, qui se développent à la face supérieure des feuilles; au point de la face inférieure qui correspond à ces taches, on voit apparaître le *Ræstelia :* il affecte la forme d'un petit cône qui s'ouvre latéralement par plusieurs fentes longitudinales. Ce Champignon est pourvu de spores et de spermaties; il ne lui manque donc rien pour se reproduire; cependant on le considère comme une forme du *Gymnosporangium*, sorte de Trémelle qui croît sur les *Genévriers* (*Juniperus Sabina*, *Oxycedrus*, etc.), et l'on avance qu'il suffit de placer un pied de *Sabine* chargé de *Gymnosporangium* dans le voisinage des *Poiriers*, pour faire naître le *Ræstelia* sur leurs feuilles; mais comme l'expérience ne réussit pas constamment, son insuccès a fait dire à l'un des promoteurs de cette opinion « qu'il fallait avoir la main heureuse ».

## Tribu IV. — CYSTOSPORÉES.

Réceptacles floconneux, continus, ou cloisonnés, simples, ou rameux, terminés par un sporange vésiculeux renfermant les spores.

GENRES PRINCIPAUX.

| | | | | | |
|---|---|---|---|---|---|
| *Didymocrater.* | *Ascophora.* | *Mucor.* | *Melidium.* | *Pilobolus.* | *Syzygites.* |
| *Diamphora.* | *Rhizopus.* | *Hydrophora.* | *Azygites.* | | |

L'*Ascophore moisissure* (*Ascophora Mucedo*) se développe principalement sur les substances végétales abandonnées, le pain, les confitures, etc. ; ses spores germent dans l'espace de 10 à 12 heures. — Le *Mucor caninus* forme des touffes sur les excréments des chiens; son sporange se déchire irrégulièrement. Le *Mucor nitens*, plus connu sous le nom de *Phycomyces*, ne végète jamais que sur les corps imbibés d'huile, tels que le linge, le bois et la terre. C'est le géant des *Mucédinées;* ses filaments atteignent un décimètre de hauteur, ils sont brillants comme de la soie, se conservent très-bien et ne se collent pas au papier. Agardh l'a fait connaître le premier sous le nom d'*Ulva nitens*. — Le *Syzigites megalocarpus* qui ne se développe que sur les champignons est remarquable par son mode de conjugation qui ne ressemble en rien à celui qui a lieu chez les *Algues conjuguées*. Ce phénomène s'observe de même sur l'*Ascophora rhizopus*. — Le *Pilobole* est un petit champignon qui végète surtout en automne sur les excréments de presque tous les animaux; sa vie est très-éphémère : il croît pendant la nuit, et disparaît au milieu du jour; il représente une petite urne pédicellée couverte d'un opercule; le sporange est enchâssé dans la cavité du réceptacle, d'où il sort en lançant l'opercule au loin, et, comme il se rompt ordinairement, on ne trouve que ses vestiges, ce qui a fait croire que l'opercule était le sporange même, et qu'il renfermait les spores. Ces spores se meuvent et nagent, pour ainsi dire, dans le sporange avant leur émission, phénomène peut-être unique, qui demanderait à être suivi dans toutes ses périodes.

## Tribu V. — TRICHOSPORÉES.

Réceptacles filamenteux, simples ou ramifiés, fistuleux, continus ou cloisonnés; spores de formes très-variées, simples, ou composées, agglomérées à l'extrémité des rameaux, ou autour du réceptacle.

GENRES PRINCIPAUX.

| | | | | | |
|---|---|---|---|---|---|
| *Ceratium.* | *Asterophora.* | *Menispora.* | *Haplaria.* | *Polyactis.* | *Helicotrichum.* |
| *Periconia.* | *Mycogone.* | *Arthrinium.* | *Desmotrichum.* | *Botrytis.* | *Helicoma.* |
| *Sporocybe.* | *Sepedonium.* | *Gonatotrichum.* | *Gonytrichum.* | *Peronospora.* | *Helminthosporium.* |
| *Pachnocype.* | *Acrothamium.* | *Psilonia.* | *Rhopalomyces.* | *Verticillium.* | |

Cette Tribu est certainement une des plus curieuses à étudier; les nombreux Genres qui la composent croissent sur les matières végétales en décomposition et même dans le tissu des feuilles vivantes; jusqu'à ce jour on ne leur a reconnu aucune utilité, et malheureusement deux Espèces ont acquis une triste célébrité par les dommages qu'elles ont causés à l'agriculture ainsi qu'à l'industrie. — Le *Ceratium hydnoides*, dont la structure est des plus délicates, recouvre quelquefois, lorsque le temps est humide, les vieux troncs pourris de ses touffes blanches. — Le *Sepedonium mycophilum* attire l'attention en convertissant toute la substance des *Bolets* en une poussière du plus brillant jaune d'or. — Le *Botrytis Bassiana* est la cause de la *Muscardine*, maladie qui depuis environ vingt ans ravage les magnaneries; elle se développe sur plusieurs chenilles et surtout sur celle qui produit la soie. Son mycélium envahit tout l'intérieur de la chenille vivante, qu'il finit par tuer; vingt-quatre heures après sa mort, le champignon se montre comme une petite forêt à la surface du ver qui semble recouvert de farine ou de plâtre. Tous les moyens employés contre la *Muscardine* n'ont été suivis d'aucun résultat satisfaisant, et, au moment où elle commençait à disparaître, elle a été remplacée par la *tache* ou la *pébrine*, maladie encore plus funeste, et que certains naturalistes considèrent comme appartenant encore à des organismes végétaux. — Le *Peronospora infestans* depuis 1845 s'est manifesté dans tous les pays où l'on cultive la pomme de terre et en cause ce que l'on appelle la pourriture. La maladie commence à se montrer sur les feuilles qui se crispent, deviennent noirâtres et se dessèchent. Les spores du champignon qui occupent les faces inférieures des feuilles se détachent, pénètrent dans la terre avec l'eau de la pluie, atteignent les tubercules, s'y implantent, et causent des taches superficielles qui chaque jour s'étendent en largeur et en profondeur et amènent enfin la pourriture du tubercule. Ainsi que pour la *Muscardine* les moyens préconisés pour détruire cette maladie sont absolument restés sans action.

## Tribu VI. — ARTHROSPORÉES.

Réceptacle filamenteux, fistuleux, simple ou ramifié, ou presque nul, continu ou cloisonné. Spores nues, terminales, articulées bout à bout, continues, ou cloisonnées, se séparant plus ou moins facilement.

### GENRES PRINCIPAUX.

| | | | | |
|---|---|---|---|---|
| *Antennaria.* | *Dematium.* | *Penicillium.* | *Oidium.* | *Hormiscium.* |
| *Fumago.* | *Monilia.* | *Coremium.* | *Torula.* | |
| *Phragmotrichum.* | *Aspergillus.* | *Isaria.* | *Tetracolium.* | |

Le Genre *Antennaria*, que nous plaçons en tête des Arthrosporées, est à peine connu sous le rapport de la fructification. Il est parasite sur les végétaux ligneux seulement; les rameaux et ramules qui le composent sont très-nombreux et formés d'articles réunis bout à bout, très-inégaux et fortement cohérents. Toutes les Espèces sont noires et étalées sur les feuilles, les branches et même le tronc : elles étouffent véritablement les végétaux qu'elles envahissent en obstruant leurs voies respiratoires, comme le montrent les Pins, les Cistes, les Bruyères arborescentes, l'Olivier, etc. — Le *Fumago* ou *Morphée* se montre sur les Plantes herbacées et ligneuses et sur les corps inertes que celles-ci ombragent. C'est elle qui, mélangée à la poussière, salit les statues des promenades publiques en les couvrant d'une sorte d'enduit qui ressemble à une couche de suie. Ses filaments sont très-fins, ramifiés, formés d'articles inégaux, sans fructification, et peuvent être enlevés par la pluie ou par le frottement. Dans cet état, il constitue la *Fumagine* commune (*Fumago vagans*) qui donne naissance à plusieurs Espèces de Champignons, tels que le *Cladosporium Fumago*, à divers *Polychæton* et *Triposporium*. Le *Polychæton* appartient à la Tribu des Thécasporées endothèques; celui du *Citronnier* (*P. Citri*) fait de grands ravages sur les *Aurantiacées* cultivées en Italie, en Espagne, en Portugal, aux Açores, etc. Le *Fumago* n'est pas parasite comme l'*Antennaria* : il végète sur le léger enduit formé par l'excrétion mielleuse des Pucerons, les déjections des Cochenilles et autres Insectes : c'est donc à ceux-ci qu'il faut faire la guerre pour préserver nos arbres du *noir* qui souille leurs feuilles. — Le *Penicillium glaucum* est la moisissure la plus commune; on le trouve sur toutes les substances animales ou végétales qui commencent à se décomposer : il suffit d'un peu d'humidité dans un corps pour qu'il s'y développe. Le *Coremium glaucum* se montre principalement sur les fruits qui se gâtent et sur ceux que l'on a fait confire. Il diffère du *Penicillium* par son pédicule jaune formé de la réunion de plusieurs pédicelles. — Les *Isaria* naissent sur les bois en décomposition et principalement sur les cadavres des Insectes. Les collections entomologiques n'en sont pas toujours exemptes. MM. Tulasne les considèrent comme l'état conidial de plusieurs *sphéries*. — L'*Oidium Tuckeri* a fait son apparition en 1847 dans les serres de l'Angleterre où l'on cultivait la vigne; mais il avait déjà sans aucun doute été signalé au seizième siècle par A. Mizauld. On l'a depuis longtemps observé en Amérique à son état parfait d'*Erysiphe*. Les dommages qu'il a causés en Europe depuis son invasion sont incalculables. Parmi les divers moyens qui ont été préconisés pour le combattre, nous mentionnerons seulement le *soufrage*. Les années chaudes et humides lui sont particulièrement favorables. — La levûre de bière (*Torula cerevisiæ*) est une production sur la nature de laquelle on est loin d'être d'accord. Il est bien certain qu'elle est cause et effet de la fermentation, et que les globules qui la composent sont articulés bout à bout et le plus souvent libres ou séparés, et que leur multiplication a lieu par tomiparité. M. Berkeley pense que ce n'est qu'une modification du *Penicillium glaucum* due au milieu dans lequel elle se développe, puisqu'on voit naître ce champignon des globules quand ils sont exposés à l'air. Pour M. Ern. Hallier, la *levûre de bière* serait l'état conidial d'un *Leptothrix* qui se développe à l'état parfait dans la bière après la fermentation. Tout ceci exige de nouvelles recherches.

Les Champignons suivent à peu près les *Lichens* dans leur distribution géographique : on les rencontre sous les tropiques, dans les régions les plus froides des deux hémisphères, au sommet des plus hautes montagnes, là où s'arrête la végétation des Phanérogames. M. Martins a récolté au sommet du Faulhorn, à 2682 mètres d'altitude, deux *Lycoperdons*, une *Pezize* et plusieurs *Agarics*. Ils occupent à Java une zone comprise entre 1500 et 2500 mètres, limite à peu près égale, ainsi que l'a remarqué Junghuhn, à celle que nous venons d'indiquer pour les Alpes. Leur limite vers le Nord paraît être à l'île Melville par 74°,47'. Le *Lanosa nivalis* étale ses filaments muqueux à la surface de la neige, et plusieurs de nos Espèces européennes ont été retrouvées dans l'hémisphère austral au-delà du 52° parallèle, dans les îles Aukland et Campbell. Notre *Agaric commun*, le *Bolet amadouvier*, l'*Ascophora Mucedo*, existent dans toutes les contrées du Globe. Certains Genres, peu riches en Espèces, ont des représentants dispersés à de très-grandes distances : ainsi le *Montagnites Pallasii*, des bords de l'Irtisch, par 61° L. N., diffère à peine du *Montagnites Candollei*, qui habite les dunes des environs de Montpellier; le *Mitremyces lutescens*, de la Caroline, est représenté à la Tasmanie par le *M. fuscus;* le *Cyclomyces fuscus*, de l'Ile-de-France, a son analogue aux Etats-Unis dans le *C. Greinii;* enfin le Genre *Secotium*, qui jusqu'ici n'avait été observé qu'au Cap et à la Nouvelle-Zélande, a été observé en Algérie, en Ukraine et même en France. Ces exemples pourraient être multipliés à l'infini.

On rencontre quelquefois les Champignons dans des conditions très-singulières : ainsi le *Schizophyllum commune* a été observé croissant sur le débris d'une mâchoire de Baleine, abandonnée au bord de la mer; Réaumur a vu dans le Poitou cinq ou six *Clathrus cancellatus* qui s'étaient développés entre les pierres d'un mur; Tode a trouvé le *Pyrenium metallorum* dans un canon de pistolet; le *Polyporus terrestris*, l'*Agaricus epigæus*, le *Thamnomyces Chamissonii* ont été recueillis sur des rochers, et nous avons trouvé nous-même à Montmorency le *Lycogala parietinum* sur une grosse pierre meulière que les ouvriers avaient retirée de terre depuis une semaine au plus.

Il en est de certains Champignons comme des *Mousses* du Genre *Splachnum*, qui ont pour habitat constant les excréments d'Animaux herbivores : la plupart des *Ascobolus* végètent sur les bouses de Vache, les *Mucor murinus*, *caninus*, etc., sur les excréments des Rats, des Chiens, etc.; les noms d'*Hormospora stercoris*, *Sordaria coprophila*, indiquent la station stercoraire que partagent ordinairement les *Pilobolus*.

Quelques Champignons, en très-petit nombre, vivent dans l'eau : nous avons mentionné le *Mitrula paludosa*. On peut citer, dans les autres groupes, comme Espèces d'eau douce, le *Peziza rivularis* et *clavus*, l'*Helotium Sphagnorum*, etc. Les *Sphæria Posidoniæ* et *Corallinarum* vivent en parasites au fond de la mer sur les feuilles de cette *Zostéracée* et sur les frondes calcaires de la *Coralline officinale*.

Le développement de certains Champignons est si rapide, qu'il a passé en proverbe; on le conçoit facilement quand on considère qu'ils prennent naissance d'un *mycélium* qui échappe à nos yeux, et qu'ils n'attendent sous terre qu'une circonstance favorable pour apparaître au jour et s'y épanouir. Les *Mucédinées* ou *Moisissures* se montrent en quelques heures, et disparaissent avec la même rapidité. Lorsque les organes de la fructification sont renfermés dans un *volva*, ils semblent plutôt se dilater que s'accroître par la production de tissus nouveaux; leur pédicule s'allonge et se gonfle, de même que certains corps augmentent de volume en s'imbibant d'eau. Chez quelques *Bolets* subéreux, le développement est très-lent et exige quelquefois plusieurs années. Certains Champignons ne nous sont connus que par leur mycélium scléroïde, qui prend des proportions considérables, et sert d'aliment aux habitants de la Nouvelle-Zélande, ainsi qu'aux Chinois : ces masses blanches, revêtues d'une écorce brune ou noirâtre, qui atteignent souvent la grosseur de la tête, ont été décrites sous le nom de *Mylitta*, *Pachyma*, etc.; l'une d'elles, *P. pinetorum*, se rencontre en Chine sur les racines de Pin. Le *Bromicolla aleutica*, qui a tant de ressemblance avec le *Sclerotium muscorum*, sert de nourriture aux habitants des îles Aleutiennes.

L'odeur des Champignons est ordinairement peu prononcée, et pourrait s'exprimer par l'épithète de *fongique*, lorsqu'elle est douce et agréable comme celle du *Mousseron* (*Agaricus albellus*), etc. L'odeur de la *Truffe* lui est en quelque sorte particulière, puisqu'on ne la retrouve que dans une Espèce de Madrépore du Genre Astroïte, qui, à cause de son parfum, a reçu le nom de *pierre à truffe*. D'autres exhalent une odeur de bouc, de vieux fromage, etc. Chez les *Phallus* et *Clathrus*, l'odeur cadavéreuse est tellement prononcée qu'on sent ces Champignons de très-loin, et que les Insectes les dévorent comme s'ils étoient de véritables cadavres; mais ici l'odeur est localisée; elle n'existe que dans le putrilage résultant de la décomposition de la partie fructifère. — Certaines Espèces ont à l'état frais une odeur très-suave : tels sont le *Polyporus suaveolens*, recherché des Lapons, l'*Uredo suaveolens*, etc.; d'autres, au contraire, comme l'*Agaric camphré*, l'*Hydne à pied grêle*, etc., ne sont odorantes qu'à l'état sec. — Les *Moisissures* émettent une odeur particulière et très-caractéristique.

La saveur des Champignons est, en général, assez faible et peu agréable; quelques-uns sont d'une telle âcreté qu'il y aurait danger à en garder dans la bouche une certaine quantité; toutefois cette âcreté peut disparaître au moyen de préparations culinaires. Beaucoup d'Espèces, avons-nous dit, les *Truffes*, les *Morilles*, certains *Agarics*, sont comestibles et très-recherchées. Beaucoup d'autres, très-ressemblantes aux précédentes et presque toutes appartenant aux Genres *Agaric* et *Amanite*, sont vénéneuses. Comment distinguer l'aliment du poison? la réponse est fort difficile, surtout quand on compare les témoignages contradictoires, qui établissent les uns l'innocuité, les autres la malfaisance d'une même Espèce. On recommande généralement de rejeter les Champignons dont l'odeur et le goût sont désagréables, la chair est mollasse et aqueuse, ceux qui croissent dans les lieux ombragés et humides, qui se gâtent rapidement, changent subitement de couleur quand on déchire leurs tissus, ceux qui colorent en brun une cuiller d'argent, qui donnent une couleur noire à l'oignon avec lequel on les fait cuire. Mais ces diverses indications n'ont rien de positif; le plus sûr est d'analyser les caractères botaniques du Champignon, ou de se conformer aux traditions populaires du pays qu'on habite. Dans tous les cas, il faut soumettre les Champignons suspects à la cuisson après les avoir divisés, et jeter l'eau qui a servi à les cuire : il vaut mieux encore les faire macérer par tranches dans de l'eau vinaigrée, que l'on doit rejeter, car il est aujourd'hui bien avéré que le vinaigre déplace le principe vénéneux des Champignons; mais, après cette préparation, ils ne sont jamais agréables à manger.

Leur couleur est des plus variables, et dépend souvent de l'âge, du degré d'humidité que présente l'Espèce; en général, elle est peu brillante; si l'on remarque des Champignons jaunes, rouges, bleus, violets, blancs, noirs, les teintes sont ordinairement rabattues, et quand on en rencontre un de couleur verte (*Peziza smaragdina*), cette nuance ne peut se comparer au vert de la chlorophylle. — La substance propre des Champignons présente la même variété de nuances : quoique la blanche soit la couleur dominante du tissu des *Agarics*, et la roussâtre celle des *Bolets*, on en rencontre qui passent brusquement au bleu indigo pur au moment où on les brise et où leur tissu est exposé au contact de l'air. — Certains Champignons sont phosphorescents : plusieurs *Agarics* exotiques et celui de l'olivier (*A. olearius*) du midi de l'Europe présentent cette singulière particularité.

Plongés dans l'eau et exposés à l'action de la lumière, les Champignons dégagent de l'hydrogène, de l'azote et de l'acide carbonique; cependant, suivant quelques expérimentateurs, les *Trémelles* se comportent différemment et dégagent de l'oxygène lorsqu'elles sont placées dans les mêmes conditions que les Végétaux phanérogames pourvus de matière verte.

Un Champignon, brisé ou coupé dans une de ses parties, continue de vivre, mais la plaie ne se cicatrise pas, et les surfaces mises à nu restent flétries ou se dessèchent.

La culture des Champignons n'existe, à proprement parler, que pour une seule Espèce, l'*Agaricus campestris;* cependant on parvient quelquefois à se procurer l'*A. ægerita* en enterrant des rondelles de *Peuplier*, et l'*A. albellus* en transportant la terre d'un endroit à un autre. Les jeunes *Chênes* dits *truffiers* ne provoquent pas la naissance des Truffes; mais il arrive souvent que la présence de jeunes plants dans un terrain propice devient une circonstance favorable à la production de ces précieux tubercules.

La composition chimique des Champignons est assez compliquée : on y trouve avec l'eau, qui en forme quelquefois les 90 centièmes, de la *cellulose*, associée à d'autres éléments particuliers, et constituant alors ce que les Chimistes ont désigné sous le nom de *fungine;* plusieurs principes, tels que l'*agaricine*, la *viscosine*, la *mycétide*, une certaine quantité d'*albumine*, ainsi qu'une matière grasse azotée; quelques principes colorants, résineux ou hydrogénés; des *huiles* fixes ou volatiles; une substance amyloïde, se colorant en bleu par l'iode; du *sucre* fermentescible; de la *mannite*; de la *glycose*, plus abondante dans les vieux Champignons que dans les jeunes (ce qui résulte probablement de la transformation d'autres principes hydro-carbonés); on en retire encore la *propylamine*, qui donne l'odeur de poisson pourri à la *carie des grains*, ainsi qu'à l'*ergot* de seigle; enfin l'*amaniline*, principe dont l'action vénéneuse n'est que trop souvent vérifiée, mais on n'en connaît pas encore la composition atomique. Outre ces substances, les Champignons contiennent des phosphates, malates, oxalates, citrates de chaux, de magnésie, d'alumine, et même de l'acide oxalique libre et du chlorure de potassium.

Les spores des Champignons sont si ténues, dit Fries, qu'un seul *Reticularia* les présente par millions; si subtiles, qu'elles échappent à nos sens; si légères, qu'elles sont enlevées avec les vapeurs atmosphériques, et si nombreuses, qu'il est difficile de concevoir un espace assez étroit pour en être complétement privé; c'est ce que démontrent, en effet, les savants et ingénieux travaux de M. Pasteur, et la difficulté de se garantir contre l'intervention du *Penicilium glaucum* dans une multitude d'expériences relatives à la génération spontanée des Champignons. Les ferments et le rôle mystérieux qu'ils remplissent dans la décomposition des matières organiques se rattachent étroitement à l'existence des Végétaux appartenant aux Genres *Cryptococcus*, *Hormiscium*, etc., qui consistent en cellules microscopiques libres, de forme oblongue ou ovoïde.

Les Champignons ne fournissent presque rien aux arts, si ce n'est l'*amadou* et quelques principes colorants, parmi lesquels nous citerons seulement celui du *Dothidea tinctoria*, qui vit sur les feuilles d'un *Baccharis* de la Nouvelle-Grenade, et fournit une teinture verte très-solide. — La médecine ne leur emprunte aujourd'hui que l'*ergot* du Seigle, ou du Froment, pour arrêter certaines hémorrhagies et activer dans l'accouchement les contractions utérines. L'*ergot* du *Paspalum ciliare*, qui n'offre aucune ressemblance de forme ni de couleur avec celui du Seigle, est employé aux mêmes usages dans l'Amérique septentrionale. — Le docteur Roulin a vu, à la Nouvelle-Grenade, les mules, les cerfs, les perroquets éprouver des accidents graves, et même mourir après avoir mangé du Maïs ergoté, dont la saveur propre était déguisée par celle de la Sphacélie qui est légèrement sucrée; cet ergot est nommé dans le pays *peladero*, à cause de la chute des poils, des ongles, des griffes et du bec, qu'il occasionne chez ces animaux. — On sait que l'*ergot* donne à la farine, qui en contient une certaine quantité, des qualités éminemment vénéneuses, et cause des maladies très-graves décrites par les médecins sous le nom d'*ergotisme* et de *carie sèche* des membres, maladies qui, dans certaines années pluvieuses, sous une forme endémique, ont ravagé, comme le choléra, les populations.

J.-H. Léveillé.

# ALGUES, *ALGÆ*, *Jussieu*, *Agardh*, *Lamouroux*, *Kützing*, etc.

Plantes *acotylédones, cellulaires, aquatiques, ou végétant sur la terre humide, toujours exposées à la lumière; de formes, de consistance, de couleurs très-variées, libres, ou fixées soit par des racines, soit par des crampons; tantôt microscopiques unicellulaires; tantôt munies d'une tige simple ou rameuse, terminée par des frondes, toujours dépourvues de stomates.* — Organes reproducteurs, *tantôt d'une seule forme, résultant de la concentration de la matière verte, et devenant des spores munies de cils vibratiles et douées de motilité* (zoospores) ; *tantôt constitués par des anthéridies et des sporanges, soit monoïques, soit dioïques, et produisant le plus souvent des spores immobiles, solitaires, ou quaternées dans un même sporange* (périspore).

## Tribu I. — FLORIDÉES, *Lamouroux*, *Thuret*, RHODOSPERMÉES, *Harvey*, CHORISTOSPORÉES, *Decaisne*.

Algues marines, ou très-rarement d'eau douce, de couleur rose, ou violâtre, ou pourpre, ou rouge-brun, ou rarement verdâtres, souvent mucilagineuses, formées soit de filaments simples ou rameux (*Dasya*), soit de plusieurs tubes figurant une tige simple filamenteuse (*Polysiphonia*, etc.), soit de *frondes* membraneuses irrégulières (*Porphyra*), ou d'apparence foliacée (*Delesseria*), ou cartilagineuse (*Iridea*), munies ou dépourvues de nervures, entières, ou treillisées (*Hemitrema, Thuretia*), ou ombelliformes (*Constantinia*), ou lomentacées (*Catenella*), ou jongermannoïdes (*Leveillea, Polyzonia*), quelquefois incrustées de calcaire et fragiles (*Corallina*, etc.). — Organes reproducteurs de deux sortes, monoïques ou dioïques. *Sporanges* soit superficiels, soit plongés dans la fronde et contenus dans des conceptacles de formes diverses. *Spores* arrondies ou oblongues, solitaires ou quaternées. *Anthéridies* de forme variée, ou faisant partie du tissu propre de la fronde, composées de cellules incolores contenant chacune un anthérozoïde dépourvu de cils vibratiles et privé de motilité. Anthérozoïdes fécondant le sporange au moyen d'un tube spécial (*trichogyne*).

GENRES PRINCIPAUX.

*Porphyra.*
*Bangia.*

*Nemalium.*
*Batrachospermum.*
*Liagora.*
*Helminthora.*

*Cruoria.*

*Wrangelia.*
*Bornetia.*
*Naccaria.*
*Spermothamnion.*

*Ceramium.*
*Microcladia.*
*Thamnidium.*
*Callithamnion.*
*Griffithsia.*
*Crouania.*
*Dudresnaya.*
*Ptilothamnion.*
*Ptilota.*

*Dumontia.*
*Catenella.*

*Grateloupia.*

*Fastigiaria.*
*Schizymenia.*
*Halymenia.*

*Chondrus.*
*Gigartina.*
*Callymenia.*
*Gymnogongrus.*
*Phyllophora.*

*Peyssonnelia.*
*Rhododermis.*
*Petrocelis.*
*Hildenbrandtia.*

*Champia.*
*Rhodymenia.*
*Lomentaria.*
*Plocamium.*

*Sphærococcus.*
*Gracilaria.*
*Nithophyllum.*
*Delesseria.*
*Thuretia.*
*Hemitrema.*

*Constantinia.*
*Gelidium.*

*Polyides.*

*Chylocladia.*

*Rhodomela.*
*Polysiphonia.*
*Bonnemaisonia.*
*Laurencia.*
*Chondria.*
*Rytiphlæa.*

*Dasya.*

*Melobesia.*

*Jania.*
*Corallina.*
*Lithotamnium.*

*Amansia.*
*Leveillea.*
*Polyzonia.*

*Polyphacum.*
*Osmundaria.*

Les organes reproducteurs des Floridées ont reçu diverses dénominations; on a nommé *Céramides* des conceptacles ovales, présentant une ostiole au sommet, et renfermant des spores quaternées (*Sphérospores*); *Kalidie, Capsule, Cystocarpe,* des corps de même forme que les précédents, mais contenant des spores indivises. Ces organes et les suivants sont terminés, dans leur jeune âge et avant leur fécondation, par une sorte de long poil sur lequel s'appliquent les anthérozoïdes, et que MM. Bornet et Thuret ont désigné sous le nom de *Trichogyne;* ce poil est destiné à transmettre le fluide fécondant. — On nomme *Favelles* des conceptacles sphériques, axillaires ou terminaux, à paroi unie, quelquefois entourés d'une sorte d'involucre, formé par de petites ramilles (*Ceramium*, etc.). — On a donné le nom de *Coccidie* à des conceptacles coriaces, ordinairement ouverts au sommet, et renfermant un nombre plus ou moins grand de corpuscules reproducteurs (*Delesseria*). On désigne sous le nom de *Stychidies* des sortes de petits épis contenant des spores quaternées disposées régulièrement. — Les frondes de quelques Floridées portent tantôt à leur surface des cellules isolées, formant une sorte de sporange, qui renferme 4 spores (*Delesseria*); tantôt enfin, chacune des cellules de la fronde membraneuse donne naissance à des spores (*Porphyra*). — Les anthéridies des Floridées apparaissent en couche mince, transparente à la surface de la fronde, ou se présentent sous la forme soit de petites houppes axillaires nues, ou involucrées (*Griffithsia setecea*), soit d'une sorte de petite palette contournée (*Chondria*), soit enfin sous la forme d'une petite masse conique (*Lejolisia*). Dans tous les cas, les anthéridies réunies en petites grappes, ou en un assemblage de petites utricules, renferment un anthérozoïde oblong, ou globuleux, dépourvu de cils et privé de mouvement. Dans les *Porphyra*, les anthéridies proviennent de la transformation des cellules marginales de la fronde, qui se divisent en un grand nombre de petites cellules incolores devenant autant d'anthérozoïdes.

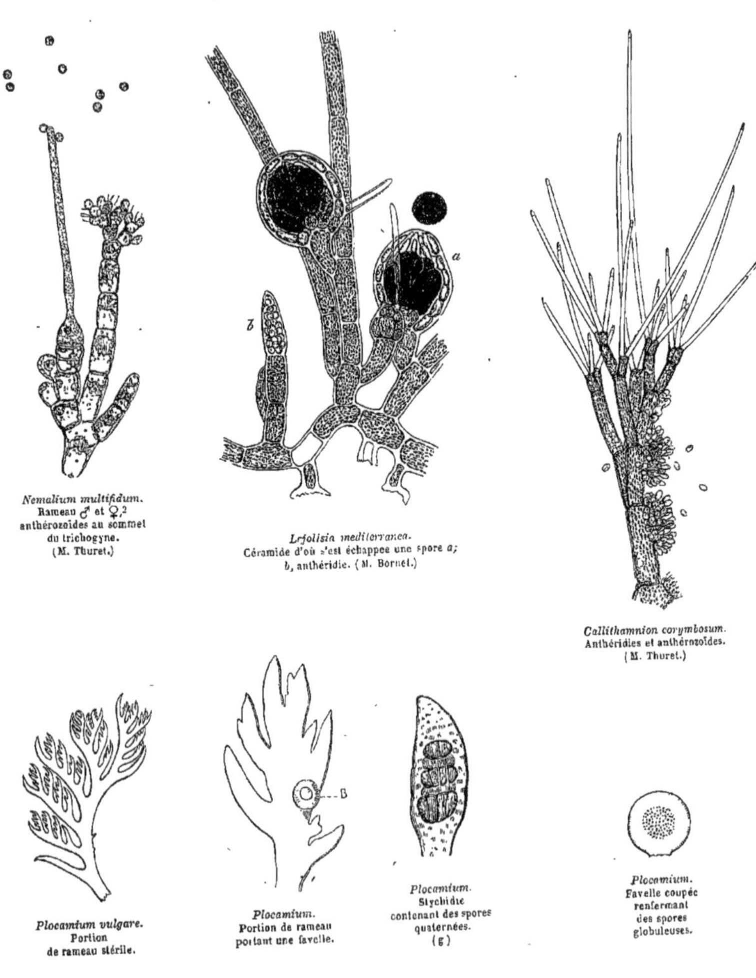


*Nemalium multifidum.* Rameau ♂ et ♀,[2] anthérozoïdes au sommet du trichogyne. (M. Thuret.)

*Lejolisia mediterranea.* Céramide d'où s'est échappée une spore *a*; *b*, anthéridie. (M. Bornet.)

*Callithamnion corymbosum.* Anthéridies et anthérozoïdes. (M. Thuret.)

*Plocamium vulgare.* Portion de rameau stérile.

*Plocamium.* Portion de rameau portant une favelle.

*Plocamium.* Stychidie contenant des spores quaternées. (g)

*Plocamium.* Favelle coupée renfermant des spores globuleuses.

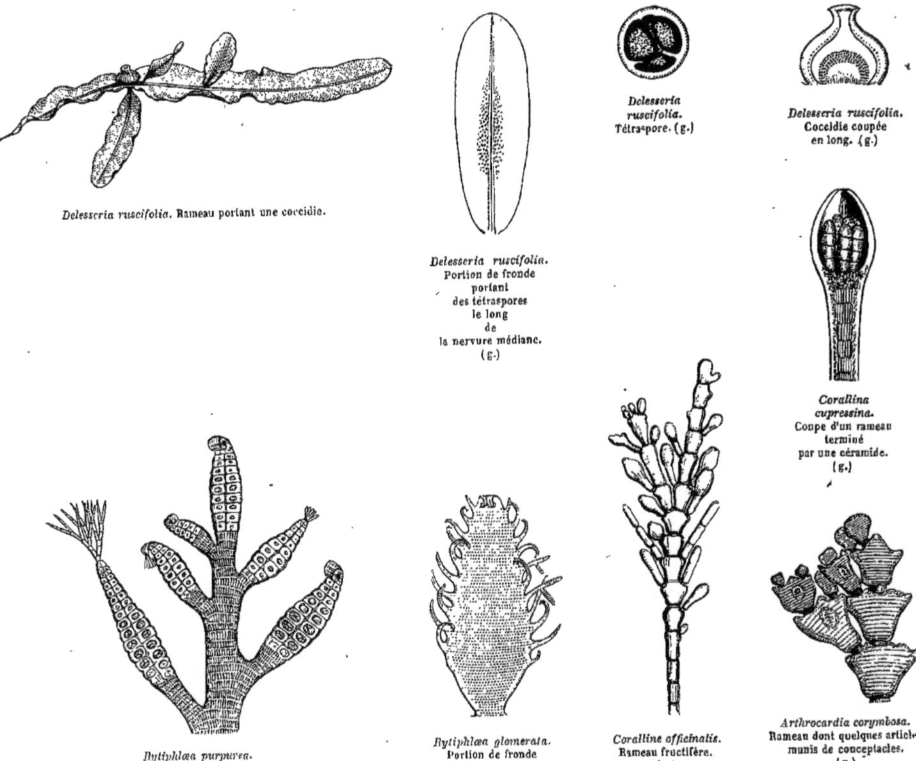

*Delesseria ruscifolia.* Rameau portant une coccidie.

*Delesseria ruscifolia.* Portion de fronde portant des tétraspores le long de la nervure médiane. (g.)

*Delesseria ruscifolia.* Tétraspore. (g.)

*Delesseria ruscifolia.* Coccidie coupée en long. (g.)

*Corallina cupressina.* Coupe d'un rameau terminé par une céramide. (g.)

*Rytiphlœa purpurea.* Rameau et stychidies à divers états de développement. (g.)

*Rytiphlœa glomerata.* Portion de fronde bordée de stychidies. (g.)

*Coralline officinalis.* Rameau fructifère. (g.)

*Arthrocardia corymbosa.* Rameau dont quelques articles munis de conceptacles. (g.)

## TRIBU II. — PHÆOSPORÉES ET FUCACÉES, *Thuret*, APLOSPORÉES, *Decaisne*, MÉLANOSPORÉES, *Harvey*.

Algues marines, brunes, ou olivâtres, mucilagineuses, de formes très-variées, acaules, ou caulescentes, arrondies, ou allongées, conformées en cupule (*Hymanthalia*), ou en corde (*Chorda*), ou en lame (*Laminaria*), ou en éventail (*Padina*), à fronde munie, ou dépourvue de nervures, entière, ou diversement découpée, quelquefois percée de trous (*Agarum*), quelquefois contournée en spirale (*Thalassiophyllum*), quelquefois pourvue de vessies natatoires (*Sargassum, Macrocystis*, etc.), quelquefois à tige fistuleuse (*Ecklonia buccinalis, Nereocystis*, etc.). — ORGANES REPRODUCTEURS, sporanges superficiels et sous forme de sores; *spores*, tantôt provenant de la condensation de la matière colorante des frondes (*trichosporanges*), très-petites, munies de cils vibratiles et douées de motilité; tantôt résultant d'une véritable fécondation bisexuelle, et alors monoïques, ou dioïques: les ♀ (*oosporanges*) soit externes, soit conceptaculaires, renfermant des spores grosses, ovoïdes, ou globuleuses, privées de motilité, solitaires, ou geminées, ou quaternées ou au nombre de 8; *anthéridies* sessiles, ou disposées en ramules, oblongues ou linéaires; *anthérozoïdes* contenant un globule rouge et doués de motilité, pourvus de 2 cils vibratiles, l'un antérieur, l'autre postérieur.

*Première section.* — LAMINARIÉES. Organes reproducteurs superficiels (sores); spores ordinairement motiles, fertiles sans fécondation apparente.

GENRES PRINCIPAUX.

| *Scytosiphon.* | *Aglaozonia.* | *Arthrocladia.* | *Mesogloia.* | *Carpomitra.* | *Costaria.* |
|---|---|---|---|---|---|
| *Phyllitis.* | | | *Chordaria.* | | *Agarum.* |
| | *Ectocarpus.* | *Myrionema.* | *Chorda.* | *Laminaria.* | *Thalassiophyllum.* |
| *Punctaria.* | *Streblonema.* | *Elachista.* | | *Haligenia.* | |
| *Litosiphon.* | *Myriotrichia.* | *Petrospongium.* | *Asperococcus.* | *Lessonia.* | *Dictyota.* |
| | *Giraudia.* | *Leathesia.* | *Ralfsia.* | *Nereocystis.* | *Taonia.* |
| *Desmarestia.* | | | | *Macrocystis.* | *Padina.* |
| | *Sphacelaria.* | *Castagnea.* | *Sporochnus.* | *Ecklonia.* | *Dictyopteris.* |
| *Dictyosiphon.* | *Cladostephus.* | *Liebmannia.* | *Stilophora.* | *Alaria.* | |

*Deuxième section.* — FUCACÉES. Organes reproducteurs, ♂ et ♀, renfermés dans des conceptacles; anthérozoïdes munis de cils; spores immobiles.

GENRES PRINCIPAUX.

| *Fucus.* | *Urvillea.* | *Landsburgia.* | *Halidrys.* | *Myriodesma.* | *Splachnidium.* |
|---|---|---|---|---|---|
| *Pelvetia.* | *Cystophora.* | *Cystoseira.* | *Sargassum.* | *Himanthalia.* | *Blosvillea.* |

Chez les Phæosporées de la 1re section, les sporanges sont superficiellement et irrégulièrement distribués à la surface de la fronde, à la manière des sores; de ces sporanges s'échappent des *zoospores* ovoïdes, terminées par des cils et douées de mouvements actifs, qui ne tardent pas à germer après s'être fixées.

Dans les Phæosporées de la 2e section (*Fucacées* proprement dites ou *varecs*) les fructifications correspondent ordinairement à des tubercules mamelonnés, disséminés sur la fronde, ou réunis sur des organes spéciaux, terminaux, ou disposés en grappes axillaires. Chaque mamelon répond à une cavité fructifère ou *conceptacle*, pratiquée dans l'épaisseur de la fronde, ou du tubercule : cette cavité contient une matière gélatineuse, et porte sur sa paroi interne et dans le jeune âge des sortes de poils ou cellules filiformes transparentes. A l'époque de la reproduction, ceux de ces poils (sporanges, périspores) qui doivent fructifier se gonflent, et se remplissent de matière brunâtre; cette matière brunâtre s'organise en corps reproducteurs qui s'échappent par un petit orifice placé au centre du mamelon, et se partagent bientôt en 2, 4, 8 spores, qui ne tardent pas à germer. Il ne reste plus dans la cavité que les cellules mères déchirées (périspores ou sporanges), et les autres poils celluleux stériles, lesquels s'allongent en petites houppes, et sortent aussi successivement par l'orifice qui a donné passage aux spores. — Tantôt les *anthéridies* existent dans le même conceptacle que les *sporanges* et le Végétal est monoïque; tantôt les anthéridies et les sporanges sont portés par des individus distincts, et la plante est dioïque. Les conceptacles renfermant les anthéridies se reconnaissent généralement à une teinte orangée; les anthéridies consistent en vésicules ovoïdes, contenant une masse blanchâtre, parsemée de granules rouges; elles sont portées sur des poils rameux cloisonnés. Lorsque la Plante est exposée au contact de l'air, les anthéridies sont expulsées en masse du conceptacle, dont l'orifice leur donne passage, et par leurs extrémités on voit sortir de nombreux anthérozoïdes transparents, lagéniformes, et s'agitant avec vivacité; chacun d'eux renferme ordinairement un granule rouge, formant une protubérance dorsale; les organes locomoteurs consistent en deux cils inégaux, très-déliés, le plus court en avant, le second traînant derrière le corps de l'anthérozoïde. — Dans les conceptacles où sont réunis les sporanges et les anthéridies, celles-ci tapissent la moitié supérieure, voisine de l'orifice, et les sporanges occupent le fond du conceptacle.

*Macrocystis pyrifera.*
La plante adulte varie de 200 à 500 mètres de longueur.

Varec serreté (*Fucus serratus*). Poils rameux cloisonnés, portant les anthéridies. (g.)

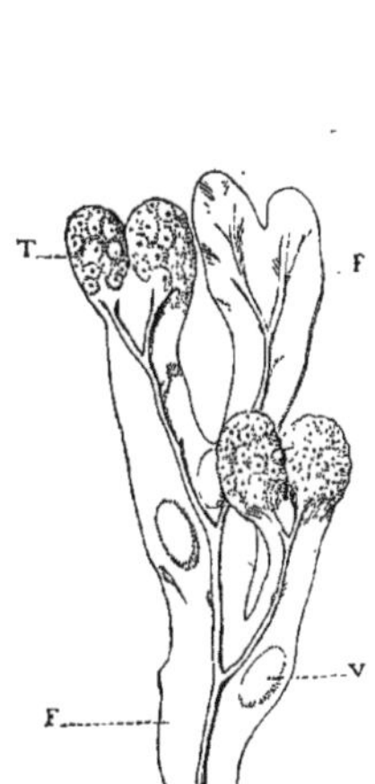


Varec vésiculeux (*Fucus vesiculosus*). *fr.* fronde ; *t* tubercule fructifère ; *v.* vésicule aérienne.

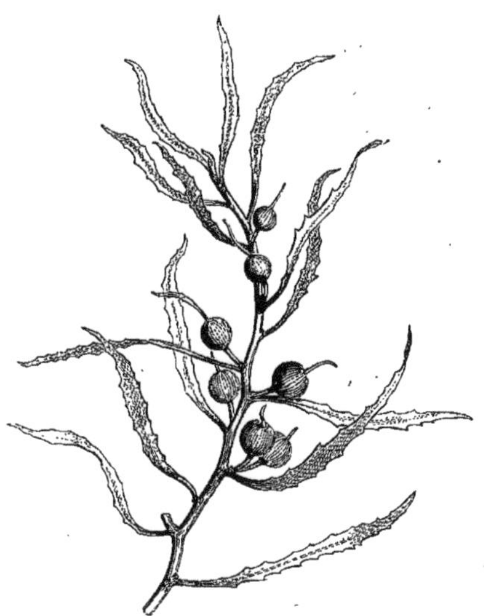

Raisin des Tropiques (*Sargassum natans*). Rameau portant des vessies natatoires.

*Lessonia fuscescens*. Réduit au 30e.

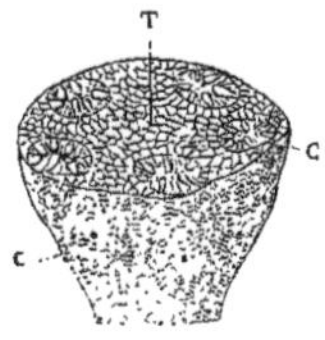


Varec vésiculeux (*Fucus vesiculosus*). Tubercule coupé transversalement. — *c.* conceptacle ; *t.* épaisseur celluleuse du tubercule. (g.)

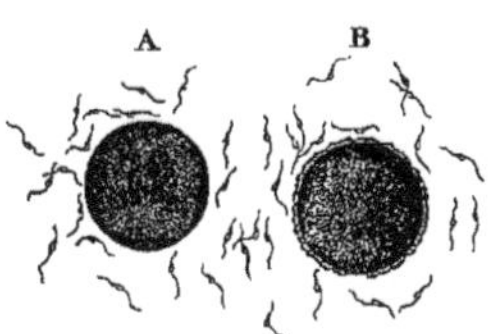


*Fucus vesiculosus*. Fécondation. A. spore dont s'approchent les anthérozoïdes. B. spore sur laquelle se sont fixés les anthérozoïdes. (g.) (M. Thuret.)

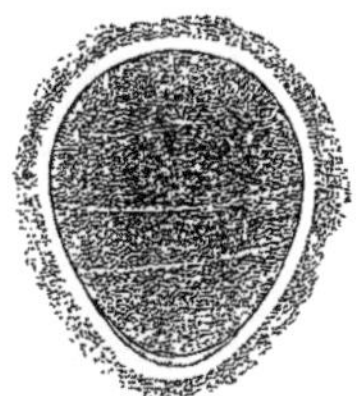

*Fucus vesiculosus*. Spore fécondée, plus grossie, entourée d'une membrane mucilagineuse, et dans laquelle on voit les premiers indices de division. (g.) (M. Thuret.)

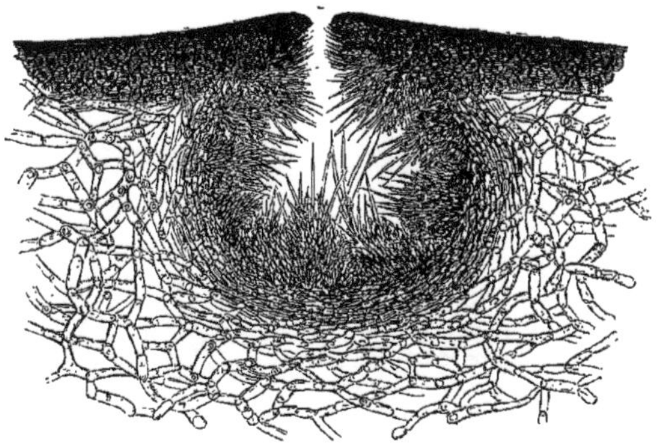

*Fucus vesiculosus*. Coupe d'un conceptacle ♂ tapissé de poils rameux portant les anthéridies.

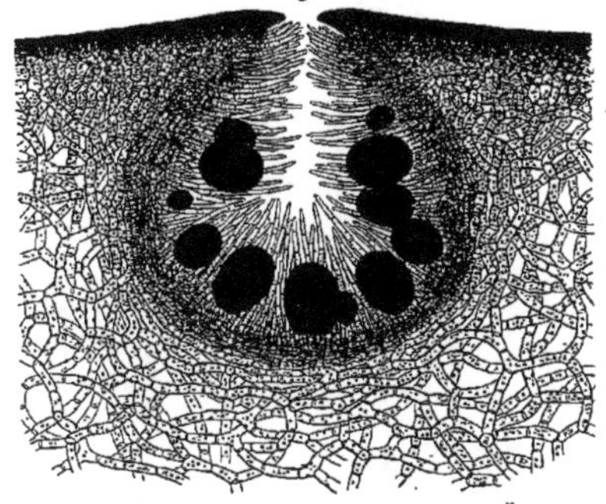


*Fucus vesiculosus*. Coupe d'un conceptacle ♀ · *o*, ostiole par laquelle s'échappent les spores. (M. Thuret.)

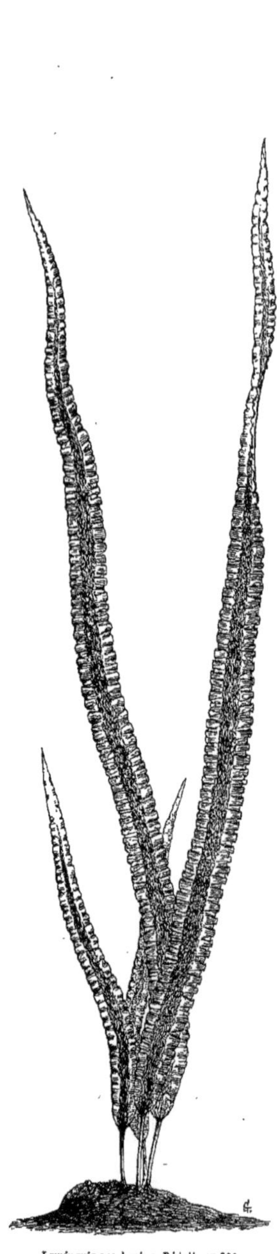

*Laminaria saccharina.* Réduite au 30e.

*Œdogonium vesicatum.* Filament dont chaque article présente des stries annulaires au voisinage des cloisons avant la sortie de la spore (M. Thuret.)

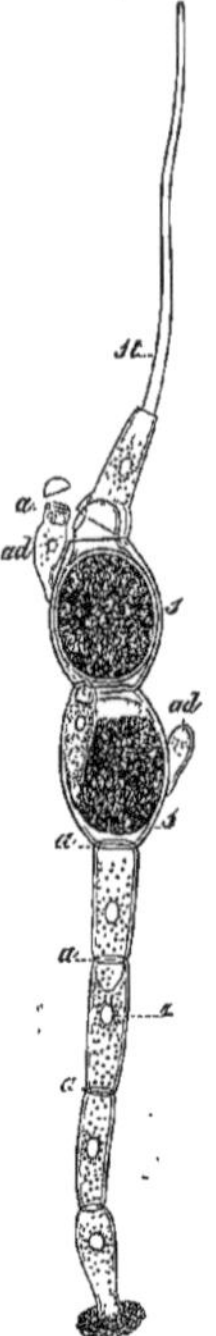


*Œdogonium ciliatum.* Plante entière; 2 cellules ou sporanges dans chacun desquels se forme une zoospore ss. deux sporanges sur lesquels se sont fixées les anthéridies *ad*; *a.* anthéridie dont le couvercle s'est détaché; *st.* soie terminale (gr. 200.) (M. Pringsheim.)

*Chætophora elegans.* Rameaux produisant une zoospore dans chacun des articles.

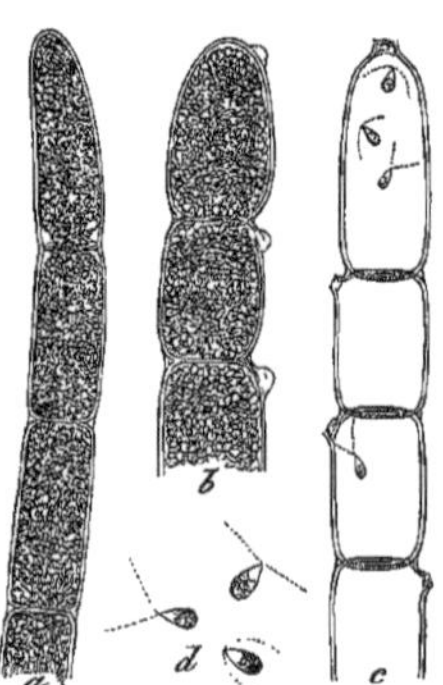


*Cladophora glomerata.* *a.* Extrémité d'un jeune filament; — *b.* plus âgé, avant la sortie des zoospores; — *c.* le même vidé; — *d.* zoospores. (M. Thuret.)

*Chætophora elegans.* Zoospore à 4 cils.

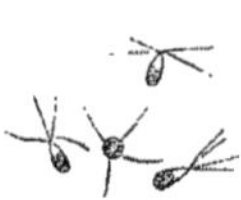

*Ulva bullosa.* Zoospores portant 4 cils.

*Œdogonium.* Article se séparant pour livrer passage à une zoospore.

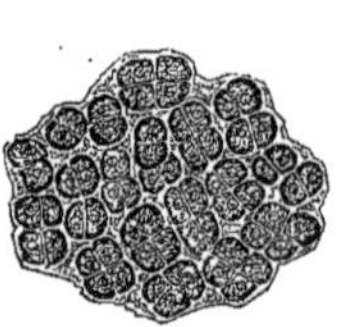

*Ulva bullosa.* Portion de fronde sur laquelle les cellules se partagent pour donner naissance à des zoospores.

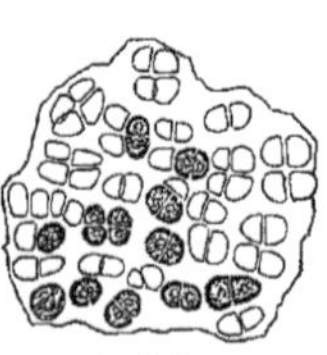

*Ulva bullosa.* Plus âgé montrant les cellules vides.

*Œdogonium vesicatum.* Zoospores munis d'une couronne de cils. (M. Thuret.)

## TRIBU III. — CHLOROSPORÉES, *Thuret.* CONFERVÉES, *Agardh.*

Algues marines, ou d'eau douce, de couleur verte, tantôt réduites à une seule utricule microscopique (*Hydrocytium*); tantôt composées de filaments capillaires simples, ou rameux (*Conferva*, etc.), ou disposés en réseau à mailles hexagonales (*Hydrodictyon, Trypethallus*), ou enchevêtrés et formant des boules spongieuses (*Codium*); tantôt dilatées en lames cellulaires, foliacées (*Ulva, Udotea, Anadyomene*); tantôt formant un boyau (*Enteromorpha*); quelquefois présentant la forme d'une ombrelle (*Acetabularia*), ou l'aspect d'une Mousse, d'un Lycopode, d'un rameau de Conifère (*Caulerpa*). — ORGANES REPRODUCTEURS résultant de la concentration de la matière verte, et devenant des *spores* motiles, munies de cils vibratiles ou résultant d'une fécondation à l'aide d'anthérézoïdes.

*Première section.* — CONFERVES. Tubes ou cellules contenant des spores ovoïdes munies de 2-4 cils vibratiles.

GENRES PRINCIPAUX.

| | | | | |
|---|---|---|---|---|
| *Conferva.* | *Ulva.* | *Anadyomene.* | *Caulerpa.* | *Penicillus.* |
| | *Ulothrix.* | | *Dasycladus.* | *Cymopolia.* |
| *Hydrodyction.* | *Coleochæte.* | *Microdyction.* | | |
| | *Chætophora.* | | *Acetabularia.* | *Halymeda.* |
| *Microspora.* | *Draparnaldia.* | *Bryopsis.* | *Neomeris.* | *Udotea.* |
| | *Cladophora.* | *Codium.* | *Bellotia.* | |

*Deuxième section.* — UNICELLULAIRES. Chaque cellule produisant plusieurs spores munies de cils vibratiles.

GENRES PRINCIPAUX.

*Codiolum.* *Hydrocytium.* *Characium,* *Sciadium.*

### SOUS-TRIBU. — ŒDOGONIÉES.

Algues vertes, d'une structure très-simple, composées d'une série de cellules non ramifiées, ou ramifiées; spores résultant de la concentration de la matière verte, et s'échappant par une division particulière que présente la cellule mère, ovoïdes, motiles, munies d'une couronne de cils vibratiles, ou formées à la suite de phénomènes de sexualité; *anthéridies* formées de filaments composés d'une série de petites cellules contenant 1 ou 2 *anthérozoïdes*, qui sortent par un opercule, pour féconder les spores renfermées dans la cellule-sporange.

GENRES.

*Œdogonium.* *Bolbochæte.* ? *Derbesia.*

## TRIBU IV. — VAUCHERIÉES.

Algues vertes grêles, formées de filaments simples non cloisonnés présentant deux sortes d'organes reproducteurs; les uns résultant de la concentration de la matière verte à l'extrémité des filaments qu'ils crèvent, et d'où ils sortent sous la forme d'une grosse *spore* ovale, motile, recouvert en totalité d'une épithelium cilié; les autres résultant d'une véritable fécondation. Les *anthéridies* apparaissent, les premières, sous la forme d'une sorte de petite corne (*cornicule*) remplie de mucilage, et se trouvent placées à côté d'un autre petit organe arrondi qui remplit le rôle de *sporange;* les anthéridies contiennent des *anthérozoïdes* de 1/80 de millimètre, munis de deux cils vibratiles et semblables aux *anthérozoïdes* des Fucacées; le *sporange* contient des granules verts. A un moment donné, ces deux organes se trouvent séparés du tube qui les porte par un diaphragme, et se recourbent l'un vers l'autre; alors les *anthérozoïdes* s'échappent, vont chercher l'extrémité du sporange, y pénètrent, et déterminent ainsi la fécondation, après laquelle on voit la membrane du sporange s'épaissir, en renfermant une masse de granules verts; puis enfin ce sporange se détache de la plante mère, plonge dans la vase, pour donner naissance tôt ou tard à un nouvel individu.

GENRE UNIQUE.

*Vaucheria.*

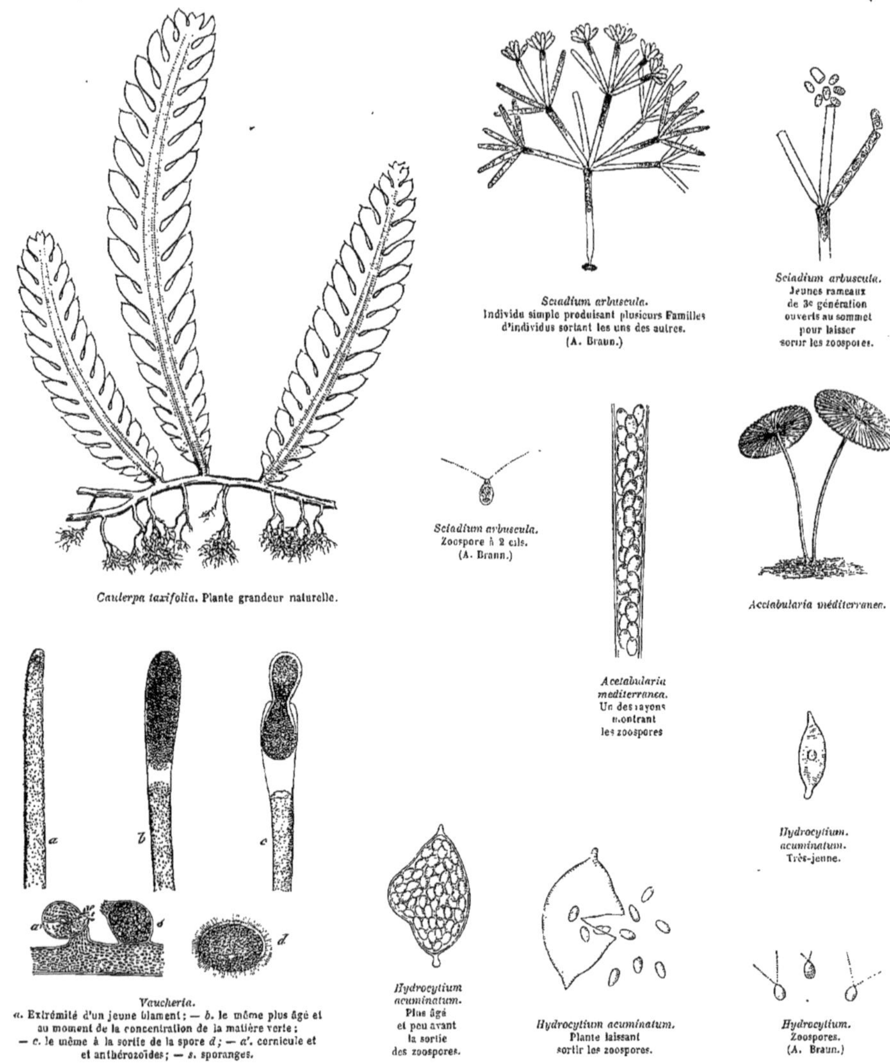

*Sciadium arbuscula.* Individu simple produisant plusieurs Familles d'individus sortant les uns des autres. (A. Braun.)

*Sciadium arbuscula.* Jeunes rameaux de 3e génération ouverts au sommet pour laisser sortir les zoospores.

*Caulerpa taxifolia.* Plante grandeur naturelle.

*Sciadium arbuscula.* Zoospore à 2 cils. (A. Braun.)

*Acetabularia mediterranea.* Un des rayons montrant les zoospores

*Acetabularia méditerranea.*

*Hydrocytium acuminatum.* Très-jeune.

*Vaucheria.* *a.* Extrémité d'un jeune filament; — *b.* le même plus âgé et au moment de la concentration de la matière verte; — *c.* le même à la sortie de la spore *d;* — *a'.* cornicule et et anthérozoïdes; — *s.* sporanges.

*Hydrocytium acuminatum.* Plus âgé et peu avant la sortie des zoospores.

*Hydrocytium acuminatum.* Plante laissant sortir les zoospores.

*Hydrocytium.* Zoospores. (A. Braun.)

Quelques Algues du groupe des *Chlorosporées* présentent, comme nous venons de le voir, deux sortes de spores : les unes germant immédiatement, les autres s'enfonçant dans la vase, où elles restent enfouies pendant un temps plus ou moins long avant de produire de nouveaux individus ; ces spores se revêtent d'une enveloppe assez épaisse, et ressemblent alors aux animaux infusoires dits *enkystés.* Le phénomène le plus étrange est celui que nous voyons dans l'*Hydrodictyon,* la matière verte se groupe à l'intérieur d'un article, et offre des corpuscules doués de mouvement, qui s'associent et se disposent en espèce de losanges à l'intérieur du tube pour y former un réseau complet, en même temps que d'autres corpuscules s'échappent au dehors pour constituer des gros germes à développement plus tardif, et qu'on a nommés *chroniospores,* dont le diamètre égale ordinairement un 200e à un 120e de millimètre ; ils augmentent pendant quelque temps de grosseur, puis ils donnent naissance à d'autres corpuscules munis de cils vibratiles, qui, en se développant, produisent un nouvel individu en forme de réseau (*Hydrodictyon*, *Coleœchæte,* etc.). Pendant leur état de torpeur, ces chroniospores ont l'apparence de *Protococcus* d'un quarantième de millimètre, et ont souvent été décrits comme des espèces très-différentes de celles qui leur avaient donné naissance. C'est à MM. Pringsheim et Hofmeister que la science est redevable de ces curieux phénomènes.

Mouche couverte de *Saprolegnia ferax.*

*Saprolegnia ferax.* Extrémité d'un filament. grossi à 330 diamètres. (M. Thuret.)

*Saprolegnia ferax.* Filament plus avancé offrant une cloison à la partie supérieure du tube et dans laquelle se forment les zoospores.

*Saprolegnia ferax.* Filament dans lequel les zoospores sont complétement formés, et sur le point de s'échapper du filament. (M. Thuret)

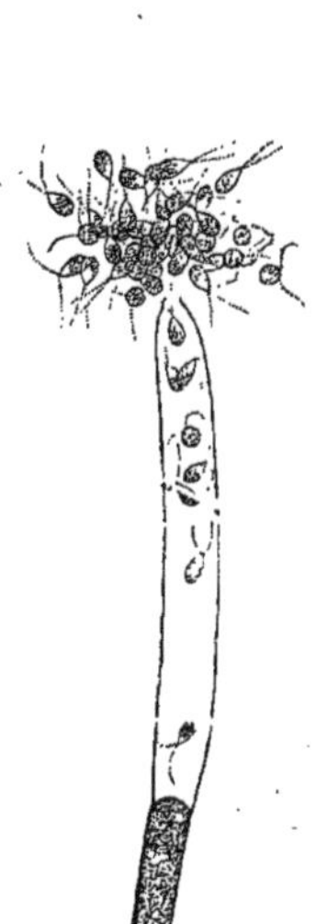

*Saprolegnia ferax.* Filament émettant ses zoospores. (M. Thuret.)

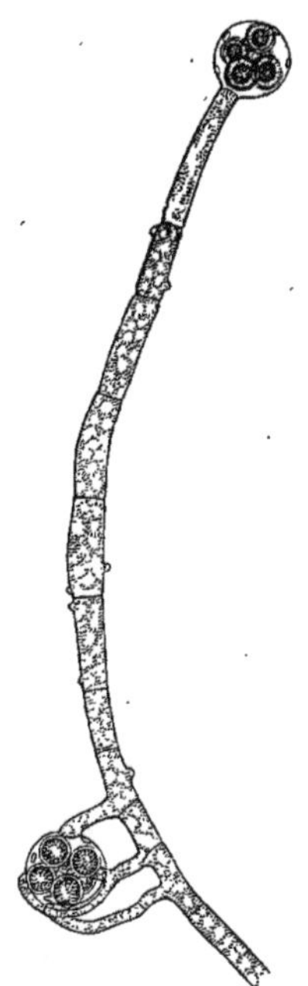

*Saprolegnia dioica.* Filament présentant des phénomènes de fécondation. (M. Pringsheim.)

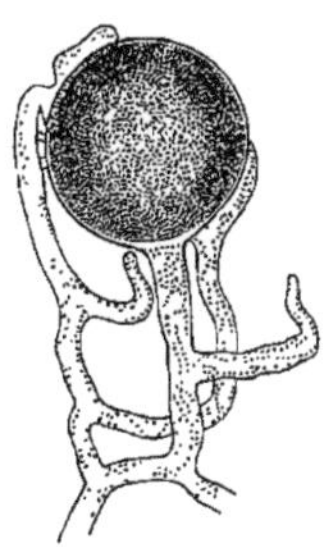

*Saprolegnia.* Sporange jeune sur lequel s'appliquent les filaments ♂ copulateurs. (M. Pringsheim)

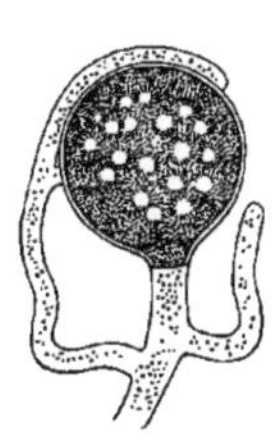

*Saprolegnia.* Sporange montrant les places où se formeront les ouvertures. (M. Pringsheim.)

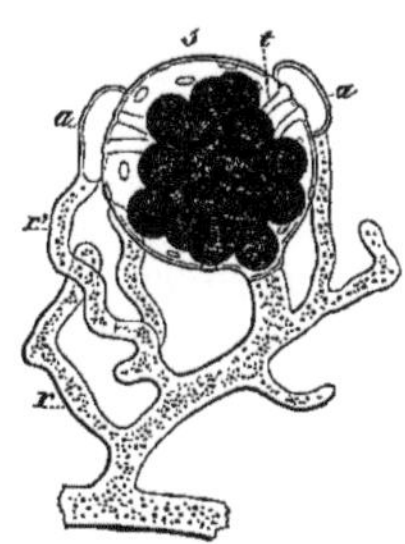



*Saprolegnia monoica.* r. rameau stérile; r'. rameau renflé en anthéridie; s. sporange (oogonie); t. tubes de communication des anthéridies aux spores.

*Saprolegnia.* Sporange (oogonie) plus avancé montrant des amincissements des parois correspondant aux tubes, et les zoospores complétement développés. (M. Pringsheim.)

### SAPROLEGNIÉES — MYCOPHYCÉES. *Kutzing.*

Algues (?) incolores, aquatiques, filamenteuses, ressemblant aux *Vaucheria* par leur structure, se développant sur des matières organiques en décomposition, présentant des *zoospores* arrondies, motiles, munis de cils, semblables aux spores des *Conferves* ou des *Vaucheria*, ainsi que des filaments fécondants des *sporanges* renfermant des *oogonies* sphériques.

GENRES.

*Saprolegnia.* *Achlya.* *Pythium.*

Ces singuliers végétaux sont considérés par quelques Botanistes comme devant appartenir à la Classe des Champignons ; ils vivent en effet sur des matières organiques en décomposition dans l'eau, où ils transforment l'oxyde de fer en sulfure en absorbant l'oxygène, en décomposant l'acide carbonique et en donnant ainsi naissance à de l'hydrogène sulfuré qui détruit les Végétaux ou les Animaux qui se trouvent dans le voisinage. Toutefois, malgré l'importance de ces phénomènes biologiques, plusieurs physiologistes, qui ont fait une étude approfondie des *Saprolegniées*, n'hésitent pas à les classer parmi les Algues. « Le *Saprolegnia ferax*, dit M. Thuret, se trouve communément sur le corps des Animaux noyés, qu'il recouvre d'un duvet blanchâtre : il attaque même quelquefois les poissons vivants. Rien de plus facile que de se procurer cette *Algue* singulière. Que l'on remplisse un vase avec l'eau d'un tonneau de jardin, et qu'on y jette quelques mouches, on la verra, en général, se développer au bout de peu de jours. Le corps de la mouche se recouvre de filaments hyalins qui rayonnent autour d'elle, l'enveloppent d'une zone blanchâtre. Examinés au microscope, ces filaments sont continus, simples ou à peine rameux, renfermant de très-petits granules qui offrent un mouvement comparable à celui qu'on observe dans les poils des Plantes phanérogames. Ces granules sont très-nombreux, surtout vers l'extrémité supérieure du tube, à laquelle ils donnent une teinte grise un peu roussâtre. Bientôt cette portion s'isole du reste du filament par la formation d'un diaphragme. Puis la matière qu'elle contient se coagule en petites masses qui deviennent de plus en plus nettes, et finissent par former autant de *zoospores*. Tous ces phénomènes se succèdent très-promptement. Souvent on voit en moins d'une heure la matière granuleuse se condenser au sommet d'un filament, la cloison se former et les zoospores apparaître .... Enfin le tube, qui présente une petite protubérance à son extrémité, se crève en cet endroit, et les zoospores s'échappent, les premiers avec impétuosité, les autres plus lentement ; ils sont de forme turbinée, munis de deux cils..... Ce mode de reproduction n'est pas le seul que possède le *Saprolegnia*. Au phénomène que je viens de décrire en succède un autre. Les filaments émettent de petits rameaux latéraux dont l'extrémité se renfle en sac. La condensation de la matière granuleuse dans ces sacs leur donne une teinte noirâtre. Bientôt la formation d'un diaphragme les isole des petits tubes qui leur servent de pédicules. Au bout de quelque temps, la matière granuleuse se divise en plusieurs masses qui d'abord adhèrent aux parois du sac, mais qui plus tard deviennent libres et prennent une forme sphérique. Quelquefois on ne trouve qu'un seul de ces corps ; quelquefois le même sac en renferme quinze ou vingt. J'ai cru reconnaître sur sur la périphérie de ces espèces de sporanges de petits mamelons ressemblant à des opercules régulièrement disposés. » Ces sacs globuleux ont été désignés par M. Pringsheim sous le nom d'*oosporanges*. Ils ont besoin d'être fécondés pour produire des germes fertiles. Il en résulte donc que les Saprolegniées ont un double mode de reproduction semblable à celui des *Vaucheries* : l'un sans le concours des sexes, au moyen de *zoospores* ; l'autre par le concours des sexes à l'aide d'*oogonies* nées d'une véritable fécondation dans un sporange (*oosporange*).

En conservant les *Saprolégniées* parmi les Algues, nous devrions être naturellement conduits à leur réunir quelques Plantes qui semblent s'en rapprocher par leur mode de reproduction au moyen de zoospores, mais que d'éminents Botanistes rangent parmi les Champignons, tels sont les *Cystopus*, *Peronospora*, etc., ainsi que la petite famille des *Chytridiacées*, qui comprendrait les *Rhizidium*, *Chytridium*, *Synchytrium*, etc. Une aussi grande divergence d'opinion sur la nature de ces Plantes montre de quelle obscurité est encore enveloppée l'ensemble des Végétaux cryptogames dépourvus d'archégones.

## Tribu V. — SYNSPORÉES, *Decaisne* — CONJUGUÉES, *Link*.

Algues d'eau douce, consistant en cellules de formes très-variées ou en tubes cloisonnés, renfermant de la matière verte granuleuse, ou disposée en lames spiralée. A l'époque de la reproduction, les cellules constituant chaque tube se gonflent ou se mamelonnent latéralement, et rencontrent bientôt celles du tube voisin, qui se sont comportées de la même manière ; les 2 mamelons se soudent, puis leurs surfaces de jonction se détruisent, et la communication est établie d'une cellule à l'autre ; alors la matière verte de l'une passe dans la cavité de l'autre, se confond avec elle, et de cette fusion résulte une spore simple ou composée qui reproduira une ou plusieurs Plantes.

GENRES PRINCIPAUX.

| | | | |
|---|---|---|---|
| *Zygnema.* | *Sirogonium.* | *Zygonium.* | *Cratcrospermum.* |
| *Spirogyra.* | *Mougeotia.* | *Mesocarpus.* | *Staurospermum.* |

### Sous-Tribu. — DESMIDIÉES.

Algues microscopiques de couleur verte, se présentant sous la forme de corpuscules composés de deux hémisphères opposés, réunis base à base, libres, isolés ou associés en bandelettes planes ou spiralées, enveloppées de mucilage, de formes très-variées et très-élégantes, toujours symétriques, entiers, ou lobés, lisses ou guillochés, se reproduisant soit par conjugation, commes les *Synsporées*, en laissant passer l'endochrome d'une moitié dans l'autre pour produire le corps reproducteur spore, soit par division d'un même individu, soit au moyen de sporanges de formes très-variées. — La matière verte des *Desmidiées* présente, d'après M. de Brébisson, une circulation analogue à celle qu'on observe dans les Chara.

GENRES PRINCIPAUX.

| | | | | | |
|---|---|---|---|---|---|
| *Micrasterias.* | *Cosmarium.* | *Cylindrocystis.* | *Sphærosoma.* | *Scenedesmus.* | *Trochiscia.* |
| *Euastrum.* | *Penium.* | *Mesotænium.* | *Desmidium.* | *Helierella.* | |
| *Staurastrum.* | *Closterium.* | *Pleurotænium.* | *Spondylorium.* | *Heterocarpella.* | |
| *Xanthidium.* | *Tetmemorus.* | *Spirotænia.* | *Pediastrum.* | *Binatella.* | |

## Tribu VI. — DIATOMÉES et BACILLARIÉES. *Ehrenberg*, *Brebisson*, etc.

Algues (?) microscopiques végétant dans les eaux douces, saumâtres, ou salées, le plus ordinairement de forme prismatique et rectangulaire, libres, sessiles, ou pédiculées, nues, ou plongées dans du mucilage, et se séparant en fragments polymorphes. Les Diatomées ont une enveloppe rigide, marquée de stries d'une extrême ténuité, fragile, siliceuse, bivalve, ne se déformant pas par le dessiccation, renfermant une matière brune, ou jaunâtre, animalisée, offrant quelquefois un mouvement de reptation assez vif. Quelques auteurs les considèrent comme appartenant au Règne animal. Certaines Espèces sont parasites, d'autres forment des flocons, ou des masses gélatineuses appliquées sur les rochers; d'autres vivent dans les eaux vives et pures des sources; d'autres enfin couvrent le sol d'une couche brune gluante plus ou moins épaisse, occupant souvent des espaces très-étendus. Elles abondent dans nos fontaines publiques, dont elles colorent en brun les parois.

GENRES PRINCIPAUX.

| | | | | |
|---|---|---|---|---|
| *Micromega.* | *Encyonema.* | *Diatoma.* | *Exilaria.* | *Cyclotella.* |
| *Schizonema.* | *Gaillonella.* | *Achnanthes.* | *Stigmatella.* | *Asteromphalus.* |
| *Homæocladia.* | *Fragillaria.* | *Cymbophora.* | *Surirella.* | *Spatangidium.* |
| *Berkeleya.* | *Meridion.* | *Gomphonema.* | *Frustulia.* | |

Outre leur multiplication par des spores et comparable à celle des Desmidiées, les Diatomées se multiplient par *déduplication.* Sur le milieu de chaque frustule dans les Espèces isolées, et de chaque segment ou article dans les Espèces à frustules agrégés, s'établit fréquemment, et avant que la Diatomée soit adulte, une ligne ou strie divisant le corpuscule en deux ou en plusieurs frustules qui deviennent des individus distincts, semblables au premier. Dans les Diatomées à frustules soudés, la déduplication multiplie le nombre des segments.

Plusieurs Diatomées ont été trouvées à l'état fossile; M. Ehrenberg a reconnu que certains *tripolis*, employés dans les arts, étaient entièrement composés de leurs carapaces siliceuses. M. de Brebisson a démontré que la calcination des Espèces vivantes ne détruit ni ne déforme leur enveloppe, et que par ce procédé on peut former avec nos Espèces actuelles un *tripoli* artificiel. La prétendue farine minérale à laquelle les géologues ont donné le nom de *Diatomépélite* n'a pas d'autre origine. Les Diatomées abondent dans le guano.

Nous réunissons sous le titre d'Algues douteuses (*Algæ spuriæ*) un certain nombre de Genres mal connus et qui ne sont probablement que des types dégradés des familles précédentes; telles sont les Algues dont on a fait la famille des *Rivulariées*, des *Oscillariées*, des *Nostochinées*, des *Palmellées*, des *Volvocinées*.

## ALGÆ SPURIÆ.

Ce sont des Algues gélatineuses d'un vert bleuâtre, noirâtres, rouges, ou brunes, vivant sur la terre, ou sur les pierres humides, ou dans les eaux douces, froides ou thermales, rarement dans la mer, composées soit de globules, soit de filaments simples, ou rameux, continus, ou cloisonnés, presque toujours entourés de mucilage.

GENRES.

| | | | | | |
|---|---|---|---|---|---|
| *Volvox.* | *Glocotrichia.* | *Sphærozyga.* | *Nostoc.* | *Calothrix.* | *Sclerothrix.* |
| *Protococcus.* | *Leptothrix.* | *Euactis.* | *Rivularia.* | *Microcoleus.* | *Spirularia.* |
| *Palmella.* | *Lyngbya.* | *Anabaina.* | *Oscillaria.* | *Cryptococcus.* | |

*Pediastrum Rotula.* (g.)

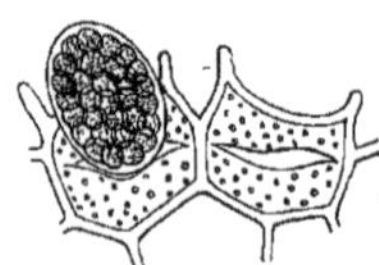

*Pediastrum granulatum.*
Cellule fendue,
émettant ses zoospores enveloppées de mucilage.
(A. Braun.)

*Pediastrum granulatum.*
Zoospores libres
ou
enveloppées de mucilage.
(A. Braun.)

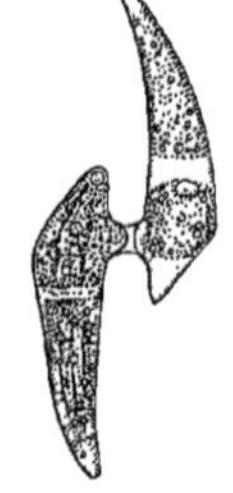

*Closterium Lunula.*
Au moment
de la conjugation. (g.)

*Eunotia turgida.*
Individu isolé.

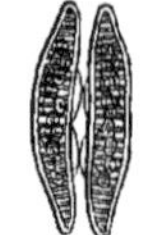

*Eunotia turgida.*
Individus au moment
de
la conjugation.

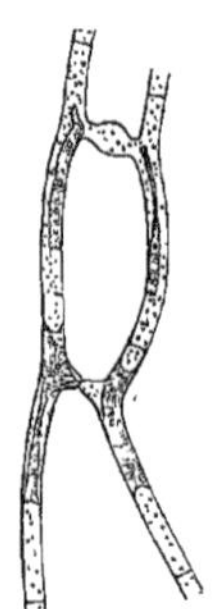

*Mesocarpus parvulus.*
Filaments
à différents états
de
conjugation.

*Mesocarpus parvulus.*
Filament
au moment
de la conjugation.

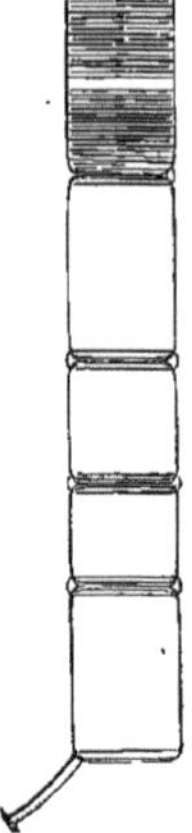

*Striatella interrupta.*
Un des frustules
transversaux
vu en long
montrant ses stries.

*Striatella interrupta.*
Avec son pédicule
latéral.

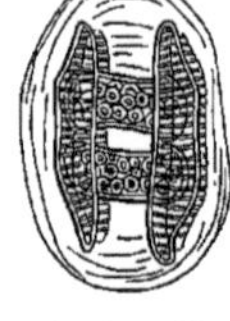

*Eunotia turgida*
enveloppé de mucilage.
Individus ayant produit
deux sporanges
renfermant des zoospores
qui produiront chacun
un nouvel individu.

*Cocconema lanceolatum.*
Individus jeunes.

*Protococcus nivalis.*
A divers états de développement. (g.)

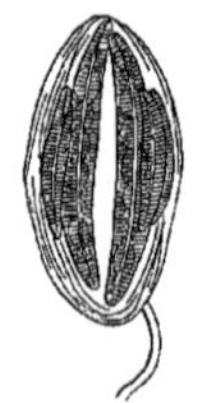

*Cocconema lanceolatum.*
Individu adulte
ayant produit
un sporange
rempli de zoospores.

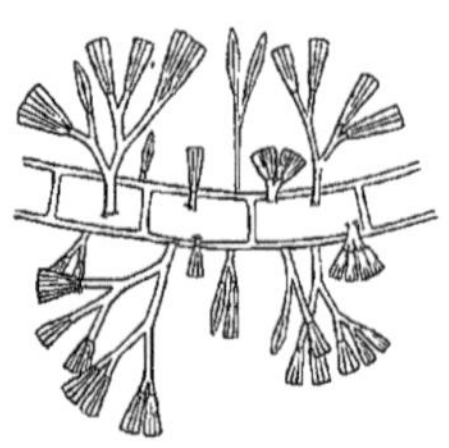

*Gomphonema hyalinum.*
Parasites sur un filament de Conferve.

Les racines des Algues sont tantôt nulles, tantôt réduites à des griffes ou *crampons* fixés aux corps solides, tels que les pierres, les coquilles, les bois, etc.; tantôt filamenteuses et plongeant dans le sable (*Caulerpa*, *Penicillus*, etc.); tantôt discoïdes et appliquées sur d'autres Algues à la manière des suçoirs (*Lejolisia*, *Leveillea*, etc.).

Les tiges des Phæosporées sont ordinairement cylindriques, formées de cellules allongées, à parois épaisses, soudées les unes aux autres au moyen d'une substance intercellulaire plus ou moins résistante; ces tiges sont simples, ou rameuses, plus ou moins longues, quelquefois dressées, et simulant un petit arbre de 3-4 mètres de hauteur (*Lessonia*), quelquefois renflées-bulbiformes à la base (*Haligenia*), toujours dépourvues de stomates. Le stipe de plusieurs Algues se dépouille de ses frondes, qui se renouvellent régulièrement chaque année (*Laminaria Cloustoni*). La grandeur relative des cellules qui entrent dans la composition de ces tiges a servi à partager leur épaisseur en zones distinctes : la centrale, formée de larges cellules, nommée *moelle* (*stratum medullare*); la moyenne (*stratum intermedium*) recouverte par l'externe (*stratum corticale*) : cette dernière couche est formée de cellules assez denses remplies de matière colorante qui communique la couleur à l'Espèce.

Les dimensions des Algues sont prodigieusement variées : le *Protococcus* mesure à peine un 300e de millimètre, tandis que les *Macrocystis* ont jusqu'à 500 mètres d'étendue. La fronde de notre *Haligenia bulbosa* mesure quelquefois 4 mètres de largeur. La Plante microscopique décrite par Montagne sous le nom de *Trichodesmium Ehrenbergii* couvrait en 1844 la mer Rouge à perte de vue, et sur une surface de plus de 320 kilomètres, de ses petits filaments d'une couleur rouge brique : de là le nom donné à la mer que cette Algue colore quelquefois; mais que plusieurs navigateurs ont observé sur différents points du Grand Océan.

Les Algues sont en général entourées d'une couche plus ou moins épaisse de mucilage dont l'origine est très-obscure, soit qu'elles appartiennent aux groupes de Plantes microscopiques uni-cellulaires, soit qu'elles fassent partie des *Conferves*, des *Fucacées*, ou des *Floridées*, etc. Cependant il en est quelques-unes qui se recouvrent d'un enduit calcaire, comme certains *Chara* : tels sont les *Acetabularia*, les *Neomeris* et plusieurs autres genres du groupe des *Chlorosporées*. Plusieurs Phæosporées (*Laminaria*, etc.), après avoir été lavées à l'eau douce et desséchées, se couvrent d'une efflorescence blanche, de saveur sucrée (*mannite*). D'autres enfin paraissent sécréter un liquide assez acide pour corroder le calcaire le plus compacte : tel est le singulier *Euactis calcivora*, observé par M. A. Braun sur les galets du lac de Neuchâtel, que cette petite Algue microscopique (d'un 75e de millimètre) creuse et dévore en dessinant une sorte de vermiculé souvent très-profond.

Plusieurs Espèces exhalent une odeur particulière, surtout quelque temps après qu'elles sont sorties de l'eau, ou quand on les ramollit après leur dessiccation : telles sont les *Polysiphonia*, qui sentent le chlore, les *Desmarestia*, les *Stilophora*, qui exhalent une odeur aigre et vireuse. Certaines *Floridées*, quand on les ramollit, rappellent un peu le parfum de la Violette. Enfin, quelques *Oscillaires* ont une légère odeur musquée.

La grande majorité des Algues respirent à la manière des Plantes phanérogames; elles décomposent l'acide carbonique à la lumière et dégagent de l'oxygène lors même qu'elles sont privées de matière verte, ainsi que l'a constaté M. Rosanoff. Les Floridées doivent cette propriété remarquable à leur pigment rouge, ainsi que l'avait déjà observé De Candolle en soumettant le *Porphyra vulgaris* à l'action de la lumière. Cependant les *Saprolegniées* se comportent autrement, comme nous venons de le voir; elles absorbent l'oxygène de l'eau au milieu de laquelle elles se développent, et respirent ainsi comme les animaux.

Beaucoup d'Algues croissent exclusivement sur d'autres Algues; tels sont les Genres *Lithosiphon*, *Streblonema*, *Myriotrichia*, *Myrionema*, *Elachista*, *Erythrotrichia*, *Polysiphonia*, etc.; mais ces Plantes ne sont pas réellement parasites; elles ne paraissent rien emprunter aux Algues sur lesquelles elles végètent; la couleur, que certains Botanistes ont cru reconnaître dans les Floridées, parasites des *Chlorosporées*, est étrangère à ces dernières, comme on peut s'en assurer au moyen de coupes transversales qui montrent deux anneaux très-distincts, l'un central vert, l'autre externe et rouge. Mais ce qui est certain, c'est que quelques Algues ne peuvent végéter que sur le tissu d'autres Espèces, et quelques-unes d'entre elles sur celui d'une Espèce particulière, comme l'*Elachista scutulata* sur l'*Himanthalia*, l'*Ectocarpus brachiatus* sur le *Rhodhymenia palmata*, le *Rhizophyllis dentata* sur le *Peyssonnelia squamaria*, le *Polysiphonia fastigiata* sur le *Fucus nodosus*, etc., etc. Quelques Conferves et Saprolegniées se développent sur les poissons, qu'elles finissent par envahir et tuer. La carapace de quelques tortues marines du Japon se trouve quelquefois toute couverte de Conferves, qui donnent à ces animaux l'aspect le plus étrange.

Les Algues marines affectent des stations très-variées; les unes habitent le littoral, les autres la haute mer. Tout le monde a entendu parler des immenses amas d'une Fucacée (*Sargassum natans*) flottant au milieu de l'océan Atlantique et que Christophe Colomb traversa deux fois, en 1492, par 38° 50', et en 1493, par 37°, entre les 40 et 43° de longitude; or comme ces énormes amas de Sargasses existent encore, on en peut conclure qu'ils n'ont pas changé de place depuis 350 ans. Ce sont aussi les mers polaires qui nourrissent les plus grandes des Algues du groupe des Phæosporées, Laminaires ou Fucacées. Le *Fucus vesiculosus* végète sur toute espèce de support. En général, pour les Algues non parasites, la nature de la roche ne paraît pas avoir une grande importance; la qualité de l'eau, plus ou moins vaseuse, plus ou moins tranquille, l'exposition au choc des vagues, le niveau de la marée, etc., semblent des conditions bien plus essentielles pour leur développement. Dans les fonds de vase pure, il n'y a guère que des *Vaucheria*; les *Diatomées* et quelques *Oscillariées* qui puissent végéter; mais sur les roches vaseuses et dans les plages à *Zostère*, la Flore algologique est souvent très-riche, et renferme un grand nombre d'Espèces particulières.

Les Algues de la haute mer vivent à des profondeurs souvent très-considérables : l'*Udotea vitifolia* a été retiré d'une profondeur de 75 mètres, aux environs des Canaries; Péron et Maugé ont ramené au moyen de la drague des Algues brillantes qui stationnaient à 170 mètres, et Bory assure avoir pêché le *Sargassum turbinatum* à près de 200 mètres dans le voisinage de l'île de France. L'*Anadyomene stellata* a été recueilli à 20 brasses dans le golfe du Mexique; le *Constantinia*, à 50 brasses dans les mers polaires. Les *Diatomées* se rencontrent en masses immenses dans les plus profonds abîmes de l'Océan, quoique, d'après le témoignage des plongeurs, la lumière ne semble pas pénétrer au-delà de 15 brasses; cependant l'*Udotea vitifolia* présentait une riche nuance verte, comparable, suivant Humboldt, à celle des feuilles de la Vigne et de nos Graminées

La température convenable à la végétation des Algues présente aussi des différences remarquables : si le *Protococcus nivalis* vit sur la neige, et si les plus grandes Laminaires habitent les régions polaires, on rencontre des Algues dans les eaux thermales : telles sont les *Oscillaires*, qui habitent en Toscane les sources boracifères, et l'*Anabaïna thermalis*, qui végète dans des eaux minérales dont la chaleur dépasse 40°.

Quant à la distribution géographique des Algues, les *Phæosporées* ou *Fucacées* habitent de préférence les régions froides des deux hémisphères; toutefois les *Sargassum* abondent sous les zones tropicales et juxtatropicales. Les *Rhodosporées* ou *Floridées* appartiennent principalement aux zones tempérées; les *Chlorosporées* ou *Conferves* abondent partout.

Les types génériques et spécifiques des Algues sont infiniment moins nombreux que ceux des autres Familles cryptogames, mais le nombre des individus est beaucoup plus considérable. La sonde les ramène en masses de toutes les profondeurs, et les *Diatomées* concourent encore aujourd'hui à la formation de dépôts siliceux semblables aux dépôts fossiles qui fournissent le *tripoli*. — Les Algues d'eau douce sont beaucoup plus abondantes que les marines : les *Conferves* se multiplient quelquefois prodigieusement en hiver dans les prairies submergées, et forment une sorte de feutre, qui, après le retrait des eaux, reste à sec, blanchit, et est connu sous le nom de *papier naturel* ou de *flanelle d'eau*.

Les Algues marines fournissent à la médecine des Espèces qui doivent leurs propriétés vermifuges à l'*iode*, médicament énergique, et à une huile volatile très-odorante : telles sont la *mousse de Corse* (*Gigartina Helminthochorton*) et la *Coralline officinale* (*Corallina officinalis*). — C'est de la cendre des Varechs qu'on retire l'iode et la soude. Les cendres de beaucoup d'Espèces étaient autrefois employées comme médicament antiscrofuleux et antiscorbutique, avant que Courtois et Gay-Lussac eussent découvert et isolé le corps simple dont la thérapeutique fait aujourd'hui un si grand usage. — L'*Ulva Lactuca* était jadis considéré comme résolutif et vulnéraire; le *Conferva rivularis* chargé d'eau est employé comme topique sur les brûlures. Plusieurs Espèces contiennent un mucilage, qui, lorsqu'il n'est pas altéré par l'iode, les rend alimentaires : tel est surtout le *Carrageen* ou *Mousse-perlée* (*Chondrus polymorphus*) qui nourrit les habitants pauvres du littoral des mers du Nord : il en est de même des *Alaria esculenta*, *Rhodhymenia palmata*, *Ulva Lactuca*, *Porphyra purpurea*, *Halymenia edulis*, etc. — Les habitants du Chili austral font usage comme aliment des larges frondes mucilagineuses de l'*Urvillea utilis*. — Le *Porphyra vulgaris*, confit dans le vinaigre et cuit, forme une sorte de condiment désigné sous le nom de *sauce marine*; les Chinois confectionnent avec le *Porphyra* des galettes, qu'ils font sécher, puis détremper, pour en faire une gelée nutritive. Ils préparent aussi avec le *Gracilaria lichenoides* ou *Mousse de Ceylan* une substance alimentaire analogue à l'ichthyocolle.

Les nids de l'*Hirondelle Salangane*, Espèce des îles de la Sonde, de l'archipel des Moluques, etc., et dont les Chinois font un très-grand cas, ont été longtemps considérés comme formés de certaines Algues marines du groupe des *Floridées* (*Gelidium*, *Gracilaria*, *Sphærococcus*, etc.); mais M. Trécul a parfaitement démontré que ces nids sont d'origine animale et que la Salangane les construit au moyen d'un mucus qui s'écoule en grande quantité de son bec au temps des amours, et qu'elle dispose en zones minces et concentriques.

Outre l'iode et la soude fournis à la médecine et à l'industrie par les Algues marines, les cultivateurs habitant le littoral y trouvent quelquefois un aliment pour leur bétail, ainsi qu'un précieux engrais qui enrichit leurs terres d'une abondante quantité de matière organique; la récolte s'en fait à la fin de l'hiver, époque où leur fécondation est terminée et où les pousses annuelles de la Plante ont achevé de se développer par bourgeonnement du tissu cellulaire du stipe ou de la fronde. Ce sont surtout les *Phæosporées* que l'on exploite pour l'amendement des terres, conjointement avec les *Zostera*, qui foisonnent dans les estuaires. Les paysans de la Bretagne transportent par milliers des charretées de *Fucus* et de *Laminaria* dans des localités situées à 20-25 kilomètres du rivage. — Le stipe de plusieurs *Laminariées* prend par la dessiccation une consistance cornée, et les paysans du Nord de l'Écosse en font des manches de couteau, comme les habitants des Terres Magellaniques emploient au même usage le stipe des *Lessonia*.

La structure intime et surtout le mode de reproduction des Cryptogames dépourvues d'Archégones sont encore si imparfaitement connus, qu'on ne sait souvent dans quelle Classe ranger certains groupes de Végétaux, et qu'il devient très-difficile de décider s'ils appartiennent aux *Algues*, ou aux *Champignons*, ou aux *Lichens*. C'est cet état d'imperfection de la Science cryptogamique que signalait A.-L. de Jussieu dans son *Genera*, en parlant des Champignons : « *Incerta adhucdum Fungorum generatio, licet ab auctoribus descripta.* »

Parmi les causes qui ont contribué à épaissir les ténèbres dont cette branche de la Botanique est enveloppée, il faut mentionner le néologisme appliqué à la dénomination des divers organes observés : trop souvent chaque auteur a voulu créer un vocabulaire spécial, sans tenir compte de celui de ses devanciers; les moindres modifications organiques, à mesure qu'elle se présentaient, ont été désignées par un terme nouveau; de telle sorte qu'un même organe a reçu plusieurs noms, tandis que plus d'une fois, pour surcroît de complication, on a vu le même nom s'appliquer à des organes différents. Ce luxe de glossologie que déjà Linné appelait une calamité (*Verbositas præsente seculo calamitas scientiæ*) a toujours entravé la marche des études, même pour les phanérogames : il suffirait de citer à cet égard les classifications des fruits proposées au commencement de ce siècle par des savants célèbres et aujourd'hui tombées dans l'oubli. Depuis longtemps la Botanique réclame une réforme et une simplification de la glossologie cryptogamique, et tous les bons esprits en reconnaissent la nécessité. M. le docteur Léveillé a déjà mis la main à l'œuvre dans son excellent article intitulé *Considérations mycologiques*, etc.; espérons qu'un Botaniste philosophe débarrassera la Cryptogamie d'une nomenclature qui l'encombre, et en rend aujourd'hui les abords si difficiles.

L'exemple le plus remarquable de l'extension abusive donnée à un même terme pour désigner des organes différents nous est fourni par le mot *spore* substitué pour les Cryptogames comme équivalent à celui de *graine* pour les Phanérogames. Dans les *Fougères*, les *Équisétacées*, les *Marsiléacées*, etc., cette prétendue graine ne peut se comparer qu'à un bulbille, ou plutôt à un bouton de fleur qui contient en germe les organes de la reproduction, mais qui ne se développera et ne *fleurira* qu'après s'être séparé de la Plante-mère. Cette séparation des organes reproducteurs, mais se détachant de la Plante-mère avant l'acte de la fécondation, offre quelque analogie avec la fécondation extra-utérine des Poissons et des Batraciens.

Les *Chara*, par leur mode de fécondation et la structure très-compliquée de leurs anthéridies, se rapprochent des Phanérogames : l'anthérozoïde pénètre dans le sporange par l'orifice d'une coronule remplissant le rôle d'un stigmate, et féconde une spore simple, féculente, qui germe en réalité sans prothallium, comme les graines d'un grand nombre de monocotylédones; mais l'analogie ne s'observe pas dans les organes de la végétation, dont l'extrême simplicité est comparable à celle des *Conferves*. Ces dernières se reproduisent, sans avoir été fécondées, par la seule concentration de la matière verte en spores, qui, malgré leur motilité, peuvent encore être regardées comme des bulbilles.

Dans les Algues du groupe des Fucacées, qui sont comme les *Chara* monoïques ou dioïques, les anthérozoïdes agissent directement sur une spore *nue*, après sa sortie du sporange, et analogues ainsi à la vésicule germinative des animaux supérieurs. Dans les Floridées, qui sont monoïques, ou dioïques, les anthérozoïdes, privés de motilité, se vident de leur contenu sur un organe tubuleux (*trichogyne*) et cette matière concourt à la formation de plusieurs spores au sein d'une sorte de capsule (*cystocarpe*) comparable à un Archégone.

Enfin dans certains Champignons les spores sont fécondées par l'action d'un fluide particulier provenant de cellules simples, qui s'appliquent sur l'organe femelle, mais qui sont toujours dépourvues d'anthérozoïdes. Cette sexualité imparfaite, jointe à la simplicité de leur structure, l'absence de matière verte, et les phénomènes biologiques de leur respiration, nous autoriseraient à voir en eux des êtres terminant la série végétale, si la présence de vaisseaux renfermant des sucs propres et leurs principes immédiats très-variés n'indiquaient une organisation plus élevée que celle des Algues auxquelles ils se lient cependant par les *Saprolegniées*, véritables *Vauchériées* dépourvues de matière verte, et considérées tour à tour par des Botanistes éminents comme des Champignons ou comme des Algues.

Cette diversité dans la structure et les fonctions des organes reproducteurs chez les Cryptogames, que nous avons exposée aussi complétement qu'il nous a été possible, établit une ligne de démarcation qui les sépare bien nettement des Phanérogames, chez lesquelles l'action du pollen et le développement de l'embryon offrent, malgré le polymorphisme de la fleur, une si frappante uniformité.

Lorsqu'en étudiant les Familles acotylédones, d'un ordre en apparence plus élevé, auxquelles les travaux lumineux de quelques observateurs modernes tendent de jour en jour à enlever leur titre de Cryptogames, on considère le rôle physiologique des anthérozoïdes et des zoospores, lequel semble emprunté à l'animalité, on ne peut méconnaître le lien mystérieux qui unit les deux Règnes, et que resserre encore le rapprochement des Algues dites *bâtardes* (Diatomées, Volvocinées, Palmellées), des animaux les plus simplement organisés. De là l'ingénieuse comparaison qui représente le Règne animal et le Règne végétal comme deux arbres s'éloignant l'un de l'autre par leur cime et s'enchevêtrant par leurs racines, ou comme deux cônes dont le sommet est occupé par les êtres les plus parfaits et dont les bases juxtaposées et confondues, réunissent et entremêlent les organismes inférieurs. Linné exprimait la même pensée en disant, dans son *Philosophia botanica*, que la Nature associe les Animaux et les Plantes par leurs Espèces les plus imparfaites : *Natura social Plantas et Animalia : hoc faciendo non connectit perfectissimas plantas cum animalibus maxime imperfectis*, *sed imperfecta Animalia et imperfectas Plantas consociat*. — *Naturæ regna conjunguntur in minimis.*

# TABLE DES TERMES TECHNIQUES.

# TABLE DES FAMILLES, TRIBUS ET GENRES.

# TABLE DES ESPÈCES MENTIONNÉES.

# ADDITIONS ET CORRECTIONS.

| | | |
|---|---|---|
| Page 152, | ligne 5 : | 8-loges, ajoutez : ou *libre.* |
| Page 152, | ligne 11 : | Capsule, ajoutez : ou *baie* (*Canarina*). |
| Page 161, | figure : | *Bouvardia* coupe verticale, lisez *transversale.* |
| Page 161, | figure : | Coprosa, lisez *Coprosma.* |
| Page 195, | ligne 20 : | dans l'Inde, lisez *en Amérique.* |
| Page 218, | au bas : | Cyclamen d'Europe, lisez *C. de Perse.* |
| Page 233, | figure : | Epacris. Fleur non épanouie, lisez *Fleur épanouie.* |
| Page 233, | figure : | Leucopogon. Style subterminal, lisez *terminal.* |
| Page 240, | ligne 11 : | Affinités, ajoutez : les *Saxifragées.* |
| Page 247, | ligne 22 : | Cornées, lisez : *Bruniacées.* |
| Page 255, | ligne 8 : | Gunnera à longues feuilles, lisez à *larges* feuilles. |
| Page 467, | figure : | Banksia inflorescence, lisez *Fleur.* |
| Page 536, | ligne 8 : | 30 de circonférence, lisez 80. |
| Page 592, | figure : | Coupe verticale du fruit, lisez *de la graine.* |

www.ingramcontent.com/pod-product-compliance
Ingram Content Group UK Ltd.
Pitfield, Milton Keynes, MK11 3LW, UK
UKHW020300200726
13857UKWH00001B/42